Gesamtverzeichnis des deutschsprachigen Schrifttums (GV) 1700 – 1910

Bearbeitet unter der Leitung von
Hilmar Schmuck und Willi Gorzny
Bibliographische und redaktionelle Beratung:
Hans Popst und Rainer Schöller

18

Bod - Born

K · G · Saur München · New York · London · Paris 1980

Redaktion:

Monika Eichler, Ursula Geier, Robert Mittelstaedt, Sabine Nebinger,
Hildegard Roßberg, Hermann Schrott, Brigitte Semmler,
Eva von Troschke, Helga Werner, Gabriele Winter

CIP-Kurztitelaufnahme der Deutschen Bibliothek

Gesamtverzeichnis des deutschsprachigen Schrifttums :
(GV). – München, New York, London, Paris : Saur.
Bd. 1 – 6 bearb. unter d. Leitung von Peter Geils
u. Willi Gorzny.
ISBN 3-598-30000-X

1700 – 1910 / bearb. unter d. Leitung von Hilmar
Schmuck u. Willi Gorzny. Bibliograph. u. red.
Beratung: Hans Popst u. Rainer Schöller

NE: Schmuck, Hilmar [Bearb.]

18. Bod – Born. – 1980.

Techn. Realisierung und Druck: Norbert Gärtner, Mainz-Kastel
Binden: Karl Schaumann, Darmstadt
Printed in the Federal Republic of Germany
ISBN 3-598-30000-X (Gesamtwerk)

Boda, Martin

Boda, Mart., Blocklinie f. eingleisige Bahnen m. Sicherung der Gegenfahrten u. ihr Anschluss an Stellwerksanlagen m. elektr. Fahrstrassenverschlusse, s.: Organ f. die Fortschritte des Eisenbahnwesens.

— die Schaltungstheorie der Blockwerke. M. e. Vorwort v. G. Barkhausen. gr. 4. (91 S. m. Taf.) Wiesbaden 899. C. W. Kreidel. n. 8. —
Sonderabdruck aus: „Organ f. d. Fortschr. d. Eisenb.-Wesens".

Die Sicherung des Zugsverkehrs auf den Eisenbahnen. Ein Lehrbuch z. Gebr. an den k. k. österr. techn. Hochschulen ... Von Martin Boda. Mit Abb. Th. 1. 2. Prag: A. Wiesner (1899–1903). 2 Bde 4º(8º)
1. Die Sicherung d. Zugsverkehres auf d. Strecke oder d. Fahren in Raumdistanz.
2. Die Sicherung d. Zugsverkehres in d. Stationen u. bei Bahnabzweigungen auf d. Strecke.
[illegible] 8

— die Sicherung des Zugverkehres auf den Eisenbahnen. Ein Lehrbuch zum Gebrauch an den k. k. österr. techn. Hochschulen u. zum Selbststudium. 1. Thl. Die Sicherg. des Zugverkehres auf der Strecke od. das Fahren in Raumdistanz. gr. 8. (VIII, 223 S. m. 141 Abbildgn.) Prag 899. (Wien, Lehmann & Wentzel.) n. 10. —

Boda, Mart., die Sicherung des Zugsverkehres auf den Eisenbahnen. II. Thl. Die Sicherg. des Zugsverkehres in den Stationen u. bei Bahnabzweiggn. auf der Strecke. (VII, 454 S. mit 299 Abbildgn.) gr. 8. Prag (903). Wien, Lehmann & Wentzel. n. 20. —
I. Thl. Ebd. 899. n. 10. —

Boda, M., Untersuchungen üb. die Siemens & Halske-schen Blockwerke u. daraus folgende Verbesserungen u. Vereinfachungen bei der Verwendg. zur Sicherung d. Zugverkehrs. Preisgekrönt vom Verein deutscher Eisenbahn-Verwaltgn. [Aus: „Organ f. d. Fortschritte d. Eisenbahnwesens in techn. Beziehg."] gr. 4. (24 S. m. 4 Textabbildgn. u. 2 Taf.) Wiesbaden 889. Kreidel. n. 2. —

Bodamer, ..., s. Elementar-Lesebuch zur Begründung 2c.

— Bodamer, (Schullehrer), s. Elementar-Lesebuch, praktisches.

Bodamer, G., Aufgaben zum praktischen Rechnen nach e. naturgemäßen Stufengang für deutsche Volksschulen. 8 Hefte. Biberach 865—68. Dorn. 8. (20; 20; 20; 20; 24; 31; 40; 36 S.) 1—6: à n. 2 ngr; 7. 8.: à n. 3 ngr

— — Auflösungen zum 3—8. Heft. Ebend. 865—68. 8. (13; 14; 21; 47; 16; 11. S.) n. 13 ngr
3. 4. à 1½ ngr. — 5. 7. 8. à n. 2 ngr. — 6. n. 4 ngr

Bodamer, G., Aufgaben zum praktischen Rechnen nach einem naturgemäßen Stufengang für deutsche Volksschulen. 1. und 5. Heft. 2. Aufl. 8. (20; 24 S.) Biberach 868, Dorn'sche Buchh. à Heft * 20 Pf. *
1.—6. Heft à * 20 Pf.; 7. und 8. Heft à * 30 Pf.

Bodamer, J. G., die deutsche Geschichte in Gedichten, in chronolog. Ordnung von Anfang bis in die neueste Zeit, zur Weckung, Belebung u. Erhaltung der Vaterlandsliebe. gr. 8. (VII, 192 S.) Stuttgart 878. Aue. n. 2. —

Bodan
③ Arboner Wochenblatt ④ Der Oberthurgauer (I) ⑤ 14. 9. 1860—6. 8. 1861 ⑦ wöchentlich 2× ⑧ Arbon: J. H. Vogt ⑨ Der Muggenschnapper, bekanntes Witzblatt ⑩ Telegraphist Schlumpf ⑬ Hagen: Buchdruck- und Zeitungswesen im Thurgau.

Bodansky, J. (Red.), s. Zuckermarkt, Prager.

BODART, Albert: Über Acetochlormilchzucker. — 1901. 24 Bl.
Diss. Graz, Univ.

Bodart Albert: Über Heptacetylchlormilchzucker. S. 110. Hb 1013 . . . . vgr.
[illegible] abdruck

Bodart, Gaston, die für's Vaterland gestorbenen Generale u. Admirale der kriegführenden Staaten 1618—1905. (IV, 49 S.) gr. 8. Wien 909. C. W. Stern. 2. —
Sonderabdruck aus „Militär-histor. Kriegs-Lexikon".

Bodart, Gaston, Kämpfe u. Entwicklung der russischen Marine seit ihrer Entstehung bis heute. 1704—1904. (25 S.) gr. 8. Wien 904. (W. Braumüller.) n. — 80

Militär-historisches Kriegs-Lexikon (1618–1905) hrsg. von Dr. Gaston Bodart. (In 10 Lfgen.) Wien & Leipzig: Stern 1907–1908. [illegible] S. 8°
[illegible]

Bodart, Gaston, Musik-Instrumente auf der Weltausstellung in Cicago, s.: Bericht, officieller, der k. k. österr. Central-Commission f. die Weltausstellung in Chicago 1893.

Boddaert, Marie, Brandung, s.: Bibliothek der fremden Zungen.

Boddaert, P., Elenchus animalium. Vol. I. sist. quadrupeda eorumque varietates etc. 8. maj. Rotterodami, (Löffler, Mannhem.)

— — idem liber. 8. maj. Rotterd. (Pottet Comp. Laus.) 785. —

— s. J. Hunter, hist. nat. dentium.

Bodde, B., Bericht üb. d. Erscheinungen bei der A. K. Emmerich, mit Entgegnungen von B. A. B. Rensing. 8. Dorsten (Münster, Coppenrath in Comm.) 818.

Bodde, B.: Grundzüge z. Theorie d. Blitzableiter, s. Bodde, Jh. Bernhard

Bodde, Jh. Bernhard

Bodde, Jh. Bhrd., Grundzüge z. Theorie d. Blitzableiter. 8. Münst. 809. Theissing. 10 gl

— Sendschreiben an Rensing, worin derselbe einer Theilnahm an der Erkünstelung der Wundmaale der Jungfer Emmerich nicht beschuldigt, das Wundersame der Wundmaale aber standhaft verneinet wird. 8. Hamm, Schultz und Wundermann.

— Sendschreiben an Rensing, worin derselbe einer Theilnahme an d. Erkünstelung d. Wundmale d. Jungfrau Emmerich nicht beschuldigt, das Wundersame d. Wundmale aber standhaft verneinet wird. 8. Hamm 819. Wundermann. 3 gl

Böddecker, Adolf (geb. Soest 14. 4. 1851): Die in der geburtshülflichen Klinik und Poliklinik zu Berlin während der 10 letzten Jahre beobachteten Beckenendlagen. Berlin (1875). (27 S.) 8°
Berlin, Med. Diss. v. 16. Aug. 1875

Boeddecker, C. Ueber die formelle und begriffliche Entwickelung der französischen Präpositionen *od, avec; avant, devant; hors, dehors.* Rostock, Diss., 1870. 50 S.

Böddecker, (Philipp Jacob): Manuductio nova methodico-practica bassum generalem, das ist: neue, vortheilhaffte, reale Handleitung zu dem Generalbass . . . – Stuttgart: Paul Treu, 1701.

Böddeker, Karl

Böddeker, K., altenglische Dichtungen d. Ms. Harl. 2253. Mit Grammatik u. Glossar hrsg. gr. 8. (XVI, 463 S.) Berlin 878. Weidmann. n. 8. —

Böddeker, K., Dictionaries. E. Verzeichn. d. bekanntesten engl. Wörterbücher aus allen Gebieten d. Sprachen, d. Fachwissenschaften, d. Kunst u. d. gewerbl. Lebens. Unt. Mitwirkg. v. C. Klöpper, H. Krebs, J. Leitritz, F. Noack zusammengestellt. [Aus: „Engl. Real-Lexikon, hrsg. v. C. Klöpper.] gr. 8. (59 S.) Leipzig 897. Renger. n. 1. 60

Böddeker, [Karl], Direktor Prof. Dr. u. [Karl] Herrmann: Einführung der Seminaristinnen in die Schulpraxis. Stettin 1905: A. Bornemann. (S. 3—8.) 4° [F.]
Stettin, Kaiserin Auguste Victoria-S OP 1905 [221]

— d. wichtigsten Erscheingn. d. franz. Grammatik. E. Repetitorium f. d. Oberklassen höh. Lehranst jeder Art, f. Lehrerinnen-Seminarien u. Lehrer-Fortbildungsanst. M. Beispielen z. Anschaug. u. Belegstellen, z. größten Teile neueren Autoren entnommen. gr. 8. (VIII, 132 S.) Ebd. 896. n. 2.—

Bödeker, K., die wichtigsten Erscheinungen der französischen Grammatik. Ein Lehrbuch f. die Oberklassen höherer Lehranstalten jeder Art, f. Lehrerinnen-Seminarien u. Lehrer-Fortbildungsanstalten. Mit Beispielen zur Anschaug. u. Belegstellen, zum größten Teile neueren Autoren entnommen. 2. Aufl. (XIV, 176 S.) gr. 8. Leipzig 905. Renger. n. 2.60; geb. n. 3.—

Böddeker, K: Die wichtigsten Erscheingn d. französ. Grammatik. Lehrb. f. d. Oberkl. höh. Lehranst. jeder Art, bes. f. Oberlyzeen u. Lehrer-Fortbildgsanst. Mit Beisp. z. Anschaug u. Belegstellen, z. grössten Tle neueren Autoren entnommen. 3.Afl. (10, 179) 8° Lpzg, Renger '12. L 3 — d

Böddeker, Karl, u. J. Leitritz, Frankreich in Geschichte u. Gegenwart. Nach französ. Autoren zur Einübg. der französ. Grammatik. Ein Übungsbuch zu jeder französ. Grammatik, insonderheit zu Böddekers „Die wichtigsten Erscheingn. der französ. Grammatik". Mit 1 Karte v. Frankreich u. 1 Plane v. Paris. gr. 8. (XIX, 227 S.) Leipzig 901. Renger. n. 3.—; geb. in Leinw. n. 3.40

— **u. J. Leitritz**, Frankreich in Geschichte u. Gegenwart. Französischer Text. Aus dem Deutschen übertr. v. Jos. Aymeric. (II S. u. 352 autogr. S.) gr. 8. Ebd. 903. n.n. 6.—

— u. J. Leitritz, Frankreich in Geschichte u. Gegenwart. Nach französ. Autoren zur Einübg. der französ. Grammatik. Ein Übungsbuch zu jeder französ. Grammatik, insonderheit zu Böddekers „Die wichtigsten Erscheingn. der französ. Grammatik". Mit 1 Karte v. Frankreich u. 1 Plane v. Paris. 2. Aufl. (XIX, 227 S.) gr. 8. Leipzig 908. Renger. 3.—

— **u. H. Bornecque**, Grammaire française pour les classes supérieures de tous les établissements d'enseignement secondaire et pour les séminaires pédagogiques. Exposé raisonné des lois de la syntaxe, suivi d'un tableau du système de la conjugaison française et des verbes dits irréguliers. (VIII, 172 S) gr. 8. Ebd. 903. n. 2.20; geb. in Leinw. n. 2.60

Böddeker, K. Politische Lieder aus der Zeit Eduards I. Stettin, R. II. Ord., 1875. 27 S. 4. *Progr.*

Böddeker, K., die öffentliche Meinung in England u. ihr Ausdruck im 16—17. Jahrh., s.: Sammlung v. Vorträgen.

Böddeker, Karl, H. Bornecque, R. Erzgraeber, französische Schulgrammatik. (Böddeker-Bornecque-Erzgraeber: Französisches Unterrichtswerk.) (143 S.) 8. Leipzig 910. G. Freytag. Geb. in Leinw. 2.—; m. e. Anh. f. Lateinanstalten. (149 S.), geb. in Leinw. 2.—

— H Bornecque, R Erzgraeber: Französ. Schulgrammatik. (Böddeker-Bornecque-Erzgraeber: Französ. Unterr.-Werk.) 2. Afl. (161) 8° Lpzg, G Freytag '11. L 2 —; m. Anh. f. Lateinanst. (149) L 2 — d

— — — Übgsb. f. Gymn. (Böddeker-Bornecque-Erzgraeber: Französ. Unterr.-Werk.) 3 Tle. 8° Ebd. '11. d
1. Obertertia. (104 m. Abb.) L 1.50 ‖ 2. Untersekunda. (91 m. Abb.) L 1.50 ‖ 3. Obersekunda u. Prima. (119 m. 1 Taf., 1 Pl. u. 3 farb.Ktn.) L 2 —

— — — Übungsbuch für höhere Mädchenschulen. (Böddeker-Bornecque-Erzgraeber: Französisches Unterrichtswerk.) 1. u. 2. Tl. 8. Ebd. 911. Geb. à 1.50
I. Klasse IV. (108 S. m. Abbildgn.) 911.
II. Klasse III der höheren Mädchenschule (bezw. III b der Studienanstalt). (90 S. m. Abbildgn.) 911.

— das Verbum im französischen Unterricht. Ein Hilfsbuch, neben jeder Grammatik zu gebrauchen. (X, 38 S.) gr. 8. Ebd. 905. n. —75

Böddeker, Karl Wege und Ziele des Unterrichts in fremden Sprachen. 4 (23 S.) *Progr.* Rg. i. d. Schillerstr. *Stettin* 1888

Böddeker, Bischof Nikolaus, von Schwerin. [Schwerin 1859.] V: *Crull.* (Bachmann, Mecklenburg. Güstrow 1889. S. 173.)

Böddeker, Walther, Referendar in Stettin: Die rechtliche Natur der Musterung nach dem öffentlichen Seerechte des Deutschen Reiches, mit Berücksichtigung fremder Seerechte, insbesondere des französischen und des englischen. *Greifswald 1901: J. Abel.* (73 S.) 8°
Greifswald, Jur. Diss. v. [12. Juli] 1901

Böddener, Karl Heinrich: Untersuchungen über Tetrose, über Arabonsäure und deren Quecksilbersalze, über Furfurolbestimmungen und über den Pfeffer. Göttingen 1910: Dieterich. 74 S. 8°
Göttingen, Phil. Diss. v. 17. Febr. 1910, Ref. Wallach
[Geb. 9. Juni 82 Dransfeld; Wohnort: Dransfeld; Staatsangeh.: Preußen; Vorbildung: Wilhelms-Gymn. Kassel Reife O. 04; Studium: Stuttgart Techn. Hochsch. 1, Göttingen 13 S.; Rig. 12. Jan. 10.] [U 10. 1399

Boddenhausen, Rudolf: Matz und Murks, s. H e i l b o r n , Ernst: Der Notgroschen.

Boedder, Bernardo

Boedder, Bern., S. J., Psychologia rationalis sive philosophia de anima humana, s.a. Cursus, philosophicus. IV.

Psychologia rationalis s. philosophia de anima humana. In usum scholarum Auct. Bernardo **Boedder** S. J. . . . *Friburgi Brisg.: Herder 1894.* (XVII, 344 S.) 1 Bd 8.
(Cursus philosophicus.) [97. 8311 Bo

Boedder, Bernardus, Psychologia rationalis sive philosophia de anima humana. In usum scholarum. Freiburg, Herder, 1900, 8°, XVIII, 422 S., 2. verm. u. verbeff. Aufl., 4 Mk.
1. Aufl. 1891, XVIII, 311 S., 3,20 Mk.

Psychologia rationalis sive philosophia de anima humana in usum scholarum auct. Bernardo **Boedder**, S. J. Ed. 3. aucta et em. Friburgi Br.: Herder 1906. (XIX, 476 S.) 8°
— **Cursus** philosophicus in usum scholarum. P. 4. [08. 4903 4

Boedder, Bernardus: Theologia naturalis sive philosophia de deo, s.a. Cursus philosophicus in usum scholar.

Boedder, Bernhard, S. J., theologia naturalis sive philosophia de Deo. In usum scholarum. (Cursus philosophicus, auctoribus pluribus philosophiae professoribus in collegiis Exaetensi et Stonyhurstensi.) gr. 8. (XVI, 371 S.) Freiburg i/B. 895. Herder. n. 3.50; geb. in Halbfrz. n. 4.70

Boedder, Bernardus, Theologia naturalis sive philosophia de Deo. In usum scholarum. Freiburg, Herder, 1895, 8°, XVI, 372 S., 3,50 Mk.; 2. verm. u. verb. Aufl. 1900, 8°, XVI, 390 S., 3,80 Mk.

Boeddicker, Joseph. (Guil. Leonard.) (geb. Hamm 20. 12. 1819): De polypis narium. Berolini (1844). (26 S.) 8°
Berlin, Med. Diss. v. 3. Juni 1844

Boeddicker O. Beitrag zur Theorie des Winkels. 1876. 8
Math. Diss. Göttingen

Böddicker, O. Zeichnungen des Planeten Mars. Göttingen 1877.

Boeddicker, O., Dr., Zeichnungen des Planeten Mars. (Veröffentlichungen von der Königl. Sternwarte zu Götttingen.) Göttingen 1878.

Boeddicker, Otto, Erweiterung der Gauss'schen Theorie der Verschlingungen m. Anwendungen in der Electrodynamik. Lex.-8. (68 S. m. eingedr. Holzschn.) Stuttgart 876. Spemann. n. 5.50

Boddien, v.: Die mecklenburgischen freiwilligen J ä g e r - R e g i m e n t e r , s. B o d d i e n , Hugo v.

Boddien, v., das 150jährige Jubiläum des Garde-Jäger-Bataillons zu Potsdam im Juni 1894. gr. 8. (81 S. m. Kaiserbildnis.) Berlin 894. E. S. Mittler & Sohn. n. —90; kart. n. 1.10

Boddien, A. von, Auszüge aus den hinterlassenen tierärztlichen Aufzeichnungen des verstorbenen John Field. Aus dem Englischen ins Deutsche übertragen von A. v. Boddien. 8°. (216 S.) Bautzen 69. Rühl. M. 2.50

v. Boddien, A., s.a. Thaten u. Meinungen des Hrn. Piepmeyer.

(Boddien, A. v., Herm. Detmold u. Adf. Schrödter.) Thaten und Meinungen des Herrn Piepmeyer, Abgeordneten zur constituirenden Nationalversammlung zu Frankfurt a. M. Frankfurt a. M. (1848). 49 S. Abbildungen. 4.

(Boddien, A. v., u. Joh. Herm. Detmold, geb. 1807, † 1856, der witzige „Reichsjustizminister"). Thaten u. Meinungen des Herrn Piepmeyer, Abgeordneten zur constituirenden Nationalversammlung zu Frankfurt am Mayn (seit 18. Mai 1848) von (— —), Professoren der Frescomalerey. O. O. u. J. (Gedr. Frkft. a. M. 1849.) Quer-4°. Ppb.

Boddien F. G. v.: Der mecklenburgische Haken, ein vorzüglicheres Ackerwerkzeug als der gewöhnliche Pflug ... nebst Notizen üb. v. Thünen's Hakenpflug. Oldenb. 1840. (11) 260 S. 3 Tvl.

v. Boddien, G., Lieder. 16. (194 S. m. 1 Stahlst.) Schwerin 850, Stiller. n. 1 ℛ; in Engl. Einb. m. Goldschn. n. 1½ ℛ

Boddien, G. v., Lieder. 2. Aufl. 12. (IV, 327 S. mit Portr.) Schwerin 890. Stiller. n. 3. —; geb. n. 4. 50

Mecklenburg und die modernen Staatsgebilde. Von Gustav v. Boddien. Im Selbstverl. [Berlin: Dtsch. Kolonial-Verl.] 1900. 32 S. 8° [09. 10007

Boddien, Hugo v., die Mecklenburgischen Freiwilligen-Jäger-Regimenter. Denkwürdigkeiten aus den Jahren 1813 u. 1814. Ludwigslust 863. Hinstorff. 8. (XVI, 184 S., 3 lith. u. color. Taf. u. 3 Tab. in 8., 4. u. Fol.) n. 27½ ngr; cart. n. 1 ℛ

Böddinghaus, F., die Steuerfrage u. Arbeiterfrage. Den Hohen Kammern gewidmet. Im September 1849. gr. 8. (16 S.) Berlin 849, Schneider & Co. n. n. 1/12 ℛ

Boeddinghaus, Julius: Kataloge über ... Dübel und Isolier- und Befestigungsmaterialien für Licht- und Telephonanlagen usw. 1910 ff. Düsseldorf

Boeddinghaus, Karl Theod., der evangel. Geistliche in seiner Vorbereit. u. Amtsführ., od. d. Theologie-Studierende in d. Elementarschule, auf d. Gymnasio u. d. Universität, d. Kandidat d. Predigtamts u. d. Pfarrer bei allen seinen Amtsverrichtn. u. amtl. Verhältnissen. 8. (10½ B.) Elberfeld 837, Schönian'sche Bh.

— Rede über 2. Samuelis 14. V. 17.: Der König ist wie ein Engel Gottes. Gehalten zu Ronsdorf am 3. Aug. 1833, zur Geburtstagsfeier Sr. Maj. Friedrich Wilhelm III. gr. 8. Elberfeld 833. Schönian. 1/12 ℛ

— wenn wird es mit der Jugend besser werden. 8. Elberfeld 833. Schönian. baar 1/3 ℛ

Boeddinghaus, Paul, s.a. Jörg, Paul.

Paul Jörg [d. i. Paul Boeddinghaus]. Spielmannsträume. Elberfeld: Hartmann 1900. 83 S. 8° [09. 13097 5

Boeddinghaus, Walther: Ueber Para-Nitrosobenzylaniline. . . . Erlangen, k. b. Hof- u. Univ.-Buchdr. v. Fr. Junge (Junge & Sohn). 1890; 21 S. 8°
Erlangen, Phil. Fak., Inaug.-Diss. v. 1890

Boddy, Clarinda, analysis of some cases treated by the operations of nerve section and nerve stretching. A graduation thesis. gr. 8. (47 S.) Bern 888. (Huber & Co.) n. — 90

Bode (Hrsg.), s. A c t e n s t ü c k e aus der Prozeßsache des Banquiers Moritz Oppenfeld in Berlin. . .

Bode, v. Anb. d. Färbe- u. Gesundh.-Krauts Waud. 8. Wien, Wucherer. 788.

Bode: B e m e r k u n g e n über die älteste Geschichte Roms, s. B o d e, G.

Bode, Geschichte des Infanterie-Regiments v. Manstein (Schleswigsches) Nr. 84. Auf Befehl des Regiments bearb. Mit e. Stammliste des Offizierkorps v. Pohl. Mit Bildnissen, Karten u. Plänen in Steindr. (VI, 458 S.) gr. 8. Berlin 906. E. S. Mittler & Sohn. n. 7. —; geb. n. 8. 75

Zur Geschichte der St. Cosmae-Kirche. Vorarbeiten u. Skizzen von P. prim. Bode-Stade. Stade 1905: A. Pockwitz. (16 S.) 8° [F.] [06. 18807

B o d e, Handb. der Bewirthschaftung der Forsten. Mit. 1840.

Bode: Die P f l i c h t und die Mittel zur Errichtung von landwirtschaftlichen Genossenschaften, s. B o d e, W.

Bode, Baronin v., s.: Schobert, H.

Bode: Die in das Gebiet der Samariterthätigkeit ... fallenden V e r l e t z u n g e n ..., s. B o d e, Bruno

Bode: Ueber den Wert der Gymnasialbildung. Rede. S. 7 - 13. Progr. Herford 1870.

Bode: W e s t e n t a s c h e n b u c h f. Ingenieure, s. B o d e, Friedrich

Bode: W i r t s h a u s - R e f o r m in England ..., s. B o d e, Wilhelm

Bode, A., Anleitung zum Torfbetriebe in Rußland. 2., verm. u. verb. Aufl. Mit 2 lith. Taf. (in Fol.) Mitau 840, Lucas. (Leipzig, Hartmann.)

Bode, A., Aufgaben aus der Lehre vom Größten und Kleinsten, s. Schellbach, K. H., mathematische Lehrstunden.

Bode, A.: Über die B e z i e h u n g zw. d. Fetten ..., s. B o d e, Albert

Bode, A.: E r z i e h u n g s a u f g a b e n der Volksschule ..., s. B o d e, Adf.

Bode, A.: Der G a r t e n r a s e n, s. B o d e, Alexander

Generalversammlung des Grossdeutschen Vereins zu Hannover am 24. November 1863. Aufgenommen v. A. Bode. O. Kalbe. G. Nonne. C. Volkmann. Hannover. 1863. 8°.

Bode, A.: Biblische G e s c h i c h t e n f. die Unterstufen ..., s. B o d e, Adolf

Bode, A., Handbuch zur Bewirthschaftung der Forsten in den deutschen Ostseeprovinzen Rußlands. Ein Leitfaden für Privatforstbesitzer u. Forstverwalter. Mit 1 lithogr. Taf. u. 1 Tab. 8. Mitau 840. Lucas. 1½ ℛ

— Handbuch zur Bewirthschaftung der Forsten ꝛc. 8. Mitau 840, jetzt A. Neumann. 1 ℛ

Bode, A., Notizen, gesammelt auf einer Forstreise durch einen Theil des europäischen Russlands, s.a Beiträge zur Kenntniss des russischen Reiches.

BODE, A.: Notizen, gesammelt auf einer Forstreise durch einen Theil des europäischen Rußlands. - St. Petersburg 1854. 399 S., 8 Taf. - (Beitr. z. Kenntniss d. Russ. Reiches u. d. angrenzenden Länder Asiens. Hrsg. v. K. E. v. Baer u. Gr. v. Helmersen Bd. 19)

— Die Pflicht und die Mittel zur Errichtung von landwirtschaftlichen Genossenschaften. Vortrag. 2. Aufl. Deutsche landw. Genossenschaftsbibliothek, Bd. 1. gr. 8°. Offenbach 1896.

Bode, A., ein Ruf zur Mission. Predigten üb. den Propheten Jona. 12. (58 S.) Breklum 889. Christl. Buchhandlg. n. — 20

Bode, A., Ruf zur Mission in 6 Predigten, gehalten bei Missionsfesten in und außer dem Herzogth. Nassau. Dillenburg 857. (Frankfurt a. M., Völcker.) gr. 8. (2 Bl., 76 S.) nn. 12½ ngr

Bode, A. (Hrsg.), s. S c h e l l b a c h, K. H.: Mathematische Lehrstunden.

Bode, A. (Hrsg.), s. S c h u l - und Haus g a r t e n, Der.

Bode, A. (Hrsg.), s. S c h u l m a n n, Der rheinische.

BODE, A.: I. Verbreitungsgränzen der wichtigsten Holzgewächse des Europäischen Rußlands, graphisch dargestellt. II. Beitrag zur Würdigung der Forstwirthschaft in Rußland. - Petersburg 1851. 115 S., 3 Kt. - (Beitr. z. Kenntniß d. Russ. Reiches u. d. angrenzenden Länder Asiens. Hrsg. v. K. E. v. Baer u. Gr. v. Helmersen Bd. 18)

Bode, 4.
— Verbreitungsgränzen der wichtigsten Holzgewächse des europäischen Russlands. Berlin 1856. 8. 107 p
Beiträge zur Kenntniss Russlands, Band 18.

Bode, A. H., s. Bode, August H.

Bode, Adolf, prakt. Arzt in Lindenberg (Kr. Beeskow-Storkow): Ein Beitrag zur experimentellen Erforschung der Wirkung einiger Silberpräparate, besonders des kolloidalen Silbers. *Frankfurt a. O. 1902: Trowitzsch & Sohn.* (64 S.) 8°
Rostock, Med. Diss. v. [10 Jan.] 1903

Bode, Adf., die Bergpredigt ausgelegt für die Gemeinde. Gießen 869. Ricker. gr. 8. (V, 160 S.) n. 20 ngr.

Bode, Adf., Erziehungsaufgaben der Volksschule in der Gegenwart. Ein Vortrag in der Seminar-Lehrerconferenz zu Neuwied am 24. Juni 1878 gehalten. gr. 8. (25 S.) Neuwied 878, Heuser'sche Verlagsh.

Bode, Adf., Erziehungsaufgaben der Volksschule in der Gegenwart. Ein Vortrag, in der Seminar-Lehrerconferenz zu Neuwied am 24. Juni 1878 gehalten. 2. (Titel-)Ausg. gr. 8. (25 S.) Neuwied 881, Heuser's Verlag.

Bode, A., biblische Geschichten für die Unterstufe. 2. Aufl. 8. (VII, 58 S.) Neuwied 887. Heuser's Verl. cart. n. — 40

Bode, A, bibl. Geschichten f. d. Unterstufe d. Elementarschulen u. d. Vorschulen höh. Lehranstalten. 8. (56) Neuw. 75, Heuser. geb. n. — 40

Bode, Ad. Biblische Geschichten f. d. Unterstufe d. Elementarschulen u. d. Vorschulen höherer Lehranstalten. 3.—6. gleichlaut. Aufl. 8. (VII, 58 S.) Neuwied 889, Heuser's Verlag. * — 40

Bode, Adf., s.: Monatshefte, ostdeutsche, f. Erziehung u. Unterricht.

Bode, Adolf, aus Birstein (Hess.-Nass.): Partielle Synthese von r-Cocain nebst einem Anhange: Zur Kenntnis der Ecgoninsäure. *München 1902: V. Höfling.* (67 S.) 8°
München, Phil. Diss. v. 1902

Bode, Albert. Über die Beziehungen zwischen den Fetten der Milch und des Kolostrums zu den F' der Nahrung, des mütterlichen und des kindlichen Körpers. Aus der Akademischen Klinik für Kinderheilkunde zu Düsseldorf... . Diss. Vet.-Med. Bern. 47 S. 8. Düsseldorf, Fr. Jumpertz, [1910].

Bode, Alb., Leitfaden f. den arithmetischen Unterricht in Lehrer-Seminaren, bearb. f. die Hand der Seminaristen. gr. 8. (VI, 101 u. XXIV S.) Halle a/S. 893. H. Schroedel. n.n. 1. 75; geb. n.n. 2. —

Bode, Alb., Leitfaden f. den arithmetischen Unterricht in sechsklassigen Lehrer-Bildungs-Anstalten, nach Maßgabe der seit dem 1. VII. 1901 in Preußen gelt. Bestimmungn. bearb. f. die Hand der Lernenden. 2. wesentlich verb. u. erweit. Aufl. (VI, 222 u. XXIV S.) gr. 8. Halle 905. H. Schroedel. n. 2. 50

Bode, Alex., Anleitg. z. Selbstunterr. im Planzeichnen u. z. Uebertragen e. Entwurfs aufs freie Land m. Flächenberechngn. f. junge Gärtnergehülfen u. Lehrlinge. gr. 4. (8 S. m. Fig. u. 4 Taf.) Altenburg 896. (O. Wermann.) n. 1. 50

Bode, Alex., Anleitung zum Selbstunterricht im Planzeichnen u. zum Uebertragen e. Entwurfs aufs freie Land m. Flächenberechnungen f. junge Gärtnergehülfen u. Lehrlinge. 2. Aufl. gr. 4. (13 S. m. Fig. u. 4 z. Tl. farb. Taf.) Altenburg 899. A. Tittel. n. 1. 50

Bode, Alex., Anleitg. zum Selbstunterricht im Planzeichnen u. zum Uebertragen e. Entwurfs auf's freie Land- m. Flächenberechnungen f. junge Gärtnergehilfen u. Lehrlinge. 3. Aufl. (11 S. m. Fig. u. 4 z. Tl. farb. Taf.) 32×23,5 cm. Altenburg 909. A. Tittel. 1. 50

Bode, A: Gärtner. Betriebslehre, s.a. Thaer-Bibliothek.

Gärtnerische Betriebslehre. Ein Leitfaden z. Selbststud. u. z. Unterr. an gärtnerischen Lehranst. Von Alexander Bode, Obergärtner zu Altenburg. *Berlin: P. Parey 1905.* (VIII, 153 S.) 8° [F.]
= Thaer-Bibliothek. Bd 104.

— Der Gartenrasen, s.a. Gartenbau-Bibliothek.

20

[F.] Der Gartenrasen. Von Alexander Bode. M. 14 Abb. *Berlin: K. Siegismund 1899.* (IV, 40 S., 1 Bl.) 1 Bd 8.
= Gartenbau-Bibliothek. Bd 7.

— die praktische Geometrie des Landschaftsgärtners (Gärtner's). Für den Gebrauch an gärtner. Fortbildungsschulen u. zum Selbstunterricht. gr. 8. (IV, 112 u. IV S. m. Abbildgn. u. 3 Taf.) Carlshorst-Berlin 900. H. Friedrich. n. 2. —

Die Praktische Geometrie des Gärtners. Für d. Gebr. an gärtnerischen Fortbildungsschulen u. z. Selbstunterr. Hrsg. von Alexander Bode, Altenburg. Mit zahlr. Abb. u. 3 Taf. Carlshorst-Berlin: H. Friedrich 1901. (112, IV S.) 8°

— Gewürzkräuter, s.a. Gartenbau-Bibliothek.

[F.] Gewürzkräuter. Von Alexander Bode. M. 6 Abb. *Berlin: K. Siegismund 1899.* (52 S.) 1 Bd 8.
= Gartenbau-Bibliothek. Bd 3.

— Grundzüge des landwirtschaftlichen Obstbaues. Für den Unterricht an landwirtschaftl. Schulen, Seminarien u. f. Baumwärter. gr. 8. (VIII, 76 S m. Abbildgn.) Altenburg 900. A. Tittel. Kart. 1. 50

— Landwirtschaft u. Obstbau, s.: Löbe's, William, landwirtschaftliche Bibliothek.

— Das Mistbeet, s.a. Gartenbau-Bibliothek.

Das Mistbeet. Von Alexander Bode. Mit 5 Abb. *Berlin: K. Siegismund 1900.* (50 S.) 8° [F.]
— Gartenbau-Bibliothek. Bd 21.

Bode, Alex.: Obst- u. Gemüsebau, s.: Nattermüller, Otto.

Bode, Alexander Maximilian Freih. von, De jure Augustissimi imperatoris et imperii in Magnum Etruriae ducatum. Präs. Nicol. Hieronym. Gundling. Halle (Henckel) 6. X. 1722. 234 S. (8.—) 3006

Bode, Alfred, appr. Arzt aus Dresden: **Beitrag zur Lehre vom Hydrocephalus internus.** *Jena 1901: B. Engau.* (44 S.) 8°
Jena, Med. Diss. v. (8. Mai) 1901

Bode, Arnold, aus Braunschweig: Die Höhenzüge zwischen Lutter am Barenberge und Lichtenberg in Braunschweig. *Göttingen 1901: Dieterich.* (35 S.) 8°
Göttingen, Phil. Diss. v. [5. Nov.] 1901

Bode, Arnold, die Höhenzüge zwischen Lutter am Barenberge u. Lichtenberg in Braunschweig. Diss. Lex.-8. (35 S.) Göttingen 901. (Vandenhoeck & Ruprecht.) n. — 80

Bode, August (Hrsg.), s. Polychorda.

Bode, Aug., Polychorda, eine Zeitschr. 2 Bde. in 8 Heft. 8. Penig, (Dienemann u. C.) 803—5. Velinpap.

— August Friedrich, De testimonio principis. Diss. jur. Präs. Joh. Fridemann Schneider. Halle (Chph. Andr. Zeitler) 1704. 44 S. (5.—) 3007

Bode, Aug. H., der Elementar-Lese-Unterricht in seiner geschichtlichen Entwickelung, m. besond. Berücksichtigung der Frage: Synthetische Schreiblesemethode oder Normalwörtermethode? gr. 8. (IV, 83 S.) Wittenberg 879. Berlin, Th. Hofmann. n. 1. —

— Wörterbuch der deutschen Synonymen. Vollständige Erklärung der in der deutschen Sprache vorkommenden sinnverwandten Wörter. Für Gebildete u. Schulen bearb. Neue wohlf. (Titel-)Ausg. gr. 16. (VI, 325 S.) Leipzig (1847) 878. Gerhard. n. 1. 50

Bode, Balthasar, das heil. Altaressacrament. Od.: Ein Denkmal seiner Liebe hat der Herr gestiftet. Predigt am Frohnleichnamsfeste, den 6. Juni 1844, in der St. Marienkirche zu Magdeburg gehalten. 8. (1⅛ B.) Magdeburg. [Quednow.]

Bode, Balthasar, das heilige Altaressakrament. Oder: Ein Denkmal seiner Liebe hat der Herr gestiftet. Predigt am Frohnleichnamsfeste, d. 6. Juni 1844, in der St. Marienkirche zu Magdeburg gehalten. 8. Magdeburg 844, Mazzuchi. 1/8 ℛ

—– die heil. Firmung. Predigt, am Erntefeste, d. 17. Sonntag nach Pfingsten in d. St. Marienkirche zu Magdeburg geh., u. nebst ein. Anh., welcher die kirchl. Firmungsgebete enthält. gr. 8. (1¼ B.) Magdeburg 843. [Quednow.]

—– das Frohnleichnamsfest, od. Bund u. Sieg in u. mit Christus. Predigt am 22. Mai 1845 in der St. Marienkirche zu Magdeburg geh. gr. 8. (1¼ B.) Magdeburg. [Quednow.]

— das Frohnleichnamsfest, oder: Bund u. Sieg in u. mit Christus. Predigt, am 22. Mai 1845 in der St. Marienkirche zu Magdeburg gehalten. gr. 8. Ebend. 845. 1/8 ℛ

Bode, Balth., der Glaube, der zum Leben führt. Predigt, am Sonnt. Sexagesimä 1848 zu Magdeburg gehalten. gr. 8. (15 S.) Magdeburg 848, Quednow. 1/8 ℛ

—– fragl. Reform in der kathol. Kirche. Kirchweih-Predigt, am 10. Sonnt. nach Pfingsten 1845 zc. geh. gr. 8. (1¾ B.) Magdeburg. [Quednow.]

Bode, Balth. (Caplan), Heiliger Vater. Oder der Papst u. s. geschmähter Name. gr. 8. Magdeburg 1845, Mazzuchi. 4 Ngr. — 15 kr.

Bode, Balthasar, heil. Vater. Od: Der Papst u. sein geschmähter Name. Predigt, am Feste der heil. Apostel Petrus u. Paulus 1845 zu Magdeburg geh. zc. gr. 8. (1 B.) Magdeburg. [Quednow.] Thlr.

Bode, Bruno: Casuistische Beiträge zur Atiologie [!], Symptomatologie und Diagnose der progressiven Muskelatrophie. Halle a. S. 1881: Plötz. 50 S. 8°
Halle-Wittenberg, Med. Diss. v. 14. Mai 1881
Geb. Nordhausen a. H. 10. 2. 1855. V.

Die in das Gebiet der Samariterthätigkeit fallenden Verletzungen, Erkrankungen und Unglücksfälle. Als Merk- u. Handbuch ... zsgest. von Dr. med. [Bruno] **Bode** in Thale a. H. 2. Aufl. Halle: C. Marhold 1906. (128 S.) 8° [F.] geb. 8

Bode, C, d. pädagog. Reform d. 18. Jahrh. in Bremen. Vortrag. 8. (24) Brem. 89, Kühtmann. n. — 50

Bode, C.A., s.a. B o d e , Christoph August

Bode, C. A.: Ein Beitrag zur Spirametrie. Marburg 1864.
Schul-/Univ.-Schrift

Bode, C. G., und G. Penning, Sturm und Morgenröthe oder Licht- und Schattenbilder aus dem Englischen Volksleben. 3 Bde. Leipzig 861. Kollmann. 8. (VIII, 799 S.) 2 ℛ 10 ngr.

Bode, C.W.

LEBENS- u n d R e i s e a b e n t h e u e r e i n e s J ü n g l i n g s, d e r d i e W e l t n i c h t k a n n t e (von *C. W. Bode*). Hildesheim 1804.
Anon.-Lex. III. p. 33 (nach Kayser).

Bode, C. W., s. Lebensgemälde, romantische.

LEBENSGEMÄLDE, R o m a n t i s c h e (von *C. W. Bode*). Hildesheim 1804.
Anon.-Lex. III. p. 29 (nach Kayser).

Bode, Carl [pr. Arzt aus Essershausen]: Ein Fall von cerebraler Kinderlähmung mit Störungen in der Augenbewegung und mit Spiegelschrift ... Marburg, Univ.-Buchdr. '(R. Friedrich)', 1893; 37 S., 1 Bl. 8.
Marburg, Med. Fak., Inaug.-Diss. v. 17. Aug. 1893

Bode, Car. (geb. Lehna, Prov. Sachs. 1809): De typho cerebrali. Berolini (1839). (33 S.) 8°
Berlin, Med. Diss. v. 7. Aug. 1839

Bode, *Carl August Paul*: Abschiedsfeier für Direktor Dr. *Emil* Scholderer. 4 (S. 16—19).
Progr. Adlerflychtsch. (Rsch. m. Vsch.) *Frankfurt a. M.* 1897

—: *Die Umgestaltung des Vorgartens des Schulhauses zu einem kleinen botanischen Garten.* 4 (S. 21—22).
Progr. Adlerflychtsch. (Rsch. m. Vsch.) *Frankfurt a. M.* 1899

Bode

— **Carl Wilhelm Moritz von,** Diss. de aequitate privilegii odiosi et potestate imperantis circa ill. Präs. Gust. Bernh. Beckmann. Götting. (Joh. Christ. Lud. Schultze) 28. I. 1750. 80 S. (5.50) 3008
Gew.: Gerlach Adolf Freih. v. Münchhausen (Strausfurt). — Widm. v.: Christian Graf v. Leiningen-Westerburg (2 S. dtsch.), Friedr. u. Carl Rudolf August Grafen v. Kielmansegge, Wilh. Chph. Diede zum Fürstenstein, Friedr. Carl Anton v. Clotz (Hess. Adel), R. v. Neufville (deutsch), C. A. v. Bissmarck (deutsch), Gust. Bernh. u. Otto David Heinr. Beckmann.

Bode, C. W., Mor. Opuscul. de successione gentilitia, vulgo die Stammfolge, ratione principat. Imp. R. G. 4. Gött. 750.

Bode, Christian: Die neue wilde B a u m z u c h t nordamericanischer und anderer fremder, als auch einheimischer Bäume, Sträucher und strauchartiger Pflanzen, welche in dem kurfürstlichen Schönbusch bei Aschaffenburg um beigefügte Preise daselbst abgegeben werden. Bei Christian B o d e .– o. O. 1797. 61 S. 8°.

Memoriam viri Christoph August Bode . . 7. III. 1796 defuncti prorector et senatus acad. Juliae Carolinae commendant. Helmstedt (C. G. Fleckeisen) 15. VI. 1796. 32 S., mit Bibliographie. (5.50) 3009

— de coelo vivo comment. 4. Helmst. 757. Kühnlein. 2 gl

— de Goele vivo comm. 4. Helmst. 759.

— Evangelium sec. Ioannem. 4. Wolfenb. Meisner. 751. –

— Evang. sec. Lucam ex vers. Pers. interpr. in bibl. polygl. angl. ed. 4. Helmst. Meisner. 751.

— Evangel. sec. Marcum ex versione arabici interpretis a Th. Erpenio editum. 8. Braunschw. 752. Meyer. 2 gl

— Evang. S. Marci ex arab. in lat. transl. 8. Braunschw. Meyer. 755.

— Evang. sec. Mathaeum ex vers. Aethiop. interpr. in bibl. polygl. angl. ed. etc. 4. Halae, Bauer. 749.

— Evangelium sec. Matthaeum ex vers. persici interpretis in Bibliis polyglottis angl. editum. 4. Helmst. 750. Meissner. 4 gl Id. sec. Marc. Luc. et Joh. 4. Ibid. 751. 8 gl

— — id. ex vers. Persici interpr. etc. ex persico idiom. in lat. transl. 4. Wolfenb. Meisner. 750.

— duo prima capita Evangel. sec. Matthaeum etc. in lat. transtulit. 4. Helmst. 752. Cramer in Bremen. 2 gl

— — duo prima cap. etc. 4. Brem. Cramer. 756.

— quatuor prima capita Evangel. Matthaei, una c. orat. dom. cap. VI, 9—12. ex vers. armenici interpretis, in ling. latin. transt. 4. 757.

Bode, Cph. Aug., († d. 7. März 1796.) fragmenta V. T. ex vers. aethiop. interpret. 4. Wolfenb. 755. Meissner. 5 gl

— interpretatio ex lib. Genes. Cap. I. 4. Wolfenb. 755. Meissner. 3 gl

— interpretatio ex lib. Genes. Cap. I. 4. Wolfenb. Weygand. 755.

— Psalmi hebr. alphabet. CXIX. vers. lat. etc. 4. Helmst. 783. (Ernst in Quedlinb.) 6 gl

— Pseudocritica Millio-Bengeliana. II partes. 8. maj. Halle, Curt. 767—69.

— Pseudocritica Millio-Bengeliana etc. II Prts. 8maj. Halle 767—69. (Laue in Berl.) 2 Rthl. 8 ggr.

— Salomonische Sittenlehre, od. Umschreib. d. Sittenspr. Salomons. gr. 8. Quedlinb. 791. Ernst. 10 ggr.

— de spiritu sancto Dei digito comment. 4. Helmst. 759. Kühnlein. 2 ggr.

— nov. testam. ex vers. aethiop. interpr. in Bibliis polyglottis anglic. editum, ex aethiop. lingua in lat. transt. Tom. I. II. 4. Braunschw. 752—55. Meyer. T. I. 8 ggr.

— Nov. Test. ex vers. aethiop. interpret. T. I. Evang. cont. 4. Braunschw. Meyer. 753.

— erklärende Umschreib. d. Pred. Salomons n. d. Grundtexte. gr. 8. Quedlinb. 788. Ernst. 6 ggr.

Bode, Cph. Aug., nova versio sententiar. concionator. et cant. canticor. Salomonis text. hebr. masorethici. 4. Helmst. 777. Kühnlein. 16 ggr.

Bode, Died. Wilhelm (Ostfriesland), De cura, quae, funiculo umbilicali proxime ab annulo umbilicali dirupto, vasis sanguiferis adhibenda est. Dissert. med. Göttingen (Dieterich) 3. IX. 1830. 30 S. (3.50) 3010
Gew.: Friedr. Bode (Leer).

Bode, E., Die Kinderstube mit besond. Berücksichtigung der ländlichen Verhältnisse. Stuttgart 1902. E. Ulmer. Geb. 1.—

Bode, E. u. W. Deding, Methodik des naturkundlichen Unterrichts. Naturgeschichte v. B. u. Naturlehre v. De. (Methodik des Volks- u. Mittelschulunterrichts. In Verbindg. m. namhaften Schulmännern u. unter Mitwirkg. v. E. Friedrich hrsg. v. Herm. Gehrig.) (VI, 80 S.) gr. 8. Leipzig 906. B. G. Teubner. n. 1.—

Bode, Elisab., die Kinderstube, m. besond. Berücksicht. der ländlichen Verhältnisse. 12. (III, 69 S. m. 19 Abbildgn.) Stuttgart 902. E. Ulmer. Geb. n. 1.—

Bode, Emil: Der Anfangsunterricht im Englischen an der Realschule nach Dubislav und Boek. *Magdeburg 1898: E. Baensch jun.* (12 S.) 4°
Magdeburg, st. R, OP 1898 (284)

Bode, E: Die Learsage vor Shakespeare m. Ausschl. d. ält. Dramas u. d. Ballade, s. a. Studien z. engl. Philol.

Bode, Emil, aus St. Andreasberg: Die Learsage vor Shakespeare mit Ausschluß des älteren Dramas und der Ballade. *Halle a. S. 1904: E. Karras.* (149 S.) 8° ¶ (Aus: Studien z. engl. Philologie.)
Göttingen, Phil. Diss. v. [5. Aug.] 1904

Die Learsage vor Shakespeare, mit Ausschluß d. älteren Dramas u. d. Ballade. Von Emil **Bode**. *Halle a. S.: M. Niemeyer 1904.* (149 S.) 8°
[Erschien auch als Inaug.-Diss. Göttingen 1904.]
— Studien z. englischen Philologie. H. 17. [04. 14630 3

Bode, Ernst

Bücher-Verzeichnis der Bonner Bücher- und Lesehalle Poppelsdorfer Allee 50 mit Sachreg. von Bibliothekar [Ernst] **Bode**, Bonn. *(Bonn) 1900: (C. Georgi).* (XII, 76 S.) 8° [Umschlagt. J.] [01. 1646 5

Bücher-Verzeichnis der Bonner Bücher- und Lesehalle e. V., Quantiusstr. 5, mit Sachreg. von Bibl. [Ernst] **Bode**, Bonn. *(Bonn) 1903: (C. Georgi).* (118 S.) 8° [Umschlagt. J.] [03. 5995 5

Bücher-Verzeichnis der Bonner Bücher- und Lesehalle e. V. Quantiusstr. 5 mit Sachreg. von Bibl. [Ernst] Bode, Bonn. (Bonn) 1905: (C. Georgi). (153 S.) 8° [J.] [05. 8000 5

Bücher-Verzeichnis der Bonner Bücher- und Lesehalle E. V., Quantiusstraße 5, mit Sachreg. von Bibliothekar [Ernst] **Bode**, Bonn. (Bonn) 1908: (C. Georgi). (159 S.) 8° [J.] [08. 5313

Bücher-Verzeichnis der Bonner Bücher- und Lesehalle E. V. Quantiusstrasse 5 mit Sachreg. von [Ernst] **Bode**. (Bonn) 1910: (Georgi). 152 S. 8° [Umschlagt.] [10. 1128 5

Bode, Ernst, a. Kassel: Die Gerinnungszeit des Blutes beim Menschen. Göttingen 1905: L. Hofer. (28 S.) 8°
Göttingen, Med. Fak., Ref. Ebstein, Schittenhelm Diss. v. 1. Jan. 1906
[Geb. 5. Jan. 79 Cassel; Wohnort: Göttingen; Staatsangeh.: Preußen; Vorbildung: Friedr.-Gymn. Cassel Reife O. 98; Studium: Göttingen 6, Leipzig 2, Berlin 1, Göttingen 1 S.; Coll. 21. Juli 05; Approb. 1. Jan. 06.]

Bode, F.: Vom e r r o r in substantia, s. B o d e , Friedrich

Bode (F.), Konkurrenz-Arbeit zu der Honorarausschreibung über den Glovertherm. 4°. Berlin 1876 (7).

Bode, F.: N a u h e i m . . . , s. B o d e , Friedrich

Bode (F.), Die Röstung des Kupferrohsteins auf Eckardthütte bei Leimbach. (Preufs. Zeitschr., Bd. 14.) Berlin 1865. 4.

Bode, F.: Stolberg, s. B o d e , Fritz

Bode, F. A., Burlesken, m. K. Taschenform. Leipz. Gleditsch. 805.

Bode, F. C., Anweisung zur erfahrungsmäßig richtigen Behandlung der Rebe am Spalier. Querfurth 840. Schmid. 12. (21 S.) 1½ ngr.

— Fremdwörterbuch, s. F r e m d w ö r t e r b u c h für Volksschulen.

(——) kleines F r e m d w ö r t e r b u c h für Volksschulen. 10. (20 S.) Querfurth 852, Schmid's Buchh.

—— G e s c h i c h t s t a b e l l e für Volksschulen. 16. (14 S.) Querfurth 852, Schmid's Buchh. *

Bode, F. Maier-, s. M a i e r - B o d e , F.

Bode, Fr.: Zum 9. A u g u s t 1896, s. B o d e , Frz.

— Friedrich, De abusu poenitentiae ecclesiasticae. Tractat. jur. eccles. Präs. Heinr. Boden. Halle (Joh. Gruner) 1708. 136 S. (6.50) 3011
Widm. v.: Samuel Stryk, Christian Thomasius, Jo. Sam. Stryk, J. E. Schwertfeger, Conr. Herm. Fuhrmann.

Bode, Frdr., Beiträge zur Theorie u. Praxis der Schwefelsäure-Fabrikation. gr. 8. (III, 131 S.) Berlin 872. Oppenheim. n. 2. 50

Bode, Friedr., Chronik der Stadt Rochlitz und Umgegend. 5 Lfgn. gr. 8. (159 S. mit 8 Stnt. in Tondr.) Rochlitz 865—67, Bode. à Lfg. * 4 Ngr. *

Bode, Friedrich *Wilhelm August* [aus Greifswald]: Über die Entstehung des zweiten Herztones ... Greifswald, Druck v. F. W. Kunike, 1894; 32 S. 8.
Greifswald, Med. Fak., Inaug.-Diss. v. 27. Febr. 1894

Bode, Friedrich [Referendar in Bremen]: Vom error in substantia. ... Göttingen, Druck d. Dieterich'schen Univ.-Buchdr. W. Fr. Kästner, 1888; 46 S. 8°
Göttingen, Jur. Fak., Inaug.-Diss. v. 2. Okt. 1888

Bode, Friedr., vom error in substantia. Inaugural-Dissertation. gr. 8. (46 S.) Göttingen 888, (Vandenhoeck und Ruprecht.) *

Bode, Frdr., Ingenieur-Kalender f. Maschinen- u. Hüttentechniker, s.: S t ü h l e n, P.

Bode, Friedrich: Die Kampfesschilderungen in den mittelhochdeutschen Epen. Greifswald 1909: Adler. 302 S. 8°
Greifswald, Phil. Diss. v. 12. Okt. 1909, Ref. Ehrismann
[Geb. 13. Jan. 86 Militsch; Wohnort: Militsch; Staatsangeh.: Preußen; Vorbildung: Gymn. Krotoschin Reife O. 04; Studium: Breslau 5, Greifswald 4 S.; Rig. 10. Mai 09.] [U 10. 1602

Bode, Friedr., Nauheim, seine natürlich warmen Soolquellen u. deren Wirkung, nebst einer kurzen Nachricht über die schwalheimer Mineralbrunnen. gr. 8. (7⅔ B.) Cassel 845, Fischer.

Bode, Friedr., Nauheim, seine natürlich warmen Soolquellen und deren Wirkung, nebst einer kurzen Nachricht über den Schwalheimer Mineralbrunnen. Mit 1 (lith.) Ansicht von Nauheim. 2. verb. u. verm. Aufl. Cassel 853. Fischer. gr. 8. (IX, 135 S.) 20 ngr

— kurze Notiz über das Soolbad Nauheim. Den Mitgliedern der Oberhess. Gesellschaft f. Natur- u. Heilkunde zur Erinnerung an die Generalversammlung in Nauheim am 31. Juli 1852 gewidmet. Friedberg 852. Bindernagel. 36. (18 S.) n. 2½ ngr

Bode, Friedrich: Ehemaliger Weinbau im östlichen Teile des Reg. bez. Merseburg und angrenzenden Bezirken. Halle (Saale): 1909. 7 S. Aus: Archiv für Landes- und Volkskunde der Provinz Sachsen. 1909. Aus: Mitteilungen des Sächsisch-Thüringischen Vereins für Erdkunde zu Halle a. S. 1909.

Bode, F., Westentaschenbuch, s.: Stühlen's Ingenieur-Kalender f. Maschinen- u. Hüttentechniker.

Bode's Westentaschenb. f. Ingenieure. Neu bearb. v. Geo. Promnitz. (16, 390 m. Fig.) 7,2×10,2 cm. Ess., GD Baedeker ('12). L 3 —

Bode, Friedrich Franz Ludwig: Praecipua hydropi opposita Remedia. Helmstadii (1782:) Schnorr. 31 S. 8°
Helmstedt, Med. Diss. v. 23. Aug. 1782.

Bode, Friedrich Wilhelm August, s. Bode, Friedrich

Bode, Frid. Guil. Theod. (geb. Magdeburg 19. 8. 1837): De arca Celsi. Berolini (1862). (34 S.) 8°
Berlin. Med. Diss. v. 8. Okt. 1862

Bode, Fritz (Hans Elben), s. a.: Elben, Hans.

Bilstein. Sang u. Sage aus d. Werrathale von Hans Elben (Fritz Bode). 3. Aufl. *Leipzig: G. H. Wigand 1893.* (79 S.) 8°

— Meergold. 12. (VII, 112 S.) Arolsen 891. A. Speyer. Geb. in Leinw. n. 3. 50

Bode, Fritz, Sonnenwende. Ein Märchenspiel in 8 Bildern. (IV, 64 S.) 8. Nordhausen 906. F. Krause. n. 1, 20; geb. n. 2. —

Bode, F., [Hans Elben], Stolberg. Eine Geschichte aus d. 16. Jahrh. 8. (V, 154 S.) Cassel 890. Wigand. geb. n. 3. —

Bode, Frz., z. 9. Aug. 1890. Festschrift z. Einweihg. d. Kreuzturmes a. d. Josephshöhe. 8. (20 S.) Halberstadt 890. (Quedlinburg, H. C. Huch.) n.n. — 25

Zum 9. August 1890. Festschrift zur Einweihung des Kreuzthurmes auf der Josephshöhe. Von Fr. Bode, Fürstl. Stolberg'schem Kammerdir. *(Magdeburg: Fabersche Buchdr. [1895].)* (20 S.) 1 Bd 8.

Bode, G.: Bemerkungen über die älteste Geschichte Roms. 23 S. Progr. Prenzlau 1859.

Bode: Die ältesten Bewohner Roms. 20 S. Progr. Herford 1867.

*Bode, G. u. W Henneberg: Die Gärungsgewerbe u. ihre naturwissenschaftl. Grundlage. Lpzg, Quelle & M. geb. ca 1.25

Bode, G: Geschäftsgänge u. Aufg. f. d. Unterr. in d. gewerbl. Buchführg f. Maschinenbauer, s: Hoffmeister u. Wüster.

Bode, G.: Materia qualem apud Platonem habeat vim atque naturam, s. Bode, Gustav.

Bode, G., über das Spirimid. Inaug.-Dissert. Göttingen 857. (Vandenhoeck u. Ruprecht.) 8. (24 S.) n. 5 ngr

Bode, G. C., die Turnübungen in Tafeln nach ihren Arten geordnet, verm. und nach den besten Quellen bearb. und hrsg. Fol. (44 Blatt.) Offenbach 861. 62, (André.) **

Bode, G. H., Orpheus poetarum graecorum antiquissimus. Commentatio praemio regio ornato. 4 maj. Götting. 825. Dieterich. 1 ß 12 gr Schrbp. 1 ß 18 gr

Bode, Georg [app. Arzt aus Bruchhausen]: Ansichten über Wesen u. Behandlung der Perityphlitis. E. literar.-krit. Studie ... Hoya a. d. W., Druck v. J. F. Wildt, 1893; 24 S. 8.
Erlangen, Med. Fak., Inaug.-Diss. v. 28. Febr. 1893

Bode, Geo.: Der Forst v. Hasselfelde, e. welf. Allod. — Herkunft u. Heimat Gunzelins v. Hagen, d. 1. Grafen v. Schwerin. s: Quellen u. Forschungen z. braunschweig. Gesch.

Bode, Geo., Geschichte der wallonisch-reformirten Kirchengemeinde zu Magdeburg, s.: Geschichtsblätter d. deutschen Hugenotten-Vereins.

Bode, Geo.: Die Heimburg am Harz u. ihr 1. Herrengeschlecht, d. Herren v. Heimburg, s. a. Forschungen z. Gesch. d. Harzgeb.

Die Heimburg am Harz und ihr erstes Herrengeschlecht, die Herren von Heimburg. Von Georg Bode, Landger.Dir. Hrsg. v. Harzverein f. Geschichte u. Altertumskunde. Wernigerode: Selbstverl. d. Ver.; Quedlinburg: Huch in Komm. 1909. 252 S. 8°
(Forschungen z. Geschichte d. Harzgebietes. 1.)

Bode, Georg, in Posen: Spiel und Wette nach dem bürgerlichen Gesetzbuch. Posen [1905]: Merzbach. (35 S.) 8° [F.]
Jena, Jur. Fak., Ref. Thon, Diss. v. 21. Dez. 1905
[Geb. 18. Dez. 54 Landsberg a. W.; Wohnort: Posen; Staatsangeh.: Preußen; Vorbildung: Gymn. Landsberg a. W. Reife M. 74; Studium: Berlin 1, Leipzig 6 S.; Rig. 21. Dez. 05.]

Bode, Georg: Studium der Einwirkung von Grignard-Lösungen auf organische Halogen-Ammonium-Verbindungen. Giessen 1909: v. Münchow. 56 S. 8°
Gießen, Phil. Diss. v. 22. Febr. 1909, Ref. Elbs
[Geb. 11. Juli 83 Frankfurt a. M.; Wohnort: Gießen; Staatsangeh.: Preußen; Vorbildung: Klinger-Oberrealsch. Frankfurt a. M. Reife O. 03; Studium: Bonn 3, Straßburg 2, Freiburg i. B. 3 S.; Rig. 13. Nov. 08.] [U 09. 1193

— Der Uradel in Ostfalen, s. a. Forschungen z. Gesch. Niedersachsens.

Der Uradel in Ostfalen. Von Georg Bode, weil. Landger.Dir. (Hrsg.: Dr. [Hermann] Hoogeweg.) Hannover: Geibel 1910. VIII, 251 S. 8°
(Forschungen z. Geschichte Niedersachsens. Bd 3, H. 2/3.)

Bode, Georg [Bearb.], s. Urkundenbuch der Stadt Goslar und der in und bei Goslar belegenen geistlichen Stiftungen.

— Urkundenbuch der Stadt Goslar u. der in u. bei Goslar belegenen geistlichen Stiftungen, s.: Geschichtsquellen der Prov. Sachsen u. angrenzender Gebiete.

Bode, Georg Heinrich

Bode, Geo. Heinr., Geschichte d. hellenischen Dichtkunst. 3 Thle. (od. 5 Bde.) gr. 8. Leipzig, Köhler.
A. u. d. Ttln.:
Bd. 1. Geschichte d. epischen Dichtkunst d. Hellenen bis auf Alexandros d. Gr. (33⅓ B.) 838. 2 Thlr. 8 Gr.
2. Geschichte d. lyrischen Dichtkunst d. Hellenen b. auf Alexandros d. Gr. 2 Thle.
1. Thl. Ionische Lyrik, nebst Abhandln. üb. d. ältesten Kultus- u. Volkslieder u. üb. d. Tonkunst d. Hellenen. (25¼ B.) 838. 2 Thlr.
2. - Dorische u. aeolische Lyrik. (31¼ B.) 838. 2 Thlr. 8 Gr.
3. Geschichte d. dramatischen Dichtkunst d. Hellenen bis auf Alexandros d. Gr. 2 Thle.
1. Thl. Tragödien u. Satyrspiele. (36¼ B.) 840. 2 Thlr. 12 Gr.
2. - Komödien. (27¼ B.) 840. 2 Thlr. 8 Gr.

— Quaestiones de antiquissima Carminum Orphicorum aetate, patria atque indole. Edit. II. priori auctior. 4 maj. Gottingae 838 libr. Dieterich. 1 ß

—— Scriptores rerum mythicarum, s. Scriptores.

Bode, Günther, a. Frankfurt a. M.: Über das Kathodengefälle und den Potentialgradienten in Sauerstoff und in den Halogenen Chlor, Brom und Jod. (Berlin 1906: G. Schade.) (38 S.) 8°
Berlin, Phil. Fak., Ref. Drude, Diss. v. 3. Febr. 1906
[Geb. 20. Jan. 81 Frankfurt a. M.; Wohnort: Berlin; Staatsangeh.: Preußen; Vorbildung: Goethegymn. Frankfurt a. M. Reife M. 99; Studium: Marburg 5, Berlin 7 S.; Rig. 7. Dez. 05.]

Bode, Gustav

Bode, Gustavus: • De idea boni qualem apud Platonem habeat naturam et auctoritatem. 110 S. 8° (4°)
Halle-Wittenberg, Phil. Diss. v. 21. Mai 1847
Geb. Templin 5. 11. 1819. V.
Ueberarb. u. z. T. (S. 16—29 des Ms.) fast wörtlich verwendet in des Verf.: Materia qualem apud Platonem habeat vim atque naturam. Neu-Ruppin 1853: Kühn. 12 S. 8° (4°) Gymn.-Progr.

Bode, G.: Materia qualem apud Platonem habeat vim atque naturam. 12 S.
Progr. Neu-Ruppin 1853.

Bode, Gustav: **Untersuchungen über das Chlorophyll.** *Kassel 1898: Gebr. Gotthelft.* (40 S. mit Tab.) 8°
Jena, Phil. Diss. v. [29. Jan.] 1898

Bode, H., de abusu poenitentiae ecclesiasticae. Hal. 1743. 4.

Bode, H.: Die A n f ä n g e wirtschaftlicher Berichterstattung . . ., s. B o d e , Hermann

Bode, H.: Aristoteles quid de Democriti et Platonis psychologiae principiis judicaverit. 8 S.
Progr. Halberstadt 1847.

Bode, H.: Über die B e z i e h u n g e n zwischen Düngung u. Zusammensetzung d. Zuckerrüben, s. B o d e , Hugo

Bode, H.: W ö r t e r b u c h der deutschen Synonyme, s. B o d e , Heinrich

Bode, H. Ch., s. B o d e , Hr. Charl.

Bode, Hans: Ein **Beitrag zur Kenntnis der Nephritis.** *München: J. F. Lehmann 1897.* (62 S.) 8°
München, Med. Diss. v. 1897

Bode, Baronin Hedw. v., s.: **Schobert, H.**

Bode, Heinrich

Bode, Heinrich (Bearb.), s. B r i f f a u l t , Eugène: Die Geheimnisse v. Rom im 19. Jahrh.

Bode, Hnr., Clarisse Harlowe, s. S. Richardson. — Gogol, N., russ. Novellen. — Tigergeschichte.

— **das Innere der Gesellschaft Jesu. Eine durch die Dokumente des Jesuiten-Ordens gegebene Darlegung der Erziehungs- u. Lebensweise, des Geschäftsganges, der Verwaltung u. Wirksamkeit desselben in unseren Tagen** 2c. 2. verb. u. verm. Aufl. gr. 8. (285 S.) Leipzig 847, O. Wigand. n. 1 1/3 ß

— **aus dem Kloster. Eine Spanne Menschenleben.** 2 Bde. 8. (à 246 S.) Leipzig 847, Gerhard. 2 1/2 ß (jetzt T. O. Weigel.) n. 24 ngr

Bode, Heinrich, prakt. Arzt aus Ahmstorf (Hannover): **Aus d. Tübinger Universitäts-Augenklinik. Über primäre Conjunctivaltuberkulose.** *Tübingen: F. Pietzcker 1899.* (21 S.) 8°
Tübingen, Med. Diss. v. 1899

Bode, Heinr., über primäre Conjunctivaltuberkulose. Diss. gr. 8. (21 S.) Tübingen 899. F. Pietzcker. n.n. — 70

— **Madonna. Schauspiel in 5 Aufz.** 8. (VIII u. 172 S.) Hamburg 848, Hoffmann & Campe. 1 ß

Bode, H, nur selig! 8. (52) Gnadau 65. (Berl., Beck — Halle, Peterson.) n. — 7 1/2

Bode, Heinr., am Rhein. Denkbuch für Reisende am Rhein. Mit 24 Rheinansichten (Holzschn.) v. Allanson u. einem vollst. Führer am Rhein u. in dessen Umgebung. br. 8. (108 S.) Leipzig 847, O. Wigand. n. 5/6 ß

Bode, Heinrich: Syntaktische **Studien zu Eustache Deschamps.** *Leipzig-Reudnitz 1900: A. Hoffmann.* (90 S.) 8°
Leipzig, Phil. Diss. v. [8. Dez.] 1900

Bode, Heinrich [aus Hessen i. Br.]: **Zur Theorie des Astigmatismus katoptrischer Anamorphosen . . .** Rostock, C. Boldt'sche Hof-Buchdr., 1897; 30 S., 1 Bl., 4 Taf. 8.
Rostock, Phil. Fak., Inaug.-Diss. v. [5. Mai] 1897

Bode, Henr. de: T r a c t a t i o jur. de eo quod iustum est circa testimonia historicorum, Von dem rechtlichen Glauben historischer Zeugniße. Halae Sal. 1750.

— **Volksmährchen aus der Bretagne. Für die Jugend bearb.** Mit Bildern v. Prof. Richter n. T. Johannot. gr. 16. (VIII u. 190 S. m. Holzschn.) Leipzig 847, O. Wigand. 1 ß

Bode, Heinr., und F. Wilh. Harnisch, 20 Wetter- und Hagelfeierpredigten, nebst einem Anhang. gr. 8. (XVI, 132 S.) Stendal 886. (Braunschweig, Grüneberg's Buchh.) geb. **

Bode, H., Wörterbuch d. deutschen Synonymen. Vollständige Erklärung d. in deutscher Sprache vorkommenden sinnverwandten Wörter. Für Gebildete u. Schulen bearb. 11. 8. Leipzig (840) 847, Gerhard. 1 ß

Bode, H., Wörterbuch der deutschen Synonymen. Vollständige Erklärung d. in deutsch. Sprache vorkommenden sinnverwandten Wörter. Für Gebildete u. Schulen bearb. 8. (21 B.) Leipzig 847, Gerhard.

Bode, H., Wörterbuch der deutschen Synonymen. Vollständige Erklärung der in der deutschen Sprache vorkomm. sinnverwandten Wörter. Für Gebildete und Schulen bearb. Neue wohlf. (Titel-)Ausg. gr. 16. (VI, 325 S.) Leipzig (847)78, Gerhard. *

Bode, Hermann, a. Rochlitz i. S.: Die Anfänge wirtschaftlicher Berichterstattung in der Presse. Eine volkswirtschaftliche Studie als Beitrag zur Geschichte des Zeitungswesens. Pforzheim: Gebr. Bode 1908. (64 S.) 8° [F.]
Heidelberg, Phil. Fak., Ref. Gothein, Diss. v. 21. April 1908
[Geb. 3. Sept. 86 Rochlitz; Wohnort: Pforzheim; Staatsangeh.: Baden; Vorbildung: Gymn. Pforzheim Reife M. 04; Studium: Heidelberg 1, Genf 1, Berlin 1, Heidelberg 4 S.; Rig. 18. Dez. 07.]

Bode H. die Anfänge wirtschaftlicher Berichterstattung in der Presse. (64 S) Pforzheim 1908

Bode, Hermann, Referendar: Die sogenannte Chikane nach dem B.G.B. Greifswald 1905: J. Abel. (54 S.) 8° [F.]
Greifswald, Jur. Fak., Ref. Pescatore, Diss. v. 22. Okt. 1905
[Geb. 7. Nov. 83 Wiesbaden; Wohnort: Wildungen; Staatsangeh.: Preußen; Vorbildung: Wilh.-Gymn. Königsberg i. Pr. Reife O. 02; Studium: München 2, Freiburg i. B. 2, Königsberg 2 S.; Rig. 3. Juli 05.]

Bode, Hr. Charl., Ludwig der Erste, König v. Bayern. Erinnerungsbüchlein an das Wirken u. die Werke d. verewigten Fürsten zur Feier seines 100. Geburtstages. Mit Illustr. 8. (VIII, 88 S.) München 886. Callwey. 1. — 50

Bode, H. Ch., Ludwig der Erste, König von Bayern. Erinnerungsbüchlein an das Wirken u. die Werke des verewigten Fürsten zur Feier seines 100. Geburtstages. Mit Illustr. (Neue, verm. Ausg.) 8. (XVI, 88 S.) München 888. Callwey. n. — 50

Bode, Hugo: Ueber die Beziehungen zwischen Düngung und Zusammensetzung der Zuckerrüben. Halle a. S. 1882: Plötz. 53 S. 8°
Halle-Wittenberg, Phil. Diss. v. 23. Dez. 1882
Geb. Großsalze (Kr. Kalbe) 26. 7. 1831. V.

Bode, Hugo, Dr. phil.: **Die Erhaltung der Bodenkraft im Pachtvertrage.** *Halle a. S. 1902: Wischan & Wettengel.* (64 S.) 8°
Halle, Phil. Hab.-Schr. v. 1902

Bode, J.: Die Lehre von der Schwerkraft.
Langensalza 1867.
Schul-/Univ.-Schrift

Bode, J. E., s. B o d e , Johann Elert

Bode, J.F., s. B o d e , Johann Elert

Bode, J. H.

— tabellar. Berechn. d. Zinsen v. einig. b. 365 Tag. u. s. w. gr. 8. Hannov. Hahn. 800.

Bode, J. H., berechn. Entw. üb. Einricht. d. Sterbekassen. 8. Quedlinb. Ernst. 787.

Bode, J. J. C.: Literar. Leben, s. Bode, Johann Joachim Christoph

Bode. Johann [Apotheker aus Leer (Ostfriesland)]: Ueber Cholin und verwandte Verbindungen. . . . Marburg, *Halle. Gebauer-Schwetschke'sche Buchdr.*, 1889; 1 Bl. + 62 S. 8°
Marburg, Phil. Fak., Inaug.-Diss. v. [14. Aug.] 1889

— **Johann (Helmstedt), De perjurii occasione praescindenda. Von Verhütung des Meineyds. Exerc. jur. Präs. Caspar Achatius Beck. Jena (Werther) Nov. 1711. 56 S. (5.—)** 3013

Bode, Johann Elert

— Abhandl. v. Durchgange d. Venus d. d. Sonne. 8. Hamb. Herold. 770.

Bode, Jh. Elert, († d. 23. Nov. 1826.) Abhandl., nebst e. deutl. Entwurf von d. partialen Mondfinsterniß am 29. April 1771. 8. Hamb. 771.

— Abhandl., nebst e. allgem. Karte von d. bevorsteh. merkwürd. Durchgange d. Venus durch d. Sonnenscheibe, am 3. Juli 1769. 8. Hamb. 1e u. 2e Aufl. 769, 70. Herold. 6 Gr.

— Abhandl. von d. im J. 1769 erschien. Kometen, nebst e. geometr. Entwurf seiner Laufbahn um d. Sonne. 8. Hamb. 769. Herold. 6 Gr.

— Abhandl. v. d. 1769 ersch. Comet. 8. Hamburg, Herold. 770.

— Anleit. z. allgem. Kenntniß d. Erdkugel. Mit 6 Kpf. u. 1 Karte. gr. 8. Berl. 786. N. Aufl. 803. 3e Aufl. 820. (Duncker u. H.) 2 Thlr. 12 Gr.

Bode, Johann Elert, kgl. Astronom. Anleitung zur allgemeinen Kenntniss der Erdkugel. 4., durchgehends verbess. und verm. Auflage. Mit 1 Weltkarte und 6 Kupfertafeln. 8. Berlin 1813.

Bode, (J. E.,) Anleitung z. allgem. Kenntniß d. Erdkugel. 3e Aufl. Mit 6 Kupf. u. 1 Charte. gr. 8. Berlin 820, Voike.

— Anleit. z. Kenntniß d. Erdkugel, m. K. gr. 8. Berlin, Himburg. 803.

Bode, J. E. Anleitung zur Kenntniss des gestirnten Himmels. Hamburg 1768.

Bode, J. E. Anleitung zur Kenntniss des gestirnten Himmels. 4. A. Berlin 1778.

Bode, Johann Elert, Anleitung zur Kenntniss des gestirnten Himmels. 5. Aufl. Nebst Nachtrag dazu. Berlin 1788, 1817.

Bode, Johann Elert: Anleitung zur Kenntniß des gestirnten Himmels. 6.verbess.Aufl. 611 S., gbd., 1 Taf., 16 Sternkarten.

Berlin: Himburg 1792

Bode, Dr. Johann Elert, königl. Astronom etc. Anleitung zur Kenntniss des gestirnten Himmels. Mit Kupfertafeln. Vignetten und einer Himmelskarte. 9. sehr verbess. Auflage. (Mit 5 Taf.) 8. Berlin 1801.

— Anleit. z. Kenntn. d. gestirnt. Himmels. m. K. gr. 8. Berl. Himburg. 806.

Bode, J. Elert., Anleitung zur Kenntniß d. gestirnten Himmels. 8te verb. Aufl. mit 15 K. u. 1 Himmels-Charte. gr. 8. Berl. Nicolai. 806.

— Anleitung z. Kenntniß d. gestirnten Himmels. 9e sehr verb. Aufl. Mit d. Bildn. d. Verf., 3 neu gestoch. Kupfertaf. u. 1 allgem. Himmelskarte nebst transpar. Horizont. gr. 8. Berlin 822, Nicolai.

Bode, Johann Elert: Anleitung zur Kenntnis des gestirnten Himmels. (Nebst) Nachtr. Berlin & Stettin (Nachtr.: Berlin): Nicolai 1823-33. 8°. (Hauptw.:) 9., sehr verb. Aufl. 1823. Nachtr.: Enthaltend den Lauf und Stand der Sonne, des Mondes und d. Planeten f. d. Jahre 1833-1842. Berechnet u. mit zeitgemäßen Zusätzen, Erl. . . . hrsg. von J[abbo] Oltmanns. 1833.

Bode, Joh. Elert, Anleitung z. Kenntniß d. gestirnten Himmels. — Nachtrag, enthalt. d. Lauf u. Stand d. Sonne, d. Mondes u. d. Planeten f. d. J. 1833—42. Berechnet u. mit zeitgemäß. Zusätzen, Erläutern. u. mehr. neuen Hülfs-Tafeln hrsg. v. J. Oltmanns. gr. 8. (10¼ B.) Berlin 833, Nicolai.
„Anleit. z. Kenntn. d. gest. Himmels." 9. Aufl. gr. 8. Ebendas. 1822. 4 Thlr. 16 Gr.

Bode, Joh. Elert, Anleitung zur Kenntniß d. gestirnten Himmels hrsg. von C. Bremiker. 10., verm. u. verb. Ausg. Mit 3 Kpfrt. u. 1 allgem. Himmelskarte nebst transparentem Horizont. gr. 8. (37 B.) Berlin 844, Nicolaische Buchh.

—— Nachtrag hierzu, enthalt. den Lauf u. die Erscheinungen d. Planeten in d. J. 1844 bis 1845 u. die Finsternisse. Hrsg. v. C. Bremiker. (Für die Besitzer früherer Aufl. aus d. 10. Aufl. abgedr.) gr. 8. (3½ B.) Berlin 844, Nicolaische Buchh.

Bode's, J. E., Anleitung zur Kenntniß des gestirnten Himmels herausg. von C. Bremiker. 11. verm. rc. Ausg. Mit 3 Kpfrtaf. u. 1 (in Kpfr. gest.) allgemeinen Himmelskarte. Berlin 858. Nicolai'sche Verlhdlg. 8. (XV, 580 S.) n. 2 Thlr.

Bode's J.E. Anleitung zur Kenntnis des gestirnten Himmels. Herausgegeben von C Bremiker. Mit einer Himmelskarte nebst transparent. Horizont. Berlin 1867

— monatl. Anleit. z. Kenntniß d. gestirnten Himmels, mit e. Vorr. v. Jh. Geo. Büsch; mit 1 Kpf. 8. Berl. 768. 2e verm. A. 772. 3e gänzl. umgearb. Aufl. unt. d. T.: Anleit. zur Kenntniß d. gestirnten Himmels, mit 17 Kpft. Ebd. 777. 4e A. . . . 5e A., mit 15 Kpft. u. 1 Karte. gr. 8. Ebd. 788. 6e A. 792. 7e A. . . 8e A. gr. 8. Ebd. 806. 5 Thlr. 9e verb. A. mit d. Bildn. d. Verf., 3 neuen Kpft. u. 1 Himmelskarte. gr. 8. Ebd. 822. Nicolai. 4 Thlr. 16 Gr. Nachtr. enth.: den Lauf u. Stand d. Sonne, Planeten u. des Mondes, f. d. J. 1818, 19 u. 20. gr. 8. Ebd. 817. 8 Gr. 2e A. enth. d. Lauf u. die Erscheinung d. Planeten f. d. J. 1833—42, mit Zus. rc. v. J. Oltmanns. gr. 8. Ebd. 833. 1 Thlr.

— monatl. Anleit. zur Kenntniß d. Standes u. d. Bewegung d. Planeten u. d. Mondes vom Mai 1771 bis April 1772. 8. Hamb. 771. Herold. 8 Gr. Vom Mai 1772 bis April 1773; mit Berechn. d. einfall. Sonn- u. Mondfinsternisse. Ebd. 772. 8 Gr. Vom Mai 1773 bis April 1774, mit 2 Kpft. gr. 8. Berl. 773. Haude u. Sp. 8 Gr. Vom Mai 1774 bis Dec. 1775 u. 76, mit 2 Kpft. gr. 8. Berl. 774. Rottmann. 1 Thlr. 8 Gr. Für d. J. 1777. 8. Ebd. 775. Himburg. 8 Gr.

— — — f. d. J. 1777. 8. Berlin, Himburg. 778.

— — Nachtrag zu seiner Anleit. zur Kenntniß des gestirnten Himmels, so wie zu dessen Betrachtung d. Gestirne und d. Weltgebäudes, enth.: den Lauf und Stand der Sonne, Planeten und des Mondes für die Jahre 1818, 19, und 20. gr. 8. Berlin, Nicolai. 817.

— Beobachtt. u. Untersuchungen d. neuesten, im J. 1781 entdeckten Kometen, mit Kpf. 8. Dessau 784. Gel.-Buchh. 12 Gr.

— Berechn. u. Entwurf d. Sonnenfinsterniß v. 5. Aug. 1766. 8. Hamb. . . .

— Beschreib. u. Gebrauch e. allgem. Himmelskarte, mit e. transparentem Horizont u. 1 Karte. 8. Berl. 785. 2e A. 806. (Reimer). 2 Thlr.

— Beschreib. u. Gebrauch d. allgem. Himmelskarte, mit durchscheinendem, auf d. Wiener Polhöhe gestelltem Horizont rc. 8. Wien 802. Schalbacher. 8 Gr. Hierzu 1 Karte. 16 Gr.

— Beschr. u. Gebr. e. allgem. Himmelscharte. 8. Berl. Himburg. 806.

— Beschreib. u. Gebrauch e. auf d. Horizont v. Berlin entworfenen neuen Weltkarte, worauf d. neuesten Entdeckt. angezeigt werden. Nebst d. 2 Planisphären. 8. Berl. 783. N. A. 793. Nicolai. 2 Thlr. 16 Gr. der Text ohne d. Karte 16 Gr.

Bode, J. E. Allgemeine Betrachtungen über das Weltgebäude. Augsburg 1791.

— allgem. Betrachtt. über d. Weltgebäude, mit 3 Kpf. 8. Berl. 801. 2e A. 804. 3e A. 808. (Recht). 1 Rthl. 4 gr.

— allgem. Betrachtt. üb. d. Weltgebäude. 3e Aufl. M. 3 Kupf. 8. Berlin 807. Verlag v. Bolke.

— allgemeine Betrachtungen über das Weltgebäude. 3te Aufl. Mit 3 Kupfern. 8. 807. Jetzt Liebeskind in Leipzig.

— allgem. Betrachtungen über das Weltgebäude. 3e Ausg. Mit 2 Kpfrtaf. 8. Berlin 834. Recht. 1/2 Rthl.

— Betrachtt. d. Gestirne u. des Weltgebäudes. Mit augem. Himmelskarte u. Vign. Ein Ausz. aus dessen Anleit. zur Kenntniß d. gestirnten Himmels. gr. 8. Berl. 816. 2e A., mit 1 Karte. 823. Nicolai. 1 Rthl. 20 gr.

— cataloque de l'ascension et d. l. déclinat. de 5505. étoiles d'après les observ. de Piazzi etc. 8. Berl. Lange. 805.

— Coelum stellatum hemisphaericum arietis. 2 Blatt. gr. Olif. P. Berl., Dümmler. 4 Rthl. 16 gr.

— considérat. général. sur la distribution des orbites de toutes les planètes et comètes etc. av. Charte. gr. 8. Berl. Himburg. 801.

— — le même livre. gr. 8. Jena, Voigt. 801.

— monatl. Einl. z. Kenntn. d. Planet. u. d. Mond. 8. Hamb. Herold. 770.

— kurze Entw. d. astronom. Wissensch. m. K. 8. Berlin, Himburg. 794.

Bode, J. E. kurzer Entwurf der astronomischen Wissenschaften. Mit 7 Kupfern. 8. 794. jetzt Liebeskind in Leipzig. (auch Reimer in Berlin.)

— kurzer Entwurf d. astronom. Wissenschaften, mit 7 Kpf. 8. Berl. 794. 1 Rthl. 6 gr. N. umgearb. A., mit 7 Kpft. gr. 8. Ebd. 825. Reimer. 1 Rthl. 8 gr.

— stereograph. Entwurf d. gestirnten Himmels vom Nordpol bis zum 38. Grade südl. Abweichung; nebst Beschreib. e. allgem. Himmelskarte, mit e. transparent. Horizont. gr. Fol. Berl. 786. N. A. 806. Himburg. 2 Rthl.

Bode, J. E. Entwurf der astronomischen Wissenschaften. Berlin 1794.

— Entwurf d. astronom. Wissenschaften. Neue umgearb. Aufl. Mit 7 Kupfertaf. gr. 8. Berlin 825. Reimer.

— kurzgef. Erläut. d. Sternkunde, m. K. 8. Berl. Himburg. 1808.

— kurzgefaßte Erläuter. d. Sternkunde u. d. dazu gehör. Wissenschaften. 2 Thle, mit 18 Kpf. 8. Berl. 778. 2e A. mit 19 Kpf. 793. 3e A. mit 20 Kpf. gr. 8. Ebd. 808. (Sander). 5 Rthl.

Bode, Johann Elert: Erläuterung der Sternkunde und der dazu gehörigen Wissenschaften. 2., sehr verm. u. verb. Aufl. Th. 1. 2. Berlin: Himburg 1793. XXXVIII, 908 S. 2 Bde 8°.

— Erläuterung d. Sternkunde rc. 3e Aufl. 2 Bde. M. Kupf. gr. 8. Berlin 808. Ist Verl. v. Bolke.

— Erläuterung der Sternkunde und der dazu gehörigen Wissenschaften. Dritte Aufl. 2 Bände. Mit 20 Kupfern. gr. 8. 808. Jetzt Liebeskind in Leipzig.

Bode, Johann Elert: Erläuterungen über die Einrichtung und den Gebrauch seiner astronomischen Jahrbücher, nebst einem Verzeichnis von 1025 Sternen nach Fiazzi's Beobachtungen. Berlin: Verf.; Hitzig in Komm. 1811. 100 S. 8°.

— Erläuterungen üb. d. Einrichtt. u. d. Gebrauch seiner astronom. Jahrbücher, nebst e. Verzeichn. v. 1025 Sternen nach Piazzi Beobachtt. gr. 8. Berl. 812. 2e A. 817. (Dümmler). 18 gr. Sachregister zu d. Jahrg. 1776—1829 u. zu d. Supplem.-Bden, bearb. v. C. F. John. Ebd. 829. 1 Rthl. 16 gr.

– s. Fontanelle, B.: Dialogen.

— Gedanken über den Witterungslauf. Mit 1 Titelvign. 8. Berl. 819. Nicolai. 10 gr.

– s. Guatimozin: Über die Welt.

— von d. neuen, zw. Mars u. Jupiter entdeckt. achten Hauptplaneten, m. 1 Kpf. 8. Berl. 802. (Reimer; a. Hinrichs in Leipz.) 16 gr.

— großer Himmelsatlas. gr. Fol. Berl. Hitzig.

— astronom. Jahrbuch, oder Ephemeriden f. d. J. 1776—80 u. 1782. gr. 8. Berl. 775—79. Von hier an unt. d. T.: Astronom. Jahrbuch f. d. J. 1784—1829, oder 1r—54r Bd. Mit Kpf. gr. 8. Ebd. 781—828. (Dümmler). 108 Rthl. Dass. f. d. J. 1830—33, oder 55r—58r Bd. fortges. v. J. F. Encke. gr. 8. Ebd. 829—31. (à 2 Rthl. 16 gr.) 10 Rthl. 16 gr.

— astronom. Jahrbuch f. d. J. 1776—1813. gr. 8. Berl. Hitzig. (à Jahrg. 1 Rthlr. 20 gr.)

Bode, J. Elert, astronom. Jahrbuch f. d. Jahr 1814—818. Nebst einer Samml. d. neuesten in die astronomisch. Wissenschaften einschl. Abhandlungen, Beobachtungen und Nachrichten. gr. 8. Berl. Dümmler. (in Comm.) 811—815. (à Jahrg. 1 Rthlr. 20 gr.)

—— berliner astronom. Jahrbuch etc., s. a. Jahrbuch.

— (Berliner) astronomisches Jahrbuch, für die Jahre 1834—42, (oder 59r—67r Bd.) Fortgesetzt u. herausg. v. J. F. Encke. gr. 8. Berlin 832—40. Dümmler. (à Jahrg. 2 2/3 Rthl.) 24 Rthl.

— von d. neu entdeckt. Planeten. M. 1 Kpf. 8. Berl. 784. (Dümmler). 12 gr.

— v. d. neu. entdeckt. Planet. 8. Berl. Lange. 784.

— von den neuendeckten Planeten. 8. Ebend. 793.

— üb. Planeten- und Cometenbahnen, mit 1 K. gr. 8. 791. Ist Verlag von Reimer in Berlin.

— Planetensystem d. Sonne, wie es f. d. J. 1781 bekannt geworden. gr. Fol. Berl. 788. Himburg. 8 gr.

– s. Ptolemäus: Beobachtungen.

— Représentat. des Astres sur XXXIV. planch. etc. 4. Berlin, Lange. 805.

Velinp.

— Représentation des Astres sur 34 planches en taille-douce avec une Instruction sur la manière de s'en servir et un Catalogue de 5877 étoiles, nébuleuses et amas d'étoiles. 2me Edit. Berlin, Stralsund 1805.

— Samml. astronom. Abhandl., Beobachtt. u. Nachrr. 1r—4r Supplem.-Bd. zu dess. Jahrb. Mit Kpf. gr. 8. Berl. 793—808. (1r—3r Bd. Dümmler. 4 Rthl. 12 gr. 4r Bd. 2 Rthl. Reimer). 6 Rthl. 12 gr.

— Sammlung astronom. Abhandl. od. des Supplements z. dess. Jahrbuche. 3 Bde. gr. 8. Berl. Lange. 793.

— — od. 4r Supplementband z. dess. Jahrbuche, m. K. gr. 8. Berl. Braunes. 808.

— 4r Supplementband zu den astronomischen Jahrbüchern, ist jetzt Verlag der Realschulbuchh. in Berlin.

– s. Schröter, J.H.: Beitrr.

Bode, J. Elert., Friedrichs II. Sternendenkmal, m. K. 4. Erf. Academ. Handl. 787. Rthlr.

Bode, Jh. Elert, Friedrich II. Sternendenkmal. Vorgelesen in d. k. Akad. d. W. d. 25. Jan. 1787. M. 1 Kpf. 4. Erf. 787. (Sander in Berl.) 4 gr.

— Friedrichs Sternendenkmal. 4. Jetzt Flittner in Berl.

— allgem. Untersuch. u. Bemerkk. üb. d. Lage u. Ausstellung aller bisher bekannten Planeten- u. Kometenbahnen, mit 1 Karte. gr. 8. Berl. 791. (Reimer). 2 rthl 12 gr Dass. französ.: Considération générale sur la distribution des orbites de toutes les planètes etc. Ebd. 801. 2 rthl 12 gr

— allgemeine Untersuchungen u. Bemerkungen üb. die Planeten u. Kometenbahnen, ist jetzt Verlag v. Petersen in Altenburg.

— allgem. Unters. üb. d. Lage u. Austheil. all. Planet.- u. Kometenbahnen, mit 1 Charte. gr. 8. Berlin, Himburg. 791.

— Uranographia s. astror. descriptio. XX tabb. aen. incis., od. allgem. Beschr. u. Nachweis. d. Gestirne rc. Oliphant.-Pap. Berl. 801. (Dümmler). 24 rthl 18 gr Auch mit französ. Text: Description et connaissance générale des constellations etc.

— Uranographia s. astror. descriptio. XX. tab. aen. incisa, od. allgem. Beschr. u. Nachweis. d. Gestirne rc. Fol. Ebend. 802.

— Uranographia sive astrorum descriptio XX. tab. aen. incisa ex recentior. et absolutiss. astron. observationibus, mit deutschem und französ. Text. Royal fol. Berolini, libr. Maureri. 819.

— Verzeichn. d. geraden Aufsteigung u. d. Abweichung v. 5505 Sternen, nach Piazzi Beobachtt. 4. Berl. 805. (Dümmler). 1 rthl 18 gr Dass. französ.: Catalogue de l'ascension et de la déclinat. de 5505 étoiles etc. Ebd. 1 rthl 18 gr

— Verzeichn. d. gerad. Aufsteigung u. d. Abweich. v. 5505 Stern. n. Piazzi Beob. rc. 4. Berl. Lange. 805.

— Vorstellung d. Gestirne auf 34 Kpft., nach d. Pariser Ausg. des Flamstädschen Himmels-Atlas; durchaus verb. u. verm., nebst e. Beschreib. u. vollst. Fixstern-Verzeichn. 4. Berl. 782. 2e A. 805. (Dümmler). 6 rthl Velinp. 10 rthl Dass. französ.: Représentation des astres etc. Ebd. 6 rthl Velinp. 10 rthl

— Vorstell. d. Gestirne a. 34 K. n. Anw. z. Gebr. rc. 4. Berl. Lange. 805.
Velinp.

— zwei kl. sehr genaue Weltkarten nach d. neuesten Entdeckk. Fol. Berl. 783. Nicolai. 8 gr

Bode, Johann Joachim Christoph

Bode, Jh. Joach. Cph., s. A b e n t h e u r e r, Der englische.

Bode, Joh. Joachim Christoph (Hrsg.) s.a. A b s t r a c t der Gesetze f.d. Gesellschaft der Royal-Arch-Freymaurerey.

Abstract der Gesetze für die Gesellschaft (!) der Royal Arch Freymaurerey. Aus dem Englischen übersetzt. O. O. u. J. [Weimar ca. 1792.] H u. V (der Anmerkungen): *Bode, Johann Joachim Chn.* (wolfstieg I/20463, II/25) (Hdschr. Mitt. von Friedrich Müller, München.)

– s. A d a m Fitz-Adam: Die Welt.

Anbefohlnes pflichtmässiges Bedenken über das höchstverehrliche provisorische Cirkulare Sr. Herzogl. Durchl. M. S. O. a Victoria [d. i. Ferdinand von Braunschweig] sub dato den 19. Sept. 1780 einen allgemeinen O. Convent betreffend. Abseiten Fr. Christoph Esq. a Lilio conuallium [d. i. Joh. Joachim Christoph Bode. Hrsg. u. mit Anm. vers. von Friedr. Ludw. Schröder.] [Rudolstadt ca 1805—1806: Geheimdr.] 112 S. 8°

Auszug in: AZ. 1 (1823) S. 225–241.
Kl. 2314, Tt. 809. Selten. Nr 18 der Schröderschen Ritualsammlung, als Ms für Engbünde gedruckt.

Einige der Beherzigung aller deutschen BBr des mit der Fry.Mry. verbundenen J.Ordens, besonders derer, welche an der Direction dieses Ordens mittel- oder unmittelbar Theil haben, vorgelegte Fragen und Gedanken. Derweile es noch Zeit ist. [Von Joh. Joachim Christoph Bode.] [Weimar 1782: Bode.] 64 S. 8°
Kl. 2315.

– s. B u r n e y: Tagebuch.

– s. D e n k e r, Der.

Einerleyheit der vier Gelübde bey der Gesellschaft des heiligen Ignaz und der vier Grade in der Freymäurerey des heiligen Johannes. [Aus d. Franz. des Nicol. de Bonneville übers. u. mit Anm. vers. von Joh. Joachim Christoph Bode.] Leipzig: Göschen 1788. 236, 79 S., 1 Kpfr. 8°
[Vortit.:] Die Jesuiten, vertrieben aus der Freymäurerey und ihr Dolch zerbrochen durch die Freymäurer.
([Bonneville, N. de]: D. Schottische Maurerey. 2.)
[Beigedr.:] [Prichard, S.]: D. zergliederte Freymaurerey. 1788.

Fromme Erklärung der Freymaurerey von einem deutschen Meister. [Hrsg. von Joh. Joachim Christoph Bode.] Erster Grad. [Weimar ca 1792: Bode.] 168 S. 8°

[Dasselbe.] [Neudr. ohne Anh. Hrsg. von Friedr. Ludw. Schröder. Rudolstadt ca 1805—1806: Geheimdr.] 52 S. 8°
(Schröders Ritualsamml. 12.)
Abgedr. ohne Anh. in: D. Signatstern. 2 (1803) S. 153–202; 2. Aufl. 1812 S. 153–202; 3. Aufl. 1866 S. 181–238.
cf. L. 23 (1864) S. 112 (G. Merkel); L. 6 (1883) S. 195–196 (K. Rohstein).
Kl. 1933, Tt. 1341. Sehr selten. System von Bodes deutschem Bunde. Kloss' Angabe, dass Haugwitz Verf. sei, ist nach G. Merkel falsch. Im Anh. „Discours philosophique" über Pflichten u. Ziel der Frmr u. eine Abhandlung üb. das Geheimnis der Frmr.

Starke Erweise aus den eigenen Schriften des hochheiligen Ordens Gold- und Rosenkreutzer für die Wahrheit dass seine in Gott ruhende Väter von ewiger Thât- und Wirksamkeit sind. Nach abgelaufenen ersten Decennio ans Licht gestellt von einem ächten Liebhaber des wahren Lichtes [d. i. Joh. Joachim Christoph Bode]. Rom: 5555. Da im Orient ein Opfer gebracht wurde. [Leipzig: Göschen 1788.] 148 S. 8⁰

[Nebentit.:] Von obristbrüderlicher Wahl, Macht und Gewalt bestätigter Eingang zur ersten Classe des preisswürdigen Ordens vom Goldenen Rosen-Creutze nach der letzten Haupt- und Reformations-Convention errichtet zum guten Gebrauch aller würdigen Brüder, so andere Meister vom Schein des Lichts und dem verlohrnen Worte an und aufzunehmen berechtiget sind. Cum concordia fratrum erlassen im Jahr des Herrn 1777. Wien, Regensburg, Berlin: bey den hohen O. Obern 1788.

cf. D. neuesten Religionsbegebenheiten. 11 (1788) S. 881—893.

Kl. 2672, Tt. 845. Sehr selten. Gesetze u. Instruktionen der neuen Rosenkreuzer.

Examen impartial du livre intitulé: Des erreurs et de la verité etc. [von Louis Claude de Saint-Martin]. Par un frère laïque en fait de sciences [d. i. Joh. Joachim Christoph Bode]. o. O. 1782. 118 S. 8⁰

Kl. 3898. Selten. Erblickt in dem Buche den klaren Jesuitismus u. dessen Zusammenbringung mit der Frmrei.

Heft E. Nro. 6. [Familie der Giblime oder Söhne der Freymaurer. Hrsg. von Joh. Joachim Christoph Bode. Weimar 1788: Bode.] 118 S. 8⁰

Abgedr. in: FZ. (Wien) 2 (1875) S. 24—27, 29 bis 31, 33—35; Schaible, K. H.: D. Salzbund. 1882 S. 5—24.

Auszug in: Revolutions-Almanach. Göttingen 1802 S. 78—112.

cf. FZ. (Wien) 2 (1875) S. 24 (H. Beigel), 35—36 (R. Barthelmess); L. 6 (1883) S. 194 (K. Rohstein).

Kl. 1935, Tt. 1302. Sehr selten. Nach dem Hdb. der Frmrei 1788, nach einer hs Notiz im Exemplar der Weltkugeln um 1796 gedruckt. Ritual nach dem System von Bodes deutschem Bunde; bildet die Vorbereitungsstufe der Akademiker für die Frmrei.

Bode, Jh. Joach. Cph., s. Fielding: Tom Jones.

Bode, Jh. Joach. Cph., s. Freunde, Die beiden.

Gedächtnissrede den 22sten Sept. 1774 in der allgemeinen Trauerversammlung der drey vereinigten Logen in Hamburg, Absalom zu den drey Nesseln, Sanct Georg zur grünenden Fichte und Emanuel zur Mayenblume, gehalten von J[oh.] J[oachim] C[hristoph] B[ode]. (Bloss als eine vervielfältigte Hs. f. Brr.) [Hamburg 1774.] 20 S. 4⁰ [Umschlagtit.]

Auszug in: Almanach od. Taschen-Buch f. Frmr. 1 (1776) Bl. 61—63.

Gedanken eines Freymäurers am Johannis-Feste 1763, von dem Br. Redner der Loge Absalom in Hamburg [d. i. Joh. Joachim Christoph Bode. Hamburg 1763]. 16 S. 8⁰

Kl. 858. Selten. Verf. verleiht seinen Gefühlen des Danks u. der Freude im allgem. Ausdruck.

— s. Geschichte e. 39jähr. Gefangenschaft.

Bode, Joh. Joachim Chr. (Hrsg.), s. Gesellschafter, Der.

Bode, Joh Joachim Christof [Übers.]
s. Goldsmith, Oliver: Der Dorfprediger von Wakefield. 1777.

Am Johannisfeste 1764 in der Loge Absalom [in Hamburg] abgelesen. [Von Joh. Joachim Christoph Bode. Hamburg 1764.] 24 S. 8⁰

Kl. 863. Üb. die Freuden des Maurers. Es folgt ein Dank an den Gr. Mstr. u. M. v. St. für ihre Bemühungen im vergangenen Jahr; ersterem (G. J. Jänisch) insbes. für Beantwortung einer Anklageschrift gegen den Bund seitens eines Mannes, „dessen unartiges Herz aus seiner unartigen Sprache abzunehmen ist".

Bode, Jh. Joach. Cph., s. Laroche, S.: Rosaliens Briefe.

Bode, Jh. Joach. Cph., († d. 13. Dec. 1793.) literar. Leben, (v. K. A. Böttiger). gr. 8. Berl. 796. Lagarde. (Köchly). 8 gl.

Bode, Jh. Joach. Cph., s. Marmontel: Inkas.

— s. a. Maurerei, D. Schottische.

[Deutsche Übers. u. d. Tit.:]

Die schottische Maurerey, verglichen mit den drey Ordens-Gelübden und das Geheimniss der Tempelherrn aus dem vierzehnten Jahrhunderte. Aus d. Franz. [des Nicol. de Bonneville], mit Anm. des Uebers. [Joh. Joachim Christoph Bode]. Th. 1. 2. Leipzig: Göschen 1788. 8⁰

[Vortit.:] Die Jesuiten, vertrieben aus der Freymäurerey und ihr Dolch zerbrochen durch die Freymäurer.

1. XVI, 224 S.

2. [U. d. Tit.:] Einerleyheit der vier Gelübde bey der Gesellschaft des heiligen Ignaz und der vier Grade in der Freymäurerey des heiligen Johannes. 236, 79 S. 1 Kpfr.
Recens: Goué, A. S. v.: Notuma. 3 (1789) S. 256—262; Frmr-Bibliothek. 4 (1791) S. 87 bis 106.
cf. D. neuesten Religionsbegebenheiten. 17 (1794) S. 267—268.
Kl. 1928, Tt. 1304. T. 2, S. 187—236 ist die 21. Aufl. von Prichards Masonry dissected abgedr., mit Anm. u. Belegen Bonnevilles.

— s. Montaigne, Gedanken.

Bode, Joh. Joach., s.: Montaigne's, Michel de, ges. Schriften.

—s.a. Noten mehr als Text.

Mehr Noten als Text oder Die Deutsche Union der Zwey und Zwanziger eines neuen geheimen Ordens zum Besten der Menschheit. Aus einem Packet gefundener Papiere zur öffentlichen Schau gestellt durch einen ehrlichen Buchhändler [d. i. Joh. Joachim Christoph Bode]. Leipzig: Göschen 1789. 128 S. 8⁰
cf. Annalen der neuest. Theol. Litteratur u. Kirchengesch. 1 (1789) S. 130—140; D. neuesten Religionsbegebenheiten. 12 (1789) S. 128—146.
Kl. 3278, Tt. 888. Selten. Sammlung von Aktenstücken die Deutsche Union betr., nebst Anmerk. dazu.

— s. Noverre: Briefe.

Gugomos, Gottlieb Frh. v.: Auf einer Reise durchs Reich im Monat May und Juny 1776. Gewissenhafte Erzählung alles dessen, was mir, Fr. Christoph. a Lilio Convallium [d. i. Joh. Joachim Christoph Bode], auf meiner Reise von dem Theophilo a Cygno triumphante [d. i. Gottlieb Frh. v. Gugomos], theils von andern, theils durch ihn selbst bekannt worden, mit meinen eignen Anmerk., die ich jedoch nicht für Entscheidungen ausgebe. [Braunschweig 1776: Kolb.] 8 S. 2⁰ [Kopftit.]
Abgedr. in: Schröder, F. L.: Materialien z. Gesch. d. Frmrey seit d. Wiederherst. d. gr. Loge i. London. 3 (o. J.) S. 204—229.

Heft F. Nro. 7. [Ritual der verbesserten Freymaurerey, enthaltend die Ceremonien bey der Aufnahme. Hrsg. von Joh. Joachim Christoph Bode. Weimar 1788: Bode.] 192 S. 1 Taf. 8⁰
cf. Bh. 24 (1881) S. 210 (R. Taute); L. 6 (1883) S. 195 (K. Rohstein).
Tt. 1303. Höchst selten. System von Bodes deutschem Bunde. Der Abdr. dieses Heftes ist mit S. 192 in der Mitte abgebrochen u. der Schluss nie gedruckt worden.

Heft C. Nro. 4. [Die geheime Schule. Ein Heft für die Meister-Maurer. Hrsg. von Joh. Joachim Christoph Bode. Weimar 1788: Bode.] 55 S. 8⁰
[Dasselbe.] Ebendas. [1788 Bode.] 52 S. 2 Taf. 8⁰
cf. Bh. 24 (1881) S. 209 (R. Taute); L. 6 (1883) S. 194 (K. Rohstein).
Tt. 1300. Sehr selten. Nach dem Hdb. der Frmrei 1788, nach e. hs Bemerkung im Exemplar der Weltkugeln um 1795 gedruckt. System von Bodes deutschem Bunde. Entwurf für die erste Vorstufe der Frmrei. Enth. die Instruktion für einen Kandidaten des Ordens der unsichtbaren Freunde u. Vorschriften für den Meister zur Leitung seiner Zöglinge.

Bode, Jh. Joach. Cph., s. Smollet: Humphry Klinkers Reise.

— s. Sterne, L.: Br. an Elisa.

Bode, Jh. Joach. Cph., s. Sterne, Lor.: Tristan Shandy

Georg Ludwig, Herzog von Schleswig-Holstein: Trauerrede ueber das frühzeitige und unerwartete Ableben Sr. Hoheit des Durchlauchtigsten Fürsten und Herrn Herrn Georg Ludewig Herzogs zu Schleswig-Holstein Erben zu Norwegen . . . welche in der am 5ten Oct. 1763 gehaltenen Trauerversammlung der Loge Absalom in Hamburg verlesen worden. Denen Durchlauchtigsten Fürsten und Herren Herren Wilhelm August und Peter Friederich Ludewig Herzogen zu Schleswig Holstein . . . widmet diese Trauerrede zu Bezeugung ihrer tiefen Theilnehmung an Dero höchstschmerzlichem Verluste die ger. und vollk. Loge Absalom durch ihren Br. J[oh.] J[oachim] C[hristoph] B[ode]. [Hamburg 1763: Grunds Wwe.] 14 S. 4⁰
Kl. 1308. Üb. Georg Ludwig s. Allgem. Deutsche Biographie Bd 8 1878 S. 698 (Lippe).

Ein paar Tröpflein aus dem Brunnen der Wahrheit. Ausgegossen vor dem neuen Thaumaturgen Caljostros. [Von Joh. Joachim Christoph Bode.] Am Vorgebürge 1781. 46 S. 8⁰
Kl. 3369.

Heft D. Nro. 5. [Zwote Vorbereitungsklasse. Hrsg. von Joh. Joachim Christoph Bode. Weimar 1788: Bode.] 80 S. 8⁰
cf. Bh. 24 (1881) S. 209 (R. Taute); L. 6 (1883) S. 194 (K. Rohstein).
Tt. 1301. Sehr selten. Nach dem Hdb. der Frmrei 1788, nach einer hs Notiz im Exemplar der Weltkugeln um 1795 gedruckt. System von Bodes deutschem Bunde. Gesonderte Akademie mit dem Wahlspruche: Plus ultra.

– s. Weisheit an die Menschen.

Bode, Joh. Joachim Christ. (Hrsg.), s. Wochenblatt, Theatralisches.

Bode's deutscher Freimaurerbund: **Circular-Brief [der Loge zum Kompass in Gotha] an die s. e. Frmr □. Enthaltend Vorschläge zu festerer Knüpfung eines auf durchgängige Gleichheit und Freyheit gegründeten Bundes zwischen allen deutschen Logen der symbolischen Grade. [Von Joh. Joachim Christoph Bode.] [Nebst] Nachtr. Germanien [Weimar] [1788?]—1790: [Bode]. 8°**

Circular-Brief. 92 S. 1790.
Nachtr. Abschnitt 1. [2].
Abschnitt 1. Ideen u. Vorschläge zu einigen Gesetzen für die □ des deutsch. Frmr-Bundes. 96 S. 1790.
[2.] [Nur mit d. Bezeichnung:] No 3. 168 S. 1 Taf. [1788?]
cf. Schroeder, F. L.: Materialien z. Gesch. d. Frmrey seit d. Wiederherst. d. gr. L. i. London. 4 (o. J.) S. 91—95; L. 23 (1864) S. 103—115 (G. Merkel); 27 (1869) S. 91—143 (Th. Schletter); Birkner, G.: Gesch. d. L. Z. d. drei Pfeilen, Nürnberg. 1889 S. 14—21.
Kl. 174, Tt. 995—997. Sehr selten. Aufforderung an die Logen, sich zu einem „Bund der deutsch. Frmrei" zu vereinigen.

[Nachtr. u. d. Tit.:]
Nachtrag zu dem Circular-Brief [der Loge zum Kompass in Gotha] an die s. e. Frmr □. Erster Abschnitt. Ideen und Vorschläge zu einigen Gesetzen für die □ des deutschen Freymaurer-Bundes. [Von Joh. Joachim Christoph Bode.] Germanien [Weimar] 1790: [Bode]. 96. S 8°
cf. L. 23 (1864) S. 103—115 (G. Merkel).
Kl. 174, Tt. 996. Sehr selten.

No. 3. [Zweiter Abschnitt zu dem Nachtrage zum Zirkularbrief von Joh. Joachim Christoph Bode. Fürs Erste nur eigentlich für die Beamten der □. Weimar 1788: Bode.] 168 S. 4 Taf. 8°
cf. L. 23 (1864) S. 108; Bh. 24 (1881) S. 209 (R. Taute); L. 6 (1883) S. 187 (K. Rohstein)..

Tt. 997. Ausserst selten. Nach dem Hdb. d. Frmrei 1788, nach einer hs Bemerkung im Exemplar der Weltkugeln um 1795 gedruckt. Grundzüge des Systems von Bodes deutschem Bunde. Im ersten Kapitel werden die Fragen: Was war die Frmrei? Was ist sie? Was kann, was muss sie werden, um nicht ein Spielwerk alter Kinder zu sein? beantwortet; im Kapitel 2—11 sind Vorschläge zu allgemeinen Logengesetzen enthalten und von S. 140 ab als Beispiele die „Gesetze der Loge zum fliegenden Fische, die auch Gesellen und Lehrlingen bekannt sein müssen."

Bode, Joannes: Polyxenus lagurus De Geer. Ein Beitrag zur Anatomie, Morphologie und Entwicklungsgeschichte der Chilognathen. Accedunt 4 tabulae. Halis Saxonum 1878: Gebauer-Schwetschke. 36 S., 4 Taf. 8°
Halle-Wittenberg, Phil. Diss. v. 22. Jan. 1878
Geb. Grossalze b. Schönebeck 11. 11. 1854. V.
Ersch. auch in: Zeitschrift f. d. ges. Naturwissenschaften. Bd 50. Berlin 1877. S. 233—268, Taf. 11—14.

Bode, Julius

Fichtes freimaurerisch. Anschauungen und ihre Bedeutung für die Gegenwart. Vortrag zur 50. Jahresversammlung des Vereins deutscher Freimaurer von Julius Bode in Bremen. Leipzig o. J.: Zechel. 13 S. 8°. [Umschlagtit.]
Abgedr. in: MitthVdF. 50 (1912) S. 60—70.

Bode, Jul., s. Ansprachen, geh. bei Gründung d. Ortsgruppe Bremen d. Bundes f. Schulreform,

– s. Es ward Licht!

Bode, Jul., Freimaurerei, Politik u. Ethik. (16 S.) gr. 8. Berlin (910.) F. Wunder Verl. —80
Sonderabdruck aus „Herold"

Mehr Freudigkeit – mehr Freiheit im Religions-Unterrichte. Vortrag von Pastor prim. [Julius] **Bode**-Stade. Buchholz ⟨Kr. Harburg⟩: Burgdorf 1907. 16 S. 8° (11. 861

— Von Gott u. Gottes Offenbarung. Stade zum Abschied Bremen zum Gruß. Predigten. (171 S.) gr. 8. Stade 908. F. Schaumburg. 3.—; geb. 4.—

Bode, Julius [Prof.]: Die Grundlagen der höherem Mathematik in schulmässiger Behandlung. Tl 1. Mülheim a. Rh., Druck v. C. G. Künstler Wwe, 1895; 37 S., 1 Taf. 8.
Mülheim a. Rh., RG m. Gymnasialkl., OP 1895 (493)

— Im Lichte leben! Gesammelte Andachten. (V, 116 S.) 8. Stade 907. A. Pockwitz. Kart. 2.—

— Lebensauffassg u. Lebensgestaltg, s: Bücherei f. Freimaurer.

— Das Predigtamt des deutschen Christentums, s.: Burggraf, Jul.

— **Von Maurers Wollen u. Denken. Reden.** (VII, 72 S.) gr. 8. Bremen 910. Rühle & Schlenker. 1.50

Worte der Erinnerung. Konfirmationsansprachen geh. 1907 von Julius **Bode** u. Georg Groenhoff, Pastoren. Stade: A. Pockwitz 1907. (16 S.) 8° [F.] 103. 10113 7

Bode, Jürgen Heinrich

Bode, Jürg. H., († d. 5. Aug. 1807.) die gemeine Arithmetik. gr. 8. Celle 793. Schulze. 20 gr

— Beantwort. d. Rolfschen Briefe, wegen Berechnung e. Sackes. 8. Celle, Schulze. 8 gr

— tabellar. Berechnung d. Zinsen, von 1 bis 365 Tagen u. die Zinsen zu Zinsen rc. 785. 2e Aufl. gr. 8. Hannov. 800. Hahn. 18 gr

— berechnete Entwürfe über Einricht. d. Sterbekassen. Mit e. Vorrede v. L. A. G. Schrader u. 12 Tabb. 2 Thle. 8. Celle 787, 88. Schulze. 1 ₰ (1r Thl. auch bei Ernst in Quedlinb. 10 gr)

— berechnete Idee über öffentl. Rockenmagazine. 8. Celle 808. Schulze. 4 gr

— arithmet. Katechismus. 8. Celle 796. Schulze. 8 gr

— Rechenbuch üb. gemeinnützige Fälle. gr. 8. Celle 795. Schulze. 9 gr

— Justus Vollrath Freih. von, Vindiciae imperiales pro Parmae et Placentiae ducatibus. Diss. jur. Präs. Just. Henning Böhmer. Halle (Joh. Friedr. Krottendorff) 5. X. 1722. 144 S. (9.—) 3014

— — Dasselbe. Halle (Jo. Friedr. Grunert) 1736. 152 S. (9.—) 3015

Bode, K.: Agrarverfassung ..., s. Bode, Karl

Bode, K., Fibel, s.: Schlepper, Heinr.

Bode, K: Geschäftsgänge u. Aufg. f. d. Unterr. in d. gewerbl. Buchführg f. Maurer, Maschinenbauer u. Zimmerer, s.: Hoffmeister, Wilh., u. Wüster.

Bode, K., Leitfaden f. Deutsch u. Geschäftskunde an Baugewerkschulen usw., s.: Niehus, P.

Bode, K.: Die Naturgeschichte in der Volksschule, s. Bode, Konrad

Bode, Karl, Agrarverfassung u. Agrarvererbung in Marsch u. Geest., s.a. Abhandlungen des staatswissenschaftlichen Seminars zu Jena. VIII. 4.

Bode, Karl, Agrarverfassung und Agrarvererbung in Marsch und Geest. Dargetan an Hand der Verhältnisse in den hannoverschen Unterelbekreisen. 8°. Jena, G. Fischer, 1910. (Abhandlungen des staatswiss. Seminars zu Jena, Bd. 7, Heft 4.)

Agrarverfassung und Agrarvererbung in Marsch und Geest. Dargetan an Hand d. Verhältnisse in d. hannoverschen Unterelbekreisen. Von Dr. Karl Bode. Jena: Fischer 1910. VII, 83 S. 8°
Aus: Bode: Die ländl. Verhältnisse an d. hannoverschen Unterelbe.
(Abhandlungen d. Staatswiss. Seminars zu Jena. Bd 8, H. 4.) [10. 17891

Bode, Karl, a. Lüchow in Hannover: Die Bearbeitung der Vorlagen in Des Knaben Wunderhorn, Teil 2 Hälfte 1: Verzeichnis d. literar. Vorlagen. (Berlin: Mayer & Müller 1908.) (64 S.) 8° ¶ (Erscheint vollst. als „Palaestra" 76.)
Berlin, Phil. Fak., Ref. E. Schmidt, Diss. v. 4. Aug. 1908
[Geb. 31. Aug. 83 Lüchow; Wohnort: Hildesheim; Staatsangeh.: Preußen; Vorbildung: Domgymn. Verden Reife O. 02; Studium: Tübingen 2, München 1, Berlin 7 S.; Rig. 21. Nov. 07.]

Die Bearbeitung der Vorlagen in Des Knaben Wunderhorn. Von Karl Bode. Berlin: Mayer & Müller 1909. IV, 807 S. 8°
[Ein T. erschien als phil. Diss. Berlin 1908.]
(Palaestra. 76.) [09. 14983

Bode, Karl, aus Duderstadt (Hannover): Beitrag zur Statistik der radikalen Herniotomie. *Hildesheim 1899: J. Kornacker.* (40 S.) 8°
Erlangen, Med. Diss. v. 6. März 1899

— Statistische Betrachtungen, s.: Zeitfragen, stenographische. Hft. 7.

Bode, Karl, bacc. iur. a. Spandau: Die Tantième des Handlungsgehilfen. Berlin 1908: L. Düringshofen. (X, 37 S.) 8°
Leipzig, Jur. Fak., Diss. v. 17. Juli 1908
[Geb. 17. Dez. 81 Spandau; Wohnort: Spandau; Staatsangeh.: Preußen; Vorbildung: Gymn. Spandau Reife O. 01; Studium: Berlin 4, Göttingen 3, Berlin 1 S.; Rig. 3. März 06.]

Bodé, Konrad: Ueber Jodosoverbindungen aus den beiden isomeren Jodphtalsäuren. *Heidelberg 1898: J. Hörning.* (29 S.) 8°
Heidelberg, Naturw.-math. Diss. v. [16. Mai] 1898

Bode, Konr. Die Naturgeschichte in der Volksschule. Kritische Würdigg. der Junge'schen Methode. gr. 8. (32 S.) Lpz. 890, Siegismund u. Volkening. * — 60: cart. * — 75

—— Die pädagogische Reform d. 18. Jahrh. in Bremen. gr. 8. (24 S.) Brem. 889, Kühtmann. * — 50

Bode, Kurt, Greifswald: Untersuchungen über den Hauptbestandteil des ostindischen Sandelholzöles „Santalol". Berlin-Wilmersdorf: C. Arnold 1907. (55 S.) 8°
Tübingen, Naturw. Fak., Ref. Wislicenus, Diss. v. 27. Juli 1907
[Geb. 29. Juni 78 Greifswald; Wohnort: Tübingen; Staatsangeh.: Preußen; Vorbildung: Gymn. Greifswald Obersekunda, Pharmaz. Staatsprüfung; Studium: Greifswald 7, Tübingen 1 S.; Coll. 27. Juli 07.]

Bode, L., Bilder zu „Undine", s.: Fouqué, F. de la Motte.

— Folget Mir nach! 50 Konfirmationsscheine f. Knaben m. beigedr. Denksprüchen. Fol. (2 Serien à 25 farb. Bl.) Ebd. 1900. 8,50; einz. Serien 4.50: einz. Bl. — 20

Bode, L., Huldigungspredigt am 5. Sept. 1815 gehalten. gr. 8. Halberst. 815. (Vogler in Potsd.) 4 gGr

Bode, Leop., eins ist not! 50 Konfirmationsscheine f. Mädchen m. beigedruckten Denksprüchen. In Verbindg. m. dem Vorstand des bad. Pfarrvereins hrsg. gr. Fol. (2 Serien à 25 farb. Bl.) Karlsruhe (900). Ev. Schriftenverein. n. 8.50; einzelne Serien n. 4.50; einzelne Blatt n. — 20

— Folget Mir nach! 50 Konfirmationsscheine f. Knaben m. beigedruckten Denksprüchen. In Verbindg. m. dem Vorstand des bad. Pfarrvereins hrsg. gr. Fol. (2 Serien à 25 farb. Bl.) Ebd. (900). n. 8.50; einzelne Serien n. 4.50; einzelne Blatt n. — 20

Bode, Leop., Schiller's Lied v. der Glocke. Photographien nach Orig.-Zeichngn. Größe II. gr. Fol. (6 Bl.) Frankfurt a. M. 872. Keller. In Mappe. n. 13. 50

— dasselbe. Größe IV. gr. 16. (6 Bl.) Ebend. 872. In Mappe. n. 6. —

Bode, Leopold. Shakespeare's Wintermärchen. Übersetzung von August Wilhelm von Schlegel und Ludwig Tieck. Mit vierzehn Photographien nach Originalgemälden von Leopold Bode. Frankfurt a. M., Heinrich Keller 1881.
91 S., 14 Taf. 2°.

Bode, M., Geschichte der Realschule von 1840—67. Montabaur. Schul-/Univ.-Schrift 1867.

Bode, Mabel Haynes: A Burmese historian of buddhism. Woking o. J. 68 S. 8°.
Bern. Phil. Diss. 1898/99.

Bode, N. R., Die Berliner Stadt-Eisenbahn. (Sep.-Abdr. aus der Zeitschr. d. österr. Ingenieur- u. Architecten-Verein. 1881. III. Heft.) 8. (37 S. mit 1 Tafel) geh. 80 kr.
Lehmann + Wentzel, Wien 1881.

Bode, N. R., die Berliner Stadt-Eisenbahn. [Aus: „Ztschr. d. österr. Ingen.- u. Archit.-Ver."] Mit 4 (eingedr.) Holzschn. u. 1 (lith.) Taf. 8. (37 S.) Wien 881. Spielhagen & Schurich. n. 1. 50

Bode, Osc., über die Metamorphosen der rothen Blutkörperchen in den Blutextravasaten der Froschlymphsäcke. Eine Abhandlung. Dorpat 866. (Gläser.) gr. 8. (50 S.) n. 10 ngr.

Bode, Otto [approb. Arzt aus Gross-Oschersleben (Prov. Sachsen), Assistenzarzt d. med. Universitätspoliklinik in Jena]: Ein Beitrag zur Kenntnis der in den normalen menschlichen Faeces vorkommenden niedersten Organismen .... Jena, Druck v. B. Engau, 1887; 46 S. u. 1 Taf. 8°
Jena, Med. Fak., Inaug.-Diss. v. [29. Aug.] 1887

Bode, Otto, ein Beitrag zur Kenntniss der in den normalen menschlichen Faeces vorkommenden niedersten Organismen. Diss. Jena 1887, G. Neuenhahn. 8°. 46 S. mit einer Taf.

Bode, Otto, üb. Kropfexstirpation, s.: Klinik, Berliner.

Bode, Otto, Gerichtsass.: Übergang von Schadenersatzansprüchen gegen 'Dritte' auf Berufsgenossenschaften, insbesondere der Zeitpunkt des Übergangs. Borna-Leipzig 1910: Noske. X, 49 S. 8°
Würzburg, Jur. Diss. v. 4. April 1910, Ref. Piloty
[Geb. 21. Juni 83 Kassel; Wohnort: Kassel; Staatsangeh.: Preußen; Vorbildung: Gymn. Kassel Reife M. 00; Studium: Tübingen 3, Marburg 3 S.; Rig. 23. Febr. 10.] [U 10. 4285

Bode, *Paul* [Dir. Dr.]: Abschiedsfeier für Direktor Dr. *Emil* Scholderer. Frankfurt a. M., Druck v. C. Adelmann, 1897; 16—19 S. 4.
Frankfurt a. M., Adlerflycht-S '(R m. VS)', OP 1897 (431)

Bode, *Paul* [Dir. Dr.]: *Bericht über seine Einführung als Direktor der Anstalt.* Frankfurt a. M., Druck v. C. Adelmann, 1897; S. 20. 4.
Frankfurt a. M., Adlerflycht-S '(R m. VS)', OP 1897 (431)

Bode, Paul: Bericht über die Fünfzigjahrfeier. Frankfurt a. M. 1908: Adelmann. S. 3—18. 4°
Frankfurt a. M., Klinger-OR OP 1908 (536) [S 08. 29

Bode, P[aul], Dir. Dr.: Die Entwicklung des lateinlosen höheren Schulwesens in Frankfurt a. M. *Frankfurt a. M. 1901: C. Adelmann.* (S. 3—38.) 4°
Frankfurt a. M., Adlerflycht-S ⟨R m. VS⟩, OP 1901 (448)

Bode, Paul, die Oberflächenspannung der Flüssigkeiten. gr. 8. (54 S. m. 2 Steintaf.) Frankfurt a/M. 879. (Göttingen. Vandenhoeck & Ruprecht.) n. 1. 40

Bode, P[aul], Dir. Dr.: [Über die Umgestaltung des Vorgartens des Schulhauses zu einem kleinen botanischen Garten.] *Frankfurt a. M. 1899: C. Adelmann.* (S. 21—22.) 4°
Frankfurt a. M., Adlerflycht-S ⟨R m. VS⟩, OP 1899 (440)

Bode, Philipp, aus Loccum: Lungenembolie nach Geburten und gynäkologischen Operationen. *Halle a. S. 1899: C. A. Kaemmerer & Co.* (48 S.) 8°
Halle, Med. Diss. v. 14. Jan. 1899

Bode, R., das Herzogt. Braunschweig, s.: Knoll, Fr.

Bode, Rudolf

Bode, Rud.: Prakt. Korrespondenz d. Kaufmanns, s: Heinrich, Wilh.

Bode, Rud., Moses. Epische Dichtg. 8. (VII, 160 S.) Stuttgart 894. Greiner & Pfeiffer. Geb. in Leinw. n. 3.—

Bode, Rud.: Reise-Erinnergn an u. Erlebnisse in Siam 04. (150 m. Titelbild.) gr8° Wien '06. Berl., J Singer & Co. 3 — d

Bode, Rud., Reise-Erinnerungen an u. Erlebnisse in Siam 1904. (VIII, 150 S. m. Titelbild.) gr. 8. Wien 906. Wiener Verlag. n. 3.—

— die Unsichtbaren. Ein erzähl. Gedicht. 8. (243 S.) Hannover 892. L. Ost. 2. 25; geb. 3.—

Bode, Rudolf, a. Kiel: Die Zeitschwellen für Stimmgabeltöne mittlerer und leiser Intensität. Mit 6 Figuren. Leipzig: W. Engelmann 1906. (35 S.) 8° ¶(Aus: Psychologische Studien Bd 2 H. 5.)
Leipzig, Phil. Fak., Ref. Wundt-Des Coudres, Diss. v. 26. Okt. 1906
[Geb. 3. Febr. 81 Kiel; Wohnort: Kiel; Staatsangeh.: Preußen; Vorbildung: Gymn. Kiel Reife O. 01; Studium: Kiel 1, Leipzig 10 S.; Rig. 28. Juli 06.]

Bode, Siegfried, approb. Arzt aus Aurich-Oldendorf: Ein Fall von Chorea mit Geisteskrankheit. *Tübingen: F. Pietzcker 1899.* (21 S.) 8°
Tübingen, Med. Diss. v. 1899

Bode, Siegfr., ein Fall v. Chorea m. Geisteskrankheit. Diss. gr. 8. (21 S.) Tübingen 899. F. Pietzcker. n.n. — 70

Bode, Theod. Heinr. Aug., s.a. Bode, Theodr. Fr. Aug.

BODE, Theod. Heinr. Aug. (1778—1804), Burlesken. Mit 4 Kpfrn. (illum., kostümlich interess. Karrikaturen). Leipzig, in d. Juniusischen Buchhdlg. 1804. 8°. X—257 SS. (In Darmstadt.) (4 Mk. 50 Pfg. Edmund Meyer, Berlin, 1909.)
Inh.: 1. Der Hauptmann Copernikus. 2. Das unterbrochene Opferfest. 3. Der verliebte Don Quichote. 4. Däumling. 5. Die Erfindung der Kunst. 6. Das Concert. (Sämmtl. zieml. zahm.)

Bode, Theodor Heinrich August: Gigantomachia, d. i. heilloser Krieg einer gewaltigen Riesenkorporation gegen den Olympus. (Motto aus Horaz.) Leipzig 1800.

Bode, Theodr. Fr. Aug., s. a. Bode, Theod. Heinr. Aug.

Bode, Thdr. Fr. Aug., († d. 19. Oct. 1804.) Burlesken; e. Neujahrsgeschenk f. frohe Zirkel. Mit Kpf. 12. Leipz. 804. (Brockhaus). 1 ℛ 8 gl.

— Polychorda; e. Zeitschrift. 2 Bde in 8 Heften. 8. Penig 803—5. (Dienemann). 5 ℛ

Bode, W.: Die deutsche Alkoholfrage, s. Bode, Wilhelm

B o d e, W.: Über die Genossenschaftsfrage. Offenbach 1896.

Bode, W., zwei Jahrzehnte genossenschaftlicher Kleinarbeit. Geschichte u. Erfolge der Egestorfer Spar- u. Darlehnskasse e. G. m. u. H. von 1888—1908. (16 S.) 8. Winsen a. d. Luhe 008. (Lüneburg, G. Daur.) — 25

Bode, W, R Röckel u. C Schotte: Liederb. f. d. Schulen d. Stadt Hildesheim. 1.u.2.Heft. 8° Hildesh., Gebr. Gerstenberg. d
1. (8, 64) '11. geb. — 40 ‖ 2. (8. 120) '11. geb. — 70

Bode, W., Liederbuch f. die deutsche Volksschule, s.: Stoffregen, H. A.

Bode, W., deutscher Liederschatz, s.: Stoffregen, H. A.

Bode, W: Die Pflicht u. d. Mittel z. Errichtg v. landw. Genossenschaften. s.a. Genossenschaftsbibliothek, deut. landw

B o d e, W.: Die Pflicht und die Mittel zur Errichtung von landwirtschaftlichen Genossenschaften. Offenbach, Darmstadt: Anwaltschaft des Allg. Verbandes der dt. landw. Genossenschaften 1893. = Deutsche landwirtschaftliche Genossenschaftsbibliothek. 1.

[8.] Die Pflicht und die Mittel zur Errichtung von landwirthschaftlichen Genossenschaften. Vortr. geh. v. Pastor Bode, Vorsteher d. Spar- u. Darlehnskasse zu Egestorf '(im Lüneburgischen)', auf d. XI. Allg. Vereinstage in Neustadt a. d. Haardt am 28. Aug. 1895. 2. Aufl. *Offenbach a. M.: Anwaltschaft d. Allg. Verbandes d. deutschen landw. Genossenschaften 1895.* (15 S.) 1 Bd 8.
= Genossenschaftsbibliothek, Deutsche landwirthschaftliche. Bd 1. [96. 2665

Bode, Pflicht u. Mittel zur Errichtung landwirtsch. Genossenschaften. 2. Aufl. Offenbach 896.

Bode, W.: Die Plastik, s. Bode, Wilhelm

Bode, W. (Hrsg.), s. Social-Correspondenz (sp. Sozial-Correspondenz.)

Bode, W., d. ländl. Spar- u. Darlehnskasse als Stück d. inn. Mission. Vortrag, geh. a. 30. Septbr. i. d. Versammlg. d. Pfarrervereins z. Hannover. gr. 8. (13 S.) Hannover 897. Wolff & Hohorst Nachf. n.n. — 25

[8.] Die ländlichen Spar- und Darlehnskassen in gemeinfasslicher Darstellung. Im Auftr. d. Anwaltschaft d. Allgem. Verbandes geschrieben v. W. Bode, Pastor zu Egestorf i. Läneb. ... 1. Taus. *Offenbach a. M.: Anwaltschaft d. Allg. Verbandes d. deutschen landw. Genossenschaften 1897.* (24 S.) 1 Bd 8.
= Genossenschaftsbibliothek, Deutsche landwirtsch. Bd 4. [97. 4884

[8.] Die Verhandlungen des 28. Kongresses für innere Mission in Posen über die Genossenschaftsfrage. E. Erweiterg u. Beurtheilg d. amtl. Protokolls v. W. Bode, Pastor zu Egestorf i. Läneb. ... 10. Taus. *Offenbach a. M.: Anwaltschaft d. Allg. Verbandes d. deutschen landw. Genossenschaften 1896.* (1 Bl., 24 S.) 1 Bd 8.
= Genossenschaftsbibliothek, Deutsche landwirtsch. Bd 3. [96. 4883

Bode, W., Die Verhandlungen des 28. Kongresses für innere Mission in Posen über die Genossenschaftsfrage. Eine Erweiterung und Beurteilung des amtl. Protokolles. Deutsche landwirtsch. Genossenschaftsbibliothek, Heft 3. gr. 8°. Offenbach 1897.

Bode, W. J. L., Beitrr. zu d. Gesch. d. Herzogth. Braunschweig. 1r Beitr.: Das Grundsteuer-System d. Herzogth. Braunschweig, geschichtl. verfolgt u. erklärt. gr. 8. Braunschw. 824. Vieweg. 16 gGr

Bode, W. J. L., Beitrag zu der Geschichte der Feudalstände im Herzogth. Braunschweig u. ihres Verhältnisses zu dem Fürsten u. dem Volke, veranlaßt durch die Schrift: v. Grone, Geschichte d. corporativen Verfassung d. braunschw. Ritterstandes 2c. gr. 8. (5½ B.) Braunschweig 843, Vieweg u. Sohn. *

—— Beiträge zu d. Geschichte der Feudalstände im Herzogthum Braunschweig. 2. Hft. Die Aufhebung d. Feudalstände u. d. Herstell. einer, die Gesammtheit der Staatsgenossen vertretenden Ständeversammlung betreff. 2c. gr. 8. (9¼ B.) Braunschweig 843, Vieweg u. Sohn. *

Bode, W. J. L., der Elm mit seiner Umgebung und seinen Denkmälern der Vorzeit. (Mit 1 Karte.) Braunschweig 846. Vieweg. 8. n. 5 ngr

Bode, W. J. L., Geschichte des Bundes der Sachsenstädte bis zum Ende des Mittelalters mit Rücksicht auf die Territorien zwischen Weser und Elbe. Abdr. aus den Forschungen zur deutschen Geschichte. Göttingen 861. Dieterich. gr. 8. (88 S.) n. 12 ngr

Bode, W. J. L., das ältere Münzwesen der Staaten u. Städte Niedersachsens, in Hinsicht auf die dem Geschichtsfreunde, Richter u. Münzsammler besonders wichtige Kunde d. Werthsverhältnisse in d. verschied. Rechnungs- u. geprägten Münzen. Auf Urkunden u. archival. Nachrichten gestützt. Mit 10 Münztafeln v. Schönemann erläutert. gr. 8. (217 S.) Braunschweig 847, Vieweg & Sohn. n. 2 ß

Des Trinkers Absage v. Wilhelm Bode. Hildesheim. o. J. 1 Bl.

Bode, W.: Die Abnahme der Trunksucht in Deutschland. Die soziale Praxis. Nro. 38. 1898.

Bode, Wilh., d. Berliner Akademie. Gedanken b. d. Feier ihres 200jähr. Bestehens. [Aus: „Pan".] gr. 8. (30 S.) Berlin 897. F. Fontane & Co. n. — 60

Bode, Wilh.,s.a. Alkohol & Co.

Alkohol & Co., Hoflieferanten Sr. Majestät des Königs Tod. Grösstes Geschäft in Deutschland. 300,000 Filialen in allen Städten, Flecken u. Dörfern. Täglich werden neue eröffnet! (Verf.: Dr. W[ilhelm] Bode in Hildesheim.) Hildesheim: (Verein [1895]). (8 S.) 8° [Umschlagt. F.] (o5. 4968 8

Bode, Wilh., Alkohol & Co. Hoflieferanten Sr. Maj. d. Königs Tod. Größtes Geschäft Deutschlands. 300.000 Filialen i. allen Städten, Flecken u. Dörfern. Tägl. werden neue eröffnet. Zeichner: O. & H. Schwindrazheim. 2. Aufl. 6.—20. Tausf. gr. 8. (8 S.) Hildesheim 896. Mäßigkeits-Verlag. n. — 10

Bode, Wilh., der Alkohol spricht. 6. Aufl. 26.—40. Tausf. gr. 8. (1 Bl.) Hildesheim (902). (Weimar, W. Bode.) — 05

Bode, Wilh. (II.). Alkohol-Album. Hrsg. u. allen Herstellern, Verkäufern u. Freunden der geistigen Getränke gewidmet. gr. 8. (114 S.) Bremerhaven 891, Tienken. * 2 —; geb. * 2 75

— Alkohol-Album. Hrsg. u. allen Herstellern, Verkäufern u. Freunden der geist. Getränke gewidmet. 2. Aufl. gr. 8. (114 S.) Leipzig (900). Th. G. Tienken. n. 1.—

Die deutsche Alkoholfrage v. Wilhelm Bode. ⟨Erweiterter Abdruck aus der „Christlichen Welt".⟩ Leipzig. 1892. 8°.

Die deutsche Alkoholfrage. Von Dr. Wilhelm Bode. Leipzig: Duncker & Humblot 1892. (51 S.) 8° [F.]
= Volkswohl-Schriften. H. 11. (o5. 4969 8

— Amalie, Herzogin v. Weimar. 1. u. 2. Aufl. 1—5. Tausf. 3 Bde. 8. Berlin 908. 09. E. S. Mittler & Sohn. 9.—; geb. 10. —
1. Das vorgoethische Weimar. Mit 23 Abbildgn. (VIII, 194 S. m. 1 Stammtaf.)
2. Der Musenhof der Herzogin Amalie. Mit 31 Abb. (VII, 205 S.)
3. Ein Lebensabend im Künstlerkreise. Mit 21 Abb. (VII, 228 S.)

Bode, Wilh.: Die Anfänge d. Majolikakunst in Toskana unter bes. Berücks. d. Florentiner Majoliken. (34 m. eingeklebten Abb. u. 37 z. Tl farb. Taf.) 45×35 cm. Berl., J Bard '11. L 150 —: Luxusausg. Perg. 300 —

— Goethe's Asthetik,s.a. Goethe's Lebenskunst u. Lebensweisheit. 1. Bd.

— Goethes Asthetik. Mit e. Bilde Goethes. 8. (III, 341 S.) Berlin 901. E. S. Mittler & Sohn. n. 3.50; geb. n.n. 4.50

—— und Rob. Dohme, die Ausstellung von Gemälden älterer Meister im Berliner Privatbesitz, veranstaltet zu Ehren der silbernen Hochzeit Ihrer k. und k. Hoheiten des Kronprinzen und der Frau Kronprinzessin des Deutschen Reiches und von Preussen im J. 1883. Fol. (123 S. mit eingedr. Holzschn., Künstler-Monogrammen und 11 Taf. in Heliogr. und Radirung.) Berlin 883, [Weidmann'sche Buchh.] Grote'sche Verlagsh. Ausg. auf Kpfrdr.-Pap. *
Ausg. auf Japanpap. *

Bode, Wilh., s.: Ausstellung v. Kunstwerken des Mittelalters u. der Renaissance.

Bode, Wilhelm, approb. Arzt: Beitrag zur Pathologie der Halsabscesse und Ein Fall von Septico-Pyaemie im Anschluss an einen Tonsillarabscess. *München 1901: Kastner & Lossen.* (61 S.) 8°
München, Med. Diss. v. 1901

Bode, W., s.: Beiträge zu Burckhardt's Cicerone.

— Beschreib. e. vortheilhaften Art von Lehmschindeln. Mit 1 ill. Kpf. 4. Bresl. 804. W. G. Korn. 8 gGr

— u. H. v. Tschudi, Beschreibung der Bildwerke der christlichen Epoche in den königl. Museen zu Berlin, 2. Aufl., s.a. Beschreibung der Bildwerke u. s. w.

—— und Hugo v. Tschudi, Beschreibung der Bildwerke der christlichen Epoche in den königl. Museen zu Berlin. 4. (VI, 263 S. mit 68 Taf. und 70 Textillustr.) Berlin 888, Spemann. **

— Beschr. vortheilhafter Lehmschindeln. 4. Bresl. Ebend. 804.

— der größte Betrüger. Ein Wort zur Aufklärg. gr. 8. (16 S.) Weimar (899). W. Bode. — 20

Bode, Wilh., Bilderbuch der Gasthaus-Reform. Hrsg. vom „Deutschen Verein f. Gasthaus-Reform" in Weimar. (16 S.) gr. 8. Weimar (903). (W. Bode.) n. — 20

Bode, Wilhelm. Bilderbuch der Gasthaus-Reform. Zusammengestellt von Dr. Wilhelm Bode. Hrg. vom «Deutschen Verein für Gasthaus-Reform» in Weimar. 16 S. 8. (Weimar, R. Wagner Sohn, [1903.])
M. —. 20. 10 St. M. 1. —, ... 1000 St. M. 60. —. *S. 3—16: Bilder, auch Zürich etc. betr.*

Bode, Wilh. (I.), Bilderlese aus kleineren Gemäldesammlungen in Deutschland und Oesterreich. Mit Text von W. B. Jahrg. 1885—1888. 9 Hefte. (à Heft 2 Bog. Text mit eingedr. Illustr. und 4 Radirungen.) Fol. Wien, Gesellschaft für vervielfält. Kunst. à Heft * M 5.—. *
Prachtausg. à Heft * M 15.—. * 1

— Florentiner Bildhauer der Renaissance. gr. 4. (XXIII, 350 S. m. Abbildgn.) Berlin 902. B. Cassirer. n. 18. —; geb. n. 21. —

— Florentiner Bildhauer d. Renaissance. (2. u. 3. Afl.) (Je 9, 342 m. Abb. u. 23 Taf.) Lex 8° Berl., B Cassirer '10 u. '11. 16 —; geb. 20 —

—— italienische Bildhauer der Renaissance. Studien zur Geschichte der italien. Plastik und Malerei auf Grund der Bildwerke und Gemälde in den königl. Museen zu Berlin. gr. 8. (VIII, 300 S. mit 43 Abbild.) Berlin 887, Spemann. *

— italienische Bildhauer der Renaissance. gr. 8. (VIII, 300 S. m. 43 Abb.) Berlin 897. [Spemann.] G. Reimer. n. 10. 50

Bode, W. (Hrsg.), s. Blätter zum Weitergeben von dem deutschen Verein gegen den Missbrauch geistiger Getränke.

— Off. Briefe üb. Gasthaus-Reform, s.: Degelow, K.

— Die italienischen Bronzestatuetten der Renaissance. (In 10 Lfgn.) 1.—5. Lfg. (90 Lichtdr.-Taf. m. illustr. Text. S. 1—44.) 48×41 cm. Ebd. (907.) Subskr.-Pr. à Lfg. 25.—; (Bd. I geb. in Leinw. 145. —)

Bode, Wilh.: Die italien. Bronzestatuetten d. Renaissance. 10 Lfgn. (180 Taf m. 44 u. 47 S. ill. Text.) 48×41 cm. Berl., B Cassirer ('07—9) Subskr.-Pr. je 25 —: in 2 Bde geb. je (175 —) 195 —

— Die italien. Bronzestatuetten d. Renaissance. 3. Bd. (86 Taf. m. 30 S. ill. Text.) 49,5×41 cm. Ebd. ('12). in HL-M 175 —; geb. 195 —; Subskr. bis 21. 9. '12: 125 —; bezw. 145 —

Bode, Wilh. (1.), Adriaen Brouwer. Ein Bild seines Lebens und seines Schaffens. Mit Illustr. und Kunstbeilagen. Fol. (52 S. mit eingedr. Holzschn. und Heliogr. und 7 Radirungen.) Wien 884, Gesellschaft für vervielfältigende Kunst. *
Aus: Die graphischen Künste, besonders abgedruckt.

—— s. Burckhardt, Jac., der Cicerone.

— das Chorgestühl d. Pantaleone de Marchis in den königl. Museen zu Berlin. Geschnitzte Lehnen u. Intarsien, reproducirt in Lichtdr. gr. Fol. (25 Taf.) Mit Text. Fol. (7 S.) Berlin 884. Grote. In Mappe n. 50. —

— der Cicerone, s.: Burckhardt, Jac.

Damals in Weimar. Von Dr. Wilhelm Bode. Bilder von Ludwig Bartning… Weimar: Kiepenheuer 1910. 88 S. quer-8° [10. 1361]

— die Dauer u. d. Erhaltung d. menschlichen Lebens, s.: Volkswohl-Schriften.

Bode W, die Dauer u d. Erhaltg d. menschl. Lebens. (Volkswohlschr. 18) Leipzig 1894

— die Künstlerfamilie Della Robbia. Die Florentiner Marmorbildner in der 2. Hälfte d. Quattrocento, s.: Kunst u. Künstler d. Mittelalters u. der Neuzeit.

Bode, Wilh., s.: Denkmäler d. Renaissance-Sculptur Toskanas.

Bode, Wilh., Denkschrift betreffend Erweiterungs- und Neubauten bei d. Königl. Museen in Berlin. Als Ms. gedr. Berlin 1907. 8°. — Qb 4880. —

Bode, Wilhelm: Aus d. Univ.-Frauenklin. zu Berlin. Ueber Eihautretention. Hildesheim 1909: Gerstenberg. 39 S. 8°
Berlin, Med. Diss. v. 6. Okt. 1909, Ref. Olshausen
[Geb. 13. Juli 84 Hildesheim; Wohnort: Hildesheim; Staatsangeh.: Preußen; Vorbildung: Gymn. Andreanum Hildesheim Reife O. 03; Studium: Freiburg i. B. 5, Berlin 5 S.; Coll. 2. Juli 09; Approb. 31. Juli 09.] [U 10. 18

— Der Einzelne und die Alkoholfrage. (Ausschnitt.) Leipzig 1892.

— auch Dein Feind. Geschichten f. Kinder. 2. Aufl. 4.—10. Taus. gr. 8. (16 S. m. 1 Abbildg.) Ebd. 902. — 10

— Auch Dein Feind. Geschichten f. Kinder. 4. u. 5. Aufl. (16—20. u. 21—25. Taus.) (Je 16 S.) kl. 8. Berlin 908. Mäßigkeits-Verlag. p — 10

Die Frauen und das Trinken. Von Dr. WILHELM BODE in Weimar. 3. Auflage, 31.—50. Tausend. Verlag von K. G. Th. Scheffer in Leipzig. (Ohne bes. Titelblatt.) 8°.

— Die Frauen und das Trinken. (8 S.) Weimar 1900. W. Bode. —.10

Bode, Wilhelm: Die Frauen und das Trinken. — Weimar o. J. [1900?]: Wagner. 8 S. 8° [Kopft.]

Die fürstlich Liechtenstein'sche Galerie in Wien. Text v. Dr. Wilhelm Bode. *Wien: Ges. f. vervielfältig. Kunst 1896.* (1 Bl., III, 138 S., 37 Taf.) 1 Bd 2. [56. 350

Aus allerlei Gasthäusern. Umarbeitung der „Neuen Geschichten vom Trinken und Nichttrinken". Von Dr. WILHELM BODE. Weimar 1903. W. Bodes Verlag. 8°.

— Aus allerlei Gasthäusern. Umarbeitung der „Neuen Geschichten vom Trinken u. Nichttrinken". 11—15. Taus. (16 S. m. Abbildgn.) gr. 8. Weimar 903. (Berlin, Mäßigkeits-Verlag.) p — 20

— Gasthaus-Reform durch die Frauen. Hrsg. vom Deutschen Verein f. Gasthaus-Reform. (48 S. m. 15 Abbildgn. u. Grundrissen.) gr. 8. Weimar 903. (W. Bode.) n. — 60

Dem Gedächtnis ihrer hochseligen Majestät der Kaiserin und Königin Friedrich. Eine Kinderbüste in Windsor-Castle und Meister Konrad Meit von Wilhelm Bode. *Berlin: G. Grote 1902.* (16 S.) 4°
Erw. SA aus: Jahrb. d. Kgl. Preuss. Kunstsammlungen. Bd 22.

— s.: Gemälde alter Meister im Besitze Sr. Maj. des deutschen Kaisers u. Königs v. Preussen.

—— s. Gemälde-Galerie, die grossherzogliche, zu Oldenburg.

— s.: Gemälde-Galerie, d. grossherzogl., zu Schwerin.

— s.: Gemälde-Galerie, die, der königl. Museen zu Berlin.

— s.a. Gemäldegalerie, Die, d. Hrn A de Ridder

Die Gemäldegalerie des Herrn A(ugust) de Ridder in seiner Villa zu Schönberg bei Cronberg im Taunus. Text von Wilhelm Bode. Mit 66 Taf. u. 13 Textbild. Berlin: Bard 1910. 44 S. 2° [10. 1072]

— s.: Gemälde-Sammlung, die, des Herrn Rudolf Kann in Paris.

— die Gemäldesammlung d. Hrn. Johs. Wesselhoeft in Hamburg. Fol. (64 S. m. eingedr. Illustr. u. 16 Radirgn.) Wien 886. Gesellschaft f. vervielfältigende Kunst. geb. m. Goldschn. n. 80. —

Bode, Wilhelm. Gemälde-Sammlung des Johannes Wessehoeft zu Hamburg. (Bilderlese aus kleineren Gemäldesammlungen in Deutschland und Oesterreich.) Wien 1888. Fol.

Bode, Wilh., der neue Gesangbuchs-Entwurf. 8. 68 S.) Hannover 880. Helwing's Verl. n. — 75

Bode, W.: Zur Geschichte des Bieres. Schriften des Vereins gegen den Missbr. geist. Getr. 4 S. Hildesheim.

— kurze Geschichte d. Trinksitten u. Mäßigkeitsbestrebgn. in Deutschland. 8. (IV, 227 S.) München 896. J. F. Lehmann's Verl. n. 2. 40

— Geschichte der deutschen Plastik, s.a. Geschichte der deutschen Kunst.

Bode, W. Geschichte der deutschen Plastik. Mit Text-Illustrationen, Tafeln und Farbendrucken. (Geschichte der deutschen Kunst, II.) Berlin 1885. 4°.

Bode, W. Geschichte der deutschen Plastik. Berlin 1887.

Bode, Wilh., Geschichte der deutschen Plastik. Mit 82 Text-Ill. u. 29 Taf. in Farbendr. Berlin 1893. gr. Lex.-8. . . . . (D.)

— Nachdenkl. Geschichten v. Trinken. Nacherz. u. ges. gr. 8. (16 S.) Hildesheim 897. Mäßigkeits-Verlag. n. — 10

Nachdenkliche Geschichten vom Trinken. Nacherzählt u. gesammelt von Dr. Wilhelm Bode. 14. Taus. Hildesheim: Deutscher Ver. gegen d. Mißbr. geist. Getränke 1898. (16 S.) 8° [F.] [ed. 1897 b

— Nachdenkliche Geschichten vom Trinken. Erzählt u. nacherzählt. 85—89. Taus. (16 S.) gr. 8. Berlin 908. Mäßigkeits-Verlag. n — 20

Neue Geschichten vom Trinken und Nichttrinken. Erzählt u. gesammelt von Dr. Wilhelm Bode. (10. Taus.) *Hildesheim: Mässigkeits-Verl. d. deutsch. Ver. gegen d. Missbrauch geist. Getränke 1898.* (16 S.) [Umschlagt.] [F.] [09. 1063 7

— Gesetzgebg. geg. d. Sonntagstrunk. [Aus: „Fliegende Blätter d. Rauhen Hauses".] 8. (16 S.) Hamburg 896. (Hildesheim, Gerstenberg.) n. — 20

— Der fröhl. Goethe. (12, 384 m. 4 Bildn.) kl8° Berl., ES Mittler & S. '12. Pappbd 3 —; Geschenk-Ausg., L 5 —; Ldr 8 —; Luxus-Bütten-Ausg., Ldr 10 — d

— s.: Goethe's, Joh. Wolfg. v., Briefe in kleiner Auswahl.

— s.: Goethe's, Joh. Wolfg. v., Gedanken.

— dasselbe, s.: Goethe's Lebenskunst u. Lebensweisheit. 2. Bd.

— dasselbe, s.: Goethe's Lebenskunst u. Lebensweisheit. 3. Bd.

— s.: Goethe, J. W. v., meine Religion.

Bode, W., Grundr. d. ländl. Baukunst. 8. Bresl. W. G. Korn. 895.

Bode, Wilh., († d. 11. Oct. 1806.) Grundr. d. ländl. Baukunst. Mit 1 Kpf. 8. Bresl. 804. W. G. Korn. 1 ℔

— Habt ihr's je versucht? Eine Frage an alle Biertrinker. 2. Aufl. 3. u. 4. Tausend. 12. (7 S.) Bremerhaven 890. Ch. G. Tienken. n. — 10

Bode, W., Frans Hals, s.: Kunst u. Künstler des Mittelalters u. der Neuzeit.

— Frans Hals u. seine Schule. Ein Beitrag zu e. krit. Behandlg. der holländ. Malerei. [Aus „Jahrbücher f. Kunstwissensch."] Mit 2 Radirgn. hoch 4. (66 S.) Leipzig 871. Seemann. n. 3. —

— s.: Handzeichnungen altholländischer Genremaler.

— Die italien. Hausmöbel d. Renaissance, s. a. Monographien d. Kunstgewerbes.

Die italienischen Hausmöbel der Renaissance von Wilhelm Bode. Mit 100 Abb. *Leipzig: H. Seemann Nachf. [1902].* (83 S.) 4° (8°)
— Monographien d. Kunstgewerbes. 6. [02. 3770 6

— die Heilung der Trunksucht. Eine Belehrg. f. Trinker und deren Angehörige. 8. (85 S.) Bremerhaven 890. Tienken. n. 1. —

— Rudolf Henneberg. [Aus: „Die graph. Künste".] Fol. (18 S. m. 18 Abb. u. 4 Taf.) Wien 895. Gesellschaft f. vervielfält. Kunst. n. 12. —

— Die Sammlung Oscar Huldschinsky. (48 Taf. m. 55 illustr. S. Text.) 45,5×33,5 cm. Frankfurt a/M. 909. J. Baer & Co. Geb. in Leinw. 100. —

Bode, Wilhelm (Hrsg.), s. Jahrbuch der kgl. preussischen Kunstsammlungen.

— Indivi, s.: Tages- u. Lebensfragen.

— Industrie u. Gasthaus-Reform. Ein Bericht. (32 S. m. Abbildgn.) 8. Weimar 904. (Leipzig, K. G. Th. Scheffer.) n. — 40

— Karl August v. Weimar. Jugendjahre. (18, 364 m. Abb. u. Taf.) 8° Berl., ES Mittler & S. '13. Pappbd 5 —; L 6 —; Luxus-Ausg., Ldr 8.50 d

Bode, Wilhelm: Die Kenningar in der angelsächsischen Dichtung. Mit Ausblicken auf andere Litteraturen . . . . Darmstadt & Leipzig, Eduard Zernin, 1886; 100 S. 8°.
Strassburg, Phil. Fak., Inaug.-Diss. v. 1886.

Bode, Wilh., die Kenningar in der angelsächsischen Dichtung. Mit Ausblicken auf andere Litteraturen. gr. 8. (100 S.) Darmstadt 886. Zernin. n. 2. —

— eine Kinderbüste in Windsor Castle u. Meister Konrad Meit. Dem Gedächtnis Ihrer hochsel. Majestät der Kaiserin u. Königin Friedrich. gr. 4. (16 S. m. Abbildgn.) Berlin 902. G. Grote. n. 1. 80
Erweit. Sonderabdruck aus: „Jahrb. d. kgl. preuss. Kunstsammlgn."

Bode, Wilh., Oberstleutnant a. D. Curt v. Knobelsdorff. Eine Lebensskizze. 8. (28 S. m. Bildnis.) Berlin 894. Deutsche evangel. Buch- u. Tractat-Gesellschaft. n. — 25

[F.] Oberstlt. a. D. Curt v. Knobelsdorff. E. Lebenskizze v. Dr. Wilhelm Bode in Hildesheim. 2. verm. Aufl. *Berlin: Deutsche Ev. Buch- & Tract-Ges. 1898.* (32 S.) 1 Bd 8. [98. 3514

— Oberstleutnant a. D. Curt v. Knobelsdorff. E. Lebensskizze. 2., verm. Aufl. 8. (32 S.) Berlin 898. Deutsche evang. Buch- u. Tractat-Gesellschaft n. — 25

— altpersische Knüpfteppiche. Studien zur Geschichte der pers. Knüpfarbeit auf Grund e. Teppichs im Besitz der königl. Museen zu Berlin. [Aus: „Jahrb. d. königl. preuss. Kunstsammlgn."] Fol. (57 S. m. Textbildern u. 1 Heliograv.) Berlin 892. G. Grote. n. 8. —

Altpersische Knüpfteppiche. Studien z. Geschichte d. Persischen Knüpfarbeit von Wilhelm Bode. 2. durchges. u. verm. Aufl. *Berlin: G. Grote 1904.* (60 S.) 4° [04. 10684

— vorderasiatische Knüpfteppiche a. älterer Zeit, s. a. Monographien d. Kunstgewerbes. I.

Vorderasiatische Knüpfteppiche aus älterer Zeit von Wilhelm Bode. *Leipzig: H. Seemann Nachf. [1902].* (136 S.) 4° (8°)
— Monographien d. Kunstgewerbes. [1.] [02. 3769 6

— Kunst u. Kunstgewerbe am Ende des 19. Jahrh. 8. (V, 168 S.) Berlin 901. B. Cassirer. Kart. n. 5. —

— Kunst u. Kunstgewerbe am Ende des 19. Jahrh. Neue [Titel-]Ausg. (V, 168 S.) 8. Berlin [901] (903). B. Cassirer. Kart. n. 5. —

Bode, Wilh.: Das Leben in Alt-Weimar. Bilderb., zusammengestellt u. erläutert. (164) 18,5×23,5 cm. Weim., G Kiepenheuer ('12).] Pappbd 6 —; Geschenk-Ausg. 10 — d

Goethes Leben im Garten am Stern von Wilhelm Bode. Mit zahlr. Abb. Berlin: Mittler 1909. XVI, 394 S. 8° [09. 3327

Goethes Leben im Garten am Stern. Von Wilhelm Bode. 3. Aufl. Mit zahlr. Abb. Berlin: Mittler 1910. XVI, 383 S. 8° [10. 6907

— Goethes Leben im Garten am Stern. 4. Afl. (16, 368 m. Abb. u. 32 Taf.) 8° Ebd. '12. Pappbd 5 —; L 6 —; Ldr 7.50 d

— Dr. Martin Luthers Leben. 3. Aufl. 8. (64 S.) Hannover 881. Feesche. n. — 30

Ein Lebensabend im Künstlerkreise von Wilhelm **Bode**, (Weimar). Mit 20 Abb. Berlin: E. S. Mittler & Sohn 1908. (VII, 220 S.) 8° [F.]
— **Bode**: Amalie Herzogin von Weimar. 3. [07. 16631

Ein Lebensabend im Künstlerkreise. Von Wilhelm Bode, (Weimar). 2. Aufl. Mit 21 Abb. Berlin: Mittler 1909. VII, 228 S. 8°
(Bode: Amalie, Herzogin von Weimar. 3.) [09. 9820

Bode, Wilh., Goethes Lebenskunst. 8. (VII, 220 S.) Berlin 901. E. S. Mittler & Sohn. n. 2.50; geb. n.n. 3.50

— dasselbe. 3.—7. Taus. 2. u. 3. Aufl. Mit 1 Bildnis Goethes nach C. A. Schwerdtgeburth. 8. (à VII, 367 S.) Ebd. 902. n. 2.50; geb. n.n. 3.50

— Goethes Lebenskunst. 8.—9. Taus. 4. Aufl. Mit 1 Bildnis Goethes nach C. A. Schwerdtgeburth. (VII, 267 S.) 8. Berlin 905. E. S. Mittler & Sohn. n. 2.50; geb. n. 3.50

Bode, Wilh., Goethes Lebenskunst. 5., vollständig umgearb. Aufl. 10—14. Taus. (VIII, 258 S. m. 7 Abb. u. 12 Taf.) 8. Berlin 908. E. S. Mittler & Sohn. 3.—; geb. 4.—

— die Lehren Tolstois. Ein Gedanken-Auszug aus allen seinen Werken. 8. (190 S. m. 2 Bildern.) Weimar 900. W. Bode. n. 2.—; geb. n. 2.70

(B) — Die Lehren Tolstois. 900. (KB 31.) Jetzt: München, G. D. W. Callwey.

— Dr. Barnardo's Liebeswerke in London, s.a. Volkswohl-Schriften.

Bode, W., Dr. Barnardos Liebeswerke in London. (32 S. mit Bildern.) Leipzig 1889. Duncker u. Humblot. —.60

— über den Luxus. (166 S.) 8. Leipzig 1904. K. G. Th. Scheffer. n. 1.60

— dasselbe. 2. Aufl. 3. u. 4. Taus. (182 S.) 8. Leipzig 906. [K. G. Th. Scheffer.] München, G. D. W. Callwey. n. 1.60

Über den Luxus. Von Dr. Wilhelm **Bode**. 2. Aufl. Leipzig: K. G. Th. Scheffer (München: G. D. W. Callwey) [1907]. (182 S.) 8° [F.] [07. 10166

— vom Luxus, s.: Flugschrift, 18., des Dürer-Bundes zur ästhetischen Kultur.

Bode, Wilh., Die Macht der Konsumenten. 2. Aufl. gr. 8°. Weimar, W. Bode, 1902.

— Berliner Malerradirer: Max Klinger, Mor. Geyger, Stauffer-Bern. [Aus: „Graph. Künste".] 2., verm. Aufl. Fol. (16 S. m. 5 Taf. u. 11 Textabbildgn.) Wien 891. Gesellschaft f. vervielfält. Kunst. n. 9.—

Mäfsigkeit oder Enthaltsamkeit? Ein Beitrag zur Bewegung gegen die geistigen Getränke v. Wilhelm **Bode**. 2. Aufl. Hildesheim. 1886. 8°.

— Mäßigkeit od. Enthaltung, s.a. Tages- u. Lebensfragen.

Mäßigkeit oder Enthaltung? Ein Beitrag z. Bewegung gegen d. geist. Getränke. Von Dr. Wilhelm Bode. Bremerhaven & Leipzig: C. G. Tienken 1892. (19 S.) 8° [F.]
Aus: Christl. Welt. [05. 4971 8

Bode, W. (Hrsg.), s. Mässigkeits-Blätter.

Bode, W.: Die Mäßigkeitssache und die Gefangenen. (Vortrag.) 8°. 39 S. Gefängnisges. f. d. Provinz Sachsen. Halle. 1899.

Meisterwerke der Malerei. Alte Meister. Reprod. in Photograv. Mit e. Vorw. u. begleit. Text von Wilhelm **Bode** u. Fritz Knapp. Lfg 1. *Berlin: R. Bong [1903].* gr. 2° [04. 5033

Bode, W. (Hrsg.), s. Mittheilungen zur Bekämpfung der Trunksucht.

Bode, W. (Hrsg.), s. Mittheilungen des deutschen Vereins gegen den Missbrauch geistiger Getränke.

Der Musenhof der Herzogin Amalie von Wilhelm **Bode**, (Weimar). Mit 25 Abb. Berlin: E. S. Mittler & Sohn 1908. (VII, 234 S.) 8° [F.]
— **Bode**: Amalie Herzogin von Weimar. 2. [07. 16696

Der Musenhof der Herzogin Amalie von Wilhelm Bode, (Weimar). 2. Aufl. Mit 34 Abb. Berlin: Mittler 1909. VII, 295 S. 8°
(Bode: Amalie, Herzogin von Weimar. 2.) [09. 9819

Bode [jun.], Wilh. (IV.), Bad Nauheim, seine Kurmittel, Indicationen und Erfolge. Nach 21jähr. ärztl. Thätigkeit in Bad Nauheim zusammengestellt und erläutert. 8. (IV, 115 S. mit 3 Taf.) Wiesbaden 888, Bergmann. *

Bode, Wilh. (III.). Bad Nauheim, seine Kurmittel, Indicationen u. Erfolge. 2. Aufl. 8. (VI, 116 S. m. 3 Taf.) Wiesb. 889, Bergmann. * 1 80

—— Nauheim, its remedies, indications and results. 8. (IV, 101 S.) Ebd. 889. * 1 80

Bode, Wilh. (III.), s. Nordwest-Geschichten.

— Die Offiziere und der Alkohol. Gegenwart. Nro. 2. Berlin. 1900.

— die norwegische Ordnung des Schankwesens u. Getränkehandels, s.a. Studien zur Alkoholfrage. 5. Hft.

Bode, Wilh., Die norwegische Ordnung des Schankwesens und Getränkehandels. Leipzig 1906. 8°.
(Studien z. Alkoholfrage. H. 5.)

Bode, Wilhelm (Red.), s. Pan.

— Goethes Persönlichkeit, s.: Müller, F v.

— Alfred Messels Pläne f. die Neubauten der königl. Museen zu Berlin. Mit 1 Bildnis Messels, 1 Brieffksm. u. 7 Taf. (7 S. m. 4 Bl. Erklärgn.) 35,5×24,5 cm. Berlin 910. G. Grote. 8.—
Sonderabdruck aus „Jahrb. d. preuss. Kunstsammlgn".

— die Plastik, s.a. Geschichte der deutschen Kunst.

Bode W, die Plastik. (Geschichte der deutschen Kunst II) Berlin 1887

— die deutsche Plastik, s.: Geschichte d. deutschen Kunst.

— die italienische Plastik, s.a. Handbücher der königl. Museen zu Berlin. I.

Bode, Wilhelm. Die italienische Plastik. (Handbücher der Königl. Museen zu Berlin.) Berlin 1891. 8°.

Bode. W. Die italienische Plastik. 2. A. Berlin 1893.

Die italienische Plastik von Wilhelm Bode. 3. Aufl. Mit 95 Abb. *Berlin: G. Reimer 1902.* (104 S.) 8°
= Handbücher d. Königl. Museen zu Berlin. [1.]

Die italienische Plastik. Von Wilhelm **Bode**. 4. Aufl. Mit 103 Abb. u. 2 Pl. Berlin: G. Reimer 1905. (207 S.) 8°
= Handbücher d. Königl. Museen zu Berlin. [1.] [05. 10157

— an die Politiker. Auch e. Wort z. d. Wahlen. gr. 8. (16 S.) Hildesheim 898. Mäßigkeitsverlag. —10

An die Politiker. Auch e. Wort zu d. Wahlen. Von Wilhelm Bode. Hildesheim: Selbstverl. 1898. (16 S.) 8° [F.] [05. 2011 4

An die Politiker. Von Dr. Wilhelm Bode. 3. Aufl. *Hildesheim: Mässigkeitsverl. d. Deutsch. Ver. gegen d. Missbrauch geist. Getränke 1899.* (16 S.) 8° [Umschlagt.] [F.] [99. 2064 7

— italienische Portraitsculpturen d. XV. Jahrh. in den königl. Museen zu Berlin. Imp.-4. (53 S. m. eingedr. Illustr. u. 9 Taf. in Heliogr. u. Radirg.) Berlin 883. Grote. n.n. 50.—

— Quellennachweis über die Lieder des hannoverischen u. des lüneburgischen Gesangbuches samt den dazu gehörigen Singweisen. gr. 8. (VIII, 456 S.) Hannover 881. Helwing's Verl. n. 8.—

— An die deutschen Radfahrer. Aufruf und Erhebungsformular. Hildesheim 1898. 4 S.

— Goethes bester Rat. Mit e. Bildnis Goethes v. C. Vogel. (VII, 67 S.) 8. Berlin 903. E. S. Mittler & Sohn. n. 1. —; geb. n. 1. 80

— Ratschläge an Trinker u. ihre Freunde. 2. Aufl. 4.—10. Taus. gr. 8. (15 S.) Ebd. 897. — 10

Ratschläge an Trinker und ihre Freunde. Von Dr. Wilhelm **Bode**. 3. Aufl. Hildesheim: Mäßigkeits-Verl. d. Deutschen Ver. gegen d. Mißbr. geist. Getränke 1898. (16 S.) 8° [F.] [of. 1350 8

Bode, Wilhelm (Hrsg.), s. G o e t h e , Johann Wolfgang v.: Meine Religion.

— Rembrandt. Beschreib. Verzeichn. s. Gemälde m. d. heliograph. Nachbildgn., Geschichte s. Lebens u. s. Kunst. Unt. Mitwirkg. v. C. Hofstede de Groot. (In 8 Bdn.) 1. u. 2. Bd. Fol. (176 u. 181 S. m. 71 u. 77 Taf.) Paris (6, Rue de la Rochefoucauld) 897. Ch. Sedelmeyer. à n. 125. —

— **Rembrandt.** Beschreibendes Verzeichniss seiner Gemälde m. den heliograph. Nachbildgn., Geschichte seines Lebens u. seiner Kunst. Unter Mitwirkg. v. C. Hofstede de Groot. 3.—6. Bd. Fol. Paris (6, Rue de la Rochefoucauld), Ch. Sedelmeyer. à n. 125. —
3. (V, 207 S. m. 80 Taf.) 899. — 4. (V, 222 S. m. 80 Taf.) 900. 5. (VI, 214 S. m. 86 Taf.) 901. — 6. (V, 208 S. m. 85 Taf.) 901. Bd. 1 u. 2. Ebd. 897. à n. 125. —.

— **Rembrandt.** Beschreibendes Verzeichnis seiner Gemälde m. den heliograph. Nachbildgn. Geschichte seines Lebens u. seiner Kunst. Unter Mitwirkg. v. A. D. C. Hofstede de Groot. 7. u. 8. (Schluss-)Bd. Fol. Paris (6, Rue de la Rochefoucauld), Ch. Sedelmeyer. à n. 125. —
7. (V, 259 S. m. 54 Taf.) 903. — 8. (VI, 340 S. m. 85 Taf.) 905.

Rembrandt in Bild und Wort. Hrsg. von Wilhelm **Bode**. Unter Mitw. von Wilhelm [R.] Valentiner. (Lfg 1.) Berlin, Leipzig, Wien, Stuttgart: R. Bong [1906]. 2° [of. 8065

— **Rembrandt** u. seine Zeitgenossen. Charakterbilder der grossen Meister der holländ. u. vläm. Malerschule im 17. Jahrh. (VII, 289 S.) gr. 8. Leipzig 906. E. A. Seemann. Kart. n. 6. —; geb. in Halbfrz. n. 9. —

— **Rembrandt** u. seine Zeitgenossen. Charakterbild. der grossen Meister der holländ. u. vläm. Malerschule im 17. Jahrh. 2. verm. Aufl. (VII, 294 S. m. 1 eingeklebtem Bildnis.) 8. Leipzig 907. E. A. Seemann. 6. —; geb. in Leinw. 7.50; in Halbfrz. 9. —

Bode, Wilh., Otto Friedrich Röbbelen, weiland Superintendent in Lüne, nach seinem Leben und Wirken dargestellt. Mit dem (lith.) Brustbilde und Namenszuge Röbbelen's. Lüneburg 861. Engel. gr. 8. (IV, 106 S.) n. 12½ ngr.

Bode, Wilh., Otto Friedrich Röbbelen weiland Superintendent in Lüne, nach seinem Leben und Wirken dargestellt. gr. 8. (V und 106 S. mit dem lithogr. Brustbilde und Namenszuge Röbbelen's.) Lüneburg 862, Engel's Buchh. *

Bode, W.: Die Künstlerfamilie Della Robbia, Die Florentiner Marmorbildner in der 2. Hälfte des Quattrocento, s. Kunst und Künstler des Mittelalters und der Neuzeit.

— Die Schmetterlingsfauna v. Hildesheim, s.: **Mitteilungen** aus dem Roemer-Museum. Hildesheim.

— Schule u. Alkoholfrage, s.a. Studien z. Alkoholfrage.

Schule und Alkoholfrage. Von Dr. Wilhelm Bode. *Weimar: W. Bode 1902.* (183 S.) 8° [F.]
— Studien z. Alkoholfrage. H. 4.

— zum Schutz unserer Kinder vor Wein, Bier u. Branntwein. Eine Sammlg. v. Gutachten üb. die Einwirkg. d. geist. Getränke auf die leibl., geist. u. sittl. Gesundheit d. Kinder. Hrsg. im Auftrage des deutschen Vereins gegen den Mißbrauch geist. Getränke. gr. 8. (47 S.) Hildesheim 894. (Gerstenberg.) n. — 40

Zum Schutz unserer Kinder vor Wein, Bier und Branntwein. Eine Sammlung von Gutachten über d. Einwirkung d. geist. Getränke ... Hrsg. im Auftr. d. Deutschen Ver. gegen d. Mißbrauch geist. Getränke von dessen Geschäftsführer Dr. Wilh. **Bode**. 7. ⟨Ster.-⟩Aufl. Hildesheim: Selbstverl.; Gebr. Gerstenberg in Komm. 1895. (47 S.) 8° [F.] [of. 1350 8

Bode, W.: Zum Schutz unserer Kinder vor Wein, Bier und Branntwein. Eine Sammlung von Gutachten über die Einwirkung der geistigen Getränke auf die leibliche, geistige und sittliche Gesundheit der Kinder. Gebr. Guttenberg. Hildesheim. 1897.

— Zum Schutz unserer Kinder vor Wein, Bier u. Branntwein. Eine Sammlg. v. Gutachten üb. die Einwirkg. der geistigen Getränke auf die leibl. geist. u. sittl Gesundheit der Kinder. 15. Aufl. 48—52. Taus. (86 S.) gr. 8. Weimar 902. (Berlin, Mäßigkeits-Verlag.) n — 20

— Schutz der Ziegeleiarbeiter vor dem Alkohol. Deutsche Volksstimme. 739. Berlin. 1898.

—— die Sprache des neuen Katechismus. Eine kurze Beleuchtung derselben. gr. 8. (16 S.) Lüneburg 862, Engel's Buchh.

— **Charlotte v. Stein.** (Titel, Schmuck, Einbd.-Zeichng. u. Vorsatz v. E. R. Weiß.) (XXVI, 628 S. m. Vollbildern.) 8. Berlin 910. E. S. Mittler & Sohn. Geb. in Leinw. 7. 50; in Ldr. 10. —

— Charlotte v. Stein. (7—8. Taus.) (26, 656 m. Vollbildern.) 8° Berl., ES Mittler & S. '12. L 7.50; Ldr 10 — d

Studien zur Alkoholfrage. Von Dr. Wilhelm Bodo. H. 1. *Weimar: W. Bode 1901.* 8° [of. 3068

Studien zur Alkoholfrage. 4. Heft. Schule und Alkoholfrage. Von Dr. WILHELM BODE. Weimar 1902. W. Bodes Verlag. 8°.

— **Studien** zur Geschichte der holländischen Malerei. Mit Fcsms. der Künstlerinschriften. gr. 8. (XI, 646 S.) Braunschweig 883. Vieweg & Sohn. n. 15. —

(B) — Studien z. Gesch. d. holl. Malerei. 883. (KBl. 23.) Jetzt: Haag, M. Nijhoff. Geb. 16. —

— s.: **Stunden m. Goethe.**

— Das Gothenburg. System in Schweden, s.a. Studien z. Alkoholfrage.

Bode, Wilh. Das Gothenburgische System in Schweden. (Studien zur Alkoholfrage No. 1.) Weimar 1900. 8°. 32 S. Mk. —.80.

Das Gothenburgische „System in Schweden. Von Dr. Wilhelm Bodo. Mit 5 Ill. *Weimar: W. Bode 1901.* (32 S.) 8°
— Bodo: Studien z. Alkoholfrage. H. 1. [of. 3069

Bode, Wilhelm (Hrsg.), s. T a g e s - und Lebens f r a g e n . (

—— **Rembrandt's** früheste Thätigkeit. Der Künstler in seiner Vaterstadt Leiden. Fol. (24 S. mit eingedr. Holzschn., Radirungen und Heliogr.) Wien 881, Gesellschaft für vervielfältigende Kunst. *
Aus: Die graphischen Künste, besonders abgedruckt.

— s.: **Teppich-Erzeugung im Orient.**

— Die Tonkunst in Goethes Leben. 2 Bde. (12, 304 u. 8, 385 m. 24 Bildn.) 8° Berl., ES Mittler & S. '12. Pappbd 9 —; HPerg. 10 —; Ldr 14 — d

— die **Trunksucht** als Krankheit u. ihre Behandlung. 8. (IV, 111 S.) Weimar 901. W. Bode. n. 1. 20

Bode, Wilhelm (Hrsg.), s. V a l e n t i n e r , Wilhelm R.: Handzeichnungen altholländischer Genremaler.

— Das staatl. Verbot d. Getränkehandels in Amerika, s.a. Studien z. Alkoholfrage.

Das staatliche Verbot des Getränkehandels in Amerika. Von Dr. Wilhelm Bodo. *Weimar: W. Bode 1901.* (40 S.) 8°
— Bodo: Studien z. Alkoholfrage. II. 2.

Bode, Wilhelm (Hrsg.), s. Volkswohl-Schriften.

— Von Teina nach Dasiren. Vier Erzählungen. (154 S.) 8. Berlin 908. A. Duncker. 2.50; geb. 3.50

— Die Wachsbüste e. Flora im Kaiser-Friedrich-Museum zu Berlin — ein Werk des Leonardo da Vinci? (11 S. m. 7 Abbildgn. u. 1 farb. Taf.) 36×24,5 cm. Berlin (909). G. Grote. 6.—
Sonderabdr. aus: „Jahrb. d. k. preuss. Kunstsammlgn."

— Warum unsere Kinder Wein und Bier nicht haben sollen. (8 S.) Hildesheim 1897. Mässigkeits-Verl.

— warum uns. Kinder Wein u. Bier nicht haben sollen. gr. 8. (8 S.) Ebd. 898. — 05

Warum unsere Kinder Wein und Bier nicht haben sollen. Von Dr. Wilhelm Bodo. (177. Taus.) *Hildesheim: Mässigkeitsverl. des Deutsch. Ver. gegen d. Missbrauch geist. Getränke [1899].* (8 S.) 8° [Kopft.] [F.]

— Warum unsere Kinder Wein u. Bier nicht haben sollen. (Verb. Ausg. 451—470. Tausd.) (8 S. m. 1 Abbildg.) gr. 8. Berlin (908). Mäßigkeits-Verlag. — 10

— Ein Weg aus der Brotnot. 8. (28 S.) Bremerhaven 891. Tienken. • — 50

— Goethes Weg z. Höhe, s.a. Mittler's Goethe-Bücherei.

Das vorgoethische Weimar. Von Wilhelm Bode. (Weimar). Mit 16 Abb. Berlin: E. S. Mittler & Sohn 1908. (VII, 160 S.) 8° [F.]
— Bode: Amalie Herzogin von Weimar. 1.

Das vorgoethische Weimar von Wilhelm Bode. (Weimar). 2. Aufl. Mit 23 Abb. Berlin: Mittler 1909. VIII, 194 S. 8°
(Bode: Amalie, Herzogin von Weimar. 1.)

— Werke modern. Goldschmiedekunst, s.: Cranach, W. Lucas v.

— d. Wirtshaus i. Kampfe geg. d. Trunk. gr. 8. (48 S.) Hildesheim 895. Gerstenberg. — 60

— Wirtshaus-Reform in England, Norwegen u. Schweden. A. Grund v. Reisen i. Auftr. d. Gesellschaft f. Wohlfahrts-Einrichtgn. z. Frankfurt a/M. geschild. gr. 8. (V, 108 S. m. 24 Abb.) Berlin 898. C. Heymann's Verl. n. 1.60

— Deutsche Worte üb. deutsches Trinken. 68—70. Tausd. (15 S.) gr. 8. Leipzig. (Berlin, Mäßigkeits-Verl.) p — 20

Deutsche Worte über deutsches Trinken. Hrsg. von Dr. Wilhelm Bode in Hildesheim ... 2. Aufl. (Hildesheim: Hauptver. [1893].) (16 S.) 8° [F.]

— deutsche Worte üb. deutsches Trinken. 3., verb. Aufl. 51.—56. Tausd. gr. 8. (12 S.) Ebd. 896. — 10

— Zusätze u. Berichtigungen zu Burckhardt's Cicerone. [Aus „Jahrbücher f. Kunstwissenschaft."] gr. 8. (45 S.) Ebend. 872. n. 1. 20

Bodeck, D., geistliche Lieder u. Gedichte gemischten Inhalts. Berlin 868. C. Beck in Comm. 16. (VII, 107 S.) n. 5 ngr

Bodecker's Chronik livländischer u. rigascher Ereignisse 1593—1638. Hrsg. v. der Gesellschaft für Geschichte u. Alterthumskunde der Ostseeprovinzen Russlands. Bearb. v. J. G. L. Napiersky. Lex.-8. (XIX, 158 S.) Riga 890. Kymmel's Sort. n. 4. —

Bödecker, Einleitung z. Handlungrundf. 8. Leipz. F. C. W. Vogel. 784.

Boedecker: Die Wirkung zwischen Rad und Schiene, s. Boedecker, Chr.

Bodecker, Adolf von: Über die Ausnutzung des Stickstoffs in den festen und flüssigen Ausscheidungen von Pferd, Rind und Schaf bei einem Anbauversuche mit Buchweizen. *Minden i. W. 1899: J. C. C. Bruns.* (64, IV S.) 8°
Leipzig, Phil. Diss. v. [24. Nov.] 1899

Bödecker, C.: Die gesetzmäßige Beziehung zw. d. Zusammensetzung, Dichtigkeit . . ., s. Bödeker, Carl

Bödecker, C.F.W., s.a. Bödecker, Carl F.W.

Um die Erde. Reiseeindrücke von C. F. W. Bödecker. Berlin: Berliner Druckerei- u. Verl.-Ges. (1910). 132 S. 8°

Bödecker, C. F.W., um die Erde. Reiseeindrücke. (182 S.) gr. 8. Berlin (910). (Verlag f. Fachliteratur.) 3. — geb. n. 3.50

Die Anatomie und Pathologie der Zähne. Von C(arl) F. W. Bödecker ... in New York. M. 325 Abb. Von d. nation. Vereinigg d. zahnärztl. Facultäten d. Ver. Staaten Nordamer. als Lehrb. f. d. Studir. d. Zahnheilk. angenommen. Autoris. deutsche Ausg. *Wien & Leipzig: W. Braumüller 1896.* (X, 671 S.) 1 Bd 8.

Bödecker, C. F. W., die Anatomie u. Pathologie der Zähne. Von der nation. Vereinigg. der zahnärztl. Facultäten der Verein. Staaten Nordamerikas als Lehrbuch f. die Studier. der Zahnheilkunde angenommen. Autoris. deutsche Uebersetzg. 2. [Titel-]Ausg. gr. 8. (X, 671 S. m. 325 Abb.) Wien (896.) 899. W. Braumüller. n. 7. —

— Hagemanns Andenken; enth. biograph. Nachr., Beschreib. d. Jubelfeier, nebst Jubelpredigt rc. gr. 8. Hannov., (Hahn). 8?/

Boedecker [Chr.], die Wirkungen zwischen Rad und Schiene und ihre Einflüsse auf den Lauf und den Bewegungswiderstand der Fahrzeuge in den Eisenbahnzügen. Nach eigener Theorie aus der Construction der Fahrzeuge und mit Rücksicht auf die Lage des Gleises ermittelt. gr. 8. (VI, 118 S. mit 44 Holzschn. und 2 lithogr. Taf.) Hannover 887, Hahn'sche Buchh. •

Bödecker C., die Worte d. Hoffnung am Geburtsfeste d. Königin v. England. 4. Hannov. Gebr. Hahn. 814.

Bödecker, Ernst, s. Bödeker, Ernst

Boedecker, Erwin. Ueber Komplexverbindungen von Glykolen mit Metallsalzen. Diss. Phil. [II.] Univ. Zürich. 77 S. 8. Zürich, Jean Frey, 1910.

Bödecker, Friedr(ich), a. Wunstorf: Zur Kenntnis des im Majoranöl vorkommenden Alkohols und verwandter Verbindungen. Hildesheim 1907: A. Lax. (102 S.) 8°
Göttingen, Phil. Fak., Ref. Wallach, Diss. v. 28. Sept. 1907
[Geb. 27. März 83 Wunstorf; Wohnort: Wunstorf; Staatsangeh.: Preußen; Vorbildung: Realgymn. I Hannover Reife O. 03; Studium: Göttingen 4, Freiburg i. B. 1, Göttingen 3 S.; Rig. 15. Mai 07.]

Das Metalleinlage-Verfahren. Von H. W. C. Bödecker, Zahnarzt. Mit 120 Abb. u. 14 Taf. Berlin: Meusser 1909. 124 S. 8°

Bödecker, HWC: Das Metalleinlage-Verfahren. Die Goldguss-Einlage. 2. Afl. (8, 140 m. Abb. u. 14 Taf.) gr8° Berl., H Meusser '11. 6.20; L 7 —

— dass. Suppl. (z. 1. Afl.). Die Goldguss-Einlage. (122—136 m. Fig.) gr8° Ebd. '11. 1 —

Boedecker, Henr. (geb. Hausberge 1803): De scirrho et carcinomate. Berolini (1826). 130 S.) 8°
Berlin, Med. Diss. v. 30. Jan. 1826

Boedecker, J. Beiträge zu chemisch-physiologischen Versuchen. Würzburg, 1855. Diss. G. S.

B(ödecker)., J. E.: Gründl. Unterr. in Wechselsachen z. Besten junger Leute, d. sich d. Handelsstande widmen. *Frankf.* (775.) 777. 8.

Bödecker, Jh. Elb., († d. 3. Febr. 1805.) Einleit. in die Handlungsgrundsätze, od. allgem. Hauptregeln, die Handelsschaft in Aufnahme zu bringen. 8. Wien 782. (Leipz., W. Vogel). 12 gr

BOEDECKER Johann Enbert. Einleitung in die Handlungsgrundsätze oder allg. Hauptregeln die Handelsschaft in Aufnahme zu bringen. Wien 1782.

Boedecker, Johann Eubert (Nürnberg), Cogitata de disciplinarum moralium limitibus accuratius constituendis. Präs. Christian Mas. Erlangen (Wolfg. Walther) Nov. 1769. 34 S. (5.—) 3109
Widm. v.: Präs., Joh. Michael Otto (Culmb.), Joh. Theophil Haller (Regensburg), Joh. Carl Albert Furckel (Uttinga/Frk.).

Freimaurer-Reden, gehalten in den Jahren 1775 bis 1782 von à Lapide cubico [d. i. Joh. Eubert Boedecker]. [Brünn] 1785. 287 S. 8°
[Dasselbe.] Brünn 1789. 287 S. 8°
Kl. 1087. 26 kurze Reden.
1785 in 109; 1789 in 23. 193.

Boedecker, Josef Adolph: Über die Nützlichkeit und Schädlichkeit des Weintrinkens zum Morgentrunk.
Wien: Kupffer 1832. 48 S.

Bodeewes, Karl, approb. Arzt aus Osnabrück: **Aus d. Universitäts-Augenklinik zu Giessen. Statistisch-kasuistischer Beitrag zu den traumatischen Linsenluxationen.** *Giessen 1901: v. Münchow.* (38 S.) 8°
Giessen, Med. Diss. v. 1901

Bödefeld, s.: Preussen. Messtischblätter.

Boedefeld, Heinrich [aus Westphalen]: **Ein Fall von Extrauteringraviditaet. . . . Greifswald, Druck v. J. Abel, 1891; 24 S. 8°**
Greifswald, Med. Fak., Inaug.-Diss. v. 26. Febr. 1891

Bodei, A., Sull' Influenza contagioso-epidemica. Nuove Ricerche, 8. gr. Milano. (Vienna, Volke) 818.

Bodek, Arn., römische Kaiser in jüdischen Quellen. Leipzig 868. Duncker & Humblot. gr. 8.
I.: Marcus Aurelius Antoninus als Zeitgenosse u. Freund des Rabbi Jehuda ha-Nasi. Ein Beitrag zur Culturgeschichte. 8. (IX, 158 S.) n. 24 ngr.

Bodek-Ellgau, Marie Freifrau v., s.a. **Ellgau, M. v.**

Ilona. Roman von M. v. Ellgau [d. i. Marie v. Bodek-Ellgau]. Mit 3 Vollbild. *Berlin: A. Weichert [1899].* (96 S.) 8° [F.]
— Wochen-Bibliothek. Weichert's. Bd 74. [00. 776

Boedeker s: Bericht, Offizieller, üb. d. 4. internat. Kongress z. Fürsorge f. Geisteskranke.

Bödeker: Tagebuch, s. Bödeker, Herm. Wilh.

Boedeker, Carl, Ammoniak- und Ammonium-Gruppen, organische und anorganische. Göttingen 861. Vandenhoeck & Ruprecht. gr. 8. (94 S.) n. 15 ngr.

Boedeker, Carl, Ammoniak- und Ammonium-Gruppen, organische und anorganische. gr. 8. (94 S.) Göttingen 862, Vandenhoeck und Ruprecht's Verlagsh. *

Boedeker, Carl, die Beziehungen zwischen Dichte und Zusammensetzung bei festen und liquiden Stoffen. Ein Suppl. zu den Lehrbüchern der Chemie und Mineralogie. Lex.-8. (III und 155 S.) Leipzig 860, Arnoldische Buchh. Thlr.

— die Beziehungen zwischen Dichte und Zusammensetzung bei festen und liquiden Stoffen. Ein Supplem. zu den Lehrbüchern der Chemie und Mineralogie. 860. 1 Thlr 6 ngr. — 2. Aufl. Leipzig 862. Arnold. Lex.-8. (155 S.) 22½ ngr.

Bödeker, C., die gesetzmässigen Beziehungen zwischen der Zusammensetzung, Dichtigkeit und der specifischen Wärme der Gase. Göttingen 857. Vandenhoeck u. Ruprecht. gr. 8. (52 S.) n. 10 ngr.

— die Zusammensetzung der natürlichen Silicate. Ein Beitrag zur Mineralogie u. Chemie. Göttingen 857. Dieterich. gr. 8. (VIII, 130 S.) n. 20 ngr.

Bödeker, E.: Maultierzucht . . . , s. Bödeker, Ernst

Boedeker, E, Versuche z. Bestimmg d. Luftwiderstandes bei kl. Geschwindigkeiten. 8. (47) Götting. 81, (Vandenhoeck & R. V.

Boedeker, E., die Zusammenlegung der Grundstücke der Gemarkung Etzbach. [Aus: „Landwirthschaftl. Jahrbb."] Lex.-8. (24 S. m. 3 farb. Karten.) Berlin 892. P. Parey. n. 2. —

Bödeker, E.F.W., s. Bödeker, Ernst

Bödeker, Ernst

Brüderliches Fest-Geschenk, denen Br!. Br!. der Loge zur Ceder am 19ten Jan. 1826 vom Br. [Ernst] Bödecker [recte: Bödeker]. [Hannover 1826.] 4 Bl. 8° [Umschlagtit.]
Gedicht: „Wie des Hochgebirges Strom . . ."

Die Georgs-Feier. Cantate bey dem Hinscheiden des Königlichen Greises, Georg des Dritten. [Von Ernst Boedeker.] [Hannover 1820]: Schlüter. 4 Bl. 8° [Umschlagtit.]
Abgedr. in: Die Georgs-Feier u. mein Blümchen auf meines Königs Grab. 1820 Bl. 2—4. Ohne Noten: „Es blüht der Menschen Leben, . . ."

Die Georgs-Feier und mein Blümchen auf meines Königs Grab. Dem Andenken Georgs des Dritten geweiht von E[rnst] Boedeker. Hannover: Hahn 1820. 8 Bl. 8° [Umschlagtit.]
Kantate ohne Noten u. Gedicht.

Ueber den Glauben an Unsterblichkeit. Eine Rede, in der von Seiten der Ehrw. Prov. L. zu Hannover veranstalteten, allgemeinen TrauerL., am 27sten Dec. 1825, gehalten vom Br. E[rnst] Boedeker. Hannover 1826: Berenberg. 22 S. 4° [Umschlagtit.]
Abgedr. in: Boedeker, E.: Mrischer Nachlass. 1828 S. 83—107.

Bödeker, Ernst, aus Lehrte i. d. Prov. Hann.: **Die Grundbesitzverhältnisse im ehemaligen hannoverschen Amt Ilten, dem sogenannten 'Grossen Freien', in ihrer historischen Entwicklung.** *Halle a. S. 1901: H. John.* (78 S.) 8°
Halle, Phil. Diss. v. 1901

Bödeker, Ernst: Maultierzucht u. Maultierhaltg.
s.a. Bibliothek d. ges. Landw.

Maultierzucht und Maultierhaltung. Von Dr. phil. Ernst **Bödeker.** Hannover: M. Jänecke 1908. (102 S.) 8° [F.]
— Bibliothek d. gesamten Landwirtschaft. Bd 46. [08. 11003 7

Ernst Bödeker's maurerischer Nachlass. Für Frmr. gedr. und hrsg. [von Wilh. Blumenhagen]. Hannover 1828: [Berenberg]. XXIV, 197 S. 8°
Kl. 651. 10 Aufsätze u. 20 Gedichte. Als Vorw. e. Biogr. Bödekers von Blumenhagen.

Bödeker, C. F. W., maurerischer Nachlaß, für Brüder Freimaurer. Gedruckt u. herausg. zum Besten seiner Nachgebliebenen. 8. Hannov. 828. (Hahn). 1 ℛ 8 gr

Des Maurers Vaterland. Am Johannis-Feste, den 24sten Junius 1823, gesprochen von Ernst **Boedeker**. [Hannover: 1823.] 2 Bl. 8° [Kopftit.]
Gedicht: „Wo ist des Maurers Vaterland?"

Boedeker, Ernst, Versuche zur Bestimmung des Luftwiderstandes bei kleinen Geschwindigkeiten. Inaugural-Dissertation. gr. 8. (47 S.) Göttingen 881. Vandenhoeck & Ruprecht. n. 1. 20

Hohmann, Ferd.: Worte, am Grabe Ferd. Hohmann's, gesprochen von Ernst **Boedeker** am 3ten Dec. 1824. Für Freunde des Verewigten. Hannover [1824]: Kius. 8 S. 8° [Umschlagtit.]

— die Worte d. Hoffnung am Geburtsfeste d. Königin v. England. 4. Hannov. 814. Hahn. 3 gr

Ziegenzucht. Von Dr. phil. Ernst **Bödeker**. Hannover: M. Jänecke 1907. (VI, 51 S.) 8° [F.]
= **Bibliothek** d. gesamten Landwirtschaft. Bd 32. 108. 1057 7

Bödeker, F. H., s.: Profanbauten, alte Hildesheimer.

Bödeker, F. H., s.: Sammlung mittelalterlicher Kunstschätze Hildesheims.

Bödeker, H., Einrichtungs- u. Lehrplan der Präparanden-Anstalt zu Lübeck. Der Lehrplan ist geprüft u. genehmigt v. Schröder. gr. 8. (82 S.) Lübeck 900. Lübcke & Nöhring. n. — 60

— dasselbe. gr. 8. (48 S.) Ebd. 902. n. — 60

— Geschichte der freien u. Hansestadt Lübeck. 2., verb. Aufl. gr. 8. (94 S.) Ebd. 900. n. — 60

Bödeker, H., s. a. Geschichte d. freien u. Hansestadt Lübeck.

Bödeker, HW, 50 Dienstjahre bei d. Marktgemeine zu Hannover. 8. (60) Hann. 73. Hahn. 1. 50

Boedeker, Hermann

Boedeker, Herm., I. Ueber Benzylanilin u. Phenylbenzylhydrazin. II. Diazobenzolimid u. Jodaethyl. Inaugural-Dissertation. gr. 8. (86 S.) Göttingen 882. (Vandenhoeck & Ruprecht.) n. — 80

Bödeker, Herm. Wlh. II., Andachtsbuch für alle christl. Badegäste, u. für Schwache u. Kranke überhaupt. Mit 1 Kpf. 8. Hannov. 830. (Helwing). 15 gr

Bödeker, Herm. Wilh., 50 Dienstjahre bei der Marktgemeine zu Hannover. Eine Denk- u. Dankschrift, zugleich e. Vermächtniß. gr. 8. (60 S.) Hannover 873. Hahn. 1. 50

Bödeker, Herm. Wlh., die Geschichte und hohe Bedeutsamkeit der Buchdruckerkunst. Auf Anlaß der vierten Säcularfeier ihrer Erfindung für die hannoverschen Volksschulen dargestellt. 8. Hannover 840. Hahn'sche Hofbuchh. 1/8 ℛ

Der Inhalt des Glaubens: Mein Glaube. Von David Schulz [recte Herm. Wilh. **Bödeker**]. [Hrsg. von der Loge zu den 3 Cedern in Stuttgart.] [Stuttgart] o. J. 3 Bl. 8°. [Umschlagtit.] 21.
Mein Glaube. [Von Herm. Wilh. Bödeker.] o. O. u. J. 1 Bl. 23 : 29 cm. [Kopftit.]

°[Dasselbe] Leipzig: Findel o. J. 1 Bl. 40 : 51 cm.

[Dasselbe]. [Unterz.:] D[avid] Schulz. [Berlin: Walter] o. J. 1 Bl. 8°. [Kopftit.]

Der Inhalt des Glaubens: Mein Glaube. [Gedichtet von Herm. Wilh. **Bödeker.**] [Stuttgart] o. J.: [Lauser]. 2 Bl. 8° [Umschlagtit.]
Abgedr. in: Wöchentl. Anzeiger d. Joh.-Logen zu Berlin. 8 (1876) No 9 u. 10; Arndt, W.: Festl. Stunden i. Leben d. Mrs. 1906 S. 138–139; H. 19 (1908) No 24.
Gedicht: „Ich glaube, dass die schöne Welt regiere, . . ." Nach Arndt wird auch Dav. Schulz oder Steinacker als Verf. dieses Gedichtes genannt; nach Altenburger Katalog J. H. K. v. Wessenberg. Auch besonders hrsg. als Zimmerschmuck in 2 Ausg. bei Findel in Leipzig.
[Andere Ausg. u. d. Tit.:]
Mein Glaube. Gedichtet von Herm. Wilh. Bödeker. [Am Ende:] Gewidmet v. A[lex] Paal. Osnabrück [1891]: Paal. 1 Bl. 4° [Kopftit.]
Abgedr. in: "Deutsches Protestantenblatt vom 5. Dez. 1891.
[Andere Ausg. u. d. Tit.:]
Mein Glaube. [Unterz.:] Jülich. [Flensburg] o. J. 1 Bl. 4° [Kopftit.]

Mein Glaube. Verfasser David Schultz [recte: Herm. Wilh. Bödeker.] Zum Andenken an die gesellige Zusammenkunft von BBrn. aller O[riente] am 26. Mai 1892 im braunen Zimmer des Curhauses in Karlsbad. Komotau [1892]: Butter. 2 Bl. 8°. [Umschlagtit.]

°[Mein Glaube.] [Von Herm. Wilh. Bödeker.] [Berlin: Scheffer] o. J. 1 Bl. 8°.

— Gustav u. Clara, oder die würdige Vorbereit. zur Confirmation. 8. Hannov. 825. Hahn. 4 gr 2e Aufl. (mit d. Nebentitel: Der schmale Weg, oder die christl. sittl. Bildung d. Menschen für das Leben, in d. Gesch. e. Geschwisterpaares dargestellt. 2s Bdchn.) Mit 1 Titelkpf. 8. Ebd. 831. 9 gr

— Gustav u. Clara, als Jüngling u. Jungfrau. (A. u. d. T.: Der schmale Weg rc. 3s Bdchn.) 8. Ebd. 832. 20 gl

Bödeker, (Herrm. Wilh.,) über Confirmation u. Confirmanden-Unterricht. 8. Göttingen 823, Vandenhöck u. R.

— sechzig Confirmations-Gedenkblätter mit Vignetten. 1e – 3e Samml. qu. gr. 8. Hannover 839, 40. Hahn'sche Hofbuchh. (à 1/2 ₰) 1 1/2 ₰

Bödeker, Herm. Wlh. 1., († d. 27. Aug. 1826.) über Confirmations- u. Confirmanden-Unterricht. 8. Götting. 823. Vandenhöck u. R. 20 gl

— 8 populare Predigten. 8. Hannov. 83.. Hahn. 9 gl

— christl. Predigten; nebst e. Confirmationsrede, vor d. Gemein. St. Jacobi u. Georgii zu Hannov. gehalt. gr. 8. Hannov. 826. Hahn. 10 gl

Bödeker, Herm. Wlh., s. Sturm, C. C., Unterhaltungen mit Gott in den Morgenstunden.

Senior (H[erm.] W[ilh.]) Bödekers Tagebuch. Hrsg. von Dr. O(tto) Jürgens. Mit Bödekers Bildn. *Hannover: M. & H. Schaper 1901.* (217 S.) 8° [F.]
Aus: Hannoversche Geschichtsblätter. [01. 6148

(B) Bödeker's, Senior, Tagebuch. 901. Jetzt: Hannover, E. Geibel. Erm. Pr. 2—.; geb. 3. —

— Unterhalt. mit Gott in d. Abendstunden, s. J. A. Tiede.

—— neun Wahlpredigten, s. Wahlpredigten.

— der schmale Weg, oder die christlich-sittl. Bildung des Menschen für das Leben, in der Geschichte eines Geschwisterpaars dargestellt. 3r Thl. A. u. d. T.: Gustav u. Klara als Jüngling und Jungfrau. Mit Titelkpfr. gr. 12. Hannover 833. Hahn. 5/6 ₰ 1r u. 2r Thl. 17 gl

—— der schmale Weg, od. d. christl.-sittl. Bildung d. Menschen f. d. Leben, in d. Geschichte e. Geschwisterpaars dargest. 1. Thl. — A. u. d. T.: Gustav u. Klara als Knabe u. Mädchen, od. würd. Beschäftigungen guter Kinder bis z. 12. Lebensjahre. Ein Büchl. f. Söhne u. Töchter d. Mittelstandes. Mit Ttlkpfr. gr. 12. (3 1/2 B.) Hannover 834, Hahn.

—— dass. 2. Thl. — A. u. d. T.: Gustav u. Klara als Katechumenen, od. d. würd. Vorbereit. z. Confirmation. Ein Büchlein f. Kinder, Eltern u. junge Pfarrer. 2., verbess. u. verm. Aufl. Mit Ttlkpfr. 8. (7 1/2 B.) Hannover 831, Hahn.

—— dass. 3. Thl. — A. u. d. T.: Gustav u. Klara als Jüngling u. Jungfrau, od. d. würd. Vorbereit. confirm. junger Christen auf ihren Lebensberuf. Eine Briefsamml. f. d. reif. Jugend d. gebild. Mittelstandes. 8. (21 1/4 B.) Hannover 832, Hahn.

— wer ist ein Sabbathschänder? Predigt. 8. Hannov. 830. Hahn. 4 gl

— wie das 300jähr. Jubelfest d. Einführung d. Reformation in der Stadt Hannover gefeiert worden. Eine Erinnerungsschrift. Mit 4 Steindr. gr. 8. Hannover 834. Hahn. 11/12 ₰

Boedeker, Ioannes [Guestfalus]: Pindari carmen Isthmicum tertium num in duo carmina dividendum sit ... Monasterii Guestf., ex typogr. I. Bredt, 1895; 2 Bl., 41 S., 2 Bl. 8.
Münster, Phil. Fak., Inaug.-Diss. v. [28. Dez.] 1895

Boedeker, Justus [Unterarzt im Oldenburgischen Inf.-Reg. № 91]: Vergleichende Druckmessungen in vorderer Kammer und im Glaskörper des Auges .... Berlin, Buchdr. v. Gustav Schade (Otto Francke) (1886); 30 + 2 S. 8°.
Berlin, Med. Fak., Inaug.-Diss. v. 27. Jul. 1886.

Boedeker, Justus, vergleichende Druckmessungen in vorderer Kammer und im Glaskörper des Auges. Diss. Berlin 1886, Mayer & Müller. 8°. 30 S.

Bodeker, Stephan, De horis canonicis, s.: Sammlung mittelaltorl. Abhandlgn. üb. das Breviergebet.

Bodel's, Jean, Saxenlied, hrsg. v. F Menzel u. E Stengel, s.a. Ausgaben u. Abhandlungen a. d. Geb. d. roman. Philol.

Jean Bodels Saxenlied (Chanson des Saxons). Von neuem hrsg. von F. Menzel u. E[dmund] Stengel. T. 1. 2. Marburg: Elwert 1906–09. 8°
1. Unter Zugrundelegung d. Turiner Hs.... von F. Menzel u. E. Stengel. 1906.
2. Unter Beigabe d. abweichenden Redaktion d. beiden Pariser Hss.... von Stengel. Vorausgeschickt ist e. Abh. von Dr. A(dolf) Heins: Über d. Verhältnis d. Redaktion TL z. Redaktion A_1R_1 im 1. Abschn. d. 2. Teiles von Jehan Bodels Sachsenlied. 1909.
(Ausgaben u. Abhandlungen aus d. Geb. d. roman. Philologie. 99. 100.) [09. 16744

Bodel Nyenhuis, J. T., s.: Nyenhuis.

Bodelschwingh, Lieut. v., s. Bursche Peter u. d. Stadtschreiber. 8. (8) Barm. 70, (Klein.) — 1 1/2

Bodelschwingh, Lieuten. v., sein Bursche Peter u. der Stadtschreiber. 2. Aufl. 16. (8 S.) Barmen 871. (Klein.) — 15

Bodelschwingh v., s.a. Bodelschwingh, Franz v.

Bodelschwingh v., s.a. Bodelschwingh, Friedrich v.

v. Bodelschwingh, v. Bunsen u. A., Kaiser Friedrich als Freund d. Volkes. 2 Abdr. Leipz. 888.

Bodelschwingh v.: Leben des Oberpräsidenten Frh. v. Vincke, s. Bodelschwingh, E. v.

Bodelschwingh, A. v., Hausfreund. Ein Ratgeber f. alle, die auf dem Lande leben. (32 S.) 16. Bethel bei Bielefeld 907. Verlagsbuchhandlg. der Anstalt Bethel. — 15

Bodelschwingh, E. v., Leben des Ober-Präsidenten Freiherrn von Vincke. Nach seinen Tagebüchern bearbeitet. 1. Thl. Das bewegte Leben. (1774 bis 1816.) Mit Vincke's Bildniß (in Stahlst.) u. 9 (lith.) Nachahmungen von Handschriften. Berlin 853. G. Reimer. gr. 8. (2 Bl., 618 S.) n. 2 ₰ 5 ngl

Bodelschwingh, F. v., s.a. Bodelschwingh, Franz v.

Bodelschwingh, F. v., s.a. Bodelschwingh, Friedrich v.

Bodelschwingh, F. v., lose Blätter aus e. Tagebuch. 8. (89 S.) Berlin 893. Puttkammer & Mühlbrecht. n. 1. 60

Bodelschwingh, F. v., s.: Lieder e. früh Vollendeten.

Bodelschwingh, Franz v.

Betrachtungen eines Patrioten über Bismarck und seine Zeit. Von Franz v. Bodelschwingh. *Berlin: H. Walther 1899.* (117 S.) 8° [F.] [00. 8101

Bodelschwingh, Frz. v., Entgegnungen aus Anlaß meiner Schrift zur Kanalvorlage. (28 S.) gr. 8. Berlin 903. Herm. Walther. n. — 30

— Konservativ u. Social. Nach e. im konservativen Verein zu Weimar geh. Vortrage. (67 S.) gr. 8. Ebd. 903. n. 1. —

Warum können wir uns nicht zur Lehre des Prof. Drews bekennen? Entgegnung d. Rittergutsbesitzers Franz v. **Bodelschwingh** in d. Diskussion über den v. Prof. Drews am 10. Apr. 1910 zu Cassel geh. Vortrag: 'Hat Jesus gelebt?' Kassel: Thiele & Schwarz 1910. 7 S. 8° [10. 11505 4

Ein Wort aus Anlaß der kommenden Kanalvorlage. Von Franz v. **Bodelschwingh.** Berlin: H. Walther 1904. (39 S.) 8° [F.] [04. 1133

Bodelschwingh, F. v., Ein offenes Wort aus Anlass der Kanalvorlage. gr. 8. (83 S.) Berlin, Herm. Walther. 1901. 1. —

— ein Wort zur inneren Lage. Ungehaltene Ansprache zur Versammlg. des Bundes der Landwirthe f. Rheinland u. Westfalen in Düsseldorf. gr. 8. (22 S.) Ebd. 902. n. — 30

— ein offenes Wort aus Anlaß der Kanalvorlage. gr. 8. (83 S.) Ebd. 901. n. 1. —

— Ein Wort a. Anlass d. komm. Kanalvorlage. (89) 8° Ebd. 04. — 50 d

Bodelschwingh, Friedrich v.

v. Bodelschwingh, der *Verein Arbeiterheim* zu Bielefeld. Ein Beitrag z. Lösung d. Arbeiterwohnungsfrage. (S.-A. aus Schriften d. Vereins f. Socialpolitik, Bd. 33.) Leipzig, Duncker & Humblot, 1886. 8°. 19 S. Cart.
Anhängend 4 Bll.: Statuten d. Vereins z. Beschaffung eigener Wohnungen mit Grundbesitz f. d. deutschen Fabrikarbeiter (Arbeiterheim) etc.

Bodelschwingh, F. v., Arbeitslosen-Elend u. Notstandsarbeiten, s.a. Volksabende 22. Heft.

Bodelschwingh, v., Arbeitslosen-Elend u. Notstandsarbeiten. Ein Notschrei an Regierung und Reichstag, sowie an alle, die es angeht. 8°. Gotha, F. E. Perthes, 1909. (Volksabende, Heft 22.)

1831–1910. Friedrich v. Bodelschwingh. Ein Blick in s. Leben von P. F[riedrich] v. **Bodelschwingh.** Bielefeld: Bethel 1910. 95 S. 8° (11. 3359

Friedrich v. Bodelschwingh 1831—1910. Ein Blick in sein **Leben v. F. v. Bodelschwingh.** [Bethel b. Bielefeld. 1910.] 8° **Ausschnitt aus:** Bethel. Blicke aus Gottes Haus in Gottes Welt. **Jg. 2, Nr. 5.**

Unsere Brüder von der Landstraße von D. F[riedrich] v. **Bodelschwingh,** Pastor. Bielefeld: Bethel 1904. (30 S.) 8° [F.]

— e. kleine Diakonissin. Eine Erzählg. 16. (18 S.) Bielefeld 892. Schriften-Niederlage der Anstalt Bethel. n. — 2

Die Einweihung der Zionskirche von Bethel-Sarepta-Nazareth-Wilhelmsdorf am 28. November 1884. (Von F. v. **Bodelschwingh.** Bielefeld. 1885.) 8°.

— die Fürsorge f. das leibliche u. geistliche Wohl der Arbeiter beim Bau d. Nord-Ostseekanals, besonders auch bezüglich ihres Zu- u. Abzugs. Referat. 8. (12 S.) Neumünster 886. Buchh. d. Schleswig-Holstein. Schriften-Vereins. n. — 20

Bodelschwingh, [Friedr.] v., Das Heimstätten-Gesetz in Verbind. mit d. Alters- u. Invaliden-Versorgungs-Gesetz. E. Beitr. z. Lös. d. soz. Frage. Bielefeld 1892. 8°.

Bodelschwingh, v., der evangelische Herbergs-Verband f. Westfalen. gr. 4. (4 S.) Schwerte 889. (Hannover u. Celle, Schulbuchhandlg.) — 10

— der eigene Herd als Grundlage e. gesunden christlichen Familienlebens. Vortrag, geh. in der General-Versammlg. des deutschen Hauptvereins „Arbeiterheim" am 29. Juli 1891. gr. 8. (28 S.) Ebd. 892. n. — 20

Bodelschwingh, v., die Fürsorge für das leibliche und geistliche Wohl der Arbeiter beim Bau des Nord-Ostseekanals, besonders auch bezüglich ihres Zu- und Abzugs. Referat, gehalten auf dem 11. Jahresfest des Landesvereins für innere Mission in Schleswig-Holstein zu Neumünster am 15. Septbr. 1886. 8. (12 S.) Neumünster 886, Buchh. des Schleswig-Holstein. Schriften-Vereins. *

Der eigene Herd als Grundlage eines gesunden christlichen Familienlebens. Vortrag geh. 1891 von Pastor [Friedrich] v. Bodelschwingh. 2. Aufl. *Bielefeld: Deutscher Ver. Arbeiterheim 1895.* (28 S.) 8° [Umschlagt. F.]

Der Kampf wider die Vagabundennoth wie kann er siegreich zu Ende geführt werden? Ein Wort zur Verständigung v. von **Bodelschwingh.** Bielefeld. 1888. 8°.

Klein aber Mein. Von D. Friedrich v. **Bodelschwingh.** Naumburg a. S. 1903: Lippert & Co. (27 S.) 8° [F.]
Aus: Neue Christoterpe. 1904.

— e. treuer Konfirmand, s.: Nathusius, Marie, der kleine Regimentstrompeter.

— der evangelisch-soziale Kongreß u. die Arbeiterwohnungsfrage. gr. 8. (12 S.) Bielefeld 890. (Schriftenniederlage der Anstalt Bethel.) n. — 15

— Landwirthschaft, Industrie und der Verein „Arbeiterheim". Vortrag, geh. in der Generalversammlung des Deutschen Vereins „Arbeiterheim" am 25. Aug. 1892 zu Bielefeld. gr. 8°. Bielefeld 1892.

— v. dem Leben u. Sterben vier seliger Kinder, m. Einleitg. e. Mitleidenden u. als Nachtrag: Worte d. Trostes f. Trauernde v. P. K. 2., verm. Aufl. gr. 16. (109 S.) Anklam 892. A. Schmidt's Verl. n. — 60; geb. in Leinw. m. Silberschn. n. 1. —

Von dem Leben und Sterben vier seliger Kinder. [Verf.: Friedrich v. Bodelschwingh.] 5. Aufl. *Bethel bei Bielefeld: Anst. Bethel 1901.* (30 S.) 8° [F.]

Bodelschwingh, F v.: Von d. Leben uns. 4 sel. Kinder. Jetzt: Strieg., Hus-Verl. — 20

— s.: Lieder einer früh Vollendeten.

— mehr Luft, mehr Licht u. e. ausreichend große eigene Scholle f. den Arbeiterstand. Ein Beitrag zur Lösg. der sozialen Frage. Vortrag. gr. 8. (23 S.) Bethel b/Bielefeld 890. Schriftenniederlage der Anstalt „Bethel". — 25

Bodelschwingh, Fr. v., die evangelische Mission unter den Deutschen in Paris. Wissenschaftlicher Vortrag gehalten im Saale des Evangel. Vereins für kirchliche Zwecke in Berlin. (Abdr. aus der evangel. Kirchenzeitung.) Berlin 862. Schlawitz. gr. 8. (29 S.) n. 5 Ngr.

[F.] Die Mitarbeit der Kirche an der Pflege der Geisteskranken v. F[riedr.] v. Bodelschwingh ... *Bielefeld: Bethel 1896.* (32 S.) 1 Bd 8.

—— christlicher Ratgeber für Epileptische. 12. (24 S.) Bethel b. Bielefeld 888, Schriften-Niederlage der Anstalt Bethel.

Bodelschwingh, F. v., s.a. Rundgang, e., durch Bethel etc.

Ein Rundgang durch Bethel, Sarepta, Nazareth, Wilhelmsdorf nach Mittheilungen von Pastor [Friedrich Fr.] v. Bodelschwingh zsgest. 3. Aufl. *Bielefeld: Anst. Bethel [1899].* (80 S.) 8° [F.]

Ein Rundgang durch Bethel, Sarepta, Nazareth, Wilhelmsdorf, Wietingsmoor. Nach Mitteilungen von Pastor [Friedrich] v. **Bodelschwingh** zsgest. 4. Aufl. Bielefeld: Bethel 1904. (120 S.) quer-8° [F.]

— aus der Schmelzhütte. Erzählungen. 8. (128 S.) Bielefeld 894. Schriften-Niederlage d. Anstalt Bethel. — 50

— a. d. Schmelzhütte. Erzählgn. 2., verm. Aufl. 8. (144 S.) Ebd. 895. n. — 50; geb. n. — 75

Aus der Schmelzhütte. Erzählungen von D. F[riedrich] v. **Bodelschwingh,** Pastor. 3. verm. Aufl. Bielefeld: Bethel 1904. (202 S.) 8° [F.]

— Aus d. Schmelzhütte. Erzählgn. 2. Bdchn. (220) 8° Bielef. '07. Bethel bei Bielef., Verl.-Handlg d. Anst. Bethel.— 70 geb. 1 — d

Die Theologische Schule zu Bethel bei Bielefeld von Pastor [Friedrich] v. **Bodelschwingh.** Bethel b. Bielefeld: Anst. Bethel 1906. (16 S.) 8° [Umschlagt. F.]

[F.] Zu Schutz und Trutz gegen gute und böse Gerüchte. Von Pastor F[riedr.] v. **Bodelschwingh.** *(Bielefeld: Dr. v. E. Siedhoff [1897].)* (16 S.) 1 Bd 8. [98. 163

Pastor Hermann Stürmer. Ein Lebensbild von F[riedrich] v. **Bodelschwingh.** Bielefeld: Anst. Bethel 1907. (80 S.) 8° [F.] [08. 6681

[F.] Tagebuch-Aufzeichnungen aus dem Feldzuge 1870 v. F[riedrich F[ri].] v. **Bodelschwingh.** *Gadderbaum: Schriften-Niederlage d. Anstalt Bethel (1896).* (80 S.) 1 Bd 8. [96. 2334

— s.: **Verwaltungsbericht des deutschen Vereins „Arbeiterheim".**

—— **Vorschläge z. Vereinigg aller deut. Arbeiter-Kolonien nach allg. Grundsätzen z. einheitl. inneren Ordng u. zu gemeinsamem Handeln nach aussen, namentlich in Betreff d. Organisation d. Naturalverpflegungsstationen. Referat. 8. (96) Ebd. 83.** n. — 50

Das Wanderarbeitsstättengesetz. Offener Brief an d. Herrn Grafen v. d. Schulenburg, Grünthal, von F[riedrich] v. **Bodelschwingh.** (Bielefeld): Anst. Bethel [1907]. (29 S.) 8° [F.] [08. 4479 6

Das Wanderarbeitsstättengesetz und zwei Paragraphen des deutschen Reichsgesetzes. (Verf.: F[riedrich] v. **Bodelschwingh.**) Bielefeld 1907: Anst. Bethel. (13 S.) 8° [F.] [08. 7131

[Umschlagt.:] [F.] Die Wanderarmen und die Arbeitslosen v. P. [Friedrich F[ri].] v. **Bodelschwingh.** *Bielefeld: Deutscher Ver. 'Arbeiterheim'* (Aufgestempelt: *Gadderbaum b. Bielefeld: Schriften-Niederlage d. Anst. Bethel) 1895.* (14 S.) 1 Bd 8. [96. 1873

Die Wanderarmen und das Reichsgesetz § 28. Abermaliger Notschrei gerichtet an d. Mitglieder d. beiden hohen Häuser d. Landtags. Von P. D. F[riedrich] v. **Bodelschwingh.** *Bielefeld: Buchh. d. Anst. Bethel 1899.* (18 S.) 8° [Umschlagt. F.] [00. 10430

— **Wanderstab f. Pilgersleute. 12. (48 S.) Ebd. 889. In Ledertuch cart.** — 15

— **Wanderstab f. Pilgersleute. Ein Andachts- u. Liederbuch f. Wanderer. 49.—58. Taus. (48 S. m. 1 Abbildg.) kl. 8. Bethel b. Bielefeld (904). Buchh. d. Anstalt Bethel. Geb. in Wachstuch** n. — 20

— **was kann die freie christliche Liebesthätigkeit zur Abhilfe d. Wohnungselends in den großen Städten thun? Vortrag. [Aus: „Verhandlgn. d. Congresses f. innere Mission".] gr. 8. (24 S.) Cassel 888. Röttger.** n. — 30

— **Was kann die freiwillige christliche Liebesthätigkeit in den grossen Städten thun? Vortrag. (24 S.) Cassel 1891. Röttger.** —.30

Drei freudige Wasserschöpfer aus der Erweckungszeit Minden-Ravensbergs. Heermann, Volkening, Jobstharde. Hrsg. von F[riedrich] v. **Bodelschwingh.** *Bethel b. Bielefeld: Anst. Bethel 1902.* (48 S.) 8° [F.] [02. 1556

Pastor F[riedrich] v. **Bodelschwingh.** Wer hilft mit? Ein Wort z. Reorganisation d. Berliner Asyle. Berlin: A. Scherl 1904. (31 S.) 8° [F.]
Aus: Berliner Lokal-Anzeiger. [05. 10358

Wie kämpfen wir siegreich gegen die Jesuitengefahr? Von Pastor D. (Fr[iedr.]) v. **Bodelschwingh.** *Bethel: Anst. Bethel 1904.* (39 S.) 8° [F.]

Bodelschwingh, Fr. v., die Ackerbau-Colonie „Wilhelmsdorf" nach ihren bisherigen Erfahrungen. Im Auftrage d. Vorstandes mitgeteilt. gr. 8. (32 S.) Bielefeld 882. Schriften-Niederlage der Anstalt „Bethel". n. — 20

Bodelschwingh, Fr. v., Die Ackerbaukolonie Wilhelmsdorf nach ihren bisherigen Erfahrungen. 3. Aufl. 8°. Bielefeld 1883.

Bodelschwingh, G v.: Die sexuelle Frage im Leben d. Studenten, s: Anton, G.

Bodelschwingh, G.v. (Hrsg.), s. Für Herz und Haus.

Bodelschwingh, Marie v., Auswärts. Erzählungen. Mit Orig.-Zeichngn. v. Rud. Schaefer. (III, 186 S.) 8. Potsdam 906. Stiftungsverlag. Geb. in Leinw. n. 2. 50

Bodelschwingh, Marie v., aus Hl. Land. Den Kindern erzählt. gr. 8. (16 S. m. Abbildgn.) Bethel bei Bielefeld 899. Buchh. der Anstalt Bethel. — 15

Bodelschwingh, Marie v.: Wanderzeit. Erzählgn u. Skizzen. (128) kl8° Stuttg., D Gundert ('12). L 1 — d

Bodelschwingh, P. Gustav: Die sexuelle Frage im Leben des Studenten, s. Anton, Gabriel.

Bodelshausen [Schlagwort]

Bodelshausen, s.: Württemberg. Höhenkurvenkarte.

Bodemann: Die Waldenser, s. Bodemann, Friedrich Wilhelm

Bodemann, Eduard

Bodemann, Ed., Julie von Bondeli und ihr Freundeskreis Wieland, Rousseau, Zimmermann, Lavater, Leuchsenring, Usteri, Sophie Laroche, Frau v. Sandoz u. A. Nebst bisher ungedr. Briefen der Bondeli an Zimmermann und Usteri. gr. 8. (VIII, 378 S.) Hannover 874, Hahn'sche Hofbuchh. *

Bodemann, Ed., s.: Briefe der Herzogin Elisabeth Charlotte v. Orléans an ihre frühere Hofmeisterin A. K. v. Harling &c.

Bodemann, E. (Hrsg.): Briefe an die Kurfürstin Sophie von Hannover, s. Briefe an die Kurfürstin von Hannover.

Bodemann, E., Briefe der Kurfürstin Sophie v. Hannover an die Raugräfinnen u. Raugrafen zu Pfalz, s.: Publikationen aus den k. preuß. Staatsarchiven.

—— **Aus den Briefen der Herzogin Elisabeth Charlotte v. Orléans an die Kurfürstin Sophie v. Hannover. Ein Beitrag zur Kulturgeschichte des 17. u. 18. Jahrh. 2 Bde. Mit e. Bildnis der Herzogin Elisabeth Charlotte. gr. 8. (VIII, 489; 412 S.) Hannov. 891, Hahn.** * 20 —

Bodemann, Eduard, s.: Briefwechsel, der, zwischen der Kaiserin Katharina II. v. Russland u. Joh. Georg Zimmermann.

— der Briefwechsel d. Gottfried Wilhelm Leibnitz in der königl. öffentl. Bibliothek zu Hannover, beschrieben. gr. 8. (IV, 415 S.) Hannover 889. Hahn. n. 12. —

Bodemann, E., Briefwechsel der Herzogin Sophie v. Hannover m. ihrem Bruder, dem Kurfürsten Karl Ludwig v. der Pfalz, u. d. Letzteren m. seiner Schwägerin, der Pfalzgräfin Anna, s.: Publicationen aus den k. preußischen Staatsarchiven.

— Briefwechsel der Herzogin Sophie von Hannover mit dem Kurfürsten Karl Ludwig von der Pfalz und des Letzteren mit der Pfalzgräfin Anna. (355 S.) Leipzig 1885. S. Hirzel. 12.—

Bodemann, Ed. (Hrsg.), s. Elisabeth Charlotte v. Orleans: Briefe an A.K.v. Harling

—— **Elisabeth Charlotte von d. Pfalz, s. Taschenbuch, historisches.**

—— **Leibnizens Entwürfe zu seinen Annalen von 1691—1692. (Festschrift zur 50jähr. Jubelfeier des Histor. Vereins für Niedersachsen. Zugleich als erstes Heft der Zeitschrift des Vereins für 1885.) 8. (58 S.) Hannover 885, Hahn'sche Buchh.** *

— von u. üb. **Albrecht v. Haller.** Ungedruckte Briefe Hallers, sowie ungedruckte Briefe u. Notizen üb. denselben. gr. 8. (XV, 223 S.) Hannover 885. Meyer. n. 4. 50

Bodemann, Ed., die Handschriften der königl. öffentlichen Bibliothek zu Hannover. Hannover 867. Hahn. gr. 8. (VIII, 656 S.) n. 3 ⁴⁄₃

Bodemann, Ed., Jobst Hermann v. Ilten. Ein hannov. Staatsmann des 17. u. 18. Jahrh. [Aus: „Zeitschr. d. histor. Vereins f. Niedersachsen".] gr. 8. (IV, 256 S.) Hannover 879. Hahn. n. 3. —

—— xylographische und typographische Incunabeln der königl. öffentlichen Bibliothek zu Hannover. Fol. (VI und 180 S. mit 41 Platten typograph. Nachbildungen der Holzschn. und Typenarten und 16 Platten mit den Wasserzeichen des Papiers.) Hannover 866, Hahn'sche Hofbuchh. cart. *

Bodemann, Ed., G. W. Leibniz. Festrede bei der von den wissenschaftl. Vereinen der Stadt Hannover am 4. Decbr. 1876 veranstalteten Säcularfeier der Uebersiedelung Leibnizens nach Hannover gehalten. gr. 8. (26 S.) Hannover 876, Hahn'sche Buchh. *

Bodemann, Ed., d. Leibniz-Handschriften d. kgl. öffentl. Bibliothek zu Hannover. gr. 8. (V, 339 S.) Hannover 895. Hahn. n. 7. —

—— Herzogin Sophie von Hannover. Ein Lebens- und Culturbild des 17. Jahrh., s. Taschenbuch, historisches.

Bodemann. Eduard. Johann Georg Zimmermann. Sein Leben und bisher ungedruckte Briefe an denselben von (J[ohann] J[acob]) Bodmer, (Joh[ann] Jac[ob] //) Breitinger, (Salomon) Gessner, (J[ohann] G[eorg]) Sulzer ... und G(eorg) Forster. 8. Hannover 1878.

Bodemann, Ed. Joh. G. Zimmermann, sein Leben u. bisher ungedruckte Briefe an denselben. 8°. VII u. 368 S. Hannover, Hahn. **1878**

Bodemann, Ed., Die älteren Zunfturkunden der Stadt Lüneburg. 8°. Hannover 1883.

Bodemann, Friedrich Wilhelm

Bodemann, Friedr. Wilh., Abschiedspredigt üb. Apostelgesch. 4, 11 u. 12 zu Peine am 6. April 1845 geh. 8. (1 B.) Hannover 845, Hahn'sche Hofbuchh.

Bodemann, Friedr. Wilh., Agendenbüchlein, enth. die liturg. Formulare bei Taufe, Confirmation, Beichte, Abendmahl und Trauung. gr. 8. (16 S.) Hannover 877, Feesche. *

Bodemann, Frdr. Wilh., Auswahl biblischer Geschichten f. die Unter- u. Mittelstufe der Volksschule. 8. (IV, 92 S.) Hamburg 873. (Hannover, evangel. Bücherverein.) n. — 40

Bodemann, Friedr. Wilh., Auswahl biblischer Geschichten für die Unter- und Mittelstufe der Volksschule. 8. (IV, 92 S.) Hamburg 878. (Leipzig, Hannoverscher evangelischer Bücherverein.) *

—— Begräbnißbüchlein. gr. 8. (3¾ B.) Göttingen 846, Vandenhoeck u. Ruprecht. *

—— Bekenntnißschriften, s. Sammlung.

Bodemann, Friedr. Wilh., Martin Boos, s. Sonntags-Bibliothek.

—— gesammelte Briefe von, an und über Martin Boos nebst Auszügen aus seinen Tagebüchern und sonstigen schriftl. Nachlasse. Ein Nachtrag zu seiner Lebensgeschichte. 8. (IV und 84 S.) Hannover 854, Hahn'sche Hofbuchh. Frankfurt a. M., Hermannsche Buchh. *

Bodemann, Friedr. Wilh., gesammelte Briefe von, an und über Martin Boos nebst Auszügen aus seinen Tagebüchern u. sonstigen schriftl. Nachlasse. Ein Nachtrag zu seiner Lebensgeschichte. Frankfurt a. M. 855. Hermann. 8. (2 Bl., 84 S.) n. 10 ngr

—— vergleichende Darstellung der Unterscheidungslehren der vier christl. Hauptconfessionen, nach ihren Bekenntnißschriften gemeinfaßl. dargeboten u. allen denkenden Christen, insbesond. allen Lehrern deutscher Jugend gewidm. gr. 8. (28 B.) Göttingen 842, Vandenhoeck u. Ruprecht.

—— vergleichende Darstellung der Unterscheidungslehren der vier christlichen Hauptconfessionen nach ihren Bekenntnißschriften gemeinfaßlich dargeboten und allen denkenden Christen, insbesondere allen Lehrern deutscher Jugend gewidmet. 2. (Titel-)Aufl. gr. 8. (XX, 424 S.) Göttingen (842)69, Vandenhoeck und Ruprecht's Verlag. *

—— katechetische Denkmale der evangelisch-lutherischen Kirche, s. Denkmale.

Bodemann, Friedr. Wilh. Denkwürdigkeiten der Elbinsel Finkenwerder, sowie der benachbarten Eilande und Ortschaften. Herausgegeben von Friedr. Wilh. Bodemann ... Harburg, R. Dankwerts ... 1860.
VIII + 215 + 24 S., 1 Tabelle; 1 Karte in Lithogr., 1 Taf. in kol. Lithogr. 8°.

—— Hans Egede, der Apostel der Grönländer, s. Sonntags-Bibliothek.

Bodemann, Fr. Wilh., die Einweihung der Kirche in Finkenwerder am 22. Sonntage nach Trin., den 13. Novbr. 1881. gr. 8. (29 S.) Hannover 882, (Feesche.) *

—— auserlesene bibl. Erzählungen aus dem Alten u. Neuen Testamente. 1. Aufl. (9¼ B.) 844, 3., verm. u. verb. Aufl. 12. (9½ B.) Göttingen 846, Vandenhoeck u. Ruprecht. *

— auserlesene bibl. Erzählungen aus dem Alten u. Neuen Testamente. gr. 8. Hannover 844, Hahn'sche Hofb. n. ⅙ ℛ — 3. verm. u. verb. Aufl. 12. Göttingen 846, Vandenhoeck u. R. n. ⅙ ℛ

—— auserlesene biblische Erzählungen aus dem Alten und Neuen Testamente. Mit Lehren versehen. 2. (Titel-)Ausg. gr. 8. (VIII und 235 S.) Göttingen (846)58, Vandenhoeck und Ruprecht's Verlagsh. *

—— dieselben mit Lehren versehen. gr. 8. (15¼ B.) Ebds. 846. *

— Gebetlein für Kinder. 3. verb. Aufl. 16. (32 S.) Hannover 881. Langemann. n. — 10

— 50 Gedenkblätter zur Schulentlassung und Confirmation, mit biblischen Bildern und Randzeichnungen von O. Specter. Ausg. A. mit 50 verschiedenen Bibelsprüchen u. Liederversen. Harburg 861. Danckwerts. gr. 4. n. 1 ℛ

— — Abth. II. Nr. 51—100. Ausg. A. mit 100 verschiedenen Bibelsprüchen und Liederversen. gr. 4. Ebend. 863. gr. 4. n. 1 ℛ
Ausg. B. mit offenem Raum für Denksprüche. 50 Blätter n. 25 ngr

— 50 Gedenkblätter zur Schul-Entlassung u. Confirmation mit biblischen Bildern u. Randzeichnungen von O. Specter. Ausgabe A. 2 Abthlgn. (à 50 Bll.). Harburg 868. Elkan. Jede Abth. 1 ℛ
Ausg. B. mit Raum für Denksprüche. (50 Bll.). 25 ngr

— 50 Gedenkblätter zur Schulentlassung u. Confirmation m. biblischen Bildern u. Randzeichnungen v. Otto Speckter. 3. wesentlich verb. Aufl. Ausg. A. 2 Hfte. qu. 4. (à 50 Bl. m. Holzschn.) Harburg 874. Elkan. à 3. —

— dasselbe. Ausg. B. 50 Gedenkblätter m. offnem Raum f. Gedenksprüche. 3. wesentlich verb. Aufl. qu. 4. (50 Holzschntaf.) Ebend. 874. 2. 50

Bodemann, Friedr. Wilh., 100 Gedenkblätter zur Schulentlassung und Confirmation mit biblischen Bildern und Randzeichnungen von Otto Speckter. 3. wesentl. verb. Aufl. Ausg. A. 2 Hefte. qu. 4. (à 50 Bl. mit Holzschn.) Harburg 874, Elkan. à Heft ℳ 3.

—— dass. — Ausg. B. 50 Gedenkblätter mit offnem Raum für Gedenksprüche. 3. wesentl. verb. Aufl. qu. 4. (50 Holzschntaf.) Ebendas. 874.

Bodemann, Friedr. Wilh., biblische Geschichte. Mit den Worten der Bibel erzählt. 4., verm. und verb. Aufl. 12. (XI und 208 S.) Göttingen 851, Vandenhoeck und Ruprecht. *

Bodemann, Frdr. Wilh., biblische Geschichte. Mit den Worten der Bibel erzählt. 4. verm. u. verb. Aufl. 12. (XII u. 208 S.) Göttingen 851, Vandenhoeck & Ruprecht. — 5. verm. u. verb. Aufl. 12. (XII u. 212 S.) Braunschweig 852, Vieweg & Sohn. n. 1/2 ℛ

—— biblische Geschichte. Mit den Worten der Bibel erzählt. 5. Aufl. (XII und 212 S.) 1852., 6. Aufl. 1854. und 7. Aufl. 12. (VI und 201 S.) Göttingen 856, Vandenhoeck und Ruprecht's Vrlgsb. *

— biblische Geschichte. Mit den Worten der Bibel erzählt. 6. Aufl. 854. — 7. Aufl. 856. — 8. revid. Aufl. Ebend. 857. 8. (3 Bl., 201 S.) n. 5 ngr

—— biblische Geschichte. Mit den Worten der Bibel erzählt. 8—11., revid. Aufl. 8. (VI und 201 S.) Göttingen 858—61, Vandenhoeck und Ruprecht's Verlagsb. *

— biblische Geschichte. Mit den Worten der Bibel erzählt. 10. revid. Aufl. 860. — 11. Aufl. 861. — 12. revid. (Jubel=)Ausg. Göttingen 863. Vandenhoeck & Ruprecht. 8. (VI, 201 S.) n. 5 ngr

—— biblische Geschichte. Mit den Worten der Bibel erzählt. 12.—14., revid. Aufl. 8. (VI und 201 S.) Göttingen 863—67, Vandenhoeck und Ruprecht's Verlagsb. *

— biblische Geschichte. Mit den Worten der Bibel erzählt. 13. Aufl. 861. — 14. Aufl. 868. — 15. revid. Aufl. Göttingen 870. Vandenhoeck & Ruprecht. 8. (VI, 201 S.) n. 5 ngr

— biblische Geschichte. Mit den Worten der Bibel erzählt. 17. rev. Aufl. 8. (VI, 201 S.) Göttingen 872. Vandenhoeck & Ruprecht's Verlag. n. — 50

—— biblische Geschichte. Mit den Worten der Bibel erzählt. 15.—17. revid. Aufl. 8. (VI, 201 S.) Göttingen 870—74, Vandenhoeck und Ruprecht's Verlag. *

—— biblische Geschichte. Mit den Worten der Bibel erzählt. 18. Aufl. (VI, 201 S.) 1877; 19. revid. Aufl. 8. (VI, 184 S.) Göttingen 879, Vandenhoeck und Ruprecht's Verlag. *
Mit Karte von Palästina *

— biblische Geschichte. Mit den Worten der Bibel erzählt. 20. rev. Aufl. 8. (VI, 184 S.) Göttingen 882. Vandenhoeck & Ruprecht's Verl. n. — 50; m. Karte von Palästina n. — 60

Bodemann, Friedr. Wilh., biblische Geschichte. Mit den Worten der Bibel erzählt. 21. und 22. revid. Aufl. 8. (184 S.) Göttingen 884,87, Vandenhoeck und Ruprecht's Verlag. **

Bodemann's, Fr. W., biblische Geschichte. Mit den Worten der Bibel erzählt. 23. Aufl., neu bearb. v. H. van Senden. 8. (222 S.) Göttingen 890. Vandenhoeck & Ruprecht's Verl. n. — 50; geb. n. — 75

Bodemann's, FW, bibl. Geschichte. Mit d. Worten d. Bibel erzählt. Neu bearb. v. H van Senden. 24. Afl. 8° (222) Gött. 93, Vandenhoeck & R. — 50; geb. n.n. — 75; m. Karte v. Palästina — 55; geb. n.n. — 80

Bodemann's, Fr. W., biblische Geschichte. M. d. Worten d. Bibel erz. 26. Aufl. 439.—450. Taus. Ausg. A. Bearbeitg. v. H. van Senden. 8. (222 S.) Göttingen 896. Vandenhoeck & Ruprecht. n. — 50; geb. n.n. — 75; m. Karte n. — 55; geb. n.n. — 80

Bodemann's, Fr. W., biblische Geschichte. M. d. Worten d. Bibel erz. Ausg. B. Auf Grundl. d. Bearbeitg. H. van Sendens neu bearb. u. um e. Auszug a. d. Kirchengeschichte verm. v. E. Geiß. 27. Aufl., 451.—476. Taus., v. Bodemanns bibl. Geschichte. 8. (IV, 212 S.) Ebd. 896. n. — 50; geb. n.n. — 75; m. Karte n. — 55; geb. n.n. — 80

Bodemann's, Fr. W., biblische Geschichte. Mit den Worten der Bibel erzählt. 29. Aufl. 490.—518. Taus. Ausg. A. Bearbeitg. v. H. van Senden, durchgesehen u. verb. nach den Vorschlägen v. Geistlichen u. Lehrern Ostfrieslands. 8. (224 S.) Göttingen 899. Vandenhoeck & Ruprecht. n. — 50; geb. n.n. — 75; m. Karte n. — 55; geb. n.n. — 80

Bodemann's, Fr. W., biblische Geschichte. Mit den Worten der Bibel erzählt. 30. Aufl. 519.—532. Taus. Ausg. A. Bearbeitung v. H van Senden, durchgesehen u. verb. nach den Vorschlägen v. Geistlichen u. Lehrern Ostfrieslands. (224 S.) 8. Göttingen 903. Vandenhoeck & Ruprecht. n. — 50; geb. n.n. — 75; m. Karten n. — 60; geb. n.n. — 85; m. Anh.: Bilder aus der Kirchengeschichte zum Gebrauch in der evangelischen Volksschule, v. Herm. Nöldeke. (224 u. 32 S.) n. — 60; geb. n.n. — 85; m. Karten n. — 70; geb. n.n. — 95

Bodemann's, Fr. W., biblische Geschichte. Mit den Worten der Bibel erzählt. 33. Aufl., 564—583. Taus. Ausg. A v. H. van Senden, neu bearb. v. A. E. Zwitzers. (224 S.) 8. Göttingen 910. Vandenhoeck & Ruprecht. — 55; geb. — 80; m. 4 S. farb. Karten — 65; geb. n — 90

—— auserlesene biblische Geschichten mit Lehren in Bibelsprüchen, Liederversen und Hinweisungen auf Luther's kleinen Katechismus. 2., verb. Aufl. gr. 8. (VI und 168 S.) Göttingen 862, Vandenhoeck und Ruprecht's Verlagsb. *

—— auserlesene biblische Geschichten mit Lehren in Bibelsprüchen, Liederversen und Hinweisungen auf Luther's kleinen Katechismus. 4. Aufl. Mit einer (lithogr.) Karte der Länder der heil. Schrift (in qu. 4.). 8. (VIII, 224 S.) Göttingen 872, Vandenhoeck und Ruprecht's Verlag. *

— s.: Habermann's, Joh., christl. Morgen- u. Abendgebete.

—— Handagende, enthaltend die liturgischen Formulare der Landeskirchenordnungen Hannovers nebst einigen Zugaben. Lex.-8. (IV und 52 S.) Göttingen 860, Vandenhoeck und Ruprecht's Verlagsb. *
Blnp. in 4. *

— evangelisches Jahrbüchlein für d. J. 1868. [Insbesondere für lutherische Geistliche, Lehrer, Kirchenvorstände u. Kirchenrechnungsführer d. Consistorialbezirkes Hannover.] Harburg 867. Elkan. 8. (47 S.) n. 5¼ ngr

—— der große Katechismus Dr. M. Luthers. Ein Lehr- u. Erbauungsbuch f. Jedermann. gr. 8. (...B.) Hannover 843. [Göttingen, Vandenhoeck u. Ruprecht.]

—— Dr. Luthers kleiner Katechismus nebst erklärenden Lehrsätzen, Bibel- und Denksprüchen, bibl. Beispielen und Liederversen. 8. (96 S.) Hannover 873, Evangelischer Büchervereín. *

—— Dr. Luther's kleiner Katechismus, nebst erklär. Lehrsätzen, Bibel- und Denksprüchen, bibl. Beispielen und Liederversen. 8. (87 S.) Hamburg 878, Walther. *

—— Dr. Luthers kleiner Katechismus, nebst erklär. Lehrsätzen, Bibel- und Denksprüchen, bibl. Beispielen und Liederversen. 4. Aufl. 8. (86 S.) Hannover 880, Feesche. *

— Luthers kleiner Katechismus, nebst erklärenden Lehrsätzen, Bibel- u. Denksprüchen, bibl. Beispielen u. Liederversen. 5. verb. Aufl. 8. (94 S.) Hannover 882. Feesche in Comm. n. — 40

—— dass. — 5. verb. Aufl. (94 S.) 1882. * 40 Pf.: 6. verb. Aufl. 8. (95 S.) (Ebendas.) 883. *
2. und 3. Aufl. erschienen im Selbstverlag des Verfassers.

—— Dr. Luther's kleiner Katechismus, nebst erklär. Lehrsätzen, Bibel- und Denksprüchen, bibl. Beispielen und Liederversen. 7. Aufl. 8. (94 S.) Hannover 885, (Feesche.) *
geb. *

— Dr. Luther's kleiner Katechismus, nebst erklär. Lehrsätzen, Bibel- u. Denksprüchen, bibl. Beispielen u. Liederversen. 8. Aufl. 8. (94 S.) Hannover 887. Feesche. n. — 40; geb. n. — 50

—— der römische Katechismus, s. Katechismus.

— die Katechismusfrage im Königreich Hannover. Harburg 862. Danckwerts in Comm. gr. 8. (27 S.) 3 ngr

—— Johann Tobias Kießling. Nach seinem Leben und Wirken dargestellt. 8. (VIII und 172 S.) Nördlingen 855, Beck'sche Buchh. *

—— Johann Tobias Kießling. Nach seinem Leben und Wirken dargestellt. 2. (Titel-)Aufl. 8. (VIII und 172 S.) Nördlingen (855)60, Beck'sche Buchh.

—— Kinderlehrbüchlein oder Luther's kleiner Katechismus für den ersten Unterricht in Haus und Schule, durch Frag und Antwort erläutert, sowie durch Bibelsprüche, bibl. Beispiele und Kirchenlieder veranschaulicht. Eine Vorschule zu jedem luther. Landes-Katechismus. 12. (VIII und 64 S.) Hannover 861, Hahn'sche Hofbuchh. *

Bodemann, Frdr. Wilh., Confirmandenbüchlein oder Dr. Luthers kleiner Katechismus in kurzen Sätzen zergliedert, durch Bibelsprüche begründet, sowie durch biblische Beispiele, Denksprüche und Kirchenlieder veranschaulicht. Ein Leitfaden beim Schul- und Confirmanden-Unterricht. Hannover 861. Hahn. 12. (IV, 152 S.) n. 5 ngr

— die Confutation, die Kanones u. Glaubensbeschlüsse des tridentinischen Concils u. das tridentin. Glaubensbekenntniß. Uebersetzt u. mit geschichtl. Einleitungen u. Anmerkungen begleitet. — Der katholischen Bekenntnißschriften 1. Abthl. gr. 8. Hannover 842. (Hahn'sche Hof-B.). 7/12 ℛ

—— die Confutation, die Kanones u. Glaubensbeschlüsse d. tridentin. Concils u. das tridentin. Glaubensbekenntniß. Uebers. u. mit geschichtl. Einleitungen u. Anmerkgn. begleitet. — Der kathol. Bekenntnißschriften 1. Abth. gr. 8. (6¾ B.) Hannover 842. [Göttingen, Vandenhoeck u. Ruprecht.]
Vgl. Katechismus, der römische.

— evangel. Concordienbuch, oder die symbol. Bücher der evangel.-luther. Kirche. Mit geschichtl. Einleitungen und Anmerkungen. gr. 8. Hannover 843, Hahn'sche Hofbuchhandlg. n. 1 1/3 ℛ

—— evangel. Concordienbuch, oder die symbolischen Bücher der evangel.-lutherischen Kirche. Mit geschichtl. Einleitungen u. Anmerkungen. gr. 8. (32 B.) Hannover 843. [Göttingen, Vandenhoeck u. Ruprecht.] *

—— das heilige Land. Für Volksschulen und Bibelleser zum besseren Verständniß der heiligen Schrift beschrieben. 12. (32 S. mit 1 Karte von Palästina in 4. und 1 Plane des Tempels in Jerusalem in Holzschn.) Hannover 858, Helwing'sche Hofbuchh. *

— Johann Caspar Lavater, s. Sonntags-Bibliothek.

Bodemann, Friedrich Wilhelm: s.a. Lavater. Johann Kaspar Lavater, sein Lebensende. Strassburg 1856.

—— Johann Caspar Lavater. Nach seinem Leben, Lehren und Wirken dargestellt. gr. 12. (XV und 405 S. mit 1 lithogr. Portr. und 1 lithogr. Facs.) Gotha 856, F. A. Perthes. *

—— Johann Caspar Lavater. Nach seinem Leben, Lehren und Wirken dargestellt. 2 Thle. 2. Aufl. gr. 8. (III, 415 S.) Gotha 877, F. A. Perthes. ½ Thl. * ℳ 2,80. *

– dasselbe, s.a. Sonntags-Bibliothek.

Bodemann, Frdr. Wilh., Leben Johann Arndts, weil. General-Superintendenten d. Fürstenth. Lüneburg. 3. Aufl. 8. (87 S.) Bielefeld 871. Velhagen & Klasing. n. — 50

—— Leben Johann Michael Feneberg's, s. Sonntags-Bibliothek.

—— Leben Jung-Stillings, s. Sonntags-Bibliothek.

—— Dr. Martin Luthers Leben. 3. und 4. Aufl. 8. (64 S.) Ebendas. 880,83. *
1. und 2. Aufl. erschienen im Selbstverlag des Verfassers.

— Lebensbilder treuer Glaubenszeugen. Gotha 866. F. A. Perthes. gr. 8. (VIII, 398 S.) n. 1 ℛ 6 ngr

—— kurzer Leitfaden für den Schul- u. Confirmandenunterr. in den Unterscheidungslehren d. vier christl. Hauptparteien. gr. 8. (3½ B.) Göttingen 842, Vandenhoeck u. Ruprecht.

—— Leitfaden bei dem Unterrichte in d. Erdbeschreibung für Volksschulen u. den Privatunterr. 12. (3 B.) Hannover 846, Helwing'sche Hofbuchh. *

—— Leitfaden bei dem Unterrichte in der Erdbeschreibung für Volksschulen und den Privatunterricht. 2., verm. und verb. Aufl. 12. (83 S.) Hannover 851, Helwingsche Hofbuchh. *

—— Leitfaden bei dem Unterricht in der Erdbeschreibung. Für Volksschulen und den Privatunterricht. 8., bericht. Aufl. 12. (79 S.) Hannover 858, Helwing'sche Hofbuchh.

—— Leitfaden beim Unterrichte in der Erdbeschreibung. Für Volks- und Bürgerschulen. 5. bericht. Aufl. 8. (74 S.) Hannover 870, Helwing'sche Hofbuchh.

—— 44 Lieder für Missionsstunden und andere christliche Versammlungen. 3. Aufl. 8. (16 S.) Hannover 868, Evangelischer Bücherverein.

Bodemann, Friedrich Wilhelm, s. Luther, Martin: Der grosse Katechismus.

—— 30 rhythmische Melodien zu den im hannoverschen Gesangbuche häufig vorkommenden Melodien passend. 8. (16 S.) Hannover 855, (Hahn'sche Hofbuchh.)

— christliche Morgen- u. Abendgebete, s.: Habermann, Joh.

—— Johann Friedrich Oberlin, Pfarrer in Steinthal. Nach seinem Leben und Wirken dargestellt. 8. (247 S. mit Oberlins lithogr. Bildniß und 1 lithogr. Ansicht seines Pfarrhauses.) Stuttgart 855, J. F. Steinkopf.

— Johann Friedrich Oberlin, Pfarrer im Steinthal. Nach seinem Leben u. Wirken dargestellt. Nebst Oberlin's (lith.) Bildn. u. 1 (lith.) Ansicht seines Pfarrhauses. 2. Aufl. Stuttgart 868. J. F. Steinkopf. 8. (250 S.) 18 ngr

—— Johann Friedrich Oberlin, Pfarrer im Steinthal. Nach seinem Leben und Wirken dargestellt. Mit Oberlin's Bildniß (in Holzschn.). 3. verb. Aufl. 8. (224 S.) Stuttgart 879, J. F. Steinkopf.

—— Philothea, s. Philothea.

—— Philothea. s.: Sales, F. v.

—— Joh. Michael v. Sailer, weiland Bischof zu Regensburg. gr. 12. (V und 280 S. mit Sailer's Portr. in Stahlst.) Gotha 856, F. A. Perthes. *

—— die evangelischen Salzburger und Zillerthaler. 8. (80 S.) Hannover 870, Evangelischer Bücherverein. *
Aus: Lebensbilder treuer Glaubenszeugen, besonders abgedruckt.

— die evangelischen Salzburger u. Zillerthaler. Ein Volksbüchlein. 2. verb. Aufl. 8. (78 S.) Göttingen 882. Vandenhoeck & Ruprecht's Verl. n. — 40

— die evangelischen Salzburger u. Zillerthaler. 8. (102 S.) Berlin 889. Deutsche Evangelische Buch- u. Tractat-Gesellschaft. n. — 60

Bodemann, Friedr. Wilh., Sammlung der wichtigsten Bekenntnißschriften, s.a. Sammlung.

—— Sammlung der wichtigsten Bekenntnißschriften der evangelisch-reformirten Kirche. Mit geschichtl. Einleitungen und Anmerkungen hrsg. 2. (Titel-)Aufl. gr. 8. (XIV und 180 S.) Göttingen (848)07, Vandenhoeck und Ruprecht's Verlagsh. *

Bodemann, Friedr. Wilh.: Sammlung der wichtigsten Bekenntnißschriften der evangelisch-reformirten Kirche. Mit geschichtl. Einl. u. Anm. Hannover 1844.

—— Sammlung auserlesener Bibelsprüche und Liederverse zum Wegweiser für das tägliche Leben, so wie insbesondere zur Auswahl bei Ertheilung von Denksprüchen an Confirmanden bei ihrer Entlassung aus der Schule und Confirmation. 8. (63 S.) Harburg 860, Danckwerts'sche Buchh.

—— Sammlung liturg. Formulare, s. Sammlung.

—— Sammlg geistl. Lieder. 8. (141) N.-Rupp. 62. (Lpzg, Bredt.) .n. — 7

Bodemann, F. W., Sammlung geistlicher Lieder (auch die 80 Kirchenlieder der preuß. Regulative enth.) für Kirche, Schule und Haus. br. 8. (XVII und 141 S.) Neu-Ruppin 862, Oehmigke. *

—— Sammlung 254 geistlicher Lieder [auch die 80 Kirchenlieder der preuß. Regulative enth.] für Kirche, Schule und Haus. 2. Aufl. gr. 8. (XXIV, 144 S.) Gotha 873, F. A. Perthes. *

Bodemann, Fr. W. Luise Scheppler, Oberlin's gottselige Dienstmagd, s.a. Hausfreund, hamburger.

—— Luise Scheppler, Oberlin's gottselige Dienstmagd. 5. Aufl. 8. (32 S.) Harburg 866. (Hannover, Evangelischer Bücherverein.) *

—— Louise Scheppler, Oberlin's gottsel. Dienstmagd. Zur 100jähr. Gedächtnißfeier ihres Dienstantritts als Kleinkinderlehrerin. Nebst Luise's (Holzschn.-)Bildniß. 7. bericht. Aufl. 8. (48 S.) Hamburg 879, Agentur des Rauhen Hauses.
6. Aufl. erschien im Selbstverlag.

Bodemann, W., Luise Scheppler, Oberlin's gottselige Dienstmagd. (48 S.) Hamburg 1887. Agentur des Rauhen Hauses. —.20

— Luise Schöpler, s.a. Schillings-Bücher.

—— Luise Schöpler, Pfarrer Oberlin's Dienstmagd. 12. (52 S.) Hamburg 854, Agentur des Rauhen Hauses.

—— Spruch- und Versbüchlein zur biblischen Geschichte für evangel. Schulen. 8. (II und 91 S.) Göttingen 857, Vandenhoeck und Ruprecht's Verlagsh. *

—— die Unterscheidungslehren der evangelischen und katholischen Kirche nach den Bekenntnißschriften und bibl. Beweisstellen dargestellt. 2., verb. Aufl. gr. 8. (44 S.) Göttingen 863, Vandenhoeck und Ruprecht's Verlagsh. *

— die Unterscheidungslehren der evangelischen u. katholischen Kirche, für den Schul- u. Confirmandenunterricht dargestellt. 3. Aufl. Göttingen 869. Vandenhoeck & Ruprecht. 8. (52 S.) n. 3½ ngr

— die Unterscheidungslehren der evangelischen u. katholischen Kirche, f. den Schul- u. Confirmandenunterricht dargestellt. 4. verb. Aufl. 8. (47 S.) Göttingen 876. Vandenhoeck & Rupprecht's Verl. n. — 40

—— die Verbreitung christlicher Schriften insonderheit die christliche Colportage, ein dringendes Bedürfniß der Gegenwart. gr. 8. (116 S.) Gotha 868, F. A. Perthes. *

—— dass. — Kleinere Ausg. 8. (94 S.) Hamburg 868, Elkan. *

Bodemann, Friedrich Wilhelm (Halberstadt), De detractionum sanguinis vi et usu. Dissert. med.-chir. Bln. (Friedlaender) 19. X. 1840. 31 S., mit Biogr. (M.: L. Heine.) (4.—) 3017
Oppon.: V. F. Schoekel, H. Loewenherz, A. Homann. — Gew. v.: F. Krause, F. A. Winkelmann.

—— die Waldenser. 8. (20 S.) Hannover 870, Evangelischer Bücherverein. *

—— die Waldenser. 2. Aufl. 8. (101 S.) Berlin 888, Deutsche evangel. Buch- und Tractat-Gesellschaft. *

—— Johann Wiklef und Johann Huß. 8. (80 S.) Hannover 870, Evangelischer Bücherverein. *

— Züge aus dem Leben des Joh. Hnr. Jung, gen. Stilling, s.a. Sonntags-Bibliothek.

— Züge aus dem Leben von Johann Heinr. Jung, genannt Stilling. Bielefeld 868. Velhagen & Klasing. 8. (V, 80 S.) n. 5 ngr

Bodemann, Theodor

Bodemann, Th., Anleitung zur berg- u. hüttenmännischen Probirkunst. Für Anfänger bearb. gr. 8. (23 B. u. 3 Figurentaf.) Clausthal 845, Schweiger'sche Buchh.

Bodemann's Th., Anleitung zur berg- und hüttenmännischen Probierkunst. Vervollständigt und theilweise umgearb. von Bruno Kerl. 2. Aufl. (3 Lfgn.) gr. 8. (1. Lfg. VIII und S. 1—192 mit 5 lithogr. Figurentaf.) Clausthal 850, Grosse. *

—— Anleitung zur berg- und hüttenmännischen Probirkunst, bearbeitet von B. Kerl. 2. Aufl. Clausthal 1857. 8. —

Bodemann, W.: Luise Scheppler, s. Bodemann, Friedrich Wilhelm

Bodemer, Gottfried

Bodemer, Gfried., der Bannerhandel zwischen Appenzell u. St. Gallen 1535—1539. Ein Beitrag zur schweizerischen Kulturgeschichte des XVI. Jahrh. (121 S.) gr. 8. St. Gallen 905. (Fehr.) n.n. 2.—

Bodemer, Gottfried. Der Bannerhandel zwischen Appenzell und St. Gallen 1535—1539. Ein Beitrag zur Schweizer. Kulturgeschichte des XVI. Jahrhunderts. 121 S. 8.
Ausg. A: Diss. Phil. Bern. St. Gallen, Zollikofer'sche Buchdr., 1905.
Ausg. B: St. Gallen, Komm. Fehr'sche Buchh., 1905. [fr. 2. —]

Bodemer: Rückblick auf d. Gesch. d. Waisenhauses d. Stadt St Gallen 1861—1911. Gedenkblatt z. Feier d. 100. Jahrestages ar Gründg. (118 m. 3 Taf.) 8° St Gall., Fehr '11. Hl. 1 — d

Bodemer, H. J., s. Bodemer, Heinr. Jac.

Bodemer, Heinr., s.a. Bodemer, Heinr. Jac.

Bodemer, Heinr., die Abhilfe des Nothstandes im Erzgebirge. Ein Beitrag. Meißen 855. Gödsche. 8. (1 Bl., 38 S.) n. 5 ngr

Bodemer, Heinr., 10 Artikel zu Gunsten der Gewerbe. Dem K. Sächs. Ministerium des Innern vorgelegt. gr. 8. (IV u. 88 S.) Stuttgart 848, Beck & Fränkel. n. ⅓ ₰

Bodemer, Heinr., zur Beurtheilung des Entwurfs einer Gewerbe-Ordnung für das Königr. Sachsen. Leipzig 859. T. O. Weigel. gr. 8. (96 S.) n. 10 ngr

— handels- u. gewerbs-politische Flugblätter. Nr. 1—9. 1. Die Zollvereinigung Oesterreichs mit Deutschland. Der Anschluß der Nordseestaaten an den Zollverein. Der Zollanschluß Bayerns an Oesterreich. 2. Die bayerischen Ost-West-Eisenbahnen. Bayerisches Papiergeld u. Zettelbanken. Die gegenwärtigen Handelsspeculationen u. die gegenseitigen Täuschungen. 3. Die Getreidemagazine. Die Kornaustheilung in Augsburg im Jahre 1601. 4. Die Besorgnisse des Handels- u. Gewerbsstandes, a. die Fortschritte der Sozialdemokratie, b. die Gefahren eines Krieges, c. die Zukunft d. Zollvereines. 5. Augsburgs handels- u. gewerbspolit. Vorzeit. 6. Augsburgs handels- u. gewerbspolit. Zukunft. Die preuß. Zollrevisionsvorschläge u. die bayerischen Interessen. 7. Das perfide Albion. 8. Der Kampf der Partheien. 9. Der Krieg. gr. 8. (à 16 S.) Augsburg 850. 51, Schlosser. (à 1/8 Thlr.) 1 1/8 Thlr.

— die Creditverhältnisse des Grundbesitzes im Königr. Sachsen. Dresden 857. Kuntze. gr. 8. (79 S.) n. 10 ngr.

— die industrielle Revolution mit besonderer Berücksichtigung auf die erzgebirgischen Erwerbsverhältnisse. Dresden 850. Kuntze. 8. (1 Bl., 136 S.) n. 20 ngr.

— die Wirkungen der Creditpapiere in Bezug auf die Vermehrung der Banken in Deutschland. Leipzig 853. Hübner. gr. 8. (1 Bl., 120 S.) n. 10 ngr.

—— d. Wirkgn d. Creditpap. in Bez. auf d. Vermehrg d. Banken in Deutschl. 8. (120) Lpzg 53, Werl. n. — 10

Bodemer, Heinr., über die Zustände der arbeit. Klassen. Vortrag in der Versamml. deutscher Gewerbtreibender am 16. April 1845. 8. (3 1/4 B.) Grimma, Verlags-Comptoir. Thlr.

Bodemer, Heinr. Jac,, s.a. Bodemer, Heinr.

Bodemer, Heinr. Jac.

Bodemer H J, Beurteilung des Entwurfs eines Gesetzes die Benutzung der fliessenden Wasser betreffend. 4° Chemnitz (1848)

Bodemer, Heinr. Jac., Beurtheilung des Entwurfs eines Gesetzes die Benutzung der fließenden Wässer betreffend. Preißschrift. Hrsg. vom Industrie-Vereine f. das Königr. Sachsen. 4. (31 S.) Chemnitz 849. (Defoy.) n. 1/4 Thlr.

Bodemer, Horst, Agrarier. Roman. (187 S.) 8. Berlin (905). Berliner Druckerei- u. Verlags-Gesellschaft. n. 2.—; geb. n. 3. 25

Bodemer, Horst, Bauernblut. Roman. (282 S.) 8. Berlin (908). C. Duncker. 3. 50

Bodemer, Horst: Fliege. Roman. (422) 8° Berl., CDuncker '12. 4.50 d

— Der Flügeladjutant. Roman. (250) 8° Ebd. ('11). 3 — d

— Gestern noch auf stolzen Rossen. Roman. (288) 8° Ebd. '12. 3.50 d

-- Unser junger Herr. Roman. (413 S.) 8. Berlin (908). Verlag Continent. 4.—; geb. 5. —

— Im Kaisermanöver. Eine lust. Verlobungsgeschichte. (143 S.) 8. Charlottenburg (907). Berlin, F. Harnisch & Co. 1. 50

— Graf Kweleratb u. seine Söhne. Roman. (481 S.) 8. Berlin (910). C. Duncker. 4. 50

Horst Bodemer. Der Liebe Not. Roman. Berlin: C. Duncker [1909]. 297 S. 8° [10. 1697, 11

Bodemer, Horst, auf grünem Rasen. Sportroman. (192 S.) 8. Berlin (908). C. Duncker. 3. —

— „O du herrliches Reiterleben!" Roman aus der Zeit. 1. u. 2. Aufl. (à 260 S.) 8. Gotha (904. 905.) (Verlagsanstalt & Druckerei [H. Bartholomäus]). n. 3. —; geb. in Leinw. n. 3. 50

— Frau Sehnsucht. Roman. (294) 8° Berl., A Schall ('11). 3 —: geb. 4 — d

— Theresienhöh. Roman a. stürm. Jugendtagen. (404) 8° Charlottenbg, E Beyer ('11). 4 —; geb. 5 — d

Horst Bodemer. Vom Start zum Ziel. Roman. Berlin: C. Duncker [1909]. 278 S. 8° [10. 1697, 11

— Wilderer. Roman. (245) 8° Berl., C Duncker ('11). 3 — d

Bodemer, J. G: Ventilations-Kamin. Zschopau 1877

Bodemer, J. M., Die Gas-Küche, unt. Mitwirkg. v. A. Rothenbach. E. Ergänzg. z. allen Kochbüchern. 8. (VI, 67 S.) Zürich 897. C. Schmidt. n. — 80

Bodemer, J. M., die Gas-Küche, unter Mitwirkg. v. A. Rothenbach. Eine Ergänzg. zu allen Kochbüchern. 2. [Titel-]Aufl. (VI, 67 S.) kl. 8. Zürich [897] 898. Schweizer Druck- u. Verlagshaus. — 80

Bodemer, Jacob

Bodemer, Jac., Bregenz am Bodensee. Topografische Studie. Mit e. (chromolith.) Karte (in qu. gr. Fol.) u. Routen-Index zu Partien in die nähere u. weitere Umgebg. der Stadt, sowie den Bregenzerwald. gr. 16. (IV, 164 S.) Bregenz 876. (Innsbruck, Wagner.) n. 2. 40

Bodemer, J. Distanzen-Karte d. Rheingau- u. Taunusgebietes von Frankfurt bis Lorch. Ergänzt u. rev. von J. Bornhofen. 4. Aufl. Steindruck. 31,5×54 cm. Wiesb. 891, Moritz. u. Münzel. — 50

— Distanzen-Karte d. Rheingau-, Taunus- u. Lahngebietes. 1:150,000. Ergänzt u. rev. v. H Krahe. 5. Afl. 45,5×60,5 cm. Lith. Ebd. 93. — 60

Bodemer, J: Distanzen-K. d. Rheingau-, Taunus- u. Lahngebietes. Ergänzt u. rev. v. H Krahe. 1:150,000. 7. Afl. 44,5×59 cm. Lith. Wiesb. 96, Moritz & M. — 60

Bodemer, Jac., Distanzen-Karte der Taunushöhe von Homburg bis Lorch, nebst angrenzendem Gebiet des linken Rheinufers. 1 : 150,000. Lithogr. qu. Fol. Wiesbaden 887, Moritz und Münzel. *

—— dass. — 2. Aufl. 1 : 150,000. Lithogr. qu. Fol. Ebendas. 888.

Bodemer, Jak., der Niederwald-Führer. Zusammengedrängte Beschreibg. der Aussichtspunkte auf dem Niederwald, nebst Anfilgg. der v. hier auszuführ., besuchenswerthesten Partien u. e. das Rheingaugebirge umfass. (lith.) Orientirungs- u. Distanzenkarte, sowie e. (chromolith.) Orientirungspländchen vom Niederwald. 12. (16 S.) Wiesbaden 883. Moritz & Müntzel. n. — 35

—— „Wiesbadener Touren-Kalender". 75 der empfehlenswertesten Spaziergänge und Touren enthaltend, nebst einer kurzen Charakteristik der bekanntesten Rheinweinsorten und Angabe der besuchenswertesten Weinwirtschaften im Rheingau. 16. (16 S.) Ebendas. 883. **

—— dass. — 77 der empfehlenswerthesten Spaziergänge und Touren enthaltend, nebst einer kurzen Charakteristik der bekanntesten Rheinweinsorten und Angabe der besuchenswerthesten Weinwirtschaften im Rheingau. 2. verb. Aufl. 16. (16 S.) (Ebendas.) 883. *

— dasselbe. 2. verb. Aufl. 16. (16 S.) Ebend. 885. n. — 50

— Wohin sollen wir morgen wandern? Gemüthvolle Spaziergänge in die Wiesbadener Umgebgn. 8. (IV, 76 S. m. 2 Kärtchen.) Wiesbaden 885. Feller & Gecks. n. 1. —

Bodemeyer, Commentatio de Kantianarum categoriarum usu exponendis de materia et de pulchro theoriis adhibito. 8maj. (11 B.) Gottingae 844. (Vandenhoeck u. Ruprecht.)

Bodemeyer, C. L. v., Geist u. Sitten, eine mor. Schr. 8. Königsb. Degen. 773.

Bodemeyer, E. v., quer durch Klein-Asien in den Bulghar-Dagh. Eine naturwissenschaftl. Studien-Reise. (V, 169 S.) gr. 8. Emmendingen 900. (Wien [XVIII, Dittesgasse 11.] Winkler & Wagner.) n. 2. —

Bodemeyer, Hildebrand, das hannoversche Jagdrecht und dessen wünschenswerthe Reformen. gr. 8. (IV und 64 S.) Göttingen 854, Dieterichsche Buchh. *

—— die Juden. Ein Beitrag zur hannoverschen Rechtsgeschichte. gr. 8. (III und 108 S.) Göttingen 855, Dieterichsche Buchh. *

Bodemeyer, Hildebrant, Märchen. Mit 1 Radirung v. Otto Eberlein. br. 8. (101 S.) Göttingen 852, Vandenhoeck & Ruprecht in Comm. n. ½ ℛ

Bodemeyer, Hildebr., hannoversche Rechtsalterthümer. 1. Beitrag. Die Luxus- und Sitten-Gesetze. Göttingen 857. Dieterich. gr. 8. (VI, 202 S.) n. 24 ngr

Bodemeyer, Hildebrand, die hannoverschen Verfassungskämpfe seit 1848. 1. Abschnitt. Vom März des J. 1848 bis zur Berufung des Ministeriums von Schele am 23. November 1851. Hannover 861. Meyer. (Lohse.) gr. 8. (VIII, 323 S.) n. 1 ℛ 10 ngr

— die Zahlen des römischen Rechts. Ebend. 855. gr. 8. (2 Bl., 113 S.) n. 20 ngr

Bodemeyer, J., die Lehre von der Kenosis. Göttingen 860. Vandenhoeck & Ruprecht. gr. 8. (VIII, 235 S.) n. 1 ℛ

Bodemeyer, J., zur Lehre von der Versöhnung und Rechtfertigung. Mit Beziehung auf den Hoffmann-Philippischen Streit über die Versöhnungslehre. Göttingen 858. Vandenhoeck u. Ruprecht. 8. (V, 39 S.) n. 8 ngr

Boden, Arbeit und Ertrag. Resultate praktischer Beobachtung. 8⁰. 1832.

Boden, freier! Krit. Beleuchtg. d. unt. obigem Titel erschien. Broschüre v. Friedrich Freiherrn z. Weichs-Glon. Zugl. Würdigg. d. Lehre v. d. Bodenunverschuldbarkeit im Allgem. Von H. [Aus: „N. Tiroler Stimmen".] 8. (30 S.) Innsbruck 897. Vereins-Buchh. & Buchdruckerei. n.n. — 30

Boden, der geweihte, der Klosterkirche zu Waldsassen nach der Sage u. Geschichte. Von F. B. (Frz. Binhack). (14 S.) 8. Regensburg 903. J. Habbel. n. — 30

Boden, der, im Sacke; od. Rest v. Erzählungen des X***, (v. A. F. Geisler d. jüng.) 8. Frankf. 783. Brönner. 12 gr

— der, u. die landwirtschaftlichen Verhältnisse des Preussischen Staates. 7. Bd. (Nach dem Gebietsumfange der Gegenwart.) Im Auftrage des kgl. Ministeriums der Finanzen u. des kgl. Ministeriums f. Landwirtschaft, Domänen u. Forsten dargestellt v. R. Albert, A. Schmekel, M. Grantz u. a. u. dem Hrsg. Aug Meitzen. (XIV, 901 S.) Lex.-8. Berlin 906. P. Parey. n. 16. —

Bd. 1—6 u. d. T.: Meitzen, A., u. Grossmann, der Boden. Ebd. 868—890. n. 75. —.

— — dasselbe. 27 (farb.) Karten zur 2. Abteilg. (Bd. V —VIII). (Nach dem Gebietsumfange der Gegenwart.) (Mit Inhaltsverzeichnis 1 Bl.) gr. 4. Ebd. 906. Kart. n. 10. —

Boden, der, u. die landwirtschaftlichen Verhältnisse des Preussischen Staates. 8. [Schluss-]Bd. (Nach dem Gebietsumfange der Gegenwart.) Im Auftrage des kgl. Ministeriums der Finanzen u. des kgl. Ministeriums f. Landwirtschaft, Domänen u. Forsten dargestellt v. W. Behrend, E. v. Kahlden, Nobbe u. a. u. dem Hrsg. Aug. Meitzen. (XVI, 690 S.) Lex. 8. Berlin 908. P. Parey. 14. —; (kplt. m. Karten: 115. —)

Boden

– s.a. Bodin.

Boden's Fahrpläne Der neue Stern. Ausg. 1. 5—30. 9. '12. (208 m. 1 Kte.) kl8° Dresd., F Boden. — 20

— dass. Ostseebäderausg. f. Sommer '12. (40) kl8° Ebd. — 10

Boden: Giftschlangenbisse, ihre Wirkung . . ., s. Boden, Karl

Boden, isländ. Regierungsgewalt, s. Untersuchgn. z. dtsch. Staatsgeschichte.

Boden, Spazier-Sonnenuhr. 8. Coburg.

Boden: Über d. Werth. der v. Wattenbach hrsg. Briefe von u. an El. Reimarus. Leipz. Schul-/Univ.-Schrift 1863.

Boden, A.: Zur Kenntnis u. Charakteristik Deutschlands . . ., s. Boden, Wilhelm August

Boden, Alb., die Anatomie des Menschen, nach den besten Hülfsmitteln tabellarisch zusammengestellt, nebst Anleitung zur Präparation der einzelnen Körpertheile. qu. 4. Leipzig 840. Köhler. n. 1⅔ ℛ

BODEN, Aloys Jacob: Ein Fall von multipler Tuberculose.- München: Kastner & Lossen 1897. 39 S. 8.7.1898 - Chr 1898/99,11; Jv 1897/98,209
Diss. Ingolst.-Landsh.-Münch.

Boden, Arth., Karneval. Stimmungen u. Gestalten. 8. (116 S.) Leipzig 902. (H. Seemann Nachf.) n. 2. —

Boden, August Wilhelm

Boden, Aug., Dr. Wolfgang Menzel's in seiner „Deutschen Dichtung von der ältesten bis auf die neueste Zeit" gegen die Größen unsrer klassischen Literatur erhobene Anklagen beleuchtet. Lex.-8. (62 S.) Frankfurt a. M. 860. [Berlin, Hirsch.]

— Dr. Wolfgang Menzel's in seiner „Deutschen Dichtung von der ältesten bis auf die neueste Zeit" gegen die Größen unsrer klassischen Literatur erhobene Anklagen beleuchtet. Frankfurt a. M. 860. Meidinger Sohn & Co. gr. 8. (62 S.) 15 ngr

Boden, Aug., Beiträge zur Beurtheilung d. neuesten Literatur. 8. (10½ B.) Mainz 843, Faber'sche Buchh. *

—— z. Beurtheilung d. christl. Glaubenslehre d. Dr. Strauß, mit besond. Bezieh. auf den Unterschied zwischen dem religiösen u. dem philosoph. Standpunkte u. auf d. Verhältniß d. Kirche u. Kirchenlehre zum Christenthume. gr. 8. (4½ B.) Frankfurt a. M. 842, Sauerländer's Verl. *

Boden, Aug., über die Echtheit und den Werth der „Zu Lessings Andenken" durch Herrn Prof. Dr. Wattenbach herausgegebenen Briefe von und an Elise Reimarus. Ein kritischer Beitrag zur Kenntniß Lessings, seines Lebens und Wirkens. Leipzig 863. C. F. Winter. gr. 8. (IV, 47 S.) n. 10 ngr

Boden, Aug., Geschichte d. Berufung d. Dr. Strauß an d. Hochschule v. Zürich; ein Beitr. zur Chronik d. neuesten kirchl. Ereignisse, so wie zur Beurtheil. d. Dr. Strauß nach seiner Lehre u. Bedeut. für uns. Zeit. gr. 8. (8 B.) Frankfurt a. M. 841, Sauerländer.

——, H. Heine üb. L. Börne. Zur Charakteristik Heine's. gr. 8. (2 B.) Mainz 841, [Faber'sche Buchh.] *

—— Lessing und Goeze. Ein Beitrag zur Literatur- und Kirchengeschichte des 18. Jahrh. Zugleich als Widerlegung der Röpe'schen Schrift: „Johan Melchior Goeze, eine Rettung." gr. 8. (XIV und 402 S.) Leipzig 862, C. F. Winter'sche Verlagsh. *

—— Nachträge zu meiner Vertheidigung des Hrn. Prof. Dr. Jordan wider den marburger Criminal-Senat. Nebst e. Würdigung des Buchs: „Der Tod des Pfarrers Dr. Friedr. Ludw. Weidig." gr. 8. (2¾ B.) Frankfurt a. M. 843, Sauerländer's Verl. *

— Schlußerklärung gegen Herrn Hofrath Prof. K. Welcker. gr. 8. Frankfurt a/M. 843. (Keßler.) ⅛ ℛ

—— Schlußerklärung gegen Hrn. Hofr. Prof. K. Welcker. gr. 8. (1¼ B.) Frankfurt a. M. 843. (Varrentrapp's Sortim.-Buchh.)

—— dritte Schrift zur Vertheidigung des Hrn. Prof. Jordan in Marburg wider seine Gegner. gr. 8. (8½ B.) Frankfurt a. M. 844, Sauerländer's Verl. *

—— Seydelmann, od. ein paar dramaturg. Versuche. Lex.-8. (1¾ B.) Mainz 841, [Faber'sche Buchh.] *

—— eine Stimme mehr für den Deutsch-Katholicismus. Ein Wort vom Standpunkte des gesunden Menschenverstandes an Gelehrte und Ungelehrte. gr. 8. (5⅝ B.) Frankfurt a. M. 846, Oehler. *

—— über den Untersuchungsproceß gegen Pfarrer Weidig. Eine Streitschrift wider den Hofgerichtsr. Dr. Friedr. Nöllner in Gießen. gr. 8. (23½ B.) Frankfurt a. M. 845, Oehler. *

—— Vertheidigung des Hrn. Prof. Dr. S. Jordan wider das in erster Instanz von dem Criminal-Senat des Obergerichtes zu Marburg am 14. Juli 843 gegen ihn gefällte Erkenntniß, u. Widerlegung d. Gründe dieses Erkenntnisses. gr. 8. (10½ B.) Frankfurt a. M. 843, Sauerländer's Verl. *

Boden, Aug., Vertheidigung deutscher Klassiker gegen neuere Angriffe. Ein Beitrag zur Literaturgeschichte d. 18. u. 19. Jahrh. Erlangen 869. Besold. gr. 8. (XV, 78 S.) n. 15 ngr

— das Lustspiel Dr. Wespe von R. Benedix, nach einer Aufführung desselben auf der Frankfurter Bühne beurtheilt. gr. 8. Hanau 843, König. ⅛ ℛ

Boden, Benjamin Gottlieb Lorenz

— — De Achille Tatio. Wittenberg (C. Chn. Dürr) 1773. 26 S. (4.50) 3024

— — Artificem ea quae sibi non conveniunt fingentem poetae monitorem (comment. I). Wittenbg. (C. Chn. Dürr) 17. X. 1766. 38 S. (4.80) 3022

— — Dasselbe. (Comment. II.) 1767. 40 Seiten. (4.80) 3023

— — Artificem ea quae sibi non conveniunt fingentem poetae monitorem (comm. III). Wittbg. (C. C. Dürr) 3. V. 1775. 19 S. (4.50) 3026

— — Elogium Jo. Danielis Ritteri . . in acad. Viteberg. professoris . . nuper placida morte defuncti. Wittenberg (C. Chn. Dürr) 1775. 16 S., mit Bibliographie. (5.—) 3025

— — Ad justa funebria principi regiae Mariae Antoniae. Wittenberg (C. C. Dürr) 1780. 18, 8 S. (3.—) 3029

Boden, Benj.Gottl.Lor. (Hrsg.), s. Handkorb, Der Frau Mutter.

— — (Rector), Orationem ab Joh. Adolph Spitzner (Blanckenhayn). Wittenberg (C. C. Dürr) 1780. 4 Bl. (2.50) 3028
Cociones Suetonio restituti.

— — De Daricis periculum criticum. Wittenbg. (C. Ch. Dürr) 1779. 16 S. (3.50) 3027

Boden, B. G. L., de ramo gentium religioso. Viteb. 1765. 4.

— — De senibus ΘΑΛΛΟΦΟΡΟΙΣ commentatus. Daniel Wilhelm Triller. Diem quo ante quinquaginta annos summos in philosophia honores auspicatus erat. . . gratul. Wittenberg (C. Chn. Dürr) 13. II. 1766. 11 S. (4.—) 3021

Boden, Benjamin Gottlieb Lorenz, De silentio eloquente. Präs. Aug. Lebrecht Wilke. Wittenbg. (E. G. Eichsfeld) 7. I. 1762. 24 S. (4.80) 3018

Boden, Benj. Gottl. Lorenz (Hrsg.), s. Stumme, Der redende.

— — De umbra poetica. Comment. I/II. Präs. (Tl. I) Joh. Friedr. Hiller. Wittenberg (E. G. Eichsfeld) 13. X. 1764. 36 S. (4.80) 3019
Tl. II (S. 19—36) verteid. v. Theod. Joh. Abraham Schutz (Wendischossig/Laus.), Präs. B. G. L. Boden.

— — Viteberga restituendo Lutheri templo florentior. Carmen viro Joachim Samuel Weickhmann. Wittenbg. (C. Chr. Dürr) 1765. 16 S. (4.—) 3020

Boden, CF: Zur Psychol. d. französ. Diplomatie. A la psychologie de la diplomatie franç. (In deut. u. französ. Spr.) (135 m. Bildn.) 8° Braunschw., F Dessau '12. 3 — d

Boden, Carl Emil Friedrich: Das beneficium seperationis . . ., s. Boden, Friedrich

— **Carl Friedrich** (Schlibena/Saxo), De gelatinae animalis viribus medicatricibus inprimis in fugandis febribus intermittentibus. Dissert. med. Präs. Carl Gottlob Kuehn. Lpz. (Weinedel) 19. II. 1808. 27 S. (4.80) 3030

Boden, Chr., Knecht Ruprecht u. die Kinder, s.: Theater f. die weibliche Jugend 43. Bdchn.

— **Christian Friedrich Erdmann** (Schliebena/Saxo.), De caussis obstructionis alvinae. Präs. Christian Gottlieb Ludwig. Lpz. (Langenheim) 12. X. 1770. 34 S. (4.80) 3032
Gew.: Moritz Friedrich Milkau (Lebusa, Kriebstein).

— **Christian Heinrich** (Leipzig), Quod 1. 2. C. d. rescind. vendit. etiam ad locationem pertineat. Präs. Heinr. Gottfried Bauer. Lpz. (Langenheim) 4. X. 1762. 8 S. (3.50) 3033

Boden, Erich: Zweiunddreissig Kaiserschnitte aus der Münchener Universitäts-Frauenklinik. Breslau 1909: Schatzky. 30 S. 8°
München, Med. Diss. v. 18. März 1910, Ref. Döderlein
[Geb. 1. Aug. 83 Breslau; Wohnort: Breslau; Staatsangeb.: Preußen; Vorbildung: Berger-Gymn. Posen Reife O. 03; Studium: Heidelberg 6, München 5 S.; Coll. 18. März 10; Approb. 6. März 10.] [U 10. 3485

Beiträge zur Strafprozeßreform im Spiegel der Wahrheit, der Freiheit und des Rechtes für den deutschen Staatsbürger von Franz **Boden**. Halberstadt: Schönherr (1909). 31 S. 8° [illegible]

Boden, Frz., kritische Betrachtung ausländischer Holzarten. Ein Beitrag zur Ausländerfrage. (68 S.) gr. 8. Ebd. 903. n. 1. 20
Sonderabdruck aus: „Forstwiss. Centralbl."

Boden, Frz., die Lärche, ihr leichter u. sicherer Anbau in Mittel- u. Norddeutschland durch die erfolgreiche Bekämpfung des Lärchenkrebses. 8. (140 S. m. 8 Taf.) Hameln 899. Th. Fuendeling. n. 2. —

BODEN, Franz: Die Stockfäule der Fichte, ihre Entstehung und Verhütung. - Hameln 1904. 91 S.

Boden, Franz Ant., Elsaß. Dissertatio inauguralis de causis morborum. Basel; med. Diss. 1725.

Boden, *Carl Emil* Friedrich [Referendar]: Das beneficium separationis der Erbschaftsgläubiger unter der Herrschaft der Reichscivilprocessordnung und der Reichskonkursordnung ... Kiel, Druck v. H. Fiencke, 1896; 2 Bl., 58 S., 1 Bl. 8.
Kiel, Jur. Fak., Inaug.-Diss. v. [12. Dez.] 1896

Boden, Frdr.: Die Instinktbedingtheit d. Wahrh. u. Erfahrg, s: Bibliothek f. Philosophie.

Boden, Frdr., über Moral u. Religion vom Standpunkt der Geschichte u. der Kunst. Ein Beitrag zur Philosophie der Persönlichkeit. (119 S.) gr. 8. Hamburg 907. O. Meißner's Verl. n. 2. —

Mutterrecht und Ehe im altnordischen Recht. Von Dr. Friedrich **Boden**. Berlin & Leipzig: Frauen-Rundschau [um 1904]. (138 S.) 8° [F.] (04. 1943

Mutterrecht und Ehe im altnordischen Recht. Von Dr. Friedrich **Boden**. *Berlin & Leipzig: Schweizer & Co. [1904].* (138 S.) 8° [F.] (04. 000) 3

— **Die isländ. Regiergsgewalt in d. freistaatl. Zeit,** s.a. Untersuchungen z. deut. Staats- u. Rechtsgesch.

Die isländische Regierungsgewalt in der freistaatlichen Zeit von Dr. Friedrich **Boden**, Amtsrichter. Breslau: M.&H.Marcus 1905. (101 S.) 8° — **Untersuchungen** z. Deutschen Staats- u. Rechtsgeschichte. H. 78. (05. 1116)

Boden, Heinrich von, s. a. B o d i n , Heinrich

— — (Halle), Tract. jur. de abusu aestimationis et moderationis injuriarum. Von dem Missbrauch der Schätzung u. Mässigung der angethanen Beschimpffung. Halle (Hendel) 1752. 32 Seiten. (4.50) 3039

— — Tractatio jurid. de moderno testamentorum abusu, Von dem heutigen Missbrauch der letzten Willen. Halle (Hendel) 1752. 48 S. (4.50) 3041

— — Tractatio jur. de eo quod justum est circa testimonia historicorum, Von dem rechtlichen Glauben historischer Zeugnisse. Halle (Joh. Chn. Hendel) 1750. 32 S. (4.50) 3037

— Heinrich von (Halle/S.), De errore communi circa venditiones quae in scriptis conficiuntur, sive Offentlichen Kauff-Briefen. Diss. jur. Halle 1707. (Hendel) 1730. 23 S. (3.80) 3034

— — Tractatio jurid. de expensis victoriae non praestandis, Wenn der obsiegende Theil die Process-Kosten nicht fodern könne. Halle (Hendel) 1752. 24 S. (3.80) 3040

— — De jure reuniendi pertinentias, Von Einlösung der veräusserten Zubehörungen. Halle (Hendel) 1750. 16 S. (3.80) 3036

— — Disquis. jurid. de praescriptione ex solo temporis lapsu procedente. Von der auf den blossen Ablauf der Zeit gegründeten Verjährung. Halle (J. Chn. Hendel) 1750. 24 S. (3.80) 3035

— — Tract. jur. de renunciatione dotis facta. Von freywilliger Begebung der Ausstattung. Halle (Hendel) 1751. 36 S. (4.50) 3038

Boden, Heinrich von: Tract. iur. de u s u r i s pretii non soluti. Von der Verzinsung rückständiger Kauff-Gelder. Halle 1752.

Boden, Heinrich von: Tract. iur. de rei v i n d i c a t i o n e contra bonae fidei possessorem non competente. Von Unzuläßigkeit der Eigenthums-Klage .... Halle 1752.

Boden, J. G., s. B o d e n , Jh. Geo.

Boden, J. H., s. B o d e , Jürgen Heinrich

Boden, Joh.Andr.(Präs.): De secretis quibusdam imperii pignoribus, s. B i r c k h o l z , Chn.Friedrich (Resp.)

Boden, Joh. Geo. v.

— heilige Reden; nebst 12 Oden u. Liedern. 8. Mitau 770.

v. Boden, Jh. Geo., vermischte Schriften. 1r Thl. gr. 8. Mitau 772. (W. Nauck in Leipz.) 8 gl

Boden, J. G. v., vermischte Schriften, 1r Thl. gr. 8. Mitau. (Sommer, L.). 776.

— Johann Joachim (Blanckenberg/Montensis), De jurisdictione superiori sive alta et inferiori sive bassa secundum mores Germanorum. Von Ober- und Nieder-Gerichten. Dissert. jur. Präs. Georg Engelbrecht. Helmstedt (G.-W. Hamm) 7. VIII. 1709. 56 S. (4.50) 3042

Boden, *Matthias Johann* Joseph [aus Köln]: Aus d. gynaekolog. Klinik zu Bonn. Über die Infectionskrankheiten als Complicationen der Gravidität ... Köln, Ph. Gehly'sche Buchdr., *1896*; 36 S. 8.
Bonn, Med. Fak., Inaug.-Diss. v. [29. Febr.] 1896

Boden, Jürgen Heinrich, s. B o d e , Jürgen Heinrich

Boden, Karl, s.: Blatt, freies hygienisches.

Boden, Karl [aus Dresden]: Ein Fall von Spontanheilung einer Blasen-Scheidenfistel nebst Zusammenstellg v. 235 spontangeheilten Harn-Genital-Darmfisteln d. Weibes ... Leipzig, M. Voigt, 1895; 2 Bl., 74 S., 1 Bl. 8.
Würzburg, Med. Fak., Inaug.-Diss. v. 1895

Boden, Karl, e. Fall v. Spontanheilg. e. Blasen-Scheidenfistel, nebst Zusammenstellg. v. 235 spontangeheilten Harn-Genital-Darmfisteln d. Weibes. Diss. gr. 8. (76 S.) Leipzig 895. M. Voigt. n. 1. 50

Boden, Karl: Die Fauna d. untern Oxford v. Popilany in Litauen, s: Abhandlungen, Geologische u. palaeontolog.

— Giftschlangenbisse u. deren Behandlg. — Harn-Genital-Darmfisteln d. Weibes u. ihre Selbstheilg. s.a. Bücherei. freie medizin.

Giftschlangenbisse und deren Behandlung. Von Dr. med. Karl **Boden**. Mit 3 Abb. 2. Aufl. Eilenburg-Leipzig: Boden 1909. 16 S. 8°
(Freie medizinische Bücherei. Nr 24.) (09. 10307 3

Boden, Giftschlangenbisse, ihre Wirkung u. ihre Behandlg. m. dem Heißluftbad. 8. (80 S. m. 4 Abbildgn.) Leipzig [M. Voigt]. Berlin, W. Möller. n. — 60

– H a r n - G e n i t a l - D a r m f i s t e l n des Weibes u. ihre Selbstheilung, s. B ü c h e r e i, freie medizinische.

Boden, Karl. Der deutsche Patriot Ulrich v. Hutten rc., s.a. Spamer's, Otto, neue Volksbücher, Nr. 41.

Boden, Karl, der deutsche Patriot Ulrich v. Hutten als Ritter und Volksmann, als Dichter und Schriftsteller. Dem deutschen Volke geschildert. 8. (VI, 104 S. mit mehreren Text-Abbild. und 1 Titelbilde.) Leipzig 888, Spamer. *
cart. *

Boden, Karl: Die geologischen Verhältnisse der Veroneser Alpen zwischen der Etsch und dem Tale von Negrar. Wien & Leipzig: Braumüller 1908. 32 S. 4° ¶(Aus: Beiträge z. Paläontol. Österr.-Ungarns. Bd 21.)
München, Phil. Diss. v. 9. März 1907, Ref. Rothpletz
[Geb. 16. Dez. 82 Einbeck; Wohnort: Einbeck; Staatsangeh.: Preußen; Vorbildung: Realgymn. Goslar a. H. Reife O. 03; Studium: Straßburg 3, München 5 S.; Rig. 9. März 07.] [U 09. 3443

Boden, Otto (geb. Egeln bei Magdeburg 30. 6. 1838): De musculorum paralysi ex alienata eorum nutritione. Berolini (1862). (32 S.) 8°
Berlin, Med. Diss. v. 19. Juni 1862

Boden, Rudolf. Über den Refraktionszustand des Hundeauges. Aus der Klinik für kleine Haustiere der Königl. Tierärztlichen Hochschule zu Dresden.... Diss. Vet.-Med. Bern. Mit 10 Tabellen, 5 Zeichnungen [auf 1 Tafel] und schematischen Abbildungen. II + 52 S. 8. Dresden (Druck von Fischer & Wittig, Leipzig,) 1909.

Boden, Matthias Johann Joseph, s. B o d e n , Joseph

Boden, Wilhelm August

(Boden, W. A.,) moralische Briefe, s. Briefe.

Boden, W. A., Die vor der ehemal. deutschen Bundesversammlung und der ehemal. provisorischen Centralgewalt für Deutschland in dem gräfl. Bentinckschen Erbfolgestreite beschlossene und auszuführen versuchte Kabinetsjustiz etc. dargelegt. Frankfurt a. M. 1849. 8.

Boden, Wilh. Aug., die von der ehemaligen deutschen Bundesversammlung und der ehemal. provisorischen Centralgewalt für Deutschland in dem gräflich Bentinck'schen Erbfolgestreite beschlossene und auszuführen versuchte Kabinetsjustiz, aus den Bundestagsprotokollen ꝛc. dargelegt. gr. 8. (IV und 101 S.) Frankfurt a. M. 850, Lizius.

Boden, (Wilh.) Aug., Zur Kenntniß und Charakteristik Deutschlands in seinen politischen, kirchlichen, literarischen und Rechtszuständen während der letzten Jahrzehnte. 2., verm. Aufl. gr. 8. (XI und 648 S.) Frankfurt a. M. 855(56,) Brönner. *

—— z. Kenntn. u. Charakt. Deutschl. in s. polit., kirchl., liter. u. Rechtszuständen währ. d. letzten Jahrzehnte. 2. Afl. 8. (648) Frankf. 56, Winter. n. 2. —

—— einige Mittheilungen und Bemerkungen in Bezug auf den reichsgräflich Bentinck'schen Erbfolgestreit. gr. 8. (8 S.) Frankfurt a. M. 847, Keßler. *

Boden, Wilh. Aug., einige Mittheilungen u. Bemerkungen in Bezug auf den Reichsgräflich Bentinck'schen Erbfolgestreit. gr. 8. (8 S.) Frankfurt a. M. 847. (Lizius.) n. 1/12 ß

— Predigt, gehalten zu Rever. 8. Heidelb. 832. Mohr. 2 ℛ

— gesammelte kleine Schriften. gr. 8. (VIII u. 348 S.) Frankfurt a. M. 850, Lizius. n. 1 1/3 ß

Boden, W. A., Sendschreiben an Hrn. Prof. Ewald über hebr. Grammatik. 8. Heidelb. 832. (Mohr). 2 ℛ

Bodenbach, Johannes: Ueber das Riesenzellsensarkom [sic!] des Alveolarfortsatzes der Kiefer .... Bonn, Jos. Bach Wwe., 1886; 36 S. 8°.
Bonn, Med. Fak., Inaug.-Diss. v. 13. März 1886.

Bodenbearbeitungs-Maschinen. Waldpflug System Forstmeister Dr. W e b e r. U. St. [1907]. Fig. 4°.
[Katalog m. m. fra H. H a n s e l, Maschinenfabrik, Giessen].

Bodenbenutzung, Die 1., 1883 und die 1. Betriebe 1882. Kgl. B. Statist. Büro München: 1887.

Bodenberg, Emil, der Räuber u. sein Kind, od. die Haldeschenke. Histor.-romant. Gemälde aus den Zeiten des Mathias Korvinus. 8. (15 3/4 B. u. 1 Stahlst.) Wien 844, Haas'sche Buchh.

Bodenbildung, Die, der Herzogthümer **Schleswig, Holstein und Lauenburg. Altona 1847. V:** ***Forchhammer*, *Gg.*** (schles)

Bodenbruck, Frdr., gründliche Anweisung zur echten u. vollkommensten Verfertigung aller Sorten Schnupf- u. Rauchtabacke, sowie der Strangtabacke u. Cigarren; ferner zur Veredlung aller schlechten Sorten derselben ꝛc., nebst Anweisung zur Zubereitung der hierzu erforderl. Saucen. Ein unentbehrl. Handbuch f. Tabacksfabrikanten ꝛc. 8. (75 S.) Quedlinburg 851, Basse. 2/3 ß

Bodenburg [Schlagwort]

Bodenburg, s.: B r a u n s c h w e i g. Landeskarte.

Bodenburg, von Erschaff. d. Welt. Fol. Berl.

B o d e n b u r g, C., historia poësis equestris medii aevi, praesertim Anglorum. Diss. Göttingen 1823, Dieterichsche Univ.-Buchh. 4°.

Bodenburg, Chr. Cph.

Bodenburg, C. C., d. Ströme Germaniens, e. Gedicht in 5 Gesängen. 4. Zerbst, Füchsel. 810.

Bodenburg, Chr. Cph., d. Ströme Germaniens; e. Ged. in 5 Ges. 4. Zerbst 810. (Kummer). 1 ß

— **Ernst Ludwig** (Schiffenberg), De favorabilibus et odiosis in jure. Diss. acad. Präs. Johann Ludwig Alefeld. Giessen (Müller) April 1740. 32 S. (5.—) 3045
Dtsch. Widm. v.: J. G. Buff, J. C. Holtzinger.

B o d e n b u r g Hellmund, Hermine Wilhelmine s. H e l l m u n d, Hermine Wilhelmine Bodenburg.

Bodenburg Hellmund, Hermine W., aus Amsterdam: Die Drumlin-Landschaft zwischen Pfäffiker- und Greifensee. [Mit sieben Abbildungen im Text.] Zürich 1909. IV + 68 S. und eine Karte. 8°. S.-A. aus der Vierteljahrsschrift der Naturforschenden Gesellschaft in Zürich. Jahrg. 54. [17. VIII. 09.]
Zürich Phil. Diss. II. 8. 1908/09.

Bodenburg, J., kurzgefaßte Anleitung zum Turnunterrichte in den Elementarschulen. 8. (XVI u. 80 S. u. 1 Abbildg. in 4.) Rheydt 846. Düsseldorf, Schaub. n. 1/3 ß

Bodenburg, J., kurzgefaßte Anleitung zum Turn-Unterrichte in den Elementarschulen. 2. Aufl. Rheydt 861. — Düsseldorf, Schaub. 8. (96 S. u. 1 Holzschntaf. in 4.) n. 10 ngr

Bodenburg (J.). Kurzgefasste Anleitung zum Tur-unterricht in den Elementarschulen. 1896. Düsseldorf. 8°. XV, 80 S.

Bodenburg, Jo. C., praes. H. E. v. **Buechner,** De deliriis vitam et mortem praesagientibus. 44 pp. Hal. 4°. 1757

Bodenburg, Joachim Christoph: E i n l a d u n g s - S c h r i f t von der Music der Alten, sonderlich der Hebräer, mit welcher die Hochansehnlichen Herren Patronen ... den 31 Martii 1745 ... Berlin: Christian Albrecht Gäbert 1745. 8° 19 S.

Bodenburg, Joachim Christoph: Den S t i f t u n g s - T a g des vor 172 Jahren errichteten und erst neulich gäntzlich erneuerten berlinischen Gymnasii werden einige Musensöhne den 9 December 1746 früh nach 9 Uhren mit einigen Reden ... begehen. Berlin: Christian Albrecht Gäbert 1746. 8° 16 S.

— **Johann Daniel** (Oberwiederstad/Mansfeld), Sententiam Henrici Mori Agli de summo bono. Diss. acad. I. Präs. Heinrich Klausing. Wittbg. (Sam. Kreusig) 5. XII. 1711. 12 Bl. (4.80) 3046
Widmung v.: Martin Chladen, Präs., Jo. Adam Calo.

Bodenburg, M. J., zwei Predigten vor u. nach einem unglückl. Brande gehalten. 8. Magdeb. 778. Creus. 2 ℛ

Bodencredit ..., s.a. B o d e n k r e d i t ...

Boden-Credit-Institut, das ungarische. aus dem Ungarischen. Vom leitenden Comité des Institutes autorisirte Ausgabe. 8. (63 S.) Pest, Ráth. 60 kr. 1862.

Boden-Creditinstitutionen, die russischen. Hrsg. v. Comité d. period. Versammlgn. d. Vertreter all. russ. Boden-Creditinstitutionen, St. Petersburg. hoch 4. (28 S.) St. Petersburg 896. (R. Jassó.) n.n. 2. 60

Bodencultur, s.a. B o d e n k u l t u r . . .

Bodencultur, die, auf der Wiener Weltausstellung 1873. Im Auftrage d. kaiserl. königl. Ackerbau-Ministeriums. Red. v. Jos. R. Lorenz. 3 Bde. gr. 8. Wien 874. Faesy & Frick. n. 19. 20

1. Die Landwirthschaft u. ihre Hilfsgewerbe auf der Wiener Weltausstellg. 1873. Verwerthet f. die oesterreich. Landwirthe. Mit 87 (eingedr.) Holzschn. u. 8 lith. Taf. (in qu. 4.) (VIII, 604 S.) n. 12. —
2. Das Forstwesen auf der Wiener Weltausstellung 1873. Verwerthet f. die oesterr. Forstwirthe. Mit 105 (eingedr.) Holzschn. u. 6 lith. Taf. (in qu. Fol.) (VI, 217 S.) n. 4. 80
3. Volkswirthschaftliche Betrachtungen üb. die Landwirthschaft auf der Wiener Weltausstellung 1873. Verwerthet f. die oesterreich. Landwirthe. Mit 3 Anhängen. (V, 164 S.) n. 2. 40

Bodencultur-Maschine, Patentirte, zur Spatenkultur der Aecker, nebst Gebrauchsanweisung. Frankfurt 1858.

Bodencultur-Verhältnisse, Die, des Oesterreichischen Staates . . . Wien 1866. V: *Lorenz Ritt. v. Liburnau, Jos. Roman.* (Kat. d. stat. Bureaus. Dresden 1890.)

Bodencultur-Verhältnisse, die, d. österreichischen Staates. Mit e. Anh. üb. das Erzherzogthum Oesterreich unter der Enns. Verf. v. mehreren Fachmännern unter der Red. v. J. R. Lorenz. Mit Karten u. Taf. gr. 8. (IX, 368 S.) Wien 66. (Seidel & Sohn). 1⅓ Rt
— dasselbe. Gedenkgabe f. die XXVI. Versammlung deutscher Land-und Forstwirthe zu Wien im Jahre 1869. gr. 8. (316 S.) Ebd. 68. geb. 1⅓ Rt

Bodencultur-Verhältnisse, die, des österreichischen Staates. Mit e. Anh. über das Erzherzogth. Oesterreich unter der Enns. Verfasst von mehreren Fachmännern unter der Red. von Jos. R. Lorenz. Mit 2 (lith.) Karten u. mehreren (4) lith. Taff. (in gr. 8., 4. u. Fol.) Wien 867. Seidel & Co. in Comm. gr. 8. (XI, 369 S.) n. 1 Rt 10 ngr

Die von Bodendorff. Mit 5 geneal. Tab. Büttner. 1704. fol. Bgn. d, e.

Bodendorff, Max Das rhythmische Gesetz des Demosthenes. 24 S. Progr. Fr. Koll. *Königsberg* 1880.

Persius, Martialis, Juvenalis quo modo de Graecis iudicent. Scripsit M[ax] Bodendorff. *Königsberg Pr. 1892: Hartung.* (14 S.) 8°(4°)
Aus: Festschrift z. Einweihung d. neuen Gebäude d. Kgl. Friedrichs-Koll. Königsberg i. Pr. 1892. [illegible] 10

Perspectivae Pictorum atque Architectorum II. Pars, Qua porro expeditissima Methodus omnia, quae ad Architecturam pertinent optica ratione delineandi exhibetur. Inventa — Nunc in usum studiosorum — à *Georg. Conrado Bodenehr* Calcographo. Augustae Vindelicorum. — Der Mahler und Baumeister Perspectiv, zweyter Theil — 1 Titelkpf. 1 Titelbl. 1 Bl. allegorische Vorstellung, 3 Seit. lat. und deutsche Vorr. 119 Kpft. 100 S. Text, 1 Bl. Register.

Bodenehr, E[mil]. Umbau der Seilbahn Lauterbrunnen-Grütschalp für elektrischen Betrieb. Referat ... an der Generalversammlung ... vom 15. Mai 1901. 7 S. 4. [Bern, Jent & Co.].

Bodenehr, Gabriel

— Grotesche cappricciose oder Neueröffnete Carnavals-Redoutte. — *S. l. n. d. (Augsburg)*, ca, 1720, in-f°.
Titre-frontispice et 50 pl. gravées sur cuivre, chiffrées de 1 à 50, dans un encadrement et accompagnées de vers en allemand.

Der nordischen Königreiche Süd-West Theil Begreiffende Dennemarck und Gothland. Augspurg. Gabriel **Bodenehr** fecit et Excudit. [etwa 1720.] 1 Doppelblatt 4°k, 20/33 cm. Kupferst. kol. beschn.

Bodenehr, G. Force d'Europe, oder: Die merkwürdigst- u. fürnehmste, meistentheils auch ihrer Fortification wegen berühmteste Stätte, Vestungen ꝛc. in 200 Grundrissen. Augspurg, nach 1720. 200 Bl.

— — Gabriel, Kupfferstecher in Augspurg. F o r c e d'E u r o p e, oder die Merkwürdigst- und Fürnehmste, meistentheils auch Ihrer Fortification wegen Berühmteste Staette, Vestungen, Seehäfen, Pässe, Camps de Bataille, in Europa. Welche Ihren Königreichen und Landschafften in Fridens Zeiten zu Nuz und Zier, in Kriegs Läufften zum Schuz und Wehr dienen, in 200. Grundrissen, nach verschiedenen, meistens aber und soviel man habhafft werden können, neuesten Fortifikationen, zu Bequemen gebrauch und Verwundersamer Belustigung verlegt und heraus gegeben. (200 Tafeln.) qu. Fol. Augspurg (1727).

Gluckstatt mith dero Gegend Westwerth und von daar die Elbe vollend hinab zufahren bis in die Westsee, sampt dem Hamburgischen Ampt Ritzbuttel. Gabriel **Bodenehr** fec. et excudit. [Augsburg, etwa 1720.] 1 Doppelbl. 4°k., 20/33 cm. Kupferst. kol.. beschn.

Bodenehr, G.: Curioses S t a a t s - u. Kriegs- T h e a t r u m , s.a. S t r i d b e c k , J.

Bodenehr, Gabr. (Kpfst. in Augsb.), Curioses Staats- u. Kriegs-Theatrum in *Polen*, in *Italien*, in *Schwaben*. 3 Thle. (in 1 Bde.). Augspurg, H. G. Bodenehr, o. J. (17**). 4°. Hldrb. m. Ex-libris. (Auct. Graf v. Mohr. Wien 1856. No. 145.)
I: Gestoch. Tit. (roth u. schwarz), 2 Karten, 1 Stammbaum, 25 Städteansichten, Festungen, Schlachtpläne etc.
II: Gestoch. Tit. (roth u. schwarz), 5 Karten, 24 Städteansichten etc.
III: Schönes Frontisp. von Joh. Stridbeck jun., 29 Karten.
Theil 1 u. 2 mit Text am Rande (ganz in Kpf. gestochen). — Selten!

Bodenehr, Gabriel, Kupfferstecher in Augspurg. Curioses Staats- und K r i e g s - T h e a t r u m a m R h e i n, durch unterschiedliche geographische, topographische, und historische Land-Karten, Grundrisse, und Prospect erläutert. (29 Taf.) Quer-Fol. (Augspurg circa 1720.)

— Theater der vornehmsten Staedte und Oerther in der Schweitz. — *Augsburg, Gabr. Bodenehr* fec. et exc. circa, 1715. In-f°.
Titre orné des armoiries de XIII cantons et de 11 autres armoiries et d'une vignette (Tell) et 22 vues de villes gravées par *G. Bodenehr.*
Détail des planches : 1. Zürich. 2. Bern. 3. Biel. 4. Rapperswyl. 5. Baden. 6. Luzern. 7. Altdorf. 8. Schwyz. 9. Zug. 10. Glaris. 11. Basel. 12. Freiburg. 13. Solothurn. 14. Schaffhausen. 15. Appenzell. 16. Neufchâtel. 17. St-Gallen. 18. Lausanne. 19. Genf. 20. . 21. 22.

— — Das durch den römischen Adler von den Türken befreyete U n g a r n, oder accurate und allerneueste Plan und Prospect aller merkwürdigsten Städte, V e s t u n g e n, Flüsse und Pässe des Königreichs Ungarns und daran stossender Länder. Dabey die Historie jedes Orts von den ältesten Zeiten bis auf gegenwärtige gründlich und deutlich angeführt und zu bequemen Gebrauch also ausgefertiget, in Kupffer gestochen und verlegt. (28 Taf.) Quer-Fol. Augsburg (circa 1720).

Bodenehr (Gabriel) le vieux. — Curioses Staats und Kriegs. Theatrum in Savoyen. — *Augsburg*, 17..., in-f° obl.
Frontispice et 12 vues et cartes.

(Bodenehr, J. C.) Natur und Leben. Erinnerungen aus den letzten Decennien. In Auszügen aus dem Tagebuch eines ruhenden Wanderers am Egeri-See. 8. Zürich und Frauenfeld 1843.

Bodenfels, E. v., ein Kind der Liebe, s.: Abels-Bibliothek. 2.

Bodenhausen, Carl Bodo v., s: Tagebuch o. Ordonnanzoffiziers v. 1812—13.

Bodenhausen, Eberhard

Bodenhausen, Eberh. Frhr. v., Gerard David u. seine Schule. (X, 238 S. m. 56 Abbildgn. u. 29 Taf.) gr. 4. München 905. Verlagsanstalt F. Bruckmann. Geb. in Leinw. n. 40. —

v. Bodenhausen, Gust., Gedichte. 2 Thle. Wittenberg 868, 69. Zimmermann. in Comm. 8. (256; 280 S.) Jeder Thl. 1 Rt

de Bodenhausen, Hans Bodo liber baro (geb. Leipzig 29. 11. 1842): De loco solutionis. Berolini (1867). (74 S.) 8°
Berlin, Jur. Diss. v. 8. Aug. 1867

Ordinarius senior facult. jur. Lipsiensis examen viri **Hans Friedrich Ferdinand v. Bodenhausen.** Lpz. (Saalbach) 1791. 19 S., mit Biogr. (M.: Ch. E. v. Boelzig.) (3.—) 3049
Insunt respons. juris 1—3.

Ordinarius senior facult. jur. Lipsiensis examen viri **Hans Heinrich Adolph v. Bodenhausen.** Lpz. (Saalbach) 1792. 20 S., mit Biogr. (M.: Ch. E. v. Boelzig.) (3.—) 3050
Inest respons. jur. 9: de discretionis, inter civile dispendium et poenam, interdum non indubiae, necessitate.

Bodenhausen, Kraft v., d. erbländ. ritterschaftl. Creditverein im Königr. Sachsen. gr. 8. (42 S.) Leipzig 896. Verlag. d. Handels-Akademie. n. 2. —

Bodenhausen, L. v., s.: Della Rocca, General Enrico, 1807—1870.

Die Erziehung der Stimme zur Veredelung der Sprache, z. Beseitigung von Sprachfehlern, sowie z. Verhütung u. Heilung von Halsleiden. Ein prakt. Handbuch ... Von Léonie v. **Bodenhausen-Satory.** Cassel: Vietor 1910. 73 S. 8° [11. 1911 4

Bodenhausen-Satory, Léonie v., die Putzmacherin, s.: Solo-Scenen. Nr. 28.

Bodenheim, B., die Verkehrswege Deutschlands u. die Reichseisenbahnfrage in ihren Wechselwirkungen auf Industrie u. Handel. Vortrag, geh. in der Sitzg. d. hannoverschen Bezirksvereins deutscher Ingenieure am 21. April 1876. gr. 8. (29 S.) Hannover 876. Schmorl & v. Seefeld. — 75

Das Privatrecht der Luftschiffahrt. Von Georg **Bodenheim.** Hannover: Helwing 1910. 30 S. 8° [10. 1684

Bodenheim, Heinrich, Referendar: Die Einberufung einer Generalversammlung der Aktiengesellschaft. Berlin: Trenkel 1909. VI, 72 S. 8° ¶(Ersch. auch als Buch ebd.)
Rostock, Jur. Diss. v. 10. Juli 1909, Ref. Lehmann
[Geb. 12. Mai 84 Cöln; Wohnort: Cöln; Staatsangeh.: Preußen; Vorbildung: Gymn. Cöln Reife O. 05; Studium: Bonn 2, Freiburg i. B. 1, Bonn 3 S.; Rig. 15. Mai 09.] [U 09. 3646

Bodenheim, Heinr., die Einberufung e. Generalversammlung der Aktiengesellschaft. (VI, 72 S.) gr. 8. Berlin 909. R. Trenkel. 3. —

Bodenheim, Jac., über Glaubens- und Gewissensfreiheit. Ein Vortrag gehalten im Verein zur Förderung der Gewissensfreiheit zu Bonn. Bonn 860. Rheinische Buchhdlg. gr. 8. (16 S.) n. 2 ngr.

Bodenheim, Nelly, backe, backe Kuchen. (Kinderreime.) Bilder v. W. (40 S. m. z. Tl. farb. Abbildgn.) 8. Leipzig (904). Amsterdam, S. L. van Looy. Kart. n. 2. 50

— es regnet — es regnet. Kinderbilder u. Kinderreime. (32 S. m. Abbildgn.) Lex.-8. Steglitz-Berlin (904). E. Quehl. Kart. n. 1. 80

Bodenheim, W.: Die Verkehrswege Deutschlands ..., s. Bodenheim, B.

Bodenheimer: Das Testament, s. Bodenheimer, L.

Bodenheimer, Constant, l'alcoolisme en Suisse au point de vue économique et fiscal. [Aus: „Bulletin de la soc. genevoise d'utilité publique".] gr. 8. (40 S.) Bern 880. Jent & Reinert. n. — 60

Bodenheimer, C. Bericht üb. d. allgem. Ausstellg f. Fußbekleidg. Bern 1877.

Bodenheimer, C.: Bericht der Direktion des Innern an den Regierungsrat des Kantons Bern zu Handen des großen Rates über die Revision des Wirtschaftsgesetzes und den Entwurf eines neuen Gesetzes über das Wirtschaftswesen und den Handel mit geistigen Getränken. 4°. 30 S. Oktober 1875. Bern. (S. 5—8: Historisches [seit dem Jahre 1852]. S. 17 21: Mitteilungen über die Wirtschaftsabgaben in verschiedenen Kantonen.)

Bodenheimer, C., Bericht und Gesetzesentwurf d. bern. Dir. d. Innern üb. die öffentl. Gesundheitspflege u. Lebensmittelpolizei. Bern 1878. 4°.

Bodenheimer, C.: Der Champagnerweinbau und der Champagnerhandel. Straßburg: Fischbach 1894. 72 S.

Bodenheimer, C., die Simmenthaler Fleckviehrasse und ihre Verwendung im Elsaß. Eine kurzgefaßte und gemeinverständl. Anleitung für kleine Landwirthe. 8. (54 S. mit 2 Abbild. in Farbendr.) Straßburg 888, Schmidt's Universitäts-Buchh. *

Bodenheimer, C.: Zur Frage einer eidgenössischen Steuer auf Tabak und Branntwein. 8°. 94 S. Bern. 1877.

Bodenheimer, Constant, zur Frage einer eidgenössischen Steuer auf Tabak und Branntwein. gr. 8. (94 S.) Bern 878, [Magron.] Haller. (* ℳ 2.)

— zur Frage einer eidgenössischen Steuer auf Tabak u. Branntwein. gr. 8. (94 S.) Bern 878. Magron. n. 2. — [Art. 34 der schweizer. Bundesverfassung]. gr. 8. (VII, 152 S.) Bern 879. Jent & Reinert. n. 3. —

Bodenheimer, Const. Gesetz betr. die Invaliditäts- u. Alters-Versicherung. (Deutsch u. französ.) 12. (127 S.) Straßb. 889, Schmidt. cart. * 1 60

—— zur Gesetzgebung über das Versicherungswesen [Art. 34 der schweizer. Bundesverfassung]. gr. 8. (VII, 152 S.) Bern 879, Jent und Reinert. *

Bodenheimer, L., האזינו: das Lied Mosis. Eine wissenschaftl. Vergleichung der auf diesen Pentateuch-Abschnitt in der Walton'schen Polyglotte enthaltenen Uebertragungen, mit Bezugnahme auf einige neuere Uebersetzungen. gr. 8. (III und 90 S.) Crefeld 856, (Funcke'sche Buchh.) *

Bodenheimer, L., האזינו: Das Lied Mosis. Eine wissenschaftliche Vergleichung der auf diesen Pentateuch-Abschnitt in der Walton'schen Polyglotte enthaltenen Uebertragungen, mit Bezugnahme auf einige neuere Uebersetzungen. Crefeld 856. (Kühler.) gr. 8. (2 Bl., 90 S.) n. 1 ℛ 4 ngr

Bodenheimer, L., das Neujahrsfest. Predigt am ersten Tage des Neujahrsfestes in dem Israelit. Tempel zu Hildesheim gehalten. gr. 8. Hannover 839. (Hildesheim, Gerstenberg'sche Buchh.) n. 1/6 ℛ

— Predigt, zur Einweihungs-Feier der neuen Synagoge zu Crefeld, am 17. Juni 1853 gehalten. Crefeld 853. Gehrich u. Co. gr. 8. (15 S.) 2 1/2 ngr

Bodenheimer, L., וזאת הברכה: Der Segen Mosis. Eine wissenschaftliche Vergleichung der auf diesen Pentateuch-Abschnitt in der Walton'schen Polyglotte enthaltenen Uebertragungen, unter Berücksichtigung der griech. und arab. Varianten und der neueren Erzeugnisse auf diesem philologischen Gebiete mit Bezugnahme auf einige neuere Uebersetzungen. Crefeld 860. Kühler. gr. 8. (84 S.) n. 1 ℛ 4 ngr.

Bodenheimer, L., das Testament unter der Benennung einer Erbschaft. Nach rabbinischen Quellen bearb. 1. Hft. gr. 8. (26 S.) Crefeld 847, Gehrich & Co. in Comm. n. 1/3 ℛ

— das Testament unter der Benennung einer Schenkung. Nach rabbinischen Quellen bearb. 2—4. Hft. gr. 8. (2.: 23 S. 3.: 30 S. 4.: 30 S.) Ebd. 847, in Comm. (à n. 1/3 ℛ) 1 ℛ

Bodenheimer, Lion [app. Arzt aus Darmstadt]: Zur Electrolytischen Behandlung der Harnröhren-Stricturen. . . . Heidelberg, Univ.-Buchdr. v. J. Hörning, 1890; 24 S. 8°
Heidelberg, Med. Fak., Inaug.-Diss. v. [10. März] 1890

Bodenheimer, M., De Homericae interpretationis antiquissimae vestigiis nonnullis. Di[s] 1890. 75 S. 2.

Bodenheimer, M. J. [Justizref.]: Gewinnberechnung und -Verteilung bei den Gesellschaften des Handelsgesetzbuchs. . . . Stuttgart, Jung & Brecht, 1889: 2 Bl. + 65 + 1 S. 8°
Freiburg i. B., Jur. Fak., Inaug.-Diss. v. 1889

Bodenheimer, Maximilianus [Rastadensis]: De Homericae interpretationis antiquissimae vestigiis nonnullis. . . . Argentorati, J. H. Ed. Heitz (Heitz et Muendel socii), 1890; 75 S. 8°
Strassburg, Phil. Fak., Inaug.-Diss. v. 1890

Bodenheimer, Siegfried [Dr. jur. utr. et rer. pol.]: Die geschichtliche Genesis der strafrechtlichen Bedrohung der Vorbereitungshandlungen zum Zweikampf im Strafgesetzbuch für das deutsche Reich ... Würzburg, Köhl & Hecker'sche Buchdr., 1891; 116 S. 8.
Würzburg, Jur. Fak., Inaug.-Diss. v. 1891

Bodenheimer, Siegfried: Die Höllenthalbahn, s.a. Wanderbilder, Europäische.

Bodenheimer, Siegfried. Die Höllenthalbahn. Von Freiburg nach Neustadt. Mit 15 Illustrationen von Franz Hoch [wovon 3 Tafeln] und einer Karte. (Europäische Wanderbilder. № 123. 124.) 8. Zürich [1887].

Die *Boden-Impfung* f. Leguminosen mit reincultivirten Bacterien. 1896 [Rostr. Saml.].

Bodenius, Alb. Wilh.

Bodenius, A. W., das Scharlachfieber u. seine naturgemässe Behandlung. Heidelberg 868. Carlebach. 8. (31 S.) 6 ngr.

Bodenius, Alb. Wilh., Untersuchungen u. Erfahrungen üb. das kohlensaure Ammonium u. seine Heilkräfte gegen das Scharlachfieber. Nebst krit. Beleucht. einiger neueren Ansichten üb. diese Krankheit. gr. 8. (10¼ B.) Heidelberg 812, J. C. B. Mohr.

Bodenkarte des Donaumooses bei Neuburg a. D/B. Landesanstalt für Moorwirtschaft. München: 1900.

Bodenkarten, landwirtschaftl. Hrsg. v. der landwirtschaftl. Versuchs-Station zu Rostock. Referent: R. Heinrich. 1—3. Heft. Lex. 8. Rostock. (Stuttgart, E. Ulmer.) 18. —
1. Enth. die Güter des v. der Decken-Melkofer Fideikommisses: Melkof, Langenheide u. Josow. Mit 3farb. Bodenkarten (90 S.) 910. 8. —
2. Enth. das Allodialgut Gr. Welzin. Mit 1 farb. Bodenkarte. (64 S.) 910. 5. —
3. Enth. das Lehngut Langensee. Mit 1 farb. Bodenkarte. (51 S.) 910. 5. —

Bodenkredit . . . , s.a. Bodencredit . . .

Bodenkredit-Institut, das ungarische. Programm, Statuten, und die weiteren die Gründung des Instituts betr. Aktenstücke. Aus dem Ungar. Vom leitenden Comité des Instituts autoris. Ausg. Pest 1862. Rath in Comm. gr. 8. (2 Bl., 63 S. u. 5 Tab. in 8. u. Fol.) 10 ngr.

Das ungarische **Boden-Kredit-Institut.** Aus d. Ungar. übers., nach der Ausg. der Direction des Institutes. Pest 1863.

Boden-Creditinstitutionen, d. russ. Hrsg. v. Comité d. period. Versammlgn d. Vertreter aller russ. Boden-Creditinstitutionen, St. Petersburg. 4° (28) St. Petersbg 96, (R Jassé). nn 2.50

Bodenkultur . . . , s.a. Bodencultur . . .

Bodenkultur, die, des Deutschen Reichs. Atlas der landwirthschaftl. Bodenbenutzung, nebst Darstellung der Forstfläche, nach der Aufnahme im J. 1878, mit Tabellen u. erläut. Text, hrsg. vom kaiserl. statist. Amt. Fol. (XI, 51 S. m. 15 chromolith. Karten.) Berlin 881. Berliner lithograph. Institut. n. 15. —

Bodenkultur u. Wasserwirtschaft. Rundschau a. d. Gebiete d. land- u. forstwirtschaftl. Meliorationswesens u. d. allgem. Landeskultur. Unt. Mitwirkg. v. A. Friedrich, E. Wollny, Strecker, Engels, Gesell, Classen u. A. hrsg. v. Edm. Fraissinet. II. Jahrg. 1898. 24 Nrn. gr. 4. (288 S.) Giessen, v. Münchow. n. 4. —

Bodenkultur u. Wasserwirtschaft. Rundschau auf dem Gebiete des land- u. forstwirtschaftl. Meliorationswesens u. der allgem. Landeskultur. Unter Mitwirkg. v. A. Friedrich, F. Wollny, Strecker, Engels, Gesell, Classen u. A. hrsg. v. Edm. Fraissinet. 3. Jahrg. 1899. 6 Nrn. gr. 4. (à 12 S.) Giessen, v. Münchow. n. 2. —
Weiter nicht erschienen.

B(odenmüller), geb. L(avater)., einige Erinnerungen ꝛc., s. Erinnerungen.

Bodenmüller: Biblische Geschichte, s. Bodenmüller, Franz Joseph

Bodenmüller, Alb.: Schiffsmaschinen, deren Berechng u. Konstruktion, s: Leiner's techn. Bibliothek.

Bodenmüller, Basilius

Bodenmüller, B., der Krankenkoch. Ein medicin. Kochbuch f. Kranke u. Genesende. 8. Ulm 836. Ebner. ½ ₰

— der Schlaf und die Erfordernisse zur Erzielung eines gesunden u. naturgemäßen Schlafes. 8. Ulm 835. Ebner. ⅝ ₰

BODENMÜLLER, Basilius (Vargas): Ueber das Verhältniß des Schlafes und des Wachens zum Mesmerismus.- Ulm: Ebner 1817. 77 S. **Diss.** Ingolst.-Landsh.-Mchn.
19.8.1816 - Fo 352; F 57

Bodenmüller, B., über das Verhältniß d. Schlafens u. Wachens zum Mesmerismus. 8. Ulm 817. Ebner. 9 Ӿ

— woher rührt die unnatürl. Sterblichkeit der Kinder im ersten Lebensjahre, und wie ist diesem Uebel vorzubeugen? Ein Rathgeber für junge Eheleute; insbesond. für Aerzte, Geburtshelfer, Heb- u. Säugammen ꝛc. 2e unveränd. Aufl. 8. Gmünd 834. Leipzig, Franke. ⅚ ₰

Bodenmüller, Elise (geb. Lavater), Theoduline. Kathol. Gebet- u. Erbauungsbuch für gebildete Frauen ꝛc. Augsb., Kollmann, 1830. ⅔ Thlr. — 1 fl.

Bodenmüller, Franz Joseph: Abschiedsworte an die Zöglinge des Seminars beim Schluss der öffentlichen Prüfung am 27. März 1850. S. 26 - 31.
Progr. Ettlingen 1851.

Bodenmüller, Franz Joseph: Abschiedworte an die Zöglinge des Seminars beim Schlusse der öffentlichen Prüfung am 15. April 1851. S. 27 - 31.
Progr. Ettlingen 1852.

Bodenmüller, Franz Joseph: Abschiedworte an die Zöglinge des Seminars beim Schlusse der öffentlichen Prüfung am 6. April 1852. S. 28 - 32.
Progr. Ettlingen 1853.

— Anleitung zur Ertheilung des sprachlichen Unterrichtes bei Kindern des ersten Schuljahres. 3. verb. Aufl. Karlsruhe 861. (Freiburg im Br., Herder.) gr. 8. (48 S.) n. 3 ngr.

Bodenmüller, F. J., Anleitung zur Ertheilung des sprachlichen Unterrichts bei Kindern des 1. Schuljahres. 4., verb. Aufl. und des 2.—8. Schuljahres. 2., verb. Aufl. gr. 8. Freiburg im Br. 863—66, Herder'sche Verlagsbuchh. [1. Schuljahr. (48 S.) * 3 Ngr., 2. Schuljahr. (VI und 32 S.) * 3 Ngr., 3. Schuljahr. (VIII und 48 S.) * 4 Ngr., 4. und 5. Schuljahr. (Zweite Stufe.) (VIII und 80 S.) * 5 Ngr., 6., 7. und beziehungsweise 8. Schuljahr. (Dritte Stufe.) Mit Zusätzen für Seminaristen und Lehrer. (VIII und 104 S.) * 6 Ngr.] *

Bodenmüller, Franz Joseph: Anleitung zur Erteilung des sprachlichen Unterrichts bei Kindern des zweiten Schuljahrs. 22 S.
Progr. Ettlingen 1859.

Bodenmüller, F. J., Anleitung zur Ertheilung des sprachlichen Unterrichtes bei Kindern des 2. Schuljahres. 2., verb. Aufl. Karlsruhe 863. (Braun.) gr. 8. (V, 32 S.) n. 3½ ngr.

Bodenmüller, Franz Joseph: Anleitung zur Erteilung des sprachlichen Unterrichts bei Kindern des dritten Schuljahrs. 39 S.
Progr. Ettlingen 1860.

Bodenmüller, Franz Joseph: Anleitung zur Erteilung des sprachlichen Unterrichts bei Kindern des vierten und fünften Schuljahrs. 66 S.
Progr. Ettlingen 1861.

Bodenmüller, Franz Joseph: Anleitung zur Erteilung des sprachlichen Unterrichts bei Kindern des sechsten, siebenten und beziehungsweise achten Schuljahrs. 70 S.
Progr. Ettlingen 1862.

Bodenmüller, Franz Joseph: Anleitung zur Obstbaumzucht in Werktags- und Fortbildungsschulen. Mit vier Überdrucktafeln. 49 S.
Progr. Ettlingen 1865.

—— Anleitung zur Obstbaumzucht in Schullehrerseminarien, in Werktags- und Fortbildungsschulen. 4., verb. Aufl. gr. 8. (VIII und 44 S. mit 4 Stnt.) Freiburg im Br. 867, Herder'sche Verlagsbuchh. *

Bodenmüller, F. J., Anleitung zur Obstbaumzucht in Schullehrerseminarien, in Landwirthschafts- u. Fortbildungsschulen, sowie für den Selbstunterricht. 5., verb. Aufl. Mit einem Anh.: Die Maikäfer u. Engerlinge, mit besonderer Berücksichtigung ihrer Vermehrung, des durch sie entsteh. Schadens u. der Art ihrer Vertilgung. Mit 5 lith. Abbildungen. 8. (VIII, 39 u. 28 S.) Freiburg i/Br. 882. Herder. n. — 60

Bodenmüller, Franz Joseph: Anleitung zu Unterricht und Erziehung. Schulamtszöglingen, Eltern, Lehrern, Seelsorgern und Schulaufsehern gewidmet. I. T. 81 S.
Progr. Ettlingen 1867.

—— Anweisung für katholische Eltern, Lehrer und Schulvorstände zur Ertheilung des Religionsunterrichtes bei Kindern von 5 bis 7, beziehungsweise 8 Jahren. 2., verb. Aufl. gr. 12. (VIII und 148 S.) Freiburg in Br. 857, Herder'sche Verlagsh. *

Bodenmüller, F. J., Anweisung für Eltern, Lehrer u. Schulvorstände zur Ertheilung d. Religionsunterrichtes bei Kindern von 5 bis 7, beziehungsweise 8 Jahren. 3., verb. Aufl. Freiburg im Br. 865. Herder. 12. (VIII, 155 S.) n. 10 ngr

—— Anw. z. Ertheilg d. Religionsunterr. bei Kindern. 3. Afl. 12. (155) Freib. 65, Herder. n. — 10

Bodenmüller, Franz Joseph: Anweisung zur Erteilung des Schreibleseunterrichts. S. 37 - 46.
Progr. Ettlingen 1858.

Bodenmüller, Franz Joseph: Ein Beitrag zur Erziehung im Geist des Christentums in Verbindung mit dem Unterricht in der biblischen Geschichte. I. T., altes Testament. 22 S.
Progr. Ettlingen 1863.

Bodenmüller, Franz Joseph: Beitrag zum Turnunterricht in Volksschulen. (Auf Grundlage der von Grossh. Oberschulrat empfohlenen Schrift „Der Turnunterricht in der Volksschule" von Böttcher.) 44 S.
Progr. Ettlingen 1868.

— Beitrag zum Turnunterricht in Volksschulen. [Auf Grundlage der Schrift: „Der Turnunterricht in der Volksschule" von Böttcher.] Ettlingen 869. (Freiburg i. Br., Herder.) 8. (IV, 44 S.) n. 5 ngr

— ein Büchlein für Kinder d. 1. u. 2. Schuljahres. 14. Aufl. 868. — 15. Aufl. Freiburg im Br. 869. Herder. 8. (IV, 92 S.) n. 3 ngr; geb. n. 4 ngr

Bodenmüller, Franz Joseph: Chronik der Anstalt. Erziehungs- und Unterrichtslehre (Schulkunde.) Deutsche Sprache, Grössenlehre, Erdkunde und Geschichte. S. 4 - 35.
Progr. Ettlingen 1856.

Bodenmüller, Franz Joseph: Biblische Geschichte des alten und neuen Testaments für Kinder des zweiten und dritten, beziehungsweise vierten Schuljahrs. 98 S. Dazu ein Anhang: Sätze für Kinder. 6 S.
Progr. Ettlingen 1864.

—— biblische Geschichte des Alten und Neuen Testamentes für Kinder des 2., 3. und beziehungsweise 4. Schuljahres. Nebst einem Anh. von Mustersätzen in latein. Druckschrift. 3., verb. Aufl. 12. (X und 104 S.) Freiburg im Br. 867, Herder'sche Verlagsbuchh. * 4 Ngr.; cart. *

—— biblische Geschichte des alten und neuen Testamentes für Kinder des 2., 3. und beziehungsweise 4. Schuljahres. Nebst einem Anh. von Mustersätzen in latein. Druckschrift. 4. verb. Aufl. 8. (X, 104 S.) Freiburg i. Br. 869, Herder'sche Verlagsh. *

—— dass. — für Kinder der vier ersten und auch der folgenden Schuljahre. Nebst einem Anh. von Gebeten. 6.—8. Aufl. 8. (106 S. mit 2 Holzschntaf.) Ebendas. 871—74. **
cart. **

Bodenmüller, Franz Joseph: Lehrplan für den im 7., beziehungsweise 8. Schuljahre in der Volksschule zu erteilenden Religionsunterricht mit vorzugsweiser Berücksichtigung des Unterrichts in der biblischen Geschichte. S. 27 - 42.
Progr. Ettlingen 1854.

Bodenmüller, Franz Joseph: Die Maikäfer und Engerlinge, mit besonderer Berücksichtigung ihrer Vermehrung, des durch sie entstehenden Schadens und der Art ihrer Vertilgung. Mit einer lithographierten Tafel. 28 S.
Progr. Ettlingen 1866.

—— die Maikäfer und Engerlinge, mit besond. Berücksichtigung ihrer Vermehrung, des durch sie entstehenden Schadens und der Art ihrer Vertilgung. 2. Aufl. gr. 8. (VIII und 28 S. mit 1 Stnt.) Freiburg im Br. 867, Herder'sche Verlagsbuchh. *

Bodenmüller, J. F.: A n w e i s u n g für katholische Eltern, . . . s. B o d e n m ü l l e r , Franz Joseph

Bodenpflege u. **Pflanzenbau** s.a. Arbeiten d. deut. Landw.-Gesellsch.

Bodenpflege und Pflanzenbau. 14 Vorträge, geh. zu Eisenach 1904. *Berlin: Deutsche Landw.-Ges. 1904.* (IX, 332 S.) 8° [F.]
—**Arbeiten** d. Deutschen Landwirtschaftsgesellschaft. H. 98. [illegible]

Bodenreform. Deut. Volksstimme. — Frei Land. Organ d. deut. Bodenreformer. Hrsg.: Adf Damaschke. 18. J. 2—4. Viertelj. Apr.—Dezbr '07. 18 Nrn. (14, 768) 8° Berl., J Harrwitz Nf. || 19. J. '08. 52 Nrn. (15, 780) || 20. J. '09. 24 Hefte. (15, 770) Viertelj. 1.50 d
Das 1. Viertelj. d. J. '06 s. u. d. T.: Volksstimme. deut.

Bodenreform. Deut. Volksstimme. — Frei Land. Organ d. deut. Bodenreformer. Leitg: Adf Damaschke. 21—23. J. '10—12 je 24 Nrn. ('11, Nr 1—3: 80) 8° Berl. (S.W. 48, Friedrichstr. 16), J Harrwitz Nf. je 6 —; einz. Nrn — 20 (l) d

Bodenreform. Deutsche Volksstämme. — Frei Land. Organ d. deutschen Bodenreformer. Leitg. A. Dammaschke. 21. Jahrg. 1910. 24 Hefte. Berlin, J. Harrwitz Nachf. Vierteljährl. 1. 50.

Bodenschatz, Jh. Cph. Geo., († d. 4. Oct. 1797.) Erläuterung d. heil. Schrift N. Test. aus den jüdischen Alterthümern. 1r Thl. 8. Hannov. 756. Hahn. 2 ℛ

Bodenschatz, J. C. G., deutschredender Hebräer. m. K. 4. Bamberg, Göbhard. 756.

—deutsch redender Hebräer. Mit 30 Kpf. 4. Bamb. 750. (Wesche in Frankf.) 2 ℛ 16 ℊ

Bodenschatz, Joh. Chp. Geo. (hochfürstl. Bayreuth. Pfarrer in Uttenreuth, 1717—97), *kirchliche Verfassung der heutigen Juden, sonderlich derer in Deutschland.* 4 Thle. (in 1 Bde.). Mit Kpftit. u. 30 interess. Kpftaf. (gest. von *J. C. Müller* u. *G. P. Nusbiegel*). Nebst e. Vorr. v. *Casp. Jac. Hut's* (Dr. theol. u. Prof. in Erlangen). Th. 1—2: Frankfurt u. Leipzig. Erlang (!), gedr. bei des sel. Joh. Friedr. Beckers, Univ.-Buchdr., nachgelass. Wwe. Auf Kosten d. Autoris. 1748. — Th. 3—4: Frankfurt u. Leipzig. Auf Kosten d. Autoris. 1749. Coburg, gedr. bey Geo. Otto, hochf. Sächs. priv. Hofbuchdr. 4°. Hpgmtb. Schönes Expl. m. guten Abdrücken.
Geschätztes Hauptwerk! Auf je 1 Kpftafel meist 1—4 Darstellungen. I: 9 Bll. (incl. roth u. schwarz gedr. Tit.), 262 S. II: 385 S. (ohne Haupttitel, wie bei allen Exx.), 1 Bl. Err. zu 1—2. III: 6 Bll. (incl. roth u. schwarz gedr. Tit. u. Vorr. Huth's), 256 S. IV: 270 S. (ohne Haupttit., wie bei allen Exx.), 17 Bll. Reg. etc.

Bodenschatz, L[orenz]. Die Ausschmückung u. Einrichtung der Wohnräume unter besond. Berücksicht. der Wahl der Tapeten. 10. Aufl. 16. (36 S.) Darmst. 889, [Exped. d. Tapeten-Zeitg.] Koch. [* — 60] * — 50

Bodenschatz, Lorenz, über das Selbststudium auf dem Gebiete der Kunstindustrie, s.: Adreßbuch der europäischen Tapetenfabriken 2c.

— die Wandbekleidung unserer Wohnräume in ästhetischer u. gesundheitlicher Beziehung. 16. (27 S. m. Abbildgn.) Darmstadt 891. Alex. Koch. n. — 50

Bodensee [Sachl. OW]

Boden-See, der. Reliefdarstellung seiner Ufer und seiner Umgebungen bis Frauenfeld u. St. Gallen. Mit 3 Panoramen u. 12 Randansichten (Holzschn. im Text). Leipzig 857. Weber. Fol. (7 S.) n. 4 ngr

Bodensee, der, in Bildern. Eine Wanderg. an den Ufern d. Bodensees. Mit einleit. Texte v. Adf. Schafheitlin. 15 Foliobilder in photograph. Kunstdruck. Aufgenommen u. ausgeführt v. E. Mertens & Cie., Kunstanstalt in Berlin. Fol. (2 S. Text.) Konstanz 894. W. Meck. Geb. in Leinw. n. 20. —

Bodensee — Der obere — und seine Tiefen. Entworfen, und die Tiefen gemessen, aus Auftrag des Königl. Stat. Topogr. Büreau, von dem Landes-Vermessungs-Commissaire Gasser im Jahre 1826. die Karte 1: 150,000. die Tiefen 1: 15,000. 1 Bl.

— **u. Rhein.** Illustrirte internationale Verkehrs-Zeitg. Officielles Organ des Verbandes der Gasthofbesitzer am Bodensee u. Rhein. Red.: Adf. Petri. 4.—6. Jahrg. Saison 1899, 1900 u. 1901. (Mai—Octbr.) à 26 Nrn. Fol. (à ca. 12 S.) Freiburg i/B., H. M. Poppen & Sohn. à Jahrg. 1. 50

Vom **Bodensee** zum Rheinfall. 37 See- u. Landschaftsbilder nach künstlerischen Orig.-Aufn. (Vorr.: K. v. Arx.) *Köln: Hoursch & Bechstedt 1902.* (11 Bl.) quer-8° [03. 10884 5

Vom **Bodensee** bis zum Rheinfall. Hrsg. ... von d. Verband d. Gasthofbesitzer am Bodensee u. Rhein. St. Gallen 1908: Zollikofer. 104 S. 8° [09. 7019

Bodensee mit Umgebung. Hrsg. von d. Kgl. Württ. Statist. Landesamt. Zsgest. aus d. Blättern Tuttlingen u. Ravensburg d. Generalkarte d. Kgr. Württemberg. Maßst. 1:200,000. *(Stuttgart: H. Lindemann in Komm.) 1903.* (1 Kartenbl. 57 × 46 cm.) 8° [kol.]
[Umschlagt.:] Karte d. Bodensees mit Umgebung. [03. 11699

Bodensee, Der, und seine Umgebungen. Stuttgart 1856—57. V: *Schnars, Carl Wilhelm.* (Bibl. d. Schweiz. Landeskunde. Bern 1892 ff. III.) (EngG)

— der, und seine Umgebungen. (In 3 Abthlgn.) Stuttgart 856, 57. Cotta. 8. (XI, 140; XII, 202; XII, 224 S. u. 1 (lith. u. color.) Karte in Fol.) n. 2 rℳ 4 ngr

Bodensee, der, und seine Umgebungen. Ein Führer für Fremde und Einheimische. gr. 16. (III, 216 S. mit 1 in Farbendr. ausgeführten lithogr. Kärtchen des Bodensee's in qu. 4.) Ravensburg [Stuttgart] 870, Ulmer. geb.

Bodensee, der, u. seine Umgebungen. Ein Führer f. Fremde u. Einheimische. Neue Ausg. Mit e. in Farbendr. ausgeführten Kärtchen d. Bodensee's (in qu. 4.). gr. 16. (216 S.) Lindau 876. Stettner. geb. n. 2. —

Bodensee, der, und seine Umgebungen. Ein Führer für Fremde u. Einheimische. 2., neubearb. Aufl. Mit (chromolith.) Karte u. (lith.) Uebersichtskärtchen. 12. (VIII, 184 S.) Lindau 882. Stettner. cart. n. 2. —

Bodensee, der, u. seine Umgebungen. Ein Führer f. Fremde u. Einheimische. 3., neubearb. Aufl. Mit Karte u. Uebersichtskärtchen. 12. (VIII, 200 S.) Lindau 885. Stettner. cart. n. 2. —

Bodensee, der, u. seine Umgebungen. Ein Führer f. Fremde u. Einheimische. 4., neubearb. Aufl. Mit Karte u. Uebersichtskärtchen. 12. (VIII, 215 S.) Lindau 887. Stettner. geb. n. 2. 40

Bodensee, der, u. seine Umgebungen. Ein Führer f. Fremde u. Einheimische. 5., neubearb. Aufl. 12. (VI, 217 S. m. 1 Karte u. Übersichtskärtchen.) Lindau 891. J. Th. Stettner. Kart. n. 2. 40

Bodensee, der, u. s. Umgebgn. E. Führer f. Fremde u. Einheim. 6., neu bearb. Aufl. M. Karte, 2 Panoramen u. Uebersichtskärtchen. 12. (VI, 162 S.) Lindau 895. J. Th. Stettner. Kart. n. 2. —

Bodensee, d., u. s. Umgebgn. Führer. 7. Afl. 12° (178 m. 2 Panoramen u. 2 Kart.) Lind. 99, JT Stettner. Kart. 2 —

Bodensee, der, u. seine Umgebungen. Ein Führer f. Fremde u. Einheimische. 8., neubearb. Aufl. Mit Karte, 2 Panoramen u. Übersichtskärtchen. 12. (VI, 190 S.) Lindau 902. J. Th. Stettner. Kart. n. 2. —
7. Aufl. (VI, 178 S.) Ebd. n. 2. —.

Bodensee, der, u. seine Umgebungen. Ein Führer für Fremde u. Einheimische. 9., neubearb. Aufl. Mit Karte, 2 Panoramen u. Übersichtskärtchen. (VII, 202 S.) kl. 8. Lindau 905. J. Th. Stettner. Kart. n. 2. —

Bodensee, der, u. seine Umgebungen. Ein Führer f. Fremde u. Einheimische. 10., neubearb. Aufl. Mit Karte, 2 Panoramen u. Übersichtskärtchen. (VIII, 206 S.) kl. 8. Lindau 909. J. Th. Stettner. Geb. 1. 80

Bodensee. Der B' und seine Umgebung mit der Arlbergbahn. Mit 30 Ansichten [woron 4 Tafeln] und 2 Karten. 2. neubearbeitete Aufl. der „Städtebilder ..." Nr. 56. 57. 8. Darmstadt 1899.
Städtebilder u(nd) Landschaften aus aller Welt. Herausg.: Karl P. Geuter (Umschlag: Geuter's illustrirte Führer). Nr. 56. 57.

Bodensee — Der — mit seiner Umgegend und einer Aussicht vom Dom-Thurm zu Konstanz. Stuttgart bey J. G. Cotta. 1826. 1: 150,000. 1 Bl.

Bodensee [Schlagwort]

— **s.a. Alpen.**

— **s. a.: Radfahrerkarten.** Mittelbach. — **Touristenkarten.** Hopf.

— **s.a. Westentaschen-Sammlung.**

Bodensee. Becker, F., Karte v. Bodensee, Rhein u. Bregenzerwald m. den angrenzenden Gebieten v. Baden, Württemberg, Bayern, Österreich u. der Schweiz. Nach den topograph. Aufnahmen der Bodenseeuferstaaten. (In Reliefmanier.) 1:125,000. 38× 84,5 cm. Farbdr. Bern (910). Geograph. Kunstverlag. 2.—; auf Leinw. 2. 80

Bodensee. Becker, F., Karte v. Bodensee u. Rhein m. den angrenzenden Gebieten v. Baden, Württemberg, Bayern, Oesterreich u. der Schweiz. Hrsg. vom Verein für Geschichte des Bodensee's u. seiner Umgebg. u. dem Bodensee-Verkehrsverein. Nach den topograph. Aufnahmen der Bodenseeuferstaaten. 1:125,000. 38×74 cm. Farbdr. Bern (905). Geograph. Kartenverlag. n. 2. —; auf Leinw. n. 2. 80

Bodensee. Bodenseekarte. Hrsg. v. der Vollzugscommission f. Erstellg. e. Bodenseekarte im Auftrage der 5 Staaten: Baden, Bayern, Oesterreich, Schweiz, Württemberg. Erstellt durch das eidg. topogr. Büreau in Bern 1895. 1 : 50,000. 2 Blatt à 69 × 80,5 cm. Farbendr. Bern 896. (München, Literarisch - artist. Anstalt. — Stuttgart, H. Lindemann.) n.n. 10. —

Bodensee. Fahrenwaldt, C., neueste Karte v. Bodensee u. Säntisgebiet. 1 : 150,000. 2. Aufl. 38,5×50,5 cm. Farbdr. Stuttgart (901). Holland & Josenhans. n. 1. 20

— Karte des Bodensees m. Umgebung. Hrsg. v. dem k. württ. statist. Landesamt. Zusammengestellt aus den Blättern Tuttlingen u. Ravensburg der Generalkarte des Königr. Württemberg. 1:200,000. 47,5×59,5 cm. Stuttgart 903. (H. Lindemann.) n. 1. 20

— Karte des Bodensees m. Umgebung. Hrsg. v. dem k. württ. statist. Landesamt. 1:200,000. 48×69 cm. Farbdr. Stuttgart 910. H. Lindemann. nn 1.20; auf Leinw. 2. —

Bodensee. Karte vom Bodensee u. Umgebung u. Rhein bis Schaffhausen. Fol. Bregenz 888. Teutsch. — 40

Bodensee. Obach, H. C., Panorama d. Bodensee's u. der Alpenkette, v. Friedrichshafen aus gesehen. Gestochen v. Theoph. Beck. 16,7×151,7 cm. Konstanz 892. Wilh. Meck. Gebrochen in Karton. n. 2. 80; ungebrochen n. 2. 50

— Panorama vom Bodensee. Gezeichnet v. Theoph. Beck. Kpfrst. 8×71,5 cm. Mit Erklärg. 16. (1 Bl.) Konstanz 893. Wilh. Meck. 1. —

— „Rund um den Bodensee!" Wander- u. Radfahrer-Karte, umfassend das „5-Ländergebiet". 1:300,000. 81×39 cm. Farbdr. Mit 1 eingeklebten Verzeichnis empfehlenswerter Hotels usw. (1 Bl.) 8. Ravensburg (910). Dorn. — 80; auf Leinw. 1. 20

Bodensee. Weissenberger, A. [illegible] v. [illegible] 1:[illegible] [illegible]

Bodensee-Fahrplan. Eisenbahn-, Dampfschiff- u. Wagenverbindgn. im Bodenseegebiet. Amtlich durchgeseh. Ausg. Winterdienst 1910/11. 1. X. 1910 — 30. IV. 1911. (88 S. m. 1 eingedr. Kartenskizze.) kl. 8. Stuttgart, Union. — 15

Bodensee-Fahrplan. Eisenbahn-, Dampfschiff- u. Wagenverbindgn im Bodenseegebiet. Sommerdienst '12 u. Winterdienst '12/13. (Je 42 m. je 1 Kte.) kl8° Stuttg., Union. je — 15

Bodensee-Forschungen aus Anlass der Herstellung der neuen Bodenseekarte durch die hohen Regierungen der fünf Uferstaaten. (Abschn. 1.) (Vorr.: Eberhard Graf Zeppelin.) Lindau i. B.: J. T. Stettner in Komm. 1893. 4°(8°)
— **Schriften** d. Vereins f. Geschichte d. Bodensees u. s. Umgebung. H. 22, [Beil. 1.] [07. 7163

Bodenseeforschungen. Der «B'-F'» Abschnitt 9: Die Vegetation des Bodensees. Von Dr. C[arl] Schröter, Professor ... in Zürich. und Dr. O[scar] Kirchner, Professor ... in Hohenheim. Teil 2 ⟨enthaltend die Characeen, Moose und Gefässpflanzen⟩. Mit 3 Tafeln in Phototypie, einer Karte und mehreren Abbildungen im Text. VIII + 86 S. gr.-8. Lindau i. B., Komm. Joh. Thom. Stettner, 1902. [M. 2. 50]

[Beilage zu: Schriften des Vereins für Geschichte des Bodensees und seiner Umgebung. Heft 31. — *Mit* Schr'... Heft 31 *und* Katalog der Bibliothek des Vereins.... 2. Aufl. *zus.* M. 4. 50]

Bodenseeführer oder Wegweiser für Reisende auf dem Bodensee und Rhein bis Schaffhausen. Genaue Beschreibung sämmtlicher an dem Ufer des Bodensees und Rheins bis Schaffhausen gelegenen Städte, Dörfer, Bäder, Ruinen u. s. w. 16. (38 S. mit 1 lithogr. Karte vom Bodensee in qu. 16. und 1 lithogr. Ansicht von Friedrichshafen in Tondr.) Ulm 857, [Krick'sche Buchh.]

Bodenseeführer oder Wegweiser für Reisende auf dem Bodensee und Rhein bis Schaffhausen. Genaue Beschreibung sämmtlicher an dem Ufer des Bodensees u. Rheins bis Schaffhausen gelegenen Städte, Dörfer, Bäder, Ruinen 2c. Mit 1 (lith.) Karte vom Bodensee u. 1 (lith.) Ansicht von Friedrichshafen. Ulm 857. Müller. 16. (38 S.) 7½ ngr

Bodensee-Karte. Hrsg. v. d. Vollzugscomm. f. Erstellg e. Bodenseekt. im Auftr. d. 5 Staaten: Baden, Bayern, Oesterreich, Schweiz, Württemberg. Erst. durch d. Eidg. Topogr. Büreau in Bern. Maasst. 1:50000. *Bern: Stich u. Dr. d. Topogr. Anst. Gebr. Kümmerly (1895).* 1 Bl. quer-gr. 2. (in 2 Bl. [96. 2330

Bodenseekarte. Hrsg. v. d. Vollzugscommission f. Erstellg e. Bodenseekarte. Erstellt durch d. eidg. topogr. Büreau in Bern 1895. 1:50,000. 2 Bl. à 69×80,5 cm. Farbdr. Bern 96. (Münch., Literarisch-artist. Anst. — Stuttg., H Lindemann.) nn 10 —

Bodensee-Kompass. Eine gedrängte Uebersicht d. Bodenseeuferorte m. ihren hauptsächlichsten Sehenswürdigkeiten. 16° (1 m. 1 Karte.) Konst. 91. E Ackermann. n.n. — 15

Bodensee-Toggenburgbahn, Die. Hrsg. v. d. Direktionskommission. (Text v. EV Tobler.) (48 m. z. Tl farb. Abb. u. 1 farb. Kto.) kl8° St Gall., (Fehr) '11. nn — 25

Bodensee-Vorschriften, österreichische, nach dem Stande vom 1. I. 1904. Amtliche Ausg. (IV, 74 S. m. 1 farb. Taf.) 8. Wien 904. (Hof- u. Staatsdruckerei.) Kart. n. 1. 40

Bodenseezeitung. – Konstanz: 1863-1864.

Bodensee-Zeitung: Schweizerische Bodensee-Zeitung
① und Handelsblatt (1911—1917), und Arboner Tagesanzeiger — Tagblatt für den Bezirk Arbon und die Ostschweiz. Tagblatt für den Kanton Thurgau und die Ostschweiz ③ Der Bote vom Bodensee. Der Oberthurgauer (I) ⑤ 29. 8. 1864 (cont.) ⑥ 2° ⑦ wöchentlich 3×, wöchentlich 4× (1909—1910), wöchentlich 6× (seit 1911) ⑧ Amriswil: J. H. Vogt (bis September 1869); Romanshorn: Anton Hagenbüchle (bis November 1874), F. A. Kats (November 1874—Januar 1875), Anton Hagenbüchle (bis 2. 9. 1894), E. Billeter (bis 30. 6. 1904), Louis Koch (bis Juni 1911), Schweiz. Bodensee-Zeitung (Juli 1911 cont.) ⑨ Hausfreund (1864—1868); Sonntags-Unterhaltungsblatt (1874); Durch Länder und Meere (1. 4. 1911); Illustriertes Sonntagsblatt; Heimatklänge; Sonntagsblatt vom Bodensee; Kleine SBZ ⑩ J. Erzinger, die Drucker ⑪ zuerst die Drucker, A. F. Billo (5. 4. 1910—25. 11. 1911), Martin Niedermann (November 1911—9. 7. 1917), Hans Muggli (1. 7. 1917—31. 7. 1926), Dr. Ernst Reiber (2. 8. 1926—31. 3. 1948), Dr. Fred Sallenbach ⑫ freisinnig ⑬ BGSZ: 1068; Jubiläumsnummer v. 15. 7. 1949 ⑭ Ff: K ⑮ Die Schweiz. Bodensee-Zeitung nimmt als Gründungsjahr des «Boten vom Bodensee» das Jahr 1850 an.

Bodenseher, Eduard: Die 2. Wiener Kaiser Franz Joseph-Hochquellenleitg, s: Kinzer, Karl.

Bodensiek, Entwurf der Statuten einer Vorschußcasse u. eines Vereins der hannoverschen Subalternbeamten, betr. die Versicherung e. voraus bestimmten, beim Todesfalle des Versicherten auszuzahlenden Capitals. München 866. Wigand. gr. 8. (14 S.) n. 2 ngr

Bodesohn, A., Anleitung zum Gebrauch der Formular-Mappen im Anschluß an die Gewerbekunde. Ausg. A f. gewerbl. Fortbildungsschulen. (18 S.) 8. Wittenberg 905. R. Herrosé. n. — 20; Formular-Mappen, Unterstufe n.n. — 65; Mittelstufe n. — 75; Oberstufe n.n. — 85; Selbsthefter zu den Formular-Mappen n. — 30

— Anweisung zum Gebrauch der Korrespondenzhefte u. Formular-Mappen in Handelsschulen u. kaufmännischen Fortbildungsschulen. (22 S.) 8. Ebd. 906. n. — 20

— Beispiele u. Erläuterungen zu den Formular-Mappen f. gewerbliche Fortbildungsschulen. Ausführliche Anweisg. zum Gebrauch der Mappen. (XXVII, 120 S.) 8. Ebd. 906. n. 1. 80

— Formular-Mappe. Ausg. C., s.: Formular-Mappe f. die ländliche Fortbildungsschule.

— Formular-Mappe I—III f. die kaufmännische Fortbildungsschule. qu. 8. Ebd. (906.) n. 3. 50; Korrespondenzhefte dazu (Schreibpap.) 4. à n. — 80
I. Der Kaufmann im Kleinverkehr. n. — 85
II. Der Kaufmann im Grossverkehr. n. 1. 35
III. Der Kaufmann im Verkehr m. der Bank u. den Behörden. n. 1. 30

— kleine Formular-Mappe f. gewerbliche Fortbildungsschulen. qu. 8. Ebd. (906). In Mappe n. 1. 20

Bodensohn, Casp., auf dem Rade. Gesammelte Gedichte. 8. (55 S.) Berlin 892. F. W. P. Günther. n. 1. —

Bodensohn, Caspar (Red.), s. Radfahrer, Der deutsche.

Bodenstab, A. H. L., Crisis als Naturplan, od. Beobachtungen über das Verhalten der Natur bei Krankheiten u. deren verschiedenartigen Entscheidungen, mit Berücksichtig. d. daraus zu folgernden Regeln für die ärztl. Behandlung. 1. Thl. gr. 8. (15 B.) Göttingen 844. (Vandenhoeck u. Ruprecht.) •

Bodenstab, Friedrich [aus Calvoerde in Braunschw.]: Beitrag zur Aetiologie des Pemphigus neonatorum. . . . Halle a. S., Hofbuchdr. v. C. A. Kaemmerer & Co., 1890; 21 S., 1 Bl. 8°
Halle, Med. Fak., Inaug.-Diss. v. 20. Dez. 1890

Bodenstedt, Friedrich

Bodenstedt, Friedr., Ada die Lesghierin. Ein Gedicht. Berlin 853. Decker. 16. (XV, 334 S.) 1 ℛ 15 ngr

— Album deutscher Kunst u. Dichtung. Mit Holzschn. (im Text) nach Orig.-Zeichnungen der Künstler, ausgeführt von R. Brend'amour. Berlin 867. Grote. 4. (199 S.) n. 4 ℛ 10 ngr

Bodenstedt, Frdr., Album deutscher Kunst u. Dichtung. Mit (eingedr.) Holzschn., nach Zeichngn. der Künstler, ausgeführt v. R. Brendamour u. A. 2. verm. u. verb. Aufl. gr. 4. (VI, 224 S. m. e. Chromolith.) Berlin 872. Grote. geb. m. Goldschn. n. 13. —

— Album deutscher Kunst und Dichtung. Mit (eingedr.) Holzschn. nach Orig.-Zeichnungen der ersten deutschen Künstler, ausgeführt von R. Brend'amour, H. Günther u. A. 2. Aufl. 1872, und 3. verm. und verb. Aufl. gr. 4. (VI, 224 S. mit 1 Chromolithogr.) Berlin 875, Grote'sche Verlagsh. geb. mit Goldschn. *

Bodenstedt, Friedr., Album deutscher Kunst und Dichtung. Mit (eingedr.) Holzschn., nach Zeichnungen der Künstler, ausgeführt von R. Brend'amour, H. Günther u. A. 3. gänzlich umgearb. Aufl. (VI, 236 S.) 1876; 4. umgearb. Aufl. gr. 4. (IV, 208 S. mit Farbendr.-Titel.) Berlin 877, Grote'sche Verlagsh. geb. mit Goldschn. *

Bodenstedt, Frdr., Album deutscher Kunst u. Dichtung. Mit (eingedr.) Holzschn., nach Zeichnungen der Künstler, ausgeführt v. R. Brend'amour u. A. 5. umgearb. Aufl. gr. 4. (IV 205 S. m. Farbendr.-Titel.) Berlin 881. Grote. geb. m. Goldschn. n. 13. 50

Bodenstedt, Frdr., Album deutscher Kunst u. Dichtung. 6. gänzlich umgearb. Aufl. 4. (VIII, 176 S. m. eingedr. Holzschn. u. 6 Heliograv.) Berlin 884. Grote. geb. m. Goldschn. n. 12. —

Bodenstedt, Frdr., Album deutscher Kunst u. Dichtung. 7., umgearb. Aufl. gr. 4. (VI, 176 S. mit eingedr. Holzschn. u. Ornamenten.) Berlin 887. Grote. geb. m. Goldschn. n. 12. —

Bodenstedt, Frdr., Album deutscher Kunst u. Dichtung. 8., aufs Neue verb. Aufl. gr. 4. (VII, 176 S. m. Abbildgn.) Berlin 892. G. Grote. Geb. in Leinw. m. Goldschn. 7. 50

Bodenstedt's, Frdr., Album deutscher Kunst u. Dichtung. 9., aufs neue verb. Aufl. (IV, 168 S. m. Abb.) Lex.-8. Berlin 904. G. Grote. Geb. in Leinw. m. Goldschn. n. 7. 50

Bodenstedt, Frdr., Alexander in Korinth. Schauspiel in 3 Akten. gr. 16. (118 S.) Hannover 876. Helwing's Verl. n. 1. 80

— dasselbe. 3., gänzlich umgearb. Aufl. gr. 4. (VI, 236 S.) Ebend. 876. geb. m. Goldschn. n. 13. 50

— Alexander in Korinth. Althellenisches Kulturbild in e. Vorspiel u. 3 Akten [neue Bearbeitg.] 8. (100 S.) Leipzig 883. Greßner & Schramm. geb. n. 3. —

— vom Atlantischen zum Stillen Ocean. gr. 8. (XIII, 426 S.) Leipzig 882. Brockhaus. n. 8. 50; geb. n. 10. —

Bodenstedt, Friedrich, a. Berlin: Die volkswirtschaftliche Bedeutung der Überland- und Städtebahnen unter besonderer Berücksichtigung der Entwicklung und Betriebsergebnisse der deutschen Kleinbahnen. Gießen 1906: v. Münchow. (75 S.) 8° [F.]
Gießen, Phil. Fak., Ref. Biermer, Diss. v. 28. Jan. 1907
[Geb. 6. Okt. 75 Berlin; Wohnort: Frankfurt a. M.; Staatsangeh.: Preußen; Vorbildung: Oberrealsch. Fulda Reife O. 95; Studium: T.H. Dresden 4, Gießen 3 S.; Rig. 9. März 06.]

— Ernst Bleibtreu. Roman. 2. Aufl. 8. (VI, 276 S.) Berlin 889. Janke. n. 2. —

Bodenstedt, Friedrich, v. Ein Dichterleben in seinen Briefen 1850—1892. Hrsg. v. Gust. Schenck. gr. 8. (X, 249 S.) Berlin 893. R. v. Decker. 3. —; geb. n. 4. 50

Bodenstedt, Friedr., König Authari's Brautfahrt. Dramatisches Gedicht in 3 Aufzügen. (Den Bühnen gegenüber Manuscr.) gr. 16. (112 S.) Berlin 860, Decker'sche geheime Ober-Hofbuchdruckerei. 18 Ngr.; geb. * *

— il canzoniere di Mirza-Saffi. Traduzione di Giuseppe Rossi col consenso dell' autore. 8. (VIII, 112 S.) Berlin 884. Stuhr. n. 1. 50; geb. n. 2. 50

— Demetrius. Historische Tragödie in fünf Aufzügen. 16. (222 S.) Berlin 856, Deckersche geheime Ober-Hofbuchdr.

Deutschland vorwärts! Dichterstimmen aus München für Schleswig-Holstein. Mit Beiträgen v. Friedrich Bodenstedt, Julius Große . . . [u. a.]. Reinertrag für Schleswig-Holstein. München. 1864. 8°

— ausgewählte Dichtungen. 8. (XI und 312 S.) Berlin 864, v. Decker'sche geheime Ober-Hofbuchdruckerei. geb. mit Goldschn.

— epische Dichtungen. 16. (III und 159 S.) Berlin 862, v. Decker'sche geheime Ober-Hofbuchdruckerei. geb. mit Goldschn. *

Bodenstedt, Frdr., die Einführung des Christenthums in Armenien. Eine Vorlesung, gehalt. am 2. März 1850 im wissenschaftlichen Verein zu Berlin. br. 8. (34 S.) Berlin 850, Decker. 6 ngr

— Einkehr u. Umschau. Neueste Dichtgn. gr. 8. (VIII, 247 S.) Jena 876. Costenoble. geb. n. 5. 60

— Einkehr u. Umschau. Neueste Dichtungen. 3. verm. Aufl. gr. 8. (VIII, 286 S.) Jena 877. Costenoble. geb. n. 6. —

— Erinnerungen aus meinem Leben. gr. 8. (VI, 425 S.) Berlin 888. Allgemeiner Verein f. deutsche Litteratur. n. 6. —; geb. n. 7. —

— Erinnerungen aus meinem Leben. 2. Bd. 2. Aufl. gr. 8. (IV, 368 S.) Berl. 890, Verein f. deutsche Litteratur. * 6 — geb. * 7 —
1. Bd. Ebd. 1888. * 6 —; geb. * 7 —.

— Erzählungen. 2 Bde. München 863. Rieger. 8.
1. Bd.: Kleinere Erzählungen. (VII, 309 S.) n. 1 ℛ 10 ngr
2. Bd.: Ernst Bleibtreu. (VI u. 336 S.) n. 1 ℛ 15 ngr

Erzählungen u. Romane. 1—7. Bd. 8. Jena 871. 72. Costenoble. n. 30. 50
1. u. 2. Aus deutschen Gauen. Erzählungen. 2 Bde. (191 u. 176 S.) n. 6. —
3. u. 4. Vom Hofe Elisabeth's u. Jakob's. Erzählungen. 2 Bde. (202 u. 216 S.) n. 7. 50
5—7. Das Herrenhaus im Eschenwalde. Ein Roman. 3 Bde. (VIII, 324; 307 u. 323 S.) 17. —

— dasselbe. Wohlfeile Ausg. 1—28. Lfg. 8. (à 4 Bog.) Ebend. 874. 75. à — 75

— Erzählungen und Romane. 2. und 3. (Titel-)Aufl. Wohlf. Volks-Ausg. in 28 Lfgn. oder 7 Bdn. 8. Ebendas. 874—78. à Lfg. 75 Pf.

Inhalt:
Bd. 1. 2. Aus deutschen Gauen. Erzählungen. 2 Bde. (191; 176 S.) ℳ 4,50.
• 3. 4. Vom Hofe Elisabeth's und Jakob's. Erzählungen. 2 Bde. (202; 216 S.) ℳ 6.
• 5—7. Das Herrenhaus im Eschenwalde. Ein Roman. 3 Bde. (VIII, 324; 307; 323 S.) ℳ 12.

— die letzten Falkenburger. Roman. 2. Aufl. 8. (269 S.) Berlin 887. Janke. n. 2. —

— Feona. Ein Mißverständniß. Zwei Erzählgn. 2. Aufl. 8. (138 S.) Berl. 889, Janke. • 1 —

— Festspiel zur Jubelfeier des hundertjährigen Geburtstages Friedrich Schiller's in München. Berlin 860. v. Decker. gr. 8. (31 S.) n. 5 ngr

— russische Fragmente, s. Fragmente.

— Shakespeare's Frauencharaktere, s. a. Verein, allgemeiner, f. deutsche Literatur.

— Shakespeare's Frauencharaktere. 4., verm. Aufl. 8. (XIX, 380 S.) Berlin 887. Allg. Verein f. deutsche Literatur. n. 5. —; geb. n. 6. —

— aus deutschen Gauen. Erzählungen. 3. (Titel-) Aufl. 2 Bde. 8. (191 u. 176 S.) Ebend. 878. 4. 50

— dasselbe. 4. (Titel-)Aufl. 2 Thle. in 1 Bde. 8. (191 u. 176 S.) Ebend. 882. 2 —

— Gedichte. 1. und 2. Aufl. 16. (XVI und 329 S. mit Portr. in Stahlst.) Bremen 852. [Leipzig, Gumprecht.] •

— Gedichte. 2. Afl. 16. (329) Brem. 52. (Lpzg, Haessel.) n. 2. —; geb. n. 2. 7½

— Gedichte. 16. (XVI u. 329 S. m. Portr. in Stahlst.) Bremen 852, Schlodtmann. — 2. Aufl. 16. (XVI u. 329 S. m. Portr. in Stahlst.) Ebd. 852. n. 2 ₰; in Engl. Einb. m. Goldschn. n. 2⅙ ₰

— Gedichte. 1. Bd. A. u. d. T.: Aus der Heimat und Fremde. Neue Gedichte. Berlin 856. Decker. 16. (XII, 220 S.) 1 ₰ 7½ ngr

— Gedichte. 2. Bd. A. u. d. T.: Aus Heimat u. Fremde. 2. Bd.: Altes u. Neues. [Der alten Gedichte 3. verb. u. verm. Aufl.] Berlin 859. v. Decker. 16. (XV, 302 S.) 1 ₰ 15 ngr

— Gedichte. 1. u. 2. Bd. = Aus d. Heimat u. Fremde. 1. u. 2. Bd. 16. Berl., v. Decker. 2. 22½; geb. n. 3. 12½
Neue Gedichte. (220) 57. 1. 7½; geb. n. 1. 17½
Altes u. Neues. (3. Afl.) (302) 59. 1. 15; geb. n. 1. 25

— kleine Geschichten aus fernem Land, s.: Unterhaltungs-Bibliothek f. Reise u. Haus.

— Gräfin Helene. Novelle. 16. (126 S.) Stuttgart 880. Richter & Kappler. n. 2. —; geb. n. 3. —

— das Herrenhaus im Eschenwalde. Ein Roman. 3. (Titel-) Aufl. 3 Bde. 8. (VIII, 324; 307 u. 323 S.) Jena (1872) 878. Costenoble. 12. —

— dasselbe. 70. Aufl. Min.-Ausg. gr. 16. (XXIV, 216 S.) Ebend. 877. 3. —; geb. m. Goldschn. 4. 50

— vom Hofe Elisabeth's u. Jakob's. Erzählungen. 3. (Titel-) Aufl. 2 Bde. 8. (202 u. 216 S.) Ebend. 878. 6. —

— dasselbe. 4. (Titel-)Aufl. 2 Thle. in 1 Bde. 8. (202 u. 216 S.) Ebend. 882. 2 —

Bodenstedt, Friedr. (Hrsg.), s. Jahrbuch der deutschen Shakespeare - Gesellschaft.

Bodenstedt, Fr., s. Kaslow, Puschkin, Lermontow.

Bodenstedt, Friedr., s.: Classiker, mod.

— eine Königsreise. 2. und 3. Aufl. 8. (296 S.) Leipzig 883, Lehmann. • 3 —
geb. mit Goldschn. • 4 50

— eine Königsreise. 2. u. 3. Aufl. 8. (296 S.) Leipzig 883. Fr. Richter. n. 3. —; geb. m. Goldschn. n. 4. 50

— neun Kriegslieder. Bielefeld 870. Velhagen & Klasing. 16. (27 S.) 1⅓ ngr

— Kunst und Leben, s. a. Kunst und Leben.

— Kunst u. Leben. Ein neuer Almanach für das deutsche Haus. Lex.-8. (XX, 380 S. m. Holzschntaf. u. eingedr. Ornamenten.) Stuttgart 877. Spemann. n. 8. —; geb. n. 10. —

— dasselbe. 2. Jahrg. gr. 8. (XVI, 300 S. m. 5 Holzschntaf. u. 5 Radirungen.) Ebend. 879. n. 8. —; geb. m. Goldschn. n. 10. —

— aus meinem Leben. Erinnerungsblätter. 1. Bd. 8. Leipzig 879. Albrecht. n. 6. —
Eines Königs Reise. Erinnerungsblätter an König Max. (VIII, 295 S.)

— neues Leben. Gedichte u. Sprüche. 8. (202) Bresl. 86, Schles. Verl.-Anst. geb. m. G. n. 4. 50

— neues Leben. Gedichte u. Sprüche. 8. (XII, 202 S.) Breslau 886. Schottländer. geb. m. Goldschn. n. 4. 50

— Liebe u. Leben. Eine Sammlg. deutscher Lyrik. Illustr. v. Heinr. Nettig. gr. 4. (VII, 150 S. m. Textillustr. u. 20 Farbendr.) Leipzig 892. Abb. Fischer's Verl. In Rokoko-Prachtbd. m. Goldschn. n. 15. —

Bodenstedt, Frdr. v., Liebe u. Leben. E. Sammlg. deutscher Lyrik. M. Orig.-Beiträgen v. Frida Schanz. Mit 16 Farbendr. n. Originalen v. Heinr. Nettig u. 77 Text-Ill. 3. Aufl. gr. 4. (VII, 150 S.) Leipzig 895. G. Fock. Geb. in Leinw. m. Goldschn. n. 15. —

Bodenstedt, Frdr. v., Liebe u. Leben. Eine Sammlung deutscher Lyrik. Mit Orig.-Beiträgen v. Frida Schanz. Mit 16 Farbendr. nach Originalen v. Heinr. Nettig u. 77 Text-Illustr. 7. Aufl. gr. 4. (V, 150 S.) Leipzig (901). G. Fock Verl. Geb. in Leinw. m. Goldschn. 15. —

— Liebe u. Leben. Eine Sammlg. deutscher Lyrik. Orig.-Beiträge enth. v. Carmen Sylva, Rud. v. Gottschall, Frida Schanz u. a. 7.—11. Aufl. Mit 16 Chromolith. u. 70 Textillustr. (VIII, 168 S.) 4. Leipzig 904. Jacobi & Zuillet. Geb. in Leinw. m. Goldschn. n. 16. —

(B) Bodenstedt, Frdr., Liebe u. Leben. 904. (KVB 33.) Jetzt: Berlin, Schreiter.

Bodenstedt, Frdr. v.: Liebe u. Leben. Eine Sammlg deut. Lyrik. (5, 307) kl8° Berl., Th. Knaur Nf. ('11). (Ldr 6 —) d

Bodenstedt, Frdr. v., Liebe u. Leben. Jetzt: Leipzig, Jacobi & Zocher.

Bodenstedt, Fr., Liebe u. Leben. Jetzt: Leipzig, E. O. Jahn.

— die Lieder des Mirza-Schaffy, mit einem Prolog. 12. (XXIV und 108 S.) Berlin 851, Decker'sche geheime Ober-Hofbuchdr.

— die Lieder des Mirza-Schaffy, mit einem Prolog. 2. Aufl. (XXIV und 184 S.) 1853. und 3. und 4., neuverm. Aufl. 16. (XXIV und 192 S.) Berlin 854(56,) Decker'sche geheime Ober-Hofbuchdr.

—— die Lieder des Mirza-Schaffy mit einem Prolog. 5. und 6., neu verm. Aufl. 16. (XXIV und 200 S.) 857.59. 1 Thlr., geb. 1 Thlr. 15 Ngr. und 7. Aufl. gr. 8. (XXIV und 176 S.) Berlin 860, Decker'sche geheime Ober-Hofbuchdruckerei. geb. *

— — 7. verm. Aufl. Ebend. 860. gr. 8. (XXIV, 176 S.) 1 Thlr 15 Ngr

— — 8. Aufl. 860. — 9. u. 10. Aufl. Ebend. 861. 32. (XXIV, 176 S.) n. 12½ Ngr

—— die Lieder des Mirza-Schaffy mit einem Prolog. 11.—19., aufs Neue verm. Aufl. 32. (XXIV und 198 S.) Berlin 862—67, v. Decker'sche geheime Ober-Hofbuchdruckerei. cart. * 12⅓ Ngr.; geb. mit Goldschn. *. Sedez-Ausg. (XXIV und 218 S. mit 1 Titelbild in Photographie.) geb. mit Goldschn.

— — Miniatur-Ausg. 15. Aufl. 865. — 22. Aufl. Ebend. 869. 16. (XXIV, 224 S.) 1 Thlr; geb. 1 Thlr 15 Ngr

—— die Lieder des Mirza-Schaffy, mit einem Prolog. 20.—44. Aufl. Berlin 867—73, v. Decker'sche Geh. Ober-Hofbuchdr. Diamant-Ausg. 32. (XXIV, 198 S.) cart. * geb. mit Goldschn. *
Volks-Ausg. 16. (XXIV, 224 S.) cart. * geb. *

—— dass. — Ins Hebräische übertragen und mit einem Prolog versehen von Jos. Chocziner. 32. (XVI und 160 S.) Breslau 868, Schletter'sche Buchh. *

— — Volks-Ausg. 23. Aufl. Ebend. 869. 16. (XXIV, 224 S.) n. 12⅓ Ngr

— die Lieder d. Mirza Schaffy m. e. Prolog. 46. Volks-Ausg. 16. (XXIV, 224 S.) Berlin 873. v. Decker. 1. 50; geb. n. 2. —

—— dass. — 45. und 49. Aufl. Diamant-Volksausg. 32. (XXIV, 198 S.) Ebendas. 873,74. cart. * geb. mit Goldschn. *

Bodenstedt, Friedr., die Lieder des Mirza-Schaffy mit einem Prolog. 46. Aufl. Volks-Ausg. 16. (XXIV, 224 S.) Berlin 874, v. Decker'sche Geh. Ober-Hofbuchdr. cart. * geb. *

—— dass. — 47. und 51. Aufl. Miniatur-Ausg. 16. (XXXIV, 224 S.) Ebendas. 874,75. geb. mit Goldschn.

—— d. Lieder d. Mirza Schaffy. Min.-Asg. 16. (224) Berl. 75, v. Decker. 3. —; geb. 4. 50 || 49. Afl. Diamant-Asg. 32. (198) 75. n. 1. 25; geb. n. 2. 25

— dasselbe. 50. Aufl. Jubel-Ausg. Mit dem Bildnisse d. Verf. nach Kaulbach (in Photogr.), 1 Titelblatt u. 12 Illustr. v. Giovanni Abonnelli u. Adb. Müller in Farbendr. v. W. Loeillot. Fol. (XVI, 220 S.) Ebend. 875. geb. m. Goldschn. n. 72. —

—— die Lieder des Mirza-Schaffy, mit einem Prolog. 48., 53., 55., 57., 58., 60., 62., 64., 66.—69., 71., 73., 74., 76., 78., 79., 81.—84., 86. und 88. Aufl. (Diamant-Ausg.) 32. (XXIV, 200 S.) Berlin 875—80, v. Decker's Verlag. cart. * geb. mit Goldschn. *

—— dass. — 52., 54., 56., 59., 63., 65., 72., 75., 77., 85. und 87. Aufl. (Volks-Ausg.) 16. (XXIV, 200 S.) Ebendas. 875—80. cart. * geb. in Leinw. *

—— dass. — 61., 70. und 80. Aufl. (Min.-Ausg.) gr. 16. (XII, 216 S.) Ebendas. 876—79. ℳ 3.; geb. mit Goldschn.

—— dass. — 93. und 106. Aufl. (Min.-Ausg.) gr. 16. (XIV, 216 S.) Ebendas. 880,82. * 3 — geb. mit Goldschn. * 4 50

—— die Lieder des Mirza-Schaffy, mit einem Prolog. 89., 90., 92., 94., 95., 97.—100., 102., 104., 105., 107., 109., 110., 112—114. Aufl. (Diamant-Ausg.) 32. (XXIV, 200 S.) Berlin 880—84, v. Decker's Verlag. cart. mit Goldschn. * 2 — geb. mit Goldschn. * 2 25

—— dass. — 91., 96., 101., 103., 108., 111. und 115. Aufl. (Volksausg.) 12. (XIV, 216 S.) Ebendas. 880—84. cart. * 1 50 geb. * 2 —

—— dass. — 116., 117., 120., 121., 123., 124., 127.—129. Aufl. (Diamant-Ausg.) 32. (XXIV, 200 S.) Ebendas. 884—88. cart. mit Goldschn. * geb. mit Goldschn. *

—— die Lieder des Mirza-Schaffy, mit einem Prolog. 118., 122. und 125. Aufl. (Volks-Ausg.) gr. 16. (XXIV, 216 S.) Berlin 885—87, v. Decker's Verlag. cart. * ℳ 1.50.; geb. *

—— dass. — 119. und 126. Aufl. (Min.-Ausg.) gr. 16. (XXIV. 216 S.) Ebendas. 886,87. geb. mit Goldschn.

— die Lieder d. Mirza-Schaffy, m. e. Prolog. 139. Aufl. Volks-Ausg. 16. (XXIV, 216 S.) Berlin 892. R. v. Decker. Geb. in Leinw. n. 2. —

— dasselbe. 140. Aufl. Min.-Ausg. 12. (XXIV, 216 S.) Ebd. 892. Geb. in Leinw. m. Goldschn. 4. 50

— d. Lieder d. Mirza-Schaffy, m. e. Prolog. 145. Afl. (Volks-Asg.) 16° (241) Berl. 94, R v. Decker. Geb. in Lnw. 2 — || 140. Afl. Min.-Asg. 12° (240) 93. Geb. in Lnw. m. G. 4.50 || 144. Afl. Diamant-Asg. 16° (228) 92. Geb. in Lnw. m. G. 2.25

— dasselbe. 141. Aufl. Diamant-Ausg. 16. (XII, 200 S.) Ebd. 892. Geb. in Leinw. m. Goldschn. n.n. 2. 25

— dasselbe. 142. Aufl. Volksausg. gr. 16. (XXIV, 216 S.) Ebd. 892. Geb. in Leinw. n. 2. —

— dasselbe. 143. u. 144. Aufl. Diamant-Ausg. 16. (XXIV, 200 S.) Ebd. 893. Geb. in Leinw. m. Goldschn. n.n. 2. 25

— dasselbe. 145. Aufl. Volks-Ausg. gr. 16. (XXV, 216 S.) Ebd. 893. Geb. in Leinw. n. 2. —

— die Lieder des Mirza-Schaffy, m. e. Prolog. 161. Aufl. 241.—250. Taus. schmal 12. (XXIV, 200 S.) Berlin 902. R. v. Decker. Geb. in Satin m. Goldschn. 3. —; in Ldr. m. Goldschn. 4. 50

— Die Lieder des Mirza-Schaffy, m. e. Prolog. 162. Aufl. 251—255. Taus. (XXIV, 200 S.) 17,5×8,5 cm. Berlin 909. R. v. Decker. Geb. in Leinw. 3.—; in Ldr. m. Goldschn. 4. 50

—— dass. — Translated by E. d'Esterre, s. a. Asher's Collection of English Authors.

— die Lieder u. Sprüche d. Omar Chajjâm, verdeutscht. 1. u. 2. Aufl. 8. (XXII, 217 S.) Breslau 881. Schletter. geb. n. 6. —

— die Lieder u. Sprüche d. Omar Chajjâm, verdeutscht durch F. B. 4. (Titel-)Aufl. 8. (XXII, 217 S.) Breslau 889. Schletter'sche Buchhandlg. geb. n. 4. 80

— eine Mönchsliebe. Das Mädchen v. Liebenstein. 2. Aufl. 8. (128 S.) Berlin 887. Janke. n. 1. —

— aus Morgenland u. Abendland. Neue Gedichte u. Sprüche. 8. (X, 284 S.) Leipzig 882. Brockhaus. n. 5. —; geb. n. 6. —

— aus Morgenland u. Abendland. Neue Gedichte u. Sprüche. 2. Aufl. gr. 8. (X, 284 S.) Leipzig 884. Brockhaus. n. 5. —; geb. n. 6. —

— dasselbe. 8. Aufl. 8. (X, 284 S.) Ebend. 887. geb. m. Goldschn. 8. —

— aus dem Nachlasse Mirza Schaffy's, s.: Verein, allgemeiner f. deutsche Literatur.

—— dass. — (Pracht-Ausg.) 4. (217 S. mit Chromolithogr. und chromolithogr. Seiten-Einfassung.) Ebendas. 883. geb. in Leinw. * M 12.; in Pergament * 20 —
Die frühern Aufl. Berlin 1875—79, A. Hofmann's Separat-Conto.

—— aus dem Nachlasse des Mirza Schaffy. Neues Liederbuch. 13. Aufl. 8. (XXIV, 259 S. mit Titel in Farbendr.) Leipzig 884, Brockhaus. geb. 6 —

— dasselbe. 14. Aufl. Min.-Ausg. 12. (XXI, 217 S.) Ebend. 887. geb. m. Goldschn. 4. 50

— dasselbe. 15. Aufl. Volks-Ausg. 12. (XXI, 215 S.) Ebend. 887. geb. 2. —

— dasselbe. (Pracht-Ausg.) 4. (217 S. m. Chromolith. u. chromolith. Seiten-Einfassg.) Ebend. 888. geb. in Leinw. n. 12. —; in Pergament n. 20. —

— aus dem Nachlasse v. Mirza-Schaffy. Neues Liederbuch. 16. Aufl. Volks-Ausg. 12. (XXI, 217 S.) Leipzig 891. F. A. Brockhaus. Geb. 2. —

— dasselbe. 17. Aufl. Min.-Ausg. 12. (XXI, 217 S.) Ebd. 891. Geb. m. Goldschn. 4. 50

Bodenstedt, Frdr., die neuen Nibelungen, siehe: Nekkenlob.

Bodenstedt, Frdr., Aus Ost u. West. Sechs Vorlesungen. Berlin 861. v. Decker. 8. (VII, 204 S.) 1 ℛ

—— Lady Penelope. Erzählung. 2. Aufl. 8. (131 S.) Berlin 887, Janke. *

— Pharus am Meere des Lebens, s.: Coutelle, Carl.

—— Prinzessin. Hugo u. Hulda. Zwei Erzählgn. 8. (235 S.) Berl. 889, Janke. [* 2 —] * 1 —

Bodenstedt, Frdr., eines Königs Reise. Erinnerungsblätter an König Max. (Auch m. d. Tit.: Aus meinem Leben. Bd. 1.) Leipzig 1879. 8°. Eleg. gepr. Orig.-Sarsbd.
VIII-295 S.

— Sakuntala. Eine Dichtg. in 5 Gesängen. Illustr. v. Al. Zick. gr. 4. (135 S. m. eingedr. Illustr. u. 9 Lichtdr.-Taf.) Leipzig 887. Tietz. geb. m. Goldschn. n. 20. —

—— Sakuntala. Eine Dichtg. in 5 Gesängen. Mit Randleisten u. e. Titelbild v. Alex. Zick. 8. (166 S.) Lpz. 889, Titze. * 3 — In Liebhaber-Einbd. * 5 —

—— der Sänger von Schiras, s. a. Verein, allgemeiner, für deutsche Literatur.

—— der Sänger von Schiras. Hafisische Lieder, verdeutscht. Mit 7 Titel-Illustr. von Fr. Skarbina. 1. und 2. Aufl. (Diamant-Ausg.) 16. (XXII, 214 S.) [Berlin 880, A. Hofmann's Separat-Conto.] Jena, Costenoble. geb. mit Goldschn. * 5 —

— der Sänger v. Schiras. Hafisische Lieder, verdeutscht. 3. Aufl. gr. 8. (XLIII, 211 S.) Jena 884. Costenoble. cart. n. 4. —; geb. n. 6. —

— dasselbe. Diamant-Ausg. 3. Aufl. 16. (XXII, 214 S.) Ebend. 884. geb. m. Goldschn. n. 5. —

— William Shakespeare, s.: Shakespeare's dramat. Werke.

— William Shakespeare, ein Rückblick auf sein Leben u. Schaffen, s.: Shakespeare's W.. dramatische Werke.

—— s. Shakespeare's Sonette.

Bodenstedt's, Frdr., gesammelte Schriften. Gesammt-Ausg. in 12 Bdn. Berlin 865—69. v. Decker. 8. (XXVI, 2747 S.) 6 ℛ

Bodenstedt's, F, gesamm. Schriften. 12 Bde. 8. (2088) Berl. 65—69, v. Decker. à — 15

— the songs of Mirza Schaffy, with a prologue. Translation, approved by the poet, from the 84th german ed. by E. d'Esterre. 8. (XXIX, 233 S.) Hamburg 880. Grädener. n. 4. 50; geb. n. 6. —

Bodenstedt, Frdr., Szegedin. Prolog zu der Sonntag, 30. März, stattfind. Matinée zum Besten Szegedins. gr. 8. (4 S.) Wiesbaden 879. Jurany & Hensel. n. n. — 50

— Tausend u. Ein Tag im Orient. 8. (XVI u. 376 S. m. 1 Holzschn.) — Fortsetzung u. Schluß. (2. Bd.) 8. (XIV u. 402 S. m. 1 Holzschn.) Ebd. 850. (à 1 1/2 ℛ) 3 ℛ In Engl. Einb. (à n. 1 5/6 ℛ) 3 2/3 ℛ

— Tausend und Ein Tag im Orient. 3 Bde. 2. verb. u. verm. Aufl. Ebend. 853, 54. 8. (XII, 340; XI, 332; VIII, 400 S.) 3 ℛ 22 1/2 ngr

— Tausend u. Ein Tag im Orient. 3. Aufl. Ebend. 859. 12. (XII, 514 S.) 1 ℛ

— Tausend u. Ein Tag im Orient. 5. Aufl. 3 Thle. in 1 Bd. 8. (XXII, 195; VII, 183 u. IV, 200 S. m. 1 Titelbild.) Berlin 891. R. v. Decker. n. 5. —; geb. n. n. 6. 50

—— Thamar u. ihr Kind. Die geheimnißvolle Sängerin. Oheim u. Neffe. Drei Erzählgn. 8. (128 S.) Berl. 889, Janke. [* 1 —] * — 50

— Theater. [Kaiser Paul. — Wandlungen.] 8. (X, 234 S.) Berlin 876. Grote. cart. n. 3. —; geb. n. 4. —

— Theodora. Ein Sang aus dem Harzwald. Mit Illustr. der Maler Ernst Schulz, Alex. Zick u. Mor. Bocher. gr. 4. (111 S.) Leipzig 891. Adb. Fischer's Verl. Geb. in Prachtbd. m. Goldschn. n. 15. —

Bodenstedt, Friedr., die poetische Ukraine, s. Ukraine.

—— Verschollenes und Neues. Ein Dichterbuch aus Deutschland und Oesterreich. 1.—3. Aufl. 8. (XVI, 320 S.) Hannover 877, 78, Helwing'sche Verlagsh. geb. mit Goldschn. *

— die Völker des Kaukasus u. ihre Freiheitskämpfe gegen die Russen. Ein Beitrag zur neuesten Geschichte d. Orients. Mit 7 (lith.) Taf. Abbildgn. u. 1 Vignette. gr. 8. (XVI u. 572 S.) Frankfurt a. M. 848, Keßler. 4 ℛ — 2. (Titel-)Ausg. gr. 8. Ebd. 849. Lizius. 2 1/2 ℛ

— die Völker des Kaukasus und ihre Freiheitskämpfe gegen die Russen. Ein Beitrag zur neuesten Geschichte des Orients. 2., gänzlich umgearb. u. durch eine Abhandlung über die oriental. Frage verm. Aufl. 2 Bde. Ebend. 855. 16. (XII, 388; VI, 460 S.) 3 ℛ 15 ngr

— Zeitgedichte. 16. (36 S.) Berlin 870. Lipperheide. — 50

— Shakespeare's Zeitgenossen und ihre Werke. In Charakteristiken u. Uebersetzungen. (In 3 Bdn.) Ebend. 858. 8. 1. Bd.: John Webster's dramatische Dichtungen nebst Stücken von Marston, Dekker u. Rowley. Von Friedr. Bodenstedt. (XV, 392 S.) 1 ℛ 15 ngr

— Shakespeare's Zeitgenossen u. ihre Werke. In Charakteristiken u. Uebersetzungen. 2. 3. Bd. Ebend. 860. 8. Jeder Bd. 1 ₰ 15 ngr.
2. Bd.: John Fords dramatische Dichtungen nebst Stücken v. Dekker u. Rowley. (XXXIX, 389 S.)
3. Bd.: Lilly, Greene u. Marlowe, die drei bedeutendsten Vorläufer Shakespeare's u. ihre dramat. Dichtungen. (VIII, 373 S.)

— Die Zigeunerherberge. Die feindlichen Nachbarn. Zwei Erzählgn. 2. Aufl. 8. (140 S.) Berl. 889, Janke. * 1 —
Vgl.: Ulrömsa, west-östl. Stammbuch zu Mirza-Schaffy's 70. Geburtstage.

Bodenstedt. Friedrich Martin

Gräfin Helene. Novelle.
Stuttgart: Richter & Kappler 1880. 126 S. 8°

Bodenstedt, M.

-- Pharus am Meere d. Lebens. s.: Coutelle, Carl.

Bodenstedt, Mathilde, Maria und Elsbeth. Eine Erzählung für Mädchen von 8 bis 14 Jahren. Mit 4 Bildern (Holzschn.) nach Zeichnungen von A. Corrodi. Kassel, 853. (Bertram.) 8. (VI, 97 S.) 20 ngr

Bodenstedt, M, Maria u. Elsbeth. Erz. f. Mädchen. 8. (97) Kass. 53. (Glog., Flemming.) — 20

Bodenstedt, Mathilde, Maria und Elsbeth. Eine Erzählung für Mädchen von 8 bis 14 Jahren. br. 8. (VI und 97 S. mit 4 Bildern in Holzschn. nach Zeichnungen von A. Corrodi.) Kassel 853, J. Luckhardt.

Bodenstein: O f f i z i e r - S t a m m l i s t e des ..., s.a. B o d e n s t e i n, Wilhelm

Bodenstein: Offizier-Stammliste d. 2. bad. Grenadier-Regts Kaiser Wilhelm I. Nr. 110. Abgeschl. am 1.VIII.'02. (218) 8° Oldnbg, G Stalling's V.'02. 6 —; geb. 8.50 d

Bodenstein: Der deutsche Zolltarif vom J. 1879, s. B o d e n s t e i n, C.

Bodenstein, Armin (Colbat/Stargard), De typho abdominali. Diss. med. Bln. (Nietack) 16. VIII. 1845. 32 S., mit Biogr. (M.: Schmidt.) (4.—) 3051
Oppon.: C. Stephan, A. Marggraff, J. Schmidt. — Gew.: Uhden, G. H. Bernsée.

Bodenstein, Bernhard

Bodenstein, Bernh., Arbeiterausschüsse, Arbeitsordnungen, Unterstützungskassen im Bergbau. Erläuterungen zur Berggesetznovelle v. 1905. 2. Aufl. (77 S.) 8. Essen 905. O. Radke's Nachf. n. — 75

Bodenstein, Bernh., Arbeiterausschüsse, Arbeiterordnungen, Unterstützungskassen im Bergbau. Erläuterungen zur Berggesetznovelle von 1905. 3. Aufl. 8°. Essen, Radkes Nachf., 1905.

— u. M. v. **Stojentin,** der Arbeitsmarkt in Industrie u. Landwirtschaft u. seine Organisation. Vorträge, geh. auf der Tagg. der mitteleurop. Wirtschaftsvereine in Berlin am 17. V. 1909. (54 S. m. 4 farb. Taf.) Lex. 8. Berlin 909. Puttkammer & Mühlbrecht. 2. —

Bodenstein, B., die Beschäftigung ausländischer Arbeiter in der Industrie. Vortrag, geh. in der Versammlg. der Hauptstelle deutscher Arbeitgeber-Verbände am 27. VI. 1908 in Berlin. (28 S. m. 4 Fig.) Lex. 8. Essen 908. G. D. Baedeker. — 80

Bodenstein, B., Umfang der Verpflichtung des Arbeitgebers, über das Einkommen seiner Angestellten und Arbeiter Auskunft zu erteilen. (§ 23 der Einkommensteuer-Novelle vom 19. Juni 1906). Essen-Ruhr, 1906. 4 S.

Bodenstein, B., Wie sind Lohnbeschlagnahmen vom Arbeitgeber (Drittschuldner) zu berücksichtigen? Essen-Ruhr, 1906. 5 S.

Bodenstein, C.: Hundert Jahre K u n s t g e s c h i c h t e Wiens 1788 - 1888, s. B o d e n s t e i n, Cyriak

Bodenstein, C., die Statistik d. deutschen Waarenverkehrs u. dem Auslande nach dem Reichsgesetz vom 20. Juli 1879. gr. 8. (XVI, 276 S.) Berlin 880. C. Heymann's Verl. n. 4. —

Bodenstein, der deutsche Zolltarif vom J. 1879. Nach den Motiven des Gesetz-Entwurfs und den Beschlüssen des Reichstags erläutert. 8. (184 S.) Berlin 879, C. Heymann's Verlag. cart. *

Bodenstein, Cirial — Aphorismen. Geeignet als Diktandostoffe und zum Vorschreiben als Vorschriften für katholische Volksschulen. Von — —. Wien, 1857. Druck und Verlag von A. Pichlers Witwe und Sohn. (46 S. 8.)

Bodenstein, C.. s.: Galerien, Wiener.

Bodenstein, Cyriak, hundert Jahre Kunstgeschichte Wiens 1788—1888. Eine Festgabe anlässlich der Säcular-Feier der Pensions-Gesellschaft bildender Künstler Wiens. Lex.-8. (LXIV, 206 S. mit 1 Portr. L. Binder's.) Wien 888, Gerold's Sohn. cart. * 10.—.; geb. *

Bodenstein Cyriak: Dr. M. Deutingers Kunstlehre. II. 1884 PN 303 Diss.Wien, Univ. 25

— **Eduard** (Euthranus), De epilepsia. Dissert. med. Präs. Ernst Heinr. Weber. Lpz. (Staritz) 2. VIII. 1831. 24 S. u. 2 Tfln. Abb. (4.50) 3052
Gew.: Carl Friedr. Leopold Bodenstein.

Bodenstein, Ernst August Max, s. B o d e n s t e i n, Max

Bodenstein, Ferdinand: Hessische Aktenstücke aus den Pestjahren 1666 und 1667. *(Darmstadt 1901: G. Otto.)* (23 S.) 4° [F.]
Bensheim, grossh. G, OP 1901 (688)

Bodenstein, Franz [aus Hamburg]: Die Accentuirung der mehrsilbigen Präpositionen bei Otfrid ... Freiburg i. Br., Universitätsbuchdr. v. Ch. Lehmann, 1896; 83 S. 8.
Freiburg i. B., Phil. Fak., Inaug.-Diss. v. 1896

Bodenstein, Gustav [aus Oschersleben]: Beiträge zur Kenntniss der Chlorderivate des Naphtalins .... Hannover, Hofbuchdr. d. Gebr. Jänecke, 1888; 30 S. + 1 Bl. 8°
Freiburg i. B., Phil. Fak., Inaug.-Diss. v. 1888

Bodenstein Gustav: Baierns Beziehungen zu Oesterreich von 1486 bis zum Vergleich von Augsburg 1492. II. 1905 PN 1936 Diss.Wien, Univ. 913

***Bodenstein,* J. F. C., Diss. inaug. hist. paedagog. difficultates institut. litterariae apud Graecos et Romanos iis, quae in scholis hodiernis obviae sunt, compar. 4. Helmst. 804. Fleckeisen. 6 ggl**

— **Johann Christian** (Grimmensis), De viribus medicamentosis hydrargyri et inde arte factorum pharmacorum. Diss. I. Lpz. (Langenheim) 3. IX. 1773. 27 S. (4.80) 3053

Bodenstein, Kaspar

Bodenstein, K: Das Ehrgefühl d. Kinder, s.a. **Magazin, pädagog.**

Das Ehrgefühl der Kinder. Wie weit darf u. wie muss d. Erzieher es anregen? Von K[aspar] Bodenstein in Eisenach. *Langensalza: H. Beyer & Söhne 1899.* (47 S.) 8°
= Magazin, Pädagogisches. H. 133. 99 916

Bodenstein, Martin, prakt. Arzt: Zur Exstirpation der Thränendrüse. *Greifswald 1901: J. Abel.* (24 S.) 8°
Greifswald, Med. Diss. v. 7. Mai 1901

Bodenstein, Max (Hrsg.), s. B u n s e n , Robert: Gesammelte Abhandlungen.

Bodenstein, Max, Dr.: **Gasreaktionen in der chemischen Kinetik.** Mit 7 Fig. im Text. *Leipzig: W. Engelmann 1899.* (VI, 142 S.) 8°
Heidelberg, Naturw.-math. Hab.-Schr. v. 1899

Bodenstein, Max: Das evangelische Kirchenlied und seine Behandlung auf den höheren Schulen. Greifenberg i. P., gedr. bei C. Lemcke, *1891;* S. 1—21; 4°
Greifenberg i. P., Friedrich-Wilhelms-G, OP 1891 (132)

Bodenstein, Max, Prof.: Zur Methodik und Stoffverteilung des evangelischen Religionsunterrichts auf der Unter- und Mittelstufe der noheren Schulen. Greifenberg i. Pomm. 1907: C. Lemcke. (S. 1—14.) 4°
Greifenberg, k. Friedrich-Wilhelms-G OP 1907 (171)

Bodenstein, *Ernst August* Max [aus Magdeburg]: Über die Zersetzung des Jodwasserstoffgases in der Hitze ... (Aus: Zeitschr. f. physik. Chem., Bd XIII Heft 1. 1894.) Leipzig, W. Engelmann, 1894; 76 S., 1 Bl. 8.
Heidelberg, Naturw.-math. Fak., Inaug.-Diss. v. [25. Okt.] 1893

Bodenstein, Oskar [aus Pr. Stargard]: Hysterie beim männlichen Geschlecht. ... Würzburg, Druck d. Ferdinand Röhrl'schen Buchdr., 1889; 81 + 1 S. 8°
Würzburg, Med. Fak., Inaug.-Diss. v. 1889

Bodenstein, Paul, Beitrag zur Casuistik von Deckung grosser Defekte am Arm durch einen Bauchlappen. Diss. Greifswald 1887, Jul. Bindewald. 8°. 25 S. mit einer Taf.

Bodenstein, Rich. Studien zu Ovids Heroides. 22 S. *Merseburg* 1882.

Bodenstein Walter: Ueber den Einfluß der Abhandlung „Ueber den Ursprung der Sprache" von Joh. Gottfried Herder auf Adelung und Bernhardi.
1906 PN 2150 Diss. Wien Univ. 201

Bodenstein, Wilhelm, a. Nedlitz, Arzt an Sanitätsrat Dr. Pilling's Heilanstalt in Aue i. Erzgeb.: Aus d. med. Universitätspoliklinik zu Leipzig ⟨Direktor Geh. Med. Rat Prof. Dr. F. A. Hoffmann⟩. Kasuistischer Beitrag zur Injektionsbehandlung der Ischias. Leipzig 1908: B. Georgi. (46 S.) 8°
Leipzig, Med. Fak., Ref. Hoffmann, Diss. v. 25. April 1908
[Geb. 4. Juni 70 Nedlitz, Kr. Jerichow I; Wohnort: Aue im Erzgebirge; Staatsangeh.: Preußen; Vorbildung: Pädagogium Magdeburg Reife M. 88; Studium: Marburg 6, München 1, Bonn 4, Kiel 8, Leipzig 6 S.; Coll. 9. Mai 08; Approb. 18. Juli 06.]

Offizier-Stammliste des 2. Badischen Grenadier-Regiments Kaiser Wilhelm I. Nr. 110. Zur Feier d. 50jähr. Bestehens d. Rgts 1902 auf Befehl d. Rgts zsgest. von (Wilhelm) **Bodenstein,** Oberlt. Abgeschl. am 1. Aug. 1902. Berlin, Oldenburg, Leipzig: G. Stalling 1902. (218 S.) 8° [F.] 08. 9414

Bodensteiner, Ernst: Szenische Fragen über den Ort des Auftretens und Abgehens von Schauspielern und Chor im griechischen Drama. '(Gekr. Preisschr. d. Univ. München.)' ... (Aus: Jahrb. f. class. Philol., Suppl.-Bd 19.) Leipzig, Druck v. B. G. Teubner, 1893; 2 Bl., 639—724 S., 1 Bl. 8.
München, Phil. Fak., Inaug.-Diss. v. 1893

Bodensteiner, Ernst, szenische Fragen üb. den Ort des Auftretens u. Abgehens v. Schauspielern u. Chor im griechischen Drama. (Gekrönte Preisschrift der Universität München.) [Aus: „Jahrbb. f. class. Philol.", 19. Suppl.-Bd.] gr. 8. (174 S.) Leipzig 893. B. G. Teubner. n. 4. —

Bodensteiner, Ernst, s.: **Bericht** üb. d. antike Bühnenwesen.

Bodensteiner, Ernst, das antike Theater, s.: **Tabulae** quibus antiquitates graecae et romanae illustrantur.

Bodensteiner, P. Franz —. Predigt auf die Jubelfeier des fünfzigjahrigen Priesterthums der . . . Herren P. Jos. f Schmid sen. . . . P. Raimund Will und P. Theodor Bauer, am 17. Sonntag nach Pfingsten, den 1. Oktober 1854 vorgetragen in der Cisterzienser-Stiftskirche zu Zwetl. Von — —. 8. (16 S.) Wien. 1854. Druck von J. B. Wallishausser 1854.

Bodensteiner, Friedrich: Beitrag zur Kenntnis des Morbus Basedowii. *München 1901: Kastner & Lossen.* (55 S.) 8°
München, Med. Diss. v. 1901

Bodent, Augustin, s. B o d e n t , Joh. Ulrich Augustin

Bodent, J.: B i o g r a p h i e des Truchsessen Georg III., s. W a l c h n e r , K.

Bodent, Joh. Ulrich Augustin

— das erläuterte Evangelium auf alle Sonn- u. Werktage d. heil. Fastenzeit. gr. 8. Memming. 819.

Bodent, Jh. Ulr. Aug., Gelegenheitsreden d. Forderungen d. Zeitgeistes angemessen rc. 8. Ulm 808. Wohler. 6 K

— die erste u. heil. Geschichte d. Menschheit, Jesus Christus; histor.-krit., mit stetem Rückblick auf griech., röm. u. jüdische Religionsgeschichte. 4 Bde. gr. 8. Gmünd 818—23. (Gradmann in Ravensb.) 6 fl

Bodent, A., erste und heiligste Geschichte d. Menschheit, Jesus v. Nazareth, historisch-kritische Religionsgeschichte 2 Bde. gr. 8. Gmünd, Ritter. 818 u. 19.

Bodent, (Augustin,) die erste u. heiligste Geschichte d. Menschheit, Jesus Christus; historisch-kritisch, mit stetem Rückblick auf griechische, römische u. jüdische Religionsgeschichte. 3r u. 4r Bd. gr. 8. Gemünd 823. (Gradmann in Ravensberg.)

— geistl. Reden im systematischen Zusammenhange. 3 Bde. gr. 8. Augsb. 810 — 12. M. Rieger. 3 fl 8 K

Bodent, Aug., geistl. Reden im systematischen Zusammenhange. 3 Bde. gr. 8. Augsburg, M. Rieger. 811 — 815.

Bodent, Jos. Ulrich Augustin, s. B o d e n t , Joh. Ulrich Augustin

Bodent, B., das Sonntagsblatt eine belehrende Volksschrift für Aeltern, Erzieher rc. 1s u. 2s Heft. 8. Freiburg, Herder. 812.

Bodenteich [Schlagwort]

Bodenteich, s.: **Preussen,** Messtischblätter.

Bodenthal, Otto, ein wackerer Soldat Jesu Christi: General de Sonis, s.: **Volksbibliothek,** katholische, Nr. 10.

Boden- u. Culturverhältnisse, die, Masurens u. wodurch sie zu heben sind, namentlich wie das dort. Klima zu verbessern ist. Zugleich e. indirecte Aufforderung für die Landwirthe, sich hier anzukaufen. Von e. prakt. Landwirthe nach wissenschaftl. Forschgn. erörtert. (2. Aufl.) gr. 8. (23 S.) Königsberg 881. Laudien. — 75

Bodenverschuldung, Die, und ihre Ursachen. [Zürich 1906]. V: *Näf, Eduard.* (BBullSchw 6, 1906)

Bodenweber, Adf., u. Hugo Dröher, Schaukasten-Konstruktionen, s.: **Handwerker-Bibliothek.** 5. Bd.

Bodenwertskarte nach Bodenklimazahlen. Hrsg. v. Reichsamt f. Bodenforschung. Zweigstelle München. Landesbauernschaft B., München: o.J.

Bodenzinse. Ueber B' und Zehnden in Helvetien. Von einem Vaterlands-freund unentgeldlich ausgegeben. (Gegenbericht und Erinnerungen über die im Maymonat 1798 in dem Berner Tagebuch Nro. 30 und 31 erschienene Frage: Was ist der Zehend?... Den 26. Herbstmonat 1800.) 8. Bern, November 1800.

Boder, H. M., Formulare f. Studirende der Medicin u. Chirurgie u. für Pharmaceuten. Nebst einer Anzahl von Beispielsformeln grösstentheils nach berühmten Aerzten u. ein. Synonymen-Tabelle fast aller officinellen chemisch-pharmaceut. Arzneimittel. gr. 8. (9½ B.) Prenzlau 845. (Vincent.) *

Boeder, *Karl* Otto *Richard* [pr. Arzt aus Stargard i. Pomm.]: Beitrag zur Casuistik der Mischgeschwülste. Beschreibg e. seltenen Falles v. Chondro-Myxo-Sarcom d. Fusses ... Greifswald, Druck v. J. Abel, 1893; 27 S. 8.
Greifswald, Med. Fak., Inaug.-Diss. v. 30. März 1893

Boderke, W., die Christblüte, s.: Reyher, H.

Friedhofs-Klänge. Eine Samml. von Chorälen & Gesängen f. 4stimmigen Männerchor gesammelt u. hrsg. von W. **Boderke**, Kgl. Musikdir. in Eberswalde. 2. verb. u. verm. Aufl. Eberswalde: Lüdeke [1910]. 67 S. 8° [10. 17451]

Boderke, W., Friedhofs-Klänge. Eine Sammlg. v. Chorälen & Gesängen f. 4stimm. Männerchor, gesammelt u. hrsg. 2. verb. u. verm. Aufl. (67 S.) kl. 8. Eberswalde (910). P. Wolfram. Geb. 1. —

Boderke, W., Schul-Choralbuch. (82 S.) kl. 8. Eberswalde (909). P. Wolfram. nn — 40

Bodesohn, August

Anleitung zum Gebrauch der Formular-Mappen im Anschluß an die Gewerbekunde. Von [Aug.] **Bodesohn**, Rektor. Ausg. A f. gewerbl. Fortbildungsschulen. Wittenberg: R. Herrosé 1905. (13 S.) 8° [F.] [06. 6790 S

Anweisung zum Gebrauch der Korrespondenzhefte und Formular-Mappen in Handelsschulen und kaufmännischen Fortbildungsschulen von [August] **Bodesohn**, Rektor. Wittenberg: R. Herrosé 1906. (22 S.) 8° [F.] [06 7316 S

Beispiele und Erläuterungen zu den Formular-Mappen für gewerbliche Fortbildungsschulen. Ausführl. Anweisung z. Gebr. d. Mappen v. A[ug.] **Bodesohn**. Wittenberg: R. Herrosé 1906. (XXVI, 120 S.) 8° [F.] [07. 7863 S

Bodesohn, A., Beispiele u. Erläuterungen zu den Formular-Mappen f. gewerbliche Fortbildungsschulen. Ausführl. Anweisg. zum Gebrauch der Mappen. 2. umgearb., verb. u. verm. Aufl. (XXVIII, 148 S.) gr. 8. Wittenberg 909. R. Herrosé. 2.—; geb. 2. 40

Formular-Mappe für Gewerbliche Fortbildungsschulen. Zsgest. von [August] **Bodesohn**, Rektor. (Ausg. A.) [1–3.] Wittenberg: R. Herrosé 1905[–06]. 3 Bde quer-8° [Umschlagt. F.]
[1.] Unterstufe. [1906.] [2.] Mittelstufe. [1906.] [3.] Oberstufe. 1905. [06. 13918 S

Formular-Mappe für die kaufmännische Fortbildungsschule in –. Zsgest. von [August] **Bodesohn**, Rektor. 1–3. Wittenberg: R. Herrosé [1906]. 3 Bde quer-8° [Umschlagt. F.]
1. Der Kaufmann im Kleinverkehr. 2. ... im Großverkehr.
3. ... im Verkehr mit d. Bank u. d. Behörden. [06. 7317 S

Formular-Mappe für die ländliche Fortbildungsschule im Anschluß an d. Berufs- u. Bürgerkunde. Zsgest. nach d. Saupe'schen Stoffen. Ausg. C der [August] Bodesohn'schen Formular-Mappen. Wittenberg: R. Herrosé [1906]. (49 Formulare.) quer-8° [Umschlagt. F.] [07. 417 S

Kleine Formular-Mappe für gewerbliche Fortbildungsschulen für – – zsgest. von A[ugust] **Bodesohn**, Rektor. (Ausg. B.) Wittenberg: R. Herrosé [1906]. (31 Formulare.) quer-8° [Umschlagt. F.] [06. 13909 S

Bodesohn, A: Formular-Mappe f. Meisterkurse. 20,5×26,5 cm. Wittenbg, R Herrosé ('11). 1.40 d

— Handb. d. Fortbildgsschulkde f. gewerbl. Fortbildgssch. in Preussen, nebst Lehrplanentwürfen f. d. Wittenbger gewerbl. Fortbildgssch. (6, 172) gr8° Ebd. '12. 4.80; L 5.80 d

— u. Wüster, der Handwerker. Lesebuch f. gewerbl. Fortbildungsschulen. Allgem. Tl. (IV, 187 S.) 8. Ebd. 908. Geb. — 95

— — dasselbe. Mit fachkundl. Anh. f. Bäcker, v. Fr. Rosenkranz. (IV, 187 u. 68 S. gr. 8. Ebd. 908. Geb. 1.20; Anh. allein nn — 65

— — dasselbe. Mit fachkundl. Anh.: Der Barbier, Friseur u. Perückenmacher, v. A. Bodesohn. (IV, 186 u. 91 S. m. Abbildgn.) gr. 8. Ebd. 908. Geb. 1.80; Anh. allein — 85

— — dasselbe. Mit fachkundl. Anh.: Der Bauhandwerker, hrsg. v. Fr. Rosenkranz unter Mitwirkg. v. C. Blum u. R. Heere. (IV, 186 u. 112 S. m. Abbildgn.) 8. Ebd. 908. Geb. 1.80; Anh. allein 1. —

— — dasselbe. Mit fachkundl. Anh.: Gemischte Berufe, v. A. Bodesohn. (IV, 186 u. 160 S. m. Abbildgn.) 8. Ebd. 908. Geb. 1.80; Anh. allein — 95

— — dasselbe. Mit fachkundl. Anh. f. Fleischer, v. Fr. Rosenkranz. (IV, 187 u. 80 S. m. Abbildgn.) gr. 8. Ebd. 908. Geb. 1.75; Anh. allein — 80

— — dasselbe. Mit fachkundl. Anh.: Der Kellner u. Koch, v. Fr. Rosenkranz. (IV, 186 u. 132 S. m. Abbildgn.) 8. Ebd. 908. Geb. 2. 15

— — dasselbe. Mit fachkundl. Anh.: Der Maler u. Kunsthandwerker, v. Fr. Rosenkranz. Fachkundl. Anh. f. das Kunstgewerbe (Maler, Stukkateure u. Bildhauer, Tapezierer, Sattler u. Dekorateure u. Glaser). (IV, 187 u. 100 S. m. Abbildgn.) 8. Ebd. 908. Geb. 1.85; Anh. allein — 90

— — dasselbe. Mit fachkundl. Anh.: Der Metallarbeiter, v. Karl Hoffmeister. (IV, 186 u. 100 S. m. Abbildgn.) 8. Ebd. 908. Geb. 1.85; Anh. allein — 90

— — dasselbe. Mit fachkundl. Anh.: Der Schuhmacher u. der Schneider, v. G. Fischer. (IV, 186 u. 80 S. m. Abbildgn.) 8. Ebd. 908. Geb. 1.75; Anh. allein — 80

— — dasselbe. Mit fachkundl. Anh.: Der Tischler, v. Karl Hoffmeister. (IV, 186 u. 100 S. m. Abildgn.) 8. Ebd. 908. Geb. 1. 75

— u. Wüster: Der Handwerker. Leseb. f. gewerbl. Fortbildgssch. Allg. Tl. 3. Afl. (4, 220) 8° Ebd. '10. geb. nn 1.10 d

— dass. Fachkundl. Anh.: Der Bäcker, v. Fr. Rosenkranz. 2. Afl. (125 m. Abb.) 8° Ebd. '11. 1 — d

— — dass. Fachkundl. Anh.: Der Metallarbeiter, v. Karl Hoffmeister. 2. Afl. (116 m. Abb.) 8° Ebd. '11. 1 — d

Lehrpläne für die gewerbliche und kaufmännische Fortbildungsschule in Wittenberg (Bez. Halle). Aufgestellt von A[ugust] **Bodesohn**, Rektor. Wittenberg: R. Herrosé 1907. (136 S.) 8° [F.] [07. 14232 S

Lehrplan-Vorschlag für einklassige gewerbliche Fortbildungsschulen von A[ugust] **Bodesohn**, Rektor. Wittenberg: R. Herrosé 1907. (36 S.) 8° [F.] [07. 14233 S

— Staats- u. Bürgerkunde. Ein Lehr- u. Lesebuch f. den Unterricht in Fortbildungsschulen u. ähnl. Lehranstalten sowie zum Selbstunterricht. (XI, 508 S.) gr. 8. Ebd. 910. Geb. in Leinw. 4. —

— Staats- u. Bürgerkde. Lehr- u. Leseb. f. Fortbildgssch. (11, 508) gr8° Ebd. '10. L 4 — ‖ 2. Afl. (13, 652) '12. L 5 —; Prämienausg. 5 — d

Bodesohn, praktische Winke für die erfolgreiche Ausgestaltung unserer Fortbildungsschulen. (23 S) Wittenberg 1905

Bodet, Gustav [aus Cronenburg (Rheinpreussen)]: **Enchondroma** scapulae Würzburg, Anton Boegler'sche Buchdr., 1887; 30 S. 8°
Würzburg, Med. Fak., Inaug.-Diss. v. 1887

Bodet, Gustav, Enchondroma scapulae. Diss. Würzburg 1887, Stahelsche Univ.-Buchh. 8°. 30 S.

Bodetal [Schlagwort]

Bodetal, s.: Thale.

Bodethal [Schlagwort]

Bode-Thal, s.: Harz.

Bodeusch, P., Perlen deutscher Lyrik. E. auserles. Sammlung neuerer lyr. Gedichte. Nebst e. Anh.: Aus fremden Zungen. 8. (III, 872 S.) Langensalza 898. Schulbuchh. Geb. in Leinw. 4. —

Perlen deutscher Lyrik. Eine auserlesene Sammlung neuerer lyrischer Gedichte. Nebst e. Anh.: Aus fremden Zungen. Hrsg. von P. **Bodeusch**. 2. Aufl. *Langensalza: F. G. L. Gressler 1903.* (372 S.) 8° [Fr.] (09. 1843) 3

Bodeusch, Theodor

Bodeusch, Thdr., Gewerbehalle. Fortschreitende Uebungen im Zeichnen für Volks-, Bürger- und Sonntagsschulen. 8 Hefte. qu. 4. (à 12 Stnt.) Langensalza 868,69, Schulbuchh. von Greßler. 1. und 2. Heft à 75 Pf.; 3. Heft *M.* 1,20.

Bodeusch, Th., Landschaften. Durch gerade Linien dargestellt. Uebungen f. junge Zeichner. 1. 2. Hft. (à 8 lith. Taf.) Langensalza 861. Greßler. qu. 4. Jedes Heft 6 ngr.

— Landschaften. Uebungen für junge Zeichner. 3—7. Heft. (à 12 lith. Bll.). Ebend. 865—67. qu. 4. 1 ℛ 18 ngr.
3.: 9 ngr.; 4. 5.: à 12 ngr.; 6. 7.: à 7½ ngr.

— Licht u. Schatten. Zeichenblätter zur prakt. Anwendung nebst kurzen Lehrsätzen zum Verständniß derselben. 1. Hft. Ebend. 864. 4. (12 lith. Taf. u. 2 S. Text.) 12 ngr.

— Licht u. Schatten. Zeichenblätter zur prakt. Anwendung nebst kurzen Lehrsätzen zum Verständniß derselben. 2. Heft. Ebend. 865. 4. (12 lith. Bll. u. 2 S. Text.) 12 ngr.

Bodeusch, Thdr., Modelle für Handwerker progressiv geordnet und Volks-, Bürger-, Sonntags- und Gewerbschülern zum Nachzeichnen, Lehrlingen, Gehilfen und Meistern zum Ausführen in körperlichen Stoffen übergeben. Hrsg. von der Direction des Vereins für Gewerbe-, Land- und Gartenbau zu Langensalza. 6 Hefte. qu. gr. 4. (72 Stnt.) Langensalza 860. 61, [Schulbuchhandlung von Greßler.] [1. und 2. Heft à 7½ Ngr., 3—5. Heft à 9 Ngr., 6. Heft 12 Ngr.]

—— dass. — (2. Abthl.: Specielle Uebungen.) 7—12. Heft. (à 12 Stnt.) qu. gr. 4. Ebendas. 861.

Inhalt:
Heft 7., 8. Für künftige Tischler. à 9 Ngr.
" 9. Für angehende Wagenbauer. 9 Ngr.
" 10. Für Messerschmiede und verwandte Gewerbe. 9 Ngr.
" 11. Für Steinmetzen. 12 Ngr.
" 12. Für Gold- und Silberarbeiter und verwandte Gewerbe. 12 Ngr.

—— die Perspektive. Zeichenblätter zur prakt. Anwendung nebst kurzen Lehrsätzen zum Verständniß derselben. 6 Hefte. 4. (à Heft 7 Stnt. und 2 S. Text.) Langensalza 863,65, Schulbuchh. von Greßler. à Heft 12 Ngr.

— Statuen berühmter Männer in den Hauptstädten Frankreichs u. Deutschlands. Ein Prämienbuch für fleißige Zeichenschüler. 1. Heft. Langensalza 865. Greßler. 4. (8 lith. Bll.) 9 ngr.

- architektonische Verzierungen in lückenloser Stufenfolge vom Leichtern zum Schwereren fortschreitend. 1. u. 2. Hft. (à 12 lith. Taf.) Ebend. 859, 60. qu. 4. Jedes Heft 12 ngr.

Bodeusch, W: Fremdwörterb., s.a. Gressler, FGL.

Bodeusch, W., Fremdwörterbuch. 5. Aufl. Vermehrt durch die gebräuchlichsten latein., französ., engl. und italien. Sprüchwörter. gr. 8. (291 S.) Langensalza 861, [Schulbuchhandlung von Greßler.]

Bodeusch, W., Fremdwörterbuch. 6. Aufl. 1864. 18 Ngr. und 7. Aufl. Vermehrt durch die gebräuchlichsten latein., französ., engl. und italien. Sprüchwörter. 8. (436 S.) Langensalza 866, Schulbuchh. von Greßler.

Bodeusch, W, Fremdwörterb. 8. Afl. 8. (394) Langens. 69, Gressler. — 24

Bodeusch, W., Fremdwörterbuch. 9. Aufl. Vermehrt durch die gebräuchlichsten latein., französ., engl. u. italien. Sprichwörter. br. 8. (IV, 396 S.) Langensalza 872. Schulbuchh. 2. 40

Bodeusch, W., Fremdwörterbuch. 10. und 11. Aufl. Vermehrt durch die gebräuchlichsten latein., französ., engl. und italien. Sprichwörter. br. 8. (IV, 400 S.) Langensalza 874—77, Schulbuchh. von Greßler. *M.* 2,40.; geb.

Bodeusch, W., Fremdwörterbuch. 11. Aufl. Verm. durch die gebräuchlichsten latein., französ., engl. u. italien. Sprichwörter. br. 8. (IV, 400 S.) Langensalza 877. Schulbuchhandlung. 2. 40; geb. 3. —

— dasselbe. 12., nach der neuen Orthogr. umgearb. Aufl. 8. (IV, 404 S.) Ebend. 882. geb. 2. 50

Bodeusch, W., Fremdwörterbuch. Ein prakt. Nachschlagebuch f. Zeitungsleser, Kaufleute, Beamte etc. Mit mehr als 24000 Fremdwörtern. 13., nach der neuen Orthogr. umgearb. Aufl. 8. (IV, 402 S.) Langensalza 886. Schulbuchh. geb. 2. 50

Bodeusch, W., Fremdwörterbuch. Ein prakt. Nachschlagebuch f. Zeitungsleser, Kaufleute, Beamte etc. Mit mehr als 24,000 Fremdwörtern. 14., nach der neuen Orthographie umgearb. Aufl. 8. (IV, 402 S.) Langensalza 890. Schulbuchhandlg. geb. 2. 50

Bodeusch, W., Fremdwörterbuch. Ein prakt. Nachschlagebuch f. Zeitungsleser, Kaufleute, Beamte etc. Mit mehr als 24000 Fremdwörtern. 15., nach der neuen Orthogr. umgearb. Aufl. 8. (IV, 402 S.) Langensalza 894. Schulbuchh. Geb. in Halbleinw. 2. 50

Bodeusch, W., Fremdwörterbuch. Ein prakt. Nachschlagebuch f. Zeitungsleser, Kaufleute, Beamte etc. Mit mehr als 24000 Fremdwörtern. 16., nach der neuen Orthographie umgearb. Aufl. 8. (IV, 402 S.) Langensalza (900). Schulbuchh. Geb. in Halbleinw. 2. 50

Bödewadt, Jac., Johannes Dose, der Erfolgreiche, in anderer Beleuchtung. (16 S.) gr. 8. Tondern 905. H. Nissen. (Nur direkt.) n. — 80

— Gustav Frenssen, der Schriftsteller, der Reformator, der Prophet. Kritische Anmerkg. zu „Hilligenlei". (23 S.) 8. Kiel 906. W. G. Mühlau. n. — 50

Bodewig: Das Kastell Ems. [Aus: „Der obergerm.-raet. Limes d. Römerreiches".] (38 m. 3 Taf.) 32,5×24 cm. Heidelbg, O Petters '12. 6 —

Bodewig, Ant. Maria. Der Nutzen der heil. Kommunion. 8. (XXIV, 413 S.) Mainz 889, Kirchheim. 4 20

Bodewig, Anton [aus Köln am Rhein]: Ueber Derivate und Kondensations-Produkte des Orthonitrobenzylalkohols ... Aachen. Druck v. H. Kaatzer, 1893; 40 S. 8.
Erlangen, Phil. Fak., Inaug.-Diss. v. 1893

[G]eistliche Wahlbeeinflussungen in ihrer Theorie u. Praxis dargest. von Hartmann **Bodewig**. München: Lehmann 1909. 108 S. 8° (09. 12986

Bodewig, Jacob [aus Köln a. Rh.]: Über Meta-, Para- und Ortho-Chlorchinolin und Derivate derselben .... Bonn, Univ.-Buchdr. v. Carl Georgi, 1885; 34 S. 8°.
Tübingen, Naturw. Fak., Inaug.-Diss. v. 1885.

Bodewig, R., das Kastell Heddesdorf. (21 S. m. Abbildgn. u. 6 Taf.) gr. 4. Heidelberg 908. O. Petters. n. 5. —

Bodewig, R., Kastell Hunzel. [Aus: „D. obergerm.-raet. Limes d. Römerreiches".] gr. 4. (4 S. m. 2 Taf. u. 1 Kart.) Heidelberg 897. O. Petters. n. 1. 40

— das Kastell Marienfels. (15 S. m. Abbildgn. u. 8 Taf.) gr. 4. Ebd. 908. n. 8. 20
2 Sonderabdrucke aus: „Der obergerm.-raet. Limes des Roemerreiches".

[F.] Bodewig, Robert [Dr.]: Beiträge zur Lahnsteiner Geschichte. II. Lahnstein in der zweiten Hälfte des 17. Jahrhunderts. [Forts. d. P-Beil. 1894.] Oberlahnstein, Buchdr. v. F. Schickel, 1895; 44 S. 8.
Oberlahnstein, RPG, OP 1895 (420)

[F.] Bodewig, Robert [Dr.]: Lahnstein im dreissigjährigen Kriege. (Soll fortges. werden.) Oberlahnstein, Buchdr. v. F. Schickel, 1894; 51 S. 8.
Oberlahnstein, st. RPG, OP 1894 (409)

Bodewig, R., Lahnstein im 30jährigen Kriege. Progr. gr. 8. (51 S.) Oberlahnstein 894. (Coblenz, W. Groos.) n. — 80

Bodewig, Robertus [Rhenanus]: De proeliis apud Mutinam commissis commentatio critica.... Barmis, typ. Steinborni, 1886; 32 S. 8°.
Münster, Phil. Fak., Inaug.-Diss. v. [handschr. 13.] Aug. 1886.

Bodhabhikshu, Bramacharin (J. C. Chatterji), die Geheim-Philosophie der Indier. 8. (VII, 136 S. m. Bildnis.) Leipzig 899. W. Friedrich. n. 2. —

Boedicker: Festschrift zum 75jährigen Bestehen ..., s. Boedicker, Rudolf

Boedicker, Hans, aus Homberg, Reg.-Bez. Cassel: Die Mastitis in der Marburger Entbindungs-Anstalt in den Jahren 1885–1902; ihre Prophylaxe und Therapie. *Marburg 1903: R. Friedrich.* (49 S.) 8°
Marburg, Med. Diss. v. 3. Juni 1903

Bödicker, J.

— Grundl. der deutschen Sprache, m. Zus. von Wippel. 8. Berl. 746.

Bödicker, J., Hundert Leichenabdankung. 8. Colberg. 726.

Bödicker, L. Die militärische Laufbahn (1788—1815) des General-Lieutenants Ludwig Bödicker, zuletzt Stadtkommandant von Kassel. Eine Selbstbiographie. (85) 8. Berlin 1880. 1,60.

Boedicker, Gen.-Lieut. Ludw., Selbstbiographie, s.: Beiheft zum Militär-Wochenblatt.

Festschrift zum 75jährigen Bestehen der städtischen Sparkasse in Cassel am 1. August 1907. Hrsg. von Stadtrat [Rudolf] Boedicker. Cassel 1907: Weber & Weidemeyer. (59 S.) 8° [07. 11119 4

Die Städtische Sparkasse in Cassel. Zum 70jähr. Bestehen. Hrsg. von Stadtr. [Rudolf] Boedicker, Mitgl. d. Dir. 1. Aug. 1832 bis 1. Aug. 1902. *Cassel (1903): Weber & Heidemeyer.* (51 S.) 8° [03. 0377 4

Verhandlungen der XII. Jahres-Versammlung des Hessischen Städtetages zu Hanau am 7. und 8. Juni 1901. Hrsg. von [Rudolf] Boedicker. Cassel 1901: Weber & Weidemeyer. (59 S.) 8° [F.] [03. 13676 4

Vertraulich! Bericht und Referat betreffend die Uebernahme der sogen. Wohlfahrtspolizei in d. eigene Verwaltung d. Stadt Cassel von Stadtkassenrath [Rudolf] Boedicker. *Cassel 1901: W. Schlemming.* (15 S.) 8° [F.] [03. 10885 4

Die Weiterführung der Kanalisirung des Mains von Frankfurt a. M. bezw. Offenbach bis Hanau, ihre Vortheile u. ihre Nothwendigkeit. Denkschr., im Auftr. d. Stadtraths u. d. Handelskammer zu Hanau vf. v. Rudolf Boedicker, Stadt- u. Handelskammer-Sekr. ... *Hanau: Dr. r. Lechleder & Stroh 1892.* (2 Bl., 106 S., 2 Bl., 3 Kt.) 1 Bd 8. [96. 0738

Bödicker, T., s. Bödiker, T.

Bodife, August Eugen Bernhard Franz (Bonn), Origines praecipuorum jurium archiepiscopi et S. R. I. electoris Coloniensis. Präs. Georg Ludwig Boehmer. Göttingen (G. L. Schultz) 17. VIII. 1753. 72 S. (5.—) 3054

Bödige, *Nikolaus* Das elektrische und magnetische Feld. (Mit 2 Tafeln in Lichtdruck und 2 Holzschnitten.) 4 (22 S.).
Progr. Prg. u. Eprg. *Duderstadt* 1889

Bödige, Nikolaus, Prof. Dr.: Hüggel und Silberberg. Ein historisch-geol. Beitrag z. Landeskunde v. Osnabrück. Osnabrück 1906: Buchdr. d. Osnabr. Volkszeitung. (50 S., 2 Taf.) 8°
Osnabrück, k. G Carolinum OP 1906 (387)

Bödige, Nikol., Hüggel u. Silberberg. Ein historisch-geolog. Beitrag zur Landeskunde von Osnabrück. (50 S. m. 2 Taf.) gr. 8. Osnabrück 906. (F. Schöningh.) n. — 80

Bödige, Nik., Kanon der Algebra. Sammlung v. arithmet. u. algebr. Aufgaben, nach den vier Stufen Quarta bis Unter-Sekunda geordnet. gr. 8. (58 S.) Duderstadt 897. F. Haensch. (Nur direkt.) n. — 80

[F.] Bödige, *Nikolaus* [Dr.]: Kanon der Planimetrie. E. übersichtl. Zusammenstellg d. wichtigsten Lehrsätze u. Aufgaben nach d. vier Stufen Quarta bis Unter-Sekunda geordn. Duderstadt, Druck v. F. Haensch, 1896; 24 S., 2 Bl. Taf. 8.
Duderstadt, k. PG u. RPG, OP 1896 (329)

[F.] Kanon der Planimetrie. E. übersichtl. Zusammenstellg d. wichtigsten Lehrsätze u. Aufgaben nach d. vier Stufen Quarta bis Unter-Sekunda geordnet. Von Dr. N. Bödige. *Duderstadt: F. Haensch 1896.* (24 S., 28 S., 16 S., 8 Taf.) 1 Bd 8. [98. 4069 Gu

Bödige, Nikolaus, Dr.: Das Archimedische Prinzip als Grundlage physikalisch-praktischer Übungen. *Osnabrück 1901: Meinders & Elstermann.* (52 S.) 8°
Osnabrück, k. G Carolinum, OP 1901 (345)

— das Archimedische Prinzip als Grundlage physikalisch-praktischer Übungen. gr. 8. (52 S. m. Abbildgn.) Osnabrück 901. Meinders & Elstermann. n. — 80

Bödige, Nikolaus [in Duderstadt]: Ueber die Uebereinstimmung des nördlichen, insbesondere des nordwestlichen Deutschlands im Witterungscharakter ... Berlin, gedr. in d. Kgl. Hofbuchdr. v. E. S. Mittler & Sohn, 1891; 22 S. 4.(8.)
Jena, Phil. Fak., Inaug.-Diss. v. 1891

Bödige, Nik., üb. die Uebereinstimmung d. nördlichen, insbesondere d. nordwestlichen Deutschlands im Witterungscharakter. Diss. [Aus: „Annalen d. Hydrographie".] 4. (22 S.) Berlin 891. (Rudolstadt, H. Dabis.) n. 1. —

Bödiker, s. Althauß, Der Graf

Bödiker: Die Arbeiterversicherung in ..., s. Bödiker, Tonio

Bödiker, s.: Gesetz betr. das eheliche Güterrecht in der Prov. Westfalen.

Bödiker (Hrsg.), s. Magazin für das deutsche Recht der Gegenwart.

Bödiker: Die Reichsversicherungsgesetzgebung, s. Bödiker, Tonio

Bödiker, Sammlg. d. Gesetze f. Arenberg-Meppen. 855.

Bödiker, A., die Civil-Prozeß-Ordnung für das Deutsche Reich vom 30. Jan. 1877. Text-Ausg. m. Anmerkgn., nebst e. vollständ. Abdrucke des Gerichts-Verfassungsgesetzes u. der Konkurs-Ordng., auch ausführl. Sachregistern zur Civil-Prozeß-Ordng. in Verbindg. m. dem Gerichts-Verfassungs-Gesetze, soweit letzteres sich nicht ausschließlich auf Strafsachen bezieht, sowie zur Konkurs-Ordng., zum Handgebrauche hrsg. gr. 8. (XV, 347 u. VIII, 64 S.) Hannover 877. Helwing's Verl. cart. 2. 50

Bödiker, A., die Reichs-Civil-Prozeß-Ordnung, s. Reinecke, R.

Bödiker, A.: Die Reichs-Civil-Prozeß-Ordnung. die bezüglichen Bestimmungen des Gerichtsverfassungsgesetzes u. der Einzelgesetze. Nach den Vorarbeiten des R. Reinecke. 2. Abdr. Hannover 1879.

Das Herzogliche Haus Arenberg. Eine genealog.-hist. Skizze mit 4 Stammtaf. entw. von Dr. Alfred **Bödiker**, Justizrath in Münster. *Münster (Westf.): Coppenrath 1904.* (49 S.) 4°(8°) [F.] [04. 9904 6]

Familien-Telegraphenschlüssel für Angehörige der Kaiserlichen Marine, Kolonialtruppen, Ostasiatischen Besatzungsbrigade, Konsularbehörden etc. verf. u. kostenfrei zu beziehen von Carl **Bödiker**. 1. Aufl. Bremen 1902: J. C. König & Ebhardt, Hannover. (39 S.) 6° [03. 8011 8]

Bödiker, Carl, Familien-Telegraphenschlüssel f. Deutsche im Auslande, insbesondere f. Offiziere u. Beamte der kaiserl. Marine, Kolonialverwaltg., ostasiat. Besatzungsbrigade, sowie des diplomatischen Korps u. der Konsularbehörden. 2., verm. u. verb. Aufl. (115 S.) gr. 8. Berlin 904. E. S. Mittler & Sohn. Geb. in Leinw. n. 5. —

Familien-Telegraphenschlüssel für Deutsche im Auslande, insbes. f. Offiziere u. Beamte d. Kais. Marine ... u. d. Konsularbehörden von Carl **Bödiker**. 3. Aufl. Berlin: E. S. Mittler & Sohn 1904. (124 S.) 8° [04. 9364]

Bödiker, Carl, Familien-Telegraphenschlüssel f. Deutsche im Auslande, insbes. auch f. Angehörige der Armee, Marine, Schutztruppen u. Kolonialverwaltg., des diplomat. Korps, der Konsularbehörden u. Missionen. 4., wesentlich verb. Aufl. (255 S.) 8. Berlin 908. E. S. Mittler & Sohn. Geb. in Leinw. 6. —

— vereinfachte Methode zur Schlüssel-Telegraphie nebst 20 Milliarden Wörtern. (45 S.) gr. 8. Hamburg 904. [Verlagsanstalt u. Druckerei.] Berlin, K. W. Mecklenburg. Geb. in Ldr. n. 30. —

Bödiker, Carl: Die Vorwertg d. südwestafrikan. Diamanten. Vortr. (23) 8° Berl., Volksbund-Bücherei '12. — 60 d

Bödiker, Carl Etzard, Einweihungs-Predigt der neuen Orgel zu Wrietzen an der Oder . . . von Carl Etzard Bödikern . . . - Berlin: Johann Lorentz, 1730. 8°. 48 S.

Bödiker, F.: Die Unfallgesetzgebung . . ., s. Bödiker, T.

Bödiker, Johann, Neu-vermehrte // Grund-Sätze // Der // Deutschen Sprachen // Im // Reden und Schreiben /// Samt einen ausführlichen Bericht // vom rechten Gebrauch // Der Vorwörter /// Der studierenden Jugend und allen // Deutsch-liebenden zum besten // vorgestellet /// Von // JOHANNE BÖDIKERO, P. // Gymn. Suevo-Colon. Rectore. // BERLIN /// Bey Johann Wilhelm Meyer / und // Gottfried Zimmermann / 17o1. - 2o Blatt (nicht paginiert) Titelblatt, Widmung und Allegata. - 582 S. und noch 9 Blatt (nicht paginiert) Inhaltsangabe und eine These von Isaac Pölmann: Die Deutsche Sprache ist eine Mutter der Griechischen und Lateinischen.

Bödiker, L., Sammlung der Gesetze, Verordnungen, Rescripte rc. des vormal. Bisthums Münster rc., s. a. Sammlung.

Bödiker, L., Sammlung der Gesetze, Verordnungen, Rescripte rc. des vormal. Bisthums Münster und des jetzigen Herzogthums Arenberg-Meppen, bis 1810 einschließlich. Im Auftrage, u. mit Genehmigung des Königl. Ministeriums herausg. u. mit einer Vorrede versehen rc. Hannover 855. (Meyer.) gr. 4. (XXVII, 362 S.) nn. 2 ℛ 15 gℊ

Bödiker, L, Samml. d. Gesetze, Verordn., Rescr. etc. d. vorm. Bisth. Münster u. d. jetz. Herz. Arenberg-Meppen, bis 1810. 4. (362) Hann. 55, Schulze. *n.n.* 2. 15

Boediker, O., Erweiterung der Gauss'schen Theorie der Verschlingungen mit Anwendungen in der Elektrodynamik. Lex.-8°. *68 S.* mit eingedr. Holzschn. Stuttgart, Spemann. 1876. M. 5.50.

Bödiker, Otto, Kammergerichtsref. aus Berlin: **Wirkt nach Reichsrecht das vom Vermieter gegen den Mieter erstrittene Räumungsurteil Rechtskraft und Vollstreckbarkeit gegen** …**den nach der Rechtshängigkeit aufgenommenen Unter**…**eter? Enthält die Räumungsklage aus § 556 B.G.B.** …**n sachenrechtliches Moment?** *Borna-Leipzig 1903: R. Noske.* (VIII, 55 S.) 8°
Leipzig. Jur. Diss. v. 1903

Bödiker, Rudolf, Kammergerichtsreferendar: **Über das Aussonderungsrecht bei den mit Aktiengesellschaften verbundenen wirtschaftlich aber nicht juristisch selbständigen Unterstützungskassen im Konkurse der Gesellschaft.** Borna-Leipzig 1909: Noske. XIII, 72 S. 8°
Breslau, Jur. Diss. v. 22. Juni 1909, Ref. Fischer-Schott
[Geb. 25. März 87 Berlin; Wohnort: Berlin; Staatsangeh.: Preußen; Vorbildung: Prinz-Heinrichs-Gymn. Berlin Reife M. 05; Studium: Berlin 1, Freiburg i. B. 1, Breslau 1, Bonn 1, Berlin 2 S.; Rig. 8. Juni 09.] [U 09. 461

Bödiker, Rud. (Hrsg.), s. Verhandlungen der gemeinsamen Tagung des nassauischen hessischen Städtetags . . .

Bödiker, Tonio

Bödiker, T., d. Arbeiterversicherung i. d. europ. Staaten. gr. 8. (VIII, 352 S.) Leipzig 895. Duncker & Humblot. n. 7. —

Bödiker, T., die preussische **Auswanderung u. Einwanderung seit dem J. 1844, auf Grund amtl. Quellen. [Aus: „Gewerbl. Zeitschr."] gr. 4. (31 S.)** Düsseldorf 879. Schwann. n. 1. 50

Die wirtschaftliche und politische Bedeutung der deutschen Arbeiter-Versicherung von Dr. T[onio] **Bödiker**. *(Breslau, Berlin 1902: C. T. Wiskott.)* (16 S.) 8° [Kopft.]
(Internat. Arbeiter-Versich.-Congr. 6. Tagung. Düsseldorf, 1902.) [02. 8758 10]

Ein Beitrag zur Geschichte der Arbeiter-Versicherung in Deutschland. Den Mitgliedern des 6. internat. Arbeiterversicherungs-Kongr. zu Düsseldorf 1902 gewidmet von Dr. T[onio] **Boediker**. *(Breslau, Berlin: C. T. Wiskott 1902.)* (22 S.) 8° [Umschlagt.] [03. 6399 6]

— Ueber die Durchführung der Invaliditäts- u. Altersversicherung in Deutschland. (Congrès internat. des accidents du travail à Milan.) 8°. Mailand, Buchdr. Reggiani, 1894.

— Ueber den Einfluss d. Unfallversicherung auf die bessere Heilung d. Verletzten u. d. Wiedererlangung grösserer Erwerbsfähigkeit. (Congr. int. d. accidents à Milan.) 8°. Mailand, Buchdr. Reggiani. 1894.

Bödiker, T., das Gewerberecht d. Deutschen Reichs. Im amtl. Auftrage. gr. 8. (XVI, 420 S.) Berlin 883. v. Decker. geb. n. 4. —

Bödiker, T., die Gewerbe- u. Versicherungsgesetzgebung d. Deutschen Reichs. 2. Aufl. d. im amtl. Auftrage v. dem Verf. hrsg. „Gewerberecht d. Deutschen Reichs". gr. 8. (XIV, 658 S.) Berlin 887. v. Decker. geb. n.n. 7. —

— dasselbe. Nachtrag zur 2. Aufl. gr. 8. (IV, 101 S.) Ebd. 889. n.n. — 80

Bödiker, T., das Gewerberecht des Deutschen Reichs. Im amtl. Auftrage. gr. 8. (XVI, 420 S.) Berlin 883, v. Decker's Verlag. geb. * 4 —

—. Das Gewerberecht des Deutschen Reichs. Im amtl. Auftrage. gr. 8⁰. Berlin, v. Decker, 1883. 2. Aufl. u. d. T.: Die Gewerbe- und Versicherungsgesetzgebung des Deutschen Reichs. gr. 8⁰. Berlin, v. Decker, 1887.

Bödiker, T., die Höhe der Reservefonds und die Verwendung der Ueberschüsse bei den öffentlichen Sparkassen. gr. 8. (19 S.) Düsseldorf 879, Schwann. *

Bödiker, T., die Kommunal-Besteuerung (local-taxation) in England u. Wales. gr. 8. (VIII, 76 S.) Berlin 873. Kortkampf. n. 2. 25

—— die gesetzliche Regelung des Feingehalts der Gold- und Silberwaaren, s.a. Forschungen, staats- und socialwissenschaftliche.

Bödiker T, die gesetzliche Regelung des Feingehaltes der Gold- und Silberwaren. (Forschungen, staats- und sozialwissenschaftl. VI, 3) Leipzig 1886

Bödiker, T: Die Reichs-Versichergsgesetzgebg, s.a. Forschungen, staats- u. socialwiss.

Die Reichs-Versicherungsgesetzgebung. Von T[onio] Bödiker, Dr. phil. et jur. *Leipzig: Duncker & Humblot 1898.* (58 S., 1 Taf.) 8.
— Forschungen, Staats- u. socialwissenschaftliche. Bd 16. H. 4.
[98. 10326

—— die Unfall-Gesetzgebung der europäischen Staaten, s.a. Forschungen, staats- und socialwissenschaftliche.

Bödiker F, die Unfallgesetzgebung der europäischen Staaten. (Forschungen, Staats- und sozialwissenschaftliche V, 2) Leipzig 1884

Bödiker, T., Die Unfall-Statistik des Deutschen Reichs nach der Aufnahme vom J. 1881. Stat. d. D. Reichs. Bd. 53. Erg.-H.) Berlin 1882. Imp.-4. . . . . .

Bödiker, T., die Zulässigkeit des Rechtsweges u. die Kompetenz-Konflikte in der Prov. Hannover seit der Verordnung vom 16. Septbr. 1867. Versuch e. systemat. Darstellung d. bestehenden Rechtszustandes. In amtlichem Auftrage verfaßt. Berlin 870. Kortkampf. gr. 8. (VIII, 176 S.) n. 1 ℳ

Bodin

– s.a. **Boden.**

† Bodin, Camilla, (Jenny Bastide,) Kleinstädtereien. Uebers. v. Fanny Tarnow. 3 Bde. 8. (50 B.) Leipzig 830, Kollmann. Thlr.

† Bodin, Camilla, (Jenny Bastide.) Laura. Uebers. v. Fanny Tarnow. 2 Thle. 8. (38⅓ B.) Leipzig 843, Kollmann.

—— Marcelline. Ins Deutsche übertragen v. Fanny Tarnow. 2 Thle. 8. (37 B.) Leipzig 843, Kollmann.

—— Melchior. A. d. Franz. übers. v. Fanny Tarnow. 2 Bde. 8. (43¼ B.) Leipzig 840, Kollmann.

Bodin, Carl August Heinr. (Drevelov/Anclam), De apoplexia. Diss. med.-chir. Bln. (Nietack) 4. VIII. 1837. 40 S., mit Literatur u. Biogr. (M.: (J. v. Weltzien.) (4.20) 3055
Oppon.: C. Rieseberg, O. Duncker, L. Natorp. — Gew.: Grf. v. Schwerin-Putzar.

Bodin, Felix, die Geschichte Englands, 2 Bdchn., s.a. Taschenbibliothek, allgem. histor., 3. u. 4. Bdchn.

— die Geschichte Englands. 2e erweit. Aufl. v. J. H. G. Heusinger. 2 Bdchn. 8. Dresd. 827. Hilscher. 1 ℳ (vergl. Taschenbibl., histor.)

Bodin, (F.,) Geschichte Englands u. Frankreichs ꝛc., s. Taschenbibliothek, historische, 1r u. 2r Thl.

—— die Gesch. Frankreichs, 2 Bdchn., s.a. Taschenbibliothek, allgem. histor., 1. u. 2. Bdchn.

Bodin, Fel., Gesch. Frankreichs ꝛc. 2e erweit. Aufl. v. A. L. Hermann. 2 Bdchn. 8. Dresd. 827. Hilscher. 1 ℳ (vergl. Taschenbibliothek, histor., 1r u. 2r Thl.)

Bodin, Heinrich, s. a. B o d e n , Heinrich von

Bodinus, Henr.: Tractatus singularis de abusu poenitentiae ecclesiasticae Von dem Mißbrauch der Kirchen - Busse. Ed. 2. Halae Magdeb. 1741.

Bodin, Heinrich (Praes.), s. A u r b a c h , Johann Christoph: De o b s e q u i o militum....

Bodin, Heinrich (Präs.), s. B e c k e r , Johann Gottlieb: De jure collectandi non cives.

Bodin, Heinrich (Präs.), s. B e c k e r , Otto Heinrich: Jus mundi seu vindiciae juris naturae.

Bodin, Heinrich (Präs.), s. B e s s e r e r , Johann Wilhelm: De Usuris pretii non soluti.

Bodin, Heinrich (Praes.), s. B o d e , Friedrich: De a b u s u poenitentiae ecclesiasticae.

Bodin, Heinrich [Praes.], s. B o e n i g k , Gottfried: De discordis . . .

Bodinus, H. De Collectis. 8⁰. Halae 1702.

— — Explicatio negativi divinae majestatis praecepti non furtum facies. Halle (Chph. Andr. Zeitler) 1704. 100 S. (5.50) 3059

Disputatio inauguralis de fallacibus indiciis Magiae, quam Rectore Magnificentissimo, Serenissimo Principe ac Domino Dn. Friderico Wilhelmo, Regni Borussiae ac Electoratus Brandenburgici Herede etc. etc. etc. In Illustri Fridericiana, ex Decreto et Authoritate inclytae Facultatis Juridicae, Praeside Dn. Henrico **Bodino**, Serenissimi et Potentissimi Regis Boruss. Consiliario Ecclesiastico in Ducatu Magdeburgensi, Professore Juris Ordinario et Facultatis Juridicae h. t. Decano, Patrone ac Promotore suo aetatem devenerando, pro Licentia summos in utroque Jure Honores et Privilegia rite capessendi, die XXII. Octobris A. C. MDCCI. horis ante et postmeridianis in Auditorio majori placidae Eruditorum disquisitioni submittit, Felix Martinus **Broehm**, Hilperhusa Francus. Halae Magdeb. 4.

de **Boden**, H., resp. F. M. **Braehm**, de fallacibus indiciis magiae. Hal. 701. 709. 4.

Bodinus, H. De jure collectandi Non-Cives. 8⁰. Halae 1707.

Boden, H. de, de jure circa infamiam ejusque inter Christianos abusu. Hal, 1710; rec. 1752. 4.

Bodinus, Henr.: De jure circa violentiam corpori alterius inferendam. *Hal.* 713.

Bodinus, Henr.: „Commentatio jur. de libris mercatorum suspectis: oder von verdächtigen Kaufmanns-Büchern", Ed. 3, Halae Magdeb. 1735. — Vorh.: Bibl. des Kammergerichts Berlin — Fc. 820³.

— — De libris mercatorum suspectis: Oder von verdächtigen Kaufmanns-Büchern. Comment. jur. Ed. III. Halle (J. Ch. Grunert) 1735. 56 S., tlws. dtsch. (4.80) 3060

Bodin, Heinrich (Präs.), s. M i c h a e l s e n , M.D.: De libris mercatorum suspectis. 1706.

— — De philanthropo. Vom Mäckler-Gelde. Disquis. jur. Halle (Hendel) 1748. 32 S. (4.50) 3061

Bodinus, Quaestiones aliquot practicae circa jus salinarum Hallense. Halae 1706. 4.

Bodin, Jean. De republica libri sex. 5. A. Frkft. 1809. 8⁰.

Bodin, Walther, approb. Arzt aus Filehne: **Beitrag zur Therapie der haemorrhagischen Diathesen.** *Leipzig 1903: B. Georgi.* (50 S.) 8⁰
Leipzig, Med. Diss. v. (31. Juli) 1903

BOEDINGBAUER, Johann: Quis est Servus Jahve in vaticiniorum libris Isaiae praedictus; in quibus consistunt eius numera? — 1907. 56 S.
Diss. Graz, Univ.

Der Zoologische Garten in Coeln. Vom Director Bodinus. Köln. 1864. 8°.

Bodinus, C. F., das Andenken an d. Uebergabe d. Augsburg. Confession ist aller Ehren Werth. Eine Predigt am Jubelfeste rc. — Nebst e. skizzirten Wasserpredigt. gr. 8. (1 B.) Neustadt a. d. O. 830, Wagner.

Bodinus, Jos., Colloquium heptaplomeres de rerum sublimium arcanis abditis. E codicibus manuscriptis bibliothecae academicae Gissensis cum varia lectione aliorum apographorum nunc primum typis describendum cur. Ludov. Noack. Lex.-8. (VI und 359 S.) Schwerin 857, Bärensprung. *

Bodinus, J, colloq. heptapl. de rerum subl. arcanis abditis. E codd. bibl. Giss. c. var. lect. ed. L Noack. 8. (359) Schwer. 57, (Stiller.) " 2. —

Bodinus, Johannes, das Heptaplomeron. Zur Geschichte der Cultur u. Literatur im Jahrh. d. Reformation. Von Guhrauer. Mit einem Schreiben an den Herausgeber von A. Neander. 8. Berlin 841, Eichler. 1½ ₰

Bodinus, Joh. Carl Frdr., der wahre Freund u. Verehrer Jesu. Eine Wahlpredigt im Herbste 1847 gehalten. gr. 8. (16 S.) Nordhausen 847, Büchting. n. 3 ₰

Bodisco, Eduard von

Bodisco, Ed. v., der Bauerland-Verkauf in Estland u. Materialien zur Agrar-Statistik Estlands. gr. 4. (VII, 123 u. 102 S. m. 1 graph. Darstellg.) Reval 902. (Kluge & Ströhm.) n. 10. —

Bodisco, Eduard v., die estländische Bauer-Verordnung vom 5. VII. 1856 u. die die Bauer-Verordnung abändernden u. ergänzenden Gesetze u. Verordnungen. Nichtoffizielle Ausg. (XXXII, 772 S.) gr. 8. Reval 904. (Kluge & Ströhm.) n. 9. —

Bodisko, Constant. Alexandrowitsch, psychische Untersuchungen. Lichtstrahlen. Der Spiritismus vom Standpunkte der Wissenschaft. Materielle Beweise der Wirklichkeit d. künft. Lebens. Material zum Nachdenken. gr. 8. (XVI, 109 S.) Leipzig 892. W. Friedrich. n. 3. —

Bodius, Christophorus Augustus (Hrsg.), s. Fragmenta Veteris Testamenti . . .

Boedke, Paul, aus Wolgast (Pomm.): Zur Theorie der Sättigungserscheinungen binärer Gemische. *(Berlin 1904: G. Schade.)* (70 S.) 8°
Berlin, Phil. Diss. v. 13. Febr. 1904

Bodkin, M. Mc Donnell, Fräulein Detektiv (Dora Myrl), s.: Engelhorn's allgem. Roman-Bibliothek. XIX.

— verschwindende Diamanten u. andre Detektivgeschichten, s.: Engelhorn's allgem. Roman-Bibliothek. XVIII.

Bodkin, Mc Donnell: Paul Becks Gefangennahme, s: Engelhorn's allg. Roman-Bibl.

Bodkin, M. Mc Donnell, Giftmischer u. andre Detektivgeschichten, s.: Engelhorn's allgemeine Roman-Bibliothek, 21. Jahrg. 4. Bd.

Boedl, Wilh., Temperaturmittel f. Bayern 1861—90. [Aus: „Beobachtgn. der meteorolog. Stationen im Kgr. Bayern".] gr. 4. (27 S. m. 8 Taf.) München 892. Th. Ackermann. n. 2. 80

Bodländer, Guido

Bodländer, G., s.: Abhandlungen aus den Gebieten der Mathematik etc.

Bodländer, Guido, zur Analyse der Peptone, s. Centralblatt für allgemeine Gesundheitspflege.

Bodländer, G., s.a. Berichte üb. einzelne Gebiete der angewandten physikalischen Chemie.

Bodländer, G., u. a., Berichte über einzelne Gebiete der angewandten physikalischen Chemie. Hrsg. von der Deutschen Bunsen-Gesellschaft für angewandte physikalische Chemie. Berlin, 1904. 100 S.

Bodländer, Guido *(geb. Breslau 31. 7. 1855)*: Ueber das optische Drehungsvermögen isomorpher Mischungen aus den Dithionaten des Bleis und des Strontiums. Breslau 1882. (36 S.) 8° *[Im Buchhandel 1882 bei Köhler in Breslau.]*
Breslau, Phil. Diss. v. 9. Dez. 1882

Bodländer, Guido, üb. das optische Drehungsvermögen isomorpher Mischungen aus den Dithionaten d. Bleis u. d. Strontiums. gr. 8. (34 S.) Breslau 882. (Köhler.) n. 1. —

— s.: Jahresbericht üb. usw. Chemie.

Bodländer, G., Lehrbuch d. Chemie f. Studier. u. z. Selbstunterr. (2 Bde.) 1. Bd. Anorg. Chemie. gr. 8. (XVI, 660 S. m. 25 Fig.) Stuttgart 896. F. Enke. n. 12. —

— über langsame Verbrennung, s.a. Sammlung chemischer u. chemisch-techn. Vorträge. III, 11 u. 12.

BODLÄNDER, G.
Ueber langsame Verbrennung. · Stuttgart, 1898. 8vo.
Sammlung chemischer. . . . Vorträge.

Bodländer (G.), Ueber langsame Verbrennung. Stuttgart 1899. 8.

Bodlaender, Hans, Assistenzarzt: Beitrag zur Arthritis deformans juvenilis. Berlin (1909): Ebering. 32 S. 8°
Berlin, Med. Diss. v. 2. März 1909, Ref. Hildebrand
[Geb. 13. Nov. 80 Brieg; Wohnort: Lichtenberg b. Berlin; Staatsangeh.: Preußen; Vorbildung: Königstädt. Gymn. Berlin Reife M. 99; Studium: Berlin 4, München 4, Berlin 2 S.; Coll. 25. Febr. 09; Approb. 15. Mai 07.] [U 09. 33

Bodländer, Siegfried [aus Schlesien]: Ueber die Todesursachen bei Typhus abdominalis nebst statist. Beiträgen ... Greifswald, Druck v. J. Abel, 1895; 63 S. 8.
Greifswald, Med. Fak., Inaug.-Diss. v. 22. Juli 1895

Bodle, A.

— der Sängerin Lustgarten. Die vollständigste Gesangschule f. höhere u. mittlere Mädchenschulen, Lehrerinnenseminare u. weibl. Erziehungsanstalten jeder Art, nach pädagog. Grundsätzen in 3 Tln. bearb. Neue Folge. [6.—10. Tausend.] 8. Ebd. 890. Kart. u. geb. in Leinw. n.n. 4. 10
1. (128 S.) Kart. n.n. — 80. — 2. (288 S.) Geb. n.n. 1. 50. — 3. (267 S. m. Abbildgn.) Geb. n.n. 1. 80.

Bodle, A., Reigen u. Spiele aus meiner Praxis. Ein Lehr- u. Lernbuch f. höhere, mittlere Mädchenschulen u. weibl. Erziehungsanstalten, nebst e. Blumenlese zweistimm. Lieder f. gemeinschaftl. Ausflüge. 8. (48 S.) Köln 890. (J. Bacher.) — 40.

Bodleiana. Edidit Rich. Schneider. gr. 8. Leipzig 887. Teubner. n. 1. 60
I. Additamenta ad volumen II. anecdotorum Oxoniensium Crameri. II. De arcadii qui fertur codice Bodleiano disputatio. III. Excerpta e libris Bodleianis. (52 S.)

Bodley, Richard, oder die unglückliche Vorsicht, aus dem Franz. der Frau von Malarme, 2 Theile, 8. Liebau, 786. Friedrich. 1 Rthl. 8 gl.

Bodley, Richard, oder die unglückl. Vorsicht, a. d. Franz. d. Frau v. Malarme. 2 Thle. 8. Liebau, Friedrich. 786.

Bodman v.: Auszug aus dem Jahresbericht d. Milchgenossenschaft Freiburg (eingetragene Genossenschaft) . . . Freiburg i B. 1877. 16 S. P.

Bodman: Der Verwaltungsakteur, s. Bodman, H.

Bodman, Emanuel von. Donatello. Tragödie in fünf Aufzügen. [Von] E' von B' [in Zürich. Mit illustriertem Umschlag]. 136 S. 8. Berlin, Julius Bard, 1907 (*Umschlag*: 1908). [M. 3. —]

Bodman, Eman. Frhr. v., Erde. E. Gedichtbuch. 8. (108 S.) München 896. A. Langen. n. 2. —

Bodman, Eman. v., Erwachen. Novelle. 1. u. 2. Aufl. (à 163 S.) 8. Stuttgart 906. Deutsche Verlags-Anstalt. n. 2. 50; geb. in Leinw. n.n. 3. 50

Bodman, Emanuel von. Der Fremdling von Murten. Tragœdie in drei Akten. 96 S. 8. Berlin, Julius Bard, (1907). [M. 2.—]

— die **Krone**. Schauspiel. (131 S.) 8. München 904. A. Langen. n. 2. —; geb. in Leinw. n. 3. —

— Die heimliche **Krone**. Tragödie in 5 Aufzügen. (143 S.) 8. Ebd. 909. 2. 50

Bodman, Eman. v., neue **Lieder**. Mit Umschlagzeichng. u. einigen Zierstücken v. Th. Th. Heine. 8. (102 S.) München 902. A. Langen. n. 3. —; geb. n. 4. —

— Jakob Schläpfle u. andere Geschichten, s.: **Bibliothek** Langen, kleine.

Bodman, Eman. v., Stufen. Lyrisches u. Satirisches. 12. (VII, 65 S.) Zürich 894. Verlag v. „Stern's literar. Bulletin der Schweiz". n. 1. —

— Der **Wandrer** u. der Weg. (Titel- u. Einbandzeichn. v. Karl Köster.) (191 S.) kl. 8. Ebd. 907. 5.—; geb. in Leinw. 6.—; Luxusausg. 15. —

Tägliche Beobachtungen an Bord der 'Antarctic' und auf der Paulet-Insel. Bearb. von Gösta **Bodman**. Mit 1 Taf. u. 1 Kt. Stockholm 1909: Lith. Inst. d. Generalstabs; Berlin: Asher 1909. 114 S. 4°(8°) [Umschlagt.]
(Meteorologische Ergebnisse d. schwed. Südpolar-Expedition. 2.)
(Wissenschaftliche Ergebnisse d. schwed. Südpolar-Expedition 1901–1903. Bd 2, Lfg 3.) [09. 18428

Stündliche Observationen bei Snow-Hill bearb. von Dr. Gösta **Bodman**. Mit 3 Taf. u. 1 Kt. Stockholm 1908: Lith. Inst. d. Generalstabs; Berlin: Asher. 363 S. 4°(8°) [Umschlagt.]
(Meteorolog. Ergebnisse d. schwed. Südpolar-Expedition 1.)
(Wissenschaftl. Ergebnisse d. schwed. Südpolar-Expedition 1901–1903. Bd 2, Lfg 2.) [09. 3679

Zusammenfassung der allgemeinen meteorologischen Resultate sowie Beobachtungen während d. Schlittenfahrt 30. Sept.–4. Nov. 1902. Bearb. von Gösta **Bodman**. Mit 62 Taf. Stockholm: Lith. Inst. d. Generalstabs; Berlin: Asher [usw.] 1910. 156 S. 4° [Umschlagt.]
(Meteorolog. Beobachtungen d. schwed. Südpolar-Expedition. 3.)
(Wissenschaftl. Ergebnisse d. schwed. Südpolar-Expedition 1901–1903. Bd 2, Lfg 4.) [10. 18147

Bodman, H.

Bodman, Frhr. v., d. Verwaltungsaktuar. Leitfaden z. Vorbereitg. a. d. Prüfg. d. Verwaltungsaktuare. Veröffentl. m. Genehmigg. großh. Ministeriums d. Innern. 8. (IV, 284 S.) Karlsruhe 897. G. Braun. Geb. in Leinw. n.n. 2. 50

Bodman, Frhr. v., der Verwaltungsaktuar. Leitfaden zur Vorbereitg. auf die Prüfg. der Verwaltungsaktuare. Veröffentlicht m. Genehmigg. großh. Ministeriums des Innern. 2. Aufl. Durchgesehen v. Jacob. gr. 8. (IV, 288 S.) Karlsruhe 902. G. Braun'sche Hofbuchdr. Geb. in Leinw. n. 2, 80

Bodman, Frhr. v., der Verwaltungsaktuar. Nachtrag. Feuerversicherung. Tritt an Stelle der S. 182—198 der 2. Aufl. (16 S.) gr. 8. Karlsruhe 904. G. Braun'sche Hofbuchdr. n. — 30
Hauptwerk. Ebd. 902. n. 2. 80.

Bodman, H. Frhr. v., der Verwaltungsaktuar. Leitfaden zur Vorbereitg. auf die Prüfung d. Verwaltungsaktuare. Veröffentlicht m. Genehmigg. großh. Ministeriums des Innern. 3. Aufl. Bearb. v. Jacob. (VII, 308 S.) 8. Karlsruhe 909. G. Braun'sche Hofbuchdr. Geb. in Leinw. 3. 20

Bodman, K. v., s. B o d m a n , H. v.

(**Bodman**, Leopold Freiherr von.) Geschichte der Freiherrn von Bodman. 1307. (Theil 1: Urkunden in Abschrift oder Auszug, sowie sonstige Nachrichten. [Mit 4 Siegel-Tafeln. — Beilage zu: Schriften des Vereins für Geschichte des Bodensees.... Hefte 23—28 u. 30, 1894—1899 u. 1901.]) VIII + 573 S. gr.-8. Lindau i. B. 1894 [—1901].

Stammtafeln der gräflichen und freiherrlichen Familie von Bodman. Zsgest. von Johann Leopold F[rh.] v. u. zu **Bodman**. Rosenheim [um 1905]: M. Niedermayr. (18 Bl.) 4° [F.] [06. 10001

Bodman, Sigismund Frhr. von, Rechtsprakt.: Das Delikt des 'Groben Unfugs' § 360 Z. 11 RStGB. Baden-Baden 1908: Pfeiffer. 78 S. 8°
Heidelberg, Jur. Diss. v. 7. Mai 1909, Ref. v. Lilienthal
[Geb. 6 Nov. 83 Paris; Wohnort: Baden-Baden; Staatsangeb.: Baden; Vorbildung: Gymn. Baden-Baden Reife Sommer 03; Studium: München 1, Kiel 1, Berlin 1, Freiburg i. B. 1, Straßburg 1, Heidelberg 2 S.; Rig. 22. Juli 08.] [U 09. 1749

Bodmann: Histor.-jurist. A b h a n d l . v. d. Best.-Haupte .... s. B o d m a n n , Franz Joseph

—— Karte des Bodensees und seiner Umgebung. ... [1859.] . . . . (Br. Mus.)

Bodmann, Panorama des Bodensees ... [1848?] . . . . (Br. Mus.)

v. **Bodmann**, s.: **Verhandlungen** der Versammlung deutscher Wein- u. Obstproduzenten.

Bodmann, Carl. Beiträge zur Kenntnis der Tri- und der Diphenylmethan-Reihe. Diss. Math.-Naturw. Freiburg in der Schweiz. [Mit 1 Abbildung.] 60 S. 8. Freiburg (Schweiz), St.-Paulus-Druckerei, 1908.

Bodmann, F. J., s. B o d m a n n , Franz Joseph

Bodmann, Ferd., s.a. B o d m a n n , Franz Joseph

Bodmann, Ferd., annuaire statistique du départem. Mont-Tonnere, pour 1809 et 1810. 8. Mayence, Kupferberg. (à 1 Thlr.).

Bodmann, Ferd.: Code de police administrative. Sammlung sämmtlicher Gesezze in Betreff des Polizeiamtes der Prefekten usw. Nebst Minist.-Instruktionen u. Verordnungen des Prefekt des Dep. Donnersberg. (Französisch u. deutsch.) 3 Bde. Mainz: Kupferberg 1810—12.

Bodmann, Ferd. **Gesetzbuch** d. administrativen Polizei, od. Sammlung sämmtl. neuern u. ältern Gesetze, in Betreff des Polizeiamtes d. Präfecten, Unterpräfecten, Maire ꝛc. Nebst den Ministerialinstruktionen u. Entscheidungen, u. d. Verordnungen u. Beschlüssen des Präfecten d. Departem. v. Donnersbergs, üb. dem Vollzug d. Gesetze bis zum 8. Oct. 1811. Franz. u. Deutsch. 3 Bde. gr. 8. Mainz, Kupferberg. 811.

— statisches **Jahrbuch** f. das Departement v. Donnersberg für 1811. 8. Ebend. 811.

— **Manuel** des Percepteurs des contributions directes. Handbuch f. Steuer-Einnehmer. 2te verm. Auflage. gr. 8. Ebend. 811.

— die **Schweden** zu Mainz. Ein Beitrag zur Geschichte dieser Stadt, aus gedruckten u. ungedruckten Quellen, m. Kupf. gr. 8. Ebend. 812.

Bodmann, Franz Joseph, s.a. B o d m a n n , Ferd.

Bodmann, Franz Joseph

— histor.-jurist. Abhandl. v. Best.-Haupte u. gem. deutsch. Rechte. gr. 8. Frankf. a. M. 794. Andreä. 1 Rthlr. 12 gr.

Bodmann, Frz. Jos., († d. 22. Oct. 1820.) der zweiköpfige Adler als ein Zeichen d. deutschen Reichs ꝛc. gr. 4. Nürnb. 802. (v. Ebner). 6 gr. Schrbp. 8 gr.

Bodmann, Frz. Jos., der zweyköpfige **Adler** als ein Zeichen d. deutschen R. ꝛc. gr. 4. Nürnb. Lechner. 802.

— Rheingauische Alterthümer, oder Landes- u. Regimentsverfassung des westlichen od. Niederrheingaues im mittlern Zeitalter. 2 Thle. Mit Kpf. gr. 4. Mainz 819. Kupferberg. Druckp. 12 Rthlr. Schrb. 15 Rthlr.

Bodmann, Franz Jos., De arduo inter testamentum principis S. R. I. publicum, et privatum, discrimine. Vulgo: Von dem Unterschied zwischen Staats- u. Privattestamenten deutscher Reichsfürsten. Comment. jur. German. ill. priv. Mainz (A. Crass) 1784. 99 S., z. Tl. dtsch. (5.—) 3062

— nähere Bestimmung der Wahlstadt des römisch. Kön. Conrad II. u. des wahren Grundes, warum er Salier genannt worden sei. gr. 8. Nürnb. 800. (v. Ebner). 4 gr. Schrbp. 6 gr.

— nähere Bestimmung d. Wahlstadt des römisch. Kön. Conrads II. rc. und warum er Salier genannt rc. gr. 8. Nürnb. Lechner. 800.

Schreibp.

— s. 1) Codex epist. Rudolfi. 2) Code de police. 3) Frz. Hermann, Abhandl.

Bodmann, Franc. Jos. Codex epistolaris Rudolphi I. Romani regis epistolas CCXXX anecdotas continens. 8. Lipsiae 1806.

Bodmannus, Franc. Jos.: Commentatio juris Germanici illustrium privati de arduo inter testamentum principis S. R. I. publicum, et privatum, discrimine. Vulgo: Von dem Unterschied zwischen Staats- und Privattestamenten Deutscher Reichsfürsten. Moguntiae 1784.

— Entw. e. Amtsjurisdictionalbuchs. gr. 8. Nürnb. Stiebner. 796.

BODMANN, Fr. Jos.: Prakt. Entwurf e. gründl. u. vollständ. Amtsjurisdictionalbuchs, z. Gebr. aller Herrsch. u. s. w.; m. e. branchb. Muster versehn, u. nach e. durchaus zusammenhängenden Systeme bearb. *Nürnb.*, Stiebner. (Eichhorn.) 796. 8. (2 Thl. 16 Gr.)

— Erörter. u. Grundsätze, wornach die Kriegsschäden jeder Art festzustellen u. zu erstatten sind. gr. 8. Frankf. a. M. 798. Andreä. 2 ß

Bodmann, F. J.: „Theoretisch-practische Erörterung der Grundsätze, wornach die Kriegsschäden jeder Art festzustellen, zu erstatten und zu peraequiren sind, nebst deren Anwendung auf den jetzigen Krieg", Frankfurt a. M. 1797 (Andreä).

BODMANN, Fr. Jos.: Theoret.-prakt. Erörter. d. Grundsätze, wornach d. Kriegsschäden jeder Art fest zu stellen, zu erstatten u. zu peräquiren sind: nebst deren Anwend. auf den gegenwärtigen Krieg. *Frkf. a. M.*, Andreä. 798. 8. (2 Thl.)

— Gedank. über d. reichsrittersch. Mobiliarabzugsfreyh. vom J. 1666. 8. Mainz, Andreä. 790.

— Gedanken üb. die reichsrittersch. Mobiliarabzugsfreih. vom J. 1666. 8. Mainz 791. (Andreä in Frankf.) 5 gr.

BODMANN, Frz. Jos.: Unpartheyische Gedanken üb. d. reichsritterschaftl. Mobiliar-Abzugs-Freiheit, in dem Sinne d. Leopoldinischen Privilegiums v. J. 1666. — *Mainz*, 791. 8. (Andreä in *Frankfurt.*) (5 Gr.)

— pragmat. Gesch., Grund- u. inneres Territorialverhältniß des Abzugs- u. Nachsteuerrechts in Deutschland. 8. Frankf. a. M. 791. Andreä. 6 gr.

— statist. Jahrbuch f. d. Departem. Donnersberg f. d. J. 1811. 8. Mainz, Kupferberg. 1 ß

— manuel des precepteurs. Handb. f. Steuer-Einnehmer. gr. 8. Mainz ... 2e Aufl. 812. Kupferberg. 16 gr.

— diplomat. Nachr. v. d. fürstl. Wild- u. Rheingräfl. Landgrafsch. im Nahgau. (NB. ist v. K. A. Schott.) 4. Erf. 792. Keyser. 5 gr.

(BODMANN, Fr. Jos.): De pactis gentilitiis famil. illustr. atque nobil. Germ., ex ratt. autonomiae earundem familiaris priv. stricte atque unice dijudicandis, vulgo: von den in d. Privatfamilien-Gesetzgebungsfreyh. hauptsächl. begründ. Haus- u. Stammverträgen d. hohen u. nied. deutschen Adels. *Mainz.* 788. 4.

— die Schweden zu Mainz; e. Beitr. z. Geschichte d. Stadt. Mit Kpf. gr. 8. Mainz 810. Kupferberg. 12 gr.

— äußeres od. nachbarliches Territorialverhältniß des Abzugs- u. Nachsteuerrechts in Deutschland. 8. Frankf. a. M. 795. Andreä. 16 gr.

Bodmann, Fr. Jos.: „Aeusseres oder nachbarliches Territorialverhältniss des Abzugs- und Nachsteuerrechts in Deutschland überhaupt und im Erzstift Maynz insbesondere", Mainz 1795 (Univ. Buchh.).

— inneres Territorialverhältniß des Abzugs- u. Nachsteuerrechts in Deutschland rc. 8. Mainz 791. (Andreä in Frankf.) 18 gr.

BODMANN, Frz. Jos.: Wahrer Ursprung d. Gemeinschaft d. Güter unter d. deutschen Ehegatten zur Erweit. *Westhusens* Grundsätze hiervon. *Frkf.* 784. 4.

— Vers. kurz. Canzelreden für das Landvolk. 8. Kempten, Dannheimer. 790.

— auch ein Wort über die Schwandnersche Urkunde v. Gebr. d. Leinenpapiers 1243 rc. 8. Nürnb. 805. (v. Ebner). 4 gr.

— ein Wort üb. die Schwandnersche Urkunde vom Gebr. d. Leinenpapiers 1243 rc. 8. Nürnb. Lechner. 805.

v. Bodmann, Frhr. Hans Adm., Versuch kurzer Kanzelreden, f. d. Landvolk. 8. Kempten 790. Dannheimer. 3 gr.

J. J. Bodmann, Pragmat. Geschichte, Grund- und inneres Territorial-Verhältniß des Abzugs- und Nachsteuerrechts in Deutschland. Mainz, 1791.

Bodmann, J. J. praktischer Entwurf eines gründlicher und vollständigen Amtsjurisdictionalbuchs rc. gr. 8. Jey Eichhorn in Nürnberg. 796.

Bodmann, P., landwirthschaftlicher Kalender, s. Kalender.

Bodmer, J. J., als Geschichtsschreiber, s.a. Neujahrsblatt hrsg. v. der Stadtbibliothek in Zürich.

Bodmer. J(ohann) J(akob) B' als Geschichtschreiber. Zürich s.a. [Tobler, Gustav].

Bodmer, J. J., als Geschichtschreiber. Zürich [1891]. V: *Tobler, Gustav.* (Cat. d. Stadtbibl. Zürich. Zürich 1864—97.)

Johann Jakob Bodmer. Denkschrift z. 200. Geburtstag (19. Juli 1898). Veranl. vom Lesezirkel Hottingen. *Zürich: A. Müller in Comm. 1900.* (XII, 418 S.) 8°

— **Schriften** hrsg. von d. Stiftung v. Schnyder v. Wartensee. 10. ...

Bodmer, [Frl.] Agnes. Biblische Erzählungen für unsere Kleinen.... Von A' B', Kindergärtnerin. Mit einer Vorrede von Pfarrer [Adolf] Ritter. IV + 77 S. 8. Zürich, Orell Füssli, [1905]. [geb. fr. 1.50]
Ausg. A: B' E' für u' K' (im Dialekt geschrieben). ..
Ausg. B: B' E' für u' K'. In Zürcher Mundart....

Bodmer, Agnes. Biblische Erzählungen (im Zürcher Dialekt) für unsere Kleinen. 2. Aufl. Mit einer Vorrede von Pfarrer [Adolf] Ritter [sowie 5 Tafeln und illustriertem Umschlag]. IV + 77 S. 8. Zürich, Orell Füssli, [1909]. [geb. fr. 2. —]

— Freue dich, o Christenheit! 2 Erzähl gn. 1. Adventserzählung. 2. Schulidylle. (18 S.) 8. Zürich 911. Buchh. der ev. Gesellschaft. —15

Bodmer, Albert, [von Wald, Kt. Zürich]: Terrassen und Thalstufen der Schweiz, ein Beitrag zur Erklärung der Thalbildung. Zür. Zürcher u. Furrer Dr. 1880. 43 S., 3 Taf. 4°.
Zürich, Phil. Diss. [v. 19. Juli 1880].

Bodmer, C. u. R., s. Moselthal, das, rc.

Bodmer, Carl, maler. Ansichten d. Rheins etc., s. Ansichten.

Bodmer, Graf Carl v., Beschr. d. Stadt Baden, s. Bothmer, Graf C. v.

Bodmer, Ernst. Ueber die Einwirkung von Amidoverbindungen auf Gallocyaninfarbstoffe. Diss. Phil. [II.] Univ. Zürich. 83 S. 8. Winterthur, Geschwister Ziegler, 1908.

[Bodmer, F. C. v.,] Betrachtungen und Einfälle über die Bauart der Privatgebäude in Deutschland, mit 60 Kupff. Augsburg 1779. gr. Fol.
——, —— Neue Aufl. Ebda 1824. gr. Fol.

v. Bodmer, F. C., Betrachtt. u. Einfälle üb. d. Bauart d. Privatgebäude in Deutschland. Mit 60 Kpft. u. 1 Vign. gr. Fol. Augsb. ohne Jahrz. 2e Aufl. Ebd. 824. v. Jenisch u. St. 5 Rthl.

Bodmer. G[ottlieb]. Chronik der Gemeinde Stäfa. Bearb. von G. B'.... [Mit 4 Tafeln und 2 Illustrationen.] 8. Stäfa 1894.

Bodmer, Hans, von Zürich: Die Gesellschaft der Maler in Zürich und ihre Diskurse '(1721–1723)'. [Kapitel I–IV; Fortsetzung nicht erschienen]. Frauenfeld J. Huber 1895. 2 Bl., 127 S. 8°.
Zürich, Phil. Diss. I. S. [v. 20. April 1895].

Bodmer, Heinr., Abhandl. von d. Wunderbaren in d. Poesie. 8. Zürich. 740.

B[odmer], H[enry]. Die Strahleck. Mit einer Skizze [Tafel] nach der Natur gezeichnet. 8. (Zürich [1864].)

Bodmer, Hermann [von Zürich]: Johann Jakob Breitinger 1701—1776. Sein Leben und seine litterarische Bedeutung. Erster Teil. Zürich 1897. 87 S. 8°.
Zürich. Phil. Diss. I. S. 1897/98.

Bodmer, Hermann. Zur Casuistik der Uterusrupturen. 19 Fälle aus der geburtshülflich-gynaekologischen Klinik in Zürich aus den Jahren 1888—1902. Diss. Med. Univ. Zürich. [Mit 1 Tabelle.] ***Kopftitel:*** **Aus der Universitäts-Frauenklinik Zürich. 92 S. 8. Zürich, Juchli & Beck, 1904.**

Bodmer, J. J., Mittheilungen üb. das mechanische Puddeln nach Danks. 3 Hfte. gr. 8. Wien 872—74. Lehmann & Wentzel. n. 8. —
1. Hft. Bericht der v. England nach Amerika gesendeten Kommission. (IV, 56 S. m. eingedr. Holzschn. u. 7 Steintaf. in gr. 8. u. qu. gr. 4.) n. 4. —
2. Hft. Supplement-Bericht üb. das Danks'sche Puddeln. Mit 1 lith. Taf. (in qu. gr. 4.) (40 S.) n. 2. —
3. Hft. Fortschritte d. Danks'schen Verfahrens in England. Mit 3 (lith.) Taf. (in qu. 4. u. qu. Fol.) (15 S. m. eingedr. Holzschn.) n. 2. —

Bodmer, J. J., die letzte Probe oder das Lied von dem Wettchor. Frei nach dem Sänger d. „Tell". [Parodie der Glocke.] 16. (29 S.) Zürich 880. Schroeter. — 50

Bodmer, JJ, d. letzte Probe od. d. Lied v. d. Wettchor. Frei nach d. Sänger d. „Tell". [Parodie d. Glocke.] 16. (23) Zür. 80, Trüb. — 50

Bodmer, J. J., die Sekundarschule Thalweil 1836—1886. Denkschrift zur Feier ihres 50jähr. Bestandes. Im Auftrag der Sekundarschulpflege bearb. 8. (IV, 140 S.) Thalweil 886. Brennwald. n. 1. 25

(Bodmer, J. J.) Unterredungen über die Geschichte der Stadt Zürich. 8. Karlsruhe 1774. 0,50.

Bodmer, Johann Jakob

Bodmer, J. J. Abhandlung von dem Wunderbaren in der Poesie. Zürich 1772.

Bodmer, J. Jac., d. geprüfte Abraham. 4. Zürich, Orell. 754.

Bodmer. [Johann Jacob]. Bodmer's Persönliche Anekdoten. Hrg. von Theodor Vetter. [SA.] 8. [Zürich 1892.]

Bodmer, Jh. Jak., († d. 2. Jan. 1783.) Ankündigung e. neuen Odyssee rc. gr. 8. Nürnb. 783. Bauer. 2 ℳ

— Anleit. zur Erlernung d. deutschen Sprache. 8. Karlsr. 773.

— Apollinarien, od. nachgelass. Gedichte. Herausg. v. Gtthd. Fr. Stäudlin. 8. Tübing. 783. v. Cotta. 10 ℳ

– s. Apollonius: Argonauten.

– s. Archiv d. Schweizer. Critik.

Bodmer, J. J. Aufgaben für den Unterricht in der Arithmetik und Algebra an Secundarschulen. I. Heft: Die vier Grundoperationen und ihre Abkürzungen. Gr. in-8°, 64 S. Zürich, Verlag der Erziehungsdirection. 1879 — 35

Bodmer, J. J. Auszüge aus meinem Tagebuch. Herausg. von J. Bächtold. 1891.

— alt engl. Balladen, 2 Bde. 8. Winterthur. (Ziegler, Zürich). 780. (16 gr. à 12 gr.)

Altenglische Balladen. Fabel von Laudine. Siegeslied der Franken. Zürich. 1780. — Altenglische und altschwäbische Balladen. Zugabe von Fragmenten aus dem altschwäbischen Zeitalter etc. 2tes Bdchen. Zürich. 1781. 8o. (von Bodmer.)

– s. Begräbniß u. Auferstehung.

— Betrachtungen u. Einfälle rc. s. Betrachtungen.

BODMER, JOH. JAC. Critische Betrachtungen über die Poetischen Gemählde Der Dichter. Mit einer Vorrede von JOHANN JACOB BREITINGER. Zürich, Conrad Orell u. Comp., Leipzig, J. Fr. Gleditsch, 1741. 8°. 8 Bl. 640 S. Hübsches HPgt. d. Z. 210.—
G. IV. I. 10, 13.

— crit. Betrachtungen üb. poet. Gemälde rc. 8. Zürich, Orell, Füßli u. C. 741.

Bodmer, Joh. Jakob (Hrsg.), s. Beyträge, Historische und kritische, zu der Historie der Eidgenossen.

Bodmer, Johann Jacob s. Bibliothek. Helvetische Bibliotheck. Zürich.

— Biegungen u. Ausbildd. d. deutschen Wörter, f. d. Realschulen. 8. Karlsr. 773.

Bodmer, Johann Jakob (Hrsg.), s. Breitinger, Johann Jakob: Kritische Abhandlung . . .

Briefe der Schweizer Bodmer, Sulzer, Geßner. Aus Gleims litterarischem Nachlasse, herausgegeben von Wilhelm Körte. Zürich, 1804. 8°.

– s. Briefe, N. kritische.

— Briefe von Verstorbenen. 4. Ebend. 754.

Bodmer, Joh. Jak., Briefwechsel m. Eberh. Frdr. v. Gemmingen, s.: Haller, Albr. v., u. Eberh. Frdr. v. Gemmingen, Briefwechsel.

– s. Buttler, Hudibras.

— Calliope. — *Zürich, bey Orell, Gessner und Compagnie,* 1767. 2 Bde, 2 Bll. 508 SS.; 2 Bll. 386 SS.

— Calliope, od. kleine Gedichte. 2 Bde. gr. 8. Zürich 776. Orell. 2 Rthl. Hbg. Pr. 1 Rthl.

— Calliope, od. kl. Ged. 2 Bde. gr. 8. Ebend. 785.

– s. Conradin v. Schwaben.

Character Der Teutschen Gedichte. 8°. (1734.)
Verf. Joh. Jac. Bodmer.

Die Colombona. Ein Gedicht in Fynf Gesaengen. ... Zyrich, bei Conrad Orell und Comp. MDCCLIII. 4°.
Verf. Joh. Jac. Bodmer.

— d. Colombona. 5 Ges. 4. Ebend. 754.

— Combona; e. Gedicht in 5 Gesängen. 4. Zürich 753. Orell. 6 ℳ

– s. Coluthus, Helena.

Bodmer, Joh. Jakob (Hrsg.), s. Crito.

– Damon. Oder die platonische Liebe . . . 1749.

– s. Denkmale, Literarische.

— der Dichter von Natur. gr. 8. Nürnb. 783.

— Dina u. Sichem; 2 Gesänge. 4. Zürich 754. Orell. 4 ℳ

Der gestäupte Diogenes, oder kritische Urtheile über die erste Speculation des Leipziger Spectateurs (von *Joh. Jac. Bodmer*). Zürich 1723.
Anon.-Lex. I. p. 407 (nach Meusel u. Goedeke). — Höchst selten!

Bodmer, Johann Jakob (Hrsg.), s.a. Discourse, Die, der Mahlern.

Bodmer, Johann Jakob, Die // Discourse // der // Mahlern. //
Erster Theil. // Zürch. // Drückts Joseph Lindinner / 1721
Am Schluß:
Ende des ersten Theiles. // Zürich / bey Joseph Lindiñer/ MDCCXXI.
104 Blatt (nicht paginiert).
Angebunden:
Die // Discourse // der // Mahlern. // Zweyter Theil. //
Zürch. // Drückts Joseph Lindinner. // M DCC XXII.
Am Schluß:
Dieses Werck wird verkaufft, zu Zürch von // Joh. Jacob Lindinner; zu Bern von // Emanuel Gaudard; zu Basel von Georg // König; zu Schaffhausen von Onophrion // Seiler; zu Santgallen von Schopffer; // und zu Leipzig von Jakob Schuster. // Ende des zweyten Theiles. -
2 Blatt (nicht paginiert) Titelblatt und Vorrede. -
206 Seiten. -
Die // Discourse // der // Mahlern. // Dritter Theil. //
Zürch, // Drückts Joseph Lindinner. // M DCC XXII. -
Am Schluß:
Ende des dritten Theils.
2 Blatt (nicht paginiert) Titelblatt und Widmung. -
204 S.

Die // Mahler. // Oder: // Discourse // Von den // Sitten //
Der // Menschen. // Der vierdte und letzte Theil. //
Zürich, in der Bodmerischen Druckerey. 1723. -
Am Schluß:
Ende des vierdten // und letzten Theiles der Mahler. //
- - - - Sunt certa piacula quae te // Ter pure lecto poterunt recreare libello. -
2 Blatt (nicht paginiert) Titelblatt und Widmung. -
131 Seiten.
B. S. T. 8°.73.

Bodmer, Joh. Jak.: Alexander Popens Duncias mit historischen Noten und einem Schreiben des Uebersezers an die Obotriten. Zürich, Bey D. Orell u. Comp. 1747.

– s.a. Erzählungen, Histor., d. Denkart.

-- Historische Erzählungen die Denkungsart und Sitten der Alten zu entdecken. – *Zürich, Orell, Gessner u. Co*, 1769, XXIV, 262 SS.
Vignette de titre (par *S. Gessner*).

— sittl. u. gefühlreiche Erzählungen, für die Realschule. Karlsr. 773.

– s. Eschilbach, W. v.: Wilhelm d. Heilige.

[BODMER, J. J.] Evadne; und Kreusa. Zwey griechische Gedichte, [und davor gebunden:] Telemach. Zürich, Bürgkli, 1777. 16. 36 S.

– s. Fabeln, Lessingsche unäsop.

– s.a. Fabeln, (93) aus d. Zeit d. Minnesänger.

Bodmer (Joh.-Jac.). -- Fabeln aus den Zeiten der Minnesinger.
Voyez n° 1096 *Fabeln.*

— Fragmente in erzählend. Dichtart rc. 4. Zürich, Orell, Füßli u. C. 754.

— drey epische Gedichte: Macaria, Sigowin u. Adelbert. 8. Ebend. 778.

— Gedichte in gereimten Versen. 8. Zürich 754. (Orell).

Bodmer, J. J., vier kritische Gedichte, — Karl v. Burgund, } s.: Litteraturdenkmale, deutsche, d. 18. Jahrh.

— zwey Gedichte: d. Levit von Ephraim u. Meneleus b. David. gr. 8. Ebend. 782.

– s.a. Geschichte v. Zürich.

[Bodmer, Johann Jacob.] Geschichte der Stadt Zürich. Für die Real-Schulen. ([Mit Anhang:] Unterredung von den Geschichten der Stadt Zürich.) 8. Zürich 1774.

Bodmer, J.J.: Gottsched ein Trauerspiel in Versen oder der parodierte Cato. Zürich 1765.

– s. Grazien, Von den.

– Von den Grazien des Kleinen. In der Schweiz. MDCCLXIX.

– s. Grundsätze d. deutsch. Sprache.

— d. geraubte Helena. 4. Ebend. 754.

— Hildebald u. Wibrade, u. Maria v. Brabant. 8. Chur 776. (Orell). 4 gr.

— Hildebald u. Wibrade. 8. Ebend. 777.

(Bodmer. [Johann Jacob] B'. Njbl.) s. [Hirzel, Salomon *III*].

— Hymnen. 4. Ebend. 754.

— Jakob u. Joseph; e. Gedicht in 4 Gesängen. 4. Zürich 751 u. 54. Orell. 4 gr.

— Jacob u. Joseph. 4. Ebend. 754.

— Jakob u. Rabel. 4. Zürich 754 u. 59. Orell. 4 gr.

JOSEPH, Der erkannte —, und der keusche Joseph. Zwei tragische Styke in fynf Aufzygen (von *Joh. Jac. Bodmer*). Zyrich 1754. 4°. Zahm. Sehr selten! (5 Mk. E. Frensdorff, 1904.)

— Joseph u. Zulika. 4. Zürich 752. Orell. 4 gr.

— Joseph u. Zelika. 4. Ebend. 754.

— krit. Lobgedichte u. Elegien. Herausg. v. Jh. Geo. Schultheß. gr. 8. Zürich 747. 2e A. 754. Orell. 6 gr.

— Der Mahler der Sitten. Von neuem (Band 2 : neuem übersehen und stark vermehret. – *Zürich, Conrad Orell u. Comp.*, 1746, 2 Bde in-8°. (I, 5 ff. n. cl. et 611 pp. ; II, 3 ff. n. ch. et 674 pp.)

Bodmer, Johann Jakob (Hrsg.), s. Milton, Johann: Epische Gedichte.

– s. Milton: Paradies.

– s. Momus, d. Gerechte.

Bodmer, Joh. Jak. (Hrsg.), s. Nachrichten, Freymüthige, von neuen Büchern und anderen zur Gelahrtheit gehörigen Sachen.

—— s. National-Litteratur, deutsche.

Bodmer (Joh. Jac.). -- Der Noah. In zwölf Gesangen. -- *Zürich, bey David Gessner*, 1752, in-4° de 114 pp. - *Gœdeke* IV, 1, 12, 26.

[—] Die Noachide in Zwölf Gesängen. [Herausgegeben von Joh. G. Sulzer]. *Mit Titelvignette und 12 Kupfern nach J. C. Füßli und B. Chr. Rode gestochen von C. G. Matthes.* Berlin, Chr. Fr. Voß, 1765. 8°. Titel, 362 S. Pgt. d. Z. 90.—
G. IV. I. 12, 26.

— Die Noachide in Zwölf Gesängen. Neuste, von dem Verfasser verbesserte Auflage. Zürich, Gedruckt bey David Bürgkli 1772. Gr. 8°. 5 Bl. SS. 3—295, 8 Bl. Brosch. 40.—
G. IV. I. 12, 26. Von Bodmer nochmals verbesserte Auflage der von ihm immer wieder umgearbeiteten Noachide.

Bodmer, J. J. Die Noachide in Zwölf Gesängen von Bodmern ganz umgearbeitet und aufs neue verbessert. Basel, J. J. Fink, 1781. 8°. 4 Bl. 352 S. *Mit Titelvignette in Holzschnitt (nach Geßner?).* Graumarmor. Pbd. d. Z., etwas bestoßen.
G. IV¹. 12: 26.

— Noachide in 12 Gesäng. gr. 8. Basel, Wilh. Haas. 781.

Noah ein Helden-Gedicht. Frankfurt und Leipzig, 1750. 8°. Mit Titelvign.
Verf. Joh. Jac. Bodmer.

– s. Noah u. Roachide.

– s. P a m p h l e t e , Literar.

— der Parcivall; e. Gedicht. 4. Zürich 753. Orell. 3 𝒦

— d. Parcival. 4. Zürich, Orell. 754.

Noachide in 12 Ges. m. K. gr. 8. Berl. Voß. 765.

— — dasselbe. 8. Basel, Turneysen. 781.

— — dass. ganz umgearb. gr. 8. Basel, Flick. 780.

Bodmer, Jo. Jac. (Hrsg.), s. P r o b e n der alten schwäbischen Poesie des 13. Jahrhunderts.

PYGMALION u n d E l i s e. (Zahme Prosa-Erzählung von *Joh. Jac. Bodmer.*) O. O. (Berlin) 1749. 8⁰.

— Chriemhildens Rache u. die Klage, zwei Heldengedichte. 4. Zürich 757. Orell. 12 𝒦

– s. R o u s s e a u , J. J.: D. Levit.

Bodmer, Johann Jacob (Hrsg.), s. S a m m l u n g von Minnesingern aus dem Schwaebischen Zeitpuncte.

Bodmer, Joh.Jak. (Hrsg.), s. S a m m l u n g critischer poetischer und anderer geistvoller Schriften zur Verbesserung des Urtheils und des Wizes.

— d. Schachspiel. 4. Ebend. 754.

Schweizerische Schauspiele. Wilhelm Tell; oder: der gefährliche Schuß. Geßlers Tod; oder: das erlegte Raubthier. Der alte Heinrich von Melchthal; oder: die ausgetretnen Augen. Im Jahr 1775. 8⁰.
Verf. Joh. Jac. Bodmer.

Bodmer, J[ohann] J[acob]
—**Schlüssel zu den Aufgaben für den U'....**

— die Sündfluth; e. Gedicht. 4. Zürich 753. Orell. 8 𝒦

— d. Sündfluth. 4. Ebend. 754.

Bodmer, Jo. Jak., Telemach u. Nausikaa. 8. Zürich 777.

– s. T h o r h e i t e n d. weisen Königs.

— d. Vater d. Gläubigen; ein religiöses Drama. 8. Zürich, Orell, Füßli u. C. 778.

– s. Homers W e r k e .

Neue theatralische Werke, von Herrn Bodmer Professor in Zürch. Erster Band. Lindau im Bodensee, bey Jakob Otto. 1768. 8⁰. (Der Vierte Heinrich Kayser. Cato, der Aeltere. Atreus u. Thyest. Eindrücke der Befreyung von Theben.) M. Doppeltitel.

– s. W e r n i c k e , Chr.: Poet. Versuche.

— Jakob's Wiederkunft v. Haran; e. Gedicht. 4. Zürich 753. Orell. 8 𝒦

— Jacobs Wiederkunft. 4. Ebend. 754.

— Wilhelm v. Oranse, ein Gedicht. 4. Zürich, Ziegler. 774.

ZILLA, D i e g e f a l l e n e, in 3 Gesängen (von *Joh. Jac. Bodmer*). Amsterdam (Zürich, Orell) 1755. 8⁰. (?) Rar! (4⁰ hat Jördens I, 149, u. Heinsius IV, 546.)
Anon.-Lex. IV. p. 432 (nach Goedeke u. Weller); Bächtold, Litt. d. Schweiz. Frauenfeld 1892. S. 188.
— — Dasselbe in *Bodmer's* „Calliope". Zürich, Orell, 1767. II. 8⁰. Bd. 2.

Bodmer, Wilhelm Schulz- , s. S c h u l z

Bodmer-Beder, Arnold

Bodmer-Beder, A., neue Beiträge zur Geologie u. Petrographie des östl. Rhätikons, s.: Tarnuzzer, Chr.

B o d m e r - Beder, A[rnold]. Die Erzlagerstätten der Alp Puntaiglas im Bündner Oberland und ihre Felsarten. Petrographisch bearb. von A. B'-B'.... Mit Taf. VII–X und 3 Figuren im Text. SA. 8. Stuttgart 1897.

B o d m e r - Beder. A[rnold]. Durch Gebirgsdruck gebogene Quarzkrystalle. Mit 4 Textfiguren. SA. 8. Stuttgart 1900.

B o d m e r - Beder, A[rnold]. Der Malencoserpentin und seine Asbeste auf Alp Quadrata bei Poschiavo, Graubünden. (Separat-Abdruck aus dem Centralblatt für Mineralogie, Geologie und Palaeontologie. 1902. No. 16.) S. 488—492. 8. [Stuttgart, E. Schweizerbart.]

B o d m e r - Beder, A[rnold]. Ueber Olivindiabase aus dem Plessurgebirge, Graubünden. Mit 4 Tafeln und 31 Figuren im Text. SA. 8. Stuttgart 1898.

B o d m e r - Beder, A[rnold]. Petrographische Untersuchungen von Steinwerkzeugen und ihrer Rohmaterialien aus schweizerischen Pfahlbaustätten. Mit 4 Tafeln. Separat-Abdruck aus dem Neuen Jahrbuch für Mineralogie, Geologie und Palaeontologie. Beilage-Band 16. (S. 166—198 und Taf. 3—6.) II S. + S. 166—198. 8. Stuttgart, E. Schweizerbart, 1902.

Bodmerias in fünf Gesängen. O. O. & J. [1755]. V: *Reichel, Christoph Carl.* (GGr) (Waniek, Gottsched. Leipzig 1897, S. 587.) (Latendorf, Schönaich. Leipzig 1897, S. 69).

Bodmerias, in 5 Gesängen 8. Cassel 755. Cramer. 6 𝒦

Bodnar, Eva v.: Spezialb. d. prakt. Teegebäck-Bereitg, (48) 8⁰ Wien, A Hartleben '11. 1.10

Über den Bankerott der Wissenschaften. Offener Brief an Ferdinand Brunetière, Mitgl. d. franz. Akad. Von S i g m u n d B o d n á r. Aus d. Ung. *Budapest: Eggenberger 1895.* (44 S.) 8⁰ [illegible] 10

Bodnár, Sigm., das Gesetz unseres geistigen Fortschrittes. Aus dem Ung. übers. v. Jul. L e c h n e r v. d e r L e c h. gr. 8. (84 S.) Leipzig 898. A. Jansson. n. — 80

— Mikrokosmos. 2 Bde. gr. 8. (VII, 399 u. III, 328 S.) Berlin 898. H. Walther. n. 10. —

Bodnarescul, Leonidas, rumänische G r a m m a t i k f. die unteren Klassen der Mittelschulen. 2. umgearb. Aufl. (92 u. III S.) gr. 8. Czernowitz 903. H. Pardini. Geb. n. 1. 80

BODNARESCUL, Leonidas
R u m ä n i s c h e s S p r e c h - und L e s e b u c h für mittlere Classen der Realschule und verwandter Lehranstalten. Von Leonidas B o d n a r e s c u l. C z e r n o w i t z. 1901. Bukowinaer Vereinsdruckerei. [In Comm. Pardini.] Gr.-8⁰. 150 S. Geb. K 2.60

Bodnarescul, Leonidas, rumänisches Sprech- u. Lesebuch f. mittlere Classen der Realschule u. verwandter Lehranstalten. gr. 8. (152 S.) Czernowitz 901. (H. Pardini.) Geb. in Leinw. n.n. 2. 50

— einige W e i h n a c h t s - u. N e u j a h r s - B r ä u c h e der Rumänen. (27 S. m. 4 Abbildgn.) Lex.8. Ebd. 903. n. 1. —
Sonderabdruck aus: „Jahrb. d. Bukowiner Landes-Museums".

Bodni, W., Gebetbuch f. Katholiken. 12. Wien, Schmidbauer. 795.

Bodo u. seine Brüder, oder das Schloß der Geheimnisse, s. a Della-Rosa.

• Bodo u. seine Brüder, od. das Schloß d. Geheimnisse. Ein Familiengemälde von Ludwig Dellarosa, 2 Thle. 8. Krems. (Leipz. Schmidt.) 801.

Bodo u. s. Brüder; od. d. Schloß d. Geheimnisse. 2 Thle. 8 Leipz., Kleefeld. 803.

Bodo und seine Brüder, oder das Schloss der Geheimnisse. Ein Familiengemählde . . . Krems 1803. V: *Gleich, Joseph Alois.* (MGT)

Bodo, Frz., Sammlung der Normal-Erlässe, Vorschriften u. Verordnungen des k. k. n.-ö. Landesschulrates, sowie Sammlg. der n.-ö. Landesgesetze (betr. die Volks- u. Bürgerschulen, die gewerbl. Fortbildungsschulen u. die Handelsschulen), nebst e. Anh., enth. verschiedene wicht. schulbehördl. Erlässe, Verordngn. u. Entscheidgn. 2. verm. u. verb. Aufl. 10. Ergänzungsheft f. die J. 1903 u. 1904 bis Ende Febr. 1905. (XVI, 175 S.) 8. Waidhofen 905. F. M. Kargl's Wwo. n. 1. 40

Hauptwerk u. Ergänzungsheft 1—8 u. d. T.:

Bodo, Sebastian

Bodo, Sebast., Katechismus der Naturlehre. 1. u. 2. Hft. 8. Wien 872. Graeser. n. 1. 10

1. Für das 5. Schuljahr der Volksschulen. (60 S.) n. — 50
2. Für die Oberklassen der Volksschulen. Mit 82 in den Text gedr. Holzschn. (59 S.) n. — 60

Bodo, Sebast., Katechismus der Naturlehre. 1. und 2. Heft. 8. Wien, Sallmayer und Comp. *

Inhalt:

Heft 1. Für das fünfte Schuljahr der Volksschulen. (60 S.) 871. * 50 Pf.
" 2. Für die Oberklassen der Volksschulen. (59 S. mit 82 in den Text gedr. Holzschn.) 872. * 60 Pf.

Bodo, Seb., Sammlung der niederösterr. Landesgesetze betr. die Volks- u. Bürgerschulen, die gewerblichen Fortbildungsschulen u. die Handelsschulen (nebst einigen wicht. Stadthalterei-Verordngn. u. Kundmachgn.). Zusammengestellt f. den Zeitraum vom J. 1868 bis Ende des J. 1888. gr. 8. (VII, 100 S.) Waidhofen a/Th. 889. F. M. Kargl's Wwe. n. 1. —

Bodo, Sebastian: Sammlung der Normal-Erlässe und Verordnungen des k. k. n.-ö. Landesschulrathes. 8°. (127 S.) geh. 90 kr. Waidhofen a. d. Thaya: F. N. Kargl 1881.

— Sammlung der Normal-Erlässe u. Verordnungen des k. k. nied.-österr. Landesschulrathes, nebst e. Anh., enth.: I. Das Reichs-Volksschulgesetz, die Durchführungs- u. die Schul- u. Unterrichtsordng. u. andere wicht. Ministerial-Verordngn. II. Wichtige Landes-Gesetze (üb. die Regelg. der Lehrergehalte u. Dienstalterszulagen etc.). III. Auszug aus der Eisenbahn-Betriebsordng. u. die Einberufungs-Vorschrift f. militärpflicht. Lehrer. Zusammengestellt f. den Zeitraum v. J. 1871 bis letzten Jänner 1885. 2. verm. u. verb. Aufl. gr. 8. (XVIII, 207 S.) Ebd. 885. 1. 70

Bodo, Sebastian, Erstes Ergänzungsheft (für die Jahre 1885 und 1886) zu der 2. vermehrten und verbesserten Auflage der Sammlung der Normalerlässe und Verordnungen des k. k. niederösterreichischen Landesschulrathes. 8°. (31 S.) Waidhofen a. d. Thaya. Kargl. fl. —.30. 1887

Bodo, Sebastian, Zweites Ergänzungsheft für die Jahre 1887 u. 1888 zu der zweiten, vermehrten und verbesserten Auflage der Sammlung der Normal-Erlässe und Verordnungen des k. k. n.-ö. Landesschulrathes. 8. (27 S.) 1889 --.30

Bodo, Sebastian, Sammlung der Normal-Erlässe und Verordnungen des k. k. n. ö Landesschulrathes sowie der Sammlung der n. ö. Landes-Gesetze, betreffend die Volks- und Bürgerschulen, die gewerblichen Fortbildungsschulen und die Handelsschulen. 3. Ergänzungsheft für die Jahre 1889 und 1890 (bis Februar 1891) zu der II. vermehrten und verbesserten Auflage. 8. (IV, 30 S.) —.20 1891

Bodo, Sebastian, Viertes Ergänzungsheft für die Jahre 1891 und 1892 zu der zweiten, vermehrten und verbesserten Auflage der Sammlung der Normal-Erlässe und Verordnungen des k. k. n.-ö. Landesschulrathes sowie der Sammlung der n.-ö. Landesgesetze. 8. (VII, 86 S.) 1893 —.60

Bodo, Seb., Sammlg. d. Normal-Erlässe u. Verordngn. d. k. k. n.-ö. Landesschulrathes, sow. d. Sammlg. d. n.-ö. Landesgesetze (betr. d. Volks- u. Bürgerschulen, d. gewerbl. Forbildungsschulen u. d. Handelsschulen). 2., verm. u. verb. Aufl. 5. Ergänzungsheft f. d. J. 1893 u. 1894. (VI, 37 S.) gr. 8. Waidhofen 895. F. M. Kargl's Wwe. n. — 70

— dasselbe. 6. Ergänzungsheft f. d. J. 1895 u. 1896. 8. (VII, 52 S.) Ebd 897. n. — 70

— dasselbe, sowie Sammlg. der n.-ö. Landesgesetze (betr. die Volks- u. Bürgerschulen, die gewerbl. Fortbildungsschulen u. die Handelsschulen), nebst e. Anh., enth. verschiedene wicht. schulbehördl. Erlässe, Verordngn. u. Entscheidgn. 7. u. 8. Ergänzungsheft 1899 u. 1900. 8. Ebd. n. 1. 45

7. Für d. J. 1897 u. 1898. (VII, 46 S.) 899. n. — 70
8. Für d. J. 1899 u. 1900. (VI, 53 S.) 901. n. — 75

1.—6. Erg.-Hft. Ebd. 887—897. n. 3. 66.

Bodo, Seb., Sammlung der Normalerlässe u. Verordnungen des k k. n.-ö. Landesschulrates. 2. verm. u. verb. Aufl., sowie Sammlg. der n.-ö. Landesgesetze (betr. die Volks- u. Bürgerschulen, die gewerbl Fortbildungsschulen u. die Handelsschulen), nebst e. Anh., enth. verschiedene wicht. schulbehördl. Erlässe, Verordngn. u. Entscheidgn. 9. Ergänzungsheft f die J. 1901 u. 1902. (VI, 51 S.) 8. Ebd. 903. n. — 75

Bodo. Versuch eines Vorschlages, die Mineralogie wissenschaftlich zu begründen. 8. (Aus . . . . ?). 1790—1800. (?)

Bodogh, M., de philosophematum omnis aevi, ac inprimi recentissimi in theoriam medicam influxu. 8maj. Pesth Hartleben. 818.

Bodong, Andreas, appr. Arzt a. Eupen ⟨Rheinland⟩: Über Hirudin. Leipzig 1905: J. B. Hirschfeld. (22 S.) 8° ¶[Aus: Archiv für experiment. Pathol. u. Pharmakol., Bd 52.]

Göttingen, Med. Fak., Ref. Jacobj, Diss. v. 8. Febr. 1905

[Geb. 1. Juli 75 Eupen; Wohnort: Eupen; Staatsangeh.: Preußen; Vorbildung: Lyzeum II Hannover Reife M. 97; Studium: Göttingen 6, Berlin 1, Göttingen 3 S.; Coll. 1. Aug. 04; Approb. 11. Mai 03.]

Bodonius, C. F., das Andenken an die Uebergabe der Augsburgischen Confession ist aller Ehren werth. Eine Predigt am Jubelfeste rc. Nebst einer skizzirten Wasserpredigt. gr. 8. Neust. 830. Wagner. 2 K

Bodoy, Ed., Rennsport. 2. Aufl. gr. Fol. (20 farb. Taf.) München 890. F. A. Ackermann. In Mappe. 20. —

Bodoy, Ed., Rennsport. 3. Aufl. gr. Fol. (26 farb. Taf.) München 891. F. A. Ackermann. In Mappe. n. 80. —

Bodrero, E., Le opere di Protagora. Gel. 1903. 88 S. 1.20

Bodri, F., Zweck, Ziel u. Behandlungweise des Sprachunterrichts in der Volksschule unter Berücksichtigung der seit den letzten Jahrzehnten hierüber zur Geltung gekommenen Ansichten. Eine mit dem ersten Preise gekrönte Abhandlung. Wiesensteig 869. Schmid. 8. (VIII, 134 S.) 18 ngr

Boedrich, Kaiser Wilhelm u. der Musikanten-Fritz. Deklamatorium f. 8 Personen. (16 S.) 12. Elberfeld 903. Westdeutscher Jünglingsbund. n. — 15

Boedrich, Paul: Barbarossa od.: Der Deutschen Traum. Patriot. Festspiel. (24) 8° Kamenz, (H Bassler Nf.) ('11). — 50 (Pp.) d

Bodrück, Karl, Quellenstücke und Studien über den Feldzug der Reichsarmee von 1757. Ein Beitrag zur deutschen Geschichte im 18. Jahrhundert. (Mit Tafeln.) Leipzig 1858. gr. 8.

Bodsch, Ferd. Quaestiones sophocleae. [Figura etymologica.] 11 S. Progr. Joach. *Berlin* 1885.

Bodson, N., J.-P. Michaelis & N. Martha, arithmétique élementaire. 3. éd. gr. 8. (VIII, 244 S.) Luxemburg 871. Bück. n. 3. —

Bodson, N., J. P. Michaëlis et N. Martha, arithmétique élémentaire. 4. éd. gr. 8. (VIII, 234 S.) Luxemburg 879. Schamburger. n. 4. —

— — — éléments d'algèbre. 4. Ed. gr. 8. (VII, 355 S.) Ebend. 871. n. 1. —

— — — éléments de géométrie et de trigonométrie. 3. éd. gr. 8. (284 S. m. 7 Steintaf. in qu. 4.) Ebend. 871. n. 4. —

Bodstedt, A. W., ordförteckning, s.: Eko af det tyska talspråket.

Bodstein, F. A., Anweisung d. Guitarre zu spielen, zum Gebr. beim Selbstunterr. u. als Leitfaden f. Lehrer. Fol. (3½ B.) Braunschweig 829, G. M. Meyer jun. Thlr.

Bodt, de, Pläne f. das k. Zeughaus u. e. k. Stallgebäude zu Berlin. Aus dem Nachlasse. Mit Unterstützg. des königl. preuss. Kultusministeriums hrsg. v. R. Steche. gr. Fol. (10 S. Text m. Bildnis u. 10 Lichtdr.-Taf.) Berlin 891. E. Wasmuth. In Mappe. n. 25. —

Bödtker, Eyvind [Drontheim]: Über die Darstellung und Oxydation der Sebacinsäure sowie über einige neue Derivate der Glutarsäure. . . . Leipzig, G. Fock, 1891; 2 Bl., 21 S. 8°
Leipzig, Phil. Fak., Inaug.-Diss. v. 30. Jan., 1891

Bödtker, Eyvind, üb. die Darstellung u. Oxydation der Sebacinsäure, sowie üb. einige neue Derivate der Glutarsäure. Diss. gr. 8. (21 S.) Leipzig 891. G. Fock. n. — 60

Bodtman, Johann Jodocus (Duderstad), De usurpationibus et usucapionibus. Disp. jur.-canon.-civ. Erfurt (Grosch) 23. I. 1704. 36 S. (5.—) 3063

Bodungen, F. W., s. Bodungen, Fr. W.

Bodungen, Fr.

Bodungen, F. v., die Aufforstung der öden Ebenen u. Berge Deutschlands. 8. (IV, 146 S.) Straßburg 881. Trübner. n. 1. 60

Bodungen, F. v., die vormalige Grafschaft Lützelstein und die zugehörigen Waldungen. 8. (119 S.) Straßburg 879, Trübner. *

Bodungen, F. v., über Moorwirtschaft und Fehncolonien. gr. 8. (IX und 278 S. mit 26 in den Text gedr. Abbild. in Holzschn. und 8 Stnt. in qu. 4. und Fol.) Hannover 861, Brecke. *

— über Moorwirthschaft u. Fehncolonien. 2. Ausg. Mit 26 in den Text eingedr. Abbildgn. u. 8 lith. Taf. gr. 8. (XXXIV, 278 S.) Hildesheim 880. Gerstenberg. n. 3. —

Bodungen, F. v., die Verwandlungen der öden Gründe. 8. (VI, 104 S.) Straßburg 876. Trübner. n. 2. —

— die Waldrechte in Elsaß-Lothringen, deren Entstehung, Regelung u. Ablösung. 8. (IV, 156 S.) Straßburg 878. Trübner. n. 2. 50

— das landwirthschaftliche Wassergesetz in Elsaß-Lothringen. 8. (III, 178 S.) Ebend. 877. n. 2. 50

Bodungen, Fr. W., von Schiedsrichtern, od. Mittel, Rechtsstreite ohne förml. Processe zu endigen. Nach d. 8ten Buche d. westphäl. Proceßordnung, mit Rücksicht auf französ. u. römische Gesetze. 8. Marb. 813. Krieger. 16 gr.

— Untersuch. über d. Entwurf e. Staats-Grundgesetzes f. d. Königr. Hannover, s. Verhandll. über die öffentl. Angelegenheiten des Königr. Hannover.

— das Hannöv. Wechselrecht s. a. Wechselrechte.

Bodungen, F. W. von: „Das Königlich-Hannöverische Wechsel-Recht in alphabetischer Ordnung, nebst Erklärungen der bei Wechselgeschäften gebräuchlichen Kunstausdrücke . . . .", Lüneburg 1824. — Vorh.: Bibl. der Industrie- und Handelskammer Leipzig.

Bodungen, [Fritz] v., Eindrücke von der Gesellschaftsreise der Landwirtschaftskammer für die Provinz Pommern, durch Pommerns Moore und Rentengutskolonien in d. Zeit vom 10.—14. Juni 1908. Stettin 1908. 8°.
(Arbeiten d. Landwirtschaftskammer f. d. Prov. Pommern. H. 2.)

Bodungen, Fritz v., Der Provinzialverband land- u. forstwirtschaftlicher Beamten in der Provinz Pommern zu Stettin. Stettin 1909. 8°.
(Arbeiten d. Landwirtschaftskammer f. d. Prov. Pommern. H. 6).

Bodungen, J. v., drei Tage aus dem Leben e. Lehrerin. Gelegenheitsspiel bei Versammlgn. v. Lehrerinnen od. bei Aufführgn. in Pensionaten. (36 S.) kl. 8. Münster 907. Alphonsus-Buchh. — 50

Boduszynski, Augustin, physikalisch-astronomischer Versuch über die Welten-Ordnung. Eine populäre Darstellung. Mit 3 Steintaf. gr. 8. Leipzig 838. Brockhaus. 1 ₰

Body, Human, a treasure of easy medicines briefly comprehending approved etc. 12. London. (Bauer, Leipzig) 773. Rthlr.

Body, N. O., Ida oder die Gefahren des Theaterlebens. Mittheilungen aus dem Leben einer Schauspielerin. 8. (176 S.) Wien 865, Spitzer.

Body, N. O., aus e. Mannes Mädchenjahren. Vorwort v. Rud. Presber. Nachwort v. Magnus Hirschfeld. 1. u. 2. Aufl. (à 218 S.) 8. Berlin (907). Hesperus-Verlag. 2.50; geb. 3. 50

N. O. **Body**. Aus eines Mannes Mädchenjahren. Vorw. von Rudolf Presber, Nachwort von Dr. med. Magnus Hirschfeld. Berlin: G. Riecke Nachf. (1907). (218 S.) 8° [F.] 08. 3314 11

N. O. **Body**. Aus eines Mannes Mädchenjahren. Vorwort von Rudolf Presber, Nachwort von Dr. med. Magnus Hirschfeld. 4. Aufl. Berlin: G. Riecke Nachf. [1907]. (218 S.) 8° [F.] 07. 19727

Bodz-Reymond, F. H.

Bodz-Reymond . . . . H. F. du Bois.

Bodz-Reymond, Betrachtungen über Staatswesen und Menschenbildung, National- u. Privat-Armuth. 4 Bde. Berlin 837—39.

Bodz Reymond, F. H., Staatswesen und Menschenbildung umfassende Betrachtungen über die jetzt allgemein in Europa zunehmende National- und Privat-Armuth, ihre Ursachen, ihre Folgen, die Mittel ihr abzuhelfen, und besond. ihr vorzubeugen. 4 Bde. Mit 1 Lithogr. gr. 8. Berlin 837, 39. Logier. $6^1/_3$ ₰

Böe, A., Kulturbilder aus Deutschlands Vergangenheit f. Schule u. Haus zur Ergänzung u. Belebung d. Geschichtsunterrichts. gr. 8. (VIII, 328 S. m. 1 Titelbild u. 69 Holzschn.) Leipzig 890. Gräbner. n. 3.—; geb. n.n. 4.—

Böe, A., Kulturbilder a. Deutschlands Vergangenheit f. Schule u. Haus z. Ergänzg. u. Belebg. d. Geschichtsunterrichts. M. d. Portrait „Kaiser Wilhelm I." u. 70 Holzschn. im Text. 2., verm. u. verb. Aufl. gr. 8. (XI, 337 S.) Leipzig 896. G. Gräbner. n. 3.—; geb. in Leinw. n.n. 4.—

Böe, A., Kulturbilder aus Deutschlands Vergangenheit f. Schule u. Haus zur Ergänzung u. Belebung des Geschichtsunterrichts. Mit dem Bildnis „Kaiser Wilhelm I." u. 75 Illustr. im Text. 3. Aufl. (XV, 335 S.) 8. Leipzig 904. G. Gräbner. n. 3.—; geb. n.n. 4.-

Böe, A., Leitfaden f. den Unterricht in der deutschen Geschichte m. besond. Berücksicht. der kulturgeschichtlichen Momente f. die Oberstufe mehrklassiger Volks- u. Mittelschulen. gr. 8. (VIII, 335 S.) Leipzig 893. G. Gräbner. Kart. n. 2.—

Das neue Logenhaus [in] Hamburg. Festschrift zur Feier der Lichteinbringung am 18. Okt. 1909 von A. Böe. Buchschmuck entworfen von L. Strelow. [Hamburg 1909:] Grimm. 102 S. 2 Bild. 8°
Schildert den Bau des Hauses und gibt eine Beschreibung desselben.

Böe, A., Stoffsammlung f. die Wiederholung im Geschichtsunterricht. 8. (48 S.) Hamburg 900. C. Kloß. n. —40

Böe, A: Stoffsammlg f. d. Wiederholg im Geschichtsunterr. in d. Hamburger Volkssch. 5. Afl. (52) 8° Hambg, Grefe & T. '11. —40 d

Böe, Max, Referendar zu Hamburg: Geschäftsführung gegen den Willen des Geschäftsherrn nach gemeinem Recht und bürgerlichem Gesetzbuch. Hamburg 1905: J. H. Meyer. (VI, 43 S.) 8°
Rostock, Jur. Fak., Ref. Bernhöft, Diss. v. 5. Febr. 1905
[Geb. 19. Juni 80 Altona; Wohnort: Hamburg; Staatsangeh.: Hamburg; Vorbildung: Gelehrtensch. d. Johanneum Hamburg Reife M. 99; Studium: Jena 2, München 1, Berlin 1, Kiel 2 S.; Rig. 28. März 04.]

Boë Sylvius, Francisc., de lo, s.: Sylvius.

Boece [Pseud.], s. Boethius, Anicius Manlius Torquatus Severinus

Boéchat, P.-A. (Dr.). La couleur des yeux, des cheveux et de la peau chez les enfants des écoles du canton de Fribourg. Rapport présenté à la Société fribourgeoise des sciences naturelles le 18 mars 1880. In-8°, 30 p. Fribourg, impr. Ant. Henseler. 1881?

Boeems, H. H., Abriss der Deichkunde, als Grundlage eines künftig zu vollendenden vollständigen Lehrbuchs dieser Wissenschaft systematisch dargestellt. Altona. 1812. 20 Sgr.

Boeems, H., Abriß d. Deichkunde, als Grundlage e. künft. Lehrbuchs dieser Wissenschaft. 8. 813. (Altona, Hammerich). 16 gr

Boeer, Gustavus (geb. Schönjohnsdorf bei Münsterberg in Schles. 5. 7. 1838): De ulceris chronici et carcinomatis ventriculi diagnosi. Vratislaviae (1863). (24 S.) 8°
Breslau, Med. Diss. v. 12. Sept. 1863

Boër, Heinr(ich Franz) Xav(er): Versuch einer Darstellung des kindlichen Organismus in physiologisch-, pathologisch- und therapeutischer Hinsicht als Einleitung zu den öffentlichen Vorlesungen über Kinderkrankheiten. 126 S., gbd.

Wien: Camesina 1813

Boër, Heinrich Xaver

s.: Boër, Heinrich Franz Xaver

Boër, Ludwig Johann

s.: Böer, Lukas Johann

Boër, Lukas Johann, s.a. Boogers, Lukas Johann

Boër, Lukas Jos., früher Luk. Boogers, Abhandl. üb. d. Anwendung u. den Gebrauch d. Hebels in d. Entbindungskunst. gr. 8. Wien 785. Trattner. 3 gr

Boër, Lukas Johann: Abhandlungen und Versuche zur Begründung einer neuen, einfachen und naturgemäßen Geburtshülfe, und Behandlung der Schwangern, Wöchnerinnen, und neugebornen Kinder, sowohl im gesunden als kranken Zustande. Nach vielen Erfahrungen und Beobachtungen an der öffentlichen Entbindungsschule in Wien. In sieben Büchern. 2.verm.Aufl. Bd 1-3, gbd.

Wien: v.Mösle 1810

Boër, L(ukas) J(ohann): Abhandlungen und Versuche geburtshilflichen Inhalts. Th.1-3, gbd.

Wien: Bd 1: typ.Salzer 1791
Bd 2-3: Wappler 1792 - 1793

Boër, Lukas Johann: Abhandlungen und Versuche geburtshilflichen Inhalts zur Begründung einer naturgemäßen Entbidnungsmethode und Behandlung der Schwangern, der Wöchnerinnen und neugebohrnen Kinder, nach den an der öffentlichen Entbindungsschule am Wiener allgemeinen Gebährhause gemachten Erfahrungen und gesammelten Beobachtungen. Bd $1/_1$, $2/_1$ - 2, gbd.

Wien: Wappler & Beck 1802 - 1804

— Abhandll. u. Versuche, geburtshülfl. Inhalts. 3 Thle, gr. 8. Wien 791—93. 2e Aufl. unt. d. T.: Abhandll. u. Versuche zur Begründung e. neuen u. naturgemäßen Geburtshülfe, in 7 Büchern. 3 Bde. gr. 8. Ebd. 811. 5 rthl 3e Aufl. unt. d. T.: Natürl. Geburtshülfe u. Behandl. d. Schwangern u. Wöchnerinnen ꝛc. 3 Bde. gr. 8. Ebd. 817. v. Mösle. 5 rthl Schrbp. 3 rthl 12 gr Supplement. gr. 8. Ebd. 826. 4 gr

— Bemerkk. über Gurards Entbindungsart an e. Gebärenden, hauptsächl. die Schaambeintrennung betreff. 8. Wien 780. (Gräffer). 3 gr

Boër, Lukas Johann: Sieben Bücher über natürliche Geburtshülfe. (Septem libri de arte obstetricia naturali. Dt.) 470 S., gbd.

Wien: typ.van Ghelen 1834

— sieben Bücher über natürl. Geburtshülfe. gr. 8. Wien 834. Wolke. 2 rthl

Boër, (Lukas Johann) (Übers.u.Comm.):

s.: Cambon, de: Schreiben an Herrn von Brambilla,...drei Schambeintrennungen betreffend. (Lettre à M.Brambilla sur trois opérations de la symphyse. Dt.) Wien: 1781

Boër, Lukas Johann: Natürliche Geburtshilfe und Behandlung der Schwangern, Wöchnerinnen, und neugebornen Kinder. Nach Versuchen und Beobachtungen an der öffentlichen Entbindungsschule in Wien. In sieben Büchern. 3.verm.Aufl. Bd 1 - 3, gbd.

Wien: v.Mösle 1817

Boër, Lukas Johann:(Septem) libri de arte obstetricia (naturali). 384 S., gbd.

Viennae: typ.van Ghelen 1830

Boër, Lucae Jo., Libri de arte obstetricia. 8 maj. (24½ B.) Viennae 830, (Heubner.)

—— septem libri de obstetricia naturali. 8 maj. (24½ B.) Viennae 830, (Volke.)

— naturalis medicinae obstetriciae libri VII. 8 maj. Wien 812. (Beck; auch v. Mösle). 3 ℛ Supplement. 8 maj. Ibid. 826. 4 ℛ

— über die Säugung neugeborner Kinder u. die Behandlung d. Brüste bei Kindbetterinnen. gr. 8. Wien 808. Beck. 6 ℛ

— Schreiben an Brambilla. 8. Wien 781. (Leipz., Barth) 5 ℛ

Boër, (L. J.,) Supplemente z. natürl. Geburtshülfe u. Behandlung d. Schwangern, Wöchnerinnen u. neugebornen Kinder. gr. 8. Wien 826, v. Mösle.

— dasselbe in latein. Sprache. Ebend.

— Versuch e. Darstell. des kindl. Organismus. gr. 8. Wien 813. N. A. 818. (Heubner). 16 ℛ

Boër, Lukas Joseph

s.: Böer, Lukas Johann

Böer, R. Bergwerks- und Hütten-Karte des Westfälischen Ober-Bergamts-Bezirks Dortmund. 1 : 125 000. Essen 1883. 1 Bl. c. L.

Boes, A., 7 Abendunterhaltungen zur Beleuchtung u. Widerlegung des von der Kreis-Synode Duisburg herausgegebenen Katechismus über d. Unterscheidungslehren rc. 8. Duisburg 841, Crefeld, Funcke'sche Buchh. n. 6 ngℛ — Achte und Neunte Abendunterhaltung, oder Erwiederung auf „Licht und Recht" eines protestant. Nichtgeistlichen. 12. Ebend. 844. n. 1/12 ℛ

Boës, Geo., die seelische Entwickelung des Kindes im vorschulpflichtigen Alter u. ihre Unterstützg. durch d. Kleinkinderschule. (VIII, 80 S.) 8. Cöthen 909. P. Schettler's Erben. 1.50; geb. in Leinw. n 2.50

Boës, H., offener Brief an Hrn. Professor D. Bousset in Göttingen, ihn zu befragen, ob er in die Landessynode der evangelisch-lutherischen Kirche Hannovers wirklich einzutreten gedenkt. (8 S.) 8 Hannover 905. H. Feesche n. — 20

Boës, Walther Eberhard. Nitro- und Nitritoverbindungen der Metallammoniake, insbesondere der Kobaltiake. Diss. Phil. [II.] Univ. Zürich. 80 S. 8. Zürich, Aktien-Buchdr., 1910.

Böeseken, J. [Technologe aus Rotterdam (Holland)]: Ueber die Einwirkungsprodukte der primären Amine auf die Dinitrosacyle. Groningen 1897. 1 + 62 + 1 S. 8°. Basel. Phil. Diss. 1897/98.

Boesien, säk'sche. Nr. 1—6. gr. 8. Leipzig, M. Vormeyer. à n. — 25
1. Der Daucher. Frei nach Schillern in's reenste Deitsch ibbertragen v. ä gemiedhl. Sachsen. (4 S.) 892.
2. Der Handschuhk. Frei nach Schillern in's reenste Deitsch ibbertragen. An Minna'n. Uff'n Ballo. Von ä gemiedhlichen Sachsen. (4 S.) 892.
3. 4. De Bärgschaft. Der Erlgeenig. Ins reenste Deitsch ibbertragen v. ä gemiedhlichen Sachsen. Säk'sche Idylle. (8 S.) 893.
5. Wilhelm Dell. In's reenste Deitsch iwertragen. Säk'sches Ständchen. Mei Rhein! (7 S.)
6. Sänger'sch Fluch. In's reenste Deitsch iwertragen. De Leipz'ger Messe. Änne Begebenheet am Schtammdische. Mei Borschdorf! (7 S.)

Boesien, säk'sche. Nr. 7—9. gr. 8. Dresden 894—95. M. Vormeyer. à n. — 25
7. D. Ring d. Polykrates. Frei n. Schillern in's reenste Deitsch iwertragen. — Mährde. — Zweifel. Von ä gemiedl. Sachsen. (4 S.)
8. D. Kraniche d. Ibigus, frei n. Schillern in's reenste Deitsch iwertragen. — In d. Aeppelboombliedhe, v. ä gemiedl. Saksen. (4 S.)
9. Ritter Doggenburg, frei nach Schillern in's reenste Deitsch iwertragen. — Der Leibz'ger Berg. — Mei scheenes Saksenland, v. ä gemiedl. Saksen. (4 S.)

— dasselbe. II. Abth. Nr. 1—10. gr. 8. Ebd. 896. à n. — 25
1. 2. Die draurige Geschichte v. d. Kabale un Liewe. Frei v. Schillern säk'sch nachempfunden von Carl Bauermann. (7 S.)
3. Der schreckliche Gastwirth. Stossseifzer ännes säk'schen Dichtersch von Carl Bauermann. (4 S.)
4. 5. Die Raiwer. Friedrich v. Schiller'sch Dragodie, säk'sch nachempfunden von Carl Bauermann. (8 S.)
6. E. Löwenballade. Monolog e. Schauspielers von Carl Bauermann. (4 S.)
7. Die Borle der Nadur. Die Rittersplatte von Carl Bauermann. (4 S.)
8. 9. Der entdeckte Nordpol, Abendelor ännes säk'schen Forscher'sch von Carl Bauermann. (7 S.)
10. Die Mihle im Dahle. Liewesklage v. Carl Bauermann. (4 S.)

Boeß, Bernhard

Boëss' Exerzier-Tafel. (Zum Sattelgebr.)(5 Taf.) Berl., Heimat & Welt-Verl. '10. gebrochen in 16° — 75 d

— dass. (Zum Hausgebr.) Formveränderg n d. Kompagnie nach Ex.-R. f. d. J. v. 29. 5. '06 m. Deckbl. 1—78 v. August '09. 45×42 cm. Ebd. '10. — 50 d

Boëß', Exerzier-Tafel. (Zum Sattelgebrauch.) (5 Taf.) Berlin 910. W. Weicher. Gebrochen in 16° — 75

— dasselbe. (Zum Hausgebrauch.) Formveränderungen der Kompagnie nach Ex.-R. f. d. J. vom 29. V. 1906 m. Deckblatt 1—78 vom August 1909. 45×42 cm. Ebd. 910. — 50

Das Reserve-Infanterieregiment auf dem Truppenübungsplatz von [Bernhard] Boëß, Oberstlt. Berlin: Weicher 1900. 98 S. 8° [illegible]

Boethius et Xaverius, Duo philosophiae Columina, ille fortunae, hic mundi victor. Graecii 1713. V: *Schoder, Leopold.* (Jes)

Boethius, Anitius Manlius Torquatus Severinus

Boethius, A. M. T. Severinus, sive Christianus Sancte Politicus ... 1753. ... Viennae Austriae. H: *Lamormaini, Henri de.* (so)

Boetius, Anicius Manlius Severinus, fünf Bücher über die Musik aus der lateinischen in die deutsche Sprache übertragen und mit besond. Berücksicht. der griech. Harmonik sachlich erklärt von Osc. Paul. Mit vielen Tabellen und Facsim. gr. 8. (LVI, 879 S. mit 8 Stnt. in hoch 4., qu. 4. und qu. Fol.) Leipzig 872, Leuckart. *

— fünf Bücher v. Troste d. Philosophie, übersetzt u. m. Anmerkk. begleitet v. J. H. Weingärtner. 8. Linz 827. Acad. B. 16 ℛ

— 5 Bücher v. philosoph. Troste; a. d. Lat. aufs Neue übers. (v. Jh. Gf. Richter). 8. Leipz. 753. (W. Vogel). 5 *K*

Boethius, A. M. T. Severinus.
Fünf Bücher vom Trost der Weisheit in Widerwärtigkeit . . . a. d. Lat. übersetzt . . . Nürnb. [1717]. Ü: *Rothscholz, Frdr.* (Degen)

Boethius. Carmina graece conversa per Maximum Planudem primus ed. C. F. Weber. Pr. 1833. 61 S. 4°. 1.60

Boethii, Anicii Manlii Torq. Sev., Carmina, graece conversa per Maximum Planudem. Primus edid. Car. Frid. Weber. 4. (10¼ B.) Darmstadii 833, Leske.

Boethii, Anicii Manlii Severini, in isagogen Porphyrii commenta, s.a. Corpus scriptor. ecclesiasticor. latinor.

Anicii Manlii Severini **Boethii** in isagogen Porphyrii commenta. Copiis a Georgio Schepss comparatis suisque usus recensuit Samuel Brandt. Vindobonae: F. Tempsky; Lipsiae: G. Freytag 1906. (LXXXVI, 423 S.) 8°
— Corpus scriptorum ecclesiasticorum latinorum. Vol. 48.

Boëtii, Anicii Manlii Severini, Commentarii in librum Aristotelis περὶ ἑρμηνείας, rec. Carol. Meiser. Pars I.: versionem continuam et primam editionem continens. 8. (X, 225 S.) Leipzig 877, Teubner.

Boetii, Anicii Manlii Severini, commentarii in librum Aristotelis περὶ ἑρμηνείας, rec. Car. Meiser. Pars II, secundam editionem et indices continens. 8. (VI, 555 S.) Leipzig 880, Teubner. 6 —
Pars I. Ebendas. 1877. *M* 2,70.

—— —— de la consolation de la philosophie. Traduction grecque de Maxime Planude publiée pour la première fois dans son entier par E. A. Bétant. gr. 8. (VII, 119 S.) Genève 871. (Berlin, Calvary und Comp.) *

Boëce, De la consolation de la philosophie. Traduction grecque de Maxime Planude publiée pour la première fois dans son entier par E. A. Bétant. 118 p. in-8. Genève et Bâle, H. Georg. 3.50
1871

La Consolation philosophique de Boëce [d. i. Anicius Manlius Torquatus Severinus Boethius.] Nouvelle trad. Avec la vie de l'auteur des remarques historiques et critiques, et une dédicace massonnique: par un frère-masson [d. i. Jos. Dufresne de Francheville.] T. 1. 2. La Haye: de Hondt [d. i. Berlin] 1744. 8°
1. CXVI, 266 S. 2. 375 S.
cf. Quérard: La France littéraire. 1 (1827) S. 366—367.
Kl. 288. Selten. Nach der Vorr. das 1. den Frmrn gewidmete Werk. Erschien noch in mehreren franz. Übers., die jedoch nicht den Frmrn gewidmet sind. Üb. die „Consolatio" des Boethius s. Überweg-Heinze.

— de consolatione philosophiae, übersetzt, s. E. G. Graff, althochdeutsche.

Boëthius. De consolatione philosophiae, verdeutscht durch J. J. Pahsius. Goslar (1724)
siehe Johann Justus Pahsius.

Boëthius, An. Man. Torqu. Sever., de consolatione philosoph. libr. V. c. praef. Pt. Berti. 8. Leipz. 753. (W. Vogel). 5 *K* Ed. et vitam auctoris adj. J. T. B. Helfrecht. 8. Hof 797. Grau. 8 *K*

Boethii, Anicii Manlii Severini, de consolatione philosophiae libri V. Ad optimor. libr. mss. nondum collatorum fidem recens. et prolegomenis instruxit Theod. Obbarius. 8 maj. (14 B.) Jena 843, Hochhausen. Thlr. -

Boetius, Anicius Manlius Severinus, Philosophiae consolationis libri quinque. Accedunt ejusdem atque incertorum opuscula sacra. Recensuit Rud. Peiper. 8. (LXVIII, 245 S.) Leipzig 871, Teubner.

Boethii, Anicii Manlii Torquati Severini, fragmentum de arithmetica, et epigramma Gerberti. Ed. Carol. Fred. Weber. gr. 4. (16 S.) Cassellis 847, Fischer. n. 8 *ngr*

— Gesänge im Kerker, nachgebild. v. L. J. Wortberg. 8. Greifsw. 827. (Mauritius). 14 *K*

Boetii, Anicii Manlii Torquati Severini, de institutione arithmetica libri duo, de institutione musica libri quinque. Accedit geometria, quae fertur Boetii. E libris manu scriptis edid. Godofr. Friedlein. Leipzig 867. Teubner. 8. (VIII, 492 S. m. Holzschn. im Text, 7 Tabb., 1 lith. u. 1 Holzschntaf. in 8., 4. u. Fol.) 1 *ℛ* 21 *ngr.*

Die altenglischen Metra [De consolatione philosophiae, Ausz., angelsächs.] des Boetius [Anitius Manlius Torquatus Severinus Boethius] hrsg. u. mit Einl. u. vollst. Wörterbuch vers. von Dr. Ernst Krämer. *Bonn: P. Hanstein 1902.* (140 S.) 8°
— Beiträge. Bonner, z. Anglistik. H. 8. 10

— Trost d. Philosophie. Aus d. Latein. übers., mit Anmerkk. v. F. K. Freytag. gr. 8. Riga 794. Hartknoch in Leipz. 20 *K*

Boëthius, Sev. (Kanzler K. Theodorichs des Gr.), Vom Troste der (christl.) Philosophie; übs. v. J. H. Weingärtner. 8. Linz 1827, Eurich. ⅔ Thlr. — 1 fl. Dasselbe; althochdeutsche Uebersetzung aus d. 11ten Jahrh., herausg. v. *E. G. Graff. gr. 8. Berlin 1837, Nicolai. 1½ Thlr. — 2 fl. 24 kr.

Boetius, AMTS, d. Tröstgn d. Philosophie, s.: Universal-Bibliothek.

Boethius, Ch. Kriegs-Helm dero Röm. Kaiserl. auch zu Hungarn u. Böhmen Königl. Maj. u. dero sämtl. hohen Bunds-Verwandten Wider den Blutbesprengten Türkischen Tulband. Bd 1—6. Mit Kpf. Nürnberg 1687—1698.

Boethius, Sev., s. Boethius, Anitius Manlius Torquatus Severinus

Boëthiuslied, das altprovenzalische, s. Hündgen, Frz.

Boetius: Die Ericsson'sche calorische Maschine, s. Boetius, H.

Die unbegrenzten Möglichkeiten organisierter Volkswirtschaft von A. **Boetius**. *Dresden: E. Pierson 1903.* (IX, 93 S.) 8° [J.]

Boetius, Anitius Manlius Torquatus Severinus, s. Boethius, Anicius Manlius Torquatus Severinus

Sieg über Seekrankheit! Dem seefahrenden Publikum gewidmet von Arndt **Boetius**. Wyk a. Föhr & Berlin: Selbstverl. 1905. (48 S.) 8° [Umschlagt.]

Boetius, H.

Die Insel Föhr mit dem Nordsee-Bad Wyck (aus der Vogelperspektive) gez. v. **H. Boetius**, lithogr. v. Wilhelm Heuer. Hamburg. o. J. 1 Bl. Quer-Fol., 40/63 cm.

Boetius, H., die Ericsson'sche calorische Maschine, eine Beschreibung ihrer Wirkungsweise u. Behandlung nebst einer allgemeinen Entwickelung der Theorien calorischer Maschinen. Mit 1 (lith.) Taf. Abbildgn. (in Fol.) Hamburg 860. O. Meißner. gr. 8. (29 S.) 12 *ngr.*

— die Ericsson'sche calorische Maschine u. Lenoir's Gasmaschine, eine Beschreibung ihrer Wirkungsweise und Berechnung ihrer Leistungsfähigkeit, nebst einer Entwickelung der mechanischen Wärmetheorie rc. Mit 1 (lith.) Taf. Abbildgn. (in Fol.) 2. verm. Aufl. Ebend. 861. gr. 8. (IV, 52 S.) 15 *ngr.*

Wyck auf Föhr. J. A. Boetius del. Lithogr. v. H. P. Behrens in Flensburg.

Boetius, M. B. — s. Paul

Boeuf à la mode. Neuhochdeutsche Poesieen v. e. immigrierten Franzosen. 12. (23 S.) Lahr 892, Schauenburg. — 30

Boeufve, Caroline, Anastasia. Betrachtungen u. Gebete für die wichtigsten Momente des Lebens. Ein Andachtsbuch f. gebildete Frauen. gr. 12. (9 B.) Leipzig 843, Fr. Fleischer.

Boeufve-Vincent, Caroline, Irene. Beschäftigungen in Erzählungen, ein Weihnachts- und Geburtstags-Geschenk für angehende Jungfrauen. 8. (223 S. mit 3 lith. und ill. Abbild. und Titel in Buntdr.) Berlin 848, Gury's Vrlgsh.

Boëx, Joseph Henri Honoré [wirkl. Name], s. Rosny, J.H.

Boëx, Séraphin Justin Francois [wirkl. Name], s. Rosny, J.H.

Boffenmeyer, s.: Volksarzt, der.

Boffenmeyer, Robert [aus Göppingen (Württemb.)]: Ueber einen Fall von Lymphosarcomatose ... *Göppingen, Druck v. Hahn & Müller, 1894;* 16 S., 1 Bl. 8.
München, Med. Fak., Inaug.-Diss. v. 1894

Boffito, J., s.: Almanach Dantes Allighiori.

Bofinger, die schwäbische Alb. Ein Wegweiser vom Hohenzollern bis zum Reissenstein. 1 : 100,000. Chromolithogr. qu. Fol. Reutlingen 884, Kocher's Buchh. * 1 50

—— Karte des nördlichen Theils der Schwäbischen Alb. Ein Wegweiser vom Wiesaz- bis zum Lindachthal. 1 : 70,000. Chromolithogr. Imp.-Fol. (Ebendas.) 880. ** 1 10

Über die Diagnose der Cholelithiasis. Vortrag geh. bei d. Herbstversammlung d. ärztl. Bezirksver. vi Crailsheim 1906. Von A[rthur] **Bofinger,** Bad Mergentheim. Leipzig: Breitkopf & Härtel 1907. (23 S.) 4°(8°) [Umschlagt.]
= Sammlung Klinischer Vorträge. N. F. No 446.

BOFINGER, Arthur (Stuttgart): Über Hebephrenie. (Titel nach der Urkunde) 15.12.1894 - Urk; Chr 1894/95,20
Diss. Ingolst.-Landsh.-Mchn.

— Die andauernde, gewohnheitsmässige Stuhlverstopfg. (chron. Obstipation), s.: Arzt, der, als Erzieher. 29. Hft.

Bofinger, Friedrich [aus Tuttlingen (Württemb.)]: Zur Kenntnis des p-Diamidodibenzylsulfids ... Erlangen, k. b. Hofbuchdr. v. A. Vollrath, 1895; 29 S., 1 Bl. 8.
Erlangen, Phil. Fak., Inaug.-Diss. v. 1. Mai 1895

Masonenklänge. Eine Sammlung frmr. Gedichte. Von [Gust.] **Bofinger.** Reutlingen: Bofinger 1896. 25 S. 8°
[Dasselbe.] 2. verm. u. verb. Aufl. 1903. 36 S. 8°
Recens: Al. 24 (1898) S. 39.
1896 in 23. 25. 1903 in 430.

Bofinger, H. (Mitverf.), s. Weber, August: Die Hühnertuberkulose.

Bofinger, Hugo: Ueber Verbiegungen der unteren Extremität nach entzündlichen Prozessen. *Berlin (1898): E. Ebering.* (26 S.) 8°
Berlin, Med. Diss. v. 9. Aug. 1898

Bofinger, J. Fr., Evangelienbuch, oder Umschreibung und Erklärung der Sonn- u. Festtägl. Evangelien zum Gebrauch für Lehrer u. Eltern. 2 Thle. 8. Tübingen 835. Fues. $1^1/_3$ ß

— Formen- u. Meßlehre. Oder kurze u. deutliche Anweisung, die geometrischen Linien, Winkel, Flächen u. Körper kennen zu lernen, zu messen und zu berechnen, mit etwa 400 auf mehrfache leichte Art aufgelößten Aufgaben u. Beispielen. Für Volks-, Sonntags- u. Gewerbs-Schulen, sowie für Lehrer, Professionisten und Landleute. Mit 4 Steintaf. 8. Rottenburg a. N. 839. Bäuerle'sche Buchh. $^5/_{12}$ ß

Bofinger, J. Fr., kurze Geschichte von Würtemberg. Für Sonntags- u. Fortbildungsschulen u. die obern Klassen der Volksschulen. Von den frühesten Zeiten bis auf die Gegenwart. 2. verm. Aufl. Schw. Hall 855. Nitzschke. 8. (2 Bl., 166 S.) 5 ngr

Bofinger, J. Fr., die Kleinkinderschulen u. Kinderpflegen Württembergs. Stuttgart 865. Aue. gr. 8. (IV, 92 S.) n. 12 ngr

Bofinger JG, Preisliste der Gipsmodelle von Pflanzen und Tieren. (13 T Photographien) 4° Stuttgart (1898)

Bofiraldi, Hugo, Munusculum litteratum ad dn. Gottfried Reise in quo id quod contra salarium curatoris sexus Saxonici dixit modeste refellitur. o. O. (Mopsvhestiae litteris Aratri) 10. IV. 1746. 14 S. (4.50)

Bog nikomur dolžen ne ostane. Povest premilej slovenskej mladini, kokor tudi za odračšene v podučenje in kratek čas. Po nemškem. V Celovci (Klagenfurt), 853. Leon. 8. (1 Bl., 139 S. u. 1 Holzschn.) 6 ngr

Bog, Geo. Benj., Fibel, u. Lesebuch zur Uebung im richtigen Betonen. gr. 8. Bresl. 831. W. G. Korn. 8 gr

— Gesänge f. Schulen, mit Melodien. 8. Bresl. 821. J. F. Korn. 12 gr

Bog, (G. B.,) Rechnungsaufgaben. Enthalt. d. ersten Uebungen im Rechnen, nach stufenweiser Fortschreitung. 1e u. 2e Liefer. (1 Kupf.) gr. 8. Breslau, 822—24. (Gosohorsky.)

— Rechnungsaufgaben. Enthalt. d. ersten Uebungen im Rechnen, nach stufenweiser Fortschreitung. 1e u. 2e Lief. gr. 8. Bresl. 822—24. (Gosohorsky). 14 gr 2e Aufl. gr. 8. Ebd. 832. W. G. Korn. 6 gr

—— Rechnungsaufgaben üb. Addiren, Subtrahiren, Multipliciren u. Dividiren gleichbenannter Zahlen, enthalt.: die ersten Uebungen im Rechnen, nach stufenweiser Fortschreit. 2., verm. u. verb. Aufl. gr. 8. (4½ B.) Breslau 832, W. G. Korn.

— Schreibfibel für Volksschulen. 1e Lief. Fol. Ebd. 817. 6 gr

— der deutsche Schreibmeister nach mathematischen u. ästhetischen Gesetzen. 4 Lieferungen. 4. Ebd. 818. 18 gr

— Schreibmustertafeln, od. Anweis., die engl., französ., latein. u. deutsche Schriftart nach mathem. u. ästhetischen Grundsätzen zu erlernen. qu. Fol. Bresl. 812. Verf. (J. F. Korn). 1 ß

—— Schul-Vorschriften. I. Hft. 4. (11 lith. Bl. u. ½ B. Text.) Breslau (831), Aderholz.

— Theorie der Kalligraphie, nach mathemat. Grundsätzen; enthalt. das deutsche u. lat. Alphabet; die großen u. kleinen röm. Versalien; die gr. u. kl. deutschen Fraktur-Buchstaben; bearb. für Schulen rc. Mit 16 lith. Taf. in Fol. gr. 8. Bresl. 829. Gosohorsky. 1 ß 16 gr

Bog, Geo. Benj., Uebung in der Rechtschreibung, Grammatik u. dem Styl, für Volksschulen. 8. (Bresl. 817. Holäufer). 3 gr

— Vorlegeblätter zum Schönschreiben, zu d. Schreibmuster-Tafeln nach mathem. u. ästhet. Grundsätzen. 1e u. 2e Lief. 4. Bresl. 814—15. (J. F. Korn). 1 ß 3e Lief. 4. Bresl. 815. Holäufer. 8 gr

— bewegl. Wand-Fibel, m. d. dazu gehör. Tafeln, zur Erleichter. des Unterr. im Buchstabiren u. Lesen, nach d. Pestalozz. u. Olivierschen Methode. gr. 8. Bresl. 812. J. F. Korn. 16 gr Die Fibel allein 4 gr

Bogan, Osk., 6 Ansprachen am Weihnachts-Heiligabend f. die Weihnachtsfeier in Schule, Kirche u. in Vereinen. (Buchschmuck v. Chr. F. Morawe.) (41 S.) 8. Berlin-Groß-Lichterfelde (909). Ch. F. Vieweg. 1. —

— Philipp Melanchthon, s.: Volksabende. 27. Hft.

Bogan, Oskar [aus Trebbin, Kr. Teltow]: Versuch eines Beweises gegen die Lösbarkeit philosophischer Probleme. . . . Halle a. S., Hofbuchdr. v. C. A. Kaemmerer & Co., 1890; 54 S. [falsch pag.] + 1 Bl. 8°

Halle, Phil. Fak., Inaug.-Diss. v. [24. Mai] 1890

Bogan, Zach., Betr. vom fröhl. Leben wahrer Christen ꝛc. a. d. Engl. übers. 8. Stuttg. 741.

Bogaers, A., Heemskerk's Seezug nach Gibraltar. Gedicht. Aus dem Niederländ. übertragen v. F. W. v. Mauvillon. Eine von d. holländ. Gesellschaft f. schöne Künste u. Wissenschaften gekrönte Preisschrift. gr. 8. (6 B. u. Titbld.) Rotterdam 842, Baedeker.

Bogart, Ernest Ludlow [aus Yonkers '(V. St. v. N.-A.)']: Die Finanzverhältnisse der Einzelstaaten der nordamerikanischen Union ... [Erschien vollst. als Bd XIV von: Samml. nationalökon. u. statist. Abh. d. staatswiss. Sem. zu Halle a. d. S. hrsg. v. J. Conrad.] Halle, 1897; VI, 36 S., 1 Bl. 8.

Halle, Phil. Fak., Inaug.-Diss. v. [5. Juli] 1897

Bogart, EL: Die Finanzverhältnisse d. Einzelstaaten d. Nordamerikan. Union, s.a. Sammlung nationalökonom. u. statist. Abhandlgn.

Die Finanzverhältnisse der Einzelstaaten der nordamerikanischen Union. Von Dr. Ernest Ludlow **Bogart**. *Jena: G. Fischer 1897.* (XIII, 157 S.) 8. — **Sammlung** nationalökon. u. statist. Abhandlungen d. staatswiss. Seminars zu Halle. Bd 14. (97. 39

Bogart, Jul., Ueber die Autonomie des Gewissens. u. St. 1818. P.

Bogaert, van den, la télégraphie électrique de campagne. Avec 4 (lith.) planches (in qu. 4.) 8. (87 S.) Brussel 873. Muquardt. n. 2. 50

Katalog einer Sammlung von Gemälden älterer und neuerer Meister sowie einer Sammlung von Antiquitäten aus d. Nachlasse d. Herrn Bn M. H. P. van den **Bogaert** in Antwerpen u. anderer Kunstgegenstände. Versteig. zu Bonn 1900 durch M. Lempertz' Antiquariat ⟨P. Hanstein⟩. *(Bonn: P. Hanstein 1900.)* (53 S.) 4° 5

Bogaert, P., Toegepaste Spreekwoorden. Een boek voor het volk. 8. (112 S.) Gent 852. (Brüssel, Muquardt.) 12 ngr.

Bogatina, Sophie ⟨Sifra⟩. Beiträge zur Russischen Geschichte 1816–1825 ⟨Dekabristenaufstand⟩. Diss. Phil. Bern. II + 63 S. 8. Bern, Rutishauser & Ludwig, 1907.

Briefe, Vertraute, über Halle (von *Bogatsch*). Giebichenstein (Leipzig, Junius) 1798. Rarl

Anon.-Lex. II. p. 275 (nach Weller's fing. Druckorten).

Bogatsch, Adolph *(geb. Groß-Bresa bei Breslau 14. 11. 1854)*: Ueber abnorme Verwachsungen der Frucht mit Theilen der Nachgeburt. Breslau 1882. (56 S.) 8° *[Im Buchhandel 1882 bei Köhler in Breslau.]*

Breslau, Med. Diss. v. 5. Apr. 1882

Bogatsch, Adph., über abnorme Verwachsungen der Frucht m. Theilen der Nachgeburt. Inaugural-Dissertation. gr. 8. (56 S.) Breslau 882. (Köhler.) n. 1. —

Bogatsch, Günther: Über recidivierende Oculomotoriuslähmung. Breslau 1910: Stenzel. 31 S. 8°

Breslau, Med. Diss. v. 12. Aug. 1910, Ref. Uhthoff

[Geb. 23. Aug. 83 Breslau; Wohnort: Breslau; Staatsangeh.: Preußen; Vorbildung: Gymn. Pleß Reife M. 03; Studium: Breslau 4, Kiel 1, München 2, Breslau 3 S.; Coll. 29. Juli 10; Approb. 24. Febr. 10.] [U 10. 558

Bogatzky d. Jüng. s.a. Schatzkästlein.

BOGATZKY d. Jüngere, Schatzkästlein für Verliebte und Ehelustige. Mannheim u. Jena (Leipzig, Seger) 1792. 12°. (16 ggr.)

Bibl. Günther. III. Dresd. 1834. no. 6813.

— — Dasselbe. Ebd. 1796. 12°. (Weller, fing. D., wo aber „Bojatzky" steht.)

— — Dasselbe. Zweyte verschönerte Auflage. Cölln 1809, bei Peter Zange (Leipzig, Seeger). 16°. (6 Mk. F. Waldau, 1908; 3 Mk. B. Seligsberg, Bayreuth, 1907.)

Liederlich, stellenweise pikant. Ziemlich selten. Weller, fing. Dr.

Tit., 1 Bl. Inh., 172 S. — 1. Das Schatzkästlein wird produzirt. 2. Das Sch. wird aufgethan. 3. So betrügt man die Mütter. 4. So fängt man die Mädchen. 5. So erobert man Männer. 6. So kommt man zu einer Frau. 7. So kommt ein Mädchen unter die Haube. 8. So krönt man die Männer (S. 91—107). 9. Allerhand Seufzer und Stoßseufzer, Wiegenlieder etc. (1. Seufzer eines schmachtenden Liebhabers, der seiner Herzensgebieterin aufwarten will. 2. Morgenseufzer eines vierzehnjährigen verliebten Mädchens. 3. Seufzer eines Bräutigams vor der Trauung. 4. Stoßseufzer für manchen Bräutigam [4 Versz.] 5. Morgenlied einer jungen Frau nach der ersten Hochzeitsnacht. (6 vierzeil. Str.) 6. Falsche Eifersucht. Eine Anekdote. 7. Wiegenlied (frivoles), von der Kindermuhme zu singen. — Kleines Beykästchen (S. 139—172), enthaltend ein alphabet. Verzeichnis (!) derjenigen Dinge, welche in der Liebe und Ehe vorkommen, zum bequemen Gebrauch f. Verliebte und Ehelustige. (S. 151—152 „Hörner".)

Bogatzky, Karl Heinrich von . –

— Leben, s. Sonntagsbibliothek.

Bogatzky, Karl Heinrich v.

Bogatzky, C(arl) H(einr.) v., Anleitung zur gottseligen Feier des Geburts- und Namenstages. Ein Geschenk zur allgem. Erbauung. 16. (IV und 179 S. mit 1 Holzschn.) Schaffhausen 852, Schalch.

— zwo erbaul. Schriften: Anleit. z. vertraut. Umgange mit Gott. 8. Halle 755. Waisenh.-B. 4 gl.

— der hohe Artikel von d. Rechtfertigung e. armen Sünders vor Gott. 8. Halle 758. Waisenh.-B. 3 gl.

v. **Bogatzky**, Karl Hnr., († d. 15. Juni 1774.) d. Auferstehung Jesu Christi. 8. Halle 753. Waisenh.-B. 6 gl.

— schriftmäßige Beantwort. d. Fr.: vom Spielen u. Tanz. 8. Halle 750. Waisenh.-B. 3 gl.

BOGATZKY, Carl Heinr. v., Schriftmässige Beantwortung der Frage: was von dem weltüblichen Tanzen und Spielen zu halten sey, und ob es nicht mit zur christlichen Freyheit gehöre? Halle, Waisenhaus, 1750. 8°.

Heinsius' B.-Lex.

— Beantw. d. Fr. vom Spielen u. Tanz. 8. Ebend. 750.

— Beicht- u. Kommunionbuch. 12. Halle 759. 2e A. Ebd. 762. Waisenh.-B. 4 gl.

— Betracht. üb. d. Menschwerden Jesu Christi. 8. Halle 753. Waisenh.-B. 6 gl.

— Betracht. üb. d. N. Test. 7 Thle. 8. Halle 756—61. Waisenh.-B. 6 ß 6 gl.

— Betrachtt. von d. Freiheit d. Gläubigen v. Gesetz. 8. Halle 750. Waisenh.-B. 14 gl.

— Beweggründe, schriftmäßige, zu e. frühen Bekehrung aller aus ihrem Taufbunde Gefallnen. 8. Halle 750. Waisenh.-B. 4 gl.

— das schöne Bild e. fleißigen Seelenhirten. 8. Halle 758. Waisenh.-B. 1 gl.

— das unverrückte Bleiben in Christo. 8. Halle 758. Waisenh.-B. 3 gl.

— der Frau v. Reibnitz Brief. 2e Aufl. 8. Halle 769. Waisenh.-Buchh. ½ gl.

— Declaration gegen eine Herrnhut. Schrift wider ihn, mit e. Vorr. v. Abt Steinmetz. 8. Halle 751. Waisenh.=B. 3 gr

— erneuert. Denkmal d. Hülfe in Kriegsläuften. 8. Halle... 2e A. 759. Waisenh.=B. 4 gr

— christl. Diener u. Unterthan. 8. Halberst. 764. Groß. 4 gr

— überschwengl. Erkenntn. Jesu Christi. 8. Halle 752. Waisenh.=B. 10 gr

Bogatzky, C. H. v., die nöthige Frage „Was fehlt mir noch?" nach Christi Worten beantwortet, aufs Neue hrsg. v. der evangel. Gesellschaft f. Deutschland, m. e. Vorwort v. H. Thdr. Pfitzner. Leipzig 864. Dürr'sche Buchh. in Comm. 8. (VIII, 169 S.) 7½ ngr

Bogatzky, C. H. v., die nöthige Frage „Was fehlt mir noch?" nach Christi Worten beantwortet, auf's neue hrsg. v. der evangel. Gesellschaft f. Deutschland m. e. Vorwort v. H. Thdr. Pfitzner. Neue Ausg. 8. (VIII, 169 S.) Elberfeld 873. Buchh. d. evangel. Gesellschaft. n. — 60

Bogatzky, Karl Heinr. v., die geistlichen Friedensstörer. Nebst ein. Anh.: Von den Kennzeichen d. göttl. Kindschaft. Neue Aufl. gr. 8. (20¾ B.) Bern 842. (Basel, Bahnmeier's Buchh.) *

— die geistlichen Friedensstörer. 8. Halle 759. Waisenh.=B. 5 gr

v. Bogatzky, Karl Hnr., die geistlichen Friedensstörer. Nebst einem Anhange: Von den Kennzeichen der göttlichen Kindschaft. Neue Aufl. gr. 8. Bern 842. (Basel, Bahnmeier.) n. ⅓ ℛ

Bogatzky, C. H. v., die geistlichen Friedensstörer. Mit einem Vorwort von H. W. Rinck. gr. 8. (X und 269 S.) Barmen 861, Buchh. der evangelischen Gesellschaft. *

—— die geistlichen Friedensstörer. Auf's Neue hrsg. von der evangel. Gesellschaft für Deutschland. Mit einem Vorwort von H. W. Rinck. Neue Ausg. gr. 8. (X, 269 S.) Elberfeld 878, Buchh. der evangel. Gesellschaft. *

Bogatzky, Karl Heinr. v., die geistlichen Friedensstörer. Von neuem hrsg. v. J. Möller. gr. 8. (267 S.) Gütersloh 901. C. Bertelsmann. Geb. in Leinw. n. 2. —

— rechtes Ganze im Christenthum. 8. Halle 751. Waisenh.=B. 5 gr

— Gedanken von d. wahren Bekehrung e. Menschen zu Gott. 12. Halle 754. Waisenh.=B. 1½ gr Dass. in 8. 7e A. 771. Ebd. 2 gr

— Gedanken von d. heil. Dreieinigkeit. 8. Halle 754. Waisenh.=B. 3 gr

— erbaul. Gedanken vom Vaterherzen Gottes 2c. 8. Halle 769. Waisenh.=B. 3 gr

— göttliche Gedanken d. Friedens im Kriege. 8. Halle 758. Waisenh.=B. 3 gr

— gute u. erbaul. Gedanken d. Landleute. N. Aufl. 8. Halle 773. Waisenh.=B. 1 gr

— unvorgreifl. Gedanken vom Zeichen dieser Zeit. 8. Halle... 2e A. 761. Waisenh.=B. 3 gr

— e. Geschenk z. Geburts= u. Namenstage. 8. Halle 753. Waisenh.=B. 3 gr

— Ueb. d. Gottseligkeit in geistl. Liedern. 12. Ebend. 771. -

— — dies. in grobem Dr. 8. Ebend. 775.

— christl. Handwerksbursche. 8. Halberst. 764. Groß. 3 gr

— d. rechte Hangen an d. Gnade Gottes. 8. Halle 755. Waisenh.=B. 5 gr

— tägl. Hausbuch d. Kinder Gottes. 3 Thle. kl. 4. Halle 748, 49. 3e A. gr. 4. 766. 4e A. 771—74. Waisenh.=B. 2 ℛ 6 gr Schrbp. 2 ℛ 18 gr

Bogatzky, Carl Heinrich von. Tägliches Haus-Buch Der Kinder Gottes, Bestehend In erbaulichen Betrachtungen und Gebeten Auf alle Tage des ganzen Jahres über die Im güldenen Schatz-Kästlein befindliche biblische Sprüche. 3. Auflage. 2 Bde. Halle, Verlag des Waisenhauses, 1766. 4°.

v. Bogatzky, Karl Hnr., tägliches Haus=Buch der Kinder Gottes, bestehend in erbaulichen Betrachtungen und Gebeten auf alle Tage des ganzen Jahres. 5e unveränd. Aufl. 1r Thl. 1s—9s Hft. u. 2r Thl. 1s—5s Hft. gr. 4. Halle 837—40. Buchh. des Waisenhauses. (à n. ¼ ℛ) 3½ ℛ

Bogatzky, Carl Heinr. v., tägliches Haus=Buch d. Kinder Gottes, besteh. in erbaul. Betrachtn. u. Gebeten auf alle Tage d. ganzen Jahres, üb. d. im güld. Schatz=Kästlein befindl. bibl. Sprüche, mit nöthig. Registern u. e. Vorr. hrsg. 2 Thle. (od. 20 Hfte.) 5., unveränd. Aufl. gr. 4. Halle, Buchhandl. d. Waisenhauses. [1. (115 B.) 839. * 2¼ Thlr., 2. (135½ B.) 842. * 2¾ Thlr.] *

— tägliches Haus=Buch der Kinder Gottes, bestehend in erbaulichen Betrachtungen und Gebeten auf alle Tage des ganzen Jahres. 5. unveränd. Aufl. 2. Thl. 5.—11. (Schluß=) Heft. gr. 4. Halle 841, 42, Buchh. d. Waisenh. à n. ¼ ℛ

— christl. Hausschule. 2 Thle. 8. Halle 755. Waisenh.=B. 1 ℛ 12 gr

— christl. Haus= u. Ehestand. 8. Halle 756. Waisenh.=B. 2 gr

— kurze Herzensseufzerlein aus d. kl. Schatzkästlein. 16. Halle... N. A. 764. Waisenh.=B. ½ gr

Bogatzky, Carl Heinr. v.: Der ein. u. schmale Himmels-Weg u. breite Höllen-Weg, z. Bekehrg d. Sünder v. Irrthum ihres Weges, auf Verlangen a. Gottes Wort deutlich gezeigt. (208) kl8° Neu-Ruppin, FW Bergemann (o. J.). Geb. — 60 d

Der einige und schmale Himmels-Weg und breite Höllen-Weg zur Bekehrung d. Sünder vom Irrthum ihres Weges auf Verlangen aus Gottes Wort deutlich gezeiget u. in Druck gegeben von Carl Heinrich v. Bogatzky. Halle: Waisenhaus 1754. *[Memel: F. Siebert 1899.]* (107 S.) 8°(4°) [F.]
[Beilage zu: Pakajaus Paslas. Jg. 1899.] (⚬⚬ ⚬⚬744) 10

Bogatzky, Carl Heinr. v., der einige u. schmale Himmels-Weg u. breite Höllen-Weg, zur Bekehrung der Sünder vom Irrthum ihres Weges, auf Verlangen aus Gottes Wort deutlich gezeigt u. in Druck gegeben. (208 S.) kl. 8. Neu-Ruppin (907). F. W. Bergemann. Geb. — 60

— der schmale Himmelsweg 2c. 8. Halle 753. Waisenh.=B. 3 gr

— s. J. Janin, Phantasiestücke.

— d. kl. Katechismus Lutheri, als Gebetbuch eingerichtet. 12. Halle ... 2e Aufl. 770. Waisenh.=B. 3 gr

— geistl. Krankenpflege. 12. Halle 760. 2e A. 767. Waisenh.=B. 8 gr

— das Leben im Geiste, nebst e. Anh. 8. Halle 754. Waisenh.=B. 14 gr D. Anh. apart 3 gr

— das Leben Jesu auf Erden. 8. Halle 753. Waisenh.=B. 10 gr

v. Bogatzky, Karl Hnr., das Leben Jesu im Himmel. 8. Halle 754. Waisenh.=B. 12 gr

Bogatzky's, Karl Heinr., Lebenslauf v. ihm selbst beschrieben. Neue Ausg. gr. 8. (VIII, 196 S.) Berlin 872. Buchh. der Goßner'schen Mission. 1. 50

—— Lebenslauf v. ihm selbst beschrieben. N. Asg. 8. (196) Berl. 72, Missions- u. Frauen-Kr.-Ver. 1. 50

— Lebenslauf, von ihm selbst. gr. 8. Halle 801. Waisenh.-B. 16 gl.

— d. ganze Leiden Christi. 2 Thle. 8. Halle 753. Waisenh.-B. 1 rthl 12 gl.

— Lieder mit grob. Druck u. Noten. gr. 8. Halle 756. Waisenh.-Buchh. 7 gl.

Bogatzky, K. H. v., 150 erlesene geistliche Lieder, nebst Lebenslauf. Aufs neue dargeboten durch J. Claassen. 12. (228 S.) Stuttgart 888. J. F. Steinkopf. n. 1. 20; geb. n. 2. —

Bogatzky, Karl Heinr. v.: Morgenandachten. Neu bearb. v. A Koldo. (4, 367) kl8° Gütersl., C Bertelsmann '11. L 1.20 d

Bogatzky, Karl Heinrich: Der eitle Musicant und Schenkwirth als zwey Wunder in der Christenheit, besonders in den itzigen betrübten Kriegsläuften, Halle, Waisenhaus: 1760. 8°, 104 S.

— d. eitle Musikant u. Schenkwirth. 8. Halle ... 2e A. 761. Waisenh.-B. 3 gl.

— ein Pathengeschenk f. Kinder. 8. Halle 753. 3e A. 767. Waisenh.-B. 1½ gl.

— Reisegespräch v. Wege z. Seligkeit. 12. Halle 773. Waisenh.-Buchh. 1½ gl.

— Reizung zum Glauben nach d. ersten Artikel. 2e A. 12. Halle 757. Waisenh.-B. 4 gl.

— theurer Schatz von Vergebung der Sünden rc. 8. Halle 758. Waisenh.-B. 3 gl.

—— der theure Schatz d. Vergebung d. Sünden u. deren Versicherung od. Versiegelung durch d. heil. Abendmahl. (Neue Aufl.) 8. (6 B.) Basel 830, (Bahnmaier.) *

v. Bogatzky, Karl Hnr., der theure Schatz der Vergebung der Sünden und deren Versicherung oder Versiegelung durch das heilige Abendmahl. N. Aufl. 8. (Basel 839. Spittler u. Comp.) n. 1/8 rthl

—— der theure Schatz der Vergebung der Sünden u. deren Versicherung od. Versiegelung durch das heil. Abendmahl. 3. Aufl. gr. 12. (4 B.) Bern 843. (Basel, Bahnmaier's Buchh.) *

—— der theure Schatz der Vergebung der Sünden und deren Versicherung oder Versiegelung durch das heil. Abendmahl. Mit einem Vorwort von H. W. Rinck. gr. 8. (72 S.) Barmen 861, Buchh. der evangelischen Gesellschaft.

— der theure Schatz der Vergebung der Sünden u. deren Versicherung od. Versiegelung durch das heil. Abendmahl. Mit e. Vorw. von H. W. Rinck. Ebend. 868. gr. 8. (72 S.) 6 ngr.

—— der theure Schatz der Vergebung der Sünden und deren Versicherung oder Versiegelung durch das heilige Abendmahl. Auf's Neue hrsg. von der evangel. Gesellschaft für Deutschland. Mit einem Vorwort von H. W. Rinck. Neue Ausg. gr. 8. (VII, 72 S.) Elberfeld 878, Buchh. der evangel. Gesellschaft. *

Carl Heinrich von Bogatzky Güldenes Schatz-Kästlein der Kinder Gottes, deren Schatz im Himmel ist: Bestehend In auserlesenen Sprüchen der Heil. Schrift, samt beygefügten erbaulichen Anmerckungen und Reimen, die 24ste und durchgehends neu-vermehrte Auflage. Erster (-Zweyter) Theil ... Halle, in Verlegung des Wäysenhauses, 1762. (Zweyter Theil, 1761)

— des güldenen Schatzkästleins 1r u. 2r Thl. in Eins gebr., z. Gebetbuch eingericht. gr. 8. Halle 771. Waisenh.-B. 18 gl.

— des Güldnen Schatz-Kästleins erster u. zweiter Theil in eins gebracht, und zu einem Biblischen Gebetbuche über alle darin befindliche Sprüche der heiligen Schrift eingerichtet, daß es auf alle Morgen und Abend des ganzen Jahres zu gebrauchen. Zu allgemeinem Nutzen aufgesetzt. 2e unveränd. Aufl. 1e—7e Lfrg. gr. 8. Halle 837—39. Buchh. des Waisenhauses. 1 1/6 rthl

—— des güldnen Schatz-Kästleins 1. u. 2. Thl. in eins gebracht, u. zu e. bibl. Gebetbuche üb. alle darin befindl. Sprüche d. heil. Schrift eingerichtet, daß es auf alle Morgen u. Abend d. ganzen Jahrs zu gebrauchen. Zu allgem. Nutzen aufgesetzt. 2., unveränd. Aufl. (7 Lfgn.) gr. 8. (45⅓ B.) Halle 839, Buchhandl. d. Waisenhauses. à * 4 Gr. *

—— des güldnen Schatz-Kästleins 1. und 2. Thl. in eins gebracht, und zu einem biblischen Gebetbuche über alle darin befindl. Sprüche der heil. Schrift eingerichtet, daß es auf alle Morgen und Abend des ganzen Jahrs zu gebrauchen. Zu allgem. Nutzen aufgesetzt. 3., unveränd. Aufl. gr. 8. (730 S.) Halle 852, Buchhandlung des Waisenhauses.

— des güldenen Schatz-Kästleins 1. u. 2. Thl. in eins gebracht u. zu e. biblischen Gebetbuche üb. alle darin befindl. Sprüche der heil. Schrift eingerichtet, daß es auf alle Morgen u. Abend d. ganzen Jahrs zu gebrauchen. Zu allgemeinen Nutzen aufgesetzt. 8. Aufl. gr. 8. (736 S.) Halle 875. Buchh. d. Waisenh. n. 3. —; geb. n. 4. 50

— dasselbe. 1. u. 2. Thl. in eins gebracht, u. zu e. bibl. Gebetbuche üb. alle darin befindl. Sprüche der heil. Schrift eingerichtet, daß es auf alle Morgen u. Abend d. ganzen Jahres zu gebrauchen. Zu allgemeinem Nutzen aufgesetzt. 9. Aufl. gr. 8. (736 S.) Ebend. 886. n. 3. —; Einbd. n.n. 1. 40

— des güldnen Schatzkästleins 1. u. 2. Theil in eins gebracht, u. zu e. biblischen Gebetbuche üb. alle darin befindliche Sprüche der hl. Schrift eingerichtet, daß es auf alle Morgen u. Abend des ganzen Jahres zu gebrauchen. Zu allgemeinem Nutzen aufgesetzt. 10. Aufl. gr. 8. (736 S.) Ebd. 900. n. 3. —

— güldenes Schatzkästlein u.s.w. 2 Thle. 16. Ebend. 811. (à 4 gr.).
Schreibp. (à 6 gr.)

Bogatzky, C. H., güldenes Schatzkästlein der Kinder Gottes, deren Schatz im Himmel ist, bestehend in auserlesenen Sprüchen der heiligen Schrift nach der Ordnung der biblischen Bücher, sammt kurzen Betrachtungen, Gebeten und Reimen. 1r Th. 37ste Aufl. und 2r Th. 32ste Aufl. 12. Halle, Waisenhaus. 814 u. 821. à 4 gr. Rthlr.

— güldenes Schatzkästlein der Kinder Gottes rc. 16. Halle ... 1r Thl. 39e Aufl. u. 2r Thl. 33e Aufl. 826. 16. Ebd. Waisenh.-B. (à 4 gl.) 8 gl. Schrbp. (à 6 gl.) 12 gl.

v. Bogatzky, (C. H.,) güldenes Schatzkästlein d. Kinder Gottes, deren Schatz im Himmel ist. 1r Thl. 39e Aufl. 16. Halle 827, Waisenhausbuchhandl. 4 gr Schreibpap.

Bogatzky, v., güldenes Schatzkästlein d. Kinder Gottes rc. 36ste Aufl. 2 Thle. 32. Halle, Waisenhausbuchh.

— güldenes Schatz-Kästlein der Kinder Gottes, deren Schatz im Himmel ist; bestehend in auserlesenen Sprüchen der heil. Schrift, samt beygefügten erbaul. Anmerkungen u. Reimen. 1. Thl. 47. Aufl. — 2. Thl. 40. Aufl. Halle 862. 63. Buchhdlg. d. Waisenhauses. qu. 16. (XX, 700 S.) n. 20 ngr. Velinp. geb. n. 1 rthl; m. Goldschn. n. 1 rthl 10 ngr.

—— des güldenen Schatz-Kästleins erster und zweiter Theil in eins gebracht und zu einem biblischen Gebetbuche über alle darin befindl. Sprüche der heil. Schrift eingerichtet, daß es auf alle Morgen und Abend des ganzen Jahrs zu gebrauchen. Zu allgemeinem Nutzen aufgesetzt. 8. Aufl. gr. 8. (736 S.) Ebendas. 875. * M. 3.; geb. in Leinw. *

Bogatzky, Carl Heinr. v., güldenes Schatz-Kästlein der Kinder Gottes, deren Schatz im Himmel ist; bestehend in auserlesenen Sprüchen der heil. Schrift, sammt beigefügten erbaul. Anmerkungen und Reimen. 53.—55. Aufl. 2 Thle. qu. gr. 16. (VIII, 388; XII, 372 S.) Halle 876—78, Buchh. des Waisenhauses. * ℳ 1.; geb. in 1 Bd. * ℳ 2.; mit Goldschn. * geb. in 2 Bde. * ℳ 4.; mit Goldschn. *

Bogatzky, Carl Heinr. v., güldenes Schatz-Kästlein der Kinder GOttes, deren Schatz im Himmel ist; bestehend in auserlesenen Sprüchen der heil. Schrift, samt beygefügten erbaul. Anmerkungen und Reimen. 56. Aufl. 2 Thle. qu. 16. (XIV, 366; XII, 372 S.) Halle 880, Buchh. des Waisenhauses. * 1 —
geb. in 1 Bd. * ℳ 2.; mit Goldschn. * 3 —
cart. in 2 Bde. * ℳ 2.; geb. in 2 Bde. * 4 —
geb. mit Goldschn. in 2 Bde. * 5 —

Bogatzky, Carl Heinr. v., güldenes Schatz-Kästlein der Kinder Gottes, deren Schatz im Himmel ist; bestehend in auserlesenen Sprüchen der hl. Schrift samt beygefügten erbaul. Anmerkgn. u. Reimen. 56. Aufl. 2 Thle. qu. 16. (VIII, 388 u. XII, 372 S.) Halle 881. Buchh. d. Waisenhauses. n. 1. —; geb. n. 2. —

Bogatzky, Carl Heinr. v., güldenes Schatzkästlein ꝛc. Neu bearb v. A. Kolde. 12. (738 S.) Gütersloh 882. Bertelsmann. n. 2. 40; geb. n. 3. 20; m. Goldschn. n. 3. 75

—— güldenes Schatz-Kästlein der Kinder GOttes, deren Schatz im Himmel ist; bestehend in auserlesenen Sprüchen der heil. Schrift, samt beygefügten erbaul. Anmerkungen und Reimen. 57.—59. Aufl. 2 Thle. qu. 12. (VIII, 388; XII, 372 S.) Halle 883—87, Buchh. des Waisenhauses. *
geb. in 1 Bd. * ℳ 2.—.; mit Goldschn. *
cart. in 2 Bdn. * ℳ 2.—.; geb. in 2 Bdn. *
geb. mit Goldschn. in 2 Bdn. *

Bogatzky, Carl Heinr. v., güldenes Schatzkästlein der Kinder GOttes, deren Schatz im Himmel ist; bestehend in auserlesenen Sprüchen der heil. Schrift, samt beygefügten erbaul. Anmerkgn. u. Reimen. 58. Aufl. 2 Thle. in 1 Bd. qu. 12. (VIII, 388 u. XII, 372 S.) Halle 885. Buchh. d. Waisenhauses. n. 1. —

— güldenes Schatz-Kästlein der Kinder GOttes, deren Schatz im Himmel ist; bestehend in auserles. Sprüchen der heil. Schrift, samt beygef. erbaul. Anmerkgn. u. Reimen. 59. Aufl. 2 Thle. qu. 12. (VIII, 388 u. XII, 372 S.) Halle 887. Buchh. d. Waisenhauses. n. 1. —;
geb. n.n. 1. 75; m. Goldschn. n.n. 1. 95

Bogatzky, Carl Heinr. v. Güldenes Schatz-Kästlein der Kinder Gottes ꝛc. 60. und 61. Aufl. 2 Thle. qu. 12. (365; XII, 372 S.) Halle 889, 92, Buchh. d. Waisenhauses. * 1 —; geb. in 1 Bd. * 2 —
geb. m. Goldschn. * 2 40

Bogatzky's, K. H. v., güldenes Schatzkästlein der Kinder Gottes, deren Schatz im Himmel ist. Ein Hausbuch zur Morgen- u. Abendandacht. Neu bearb. v. A. Kolde. 2. Aufl. 12. (738 S.) Gütersloh 890. C. Bertelsmann. n. 1. 50; geb. in Leinw. n. 2. 40; in Halbfrz. n. 2. 85; m. Goldschn. n. 3. 75

— dasselbe, besteh. in auserlesenen Sprüchen der hl. Schrift, samt beygefügten erbaul. Anmerkgn. u. Reimen. Die 61. Aufl. 2 Thle. (in 1 Bde.). qu. 12. (VIII, 365, 23 u. XII, 372 S.) Halle a/S. 892. Buchh. d. Waisenhauses. n. 1. —; geb. in Leinw. n. 2. —; m. Goldschn. n.n. 2. 25

Bogatzky, Carl Heinr. v., güld. Schatz-Kästlein d. Kinder GOttes, deren Schatz im Himmel ist; besteh. in auserles. Sprüchen d. hl. Schrift, samt beygef. erbaul. Anmerkgn. u. Reimen. 62. Aufl. 2 Thle. in 1 Bde. qu. 16. (VIII, 388 u. XII, 372 S.) Halle 894. Buchh. d. Waisenhauses. n. 1. —; geb. in Leinw. n. 2. —; m. Goldschn. n. 2. 25

— dasselbe. 63. Aufl. 2 Thle. in 1 Bd. qu. 12. (VIII, 372 u. XII, 385 S.) Ebd. 897. n. 1. —

— güldenes Schatz-Kästlein der Kinder GOttes, deren Schatz im Himmel ist; bestehend in auserlesenen Sprüchen der hl. Schrift, samt beygefügten erbaul. Anmerkgn. u. Reimen. 64. Aufl. 2 Thle. in 1 Bd. qu. 12. (VIII, 372 u. XII, 385 S.) Halle 900. Buchh. des Waisenhauses. n. 1. —; geb. in Leinw. n. 2. —; m. Goldschn. n.n. 2. 25

Bogatzky, Carl Heinr. v., güldenes Schatz-Kästlein der Kinder GOttes, deren Schatz im Himmel ist; bestehend in auserlesenen Sprüchen der hl. Schrift, samt beygefügten erbaul. Anmerkgn. u. Reimen. 65. Aufl. 2 Thle. in 1 Bd. (VIII, 372 u. XII, 385 S.) qu. kl. 8. Halle 904. Buchh. des Waisenhauses. n 1. —

— Güldenes Schatz-Kästlein d. Kinder Gottes, deren Schatz im Himmel ist. 66. Afl. (2 T'le in 1 Bde.) (8, 365, 24 u. 12, 372) 13,5×15,5 cm. Halle, Buchh. d. Waisenh. '10. 1 — d

— zwo erbaul. Schrift. Anleit. z. vertr. Umgange m. Gott. 8. Ebend. 755.

— d. christl. Schulhalter. 8. Halle 762. Waisenh.-B. 3 K

Bogatzky, K. H. v., gebundene Seufzerlein über die Hauptstücke christl. Lehre. 16. Ebend. 745. Rtrbir.

Die | Uebung der Gottseligkeit | in allerley | Geistlichen | Liedern, | zur allgemeinen Erbauung | dem Druck öberlassen | von | Carl Heinrich v. Bogatzky. | VM | Zweyte vermehrte Auflage. | HALLE, | im Verlag des Wäysenhauses, 1755.

Halle 1755, [V:] Verlag des Waysenhauses – kl. 8° – (24) 380 (4) Sn.

Die | Uebung der Gottseligkeit | in allerley | Geistlichen | Liedern, | zur allgemeinen Erbauung | dem Druck öberlassen | von | Carl Heinrich von Bogatzky. | Zweyte und vermehrte Edition. | VM | Halle, im Verlag des Waysenhauses, 1757.

Schwarz/Rotdr. – Halle 1757, [V:] Waysenhaus – kl. 8° – (28) 652 (14) Sn.

— Die Uebung der Gottseligkeit in allerley Geistlichen Liedern. Dritte vermehrte Auflage. Halle, Verlag des Waisenhauses, 1771. 12°. 12 Bl. 403 S. 2 Bl. Hübscher, aber benutzter u. etwas verblaßter Pgtbd. d. Z. m. mattgeword. Bordürenschmuck.

Goedeke (der III. 208, 40, 2 die Erstausgabe von 1750 zitiert) führt etwa 50 von diesen 411 Liedern an, die in verschied. Gesangbücher Eingang fanden.

Die | Uebung der Gottseligkeit | in allerley | Geistlichen | Liedern, | zur allgemeinen Erbauung | dem Druck öberlassen | von | Carl Heinrich von Bogatzky. | Dritte und vermehrte Edition. | VM | Halle, im Verlag des Waisenhauses, 1775.

Halle 1775, [V:] Waisenhaus – kl. 8° – (28) 830 (10, 6) Sn. L

◇ D GRu

—— die Uebung der Gottseligkeit in allerlei geistlichen Liedern. Getreu nach der 3. verm. Aufl. abgedr. 12. (18 B.) Berlin 844, Grebe. *

— ein. gläub. Seele Umgang mit Gott ꝛc. 8. Halle 752. Waisenh.-B. 7 K

Bogatzky, C. H. v., der vertraute Umgang einer gläubigen Seele mit Gott und unserem Heilande Jesu Christo, bestehend in gottseligen Betrachtungen und Gebeten, nach der ersten Ausg. 1752 wieder aufgelegt und mit Nachrichten über das Leben und die Schriften Bogatzky's ausgestattet von J. H. Staudt. Stuttgart 853. Gebr. Scheitlin. gr. 8. (330 S. und: Erbauliche Gedanken von dem Vaterherzen Gottes und dem heil. Vater Unser ꝛc. v. C. H. v. Bogatzky, nach der 1. Ausg. 1752 wieder aufgelegt von J. H. Staudt ꝛc. 2 Bl., 130 S.) 1 ₰

—— d. vertraute Umgang e. glaub. Seele m. Gott u. uns. Heilande. Hrsg. v. JH Staudt. 8. (460) Stuttg. 53, Schober. 1. —

— der vertraute Umgang e. gläubigen Seele mit Gott u. unserem Heilande Jesu Christo, bestehend in gottseligen Betrachtungen u. Gebeten. Nach der 1. Ausg. 1752 wieder aufgelegt u. mit Nachrichten über das Leben u. die Schriften Bogatzky's ausgestattet von J. H. Staudt. 4. unveränd. Aufl. Stuttgart 867. Schober. gr. 8. (464 S.) 1 ₰ 3 ngr; geb. 1 ₰ 10 ngr; m. G. 1 ₰ 15 ngr

— nöth. Warnung vor dem Rückfall. 8. Halle 750. Waisenh.-B. 5 gr

— Warnung vor d. Selbstbetruge. 8. Halle 753. Waisenh.-B. 3 gr

— was fehlt mir noch? 8. Halle 755. Waisenh.-B. 4 gr

— was muß ich thun, daß ich selig werde? 8. Halle 755. Waisenh.-B. 8 gr

— Weide des Glaubens. 12. Ebend. 747.

— das große Werk der Buße. 8. Halle 757. Waisenh.-B. 6 gr

— die Wiedergeburt des Menschen. Eine Betrachtung. 8. Berlin 825. Nortmann. (Wohlgemuth.) n. 1/12 ℛ

— ein Wort f. d. Armen. Ne A. 12. Halle 773. Waisenh.-B. 1 gr

— e. Wort f. die Reichen ꝛc. 12. Halle ... N. A. 771. Waisenh.-Buchh. 3 gr

Bogdahn, Ernst, aus Königsberg i. Pr.: Über **Bromcitramalsäure.** *Danzig 1903: F. Raczkiewicz.* (45 S.) 8°
Königsberg. Phil. Diss. v. 17. Juli 1903

Bogdahn, Franz: Über Phenylglycolenyldioxytetrazotsäure und einige Abkömmlinge derselben ... Königsberg i. Pr., Druck v. M. Liedtke, 1892; 2 Bl., 30 S., 1 Bl. 8.
Königsberg. Phil. Fak., Inaug.-Diss. v. 24. März 1892

Bogdan, Alexander, aus Kronstadt (Siebenb.): Die **Metrik** Eminescus. *Leipzig 1904: A. Pries.* (S. 194—272.) 8°
¶ (Aus: Jahresbericht d. Instit. f. rumän. Sprache zu Leipzig, 11.)
Leipzig, Phil. Diss. v. 1904

Bogdan, Andr.: Massnahmen geg. d. Cholera v. Seite d. österr. Eisenb.-Verwaltgn, s: Vorträge üb. Cholera asiatica.

Bogdan, G., Telesphor. Eine Geschichte aus d. noroisch. Kriege. 8. Leipz. 824. Kollmann. 1 ℛ 6 gr

Bogdan, G., s.: Rudow, W., Geschichte d. rumänischen Schrifttums.

Bogdan, Petru, aus Rumänien: Über die **Wanderungsgeschwindigkeiten der Ionen.** *Berlin (1901): G. Schade.* (31 S.) 8°
Berlin, Phil. Diss. v. 9. Febr. 1901

Bogdan, Stefan J. [chimiste diplômé]: Application des méthodes physico-chimiques à l'analyse des liquides physiologiques. Avec deux planches. Bucarest 1902. 68 p. 8°.
Genève. Thèse sc. 1902/1903.

Bogdan, Theodor, Referendar: Die verwaltungsrechtlichen Voraussetzungen und Wirkungen der Aenderung von Parochialgrenzen nach dem Rechte der preußischen evangelischen Landeskirche. Lauenburg i. P. 1908: Badengoth. 44 S. 8°
Greifswald, Jur. Diss. v. 11. Jan. 1909, Ref. Sartorius
[Geb. 31. Okt. 85 Arys; Wohnort: Lauenburg i. P.; Staatsangeh.: Preußen; Vorbildung: Gymn. Stolp Reife O. 04; Studium: Berlin 2, Kiel 2, München 1, Greifswald 3 S.; Rig. 22. Juni 08.] [U 09. 1444

Bogdánfy, Ödön v., Niederschlagsverhältnisse u. Regenkarten der Balatonsee-Gegend, s.: Resultate der wissenschaftlichen Erforschung des Balatonsees.

Bogdanik, Jos., die Geschosswirkung der Mannlicher-Gewehre [Modell 1888], s.: Klinik, Wiener.

Bogdanovits, Wladislaw: Behandlung der Begünstigung nach §§ 50, 250b des serbischen St.G.B. *Erlangen 1898: E. Th. Jacob.* (98 S.) 8° [F.]
Erlangen, Jur. Diss. v. 19. Febr. 1898

Bogdanow, Modestus, conspectus avium imperii rossici. Fasc. I. (Russisch u. französisch.) Imp.-4. (III, 122 S.) St. Petersburg 884. Leipzig, Voss' Sort. n. 3. 30

Bogdanowitsch, E. W.

Bogdanovitsch, E. W., die Garde d. russischen Zaren auf der Strasse nach Sophia am 12. Octbr. 1877. Mit Genehmigung d. Verf. aus dem Russ. übers. v. Pochhammer. gr. 8. (VII, 158 S. m. 4 Steintaf. in 8. u. 4.) Hannover 880. Helwing's Verl. n. 4. —

Bogdanowitsch, G. W. Die Garde des russ. Zaren auf der Strasse nach Sophia, 12. Okt. 1877. Aus dem Russ. von Pochhammer. (VII. 158) 8. M. 4 Taf. Hannover 1880. 4,00.

Bogdanowitsch, K., u. C. Diener, ein Beitrag z. Geologie der Westküste des Ochotskischen Meeres. gr. 8. (21 S. m. 1 Taf.) Wien 900. (C. Gerold's Sohn.) n. — 70
Sonderabdruck aus: „Sitzungsber. d. k. Akad. d. Wiss."

Bogdanowitsch, K., das Dibrar-System im südöstlichen Kaukasus. (Russ. u. Deutsch.) Mit 1 geolog. Uebersichtskarte, 2 Profiltaf., IX paläontolog. Taf. u. 54 Abbildgn. im Text. (VI, 182 S. m. 9 Bl. Erklärgn.) 34×25,5 cm. St.-Pétersbourg 906. (Leipzig, M. Weg.) nn 10. 80

Bogdanowitsch, K: Geolog. Forschgn im Erdölgebiet v. Kuban. Blatt Chadyshinskaja. [Aus: „Mémoires du comité géol."] (Russ. u. deutsch.) (78 m. 1 farb. Kte.) 33,5×25,5 cm. St Petersbg '10. (Lpzg, M Weg.) nn 4.30

Bogdanowitsch, M., Geschichte des Feldzuges im J. 1812, nach den zuverlässigsten Quellen. Aus d. Russ. v. G. Baumgarten. 3 Bde. Mit 13 (lith. u. color.) Uebersichtskarten u. 23 (lith. u. color.) Plänen (in 4. u. Fol.). Leipzig 862, 63. Schlicke. Lex.-8. (XXXVIII, 1412 S.) Jeder Bd. n. 5 ℛ

— Geschichte d. Krieges 1814 in Frankreich u. d. Sturzes Napoleon's I., nach den zuverlässigsten Quellen. Aus d. Russischen von G. Baumgarten. Einzige vom Verf. autoris. deutsche Ausg. 2 Bde. Mit 3 (lith.) Uebersichtskarten u. 11 (lith.) Plänen (in 4. u. Fol.). Leipzig 866. Schlicke. gr. 8. (XXII, 51b; XII, 412 S.) n. 12 ℛ

Bogdanowitsch, M., Geschichte d. Krieges im J. 1813 f. Deutschlands Unabhängigkeit. Aus dem Russ. m. Genehmigg. d. Autors v. A. S. 2 Bde. in 4 Thln. gr. 8. (XVI, 286; XII, 416; XVI, 438 u. XVI, 417 S. m. 6 Karten u. 19 Plänen.) St. Petersburg 863—68. Hoenniger. 41. 60

Bogdanowitsch, M., Geschichte d. Krieges im J. 1813 für Deutschlands Unabhängigkeit. Aus d. Russischen mit Genehmigung d. Autors von A. S. 2 Bde. St. Petersburg 1863—69. Haessel in Comm. n. 13 ℛ 26 ngr
1. Bd. 1. Abschn.: Vom Uebergange der russischen Truppen über die Gränze bis nach der Schlacht bei Lützen. Mit 4 (lith.) Karten u. 2 (lith.) Plänen (in 4. u. Fol.). (XVI, 288 S.) n. 3 ℛ 6 ngr
— 2. Abschn.: Vom Rückzuge der Verbündeten nach der Schlacht bei Lützen bis zum Waffenstillstande. Mit 1 (lith.) Karte u. 4 (lith.) Plänen (in 8., 4. u. Fol.). (XII, 416 S. u. 2 Tabb. in Fol.) n. 3 ℛ 20 ngr
2. Bd. 1. Abschn.: Vom Waffenstillstand bis zur Concentrirung der Kräfte nach den Schlachten bei Dresden, Kulm, an der Katzbach, bei Großbeeren u. Dennewitz. Mit 1 (lith.) Karte u. 6 (lith.) Plänen (in 8. u. Fol.). (XVI, 359 S. u. Beilagen LXXXI S.) — 2. Vom Verhalten der Parteigänger nach dem Schlusse des Waffenstillstandes bis zum Ende d. Feldzuges. (XVI, 338 S. u. Beilagen LXXXI S.) n. 7 ℛ

Bogdanowitsch, M., Geschichte des Krieges im Jahre 1813 für Deutschlands Unabhängigkeit. 2. Bd. 2 Abschn. Aus dem Russischen mit Genehmigung des Autors von Oberst A. S. gr. 8. Petersburg 869, (Haessel.) [Deubner.] *
Inhalt:
Abschn. 1. Vom Waffenstillstand bis zur Concentrirung der Kräfte nach den Schlachten bei Dresden, Kulm, an der Katzbach, bei Großbeeren und Dennewitz. Mit 1 (chromolithogr.) Karte und 6 (chromolithogr.) Plänen (in 8. und Fol.) (XVI, 359 S. und Beilagen LXXXI S.)
2. Vom Verhalten der Parteigänger nach dem Schlusse des Waffenstillstandes bis zum Ende des Feldzuges. (XVI, 338 S. und Beilagen LXXXI S.)
1. Bd. 2 Abschn. (Ebendas.) 1863,66. *ℳ 20,60.

Bogdanowitsch, M., russ. General-Major. Geschichte des vaterländischen Krieges im Jahre 1812 nach glaubwürdigen Quellen. Auf A. H. Befehl zusammengestellt. (In russ. Sprache.) (3 Bde.)
4. Petersburg 1859—1860.

Bogdanowitsch, M. J., Generallieut. Der Krieg im Orient 1853—1856. (Mit 25 Karten und Plänen.) (4 Bde.) (In russischer Sprache.)
8. St. Petersburg 1876.

Boge, E. (Hrsg.), s. Lehrerzeitung, Allgemeine stenographische.

v. Böge, Alfr., Hymen. Ein Kranz von Hochzeitgedichten. 16. Quedlinburg 833. Basse. 5/12 ℔

Boege, Kurt, prakt. Arzt: Aus d. Kgl. anat. Institut zu Königsberg i. Pr. No 35. Zur Anatomie der Stirnhöhlen. (Sinus frontales.) *Königsberg i. Pr. 1902: Hartung.* (60 S.) 8°
Königsberg, Med. Diss. v. 17. Mai 1902

Boege, Max, s.: Berger, Max.

Bogedain, Cs. B., Śpiewy nabożne dla użytku katolików archidyecezyi Gnieznieńskiéj i Poznańskiéj sebrane. (Fromme Gesänge zum Gebrauch der kathol. Christen der Erzdiöcese von Gnesen und Posen zusammengestellt.) 4. Wydanie, dodatkiem pomnożone. 8. (VIII und 175 S. und Anhang 64 S.) Berlin 857, Mittler und Sohn. Thlr. *
Der Anhang allein *

Bogedain, Ks. B., Śpiewy nabożne dla użytku katolików archidyecezyi Gnieznieńskiéj i Poznańskiéj. 5. wydanie dodatkiem pomnożone. 8. (VI und 175 S. und Anh. VI und 58 S.) Berlin 864, Mittler und Sohn. *

Bogedain, B., śpiewy nabożne dla użytku katolików archidyecezyi Gnieznieńskiéj i Poznańskiéj. 5. wyd. 865. — 6. wyd. dodatkiem pomnożone. Berlin 869. Mittler & S. 8. (VI, 175 S. u. Anh. VI, 58 S.) n. 7 ngr

Bogedain, Ks. B., śpiewy nabożne dla użytku katolików archidyecezyi Gnieznieńskiej i Poznańskiej. Wydanie 9., znacznie zmniejszone, opatrzono melodyami i przeznaczone przeważnie dla użytku dzieci szkolnych. 8. (V, 109 S.) Berlin 894. E. S. Mittler & Sohn. n. — 60; kart. n.n. — 75

Bögehold, Ernst (geb. Düsseldorf 30. 9. 1851): Ueber die neueren Behandlungsweisen des Abdominaltyphus. Berlin (1874). (31 S.) 8°
Berlin, Med. Diss. v. 1. Aug. 1874

Boegehold, Franz, a. Bochum: Ableitung einiger Eigenschaften des Kegelschnittbüschels aus orthogonalen Invarianten und Kovarianten. Jena 1904: B. Vopelius. (78 S.) 8°
Jena, Phil. Fak., Ref. Thomae, Diss. v. 3. Nov. 1904
[Geb. 29. Okt. 81 Bochum; Wohnort: Jena; Staatsangeh.: Preußen; Vorbildung: Gymn. Jena Reife O. 00; Studium: Jena 5, Berlin 2 S.; Rig. 23. Juli 04.]

Boegehold, Hans, Bestimmung der Bahn des Kometen 1825 I. s.: Abhandlungen, astronomische. Nr. 14.

Boegehold, Hans: Historisch-kritische Darstellung der Konstruktionen der Fläche 2. Ordnung aus 9 Punkten. *Jena 1898: B. Vopelius.* (52 S.) 8°
Jena, Phil. Diss. v. [26. Febr.] 1898

Boegehold, Johs., die Bibel des Trunkenbolds. Eine Erzählung für das Volk. Berlin 869. C. Beck. 8. (58 S.) n. 3 ngr

Boegehold, Johs., die Bibel des Trunkenbolds. Eine Erzählung für das Volk. 2. Aufl. 16. (64 S.) Berlin 877. Beck. n. — 40

— der Deserteur. Eine Erzählung nach wahren Begebenheiten. Ebend. 869. 8. (105 S.) n. 10 ngr

Bögehold, J., der Deserteur. Eine Erzählg. nach wahren Begebenheiten. 2. Aufl. gr. 8. (114 S.) Berlin 890. Deutsche evangel. Buch- u. Tractat-Gesellschaft. n. — 60

— Jerusalem u. die heiligen Stätten, nebst e. Anh. über die Zukunft Israels u. des heil. Landes. Berlin 867. C. Beck. 8. (134 S.) n. 10 ngr

—— Jerusalem und die heiligen Stätten, nebst einem Anhang über die Zukunft Israels und des heil. Landes, sowie einer Lebensskizze des Verf. 2. Aufl. 8. (VI, 153 S.) [Neusalz a. O. 876, Lange.] Stuttgart, J. F. Steinkopf. *

Boegehold, Wilh., 100 Kirchen- und Volkslieder für Jung und Alt gesammelt. 2. Aufl. 16. (80 S.) Berlin 865. (Beck.)

Boegekamp, H., geographische Charakteristiken, für die Einführung in die wissenschaftliche Erdkunde, gesammelt, bearb. u. gruppiert. Mainz 856. Kunze. gr. 8. (VIII. 416 S.) 1 ℔ 9 ngr

Bögekamp, H., Karl Ritter. Eine kurze Charakteristik seines Wirkens. Berlin 860. Riegel's Verlag. (Halle, Pfeffer.) 8. (2 Bl., 35 S.) n. 6 ngr

Bogel, Hans, a. St. Gallen (Schweiz): Zur Kenntnis der Derivate aromatischer Ketone und Aldehyde mit mehrwertigem Jod. Freiburg i. Br.: Speyer & Kaerner 1905. (37 S.) 8°
Freiburg i. B., Phil. Fak., Ref. Gattermann, Diss. v. 1905
[Geb. 17. Dez. 80 Wien; Wohnort: Freiburg i. B.; Staatsangeh.: Österreich; Vorbildung: Gymn. St. Gallen Reife 00; Studium: Genf, Straßburg, Würzburg, Freiburg i. B.; Rig. 2. Juni 05.]

Bogel, Hans, zur Kenntnis der Derivate aromatischer Ketone u. Aldehyde m. mehrwertigem Jod. Diss. (38 S.) 8. Freiburg i/B. 905. Speyer & Kaerner. n. — 80

Bögel, Gustav [aus Lüneburg]: Ueber das subconjunctivale Lipom und eine Combination desselben mit Ichthyosis hystrix .... Berlin, Verl. v. Herm. Peters .... (Druck v. W. Büxenstein), 1886; 1 Bl. + 22 S. u. 2 Taf. 8°.
Göttingen, Med. Fak., Inaug.-Diss. v. 1886.

Bögel, Rich., unter französischer Fahne. Schilderungen u Streiflichter aus der Fremdenlegion während meiner Dienstzeit in Algier u. Tonkin. (112 S.) 8. Böblingen (909). (Stuttgart, P. Mähler.) 1.—

Bögel, Theodor, Dr.: Inhalt und Zerlegung des zweiten Buches von Cicero de legibus. Kreuzburg O.-S. 1907: E. Thielmann. (23 S.) 8°
Kreuzburg O.-S., k. G OP 1907 (241)

Boegel, Theodorus, Bregensis: De nomine verbali Latino quaestiones grammaticae. *Lipsiae 1902: B. G. Teubner.* (S. 59—90.) 8° ¶(Aus: Jahrb. f. class. Philol., Suppl.Bd 28. — Erscheint vollst. ebenda.)
Göttingen, Phil. Diss. v. [15. Okt.] 1902

Boegel, Theodor, de nomine verbali latino quaestiones grammaticae. (S. 57—179.) gr. 8. Leipzig 902. B. G. Teubner. n. 4. 80
Sonderabdruck aus: „Jahrbb. f. class. Philol., 28. Suppl.-Bd."

v. Bogelskamp, ..., Beitr. z. Gesch. Westphalens. 2 Thle. gr. 8. Münst. 805. Aschendorf. 1 ℔

Bögemann, Max: 1. Über den Lävulinaldehyd. 2. Zur Kenntnis des Cyclopentadiëns und der Fulvene. Kiel 1909: Lüdtke & Martens. 49 S. 8°
Kiel, Phil. Diss. v. 7. Mai 1909, Ref. Harries
[Geb. 22. Febr. 85 Hamburg; Wohnort: Hamburg; Staatsangeh.: Hamburg; Vorbildung: Realgymn. d. Johanneums Hamburg Reife M. 03; Studium: München 2, Kiel 9 S.; Rig. 13. Febr. 09.] [U 09. 2300

Bogen, ein, über zwei, od. Kritik d. Aphorismen üb. d. latein. Schreibart d. Neueren. 8. Gießen 822. Heyer. 2 gl.

Bogen, ein u. zwanzig, für Deutschland. Original u. Uebers. 8. (21½ B.) Grimma 846, Verlags-Comptoir.
Inhalt: Das jetzige Deutschland. (Briefe an den Fürsten v. Metternich.) — Die Verschwörung des Panslawismus u. der polnische Aufstand.

Einundzwanzig Bogen aus der Schweiz, herausgegeben von Georg Herwegh. Th. 1. Zürich und Winterthur, literarisches Comptoir 1843. IV 336 S. 8.

— ein u. zwanzig, aus der Schweiz. Hrsg. v. Georg Herwegh. 1. Thl. Lex.-8. (21⅜ B.) Zürich 843. [Schaffhausen, Brodtmann'sche Buchh.]

Bogen d. lebend. Rosenkranzes. Red.: A. Janssen. 1. Jahrg. 12 Nrn. (1 Bl.) Fol. Paderb. 74, Bonifacius-Dr. 1. 50

Bogen des lebendigen Rosenkranzes. Red.: Arn. Janssen. 1—3. Jahrg. 1874—1876 à 12 Nrn. (1 Bl.) Fol. Paderborn. (Barmen, Klein.) à Jahrg. 1. 50

Bogen des lebendigen Rosenkranzes. Red.: Arnold Janssen. 4—7. Jahrg. 1877—1880. à 12 Nrn. (B. m. eingedr. Holzschn.) Imp.-Fol. Steyl. (Paderborn, Kleine.) à Jahrg. 1. 50

Bogen des lebendigen Rosenkranzes. Redact.: Arnold Janssen. 7.—11. Jahrg. 1880—1884. à Jahrg. 12 Nrn. (Bog. mit eingedr. Holzschn.) Imp.-Fol. Steyl, Missionsdruckerei. à Jahrg. *

Bogen d. lebendigen Rosenkranzes. Red.: A. Janssen. 12.—17. Jahrg. 1885—1890. à 12 Nrn. (B.) gr. Fol. Steyl, Missionsdruckerei. à Jahrg. 1. 50

Bogen d. lebendigen Rosenkranzes. Redact.: Arn. Janssen. 16.—19. Jahrg. 1889—1892. à Jahrg. 12 Nrn. (Bog.) gr. Fol. Steyl, Missionsdruckerei. à Jahrg. 1 50

— 24, deutsche u. lateinische Schulvorschriften, hrsg. vom Lehrer-Verein zu Danzig. 8. umgearb. u. verm. Aufl. Lith. qu. gr. Fol. Danzig 879. Axt in Comm. n. 4. —

Bogen, der, in den Wolken, oder Worte des Trostes in Trübsalsstunden, von dem Verf. der Schrift: „Er ist treu, der — verheißen hat." 4. Aufl. [Galvanotyp-Ausg.] Barmen 864. (Berlin, E. Beck.) 32. (128 S.) n. 4 ngr; geb. n. 8 ngr

— der, in den Wolken, od. Worte d. Trostes in Trübsalsstunden, v. dem Verf. der Schrift: „er ist treu, der — verheißen hat." 6. Aufl. [Galvanotyp.-Aufl.] 32. (128 S.) Barmen 871. (Klein.) n. — 40

— dasselbe. 7. Aufl. [Galvanotyp.-Ausg.] Hrsg. v. der Wupperthaler Traktat-Gesellsch. 16. (128 S.) Barmen 874. (Berlin. Beck.) — 45; geb. m. Goldschn. n. — 80

— d., in d. Wolken, od. Worte d. Trostes in Trübsalsstunden, v. dem Verf. d. Schrift: „Er ist treu, der — verheissen hat". 7. Afl. 24. (128) Barm. 79. (Berl., Deut. ev. Buch- u. Tractat-Ges.) n. — 40

— der, in den Wolken, oder Worte des Trostes in Trübsalsstunden von dem Verf. der Schrift: „Er ist treu, der — verheißen hat". 8. Aufl. Hrsg. von der Wupperthaler Traktat-Gesellschaft. 16. (128 S.) Barmen 879, (Wiemann.) geb. mit Goldschn.

— der, in den Wolken, oder Worte des Trostes in Trübsalsstunden, von dem Verf. der Schrift: „Er ist treu, der — verheißen hat". 9. Aufl. [Galv.-Ausg.] 16. (128 S.) Barmen 881. Wiemann. n. — 40; geb. m. Goldschn. n. — 80

— der, in den Wolken, od. Worte d. Trostes in Trübsalsstunden, v. dem Verf. der Schrift: „Er ist treu, der — verheißen hat". 10. Aufl. [Galv.-Ausg.] Hrsg. v. der Wupperthaler Traktat-Gesellschaft. 16. (128 S.) Barmen 883. (Wiemann.) n. — 40; geb. m. Goldschn. n. — 80

— d., in d. Wolken, od. Worte d. Trostes in Trübsalsstunden, v. d. Verf. d. Schrift; „Er ist treu, der — verheissen hat". 10. Afl. 16. (128) Barm. 84, Wiemann. n. — 40; geb. m. G. n. — 80

Bogen, der, in den Wolken, od. Worte d. Trostes in Trübsalsstunden, v. dem Verf. der Schrift: „Er ist treu, der — verheißen hat". 13. Aufl. 16. (128 S.) Barmen 892. Wupperthaler Traktat-Gesellschaft. n. — 30; geb. n. — 60; m. Goldschn. n. — 75; m. grobem Druck n. — 60; geb. in Pappbd. n. 1 —; in Leinw. n. 1. 40

Bogen, der, i. d. Wolken, od. Worte d. Trostes i. Trübsalsstunden, v. d. Verf. d. Schrift: „Er ist treu, der — verheißen hat". 14. Aufl. (77.—82. Taus.) 24. (128 S.) Barmen 895. Wupperthaler Traktat-Gesellschaft. n. — 30; geb. in Leinw. n. — 60; m. Goldschn. n. — 75

— dasselbe. 15. Aufl. (2. Aufl. in großem Druck.) 8. (128 S.) Ebd. (896). n. — 80; geb. in Leinw. n. 1. 50

Bogen, der, in den Wolken, od. Worte d. Trostes in Trübsalsstunden, v. dem Verf. der Schrift: „Er ist treu, der — verheißen hat". (Nach Macduffs Schriften bearb.) 15. Aufl. (83.—88. Taus.) gr. 16. (128 S.) Barmen (898). Wupperthaler Traktat-Gesellschaft. n. — 30; geb. n. — 60; m. Goldschn. n. — 75

Bogen, der, in den Wolken, od. Worte des Trostes in Trübsalsstunden, v. dem Verf. der Schrift „Er ist treu, der verheißen hat". 17. Aufl. (95—99. Taus.) (128 S.) 16. Barmen (907). Wuppertaler Traktat-Gesellschaft. — 30; geb. in Leinw. — 60

Bogen, Der, in d. Wolken, od. Worte d. Trostes in Trübsalsstunden, v. d. Verf. d. Schrift „Er ist treu, der — verheissen hat". 18. Afl. (128) 16° Barm., Wuppertaler Traktat-Gesellsch. ('12). — 40; L — 70; m. G n — 85 d

— dass., s.a. Lehre, Trost u. Verheissung.

Bogen: Ausscheid. des Dir. Katzfey. Münstereifel. Schul-/Univ.-Schrift 1863.

Bogen: De locis aliquot e Ciceronis Tusculanarum Disputationum libro primo. 17 S. Progr. Neuß 1856.

Bogen: De locis aliquot e Ciceronis Tusc. disp. libr. I. Zs. 31 S. Progr. Neuss 1856/61.

Bogen, De locis aliquot Ciceronis Tusculanarum disputationum emendandis II. Pr. 1861. 14 S. 4°. 1.—

Bogen, F. W., der Deutsche in Amerika od. Rath u. Belehrung für deutsche Einwanderer in den Vereinigten Staaten v. Amerika, zugleich ein Lesebuch f. Anfänger in der engl. u. deutschen Sprache. A. u. d. T.: The German in America, or advice and instruction for german emigrants. 12. (178 S.) Boston 851. (Philadelphia, Schäfer & Koradi.) n. 1 ℳ

Bogen, Heinrich: Aus der Kgl. Mediz. Universitäts-Klinik zu Bonn. Ueber familiaere Luxation und Kleinheit der Patella. Bonn 1906: E. Eisele. (75 S.) 8°
Bonn, Med. Fak., Ref. Schultze, Diss. v. 16. Jan. 1906
[Geb. 9. Juni 80 Oedekoven: Wohnort: Bonn; Staatsangeh.: Preußen; Vorbildung: Gymn. Bonn Reife O. 01; Studium: Bonn 9 S.; Coll. 11. Jan. 01; Approb. 21. Dez. 05.]

Bogen, Guilelmus (geb. am 16 Juni 1823 in Oedekoven bei Bonn): De locis aliquot Iuvenalis explicandis scholiorum ratione saepe habita ... Bonnae, form. F. P. Lechneri 1849. 2 Bl., 52 S. 8.
Bonn, Phil. Fak., Diss. v. 11 Aug. 1849

Bogen, Wilh. Statistische Mitteilungen über das Gymnasium zu Düren von der Reorganisation, Herbst 1826 bis Herbst 1876. 50 S. Progr. G. *Düren 1877.

Bogenberger, Jg., kurze Vorträge über christliche Kindererziehung im Anschlusse an die christliche Pädagogik, zunächst f. die christl. Müttervereine. gr. 8. (IV, 127 S.) Regensburg 900. F. Pustet. 1. —; geb. in Leinw. n. 1. 50

Bogen-Bibliothek, für Philologen, oder Sprach- u. Literaturkunde für den Welt- u. Geschäftsmann, wie auch für d. Jugend beiderlei Geschlechts, welche die deutsche, franz., italien., engl., russische, poln., ungar. u. span. Sprache u. ihre Literatur, und in derselben sich vervollkommnen wollen. Jeder Gegenstand in jeder der obbenannten Sprachen, selbst ganze Sprachlehren mit den vorzügl. Regeln, werden einzeln in e. einzigen Druckbogen abgehandelt. 1r Bogen. Methodologie oder Anleit. zur Analysirung d. franz. Sprache für Hochschulen u. Privatlehranstalten, v. J. W. Hofstetter. gr. 8. Wien 835. Sollinger. ¼ ℳ

— 2r Bogen. Origine et progrès de la langue française. — Méthode simplifiée pour ceux qui savent le Latin, d'apprendre en peu de temps la majeure partie des mots français. — Manière de discerner dans la langue française, de quelle langue vient un mot dont on cherche l'origine. Von J. B. Hofstetter. gr. 8. Ebd. 835. 1/4 ₰ — 3r Bogen. Beautés historiques de la maison d'Autriche. Mit einer in Deutschland bisher ganz unbekannten Lesart. Von Obigen. gr. 8. Ebd. 835. 1/4 ₰

Bogeng, GAE: Die Haager Abkommen üb. internat. Privat- u. Zivilprozess-Recht, s. a. Guttentag's Sammlg deut. Reichsges.

Die Haager Abkommen über internationales Privat- und Zivilprozeß-Recht. Textausg. mit Einl., Anm. u. Sachreg. von Dr. iur. G. A. E. **Bogeng**. Berlin: J. Guttentag 1908. (173 S.) 8° [ℨ.]
— **Sammlung**, Guttentag'sche, Deutscher Reichsgesetze. No 90. [ℨ. 18418]

— Erwerbsbeschränkgn jurist. Personen n. deut. Reichs- u. Landes-Privatrecht, s. a. Rechtseinheit, d.

Bogeng, G. A. E.: Erwerbsbeschränkungen juristischer Personen nach deutschem Reichs- und Landesprivatrecht, insbesondere die Beschränkungen des unentgeltlichen Erwerbes. (Potsdam 1907: E. Stein.) (32 S.) 8°
Heidelberg, Jur. Fak., Ref. Bekker, Diss. v. 1907
[Geb. 30. Dez. 81 Tilsit; Wohnort: Tilsit; Staatsangeh.: Preußen; Vorbildung: Luisen-Gymn. Berlin Reife O. 02; Studium: Berlin 9 S.; Rig. 7. Mai 07.]

Erwerbsbeschränkungen juristischer Personen nach Deutschem Reichs- und Landes-Privatrecht. Mit besond. Rücks. auf d. Beschränkungen d. unentgeltl. Erwerbes. Von Dr. iur. G. A. E. **Bogeng**. Berlin & Leipzig: W. Rothschild 1908. (XV, 208 S.) 8°
[Ein T. erschien als Inaug.-Diss. Heidelberg 1907.]
— **Rechtseinheit**, Die. Bd 2. [ℨ. 13330]

Bogeng, G. A. Erich

Bogeng, GAE: Deut. Einbandkunst im 1. Jahrzehnt d. 20. Jahrh. (23, 78 m. Abb.) Lex8° Halle, W Knapp ('11). 6 —

— s: Jahrbuch f. Bücher-Kde u. -Liebhaberei.

— s. Taschenbuch des Bücherfreundes.

— Umriss e. Fachkde f. Büchersammler. (Jahrb. f. Bücher-kde u. Liebhaberei I—III.) (10, 139; 180 u. 160 m. Abb. u. 4 Lichtdr.) 8° Nikolassee(-Berl.), M Harrwitz '11. 16 —;
L D 18 —

Bogenhard, C. F., v. Stickel.

Bogenhard, Carl, Taschenbuch der Flora v. Jena oder systemat. Aufzählung u. Beschreibung aller in Ostthüringen wildwachsenden u. kultivirten Phanerogamen u. höheren Cryptogamen, m. besond. Berücksichtigung ihres Vorkommens. Nebst einer Darstellung der Vegetationsverhältnisse der bunten Sandstein-, Muschelkalk- u. Keuperformation im mittleren Saal- u. Ilmgebiete. Eingeleitet v. M. J. Schleiden. 8. (XX u. 483 S.) Leipzig 850, W. Engelmann. 2 1/4 ₰

Bogenhardt (Hrsg.), s. Euterpe.

Bogenhardt, F. G., s. Lieder, 120 ein- und mehrstimmige.

Bogenhardt, F. G., 120 ein- u. mehrstimmige Lieder für Schulen, gesammelt u. hrsg. 3. Aufl. gr. 16. (140 S.) Hildburghausen 847, Kesselring. n. 1/6 ₰ — 4. Aufl. gr. 16. (IV u. 140 S.) Ebd. 850. n. 1/6 ₰

Bogenhardt, F. G., 120 ein- und mehrstimmige Lieder für Schulen, gesammelt u. herausg. 5. Aufl. Hildburghausen 858. Kesselring'sche Hofbuchhdlg. gr. 16. (2 Bl., 140 S.)
n. 5 ngr

Bogenhardt, F. G., 120 ein- u. mehrstimmige Lieder für Schulen. 6. Aufl. Hildburghausen 864. Kesselring. 8. (140 S.)
n. 5 ngr

Bogenhardt, F. G., 120 ein- u. mehrstimmige Lieder für Schulen gesammelt u. hrsg. 7. Aufl. Hildburghausen 867. Kesselring. 8. (140 S.)
n. 5 ngr

Bogenhardt, M., evangel. Christ; e. Buch z. Erbauung etc. 8. Preßb. 784. Weber. 8 gr

Bogenlicht. (58 S) München 1905

Bogenlinie des Gleichgewichts oder Theorie der Gewölbe... Leipzig 1831. V: *Bandhauer*, G. (EngMt) (Ky) (Bibl. Math.)

Bogenrieder: Kurze Geschichte des Ursprungs der italienischen Sprache. 12 S. 8°. – Wien OR.L., Progr. 1868.

Bogensberger, Gust., Jugend-Weisen. Aus dem Nachlasse. 8. (XV, 115 S.) Graz 885. Pechel. n. 1. 60

Bogenz, G. A. E., s. Bogeng, G. A. Erich

Boger, C., und W. Schall, Vorschule der gerichtlichen Beredsamkeit, s. Schall.

Boger, Ernst: Geschichte der freiherrl. Familie Th. v. N. Thumbische Chronik. Stuttgart: Kohlhammer 1885.

Boger, Ernst: Die Stiftskirche zu Öhringen, s. Franken, Württembergisch. Neue Folge II. Beilage.

Boger, G., Ordnung u. Farbe! Hilfsmittel f. den ersten Rechenunterricht. (16 S.) 8. Heilbronn (909). (A. Scheurlen.) — 80

Boger, G: Von d. Veranschaulichg im ersten Rechen-Unterr. (40) 8° Stuttg., Holland & J. ('12). 1 —

Boger, J. T., de fundamento successionis ab intestato. 4. Tübing. 791. v. Cotta. 6 gr

Boger, Johann Jacob (Stuttgart), De fundamento successionis ab intestato ex historia ejus deducto. Diss. jur. Präs. Carl Christ. Hofacker. Tübing. (Schramm) Juli 1791. 68 S. (5.—)

— — Dasselbe. Tübing. (J. G. Cotta) 1791. 68 S. (5.—)

Böger: Instruktion für die Verwaltung..., s. Böger, Nikolaus Louis

Boeger, die Rechte u. Pflichten des Bienenhalters nach dem bürgerlichen Gesetzbuche, die Haftung der Post u. Eisenbahn f. Verlust, Beschädigung u. Verzögerung bei der Beförderung lebend. Bienen u. die Rechte des Käufers aus dem Kaufe bienenwirtschaftlicher Gegenstände, nebst Anhängen, betr. 1. die Besteuerg. der Bienenzucht in Preußen, 2. die Grundzüge der Unfallversicherg. im Imkereibetriebe unter Berücksicht. der Haftpflicht u. Haftpflichtversicherg. d. Bienenhalters. Eine Sammlg. bienenrechtl. Abhandlgn. (IV, 88 S.) gr. 8. Husum 908. F. Petersen. 1. —

Böger: De primo stasimo Agamemnonis Aeschyleae. 17 S. Progr. Königsb. Neum. 1856.

—— Tabellen, s. Moeller. —

Böger, Tabellen, s.: Wichmann.

Böger, Alfred [aus Osnabrück]: Aus d. chirurg. Univ.-Klinik zu Bonn. Ueber die Behandlung der Mastdarmcarcinome ... Bonn, Buchdr. v. A. Henry, 1897: 43 S. 8.
Bonn, Med. Fak., Inaug.-Diss. v. [25. Febr.] 1897

Boeger, Carl (Berlin), De interna suppuratione, vulnerum et ulcerum majorum perniciosa comite. Diss. med.-chir. Bln. (Nietack) 19. III. 1836. 32 S., mit Biogr. (M.: C. Jerg.) (4.—) 3111
Oppon.: Fr. Boeger, Wilh. Rost, Ferd. Dalmer. — Gew.: F. A. Schulz.

— **E. F. L.,** Viro ill. Ch. G. Hufeland . . de jubilaeo propter gradum in medic. max. cum honore ipsi quinquaginta abhinc annis in univers. Georgia Augusta collat. grat. instit. med.-chir. milit. alumni 24. VII. 1833. 3 Bl. (3.50) 3112

— **Friedrich** (Berlin), De morbo cardiaco veterum. Diss. med. Bln. (Nietack) 2. XI. 1835. 31 S., mit Biogr. (M.: Jerg.) (4.—) 3113
Oppon.: C. Benzler, F. Dalmer, C. Boeger. — Gew.: Joh. v. Wiebel.

Boeger, Georg. (Ferd. Aug.) (geb. Berlin 30. 11. 1818): De mancipiorum commercio apud Romanos. Berolini (1841). (36 S.) 8°
Berlin, Phil. Diss. v. 25. Sept. 1841

Böger, Gustav, approb. Arzt aus Osnabrück: Aus d. Tübinger Universitäts-Augenklinik. Drei Fälle von präretinaler Blutung. *Tübingen: F. Pietzcker 1903.* (20 S.) 8°
Tübingen, Med. Diss. v. 1903

Böger, Gust., drei Fälle v. präretinaler Blutung. Diss. (20 S.) gr. 8. Tübingen 903. F. Pietzcker. n.n. — 70

Böger, Karl Ferdinand Rudolf, s. Böger, Rudolf

Böger, Nikolaus Louis: Etats-Instruktion [Instruktion f. d. Verwaltung d. Etatsfonds bei d. Justizbehörden]. 8. Aufl. 1908
s. **Wegner,** Otto: Etatsvorschriften f. d. Justizverwaltung v. 12. März 1908.
[09. 1498

Böger, N. L., schleswig-holsteinisches Firmen-Adreßbuch, enth. die in den amtl. Registern aufgeführten Einzeln-, Gesellschafts- u. Genossenschafts-Firmen, sowie die eingetragenen Procuren. gr. 8. (174 S.) Kiel 876. Homann. n. 4. —

—— und **Paul Lange,** Gebühren-Ordnung für Rechtsanwälte vom 7. Juli 1879, nebst Tabellen zur Berechnung der darnach bestimmten Gebühren. Fol. (16 S.) Kiel 879, (Lipsius und Tischer.) **

— u. **Paul Lange,** Gebühren-Ordnung f. Rechtsanwälte vom 7. Juli 1879 u. Ausführungsgesetz vom 2. Febr. 1880, sowie Gesetz, betr. den Ansatz u. die Erhebung der Gebühren der Notare vom 11. Mai 1851 nach Maßgabe des Gesetzes, enth. Bestimmungen über das Notariat, vom 8. März 1880, nebst Tabellen zur Berechnung der darnach bestimmten Gebühren. 2. Aufl. Fol. (20 S.) Kiel 880. (Lipsius & Tischer.) n. 1. 20

Böger u. Sukstorf: Gesetz, betr. die Gebühren der Anwälte und Advokaten vom 1. Mai 1875, nebst den nach Maaßgabe desselben ausgearb. Tab. Kiel (1875).

Böger, topographisches Handbuch f. die Prov. Schleswig-Holstein, das Fürstenthum Lübeck, die Großherzogthümer Mecklenburg-Schwerin u. Mecklenburg-Strelitz, sowie die Gebiete der Hansestädte Hamburg u. Lübeck. Lex.-8. (XI, 281 S.) Kiel 881. Universitäts-Buchh. cart. n. 12. —

Böger, [N.]: Instruktion für die Verwaltung der Etatsfonds bei den Justizbehörden nebst Etat der Justizverwaltung nach Kapiteln, Titeln und Unterabtheilungen, Erl. der letzteren, sowie Sachreg. Kiel 1886.

Böger, Instruktion für die Verwaltung des Etatsfonds bei den Justizbehörden, nebst Etat der Justizverwaltung nach Kapiteln, Titeln und Unterabtheilungen, Erläuterung der letzteren, sowie vollständ., alphabet. Sachregister. 2. verm. und verb. Aufl. gr. 8. (96 S.) Kiel 887, (Lipsius und Tischer.) *

Böger, Instruktion für die Verwaltung der Etatsfonds bei den Justizbehörden, nebst Etat der Justizverwaltg., nach Kapiteln, Titeln u. Unterabtheilgn., Erläuterg. der letzteren, sowie vollständ. alphabet. Sachregister. 3., verm. u. verb. Aufl. gr. 8. (IV, 106 S.) Berlin 890. A. Nauck & Co. n. 1. 80

Böger, Instruktion f. d. Verwaltg d. Etatsfonds bei d. Justizbehörden, nebst Etat d. Justizverwaltg, nach Kapiteln, Titeln u. Unterabtheilgn, Erläuterg d. letzteren, sowie vollständ. alphabet. Sachregister. 4. Afl. 8° (113) Berl. 93, A Nauck & Co. 1.80: kart. 2 — ‖ 5. Afl. (133) 94. 2.20; kart. 2.50

Böger, N., Instruktion f. d. Verwaltg. d. Etatsfonds b. d. Justizbehörden, nebst d. Etat d. Justizverwaltg. n. Kapiteln, Titeln u. Unterabtheilgn., Erläuterg. d. letzteren, sow. vollständ. alphabet. Sachregister. 6., verm. u. verb. Aufl. Bearb. v. N. Böger u. O. Wegner. gr. 8. (IV, 168 S.) Berlin 898. A. Nauck & Co. n. 2. 80; kart. n. 3. —

Böger, N., Instruktion f. die Verwaltung der Etatsfonds bei den Justizbehörden. 7. Aufl., s.: **Wegner,** Otto, Vorschriften rc.

Böger, Ortschafts-Verzeichniß für Schleswig-Holstein, s. **Moeller.**

Alphabetisches Verzeichniss der in der Provinz Schleswig-Holstein nach den amtlichen Wohnplatztabellen vorhandenen Ortschaften mit Angabe ihrer Zugehörigkeit zum Gemeinde- und Armenverbande, zusammengestellt v. [Nicolaus Louis] **Böger.** Hrgg. vom Landesdirectorate der Provinz Schleswig-Holstein in Kiel. Hamburg. 1888. 8°

—— und **Sukstorf,** praktische Winke für Vormünder. Die Vormundschafts-Ordnung vom 5. Juli 1875 mit Erläuterungen und Beispielen. 8. (64 S.) (Ebendas.) 877. *

— die Wohnplätze der Prov. Schleswig-Holstein. Ein vollständ. Ortschafts-Verzeichniß. Lex.-8. (XXIII, 188 S.) Kiel 891. Lipsius & Tischer. geb. n. 6. 50

Böger, R.: Die Geometrie..., s. Böger, Rudolf

Böger, Richard

Böger, Rich., Hermann, Deutschlands Held. E. Sang a. d. alten Cheruskerlande. 2. Aufl. 8. (112 S.) Leipzig 897. H. Bieger. n. 3. —

Ein National-Heiligtum der alten Sachsen und seine Geschichte von Richard **Böger.** *Pyrmont: M. Böger* (übergekl.: *G. Uslar in Komm.*) *(1899).* (69 S.) 8°
[00. 9110

Böger, Rich., ein National-Heiligtum der alten Sachsen u. seine Geschichte. 12. (69 S.) Pyrmont (900). (G. Uslar.) — 75

— die Rhein-Elbestraße des Tiberius. Section: Aliso-Weser, die Marschroute des Varus. gr. 8. (32 S.) Münster 899. Regensberg. 1. 50

Böger, Rich.: Die Wanderarbeiter d. Weserberglandes. (317 m. 2 Tab.) gr8° Freibg i/B. 09. (Pyrmont, G Uslar.) 5 —

Böger, Rud. [aus Burgsteinfurt]: Ueber Büschel und Netze von ebenen Polarsystemen zweiter Ordnung.... Hamburg, Druck v. T. G. Meissner, 1886; 2 + 43 S. 4°.
Leipzig, Phil. Fak., Inaug.-Diss. v. 31. Jan. 1886.

Böger, Rud., über Büschel und Netze von ebenen Polarsystemen zweiter Ordnung. Diss. Leipzig 1886, Gustav Fock. 4°. 43 S.

Böger, Rud., Elemente der Geometrie der Lage, f. den Schulunterricht bearb. 8. (IV, 62 S. m. 33 Fig.) Leipzig 900. G. J. Göschen. Kart. n. — 90

Böger, Rud., Elemente der Geometrie der Lage, f. den Schulunterricht bearb. 2. Aufl. (IV, 45 S. m. 38 Fig.) 8. Leipzig 910. G. J. Göschen. Geb. — 90

— ebene Geometrie der Lage, s.: **Sammlung Schubert.**

Böger, *Karl Ferdinand* Rudolf: Die Geometrie der Lage in der Schule. 8 (III, 47 S.). Rg. des Johanneums *Hamburg* 1897
Vgl. des Verf.: Ebene Geometrie der Lage. Mit 142 Fig. 8 (X, 289 S.). Leipzig 1900, G. J. Göschen. ℳ 5,—
Progr.

Böger, R., die Geometrie d. Lage i. d. Schule. Progr. gr. 8. (47 S. m. Fig.) Hamburg 897. (Herold.) n. 2. —

— Symmetr. Involutionen u. fokal getrennte Geraden. (Progr.) (56 m. Fig.) 8° Hambg. (Herold) '12. nn 1.50

Böger, Rud. Eine Probe auf die Leistungsfähigkeit d. Volapük, angestellt v. V. Amoretti, Bahnson, J. Bayer etc. 8. (43 S.) Hamb. 889, Herold's Verlag. * — 80

— Projekte u. analytische Schulgeometrie. Ein Lehr- u. Übungsbuch f. die Oberklassen. (VIII, 211 S. m. 184 Fig.) 8. Ebd. 910. Geb. in Leinw. 3. 60

Böger, Rudolf, Hamburg: Der selbständige Strafvertrag im Rechte des Bürgerlichen Gesetzbuchs. Rostock 1908: Adlers Erben. (94 S.) 8° [F.]
Rostock, Jur. Fak., Ref. Matthiaß, Diss. v. 5. März 1908
[Geb. 2. Juli 82 Hamburg; Wohnort: Hamburg; Staatsangeh.: Hamburg; Vorbildung: Wilhelms-Gymn. Hamburg Reife M. 91; Studium: Bonn 3, Kiel 4 S.; Rig. 23. Jan. 08.]

Böger, Rudolf (Prof. Dr.): Die optische Verwandtschaft in projektiver Darstellung. Hamburg 1907: M. Baumann. (52 S.) 8°
Hamburg, RG d. Johanneums OP 1907 (915)

— Die optische Verwandtschaft in projektiver Darstellung. (Progr.) (V, 52 S. m. 82 Fig.) 8. Hamburg 907. (Herold.) 2. —

Bozers Schreiben an Lorambilla. Leipz. Barth. 809.

Bögershausen, H.: Über Ektropium-Operationen, s. Bögershausen, Hermann

Bögerhausen, H.: Schreibhefte mit Vorschriften, s. Bögershausen, Heinrich

Bögershausen, Heinrich

Boegershausen, H, Geschäftsaufsätze. Ergänzungshfte z. d. Schönschreibhftn. 1—3. Hft. 4. (à 12) Hildesh. 88, Borgmeyer. à n. — 10

Bögershausen, Heinr., Schreibhefte mit Vorschriften. Deutsche und latein. Schrift. à 6 Hefte. 4. (à Heft 24 S.) Hildesheim 887, Borgmeyer. à Heft **

Bögershausen, Hermann [app. Arzt aus Hildesheim]: Über Ektropium-Operationen. . . . Kiel, Druck v. Schmidt & Klaunig, 1890; 18 S. + 1 Bl. 8°
Kiel. Med. Fak., Inaug.-Diss. v. 15. März 1890

Bögershausen, Herm. Ueber Ektropium-Operationen. Diss. gr. 8. (18 S.) Kiel 890, (Lipsius u. Tischer). * 1 —

Bogfortegnelse, maanedlig dansk. Udgiven af den Gyldendalske Boghandling 1852. 12 Nrn. Med et alphabetisk Register. gr. 8. (XII u. 84 S.) Kjöbenhavn, Gyldendal. n. 1/3 ℛ︎

Bögg. Der Bögg. Allerneuestes Sechseläutenblatt zu Lust und Frommen aller zünftigen Bürger. Hrg. von der neuen fidelen Böggenzunft. 2. Aufl. 22. April 1901. [Illustriert.] 8 S. fol. Zürich III., A. Niessen. fr. —. 25

Bogge, (Eugen) Herm. (Carl Fritz) (geb. Spandau 25. 6. 1855): Ueber Stricturen des Oesophagus. Berlin (1880). (47 S.) 8°
Berlin, Med. Diss. v. 31. Juli 1880

Böggener

— Samml. v. Vergleichungs-Tabellen verschied. Gewichte u. Kilogrammen ꝛc. 8. Nürnb. 810. König. 13 xr

Böggener's, ..., Vergleich.-Tabellen d. Livres m. Franken ꝛc. 8. Nürnb. 808. König. 8 xr Dieselben französ. 8 xr

Boggs, Lucinda Pearl, aus Urbana ⟨Illinois, N.-A.⟩: Über John Dewey's Theorie des Interesses und seine Anwendung in der Pädagogik. *Halle a. S. 1901: C. A. Kaemmerer & Co.* (73 S.) 8°
Halle, Phil. Diss. v. 1901

Bögh, Erik, Wahrheits Pilgergang. A. d. Dän. übers. v. Emil Jonas. M. 33 Ill. v. Carl Larsson. Autor. Ausg. 8. (57 S.) Berlin 898. Neuer Verlag. Geb. in Leinw. 1. —

Bögh, E., der Theaterkobold, s. Universal-Bibliothek Nr. 2467.

Bögh, Erik, der Theaterteufel. Nach e. dänischen Novelle. Deutsch von Henrik Helms. Leipzig 866. Gerhard. 8. (132 S.) 15 ngr

Bögh's, E., humoristische Vorlesungen, s.: Universalbibliothek.

Boghean, Demeter (geb. Jassy 19. 7. 1854): Ueber die Leitung der Neurilität in den Primitivnervenröhren. Berlin (1880). (30 S.) 8°
Berlin, Med. Diss. v. 12. Aug. 1880

Ueber die Beschaffenheit der Eintheilung des Nutzens der Mathematik. von *Petr' Boghdanowitschj*. S. Akademitscheskija izwjestija 1779, soderzcheschtschija w' sebje, Istoriju nauk' i nowjejschija otkr'ütija on' üch'; izwletschenia iz djejanij slawnjejschich' Akademij w' Europje, now'iija izobrje-tenija, op'üt'ii w' estest wennoj Istorii, Chimii, Fisikje, Mechanikje i w'ot'nosjaschtschichsja K'on' iim' chudozchestwach'; otlitschnjejschija proizwedenija w' pismenach' wo wsej Ewropje; Akademitscheskijie Zadatschi; i prottschija primjet schateljn'iija proizschestwija. 1 Theil (bey St. Petersb. Acad. der Wissensch. 8.) (Academische Nachrichten, enthaltend die Geschichte der Wissensch. und die neuesten Entdeckungen derselben; einen Auszug aus den Abhandlungen der berühmtesten Academien in Europa, neue Erfindung, Versuche in der Naturhistorie, Chymie, Physik, Mechanik, und in den sich auf dieselben beziehenden Künsten; vorzügliche Producte der Litteratur in ganz Europa, academische Aufgaben; sonderbare und seltsame Streitigkeiten und andere merkwürdige Vorfälle. Februar p. 1-160. Jeder Jahrgang dieses Werks besteht aus 3 Theilen.
Fortsetzung der Geschichte der Mathematik. März p. 209-249. von Petr' Bogdanowitschj.
Fortsetzung der Geschichte der Mathematik; nämlich Ursprung und älteste Geschichte der verschiedenen mathematischen Wissenschaften. (Hier der Rechenkunst, Geometrie und Astronomie.) p. 309-304.
— 2ter Theil. May.
Fortsetzung der Geschichte der Mathematik, nämlich des Ursprungs und der ältesten Geschichte der verschiedenen mathematischen Wissenschaften. (hier der Astronom.) p. 1-42.
Jun. Forts. Astron. und Schiffahrtsk.
Jul. Aug. Sept. Forts. nemlich vor der Zerstörung des griechischen Kaiserthums von P. B.
— 3ter Theil. Sept. idem Oct.
Forts. — bis auf die Zerstörung des griechischen Kaiserthums.
November und December.
Forts. — von der Stiftung der Alexandrinischen Schule bis auf Christi Geburt.
Der 2te Jahrgang hat einen etwas veränderten Titel: Akademitscheskija izwjestija na 1780 ghod', soderzchaschtschi-

ja 'wſobje Iſtoriju nauk' i nowjej ſchija ot Kr'iitija on' iich'; izwletſchenie iz' djejanij ſlawejejſchich' Akademij w' Europje; primjet ſchanija Fizitſcheſkija i iz' Eſteſtwennoi Iſtorii, oſobenno do Roſſii Kaſajuſchtſchijasja; now'iija izobrjetenija, op'iit' ii w' Eſteſt wennoj Iſtorii, Chimii, Fizikje, Mechanikje i w'ot noſjaſchtſchichsje K'on'iim' chudozcheſtwach'i otlit ſchnjejſchija pro izwe-

denija w' piſmenach' wo wſej Ewropje; akademitſcheſkija zadatſchi; ljiebop'iitn'iija i ſtrann'iija tjazchb'ii in drughija primjetſchanija doſtojn'iija proizſcheſtwija. 4 Th. (Academiſche Nachrichten auf das Jahr 1780, enthaltend die Geſchichte der Wiſſenſchaften, und die neueſte Entdekkung derſelben; einen Auszug aus der Abhandlung der berühmteſten Academien in Europa; Rußland beſonders angehende Bemerkungen aus der Phyſik und Naturhiſtorie; neue Erfindungen, Verſuche in der Naturgeſchichte, Chimie, Phyſik, Mechanik und in den ſich auf dieſelben beziehenden Künſten; vorzügliche Producte der Litteratur in ganz Europa, academiſche Aufgaben, ſonderbare und ſeltſame Streitigkeiten und andere merkwürdige Vorfälle.)

Boghitchévitch, M[ilosch]: **Halbsouveränität. Administrative u. polit. Autonomie** seit d. Pariser Vertrage ⟨1856⟩. *Berlin 1901: Gebr. Feyl.* (78 S.) 8° ¶(Erscheint vollst. im Buchhandel.)
Berlin, Jur. Diss. v. 29. Juli 1901

Boghitchévitch, M., Halbsouveränität. Administrative u. polit. Autonomie seit dem Pariser Vertrage (1856). gr. 8. (XII, 254 S.) Berlin 903. J. Springer. n. 5. —

Boglsch, Alfred [aus Feuerbach]: Über Carbonylsalicylamid. . . .
Stuttgart, Hofbuchdr. Carl Liebich, 1889; 50 S. 8°
Rostock, Phil. Fak., Inaug.-Diss. v. 17. Okt. 1889

Boglsch, Alfred: Über die Einwirkungsprodukte magnesiumorganischer Verbindungen auf das o-methoxy-tolyl-phenylketon und das o-methoxy-tolyl-methylketon sowie den Einfluss der Parastellung der Methoxylgruppe auf die Eigenschaften derartiger Verbindungen. 1908. 91 S. 8°
Stuttgart, Dr.-Ing.-Diss. v. 20. 5. 1908

Bogišić, Baldass., sull' epistolario di Stefano Gradi relazione. [Aus d. Archiv für Kunde österreich. Geschichtsquellen.] Wien 868. Gerold's Sohn in Comm. gr. 8. (18 S.) n. 3 *ngr.*

Bogisic, Balthasar Anton (Ragusa)
Ueber die Ursachen der Niederlagen des deutschen Heeres im hussitischen Kriege.
Giessen: Brühl 1862. 32 S.
Diss. phil. 4.8.1862.

Bogišić, V., acta coniurationem Petri a Zrinio et Francisci de Frankopan nec non Francisci Nadasdy illustrantia, s.: **Monumenta spectantia historiam Slavorum meridionalium.**

Bogišić, V., lo droit coutumier des **Slaves méridionaux.** D'après los recherches par **Fedor Demelić.** I. [Aus: „Revue de Législation ancienne et moderne, française et étrangère".] gr. 8. (156 S.) **Paris 876.** (Wien, Gerold & Co.) **n. 8. —**

Bogišić, V., s.: Liber statutorum civitatis Ragusii.

BOGISLAW, Graf. Aus den Memoiren eines polniſchen Edelmannes und im Irrgarten der Liebe. Neue erotiſche Bibliothek Bd. V. London—New York, Freier Verlag. 8°. (Um 1910.) Verb. d. Ldg. III Berlin A 4. J. 197/12.

Bogk, Curt, Gerichtsassessor in Ermsleben: **Welche Wirkung hat es, wenn nach Erlaß eines Beschlusses gemäß § 890 Abs. 1 der Zivilprozeßordnung durch vollstreckbare Entscheidung der Vollstreckungstitel oder dessen Vollstreckbarkeitserklärung aufgehoben oder abgeändert wird oder die Zwangsvollstreckung für unzulässig erklärt wird?** Halle a. S. 1908: C. Colbatzky. (25 S.) 8°
Leipzig, Jur. Fak., Diss. v. 28. April 1908
[Geb. 3. Juni 79 Niederröblingen a. H.; Wohnort: Ermsleben; Staatsangeh.: Preußen; Vorbildung: Gymn. Weimar Reife O. 98; Studium: Würzburg 4, Leipzig 2, Halle 2 S.; Rig. 26. Sept. 02.]

BOGKI, Johannes Baptista: De conversione Constantini Magni imperatoris — (1835) 94 S. 4° (Handschr.) **Diss. Wien Univ.** Diss. 42

Bögl

Beschreibung, Generelle, der Herrschaft Föderaun-Tarvis. Tarvis, Bertschinger in Klgft., 1885. Quart. 94 S. (Verf.: Boegl.)

Boegle, Albert M.

Boegle, Alb. M., S. J., Heldenjugend. Lebensſkizzen kathol. Jünglinge. 1. u. 2. Bdchn. (VIII, 198 S. m. 5 Taf. u. III, 186 S. m. 8 Taf.) kl. 8. Münſter 906. Alphonſus-Buchh. Geb. à n. 1. 50

Boegle, C., d. Entstehg. organ. Formen. gr. 8. (18 S. m. 40 Abb.) München 895. J. F. Lehmann's Verl n. 1. 20
28*

Boegle, C. Entstehung und Verhütung der Fussabnormitäten auf Grund einer neuen Auffassung des Baues und der Bewegungen des normalen Fusses. Mit 39 Abbildungen. In-8°. 139 S. Zürich-Oberstrass, E. Speidel. **1892** 5 —

Boegle, C., die Entstehung u. Verhütung der Fuss-Abnormitäten auf Grund e. neuen Auffassung des Baues u. der Bewegungen d. normalen Fusses. gr. 8. (VI, 139 S. m. 39 Abbildgn.) München 893. J. F. Lehmann's Verl. n. 4. —

BOEGLE, Carl (Thangensis): Über den Mechanismus des menschlichen Ganges und die Beziehungen zwischen Bewegung und Form.- München: Ackermann 1885. 3 Bl., 130 S., Taf.
19.6.1885 - Urk; Chr 1884/85,22
Diss. Ingolst.-Landsh.-Mchn.

Boegle, Carl, üb. den Mechanismus d. menschlichen Ganges u. die Beziehungen zwischen Bewegung u. Form. gr. 8. (V, 130 S. m. eingedr. Fig. u. 3 Taf.) München 885. Th. Ackermann's Verl. n. 3 —

Bogler, Bernh., Eichwald. Auswahl vierſtimmiger Geſänge f. Männerchöre. Schaffhauſen 863. Brodtmann. 8. (509 S.) n. 16 *ngr.*

Bogler, Bernh., Eichwald. Auswahl vierſtimm. Geſänge f. Männerchöre. 2. verb. Aufl. 8. (389 S.) Schaffhauſen 870. Brodtmann. 1. 50

Bogler, Bernhard

Bogler. B., s.: Lieder, 12, f. vierſtimm. Männerchor.

Bogler, B., neue Liederſammlung für den gemiſchten Chor, enth. Choräle, Lieder, größere Chöre, Motetten und Pſalmen. 8. (VIII, 448 S.) St. Gallen 868, Sonderegger. *

Bogler, Bernh., drei Männer-Chöre. qu. gr. 4. (4 S.) Schaffhauſen 861, Brodtmann'ſche Buchh.

— fünf Männer-Chöre. Ebend. 861. qu. 4. (10 S.) 12 *ngr.*

— Sammlung von Chorälen, Liedern, größern Chören, Motetten und Pſalmen für vierſtimmigen gemiſchten Chor zuſammengetragen für die St. Galliſche Kantonsſchule, ſowie für Geſangvereine. br. 8. (IV und 318 S.) Schaffhauſen 862, Brodtmann'ſche Buchh.

Bogler, C., Italia antiqua in usum scholar. descripta. Imp. Fol. (Lith. u. color.) Wiesbaden 848, Kreidel. n. 28 ngr

Bogler, Philipp

Bogler, Phpp., auf ungleicher Bahn. Roman. (Archiv f. Landwirthschaft. XVIII.) gr. 8. (482 S.) Wien 892. (C. Gerold's Sohn.) n. 3. —

Bogler, P, Erzählgn a. d. Wiener Wald. 8. (296) Danz. 90. Wien, Daberkow. n. 4. 50; geb. n. 5. 50

— Erzählungen aus dem Wiener Wald. gr. 8. (296 S.) Danzig 890, Hinstorff. * 4 50; geb. * 5 50

Bogler, Philipp, Erzählungen aus dem Wiener-Wald. Gr. 8. (296 S.) In Leinwd. geb. 1.20
Wien: Daberkow 1893.

Bogler, Philipp, s. Familien-Bücherschatz.

Bogler, P, Land u. Leute a. d. Wienerwald, deren Haus u. Hof, Sitten u. Gebräuche. Eine landwirthsch. Culturstudie d. Gegenwart. 8. (63) Wien 79, (Faesy u. F.). n. 2. —

Bogler, Phpp., Land u. Leute aus dem Wienerwald, deren Haus u. Hof, Sitten u. Gebräuche. Eine landwirthschaftl. Culturstudie der Gegenwart, zugleich e. Leitfaden f. Colonisten. gr. 8. (V, 63 S.) Wien 879. (Frick.) n. 2. —

— d. Macht d. Feder. Roman. 2. Afl. 12. (269) Danz. 89, Hinstorff. n. 3. —; geb. n. 4. —

— die alte Mühle. Eine Erzählg. aus dem Wiener Wald. — Mein Freund Wolf. Wurzelpeter. Zwei Erzählgn. v. F. W. Runze [M. Nicolaus]. — Späte Heimkehr. Novelle v. Wilh. Jensen. Mit 7 Illustr. v. Paul Oswald. gr. 8. (98, 38 u. 67 S.) Weimar 891. Schriftenvertriebsanstalt. n. 1. —

Bogler, P: Die alte Mühle. Erzählg a. d. Wiener Wald. 8° (100 m. Abb.) Berl. 97. Schriftenvertriebsanst. — 50

Bogler, Phpp., d. alte Mühle. E. Erzählg. a. d. Wiener Wald. M. Bild. v. Paul Oswald. gr. 8. (100 S.) Berlin 897. Verl. d. christl. Zeitschriftenvereins. — 50

Bogler, Phpp., die Ritter v. der Scholle. Roman. gr. 8. (414 S.) Wien 884. (Gerold's Sohn.) n. 4. —

— verbrauchte Waffen. Roman. 2 Bde. 8. (VI, 475 S.) Leipzig 882. Reißner. n. 8. —

— verbrauchte Waffen. Roman. 2 Bde. 8. (475) Lpzg 82, Reissner. n. 8. — || 2. Afl. (475) Wien 84, Gerold's S. n. 4. —

— verbrauchte Waffen. Roman. 2. (Titel-)Aufl. 2 Bde. 8. (VI, 475 S.) Ebd. 889. n. 6. —; geb. n. 7. 50

Bogler, R., und M. Nohl, die Chorstühle im Kapitelsaale des Domes zu Mainz, s. Nohl, M.

Bogler, Wilhelm

Bogler, Wilh.: Moderne Gartenentwürfe, s: Lehrmeister-Bibliothek.

Bogler, Wilh., Garten-Vorlagen f. Fachschulen u. zum Selbstunterricht. 4 Hfte. qu. Fol. (24 Steintaf. m. 1 Bl. Text.) Wiesbaden 886. Limbarth. n. 10. —

Bogler, W: Hartmuth v. Kronberg, s.a. Schriften d. Ver. f. Reformationsgesch.

[J.] Hartmuth von Kronberg. E. Charakterstudie aus d. Reformationszeit v. Wilhelm **Bogler**. M. Bildn. *Halle: Ver. f. Reformationsgesch.; (Commr. v. M. Niemeyer) 1897.* (VI S., 1 Bl., 96 S., 1 Portr.) 1 Bd 8.
= Schriften d. Vereins f. Reformationsgeschichte. No 57. [97. 7006 K.

Bogler, Wilh., Reform der Gartenkunst. (III, 56 S.) gr. 8. Leipzig 905. Hachmeister & Thal. n. 1. 80; geb. n. 2. 80

Bogler, Wilh., Register, f. 1890 (Bd. XXVI): Zeitschrift f. bildende Kunst.

Bogler, Wilh., ornamentale Vorlagen für Gewerbeschulen u. zum Selbstunterricht. 4 Hefte (à 6 lith. Bll.). Wiesbaden 865. Roth. Fol. n. 2 ℛ 10 ngr

— ornamentale Vorlagen f. Gewerbeschulen u. z. Selbstunterricht. Neue Folge. 36 (lith.) Bl. Fol. Wiesbad. 86, Lützenkirchen. In Mappe. n. 12. — (I. u. II.: n. 24. —)

— ornamentale Vorlagen f. Gewerbeschulen u. zum Selbstunterricht. Neue Folge. 36 (lith.) Blatt. Fol. Wiesbaden 886. Roth. In Mappe. n. 12. —

— gärtnerische Zeichenschule. 4 Hefte. gr. 4. (à Heft 6 zum Theil farb. Taf. in Fol. mit 8 S. Text.) Berlin 887, Parey. à Heft *

Bögli, Hans, Aphorismen üb. d. Idealismus a. d. Grundlage d. empir. Psychologie. gr. 8. (II, 60 S.) Bern 898. Neukomm & Zimmermann. n. 1. 50

Bögli, H., der bernische Bauernkrieg in den J. 1641 und 1653. 8. (137 S.) Bern 888, Nydegger und Baumgart. *

Bögli, H., der bernische Bauernkrieg in den J. 1641 u. 1653. Nach den Akten im bernischen Staatsarchiv dargestellt. gr. 8. (137 S.) Bern 889. (Nydegger & Baumgart.) n. 1. 80

Bögli, H[ans]. Ueber Ciceros Rede für A. Caecina. 58 S. 8. Burgdorf, Buchdr. P. Eggenweiler, 1906.
Ausg. A: Beilage zum Jahresbericht des Gymnasiums Burgdorf 1905-1906.
Ausg. B, sep.: (Komm. C. Langlois & Cie.) [fr. 1.50] —

Bögli, H., über Ciceros Rede f. A. Caecina. (58 S.) gr. 8. Burgdorf 906. (C. Langlois & Co.) n.n. 1. 25

Boegli, Lina, Vorwärts. Briefe v. e. Reise um die Welt. Mit 7 Einzel- u. Gruppenportr. (VIII, 301 S.) 8. Frauenfeld 906. Huber & Co. Geb. in Leinw. n. 4. —

Boegli, Lina. Vorwärts. Briefe von einer Reise um die Welt. Mit sieben Einzel- und Gruppenporträts [Tafeln]. 3. und 4. Tausend. VIII + 301 S. 8. Frauenfeld, Huber & Co., 1907. [geb. fr. 5. —]

Boegli, Lina, vorwärts. Briefe v. e. Reise um die Welt. Mit 7 Einzel- u. Gruppenportr. 5. Tausend. (VIII, 301 S.) 8. Frauenfeld 908. Huber & Co. Geb. in Leinw. 4. —

Böglin, H., Handreichung für den Gebrauch des Lesebuches für die Oberklassen, s.: Lippert, R.

Boeglin, Heinrich: Über Hauttuberculose insbesondere Tuberculosis cutis propria. *Strassburg 1898: „Der Elsässer".* (63 S.) 8°
Strassburg, Med. Diss. v. 1898

BOGNER, Anton (Pfarrkirchen): De dysenteria.- Monachii: Zangl 1814. 16 S. 2.9.1816 - Pe 352; F 57; Kal 1812 (Prom.-Datum: 1811)
Diss. Ingolst.-Landsh.-Mchn.

Bogner, Franz, pr. Arzt: Krankheits- und Sterblichkeitsverhältnisse bei den Porzellanarbeitern in Deutschland, insbesondere im Bezirk Selb-Rehau in Bayern. Braunschweig 1909: Vieweg. 38 S. 8° ¶(Aus: Deutsch. Vierteljahrsschrift f. öff. Gesundheitspflege. 1909, April.)
Jena, Med. Diss. v. 14. Mai 1909, Ref. Gärtner
[Geb. 10. Mai 75 Passau; Wohnort: Selb; Staatsangeh.: Bayern; Vorbildung: Gymn. Passau Reife O. 95; Studium: München 3, Erlangen 10 S.; Coll. 24. Juli 08; Approb. Juni 04.] [U 09. 2130

Das Arkadenmotiv im Obergeschoß des Aachener Münsters und seine Vorgänger von H[einrich] **Bogner**, Regensburg. Mit 3 Taf. Strassburg: J. H. E. Heitz 1906. (30 S.) 8°
= Studien z. deutschen Kunstgeschichte. H. 70. [14. 10478

Bogner, Heinrich: Die ursprüngliche Gestalt des Vorhallenbaues am Aachener Münster und seine Vorgänger. Mit 5 Tafeln. pg. 3 - 40. 8°. Stadtamhof, J. & K. Mayr. Progr. Regensburg 1905/06.

Die Grundrissdisposition der Aachener Pfalzkapelle und ihre Vorgänger. Von H[einrich] **Bogner**, Regensburg. Mit 6 Taf. Strassburg: J. H. E. Heitz 1906. (33 S.) 8°
— **Studien** z. deutschen Kunstgeschichte. H. 73. 07. 556

Die Grundrissdispositionen der zweischiffigen Zentralbauten von der ältesten Zeit bis zur Mitte des IX. Jahrhunderts von H[einrich] **Bogner**, Regensburg. Mit 7 Taf. Strassburg: J. H. E. Heitz 1906. (36 S.) 8°
— **Studien** z. deutschen Kunstgeschichte. H. 72. 07. 556

Bogner, H., s. Studien zur deutschen Kunstgeschichte

Bogner, Jak., unsere gegenwärtige Noth u. unsere Hilfe. Eine Predigt zu Pobenhausen, den 31. Mai 1849, gehalten. gr. 8. (23 S.) Ingolstadt 849. (Attenkover's Wwe.) 1/12 ₰

Bogner, Peter

Bogner, Pet., kurze Anleitung zur Forst-Taxation. Triest 864. (Berlin, J. A. Wohlgemuth.) gr. 8. (15 S.) 6 ngr.

Bognor, P., Kubiktafeln für bezimmerte Holzer. 8. Triest, Schimpff. 1864.

Bogner, Peter, k. k. Marine-Forst-Intend. Supplement zu der Abhandlung über Marine-Schiffbauholz und Beschreibung der k. k. reservirten Marineforste, zusammengestellt aus den Commissions-Protokollen. 8. Triest 1861.

—— Tafeln zur Bestimmung des Kubikinhaltes von bezimmerten Hölzern. gr. 8. (59 S.) Triest 864. (Berlin, J. A. Wohlgemuth.) *

Bogner. Rudolf [aus Dillingen]: Zur Casuistik der Mediastinaltumoren. . . . Erlangen, Druck d. Univ.-Buchdr. v. E. Th. Jacob, 1889: 40 S. 8°
Erlangen, Med. Fak., Inaug.-Diss. v. 26. Jul. 1888

Bögner, Ueber strenge Winter in den Jahren 764—65 n. Chr. bis auf die neueste Zeit. Vorgetragen in dem Frankfurter geographischen Verein am 26. Febr. 1841. Frankfurt a. M. 1841.

Martin Kähler in Halle und die gegenwärtige theologische Lage. Eine kurze Charakteristik d. Theologie Kählers von Alfred **Boegner**. Neukirchen, Kr. Mörs: Buchh. d. Erziehungsvereins 1908. 35 S. 8° 09. 11430 B

Boegner, C. Fr. (Hrsg.), s. Kirchenkalender, Evangelischer, für Elsass-Lothringen.

Im Dienst des Herrn. Denkschrift z. Jubelfeier d. fünfzigjähr. Wirksamkeit d. Diakonissen-Mutterhauses zu Strassburg i. E. von Pfr. Carl **Boegner**, Seelsorger d. Strassb. Diakonissenhauses. *Strassburg: Strassb. Dr. u. Verlagsanst. 1893.* (192 S.) 8° [F.] 93. 3912

Boegner, Carl, im Dienst des Herrn. Denkschrift zur Jubelfeier der 50jähr. Wirksamkeit d. Diakonissen-Mutterhauses zu Straßburg i/E. gr. 8. (192 S. m. Lichtdr.-Bildern u. Bildnissen.) Straßburg 893. (C. F. Bomhoff.) n. 5. —

Boegner, Fritz, Wanderfahrt. Ein Sang vom Leben. Titelzeichnung v. Toni Boegner. (VII, 78 S.) 8. Dresden (908). E. Pierson. 1.50; geb. n 2.50

Bögner, J., die Entstehung der Quellen und die Bildung der Mineralquellen, nebst einem Berichte über die im Herzogthum Nassau im Sommer 842 unterhalb Aßmannshausen neu aufgefundene warme, und die bei Weilbach gefundene kalte Mineralquelle. Vorgetragen im Geograph. Verein in Frankfurt a/M. im December 1842. 8. Frankfurt a/M. 843, Brönner. n. 1/2 ₰

Boegner, J., das Erdbeben u. seine Erscheinungen. Nebst einer chronolog. Uebersicht d. Erderschütterungen im mittl. Deutschland vom 8. Jahrh. bis auf die neueste Zeit u. ihres Zusammenhanges mit vulkan. Erscheinungen in entfernten Ländern. Mit 1 lith. Karte (in gr. 4.) gr. 8. (214 S.) Frankfurt a. M. 847, Brönner. n. 5/6 ₰

Bögner, K., die Vorschriften über das Etats-, Kassa- u. Rechnungswesen der Gemeinden u. örtlichen Stiftungen, Armenpflegen u. Cultusstiftungen des Königr. Bayern d. d. Rh. gr. 8. (VIII, 219 S.) Rothenburg 887. (Peter.) n. 3. —

Boegner, Toni: Rothenburg ob d. Tauber. (176 m. z. Tl farb. Abb. u. 5 Taf.) 32×24 cm. Münch., R Piper & Co. ('12). 20 —: L 25 —

Bogojawlensky, A. D., über die Temperatur-Abhängigkeit der specifischen Wärme kristallinischer Stoffe. s.: Schriften, hrsg. v. der Naturforscher-Gesellschaft bei der Universität Jurjeff. XIII.

Bogolubow, A., Tapis de l'Asie centrale faisant partie de la collection réunie. (68 farb. Taf. m. 2 farb. Karten.) 71,5×53,5 cm. Mit Text in französ. u. russ. Sprache. (XXIV u. XXIV S.) 48×34,5 cm. St. Pétersbourg 908. Leipzig, K. W. Hiersemann. In Leinw.-Mappe 150. —

— Teppiche Zentralasiens a. d. Sammlg B. Deutscher Text zu B: Tapis de l'Asie centrale. (26) 49×35,5 cm. Ebd. ('10). 10 —

Bogoras, Alexander, Taganrog (Süd-Rußl.): Ueber die Frage der Ventrofixation [!]. *Berlin 1902: G. Pöllner.* (31 S.) 8°
Berlin, Med. Diss. v. 11. Okt. 1902

Bogoras, Sergius, aus Russland: Zur Kenntniss der Zuckerkrankheit im Kindesalter. *Berlin: M. Günther 1899.* (54 S.) 8°
Berlin, Med. Diss. v. 4. Aug. 1899

Bogoras, Sergius, zur Kenntniss der Zuckerkrankheit im Kindesalter. Diss. gr. 8. (54 S. m. 1 Taf.) Berlin 899. M. Günther. n. 2. —

[Russ. u. Ant.] Materialy po izučeniju čukotskago jazyka i fol'klora, sobrannye v kolymskom okrugě V. G. **Bogorazom**. Čast' 1. *St. Pétersbourg: J. Glasounof in Comm.; Leipsic: Voss' Sort. in Comm. 1900.* 4°
[Materialien z. Kenntnis von Sprache u. Folklore der Tschuktschen, gesammelt im Bezirke Kolymsk von Bogoraz.]
— **Trudy** jakutskoj ekspedicii. Otděl 3, Tom 11, Čast' 3. 01. 8841 2

Bogoroditzki, W., einige Reformvorschläge auf dem Gebiete der vergleichenden Grammatik der indo-europäischen Sprachen. gr. 8. (10 S.) Kasan 890. (Leipzig, Stauffer.) n. — 40

Bogoroff, Dr. J. L. Französisch-bulgarisches und bulgarisch-französisches Wörterbuch. I. Th. Französisch-bulgarischer Theil. 2. verbess. Ausg. II. Th. Bulgarisch-französischer Theil. (In bulgarischer Sprache.) (2 Bde.) 8. Wien 1871—1873.

Bogoslowskoy, Petrus (geb. Jekaterinenburg 1796): De cachexia generatim. Berolini (1826). (VIII, 36 S.) 8°
Berlin, Med. Diss. v. 8. Sept. 1826

Bogoslowsky

Bogoslovsky, N, s.: Karte. allg. geolog., v. Russl.

Bogoslowsky, N. A., Materialien z. Kenntniss d. untercretacischen Ammonitenfauna von Central- u. Nord-Russland. gr. 4. (VI, 161 S. m. 18 Taf. u. 18 Bl. Erklärgn.) St. Petersburg 902. (Leipzig, M. Weg.) n.n. 9.70
Sonderabdruck aus „Mémoires du comité géologique".

Ueber das Untere Neocom im Norden des Gouvernements Simbirsk und den Rjazan-Horizont. (Sep.-Abdr. a. d. Verh. d. K. K. Russ. Mineral. Gesellsch. zu St. Petersburg. 2. Ser., Bd. 37.) St. Petersburg 1900. 8.

Bogoslowsky (N.), Die Verwitterungsrinde der russischen Ebene. (Sep.-Abdr. Verhandl. d. Russ.-Kais. Mineral. Ges. zu St. Petersburg. 2. Ser., Bd. 38.) St. Petersburg 1900. 8.

Bogović, Emerich, zur bosnischen Frage. [Eine Studie.] gr. 8. (IV, 80 S.) Agram 880. Hartman. n. 1. 60

Bogović, Emerich, Politische Rückblicke in Bezug auf Kroatien. 2. Aufl. gr. 8. (78 S.) Agram, Hartman. 1861. 84 kr.

Bogović, Emerich, Ursachen und Wirkungen. Ein Schlusswort zu den vorjähr. Tumulten in Kroatien. gr. 8. (IV u. 40 S.) Agram, L. Hartman's akad. Buchh. (Kugli & Deutsch.) 50 kr. Ins. 1038 1884.

Bogovič, Mirko. Kroat. Dolmetscher. Ein prakt. Handbuch zur schnellen und leichten Erlernung der kroatischen Sprache, wie selbe in Kroatien, Slavonien, Dalmatien, Bosnien und Herzegovina gesprochen wird. Agram. Hartmann. fl. —.60. 1886.

Bogovič, Mirko. Zur bosn. Frage. Eine Studie. Ebd. fl. —.80. 1886.

— — Gesetz über d. Organisation d. Volksschulen u. der Präparandie f. d. Volksschulfach im Königreiche Kroatien und Slavonien. Ebd. fl. —.20. 1886.

— — Praktisch-theoretischer Lehrgang der kroatischen Sprache. Nach der natürlichsten Sprachmethode, zum Schul-, Privat- und Selbstunterricht. Ebd. fl. 1.20. Aufgaben-Schlüssel hierzu fl. —.60. 1886.

— — Politische Rückblicke in Bezug auf Kroatien. Ebd. fl. —.40. 1886.

Bograd, Jacob, von Odessa (Russland): Die Astroidenfläche. Bern 1909. 40 S. und sieben Tafeln. 4°. [15. VII. 09.]
Bern. Phil. Diss. 1909/10.

Bograd, Jacob. Die Astroidenfläche. Diss. Phil. Bern von Jakob B'.... [Mit 7 Tafeln.] 40 S. 4. Bern, R. Suter & Cie., 1909. [im Buchh. fr. 1. —]

Bogratschoff, Chajim. Entstehung, Entwicklung und Prinzipien des Chassidismus. Nach Simeon Dubnow und der originalen chassidäischen Literatur. Diss. Phil. Bern. ... angenommen ... 13. Juni 1906. 64 S. 8. (Berlin, Felix Wolf, [1908].)

Bogratschoff Chajim, aus Russland: Entstehung, Entwicklung und Prinzipien des Chassidismus. Nach Simeon Dubnow und der originalen chassidäischen Literatur. Berlin s. a. 64 S. 8°. [13. VI. 06.]
Bern. Phil. Diss. 1907/08.

Bogratschoff, Ch., Entstehung, Entwickelung u. Prinzipien des Chassidismus. (63 S.) gr. 8. Berlin 908. L. Lamm. 2. —

Bogrow, G. J., Memoiren eines Juden. 2 Thle. Aus dem Russ. übers. v. M. Ascharin. gr. 8. (324 u. 448 S.) St. Petersburg 880. (Röttger.) n. 9. —

Bog's, des Uhrmachers, wunderbare Gesch. m. K. gr. 8. Heidelberg, Mohr u. Zimmer. 807.

Bogs, Frau Marie, praktisches Koch-Buch f. die bürgerliche Küche. Nebst Anleitung zum Serviren u. Tranchiren. 8. (XXIV, 355 S.) Berlin 894. R. Mosse. Geb. in Leinw. 3. —

Bogs, Marie, prakt. Kochbuch f. d. bürgerl. Küche. Selbstgepr. Recepte z. Bereitg. d. verschiedenart. Speisen u. Getränke, Einmachen v. Früchten, Verwendg. d. Reste, nebst einigen n. d. Jahreszeiten geordn. Speisezetteln f. größ. u. klein. Essen. Anleitg. z. Serviren u. Tranchiren. 3. Aufl. 8. (XXIV, 355 S.) Berlin 895. R. Mosse. Geb. in Leinw. 3. —

Bogs, Frau Marie, praktisches Kochbuch f. die bürgerl. Küche. Über 1000 Recepte zur Bereitg. der verschiedenartigsten Speisen u. Getränke — Einmachen — Resterküche — Speisezettel — Tranchieren — Servieren. 10. Aufl. (XXIV, 355 S.) 8. Berlin (907). R. Mosse. Geb. in Leinw. 2. —

Bogsch, Jh.

— kurze u. auf Erfahrung gegründ. Anleit., nützl. Obstbäume u. Küchengewächse rc. zu erziehen. 8. Wien 793. 2e A., ... 3e A. 803. A. Doll. 8 gr.

Bogsch, J.: Anleit. nützl. Obstbäume u. Küchengew. zu erziehen. Ebend. 803.

Bogsch, Jh., († d. 18. Jan. 1821.) Unterr. z. e. natürl. Bienenzucht. 8. Wien 795. Al. Doll. 5 gr.

Bogucki, J. S., Klementyna, czyli Zycie Sieroty. 6 Bde. 12. Warschau 846. Orgelbrand. 5 Rthl.

Bogue, Dav., Versuch üb. das göttl. Ansehn d. Neuen Testaments; aus d. Engl. mit Anmerkk. von Gli. Blumhardt. gr. 8. Basel 808. Thurneysen. 1 Rthl.

Bogue, David, Versuch über das göttl. Ansehen des Neuen Testaments. Aus d. Engl. .. Hamburg 839. (Wesel, Klönne; Prinz.) In Leinen geb. 5/6 Rthl.

Bogue, Dav., Versuch üb. d. göttl. Ansehen d. neuen Testam. A. d. Engl. gr. 12. (11¼ B.) Hamburg 841, Buchh. d. niederf. Tractat-Gesellsch.

Bogue, Dav., Versuch über das göttliche Ansehen des Neuen Testaments. Aus dem Engl. — Niedersächsische Gesellschaft zur Verbreitung christlicher Erbauungsschriften. gr. 12. Hamburg 839 (u. 841, bei Perthes-Besser u. M.) ½ Rthl.
— dass. Aus dem Engl. nach der 2. revid. Ausg. übersetzt, und mit Beweisstellen und kurzen Anmerkungen erläutert von Ch. G. Blumhardt. 8. Zürich 812, Hanke. 3/8 Rthl.

Bogue, Dav., Versuch über das göttliche Ansehen des Neuen Testaments. Aus d. Engl. 12. (338 S.) New-York 851. (Philadelphia, Schäfer & Koradi.) In Engl. Einb. n. ⅔ Rthl.

Bogumil, Cz., das Billardbuch. Vollständige Theorie u. Praxis d. Billardspiels m. 128 in den Text gedr. (zum Theil farb. Holzschn.) Illustr. gr. 8. (VIII, 392 S.) Leipzig 876. Weber. geb. n. 12.

Bogumil, Cz. (G. Mensch), das Billardbuch. Vollständige Theorie u. Praxis des Billardspiels. 2., verb. Aufl. gr. 8. (VIII, 393 S. m. 128 Abbildgn.) Leipzig 895. J. J. Weber. n. 7. 50; geb. in Leinw. n. 9. —

— d. Meister im Billardspiel. 90 Demonstrationen v. d. ersten Anfängen bis z. Vollendg. 5. Afl. 3 Taf. à 11×178 cm. m. eingedr. Text. Brnschw. 95. Rauert & R. Nf. In Futteral 2.50

Bogumil, C: Der Meister im Billardspiel. 6. Afl. 3 Taf. à 11 ×178 cm. m. Text. Brnschw. 96. Lpzg, HWT Dieter.
In Futteral 2.50

Bogumil, C., d. Meister i. Billardspiel. 7. Aufl. ca. 125 Beispiele a. 80 Taf. gr. 16. (27 S. Text.) Leipzig 898. H. W. Th. Dieter. Geb. in Leinw. n. 2. 50

Bogumil, C., der Meister im Billardspiel. 8. Aufl. Ca. 125 Beispiele auf 80 Taf. (27 S. Text.) 12. Leipzig 904. Neuweissensee, H. W. Th. Dieter.
Geb. in Leinw. n. 2. 50

Bogus, P, eiserne Treppen, s.: Feller, J.

Bogus, P: Moderne Kunstschmiede-Arbeiten.
s.: Feller, J.

Bogusat: Ueb. d. Einfluss v. Verletzgn auf d. Entwicklg d. Lungentuberkulose unter bes. Berücks. d. gerichtsärztl. Tätigk., s: Acta, Nova, academiae etc. naturae curiosorum.

Bogusat, Hans, prakt. Arzt: Aus d. anat. Institut zu Königsberg i. Pr. No 37. Anomalien und Varietäten des Brustbeins. *Königsberg i. Pr. 1902: Hartung.* (42 S.) 8°
Königsberg, Med. Diss. v. 2. Aug. 1902

Boguslaf X., Herzog v. Pommern, Pilgerreise nach dem gelobten Lande. Berlin 859. v. Decker in Comm. gr. 8. (10 S.) 10 ngr.

Boguslawski: Abriß der Kriegskunst. 1881.

Boguslawski. Biographie des Fürsten Joseph Anton von Poniatowski. Krakau 1831.

Boguslawski, von: Über die Periodizität des großen Komenten von 1843, s. Boguslawski, P. H. L.

Boguslawski, Albert von

Boguslawski, A. v., die Anlage, Leitung u. Durchführung v. Feldmanövern. Mit 15 Skizzen u. 1 Fig.-Taf. (in Autogr.) gr. 8. (VIII, 206 S.) Berlin 883. Mittler & Sohn. n. 4. 50

Die Antiduellbewegung kritisch beleuchtet mit e. Blick auf Mörchingen, Insterburg, Jena u. Springe von A[lbert] v. Boguslawski, Generallt. z. D. *Berlin: A. Schall [1902].* (59 S.) 8° [F.]

Armee und Volk im Jahre 1806. Mit e. Blick auf d. Gegenwart von A[lbert] v. Boguslawski, Generallt. z. D. Mit 1 Skizze u. 2 Pl. *Berlin: R. Eisenschmidt 1900.* (IV, 96 S.) 8° [F.]

Boguslawski, A. v., Ausbildung u. Besichtigung oder Rekrutentrupp u. Kompagnie. gr. 8. (61 S.) Berlin 873. Mittler & Sohn. n. 1. 20

Boguslawski, A. v., Ausbildung u. Besichtigung oder Rekrutentrupp u. Kompagnie. 2. nach den neuesten Veränderungen umgearb. Aufl., verm. durch e. Anh. über die Ausbildung der Ersatzreserven. gr. 8. (90 S.) Berlin 882. Mittler & Sohn. n. 1. 80

[F.] Contra Bebel und Bleibtreu. Noch e. Wort in Heeressachen für weitere Volkskreise v. A[lb.] v. Boguslawski. *Berlin: A. Schall [1898].* (48 S.) 1 Bd 8.

Boguslawski, A. v. Befehlsführung und Selbständigkeit. Von einem alten Truppenoffizier. Berlin 1885.

Boguslawski. Betrachtungen über Heerwesen und Kriegführung. — Berlin 1896.

[F.] Betrachtungen über Heerwesen und Kriegführung. Von A[lbert] v. Boguslawski, Generallt. z. D. M. Sk. im Text u. 4 Kartenbeil. *Berlin: R. Eisenschmidt 1897.* (VIII, 296 S., 4 Kt.) 1 Bd 8.

(Boguslawski, A. v.) Bildung und Manneszucht im deutschen Heere. Berlin 1872. 8°.

Boguslawski, v., taktische Darlegungen aus der Zeit von 1859—1890, m. besond. Beziehg. auf die Infanterie. [Aus: „Militär-Wochenblatt".] 12. (58 S.) Berlin 890. Mittler & Sohn. n. 1. —

Boguslawski, v., taktische Darlegungen aus der Zeit von 1859 bis 1892, m. besond. Beziehg. auf die Infanterie. 2., veränd. Aufl. 12. (III, 58 S.) Berlin 892. E. S. Mittler & Sohn. n. 1. —

[F.] Deutschland. Das Heer v. A[lbert] v. Boguslawski, Generallt. z. D. Die Flotte v. R. Aschenborn, Kontreadm. z. D. Anhang. Das internationale rote Kreuz v. V[ictor] v. Strantz, Major z. D. *Berlin: Schall & Grund [1896].* (XVI, IV, 596 S., 31 Taf., 3 Porträttaf., 1 Portr., 1 Kt., 2 Pl.) 1 Bd 8.
— Heere, Die, u. Flotten d. Gegenwart. Bd 1.

Deutschland. Organisat. u. andere Veränderungen d. Heeres u. d. Flotte von 1896 bis 1900. Das Heer von A[lbert] v. Boguslawski. Die Flotte von R[ich.] Aschenborn. *Berlin: A. Schall [1900].* (IX, 128 S.) 4°(8°)
= Boguslawski: Deutschland. Nachtrag
— Heere u. Flotten d. Gegenwart. 1. Nachtrag.

— die zweijährige Dienstzeit u. ihre Ergebnisse, s. a. Zeitfragen, militärische. 4.

Boguslawski, v. Die zweijährige Dienstzeit und ihre Ergebnisse. Berlin 1902. 8°.

[F.] Der Ehrbegriff des Offizierstandes. E. kurzes Wort z. Aufklärg v. A[lbert] v. Boguslawski, Generallt. z. D. *Berlin: Schall & Grund [1896].* (37 S.) 1 Bd 8.

Boguslawski, A. v. Der Ehrbegriff des Offizierstandes. Berlin (1897). 8°. (Verm. Jähns.)

[F.] Die Ehre und das Duell. Von A[lbert] v. Boguslawski, Generallt. z. D. . . . *Berlin: Schall & Grund 1896.* (IV S., 1 Bl., 98 S.) 1 Bd 8.

[F.] Die Ehre und das Duell. Von A[lbert] v. Boguslawski, Generallt. z. D. 2. m. Berücks. d. neuesten deutschen Verordng u. d. jüngsten Vorgänge umgearb. Aufl. *Berlin: Schall & Grund (1897).* (IV S., 1 Bl., 110 S., 1 Bl.) 1 Bd 8.

v. Boguslawski, A., die Entwickelung der Taktik von 793 bis zur Gegenwart. Mit 1 (lith.) Plane (in Fol.). Berlin 869. Mittler & S. gr. 8. (VII, 194 S.) 1 ...

— die Entwickelung der Taktik v. 1793 bis zur Gegenwart. 1. Thl. 2. durchgeseh. Aufl. Mit e. (lith.) Plane. (in qu. Fol.) gr. 8. (VI, 201 S.) Berlin 873. Mittler & Sohn. n. 1. —

Boguslawski, A v., d. Entwickelg d. Taktik v. 1793 bis z. Gegenwart. 2. Thl. A. u. d. T.: Die Entwickelg d. Taktik seit d. Kriege v. 1870—71. 1—3. Bd. 8. (627) Berl. 77. 78. F. Luckhardt. à n. 6. — (I—II. 3.: n. 22. —)

— die Entwicklung der Taktik von 1793 bis zur Gegenwart. 2. Thl. A. u. d. T.: Die Entwickelg. der Taktik seit dem Kriege v. 1870/71. 3 Bde. 3. Aufl. gr. 8. (IX, 251, IV, 212 u. VI, 164 S.) Berlin 885. F. Luckhardt. à n. 6. —

Strategische Erörterungen betreffend die vom General von Schlichting vertretenen Grundsätze. Von A[lbert] v. Boguslawski. Mit 1 Uebersichtskarte u. 4 Skizzen. *Berlin: R. Eisenschmidt 1901.* (125 S.) 8° [F.]

[F.] Das Fahrrad im bürgerlichen und militärischen Leben v. A[lbert] v. Boguslawski, Generallt. z. D. *Berlin: Schall & Grund [189.].* (68 S.) 1 Bd 8.

—— die Fechtweise aller Zeiten. In ihren Hauptmomenten dargestellt für Offiziere des stehenden Heeres und des Beurlaubtenstandes, Offiziersaspiranten, Freiwillige und für höhere Lehranstalten. gr. 8. (XII, 130 S. mit 28 Fig. und 2 Skizzen.) Berlin 880, F. Luckhardt. *

Taktische Folgerungen aus dem Burenkriege und der Gruppenangriff. Mit 4 Gefechtsskizzen. Von A[lbert] v. Boguslawski, Generallt. z. D. *Berlin: R. Eisenschmidt 1903.* (79 S.) 8° [F.]

—— taktische Folgerungen aus dem Kriege 1870—1871. 1. und 2. Aufl. gr. 8. (VII, 174 S.) Berlin 872, Mittler und Sohn.

—— Geschichte des 3. Niederschlesischen Infanterie-Regiments Nr. 50 von seiner Errichtung 1860 bis 1866. Auf Ansuchen des Königl. Regiments verfaßt. gr. 8. (XII, 452 S. mit 4 Karten.) Berlin 887, Mittler und Sohn. *

Boguslawski, v., Geschichte des 3. niederschles. Infanterie-Regiments Nr. 50 von seiner Errichtung 1860—1886. Mit e. Nachtrage: Die letzten 24 Jahre des Regiments bis 1910 von v. Strube. (XI, 427 S. m. 4 Karten) gr. 8. Berlin 910. E. S. Mittler & Sohn. 10.—; geb. n12. —

Boguslawski, A. v., die Hauptwaffe in Form u. Wesen. Eine Ergänzungsschrift zur „Entwickelung der Taktik". Mit 5 (eingedr.) Fig. gr. 8. (V, 104 S.) Berlin 880. Mittler & Sohn. n. 4. —

— d. deutsche Heer, s.: Heere u. Flotten, die, d. Gegenwart.

— das Heer Deutschlands, s.: Heere u. Flotten, die, der Gegenwart.

Boguslawski, A. v., das Heer Deutschlands, 3. Ausg., s.: Boeck, v. der.

Aus der preußischen Hof- und diplomatischen Gesellschaft. Hrsg. von A[lbert] v. Boguslawski, Generalleutn. z. D. 1. Aus d. preuß. Hofgesellschaft. 1822—1826. 2. Ernestine v. Wildenbruch. 1805—858. Mit 2 Portr. *Stuttgart & Berlin: J. G. Cotta Nachf. 1903.* (VIII, 351 S.) 8° [F.]

Fünfundachtzig Jahre Preussischer Regierungspolitik in Posen und Westpreussen von 1815 bis 1900. Geschichtl. Skizze von A[lbert] v. Boguslawski, Gen.Lt. *Berlin: Gose & Tetzlaff 1901.* (92 S.) 8° [F.]

—— s. Klassiker, militärische.

— der Krieg in seiner wahren Bedeutung f. Staat u. Volk. Lex.-8. (III, 111 S.) Ebd. 892. n. 2. 50

— der kleine Krieg u. seine Bedeutung f. die Gegenwart. Nach 2 Vorträgen, geh. in der militär. Gesellschaft zu Posen. Mit 5 (4 lith. u. 1 eingedr.) Skizzen. gr. 8. (III, 88 S.) Berlin 881. F. Luckhardt. n. 3. —

— der Krieg der Vendée gegen die französische Republik 1793—1796. gr. 8. (VIII, 302 S. m. 7 Karten u. Plänen.) Ebd. 894. n. 7. 50

— die Landwehr v. 1813 bis 1893. Lex.-8. (28 S.) Ebd. 893. n. — 60

— das Leben des Generals Dumouriez. 1. u. 2. Bd. gr. 8. Berlin 879. F. Luckhardt. n. 12. —
1. (X, 107 S.) n. 5. —. — 2. Mit 2 (lith.) Karten u. 3 (lith.) Skizzen. (VIII, 212 S.) n. 7. —

— Lebensabriß d. Generalmajors Carl Andreas v. Boguslawski 1758—1817, s.: Beiheft zum Militär-Wochenblatt.

— Los vom Joch der Sozialdemokratie! Ein Mahnwort. (V, 96 S.) gr. 8. Leipzig 905. W. Weicher n. 1. 50

Hermine Lüdeting. Roman von A[lb.] v. Boguslawski. *Berlin: Freund & Jeckel 1890.* (262 S.) 8° [09. 11301

— s.: Militär-Vorlage.

— die Nothwendigkeit der zweijährigen Dienstzeit, sachlich erörtert. 1.—4. Aufl. gr. 8. (VII, 48 S.) Berlin 891. [F. Luckhardt.] Militär-Verlag R. Felix. n. 1. —

Die Parteien und die Heeresreform. Von [Albert] v. Boguslawski, Gen.Lt. z. D. Berlin R. Eisenschmidt 1892. (V, 61 S.) 8° [F.] [03. 3389 2

Die Pflicht. Novelle von (A[lbert]) v. Boguslawski. In vereinfachter deutscher Stenographie System Stolze-Schrey. Berlin: Schulze [1909]. 60 S. 8° [09. 6038

Nicht Rede — aber Fehde wider die Sozialdemokratie. Von A[lbert] v. Boguslawski. Berlin: H. Walther 1904. (88 S.) 8° [F.] [03. 1036

Boguslawski, [Albert] v.: Reichstag und Heer. E. Work wider d. Fraktionsgeist. Berlin 1893. 8°

—— Soldatenhandel und Subsidienverträge, s. Beiheft zum Militär-Wochenblatt.

— neue Studien üb. die Schlacht bei Wörth im Anschluß an die letzten Veröffentlichungen üb. dieselbe. [Aus: „Militär-Wochenblatt".] gr. 8. (70 S.) Berlin 892. E. S. Mittler & Sohn. n. 1. —

— Unterweisung f. das Verhalten des Infanteristen im Gefecht 8. (19 S.) Berlin 882. Mittler & Sohn. n. — 20

— Unterweisung f. das Verhalten d. Infanteristen im Gefecht. 2. Aufl. 8. (19. S.) Berlin 883. Mittler & Sohn. n. — 20

Boguslawski, A. v., Unterweisung für das Verhalten des Infanteristen im Gefecht. 3. und 4. Aufl. 8. (21 S.) Berlin 884,87, Mittler und Sohn. *

— Unterweisung für das Verhalten des Infanteristen im Gefecht. 4. Aufl. Berlin 1886. 21 S.

— Unterweisung f. das Verhalten d. Infanteristen im Gefecht. 6., m. der 5. übereinstimm. Aufl. 8. (22 S.) Ebd. 889. n. — 20

— Unterweisung f. das Verhalten d. Infanteristen im Gefecht. 7. umgearb. Aufl. 8. (22 S.) Ebd. 892. n. — 20

— Unterweisg. f. d. Verhalten d. Infanteristen i. Gefecht. 8., umgearb. Aufl. 8. (22 S.) Berlin 898. E. S. Mittler u. Sohn. n.n. — 25

Boguslawski, A. v. u. R. Aschenborn. Organisatorische Veränderungen des Heeres und der Flotte von 1896—1900. Berlin 1900. 4°.

[F.] Volksheer nicht 'Volkswehr'. E. Wort üb. Heereseinrichtgn f. weitere Volkskreise v. A[lbert] v. Boguslawski ... *Berlin: Schall & Grund (1898.)* (25 S.) 1 Bd 8. [98. 1969

— Vollkampf — nicht Scheinkampf. E. Wort z. polit. Lage i. Innern. gr. 8. (IV, 88 S.) Berlin 895. Liebel. n. 1. 50

— s.: Wernau, F.

— aus bewegten Zeiten, s. a. Veröffentlichungen d. Vereins d. Bücherfreunde.

— aus bewegten Zeiten. Novellen u. Skizzen. 2. [Titel-] Aufl. (III, 302 S.) 8. Berlin [891] (903). A. Schall. n. 4. —; geb. n. 5. —

[F.] Aus bewegten Zeiten. Novellen u. Skizzen v. A[lbert] v. Boguslawski. 8.—10. Taus. *Berlin: Ver. d. Bücherfreunde [1897].* (2 Bl., 302 S.) 1 Bd 8.
— Verein d. Bücherfreunde. Jg. VI. [No] 5. [97. 2360

Aus bewegten Zeiten. Novellen u. Skizzen von A[lbert] v. Boguslawski, Gen.Lt.z.D. 2. Aufl. (In 7 Lfgen.) Berlin: A. Schall [1902]. (302 S.) 8° [F.]
— Romane, Deutsche. [4.] [05. 13377

— der Zug der Engländer gegen Kopenhagen im Frühjahr 1801. Ein Wort zur Anregg. üb. die Bedeutung der Flotte. gr. 8. (89 S. m. 1 Skizze.) Ebd. 890. n. 1. —

v. Boguslawski, W., über deutsche Colonisation in Mexico. Ein Bericht an den Berliner Verein zur Centralisation deutscher Auswanderung u. Colonisation. gr. 8. (VIII u. 120 S.) Berlin 851, Hempel. n. 1/2 ₰

Boguslawski, Eduard, Einführung in die Geschichte der Slaven. Aus dem Poln. übers. v. Waldem. Osterloff. (VIII, 136 S.) gr. 8. Jena 904. H. Costenoble. n. 3. —

Boguslawski, Ed., Methode u. Hilfsmittel der Erforschung der vorhistorischen Zeit in der Vergangenheit der Slaven. Vom Verf. verm. deutsche Ausg. Aus dem Poln. übers. v. Wald. Osterloff. gr. 8. (VI, 144 S.) Berlin 902. H. Costenoble. n. 3. —

Boguslawski, Georg von

— Beiträge zur Witterungskunde von Stettin. No. I—V. (Für die Jahre 1867—72.) (Aus den Verhandl. der polytechn. Gesellsch. zu Stettin für 1868—72.) Stettin.

— Meteorologische und physisch-oceanische Beobachtungen während der Ueberwinterung der Nordenskiöld'schen Expedition bei der Beringstrasse 1878—79 und Vergleich derselben mit den Beobachtungs-Ergebnissen einiger anderen arktischen Expeditionen. I—III. (Aus den „Annalen der Hydrographie" etc. 1880, Heft VIII. 1881, Heft I—III.) Berlin.

Boguslawski, Geo. v., Bericht über Wetter-Telegraphie und Sturmwarnungen abgestattet an den meteorol. Congress in Wien von dem dafür auf der Leipziger Conferenz ernannten Comité. Hrsg. mit Genehmigung der Kaiserl. Admiralität als Beilage zu Nr. 17 der „Hydrograph. Mittheilungen". hoch 4. (III, 53 S.) Berlin 874, Mittler und Sohn. *

von Boguslawski, Georg: Ueber einige Ergebnisse der neueren Tiefseeforschungen. I—V. (Aus den Annalen der Hydrographie und maritimen Meteorologie. Jahrg. 7. 1879 — 10. 1832.) Berlin 1879—1882. (169) S., 1 Krt. 8°.

(Boguslawski, G. von), Die physische Geographie des Atlantischen Oceans zwischen 20° Nord-Br. bis 10° Süd-Br. und 10° bis 40° West-Lg. in monatlichen Uebersichten und mit Angabe der besten Routen zum Schneiden der Linie. I u. II. (Aus den „Annalen der Hydrographie" etc., 1877, Heft VII und VIII.) Berlin.

Boguslawski, Geo. v., Handbuch der Ozeanographie. 1. Bd. Räumliche, physikal. u. chem. Beschaffenheit der Ozeane. Mit 15 Abbildgn. gr. 8. (XVII, 400 S.) Stuttgart 884. Engelhorn. n. 8. 50

Boguslawski, G. v., u. O. Krümmel, Handbuch der Ozeanographie. 2. Bd. Die Bewegungsformen d. Meeres v. O. Krümmel. Mit e. Beitrage v. K. Zöppritz. Mit 60 Abbildgn. u. 1 Übersichtskarte der Meeresströmgn. gr. 8. (XV, 592 S.) Stuttgart 887. Engelhorn. n. 15. — (1. u. 2.: n. 23. 50)

Boguslawski, Geo. v., Handbuch d. Ozeanographie, 2. Aufl., s.: Krümmel, Otto.

Boguslawsky, Geo. v., die Kometen und ihre Bedeutung als Weltkörper. Nach den Resultaten der neuesten wissenschaftl. Forschungen gemeinfaßlich dargestellt. Stettin 857. Cartellieri. gr. 8. (2 Bl., 120 S.) 12 ngl

Boguslawski, G. v., die Kometen und ihre Bedeutung als Weltkörper. Nach den Resultaten der neuesten wissenschaftlichen Forschungen gemeinfaßlich dargestellt. gr. 8. (IV und 120 S.) Stettin 857. [Berlin, Lüderitz'sche Verlagsh.]

(Boguslawski. G. von), Hydrographische Notizen von der Nordenskiöld'schen Eismeer-Expedition längs der Nordküste von Sibirien bis zur Beringstrasse 1878 und 1879. (Aus den „Annalen der Hydrographie" etc. 1880 Heft V.) Berlin.

[Boguslawski, G. von], Meteorologische und hydrographische Notizen über die Küsten von Japan. I und II. (Abhandlung I nach The coast of Japan, by Capt. Kleinmann, Yokohama 1880.) Berlin 1881.

— Resultate meteorologischer Beobachtungen von Deutschen und Holländischen Schiffen in den Quadraten 146 und 147 des Nordatlantischen Oceans zwischen 40°—50° Nord-Br. und 10°—30° West-Lg. (Aus den „Annalen der Hydrographie" etc. 1881, Heft IV.) Berlin.

Boguslawski, von, Resultate der von der Section für die Sudetenkunde im Jahre 1844 veranlassten meteorologischen Beobachtungen zu hypsometrischen und klimatologischen Zwecken.

— Resultate der von dem Verein für die Sudetenkunde, jetzt geographischen Section der Schlesischen Gesellschaft für vaterländische Cultur, im Jahre 1845 ausgeführten meteorologischen Beobachtungen u. s. w. (Als Anhang zum Jahresberichte der Schlesisch. Gesellsch. von 1847.)

—— die Sternschnuppen, s. a. Sammlung gemeinverständl. wissenschaftl. Vorträge.

Boguslawsky Gv, die Sternschnuppen und ihre Beziehungen zu den Kometen. (Sammlung gemeinverst. wissenschaftlicher Vorträge 208) Berlin 1874

—— dass. — s. a. Schiaparelli, J. V.

Boguslawski, G. von, Ueber einige Teifune in den Meeren von China und Japan, 1878 und 1879. (Nach dem 18. Heft der „Mittheilungen der Deutschen Gesellschaft für Natur- und Völkerkunde Ostasiens" mitgetheilt. Aus den „Annalen der Hydrographie" etc., 1880, Heft VII.) Berlin.

Boguslawski, G. v., die Tiefsee u. ihre Boden- u. Temperatur-Verhältnisse, s. a. Sammlung gemeinverständl. wissenschaftl. Vorträge.

Boguslawski, G. von, Die Tiefsee und ihre Boden- und Temperatur-Verhältnisse. Mit einer Tiefenkarte der Ozeane der Erde und 6 Diagrammen im Text. (Heft 310—311 der Sammlung gemeinverständlicher wissenschaftlicher Vorträge, herausgegeben von Virchow und v. Holtzendorff.) Berlin 1878.

— Ueber einige neuere Tiefsee-Expeditionen. (Aus den „Annalen der Hydrographie" etc. 1880, Heft X.) Berlin.

Boguslawski, G. v. (Hrsg.), s. Zeitschrift der Gesellschaft für Erdkunde in Berlin.

Boguslawski, (Henricus) Boguslaus de *(geb. Breslau 21. 1. 1819)*: De rebus et conditionibus, quae, ut fabricae officinaque [*hinzuge. verb.*: officinaeque] oriantur, crescant, floreant, sunt necessariae. Vratisiaviae (1844). (60 S.) 8°
Breslau, Phil. Diss. v. 7. Aug. 1844

Boguslawski, P. H. L. v.

Boguslawski, von, Ueber die Periodizität des grossen Kometen von 1843. Emden 1847.

Boguslawski, P. H. L. v., Uranus, s. a. Uranus.

Boguslawski, P. Uranus oder tägliche Uebersicht aller Himmelserscheinungen für 1847, 1848 und 1850. Glogau, 1846—1850.

v. Boguslawski, P. H. L., Verzeichniss der v. Bradley, Piazzi etc. beobachteten Sterne, s.: Sternkarten.

Boguslawski, P. H. L. v. Astronomische Vorträge und Resultate meteorologischer Beobachtungen. Breslau 1840—48. 4.

Boguslawski, R.v.

Truppenfuehrung im Felde u. Manöver von R. v. B(oguslawski). Mit Taf. Berlin 1869. 409 S.

Boguslawski, Stanisław, Prześladowca, szkic obyczajowy. 2 Bde. 8. Warschau 811, Orgelbrand. $1^{2}/_{3}$ ℛ

— Cnota chłopczyka wynagrodzona, powieść dla dobrych dzieci, ozdobiona 4 rycinami. 18. Ebend. 816. $^{5}/_{6}$ ℛ

Boguslawski, Wilh., a Michał Hórnik, historija Serbskeho naroda. (Geschichte des serb. Volkes.) gr. 8. (XVI, 144 S. m. 1 Karte.) Budyšin (Bautzen) 884. Mich. Hórnik. n. 3. —

Boguslawski, Wojciecha, Cud czyli Krakowiaki i Górale. gr. 8. (7 B.) Berlinie 841, (Behr.)

— s. Uranus.

Boguslawsky: Bildung und Mannszucht . . . , s. Boguslawski, Albert von

Boguslawsky, C. A., s. Boguslawsky, Karl Andr.

Boguslawsky, G. v.: Die Sternschnuppen . . . , s. Boguslawski, Georg von

v. Boguslawsky, Jh. Hnr. Geo., († d. 1. Mai 1802.) s. 1) Gedanken üb. d. Abendmahl, 2) Werth geheim. Künste. 3) Zuruf an meine Preuß. Mitbürger. 4)

v. Boguslawsky, Karl Andr., († ...) Briefe üb. die Champagne u. Lothringen rc. 8. Bresl. 806. W. G. Korn. 16 g.

Boguslawsky, K. A. v., Diokles, eine Legende in 4 Gesängen. 2te Aufl. 8. Berlin. (Leipz., Central-Compt.) 817.

— s. Mnemosyne

— — s. Virgils Landbau.

— Xanthippus; e. Ged. in 10 Gesängen. 2 Thle. 8. Berl. 811, Unger. 2 ℛ 8 gl

Boguszewska-Janicka, Hedwiga. Beiträge zur Histologie der Nasenschleimhaut bei menschlichen Embryonen. Diss. Med. Bern. 16 S. 8. Bern, Verlag «zum Zytglogge», 1910.

Boguth Walter: Livius Verhältnis zu den Aufzeichnungen der Pontifices. Diss. Wien, Univ. II. 1890 PN 628 726

Boguth, Walter M. Valerius Laevinus. (Ein Beitrag zur Geschichte des zweiten punischen Krieges.) 8 (24 S.). Progr. K. k. Staats-G. Krems 1892.

Boh, Fel., wider den Boycott. 4. Taus. gr. 8. (29 S.) Dresden 895. H. Henkler. n. — 50

Boh, Felix, Deutschlands westlicher Nachbar. Ein zeitgeschichtl. Beitrag zur Kenntniß u. Kritik der deutschfeindl. Strömgn. u. Revanchegelüste in Frankreich. gr. 8. (VIII, 216 S.) Leipzig 886. Renger. n. 4. —; geb. n. 5. —

— Sozialpolitik u. konservative Weltanschauung. E. nation. Weckruf f. d. komm. Reichstagswahlen. gr. 8. (56 S.) Heilbronn 898. Stuttgart, Strecker & Moser. n. — 50

Boh, Minni, e. Flug durchs Zauberland. Neuer Märchenstrauß f. die Jugend. Mit 4 feinen Farbendr.-Bildern u. Zeichngn. nach Vorlagen v. Anna Binneberg. 4. (IV 75 S.) Braunschweig 890. Gebr. Haering. Kart. n. 2. 75

Bohabdil, J., Gesch. d. Zigeuner, s. Buch d. Zigeunerinnen.

Bohadsch, Johann Baptist

Bohadsch, Jh. Bapt., (†...) Abhandl. v. verschied. bisher wenig oder gar nicht gekannten Seethieren; a. d. Latein. mit Kpf. u. Anmerkk. v. N. G. Leske. gr. 4. Dresd. 770. Walther. 1 ₰ 20 ℋ

Bohadsch, Jh. Bapt., Abhandl. vom Gebrauch d. Waids in d. Haushaltung. 4. Prag 760.

— liber de quibusd. animalibus marinis. C. tab. aen. 4maj. Dresd. 761. Walther. 2 ₰ 20 ℋ.

— Beschreib. einiger in der Haushaltung u. Farbekunst nutzbaren Kräuter. m. 8. Prag 753.

BOHADSCH, Johann Baptist: Dienst- und nutzbarer patriotischer Vorschlag, wienach dem Königreich Böhmen ein ungemeiner Vortheil jährlich zuwachsen könne. - Prag 1756. 36 S., 1 Taf. -

Böhaimb, Aug., praktische Anleitung f. den Unterricht im Körperzeichnen an allgemein bildenden Lehranstalten. gr. 8. (50 S. m. 5 Taf.) München 901. M. Kellerer. n. 1. —; kart. n.n. 1. 25

Böhaimb, August: Geschichte des Zeichen-Unterrichts unter besonderer Berücksichtigung der bayerischen Lehranstalten. pg. 3 - 35. 8°. Anton Fellerer. Progr. Freising 1890/91.

Böhaimb, Aug., Geschichte d. Zeichen-Unterrichtes unter besond. Berücksicht. der bayerischen Lehranstalten. gr. 8. (85 S.) Freising 891. (München, M. Kellerer.) n. — 50

Böhaimb, A., Lehrbuch f. elementares Freihandzeichnen. Systematisch u. methodisch geordnet u. m. erläut. Texte versehen. 3 Thle. qu. gr. 8. Erlangen 884. Deichert. cart. à n. 1. —

1. Aufgaben üb. die gerade Linie u. die daraus entwickelten Figuren. (12 S. m. 24 Steintaf.)
2. Von den gebogenen Linien. (8 S. m. 24 Steintaf.)
3. Frei geschwungene Linien, Blattformen u. leichtere Ornamente. (4 S. m. 24 Steintaf.)

— der Mäander. gr. 4. (52 farb. Taf. m. 8 S. Text.) München (899). Dr. F. P. Datterer & Co. In Mappe n. 10.—

— Geometr. Ornamente a. verschied. Stilepochen. Für d. Unterr. im Linearzeichnen hrsg. 4° (25 L. m. 1 Bl. Text.) Freis. 90. Münch., Dr. FP Datterer & Co. In Mappe 4.50

— Übungsbeispiele f. das elementare Freihandzeichnen. I.—III. Tl. qu. gr. 8. München 893. M. Kellerer. Kart. à n. 2. —

I. Geometrische Zierformen. (11 S. m. 69 Taf.)
II. Spiralen u. stilisierte Pflanzenformen. (4 S. m. 63 Taf.)
III. Ornamentale Formen u. Ornamente aus verschiedenen Stilepochen. (4 S. m. 75 Taf.)

- *Böhaimb*, C. A., Chronik d. Stadt Weilheim vom Ursprunge d. Stadt bis auf d. neueste Zeit. Weilheim, Mart. Warth, 1865. Gr. 8°. Ppbd.
VIII—216 S. M. Hirschwapp. von Weilheim auf dem Titelbl.

Boehaimb, Carl Wilh., allgemeine Darstellung u. Anweisung des Registraturdienstes der Justiz-Gerichte. 1. Bd. Untergerichte, mit 33 Formularen. gr. 8. (7½ B.) Neuburg a. d. D. 842, Prechter. *

Böhaimb, Karl Wlh., Gemälde für das Gefühl d. Jugend. 8. Augsb. 821. (Schlosser). 3 ℋ

— allgem. Naturgeschichte, 1r Bd. (Naturgeschichte u. Anatomie des Menschen.) Mit 4 Steindr. u. 1 ill. Kpf. 16. Augsb. 830. Rösl. 10 ℋ

Bohaire, der St. Agathe v., Gesch. a. d. Franz. des Rousset; s. Breslau, W. G. Korn. 770.

Bohata, Adalbert

Bohata, A., die Cholera d. Jahres 1886 in Istrien u. Görz-Gradisca. Mit statist. Tab. u. XVI Taf. gr. 4. (87 S.) Triest 888. (Dase.) n. 8. —

Bohata, Ad., Sanitäts-Bericht v. Görz-Gradisca u. Istrien f. die J. 1885—1889. gr. 4. (V, 264 S.) Triest 891. (F. H. Schimpff.) n. 6. —

Bohata, A., s.a.: Sanitäts-Bericht d. österr. Küstenlandes.

Bohata, Dr. Adalbert, u. Dr. Aug. Hausenbichler, Sanitätsbericht des österreichischen Küstenlandes für die Jahre 1890—1892. (Mit 6 Tafeln.) Lex.-8. (276 S.) 3.—
Triest: Schimpff.

Bohata, A. und Tamaro, J., Sanitätsbericht des österreichischen Küstenlandes für die Jahre 1901—1903. Gr.-8°. (197 S. u. 1 Tafel)
Triest: Schimpff. K 3.—

Bohatec, Josef

Bohatec, J., s.: Calvinstudien.

Bohatec, Jos., zur neuesten Geschichte des ontologischen Gottesbeweises. (63 S.) gr. 8. Leipzig 906. A. Deichert Nachf. n. 1. 20

Bohatec, Jos.: Die cartesian. Scholastik in d. Philos. u. reformierten Dogmatik d. 17. Jahrh. 1. Tl: Entstehg, Eigenart, Gesch. u. philosoph. Ausprägg d. cartesian. Scholastik. (4, 158) 8° Lpzg, A Deichert Nf. '12. 3.60

— Zeit u. Ewigkeit. Predigt üb. Prediger 3, 11. Geh. in der ersten reformierten Kirche zu Elberfeld am 5. VII. 1908. (15 S.) 8. Elberfeld 908. Reformierter Schriftenverein. — 20

Bohatta, Hanns

Bohatta, J, s.a. Adressbuch d. Bibliotheken d. österr.-ungar. Monarchie.

Adressbuch der Bibliotheken der Oesterreich-ungarischen Monarchie. Von Dr. Johann Bohatta u. Dr. Michael Holzmann, Amanuenses d. k. k. Univ.-Bibl. zu Wien. *Wien: C. Fromme 1900.* (VI, 573, 5 S.) 8°
(Schriften d. 'Oesterr. Ver. f. Bibliothekswesen.') [99. 11301 5

Bohatta, Hanns [Bearb.]: Deutsches Anonymen-Lexikon, s. Holzmann, Michael

Bohatta, Hanns: Deut. Anonymen-Lexikon, s: Holzmann, Mich.

Der neue Bandkatalog der k. k. Universitätsbibliothek in Wien besprochen von Dr. H[anns] Bohatta. Wien: Österr. Ver. f. Bibliothekswesen 1905. (4 S.) 8°
Aus: Mitteilungen d. Österr. Ver. f. Bibliothekswesen. Jg. 9, H. 2. [05.13781 10

— Liturg. Bibliogr. d. 15. Jahrh. m. Ausnahme d. Missale u. Livres d'Heures. (8, 72) Lex8° Wien, Gilhofer & R. '11. 12 —

Bohatta, Hanns, Bibliographie der Livres d'heures (Horae B. M. V.) Officia, Hortuli animae, Coronae B. M. V., Rosaria u. Cursus B. M. V. des XV. u. XVI. Jahrh. (VII, 77 S.) Lex. 8. Wien 909. Gilhofer & Ranschburg. 12. —

Bohatta, Hanns, englische Chrestomathie, s.a. Kunst, die, d. Polyglottie.

Bohatta, Dr. H., Englische Chrestomathie. Im engen Anschluß an eine kurzgefaßte Uebersicht der Literatur, nebst einer Auswahl von Stücken aus den bedeutendsten englischen Zeitschriften und einem Wörterverzeichniß. 8. (VIII, 182 S.) Geb. (Bibliothek der Sprachenkunde. 49. Theil) 1.10
Wien: Hartleben 1895.

— Erziehung u. Unterricht b. d. Griechen u. Römern, s.a. Gymnasial-Bibliothek.

Bohatta, H., Erziehung und Unterricht bei den Griechen und Römern. (72 S.) Gütersloh 1895. C. Bertelsmann. 1.—

— prakt. Grammatik d. javan. Sprache, s.a. Kunst, d., d. Polyglottie.

Praktische Grammatik der javanischen Sprache mit Lesestücken, e. javan. deutschen u. deutsch-javan. Wörterbuch. Von Dr. H[anns] **Bohatta.** Wien, Pest, Leipzig: Hartleben [1892]. VII, 192 S. 8°
(Die Kunst der Polyglottie. T. 39.) [10. 9341]

Der Katalog der Liturgischen Bibliothek des Herzogs von Parma in Schwarzau. Verzeichniße nach Druckorten u. Druckern u. nach Druckjahren. Von Dr. Hanns **Bohatta.** *Wien: Österr. Ver. f. Bibliothekswesen 1903.* (14 S.) 8°
Aus: Mitteilungen d. österr. Ver. f. Bibliothekswesen. Jg. 7. No 2. [03. 10846]

Katalog der liturgischen Drucke des 15. u. 16. Jahrhunderts in der Herzogl. Parma'schen Bibliothek in Schwarzau am Steinfeld, N.-Ö. ... Bearb. von Dr. Hanns **Bohatta.** T. 1. 2. Wien 1909–10: (Holzhausen). 4°(8°) [10. 11073]

Katalog der Inkunabeln der Fürstlich Liechtenstein'schen Fideikommiss-Bibliothek und der Hauslabsammlung. Von Dr. Hanns **Bohatta.** Wien: Gilhofer & Ranschburg 1910. VIII, 440 S. 4°(8°) [10. 11074]

Bohatta, Hanns, deutsches Pseudonymen-Lexikon, s.: Holzmann, Mich.

Bohatta Johann: Quibus fontibus Plutarchus in libro amatorio componendo usus esse videatur.
II. 1887 PN 467 Diss. Wien. Univ. 1465

— d. Radfahrer's Taschenbuch. E. prakt. Rathgeber f. Freunde d. Radfahrsportes. 16. (VIII, 92 S.) Wien 896. L. Weiss. n. 1. —

— s.: Taschen-Kalender f. Radfahrer Deutschlands u. Oesterreich-Ungarns.

— Versuch e. Bibliographie der Livres d'heures (Horae b. m. v., Horas, Getijden) des XV. u. XVI. Jahrh. m. Ausnahme der f. Salisbury u. York gedruckten. (48 S.) gr. 8. Wien 907. (Gerold & Co. 1. —
Sonderabdr. aus „Mittlgn. d. öst. Ver. f. Bibliothekswesen".

Bohatta, Johann, s. Bohatta, Hanns

Böhck, *Albert* [Oberl.]: Über die Anfänge des englischen Dramas. Breslau, Druck v. Grass, Barth & Co., 1890; S. 3—17; 4°
Breslau, ev. HB I, OP 1890 (215) ••

Bohdanowicz, S. v., J. I. v. Kraszewski in seinem Wirken u. seinen Werken. Eine biographisch-krit. Skizze. gr. 8. (160 S.) Leipzig 879. Dresden, Morchel. n. 3. —

Bohde, A., 3. General-Bericht üb. das Medicinal- u. Sanitäts-Wesen im Landdrosteibez. Stade f. d. J. 1883. gr. 8. (III, 66 S.) Stade 883. (Pockwitz.) n. 1. 50

Bohde, das öffentliche Gesundheitswesen im Reg.-Bez. Stade während der J. 1883—1885. 4. General-Bericht. gr. 8. (IV, 200 S.) Stade 887. (Pockwitz.) n. 3. —

— dasselbe, während der J. 1886–1888. 5. General-Bericht. gr. 8. (IV, 192 S.) Ebd. 890. n. 3. —

Bohde, Hermine, Anna. (Roman.) gr. 8. (IV u. 308 S.) Breslau 849, Korn in Comm. n. 1 ℛ

— der Freund. Dem Interesse der treuen Kämpfer „mit Gott für König u. Vaterland" aus den Jahren 1848—49 geweiht. 2 Bde. gr. 8. (579 S.) Breslau 851, Trewendt & Granier in Comm. 2 ℛ

Boehden's Pflanzen-Zeichenschule in Kupferstichen. 1. Lfg. Berlin 864. Walloch. Fol. (4 Bl.) 18 ngr

Bohe, Diedrich, pract. Arzt aus Letmathe ⟨Westf.⟩: Ueber ein Riesenkerncarcinom des Uterus. Ein Beitrag zur Parasitentheorie d. Carcinoms. *Würzburg 1898 [vielm. 1901/02]: A. Boegler.* (40 S.) 8°
Würzburg, Med. Diss. v. 1898

Bohe, Walter, aus Elberfeld: Die Reduktion von Oximen auf elektrolytischem Wege und die Homologen des Benzylamins. *Heidelberg 1902: J. Hörning.* (51 S.) 8°
Heidelberg, Naturw.-math. Diss. v. 1902

Böhe, C. A., statistische Zusammenstellung sämtlicher im Königr. Bayern bestehender Apotheken, Stand vom 25. Novbr. 1892. Nach Verwaltungsbezirken geordnet unter Angabe des Areals desselben in Kilometern, der Bevölkerungszahl nach der Volkszählg. v. 1890, der jeweil. Herren Regierungs- u. Kreismedicinalräte, Bezirksräte u. Apothekenbesitzer, deren Wohnort u. d. Amtsgerichts, in das derselbe gehörig. 4. (89 S.) Erlangen 893. F. Junge. n. 1. 80

Böheim [Schlagwort]

Böheim — Karte von dem Königreich — neu verzeichnet, herausgegeben von Joh. Walch in Augsburg 1798. 1: 520,000. 1 Bl.

Böheim — Karte vom Königreich — nach den etc. entw. und nach den astronomischen Ortsbestimmungen des Herrn Canonicus David berichtigt herausgegeben 1800 v. der K. K. priv. Schneider- u. Weigelschen Kunst- u. Buchhandlung zu Nürnberg. 1: 500,000. 1 Bl.

Böheim — Charte vom Königreich — Nach Murdochischer Projection entworfen etc. Gezeichnet von F. L. Güfsefeld. Weimar im Verlage des geogr. Instituts 1801. 1: 700,000. 1 Bl.

Böheim — Charte vom Königreich — nach der grofsen Müllerschen Charte etc. entworfen und verbessert herausgegeben von Homanns Erben. Nürnberg 1805. 1: 680,000. 1 Bl.

Böheim — Charte vom Königreiche — nach den Ortsbestimmungen des K. Astronom H. Can. Alois David und nach zuverlässigen geometrischen Hilfsmitteln neu bearbeitet und gezeichnet mit den Gränzberichtigungen nach den Bestimmungen des Wiener Kongresses von Fr. Jac. H. Kreybich P. zu S. Nürnberg in der A. G. Schneider und Weigelschen Kunst- und Landkartenhandlung 1830. 1: 560,000. 1 Bl.

Boeheim (Verfasser)

Boeheim. Das Befestigungs- und Kriegswesen. —
Wien 1897.

Böheim, F. C., s. Böheim, Ferd. Karl

Böheim, F. M.

Auswahl von Maurer Gesängen mit Melodien der vorzüglichsten Componisten; gesamm. und hrsg. von F. M. Böheim. Abth. 1. 2. Berlin: [Maurer] 1798—1799. 4° [Kupfertit.]
1. 1798 148 S.; 2. 1799 316 S.
[Dasselbe.] Neue Ausg. Berlin: Maurer 1817—1819. 4°
1. 1817 XI, 181 S.; 2. 1819 X, 330 S.
cf. T. 16 (1870) S. 4 (K. Sackreuter).
Kl. 1611.

Böheim, F.M., Freymaurer - Lieder, s. Ambrosch

Freymaurer-Lieder mit Melodien. Herausgegeben von Böheim. Erster [-3ter] Theil. Zweite verbesserte Auflage. – *Berlin, G. F. Starke*, 1795. 3 vol. in-8 obl., 40 p., 40 p., 55 p.
Ambrosch, André, Enslin, Frans, G. C. Grosheim, Gürlich, Himmel, Hurka, Mosart, Nägeli, Naumann, Pleyel, Schick, Schulz, W. F. Schulz, Sterkel, B. A. Weber, Wessely.
DK Kk – US Wc

Böheim, Ferd. Karl

Böheim, Ferd. Carl, Chronik v. Wiener-Neustadt. 2 Thle. (Mit Felix Mießl's Bildn., 2 Kpfr. u. 2 Titvign.) gr. 8. (23 B.) Wien 830, (Adolph; Leipzig, Enobloch.)

Boeheim's, FK, Chronik v. Wiener-Neustadt, bis a. d. Jetztzeit ergänzt v. W Boeheim. 2 Bde. 8. (634) Wien 63, (Gronemeyer.) n. 2. 20

Boeheim's, Ferd. Karl, Chronik von Wiener-Neustadt, vielfach vermehrt, bis auf die Jetztzeit erklärt und neu hrsg. von Wendelin Boeheim. Mit der Biographie des Verf., einem Anh. und vielen eingedr. Holzschn. gr. 8. (XXIV und 320 und 290 S. mit 1 Stnt. in Fol.) Wien 863.64, (Braudel.) *

—— alphabet. Uebersicht d. Gerichtstaxen in Geschäften d. adelich. Richteramtes, nach d. allgem. Tax-Ordn. v. 15. Sept. 1787; mit Rücksicht auf nachträgl. erfloss. Verordnungen. 1 Tab. in Imp.-Fol. Wien 833, Beck.

—— alphabet. Uebersicht d. Gerichtstaxen in Geschäften d. streitigen Richteramtes, nach d. allgem. Taxordn. v. 1. Nov. 1781, mit Rücksicht auf nachträgl. erfloss. Verordn. 1 Tab. in Imp.-Fol. Wien 833, Beck.

BOEHEIM, Hermann: Über die Bestimmung der Kegelschnitte, welche durch 3 Punkte gehen und einen gegebenen Kegelschnitt oskulieren. — 1910. 32 S. Diss. Graz, Univ.

Böheim, J. M., s. Böheim, F. M.

Boeheim, Paul, decorative Entwürfe; als Beitrag zur gegenwärtigen Geschmacksrichtung in der Ornamentik. Für Architekten, Maler, Bildhauer u. Decorateure. Erfunden u. gez. etc. Frankfurt a. M. 855. Jügel. gr. Fol. (13 lith. Bl.) n. 3 ₰

Boeheim, Wendelin. Album hervorragender Gegenstände aus der Waffensammlung des Allerhöchsten Kaiserhauses. Herausgegeben mit Genehmigung des hohen Oberstkämmerer-Amtes Seiner k. u. k. apostolischen Majestät. Erläuternder Text von Wendelin Boeheim . . . Wien 1894—1898, J. Löwy . . . Kunst- und Verlags-Anstalt.
2 Bde. 2°.
[I] 1894: Vortit., Tit., 1 Bl., 28 S., 1 Bl. m. 47 Abb.; 50 Taf.
II 1898: Vortit., Tit., 1 Bl., 18 S., 1 Bl. m. 18 Abb.; 50 Taf.

– dasselbe, s. a. Album ...

Böheim, Wendelin: Das k. k. Schloß Ambras in Tirol, s. Ilg, Albert

Boeheim, Wendelin. Das Befestigungs- und Kriegswesen. Separatabdruck aus Bd. I der „Geschichte der Stadt Wien". Herausgegeben vom Alterthumsvereine zu Wien. (Mit 2 Plänen und Abbildungen im Texte.) Fol. Wien 1897.

—— s. Gegenstände, kunstgewerbliche, aus der culturhistor. Ausstellung zu Steyr.

Boeheim, Wendelin, die Gründung u. bauliche Entwicklung v. Wiener-Neustadt. Vortrag, geh. am 27. Febr. im Saale d. Landes-Lehrer-Seminars zu Wr.-Neustadt. [Mittheilgn. d. Vereins zur Erhaltg. der Kunst-Denkmäler in Wiener-Neustadt. I.] gr. 8. (17 S.) Wiener-Neustadt 885. (Wien, Hölder.) n. — 60

Boeheim, Wendelin. Handbuch der Waffenkunde. Das Waffenwesen in seiner historischen Entwicklung vom Beginn des Mittelalters bis zum Ende des 18. Jahrhunderts. Leipzig, E. A. Seemann 1890.
VIII + 694 S. mit 662 Abb. 8°.
(Seemanns kunstgewerbliche Handbücher 7.)

Boeheim, W., s.: Kunstgewerbliches aus der vom mähr. Gewerbemuseum im Jahre 1885 veranstalteter Ausstellung v. Waffen, Kriegs- u. Jagd-Geräthen.

Boeheim, Wendelin, s. Lobmeyr, L., die Glasindustrie.

Boeheim, Wendelin, Meister d. Waffenschmiedekunst v. XIV. b. ins XVIII. Jahrh. E. Beitrag z. Geschichte d. Kunst u. d. Kunsthandwerks. M. 20 Taf. in Lichtdr. u. 159 Text-Illustr. Lex.-8. (XI, 246 S.) Berlin 897. W. Moeser. n. 18. —; geb. n. 21. —

Boeheim, Wendelin (Red.), s. Monatsblatt des Alterthums-Vereins zu Wien.

Böheim, W., Pionnierdienst, s. Militär-Bibliothek, österreichische.

Boeheim, Wendelin, Custos der Waffensammlung des Allerhöchsten Kaiserhauses, k. k. Hauptm. a. D. etc. Die Sammlung alter Geschütze im k. k. Artillerie-Arsenale zu Wien. 1. Abth. XV. bis XVII. Jahrhundert. 2. Abth. XVIII. Jahrhundert. (Mit 1 Taf. und 10 Text-Illustr.) Separat-Abdruck aus dem 9., 10. und (12.) Bande der: „Mittheilungen. N. F. der k. k. Central-Commission für Kunst und historische Denkmale". Fol. Wien 1884.

Boeheim, W. Die Waffenschmiede Seusenhofer, ihre Werke und ihre Beziehungen zu habsburgischen und anderen Regenten. Wien 1899. 2°. (Aus: Jahrbuch d. kunsthistor. Sammlungen des ... Kaiserhauses). (Verm. Jähns.)

Boeheim, Wendelin. Waffenkunde, s.a. Seemann's Kunsthandbücher.

— Waffenkunde. Handbuch d. Waffenwesens in seiner histor. Entwickolg. vom Beginn d. Mittelalters bis zum Ende d. 18. Jahrh. Mit Abbildgn. nach Zeichngn. v. Ant. Kaiser. 11 Lfgn. gr. 8. (VIII, 694 S.) Leipzig 890. E. A. Seemann. à n. 1. 20 (cplt.: n. 13. 20 geb. n. 15. —

—. Augsburger Waffenschmiede, ihre Werke und ihre Beziehungen zum kaiserlichen und zu anderen Höfen. Wien, F. Tempsky . . . 1891.
Kopftit., 165—227 S. m. 38 Abb.; 2 Taf. 2°.
Aus: Jahrbuch der kunsthistorischen Sammlungen des allerhöchsten Kaiserhauses. Bd. 12.

—. Nürnberger Waffenschmiede und ihre Werke in den Kaiserlichen und in anderen Sammlungen . . . [Wien 1895.]
37 S. m. 28 Abb.; 3 Taf. 2°.
Aus: Jahrbuch der Kunsthistorischen Sammlungen des Allerhöchsten Kaiserhauses. Bd. 16.

— Philippine Welser. Eine Schilderg. ihres Lebens u. ihres Charakters. Mit 17 Text- u. 7 doppelseit. Illustr. gr. 4. (VIII, 67 S.) Innsbruck 894. (Berlin, F. Lipperheide.) In Pergament geb. 5. —

— s.: Zeitschrift f. histor. Waffenkunde.

— — Die Zeugbücher des Kaisers Maximilian I. Beschrieben und erläutert von ..... (Aus „Jahrbuch der kunsthistorischen Sammlungen des Allerhöchsten Kaiserhauses, herausgegeben unter Leitung des Oberstkämmerers Ferd. Grafen zu Trauttmannsdorff-Weinsberg vom k. k. Oberstkämmerer-Amte". X. Jahrg.) (Mit 4 Taf. Abbild.) Fol. Wien 1891.

Böheimb, Max [Pseud.], s.a. Beheim-Schwarzbach, Max

Böheimb, Max, Eheglück. Ernste u. heitere Weisen. 16. (112 S.) Leipzig 878. Barth in Comm. n. 1.80; geb. n. 2.80

Böheimb, Max, deutsche Lieder u. Gedichte. 8. (VI, 195 S.) Breslau 884. Trewendt. geb. m. Goldschn. n. 3. —

†Böheimb, Max [Max Beheim-Schwarzbach]. König Sebastian. Dichtg. aus dem Zeitalter der Reformation. 8. (189 S.) Dresd. 890, Hönsch u. Tiesler. * 2 —; geb. * 3 —

Böheimer, Wolf [aus Attendorn]: Aus d. med. Klinik zu Bonn. Ueber zwei Fälle von ausgebreitetem Tic convulsif ... Bonn, Buchdr. J. Bach Wwe, 1893; 36 S., 1 Bl. 8.
Bonn, Med. Fak., Inaug.-Diss. v. [5. Aug.] 1893

Boheman, Carol. H., Insecta Caffraria annis 1838—1845 a J. A. Wahlberg collecta. Pars I. (2 Fasc.): Coleoptera. (Carabici, Hydrocanthari, Gyrinii et Staphylinii.) 8maj. (VIII und 620 S.) Holmiae 848—51, (Fritze.) *

Boheman, CH, Insecta Caffrariae annis 1838—45 a JA Wahlberg coll. Pars I. Fasc. 2. Coleoptera. 8. (299—626) Stockh. 51, (Bonnier.) n. 2. 15 || P. II. (395) n. 2. 5 (I. II.: n. 7. 5)

Bohemann, Carol. H., Insecta Caffrariae annis 1838—1845 a J. A. Wahlberg collecta. Pars II. Coleoptera. (Scarabaeides.) gr. 8. (III und 395 S. mit 1 Stnt.) Stockholm 857, (Bonnier.) *
Pars I. Ebendas. 1848—52. * 4 Thlr.

—— Monographia Cassididarum. Tom. I. 8maj. (VI und 452 S. mit 4 Stnt.) Holmiae 850, (Fritze.) *

Boheman, C. H., s. C. J. Schönherr, Genera et species curculionidum.

Bohemann, Haupt der asiat. Brüder; Ordensgesch. neuerer Zeit, (v. Th. F. K. Arnold). 8. Hamb. 803. (Herold jun.) 21 gr

Bohemann, Haupt und Oberer der Asiatischen Brüder. 8. Hamburg, Vollmer. 803.

Bohemann, Haupt d. asiatischen Brüder. Ordensgeschichte neuesten Zeit. Neue mit einem aten Bde. verm. Aufl. 8. Hamb. Vollmer. 811.

Bohemann, geheimer Oberer und Haupt der asiatischen Brüder. Eine interessante Geschichte nach authentischen Quellen aus dem Archiv des Ordens. Hamburg 1803. — Hamburg und Mainz 1804. — Hamburg 1811. V: *Arnold, Ignaz Ferdinand (Ferdinand Theodor Cajetan)*. (BGE I², 407) (KI 3984) (Taute, Ordens- und Bundesromane 175) (Wolfstieg II, 885) Vgl. I, 7288.

Bohemann, s. Wanderungen.

Bohemann, Carol H., s. Boheman, Carol H.

Bohemia [Sachliches OW]

Bohemia. 1: 650,000. 1 Bl.

Bohemia; eine Zeitschrift f. gebildete Böhmen, von Böhmen. 16 Stck. 8. Prag 814. Enders. 8 gr

Bohemia, ein Unterhaltungsblatt. Jahrg. 1841—1846. à 156 Numm. (½ Bogen.) Roy.-4. Prag, Haase Söhne. 1841. n. 4 Thlr 1842. n. 2⅚ Thlr — 19. Jahrg. 1846. 2⅙ Thlr

Bohemia. Redacteure: Frz. Klutschak, Bernh. Gutt. 19. u. 20. Jahrg. 1846 u. 1847. gr. 4. Prag, Haase Söhne, Verlags-expedit. [19. 156 Nrn. (½—1 B.) 20. 208 Nrn. (½ B.)] à
Die frühern Jahrge. Ebendas. * 2 Thlr. 25 Ngr. — * 3 Thlr. à Jahrg.

Bohemia. Redakt.: Frz. Klutschak. 21—25. Jahrg. 1848—52. à Jahrg. 208 Nrn. (½ Bog.) gr. 4. Prag, Haase Söhne, Verlags-Expedition. à Jahrg.
Vgl. 10. Bd. 1. Abthl. S. 111.

Bohemia. Red.: F Klutschak. 28—30. Jahrg. à 312 Nrn. (½ B.) 4. Prag 55—57, Bohemia. à n. 4 —

Bohemia. Redakt.: Frz. Klutschak. 26—29. Jahrg. 1853—56. à Jahrg. 312 Nrn. (½ Bog.) Mit Beilagen. Imp.-4. Prag, Haase Söhne. [26. und 27. Jahrg. à 4 Thlr. 10 Ngr., 28. und 29. Jahrg. à * 4 Thlr.] *
Vgl. 11. Bd. 1. Abthl. S. 122.

Bohemia. Redig. von Frz. Klutschak. 30—34. Jahrg. 1857—61. 312 Nrn. (½ Bog.) Mit Beilagen. Imp.-4. Prag, Haase Söhne. à Jahrg. *

Bohemia. 43. Jahrgang 1870. 365 Nrn. Hoch 4. (à 1½ Bg.) Prag, Satow. Per Quartal mit Zusendung 4 fl. 23 kr. Monatlich 1 fl. 41 kr. Einzelne Nummern 6 kr.

Bohemia in XVI. circulos divisa, notitiis plurimis illustrata Limitibus, viis etc. post Milleri editionem ex actis publicis emendatis. Opera Jos. Fred. S. R. J. Equitis a Bock et Pulach etc. Carlo Ludovico Austriae Arciduci etc. dicavere Artaria et Socii. Publiée par Artaria et Comp. 1808. Vienne. 1: 340,000. 4 Bl.

Bohemia ope D. Joannis Nepomuceni incruento bello recepta, poetica narratione adumbrata. Graecii 1745. V: *Leuttner, Ignaz.* (Jes)

Bohemia [Schlagwort]

Bohemiae — Mappa chorographica novissima et completissima totius Regni — in duodecim circulos divisae cum comitatu etc. XXV Sectionibus exhibita a Joh. Christoph. Müller etc. A. C. 1720 hanc informam reducta a Joh. Wolfg. Wieland etc. 1726. Michael Kauffer sculpsit Augustae Vindelicorum. 1: 255,000. 25 Bl.

Bohemiae — Mappa Geographica Regnum — cum adjunctis Ducatu Silesiae, et Marchionatibus Moraviae et Lusatiae repraesentans cura et sumtibus Tob. Conr. Lotter Geogr. Aug. 1: 950,000. 1 Bl.

Bohemiae — Regni — Ducatus Silesiae, Marchionatus Moraviae et Lusatiae Tabula Generalis sumtibus Joh. B. Homanni etc. Norimbergae. 1: 1,000,000. 1 Bl.

Bohemiae — Regnum — juxta XII. Circulos divisum, cum Comitatu Glacensi, et ditione Egrana nec non finitibus Provinciis in Mappa Geographica accuratissime delineatum per Johann Mich. Probst Cal. Augustae Vindelicorum. Anno 1779. 1: 1,200,000. 1 Bl.

Bohemiae Regnum in XII. Circulos divisum etc. nunc noviter revisum et emendatius per Homannianos Heredes. 1: 680,000. 1 Bl.

Bohemiae regnum ex Müllerianis aliisque chorographicis subsidiis delineatum. Nürnberg. 1 Bl. c. K. v.

Bohémiens, les, 2 Vol. 12. Mayence, Kupferberg.

Bohemius, Car., schriftmäßige und vernünftige Gedanken von Gespenstern. Halle 731. 8.

Bohemus [Pseud.], s.a. Opitz, Georg Eman.

Bohemus, die Burgruine Böhmens. Eine Reihe histor.-romant. Erzähll. 1r Bd. Die Hasenburg, oder die Büßerin. gr. 12. Leipz. 831. Rauck. 1 Thlr 4 gr 2r Bd. Schloß Raby, oder der Affe im Narrendorfe. Eine histor. Sage aus d. 15n Jahrhund. gr. 12. Ebd. 832. Ebd. 1 Thlr 6 gr

† Bohemus, Frauengröße, od. d. Blödsinnige. 2 Thle. gr. 12. (27¼ B.) Stuttgart 835, [Weise u. Stoppani.]

Bohemus (G. Opitz), Hygea und Eros. Ein Cyclus interessanter Badegeschichten. 3 Thle. 8. (1. Thl. Cavaliere d'Orlandi. — Tage der Freuden und Leiden eines Verliebten. Leipzig 842, Beyer. 3¼ Thlr

† Bohemus (G. Opitz), Hygea u. Eros. Ein Cyclus interessanter Badegeschichten. 3 Thle. 8. Leipzig 842. [Orthaus.]
Inhalt:
Thl. 1. Cavalieri d'Orlandi. — Tage d. Freuden u. Leiden eines Verliebten. (16½ B.)
" 2. Die Nachtwandlerin. — Amtmann Hopfenstengels Reise nach dem Struveschen Carlsbade in Leipzig. (16 B.)
" 3. Der Tscherkessenfürst. — Das Spiel einer Kokette. (17 B.)

— der Irrwisch. Eine Novelle. gr. 12. Stuttgart 834. Weise u. Stoppani 7/8 ß

—— Carlsbad u. Teplitz. Zwei histor.-romant. Erzählungen. Eine Badelectüre, allen Freunden dies. Heilquellen gewid. 1. u. 2. Bd. — A. u. d. T.: Swatana v. Engelhaus, od. d. Entdeckung d. Heilquelle v. Carlsbad. 2 Bde. gr. 12. (23 B.) Leipzig 830, Focke.

—— dass. 3. u. 4. Bd. — A. u. d. T.: Die Waise, od. d. Zerstörung d. Burg Dobrawska Hora bei Teplitz. 2 Bde. gr. 12. (29 B.) Ebds. 830.
4 Bde. ungetrennt 6 Thlr.

—— Milada von Lichtenburg. Eine histor. Erzähl. a. d. 13. Jahrh. 2 Thle. gr. 12. (19½ B.) Leipzig 829, Focke.

— die Nachtwandlerin. 8. Ebend. 842. 1 ß

— Cavaliere d'Orlandi. 8. Ebend. 842. 1 ß

— Regina Sidonia. Historischer Roman aus dem österr. Successions-Kriege. 2 Thle. 16. Bunzlau 837. Appuns B. 1⁵/₁₂ ß

— der Tscherkessenfurst. 8. Ebend. 842. 1 ß

—— der Verwiesene. Eine Erzähl. a. Böhmens unruh. Zeiten d. 30jähr. Krieges. 3 Bde. gr. 12. (30½ B.) Leipzig 829, Focke.

Böhi, Adolf. Bestimmung der Dissoziation des reinen Wassers von 0° bis 100° vermittelst der Säure-Alkali-Kette. Diss. Phil. [II.] Univ. Zürich. [Mit Figuren.] 55 S. 8. Zürich, Gebr. Leemann & Co., 1908.

Böhi, Ad.: Ein neues Verfahren z. Herstellg alkoholfreier Obst- u. Traubenweine (Kohlensäureverfahren). (4, 72 m. Abb.) 8° Frauenf., Huber & Co. '12. 1.20 d

Böhi, Bernhard. Der Finanzhaushalt des Kantons Thurgau in den Jahren 1803—1903. [Mit 7 graphischen Tabellen.] VIII + 222 S. 8. Frauenfeld, Komm. Huber & Cie. (*Ausg. B:* Co.), 1906.
Ausg. A: Separatabdruck aus der «Zeitschrift für schweizerische Statistik», Liefg. 6, Jahrg. 1905. [fr. 4.—]
Ausg. B: Diss. Jur. Freiburg ⟨Schweiz⟩. [Sep' — — 1905.]

Bohi, Fidel, kurze prakt. Anleitung z. Rebcultur. Auf vieljähr. Erfahrungen gegründet. 12. (6⅓ B. u. 8 Taf. Abbild.) Konstanz 845, Bannhard'sche Buchh. (Leipzig, Thomas.)

Bohl, Fidel, kurze prakt. Anleit. z. Rebkultur. Mit Abb. 12. Konstanz, 1845. (Hall, Haspel). (— 17½). — 6. (Berlin, Schultze). — 9

Böhi, U[lrich]. Beiträge zur Entwicklungsgeschichte der Leibeshöhle und der Genitalanlage bei den Salmoniden. Mit einer Tafel und 37 Figuren im Text. (Aus dem anatomischen Institut in Zürich.) ⟨Sonderabdruck aus: Morphologisches Jahrbuch. Bd. 32. H[eft] 3.⟩ II S. + S. 505—586. 8. Leipzig, Wilhelm Engelmann, 1904.
Ausg. B. — Ausg. A: Diss. Med. Univ. Zürich; *s. Bulletin 1904, S. 345.*

de **Bohingen,** Diss. de carnositate vesicae morbosa. Altd. 4. (Ischuria.) 1759

BOHL, v.: Anleitung zur Verbesserung des Bünderischen Waldwesens. - Chur 1838. 113 S., 3 Taf.

Bohl (Hrsg.), s. Sonntags-Bote, Der evangelische, aus Oesterreich.

Bohl, Bruno: Ueber Hypertrophie, Hyperplasie und drüsige Erweiterung des Mutterhalses und ihre Behandlung. *Rixdorf-Berlin 1897: Mier & Glasemann.* (19 S.) 8°
Leipzig, Med. Diss. v. 26. Juni 1897

Bohl, Edgar, Studien zur Lehre vom Mechanismus der Schädelfracturen. Diss. gr. 8. (71 S.) Jurjew (Dorpat) 894. (E. J. Karow.) n. 1. 60

Bohl, J. J., die trierischen Münzen, chronolog. geordnet u. beschrieben. (Mit 1 Kpf.) gr. 8. Coblenz 823, Hölscher. 1 ß 16 gl

Bohl, J. J., die trierischen Münzen. Chronolog. geord. u. beschrieben. Nachtragshft. — A. u. d. T.: Abbildungen. d. trierischen Münzen. (Lex.-8. mit br. Rande.) gr. 4. (3½ B. u. 10 Kpfrt.) Hannover 837, (Helwing'sche Hofbuchh.) * Thlr.
Dess., die trierischen Münzen rc. Coblenz 823, Hölscher. 1 Thlr. 16 Gr.

Bohl, Jh. Cph.

Bohlius, J. C., Erfahrungen v. d. Unempfindlichkeit der Sehnen. Kgsb. 4°. *Haller,* Bibl. chir. II, 234, Bibl. anat. II, 101. Testis est vaginam tendinum musculorum abdominis absque ullo sensu aut symptomate se jubente dissectam fuisse.) 1764

Bohlius, Jo. Chr., B. der nöthigen Vorsicht bey Erfahrungen üb. d. Unempfindlichkeit d. Sehnen. Kön. 4°. 1766

Bohl, auch Bohlius, Jh. Cph., († d. 29. Decbr. 1785.) von der nöthigen Vorsichtigkeit b. d. in lebend. Geschöpfen anzustellend. Erfahrungen v. d. Unempfindlichkeit d. Sehnen. 8. Leyd. 767.

Böhl, Joan, die Religion vom politisch-juridischen Standpunkte. Deutsch bearb. v. Ferd. Grimmelt. gr. 8. (X, 440 S.) Paderborn 874. Schöningh. 3. 75

Bohl, Johannes. Unpassende Festreden. Politisch-satirische Skizze. 51 S. 8. Flawil, Buchdr. Flawil, A.-G., 1902.

Bohl, Johannes, der freimüthige Hauslehrer. Oder: Kurze Erläuterung der wichtigsten Grundsätze u. Verhältnisse des Menschen mit besond. Hinsicht auf die Gebrechen unserer Zeit, für nachdenkende Eltern u. Erzieher, wie überhaupt für Freunde d. Volksbildung. gr. 8. St. Gallen 836. (Scheitlin u. Zollikofer.) ½ ß

Bohl, Johannes (Hrsg.), s. Minerva.

Bohl, Johs., Staatsmoral u. Staatspädagogik. Vorlesg. 8. (18 S.) St. Gallen 898. (Zürich, E. Speidel.) — 30

Bohl, Johannes (Hrsg.), s. Studenten-Zeitung, Deutsche.

— Wanda. Romant. Dichtg. gr. 8. (95 S.) Leipzig 896. O. Mutze. n. 1. 20; geb. n. 2. —

Bohl, Otto, Rechtsprakt.: Die Rechtsverhältnisse der rheinpfälzischen Waldungen auf Grund der Weistümer. Eine Quellenstudie. Ludwigshafen a. Rh.: Waldkirch 1909. 56 S. 8°
Heidelberg, Jur. Diss. v. 1909, Ref. Schröder
[Geb. 8. Mai 85 Ludwigshafen a. Rh.; Wohnort: Frankenthal; Staatsangeh.: Bayern; Vorbildung: Gymn. Ludwigshafen Reife Sommer 03; Studium: Heidelberg 1, München 7 S.; Rig. 15. Mai 08.] [U 09. 1751

Bohl, Piers, Über die Darstellung von Functionen einer Variabeln durch trigonometrische Reihen mit mehreren einer Variabeln proportionalen Argumenten. Dorpat (C. Mattiesen) 1893. 32 S. (3.50) 3421
Oppon.: G. v. Grote, A. v. Oettingen, A. Kneser.

Bohl, Piers, üb. die Darstellung v. Functionen e. Variabeln durch trigonometrische Reihen m. mehreren e. Variabeln proportionalen Argumenten. Diss. gr. 4. (31 S.) Jurjew (Dorpat) 898. (E. J. Karow.) n. 1. 20

Bohl, Th., H. Bouffier, L. Weishaupt, Motive f. schmückende Gewerbe. Zum Gebrauch in Fortbildungsschulen. Mit Vorwort v. G. Zitelmann. (86 Taf. m. 8 S. Text.) (45×32,5 cm. Wiesbaden (907). R. Bechtold & Co. 10.—; auch in 2 Heften à 5 —

Boehl, A(dolph.) S(am.) F(rid.) (geb. Kolrep bei Kyritz 30. 1. 1803): Quaedam de ulceribus inveteratis pedum curandis. Berolini (1826). (24 S.) 8°
Berlin, Med. Diss. v. 26. Apr. 1826

Böhl, Eduard

Böhl, Ed., zur Abwehr. Etliche Bemerkgn gegen A. Kuyper's Einleitg. zu seiner Schrift „Die Incarnation d. Wortes". [„De vleesch-wording des woords".] gr. 8. (54 S.) Amsterdam 888. (Leipzig, Giegler.) n. 1. —

Boehl, Ed., de Aramaismis libri Koheleth. Dissertatio historica et philologica qua librum Salomoni vindicare conatur autor. Erlangen 860. Blaesing in Comm. gr. 8. (47 S.) n. 6 ngr

Böhl, E, de Aramaismis libri Koheleth. 8. (47) Erl. 60, Deichert. n. — 6

Böhl, Eduard, Beiträge zur Geschichte der Reformation in Österreich. Hauptsächlich nach bisher unbenutzten Aktenstücken des Regensburger Stadtarchivs. gr. 8. (VI, 484 S.) Jena 902. G. Fischer. n. 9. —

Böhl, Ed., Christologie des Alten Testamentes oder Auslegung der wichtigsten messianischen Weissagungen. gr. 8. (VIII, 322 S.) Wien 882. Braumüller. n. 6. —

Böhl, Ed., Confessio Helvetica, s. Confessio.

—— Dogmatik. Darstellg d. christl. Glaubenslehre auf reformirt-kirchl. Grundlage. 8. (714) Ebd. 87. n. 12. —

Böhl, Ed., Forschungen nach e. Volksbibel zur Zeit Jesu u. deren Zusammenhang m. der Septuaginta-Uebersetzung. gr. 8. (V, 224 S.) Wien 873. Braumüller. n. 4. —

Böhl, Ed., zum Gesetz u. zum Zeugniss. Eine Abwehr wider die neukrit. Schriftforschg. im Alten Testament. gr. 8. (V, 231 S.) Wien 883. Braumüller. n. 4. —

— von der Incarnation d. göttlichen Wortes. gr. 8. (VII, 135 S.) Wien 884. Faesy. n. 2. 40

— die zweite Helvetische Confession. Eine Antrittsrede. Wien 861. Braumüller. gr. 8. (24 S.) n. 6 ngr

—— allgemeine Pädagogik. gr. 8. (VI, 230 S.) Wien 872, Braumüller. *

— zwölf messianische Psalmen erklärt. Nebst einer grundlegenden christolog. Einleitung. Basel 862. Bahnmaier. gr. 8. (XLII, 366 S.) n. 1 ꝛß 12 ngr

— v. der Rechtfertigung durch den Glauben. Ein Beitrag zur Rettg. d. protestant. Cardinaldogmas. gr. 8. (IV, 327 S.) Amsterdam 890. Leipzig, Wallmann n. 7. —

— Vaticinium Jesaiae cap. 24 — cap. 27 commentario illustratum. Leipzig 861. Hinrichs. gr. 8. (53 S.) n. 10 ngr

Böhl, Ed., die alttestamentlichen Citate im Neuen Testament. gr. 8. (XXVIII, 352 S.) Wien 878, Braumüller.

Böhl, F, 12 messian. Psalmen. 8. (366) Bas. 62, Bahnmaier. n. 1. 12

—— vaticinium Jesaiae cap. 24—27 comm. illustr. 8. (53) Lpzg 61, Hinrichs' V. n. — 10

Böhl, Fr., s. Böhl, Friedrich

Böhl, Franz Marius Theodor

Böhl, Frz. M. Th., die Sprache der Amarnabriefe m. besond. Berücksicht. der Kanaanismen, s. a. Studien, Leipziger semitistische. V, 2.

Böhl, Franz M(arius) T(heodor), cand. min.: Die Sprache der Amarnabriefe mit besonderer Berücksichtigung der Kanaanismen. Leipzig 1909: Pries. IV, 96 S. 8° ¶(Ersch. auch als: Leipziger Semitist. Studien. Bd 5, H. 2.)
Leipzig, Phil. Diss. v. 29. Mai 1909, Ref. Zimmern, Fischer
[Geb. 16. Aug. 82 Wien; Wohnort: Leiden; Staatsangeh.: Österreich; Vorbildung: Schotten-Gymn. Wien Reife Juli 01; Studium: Berlin 5, Erlangen 2, Wien 2, Bonn 2, Leipzig 2 S.; Rig. 26. Nov. 08.] [U 09. 2926

Böhl, Friedrich

Böhl, Fr., die Jahrmarktsreise. Die Verlobte. Die Freunde. Drei Erzählungen. Mit 1 Kpf. 8. Halberst. 825. Vogler in Potsd. 1 ꝛß

KARTOFFELN. (3 zahme) Erzählungen und Gemälde von *F(riedr.) B(öhl).* Mit Titelkpfr. (F. Böhl pinx., Schäffer sc.). Halberstadt, H. Vogler, 1821. 8°. Gestoch. Tit., IV u. 428 S. (1 2/3 Rthl.)
Anon.-Lex. II. p. 352 (nach Kayser).

Böhl, Frz: Kanaanäer u. Hebräer, s: Beiträge z. Wissensch. v. Alten Test.

Böhl, G., über d. Zeit d. Abfassung u. d. Paulinischen Charakter d. Briefe an Timotheus u. Titus. Ein Beitrag z. Beweis ihr. Aechtheit. (1. Thl.) gr. 8. (15½ B.) Berlin 829 Enslin'sche Buchh. Thlr

Boehl, Georg.: Theses theologicae. Berolini (1824) (2 Bl.) 4°
Berlin, Theol. Thes. v. 7. Aug. 1824

Böhl de Faber, J. Nik., floresta de Rimas antiguas Castellanas ordenata. Vol. I — III. 8 maj. Hamb. 821—25. Fr. Perthes. 8 ꝛß 4 gr

Bohland, Anna

Katalog des Bücher-Leihinstituts von Anna **Bohland**, Osterode Ostpr. (Osterode: A. Bohland) 1903. (34 S.) 8° [J. u. Ant.] [05. 10

Bohland, Karl (geb. am 21 Nov. 1861 in Heidesheim Rheinhessen): '(Aus d. physiol. Institut zu Bonn.)' — Beiträge zur quantitativen Bestimmung des Stickstoffes im Harn ... Bonn, Univ.-Buchdr. v. C. Georgi 1884. 18 S., 1 Bl. 8. ¶ Sonderabdr. aus Pflügers Arch. f. d. ges. Physiol. XXXV 1885 S. 199 ff. Hier auch die in der Diss. fehlenden Analysen.
Bonn, Med. Fak., Diss. v. 28 Juni 1884

Böhland, Aug., Gedichte für das jugendliche Alter. Ein Büchlein f. Schule u. Haus. 8. Budissin 838. Weller'sche B. 1/4 ꝛß

— Gedichte e. armen Handwerkers. 8. Dresd. 800.

Böhland, Aug., Gedichte, zur Unterstützung seines Vaters herausg. 8. Budissin 817. (Leipz., Kummer). 16 gr

— die merkwürdigsten Schicksale der Oberlausitz u. ihrer alten Hauptstadt Budissin, nebst e. kleinen Topographie d. letztern. 8. Bautzen 831. (Weller). 1 ꝛß

— Nachtrage zu: die merkwürd. Schicksale der Oberlausitz u. ihrer alten Hauptstadt Budissin rc. 8. Bautzen 833. Weller. 1/4 ꝛß

Böhland, H., eßbare Pilze u. ihre Verwertung im Haushalte, s.: Kahle, Carl.

Böhlau: Mecklenburg. Landknecht,
s. Böhlau, Hugo Heinrich Alb.

Böhlau, Alfred, aus Neustettin: Zur Lehre von den Degenerationsanomalien der Ohrmuschel mit Berücksichtigung der Degeneration im Allgemeinen. *Würzburg 1901: C. J. Becker.* (92 S.) 8°
Würzburg, Med. Diss. v. 1901

Böhlau, C.: De Lygdami carminibus,
s. Böhlau, Karl

* BÖHLAU, Chp. Dietr. v. (geb. 24. April 1707 zu Koburg, † das. 26. Febr. 1750). — Herrn *Christoph Dietrichs von Böhlau*, Dermahligen Hochf. Sachsen-Coburg-Salf. Cammer-Junkers, Hof- und Regierungs-Raths, wie auch der Durchl. Printzen-Hofmeisters, und der teutschen Gesellschaft in Jena Mitglieds, Poetische Jugend-Früchte. Bey Verschiedenen Gelegenheiten gesammelt, mit einer Vorrede versehen von Herrn Daniel Wilhelm Triller, ... Und Mit Genehmhaltung des Herrn Verfassers hrsg. von Johann Wilhelm Fabarius ..... Mit Titel-Portr. (von dem Berliner Kupferstecher J. G. Wolffgang) und Titelvign. Coburg und Leipzig, Druckts und verlegts M. Hagens sel. Wittwe und Georg Otto. O. J. (Vorber. dat. Coburg 9. Apr. 1740). Gr. 8°. (Auch in Göttingen: P. 3659.) (10 Mk. A. Buchholz, München, 1906.)
12 Bll. Vorst. u. 436 S. — Wolfg. Menzel, Deutsche Dichtung II, S. 474: „Schrieb zwischen 1729—39 Lobgedichte auf Gönner, Oden u. Episteln höchst ordinären Inhalts; nur in lasciven Schilderungen zeigt er sich munter u. lebendig (folgt sehr harmlose Probe). Von dem damäligen Sittenzustand in Sachsen gibt er keinen guten Begriff (kurze Probe)."
„Von dieser Samml. giebt es 2 Auflagen, vorliegende muß die frühere sein, da die andere, worin das Titelkpf. von Sysang gestochen ist, in dem Vorber. ein sehr ungünstiges Urtheil enthält über das Titelkpf. der ersten Ausgabe, womit offenbar, wenn auch Wolffgang nicht genannt wird, doch nur dieser gemeint sein kann. Die Differenz beider Ausgaben zeigt sich, außer einigen Abweichungen auf dem Titelkpf. u. in dem Vorber., hauptsächlich in der gänzlichen Verschiedenheit der Titel-Vign. (in der späteren Ausgabe ist es der Pegasus auf dem Parnaß, mit einer Einfassung von Muschelwerk, darunter der Name des Kupferstechers Sysang) und der Buchdruckerstöcke nach Fabarii Vorbericht u. Triller's Ode.' — F. C. Fulda.

— — Dasselbe. 2te Aufl. Coburg, b. Geo. Otto. Gr. 8°. M. M. V. 1750. S. 110. s. l. f. n. p. (Wirklich erschienen?)

Böhlau, Christoph Dietrich von. Poetische Jugend-Früchte ... mit einer Vorrede versehen von Herrn DAVID WILHELM TRILLER ... Und Mit Genehmhaltung des Herrn Verfassers herausgegeben von JOHANN WILHELM FABARIUS. Coburg u. Leipzig, Hagens Witwe u. G. Otto [1740]. 8°. 11 Bl. 436 S. *Mit Porträt des Verfassers nach J. E. Harras von J. G. Wolffgang und Titelvignette von Sysang.* HLd. d. 19. Jahrh.
Originalausgabe. G. III. 374. 107. FdF. 1722.

Böhlau, C. Dietr. v., poet. Jugendfrüchte. 8. Cob. Abl. 752.

Böhlau, H.: Fiskus, landesherrliches und Landesvermögen ..., s. Böhlau, Hugo Heinr. Alb.

Boehlau, Hər., Quellen und Literatur des gemeinen Deutschen und Preussischen Strafrechts. Weimar 1859. 8.

Böhlau, Helene

Böhlau, Helene (Frau al Raschid Bey): Schlimme Flitterwochen. Novellen. 1. u. 2. Aufl. 8. (à 228 S.) Berlin 898. F. Fontane & Co. n. 3. —; geb. n. 4. 50

Böhlau, Helene (Frau al Raschid Bey), schlimme Flitterwochen. Novellen. 3. Aufl. (223 S.) 8. Berlin 907. E. Fleischel & Co. 3.—; geb. 4. 50

Böhlau, Helene (Frau al Raschid Bey), Halbtier! Roman. 1.—4. Aufl. 8. (à 360 S.) Berlin 899—902. F. Fontane & Co. n. 4. —; geb. n. 5. —

— Halbtier. Roman. 5. Aufl. (360 S.) 8. Ebd. 907. 4. —

— Das Haus zur Flamm'. Roman. 1.—4. Aufl. (à 378 S.) 8. Berlin (907). E. Fleischel & Co. 5.—; geb. 6. —

— Das Haus z. Flamm'. Roman. 1—5. Afl. (378) 8° Ebd. (07.08). 5 —; geb. 6 — d

Böhlau, Helene (Al-Raschid Bey): Herzenswahn, s: Hesse's Volksbücherei 561.62.

Boehlau, Helene

Herzenswahn. Roman. Von Helene Böhlau-Al-Raschid-Bey. Minden i.W.: Bruns 1888. 180 S. 8°

! Herzenswahn 1888
Jetzt: Berlin, E. Fleischel & Co.

— Isebies. Roman. (9, 502 m. Vollbild.) 8° Münch., A Langen ('11). nn 5.50; geb. nn 7 —: HF 9 — d

—— Salin Kaliske, s. Novellenschatz, neuer deutscher.

— Salin Kaliske. Novellen. 2. Aufl. 8. (277 S.) Stuttgart 902. J. G. Cotta Nachf. n. 3. —; geb. in Leinw. n. 4.—

Böhlau, Helene (Frau al Raschid Bey), die Kristallkugel. Eine altweimar. Geschichte. 1.—3. Aufl. (à 135 S.) gr. 8. Berlin 903. E. Fleischel & Co. n. 2. —; geb. n. 3. —

— Außwirkungen, s.: Volksbücher der deutschen-Dichter-Gedächtnis-Stiftung. 16. Hft.

Verspielte Leute. Von Helene Böhlau (Mme al Raschid Bey). Stuttgart: Engelhorn 1898. 159 S. 8°
(Engelhorns Allgemeine Romanbibliothek. Jg. 14. Bd 15.) (ng. 331 7

— dasselbe, s. a. Engelhorn's allgemeine Romanbibliothek.

Altweimarische Liebes- und Ehegeschichten. Von Helene Böhlau (Frau al Raschid Bey). Stuttgart: Engelhorn [1000]. 158 S. 8°
(Engelhorns Allgemeine Romanbibliothek. Jg. 14. Bd 3.)
(Bibliothek August Scherl. Bd 504. [2.])

– dasselbe, s. a. Engelhorn's allgemeine Romanbibliothek.

Böhlau, Helene, Novellen. [Im Banne des Todes. Salin Kaliske. Maleen.] 8. (309 S.) Berlin 882. Hertz. n. 5. —; geb. n. 6. —

— d. Rangierbahnhof. Roman. 1. u. 2. Aufl. 8. (318 S.) Berlin 896. F. Fontane & Co. n. 4. —; geb. n. 5. —

— der Rangierbahnhof. Roman. 3.—5. Aufl. 8. (à 318 S.) Berlin 899—902. F. Fontane & Co. n. 4. —; geb. n. 5. —

— der Rangierbahnhof. Roman. 6. u. 7 Aufl. (à 318 S.) 8. Ebd. 904. n. 4. —; geb. n. 5. —

— Der Rangierbahnhof. Roman. 8. Aufl. (318 S.) 8. Berlin 906. E. Fleischel & Co. 4.—; geb. 5. —

— Der Rangierbahnhof. Roman. 9. Afl. (318) 8° Berl., E Fleischel & Co. '08. 4 —; geb. 5 — d

— die Ratsmädchen laufen e. Herzog in die Arme, s.a. Zehnpfennig-Unterhaltungshefte für Nationalstenographen.

Die Ratsmädchen laufen einem Herzog in die Arme. Von Helene Böhlau. Kaiser's Edelweiß. Von Arthur Achleitner. Liegnitz: Verl. f. Nationalstenogr. 1905. (16 S.) 8° [Text stenogr.]
— Zehnpfennig-Unterhaltungshefte f. Nationalstenogr. No 13.

— Rathsmädelgeschichten. 8. (VIII, 188 S.) Ebd. 888 n. 3. 60

Böhlau, Helene (Madame al-Raschid Bey), Rathsmädelgeschichten. 2. u. 3. Aufl. 8. (VIII, 260 S. m. 1 Bildnis). Minden 891. 894. J. C. C. Bruns. n. 3. 60; geb. n. 4. 60

— Rathsmädelgeschichten. 4. Aufl. 8. (VIII, 260 S. m. 1 Bildnis.) Minden 897. J. C. C. Bruns. n. 3. 60; geb. n. 4. 60

Rathsmädelgeschichten von Helene Böhlau, Madame al Raschid Bey. 5. Aufl. *Minden i. W.: J. C. C. Bruns [1899].* (VIII, 260 S.) 8° [F.]

Rathsmädelgeschichten von Helene Böhlau, Madame al-Raschid Bey. 5. Aufl. *Minden i. W.: J. C. C. Bruns [1900].* (VIII, 260 S.) 8° [F.]

— Ratsmädelgeschichten. 6. Aufl. 8. (VIII, 260 S. m. 1 Bildnis.) Minden (902). J. C. C. Bruns. n. 3. 60; geb. n. 4. 60

— Ratsmädelgeschichten. 7—9. Tausend. (VIII, 260 S. m. 1 Bildnis.) 8. Minden (904). J. C. C. Bruns. n. 3. 60; geb. n. 4. 60

— Ratsmädelgeschichten. 10. u. 11. Aufl. (VIII, 260 S. m. 1 Bildnis.) 8. Minden 908. 09. J. C. C. Bruns. 3.60; geb. 4. 60

— Ratsmädelgeschichten. 13.Afl. (8, 260 m. 1 Bildn.) 8°
Mind., JCC Bruns ('11). 4 —; geb. 5 — d

— Ratsmädel- u. altweimar. Geschichten, s.a. Engelhorn's allg. Romanbibliothek.

[J.] Ratsmädel- und Altweimarische Geschichten. Von Helene Böhlau (Madame al Raschid Bey)'. Stuttgart: J. Engelhorn 1897. (159 S.) 1 Bd8.
— Romanbibliothek, Engelhorns Allgemeine. Jg. 13. Bd 12.

— Ratsmädel- u. altweimar. Geschichten. (Engelhorns allgem. Romanbibliothek. Salon-Ausg.) 8. (159 S.) Stuttgart 899. J. Engelhorn. Geb. in Halbleinw. n. 2. —

— dasselbe, s.: Engelhorn's allgemeine Romanbibliothek.

Ratsmädel- und Altweimarische Geschichten. Von Helene Böhlau (Madame al Raschid Bey). Stuttgart: Engelhorn [1909]. 159 S. 8°
(Engelhorns Allgemeine Romanbibliothek. Jg. 13, Bd 12.)
(Bibliothek August Scherl. Bd 504, [1.])

— Rathsmädel-Stories. Translated by Margaret Kemp. 8. (III, 302 S.) Ebd. (901). n. 3.60; geb. n. 4.00

— Das Recht d. Mutter. Roman. 2. Aufl. 8. (377 S. m. Bildn.) Berlin 896. F. Fontane & Co. n. 6. —; geb. n. 7. 50

— das Recht der Mutter. Roman. 3. Aufl. 8. (377 S.) Berlin 901. F. Fontane & Co. n. 6. —; geb. n. n. 7. 50

— das Recht der Mutter. Roman. 4. Aufl. (377 S.) 8. Berlin 903. E. Fleischel & Co. n. 6. —; geb. n. 7. 50

— Das Recht der Mutter. Roman. 5. Aufl. (377 S.) 8. Berlin 908. E. Fleischel & Co. 6.—; geb. 7. 50

! Jetzt: Berlin: Fleischel

Böhlau, Helene: Reines Herzens schuldig. Roman. — Minden: Bruns 1888. VIII, 378 S. 8°

(B) — Reines Herzens schuldig Jetzt: Berlin, E. Fleischel & Co.

— Sommerbuch. Altweimar. Geschichten. 1. u. 2. Afl. (224) 8°
Berl., E Fleischel & Co.'03. 3 —; geb. 4 — d

Sommerbuch. Altweimarische Geschichten von Helene Böhlau (Frau Al Raschid Bey). Berlin: F. Fontane & Co. 1903. (224 S.) 8° [J.]

— Sommerseele. Muttersehnsucht, s.: Hesse's, Max, Volksbücherei.

—— im Trosse der Kunst und andere Novellen. 8. (240 S.) Minden 888, Bruns. * ℳ 3.60.; geb. *

— im Trosse der Kunst u. andere Novellen. 8. (240 S.) Ebd. 889. n. 3. 60; geb. n. 4. 60

(B) — Im Trosse d. Kunst. 889. (RBB 25.) Jetzt: Ebd.

Böhlau, Helene, der schöne Valentin. Die alten Leutchen. 2 Novellen. 8. (268 S.) Berlin 886. Paetel. n. 5. —; geb. n. 6. 50

— der schöne Valentin. Novellen. 2. Aufl. 8. (V, 209 S.) Ebd. 903. n. 4. —; geb. n. 5. —

! Jetzt: Berlin: Fleischel.

— in frischem Wasser, s.: Engelhorn's allgemeine Romanbibliothek.

Böhlau, Hugo Heinr. Alb.

Boehlau, preußisches Ausführungsgesetz zum bürgerl. Gesetzbuch, s.: Reimer.

Böhlau, Hugo Heinr. Alb.: Bedeutung

—— die, der Herbergen zur Heimath. Zwei Vorträge hrsg. vom Verein Herberge zur Heimath in Rostock. gr. 8. (18 S.) Rostock 878, Stiller'sche Hofbuchh.

Böhlau, Hugo Heinr. Alb., die Bedeutung der kleinen Universitäten. Rede geh. zur Feier d. Geburtstages Sr. königl. Hoheit d. Großherzogs am 28. Febr. 1875 in der Aula der Universität. gr. 8. (37 S.) Rostock 875. Stiller. n. — 60

Boehlau, Hugo: Die Blume von Magdeburg. Weimar 1868.

Boehlau, Hugo: De causa, ex qua stupratur spurium intra legalia tempora a stuprata natum alere debeat. Wimariae (1853): Boehlau. 72 S. 8° [Nebst:] Theses. 1 Bl. 8°
Halle-Wittenberg, Jur. Diss. v. 23. Dez. 1853
Geb. [Halle a. d. S. 4. 1. 1833]

Boehlau, Hugo, novae constitutiones Domini Alberti d. i. Der Landfriede vom J. 1235 mit der Glosse des Nicolaus Wurm herausg. etc. In Beilage VI: Ueber die Entwicklung der Strafrechtsidee bis zum Landfrieden v. J. 1235. Weimar 858. Böhlau. gr. 4. (4 Bl., XLIV, 90 S. u. 1 Holzschn.) n. 1 ₰ 15 ngr

Böhlau, Hugo, die Einzelnhaft in Preußen. Eine Kritik. Weimar 861. Böhlau. gr. 8. (54 S.) 7⅓ ngr.

— die Entwickelung des Begriffes der Freiheit im deutschen Rechte. Ein Vortrag. Rostock 865. Stiller. 16. (58 S.) n. 8 ngr.

Böhlau, Hugo, Fiskus, landesherrliches u. Landes-Vermögen im Großherzogthum Mecklenburg-Schwerin. Eine rechtsgeschichtliche Skizze. gr. 8. (VIII, 169 S.) Rostock 877. Stiller. n. 3. 50

[Böhlau, Hugo Heinr. Alb.]: Competenz — Competenz? Erörterungen zu Art. 78 der Verfassung des Norddeutschen Bundes. Leipzig 1869.

— der mecklenburgische Criminal-Proceß. Die allgemeinen Criminal-Proceß-Gesetze d. Großherzogth. Mecklenburg-Schwerin in histor. u. systemat. Uebersicht. Wismar 867. Hinstorff. gr. 8. (XII, 343 S.) n. 1 ₰ 20 ngr.

Böhlau. Kritik d. Einzelhaft in Preussen. Weimar 861.

— Mecklenburgisches Landrecht. Das particulare Privatrecht d. Großherzogth. Mecklenburg-Schwerin m. Ausschluß d. Lehnrechts. 2 Bde. gr. 8. (XVI, 496 u. VIII, 450 S.) Weimar 871—74. Böhlau. n. 16. 40

Böhlau, Hugo Heinr. Alb., mecklenburgisches Landrecht. Das particulare Privatrecht des Großherzogth. Mecklenburg-Schwerin m. Ausschluß des Lehnrechts. 3. Bd. 1. Abth. gr. 8. (VIII, 300 S.) Weimar 880. Böhlau. n. 6. — (I—III, 1.: n. 22. 40)

— mecklenburg. Landrecht. I—III. 1. Weimar 871—81.

H. Böhlau, de regalium notione et de salinarum jure regali. Halae, 1853.

Böhlau, Hugo: De regalium notione et de salinarum iure regali. Vimariae (1855): Böhlau. 20, XVIII S. 4° — [Nebst] Theses. 1 Bl.
Halle-Wittenberg, Jur. Hab.-Schr. v. 10. [vielmehr: 11.] Dez. 1855

Böhlau, Hugo. I. De Regalium notione et de Salinarum jure regali commentarii. II. Specilegium ex diplomatibus ad regale Salinarum ius spectans. 2 part. 4°. s. l. s. a. (Weimar 1855.)

—— Quellen und Literatur des gemeinen deutschen und preussischen Strafrechts. br. 8. (31 S.) Weimar 859, Böhlau.

— u. Carl Dugge, einheimischer u. fremder Rechtsgang. Einige Stadt Bützow'sche Urkunden aus dem 16. Jahrh. gr. 8. (VI, 37 S.) Rostock 873. Stiller. n. 1. —

—— Rechtssubject und Personenrolle. Festschrift Namens und im Auftrage der Rostocker Juristen-Facultät verf. gr. 8. (VIII, 70 S.) Weimar 871, Böhlau. *

— Replik zur „Competenz-Competenz?“ Eine Streitschrift. Weimar 870. Böhlau. gr. 8. (2 Bll., 67 S.) 12 ngr

—— der Kriminal-Prozeß Rose und Rosal. gr. 8. (VIII und 46 S.) Weimar 859, Böhlau.

Böhlau, H., Die Wandelung des Heimatsrechtes in Mecklenburg-Schwerin. 8°. Jena 1873.

Böhlau, H. (Hrsg.), s. Zeitschrift der Savigny-Stiftung für Rechtsgeschichte.

Böhlau, Johannes

Boehlau, J., G. Eisentraut, H. Hofmeister u. W. Lange, die Ausgrabungen auf der Altenburg bei Niederstein. Erster vorläuf. Bericht. Mit e. Beitrage v. E. Schröder. (41 S. m. 2 Plänen u. 4 Taf.) 8. Cassel 909. (G. Dufayel.) 1. 20

Sonderabdruck aus „Ztschr. d. Ver. f. hess. Gesch.“

Neolithische Denkmäler aus Hessen. Hrsg. v. Johannes Boehlau u. Felix v. Gilsa zu Gilsa. M. 7 Taf. u. 31 Textabb. *Cassel: Dr. v. L. Döll 1898.* (2 Bl., 21 S., 7 Taf.) 1 Bd 4.
= Zeitschrift d. Vereins f. hessische Geschichte ... N. F. Supplementheft 12. [illegible] 3

Boehlau, Johs., Aus ionischen u. italischen Nekropolen. Ausgrabgn. u. Untersuchgn. z. Geschichte d. nachmyken. griech. Kunst. M. 15 Taf., 1 Plano u. zahlr. Abb. i. Texte. gr. 4. (V, 172 S.) Leipzig 898. B. G. Teubner. Kart. n. 20. —

— z. Ornamentik d. Villanova-Periode. [A.: „Festschrift d. XXVI. Jahresversammlg. d. deutschen anthropolog. Gesellsch.“] 4. (22 S. m. 16 Abb.) Cassel 895. Th. G. Fisher & Co. n. 1. —

Boehlau, Joa, quaestiones de re vestiaria Graecorum. gr. 8. (87 S. m. eingedr. Fig.) Weimar 884. Böhlau. n. 2. 40

Boehlau, Johannes. Quaestionum de re vestiaria graecorum specimen. Dissertatio archaeologica quam ad summos in philosophia honores rite impetrandos scripsit ordinique philosophorum in universitate Rostochiensi amplissimo tradidit Joannes Boehlau. Wimariae, formis Boehlavianis MDCCCLXXXIV (1884).
Tit., 34 S. m. 10 Abb. 8°.
Teilpublikation des vorigen.

Boehlau, Johs., eine niederhessische Töpferei des 17. Jahrh. Mit Unterstützung des Vereins für hess. Geschichte u. Landeskunde. (9 S. m. 16 [2 farb.] Taf.) gr. Fol. Marburg 903. N. G. Elwert's Verl. n. 10. —

Böhlau, J., Frühattische Vasen. S.-A. 1887. 84 S. m. Illustr. 4°. 1.20

Boehlau, Karl De Lygdami carminibus. 8 S. Progr. *Neustettin* 1876.

Bohle: De Demetrio Scepsio grammatico. 9 S. Progr. Kempen 1858.

Bohle: De primo Aeschyleae Agamemnonis stasimo, s. Bohle, S.

Bohle, G., Vorschule der Geometrie. 8. (V, 28 S.) Crefeld 889. Groven. n. — 50

Bohle, Georg: Der vorbereitende geometrische Unterricht in Quinta. Crefeld, J. B. Klein'sche Buchdr., M. Buscher (1889); S. 3—28; 4°
Crefeld, R, OP 1889 (448)

Bohle, Georg Christoph (Pirna), De continentia causarum. Diss. jur. Präs. Jo. Balthas. Werner. Wittbg. (Jo. Gottfr. Meyer) 3. IV. 1703. 16 Bl. (4.80) 3422
Gew.: Abrah. Chph. Plaz (Mockau . .).

Bohle, S.

Bohle, S., Analysis in Psalmos. deutsch. 8. , 709.

— analysis in Zachariam. 8. 711.

Bohle: De primo Aeschyleae Agamemnonis stasimo. 24 S. Progr. Münster 1863.

Bohle, Steph. A. Verzeichnis der in den ersten fünfzig Jahren (1830—1879) seit Erlaſs der hannoverschen Maturitätsprüfungsordnung am Karolinum entlassenen Abiturienten. 16 S. Kar. *Osnabrück* 1880. Progr.

Böhle, Fr. Chr., († d. 16. Oct. 1805.) frohe Aussicht auf e. gesundes ruhiges Alter 2c., 2 Predigten. 8. Chemn. 795. Mauke. 3 gl.

— Christenthum u. Patriotism. 2c. 3 Predigten. gr. 8. Chemn. 790. Mauke. 3 gl.

Boehle, Fritz. Ein Buch ar Kunst. Mit Einleitg v. Wilh. Kotzde hrsg. v. d. freien Lehrervereinigg f. Kunstpflege. (35 m. Abb.) Lex8° Mainz, J Scholz '11. 1 — d

Böhle, K. F., wie müssen Kinder, die nicht die unsrigen sind, von uns gewürdigt werden? Eine Predigt. Leipz. 802. Tauchnitz. 3 gl.

Bohlemann, O.: Denkschrift über die prioritätischen Ansprüche Preußens an das Herzogthum Braunschweig-Wolffenbüttel. Nach den Quellen bearb. Nebst e. Anh. Berlin 1861

Boehle-Mappe. Hrsg. v. Kunstwart. (12 Taf. m. 11 S. illustr. Text u. 3 S. Abb.) 43×31,5 cm. Münch., GDW Callwey ('10). 6 —

v. Bohlen. Die Kaiserlichen auf Rügen 1627—1630. (Als Mscr. gedr.) 8. Stralsund 1846.

Bohlen, v., die Städte-Ordnung f. die Rheinprovinz vom 15. Mai 1856, nach den Bestimmgn. der Reformgesetze, insonderheit d. Zuständigkeitsgesetzes. Lex.-8. (164 S.) Remscheid 887. (Schmidt.) n. 3. —

Bohlen s: Wege z. Kulturbeherrschg.

Bohlen, A. v.: Das Buch der Mutter, s. Bohlen, Agnes v.

Bohlen, A.: Knechtsteden, s. Bohlen, Anton

Bohlen, Adolf, a. Oldenburg: Zusammengehörige Wortgruppen, getrennt durch Cäsur oder Versschluss, in der angelsächsischen Epik. (Berlin 1908: E. Ebering.) (56 S.) 8°
Berlin, Phil. Fak., Ref. Brandl, Diss. v. 16. Mai 1908
[Geb. 28. Mai 84 Oldenburg; Wohnort: Berlin; Staatsangeh.: Oldenburg; Vorbildung: Gymn. Vechta Reife O. 03; Studium: Münster 3, Berlin 6 S.; Rig. 5. März 08.]

v. Bohlen, Agnes, das Buch der Mutter für Haus u. Erziehung. 2. durchgeseh. Aufl. Berlin 866. J. Springer. 8. (VI, 370 S.) 1 ₰ 10 ngr

Knechtsteden. Geschichte e. alten Prämonstratenser-Klosters. Von A[nton] Bohlen, Pfarrer. 2. Aufl. Düsseldorf 1902: Düsseldorfer Volksbl. 72 S. 8° [illegible]

Bohlen, A: Knechtsteden. Gesch. e. alten Prämonstratenser-Klosters. 2. Afl. (72 m. Abb.) 8° Düsseldf '02. (Knechtsteden, Missionshaus Knechtsteden.) — 50 d

Bohlen, Ernst, Rechtsanw.: Grundzüge der rechtlichen Stellung des Binnenschiffers. Borna-Leipzig 1910: Noske. IX, 86 S. 8°

Würzburg, Jur. Diss. v. 2. Mai 1910, Ref. Mayer

[Geb. 12. Mai 83 Hamburg; Wohnort: Hamburg; Staatsangeh.: Preußen; Vorbildung: Gelehrtensch. d. Johanneums Hamburg Reife Aug. 01; Studium: Breslau 2, Göttingen 5, Genf 1. Berlin 1 S.; Rig. 12. Jan. 10.] [U 10. 4286

Bohlen, Ernst, Grundzüge der rechtlichen Stellung des Binnenschiffers. (Diss.) (IX, 86 S.) 8. Borna-Leipzig 910. (Cuxhaven, A. Rauschenplat.) 2. —

Bohlen, Ferd. Frhr. v., Phantasie u. Wirklichkeit. Ein Cyclus v. unterhalt. Erzählungen f. d. reif. Jugend, vorzugsweise z. angenehm. Unterhalt. währ. d. Winterstunden am Kaminfeuer. 8. (11 B.) Glogau 838, (Prausnitz.) *

Bohlen, Fritz [aus Bremen]: Aus d. physiolog. Institut zu Jena. Ueber die electromotorischen Wirkungen der Magenschleimhaut ... (Aus: Arch. f. die ges. Physiol., Bd. 57.) Bonn, E. Strauss, 1894; 1 Bl., 97—122 S. 8.
Jena, Med. Fak., Inaug.-Diss. v. [9. Juni] 1894

Bohlen, George: Post-Amt I od. Ein vergnügter Tag, s: Thalia, Born.

Bohlen, George, u. Carl Born, Rheingeister od.: 's ist ja gräßlich! Schwank m. Gesang in 1 Act. Musik v. Carl Born. (20 S.) 8. Bremen (908). (Leipzig, O. Dietrich.) 2. —

Bohlen, H., Kirchengesänge für gleiche Stimmen, zu dem von Th. Linden herausg. Gebet- u. Gesangbuch „Alles für Jesus u. Maria" bearb. 2. verm. u. verb. Aufl. Aachen 865. Hensen. (Jacobi & Co.) 12. (VI, 284 S.) 15 ngr

Bohlen, H., Kirchengesänge für gleiche Stimmen, zu dem von Th. Linden hrsg. Gebet- und Gesangbuch „Alles für Jesus und Maria" bearb. 3. verm. und verb. Aufl. 8. (III, 287 S.) Aachen 872, Jacobi und Comp. *

Bohlen, Heinrich, aus Meiningen, Volontärarzt an d. Kgl. med. Poliklinik in München: Zur Lehre von der organischen Grundsubstanz der Harnconcremente. *München [1903]: Kastner & Callwey.* (48 S.) 8°
München, Med. Diss. v. 1895

BOHLEN, Heinrich (Meiningen): Zur Lehre von der organischen Grundsubstanz der Harnconcremente.- München: Kastner & Callwey (1903). 48 S.
20.12.1895 - Car 1895/96,91 Jv 1902/03,300 Diss. Ingolst.-Landsh.-Mchn.

Bohlen, J. D., Ex neglectis haemorrhoidalibus polypi cordis sub schemate asthmatis convulsivi. C. 2 tab. Brl. 4°.
1710

Bohlen, J(ann) L(ücken), a. Bagband in Ostfriesland: Die Abhängigkeit des Pädagogen Joh. Amos Comenius von seinen Vorgängern. Erlangen 1906: Junge & Sohn. (83 S.) 8°
Erlangen, Phil. Fak., Ref. Roemer, Diss. v. 1. Nov. 1906

[Geb. 15. März 64 Bagband; Wohnort: Lachem; Staatsangeh.: Preußen; Vorbildung: Gymn. Aurich Reife O. 84; Studium: Greifswald 3, Erlangen 3 S.; Rig. 7. Dez. 05.]

Bohlen, Jul. Frh. v.: Die Erwerbung Pommerns durch die Hohenzollern. Zur Erinnerung an die vor 50 Jahren erfolgte Wiedervereinigung des ganzen Pommern unter der Herrschaft seines erlauchten Königshauses. Berlin 1865.

Bohlen, Jul. v., Geschichte des adlichen, freiherrlichen und gräflichen Geschlechts von Krassow. 2 Thle. Berlin 853. F. Schneider in Comm. gr. 4. (2 Bl., VII, 195 S., 9 lith. Taf. u. 2 Tab. in gr. Fol.; XXVIII, 388 S. u. 14 lith. Taf.) n. 5 ℛ 20 ngℛ

Bohlen, J v., Gesch. d. adl., freiherrl. u. gräfl. Geschl. v. Krassow. 2 Thle. 4. (583 m. 23 K.) Berl. 53, Weber. n. 5. 20; Her. Pr. n. 2. 20

Bohlen, Jul. Frhr. v., Geschichte d. adlichen, freiherrlichen u. gräflichen Geschlechts der Bohlen. Fortgeführt von Glleb. v. Rosen. 1. Thl.: Genealogie, Grundbesitz ꝛc. 1. Hft.: Einleitung. Aeltere Vorzeit. (Tab. I.) Einschaltung: Philipp I. [Statt Hdschr. gedr.] gr. 4. (110 S. m. 1 Steintaf.) Stralsund 884. (Bremer.) n. 2. —

— dasselbe. 2. Thl. Urkundenbuch. gr. 4. (IV, 566 S. m. 4 Steintaf.) Ebend. 875. n. 10. —

Bohlen, Peter v., Autobiographie, hrsg. von Joh. Voigt. 2. Aufl. gr. 8. (10¾ B.) Königsberg 842, Theile.

— s. Bhartriharis Sprüche.

v. Bohlen, Pt., Carmen Arabicum Amali dictum, breve religionis Islamiticae systema complectens, quod Cod. Msct. descriptum et in sermonem latinum conversum dissertat. loc. 4. Königsb. 826, (Bornträger). 16 gℛ

— vermischte Gedichte u. Uebersetzungen, auch einige Gedichte in engl. Sprache. 8. Königsb. 826, Bornträger.

—— die Genesis histor.-krit. erläut. gr. 8. (44¼ B.) Königsberg 835, Gebr. Bornträger.

Bohlen, Pet. v., das alte Indien, mit besond. Rücksicht auf Aegypten. 2 Thle. gr. 8. (52 B.) Königsberg 830, 31, Gebr. Bornträger.

— Commentatio de Motenabbio, poeta Arabum celeberr., ejusque carminibus. 8 maj. Bonn 824, Weber.

— de Buddhaismi origine et aetate definiendis tentamen. 8. Königsb. 827. (Bornträger). 8 gℛ

—— Commentatio de origine linguae Zendicae e Sanscrita repetenda. 8 maj. (4 B.) Regiomontii 831, (Fratr. Bornträger.)

—— Ritusanhàra, s. Ritusanhàra.

Bohlen, Pet. v., Bhartriharis Sprüche, s. Bhartriharis.

— Symbolae ad interpretationem s. codicis ex lingua persica. 8 maj. Lips. 823, Barth.

S. Bohlen u. G. W. v. Wedekind,
Allgem. Forst- u. Jagdzeitung. Frkf. a. M.

Bohlen-Bohlendorf, J. v., Georg Behr, d. Röm. Kais. auch zu Hungarn u. Böheimb Kgl. Majestät Obrister, Commandant der Vestung Brieg, des Stifts Schwerin Sub-Senior etc. Mit Stamm- u. Wappentfl. Stralsund 1859. 8. Als Manuscript gedruckt.

v. Bohlen-Bohlendorf, J., die Personalien ꝛc. der Herzoge von Pommern, s. Negendank-Semlow.

Bohlen-Bohlendorff, Julius Frhr. von, s. Bibliothek des litterarischen Vereins in Stuttgart CLXI.

v. Bohlen-Bohlendorf, Jul., der Bischofs-Roggen u. die Güter des Bisthums Roeskild auf Rügen in erblichem Besitz der Barnekow u. Umriß der Geschichte dieses adlichen, freiherrl. u. gräfl. Geschlechts. Mit 1 (lith.) Siegeltaf. gr. 8. (VIII u. 297 S.) Stralsund 850, Löffler in Comm. n. 1⅓ ℛ

Bohlen-Bohlendorf J v., d. Personal. u. Leichen-Process. d. Herz. v. Pommern, s.: Negendank-Semlow, UB v.

v. Bohlen auf Lerchenborn, Ferd. Frhr., Phantasie und Wirklichkeit. Ein Cyclus von unterhaltenden Erzählungen für die reifere Jugend, vorzugsweise zur angenehmen Unterhaltung während der Winterstunden am Kaminfeuer. 8. Glogau 838. (Prausnitz.) n. ½ ℛ

Boehlen, Andrs, der gewandte Buchhalter. Leichtfaßliche u. praktische Anleitg. zur schnellen Erlernung der einfachen Buchführg., kaufmänn. Zinsenberechng. u. d. deutschen Wechselrechtes, sowie sonst. im tägl. Geschäftsverkehr vorkomm. schriftl. Arbeiten f. Kleinhändler, Handwerker, angeh. Kaufleute u. Handlungslehrlinge unter Zugrundelegg. d. allgemeinen deutschen Handelsgesetzbuches u. der allgemeinen deutschen Wechselordng. Nebst Anh., enth. Wechsel-Formulare m. Erklärgn., ferner die allgemeine deutsche Wechsel-Ordng. rc. 2. Ausg. Lex.-8. (IV, 132 S.) Aachen 872. Habes. n. 2. —

Böhlen, H., Kirchengesänge f. gleiche Stimmen, zu dem v. Th. Linden hrsg. Gebet- u. Gesangbuch „Alles f. Jesus u. Maria" bearb. 3. verm. u. verb. Aufl. 8. (III, 287 S.) Aachen 872. Jacobi & Co. n. 1. 60

Böhlen, Hippolytus: Die Franziskaner in Japan einst u. jetzt, s: Aus allen Zonen.

Böhlen, Hyppolytus, O.F.M., St. Johannes a Capistrano, der zweifache Sieger. (Befreiung Belgrads 1456.) Geschichtliches Schauspiel in 5 Akten. (94 S.) 8. München (909). B. Höfling. 1. 90

— Kampf u. Sieg (St. Ludwig. v. Toulouse), s.: Heidelmann's, A., Theaterbibliothek.

v. Böhlendorf, Fernando, od. die Kunstweihe, eine dramat. Idylle. 8. Frankf. a. M. 802. Fr. Willmans. 16 gr

Böhlendorff von: Physiologische Untersuchungen..., s. Böhlendorff, N.

Boehlendorff, Herm. v., ein **Beitrag zur Biologie einiger** Schizomyceten. **Inaugural-Dissertation. gr. 8.** (51 S.) Dorpat 880. (Karow.) n. 1. —

Böhlendorff, Kas. Ulr., († d. 10. April 1825.) Recurs von Carl. Merkels anständ. Kühnheit u. gründl. Besonnenheit an die Vernunft des Lesers. 8. Berl. 803. Unger. 2 gr

— s. (.) Taschenbuch, poet.

Boehlendorff, N.: Physiologische Untersuchungen über die Wirkung des amerikanischen Pfeilgiftes auf die Nerven. Dorpat. 74 S. 1865
Schul-/Univ.-Schrift

Böhlendorff, O. v., s.: Instructionen zur Anwendung d. Gesetzes vom 4. Juni 1890 üb. die Maßnahmen zur Förderung d. landwirthschaftlichen Branntweinbetriebes.

Boehlendorff, Victor von: Über die Einwirkung von Salpetersäure auf Benzilsäure. Königsberg i. P. 1909: Kümmel. 38 S. 8°
Königsberg, Phil. Diss. v. 28. Dez. 1909, Ref. Klinger, Stutzer
(Geb. 8. Juli a. St. 82 Dorpat; Wohnort: Königsberg i. P.; Staatsangeh.: Rußland; Vorbildung: Gymn. Omsk Reife Mai 01; Studium: Dorpat 8. Königsberg 7 S.; Rig. 15. Dez. 09.] [U 10. 2503

Boehlendorff, Wilhelm [aus Berlin]: Studien zur Absorptions-Spectral-Analyse.... Erlangen, 1890; 80 S., 1 Taf. 8°
Erlangen, Phil. Fak., Inaug.-Diss. v. 1890

Bohlenwege, Die, im Flussgebiet der Ems und Weser. (2. Ausg.) Oldenburg 1888. V: *Alten, Frdr. v.* (Ky)

Bohler, Augustus, Alsata: Sophistae anonymi protreptici **fragmenta** instaurata illustrata. *Lipsiae: G. Fock 1903.* (75 S.) 8°
Straßburg, Phil. Diss. v. 1902

Bohler, Otto, über die Picard'schen Gruppen aus dem Zahlkörper der 3. u. der 4. Einheitswurzel. Diss. (III, 102 S. m. Fig.) gr. 8. Zürich 905. (Rascher & Co.) (905). n. 2. —

Bohler, Otto. Über die Picard'schen Gruppen aus dem Zahlkörper der dritten und der vierten Einheitswurzel. Diss. Phil. [II.] Univ. Zürich. [Mit Figuren.] IV + 102 S. 8. Zürich, Zürcher & Furrer. 1905.

Böhler, Zur Erinnerung an das hundertjährige Geburtsfest Franz Schubert's (die Tonheroen gratuliren Franz Schubert) dem Wiener Schubertbunde gewidmet. Photographie in Quartform. (Nach einer Silhouette) Wien: Sallmayerische Buchhdlg (Schellbach) 1897. * 1.—

[Lied.] Zur Erinnerung an das Schwester[n]- und Stiftungsfest am 28. Dez. 1858 in Heidelberg. [Unterz.:] Boehler. [Heidelberg 1858: Groos.] 2 Bl. 8° [Umschlagtit.]
Ohne Noten: „Wir feiern heut' zum zweiten Mal..."

— und Königsdörffer, das Erkennen der Trichinen-Krankheit und der mikroskopische Nachweis lebender Trichinen beim Kranken zu Jedermanns Kenntnißnahme dargestellt. 1. und 2., verm. Aufl. gr. 8. (10 S. mit 1 Stnt. Abbild.) Plauen 862, Hohmann.

Böhler, Gebr., & Co., A. G.: Die Erzeugungsweise von Böhlerstahl. 3. Aufl. Wien und Berlin 1909

Böhler, ..., die Hirsche, nach d. Natur gezeichnet, m. Erläuter. u. m. 12 Kpft. qu. Fol. Leipz., Magazin f. Ind. 4 rf Hbg. Pr. 3 rf

Lied zur Feier des Schwestern-Festes [in Heidelberg] am 29. Dez. 1859, gedichtet. [Unterz.:] Böhler. [Heidelberg 1859]: Wolff. 1 Bl. 4° [Kopftit.]
Ohne Noten: „Es naht das schöne Schwesternfest."

Böhler, ..., tabellar. Reduktion über die Weinpreise, nach neu badischem Maaße. 4. Frburg 832. Wagner. 9 gr

Böhler, die Trichinen-Krankheit in Plauen und die Behandlung derselben. gr. 8. (III und 91 S. mit 1 Stnt. Abbild.) Plauen 868, Hohmann. *

Boehler, A.: Australische Lebensbilder aus der goldenen Zeit, s. Familien-Bibliothek. Ser. V. Nr. 25.

Böhler, Arthur, approb. Arzt aus Villingen: **Untersuchungen** über die Nierendegeneration bei Abscheidung von Gallenbestandteilen. *Freiburg i. B. 1898: Ch. Lehmann's Nachf.* (34 S.) 8°
Freiburg i. B., Med. Diss. v. 1898

Böhler, Christian

Ansprache an einen Suchenden mosaischer Religion bei seiner Aufnahme in die Loge Pyramid [!] im Or. zu Plauen am Johannis-Feste 1857 von Christian Böhler. Berlin 1857: Sittenfeld. 7 S. 8° [Umschlagtit.]
Üb. die Ansichten des echten Mrs üb. die Verschiedenheit des Glaubens unter den Menschen.

Böhler, Erich, Approb. Arzt aus Berlin: **Ichthyosis congenita.** *Freiburg i. B. 1901: Ch. Lehmann's Nachf.* (38 S.) 8°
Freiburg i. B., Med. Diss. v. 1902

[F.] Wie operiere ich mit Erfolg an der Börse? Prakt. Anleitg f. d. grosse Publikum u. f. Börsenspekulanten unter Berücks. u. Erklärg aller Arten von Börsengeschäften v. Felix Boehler. *Minden i. W.: W. Köhler [1896].* (IV S., 1 Bl., 52 S.) 1 Bd 8. [96. 2377

Böhler, Franz: Doppelanlage des rechten Auges mit Dermoidbildung beim Kalbe. Mit 6 Abbildungen: Giessen 1910. 34 S.
Giessen, Vet.-med. Diss. v. 1910.

Böhler, H: Begleitworte z. Karte d. Usambara- u. Küstengebietes. [Aus: „Ztschr. f. Vermessgswesen".] (461—475) gr8° Stuttg., K Wittwer ('11). — 30

Böhler, H.: Beschreibung des Basismeßverfahrens . . ., s. Böhler, Heinrich

Böhler, H: Karte v. Ost-Usambara, Deutsch-Ost-Afrika, 1897—99. 1:50,000. 79,5×75 cm. Photolith. u. Farbdr. Berl. 1900, D Reimer. 3 —

Boehler, H, austral. Lebensbilder a. d. gold. Zeit, s.: Familien-Bibliothek.

Ost-Usambara 1897–1899. Trigonometr. u. topogr. aufgenommen, berechnet u. gez. durch H. Böhler, Preuss. Landmesser. Massst. 1:50,000. *Berlin: D. Reimer in Komm. [1900].* (1 Kartenbl. 77×72 cm.) gr. 2° [farbig.] [co. 13140

Böhler, H., Wahl der Koordinatensysteme f. Spezialvermessungen in Kolonisationsgebieten. (23 S. m. Fig.) gr. 8. Stuttgart 909. K. Wittwer. — 80
Sonderabdruck aus „Ztschr. f. Vermessungswesen".

Boehler, Heinrich. Zwei Auswand-Familien nach A. Sk aus d Leben. Schaffhausen, 1870.

Beschreibung des Basismeßverfahrens mittels horizontaler Distanzlatte. Von H[einrich] Böhler. Mit 24 Fig. u. 8 Anlagen als Anh. Berlin: E. S. Mittler & Sohn 1905. (62 S.) 8°
Aus: Mitteilungen aus d. deutschen Schutzgebieten. Bd 18, H. 1. [05. 11388

Boehler, Heinr., australische Lebensbilder aus der goldenen Zeit, s.: Familien-Bibliothek.

Böhler, J. K., Leitfaden z. erst. Unterrichte in den Elementen der deutschen Sprache. 8. Rotweil 818. Herder. 2 K.

Boehler, Jacob Julius (Plauen/V.), De chininio sulphurico. Diss. med. Lpz. (Gust. Naumann) 21. XI. 1828. 38 S. (4.50) 3115
Gew.: Joh. Gottlob Troemer.

Böhler, M.

– Patrik von Macvood, s. Familien-Bibliothek.

Böhler, M.: Namenlos, s. Familien-Bibliothek.

– gebrochene Treue, s. Familien-Bibliothek.

Böhler, Marie, Genesung. Gedichte. (95 S.) 8. Frankfurt a/M. 904. Gebr. Knauer. n. 2. —; geb. in Leinw. n. 3. —

Böhler, Otto. Ueber einige Sulfosäuren des Benzyls und eine Verbindung von Senföl mit Schwefligsauren Alkalien. Tübingen, 1869. Diss. G. S.

Böhler, Otto: Über Wolfram- und Rapidstahl. 1903. 57 S., 4 Taf. 8°
Berlin, Dr.-Ing.-Diss. v. 17. 7. 1903

Böhlje, Georg

Böhlje, Geo., das Bild des Lammes. (14 S.) kl. 8. Hannover (906). Verlag: Der Sänger. n. — 25

Das Bild des Lammes von Georg Böhlje. Hannover: Der Sänger [1908]. (14 S.) 8° [F.] [08. 10097

Christenhymne von Georg Böhlje. Hannover: Der Sänger [1908]. (2 Bl.) 8° [F.] [08. 10097

Böhlje, Geo., Funken vom Heimatsherd. (19 S.) 8. Hannover (908). Verlag: Der Sänger. — 30

Böhlje, G: Eine Stimme vor d. Sturm. (128) 8° Hannov., Verl.: Der Sänger ('05). 2 — d

— **Stimmen der Höhe. Gesänge.** (59 S.) kl. 8. Ebd. (907). Geb. in Leinw. m. Goldschn. 1. 85

Böhlje, Heinrich

[F.] Deklamationen und Gedichte. Von Heinr. Böhlje. *Frankfurt a. M.: In Comm. b. J. Schergens; (Dr. v. Voigt & Gleiber) 1896.* (48 S.) 1 Bd 8. [96. 9011

Böhlje, H: Interessante Erlebnisse. Erzählgn in poet. Gewande. (47) 8° Altroggenrahmede '01. (Bonn, J Schergens.) — 45 d

Böhlje, Heinr., interessante Erlebnisse. Erzählungen in poet. Gewande. 8. (47 S.) Altroggenrahmede 901. (Frankfurt a/M., J. Schergens.) n. — 45

— **Gedichte f. die Weihnachts-Feier d. Sonntags-Schulen.** 12. (24 S.) Frankfurt a/M. (900). J. Schergens. n. — 20

Böhlje, Heinr., Guido, der Findling. Erzählung für die Jugend u. ihre Freunde. (56 S.) 8. Dresden 904. E. Pierson. n. 1. —; geb. n. 2. —

— **neues biblisches Quartettspiel.** 2. Aufl. 16. (60 Bl.) Ebd. 899. In Futteral n. 1. 25

Böhlig, Grundbestimmungen zu einer deutschen Wehrverfassung, oder: Wie ist Deutschland im Stande, ein stehendes Heer dreimal so stark als sein Bundesheer mit der Hälfte der Kosten desselben stets kampfrüstig zu unterhalten? Eine Zuschrift an die deutsche Nationalversammlung. gr. 8. (15 S.) Mannheim 848, Bensheimer. 1/12 rf

Bohlig, F., die Elmauer Haltspitze, s.: Gipfelführer, alpine.

— der Watzmann, s.: Gipfelführer, alpine.

Böhlig, Hans: Die Geisteskultur v. Tarsos im augusteischen Zeitalter m. Berücks. d. paulin. Schriften, s: Forschungen z. Relig. u. Lit. d. Alten u. Neuen Test.

Bohlin, Karl, Beobachtungen der Bieliden 1904 nebst e. allgemeinen Methode zur Bestimmung des Radianten eines Sternschnuppenfalles. (Astronomiska iakttagelser och undersökningar å Stockholms observatorium. 8. Bd. Nr. 2.) (7 S. m. 1 Fig. u. 1 Taf.) Lex.-8. Uppsala 905. (Berlin, R. Friedländer & Sohn.) n.n. 1. 60

Beobachtungen und Photogramme des neuen Sterns Nova (3. 1901) Persei. 1. Mittheilung von Karl Bohlin. *Stockholm 1902: P. A. Norstedt & Söner.* (12 S.) 8°
= Handlingar, Svenska Vetenskaps-Akademiens. Bihang. Bd 27. Afd. 1, No 6. [02. 11117 9

Bohlin, Karl, üb. integrierende Faktoren e. Systemes v. Differentialgleichungen. (47 S.) 8. Uppsala 907. (Berlin, R. Friedländer & Sohn.) nn 1. 50
Sonderabdr. a. „Arkiv f. matematik, astronomi och fysik".

Formeln und Tafeln zur gruppenweise [!] Berechnung der allgemeinen Störungen benachbarter Planeten von Karl Bohlin. *Upsala 1896: E. Berling.* (225 S.) 4°
— Acta, Nova, Reg. Societatis Scient. Upsaliensis. Ser. 3, Vol. 17, Fasc. 2. 1, 2.

Vereinfachte Formeln für Astrogramme von Karl Bohlin. Mit 4 Textfig. *Stockholm 1902: P. A. Norstedt & söner.* (22 S.) 8°
— Handlingar, K. Svenska Vetenskaps-Akademiens. Bihang. Bd 28, Afd. 1, No 5. [03. 13706

Integralentwickelungen des Dreikörper-Problemes. Von Karl **Bohlin.** Mit Taf. u. Textfig. [1.] 2. Uppsala & Stockholm: Almqvist & Wiksell 1908–11. 4°
(Astronomiska Iakttagelser och Undersökningar å Stockholms Observatorium. Bd 9, Nr 2. 3.) A 12.477

Bohlin, Karl: Integral-Entwickelgn d. Dreikörper-Problems II. [Aus: „Astronomiska iakttagelser och undersökningar å Stockholms observatorium".] (47 m. Fig.) Lex8° Uppsala '11. (Berl., R Friedländer & S.) nn 2.40 (I u. II: nn 11.40)

— Integralentwicklgn d. v. Haerdtl'schen Dreikörperproblems. [Aus: „Astronomiska iakttagelser och undersökningar å Stockholms observatorium".] (36 m. Fig. u. 1 Taf.) Lex8° Ebd. '11. nn 2.40

Analytische Merkmale des Dreikörper-Problems. Von Karl **Bohlin.** Uppsala & Stockholm 1908: Almqvist & Wiksell. (72 S.) 4°
= **Iakttagelser,** Astronomiska, och undersökningar å Stockholms observatorium. Bd 9, H. 1. (08. 16378

— **2. Mitteilung üb. nichtverschwindende Funktionen.** (S. 185—199.) gr. 8. Stockholm 903. (Berlin, R. Friedländer & Sohn.) n.n. — 70
Die 1. Mitteilung ist in der „Öfversigt af kongl. Vetenskaps-Akademiens förhandlingar" veröffentlicht.

Über eine sonderbare am 2. Januar 1897 beobachtete Nordlichterscheinung von Karl **Bohlin.** Mit 4 Taf. *Stockholm 1898: P. A. Norstedt & söner.* (18 S.) 8°
= **Handlingar,** K. Svenska Vetenskaps-Akademiens. Bihang. Bd 24, Afd. 1, No 5.

— **Üb. d. Phaskoeffizienten d. Integralentwickelgn e. Bahn.** [Aus: „Arkiv f. matematik, astronomi och fysik".] (18) 8° Ebd. '12. nn 1 —

Der zweite Sternhaufen im Hercules Messier 92 von Karl **Bohlin.** Mit 2 Taf. u. 2 Textfig. Uppsala & Stockholm 1906: Almqvist & Wiksell. (36 S.) 4°
= **Iakttagelser,** Astronomiska, och undersökningar å Stockholms observatorium. Bd 8, No 3. (07. 14989

— **zur Theorie der algebraischen Gleichungen.** (55 S.) 8. Uppsala 906. (Berlin, R. Friedländer & Sohn. n.n. 1. 50
2 Sonderabdrucke aus: „Arkiv f. matematik, astronomi och fysik".

Eine Untersuchung über die Darstellung mehrwerthiger Funktionen von Karl **Bohlin.** *Stockholm 1902: P. A. Norstedt & söner.* (16 S.) 8°
— **Handlingar,** K. Svenska Vetenskaps-Akademiens. Bihang. Bd 28, Afd. 1, No 6. (03. 13707

Versuch einer Bestimmung der Parallaxe des Andromeda-Nebels von Karl **Bohlin.** Mit 3 Textfig. u. 1 Taf. Uppsala & Stockholm 1907: Almqvist & Wiksell; (Berlin: R. Friedländer & Sohn). (70 S.) 4°
— **Iakttagelser,** Astronomiska, och undersökningar anstälda å Stockholms Observatorium. Bd 8, No 4. (07. 16539

— **Über die gegenseitige Verteilung der Pole der Doppelsternbahnen, der Milchstrasse, des Sonnensystemes sowie des Andromeda-Nebels.** (8 S. m. 1 Fig. u. 3 Taf.) 8. Ebd. 907. nn 1. 80
Sonderabdr. a. „Arkiv f. matematik, astronomi och fysik".

Die Algen der ersten Regnell'schen Expedition. Von Knut **Bohlin** … [Th.] 1. *Stokholm: Kgl. Boktr. P. A. Norstedt & söner 1897.* 8.
= Bihang till K. Svenska Vet.-Akad. Handlingar. Bd 23. Afd. III. No 7. (99. 4113

Bohlin, Knut, Protococcoideen, s.: **Algen, die, der ersten Regnell'schen Expedition. I.**

Bohling, Carl, Referendar in Chemnitz: Die Haftung des Kommanditisten gegenüber den Gesellschaftsgläubigern nach dem deutschen Handelsgesetzbuche. Borna-Leipzig 1908: R. Noske. (IX, 62 S.) 8°
Leipzig, Jur. Fak., Diss. v. 12. Febr. 1908
[Geb. 11. Juni 80 Dresden; Wohnort: Chemnitz; Staatsangeh.: Sachsen; Vorbildung: Gymn. z. heil. Kreuz Dresden Reife O. 00; Studium: Marburg 3, Leipzig 3 S.; Rig. 23. Juni 03.]

Böhling, Geo. Aus nordrussischen Dörfern. Erlebtes u. Studiertes. 8. (VIII, 99 S.) Minden i. W. 890, Köhler. * 1 —

Böhling, G. Schicksale und Wirkungen des W-Lautes in den indogermanischen Sprachen. Diss. Marburg 1882. 86 S.

Boehling, Geo., Schicksale u. Wirkungen des W-Lautes in den indogermanischen Sprachen. 1. Thl. gr. 8. (86 S.) Hannover 882. Helwing's Verl. n. 3. —

Böhling, Wilhelm

Böhling, W., Begründung u. Lehrgang der Hamburger Methode des Zeichenunterrichts. Neubearbeitung v. A. Stuhlmanns „Begründung der Methode". gr. 8. (IV, 77 S. m. 21 Taf.) Stuttgart (902). Union. n. 1. 80

Die geschichtliche Entwickelung des Zeichenunterrichtes in Hamburg von W[ilhelm] **Böhling,** Hauptl. Hannover: Helwing 1907. (56 S.) 8°
Aus: Jahrbuch f. d. Zeichen- u. Kunstunterricht. Bd 3. (07. 10934 7

Böhling, W: Fachrechenb. f. techn. Klassen gewerbl. Lehranst. 1. Heft. Einführg in d. Algebra. (103 m. Fig.) 8° Halle, C Marhold '11. geb. 1 — d

Böhling, W., Schreib- u. Lesefibel, s.a. **Gurcke,** Gottfr.

Böhling, W., J. Schiering u. A. Winckler, deutsche Schreib-Lese-Fibel. Mit Bildern v. Carl Schildt, Schreibschrift v. Chr. Seemann. Ausg. A. 8. (128 S.) Hamburg 892. O. Meißner's Verl. n. — 50; Ausg. B. (128 S.) n. — 50; Einbde. à n.n.n. — 10

Böhling, Wilhelm (Bearb.), s. Stuhlmann, Adolf: Begründung und Lehrgang der Hamburger Methode des Zeichenunterrichts.

Bohlinger, M., theoretisch-praktische Harmonie-Lehre f. Schulen, Privat- u. Selbstunterricht. gr. 8. (V, 121 S.) Nördlingen 874. Beck. n. 3. —

Bohlinger, M., theoretisch-praktische Harmonie-Lehre, f. Schulen, Privat- u. Selbstunterricht bearb. gr. 8. (IV, 121 S.) Augsburg 881. Böhm & Sohn. 8. —

Bohlinger, M., Skalenmelodik als Vorschule der Harmonielehre für Klavierspieler. Zugleich als Nachtrag zum 1. Thl. der Harmonielehre des Verf. gr. 8. (IV, 44 S.) Nördlingen 876, (Beck'sche Buchh.) *

— Skalenmelodik als Vorschule der Harmonielehre f. Klavierspieler. Zugleich als Nachtrag zum 1. Thl. der Harmonielehre des Verf. gr. 8. (IV, 44 S.) Ebend. 881. 1. —

BOHLINGER, Maximilian (Kempten): Nothwendigkeit öffentlicher Badenstalten behufs der physischen Restauration der deutschen Jugend.- München: Hübschmann 1843. 23 S.
10.7.1843 - Urk (Titel: Necessitas balneorum publicorum ad physice restaurandam juventutem germanicam.); P 66
Diss. Ingolst.-Landsh.-Mchn.

Bohlius, Jo. Chr., s. Bohl, Jo. Cph.

Böhlk, A., statistische Berechnung der Balkenbrücken einer Oeffnung mit durchbrochenen Wandungen. gr. 8. Hannover 877. Leipzig, Baumgärtner's Buchh. *

Böhlk, A. stat. Berechng d. Balkenbrücken e. Oeffng m. durchbroch. Wandgn. 8. (156 m. L. u. H.) Hannov. 77, Rümpler. n. 6. —

Böhlk, A., statische Berechnung der Balkenbrücken e. Oeffnung m. durchbrochenen Wandungen. 2. durch Beispiele der Berechng. continuirl. Träger verm. Aufl. Mit 20 lith. Taf. u. 130 Holzschn. gr. 8. (X, 194 S.) Leipzig 884. Baumgärtner. n. 6. —

Böhlk, A.: Der Turnplatz in Oldenburg. Oldenburg i. O. 1 Bl.

Bohlke, E., en Heidbläumecken! (41 S. m. 1 Taf.) 8. Hannover (909). W. Otto. Geb. in Leinw. 2. 50

En Heidbläumecken! Von E. **Bohlke.** Selbstverl.; Hannover: Otto in Komm. [1910]. 41 S. 8° (10. 1969

Böhlke, Carl, Fechten m. d. leichten Säbel, m. Abb., Leipzig. 69 S., Kl.-8°.

Bohlmann: Denkschrift über die prioritätischen Ansprüche Preussens . . . , s. Bohlmann, Otto

Bohlmann, A.: Antiphontea, s. Bohlmann, Adolph

Bohlmann, A., Lehrplan f. e. einklassige Dorfschule. Auf Grund der allgemeinen Bestimmgn. v. 15. Octob. 1872. gr. 8. (20 S.) Leipzig 873. Siegismund & Volkening. n. — 40

Bohlmann, A., vollständiger Lehrplan, s.a. Sammelmappe, pädagogische.

Bohlmann, A., vollständiger Lehrplan, nebst Pensen-Vertheilung u. Lections-Plänen f. eine ungetheilte einklassige Volksschule m. einem Lehrer. 2. durchaus umgearb. Aufl. 8. (112 S.) Leipzig 880. Siegismund & Volkening. n. 1. —

Bohlmann, A., die Pensionirung der Lehrer u. Lehrerinnen an den öffentlichen Volksschulen laut Gesetzes vom 6. Jul 1885. Mit Ausführungsbestimmgn., Erläutergn. u. e. Pensionstabelle. gr. 8. (47 S.) Hannover 887. Helwing's Verl. n. — 80

Bohlmann, Adolph *(geb. Hannover 2. 2. 1859)*: Antiphontea. Vratislaviae (1882). (33 S.) 8° *[Im Buchhandel 1882 bei Köhler in Breslau.]*
Breslau, Phil. Diss. v. 26. Jan. 1882

Bohlmann, (Adolf), Dr.: Zwei Kaisers-Geburtstagsreden. (I. Grundzüge des deutschen Charakters in alter und neuer Zeit. 1889. II. Die Römerzüge und ihr Einfluss auf die Entwickelung der deutschen Geschichte. 1897.) *Liegnitz 1899: O. Heinze.* (12 S.) 4° [Ant. u. F.]
Liegnitz, k. RAk, OP 1899 (205)

Bohlmann, Adf., Antiphontis de caede Herodis oratio, ex fido Crippsiani maxime codicis recognita et in linguam germanicam conversa. Pars I, continens § 1—48. gr. 8. (41 S.) Liegnitz 886. (Reissner.) n. 1. —

Adolf Bohlmann. Pars prior continens § 1—48. 8 (41 S.).
Progr. Ritter-Akad. *Liegnitz* 1886

Bohlmann, Aug. H. O. D., die Volksschule u. ihre Lehrer im Bezirke des königl. Consistoriums zu Hannover nach den ergangenen Gesetzen, Verordnungen, Ausschreiben u. Bekanntmachungen bis Octbr. 1865. Zunächst für Volksschullehrer u. Schulamtsaspiranten gesammelt, zusammengestellt u. hrsg. Soltau 865. (Harburg, Elkan.) gr. 8. (VIII, 221 S.) n. 20 ngr.

Bohlmann, Carl *(geb. Hannover 18. 2. 1857)*: De attractionis usu et progressu, qualis fuerit in enuntiationibus relativis apud Herodotum, Antiphontem, Thucydidem, Andocidem Lysiam. Vratislaviae (1882). (34 S.) 8° *[Im Buchhandel 1882 bei Köhler in Breslau.]*
Breslau, Phil. Diss. v. 26. Jan. 1882

Bohlmann, Carl Friedr., s. Bohlmann, Karl Friedrich

Bohlmann, Ferdinand August, appr. Arzt a. Oldenburg i. Gr.: Zur direkten Bestimmung des Schlagvolumens des Herzens. Marburg 1907: H. Bauer. (19 S.) 8°
Marburg, Med. Fak., Ref. Schenck, Diss. v. 2. Okt. 1907
[Geb. 5. Dez. 81 Oldenburg; Wohnort: Marburg; Staatsangeh.: Oldenburg; Vorbildung: Gymn. Oldenburg Reife O. 00; Studium: Marburg 5, München 3, Marburg 3 S.; Coll. 15. Aug. 07; Approb. 5. April 07.]

Bohlmann, Georg [aus Berlin]: Über eine gewisse Klasse continuierlicher Gruppen und ihren Zusammenhang mit den Additionstheoremen ... Halle a. S., Hofbuchdr. v. C. A. Kaemmerer & C., 1892; 1 Bl., 5—31 S., 1 Bl. 4.
Halle, Phil. Fak., Inaug.-Diss. v. 10. Nov. 1892

Bohlmann, Georg [Bearb.], s. Serret, Joseph-Alfred: Lehrbuch der Differential- und Integral-Rechnung. 2. Aufl.

Bohlmann, G., Übersicht üb. die wichtig. Lehrbücher d. Infinitesimal-Rechnung von Euler bis auf die heut Zeit, s.: Jahresbericht d. deutsch. Mathematiker-Vereinigung. VI. 2.

—Vorlesungen über Versicherungsmathematik. Klein u. Riecke, Vorträge über angewandte Mathematik und Physik. Leipzig 1900.

Bohlmann, HOD, d. Volkssch. u. ihre Lehrer im Bez. d. Consist. zu Hannover nach d. ergang. Ges., Verordngn etc. bis Octbr. 1865. 8. (221) Soltau 65. (Harb., Elkan.) n. — 20

Bohlmann, Karl Friedrich

Bohlmann, Karl Fr., Anleit., d. Starrkrampf, od. d. Hirschkrankheit d. Pferde zu erkennen u. gründlich zu heilen, gr. 8. Leipz. 821. (Marb., Krieger), 6 gr.

Bohlmann, Otto, Denkschrift über die prioritätischen Ansprüche Preußens an das Herzogthum Braunschweig-Wolfenbüttel. Nach den Quellen bearb. Nebst einem Anh. enth. 4 Stammtaf. (in Fol.) und die wichtigsten, in Bezug genommenen Urkunden in correctem Abdruck. Berlin 861. Mittler & Sohn. gr. 8. (XI, 112 S.) 22½ ngr.

Bohlmann, Otto, die Friedens-Bedingungen u. ihre Verwerthung. Eine Skizze. 1. u. 2. Aufl. Berlin 870. H. Schindler. gr. 8. (25 S.) n. 5 ngr.

Bohlmann, O. Die Friedensbedingungen u. ihre Verwerthung. 8. Berlin 1871. 0.50.

Bohlmann, Otto, Grenzen u. Ziele der neuen Reichs-Notariatsordnung. Vortrag, geh. in der jurist. Gesellschaft zu Berlin. [Aus „Zeitschrift f. Gesetzgebg. u. Rechtspflege."] gr. 8. (20 S.) Berlin 871. Guttentag. — 30

Bohlmann, Otto, die Praxis in Expropriationssachen. Beiträge zur Beurtheilung der bezüglichen Controversen des preuß., wie auch des gemeinen Rechts. Ueber die Schadenersatzforderungen der durch den Bau und Betrieb der Eisenbahnen betroffenen Grundeigenthümer. gr. 8. (VIII, 80 S.) Lindau 880, Ludwig's Buchh. *

Bohlmann, Otto, die Praxis in Expropriationssachen. Beiträge zur Beurtheilung der bezüglichen Controversen des preuß., wie auch des gemeinen Rechts. Ueber die Schadenersatzforderungen der durch den Bau u. Betrieb der Eisenbahnen betroffenen Grundeigenthümer. 2. Ausg. gr. 8. (VI, 80 S.) Berlin 881. Weber. n. 2. —

— dasselbe. 2. u. 3. Hft. gr. 8. (IV, 54 u. VI, 58 S.) Ebend. 881. 82. à n. 1 50

Bohlmann, (Joan. Aemil.) Otto (geb. Bromberg 24. 6. 1833): De spe succedendi Borussiae in terras Brunsvico-Luneburgenses ex privilegio Maximiliani II a. 1574 repetenda. Berolini (1861). (45 S.) 8°
Berlin, Phil. Diss. v. 25. März 1861

Bohlmann, Wilhelm, appr. Arzt a. Vreden ⟨Westfalen⟩: Aus der Greifswalder Frauenklinik 1905/06. Über Lumbalanaesthesie bei Geburten und gynaekologischen Operationen. Greifswald 1907: H. Adler. (29 S.) 8°
Greifswald, Med. Fak., Ref. Martin, Diss. v. 21. Jan 1907
[Geb. 8. Apr. 79 Vreden i. Westf.; Wohnort: Staßfurt; Staatsangeh: Preußen; Vorbildung: Gymn. Warburg Reife O. 00; Studium: Marburg 1, Greifswald 7 S.; Coll. 22. Nov. 06; Approb. 1. Juli 06.]

Bohls, *Johann Friedrich Wilhelm:* Die Mundwerkzeuge der Physopoden. . . . Göttingen, Buch- u. Steindr. v. L. Hofer, 1891; 33 S., 1 Bl. 8°
Göttingen, Phil. Fak., Inaug.-Diss. v. [12. März] 1891

Bohls, J., die Mundwerkzeuge der Physopoden. Diss. gr. 8. (38 S.) Göttingen 891. (Vandenhoeck & Ruprecht.) n. — 80

Bohm: Über die Erziehung zur Wahrhaftigkeit. Berl. 186?.
Schul-/Univ.-Schrift

Bohm (Hrsg.), s. Wochenblatt, Praktisches, des Neuesten und Wissenswürdigsten für Landwirthschaft, Gartenbau . . .

Bohm, Albert Rud. Eduard (Berlin), De phlegmatiae albae dolentis pathologia. Diss. med. Bln. (Nietack) 14. VI. 1833. 78 S. u. umfangr. Liter.-Verz. u. Biogr. (M.: Fries). (5.—) 3423
Oppon.: A. Freudenreich, A. Hirsch, A. Roepke. — Gew.: Gu. H. Busch, J. Lud. Casper, H. A. Reiteburg.

Bohm, Bernh., Tabelle üb. die Berechnung der Brandversicherungs- u. Beitrags-Summen nach Quoten u. Klassen. Auf d. Grund des Gesetzes üb. die öffentl. Anstalt der Brandversicherung vom 28. Aug. 1826 §. 38—40. u. §. 50. u. 51. ausgearbeitet. 4. (1 B.) Neustadt a. d. O. 844, Wagner. *

Bohm, C., Anleitung zum Gebrauche der französischen Sprachschule. Bearb. vom Verf. der „Sprachschule". 8. (64 S.) Gera 895. Th. Hofmann. n. — 60

Bohm, C., das Princip der Anschauung angewendet auf den Elementarunterricht in lebenden Fremdsprachen, insbesondere auf den Unterricht im Französischen. Vortrag [gehalten im Kaisersaale des Gewerbehauses in Bremen]. Mit Anhang. 8. (XXXII S.) Braunschweig 878, Wreden. *

—— französische Sprachschule. Auf Grundlage der Aussprache und Grammatik nach dem Princip der Anschauung mit Benutzung von „Wilke's Bildertafeln" bearb. Ausg. für Lehrer. 2 Hefte. 8. Ebendas. [1. Heft. (Zu Taf. 1—4.) (XXXII, 187 S.) 878. * ℳ 1,60.; 2. Heft. (IX, 83 S.) 879. * 80 Pf.] *

Bohm, C., französische Sprachschule. Auf Grundlage der Aussprache und Grammatik nach dem Princip der Anschauung mit Benutzung von „Wilke's Bildertafeln" bearb. Ausg. für Schüler. 2 Hefte. 8. Braunschweig, Wreden. [1. Heft. (85 S.) 878. * 60 Pf.; geb. * 80 Pf.; 2. Heft. (58 S.) 879. * 40 Pf.; geb. * 60 Pf.] * ℳ 1.; geb. *

Bohm, C., französische Sprachschule. Auf Grundlage der Aussprache und Grammatik nach dem Prinzip der Anschauung bearb. 3. Heft. Ausg. für Lehrer. 8. (XIII, 182 S.) Braunschweig 880, Wreden. 1 20
1. und 2. Heft. Ebendas. 1878,79. * ℳ 2,40.

—— dass. — 3. Heft. Ausg. für Schüler. 8. (182 S.) Ebendas. 880. * ℳ 1.; geb. * 1 20
1. und 2. Heft. Ebendas. 1878,79. * ℳ 1.; geb. * ℳ 1,40.

Bohm, C., französische Sprachschule. Auf Grundlage der Aussprache und Grammatik nach dem Prinzip der Anschauung bearb. 2. neu bearb. Aufl. in 2 Tln. 8. [Braunschweig.] Berlin, Wreden. [1. Tl. (XVI, 235 S.) 885. * ℳ 1.35.; geb. * ℳ 1.60.; 2. Tl. (XII, 268 S.) 887. * ℳ 1.60.; geb. * ℳ 1.90.] * geb. *

— französische Sprachschule. Auf Grundlage der Aussprache u. Grammatik nach dem Prinzip der Anschaug. bearb. 2 Tle. 4. (Titel-)Aufl. 8. Ebd. 895. n. 2. 95; geb. n.n. 3. 50
1. (IV, 235 S.) n. 1. 35; geb. n.n. 1. 60
2. (VI, 268 S.) n. 1. 60; geb. n.n. 1. 90

Bohm, Carl, Das Geigerlein. Märchendichtg. v. Johanna Siedler. E. Cyklus v. Gesängen m. Deklamation als verbind. Text f. 3stimm. Chor (2 Soprane u. Alt), Soli u. Klavier (Violine ad libitum). Musik v. B. Opus 353. Vollst. Textbuch. 8. (17 S.) Breslau 898. J. Hainauer. — 30

Hänsel und Gretel. Ein Cyclus von 8 Gesängen u. Declamation als verbindendem Text. Nach d. gleichnam. Märchengedichtet von Johanna Siedler. Für dreistimm. Chor, Soli u. Pianof. comp. von Carl Bohm. Op. 295. Vollst. Textbuch. 14. Aufl. Breslau: J. Hainauer [um 1894]. (16 S.) 8° [J.] [col. 11164]

[J. u. Ant.] Dem Heldenkaiser! Festmarsch z. 100jähr. Geburtstage Kaiser Wilhelms d. Grossen v. Carl Bohm. Opus 351. Für Piano zu 2 Händen. Breslau: J. Hainauer 1897. (7 S.) 1 Bd 4. [op. 1136]

Bohm, Carl, Seeröslein, die Meerjungfrau. Ein Cyklus v. Gesängen u. Deklamation als verbind. Text. Frei nach dem Andersen'schen Märchen gedichtet v. Johanna Siedler. Für 3stimm. Chor (2 Soprane u. Alt), Soli u. Pianoforte komponiert v. B. Op. 343. Vollständiges Textbuch. 8. (27 S.) Breslau 894. J. Hainauer. — 30

Bohm, Carl, Worulf, der Rattenfänger. Frei nach der Sage v. E. Michael. Ein Cyklus v. Gesängen m. Deklamation als verbind. Text, f. dreistimm. Chor (2 Sopran u. Alt), Soli u. Klavier componirt von B., opus 354. Vollständiges Textbuch 8. (16 S.) Breslau (899). J. Hainauer. n. — 20

Bohm, Carl Friedrich: Ueber die Wirkungen des aetherischen Absinthoels. Halle a. S. 1879: Gebauer-Schwetschke. 69 S. 8°
Halle-Wittenberg, Med. Diss. v. 12. Nov. 1879
Geb. Demmin (Pommern) 11. 4. 1854. V.
Aus: Zeitschrift f. d. ges. Naturwissenschaften. Bd 52. Berlin 1879. S. 637 bis 705.

Bohm, Carl Wilhelm. Geschichte der neueren Kunst. Seit ihrem Wiedererwachen bis auf die neuere Zeit. Manuscript. 4°.

Bohm, Christian Ludwig

Bohm, Chr. Edw., Handbuch d. Geographie u. Statistik d. Preuß. Herzogth. Schlesiens. gr. 8. Berl. 806. Littfas. 1 ß 4 gl

Bohm, F. Die sogenannten Kasernenstuben zu Neu-Ruppin, s. Mittheilungen d. histor. Vereins f. die Grafschaft Ruppin.

Bohm, F. C., Geometrie aus d. Anschauung entwickelt f. Bürgerschulen u. die mittleren Klassen d. Gymnasien in vier Cursen nebst zahlreichen prakt. Anwendungen. Mit Holzschn. u. lith. Figuren. gr. 8. (9½ B. u. 1 Stnt.) Berlin 845, Heymann.

—— die Lehre von den Decimalbrüchen u. der niedern Algebra, mit zahlreichen Aufgaben. Für Gymnasien u. höhere Bürgerschulen. gr. 8. (10 B.) Berlin 845, Heymann.

Bohm, Frida: Durch Kreuz zur Krone. Lebensbild. (75) kl8° Dresd., E Pierson (09). 1.50; geb. n 2.50

Bohm, Friedrich Wilhelm, s. Bohm, Wilhelm

Bohm, G. D., Commentarius von d. Particulis der deutschen Sprache. 8. Frankf. 717.

Bohm, Guido, appr. Arzt: Ueber pigmentierte, schwimmhosenartige Naevi. Leipzig 1905: B. Georgi. (30 S.) 8°
Leipzig, Med. Fak., Ref. Hoffmann, Diss. v. 23. Nov. 1905
[Geb. 26. Mai 74 Berlin; Wohnort: Berlin; Staatsangeh.: Preußen; Vorbildung: Gymn. Graues Kloster Berlin Reife O. 95; Studium: Berlin 10, Greifswald 1 S.; Coll. 23. Nov. 05; Approb. 22. April 03.]

Bohm, H.: De εἰσαγγελίαις ad comitia Atheniensium delatis, s. Bohm, Hermann

Bohm, H, Fragen a. d. Gebiete d. vaterländ. Literatur m. angedeuteten Antworten z. Orientirg üb. d. Nothwendigste. 8. (24) Berl. 80, Oehmigke's V. n. — 30

Bohm, H., Fragen aus dem Gebiete der vaterländischen Literatur m. angedeuteten Antworten zur Orientierung über das Notwendigste. 2. (Titel-)Aufl. gr. 8. (24 S.) Berlin (1880) 882. Oehmigke's Verl. n. — 30

Bohm, H., Fragen aus dem Gebiete der vaterländischen Literatur m. angedeuteten Antworten zur Orientierung üb. das Notwendigste. 5. Aufl., bearb. v. O. Stiller. (36 S.) gr. 8. Berlin 904. L. Oehmigke's Verl. n. — 40

Bohm, H., s.: Handfibel.

Bohm, H., Handfibel, s.: Schulz, Otto.

— unsere Kinder in Haus u. Schule. Blicke in die Praxis der Kinder-Erziehung. Eine pädagog. Darreichung an Eltern junger Kinder, sowie an Lehrer u. Lehrerinnen. 2. (Titel-)Aufl. gr. 8. (III, 111 S.) Ebend. (1880) 882. n. 1. 60

Bohm, H., unsere Kinder in Haus u. Schule. Blicke in die Praxis der Kinder-Erziehg. Eine pädagog. Darreichg. an Eltern junger Kinder, sowie an Lehrer u. Lehrerinnen. 3. wohlf. Ausg. gr. 8. (III, 111 S.) Berlin 884. Oehmigke's Verl. n. 1. —

— unsere Kinder in Haus u. Schule. Blicke in die Praxis der Kinder-Erziehg. Eine pädagog. Darreichg. an Eltern junger Kinder, sowie an Lehrer u. Lehrerinnen. 4. wohlf. (Titel-)Ausg. gr. 8. (III, 111 S.) Berlin 893. L. Oehmigke's Verl. n. 1. —

Bohm, H., Leitfaden f. den Zeichenunterricht in Volks- u. Mittelschulen, enth. Lehrplan u. Methode. Nach den Lehren der kgl. Kunstschule zu Berlin u. dem Lehrplan v. 1902. (IV, 40 S. m. Abbildgn. u. 30 z. Tl. farb. Taf.) 8. Langensalza 906. H. Beyer & Söhne. Kart. n. 2. —

Bohm, H., Leitfaden f. den Zeichenunterricht in Volks- u. Mittelschulen, enth. Lehrplan u. Methode. Nach d. Lehren der kgl. Kunstschule zu Berlin u. d. Lehrplan v. 1902 bearb. 2., verb. u. verm. Aufl. Mit Textabbildgn. u. 34 (z. Tl. farb.) Taf. (IV, 50 S.) 8. Langensalza 908. H. Beyer & Söhne. Kart. 2. 40

Bohm, H: Leitf. f. d. Zeichenunterr. in Volks- u. Mittelsch., enth. Lehrplan u. Methode. 3.Afl. (63 m. Abb. u. 35 z. Tl farb. Taf.) 8° Langens., H Beyer & S. '11. HL 2.60 d

— Berlinisches Lesebuch, s.a. Schulz, Otto.

— u. H. Lübcke, berlinisches Lesebuch. Oberstufe. 8. (X, 520 S.) Berlin 875. Nicolai's Verl. geb. n.n. 1. 75

— zur deutschen Metrik. gr. 4. (30 S.) Berlin 890. Gaertner. n. 1. —

Bohm, H, z. deut. Metrik. II. Uber d. Rhythmus d. gesprochenen u. d. gesungenen Verses. 4° (28) Berl. 95, R Gaertner. 1 — (I u. II.: 2 —)

Bohm, H., häusliches Schreiben. Im Anschluss an die Handfibel von O. Schulz, Ausg. C. von H. Bohm. 1. Heft. qu. 4. (25 lithogr. S.) Berlin 881, [Toussaint.] Erler. *

—— dass. — 2. Heft. qu. 4. (20 lithogr. S.) Berlin 883, Erler. *

Schul-Wandkarte von Pommern. Nach d. Messtischblättern d. Kgl. Preuss. Landesaufnahme gez. u. bearb. von H. Bohm u. M. Tosch. *Stolp i. P.: C. Schrader [1902].* (4 Kartenbl. je 70×112 cm.) gr. 2° (n. M. 9

Bohm, H., u. W. Steinert, kleine deutsche Sprachlehre. 8. (32 S.) — 2. Aufl. 8. (48 S.) Berlin 851, K. W. Krüger in Comm. n. ¹/₁₂ ℛ

Bohm, H., und W. Steinert, kleine deutsche Sprachlehre. 5. Aufl. 853. — 6. Aufl. Berlin 854. Kampffmeyer. 12. (48 S.) 2¹/₂ ngr

— u. W. Steinert, kleine deutsche Sprachlehre. 20. Aufl. Berlin 868. Kampffmeyer. 8. (48 S.) 2¹/₂ ngr

— u. W. Steinert, kleine deutsche Sprachlehre. 27. Aufl. gr. 16. (48 S.) Berlin 874. Kampffmeyer. n. — 25

—— und W. Steinert, kleine deutsche Sprachlehre. 30. und 31. Aufl. 8. (48 S.) Berlin 877,79, Kampffmeyer. cart.

— u. W. Steinert, kleine deutsche Sprachlehre. 32. Aufl. Nach den neuen ministeriellen Bestimmungen für die deutsche Rechtschreibung bearb. 8. (48 S.) Berlin 880. Kampffmeyer. n. — 25

— u. W. Steinert, kleine deutsche Sprachlehre. 48. Aufl. 12. (48 S.) Berlin 900. Th. Kampffmeyer. — 25

— u. W. Steinert, kleine deutsche Sprachlehre. 49., umgearb. Aufl. v. A. Klare. Nach der neuesten Orthographie v. 1902 bearb. (48 S.) 8. Berlin 903. Th. Kampffmeyer. n. — 25

Bohm, H., allgemeiner deutscher Sprachlehrer, s. Fortbildungs-Schule für Jedermann.

Bohm, H., allgemeiner deutscher Sprachlehrer u. Briefsteller. Ein Rathgeber bei allen Fragen der Rechtschreibg., Grammatik u. Stylistik, nebst Mustersammlg. aller Arten v. Briefen, Eingaben, Berichten u. sonst. Schriftstücken. Mit e. kurzgefaßten Fremdwörterbuch. Zur Selbstbelehrg. f. Jedermann. 9. verb. Aufl. gr. 8. (IV, 317 S.) Berlin 876. Seehagen. n. 2. 70

— allgemeiner deutscher Sprachlehrer u. Briefsteller. Ein Rathgeber bei allen Fragen der Rechtschreibung, Grammatik u. Stylistik, nebst Mustersammlung aller Arten von Briefen, Eingaben, Berichten u. sonstigen Schriftstücken. Mit einem kurzgefaßten Fremdwörterbuch. Zur Selbstbelehrung f. Jedermann. 10., verm. u. verb. Aufl. gr. 8. (IV, 317 S.) Berlin 878. Seehagen. n. 2. 70

— dasselbe. 11., verm. u. nach den ministeriellen Bestimmungen über die deutsche Rechtschreibung bearb. Aufl. gr. 8. (IV, 307 S.) Ebend. 881. n. 2. 50; geb. n. 3. —

— allgemeiner deutscher Sprachlehrer u. Briefsteller. Ein Ratgeber bei allen Fragen der Rechtschreibg., Grammatik u. Stilistik, nebst Mustersammlg. aller Arten v. Briefen, Eingaben, Berichten u. sonst. Schriftstücken. Mit e. kurzgefaßten Fremdwörterbuch. Zur Selbstbelehrg. f. jedermann. 12. Aufl. gr. 8. (IV, 307 S.) Berlin 883. Seehagen. n. 2. 50; geb. n. 3. —

— allgemeiner deutscher Sprachlehrer u. Briefsteller. 13., verb. Aufl., besorgt v. A. Faltz. gr. 8. (IV, 306 S.) Berlin 888. Seehagen. n. 2. 50; geb. n. 3. —

— allgemeiner deutscher Sprachlehrer u. Briefsteller. Ein Ratgeber bei allen Fragen der Rechtschreibg., Grammatik u. Stilistik, nebst Mustersammlg. aller Arten v. Briefen, Eingaben, Berichten u. sonst. Schriftstücken. Zur Selbstbelehrg. f. jedermann u. zum Gebrauch in Fortbildungsschulen hrsg. 14., verb. Aufl., besorgt v. A. Faltz. gr. 8. (IV, 300 S.) Berlin 893. O. Seehagen. n. 2. 50; geb. n. 3. —

— Allgem. deutscher Sprachlehrer u. Briefsteller. E. Ratgeber b. allen Fragen d. Rechtschreibg., Grammatik u. Stilistik, nebst Mustersammlg. aller Arten von Briefen, Eingaben, Berichten u. sonst. Schriftstücken. M. e. kurzgefaßten Fremdwörterbuch. Z. Selbstbelehrg. f. jedermann u. z. Gebr. i. Fortbildungsschulen. 15., verb. Aufl., besorgt v. A. Faltz. gr. 8. (IV, 300 S.) Berlin 897. O. Seehagen. n. 2. 50; geb. n. 3. —

Bohm, H., Wand-Fibel zu der Hand-Fibel v. Otto Schulz. [Ausg. C.] Nach der analytisch-synthet. Methode bearb. Fol. (7 Blatt.) Berlin 874. Oehmigke's Verl. n. 1. 60

Bohm, Hermann [aus Graudenz]: Ueber cerebellare Ataxie nebst e. casuist. Beitr. z. Lehre v. d. Kleinhirngeschwülsten ... Strassburg, Buchdr. C. Gœller, 1891; 57 S., 1 Bl. 8.
Strassburg, Med. Fak., Inaug.-Diss. v. 1891

Bohm, Hermannus: De εἰσαγγελίαις ad comitia Atheniensium delatis. Halae Saxonum (1874): Ploetz. 44 S. 8°
Halle-Wittenberg, Phil. Diss. v. 8. Mai 1874
Geb. Zielenzig (Kr. Oststernberg, Neumark) 10. 10. 1847. V.

Bohm, Herm., s: Entzelt's, Christoph, altmärk. Chronik.

Bohm, Hermann [Oberl.]: Zur deutschen Metrik. Berlin, R. Gaertners Verlagsbuchh., 1890; 30 S. 4°
Berlin, II. st. HB, OP 1890 (100)

Bohm, Hermann [Prof. Dr.]: Zur deutschen Metrik. II. Über den Rhythmus des gesprochenen und des gesungenen Verses. [Forts. d. P-Beil. 1890.] Berlin, R. Gaertner, 1895; 28 S. 4.
Berlin, Zweite R '(HB)', OP 1895 (118)

Bohm, Herm., aus großer Zeit. 2 Festspiele. gr. 8. (64 S.) Leipzig 896. Dürr'sche Buchh. n. 1. —

Bohm, J., Bericht üb. Rindvieh u. Schafe, s.: Berichte üb. die internationale landwirthschaftliche Ausstellung.

Bohm, J., ein Hilferuf in zwölfter Stunde gegen die der Schafzucht durch das neue Reichsviehseuchen-Gesetz drohende Gefahr. gr. 8. (16 S.) Prenzlau 880. Mieck. n. — 60

—— die heutige Lage der Schafzucht Norddeutschlands gegenüber den seit mehreren Jahren stetig sinkenden Wollpreisen. Beleuchtet im Interesse der Rentabilität bei Production edler Wolle im Gegensatze zu dem Rathe durchweg einzuführender Fleischzucht. gr. 8. (82 S. mit 1 Tab. in qu. 4.) Leipzig 870, Bach. *

— H. Settegast's Lehre v. der Individualpotenz, wie solche in der 4. Aufl. v. dessen Thierzucht dargestellt wird. Kritisch beleuchtet u. deren Unhaltbarkeit nachgewiesen. gr. 8. (76 S.) Leipzig 879. H. Voigt. n. 1. 60

— die Schafzucht. Mit vielen lith. Taf. u. in den Text gedr. Holzschn. 28—36. (Schluß-)Lfg. Lex.-8. (XXIX, u. S. 849—1519.) Berlin 877. 78. Parey. à n. 1. 50

— die Schafzucht nach ihrem jetzigen rationellen Standpunkt. Mit farb. Taf. u. in den Text gedr. Holzschn. 1—25. Lfg. gr. 8. (1 Bd. XXII, 469 S. u. 2. Bd. S. 1—704). Berlin 872—76. Wiegandt, Hempel & Parey. à n. 1. 50

Bohm, J., die Schafzucht nach ihrem jetzigen rationellen Standpunkt. 3 Abthlgn. in 2 Bdn. Mit Racebildern in Farbendr., Taf. u. in den Text gedr. Holzschn. Neue Ausg. Lex.-8. (XV, VII, XIV, 1519 S.) Berlin 883. Parey. n. 20. —

— die temporäre Thierausstellung zu Wien, abgeh. vom 31. Mai bis zum 9. Juni 1873. Reisebericht. gr. 8. (60 S.) Dresden 874. Schönfeld's Verl. n. 2. —

Bohm. J: Tierausstellg. Jetzt: Hannov., M & H Schaper.

— welche Ziele hat die Schafzucht in nächster Zukunft zu erstreben u. welche Wege sind zur Erreichung dieser Ziele einzuschlagen. Vortrag, geh. in der General-Versammlung des landwirthschaftlichen Central-Vereins des Reg.-Bez. Potsdam vom 8. Dezbr. 1879. gr. 8. (47 S.) Prenzlau 880. Mieck. n. 1. 20

[F.] Die Müllverbrennungs-Versuche in Berlin. Bericht v. [Jul.] Bohm, Stadtrath, u. [Herm.] Grohn, Kgl. Reg.-Baumstr. Gedr. auf Anordng d. Magistrats ... *Berlin: Dr. H. S. Hermann 1897.* (3 Bl., 131 S., 4 Taf.) 1 Bd 8. [97. 6007

Bohm, Karl Chr. Heinr. Bernh.: Corpus iuris civilis, canonici et Germanici ... oder Inbegriff sämmtlicher in Martin's Lehrbuche des teutschen gemeinen bürgerlichen Processes enthaltenen Gesetzesallegate. Jena 1830.

Bohm, Otto, Trost am Grabe! 246 der sinnigsten und gehaltreichsten Grabschriften, gesammelt auf den Kirchhöfen Berlins. 16. (48 S.) Berlin 881, (Rosenthal.) *

— Pet. (Stargard), De pretio succedente in locum rei singularis. Disp. jur. Präs. Joh. v. Schultzen Szulecki. Frkft./O. (Chph. Zeitler) März 1701. 38 S. (5.—) 3424
Dtsche. Widm. v.: Chn. Fried. Tim (Stargard), F. u. J. H. Hagemeister (Cüstrin), Sam. Liebchen (Vogtld.), Samuel Schmettach (Berlin). — Lat. Widm. v.: Adam Bütov (Dramburg).

Bohm, [Rudolf], Prof.: [Das 25jährige Amtsjubiläum des Schulrats Dr. Georg Sauerwein als Direktor der Anstalt und Leiter aller städtischen Schulen.] *Neubrandenburg (1901): B. Ahrendt.* (S. 4.) 4° [F.]
Neubrandenburg, G u. R, P 1901 (720)

Bohm, *Friedrich* Wilhelm [aus Osterholz '(Prov. Hannover)']: Englands Einfluss auf Georg Rudolf Weckherlin ... Göttingen, Druck d. Dieterich'schen Univ.-Buchdr., 1893; 80 S., 1 Bl. 8.
Göttingen, Phil. Fak., Inaug.-Diss. v. [8. Aug.] 1893

Bohm, Wilh., Englands Einfluss auf Georg Rudolf Weckherlin. Diss. gr. 8. (80 S.) Göttingen 893. (Leipzig. G. Fock.) n. 1. 25

Böhm, Ein, in Amerika. Komisches Intermezzo im deutsch-böhmischen Dialekt. Wien [1890]. V: *Bartl, Hans.* (EB)

Böhm', Die drei, oder Kratochwil, Popischil und Nawratil. Komischer Vortrag für einen Herrn im deutsch-böhmischen Dialekt. [Wien 1900]. V: *Bartl, Hans.* (EB)

Böhm, Dr., Beitrag zur Berechnung der Sternschnuppen. Prag 1858.

Böhm: Die Disziplin der Volksschule, s. Böhm, F.

Böhm, Erbrecht d. B. G. B. Systematisch dargestellt u. erläut. 2. Aufl. Hannover 899.

Böhm, Erbschaftssteuergesetz v. 31. 7. 95. Text m. Erltgn. Berlin 896.

Böhm, s. Formulare, gerichtliche.

Böhm, bayer. Gesetz z. Ausführg. d. Reichs-Civilprozessordng. u. Konkursordnung. Erlangen 889.

Böhm: Grundriß von Berlin ..., s. Böhm, Gustav Ferd.

Boehm, Naunyn und v Boeck, Handbuch der Intoxicationen. 2. Auflage. (Ziemssen's Handbuch 15) Leipzig 1880

Böhm: Handbuch des Rechtshilfeverfahrens ..., s. Böhm, Ferdinand

Böhm: Hoch die „Achter", s. Böhm, Hans

Böhm. Karte der Gegend um Berlin. 1:50000. Berlin 1859. 1 Bl. c. L. Ff.

Böhm: Die Kornhäuser und die Organisation des Getreideverkaufs, s. Böhm, Otto.

Böhm, (Pfarrer), s. Lichtfreund, d. evangelische.

Böhm, die v. der Gemeinde Wien zur Abwehr u. Bekämpfg. der Cholera getroffenen Maßnahmen, s.: Vorträge über Cholera asiatica.

Bohm u. Grohn. Über d. Müllverbrennung in England u. die in Berlin anzustellenden Versuche. Berlin 1894.

Bohm u. Grohn. Die Müllverbrennungs-Versuche in Berlin. Berlin 1897.

Böhm, christliche Neujahrswünsche. 16. (10 Bl.) (Berlin 872. C. Beck.) n. — 50

Böhm, das neue Recht der Handlungsgehülfen vom 1. 1. 1898 an. Gemeinverständl. Darstellg. Frankfurt a. O. 897.

Böhm, das Reichsgrundbuchrecht erläutert. Hannover 898.

Boehm: Schatten und Licht im gegenwärtigen Zustande der Kirche, s. Böhm, Charles J. T.

Böhm, physikalische Schulkarte von Württemberg 1:1,000,000, mit Merksätzen von F. Wink. Fol. Stuttgart 888, Lutz.

Böhm u. Berg, d. Schutz gegen unlauteren Wettbewerb. (III, 41 S.) 8. München 910. J. Linck. — 75

Böhm: Die Sonntagruhe im Gewerbebetriebe ..., s. Böhm, B.

Böhm, Die elektrische Streckenförderung mit Akkumulatoren-Lokomotiven auf Zeche Monopol, Schacht Grillo, Kamen i. W. Essen-Ruhr, 1907. 8 S. mit 6 Abb.

Böhm, der Tabak u. seine Verarbeitung, s.: Miniatur-Bibliothek.

Böhm: Die Therapie des Auges, s. Böhm, Ludwig

Böhm: Über die Ursache des Saftsteigens ..., s. Böhm, Jos.

Böhm: Das bayerische Volksschulwesen, s. Böhm, J.

Böhm: Das Vormundschaftsrecht ..., s. Böhm, J.

— **Über Aktionärschutz nach deutschem, englischem u. französischem Recht. (IX, 114 S.) gr. 8. München, J. Schweitzer Verl. 8. —**

Böhm, A.: Gründliche Anleitung zur Kriegsbaukunst, s. Böhm, Andreas

Böhm, A.: Fr. W Försters moralpädagog. Ansichten, s.a. Magazin. Pädagogisches.

Fr. W. Försters moralpädagogische Ansichten. Darstellung u. Kritik. Von A. Böhm, Jena. Langensalza: Beyer 1910. 27 S. 8°
(Pädagogisches Magazin. H. 406.) Lit. 9348

Boehm, A., De M. Aurelio Probo imperatore Romano. Diss. 1867. 48 S. 1.25

Boehm, A. De M. Aurelio Probo imperatore Romano. (48) 8. Vratislaviae 1867.

Böhm (A.), Beitrag zur Kenntnis der Arsenate des Cadmiums (Inaug.-Dissert. Berlin). Berlin 1900. 8.

— u. G Weiss: Bieberstein, Mannheim, d. zweisprach. Schulen im Breuschtal (Elsass) u. d. Musterschule in Frankfurt a.M., s: Magazin. Pädagogisches.

Böhm, A.: Die Eintheilung der Ostalpen, s. Böhm, August

Böhm, A.: Familien- und Schulerziehung (Ung.). Progr. Szathmár 1853.

— Handweiser f. geographischen Anschauungs-Unterricht an höheren Lehranstalten. Mit Fig. am Schlusse des Textes u. e. vergleich. Karte v. Europa. gr. 8. (48 S.) Breslau 890. F. Hirt. n. 1. —

Boehm, A.: Die Lehren der bibl. Geschichte ..., s. Boehm, Albert

Böhm, A. (Hrsg.), s. Magazin für Ingenieure und Artilleristen.

Böhm, A.: Der jüdische Nationalfonds, s. Böhm, Adolf

Böhm, A.: Eine Reiseskizze. Anläßlich des Aufenthaltes der Wiener Journalisten in der Bukowina hrsg. vom Landesverbande für den Fremdenverkehr in der Bukowina. Czernowitz: Pardini 1905.

Böhm, A.: Taschenbuch der mikroskopischen Technik, s. Böhm, Alex.

Böhm, A.: Die geologischen Verhältnisse der Umgebung von Rudolfswert. 9 S. 8°
Progr. Rudolfswert OG. 1872.

Böhm, A.: „Vorlesungen über die reine Mathematik", 1. Teil: „Arithmetik", Frankfurt a. M. 1795 (Varrentrapp).

Böhm, A.: Welche Bahnen wären einzuschlagen ..., s. Böhm, August

Böhm, A. A., s. Böhm, Alex

Böhm, A. G. Ducatus Luneburgici in suas praefecturas et vogteyas ad statum recentissimum divisi tabula geographica. Nürnberg 1705. 1 Bl. c. K.

Böhm, Ad., Ein Beitrag zur Kenntnis der Bestrebungen auf dem Gebiete der Körperpflege in den Schulen, Wien 1894, 24 S., 8°.

Böhm, Ad., Übungsstoff aus dem Freihandzeichnen, | s.: Blachsener, J.
— der Zeichenunterricht an allgemeinen Volksschulen, | s.: Blachsener, J.

Böhm Adalbert Meinhard: Verhandlungen bezüglich des Geschäftsbetriebes ausländischer Kaufleute in Wien und diesfällige Verordnung Kaiser Maximilians I. vom 22. Jänner 1515. Ar. 14. 250 . . . .
Separatabdruck

Böhm, Adolf

Böhm, Adf., der jüdische Nationalfonds, e. Instrument zur Abhilfe d. Judennot. 1.—10. Taus. (62 S. m. 1 Bildnis, 1 Taf. u. 1 Tab.) 8. Köln 910. Jüdischer Verlag. —30

— s.: Palästina.

Böhm, A: Zionist. Palästinaarbeit, s.a. Publikationen d. zionist. Zentralbureaus in Wien.

A. Böhm: Zionistische Palästinaarbeit. Mit 1 Kt. 1.—10. Taus. Wien: (Selbstverl. [d. zionist. Zentralbur.]) 1900. 40 S. 8°
(Publikationen d. zionistischen Zentralbureaus. H. 1.) [illegible]

Böhm, Adolf Über Periodisierungen der Weltgeschichte. 4 (S. 3 —18). Progr. Kath. G. *Sagan* 1888

Boehm, Adolphus *(geb. Berlin 6.1.1841)*: De Marco Aurelio Probo imperatore Romano. Vratislaviae (1867). (48 S.) 8°
Breslau, Phil. Diss. v. 17. Apr. 1867

Boehm, Adolph [aus Landshut (Niederbayern)]: Ueber die Resorption des Jodkalium im normalen menschlichen Magen unter verschiedenen Einflüssen ... Erlangen, k. b. Hof- u. Univ.-Buchdr. v. F. Junge, 1895; 33 S. 8.
Erlangen, Med. Fak., Inaug.-Diss. v. [6.] März 1894

Böhm, Albert

Boehm, Alb., die Lehren der biblischen Geschichten nach dem Wortlaute des Diözesan-Katechismus. Zum häusl. Gebrauche f. die Schüler der Oberstufe kathol. Volksschulen. Im Anschluß an den Breslauer Diözesan-Katechismus zusammengestellt. 2 Hefte (Je 32 S.) 8. Breslau 904. O. Handel. à n.n. —15
1. Altes Testament. — 2. Neues Testament.

Böhm, Alex.

Böhm, A.A.: Die Befruchtung des Forelleneies. München: 1892. Sitzungsber. Ges. Morph. Phys. 7.

Böhm, A. A., u. M. v. Davidoff, Lehrbuch der Histologie des Menschen einschliesslich der mikroskopischen Technik. gr. 8. (XV, 404 S. m. 246 Abbildgn.) Wiesbaden 895. J. F. Bergmann. n. 7. —

Böhm, A. A., u. M. v. Davidoff, Lehrbuch d. Histologie d. Menschen einschliessl. d. mikroskop. Technik. 2., umgearb. Aufl. M. 251 Abb. gr. 8. (XIV, 411 S.) Wiesbaden 898. J. F. Bergmann. n. 7. —

Böhm, A. A., u. M. v. Davidoff, Lehrbuch der Histologie des Menschen einschliesslich der mikroskopischen Technik. 3., umgearb. Aufl. gr. 8. (XIV, 417 S. m. 278 Abbildgn.) Wiesbaden 903. J. F. Bergmann. n. 7. —; geb. n. 8. —

Böhm, Alex. u. Alb. Oppel. Taschenbuch der mikroskopischen Technik. 8. (IV, 155 S.) Münch. 890, Oldenbourg. geb. * 3 —

— u. Alb. **Oppel**, Taschenbuch der mikroskopischen Technik. 2., vorm. Aufl. 8. (IV, 192 S.) München 893. R. Oldenbourg. Geb. in Leinw. n. 3. —

— u. Alb. **Oppel**, Taschenbuch d. mikroskop. Technik. Kurze Anleitg. z. mikroskop. Untersuchg. d. Gewebe u. Organe d. Wirbeltiere u. d. Menschen unt. Berücksicht. d. embryolog. Technik. 3., durchgesch. u. verm. Aufl. 8. (VI, 224 S.) München 896. R. Oldenbourg. Geb. in Leinw. n. 3. —

— u. Alb. **Oppel**, Taschenbuch der mikroskopischen Technik. Kurze Anleitg. zur mikroskop. Untersuchg. der Gewebe u. Organe d. Wirbeltiere u. d. Menschen, unter Berücksicht. der embryolog. Technik. Mit e. Beitrag (Rekonstruktionsmethoden) von G. Born. 4., durchgeseh. u. verm. Aufl. 8. (VI, 240 S.) München 900. R. Oldenbourg. Geb. in Leinw. n. 4. —

Böhm, Alex., u. Alb. **Oppel**, Taschenbuch der mikroskopischen Technik. Kurze Anleitg. zur mikroskop. Untersuchg. der Gewebe u. Organe der Wirbeltiere u. des Menschen, unter Berücksicht. der embryolog. Technik. Mit e. Beitrag (Rekonstruktionsmethoden) v. G. Born. 5. durchgeseh. u. verm. Aufl. v. Alex. Böhm. (VI, 271 S.) 8. München 904. R. Oldenbourg. Geb. in Leinw. n. 4. 50

Böhm, Alex., u. Alb. **Oppel**, Taschenbuch der mikroskop. Technik. Kurze Anleitg zur mikroskop. Untersuchg. der Gewebe u. Organe der Wirbeltiere u. des Menschen unter Berücksicht. der embryolog. Technik. Mit e. Beitrag (Rekonstruktionsmethoden) v. G. Born. 6. durchgeseh. u. verm. Aufl. v. Alex. Böhm. (VIII, 339 S.) 8. München 908. R. Oldenbourg. Geb. in Leinw. 5. 80

Böhm, Alex., u. Alb. **Oppel**: Taschenb. d. mikroskop. Technik. Anleitg z. mikroskop. Untersuchg d. Gewebe u. Organe d. Wirbeltiere u. d. Menschen unter Berücks. d. embryolog. Technik. Mit e. Beitrag (Rekonstruktionsmethoden) v. Gust. Born. 7. Afl. v. Alb. Oppel. (365) 8° Münch., R Oldenbourg '12. L 6 —

Böhm, Alfred [Referendar aus Frankfurt am Main]: Über die Ersitzung ländlicher Dienstbarkeiten insbesondere durch Stellvertreter ... Frankfurt a. M., Druck v. Mahlau & Waldschmidt, 1893; 81 S. 8.
Greifswald, Jur. Fak., Inaug.-Diss. v. 1893

Böhm, Amand [aus Tuntschendorf in Schles.]: Ueber Pikryl-, o-p-Dinitrophenyl- und Nitroazo- resp. Nitronitrosoazo-p-chlorphenylhydrazine und deren Derivate . . . Freiburg i. B., Buchdr. v. Chr. Ströcker, 1891; 52 S., 1 Bl. 8°
Freiburg i. B., Phil. Fak., Inaug.-Diss. v. 1891

Böhm, Andreas

Böhm, Andreas (Bearb.), s. A b h a n d l u n g e n d. seeländ. Gesellschaft zu Vlissingen a. d. Medicin u. Chirurgie.

– s. G.H.F. A d a m s Berechnung

Böhm, Andreas [Präs.] u. Hier. Maximil. à Günderode [Resp.]
Dissertatio philosophica prior, de anima brutorum.
Giessae 2. April 1751: Eberh. H. Lammers. 32 S. 4°

Böhm, Andr., († d. 6. Juli 1790,) gründl. Anleit. z. Kriegsbaukunst. 1r Thl. von Festungen. Mit 24 Kpf. gr. 4. Frankf. a. M. 776. Brönner. 4 ß

Böhm, Andreas, hochfürstl. hess. Berg-Rath etc. Gründliche Anleitung zur Kriegsbaukunst. 1. Th. Von Festungen oder beständigen Haupt-Kriegsgebäuden etc. Mit 24 Kupfern. 4. Leipzig 1776.

Böhm, A. Anleitung zur Messkunst auf dem Felde. Frankfurt 1739. 4.

— gründl. Anleit. z. Meßkunst auf d. Felde; nebst zwei Anhängen v. Wasserwägen rc. Mit 24 Kpft. 4. Leipz. 759. 2e A. 4. Frkf. 779. 3e, größtentheils umgearb. Aufl. v. J. G. J. Cämmerer. Mit 13 neuen Kpft. 4. Ebd. 807. Brönner. 3 ß Hbg. Pr. 1 ß 12 ß

Des Hrn. Geheimen Rath *Böhm's* gründliche Anleitung zur Meſskunſt auf dem Felde, 2te vermehrte Auflage. Mit Kupf. Frankfurt, bey H. L. Brönnern. 4. 1780.

— Anleit. z. Rechenkunst. 8. Frankf. Varrentrapp u. W. 799.

Böhm, Andr., Anleit. zur Rechenkunst, zum Gebr. f. Lehrer u. Lernende. 8. Frankf. a. M. 801. Varrentrapp. 1 ß

— Beschreib. e. kl. regul. sechseckigten Kriegsplatzes. M. 3 Kpft. gr. 4. Frankf. a. M. u. Leipz. 764. Brönner. 16 gr

– s. B i b l i o t h e k , neue militärische

Böhm, Andreas [Präs.] u. Erich Christian Klevesahl (Wismar) [Resp.]
Dissertatio inauguralis philosophica de moralibus quibusdam commercii corporis animaeque consectariis.
Giessae [6. Juli] 1768: Braun. (2), 22 S. 4°
pro summis in philosophia honoribus obtinendis.

Böhm, Andreas [Präs.] u. Joh. Jac. Friedr. Wilh. Kraus (Rossdorf) [Auctor et Resp.]
Dissertatio inauguralis philosophica de dominio divino in creaturas, cum annexis.
Giessae 8. Aug. 1747: E.H. Lammers. (2), 92 S. 4°
pro summis in philosophia honoribus ... obtinendis.

Böhm, Andreas [Präs.] u. Joh. Georg Gottlob Schwarz (Grünberg)
Dissertatio inauguralis philosophica de habitu hominis ad religionem.
Giessae 29. April 1762: Braun. (4), 20 S. 4°
pro summis in philosophia honoribus rite obtinendis.

Boehm, Andreas (Rector), Orationem inaug. a viro Erich Christian Kleuesahl . . simulque libros quosdam rariores bibliothecae Giessensis recenset, praesertim vero duos codices membranaceos, alterum Virgilii carmina continentem manuscriptum, alterum pretiosissimam Theuerdanckii editionem sistentem describit. Giessen (Joh. Jac. Braun) 29. VII. 1771. 16 S. (4.—) 3116

— logica, ordine scientifico in us. auditor. conscripta. 8. Frankf. 749. 2e A. 762. 3e A. 768. Brönner. 6 gr

Böhm, Andreas (Hrsg.), s. M a g a z i n für Ingenieure und Artilleristen.

— Magazin f. Ingenieurs u. Artilleristen. 12 Thle. (12r fortges. v. J. K. F. Hauff.) 8. Marb. 777—94. Krieger. 12 ß 8 gr

— metaphysica, ordine scientifico in us. auditor. conscripta. 8. Frankf. 753. Ed. II. 763. (Marb. 791. Krieger). 18 gr

Böhm, Andreas [Präs.] u. Philipp Wilhelm Mosebach (Gießen) [Auctor]
Dissertatio inauguralis philosophica de notitia dei naturali.
Giessae 8. Dez. 1763: J.J. Braun. 21, (3) S. 4°
pro summis in philosophia honoribus rite obtinendis.

Böhm, Andreas [Präs.] u. Heinr. Theodor Wagner (Krumstadt) [Auctor et Resp.]
Dissertatio philosophica de quietismo philosophico.
Giessae 14. 1. 1746: E.H. Lammers. (8), 28 S. 4°

Böhm, Andreas [Präs.] u. Jac. Theod. Franc. Rambach [Auctor et Resp.]
Dissertatio inauguralis philosophica de somno vigilantium.
Giessae 22. Aug. 1765: Joh. Jac. Braun. 48 S. 4°
pro gradu Mag.

Böhm, Andreas [Präs.] u. Friedr. Samuel Winterberg
Theses inaugurales ex omni philosophia.
Giessae 18. Sept. 1762.

Böhm, Andreas [Präs.] u. Ludwig Alex. Krebs (Fellingshausen) [Auctor et Resp.]
Dissertatio inauguralis tractationem quaestionis illius controversae, Dei ne glorificatio creationis sit finis primarius ultimusque an rerum creatarum beatitas ? in compendio exhibens.
Gissae 6. Febr. 1766: 4°
pro gr. magistr. philos.

— Vorles. üb. d. reine Mathematik. 1r Thl. Arithmetik. gr. 8. Frankf. a. M. 795. Varrentrapp. 1 ꝑ

Böhm Anton: Erziehung und Erziehungsschulen. 22. Eger LBA. 95. Progr.

Böhm, Anton: Reisebeschreibung ..., s. Sepp, Anton.

Böhm, Ant., d. deutsche Sprachunterricht i. d. Volksschule i. Anschlusse a. d. im k. k. Schulbücherverlage in Wien erschien. 5theilige Lesebuch f. österr. allgem. Volksschulen, hrsg. v. Karl Kummer, Frz. Branky u. Raim. Hofbauer. I.—III. Thl. 8. Wien, A. Pichler's Wwe. & Sohn. n. 12. 20; geb. n. 13. 70

I. Hilfsbuch z. sachl. u. sprachl. Behandlg. d. Lesestücke f. das 2. Schulj. m. Berücksicht. des d. Stufe entsprech. Anschauungsunterrichtes. (208 S.) 893. n. 3. 20; geb. n. 3. 70
(Als Nachtrag zu Bd. XXVII d. Bücher-Lexikons hier mitaufgenommen.)
II. (3. Schulj.) Anleitg. z. Behandlg. u. Verwertg. d. Lehrstoffe in sachl. u. sprachl. Beziehg. (IX, 370 S.) 894. n. 5. — ; geb. n. 5. 50
III. (4. Schulj.) Anleitg. z. Behandlg. u. Verwertg. d. Lesestoffe in sachl. u. sprachl. Beziehg. sow. z. method. Auf- u. Ausbau d. sprachl. Erkenntnisse. (III, 328 S.) 897. n. 4. — ; geb. in Leinw. n. 4. 50

BOEHM Anton Moritz. – s Versuch uber die ursprünglichen Rechte der Grundobrigkeiten und Unterthanen in Absicht der in den k. k. deutschen Erblandern bestehenden Frohndienste und Rustikalpachtungen . . . Ziereh, Wien 1788. 1 vol. 2 Bl. + 122 S.

BÖHM, Arthur: Beitrag zur pathologischen Anatomie der Malpighi'schen Körperchen der Niere. Mit 6 Textabb.- Berlin: Reimer 1897. 23 S.- S.-Abdr.aus: Virchow's Archiv für pathologische Anatomie und Physiologie und für klinische Medicin. Bd.150. Diss. Ingolst.-Landsh.-Mchn. 12.3.1897 - Chr 1896/97,20; Jv 1897/98,209

Böhm, August, s. Böhm, Edler von Böhmersheim, August

Böhm, August Vincenz: Praktische Abhandlung über das Scharlachfieber, nebst beigefügten Krankheitsfällen. Mit besonderer Rücksicht auf die Epidemie, welche im Jahre 1822 in Prag herrschte. 64 S., gbd.

Prag: typ.Sommer 1823

Böhm, B.: Anleitung zur Buch- u. Rechnungsführung . . ., s. Böhm, Bernhard

Böhm, B., d. Sonntagsruhe i. Gewerbebetriebe, m. bes. Berücksicht. d. f. d. Reg.-Bez. Bromberg gült. Bestimmgn. N. amtl. Quellen f. d. einz. Gewerbebetriebe zusammengest. gr. 8. (64 S.) Bromberg 895. Mittler. n. 1. 20

Böhm, B.: Fortgesetzte Untersuchungen . . ., s. Böhm, Bruno

Böhm, B., u. E. **John**, Widerstandsmomente, Trägheitsmomente u. Gewichte v. Blechträgern, nebst numerisch geordn. Zusammenstellg. d. Widerstandsmomente v. 59—25622. gr. 8. (XV, 147 S.) Berlin 895. J. Springer. Geb. in Leinw. n. 7. —

Boehm, Ben., De rite aestimanda opii virtute in febribus et morbis inflammatoriis. 43 pp. Hal. 4°. 1784

Böhm, Bernh.

[F.] Anleitung zur Buch- und Rechnungsführung für Privatforstreviere. Von B[ernh.] **Böhm**, Forstassess. . . . in Stettin. *Neudamm: J. Neumann 1897.* (2 Bl., 102 S., 1 Bl.) 1 Bd 8. 98 90

Böhm, Bernh., Radwanderbuch durch die sächsisch-böhmische Schweiz. Mit 1 Landkarte u. 1 Routenkarte. 8. (48 S.) Leipzig (903). G. Kreysing. n. 1. 20

Böhm, Bruno, die „Sammlung der hinterlassenen politisch. Schriften des Prinzen Eugen v. Savoyen", s.a. Studien u. Darstellungen aus dem Gebiete der Geschichte. I. 1.

Böhm, Bruno, Rechtspraktikant in Bamberg: Die 'Sammlung der hinterlassenen politischen Schriften des Prinzen Eugen von Savoyen'. *Freiburg i. B.: Herder 1900.* (VIII, 114 S.) 8° [F.] ¶ [= Studien u. Darstellungen aus d. Geb. d. Geschichte, hrsg. v. H. Grauert, Bd 1, H. 1.]
München, Phil. Diss. v. 1900

Boehm, Bruno [aus Trebnitz in Schlesien]: Zur Therapie der Blutungen des nicht graviden Uterus . . . . Würzburg, Becker's Univ.-Buchdr., 1886; 27 S. 8°.
Würzburg, Med. Fak., Inaug.-Diss. v. 1886.

Boehm, Bruno, zur Therapie der Blutungen des nicht graviden Uterus. Diss. Würzburg 1886, Stahelsche Univ.-Buchh. 8°. 27 S.

Böhm, Bruno. Fortgesetzte Untersuchungen über die Permeabilität der Gefässwände. Diss. Vet.-Med. Bern. *Kopftitel:* Aus dem Physiologischen Institut der Universität Bern. 46 S. 8. Berlin, Julius Springer, 1909.

Böhm, C, s.a. Böhm, K.

Boehm, C.: De cottabo. Diss. 1893, s. Böhm, Christian

Böhm, C., zur Förderung des Volksschulwesens. Die Petition des berlinischen Lehrer-Vereins f. deutsches Volksschulwesen an den 8. Landtag der Provinz Brandenburg u. der Niederlausitz, nebst einleit. Bemerkungen u. Vorschlägen. gr. 8. (3¼ B.) Essen 813, Bädeker.

Böhm, C., Hartmann v. An der Lan-Hochbrunn u. sein Oratorium „Das letzte Abendmahl". Zur Aufklärg. u. Einführg. (60 S. m. 1 Bildnis.) kl. 8. Landshut 905. J. Hochneder. n — 60

Böhm, C.: Kalbefieber . . ., s. Böhm, Carl Ludwig

Böhm, C., s.: **Taschen-Kalender f. Lehrer.**

Boehm, C.: Die homöopathischen Thier-Arzneimittel. . ., s. Böhm, Carl Ludwig

Böhm, C.: Der Versuchsbau und der Sonnenbrenner . . ., s. Böhm, Carl.

Böhm, C.: Was heisst leben ? Ein Vortrag, geh.im Berliner Handwerkervereine. 2. Aufl. 32 °. Berlin: E. Krause 1847.

Böhm, C.F.: Über die Wirkung des ätherischen Absinthöls, s. Bohm, Carl Friedrich

Böhm, C.L.: Der Hausthierarzt . . ., s. Böhm, Carl Ludwig

Böhm, C.M., s. Böhm, Carl M.

Böhm, C. Richard, s. Böhm, Richard C.

Böhm, Carl: Über Aufforstungen, s. Böhm, Karl

Boehm, Carl. I. Einwirkung von Aminen auf Dibromtriacetonamin. II. Ueber das β-Oxoαα′α′tetramethylpyrrolidin. Diss. Phil. Basel. 48 S. 8. (Wiesbaden, K. Schwab, [1901].)

Boehm, Carl, I. Einwirkung v. Aminen auf Dibromtriacetonamin. — II. Ueber das β-Oxoαα′α′tetramethylpyrrolidin. Diss. gr. 8. (48 S.) Wiesbaden (901). (H. Staadt.) n. 1. 20

Boehm, Carl, prakt. Arzt, Neiße O./S.: Aus d. Kgl. med. Klinik in Breslau. Über traumatische Herzfehler. *Neiße 1904: F. Bär.* (43 S.) 8°
Breslau, Med. Diss. v. [13. Mai] 1904

Böhm, Carl: Der homöopatische Rindvieh-Arzt..., s. Böhm, Carl Ludwig

Böhm, Carl, Therapie der Knochenbrüche. Wien 869. Braumüller. gr. 8.
1. Thl.: Allgemeine Therapie der Knochenbrüche mit besonderer Rücksicht auf die Verbände für Knochenbrüche u. den Transport der Verletzten. Mit 150 Holzschn. (im Text). (XVI, 460 S.) n. 4 ₰

Böhm, Carl: Die homöopatischen Thierarzneimittel..., s. Böhm, Carl Ludwig

Boehm, Carl, der Versuchsbau und der Sonnenbrenner im k. k. Garnisonsspitale Nr. I. in Wien, nebst allgemeinen Bemerkungen über Ventilation, Heizung und Dr. Heger's neuen Ventilator. Lex.-8. (28 S.) Wien 862, (Braumüller.) *
Aus: Wochenblatt der Zeitschrift der k. k. Gesellschaft der Aerzte zu Wien, besonders abgedruckt.

Böhm, Carl Ludwig

Böhm, C. L., kurze praktische Anleitung f. alle Viehbesitzer, welche ihren Hausthieren in den am häufigsten vorkommenden Erkrankungsfällen durch sorgfält. Auffassung der sämmtl. sinnlich wahrnehmbaren Krankheitserscheingn. m. den dagegen erprobten homöopath. Heilmitteln auf die einfachste, ganz naturgemäße u. wenigst kostspiel. Weise selbst Hilfe leisten wollen. 8. (IV, 53 S.) Leipzig 873. Schwabe. n. — 50

Böhm, C. L., kurze praktische Anleitung für alle Viehbesitzer, welche ihren Hausthieren in den am häufigsten vorkommenden Erkrankungsfällen durch sorgfältige Auffassung d. sämmtlichen sinnlich wahrnehmbaren Krankheitserscheinungen mit den dagegen erprobten homöopathischen Heilmitteln auf die einfachste, ganz naturgemäße u. wenigst kostspielige Weise selbst Hilfe leisten wollen. 2. verb. Aufl. gr. 8. (48 S.) Leipzig 879. Schwabe. n. — 50

Böhm C.: Die Haltung, Pflege u. Behandlung d. landwirthschaftlichen Haussäugethiere im gesunden u. kranken Zustande ... 2 Th. (1. Vol.). Reutlingen u. Leipz. 1849.
— — Abbildungen. 8 Tvl. Tv.-4o.

Böhm, KL, d. Hausthierarzt in homöop. Heilart. 8. (132) Sondersh. 63. (Lüb., Bolhoevener u. S.) — 18

Böhm, C. L., der Hausthierarzt in homöopathischer Heilart oder Anweisung für alle Viehbesitzer, welche die am häufigsten vorkommenden Krankheiten ihrer Hausthiere, als Pferde, Rinder, Schafe rc. mit homöopath. Heilmitteln auf leichte, sichere und fast kostenlose Weise selbst heilen wollen. gr. 8. (VIII und 132 S.) Sondershausen 863, Eupel.

Böhm, K. L., der Hausthierarzt in homöopathischer Heilart, oder: Anweisung für alle Viehbesitzer, welche die am häufigsten vorkomm. Krankheiten ihrer Hausthiere, als Pferde, Rinder, Schafe rc. mit homöopath. Heilmitteln auf leichte, sichere und fast kostenlose Weise selbst heilen wollen. gr. 8. (VIII, 132 S.) Gotha 868, Eupel's Verlag. [Langensalza, Dr. Günther.] geh.

Böhm, K. L., der Hausthierarzt in homöopathischer Heilart, oder: Anweisung für alle Viehbesitzer, welche die am häufigsten vorkommenden Krankheiten ihrer Hausthiere, als Pferde, Rinder, Schafe rc. mit homöopathischen Heilmitteln auf leichte, sichere u. fast kostenlose Weise selbst heilen wollen. Gotha 868. Eupel. (Lübeck, Bolhoevener.) gr. 8. (VIII, 132 S.) 18 ngr

Böhm, C., Kalbefieber u. Milzbrand, s.a. Haus-Bibliothek, homöopathische. Nr. 40.

—— Kalbefieber und Milzbrand. Ein Wort der Belehrung über das Wesen beider Krankheitsformen und deren specif. Behandlung. gr. 8. (19 S.) Leipzig 874, Dr. Schwabe. *

Boehm, Carl (L.), der homöopathische Pferde-Arzt. Eine Darstellung der wesentl. Erfordernisse für Gesunderhaltung des Pferdes, so wie der Grundsätze und Lehren der Homöopathie, mit ausführl. Angabe ihres Verfahrens zur Heilung der Krankheiten des Pferdes. 8. (226 S.) Pest 855, Heckenast's Verlag.

Böhm, C. L., der thierärztliche Rathgeber in den innern und äußern Krankheiten der Pferde, Rinder, Schafe und Schweine. Ein Noth- und Hülfsbuch für Landwirthe und Viehbesitzer jeden Standes. gr. 8. (IV und 159 S.) Wien 851(52.) Lechner's Universitäts-Buchh. *

Böhm, Carl (L.), der thierärztliche Rathgeber in den innern und äußern Krankheiten der Pferde, Rinder, Schafe und Schweine. Ein Noth- und Hülfsbuch für Landwirthe und Viehbesitzer jeden Standes. 1. Ausg. 1852. * 20 Ngr. und 2., wohlf. Ausg. gr. 8. (IV und 159 S.) Wien 853, Lechner's Universitäts-Buchh. Thlr. *

Boehm, Carl Ludw., Repertorium der Thierheilkunde nach homöopathischen Grundsätzen oder Sammlung der neueren und bewährteren homöopathischen Krankheitsheilungen und Erfahrungen an ökonomischen Nutzthieren. In alphabetischer Ordnung dargestellt. Dresden 861. Meinhold & Söhne. 16. (XVI, 110 S.) 15 ngr

— Repertorium der Tierheilkunde nach homöopathischen Grundsätzen. Dresden 61. Schönfeld. M. 1.50

Boehm, Carl, der homöopathische Rindvieh-Arzt oder Darstellung der wichtigeren Krankheiten des Rindviehes, deren Ursachen, Erkennung und Heilung nach homöopath. Grundsätzen. 8. (146 S.) Pest 857, Heckenast. *

—— der homöopathische Schaf-Arzt, oder Darstellung der wichtigsten Krankheiten der Schafe, deren Ursachen, Erkennung und Heilung nach homöopath. Grundsätzen. br. 8. (98 S.) Pest 860, Heckenast. *

— die homöopathischen Thier-Arzneimittel, deren Bereitung, physiologische Wirkung u. klinische Anwendung. Für Thierärzte u. gebildete Landwirthe. Ebend. 867. gr. 8. (XVI, 215 S.) n. 1 ₰

— der homöopathische Thier-Arzt, oder Darstellung der wichtigeren Krankheiten der Pferde, Rinder u. Schafe, Schweine u. Hunde, so wie deren Ursachen, Erkennung u. Heilung nach homöopath. Grundsätzen. 2. Aufl. Pest 862. Heckenast. 8. (192 S.) 1 ₰ 7½ ngr

Böhm, Carl M.

Böhm, Carl M., das deutsche ABC-Buch nach d. natürl. System eingerichtet. gr. 8. (4 B.) Wien 841, Mausberger. (Leipzig, Hunger.)

Böhm, C. M. *Einhundert ganz kleine Geschichten* als erstes Lesebuch für Kinder, in alphabetischer Reihenfolge erzählt von Carl M. Böhm. ... Mit einem illuminierten Kupfer [F. Weigel del.] Wien, A. Mausberger [c. 1830]. 103 S. m. reizenden, meist figur. Holzschnittinitialen. Kl.-8°. 24.—

Böhm, Karl M., Einhundert ganz kleine Geschichten, als erstes Lesebuch für Kinder, in alphabet. Reihenfolge erzählt. Mit 1 ill. Kpfr. u. viel. Vign. gr. 8. Wien 840. Mausberger; Leipzig, P. Baumgärtner. ½ ₰

—— Einhundert ganz kleine Geschichten, als erstes Lesebuch f. Kinder, in alphabet. Reihenfolge erzählt. M. 1 ill. Kpfr. (u. vielen Vign.) gr. 8. (6½ B.) Wien 840, Mausberger. (Leipzig, Hunger.)

— s. Heirath, eine, in der großen Welt.

Böhm, Carl M., Maiglöckchen. Einhundert kleine Geschichten mit 100 (ill.) Bild., als erstes Lesebuch f. Kinder in alphabet. Reihenfolge erzählt. gr. 8. (6¾ B.) Wien 842, Bermann u. Sohn.

Böhm, Carl M., drei Scenen aus dem Kinderleben in dramatischer Form. Mit 15 col. u. ausgeschnittenen Figuren zum Aufstellen. gr. 8. (3 B.) Wien 843, Bermann u. Sohn. Thlr.

Boehm, Ch., Reden mit Zungen und Weissagen, s. Reden.

Böhm, Charles J. T., die Kirche unserer Zeit, s. Kirche, die, unserer Zeit.

Böhm, Charles J. T., Schatten und Licht in dem gegenwärtigen Zustande der Kirche. Neun Abhandlungen über christliche Wahrheiten für unsere Zeit. Mit einem Vorwort von H. W. J. Thiersch. Frankfurt a. M. 855. Heyder u. Zimmer. gr. 8. (1 Bl., XVIII, 294 S.) n. 24 ngr

Böhm, Charles J. T., Schatten und Licht in dem gegenwärtigen Zustande der Kirche. Neun Abhandlungen über christliche Wahrheiten für unsere Zeit. Mit einem Vorwort von Heinr. W. J. Thiersch. 2. Aufl. gr. 8. (XVIII, 289 S.) Basel 869, Schneider. *

Böhm, Charles J. T., Schatten u. Licht in dem gegenwärtigen Zustande der Kirche. Neun Abhandlungen üb. christliche Wahrheiten f. unsere Zeit. Mit e. Vorwort v. Heinr. W. J. Thiersch. 2. Aufl. gr. 8. (XVIII, 289 S.) Basel 872. Schneider. n. 2. --

Böhm, Charles J. T., Schatten u. Licht in dem gegenwärtigen Zustande der Kirche. Neue Abhandlungen über christliche Wahrheiten f. unsere Zeit. Mit einem Vorwort v. Heinr. W. J. Thiersch. 3. Aufl. gr. 8. (XVII, 262 S.) Basel 878. Schneider. n. 2. 40

Schatten und Licht in dem gegenwärtigen Zustande der Kirche. 9 Abhandl. über christl. Wahrheiten f. unsere Zeit von **Charles J. T. Böhm.** Mit e. Vorw. von Heinrich W. J. Thiersch. 4. Aufl. *Basel: A. Geering 1896.* (XIII, 250 S.) 8° [F.] [cL 5340 3

Böhm, Charles J. T., das Zeichen unserer Zeit, oder: Antwort auf die Frage: Was sind die sogenannten Irvingianer für Leute? Berlin 860. Uthemann. gr. 8. (32 S.) 4 ngr

Böhm, Charles J. T., die Zeichen der Zeit und die Wiederkunft unseres Herrn Jesu Christi. gr. 8. (44 S.) Berlin 859, [Uthemann und Müller.] Thlr.

Böhm, Christian

Boehm, Christianvs [Livonvs]: De cottabo ... Bonnae, typ. C. Georgi typogr. acad., 1893; 58 S., 1 Bl., 1 Taf. 8.
Bonn, Phil. Fak., Inaug.-Diss. v. 16. Juni 1893

Böhm, Chrn., Hilfsbuch für den Unterricht im deutschen Aufsatze in mittleren Lehranstalten, im Anschluß an das Lesebuch bearb. gr. 8. (VII, 195 S.) Reval 878. Kluge. n. 3. –

Böhm, Christian. Lebenswege eines schwäbischen Pädagogen. Tagebuchblätter... Reval 1893. V: *Böhm, Max.* (Berl)

Böhm, Chrn., Lebenswege e. schwäbischen Pädagogen. Tagebuchblätter aus dem Nachlaß des weil. Schulinspektors zu Wenden (Livland) Ch. B. gr. 8. (83 S. m. Bildnis.) Reval 893. F. Kluge. n. 1. 20

— deutsches Lesebuch für Elementarschulen. 2 Thle. Ebend. 868, 69. 8. (X, 190; X, 362 S.) 1.: n. 12 ngr; 2.: n. 18 ngr

Böhm, Chrn., deutsches Lesebuch f. Elementarschulen. 2 Thle. 2. Aufl. 8. Reval 872. Kluge. n. 3. —
1. (X, 190 S.) n. 1. 20. — 2. (X, 360 S.) n. 1. 80.

Böhm, Chrn., deutsches Lesebuch für Elementarschulen. 2 Thle. 3.—6. Aufl. 8. Reval 875—83, Kluge's Verlag. [1. Thl. (X, 190 S.) *M 1,20.; 2. Thl. (X, 358 S.) *M 1,80.] cart. * 3 —

Böhm, Chrn., deutsches Lesebuch für Elementarschulen. 2 Thle. 8. Reval, Kluge's Verlag. [1. Thl. 7. und 8. Aufl. (X, 190 S.) 885,88. cart. *M 1.20.; 2. Thl. 6. Aufl. (X, 358 S.) 886. cart. *M 1.80.] cart. *

Böhm, Chrn. Deutsches Lesebuch f. Elementarschulen. 1. Tl. 9. u. 10. Aufl. 12. (X, 190 S.) Reval 889,90, Kluge. cart. * 1 20

— deutsches Lesebuch f. Elementarschulen. 2 Tle. 8. Ebd. Kart. n. 3. —
1. 12. Aufl. (X, 190 S.) 894. n. 1. 20.
2. 8. Aufl. (X, 358 S.) 892. n. 1. 80.

Böhm, Chrn., deutsches Lesebuch f. Elementarschulen. 2 Tle. 8. Reval 896. F. Kluge. Kart. n. 3. —
1. 13. Aufl. (X, 190 S.) n. 1. 20. — 2. 9. Aufl. (X, 358 S.) n. 1. 80

Böhm, Chrn., deutsches Lesebuch f. Elementarschulen 1. u. 2. Tl. 8. Reval 899. F. Kluge. Kart. n. 3. —
1. 14. Aufl. (X, 190 S.) n. 1. 20. — 2. 10. Aufl. (X, 354 S.) n. 1. 80.

Böhm, Christian, deutsches Lesebuch f. Elementarschulen. 1. u. 2. Tl. 8. Reval, F. Kluge. Kart. n. 2. 80
1. 15. Aufl. (X, 190 S.) 902. n. 1. —
2. Neu hrsg. v. Max Böhm. 11. veränd. Aufl. (XII, 304 S.) 905. n. 1. 80

Böhm, Christian: Deut. Leseb. f. Elementarsch. Neu hrsg. v. Max Böhm. I. u. II. Tl. 8° Rev., F Kluge. d
I. 16. Afl. (176) '09. geb. 1 — II. 12 Afl. (12, 302) '10. geb. 1.80

Böhm, Chrn., deutsches Lesebuch für Kreisschulen, Töchterschulen u. ähnliche Anstalten. 2 Bde. Reval 867, 68. Kluge. gr. 8. (IX, 300; VII, 336 S.) 1.: n. 20 ngr; 2.: n. 24 ngr

— dasselbe f. d. mittl. Lehranst. 1. Tl. 4. Aufl. gr. 8. (XIV, 322 S.) Ebd. 895. n. 2. —

— dasselbe, f. die mittleren Lehranstalten. Neu hrsg. von Max Böhm. 1. u. 2. Tl. gr. 8. Ebd. n. 5. 40
1. 5., verb. Aufl. (XV, 320 S.) 901. n. 2. 40
2. 4., verb. Aufl. (XI, 430 S.) 902. n. 3. —

— Deutsches Lesebuch f. die mittleren Lehranstalten. Neu hrsg. v. Max Böhm. I. Tl. 6. verb. Aufl. (VIII, 384 S.) gr. 8. Ebd. 908. 2. 40

— das Lesebuch als Schule für den schriftlichen Gedankenausdruck, enthltd. e. Sammlung ausgeführter Aufsätze. Ein Hilfsbuch für angehende Lehrer u. Lehrerinnen. Ebend. 870. 8. (IV, 103 S.) n. 15 ngr

—— deutsches Lesebuch für Schule und Haus. 2. Tl. 3. verb. Aufl. gr. 8. (VIII, 400 S.) Ebendas. 887. *
1. Thl. u. d. T.: Deutsches Lesebuch für Kreisschulen, Töchterschulen und ähnliche Anstalten. Ebendas. 1867. *M 2.—.

Kloster Limburg a. Haardt (Dürkheim, Pfalz). Chr(istian) **Böhm,** Dürkheim. (Kaufbeuren: Meiler in Comm. [um 1904].) 16 S. 8°
(Bibliothek f. Volks- u. Heimatkunde.) [12, 729]

— Schreib- u. Lesefibel. gr. 8. (VII, 104 S.) Riga 882. Stieda. cart. n. — 75

— **Christian Gotthelf** (Dresden), De differentia matrimonii juris naturalis et civilis. Dissert. jur. Präs. Daniel Nettelbladt. Halle (Grunert) 30. X. 1778. 20 S. (4.20) 3117
Gew.: Marian Rom. Potock Grf. Potocki.

— **Christoph** (Liegnitz), De homine fanatico cive non bono. Präs. Heinr. Rudolph Hartmann (Leipzig). Wittenberg (Meyer) 30. XI. 1709. 8 Blatt. (4.50) 3118
Gew. (v. Präs.): Carl Hild. v. Dieskau (Knauthayn, Kleinzschocher, Cossbuden).

Böhm, Const. Edler v., die Handschriften d. kaiserl. u. königl. Haus-, Hof- u. Staats-Archivs. Lex.-8. (VI, 418 S.) Wien 873. Braumüller. n. 10. —

— dasselbe. Supplement. Lex.-8. (IV, 136 S.) Ebend. 874. n. 3. 60

Boehm, Curt, Assistenzarzt an der Diakonissenanstalt zu Bromberg: Aus der Königl. Chirurgischen Universitätsklinik zu Königsberg. Klinische Beiträge zur Kenntnis der Pankreasnekrose. Tübingen 1904: H. Laupp jr. (55 S.) 8° ¶ (Aus: Beiträge z. klin. Chirurgie. Bd 43, H. 3.)
Königsberg, Med. Fak., Ref. Garrè, Diss. v. 4. Juli 1904
[Geb. 13. März 80 Carben, Kr. Braunsberg; Wohnort: Bromberg; Staatsangeh.: Preußen; Vorbildung: Kneiphöfisches Gymn. Königsberg Reife O. 98; Studium: Königsberg 4, Freiburg i. B. 1, Königsberg 4 S.; Coll. 1. Juli 04; Approb. 10. Febr. 03.]

Böhm, Curt, Referendar aus Königsberg i. Pr.: Die Zulässigkeit der Exekutivstrafe neben der Kriminalstrafe. *Königsberg i. Pr. 1904: R. Parbs Nachf.* (50 S.) 8°
Rostock, Jur. Diss. v. [15. Apr.] 1904

Böhm, David Beiträge, welche C. J. Caesar in seinen Kommentarien „de bello gallico" zur Ethnologie der Germanen liefert. 24 S. Progr. *Sächsisch-Regen* 1881.

Böhm, David: Die Schule der evangel. Gemeinde A. B. in Bielitz 1782—1902. — Bielitz: Selbstverl. der evangel. Gemeinde (1902). 119 S.

Böhm, E., Geschichte d. Westfälischen Dragoner-Regiments Nr. 7 von seiner Formirung bis zum Schluß d. J. 1884. Auf Befehl zusammengestellt. Mit 1 Portr., 1 Uniformbild, 1 Skizze u. 3 Karten. gr. 8. (VII, 107 S.) Berlin 885. Mittler & Sohn. n. 3. 60

Boehm, E. (Red.), s. K i n d e r - P o s t .

Böhm, Ed., utem Bernsteenwinkel. Gedichte, Geschichten, Lieder u. s. w. in ostpreußisch-samländ. Plattdeutsch. 12. (152 S.) Königsberg i/Pr. 893. Hartung. n. 1. 25; kart. n. 1. 50

BÖHM, Eduard (Augsburg): Ein Fall von Peritheliome ovarii.- Augsburg: Reichel 1901. 39 S. 26.10.1901 - Chr 1901/02,24; Jv 1901/02,268
Diss. Ingolst.-Landsh.-Mchn.

Böhm Eduard: Die Konzilsbestrebungen in Deutschland nach dem Wiener Konkordate. Diss. Wien, Univ. 11. 1905 PN 1842 902

Böhm, Egon, a. Wien: Zur Kenntnis der Fluoride. Gießen 1906: v. Münchow. (51 S.) 8°
Gießen, Phil. Fak., Ref. Naumann, Diss. v. 31. Jan. 1906
[Geb. 14. Mai 80 Wien; Wohnort: München; Staatsangeh.: Österreich; Vorbildung: Staatsrealsch. im 1. Bezirke Wien Reife Juli 98; Studium: Berlin 3, München 6 S.; Rig. 17. Nov. 05.]

Böhm, Elisab.: Die Pflege d. weibl. Landjugend, s: Keil, H.

Böhm, Em.

— Beweggründe, d. Staate m. s. Söhnen ein Opfer z. bringen. 8. Wien, Gerold. 794.

Böhm, Em., üb. den heut. Empörungsgeist. 8. Prag. Barth. 793.

Boehm, Erich, aus Stettin: Beitrag zur Theorie der gleicharmigen Wage. *Kiel 1903: Ch. Donath.* (28 S.) 8°
Kiel, Phil. Diss. v. [28. März] 1903

Boehm, Erich, zur Geschichte des Erdmagnetismus. Progr. (40 S.) gr. 8. Hamburg 910 (Herold). nn 1. 50

Boehm, Erich: Zur Geschichte des Erdmagnetismus. Hamburg 1910: Lütcke & Wulff. 40 S. 8°
Hamburg, R in Eilbeck P 1910 (1005) [S 10. 37

Boehm, Ernst: Das Harmonium im akustischen Unterricht. Berlin, R. Gaertner, 1895; 19 S. 4.
Berlin, Andreas-RG, OP 1895 (93)

Boehm, Ernst, aus Rom: Studien zum politischen Testamente Richelieu's. Der Streit um die Echtheit. *Leipzig 1902: G. Knoth.* (34 S.) 8° ¶ (Erscheint vollst. in: Geschichtl. Untersuchungen.)
Leipzig, Phil. Diss. v. [15. Dez.] 1902

Boehm, Ernestus Julius *(geb. Weschelle in Oberschles. 21. 12. 1819)*: De Conio maculato ejusque praeparatis inprimis de coniino. Vratislaviae (1844). (28 S.) 8°
Breslau. Med. Diss. v. 5. Dez. 1844

Böhm, F.: Die D i s z i p l i n der Volkschule, s.a. B ö h m, Joh.

Böhm, [F.], die Disciplin der Volksschule. Ein Leitfaden für Seminaristen und Lehrer. gr. 8. (171 S.) Nördlingen 876, Beck'sche Buchh. *

Böhm, F.: H a n d b u c h des Rechtshilfeverfahrens . . ., s. B ö h m, Ferdinand

Bohm, F., die sogenannten Kasernenstuben zu Neu-Ruppin, s.: Mittheilungen d. histor. Vereins f. die Grafsch. Ruppin.

— d. Methode d. Sprachunterrichtes in d. Volks- u. Bürgerschule, s.: Lehrer-Bibliothek, kleine.

Böhm, F. Plan von Berlin mit dem Weichbilde und der Umgegend bis Charlottenburg. 1 : 15 384. Berlin 1852. 1 Bl. K. Ff.

Böhm, F., Rechenbuch f. höhere Lehranstalten, s.: G ü n t h e r, F.

Böhm, F. Special-Karte vom Regierungs-Bezirk Gumbinnen, nach den neuesten und besten Materialien bearbeitet. 1 : 300 000. Berlin 1840. 1 Bl. c. 1. Ff.

Böhm, F., s.: Westentaschen-Liederbuch.

Böhm, F.L.: Annäus Seneca und sein Werth auch für unsere Zeit. 47 S.
Progr. Berlin Fr. W. 1856.

Böhm, F.L.D., s. B ö h m, Fr. L.D.

Böhm, F.P., s. B ö h m, Friedrich Paul

Böhm, Ferdinand

— u. Max Klein, das bayer. Ausführungsgesetz z. bürgerlichen Gesetzbuche v. 9. VI. 1899. Erläutert v. B. u. K. gr. 8. (XV, 439 S.) München 900. 901. J. Schweitzer Verl. n. 9. —; geb. n. 11. —
Erschien auch in 4 Lfgn.; 1.—3. à n. 1. 50; 4. n. 4. 50.

Böhm, Ferd. Das Königl. bayerische Gesetz vom 23. Febr. 1879 zur Ausführung der Reichs-Civilprozeßordnung u. Konkursordnung, s. Gesetzgebung, die, d. Königr. Bayern m. Erläuterungen.

Böhm, Ferd., Handbuch der internationalen Nachlassbehandlung m. besonderer Rücksicht auf das Deutsche Reich u. die einzelnen Bundesstaaten einschliesslich Elsass-Lothringen. Unter Benützung amtlicher Quellen. gr. 8. (VII, 479 S.) Augsburg 881. Reichel. n. 7. —

Böhm, Ferd., Handbuch der internationalen Nachlassbehandlung m. besond. Rücksicht auf das Deutsche Reich u. die einzelnen Bundesstaaten einschliesslich Elsass-Lothringen. Ergänzungsbd. Unter Benützg. amtl. Quellen. gr. 8. (VII, 289 S.) Augsburg 885. Reichel. n. 4. — (Hauptwerk m. Ergänzungsbd.: n. 9. —)

Böhm, Ferd., Handbuch d. internat. Nachlassbehandlung m. bes. Rücksicht auf d. Deutsche Reich u. d. einz. Bundesstaaten einschliessl. Elsass-Lothringen. Unt. Benützg. amtl. Quellen. 2., durchgearb. Aufl. gr. 8. (XI, 588 S.) Augsburg 895. Gebr. Reichel. n. 9. —

— Handbuch d. Rechtshülfeverfahrens im Deutschen Reiche u. gegenüber dem Auslande in bürgerlichen Rechtsstreitigkeiten u. in Konkurssachen. 8. (VIII, 289 S.) Erlangen 886. Palm & Enke. n. 4. 40

— Handbuch des Rechtshülfeverfahrens im Deutschen Reiche gegenüber dem Auslande. 2. Thl.: Rechtshülfe in Strafsachen. Mit Sachregister für 1. und 2. Thl. 8. (X, 331 S.) Ebendas. 888. *

—— Handbuch des Rechtshülfeverfahrens im Deutschen Reiche u. gegenüber dem Auslande. Ergänzungsheft. gr. 8. (VIII, 104 S.) Erl. 889, Palm u. Enke. * 1 60
Hauptwerk. 2 Tle. Ebd. 1886,86. * 9 40.

Böhm, F: Hdb. d. Rechtshilfeverfahrens, 2. Afl., s.a: Delius, H.

Böhm, Ferd., Handbuch des Rechtshilfeverfahrens, 3. Aufl., s.a: Delius, Hans.

— 2. Aufl. [u. d. Tit.:] Handbuch des Rechtshilfeverfahrens im Deutschen Reiche sowie im u. gegenüber dem Auslande in bürgerlichen Rechtsstreitigkeiten, in Konkurssachen, in Angelegenheiten der freiwilligen Gerichtsbarkeit u. in Verwaltungssachen. Auf der Grundlage des von Böhm verf. Handbuchs hrsg. von Hans Delius. Erlangen 1905.

— 3. Aufl. 1906.

— 4. Aufl. Nürnberg u. Leipzig 1911.

—— Die räumliche Herrschaft der Rechtsnormen [örtliche Statutenkollision] auf dem Gebiete d. Privatrechts einschließl. des Handels-, Wechsel- u. Konkursrechtes. Nach Theorie u. Rechtsprechg., unter besond. Berücksicht. der Entscheidgn. der obersten deutschen Gerichtshöfe, zum Handgebrauche f. die Praxis. 8. (VII, 237 S.) Ebd. 890. * 4 40

Böhm, Ferd., Neuer Volksadvokat, s.: Müller, Willb.

Böhm, Ferdinand (Hrsg.), s. Zeitschrift für internationales Privat- und Strafrecht (seit 1903) und öffentliches Recht.

Böhm, Fr., Praktischer Lehrgang für den Gesangunterricht auf Grundlage der Schreiblese-Singmethode netto —.40
— — Praktische Elementar-Gesangschule zum Gebrauche für Musiklehranstalten, Seminarien und Gymnasien. Heft I —.50, Heft II —.24 Heft III Wien: Rörich 1894. **—.50 netto**

Böhm, Fr., Rechenbuch f. höhere Lehranstalten, s.: Günther, F.

Böhm, Fr. L. D., der Haarausfall, Haarschwund sowie die Heilung aller Haarkrankheiten. Ursache, Verhütg. u. Behandlg. Mit Anh.: Das plötzliche Ergrauen der Haare sowie die besten Haarfärbemittel. 8. verb. u. verm. Aufl. (89 S. m. Abb.) 8. Leipzig (909). Ernst. 1. —

Böhm, Fr. L., radicale Heilung der Kahlköpfigkeit, so wie auch des Ausfallens und gleichzeitigen Ergrauens der Haare. 8. Halberstadt 846, Lindequist u. Schönrock. 1/3 ß

Böhm, Fr. L., radicale Heilung d. Kahlköpfigkeit, so wie auch des Ausfallens u. gleichzeitigen Ergrauens d. Haare. 8. (IV u. 71 S.) Halberstadt 847, Lindequist u. Schönrock. — Eine nach den bewährtesten Quellen u. den Erfahrungen der größten Aerzte Teutschlands u. des Auslandes bearb. Anleitung das Ausfallen der Haare zu vermeiden u. zu heilen &c. 2. Aufl. 8. (IV u. 71 S.) Quedlinburg 850, Ernst. 1/3 ß

Böhm, Fr. L. D., d. Kahlköpfigkeit u. ihre Heilung. M. e. Anh.: Ueb. d. plötzl. Ergrauen d. Haare u. üb. Haarfärbemittel. 2., verb. u. verm. Aufl. v. Max Birnbaum. 8. (63 S.) Halberstadt 895. Ernst. n. 1. —

Böhm, Franz

Böhm, Frz., s. Gesetze für die österreich. Volks- und Bürgerschulen.

Böhm, Frz., Ilias u. Nibelungenlied. Eine Parallele. gr. 8. (84 S.) Znaim 885. (Fournier & Haberler.) n. 1. 60

Böhm, Frz., Kaiser Josef II. als Reformator d. österreichischen Volksschulwesens. Ein Gedenkblatt. gr. 8. (21 S.) Znaim 890. Fournier & Haberler. n. — 40

Böhm, Franz (Hrsg.), s. Lehrerfreund, Deutscher.

Böhm, Franz, „Mein Liederkranz“, zusammengestellt aus Refrains u. Titeln bekannter Lieder u. Couplets f. 1 Singst. m. Pfte. 60 kr. Wien: V. Kratochwill's Musik-Verlag 1882.

—— Die Methode des Sprachunterrichtes in der Volks- u. Bürgerschule. s. Lehrer-Bibliothek, kleine.

— die Pflege des mündlichen Gedankenausdruckes in der Volks- u. Bürgerschule. } s.a. Lehrer-Bibliothek, kleine.

Böhm, Franz, Die Pflege des mündlichen Gedanken-Ausdruckes in der Volks- und Bürgerschule. Referat bei der mährischen Landeslehrerconferenz (deutsche Abtheilung). 8. (33 S.) —.20
Znaim: Fournier & Haberler 1893.

Böhm, Frz., Thierschutz durch d. Schule, s.a. Lehrer-Bibliothek, kleine.

Böhm, Franz, Thierschutz durch die Schule. Referat, erstattet bei der Bezirkslehrer-Conferenz des Stadtbezirkes Znaim. 8. (16 S.) —.20
Znaim: Fournier & Haberler 1896

Bohm, Frida, durch Kreuz zur Krone. Ein Lebensbild. (75 S.) kl. 8. Dresden (909). E. Pierson. 1.50; geb. n 2.50

Böhm, Friedrich

Beiträge zur Morbiditäts-Statistik Bayerns. 10 Jahre – 1889 mit 1898 – Morbiditäts-Statistik d. Infektionskrankheiten im Königr. Bayern ... nebst genauer Betrachtung der im Kreis Schwaben im J. 1898 vorgekomm. Infektionskrankheiten bearb. von Dr. Friedrich Böhm, Bezirksarzt in Neu-Ulm. *München 1899: J. Gotteswinter.* (40 S.) 4°(8°)
= Zeitschrift d. k. b. Statistischen Bureau. Jg 1899, Beilageh.

Beiträge zur Morbiditäts-Statistik Bayerns. 10 Jahre – 1894 mit 1903 – Morbiditäts-Statistik d. Infektionskrankheiten d. unmittelbaren Städte u. Bezirksämter sowie d. ganzen Regierungsbez. Schwaben bearb. von Dr. Friedrich Böhm, Bezirksarzt. München (1904): J. Gotteswinter. (47 S.) 4°(8°) [Umschlagt.]
— Zeitschrift d. k. Bayer. Statist. Bureau. Jg. 1904, Beilageheft. [07. 8440

Boehm, *Friedrich* [Prof.]: *Gedächtnissrede auf Oberlehrer Franz Günther, gest. am 22. März 1895.* Berlin, Druck v. Liebheit & Thiesen, 1896; 17—20 S. 4.
Berlin, Friedrichs-Werdersche OR, P 1896 (113)

Boehm, [Friedrich], Prof.: [Gedächtnisrede auf den verstorbenen Oberlehrer Dr. Wilh. Möhring.] *Berlin 1903: Liebheit & Thiesen.* (S. 21—26.) 4°
Berlin, Friedrichs-Werdersche OR, P 1903 (125)

Böhm, Friedrich: Zehn Jahre - 1894 mit 1903 - Morbiditäts-Statistik d. Infekt.-Krankheiten d. unmittelbaren Städte u. Bezirksämter. . .
in: Beiträge zur Morbiditäts-Statistik Bayerns.

Böhm, Frdr., das Kind im ersten Lebensjahre, dessen Pflege u. Krankheiten. Ein Leitfaden f. Mütter. 3. verm. u. verb. Aufl. 8. (44 S.) Schweinfurt 885. Giegler. n.n. 1. —

Böhm, Fried., das Kind im ersten Lebensjahre, dessen Pflege u. Krankheiten. Den Müttern gewidmet. 6. verm. Aufl. (39 S.) gr. 8. Augsburg 904. Th. Lampart. n. — 50

— uns. Kinder in Haus u. Schule. Blicke in d. Praxis d. Kinder-Erziehg. 4. Asg. 8° (111) Berl. 93, L Oehmigke's V. 1 —

Böhm, Friedrich: Parabolische Metrik im hyperbolischen Raum. München 1908: Wolf. 62 S. 8°
München, Phil. Diss. v. 23. Juli 1908, Ref. Lindemann
[Geb. 15. Aug. 85 Harburg, Bez.-A. Donauwörth; Wohnort: Augsburg; Staatsangeh.: Bayern; Vorbildung: Gymn. St. Anna Augsburg Reife Juli 04; Studium: München 8 S.; Rig. 23. Juli 08.] [U 09. 3445

Böhm, Friedrich: Morbiditäts-Statistik d. Infekt.-Krankheiten im Reg.-Bez. Schwaben f.d. J. 1902. . . in: Beiträge zur Morbiditäts-Statistik Bayerns.

Böhm, Frdr., Morbiditäts-Statistik d. Infektions-Krankheiten i. Reg.-Bez. Schwaben, s.: Zeitschrift d. kgl. bayerischen statist. Bureau.

Böhm, Friedr. (I.), Rechenbuch für höhere Lehranstalten, s. Günther, F.

Boehm, *Friedrich: Rede bei der Gedächtnisfeier für den am 22. März 1895 verstorbenen Oberlehrer Franz Günther.* 4 (S. 17—20 d. Schuln.).
Progr. Friedrichs-Werdersche Ober-Rsch. *Berlin* 1896

Boehm, Fridericus, Berolinensis: De symbolis Pythagoreis. Berolinum[!] 1905: M. Driesner. (60 S.) 8°
Berlin, Phil. Fak., Ref. Diels, Vahlen, Diss. v. 4. März 1905
[Geb. 2. Sept. 80 Berlin; Heimatsort: Pankow; Staatsangeh.: Preußen; Vorbildung: Sophiengymn. Berlin Reife M. 99; Studium: Berlin 8 S.; Rig. 8. Dez. 04.]

Böhm, Frdr., ärztliches Taschenbuch, s.: Schmitt, Greg.

Boehm, Friedrich [Prof.]: Das Alte Testament im evangelischen Religionsunterricht. Berlin, R. Gaertner, 1895; 33 S. 4.
Berlin, Friedrichs-Werdersche OR, OP 1895 (115)

Böhm, Frdr., Vorschläge zur Bekämpfung des Materialismus seitens der Volksschule. gr. 8. (35 S.) Berlin 881. Haack. n. — 50

Böhm, Frdr. Paul: Anleitg z. Bau u. z. Bewirtschaftg v. Teichanlagen, s: Linke, Rud.

Böhm, Frdr. Paul: Leit. Grundsätze f. d. Entwässerg v. Ortschaften. (82 m. Abb. u. 8 Taf.) gr8° Lpzg, HAL Degener '06. 2.80; L. 3.75

Böhm, Frdr. Paul, leitende Grundsätze f. die Entwässerung v. Ortschaften. (82 S. m. Abbildgn. u. 3 Taf.) gr. 8. Leipzig 906. Kühnel. n. 2. 80; geb. in Leinw. n. 3.75

Böhm, Frdr. Paul, leitende Grundsätze f. die Entwässerung v. Ortschaften. 2. verm. u. verb. Aufl. Mit zahlr. Textabbildgn. u. einigen graph. Darstellgn. (XI, 236 S.) gr. 8. Leipzig 911. H. A. L. Degener. 3.60; geb. 4. 20

— Der Wasserabfluss in Kanälen, Bächen u. Flüssen nach d. vereinfachten Kutter'schen Geschwindigkeits-Formel $V = \frac{100\sqrt{R}}{m+\sqrt{R}}\sqrt{RJ}$. **Beilage zur Leipziger Bauzeitg. Nr. 45, 1906. (1 Bl.) Lex. 8. Ebd. (906). Auf Karton — 50**

Böhm, Fritz (Hrsg.), s. Zeitschrift des Vereins für Volkskunde.

Böhm, G.: Über Derivate des Anilacetessigesten, s. Böhm, Gottfried

Böhm, G., der Landsknecht m. dem einäugigen Wamms. Reichsstadtnovelle. 8. (VI, 114 S.) Nördlingen 873. Beck. n. 1. 60

Böhm, G.: Neues Lias-Vorkommen . . . , s. Böhm, Georg

Böhm, G., der arme Papa, s.: Reiselectüre.

Böhm, G., Pausir-Vorschriften. Qu. 4. Fünfkirchen, Valentin. 1860. Englisch. 4 fl. 80 kr. Deutsch C. 80 kr.

Boehm, G.: Quemadmodum ..., s. Boehm, Wilhelm

Böhm, G.(Red.), s. Zeitschrift des Münchener Altertums-Vereins.

Böhm, G. G., Über eine durch mehrfache Versuche bewährte Methode, unfruchtbaren Kühen zur Fruchtbarkeit zu verhelfen. (16 S.) Innsbruck 44. Wagner. M. 1.—

Böhm, Georg

Beiträge zur Geologie von Niederländisch-Indien von Georg **Boehm**, Freiburg i. Br. Abt. 1, Abschn. 1. Stuttgart: E. Schweizerbart 1904. 4°
— Palaeontographica. Suppl. 4, Lfg 1. [07. 9776

Boehm, Geo., Beiträge zur geognostischen Kenntniss der Hilsmulde. Inaugural-Dissertation. gr. 8. (87 S.) Berlin 877. (Göttingen, Vandenhoeck & Ruprecht.) n. — 80

Boehm, G., Beitr. z. Kenntniss d. grauen Kalke in Venetien. 8. (48 m. 12 L.) Berl. 84. (Dobberke & Sch.). n. 3.—

Boehm, Geo., Beiträge zur Kenntniss der grauen Kalke in Venetien. Mit 12 (lith.) Taf. [Aus: „Zeitschr. d. deutschen geol. Gesellsch."] gr. 8. (48 S. m. 12 Bl. Erklärgn.) Berlin 884. (Schleiermacher.) n. 3. —

Boehm, Geo., Beiträge z. Kenntniss d. Kreide i. d. Südalpen. I. Die Schiosi- u. Calloneghe-Fauna. [Aus: „Palaeontographica".] gr. 4. (III, 68 S. m. 37 Fig., 8 Taf. u. 8 Bl. Erklärgn.) Stuttgart 894. E. Schweizerbart. n. 20. —

— die Bivalven der Stramberger Schichten, s.: Mittheilungen, palaeontologische, aus dem Museum d. königl. bayer. Staates.

— über südalpine Kreideablagerungen. Vortrag. [Aus: „Zeitschr. d. deutschen geolog. Gesellsch."] gr. 8. (5 S.) Berlin 885. (Schleiermacher.) n. – 20.

—— neues Lias-Vorkommen auf dem Dinkelberge bei Basel, s.a. Berichte der naturforschenden Gesellschaft zu Freiburg i. Br.

Boehm, G., neues Lias-Vorkommen auf dem Dinkelberge bei Basel. [Aus: „Berichte der naturforsch. Gesellsch. zu Freiburg i/B."] gr. 8. (4 S.) Freiburg i/B. 888. J. C. B. Mohr. n.n. — 60

Böhm, Geo.: Maimonat, s: Boser, FW.

— s: Westermayer, Ant., Bauern-Predigten.

Boehm, Gottfried: Die Bedeutung der durch Hetol ⟨zimtsaures Natron⟩ hervorgerufenen Hyperleukozytose bei der intravenösen und subkutanen Milzbrand-Infektion des Kaninchens. München 1907: R. Oldenbourg. (24 S.) 8° ¶[Aus: Archiv f. Hygiene.]
München, Med. Fak., Ref. Gruber, Diss. v. 25. April 1907
[Geb. 10. Dez. 79 Dorpat; Wohnort: Leipzig; Staatsangeh.: Sachsen; Vorbildung: Thomas-Gymn. Leipzig Reife O. 01; Studium: Leipzig 7, München 2 S.; Coll. 25. Apr. 07; Approb. 15. Febr. 07.]

Böhm, Gfr., der Blender. Schausp. in 5 Akten. gr. 8. (61 S.) München 886. (Rubinverlag.) n. 2. —

— dasselbe. 2., umgearb. Aufl. gr. 8. (68 S.) München 899. A. Ackermann's Nachf. n. 1. —

— Dämmerstunden. E. Akt. 16. (40 S.) Ebd. (898). n. 1.—

BÖHM, GOTTFRIED. Ueber Derivate des Anilacetessigesters. (Basel) München, 1894. **Diss.** G. S.

Böhm, G. Über Derivate des Anilacetessigesten In-8°. 47 S. Basel (Georg & Co.). These. 1894?

Böhm, Gfr., das Glück der Erde. Novellen. gr. 8. (III, 298 S.) München 890. Beck. n. 3. 50

— Herodias. Schausp. in 5 Akten. gr. 8. (61 S.) München 883. (Rubinverlag.) n. 1. —

Ines de Castro. Trauerspiel in 5 Akten von Gottfried Böhm. Zum ersten Male aufgeführt zu München 1895. Als Ms. gedr. *München: Brakl (1895).* (187 S.) 8° [F.] [illegible]

Böhm, Gfr., Ines de Castro. Trauersp. i. 5 Akten. 16. (187 S.) München (898). Rubinverlag. n. 2. —

Böhm, Gfrd., chinesische Lieder aus dem Livre de Jade v. Judith Mendès in das Deutsche übertragen. 16. (124 S.) München 873. Th. Ackermann. n. 1. 80

Böhm, Gfr. v., Novelle, tradotte da Giovanni Ratti. (Il padre dei carcerati. — La contessa v. Düpont. — L'oretta di chiacchiere del maggiore.) 12. (XX, 163 S.) München 900. (Ch. Kaiser.) n. 2. —

Böhm, Gfr., Philipp v. Jolly. Ein Lebens- u. Charakterbild. Mit e. Lichtdr. der Büste Jolly's u. e. Verzeichniß seiner Schriften. gr. 8. (III, 48 S.) München 886. Fritsch. n. 1. 50

Das Porträt der Pompadour. Lustspiel in 1 Akt von Gottfried Böhm. Zum ersten Male aufgeführt zu München 1893. *München: C. H. Beck 1893.* (51 S.) 8° [F.] [illegible]

— Reichsstadtnovellen. 8. (III, 359 S.) Ebd. 891. n. 3. 50; geb. n.n. 4. 50

Böhm, Gottfr. v.: Rischjasrynga. Dramat. Dichtg. (84) gr8° Münch., A Ackermann's Nf. '09. 1 — ℳ

— Ludwig Wekhrlin (1739—1792). Ein Publizistenleben d. 18. Jahrh. Mit 2 Porträts. 8. (IX, 323 S.) Ebd. 893. n. 5. —; geb. n. 6. —

Böhm, Gustav, a. Mannheim, Rechtsprakt. in München: Die rechtliche Bedeutung des Tarifvertrages. München 1908: C. Gerber. (80 S.) 8° [F.]
Erlangen, Jur. Fak., Ref. Oertmann, Diss. v. 30. Juni 1908
[Geb. 6. Nov. 80 Mannheim; Wohnort: München; Staatsangeh.: Bayern; Vorbildung: Luitpold-Gymn. München Reife 99; Studium: München 9, Heidelberg 1 S.; Rig. 2. Mai 08.]

Boehm, Gustav, prakt. Zahnarzt, Berlin: Beiträge zur vergleichenden Histologie des Pankreas. Aus d. Histol. Institut d. Krankenhauses Am Urban ⟨Prof. Dr. C. Benda⟩. *Neu-Ruppin [1904]: 'Märkische Zeitung'.* (74 S.) 8°
Rostock, Phil. Diss. v. [4. März] 1904
[Nur in beschränkter Anzahl für den Austausch]

Festschrift zur 25jährigen Gründungsfeier und Einweihung des Logenhauses der St. Johannis-Loge „Augusta" Or. Augsburg am 24. Okt. 1897. Mit einer Abb. des neuen Logengebäudes. [Von Gustav Böhm.] Bayreuth [1897]: Mühl. 25 S. 1 Abb. 8°.

Boehm, Gustav Ferd.

— Grundriss der K. Residenzstadt Berlin. Gest. v. Carl Jättnig. (Mit 8 S. Text in 16.) Imp. Fol. Berlin 848, D. Reimer. — (2. Aufl.) Imp. Fol. Col. (Mit 8 S. Text in gr. 16.) Ebd. 850. n. 5/6 ℛ; in Engl. gr. 16.-Cart. n. 1 ℛ — Color. n. 1 1/3 ℛ in Engl. gr. 16.-Cart. n. 1 1/2 ℛ

Boehm, Grundriss von Berlin, mit nächster Umgegend. In Kpfr. gestochen von Carl Jättnig. 1. Aufl. 848. * 25 Ngr. und (2. Aufl.) ill. Imp.-Fol. (Mit 8 S. Text in gr. 16.) Berlin 850, D. Reimer. *
ill. *

Boehm, Grundriss von Berlin mit nächster Umgegend. (Neue Ausg.) Kpfrst. gr. Fol. (Mit 8 S. Text.) Berlin 853, D. Reimer. *
ill. *

Boehm, (Gustav Ferd.), Karte v. Baden u. der Pfalz. gr. Fol. Lith. u. col. Berlin 848, Stargardt in Comm. n. 1/4 ℛ

Böhm, H.: Beitrag zur Reinigung der Turnsprache . . ., s. Böhm, Hans

Böhm, H.: Die praktische Branntwein-Brennerei . . ., s. Böhm, Heinrich

Böhm, H.: Geographie, s. Böhm, Hermann

Böhm, H., s. Müllers neuer Volksadvokat.

Böhm, H.: Die österr. Sanitätsverordnungen . . ., s. Böhm, Heinrich

— und W. Steinert, kleine deutsche Sprachlehre. 19. und 20., unveränd. Aufl. 8. (48 S.) Berlin 867,68 Kampffmeyer. cart. *

Böhm, H., allgemeiner deutscher Sprachlehrer und Briefsteller, f. Fortbildungs-Schule.

Böhm, H. R., Anleitung zu Darstellungen mittelst der Laterna magica u. d. Nebel-Bilder-Apparates, f. Schaustellungen, Lehranstalten u. Privatgebrauch, nebst prakt. Methode der Glasmalerei. Mit (eingedr. Holzschn.-)Illustr. Aus 20jähr. Praxis. gr. 8. (16 S.) Hamburg 876. Richter. n. 1. 50

Boehm, Hanna, dunkle Bilder. 1—3. Lfg. Fol. (24 Steintaf.) Berlin 873. 74. A. Duncker. n. 10. —

Böhm, Hanna, dunkle Bilder. 2. Bd. gr. 4. (24 Steintaf.) Berlin 881. A. Duncker. geb. m. Goldschn. n. 20. —
(1. u. 2.: n. 40. —)

Böhm, Hans, Aphorismen zur Betrachtung, Erbauung u. Richtschnur im Leben. (IV, 108 S.) gr. 8. Wien 905. A. Amonesta. n.n. 3. —

Böhm, Hans, Auflösgn. d. Aufgaben im 4. Rechenbuche f. österr. allgem. Volksschulen v. Fr. Ritter v. Močnik. (Ausg. in 5 Thln. — Kronenwährg.) gr. 16. (31 S.) Wien 895. A. Siegl. n. — 40

Böhm, Hans, Beitrag zur Reinigung der Turnsprache und Regelung des Turnbetriebes auf Grund aufklärender Beurtheilung des von Buley und Vogt in 4 Stufen hrsg. Handbuches für Vorturner. 8. (81 S.) Wien 887, (Sallmayer'sche Buchh.) **

Boehm, Hans, Arzt: Über plastische Deckungen des Stumpfes nach Exarticulatio pedis und über Exarticulatio pedis mit dem Zirkelschnitt. Königsberg i. Pr. 1906: O. Kümmel. (54 S.) 8°
Königsberg, Med. Fak., Ref. Lexer, Diss. v. 10. April 1906
[Geb. 17. März 78 Michelau, Kr. Fischhausen; Wohnort: Königsberg i. Pr.; Staatsangeh.: Preußen; Vorbildung: Friedrichskollegium Königsberg i. Pr. Reife O. 98; Studium: Königsberg 9 S.; Coll. 4. April 06; Approb. 17. März 03.]

Böhm, Hans: Die Eisenbahngütertarife. Hand- u. Vormerkb. f. Eisenb.- u. Speditionsbeamte. (4, 123) Lex. 8° Lichtenf., (HO Schulze) '11. 1.50; L 2 —

— Gedichte. (VI, 104 S.) 8. München 906. G. D. W. Callwey. n. 2. —; geb. n. 3. —

Böhm, Hans, das Gerätturnen. Ein prakt. Handbuch f. Turnlehrer u. Vorturner in Turnvereinen, sowie für Turnlehrer an Schulen. Mit 138 (eingedr.) Holzschn. nach Orig.-Zeichnungen v. Emil Heythum. gr. 8. (VI, 194 S.) Wien 877. Graeser. n. 2. 80

—— das Gerätturnen. Ein prakt. Handbuch für Turnlehrer und Vorturner in Turnvereinen sowie für Turnlehrer an Schulen. 2. Aufl. 8. (194 S. mit 138 Holzschn. nach Orig.-Zeichnungen von Emil Heythum.) Wien 887, Graeser. *

Böhm, Hans, Bürgerschul-Direktor. Hoch die „Achter!" Erlebnisse auf dem Kriegsschauplatze in Bosnien im Jahre 1878. 8. Wien 1903.

Böhm, Hans, die Rückgratsverkrümmungen. 8. (28 S.) Wien 883. (Graeser.) n. — 60

Böhm, Hans, Stand des Turnens im allgemeinen und des Mittelschulturnens im besonderen, sowie des in nächster Zukunft zu Erstrebenden, Vortr., Wien 1889, 39 S., 8°.

** Böhm, Hedw.: Ihr Herzen, die wie mich d. Glück betrogen. Novellen. Magdebg. Monist. Verl. ca 1.80

Böhm, Heinrich

Böhm, Heinr., die praktische Branntwein-Brennerei u. Preßhefen-Fabrikation. Nach 25jährigen praktischen Erfahrungen und nach dem neuesten Standpunkte populair bearb. Berlin 864. (Reichardt & Zander.) gr. 8. (X, 119 S.) 2 ℛ

—— s. Brennerei-Kalender, deutscher.

Böhm, Heinr., Maisch-Verfahren der Kartoffel- und Zuckerrüben-Melasse-Branntwein-Brennerei mit grüner Malzhefe, wodurch 30 Procent Malz erspart, die Darre ganz entbehrlich und ein Durchschnitts-Ertrag von 8¾ bis 9¾ Procent vom Quart Maisch-Raum erzielt wird. Nebst Beleuchtung zweier Maisch-Verfahren von L. Gumbinner ꝛc. Für Brennereibesitzer u. Vorsteher neu u. praktisch bearbeitet. 2. verb. ꝛc. Aufl. Belgard 855. (Stettin, Saunier.) 8. (39 S. u. 1 lith. Taf.) n. 2 ℛ

Böhm, Heinr., neuestes Maischverfahren für Korn- u. Kartoffel-Brennerei u. „keine Gefahr der Steuer-Defraudation u. Denunciation" durch gänzliche Vermeidung des Uebergährens u. Ueberfüllens der Gährbottige ꝛc. Mit e. Anh.: Zwölf wichtige Beispiele zu Anträgen an die Steuer-Behörde ꝛc. Berlin 868. R. Kühn. gr. 8. verklebt n. 1 ℛ

Böhm, Heinr., neuestes Maisch-Verfahren m. 40 bis 50% Gerste-Ersparniß. Nebst den neuesten Erfahrungen über Schlempe-Hefe. 16. (11 S.) Berlin 878. Lorentz. Verklebt. n. 6. —

Böhm, Heinr., das Neueste und Interessanteste aus der Brenn-Campagne von 1856 zu 1857 mit Bezug auf alle zur Spiritusfabrikation anwendbaren Fruchtgattungen u. gährungsfähigen Zuckerstoffe. Als Anhang: die Anlage einer 50% sparenden Feuerung bei der Einmauerung von Dampfkesseln. Aus langjähriger Erfahrung u. im Brennjahre 1856/57 in der Lehranstalt zu Zarnekow mit bestem Erfolge unter Verwerfung der Darre u. 40% Malzersparniß, bei Durchschnitts-Erträgen von 8½—10% p. Qrt. Maischraum, pract. u. theoret. gelehrt u. angewandt. Für Brennerei-Besitzer u. Vorsteher neu u. pract. bearb. 3. verb. ꝛc. Aufl. Berlin 857. R. Kühn. gr. 8. verklebt 2 ℛ

— — aus der Brenn-Campagne von 1857 zu 1858 ꝛc. 4. verb. ꝛc. Aufl. Ebend. 858. verklebt 2 ℛ

— das Neueste und Interessanteste der gesammten Branntwein-Brennerei-Kunde mit Bezug auf alle zur Spiritusfabrikation anwendbaren Fruchtgattungen und gährungsfähigen Zuckerstoffe. Mit Anlage einer 50% sparenden Feuerung bei der Einmauerung von Dampfkesseln, sowie das Ganze der Preßhefen-, Stärke- und Syrup-Fabrikation in übersichtlicher Kürze und Klarheit dargestellt. Für Besitzer dieser Fabrikations-Zweige, auch für Laien verständlich bearb. 4. Aufl. 858. — 5. Aufl. 860. — 6. verm. u. verb. Aufl. Berlin 863. R. Kühn. 2 ℛ

Böhm, Heinr., das Neueste u. Interessanteste der gesammten Branntwein-Brennerei-Kunde m. Bezug auf alle zur Spiritusfabrikation als rentabel verwendbaren Fruchtgattgn. u. Zuckerstoffe, sowie das Ganze der Preßhefen-Fabrikation, namentlich auch für die kaiserl. oesterr. Staaten berücksichtigend hingestellt zur allerschnellsten Ausgährg u. höchsten Ausnutzg. anwendbar, auf 32jähr. Erfahrgn. begründet. Enth. Beschreibg. d. neuesten Maischapparates, genannt Maisch-Vacuum verb. u. neu construirt, sowie dessen Nutzeffect. Neuestes Maisch-Verfahren f. Mais. Für Besitzer v. Brennereien, sowie f. Brenner u. Laien verständlich u. klar bearb. 7. nach den neuesten Erfahrgn. gänzl. umgearb. Aufl. Mit 6 (chromolith.) Fig.-Taf. (in qu. Fol.) gr. 8. (VIII, 134 S.) Berlin 873. Kühn. n. 6. —

—— das Neueste und Interessanteste der gesammten Branntwein-Brennerei-Kunde, mit Bezug auf alle zur Spiritusfabrikation als rentabel verwendbaren Fruchtgattungen und Zuckerstoffe, sowie das Ganze der Preßhefen-Fabrikation, durch welche die allerschnellste Ausgährung und höchste Ausnutzung erzielt wird. Auf 36jähr. Erfahrungen begründet. Mit Berücksicht. der Verhältnisse in den kaiserl. österreich. Staaten. Enth.: Beschreibung und bildl. Darstellung der neuesten Maisch-Apparate von Illges, Gebr. Siemens, Ellenberger, Henze, Böhm, in den saubersten (eingedr.) Holzschn. Für Besitzer von Brennereien, sowie für Brenner und Laien verständlich und klar bearb. 8., nach den neuesten Erfahrungen gänzlich umgearb. Aufl. Mit 23 Abbild. gr. 8. (IX, 174 S.) Berlin 877, R. Kühn. *

Böhm, Heinr., das Neueste u. Interessanteste der gesammten Branntwein-Brennerei-Kunde m. Berücksicht. aller zur Spiritusfabrikation vortheilhaft verwendbaren Fruchtarten u. Zuckerstoffe, sowie das Ganze der Preßhefen-Fabrikation bei schnellster, fast reiner Ausgährg. u. höchster Material-Ausnutzg. 9., nach den neuesten Erfahrgn. gänzlich umgearb. Aufl. Mit 23 Abbildgn. gr. 8. (XVI, 184 S.) Berlin 885. R. Kühn. n. 6. —

—— das Neueste und Interessanteste aus der Brenn-Campagne von 1856 zu 1857 mit Bezug auf alle zur Spiritusfabrikation anwendbaren Fruchtgattungen und gährungsfähigen Zuckerstoffe. Als Anhang: die Anlage einer 50% sparenden Feuerung bei der Einmauerung von Dampfkesseln. Aus langjähriger Erfahrung und im Brennjahre 18$^{56}/_{57}$ in der Lehranstalt zu Zarnekow mit bestem Erfolge unter Verwerfung der Darre und 40% Malzersparniß, bei Durchschnitts-Erträgen von 8½—10% per Qrt. Maischraum, prakt. und theoret. gelehrt und angewandt. Für Brennerei-Besitzer und Vorsteher neu und prakt. bearb. 3. Aufl. 1857. und 4., verb. und verm. Aufl. gr. 8. Berlin 858, R. Kühn.

—— d. Neueste u. Interess. a. d. Brenn-Campagne v. 1857 zu 1858 m. Bez. auf alle z. Spiritusfabr. anwendb. Fruchtgattgn. 5. Afl. 8. Ebd. 60. verkl. 2. —

— das Neueste der Rüben- u. Kartoffel-Branntwein-Brennerei mit grüner Malzhefe, wodurch die Darre entbehrlich und ein Ertrag von 8¾ bis 9¾ Procent vom Quart Maischraum erzielt wird. Für Brennerei-Besitzer und Vorsteher neu u. praktisch bearb. Cöslin (854). Volger in Comm. 8. (29 S.) verklebt n. 1 ℛ 15 ngr

Böhm, Heinr., Das neue Recht d. Handlungsgehülfen v. 1. 1. 1898 an. E. gemeinverständl. Darstellg. gr. 8. (30 S.) Frankfurt a/O. 897. Trowitzsch & Sohn. n. — 50

Böhm, Heinrich (Hrsg.):

s.: Sammlung der Sanitätsverordnungen für das Erzherzogthum Österreich unter der Enns... Bd 6. Wien: 1830

Böhm, H., die Oesterreich. Sanitäts-Verordnungen, s. Sammlung.

—— neuestes Verfahren zur Bereitung der Schlempe-Hefe. 8. (8 S.) Berlin 877, Lorentz. Verklebt. *

Böhm, Heinr., neuer Volksadvokat, s.: Müller, Wilh.

Böhm, Henry, über die sogenannte Landkartenzunge im Kindesalter, s. a. Sammlung klinischer Vorträge.

Über die sogenannte Landkartenzunge im Kindesalter von Henry Böhm, (Breslau). *Leipzig: Breitkopf & Härtel 1899.* (32 S.) 8°
= Sammlung Klinischer Vorträge. N. F. No 249. 99. 7402

Böhm, Henry *Julius* [aus Frankfurt a. M.]: Über Narkolepsie ... Berlin, Buchdr. v. G. Schade, *1893;* 29 S., 1 Bl. 8.
Berlin, Med. Fak., Inaug.-Diss. v. 21. März 1893

Boehm, Henry, über e. trockenes Phosphorleberthranpräparat (Phosphorleberthran-Siccol) in der Kinderpraxis. (4 S.) Lex.-8. Leipzig 906. B. Konegen. n. 1.—
Sonderabdruck aus: „Der Kinderarzt".

BOEHM, Hermann (Fürth): Ueber einen Fall von akuter haemorrhagischer disseminierter Myelitis im Anschluss an einen paranephritischen Abszess.- München: Kastner & Callwey 1909. 27 S.,2 Taf.- S.-Abdr. aus: Annalen der städtischen allgemeinen Krankenhäuser zu München. Bd.14.
10.1.1911 - Chr 1910/11,24; U 11.3599
Diss. Ingolst-Landsh.-Münch.

Böhm, Herm., Geographie, s.a. Lehrgänge für den Unterricht in der Fortbildungsschule.

Böhm H. die Geographie. 2 Bde 2. Auflage. (Lehrgänge für den Unterricht in den Fortbildungsschulen V. VI) Leipzig 1887

Böhm, Herm., die Geographie in der Fortbildungsschule. 1. u. 2. Thl. 8. (VII, 224 u. 208 S.) Leipzig 879. Gebr. Senf. à n. 2. 50

— die Physik in der Volksschule. 18 ausgeführte Lectionen über die Wärme. 8. (IV, 90 S. m. 15 eingedr. Holzschn.) Leipzig 880. Wartig's Verl. n. 1. 20

Böhm Hugo: Sir Henry Taylors Isaac Commenus und Edwin the Fair in ihrem Verhältnis zu den Quellen. II. 1908 PN 2424 Diss. Wien. Univ 1976

Böhm J. Backöfen mit äusserer Feuerung. (10 T m Text) 4° Mannheim

Böhm, J.: B a s s o r a h , s. B ö h m , Jul.

BOEHM (J.). Physiologische Bedingungen der Bildung von Nebenwurzeln bei Stecklingen des Bruckweide. Wien, 1868. 8°.

Böhm. J., über die physiologischen Bedingungen der Chlorophillbildung. Wien. 14 S. 1865
Schul-/Univ.-Schrift

Böhm J.: **Die Botanik in der Volks- und Bürgerschule. 41. Trautenau L.-B.-A. 77. Progr.**

Böhm, J.: Die D i s z i p l i n der Volkschule ..., s. B ö h m , Johann

[F.] Das Erbrecht des Bürgerlichen Gesetzbuchs. Systemat. dargest. u. durch Formulare erläut. v. J. Boehm, Rechtsanw. ... *Hannover: Helwing 1896.* (VIII, 431 S.) 1 Bd 8. 96. 7454

Das Erbrecht des Bürgerlichen Gesetzbuchs. Systemat. dargest. u. durch Formulare erl. von J. Boehm, Rechtsanw. 2. völlig neu bearb. Aufl. *Hannover: Helwing 1899.* (IX, 568 S.) 8° [F.] 99. 12-75 5

Boehm, J., das Erbrecht des bürgerlichen Gesetzbuchs. Systematisch dargestellt u. durch Formulare erläutert. 2. völlig neu bearb. Aufl. gr. 8. (XI, 568 S.) Hannover 900. Helwing. n. 12. —; geb. n. 14. —

Böhm, I.: Über die E x c i s i o n der ..., s. B ö h m , Ign.

Böhm, J.: F ü h r e r durch Altdorf ..., s. B ö h m , Johann

Boehm, J., über Function und Genesis der Zellen in den Gefässen des Holzes. Wien. 16 p. mit 2 lithogr. Tafeln.
Schul-/Univ.-Schrift

Böhm J.: Die äusseren Genitalien d. Schafes. Diss. (Erlangen). Leipz. 1905. 76 S.

— d. Gesetz betr. d. Erbschaftssteuer, s.: Taschen-Gesetzsammlung.

— s.: Gesetzbuch, das bürgerliche.

Böhm, J., mur zwei Gläschen, s.: Theater-Repertoir, Wiener.

— die pädagogische Gymnastik als Grundlage für den bayerischen Wehrmann, zugleich Anbahnung verkürzter Dienstzeit bei allgemeiner Wehrpflicht. Ebend. 867. gr. 8. (29 S.) 8 ngr.

— statistisches Handbuch d. bayerischen Volkswesens 1. Für Schulbehörden, Schulvorstände, Landtagsabgeordnete 2c. gr. 8. (VIII, 200 S.) Ebend. 872. n. 2. 40

Böhm, J.(Red.), s. H a n d e l s - M u s e u m , Das.

Bohm, J., die heutige Lage der Schafzucht Norddeutschlands gegenüber den seit mehreren Jahren stetig sinkenden Wollpreisen. Beleuchtet im Interesse der Rentabilität bei Production edler Wolle im Gegensatze zu dem Ratho durchweg einzuführender Fleischzucht. Leipzig 870. Bach. gr. 8. (82 S. u. 1 Tab. in 4.) n. 20 ngr.

Bohm J.: H. Settegast's Lehre v. der Individualpotenz ... kritisch beleuchtet u. deren Unhaltbarkeit nachgewiesen. Leipz 1879. 76 S.

Böhm J., Lehrer an der Musterhauptschule der k. k. Hofpfarre zu St. Michael etc. in Wien. Lieder für katholische Gesellenvereine. Dritte ganz umgearbeitete, verbesserte und vermehrte Auflage. *Wien* 1858. In Commission bei *Mayer et Comp.* VIII S. 152 S. 8°. 20 kr.

Böhm, J., *Lehrer a. d. Musterhauptschule der k. k. Hofpfarre zu St. Michael* etc. Singübungen und Lieder für Kinderstimmen. Zum Gebrauche beim ersten Gesangsunterrichte in Volks- und Realschulen. *Wien* 1859. *Mayer & Comp.* 2. Aufl. 59 S. 1 Bl. 8°. 24 kr. Oe. W.

Böhm, J.: L i e d e r s t r a u ß , s. B ö h m , Jos.

Böhm, J.: Die bewaffnete M a c h t der österreichisch-ungarischen Monarchie ..., s. B ö h m , Jos.

— Über Pendel mit Quecksilber-Kompensation. 8. 26. 345 . . . . , —.50
Separatabdruck

[F.] Das materielle und formelle Reichsgrundbuchrecht. F. d. Praxis erläut. v. J. Boehm, Rechtsanw. ... *Hannover: Helwing 1898.* (1 Bl., VI, 556 S.) 1 Bd 4.(8.) 98. 6064

Böhm, J.: Das preussische S t e m p e l s t e u e r g e s e t z , s. B ö h m , Jac.

Boehm, J., Symbolae ad Herculis historiam fabularem ex vasculis pictis petitae. Diss. 1900. 100 S. 2.—

—— die temporäre Thierausstellung in Wien, abgeh. vom 31. Mai bis zum 9. Juni 1873. Reisebericht. gr. 8. (60 S.) Dresden 1874, Schönfeld. n. 2. —

— praktische Unterrichtslehre f. Seminaristen u. Volksschullehrer. Im Verein mit J. Voll, J. Fischer, K. Fuß 2c. hrsg. gr. 8. (XI, 832 S.) München 870. Exped. des k. Central-Schulbücherverlags. n.n. 4. 50; m. einer Methodik des kathol. Religionsunterrichts (XI, 39 u. 832 S.) n.n. 5. —

Boehm, J., Untersuchungen über das atmosphärische Ozon. (Mit 1 Tafel.) (Aus dem XXIX. Bande, No. 11, S. 409 des Jahrganges 1858 der Sitzungsberichte der mathem.-naturw. Klasse der Kais. Akad. der Wissensch. besonders abgedruckt.) Wien 1858.

— neuestes Verfahren zur Bereitung der Schlempe-Hefe. 8. (8 S.) Berlin 877. Lorentz. Verklebt. n. 6. —

Böhm, J. (k. Seminarlehrer in Altdorf), das *bayerische Volksschulwesen.* Ein statist. Hand- u. Nachschlagebuch f. Schul- u. Gemeindebehörden, Schulinspektoren, Lehrer, u. f. alle Freunde d. Volksbildung. Auf Grund amtlicher Quellen u. specieller Erhebungen bearb. Nördlingen, C. H. Beck, 1874. Gr. 8°. Blau Hsrab.
VIII—260 S. (incl. 1 S. Err.).

[J.] Das Vormundschaftsrecht des Bürgerlichen Gesetzbuchs. F. d. prakt. Gebr. dargest. v. J. Boehm, Rechtsanw. ... *Hannover: Helwing 1897.* (VI, 253 S.) 1 Bd 8. [97. 3714

— das Vormundschaftsrecht des bürgerlichen Gesetzbuchs. Für den prakt. Gebrauch dargestellt. 2., durch die einschläg. Vorschriften des Gesetzes üb. freiwill. Gerichtsbarkeit ergänzte, sonst unveränd. Aufl. gr. 8. (VI, 275 S.) Hannover 899. Helwing. n. 4. 50; geb. 6. —

Böhm, J.: Warum steigt der Saft ..., s. Böhm, Josef Anton

— Zölle u. Steuern in d. Praxis d. Eisenb. Deutschlds. Handb. f. Eisenb.- u. Speditionsbeamte usw. (99) gr8° Münch., (F Gais) ('11). nn 1.30 d

Böhm, J. C., eine arme Schneiderfamilie, s. Theater-Repertoir, wiener.

Böhm, J. G., populaire Anleitung z. Kultur des Hopfens. Auf Veranlassung des Central-Ausschusses der k. k. Landwirthschafts-Gesellschaft von Tirol u. Vorarlberg hrsg. 8. (4 B. u. 1 Stnt.) Innsbruck 844, Wagner'sche Buchh.

Böhm, J.G.: Beobachtungen u. Sonnenflecken ..., s. Böhm, Jos. Georg

— Bericht über Düngungs-Versuche mit Guano. Vorgetr. in der Monatssitzung d. Zentral-Ausschusses der k. k. Landwirthschafts-Gesellschaft von Tirol u. Vorarlberg am 31. Oct. 1843. 8. (3¾ B.) Innsbruck 844, Wagner'sche Buchh.

— kleines logarithmisch-trigonometrisches Handbuch. gr. 8. Ebend. 845. 8¾ ngr

— Istruzione sopra il metodo di rendere feconde le vacche sterili. Ricavata dagli atti officiali della J. P. Societa agraria tirolese. 8. (1 B.) Innsbruck 844, Wagner.

— über die Tiroler Landesvertheidigung des J. 1848 im Allgemeinen u. üb. den Antheil der Innsbrucker Universität an derselben. br. gr. 8. (IV u. 46 S.) Innsbruck 849, Wagner. 1/4 ngr

Böhm, J. G.: Über eine ... leicht ausführbare Methode: Unfruchtbaren Kühen zur Fruchtbarkeit zu verhelfen. Innsbruck 1841. 15 S.

— über eine durch mehrfache Versuche bewährte, sehr einfache u. leicht ausführbare Methode: unfruchtbaren Kühen z. Fruchtbarkeit zu verhelfen. Aus d. Verhandlungsakten der k. k. Landwirthschafts-Gesellschaft von Tirol u. Vorarlberg erhoben. 8. (1 B.) Innsbruck 844, Wagner'sche Buchh.

Böhm, J. L., Schulunterricht über lyrische Dichtung. 8. Kempt. 819. Dannheimer. 22 xr

Böhm, J. N., 100 Lieder-Texte zum Gebrauche für Schüler in den Unterklassen zusammengestellt u. nach den Monaten geordnet. 2. verm. Aufl. 16. (64 S.) Leipzig 877. Siegismund & Volkening. n. — 20

Böhm, J. W., Analyse des Schönen der Musik u. des Tanzes. Mit 2 Kpft. gr. 12. Wien 830. Schrämbl. 20 xr

— der Weg zum ewigen Leben. Ein Gebet- u. Erbauungsbuch für erwachsene Katholiken. Mit Titelkpf. gr. 12. Prag 830. (Lpz., Fr. Fleischer). 10 xr Schrbp. 14 xr

Boehm, Jacob

Jacob Böhms Kurtze und deutliche Beschreibung des Steins der Weisen, Nach Seiner Materia ... Deme noch beygefügt eine Schutz-Schrift seiner Schriften. Amsterdam 1747. 91 S. 2 Bl. Verlagsanz.

Boehm, J, d. Stempelsteuergesetz v. 31. Juli 1895. Nebst Erbschaftssteuergesetz u. Reichsstempelgesetz, s.: Taschen-Gesetzsammlung.

Das Preußische Stempelsteuergesetz von J. Boehm, Just.R., u. Dr. E(rnst) Sontag, Amtsrichter. 4. neubearb. Aufl. in d. Fassung d. Gesetzes v. 30. Juni 1900 von Dr. E. Sontag. Berlin: Heymann 1910. XVI, 520 S. 8°
(Taschen-Gesetzsammlung. 26.) [10. 4613

Boehm, J, u. E Sontag: Das preuss. Stempelsteuergesetz, s.a. Taschen-Gesetzsammlung.

Boehm, J., und E. Sontag. Das Preußische Stempelsteuergesetz. 4. Auflage. Berlin 1910. — 5. Auflage. 1911. (Carl Heymanns Verlag.)

Böhm, Jakobus, s. Balde, J. Der wieder zum Leben erwachte große Tilly.

Böhm, Ignatz [pract. Arzt in Kreuzburg O/S.]: Über die Excision der syphilitischen Initialsclerose .... Breslau, Buchdr. H. Proskauer jr. (1886); 64 S. + 1 Bl. 8°.
Breslau, Med. Fak., Inaug.-Diss. v. 2. Sept. 1886.

Böhm, Ign., über die Excision der syphilitischen Initialsclerose. Inaugural-Dissertation. gr. 8. (64 S.) Breslau 886, (Köhler.) *

BOEHM Ignaz. Historische Nachricht von der Entstehungsart und der Verbreitung des Normalschulinstituts in Böhmen von – ... o. V., Prag 1784. 1 vol. VIII + 238 S. + 1 Bl. Korr.

BÖHM, JOACH(IM) JOAN(NES) NEP(OMUCENUS): Die nach dem Beispiel deren Engeln und Ertz-Engeln Lobsingende wie Israel mit Schild und Waffen versehene mit denen Niniviten um Gnade inständig flehende darentwegen auch wie das auserwählte Volck von der allerheiligsten Dreyfaltigkeit. Als dieselbige am jährlichen Titular-Fest zu Belgrad im Jahre 1738. erneuerte. In einer kurzverfasten Abend-Rede vorgestellet. Ofen 1738. Gedruckt bey Veronica Nottenstein. 7 f. - kl. 4°

Böhm, Joh. Chrn.: Dissertatio philologica inauguralis de Mosis prae reliquo ..., s. Neubauer, Ernst Friedr. [Praes.]

Böhm, Johann

v. Böhm, Jh., († d. 21. Dec. 1812.) Anleit. zur Samml. u. Versendung d. Naturprodukte in Mähren. 8. Brünn 797.

— Beiträge zur Geschichte der bayerischen Volksschule, insbesondere im XIX. Jahrh. gr. 8. (VI, 128 S. m. 23 Portr.) Nürnberg 900. F. Korn. n. 1. 50

Böhm, J., kurze Beschreibung u. Geschichte der Stadt Altdorf in Mittelfranken. 8. (VIII, 58 S. m. 4 eingedr. Wappen u. 1 photozinkogr. Ansicht.) Nürnberg 888. Korn. n. 1. —

Böhm, Johann (Hrsg.), s. Blätter für die Schulpraxis in Volksschulen und Lehrerbildungsanstalten.

Böhm, Joh.: Die Disziplin der Volkschule, s.a. Böhm, F.

Böhm, J, d. Disciplin d. Volksschule. 8. (171) Nördl. 76, Beck. n. 2. 25

Böhm, Joh., die Disziplin der Volksschule. 2. Aufl. gr. 8. (IV, 188 S.) Nördlingen 884. Beck. n. 2. 25

Böhm, J., zur Erinnerung an den 50jährigen Bestand d. Schullehrer-Seminars Altdorf. 16. (40 S. m. 1 Tab. in qu. gr. 4.) Altdorf. 874. (Culmbach, Wanderer.) — 25

— Erinnerungsblätter zum 60jährigen Bestehen d. Schullehrer-Seminars Altdorf. Aufs neue bearb. Mit den Bildnissen v. Hübscher u. Strauß. gr. 8. (IV, 96 S.) Nürnberg 884. Korn. n. 1. 20

Böhm, J., praktische Erziehungs- u. Unterrichtslehre f. den Unterricht in Lehrerbildungsanstalten u. f. Volksschullehrer. 1. Buch. A. u. d. T.: Praktische Erziehungslehre f. Seminaristen u. Volksschullehrer. gr. 8. (XII, 172 S.) München 881. Exped. des k. Zentral-Schulbücher-Verlags. n.n. 2. 50; geb. n.n. 2. 90

Böhm, J., prakt. Erziehungs- u. Unterrichtslehre f. d. Unterricht i. Lehrerbildungsanst. u. f. Volksschullehrer. Im Verein m. K. Brixle, L. Demelot, K. Fuss u. a. hrsg. (Ausg. m. protestant. Katechetik.) gr. 8. (XVI, 387 u. 35 S.) München 895. R Oldenbourg, Abteilg. f. Schulb. n.n. 5. 50; geb. in Leinw. n.n. 6. —

Böhm, J., prakt. Erziehungs- u. Unterrichtslehre f. d. Unterricht i. Lehrerbildungsanst. u. f. Volksschullehrer. 1. Buch: Prakt. Erziehungslehre f. Seminaristen u. Volksschullehrer. 3., verb. Aufl. gr. 8. (XVI, 252 S.) München 896. R. Oldenbourg, Abteilg. f. Schulbücher. n.n. 3. —; geb. in Leinw. n.n. 3. 50

— dasselbe. 2. Buch. Prakt. Unterrichtslehre f. Seminaristen u. Volksschullehrer. Im Verein m. K. Brixle, L. Demolet, K. Fuss u. a. hrsg. 3., verb. u. verm. Aufl. (Ausg. m. kathol. Katechetik.) gr. 8. (XVI, 387 u. 38 S.) Ebd. 895. n.n. 5. 50; geb. in Leinw. n.n. 6. —

— praktische Erziehungs- u. Unterrichtslehre für den Unterricht in Lehrerbildungsanstalten u. für Volksschullehrer. 1. u. 2. Buch. gr. 8. München, R. Oldenbourg. Geb. in Leinw. n.n. 9. 50
1. Praktische Erziehungslehre auf anthropologisch-psycholog. Grundlage f. Seminaristen u. Volksschullehrer. 4., verb. Aufl. (XVI, 256 S.) 901. n.n. 3. 50
2. Praktische Unterrichtslehre f. Seminaristen u. Volksschullehrer. Im Verein mit K. Brixle, L. Demolet, K. Fuss, M. Geistbeck, Chr. Geyer, P. Huss, J. Königbauer, K. Le Maire u. J. G. Vogel hrsg. 4. u. 5. Aufl., durchgesehen v. K. Fuss. (à XVIII, 400 u. 40 S.) 899. 902. n.n. 6. —

— praktische Erziehungs- u. Unterrichtslehre f. den Unterricht in Lehrerbildungsanstalten u. f. Volksschullehrer. 1. u. 2. Buch. 8. München, R. Oldenbourg. Geb in Leinw. n.n. 9. 50
1. Praktische Erziehungslehre auf anthropologisch-psycholog. Grundlage f. Seminaristen u. Volksschullehrer. 5. Aufl., durchgesehen u. verb. v. K. Fuss. u K. Böhm. (XVI, 256 S.) 904. n.n. 3. 50
2. Praktische Unterrichtslehre f. Seminaristen u. Volksschullehrer. Im Verein mit K. Brixle, L. Demolet, K. Fuss, M. Geistbeck, Chr. Geyer, P. Huss, J. Königbauer, K. Le Maire u. J. G. Vogel hrsg. 6. Aufl., durchgesehen v. K. Fuss u. K. Böhm. (Mit kathol. od. protestant. Katechetik.) (Je XVI, 403 u. 40 S.) 905. Geb. in Leinw. à n.n. 6. —

— Praktische Erziehungs- u. Unterrichtslehre f. den Unterricht in Lehrerbildungsanstalten u. f. Volksschullehrer. 1. u. 2. Buch. 8. München 908. R. Oldenbourg. Geb. in Leinw. 9. 50
1. Prakt. Erziehungslehre auf anthropologisch-psycholog. Grundlage f. Seminaristen u. Volksschullehrer. 6. Aufl., durchgesch. u. verb. v. A. Fritz u. K. Böhm. (XVI, 280 S.) Geb. 3. 50
2. Praktische Unterrichtslehre f. Seminaristen u. Volksschullehrer. Im Verein mit K. Brixle, L. Demolet, K. Fuss, M. Geistbeck, Chr. Geyer, P. Huss, J. Königsbauer, K. Le Maire u. J. G. Vogel hrsg. 7. Aufl., durchgesehen v. K. Fuss u. K. Böhm. (Mit kathol. od. protestant. Katechetik.) (Je XVI, 413 u. 40 S.) Geb. à 6. —

Böhm, J: Prakt. Erziehgs- u. Unterr.-Lehre f. d. Unterr. in Lehrerbildgsanst. u. f. Volksschullehrer. 2 Bücher. Münch., R Oldenbourg. L 9.50
1. Prakt. Erziehgslehre auf anthropolog.-psycholog. Grundlage f. Seminaristen u. Volksschullehrer. 7. Afl., v. A Fritz u. K Böhm. (16, 278) '10. L 3.50 ‖ 2. Prakt. Unterr.-Lehre f. Seminaristen u. Volksschullehrer. 9. Afl., v. K Fuss u. K Böhm. (Mit kathol. od. protestant. Katechetik.) (Je 16, 417 u. 40) '12. L je 6 —

— Führer durch Altdorf u. Umgebung. 8. (XIV, 108 S. mit 16 Ansichten u. 1 Karte.) Ebd. 888. n. 1. 50

— Führer durch Altdorf u. Umgebung. 2. veränd. Aufl. v. Konr. Fuß u. Carl Böhm. (78 S. m. 1 Karte.) kl. 8. Nürnberg (904). F. Korn. n. — 80

Böhm, J., die zeichnende Geometrie. Ein Handbüchlein für Präparanden u. Handwerkerschulen. Zum Schul- u. Selbstgebrauch. Mit 114 Figg. (Holzschn. im Text). Nürnberg 870. Korn. gr. 8. (V, 50 S.) n. 10 ngr.

— die zeichnende Geometrie. Vorschule f. Geometrie u. techn. Zeichnen zum Gebrauch in Lehrerbildungsanstalten, Real- u. Fortbildungsschulen. 2. verb. u. verm. Aufl. Mit 152 (eingedr.) Fig. gr. 8. (68 S.) Nürnberg 878. Korn. n. 1. 20

— die zeichnende Geometrie. (Linearzeichnen.) Vorschule f. Geometrie u. techn. Zeichnen zum Gebrauch in Lehrerbildungsanstalten, Real- u. Fortbildungsschulen. 4., verb. u. verm. Aufl. Mit 185 Textfig. u. 3 Fig.-Taf. gr. 8. (VIII, 100 S.) Nürnberg 899. F. Korn. n. 1. 80

— die zeichnende Geometrie. Vorschule f. Geometrie u. techn. Zeichnen zum Gebrauch in Lehrerbildungsanstalten, Real- u. Fortbildungsschulen. 3. verb. u. verm. Aufl. Mit 157 Textfig. u. 3 Fig.-Taf. gr. 8. (IV, 72 S.) Ebend. 886. n. 1. 50

— kurze Geschichte d. Hopfenbaus in Altdorf [Mittel-Franken]. [Aus: „Allg. Brauer- u. Hopfen-Ztg."] gr. 8. (20 S.) Ebd. 889. n.n. — 30

— kurzgefaßte Geschichte der Pädagogik mit besonderer Berücksichtigung des deutschen Volksschulwesens u. e. Anh.: Geschichte, Verwaltung u. Statistik der deutschen Schulen u. Lehrerbildungsanstalten in Bayern. Für Schulseminaristen u. Schuldienstexspektanten dargestellt. Ebend. 870. gr. 8. (IX, 134 S.) n. 16 ngr.

Böhm, J., kurzgefaßte Geschichte der Pädagogik m. besond. Berücksicht. d. deutschen Volksschulwesens. Zunächst f. angeh. Lehrer u. Erzieher. 2., verb. u. verm. Aufl. gr. 8. (XII, 148 S.) Nürnberg 871. Korn. n. 1. 60

—— dass. — Zunächst für angeh. Lehrer und Erzieher. 2. Aufl. (XII, 148 S.) 1871. * ℳ 1,60., und 3. verb. und verm. Aufl. gr. 8. (X, 160 S.) Ebendas. 874. *

—— kurzgefaßte Geschichte der Pädagogik mit besonderer Berücksichtigung des deutschen Volksschulwesens. Zunächst für angehende Lehrer und Erzieher. 4. und 5. verb. und verm. Aufl. gr. 8. (XIV, 160 S.) Ebendas. 876,78. *

Böhm, J., kurzgefaßte Geschichte der Pädagogik m. besonderer Berücksichtigung des deutschen Volksschulwesens. Zunächst f. angehende Lehrer u. Erzieher. 6., sorgfältig verb. Aufl. gr. 8. (XIV, 165 S.) Nürnberg 879. Korn. n. 2. —

—— kurzgefaßte Geschichte der Pädagogik mit besond. Berücksicht. des deutschen Volksschulwesens. Zunächst für angehende Lehrer und Erzieher. 6. verb. und verm. Aufl. gr. 8. (XII, 165 S.) Nürnberg 880, Korn'sche Buchh. * 2 —

— kurzgefaßte Geschichte der Pädagogik m. besond. Berücksicht. d. deutschen Volksschulwesens. Zunächst f. angeh. Lehrer u. Erzieher. 7., umgearb. Aufl. Mit 20 Porträts. gr. 8. (VII, 168 S.) Ebd. 889. n. 2. 20

— kurzgefaßte Geschichte der Pädagogik m. besond. Berücksicht. des deutschen Volksschulwesens. Zunächst f. angeh. Lehrer u. Erzieher. 8. verb. u. verm. Aufl. gr. 8. (VIII, 180 S. m. 20 Portr.) Ebd. 899. n. 2. 20; geb. n. 2. 60

— Kurzgefasste Gesch. d. Pädagogik. Mit bes. Berücks. d. deut. Volksschulwesens. Zunächst f. angeh. Lehrer u. Erzieher. 9. Afl. v. A Fritz u. O Böhm. (11, 213) gr8° Nürnbg, F Korn '12. 2.20; geb. 2.60

— Geschichte der Pädagogik m. Charakterbildern hervorragender Pädagogen u. Zeiten. Als Commentar zu seiner „Kurzgefaßten Geschichte der Pädagogik" bearb. gr. 8. (XIII, 310 u. XI, 368 S.) Ebend. 878. 79. n. 8. —

Böhm, Joh. Geschichte der Pädagogik m. Charakterbildern hervorragender Pädagogen u. Zeiten. Als Kommentar zu seiner „kurzgefaßten Geschichte der Pädagogik" bearb. Mit ca. 100 Abbildgn. 2. verb. u. verm. Aufl. [In 10 Lfgn.] 1.—3. Lfg. gr. 8. (1. Bd. S. 1—224.) Nürnb. 891,92, Korn. à Lfg. * — 80; * 2 40

Böhm, Joh., Geschichte der Pädagogik m. Charakterbildern hervorragender Pädagogen u. Zeiten. Als Kommentar zu seiner „Kurzgefaßten Geschichte der Pädagogik" bearb. Mit 103 Abbildgn. 2., verm. Aufl. 10 Lfgn. gr. 8. Nürnberg, F. Korn. n. 9. —
1. Bd. Die Geschichte der Pädagogik vor u. nach Christus bis auf Montaigne. (XV, 336 S.) 892. n. 4. —. — 2. Bd. Die Geschichte der Pädagogik von Montaigne bis zur Gegenwart. (XV, 434 S.) 893. n. 5. —.

— die rechten Gesinnungen d. Oesterr. Unterthans, bei d. gegenwärt. Lage seines Vaterlandes. Eine Rede. 8. Wien 799. (Brünn, Gastl). 2 gl.

Böhm, Joh., Grundzüge der Erziehungs- u. Unterrichtslehre. Zunächst f. Seminaristen u angeh. Lehrer. Katholische Ausg. gr. 8. (XV, 296 u. 16 S.) München 891. Oldenbourg, Abteilg. f. Schulbücher. Geb. n.n. 5. —

— dasselbe. Protestantische Ausg. gr. 8. (XV, 296 u. 16 S.) Ebd. 891. Geb. n.n. 5. —

Böhm, Joh., s.: Kalender f. Geologen usw.

— Karl Kehr. Ein Nachruf. Mit e. (autotyp.) Bildnisse Kehrs. [Aus: „Repertorium d. Pädagogik".] gr. 8. (53 S.) Ulm 885. Ebner. n. — 80

Böhm, Joh. Die Kreidebildungen des Fürbergs u. Sulzbergs bei Siegsdorf in Oberbayern. gr. 4. (106 S. m. Fig., 5 Taf. u. 5 Bl. Erklärgn.) Stuttg. 891, Schweizerbart. * 20 —
Aus: Palaeontographica, besonders abgedruckt.

— die Lehre von der Schuldisciplin, s.: Studien, pädagogische.

— Leitfaden der Geschichte der Pädagogik mit besonderer Berücksichtigung der Volksschule in Deutschland, Österreich u. der Schweiz. Zum Gebrauche in Lehrer- u. Lehrerinnenbildungsanstalten u. zur Vorbereitung auf die Anstellungsprüfung der Lehrer. gr. 8. (VI, 105 S.) Nürnberg 882. Korn. n. 1. 60

— Leitfaden der Geschichte der Pädagogik m. besond Berücksicht. der Volksschule in Deutschland, Österreich u. der Schweiz. Zum Gebrauche in Lehrer- u. Lehrerinnenbildungsanstalten u. zur Vorbereitg. auf die Anstellungsprüfg der Lehrer. 2. Aufl. gr. 8. (VI, 106 S.) Nürnberg 892. F. Korn. n. 1. 60

— Dr. Martin Luther als Erzieher der Deutschen. Zur Feier d. 400. Geburtstages Luthers deutschen Vätern u. Müttern, Erziehern u. Lehrern gewidmet. Mit 8 (eingedr.) Porträts. gr. 8. (IV, 80 S.) Nürnberg 883. Korn. n. 1. —

— s.: Normal- u. Hauptschulordnung, d. hochfürstl.-eichstädtische.

— die Organisation der Volksschule. Zugleich e. übersichtl. Darstellung der Schulverfassg. f. Seminaristen u. angeh. Lehrer. gr. 8. (124 S.) Nördlingen 875. Beck. n. 1. 60

— s.: Taschen-Kalender f. Lehrer.

Böhm Joh. E. Siehe: Theater-Repertoire, Wiener — 4. Heft (288).

Böhm, Joh., u. Arnold Heim: Neue Untersuchgn üb. d. Senonbildgn d. östl. Schweizeralpen. [SA] (61 m. Fig. u. 2 Taf.) 32,5×23,5 cm. Zür.'09. (Bas., Georg & Co.) nn 8 —

Neue Untersuchungen über die Senonbildungen der östlichen Schweizeralpen ⟨mit 2 Taf. u. 2 Textfig.⟩ von Joh. Böhm u. Arnold Heim mit e. Beitrage über Ventriculites von Prof. Dr. H[ermann] Rauff. Zürich 1909: Zürcher & Furrer. 61 S. 4°
(Abhandlungen d. Schweizer. Paläontolog. Gesellschaft. Vol. 36, 1.) [illegible] 10

— Johann Christian (Arnshaug), De judice extra acta aliquid adserente. Diss. jur. Präs. Jacob Friedrich Ludwig. Halle (Chn. Henckel) Sept. 1715. 56 S., tlws. dtsch. (5.—) 3120
— — Dasselbe. Halle (J. Ch. Grunert) 1740. 56 Seiten. (4.80) 3121

Boehm, Johann Christian, De protractione litis per allegationes legum et doctorum in processu advocatis permissas. Dissert. jur. Präs. Christian Thomasius. Halle (Salfeld) 21. VII. 1721. 38 S. (4.80) 3122
— — Dasselbe. 1731. 40 S. (4.50) 3123

Böhm, Johann Georg: Beobachtungen von Sonnen-Flecken und Bestimmung der Rotations-Elemente der Sonne. ([S.-A.] Denkschriften der mathematisch-naturwissenschaftlichen Classe der Kaiserl. Akademie der Wissenschaften. Bd. 3.) Wien 1852. 75 S., 4 Tf. 4°.

Boehm, Johann Gottlob, s. Boehme, Johann Gottlob

Böhm, Johann Leonhard: Ueber Unterricht und Disciplin an dem K.B. Gymnasium zu Kempten. Eine kurze Rede vorgetragen bei der Preisevertheilung am 26. August 1843. S. 3 - 12 in 8°. Progr. Kempten 1843.

Boehm, Johann Philipp: Der Reformierten Kirchen in Pennsylvanien Kirchen-Ordnung, *welche im Jahr 1725 von D. Johann Philipp Böhm, damahls von den versammelten Gliedern der Reformierten Kirchen einhellig erwählten Prediger aufgestellet, und vor der Menge der Glieder vorgelesen, welche alle Glieder vor nützlich und gut gehalten, und auch willig angenommen haben.*
Philadelphia, Pa.: gedruckt bey Gotthard Armbriester 1748. (7), 14 S.
[Die erste Verfassung der Reformierten Kirche in Pennsylvanien.]

Böhm, Johannes [app. Arzt aus Walfischbai in Westafrika]: Beitrag zur Frage nach der Beziehung des Streptokokkus pyogenes zur Aetiologie des Scharlach ... Rudolstadt, Druck d. fürstl. priv. Hofbuchdr. F. Mitzlaff, *1892;* 13 S. 8.
Tübingen, Med. Fak., Inaug.-Diss. v. 1892

Böhm, Johs., Beitrag zur Frage nach der Beziehung d. Streptokokkus pyogenes zur Aetiologie d. Scharlach. Diss. gr. 8. (18 S.) Tübingen 892. (F. Fues.) n. — 60

Über die obertriadische Fauna der Bäreninsel von Johannes Böhm. Mit 7 Taf. u. 4 Textfig. Stockholm 1903: P. A. Norstedt & Söner. (76 S.) 4°
= Handlingar, K. Svenska Vetenskaps-Akad. [N. F.] Bd 37, No 3. [illegible] 4

Böhm, Johs., die Gastropoden d. Marmolatakalkes. [Aus: „Palaeontographica"] gr. 4. (98 S. m. 98 Fig., 7 Taf. u. 7 Bl. Erklärgn.) Stuttgart 895. E. Schweizerbart. n. 20. —

Boehm, Johannes: Geologie und Paläontologie der subhercynen Kreidemulde, s. Schroeder, Henry.

Böhm, Johannes ⟨geb. am 31 Aug. 1857 in Danzig⟩: Der Grünsand von Aachen und seine Molluskenfauna ... Bonn, Univ.-Buchdr. v. C. Georgi 1885. 2 Bl., 155 S., 2 Bl., 2 Taf. 8. ¶ Sonderabdr. aus d. Verhandl. d. naturhist. Vereins d. preuss. Rheinl. u. Westf. XLII 1885 S. 1 ff.
Bonn, Phil. Fak., Diss. v. 19 Febr. 1885

Böhm, Johs., die Kreidebildungen d. Fürbergs u. Sulzbergs bei Siegsdorf in Oberbayern. [Aus: „Palaeontographica".] gr. 4. (106 S. m. Fig., 5 Taf. u. 5 Bl. Erklärgn.) Stuttgart 891. E. Schweizerbart. n 20. —

— praktischer Lehrgang f. den Gesangsunterricht auf Grundlage der Schreiblese-Singmethode. 8. (47 S.) Ebd. 889. — 80

Böhm, Johannes: Die missio in bona cum effectu venditionis als Folge der einfachen absentia sine defensione gegenüber der Prozeßeinleitung nach klassischem, römischem Rechte. Berlin 1908: Hayn. 137 S. 8°
Heidelberg, Jur. Diss. v. 1908, Ref. Bekker
[Geb. 6. März 85 Berlin; Wohnort: Pankow b. Berlin; Staatsangeh.: Preußen; Vorbildung: Andreas-Realgymn. Berlin Reife O. 04; Studium: Berlin 9 S.; Rig. 5. Aug. 08.] [U 09. 1750

Böhm, Johannes, aus Rummelsburg: Die dramatischen Theorien Pierre Corneilles. Ein Beitrag zur Geschichte u. Kritik d. französ. Dramas. *Berlin: Mayer & Müller 1901.* (VIII, 151 S.) 8°
Kiel, Phil. Diss. v. [3. Juli] 1901

Böhm, Joh(annes), und Heim, Arnold. Neue Untersuchungen über die Senonbildungen der östlichen Schweizeralpen ⟨mit 2 Tafeln [nebst Tafelerklärungen] und 2 Textfiguren⟩ von Joh. B' und A' H', mit einem Beitrag über Ventriculites von Prof. Dr. H[ermann] Rauff. IV + 61 S. 4. Zürich, Zürcher & Furrer, 1909.
Abhandlungen der schweizerischen paläontologischen Gesellschaft. Vol 36. 1909. (Basel und Genf, Georg & Cie. ..., 1910. [No] 1.)

Boehm, (Joan.) Gust. (geb. Tarnowitz Apr. 1822): De pseudarthrosi ossium fracturas excipiente. Berolini (1846). (38 S.) 8°
Berlin, Med. Diss. v. 29. Sept. 1846

Böhm, Joseph: Der Barde und das lateinische Gedicht ad C. Favonium Zephyrinum von Thomas Gray, metrisch übersetzt und erklärt. Ein Beitrag zur Kenntnis der englischen Literatur. pg. 3 - 11. 4°. Gust. Hensolt.
Progr. Ingolstadt 1876/77.

Böhm, Josef: Über die physiologischen Bedingungen der Chlorophyllbildung, s. Böhm, Joseph Anton

Böhm, Jos., practische Elementar-Gesang-Schule zum Gebrauche f. Musiklehranstalten, Seminarien, Realschulen u. Gymnasien. 3 Hfte gr. 8. Wien 880. (F. Körich.) 2. 60
1. (35 S.) 1. —. — 2. (15 S.) — 60. — 3. (35 S.) 1. —.

Böhm, Joseph, a. München, städt. Sanitätstierarzt in Nürnberg: Die äußeren Genitalien des Schafes. Leipzig: W. Engelmann 1905. (76 S.) 8° ¶ (Aus: „Morpholog. Jahrbuch" Bd 34, H. 2.)
Erlangen, Phil. Fak., Ref. Fleischmann, Diss. v. 21. Nov. 1905
[Geb. 7. März 71 München; Wohnort: Nürnberg; Staatsangeh.: Bayern; Vorbildung: Maximilians-Gymn. München Reife (für 8 Kl.) 88; Studium: München Tierärztl. Hochsch. 11, Univ. 1, Erlangen 3 S.; Rig. 27. Febr. 05.]

Böhm, Jos., der Gesangunterricht u. dessen nothwendige Reform an den öffentlichen Schulen Oesterreichs. gr. 8. (10 S.) Wien 876. Mayer & Co. n. — 30

Böhm, Josef — Der Gesellenstand. Original-Charakterbild mit Gesang, Tanz und Tableaux in drei Akten von — —. Musik vom Kapellmeister Stolz. Wien, 1857. Druck von U. Klopf sen. und Alex. Eurich. Für alle Bühnen ausschließlich durch den k. k. Hoftheater-Agenten Franz Holding in Wien zu beziehen. (75 S. 8.)

Böhm, Jos., Grundzüge der Trichinenschau. Zusammengestellt f. d. Unterricht u. die Prüfgn. Nebst Anh.: „Gutachten üb. die Notwendigkeit u. Zuverlässigkeit der Trichinenschau". Mit 16 Abbildgn. auf 9 Taf. (VII, 80 S.) 8. Stuttgart 909. F. Enke. 2.—; geb. in Leinw. n 2. 40

Böhm, Jos.: Häns'chen, Lies'chen, Fritz, d. Miezo u. d. Spitz. Ein (farb.) Bilderb. f. uns. Kleinen. Verse v. Willy Widmann. (16 auf Pappe.) 17×25,5 cm. Stuttg., G Weise ('11). in Leporelloform 1.50 d

Böhm, J., Hotte hotte Reiter. 18 künstler. Bilder, m. volkstüml. Versen von Simrock, Hoffmann v. Fallersleben u. a. (18 farb. S. auf Pappe.) Lex. 8. Stuttgart (910). G. Weise Verl. Geb. 3. —

— Liederstrauß. Sammlung 2stimmiger Lieder für die österreich. Volksschulen. 2. Heft. Besonders für die obern Klassen der Volksschulen, wie auch für Unterrealschulen [2. Aufl.] Ebend. 864. 8. (84 S.) n. 6 ngr.

Böhm, Jos., Liederstrauß. Sammlung ein- u. zweistimmiger Lieder für die österreichischen Volksschulen. 1. Heft. Besonders für die untern Klassen der Volksschulen. Wien 867. Sallmayer & Co. 8. (59 S.) n. 5 ngr.

Böhm, Jos. (I.), Liederstrauß. Sammlung zweistimm. Lieder für die österreich. Volksschulen. 2. Heft. Besonders für die oberen Klassen der Volksschulen, wie auch für Unterrealschulen. 3., verb. und verm. Aufl. 8. (112 S.) Wien 869, Sallmayer und Comp. *

Böhm, Jos. (II.), die bewaffnete Macht der österreichisch-ungarischen Monarchie in Tabellenform, s. Rainer, Emil v.

Böhm, Jos., Merkbüchlein f. Fleischer. 12. (22 S.) Nürnberg 902. C. Koch. n. — 80

Böhm, Josef: Polnische Revolutionen. Erinnerungen aus Galiz. Prag 1863. - (1)

— Ringel-Ringel-Reihe. 8 künstler. Bilder m. volkstüml. Versen. 2 Sorten. (Je 8 farb. Bl.) 30,5×20 cm. Ebd. (910). à — 80

Böhm, J: Sammlg kathol. Kirchengesänge z. Gebr. an österr. Mittelsch. 2. Afl. (104) 8° Wien, F Körich & Co. (02). Kart. 1.20 d

Böhm, Jos., Sammlung vierstimmiger Kirchenlieder für Realschüler. 8. (57 S.) Wien 853, (Mayer und Comp.) **

Böhm, Jos., Sammlung vierstimmiger Kirchenlieder für Realschüler. Wien (855). Mayer u. Co. in Comm. 8. (1 Bl., 57 S.) n. 8 ngr.

Boehm, Joseph, Referendar am Amtsgericht Charlottenburg: Das sogenannte Selbstkontrahieren des Vertreters. Nach gemeinem Rechte u. dem Rechte d. Bürgerl. Gesetzbuchs f. d. Deutsche Reich. *Greifswald 1903: J. Abel.* (66 S.) 8°
Greifswald, Jur. Diss. v. [12. Sept.] 1903

— Singübungen und Lieder für Kinderstimmen. Zum Gebrauche beim ersten Gesangsunterrichte in Volks- und Realschulen. 1. u. 2. Heft. Wien 856, 59. (Mayer u. Co.) 8. (1 Bl., 38; 2 Bl., 59 S.) 1.: 4½ ngr.; 2.: 6 ngr.

Böhm, Jos., Singübungen und Lieder f. Kinderstimmen. Zum Gebrauche beim ersten Gesangs-Unterrichte in Volks- u. Real-Schulen. 1. Heft. 2. verm. u. verb. Aufl. Wien 863. Sallmayer u. Co. 8. (IV, 44 S.) n. 4 ngr.

— — 2. Heft. 2. Aufl. Ebend. 863. 8. (IV, 59 S.) n. 5 ngr.

Boehm, Josephus: Symbolae ad Herculis historiam fabularem ex vasculis pictis petitae. Regimonti 1909: Hartung. 100 S. 8°
Königsberg, Phil. Diss. v. 23. April 1909, Ref. Roßbach
[Geb. 3. Nov. 84 Frauenburg; Wohnort: Königsberg i. P.; Staatsangeh.: Preußen; Vorbildung: Gymn. Braunsberg Reife O. 04; Studium: München 1, Königsberg 8 S.; Rig. 20. Mai 09.] [U 09. 2390

Böhm, Jos., Unterr., wie den höchst schädl. Verwüstungen in den Wäldern am Nadelholze durch die Borkenkäfer Einhalt gethan werden kann. 8. Brünn 808. Gastl. 3 ½

— der gegenwärtige Zustand der kath. Kirchenmusik u. d. kirchlichen Volksgesanges in Wien u. Umgebung. gr. 8. (17 S.) Ebend. 876. n. — 40

Böhm, Josef Anton, s.a. Böhm, Josef Georg

— u. Jak. Breitenlohner, die Baumtemperatur in ihrer Abhängigkeit von äusseren Einflüssen. [Aus: „Sitzungsberichte d. k. Akad. d. Wiss."] Lex.-8. (31 S.) Wien 877. (Gerold's Sohn.) n.n. — 50

— über die physiologischen Bedingungen der Chlorophyllbildung. [Abdr. aus den Sitzungsber. d. k. Akad. d. Wiss.] Ebend. 865. gr. 8. (14 S.) 3 ngr.

Boehm, Jos. (II.), physiologische Bedingungen der Bildung von Nebenwurzeln bei Stecklingen der Bruchweide. Lex.-8. (16 S.) Wien 868, (Gerold's Sohn.) *

—— Ueber die physiologischen Bedingungen der Chlorophyllbildung. ib. 1865. 8. 14 p. (3 sgr.)

Böhm, Jos. Ant., Beiträge zur näheren Kenntniss des Chlorophylls. Lex.-8. (36 S.) Wien 857, (Gerold's Sohn.) * *

Böhm, Jos. Ant., Beiträge zur näheren Kenntniss des Chlorophylls. (Aus d. Sitzungsberichten d. k. Akad. d. W.) Wien 857. (Gerold.) gr. 8. (36 S.) n. 6 ngr.

Boehm, *Joseph Anton*, Professor in Wien.
—— Beiträge zur Kenntniss des Chlorophylls. Wien. Gerold. 1867. 8. 36 p.

— Beiträge zur näheren Kenntnis der Genesis und Funktion von Pflanzenfarbstoffen. S. 45. II. 300 . . . . , —.30
Separatabdruck

— Beiträge zur näheren Kenntnis des Pflanzengrüns: 1. Chlorophyllbildung durch Wärme. 2. Über die Ursache des abwechselnden Erbleichens und Dunkelwerdens der Blätter bei wechselnder Beleuchtung. S. 47. II. 349 . . . . , —.20
Separatabdruck

Böhm. Jos. Beiträge zur nähern Kenntniss des Pflanzengrüns. 1863.

Boehm, Jos., üb. die Bildung v. Sauerstoff durch grüne in kohlensäurehaltiges Wasser getauchte Landpflanzen. [Mit 1 (lith.) Taf.] [Aus Sitzungsber. d. k. Akad. d. Wiss."] Lex.-8. (25 S.) Wien 873. (Gerold's Sohn.) n. — 50

—— über den Einfluss der Kohlensäure auf das Ergrünen und Wachsthum der Pflanzen. Lex.-8. (14 S.) Wien 874, (Gerold's Sohn.) *

Böhm. Jos. Einfluss des Leuchtgases auf die Vegetation. 1873.

—— über den Einfluss des Leuchtgases auf die Vegetation. Lex.-8. (10 S.) Wien 874, (Gerold's Sohn.) *

Boehm, Jos., über den Einfluss der Sonnenstrahlen auf die Chlorophyll-Bildung und das Wachsthum der Pflanzen überhaupt. (Aus den Sitzungsber. 1859 d. k. Akad. d. Wiss.) Wien 859. Gerold in Comm. gr. 8. (26 S.) n. 4 ngr.

— über die Entwickelung von Gasen aus abgestorbenen Pflanzentheilen. Mit 1 photo-zinkogr. Taf. [Aus den Sitzungsber. d. k. Akad. d. Wiss.] Ebend. 860. gr. 8. (21 S.) n. 6 ngr.

—— Ueber die Function und Genesis der Zellen in den Gefässen des Holzes. ib. 1867. 8. 16 p., 2 tab. (⅙ th.)
Aus den Sitzungsberichten der Wiener Akademie.
Cat. of sc. Papers I. 456.

Boehm, Jos. (II.), über Function und Genesis der Zellen in den Gefässen des Holzes. Lex.-8. (16 S. mit 2 Stnt.) Wien 867, (Gerold's Sohn.) *

—— über eine mit Wasserstoffabsorption verbundene Gährung. Lex.-8. (17 S.) Wien 875, (Gerold's Sohn.) *

— über die Gährungsgase v. Sumpf- u. Wasserpflanzen. [Aus: „Sitzungsber. d. k. Akad. d. Wiss."] Lex.-8. (31 S.) Ebend. 875. n. — 40

— über das Keimen v. Samen in reinem Sauerstoffgase. [Mit 3 (eingedr.) Holzschn.] [Aus: „Sitzungsber. d. k. Akad. d. Wiss."] Lex.-8. (10 S.) Ebend. 874. n. — 30

— über den vegetabilischen Nährwerth der Kalksalze. [Aus: „Sitzungsber. d. k. Akad. d. Wiss."] Lex.-8. Ebend. 875. n. — 40

—— über Pendel mit Quecksilber-Compensation. Lex.-8. (28 S.) Wien 858, (Gerold's Sohn.) * *

— über die Respiration v. Landpflanzen. [Aus: „Sitzungsber. d. k. Akad. d. Wiss."] Lex.-8. (33 S.) Ebend. 873. n. — 50

— über die Respiration v. Wasserpflanzen. [Aus: „Sitzungsber. d. k. Akad. d. Wiss."] Lex.-8. (8 S.) (18 S.) Ebend. 875. — 15

— Über die Schmarotzernatur der Mistel. S. 52. I. 90 . . . . vgr.
Separatabdruck

— Über Schwefelwasserstoffbildung aus Schwefel und Wasser. S. 85. II. 556 . . . . vgr.
Separatabdruck

Böhm. J. Über die Seehöhe von Prag. 1856.

— über die Seehöhe von Prag. (Aus d. Sitzungsberichten d. k. Akad. d. W.) Wien 857. Gerold in Comm. gr. 8. (33 S.) n. 5 ngr.

Boehm, Jos., sind die Bastfasern Zellen oder Zellfusionen? [Aus den Sitzungsber. d. k. Akad. d. Wiss. abgedr.] Wien 866. (Gerold's Sohn.) gr. 8. (23 S.) n. 4 ngr.

—— über Stärkebildung in den Chlorophylkörnern. Lex.-8. (28 S.) (Ebendas.) 876. *
Vorstehende vier Schriften sind aus: Sitzungsberichte der k. Akademie der Wissenschaften, besonders abgedruckt.

—— über die Stärkebildung in den Keimblättern der Kresse, des Rettigs und des Leins. Lex.-8. (36 S.) Wien 874, (Gerold's Sohn.) *
Vorstehende sieben Schriften sind aus: Sitzungsberichte der k. Akademie der Wissenschaften, besonders abgedruckt.

—— Untersuchungen über das atmosphärische Ozon. Lex.-8. (34 S. mit eingedr. Holzschn. und 1 Stnt. in Fol.) Wien 858, (Gerold's Sohn.) *

— physiologische Untersuchungen über blaue Passiflorabeeren. Mit 1 (lith.) Taf. (Aus d. Sitzungsberichten d. k. Akad. d. W.) Ebend. 857. gr. 8. (22 S.) n. 6 ngr.

Böhm, Jos. (I.), über die Ursache des Absterbens der Götterbäume und über die Methode der Neubepflanzung der Ringstrasse in Wien. 8. (16 S.) Wien 881, [Faesy und Frick.] Frick. *

— über die Ursache des Saftsteigens in den Pflanzen. Mit 1 (lith.) Taf. (Abdr. aus d. Sitzungsber. d. k. Akad. d. Wiss.) Ebend. 863. gr. 8. (16 S.) n. 4 ngr.

Boehm, Jos. (II.), Warum steigt der Saft in den Bäumen? Vortrag, gehalten in der k. k. Gartenbau-Gesellschaft am 22. Februar 1878. gr. 8. (19 S. mit 5 eingedr. Holzschn.-Abbild.) Wien 878, Faesy und Frick. *

— wird das Saftsteigen in den Pflanzen durch Diffusion, Capillarität oder durch den Luftdruck bewirkt? Mit 1 zinkograph. Taf. [Abdruck aus den Sitzungsber. d. k. Akad. d. Wiss.] Ebend. 864. gr. 8. (39 S.) n. 7½ ngr.

Böhm, Josef Georg, s.a. Böhm, Josef Anton

——, F. Karlinski und A. Kuneš, s.a. Beobachtungen, magnetische und meteorologische, zu Prag.

(Böhm, Jos. G.), (in Gemeinschaft mit Adalbert Kunes [1850—52], Franz Karlinski [1853—61], Moritz Allé [1862—66]). Magnetische und meteorologische Beobachtungen zu Prag. (Fortsetzung der von Kreil angestellten Beobachtungen.) Auf öffentliche Kosten herausgegeben. XI.—XXVII. Jahrg. 1850—66. Prag 1853—67.

— und Adalb. Kuneš, magnetische und meteorologische Beobachtungen zu Prag. Auf öffentl. Kosten herausg. 11. Jahrg.: Vom 1. Jänner bis 31. Decbr. 1850. 853. (VII, 196 S.) — 12. Jahrg.: Vom 1. Jänner bis 31. Decbr. 1851. 854. (VIII, 196 S.) — 13. Jahrg.: Vom 1. Jänner bis 31. Decbr. 1852. Prag 855. Tempsky. gr. 4. (IV, 197 S.) Jeder Jahrg. n. 2 ℳ 20 ngr.

— und Frz. Karlinski, magnetische und meteorologische Beobachtungen zu Prag. Auf öffentl. Kosten herausg. 14. Jahrg.: Vom 1. Jänner bis 31. Decbr. 1853. Prag 856. (Tempsky.) gr. 4. (IV, 147 S.) n. 2 ℳ 20 ngr.

Böhm, Dr. Josef G. und Frz. Karlinski. Magnetische und meteorologische Beobachtungen zu Prag. Auf öffentliche Kosten herausgegeben von — —. 16. Jahrg. Vom 1. Jänner bis 31. Dez. 1855. Prag, 1857. Dr. der k. k. Hofbuchdr. von Gottl. Haase Söhne. (XVI. 145 S. 4.)

Böhm, Jos. G., *Dr.*, *Prof. d. Astronom. u. Dir. d. k. k. Sternwarte etc. und* Franz Karlinski, *Adjunkt d. k. k. Sternwarte etc.* Magnetische u. meteorologische Beobachtungen zu Prag. Auf öffentl. Kosten herausgegeben. *Prag* 1858. *Gottl. Haase Söhne.* XVIII. Jhrg. Vom 1. Jan. — 31. Dez. 1857. VIII u. 160 S., 4°.

Böhm, J. G., Beobachtungen v. Sonnenflecken u. Bestimmung d. Rotations-Elemente d. Sonne. [Mit 2 lith. Taf.] [Aus d. Denkschr. d. k. Akad. d. Wiss. abgedr.] Fol. (75 S.) Wien 852. (Braumüller.) n. 1 ß 18 ngr

Böhm, J(os.) G(eorg), Beobachtungen von Sonnenflecken und Bestimmung der Rotations-Elemente der Sonne. Fol. (75 S. mit 4 Stnt.) Wien 852, (Gerold's Sohn.) *
Aus: Denkschriften der k. Akademie der Wissenschaften, besonders abgedruckt.

— Beschreibung d. Uranoscop's u. Anleitg. zu dessen vollständ. Gebrauche, d. i. zur leichten, genauen u. sichern Kenntniß d. gestirnten Himmels u. seiner Wunder. gr. 8. (24 S. m. 1 lith. Taf. in gr. 4.) Leipzig 850, Spamer. n. 1/3 ß

Böhm, Jos. Geo., Beschreibung eines Uranoscops u. Anleitung mittelst desselben auf eine höchst leichte, genaue und sichere Weise den gestirnten Himmel und seine Wunder kennen zu lermen. 4. Ausg. m. 1 Abbildg. in Holzschn. Prag 860. Lehmann. Lex.-8. (16 S.) n. 6 ngr

— über die geographische Breite von Prag. (Aus d. Abhandl. der k. böhm. Ges. d. Wiss.) Prag 857. (Tempsky.) gr. 4. (29 S.) n. 8 ngr

—— klein. logarith.-trigonometrisches Handbuch. gr. 8. (5 B.) Innsbruck 845, Wagner'sche Buchh.

—— kleines logarithmisch-trigonometrisches Handbuch. 2. Aufl. gr. 8. (84 S.) Innsbruck 852, Wagner'sche Buchh.

Böhm, Jos. Georg, kleines logarithmisch-trigonometrisches Handbuch. 3. verb. Aufl. gr. 8. (IV, 72 S.) Innsbruck 870, Wagner'sche Universitäts-Buchh. *

Böhm, J. G., kleines logarithmisch-trigonometrisches Handbuch. 4. verb. Aufl. gr. 8. (IV, 73 S.) Innsbruck 882. Wagner. n. 1. —

Böhm, Jos. G., s. Kalender, Neuer Prager, für Stadt . . . Astronomischer Teil.

Böhm, Jos. Geo., d. Kunst-Uhren auf d. k. k. Sternwarte zu Prag. Auf öffentl. Kosten hrsg. v. Ladisl. Weinek. (XVII, 48 S. m. 21 Lichtdr.-Taf.) 31×24 cm. Prag 908. (J. G. Calve.) Kart. 18. 60

Josef Georg **Böhm**: Die Kunst-Uhren auf d. k. k. Sternwarte zu Prag. Auf öffentl. Kosten hrsg. von Prof. Dr. Ladislaus Weinek, Dir. ⟨Mit 21 Taf.⟩ Prag: Sternwarte 1908. (XVII, 48 S.) 4° [08. 17811]

—— piccolo manuale logaritmico-trigonometrico. Presentato alla studiosa italiana gioventù da Matteo Sembianti, versione italiana fatta sulla. 2. edizione del testo. gr. 8. (88 S.) Trento 852. (Innsbruck, Wagner'sche Buchh.) *

Böhm, Dr. Josef Georg — Methode, geographische Breite und Azimut zugleich aus bloßen Azimut-Beobachtungen der Circumpolar-Sterne, ohne Kenntniß und Hilfe der Zeit, auf das genaueste zu finden. Bestimmung der geographischen Breite von Innsbruck. Von — —. Aus den Abhandlungen der königl. böhmischen Gesellschaft der Wissenschaften. V. Folge 9ter Band. Prag, 1855. Art. - typ. Institut von Karl Bellmann. (28 S. 4.)

— Methode, geographische Breite und Azimut zugleich aus blossen Azimut-Beobachtungen der Circumpolar-Sterne, ohne Kenntniss und Hilfe der Zeit, auf das Genaueste zu finden. Bestimmung der geographischen Breite von Innsbruck. Aus den Abhdlgn. d. k. böhm. Gesellsch. d. W. Prag 855. (Tempsky.) gr. 8. (28 S.) n. 8 ngr

Böhm, Jos. Geo., über Pendel mit Quecksilber-Compensation. (Aus d. Sitzungsberichten d. k. Akad. d. W.) Wien 858. Gerold in Comm. gr. 8. (28 S.) n. 5 ngr

— Ueber die Seehöhe von Prag. Wien 1857.

— Untersuchungen über das atmosphärische Ozon. Mit 1 (lith.) Taf. (in Fol.). (Aus d. Sitzungsberichten d. k. Akad. d. W.) Ebend. 858. gr. 8. (34 S.) n. 12 ngr

Uranoscop von Dr. J. G. Böhm. Innsbruck 1847. 8°.

—— ballist. Versuche u. Studien. 4. (95 m. 8 L.) Prag 61, (Calve.) n. — 24

—— ballistische Versuche und Studien mit besond. Rücksicht auf die neuen weittragenden Gewehre der kais. kön. Armee und die französ. Minié-Büchse. gr. 4. (95 S. mit 8 Stnt. Abbild. in gr. 4. und Fol.) Prag 861, (Tempsky.) *
Vorstehende zwei Schriften des Verf. wurden aus: Abhandlungen der k. böhmischen Gesellschaft der Wissenschaften, besonders abgedruckt.

Böhm, Jos. G., s. Wirtschafts-Kalender, Neuer . . . Astronomische Artikel.

BÖHM, JOS(EPH) JOAN(NES) NEP(OMUCENUS): Tria tabernacula. Matth 17. c. v 4. Drey Thaboreische Kriegs-Hütten, welche auf die Geheimnußvolle Grund-Säulen der drey theologischen Haupt-Tugenden Glaub, Hoffnung, und Liebe erbauet zur Pflichtschuldigsten Ehrbezeugung. Ignoto Deo Act 17. c. v. 23 dem Unbekannten GOtt Gewidmet in einer demuthigsten Lob-Rede von dem unergründlichen Geheimniß der Allerhöchsten Dreyfaltigkeit von Erlösung gefangener Christen, . . . in der Königl. Frey-Stadt Comorn in eigener Closter-Kirche abgeredet worden im Jahre 1745. Ofen 1745, gedr. b. Veronica Nottensteinin, Wittib. 6 f. - kl. 4°

Böhm, Julius, Bassorah. Eine Culturskizze aus Mesopotamien. Leipzig und Wien 1888.

Böhm, Jul. (I.), Bassorah. Eine Culturskizze aus Mesopotamien. 8. (23 S.) Wien 888, Deuticke. *

Böhm, Jul., s.: Donau-Oder-Kanalprojekt, das.

Böhm, J: Das Donau-Oder-Kanalprojekt. s.: Verbandsschriften d. deutsch-österr.-ungar. Verbandes f. Binnenschiffahrt.

Böhm, Jul., Etiquetten f. Mineralien-Sammlungen. gr. 8. (10 Taf.) Wien 885. Lechner's Sort. 1. 60

Böhm, Jul., Etiquetten f. Mineralien-Sammlungen. 2. Aufl. gr. 8. (10 Taf.) Wien 890. Lechner's Sort. n. 1. 60

Böhm, J, Etiquetten f. Mineralien-Sammlgn. 2. Afl. 8° (10 Taf.) Wien 92, R Lechner's S. 1.50

Böhm, Julius, Referendar: Die Haftung des Vorerben für die Nachlaßverbindlichkeiten nach Eintritt der Nacherbfolge. Breslau 1906: Breslauer Genoss.-Buchdr. (39 S.) 8°
Breslau, Jur. Fak., Ref. Leonhard-Fischer, Diss. v. 29. Jan. 1906
[Geb. 17. Juli 81 Tost O. S.; Wohnort: Tost; Staatsangeh.: Preußen; Vorbildung: Elisabethgymn. Breslau Reife O. 01; Studium: Breslau 5, Berlin 1 S.; Rig. 8. Juli 04.]

Böhm, Jul., Leitfaden f. den ersten Unterricht in der Geographie. Für Schüler in Mittelklassen deutscher Volksschulen. Mit 19 Holzschn.-Illustr. 8. (IV, 73 S.) Leipzig 874. Möller. n. — 60

Böhm, Julius, Leicht aufführbare lateinische Messe zum Gebrauche an Mittelschulen, im beschränkten Tonumfange gesetzt K —.50 no.
Wien: R.C. Lindner 1903.

Böhm, Jul., vor Paris. Humoristisches Zeitbild in 1 Akt gr. 16. (14 S.) Berlin 870. Lassar. n. 4. —

Böhm, Jul., Sammlung kathol. Kirchengesänge zum Gebrauche an österr. Mittelschulen. 2. Aufl. 8. (104 S.) Wien (902). Wiener Musik-Verlagshaus. Kart. n. 1.20

Böhm, Jul., Sammlung katholischer Kirchengesänge zum Gebrauche an österreichischen Mittelschulen. 3. Aufl. (geb. K 1.50)
Wien: F. Rörich u. Co. ca. 1904

— die deutsche Sprache in polnischen Schulen Oberschlesiens. Stufenweis geordnetes Lehr- u. Uebungsbuch zur Erlerng. der deutschen Sprache f. polnisch sprech. Kinder, besonders zum Gebrauche in Mittelklassen einklass. Schulen 8. (IV, 131 S.) Gr.-Strehlitz 873. Dannehl. n. — 50; geb. n.n. — 60

Böhm, K(C): Kurzgegefasste Gesch. d. Pädagogik, s: Böhm, J.

Böhm, K., prakt. Erziehungs- u. Unterrichtslehre, s.: Böhm, J.

Boehm K.: Der homöopathische Schaf-Arzt ... Pest 1860. 98 S.

Boehm, K., allgem. Untersuchgn. üb. d. Reduction partieller Differentialgleichungen auf gewöhnl. Differentialgleichgn. M. e. Anwendg. auf d. Theorie d. Potentialgleichg. gr. 8. (III, 58 S.) Leipzig 896. B. G. Teubner. n. 2. —

Böhm, K.F. (Hrsg.), s. Almanach, Mitauischer.

Böhm, K.L.: Der Hausthierarzt ..., s. Böhm, Carl Ludwig

Boehm, K. L., die Privatklage im Strafprozeß. Ein prakt. Ratgeber und Beistand für Nichtjuristen, welche als Privatkläger, Angeklagte und Widerkläger in dem Verfahren auf erhobene Privatklage beteiligt sind. gr. 8. (89 S.) Straßburg 887, Straßburger Druckerei und Verlagsanstalt, vorm. Schultz und Comp. cart. *

Böhm, Karl: Anleitg z. Ordng v. Pfarrarchiven. 2. Afl. (20) gr8° Brix., Verl.-Anst. Tyrolia '12. — 80

Boehm, Karl: Axiome d. Arithmetik, s: Sitzungsberichte d. Heidelbger Akad. d. Wiss.

Böhm, C, üb. Aufforstgn, s.a. Sammlung gemeinnütz. Vorträge.

BÖHM, Karl: Über Aufforstungen. - Prag 1893. 15 S. - (Samml. gemeinnütziger Vorträge Nr. 173)

Boehm, Karl: Beitrag zur Kenntniss vom „plexiformen Neurom." Magdeburg 1883: Pansa. 33 S. 8°
Halle-Wittenberg, Med. Diss. v. 30. Juni 1883
Geb. Berlin 24. 10. 1859. V.

Böhm, K: Beitr. z. Kenntnis d. Einfl. Seneca's auf d. in d. Zeit v. 1552—62 erschien. französ. Tragödien, s.a. Beiträge, Münch., z. roman. u. engl. Philol.

Böhm, Karl: Beiträge zur Kenntnis des Einflusses Seneca's auf die in der Zeit von 1552 bis 1562 erschienenen französischen Tragödien. (Einleitung.) *Naumburg a. S. 1901: Lippert & Co.* (57 S.) 8° ¶[Erschien vollst. 1902 als: Münchener Beiträge zur roman. u. engl. Philol., H. 24.]
München, Phil. Diss. v. 1901

Beiträge zur Kenntnis des Einflusses Seneca's auf die in der Zeit von 1552 bis 1562 erschienenen französischen Tragödien. Von Dr. Karl Böhm. *Erlangen & Leipzig: A. Deichert 1902.* (XVI, 163 S.) 8°
= Beiträge, Münchener, z. roman. u. engl. Philologie. H. 24.

Böhm, Karl, s. Einladung zu der öffentlichen Probe-Vorlesung ...

Boehm, Karl, ellipt. Funktionen, s.a. Sammlung Schubert.

Elliptische Funktionen. Von Dr. Karl Boehm, Prof., Heidelberg. T. 1.
Leipzig: Göschen 1908. 8°
(Sammlung Schubert. 30.)

Böhm Karl: Das erste Jahrzehnt der Kaiser Franz Josef — Höheren Handelsschule in Brünn. 47. Brünn H. Sch. 05. Progr.

Boehm, Karl, Dr.: Zur Integration partieller Differentialsysteme. *Leipzig 1900: B. G. Teubner.* (55 S.) 8°
Heidelberg, Naturw.-math. Hab.-Schr. v. 1900

Böhm, Karl, s.: Kraut u. Rüben.

Böhm, Karl: Der homöopatische Pferde-Arzt, s. Böhm, Carl Ludwig

Boehm, Karl [aus Mannheim]: Allgemeine Untersuchungen über die Reduction partieller Differentialgleichungen auf gewöhnliche Differentialgleichungen m. e. Anwendg auf d. Theorie d. Potentialgleichg ... Leipzig, Druck v. B. G. Teubner, 1896; 2 Bl., 58 S., 1 Bl. 8.
Heidelberg, Naturw.-math. Fak., Inaug.-Diss. v. [1. Aug.] 1896

— Üb. e. Verallgemeinerg d. Begriffes „Linienintegral", üb. integrierbare Differentialausdrücke u. üb. d. ident. Verschwinden d. Hauptgleichgn d. Variation, s: Sitzungsberichte d. Heidelb. Akad. d. Wiss.

Böhm, Karl Fr., (J. G. M. F. A. Czarnewsky,) s. Almanach, Mitauischer.

Böhm, Karl M., s. Böhm, Carl M.

Böhm, Karl Theodor [Assist.-Arzt im k. III. Chev.-Reg.]: Ein seltener Fall von traumatischer Apoplexie. ... Mühldorf, Druck v. D. Geiger, 1889; 24 S. 8°
München, Med. Fak., Inaug.-Diss. v. 1889

Boehm, Konrad: Zu Grillparzers Metrik. (Zweite Hälfte des I. Theiles.) (Umschlagtitel: ..., II. Theil.) 8 (24 S.). Progr. Staats-G. *Nikolsburg* 1896.

Boehm, Konrad Goethes Verhältnis zur Antike. (Beiträge zur Erklärung einiger Elegien Goethes.) 8 (S. I—XX). 8 (XXIV S.).
Progr. Mariahilfer Communal-, Real- u. Oberg. *Wien* 1891. 1892.
Nicht im Tauschverkehr.

Böhm, Konstantin, s. Böhm, Constantin

Boehm, Kurt: Spensers Verbalflexion. (Berlin: Mayer & Müller 1909.) 59, II S. 8°
Berlin, Phil. Diss. v. 20. März 1909, Ref. Brandl
[Geb. 30. Sept. 85 Allenstein; Wohnort: Berlin; Staatsangeh.: Preußen; Vorbildung: Oberrealsch. Königsberg i. P. Reife O. 04, erg. Realgymn. M. 07; Studium: Königsberg 3, Berlin 6 S.; Rig. 21. Dez. 08.] [U 09. 147

Böhm, L.: Über die Anwendung des blauen Doppel-Lichts, s. Böhm, Ludwig

Böhm, L.: Zur operativen Behandlung der Perityphitis [!] ... München, kgl. Hof- u. Univ.-Buchdr. v. Dr. C. Wolf & Sohn, 1893; 27 S. 8.
Würzburg, Med. Fak., Inaug.-Diss. v. 1893

Böhm, L.: Carl Emil v. Schafhäutl, s. Böhm, Ludwig

Böhm, L., Schreiblese-Fibel, s.: Rabel, K.

Böhm: L. Annaeus Seneca u. sein Wert auch f. unsere Zeit. 47 S.
Progr. Berlin Fr.W. 1856.

Böhm, Leonh., Geschichte des Temeser Banats. 2 Theile. Mit 1 (lith. u. color.) Karte des Banats (in Fol.) u. 13 lith. Taf. Leipzig 861. O. Wigand. gr. 8. (XX, 739 S.) n. 4 ₰ 20 ngr.

Boehm, Leonhard: De ratione veteres auctores classicos interpretandi. S. 3 - 20.
Progr. Kempten 1833.

Böhm, Leonhard: Logicalische Uebungen vor dem Studium der Logik, oder : Bemerkungen über die Denkübungen, besonders in der Erlernung des Lateinischen an öffentlichen Studien-Anstalten. S. 3 - 22.
Progr. Kempten 1840.

Böhm, Leonhard: Was kann eine öffentliche Studien-Anstalt leisten? S. 3 - 10.
Progr. Kempten 1825.

BÖHM, LEONHARD: Weißkirchen in seiner Vergangenheit und Gegenwart. Nach handschriftlichen Quellen geschildert von Leonhard Böhm, ehemaligem Bürgermeister dieser Kommune, Ritter des Franz-Josef Ordens. Zweite gänzlich umgearbeitete u. verm. Aufl. Ausführungen bezüglich des religiösen Lebens, S. 48, 58-61, 80 f., 94-97, 232-237. Ungarisch Weißkirchen 1881. Druck u. Verlag von Julius Wunder. 305 S. 2 l. - 210 mm

Böhm, Ludwig

Böhm, Ludw., die Anwendung des blauen Doppel-Lichts auf leidende Augenpaare. Ein Vortrag zur Feier des 64sten Stiftungstages des königl. medicin.-chirurg. Friedrich-Wilhelms-Instituts am 2. Aug. 1858 gehalten. gr. 8. (24 S. mit 1 Chromolithogr.) Berlin 858, (A. Hirschwald.) +

Böhm, Ludw., Bericht über die Saison 1858 zu Bad Bertrich. Berlin 859. Hirschwald. gr. 8. (31 S.) n. 10 ngr

Böhm, Ludw., Bad Bertrich und seine Umgebungen. Darmstadt 859. Lange. gr. 8. (46 S.) n. 10 ngr

Boehm, Ludw., die kranke Darmschleimhaut in d. asiat. Cholera mikroskop. untersucht. M. 2 Kpfrt. gr. 8. (6 B.) Berlin 838, Alex. Duncker. *

Böhm, Ludwig, Medizinalprakt.: Aus d. Klinik d. Prof. L. Fränkel. Hämophilie und Menstruation. Breslau 1909: Breslauer Genossensch.-Buchdr. 97 S. 8°
Breslau, Med. Diss. v. 19. Jan. 1910, Ref. Küstner
[Geb. 8. Sept. 83 Breslau; Wohnort: Breslau; Staatsangeh.: Preußen; Vorbildung: Maria-Magdalena-Gymn. Breslau Reife O. 04; Studium: Breslau 10 S.; Coll. 23. Juni 09; Approb. 15. Jan. 10.] [U 10. 55"

Böhm, Ludw., Kitzingen u. d. Bauernkrieg. N. d. Orig.-Akten d. Kitzinger Stadtarchivs hrsg. u. erläut. [Aus: „Archiv d. histor. Vereins v. Unterfranken u. Aschaffenburg".] gr. 8. (185 S.) Würzburg (894). (Stahel.) n.n. 3.50

—— der Nystagmus und dessen Heilung. Eine Monographie. Lex.- 8. (VI und 170 S. mit eingedr. Holzschn.) Berlin 857, A. Hirschwald. *

Böhm, Ludw. Carl Emil v. Schafhaeutl, Doktor der Philosophie etc., geb. zu Ingolstadt am 16. Febr. 1803, gest. am 25. Febr. 1890 zu München. gr. 8. (8 S.) Münch. 890, (Literar.-artist. Anstalt). * — 40
Aus: Bayer. Industrie- u. Gewerbebl., besonders abgedruckt.

Böhm, Ludw., das Schielen u. der Sehnenschnitt in seinen Wirkungen auf Stellung u. Sehkraft d. Augen. Eine Monographie. Mit 1 Kpfrt. u. 32 Holzschn. Lex.-8. (20. B.) Berlin 845, Duncker u. Humblot. *

—— de glandularum intestinal. structura penitiori. Comment. anatom. C. II tab. aeri inc. 4maj. (6¾ B.) Berolini 835, Duncker et Humblot. *

Boehm, Ludw., die Therapie des Auges mittels des farbigen Lichtes. Lehrbuch. gr. 8. (XVI und 240 S. mit 2 Stnt. in Farbendr.) Berlin 862, A. Hirschwald. *

Böhm, Ludwig [Assist. d. k. b. Central-Tierarzneischule München]: Quantitative Untersuchungen über die Resorption und Ausscheidung des Quecksilbers bei innerlicher Verabreichung des Hydrargyrum salicylicum. . . . München, Buchdr. J. Gotteswinter, 1890; 37 S. 8°
Erlangen, Phil. Fak., Inaug.-Diss. v. 1890

Böhm Ludwig: Ueber das Verhältnis von Nestor Iskanders Chronik „Die Erzählung von Constantinopel" zu den Berichten der übrigen Zeitgenossen. Diss. Wien, Univ. II. 1890 PN 623 725

Boehm, Ludov. Ign. (geb. Brieg 11. 11. 1826): De naevo nonnulla. Berolini (1848). (24 S.) 4°
Berlin, Med. Diss. v. 18. Juli 1848

Böhm, Ludwig K. [aus Lauscha i. Thür.]: Ueber die Oxydation des Phenylacridins in saurer Lösung durch Kaliumpermanganat.... Freiburg i. B., Druck d. Fr. Wagner'schen Buchdr., 1886; 30 S. + 1 Bl. 8°.
Freiburg i. B., Phil. Fak., Inaug.-Diss. v. 1886.

Böhm, M.: Die erste Hilfe in Erkrankungsfällen . . .,
s. Böhm, Max

Boehm, Marie (Westpreußen): (Aus d. physiol. Institut zu Freiburg i. Br.) Ueber physiologische Methoden zur Prüfung der Zusammensetzung gemischter Lichter. Freiburg i. Br. 1907. (Naumburg a. S.: Lippert & Co.) (S. 155—171.) 8° ¶ (Aus: Zeitschrift f. Sinnesphysiologie Bd 42.)
Freiburg i. B., Med. Fak., Ref. Kries, Diss. v. 1907
[Geb. 3. Juni 81 Schewen (Westpr.); Wohnort: Freiburg i. B.; Staatsangeh.: Preußen; Vorbildung: Luisen-Gymn. Berlin Reife M. 01; Studium: Freiburg i. B. 2, München 2, Freiburg i. B. 1, Berlin 2, Freiburg i. B. 3 S.; Coll. 23. Nov. 06; Approb. 19. Nov. 06.]

Böhm, Mart., s. a.: Braun, Gust.

— der Bärenhäuter. Dramatisches Märchen m. Gesang u. Tanz in 6 Bildern. Musik v. Max Kayser. gr. 8 (44 S.) Berlin (899.) M. Böhm. 3. —

Der Bettelstudent von Berlin. Grosse Posse mit Gesang in 3 Akten u. 5 Bild. von G[ust.] Braun [d. i. Martin Böhm] u. H(ugo) Busse. Musik von Theodor Franke. *Berlin: M. Böhm [1899].* (60 S.) 8° [F.]
Ersatz für: 00. 4709

— blind geladen, s.: Kotzebue, A. v.

— D. große Buch d. Prologe u. poet. Ansprachen f. alle Gelegenheiten i. Ernst u. Scherz. Nur Originale! 8. (173 S.) Berlin (897). M. Böhm. 3. —

[F.] Martin Böhm. Das grosse Buch der Prologe und poetischen Ansprachen für alle Gelegenheiten in Ernst u. Scherz ... *Berlin: M. Böhm [1898?].* (4 Bl., 173 S.) 1 Bd 8.

Martin Böhm. Das Grosse Buch der Tafel-Lieder. Für alle Gelegenheiten! Nur Originale! *Berlin: M. Böhm [1901].* (208 S.) 8° [F.]

— das große Buch der Tafel-Lieder. Für alle Gelegenheiten! Nur Originale. gr. 8. (208 S.) Berlin (902). M. Böhm. 5. —

— D. große Buch d. Toaste f. alle Gelegenheiten i. Ernst u. Scherz, Prosa u. Poesie. Nur Originale! 8. (295 S.) Ebd. (897). 5. —

[F.] Martin Böhm. Das grosse Buch der Toaste für alle Gelegenheiten in Ernst u. Scherz, Prosa u. Poesie ... *Berlin: M. Böhm [1898?].* (XVI, 295 S.) 1 Bd 8.

— u. Alfr. Schmasow, d. neue Buchhalter. Posse m. Gesang in 1 Act. Musik v. Joh. Rostock. 8. (26 S.) Ebd. 895. n. 1. 50

[F.] Der neue Buchhalter. Posse m. Gesang in 1 Act v. Martin Böhm u. Alfred Schmasow. Mus. v. Johann Rostock. 2. Aufl. ... *Berlin: M. Böhm [1895].* (26 S.) 1 Bd 8.

Böhm, Mart., Student Bummel od.: Eine Gerichtssitzung in Kalau. Posse in 1 Act. (23 S.) gr. 8. Berlin (904). M. Böhm. n. 1. 50

— Robinson Crusoe. Reisebilder m. Gesang u. Tanz in 3 Akten u. 7 Bildern. gr. 8. (82 S.) Ebd. (888). 1. 50

— Herr Dame, s. a. Bloch's, Ed., Dilettanten-Bühne.

Herr Dame. Posse in 1 Act von Martin Böhm. *Berlin: Buchdr. d. 'Neuen Welt'* (aufgeklebt: *Berlin: E. Bloch*) *(1894).* (16 S.) 8° [F.]
= Dilettanten-Bühne, Eduard Blochs. No 245.

Prinzessin Demuth oder: Die Eselshaut. Dramat. Märchen in 6 Bild. von Martin Böhm. *Berlin: M. Böhm [1901].* (48 S.) 8° [F. u. Ant.]

— Prinzessin Demuth od.: Die Eselshaut. Dramatisches Märchen in 6 Bildern. gr. 8. (48 S.) Ebd. (902). 2. —

— unser Dienstmädchen. Kom. Genrebild in 1 Act 12. (14 S.) Berlin (894). M. Böhm. 1. 50

[F.] Unsere Dienstmädchen. Komisches Genrebild in 1 Act v. Martin Böhm ... *Berlin: M. Böhm [1898?].* (14 S.) 1 Bd 8.

— Dir, Kaiser Wilhelm, vierunddreißig Grüße! Humor.-patriot. Genrebild mit Gesang in 1 Act. 12. (22 S.) Berlin (894). M. Böhm. 1. 50

— s. a.: Dumaß Filz der Jüngere, Alex.

Der lustige Ehemann. Kom. Genrebild in 1 Akt. Nach e. älteren Stoffe. Von Martin Böhm. Berlin: M. Böhm [1901]. (20 S.) 8° [F.]

— der lustige Ehemann. Komisches Genrebild in 1 Akt. gr. 8. (20 S.) Berlin (902). M. Böhm. 1. 50

— Er u. Sie, od.: Ehestands-Differenzen. Lustspiel in 1 Act. 8. (16 S.) Berlin 895. M. Böhm. 1. 50

[F.] Fest-Prolog zur Feier der Fünfundzwanzigsten Wiederkehr des Tages von Sedan v. Martin Böhm ... Berlin: M. Böhm 1895. 2 Bl. 8.

— Gesang-Verein Fidelio. Posse m. Gesang in 1 Akt 12. (20 S.) Ebd. (895). 1. 50

Böhm, M, s. Frau lässt sich rasiren, s.: Bloch's, E, Dilett.-Bühne.

— u. G. Margot, Friede auf Erden od. des alten Soldaten Weihnachtsengel. Weihnachtliches Genrebild in 1 Akt. gr. 8. (27 S.) Ebd. 894. n. 1. 50

— — dasselbe, s.: Aufführungs-Material zur Weihnachtsfeier.

— Frisch, froh, fromm, frei! od.: Vom Turnerfest. Schwank in 1 Akt. 12. (20 S.) Ebd. (894). 1. 50

— Kaiser Wilhelms Fünfzigster od. Verwechselt, verwechselt das Bäumchen! Komisches Genrebild m. Gesang in 1 Akt. (28 S.) 8. Ebd. (908.) 1. 50

— s. a.: Ganze, Max.

[F.] ... Das ganze Deutschland soll es sein. E. Festsp. z. 25. Jahresfeier d. Wiederaufrichtg d. Deutschen Reiches, in 1 Akt v. Martin Böhm. Als Ms. gedr. ... Berlin: M. Böhm [1895]. (14 S.) 1 Bd 8.

Böhm, Mart., König Alberts Geburtstag, od.: D. dreiundzwanzigste April. Humorist.-patriot. Genrebild m. Prolog u. leb. Bild in 1 Act. gr. 8. (16 S.) Berlin (894). M. Böhm. 1. 50

Kaiser Wilhelms Geburtstag, oder Das Glück im Winkel. Komisches Genrebild mit Gesang in 1 Akt von Martin Böhm. Berlin: (M. Böhm) o. J. [1897?] 23 S. 8° 11

— d. sieben Geislein. E. lust. Kinder-Komödie m. Gesang in 3 Bild. N. e. Idee d. Gebr. Grimm. Musik v. Joh. Rostock gr. 8. (19 S.) Ebd. (897). 1. 50

— Gelegenheits-Dichtungen. Ein in seiner Originalität u. Vielseitigkeit einzig dasteh. Vortrags-Material. Ernst u. Scherz. Wort u. Lied. Poesie u. Prosa. 40 Hfte. gr. 8. (à ca. 10 S.) Ebd. (894). à n. 2. —; ermäß. Preis à — 75

— s. a.: Gerstenberg, Paul.

— s. a.: Goethe der Schwächere.

— Gratulire, Majestät! od.: Die Königs-Grenadiere. Kom. Genrebild in 1 Act. 8. (31 S.) Ebd. (897). 1. 50

[F.] Gratulire, Majestät, zum Neununddreissigsten! oder Die Königs-Grenadiere. Komisches Genrebild in 1 Act v. Martin Böhm u. Alfred Schmasow ... Berlin: M. Böhm [1898]. (31 S.) 1 Bd 8.

— Kamerad Guste, od.: Zw. zwei Feldwebeln. Posse m. Gesang in 1 Akt. Musik v. Fr. Bremer. 8. (22 S.) Berlin (894). M. Böhm. 1. 50

— die lustigen Heidelberger. Posse m. Gesang in 1 Act. Musik v. Frz. Brandt. 5. Aufl. 8. (12 S.) Ebd. (890). 1. —

— Heil Dir König Albert! Humorist.-patriot. Genrebild i. 1 Aufzug Eigens f. d. Geburtstag Sr. Maj., d. Königs Albert v. Sachsen, geschrieben. 12. (20 S.) Ebd. (894). 1. 50

— Heil, Kaiser, Dir! Sechs Tage a. d. Leben Kaiser Wilhelms II. E. Reihe „leb. Bilder" m. verbind. Texten. gr. 8. (8 S.) Ebd. (896). 1. —

Böhm, Mart., Heil unserem Landesherrn! Humorist.-patriot. Genrebild in 1 Aufzug. Eigens f. d. Geburtstag d. Herrschers geschrieben. 12. (20 S.) Berlin (894). M. Böhm. 1. 50

Böhm, M., die fromme Helene, s.: Kühling's, A., Album für Liebhaber-Bühnen.

— D. bairische Hiesel od.: Wilderer im Walde! Warte nur, balde hängst auch Du! Trauerspiel a. d. idyll. Volks- u. Wonne-Leben d. Wilderer u. Wegelagerer — vornehml. f. Liebende u. Banditen — m. Gesängen, Gedichten u. Gerichten, Gewittern u. Brausewettern, in 3 Acten u. e. eins. Sect-Musik v. demselben. 12. (30 S.) Ebd. (896). 1. 50

— die Hosen d. Herrn v. Malesherbes, s.: Kotzebue, A. v.

— d. Hugenotten. Große Boykott- u. Bierring-Oper in 5 Akten, z. Singen, an d. ergreif. Stellen z. Beben, v. uns. eig. Singer u. Bebel. F. d. Parodietheater compon. v. Giacomo Meyerbier. Aber auch auf d. Hausfrau soll in Bezug auf d. Flaschenbier n. Möglichkeit eingewirkt werden. 2. Aufl. 8. (35 S.) Berlin 896. M. Böhm. 1. 50

— Hurrah dem Kaiser! Kom. Genrebild z. Feier von Kaisers Geburtstag. 8. (24 S.) Ebd. (896). 1. 50

[F.] Hurrah dem Kaiser! oder: Der Achtunddreissigste. Komisches Genrebild z. Feier v. Kaiser's Geburtstag v. Martin Böhm ... Berlin: M. Böhm [1897]. (24 S.) 1 Bd 8.

— Hurrah, Hoch! E. Reihenfolge leb. Bilder m. verbind. Text z. Geburtstagsfeier Kaiser Wilhelm's II. 8. (8 S.) Ebd. 898. 1. —

— 50 Jahre! Humoristisch-patriot. Festspiel zur Feier d. 50. Wiederkehr des Allerhöchsten Geburtstages S. M. Kaiser Wilhelms II. (11 S.) 8. Berlin (908). A. Parrhysius. 1. 50

— nach 100 Jahren, s. a. Lustspiel-Abend, historischer.

[F.] Nach 100 Jahren. Zukunftsposse m. Gesang in 1 Akt v. Martin Böhm. Mus. v. G. Steffens ... Berlin: M. Böhm [1898?]. (12 S.) 1 Bd 8.

Eine Instruktionsstunde der Weiblichen Feuerwehr. Dramat. Scherz mit Gesang in 1 Akt von Martin Böhm. Berlin: M. Böhm [1901]. (16 S.) 8° [F.]

— Invaliden-Festtag. Genrebild m. Gesang in 1 Akt. Musik v. Frz. Brandt. gr. 8. (16 S.) Ebd. (888). 1. 50

— Jubel u. Trubel an Kaisers Geburtstag. Komisches Genrebild in 1 Act. (Mit Benutzg. e. älteren Idee des Verf.) 12. (16 S.) Berlin 894. M. Böhm. n. 1. 50

— der Kaiser. Leb. Bilder m. verbind. Text z. Geburtstags-Feier Kaiser Wilhelm II. am 27. I. 1893. 12. (6 S.) Ebd. (893). 1. —

— der Kaiser in Bildern. Lebende Bilder m. verbind. Text zur Geburtstags-Feier Kaiser Wilhelms II. am 27. I. 1890. gr. 8. (8 S.) Ebd. (890). 1. —

— mein Kaiser!, s.: Aufführungsmaterial zu Kaisers Geburtstag.

— mein Kaiser 90 Jahre! Genrebild m. Gesang in 1 Akt. Musik v. Frz. Brandt. 10. Aufl. gr. 8. (16 S.) Berlin (887). M. Böhm. 1. 50

— der Kaiser zählt heut Dreiunddreißig od.: Elsaß-Lothringen in Preußen. Komisches Genrebild m. Gesang in 1 Akt. gr. 8. (16 S.) Ebd. (892). 1. 50

— die Kaiser-Eiche. Charakterbild in 1 Aufzuge. gr. 8. (18 S.) Berlin 894. M. Böhm. n. 1. 50

— Kaiser-Geburtstag, od.: Die General-Probe. Kaiser-Geburtstags-Posse m. Gesang in 1 Aufzuge. 8. (22 S.) Ebd. (890). 1. 50

— unseres Wilhelm zweiter Kaiser-Geburtstag od.: Die bedeutungsvolle 31. Komisches Genrebild m. Gesang in 1 Akt. gr. 8. (16 S.) Ebd. (890). 1. 50

Ein Kaiser-Geburtstags-Morgen, oder: Leder an den Hosen! Kaisergeburtstags-Posse in 1 Act von Martin Böhm. *Berlin: M. Böhm [1901].* (20 S.) 8° [F.] [illegible]

– Kaisergeburtstags–Überraschungen, s.a. Kaiser's Geburtstag 1908.

Kaisergeburtstags-Ueberraschungen oder: Die Liebe muß jung sein – der Wein alt! Posse in 1 Akt von Martin Böhm. Berlin: M. Böhm [1907]. (20 S.) 8° [F.] [illegible]

— Kaiser-Gold od.: Der Allerhöchste Vierzigste! Kom. Genrebild m. Gesang in 1 Akt. 8. (28 S.) Ebd. 898. 1. 50

— u. Rob. Schulz, Kaiser-Lottchen, s.: Aufführungsmaterial zu Kaisers Geburtstag.

— Der Kaisertag! Neue leb. Bilder m. Prolog u. verbind. Text zur 50. Wiederkehr der Allerhöchsten Geburtstagsfeier S. M. Kaiser Wilhelms II. (8 S.) 8. Ebd. (908). 1. —

— eine Berliner Kartenlegerin, s. Gerichts-Scenen, komische.

— das parodirte Kartoffel-Theater. Uns. Afrika, od.: Emins Verhältn. zu d. Schwarzen i. Allgem. u. zu e. schwarzen Prinzessin i. Besonderen. Afrikan. Gemälde in 4 Rahmen, nebst e. Anfang u. e. Anhang. 12. (17 S.) Ebd. (896). 1. 50

— u. Frz. Hell, Verliebte Cavallerie, od.: D. Rauchschrank des Rittmeisters. Militär. Schwank in 1 Akt. 2. Aufl. 8. (23 S.) Berlin (894). M. Böhm. 1. 50

— im Kegel-Club. Große kegelbrüderl. Orig.-Kugel-Posse m. Gesang u. Kegelschub in 1 Akt, nur f. Kegel-Brüder — unter Ausschluß sämmtl. Schwestern — erdacht u. gemacht. Musik v. Willy Buchwald. 12. (26 S.) Ebd. 894. n. 1. 50

— um Kiautschau od.: Schin-Yong u. Li-Hung-Tschang. Vicekaiserl. Musik-Drama in 1 Akt. A. d. Chinesisch-Kalauischen des Au-Au frei übertr. 8. (20 S.) Ebd. 898. 1. 50

— die Kornblumen des Kaisers. Volksstück m. Gesang in 6 Bildern. Musik v. L. Clausius. gr. 8. (60 S.) Ebd. (888). 3. —

— Elias Krumm od.: Der gerade Weg ist der beste, s.: Kotzebue, A. v.

Böhm, Mart., lang' lebe der Kaiser! od.: 36 Knospen am Baum, s.: Aufführungs-Material zu Kaisers-Geburtstag.

— Lene u. Lenchen, od.: D. Forstassessor. Lustspiel in 1 Act (nach e. vorhand. Idee). 8. (24 S.) Berlin (896). M. Böhm. 1. 50

— der allerjüngste Lieutenant. Patriotisches Festspiel in 1 Aufzuge. 12. (16 S.) Ebd. (889). 1. 50

— Großstädt. Luft. Schwank m. Gesang in 1 Akt. 8. (26 S.) Ebd. (894). 1. 50

— Mann u. Frau im Essigkrug. Eine lust. Komödie f. Groß u. Klein in 5 Bildern. gr. 8. (36 S.) Ebd. (899). Mit sämtl. Rollen-Auszügen u. Duplikat 4. —

— Manöver-Abenteuer, s.: Bloch's, E., Theater-Correspondenz.

— d. kleinen Mausefallen-Händler. Genrebild in 1 Act. 3. Aufl. 8. (18 S.) Ebd. (890). 1. 50

— Grand Café Metropole. Posse m. Gesang in 1 Akt. gr. 8. (15 S.) Ebd. (886). 1. 50

Böhm, Martin, das Milchmädchen, s. Bloch's, Ed., Dilettanten-Bühne Nr. 120.

— d. gefährl. Nachbarschaft, s.: Kotzebue, A. v.

— stille Nacht — heilige Nacht! Weihnachtliches Genrebild m. Gesang in 1 Act. Mit Duplikat u. Rollen. gr. 8. (24, 24, 4, 4, 6, 8, 4 u. 2 S.) Ebd. (901). 4. —

— Zwerg Nase. Märchen-Posse m. Gesang in 3 Akten u. 6 Bildern (m. theilweiser Benutzg. des Wilh. Hauff'schen Märchens). gr. 8. (40 S.) Ebd. (888.) 1. 50

— Nettchen und Jettchen, s. Bloch's, Ed., Dilettanten-Bühne.

— der große Nicolas od.: Für Jeden Etwas. Scherz u. Ernst in 6 leb. Bild. m. verbind. Text. Eigens für Weihnachten geschrieben. 12. (8 S.) Berlin (894). M. Böhm. 1. —

[F.] ... Noch ein Tässchen gefällig? Kaffee-Plauderei in 1 Akt v. Martin Böhm u. Wilhelm Thal [d. i. Wilhelm Lilienthal]. 3. Aufl. ... *Berlin: M. Böhm [1895].* (14 S.) 1 Bd 8. [illegible]

— im Olymp. Hochzeits-Komödie in 1 Act. 3. Aufl. 8 (12 S.) Ebd. (895). 1. 50

— Original-Deklamationen i. zwanglosen Liefergn. 1.–5. Lfg. gr. 8. Ebd. (894). à 1. —
1. 2. (23 u. 28 S.) — 3.–5. Vorträge f. Damen. (24, 24 u. 23 S.)

— u. Frz. Hell, Bursche Panofsky. Posse in 1 Akt. (24 S.) gr. 8. Ebd. (904). n. 1. 50

— u. G. Margot, Peter in der Fremde. Lust. Stücklein m. Gesang i. 3 Akten f. Klein u. Groß. gr. 8. (32 S.) Ebd. (896). 1. 50

— O, diese Plätterinnen. Posse in 1 Akt. gr. 8. (13 S.) Ebd. 899. 1. —

– Der arme Poet, s. Kotzebue, A. v.

— neue Polterabend-Komödien. (Lustige Bühnen-Spiele f. Hochzeit u. Polterabend.) 12. (63 S.) Ebd. 893. n. 1. 50

— d. geschundene Raubritter. Großes Ritter-, Trauer- u. Schauersp. m. Gesang, Musik u. abwechselnden Scenen, m. Todtschlag, Mord u. Geistertanz, in e. Pro- u. e. Epilog, zwo Auswickelgn., e. Nachspiel u. e. Gespenstertanz, v. Kuno Ritter v. Toggenburg (B.) Musik v. Kurt Ritter v. Trampedach (Gust. Steffens). Der am Schluß des Stückes vorkomm. Gespenster-Tanz ist arrangirt v. dem Geist d. verstorb. Gemahlin Ritter Knud's v. Schreckenstein, Brunhilde benamset. gr. 8. (24 S.) Ebd. (883). 1. 50

— d. Reise in d. Astronomie. D. Unwissenschaftliche des wissenschaftl. Theaters d. „Urania". In 3 Abthlgn. u. e. Vortragsmeister. Mit durchweg neuen Sonnen, Planeten u. Trabanten, nach Falb v. Kopernikus, nebst e. wissenschaftl. Enthüllg: „Und sie bewegt sich doch nich, u. nu jrade nich!" v. Math. Galilei (Gallimathias). 12. (13 S.) Ebd. (896). 1. 50

[F.] Ein Rendezvous. Solo-Scherz f. e. Dame v. Martin Böhm ... *Berlin: M. Böhm [1894].* (8 S.) 1 Bd 8. [98. 8147

Böhm, Mart., Die Ritter v. Rabe. Posse in 1 Aufzuge. 12. (24 S.) Berlin (895). M. Böhm. 1. 50

Böhm, Mart., Röckchen u. Jäckchen, } s.: Bloch's, E., Dilettanten-Bühne.

Böhm, Mart., die Rosen der Kaiserin. Lustspiel in 1 Akt. gr. 8. (16 S.) Berlin (892). M. Böhm. 1. 50

— im schwarzen Rössel. Posse in 1 Akt. (24 S.) 8. Ebd. (904). n. 1. 50

— der Schützenkönig. Posse m. Gesang in 1 Act. Musik v. Joh. Rostock. 8. (24 S.) Ebd. 895. n. 1. 50

— Sedan, od.: Nach 25 Jahren. E. Festspiel z. Feier d. 25. Wiederkehr d. Jahrestages v. Sedan. 8. (10 S.) Ebd. 895. n. 1. 50

— vor dem Sedan-Tage, od. ich habe den Kaiser gesehen! Humoristisch-patriot. Genrebild in 1 Akt. 8. (20 S.) Ebd. 894. n. 1. 50

— vor d. Sedan-Tage, od.: Ich habe d. Kaiser gesehen! Humorist.-patriot. Genrebild in 1 Akt. — Sedan, od. Nach 25 Jahren. Ein Festspiel z. 25. Wiederkehr des Jahrestages v. Sedan. Nebst Einzel-Rollen u. Fest-prolog. 8. (20, 20, 9, 3, 6, 2, 3, 10, 10, 2, 4, 4. u. 4 S.) Ebd. 895. n. 5. —

Böhm, Mart., seine Frau läßt sich rasiren, } s. Bloch's, E., Dilettanten-Bühne.

— Sie kann nicht lesen. Lustsp. in 1 Akt, n. d. Franz. 8. (20 S.) Ebd. (897). 1. 50

[F.] Sie kann nicht lesen. Lustspiel in 1 Akt, nach d. Französ., v. Martin Böhm ... *Berlin: M. Böhm [1898?].* (20 S.) 1 Bd 8. [98. 8148

— Kaiser Wilhelms 87., od.: D. General-Probe, s. a. Aufführungs-Material zu Kaiser Wilhelms 87. Geburtstag.

[F.] Kaiser Wilhelm's Siebenunddreissigster, oder: Die General-Probe. Kaiser-Geburtstags-Posse m. Gesang in 1 Aufzuge v. Martin Böhm ... *Berlin: M. Böhm [1895].* (22 S.) 1 Bd 8. [98. 8149

— Soldaten-Leben u. Streben. Große humoristische Soldaten-Komödie a. d. Garnisonleben, m. Musik, in 10 leb. Bildern, nebst Prolog u. verbind. Texten. 2. Aufl. 8. (12 S.) Ebd. (895). 1. —

— die Solo-Posse, s. Bloch's, E., Dilettanten-Bühne.

— die neue Spritze, od.: Ein Feuerwehr-Jubiläum. Schwank in 1 Aufzuge. 12. (21 S.) Ebd. (894). 1. 50

Ein bettelnder Student. Kom. Genrebild mit Gesang in 1 Akt von Dr. Gustav Braun [d. i. Martin Böhm]. Mus. von Ludwig Storch. *Berlin: M. Böhm [1899].* (15 S.) 8° [illegible]

— Täuberich und Täubchen, } s. Bloch's, E., Dilettanten-Bühne.

— s. a.: Suderfrau, H.

— Wilhelm Tell, s.: Schiller, Frdr. v.

— s. a.: Terrakotti, M.

— humoristisch-satyrischer Theater-Kalender f. 1872. Mit vielen Illustr. (in eingedr. Holzschn.) gr. 8. (89 S.) Berlin 871. Lassar. n. 1. —

— Deutsche Treue. Lebende Bilder m. verbind. Text. 12. (8 S.) Berlin (895). M. Böhm. 1. —

[F.] Deutsche Treue. Lebende Bilder m. verbindendem Text v. Martin Böhm ... (Vorr.: Wilhelm Thal [d. i. Wilh. Lilienthal].) *Berlin: M. Böhm [1898?].* (8 S.) 1 Bd 8. [98. 8150

— treue Deutsche sind wir Alle!, s.: Aufführungs-material zu Kaisers Geburtstag.

— Tugend od.: D. Knalleffekte d. Natur. Drama m. Gesängen f. Liebende u. Standhafte, das ernst genommen sein will, in 5 Akten u. e. vorangeh. Epilog. N. e., z. Heil d. lieb. Menschheit erfund. Stoffe d. Frz. Hell, d. Seelenleben leidenschaftl. Schwärmender u. kummervoll Entsagender abgelauscht. Musik v. Frz. Rostock. 8. (48 S.) Ebd. 898. 2. —

— die Unglücklichen, s.: Kotzebue, A. v.

— die schwarze Venus. Posse m. Gesang in 1 Act. Musik v. Fel. Jäger. gr. 8. (20 S.) Ebd. (886). 1. 50

— der Verschwiegene wider Willen. Posse in 1 Act. Nach A. v. Kotzebue. gr. 8. (23 S.) Ebd. (901). 1. 50

[F.] [Vor 100 Jahren war's! Scenischer Fest-Prolog z. 100jähr. Geburtstagsfeier unseres hochsel. Kaisers u. Königs Wilhelm's d. Grossen. Von Martin Böhm. *Berlin: M. Böhm [1897].* (4 Bl.) 1 Bd 8. [99. 1131

— s. a.: Wagner, Der schwere.

Fröhliche Weihnachten! Genrebild in 1 Act von Martin Böhm. *Berlin: M. Böhm [1901].* (24 S.) 8° [F.] [illegible]

— fröhliche Weihnachten! Genrebild in 1 Act. gr. 8. (24 S.) Ebd. (902). Mit Duplikat u. Rollen 4. —

— Kriegers Weihnachten. Genrebild m. Gesang in 1 Act. 12 (16 S.) Ebd. (896). 1. 50

— Weihnachten unter Kaiser Wilhelm II. Genrebild in 1 Akt. gr. 8. (16 S.) Ebd. (892). 1. 50

[F.] Weihnachten unter Kaiser Wilhelm II. Genrebild in 1 Akt v. Martin Böhm. *Berlin: M. Böhm [1898?].* (16 S.) 1 Bd 8. [98. 8151

— Unter'm Weihnachtsbaum. Ein Fest-Prolog. gr. 8. (4 S.) Ebd. (901). — 75

— eine Weihnachts-Ueberraschung, s.: Bloch's, E., Dilettanten-Bühne.

— Der Wein alt, s. Kaiser's Geburtstag 1908.

[F.] ... Welche von Beiden? oder: Zwischen Nichte und Tante. Schwank in 1 Act v. Martin Böhm u. Wilhelm Thal [d. i. Wilhelm Lilienthal]. 3. Aufl. ... *Berlin: M. Böhm [1895].* (17 S.) 1 Bd 8. [98. 8487

— wenn der Krieger heimwärts zieht. Solo-Posse m. Gesang. Musik v. Joh. Rostock. 8. (8 S.) Ebd. 895. n. 1. —

— wenn man Hausknecht war, od.: Frühere Verhältnisse. Posse in 1 Akt nach Joh. Nestroy. gr. 8. (24 S.) Ebd. (901). 1. 50

Böhm, Mart., wie die Großen u. die Kleinen zu der Feier sich vereinen. s.: Kaiser's Geburtstag 1908.

Wie die Großen und die Kleinen Zu der Feier sich vereinen! Neue Lebende Bilder mit Prolog u. verbind. Text – z. Allerh. Geburtstagsfeier S. M. Kaiser Wilhelm's II. Von Martin Böhm. Berlin: M. Böhm [1907]. (2 Bl.) 8° [Umschlagt. F.] [illegible]

— wer weiß, wozu das gut ist, s.: Kotzebue, A. v.

[F.] ... Kaiser Wilhelm Fünfunddreissig, oder: Noch ist Polen nicht verloren! Humorist. Genrebild in 1 Akt v. Martin Böhm ... *Berlin: M. Böhm [1893].* (20 S.) 1 Bd 8. [98. 8488

— Kaiser Wilhelm Fünfunddreißig, od. Noch ist Polen nicht verloren! Humoristisches Genrebild in 1 Akt. 8. (20 S.) Ebd. 894. n. 1.50

— unsere Wilhelms, s.: Theater-Bibliothek f. Vereine.

— unser Wilhelm Zweiunddreißig! od.: Koloniales an Kaisers Geburtstag. Komisches Genrebild m. Gesang in 1 Act. gr. 8. (16 S.) Berlin (891). M. Böhm. 1.50

Wohl bekomm's! Posse in 1 Act. Frei nach d. Franz. von Martin Böhm. *Berlin: M. Böhm [1901].* (24 S.) 8° [F.] (01. 12933)

— Wohl bekomm's! Posse in 1 Act. Frei nach d. Franz. gr. 8. (24 S.) Ebd. (902). 1.50

— s. a.: Zahmenbruch, Ernst v.

— die Zerstreuten, s.: Kotzebue, A. v.

— Zollernblut od.: Dem Kaiser gilt's! Leb. Bilder z. Kaiser-Geburtstags-Feier. 27. I. 1892. gr. 8. (7 S.) Ebd. (892). 1.—

— zu unser'm Kaiser wollen wir! E. Festspiel z. Feier d. achtunddreißigsten Wiederkehr d. Geburtstages Kaiser Wilhelms II. 8. (14 S.) Ebd. (897). 1.50

[F.] Der erste Zwist. Dramat. Scherz in 1 Act v. Martin Böhm ... *Berlin: M. Böhm [1894].* (16 S.) 1 Bd 8. (94. 8130

Böhm, Martin Gottl. (Hrsg.), s. Befestigungen in der Religion.

Böhm, Mart. Gtl., († d. 13. Apr. 1793.) Befestigungen in der Religion, eine theolog. Wochenschrift, 18 Bdchn. 8. Bresl. 772. 26 Bdchn. u. d. T.: Erneuerungen d. verfallnen Christenthums. 8. Ebd. 773.

Böhm, Martin Gottlieb (Hrsg.), s. Erneuerungen des verfallenen Christentums.

† FREYMÜTHIGE, Der. Eine wöchentliche Sittenschrift auf das Jahr 1751 [Verfasser und Herausgeber: *Martin Gottlieb Böhm.*] 52 Stücke. Breslau, Daniel Pietsch. 8°. Rar!

Böhm, Martin Gottlieb (Hrsg.), s. Kränzel, Das.

— das ewige Leben d. Gläubigen durch Christi Versöhnungstod. Eine Passionsbetrachtung. 4. Bresl. 778. W. G. Korn. 4 K

[BÖHM, MARTIN GOTTL.] Der neue französische Zuschauer, Oder Vorstellungen, worinnen die Sitten der heutigen Welt nach dem Leben geschildert werden, aus dem Französischen ins Deutsche übersetzt. 2 Teile in 1 Bd. Breslau, J. J. Korn, 1752/54. Etw. beschäd. Ld. d. Z. mit Rv. 45.—
G. IV. L 215, 2 Ein Seitenstück zum „Spectator"; das französische Original war im Haag erschienen.

BÖHM, Martin Johann (Schrobenhausen): De convulsionibus gravidarum.- Monachii 1829. 28 S. 1.9.1827 - Urk (Titel: De angina membranacea.); F 39 Diss.Ingolst.-Landsh.-Mchn.

Böhm, Max

Vermischte Abhandlungen aus dem Gesamtgebiete der praktischen und theoretischen Heilkunde. Von Dr. Max Böhm, pr. Arzt, Friedrichroda. (Friedrichroda): Selbstverl. 1908. VIII, 100 S. 8° (09. 9601 II

Böhm, Max, approb. Arzt aus Ratibor: Aus d. mechano-therapeut. Institut d. k. Universität Berlin: Zur Behandlung der habituellen Scoliose. *Würzburg 1904: F. Staudenraus.* (38 S.) 8°
Leipzig, Med. Diss. v. (10. Dez. 1903)

Böhm, Max: Erfolge d. modernen Orthopädie, s: Klinik, Medizinische.

— Fortschritte auf d. Geb. d. Lehre v. d. jugendl. Rückgratsverkrümmgn. [Aus: „Der Kinderarzt".] (10) gr8° Lpzg, B Konegen '11. 1 —

Böhm, Max. Die erste Hülfe in Erkrankungsfällen bis zur Ankunft d. Naturarztes, nebst Anh. gr. 8. (S. 33—111.) Chemnitz 889, Tetzner u. Zimmer. — 50

— über naturgemäße Lebens- u. Heilweise. 8. (12 S.) [Glauchau 888] Chemnitz, Tetzner u. Zimmer. — 30

Böhm, Max, u. Siegfr. Böhm, Lehrbuch der Naturheilmethode vom Standpunkte der Erfahrung u. Wissenschaft. [Die inneren Erkrankgn.] Mit zahlreichen in den Text gedr. Orig.-Illustr. 20 Hfte. Lex.-8. (V, 1522 S.) Chemnitz 891—894. Tetzner & Zimmer. à n. 1. — (kplt.: n. 20. —; geb. n. 23. —)

Böhm, Max, Lehrbuch d. Naturheilmethode v. Standpunkte d. Erfahrg. u. Wissenschaft. D. Krankheiten d. Frauen (Gynäkologie). M. zahlr. i. d. Text gedr. Orig.-Illustr. Lex.-8. (XV, 365 S.) Chemnitz 897. Tetzner & Zimmer. n.n. 5.25; geb. in Leinw. n. 6.—

— Leitf. d. Massage. (8, 72 m. Abb.) Lex8° Stuttg., F Enke '11. 2.80; L n 3.60

Böhm, Max: Deut. Leseb. f. Elementarsch., s: Böhm, Christian.

Böhm, Max, deutsches Lesebuch f. mittlere Lehranstalten, s.: Böhm, Christian.

— d. naturgem. Pflege d. Kindes i. ersten Lebensjahre, s.a. Licht—Luft—Wasser!

— Die naturgemässe Pflege des Kindes im ersten Lebensjahre, nebst Anh. gr. 8. (98 S.) Ebd. 890. — 60
Die beiden vorstehenden Schriften sind aus: Hygien. Volkskalender, besonders abgedruckt.

Böhm, M: Die naturgemässe Pflege d. Säuglings u. d. Kindes in d. ersten Lebensj., s.a. Möller's, W, Bibliothek f. Gesundheitspflege.

Die naturgemäße Pflege des Säuglings und des Kindes in den ersten Lebensjahren. Von Dr. med. Max Böhm. *Berlin: W. Möller [1903].* (32 S.) 8° [F.]
= Bibliothek, Möller's, f. Gesundheitspflege, Erziehung u. Volksaufklärung. H. 10. (03. 2693

— s.: Rundschau, physiatrische.

— Lettische Schwänke u. verwandte Volksüberliefergn. Übers. u. m. Anmerkgn versehen. (11, 125) 8° Rev., F Kluge '11. 2 — d

Böhm, Max [z. Z. Chefarzt in Chemnitz]: Die Theorieen über die Endursache und den zeitlichen Eintritt des Gebäractes .... Chemnitz, Druck v. Tetzner & Zimmer (1887); 29 S. 8°
Erlangen, Med. Fak., Inaug.-Diss. v. Jun. 1887

Boehm, Max v.: Untersuchungen über die Desinfektionskraft von Morbicid. Leipzig 1910. 54 S.
Giessen, Vet.-med. Diss. v. 1910.

Böhm, Max, über die Ursachen der jugendlichen Rückgratsverkrümmungen, s.: Klinik, Berliner.

Über die Ursachen der jugendlichen Rückgratsverkrümmungen. Von Dr. Max Böhm. Berlin: Fischer's Med. Buchh. 1910. 28 S. 8° [Umschlagt.]
(Berliner Klinik. H. 200.) (10. 2927

Die numerische Variation des menschlichen Rumpfskeletts. Eine anatom. Studie von Dr. Max Böhm, Berlin. Mit 52 Abb. Stuttgart: F. Enke 1907. (92 S.) 8°
Erweit. aus: Zeitschrift f. orthopäd. Chirurgie ... Bd 29, H. 1. 2. (07. 26615

Was versteht man im Allgemeinen unter Naturheilmethode? (Von Dr. med. Max Böhm.) *(Königsberg i. Pr. [um 1895]: R. Schenk.)* (26 S.) 8° [Umschlagt.] (09. 6000 10

Böhm, Max (Red.), s. Zeitschrift, Naturärztliche.

Böhm, Otto

Boehm, O., deutsche Aufsätze f. die unteren u. mittleren Klassen höh. Schulen sowie f. die entsprechenden Klassen der Mittel- u. Bürgerschulen. 1. Tl.: Aufsätze zum Nacherzählen. 3., verm. Aufl. (XI, 259 S.) gr. 8. Berlin 905. Gebr. Borntraeger. n. 4. —; geb. n. 4. 80

Boehm, O., deutsche Aufsätze z. Nacherz. f. d. unt. u. mittl. Klassen höh. Schulen, sow. f. d. entsprech. Klassen d. Mittel- u. Bürgerschulen. 2., vollst. umgearb. Aufl. gr. 8. (XII, 248 S.) Berlin 896. Gebr. Borntraeger. n. 3.—; geb. n. 3. 50

— dasselbe. 2. Tl.: Entwürfe u. Aufsätze n. d. deutschen Lektüre. 2., vollst. umgearb. Aufl. gr. 8. (XI, 240 S.) Ebd. 898. n. 3. —; geb. n. 3. 50

Böhm, O., deutsche Aufsätze für die Unter- u. Mittelklassen der Real- u. höheren Bürgerschulen. Nach des Verf. „Methodik des deutschen Unterrichts" für Lehrer u. Schüler bearb. 1—3. Thl. gr. 8. Berlin 880. Bornträger. n. 5. 10

1. Musteraufsätze zum Nacherzählen für Quinta, Quarta und Untertertia. Für Lehrer zusammengestellt. (VIII, 184 S.) n. 2. 50
2. Entwürfe zu deutschen Aufsätzen für Untertertia. (VIII, 77 S.) n. 1. —
3. Entwürfe zu deutschen Aufsätzen für Obertertia. (VII, 122 S.) n. 1. 60

Boehm, O[tto]: Drei Balladenkränze zum Vortrag bei Schulfesten. Wismar 1909: Eberhardt. 71 S. 8°
Wismar, Große Stadt-S, G u. R OP 1909 (887) [S 09. 31

Boehm, O., drei Balladenkränze zum Vortrag bei Schulfesten. (72 S.) 8. Wismar 909. Hinstorff's Verl. 1.—

Boehm, O., Dispositionen zu deutschen Aufsätzen. Nach Gedichten aus deutschen Lesebüchern f. die mittleren Klassen höherer Schulen u. die oberen Klassen der Mittel- u. Bürgerschulen. gr. 8. (XIV, 154 S.) Berlin 894. G. Grote. n. 2. —

— deutsche Grammatik für die Unter- u. Mittelklassen der höheren Schulen. Nach d. Verf. „Methodik d. deutschen Unterrichts" bearb. 1. u. 2. Tl. gr. 8. Wismar 882. Hinstorff's Verl. n. 1. 80

1. Sexta. Das Wichtigste aus der Grammatik. (III, 38 S.) n. — 50
2. Quinta bis Obertertia. Vollständige Grammatik. (XIX, 119 S.) n. 1. 30

Boehm, O., deutsche Grammatik f. die Unter- u. Mittelklassen der höheren Schulen. Nach d. Verf. „Methodik d. deutschen Unterrichts" bearb. 2 Tle. 2., verb. Aufl. gr. 8. Wismar, Hinstorff's Verl. n. 1. 80

1. Sexta. Das Wichtigste aus der Grammatik. (VIII, 40 S.) 888. n. — 50
2. Quinta bis Obertertia. Vollständige Grammatik. (XVI, 132 S.) 887. n. 1. 30

Böhm, O: Die Kornhäuser, s.a. Studien, Münchn. volksw.

Böhm, Otto: Die Kornhäuser. Eine Studie über die Organisation des Getreideverkaufes in Amerika, Indien und Russland, sowie in einigen deutschen Staaten. *Stuttgart 1898: Union Deutsche Verlagsges.* (96 S.) 8° ¶(— Münchener volkswirtschaftliche Studien, Stück 26.)
München, Staatswirtsch. Diss. v. 1898

Die Kornhäuser. E. Studie über d. Organisation d. Getreideverkaufes in Amerika, Indien u. Russland, sowie in einigen deutschen Staaten. Von Otto Boehm, Dr d. Staatswirtschaft. *Stuttgart: J. G. Cotta 1898.* (4 Bl., 96 S.) 1 Bd 8.
= Studien, Münchener Volkswirtschaftliche. Stück 26. [98. 6760

— Methodik des deutschen Unterrichts mit Berücksichtigung des deutschen Aufsatzes für höhere Bürgerschulen u. Realschulen II. O. Ein Hilfsbuch für jüngere Lehrer. gr. 8. (VI, 71 S.) Leipzig 878. Teubner. 1.20

Bohm, Otto, Trost am Grabe! 246 der sinnigsten u. gehaltreichsten Grabschriften, gesammelt auf den Kirchhöfen Berlins. 16. (48 S.) Berlin 881. Rosenthal in Comm. n. — 50

Boehm, O., französisches Übungsbuch. Zusammenhängende Stücke zum Übersetzen f. Quinta der Realschulen. gr. 8. (VI, 78 S.) Wismar 885. Hinstorff's Verl. n. 1.—

— französisches Übungsbuch. Zusammenhängende Stücke zum Übersetzen f. Quinta u. Quarta der Realschulen. 2., verm. Aufl. gr. 8. (VIII, 101 S.) Ebd. 887. n. 1. 20

— Übungsstoff zur deutschen Grammatik für die Unter- u. Mittelklassen der höheren Schulen. 1. u. 2. Hft. gr. 8. Wismar 882. Hinstorff's Verl. n. 1. 10

1. Quarta u. Quinta der Realschulen. (III, 50 S.) n. — 60
2. Unter- u. Obertertia der Realschulen. (34 S.) n. — 50

— das deutsche Volk in Liedern. Eine Sammlg. vaterländ. Gedichte zum Vortrage bei Schulfesten, aus allen Zeiten der deutschen Geschichte gesammelt. gr. 8. (380 S. m. 1 Holzschntaf.) Ebend. 884. cart. n. 4. —

Boehm, O[tto], Prof. Dr.: Die Volkshymnen aller Staaten des deutschen Reiches. Beiträge zu einer Geschichte über ihre Entstehung u. Verbreitung. Dem grossen deutschen Vaterlande gewidmet. *Wismar 1901: Eberhardt.* (81 S.) 8°
Wismar, Grosse Stadt-S (G u. R), OP 1901 (718)

Boehm, O., die Volkshymnen aller Staaten des deutschen Reiches. Beiträge zu e. Geschichte üb. ihre Entstehg. u. Verbreitg. Dem grossen deutschen Vaterlande gewidmet. gr. 8. (82 S.) Wismar 901. Hinstorff's Verl. n. 1.—

Böhm, Paul, Anleitung zum Bau u. zur Bewirtschaftung v. Teichanlagen, s.: Linke, Rud.

Boehm, Paul. Über den feineren Bau der Leberzellen bei verschiedenen Ernährungszuständen, zugleich ein Beitrag zur Physiologie der Leber. Diss. Vet.-Med. Bern. Mit einer Tafel. 31 S. 8. München, R. Oldenbourg, 1908.

Böhm, Paul, der praktische Eisenbahnwerkstättenbeamte, s.: Zlein, F.

Leitende Grundsätze für die Entwässerung von Ortschaften. Von Ing. Friedrich Paul Böhm, Döbeln. Leipzig: Kühnel 1900. 82 S. 8°
A 12. 5653 3

Boehm, Paul, aus der Heimat. Stoffe f. den heimatkundl. Unterricht in den Schulen der Stadt Barmen. 2. erweit. Aufl. (VII, 150 S. m. Abbild. u. 5 Taf.) kl. 8. Barmen 908. D. B. Wiemann. Kart. 2. —

Boehm, Paul: Die vorkritischen Schriften Kants. Ein Beitrag zur Entwicklungsgeschichte der Kantischen Philosophie. Straßburg i. E.: K. J. Trübner 1906. (VI, 124 S.) 8°
Straßburg, Phil. Fak., Ref. Ziegler, Baeumker, Diss. v. 24. Febr. 1906
[Geb. 25. Mai 80 Forbach, Lothr.; Wohnort: Straßburg i. E.; Staatsangeh.: Elsaß-Lothringen; Vorbildung: Lyzeum Straßburg Reife M. 98; Studium: Straßburg 7 S.; Rig. 24. Febr. 06.]

Böhm, Paul, Tabelle z. Ermittelg. d. Netto-Gewichtes b. Zuckerrüben-Liefergn. n. Abzug d. Schmutzprocente f. Gespanne u. Eisenbahnwaggonladungen. (2., vorb. Aufl.) qu. gr. 4. (67 S.) Magdeburg 898. A. Rathke. In Leinw. kart. n.u. 4. —

Böhm, Paul: Tabelle z. Ermittelg d. Netto-Gewichtes bei Rübenzucker-Liefergn n. Abzug d. Schmutzprozente f. Gespanne u. Eisenb.-Waggonladgn. (87) 29×29 cm. Mgdbg, A Rathke '11. nn 10 —

Böhm, R.: Das südamerikanische Pfeilgift C u r a r e . . . s. B ö h m , Rudolf

B ö h m R, die Fabrikation der Glühkörper für Gasglühlicht. (454 S 17 T) Halle 1910

B ö h m R. das Gasglühlicht, s. Geschichte, Herstell. u Anwend. (656 S) Leipzig 1905

Böhm, R.: L e h r b u c h der allgemeinen u. speziellen Arzneiverordnungslehre . . ., s. B ö h m , Rud.

Böhm R.: Über die Reduktion des Formisobutyraldol und sein Oxim. S. 115. IIb. 740. Separatabdruck

Böhm, R.: Von Sansibar . . . , s. B ö h m , Richard

Böhm, R.: Die Z e r l e g b a r k e i t des Praseodyms . . ., s. B ö h m , Richard.

Böhm, R.L.: Der Hausthierarzt . . . , s. Böhm, Carl Ludwig

Boehm, Ricardus (*geb. Leobschütz 5. 3. 1852*): Quaestiones Laconicae. Vratislaviae (1875). (47 S.) 8°
Breslau, Phil. Diss. v. 9. Aug. 1875

Böhm, Rich., quaestiones Laconicae. Inaugural-Dissertation. 8. (48 S.) Vratislaviae 875. (Leobschütz, Kothe.) n. 1. —

Böhm, Rich., Von Sansibar zum Tanganjika. Briefe aus Ostafrika. Nach dem Tode des Reisenden mit einer biograph. Skizze hrsg. von Herm. Schalow. gr. 8. (XXXVI, 171 S. mit dem Bildniß Böhm's und 1 Uebersichtskarte.) Leipzig 888, Brockhaus. *ℳ 4.—; geb. *

Böhm, Richard C.

Böhm, Rich. (C Rich.): Die Bedeutg d. Kunstseideglühkörp. u. s. Fabrikation. (Vortr.) [Aus: „Ztschr. f. Beleuchtgswesen".] (22) gr8° Charlottenbg, G Heydenreich '12. — 75

Böhm, C. Rich., die Darstellung der seltenen Erden. 2 Bde. (XXXII, 492 u. VIII, 484 S.) gr. 8. Leipzig 905. Veit & Co. n. 42. —; geb. in Halbfrz. n. 47. —

— Die Dissertationen üb. selt. Erden. Bibliogr. [Aus: „Ztschr. f. angew. Chemie".] (16) 8° Ebd. '12. — 75

Böhm, C. Richard: **Das Ende der Thorium-Konvention. Cöthen (Anhalt) 1910**

Böhm, C. Rich., die Fabrikation der Glühkörper f. Gasglühlicht, s.a. Monographien üb. chemisch-technische Fabrikationsmethoden. 19. Bd.

Böhm, C. Richard: **Die Fabrikation der Glühkörper für Gasglühlicht. Berlin (1908)**

Die Fabrikation der Glühkörper für Gasglühlicht. Ein Lehr- u. Handbuch ... von Dr. C. Richard **Böhm**. Mit 431 Abb. u. 3 Taf. Halle a. S.: Knapp 1910. XIII, 454 S. 8°
(Monographien über chem.-techn. Fabrikationsmethoden. Bd 19.) [10. 831

— das Gasglühlicht. Seine Geschichte, Herstellg. u. Anwendg. Ein Handbuch f. die Beleuchtungsindustrie. (XXII, 656 S. m. 379 Abbildgn.) gr. 8. Ebd. 905. n. 14. —; geb. in Leinw. n. 15 50

Böhm C., Dr.: Über Gaslampen und Gasöfen zum Gebrauche in chemischen Laboratorien (mit 3 Taf.). S. 19. 374 . . . . 1.—
Separatabdruck

Böhm, C., über Gaslampen und Gasöfen zum Gebrauche in chemischen Laboratorien. Mit 3 (lith.) Taf. (Aus d. Sitzungsberichten d. k. Akad. d. W.) (Wien, 856. Gerold.) gr. 8. (12 S.) n. 10 ngr

Böhm: **C. R: Die neueren elektrischen Glühlampen vom chemischen Standpunkte aus. Anh.: Einige Bemerkungen über Kolloide. Von A. Lottermoser. Cöthen (Anhalt) 1906**

— Der Kunstseideglühkörper kein Monopol. Patentrechtl. Studie. (65) gr8° Charlottenbg, G Heydenreich '12. 1.40; L 2 —

Böhm, C. R: **Die elektrische Leitfähigkeit einiger Carbide und die Vorstufen der Metallfaden-Glühlampen. Cöthen (Anhalt) 1907**

Böhm, Rich. (C Rich.): Parasiten d. Gasglühlichtbranche. Eine Warng. [Aus: „Wasser u. Gas".] (11) 8° Oldenbg ('12). (Charlottenbg, G Heydenreich.) — 50

Böhm, C. R: Die Thoriumindustrie. Berlin 1906

Böhm, Dr. C., Der Versuchsbau u. der Sonnenbrenner im k. k. Garnisons-Spitale Nr. 1 in Wien, nebst allgemeinen Bemerkungen über Ventilation, Heizung u. Dr. Heger's neuen Ventilator. Lex. 8. (28 S.) Wien, Braumüller's Sort.-Cto. 50 kr. 1862.

Das Vorkommen der seltenen Erden. Von Dr. C. Richard **Böhm**. (Berlin: Weidmann 1906.) (25 S.) 4°
Aus: Die Chemische Industrie. 29, No 13. 14. [06. 10018

Böhm, Richard C., aus Tilsit: **Die Zerlegbarkeit des Praseodyms und Darstellung seltener Erden mit Hilfe einer neuen Trennungsmethode.** *Berlin 1900: G. Ahrens.* **(XII, 80 S.) 8°**
München, Phil. Diss. v. 1901

Böhm, Rich., die Zerlegbarkeit des Praseodyms u. Darstellung seltener Erden m. Hilfe e. neuen Trennungsmethode. Mit 2 Spectraltaf. u. 7 Tab. gr. 8. (XII, 80 S.) Halle 900. F. Starke. n. 3. 60

Ⓑ Böhm, Rich, die Zerlegbarkeit d. Praseodyms. 900. (KBL 31.) Jetzt: Halle, R. Mühlmann's Sort.

BOEHM, R.
Die Zerlegbarkeit des Praseodyms und Darstellung seltener Erden mit Hülfe einer neuen Trennungsmethode. Halle, 1901. 8vo.

Böhm, Rob., Hilfsbüchlein zu Holzers Uebungsstücken, } s. Rutharbt, C.
— vollständiges Verzeichniß der griechischen Verba anomala, }

Böhm Rudolf: Das organisch-chemische Arbeiten im Praktikum. (Mit 1 Tab.) 19. Salsburg R. Ob. Progr.

Boehm, R: Das südamerikan. Pfeilgift Curare in chem. u. pharmakolog. Beziehg, s.a. Abhandlungen d. kgl. sächs. Gesellsch. d. Wiss.

Das südamerikanische Pfeilgift Curare in chem. u. pharmakol. Beziehg . . . v. R[udolf] **Boehm** . . . Th. I. II. *Leipzig: S. Hirzel 1895—97.* 4.
I. Das Tubo Curare. M. 1 Taf. 1895. (1 Bl., 200—238 S., 1 Taf.)
II. (Schluss). I. Das Calebassencurare. II. Das Topfcurare. III. Üb. einige Curarerinden. M. 4 Taf. u. 1 Abb. im Text. 1897. (1 Bl., 52 S., 4 Taf.)
= **Abhandlungen** d. Kgl. Sächs. **Gesellschaft** d. Wissenschaften. Math.-phys. Cl. Bd 22. No III. Bd 24. No I. [97. 68

Böhm, Rudolf: Über das Halbnitril der Dimenthylmalonsäure und einige hydrobenzoinartige Derivate des Forminsobutyraldol. 13 S.
Diss. TH Wien 1907.

Boehm, Rud., Handbuch der Intoxicationen, s.a. **Handbuch der speciellen Pathologie u. Therapie.**

Boehm, R[udolf], B. **Naunyn** u. H. v. **Boeck**: Handbuch der Intoxicationen. 2. Aufl. Leipzig 1880. XIV, 670 S.
(Handbuch d. spec. Pathologie u. Therapie hrsg. von H. v. Ziemssen. Bd 15.)

Böhm, Rud., Lehrbuch der allgemeinen u. speciellen Arzneiverordnungslehre f. Studirende, Aerzte u. Apotheker, auf Grundlage der Pharmacopoea Germanica Ed. altera, sowie der übrigen europ. Pharmacopoeen u. der Pharmacopoea of the United States VI bearb. gr. 8. (XVI, 676 S.) Jena 884. Fischer. n. 11. —

Boehm, Rud. Lehrbuch der allgemeinen u. speciellen Arzneiverordnungslehre f. Studirende, Aerzte u. Apotheker, auf Grundlage d. deutschen Arzneibuches [Pharmacopoea Germanica Ed. III], sowie der übr. europ. Pharmakopoeen u. der Pharmacopoea of the United States bearb. 1. u. 2. völlig umgearb. Aufl. Lex.-8. (VIII, 491 S.) Jena 890,91, Fischer. * 9 —; geb. ** 10 —

Boehm, Rud., Lehrbuch der allgemeinen u. speziellen Arzneivorordnungslehre f. Aerzte u. Studierende, auf Grundlage des deutschen Arzneibuches (Pharmacopoea germanica ed. IV), der Pharmacopoea austriaca ed. VII cum additamentis, der Pharmacopoea helvetica ed. III u. m. Berücksicht. neuer Medikamente bearb. 3., völlig umgearb. Aufl. (IX, 834 S.) gr. 8. Jena 903. G. Fischer. n. 6. —; geb. n. 7. —

Böhm, Rud., Lehrbuch der Chemie u. Mineralogie f. die 4. Klasse der Realschulen. Methodisch bearb. entsprechend dem heut. Stande der chem. Wissenschaft. Mit 83 Abbild. u. e. Aufgabensammlg. (126 S.) gr. 8. Wien 910. F. Tempsky. Geb. in Leinw. 2. —

Böhm, Rud.: Lehrb. d. Chemie u. Mineral. f. d. 4. Kl. d. Realsch. (133 m. Abb.) gr8° Wien, F Tempsky '12. L 2 —

— Studien üb. Herzgifte. Mit e. lith. Taf. (in qu. Fol.) gr. 8. (III, 96 S.) Würzburg 871. Stuber. n. 3. —

— Uebersicht üb. die Arbeiten deutscher Pharmakologen aus den J. 1865—1889, s.: Binz.

Böhm, Rudolf: Vorschlag zur Reform der modernen Spiralbohrer-Fabrikation. 60 S.
Diss. TH Wien 1910.

Böhm, Theob., üb. d. Flötenbau u. die neuesten Verbesserungen desselben. gr. 8. (59 S. m. 1 lith. Taf. in 4.) Mainz 847, Schott's Söhne. 13 ngr

Böhm, Thdr: Handb. d. Holzkonstruktionen d. Zimmermanns m. bes. Berücks. d. Hochbaues. (7, 704 m. Fig.) Lex8° Berl., J Springer '11. L 22 —

Boehm, Theodor (Offenbach)
Ueber Macrodactylie.
Giessen: M. Merck 1856. 14 S. u. 1 Taf.
Diss. med. 31.5.1856. vorh. 26. 7. „Thesen" in A

Böhm, Tr. L., s. J. G. A. Lersch, Predigten.

v. **Böhm**, V., prakt. Abhandl. über das Scharlachfieber, nebst beigefügten Krankheitsfällen. gr. 8. Prag 823. (K. Haas in Wien). 12 gr

Böhm, V. F., Gedächtnißbuch, oder Bibel- u. Denksprüche. 8. Frankf. a. M. 827. Guilhaumann. 4 gr

Böhm, W. Atlas m. geograph. Merksätzen, s.a. Kohler, A.

Böhm, W., u. A. Kohler. Atlas m. geographischen Merksätzen. Für deutsche Volksschulen hrsg. 1.—4. Aufl. qu. gr. 4. (8 z. Tl. farb. Karten m. 10 S. Text.) Ravensburg 891,92, Dorn. * — 80

— u. A Kohler, Atlas m. geograph. Merksätzen. Für deut. Volksschulen hrsg. 4° (8 z. Tl farb. Kart. m. 10 S. Text.) Ravnsbg 91, O Maier. — 80; m. Karte v. Württemberg — 36
Karte allein — 12

Böhm, W.: Götz von Berlichingen . . . , s. Böhm, Willy

— Hand-Karte v. Württemberg, Baden u. Hohenzollern. Für d. Schulgebr. gezeichnet. 1:1,000,000. 21—40. Taus. 31,5×25,5 cm. Farbendr. Mit Text auf d. Rückseite. Stuttg. 94, R Lutz. — 20

Böhm, W: Hand-K. v. Württemberg, Baden u. Hohenzollern. 41. bis 70. Taus. 1:1,000,000. 31,5×26 cm. Farbdr. Mit Text auf d. Rücks. Stuttg. 1900, R Lutz. — 20

Böhm, W.: Onkel Hermann, s. Böhm, Wenzel

Böhm, W. (Hrsg.), s. Rundschau, Psychiatrische.

Böhm W, Schulwandkarte von Württemberg, Baden und Hohenzollern. 1:200000. Auf Leinwand mit Stäben. Stuttgart (1895)

Böhm, W. Wandtafeln zur mathematischen Geographie, s. Baur, Ludw.

Böhm, W. Fr., Predigt, s. Erinnerungen.

Böhm, Walter, Rechtsprakt.: Über Aktionärschutz nach deutschem, englischem und französischem Recht. München & Berlin: Schweitzer 1910. VIII, 114 S. 8° ¶(Ersch. auch als Buch ebd.)
Erlangen, Jur. Diss. v. 29. April 1910, Ref. Sehling
[Geb. 8. Okt. 80 Augsburg; Wohnort: Augsburg; Staatsangeh.: Bayern; Vorbildung: Stephan-Gymn. Augsburg Reife 99; Studium: München 4, Leipzig 1, Erlangen 3 S.; Rig. 20. Dez. 09.] [U 10. 666

Böhm, Walter, approb. Arzt: Über die manuelle Placentarlösung (nach d. poliklinischen Journalen vom 1. Apr. 1894 bis 1. Jan. 1902 d. Kgl. Universitäts-Frauenklinik zu Breslau). *Kattowitz 1902: Gebr. Böhm.* (30 S.) 8°
Breslau, Med. Diss. v. 24. Mai 1902

*) Nachträglich erschienen.

Böhm, Wenzel, Getrennt-Vereint, s.: Jessens, A. Ch., Volks- u. Jugendbibliothek.

Böhm, Wenzel: Onkel Hermann, s.a. Pichler's Jugendbücherei

(F) Böhm, W., Onkel Hermann. Eine Erzählung für die Jugend. [Pichler's Jugendbücherei. Bd. 3.] 8°. (100 S.)
Wien: Pichler 1904. geb. K 1.—

Böhm, Wenzel: Fritz Reinhold, s.a. Pichler's Jugendbücherei.

(F) Böhm, W., Fritz Reinhold. Eine Erzählung für die Jugend. [Pichlers Jugendbücherei. Bd. 1.] 8°. (119 S.) geb. K 1.—
Wien: Pichler 1907.

Böhm, Wenzel — k. k. Bezirks-Adjunkt. Sammlung der seit dem Jahre 1848 bis auf die neueste Zeit im Justizfache erschienenen wichtigen Gesetze und Verordnungen, nach den verschiedenen Fächern und Materien des Justizdienstes geordnet, für Richter, Advokaten und Notare des Königreichs Böhmen, zur schnellen Orientirung in den Gesetzen und Evidenzhaltung derselben, verfaßt von — —. Prag. 1854. Druck von Gottlieb Haase Söhne. (VI, 130 S. 8.) geh.

Böhm, Wenzel Hermann (Red.), s. Imker, Der deutsche, aus Böhmen.

Böhm, Wilhelm: Ueber einen Fall von Perforation der Aorta bei Carcinom des Oesophagus. *München 1897: Kastner & Lossen.* (36 S.) 8°
München, Med. Diss. v. 1898

Böhm, Wilh., s.: Hölderlin, Frdr., ausgewählte Briefe.

Böhm, Wilhelm (Hrsg.), s. Hölderlin, Friedrich: Gesammelte Werke

Boehm, Wilhelm (Red.), s. Nachrichten, Die Chemischen Neuesten ...

Boehm, Wilhelm (Hrsg.), s. Patentblätter, Elektrotechnische.

Boehm, Guil. (Theod.) (geb. Berlin 6. 1. 1866 [vielmehr 1846]): Quemadmodum ab Ottone I ad Heinrici IV initia ipsum imperium unitatem nationis Germanicae affecerit ejusque artes, litteras, commercium adauxerit. Part. I. Berolini (1865). (104 S.) 8°
Berlin, Phil. Diss. v. 10. Aug. 1865

— quemadmodum ab Ottone I. ad Heinrici IV. initia ipsum imperium unitatem nationis germanicae affecerit ejusque artes, litteras, commercium adauxerit. Part. I. Dissert. inaug. histor. Berlin 865. (Calvary & Co.) gr. 8. (104 S.) n. 15 ngr

Böhm, Wilhelm, aus Berlin: Studien zu Hölderlins Empedokles. *Weimar 1902: R. Wagner Sohn.* (43 S.) 8° ¶(Erscheint vollst. in: Palaestra.)
Berlin, Phil. Diss. v. 13. Dez. 1902

Boehm, Wilh., de Luisae Borussorum reginae vita. Berlin 870. A. Duncker. (Paetel.) 8. (15 S.) n. 4 ngr

Böhm, Wlh. Fr., Predigt, s. Erinnerungen an die Kirchenvereinigung in den kurhess. Provinzen.

Böhm, Willibald, und Emmerich Zdiarsky: Die Stadt Budweis. Eine Orts- und Volkskunde. [Mit 1 Titelb.] — Budweis: Selbstverl. 1904. 143 S.

Böhm, Willy

Boehm, W., Götz v. Berlichingen mit der eisernen Hand, s.a. Geschichtsbilder für Jugend u. Volk.

[J.] Götz von Berlichingen mit der eisernen Hand. Nach Oechsle, Graf Berlichingen-Rossach, Zimmermann u. a. Von Dr. Willy Boehm, Oberl. in Berlin. M. Ill. v. C. Römer u. A. Toller. 2. Aufl. *Gütersloh: C. Bertelsmann [1897].* (152 S.) 1 Bd 8.
= Nieritz, G.: Jugendbibliothek. No 59. [gl. 1876

Böhm, W., Markgraf Albrecht Achilles v. Brandenburg, s.: Geschichtsbilder f. Jugend u. Volk.

Boehm, Willy, approb. Arzt aus Berlin: Aus d. pathol. Institute zu Kiel. Ein Fall von zwei primären Krebsen des Dickdarms. *Kiel 1901: 'Nord-Ostsee-Zeitung'.* (15 S.) 8°
Kiel, Med. Diss. v. [18. März] 1901

Boehm, Willy, hat Kaiser Maximillian I. im J. 1511 Papst werden wollen? Eine krit. Untersuchg. 4. (17 S.) Berlin 878. Calvary & Co. n. 1. —

Boehm, Willy, die Pfaffensteuer von 1480/81 in den fränkischen Gebieten des Markgrafen Albrecht Achilles. Ein kirchenpolit. Konflikt. 4. (18 S.) Berlin 882, [Weidmann'sche Buchh.] Gaertner's Verlag. *

Böhm-Bauwerk, Eugen von, s. Böhm-Bawerk, Eugen von

Böhm-Bawerk, Eug. v., s.: Arbeiten, staatswissenschaftliche.

— einige strittige Fragen der Capitalstheorie. 3 Abhandlgn. Lex.-8. (IV, 127 S.) Wien 900. W. Braumüller. n. 2. 50
Sonderabdruck aus: „Zeitschr. f. Volkswirtschaft, Socialpolitik u. Verwaltg.“

Böhm-Bawerk, Dr. Eugen v., Geschichte und Kritik d. Capitalzins-Theorien. gr. 8. (XII u. 498 S.) Innsbruck, Wagner'sche Univ.-B. 4 fl. 80 kr. 1884 3304

Geschichte und Kritik der Capitalzins-Theorien. Von Eugen v. Böhm-Bawerk, k. k. österr. Finanz-Minister. 2. vielf. verm. u. verb. Aufl. *Innsbruck: Wagner 1900.* (XXXV, 702 S.) 8°
— Böhm-Bawerk: Capital u. Capitalzins. Abth. 1. [00. 11308

Böhm-Bauwerk, Eug. v., Kapital u. Kapitalzins. 1. Bd. Geschichte u. Kritik der Kapitalzins-Theorieen. gr. 8. (XII, 498 S.) Innsbruck 884. Wagner. n. 9. 60

Böhm-Bawerk, Eug. v., Kapital und Kapitalzins. 2. Abthl.: Positive Theorie des Kapitals. gr. 8. (XX, 470 S.) Innsbruck 888, Wagner'sche Universitäts-Buchh. *
1. Abthl. Ebendas. 1884. *ℳ 9.60.

Böhm-Bawerk, Eug. v., Kapital u. Kapitalzins. 2. Abth. A. u. d. T.: Positive Theorie d. Kapitales. gr. 8. (XX, 470 S.) Innsbruck 889. Wagner. n. 10. 80 (cplt.: n. 20. 40)

Böhm-Bawerk, Eug. v., Capital u. Capitalzins. 2. vielfach verm. u. verb. Aufl. 2 Abthlgn. gr. 8. Innsbruck, Wagner. n. 26. —
1. Geschichte u. Kritik der Capitalzinstheorien. (XXXV, 702 S.) 900. n. 14. —
2. Positive Theorie d. Capitales. (XXIII, 468 S.) 902. n. 12. —

Böhm-Bawerk, Eug. v., Kapital u. Kapitalzins. 2. Abtlg.: Positive Theorie des Kapitales. 3. Aufl. 1. Halbbd. (Buch I u. II.) (XXIII, 210 u. 171 S.) gr. 8. Innsbruck 909. Wagner. 11. —

Böhm-Bawerk, Eug. v.: Kapital u. Kapitalzins. 2. Abtlg: Positive Theorie d. Kapitales. 3. Afl. 2. Halbbd. (Buch 3 u. 4.) (9, 211—652 u. 173—477) gr8° Innsbr., Wagner '12. 21 —

— Zur neuesten Literatur üb. Kapital u. Kapitalzins. (59 S.) Lex. 8. Wien 907. W. Braumüller. 1. 80
Sonderabdr. a. „Ztschr. f. Volkswirtsch., Sozialpolitik u. Verwaltg.“

— dass. Ausg. C. Aufg. z. Rechnen. Bearb. v. K Schaeffer u. G Weidenhammer. II—V. Heft. 8° Ebd. '07. 1 — d
II. (2. Schulj.) 28—32. Taus. (32) — 20 | III. (3. Schulj.) 23—32. Taus. (32) — 20 | IV. (4. Schulj.) 23—28. Taus. (48) — 30 | V. (5. Schulj.) 21—26. Taus. (48) — 30.

Böhm-Bawerk, Eug. v., Rechte u. Verhältnisse vom Standpunkte der volkswirthschaftlichen Güterlehre. Kritische Studie. gr. 8. (IV, 154 S.) Innsbruck 881. Wagner. n. 2. 40

Positive Theorie des Capitales. Von Eugen v. Böhm-Bawerk, Honorar-prof., Wien. 2. Aufl. *Innsbruck: Wagner 1902.* (XXIII, 468 S.) 8°
— Böhm-Bawerk: Capital u. Capitalzins. Abth. 2. [02. 11659

Positive Theorie des Kapitales. Von Eugen v. Böhm-Bawerk. 3. Aufl. Halbbd 1. Innsbruck: Wagner 1909. 8°
(Böhm-Bawerk: Kapital u. Kapitalzins. Abt. 2.) [09. 17387

Böhm-Bawerk, Eugen von (Hrsg.), s. Wittelshöfer, Otto: Der Coursgewinn der österreichisch-ungarischen Bank ...

Böhm-Bawerk, Eugen v. (Hrsg.), s. Zeitschrift für Volkswirtschaft, Socialpolitik und Verwaltung.

Böhm, Edler von **Böhmersheim,** August

Böhm Edler v. Böhmersheim, Aug., s.: Abhandlungen der k. k. geographischen Gesellschaft in Wien.

Abplattung und Gebirgsbildung von August **Böhm** Edlen v. Böhmersheim. Mit 3 Textfig. Leipzig & Wien: Deuticke 1910. 83 S. 8° [10. 0309 7

Böhm Edler v. Böhmersheim, Aug., Steiner Alpen. Ein Beitrag zur Entwicklungsgeschichte der Gebirgsgruppennamen. gr. 8. (91 S.) Wien 893. C. Gerold's Sohn. 3. —

— Üb. Berechngsformeln d. Erdsphäroides u. d. Besselschen Konstanten, s: Abhandlungen d. k. k. geograph. Gesellsch. in Wien.

Zur Biographie Friedrich Simony's von Dr. August **Böhm** Edlen v. Böhmersheim, Privatdoc. in Wien. *Wien: R. Lechner 1899.* (62 S.) 4° [99. 7532

Böhm, August: „Durch die Bukowina“. Eine Reiseskizze zur Exkursion des österr. Reichsforstvereines in der Bukowina im Jahre 1897. Czernowitz: Eckhardt 1897.

Böhm, August, (Edler von Böhmersheim): Einteilung der Alpen. Mit einer Karte. ([S.-A.] Deutsche Rundschau für Geographie u. Statistik. Jahrg. 15. 1893.) Wien 1893. 7 S. 8°.

Böhm. A., d. Eintheilg d. Ostalpen, s.a. Abhandlungen, geograph.

Böhm, August: Eintheilung der Ostalpen. Mit einer Karte. Wien 1887. VIII, 236 S. = Geographische Abhandlungen. Bd. 1. Heft 3. 8°.

— zur Erinnerung an Franz v. Hauer. Lex.-8. (28 S.) Wien 899. R. Lechner's Sort. n.n. — 80
Sonderabdruck aus: „Abhandlgn. d. k. k. geograph. Gesellschaft in Wien.“

Böhm, Aug., über einige tertiäre Fossilien v. der Insel Madura, nördlich v. Java. [Mit 4 (lith.) Taf. u. 2 (eingedr.) Holzschn.] [Aus: „Denkschr. d. k. Akad. d. Wiss.“] Imp.-4. (16 S.) Wien 882. (Gerold's Sohn.) n. 2. 40

Böhm, Aug., Führer durch die Hochschwab-Gruppe. Hrsg. v. der Section „Austria“ des deutschen u. österreich. Alpenvereins. 8. (87 S.) Wien 881. Lechner's Sort. cart. n. 1. 20

Böhm, Aug. v., Führer durch d. Hochschwab-Gruppe. 2., vollst. neu bearb. Aufl. Hrsg. v. d. Section „Austria“ d. deutschen u. österr. Alpenvereins. M. 4 Lichtdr. u. 1 Grundr. d. Frauenmauer Höhle. 12. (XV, 154 S.) Wien 896. R. Lechner's Sort. In Leinw. kart. n. 3. 20

Böhm, August, [Edler von Böhmersheim]: Ueber Gebirgs-Gruppierung. Vortrag, gehalten auf dem VII. Deutschen Geographentag zu Karlsruhe. 1887. ([S.-A.] Verhandlungen des VII. Deutschen Geographentages zu Karlsruhe. 1887.) Berlin 1887. 9 S. 8°.

Böhm Edler v. Böhmersheim, Aug., Geschichte der Moränenkunde, s.a. Abhandlungen der k. k. geograph Gesellschaft in Wien. III. 4.

Geschichte der Moränenkunde von Dr. August **Böhm** Edlen v. Böhmersheim, Privatd. in Wien. Mit 4 Taf. u. 2 Textfig. *Wien: R. Lechner 1901.* (VIII, 334 S.) 4°(8°)
= Abhandlungen d. k. k. geograph. Gesellschaft in Wien. Bd 3, No 4. [00. 961

Geschichte des Singvereines der Gesellschaft der Musikfreunde in Wien. Festschrift z. fünfzigj. Singvereins-Jubiläum von Prof. Dr. August **Böhm** Edlen v. Böhmersheim. Wien 1908: Holzhausen. XII, 183, ⟨92⟩ S. 4°(8°) [09. 1838

Böhm, August: Die alten Gletscher der Enns und Steyr. (Jahrbuch der k. k. Geologischen Reichsanstalt. 1885. Bd. 35. Heft 3. S. 429—610.) Wien 1885. IV, 189 S., 1 Tf., 1 Krt. 4°.

Böhm, August, Edler von Böhmersheim: Die alten Gletscher der Mur und Mürz. Mit 6 Textfiguren und 1 Tafel. Von der Section Breslau des Deutschen und Oesterreichischen Alpenvereines preisgekrönte Arbeit. (Abhandlungen der k. k. Geographischen Gesellschaft in Wien. Bd. 2. 1900. No. 3.) Wien 1900. 29 S. 4°.

Böhm, August, Edler von Böhmersheim: Zum Kampfe um den Namen Steiner Alpen. Berlin 1893. 10 S. 8°.

Böhm Edler v. Böhmersheim, Aug. v., das Karlseisfeld einst u. jetzt, s.: Vorträge des Vereines zur Verbreitung naturwissenschaftlicher Kenntnisse in Wien. 43. Jahrg. 13. Hft.

Böhm, Aug., die v. der Gemeinde Wien zur Abwehr u. Bekämpfung der Cholera getroffenen Massnahmen, s.: Vorträge üb. Cholera asiatica.

— s.: Mitteilungen der k. k. geograph. Gesellschaft in Wien.

Böhm, Aug. v., Recht u. Wahrheit i. d. Nomenclatur d. oberen alpinen Trias. Lex.-8. (81 S.) Wien 898. R. Lechner's Sort. n. 1. 20

Böhm, Dr. August Edler von Böhmersheim, Steiner-Alpen. Ein Beitrag zur Entwicklungs-Geschichte der Gebirgsgruppennamen. Gr.-8. (VIII, 91 S.) Wien: Gerold 1893. 1.50

Böhm, Aug., welche Bahnen wären einzuschlagen u. welche Industrien in's Leben zu rufen, um unsere geringen Walderträge zu erhöhen u. e. allgemeinen Aufschwung unserem Waldgewerbe in zielbewusster Weise zu sichern. Rede, geh. bei der I. Wandorversammlg. der Bukowinaer Forstsection am 10. Septbr. 1882. gr. 8. (24 S.) Czernowitz 883. (Pardini.) n.n. 1. 20

Böhm, August: Welche Wege wären einzuschlagen und welche Industrie ins Leben zu rufen, um unsere geringen Walderträge zu erhöhen und einen allgemeinen Aufschwung unserer Waldgewerbe in zielbewußter Weise zu sichern? Rede, gehalten bei der 1. Wanderversammlung der Bukowinaer Forstsektion am 10. September 1882. Czernowitz: Eckhardt 1883.

Böhm, Aug. Bodengestaltende Wirkungen d. Eiszeit, s. Vorträge des Vereines zur Verbreitung naturwissenschaftl. Kenntnisse in Wien.

Boehm & Hareske: Jubiläums-Katalog der Berliner und Erdmannsdorfer Büstenfabriken. Berlin-Erdmannsdorf 1896

Böhm-Raffey, Br., üb. die Berechng. der Rückfeder bei elektrischen Bahnen. 2. verm. Aufl. gr. 8. (57 S. m. 14 Fig.) Wien 899. (Lehmann & Wentzel). n. 2. 40
Sonderabdruck aus: „Zeitschr. f. Elektrotechnik."

Böhm-Raffay, Br., über Fehlerort-Bestimmung m. der Wheatstoneschen Brückenschaltung. (12 S. m. Fig.) gr. 8. Wien 906. (C. Fromme.) — 60
Sonderabdruck aus „Elektrotechn. Neuigkeits-Anzeiger u. maschinentechn. Rundschau".

Bohmanns Erb., P., s. Ansichten v. Prag.

Bohmann, Peter (Hrsg.), s. Magazin des Außerordentlichen in der Natur der Kunst und im Menschenleben.

Böhmann, Friedrich, aus Asseln ⟨Westf.⟩: Über **Tuberculose** der Tuben nebst einem Falle von Primärer Salpingitis tuberculosa. *Würzburg 1893 [vielm. 1901/02]: P. Scheiner.* (52 S.) 8°
Würzburg, Med. Diss. v. 1893

Böhmcker, A., deutsche Herzblättchen. E. Hausbüchlein f. Herz u. Hand d. Kinder. (1. Hft.) gr. 8. (62 u. 17 S. m. Abb.) Lübeck 898. (E. Schmersahl Nachf.) n. — 80

Böhme, Der, am Grabe Marien Theresiens. Prag 1781. V: *Huber, Frz. Xav.* (Hdschr. Mitth. von Gust. Gugitz, Wien.) (BiblPort)

Böhme, christliche Arbeit unter den Heimarbeiterinnen, s.: Hefte der freien kirchlich-sozialen Konferenz.

Boehme: Beiträge zur Geschichte der Gracchen. 22 S. Progr. Putbus 1868.

Böhme, Bericht der von dem Verein zur Beförderung des Gewerbfleisses berufenen Kommission für die Untersuchung der Schweissbarkeit des Eisens. 4°. Berlin 1883.

Böhme: De Brasida Lacedaemonio. 12 S. Progr. Dortmund 1856.

Boehme, Commentar. de interreg. in Pol. 8. Thor. Rthlr.

— Comment. de particulis. 8. Francof.

Böhme: Dienst-Unterr. d. Infant.-Offiziers. 3. Afl. (80) 12° Lpzg '03. Berl., Zuckschwerdt & Co. — 75 d

Böhme, die Festigkeit der Baumaterialien. Resultat der Untersuchgn. in der Station zur Prüfg. der Festigkeit v. Bausteinen an der königl. Gewerbe-Akademie zu Berlin betr.: gebrannte u. ungebrannte künstl. Steine, sowie Bruchsteine, Zemente, Kalke, Gipse etc. etc. 1. Hft. Mit 7 (lith.) Taf. gr. 4. (134 S.) Berlin 876. Nicolai's Verl. n. 10. —

Böhme, Geschichte der Stadt Schleiz, s.: Schmidt, Berth.

Boehme, Grundzüge d. Gefängniss-Wissenschaft. 2. Aufl. Beuthen 879.

Boehme's Heimatkunde des Stadt- u. Landkreises Erfurt f. die Hand der Schüler v. Egm. Sander, m. einigen Orig.-Beiträgen v. Karl Lürtzing. Eine Anleitg. zur mündl. u. schriftl. Wiederholg. der Unterrichtsergebnisse nach Fragen u. Aufgaben u. e. Lesebuch zur Förderg. e. gründl. Kenntnis der Heimat. 8. umgearb. Aufl. (VIII, 162 S.) 8. Erfurt 905. Keyser. Kart. n. 1. 10

Böhmius. De Viti Beringii Historia Obsidionis Hafniensis. [1658]. Lipsiae (1758).

Böhme, Instruktionsbuch f. den Infanterie-Offizier. Uebersicht üb. die wichtigsten Instruktionsthemata. 2., verm. Aufl. 16. (III, 48 S.) Hannover 890. Helwing's Verl. n. — 60

Böhme, d. Invaliditäts- u. Altersversicherung der Arbeiter. Einführung in die Bestimmgn. d. Reichsgesetzes v. 22. Juni 1889. 3. Aufl. Freib. i/S. 891.

Böhme, d. sächs. Kirchengesetze. Leipzig 898.

Böhme, die Möglichk. synthetischer Urtheile. gr. 8. Altenb. Schnuphase. 801.

Böhme, Resultate der Untersuchungen d. in der Eifel vorkommenden vulkanisch. Sandes, — Untersuchungen v. natürl. Gesteinen auf Festigkeit rc., s. a. Mittheilungen aus den königl. techn. Versuchsanstalten.

Böhme, Resultate der Untersuchungen des in der Eifel vorkommenden vulkanischen Sandes in Bezug auf Verwendbarkeit zur Mörtelbereitung. (Mitteil. der Kgl. Technischen Versuchsanstalten zu Berlin 1889 Ergänzh. 1) 4° Berlin 1889

— neuer Adam Riese, s. Fortbildungs-Schule.

[Gegen to der Horst gerichtete kleine Schrift von 6 Seiten ohne Titel, mit dem Motto]: La vérité, rien que la vérité et toute la vérité. Am Schlusse: Lübeck im Februar 1825. Von **Böhme**. 8°.

Böhme, Landwirthschaftliche Sünden. 8°. Berlin 1894.

— Untersuchungen von natürlichen Gesteinen auf Festigkeit, spezif. Gewicht etc. (Mittell. d. Königl. Techn. Versuchsanst. zu Berlin 1889. Ergänzh. 2) 4° Berlin 1889

Boehmius, A., praes. J. Ad. **Hartmann**, Status furiosorum in paroxysmo constitutorum. 23 pp. Marb. 4°. 1740

Böhme, A. Ed. (Hrsg.), s. Musik-Zeitung, Hamburgische.

Böhme, A. F., Die Turnerschlacht a. d. Bienitz. Komisch-romantisches Heldengedicht. 16 S., 8°.

Böhme, A. Glo., Abhandl. w. e. Land durch geom. u. astron. Beobacht. aufzunehmen. gr. 8. Dresd. Walther. 793.

Böhme, A. W.: Erbauliche Briefe. 8. Altona, Korte 1737.

— acht Bücher von d. Reformat. d. Kirche. in England. 8. Ebend. 734.

— Gebetbuch. 12. Ebend. 73r.

— verbaul. Schriften. 5 Thle. 8. Altona, Korte. 731—54.

Boehme, Ad., Gesundheitspflege f. das deutsche Heer. Vorträge f. Officiere. gr. 8. (XI, 219 S.) Berlin 873. Hirschwald. n. 4. 50

Böhme, Adolf

Böhme, A., Anleitung zum Gebr. der Bilder-Fibel. gr. 12. (60 S.) Berlin 847, Nitze. n. 1/6 ₰

Böhme, A., Anleitung zum Gebrauche der Bilder-Fibel. gr. 12. (60 S.) Berlin 847, Plahnsche Buchh. *

Böhme, A., Anleitung zum Gebrauch der Lese-Fibel für den vereinigten Sprech-, Zeichen-, Schreib- u. Lese-Unterricht nach des Kindes erstem Schulbuch von Dr. Vogel in Leipzig. 2. Aufl. Berlin 854. Gaertner. 8. (80 S.) n. 8 ngr

Böhme, A., Anleitung zum Gebrauch der Lese-Fibel für den vereinigten Sprech-, Zeichen-, Schreib- u. Lese-Unterricht nach des Kindes erstem Schulbuch von Dr. Vogel bearb. 3. verm. Aufl. 860. — 4. Aufl. Berlin 863. Gaertner. 8. (104 S.) n. 8 ngr

Böhme, A, Anl. z. Gebr. d. Lese-Fibel. 4. Afl. 8. (104) Berl. 64, Gaertner. n. — 8

Böhme, A., Anleitung zum Gebrauch der Lese-Fibel für den vereinigten Sprech-, Zeichen-, Schreib- u. Lese-Unterricht nach des Kindes erstem Schulbuch von Dr. Vogel in Leipzig bearb. 5. Aufl. Berlin 867. Gaertner. 8. (104 S.) n. 8 ngr

Böhme, A., Anleitung zum Gebrauch der Lese-Fibel f. den vereinigten Sprech-, Zeichen-, Schreib- u. Lese-Unterricht. 6. Aufl. 8. (104 S.) Berlin 872. Gaertner. n. — 80

Böhme, A., Anleitung zum Leseunterricht. 7. Aufl., Neubearbeitung der „Anleitung zur Lesefibel" und der „Methoden des Leseunterrichts". 8. (148 und XVI S.) Berlin 877, Gärtner. *

Böhme, A., Anleitung zum Leseunterricht. 8. Aufl., Neubearbeitung der „Anleitung zur Lesefibel" u. der „Methoden des Leseunterrichts". 8. (161 S.) Berlin 882. Gaertner. n. 1. 40

Böhme, A., Anleitung zum Schreib-Lese-Unterricht, zugl. als orthographische Vorschule bearb. Mit besond. Rücksicht auf des Verfassers Schreib-Lese-Fibel. 8. (8½ B. u. 2 Figurentaf.) Berlin 842, Plahnsche Buchh. * —

Böhme, A., Anleitung zum Unterricht im Rechnen. Ein method. Handbuch f. Lehrer, Seminaristen u. Präparanden. gr. 8. (VI u. 248 S.) Berlin 852, G. W. F. Müller. n. 5/6 ₰

— Anleitung zum Unterricht im Rechnen. Ein methodisches Handbuch für Lehrer, Seminaristen und Präparanden. 2. Aufl. Berlin 858. G. W. F. Müller. gr. 8. (VII, 204 S.) n. 25 ngr

— Anleitung zum Unterricht im Rechnen. Ein methodisches Handbuch für Lehrer, Seminaristen u. Präparanden. 3. verm. Aufl. Berlin 862. G. W. F. Müller. gr. 8. (328 S.) n. 1 ₰

—— Anl. z. Unterr. im Rechnen. 3. Afl. 2. Abdr. 8. (328) Berl. 65, GWF Müller. n. 1. —

—— Anleitung zum Unterricht im Rechnen. Ein method. Handbuch für Lehrer, Seminaristen und Präparanden. 3. Aufl. 1862. * 1 Thlr. und 4., stark verm. Aufl. gr. 8. (XVI und 336 S. mit eingedr. Holzschn.) Berlin 867, G. W. F. Müller's Verlagsbuchh. *

— Anleitung zum Unterricht im Rechnen. Ein methodisches Handbuch für Lehrer, Seminaristen u. Präparanden. 3. Aufl. 2. Abdr. 865. (328 S.) n. 1 ₰ — 4. Aufl. 867. (XVI, 336 S.) n. 1 ₰ 5 ngr — 5. Aufl. Bearbeitung nach der Maß- u. Gewichtsordnung für den norddeutschen Bund. Berlin 870. G. W. F. Müller. gr. 8. (X, 358 S. mit Holzschn.) n. 1 ₰ 5 ngr

—— dass. — 6. Aufl. Bearbeitung nach dem metr. Maße und Gewichte, sowie nach dem aus dem Gesetze vom 4. Decbr. 1871, betr. die Reichsgoldmünzen, sich ergeb. Münzsystem. 1873, und 7. Aufl. 18. Tausend. Bearbeitung nach dem metr. Maße und Gewichte, sowie nach dem Reichs-Münzsystem. gr. 8. (VIII, 367 S.) Ebendas. 875. *

Böhme, A., Anleitung zum Unterricht im Rechnen. Ein method. Handbuch für Lehrer, Seminaristen und Präparanden. 7. Aufl. 17.—20. Tausend. 1875; 8. verm. Aufl. 21.—24. Tausend. 2. Ausg. der Bearbeitung nach dem metr. Maße und Gewichte, so wie nach dem Reichs-Münzsystem. gr. 8. (VIII, 387 S.) Berlin 877,78, G. W. F. Müller. *

—— dass. — 9. Aufl. 25.—28. Tausend. Neubearbeitung nach den vom Bundesrathe und den Landes-Schulbehörden angeordneten abgekürzten Bezeichnungen der Maße und Gewichte. gr. 8. (VIII, 387 S.) Ebendas. 879. *

— Anleitung zum Unterricht im Rechnen. Ein method. Handbuch für Lehrer, Seminaristen u. Präparanden. 10. Aufl. gr. 8. (VIII, 387 S.) Berlin 882. G. W. F. Müller. n. 4. —

Böhme, A., Anleitung zum Unterricht im Rechnen. Ein method. Handbuch für Lehrer, Seminaristen und Präparanden. 11. Aufl. gr. 8. (VI, 898 S.) Berlin 886, G. W. F. Müller. *

Böhme, A., Anleitung zum Unterricht im Rechnen. Ein method. Handbuch f. Lehrer, Seminaristen u. Präparanden. 12. Aufl. [36.—38. Tausend.] gr. 8. (VI, 393 S.) Berlin 891. G. W. F. Müller. n. 4. —

Böhme's, A., Anleitg. z. Unterr. i. Rechnen, e. method. Handbuch f. Lehrer u. Seminaristen. Umgearb. v. K. Schaeffer. 1. Tl.: D. Allgemeine. gr. 8. (III, 84 S.) Berlin 897. G. W. F. Müller. n. 1. —

— dasselbe. 13. Aufl. Umgearb v. K. Schaeffer. 2. Tl.: Das Besondere. gr. 8. (IV u. S. 85—388.) Ebd. 898. n. 3. —

A. Böhmes Anleitung zum Unterricht im Rechnen. Umgearb. von K[uno] Schaeffer, Oberl. 14. Aufl. 2. Aufl. d. Neubearb. Bielefeld & Leipzig: Velhagen & Klasing 1905. (VII, 391 S.) 8° [F.] [04. 3374

—— Aufgaben zum Kopfrechnen. Ein Hülfsbuch für Lehrer, namentlich an Volksschulen. 8. (VIII und 136 S.) Berlin 859, G. W. F. Müller. * 15 Ngr.; geb. * —

—— Aufgaben zum Kopfrechnen. Ein Hülfsbuch für Lehrer, namentlich an Volksschulen. 2. Aufl. 8. (VI und 136 S.) Berlin 865, G. W. F. Müller's Verlagsbuchh. *

Böhme, A., Aufgaben zum Kopfrechnen. Ein Hülfsbuch für Lehrer. Bearbeitung nach der Maß- und Gewichtsordnung für den norddeutschen Bund. 1. und 2. Heft. gr. 8. Berlin 870, G. W. F. Müller. [1. Heft. (62 S.) * 75 Pf.; 2. Heft. (III, 148 S.) * ℳ 1,50.] *

—— dass. — 2. Aufl. 3 Hefte. Bearbeitung nach dem metr. Maße und Gewichte, sowie nach dem aus dem Gesetze vom 4. Decbr. 1871, betr. die Reichsgoldmünzen, sich ergeb. Münzsystem. gr. 8. Ebendas. 873. *

Inhalt:

Heft 1. Zahlenkreis von 1 bis 10, 20, 100, über 100. 2. Aufl. (63 S.) * 80 Pf.

„ 2. Die Rechnungsarten mit mehrsort., ganzen Zahlen. 2. Aufl. (122 S.) * ℳ 1,60.

„ 3. Bruchrechnungen, Verhältnißbestimmungen, Regel de tri-, Zins-, Rabatt-, Termin-, Gesellschafts-, Mischungs-Rechnung; Vermischte Aufgaben. Bearbeitung nach dem Reichs-Münzsystem. (192 S.) * ℳ 2,50.

— Aufgaben zum Kopfrechnen. Ein Hilfsbuch f. Lehrer. 1—3. Hft. gr. 8. Ebend. 873—875. n. 4. 90

1. Zahlenkreis 1 bis 10, 20, 100, üb. 100. 3. Aufl. Bearbeitung nach dem metr. Maße u. Gewichte, sowie nach dem aus dem Gesetze vom 4. Decbr. 1871 betr. die Reichsgoldmünzen, sich ergeb. Münzsystem. (63 S.) n. — 80

2. Die Rechnungsarten m. mehrsort., ganzen Zahlen. 5. Aufl. Bearbeitung nach dem metr. Maße u. Gewichte, sowie nach dem aus dem Gesetze vom 4. Decbr. 1871, betr. die Reichsgoldmünzen, sich ergeb. Münzsystem. (122 S.) n. 1. 60

3. Bruchrechngn., Verhältnißbestimmngn., Regel de tri-, Zins-, Rabatt-, Termin-, Gesellschafts-, Mischungs-Rechng.; Vermischte Aufgaben. Bearbeitung nach dem Reichs-Münzsystem. (192 S.) n. 2. 50

—— Aufgaben zum Kopfrechnen. Ein Hilfsbuch für Lehrer. Bearbeitung für das metr. Maß und Gewicht und die Reichsmünze. 3 Hefte. gr. 8. Ebendas. 875. *

Inhalt:

Heft 1. Zahlenkreis 1 bis 10, 20, 100, über 100. 3. Aufl. 4.—10. Tausend. (IV, 64 S.) * 80 Pf.

„ 2. Die Rechnungsarten mit mehrfach benannten ganzen Zahlen. 3.—5. Aufl. 12.—15. Tausend. (IV, 122 S.) *ℳ 1,60.

„ 3. Bruchrechnungen; Verhältnisbestimmungen; Regel-de-tri; Zins-, Rabatt-, Termin-, Gesellschafts-, Mischungsrechnung; vermischte Aufgaben. 2. Aufl. 4.—6. Tausend. (192 S.) *ℳ 2,50.

—— dass. — 3 Hefte. Bearbeitung nach den amtlich angeordneten abgekürzten Bezeichnungen für Maße und Gewichte. gr. 8. Ebendas. 879. *

Inhalt:

Heft 1. Zahlenkreis 1 bis 10, 20, 100, über 100. 4. Aufl. 11.—14. Tausend. (65 S.) * 80 Pf.

„ 2. Die Rechnungsarten mit mehrsortigen ganzen Zahlen. 6. Aufl. 16.—19. Tausend. (128 S.) *ℳ 1,60.

„ 3. Bruchrechnungen; Verhältnisbestimmungen; Regel-de-tri; Zins-, Rabatt-, Termin-, Gesellschafts-, Mischungsrechnung; vermischte Aufgaben. 3. Aufl. 7.—10. Tausend. (IV, 192 S.) *ℳ 2,50.

—— Aufgaben zum Kopfrechnen. Ein Hilfsbuch für Lehrer. 3 Hefte. gr. 8. Ebendas. 882—885. *

Inhalt:

Heft 1. Zahlenkreis 1 bis 10, 20, 100, über 100. 5. Aufl. (IV, 60 S.) * 80 Pf.

„ 2. Die Rechnungsarten und mehrsortigen, ganzen Zahlen. 7. Aufl. (IV, 121 S.) *ℳ 1,60.

„ 3. Bruchrechnungen; Verhältnisbestimmungen; Regel-de-tri; Zins-, Rabatt-, Termin-, Gesellschafts-, Mischungs-Rechnung; Vermischte Aufgaben. 4. Aufl. (IV, 192 S.) *ℳ 2,50.

Böhme, A., Aufgaben zum Kopfrechnen. Ein Hilfsbuch f. Lehrer. 3 Hfte. gr. 8. Berlin 887. 888. G. W. F. Müller. n. 4. 90

1. 6. Aufl. (IV, 60 S.) n. — 80
2. 8. Aufl. (IV, 121 S.) n. 1. 60
3. 5. Aufl. (IV, 192 S.) n. 2. 50

—— Aufgaben zum Kopfrechnen. Ein Hilfsbuch für Lehrer. 3 Hefte. gr. 8. Ebendas. *

Inhalt:

Heft 1. Zahlenkreis 1 bis 10, 20, 100, über 100. 6. Aufl. (IV, 60 S.) 888. * 80 Pf.

2. Die Rechnungsarten mit mehrsortigen, ganzen Zahlen. 8. Aufl. (IV, 121 S.) 888. *ℳ 1.60.

Böhme, A., Aufgaben zum Kopfrechnen ꝛc.

Heft 3. Bruchrechnungen; Verhältnisbestimmungen; Regel-de-tri; Zins-, Rabatt-, Termin-, Gesellschafts-, Mischungs-Rechnung; Vermischte Aufgaben. 5. Aufl. (IV, 192 S.) 888. *ℳ 2.50.

[F.] A. Böhmes Aufgaben zum Kopfrechnen. E. Hilfsb. f. Lehrer. Neubearbeitg v. G[eorg] Weidenhammer, Rektor in Berlin. 1. Aufl. H. 1—3. *Berlin: G. W. F. Müller 1898.* 3 Bde 8.

1. Zahlenkreis 1 bis 10, 20, 100, über 100. (48 S.)
2. D. Rechngsarten m. mehrsortigen ganzen Zahlen. (64 S.)
3. Bruchrechngn; Regeldetri; Verhältnisbestimmgn; Prozent-, Zins-, Rabatt-, Gesellschafts-, Mischgs-Rechng; Vermischte Aufgaben. (96 S.) [98. 6763

Böhme, A., Aufgaben zum Rechnen. 1. 2. Heft. 8. (34 u. 40 S.) Prag, Mercy'sche Buchh. (Otto Müller.) à 16 kr.

Inhalt: 1 Heft: Zahlenkreise 1—10. 20—100. 2. Heft. Der Zahlenkreis von 1—1000. Der höhere Zahlenkreis.

1865

— Aufgaben zum Rechnen. 1—4. Heft. [Nr. II—V. der Sammlung von Rechenaufgaben.] Neubearbeitung nach der Maß- u. Gewichtsordnung für den norddeutschen Bund. Ebend. 869. 8. n. 8 ngr.

1.: (16 S.) n. $1^1/_2$ ngr. — 2.: (24 S.) n. 2 ngr. — 3.: (32 S.) n. $2^1/_2$ ngr. — 4.: (24 S.) n. 2 ngr.

— Aufgaben zum Rechnen. Neubearbeitung nach dem Reichs-Münzsystem. 5 Hfte. 8. Ebend. 875. n. 1. 20

1. Rechenfibel. Zahlenkreis 1 bis 10, 1 bis 20, 1 bis 100. 97. Tausend. (16 S.) n. — 15
2. Die 4 Grundrechnungsarten; Preisberechngn.; die nothwendigsten Brüche. 622. Tausend. (24 S.) n. — 20
3. Mehrfach benannte Zahlen, Zeitrechng., Erweiterg. der Brüche. 437. Tausend. (32 S.) n. — 25
4. Bruchrechnungen, Decimalbrüche. 263. Tausend. (32 S.) n. — 30
5. Vermischte Aufgaben zu den Brüchen. Zus. Regel-de-tri, Zins-, Rabatt-, Gesellschafts-Rechng., Raumberechng. ꝛc. 175. Tausend. (32 S.) n. — 30

— Aufgaben z. Rechnen. 5 Hfte. 8. Ebd. 890. n. 1. 20

1. 195. Tausend. (16 S.) n. — 15. — 2. 652. Tausend. (24 S.) n. — 20. — 3. 399. Tausend. (32 S.) n. — 25. — 4. 235. Taus. (32 S.) n. — 30. — 5. 101. Tausend. (32 S.) n. — 30.

— dasselbe. Auflösungen zu den 5 Hftn. 8. Ebd. 888—890. n. 2. —

1. 2. 20. Aufl. (26 S.) n. — 50. — 3. 23. Aufl. (29 S.) n. — 50. — 4. 22. Aufl. (24 S.) n. — 50. — 5. 19. Aufl. (21 S.) n. — 50.

— Aufgaben zum Rechnen. 5 Hfte. 8. Ebd. n. 1. 20

1. 208. Taus. (16 S.) 891. n. — 15. — 2. 590. Taus. (24 S.) 891. n. — 20. — 3. 424. Taus. (32 S.) 891. n. — 25. — 4. 245. Taus. (32 S.) 891. n. — 30. — 5. 111. Taus. (32 S.) 892. n. — 30.

— dasselbe. Auflösungen zu den 5 Hftn. 8. Ebd. n. 2. —

1. 2. 20. Aufl. (26 S.) 888. n. — 50. — 3. 23. Aufl. (29 S.) 890. n. — 50. — 4. 22. Aufl. (24 S.) 890. n. — 50. — 5. 20. Aufl. (24 S.) 891. n. — 50.

— Auflösungen zu den Aufgaben zum Rechnen. A. u. d. T.: Auflösungen zum Rechenbuch für Volksschulen. 4 Hefte. 3. Aufl. Ebend. 867. gr. 8. Jedes Heft (à 28 S.) n. 5 ngr.

—— Auflösungen zu den Aufgaben im Rechnen. Neubearbeitung nach der Maß- und Gewichtsordnung für den norddeutschen Bund. 8. Aufl. Nr. I und II., III—V. 4 Hefte. 8. (IV, 22; IV, 28; IV, 28; II, 21 S.) Berlin 869, G. W. F. Müller. à Heft * 50 Pf. *

Böhme, A., Auflösungen zu den Aufgaben im Rechnen. Neubearbeitung nach dem neuen Reichs-Münz-, Maß- und Gewichts-System. 9. Aufl. Nr. I und II., III—V. 4 Hefte. 8. (26; 32; 32; 24 S.) Berlin 872, G. W. F. Müller. à Heft * 50 Pf. *

—— Auflösungen zu den Aufgaben im Rechnen. Neue Bearbeitung nach dem Reichs-Münzsysteme. 5 Hefte. 8. Ebendas. 875—79. [1. und 2. Heft. 10.—15. Aufl. (26 S.) * 50 Pf.; 3. Heft. 10.—15. Aufl. (32 S.) * 50 Pf.; 4. Heft. 10.—16. Aufl. (24 S.) * 50 Pf.; 5. Heft. 10.—14. Aufl. (24 S.) * 50 Pf.] *

—— Auflösungen zu den Aufgaben im Rechnen. Neue Bearbeitung nach dem Reichs-Münzsysteme. 5 Hefte. 8. Ebendas. 880—85. [1. und 2. Heft. 16.—18. Aufl. (26 S.) * 50 Pf.; 3. Heft. 16.—20. Aufl. (32 S.) * 50 Pf.; 4. Heft. 17. 20. Aufl. (24 S.) * 50 Pf.; 5. Heft. 15.—17. Aufl. (24 S.) * 50 Pf.] *

—— Auflösungen zu den Aufgaben im Rechnen. Neue Bearbeitung nach dem Reichs-Münzsysteme. 5 Hefte. 8. Ebendas. 885—89. [1. und 2. Heft. 19. und 20. Aufl. (26 S.) * 50 Pf.; 3. Heft. 21. und 22. Aufl. (32 S.) * 50 Pf.; 4. Heft. 21. und 22. Aufl. (24 S.) * 50 Pf.; 5. Heft. 18. und 19. Aufl. (24 S.) * 50 Pf.] *

— Bilder-Fibel f. den vereinigten Sprech-, Zeichen-, Schreib- u. Lese-Unterricht, nach d. Kindes ersten Schulbuch, v. (Carl) Vogel bearb. 8. (1. Abth. 16 lith. S.) — Lese-Fibel od.: 2. Abthl. der Bilderfibel. 8. (80 S.) Berlin 847. 49, Nitze. n. n. 1/6 ℛ — 3. Aufl. 8. (16 lith. u. 80 S.) Ebd. 852. n. 4 ngr. geb. n. 1/6 ℛ

—— Bilder-Fibel für den vereinigten Sprech-, Zeichen-, Schreib- und Lese-Unterricht, nach des Kindes erstem Schulbuch von Vogel in Leipzig bearb. 8. (8 lith. Bl.) Berlin 847, Plahnsche Buchh. *

—— dass. — (1. Abthl. 16 lith. S.) — Lese-Fibel oder: 2. Abthl. der Bilderfibel. (80 S.) 8. Berlin 849, Plahn'sche Buchh. * *

—— Bilder-Fibel für den vereinigten Sprech-, Zeichen-, Schreib- und Lese-Unterricht, nach des Kindes erstem Schulbuch, von Vogel in Leipzig, bearb. (1. Abthl. 16 lithogr. S.) — Lese-Fibel oder 2. Abthl. der Bilder-Fibel. 3. Aufl. (80 S.) 8. Berlin 852, [Gärtner.] *

Böhme, A., Radfahrer Beck's Brautfahrt. Radfahrer-Lustspiel in 1 Akt m. e. kleinen Vorspiel zum Stiftungsfeste d. Wurzener „Radfahrer-Clubs" den 25. Septbr. 1887. 8. (16 S.) Leipzig 887. (Knaur.) 1.—

Boehme, A. Offener Brief an den Oberst Kaiser (Extra-Abdruck aus der Locomotive). Druck von Reichardt u. Co. 1 Bl. Fol. Flugblatt. Berlin, 18. Aug. 1848.

— Christfest- und Neujahrs-Grüße. Eine Sammlung von Gedichten für Schule und Haus. Anhang: Melodieen zu 30 Gedichten. Berlin 855. Gaertner. 8. (VIII, 143 S.) 15 ngr

— Christfest- u. Neujahrsgrüße. Eine Sammlung von Gedichten für Schule u. Haus. Mit einem Anh.: Melodien zu 16 Gedichten. 2. Aufl. 8. (VIII, 134 S.) Berlin 877. Gaertner. cart. n. 1. 50

—— Christfest- und Neujahrs-Grüße. Eine Sammlung von Gedichten für Schule und Haus. Mit einem Anhang: Melodieen zu 16 Gedichten. 3. Aufl. gr. 8. (VIII, 147 S.) Berlin 884, Gaertner's Verlag. cart. *

— Christfest- u. Neujahrs-Grüße. Eine Sammlg. v. Gedichten f. Schule u. Haus. Mit e. Anh.: Melodieen zu 16 Gedichten. 4. Aufl. gr. 8. (IX, 159 S.) Berlin 890. Gaertner. geb. n. 2. 50

Böhme, A. Dahlmann und Mirabeau über Zweikammersystem und Veto. Berlin 1848. 16 S. 8.

— Decimalbrüche. Ergänzungsheft sowohl des Rechenbuches für Elementarschulen als auch der beiden Uebungsbücher. Mit 1 Figurentaf. (in Holzschn.) Berlin 858. G. W. F. Müller. 8. (24 S.) nn. $2\frac{1}{2}$ ngr

— — Auflösungen dazu. Ebend. 858. 8. (24 S.) n. 5 ngr

— Adolf Diesterweg. Eine Dankesgabe zum 29. Oktbr. 1890. gr. 8. (40 S.) Ebd. 890. n. — 80

Böhme, A.: Adolf Diesterweg. Berlin 1890. 40 S.

—— Fibel. Ausg. C. Nach der analytisch-synthetischen Methode neu bearb. von K. Schaeffer. 2 Tle. 8. Berlin 886, Gaertner. [1. Tl. (48 S. mit Illustr.) * 25 Pf.; 2. Tl. (72 S.) * 30 Pf.] Beide Tle. in 1 Bd. *

— Fibel. Ausg. C. Nach der analytisch-synthet. Lesemethode neu bearb. v. K. Schaeffer. 2 Tle. 2. Aufl. 8. Berlin 889. Gaertner. n. — 55; geb. n.n. — 75; in 1 Bd. n. — 50; geb. n.n. — 60

1. (48 S. m. Bildern.) n. — 25; geb. n.n. — 35
2. (72 S.) n. — 30; geb. n.n. — 40

— Fibel. Ausg. C. Nach der analytisch-synthet. Lesemethode neu bearb. v. K. Schaeffer. 2 Tle. in 1 Bd. 3. Aufl. 8. Berlin 892. R. Gaertner. n. — 50; geb. n.n. — 60; einzeln n. — 55; geb. n.n. — 75
1. (48 S. m. Bildern.) n. — 25; geb. n.n. — 35
2. (72 S.) n. — 30; geb. n.n. — 40

— Fibel. Asg. C. Nach d. analytisch-synthet. Lesemethode neu bearb. v. K Schaeffer. 2 Tle in 1 Bd. 4. Afl. 8° Berl. 95, R Gaertner. — 50; geb. n.n. — 60; einzeln — 55; geb. n.n. — 75
1. (48 m. Bildern.) — 25; geb. n.n. — 35 | 2. (72) — 30 | geb. n.n. — 40.

— Fibel. 2 Tle. Ausg. C. N. d. analyt.-synthet. Lesemethode neu bearb. v. K. Schaeffer. 5. Aufl. 8. (48 u. 72 S.) Berlin 897. R. Gaertner. n. — 50; Einbd. in 1 Bd. n.n.n. — 10

Böhme, A., Fibel. Ausg. C. Neu bearb. v. K. Schaeffer. 8. Aufl. 2 Tle. 8. Berlin 905. Weidmann. Geb. n. — 75; in 1 Bd. n. — 60
I. Nach der analytisch-synthetischen Lesemethode. (48 S.) n. — 35
II. (72 S.) n. — 40

Böhme's, A., Fibel. Ausg. C. Neu bearb. v. K. Schaeffer. I. u. II. Tl. 8. Berlin, Weidmann. Geb. — 75; in 1 Bd. geb. — 60
I. Nach der analytisch-synthet. Methode. 9. Aufl. (48 S. m. Abb.) 910. Geb. — 35
II. 9. Aufl. (72 S.) 910. Geb. — 40

Böhme, A: Illustr. Führer durch Braunschweig u. s. näh. u. weit. Umgebg. 12° (84 m. 1 Pl.) Brnschw. 98, A Graff. Kart. — 75

Böhme, A: Illustr. Führer v. Braunschweig, 2. Afl., s.: Führer etc.

Böhme, A. Gesundheitspflege f. d. deutsche Heer. (9 Vortr. f. Offiz.) Berlin 1873. (Dopp.) 2 Bde.

Boehme, A, Gesundheitspflege f. d. deut. Heer. 8. (219) Berl. 73. Hirschwald. n. 4. 50

—— das neue Gewicht und der neue Münzfuß. Wie verhalten sich die neueren Bestimmungen zu den älteren? Mit besond. Rücksicht auf die Schule entwickelt. Beigegeben sind: Abdrücke der betreffenden gesetzlichen Bestimmungen, so wie ein Verzeichniß und eine Charakteristik der Schulrechnenbücher von A. Böhme. 1—4. Abdr. (31 S.) Berlin 858, G. W. F. Müller.

Böhme, A., Lese-Fibel für den vereinigten Sprech-, Zeichen-, Schreib- und Lese-Unterricht, nach des Kindes erstem Schulbuch von Vogel in Leipzig bearb. 6. Aufl. 8. (96 und 16 lithogr. S. mit eingedr. Stnt.) Berlin 853, Gaertner. Thlr. * Ohne Bilder * Die Bilder einzeln ·

— Lese-Fibel für den vereinigten Sprach-, Zeichen-, Schreib und Lese-Unterricht, nach des Kindes erstem Schulbuch von Dr. Vogel in Leipzig bearb. 6—9. Aufl. Berlin 855—58. Gaertner. gr. 8. (1 Bl., 96 S.) n. 3 ngr; mit 16 lith. S. mit Abbildgn. n. 4 ngr; die lith. Abbildgn. allein $1\frac{1}{2}$ ngr

—— Lese-Fibel für den vereinigten Sprech-, Zeichen-, Schreib- und Lese-Unterricht, nach des Kindes erstem Schulbuch von Dr. Vogel bearb. 7—12. Aufl. 8. (II und 112 S.) Berlin 857—61, Gaertner. * 3 Ngr.; geb. * * Mit Bildern (16 lithogr. S.) * 4 Ngr.; geb. * * Die Bilder allein

—— Lese-Fibel für den vereinigten Sprach-, Zeichen-, Schreib- und Lese-Unterricht, nach des Kindes erstem Schulbuch von Dr. Vogel in Leipzig bearb. 13.—29. Aufl. 8. (112 S.) Berlin 862—68, Gaertner. * 3 Ngr.; mit Bildern. (16 lithogr. S.) * geb. * * 5 Ngr.; die Bilder einzeln

—— Lese-Fibel für den vereinigten Sprech-, Zeichen-, Schreib- und Lese-Unterricht, bearb. 29.—49. Aufl. 8. (112 S.) Berlin 868—74, Gaertner. * Mit Bildern (16 lithogr. S.) * 40 Pf.; geb. * * Die Bilder apart *

—— Lese-Fibel für den vereinigten Sprech-, Zeichen-, Schreib- und Lese-Unterricht. 50.—59. Aufl. 8. (112 S.) Ebendas. 875—79. * Mit Bildern (16 lithogr. S.) * 40 Pf.; geb. * * Bilder allein *

—— Lese-Fibel für den vereinigten Sprech-, Schreib- und Lese-Unterricht. 60.—66. vollständig umgearb. Aufl. 2 Abtlgn. Ausg. nach der verordneten Rechtschreibung. 8. (II, 88, 80 S.) Ebendas. 880—84. * 40 Pf.; geb. * *

—— Lese-Fibel für den vereinigten Sprech-, Schreib- und Lese-Unterricht. Ausg. A. 67.—70. Aufl. I. Fibelstoff. II. Lesestücke. 8. (88; 80 S. mit Bildern.) Ebendas. 887. * geb. * *

Böhme, A., Lese-Fibel für den vereinigten Sprech-, Schreib- u. Lese-Unterricht. Ausg. A. 69. Aufl. I. Fibelstoff. II. Lesestücke. 8. (38 u. 80 S. m. Bildern.) Berlin 887. Gaertner. n. — 40; geb. n.n. — 50

— Lese-Fibel f. d. verein. Sprech-, Schreib- u. Lese-Unterricht. Ausg. A. 74. Aufl. I. Fibelstoff. II. Lesestücke. 12. (II, 88 u. 80 S. m. Abb.) Ebd. 896. n. — 40; Einbd. n.n.n. — 10

— Lese-Fibel f. den vereinigten Sprech-, Schreib- u. Lese-Unterricht. Ausg. A. 76. Aufl. I. Fibelstoff. II. Lesestücke. In neuer Rechtschreibg. (88 u. 80 S. m. Abbildgn.) 12. Ebd. 903. Geb. n.n. — 50

— u. G. Bohm, das neue metrische Mass u. Gewicht u. deren Beziehung auf das preussische Mass u. Gewicht. Für die alten Prov. bearb. Ebend. 869. 16. (64 S.) n. 6 ngr

— Melodieen zu den Räthselverschen und Liedern aus der Bilder- und Lese-Fibel für den vereinigten Sprech-, Zeichen-, Schreib- und Lese-Unterricht. Berlin 852. Nitze. 8. (15 S.) n. 3 ngr

— Methoden des ersten Leseunterrichts. Darlegung der allmählichen Entwickelung dieses Unterrichtsgegenstandes. 8. (72 S.) Berlin 872, Gaertner. *

— Perioden der Decimalbrüche. gr. 8. (VIII, 48 S.) Berlin 882. G. W. F. Müller. n. 1. —

— e. Radfahrer-Brautfahrt. In volkstüml. Naivität verf. Radfahrer-Lustspiel in 3 Akten. 8. (72 S.) Ebd. 888. n. — 50

— Rechenbuch f. Elementarschulen. 3 Hfte. 8. (3⅓ B.) Berlin 845, Müller's Verl. *
1. Hft. * 1⅓ Ngr.; 2. * 1⅓ Ngr.; 3. * 2 Ngr.

— Auflösungen dazu. 8. (3⅓ B.) Ebds. 845. *

Böhme, A., Rechenbuch für Elementar-Schulen. 1. Heft. 3. Aufl. 8. (16 S.) Berlin 851, Müller's Verlag. Thlr. **

— dass. — 2. und 3. Heft. 2. Aufl. 8. (à 16 S.) Ebds. (2. * 1⅓ Ngr., 3. * 2 Ngr.) *

— Rechenbuch f. Elementar-Schulen. 1. Heft. 4—12. Aufl. (16 S.) — 2. Heft. 3—8. Aufl. (16 S.) — 3. Heft. 3—6. Aufl. (20 S.) Berlin 853—58. G. W. F. Müller. 8. 1. 2.: à n. 1½ ngr; 3.: n. 2 ngr

— — Auflösungen zum 1., 2. u. 3 Heft. 1—3. Aufl. Ebend. 853—58. 8. (1 Bl., 62 S.) n. 10 ngr

— Rechenbuch für Elementar-Schulen. 1. Heft. 5. Aufl. 1854., 6. Aufl. 1855., 7. Aufl. und 2. Heft. 4. Aufl. 8. (à 16 S.) Berlin 856, G. W. F. Müller's Verlag. à Heft ** 1⅓ Ngr. **
Inhalt:
Heft 1. Mehr als 3000 Aufgaben zu den vier Grundrechnungsarten rc.
" 2. Ueber 2500 Aufgaben der Rechnungsarten mit mehrfach benannten Zahlen rc. und weitere Ausführung der im 1. Heft behandelten nöthigsten Brüche.

— dass. — 3. Heft. 3. Aufl. 8. (16 S.) Ebds. 856. *
Inhalt:
Heft 3. Gegen 2500 Aufgaben zu den Vorübungen und den 4 Species der Bruchrechnung und zu deren Anwendung auf Zins-, Rabatt-, Gesellschafts-, Mischungs- rc. Rechnung.

— Rechenbuch für Elementar-Schulen. 1. Heft. 9—22. Aufl. und 2. Heft. 7—15. Aufl. (à Heft 16 S.) 8. Berlin 858—62, G. W. F. Müller. à Heft ** 1⅓ Ngr. **
Inhalt:
Heft 1. Mehr als 3000 Aufgaben zu den vier Grundrechnungsarten rc. und den im täglichen Verkehr vorkommenden nöthigsten Brüchen.
" 2. Nahe 3000 Aufgaben der Rechnungsarten mit mehrfach benannten Zahlen rc. und weitere Ausführung der im 1. Heft behandelten nöthigsten Brüche und Raumberechnungen.

— dass. — 3. Heft: Ueber 2500 Aufgaben zu den Vorübungen und den 4 Species der Bruchrechnung und deren Anwendung auf Zins-, Rabatt-, Gesellschafts-, Mischungs-, Raum rc. Rechnung. 5—8. Aufl., nach den neuen Gewichts- und Münzbestimmungen verändert und durch ca. 500 Aufgaben und 20 Fig. verm. 8. (20 S. mit 1 Holzschnt.) Ebendas. 858,59. *

— Auflösungen zum 1., 2. und 3. Heft. 3. und 4. Aufl. 8. (62 S.) Ebendas. 858. *

— Rechenbuch für Elementar-Schulen. 1. Heft 34.—41. Aufl. und 2. Heft 16.—28. Aufl. 8. (à Heft 16 S.) Berlin 862.63, G. W. F. Müller's Verlagsbuchh. à Heft ** 1⅓ Ngr. **

— dass. — 3. Heft. 13.—15. Aufl. 8. (20 S.) Ebendas. 862.63. *

— Auflösungen zum 1.—3. Hefte. 5. Aufl. gr. 8. (IV und 64 S.) Berlin 862, G. W. F. Müller's Verlagsbuchh. *

— Rechenbuch für Elementar-Schulen. 1. Heft. 13—52. Aufl. — 2. Heft. 9—35. Aufl. — 3. Heft. 7—21. Aufl. Berlin 859—63. G. W. F. Müller. 8. (16; 16; 20 S.) 1. 2.: à n. 1½ ngr; 3.: n. 2 ngr

— — Auflösungen zum 1—3. Hefte des Rechenbuches für Elementar-Schulen. 4. Aufl. 859. — 5. Aufl. Ebend. 862. 8. (IV. 64 S.) n. 10 ngr

— Rechenbuch für Gewerbtreibende und Beamte. Nach den neuen Gewichts- und Münzbestimmungen bearb. 2 Thle. 1. Aufl. (XIV und 280 S. mit eingedr. Holzschn.) * 25 Ngr. und 2. Aufl. gr. 8. (264 S. mit eingedr. Holzschn.) Berlin 858, G. W. F. Müller. *

— Rechenbuch für Gewerbtreibende und Beamte. Nach den neuen Gewichts- und Münzbestimmungen bearb. 2 Thle. 2 Aufl. 856. (264 S. mit Holzschn. im Text.) n. 1 ₰ 6 ngr — 3. Aufl. Ebend. 858. 8. (XIV, 280 S. m. Holzschn.) n. 25 ngr

— Rechenb. f. Gewerbtreib. u. Beamte. 2 Thle. 2. Afl. 8. (264) Ebd. 58. n. 1. 6 ‖ Auflös. 1. Thl. (34) 59. n. — 6

— Rechenbuch für Stadt-Schulen, eine Folge des Rechenbuches für Elementar-Schulen, sowie des ersten und zweiten Uebungsbuches im Rechnen. 8. (II und 66 S.) Berlin 851, Müller's Verlag. *

— Auflösungen dazu. 8. (28 S.) Ebds. 851. *

— Rechenbuch für Stadt-Schulen. 1. Thl. Eine Folge des Rechenbuches für Elementar-Schulen, so wie des 1. und 2. Uebungsbuches im Rechnen. 2. Aufl. 8. (IV und 76 S.) Berlin 856, G. W. F. Müller's Verlag. *

— dass. — 2. Thl. Ein Lehrmittel für den Unterricht in Bürger-, Fortbildungs-, Real-Schulen, Gymnasien, Seminarien rc., sowie für den Selbstunterricht. 8. (IV und 204 S.) Ebds. 856. *

— Auflösungen dazu. 2. Thl. 8. (55 S.) Ebds. 856. *

— Rechenbuch für Stadt-Schulen. 1. Thl. 2—4. Aufl. 856—58. — 2. Thl. 856. — 2. Ausg. Nach den neuen Gewichts- und Münzbestimmungen ausgearb. Ebend. 858. 8. (2 Bl., 76; VI, 204 S.) 1.: n. 5 ngr; 2.: n. 15 ngr

— — Auflösungen zum 1. Thl. 2. Aufl. Mit Berücksichtigung der neuen Gewichts- u. Münzbestimmungen. — 2. Thl. 856. — 2. Ausg., nach den neuen Gewichts- und Münzbestimmungen umgearb. Ebend. 858. 8. (2 Bl., 36; 55 S.) 1.: n. 6 ngr; 2.: n. 10 ngr

— Rechenbuch für Stadtschulen. 1. Thl. 3. und 4. Aufl. 2—5. Ster.-Abdr. und 2. Thl. 2. Aufl. Mit Berücksicht. der neuen Gewichts- und Münzbestimmungen. 8. Berlin 858—62, G. W. F. Müller. [1. Thl. (III und 76 S.) * 5 Ngr., geb. * * 6 Ngr.; 2. Thl. (IV und 188 S.) * 15 Ngr.] *

— Auflösungen dazu. 1. Thl. 2. und 3. Aufl. und 2. Thl. 2. Ausg. 8. (34 S., 55 S.) Ebendas. 858. [1. Heft * 6 Ngr., 2. * 10 Ngr.] *

Rechenbuch für Stadt-Schulen. 1. Thl. 4. Aufl. (1—5. Stereot. Abdr.) — 5. Aufl. (1—3. Stereot.-Abdr.) — 6. Aufl. (1—3. Stereot.-Abdr.) Ebend. 859—63. 8. (80 S.) geb. nn. 7½ ngr

— Auflösungen dazu. 2. Thl. 3. Aufl. Ebend. 864. 8. (50 S.) n. 10 ngr

— Rechenbuch für Stadt-Schulen. 1. Thl. 5. und 6. Aufl. 2. Thl. 3. und 4. Aufl. 8. Berlin 862—67, G. W. F. Müller's Verlagsbuchh. * 21⅓ Ngr.; geb * * -

Inhalt:

Thl. 1. Regel-de-tri, Zins-, Rabatt-, Termin-, Gesellschafts- ꝛc. Rechnung; durch Aufgaben mit Decimalbrüchen vermehrt. (II und 85 S.) * 6⅔ Ngr.; geb. * * 7½ Ngr.

" 2. Reductionstabellen, Kettensatz, Münz-, Wechsel-, Zinseszins-Rechnung, Quadrat- und Kubikwurzel, Raumberechnungen ꝛc. Mortalitätstafeln. (IV und 130 S. mit Holzschn.) * 15 Ngr; geb. * * 17 Ngr.

Bilden zugleich 7. und 8. Heft des Uebungsbuch im Rechnen; s. dieses.

Böhme, A., Rechenbuch für Volksschulen. 4 Hefte. 8. Berlin 862, G. W. F. Müller's Verlagsbuchh. *

Inhalt:

Heft 1. Die vier Grundrechnungsarten, Preisberechnung und die nothwendigen Brüche. (16 S.) * * 1⅓ Ngr.

" 2. Rechnung mit mehrsortigen ꝛc. Zahlen, Zeitrechnung, Erweiterung der Brüche. (24 S.) * 2 Ngr.

" 3. Bruchrechnungen. (24 S.) * 2 Ngr.

" 4. Regel-de-tri, Zins-, Gesellschafts- ꝛc., Raumberechnung, Decimalbrüche. (24 S.) * 2 Ngr.

(Das Rechenbuch für Volksschulen bildet die völlig umgearbeitete, verm. und erweiterte Ausgabe des Rechenbuch für Elementarschulen.)

— Auflösungen zu den Aufgaben zum Rechnen. A. u. d. T.: Auflösungen zum Rechenbuch für Volksschulen. 4 Hefte. 3. Aufl. gr. 8. (à Heft ca. 28 S.) Berlin 867, G. W. F. Müller's Verlagsbuchh. à Heft * 5 Ngr. *

— Rechenbuch für Volksschulen. Völlig umgearb. Ausg. von dem Rechenbuche für Elementarschulen in Doppelcursen. 4 Hefte. Ebend. 862—64. 8. (1.: 16 S.; 2—4.: à 24 S.) 1.: n. 1⅓ ngr.; 2—4.: à n. 2 ngr.

— — Auflösungen dazu. 4 Hefte. Ebend. 862. gr. 8. (24; 30; 24; 28 S.) Jedes Heft n. 5 ngr.

— Rechenbücher. Neubearbeitung nach dem Reichs-Münzsystem. 1—10. u. 13. Hft. Aufgaben zum Rechnen. 8. Berlin 873. G. W. F. Müller. n.n. 5. 10

1. (16 S.) n.n. — 15. — 2. (24 S.) n. — 20. — 3. (32 S.) n.n. — 25. — 4. (32 S.) n. — 30. — 5. (32 S.) n. — 30. — 6. (32 S.) n.n. — 35. — 7. (36 S.) n.n. — 35. — 8. (40 S.) n. — 40. — 9. (48 S.) n. — 50. — 10. (48 S.) n. — 50. — 13. (218 S. m. eingedr. Holzschn.) n. 1. 80.

Böhme, A., Rechenbücher. Neubearbeitung nach dem Reichs-Münzsystem. Auflösungen. 1. u. 2. Hft. 10. Aufl. 8. (26 S.) Berlin 873. G. W. F. Müller. n. — 50

— Rechenbücher. Nr. I—V. Aufgaben zum Rechnen. Neubearbeitung nach dem Reichs-Münzsystem. 5 Hefte. 8. Berlin 875—79, G. W. F. Müller. *

Inhalt:

Nr. I. Heft 1. Rechenfibel. Zahlenkreis 1—10, 1—20, 1—100. 88.—165. Tausend. Ausg. mit den amtl. Abkürzungen 166.—205. Tausend. (16 S.) 15 Pf.

" II. " 2. Die vier Grundrechnungsarten; Preisberechnungen; die nothwendigsten Brüche. Ueber 4000 Aufgaben mit Doppelcursen. 602.—791. Tausend. Ausg. mit den amtl. Abkürzungen 792.—893. Tausend. (24 S.) * 20 Pf.

" III. " 3. Mehrfach benannte Zahlen, Zeitrechnung, Erweiterung der Brüche. Mit Doppelcursen. 435.—554. Tausend. Ausg. mit den amtl. Abkürzungen 555.—624. Tausend. (32 S.) * 25 Pf.

" IV. " 4. Bruchrechnungen. Decimalbrüche. [Gegen 3200 Aufgaben.] Mit Doppelcursen. 259.—332. Tausend. Ausg. mit den amtl. Abkürzungen 333.—374. Tausend. (32 S.) * 30 Pf.

" V. " 5. Vermischte Aufgaben zu den Brüchen. Zusammengesetzte Regel-de-tri. Zins-, Rabatt-, Gesellschaftsrechnung, Raumberechnung ꝛc. [ca. 700 Aufgaben mit Doppelcursen.] 175.—210. Tausend. Ausg. mit den amtl. Abkürzungen 211.—228. Tausend. (32 S.) * 30 Pf.

— dass. — Nr. VI—XIII. Uebungsbücher im Rechnen. Neubearbeitung nach dem Reichs-Münzsystem. 8 Hefte. 8. Ebendas. 875—79. *

Inhalt:

Nr. VI. Heft 1. Zahlenkreis 1—10, 1—20, 1—100. 97.—122. Tausend. Ausg. mit den amtl. Abkürzungen 123.—150. Tausend. (32 S.) * 25 Pf.

" VII. " 2. Zahlenkreis 1—1000. Höherer Zahlenkreis. Die vier Grundrechnungsarten. Mit Doppelcursen. 137.—189. Tausend. Ausg. mit den amtl. Abkürzungen 190.—207. Tausend. (36 S.) * 35 Pf.

" VIII. " 3. Resolviren. Reduciren. Vier Species mit mehrsort. ganzen Zahlen. Regeldetri. Zeitrechnung. 156.—208. Tausend. Ausg. mit den amtl. Abkürzungen 209.—244. Tausend. (40 S.) * 40 Pf.

" IX. " 4. Rechnung mit gemeinen und Decimalbrüchen. 110.—155. Tausend. Ausg. mit den amtl. Abkürzungen 156.—179. Tausend. (48. S.) * 50 Pf.

" X. " 5. Anwendung der gemeinen und Decimalbrüche auf Aufgaben aus der zusammengesetzten Regel-de-tri ꝛc. Raumberechnungen. 98.—119. Tausend. Ausg. mit den amtl. Abkürzungen 120.—131. Tausend. (48 S.) * 50 Pf.

" XI. " 6. Raumlehre und Raumberechnung. Mit Doppelcursen. 15.—23. Tausend. Ausg. mit den amtl. Abkürzungen. 24.—26. Tausend. (63 S.) * 75 Pf.

" XII. " 7. 2000 Aufgaben zu den Verhältnisbestimmungen, zur Regel-de-tri [Bruchsatz], Zins-, Rabatt-, Termin-, Gesellschafts-, Mischungs- ꝛc. Rechnung ꝛc. 69.—89. Tausend. Ausg. mit den amtl. Abkürzungen 90.—101. Tausend. (112 S.) geb. * ℳ 1,10.

" XIII. " 8. Reductionstabellen, Kettenrechnung, Münz- und Wechselrechnung, Quadrat- und Kubikwurzeln, Anwendung dieser auf Raumberechnungen, Zinseszins und Mortalitätstafeln. 6. und 7. Aufl. mit den amtl. Abkürzungen. (IV, 207 S.) geb. * ℳ 2.

— dasselbe. Auflösungen. 13 Hfte. 8. Ebend. 877. n. 7. —

1. u. 2. 13. Aufl. (26 S.) n. — 50. — 3. 13. Aufl. (32 S.) n. — 50. — 4. 13. Aufl. (24 S.) n. — 50. — 5. 12. Aufl. (24 S.) n. — 50. — 6. u. 7. 10. Aufl. (31 S.) n. — 60. — 8. 11. Aufl. (27 S.) n. — 60. — 9. 11. Aufl. (32 S.) n. — 60. 10. 11. Aufl. (32 S.) n. — 60. — 11. 4. Aufl. (27 S.) n. — 60. — 12. 7. Aufl. (55 S.) n. 1. —. — 13. 6. Aufl. (67 S.) n. 1. —

— Rechenbücher. Neubearbeitung nach den vom Bundesrathe u. den Landes-Schulbehörden angeordneten abgekürzten Bezeichnungen der Maße u. Gewichte. 13 Hfte. 8. Ebend. 879. 80. n. 7. 15

1—5. Aufgaben zum Rechnen: 1. 206. [der neuen Bearbeitung 41.] Tausend. (16 S.) n. — 15. — 2. 894. [der neuen Bearbeitung 103.] Tausend. (24 S.) n. — 20. — 3. 637. [der neuen Bearbeitung 83.] Tausend. (32 S.) n. — 25. — 4. 378. [der neuen Bearbeitung 46.] Tausend. (32 S.) n. — 30. — 5. 210. [der neuen Bearbeitung 9.] Tausend. (32 S.) n. — 30.

6—12. Uebungsbuch im Rechnen: 6. 140. [der neuen Bearbeitung 8.] Tausend. (32 S.) n. — 35. — 7. 218. [der neuen Bearbeitung 29.] Tausend. (36 S.) n. — 35. — 8. 248. [der neuen Bearbeitung 34.] Tausend. (40 S.) n. — 40. — 9. 184. [der neuen Bearbeitung 20.] Tausend. (48 S.) n. — 50. — 10. 133. [der neuen Bearbeitung 14.] Tausend. (48 S.) n. — 50. — 11. 25. [der neuen Bearbeitung. 2.] Tausend. (63 S.) n. — 75. — 12. 95. [der neuen Bearbeitung 6.] Tausend. (112 S.) geb. n. 1. 10. — 13. 7. Aufl. [14. Tausend.] (194 S.) geb. n. 2. —

— Rechenbücher. Nr. I—V. Aufgaben zum Rechnen. Ausg. mit den vorschriftsmäßig abgekürzten Bezeichnungen der Maße und Gewichte und mit Befolgung der verordneten Rechtschreibung. 5 Hefte. Ebendas. 880—85. *

Inhalt:

Nr. I. Heft 1. Rechenfibel. Zahlenkreis 1—10, 1—20, 1—100. 206.—217. Tausend. Neue Folge 1.—148. Tausend. (16 S.) * 15 Pf.

" II. " 2. Die vier Grundrechnungsarten; Preisberechnungen; die nothwendigsten Brüche. Ueber 4000 Aufgaben mit Doppelcursen. 894.—919. Tausend. Neue Folge 1.—358. Tausend. (24 S.) * 20 Pf.

" III. " 3. Mehrfach benannte Zahlen, Zeitrechnung, Erweiterung der Brüche. Mit Doppelcursen. 625.—654. Tausend. Neue Folge 1.—262. Tausend. (32 S.) * 25 Pf.

" IV. " 4. Bruchrechnungen. Decimalbrüche. Mit Doppelcursen. 375.—386. Tausend. Neue Folge 1.—144. Tausend. (32 S.) * 30 Pf.

" V. " 5. Vermischte Aufgaben zu den Brüchen. Zusammengesetzte Regel-de-tri. Zins-, Rabatt-, Gesellschaftsrechnung, Raumberechnung ꝛc. 229.—235. Tausend. Neue Folge 1.—66. Tausend. (32 S.) * 30 Pf.

— dass. — Nr. VI—XIII. Uebungsbücher im Rechnen. 8 Hefte. 8. Ebendas. 880. *

Inhalt:

Nr. VI. Heft 1. Zahlenkreis 1—10, 1—20, 1—100. 151.—156. Tausend. Neue Folge 1.—60. Tausend. (32 S.) * 25 Pf.

" VII. " 2. Zahlenkreis 1—1000. Höherer Zahlenkreis. Die vier Grundrechnungsarten. Mit Doppelcursen. 208.—225. Tausend. Neue Folge 1.—108. Tausend. (36 S.) * 35 Pf.

" VIII. " 3. Resolviren. Reduciren. Vier Species mit mehrsort. ganzen Zahlen. Regel-de-tri. Zeitrechnung. 245.—256. Tausend. Neue Folge 1.—114. Tausend. (40 S.) * 40 Pf.

" IX. " 4. Rechnung mit gemeinen und Decimalbrüchen. 180.—191. Tausend. Neue Folge 1.—112. Tausend. (48 S.) * 50 Pf.

" X. " 5. Anwendung der gemeinen und Decimalbrüche auf Aufgaben aus der zusammengesetzten Regel-de-tri ꝛc. Raumberechnungen. 132.—137. Tausend. Neue Folge 1.—64. Tausend. (48 S.) * 50 Pf.

" XI. " 6. Raumlehre und Raumberechnung. Mit Doppelcursen. 27.—29. Tausend. Neue Folge 1.—15. Tausend. (63 S.) * 75 Pf.

" XII. " 7. 2000 Aufgaben zu den Verhältnisbestimmungen, zur Regel-de-tri [Bruchsatz], Zins-, Rabatt-, Termin-, Gesellschafts-, Mischungs- ꝛc. Rechnung. 102.—107. Tausend. Neue Folge 1.—42 Tausend. (112 S.) geb. * ℳ 1,10.

" XIII. " 8. Reductionstabellen, Kettenrechnung, Münz- und Wechselrechnung, Quadrat- und Kubikwurzeln, Anwendung dieser auf Raumberechnungen, Zinseszins- und Mortalitätstafeln. 8.—10. Aufl. (IV, 207 S.) geb. * ℳ 2.

—— Rechenbücher. Nr. I—V. Aufgaben zum Rechnen. Ausg. mit den vorschriftsmäßig abgekürzten Bezeichnungen der Maße und Gewichte und mit Befolgung der verordneten Rechtschreibung. 5 Hefte. Berlin 885—89, G. W. F. Müller. *

Inhalt:

Nr. I. 1. Heft: Rechenfibel. Zahlenkreis 1—10, 1—20, 1—100. Neue Folge 149.—190. Tausend. (16 S.) * 15 Pf.
„ II. 2. Heft: Die vier Grundrechnungsarten; Preisberechnungen; die nothwendigsten Brüche. Ueber 4000 Aufgaben mit Doppelcursen. Neue Folge 359.—522. Tausend. (24 S.) * 20 Pf.
„ III. 3. Heft: Mehrfach benannte Zahlen, Zeitrechnung, Erweiterung der Brüche. Mit Doppelcursen. Neue Folge 263.—388. Tausend. (32 S.) * 25 Pf.
„ IV. 4. Heft: Bruchrechnungen. Decimalbrüche. Mit Doppelcursen. Neue Folge 145.—220. Tausend. (32 S.) * 30 Pf.
„ V. 5. Heft: Vermischte Aufgaben zu den Brüchen. Zusammengesetzte Regel-de-tri. Zins-, Rabatt-, Gesellschaftsrechnung, Raumberechnung ꝛc. Neue Folge 69.—96. Tausend. (32 S.) * 30 Pf.

—— dass. — Nr. VI—XIII. Uebungsbücher im Rechnen. 8 Hefte. 8. Ebendas. 885—88. *

Inhalt:

Nr. VI. 1. Heft: Zahlenkreis 1—10, 1—20, 1—100. Neue Folge 61.—90. Tausend. (32 S.) * 35 Pf.
„ VII. 2. Heft: Zahlenkreis 1—1000. Höherer Zahlenkreis. Die vier Grundrechnungsarten. Mit Doppelcursen. Neue Folge 109.—168. Tausend. (36 S.) * 35 Pf.
„ VIII. 3. Heft: Resolviren. Reduciren. Vier Species mit mehrsort. ganzen Zahlen. Regel-de-tri. Zeitrechnung. Neue Folge 115.—174. Tausend. (40 S.) * 40 Pf.
„ IX. 4. Heft: Rechnung mit gemeinen und Decimalbrüchen. Neue Folge 103.—150. Tausend. (48 S.) * 50 Pf.
„ X. 5. Heft: Anwendung der gemeinen und Decimalbrüche auf Aufgaben aus der zusammengesetzten Regel-de-tri ꝛc. Raumberechnungen. Neue Folge 55.—84. Tausend. (48 S.) * 50 Pf.
„ XI. 6. Heft: Raumlehre und Raumberechnung. Mit Doppelcursen. Neue Folge 16.—31. Tausend. (68 S.) * 75 Pf.
„ XII. 7. Heft: 2000 Aufgaben zu den Verhältnisbestimmungen, zur Regel-de-tri [Bruchsatz], Zins-, Rabatt-, Termin-, Gesellschafts-, Mischungs- ꝛc. Rechnung. Neue Folge 43.—60. Tausend. (112 S.) geb. * ℳ 1.10.
„ XIII. 8. Heft: Reductionstabellen, Kettenrechnung, Münz- und Wechselrechnung, Quadrat- und Kubikwurzeln, Anwendung dieser auf Raumberechnungen, Zinseszins- und Mortalitätstafeln. 19. und 20. Aufl. (IV, 207 S.) geb. * ℳ 2.

— Rechenbücher. Neubearbeitung, bewirkt v. K. Schaeffer u. G. Weidenhammer. Ausg. A. Für die abschließende Volksschule: Aufgaben zum Rechnen. 5 Hfte. m. Doppelkursen 8. Berlin, G. W. F. Müller. n. 1. 25

1. Rechenfibel. Zahlenreihe 1—100. 6. Tauf. (24 S.) 892. n. — 15
2. Zahlenraum 1—1000. Höherer Zahlenraum. Grundrechnungsarten, Preisberechngn., einfache Brüche. 32. Tauf. (32 S.) 892. n. — 20
3. Resolvieren u. Reduzieren. mehrsortige Größen, Zeitrechnung, Raumberechnung, Arbeiterversicherung. 32. Tauf. (48 S.) 892. n. — 30
4. Bruchrechnung, Raumberechnung, Arbeiterversicherung. 12. Tauf. (48 S.) 892. n. — 30
5. Regel de tri; Verhältnis-, Zins-, Tara-, Rabatt-, Gesellschaftsrechnung; Arbeiterversicherung; Durchschnitts-, Mischungsrechnung; Raumberechnung. 6. Tauf. (48 S.) 892. n. — 30

— dasselbe. Auflösungen zum 2.—5. Hft. 8. Ebd. n. 1. 60
2. (24 S.) 892. n. — 30. — 3. (52 S.) 892. n. — 40. — 4. (36 S.) 892. n. — 50. — 5. (32 S.) 892. n. — 40.

— dasselbe. Ausg. B. Für weiterführende Schulen: Übungsbücher im Rechnen. 5 Hfte. m. Doppelkursen. 8. Ebd. n. 2. 15
1. 6. Tauf. (32 S.) 892. n. — 30. — 2. 24. Tauf. (48 S.) 892. n. — 40. — 3. 24. Tauf. (50 S.) 892. n. — 45. — 4. 12. Tauf. (64 S.) 892. n. — 50. — 5. 6. Tauf. (64 S.) 892. n. — 50.
Stoffverteilung ist dieselbe wie in den entsprechenden 5 Hftn. der Aufgaben.

— dasselbe. Auflösungen zum 2.—5. Hft. 8. Ebd. n. 2. 10
2. (26 S.) 892. n. — 40. — 3. (34 S.) 892. n. — 50. — 4. (44 S.) 892. n. — 60. — 5. (44 S.) 892. n. — 60.

— dasselbe. 6. Hft. der Aufgaben u. Übungsbücher. gr. 8. Ebd. 893. n. 1. 80
Rechenbuch f. höhere Lehranstalten u. Lehrer-Seminare. Bearb. v. K. Schaeffer. (IV, 188 S. m. Fig.)

— dasselbe. 6. Hft. der Aufgaben u. Übungsbücher. gr. 8. Ebd. 893. n. 1. 20
Rechenbuch f. höhere Mädchenschulen u. Lehrerinnen-Seminare. Bearb. v. K. Schaeffer. (IV, 164 S.)

— dasselbe. 6. Hft. der Aufgaben u. Übungsbücher. 2 Ausgaben. Auflösungen. gr. 8. Ebd. 893. à n. — 80
1. Rechenbuch f. höhere Lehranstalten u. Lehrer-Seminare. Bearb. v. K. Schaeffer. Auflösungen. (72 S.)
2. — dasselbe f. höhere Mädchenschulen u. Lehrerinnen-Seminare. (67 S.)

— dasselbe. Ergänzungshft.: Aufgaben, betr. die Arbeiter-Versicherungen. Bearb. v. K. Schaeffer u. G. Weidenhammer. 20. Tauf. 8. (20 S.) Ebd. 892. n. — 20

— dasselbe. Auflösungen dazu. 8. (8 S.) Ebd. 892. n. — 15

— Rechenbücher. Neubearbeitg. Rechenbuch für höhere Mädchenschulen u. Lehrerinnen-Seminare. Auflösungen. Bearb. v. K. Schaeffer. 6. Hft. d. Aufgaben u. Übungsbücher. Wiederholgn. Verhältnisbestimmgn. Regeldetri. Prozent-, Zins-, Rabatt-, Gesellschafts-, Mischungs-, Kurs-Rechng. Raumberechnungen. Verm. Aufgaben. Anh 2. Aufl. gr. 8. (67 S.) Berlin 899. G. W. F. Müller. n. — 80

Böhme's, A., Rechenbücher. Neubearbeitung 1892. Auflösungen zu den Aufgaben z. Rechnen. Bearb. v. K. Schaeffer u. G. Weidenhammer. 5. Hft. Regeldetri. Verhältnis-, Prozent-, Zins-, Tara-, Rabatt-, Gesellschaftsrechnung. Arbeiter-Versicherung. Durchschnitts-, Mischungsrechnung. Raumberechnungen. (Doppelaufgaben.) 3. Aufl. gr. 8. (31 S.) Berlin 901. G. W. F. Müller. n. — 40

— dasselbe. Übungsbuch im Rechnen. Auflösungen zu Nr. VIII u. IX. Bearb. v. K. Schaeffer u. G. Weidenhammer. 3. u. 4. Hft. gr. 8. Ebd. n. 1. 10
3. Resolvieren u. Reduzieren. Die 4 Species m. mehrsort. Größen. Regel de tri. Zeitrechnung. Leichte Raumberechngn. Arbeiterversicherung. (Doppelaufgaben.) 3. Aufl. (34 S.) 899. n. — 50
4. Bruchrechng. Durchschnittsberechngn. Raumberechngn. Invaliditäts- u. Altersversicherg. 3. Aufl. (48 S.) 900. n. — 60

— dasselbe. Neubearbeitung. Rechenbuch f. höhere Mädchenschulen u. Lehrerinnen-Seminare. Bearb. v. K. Schaeffer. 6. Hft. der Aufgaben u. Übungsbücher. Wiederholungen. Verhältnisbestimmungen. Regeldetri. Prozent-, Zins-, Rabatt-, Gesellschafts-, Mischungs-, Kurs-Rechnung. Raumberechnungen. Vermischte Aufgaben. Anhang. 19.—21. Tauf. gr. 8. (IV, 164 S. m. Fig.) Ebd. 902. Geb. n.n. 1. 45

— dasselbe. Algebra. Das Rechnen m. Buchstabengrößen. Verhältnisse. Proportionen. Gleichungen m. 2 u. 3 Unbekannten. Ausg. f. Knabenschulen. gr. 8. (48 S.) Ebd. 902. n. — 40

Böhme's, A., Rechenbücher. Ausg. A in 5 Hftn. Aufgaben z. Rechnen. Bearb. v. K. Schaeffer u. G. Weidenhammer. 1.—4. Hft. gr. 8. Berlin 902. G. W. F. Müller. n. — 95
1. Zahlenreihe 1 bis 10; 1 bis 20; 1 bis 100. 91.—96. Tauf. (24 S.) n.n. — 15
2. Zahlenraum 1—1000. Höherer Zahlenraum. Die 4 Grundrechnungsarten; Preisberechnungen; einfache Brüche. (Doppelaufgaben.) 199.—204. Tauf. (32 S.) n. — 20
3. Resolvieren u. Reduzieren. Die 4 Species m. mehrsort. Größen. Regel de tri. Zeitrechnung. Leichte Raumberechngn. Arbeiterversicherg. (Doppelaufgab.) 159.—164. Tauf. (48 S.) n. — 30
4. Bruchrechnung. Raumberechnungen. Invaliditäts- u. Altersversicherung. 115.—120. Tauf. (48 S.) n. — 30

Böhme's, A., Rechenbücher. Ausg. B in 5 Hftn. Bearb. v. K. Schaeffer u. G. Weidenhammer. 4. Hft. gr. 8. Berlin 902. G. W. F. Müller. n. — 50
Bruchrechnung. Durchschnittsberechnungen. Raumberechnungen. Invaliditäts- u. Altersversicherung. 97.—102. Tauf. (64 S.)

— dasselbe. Ausg. C. in 8 Hftn. Aufgaben zum Rechnen. Bearb. v. K. Schaeffer u. G. Weidenhammer. gr. 8. Ebd. n.n. 2. 35.

1. 1. Schulj.: Zahlenraum bis 10. Zahlenraum bis 20. Zählen bis 100. (16 S.) 900. n.n. — 10
2. 2. Schulj.: Rechnen im Zahlenraum bis 100. Zählen üb. 100 hinaus. (32 S.) 900. n. — 20
3. 3. Schulj.: Kopfrechnen im Zahlenraum bis 1000. Schriftliches Rechnen: Die 4 Species im Zahlenraum bis 1 000 000. Division nur durch 1- u. 2 stell. Divisor. (40 S.) 900. n. — 25
4. 4. Schulj.: Der unbegrenzte Zahlenraum. Sortenverwandlg. Rechnen m. mehrfach benannten Zahlen. Regeldetri m. geraden Verhältnissen. (48 S.) 900. n. — 30
5. 5. Schulj.: Decimalbrüche. Leichtere Übgn. m. gemeinen Brüchen in reinen Zahlen u. in angewandten Aufgaben. Regeldetri m. geraden u. umgekehrten Verhältnissen. Raumberechnungen: Quadrat, Rechteck, Parallelogramm, Würfel. (48 S. m. Fig.) 900. n. — 30
6. 6. Schulj.: Bruchrechnung im Zusammenhange. Zeitrechng. Prozentrechnung im allgemeinen. Leichtere Aufgaben aus der Zins- u. Gesellschaftsrechnung. Arbeiterversicherungen. Raumberechnungen: Winkel, Dreieck, Kreis, Prisma, Cylinder. (64 S. m. Fig.) 900. n. — 40
7. 7. Schulj.: Verwandlung gemeiner Brüche in decimale u. umgekehrt; periód. Decimalbrüche. Zusammengesetzte Regeldetri. Verhältnisrechnung. Prozentrechnung bei Gewinn u. Verlust, Tara, Rabatt. Zins- u. Diskontrechng. Gesellschafts- u. Mischungsrechng. Vermischte Aufgab. (64 S.) 901. n. — 40
8. 8. Schulj.: Teilbarkeit der Zahlen. Wiederholung nebst Einführg. der Klammer. Deutsche Maß- u. Gewichtsordng. Ausländische Maße u. Gewichte. Das specif. Gewicht. Münzordng. Einrichtung des Wechsels. Wertpapiere. Für den Verkehr wicht. ausländ. Münzen. Ausziehen der Quadratwurzel. Pyramide, Kegel, Kugel. Vermischte Aufgaben. (64 S.) 901. n. — 40

— dasselbe. Auflösungen zu Hft. III u. IV. gr. 8. Ebd. 901. n. — 80

III. 3. Schulj.: Kopfrechnen im Zahlenraum bis 1000. Schriftliches Rechnen: Die 4 Species im Zahlenraum bis 1 000 000. Division nur durch 1- u. 2 stell. Divisor. (24 S.) n. — 30
IV. 4. Schulj.: Der unbegrenzte Zahlenraum. Sortenverwandlg. Rechnen m. mehrfach benannten Zahlen. Regeldetri m. geraden Verhältnissen. (39 S.) n. — 50

— dasselbe. Rechenbuch f. Berliner Gemeindeschulen. Bearb. v. K. Schaeffer u. G. Weidenhammer. 8 Hfte. gr. 8. Ebd. 902. n.n. 2. 35

I. 1. Schulj. Zahlenraum bis 10. Zahlenraum bis 20. Division ohne Rest. (24 S.) n.n. — 15
II. 2. Schulj. Rechnen im Zahlenraum bis 100. (32 S.) n. — 20
III. 3. Schulj. Kopfrechn. im Zahlenraum bis 1000. Schriftliches Rechnen. Die 4 Species im Zahlenraum bis 1000. Vorbereitg. der Bruchrechng. Regeldetri. (32 S.) n. — 20
IV. 4. Schulj. Kopfrechnen. Die 4 Species im Zahlenraum 1—10 000, 1—1 000 000 u. im unbegrenzten Zahlenraume. Vorbereitg. der Bruchrechng. Zerlegung in Faktoren. Regeldetri m. einfachen geraden Verhältnissen. (48 S.) n. — 30
V. 5. Schulj. Sortenverwandlung. Einführung in die Decimalbruchform. Rechn. m. mehrfach benannten Zahlen. Zeitrechng. Regeldetri m. geraden Verhältnissen. (48 S.) n. — 30
VI. 6. Schulj. Gemeine u. decimale Brüche. Verwandeln gemeiner Brüche in decimale u. umgekehrt. Regeldetri m. einfachen u. geraden Verhältnissen. Raumberechngn. Quadrat, Rechteck, Vierecke, Dreiecke, Kreis, Würfel, od. Kubus, Prisma, Zylinder. (Ausg. f. Knabenschulen.) (64 S.) n. — 40
VII. 7. Schulj. Einfache Regeldetri m. geraden u. umgekehrten Verhältnissen. Zusammengesetzte Regeldetri. Verhältnisrechng. Prozentrechnung. Gewinn u. Verlust, Tara. Zins- u. Rabattrechnung. Arbeiterversicherungen. Aufgaben aus besonderen Wissensgebieten. Vermischte Aufgaben. Ausg. f. Knabenschulen. (64 S.) n. — 40
VIII. 8. Schulj. Die deutsche Münzordng. Für den Verkehr wicht. ausländ. Münzen. Wertpapiere im engeren Sinne u. Kursrechng. Gesellschaftsrechng. Mischungsrechnung. Quadratzahl u. Quadratwurzel. Aufgaben aus besondern Wissensgebieten. Vermischte Aufgaben. Ausg. f. Knabenschulen. 64 S.) n. — 40

— dasselbe. 6.—8. Hft. Ausg. f. Mädchenschulen. gr. 8. Ebd. 902. n. 1. 20

6. Gemeine u. decimale Brüche. Verwandeln gemeiner Brüche in decimale u. umgekehrt. Regeldetri m. einfachen u. geraden Verhältnissen. 2. u. 3. Tauf. (56 S.) n. — 40
7. Einfache Regeldetri m. geraden u. umgekehrten Verhältnissen. Zusammengesetzte Regeldetri. Verhältnisbestimmgn. Prozentrechnung im allgemeinen, bei Gewinn u. Verlust, bei Tara u. Gutgewicht. Zinsrechnung. Rabattrechnung. Arbeiterversicherungen. Raumberechnungen. Vermischte Aufgaben. 2. u. 3. Tauf. (64 S.) n. — 40
8. Die deutsche Münzordnung. Für den Verkehr wicht. ausländ. Münzen. Wertpapiere im engeren Sinne u. Kursrechnung. Diskontrechnung. Gesellschaftsrechnung. Mischungsrechnung. Raumberechnungen. Aufgaben aus besondern Wissensgebieten. Algebraische Aufgaben. Vermischte Aufgaben. 2. u. 3. Tauf. (64 S.) n. — 40

— Rechenbücher. Ausg. A. in 5 Heften. Aufgaben zum Rechnen. Bearb. v. K. Schaeffer u. G. Weidenhammer. 8. Bielefeld, Velhagen & Klasing. n. 1. 25

I. Zahlenreihe 1 bis 10; 1 bis 20; 1 bis 100. 109—114. Tauf. (24 S.) 905. n.n. — 15
II. Zahlenraum 1—1000. Höherer Zahlenraum. Die 4 Grundrechnungsarten; Preisberechngn.; einfache Brüche. (Doppelaufgaben.) 231—240 Tauf. (32 S.) 905. n. — 20
III. Resolvieren u. Reduzieren. Die 4 Species m. mehrsort. Größen. Regel de tri. Zeitrechnung. Leichte Raumberechngn. Arbeiterversicherung. (Doppelaufgaben.) 180—191. Tauf. (48 S.) 906. n. — 30
IV. Bruchrechnung. Raumberechnungen. Invaliditäts- u. Altersversicherung. 139.—144. Tauf. (48 S.) 905. n. — 30
V. Regeldetri. Verhältnis, Prozent-, Zins-, Tara-, Rabatt-, Gesellschaftsrechng. Arbeiter-Versicherung. Durchschnitts-, Mischungsrechng. Raumberechnung. (Doppelaufgaben.) 73.—78. Tauf. (48 S.) 905. n. — 30

— dasselbe. Ausg. B. in 5. Heften. Übungsbuch. Bearb. v. K. Schaeffer u. G. Weidenhammer. 8. Ebd. n. 2. 15

I. Zahlenreihe 1 bis 10; 1 bis 20; 1 bis 100. 73.—78. Tauf. (32 S.) 906. n. — 30
II. Zahlenraum von 1 bis 1000. Höherer Zahlenraum. Die 4 Grundrechnungsarten; Preisberechnungen; einfache Brüche. (Doppelaufgaben.) 123.—128. Tauf. (48 S.) 905. n. — 40
III. Resolvieren u. Reduzieren. Die 4 Spezies m. mehrsort. Größen. Regel de tri. Zeitrechnung. Leichte Raumberechngn. Arbeiterversicherung. (Doppelaufgaben.) 129.—134. Tauf. (56 S.) 905. n. — 45
IV. Bruchrechnung. Durchschnittsberechnungen. Raumberechngn. Invaliditäts- u. Altersversicherung. 121.—126. Tauf. (64 S.) 905. n. — 50
V. Regeldetri. Verhältnis-, Prozent-, Zins-, Tara-, Rabatt-, Gesellschaftsrechnung. Arbeiterversicherung. Durchschnitts-, Mischungsrechnung. Raumberechnungen. (Doppelaufgaben.) 79.—84. Tauf. (64 S.) 905. n. — 50

— dasselbe. Auflösungen zum Übungsbuch im Rechnen. Bearb. v. K. Schaeffer u. G. Weidenhammer. 3. u. 4. Heft. 8. Ebd. 905. n. 1. 10

3. Resolvieren u. Reduzieren. Die 4 Species m. mehrsort. Größen. Regel de tri. Zeitrechnung. Leichte Raumberechngn. Arbeiterversicherung. (Doppelaufgaben.) 3. Aufl. (34 S.) — 50
4. Bruchrechnung. Durchschnittsberechnungen. Invaliditäts- u. Altersversicherung. 4. Aufl. (43 S.) — 60

— dasselbe. Ausg. C. Aufgaben zum Rechnen. Bearb. v. K. Schaeffer u. G. Weidenhammer. I.—V. Heft. 8. Ebd. n.n. 1. 15

I. (1. Schulj.): Zahlenraum bis 10. Zahlenraum bis 20. Division ohne Rest. 5.—10. Tauf. (24 S.) 904. n.n. — 15
II. (2. Schulj.)): Rechnen im Zahlenraum bis 100. 7.—12. Tauf. (32 S.) 904. n. — 20
III. (3. Schulj.): Kopfrechnen im Zahlenraum bis 1000. Schriftliches Rechnen: Die 4 Species im Zahlenraum bis 1000. Vorbereitung der Bruchrechng. Regeldetri. 7.—12. Tauf. (32 S.) 904. n. — 20
IV. (4. Schulj.): Kopfrechnen. Die 4 Species im Zahlenraum 1—10 000. 1—1 000 000 u. im unbegrenzten Zahlenraume. Vorbereitung der Bruchrechnung. Zerlegung in Faktoren. Regeldetri m. einfachen Verhältnissen. 11.—16. Tauf. (48 S.) 905. n. — 30
V. (5. Schulj.): Sortenverwandlg. Einführg. in die Decimalbruchform. Rechnen m. mehrfach benannten Zahlen. Zeitrechng. Regeldetri m. geraden Verhältnissen. 11.—20. Tauf. (48 S.) 905. n. — 30

— dasselbe. Ausg. C. Ausg. für Knabenschulen. VI.—VIII. Heft. 8. Ebd. n. 1. 20

VI. 6. Schulj. Gemeine u. decimale Brüche. Verwandeln gemeiner Brüche in decimale u. umgekehrt. Regeldetri mit einfachen u. geraden Verhältnissen. Raumberechnungen. Quadrat, Rechteck, Vierecke, Dreiecke, Kreis, Würfel od Kubus, Prisma, Zylinder. 8.—13. Tauf. (64 S.) 905. n. — 40
VII. (7. Schulj.): Einfache Regeldetri m. geraden u. umgekehrten Verhältnissen. Zusammengesetzte Regeldetri. Verhältnisrechnung. Prozentrechnung. Gewinn u. Verlust, Tara, Zins- u. Rabattrechnung. Arbeiterversicherungen. Aufgaben aus besonderen Wissensgebieten. Vermischte Aufgaben 4.—7. Tauf. (64 S.) 904. n. — 40
VIII. (8. Schulj.): Die deutsche Münzordnung Für den Verkehr wicht. ausländ. Münzen. Wertpapiere im engeren Sinne u. Kursrechnung. Gesellschaftsrechnung. Mischungsrechnung. Quadratzahl u. Quadratwurzel. Aufgaben aus besonderen Wissensgebieten. Vermischte Aufgaben. 4.—7. Tauf. (64 S. m. Abbildgn.) 904. n. — 40

Böhme, A., Rechenbücher. Ausg. C. Ausg. f. Mädchenschulen. VI.–VIII. Heft. 8. Bielefeld, Velhagen & Klasing. n. 1. 20

VI. 6. Schulj. Gemeine u. decimale Brüche. Verwandeln gemeiner Brüche in decimale u. umgekehrt. Regeldetri m. einfachen u. geraden Verhältnissen. 8.–13. Tausf. (56 S.) 905. n. – 40

VII. 7. Schulj. Einfache Regeldetri m. geraden u. umgekehrten Verhältnissen. Zusammengesetzte Regeldetri. Verhältnisbestimmungen. Prozentrechnung im allgemeinen, bei Gewinn u. Verlust, bei Tara u. Gutgewicht. Zinsrechnung. Rabattrechnung. Arbeiterversicherungen. Raumberechnungen. Vermischte Aufgaben. 8.–13. Tausf. (64 S.) 905. n. – 40

VIII. 8. Schulj.: Die deutsche Münzordnung. Für den Verkehr wicht. ausländ. Münzen. Wertpapiere im engeren Sinne u. Kursrechnung. Diskontrechnung. Gesellschaftsrechnung. Mischungsrechnung. Raumberechnungen. Aufgaben aus besonderen Wissensgebieten. Algebraische Aufgaben. Vermischte Aufgaben. 4.–7. Tausf. (64 S.) 904. n. – 40

– dasselbe. Neubearbeitung. Rechenbuch f. höhere Mädchenschulen u. Lehrerinnen-Seminare. Bearb. v. K. Schaeffer. Ergänzungs-Heft der Aufgaben u. Übungsbücher. Wiederholungen. Verhältnisbestimmungen. Regeldetri. Prozent-, Zins-, Rabatt-, Gesellschafts-, Mischungs-, Kurs-Rechnung. Raumberechnungen. Vermischte Aufgaben. Anhang. 25–27. Tausf. (IV, 164 S. m. Fig.) 8. Ebd. 905. Geb. n. 1. 45

– dasselbe. Rechenbuch f. Berliner Gemeindeschulen. Bearb. v. K. Schaeffer u. G. Weidenhammer. I.–V. Heft. 8. Ebd. n.n. 1. 15

I. 1. Schulj. Zahlenraum bis 10. Zahlenraum bis 20. Division ohne Rest. 5–10. Tausf. (24 S.) 904. n.n. – 15

II. 2. Schuljahr. Rechnen im Zahlenraum bis 100. 13.–22. Tausf. (32 S.) 905 n. – 20

III. 3. Schulj. Kopfrechnen im Zahlenraum bis 1000. Schriftliches Rechnen: Die 4 Species im Zahlenraum bis 1000. Vorbereitung der Bruchrechng. Regeldetri. 13.–22. Tausf. (32 S.) 905. n. – 20

IV. 4. Schulj. Kopfrechnen. Die 4 Species im Zahlenraum 1–10000, 1–1000000 u. im unbegrenzten Zahlenraume. Vorbereitung der Bruchrechnung. Zerlegung in Faktoren. Regeldetri m. einfachen geraden Verhältnissen. 17.–22. Tausf. (48 S.) 905. n. – 30

V. 5. Schulj. Sortenverwandlung. Einführung in die Decimalbruchform. Rechnen m. mehrfach benannten Zahlen. Zeitrechnung. Regeldetri m. geraden Verhältnissen. 11.–20. Tausf. (48 S.) 905. n. – 30

– dasselbe. 3.–5. Heft. Auflösungen. gr. 8. Ebd. 902. n. 1. 30

3. (19 S.) n. – 30. – 4. (26 S.) n. – 50. – 5. (36 S.) n. – 50

– dasselbe. VI–VIII. Heft. Ausg. f. Knabenschulen. 8. Ebd. 904. n. 1. 20

VI. 6. Schulj. Gemeine u. decimale Brüche. Verwandeln gemeiner Brüche in decimale u. umgekehrt. Regeldetri m. einfachen u. geraden Verhältnissen. Raumberechngn. Quadrat, Rechteck, Vierecke, Dreiecke, Kreis, Würfel od. Kubus, Prisma, Zylinder. 4.–7. Tausf. (64 S.) n. – 40

VII. 7. Schulj. Einfache Regeldetri m. geraden u. umgekehrten Verhältnissen. Zusammengesetzte Regeldetri. Verhältnisrechnung. Prozentrechnung. Gewinn u. Verlust, Tara, Zins- u. Rabattrechnung. Arbeiterversicherungen. Aufgaben aus besonderen Wissensgebieten. Vermischte Aufgaben. 4.–7. Tausf. (64 S.) n. – 40

VIII. 8. Schulj Die deutsche Münzordnung. Für den Verkehr wicht. ausländ. Münzen. Wertpapiere im engeren Sinne u. Kursrechnung. Gesellschaftsrechnung. Mischungsrechnung. Quadratzahl u. Quadratwurzel. Aufgaben aus besonderen Wissensgebieten. Vermischte Aufgaben. 4.–7. Tausf. (64 S.) n. – 40

– dasselbe. VI.–VIII. Heft. Auflösungen. 8. Ebd. 902. à n. – 50

6. (41 S.) – 7. (39 S.) – 8. (31 S.)

– dasselbe. VI.–VIII. Heft. Ausg. f. Mädchenschulen. 8. Ebd. 904. n. 1. 20

VI. 6. Schulj. Gemeine u. decimale Brüche. Verwandeln gemeiner Brüche in decimale u. umgekehrt. Regeldetri m. einfachen u. geraden Verhältnissen. 4.–7. Tausf. (56 S.) n. – 40

VII. 7. Schulj. Einfache Regeldetri m. geraden u. umgekehrten Verhältnissen. Zusammengesetzte Regeldetri. Verhältnisbestimmungen. Prozentrechnung im allgemeinen, bei Gewinn u. Verlust, bei Tara u. Gutgewicht. Zinsrechnung. Rabattrechnung. Arbeiterversicherungen. Raumberechnungen. Vermischte Aufgaben. 4.–7 Tausf. (64 S.) n. – 40

VIII. (8. Schulj.): Die deutsche Münzordng. Für den Verkehr wicht. ausländ. Münzen. Wertpapiere im engeren Sinne u. Kursrechnung. Diskontrechnung. Gesellschaftsrechnung. Mischungsrechnung. Raumberechnungen. Aufgaben aus besonderen Wissensgebieten. Algebraische Aufgaben. Vermischte Aufgaben. 4.–7. Tausf. (64 S.) n. – 40

– dasselbe. VI.–VIII. Heft. Auflösungen. gr. 8. Ebd. 902 à n – 50

6. (36 S.) – 7. (27 S.) – 8. (31 S.)

35*

Böhme, A., Rechenbücher. Algebra. Das Rechnen m. Buchstabengrößen. Verhältnisse. Proportionen. Gleichungen m. 2 u. 3 Unbekannten. 4.–6. Tausf. (48 S.) 8. Bielefeld 905. Velhagen & Klasing. n. – 40; Auflösungen (26 S.) 902. n. – 50

– Rechenbücher. Ausg. A in 5 Heften. Aufgaben zum Rechnen. Bearb. v. K. Schaeffer u. G. Weidenhammer. 8. Bielefeld, Velhagen & Klasing. nn 1. 25

I. Zahlenreihe 1 bis 10; 1 bis 20; 1 bis 100. 115–120. Tausf. (24 S.) 906. nn – 15

II. Zahlenraum 1–1000. Höherer Zahlenraum. Die 4 Grundrechnungsarten; Preisberechnungen; einfache Brüche. (Doppelaufgaben.) 241–250. Tausf. (32 S.) 907. – 20

III. Resolvieren u. Reduzieren. Die 4 Spezies m. mehrsort. Größen. Regel de tri. Zeitrechnung. Leichte Raumberechngn. Arbeiterversicherg. (Doppelaufgaben.) 195–202. Tausf. (48 S.) 907. – 30

IV. Bruchrechnung. Raumberechnungen. Invaliditäts- u. Altersversicherung. 145–150. Tausf. (48 S.) 906. – 30

V. Regeldetri. Verhältnis-, Prozent-, Zins-, Tara-, Rabatt-, Gesellschaftsrechnung. Arbeiter-Versicherung. Durchschnitts-, Mischungsrechnung. Raumberechnungen. (Doppelaufgaben.) 79–84. Tausf. (48 S.) 906. – 30

– dasselbe. Auflösungen. 5. Heft. Regeldetri. Verhältnis-, Prozent-, Zins-, Tara-, Rabatt-, Gesellschaftsrechng. Arbeiter-Versicherung. Durchschnitts-, Mischungsrechng. Raumberechnungen. (Doppelaufgaben.) 5. Aufl. (44 S.) 8. Ebd. 907. – 60

– dasselbe. Ausg. B in 5 Heften. Übungsbuch im Rechnen. Bearb. v. K. Schaeffer. u. G. Weidenhammer. II–V. Heft. 8. Ebd. 906. 1. 85

II. Zahlenraum von 1 bis 1000. Höherer Zahlenraum. Die 4 Grundrechnungsarten; Preisberechnungen; einfache Brüche. (Doppelaufgaben.) 129–134. Tausf. (48 S.) – 40

III. Resolvieren u. Reduzieren. Die 4 Spezies m. mehrsort. Größen. Regel de tri. Zeitrechnung. Leichte Raumberechngn. Arbeiterversicherg. (Doppelaufgaben.) 135–140. Tausf. (50 S.) – 45

IV. Bruchrechnung. Durchschnittsberechnungen. Raumberechngn. Invaliditäts- u. Altersversicherung. 127–132. Tausf. (64 S.) – 50

V. Regeldetri. Verhältnis-, Prozent-, Zins-, Tara-, Rabatt-, Gesellschaftsrechnung. Arbeiter-Versicherung. Durchschnitts-, Mischungsrechnung. Raumberechnungen. (Doppelaufgaben.) 85–90. Tausf. (64 S.) – 50

– dasselbe. Ausg. C. Aufgaben zum Rechnen. Bearb. v. K. Schaeffer u. G. Weidenhammer. II–V. Heft. 8. Ebd. 907. 1. –

II. (2. Schulj.): Rechnen im Zahlenraum bis 100. 23–32. Tausf. (32 S.) – 20

III. (3. Schulj.): Kopfrechnen im Zahlenraum bis 1000. Schriftliches Rechnen: Die 4 Species im Zahlenraum bis 1000. Vorbereitg. der Bruchrechng. Regeldetri. 23–32. Tausf. (32 S.) – 20

IV. (4. Schulj.): Kopfrechnen. Die 4 Species im Zahlenraum. 1–10000. 1–1000000 u. im unbegrenzten Zahlenraume. Vorbereitung der Bruchrechnung. Zerlegung in Faktoren. Regeldetri m. einfachen geraden Verhältnissen. 23–28. Tausf. (48 S.) – 30

V. (5. Schulj.): Sortenverwandlung. Einführung in die Decimalbruchform. Rechnen m. mehrfach benannten Zahlen. Zeitrechnung. Regeldetri m. geraden Verhältnissen. 21–28. Tausf. (48 S.) – 30

– dasselbe. Ausg. f. Knabenschulen. VII. Heft. (7. Schulj.) Einfache Regeldetri m. geraden u. umgekehrten Verhältnissen. Zusammengesetzte Regeldetri. Verhältnisrechng. Prozentrechnung. Gewinn u. Verlust. Tara-, Zins- u. Rabattrechnung. Arbeiterversicherungen. Aufgaben aus besond. Wissensgebieten. Vermischte Aufgaben. 8–11. Tausf. (64 S.) 8. Ebd. 907. – 40

– dasselbe. Neubearbeitung. Rechenbuch f. höh. Mädchenschulen u. Lehrerinnen-Seminare. Bearb. v. K. Schaeffer. Ergänzungs-Heft d. Aufgaben u. Übungsbücher. Wiederholungen. Verhältnisbestimmungen. Regeldetri. Prozent-, Zins-, Rabatt-, Gesellschafts-, Mischungs-, Kurs-Rechnung. Raumberechnungen. Vermischte Aufgaben. Anhang. 30–33. Tausf. (IV, 164 S.) 8. Ebd. 907. Geb. 1. 45

— dasselbe. Ausg. D. Rechenbuch f. höh. Mädchenschulen. Neubearbeitung nach den Ministerial-Bestimmgn. vom 12. XII. 1908 v. E. Gäding u. G. Weidenhammer. 6 Hefte. 8. Bielefeld 910. Velhagen & Klasing. nn 3. 95

1. X. Klasse. Zahlenreihe 1—10. — Zahlenreihe 1—20. Zuzählen, Abziehen, Zerlegen, Ergänzen, Vervielfältigen, Enthaltensein u. Teilen. (44 S.) — 40
2. IX. Klasse. Zahlenreihe bis 100. — Zuzählen u. Abziehen 1stell. Zahlen. — Das Einmaleins u. die Einsineins. — Rechnen m. 2stell. Zahlen. — Die Zahl 100. — Einführung in den Zahlenraum bis 1000. (48 S.) — 45
3. VIII. Klasse. Zahlenraum bis 1000. — Kopfrechnen u. schriftl. Rechnen innerhalb der 4 Grundrechnungsarten m. unbenannten u. benannten Zahlen im erweiterten Zahlenraum. — Leichte Dreisatzaufgaben. — Zeitrechnung (60 S.) — 50
4. VII. Klasse. Die Grundrechnungsarten m. ganzen Zahlen, benannten u. unbenannten.— Zähl- u. Zeitmaße.— Die deutschen Längen- u. Flächenmaße, Gewichte u. Münzen m. Anwendgn. Übungen in der dezimalen Schreibweise u. in den einfachsten dezimalen Rechngn. — Umrechnungen in höhere u. niedere Einheiten. — Dreisatzaufgaben. — Anh.: Einführung in das Rechnen m. allgemeinen Zahlen. — Graphische Darstellgn. — Algebraische Aufgaben. (70 S.) — 55
5. VI. Klasse. Wiederholende u. erweit. Übungen im Rechnen m. benannten Dezimalzahlen. — Die deutschen Körpermaße. — Teilbarkeit der Zahlen. — Das größte gemeinschaftl. Maß u. das kleinste gemeinschaftl. Vielfache mehrerer Zahlen. — Die gemeinen Brüche. — Der einfache Dreisatz durch Schluß auf die Einheit od. e. gemeinschaftl. Maß. (101 S.) Geb. — 75
6. V. Klasse. (Zugleich Ergänzungsheft f. die folgend. Klassen.) Dezimalbrüche. — Regeldetri. —Prozentrechnungen. — Zinsrechnung. — Rabattrechnung. — Gesellschaftsrechnung. — Mischungsrechnung, Flächen- u. Körperberechnungen. — Anh.: Terminrechnung, Diskont- u. Wechselrechng., Effektenrechng., Aufgaben aus realist. Wissensgebieten. (178 S.) Geb. nn 1. 30

—— Rechenfibel oder Vorstufe zu den Aufgaben im Rechnen und dem Rechenbuch für Elementarschulen. Zahlenkreis 1—10, 20, 100. 8. (16 S.) Berlin 866, G. W. F. Müller's Verlagsbuchh. **

— Rechenknecht zur Verwandlung des bisherigen Gewichts in neues [Zoll-] Gewicht so wie Bestimmung der Preise des neuen Gewichtes nach denen des alten, von 1—11 Pf., 1—29 Sgr., 1—1000 Thlr. pro Last, Centner, Pfund, Loth, Quentchen. 11 Tabellen nebst Erläuterung, so wie Abdruck des Gesetzes v. 17. Mai 1856, betr. die Einführung eines allgem. Landesgewichts. 9—11. genau revid. ꝛc. Aufl. Berlin 858, 59. Gärtner. Lex.-8. (16 S.) n. 5 ngr.

—— Reductionstabelle für Münzen, Gewichte und Masse. 8. (32 S.) Berlin 867, G. W. F. Müller's Verlagsbuchh. *

Böhme, A., neuer Adam Riese, s. a. Fortbildungs-Schule.

—— neuer Adam Riese. Allgemeiner deutscher Rechenlehrer. Eine Unterweisung zum Selbstunterricht für Jedermann, insbesondere für Handwerker und Gewerbtreibende. 7., nach den neuen deutschen Münzen, Maßen und Gewichten vollständig umgearb. Aufl. gr. 8. (IV, 317 S.) Berlin 876, Seehagen. *

—— neuer Adam Riese. Allgemeiner deutscher Rechenlehrer. Eine Unterweisung zum Selbstunterricht für Jedermann. 8. verb. Aufl. gr. 8. (IV, 270 S.) Berlin 880, Seehagen. *
geb. *

—— neuer Adam Riese. Allgemeiner deutscher Rechenlehrer. Eine Unterweisung zum Selbstunterricht für jedermann. 9. verb. Aufl. gr. 8. (IV, 270 S.) Berlin 886, Seehagen. *
geb. *

— neuer Adam Riese. Allgemeiner deutscher Rechenlehrer. Eine Unterweisg. zum Selbstunterricht f. jedermann u. zum Gebrauch in Fortbildungsschulen. 10., verm. Aufl., besorgt v. K. Schaeffer. gr. 8. (IV, 295 S. m. 30 Abbildgn.) Berlin 893. O. Seehagen. n. 2. 50; geb. in Kaliko n. 3. —

— dasselbe. s. a. Fortbildungs-Schule.

—— Sammlung von Rechenaufgaben. Nr. I—V. Aufgaben zum Rechnen. Neubearbeitung nach der Maß- und Gewichtsordnung des norddeutschen Bundes. 5 Hefte. 8. Berlin 869, G. W. F. Müller. **

Inhalt:

Heft 1. Rechenfibel oder Vorschule. (16 S.) ** 15 Pf.
» 2. 310. Tausend. (16 S.) ** 15 Pf.
» 3. 200. Tausend. (24 S.) * 20 Pf.
» 4. 114. Tausend. (32 S.) ** 25 Pf.
» 5. 102. Tausend. (24 S.) * 20 Pf.

—— dass. — Nr. VI—XIII. Uebungsbuch im Rechnen. 8 Hefte. Neubearbeitung nach der Maß- und Gewichtsordnung für den norddeutschen Bund. 8. Ebendas. 869. [1. Heft. (32 S.) * 30 Pf.; 2. Heft. (36 S.) * 30 Pf.; 3. Heft. (40 S.) * 35 Pf.; 4. Heft. (36 S.) geb. ** 75 Pf.; 5. Heft. (32 S.) * 30 Pf.; 6. Heft. (II, 62 S. mit eingedr. Holzschn.) ** 65 Pf.; 7. Heft. (II, 99 S.) ** 90 Pf.; 8. Heft. (218 S. mit eingedr. Holzschn.) * ℳ 1,50.] **

—— dass. — Neubearbeitung nach dem neuen Reichs-Münz-, Maß- und Gewichts-Systeme. 5 Hefte. 8. Ebendas. 872. **

Inhalt:

Nr. I. Heft 1. Rechenfibel oder Vorstufe zu den Aufgaben zum Rechnen. (16 S.) * 15 Pf.
» II. » 2. Die vier Grundrechnungsarten, Preisberechnung, nothwend. Brüche. (16 S.) * 20 Pf.
» III. » 3. Mehrfach benannte Zahlen, Zeitrechnung, Erweiterung der Brüche. (24 S.) * 25 Pf.
» IV. » 4. Bruchrechnung, Decimalbrüche. (32 S.) * 30 Pf.
» V. » 5. Zusammengesetzte Regel-de-tri, Zins-, Gesellschafts-, Raumrechnung. (24 S.) * 30 Pf.

—— dass. — Neubearbeitung nach dem neuen Reichs-Münz-, Maß- und Gewichts-System. 8 Hefte. 8. Ebendas. 872. *

Inhalt:

Nr. VI. Heft 1. Kreis 1—10, 20, 100. Für bessere Verhältnisse berechnete Vorstufe. (32 S.) * 25 Pf.
» VII. » 2. Kreis 1 bis 1000 und höhere Zahlenkreise, die vier Grundrechnungsarten. (36 S.) * 35 Pf.
» VIII. » 3. Rechnungsarten mit mehrfach benannten Zahlen, Regel-de-tri, Zeitrechnung. (40 S.) * 40 Pf.
» IX. » 4. Bruchrechnung, Decimalbrüche, vermischte Aufgaben, Raumrechnung. (48 S.) * 50 Pf.
» X. » 5. Decimalbrüche und Abkürzung der Rechnung mit Decimalbrüchen. Mit Münz-, Maß- und Gewichts-Reductions-Tabellen. (48 S.) * 50 Pf.
» XI. » 6. Raumlehre und Raumberechnung. (II, 62 S. mit eingedr. Holzschn.) * 75 Pf.
» XII. » 7. (früher Rechenbuch für Stadtschulen I.) Regel-de-tri, Zins-, Rabatt-, Termin-, Gesellschafts-Rechnung. (II, 99 S.) geb. * ℳ 1,10.
» XIII. » 8. (früher Rechenbuch für Stadtschulen II.) Reductions-Tabellen, Kettensatz, Münz-, Wechsel-, Zinseszins-Rechnung, Quadrat- und Kubikwurzeln, Raumberechnung, Mortalitätstafeln ꝛc. (218 S. mit eingedr. Holzschn.) * ℳ 2.

—— Schreiblesen. 1. Stufe. 8. (32) Berl. 74, Gärtner. n. — 30 ‖ 2. Stufe. (80) 75. n. — 30; geb. n. — 40 ‖ 3. Stufe. (192) 75. n. — 60; geb. n.n. — 75.

— Schreiblesen. 1—3. Stufe. 8. Berlin 875. Gärtner. n. 1. 20.

1. (32 S.) n. — 30. — 2. (80 S.) n. — 30; geb. n. — 40. — 3. (192 S.) n. — 60; geb. n.n. — 75.

Böhme, A., Schreiblesen. 3 Stufen. 8. Berlin, Gärtner. [1. Stufe. 2. Aufl. (32 S.) 880. geb. ** 30 Pf.; 2. Stufe. 1. und 2. Aufl. (80 S.) 875,78. * 30 Pf., geb. ** 40 Pf.; 3. Stufe. 1. und 2. Aufl. (192 S.) 875,78. * 60 Pf., geb. ** 75 Pf.] * ℳ 1,20.; geb. **

— Schreiblesen. Ausg. B. 1. u. 2. Stufe. In neuer Rechtschreibg. 12. Berlin, Weidmann. Geb. n.n. — 65; in 1 Bd. n.n. — 50

I. 10. Aufl. (32 S. m. Abbildgn.) 903. n.n. — 25
II. 10. Aufl. (80 S.) 903. n. — 40

Böhme, A., Schreib-Lese-Fibel. Lithogr. 8. (3 B.) Berlin 841, Plahnsche Buchh. *

—— erste Stufe des Schreiblesens. 8. (32 S.) Berlin 874, Gaertner. *

—— 1. und 2. Stufe des Schreiblesens. 3.—5. Aufl. 8. In 1 Bd. Berlin 880—83, Gaertner's Verlag. [1. Stufe. (32 S.) Einzelpr. ** 15 Pf.; geb. ** 25 Pf.; 2. Stufe. (80 S.) Einzelpr. * 30 Pf.; geb. ** 40 Pf.] * 40 Pf.; geb. **

—— 3. Stufe des Schreiblesens. 3. und 4. Aufl. Ausg. nach der amtlich angeordneten Rechtschreibung. 8. (192 S.) Ebendas. 880,83. * 60 Pf.; geb. **

— 1. u. 2. Stufe des Schreiblesens. 4. Aufl. 8. Berlin 882. Gaertner. In 1 Bd. n. — 40; geb. n.n. — 50

1. (32 S.) Einzelpr. n.n. — 25; geb. n.n. — 25
2. (80 S.) Einzelpr. n. — 30; geb. n.n. — 40

— 1. u. 2. Stufe d. Schreiblesens. 5. Aufl. 8. Berlin 883. Gaertner. n. — 45; geb. n.n. — 65; in 1 Bd. n. — 40; geb. n.n. — 50
1. (82 S. m. Illustr.) n. — 15; geb. n.n. — 25. — 2. (80 S.) n. — 30; geb. n.n. — 40

—— 1—3. Stufe d. Schreiblesens. 8. Berl., Gaertner. In 1 Bd. n. 1. —
1. 5. Afl. (82) 84. Einzelpr. n.n. — 15; geb. n.n. — 25
2. 5. Afl. (80) 8. Einzelpr. n. — 30; geb. n.n. — 40
3. 4. Afl. (192) 88. n. — 80

—— 1. und 2. Stufe des Schreiblesens. Ausg. B. 6. Aufl. 8. Berlin 886, Gaertner's Verlag. [1. Stufe. (82 S. mit Illustr.) * 15 Pf.; geb. ** 25 Pf.; 2. Stufe. (80 S.) * 30 Pf.; geb. ** 40 Pf.] In 1 Bd. * 40 Pf.; geb. **

—— 1—3. Stufe d. Schreiblesens. Asg. B. 6. Afl. 8. Berl., Gaertner. n. 1. 5; 3 Einbde n.n. — 35
1. (82 m. Illustr.) 86. n. — 15; Einbd n.n. — 10. — 2. (80) 86. n. — 30; Einbd n.n. — 10. — 3. (192) 90. n. — 60; Einbd n.n. — 15

—— Dritte Stufe d. Schreiblesens [Lesebuch f. die Unterstufe]. 7. Aufl. 12. (192 S.) Berl. 890, Gaertner. * — 60; geb. ** — 75

— 3. Stufe d. Schreiblesens (Lesebuch f. d. Unterstufe). 8. Afl. 12° (192) Berl. 95, R. Gaertner. — 60; geb. n.n. — 75

— 65 Tabellen zur Verwandlung des preussischen Masses u. Gewichtes in metrisches Mass u. Gewicht, sowie Umrechnung der Preise. Für die alten preussischen Prov. bearb. Ebend. 869. 16. (64 S.) n. 6 ngr

Böhme, A., Tabellen zur Verwandlung des bisherigen preuß. Gewichts in neues (Zoll-)Gewicht. — Bestimmung der Preise des neuen Gewichts nach denen des alten. — Gesetz, betreffend die Einführung eines allgemeinen Landesgewichts. Vom 17. Mai 1856. 1—3., genau revid. und verm. Aufl. 1 Bog. in Imp.-Fol. Berlin 858, Gaertner. *

—— und G. Behm, Tabellen zur Verwandlung des preußischen Maßes und Gewichtes in metrisches Maß und Gewicht, sowie Umrechnung der Preise. Für die alten preußischen Provinzen bearb. — Ausführliche Tab. für den Gebrauch im Comtoir, im Bureau, in Fabriken und Werkstätten, auf dem Markte, im Hause ꝛc. 5 Hefte. gr. 8. Berlin 868, G. W. F. Müller. à Heft 30 Pf.
Inhalt:
Heft 1. Längenmaße. 15 Tab. (Nr. 1—15.)
» 2. Flächenmaße. 11 Tab. (Nr. 16—26.)
» 3. Körpermaße. 11 Tab. (Nr. 27—37.)
» 4. Hohlmaße. 20 Tab. (Nr. 38—57.)
» 5. Das Gewicht. 8 Tab. (Nr. 58—65.)

—— —— dass. — Taschenausgabe. 2 Hefte. 16. Ebendas. 868. à Heft * 60 Pf. *
Inhalt:
Heft 1. 65 Tab. zur Verwandlung des preussischen Masses und Gewichtes in metrisches Mass und Gewicht, sowie Umrechnung der Preise, für die alten preussischen Provinzen bearb. (64 S.)
» 2. Das neue metrische Mass und Gewicht und deren Beziehung auf das preussische Mass und Gewicht, für die alten preussischen Provinzen bearb. (64 S.)

— Tabellen zur Verwandlung des preußischen Maßes u. Gewichtes in metrisches Maß u. Gewicht, sowie Umrechnung der Preise. Für die alten preußischen Provinzen bearb. Ausführliche Tabellen für den Gebrauch im Comtoir, im Bureau, in Fabriken ꝛc. 5 Hefte (à 15 S.). Ebend. 869. 8. Jedes Heft 3 ngr
Inhalt: 1. Längenmaße. — 2. Flächenmaße. — 3. Körpermaße. — 4. Hohlmaße. — 5. Das Gewicht.

—— —— dass. — Taschenausg. 2 Hefte. Ebendas. 869. à Heft * 60 Pf.
Inhalt:
Heft 1. 62 Tab. zur Verwandlung des hannoverschen Masses und Gewichtes in metrisches Mass und Gewicht, sowie Umrechnung der Preise. (63 S.)
» 2. Das neue metrische Mass und Gewicht und deren Beziehung auf das hannoversche Mass und Gewicht. (64 S.)

— — Taschenausgabe. 2 Hefte. Ebend. 869. 16. Jedes Heft n. 6 ngr
Inhalt: 1. 65 Tabellen zur Verwandlung des preussischen Masses u. Gewichtes in metrisches Mass u. Gewicht, sowie Umrechnung der Preise. (64 S.) — 2. Das neue metrische Mass u. Gewicht u. deren Beziehung auf das preussische Mass u. Gewicht. (64 S.)

—— —— dass. — Portemonnaie-Ausg. Metrisches und preussisches Mass und Gewicht. Amtliche Umrechnungszahlen mit Näherungswerthen. 32. Ebendas. 870. *

—— —— Tableau der neuen Masse und Gewichte. 41 Abbild. in natürlicher Grösse und Farbe, nach den Normalen der Normal-Eichungs-Kommission. Fol. Berlin 871, G. W. F. Müller. Ausg. in Schwarz * Ausg. in Farbendr. *

— 62 Tabellen zur Verwandlung des hannoverschen Masses u. Gewichtes in metrisches Mass u. Gewicht, sowie Umrechnung der Preise. Ebend. 869. 16. (63 S.) n. 6 ngr

—— sprachliche Übungen. Für die ersten Schuljahre. 8. (32 S.) Ebendas. 880. *
Aus: 3. Stufe des Schreiblesens, besonders abgedruckt.

— sprachliche Übungen. Für die ersten Schuljahre bearb. [Aus: „B., 3. Stufe des Schreiblesens".] 2. Aufl. 12. (32 S.) Berlin 894. R. Gaertner. n. — 20

28

—— Uebungs-Beispiele zur Umwandlung des preußischen Maßes und Gewichtes in neues, metrisches Maß und Gewicht, für Oberklassen bearb. 8. (32 S.) Berlin 869, Gaertner. **

— Uebungs-Beispiele zur Umwandlung des preußischen Maßes u. Gewichtes in neues, metrisches Maß u. Gewicht, für Oberklassen bearb. Berlin 869. G. W. F. Müller. 8. (32 S.) n. 2½ ngr

Böhme, A., erstes Uebungsbuch im schriftlichen Rechnen, für Elementarklassen jeder Schule bearbeitet. 2 Abtheill.: Vier Species im Zahlenkreise von Eins bis Tausend. — Vier Species im erweiterten Zahlenkreise. gr. 12. Berlin 839. Enslin'sche Buchh. (Ferd. Müller.) n. 1/6 ⅌

— erläut. Zuschrift u. Beantwortungen hierzu. Für Lehrer und Eltern. gr. 12. Berlin 839. Enslin'sche B. (F. Müller.) n. 1/6 ⅌

—— erstes Uebungsbuch im schriftl. Rechnen für Elementarklassen jeder Schule bearb. Erste Abth.: Vier Species im Zahlenkreise von 1—1000. Zweite Abth.: Vier Species im höheren Zahlenkreise. 2. Aufl. 8. (4¼ B.) Berlin 840, Müller's Verl. *

—— erläuternde Zuschrift u. Beantwortungen zu den Aufgaben hierzu. Für Lehrer u. Eltern. 2. Ausg. 8. (3 B.) Ebdas. 840. *

—— erstes Uebungsbuch im Rechnen. 2 Abthlgn. Nach den neuen Gewichts- und Münzbestimmungen berichtigt. 3—6. Aufl. 2. Ster.-Abdr. 8. (67 S.) Berlin 858—62, G. W. F. Müller. * 4 Ngr.; geb. * *

—— Auflösungen dazu. 3. und 4. Aufl. 8. (16 S.) Ebendas. 858,59. *

— erstes Uebungsbuch im Rechnen. 2 Abthlgn. Nach den neuen Gewichts- u. Münzbestimmungen berichtigt. 5. Aufl. 1—3. Stereot.-Abdr. — 6. Aufl. 1—8. Stereot.-Abdr. Berlin 860—63. G. W. F. Müller. 8. (67 S.) geb. m. 5 ngr

— zweites Uebungsbuch im schriftl. u. mündl. Rechnen für mittlere u. obere Klassen der Mädchen- u. Volks-Schulen, so wie für mittlere Klassen höherer Knaben-Schulen bearbeitet. 2 Abtheill.: Rechnungsarten ohne Brüche. — Rechnungsarten mit Brüchen. 8. Berlin 840. Enslin'sche B. (Ferd. Müller.) 5 ℊ

— erläut. Zuschrift, Beantwortungen und Auflösungen zu den Aufgaben des zweiten Uebungsbuches im schriftl. u. mündl. Rechnen. Für Lehrer u. Eltern. 8. Berlin 840. Enslin'sche Buchh. (Ferd. Müller.) n. 1/3 ⅌

—— zweites Uebungsbuch im schriftl. u. mündlichen Rechnen, für mittlere u. obere Klassen d. Mädchen- u. Volksschulen, so wie für mittlere Klassen höherer Knaben-Schulen bearbeitet. 2. Aufl. 8. (6¼ B.) Berlin 840, Müller's Verl. *

—— erläuternde Zuschrift, Beantwortungen u. Auflösungen hierzu. Für Lehrer u. Eltern. 2. Ausg. 8. (8 B.) Ebds. 846. *

— zweites Uebungsbuch im schriftlichen u. mündlichen Rechnen. 2 Abthlgn. 3. (u. 4.) Aufl. Ebend. 855 (u. 858.) 8. (1 Bl., 110 S.) n. 6½ ngr

— — Auflösungen dazu. 3. Aufl. Ebend. 855. 8. (96 S.) n. 10 ngr

—— zweites Uebungsbuch im Rechnen. 2 Abthlgn. Nach den neuen Gewichts- und Münzbestimmungen berichtigt und verm. 3—6. Aufl. 4. Ster.-Abdr. 8. (100 S.) Berlin 858—62, G. W. F. Müller. * 6½ Ngr.; geb. **

—— Auflösungen dazu. 3. und 4. Aufl. 8. (VIII und 96 S.) Ebendas. 858,59. geb. *

—— dass. — zum 1. und 2. Heft. 5. Aufl. 8. (85 S.) Ebendas. 862. *

—— dass. — zum 3. Heft. 5. Aufl. 8. (86 S.) Ebendas. 862. *

— zweites Uebungsbuch im Rechnen. 2 Abthlgn. Nach den neuen Gewichts- u. Münzbestimmungen berichtigt u. verm. 5. Aufl. 1—3. Stereot.-Abdr. — 6. Aufl. 1—10. Ster.-Abdr. Ebend. 859—63. 8. (100 S.) geb. nn. 7½ ngr

— Auflösungen zum ersten und zweiten Uebungsbuche im Rechnen. 4. Aufl. Ebend. 859. 8. (113 S.) geb. n. 12 ngr

—— Uebungsbuch im Rechnen. Neue Bearbeitung in 6 Heften. 8. Berlin 861, G. W. F. Müller. *

Inhalt:

Heft 1. Zahlenkreis von 1 bis 10, 1 bis 20, 1 bis 100. 7. Aufl. (34 S.) * 3 Ngr.
„ 2. Zahlenkreis von 1 bis 1000. Höherer Zahlenkreis. Die 4 Grundrechnungsarten. Ueber 4400 Aufgaben. (36 S.) * 3 Ngr.
„ 3. Resolviren, Reduciren. 4 Species mit mehrfach benannten, ganzen Zahlen. Regel de tri. Zeitrechnung. Enthält über 2500 Aufgaben. 7. Aufl. (40 S.) * 3½ Ngr.
„ 4. Bruchrechnungen. Ueber 4000 Aufgaben. 7. Aufl. (64 S.) * 5 Ngr.
„ 5. Decimalbrüche. Enthält gegen 1000 Aufgaben. Mit Reductionstabellen über Münzen, Gewichte und Maaße rc. 2. Aufl. (24 S.) * 3 Ngr.
„ 6. Raumlehre und Raumberechnungen. Enthält über 800 Aufgaben. Mit Reductionstabellen über Maaße. (IV und 60 S. mit 36 eingedr. Holzschn.) * 6½ Ngr.

— Uebungsbuch im Rechnen. Neue Bearbeitung des 1. u. 2. Uebungsbuches in 6 Heften. Mit Doppelaufgaben für 2 Curse. 7. Aufl. Ebend. 862, 63. 8. n. 24 ngr

Inhalt: 1. Zahlenkreis von 1 bis 10, 1 bis 20. 1 bis 100. (34 S.) n. 3 ngr — 2. Zahlenkreis von 1—1000. Höherer Zahlenkreis. Die 4 Grundrechnungsarten. Ueber 4400 Aufgaben. (8. Aufl.) (36 S.) n. 3 ngr — 3. Resolviren, Reduciren. 4 Species m. mehrfach benannten, ganzen Zahlen. Regel de tri. Zeitrechnung. Enthält üb. 2500 Aufgaben. (8. Aufl.) (40 S.) n. 3½ ngr — 4. Bruchrechnungen. Ueber 4000 Aufg. (64 S.) n. 5 ngr — 5. Decimalbrüche. Enthält gegen 1000 Aufgaben. Mit Reductionstab. üb. Münzen, Gewichte u. Maaße rc. 2. Aufl. (24 S.) n. 3 ngr — 6. Raumlehre u. Raumberechnungen. Enthält üb. 800 Aufgaben. Mit Reductions-Tab. üb. Maaße. Mit 36 (eingedr.) Holzschn. (IV, 60 S.) n. 6½ ngr

— Auflösungen zum Uebungsbuch im Rechnen. 1. 2. Heft. 5. Aufl. Ebend. 862. 8. (36 S.) n. 6 ngr

— — 3. Heft. 5. Aufl. Ebend. 862. 8. (36 S.) n. 6 ngr

— — 4. Heft. 5. Aufl. Ebend. 862. 8. (58 S.) n. 10 ngr

Böhme, A., Auflösungen zum Uebungsbuch im Rechnen. 6. Heft. Raumberechnungen. Ebend. 862. 8. (28 S.) n. 5 ngr

—— Uebungsbuch im Rechnen. Neue Bearbeitung. 8. Berlin 866, G. W. F. Müller's Verlagsbuchh. ** —

Inhalt:

Heft 1. Zahlenkreis 1—10, 20, 100. (34 S.) * 3 Ngr.
„ 2. Zahlenkreis 1—1000 und höherer Zahlenkreis. Die 4 Grundrechnungsarten. (36 S.) * 3 Ngr.
„ 3. Rechnungsarten mit mehrsort. rc. Zahlen. Regel-de-tri. Zeitrechnung. (40 S.) * 3½ Ngr.
„ 4. Bruchrechnungen rc. Im Anh.: Decimalbrüche und Raumrechnung. (64 S.) * 6½ Ngr; geb. ** 7½ Ngr.
„ 5. Decimalbrüche und Abkürzung der Rechnung mit Decimalbrüchen. Mit Münz-, Gewichts- und Maß-Reductions-Tabellen. (24 S.) * 3 Ngr.
„ 6. Raumlehre und Raumberechnungen. (64 S. mit 37 Holzschn.) * 6½ Ngr.

Heft 7 und 8 s. Rechenbuch für Stadtschulen, 1. und 2. Thl.

— Uebungsbuch im Rechnen. Früher u. d. T.: Rechenbuch für Stadtschulen. 2. Thl. 4. Aufl. Ebend. 867. 8. (IV, 186 S.) n. 17 ngr

—— Auflösungen zum Uebungsbuch im Rechnen. 8 Hefte. 5. Aufl. 8. Berlin 862—67, G. W. F. Müller's Verlagsbuchh. [1. und 2. Heft * 6 Ngr., 3. Heft * 6 Ngr., 4. Heft * 10 Ngr., 5. und 6. Heft à * 5 Ngr., 7. Heft * 6 Ngr., 8. Heft * 10 Ngr.] *

— — 1—7. Heft. [oder Nr. VI—XII. der Sammlung von Rechenaufgaben.] Neubearbeitung nach der Maß- u. Gewichtsordnung für den norddeutschen Bund. Ebend. 869. 8. n. 1 ₰ 5½ ngr

1.: (32 S.) n. 3 ngr — 2.: (36 S.) n. 3 ngr — 3.: (40 S.) n. 3½ ngr — 4.: (86 S.) geb. n. 7½ ngr — 5.: (32 S.) n. 3 ngr — 6.: (II, 63 S. mit Holzschn.) n. 6½ ngr — 7.: (II, 99 S.) n. 9 ngr

Böhme, A., Uebungsbuch im Rechnen. Auflösungen dazu. 1—6. Heft. Berlin 869. G. W. F. Müller. 8. n. 1 ₰ 2 ngr

1. 2.: 8. Aufl. (IV, 33 S.) n. 6 ngr — 3.: 8. Aufl. (IV, 32 S.) n. 6 ngr — 4.: 9. Aufl. (II, 64 S.) n. 10 ngr — 5.: 5. Aufl. (III, 16 S.) n. 5 ngr — 6.: 2. Aufl. (III, 27 S.) n. 5 ngr

—— Auflösungen zum Uebungsbuch im Rechnen. Neubearbeitung nach der Maß- und Gewichtsordnung für den norddeutschen Bund. Nr. VI und VII, VIII—XI. 6 Hefte. 8. Berlin 869, G. W. F. Müller. [1. und 2. Heft. 8. Aufl. (IV, 33 S.) * 60 Pf.; 3. Heft. 8. Aufl. (IV, 32 S.) * 60 Pf.; 4. Heft. 9. Aufl. (II, 64 S.) * ℳ 1.; 5. Heft. 5. Aufl. (III, 16 S.) * 50 Pf.; 6. Heft. 2. Aufl. (III, 27 S.) * 50 Pf.] *

—— dass. — Neubearbeitung nach dem neuen Reichs-Münz-, Maß- und Gewichts-System. Nr. VI und VII, VIII—XIII. 7 Hefte. Ebendas. 872. [Nr. VI und VII. 9. Aufl. (29 S.) * 60 Pf.; Nr. VIII. 9. Aufl. (IV, 32 S.) * 60 Pf.; Nr. IX. 10. Aufl. (II, 64 S.) * 60 Pf.; Nr. X. 6. Aufl. (III, 16 S.) * 60 Pf.; Nr. XI. 3. Aufl. (III, 27 S.) * 60 Pf.; Nr. XII. * ℳ 1.; Nr. XIII. * ℳ 1.] *

— Uebungsbuch im Rechnen. Neubearbeitung nach dem Reichs-Münzsystem. 8 Hfte. 8. Berlin 875. G. W. F. Müller. n. 5. 95

1. Zahlenkreis 1 bis 10, 1 bis 20, 1 bis 100. 90. Tausend. (32 S.) n. — 35
2. Zahlenkreis 1 bis 1000. Höherer Zahlenkreis. Die 4 Grundrechnungsarten. 141. Tausend. (36 S.) n. — 35
3. Resolviren, Reduciren, 4 Species m. mehrsort. ganzen Zahlen, Regel-de-tri, Zeitrechng. 158. Tausend. (40 S.) n. — 40
4. Rechnung. m. gemeinen u. Decimalbrüchen. 112. Tausend. (48 S.) n. — 50
5. Anwendung der gemeinen u. Decimalbrüche rc. 94. Tausend. (48 S.) n. — 50
6. Raumlehre u. Raumberechng. 15. Tausend. (63 S. m. eingedr. Holzschn.) n. — 75
7. Rechenbuch f. Stadtschulen. 1. Thl. 69. Tausend. (112 S.) geb. n. 1. 10
8. Rechenbuch f. Stadtschulen. 2. Thl. 5. Aufl. (218 S.) geb. n. 2. —

—— Auflösungen zu den Uebungsbüchern im Rechnen. Neubearbeitung nach dem Reichs-Münzsystem. 8 Hefte. 8. Ebendas. 875—79. [1. und 2. Heft. 10. und 11. Aufl. (31 S.) * 60 Pf.; 3. Heft. 10.—13. Aufl. (27 S.) * 60 Pf.; 4. Heft. 11.—13. Aufl. (32 S.) * 60 Pf.; 5. Heft. 7.—13. Aufl. (32 S.) * 60 Pf.; 6. Heft. 4.—6. Aufl. (27 S.) * 60 Pf.; 7. Heft. 2.—9. Aufl. (55 S.) * ℳ 1.; 8. Heft. 2.—7. Aufl. (67 S.) * ℳ 1.] *

Böhme, A., Auflösungen zu den Uebungsbüchern im Rechnen. Neubearbeitung nach dem Reichs-Münzsystem. 8 Hefte. 8. Berlin 875—79, G. W. F. Müller. [1. und 2. Heft. 12. Aufl. (31 S.) * 60 Pf.; 3. Heft. 14.—16. Aufl. (27 S.) * 60 Pf.; 4. Heft. 14.—16. Aufl. (32 S.) * 60 Pf.; 5. Heft. 14. und 15. Aufl. (32 S.) * 60 Pf.; 6. Heft. 7. Aufl. (27 S.) * 60 Pf.; 7. Heft. 10. und 11. Aufl. (55 S.) *ℳ 1.; 8. Heft. 7. Aufl. (67 S.) *ℳ 1.] *

—— Auflösungen zu den Uebungsbüchern im Rechnen. Neubearbeitung nach dem Reichs-Münzsystem. 8 Hefte. 8. Ebendas. 885—89. [1. und 2. Heft. 18. Aufl. (31 S.) * 60 Pf.; 3. Heft. 17. Aufl. (27 S.) * 60 Pf.; 4. Heft. 17. und 18. Aufl. (32 S.) * 60 Pf.; 5. Heft. 16. und 17. Aufl. (32 S.) * 60 Pf.; 6. Heft. 8. Aufl. (27 S.) * 60 Pf.; 7. Heft. 12. und 13. Aufl. (55 S.) *ℳ 1.—.; 8. Heft. 8. Aufl. (67 S.) *ℳ 1.—.] *

Böhme, A., Übungsbuch im Rechnen. 8 Hfte. 8. Berlin, G. W. F. Müller. n. 5. 95
1. 102. Taus. (32 S.) 891. n. —35. — 2. 196. Taus. (36 S.) 891. n. —35. — 3. 202. Taus. (40 S.) 891. n. —40. — 4. 180 Taus. (48 S.) 891. n. —50. — 5. 96. Taus. (48 S.) 891. n. —50. — 6. 24. Taus. (68 S.) 890. n. —75. — 7. 72. Taus. (112 S.) 891. Geb. n. 1. 10. — 8. 21. Taus. (194 S.) 892. Geb. n. 2.—.

— dasselbe. Auflösungen zu den 8 Hftn. 8. Ebd. n. 5.—
1. 2. 14. Aufl. (31 S.) 890. n. —60. — 3. 18. Aufl. (27 S.) 890. n. —60. — 4. 19. Aufl. (32 S.) 891. n. —60. — 5. 18. Aufl. (32 S.) 890. n. —60. — 6. 8. Aufl. (25 S.) 889. n. —60. — 7. 14. Aufl. (55 S.) 880. n. 1.—. — 8. 8. Aufl. (64 S.) 885. n. 1.—.

— Übungsbuch im Rechnen. 8 Hfte. 8. Berlin 890. G. W. F. Müller. n. 5. 95
1. 92. Tausend. (32 S.) n. — 35. — 2. 170. Tausend. (36 S.) n. —35. — 3. 184. Tausend. (40 S.) n. —40. — 4. 164. Tausend. (48 S.) n. —50. — 5. 86. Tausend. (48 S.) n. —50. — 6. 22. Tausend. (68 S.) n. - 75. — 7. 65. Tausend. (112 S.) geb. n. 1. 10. — 8. 20. Tausend. (194 S.) geb. n. 2.—.

— dasselbe. Auflösungen zu den 8 Hftn. 8. Ebd. 885—890. n. 5.—
1. 2. 13. neu bearb. Aufl. (31 S.) n. — 60
3. 17. neu bearb. Aufl. (27 S.) n. — 60
4. 5. 18. neu bearb. Aufl. (à 32 S.) à n. — 60
6. 8. neu bearb. Aufl. (25 S.) n. — 60
7. 14. neu bearb. Aufl. (55 S.) n. 1. —
8. 8. neu bearb. Aufl. (64 S.) n. 1. —

— Übungsbuch im Rechnen. 7. Hft. (Böhme's Rechenbücher Nr. XII.) gr. 8. Ebd. 899. Geb. n.n. 1. 10
Verhältnisbestimmungen. Regel-de-tri (Bruchsatz), Zins-, Rabatt-, Termin-, Gesellschafts-, Mischungs-Rechnung 2c. Unveränd. Ausg. (85. Taus.) (112 S.)

— Wandfibel. gr. Fol. (6 B.) Berlin 851, Nitze. n. 1/3 ℛ

— Wandlesefibel. Im Anschluß an d. Verf. Lesefibel f. den vereinigten Sprech-, Zeichen-, Schreib- u. Lese-Unterricht. 10. Wandlesetaf. (in gr. Fol.) 2. Aufl. (4 S. Text in gr. 8.) Berlin 871. Gärtner. n. 1. 50

Böhme, A., Wandrechenfibel. 12 Tafeln (auf 10 Bogen in gr. Fol. mit 2 Bl. Erläuterung in Lex.-8.) zur Veranschaulichung des ersten Rechenunterrichts so wie zur schriftlichen Uebung in den ersten Zahlenkreisen. 2. Aufl. Berlin 856. G. W. F. Müller. n. 1 ℛ; einzelne Taf. mit Text à n. 4 ngr

—— Wand-Rechen-Fibel zur Veranschaulichung des ersten Rechen-Unterrichts, zugleich als Vorübungen im Zeichnen. Ein Hülfsmittel für Elementarklassen u. Klein-Kinderschulen. (5 Tafeln in Fol. u. 1 Bog. Text 8.) Berlin 843. (Enslin'sche Buchh.) *

Böhme, A., Wandrechentafeln. Ein Lehrmittel für die ersten Stufen des Rechenunterrichts. 13 (lith.) Taff. [auf 11 Bogen] zur Veranschaulichung so wie zur schriftlichen Uebung in den ersten Zahlenkreisen. 3. Aufl. Ebend. 866. gr. Fol. n. 1 ℛ

Böhme, A., Wandrechentafeln. gr. Fol. (13 Wandtaf.) Berlin 874, G. W. F. Müller. à Taf. * 40 Pf.; compl. *

—— Wandrechentafeln. Ein Lehrmittel für die ersten Stufen des Rechenunterrichts. 5. Aufl. 13 Taf. auf 11 Bog. 4. Berlin 880, G. W. F. Müller. *
Einzelne Bog. à *

— Wandrechentafeln. Ein Lehrmittel f. d. ersten Stufen d. Rechenunterrichts. 13 Taf. [auf 11 Bogen] zur Veranschaulichg., sowie zur schriftl. Uebung in den ersten Zahlenkreisen. 5. Aufl. Imp.-Fol. Ebd. 887. n. 3. —

Boehme, (Gust.) Adolph. (Franc.) (geb. Graditz bei Torgau 20. 5. 1837): De sputis in pneumonia. Berolini (1862). (32 S.) 8°
Berlin, Med. Diss. v. 22. Juli 1862

Böhme, A(lbert), approb. Arzt aus Engelstedt b. Braunschweig: Über das Vorkommen von epileptischen Anfällen nach Apoplexie. *Leipzig: G. Fock 1901.* (27 S.) 8°
Leipzig, Med. Diss. v. (12. Juni) 1901

Böhme, Alfr.: Zur Entwicklg d. Binnenschiffahrt in d. Prov. Posen, s: Abhandlungen, Tübinger staatswissenschaftl.

Böhme, Alwin, illustr. Führer durch Braunschweig u. s. näh. u. weit. Umgebg. M. 9 Ansichten in Kunstdr. n. Orig.-Aufn. u. 1 Plan d. Stadt i. 6fachem Farbendr. (1:12000.) 12. (IV, 84, X u. VII S.) Braunschweig 898. A. Graff. Kart. n. — 75

Böhme, Alwin, illustrierter Führer v. Braunschweig. 2. Aufl., s.: Führer etc.

Boehmius, Andreas, De casis armatis testudine tectis tractatio. 1776

Boehme, Andr., Comm. scientifica de Gustu philosophico. 8. Giessae, Krieger. 767.

— Logica ordine scientifico conscr. 8. Francof. Broenner. 768.

— Metaphysica. 8. Marburg, Krieger. 791.

Böhme, And. Ludw. v., s. Actenmäszige Darstellung des gerichtlichen Verfahrens über die Besitznahme Bockhorns. 1818.

Boehme, Anton: Das verlangte, nicht erlangte Canaan bei den Lustgräbern ..., s. Böhme, Anton Wilhelm

Boehme, Anton Moritz

Böhme, Ant. Mor., Vers. üb. die ursprüngl. Rechte d. Grundobrigkeiten u. Unterthanen in k. k. Ländern. 8. Wien 738. Zürch. 5 K

Böhmens, Ant. Mr.: „Versuch über die ursprünglichen Rechte der Grundobrigkeiten und Unterthanen, in Absicht der in den Kaiserl. Königlich deutschen Erblanden bestehenden Frohndienste und Rustikalpachtungen; mit einem Vorschlage, solche zum Nutzen des Staats, der Grundherrn und Unterthanen am füglichsten einzulösen“, Wien 1788 (Zürch).

Anton Wilhelm **Böhmens** Erbauliche Briefe. Altona und Flensburg. 1737. 8°.

Böhme, Ant. Wilh., Acht Bücher von der Reformation der Kirche in England. Nebst einer Vorrede von Jo. Alb. Fabricius. Altona. 1734.

Boehme, Anton Wilhelm *[unter dem Pseudonym:* **Hoen, Moritz Wilhelm]:** Das verlangte, nicht erlangte Canaan bey den Lust-Gräbern; *oder Ausführliche Beschreibung von der unglücklichen Reise derer jüngsthin aus Teutschland nach dem Engländischen in America gelegenen Carolina und Pennsylvanien wallenden Pilgrim, absonderlich dem einseitigen übelgegründeten Kochenthalerischen Bericht wohlbedächtigt entgegen gesetzt . . . Franckfurt und Leipzig: (Andreä) 1711. (12), 127 S.*

Böhme, Anton Wilhelm. Geistreiche Gebete; aus dem Lateinischen . . . **Altona 1731. Ü:** ***Grischow, Johann Heinrich.*** **(ML)**

Anton Wilhelm **Böhmens** Sämtliche Erbauliche Schriften:
Thl. 1, Mit einer Vorrede Von dem Leben des Verfassers begleitet v. Johann Jacob Rambach. Altona. 1731.
Thl. 2, Mit einer Vorrede von den besondern Gnaden-Gaben des Verfassers begleitet v. Johann Jacob Rambach. ebd. 1732.
Thl. 3, Mit einer Vorrede begleitet Von einem Nieder-Sächsischen Theologo. ebd. 1733. 8°.

Böhme, Anton Wilhelm. Sämtliche Erbauliche Schriften ... Theils in Teutscher, theils in Englischer Sprache, aus welcher sie mit Fleiß ins Teutsche übersetzet worden, ans Licht gestellet, und mit einer Vorrede von dem Leben des Verfassers begleitet von J. J. RAMBACH. Altona, J. Korte, 1731. 4 Bl., 78, 1128 S. *Mit gestoch. Porträt Böhmes.*

Böhme, Arthur: Zur Kenntniss der Sulfophosphazo-Verbindungen. *Rostock 1898: C. Hinstorff.* (41 S.) 8°
Rostock, Phil. Diss. v. [24. Febr.] 1898

Böhme, Arthur, appr. Arzt a. Bromberg: Untersuchungen über den Einfluß des Kamphers auf das Froschherz. Leipzig 1905: J. B. Hirschfeld. (26 S.) 8°
Heidelberg, Med. Fak., Ref. Gottlieb, Diss. v. 4. März 1905
[Geb. 6. Juni 78 Bromberg; Wohnort: Bromberg; Staatsangeh.: Preußen; Vorbildung: Gymn. Bromberg Reife O. 00; Studium: Berlin 4, Bonn 3, Berlin 2, Freiburg i. B. 1, Heidelberg 2 S.; Coll. 26. Febr. 05; Approb. 12. März 04.]

Böhme, Arthur: Die Wahrscheinlichkeitslehre bei David Hume. Berlin: Otte & Muhsoldt 1909. 42 S. 8°
Erlangen, Phil. Diss. v. 17. Nov. 1909, Ref. Hensel
[Geb. 9. Mai 81 Berlin; Wohnort: Steglitz; Staatsangeh.: Preußen; Vorbildung: Humboldt-Gymn. Berlin Reife O. 01; Studium: Berlin 12 S.; Rig. 22. Juni 09.] [U 10. 839

Böhme, August

—— **Radfahrer Becks Brautfahrt.** Radfahrer-Lustspiel in 1 Akt mit einem kleinen Vorspiel zum Stiftungsfeste des Wurzener „Radfahrer-Clubs" den 25. Septbr. 1887. 8. (16 S.) (Ebendas.) 887.

Böhme, Aug., eine Radfahrer-Brautfahrt. In volkstüml. Naivität verf. Radfahrer-Lustspiel in 3 Akten. 8. (72 S.) Leipzig 888, (Knaur). *

Böhme, Aug., 3. Stufe des Schreiblesens [Lesebuch für die Unterstufe]. 6. Aufl. 8. (192 S.) Berlin 887, Gaertner's Verlag. * 60 Pf.; geb. **

Böhme, Aug. Glo., († d. 25. Juni 1797.) Abhandl., wie e. ganzes Land durch geometr. u. mathemat. Beobachtt. aufzunehmen u. in 1 Karte darzustellen sei. Mit Kpf. gr. 8. Dresd. 793. Walther. 16 gGr.

Boehme, B. R., die Schlacht v. Lützen am 16. Novbr. 1632. Zur vierteltausendjähr. Gedenkfeier. Eine Festgabe f. das evangel. Volk. 8. (32 S.) Leipzig 888. Liebeskind. n. — 60

Böhme, Bernhard Hier.

Böhme, (B. H.,) histor. Chrestomathie aus latein. Schriftstellern, f. Gymnasien. Nach d. Zeitfolge geordnet, mit grammat. u. histor. Anmerkk. gr. 8. Leipz. 826. Hartmann.

Böhme, Bhrd. Hier., († d. 1. Mai 1826.) histor. Chrestomathie aus latein. Schriftstellern, f. Gymnasien. Nach der Zeitfolge geordnet, mit grammat. u. histor. Anmerkk. gr. 8. Leipz. 826. (Lehnhold). 21 gGr.

Böhme, B. H., historische Chrestomathie aus latein. Schriftstellern für Gymnasien. Wohlf. Ausg. gr. 8. Leipzig 839. Lehnhold. 2/3 Thlr.

Böhme, B. H., histor. Chrestomathie aus latein. Schriftstellern f. Gymnasien. Nach d. Zeitfolge d. Begebenheiten geordnet, m. grammat. u. histor. Anmerkn. 2., wohlf. Ausg. gr. 8. (16 B.) Leipzig 830, [Wöller.]

Böhme's, B. H., historische Chrestomathie aus den latein. Schriftstellern zur cursor. u. statar. Lectüre f. die mittleren Classen der Gymnasien. Eine synchronist. Darstellung der alten Geschichte, insbesondere der Griechischen u. Römischen. 3. Aufl., nach den vorzüglichsten Ausg. der latein. Schriftsteller verb. u. durch grammat. u. lexikal. Anmerkgn. erläutert v. Gust. Mühlmann. 8. (IV u. 207 S.) Leipzig 851, Wöller. n. 1/2 Thlr.

— Schul- u. Zeitgeist. Ein Beitrag zu Pädagogik f. Gelehrtenschulen. gr. 8. Neust. 824. Wagner. 2 Thlr. Hbg. Pr. 1 Thlr. 8 gGr.

Böhme, C, bäuerl. Verhältnisse, s. Forschgn. von Schmoller.

Böhme, C. G., Rede an den Gräbern tapfrer Krieger. 8. Halle 816.

— die Verdienste d. christl. Religion um das weibl. Geschlecht. gr. 8. Halle 830. Fr. Ruff. 3 gGr.

— die 7 Worte der Barmherzigkeit, in bibl. Erzähll. erläutert. 8. Halle 818.

Böhme, C. G.

— Anleit. d. Krankheit d. ersten Wege zu heil. 8. Leipz. Böhme. 788.

Böhme, C. G., Curmeth. d. Brustkrankh. 8. Leipzig, Schwickert. 787.

— Umriß d. allgem. Heilungskunde. 8. Berl. Himburg. 786.

Böhme, C. G. H., Leitfaden beim Gesangunterrichte in Volksschulen, nach den allgemein üblichen Bezeichnungen der Töne durch Noten und deren Vorzeichnungen. gr. 4. Berlin, Enslin. 818.

Böhme, Ch., u. W. **Armstroff,** Heimathskunde des Reg.-Bezirkes Erfurt, s. **Armstroff,** W.

Böhme, Ch., Heimatkunde d. Reg.-Bez. Erfurt m. Berücksicht. der Prov. Sachsen u. der angrenzenden Thüringischen Staaten. 7., umgearb. Aufl. der Heimatkunde v. Armstroff u. Böhme. gr. 8. (VIII, 216 S. m. 22 Holzschn.) Erfurt 892. Keyser. Kart. n.n. 1. —

Boehme, Chr. H., Grundzüge der Gefängniss-Wissenschaft. gr. 8. Weiden 879. Beuthen, Freund. *

Boehme, Chr. H., Grundzüge der Gefängniss-Wissenschaft. gr. 8. (VII, 204 S.) Weiden 879. Taubold. n. 3. —

— dasselbe. 2. (Titel-)Aufl. gr. 8. (VII, 204 S.) Beuthen O.-S. 881. Freund. n. 3. —

Boehme, Chr. H., Grundzüge der Gefängniss-Wissenschaft. 2. (Titel-)Aufl. gr. 8. (VII, 204 S.) Beuthen O.-S. 882, Freund.

Böhme, Christian Friedrich

Böhme, C. Fr., Beantw. d. Fr.: Was ist Wahrheit? 8. Altenb. Petersen. 803.

Böhme, Chr. Fr., Beleuchtung u. Beantwort. d. Fr.: Was ist Wahrheit? 8. Altenb. 803. Petersen. 16 gl

– s. Cicero, Abhandl. v. d. Tugend.

Böhme, C. F. (Hrsg.), s. Cicero: Tuscul. Untersuchung über die Zulänglichkeit der Tugend zur Glückseligkeit.

– s. C. G. Demme, Predigten.

Bœhme, C. F., epistola ad Hebræos. Lips. 1825. 8.

– s. Erklärung d. Paulin. Gegensatzes

Böhme, Chr. Fr., christl. Henotikon, od. Verein d. theolog. Gegensätze durch d. Christenthum. 8. Halle 827. Anton. 16 gl

— Commentar über u. gegen die ersten Grundsätze d. Fichteschen Wissenschaftslehre. gr. 8. Altenb. 802. Schnuphase. 9 gl

— die Lehre von d. göttl. Eigenschaften. gr. 8. Altenb. ... 2e A. 826. Litt.-Compt. 16 gl

– s. Möglichkeit synthet. Urtheile.

Böhme, Chrstn. Friedr., über die Moralität d. Nothlüge. gr. 8. (11½ B.) Neustadt a. d. O. 828, Wagner.

– s. Pauli epist. ad Romanos et ad Hebraeos.

— die christl. Religion nach ihrer vereinten ursprüngl. u. gegenwärtigen Gestalt. 1r Thl. A. u. d. T.: Die Religion Jesu aus ihren Urkunden dargestellt. 8. Halle 825. 2e A. 827. Anton. 16 gl 2r Thl. A. u. d. T.: Die Religion d. Apostel Jesu. 8. Ebd. 829. 16 gl 3r Thl. A. u. d. T.: Die Religion d. christl. Kirche unsrer Zeit, nach ihrer Vereinbarkeit mit d. Religion Christi u. sr. Apostel. 8. Halle 832. Anton. 16 gl

— Die Religion Jesu Christi. Halle 1825. 8.
— dasselbe. 2. Aufl. 1827.

Böhme, (Chrstn. Friedr.,) die Religion Jesu Christi, aus ihren Urkunden dargestellt. 8. Halle 827. Anton.

— Religion der christlichen Kirche unserer Zeit u. ihre Vereinbarkeit mit der Religion Jesu u. seiner Apostel. Halle 1832. 8.

— d. Sache d. rationalen Supernaturalismus, nach Dr. Ammons „Abschiedsworte" darüber, geprüft u. erklärt. gr. 8. Neust. 823. Wagner. 12 gl

– s. Ch. F. Schneider's Wörterbuch.

— de spe Messina apostolica, 8. Halle 826. Anton. 10 gl

Böhme, Christ. Fr., Versuche, das Geheimniß d. Menschensohns zu enthüllen. gr. 8. Neustadt u. Schleiz 839. Wagner. ¾ Thlr

— Christian Friedrich (Plauen/V.), De vitiis vocis et loquelae. Dissert. med. Präs. Ernst Platner. Lpz. (B. G. Teubner) 29. III. 1814. 22 S. (4.50) 3150

Böhme, C. Fr. (Hrsg.), s. a. Zeitschrift für Moral.

— u. G. Ch. Müller, Zeitschrift für Moral. 1r Bd. in 3 Heften. gr. 8. Jena 819. Schmid. 2 Thlr

Böhme, Chr. Fr. (Hrsg.), s. a. Zeitschrift für Moral und Religionsphilosophie.

— u. G. H. Müller, Zeitschrift f. Moral u. Religionsphilosophie. 1s u. 2s Heft. gr. 8. Altenb. 821. Hahn.

— Zeitschrift f. Moral u. Religionsphilosophie. 1s — 2s Heft. gr. 8. Altenb. 821. (Schnuphase). 1 Thlr Hbg. Pr. 12 gl

[Christoph] **Boehme's** Heimatkunde des Stadt- und Landkreises Erfurt f. d. Hand d. Schüler von Egmont Sander mit einigen Orig.-Beitr. von Karl Lürtring. 8. umgearb. Aufl. Erfurt: Keyser 1905. (VII, 152 S.) 8° [F.] 1905 8

Böhme, E., s.: Führer durch das kirchliche Berlin.

—— vier Monate im Freien Deutschen Hochstift. Ein Beitrag z. Beurtheilg dieser Stiftg. 8. (19) Ebd. 81. n. — 50

Resultate der Untersuchungen des in der Eifel vorkommenden vulkanischen Sandes in Bezug auf seine Verwendbarkeit zur Mörtelbereitung. Ausgef. im Auftr. d. Minist. f. Handel u. Gewerbe von Dr. [E.] **Böhme.** Vorst. d. Prüf.-Station. Mit 2 Taf. Berlin: J. Springer 1880. (20 S.) 4° [F.]
= **Mittheilungen** aus d. Königl. techn. Versuchsanstalten zu Berlin. Jg. 7, Erg. H. 1.

Böhme E.: Studien üb. Konservierung u. Anwendung d. Stickstoffs im Harn u. in der Jauche. Diss. (Rostock). Berl. 1904. 127 S. Fig.

Untersuchungen von natürlichen Gesteinen auf Festigkeit, specifisches Gewicht, Härtegrad, Wasseraufnahme, Cohäsionsbeschaffenheit und Wetterbeständigkeit. Von Dr. [E.] **Böhme,** Vorst. d. Prüf.-Station. Mit 1 Taf. Berlin: J. Springer 1880. (47 S.) 4° [F.]
— **Mittheilungen** aus d. Königl. techn. Versuchsanstalten zu Berlin. Jg. 7. Erg. H. 2.

Böhme, E. E. H., der neue Doktor. Festspiel f. Jägerianer-Vereine. gr. 8. (16 S.) Stuttgart 886. Kohlhammer. — 40

Böhme, E. E. H., die Geschichte der Musik, zusammengefasst u. dargestellt in synchronistischen Tabellen unter Berücksicht. der allgemeinen Welt- u. Kulturgeschichte f. Musiker u. Musikfreunde, sowie zum Gebrauche in Musikschulen. gr. 4. (40 S.) Leipzig 890. Breitkopf & Härtel. n. 2. —

Böhme E. P. Die Axen eines Kegels 2 Ordnung. 1871. 8.
Math. Diss. Göttingen

Böhme, [E. P.], die Festigkeit der Baumaterialien. Resultat der Untersuchungen in der Station zur Prüfung der Festigkeit von Bausteinen an der königl. Gewerbe-Akademie zu Berlin betr.: gebrannte und ungebrannte künstl. Steine, sowie Bruchsteine, Zemente, Kalke, Gipse etc. etc. 1. Heft. gr. 4. (184 S. mit 7 lithogr. Taf.) Berlin 876, Nicolai'sche Verlagsh. *

Böhme, Edwin, das Gedankenleben u. seine Beherrschung, s. a. Vorträge, geheimwissenschaftl. 21.—23. Hft.

Böhme, Edwin, das Gedankenleben u. seine Beherrschung. Mit Buchschmuck versehen u. neu hrsg. v. Ernst Gorsemann. (68 S.) gr. 8. Leipzig (909). Jaeger's Verl. 1. —

— dasselbe, s. a. Osiris-Bücher. 9. Bd.

Böhme, Edwin, giebt es ein Weiterleben u. Wiedersehen nach dem Tode? s.: Miniatur-Bibliothek.

— Gott, Welt u. Mensch, s.: Flugschriften, theosophische.

— die „Internat. theosoph. Verbrüderung" u. die „Theosophischen Gesellschaften", s.: Vorträge, geheimwissenschaftl. 16. Hft.

— Was ist Theosophie, s.: Flugschriften, theosophische.

— Was ist Toleranz?, s.: Vorträge, geisteswissenschaftliche.

— Der Weg, s.: Flugschriften, theosophische.

Böhme, Ehrenfried Joh. (Hrsg.), s. Beyträge, Diplomatische, zur Untersuchung der Schlesischen Rechte und Geschichte.

Böhme, Em., Beweggründe, dem Staate mit seinen Söhnen e. Opfer zu bringen. 8. Wien 794. Gerold. 4 gl

— über den heutigen Empörungsgeist. Eine Abhandl. 8. Prag 793. Barth. 4 gl

— histor. Nachr. von d. Entstehungsart u. d. Verbindung d. Normalinstituts in Böhmen. gr. 8. Prag 784. Fortsetz. 2 Hfte f. d. J. 1784, 85, 87. gr. 8. Eb.

Böhme, Emil, bunte Blätter. Dichtungen. 12. (86 S.) Leipzig 882. Rasch & Co. n. 1. 20; geb. n. 2. —

Böhme, Emil, das Geheimnis d. Orgelbauers. Historischer Roman. 8. (218 S.) Dresden 891. E. Pierson. n. 3. —

Böhme, Emil, Königin Luise. Ein Heldengedicht in neun Gesängen. 8. (94 S.) Berlin 887. (Issleib.) *

— vier Monate im Freien Deutschen Hochstift. Ein Beitrag zur Beurtheilung dieser Stiftung. gr. 8. (19 S.) Ebend. 881. n. — 50

Böhme, Emil, Vielliebchen. Eine Idylle in 7 Gesängen. 16. (84 S.) Leipzig 883. Rasch & Co. geb. m. Goldschn. n. 2. 50

—— in der Waldluft, s. Wallner's allgemeine Schaubühne.

Böhme, Emil Georg, Referendar: Die Verpflichtung des Aktionärs zur Vollzahlung der Aktie. Borna-Leipzig 1909: Noske. VIII, 80 S. 8°.
Leipzig, Jur. Diss. v. 19. Jan. 1910
[Geb. 26. Febr. 86 Dresden; Wohnort: Dresden; Staatsangeh.: Sachsen; Vorbildung: Kreuz-Gymn. Dresden Reife O. 05; Studium: Leipzig 2, München 1, Leipzig 5 S.; Rig. 8. Febr. 09.] [U 10. 2666

Boehme, Erich, aus Berlin: Die Actiones der Verba Simplicia in den altbulgarischen Sprachdenkmälern. *Leipzig 1904: Breitkopf & Härtel.* (64 S.) 8°
Leipzig, Phil. Diss. v. 1904

Boehme, Erich, Arzt in Berlin: Klinische Beobachtungen über die Miterkrankung der Nieren bei der Pneumonie. Leipzig 1908: B. Georgi. (39 S.) 8°
Leipzig, Med. Fak., Ref. Hoffmann, Diss. v. 20. Febr. 1908
[Geb. 22. Febr. 82 Berlin; Wohnort: Berlin; Staatsangeh.: Preußen; Vorbildung: Lessing-Gymn. Berlin Reife O. 01; Studium: Berlin 4, Heidelberg 1, Berlin 5 S.; Coll. 28. Febr. 08; Approb. 29. Jan. 08.]

Boehme, Erich, s: Katharina II., Der Kaiserin, Memoiren.

Boehme, Erich, s.: Liliput-Wörterbuch. Deutsch-Russ. u. Russisch-Deutsch.

— Russische Literatur, s. a. Sammlung Göschen.

Russische Literatur von Dr. Erich **Boehme**. 1. 2. Leipzig: Göschen 1908–09. 8°
1. Auswahl moderner Prosa u. Poesie m. ausführl. Anm. u. Akzentbezeichnung. 1908. 2. Garšin, V[sevolod Michajlovič]: Razskazy Erzählungen. 1909.
(Sammlung Göschen. 403. 404.) A 12. 1295 II

— s.: Porzeziński, Vikt., Einleit. in die Sprachwissenschaft.

Böhme, Erich, a. Berlin: Studien über Konservierung und Anwendung des Stickstoffs im Harn und in der Jauche. Berlin 1904: W. Gronau, Schöneberg. (127 S.) 8°
Rostock, Phil. Fak., Ref. Heinrich, Diss. v. 30. Sept. 1904
[Geb. 17. Apr. 73 Bernau i. d. Mark; Wohnort: Berlin; Staatsangeh.: Preußen; Vorbildung: Realgymn. Falkenberg Reife f. Obersekunda M. 91; Studium: Berlin Landw. H. 5, Rostock 5 S.; Rig. 2. Mai 04.]

Prinzeß Tilli. Ein Roman von Erich **Böhme**. Berlin: Steinitz [1910]. 192 S. 8° [10. 14981

— Kleines russisches Vokabelbuch, s. Sammlung Göschen.

Kleines russisches Vokabelbuch. Von Dr. Erich **Boehme**. Leipzig: Göschen 1910. 188 S. 8°
(Sammlung Göschen. 475.) A 12. 1327 II

Christliche Arbeit unter den Heimarbeiterinnen. Referat von Generalsekr. [Ernst] **Böhme**, Berlin. Mit Diskussion. Verhandlungen d. 7. Kommiss. u. d. Frauengruppe d. freien kirchl.-soz. Konferenz zu Erfurt 1900. *Berlin: Berl. Stadtmiss. 1900.* (S. 44–66.) 8° [F.]
— Hefte d. freien kirchlich-sozialen Konferenz. H. 9, [2.] [00. 9350

Böhme, Ernst [Red.], s. Arbeit, Aus der, der freien kirchlich-sozialen Konferenz.

Böhme, Ernst, Berliner Briefe. Ein Zeltbuch. Mit Vorwort v. Adf. Stöcker. gr. 8. (X, 524 S.) Hagen 902. O. Rippel. n. 3. 50; geb. n. 4. 50

Böhme, *Karl* Ernst [app. Arzt aus Magdeburg]: Entfernung kleiner Ovarialkystome durch Scheidenschnitt ... Magdeburg, Druck v. L. Mosche, 1895; 31 S. 8.
Leipzig, Med. Fak., Inaug.-Diss. v. 16. März 1895

Böhme, Ernst, des Sohnes Erziehung. Pädagogische Briefe an eine Mutter. Dresden 869. Bach. 8. (150 S.) n. 15 ngr.

Böhme, Ernst, d. Sohnes Erziehung. Pädagogische Briefe an e. Mutter. 2. verm. Aufl. 8. (244 S.) Dresden 871. Bach. n. 2. 25

Böhme, E, d. Sohnes Erziehung. Pädagog. Briefe an e. Mutter. 2. Afl. 8. (244) Dresd. 71, Kubel. n. 2. 25

350 Jahre Jenaischer Theologie. E. geschichtl. Skizze v. Ernst **Böhme** ... '(Erweit. Abdr. a. d. Zeitschr. 'Pfarrhaus.')' Mit K. v. Hase's Bildn. ... *Jena: O. Rassmann (1898).* (47 S., 1 Portr.) 1 Bd 8. [98. 10340 H.

Böhme, Ernst, ist der Glaube an die Gottheit Christi grundlegend f. das Christentum? Ein freies Bekenntnis im Glaubenskampf der Gegenwart. (43 S.) gr. 8. Leipzig 903. [R. Wöpke.] Göttingen, Vandenhoeck & Ruprecht. n. — 80

Böhme, Ernst, Licht- und Schattenbilder häuslicher Erziehung. 1. und 2. unveränd. Aufl. gr. 16. (128 S.) Dresden 876, 78, Kämmerer.

Böhme, E, Licht- u. Schattenbilder häusl. Erziehg. 2. Afl. 16. (128) Dresd. 78, Bleyl u. K. 1. 20

— die Psalmen, ihre Bedeutung u. Verwertung im evangelischen Kultus, im Religionsunterricht u. in der Privaterbauung. Eine preisgekrönte Abhandlg. (82 S.) gr. 8. Weimar 908. H. Böhlau's Nachf. n. — 80

Böhme, Ernst (Hochkirch), De Saxoniae aquis soteriis. Diss. med. Lpz. (J. Ch. Ackermann) 12. II. 1849. 42 S., mit Biogr. (M.: J. Ch. Sitte.) (5.—) 3151

Böhme, Ernst, s.: Tennert, Wilh., Gedichte e. schlichten Mannes.

Wir haben ein festes prophetisches Wort. Preisgekr. Reformationsfestpredigt über 2. Petri 1, 19 von Ernst **Böhme**, Diakonus. Leipzig: F. Richter 1892. (16 S.) 8° [F.] [93. 693 10

Boehme, Ernst Friedrich Moritz: De Ophthalmia syphilitica. Berlin, 1820: Brueschcke. 24 S. 8°.
Berlin, Med. Diss. v. 12. Aug. 1820.

Böhme, F., Feuerbestattung, s. Handbibl. jurist.

Böhme, F., Gesetz betr. Dissidenten u. rel. Sekten, siehe Handbibliothek, Leipz. jur. No. 134.

Böhme, F., die Invaliditäts- u. Altersversicherung der Arbeiter nach dem Reichsgesetze vom 22. Juni 1889. Vortrag. gr. 8. (30 S.) Meerane 889. (Send.) n. — 20

— dasselbe. Einführung in die Bestimmungen d. Reichsgesetzes vom 22. Juni 1889 unter Berücksicht. der seither ergangenen Ausführungsbestimmgn. (2. Aufl. d. unter gleichem Titel erschienenen Vortrags.) 8. (75 S.) Freiberg 890. Craz & Gerlach. n. — 60

Böhme, F. A., über Ehrgeiz u. Ehrliebe. 8. Kreuzn. (Leipz., Schmidt). 2 ℳ

Böhme, Fr. Aug., deutsches Lesebuch für Oberklassen von Stadtschulen. 8. Neustadt a/O. 813, Wagner. n. 1/3 ℳ

Das Kgl. Sächs. **Gesetz** die Feuerbestattung betreffend vom 29. Mai 1906. Mit d. Ausführungsverordnung u. erl. Anm. hrsg. von Dr. Franz **Böhme**, Geh. Reg.R. Leipzig: Roßberg 1907. (79 S.) 8° [F.]
= **Handbibliothek**, Juristische. Bd 264. [08. 188

Böhme, Frz., die kgl. sächsischen Gesetze u. Verordngn. betr. die Dissidenten u. religiösen Sekten, s.: Handbibliothek, Leipziger juristische.

Böhme, Dr. Frz., Die Invaliditäts- und Altersversicherung der Arbeiter nach dem R.-G. vom 22. Juni 1889. Vortrag, geh. im städt. Vereine zu Meerane am 11. Dez. 1889. gr. 8°. Meerane, Send, 1889.

—— dass. — Einführung in d. Bestimmungen des Reichsgesetzes vom 22. Juni 1889 unter Berücksicht. der seither ergangenen Ausführungsbestimmgn. (2. u. 3. Aufl. d. unter gleichem Titel erschienenen Vortrags.) 8. (75 S.) Freib. 890,91, Craz u. Gerlach. * — 50

Böhme, F: Die sächs. Kirchenges., betr. d. Verfassg d. ev.-luther. Kirche u. d. Verhältn. d. ev.-luther. Geistlichkeit, s.a. Handbibliothek, Leipz. jurist.

Böhme, Frz., d. sächs. Kirchengesetze, betr. d. Verfassg. d. evang.-luther. Kirche u. d. Verhältnisse d. evang.-luther. Geistlichen. M. erläut. Anmerkgn. u. Sachregister. 8. (IX, 243 S.) Leipzig 898. Roßberg. Geb. in Leinw. n. 3. 60

Böhme, Frz., altdeutsches Liederbuch. Volkslieder der Deutschen nach Wort u. Weise aus dem 12. bis zum 17. Jahrh. Gesammelt u. erläutert. Lex.-8. (LXXII, 832 S.) Leipzig 877. Breitkopf & Härtel. cart. n. 20. —

— Studie z. Frage d. Wahlgesetzänderg in Sachsen. (8) Lex 8° Ebd. '06. — 30 d

— Das kgl. sächsische Volksschulgesetz, s.: Seydewitz, P. v.

Böhme, Frz. M., Aufgaben zum Studium der Harmonie. gr. 8. (VI, 154 S.) Mainz 880. Schott's Söhne. n. 2. 50

Böhme, F. M., die hohen Feste in Liedern. 50 Weihnachtslieder, Neujahrs-, Passions- und Pfingstgesänge für eine Singstimme mit Pianoforte-Begleitung bearb. und mit Orig.-Compositionen verm. 1. Heft. qu. 4. (28 S.) Dresden 866, Bock's Verlag.

Böhme, Frz. M., die Geschichte des Oratoriums für Musikfreunde kurz und faßlich dargestellt. 2. gänzlich umgearb. Aufl. gr. 8. (VII, 119 S.) Gütersloh 887, Bertelsmann. *
geb. *

Böhme, Frz. M., Geschichte d. Tanzes in Deutschland. Beitrag zur deutschen Sitten-, Litteratur- u. Musikgeschichte. Nach den Quellen zum erstenmal bearb. u. m. alten Tanzliedern u. Musikproben hrsg. 2 Thle. Lex.-8. (VII, 330 u. 221 S.) Leipzig 886. Breitkopf & Härtel. cart. n. 20. —

[F.] Deutsches Kinderlied und Kinderspiel. Volksüberliefergn aus allen Landen deutscher Zunge, gesammelt, geordnet u. m. Angabe d. Quellen, erläut. Anm. u. den zugehör. Melodien hrsg. v. Franz Magnus Böhme. *Leipzig: Breitkopf & Härtel 1897.* (LXVI S., 1 Bl., 756 S.) 1 Bd 8. [97. 38,8

Böhme, Franz Magnus. Cursus in Harmonie. Mainz, London, Paris, Brüssel 1882.

Böhme, Frz. Magnus, volksthüml. Lieder d. Deutschen i. 18. u. 19. Jahrh. N. Wort u. Weise a. alten Drucken u. Handschriften, sow. a. Volksmund zusammengebr., m. histor.-krit. Anmerkgn. versehen u. hrsg. Lex.-8. (XXII, 628 S.) Leipzig 895. Breitkopf & Härtel. n. 12. —;
geb. n.n. 13. 20

Erschien auch in 12 Lfgn. à n. 1. —.

BÖHME, Franz Magnus. — Altdeutsches Liederbuch. Volkslieder der Deutschen nach Wort und Weise aus dem 12.—17. Jahrhundert. Gesammelt u. erläutert von —. Leipzig 1877. 4°. LXXII u. 832 S. (In Dresden und in Hannover, Stadtbibl.)
Im *Anhang* sorgfältige Quellennachweise.

—— altdeutsches Liederbuch (Leipzig 887, Breitkopf und Härtel), vgl.: Simon, W., altdeutsche Volkslieder.

Böhme, Frz. M., deutscher Liederhort, s.: Erk, Ludw.

Böhme, Frz. Magnus, das Oratorium. Eine historische Studie. Leipzig 861. Weber. gr. 8. (VI, 66 S.) n. 15 ngr.

Vortrag über das Bedürfniß der Errichtung und die Zuständigkeit eines Verwaltungsgerichtshofes vom Standpunkte d. Gemeindeverwaltung. Geh. in Meißen 1894 vom Bürgerm. Dr. [Franz Wilhelm] Böhme-Freiberg. *Meißen 1894: C. E. Klinkicht & Sohn.* (25 S.) 4° [F.] [94. 44,6

Böhme, Friedr. Aug., deutsches Lesebuch f. Oberclassen v. Stadtschulen. 8. (20 B.) Neustadt a. d. O. 843, Wagner. *

BÖHME, Frits (Dresden): Ein Fall von Struma cystica substernalis.- München: Kastner & Lossen 1899. 32 S.
6.3.1899 - Chr 1898/99,14; Jv 1898/99,211 Diss. Ing...

Böhme, Fritz, cand. med. aus Dresden: Ein Fall von Struma cystica substernalis. *München 1899: Kastner & Lossen.* (32 S.) 8°
München, Med. Diss. v. 1899

Böhme, Fritz: Skizzen, Aphorismen u. Gedichte. (40) 8° Lpzg, Verl. f. Lit., Kunst u. Musik '11. 1.25 d

Böhme, G., Handbuch f. die Gemeindevorstände des Königr. Sachsen, s.: Naundorff, E.

Bohmii, G. D., Commentarius von den Particulis und einigen andern Wörtern der teutschen und latein. Sprache. Frankf. 718. 8. 16 gr.

— Praxis syntaxeos gerundiorum et participiorum. Jena 724. 8.

Boehme, G. D., praxis syntaxeos lat. linguae etc. 8. Jena, Crücker. 732.

Bohmii, G. D., Lateinischer Syntax. Jen. 707. 8.

— Lateinischer Syntaxis. Jena 807. 8.

Böhme, Geo., die kgl. sächs. Gesetze u. Verordnungen üb. Jagd u. Fischerei, s.: Lobe, M.

Böhme, Gottfried

Böhme, Gfr., Aufgaben zum Uebersetzen ins Griechische. Für die obern Klassen der Gymnasien. Leipzig 859. Teubner. gr. 8. (VIII, 296 S.) 24 ngr.

Böhme, Gfried., Aufgaben zum Uebersetzen in's Griechische. Für die obern Klassen der Gymnasien. 2., verb. Aufl. gr. 8. (VIII und 304 S.) Leipzig 864, Teubner.

Böhme, Gfr., Aufgaben zum Uebersetzen ins Griechische. Für die obern Klassen der Gymnasien. 2. Aufl. 865. — 3. verb. Aufl. Leipzig 868. Teubner. gr. 8. (XII, 298 S.) 24 ngr.

Böhme, Gfried., Aufgaben zum Uebersetzen ins Griechische. Für die oberen Klassen der Gymnasien. 4. verb. Aufl. gr. 8. (XII, 307 S.) Leipzig 872. Teubner. 2. 40

— dasselbe. 5. verb. Aufl. gr. 8. (XII, 307 S.) Ebend. 874. 2. 70

Böhme, Gfr., Aufgaben zum Uebersetzen ins Griechische. Für die oberen Klassen der Gymnasien. 6. verb. Aufl. gr. 8. (X, 319 S.) Leipzig 877, Teubner.

Böhme, Gfr., Aufgaben zum Übersetzen ins Griechische für die oberen Klassen der Gymnasien. 7. von Neuem durchgeseh. Aufl. gr. 8. (XI, 323 S.) Leipzig 880. Teubner. 2. 70

Böhme's, Gfr., Aufgaben zum Übersetzen ins Griechische f. die oberen Gymnasialklassen. 8. teils verkürzte, teils verm. Aufl. v. G. Stier. gr. 8. (XII, 335 S.) Leipzig 883. Teubner. 2. 70

Böhme's, Gfried., Aufgaben zum Übersetzen ins Griechische für die oberen Gymnasialklassen. 9. Aufl., besorgt von G. Stier. gr. 8. (XII, 339 S.) Leipzig 887, Teubner.

Böhme's, Gfr., Aufgaben zum Übersetzen ins Griechische f. die oberen Gymnasialklassen. Nach d. Verf. Tode v. der 7. Aufl. an besorgt v. G. Stier. 10. Aufl. gr. 8. (XII, 320 S.) Leipzig 892. B. G. Teubner. n. 2. 70

Böhme, Gottfr.: Gymnasio Hammensi etc. epistola Gratulatoria. 2 S. Progr. Dortmund 1857.

Böhme, Godofredus: *Quaestionum de Thucydidis elocutione specimen. 84 S. 4° (2°)
Halle-Wittenberg, Phil. Diss. v. 22. Aug. 1839
Geb. [Straguth (Kr. Zerbst) 26. 3. 1817]

Böhme, Gfr., s.a. Reden, 14, hervorragender Stenographen.

Vierzehn Reden hervorragender Stenographen über allgemeine stenographische Themas zur Propaganda ... u. s. w. von Sem.-Oberlehrer Gottfried Böhme, Dresden [u. a.] *Neustadt a. d. Haardt: W. Marnet [1891].* (183 S.) 8°
= Büchersammlung f. Gabelsberger'sche Stenographen. Bd 15. [90. 9389

Boehme, Guido: Neudeut. Grammatik od. Reformdeutsch. Versuch, d. deut. Sprache zu vereinfachen u. zugl. weiter auszubauen. (19, 410) 8° Tüb. ('11). Stuttg., W Kohlhammer. 4.50 d

Böhme, Gust., Abriß der deutschen Interpunktionslehre zum Gebrauche f. Schüler höherer Lehranstalten. Ein Anh. zu jeder deutschen Grammatik. gr. 8. (16 S.) Plauen-Dresden 900. H. Focken. n. — 25

Böhme, Gust., landwirtschaftliche Buchführung, nebst Berechnungen. Ein Lehrbuch f. landwirtschaftl. Schulen u. prakt. Landwirte. gr. 8. (XIV, 267 S.) Leipzig 892. R. Scholtze. n. 3. 60; kart. n. 3. 60

Böhme, G., landwirtschaftliche Buchführung nebst Berechnungen. Ein Lehrbuch f. landwirtschaftl. Schulen u. prakt. Landwirte. 2. verb. u. verm. Aufl. gr. 8. (XVI, 271 S.) Leipzig 903. Landwirtschaftl. Schulbuchh. Geb. in Leinw. n. 3. 60

— Grundriß der landwirtschaftlichen Pflanzenbaulehre, s.a. Römer, B.

Boehme, Gust., Grundriß der landwirtschaftlichen Tierzucht-Lehre, s.a. Roemer, B.

Böhme, Gust., Calculations-Tabellen üb. Getreide u. Leinsaat ab Russland nach dem Auslande u. vice versa, nebst Fracht-, Cours-, Naturalgewichts-Paritäten u. Assecuranzprämien. (Russisch u. deutsch.) 12. (207 S.) St. Petersburg 883. (Röttger.) n. 10. 70

Böhme, G., Calculations-Tabellen üb. Getreide u. Leinsaat ab Russland nach d. Auslande u. vice versa, nebst Fracht-, Cours-, Naturalgewichts-Paritäten u. Assecuranzprämien. (Russ. u. deutsch.) 12. (207) St. Petersb. 83, Schmitzdorff. n. 10. 70

[F.] Der Landwirtschaftslehrling. E. Buch f. angehende Landwirte u. deren Berater v. Dr. ph. Gustav **Böhme**, kgl. Preuss. Ökonomierat ... zu Görlitz. *Berlin: P. Parey 1896.* (VIII, 238 S.) 1 Bd 8. [97. 9313

Der Landwirtschaftslehrling. Ein Buch f. angehende Landwirte u. deren Berater von Dr. Gustav **Böhme**, Dir., Görlitz. 2., verm. Aufl. *Berlin: P. Parey 1903.* (X, 260 S.) 8° [F.] [03. 14493

Der Landwirtschaftslehrling. Ein Buch f. angehende Landwirte u. deren Berater von Dr. ph. Gustav **Böhme**, Dir. zu Görlitz. 3., verm. Aufl. hrsg. von Hans Böhme, Landwirtschaftslehrer. Berlin: P. Parey 1908. (X, 268 S.) 8° [F.] [08. 3013

— Der Landw.-Lehrling. 3. Afl. v. Hans Böhme. (10, 268) gr8° Berl., P Parey '09. L. 4 — d

— Der Landwirtschaftslehrling. 4. Afl. v. Hans Böhme. (10, 281) 8° Berl., P Parey '12. L 4.50 d

— die wichtigsten Rassen unserer Haustiere. Mit 72 Farbendr.-Bildern, gezeichnet v. J. Schurig. gr. 8. (24 S.) Leipzig 900 Landwirtschaftl. Schulbuchh. n. 1. —

— landwirtschaftliche Sünden. Fehler im Betriebe. gr. 8. (V, 178 S.) Berlin 893. P. Parey. n. 2. 50

— dasselbe. 2., verm. Aufl. gr. 8. (IX, 202 S.) Ebd. 894. n. 2. 50

[F.] Landwirtschaftliche Sünden. Fehler im Betriebe. Von Dr. phil. Gustav **Böhme**, ... Dir. ... zu Görlitz. 3., verm. Aufl. *Berlin: P. Parey 1896.* (VII, 222 S.) 1 Bd 8. [96. 1094

[F.] Landwirtschaftliche Sünden. Fehler im Betriebe. Von Dr. phil. Gustav **Böhme**, Kgl. Preuss. Ökonomier. ... zu Görlitz. 4., verm. Aufl. *Berlin: P. Parey 1898.* (VI S., 1 Bl., 230 S.) 1 Bd 8. [98. 9037

Landwirtschaftliche Sünden. Fehler im Betriebe. Von Dr. phil. Gustav **Böhme**, vorm. Dir. zu Görlitz. 5., verm. Aufl. *Berlin: P. Parey 1903.* (VI, 244 S.) 8° [F.] [04. 230

Landwirtschaftliche Sünden. Fehler im Betriebe. Von Dr. phil. Gustav **Böhme**, Dir. zu Görlitz. 6., (verm.) Aufl. hrsg. von Hans Böhme, Landwirtschaftslehrer. Berlin: P. Parey 1906. (VI, 253 S.) 8° [F.] [06. 18400

Böhme, Gust.: Landwirtschaftl. Sünden. Fehler im Betriebe. 7. Afl. v. Hans Böhme. (7,249) gr8° Berl., P Parey '12. L 4 — d

Böhme, Gust. Adolph. Franc., s. Böhme, Adolph

Böhme, H., der Babel-Bibel-Streit. Vortrag geh. vor dem Lehrerbunde Augsburger Konfession zu Straßburg am 27. X. 1904. (48 S.) 8. Berlin (905.) F. Zillessen. n. — 30

Böhme, H., Bekämpfung der Prostitution u. der Unzucht im Allgemeinen. 12. (30 S.) München. A. Schupp. 1900 —. 80.

Böhme, H., s. Handbibliothek, juristische.

Boehme H. G.: Exterioristische Betrachtungen üb. die Formationes parorales et paranaricae d. Wiederkäuer, Suiden u. Carnivoren d. Hausstandes in Bezug auf die Möglichkeit einer Benutzung z. Individualcharakteristik u. Kennzeichnung d. Tiere. Diss. (Bern). Landsberg a. L. 1910. 24 S. 1 Tvl. 4°.

Böhme, Hans, aus Hamburg: Die **Erwerbung der deutschen Schutzgebiete. Eine staats- u. völkerrechtl. Studie.** *Hamburg 1902: Th. Rougemont.* (VIII, 80, III S.) 8°
Rostock, Jur. Diss. v. [10. Nov.] 1902

Böhme, *Wilhelm Theodor August* Hans [aus Berlin]: Zur Casuistik der Speicheldrüsengeschwülste ... Berlin, Buchdr. v. M. Bading, 1892; 59 S., 2 Bl. 8.
Berlin, Med. Fak., Inaug.-Diss. v. 13. Aug. 1892

Böhme, Hans, landwirtschaftliche Sünden, s.: Böhme, Gust.

Böhme, Heinr., Bekämpfung der Prostitution u. der Unzucht im Allgemeinen. 12. (30 S.) München (900). A. Schupp. n. — 30

Boehme, Heinrich Guido. Exterioristische Betrachtungen über die Formationes parorales et paranaricae der Wiederkäuer, Suiden und Carnivoren des Hausstandes in Bezug auf die Möglichkeit einer Benutzung zur Individualcharakteristik u. Kennzeichnung der Tiere. Aus dem Zootechnischen Institut der Universität Bern.... Diss. Vet.-Med. Bern. Mit [3 Figuren und] 1 Tafel. 24 S. 8. Landsberg a. L., M. Neumeyer, 1910.

Boehme, Hermann, approb. Arzt aus Leipzig: Ein **Beitrag zur** Diagnose und Therapie der Extrauterin-Gravidität. *Leipzig 1904: B. Georgi.* (39 S.) 8°
Leipzig, Med. Diss. v. (7. März) 1904

Böhme's, H., sämmtl. Gedichte. 2. Afl. 8. (112) Alt. 62. (Lpzg, Mentzel.) n. — 22½

Böhme's, Herm., sämmtliche Gedichte. Orig.-Ausg. 8. (112 S.) Altona 863, (Mentzel.) *

—— dass. — 2. Aufl. 8. (112 S.) Ebendas. 863. *.

Böhme, Herm., der Geleitsmann in der deutschen Muttersprache. Ein stufenweise geordneter Lehrgang mit vielen Musterbeispielen u. zahlreichen Aufgaben für Lehrer, Schüler u. Selbstlernende. Altona 869. (Mentzel.) gr. 8. (XII, 367 S.) n. 1 ⅓

Böhme, Herm., der Geleitsmann in der deutschen Muttersprache. Ein stufenweise geordneter Lehrgang m. vielen Musterbeispielen u. zahlreichen Aufgaben f. Lehrer, Schüler u. Selbstlernende. gr. 8. (XII, 367 S.) Leipzig 871. Mentzel. n. 3. —

— Adelina Patti in Hamburg. Eine Monographie für Freunde der Tonkunst. Hamburg 863. (Altona, Mentzel.) 8. (8 S.) 3 ngr.

—— Adel. Patti in Hamburg. 8. (8) Hamb. 63. (Lpzg, Mentzel.) — 3

Böhme, Herm., das kgl. sächs. Stempelsteuergesetz vom 12. I. 1909, s. Handbibliothek, juristische.

Böhme, H. Das Königl. sächsische Stempelgesetz vom 12. I. 1909 nebst den dazugehörigen Ausführungsbestimmungen. Leipzig 1909.

Boehme, Herm., Das Kgl. sächs. Stempelsteuergesetz vom 12. Jan. 1909 nebst d. dazu gehörig. Ausführungsbestimm. Handausg. m. Erl. Bd 1. Leipzig 1910. 8°. (Jurist. Handbibliothek, hrsg. von Max *Hallbauer* u. W. *Schelcher*. Bd 290.)

Böhme, Herm., neue methodische kalligraphische Vorlegeblätter. 4 Hfte. qu. gr. 8. (64 lith. Bl.) Hamburg 852, Th. Niemeyer. n. ⅔ ℛ

— u. **Schütt,** Vorlegeblätter z. Schönschreiben, s.a. Schütt.

— systematische Vorlegeblätter zum Schön- u. Schnellschreiben, f. d. Schul- u. Privatgebrauch. 1. u. 2. Hft. [Deutsch.—Englisch.] qu. 4. (à 20 lith. Bl.) Altona 849. (Hamburg, Niemeyer.) à n. ½ ℛ

Böhme, Herm., Wegführer in der deutschen Grammatik. Ein stufenweise geordneter Lehrgang mit Beispielen und Aufgaben. Altona 853. Schlüter in Comm. 12. (120 S.) n. 6 ngr

—— wie spricht man richtig deutsch. Der Geleitsmann in der deutschen Muttersprache. Ein stufenweise geordneter Lehrgang mit vielen Musterbeispielen und zahlreichen Aufgaben für Lehrer, Schüler und Selbstlernende. gr. 8. (XII, 367 S.) Leipzig 873, Mentzel's Verlag. geb. *

Boehme, Herm. Alex. (Dresden), Quaedam de mercurii sublimati corrosivi in syphilide usu. Diss. med. Lpz. (Staritz) 4. VII. 1834. 24 S. (3.80) 3152
Gew.: Grf. v. Wladislau Chotoniewsky, Carl Gustav Carus.

Böhme, J: Die sexuelle Frage in d. höh. Knabensch. Vortr. 1. u. 2. Taus. (32) 8° Lpzg, F Eckardt '11. — 40 d

Boehme, J., Herder u. das Gymnasium. Ein Stück aus dem Kampfe der realist. u. humanist. Bildg. am Ende d. vorigen Jahrh. [Aus: „Hamburg. Korrespondent".] gr. 8. (III, 65 S.) Hamburg 890. Herold's Verl. n. 1.—

Böhme, J. C., Rad der Zeit mit ein. drehbaren Planisphäre v. 8 Zoll Durchmesser. Immerwährender Monats-, Namens- u. Festkalender, mit bildl. Darstell. der tägl. Veränderung u. Richtung d. Erde in ihrer Bahn um d. Sonne. (2 Kpfrt. Fol. u. 1 B. Text gr. 4.) Leipzig 843, Dörffling. Thlr. *

—— Sonnenuhr f. die wahre u. mittlere Zeit, nach mathemat. Gesetzen. (2 Kpfrt. u. 1 B. Text. gr. 4.) Leipzig 843, Dörffling.

— astronomische Sternscheibe, oder allgemeine Himmelskarte bis zum 40. Grad südlicher Breite. Mit beweglichem Horizont- und Höhenquadranten. Mit 2 Kupfertafeln. gr. 4. Ebend. 843. n. 1⅓ ℛ

Böhme, J. G., de pedum deosculatione imperatoribus Romanorum quondam praestita. Lips. 1757. 4.

Böhme, J. G., Perillustris domus Plothoica. Neo-Magdeburg. 1719.

Böhmius, J. G., De origine burggraviatus et primis burggraviis item de Friderico Ileburgensi, falso credito primo Misnensi burggravio. Lipsiae 1770. 4.

Böhme, J. G., Unterricht über den Ursprung u. die Benennung aller Sonn-, Fest- u. anderer Tage durchs ganze Jahr. 8. Zwick. 817, Gebr. Schumann. 1 ℛ 12 ℊ

Böhme, Jacob, s. Harleß, G. C. Adf. v.

—— s. Martensen, H.

Böhme, Jacob, ein biographischer Versuch. Pirna 1801. V: *Sillig, Johann Friedr.* (KY) (MGT) (winer)

Böhme, Jacob

— **Anleitung zum Beten, und erbauliches Gebetbüchlein.** gr. 12. Nürnberg 838. Raw. ⅙ ℛ

— **Aurora,** od. d. Morgenröthe im Aufgang. 12. Berl. 780 Maurers B. 16 ℊ Schrbp. 20 ℊ

— **Aurora oder die Morgenröthe im Aufgang, das ist: die Wurzel oder Mutter d. Philosophie, Astrologie u. Theologie aus rechtem Grunde, oder Beschreibung d. Natur** ꝛc. gr. 8. Stuttgart 835. (Gedruckt mit d. Jahrz. 1682.) Halbergers Buchh. ¾ ℛ Velinp. 1 ℛ

Böhme, Jac., Auszug aus seinen Schriften. 4. Amsterd. 718.

— Ausz. a. s. Schr. 8. Frankf. Eßlinger. 801.

— Auszug aus sn. Schriften. 8. Frkf. a. M. 801. (Schäfer). 10 ℊ

— Auszug d. merkwürdigsten Stellen aus seinen Schriften, s. Anozuca.

— Beschr. des Steins d. Weisen. 8. Frankf. (Sommer, Leipz.) 747.

— s. Beschreib. d. Tinktur d. Weisen.

Böhme, Jacob. Seraphinisch Blumengärtlein oder geistliche Extracten aus J. B. Schriften. Amst. 1700. H: *Gichtel, Joh. Georg.* (winer)

— Christosophia. Das ist: Der Weg zu Christo; Oder Gründliche Anweisung, Wie eine Bußfertige Seele ... zur Neuen Geburt ihres Willens, und verlohrnen Paradiesischen Ebenbilde Göttlicher Weisheit und Wesenheit, so wol auch Zum Göttlichen Schauen der Ewigen Wunder Sophiae gelange ... O. O. und Dr. [Hamburg, Holle?] Anno 1718. 8°. *Titelkupfer (symbolisch-schematische Darstellung des Weges zu Christus)*, 15 Bl. 490 S. 8 Bl. Fleckiger und beschäd. HPgtbd. d. Z.

Buddecke II, 1 Nr. 24 (S. 67/68): „Die in der Gesamtausgabe von 1715 einzeln und z. T. getrennt voneinander auftretenden Traktate des Weges zu Christo sind hier, unter dem Obertitel vereinigt, wieder abgedruckt, wobei der Text revidiert u. die Orthographie leicht geändert wurde ... am Rande sind *J. G. Gichtels* Marginalien beigeschlossen". Herausgeber war wahrscheinlich J. G. GLÜSING.

— Christosophia. Das ist: Der Weg zu Christo; Oder Gründliche Anweisung / wie eine bußfertige Seele ... zur neuen Geburt ihres Willens und verlorenen Ebenbilde göttlicher Weisheit und Wesenheit gelange. [Hamburg, H. H. Holle?] 1718. 8°. *Titelkupfer*. 15 Bl., 490 S. 8 Bl. Schwarzer Ldbd. d. Z. mit den Initialen D. F. P. A., d. Jahreszahl 1748 u. Goldschn. 160.—

Buddecke II, 1, p. 67 Nr. 24.

Böhme, Jak., Christosophia oder Weg zu Christo verfasset in neun Büchlein, nun in acht zusammen gezogen, welche handeln von wahrer Busse, u. vom Schlüssel göttlicher Geheimnisse; vom heil. Gebete ꝛc. Der Ausgabe von 1731 unveränd. Abdruck. Königsberg 805. Gräfe & Unzer. gr. 8. 391 S. u. Portr. in Stahlst.) n. 20 ngr

— [TSCHEER, N.] Einleitung Zum Wahren und gründlichen Erkänntnis Des grossen Geheimnisses der Gottseligkeit: Gott geoffenbaret im Fleisch; Bestehende in einem Kernhafften Auszug Aller Theologischen, Theosophischen und Philosophischen Schrifften und Zeugnissen Des Hoch-erleuchteten Mannes Gottes und Philosophi Teutonici, Jacob Böhmens, Alles nach dessen Grund-Sätzen Von drey Principien und sieben Eigenschafften der Natur, In eine fügliche Ordnung verfasset ... Mit einer Vorrede und doppeltem Register, Ausgegeben von einem Theo-Sophiae Cultore. Amsterdam, R. und G. Wetstein, 1718. 4°. *Titelkupfer*, Titel, 2 Bl. 1812 Spalten (1—10 paginiert). 20 Bl. Etwas späterer, beriebener HLdbd. 200.—

Buddecke, Böhme-Ausgaben S. 98 Nr. 49. Der Herausgeber war Nicolaus Tscheer. „Die Einrichtung des Auszugs ist durchaus systematisch; er entwickelt die gesamte Lehre B's bis ins Einzelne in klarer Ordnung und stetem Zusammenhang ... Der Erschließung des Werkes im einzelnen dient ein sorgfältig bearbeitetes Sachregister, während die Clavicula, eine Frucht eindringlicher Böhmekenntnis, für das Verständnis wertvolle Hilfe leistet, indem sie gegen zweihundert Wörter im Sinne B's selbständig und ausführlich erklärt."

— De Electione Gratiae, Von der Gnaden-Wahl oder Von dem Willen Gottes über die Menschen. [Leiden? Ueberfeld?]. Gedruckt ... 1730. 1 Bl. 224 S. *Mit gestoch. Frontispiz*. Leicht berieb. u. bestoß. HLdbd. d. Z. mit Rsch. u. Rv.

Buddecke I, 29 Nr. 10. Band XII der dritten Gesamtausgabe, hrsg. v. *J. W. Ueberfeld*. —

[F.] Gedanken aus Jacob Böhmes übersinnlichem Leben. Ausgewählt u. zsgest. v. Louise Spies, Lehrerin ... zu Görlitz ... *Görlitz: Dr. v. Hoffmann & Reiber 1897.* (28 S.) 1 Bd 8. [99. 533

Böhme's, Jak., Gedanken aus übersinnlichem Leben. Ausgew. u. zusammengest. v. Louise Spies. gr. 8. (28 S.) Görlitz 897. (H. Tzschaschel.) n. — 30

— De Incarnatione Verbi, oder Von der Menschwerdung Jesu Christi, in drey Theile abgetheilet. [Leiden? Ueberfeld?]. Gedruckt ... 1730. Kl.8°. 2 Bl., 221 S. *Mit gestoch. Frontispiz u. 1 Kupfertafel.* Leicht berieb. u. bestoß. Hldbd. d. Z. mit Rsch. u. Rv.

Buddecke I, 25 Nr. 5. Band V der 3. Gesamtausgabe, hrsg. v. *J. W. Ueberfeld.* Nach Buddecke hat diese Ausgabe keine Kupfer, es gibt aber auch Exemplare mit 1—2 Kupfern,

Böhme, Jakob. Sein Leben u. seine theosophischen Werke in geordnetem Auszuge m. Einleitungen u. Erläuterungen. Allen Christgläubigen dargeboten durch Johs. Claassen. 3 Bde. 8. Stuttgart 885. J. F. Steinkopf. n. 12. —
1. Einführung in Jakob Böhme. (LXVIII, 258 S.) n. 3. —
2. Das große Liebesgeheimnis Gottes u. seines Reiches in Jesu Christo u. der ewigen Weisheit. Ein geordneter Auszug sämtl. Werke Jakob Böhmes. 1. Tl.: Vom ewigen Ungrunde bis zur Fleischwerdg. d. WOrtes. (XVI, 474 S.) n. 4. 50
3. Dasselbe. 2. Tl. Von der Fleischwerdung des Wortes bis zur ewigen Vollendung. (VIII, 502 S.)

— 1. Libri Apologetici, oder Schutz-Schriften wieder Balthasar Tilken, einen Schlesischen von Adel. — 2. Antistiefelius, oder Bedencken über Esaias Stiefels Büchlein: Von Dreyerley Zustand des Menschen, und dessen Newen Gebuhrt. — 3. Apologia contra Gregorium Richter, oder Schutz-Rede wieder Gregorium Richter. — 4. Informatorium Novissimorum, oder Unterricht von den Letzten Zeiten an Paul Kaym, in zwey Theilen. [Leiden? Ueberfeldt?] Gedruckt im Jahr des ausgebornen grossen Heils 1730. 1 Bl. 440 S. 3 Zwischentitel. *Mit gestoch. Frontispiz u. 1 Textholzschnitt.* Leicht berieb. u. bestoß. HLdbd. d. Z. mit Rsch. u. Rv. — Budd. I, 27. 8. Ist Bd. X der Überfeldschen Ausg.

Böhme, Jak.: Morgenröte im Aufgang. Von d. 3 Prinzipien. Vom dreifachen Leben. s. a. Fruchtschale. Die.

— Morgenröte im Aufgang, das ist: die Wurzel oder Mutter der Philosophiae, Astrologiae und Theologiae. Neue Auflage. Berlin & Leipzig, C. U. Ringmacher, 1780. XXVIII S. (inkl. *Titelkupfer*), 360 S. 2 Bl. Älterer Pbd. 90.—

Buddecke II, 1. p. 146 Nr. 118: „Ein Wiederabdruck der Ausgabe von 1682, der sich genau an die Vorlage hält ..." es ist die 4. Ausg. der Aurora.

Jakob **Böhme**. Morgenröte im Aufgang. Von d. drei Prinzipien. Vom dreifachen Leben. Hrsg. u. eingeleitet von Joseph Grabisch. Mit 1 Portr. München & Leipzig: Piper [1905]. XXII, 280 S. 8°
(Die Fruchtschale. Bd 8.) [11. 4838

— Mysterium Magnum, oder Erklärung über Das Erste Buch Mosis, Von der Offenbarung Göttlichen Worts durch die drey Principia Göttliches Wesens. auch vom Ursprung der Welt u. der Schöpfung, Darinnen das Reich d. Natur und das Reich der Gnaden erkläret wird. O. O. u. Dr. [Amsterdam oder Leiden?] 1730. Kl. 8°. 896 S. *Mit gestochenem, gefalt. Frontispiz u. 1 gef. Kupfertaf.* Pgt. d. Z. (unterer Rand des Rückens beschäd.). 160.—

Buddecke II, 1. S. 30 Nr. 12. Vierte Ausgabe dieses Werkes, eines der größten und wichtigsten Böhmes. Erschien sowohl separat wie als Bd. XVII. der dritten, von J. W. Überfeld besorgten Gesamtausgabe.

— letzte Posaune, 8. Berl. 779. Maurers B. 3 gr Schrbp. 4 gr

— Die letzte Posaune an alle Völker oder Prophezeyungen ... von dem naheseyenden Untergang des Antichrists und Babels; von Offenbarung der Lilienzeit, von der Tinctur der Weisen, von der innestehenden Juden- Türken- u. Heidenbekehrung von des Bräutigams Zukunft ... Berlin & Leipzig, Ringmacher 1779. Kl. 8°. *Titelkpf.* u. 80 S.

— De Signatura Rerum oder Von der Geburt und Bezeichnung aller Wesen ... [Leiden? Ueberfeld?] Gedruckt im Jahr 1730. 2 Bl. 244 S. *Mit gestoch. Frontispiz.* Leicht berieb. u. bestoß. HLdbd. d. Z. mit Rsch. u. Rv.

Buddecke I, 29, 9. Band XIV der dritten Gesamtausgabe, hrsg. v. *J. W. Ueberfeld.*

— De Testamentis Christi, oder Von Christi Testamenten ... [Leiden, Ueberfeld?] Gedruckt ... 1730. 2 Bl. 116 S. *Mit gestoch. Frontispiz.* Leicht berieb. u. bestoß. HLdbd. d. Z. mit Rv. (Rsch. fehlt).

Buddecke I, 29, 11. Band XVI der 3. Gesamtausgabe, hrsg. v. *J. W. Ueberfeld.*

— Theosophia Revelata. Das ist: Alle Göttliche Schriften ... Jacob Böhmens ... aus genauer Untersuchung der bisherigen Editionen, insonderheit der von Ao. 1682. auch anderweitigen schriftlichen Urkunden, vieler Orten merklich verbessert; Anbey mit ... JOHAN GEORG GICHTELS ... Geistreichen Marginalien oder Summarischen Einhalt ... vermehret. In Beyfügung des Autoris J. B. erweiterten Lebens-Lauffes und nöhtigen Registern. 2 Bde. [Hamburg, Hermann Heinr. Holle] 1715. Gr. 4°. 5 Bl. Sp. 1–2174; 1 Bl. Sp. 2177–3928, Sp. 1–100, 62 Bl. *Mit 2 (statt 4) Kupfertafeln und mehreren Vignetten im* Text. Etwas berieb. und bestoßene *schöne Ldbde. d. Z. mit reicher Goldverzierung im Barockstil, Mittelstück: das Lamm mit Fahne in einem Flammenkranz, Rv.* 680.—

Buddecke II, 1. p. 12—22, Nr. 2. C. III. 30. Selten!
„Diese zweite Gesamtausgabe ist von JOHANN OTTO GLÜSING in Altona besorgt worden. Im Ganzen fußt sie auf der Amsterdamer Ausgabe von 1682.

. Theosophia revelata Das ist: Alle Göttliche Schriften des Gottseligen und Hocherleuchteten deutschen Theosophi **Jacob Böhmens** etc. etc. Anbey mit etc. Johann Georg Gichtels Geistreichen Summarien und Inhalt jeden Capitels. Gedruckt 1730. 5 *Bände.* 8o.

— Theosophia revelata od. alle göttl. Schr. m. K. 4 Bde. 8. Leipz. 730.

— e. biogr. Versuch. 8. Dresd. Arnold. 802.

Böhme, Jak.; e. biograph. Versuch. 8. Dresd. 804. Arnold. 20 gr

— De Vita et Scriptis oder Ausführlich erläuterter Historischer Bericht von dem Leben und Schriften des teutschen Wunder-Mannes. [Leiden? Ueberfeld?] 1730. 170 S. *Mit gestoch. Frontispiz u. 2 Kupfertafeln (1 gefaltet).* Leicht berieb. u. bestoß. HLdbd. d. Z. mit Rsch. u. Rv.

Buddecke I, 32. Der Ergänzungsbd. zur 3. Gesamtausgabe mit den biograph. Nachrichten von *A. v. Frankenberg*, C. *Weißner*, *T. Kober* u. a., hrsg. v. *J. W. Ueberfeld.*

-dasselbe s.a. Vita

— Weg zu Christo. 8. 752.

— der letzte Weg ꝛc., s. Haus- u. Taschenbibliothek.

Böhme, Jak., der rechte Weg z. Himmel. E. kernhafter Auszug in Frage u. Antwort: Von der Buße bis zur Wiedergeburt. 12. (173 S.) Neu-Ruppin 890. F. W. Bergemann.
Nicht im Handel.

Jac. **Böhme's** sämmtl. Werke, h. v. K. W. **Schiebler.** 1r Bd. Der Weg zu Christo. 2r Bd. Aurora. 3r Bd. Die 3 Principien göttl. Wesens. 4r Bd. Vom dreif. Leben d. Menschen. — Von d. Geburt u. Bezeichn. aller Wesen. — V. d. Gnadenwahl. M. 1 Stdr. 5r Bd. Mysterium magnum, od. Erklär. üb. d. 1e B. Mosis. Mit 1 lith. Tafel. 6r Bd. Psychologia vera — Psychologiae supplementum, d. umgewandte Auge — de incarnatione verbi — VI puncta theosophica — VI puncta mystica — Mysterium pansophicum. — De IV complexionibus. — De Testamentis Christi — Gespräch einer erleuchteten Seele. — Theosophische Fragen — Tafeln v. d. 3 Principien göttl. Offenbar. — Schlüssel. 7r Bd. Libri apologetici. — Apologia I. et II. contra Balth. Tilken od. d. 1e u. 2e Schutzschr. u. s. w. — Antistifelius I. Bedenken üb. Esaiä Stiefels Büchlein. — Antistifelius II. Vom Irrthum d. Secten Esaiä Stiefel's. — Apologia contra Gregorium Richter. — Judicium Greg. Richteri etc. Sutor Antichristus. Propempticum s. Concomitativum. Ad judicantem judicem primarium. — Libellus apologeticus; schriftl. Verantwort. etc. wid. d. Primarii Lästerung, Lügen u. Verfolgung etc. — Informatorium I. et II. Novissimorum. — Epistolae theosophicae. *Lpz.*, Barth. 831-47. gr8° 15 rß 14 gr

Böhme, Jakob, sämmtl. Werke, herausg. v. K. W. Schiebler. 1r Bd. Der Weg zu Christo. 18 gr 2r Bd. Aurora. 1 rß 12 gr gr. 8. Leipz. 831, 32. Barth. 2 rß 6 gr

Böhme, Jak., sämmtl. Werke, genau nach d. Amsterdamer Ausgabe von 1682 unter steter Vergleichung der beiden Editionen von 1715 u. 1730 von Neuem aufgelegt. 1r Bd. 1e—4e Lfrg. gr. 8. Stuttg. 835, 36. Hallberger. 3/4 rß Vlp. (à 1/4 rß) 1 rß

Böhme, Jak., sämmtl. Werke, hrsg. v. K. W. Schiebler. 3. u. 4. Bd. gr. 8. Leipzig, Barth.
Bd. 3. Die drei Principien göttl. Wesens. (24½ B.) 841. 1 Thlr. 18 Gr.
„ 4. Vom dreifachen Leben d. Menschen. — Von d. Geburt u. Bezeichnung aller Wesen. — Von d. Gnadenwahl. M. 1 Stnt. (40 B.) 842. 2 Thlr. 18 Gr.
1. u. 2. Bd. Ebendas. 1831, 32. 2 Thlr. 6 Gr.

Böhme, Jakob, sämmtliche Werke. Hrsg. v. K. W. Schiebler. 5. u. 6. Bd. gr. 8. Leipzig, Barth.
Bd. 5. Mysterium magnum od. Erklärung üb. d. 1. Buch Mosis. (44½ B. u. 1 Stnt.) 843. 3 Thlr. 6 Ngr.
6. Psychologia vera. — Psychologiae supplementum, das umgewandte Auge. — De incarnatione verbi. — Sex puncta theosophica. — Sex puncta mystica. — Mysterium pansophicum. — De quatuor complexionibus. — Theoscopia. — De testamentis Christi. — Gespräche einer erleucht. u. unerleucht. Seele. — Theosoph. Fragen. — Tafeln von den 3 Principien göttl. Offenbarung. — Schlüssel. (15½ B. u. 1 Stnt.) 846. 3 Thlr. 6 Ngr.
1—4. Bd. Ebendas. 1831—42. 6 Thlr. 17 Ngr.

Böhme's, Jakob, sämmtliche Werke, hrsg. von K. W. Schiebler. 7. Bd. gr. 8. (VIII und 506 S.) Leipzig 847, Barth.
1—6. Bd. Ebendas. 1831—46. 13 Thlr. 2½ Ngr.

Böhme's, Jak., sämmtliche Werke herausg. v. K.W. Schiebler. 1. Bd. Der Weg zu Christo. 2. Aufl. Leipzig 860. J. A. Barth. gr. 8. (VII, 152 S.) 21 ngr.

— v. d. Wiedergeburt d. Menschen. M. Kpf. 8. Berl. 779. Maurers B. 3 gr. Schrbp. 4 gr.

— v. Zank u. Streit d. Gelehrten um Christi Testamente, was sie damit thun u. was davon zu halten sei? herausg. v. Fr. Bleek. gr. 8. Berl. 823. Reimer. 4 gr.

— Jo. Justus, De intercessione Jesu Christi sacerdotali. Comment. theol. exeget. cum praef. Jo. Gg. Walch. Jena (J. F. Ritter) 1739. 63 Seiten. (5.—) 3146

— — Dasselbe. 1743. (5.—) 3147

Boehme, Jos., de Theophrasteis quae feruntur περὶ σημείων excerptis. gr. 8. (84 S.) Hamburgi 884. (Leipzig, Simmel & Co.) n. 1. 60

Böhme, (Joh.), vom Zank u. Streit d. Gelehrten um Christi Testamente, was sie damit thun u. was davon zu halten sey? Herausgeg. v. Fr. Bleek. gr. 8. Berlin 824. Reimer.

Böhme, Johann Christian

Böhme, Jh. Chr., Beschreib., nebst Anleit. z. Gebrauch e. neu erfundenen Universal-Sonnenuhr rc. entworfen u. nach mathemat. Grundsätzen verfertigt. 8. Leipz. 817. Verf.

Böhme, Joh. Chrstn., ausführliche Erklärung und Gebrauchsanweisung zu d. astronom. Hohlkörpern. Nebst 4 Kpfrt. 16. (1 B.) Leipzig 830, (Barth.)

— die nördl. u. südl. Hemisphäre des gesternten Himmels in zwei Hohlkörpern mit leuchtenden Sternen, beweglichem Horizonte u. Höhenquadranten. Nebst ausführl. Erklärung u. Gebrauchsanweisung. Mit 4 Kpft. in Etui. Leipz. 828. Barth. 8 gr

—— astronom. Sternscheibe, od. allgem. Himmelskarte bis zum 40. Grad südl. Breite, mit bewegl. Horizonte u. Höhenquadranten. (2 Kpfrt. gr. 4. u. 1 B. Text.) Leipzig 843, Dörffling.

—— neue astronom. Sternscheibe alle Sterne bis zur 5. Grösse enth., mit bewegl. Horizonte u. Höhenquadranten. gr. 4. (1 Bl. Erklär.) Leipzig 832, (Barth.) In Portefeuille.

Böhme, Johann Christoph

Böhme, Joh. Christoph, Die anbetende Empfindungen des Gottes, der in seinen Züchtigungen so wie in seinen Errettungen darthut: Er sey der Herr, der alleinige . . . in einer Predigt am Danck-Feste für den 1757 bey Rossbach erfochtenen Sieg vorgestellet. Berlin. 8.

Böhme, Joh. Christoph, Das an und unter uns wahr gewordene herrliche Trost-Wort ich bin deine Hülfe, an dem Danck-Feste für den bey Prag 1757 von dem Preuss. Heer erfochtenen Sieg. Berlin. 8.

Böhme, Johann Ehrenfried

Böhme, J. E., Beweis, dass die beyden Rittergüter Herrengosserstedt und Burgholzhausen jederzeit von verschiedenen Marschallischen Geschlechtslinien besessen worden etc. 1774. 4.

— Beweis, daß d. beiden Rittergüter Herrngosserstädt u. Burgholzhausen nie zusammengehört haben. gr. 4. Leipz. 775. Heinsius. 8 gr.

— s. Janitius, poëmata.

Böhme, Jh. Ehrenfr., († d. 7. Apr. 1778.) lyricorum libellus, auspiciis Zaluskii. 8. Bresl. 750. W. G. Korn. 4 gr.

Böhme, J. Ehrfr.: Ueb. d. Buttstädt'schen Statuten. *Leipzig*. 775. 4.

Böhme, J. E., Todttheilung mit ihren Folgen in Thüringen aus der Kävernburg-Rabinswaldischen Familiengeschichte. Leipzig 1795.
s.a. Wye.

— Todtheilung m. ihr. Folgen in Thüringen, a. d. gräfl. Kovernburg-Rabinswald. Famil.-Gesch. erläutert. gr. 8. Leipz. 795. Böhme. (Knobloch). 6 gr.

Boehm(e), Johann Georg (Zwoena/Hermund.), Observat. de servitute necessaria compendii caussa praedio vicini imponenda. Präs. Chph. Ludw. Crell. Wittenberg (Scheffler) Okt. 1740. 40 S. (4.80) 3125
Gew.: Chn. Friedr. Teucher. — Widm. v.: Chn. Gottlieb Garmann (Spremberg), Chn. Gottlob Sieber (Schwarzenberg), Carl Sam. Regis (Schkeuditz).

Boehme, Joh. Geo. Programma de Philippi I., Hassorum principis, fide suspecta erga Joannem Fridericum, Saxoniae ducem. 4. Lipsiae 1775.

Böhme, Johann Gottlob

Boehme, Johann Gottlob, s. a. Acta pacis Olivensis.

Boehmii, J. G.: Acta pacis Olivensis inedita. T. I. *Vratisl.* 763. T. II. *ibid.* 766. 4.

Böhme, Jh. Glo., de Augusti in litter. et art. studia amore oratio. 4. Leipz. 764. N. A. 769. (Brockhaus) 2 gr.

— — De Augusti Saxoniae ducis S. R. I. septemviri singulari in litterarum et artium studia amore. Lpz. (Heins) 20. VI. 1764. 24 S. (3.50) 3138

— de Augusti in litter. et art. studia amore oratio. 4. Lips. Gleditsch. 764.

— — De Viti Beringii historia obsidionis Hafniensis anekdoton litterar. Lpz. (Langenheim) 1758. 12 S. (3.—) 3132

— — Antiquitatum burggraviatus Misnensis spec. Lpz. (Langenheim) 24. XI. 1770. 20 S. (3.—) 3140

Böhme, Jh. Glo., († d. 30. Juli 1780.) de Augustino Olomucensi et patera ejus aurea commentariolus. 8. Dresd. 758. Walther. 10 gr.

Böhme, Johann Gottlob.
Carmina Latina ... Adjecta sunt amicorum ad eum carmina. Lipsiae 1780. H: *Eck, Johann Georg.* (BrMm)

— carminum latinarum specimen. 8. Leipz. 780. (Brockhaus). 16 gr.

— — Antiquiora investiturae feudorum imperii in camera exempla brevi comment. Lpz. (Langenheim) 1755. 23 S. (4.—) 3130

— oratio de Mauritii Elect. Saxoniae in Academia Lips favore. Leipz. 764. (Brockhaus). 3 gr.

— — De Mauricii ducis electoris Saxoniae in academiam Lipsicam insigni favore. Lpz. (Heins) Dez. 1763. 28 S. (4.—) 3137

— — De Philippi I Hassorum principis fide suspecta erga Johannem Fridericum ducem electorem Saxoniae prolusio. Lpz. (Langenheim) 19. IV. 1775. 28 S., tlws. dtsch. (3.50) 3143

Boehme, Johann Gottlob: F o n t i Carolino in Bohemia, aquis calidis et salubribus incluto, grati animi causa ob reparatam valetudinem sacr. 3. id. Iul. 1779. o. O. (1779.) 4 Bl. 8°

Böhme, Joh. Gottlob (Hrsg.), s. G r o s c h e n - C a b i n e t , Neu eröfnetes.

— Sächs. Groschenkabinett. 2 Thle. 8. Züllich. 765. Frommann. 1 rf 12 gr (NB. Bildet auch das 12. u. 13. Fach des Groschenkabinetts.)

— de Hadvige Svevorum Duce Vicaria imperii. 4. Leipz. 754. (Brockhaus). 2 gr

— — De Hadvige Suevorum duce vicaria imperii comment. ad ill. dom. Friedr. Aloys. Joseph praef. Varsaviae et Joh. Moritz Grf. v. Brühl. Lpz. (J. F. Gleditsch) 1754. 28 S., mit 1 Kupfer (Burgruine). (4.80) 3128

Boehme, Johann Gottlob, s. H a l t a u s : Glossarium.

Boehme, Johann Gottlob, s. H a r t e , W.: Leben Gustav Adolphs.

— — De Henrico Leone Bavariae et Saxoniae duce numquam comite palat. Saxoniae comment. Lpz. (Langenheim) 19. VII. 1758. 20 S. (3.—) 3133

— — De Maximiliani II. imp. erga rem evangelicam indulgentia diss. Lpz. (Langenheim) 1779. 22 S., tlws. dtsch. (3.—) 3144

— Jo. Gottlob, De commerciorum apud Germanos initiis comment. Lpz. (Breitkopf) 12. VI. 1751. 22 S. (4.—) 3126

B o e h m e , J. G.: „De commerciorum apud Germanos initiis commentatio", Leipzig 1751. — Vorh.: Com. Bibl. Hamburg.

— — De Johanne Friderico princ. elect. Sax. summo historiarum patrono. Lpz. (Langenheim) 6. III. 1773. 20 S. (3.—) 3141

— Jo. Gottlob u. Jo. Paul Meisner (Zwickau), De Iside Suevis olim culta ad loc. Taciti de mor. Germ. C. IX. Tl. I. Lpz. (Langenheim) 12. XII. 1748. 40 S. (4.—) 3153

— — Dasselbe. Tl. II. Lpz. (Langenheim) 4. IV. 1749. 32 S. (3.—) 3154

— — De Caroli V. imp. erga rem evangelicam praecipue in Saxonia lenitate diss. Lpz. (Sommer) 13. II. 1779. 34 S. (3.50) 3145

— lyricorum libellus, auspiciis Zaluskii. 8. Bresl. 750. W. G. Korn. 4 gr

— de literatura Lipsiensi. Opuscula academica. 8 maj. Leipz. 779. (Berl., List). 16 gr

— de literatura Lipsiensi opusc. acad. 8. maj. Lipsiae, Sommer. 779.

— — De Philippi Melanchthonis in academiam Lipsicam insignibus meritis oratio. Lpz. (Langenheim) 4. V. 1760. 28 S. (4.—) 3134
Gew.: Joh. Gotthilf v. Globig.

Boehme, Joh. Gottl. Nonnulla de Carolo V. imperatore. 4. Lipsiae 1765.

— — De ordine draconis instituto a Sigismundo imp. Lpz. (Langenheim) 13. X. 1764. 12 Seiten. (3.—) 3130

— de origine vera Rutae Saxonicae. 4. Leipz. 756. (Brockhaus). 5 gr

— de ortu regiae dignitatis in Polonia. 4. Leipz., (Brockhaus). 4 gr

— oratio de studii et doctrinae publicae historiarum in academ. Lips. ortu. 4 maj. Leipz. 762. (Brockhaus). 6 gr

Boehme, I. Gottl., oratio de studii et doctrinae publ. historiae in Lips. ortu. 4. maj. Leips. Gleditsch. 762. Rthlr.

— — De studii et doctrinae publicae historiarum in academia Lipsica ortu. Lpz. (Lankisch' Erb.) 25. II. 1762. 30 S. (4.—) 3136

— inter Arcades Crisenii Beroensis poëmata. 4. Braunschw. 757. Schulbuchh. 12 gr

— — Oratio de principe exemplis imperatorum regumque Romano Germanicorum. Lpz. (J. G. Imm. Breitkopf) 12. VI. 1751. 32 S. (4.—) 3127

— oratio de principe exemplis imperatorum. Regumque Germaniae informando. 4. Leipz. 751. (Brockhaus). 2 gr

— — Spec. litterat. Lipsicae seculo XVI in quo de Richardo Croco Britanno Graecarum litt. in acad. Lips. instaur. Lpz. (Langenheim) 1761. 16 S. (4.—) 3135

— — De Runibergo ubi victus a Francis est Hermenefridus Thuringorum ultimus rex prolusio. Lpz. (Langenheim) 1773. 28 S. (4.—) 3142

— de Runibergo, ubi victus a Francis est rex Hermenefridus. C. fig. 4. Leipz. 774. Langenheim. 2 gr

Böhme, Joh. Gottlob (Hrsg.), s. S a m m l u n g deutscher Münzen mittlerer und neuerer Zeiten als des Neueröfneten Groschen-Cabinets 12. (13.) Fach . . .

— — De Saxonibus Euciis comment. Leipzig (Langenheim) 1756. 12 S. (3.—) 3131

Boehme, Joahnn Gottlob, s. S e v e r i n i breviar histor.

— — De Sigismundo Hungariae rege S. R. I. vicario generali comment. Lpz. (Langenheim) 1755. 19 S. (4.—) 3129

— oratio de bonar. literar. in Saxonia efflorescentium statu seculo ineunte XVI. 4. Dresd. 758. Walther. 4 gr

B o e h m e , I. V. F., comment. cont. venaesectionis censuram etc. 8. Gött. Brose. 791.

Böhme, Johann Heinrich

— Procent- oder Diskonto-Berechn.-Tabellen in Handlungsvorkommenheiten u. Debitsachen, von 1 bis 5 u. von 5 u. 6 bis 99 pCt. u. v. 1 Sch. bis zu 1000 Rthlr; rc. 4. Rost. 785

Böhme, Jh. Hnr., († ... 1800.) Tabelle von d. Verhältniß d. schweren Courants u. neuen ⅔ zu 8 bis 14 pCt., nebst angeführt. Berechn. d. Zinsen zu 4 bis 6 pCt. auf's ganze Jahr u einen Monat von 1 Sch. bis zu 1000 Rthlr.. 4. Rost. 770. Neue Ausg. u. d. T.: Agio- u. Rabatt-Tabellen v. d. Verhältniß d. neuen ⅔ gegen Gold u. Gold gegen neue ⅔ v. 1 bis 16 pCt. rc von 1 Sch. bis zu 1000 Rthlr. rc. 4. Ebd. 792

Böhme, Johann Justus (Kelbra/Th.), De poena talionis, theologice considerata, et praecpue exemplis biblicis illustrata. Diss. theol. Präs. Joachim Lang. Halle, 4. X. 1715. Ed. II. (Chr. Henckel) 1728. 44 S. (5.—) 3155

Böhme, Jh. Karl Aug., kleiner Katechismus d. christl. Religion, f. Volksschulen. 8. Leipz. 826. Glück. 3 gr

— kleines Lehr-, Lern- u. Lesebuch. 8. Leipz. 827. Glück. 6 gr

— die Lehren u. Wahrheiten d. christl. Religion, in 40 ganz kurzen Sätzen mit bibl. Sprüchen u. Liederversen, zum Auswendiglernen f. Kinder v. 5 bis 10 Jahren. 8. Leipz. 825. Glück. 1½ gr

— die Menschen- u. Weltkunde. Ein Elementarbuch für den Unterr. in Volksschulen. gr. 8. Leipz. 830. W. Nauck. 12 gr

—— der kleine Schulfreund, s. a. Schulfreund.

Böhme, Jh. Karl Aug., der kleine Schulfreund, ein lehrreiches Lesebuch für sieben bis neunjährige Kinder, in Verbindung mit einem Schullehrer-Vereine herausg. 8. Leipzig 830. (W. A. Künzel.) ¼ rf

— der kleine Schulfreund, e. lehrr. Lesebuch f. Kinder v. 7—9 Jahren. 8. Leipz. 830. L. Schumann. 6 gr

— Taschen-Choralbuch (in Ziffern), enthalt. d. mehresten Choralmelodien, besond. aber alle im neuen Dresdn. Gesangbuche befindlichen. 12. Leipz. 824. Dürr. 8 gr

— Vorkenntnisse z. Kopf- u. Tafelrechnen. 8. Leipz. 824. Lauffer. 2 gr

Boehme, Johann Traugott (Zwönitz), De febri remedio. Diss. med. Präs. Georg Rudolph Boehmer. Wittenberg (E. G. Eichsfeld) 12. VIII. 1754. 32 S. (4.80) 3156

— **Joh. Valentin Friedrich** (Treptow), Venaesectionis censuram in universum et speciatim habito respectu genii morborum hodierni. Diss. med. Gött. (Barmeier) 25. VI. 1791. 56 S. (4.—) 3157
Gew.: Otto Hermann Frh. v. Vietinghoff (Marienburg ..).

Böhme, Jh. Val. Fr., († d. 5. März 1823.) comment. cont. venaesectionis censuram etc. 8. Götting. 791. Dieterich; auch Brose. 1 gr

Böhme, Johannes [Dr.]: Zur Protagoras-Frage. Hamburg, gedr. bei Lütcke & Wulff, 1897; 1 Bl., 26 S. 4.
Hamburg, R. auf d. Uhlenhorst, OP 1897 (767)

Boehme, Ioannes: De Theophrasteis quae feruntur περὶ σημείων excerptis. Hamburgi: Pont & v. Doehren 1884. 84 S. 8°
Halle-Wittenberg, Phil. Diss. v. [3. Okt.] 1884
Geb. Unterneusulza (Sachs.-Meining.) 25. 2. 1859. V.
Im Buchhandel Hamburgi (Leipzig: Simmel) 1884.

Böhme, Just. Chph. Progr. de victoria Turcis an hoc reportata. Helmstadii 717

Böhme, K., s. a. Böhme, Karl

Böhme, K., die selbständige ländliche Schulsparkasse. Eine Anleitg. zu ihrer Gründg. u. Leitg. gr. 8. (IV, 44 S.) Braunschweig 892. Appelhans & Pfenningstorff. n. — 60

Böhme, K.: Die Vererbung des ländlichen Grundbesitzes in der Provinz Ostpreußen, s. Wenckstern, A. v.

Böhme, K. G., s.: Leben, 14, hervorrag. Stenographen.

Böhme, K. G., wie man auch Stenograph werden kann, s.: Sammlung v. Vorträgen a. d. Gebiete d. Stenographie.

Böhme, Karl

Böhme, Carl: Dt. Bauernpolitik. Auseinandersetzg m. d. Bund d. Landwirte. (152) 8° Würzbg, Memminger '11. 2 — d

Böhme, Karl, der Einfluss der Architektur auf Malerei u. Plastik. Ein Buch für Freunde u. Studirende der bildenden Kunst. Mit zahlreichen (eingedr.) Illustr. gr. 8. (IV, 14 S.) Dresden 881. Gilbers' Verl. n. 3. 60

Böhme K., der Einfluss der Architektur auf Malerei und Plastik. Dresden 1882

Finanzreform und Mittelstand von Dr. Karl Böhme, M. d. R. Hrsg. von d. Vereinigung z. Förderung d. Reichsfinanzreform. Berlin & Leipzig: Hillger [1909]. 32 S. 8°

Dreißig Jahre deutscher Schutzzollpolitik. Von Dr. Karl Böhme, M. d. R. 1. Taus. Heidelberg: C. Winter 1909. (106 S.) 8° [J.]

Böhme, Carl, Industrie u. Handelsverträge. Ein Rückblick u. Ausblick. (76 S.) gr. 8. Berlin (906). W. Issleib. n. 2. —

Dr. Karl Böhme, Mitgl. d. Reichstages: Kolonisation und Landarbeiterfrage in ihrer Bedeutung für das deutsche Volkstum. Erw. Vortrag, geh. zu Frankfurt a. M. 1907. Hamburg: Deutschnat. Buchh. & Verl.-Anst. (1907). 55 S. 8°

Böhme, Carl, die wichtigsten Krankheiten der Hausthiere, s. Reichenbach, Ludw., homöopathischer Haus- und Schiffsarzt.

Böhme, Karl, Pfarrer Naumann e. nationaler Politiker? (47 S.) 8. Berlin 906. (Liebheit & Thiesen.) n. — 60

Pfarrer Naumann ein nationaler Politiker? Von Dr. Karl Böhme. Berlin: Selbstverl. d. A. H.-Bundes d. V. D. St. Berlin 1906. (47 S.) 8° [J.]

— die Vererbung des ländlichen Grundbesitzes in der Prov. Ostpreussen, s.: Wenckstern, Adf. v.

Böhme, Karl, gutsherrlich-bäuerliche Verhältnisse in Ostpreussen während d. Reformzeit v. 1770 bis 1830, s.: Forschungen, staats- u. socialwiss. XX. 3.

Böhme, Karl, aus Jura, Kr. Ragnit: Gutsherrlich-bäuerliche Verhältnisse in Ostpreussen während der Reformzeit von 1770 bis 1830. *Berlin 1902: (Pierer in Altenburg).* (32 S.) 8° ¶ [Erschien vollst. 1902 als: Schmollers Staats- u. socialwiss. Forschungen, Bd 20, H. 3.]
Berlin, Phil. Diss. v. 15. Jan. 1902

Gutsherrlich-bäuerliche Verhältnisse in Ostpreussen während der Reformzeit von 1770 bis 1830. Gefertigt nach d. Akten d. Gutsarchive zu Angerapp u. Gr.-Steinort von Dr. Karl Böhme. *Leipzig: Duncker & Humblot 1902.* (VII, 107 S.) 8°
= Forschungen, Staats- u. socialwissenschaftl. Bd 20, H. 3.

Böhme, Karl, 36 lithograph. Vorlegeblätter zum Zeichnen, vom Leichtern z. Schwerern fortschreitend. 1s Hft. kl. 4. Magdeb. 826. Rubach. 18 gr 2s Hft 24 Vorlegebl. f. Geübtere. 4. Ebd. 828. 1 rf 6 gr

Was muß man von den Heilpflanzen wissen? Von Dr. Carl Böhme. Berlin: H. Steinitz (1904). (80 S.) 8° [J.]

Böhme, Karl, wie müssen wir in den Städten bauen? Für Behörden, Bauherrn u. Architekten. Mit Illustr. gr. 8. (16 S.) Dresden 888. Knecht. n. — 50

Boehme, Carl August (Dresden), Prosopopoeiam multorum errorum gravissimorum effectricem. Präs. Joh. Friedr. Hiller. Wittenberg (Gerdes) 5. X. 1768. 32 S. (4.80) 3148

Böhme, Karl Ernst, s. Böhme, Ernst

— **Carl Friedrich** (Weistropp / Misn.), Diversarum pneumoniae specierum. Diss. pathol. Präs. Salom. Constant. Titius. Wittbg. (A. Ch. Charisius) 11. XI. 1800. 24 S. (4.50) 3149
Gew.: Schmidt (Constappel).

Böhme, Karl Glo., Anleit. f. angehende Aerzte, die Krankheiten d. ersten Wege gründlich zu heilen. 8. Leipz. 788. (Gnobloch). 6 gr

— Kurmethode d. Brustkrankheiten. 8. Leipz. 787. Schwickert. 8 gr

Karl Gottlob Boehme

Umriß der allgemeinen Heilungskunde zu Vorlesungen entworfen von C[arl] G[ottlob] Böhme. Berlin: Himburg 1785. 393 S. 8°

— Umriß d. allgem. Heilungskunde; zu Vorlesungen entworfen. 8. Berl. 780. (Reimer). 16 gr

Böhme, Karl Gli. H., Leitfaden beim Gesangunterrichte in Volksschulen, nach den allgemein übl. Bezeichnn. d. Töne durch Noten u. deren Vorzeichnungen. gr. 4. Berl. 818. Th. Enslin. 18 gr

— u. C. W. Ferbitz, Lieder u. Gesänge vermischt. Inhalts, zum Gebr. f. d. Schuljugend. 8. Berl. 824.

Böhme, Carl P., die Auslandshandelskammer in der wirtschaftlichen Zukunft Deutschlands. Eine Denkschrift. (23 S.) Lex.-8. Dresden 906. C. Weiske. n. — 80

Boehme, Karl P., Studie zur Frage der Wahlgesetzänderung in Sachsen. Dresden 1906. 4°.

Böhme, Konrad [aus Dresden]: Untersuchung über die Stickstoffernährung der Leguminosen ... Dresden-N., gedr. bei A. Hille, 1892; 56 S., 1 Bl., 2 Tab., 7 Taf. 4.
Leipzig, Phil. Fak., Inaug.-Diss. v. [29. Sept.] 1892

Böhme, Kurt, Bacc. jur a. Dresden: Spedition mit fixen Spesen. Berlin 1905: Trowitzsch & Sohn. (82 S.) 8°
Leipzig, Jur. Fak., Diss. v. 30. Dez. 1905
[Geb. 12. Jan. 82 Dresden; Wohnort: Dresden; Staatsangeh.: Sachsen; Vorbildung: Vitzthumsches Gymn. Dresden Reife O. 01; Studium: Berlin 4, Leipzig 3 S.; Rig. 24. Jan. 05.]

Böhme, Lothar: Die Landschaft in den Werken Hölderlins und Jean Pauls. Naumburg a. S. 1908: Lippert & Co. (115 S.) 8°
Leipzig, Phil. Fak., Ref. Köster-Volkelt, Diss. v. 26. März 1908
[Geb. 29. Okt. 79 Leipzig; Wohnort: Oetzsch; Staatsangeh.: Sachsen; Vorbildung: Nikolai-Gymn. Leipzig Reife O. 01; Studium: Leipzig 11 S.]

Böhme, Loth., die Landschaft in den Werken Hölderlins u. Jean Pauls. (116 S.) gr. 8. Leipzig 908. A. Deichert Nachf. 2. —

Boehme. Lotharius
Quid Pindarus tum de jure humano tum de jure divino judicarit.
Lipsiae: Ferberi et Seydeli 1872. 56 S.
Diss. phil. Giessen 9.12.1871.

Böhme, Lothar *Richard* [Dr. Oberl.]: Schillerstudien. I. Freiberg, Gerlach'sche Buchdr., 1891; 1 Bl., 32 S. 4°
Freiberg, G Albertinum, OP 1891 (533)

Böhme, Lothar Richard [Dr. Oberl.]: Schillerstudien. II. (Forts. d. P-Beil. 1891.) Freiberg, Gerlach'sche Buchdr., 1892; 1 Bl., 32 S. 4.
Freiberg, G Albertinum, OP 1892 (535)

Böhme, L., Schillerstudien. I u. II. 4° (à 32) Freib. 91.92, (Jt: Engelhardt). à 1.25

Böhme, Lothar Zur Würdigung Platens. 35 S. *Annaberg* 1879. Progr.

Böhme, M.: Ein ganz neu B ü c h l e i n v. wohl-approbirten Ross-Artzeneyen, s. B ö h m e , Michael.

Böhme, M.: Vergleichende histologische U n t e r s u c h u n g e n üb. die Uterindrüsen einiger Säuger, s. B ö h m e , Moritz.

Böhme, Margarete, a b s e i t s vom Wege. Roman. (297 S.) 8. Berlin 904. F. Fontane & Co. 3.—; geb. 4. —

Apostel Dodenscheit. Briefe an e. Dame. Von Margarete **Böhme**. 5. Taus. Berlin: F. Fontane & Co. 1908. (268 S.) 8° [08. 17439

Margarete **Böhme**. Die grünen Drei. Roman. Berlin: F. Fontane & Co. 1905. (300 S.) 8° [F.] [05. 5765

Margarete **Böhme**. Des Gesetzes Erfüllung. Roman. Berlin: F. Fontane & Co. 1906. (410 S.) 8° [F.] [06. 1341

-- Des G e s e t z e s Erfüllung. Roman. 2. Aufl. (410 S.) 8. Ebd. (910). 5.—; geb. 6. 50

Margarete **Böhme**. Fetisch. Roman. Berlin: F. Fontane & Co. 1904. (297 S.) 8° [F.] [03. 433

Dida Ibsens Geschichte. Ein Finale z. 'Tagebuch einer Verlorenen'. Roman von Margarete **Böhme**. 5. Taus. Berlin: F. Fontane & Co. 1907. (VI, 414 S.) 8° [07. 10171

— Dida Ibsens Gesch. Ein Finale z. „Tageb. einer Verlorenen". Roman. 1—18. Taus. (414) 8° Ebd. '07.'08. 4 —; geb. 5 —

— Dida Ibsens Gesch. Ein Finale z. „Tageb. einer Verlorenen". Roman. 19. Taus. (6, 414) 8° Ebd. '08. 4 —

— zum Glück. Roman. (141 S.) 8. Dresden 903. [Moewig & Höffner.] M. Fischer. n. 1. 50; geb. in Leinw. n. 2. 50

— Johann, s. a. Sammlung moderner Meisterskizzen. II.

Margarete **Böhme**. Johann ... Groß-Lichterfelde-Ost: P. Langenscheidt [1906]. (167 S.) 8°
— Sammlung moderner Meisterskizzen. Bd 2. [07. 11671

Margarete **Böhme**. Im Irrlichtschein. Roman. *Berlin: F. Fontane 1903.* (289 S.) 8° [F.] [03. 10820

— Im weissen Kleide. Roman. (305) 8° Dresd., M Seyfert '12. 4 —; geb. 5 — d

-- Rheinzauber. Roman. 2. Aufl. (292 S.) 8. Ebd. (909). 3.—; geb. 4. —

— die graue Straße. Roman. (350 S.) 8. Dresden 909. C. Reißner. n. 4. —; geb. n. 5. —

— Die graue Strasse. Roman. (350) 8° Dresd., C Reissner '09. 4 —; geb. 5 — d

— s. a. Tagebuch einer Verlorenen.

— — e i n e r V e r l o r e n e n. Von einer Todten. Überarbeitet u. herausgegeben von (Frau) M a r g a r e t h e B ö h m e (in Friedenau-Berlin, geb. zu Husum, 8. Mai 1869). Berlin 1905. 8°. (Mk. 3—, Lwd. 4—.) (2 Mk. M. Hauptvogel, Gotha, 1907; 2 Kr. 40 H. A. H. Huber, Salzburg, 1908.)
Von diesem renomirten Buche erschien 1907 die „125. Auflage"!
— — Dasselbe. 100. Aufl. Numer. Luxusausgabe auf Büttenpap., in Prgtbd. (Subscr.-Preis Kr. 14,40.) (7 Kr. Jos. Grünfeld, Wien, 1910.)

— W. A. G. M. U. S. (Warenhaus-Aktien-Gesellsch. Müllenmeister u. Sohn.) 1—3. Afl. (517) 8° Berl., F Fontane & Co. '11. 6 —; geb. 7 — d

Margarete **Böhme**. Wenn der Frühling kommt. Roman. *Berlin: F. Fontane & Co. 1904.* (285 S.) 8° [F.] [04. 8816

Die Orts- und Flurnamen des Kreises Querfurt nebst e. Wüstungsverzeichnisse von Martin **Böhme**. Querfurt: Jaeckel (1909). 72 S. 8°
(Zur Heimatkunde d. Kreises Querfurt. Bd 2.) [10. 16310

Böhme, Mart.: Die Orts- u. Flurnamen d. Kreises Querfurt nebst e. Wüstgsverz. (Heimatkde 2. Bd.) (72) 8° Querf., R Jaeckel ('10). 1 —; geb. 1.75; Ldr 4.50 d

Böhme, Martin, aus Berlin: Über das einem Kaufvertrage beigefügte Pactum de non praestanda evictione. *Naumburg a. S.: Lippert & Co. 1902.* (VIII, 35 S.) 8°
Rostock, Jur. Diss. v. [20. Sept.] 1902

Böhme, Martin, Referendar a. Ostritz: Der objektive Tatbestand der unerlaubten Handlung nach dem Bürgerlichen Gesetzbuche. Borna-Leipzig 1905: R. Noske (IX, 96 S. 8°) [F.]
Leipzig, Jur. Fak., Diss. v. 7. Dez. 1905
[Geb. 1. Nov. 79 Knauthain; Wohnort: Rebbach b. Knauthain; Staatsangeh.: Sachsen; Vorbildung: Thomasgymn. Leipzig Reife O. 99; Studium: Leipzig 6 S.; Rig. 10. Febr. 03.]

Böhme, Max (Hrsg.), s. B l ä t t e r , Neue philatelistische, zur Wahrung der Sammler von Fälschungen.

Böhme, Max, Arzt: Zwei Fälle von abnormer Ausmündung bez. Endigung der Ureteren mit besonderer Berücksichtigung der Symptome, Diagnose und Therapie bei Mündungsanomalien. Leipzig 1907: B. Georgi. (89 S.) 8°
Leipzig, Med. Fak., Ref. Trendelenburg, Diss. v. 26. Juli 1907
[Geb. 7. Febr. 73 Frankenberg i. S.; Wohnort: Dresden; Staatsangeh.: Sachsen; Vorbildung: Wettiner Gymn. Dresden Reife O. 95; Studium: Leipzig 12 S.; Coll. 7. Aug. 07; Approb. 24. Juni 04.]

Böhme, Max, die grossen Reisesammlungen des 16. Jahrh. u. ihre Bedeutung. (VIII, 164 S. m. Abbildgn.) gr. 8. Strassburg 904. J. H. E. Heitz. n. 4. —

Böhme, Michael

— Ein ganz neu Büchlein von wohl approbierten Rossarzneyen, darinnen die meisten Krankheiten und darwider dienende Arzneyen zu befinden. Prenzlau u. Leipzig 1746.

Böhmen, M., ein ganz neu Büchlein von wohlprobirten Roßarzneien. 8. Prenzl. 802. Ragoczy. 3 gl.

Böhme, Michael, Ross-Arzeneybüchlein. 8. 1697, später Prenzlau 1740.

Böhme, Moritz, Adreßbuch von Chemnitz, s. Adreßbuch.

Böhme, Moritz, chemnitzer Adreßbuch, s. Adreßbuch.

—— das industrielle Sachsen. Adreßbuch der sämmtlichen Fabrikanten im Königr. Sachsen. 2., bericht. und vervollständ. Aufl. 16. (VI und 108 S.) Chemnitz 858, Focke. *

Böhme, Moritz. Vergleichende histiologische Untersuchungen über die Uterindrüsen einiger Säuger. Aus dem physiologischen und histiologischen Institut der Königl. Tierärztlichen Hochschule zu Dresden.... Diss. Vet.-Med. Bern. Mit 6 Abbildungen [auf 4 Tafeln]. 50 S. 8. Dresden, Otto Franke, 1909.

Böhme, Mor., s. Wohnungs-Anzeiger, allgem., rc.

Böhme, O., Entwickelung d. Landwirtschaft auf d. königl. sächsischen Domänen. Beitrag zur Geschichte der Landwirtschaft auf Grund archivar. Materials. gr. 8. (VI, 172 S.) Berlin 890. Paren. n. 4. —

Böhme, Oskar Beiträge zu einem vogtländischen Wörterbuche. I (S. 3—22). Progr Rech. u. Prg. *Reichenbach i. V.* 1888

Böhme, O[skar], Dr.: Zur Geschichte der sächsischen Kanzleisprache von ihren Anfängen bis Luther. T. 1: 13. u. 14. Jahrhundert. *Halle a. S. 1899: E. Karras.* (58 S.) 8°
Reichenbach i. V., R m. PG, Festschr. 1899 (613)

Böhme, Oskar *Albin:* Zur Kenntnis des Oberfränkischen im 13., 14. und 15. Jahrhundert m. Berücks. d. ältesten oberfränk. Sprachdenkmäler ... Gablonz a. N., Druck v. E. Böhme, 1893; 83 S. 8.
Leipzig, Phil. Fak., Inaug.-Diss. v. [8. Jan.] 1894

Böhme, Osk., zur Kenntnis des Oberfränkischen im 13., 14. u. 15. Jahrh. m. Berücksicht. der ältesten oberfränkischen Sprachdenkmäler. Diss. gr. 8. (83 S.) Gablonz 893. (Leipzig, G. Fock.) n. 2. —

Böhme, (O[skar]), Dr.: Altdeutsche Tischzucht, neu aufgelegt zu Nutz und Frommen der sehr ehrenwerten Tafelgäste beim Jubiläum der Realschule zu Reichenbach i. V. 1899 ... [Mittelhochdeutsches Gedicht.] *Reichenbach i. V. 1900: J. G. Koch.* (S. 10.) 4°
Reichenbach i. V., R m. PG, P 1900 (620)

Entwickelung und gegenwärtige Lage der Pferdezucht in Ostpreussen. Im Auftr. d. Vorstandes d. Ostpreuss. landwirthsch. Centralver. bearb. von dessen Generalsekr. Dr. **Otto Boehme**-Königsberg. *Königsberg: Ostpreuss. landwirthsch. Centralver. 1902.* (51 S.) 4°(8°) [F.] 10

Böhme, Otto: Entwickelung der Landwirtschaft auf den Königlich Sächsischen Domänen. Beitrag zur Geschichte der Landwirtschaft auf Grund archivalischen Materials. . . . Leipzig (Druck v. Hermann Beyer & Söhne in Langensalza) 1890: IV + 60 S. + 1 Bl. 8°
Leipzig, Phil. Fak., Inaug.-Diss. v. 19. Mai 1890

Böhme, Dr. Otto. Entwickelung der Landwirthschaft auf den Kgl. sächsischen Domänen. Beitrag zur Geschichte der Landwirthschaft auf Grund archivar. Materials. gr. 8°. Berlin, Parey, 1890.

Böhme, Otto, Rückblicke auf das 25jähr. Bestehen des Turnvereins „Gut Heil" zu Waldenburg in Schlesien 1885, 11 S., 8°.

Boehme, Otto, über die Tarifirung land- u. forstwirtschaftl. Producte auf Eisenbahnen u. Wasserstraßen im deutschen Reich m. besond. Rücksicht auf die Einfuhr ausländischer Producte. Im Auftrage der Landwirthschaftskammer f. die Prov. Ostpreußen bearb. (56 S. m. 8 Tab.) gr. 8. Königsberg 898. (Gräfe & Unzer.) 1. 20

Ueber die Tarifirung land- und forstwirthschaftl. Producte auf Eisenbahnen und Wasserstraßen im Deutschen Reich, mit besond. Rücks. auf d. Einfuhr ausländ. Producte. Bearb. von Dr. Otto **Boehme**, Assist. Königsberg: Ostpreuß. Zeitungs- u. Verl.-Dr. 1898. (56 S.) 8° [F.]
— [**Arbeiten** d. Landwirtschaftskammer f. d. Prov. Ostpreußen. No 1.]
[08. 1488

Boehme, P., Beiträge zur Geschichte der Gracchen. I. Pr. 1868. 22 S. 4°. 1.20

Böhme, P., zur Geschichte d. Cisterzienser-Kloster St. Marien zur Pforte. gr. 4. (38 S.) Naumburg 873. (Domrich.) n. 1. 25

Böhme, P. Nachrichten über die Bibliothek der kön. Landesschule Pforta. Die Drucke aus dem 15. Jahrh. 35 S. II. Handschriften einschliefslich Urkunden. 40 S. Progr. *Pforta* 1879. 1883.

Böhme, P., Nachrichten über die Bibliothek der königl. Landesschule Pforta. I. Die Drucke aus dem 15. Jahrh. gr. 4. (35 S.) Naumburg 880. (Domrich.) n. 1. 25

Böhme, P., Pforte in seiner kulturgeschichtlichen Bedeutung während d. 12. u. 13. Jahrh., s.: Neujahrsblätter, hrsg. v. der histor. Commission der Prov. Sachsen.

Boehme, P., quaestiones Catullianae, s. Boehme, Paulus.

Böhme, P. H., das gute Recht unseres Bekenntnisses, zugleich e. Entgegng. auf die Schriften v. Mayer, Lucius u. Anrich. (47 S.) gr. 8. Straßburg (903). (J. Noiriel.) n. — 40

Böhme, Paul, s: Arbeitsunterricht, Der, im Rahmen d. bisher. Unterr.-Gegenstände.

Böhme, *Paul* Allgemeines Ecce der Landesschule Pforte am 21. November 1891 gehalten von P. B. 8 (34 S.).
Progr. Kgl. Landessch. *Pforta* 1891.

Boehme, Paulus ⟨geb. am 2 Nov. 1838 in Halle⟩: Quaestiones Catullianae ... Bonnae, form. Carthausianis (1862). 1 Bl., 40 S., 1 Bl. 8. ¶ Erschien zugleich selbständig bei Cohen & Sohn in Bonn.
Bonn, Phil. Fak., Diss. v. 27 März 1862

Boehme. Paul, s.: Urkundenbuch des Klosters Pforte.

Boehme, Paul, Urkundenbuch des Klosters Pforte, s.: Geschichtsquellen der Prov. Sachsen u. angrenzender Gebiete.

Böhme, Pt., conspectus physicae. 8. Würzb. 770. (Stahel). 3 gl.

Böhme, R. Bezirkskarte der Amtshauptmannschaft Bautzen. 1 : 80,000. Lithogr. u. color. Imp.-Fol. Bautzen 889, Rühl.

Böhme, R., Handbüchlein zum Gebrauche beim Unterrichte in Gesangvereinen. 8. (26 S.) Leipzig 887. M. Hesse. n. — 25

Böhme, R, Handbüchlein z. Gebr. beim Unterrichte in Gesangvereinen. 2. Afl. 8° (26) Lpzg 92, M Hesse. — 25

Böhme, R: Handbüchl. z. Gebr. beim Unterr. in Gesangver. 3. Afl. (26) 8° Lpzg, M Hesse (04). — 25 d

Böhme, R. Schulwandkarte der sächs. Oberlausitz [Kreishauptmannsch. Bautzen] u. der sächs. Schweiz. 1 : 50,000. 4 Blatt. Chromolithogr. Imp.-Fol. Bautzen 889, Rühl. * 6 —

Böhme, R., der Tyrannenmord nach der Lehre der katholischen Kirche. (87 S.) 8. München (905). G. Birk & Co. n. 1. —

Boehme, Reinhard. Deutscher Club, Hoboken, NJ. Rückblicke ... 1857-1907. N. p., 1907.

Böhme, Rhold., Handbüchlein zum Gebrauche beim Unterrichte in Gesangvereinen. 2. Aufl. 8. (26 S.) Leipzig 892. M. Hesse. n. — 25

Böhme, Rhold., Handbüchlein zum Gebrauche beim Unterrichte in Gesangvereinen. 3. Aufl. (26 S.) 8. Leipzig (904). M. Hesse. n. — 25

[F.] **Böhme**, Richard [aus Berlin]: Die Grundlagen des berkeleyschen Immaterialismus ... Berlin, Druck v. J. S. Preuss, 1892; 47 S. 8.
Erlangen, Phil. Fak., Inaug.-Diss. v. 1892

Böhme, Rich., die Grundlagen des berkeleyschen Immaterialismus. Diss. gr. 8. (47 S.) Berlin 892. (Mayer & Müller.) n. 1. —

Böhme, Richard, Tierarzt aus Posen. Ueber den Intestinaltractus von Clarias melanoderma Bleeker. Hierzu 3 Tafeln. Bern 1904. 40 S. 8°. [5. V. 04.]
Bern. Phil. Diss. 1904/1905.

Boehme, Rich., Kalligraphie. 1. Heft. Allgemeine Merkmale e. schönen Schrift, m. vielen erläut. Abbildgn. u. e Taf. Buchstaben der großen Alphabete. (7 S.) gr. 8. Nürnberg 903. (F. Korn.) n. — 70

Böhme, Richard, aus Leipzig: Über Lichesterinsäure und eine neue daraus gewonnene Iso-Stearinsäure. *Leipzig: Thalacker & Schöffer 1902.* (33 S.) 8°
Leipzig, Phil. Diss. v. [24. Dez.] 1902

Böhme, Rich., Friedrich Rückert. (Eine Biographie.) 8. (S. XIV—XLII.) Berlin (902). A. Weichert. 1. —
Sonderabdruck aus: „Rückerts Werke".

Boehme, Robert, approb. Arzt aus Dresden: Radikaloperation bei Prolaps. *Leipzig 1903: B. Georgi.* (34 S.) 8°
Leipzig, Med. Diss. v. (25. Okt.) 1903

Böhme, Sam., initia doctrinae de intellectu humano, vel Logica theoretica. 8. Stettin 706. Drevenstädt. 3 gl

Böhme, Th.

— der Weihnachtslobgesang der himml. Heerschaaren. Predigt am 2. heil. Weihnachtsfeiertage, am 26. Decbr. 1836, gehalten und auf Verlangen dem Drucke übergeben. 8. Halle 837. Gruner. 1/12 ℛ

Böhme, Th., der Weihnachtslobgesang d. himml. Heerscharen. Pred. am 2. heil. Weihnachtsfeiertage am 26. Dec. 1836. 8. Halle 837, (Mühlmann.) •

Böhme, Th., d. hohe Werth unserer kirchlichen Versammlungen. Predigt am ersten Sonntage des neuen Kirchenjahrs, am 29. Novbr. 1835, Nachmittags gehalten und auf Verlangen dem Drucke übergeben. gr. 8. Halle 835. Grunert. 1/12 ℛ

—— der hohe Werth uns. kirchl. Versammln. Pred. am 1. Sonnt. d. neuen Kirchenjahres, am 29. Nov. 1835. gr. 8. Halle, (Mühlmann.) •

Böhme, Theodor, Referendar: Das Nachindossament des protestierten Wechsels. Leipzig: Veit 1908. VI, 66 S. 8° ¶(Ersch. auch als Buch ebd.)
Leipzig, Jur. Diss. v. 21. Sept. 1908
[Geb. 6. Febr. 82 Wermsdorf; Wohnort: Döbeln; Staatsangeh.: Sachsen; Vorbildung: Fürstensch. Grimma Reife O. 01; Studium: Leipzig 2, Freiburg i. B. 1, Leipzig 3, Kiel 1, Leipzig 6 S.; Rig. 20. Juni 07.] [U 09. 2455

— T., Das Nachindossament des protestierten Wechsels. (IV, 66 S.) gr. 8. Leipzig, Veit & Co. 1908 2. —

Böhme, Thdr., e. Wort üb. die Aufgabe der Schule, beleuchtet vom christl. Standpunkte im Hinblick auf die Verhandlgn. d. 6. deutsch-böhm. Lehrertages, abgeh. in Reichenberg, am 4. u. 5. Aug. 1876. gr. 16. (64 S.) Reichenberg 876. (Prag, Mourek.) n. — 40

Böhme, Traugott: ⌞Spensers literarisches Nachleben bis zu Shelley. Kap. 7, Abschn. 5: Spensers Einfluss auf Shelley. (Berlin: Mayer & Müller 1909.) VII, 63 S. 8° ¶(Ersch. vollst. in: ⌞Palaestra.)
Berlin, Phil. Diss. v. 14. Aug. 1909, Ref. Brandl
[Geb. 23. Mai 84 Rottleberode; Wohnort: Berlin; Staatsangeh.: Preußen; Vorbildung: Domgymn. Magdeburg Reife O. 02; Studium: Berlin 14 S.; Rig. 14. Jan. 09.] [U 09. 148

— Nepossätze zur Einübung der lateinischen Syntax in Quarta. 8. (IV, 60 S.) Ebd. 889. n. 1. —

Böhme, W, u. G Behm, d. neue metr. Mass u. Gew. u. der. Beziehg auf d. hannov. Mass u. Gew. 16. (64) Berl. 69, GWF Müller. *n.* — 6

—— —— d. neue metr. Mass u. Gew. u. der. Beziehg auf d preuss. Mass u. Gew. 16. (64) Ebd. 69. *n.* — ı

—— —— 65 Tab. z. Verwandlg d. preuss. Masses u. Gew. in metr. Mass u. Gew., sowie Umrechng d. Preise. 16. (64) Ebd. 69. *n.* — ȷ

—— —— 62 Tab. z. Verwandlg d. hannov. Masses u. Gew. in metr. Mass u. Gew., sowie Umrechng d. Preise. 16. (63) Ebd. 69. *n.* — ;

— — —— dass. Asg. in 5 Hftn. 8. (à 15) Ebd. 69. à *n.* — ;
1. Längenmasse. – 2. Flächenmasse. – 3. Körpermasse. – 4. Hohlmasse. – 5. Das Gewicht.

Böhme, W.A.Th.: Ueber den Text des Buches Nehemia. 1. Hälfte. 24 S. 4°.
Progr. Stettin Mar.-Stifts-G. 1871.

Böhme, Walter, s. a. U h l a n d , Ludwig: Ludwig der Bayer.

Böhme, Walth., Aufgaben a. d. altdeutschen Lehr- u. Lesestoff i. Anschl. a. d. v. H. Heinze u. W. Schröder hrsg. Aufgaben aus deutschen Dramen, Epen u. Romanen. gr. 8. (VIII, 60 S.) Leipzig 897. W. Engelmann. n. — 60; kart. n. — 80

Böhme, Walth., Erläutergn. zu Herders Cid, s.: K ö n i g ' s, Wilh., Erläutergn. zu den Klassikern.

Böhme, Walth. Erläuterungen zu den Meisterwerken der deutschen Dichtkunst f. die häusliche Vorbereitung der Schüler. 1.—4. Bdchn. gr. 8. Berl., Weidmann. à Bdchn. * — 50
1. Goethe's Götz v. Berlichingen. (52 S.) 890.
2. Kleist's Prinz Friedrich v. Homburg. (44 S.) 890.
3. Lessing's Minna v. Barnhelm. (39 S.) 890.
4. Schiller's Wilhelm Tell. (44 S.) 891.

– Uhlands Ernst, Herzog v. Schwaben, s. K ö n i g ' s , W.: Erläuterungen zu d. Klassikern.

Geschichte des Fürstlichen Gymnasiums 'Rutheneum' zu Schleiz. Festschrift z. Feier d. 250jähr. Bestehens d. Anstalt auf urkundl. Grundlage bearb. von Prof. Dr. Walther Böhme. Schleiz: F. Webers Nachf. 1906. (211 S.) 8° [06. 20786

Geschichte der Stadt Schleiz von (Berthold) Schmidt u. [Walther] Böhme. Bd 1. Schleiz: F. Webers Nachf. 1908. 8° [08. 11267

Boehme, Walther (Hrsg.), s. G r i l l p a r z e r , Franz: Sappho.

[K.] Ein Jahr Unterricht in der lateinischen Grammatik. '(Lehraufg. d. Untertertia.)' Von Dr. W a l t h e r Böhme, Oberl. . . . zu Schleiz. *Berlin: Weidmann 1898.* (3 Bl., 110 S., 1 Bl.) 1 Bd 8. [98. 1304

Böhme, *Walther* [Oberl. Dr.]: Katalog der Schulbibliothek des fürstlichen Gymnasiums zu Schleiz. Schleiz, fürstl. Hofbuchdr.: R. Rosenthai [!], *1893*; 1 Bl., IV, 165 S. 8.
Schleiz, fürstl. G, OP 1893 (714)

– Lessings Nathan d. Weise, s. K ö n i g ' s, W.: Erläutergn. zu d. Klassikern.

—- Nepossätze zur Einübung der lateinischen Syntax in Quarta. 8. (IV, 60 S.) Ebd. 889. * 1 --

Böhme, Walther Quaestionum Thucydidearum capita selecta. 4 (S. 5—23). Progr. *G. Schleiz* 1888

Böhme, Walther, aus Altenburg: Die Temporalsätze in der Übergangszeit vom Angelsächsischen zum Altenglischen (circa 1150—1250). *Halle a. S. 1903: C. A. Kaemmerer & Co.* (87 S.) 8°
Leipzig, Phil. Diss. v. [4. Apr.] 1903

– Körners "Zriny", s. K ö n i g ' s , W.: Erläutergn. zu d. Klassikern.

Boehme, Werner, a. Berlin: Über die durch Insertio velamentosa funiculi umbilicalis bewirkten Totgeburten. Straßburg i. E. 1905: C. Müh. (71 S.) 8°
Straßburg, Med. Fak., Ref. Fehling, Diss. v. 6. Okt. 1905
[Geb. 4. Juni 81 Berlin; Wohnort: Straßburg; Staatsangeh.: Preußen; Vorbildung: Friedr.-Wilh. Gymn. Berlin Reife M. 00; Studium: München 1, Freiburg i. B. 3, Göttingen 1, Straßburg 4 S.; Coll. 31. Juli 05; Approb. 5. Juli 05.]

Böhme, W., Die Odyssee das Werk eines böot. Dichters. 2 Tle. Pr. 1875/76. 39. 24 S. 4°. 3.—

Böhme, Wilh. Die Odyssee das Werk eines böotischen Dichters. Eine philologische These, vorzugsweise auf Grund der geographischen und historisch-mythologischen Angaben des Epos. Teil 2 und Schluſs. 24 S. [1: 1875.] Progr. *Stolp* 1876.

Böhme, Wilhelm Der mutmaſsliche Wortlaut in einigen Abschnitten einer Quellenschrift des Matthäus und Lukas und die Abhängigkeit derselben von Markus. 4 (29 S.). G. u. Eprg. *Stolp* 1887 Progr.

Böhme, Wilhelm Theodor August Hans, s. Böhme, Hans

Hurrah! Hurrah! Die Schwalben sind nun da! Text v. Berthold Roy. Marsch comp. f. Pianof. v. Willy **Boehme**. Op. 243. Ausg. f. Clavier ... *Berlin: Liebel [1895?]*. (3 S., 1 Bl.) 1 Bd 4.

Sechs neue deutsche National-Lieder. Gedichte v. Berthold Roy. F. 1 Singstimme m. Begl. d. Pianof. comp. v. Willy **Boehme**, Herzogl. Anhalt. Musikdir. Op. 245 a—f. Clavier u. Gesang. Tief. [No] a—f. *Berlin: Liebel [1895?]*. 5 Bde 4.
a. Deutschlands Gebet. (3 S., 1 Bl.)
b. Wollt ihr Deutschlands Heil u. Glück? (3 S., 1 Bl.)
c. Deutsche Reichs-Hymne. (3 S., 1 Bl.) d. Bismarck-Hymne. (3 S., 1 Bl.)
e. Alldeutschlands Wacht. (3 S., 1 Bl.) f. Eile Deutschland zu d. Fahnen. (3 S., 1 Bl.)

... Neuer Deutscher Rundtanz. Bei uns im Dorfe ist Tanzmusik. Rheinländer-Walzer. Text v. Berthold Roy. Comp. v. Willy **Boehme**. Op. 242. Ausg. f. Clavier ... *Berlin: Liebel [1895?]*. (3 S., 1 Bl.) 1 Bd 4.

Seht Deutschlands ersten Kaiser Aus Zollerns hoher Art! Neues Deutsches Volkslied, gedichtet z. hundertj. Jubel-Gedenkfeier d. Geburtst. weil. S. M. d. Kaisers Wilhelm d. Grossen v. Berthold Roy. In Musik ges. v. Willy **Boehme**, Herzogl. Anhalt. Musikdir. ... Op 251. Für Clavier u. Gesang. *Berlin: C. Paez [1897]*. (3 S., 1 Bl.) 1 Bd 4.

Böhme-Köhler, A., Lautbildung beim Singen u. Sprechen. E. Leitfaden z. Unterr. i. Schulen u. f. Privatgebr. m. 28 Abb. 4. (VII, 83 S.) Leipzig 895. (R. Richter.) Kart. n. 3. 50

Böhme-Köhler, A., Lautbildg. beim Singen u. Sprechen. Ein Leitfaden zum Unterricht in Schulen u. f. Privatgebrauch. 3. bedeutend erweit. Aufl. m. 61 Abbildgn. im Text. (VII, 126 S.) Lex.-8. Leipzig 905. F. Brandstetter. Kart. n. 4. 50

Böhmel, d. Ortsschulaufsicht. E. Weg z. gedeihl. Entwickelg. derselben. gr. 8. (16 S.) Berka 898. (Weimar, L. Thelemann.) n. — 50

Böhmel, G., los v. Rom. Die österreich. Beweg., e. Episode aus dem Vertheidigungskampfe des Germanenthums wider Rom. Vortrag im alldeutschen Verband zu Gerstungen. gr. 8. (35 S.) Weimar 900. (L. Thelemann.) n. — 50

Böhmel, (K. A.) Antiphonien in s. Magazin, liturgisches, 1r Bd.

Böhmel, K. A., Antiphonien, oder Samml. kurzer Kraft- u. Denksprüche d. heil. Schrift. (A. u. d. T.: liturg. u. kirchengeschichtl. Magazin rc. 1r Thl.) gr. 8. Leipz. 825. Reclam. 21 gl

— 1. Einladung z. 3ten Säcularfeier.

— die Freude üb. d. religiöse Veredlung unserer Nebenmenschen ist d. edelste aller Freuden d. irdischen Lebens. Eine Predigt. Mit Vorwort v. Prof. Tittmann. gr. 8. Leipz. 824. Reclam. 4 gl

Böhmel, Karl Aug.,
Jubelfestrede, bei einer goldnen Hochzeitfeier; gehalten am 7. Okt. 1835 u. auf vielseit. Verlangen dem Drucke überlassen. gr. 8. Leipzig 835. Glück. 1/12 ₰

— Nachrichten über die bis zur Leipziger Reformation in Holzhausen u. Zuckelhausen angestellt gewesenen Evangel. Pfarrer, und die Drangsale der Leipziger Lutheraner, die zu deren Kanzel u. Altar sich hielten. Nachtrag zu Dr. Gretschels Beschreibung des 300jähr. Jubiläums der Einführung der Reformation in Leipzig. Lex.-8. Leipzig 839. Schreck. 1/12 ₰

Böhmel, Otto: Der principielle Gegensatz in den pädagogischen Anschauungen Kants und Herbarts. Marburg, Universitätsbuchdr. v. J. A. Koch, *1891*; 1 Bl., 31 S. 4.
Marburg, RPG, OP 1891 (414)

Böhmel, Otto, Prof.: Die philosophische Grundlage der pädagogischen Anschauungen des Comenius. *Marburg 1899: C. L. Pfeil.* (S. 9–30.) 4° ¶ (Soll fortgesetzt werden.)
Marburg, OR, Festschr. 1899 (445)

Idealismus und Realismus in der Pädagogik. Von Prof. [Otto] Böhmel, Oberl. zu Marburg. *Marburg: N. G. Elwert 1902.* (26 S.) 8°

Böhmen [Sachl. OW]

Böhmen. *Herausgeg. v. k. k. General-Stab im J. 1844. 2 Bl., 27" H., 19 3/4" Br. Massstab: 1 Wr. Zoll = 6,000 Wr. Klftr. Verhältn. 1:432,000.* Aus den vorhandenen Militär-Aufnahmen mit besonderer Rücksicht auf die Strassen zusammengestellt. Auf Stein gravirt.

Böhmen. *Herausgeg. vom k. k. Militär geogr. Inst. zu Wien im J. 1849. 39 Bl. 10" H. 14 1/2" Br. Massstab: 1 Wr. Zoll = 2,000 Wr. Klftr. Verhältn. 1:44,000.* Basirt auf die Militär-Aufnahme vom Jahre 1842—1853 im Masse 1 Wr. Zoll gleich 400 Wr. Klftr., welcher der Kataster zu Grunde lag. Blatt Nr. 38 enthält die Höhentabelle; Blatt Nr. 33 die politische Eintheilung. Bisher sind 26 Blätter erschienen.

Böhmen. Land und Volk. Geschildert von mehreren Fachgelehrten. 8 Hefte. 8. (XV und 736 S. mit 1, die Sprachgränzen bezeichn. chromolithogr. Karte von Böhmen in gr. Fol.) Prag 863,64, Kober. à Heft * 8 Ngr.

Böhmen. Land und Volk. Prag 1864. V: *Erben, Jos., Carl Koritska & Andere.* (Bibl. d. stat. Bureaus. Dresden 1890.)

Böhmen, Statistik v. A. L. Hickmann. VIII. Kreisgerichts-Sprengel u. Bezirksgerichte. IX. Volksschulbezirke, Mittelschulen, Lehrer-Bildungs-Anstalten u. gewerbl. Fachschulen. Qu.-Fol. Tonfarbendruck. Wien, Artaria & Cie. à 1 fl. 50 kr. 8. 80
1885

Böhmen, für, von Böhmen. 2 Stcke. 8. Prag 793, 94. Herrl. 16 gl

Böhmen vor Entdeckung Amerikas ein kleines Peru, als Aufmunterung zum Bergbau und mit einem besondern Blick auf das Niclasberger und Moldauer Revier. Prag 1820. V: *Eichler, Andr. Chrysog.* (GGr VI/734, Nr. 34/12) (Ky 2/10) (BiblPort)

Aus Böhmen nach Italien. März 1848. gr. 8. (IV. 313 S.) (Frankfurt a. M., Hermann'sche Verlagsbuchh.) Prag. Tempsky. 2 fl. 80 kr.
1862

Königreich Böhmen, mit Angaben der Verhältnisse der Benützungsarten der gesammten Bodenfläche, der Längen der Flüsse, der Höhen der Gebirge, der Kreiseintheilung. Prag. Verlag von Karl André. 1 Bl. 8 1/2" hoch, 10 1/4" breit, auf Kupfer. 1854.

Königreich, Böhmen das — nach seiner neuesten politischen und gerichtlichen Eintheilung. Wien, Verlags-Eigenthum von Josef Bermann 1855. Gedruckt bei J. Höfelichs Witwe. 1 Bl. 22 1/2" breit, 17" hoch. Mit Zeichenerklärung und der politischen und gerichtlichen Eintheilung, mit Flächenraum und Einwohner bestimmenden Zahlen. Ohne Terrainzeichnung, Gradeintheilung, Netz und Maßstab.

— — Böhmen, Königreich: Schulkärtchen in böhmischer Sprache. Wien, Schulbücherverlag.
1869

Königreich Böhmen. 1 : 500.000. [Lechner's Generalkarten.] 68 × 59 *cm* gefalzt in Umschlag K 3.—, auf Leinen K 4.50
Wien: R Lechner(Wilh. Müller) ca.1904

Königreich Böhmen. 1 : 500.000. [Lechner's Generalkarten] gefalzt K 3.—, auf Leinen K 4.50
Wien: Lechner (W.Müller) 1907

Böhmen — Das Königreich — mit seinen Angränzungen. Nach dem Entwurfe und der Angabe des Herrn Joseph Marx Freyherrn von Lichtenstern bearbeitet und gezeichnet von Joseph von Schorrer Lieutenant des K. K. Bombardeurcorps. Gestochen von Joseph List und Ant. Wilhalm. Wien 1808. 1 : 610,000. 2 Bl.

Königreich Böhmen. Das jetzt-lebende. In einer historisch- und geographischen Beschreibung vorgestellt / wie solches sowohl an Städten / Clöstern / Schlössern / Herschaften / und heilsamen Gesund-Brunnen etc. anjetzo zu sehen ist / nebst einer kurtzen Lebens-Beschreibung aller Böhmischen Herzoge und Könige / biss auf jetzt-regirende Römische Kayserliche Majestät Carolum VI. Ingleichen mit vielen Kupffern und 1 accuraten Land-Charte (fehlt) gezieret. 4. Frankfurt und Leipzig 1712.

Böhmen — Das Königreich — nach den neuesten astronomischen Ortsbestimmungen, mehreren Special-Aufnahmen etc. gezeichnet von Friederich Schmoll und Seiner Kay. Hoheit dem Erzherzoge Ludwig etc. vom Verger gewiedmet. Tranquillo Mollo in Wien 1809. 1 : 320,000. 4 Bl.

Böhmen — Das Königreich — nach seinen oro-hydrographischen Verhältnissen, bearb. von Carl Gräf. Weimar, geogr. Inst. 1864. 600,000. 1 Bl.

Böhmen, das Kronland, nach seiner neuesten polit. u. gerichtl. Eintheilung. Imp. Fol. Lith. u. color. Wien 850, Bermann, n. 1/3 ₰

Böhmen, Mähren und Schlesien u. den angrenzenden Ländern, Geschäfts- und Reisek. von. Nebst Ortsverzeichn. etc. Von Prof. Jos. Erben. 5., verb. u. verm. Aufl. Tonfarbendr. in Gr.-Qu.-Fol. u. Text (78 S.) Tabor, Karl Janský. Cart. in Leinwanddecke gr. 12. 1 fl. 20 kr., auf Leinw. gesp. 2 fl., mit Stäben 2 fl. 20 kr. S. 281
1883

Böhmen und Oesterreich. Eine Studie von Fr. Gr. v. S—n. Prag 1870. V: ***Schönborn, Friedrich Erwein Maria Carl Franz Johann Thomas Graf.*** (EB)

Böhmen u. Oesterreich. Eine Studie von Fr. Gr. v. S.......n. Prag 870. Dominicus. gr. 8. (34 S.) 6 ngr.

— u. Schlesien; Gemälde d. jetzigen Verfassung rc. Hamb., Vollmer. (Herold jun.) 16 ₰

— das streitbare, eine Darstellung d. vorzügl. Kriege, welche die böhmische Nation seit ihrer Niederlassung im Vaterlande eben so tapfer als rühmlich geführt hat. 8. Prag 814. Enders. 4 ₰

Böhmen [Schlagwort]

— s.a. Bergbau.

– s.a. Eisenbahnkarten.

— **s. a.: General-, Hand- u. Reisekarten.**

— s. a.: Generalkarten. Lechner.

– s.a. Geognostische Karten. Schmidt v. Bergenhold.

– s.a. Geologische Karten. Absolon.

– s.a. Geologische Karten. Krejči, Joh., u. A. Frič.

– s.a. Hand- und Reisekarten. 28.

– s.a. Österreich. Schulz, R. A.

– s.a. Österreich-Ungarn. Artaria.

– s.a. Radfahrerkarten.

– s.a. Reichsratswahlkarte.

– s.a. Sprachenkarten. Rauchberg.

– s.a. Sudeten.

Böhmen, malerisch-histor. Album v. Königr., herg. v. E. Hölzel, gez. v. E. Herold u. A. Lithgr. v. A. Haun. 16 Liefg. (3 lithgr. Doppel-Ansichten u. Text enth.) Querfol. Olmütz, E. Hölzel. 1. Ausg. 2 fl., 2. Ausg. 3 fl. 15 kr., 3. Ausg. 5 fl. 25 kr.
1860

Böhmen. Antony, K.: Sanitäts-Karte d. Königr. Böhmen. Chromol. Prag: Calve 1881. Fol.

Böhmen. Daniel, W., Karte d. Eisenbahn- u. Strassennetzes v. Böhmen. 1 : 600,000. Farbendr. qu. gr. Fol. Mit Text. 8. (76 S.) Prag 890. (Neugebauer.) cart. n. 3. —; ohne Text n. 2. —

Böhmen. Eisenbahn-Karte v. Böhmen, Mähren u. Schlesien. 1 : 1,000,000. Chromol. Fol. Wien: Hölzel 1883.

Böhmen. Eisenbahn-, Geschäfts- u. Reise-Karte v. Böhmen, Mähren u. Schlesien u. d. angrenz. Ländern. Mit Angabe aller Eisenbahn-, Telegraphen- u. Post-Stationen u. Strassen-Linien. 1 : 1,600,000. Chromol. 5. Aufl. Nebst Ortsverzeichnisse u. e. Anl., jeden vorkomm. Namen schnell u. leicht aufzufinden. Wien: Hölzel 1883. 78 S. 12°

Böhmen, Neueste Eisenbahn u. Strassenkarte von, v. J. E. Wagner. 4. verm. Aufl. (Mit Angabe der Sprachgrenzen.) Q.-Folio. Farbendruck. Mit Verzeichniss d. Stationen etc. 12. (24 S.) Prag, F. Kytka. Geheftet 60 kr. S. 91 u. B. 519
1884

Böhmen. Erben, J.: Atlas d. 89 k. k. Bezirkshauptmannschaften Böhmens. 1 : 100,000. 1 – 7. Hft. Fol. (à 2 – 3 lith. u. col. Kart.) Tabor: Janský 1883 – 84.

— — die Adersbacher Felsen. 18 Visitk. Ebds. 4 fl. 50 kr.

Böhmen, die Wekelsdorfer Felsen. 12 Visitk. Wien. Osc. Kramer. 5[illegible]
1868

Böhmen. Freytag, G., Landtags-Wahlkarte v. Böhmen 1901. Wahlergebnisse, Wahlstatistik u. andere Vergleiche. 45×84 cm. Farbdr. Wien (901). G. Freytag & Berndt. n. — 80

— Frič, Ant., Fischerei-Karte d. Königr. Böhmen. 2 Blatt. Chromolith. gr. Fol. Nebst erläut. Text. Veröffentlicht m. Subvention d. hohen Landtages u. d. Comités f. Landesdurchforschg. Fol. (8 S.) Prag 888. (Řivnáč.) In Mappe. n.n. 6. —

— Fried, F., General-Post- u. Strassen-Karte d. Königr. Böhmen. 1 : 642,000. Ausg. 1889. Kupfrst. Nach Bezirkshauptmannschaften color. qu. gr. Fol. Wien 889. Artaria & Co. In Carton. n. 3. —; m. einfachem Grenzcolorit n. 2. —

Böhmen, Generalkarte von, von Kořistka. Olmütz, Eduard Hölzel. 2. billigere Aufl. 2 fl., auf Leinwand gespannt mit Deckel 3 fl. Situationskarte allein 1 fl. 50 kr., Terrainkarte 1 fl. 50 kr.
1864

— — Generalkarte, in 4 Bl., im Masse von 1" — 4000°, oder [illegible] Wien, k. k. milit. geogr. Institut. (Debit für Wien und das Ausland bei Artaria & Comp., für Lemberg bei J. Milikowsky, für Krakau bei D. E. Friedlein, für Pest in der Geibel'schen Buchhandlung, für Prag bei F. Ehrlich.) Compl. 8 fl., einzeln das Blatt 2 fl.
1864

— — von Fried. 1 : 650.000. Neue Ausg. 1884. Ebds. a) Nach Bezirkshauptmannsch. 1 fl. 50 kr., mit einf. Grenzcol. 1 fl. S. 269
1884

Böhmen, Generalkarte von, v. Steinhauser. 1 : 432.000. Neue Ausg. 1884. Wien, Artaria & Co. Mit Terrain 2 fl. S. 269
1884

Böhmen — General-Karte des Königreiches — entw. von Carl Koristka u. gez. von Ad. Sommer. Olmütz und Wien 1862, 1865, bei Hölzel 432,000. 1 Bl.

Böhmen — Generalkarte des Königreiches —, herausg. vom K. K. militär-geogr. Institute 1865. 288,000. 4 Bl.

Böhmen — Generalkarte des Königreiches —, bearb. von A. Steinhauser. 432,000. Wien, Artaria. 1867. 2 Bl.

Böhmen — Neueste General-Post- u. Strassen-Karte des Königreichs —. Gez. von F. Fried. Wien bei Artaria. 1851. 660,000. 1 Bl.

Böhmen — Oro-Hydrographische General-Charte von — Mähren und Oesterr. Schlesien nach den bessten Hülfsmitteln entworfen von R. v. L. 1 : 500,000. 3 Bl.

Böhmen (General-, Post- und Strassenkarte des Königreichs). Gezeichnet von F. Fried. Revidirt 1864. Massstab 1:650.000 Wien, Artaria & Comp. gr. Folio 2 fl.
1865

Böhmen — Hand- und Reise-Karte des Königreiches —, entw. u. gez. von B. Kozenn. Olmütz, Hölzel. 1866. 600,000. 1 Bl.

Böhmen, Hickmann, A. L., Industrial-Atlas des Königreiches Böhmen, 2. und 3. Lieferung. gr. Fol. (6 Karten und 9 Bogen Text.) Prag. Heinrich Mercy. 1863 in Mappe à 3 fl.

— — Hickmann, A. L., Karte über die Baumwollwaaren-Industrie und Papierfabrikation des Königreichs Böhmen. (Industrial-Atlas Bl. XI.) kl. Folio. Prag, Heinr. Mercy's Verlag. 1865 Cartonnirt in Umschlag in Quart. 1 fl. 50 kr.

— — Industrial-Atlas des Königreiches Böhmen. Zusammengestellt und bearbeitet von A. L. Hickmann. 4 Liefg. Prag. H. Mercy's Verlag. 3 fl. — Text zum Atlas. 1865 2 fl.

— Karte d. Bezirkshauptmannsch. (polit. Bezirke) u. d. Eisenbahnlinien im Königreiche. Entworfen und herausg. von A. L. Hickmann. Graphische Statistik v. Böhmen VII. Qu.-Fol. Ton-Farbendruck. Wien, *Artaria & Co. 2 fl. 70 kr. 1884 S. 491

Böhmen. Karte des Königreichs Böhmen, gezeichnet u. gest. von J. E. Wagner. kl. Q. Folio. Color. Prag, J. G. Calve'sche k. k. U.-B. (O. Beyer.) 1870 20 kr.

Böhmen — Historisch-geographisch-statistisch-gefällsämtliche Karte vom Königreich — entworfen von Joseph Bastien. Prag bei Cajetan v. Mayregg. 1831. 1:1,110,000. 1 Bl. mit vier Kartons: „Stammbaum der auf einander folgenden Regenten Böhmens; Bildliche Darstellung der Höhenverhältnisse in Böhmen; Schema des böhmischen Militärs; statist. Tab. mit Areal, Zahl der Einwohner und Wohnplätze."

Böhmen Karte vom Königreich, nach der neuesten Eintheilung und Bezeichnung der 89 Bezirke in Farben ausgeführt nebst den sämmtlich bestehenden, in Bau begriffenen und projectirten Eisenbahnen. Quer-Folio; zusammengelegt in Duodez. Prag, Silber & Schenk. 1869 60 kr.

Böhmen, neueste Karte von. Bearbeitet v. Ant. Steinhauser, k. k. Rath, gezeich. u. gestoch. unter Leitg. d. Anton Mück. Official I. Classe d. k. k. geogr. Instit. 2 Bl. im Massstab von 1:432.000. Nebst eine Beikarte: Die Umgebungen von Prag im Massstab von 1:43.200. Wien. Artaria & Comp. 1867 4 fl. 50 kr.

— — desgleichen der Schafwollwaaren-Industrie. nebst graphischer Uebersicht der relativen Steuerquote pr. Kopf etc. (Bl. X.) kl. Fol. Cartonnirt in Umschlag. Ebds. 1865 in Quart 1 fl. 50 kr.

Böhmen — Karte des nordwestlichen Theils von — mit Einschluss der Badeörter Teplitz, Karlsbad, Franzens- und Marienbad etc. Von der K. K. Direction der admin. Statistik 1852. 252,000. 1 Bl.

Böhmen — Topographische und militärische Karte desjenigen Theils von — welcher zwischen Hohen Elbe, Iser und der schlesischen Gränze gelegen ist, nebst denen Lägern von der Campagne 1778. Von dem Grafen Schmettau, Obristen bey dem Generalstab in Kön. Preussischen Diensten. 1789. Dann topograph. Carte eines Theils von Böhmen in der Gegend von Prag in 2 Blättern. 1 : 50,000. 6 Bl. mit einem Suppl. aus dem Werke: Der Feldzug der Preuss. Armee in Böhmen 1778 von Schmettau.

— Kirchenkarte d. Königreiches Böhmen v. P. Chr. Plodek. 4 Qu.-Fol.-Blätter. Tonfarbendruck. Neuhaus, K. Jansky. Deutsche u. böhm. Ausg. Blatt I. 3 fl. 30 kr. S. 528

Böhmen — Königreich etc. von Carl R. v. Kummersberg, Hauptm. 288,000. Prag 1844—51. 4 Bl.

Böhmen. Kořistka, C.: General-Karte v. Königr. Böhmen. 1 : 432,000. Rev. Asg. 1882. Chromol. Fol. Wien: Hölzel.

Böhmen. Kozenn, B.: Hand- u. Reise-Karte v. Königr. Böhmen. 1 : 600,000. Neue Asg. 1882. Lith. u. col. Fol. Wien: Hölzel. 1.—; auf Leinw. in Cart. n. 2. 40.

— — Kreiskarten von. Mit Angabe sämmtlicher, auch der kleinsten Ortschaften, Uebersicht der polit. Verwaltungsbehörden etc. Massstab: 1 Wr. Zoll = 1 Meile oder 4000 Wr. Klft. Bunzlauer, Jičiner und Königgrätzer Kreis 1861. 1 Blatt als Folge des bereits in 1 Blatt erschienenen Taborer u. Budweiser Kreises), gest. gr. Fol. Prag. Fr. Kretzschmar. 1861 col. 50 kr., lackirt 1 fl.

Böhmen — Neue Kreiskarten von — nach zuverlässigen geograph. Hilfsmitteln entworfen von F. J. H. Kreybich. Charte vom Berauner Kreis 1826. Charte vom Bidzower Kreis 1828. Charte vom Budweiser Kreis 1830. Charte vom Elbogner Kreis 1828. Charte vom Kaurzimer Kreis 1826. Charte vom Königgraetzer Kreis 1827. Charte vom Rakonitzer Kreis 1826. Charte vom Saatzer Kreis 1826. Charte vom Pilsner Kreis 1830. Prag C. W. Enders. 1: 240,5000. 16 Bl. Im Erscheinen.

— — Kriegsschauplatz. Juli 1866. Trautenau und die verschiedenen Grabdenkmäler auf dem Schlachtfelde daselbst. Visitformat. Ebds. 1868 à 35 kr.

Böhmen. Lechner's General-Karte von Böhmen. 1 : 500,000. 59×70,5 cm. Farbdr. Wien (904). R. Lechner's Sort. In Leinw.-Decke n. 3.—; auf Leinw. n. 4. 50

Böhmen — Marschrouten-Karte des Königreichs — — etc., ausgef. im K. K. milit.-geogr. Inst. in Wien 1868. 288,000. 4 Bl.

Böhmen. Meinhold's Touristenkarte v. Nordböhmen. 1 : 150,000. Farbendr. 41×59 cm. [Aus: „Schäfer's Führer durch Nord-Böhmen".] Dresden 892. C. C. Meinhold & Söhne. — 75

— — Pechar. Kohlenkarte des Königreich's Böhmen sammt Tarif. Prag, Commissions-Debit v. F. A. Credner's Sortiments-Conto. 1865 1 fl. 50 kr.

— Perko, Frz., Schulkarte von Böhmen nach dem Stande vom J. 1905. Ausgeführt m. Unterstützg. der Gesellschaft zur Förderung deutscher Wissenschaft, Kunst u. Literatur in Böhmen. 1 : 500,000. 58×69 cm. Farbdr. Mit Text auf der Rückseite. Nürschan (906). (Prag, G. Neugebauer.) n. 1. 30

Böhmen — Postkarte von — Augsburg, im Verlag bey Joh. Walch. 1809. 1 : 1,300,000. 1 Bl.

— Richter, A., Karte (Umschlag: Wander-Karte) des nördlichsten Böhmens. Hrsg. vom Gebirgsverein f. das nördlichste Böhmen. 1 : 75,000. 49×73 cm. Farbdr. Schönau (906). (Rumburg, H. Pfeifer.)

Böhmen. Richter, A., Wanderbuch durch Nordböhmen. Hrsg. vom Gebirgsverein f. das nördlichste Böhmen. 1 : 75,000. 2. Aufl. 6.—11. Taus. 54,5×83 cm. Farbdr. Schönlinde 908. (Rumburg, H. Pfeifer.) — 70

— Rothaug, Joh. Geo., Karte der Sudetenländer Böhmen, Mähren u. Schlesien. 1:1,500,000. (Neue Aufl.) 20,5×33,5 cm. Wien (910). Freytag & Berndt. —12

— Schober, K., Handkarte des Königr. Böhmen. 1:1,000,000. Hrsg. v. k. k. militär-geograph. Institute in Wien. 4. Wien 887. (Lechner's Sort.) n.n. —20

— — Schulwandkarte des Königr. Böhmen. 1:250,000. Hrsg. v. k. k. militär-geograph. Institute in Wien. Ebd. 887. Auf Leinw. n. 18. —; auf Leinw. m. Stäben n. 20. —

Böhmen, Specialkarte von, im Massstabe von 1 : 144,000. Nunmehr complet in 39 Bl. Wien. Verlag des k. k. milit. geogr. Instituts. Artaria & Comp. 43 fl.
1861 Einzelne Bl. à 85 kr. und 1 fl. 40 kr.

Böhmen — Specialkarte des Königreiches —. Von dem K. K. militärisch-geogr. Institute in Wien. Herausg. 1847—60. 144,000. 39 Bl.

— — Special-Karte der Kreisbezirke Böhmens nach der neuesten politischen, gerichtlichen und Bezirks-Vertretungs-Eintheilung verfasst mit Inbegriff aller sowohl bestehenden als auch im Baue begriffenen und projectirten Eisenbahnen und der sämmtlichen auch kleinsten Ortschaften, ja selbst Einschichten. Mit statistischen Uebersichtstabellen der Einwohnerzahl und des Flächenraumes der politischen, gerichtlichen und Bezirks-Vertretungsbezirke. Druck und Verlag von Wendelin Morauer in Leitmeritz. 13 Bl. in Quer-Folio, Gefalzt in gr. 8. Prag, Silber & Schenk. (Commissions-Debit.) à 30 kr.; colorirt 1869 à 40 kr.

Böhmen. Spezialkarte des nordwestlichen Böhmen u. des angrenzenden Sachsen. 1:150,000. 64×104,5 cm. Farbdr. Brüx (904). A. Kunz. n. 1. —

— Spezialkarte des nordwestlichen Böhmen u. des angrenzenden Sachsen. Bearb. vom karthograph. Institut v. Carl Flemming in Glogau. 1:150,000. 2. Aufl. 64,5×104,5 cm. Farbdr. Brüx (909). A. Kunz. 1. —

Böhmen. Stelzig, Heinr., Schul- u. Volkskarte v. Böhmen. 1:1,000,000. 29,5×36 cm. Farbendruck. Nebst Kärtchen über Geologie, Bevölkerungsdichte, Wärmevertheilg. u. Regenvertheilg. u. 1 Tab. üb. die Textilindustrie. Aussig 896. (A. Grohmann.) n. —20

— — Strassenkarte, (1' zu 4000° oder $^{1}/_{288000}$ d. Natur) in Kupfer gestochen in 4 Folio-Bl. Ebds. 4 fl., einzeln à 1 fl.
1864

Böhmen — Strassen-Karte des Königreichs — Herausgegeben v. d. K. K. Oesterr. General-Quartiermeisterstab. 1:432,000. 2 Bl.

Böhmen — Strassenkarte des Königreichs —, herausg. vom K. K. milit.-geogr. Inst. 1865. Wien. 288,000. 4 Bl.

— Touristenkarte von Nordböhmen. (Umschlag: Meinhold's Karte. Nord-Böhmen. Grosse Ausg.) Gezeichnet v. P. Winkler. Wegenetz ergänzt v. W. Kirsch. 1:75,000. 52,5×78 cm. Farbdr. Dresden (909). C. C. Meinhold & Söhne. 1.80; auf Leinw. 2. 80

—— Uebersichtskarte zur Landtagswahl für das Königreich, entworfen und im Auftrage des Central-Comité für land- und forstwirthschaftliche Statistik Böhmen's herausgegeben von Leopold Brdicska, Secretär. Folio in Farbendruck. Prag. In Comm. bei Fr. Tempsky.
1861 80 kr.

Böhmen, Mähren, Schlesien, Erzh. Oesterreich (Oestr.-Ungarn. Nordwesten). — Verkehrskarte von —. 1,075,000. Wien etc. 1870, Prochaska. 1 Bl.

— Wagner, J. E., Eisenbahn-, Strassen u. Nationalitäten-Karte des Königr. Böhmen. Neue Aufl. bearb. v. F. Mareš. 1:600,000. 10. verm. Ausg. 46×56 cm. Farbdr. Prag 906. F. Kytka. n. 1. —

— Wagner, J. E., Gendarmerie-Karte f. Böhmen m. der Posten-Eintheilung. 1:600,000. Farbendr. qu. gr. Fol. Prag 890. Kytka. n. 1. 20

— Wagner's Generalkarte des Königr., Generální mapa západních Čech. 2. Aufl. Lithogr. Gross-Fol. Prag, F. Kitka. Gefalzt in 12. 60 kr. 1884 S. 279

— Wagner, J. E., General-Karte des Königr. Böhmen. 1:220,000. 2., ergänzte Aufl. Rev. nach amtl. Angaben vom J. 1895. 4 Blatt à 65,5×78 cm. Lith. Prag 895. F. Kytka. Ausg. I. m. der polit. u. judiciellen Eintheilg., jeder Bezirk in besond. Farbe ausgeführt, m. Angabe der Sprachgrenze u. des Terrains n. 9. —; Ausg. II. m. Angabe des Terrains n. 8. —: Ausg. III., einfacher Abdr. ohne Terrain n. 7. —; f. Zusammenkleben in Umschlag n.n. 1. 60; Aufzug auf Leinw. m. Ringen n.n. 6. —; auf Leinw. m. Holzstäben u. Schnur n.n. 7. —; auf Leinw. in Mappe n.n. 7. —; auf Leinw. in 18 Thln. in Taschenformat, in 1 Enveloppe n.n. 6. —

— — dasselbe. Nr. 2. Das nördl. Böhmen. 6., ergänzte Aufl. 1:220,000. 42×58,5 cm. Farbendr. Ebd. 896. n. 1. —

— — General-Karte des Kgr. Böhmen. Nr. 2. Das nördl. Böhmen. Neue Aufl. bearb v. F. Mareš. 1:220,000. 8. ergänzte Aufl. 42×59 cm. Lith. Ebd. 906. n. 1. —

— Wagner, J. E., General-Karte des Königr. Böhmen. Nr. 4 u. 6. Neue Aufl. bearb. v. F. Mareš. 1:220,000. Farbdr. Prag, F. Kytka. 2. 40
4. Das westliche Böhmen. 5. ergänzte Aufl. 62×54 cm. 907. 1. 20
6. Das südwestliche Böhmen (Böhmerwald). 6. ergänzte Aufl. 52×63,5 cm. (907.) 1. 20

— — dasselbe v. nördlichen Böhmen. 1:220,000. Chromolith. 3. Aufl. Fol. Ebd. 886. n. 1. —

— — dasselbe vom nördlichen Böhmen. 1:220,000. 5., ergänzte Aufl. 41×58 cm. Farbendr. Ebd. 893. n. 1. —

— — dasselbe v. östlichen Böhmen. 1:220,000. Chromolith. 3. Aufl. Fol. Ebd. 887. n. 1. 20

— — dasselbe vom östlichen Böhmen. 1:220,000. 4., ergänzte Aufl. 67×53,5 cm. Farbendr. Ebd. 894. n. 1. 20

— — General-Karte vom östlichen Böhmen. 1:220,000. 5., ergänzte Aufl. 66,5×53,5 cm. Farbdr. Ebd. 898. n. 1. 20

— — dasselbe v. südöstlichen Böhmen. 1:220,000. Chromolith. Fol. Ebd. 882. n. 1. 20

— — dasselbe vom südöstlichen Böhmen. 1:220,000. 2., ergänzte Aufl. Steindr. 50,5×60 cm. Ebd. 891. n. 1. 20

— — dasselbe v. südwestlichen Böhmen (Böhmerwald). 1:220,000. Chromolith. Fol. Ebd. 882. n. 1. 20

— — dasselbe vom südwestlichen Böhmen (Böhmerwald). 1:220,000. 4., ergänzte Aufl. 51,5×61 cm. Farbendr. Ebd. 894. n. 1. 20

— — dasselbe v. westlichen Böhmen. 1:220,000. Chromolith. Fol. Ebd. 881. n. 1. 20

Böhmen. Wagner, J. E., General-Karte von Mittel-Böhmen (Umgegend von Prag). 1:220,000. Chromolith. 3. Aufl. Fol. Prag 882. Kytka. n. 1. —

— Wagner, J. E., Generalkarte v. Mittel-Böhmen. (Umgegend v. Prag.) 1:220,000. 3., ergänzte Aufl. 53,5×54,5 cm. Farbendr. Prag 893. F. Kytka. n. 1. —

— — General-Karten der Bezirks-Hauptmannschaften v. Böhmen. 1 : 220,000. 90 Blatt. Lith. u. color. gr. 4. Nebst: Statistische Uebersichten hierzu, zusammengestellt v. O. G. Paroubek. 90 Blatt. Ebd. 886—889. à Bl. n. — 20; statist. Uebersicht à Bl. n. — 12; Ausg. in böhm. Sprache zu gleichem Preise.

In alphabet. Ordnung:

1. Asch. — 84. Aussig a. d. E. — 2. Beneschau. — 82. Bischofteinitz. — 3. Blatna. — 5. Böhm.-Brod. — 42. Böhm. Leipa. — 7. Braunau. — 49. Brüx. — 8. Budweis. — 10. Časlau. — 24. Chotěboř. — 25. Chrudim. — 13. Dauba. — 6. Deutsch-Brod. — 22. Eger. — 15. Falkenau. — 16. Friedland. — 27. Gabel. — 26. Gablonz. — 37. Graslitz. — 87. Hohenelbe. — 50. Hohenmauth. — 18. Hořowitz. — 29. Jičín — 28. Joachimsthal. — 4. Jungbunzlau. — 31. Kaaden. — 32. Kaplitz. — 85. Karlsbad. — 83. Karolinenthal. — 34. Klattau. — 35. Kolin. — 23. Komotau. — 20. Königgrätz. — 14. Königinhof. — 36. Kralowitz. — 38. Krumau. — 17. Kuttenberg. — 39. Landskron. — 45. Laun. — 40. Ledeč. — 43. Leitmeritz. — 44. Leitomischl. — 90. Luditz. — 46. Melnik. — 72. Mies. — 83. Moldautein. — 48. Mühlhausen. — 21. Münchengrätz. — 9. Neubydžov. — 19. Neuhaus. — 47. Neustadt a. M. — 51. Pardubitz. — 52. Pilgram. — 55. Pilsen. — 53. Pisek. — 54. Plan. — 57. Poděbrad. — 56. Podersam. — 58. Polička. — 59. Prachatitz. — 60. Prag (Polizeirayon). — 61. Přestitz. — 62. Přibram. — 63. Rakonitz. — 64. Raudnitz. — 66. Reichenau. — 41. Reichenberg. — 65. Rumburg. — 89. Saaz. — 69. Schlan. — 74. Schluckenau. — 73. Schüttenhofen. — 67. Selčan. — 68. Semil. — 88. Senftenberg. — 70. Smichow. — 30. Starkenbach. — 71. Strakonitz. — 75. Tabor. — 76. Tachau. — 12. Taus. — 77. Tepl. — 78. Teplitz. — 11. Tetschen. — 80. Trautenau. — 81. Turnau. — 86. Weinberge, Königl. — 79. Wittingau.

— — Handkarte v. Böhmen. 1 : 600,000. 5., verm. Ausg. 43 × 54 cm. Farbendr. Ebd. 897. n. — 88

— — Handkarte vom Königr. Böhmen m. der polit. Einteilung. Neue Aufl., bearb. v. F. Mareš. 1 : 600,000. 8. ergänzte Aufl. 46×56 cm. Ebd. 907. — 88

— — neueste Handkarte v. Böhmen m. der politischen Eintheilung. 1 : 600,000. Chromolith. qu. Fol. Ebd. 888. n. — 88

— — neueste Handkarte v. Böhmen m. der politischen Eintheilung. 1 : 600,000. 3., ergänzte Aufl. Farbendr. 43,5×54,5 cm. Ebd. 891. n. — 88

— — Reise-Karte v. Böhmen m. der Gerichts-Eintheilung. 1 : 600,000. 2., ergänzte Ausg. 46×55 cm. Farbendr. Ebd. 894. n. — 60

Böhmen. Wagner, J. E., Reisekarte v. Böhmen m. d. Gerichts-Eintheilung. 1 : 600,000. 3., ergänzte Ausg. 43 × 54,5 cm. Farbendr. Prag 895. F. Kytka. n. — 60

— — Reise-Karte des Königr. Böhmen m. der Gerichts-Eintheilung. Neue Aufl. bearb. von F. Mareš. 1 : 600,000. 6. verm. Ausg. 46×56 cm. Farbdr. Ebd. 906. n. — 60

Böhmen. Wagner, J. E., neueste Reisekarte v. Böhmen m. der politischen Eintheilung. 1 : 600,000. 3., ergänzte Aufl. Farbendr. 43,5×54,5 cm. Prag 891. F. Kytka. n. — 60

— — Uebersichtskarte des Königr. Böhmen, enth. 2500 Distanz-Angaben in Kilometer, welche die Entferng. e. Ortes v. e. andern auf $^1/_{10}$ Kilometer bezeichnen, dann die nationalen Sprachgebiete, auf Grundlage der Volkszählung vom J. 1890, alle Städte, Märkte, 2300 Dörfer, Eisenbahnen, Strassen u. Fahrwege. 1 : 576,000. 50 × 62,5 cm. Farbendr. Ebd. 896. n. 1. 60; auf Leinw. in Leinw.-Decke n.n. 2. 80

Boehmen (Verfasser), s. Boehme

Böhmens Blüthen. Unterhaltungsblätter für alle Stände. Herausg. von Jh. Pospischil. 1r Jahrg. 1834. 52 Numm. (In Böhmischer Sprache.) gr. 4. Prag 834. (Wien, Wenedikt.) $3^1/_6$ ₰

Böhmens Euterpe. s. Euterpe.

Böhmens, Jak., Schattenriß. Mit Nachtrag. (Von B. Heidecke.) 8. Riga 788.

Böhmen's deutsche Poesie u. Kunst. Monatsschrift üb. alle Gebiete d. Schönen. Begründet, hrsg. u. geleitet v. Ed. Fedor Kastner. 1. Jahrg. 1891. 10 Stücke. Lex.-8. (208 S. m. Bildnissen.) Bad Eichwald u. Wien. (Leipzig, Literar. Anstalt, A. Schulze.) n. 7. 50

— dasselbe. 2. Jahrg. 1892. 10 Hfte. Lex.-8. (à Hft. ca. 24 S. m. Bildnis.) Wien. Ebd. n. 7. 50

— dasselbe. 3. u. 4. Jahrg. 1893. 1894. à 12 Hfte. Lex.-8. (à Hft. ca. 24 S. m. Bildnis.) Ebd. à Jahrg. n. 7. 50

Böhmen's deutsche Poesie u. Kunst. Ill. Jahrb. i. Monatsheftn. üb. alle Gebiete d. Schönen. Begr., hrsg. u. geleitet v. Ed. Fed. Kastner. 5. u. 6. Jahrg. 1895—1896. Je 12 Hfte. (à ca. $1^1/_2$ Bog.) Lex.-8. Wien. (Leipzig, Literar. Anstalt, A. Schulze.) à Jahrg. n. 7. 50

Böhmens Provinzial-Zustände auf dem Schachbrete d. Oeffentlichkeit. Vom Verf. der Schrift: „Oesterreich u. seine Staatsmänner." 12. ($2^1/_3$ B.) Leipzig 843, Ph. Reclam jun. *

—— Zukunft u. Oesterreichs Politik, vom Standpunkte der Vergangenheit u. Gegenwart. 2 Bde. 8. (31 B.) Leipzig 844, Ph. Reclam jun. *

Boehmens (Verfasser), s. Boehme

Böhmer. Anweisung zum Unterricht in der Knochenlehre. Aus dem Lateinischen übersetzt. Altenburg. 1798. 8.

Böhmer, ..., Anweis. zum Unterricht in d. Knochenlehre z. aus d. Latein. mit Anmerkk. gr. 8. Jena 798. (Hennings in Gotha). 20 ₰

(Böhmer, Prof.) Die Belagerungen Stettins seit dem Anfange des 12. Jahrhunderts. 8. Stettin 1832.
Chronik der Stadt Stettin. Stettin 1840.

Boehmer, De medicorum animae et corporis in sanandis aegris conjunctione. Hal. 4°. 1736

Boehmer, Geschichte der v. Ponickauischen Bibliothek. Halle. 4. 75 p.
Schul-/Univ.-Schrift 1867

Böhmer, Geschichte der Entwickelung der naturwissenschaftlichen Weltanschauung in Deutschland. Gotha 872.

Böhmer, Geschichte des 2. rheinischen Husaren-Regiments Nr. 9, s.: Bredow, v.

Böhmer: Geschichte d. Vereinigg. d. Univers. Wittenberg, s. Hertzberg

Böhmer, Heubereitungsarten, s.: Preisschriften u. Sonderabdrücke der deutschen landwirtschaftlichen Presse.

Böhmer, 100 Inschriften a. Christengräber i. Bibelspruch u. Liedervers. 8. (22 S.) Berlin 897. Buchh. d. Berliner Stadtmission. n. — 20

Böhmer, Karte d. Nyassa-Expedition d. Gouverneurs Obersten Frhrn v. Scheele, s.: Ramsay, H.

— s.: Knorr, Gg. Wolfg.

Böhmer: De L.A. Senecae latinitate. 14 S. Progr. Oels 1840.

Boehmer, Diss. de nonnullis momentis ad curationem epilepsiae spectantibus. Hal. 4°. 1788

Böhmer s: Moselland, Das, u. d. westdeut. Eisenindustrie.

Böhmer, der moderne Pessimismus u. seine Bekämpfung durch das geistliche Amt, s.: Sammlung theologischer u. sozialer Reden u. Abhandlungen.

Boehmer, Diss. de quorundam roborantium praestantia. Hal. 1722.

Böhmer. Auserlesene Rechtsfälle über das Recht des Staats: milde Stiftungen abzuändern. *Nürnberg.* 179

Böhmer, ..., la rive gauche du Rhin, limite de la Republique française, ou recueil de plusieurs dissertations jugées dignes des prix proposés par un négociant de la rive gauche du Rhin, avec fig. III Cahs. gr. 8. Basel, Flick. (Neukirch). 1 ℔ 6 gr.

Böhmer, über die Systematik der Hafersorten sowie üb. einige züchterisch wichtige Eigenschaften der Haferrispe. (88 S.) gr. 8. Berlin 909. P. Parey. 2. 50

Böhmer, d. Urkundenb. d. Reichsstadt Frankf. 794—1400. Frankf. 836. (20. —)

Böhmer, Versuch z. Aufstellung des Systems d. Elementarbildung in Volksschulen 2c. 8. Berl. Amelang. 812.

(Boehmer.) Versuch einer Geschichte der Feldzüge des preussischen Heeres von Kurfürst Friedrich Wilhelm dem Grossen bis auf die neuesten Zeiten. 2 Bde. 8. Berlin 1801–05. 5,00.

v. **Boehmer**, offenkundiges Vorbenutztsein v. Erfindungen als Hinderniss f. die Patentertheilung u. als Nichtigskeitsgrund f. Patente. Berlin 900.

Böhmer: Die lateinische Vulgär-Sprache. 29 S. Progr. Oels 1866.

Böhmer: Die lateinische Vulgär-Sprache. II. Th. 24 S. (Forts. v. 1866.) Progr. Oels 1869.

Böhmer, A., vermischte gottesdienstl. Gedanken. 8. 705.

Böhmer, A., d. latein. Schülergespräche d. Humanisten, s.: Texte u. Forschungen z. Geschichte d. Erziehg. u. d. Unterrichts i. d. Ländern deutscher Zunge.

Boehmer, Adolf Die Heilslehre des Apostels Paulus von der Versöhnung nach dem Römerbriefe dargestellt. 22 S. *Conitz* 1881. **Progr.**

Böhmer, Adolf H., appr. Arzt a. Warburg: Aus d. pathol. Institut zu Gießen. Über das Aneurysma der Pars Membranacea Septi. Gießen 1905: v. Münchow. (35 S.) 8° Gießen, Med. Fak., Ref. Bostroem, Diss. v. 6. Sept. 1905 [Geb. 5. Aug. 78 Warburg; Wohnort: Warburg; Staatsangeh.: Preußen; Vorbildung: Gymn. Warburg Reife O. 97; Studium: Marburg 4, München 1, Berlin 2, Bonn 1, Gießen 4 S.; Coll. 19. März 03; Approb. 9. Dez. 02.]

Boehmer, Adolph Ludw. (Halle), De feudo decimarum quoad pertineat ad novales. Diss. jur. Halle (Gebauer) 10. IX. 1770. 44 S. (5.—) 3158
Gewidm.: Phil. Joseph v. Jariges, Carl Jos. Maxim. Frh. v. Fürst u. Kupferberg.

Böhmer, Ad. Ldw., de feudo decimarum, quoad pertineat ad novales, Commentat. jurid. feudalis. 4. Halle 770. Gebauer. 6 gr.

Boehmor, Albert, Curonus, De hyperaemia, causa repentinae mortis. Diss. Dorpat. 34 pp.
1852

Böhmer, Albert, Vicelin. Ein Beitrag zur Kritik Helmolds und der älteren Urkunden von Neumünster und Segeberg. Mit Beilagen: Zur Chronologie Helmolds und über Spuren einer verlorenen zeitgenössischen Aufzeichnung über die holsteinische Geschichte des zwölften Jahrhunderts. Diss. Rostock 1887, G. B. Leopolds Univ.-Buchh. 8°. 103 S.

Böhmer, Albert [aus Wismar]: Vicelin. Ein Beitrag zur Kritik Helmolds und der älteren Urkunden von Neumünster und Segeberg. Mit Beilagen: Zur Chronologie Helmolds und über Spuren einer verlorenen zeitgenössischen Aufzeichnung über die holsteinische Geschichte des zwölften Jahrhunderts. Wismar, Hinstorff'sche Rats-Buchdr. (L. Eberhardt), 1887; 2 Bl. + 103 S. 8°
Rostock, Phil. Fak. Inaug.-Diss. v. 4. Okt. 1886

Boehmer, Arthur Erzbischof Giselher von Magdeburg. Ein Beitrag zur Geschichte der sächsischen Kaiserzeit. Erster Teil (Umschlagtitel: Erzbischof . . . zur sächsischen Kaisergeschichte.) 4 (32 S.). **Progr.** Stadt. Rg. *Stettin* 1887

Böhmer, Arthur Heinrich [aus Zwickau]: Willigis von Mainz unter Otto I., Otto II. und während der Thronbesteigung Ottos III. ... [Erschien vollst. u. d. T.: Willigis v. Mainz. E. Beitr. z. Gesch. d. Deutschen Reichs u. d. deutschen Kirche in d. sächs. Kaiserzeit, als Heft 3 d. 1. Bds von: Leipz. Studien aus d. Geb. d. Gesch.] *Altenburg, Pierer'sche Hofbuchdr.*, 1895; 1 Bl., 44 S., 1 Bl. 8.
Leipzig, Phil. Fak., Inaug.-Diss. v. [3. Mai] 1895

Böhmer, Aug., die Fabrikation der Blei-, Schwarz- u. Rothstifte, so wie der verschiedenfarbigen andern Zeichnenstifte. Nach den neuesten Verbessergn. zusammengestellt. Mit 2 (lith.) Taf. Abbildgn. (in 4.) 8. (36 S.) Quedlinburg 850, Basse. 1/3 ℔

— die Fabrikation d. Pariserblaues vom höchsten Feuer u. Glanz, nebst den Verbindgn. desselben zu anderen Farben. Nach den neuesten Erfindgn. u. Verbessergn. bearb. Mit 1 (lith.) Taf. Abbildgn. (in 4.) 8. (56 S.) Ebd. 850. 1/3 ℔

Böhmer, Bernh., Philosoph. Betrachtgn. üb. Liebe u. Ehe, s.: Sammlung v. Soloscenen.

Böhmer, Bernh., der Esel v. Taucha, s.: Danner's, G., Herrenbühne.

— d. dramatische Club „Thalia". — Weihnachten, s.: Vereinstheater.

Böhmer, Bernh., Weihnachten! s.: Vereinstheater.

Böhmer, Bruno

Boehmer, B. v., die Gruppenwasserwerke ind. Prov. Rheinhessen. 1. Heft. gr. 8. München 906. R. Oldenbourg. n. 3. —
1. Das Wasserversorgungswesen im Grossh. Hessen m. besond. Berücksicht. der Gruppenwasserversorgungen im der Prov. Rheinhessen. 2. Die Wasserversorgg. des Bodenheimer Gebietes (Gruppe II). Mit 1 Übersichtskarte, 4 Taf. u. 13 Abb. [Aus: Journal f. Gasbeleuchtg. u. Wasserversorgg.] (69 S.)

Die Wasserversorgung des Rhein-Selz-Gebietes. Von B[runo] v. **Boehmer**, Baurat, Mainz. Mit 10 Taf. u. 26 Abb. München & Berlin: Oldenbourg 1907. IV, 55 S. 4°
(Boehmer, v.: Die Gruppenwasserwerke in d. Prov. Rheinhessen. [4.]) [06. 1664

Die Wasserversorgung des Seebach-Gebietes von B[runo] v. **Boehmer**, Baurat, Mainz. Mit 10 Taf. u. 14 Abb. München & Berlin: Oldenbourg 1906. 56 S. 4° [06. 1669

Die Wasserversorgung des Selz-Wiesbach-Gebietes von B[runo] v. **Boehmer**, Baurat, Mainz. Mit 10 Taf. u. 16 Abb. München & Berlin: Oldenbourg 1906. 40 S. 4°
(Boehmer, v.: Die Gruppenwasserwerke in d. Prov. Rheinhessen. [2.]) [06. 1663

1. Das Wasserversorgungswesen im Großherzogtum Hessen mit besond. Berücks. d. Gruppenwasserversorgungen in d. Prov. Rheinhessen. 2. Die Wasserversorgung d. Bodenheimer Gebietes (Gruppe 2). Von B[runo] v. **Boehmer**, Baurat, Mainz. Mit 1 Übersichtskt., 4 Taf. u. 13 Abb. München & Berlin: Oldenbourg 1906. 69 S. 8°
Aus: Journal f. Gasbeleuchtung u. Wasserversorgung
(Boehmer, v.: Die Gruppenwasserwerke in d. Prov. Rheinhessen. H. 1.) [06. 1661

Ernten und Konservieren der landwirtschaftlichen Futtermittel. Anleitung z. Ausführung nach d. verschied. Methoden bearb. von Dr. C. **Böhmer**, Chemiker. Mit 26 Textabb. *Berlin: P. Parey 1900.* (VI, 178 S.) 8° [F.] [00. 5763

Böhmer, C.: Handk. v. Thüringen. — Polit. Karte v. Thüringen, s.: Habenicht, H.

Die Kraftfuttermittel, ihre Rohstoffe, Herstellung, Zusammensetzung, Verdaulichkeit und Verwendung, mit bes. Berücks. d. Verfälschungen u. d. mikroskop. Untersuchung. Prakt. Handbuch von Dr. C. **Böhmer**, Leipzig. Mit 194 Textabb. *Berlin: P. Parey 1903.* (XI, 650 S.) 8° [04. 5081

Böhmer, C. F. von: „Ueber die Grubenförderung. Ein Beitrag zu Technik und Haushalt", Freiberg und Annaberg 1791. — Vorh.: Preuß. Oberbergamt Dortmund —

Anleitung zur Untersuchung landwirtschaftlich wichtiger Stoffe. Zum Gebr. in landwirtsch. u. agrik. Laborat. u. f. d. Praxis zsgest. u. bearb. von Dr. C[arl] Böhmer. Berlin: P. Parey 1906. (VIII, 135 S.) 8°

Die Stadt Itzehoe und ihre Post. Fest-schrift zur Einweihung des neuen Post- und Telegraphen-Gebäudes am 5. April 1893 v. Carl Böhmer. Mit 2 Lichtdruckbildern. Itzehoe. 1893. 8°.

Böhmer, Carl August

— — (Halle), Diss. de jure militum ecclesiastico. Präs. Just. Henning Böhmer (Vater). Halle (Grunert) 15. X. 1729. 148 S. (6.—) 3160

— — Dasselbe. Praemissa est praefatio Just. Henn. Boehmer, de jure ecclesiasticorum militari. Halle (Orphanotrophei) 1730. 12 Bl., 148 S., 12 Bl. (6.—) 3161
Gew.: Gerl. Ad. v. Münchhausen (Strausfurt).

Böhmer, Carl August, De variis sacrilegii speciebus ex mente juris canonici. Diss. jur. eccles. prior. Präs. Joh. Samuel Friedrich Böhmer (Bruder). Halle (Grunert) 29. I. 1726. 61 S. (5.50) 3159

Böhmer, Ch., Frauenschmuck und Frauenspiegel. 8. Meisenheim 869. Leipzig, Zander.

Böhmer, Ch., Frauenschmuck u. Frauenspiegel. Ein lyrischer Blüthenkranz aus dem Sängergarten der neuesten Zeit. Meisenheim 869. Krull. 8. (XI, 309 S.) n. 25 ngr.; geb. n. 1 ₰ 6 ngr.

Böhmer, Ch., Remigiusberg. Ein Heimathsang. 8. (VIII, 128 S.) Ludwigshafen 877. Lauterborn. n. 2. —

Böhmer, Ch., Weihnachtsfreud u. Weihnachtsleid. Ein Liederkranz. 32. (79 S. m. 1 Holzschntaf.) Kaiserslautern 870. Tascher. geb. m. Goldschn. n. 1. —

Böhmer, Chrn., Lieder aus der Fremde und Heimath. Erlangen 855. Deichert. 32. (XV, 332 S.) 27 ngr.

Böhmer, D. J. F., Abhandl. üb. d. gesetzmäßige Besitz der Jesuitergüther 2c. 4. Ulm, Stettin. 781.

Böhmer, E. v., Genealogie der von Just. Henning Böhmer abstammenden Familien Böhmer und von Böhmer. Mit Portraits und Wappen. München 1892. 8.

Böhmer und Neumann, Kalk, Gips, Zement, s. Schauplatz, neuer, der Künste und Handwerke.

Böhmer E und F Neumann, Kalk, Gyps und Zement. 4. u 5. Auflage. (Schauplatz der Künste und Handwerke 28) Weimar 1870. 86

Böhmer u. Neumann, Kalk, Gips, Zement. Handbuch f. Anlage u. Betrieb v. Kalkwerken, Gipsmühlen u. Zementfabriken. Mit Rücksicht auf die Anwendg. dieser Materialien in der Praxis. 6. verb. Aufl., bearb. v. Frdr. Neumann. Mit e. Atlas v. 10 Foliotaf. (m. 1 Bl. Text) u. 40 in den Text eingedr. Holzschn. gr. 8. (XII, 236 S.) Weimar 880. B. F. Voigt. 6.75

Boehmer, E. v: Standesinteressen der deutschen Ingenieure. München und Leipzig 1897

Boehmer, E v.: Standesinteressen d. deut. Ingenieure. 8° (37) Münch. 97, R Oldenbourg. 1 —

Boehmer, E v.: Vorschriften f. d. Verfahren bei d. Patent-Amte d. Verein. Staaten v. Nord-Amerika. Aus d. Engl. (135) 12° Berl., C Heymann '04. 2.50

Boehmer, Eduard

Boehmer, Eduardus. Dr. Ph.: De apocalypsi Ioannea ex rebus vatis aetate gestis explicanda. Fasc. 1. Expositionem capidum VI. VII. VIII. continens. Halis Saxonum 1854: Ploetz. 60 S. 8°
Halle-Wittenberg, Theol. Hab.-Schr. v. 20. [vielmehr: 24.] Juli 1854
Geb. [Stettin 24. 5. 1827]
Im Buchhandel Halis: Lippert 1854. — Verf. erlebte die 50. Wiederkehr des Tags seiner Habilitation 1904 als em. ordentlicher Professor der romanischen Philologie in Straßburg in Lichtenthal bei Baden-Baden.

—— de apocalypsi Joannea ex rebus vatis aetate gestis explicanda disseruit. Fasc. I. quo praesertim capita VI. VII. VIII. exponuntur. 8maj. (60 S.) Halis 854, Lippert. *

Böhmer, Ed., die evangelische Bewegung in Spanien. Ein Vortrag gehalten am 22. Juli 1869. Halle 869. Schwabe. 8. (19 S.) n. 5 ngr.

Böhmer, Eduard, s. Bibliothek des litterarischen Vereins in Stuttgart CXLV.

Boehmer, Ed., d. Apostels Paulus Brief an die Römer, ausgelegt. gr. 8. (XLV, 192 S.) Bonn 886. Weber. n. 6. —

Böhmer, Ed., das erste Buch der Thora. Uebersetzung seiner drei Quellenschriften und der Redactionszusätze, mit kritischen, exegetischen, historischen Erörterungen. Halle 862. Buchh. d. Waisenhauses. gr. 8. (VII, 323 S.) n. 1 ₰ 15 ngr.

—— Damaris, s. Damaris.

Boehmer, Ed., s.: Enzinas, Francisco de, Denkwürdigkeiten.

— Geschichte der v. Ponickauschen Bibliothek, s. Hertzberg.

—— Zur Geschichte der Vereinigung von s. Hertzberg. Wittenberg und Halle,

Böhmer, Ed., Franzisca Hernandez u. Frai Franzisco Ortiz. Anfänge reformatorischer Bewegungen in Spanien unter Kaiser Karl V. Aus Orig.-Acten des Inquisitionstribunals zu Toledo dargestellt. Mit 1 (lith.) Blatt Facsim. (in 4.) Leipzig 865. Haessel. gr. 8. (2 Bll., 311 S.) n. 2 ₰ 20 ngr.

Boehmer, Eduardus: *Commentatio de pantheismi nominis origine et usu et natura. 100 S. 8° (4°)
Halle-Wittenberg, Phil. Diss. v. 21. Juni 1851
Geb. [Stettin 24. 5. 1827]
Ersch. im Buchhandel u. d. T.: De pantheismi nominis origine et usu et notione. Halae: Lippert 1851. 51 S. 8° — Verf. erlebte die nachträgliche Diplomerneuerung 1901 als em. ordentlicher Professor der romanischen Sprachen und Literaturen in Straßburg, in Lichtenthal bei Baden-Baden.

Boehmer, Ed., de pantheismi nominis origine et usu et notione. gr. 8. (51 S.) Halae 851, Lippert. 1/4 ₰

— die provenzalische Poesie der Gegenwart. Halle 870. Barthel. 8. (48 S.) n. 12 ngr.

—— Spanish Reformers of two centuries from 1520. Their lives and writings, according to the late Benjamin B. Wiffen's plan and with the use of his materials. 1st vol. with B. B. Wiffen's Narrative of the incidents attendant upon the republication of Reformistas antiguos españoles and with a memoir of B. B. Wiffen by Isaline Wiffen. gr. 8. (XV, 216 S.) Strassburg 874, Trübner. *

— spanish reformers of two centuries from 1520. Their lives and writings, according to the late Benj. B. Wiffens plan and with the use of his materials, described. 2. vol. gr. 8. (XII, 374 S.) Strassburg 883. Trübner. n. 18. — (1. u. 2.: n. 27. —)

Boehmer, Eduard, Bibliotheca Wiffeniania. Spanish reformers of two centuries from 1520. Their lives and writings, according to the late Benjamin B. Wiffen's plan and with the use of his materials described. Vol. III. (VII, 194 S.) Lex.-8. Strassburg 904. K. J. Trübner. n. 9. — (I.—III.: 36. —)

— über Dante's Schrift de vulgari eloquentia. Nebst e. Untersuchung des Baues der Danteschen Canzonen. Halle 868. Buchh. des Waisenhauses. gr. 8. (50 S.) n. 6 ngr.

— s.: Studien, romanische.

—— Trutz-Rom, hallisches, s. Trutz-Rom.

— über Verfasser und Abfassungszeit der Johanneischen Apokalypse und zur biblischen Typik. Halle 855. Anton. gr. 8. (1 Bl., 78 S.) 10 ngr

— Verzeichniss rätoromanischer Litteratur, s.: Studien, romanische.

Böhmer, Emil, Rechtsprakt. a. Ludwigshafen-Mundenheim: Die Höchsthypothek des bürgerlichen Rechts. Würzburg 1906: A. Bögler. (VIII, 90 S.) 8°
Würzburg, Jur. Fak., Ref. Mendelssohn-Bartholdy, Diss. v. 3. März 1906
[Geb. 19. Okt. 79 Mundenheim; Wohnort: Ludwigshafen; Staatsangeh.: Bayern: Vorbildung: Gymn. Mundenheim Reife O. 00; Studium: Heidelberg 2, Würzburg 6 S.; Rig. 20. Dez. 05.]

Böhmer, Emil, Sprach- u. Gründungsgeschichte der pfälzischen Colonie am Niederrhein, s.a. Dialektgeographie, deutsche. III.

Böhmer, Emil: Sprach- und Gründungsgeschichte der pfälzischen Colonie am Niederrhein. Marburg 1909: Friedrich. 91 S. 8° ¶(Aus: Deutsche Dialektgeographie. Berichte u. Studien über G. Wenkers Sprachatlas d. Dtsch. Reichs. H. 3.)
Marburg, Phil. Diss. v. 8. Mai 1909, Ref. Vogt
[Geb. 15. April 84 Elberfeld: Wohnort: Marburg; Staatsangeh.: Preußen; Vorbildung: Realgymn. Elberfeld Reife O. 03; Studium: Halle 2, München 1, Marburg 6 S.; Rig. 8. Mai 07.] [U 09. 3162

Sprach- und Gründungsgeschichte der pfälzischen Colonie am Niederrhein von Emil **Böhmer**. Mit 1 Kt. Marburg: Elwert 1909. 91 S. 8°
(Deutsche Dialektgeographie. H. 3.) [09. 8279

Böhmer, Emil [prakt. Arzt aus Meisenheim]: Über Total-Exstirpation des Larynx .... Wiesbaden, Druck v. W. Zimmet, 1887; 36 S. 8°.
Würzburg, Med. Fak., Inaug.-Diss. v. 1887.

Böhmer, Emil, über Total-Exstirpation des Larynx. Diss. Würzburg 1887, Stahelsche Univ.-Buchh. 8⁰. 36 S.

Böhmer, Emma, Bergesgipfel. (212 S.) 8. Berlin 903. F. Grunert, Sep.-Kto. n. 3. —

— Ehe-Intermezzo. Roman. (230) 8° Lpzg ('02). Berl., H Seemann Nf. 2.50 d

— Hinauf! Roman. gr. 8. (278 S.) Dresden 899. C. Reißner. n. 3. —; geb. n. 4. —

Inkorrekt. Roman von Emma **Böhmer**. Dresden & Leipzig: Reißner 1901. 230 S. 8° [10. 10749

Böhmer, Emma: Meister Josef. Märchen. Dem Andenken Josef Kainz gewidmet. (15) 8° Berl., Frau M Grunert (Ausliefer͡g F Grunert) ('12). — 80 d

— moderne Monologe. (76 S.) 8. Heidelberg 904. C. Winter, Verl. n. 1. —

— Im Sanatorium. Roman. (259) 8° Berl., Concordia ('11). 3 —; L 4 — d

Böhmer, Emma, Sehnsucht. Roman. 8. (221 S.) Dresden 899. E. Pierson. n. 3. —

Böhmer, Emma, wenn die Sonne untergeht. Roman. Geleitwort v. Geo. Engel. (304 S.) 8. Berlin (908). Concordia. 3.50; geb. 4.50

Die Erfindungs-Einheit im Sinne des Patentgesetzes. Von Erich v. **Boehmer**, Groß-Lichterfelde. Berlin 1902: J. Sittenfeld. (96 S.) 8°
Aus: Gewerbl. Rechtsschutz u. Urheberrecht. [07. 9874 6

Boehmer, Erich von: Gebührt das Patent dem dienstverpflichteten Erfinder oder dem Arbeit- oder Auftraggeber? Berlin 1903

Boehmer, Erich v.: Die Patentfähigk. v. Erfindgn. Grundsätze f. ihre Prüfg u. f. d. Erteilg v. Patenten. [Aus: „Verhandlgn d. Ver. z. Beförderg d. Gewerbfleisses".] (56) Lex8° Berl., L Simion Nf. '11. 3 —

Boehmer, Erich von: Ueber die Patentierbarkeit von Verfahren zur Herstellung von Zwischenprodukten. Berlin 1903

Boehmer, Erich v., Standesinteressen d. deutschen Ingenieure. gr. 8. (37 S.) München 897. R. Oldenbourg. n. 1. —

Boehmer, Erich v., offenkundiges Vorbenutztsein v. Erfindungen als Hinderniss f. die Patentertheilung u. als Nichtigkeitsgrund f. Patente. gr. 8. (X, 148 S.) Berlin 901. J. Springer. n. 3. —

Boehmer, Erich v., Vorschriften f. das Verfahren bei dem Patent-Amte der Vereinigten Staaten v. Nord-Amerika. Aus dem Engl. übers. (XII, 185 S.) 12. Berlin 904. C. Heymann. n. 2.50

Böhmer, F.

— Ein Buch v. d. deut. Gesinnung. 5 eth. Essays. 8° (110; 17; 24; 107 u. 65) Ebd. [90—97] 97. Geb. in L. 5 —

Boehmer, Felix

[F.] Beiträge zur Geschichte meines Geschlechts. Von F(elix) **Boehmer**. *Stettin: Dr. v. H. Susenbeth 1896.* (3 Bl., 79 S.) 1 Bd 4.(8.) [96. 4381

Beiträge zur Geschichte der Stadt Stargard in Pomm. Von F[elix] **Boehmer**. H. 1. *Stargard i. P. 1902: F. Hendess.* 8° [F.] [02. 11660

Geschichte der Stadt Stargard i. Pomm. ... Von F[elix] **Boehmer**. Bd 1 [in 5 H.]. *Stargard i. P.: F. Hendeß 19(03–)03.* 8° [F.]
[Heftt.:] Beiträge z. Gesch. d. Stadt Stargard ... von F. **Boehmer**. 1902. [03. 8809

— Beiträge zur Geschichte der Stadt Stargard in Pomm. 1. Hft. Mit 1 Stadtplan u. 1 Karte des Landes Stargard aus dem 13. Jahrh. u. Abbildgn. der ersten Anlage der Marienkirche. gr. 8. (69 S.) Stargard 902. (Weber.) n.n. 1.75

Boehmer, F., Beiträge zur Geschichte der Stadt Stargard in Pommern. 2.—6. Hft. gr. 8. Stargard (Weber). à n.n. 1.75
2. Mit e. Karte v. Pommern nach der Landestheilung v. 1372 u. Abbildgn. der zweiten Anlage des Rathhauses. (S. 71—144.) 902.
3. Mit Abbildgn. städtischer Wehrbauten u. e. Karte des Stromgebietes vor der Ihnamündung. (S. 145—216.) 903.
4. Mit Abbildungen städtischer Wehrbauten u. e. Karte der Umgegend v. Stargard am Ende des Mittelalters. (S. 217—290.) 903.
5. Mit Abbildungen städtischer Wehrbauten, Siegel u. Münzen, e. Grundrisse der Marienkirche u. e. Stadtplan f. das Ende des Mittelalters. (1. Bd. VII u. S. 291—381.) 903.
6. Mit Abbildgn. der 3. Anlage des Rathhauses u. e. Grundrisse der Johanniskirche. (72 S.) 904.

Böhmer, F., Gedächtnissrede auf Aug. Foerster, Prof. d. pathol. Anat. zu Würzb. 8. (52) Würzb. 66, Stahel. — 7¼

Boehmer, F., Geschichte der Stadt Rügenwalde bis zur Aufhebung der alten Stadtverfassung (1720). Mit Karte u. Stadtplan aus der Zeit um 1600, Ansicht der Stadt aus der Lubinschen Karte, ältestem Stadtspiegel u. 2 Taf. m. Wappen städt. Familien. gr. 8. (X, 446 S.) Stettin 900. P. Niekammer. n. 9. —

Boehmer, Fr., resp. Titus, De exanthematum differentia et origine. Vitemb. 4°. (p. 7 Epilepsiam nimia dosi piperis longi ad fugandam febrem.) 1766

Boehmer, Franc. (geb. Aachen 11. 9. 1833): De partu immaturo Berolini (1858). (32 S.) 8°
Berlin, Med. Diss. v. 27. Aug. 1858

Böhmer, Friedr., Gedächtnissrede auf August Foerster, weil. Prof. der pathol. Anatomie zu Würzburg, gehalten in der ausserordentl. Sitzung der physikalisch-medizin. Gesellschaft am 8. März 1866. gr. 8. (52 S.) Würzburg 866, Stahel'sche Buchh.
Aus: Würzburger medizinische Zeitschrift, besonders abgedruckt.

Boehmer, Friedr., De jure episcoporum innovandi fundationes eccles. Comment. jur. Gött. (Joh. Christ. Dieterich) 27. XII. 1784. 38 S. (4.80) 3162

Boehmer, Frid. (geb. Stettin): Ad dijudicandam affectionem hepatis syphiliticam supplementa fragmentaria. Berolini (1852). (38 S.) 8°
Berlin, Med. Diss. v. 16. Juli 1852

Boehmer, G., s. Abhandlungen zum Privatrecht usw.

Boehmer, G., Isagogo in epist. ad Coloss. Berol. 1829. 8.

Bohmer, G., Die Stellung der deutschen Gesinnung zur socialen Frage. 8°. München 1896.

Boehmer (G. A.). Bibliotheca scriptorum historiae naturalis. . . . Lips. 1785-9. 8°.

Boehmer, G. B., s. Boehmer, Georg Wilhelm

Boehmeri, G.T., super privilegiis pictorum. 8. Lps. Comt. f. Litt. 751.

BOEHMER, Georg: Dissertationem inauguralem medicam de Sambuco totum medicinali consensu gratiosi medicorum ordinis ... defendet auctor ... - Wittenbergae 1771. 4 Bg.

Über die Systematik der Hafersorten sowie über einige züchterisch wichtige Eigenschaften der Haferrispe. Von Dr. [Georg] Böhmer in München. Berlin: Parey 1909. 87 S. 8°

– Dass., s. a. Boehmer, Gerhard

Boehmer, Geo. H., elektrische Erscheinungen in den „Rocky Mountains". Lex.-8. (20 S.) Wien 888, (Tempsky.) *
Aus: Sitzungsberichte der k. Akademie der Wissenschaften, besonders abgedruckt.

Boehmer, Georg Ludwig

— Georg Ludw., Comm. jur. de abigeatu et furto equorum, ex jure Romano, Germanico explicata. Giessen (Jo. Jac. Braun) o. J. 136 S., z. Tl. dtsch. (4.50) 3163

— — Candidati August Bernhard Franz Bodife (Bonn) solennia inaug. — Praem. observat. de archiepiscopis Coloniensibus archicancellariis per Germaniam sub Ottone M. Götting. (G. L. Schultz) 16. VIII. 1753. 16 S., mit Biogr. (M.: M. E. Wüesten.) (350) 3178

— — De aetate vetustae collectionis consuetudinum feudalium quam vulgo libros feudorum vocant commentatio. Göttingen (Gebr. Schmid) o. J. 46 S. (4.—) 3164

Boehmer, G. L., de aetate vetustae collationis consuetudinum feudalium. 4. Gött. Schmidt. 743.

— — De aris pro salute imperatorum in itu et reditu exstructis quaedam praefatus, orat. inaug. de via et ratione ad solidam juris protestantium ecclesiastici prudentiam perveniendi. Göttingen (A. Vandenhoeck) 10. IX. 1740. 28 S. (4.—) 3168

— s. G. R. Böhmer, exercitationes.

Boehmer, Georg Ludwig (Praes.), s. Brunnemann, Thomas: De remedio revisionis . . .

— — De cautelis tuendae fidei publicae. Götting. (Gebr. Schmid) 1745. 15 S. (3.—) 3169

— — De censibus mora crescentibus. Diss. jur. Halle, 5. II. 1738. 32 S. (4.—) 3167
Gew.: Joh. Pet. v. Ludewig.

— de Centena sublimi. 4. Gött. (Förster, B.) 746.

— — Viri Christian Jacob v. Zwierlein (Wetzlar) solennia inauguralia. — De cessione hypothecae feudalis absque domini consensu valida. Gött. 13. IV. 1758. 19 S., mit Biogr. (M.: E. F. D. v. Wahl.) (3.—) 3185

Boehmer, Georg Ludwig: De Clementinis diatribe. Gottingae 1742.

— — Viri Franz Hermann Anton Budden (Hutinghausen/Soest) solennia inauguralia. — De feudi consolidatione per investituram simultaneam et eventualem impedita. Göttingen (A. H. Schultz) 14. I. 1757. 31 S., mit Biogr. (M.: M. M. Dünn.) (3.—) 3182

— — Viri Victor v. Saussure (Lausanne. M.: E. Du Gard d'Eschichens), Joh. Gottfried v. Zwierlein (Wetzlar. M.: E. F. D. v. Wahl), Joh. Adam Meixner (Worms. M.: M. D. Moriz) solennia inauguralia. — Observatio de impedita subfeudorum consolidatione. Götting. (Schulz / F. A. Rosenbusch) 14. II. 1766. 16 S., mit Biographien. (3.80) 3191

Böhmer, G. L.: „De impedita subfeudorum consolidatione (disput.)", Gottingae 1766. — Vorh.: Bibl. des German. Museums Nürnberg.

— de delictis extra Territorium admissis. 4. Gött. Vandenhök. 749.

— — Ad virorum Joh. Julius Surland et Joh. Martin Ruppel lectiones et dissertat. invit. paucis praefat. de feudi communis divisione. Göttingen (A. Vandenhoeck) 20. XII. 1748. 19 S., mit Biographien. (M.: v. S.: R. C. Fürsen; v. R.: C. S. Michael.) (3.50) 3174

— Electa juris civilis. 3 Tomi. 4. Götting. (Meyer, L.) 765—78. (1 Th. 2 Thlr 12 gr. 3r 1 Thlr. 16 gr.)

Böhmer, Geo. Ldw., († d. 17. Aug. 1797.) electa juris civilis. III Tom. 4. Götting. 767—78. (T. I. Ed. n. 794.) Lemgo, Meyer. 6 Rthl 16 gr.

— electa juris feudalis. II Tom. 4. (Lemgo) 795. Meyer. 5 Rthl

— — Ad viri Carl Fried. Winckler lectionem et dissertat. invitat simul de copulae sacerdotalis a deposito clerico furtim impetratae injusto favore disserit. Göttingen (J. Ch. Schultz) 1745. 20 S., mit Biogr. (M.: J. M. Dornfeld.) (3.50) 3170

Ordinis iure consultorum in academia Georgia Augusta decanus Georgius Ludovicus Boehmer ad Ioachimi Henrici Schroederi lectionem cursoriam et dissertationem inauguralem invitat paucis praefatus de feudis ex veterum Francorum beneficiis enatis. Gottingae. (1749.) 1½ k.

— — Virorum Ge. Friedr. August Dathe (Weissenfels. M.: F. M. Menius) et Rutger Nicolai Sluter (Hamburg. M.: M. E. Schaffshausen) solennia inauguralia. — Praem. observat. de feudo campanario vulgo Glocken Lehn. Göttingen, 23. II. 1753. 23 S., mit Biographien. (3.50) 3177

— — Anniversaria inaugurationis sacra 33. — Legum Charondae fragmenta. Sectio IV et nov. Götting. (Henn. Mart. Grape) 17. IX. 1770. Folio. 4 S. (2.—) 3192

— Systematis juris civilis fragmenta, ed. G. Jak. Fr. Meister. 4 maj. Götting. 799. Dieterich. 6 gr.

Boehmer, Georg Ludwig: Gedanken über den Emser Congreß. o. O. 1787.

— rechtl. Gutachten, die Lehnsfolge des H. Fleck zu Dreinsteinfurth betr. Fol. Götting. 746.

— de herede suo ab hereditate se abstinente etc. 8. Götting. 756. Vandenhück et R. 4 gr.

— — Ad viri Friedrich August Wilhelm v. Witzendorff solennia inauguralia. — De indole fidei vasalliticae ejusque a ministeriali fidelitate discrimine. Göttingen (Schultz) 16. IX. 1757. 16 S., m. Biogr. (M.: E. L. E. v. Witzendorff.) (3.50) 3184

— — De indole et natura expectativae et investiturae feudalis et de hujus renovatione liber singularis. Göttingen (J. C. L. Schultz / Joh. Wilh. Schmidt) 1747. 223 S. (5.50) 3172

— — Viri Pet. Heinrich Widow (Hamburg) solennia inauguralia. — De investitura per procuratorem. Göttingen (Schultz / F. A. Rosenbusch) 21. XI. 1761. 16 S., mit Biogr. (M.: A. G. v. Hertoghe.) (3.50) 3188

— de investitura simultanea eventuali. 4. Gött. 742.

— — Viri Heinrich v. Doering (Lüneburg) solennia inauguralia. — De judice curiae feudalis. Gött. (Schultz / F. A. Rosenbusch) 9. IV. 1762. 18 S., mit Biogr. (M.: M. D. v. Dassel.) (3.50) 3189

— — De judice feudorum extra curtem exercit. . . Gött. (J. Fr. Hager) 1746. 34 S. (3.80) 3171

— — Oratio de jure cognoscendi et statuendi de tolerandis his, qui communes religionum in Germania approbatarum doctrinas publ. impugnant. Götting. (J. Ch. Dieterich) 17. IX. 1779. 15 S. (3.50) 3194
Joh. Friedr. Eberhard, Just. Ludw. Bechthold, Gg. Ludw. Kruckenberg.

— — Virorum Joh. Daniel Heinrich Musäus (Meiningen. M.: B. E. Schubarth), Joh. Georg Bausch (Hamburg. M.: A. E. Fink), Joh. Heinr. Jos. Westhus (Münster/W. M.: A. G. Pötken) solennia inauguralia. — De jure dotis, filiae illustri ex pactis domus debitae, moto adversus patrem concursu. Göttingen (J. Ch. Dieterich) 9. VI. 1773. 18 S., mit Biographien. (3.80) 3193

— — Virorum Marcus Christoph Schaaff (Frankfurt/M. M.: S. v. Scheidlin) et Georg Roeder (Frankfurt/M. M.: A. Spaarwasser) solennia inauguralia. — De jure fisci civitatibus mediatis vi concessi juris Lubecensis non competente. Göttingen (Schultz) 15. V. 1757. 23 S., mit Biographien. (4.—) 3183

— — Viri Jacob Gottlieb Sieber (Ülzen) solennia inauguralia. — De jure circa conductionem orto adversus conductorem obaeratum concursu. Göttingen, 25. IV. 1758. 15 S., mit Biogr. (M.: M. E. Rieckmann.) (3.50) 3186

— de jure principis circa opera publ. 4. Gött. Vandenhök. 747.

— — Viri Johann Justus Reiche (Alfeld/Hildesheim) solemnia inaug. — Praem. observ. de jure promotorum adspirandi ad beneficia ecclesiastici. Götting. (J. Ch. L. Schultz) 9. I. 1754. 20 S., mit Biogr. (M.: A. M. Soellingen.) (3.50) 3180
Widm. v.: Andr. Rud. v. Ramdohr, Aug. Rud. Jes. Bünemann sen., Friedr. Wilh. Klaerich, Friedr. Phil. Strube.

— de jure reluendi feudum legitime oppignoratum. 4. Gött. Bossiegel. 776.

— de juribus et obligationib. conjugis superstit. etc. 4. maj. Gött. Ritscher. 748.

— de juribus ex statu militari Germanor. pendent. 4. Götting. Vandenhök. 749.

— — Lect. cursorius et dissertationes candidatorum Heinr. Wilh. Lehnemann (Frankfurt/M. M.: R. E. v. Heyden) et Just. Fried. Ludw. Engelbrecht (Helmstedt. M.: Ch. S. Mecken) et de legatis ex fideicommisso praestandis disserit. Göttingen (J. Ch. L. Schultz) 27. VI. 1749. 19 S., mit Biographien. (4.—) 3175

— — Virorum Georg Wilh. Lindheimer (M.: M. E. Ritz), Benj. Schneider (M.: R. Lehnemann), Casp. Conr. Staudinger (M.: A. M. Mann) (Frankf./M.) solennia inauguralia. — Praem. observ. de legatis ex fideicommisso praestandis. Göttingen (G. L. Schultz) Okt. 1753. 24 S., mit Biogr. (3.80) 3179

— de liberis fideicommisso oneratis. 4. Götting. 750. Vandenhöck et R. 2 ggr

— — Memoriam et exsequiarum honorem viro Jo. Christian Claproth. Götting. (A. Vandenhoeck) 29. X. 1748. Folio. 4 Bl. (2.—) 3173

— — Viri Johann Christoph Ludewig (Bremen) solennia inauguralia. — De quatuor modis conficiendi codicillos. Götting. (Schultz) 29. V. 1762. 16 S., m. Biogr. (M.: S. M. Ludemann.) (3.50) 3190

Boehmer, Go. Ludw., Diss de morbis quibusdam inflammationes simulantibus aut dissimulantibus. Hal. 4°. (p. 5 phrenitis.)
1769

Böhmer, Geo. Ludov.: De natura et indole exspectativae feudalis liber sing. Gott., Förster. 740. 4. (12 Gr.)

Boehmer, Georg Ludw., observationes juris canonici. Göttingen 1766. 8.

— observationes juris canonici. 8 maj. Götting. 767. Ed. n. 791. Kübler. 16 ggr

— observationes juris feudalis. (13 früher einzeln gedr. Progr.) 8. Götting. 764. Ed. II. 784. Vandenhöck et R. 18 ggr

Böhmeri, Georgii Ludovici, Oratio de bello nunc gesto ob servatam Germaniae liberalitatem memorabili p. p. Gottingae 1762. 4.

— — Oratio de finibus jurisdictionis imperialis quoad in causis ecclesiasticis competit. Göttingen (V. Bossigel) 3. VII. 1754. 43 S. (4.—) 3181

Böhmer, Geo. Lud.: Orat. de finibus jurisdict. imperial. *Gottingae*, Bossiegel. 756. 4. (2 Gr.)

— de ordine succedendi ex jure primogeniturae inter coinvest. in feudis imperii. 4. Götting. 765. Bossiegel. 5 ggr

Boehmer, Georg Ludwig: Principia iuris canonici speciatim iuris ecclesiastici publici et privati quod per Germaniam obtinet. 8 maj. Götting. 762, 767, 774, 779, 785. Ed. VII. cura C. T. G. Schönemann. 8 maj. 802. Vandenhöck et R. 1 rthl 20 ggr

– – Ed. 6. 1791.

— principia juris feudalis, praesertim Longobardici, quod per German. obtinet. 8 maj. Götting. 765. Ed. n. 767, 775, 782, 785. Ed. VII. a K. W. Hoppenstedt observ. aucta. 805. Vandenhöck et R. 1 rthl 10 ggr Ed. VIII. quam cur. et observatt. auxit Ant. Bauer. 8 maj. ibid. 819. 1 rthl 16 ggr Schrbp. 2 rthl 4 ggr

Böhmer, G. L., Principia juris feudalis etc. ed. octava cur. A. Bauer. 8maj. Gottingae, Vandenhök. 820.

— — Viri Heinrich Friedrich Taddel (Rostock) solennia inauguralia. — De ingenuorum natalium probatione. Göttingen (Schultz / F. A. Rosenbusch) 19. IX. 1761. 16 S., mit Biogr. (M.: I. D. Michaelsen.) (3.50) 3187

— — (Halle), De provocationibus juris Germanici. Diss. jur. Halle (J. H. Grunert) 28. I. 1738. 102 S. (5.50) 3166
Widm. v.: Justus Henning Boehmer (Vater).

Böhmer, Georg Ludwig.
Auserlesene Rechtsfälle aus allen Theilen der Rechtsgelehrsamkeit. Th. 1-3 ... Göttingen 1799—1802. H: *Hoppenstedt*, *Carl Wilhelm*. (BrMm) (EngJ) »1799—1801.« (MGT)

— auserles. Rechtsfälle aus allen Theilen d. Rechtsgelehrsamkeit. 3 Thle in 6 Abtheill. Herausg. v. K. Wl Hoppenstedt. gr. 4. Götting. 799—802. Vandenhöck u. R. (à 2 ₰) 12 ₰

Boehmer, Georg Ludwig: De r e l i q u i i s iuris canonici in imperatoris electione exercitatio. Gottingae 1741.

— — De reliquiis juris canonici in imperatoris electione exercit. Göttingen (V. Bossiegel) 1751. 28 S. (3.50) 3176

Boehmer, G. L., de Remedio Syndicatus advers. sententias camerae. Gött. Schmidt. 744. 6 Rthlr.

Böhmer, G. L., Comm. juris feudalis de investiturae simultaneae eventualis non desiderata renovatione ejusque impuni omissione, inprimis quoad successionem illustrissimae Munchusiorum gentis in castrum et feudum Dornburgense. Gottingae 1741. 4.

— — Repetitae vindiciae pacti de non praestanda evictione oppositae erroribus inveteratis quos contra venerandi parentis Justi Henningii Boehmeri icti dissert. argumenti ejusdem anno 1735 m. octob. in acad. Fridericiana propositam noviter propugnavit Franciscus A l e f (prof. Heidelbergensi). Halle (J. F. Grunert) 1737. 88 S. (5.50) 3165

— — Honores viris .. Joh. Friedr. Hesse (Clausthal. M.: S. A. Friedrich), Otto Friedr. Kraut (Lüneburg. M.: S. F. Schütz), Friedr. v. Graffen (Hamburg. M.: A. Amsinck). — Praem. observ. de in jus vocatione austraegali. Gött. (Schulze/ F. A. Rosenbusch) 1769. 24 S., mit Biographien. (3.—) 3191a

Boehmer, Georg Rudolf

— — Novum contra frigus hybernum arbores defendendi adminiculum describit. Wittbg. (C. Ch. Dürr) 22. VI. 1773. 8 S., mit Biogr. v. Joh. Friedrich Foerster. (Mühlberg. M.: J. M. Ziegler.) (3.—) 3209

— — An pastus pecorum in stabulis potius, quam pratis instituendus. 4. Vitemberg 775.

— — Institutum Paul Valentin Irschhausen (Grimma). — Praem. antiquitatum Germaniae spec. IX, de originibus Saxonicis IV. Wittbg. (E. G. Eichsfeld) 6. IV. 1762. 4 Bl. (1.50) 3198

— — Institutum Gottlob Wilhelm Kunert (Griebstein). — Praem. antiquit. German. spec. X, de orig. Saxon. V. Wittbg. (E. G. Eichsfeld) 3. IV. 1762. 4 Bl. (1.50) 3190

— — De justa medicarum historiarum aestimatione. Wittbg. (C. Ch. Dürr) 15. XI. 1765. 12 S., mit Biogr. v. Christian Georg Wolfgang Behrisch. (Dresden. M.: S. Ch. Loescher) (3.50) 3200

—— De justa plantarum indigenarum in pharmacopoliis reformandis aestimatione. D. Wittenbergae typ. Dürr. 1770. 4. 32 p.

Boehmer, George Rudolph.
Bibliotheca scriptorum historiæ naturalis, œconomiæ, aliarumque artium ac scientiarum ad illam pertinentium realis systematica. Systematisch-literarisches Handbuch der Naturgeschichte, Oeconomie und anderer damit verwandten Wissenschaften und Künste. Leipzig, 1785–1789. 9 parts in 5 vols., 8vo.
This extensive bibliography deals chiefly with natural history, but has sections on chemistry and on mineralogy. A very full index of names in the last volume occupies over 300 pages.

Böhmer, Gg. Rud., bibliotheca script. hist. natur. etc. od. systemat.-literar. Handb. d. Naturgeschichte, Oekonomie u. einiger damit verwandten Wissenschaften u. Künste. 5 Thle in 9 Bdn. gr. 8. Leipzig, 1785—90. (Brockhaus.) (13. 5) 8. —

Geo. Rud. Böhmer Q. Ser. Sammonici carm. de capillis tingendis repetit et illustrat. Viteb. 1798—1800. 4. (Ad v. 46—58. ed. Ackerm.)

— — Quinti Sereni Sammonici carmen de tingendis capillis repetit et illustrat. spec. I. Wittenbg. (Tzschiedrich) 19. IX. 1798. 8 S., mit Biogr. v. Carl Heinrich Arnold. (Leisnig. M.: E. Ch. Fiedler.) (3.—) 3245

— — Q. S. Sammonici carmen de capillis tingendis repet. et illustr. spec. II. Wittbg. (A. Ch. Charisius) 28. IX. 1798. 8 S., mit Biogr. von Ferdinand Gustav Kersten. (Hettstedt. M.: Ch. Fr. Reisner.) (3.—) 3248

— — Dasselbe. Spec. III. Wittbg., 2. I. 1800. 8 S., mit Biogr. v. Constantin Ambrosius Lehmann. (Dresden. M.: S. L. F. v. Eckhardt.) (3.—) 3246

— — Dasselbe. Spec. IV. Wittbg. (Tzschiedrich) 20. III. 1800. 8 S., mit Biogr. v. Joh. Friedr. August Rosenbaum. (Zerbst. M.: F. W. S. Junius.) (3.—) 3247

—— De dubia fungorum collectione. ib. 1776. 4. 8 p.

—— De vegetabilium collectione virtutis causa. D. I. II. ib. 1776—77. 4. 30, 30 p.

—— De coeruleo colore in frequenti florum coronariorum lusu valde raro. ib. 1786. 4. 12 p.

Boehmer G. R.: Commentationes oeconomico medico botanicae qvarum prior de plantis segeti infestis, posterior de plantis auctoritate publica exstirpandis, custodiendis et e foro proscribendis. Vitebergae et Servestae 1792. 128 S.

— Comment. oeconomico-medico-botanicae. 4. Wittenberg, Zimmermann, 792.

— — Commoda quae arbores a cortice accipiunt. Wittbg. (C. Ch. Dürr) 31. VIII. 1773. 8 S., mit Biogr. v. Joh. Theodor Wachter. (Zeitz. M.: Ch. D. Neuber.) (3.—) 3210

Boehmer, Ge. Rud., De consensu uteri cum mammis causa lactis, dubia. Lps. 4°. *Haller*, Bibl. anat. II, 461. (Lac non praeparatur a parvulis mammariae internae ramis. Una in uterum et in mammas chylus irruit, quod eorum fabrica valde similis sit.) 1750

— — Consolatio iis scripta, quorum pietas a sacramento religionis publico abhorret. Wittbg. (C. Ch. Dürr) 1790. 24 S. (2.—) 3225
(Verf. Mich. Weber?)

—— De vegetabilium celluloso contextu. D. Wittenbergae 1753. 4. 34. p. — * Editio altera cum commentatione de plantarum semine. Wittenbergae 1785. 8.

— — Orationem ab Heinr. Wilh. Spitzner (Oberalbertsdorf). — De partium in republica Romana conventiculis comment. VIII. Wittenbg. 5. XI. 1795. 4 Bl. (2.—) 3232

— — Cyano segetum nuper imputatum virus limitatur. Wittbg. (C. Ch. Dürr) 22. X. 1787. 12 S., mit Biogr. v. Christoph Eusebius Raschig. (Dresden. M.: Th. Faber.) (3.50) 3222

— — Corporis naturalis et artificialis differentiam brev. exponit. Wittbg. (C. Ch. Dürr) 27. V. 1773. 8 S., mit Biogr. v. Johann Carl Gottlieb Flemming. (Jüterbog. M.: J. M. Heinrich.) (3.—) 3208

— — De dignitate pilorum remediisque eorum incrementum et promoventibus et impedientibus spec. I. Wittbg., 21. VI. 1798. 8 S., mit Biogr. v. Gottlieb Autenrieth. (Wittenberg. M.: J. C. Finck.) (3.—) 3241

— — Dasselbe. II. Wittbg., 3. VII. 1798. 8 S., mit Biogr. v. Friedr. August Wagner. (Kropstad/Saxon. M.: C. S. Weinhold.) (3.—) 3242

— — Dasselbe. III. Wittbg., 6. VII. 1798. 8 S., mit Biogr. v. Christian Gottlob Glaeser. (Voigtsberg/Vogtl. M.: Ch. F. Klippig.) (3.—) 3243

— — Dasselbe. IV. Wittenbg. (Tzschiedrich) 21. VII. 1798. 8 S., mit Biogr. v. Joh. August Sulzberger. (Lübben/Laus. M.: Ch. Marquardt.) (3.—) 3244

— — Dispositionem plantarum in tabulis synopticis nuper commendatam nunc exemplo mesembryanthemi. Wittbg. (C. Ch. Dürr) 3. II. 1789. 12 S. (2.50) 3224

— — Emplastrum vesicatorium perpetuum. 27. IX. 1793. 8 S., mit Biogr. v. Friedr. Ernst Gerlach. (Eimbeck. M.: S. Ch. Hoen.) (3.—) 3229

— — Dasselbe. Tl. II. Wittbg. (C. Ch. Dürr) 7. X. 1793. 10 S., m. Biogr. v. Carl Christian Fleischer. (Merseburg. M.: Ch. C. Heins.) (3.—) 3230

— — De epistola Jacobi catholica cum epistola atque oratione Jacobi actis inserta, et hac utraque cum illa utiliter comparanda. Wittenbg. (Ch. Phil. Meltzer) 25. XII. 1795. 24 S. (3.—) 3234
(Verf. Mich. Weber?)

—— Tabularum synopticarum, quibus genera plantarum disponuntur, exempla proponit. Pars I et II. ib. 1790. 4. 11, 16 p.

— — Orationem Johann Heinrich Roemer (Zwettau/Sax.). — Fastigium virtutis deum sequi. Wittenbg. (C. Ch. Dürr) 16. III. 1768. 4 Bl. (1.—) 3204

— Flora Lipsiae indigena. med. 8. Leipz. 750. Dyck. 18 gl
Suppl., s. J. C. *Schreber*, Spicilegium.

— — De foliis arborum deciduis spec. I. Wittenbg., 2. V. 1797. 8 S., mit Biogr. v. Heinr. Andreas August Gutmann. (Dresden. M.: B. S. Leonhard.) (3.—) 3238

— — Dasselbe. II. Wittbg., 4. V. 1797. 8 S., mit Biogr. v. Joh. Rohatsch. (Bautzen. M.: Kruschwiz.) (3.—) 3239

— — Dasselbe. III. Wittbg., 18. V. 1797. 8 S., mit Biogr. v. Joseph Ludwig Schmidl. (Dresden. M.: Th. Baumgarten.) (3.—) 3240

Böhmer, George Rudolph: „Technische Geschichte der Pflanzen, welche bey Handwerken, Künsten und Manufacturen bereits im Gebrauche sind oder gebrauchet werden können", 2 Teile in 2 Bänden, Leipzig 1794. — Vorh.: Büch. der Industrie- und Handelskammer Leipzig.

BÖHMER, Georg Rudolf: Technische Geschichte der Pflanzen, welche bey Handwerken, Künsten und Manufacturen bereits im Gebrauche sind oder gebrauchet werden können. - Leipzig 1794. 2 Tl. in 2 Bd. 780 u. 670 S.

— techn. Gesch. d. Pflanzen, so bei Handwerken, Künsten u. Manufakturen im Gebrauch sind ꝛc. 2 Thle. gr. 8. Leipz. 794. Weidmann, 3 rthl 18 gl

— — De formula liturgica hallelujah. Wittbg. (E. G. Eichsfeld) 1762. 32 S. (4.—) 3197

BÖHMER, Georg Rudolf: Systematisch literarisches Handbuch der Naturgeschichte, Oeconomie und anderer damit verwandten Wissenschaften und Künste: Bibliotheca scriptorum historiae naturalis, oeconomiae aliarumque artium ac scientiarum ad illam petinentium realis systematica. - Leipzig 1785-1789. Tl. 1-5 in 9 Bd. - Bd. 1 XVIII, 778 S. - Bd. 2 772 S. - Bd. 3 604 S. - Bd. 4 XXX, 536 S. - Bd. 5 808 S. - Bd. 6 642 S. - Bd. 7 510 S. - Bd. 8 412 S. - Bd. 9 X, 740 S.

Geo. Rud. Böhmer (resp. Chr. Frid. Nürnberger) de incrementis academiae Vitebergensis ex liberalitate medicorum. Viteb. 1783. 4.

— — Orationem ab Anton Hartmann (Bohem.) in memor. benef. Vateriani. Wittbg., 18. XI. 1783. 12 S. (3.50) 3218
De incrementis academiae Wittebergensis ex liberalitate medicorum.

Boehmer, Ge. Rud. (Resp.): Pr. de narium ... incurvatione, s. Quellmaltz, Sam. Th. (Praes.)

Boehmer, Georg Rudolf, s. Knorr, G. W.: Thesaurus.

—— Lexicon rei herbariae tripartitum, continens etymologiam nominum et terminologiam partim in descriptione partim in cultura plantarum assumptam. Lipsiae, Crusius. 1802. 8. xii, 392 p. et corrigenda. (1½ th.)

— Lexicon rei herbariae tripartitum, cont. etymologiam nominum et terminologiam. 8 maj. Leipz. 802. (W. Vogel). 1 rthl 12 gl

Boehmer, Georg Rudolf, s. Ludewig, Ch. G.: Definitiones.

Boehmer, *Georg Rudolf*. De medicamentis vegetabilibus suppositiis. D. Vitembergae, typ. Tzschiedrich. 1748. 4. 28 p.

— — Medicum in praecavendis variolis impotentem delineat. Wittbg. (Gerdes) 14. VII. 1767. 15 S., mit Biograph. von Friedr. Ludolph Peissel. (Ottendorf/Misn. M.: C. S. Reich.) (3.—) 3202

—— De Melocacto ejusque in Cereum transformatione. ib. 1757. 4. 14 p.

— — Orationem ab Johann Gottfried Schubert. Wittbg. (C. Ch. Dürr) 1779. 4 Bl. (3.50) 3213
Weyrauchi renovata memoria. (Mit Biogr.)

— — Ad memoriam diei natalis Jesu Christi. — Ad Jes. XI, 1—5. Wittenberg, 25. XII. 1783. 20 S. (1.50) 3219

— — Orationem ab Ernst Christian Ludwig Charitius (Wittenberg) in beneficii Vateriani memoriam. — De meritis Vaterorum II. Wittenbg. (Tzschiedrich) 18. XI. 1795. 10 S., mit Biogr. (3.—) 3233

—— De serendis vegetabilium seminibus monita. Pars I et II. ib. 1764. 4. 8, 8 p.

Böhmer, G. R., Programma de natura, vulnerarum medicatrice. 765.

— — De natura vulnerum medicatrice. Wittbg. (C. Ch. Dürr) 17. III. 1766. 8 S., mit Biogr. von Christian David Zopf. (Wurzen. M.: D. S. Schreiter.) (3.50) 3201

—— De nectariis florum. D. ib. 1758. 4. 47 p.

—— Dissertationis de nectariis florum additamenta. ib. 1762. 4. 8 p.

— — De numero epistolarum ad Corinthios rectius constituendo, p. II Paulus, apostolus, non duas, sed quinque epistolas ad Corinthios scripsit. Wittbg., 25. XII. 1799. (S. 17—38), tlws. deutsch. (2.—) 3250

— — Dasselbe. P. III. Wittenberg 1800. (S. 39 bis 58.) (1.—) 3251

— — Consilium Christian Matthäus Friedrich Giese (Kesselsdorf/Schles.) orat. benef. Sigismundinum. Wittenberg (C. Ch. Dürr) 10. XII. 1767. 4 Bl. (2.—) 3203

—— De ornamentis, quae praeter nectaria in floribus repperiuntur. ib. 1758. 4. 16 p.

— — Panegyrin medicam et in essentiae coffeae in novellis publicis nuper commendatae virtutem inquirit. Wittbg. (C. Ch. Dürr) 8. II. 1782. 8 S. (4.—) 3217
Biogr. v. Joh. Heinr. Mitzky (Rudolstadt. M.: B. C. Hoerber).

—— Planta res varia. D. ib. 1765. 4. 80 p.

—— Plantae caule bulbifero. D Lipsiae 1749. 4. 30 p.

(Geo. Rud. Boehmer de plantis fabulosis inprimis mythologicis progrr. Viteb. 1800 sq. 4. (Programmata quindecim complectens, quorum septem posthuma edebantur a Traug. Car. Aug. Vogt: Viteb. 1803. 4.)

— — Plantas fabulosas inprimis mythologicas, spec. I. Wittbg. (Ch. Ph. Meltzer) 18. III. 1800. 11 S., mit Biogr. v. Joh. Gottfried Bretschneider. (Neustadt/Dresden. M.: M. S. Zoernitz.) (3.—) 3252

— — Dasselbe. Spec. II. Wittbg. (Ch. Ph. Meltzer) 19. IV. 1800. 14 S., mit Biogr. v. Friedr. Aug. Poenitz. (Dresden. M.: F. Fuessel.) (3.—) 3253

— — Dasselbe. Spec. III. Wittbg. (Tzschiedrich) 1. IX. 1801. 10 S., mit Biogr. v. Christian Gottlieb Crusius. (Droscau / Laus. M.: J. E. Poppon.) (3.—) 3254

— — Dasselbe. Spec. IV. Wittbg. (A. Chn. Charisius) 22. XII. 1802. 8 S., mit Biogr. v. Carl August Kreysig. (Limbach. M.: R. M. Scherf.) (3.—) 3255

— — Dasselbe. Spec. V. Wittbg., 23. XII. 1802. 8 S., mit Biogr. v. Georg Carl Christoph Stoelling. (Meining. M.: D. J. Gundler.) (3.—) 3256

— — Plantas fabulosas magica aliaque virtute superstitiosas, spec. VI. Dissert. inaug. Franz Oslislo (Loslau/Schles.). Wittbg., 20. I. 1803. 8 Seiten, mit Biogr. (M.: E. Clos.) (3.—) 3257

— — Dasselbe. Spec. VII. Dissertat. inaug. Johann Ludwig Immanuel Wolf (Hauswald/Laus.) Wittbg. (A. Ch. Charisius) 24. I. 1803. 8 S., mit Biogr. (M.: Ch. H. Coeler.) (3.—) 3258

— comment. botanico-literaria de plantis. 8 maj. Leipz. 799. Weidmann. 20 gl.

— — De plantis auctoritate publica exstirpandis custodiendis et e foro proscribendis. Wittbg. (C. Ch. Dürr) 16. XII. 1791. 14 S., mit Biogr. von Christian Gottlieb Ehregott Bamberg. (Zeitz. M.: W. Frick.) (3.—) 3226

— — Dasselbe. II. Wittbg. (C. Ch. Dürr) 9. II. 1792. 15 S., mit Biogr. v. Joseph Spenn. (Wien. M.: B. Krieghamer.) (3.—) 3227

— — Dasselbe. III. Wittbg., 22. III. 1792. 16 S., mit Biogr. v. Johann Georg Heinrich. (Beyersdorf. M.: J. E. Jermis.) (3.—) 3228

Böhmer, Geo. Rud., comment. de plantis auctor. publ. exstirpandis. 4. Wittenb. 791. Cont. 792. Part. II, special. Sect. III. Ibid. 792. Zimmermann. 12 gl.

—— De plantis fasciatis. Wittenbergae 1752. 4. 16 p.

—— Commentatio de plantis segeti infestis; accedit commentatio de plantis auctoritate publica exstirpandis, custodiendis, et e foro proscribendis. Wittenbergae et Servestae. 1792. 4. 128 p. (⁶/₁₂ th.)

— comment. de plantis segeti infestis etc. P. I. II. 4. Wittenb. 792. Zimmermann. 10 gl.

Geo. Rud. Böhmer (resp. Jo. Frid. Bened. Brevel) diss. de plantis in memoriam cultorum nominatis. Viteb. 1770. 4. — *Recus. in* Ludwig delectus opusculorum ad scient. natur. spectantium. Vol. I. pag. 191 sq. — *Editio aucta et ad novissima tempora continuata:* Lips. 1799. 8.

—— De plantis monadelphis praesertim a *Cavanilles* dispositis. ib. 1797. 4. 48 p.

— — Praeparationem seminis per mutilationem. Wittbg. (A. Ch. Charisius) 14. I. 1782. 11 S., mit Biogr. v. Anton Dominicus Marcus. (Dresden. M.: A. M. Lehmann.) (3.—) 3216

— — Orationem a Ernst Gottlob Wolff v. Gersdorff (Glossa/Laus.). Wittbg. (C. Ch. Dürr) 1780. 4 Bl. (2.—) 3214
Racematio in Tacito VII.

— — De rebus naturalibus, vermibus praecipue intestinalibus fictis iisdemque cum infarctu comparatis spec. I. Wittbg. 20. XII. 1796. 12 S., mit Biogr. v. Carl Immanuel Lichtenberg. (Belitz. M.: M. D. Haeberlein.) (3.—) 3236

— — Dasselbe. Spec. II. Wittbg., 21. III. 1797. 11 S., mit Biogr. v. Joh. Albert Genser. (Neustadt/Dresd. M.: J. Ch. Lyhr.) (3.—) 3237

— — De reliquiis missae latinae in ecclesia Vitebergensi. disputatio. Wittenberg (E. G. Eichsfeld) 1761. 36 S. (2.—) 3196

— — Dissertat. inaug. Heinrich Maughan (Harrington/Engld.). — Quibusdam de Sassaparilla et Carice praemissis. Wittbg., 7. III. 1803. 12 S., mit Biogr. (M.: C. W. Gooch.) (3.—) 3259

— — De satione mixta, exerc. I. Wittbg. (C. Ch. Dürr) 7. IX. 1784. 8 S., mit Biogr. v. Amandus Johann Heggenberger. (Essling. M.: M. V. Sick.) (3.—) 3220

— — Dasselbe. II. Wittbg. (C. Ch. Dürr) 14. IX. 1784. 8 S., mit Biogr. v. Jo. Georg Friedrich Henning. (Coswig / Anh. Mutter: S. E. Knoll.) (3.—) 3221

— comment. de plantarum semine etc. 8. Wittenb. 785 Zimmermann. 20 gl.

— — Orationem Ferdinand Adolph Dietrich (Bitterfeld). — De pacis a Romanis impetrandae solennibus, comment. VIII. Wittbg. (A. Ch. Charisius) 1799. 4 Bl. (2.—) 3249

— — Species plantarum in tabulis synopticis disponendas. Wittbg. (C. Ch. Dürr) 22. XII. 1788. 12 S., mit Biogr. v. Johann Friedrich Sasse. (Lübben / Laus. M.: J. S. Cichorius.) (3.—) 3223

—— Spermatologiae vegetabilis Pars I—VII. D. ib. 1777—84. 4. 86, 34, 27, 47, 34, 26, 22 p. — * Commentatio-physico-botanica de plantarum semine, antehac Spermatologiae titulo per partes, nunc conjunctim edita et aucta. Accedit dissertatio de contextu celluloso vegetabilium. Wittenbergae 1785. 8. 458 p. (⅚ th.)

Boehmer, Georg Rudolf: De s t r u c t u r a uteri non musculosa sed celluloso-vasculosa. [Resp.:] Iohannes Gottfried Weisse. Vitembergae (1784:) Dürr. 34 S. 8°
Wittenberg, Med. Diss. v. 16.Dez. 1784.

— — De plantarum superficie I. Wittbg. (C. Ch. Dürr) 14. VIII. 1770. 8 S., mit Biogr. von Dan. Gotthelf Berthold. (Gräfenhainichen. M.: D. S. Fus.) (3.—) 3205

Boehmer (G. R.). De plantarum superficie genera et species definiente exercitatio prima. Vitembergae, [1771]. 4°.

— — Dasselbe. II. Wittbg. (C. Ch. Dürr) 3. III. 1772. 8 S., mit Biogr. v. Jo. Heinr. Dan. Mentzel. (Artern. M.: J. R. Weidler.) (3.—) 3206

— — Dasselbe. IV. Wittbg. (C. Ch. Dürr) 11. IX. 1770. 8 S., mit Biogr. v. Immanuel Benedict Funck. Hartenstein. Mutter: Ch. Fr. Sinner.) (3.—) 3207

—— De Taxo baccato. D. ib. 1796. 4. 32 p.

— — De justo foenisecii tempore. Wittbg. (C. Ch. Dürr) 28. VI. 1776. 8 S., mit Biogr. von Christoph Friedr. August Kallenbach. (Trostad/Henneberg. M.: M. E. Kummer.) (3.—) 3211

— — De optimo messis tempore. Wittbg. (C. Ch. Dürr) Aug. 1770. 8 S., mit Biogr. v. Adolph Theodor Eggers. (Neustrelitz/Meckl. M.: Ch. Ch. Gleim.) (3.—) 3212

—— De Toxicodendro. D. ib. 1800. 4. 20 p.

Boehmer, G. R., Tr. in essentiae coffeae in novellis publicis nuper commendatae virtutem inquirit. Witob. 4°. 1789

Boehmer, Georg Rudolf: De t u s s i convulsiva. [Resp.:] Christianus Gottfried Tietzen. Vitebergae (1795:) Charisius. 27 S. 8°
Wittenberg, Med. Diss. v. 16.Okt. 1795.

— — De vegetatione plantarum inversa. Wittbg. (C. Ch. Dürr) 1. XII. 1794. 10 S., mit Biogr. v. Friedr. August Engel. (Gr.-Tscherna/Schles. M.: M. E. Weigle.) (3.—) 3231

— — Versio duplex Hebraea rhythmica cantici Christe der du bist Tag und Licht cum introductione historica et notis criticis. Wittbg. 1780. 16 S. (3.—) 3215

— üb. d. Viehweide u. ihre Vorzüge vor d. Stallfütterung; aus d. Latein. v. Tob. Fr. Lochner. 8. Nürnb. 804. (v. Ebner). 4 gl. Schrbp. 6 gl.

—— De viribus Sassaparillae antisyphiliticis. D. Wittenbergae 1803. 4. 34 p. (Accedunt: Quaedam de Sassaparilla et Carice praemissa: 12 p.)

— **Georg Rudolph,** Virtutem febris in sanandis spasmis. Wittbg. (E. G. Eichsfeld) 4. V. 1754. 8 S., mit Biogr. von Johann Ludwig Winter (Suhl. M.: C. E. Klette). (2.50) 3195

—— De virtute loci natalis in vegetabilia. D. ib. 1761. 4. 29 p.

— — Virtutis Jesu integritas neque ex ipsius professionibus, neque ex actionibus doceri potest. Wittbg. (Ch. Ph. Meltzer) 1796. 12 S. (1.—) 3235
(Verf. Mich. Weber?)

—, De visu nocturno. Frcf. 4°. 1754

Böhmer, Georg Wilhelm

Böhmer, Geo. Wlh., üb. die authent. Ausgaben der Karolina; nebst Ankündigung e. Ausg. d. letzten Hand 2c. 4. Götting. 818. (Brose). 6 gl.

Böhmer, G. W.: Ueb. d. authent. Ausgaben d. Carolina. Nebst e. Ankünd. e. Ausg. d. letzten Hand. *Gött.*, Baier. 818. 4. (6 Gr.)

— über die authentischen Ausgaben der K a r o l i n a. Nebst einer Anzeige seiner Vorlesungen. 2e verm. u. verb. Aufl. gr. 8. Göttingen 837. Vandenhöck u. Ruprecht. 1/3 Rthlr.

— die christl. Barmherzigkeit nach ihrer Beschaffenheit, ihrem Umfange u. Gründen. 8. Götting. 783. Dieterich. 2 gl.

— Beitrag z. Gesch. der Taufformulare. 8. Frankenthal 792.

— üb. d. Ehegesetze im Zeitalter Karls d. Großen u. seiner nächsten Regierungsfolger. M. d. Bildn. d. Kaisers. 8. Götting. 826. Vandenhöck u. R. 13 gl.

Böhmer, Georg Wilhelm: Register zu der Schrift: Ueber die Ehegesetze im Zeitalter Karls des Grossen u. seiner nächsten Regierungsnachfolger. o. O. [1827].

Böhmer, G. W.: Ueber die Folter. *Weimar*, Industrie-Comt. 819. gr. 8.

— Kaiser Friedrich III. Entwurf einer Charta magna f. Deutschland 2c. s.a. Friedrich III.

Böhmer, Georg Wilhelm: Kaiser Friedrichs III. E n t w u r f einer Magna Charta für Deutschland oder die Reformation dieses Kaisers v. J. 1441. Göttingen 1818.

Böhmer, Georg Wilhelm: Kritische G e s c h i c h t e der Guillotine. O. O. 1821.
(S.-A. aus: Curiositäten. Bd. 9, Stück 1.)

Böhmer, Geo. Wlh., die G l e i c h s t e l l u n g der Juden mit den christl. Staatsbürgern, nach ihrer Möglichkeit u. Wirklichkeit, in geschichtl. Beispielen gezeigt. 8. Göttingen 833. Dieterich. 1/3 Rthlr.

— Grundr. d. protestant. Kirchenrechts. 8. Götting. 786. Vandenhöck u. R. 12 gl.

— Handbuch der Literatur des Criminalrechts in seinen allgemeinen Beziehungen, mit besonderer Rücksicht auf Criminalpolitik; nebst wissenschaftlichen Bemerkungen. 8. Götting. 816. Dieterich. 3 Rthlr. 4 gl.

— — Handbuch der Literatur des Criminalrechts in seinen allgemeinen Beziehungen, mit besonderer Rücksicht auf Criminalpolitik, nebst wissenschaftlichen Bemerkungen. 8. Göttingen, Dieterich. 817.

— Intoleranz, ein Abschaum d. Hölle. 8. Frankenthal 792.

— über die Kennzeichen ächter Wahrheitsliebe. Ein Beitrag zur philosoph. Semiotik. 4. Götting. 814.

— s. G. R. K l e i n, Gedanken.

Böhmer, Georg Wilh. (Hrsg.), s.a. M a g a z i n für das Kirchenrecht . . .

Böhmer, G. W.: Magazin f. d. Kirchenr., Kirchen- u. Gel. Gesch. 2 Bde. in 6 St. *Gött.*, Ruprecht. 787—93. gr. 8. (3 Thl.)

— Makrobiotik der Fürsten und Fürstinnen, in geschichtl. Beispielen, oder Gallerie hochbejahrter Regenten u. a. Großen der Erde beiderlei Geschlechts, von den ältesten Zeiten bis zum Jahre 1835. gr. 4. Hamburg 837. Nestler u. Melle. 1/2 Thl.

——, Georg Jacob Friedrich Meister, ehemal. kgl. Großbrit. Hannöv. Geh. Justizrath, Dr. u. Prof. d. Rechte auf d. Univ. Göttingen, in seinem Leben u. Wirken dargest. Mit Bildn. u. Fac-simile. gr. 8. (3½ B.) Göttingen 834. (Hannover, Helwing.)

— üb. d. Natur u. d. Wesen d. öffentl. u. mündl. Rechtspflege. 8. Götting. 822. Brose. 3 gr.

— Repertoire de constitutions et décrets royaux. 8. Götting. et Cassel 808

— Repertoire de lois, reglémens et arrétés publiés dans les 6 departemens réunis. 8. Longwy 797.

Sende-Brieff An Die von Gott hocherleuchtete und begabte, der Natur verständige sehr vortreffliche Hn. Hn. des Decemvirats Der Fraternität des so genanten Rosen-Creutzes, Wo anders solcher Orden noch in der Welt anzutreffen ist. Vom Geheimen Schlüssel des fast uneröffentlichen Schlosses Nach deren eigenen Worten. [Von Georg Wilh. Böhmer?] o. O. 1705. 8 Bl. 4°
[Umschlagtit.]
[Dasselbe.] 1786. 4°
Kl. 2548, 2633. Seltenes Gedicht.

— über die Vortheile des Selbstdenkens. 8. Frankenthal 792.

— schreckl. Zerstörungen v. Worms 1689. 4. Frankenth. Gegel. 789.

Boehmerus, Georg. Guil. Rud.: Theses theologicae. Berolini (1824). (2 Bl.) 4°
Berlin, Theol. Thes. v. 3. Jan. 1824

Boehmer, Gerhard

Böhmer, G: Dreijähr. Anbauversuche m. verschied. Square head-Zuchten, s: Arbeiten d. deut. Landwirtsch.-Gesellsch.

Böhmer, Gerhard, a. Albrechtsdorf ⟨Kreis Pr.-Eylau⟩: Die Braugerstenbonitierung und deren Ergänzung durch Laboratoriumsbestimmungen, sowie der Kulturwert von Gersten nordost- und südwestdeutscher Provenienz. Gießen 1904: (Ungeheuer u. Ulmer in Ludwigsburg.) (82 S.) 8° [F.]
Gießen, Phil. Fak., Ref. Gisevius, Diss. v. 18. Nov. 1904
[Geb. 8. Aug. 79 Albrechtsdorf; Wohnort: Albrechtsdorf; Staatsangeh.: Preußen; Vorbildung: Friedrichsgymn. Gumbinnen Reife O. 99; Studium: Königsberg 7 S.; Rig. 20. Mai 04.]

Böhmer, Gerhard, Dr. phil., Assist. am landw. Inst. d. Univ.: Ueber die Systematik der Hafersorten sowie über einige züchterisch wichtige Eigenschaften der Haferrispe. Giessen 1908: Kindt. 87 S. 8° ¶(Aus: Bericht d. Oberhess. Gesellsch. f. Natur- u. Heilk. zu Giessen. N.F. Naturw. Abt. Bd 3.)
Gießen, Phil. Hab.-Schr. v. 1908 [U 09. 1354

– Dass., s. a. Boehmer, Georg

Ein Buch von der deutschen Gesinnung. Fünf ethische Essays v. Gustav Böhmer. (M. Sondert.: Ethische Essays v. G. Böhmer. I. Schädige Niemanden ohne Noth. II. 'Liebe u. Ehrgefühl'. III. 'Die glücklichsten Menschen'. IV. Die Stellg d. dtsch. Gesinng z. soc. Frage. V. Niederlage u. Sieg d. dtsch. Gesinng.) *München: F. Bassermann (1897).* (VIII S., 5 Bl., 1 kl. Bl., 110 S.; IX S., 1 Bl., 17 S.; X S., 1 Bl., 24 S.; VII, 107 S.; 1 Bl., VI S., 1 Bl., 65 S.) 1 Bd 8. [97. 9569

Boehmer, Gust., der Erfüllungswille, s.a. Abhandlungen z. Privatrecht u. Zivilprozeß des Deutschen Reiches. XX, 1.

Der Erfüllungswille. Von Dr. Gustav Boehmer, Privatd., Greifswald. München: C. H. Beck 1910. 95 S. 8°
(Abhandlungen z. Privatrecht u. Zivilprozess d. Dt. R. Bd 20, H. 1.) [10. 5180

Böhmer, Gust., ethische Essays. I. 8. München 890. Bassermann. n. 1. 80
Schädige Niemanden ohne Noth! Ein allgemein gült. Moralprincip. (VIII, 110 S.)

— ethische Essays. II.—V. gr. 8. München, F. Bassermann. n. 4. 20
II. Liebe u. Ehrgefühl. (XI, 17 S.) 894. n. — 60
III. D. glücklichsten Menschen. (XI, 24 S.) 894. n. — 60
IV. D. Stellg. d. deutschen Gesinnung z. soc. Frage. (VII, 107 S.) 896. n. 1. 80
V. Niederlage u. Sieg d. deutschen Gesinnung. (VIII, 65 S.) 897. n. 1. 20

Boehmer, Gustav: Die Konstruktion der befreienden Schuldübernahme. Greifswald 1907: J. Abel. (163 S.) 8° [F.]
Greifswald, Jur. Fak., Ref. Stampe, Diss. v. 8. März 1907
[Geb. 7. Apr. 81 Cörlin, Persante; Wohnort: Stargard i. Pomm.; Staatsangeh.: Preußen; Vorbildung: Gymn. Stargard Reife O. 99; Studium: Heidelberg 4, Greifswald 2 S.; Rig. 23. Juli 06.]

Boehmer, H., s.: Analekten z. Gesch. d. Franciscus v. Assisi.

Boehmer, H.L.W.: Ueber die gegenwärtige Stellung der Gymnasien. 46 S.
Progr. Stettin 1841.

Böhmer, Hans [app. Arzt aus Bamberg]: Oesophagotomie bei carcinomatösen Stricturen des Oesophagus ... München, *Druck d. Verl.-Anst. vorm. G. J. Manz*, 1892; 28 S. 8.
München, Med. Fak., Inaug.-Diss. v. 1892

Böhmer, Heinrich: Der Yorker Anonymus. Eine Studie zur Geschichte des anglo-normännischen Klerus. *Leipzig: Dieterich 1898.* (177—266 S.) 8° ¶(Erscheint vollständig im gleichen Verlage u. d. T.: Kirche und Staat in England und in der Normandie im 11. und 12. Jahrhundert.) [Umschlagt.]
Leipzig, Theol. Hab.-Schr. v. 30. Apr. 1898

Böhmer, Heinr., über Franzis Bacon v. Verulam u. die Verbindung der Philosophie mit der Naturwissenschaft. Ein Wort der Kritik an Herrn Just. v. Liebig. Erlangen 864. Enke. gr. 8. (34 S.) n. 6 ngr.

Böhmer, Heinr., die Bekenntnisse des Ignatius v. Loyola, Stifters der Gesellschaft Jesu, übers. gr. 8. (XIII, 66 S.) Leipzig 902. Dieterich. n. 1. —

Boehmer, Heinr., Christenthum u. sociale Frage. Rede geh. in der Versammlg. liberaler Wähler zu Eschweiler am 28. Dcbr. 1873. 8. (52 S.) Bonn 874. Weber's Verl. n. — 60

— die Fälschungen Erzbischof Lanfranks v. Canterbury, s.a. Studien zur Geschichte der Theologie u. der Kirche. VIII. 1.

Die Fälschungen Erzbischofs Lanfranks von Canterbury. Von Heinrich Boehmer. *Leipzig: Dieterich 1902.* (VI, 175 S.) 8°
— Studien z. Geschichte d. Theologie u. d. Kirche. Bd 8, H. 1. [02. 4368

— Geschichte der Entwickelung der naturwissenschaftlichen Weltanschauung in Deutschland. gr. 8. (VIII, 292 S.) Gotha 872. Besser. n. 3. —

Boehmer, Henr. (geb. 2. 2. 1833): De haematuria. Berolini (1855). (29 S.) 8°
Berlin, Med. Diss. v. 20. Aug. 1855

Boehmer, Heinr., die Jesuiten, s.a. Aus Natur u. Geisteswelt.

Die Jesuiten. Eine hist. Skizze von H[einrich] Boehmer, Prof. in Bonn. 2., verm. u. verb. Aufl. Leipzig: B. G. Teubner 1907. (182 S.) 8° [F.]
— Natur, Aus, u. Geisteswelt. Bdch. 49. [07. 17300

— die freie Kirche im freien Staate u. der Ultramontanismus. Rede geh. in der Versammlg. libraler Urwähler zu Eschweiler am 26. Octob. 1873. gr. 8. (30 S.) Bonn 874. Weber's Verl. n. — 50

— Kirche u. Staat in England u. in der Normandie im XI. u. XII. Jahrh. Eine histor. Studie. gr. 8. (XII, 498 S.) Leipzig 899. Dieterich. n. 12. —; geb. n. 14. —

Boehmer, Heinr., Luther im Lichte der neueren Forschung, s.a. Aus Natur u. Geisteswelt.

Luther im Lichte der neueren Forschung. Ein krit. Bericht von Heinrich Boehmer, Prof. in Bonn. Leipzig: B. G. Teubner 1906. (VI, 155 S.) 8° [F.]
— Natur, Aus, u. Geisteswelt. Bdch. 113. 07. 9057

Luther im Lichte der neueren Forschung. Ein krit. Bericht von Heinrich Boehmer. 2., völlig umgearb. Aufl. Mit 2 Bildn. Leipzig: Teubner 1910. VI, 170 S. 8°
(Aus Natur u. Geisteswelt. 113.) 10. 3105

Böhmer, Heinr., die Offenbarung Johannis, ein Schlußstein der heiligen Schrift. Ein neuer Versuch, ihr Dunkel zu lichten. Breslau 866. Maruschke & Berendt. gr. 8. (VII, 338 S.) n. 1 *ℛ* 20 *ngr.*

— die Sinneswahrnehmung in ihren physiologischen u. psychologischen Gesetzen. Eine physiolog. Grundlage der Anthropologie. Ebend. 863. gr. 8. (III, 125 S.) n. 20 *ngr.*

Böhmer, H, d. Sinneswahrnehmgu in ihr physiol. u. psychol. Gesetzen. 8. (547) Erl. 64. 66, Enke. n. 2. 26

Boehmer, Heinr., die Sinneswahrnehmung in ihren physiologischen u. psychologischen Gesetzen. Kritischer Streifzug gegen die Heidelberger Physiologen. 2—4. (letzte) Liefg. Erlangen 865, 68. Enke. gr. 8. (XV, S. 126—753.) n. 3 *ℛ* 12 *ngr.*

— s.a. Urkunden zur Geschichte des Bauernkrieges und der Wiedertäufer.

Urkunden zur Geschichte des Bauernkrieges und der Wiedertäufer. Hrsg. von Dr. H[einrich] Böhmer, Prof. Bonn: Marcus & Weber 1910. 35 S. 8°
(Kleine Texte f. theol. u. philol. Vorlesungen u. Übungen. 50/51.) 10. 3123

Böhmer, Heinr., Willigis v. Mainz, s.a. Studien, Leipziger, a. d. Gebiet d. Geschichte.

Böhmer, Heinrich. Willigis von Mainz. Ein Beitrag zur Geschichte des Deutschen Reichs und der deutschen Kirche in der sächsischen Kaiserzeit. Aus: „Leipziger Studien aus dem Gebiet der Geschichte". I. Bd. 3. Heft. 8. Leipzig 1895.

Boehmer, Heinrich Rudolph, s. Boehmer, Wilhelm: Symbolae biblicae ....

Boehmer, J.: Bild vom Bierkruge, s. Boehmer, Julius

Boehmer, J.: Illustrationen zur Frithiofs-Sage, s. Boehmer, Julius

Böhmer, J. Karte der Stadt Thorn nebst Umgegend. 1 : 12 500. Thorn 1884. 1 Bl. L.

Böhmer, J., Kezad Maarichim oder Beitrag zur Chaldäisch-Rabbinischen Lexicographie, (Talmud Midraschim etc.) zugleich kritische Bemerkungen über die neuesten Leistungen in diesem Fache. Berlin 855. (J. Springer.) gr. 8. (2 Bl., 58 S.) n. 20 *ngr.*

Böhmer, J., der Allgewaltige u. Alleserschaffende Unsichtbare in der Natur od. das Geheimniß der Weltregierg. Item: Die reine Naturerkenntniß u. ihre Consequenzen. Eine allgemeinverständl., wissenschaftl. Erklärg. d. obersten Weltgesetzes, d. Schlüssels zur Lösg. aller Räthsel in der Natur. Erklärung d. Wesens der Naturkräfte u. ihrer Quelle. Religiöse u. hygien. Ergebnisse 2c. gr. 8. (III, 213 S.) Baumholder 892. (Meisenheim, J. Feickert.) n. 2. —

Böhmer, J. C., de orationibus parentalibus. Helmst. 1713; rec. 1715. 4.

Böhmer, J. F., über die deutsche Nationalversammlung von 1848—49, s. Stimmen der Wahrheit.

Böhmer jun., J. F. G., s. Zeitschrift f. Gesetzgebung.

Boehmer, I. F. W., s. Boehmer, Johann Franz Wilhelm

Boehmer, J. H., s. a. Böhmer, Justus Henning

Böhmer, J. H., s.a. Ansichten üb. d. Schädtlerschen Vorschlag.

Böhmer, J. H., Fr. Heinr. Coqui, A. Kölzow, Ansichten üb. d. Schädtlerschen Vergleichungs-Vorschlag u. d. Mohrmannsche Beleuchtung dess., zur Beherzig. aller Interessenten d. Hamburgischen Central-Casse. 8. (2½ B.) Hamburg 832, Erie.

Boehmer, J. H.: Elementa iurisprudentiae criminalis, s. Boehmer, Johann Samuel Friedrich

Böhmer, J. H.: Kurzer Entwurf des alten deutschen Rechts, od. Einleit. z. d. deutschen Rechtsgelahrtheit, aus ihren eigenen Grundsätzen in denen ältern u. mittleren Zeiten gezogen, so weit noch davon ein Gebrauch zu machen. *Halle.* 747. 4.

Boehmer, J. H., de involucris Simoniae detectis. Hal. 1715; rec. 1736. 4.

— de jure denegandi communionem coemeteriorum; vulgo: vom Todtenbann. Ibid. 1717. 4.

Böhmer, J. H., de jure erigendi coemeterium. Hal. 1716; rec. 1726. 4.

Boehmer, J. H., de jure circa jejunantes et jejunos Hal. 1722. 4.

Böhmer, J. H. De praescriptione circa decimas ecclesiasticas et seculares. 8°. Halae 1739.

Böhmer, J. H., de sanctitate ecclesiarum. Hal. 1722. 4.

Böhmer, J. K. F. Frh. v., üb. die Grubenförderung. 1r Th. m. K. gr. 8. Freyberg, Craz u. Gerlach. 791. Rthlr.

– Dass., s. a. Boehmer, K. F. v.

Boehmer, I. S. F., s. Boehmer, Johann Samuel Friedrich

Boehmer, Jo. E., Beytrag zur Geschichte der Kriebelkrankheit i. J. 1770. Lpz. 8°. 1772

Boehmer, Johann Benjamin

Böhmer, Jh. Benj., († d. 11. März 1754.) Bibliotheca medico-philosophica. 8. Leipz. 755

Boehmer, Johann Benjamin: De ossium callo Lipsiae (1748:) Langenheim. XXVII S. 8°
Leipzig, Med. Univ.- Schr. v. 7. Aug. 1748.

Böhmer, Joh(ann) Benjamin (Übers.u.Hrsg.):

s.: Platner, Joh(ann) Zacharias: Gründliche Einleitung in die Chirurgie... (Institutiones chirurgicae rationalis... Dt.) Th.1 - 2. Leipzig: 1757

JB 3.216

— Jo. Benjamin u. Georg Rudolph Boehmer (Liegnitz), De Psyllorum Marsorum et Ophiogenum adversus serpentes eorumque ictus virtute. Lpz. (Langenheim) 1. V. 1745. 26 Seiten. (5.—)
Gew.: Jo. Zachar. Platner.

Boehner, Johann Franz Wilhelm: Commentatio anatomico-physiologica de nono pare nervorum cerebri. Goettingae: Dieterich 1777. X, 61 S. 8°

Böhmer, Johann Friedrich (Hrsg.), s. Acta Conradi I regis.

—— s.a. Acta imperii. —

Böhmer, Joh. Friedr., Acta imperii selecta. Urkunden deutscher Könige und Kaiser mit einem Anh. von Reichssachen. Hrsg. aus seinem Nachlasse (von Jul. Ficker). 1. Hälfte und 2. Hälfte 1. und 2. Lfg. Lex.-8. (S. 1—832.) Innsbruck 866—68, Wagner'sche Universitäts-Buchh. [1. Hälfte * 3 Thlr. 10 Ngr., 2. Hälfte 1. Lfg. * 3 Thlr., 2. Lfg. * 2 Thl. 10 Ngr.] *

Böhmer, Joh. Frdr., acta imperii selecta. Urkunden deutscher Könige u. Kaiser mit e. Anh. von Reichssachen. Hersg. aus seinem Nachlasse. Innsbruck 868. Wagner. Lex.-8. (XX, 832 S.) n. 8 ₰ 20 ngr

Böhmer, Johann Friedrich. Acta imperii selecta. Urkunden deutscher Könige und Kaiser . . . Innsbruck 1870. H: *Ficker, Julius.* (Kat. d. Bibl. d. dtsch. Reichstages. Berl. 1882.)

Boehmer, Johann Friedrich: Additamentum ad Regesta Imperii, s. Boehmer: Regesta Imperii . . .

(Böhmer, Joh. Frdr.,) Geschichtliche Beleuchtung des deutschen Staatsrechts. I. Das Zollwesen. Frankfurt a. M. 1832. . . . . (HC.; D.; LHK.) A. a. d. T.:
—— Das Zollwesen in Deutschland geschichtlich beleuchtet. Frankfurt a. M. 1832.

Böhmer, Johann Friedrich. Aus dem Briefwechsel zwischen J' F' B' (1795—1863) und Kupferstecher Sam. Amsler (1791—1849). (5 BriefeBöhmers an A', Frankfurt 1820—1826, [mit Vorwort und Anmerkungen hrg.]) Von Hans Herzog. Separatabdruck aus dem Taschenbuch der historischen Gesellschaft des Kantons Aargau für das Jahr 1906. II S. + S. 131—160. 8. Aarau, H. R. Sauerländer & Co., 1907.

Boehmer, Joh. Frdr., s.a. Codex diplomaticus Moenofrancofurtanus.

— Codex diplomaticus Moenofrancofurtanus.— Urkundenbuch der Reichsstadt Frankfurt. 1r Thl. Mit Titelkpfr. gr. 4. Frankf. 836. Varrentrapp. n. $6^2/_3$ ₰

— fontes rerum germanicarum, s.a. Fontes.

Böhmer, Joh. Fr.: „Fontes rerum Germanicarum. Geschichtsquellen Deutschlands", 2 Bände, Stuttgart 1843 bis 1845. — Vorhanden: Bibl. des German. Museums Nürnberg.

Böhmer's, Joh. Frdr., Leben, Briefe u. kleinere Schriften. Durch Johs. Janssen. Mit Portr. (in Stahlst.) u. (lith.) Facsim. 3 Bde. Freiburg im Br. 868. Herder. gr. 8. (LXVI. 1499 S.) n. 5 ₰ 20 ngr

Böhmer, J. Fr., Regesta archiepiscoporum Maguntinensium. Regesten zur Geschichte der Mainzer Erzbischöfe von Bonifacius bis Uriel v. Gemmingen 742?—1514. 1. Bd.: Von Bonifacius bis Arnold v. Selehofen 742?—1160. Mit Benützung des Nachlasses von Joh. Friedr. Böhmer bearb. und hrsg. von Cornel. Will. gr. 4. (XVI, LXXX, 400 S.) Innsbruck 877, Wagner'sche Universitäts-Buchh. *

Böhmer, J. Fr., Regesta archiepiscoporum Maguntinensium. Regesten zur Geschichte der Mainzer Erzbischöfe von Bonifatius bis Uriel v. Gemmingen. II. Bd. 1. und 2. Lfg. Mit Benützung des Nachlasses von Joh. Friedr. Böhmer bearb. und hrsg. von Cornelius Will. gr. 4. (S. 1—320.) Innsbruck 883,84, Wagner'sche Universitäts-Buchh. à Lfg. * M 8. *
1. Bd. Ebendas. 1877. * M 25,20.

Böhmer, J. Fr., regesta archiepiscoporum Maguntinensium. Regesten zur Geschichte der Mainzer Erzbischöfe von Bonifacius bis Uriel von Gemmingen 742?—1514. II. Bd. 3. Lfg. Mit Benützung des Nachlasses von Joh. Friedr. Böhmer bearb. und hrsg. von Cornelius Will. gr. 4. (VII, XCI, S. 321—467.) Innsbruck 886, Wagner'sche Universitäts-Buchh. *
1. Bd. und 2. Bd. 1. und 2. Lfg. Ebendas. 1877—84. * M 41.20.

Böhmer, Jh. Fr., Regesta chronologico-diplomatica Karolorum. — Die Urkunden sämmtl. Karolinger in kurzen Auszügen, mit Nachweisung der Bücher, in welchem solche abgedruckt sind. gr. 4. Frankf. a. M. 833. Varrentrapp. $2^1/_3$ ₰ Schreibp. 3 ₰ Velinp. 4 ₰ — Nachträge dazu, s. Karl H. v. Lang, Sendschreiben.

—— Regesta chronolog.-diplomat. regum atque imperator. Romanor. inde a Conradi I. usque ad Henricum VII. — Die Urkunden d. Röm. Könige u. Kaiser v. Conrad I. bis Heinrich VII. 911—1313. In kurzen Auszügen mit Nachweisung d. Bücher, wo solche abgedr. sind. gr. 4. ($38^1/_2$ B.) Frankfurt a. M. 831, Varrentrapp. 3 Thlr. 6 Gr., Schrbp.
Nachträge hierzu, s. Lang, Karl Heinr. v.

— Regesta Episcoporum Constantiensium. Geschichte d. Bischöfe von Constanz von Bubulcus bis Thomas Berlower 517—1496. Bearb. v. Ladewig, Müller u. Cartellieri. 2 Bde. Innsbruck 886—896.

—— Regesta imperii. I. Die Regesten des Kaiserreichs unter den Karolingern. 752—918. Nach Joh. Friedr. Böhmer neu bearb. von Engelbert Mühlbacher. 1.—3. Lfg. gr. 4. (S. 1—480.) Ebendas. 880—83. à Lfg. * M 6. *

—— regesta imperii. I. Die Regesten des Kaiserreichs unter den Karolingern. 751—918. Nach J. F. B. neu bearb. von Engelbert Mühlbacher. 4. Lfg. gr. 4. (S. 481—640.) Ebendas. 886. *
1.—3. Lfg. Ebendas. 1880—83. * M 18.—.

Böhmer, J. F., Regesta imperii. I. Die Regesten d. Kaiserreichs unter den Karolingern. 751—918. Neu bearb. v. E. Mühlbacher. 1. Bd. 5. Lfg. gr. 4. (CIX u. S. 641—788.) Innsbruck 889. Wagner. n. 10. — (1. Bd. cplt.: n. 34. —)

— Regesta imperii. I. Die Regesten des Kaiserreiches unter den Karolingern. 751—918. Nach Joh. Frdr. Böhmer neu bearb. v. Engelb. Mühlbacher. 2. Aufl. 1. Bd. I. Abth. gr. 4. (IV, 480 S.) Innsbruck 899. Wagner. n. 18.40

— regesta imperii. I. Die Regesten des Kaiserreichs unter den Karolingern. 751—918. Nach Joh. Frdr. Böhmer neu bearb. v. Engelb. Mühlbacher. 2. Aufl. I. Bd. 2. Abth. (S. 481—832.) gr. 4. Innsbruck 904. Wagner. n. 18.40
I. Bd. 1. Abth. Ebd. 899. n. 18.40.

Böhmer, Joh. Frdr., Regesta imperii. I. Die Regesten des Kaiserreichs unter den Karolingern. 751—918. Nach Joh. Frdr. Böhmer neu bearb. v. Engelb. Mühlbacher. 2. Aufl. I. Bd. 3. Abtlg., besorgt v. Joh. Lechner. (CXXII u. S. 833—952 m. 1 Stammtaf.) 30,5 × 23,5 cm. Innsbruck 908 Wagner. 18.80
I. Bd. 1. u. 2. Abt. Ebd. 899. 904. 31.80

Böhmer, J. F., Regesta imperii. II. Die Regesten des Kaiserreichs unter den Herrschern aus dem sächs. Hause 912—1024. Neu bearb. v. Emil v. Ottenthal. 1. Lfg. gr. 4. (252 S.) Innsbruck 893. Wagner. n. 9.24

— dasselbe. V. Die Regesten des Kaiserreichs unter Philipp, Otto IV., Friedrich II., Heinrich [VII.], Conrad IV., Heinrich Raspe, Wilhelm u. Richard. 1198—1272. Nach der Neubearbeitung u. dem Nachlasse Joh. Frdr. Böhmers neu hrsg. u. ergänzt von Jul. Ficker. (In 4 Lfgn.) 1—3. Lfg. gr. 4. (320 S.) Ebend. 879—82. n. 41.50

— dasselbe. V. Die Regesten d. Kaiserreichs unter Philipp, Otto IV., Friedrich II., Heinrich (VII.), Conrad IV., Heinrich Raspe, Wilhelm u. Richard 1198—1272. Nach der Neubearbeitg. u. dem Nachlasse Joh. Frdr. Böhmer's neu hrsg. u. ergänzt v. Jul. Ficker u. Ed. Winkelmann. 4. u. 5. Lfg. od. III. Abt., 1. u. 2. (Schluss-)Lfg. gr. 4. Ebd. 892. n. 10.80 (1—5.: n. 61.80)
4. (VI u. S. 1055—1374.) n. 13. —. — 5. (S. 1375—1579.) n. 7.80.

— dasselbe. V. 6.—8. Lfg. od. IV. Abth., 1.—3. Lfg. gr. 4. (S. 1581—2196.) Ebd. 892—894. n. 23.40

— dasselbe. V. Die Regesten des Kaiserreichs unter Philipp, Otto IV., Friedrich II., Heinrich (VII.), Conrad IV, Heinrich Raspe, Wilhelm u. Richard. 1198—1272. Nach der Neubearbeitg. u. dem Nachlasse Joh. Frdr. Böhmer's neu hrsg. u. ergänzt v. Jul. Ficker u. Ed. Winkelmann. 9. (Schluss-)Lfg. oder IV. Abth., 4. Lfg. Bearb. v. Frz. Wilhelm. gr. 4. (CLX u. S. 2198—2424.) Ebd. 901. n. 17. 60; (kplt.: n. 102. 30)

Böhmer, J. F., Regesta imperii. VI. D. Regesten d. Kaiserreichs unt. Rudolf, Adolf, Albrecht, Heinrich VII. 1273—1313. N. d. Neubearbeitg. u. d. Nachlasse Joh. Frdr. Böhmer's neu hrsg. u. ergänzt v. Osw. Redlich. 1. Abth. gr. 4. (XXII, 562 S.) Innsbruck 898. Wagner. n. 22. —

Böhmer, J. F., regesta imperii. VIII. Die Regesten d. Kaiserreichs unter Kaiser Karl IV., 1346—1378. Aus dem Nachlasse Joh. Frdr. Böhmer's hrsg. u. ergänzt v. Alf. Huber, 1—4. Lfg. gr. 4. (600 S.) Innsbruck 874. 75. Wagner, n. 22. 50

— dasselbe. VIII. Die Regesten des Kaiserreichs unter Kaiser Karl IV. 1346—1378. Aus dem Nachlasse Joh. Frdr. Böhmer's hrsg. u. ergänzt von Alf. Huber. 5. [Schluss-]Lfg. gr. 4. (LVIII u. S. 601—683 m. 1 genealog. Tab. in qu. Fol.) Ebend. 877. n. 7. 50; (VIII. Bd. cplt.: n. 30. —)

— dasselbe. VIII. Additamentum I. Erstes Ergänzungsheft zu den Regesten d. Kaiserreichs unter Kaiser Karl IV. 1346—1378. Von Alf. Huber. gr. 4. (X u. S. 681—835.) Ebd. 889. n. 6. — (Hauptwerk u. 1. Ergänzungsheft: n. 36. —)

— regesta, s.a. Regesta imperii XI.

— — XI. Die Urkunden Kaiser Sigmunds ‹1410—1437› verzeichnet v. Wilhelm Altmann.
Bd. 1. ‹1410—1424.› 1896—1897.
Bd. 2. ‹1424—1437.› Nachträge und Register zu Bd. 1 u. 2. 1897—1900.

—— Regesta imperii inde ab anno MCCXLVI. usque ad ann. MCCCXIII. — Die Regesten des Kaiserreichs unter Heinrich Raspe, Wilhelm, Richard, Rudolf, Adolf, Albrecht u. Heinrich VII. 1246—1313. Neu bearb. gr. 4. (48¾ B.) Stuttgart 844, Cottasche Buchh. *

Böhmer, Joh. Frdr., Additamentum primum ad regesta imperii inde ab a 1246 usque ad a. 1313. — Erstes ergänzungsheft zu den regesten d. kaiserreiches v. 1246 bis 1313. gr. 4. (S. XIII —XXII u. S. 381—403.) Stuttgart 849, Cotta. n. 12 ngr

Böhmer, Joh. Friedr., Additamentum secundum ad regesta imperii inde ab a. 1246 usque ad. a. 1313. — Zweites Ergänzungsheft zu den Regesten des Kaiserreiches von 1246 bis 1313. Mit beigabe der regesten Otakars königs von Böhmen, sodann der grafen von Habsburg und der Habsburgischen herzoge Österreichs bis ins 14. Jahrh. gr. 4. (XXIII—XL und S. 405—520.) Stuttgart 857, Cotta'sche Buchh. *
Additamentum primum. Ebendas. 1849. * 13 Ngr.

—— Regesta Imperii inde ab an. MCCCXIIII usque ad an. MCCCXLVII. — Die Urkunden Kaiser Ludwigs d. Baiern, König Friedrich d. Schönen u. König Johanns v. Böhmen, nebst e. Auswahl d. Briefe u. Bullen d. Päbste u. and. Urkunden, welche f. d. Gesch. Deutschlands v. 1314 bis 1347 vorzügl. wichtig sind. In Auszügen. gr. 4. (35½ B.) Frankfurt a. M. 839. [Halle, Kersten.]

— Regesta Imperii inde ab anno MCCCXIIII usque ad annum MCCCXLVII. — Die Urkunden Kaiser Ludwigs des Baiern, König Friedrich des Schönen und König Johanns von Böhmen, nebst einer Auswahl der Briefe u. Bullen der Päbste und anderer Urkunden, welche für die Geschichte Deutschlands von 1314 — 1347 vorzüglich wichtig sind. In Auszügen. gr. 4. Frankf. a. M. 839. Schmerber. 3⅜ ß

—— Additamentum prim. ad Regesta Imperii inde ab an. MCCCXIIII usque ad an. MCCCXLVII. — 1. Ergaenzungsheft zu d. Regesten Kaiser Ludwigs d. Baiern u. seiner Zeit. 1314 — 1347. gr. 4. (7½ B.) Frankfurt a. M. 841. [Halle, Kersten.] *

Böhmer, Joh. Friedr., Additamentum secundum ad Regesta Imperii inde ab Anno 1314 usque ad Ann. 1347. 2. Ergänzungsheft z. den Registern Kaiser Ludwigs des Baiern u. seiner Zeit 1314—1347. Roy.-4. (4½ B.) Leipzig 846, Kersten. *
Additamentum I. et Regesta. [Ibid.] 1839—41. 3 Thlr. 18¾ Ngr.

—— Additamentum tertium ad regesta imperii inde ab a. 1314 usque ad a. 1347. 3. Ergänzungsheft zu den Regesten Kaiser Ludwigs des Baiern und seiner Zeit 1314—1347. Hrsg. aus seinem Nachlasse. gr. 4. (XX und 98 S.) Innsbruck 865, Wagner'sche Universitäts-Buchh. *
I. II. Stuttgart 1849 und 1857, Cotta'sche Buchh. * 1 Thlr. 18 Ngr.

Böhmer, regesta regum et imperatorium Romanorum. Frankf. 831. (9. 75)

Böhmer, Regesten der Markgrafen von Baden u. Hachberg 1010—1155. Bearb. v. Fester. Lfg. 1—8. Innsbruck 892—98.

— Regesten der Pfalzgrafen am Rhein 1214—1508. Bearb. v. Winkelmann, Koch u. Wille. Lfg. 1—6. Innsbruck 894—98.

— Wittelsbachische Regesten von der Erwerbung des Herzogthums Baiern 1180 bis zu dessen erster Wiedervereinigung 1340. In Oberbaiern bis auf Rudolfs I. Tod und Ludwig des Baiern Königswahl 1314, in Niederbaiern bis auf das Erlöschen der ersten Niederbairischen Linie 1340. Stuttgart 854. Cotta. gr. 4. (XX, 136 S.) n. 1 ß 10 ngr

Böhmer, Jh. Fr., die Reichs-Gesetze von 900 bis 1400; nachgewiesen. (Prospectus.) gr. 4. Frankf. 832. Varrentrapp. 3 gl

Boehmer, Johann Friedrich: Das Zollwesen in Deutschland, s. Boehmer: Geschichtliche Beleuchtung . . .

Böhmer, Johann Friedrich Eberhard. Gesetzmässige Besitznehmung der Jesuitengüter . . . aus dem Lateinischen . . . Ulm 1781. Ü: *Haid, Johann Hercules.* (ML)

Böhmer, Jh. Fr. Ebhrd., de jure occupandi statuendique de bonis extincti ordinis Jesuitar. 4. Götting. 779. Dieterich. 12 gl Deutsch u. d. T.: Abhandl. üb. die gesetzmäß. Besitznahme d. Jesuitengüter rc. 4. Ulm 781. Stettin. 9 gl

Böhmer, Johann Georg: Die Kirchenbuchführung der freien Stadt Frankfurt. Frankfurt a. M. 1848. [Unvollendet.]

Boehmer, Johann Gotthold

→ s. 1) Bibliophilus. 2) Jh. Albr. Bengel, Enklus.

Böhmer, Jh. Gttyld., († d. 1. Sept. 1783.) das Zeugniß d. ersten jüd. u. christl. Kirche von d. göttl. Ursprung d. heil. Schrift. gr. 8. Budiss. 756. Deinzer. 16 gl

Böhmer, Joh. Heinr., s.: Regesta imperii inde ab a. 1198 usque ad a. 1254.

— **Johann Philipp** (Hannover), Commentatio jurid. in venerandi avi sui Bernhardi Böhmeri . . 60 theses miscellaneas ex utr. jure collectas et anno 1659 . . Rintelii ventilatas. Präs. Johann Paul Kress. Helmstedt (Buchholtz) 5. XI. 1734. 124 S. (7.—)
Gew.: Rud. Joh. Frh. v. Wrisberg (Wrisbergholzen . .), Joh. Phil. v. Hattorff (Böhme. .).

Boehmer, Johann Samuel Friedrich

— **Jo. Samuel Friedrich** (Halle), De actionibus mandatis. Diss. jur. Präs. Jo. Daniel Gruber. Halle (J. Gruner) 16. IV. 1723. 29 S. (4.80)
Widm. v. Präs.

— — Programma academ. de auditorio judiciali. Halle (Grunert) 2. X. 1726. 16 S. (3.—)

— s. 1) J. H. Böhmer, consultat. 2) Carpzov, practica.

Boehmer, Johann Samuel Friedrich: Constitutio criminalis Caroli V. Halae 1757.

— elementa jurisprudentiae criminalis. 8. Halle 732. 2e A. 738. 3e A. 743. 4e A. 747. 5e A. 757. 6e A. 8 maj. Ibid. 774. Waisenh.-B. 16 gGr.

— — De majestate imperii magistratuum majorum. Diss. jur. publ. Präs. Just. Henning Böhmer (Vater). Halle (J. Grunert) 19. IV. 1725. 110 S. (5.—)

— — Dasselbe. Halle (Jo. Chn. Grunert) 1735. (5.—)

— meditation. ad constitutionem criminal. Carolinam. 4 maj. Halle 770. Gebauer. 5 Thlr 9 gGr.

— — Programma academicum quo praemissa meditatione de programmate judiciali. Halle (Grunert) 3. III. 1726. 16 S. (3.—)

v. Böhmer, Jh. Sam. Fr., († d. 20. Mai 1772.) observationes ad Carpzovii praxin rerum criminal. Fol. Frankf. a. M. 759 Varrentrapp. 2 Thlr 8 gGr.

— — Schediasma de praejudicio juris Germanici in caussis privatis. Halle (J. F. Grunert) 1755. 30 S. (3.50)

— — De variis sacrilegii speciebus ex mente juris civilis. Diss. jur. Präs. Justus Henning Böhmer (Vater). Halle (J. Grunert) 29. I. 1724. 50 S. (5.—)
Gew.: Marqu. Ludw. Frh. v. Printzen (Karo. .).

— — Dasselbe. Halle (Jo. Chn. Grunert) 1735. (4.80)

— — De spuria filiarum nobilium a successione exclusarum legitima. Halle (J. Grunert) 14. X. 1725. 16 S. (3.—)

Boehmer, Jo. Sam. Friedr. [Präs.]: De usuris ex mandato solvendis, s. Bandel, Jo. Georg Carl Friedrich [Resp.]

Böhmer, Josef, appr. Arzt: Aus d. Univ.-Frauenklin. zu Gießen. Über den Kaiserschnitt an der Toten und an der Sterbenden. Berlin: Trenkel 1908. 28, II S. 8°
Gießen, Med. Diss. v. 15. Dez. 1908, Ref. Franqué
[Geb. 29. Nov. 79 Geseke; Wohnort: Gießen; Staatsangeh.: Preußen; Vorbildung: Gymn. Brilon Reife O. 00; Studium: Freiburg i. B. 1, München 1, Marburg 4, Gießen 7 S.; Coll. 17. Juli 08; Approb. 24. Juli 08.] [U 09. 1099

— über die deutsche Nationalversammlung von 1848—49, s. Stimmen der Wahrheit.

Böhmer, Jos., das Geheime Ratskollegium, die oberste Landesbehörde des Hochstifts Paderborn, 1723—1802, s.a. Beiträge f. die Geschichte Niedersachsens u. Westfalens. 21. Hft.

Böhmer, Joseph: Das Geheime Ratskollegium, die oberste Landesbehörde des Hochstifts Paderborn. 1723—1802. Ein Beitr. z. Verwaltungsgeschichte d. Fürstbistums. Hildesheim 1910: Lax. 57 S. 8° ¶(Ersch. auch als: Beiträge f. d. Gesch. Niedersachsens u. Westf. H. 21.)
Münster, Phil. Diss. v. 30. Juni 1910, Ref. Erler
[Geb. 9. Nov. 84 Lippstadt; Wohnort: Münster i. W.; Staatsangeh.: Preußen; Vorbildung: Gymn. Brilon Reife O. 06; Studium: Berlin 1, Münster 6 S.; Rig. 18. Dez. 09.] [U 10. 3765

— die Reichs-Gesetze v. 900—1400; nachgewiesen. (Prospectus.) gr. 4. (2 B.) Frankfurt a. M. 832, Varrentrapp.

— Schreiben des Königs Johann von Böhmen, s. Jahrbuch für vaterländische Geschichte.

Böhmer, I., Kiswo Israel Böhmer od. eine Sammlung von Briefen historisch-kritisch-exeget. Inhalts. 1. Brief, eine histor. Abhandlung üb. die geschichtlich berühmten Essäer, gegründet auf Authenticitäten alter u. neuer Historiker; nebst e. unparth. Blick über den Geist der Bibel u. d. Talmuds. (Hebräisch.) 8. (104 S.) Warschau 849. (Leipzig, C. L. Fritzsche.) n. 1/2 Thlr

Boehmer, Ist. L. Becht., s. Boehmer, Justus Ludwig Bechtold

Boehmer, Julius

— Gottes Angesicht, s.a. Beiträge zur Förderung christlicher Theologie.

Gottes Angesicht. Von Lic. Dr. Julius Boehmer, Pastor in Raben. (Gütersloh: C. Bertelsmann 1908.) (S. 45–09.) 8° [F.]
= Beiträge z. Förderung christl. Theologie. Jg. 12, H. 4, [2.] [08. 13379

Boehmer, Jul., Babel-Bibel-Katechismus in 500 Fragen u. Antworten f. Bibelfreunde. (VIII, 176 S.) 12. Stuttgart 903. Greiner & Pfeiffer. n. 2.—; geb. n. 2.80

Böhmer, Jul., liturgische Bibelandachten. Biblische Lebensbilder u. bibl. Bücher im Rahmen liturg. Gottesdienste. Allen evangel. Gemeinden, christl. Vereinen u. Christenhäusern dargeboten. 4. (116 S.) Cöthen 894. Schriftenniederlage des evangel. Vereinshauses. n.n. 2.50

(B) Böhmer, Jul., liturg. Bibelandachten. 894. (ABL 27.) Jetzt: Stuttgart, Greiner & Pfeiffer.

Böhmer, J., Bild vom Bierkruge. Erläut. v. Ludw. Eichler. gr. 8. (1 1/2 B. u. 1 rad. Bl. 1/2 gr. Fol.) Stralsund u. Berlin 811, Cornelius. * 10 Gr., chines. Pap. *

— Das Buch der Psalmen, ausgelegt f. Bibelfreunde. (VIII, 476 S.) 8. Leipzig 907. G. Strübig. 5.—; geb. 6.—

— Christentum u. Religionsgeschichte, s.: Fragen, brennende kirchliche.

Boehmer, Jul., der am Kreuz ist meine Liebe. Die sieben Kreuzworte in sieben Andachten ausgelegt u. der Christengemeinde dargeboten. gr. 8. (75 S.) Wittenberg 900. P. Wunschmann. n. 1.20

Böhmer, Jul., Dorfkatechismus od. d. christl. Haus a. d. Lande u. s. große Aufgabe i. d. Gegenwart, allen Landbewohnern u. Freunden e. schönen Zukunft gewidmet. gr. 8. (VIII, 224 S.) Leipzig 898. Buchh. d. Evang. Bundes v. C. Braun. n. 2.—

— Dorfkatechismus. Ein freundschaftl. Ratgeber f. den Landbewohner. 2. Aufl. (VIII, 180 S.) 8. Ebd. 905. n. 2.—; geb. n. 3.—

— Dorfpfarrer u. Dorfpredigt, s.a. Studien zur praktischen Theologie.

Dorfpfarrer und Dorfpredigt. Fragestellungen u. Antwortversuche von Lic. Dr. Julius Boehmer, Pfarrer in Raben. Gießen: Töpelmann 1909. VI, 103 S. 8°
(Studien z. prakt. Theologie. Bd 3, H. 4) [09. 14703

Boehmer, Jul., die wahre Ehre der männlichen Jugend. Ein ernstes Wort an alle Gebildeten deutscher Nation. gr. 8. (32 S.) Leipzig 902. J. C. Hinrichs' Verl. n. — 60

— Gottesgedanken in Israels Königtum, s.a. Beiträge zur Förderung christl. Theologie. VI. 8.

Gottesgedanken in Israels Königtum. Von Lic. Dr. Julius Boehmer, Pfarrer in Raben. Gütersloh: C. Bertelsmann 1902. (79 S.) 8° [F.]
— Beiträge z. Förderung christl. Theologie. Jg 6, H. 3, [1.] [02. 6700

— liturgisches Handbuch f. evangel. Landlehrer. gr. 8. (XI, 32 S.) Leipzig 902. G. Strübig. n. — 80; geb. n. 1.25; m. Goldschn. n. 1.50

— Der Hebräer- u. Judasbrief, s.a. Testament, das Neue, in religiös. Betrachtungen.

Der Hebräer- und Judasbrief in religiösen Betrachtungen für das moderne Bedürfnis. Von Lic. Dr. Julius **Boehmer**, Pfarrer in Raben. [In 2 H.] Gütersloh: C. Bertelsmann 1908. (VI, 181 S.) 8° [F.]
= **Mayer**, Gottlob: Das Neue Testament in relig. Betrachtungen. Bd 14. (08. 8490

Boehmer, Julius: D. Heilspredigt des Proph. Jesaja nach ihren Grundgedanken. *Basel 1899.*
in: Schrift, Aus, u. Geschichte. Theol. Abhandlgn u. Sk. C. v. Orelli z. Feier s. 25j. Lehrthätigkt in Basel gew. (99. 718

— hinein in die alttestamentlichen Prophetenschriften! Für Bibelfreunde. (XII, 264 S.) 8. Ebd. 908. n. 3. 20; geb. n. 4. —

—— Illustrationen z. Frithiofs Sage, s.a. Tegener.

— Illustrationen zur Frithiofs Sage. 1. Lfg. Tafel 1. 7. 9. 11. 12. 16. Lex.-8. Ebend. 841. n. 1/3 ℳ

— zwei wichtige Kapitel a. d. biblischen Hermeneutik, s.a. Beiträge z. Förderg. christl. Theologie. V. 6.

Zwei wichtige Kapitel aus der biblischen Hermeneutik. Von Lic. Dr. Julius Boehmer, Pastor zu Raben i. d. M. *(Gütersloh: C. Bertelsmann 1901.)* (S. 51–127.) 8° [F.]
= Beiträge z. Förderung christl. Theologie. Jg. 5, H. 6, [b.] (02. 1961

Boehmer, Jul., Die Keime d. Seelsorge i. alten Testament. E. prakt.-theolog. Studie. [Aus: „Die Seelsorge in Theorie u. Praxis".] gr. 8. (40 S.) Leipzig 898. A. Strauch. n. 1. 50

— der ländliche Konfirmandenunterricht. Aus der Praxis f. die Praxis dargeboten. gr. 8. (IV, 96 S) Stuttgart 901. Greiner & Pfeiffer. n. 1. 20; geb. in Leinw. n. 1. 60

— Kreuz u. Halbmond im Nillande. Nach Studienreisen u. Reisestudien gezeichnet. Mit dem Faksim. e. Koran-Blattes. (156 S.) 8. Gütersloh 910. C. Bertelsmann. 1.80; geb. 2. 40

— d. Landlehrer e. Vorkämpfer geg. d. Zeitgeist i. d. Schulgemeinde, s.a. Für d. Schule aus d. Schule.

[F.] Der Landlehrer ein Vorkämpfer gegen den Zeitgeist in der Schulgemeinde. Von Julius Boehmer. *Neuwied & Leipzig: Heuser 1898.* (23 S.) 1 Bd 8.
— Schule, Aus der, für die Schule. H. 74. (98. 9039

— Das Lukasevangelium, s.a. Testament, das Neue, in religiösen Betrachtungen.

Das Lukasevangelium in religiösen Betrachtungen für das moderne Bedürfnis. Von Lic. Dr. Julius Boehmer, Pfarrer in Raben. (In 4 Lfgen.) Gütersloh: Bertelsmann 1909. VIII, 327 S. 8°
(Mayer: Das Neue Testament in relig. Betrachtungen. Bd 3) (09. 11966

— Manuale. Lose Blätter auf den Arbeitstisch des Pastors. (IV, 144 S.) 12. Ebd. 904. n. 1. 50; geb. n. 2. —

— Mission u. Mission. Missionstheoretische Erörtergn. f. Bibelfreunde. (IV, 68 S.) gr. 8. Ebd. 904. n. 1. —

— das erste Buch Mose, ausgelegt f. Bibelfreunde. (VIII, 495 S.) 8. Ebd. 905. n. 5. —; geb. n. 6. —

[Ant. u. hebr.] Das biblische 'Im Namen'. E. sprachwissenschaftl. Untersuchg üb. d. hebräische be-sêm u. s. griech. Äquivalente (im bes. Hinblick a. d. Taufbefehl Matth. 28, 19)' v. Julius Boehmer. *Giessen: J. Ricker 1898.* (2 Bl., 88 S.) 1 Bd 8. (98. 6493

— niemand als Jesus allein. Ein Handbüchlein f. Konfirmanden. 12. (47 S.) Ebd. 901. Kart. n. — 20

— Palästina im Lichte d. gegenwärtigen Orientkrise, s.a. Gegenwartsfragen.

Boehmer, Jul., Palästina im Lichte der gegenwärtigen Orientkrise. Stuttgart 1909. 8°.
(Gegenwartsfragen. H. 3.)

— neutestamentliche Parallelen u. Verwandte aus altchristlicher Literatur. Für Bibelfreunde. (48 S.) 12. Ebd. 903. Kart. n. — 50

— Der religionsgeschichtliche Rahmen des Reiches Gottes. (VI, 215 S.) gr. 8. Leipzig 909. Dieterich. 4.—; geb. 5. —

— Reich Gottes u. Menschensohn i. Buche Daniel. E. Beitrag z. Verständnis s. Grundgedankens. gr. 8. (VII, 216 S.) Leipzig 899. A. Deichert Nachf. n. 3. 60

— Das Reich Gottes in Schrift u. Kirchengeschichte, s.: Fragen, brennende kirchliche.

— Reichgottesspuren in der Völkerwelt, s.a. Beiträge zur Förderung christlicher Theologie. X. 1.

Reichgottesspuren in der Völkerwelt. Von Lic. Dr. Julius Boehmer, Pfarrer in Raben. Gütersloh: C. Bertelsmann (1906). (S. 65–124.) 8° [F.]
= Beiträge z. Förderung christl. Theologie. Jg. 10, H. 1, [3.] (06. 3858

Boehmer, Julius (Hrsg.), s. Religions-Urkunden der Völker.

— Schulkatechismus. Luthers kl. Katechismus, f. d. Schul-Unterr. hergerichtet. (24) 8° Hann., Norddeut. Verl.-Anst. O Goedel '11. — 20 d

— Segnungen der Religionsgeschichte, s.: Lehr u. Wehr für's deutsche Volk.

— Heilige Stätten im Lande der Bibel, s.a. Für Gottes Wort u. Luthers Lehr.

Heilige Stätten im Lande der Bibel als Gottes Zeugen in Geschichte u. Gegenwart gewürdigt von Julius Boehmer. Gütersloh: Bertelsmann 1909. 150 S. 8°
(Für Gottes Wort u. Luthers Lehr! Reihe 2, H. 9.) (10. 7793 8

— s.a. Studierstube, die.

Die **Studierstube**. Kirchlich-theol. Monatschrift. Hrsg.: Lic. Dr. Julius Boehmer, Pfarrer in Raben. Jg. 1. Stuttgart: Greiner & Pfeiffer 1903. 8° [F.] (08. 3644 7

— aus den Tell-Amarna-Briefen. Ein morgenländ. Zeitbild aus der Mitte des 2. vorchristl. Jahrtausends. gr. 8. (36 S.) Gütersloh 900. C. Bertelsmann. n. — 60
Sonderabdruck aus: „Der Beweis des Glaubens".

— die Kautzsche Uebersetzg. d. Alten Testaments u. ihre Brauchbarkeit f. d. Christenvolk geprüft u. m. bes. Berücksicht. der Pentateuchfrage dargest., s.: Sammlung theolog. u. soz. Reden u. Abhandlgn.

Boehmer, Jul., der alttestamentliche Unterbau des Reiches Gottes. gr. 8. (IV, 236 S.) Leipzig 902. J. C. Hinrichs' Verl. n. 4. 50; geb. in Leinw. n. 5. 50

— Auf Wegen der Heiligen Gottes, s.a. Für Gottes Wort u. Luthers Lehr

Auf Wegen der Heiligen Gottes. Zeugnisse aus Geschichte u. Gegenwart d. Bibellandes von Lic. Dr. Julius Boehmer, Pfarrer. Gütersloh: Bertelsmann 1910. 192 S. 8°
(Für Gottes Wort u. Luthers Lehr! Reihe 3, H. 7 u. 8.) (10. 11113 6

— Willst du e. guter Pate sein? (16 S.) 8. Hamburg (910). Agentur des Rauhen Hauses. p — 10

— s.a.: Zeit- u. Streitfragen, biblische.

— Brennende Zeit- u. Streitfragen d. Kirche. Ges. Abhandlgn. I—IV. gr. 8. Gießen, J. Ricker. n. 7. 50
I. Auf alttestamentl. Gebiete. Bedenken u. Wünsche f. e. zukünft. Verdeutschg. d. Alten Testaments. Gegenwart u. Zukunft i. Licht alttestamentl. Prophetenworte. Das Alte Testament i. christl. Religionsunterricht. (VI, 127 S.) 897. n. 2. —
II. Z. christl. Glaubenslehre. Christus u. d. Glaube. Die heil. Schrift u. d. Glaube. D. Erlösg. im Sinne Jesu u. seiner Apostel. Fr. das Apostolikum. (148 S.) 897. n. 2. —
III. Aus dem prakt. Christentum. Pietismus u. Methodismus. D. mod. Pessimismus u. d. christl. Glaube. Freude u. Freuden i. Licht d. christl. Ethik. (108 S.) 897. n. 1. 75
IV. Soziale Fragen. Sozialdemokratie u. Christentum. Sozialdemokratie u. Kirche. D. soziale Stellg. d. evang. Geistlichen. Die soziale Stellung der Diakonissen. Eigentum u. Arbeit. Soziale Beweggn. in e. jungen Kaufmannsherzen. (96 S.) 898. n. 1. 75.

Biblische **Zeit- und Streitfragen**. Hrsg. von Lic. Dr. J[ulius] Boehmer u. Lic. Dr. [Friedrich] Kropatschek. Ser. 1. H. 1. Gr.Lichterfelde-Berlin: E. Runge 1905. 8° [F.] 106. 607

Böhmer, Just. Chr., de juribus et obligationib. ex feudar. oblatione descendent. 4. Halle 770. Gebauer. 6 ₰

Boehmer, Justus Christoph

— consultationes et decisiones juris c. praef. ed. J. S. F. v. Böhmer, T. I. II. et T. III. p. 1 — 3. Fol. Halle 748—53. (T. I. II. Ed. II. 756, 58.) Waisenh.-B. 17 ₰

Just. Chph. Böhmer diss. de Eudoxo mathematico, medico et legislatore. Helmst. 1715. 4.

Just. Chph. Boehmer memoriae professorum Helmstadiensium in medicorum ordine, qui diem suum obierunt. Helmst. (Guelpherbit.) 1719. 4.

— — Supremum amoris officium viro Andreae Julio Böttichero, medicinae practicae in academia Julia professori, 26. VII. 1719 Berolini placide defuncto persolutum. Helmst. (Hamm) 28. VIII. 1719. 21 S. (5.—)

— — Programma quo orationem de abusu eloquentiae ab ornat. juvene Joanne Ludolpho Lysmanno, Ultzensi. Helmst. (Salom. Schnorr) 24. IV. 1708. 4 Bl. (3.80)

— — Programma quo orat. de optimo dicendi genere a flor. juv. Rudolpho Antonio Fabricio, Helmstad. div. humaniorumque litter. cultore. Helmst. (Hamm) 30. X. 1721. 4 Bl. (3.80)

— — Programmata III auspicalia docendi in academia Julia muneribus ordinariis quodam praemissa nunc junctim et auctius edita. Helmstedt (Herm. Dan. Hamm) 1717. 56 S., mit 3 Tfln. Münz- u. Siegelabb. (6.50)
De providentia Augustorum, in veteribus quibusdam Romanorum nummis ostensa. — De principe oratore. — De divinitate scripturae sacrae. — Münzabb. u. a.: Eisenach, Mühlhausen, Nordhausen, Weissensee.

— **Justus Christoph,** Prolusiones VII publicarum lectionum auspiciis in acad. Julia praemissae. Helmstedt (G. W. Hamm) 1707. 62 S. (5.50)
Idea florentis status litterariae societatis. — Quibus nonnulli artibus inclarescant in republica litteraria. — De bellis litterariis. — Dicendi scribendique studia ornamento & adjumento esse omnibus vitae generibus. — De decoro in civili vita atque conversatione observando. — De bonorum in vario doctrinarum genere scriptorum notitia, & necessaria hodie circumspecteque paranda. — Meliora studia propter se ipsa esse excolenda, si vel maxime ampliores nec divitias hodie, nec honores polliceri videantur.

Boehmer, Justus Ernst, De cessione nominis a judaeo in christianum facta rata vel irrita. Diss. jur. Präs. Jo. Samuel Friedr. Boehmer (Vater). Frankfurt/O. (Joh. Chn. Winter) 18. II. 1758. 30 S. (5.—)
Gew.: Philipp Joseph v. Jarriges.

Boehmer, Justus Friedrich

— — De hodierna judiciorum possessoriorum facie. Präs. Aug. Leyser. Helmst. (P. D. Schnorr) 24. IX. 1729. 39 S., meist dtsch. (5.—)
Gew.: Joh. Phil. v. Hattorff.

Böhmer, Justus Friedrich (Hannover), De precario. Diss. jur. Präs. Aug. Leyser. Helmstedt (Paul Dietr. Schnorr) 13. VIII. 1729. 22 S., tlws. dtsch. (5.—)
Gew.: Joh. Phil. v. Hattorff (Böhme) . .).

Boehmer, Justus Heinrich, s. Boehmer, Justus Henning

Boehmer, Justus Henning, s. a. Böhmer, J. H.

Boehmer, Justus Henning (Praes.), s. Backmeister, Friedrich Benjamin: De praescriptione contra leges maxime prohibitivas.

Boehmer, Justus Henning (Praes.), s. Bastineller, Johann Andreas: De cauta Judaeorum.

Boehmer, Justus Henning (Praes.), s. Beck, Jacob: Differentiam legatorum purorum et non purorum . . .

Boehmer, Justus Henning (Praes.), s. Beckhoff, Walther: Utrum electores vi archi-officiorum imperatorem eligant.

Boehmer, Justus Henning (Praes.), s. Becquer, Joh. Christian von: De iure episcopali principum evangelicorum.

Böhmer, Just. Henn. [Praes.], s. Bendeleben, Heinrich: De diverso sponsalium et matrimonii jure.

Boehmer, Justus Henning (Praes.), s. Bode, Justus Vollrath von: Vindiciae imperiales ....

Boehmer, Justus Henning (Praes.), s. Boehmer, Carl August: De iure militum ecclesiastico.

Böhmer, Just. Henning, s. Brunner, Christian Pet.: De subsidiis pecuniariis a statibus Italiae imperatori Romano-Germanico praestandis.

— — De causis arduis et majoribus. Tractat. jur. Halle (J. Fr. Grunert) 1754. 88 S. (5.50)

Boehmer, Justus Henning: Consultationum et decisionum juris t. 1 – 3. Ex schedis paternis coll. Car. Aug. Boehmer, (t. 3, p. 2. 3:) J. Sam. Frid. Boehmer. Halae Magdeb. 1733 – 54.

— consultationes et decisiones juris. II Tmi. Fol. Halae. 756. (1r 5 Thlr. 12gr., 3r 5 Thlr.)

Böhmer, Just. Hn.: Consultatt. et deciss. *Halle*, Waisenh. B. (Renger. 748 f.) 753—54. 6 P. in 3 T. fol. (Ed. n. T. 1—2. 756. 58.) (alle 6 P. 17 Thl.)

Boehmer, Justus Henning (Comm.u.Ed.):

s. Corpus iuris canonici Gregorii XIII.Pontif(icis) Max(imi) auctoritate editum... et...auctum cum necessariis indicibus. Tom.1 - 2, Appendix. Halae Magdeburgicae: 1747

JB 5.421

Boehmer, Justus Henning: Delineatio succincta institutionum iuris canonici. Halle 1711.

Böhmer, Just. Henn.: Dissertationes juris ecclesiast. antiqui, ad Plinium II. et Tertullianum. *Lips.* 711. — Edit. II. *Hal.* 729. 8.

Böhmer, Just. Hn.: Doctr. de action. ad praxin hodiernam et noviss. O. P. El. Sax. accommodata. (*Halle.* 710. — 8. Ausg. *Frkf.* 745. — *Halle.* 765.) *Frkf. a. M.* Brönner. 771. 8. (16 Gr.)

Böhmer, Just. Hnr., doctrina de actionibus ad praxin hodiern. 8. Halle 765. Renger. 16 ɣ

— — idem liber. 8. Cöln, Rommerskirchen.

Böhmer, Just. Henn.: Kurze Einleit. z. geschickten Gebrauch der Acten nebst einem appendice einiger formularum, welche d. Tractat erläutern. *Halle*, Renger. (732.) 760. 8. (12 Gr.)

— kurzer Entw. d. Kirchenstaats der ersten 3 Jahrh. 8. Halle, Renger. 755.

Böhmeri, J. H., Exercitationes ad Pandectas. Hannov. et Götting. 745-64. 6 Tom. 4. 12rthl. (T. I. ed. nov. 1764. 4.)

Böhmer, Just. Hn.: Exercitatt. ad Pand., in quibus praecipua dig. capita explic., ant. sigill. edd., nunc conjunctim digestae cura fil. G. L. Böhmeri. *Hann.* (745—64.) 764—75. 6 T. 4. (1 Thl.)

— exercitationes ad pandectas etc. c. G. L. Boehmer. VI Tmi. 4. Hannov. (Gleditsch in Lp.) 745—64. (à 2 Thlr.)

— exercitationes ad pandectas etc. c. G. L. Böhmer. VI Tom. 4. Hannov. 754—64. (Brockhaus in Leipz.) 12 ɣß

— — De expensis criminalibus. Tractat. jur. Halle (J. Fr. Grunert) 1754. 48 S., teilweis deutsch. (5.—)

Boehmer, Justus Henning: Die Frage von Renovation der niedergelegten Vokation, ob dieselbe göttlich . . .
Resp.: Joh. Chrph. Vultpius. Halle o. J.

Boehmer, Justus Henning: De fundamento retractus duplicis in agris Hamburgensium usitati occasione articuli 61. des Land-Rechts.
Resp.: Christianus Dresky. Halae Magdeb. 1722.

Böhmer, Justus Henning: Rechtliches Gutachten über die Frage: Ob nach der alten Mecklenburgischen Kirchen-Ordnung vom Jahr 1552 der Superintendens von den Patronen in ihren Patronat-Kirchen zu den Prediger-Wahlen zugezogen werden müsse? Mit einigen Anm. u. Erl. Hamburg 1742.

— — (Hannover), De imputatione culpae propriae. Diss. jur. Präs. Christ. Wildvogel. Jena (Gollner) 4. IX. 1695. 44 Bl. (6.—)
Widmung v.: Joh. Rabe (Hannover), H. J. Wagemann (Hannov.-Neustadt), Joh. Heinrich Burggraffe (Bielefeld), R. J. Frone, Carl Johann Heise (Hannover), Joh. Gerh. Benecke, Joh. Ludolf Schultze (Hannover).

— — Dasselbe. Halle (Joh. Friedr. Grunert) 1756. 104 S., o. Widm. (5.—)

— — Meditatio jurid. de iniquitate et injustitia actionum injuriarum, ante 13 annos publica dissertat. proposita. Halle (Ch. A. Zeitler) 1714. 140 S. (5.50)
Respond. 1701: G. Rodenborg (Hamburg).

— — Dasselbe. Halle (J. Ch. Hilliger) 1738. 136 Seiten. (3.50)

Böhmer, J. H.: Institutiones jur. canonici, ad methodum decretalium nec non ad fora catholicorum atque protestantium compositae. Ed. V. *Halae*. (738—742.) 770. 8maj. (22 Gr.)

Boehmer, Justus Henning: Institutiones iuris canonici.
Edit. 3. Halle 1747. 8°

Böhmer, Just. Hnr., institutiones juris canonici etc. 8. Halle ... Ed. V. 769. Waisenh.-B. 22 ɣ

Boehmer, Justus Henning: Fl. Justiniani imperatoris Institutionum libri quatuor seu legitimae scientiae prima elementa. Rec. atque Theophili paraphrasin subiunxit. Ed. 2. Halae Magdeb. 1728.

— — De efficaci mulierum intercessione. Tract. jur. Halle (J. Chn. Grunert) 1756. 100 Seiten. (5.—)

Böhmer, Just. Henr.: Introductio in jus Digg. Acc. titt. de V. S. et de R. J. ad seriem materiar. congesti. (*Hal.* 704. Ed. IV. *ib.* 730. — Ed. XII. *Ib.* 773. 8.) Ed. XV. *Ib.* 801. 8. (1 Thl. 4 Gr.)

— introductio in jus digestorum. 8. Halle ... Ed. XIV. emendat. 791. 1 ɣß 4 ɣ

Böhmer, Just. Henn.: Introductio in jus publicum universale ex genuinis juris naturae principiis deductum et in usum juris publici particularis adornatum. *Halae*. 709. 726. 8. ed. III. 755. ed. IV. *Halae*, Orphanotropheum. 773. 8. (18 Gr.)

Böhmer, Just. Henning: „Introductio in jus publicum universale, ex genuinis juris naturae principiis deductum", Halae 1710. — Vorh.: Bibl. des Oberlandesgerichts Celle — Oa. 169.

— — De jure epistalmatis, von Fürstlicher Ordre. Disp. jur. Präs. Samuel Stryk. Halle (Chph. Andr. Zeitler) 29. VII. 1699. 90 S., stellenweis deutsch. (5.50)

— — Dasselbe. Halle (Joh. Grunert) 1725. 102 S. (5.—)

— — Dasselbe. Halle (Joh. Chn. Grunert) 1761. 96 S. (5.—)

Böhmer, Just. Henn.: Tractatus juris eccl. de jure parochiali. *Hal.* 701. 4. — Jus parochiale ad fundamenta genuina revocatum. Ed. V. (c. suppl.) *Hal.* 738. 4.

Böhmer, J. H., de jure precum publicarum; von öffentl. Kirchengebeten. Hal. 1703: rec. 1711. 4.

Böhmer, Just. Henn., Dissertatio juridica de jure et statu hominum propriorum a servis Germaniae non Romanis derivando et de usu hujus doctrinae, quam examini subjicit F. Schröter. Halae Magdeb. 1716. 4. . . . . (D.)

Böhmer, Just. Hn.: Jus ecclesiast. Protestantium; usum modern. jur. canon. juxta seriem decretalium ostendens et ipsis rerum argumentis illustrans. *Halle*, Waisenh. B. 4. (714—36 u. ff. J.) Ed. 5. T. 1—4. 756—89. T. 5. c. indicc. generalibus. Ed. 3. 763. T. 6. s. jus parochiale. Ed. 6. 760. (zus. 8 Thl. 6 Gr.)

— Jus ecclesiast. protestantium etc. V Tmi cum jure paroch. 4. ibid. 756—63. (1r 1 Thlr. 12 gr., 2r 1 Thlr. 8 gr., 3r 1 Thlr. 16 gr., 4r 1 Thlr. 8 gr., 5r 1 Thlr. 18 gr., jus paroch. 16 gr.)

Boehmer, Justus Henning: Jus parochiale ad fundamenta genuina revocatum. Halae Magdeb.
Ed. 1. s. Boehmer: De iure parochiali.
Ed. 2. 1716.
Ed. 3. 1721.
Ed. 4. 1730.
Ed. 5. 1738.

— jus parochiale. 4. Halle ... Ed. VI. 760. Waisenh.-B. 16 ɣ

Böhmer, Justus Henn., Dissertatio juridica de libertate imperfecta rusticorum in Germania quam ... disquisitioni submittet J. Chr. Hopffenstock. Halae Magdeb. 1733. 4. . . . . (D.)

— — De libertate imperfecta rusticorum in Germania. Tract. jur. Halle (J. Fr. Grunert) 1755. 64 S. (5.—)

— — De literis respirationis earumque validitate et invaliditate. Tract. jur. Halle (J. Fr. Grunert) 1754. 40 S. (4.80)

— s. Pt. Marca, concordia.

— — De matrimonio coacto. Tract. jur. Halle (J. Fr. Grunert) 1754. 56 S. (4.80)

— methodus disputandi etc. 8. Halae. Waisenh. 730. —

Böhmer, Just. Henn.: Selectae observatt. ecclesiasticae, dissertatt. Pet. de Marca etc. illustrantes et studio juris ecclesiastici inservientes. *Lips.* 708. fol.

— — Oratio secularis de meritis Augustanae confessionis in rem juridicam. Accessit ob materiae affinitatem diss. de beneficiis juris Augustanae confessionis. Halle (Joh. Grunert) 26./23. VI. 1730. 86 S. (5.20)

— **Justus Henning,** Origines praecipuarum materiarum juris ecclesiastici ex ultima antiquitate evolutae & ad studium juris canonici accomodatae. o. O. u. J. Ausschn. S. 283—450. (4.—)

— — Programma de philosophia ictorum stoica. Halle 1701. 6 Bl. (2.—)

— — Schediasma de diverso sponsalium et matrimonii jure. Frankfurt u. Lpz., 1718. 156 S. (6.50)

Böhmer, J. H.: Schilterus illustratus s. Emendatt. et additamenta ad Joa. Schilteri institutt. jur. Canon. Acc. Ej. Origines praecipuar. materiar. juris ecclesiast. *Hal.* 712. 8.

— ad Schilteri jus canonic. 8. Halae, Waisenh. 78 —

— — De vario censuum significatu et jure. Tract. jur. Halle (J. Fr. Grunert) 1754. 40 S. (4.80)

— — De testamento non praelecto. Tract. jur. Halle (J. Chr. Grunert) 1759. 40 S. (4.80)

— — Theses controversae . . Präs. Chn. Wildvogel. Jena (Gollner) 13. VII. 1705 (1695?). 4 Bl. (2.—)

— — De vero usu remedii possessorii ordinarii et summarii. Tract. jur. Halle (J. Fr. Grunert) 1754. 40 S. (3.—)

Boehmer, Justus Ludwig Bechtold (Göttingen), De filio vasalli successore in feudum. Dissert. jur. Göttingen (Joh. Chn. Dieterich) 14. IX. 1779. 72 Seiten. (4.80) 3301

Böhmer, K: Jll. Haupt-Katalog über Maschinen und Geräte aller Art für landwirtschaftliche Betriebe usw. Alzey 1902

Böhmer, K: Katalog über Heu- und Getreide-Aufzüge. Alzey 1902

Böhmer, K: Katalog über automatische Selbsttränke-Anlagen für Viehstallungen. Alzey 1900

Böhmer, K: Preise landwirthschaftlicher Maschinen und Geräthe. Alzey 1895. Fol.

v. Böhmer, K. F. Freih., (†1807.) üb. die Grubenförderung; e. Beitrag z. Technik u. Haushaltung. 1r Thl. Mit 10 Kpf. gr. 8. Freib. 791. Craz u. G. 1 ₰ 16 gl

– Dass., s. a. Boehmer, J. K: F. v.

Böhmer, Karl Erich, Referendar in Kirchberg i. S.: Ausscheiden von Mitgliedern aus der offenen Handelsgesellschaft. Borna-Leipzig 1906: R. Noske. (IX, 75 S.) 8° [F.]
Leipzig, Jur. Fak., Diss. v. 14. Dez. 1906
[Geb. 24. Apr. 82 Bischofswerda; Wohnort: Kirchberg i. S.; Staatsangeh.: Sachsen; Vorbildung: Gymn. z. heil. Kreuz Dresden Reife O. 01; Studium: Leipzig 4, Freiburg i. B. 1, Leipzig 1 S.; Rig. 9. Juli 04.]

Japanische **Coniferen** nebst allen Synonymen und Japanischen Namen. Zusammengestellt von L. **Boehmer** & Co., Yokohama, Japan. *(Yokohama [1899].)* (10 Bl.) 8° [F.] [00. 6673

Böhmer, Leopold

Böhmer, Leop., Geschichte der Freimaurerei in Köln a. Rh. von 1815—1872 nebst Rückblicken auf ältere Epochen. Der vereinigten Loge „Minerva zum vaterländischen Verein und Rhenana zur Humanität" gewidmet. Köln, Selbstverlag der Loge. 1873. 8. 110 S. 1 Bl.
Gute Einzelgeschichte. S. 13 ist die Kölnische Urkunde enthalten.

Böhmer, Leop., f. Kaiser u. Reich. Zeitgedichte. 8. (VII, 104 S.) Köln 890. A. Ahn. n. 2. —; geb. n. 2. 80

Bollé, Karl.: [Lied.] Dem geliebten Br. Bollé zum fünfundachtzigsten Geburtstage. 1804 — 25. Jan. — 1889. [Unterz.:] Leop. **Böhmer.** [Köln 1889.] 1 Bl. 8⁰ [Kopftit.]
Ohne Noten: „Stimmt heller die Leier, . . ."

1842. 1892 ▭ **Minerva zum vaterländischen Verein und Rhenana zur Humanität im Or.·. Köln am Rhein** [Lied] dem geliebten Br. Clemens Schumacher zum goldenen Maurer-Jubiläum am 9. Oct. 1892. [Unterz.:] Leop. **Böhmer.** Köln [1892]: Breuer. 3 Bl. 8⁰ [Umschlagtit.]
Ohne Noten: „Dem Verdienste seine Kronen!"

Minerva-Rhenana: Dem Verdienste seine Kronen! [Unterz.:] Leop. **Böhmer.** [Köln] o. J.: [Breuer]. 1 Bl. 8⁰ [Kopftit.]
Lied ohne Noten: „Vor vielen Hochbeglückt . . ."

Böhmer, M., Heimatkunde d. Kreises Grätz. Unt. Benutzg. amtl. Quellen. gr. 8. (14 S.) Lissa 898. F. Ebbecke. n. — 20; m. Karte n. — 60

Boehmer, M. F., praes. J. **Junker,** Diss. sistens casum cujusdam matronae, largissimo opii usu per plures annos tractatae. Hal. 4°.
Auch: *Haller*, Diss. ad morb. 4°. Laus. 1760, VII, 302—316. *Haller*, Coll. diss. Pr. VII, n. 243 (19 J. hindurch täglich 1 Drachme)] 744

Böhmer, Otto, Dir. Dr.: Zur Geschichte der Anstalt während der ersten 25 Jahre ihres Bestehens. Lötzen 1904: P. Kühnel. (20 S.) 4°
Lötzen, st. G OP 1904 (10)

[Umschlagt.:] [F.] Luthers Bibelübersetzung und das heutige Deutsch. Vortrag v. P. **Böhmer,** Superint. in Marienwerder geh. im deutschen Sprachver. daselbst im Winter 1897. *Danzig: Evangel. Vereinsbuchh. 1898.* (18 S.) 1 Bd 8. [99. 2173

Boehmer: Lectionum Servianarum fasciculus. 26 S. Progr. Oels 1858.

Böhmer, P., Christliche Kunst. Vortrag, geh. i. Winter 1898 in Marienwerder. 8. (41 S.) Danzig 898. Ev. Vereins-Buchh. n. — 50

Böhmer, P. Probe eines Commentars zu Cicero de divinatione. Pr. 1870. 24 S. 4°. 1.50

Böhmer, P., die lateinische Vulgär-Sprache. gr. 4. (29 S.) Oels 866, (Grüneberger und Comp.) *

Böhmer, P., die lateinische Vulgärsprache. II. gr. 4. (24 S.) Oels 869, (Grüneberger und Comp.) *
I. Ebendas. 1866. *ℳ 1.

Böhmer, Paul, aus Goschütz: Über geometrische Approximationen. *Berlin 1904: G. Schade.* (54 S.) 8°
Göttingen, Phil. Diss. v. [4. Mai] 1904

Böhmer, Paul, über geometrische Approximationen. Diss. (55 S. m. 2 Taf.) gr. 8. Berlin 904. (Göttingen, Vandenhoeck & Ruprecht.) n. 1. 60

Böhmer, Paul: Die techn. Erfordern. bei d. Berechng d. Dividendenreserve f. die m. Gewinnanteil Versicherten, s: Veröffentlichungen d. deut. Vereins f. Versichergs-Wissensch., Wulkow.

Böhmer, Paul Eug., u. Wilh. Gramberg, der Risikogewinn in der Lebens- u. in der Invaliditäts-Versicherung. (43 S. m. 1 Tab.) gr. 8. Berlin 906. Puttkammer & Mühlbrecht. n. 2. —

Boehmer, Philipp Adolf: A n a t o m e ovi humani foecundati sed deformis trimestri abortu elisi. [Resp.:] Carolus Augustus Madai. Halae Magdeb. (1763:) Hendel. XLVI S. 4°
Halle, Med. Diss., v. 4. Jan. 1763.
Beigedr.: [Boehmer] De uracho humano.

Boehmer, P. A., resp. Diet. Arn. **Krevet,** Diss. de asthmate. Hal. 4°. 1774

Boehmer, Ph. Ad. (Resp.): De causis, cur malum ... constituat, s. C o n r a d, Jo. Fr. (Praes.)

Boehmer, Philipp Adolf: De c a u s s i s motus progressivi sanguinis in venis. [Resp.:] Ioannes Andreas Fridericus Wildegans. Halae (1772:) Hendel. 24 S. 8°
Halle, Med. Diss. v. 24. Aug. 1772.

Boehmer, Philipp Adolf: De c o n f l u x u trium cavarum in dextro cordis atrio. [Resp.:] Nicolaus Theune. Halae Magdeb. (1763:) Hendel. XXV S. 8°
Halle, Med. Diss. v. 4. Jan. 1763.

Boehmer, Phil. Ad., resp. Sam. H. **Wesche,** Diss. de pulmonum cum encephalo consensu. 28 pp. Hal. 4°. 1763

Boehmer, Philipp Adolf: De c o n s t i t u t i o n e epidemica Halae ad Salam inque eius confiniis an. 1771. 72. observata... sectio.
Sectio 1: [Resp.] Franciscus Herwart (Herwarth). 1772.
Halle, Med. Diss. v. 17. Febr. 1772.

— — Epistola anatomica problematica de ductibus mammarum lactiferis experim. novo confirmat. ad Joh. Theodor Eller. Halle 1742. 8 Blatt. (4.—) 3304

— **Philipp Adolph** (Halle), Diss. de praecavenda polyporum generatione. Präs. Friedr. Hoffmann. Halle (J. G. Meyh) 15. V. 1736. 82 S. (5.—) 3303
Gew.: Jo. Georg Steigerthal.

Böhmer, Phil. Ad., († d. 1. Nov. 1789.) **institutiones osteologiae. C. iconib. anatom. 8. Halle 751. 2e A... 3e A. 788. Renger. 12 gl.**

—, resp. v. **Baerensprung,** Diss. de methodo, paresin ex colica rationali conveniienter curandi. Hal. 4°. 1762

Boehmer, Ph. Ad., resp. Casp. H. **Bennecke,** De methodo spasmis medendi generali. 22 pp. Hal. 4° 1770

Boehmer, Ph. Ad., resp. J. E. **Stahl,** De nonnullis momentis ad curationem epilepsiae spectantibus. Hal. 4°. 1768

—, resp. **Ziegler,** De noxiis animi adfectuum in C. H. effectibus eorumque remediis. Hal. 4°. 1762

— observat. anatomic. notabilia circa uterum humanum cont. II Fasc. C. fig. Fol. Halle 752, 56. Waisenh.-B. 7 ₰

Boehmer, Philipp Adolf: O b s e r v a t i o n e s binas anatomicas, de quatuor et quinque ramis ex arcu arteriae magnae adscendentibus. ([Halle] 1741:) Grunert. X S. 8°
Halle, Med. Univ.-Schr. v. 15. Dez. 1741.

Boehmer, Ph. Ad., resp. B. Fr. **John,** De imperfecta paralysi s. paresi ex colica. 23 pp. Hal. 4°. 1761

Boehmer, Philipp Adolf: De p r o l a p s u et inversione uteri eiusque vaginae relaxatione. [Resp.:] Fridericus Beniamin Wachter. Halae Magdeb. (1745:) Grunert. 51 S. 8°
Halle, Med. Diss. v. 18. Juni 1745

Boehmer, Ph. Ad., resp. **Strümpfler,** Diss. de spasmorum externa ratione ad viscera, indeque oriunda morborum complicatione. Hal. 4°. 1762

Boehmer, Philipp Adolf: De ulcerum externorum sanatione difficili ob illorum cum morbis viscerum complicationem. [Resp.:] Georgius Andreas Molzahn. Halae ad Salam (1762:) Schneider. 27 S. 8°
Halle, Med. Diss. v. 2. Juli 1762.

Boehmer, Ph. Ad., resp. **Noeller,** Diss. de spasmi periphorici signo in febribus continentibus. Hal. 4°. 1765

—, Ph. Ad., resp. G. F. S. **Croner,** De spasmo febrili. Hal. 4°. 1763.

Boehmer, Philipp Adolf: De fluoris albi benigni in malignum t r a n s i t u sine praevio contagio. [Resp.:] Franc[iscus] Ioseph[us] Ferd[inandus] Frider[icus] Wiehl. Halae ad Salam: Curtius (1761). 37 S. 8°
Halle, Med. Diss. v. 9. Jan. 1761.

Boehmer, Philipp Adolf: De u t i l i t a t e paracenteseos frequentioris in ascite singulari casu comprobata. [Resp.:] Ioannes Buchholz. Halae Magdeb. (1759:) Hendel. 48 S. 8°
Halle, Med. Diss. v. 30. Nov. 1759.

Böhmer, Pius: Probe eines Comentars zu Cicero de divinatione. 24 S. Progr. Oels 1870.

Boehmer, Pius: * De rebus Sicyoniis. 18 Bl. 4°
Halle-Wittenberg, Phil. Diss. v. 1. Mai 1831
Geb. [Lauban 21. 5. 1808].

Fr Kin'r woas. Gedichte in Oberlausitzer Mundart von Robert **Böhmer.** Zittau: A. Graun 1905. (32 S.) 8° [F.]

Böhmer, Rudolf

Böhmer, Rud., die Bedeutung u. Aufgabe des nationalen Blocks im Reichstage, zugleich e. Beitrag zur Beurteilung u. zum Verständnis der Zentrumspolitik. (23 S.) 8. München 907. J. F. Lehmann's Verl. p — 20

Böhmer, Rudolf: Die Bedeutung u. Aufgabe d. nation. Blocks im Reichstage. 2. Abdr. 1907
s. **Böhmer:** Der nation. Block u. d. Zentrumspolitik.

Der nationale Block und die Zentrumspolitik. 2. Abdr. von: Die Bedeutung u. Aufgabe d. nationalen Blocks im Reichstage ... von Rudolf **Böhmer.** München: Lehmann 1907. 24 S. 8°

Böhmer, Rud., Grundsätze f. e. wirkliche Verdeutschung der hl. Schrift. (30 S.) gr. 8. Stuttgart 909. M. Kielmann. — 60

— s.: Testament, das Neue, verdeutscht.

Böhmer, Sam. Fr.: Observatt. selectae ad Bdct. Carpzovii practicam etc. *Francof.*, Varrentrapp. 759. fol. (2 Thl. 8 Gr.)

Böhmer, T., Predigt am Einweihungstage d. neu ausgeschmückten Kirche zu Neu-Hardenberg d. 2. Nov. 1817. gr. 8. Berl., Mittler. 4 Gr.

— Predigt zur Feier d. 400jähr. Regentschaft d. Hauses Hohenzollern, gef. d. 22. Oct. 1815. gr. 8. Berl., Mittler. 4 Gr.

— Predigt am Tage d. allgem. Todtenfeier f. d. Gebliebenen im Kriege 1813 u. 14. Mit 1 Kpf. gr. 8. Berl., Mittler. 6 Gr.

— zwei Predigten, zum Besten d. Einrichtung e. Elementarschule, nach Pestalozz. Grunds., zu Quilitz. gr. 8. Berl., Mittler. 6 Gr.

— Standrede bei d. Beerdigung d. Staatskanzlers Fürsten v. Hardenberg d. 26. Nov. 1824. 8. Berl., L. Oehmigke. 2 Gr.

— Versuch z. Aufstellung d. Systems d. Elementarbildung in Volksschulen 2c. 8. Berl. 812. Amelang. 6 Gr.

Böhmer, P., die lateinische Vulgärsprache. I. u. II. Oels 866, 69. (Grüneberger & Co.) 4. (29; 24 S.) Jedes Heft n. 10 ngr.

Böhmer, V. Arbeiterverhältnisse und Fabrikeinrichtungen in der Schweiz. Zürich 1873. 2 Bde.

Böhmer, W.: Bemerkungen über Pindar. (Charakteristik dess.) 62 S. Progr. Stettin 1829.

Böhmer W. Untersuchungen über die Cissoide des Diocles. 1874. 1.
Math. Diss. Rostock

Böhmer, Wilhelm

Böhmer, Wilh., die christl.-kirchl. Alterthumswissenschaft. Theolog.-critisch bearbeitet. 1. u. 2. Bd. gr. 8. Breslau, Aderholz.
A. u. d. Titln.:
Bd. 1. Die socialen Verhältnisse d. christl. Kirche alter Zeit. (27½ B.) 836. 2 Thlr. 8 Gr.
„ 2. Die öffentl. Gottesverehrung nebst d. äußeren Lebens- u. disciplinar. Formen d. alten Christenkirche. (31½ B.) 839. 2 Thlr. 12 Gr.

Böhmer, Wilh. Einige Aufgaben aus der analytischen Geometrie der Kegelschnitte. 34 S. Progr. Warburg 1884.

—— theolog. Auslegung d. paulin. Sendschreibens an d. Colosser. gr. 8. (26½ B.) Breslau 835, Max u. Comp.

Böhmer, Wilh., einige Bemerkk. zu d. v. C. Ullmann aufgestellten Ansichten üb. d. Ursprung u. d. Charakter d. Hypsistarier. Nebst Anh. 8. Hamb. 826. Fr. Perthes. 8 Gr.

Böhmer's, Dr. Wilh., schriftstellerische Darstellung katholischer Lehrstücke von einem protestant. Laien Nordamerika's beleuchtet. Breslau 860. Graß, Barth & Co. Verl. gr. 8. (15 S.) n. 2 ngr.

Böhmer's, Dr. Wilh., schriftsteller. Darstellg kath. Lehrstücke. 8. (15) Bresl. 60, Morgenstern. n. — 2

Böhmer, Wilh., die christl. Dogmatik od. Glaubenswissenschaft. 2. Bd. — A. u. d. T.: Die christl. Glaubenswissenschaft, nach ihrer theolog. u. christolog. Beziehung entwickelt. gr. 8. (25⅞ B.) Breslau 843, Graß, Barth u. Comp., Verl.
1. Bd. Ebendas. 1840. 1 Thlr. 15 Ngr.

Böhmer, Wilh., der unerleuchtete Eifer für die katholische Kirche, welcher in der gegen den Consistorialrath Böhmer gerichteten und von der königl. Staatsanwaltschaft mit Beschlag belegten Schrift: „Katholisches“ u. s. w. sich ausprägt. Nachweis und Würdigung. Breslau 858. Graß, Barth u. Co. gr. 8. (VIII, 63 S.) n. 5 ngr.

Böhmer, W, d. unerleucht. Eifer f. d. kath. Kirche. 8. (63) Bresl. 58, Morgenstern. n. — 5

— theolog. Ethik, oder d. Wissenschaft des christl. Lebens. 1r Band. gr. 8. Breslau 1846, Aderholz. 20 Ngr. — 1 fl. 12 kr.

Böhmer, Wilh., die theolog. Ethik, oder die Wissenschaft des christl. Lebens. 1. Bd. Die Wissenschaft d. christl. Lebens nach Begriff, Form u. Nothwendigkeit entwickelt. gr. 8. (IV u. 121 S.) Breslau 847, Fr. Aderholz. n. ⅔ Thlr.

—— über die Geistesrichtung der protest. Freunde insonderheit zu Breslau. Eine Beleuchtung. gr. 8. (1½ B.) Breslau 845, Friedr. Aderholz.

—— die Glaubenslehre der christkathol. Gemeinde zu Breslau. Bei fortgesetzter Berücksichtigung des schneidemühler Glaubekenntnisses biblisch gewürdigt. gr. 8. (2 B.) Breslau 845, Kern.

— die christl. Glaubenswissenschaft, so nach ihrer Allgemeinheit, wie nach ihrer anthropologischen Besonderung. Entwickelt. gr. 8. Breslau 840. Graß, Barth u. Comp. 1½ Thlr.

Desselben 2r Theil: die Glaubenswissenschaft nach ihrer theolog. u. christologischen Beziehung. Ebend. 1843. 1¾ Thlr. — 3 fl. 9 kr.

Böhmer, (Wilh.) Hermogenus Africanus. De moribus ejus praecipue dogmaticis opinionibus. 8 maj. (13½ B.) Stralsundae 832, Löffler.

— de Pomeranorum historia literaria, ad C. Hasselbach et L. Giesebrecht epistol. Dissert. 8 maj. Berl. 824. Reimer. 12 Gr.

—— Isagoge in epistolam a Paulo Apost. ad Colossenses datam theologica, histor., crit. Access. Enarratio cap. I Coloss. v. 1—14 et Excursus, quos vocant, epistolam spectantes tres. 8 maj. (20 B.) Berolini 829, Dümmler.

—— ist der Geist od. die Schrift für die Regel des christl. Glaubens zu halten? Eine zeitgemäße Frage, mit krit. Bezugnahme auf das Werkchen d. hallischen Pfarrers, Hrn. Wislicenus: „Ob Schrift? Ob Geist?“ gr. 8. (1½ B.) Breslau 845, Trewendt.

— s. Th. Kanzow, Chronik von Pommern.

BÖHMER W., Dr.: Kritik der Hauptgründe, welche zur Rechtfertigung der Selbstentleibung aufgestellt zu werden pflegen: Neues Lausitzer Magazin. Görlitz 1864.

— die Lehrunterschiede der katholischen und evangelischen Kirchen. Darstellung u. Beurtheilung. 1. Bd. Breslau 857. Graß, Barth u. Co. gr. 8. (XX, 299 S.) n. 1 Thlr. 10 ngr.

Böhmer, Wilh., die Lehrunterschiede der katholischen und evangelischen Kirchen. Darstellung u. Beurtheilung. 2. Bd. Breslau 863. Morgenstern. gr. 8. (XX, 392 S.) n. 1 Thlr. 15 ngr.
1. Bd. ist in denselben Verlag übergegangen.

— s. L. Lewis, Lehren jüd. Schriftsteller.

— de origine et indole hypsistariis opinionibusque, quae super eis propositae sunt, comment. ad histor. religionis pertinentem scripsit. Praefato A. Neandro. 8 maj. Berl. 824. Dümmler. 10 Gr.

—— der heil. Rock in Trier u. der kathol. Priester Herr Joh. Ronge. Eine unbefangene Beurtheilung. 4., verb. Aufl. 8. (1½ B.) Breslau 845, Kern.

— s. G. Sander, Beherzigungswerthes für die Schuljugend.

—— üb. den confessionellen Streit, der durch eine Reformationspredigt des Hrn. Consistorialrathes Falk veranlaßt worden. Ein krit. Wort zur Versöhnung d. Streitenden. gr. 8. (1¾ B.) Breslau 844, Kern.

Boehmer, Wilh. u. Heinr. Rudolph (Resp.), Symbolae biblicae ad dogmaticem christianam sive: observationes in sectionem apostolicam I Coloss. v. 18—23. Diss. theolog. Breslau (Aug. Brehmer & Minuth) Jan. 1833. 58 S. (5.—) 3305
Oppon.: Carl Drechsel, Jul. Raebiger. — Gew.: Ludw. Nicolovius.

Boehmerus, Guilelm.: Symbolae biblicae ad dogmaticen Christianam sive: Observationes in sectionem apostolicam I Coloss. v. 18—23. Vratislaviae 1833. (XIV, 57 S.) 8° *[Im Buchhandel 1833 bei Max & Ko. in Breslau.]*

Breslau, Ev.-theol. Fak., Antr.-Progr. als ord. Prof. v. 18.1 Jan. 1833

— System des christlichen Lebens oder das christliche Leben nach seiner Bejahung, Verneinung u. Wiederherstellung wissenschaftlich dargestellt. Breslau 853. Korn. gr. 8. (XVI, 438 S.) n. 1 ₰ 25 ngr

Boehmer-Romundt, H., die Jesuiten, s. Aus Natur u. Geisteswelt. 49. Bdch.

Boehmer-Romundt H, die Jesuiten. Historische Skizze. (164 S) (Aus Natur und Geisteswelt 49) Leipzig 1903

Die Jesuiten. Eine hist. Skizze von H. **Boehmer**-Romundt. Leipzig & Berlin: B. G. Teubner 1904. (IV, 164 S.) 8° [J.]
— **Natur**, Aus, u. Geisteswelt. Bdch. 49. [03. 10380

Böhmerle, Emil

Böhmerle, E., Beiträge zur Pensionsstatistik der land- u. forstwirthschaftlichen Beamten pro 1866. Zugleich: Bericht üb. die am 24. März 1888 abgeh. IX. ordentl. Generalversammlung d. Vereines zur Förderg. der Interessen d. land- u. forstwirthschaftl. Beamten. gr. 8. (75 S.) Wien 888. (Frick.) n. 1. —

— dasselbe. pro 1888. Zugleich: Bericht üb. die am 15. März 1890 abgehaltene XI. ordentl. Generalversammlung des Vereines f. Güterbeamte [Verein zur Förderg. der Interessen d. land- u. forstwirthschaftl. Beamten] m. Bericht üb. das X. Vereinsj. 1889. gr. 8. (91 S.) Ebd. 890. n. 1. —

Böhmerle, Emil, Beiträge zur Pensions- u. Mortalitäts-Statistik der land- u. forstwirthschaftlichen Beamten pro 1889. Zugleich: Bericht üb. die am 14. März 1891 abgehaltene XII. ordentl. Generalversammlg. d. Vereines f. Güterbeamte [Verein zur Förderg. der Interessen der land- u. forstwirthschaftl. Beamten] m. Bericht üb. das XI. Vereinsjahr 1890. gr. 8. (97 S. m. 2 graph. Taf.) Wien 891. (W. Frick.) n. 1. —

— Beiträge zur Pensions- u. Mortalitäts-Statistik der land- u. forstwirthschaftlichen Beamten u. Diener. Auf Grund der vom Vereine f. Güterbeamte gesammelten Daten bearb. gr. 8. (20 S. m. 1 eingedr. graph. Taf.) Ebd. 892. n. — 80

Böhmerle, Emil, s.: **Fromme's forstl. Kalender-Tasche.**

— die Hauptlebensmomente des Haar- u. Federwildes, dann dessen Schon- u. Schußzeit in Oesterreich-Ungarn. Eine jagdzoolog. Studie. gr. 8. (30 S.) Ebd. 895. n. 1. 20
Bildet e. Abschnitt des noch nicht gedruckten Taschenbuches für Jäger u. Jagdfreunde des Verf.

BÖHMERLE, Emil: Der Hainburger Herrenwald. Eine forstliche Skizze. Wien 1889. 32 S., 1 Kt. - 2. Aufl. ebd. 1904. 36 S., 1 Taf.

— Der Jägerkaiser. Ein Stimmgsbild. 1830—1910. [Aus: „Madag's Jubiläums-Huldiggswerk Unser Kaiser".] (31 m. Abb. u. 1 Fksm.) gr8° Wien, (W Frick) ('10). — 80 vergr.

Böhmerle, Emil, s.: Kalender-Tasche, Fromme's forstliche.

BÖHMERLE, Emil: Johann Pfeifer Ritter von Forstheim. Eine biographische Skizze. - Wien 1891

— Die gesetzliche Schonzeit des Wildes, der Fische u. Krebse in Österreich-Ungarn, Bosnien u. in der Hercegovina. (30 S.) 8. Wien 908. C. Fromme. — 75
Sonderabdruck aus:

— waldbauliche Studien üb. den Nußbaum u. die Edelkastanie. (54 S. m. 6 Abbildgn.) Lex.-8. Wien 906. W. Frick. n. 1. 60

Böhmerle, Emil, Tafeln zur Berechnung der Cubikinhalte stehender Kohlmeiler, der Kohlenausbeute u. des Festgehaltes geschichteter Hölzer. gr. 8. (XII, 62 S.) Wien 877. Braumüller. n. 2. —

Böhmerle, E., Tafeln zur Berechnung der Cubikinhalte stehender Kohlmeiler, der Kohlenausbeute und des Festgehaltes geschichteter Hölzer. gr. 8. Wien 877. Berlin, Parey. *

— Taschenbuch f. Jäger u. Jagdfreunde, zugleich Repertorium f. das Studium der Jagdwissenschaft u. die Vorbereitg. zur Jagdprüfg. Mit 50 Kopf- u. Randleisten v. A. Pock u. J. Edelmüller u. 170 Abbildgn. im Texte. gr. 8. (X, 424 S.) Wien 903. C. Fromme. n. 7. 50; geb. in Leinw. n. 8. 50

Böhmerle, Emil, Taschenbuch f. Jäger u. Jagdfreunde, zugleich Repertorium f. d. Studium d. Jagdwissenschaft u. d. Vorbereitung z. Jagdprüfung. Mit 52 Kopf- u. Randleisten v. A. Pock u. J. Edelmüller u. 173 Abb. im Texte. 2., erweit. Aufl. (XII, 530 S. m. 1 Formular.) 8. Wien 908. C. Fromme. 8.50; geb. in Leinw. 9. 70

Böhmerle, Emil, Wirthschaftstabellen und zwar Formularien zu Notizen über Culturen u. Forstverbesserungen, Hauungen, Holz- und Kohlengedinge, Diebstähle u. Frevel, Wildabschuß, wirthschaftl. Aufzeichnungen, Lohnlisten, Notizen über Landwirthschaft, Fischerei ꝛc. 16. (80 S.) —.50
Wien: Fromme 1890.

— Wirtschafts-Tabellen, u. zwar: Formularien zu Vormerken üb. Kulturen u. Forstverbessergn, Hauungen, Akkordarbeiten, Rechtswidrigk., Grenzangelegenh., Jagden, Landwirtsch., Fischerei u. a. m. Ergänzgs-Beigabe zu „Fromme's forstl. Kldr-Tasche". 2. Afl. (164) kl8° Wien, C Fromme '11. L 2.50

Böhmerle, Karl, Bestandesdichte u. Bestandeshöhe. (Mitteilung der k. k. forstl. Versuchsanstalt in Mariabrunn.) (25 S. m. 3 Fig.) gr. 8. Ebd. 903. n. 1. —

— Bewässerungsversuche im Walde. (Mitteilung der k. k. forstl. Versuchsanstalt in Mariabrunn.) (30 S. m. Abbildgn.) Lex.-8. Ebd. 905. n. 1. —

Böhmerle, Karl, die Dürreperiode 1904 u. unsere Versuchsbestände. (Mitteilung der k. k. forstl. Versuchsanstalt in Mariabrunn.) (19 S.) gr. 8. Wien 907. W. Frick. 1. —

Böhmerle, Karl, bisherige Erfahrungen aus einigen Durchforstungs- u. Lichtungsversuchsflächen der k. k. forstlichen Versuchsanstalt in Mariabrunn. Anläßlich der Pariser Weltausstellg. 1900 bearb. (Mittheilung der k. k. forstl. Versuchsanstalt in Mariabrunn.) gr. 8. (73 S. m. 31 Fig.) Wien 900. W. Frick. n. 2. —

Böhmerle, Karl, Formzahlen u. Massentafeln für die Schwarzföhre. Auf Grund der v. der k. k. forstl. Versuchsanstalt erhobenen Materialien bearb. Kurzer, f. die eigentl. prakt. Handhabg. berechneter Auszug aus den „Mittheilgn. aus dem forstl. Versuchswesen Oesterreichs, XV. Hft." gr. 8. (32 S.) Wien 893. W. Frick. Kart. n. 1. —

Böhmerle, Karl, † Arthur Freiherr v. Seckendorff-Gudent. Eine biograph. Skizze. Lex.-8. (14 S.) Wien 887, Frick. *

— die Streuversuche im Großen Föhrenwalde. (Mitteilung der k. k. forstl. Versuchsanstalt in Mariabrunn.) (22 S. m. Fig. u. 1 Tab.) gr. 8. Ebd. 906. n. 1.—

— Versuche üb. Bestandesmassen-Aufnahmen. (Mittheilg. der k. k. forstl. Versuchsanstalt in Mariabrunn.) gr. 8. (71 S.) Ebd. 899. n. 2.—

— die forstlichen Versuchsarbeiten u. ihre Ausführung in der Wirthschaftspraxis. Referat, geh. am 27. Juni 1893 bei der XXI. Generalversammlg. des niederösterreich. Forstvereines in Retz. gr. 8. (18 S.) Wien 894. W. Frick. n. — 60

— das forstliche Versuchswesen. [Aus: „Oesterreichs Forstwesen 1848—1888, hrsg. v. L. Dimitz".] gr. 8. (47 S.) Ebd. 891. n.n. 1.—

— über die Vornahme genauer Kluppirungen. (Mittheilung der k. k. forstl. Versuchsanstalten in Mariabrunn.) gr. 8. (24 S. m Fig.) Ebd. 902. n. 1.—

— s.: Zentralblatt f. das gesamte Forstwesen.

Böhmerle, Karl, Zuwachs an geharzten Schwarzföhren. gr. 8. (17 S. m. 4 Lichtdr.-Taf.) Wien 885. (Frick.) n. 1. 20

Böhmerle, Th., Friedensgedanken im Kriegsrock, s.: Schriften, kleine.

Böhmersheim, s.: Böhm Edler v. Böhmersheim.

Böhmert, Herr, Professor der Nationalökonomie am Eidgenössischen Polytechnikum in Zürich, und seine Fälschungen der Wissenschaft, begangen in seinem neuesten Buche: »Der Sozialismus und die Arbeiterfrage« . . . Von einem Arbeiter. Zürich 1873. V: *Franz, J.* (BSchwLk V, 9 f) (stams) (Cat. d. Stadtbibl. Zürich. Zürich 1864—97.) (Stadtbibl. Frankf. a. M. Kat. der Neueren Bestände.)

Böhmert, Herr, Professor der Nationalökonomie am Eidgenöss. Polytechnikum in Zürich 2c. u. seine Fälschungen der Wissenschaft begangen in seinem neuesten Buche: „Der Sozialismus u. die Arbeiterfrage". Anklage vor dem Tribunal der öffentl. Meing. u. Widerlegg. einiger seiner Hauptirrlehren. Von e. Arbeiter. gr. 8. (119 S.) Zürich 873. Verlags-Magazin in Comm. n. 1. 50

Böhmert: Bedeutg d. Wirtschaftslehre. Jetzt: Lpzg, Fritzsche & Schmidt.

Böhmert (A.). Beiträge zur Fabrikgesetzgebung. Untersuchung und Bericht über die Lage der Fabrikarbeiter. Zürich 1869. 8.

Böhmert, A: Jägerlatein. Launige Jägergeschichten a. meiner Heimat. (9, 70) kl8° Freib., J G Wölfle ('11). 1 — d

Böhmert, A.: Die Dresdner Kinderfahrten. Ein Beitr. zur Organisation der Volksgeselligkeit. Leipzig 1896. 48 S. (Volkswohl-Schriften. 20.)

Böhmert, (C. Fr.) üb. d. Flavius Josephus Zeugnisse von Christo. Ein Versuch. 8. Leipz. 823, Schwickert.

Böhmert, Carl, d. Dresdner Kinderfahrten, } s.: Volkswohl-
— Kindergeselligkeit, } Schriften.

Böhmert, Carl Victor

Böhmert, V., Alkohol in den Fabriken. 8°. Berlin 1886.

Böhmert, Vict., s.: Alkoholfrage, die.

Böhmert, Vikt., s.: Alkoholismus, der.

Böhmert, Vikt., s.: Arbeiterfreund, der.

— Der Verein „Arbeiterheim" zur Beschaffung eigener Wohnungen mit Grundbesitz für den deutschen Fabrikarbeiter. 8°. Berlin 1885.

— Die Arbeiterunterstützungskassen. 8°. Leipzig 1868.

Böhmert, Vict., Arbeiterverhältnisse und Fabrikeinrichtungen der Schweiz. Bericht, erstattet im Auftrage der eidgenöss. Generalcommission für die Wiener Weltausstellung. 2 Bde. gr. 8. (X, 423; XI, 452 S.) Zürich 873, Schabelitz'sche Buchh. *

— Arbeiterverhältnisse und Fabrikeinrichtungen der Schweiz. Bericht, erstattet im Auftrage der eidgenössischen Generalcommission für die Wiener Weltausstellung. 2 Bde. gr. 8°. Zürich, Schmidt, 1873. Ergänzungen 1874.

Böhmert, Victor (Hrsg.), s. Armenfreund, Der.

Böhmert, Vict. Die Armenpflege, s. Zimmer's Handbibliothek der praktischen Theologie.

— Die Armenpflege. (101 S.) Gotha 1890. F. A. Perthes.

Böhmert, Vict., Armenpflege u. Armengesetzgebung. Vortrag u. Bericht über die Principien der Armenpflege u. Armengesetzgebung erstattet auf dem 11. volkswirthschaftlichen Congresse in Mainz. Berlin 869. Stilke & van Muyden. gr. 8. (30 S.) n. 6 ngr.

Böhmert, Vict., das Armenwesen in 77 deutschen Städten und einigen Landarmenverbänden. Dargestellt auf Grund der Verhandlungen und statist. Untersuchungen des Deutschen Vereins für Armenpflege und Wohlthätigkeit. gr. Royal-4. (IV, 462 S.) Dresden 886, Selbstverlag des Bureaus für Armenstatistik. **

— d. Armenwesen i. 77 deutschen Städten u. ein. Landarmenverbänden. Dargest. auf Grund d. Verhandlgn. u. statist. Untersuchgn. d. Deutschen Vereins f. Armenpflege u. Wohlthätigkeit. Fol. 3 Thle. (IV, 139; 268 u. 56 S.) Dresden 886—888. (Leipzig, Duncker & Humblot.) n. 20.—

Böhmert, Karl Vict., Das Armenwesen in 77 deutschen Städten und einigen Landarmenverbänden. Dargestellt auf Grund der Verhandlungen und statistischen Untersuchungen des deutschen Vereins für Armenpflege und Wohlthätigkeit. Allgemeiner Theil. Specieller Theil. Abth. 1. 2. Dresden 1887[—88.] 4. . . . . (D.; 1888.)

Böhmert, Vict., die Aufgaben der Volkswirthschaftslehre u. Statistik. Festrede zum 51. Geburtstage Sr. Maj. des Königs Albert v. Sachsen, geh. in der Aula des Polytechnikums in Dresden am 28. April 1880. [Aus: „Arbeiterfreund".] gr. 8. (17 S.) Dresden 880. v. Zahn's Verl. n. — 75

— Gutachtliche Äusserungen von 77 deutschen Armenverwaltungen über Anstalts- oder Familienerziehung von Waisen und andern der Armenpflege anheimgefallenen Kindern. Dresden 1887. 4. (1888.)

— die Bedeutung der allgemeinen Wirthschaftslehre u. Statistik f. die Landwirthschaft. Vortrag, geh. in der Oekonom. Gesellschaft im Königr. Sachsen, Dresden, am 8. Octbr. 1875. gr. 8. (16 S.) Dresden 876. (Schönfeld.) n.n. — 50

— Beiträge zur Fabrikgesetzgebung. Untersuchung u. Bericht über die Lage der Fabrikarbeiter erstattet an die gemeinnützige Gesellschaft des Kantons Zürich. Zürich 868. Schabelitz. 8. (157 S.) n. 16 ngr

Böhmert, V., Beiträge zur Geschichte des Zunftwesens, s.a Preisschriften etc.

— Beiträge zur Geschichte des Zunftwesens 1862. (Nr. IX d. „Preisschriften, gekrönt und hrsg. von der Fürstl. Jablonowskischen Gesellschaft zu Leipzig.) 4°. Leipzig. Hirzel.

Böhmert, V., Bericht über eine schweizerische Conferenz, die Arbeiterfrage betreffend, Zürich den 6. Oct. 1871. Zürich 1871.

Böhmert, Vict., Bericht über den Stand der deutschen Gewerbefreiheits- und Freizügigkeitsfrage im Sept. 1863. 8°. s. l. 1863.

—— der Beruf der Kirche in der socialen Frage. Ein Vortrag gehalten beim 8. deutschen Protestantentage zu Wiesbaden am 29. Septbr. 1874. gr. 8. (22 S.) Leipzig 874, Barth.
Aus: Verhandlungen des 8. deutschen Protestantentages, besonders abgedruckt.

Böhmert, Vict., die Bestrebungen zur Veredelung der Volkserholungen, s.a. Volkswohl-Schriften.

— Die Bestrebungen zur Veredlung der Volkserholungen. Vortrag, geh. am 34. Dresdner Volksunterhaltungsabend am 6. Nov. 1892. (Volkswohl-Schriften, Heft 12.) gr. 8°. Leipzig 1893.

Böhmert, Bevölkerung, s. Mitt. d. brem. statist. Amts.

– Der Branntwein in Fabriken, s. a. Volkswohl-Schriften.

Böhmert, Dr. V., Geh. Regierungsrat, Prof. Der Branntwein in Fabriken. Berlin 1886. Neue Bearbeitung Leipzig 1889. 68 S. 8°. Mk. 1.—.

Böhmert, d. Branntwein in Fabriken. Neue Bearbeitg. Leipz. 890.

Böhmert, C. Vict., Briefe zweier Handwerker, s.a. Briefe.

Böhmert, Carl Vict., Briefe zweier Handwerker. Ein Beitrag zur Lösung gewerblicher und socialer Fragen. Gekrönte Preisschrift dem deutschen Handwerkerstande gewidmet. Dresden 851. Klemm. gr. 8. (X, 152 S.) 15 ngr

— Deutschland am Scheidewege seiner Wirtschaftspolitik. Zwanglose Hefte. I. u. II. gr. 8. Dresden, O. V. Böhmert. n. — 90
I. Entwurf e. deutschen Zolltarifs. (20 S.) 901. — 30
II. Der Zolltarif vor dem deutschen Reichstag. A. Entstehung u. Begründg. des Zolltarifentwurfs. B. Des Reichskanzlers Heimatpolitik u. des Kaisers Weltpolitik. C. Statistische Anlagen. (36 S.) 902. — 60

Böhmert, V. (Prof. in Zürich), der Einfluss der Wiener Welt-Ausstellung auf die Arbeit des Volkes. 8. Wien. 1873? —. 70

— sächs Einkommensteuerstatistik v. 1875—94. [A.: „Zeitschr. d. k. sächs. statist. Bureaus".] gr. 4. (33 S.) Dresden 895. (v. Zahn & Jaensch). n. 1. 50

Böhmert, V., Enquête über Gewinnbetheiligung der Arbeitnehmer und andere neue Lohnzahlungsmethoden mit besonderer Rücksicht auf die schweizer. Versuche. 48 Sn. 8. Zürich, J. Herzog. Sep.-Abdr. 1875?

— Enquête üb. die Reichseisenbahnfrage. 1. u. 2. Hft. gr. 8. (42 u. 51 S.) Leipzig 876. Teubner. bn.1.—

— Die Entstehung der Gesellschaft f. Verbreitung v. Volksbildung. Zur Ehrg. des 70jähr. Hauptbegründers Professor Fritz Kalle in Wiesbaden. (20 S.) kl. 8. Berlin 907. Gesellschaft f. Verbreitung v. Volksbildg. — 25

— die Erfindungspatente nach volkswirthschaftlichen Grundsätzen u. industriellen Erfahrungen mit besonderer Rücksicht auf England u. die Schweiz. [Aus der Vierteljahrschrift für Volkswirthschaft etc.] Berlin 869. Herbig. gr. 8. (80 S.) n. 20 ngr

— die Ergebnisse der sächsischen Viehzählung vom 10. Jan. 1883, s.: Zeitschrift d. k. sächsischen statistischen Bureaus.

— Fest-Schrift zur Feier des 100jährigen Bestehens des Vereins zu Rat u. Tat in Dresden. (V, 125 S.) gr. 8. Dresden 903. (O. V. Böhmert.) n. 3. —

— Fortschritte im Sparkassenwesen. [Aus: „Arbeiterfreund".] gr. 8. (55 S.) Berlin 882. Simion. n. 1. —

— die Frage des Patronatsrechts, s.: Sulze.

Böhmert, V. Die Frage der Reichseisenbahnen vor dem volkswirtschaftl. Kongress. Dresden 1876.

Böhmert, Victor. Das Frauenstudium nach den Erfahrungen an der Zürcher Universität. O.O. 1874.

— Freiheit der Arbeit! Beiträge zur Reform der Gewerbegesetze. 8°. Bremen, Strack, 1858.

—— Kaiser Friedrich als Freund des Volkes, s.a. Volkswohl-Schriften.

Böhmert V, Kaiser Friedrich als Freund des Volkes. (Volkswohlschriften 2) Leipzig 1888

Böhmert, V. Geschichte der Meissner Porzellan-Manufactur. Zeitschr. d. Kgl. sächs. statist. Bureaus, 26. Jahrg., 1880.

— Urkundliche Geschichte der bremischen Schusterzunft. Beiträge zur Geschichte des Zunftwesens. 8°. Leipzig 1862.

Böhmert, V. Urkundliche Geschichte und Statistik der Meissner Porzellan-Manufactur von 1710—1880 mit besonderer Rücksicht auf die Betriebs-, Lohn- und Kassenverhältnisse. Dresden 1880.

— die Gewinnbetheiligung, s.a. Bibliothek, internationale wissenschaftliche.

Böhmert, V. Die Gewinnbetheiligung. Untersuchung über Arbeitslohn und Unternehmergewinn. 2 Theile. Leipzig 1878.

Böhmert, V., Die Gewinnbetheiligung der Arbeiter im neuen Aktiengesetz. (Arbeiterfreund, 1883.) S. A. 8°. Berlin 1884.

Böhmert, Victor. Dio Gewinnbeteiligung der Arbeitnehmer in Doutschland, Oesterreich und der Schweiz. 128 S. 8. Dresden, O. V. Böhmert, 1902. [M. 3. —]

— die Goldausmünzungs-Frage bei der deutschen Münzreform. gr. 8. (19 S.) Bremen 871. Müller's Verl. n. — 50

— Die Hamburg-Amerika-Linie u. der Norddeutsche Lloyd. Ein Beitrag zur Geschichte der großen Unternehmgn. in Deutschland. (IV, 82 S.) gr. 8. Berlin 909. L. Simion Nf. 1. 60

— Bremer Handels-Archiv. 2 Bde. Bremen 864, 65. Schünemann. Lex.-8. (XXX, 837 S.) Jeder Bd. 2 *rℳ* 15 *ngr.*

— Handelshochschulen. Denkschrift z. Errichtg. handelswissenschaftl. Abteilgn. an d. techn. Hochschulen u. Universitäten. 2., unveränd. Aufl. gr. 8. (63 S.) Dresden 897. O. V. Böhmert. n. 1. 20

Böhmert, Handelshochschulen. Denkschrift zur Errichtg. handelswissenschaftl. Abteilgn. an d. techn. Hochschulen u. Universitäten. 2. Aufl. Dresden 898.

— das deutsche Handwerk u. d. Zwangsinnungen d. Gesetzentwurfes, betr. die Abänderg. der Gewerbeordnung 1. u. 2. Aufl. gr. 8. (48 S.) Dresden 896. Bleyl & Kaemmerer. n. — 60

Böhmert, Victor, Die Handwerks- und Fabriksverhältnisse der Stadt Rosswein in Sachsen. Schriften d. Vereins f. Socialpolitik, Bd. 67. gr. 8°. Leipzig 1897.

— s.: Helfer, der.

— Der Kampf geg. d. Missbrauch geist. Getränke. Rede. Dresden 1880.

– der Kampf gegen die Unsittlichkeit, s. a. Volkswohl-Schriften.

Böhmert, Victor: Der Kampf gegen die Unsittlichkeit. 2., unveränd. Abdr. — Leipzig: Duncker & Humblot 1888. 31 S. 8° (Volkswohl-Schriften. 1.)

Böhmert, Karl, eine Lösung der Wohnungsfrage. Aus seinem Nachlaß hrsg. gr. 8. (50 S.) Dresden 900. O. V. Böhmert. n. — 60

Böhmert, Vict. Lotterieen und Prämienanleihen nach volkswirtschaftlichen Grundsätzen und Erfahrungen. 8°. Berlin, Stilke und van Muyden, 1869.

— Lotterieen u. Prämienanleihen nach volkswirthschaftlichen Grundsätzen u. Erfahrungen. Berlin 870. Stilke & van Muyden. gr. 8. (2 Bll., 63 S.) n. 12 *ngr.*

— Die Methoden der Lohnstatistik. 8°. Dresden 1886.

— Ueber die Methoden der socialstatistischen Untersuchungen mit besonderer Rücksicht auf die Statistik der Löhne und Preise. 4°. (Sep.-Abdr. aus d. 3. Quartalheft d. Zeitschr. f. schweiz. Statistik, 1874.)

Böhmert, V. (Hrsg.), s. Mittheilungen zur Bekämpfung der Trunksucht.

Böhmert, s. Monatsberichte d. brem. statist. Amts.

(Böhmert, Prof. Dr.) Zur deutschen Münzreform. Offener Brief an den Reichstag von Deutschen in der Schweiz. 8. Zürich, C. Schmidt. —. 30
1871 ?

Boehmert, Carl Victor (Rosswein), Quatenus verum sit, quod vulgo dicitur: „Volenti non fieri injuriam". Diss. jur. Lpz. 24. XII. 1854. Meissen (C. E. Klinkicht & Sohn). 31 S. (3.—) 3306
Gew.: Wilh. Fischer (Freiberg).

Böhmert, Vikt., der Pfarrer v. Roßwein. Ein Lebensbild. gr. 8. (XI, 110 S.) Gotha 886. F. A. Perthes. n. 1. 60

— Zur Reform der Armenpflege. 8°. Dresden 1879.

Die Reform der Geselligkeit. Vortrag am 10. Febr. 1889. 4 S. (Beilage zu den „Dresdner Mitteilungen" 1889.) Dresden 1889.

— Die Reform der Geselligkeit u. der Wirtshäuser, } s. a. Volkswohl-Schriften.

Böhmert V, die Reform der Geselligkeit und die Wirtshäuser. (Volkswohlschriften 5) Leipzig 1890

— Reform der Wirtshäuser und der Geselligkeit. 8°. Berlin 1891.

— die Stadt Rosswein v. 1834—1894. Histor., volkswirthschaftl. u. statist. dargest. (E. deutsche Stadt in ihrer wirthschaftl. u. sozialen Entwicklung. Ein Beitrag zur Kulturgeschichte.) [A.: „Zeitschr. d. k. sächs. statist. Bureaus".] gr. 4. (80 S.) Dresden 895. v. Zahn & Jaensch. n. 1. 50

— Rückblicke u. Ausblicke e. Siebzigers. gr. 8. (52 S.) Dresden 900. O. V. Böhmert. n. — 60

Böhmert, Victor (Hrsg.), s. Social-Correspondenz (sp. Sozial-Correspondenz).

Böhmert, Dr. Vict. (Prof. in Zürich), der Sozialismus u. die Arbeiter-Frage. Zürich, Schabelitz, 1872. 8°. Hfrzb.
X S., 1 Bl. Err., 180 S.

— der Sozialismus u. die Arbeiter-Frage. gr. 8. (XI, 180 S.) Zürich 872. Schmidt. n. 3. —

Böhmert, Vikt., zur Statistik d. Arbeitslosigkeit, d. Arbeitsvermittelung u. d. Arbeitslosenversicherung. [Aus: „Zeitschr. d. k. sächs. statist. Bureaus".] gr. 4. (42 S.) Dresden 895. v. Zahn & Jaensch. n. 1. 50

Die Stellung der Techniker und Bauarbeiter am Nord-Ostseekanal. Von Victor **Böhmert.** Sonderabdruck aus „Der Arbeiterfreund". 1886. Heft 2. Berlin. 1886. 8°.

Böhmert, Victor: Das Studieren der Frauen mit besonderer Rücksicht auf das Studium d. Medicin. — Leipzig: Wigand 1872. 44 S. 8°
Aus: „Augsburger Allg. Zeitung", Juli 1872.

—— das Studium der Wirthschaftswissenschaften an den technischen Hochschulen. gr. 8. (48 S.) Leipzig 872, O. Wigand. *

Böhmert, Prof. Dr. V., das Studium der Wirthschaftswissenschaften an den technischen Hochschulen. 48 Stn. gr 8. Zürich, Schabelitz'sche Buchh. (C. Schmidt.) 1872? 1. 20

Böhmert, V., Tarifbewegung u. Arbeitseinstellung der Buchdruckergehülfen in Zürich. Separat-Abdruck aus „Arbeiterverhältnisse u. Fabrikeinrichtungen der Schweiz." 41 Stn. 8. Zürich, D. Bürkli. 1873?

— die kostenlose Trinkerheilstätte „Mara" auf dem Rittergute See bei Niesky. gr. 8. (S. 101—129.) Ebd. 901. n. — 40
Sonderabdruck aus: „Der Alkoholismus".

Böhmert, V., (Prof. in Zürich), die Unentgeltlichkeit des Volksschulunterrichts mit besond. Berücksichtigung der schweiz. Schulgeld-Einrichtungen. Vorlage an den 12. Congress deutscher Volkswirthe. 8. Bremen, H. Gesenius. —. 80
Separat-Abdruck a. d. Bremer Handelsblatt.
1871?

— die Unentgeltlichkeit d. Volksschulunterrichts m. besond. Berücksicht. der schweizer. Schulgeld-Einrichtgn. Vorlage an den 12. Congreß deutscher Volkswirthe. [Aus „Bremer Handelsblatt."] gr. 8. (27 S.) Halle 871. Gesenius. n. — 60

— Untersuchung und Bericht über die Lage der Fabrikarbeiter, erstattet von der Gemeinnützigen Gesellschaft des Kantons Zürich. 8°. Zürich 1868.

— s.a. Untersuchungen üb. Arbeitslöhne.

Böhmert V, Untersuchungen uber Arbeitslöhne. Heft 1. 4° Dresden 1893

— V., s. Untersuchungen üb. die Entlöhnungsmethoden.

Böhmert, Untersuch. üb. d. Gewinnbetheiligg. d. Arbeiter. 2 Thle. Leipz. 878.

— Untersuchungen über die Lage der Fabrikarbeiter in der Schweiz. 8°. Zürich 1872.

— d. Urkunde sämmtl. Karolinger in Auszügen. Frankf. 833. (7. —)

200 Urteile über die Alkoholfrage auf Grund von Fragebogen für Mässige und Enthaltsame hrsg. von Prof. Dr. Victor **Böhmert**. (In 2 T.) T. 1.(2.) Dresden: O. V. Böhmert 1907. 2 Bde 8°
1. Fragebogen 1–115.
(2. Fragebogen 116–200.) Mit Gen.Reg. auf d. 3. u. 4. Umschlagseite. [07. 15276

— d. Verbreit. d. Volkswirthschaftslehre in Schule u. Leben. 1870. br. 8. —. 75

Böhmert, V.: Die Verhandlungen der Züricher statistisch-volkswirtschaftlichen Gesellschaft über die sociale Frage. 8° Bern 1872.

— Die prakt. Versuche zur Losung d. sozialen Frage. (Zeitfr. Volksw. 32) Berlin 1883

— die praktischen Versuche zur Lösung der socialen Probleme, s.a. Zeitfragen, volkswirthschaftliche.

— Die praktischen Versuche zur Lösung der sozialen Probleme. (36 S.) Berlin 1883. Simion. 1.—

Böhmert, Verteilung des Einkommens in Preussen und Sachsen, m. besonderer Berücksichtigung der Grossstädte und des Landes. Dresden 898.

— Volksbildung u. Volkserholung, s.a. Volkswohl-Schriften.

Bohmert V, Volksbildung u Volkserholung. (Volkswohlschrift. 16) Leipzig 1893

— Volksbildung und Volkserholung. (18 S.) Leipzig 1894. Duncker u. H. —.40

— s.a. Volksgeselligkeit.

— Volksgeselligkeit. Mit einem Berichte vom Landrichter Dr. Karl Böhmert über Kindergeselligkeit. Volkswohlschriften, Heft 27. gr. 8°. Dresden 1898.

— Volksparks, e. Lebensfrage f. große u. kleine Gemeinden, s.a. Volkswohl-Schriften.

Böhmert V, Volksparks, eine Lebensfrage für grosse und kleine Gemeinden. (20 S) (Volkswohlschriften 22) Leipzig 1897

— s.: Volkswohl.

— s.: Volkswohl-Schriften.

—— Vortrag über das Verhältniß von Arbeiter und Arbeitgeber gehalten in der gemeinnützigen Gesellschaft des Bezirks Zürich am 1. Dezbr. 1867. gr. 8. (31 S.) Zürich (Stuttgart) 868, Meyer und Zeller's Verlag. *

Der sächsische Wahlgesetzentwurf und seine Gefahren. Von Prof. Dr. Victor **Böhmert**. *Dresden (1896): C. Heinrich.* (24 S.) 8° [Umschlagt. J.] [04. 8746 4

— die Wohlfahrtspflege auf d. Lande, s.a. Volkswohl-Schriften.

— Die Wohlfahrtspflege auf dem Lande. Volkswohlschriften, Heft 26. gr. 8°. Dresden 1898.

— Wohnungsstatistik, siehe Mitteilungen des bremischen statist. Amts.

Böhmert, V.: Zahl der Trunksüchtigen in den Bezirksarmenanstalten und städtischen Armenanstalten in Sachsen 1882. Z. d. kgl. sächs. statist. Bureaus. 156. 1883.

— s.: Zeitschrift d. k. sächs. statist. Bureaus.

Böhmert, K.: Arbeiterverhältnisse u. Fabrikeinricht. d. Schweiz . . . , s. Böhmert, Carl Victor

Boehmert, K. Fr.

— s. Livii Pat. quae supers.

Böhmert, K. Fr., über d. Flavius Josephus Zeugnisse v. Christo. Ein Versuch. 8. Leipz. 823. Schwickert. 18 ?/

Böhmert, Karl Friedrich

Böhmert, K. Friedr., Predigt am Erntefeste d. 29. Sept. 1830., gehalten in d. Kirchen zu Quesitz u. Kulkwitz. gr. 8. (1 B.) Leipzig, (Serig.)

Böhmert, Karl Friedr., über Sonntagsschulen überhaupt u. namentlich üb. die Sonntagsschulen im Königr. Sachsen, nebst statist. Tabellen. gr. 8. (5¼ B.) Leipzig 813, Schwickert. -

Böhmert, Karl Victor, s. Böhmert, Carl Victor

Böhmert, Paul, Generalregister, s.: Archiv f. civilrechtliche Entscheidungen.

Böhmert, Victor, s. Böhmert, Carl Victor

Böhmert, Walter, Kammergerichtsrefer.: Das Geschäft und der Rechtsschutz der Verkaufsautomaten nach modernem Recht. Borna-Leipzig 1910: Noske. IX, 81 S. 8°
Erlangen, Jur. Diss. v. 28. Juli 1910, Ref. Allfeld
[Geb. 12. Jan. 86 Berlin; Wohnort: Berlin; Staatsangeh.: Preußen; Vorbildung: Luisenstädt. Gymn. Berlin Reife M. 04; Studium: Berlin 5, Freiburg i. B. 1 S.; Rig. 25. Mai 10.] [U 10. 667

Böhmert, Wilh., Beiträge zur bremischen Wohnungsstatistik, s.: Mitteilungen d. bremischen statist. Amts. 1902. Nr. 1.

— die bremische Bevölkerung nach dem Religionsbekenntnis, s.: Mitteilungen des bremischen statistischen Amts. 1902. Nr. 2.

— Die Hamburg-Amerika-Linie u. d. Norddeut. Lloyd. (82) gr8° Berl., L Simion Nf. '09. 1.60 d

Böhmert, Wilhelm [aus Bremen]: W. Stanley Jevons und seine Bedeutung für die theoretische Nationalökonomie in England. . . . (Altenburg, Pierer'sche Hofbuchdr.) *1891*; 50 S., 1 Bl. 8°
Berlin, Phil. Fak., Inaug.-Diss. v. 17. Jun. 1891

Böhmert, Wilhelm. Die mittleren Klassen der Einkommensteuer in einigen deutschen Grossstädten in den Jahren 1880—1895. Eine statistische Studie. Schmoller's Jahrb. f. Gesetzg., Jahrg. 20_4, 1896.

Böhmert, Wilh., die Verteilung des Einkommens in Preußen u. Sachsen, mit bes. Berücksicht. d. Großstädte u. d. Landes. Mit 1 graph. Darstellg. gr. 8. (86 S.) Dresden 898. O. V. Böhmert. n. — 60

Boehmerus, s. Boehmer

Böhmerwald [Sachliches OW]

Böhmerwald, der. Natur und Mensch geschildert von Jos. Wenzig und Joh. Krejčí. Mit einem Vorworte von Geheimrath Carl Ritter in Berlin. Nebst 55 Holzschnitten nach Zeichnungen von Eduard Herold. 8. (VI. und 358 S.) Prag, Bellmann. 1860. 4 fl.

Der **Böhmerwald.** Monatsschr. f. d. Böhmerwald u. d. angrenzenden Gebiete. Geleitet v. Joh. Peter. Jg. 2 – 9. 1900 – 07. (Prachatitz.)

Böhmerwald, Der, und die Budweis-Pilsner Bahn. Wien 1865. V: *Polland, Heinrich.* (EB)

Böhmerwald [Schlagwort]

— s. a.: Bayrischer Wald.

— s. a.: Ober-Oesterreich.

Böhmerwald. Karte des nördlichen Böhmerwaldes. Hrsg. vom k. u. k. militär-geogr. Institut in Wien. 1 : 75,000. 66 × 85,5 cm. Lith. Wien 896. (R. Lechner's Sort.) n.n. 3. —

Böhmerwald. Landspersky, Frz., Böhmerwald-Karte. (Umschlag: Übersichtskarte des südlichen u. mittleren Böhmerwaldes.) Hrsg. v. deutschen Böhmerwaldbund in Budweis. 1 : 150,000. 56×88 cm. Farbdr. Schönau (909). (Prag, G. Neugebauer.) 1. —

Bohmeyer, A., der Proportionalzirkel f. Groß- u. Klein-Uhrmacher. Enth. neue Regeln zur leichten u. sicheren Berechng. aller zu guten Rad- u. Trieb-Eingriffen genau pass. Radgrößen, Triebgrößen, Eingriffsweiten, Zahnstärken und überhaupt zur bequemen Lösg. jeder vorkomm. Eingriffs-Aufgabe. 12. (20 S. m. 2 eingedruckten Holzschn.) Cönnern 882. (Berlin, Kühl.) n. — 70

Bohmeyer, A., der Proportionalzirkel f. Gross- u. Klein-Uhrmacher. Enth. neue Regeln zur leichten u. sicheren Berechng. aller zu guten Rad- u. Trieb-Eingriffen genau pass. Radgrössen, Triebgrössen, Eingriffsweiten, Zahnstärken u. überhaupt zur bequemen Lösg. jeder vorkomm. Eingriffs-Aufgabe. 2. Aufl. (21 S. m. Abb.) 8. Bautzen 908. E. Hübner. — 80

Bohmeyer, C. Anleitung zur Aufstellung und Behandlung elektrischer Uhren. Gemeinverständl. Darstellg. f. Uhrmacher, Mechaniker, Elektrotechniker u. Alle, welche sich m. elektr. Uhren-Anlagen befassen. gr. 8. (V, 94 S. m. Abbildgn.) Hanau 892. (Berl., Kühl.) ** 2 50

Bohmeyer C, Anleitung zur Aufstellung und Behandlung elektrischer Uhren. 2. Auflage. (96 S) Bautzen 1896

Bohmeyer, C: Anleitung zur Aufstellung und Behandlung elektrischer Uhren. 3 Aufl. Bautzen 1908

Bohmeyer, C., Anleitung zur Aufstellung u. Behandlung elektrischer Uhren. Gemeinverständl. Darstellg. f. Uhrmacher, Mechaniker, Elektromechaniker, u. Alle, welche sich m. elektr. Uhren-Anlagen befassen. 3. vollst. umgearb. u. stark verm. Aufl. (VIII, 180 S. m. Abbildgn.) 8. Ebd. 909. 3.—; geb. 3. 60

Bohmeyer, Paul, Referendar: Die Vormerkung von Amtswegen nach der Reichsgrundbuchordnung. Halle a. S. 1910: Kaemmerer. IX, 125 S. 8°
Halle, Jur. Diss. v. 23. April 1910, Ref. v. Blume
[Geb. 6. Febr. 81 Halle a. S.; Wohnort: Halle; Staatsangeh.: Preußen; Vorbildung: Gymn. Wernigerode Reife M. 01; Studium: Tübingen 3, Leipzig 1, Halle 3 S.; Rig. 18. Dez. 09.] [U 10. 1662

Bohmhammel, U., Nante's philosoph. Ansichten, s. Nante's.

Bohmhammel, Ullo [Pseud.], s. Hopf, Albert

Bohmhammel, Ulto, [Pseud.], s. Hopf, Albert

Böhmig, Hans, approb. Arzt aus Radeburg ⟨Sachs.⟩: **Ueber Aorten-Aneurysma.** *München 1902: C. Wolf & Sohn.* (44 S.) 8°
München, Med. Diss. v. 1902

Böhmig, Ludwig: Zur feineren Anatomie von Rhodope Veranii Kölliker, s. Arbeiten aus dem zoolog. Institut zu Graz.

Böhmig, Ludw., Beiträge z. Anatomie u. Histologie d. Nemertinen, s.: Arbeiten a. d. zoolog. Institut z. Graz.

Böhmig, Ludw., Beiträge zur Kenntniss d. Central-nervensystems einiger pulmonaten Gasteropoden: Helix pomatia u. Limnaea stagnalis. Inaugural-Dissertation. Mit 2 (lith., z. Thl. farb.) Taf. gr. 8. (52 S.) Leipzig 883. (Fock.) n. 2. —

Böhmig, Ludw., s.: Süsswasserfauna, die, Deutschlands.

— Die wirbellosen Tiere, s.a. Sammlung Göschen.

Die wirbellosen Tiere von Dr. Ludwig **Böhmig.** Mit Fig. Bd 1. 2. Leipzig: Göschen 1909–11. 8°
1. Urtiere, Schwämme, Nesseltiere, Rippenquallen u. Würmer. 1909.
2. Krebse, Spinnentiere, Tausendfüßler, Weichtiere, Moostierchen, Armfüßer, Stachelhäuter u. Manteltiere. 1911.
(Das Tierreich. 0.)
(Sammlung Göschen. 439. 440.) [illegible]

Böhmig, Ludw., Tricladenstudien, s.: Arbeiten aus dem zoologischen Institut zu Graz. VII. 4.

— dio Turbollaria acoela d. Plankton-Expedition, s.: Ergebnisse d. Plankton-Expodition d. Humboldt-Stiftg.

— Turbellarien, s.: Deutsch-Ost-Afrika.

Ueber Turbellarien der östlichen Ostsee, welche während der Holsatia-Fahrt 1887 gedredgt worden sind. Von L. Böhmig. (Berlin. 1893.) Siehe in: 6. Bericht der Commission zur wissenschaftlichen Untersuchung der deutschen Meere in Kiel. Jg. 17—21. Heft 3. Fol.

Böhmig, L., Turbellarien: Rhabdocoeliden u. Tricladiden, s.a. Ergebnisse der Hamburger Magelhaensischen Sammelreise.

Turbellarien: Rhabdocoeliden und Tricladiden bearb. von Prof. Dr. L[udwig] Böhmig (Graz). Mit 2 Taf. *Hamburg: L. Friederichsen & Co. 1902.* (30 S.) 4°(8°)
— Ergobnisso d. Hamburger Magalhaens. Sammelreise. Lfg 6, 1. [illegible]

Böhmig, Ludw. Untersuchungen üb. rhabdocöle Turbellarien. II. Plagiostomina u. Cylindrostomina v. Graff, s. Arbeiten aus dem zoologischen Institut zu Graz.

Böhmig, Paul Otto, aus Radeburg: Beiträge zur Kenntnis der Gesteine des Greifensteins. Mit 2 Taf. u. 2 Fig. im Text. *Wien: A. Hölder 1898.* (47 S.) 8° ¶ Aus: Tschermak's Min. u. petrogr. Mittheilungen, Bd 18, H. 4.
Leipzig, Phil. Diss. v. [10. Jan.] 1899

Böhmisch (für Deutsche). Mit genauer Angabe d. Aussprache. Bonn, Leipzig: C. Georgi [1897]. (32 S.) 8° [Umschlagt.]
— Kuntze, Polyglott. [12.] [illegible]

Böhmische Schweiz (Schlagwort)

Böhmische Schweiz, s.: Sächsisch-böhm. Schweiz.

Böhmische Schweiz, s.: Sächsische Schweiz.

Böhmisches Mittelgebirge (Schlagwort)

Böhmisches Mittelgebirge, s.: Geologische Karten. Hibsch.

Böhmisch-Leipa (Sachliches OW)

Bohm.-Leipa Strassenkarte der polit. Amtsbezirke 1''—500''. Zusammengestellt von C. Scheines, k. k. Bezirks-Ingenieur. Böhm.-Leipa. Jos. Hamann. (Debit.) 1868. 60 kr. netto.

Böhmisch-Leipaer Wochenblatt, s. Wochenblatt, Böhmisch-Leipaer.

Boehmius, s. Boehme

Böhmke, C., praktischer Leitfaden beim Unterricht in der deutschen Sprache nebst Stoff u. Anleitung zu Aufsätzen. Rendsburg 807. Ehlers. gr. 8. (IV, 104 S.) n. 7½ ngr.

Böhmken, Hermann

Heil will frigen. Komödje in 1 Uptog nah en Geschicht van Fritz Reuter bearbeid't van Hermann Böhmken. *Berlin. [Hilfsverein Deutscher Lehrer in Komm.] 1896.* (15 S.) 8° [A.] [illegible]

Böhmken, Herm., hei will frigen. Komödje in 1 Uptog, nah en Geschicht van Fritz Reuter bearb. 2. Aufl. gr. 8. (15 S.) Berlin 902. Hilfsverein deutscher Lehrer. n. —60

Böhmker, R., Wein — Weib — Gesang. Gedichte. Mit Umschlagbild u. Zeichngn. v. Willy Langsteiner. (X, 105 S.) 8. Dresden (900.) E. Pierson. 2.—; geb. n 3. —

Böhmker, Rich., s. a.: Bröhmek, R. — Brömek.

— Wein — Weib — Gesang. Gedichte. (10, 105 m. Abb.) 8° Dresd., E Pierson (09). 2 —; geb. n 3 — d

Böhmländer, Karl G(eor)g: Verlauf der Isogonen auf dem Wachtküppel (Rhön). *Memmingen [1901]: Th. Otto.* (29 S.) 8°
München, Phil. Diss. v. 1901

Bohn: Alkoholometrie. Neues Handwörterbuch der Chemie. Hrsg. von H. v. Fehling. Braunschweig. 1871.

Bohn, Bedeutg. u. Werth d. Schutzpockenimpfg. 2. Aufl. Berl. 872.

Bohn: Erste Erfahrgn u. Beobachtgn in uns. Berliner Kinderlesehalle, s: Flugschriften d. Bundes z. Bekämpfg d. Schmutzes in Wort u. Bild.

Bohn.: Die Ergebnisse d. Ausgrabungen . . . , s. Conze

Bohn, Frau, Frauenberufe, s. Ratgeber f. Genesene, [s.] Kantelelt, R., billige Badereisen.

BOHN, Pastor Lic., Grundlegende Gedanken für den Internationalen Kongreß zur Bekämpfung der unsittlichen Literatur, Köln, im Jahre 1904. Berlin 1904. (50 Pfg.)

— Handbuch d. Vaccination. Leipzig 875.

— [s.:] Jahresbericht der allgemeinen Konferenz der deutsch-evangelischen Vereine zur Förderung der Sittlichkeit.

— Die internat. Verbreitg d. obszönen Photogr. u. Bücher u. d. internat. Bekämpfg dieses Handels, s: Zeit- u. Streitschriften z. Sittlichkeitsfrage.

Bohn, Zusammenstellung der wesentlichsten reichsgesetzlichen sowie der württembergischen Ausführungs-Bestimmungen üb. Rechte an Grundstücken u. Grundbuchwesen. gr. 8. (V, 210 S.) Stuttgart (900). W. Kohlhammer. n. 2.20; geb. 2.80

Bohn, A., Anleitung zur sachgem. Aufstellg. d. Steuererklärung u. der Vermögensanzeige. 2., verb. Aufl. Dividendenberechng. d. hauptsächl. a. d. Berliner Börse gehandelten Actien n. d. Durchschnitt d. 3 Jahre 1894/95, 1895/96 u. 1896/97. Fol. (III, 90 u. 12 S.) Halberstadt 897. L. Koch. Geb. n. 3. 50; Anleitg. allein n. 3.—; Dividendenberechng. allein n. — 60

[Umschlagt.:] [A.] Dividendenberechnung der hauptsächlichsten an der Berliner Börse gehandelten Actien nach dem Durchschnitt der drei Jahre 18⁹⁴/₉₅, 18⁹⁵/₉₆, 18⁹⁶/₉₇ v. A. Bohn, Steuersekr. . . . *Halberstadt: L. Koch [1897].* (6 Bl.) 1 Bd 4. [illegible]

Bohn, C., Ergebnisse physikalischer Forschung. Mit 578 Holzschnitten und einem vollständigen Sachregister. gr. 8°. XXXVI, *1022 S.* Leipzig, W. Engelmann. 1877—78. M. 23.—
Erschien auch in drei Lieferungen:
1. Lieferung. Inhalt: I. Allgemeines über Körper und Kräfte als Einleitung. — II. Allgemeine Mechanik und Schwere (Gravitation). — III. Physikalische Mechanik. — IV. Wärmelehre (1. Th). Mit 187 Holzschnitten. gr. 8°. *S. 1—288.* 1877. M. 7.—
2. Lieferung. Inhalt: IV. Wärmelehre (2. Theil). — V. Lehre von der Strahlung. (Licht und strahlende Wärme.) Mit 313 Holzschnitten. gr. 8°. S. IX—XXVIII, *289—616.* 1877. M. 8.—
3. Lieferung. Inhalt: VI. Magnetismus und Elektricität. — VII. Nachtrag und Anhang. Sachregister. Mit 78 Holzschnitten. gr. 8°. S. I—VIII, XXIX—XXXVI, *617—1022.* 1878. M. 8.—

Bohn, C., üb. Linsenzusammenstellungen u. ihren Ersatz durch e. Linse v. vernachlässigbarer Dicke. gr. 8. (IV, 38 S.) Leipzig 888. Teubner. n. 2. —

Bohn (Chr.). Neueröffnetes Waarenlager, worinnen aller im Handel und Wandel gangbaren Waaren, Natur etc. nach alphabetischer Ordnung kurz und deutlich beschrieben wird. Hamburg 1763. 8.
Desgl. neue Aufl. unter dem Titel: Waarenlager oder Produkten- und Waarenlexicon für Kaufleute etc. Hamburg 1788. 8.
Desgl. 5. Aufl. Hamburg 1789. 8.

Bohn, Christian Michael (Leipzig), De clerici foro seculari. Diss. jur. Präs. Gottfr. Nicol. Ittig. Lpz. (Chph. Fleischer) 1. IX. 1703. 24 Bl. (5.—)

— — De laici foro ecclesiastico. Diss. jur. Lpz. (Fleischer jun.) 21. X. 1707. 60 S. (5.—)

Bohn, E., Bibliographie d. Musik-Druckwerke bis 1700, welche in d. Stadtbibliothek, d. Bibliothek d. academ. Instit. f. Kirchenmusik u. d. k. u. Univ.-Bibliothek zu Breslau aufbewahrt werden. Ein Beitrag z. Geschichte d. Musik im XV., XVI. u. XVII. Jahrh. 8. (450) Berl. 83, Alb. Cohn. n. 14. —

Bohn, E., die Insel Bornholm, s.: Grieben's Reiseführer.

Bohn, E., Festschrift zur Feier d. 25jährigen Bestehens d. Breslauer Orchester-Vereins. Lex.-8. (58 S.) Breslau 887. Hainauer. — 75

— u. HH Busse: Geisterschriften u. Drohbriefe. Wiss. Untersuchg z. Fall Rothe. (78 m. Abb.) 8° Münch., A Ackermann's Nf. '02. 2 —

— E. Kregenow, R. Pape, R. Thiede, Lehrstoff f. d. Turnunterricht a. höh. Lehranst., nach Klassen geordn. J. Auftr. d. Berliner Turnvereins hrsg. 8. (58 S.) Ebd. 897. Kart. n. — 75

Bohn, E. Julius Schäffer. Sonderabdruck aus der Chronik der Universität [Breslau] für 1901/02.

Bohn, Ed., Fabeln nach der Lautmethode. Für Kinder zum richtigen Sprechen und Lesen bearbeitet. Weißensee 855. Großmann. 8. (46 S.) n. 7½ ngr

Bohn, Ed., Teutschlands große Fastenpredigt im J. 1848, üb. Jesaia 58, 5—8. Am Sonnt. Reminiscere. gr. 8. (15 S.) Jena 848. (Mauke.) 3 ngr

Bohn, Ed., Festreden u. Predigten ꝛc., s. Festreden.

(——) das Lehrerfest zu Bucha. s. Lehrerfest.

— Vierzehnheiligen in Thüringen. Beschrieben ꝛc. Ein Beitrag zur Landeskunde des Herzogth. S. Meiningen. Apolda 858. Teubner. 8. (VIII, 126 S. u. 1 Lithogr.) 12 ngr

Bohn, Eduard, christl. Leidentempel gebauet für Alle, die des Trostes bedürfen. 1. Ausg. 842 u. neue Ausg. 8. (à 15 B.) Nordhausen 844, Fürst. à -

Bohn, Eduard, christlicher Meerestempel. (Religiöse Dichtungen.) gr. 8. (12½ B.) Bremen 841, Geisler.

— die Spuren der göttl. Liebe im Unglücke. Predigt nach seiner 6jähr. Amtssuspension gehalten. 8. Jena 846, Luden. 3 ngr

Bohn, Eduard, die Spuren der göttl. Liebe im Unglücke. Predigt nach seiner 6jähr. Amtssuspension gehalten. 8. (20 S.) Jena 847, Luden.

—— Walhalla geschichtl. Heldenthaten u. Abentheuer in Balladen f. d. Jugend u. d. Volk. 8. (10¼ B.) Nordhausen 840, Fürst. -

—— der Weg zum Heil. Poetische Weihestunden in Betrachtungen üb. den Geist u. Kern d. evangel. Glaubenswahrheiten. 8. (12 B.) Weimar 844, Voigt.

Bohn, Eman., des Christen Pilgerfahrt. Aus dem Dän. von O. Gleiß. Autoris. deutsche Ausg. 8. (III, 170 S.) Leipzig 888, F. Richter. *
geb. mit Goldschn. *

Bohn, Emil, Bibliographie der Musik-Druckwerke bis 1700, welche in der Stadtbibliothek, der Bibliothek d. academ. Instituts f. Kirchenmusik u. der königl. u. Universitäts-Bibliothek zu Breslau aufbewahrt werden. Ein Beitrag zur Geschichte der Musik im XV., XVI. u. XVII. Jahrh. gr. 8. (VIII, 450 S.) Berlin 883. (Alb. Cohn.) n. 14. —

Bohn, Emil, Festschrift zur Feier des 25jährigen Bestehens des Breslauer Orchester-Vereins. Im Auftrage des Vorstandes verf. Lex.-8. (58 S.) Breslau 887, Hainauer.

Bohn'scher Gesangverein. Hundert historische Concerte in Breslau. 1881–1905. Von Emil Bohn. Breslau: J. Hainauer in Comm. 1905. (148 S.) 8° [05-13366

Bohn, Emil. Die musikalischen Handschriften d. XVI. u. XVII. Jahrh. in der Stadtbibliothek zu Breslau. Ein Beitrag z. Gesch. der Musik im XVI. u. XVII. Jahrh. gr. 8. (XVI, 423 S.) Bresl. 890, (Hainauer). * 15 —

Bohn, Emil, fünfzig historische Concerte in Breslau, 1881—1892. Nebst e. bibliograph. Beigabe: Bibliothek des gedruckten mehrstimm. weltl. deutschen Liedes vom Anfange des 16. Jahrh. bis ca. 1640. gr. 8. (VII, 188 S.) Breslau 893. (J. Hainauer.) n. 4. —;
auf Velinpap. n. 6. —

Bohn, Emil, 100 historische Concerte des Bohn'schen Gesangvereins in Breslau 1881—1905. (IV, 148 S.) Lex.-8. Breslau 905. (J. Hainauer.) n. 3. —

Bohn, Emil, 100 historische Concerte in Breslau. Nachtrag, s.: Bruchmann, Karl, 16 historische Konzerte.

— Die Nationalhymnen der europäischen Völker, s.a. Wort u. Brauch 4. Heft.

Die Nationalhymnen der europäischen Völker von Dr. Emil Bohn. Hon.Prof. Mit 1 Notenbeilage. Breslau: Marcus 1908. 75 S. 8° (Wort u. Brauch. H. 4.) [09. 1664

Bohn, Emil. Zwei Trobadorlieder. (Sonderabdruck aus dem Archiv für das Studium der neueren Sprachen und Litteraturen. Band CX.) Braunschweig 1903.

Bohn, Erich

— u. Hans H. Busse, Geisterschriften u. Drohbriefe. Eine wissenschaftl. Untersuchg. zum Fall Rothe. Mit 40 Handschriftenabbildgn. u. e. Bibliographie. gr. 8. (V, 78 S.) München 902. A. Ackermann's Nachf. n. 2. —

Bohn, Erich, der Fall Rothe. Eine criminal-psycholog. Untersuchg. gr. 8. (XII, 157 S. m. 7 Taf.) Breslau 901. Schles. Buchdruckerei ꝛc. n. 2. 50; geb. n. 3. 50

Der Fall Rothe. Eine criminal-psycholog. Untersuchung. Von Dr. jur. Erich Bohn. *Breslau: S. Schottlaender 1901.* (XII, 157 S.) 8° [F.] [01. 9940

Bohn, Erich, der Weg zum Leben. Eine Geschichte. (Buchschmuck v. Osw. Polte.) (97 S.) gr. 8. Breslau 906. Böhm & Taussig. n. 3. —; auf Büttenpap. n. 6. —

Geschichte des evangelischen Kirchenkreises Flatow in Westpreussen. Im Auftr. d. Flatower Kreissynode f. d. Gemeinden dargest. von Ernst Bohn, Pfarrer in Krojanke. *Flatow i. Westpr.: Kreissynode 1902.* (116 S.) 8° [F.] [03. 1072 10

Bohn, Ernst, Stephan Schultz, e. Judenmissionar aus Westpreußen, s. a. Hefte zur westpreuß. Kirchengeschichte. 4. Hft.

Stephan Schultz, ein Judenmissionar aus Westpreußen. Eine Lebensbeschreibung f. d. Gemeinden von Ernst Bohn, Pfarrer in Krojanke. *(Danzig: Ev. Vereinsbuchh. [1904].)* (15 S.) 8° [F.]
= Hefte z. westpreußischen Kirchengeschichte. H. 4. [04. 1941

Bohn, [Friedrich]: Bordelle und Mädchenhandel. Vortrag, geh. auf d. 5. National-Konferenz z. Bekämpfung d. Mädchenhandels zu Düsseldorf am 27. Sept. 1907. — Berlin: Deutsche Sittlichkeitsvereine 1907. 11 S. 8°

Bohn, Bordelle u. Mädchenhandel. Vortrag, geh. auf der 5. National-Konferenz zur Bekämpfg. des Mädchenhandels zu Düsseldorf am 27. IX. 1907. (11 S.) 8. Berlin 907. (Leipzig, H. G. Wallmann.) — 80

Bohn, Frdr., ein kulturgeschichtliches Denkmal f. die deutsche Presse. Zusammengestellt f. den internationalen Kongreß zur Bekämpfg. der unsittl. Literatur Köln im J. 1904. (Materialien zur Bekämpfg. der unsittl. Literatur.) (III, 96 S.) Lex.-8. Berlin 905. (Leipzig, H. G. Wallmann.) n. 2. —

Bohn: Uns. Fordergn z. Vorentwurf d. neuen Strafgesetzb., s. a. Zeit- u. Streitschriften z. Sittlichkeitsfrage.

Unsere Forderungen zum Vorentwurf des neuen Strafgesetzbuches. Vorschläge von Gen.-Sekr. P. Lic. [Friedrich] **Bohn**. Plötzensee: Verl. d. Geschäftsstelle d. Deutschen Sittlichkeitsvereine; Leipzig: Wallmann 1910. 11 S. 8°
(Zeit- u. Streitschriften z. Sittlichkeitsfrage. N. F. Nr 5.) A 12. 2854 3

Grundlegende Gedanken für den Internationalen Kongreß zur Bekämpfung der unsittlichen Literatur zu Köln im Jahre 1904. Dem Kongr. vorgelegt von Pastor Lic. [Friedrich] **Bohn**, Generalsekr. Berlin: Verl. d. Deutschen Sittlichkeitsvereine 1904. (23 S.) 8° [F.] 105. 1,56

Die besonderen Gefahren, die der heutigen Jugend auf geschlechtlich-sittlichem Gebiet durch die Verbreitung widersittlicher Ideen und durch Verführung drohen, und ihre Bekämpfung in d. christl. Gemeinde. Von Pastor Lic. [Friedrich] **Bohn**. Plötzensee: Deutscher Sittlichkeitsver. 1910. 24 S. 4°
Aus: 'Landeskirchl. Kürse von 1909' z. Einführung in d. Kenntnis ... d. ... Aufgaben ...

— **Die besonderen Gefahren, die der heutigen Jugend auf geschlechtlich-sittlichem Gebiet durch die Verbreitung widersittlicher Ideen u. durch Verführung drohen, u. ihre Bekämpfung in der christlichen Gemeinde.** (23 S.) Lex. 8. Plötzensee 910. (Leipzig, H. G. Wallmann.) — 20
Sonderabdruck aus „Landeskirchl. Kurse v. 1909".

Bohn, Fr., die Handlungswissenschaft für Handlungslehrlinge u. Handlungsdiener; nebst einer durch 5 Vorschriften erklärten Anweisung, in sehr kurzer Zeit eine schöne, feste u. geläufige Handschrift zu erlangen. 1—5., verb. Aufl. 8. Quedlinburg, Ernst'sche Buchh. [1. u. 2. Aufl. (à 13⅓ B. u. 2 Stnt.) 843, 44. 3. (14 B. u. 1 Stnt.) 45. 4. (14½ B., 2 Tabb. u. 1 Stnt.) 46. 5. (14 B. u. 2 Bl. Vorschr.) 47.] Thlr. à

Bohn, Fr., die Handlungswissenschaft für Handlungslehrlinge u. Handlungsdiener; nebst einer durch 5 Vorschriften erklärten Anweisung, in sehr kurzer Zeit eine schöne, feste u. geläufige Handschrift zu erlangen. 2. verb. u. verm. Aufl. 8. (Mit 2 Tabell. u. 2 lith. Taf.) Quedlinburg 814, Ernst. 3. Aufl. 4. verb. Aufl. 8. Ebend. 815. — 5. verb. Aufl. Mit 2 Tab. u. 2 lith. Taf. 8. Ebend. 816. ⅚ ℛ

Bohn, Frdr., die Handlungswissenschaft f. Handlungslehrlinge u. Handlungsdiener zur leichten Erlernung der Handelsgeographie, der Handelsgeschichte, der Wechsel, Wechselgeschäfte rc. Nebst Anweisung in kurzer Zeit eine schöne, feste u. geläufige Handschrift zu erlernen. 5. verb. Aufl. 3 Lfgn. (VIII u. 315 S.) 8. Quedlinburg 850, Ernst. (à Lfg. ⅓ ℛ) 1 ℛ — 6. Aufl. verb. durch L(udw.) Fort. 5 Lfgn. 8. (VI u. 322 S.) Ebd. 852. (à ¼ ℛ) 1¼ ℛ

Bohn, Friedr., die Handlungswissenschaft für Handlungslehrlinge und Handlungsdiener zur leichten Erwerbung der einem Kaufmanne unentbehrlichen Kenntnisse, namentlich der Handelsgeographie, der Handelsgeschichte, der Wechselgeschäfte rc., nebst mehreren anderen nützlichen Hülfsmitteln und einer Anweisung, eine schöne, feste und geläufige Handschrift zu erlernen. 6. Aufl. (VI und 322 S.) 852., 7. Aufl. (V und 346 S. mit 1 Stnt.) 854. und 8. Aufl. bearb. von Ludw. Fort. 8. (VII und 360 S. mit 2 Tab. und 1 Stnt. in Fol.) Quedlinburg 855, Ernst'sche Buchh.

Bohn, Friedr., die Handlungswissenschaft für Handlungslehrlinge und Handlungsdiener zur leichten Erwerbung der einem Kaufmanne unentbehrlichen Kenntnisse, namentlich der Handelsgeographie, der Handelsgeschichte, der Wechselgeschäfte u. Wechselkunde rc. und einer Anweisung, eine schöne, feste und geläufige Handschrift zu erlernen. 7. Aufl., bearb. von L. Fort. 851. 8. (3 Bl., 346 S. u. 1 lith. Taf. in Fol.) 1 ℛ 7½ ngr. — 8. Aufl. 855. 8. (VII, 360 S., 2 Tab. u. 1 lith. Taf.) 1 ℛ 10 ngr. — 9. Aufl. Quedlinburg 857. Ernst. 8. (VII, 350 S., 2 Tab. u. 1 lith. Taf. in 4. u. Fol.) 1 ℛ 10 ngr.

—— dass. — 9., vielfach verm. und verb. Aufl. bearb. von Ludw. Fort. Mit einem Verzeichnisse der Eisenbahnen, Dampfschiffe und Telegraphenlinien Deutschlands. 8. (VII und 350 S. mit 2 Tab. in qu. 4. und 1 Stnt. in gr. Fol.) Ebds. 858.

— — 10., vielfach verm. rc. Aufl., bearb. von L. Fort. Mit einem Verzeichnisse der Eisenbahnen, Dampfschiffe und Telegraphenlinien Deutschlands. Ebend. 858. 8. (4 Bl., 372 S., 2 Tab. u. 1 lith. Taf. in 4. u. Fol.) 1 ℛ 10 ngr.

Bohn, Friedr., die Handlungswissenschaft für Handluugslehrlinge und Handlungsdiener zur leichten Erwerbung der einem Kaufmanne unentbehrlichen Kenntnisse, namentlich der Handelsgeographie, der Handelsgeschichte, der Wechselgeschäfte und Wechselkunde rc. nebst mehreren anderen nützl. Hülfsmitteln und einer Anweisung, eine schöne, feste und geläufige Handschrift zu erlernen. 10. und 11., vielfach verm. und verb. Aufl. Bearb. von Ludw. Fort. Mit einem Verzeichnisse der Eisenbahnen, Dampfschiffe und Telegraphenlinien Deutschlands. 4 Lfgn. 8. (VII und 380 S. mit 2 Tab. in qu. 4. und 1 Stnt. in Fol.) Quedlinburg 859,61, Ernst'sche Buchh. à Lfg. * 10 Ngr. *

— die Handelswissenschaft für angehende Kaufleute zur leichten Erlernung der einem Kaufmann unentbehrlichen Hülfskenntnisse, als Handelsgeographie, Wechselkunde, kaufmännisches Rechnen rc. Ferner gründliche Abhandlungen über Staatspapiere, Actienwesen, Banken rc. 12. vielfach verm. u. verb. Aufl. bearb. von einem Verein junger Kaufleute in Leipzig. Ebend. 864. 8. (VIII, 440 S., 2 Karten in Holzschn. u. 1 lith. Taf. in Fol.) 1 ℛ 10 ngr.

Bohn, Friedr., die Handelswissenschaft für angehende Kaufleute zur leichten Erwerbung der einem Kaufmanne unentbehrlichen Kenntnisse, namentlich der Handelsgeographie, der Handelsgeschichte, der Wechselgeschäfte und Wechselkunde rc. 12. Aufl. 4 Lfgn. 1863,64. und 13., sehr verm. und verb. Aufl. Bearb. von einem Verein junger Kaufleute in Leipzig. 2 Halbbde. 8. (VIII und 528 S. mit 1 Eisenbahnkarte in Holzschn. in Imp.-Fol. und 1 Stnt. in Fol.) Quedlinburg 866, Ernst'sche Buchh. à Halbbd. * 20 Ngr. *

Bohn, Frdr., die Handelswissenschaft für angehende Kaufleute zur leichten Erwerbung der e. Kaufmanne unentbehrlichen Hülfskenntnisse, als Handelsgeographie, Wechselkunde, kaufmännisches Rechnen rc. 13. Aufl. 866. (VIII, 528 S.) — 14. vielfach verb. u. verm. Aufl. bearb. von Wilh. Trempenau. Quedlinburg 870. Ernst. 8. (VIII, 495 S. u. 1 lith. Taf. in Fol.) n. 1 ℛ 10 ngr.

Bohn, Frdr., die Handelswissenschaft f. angehende Kaufleute zur leichten Erwerbg. der e. Kaufmanne unentbehrl. Kenntnisse, namentlich der Handelsgeographie, der Handelsgeschichte, der Wechselgeschäfte u. Wechselkunde rc. ferner das Postwesen, üb. Staatspapiere, Actienkunde rc. u. e. Anweisg., e. schöne, feste u. geläuf. Handschrift zu erlernen. 15. sehr verm. u. verb. Aufl. Bearb. v. Wilh. Trempenau. 8. (VIII, 508 S.) Quedlinburg 873. Ernst. n. 4. —

—— dass. — zur leichten Erlernung der einem Kaufmanne unentbehrl. Kenntnisse, nament. der Handelsgeographie, der Handelsgeschichte, der Wechselgeschäfte und Wechselkunde rc., ferner das Postwesen, über Staatspapiere, Actienwesen, 80 Börsen-Klugheitsregeln, 12 Beispiele berühmter Geschäftsmänner und eine Anweisung, eine schöne, feste und geläufige Handschrift zu erlernen. 15. Aufl. 1873. * ℳ 4., und 16. sehr verm. und verb. Aufl. Bearb. von Wilh. Trempenau. 8. (VIII, 508 S.) Ebendas. 875. *

Bohn, Frdr., die Handelswissenschaft, für angehende Kaufleute zur leichten Erlernung der einem Kaufmanne unentbehrlichen Kenntnisse, namentlich der Handelsgeographie, der Handelsgeschichte, der Wechselgeschäfte u. Wechselkunde, des kaufmännischen Rechnens nach dem neuen Maaß u. Gewicht, der Waarenkunde, der Correspondenz, der einfachen u. doppelten Buchführung, ferner das Postwesen, über Staatspapiere, Actienkunde, 30 Börsen-Klugheitsregeln, 10 Beispiele berühmter Geschäftsmänner u. eine Anweisung, eine schöne, feste u. geläufige Handschrift zu erlernen. 17., sehr verm. u. verb. Aufl., bearb. von Wilh. Trempenau. 8. (VIII, 628 S. m. lith. Schrifttaf.) Quedlinburg 878. Ernst. 5. —

Bohn, Frdr., die Handelswissenschaft für angehende Kaufleute zur leichten Erlernung der e. Kaufmanne unentbehrlichen Kenntnisse. Enth. das Ganze der Handelswissenschaft in übersichtl. u. kurzer Darstellg. 18., sehr verm. u. verb. Aufl., bearb. v. Wilh. Trempenau. 8. (VIII, 708 S.) Halberstadt 894. Ernst. n. 5. —

— s. Handlungswissenschaften, 1. Thl.

Bohn, Frdr., die Münchener „Jugend" u. die neue Moral. (16 S.) gr. 8. Berlin 905. (Leipzig, H. G. Wallmann.) n. — 30

Die Münchener 'Jugend' und die neue Moral. Zsgest. von P. Lic. [Friedrich] Bohn. Berlin: Deutsche Sittlichkeitsvereine 1906. (16 S.) 8° [F.] [illegible]

-- Die Münch. „Jugend" u. d. neue Moral. (16) gr8° Berl. '06. (Lpzg, HG Wallmann.) — 30 d

Bohn, Fr., Katechismus für Handlungs-Lehrlinge. Enthalt.: den ersten Unterricht in der Handlungswissenschaft. 8. (12½ B. u. 2 Bl. Vorschriften.) Quedlinburg 813, Ernst'sche Buchh.

— s.: Konferenz, die allgem., der deutschen Sittlichkeitsvereine.

— Kongress zur Bekämpfung der unsittlichen Literatur. Köln im J. 1904. Berichte, erstattet v. den ausserdeutschen u. deutschen Berichterstattern. (II, 76 S.) Lex.-8. Berlin 905. (Leipzig, H. G. Wallmann.) n. 2. —

Marienschule. Die Lehre vom heiligen Geist. Für suchende Christen. Von P. Lic. [Friedrich] Bohn. Berlin: Thormann & Goetsch (1908). 35 S. 8° [illegible]

Bohn, [Friedr.], Materialien zur Bekämpfung der unsittlichen Literatur. E. kulturgeschichtl. Denkmal für d. deutsche Presse. Zsgest. f. d. internation. Kongress z. Bekämpfung d. unsittl. Literatur. Köln i. J. 1904. [Tl] 1. 2. Berlin 1905. 4°.

1: Stimmen d. Presse üb. d. unsittl. Literatur. Materialien a. d. Presse f. d. Presse.
2: Stimmen d. Presse üb. d. internation. Kongress z. Bekämpfung d. unsittl. Literatur in Köln im Jahre 1904.

Materialien zur Bekämpfung der unsittlichen Literatur. Ein kulturgeschichtl. Denkmal f. d. deutsche Presse. Zsgest. f. d. Internat. Kongreß z. Bekämpfung d. unsittl. Literatur 1904 von Pastor Lic. [Friedrich] Bohn. Berlin: A. Dartsch 1905. (90 S.) 4° [F.] [illegible] 2

Bohn, Friedrich, Lic. theol., Hülfspred. am Bethlehemstift, Ludwigslust: **Der Sabbat im Alten Testament und im altjüdischen religiösen Aberglauben.** *Gütersloh: C. Bertelsmann 1903.* (97 S.) 8°
Rostock, Theol. Diss. v. [20. Sept.] 1903

Die internationale Verbreitung der obszönen Photographien und Bücher u. d. internat. Bekämpfung dieses Handels. Generalsekr P. Lic. [Friedrich] Bohn, Plötzensee. Plötzensee: Deutscher Sittlichkeitsver. 1910. 8 S. 8°
(Zeit- u. Streitschriften z. Sittlichkeitsfrage. N. F. Nr. 5.) [illegible] 10

Bohn, Frz., der Fall e. Bankhauses. Ein Sittenbild aus der niederländ. Gesellschaft. 8. (351 S.) Dresden 893. H. Minden. n. 3. 50

Bohn, Frz., d. Fall e. Bankhauses. Ein Sittenbild a. d. niederländ. Gesellschaft. 2. [Titel-]Aufl. 8. (351 S.) Frankfurt a/M. (893) 896. A. Blažek jun. n. 3. 50

— gelöste Fesseln. Drama in 5 Akten. 8. (124 S.) Ebd. 895. n. 2. 50

Bohn, G. C.: L a n d w i r t h s c h a f t eines gewanderten Bauren oder ökonomisch-praktische Bemerkungen über eine bessere, allgemein anwendbare Baum-Weinreben- und Garten-Cultur nach vieljähr. Erfahrungen von einem Geistlichen im Elsaß. o. O.: Verf. 1795. XVI, 182 S.

— **Georg Friedrich** (Thüringen), Missam. Diss. theol. Präs. Theodor Dassov. Kiel 1714. 24 S. (4.80)

Bohn, Georges, die Entstehung des Denkvermögens. Eine Einführg. in die Tierpsychologie. Deutsch v. Rose Thesing. (221 S. m. Abbildgn.) 8. Leipzig (910.) Th. Thomas. 2.—; geb. 2.80; f. Mitglieder der deutschen naturwissenschaftl. Gesellschaft 1.50; geb. 2. 10

— Die neue Tierpsychol. Übers. v. Rose Thesing. (8, 183) 8° Lpzg. Veit & Co. '12. 3 —

Bohn, Gottfried Christian

Bohn, G[ottfr.] C[hr.], Das florissante Europa, in Betrachtung der herrlichen Commercien, welche in den grössten Königreichen und Provintzien dieses Welt-Theils getrieben werden. Hamburg. 1716.

— Des sorgfältigen Kaufmanns Handels-Memorial, darinnen gewiesen wird, was die vornehmsten Handels-Plätze so wohl in Waaren als Wechsel verkehren. Hamburg. 1717.

B o h n , G. C.: „Wohlerfahrner Kaufmann", 2 Teile, 1. Auflage 1719, 5. Auflage Hamburg 1789, bearbeitet von C. D. Ebeling und P. H. C. Brodhagen. Ergänzung: „Des Wohlerfahrnen Kaufmanns Dritter Theil. Oder: Die allzeit wohlbestallte Schreibstube", von G. G. Heyne, Hamburg 1727.

B o h n , Gottfried Christian: „Wohlerfahrener Kaufmann, oder umständliche Nachricht, mit was für Waaren, Münze, Maasse und Gewichte die vornehmsten Städte in Deutschland, Spanien, Portugal . . . . verkehren, und wie von einem Orte auf den andern gewechselt wird . . . .", Viel vermehrte und verbesserte Ausgabe, Hamburg 1762. — Vorh.: Büch. der Industrie- und Handelskammer Leipzig.

BOHN, Gottfried Christian 16.. - 17..
Gottfried Christian Bohns wohlerfahrner Kaufmann.
Herausgegeben von C. D. Ebeling ... und P. H. C. Brodhagen ...
Fünfte, gänzlich neu ausgearbeitete und sehr vermehrte Auflage.
Hamburg: Bohn. 1789. 2 Bde. 8°.
Universitätsbibliothek Münster
1. Aufl. 1719-1727

— Waarenlager, od. Wörterb. d. Producten- u. Waarenkunde. (Des wohlerfahrn. Kaufmanns, 2e Abtheil.) gr. 8. Hamb. 788. N. Aufl. Umgearb. v. G. P. H. Normann. 2 Bde. 805. (Jena, Frommann). 7 ₰ Schrbp. 8 ₰ 12 gl. Hamb. 830. Hoffmann u. Campe. Hbg. Pr. 4 ₰

B o h n , Gottfried Christian: „Neueröffnetes Waarenlager, worinnen aller im Handel und Wandel gangbarer Waaren Natur, Eigenschaft, Beschaffenheit, verschiedene Arten, Nutzung und Gebrauch . . . . kurz und deutlich beschrieben wird" Oder „Des Wohlerfahrenen Kaufmanns zweyte Abtheilung" Hamburg 1727. — Neue Auflage: „Jetzo verbessert und . . . vermehrt", Hamburg 1763, vorh.: Bücherei der Industrie- und Handelskammer Leipzig. — Neu ausgearbeitet von Gerhard Philipp Heinrich Norrmann, u. d. T.: „Waarenlager, oder Wörterbuch der Produkten- und Waarenkunde", ... 2 Bände, Hamburg 1805, 1806, vorh.: Bücherei der Industrie- und Handelskammer Leipzig und Com. Bibl. Hamburg.

Bohn, Gottfried Christian.
Neu eröffnetes Waarenlager, worinnen aller ... Waaren Natur ... beschrieben wird; jetzo stark vermehrt. Hamb. 1763. H: *Schwabe, Johann Joachim.* (ML)

Bohn, Gottfried Christian.
Neu eröffnetes Waarenlager, oder Produkten- und Waarenlexikon für Kaufleute ... Verb. u. gänzlich umgearb. Ausg. Hamb. u. Kiel 1785. H: *Norrmann, Gerhard Philipp Heinrich.* (MGT) (Schr) »5. Aufl.« H: *Brodhagen, J. C. H. & Ch. Dn. Ebeling.*

Bohn, Heinrich

Bohn, Heinr., Physikalische Apparate u. Versuche einfacher Art aus dem Schäffermuseum. gr.8. (VI, 184 S. m. 216 Abbildgn.) Berlin 902. O. Salle. n. 2.—

—— Bedeutung und Werth der Schutzpockenimpfung, s.a. Sammlung gemeinverständl. wissenschaftl. Vorträge, 34. Heft.

Bohn H, Bedeutung und Wert der Schutzpockenimpfung. (Sammlung gemeinverständlicher wissenschaftlicher Vorträge 34) Berlin 1867

Bohn, Heinr.: Grundr. d. Physik. (5, 259 m. Fig. u. 1 farb. Taf.) 8° Lpzg. Quelle & M. '10. L 2.80

— Handbuch der Vaccination. gr. 8. (X, 358 S.) Leipzig 875. F. C. W. Vogel. n. 7.—

Bohn, H., die Hautkrankheiten, s.: Handbuch der Kinderkrankheiten.

—— die Krankheiten der Verdauungsorgane, s. Handbuch der Kinderkrankheiten.

Bohn, Heinr., Leitfaden der Physik. Unterstufe. Ausg. A. Mit chem. Anh. Otto Nitsche. (V, 221 u. 64 S. m. Fig.) gr. 8. Leipzig 908. E. Nägele. Geb. 2. 80

— dasselbe. Ausg. B. (Ohne chem. Anh.) (V, 221 S. m. Fig.) gr. 8. Ebd. 908. Geb. 2. 40

Bohn, Heinr., Leitfaden der Physik. Oberstufe. (Schmeils naturwissenschaftl. Unterrichtswerk.) (VI, 448 S. m. 485 Fig. u. 8 farb. Taf.) 8. Leipzig 909. Quelle & Meyer. Geb. in Leinw. 3.—

— dass. Unterst. Ausg. A. Mit chem. Anh. v. Otto Nitsche. 2.Afl. (7, 224 u. 68 m. Fig. u. 1 farb. Taf.) 8° Ebd. '12. L 2.80

— dass. Unterst. Ausg. B. (Ohne chem. Anh.) 2. Afl. (7, 224 m. Fig. u. 1 farb. Taf.) 8° Ebd. '12. L 2.40

Bohn, Heinr., die Mundkrankheiten der Kinder. Leipzig 866. Engelmann. gr. 8. (IV, 147 S.) 25 ngr.

Bohn, Heinrich: Die geographische **Naturaliensammlung** des Dorotheenstädtischen Realgymnasiums und ihre Verwendung beim Unterricht. T. 1. *Berlin: R. Gaertner 1899.* (24 S.) 4°
Berlin, Dorotheenstädt. RG, OP 1899 (97)

— **die geographische Naturaliensammlung** des Dorotheenstädtischen Realgymnasiums u. ihre Verwendung beim Unterricht. 1. Tl. Progr. 4. (24 S.) Berlin 899. [R. Gaertner.] Weidmann. n. 1.—

Bohn, Heinrich: Die geographische **Naturaliensammlung** des Dorotheenstädtischen Realgymnasiums und ihre Verwendung beim Unterricht. Forts. (u. Schluss). *Berlin: R. Gaertner 1900.* (27 S.) 4° ¶[Schluss d. P-Beil. 1899.]
Berlin, Dorotheenstädt. RG, OP 1900 (98)

Bohn, Heinrich: Die geographische **Naturaliensammlung** des Dorotheenstädtischen Realgymnasiums und ihre Verwendung beim Unterricht. 2. Forts. (B. Pflanzenreich.) *Berlin: R. Gaertner 1901.* (28 S.) 4° ¶[Forts. d. P-Beil. 1899. 1900.]
Berlin, Dorotheenstädt. RG, OP 1901 (100)

Bohn, Heinrich: Die geographische **Naturaliensammlung** des Dorotheenstädtischen Realgymnasiums und ihre Verwendung beim Unterricht. Forts. 3. *Berlin: R. Gaertner 1902.* (27 S.) 4° ¶[Forts. d. P-Beil. 1899—1901.]
Berlin, Dorotheenstädt. RG, OP 1902 (100)

Bohn, Heinrich: Die geographische **Naturaliensammlung** des Dorotheenstädtischen Realgymnasiums und ihre Verwendung beim Unterricht. Schluß. *Berlin: Weidmann 1903.* (29 S.) 4° ¶(Schluß d. P-Beil. 1902.)
Berlin, Dorotheenstädt. RG, OP 1903 (106)

Bohn's, Henry G., Catalogue of books. (In 3 vols.) Vol. I. and Part. II. Section 1. gr.8. Vol. I. Natural history, books of prints, science, language, bibliography, oriental u. northern literature, old English historians, early voyages etc. games etc. (IV. 467 u. 112 S. m. gest. Tit.) Part. II. Sect. 1, cont. Greek and Latin Classics, commentaries and translations. (IV p. et p. 469—620.) London 848. 50, Bohn. (Leipzig, T. O. Weigel.) (I. n. $2^{7}/_{12}$ ℛ II. 1. n. $1^{1}/_{6}$ ℛ) n. 2 ℛ $21^{1}/_{4}$ ngr

Bohn, J., Bedeutung u. Grundlagen der Wettervorhersage. (27 S.) 8. Trier 903. (F. Lintz.) n. — 80

Bohn, J., Chirurgia rationalis, od. Abhandl. aller chirurg. Operationen. 8. Braunschw. Renger. 732.

Bohn, J., praktische Gesundheitspflege zum Schulgebrauch. 8. (IV, 54 S. m. 24 Abbildgn.) Trier 900. F. Lintz. Kart. n. — 80

— Mechanik, Wärmelehre u. Witterungskunde. Leitfaden der Physik f. Wein- u. Obstbau- u. Landwirtschaftsschulen. (Landwirtschaftliche Unterrichtsbücher.) 8. (VI, 106 S. m. 129 Abbildgn.) Berlin 901. P. Parey. Geb. in Leinw. n. 1. 50

— oeconomia corp. animal. 4. 710.

— de renunciatione Vulnerum, s. Vulnerum lethal. examen etc. 8. Lps. Fritsch. 755.

— die Stoa König Attalos d. Zweiten zu Athen. Mit 2 Kpfrtaf. [Aus: „Ztschr. f. Bauwesen".] gr. 4. (9 S.) Berlin 882. Ernst & Korn. n. 3.—

Bohn, J.(Red.), s. Zeitung für Schafzucht und Wollproduction.

Bohn, J. C., von den Liebesmahlen der ersten Christen. Erf. 1762. 8.

Bohn, J. G., de miraculorum essentia et existentia. Lips. 1714. 4.

Bohn, I. H., veritas et innocent. Eccles. evangel. ejusq. doctrin. praesert. de cultu beatorum. 12. 749.

Bohn, J. S., Betracht. üb. die Reden Jesu. 4 Thle. 8. Erf. 757—59. (Ettinger in Gotha). 2 ℛ

— J. S, doctrina de miraculis hist. adumbrata. Erf. 1739. 4.

— Nutzen göttl. Wahrheiten a. d. Evangel. 2 Thle. 8. Erf. 769, 70. Weber. 1 ℛ 8 gr

— evangel. Reden a. alle Sonn- u. Festtage. 8. Erf. 758. (Ettinger in Gotha). 1 ℛ 8 gr

Bohn, Jo., resp. Dan. **Wipacher,** Casus aegri noctambulationis morbo laborantis resolutus. 30 pp. Lps. 4°. *Haller,* Disp. ad morb. 4°. Laus. 1716, VII. 1717

— **Jo. Gottlieb** (Leipzig), De fundamentis officiorum erga patriam. Diss. moral. Präs. Gottl. Friedr. Jenichen. Lpz. (Brandenburger) 28. I. 1713. 28 S. (4.50)
Gew.: Johann Bohn.

Bohn, Johann, s. Bohn, Johannes

— **Johann Gottlieb,** Imperium familiae patri non vero matri competens. Lpz. (Joh. Gottlieb Bauch) 23. X. 1715. 24 S. (4.80)

— **Johann Heinrich,** Justum redemtionis pretium per Jesum Christum semel solutum. Erfurt (H. R. Nonn) 1767. 35 S. (4.80)

Bohn, Johannes: An quis vivus mortuusve aquis submersus, strangulatus aut vulneratus fuerit. Lipsiae: 1711

s.: Bohn, J.: De vivis mortuisve aquae submersis, suspensis ac vulneratis.

Bohn, Johannes (Praef.):

s.: Bellini, Lorenzo: Opuscula practica de urina, pulsu sanguinis missione et febribus nec non de capitis pectorisque morbis. Editio tertia. Francofurti et Lipsiae: 1718

Bohn, Johannes: Chirurgia rationalis oder vernünfftige Abhandlung aller chirurgischen Operationen nach den Regeln guter Theorie abgefasset, mit practischen Cautelen versehen, und anjetzo an das Licht gestellet von Heinrich Winckler. 514 S., gbd.

Braunschweig: Renger 1732

Bohn, Johannes: Circulus anatomico-physiologicus seu oeconomia corporis animalis. Accesserunt dissertationes physiologicae. 672 S., gbd., 1 Taf.

Lipsiae: Fritsch 1710

JB 982

Bohn, Johannes: De infanticidio. 24 S.(S.169 - 192). Lipsiae: 1711

s.: Bohn, J.: De renunciatione vulnerum, seu vulnerum lethalium examen. Appendicis dissertatio I.

JB 5.289

Bohn, Johannes: De officio medici duplici, clinici nimirum ac forensis, hoc est qua ratione ille se gerere debeat penes infirmos pariter, ac in foro, ut medici eruditi, prudentis ac ingenui nomen utrinque tueatur. 711 S., gbd.

Lipsiae: Gleditsch 1704

JB 1.756

Bohn, Johannes: De partu enecato. Lipsiae: 1711

s.: Bohn, J.: De infanticidio.

JB 5.289

Bohn, Johannes: De renunciatione vulnerum, seu vulnerum lethalium examen, cui accesserunt dissertationes binae de partu enecato, et an quis vivus mortuusve aquis submersus, strangulatus aut vulneratus fuerit. 208 S., gbd.

Lipsiae: Fritsch 1711

Bohn, Johannes: De R e n u n c i a t i o n e vulnerum seu Vulnerum lethalium examen cui acc. Dissertationes binae De partu enecato et An quis vivus mortuusve aquis submersus, strangulatus aut vulneratus fuerit. Lipsiae: Fritsch. 1755. 394 S. 8°.

Bohn, Jh., de renunciatione vulnerum, seu vulnerum lethal. examen etc. 8. Leipz. 755. (Hahn). 8 gr.

Bohn, Johannes: De R e v u l s i o n e cruenta. (Resp.:) Christianus Augustus Pfundt. Lipsiae (1704): Richter. 14 Bl. 8°
Leipzig, Med. Disp. v. 7. Nov. 1704.

Bohn, Johannes: S c h u l g e s a n g b u c h für höhere Lehranstalten, s. B o h n , Josef

Bohn, Johannes: De vivis mortuisve aquae submersis, suspensis ac vulneratis. 7 S.(S.192 - 198). Lipsiae: 1711

s.: Bohn, J.: De renunciatione vulnerum, seu vulnerum lethalium examen. Appendicis dissertatio II.

JB 5.289

Bedeutung und Grundlagen der Wettervorhersage. Von J[osef] Bohn. Gymn.Lehrer. Trier: Selbstverl. 1903. (27 S.) 8° [F.] [03. 10580

Praktische Gesundheitspflege zum Schulgebrauch. Mit 24 Abb. Von J[osef] Bohn, Lehrer. *Trier: F. V. Lintz 1900.* (54 S.) 8° [F.] [00. 8137

[F.] Ausgewählte Jugendspiele f. alle Stufen der Volksschule. Hrsg. v. Joseph Bohn, Trier. *Trier: F. Lintz 1898.* (3 Bl., 38 S.) 1 Bd 8. [97. 7974 Bo

Mechanik, Wärmelehre und Witterungskunde. Leitf. d. Physik f. Wein- u. Obstbau- u. Landwirtschaftsschulen bearb. von J[osef] Bohn, Lehrer, Trier. Mit 129 Abb. *Berlin: P. Parey 1901.* (VI, 106 S.) 8° [F.]
— Unterrichtsbücher, Landwirtschaftliche. [43.] [01. 6300

Schulgesangbuch für höhere Lehranstalten und Vorschulen. Von Jos. Bohn. *Trier: F. Lintz 1903.* (136 S.) 8° [F.] [04. 008

Bohn, Johs: Schulgesangb. f. höh. Lehranst. u. Vorsch. 2. u. 3. Afl. (144) 8° Trier, F Lintz '06. Geb. 1.40 d

Ausgewählte Volks-, volkstümliche und einfache Kunstlieder f. 1 Singstimme mit Klavierbegl. Zum Gebr. an höh. Lehranst. ... hrsg. von J[osef] Bohn. [Singstimme.] Trier: F. Lintz 1904. (36 S.) 4° [05. 9438

Bohn, Karl

Bohn, Carl, bacc. iur., Referendar a. Trier: Artikel 50 der Reichsverfassung. Trier 1904: J. Lintz. (52 S.) 8° [F.]
Leipzig, Jur. Fak., Diss. v. 17. Aug. 1904
[Geb. 18. Jan. 74 Trier; Wohnort: Trier; Staatsangeh.: Preußen; Vorbildung: Gymn. Prüm Reife O. 94; Studium: Bonn 3. München 3 S.; Rig. 20. Juni 03.]

Bohn, Karl, die württemberg. Justizverwaltung. Eine systemat. Darstellg. der die administrat. Geschäfte der Justiz betr. Vorschriften. Auf amtl. Veranlassg. u. unter Benützg. der Akten des K. Justizministeriums hrsg. 1. Buch. (XII, 940 u. 214 S.) gr. 8. Stuttgart 906. (W. Kohlhammer.) nn 16. —

Bohn, Klement

Bohn, Clement, üb. den Ursprung der Theuelisken von etc. gr. 8. Altona 836. Aue. $^1/_3$ Thlr.

Bohn, Konrad

Bohn, C., Anleitung zu Vermessungen in Feld u. Wald. Mit Holzschn. gr. 8. (XII, 320 S.) Berlin 1876, Parey. n. 8. —

Bohn, C., Anleitung zu Vermessungen in Feld u. Wald. Insbesondere f. das Bedürfniß v. Forst- u. Landwirthen. Mit 179 in den Text gedr. Holzschn. gr. 8. (XII, 320 S.) Berlin 876. Wiegandt, Hempel & Parey. n. 8. —

Bohn, C, Anleitg z. Vermessgn in Feld u. Wald. 8. (320 m. H.) Berl. 77, Parey. n. 8. —

Bohn, C., die Landmessung. Ein Lehr- u. Handbuch. Mit 370 in den Text gedr. Holzschn. u. 2 lith. Taf. gr. 8. (XVI, 762 S.) Berlin 885. 86. Springer. n. 22. —

Bohn, M. J. G., Betracht. üb. die Reden Jesu. 4 Thle. 8. Erf. (Oettinger, Gotha) 757—59.

— evang. Reden auf alle Sonn- u. Festtage. 8. Ebend. 758.

Bohn, Macarius, Geschichte. f. Familie. 3 Thle. 8. Leipzig, Küchler. 799. 800. (Eilsdorf.)

Bohn, Macarius, Gesch. f. Familie, od. d. Launen d. Glücks. 3 Bde. 8. Leipz. Küchler. (Meyssel). 800. (I. II. 1 Rthlr. 12 gr. III. 20 gr.)

Bohn, O., Schlagball u. Barlauf. Regeln u. Winke. 32. (24 S.) Berlin 895. R. Gaertner. n. — 25

Bohn, Oscar

Bohn, Osc., s.: Corpus inscriptionum latinarum.

Bohn, Osc., üb. die Heimat der Prätorianer. gr. 4. (24 S.) Berlin 883. Gaertner. n. 1. —

[Z.] Lehrstoff für d. Turnunterricht an höheren Lehranstalten, nach Klassen geordnet. Im Auftr. d. Berliner Turnlehrervereins hrsg. v. Dr. O[scar] Bohn, Oberl. u. Turnl., E. Kregenow, Städt. Turnwart, R. Pape, Städt. Turnwart, R. Thiede, Turnlehrer. *Berlin: R. Gaertner 1897.* (2 Bl., 58 S.) 1 Bd 8. [96 166]

Bohn, P., Liederbuch für Männerstimmen. Zum Gebrauch an Gymnasien u. Realschulen, Gesellen- u. kleinen Gesangvereinen. Trier 869. Lintz. 8. (IV, 116 S.) n. 7½ ngr.

Bohn, Osc.: Qua condicione iuris reges socii populi Romani fuerint. Berolini 1876 (86 S.).
Phil. Diss. Berlin

Bohn, O., qua condicione juris reges socii populi romani fuerint. 8. (86) Berl. 76, Haack. n. 2. —

Bohn, Osc., qua condicione juris reges socii populi romani fuerint. gr. 8. (86 S.) Berlin 877. Haack. n. 2. —

Bohn, P., und C. Mettlich, Schulgesangbuch zunächst für höhere Unterrichts-Anstalten. Enthaltend: Stufengemäß geordnete Singübungen nebst 2- und 3stimm. Liedern. 8. (94 S.) Trier 867, Lintz' Verlag. *

— u. C. Mettlich, Schulgesangbuch zunächst für höhere Unterrichtsanstalten. Enthaltend: Stufenmäßig geordnete Singübungen nebst zwei- u. dreistimmigen Liedern. Ebend. 868. 8. (94 S.) n. 7½ ngr.

Bohn, P., u. C. Mettlich, Schulgesangbuch zunächst f. höhere Unterrichts-Anstalten. Enth.: das Wichtigste aus der allgemeinen Musiklehre nebst Singübgn. u. 2, 3 u. 4stimm. Lieder. 2. verb. u. verm. Aufl. 8. (II, 96 S.) Trier 874. Lintz. n. 1. —

Bohn, P., u. C. Mettlich, Schulgesangbuch zunächst für höhere Unterrichts-Anstalten. Enth.: Das Wichtigste aus der allgemeinen Musiklehre, nebst Singübg. und zwei-, drei- u. vierstimm. Liedern. 4., verb. Aufl. gr. 8. (VIII, 96 S.) Trier 886. Lintz. cart. n. 1. 25

Bohn, P., u. C. Mettlich, Schulgesangbuch zunächst für höhere Unterrichts-Anstalten. Enth.: Das Wichtigste aus der allgemeinen Musiklehre, nebst Singübgn. u. zwei-, drei- u. vierstimm. Liedern. 5. Aufl. gr. 8. (V, 96 S.) Trier 892. Fr. Lintz. Kart. n. 1. 25

Bohn, Philipp, approb. Arzt aus Seeheim a. d. Bergstr.: Aus d. Universitäts-Augenklinik zu Gießen. Ueber angeborene und erworbene pathologische Pigmentierung am Bulbus. *Gießen 1902: v. Münchow.* (26 S.) 8°
Gießen, Med. Diss. v. 1902

Bohn, René, aus Mülhausen i. E.: Beiträge zur Kenntniss einiger Oxyazoderivate des Benzols. Zür. Zürcher u. Furrer Dr. 1883. 47 S. 8°.
Zürich, Phil. Diss. [v. 19. Dec. 1883].

Bohn, Rich. Altertümer v. Aegae, s. Jahrbuch der kaiserl. deutschen Archäologischen Instituts.

Bohn, Rich., die Ergebnisse der Ausgrabungen zu Pergamon 1880—1881, s.: Conze, A., Ergebnisse.

Bohn, Rich., das Heiligtum der Athena Polias Nikephoros, s. Altertümer von Pergamon.

—— Olympia, s. Launitz, E. v. der, Wandtafeln zur Veranschaulichung antiken Lebens und antiker Kunst.

Bohn, Rich., die Propyläen der Akropolis zu Athen, aufgenommen u. dargestellt. gr. Fol. (V, 40 S. m. 21 Taf.) Stuttgart 882. Berlin, G. Reimer. In Mappe n. 75. —

— die Propyläen der Akropolis zu Athen, aufgenommen u. dargestellt. Mit 21 (lith.) Taf. [Berichte der auf Grund der Louis-Boissonnet-Stiftg. ausgeführten Studienreisen, hrsg. v. der königl. techn. Hochschule zu Berlin II.] gr. Fol. (V, 40 S.) Stuttgart 882. Spemann. In Mappe. n. 75. —

Bohn, Richard, cand. paed. aus Leipzig: Die Siedelungen in der Leipziger Tieflandsbucht nach Lage und Gestalt. ⟨Mit 1 Karte.⟩ *Leipzig 1902: C. G. Naumann.* (61 S.) 8° ¶ [Aus: Mitteil. d. Ver. f. Erdkunde zu Leipzig. 1901.]
Leipzig, Phil. Diss. v. [25. Febr.] 1902

—— die Stoa König Attalos des Zweiten zu Athen. gr. 4. (9 S. mit 2 Kpfrtaf.) Berlin 882, Ernst und Korn. *
Aus: Zeitschrift für Bauwesen, besonders abgedruckt.

— der Tempel der Athena Polias zu Pergamon. Mit 8 (Kpfr.-)Taf. [Aus: „Abhandlgn. d. k. Akad. d. Wiss. zu Berlin".] gr. 4. (12 S. m. 2 eingedr. Holzschn.) Berlin 881. (Dümmler's Verl.) cart. n. 2. —

—— der Tempel des Dionysos zu Pergamon. gr. 4. (11 S. mit 1 rad. Taf. und 2 Vignetten.) Berlin 885, G. Reimer. cart. *
Aus: Abhandlungen der kgl. preuss. Akademie der Wissenschaften zu Berlin, besonders abgedruckt.

Bohn, Rich., d. Theater-Terrasse v. Pergamon, s. Altertümer v. Pergamon.

Die Theater-Terrasse (von Pergamon) v. Richard Bohn. M. XXI Abb. im Text u. 1 Atlas v. XLVI Taf. *Berlin: W. Spemann 1896.* 1 Bd 4. 1 Bd gr.-2.
Text. (4 Bl., 83 S., 1 Pl.) Tafeln. (3 Bl., 46 Taf.)
= Alterthümer von Pergamon. Bd IV.
(Kgl. Museen zu Berlin.) [96. 9074]

Bohn, Rudolf, aus Mülhausen i. E.: Ein Beitrag zur Kenntnis aromatischer Aldehyde. *Heidelberg 1902: C. Pfeffer.* (88 S.) 8°
Heidelberg, Naturw.-math. Diss. v. 1902

Bohn, Simon, heilsamer Springbrunnen zum Troste und zur Erbauung der Kranken. Für den Gebrauch katholischer Familien bearbeitet. Ausgabe mit stehender Schrift. Mit Titelbild. 8. Frankfurt 840. (Andreäsche Buchh.) n. ⅓ ℛ

Bohn, Th., Beleuchtung der ständischen Verhandlungen üb. die landesherrliche Vorlage betr. die ritterschaftlichen Lehrer in Mecklenburg. Ein Wort zur Ehrenrettg. der mecklenburg. Lehrerschaft. gr. 8. (19 S.) Ludwigslust 892. (Hinstorff.) n. — 50

— Übungsstoffe zur Übertragung aus dem Plattdeutschen in's Hochdeutsche. gr. 8. (24 S.) Parchim 894. (G. Gerlach.) n. — 20

Bohn, Theodor [aus Ranchee '(Ost-Indien)']: Ein neuer Fall von Spondylolisthesis des weiblichen Beckens mit glücklichem Geburtsverlauf ... Berlin, Buchdr. v. G. Schade, *1892;* 28 S., 2 Bl. 8.
Berlin, Med. Fak., Inaug.-Diss. v. 27. Juli 1892

Bohn, Ulrich [aus Bromberg]: Anatomische und klinische Studien über die Unterbindung der arteria vertebralis nebst Mitteilg e. neuen Operationsverfahrens nach Prof. Helferich ... Greifswald, Druck v. J. Abel, 1892; 29 S. 8.
Greifswald, Med. Fak., Inaug.-Diss. v. 21. Dez. 1892

Bohn, Vikt., Liederbuch f. Vereine katholischer erwerbtätiger Frauen u. Mädchen, kath. Arbeiterinnen-, Dienstboten- u. Jungfrauenvereine. 3., neubearb. Aufl., nebst e. Anh.: Ernst u. Scherz. (32 S. m. Titelbild.) 16. Breslau (908.) F. Goerlich. In Wachstuch kart. — 25

Bohn, Vict., Magnificat anima mea Dominum! Festpredigt, bei der Feier des goldenen Priesterjubiläums des hochwürd. Ehren-Domherrn, fürstbischöfl. Kommissarius, Erzpriesters a. D. u. Pfarrers v. St. Dorothea in Breslau Hrn. Hermann Böer geh. (16 S.) 8. Breslau 904. F. Goerlich. n. — 20

— Das Weihnachtskind. Soziales Weihnachtsspiel in 1 Akt. 2., verb. Aufl. (16 S.) 8. Freiburg i/B. (907.) Geschäftsstelle des Caritatsverbandes f. das kathol. Deutschland. — 30

Bohn, Wolfg.: Buddhismus, d. Relig. d. Erlösg. (8, 50 m. + Vollbild.) gr8° Bresl., W Markgraf '11. 1.40 d

Bohn, Wolfgang, Assistenzarzt am St. Anna-Kinderhosp. zu Breslau: Aus d. psychiatr. Klinik zu Breslau. Ein Fall von doppeltem Bewusstsein. *Breslau 1898: Schles. Volkszeitungs-Buchdr.* (55 S.) 8°
Breslau, Med. Diss. v. 23. Dez. 1808

BOHN, Dr. med. Wolfgang
Kneipp und die Kneipp-Kur. Aufsätze zum Verständnis der Kneippschen Heilweise. 1910. Friling Otto, Wörishofen.

Bohn-Bohn s.: Anleitung, praktische, zum Schriftverkehr.

Bohn Kregenow, Pape u. Thiede, Lehrstoff für den Turnunterricht an höheren Lehranstalten. 1897. Berlin, 8°. 58 S. Kart. M. — 75

Böhn, A. v., Studien zu einer Geschichte des Geschlechts derer von Böhn. Als Manuscript gedruckt. Mit Wappentfl. u. 7 Stammbäumen. Arnstadt 1876. 4.

Böhn, Carl Heinrich

— — u. Lucas Fenderlin (Breslau), De philosophia rationali optima legum positivarum humanarum interprete. Diss. philos. Lpz. (Langenheim) 14. IV. 1753. 46 S. (5.—) 3308

Boehn, Carl Heinnrich (Breslau), Selectiora juris principia. Disp. jur. Präs. Jo. Tobias Richter. (Langenheim) 4. XI. 1751. 16 S. (3.80) 3307
Gew.: Joh. Gottlieb Siegel.

Boehn, Hans v. Geschichte d. westfälischen Ulanen-Regiments Nr. 5. Im Auftrage dargestellt. Mit Zeichngn. v. C. Hünten u. C. Roeber. gr. 4. (151, LXXXIII S. m. 5 Farbendr., 4 Lichtdr., 20 Textabbildgn., 2 Karten u. 2 Plänen.) Düsseldorf 890, (A. Bagel). geb. * 27 —

Böhn, v., Ansichten über Methode zur praktischen Elementar-Ausbildung der preußischen Infanterie im Felddienst. Berlin 856. F. Schneider. gr. 8. (64 S.) n. 10 ngr.

Böhn, v. Ansichten über Methode zur ... Elementar-Ausbildung der preuß. Infanterie im Felddienst. Berlin 1856. 8°.
Dass. 2. Aufl. 1859.

Boehn, Hubert v., Blüthe und Verfall des Osmanenreichs in Europa. Eine Geschichte der Türkenkriege seit dem ersten Auftreten der Osmanen in Europa bis auf die gegenwärtige Krisis. (Historische Hausbibliothek. Suppl.-Bd.) gr. 8. (VI und 328 S. mit 1 lithogr. Karte in qu. gr. 4.) Berlin 854. [Schneider.]

Boehn, Hubert v., Generalstabsgeschäfte. Ein Handbuch für Offiziere aller Waffen. Mit vielen (eingedr.) Fig. in Hochzinkguß. Potsdam 862. Döring. gr. 8. (XI, 435 S.) n. 3 Thlr.

—— Generalstabsgeschäfte. 8. (435) Potsd. 63. Döring. n. 3. —

Boehn, H. v., Generalstabsgeschäfte. 2. Auflage. Potsdam 1875. 8.

Boehn, Hub. v., Generalstabsgeschäfte. Ein Handbuch f. Offiziere aller Waffen. 2. durchgearb. Aufl. Mit vielen Fig. (in eingedr. Holzschn.) gr. 8. (XIII, 466 S.) Potsdam 870. Döring. n. 10. —

Boehn, H v., Geschichte d. westfäl. Ulanen-Regiments Nr. 5. 4. (284 m. Illustr., Karten u. Pl.) Düsseld. 90, (A Bagel). geb. n. 27. —

v. Böhn, Methode zur praktischen Elementar-Ausbildung der Preußischen Infanterie im Felddienst. 2. verm. Aufl. Berlin 859. F. Schneider. (Stilke & van Muyden.) gr. 8. (VI, 68 S.) n. 10 ngr.

—— üb. Meth. z. prakt. Elem.-Ausbildg d. preuss. Infant. im Felddienst. 2. Afl. 8. (68) Berl. 59, Weber. n. — 10

Boehn, Hubert v., Terrainkunde enthaltend die Beschreibung, Darstellung, Recognoscirung und Aufnahme des Terrains. Ein Handbuch für Offiziere. Mit 47 in den Text gedr. Fig. u. 2 Terrainkarten in Holzschn. Ebend. 861. gr. 8. (VIII, 192 S.) n. 1 Thlr.

v. Boehn, Hub., Terrainkunde, enthltd. die Beschreibung, Darstellung, Recognoscirung u. Aufnahme des Terrains. Ein Handbuch für Offiziere u. Offiziers-Aspiranten. Mit 67 in den Text gedr. Figg. u. Terrainkarten (in Holzschn.). 2. Aufl. Potsdam 868. Döring. gr. 8. (VI, 223 S.) n. 1 Thlr. 10 ngr.

—— Zustand der Türkei im Jahre der Prophezeihung 1853. Wahrnehmungen eines Augenzeugen. gr. 8. (IV und 69 S.) Berlin 853, Hayn. *

— Johann Heinrich (Leipzig), De civibus praesertim Saxonicis feudorum equestrium capacibus. Präs. Christ. Gottlob Biener. Lpz. (Sommer) 9. IX. 1784. 60 S. (5.—) 3309
Gew.: Joh. Jacob Reinhold (Zedlitz), Joh. Georg Schlechtendal.

Boehn, Max v.: Lorenzo Bernini, s. Künstler-Monographien.

Boehn, Max von. Biedermeier. Deutschland von 1815—1847. (3. Aufl.) Berlin. Bruno Cassirer [1911].
XII + 584 S. m. 290 Abb.; 4 farb. Taf. 4°.
1. Aufl. ebenfalls 1911.

Albrecht Dürer als Buch- und Kunsthändler von Max v. Boehn. Als Ms. gedr. München 1905: (C. Brügel & Sohn in Ansbach). (32 S.) 8° [F.]
Verm. Abdr. aus: Börsenblatt f. d. deutschen Buchhandel. 1902, 15. u. 16. Okt. [06. 3064

Boehn, Max v., Giorgione u. Palma Vecchio, s. Künstler-Monographien.

Giorgione und Palma Vecchio von Max v. Boehn. Mit 110 Abb. Bielefeld & Leipzig: Velhagen & Klasing 1908. (130 S.) 4°(8°) [G.]
= Künstler-Monographien. No 94. [05. 16419

— Menschen und Moden im 19. Jahrhundert. Ausgewählt von O Fischel, Text von M v Boehn. I. 1790-1817. (172 S 37 T). — II. 1818-1842. (160 S 36 T). — III. 1843 bis 1878. München 1907. 08

MENSCHEN, Die, und Moden im 18. u. 19. Jahrhundert nach Bildern und Stichen der Zeit. Ausgewählt von Dr. Oskar Fischel, mit Text von Max v. Boehn. 4 Bde. Mit sehr zahlreichen Abbildgn. in Vierfarbendruck, handkoloriertem Lichtdruck, Mezzotintogravüre, Rötel-, Sepia- und Duplexdruck etc. München 1908-9. 8°. (28 Mk. 20 Pfg., Origbde., wie neu, Rich. Härtel, Dresden, 1909.)
Einzeln: XVIII. Jahrhundert. (9,50.) — XIX. Jahrh. I: (1790—1817). (6,70.) — II: 1818—42 (Biedermaierzeit). (6—.) — III: 1843—75. (6—.)

— s.a. Mode, die.

Boehn, Max v.: Die Mode. Menschen u. Moden i. 19. Jh. Nach Bildern u. Kupfern d. Zeit. Ausgew. v. Oskar Fischel. Text v. Max v. Boehn. (4: Nach Bild. u. Blättern d. Zeit ausgew. u. geschild. v. Max v. Boehn.) [1-4.] — München: Bruckmann 1907-(19). 8°
1. 1790-1817. 1908.
2. 1818-1842. 1907.
3. 1843-1878. 1908.
4. 1878-1914. (1919).

Boehn, Max v., spanische Reisebilder. (VIII, 289 S. m. 14 Abbildgn.) kl. 8. Berlin 904. G. Grote. n. 3. —; geb. in Ldr. n. 4. 50

— Guido Reni, s. Künstler-Monographien. Nr. 100.

Guido Reni von Max v. **Boehn.** Mit 105 Textabb. nach Gemälden u. Zeichn. Bielefeld & Leipzig: Velhagen & Klasing 1910 123 S. 4°(8°)
(Künstler-Monographien. 100.) [10. 11112 II]

Selbstmord und Selbstmörder. Verzeichniß d. Büchersammlung von Max v. **Boehn.** Zugleich e. Erg. zu: [Emilio] **Motta:** Bibliografia del suicidio. Bellinzona 1890. In 60 Exempl. als Ms. gedr. Charlottenburg: [Selbstverl.] 1907. (64 S.) 8° [07. 13890]

— Toledo, s. Stätten der Kultur. 24.

Toledo. Von Max v. **Boehn.** Mit 44 Abb. Leipzig: Klinkhardt & Biermann [1910]. VII, 184 S. 8°
(Stätten d. Kultur. Bd 24.) [16. 9228]

Boehn, Max Ulrich v., Ave Maria! Der Roman eines Protestanten. Mainz, Kirchh., 1885, 8°, 191 S., 2 Mk. Konversionsschrift.

Boehn, M. U., Stella Matutina. Roman. 8. (189 S.) Mainz 887. Kirchheim. 1. 80

Böhn, O v., off. Sendschreiben an Wolfg. Menzel. 8. Minden 64, Körber u. F. n. — 6

Bohnagen, Alf., der Kunststein. Handbuch f. die gesamte Kunststein-Industrie, umfassend die Gewinng. der Rohmaterialien, die Bereitg. u. Verarbeitg. der Mörtel, die Anfertigg. der Formen u. Modelle, sowie die Herstellg. u. Behandlg. der künstl. Steine. Nebst e. Anh. üb. die Anlage u. Leitg. e. Kunststeinfabrik. (VIII, 150 S. m. 146 Abbildgn.) Lex. 8. Leipzig 909. B. F. Voigt. 6.—; geb. 7. 50

Bohnagen, Alfr.: Die Mosaik- u. Granitoidplatten-Fabrikation unter bes. Berücks. d. bei d. Herstellg v. Zementplatten gemachten Fehler u. d. sich daraus an d. Fabrikaten ergeb. Mängel. (8, 76 m. Abb.) Lex8° Lpzg, BF Voigt '11. 3 —; geb. 4 —

Böhncke, A., Führer durch Bad Freienwalde, neue Bearbeitung, s.: Fremdenführer, illustrierter, durch Bad Freienwalde.

Boehncke, Albertus (Rud.) (geb. Labiau 28. 7. 1833): De haemorrhagiis. Berolini (1861). (34 S.) 8°
Berlin, Med. Diss. v. 14. Okt. 1861

Böhncke, Carl *August Bernhard* [aus Königsberg i. Pr.]: Zur Myxödemfrage. . . . Berlin, Buchdr. v. G. Schade, *1890;* 81 S. 8°
Berlin, Med. Fak., Inaug.-Diss. v. 20. Dez. 1890

Boehncke, Georg *Franz Adolf* [pr. Arzt]: Aus d. Ambulatorium d. Hrn Dr. Kafemann, Königsberg i. Pr. Electrolyse und juvenile Fibrome des Nasenrachenraumes . . . Königsberg i. Pr., Druck v. M. Liedtke, 1897; 2 Bl., 58 S., 2 Bl., 1 Taf. 8.
Königsberg, Med. Fak., Inaug.-Diss. v. 23. Jan. 1897

Boehncke, Geo., Electrolyse u. juvenile Fibrome d. Nasenrachenraumes. Diss. gr. 8. (58 S. m. 1 Taf.) Königsberg 897. (W. Koch.) n. 1. —

Boehncke, Karl: Ueber einen Fall von hochgradiger angeborener Analstriktur. *Berlin (1898): E. Ebering.* (30 S.) 8°
Berlin, Med. Diss. v. 5. Aug. 1898

Böhndel, Conrad Christian August

H. Brüggemanns Altar im Dom zu Schleswig. Handzeichnungen v. Conrad Christian August **Böhndel.** Fol.

(Lithogr. Darstellung von Johannes Brüggemanns Bildwerken im Dome zu Schleswig v. Conrad Christian August **Böhndel.** Schleswig. 1824—34. Fol. 4 und 33 Blätter. A—D und 1—33.)
Es fehlen Bl. D. 26 und 27.

Bohne, die, von H. Zschokke, die Pomeranzenschalen u. die Melonenschalen, der alte Oberrock u. die alte Perücke, v. Kotzebue. Aaran 818. Sauerländer. 16 gr

Bohne, der falsche Altar u. das falsche Priesterthum. Vortrag geh. zu Melsungen in der niederhess. Pastoralconferenz am 9. Juli 1873. gr. 8. (20 S.) Kassel 874. Hühn in Comm. n. — 30

Bohne, Albert, prakt. Arzt aus Wartenburg, Kr. Allenstein (Ostpr.): Beitrag zur Bakteriologie der Scheide nicht untersuchter Schwangerer. *Berlin (1902): G. Schade.* (29 S.) 8°
Berlin, Med. Diss. v. 30. Sept. 1902

Bohne, Edmund, Rechtskandidat: Die Konfusion der Obligationen nach römisch-gemeinem Recht. Berlin 1908: H. Bahr. (VIII, 46 S.) 8° [F.]
Heidelberg, Jur. Fak., Ref. Bekker, Diss. v. 1907
[Geb. 5. Okt. 86 Potsdam; Wohnort: Berlin; Staatsangeh.: Preußen; Vorbildung: Viktoria-Gymn. Potsdam Reife M. 04; Studium: Marburg 4, Berlin 2 S.; Rig. 13. Nov. 07.]

Bohne, Ericus Christophorus, Gott zum Schutz! Diarium od. Tage-Büchlein wegen des Königl. preuß. Einfalls in Nordhausen unter dem Commando des General-Adjutanten u. Obristen v. Tettau, derselben Occupation od. Einnehmg., täglich v. E. Edl. Rathe geh. Conferentzen wegen des Schutzes, dessen Verwilligg. m. angefügten Conditionen, u. was sonst von Tag zu Tage passiret. Anno 1703 den 7. Februarii beginnend, geführt.— Nordhäusische Chronica, Zeit- u. Geschicht-Buch, beschreibend der Kayserl. u. des Heil. Röm. Reichs-Freyen-Stadt Nordhausen Situation, Lage u. Angräntzg. 2c. Welche m. sonderb. Fleiße aus beglaubten Autoribus. Manuscriptis, zum Theil auch selbst eigener Erfahrg. zusammen getragen u. itzo zum ersten mal an das Licht gestellet, diesem auch noch beygefüget ist die Walkenriedische Chronica, so vormahls v. M. Henrico Eckstormio, Prioro & Pastore daselbst, in Latein. Sprache ausgefertiget worden; nunmehro aber ins Teutsche übersetzet hat im Jahre 1701 Ericus Christophorus Bohne. 1701. (Hrsg. v. Herm. Heineck.) 8. (V, 33 u. 85 S.) Nordhausen (901). O. Ebert. n. 1. 75

Diarium oder Tage-Büchlein wegen des Königl. Preuss. Einfalls in Nordhausen unter dem Commando des Obristen von Tettau Anno 1703 den 7. Februarii beginnend, geführt von Ericus Christophorus Bohne. (Hrsg.: Hermann Heineck.) *Nordhausen: O. Ebert (1901).* (33 S.) 8°
[F. u. Ant.]
[Beigedr.:] Nordhäusische Chronica welche an das Licht gestellt E. Ch. Bohne. (85 S.) [02. 9237 3]

Bohne, Ernst Chrph., hist. chronol. Uebers. d. wicht. Veränd. d. deutsch. Reichs 2c. 8. Gött. Dieterich. 704.

Bohne, Er. Cph., s. Uebersicht d. wichtigst. Veränderungen 2c.

Bohne, Gust., D. Hausarzt. E. allgemeinverständl. medizin. Ratgeber in gesunden u. kranken Tagen. gr. 8. (219 S. m. Abb.) Berlin 898. H. Steinitz. n. 2. —

[F.] Der Hausarzt. E. allgemeinverständl. medizin. Ratgeber in gesunden u. kranken Tagen. Von Dr. med. **Gustav Bohne.** M. Ill. *Berlin: H. Steinitz (1899).* (219 S.) 1 Bd 8. [98. 9184]

Bohne, H., für Großvaters Lieblinge. Geschichten f. kleine Knaben u. Mädchen. Mit (z. Tl. farb.) Bildern geschmückt v. Otto Fischer. (64 S.) Lex. 8. Dresden (907.) O. & R. Becker. Kart. 2. 50

Bohne, Herm., über Charakterbildung in der Volksschule. Vortrag, gehalten in einer Lehrerconferenz 1862. Mit einer Lebensskizze des Verf. herausg. von E. Lausch. Wittenberg 864. Herrosé in Comm. 8. (36 S.) n. 6 ngr

Bohne, Johann Erich

Bohne, Jh. Erich, Erweckung f. d Prediger d. Protestanten, d das rechte Christenthum nicht predigen zc. 8. Hannov. 789 Hahn. 6 gr

Bohne, I. Er. Messias hominum pietatem adorans in Jesaiae XI, 5. succincta commentatio. 4. Hannov. Hahn. 775.

Bohne, Johs., und Herm. Conradi, Faschings-Brevier für das J. 1885. gr. 8. (103 S.) Zürich, Verlags-Magazin. *
—— dass. — für das J. 1886. gr. 8. (153 S.) Ebendas. *

Bohne, Julius [aus Köln a./Rh.]: '(Aus d. chem. Laboratorium d. I. medicin. Klinik zu Berlin. Direktor: Geh. Med.-Rat Prof. Dr. v. Leyden.)' Experimentelle Beiträge zur Ergründung der Pathogenese urämischer und comatöser Zustände ... Guben, Druck v. A. Koenig, *1897;* 30 S., 1 Bl. 8.
Berlin, Med. Fak., Inaug.-Diss. v. 27. Apr. 1897

Bohne, Karl Bemerkungen zur Grammatik Spensers. I. 17 S. Progr. *Geestemünde* 1884.

Bohne, P., das brüderliche Zurechthelfen der Christen untereinander. Vortrag. (24 S.) kl. 8. Neudietendorf (905). P. Eifert u. E. Schelbe. n. — 25

Bohne, Richard: Wie gelangt Plato zur Aufstellung seines Staatsideals, und wie erklärt sich sein Urteil über die Poesie in demselben? Berlin, Druck v. A. W. Hayns Erben, *1893;* 3—41 S. 4.
Berlin, k. Friedrich-Wilhelms-G u. k. VS, OP 1893 (56)

Bohne, Wilh., Gutta Percha in seiner techn. Bedeutung. gr. 16. (27 S.) Iserlohn 848. Elberfeld, Bädeker. 1/6 ß

Böhne, C. Der literarhistorische Unterricht auf der Handelsschule. Erfurt, Handelssch., 1875. 5 S. 4.

Boehne, Gustav Hermann (Leipzig), Cardialgiam ut plurimum certe nihil esse nisi symptoma morbi aliunde natum. Dissert. med. Lpz. (Sturm & Koppe) 30. III. 1847. 22 S. (3.80) 3310
Gew.: Frz. Eduard Weissbach, Friedr. Gust. Nierth (b. Markranstädt).

Boehne, Hermann Woldemar, s. Boehne, Woldemar

Böhne, Woldemar

Boehne, Wold., die pädagogischen Bestrebungen Ernst des Frommen von Gotha. Nach den archival. Quellen dargestellt. gr. 8. (VIII, 352 S. mit 2 Tab.) Gotha 883, Thienemann. *

Boehne, Woldemar Die Erziehung der Kinder Ernsts des Frommen von Gotha. 4 (43 S.). Progr. Rg. *Chemnitz* 1887

Böhne, Herm. Wold., das Informationswerk Ernst des Frommen von Gotha. Inaugural-Dissertation. gr. 8. (64 S.) Leipzig 885, (Fock.) *

Boehne, Woldemar [Dr.]: Über den evangelischen Religions-Unterricht an der Realschule. (Th. 1.) Chemnitz, Druck v. J. C. F. Pickenhahn & Sohn, 1897; 30 S. 4.
Chemnitz, st. R, OP 1897 (581)

Boehnecke, Karl Geo., Demosthenes, Lykurgos, Hyperides und ihr Zeitalter mit Benutzung der neuesten Entdeckungen, vornehmlich griechischer Inschriften. 1. Bd. Berlin 864. G. Reimer. gr. 8. (XIV, 638 S.) 2 ß 25 ngr

Böhnecke, Karl Geo., Forschungen auf d. Gebiete der attischen Redner u. d. Geschichte ihrer Zeit. 1. Bd. 1. u. 2. Abth. gr. 8. (40 B.) Berlin 843, G. Reimer.

Böhnel Josef: Versuch einer allgemein verständlichen Darstellung des Zusammenhanges zwischen Licht und Elektrizität. 16. Wien XIX. 01. Progr.

Bohnemann, A., Grundriß der Kunstgeschichte. Insonderheit f. höh. Lehranstalten u. f. d. Selbstunterricht. gr. 8. (300 S. m. 165 Abbildgn.) Leipzig 900. F. Hirt & Sohn. Geb. in Leinw. n. 4. —

Bohnemann, A., Grundriß der Kunstgeschichte. 2. Aufl. (VIII, 320 S. m. 197 Abbildgn. u. 1 farb. Taf.) gr. 8. Leipzig 906. F. Hirt & Sohn. Geb. in Leinw. n. 4. —

Bohnemann, A: Grundr. d. Kunstgesch. 3. Afl. (8, 320 m. Abb. u. 1 farb. Taf.) gr8° Lpzg, F Hirt & S. '11. L 4 — d

Bohnen, Konrad, Gerichtsreferendar a. Dülken: Der Kreditauftrag nach dem Bürgerlichen Gesetzbuche unter Berücksichtigung des römischen Rechtes. Düsseldorf 1906: L. Voss. (64 S.) 8°
Heidelberg, Jur. Fak., Ref. Bekker, Diss. v. 15. Mai 1906
[Geb. 23. Okt. 79 Dülken, Rheinld.; Wohnort: Düsseldorf; Staatsangeh.: Preußen: Vorbildung: Gymn. Kempen Reife O. 00; Studium: Berlin 2, Bonn 4 S.; Rig. 5. Aug. 05.]

v. Böhnen, Fr. Frhr., s. v. Schiller's Jugendschrift.

Bohnenberger, Abhandlung über schriftliche Uebungen im Hebräischen. Blaubeuren 865. (Tübingen, Fues.) 4. (10 S.) 6 ngr

Bohnenberger, Mitteilungen üb. volkstümliche Überlieferungen in Württemberg, Fortsetzg., s.: Mitteilungen.

Bohnenberger, G., s. Bohnenberger, Johann Gottlieb Friedrich v.

Bohnenberger, Gabriel Christoph, s. Bohnenberger, Gottlieb Christoph

Bohnenberger, Gottlieb Christoph

— Anleit. zur Einricht. e. Seelenregisters nach d. Kirchenbüchern. Fol. Stuttg. 793. Metzler. 12 gr

Bohnenberger, Gtl. Cph., († d. 29. Mai 1807.) Beitrag z. höhern Drehkunst. Mit 14 Kpft. gr. 8. Nürnb. 799. Monath u. K. 1 ß 8 gr

Bohnenberger, Gabriel Christoph (Hrsg.), s. a. Beiträge zur theoretischen und praktischen Elektrizitätslehre.

— Beytr. z. theoret. u. pract. Electricitätslehre. 4 Stck. m. K. gr. 8. Stuttg. Metzler. 792—95. (à 12 gr.)

— Beitrr. zur theoret. u. prakt. Elektricitätslehre. 4 Stcke. Mit Kpf. gr. 8. Stuttg. 793—95. Metzler. (à 12 gr) 2 ß

Bohnenberger, G. C. Beschreibung einer bequem eingerichteten Elektrisirmaschine. Bd. I—VII. Stuttgart. 1784—1791.

— Beschreib. einiger Elektrisirmaschinen u. elektr. Versuche. 18 Stck. u. 6 Fortsetz. Mit Kpf. gr. 8. Stuttg. 783—91. Metzler. (18 Stck. 8 gr 1e u. 2e Forts. à 10 gr 3e u. 4e Forts. à 20 gr 5e u. 6e Forts. à 1 ß 4 gr) 5 ß 4 gr

Bohnenberger G. C.: Beschreibung einiger Elektrisirmaschinen u. elektrischer Versuche. (1)—4 (3 Vol.). Stuttg. 1784-89. (666) S. 15 Tvl.
(1—2 m. Tit.: Beschreib. einer ... Elektrisir-Maschine ...).

— Beschreib. unterschied. Elektricitätsverdoppler v. einer neuen Einrichtung. gr. 8. Tübing. 798. v. Cotta. 1 ß

— Beschr. ein. neuen electr. Maschine. 18 Stck. u. 6 Forts. mit K. gr. 8. Stuttg. Metzler. 783—91. (1 Stck. 8 gr., 1e u. 2e Forts. à 10 gr., 3e u. 4e Forts. à 20 gr., 5e u. 6e Forts. à 1 Thlr. 4 gr.)

Bohnenberger, J. v.: Die Berechnung der trigonometrischen Vermessungen. s. Bohnenberger, Johann Gottlieb Friedrich v.

Bohnenberger, J. G. v.: Anfangsgründe der höheren Analysis, s. Bohnenberger, Johann Gottlieb Friedrich von

Bohnenberger, Johann Gottlieb Friedrich v.

Bohnenberger (J. G. Fr. v.), Anfangsgründe der höheren Analysis. Tübingen 1811. 8.

v. Bohnenberger, Jh. Gli. Fr., († d. 19. April 1831.) Anfangsgründe d. höhern Analysis. Mit 3 Kpft. gr. 8. Tübing. 812. v. Cotta. 2 ₰

— Anleit. zur geograph. Ortsbestimmung, vorzügl. vermittelst des Spiegelsextanten. Mit 7 Kpft. gr. 8. Götting. 795. Vandenhöck u. R. 1 ₰ 16 gr

Bohnenberger, J. G. F., Anleitung zur geographischen Ortsbestimmung vorzüglich mittels des Spiegelsextanten. Neu bearb. von G. A. Jahn. Mit Abbildungen. gr. 8. (XXI und 340 S. mit 5 Stnt. in qu. gr. 4.) Göttingen 851(52,) Vandenhoeck und Ruprecht. *

— Astronomie. gr. 8. Tübing. 811. v. Cotta. 3 ₰

Bohnenberger, J. G. F., die Berechnung der trigonometrischen Vermessungen m. Rücksicht auf die sphäroidische Gestalt der Erde. Deutsche Bearbeitg. der Abhandlg. „De computandis etc." v. E. Hammer. Mit 13 Fig. im Text. gr. 8. (VIII, 65 S.) Stuttgart 885. Metzler's Verl. n. 1. 80

— Beschreib. e. Maschine z. Erläuterung v. Gesetze d. Umdrehung d. Erde um ihre Axe, u. d. Veränderung d. Lage d. letztern, nebst 1 Abbild. 8. Tübing. 817. Osiander. 3 gr

— Tübinger Blätter, s. J. H. F. Autenrieth.

Bohnenberger, J(ohann)G(ottlieb)F(riedrich) v. (Hrsg.):

s.: Blätter. Tübinger, für Naturwissenschaft und Arzneykunde. Bd 1/1-3, 2/1-3. Tübingen: 1815-16.

JB 6.063

Bohnenberger. J. G. F. De computandis dimensionibus trig. in superficie terrae sphaeroidica institutis. Tubingae 1826. 4.

Bohnenberger. J. G. F. De computandis dimensionibus trig. in superficie terrae sphaeroid. instit. Deutsche Bearbeitung von E. Hammer. Stuttgart 1885. 4.

Bohnenberger, J. G. F., und J. A. v. Amman, Topographische Charte von Schwaben und Württemberg, trigonometrisch aufgenommen u. gez.; fortges. durch E. H. Michaelis. M. 1:86400. Stuttgart 1793—1830. Fol. 61 Bll. . . . . (Br. Mus.)

Bohnenberger, J. G. F., s. Osterdinger, L. F.

— s. Pfleiderer, Trigonometrie.

Bohnenberger, J.G.F. (Hrsg.), s. Zeitschrift für Astronomie und verwandte Wissenschaften.

Bohnenberger: Zeitschrift für Astronomie... s. Lindenau

Bohnenberger, J. G. T. v.: Beschreibung einer Maschine, s. Bohnenberger, Johann Gottlieb Friedrich von

Bohnenberger, Karl [Dr. phil., m. Bibliothekar d. Universitätsbibl. Tübingen]: Zur Geschichte der schwäbischen Mundart im XV. Jahrhundert. Allgemeines u. Vokale d. Stammsilben. ([A. T.:] Geschichte der schwäbischen Mundart im XV. Jahrhundert ... 1 ...) Tübingen, H. Laupp, 1892; X, 139 S. 8.
Tübingen, Phil. Fak., Hab.-Schr. v. 1892
Nicht für den Austausch)

Bohnenberger, Karl, Mitteilungen üb. volkstümliche Überlieferungen in Württemberg. Nr. 1. (26 S.) Lex.-8. Stuttgart 904. (W. Kohlhammer.) n.n. — 50
Sonderabdruck aus: „Württ. Jahrbb. f. Statistik u. Landeskde."

— die alemannisch-fränkische Sprachgrenze vom Donon bis zum Loch. (78 S. m. 1 Karte.) gr. 8. Heidelberg 905. C. Winter, Verl. n. 4. —
Sonderabdruck aus: „Ztschr. f. hochdeut. Mundarten".

— der altindische Gott Varuna nach den Liedern des Rgveda. Eine religionsgeschichtl. Untersuchg. gr. 8. (IV, 127 S.) Ebd. 893. n. 3. —

Bohnenberger, M. J. G. F.: Anleitung zur geographischen Ortsbestimmung, s. Bohnenberger, Johann Gottlieb Friedrich von

Bohnenberger, S. F. G.: Anleitung zur geogr. Ortsbestimmung, s. Bohnenberger, Johann Gottlieb Friedrich von

Bohnenberger, (WGF), Abhandlg üb. schriftl. Uebgn im Hebr. 4. (10) Blaub. 65. (Tüb., Fues.) — 6

Bohnenberger, Wlh. G. F., orbis terrarum antiquus. (Eine lithogr. Karte.) Fol. Stuttg. 826. Steinkopf. 1ll. 6 gr

Bohnenberger, (Wilh.) orbis terrarum antiquus. Color. Fol. Stuttg. 827, Steinkopf.

Bohnenberger, Gu(il. Glieb. Friedr.), Viam ac rationem, quam in Hebraici tradendis secutus est, brevibus explicat. 4maj. (27 S.) Blabirae 833, libr. Mangold.

Bohnenberger, Wilh. G. F., neuer Vorschlag zu ein. conischen Erdkörper. Programm. M. 1 lith. Taf. 4. (3 B.) Ellwangen 829, Schönbrod.

Bohnenblusch, Ph., Friede auf Erden. Eine Stimme aus dem Volk üb. Glaube, Religion u. Geistlichkeit. Beitrag zur Beseitigg. der religiösen Streitigkeiten u. Anleitg. zur Erziehg. besserer Menschen überhaupt. 3 Thle. gr. 8. (42, 70 u. 63 S.) Homburg-Pfalz 886. (Zürich, Verlags-Magazin.) à n. — 60

Bohnenblust, Carl: Jenseits d. Grabes od. Gott ist nicht e. Gott d. Toten, sond. d. Lebendigen. Predigt. (11) gr8° Zür., Buchh. d. ev. Gesellsch. '12. — 20 d

Bohnenblust, Gottfried. Beiträge zum topos περὶ φίλους. Diss. Phil. Bern. 48 S. 8. Berlin, Gustav Schade, 1905.

Bohnenblust, Gottfr.: Gedichte. (8, 172) 8° Frauenf., Huber & Co. '12. 3.20; geb. 4 —

Bohnenblust, Gottfried. Geistliche Lieder für vierstimmigen gemischten Chor, zumeist auf die christlichen Feste, komponiert von Dr. G' B'. 16 S. 4. Bern, Gustav Grunau, 1906. [fr. 1.50]

Bohnenkamp, Heinrich

Bohnenkamp, H., kleine Heimatkunde der Prov. Westfalen. Im Anschluß an die größere Heimatkunde v. G. Schulze f. die Hand der Schüler bearb. Ausg. A f. den Reg.-Bez. Minden. 8. (VI, 80 S.) Minden 901. W. Volkening. n. — 50

— dasselbe. Ausg. B f. den Reg.-Bez. Arnsberg. 8. (IV, 80 S.) Ebd. 901. n. — 50

Bohnenkamp, H., kleine Heimatkunde der Prov. Westfalen. Im Anschluß an die größere Heimatkunde v. G. Schulze f. die Hand der Schüler bearb. Ausg. A f. den Reg.-Bez. Minden. 2. durchgeseh. Aufl. (IV, 79 S.) 8. Minden 906. A. Hufeland. n. — 60

Kleine Heimatkunde der Provinz Westfalen. Im Anschluß an d. größere Heimatkunde von G. Schulze f. d. Hand d. Schüler bearb. von H. **Bohnenkamp**, Rektor. Ausg. A f. d. Reg.Bez. Minden. 2. durchges. Aufl. Minden i.W.: M.Volkening 1906. (79 S.) 8° [F.]

— der kleine Katechismus Dr. Martin Luthers als kurze Zusammenfassung der Heilslehre f. den Schulunterricht entwickelnd bearb. (IV, 141 S.) gr. 8. Minden 908. M. Volkening. n. 1.80; geb. n. 2.40

Bohnenkamp, H., der kleine Katechismus Luthers. Jetzt: Minden, A. Hufeland.

Bohnenkamp, H., Schulspaziergänge. Die Kunst u. die Schule. Jugendfürsorge, s.a. Lehrer-Prüfungs- u. Informations-Arbeiten. 42. Heft.

Schulspaziergänge. Nach Notwendigkeit u. Zweck, Ausgestaltung u. Stellung im Unterrichtsbetriebe behandelt. Die Kunst u. d. Schule. Ein Beitrag z. Klärung d. Kunsterziehungsfrage. Jugendfürsorge. Von H[einrich] **Bohnenkamp**, Rektor. Minden: Hufeland 1910. 54 S. 8°
(Lehrer-Prüfungs- u. Informations-Arbeiten. H. 42.)

Bohnensieg, G. C. W., u. W. Burck, repertorium annuum literaturae botanicae periodicae. Tom. II. 1873. gr. 8. (XX, 200 S.) Harlem 876. Erven Loosjes. n. 5. 50

Bohnensieg, G. C. W., u. W. Burck, repertorium annuum literaturae botanicae periodicae. Tom. III. et IV. 1874 et 1875. gr. 8. (XXII, 271 u. XXIV, 283 S.) Haarlem 877. 78. Erven Loosjes. à n. 7. 60

— dasselbe. Tom. V. 1876. gr. 8. (XXIV, 328 S.) Ebend. 879. n. 8. 80

Bohnensieg, G. C. W., Repertorium annuum literaturae botanicae periodicae. Tom. VI. 1877. gr. 8. (XXVI, 420 S.) Haarlem 881, Erven Loosjes. *

Bohnensieg, G. C. W., repertorium annuum literaturae botanicae periodicae. Tom. VII. 1878. gr. 8. (XXX, 522 S.) Haarlem, 883. Erven Loosjes. n. 11. 50

— dasselbe. Tom. VIII. 1879. Pars 1. gr. 8. (241 S.) Ebend. 884. n. 6. 50

Bohnensieg, G. C. W., repertorium annuum literaturae botanicae periodicae. Tom. VIII. Pars II. 1879. gr. 8. (XXXII u. S. 243—741.) Haarlem 887. Erven Loosjes. n. 11. 50 (Tom. VIII. cplt.: n. 18. —)

Bohnenstaedt, B: Deutschld u. Italien im Zeitalter d. Hohenstaufen, s: Haack, Herm., u. Heinr. Hertzberg: Grosser histor. Wandatlas.

Bohnenstädt, Benno, aus Kyritz (Prov. Brandenb.): **Das Processverfahren gegen den kursächsischen Kanzler Dr. Nicolaus Krell 1591 bis 1601.** Dargest. nach d. Akten d. Dresdener Haupt-Staats-Archivs. *Halle a. S. 1901: C. A. Kaemmerer & Co.* (58 S.) 8° ¶ (Erscheint vollst. im gleichen Verlag.)
Halle, Phil. Diss. v. 1901

Bohnenstengel, A., kurzer Lehrgang d. Bienenzucht, s.: Hamann's praktische Bibliothek.

— Die Obst- u. Beerenweinbereitung, s.a. Hamann's praktische Bibliothek.

Bohnenstengel, A.: Die Obst- und Beerenweinbereitung. Stargard; Kolberg: Prange 1907. 31 S., mit Abb. (Hamann's praktische Bibliothek. Bd 1.) -- [Zit. nach Kayser]

Bohnenstengel, E: Elektr. Automaten u. Fernschalter, s: Leiner's techn. Bibliothek.

Bohnenstengel, E., die Elektrizität auf d. Dampfschiffen, s.a. Bibliothek der gesamten Technik.

Bohnenstengel, E. Die Elektricität auf den Dampfschiffen. Ein Leitfaden f. Ingenieure u. Maschinisten. gr. 8. (III, 76 S. m. 116 Fig.) Hamb. 892, Leckband. geb. in Leinw. * 3 —

Bohnenstengel, E., die Elektricität auf d. Dampfschiffen. Ein Leitfaden für Ingenieure u. Maschinisten. 1. u. 2. Aufl. gr. 8. (III, 76 S. m. 116 Fig.) Hamburg 892. 893. A. Leckband. Geb. in Leinw. n. 3. —

Bohnenstengel, E, d. Elektricität auf d. Dampfschiffen. Leitf. f. Ingenieure u. Maschinisten. 2. Afl. 8° (76 m. Fig.) Hamb. 93. Lpzg, O Leiner. Geb. in Lnw. 3 —

Die Elektrizität auf den Dampfschiffen. Von E. **Bohnenstengel**, Ing. 3. Aufl. Mit 117 Abb. Hannover: M. Jänecke 1907. (124 S.) 8°
= Bibliothek d. gesamten Technik. Bd 57.

— **Elektrizitäts-Zähler-Konstruktionen.** (VII, 149 S. m. 339 Abb.) Lex. 8. Karlsruhe 909. F. Gutsch. Geb. 8. —

— **Konstruktionen elektrischer Bogenlampen.** Ein Handbuch f. Fachleute. gr. 8. (III, 132 S. m. 225 Fig.) Hamburg-E. 893. Schulweg 41, E. Bohnenstengel's Selbstverl. n. 7. —

— **Konstruktionen elektrischer Bogenlampen.** Ein Handbuch f. Fachleute. 2. verb. u. verm. Aufl. (VII, 311 S. m. 480 Abb.) Lex. 8. Stuttgart 909. F. Enke. 12.—; geb. in Leinw. n 13. 20

„**Bohnensuppe**", die, Bohnenhülsenthee, als erstes Diureticum u. als Heilmittel. (Von Heinr. Ramm.) 8. (8 S.) Preetz 896. J. M. Hansen. n. — 30

Bohner, Frdr., alphabetischer Güter-Frachten-Tarif der Station Karlsruhe-Hauptbahnhof von u. nach sämmtlichen deutschen Verbands-Stationen nebst allgemeinen Tarif-Vorschriften u. Güter-Klassification. Zusammengestellt m. Genehmigg. der Generaldirektion der grossh. Staatseisenbahnen. 4. (IV, 120 u. Nachtrag 6 S.) Karlsruhe 899. W. Jahraus. Kart. n. 4. —; Nachtrag allein — 60

Bohner, H., siehe: *Christaller, J. G.*

Bohner, Heinrich

Bohner, H., die Erziehung des Kamerun-Negers zur Kultur. Lex.-8. (24 S.) Basel 902. Missionsbuchh. n.n. — 25
Sonderabdruck aus: „Die deutschen Kolonien".

Bohner, H., die Hauptaufgaben e. westafrikanischen Kolonialregierung. Zugleich e. Kulturbild aus den Missionsgebieten Westafrikas. [Erweit. Abdr. aus: „Evang. Missions-Magazin".] 8. (64 S.) Basel 889. (Missionsbuchhandlg.) n. — 30

Bohner, H., ist der Fetischismus die ursprüngliche Religion der Neger? Vortrag. gr. 8. (18 S.) Basel 888. (Missionsbuchhandlg.) n. — 10

— kommt herüber nach Kamerun u. helft uns! Ein Mahnruf. 8. (16 S. m. Bildern.) Ebd. 893. n. — 10

— im Lande d. Fetischs. Ein Lebensbild, als Spiegel d. Volkslebens gezeichnet. 8. (287 S. m. Abbildgn.) Ebd. 890. n. 2. —; geb. n.n. 3. —

Bohner, Heinr., im Lande des Fetisches. Ein Lebensbild, als Spiegel afrikan. Volkslebens gezeichnet. 2. Aufl. (228 S. m. Abbildgn. u. Bildnis.) 8. Basel 905, Basler Missionsbuchh. n. 1. 80; geb. in Leinw. n. 2. 40

— Übungen in der Akra- oder Ga-Sprache, s.: Christaller, J. G.

— wie ich den Heiden predige. Vortrag. 8. (20 S.) Ebd. 888. n. — 10

Bohner, Heinr., wie ich d. Heiden predige. 3. Aufl. 8. (24 S.) Basel 895. Missionsbuchh. n. — 10

— wie ich den Heiden predige. 5. Aufl. (24 S.) 8. Ebd. 904. n. — 10

—— Wie man den Heiden in Afrika predigt. Vortrag. 2. Aufl. 8. (24 S. m. 2 Abbildgn.) Basel 892, Missionsbuchh. * — 10

Bohner, Jakob Gottlob: Das Beiwort des Menschen und der Individualismus in Wolframs Parzival. Heidelberg 1909: Rössler & Herbert. IX, 80 S. 8°

Heidelberg, Phil. Diss. v. 16. Sept. 1909, Ref. Braune

[Geb. 23. Jan. 88 Mannheim; Wohnort: Speier; Staatsangeh.: Bayern; Vorbildung: Gymn. Speier Reife Juli 05; Studium: Erlangen 2, München 2, Berlin 1, Heidelberg 3 S.; Rig. 9. Juni 09.] [U 10. 2113

Bohner, L., instit. theologiae catecheticae. 4. 732.

Bohner, Leonhard (Nürnberg), De prudentia errantes convincendi ex historia Socratis. Diss. philos. Präs. Jacob Wilh. Feuerlin. Altdorf (J. W. Kohles) 23. VI. 1723. 16 S. (4.80)

Gew.: Joh. Wulfer, Gust. Phil. Moerl, Gg. Jerem. Hoffmann, Just. Wezel, Bernh. Walther Marperger, Joach. Negelin.

Bohner, P. Theodor

Bohner, Th., Beiträge zu e. Goethe-Wörterbuch, s.: Kühlewein, W.

Bohner, P. Theodor, a. Abokobi ⟨Westafrika⟩: Die Negation bei Goethe. Straßburg: K. J. Trübner 1904. (52 S.) 8° [F.] ¶ [Aus: Zeitschr. f. deutsche Wortforschung.]

Freiburg i. B., Phil. Fak., Ref. Kluge, Diss. v. 1. Sept. 1904

[Geb. 6. Juli 82 Abokobi; Wohnort: Freiburg i. B.; Staatsangeh.: Baden; Vorbildung: Gymn. Mannheim Reife Juli 99; Studium: Freiburg 1, Zürich 1, Basel 1, Leipzig 1, Heidelberg 1, Freiburg i. B. 1 S.; Rig. 2. Febr. 04.]

Bohner, Th., s. B o h n e r , P. Theodor

[F.] **Böhner** und seine Werke. Für Musik-Freunde. M. d. Bildn. d. Komponisten, sowie 1 Musikbeil. *Langensalza: F. G. L. Gressler [o. J.]* (80, 4 S.) 1 Bd 8. [91. 11499 Ho

Boehner, A., De Arriani dicendi genere. Diss. 1885. 57 S. 1.50

Böhner, August Nathanael

— Die freiforschende Bibel-Theologie und ihre Gegner. s.a. Böttger.

Böhner, Aug. Nath., die freiforschende Bibeltheologie und ihre Gegner. Eine Beleuchtung der neuern theologischen Systeme mit besonderer Berücksichtigung der Schweizerkirche. Zürich 859, Orell, Füßli & Co. gr. 8. (XI, 132 S.) 21 ngr.

— die Blüthe des geistigen Lebens oder Stunden der Weihe für das Schweizervolk ohne Unterschied des Glaubensbekenntnisses. Betrachtungen über Gott, Freiheit, Vaterland rc. Mit einer Auswahl der besten Vaterlandslieder. 1. u. 2. Liefg. Zürich 860, 61. Höhr. gr. 8. (VIII, S. 1—40.) Jede Liefg. n. 4 ngr.

Böhner, A. N., die brennenden Fragen der Gegenwart, Darwinismus, Radikalismus und Pessimismus im Lichte der Naturwissenschaft. gr. 8. Hannover 877. Leipzig, Hirt und Sohn. *

Böhner, Aug. Nathanael, die brennenden Fragen der Gegenwart Darwinismus, Radikalismus u. Pessimismus im Lichte der Naturwissenschaft. [Aus: „Leben u. Weben der Natur".] gr. 8. (45 S.) Hannover 877. Rümpler. n. 1. —

Böhner, August Nathanael, die Harmonie der Töne u. des Lichts. Telephonie u. Spektralanalyse. Mit einer (chromo-)lith. Taf. u. 5 (eingedr. Holzschn.-)Illustr. gr. 8. (VII, 48 S.) Hannover 879. Leipzig, Hirt & Sohn. n. 1.—

—— d. Hauptaufgaben e. westafrikan. Kolonialregierg. Zugleich e. Kulturbild a. d. Missionsgebieten Westafrikas. 8. (64) Ebd. 89 n. — 30

Böhner, Aug. Nathanael, Kosmos. Bibel der Natur. Das Anziehendste aus dem Gesammtgebiete der Naturforschung zur Veranschaulichung der Majestät des Ewigen in seinen Werken. Für Gebildete aller Bekenntnisse. 2 Bde. in 6 Lfgn. Lex.-8. (718 S. mit eingedr. Holzschn., 22 Stnt. und Holzschntaf. und 1 Titelbild in Farbendr.) Hannover 862—67, C. Rümpler. à Lfg. * 1 Thlr. *

— Kosmos. Bibel der Natur. Hausschatz der Naturwissenschaft für gebildete Familien. 2. verm. Aufl. (In 2 Bdn. oder ca. 12 Lfgn.) 1—11. Lfg. gr. 8. (1. Bd. XII, 610 S. u. 2. Bd. VII u. S. 1—544, m. eingedr. Holzschn. u. lith. u. chromolith. Taf.) Ebend. 879. 80. à n. 2. —

Böhner, Aug. Nathanael, Leben und Weben der Natur. Volksausgabe des Kosmos für Schule und Haus. Lex.-8. (VI, 319 S. mit 15 lithogr. farb. und schwarzen Taf. und 6 Illustr. in eingedr. Holzschn.) Hannover 873, Rümpler. geb.

— dasselbe. 2. vervollständ. Aufl. Mit 15 lith. farb. u. schwarzen Taf. u. 6 Illstr. gr. 8. (VIII, 356 S.) Ebend. 876. n. 6. —

— Leben u. Weben der Natur. Volksausgabe des Kosmos für gebildete Familien. 3. verm. Aufl. Mit 16 lith. (zum Theil farb.) Taf. u. vielen (eingedr. Holzschn.-) Illustr. gr. 8. (IX, 402 S.) Ebend. 879. 6. —; geb. 7.50

Böhner, A. N., Monismus. Die Naturwunder in ihrer Einheit m. dem Leben d. Geistes nach den großen Entdeckgn. d. Neuzeit. gr. 8. (VIII, 202 S.) Gütersloh 889. Bertelsmann. n. 2. 50; geb. n. 3. 20

—— Naturforschung und Kulturleben in ihren neuesten Ergebnissen zur Beleuchtung der großen Frage der Gegenwart über Christenthum und Materialismus, Geist und Stoff. gr. 8. (XIV und 306 S. mit 3 Stnt.) Hannover 858, C. Rümpler. *

— Naturforschung und Kulturleben in ihren neuesten Ergebnissen zur Beleuchtung der großen Frage der Gegenwart über Christenthum und Materialismus, Geist und Stoff. Mit 3 lith. Tafeln. Ebend. 859. gr. 8. (XIV, 306 S.) n. 1 ℛ︎ 20 ngr.

— Naturforschung und Kulturleben in ihren neuesten Ergebnissen. Zeugniß der Thatsachen über Christenthum und Materialismus, Geist und Stoff. Mit 3 lith. Tafeln. 2., vervollständ. Aufl. Ebend. 864. gr. 8. (XVI, 360 S.) 1 ℛ︎ 20 ngr.

—— Naturforschung und Kulturleben in ihren neuesten Ergebnissen. Zeugniß der Thatsachen über Christenthum und Materialismus, Geist und Stoff. 3. unveränd. Aufl. gr. 8. (XVI, 360 S. mit 3 lithogr. Taf.) Hannover 870, Rümpler. *

— was uns bleibt im Strome der Vergänglichkeit. Abschiedsrede. gr. 8. (16 S.) Ebend. 875. — 30

Böhner, Aug. Nathan, Wir rühmen uns auch der Trübsale. Trost-Predigt gehalt. während d. Krieges der schweiz. Eidgenossenschaft gegen d. Sonderbund. 8. (18 S.) Zürich 848, Hanke. 3 ngr

Böhner, Ernst: Geschichtlicher Ueberblick über die Entwicklung der Lateinschule zu Amorbach (1807—1907) mit einem Verzeichnis der Lehrer und Schüler. Zur Jahrhundertfeier der Anstalt verfaßt. 46 S. 8.

Städt. Karl-Ernst-Lateinschule (Privat-Lateinsch.) *Amorbach* 1907.

P10ß

Böhner, Fritz

Geschichtlicher Überblick über die Entwicklung der Lateinschule zu Amorbach (1807—1907) mit einem Verzeichnis der Lehrer und Schüler. — Von Fritz Böhner, Vorst. der Anstalt. (Zur Jahrhundertfeier der Anstalt.) — 1907, Amorbach, G. Volkhardt — P. 3—22.

Böhner, Johann Heinrich

Choral-Buch | zum neuen | Kurpfälzischen Reformirten Gesangbuch, | verfasset auf Befehl | des | Kurpfälzischen Hochlöblichen Kirchen-Raths | von | Johann Heinrich Böhner, | Lehrer des Reformirten Gymnasiums in Mannnheim [!]. | B | Z | Auf Kosten des Verfassers. | 1785.
Mannheim 1785, [V:] J. H. Böhner – gr. 8° – (48) Bll.

Böhner, L., Gesänge verschied. Handwerker u. Gewerbe. Fol. Leipz. 815. Breitkopf u. H. 10 gr

Bohnert & Hartling: Katalog über Glaswaaren für Beleuchtungszwecke. Frankfurt a. M. 1903

Bohnert, *Eduard Felix Philipp* Elektrostatik. Versuch einer elementaren, auf Experimente gegründeten Darstellung ihrer Hauptlehren. 4 (32 S.).
Progr. Rsch. vor d. Holstenthore *Hamburg* 1895

Bohnert, F[elix]: [Bericht über die Eröffnung der Anstalt und die Einführung des Direktors.] S. 2—6. 4. Progr.
Realschule in *St. Georg zu Hamburg* 1906

Bohnert, F., Bericht üb. die Hülfsmittel f. den physikalischen Unterricht u. üb. die physikalischen Schülerübungen an der Oberrealschule vor dem Holstentore zu Hamburg, erstattet im Auftrage der Oberschulbehörde f. die Weltausstellg. in St. Louis 1904. Progr. (29 S. m. 1 Taf.) gr. 4. Hamburg 904. (Herold.) n.n. 2. 50

Bohnert, F[elix], Dr.: Bericht über die Hülfsmittel für den physikalischen Unterricht und über die physikalischen Schülerübungen an der Oberrealschule vor dem Holstentore zu Hamburg. Hamburg 1904: Lütcke & Wulff. (29 S.) 4°
Hamburg, OR vor dem Holstentore OP 1904 (852)

Bohnert, Felix [aus Hamburg]: Bestimmung einer speciellen periodischen Minimalfläche, auf welcher unendlich viele gerade Linien und unendlich viele ebene geodätische Linien liegen .... Göttingen, Druck d. Univ.-Buchdr. v. W. Fr. Kästner, 1888; 2 Bl. + 43 + 1 S. u. 1 Taf. 8°
Göttingen, Phil. Fak., Inaug.-Diss. v. 27. Jun. 1888

Bohnert, Fel., Bestimmung einer speciellen periodischen Minimalfläche, auf welcher unendlich viele gerade Linien und unendlich viele ebene geodätische Linien liegen. Inaugural-Dissertation. Lex.-8. (43 S. mit 1 Taf.) Göttingen 888, (Vandenhoeck und Ruprecht.) *

Bohnert, *Felix* [Dr.]: Elektrostatik. Versuch einer elementaren, auf Experimente gegründeten Darstellung ihrer Hauptlehren. Hamburg, gedr. bei Lütcke & Wulff, 1895; 2 Bl., 32 S. 4.
Hamburg, R vor d. Holstenthore, OP 1895 (759)

Bohnert, [Felix], Dr.: [Gedächtnisrede für den ersten Direktor der Anstalt Prof. Dr. Carl Redlich, gest. am 27. Juli 1900.] *Hamburg 1901: Lütcke & Wulff.* (S. 2—7.) 4°
Hamburg, OR u. R vor d. Holstenthore, OP 1901 (801)

—: Das neue Schulgebäude und seine Einweihung. S. 6—10. 4.
Progr. Realschule in *St. Georg zu Hamburg* 1908

Bohnert, F., Elementare Stereometrie, s.a. **Sammlung Schubert. IV.**

Elementare Stereometrie von Dr. F[elix] **Bohnert**, Hamburg. Mit 119 Fig. Leipzig: Göschen 1902. VII, 183 S. 8°
(Sammlung Schubert. 4.) (n. n. 11)

— Ebene u. sphärische Trigonometrie, s.a. **Sammlung Schubert. III.**

Ebene und sphärische Trigonometrie von Prof. Dr. F[elix] **Bohnert**. Hamburg. Mit 63 Fig. 2., verb. Aufl. Leipzig: Göschen 1906. VIII, 167 S. 8°
(Sammlung Schubert. 3.) (n. n. 11)

Bohnert, F: Wie ist e. Verbindg zwischen höh. Schule u. Volkssch. herzustellen? Vortr. (10) 8° Hambg, Herold '11. — 30

Bohnert, Friedr., Karte von Italien. 1 : 2,000,000. Lithogr. und color. Imp.-Fol. Stuttgart 879, Engelhorn. *

Bohnert F, Karte d. Markung d. Haupt- u Residenzstadt Stuttgart nebst Umgebung. fol
Stuttgart 1867

Bohnert's, Fr., neuester Plan von Stuttgart. Mit dem Fremdenführer, den Kärtchen der Umgegend von Stuttgart und des Bodensee's, 1 Karte der k. w. Eisenbahnen und 1 Fahrtenplan über Abfahrt und Ankunft der Züge im Stuttgarter Bahnhof. Fol. Stuttgart 872, Lubrecht. In Carton

Bohnert, Plan von Stuttgart mit Höhencurven und Strassenprojecten. 1 : 4500. Ausg. 1870. * M 5., und Ausg. 1878. Fol. Stuttgart, Lindemann. *

Bohnert F, d. neue Stuttgart. Eisenbahnprojekt. Hasenbergstat. (Karte.) Stuttgart 1874

Bohnert, F, s.: Touristen-Karte d. unt. Schwarzwald.

Böhnert, Josepha (Agnes), s.: **Märzfeld, C.**

Böhnert, Vict., der Beruf der Kirche in der socialen Frage. Ein Vortrag geh. beim 8. deutschen Protestantentag zu Wiesbaden am 29. September 1874. [Aus: „Verhandlungen d. 8. deutschen Protestantentages."] gr. 8. (22 S.) Leipzig 874. Barth. — 30

Böhngen, A., Geschichte d. Innern St. Bonifazschule A in München, s.: **Jahresbericht üb. d. Werktags-Volksschulen d. kgl. Haupt- u. Residenzstadt München.**

Bohnhardt, O: Handkte d. Reg.-Bez. Stade, s: **Mussmann, A.**

Bohnhardt, O: Karten, s.: **Mussmann, A.**

Bohnhardt, Wilhelm

Bohnhardt, W., das Personal-Pronomen im Altprovenzalischen, s.a. **Ausgaben u. Abhandlungen aus dem Gebiete der romanischen Philologie.**

Bohnhardt, Wilhelm [aus Erfurt]: Das Personal-Pronomen im Altprovenzalischen .... Marburg, C. L. Pfeil'sche Univ.-Buchdr., 1887; 2 Bl. + 60 S. 8°.
Marburg, Phil. Fak., Inaug.-Diss. v. [23. Mai] 1887.

Bohnhof, Ernst: Die O r g a n i s a t i o n der See-Fischerei in den Staaten Europas und Nord-Amerikas. Berlin. 1889 (–91). Siehe in: Deutscher Fischerei-Verein. Mitteilungen etc. (Jg. 7. Beilage 3.) Berlin. (1891.) 8°.

Bohnhoff, Karl Der Prolog der Iphigenie in Aulis des Euripides. 21 S.
Progr *Freienwalde* 1885.

Bohnhorst, J., Uns. Pflanzen nach ihrem deutschen Volksnamen rc., s.: **Meling, H.**

Böhni, Ernst, von Stein a. Rh. [Kt. Schaffhausen]: Beitrag zur Pathologie des Pericard. Zür. Zürcher u. Furrer Dr. 1878. 62 S., 1 Bl. Thesen. 8°.
Zürich, Med. Diss. [v. 7. Aug. 1878].

Bohniček, Steph.: Anwendgn d. Lemniskatenteilg. [Aus: „Sitzgsber. d. k. Akad. d. Wiss."] (39) gr8° Wien, A Hölder '12. 1.94

— Bemerkgn z. Kreisteilg. [Aus: „Sitzgsber. d. k. Akad. d. Wiss."] (7) gr8° Ebd. '12. nn — 26

— Zur Theorie d. achten Einheitswurzeln. [Aus: „Sitzgsber. d. k. Akad. d. Wiss."] (23) gr8° Ebd. '11. — 70

— Üb. d. Unmöglichk. d. diophant. Gleichg $\alpha^{2n-1} + \beta^{2n-1} + \gamma^{2n-1} = 0$ im Kreiskörper d. 2nten Einheitswurzeln, wenn n grösser als 2 ist. [Aus: „Sitzgsber. d. k. Akad. d. Wiss."] (16) gr8° Ebd. '12. — 52

Böhnig D, Rechenbuch für technische Fachschulen und zum Selbstunterricht. (181 S)
Holzminden 1894

Böhnisch, Caspar, Pfarrer von Oppersdorf . . . Neisse 1901. H: *Riedinger, F.* Nent)

Caspar Böhnisch, Pfarrer von Oppersdorf. Ein kleiner Beitrag z. Kulturgesch. Schlesiens im vorigen Jahrhunderte. Nach s. eigenen Aufzeichn. *Neisse: F. J. Neise 1901.* (36 S.) 8° [F.]
Aus: Neisser Zeitung. 01. 6149 2

Böhnisch, F. X., Erbauungsgedanken bei d. Einweihungs- u. Schutzfeste d. Kirche d. heil. Fürstin Hedwig zu Brieg. 8. Bresl. 785. W. G. Korn. 2 gl

— Erbauungsgedanken über d. nothwend. Glaubenswahrheiten auf d. Leidensgesch. Jesu. 1r Bd. 8. Bresl. 798. (W. G. Korn). 1 rl.

Böhnisch, Gottlieb

Böhnisch, G., Geschichte der herzogl. höheren Töchterschule zu Zerbst. Festschrift zur Feier des 100jähr. Bestehens der herzogl. höheren Töchterschule zu Zerbst 1906. (II, 94 S.) gr. 8. Zerbst 906. (E. Luppe.) n. 1. 50

Böhnisch, G., u. R. Specht, Handbuch für den deutschen Unterricht, s.: Schmidt's, Rob., Lehrhefte für Baubeflissene.

Bohnius, Ioannes s.: Bohn, Johannes

Böhnke, C., Athniel od.: Die Eroberung von Kiriath Sepher. Thogarma od.: Die ungleichen Brüder. 2 Erzählgn. 8. (242 S.) Cottbus 894. Gotthold-Expedition. Kart. 1. 20

Böhnke, C., der Gasthof zur Krone. Eine Erzählung. [Aus: „Gotthold".] 8. (140 S.) Kottbus 880. Gotthold-Expedition. — 60

Böhnke, C. Der Gasthof zur Krone. Eine Erzählg. 2. Aufl. 8. (123 S.) Cottbus 892, Gotthold-Expedition. cart. — 60
Aus: Gotthold, besonders abgedruckt.

[F.] Hermann Sinnig. E. Erzählg v. C. **Böhnke**. *Cottbus: Gotthold-Exped. 1896.* (119 S.) 1 Bd 8. 97. 434

Böhnke, C., bewährte Treue. Der Soldiner. 2 Erzählgn. 8. (248 S.) Cottbus 895. Gotthold-Expedition. Kart. 1. 20; geb. in Leinw. 1. 50

Boehnke, Franz

Plan (Massst. 1 : 7,500) und Führer durch Marienwerder hsg. von **Franz Boehnke**. *(Marienwerder): F. Boehnke [1900].* (28 S., 1 Kartenbl. 33×42 cm.) 8° [Umschlagt.] 01. 9255

Böhnke, Friedrich Wilhelm

Kurzer Abriss über die 100 jährige Thätigkeit der Loge Libanon zu den 3 Cedern im Or. Erlangen. Allen geliebten Brüdern am Stiftungstag den 25. Oct. 5857 überreicht. [Unterz.:] F[riedr.] W[ilh.] Böhnke. Erlangen 1857: Volkhart. 10, 8 S. 4° [Umschlagtit.]
Tt. 476. Nebst Verzeichn. der Mitgl. der Loge für 1857, u. Text der Festgesänge bei der Säkularfeier. Abgedr. ohne Gesänge u. Mitglverzeichn. in: FZ. 12 (1858) S. 13—15, 69—71, 100—102, 109—111.

Böhnke, Hans, prakt. Arzt: Aus d. Königl. mediz. Universitätsklinik zu Königsberg i. Pr. Beitrag zur Kenntnis der polyneuritischen Psychose. *Königsberg i. Pr. 1898: M. Liedtke.* (32 S.) 8°
Königsberg, Med. Diss. v. 20. Dez. 1898

Böhnke, Herm., Friedrich der Große u. sein Heer. Balladen. 8. (V, 74 S.) Oldenburg 882. Bültmann & Gerriets in Comm. n. 1. 50; geb. n. 3. —

Böhnke, Herm. Kaiserlieder zur Gedächtnisfeier an Kaiser Wilhelm I. 8. (63 S.) Oldenb. 890, Hinben. * — 80

Böhnke, Herm., Ralf. Eine episch-lyr. Dichtg. 8. (III, 68 S.) Oldenburg 893. H. Hintzen. n. 1. —

— Tannenrauschen. Eine Wald- u. Weihnachtsgeschichte. 8. (III, 60 S.) Ebd. 891. n. 1. —; geb. n. 2. —

Böhnke, Herm. Wielands publizistische Thätigkeit. 27 S. Progr. G. *Oldenburg* 1883.

Böhnke, Herm., Zollern u. Quitzow. Historisches Drama in 4 Aufzügen. [Der Bühne gegenüber als Mscr. gedr.] gr. 16. (80 S.) Oldenburg 875. Schmidt's Verl. n 1. 50

Böhnke, Max, a. Berlin: Die Flexion des Verbums in Lagamons Brut. (Berlin: Mayer & Müller 1906.) (VI, 89 S.) 8°
Berlin, Phil. Fak., Ref. Brandl, Diss. v. 11. Aug. 1906
[Geb. 7. Juni 79 Berlin; Wohnort: Berlin; Staatsangeh.: Preußen; Vorbildung: Andreasrealgymn. Berlin Reife M. 98; Studium: Berlin 12 S.; Rig. 15. Febr. 06.]

Boehnke-Reich, Heinr., die Arzneistoffe aus dem Thier- u. Pflanzenreich in systemat., pharmacognost. u. chem. Beziehung. Göttingen 864. Vandenhoeck & Ruprecht. gr. 8.
1. Abthl.: Die Arzneistoffe aus dem Thierreich mit Zugrundelegung der Pharmacopoea borussica ed. VII. unter Berücksichtigung der Pharmacopoeen von Baiern, Hamburg, Hannover u. Oesterreich. (79 S.) n. 12 ngr.

Böhnke-Reich, Heinr., der Kaffee in seinen Beziehungen zum Leben. Für Haus u. Familie geschildert. Mit Illustr. (in eingedr. Holzschn.) 8. (VI, 67 S.) Leipzig 875. Thiele & Freese. (?) 1. —

Boehnke-Reich, Heinr., der Kaffee in seinen Beziehungen zum Leben. Für Haus u. Familie u. f. Gebildete aller Stände geschildert. Festschrift zum 200jähr. Jubiläum d. Kaffee's in Oesterreich u. Deutschland. Mit Illustr. 2. verb. u. stark verm. Aufl. 8. (XII, 224 S.) Berlin 885. Thiel. n. 3. — ; geb. n. 4. 50

— Prinzesschen Tausendschön, s.: Scholtze's, K., Märchen-Sammlung.

Bohnsack, Gust., die Via Appia von Rom bis Albano. Eine Schilderg. ihrer Entstehg., ihres Laufes u. ihrer nähern Umgebgn., nebst e. Anh., enth. das Verzeichniß der vornehmsten Bauwerke an der Via Appia nebst Situationsplan. 8. (116 S.) Wolfenbüttel 886. Zwißler. n. 1. 50

Bohnstädt, s. a. Bohnstedt.

Bohnstädt, G. C., Analecta Grammatices hebraeae. 8. Lps. P. C. W. Vogel. 736.

Bohnstedt. Le classicisme et le romantisme en littérature. Perleberg, R., 1858.

Bohnstedt: The Life and Writings of Charles Dikens. 22 S. Progr. Siegen 1854.

Bohnstedt, prakt. Schiffbau, s. a Grundriss d. Maschinenbaues. 4. Bd.

Praktischer Schiffbau. Von Schiffbau-Ing. **Bohnstedt**. Mit 246 Abb. u. 12 Taf. Hannover: M. Jänecke 1907. (280 S.) 8°
= **Grundriss** d. Maschinenbaues. Bd 4. 08. 13902 7

Bohnstedt, A. R., s. Bohnstedt, Reinhold

Bohnstedt, Carolus: *De rebus Oropiorum. 129 [vielmehr: 128] S. 2°
Halle-Wittenberg, Phil. Diss. v. 1. Febr. 1845
Geb. Langerfeld (Westf., Kr. Schwelm) 25. 11. 1819. V.

Bohnsted, Daniel Eberhard: Der Kinder Scheiden bringt [Trauergedicht auf Hedwig Agathe Heldin, † 27. Jan. 1705.] — Schleßwig 1705: Holwein. 2 Bl. 4°

Bohnstedt, David Sigismund

— Abbild. ein. bei Gott Gnade such. Sünders. 8. 726.

Bohnstädt, Dav. Sigm., Anweis. z. wahren Selbstverläugnung. 8. Frankf. (Wenzel, Copenh.) 742. 8Rthlr.

Bohnstädt, Dav. Sigm. Band der Einigkeit zwischen wahr. Christ. Collegen rc. 8. Frankf. (Wenzel, Cop.) 752.

— Erörter. wicht. Gewissensfragen, d. sowohl d. Christ. usw. als auch d. Lehramt betr. 8. Frankf. (Wenzel, Cop.) 736.

Bohnstedt, D. S., Erörterung vom Sonntage. Leipz. 1736. 8.

— wahre Freudigkeit 1) d. Christ. im Leben u. Sterben, 2) d. Lehr. im Lehramt rc. 8. Stett. Kunkel. 749.

BOHNSTEDT, Dav. Sigism., Gedancken vom schweren Gericht Gottes über die Sünde der Hurerey und Ehebrecherey, von Missgeburten, von der monstrueusen (!) Ehe der Vielweiberey etc. Franckf. 1725. 8°. Höchst selten!

BOHNSTEDT, Die Gestalt theils erbaulicher, theils fleischlicher Visiten und Compagnien. Wie auch die entlarvete Eitelkeit der Welt-üblichen Comödien, zur allgem. Besserung d. Kirche entworfen von —. JENA, verlegts Joh. Friedr. Ritter, 1743. 8°. Rar! (In Marburg, Univ.-Bibl.: XIX c. C 1244.) (10 Mk. E. Frensdorff, 1904.)

12 Bll. Vorst. (incl. Zuschr. an Jungfer Anna Sophia Kruppin, dat. Essen, d. 29. April 1743) u. 203 S., nebst 13 unbez. S. Reg. Tit. m. Signet d. Verlegers. Stellenw. etwas derb u. frei. Ueb. d. Comödien S. 101 sq. Verfasser bezeichnet sich auf den Titel als „evang-luth. Past. zu St. Gertrud in Essen."

— Gestalt theils erbaul., theils fleischl. Visiten u. Compagnien rc. 8. Stettin, Ritter. 749.

— Hauptwerk in Schul. d. Lehrend. u. Lernend. in 5 Red. 8. Stettin, Ritter. 748.

— des Lehramts lautere Lehrzunge nach zwey Regeln der Lehrer regierend. 8. Jena, 742.

Bohnstedt, David Sigismund (Dersheim/Halberstadt), Diss. de spiritu moderationis. Präs. Paul Anton. Halle (Ch. Henckel) 24. IX. 1707. 28 S. (4.80) 3434

Bohnstedt, Ed. [approb. Arzt aus St. Petersburg]: Beitrag zur descriptiven und typographischen Anatomie der Regio perinei .... München, Druck d. Textes v. M. Ernst, Druck d. Tafeln v. Joh. Roth sel. Wwe., 1885; 44 S. u. 4 Taf. + 4 Holzschnittfig. 8°.
München, Med. Fak., Inaug.-Diss. v. 1885.

Bohnstedt, Ed., Ludwig Voock. Eine Jagdgeschichte aus Westphalen. Nach amtlichen Urkunden mitgetheilt. Altona 858. Verlags-Bureau. 12. (32 S.) 5 ngr.

— Rechtspflege in Preußen unter Ludw. Simons. Aus Rechtswahrnehmung der Oeffentlichkeit übergeben. (Statt handschriftlicher Mittheilung.) Hamburg 857. (Altona, Verlags-Bureau.) gr. 8. (36 S.) $7^1/_2$ ngr.

— Straf-Verfahren und Disciplinar-Verfahren. (Auszug als Denkschrift.) Frankfurt a. M. 853. (Stuttgart, Göpel.) 8. (2 Bl., 128 S.) n. 10 ngr.

Bohnstedt, Friedrich *Wilhelm* [pr. Arzt aus Brandenburg a. H.]: Die Differentialdiagnose zwischen dem durch Gallenstein und dem durch Tumor bedingten Verschluss des ductus choledochus ... Halle a. S., Hofbuchdr. v. C. A. Kaemmerer & C., 1893; 48 S., 2 Bl. 8.
Halle. Med. Fak., Inaug.-Diss. v. 7. Aug. 1893

Bohnstedt, Frdr., s.: Neisser, A., stereoscopischer medicin. Atlas.

— Georg Christian (Dersheim/Halberstadt), De experientia spirituali. Disp. exeget.-dogmat. Präs. Joachim Lang. Halle 8. III. 1710. (Chn. Henkkel) 1716. 48 S. (5.—) 3435

Bohnstedt, *Georg Wilhelm Ottokar* [pr. Arzt aus Torgau]: '(Aus d. Patholog. Institut zu Marburg.)' Beitrag zur Casuistik der Spina bifida occulta ... M. e. Taf. (Aus: Virchow's Arch. f. path. Anat. u. Physiol. u. f. klin. Med., Bd. 140. 1895.) Berlin, *G. Reimer*, 1895; 37 S., 1 Taf. 8.
Marburg, Med. Fak., Inaug.-Diss. v. 13. Apr. 1895

Bohnstedt, Hanno: Beiträge z. wissenschaftl. Unterr. in d. höh. Mädchenbildg. (7, 247) 8° Bielef., Velh. & Kl. '12. L 3.20 d

Bohnstedt, Hanno, biblisches Lesebuch, s.: Lehrbuch f. den evangel. Religionsunterricht. 1. Tl.

— dass. Beigabe. 150 Sprüche z. kl. Katechismus. (12) 8° Bresl., F Hirt '11. nn — 10 d

Bohnstedt, Hanno, Mädchenschule u. Himmelreich. Bausteine zur religiösen Erziehg. unserer Töchter. (125 S.) 8. Leipzig 906. Dürr'sche Buchh. n. 1. 60; geb. in Leinw. n. 2. —

!— Mädchensch. u. Himmelreich. Jetzt: Berl., Union. Zweigniederlassg.

— Die Psychologie der Haus- u. Schulerziehung, auf Grund der 9. Aufl. der „Psychologie in ihrer Anwendg. auf die Schulpraxis" v. Maaß u. Thomas f. Lehrer- u. Lehrerinnenbildungsanstalten u. auch f. die Erzieher des Hauses neu bearb. (244 S. m. 21 Abb.) gr. 8. Breslau 910. F. Hirt. Geb. in Leinw. 3. 50

Bohnstedt, Hanno, die Rektoratsprüfung. Ein prakt. Wegweiser f. Theologen zur Einführg. in das Studium der Pädagogik, insbesondere für Kandidaten des evangel. Predigtamts zur Vorbereitg. auf d. Rektoratsprüfg. gr. 8. (80 S.) Breslau 894. F. Hirt. n. 1. —

Bohnstedt, H., Evang. Religionsbuch. Einheitl. geordn. Lernbuch d. ganzen christl. Heilsgeschichte u. Heilslehre f. d. Schulunterr. Auf Gr. d. Preuß-Woike-Triebelschen bibl. Geschichten bearb. M. Karten u. Bildern z. Geschichte d. Hl. Landes. gr. 8. (VIII, 230 S.) Breslau 899. F. Hirt. n. — 75; geb. n. 1. —

Bohnstedt, Hanno, evangelisches Religionsbuch. Einheitlich geordnetes Lernbuch der ganzen christl. Heilsgeschichte u. Heilslehre f. den Schulunterricht. Auf Grund der Preuß-Woike-Triebelschen bibl. Geschichten bearb. Mit Karten u. Bildern zur Geschichte des Hl. Landes. 2., durchgesch. Aufl. in der neuen deutschen Rechtschreibg. (XVI, 230 u. VIII S.) gr. 8. Breslau 903. F. Hirt. Geb. n. 1. —

— dass. f. höh. Mädchensch. 2. Afl. (205 m. Abb. u. Kart.) 8° Ebd. '03. — 75; geb. 1 —;
Ausg. f. d. Prov. Brandenburg. (232) 1.25 d

— Evangel. Religionsbuch. Einheitlich geordn. Lernbuch der ganzen christl. Heilsgeschichten. Heilslehre f. d. Schulunterricht. Auf Grund der Preuß-Woike-Triebelschen bibl. Geschichten bearb. Mit Karten u. Bildern zur Geschichte des hl. Landes. 3. Aufl. (XVI, 230 u. VIII S.) 8. Breslau 907. F. Hirt. Geb. 1. —

Bohnstedt, Hanno, zur Strategie u. Taktik der Schulaufsicht. (III, 79 S.) 8. Leipzig 907. R. Voigtländer. 1.—

— Wirklichkeiten, Werte u. Wege unserer Lehrerinnenbildung. (163 S.) 8. Leipzig 906. Dürr'sche Buchh. n. 2.—; geb. n. 2.50

1 — Wirklichkeiten. Jetzt: Berl., Union, Zweigniederlassg.

Bohnstedt, K. R. K., an zwei Schulen. Aus den Papieren des Hilfslehrers Armelius Follends. (186 S.) gr. 8. München 908. M. Steinebach. 4.—

Bohnstedt, Kurt, Geschichtliches der Stadt Treuen i. V. u. der Rittergüter Treuen ob. u. unt. Teils aus dem XVI. u. XVII. Jahrh. Dargestellt auf Grund gutsherrl. u. kirchl. Aufzeichngn. aus der Zeit. gr. 8. (71 S.) Treuen i/V. 892. (Plauen i/V., F. E. Neupert's Verl.) n. 2.—

Bohnstedt, (Kurt), Dr.: Mittelalterliche Legenden. *Malchin i. Meckl. 1900: C. H. Hecse.* (S. 1—58.) 4° [J.] Malchin, st. RG, OP 1900 (710)

Bohnstedt, Kurt K. Rud(olf): Vie Saint Nicholas, altfranzösisches Gedicht. *Erlangen 1897: F. Junge.* (44 S.) 8° Leipzig, Phil. Diss. v. [22. Nov.] 1897

Bohnstedt, Ludwig

Bohnstedt, L., die Villa Borchard in Baden-Baden, s. Details, architectonische.

Bohnstedt, L., Entwürfe. 8 Hefte. Fol. Leipzig 874—77, Knapp.

Bohnstedt, L., Entwürfe. 1.—8. Heft. Fol. (48 Stnt. mit 8 Blatt Text.) [Halle.] Leipzig 875—77, Knapp. à Heft * M 6. *

– die Grund-Credit-Bank in Gotha, s. Details, Architektonische

— Haus Hofmeister in Gotha, s.: Details, architectonische.

– Krieger-Denkmal in Gotha, s. Details, Architektonische

— das Stadt-Theater in Riga. Mit 5 Kpfertaf. Fol. (6 S.) Berlin 881. Ernst & Korn. cart. n. 8.—

—— Vorräume, Treppen-, Hof- und Saal-Anlagen, s. Handbuch der Architektur.

Bohnstedt, Paul, approb. Arzt aus Leipnik i. Mähren: Ueber Verlauf, Dauer und Ausgang des Oesophaguscarcinomes. *Leipzig 1901: B. Georgi.* (57 S.) 8° Leipzig, Med. Diss. v. (26. Juli) 1901

Bohnstedt, Paul [aus Breslau]: Zählungen der roten Blutkörperchen bei verschiedenen pathologischen Zuständen, speciell denen der primären und secundären Anämie. . . . *Cassel, Druck v. Gebr. Gotthelft* (1889); 26 S. 8° Erlangen, Med. Fak., Inaug.-Diss. v. 5. Jun. 1889

Bohnstedt, A., das Rechnen m. Dezimalzahlen f. den Schul- u. Selbstunterricht. gr. 8. (59 S.) Luckau 874. Meißner. n. — 80

Bohnstedt, Reinhold Die Einweihung des neuen Gymnasialbaues. 11 S. Progr. *Luckau* 1881.

Bohnstedt, Reinhold Flora luccaviensis. 86 S. 12. *Luckau* 1882. Progr.

Bohnstedt, Rhold., flora Luccaviensis. 12. (118 S.) Luckau 882. (Meissner.) n. — 80

Bohnstedt, A. R., Flora Luccaviensis. Anleitung zur Bestimmg. der in der nördl. Niederlausitz wildwachs., verwilderten u. häufig kultivierten Pflanzen. 2., umgearb. Aufl. 8. (XVI, 138 S.) Luckau N.-L. 889. Entleutner'sche Buchdr. cart. n. 1.50

Bohny, Emanuel

Bohny, E. (Red.), s. Arbeiterfreund, Aargauer.

Bohny, Emanuel. Die Arbeitslosenfürsorge. Eine Antwort auf das von der Gemeinnützigen Gesellschaft des Bezirkes Zürich aufgestellte Diskussions-Schema zur Frage der Vorbeugung der Arbeitslosigkeit und zur Unterstützung der Arbeitslosen. Separat-Abdruck aus den «Schweizerischen Blättern für Wirtschafts- und Sozialpolitik», Heft 9 und 10, Jahrg. 12, 1904. 36 S. 8. Bern, Scheitlin Spring & Cie., 1904.

— Die Arbeitslosenfürsorge. Ein Beitrag zur Frage der Vorbeugung der Arbeitslosigkeit und zur Unterstützung der Arbeitslosen. 8°. Zürich, Fäsi u. Beer, 1905.

Bohny, Em[anuel]. Aussersihl und seine Entwicklung. Kulturhistorische Skizze. SA. 8. Zürich III [1897].

Bohny, Eman., Zwei Erzählungen a. d. Baselgebiet. I. Ureli, der Kienbueb. II. 's Gestadeck-Blüemli. 8. (116 S.) Liestal 897. Gebr. Lüdin. Kart. n. 1.20

Bohny, Emanuel. Der Hüttenwart. Gebirgsdrama in 3 Akten. 56 S. 8. Aarau, H. R. Sauerländer & Co., 1910. [fr. 1.—]

Bohny, Emanuel. Der Mönch von Zofingen. Historische Erzählung. 2. Aufl. 134 S. 8. Zürich, Siegfried & Co., 1905. [fr. 1.20]

Bohny, Emanuel. Notwendigkeit und Nutzen des öffentlichen Arbeitsnachweises und der Errichtung von Arbeitsämtern in der Schweiz. II + 24 S. 8. Zürich, Buchh. des Schweiz. Grütlivereins, 1908. fr. —.50

Bohny, Friedrich

Bohny, F., Amerikanische Hochbauten, sogenannte Wolkenkratzer. (32 S. m. 67 Fig.) 4. Berlin 906. J. Springer. n. 2.—
Sonderabdruck aus: „Zeitschr. d. Ver. deut. Ingenieure".

Bohny, F[riedrich]. Theorie und Konstruktion versteifter Hängebrücken. Von Dr. ing. F. B' [von Liestal], Oberingenieur der Brückenbauanstalt Gustavsburg bei Mainz. Mit 70 Abbildungen im Text. VI + 109 S. gr.-8. Leipzig, Wilhelm Engelmann, 1905. [M. 5.—]

Bohny, Niklaus, neues Bilderbuch. Anleitung zum Anschauen, Denken, Rechnen u. Sprechen f. Kinder v. 2½ bis 7 Jahren. Zum Gebr. in Familien, Kleinkinderschulen, Taubstummen-Anstalten ꝛc. qu. Imp. 4. (8 S. m. 18 auf beiden Seiten bedruckten, color. u. 1 schw. lith. Taf.) Stuttgart 848, Schreiber & Schill. 1⅓ ₰

[BOHNY, N. *Neues Bilderbuch.* Anleitung zum Anschauen, Denken und Rechnen für Kinder von 2½ bis 7 Jahren ... Esslingen, F. Schreiber, c. 1855]. Ohne Titel u. Tafel 1; Blätter 2—37 des sehr interess. u. schön m. kolorierten lithogr. Tafeln illustrierten Albums in Querfolio. Einfacher Halbleinenbd. 35.—
Jedes der einseitig bedruckten Blätter ist in zwei oder drei Friese abgeteilt und bringt in mehreren, sehr schön handkolorierten Figuren eine Zählaufgabe m. darunter gedrucktem Text. — Die reizenden Bilder zeigen Kinderspiele, Tiere, Pflanzen, Gerätschaften, Straßen- u. Handwerkerszenen, ländliche Szenen, Landschaften, Schule u. viele Soldaten. Trotz einigen leichten Benutzungsspuren gut erhalten.

Bohny, N., neues Bilderbuch. Anleitung zum Anschauen, Denken, Rechnen u. Sprechen für Kinder von 2½ bis 7 Jahren, zum Gebrauche in Familien, Kleinkinderschulen, Taubstummen-Anstalten u. auf der ersten Stufe des Elementarunterrichts. Mit 36 (lith. u.) color. Taff. u. 1 (lith.) Zeichentaf. 2. Aufl. 866. — 3. Aufl. Eßlingen 867. Schreiber. qu. 4. (8 S. Text.) 1 ₰ 25 ngr

Bohny, N., neues Bilderbuch. Anleitung zum Anschauen, Denken, Rechnen und Sprechen für Kinder von $2\frac{1}{2}$ bis 7 Jahren zum Gebrauche in Familien, Kleinkinderschulen, Taubstummen-Anstalten und auf der ersten Stufe des Elementarunterrichts. Mit 36 color. Taf. und einer Zeichentaf. 4.—10. Aufl. qu. Fol. (4 S.) Eßlingen 868—74, Schreiber. geb.

Bohny's, N., neues Bilderbuch. Anleitung zum Anschauen, Denken, Rechnen u. Sprechen f. Kinder von $2\frac{1}{2}$ bis 7 Jahren, zum Gebrauche in Familien, Kleinkinderschulen, Taubstummen-Anstalten u. auf der 1. Stufe d. Elementar-Unterrichts. Mit 36 color. (lith.) Taf. m. eingedr. Texte u. e. (lith.) Zeichentaf. 10. Aufl. qu.-Fol. (4 S. Text.) Eßlingen 875. Schreiber. geb. 5. 50

Bohny, N., neues Bilderbuch. Anleitung zum Anschauen, Denken, Rechnen und Sprechen für Kinder von $2\frac{1}{2}$ bis 7 Jahren, zum Gebrauche in Familien, Kleinkinderschulen, Taubstummen-Anstalten und auf der ersten Stufe des Elementar-Unterrichts. Mit 36 color. Taf. und 1 Zeichentaf. 11. Aufl. 2. Ster.-Abdr. qu. Fol. Eßlingen 879, Schreiber. geb. *

Bohny, N. *Neues Bilderbuch.* — Dasselbe Werk mit 36 [hand]colorirten Tafeln u. einer Zeichentafel, 9. Aufl. Eßlingen, J. E. Schreiber, ca. 1880. Quer-kl. fol. Bestoß. chromolithogr. Or.-Pappbd. mit Leinenrücken. — Einige Benutzungsspuren. Einige SS. etw. eingerissen. 28.—

Bohny's, N., neues Bilderbuch. Anleitung zum Anschauen, Denken, Rechnen u. Sprechen für Kinder von $2\frac{1}{2}$ bis 7 Jahren, zum Gebrauch in Familien, Kleinkinderschulen, Taubstummen-Anstalten u. auf der ersten Stufe des Elementar-Unterrichts. Mit 36 (lith. u.) color. Taf. u. einer Zeichentaf. 11. Aufl. qu. gr. 4. (6 S.) Eßlingen 880. Schreiber. geb. n. 6. —; in Lex.-8. geb. u. d. T.: Kleinkinderfreund (ohne die 6 S. Text u. die Zeichentaf.) n. 6.—

Bohny's, N., neues Bilderbuch. Anleitung zum Anschauen, Denken, Rechnen und Sprechen für Kinder von $2\frac{1}{2}$ bis 7 Jahren, zum Gebrauch in Familien, Kleinkinderschulen, Taubstummen-Anstalten und auf der ersten Stufe des Elementar-Unterrichts. 11. Aufl. qu. gr. 4. (6 S. mit 36 lithogr. und color. Taf. und 1 Zeichentaf.) Eßlingen 882, Schreiber. geb. * geb. in Lex.-8. u. d. T.: Kleinkinderfreund (ohne die 6 S. Text und die Zeichentaf.) *

Bohny's, Nik., neues Bilderbuch. Anleitung zum Anschauen, Denken, Rechnen u. Sprechen f. Kinder von $2\frac{1}{2}$—7 Jahren. Zum Gebrauche in Familien, Kleinkinderschulen, Taubstummenanstalten u. auf der ersten Stufe d. Elementar-Unterrichts. Mit mehr als 400 Abbildgn. auf 36 Farbendr.-Taf. 12. gänzlich neu gezeichnete Aufl. qu. gr. 4. (6 S. Text.) Eßlingen 885. Schreiber. geb. n. 6.—

Bohny's, Nik., neues Bilderbuch. Anleitung zum Anschauen, Denken, Rechnen u. Sprechen für Kinder von $2\frac{1}{2}$—7 Jahren. Zum Gebrauche in Familien, Kleinkinderschulen, Taubstummenanstalten u. auf der 1. Stufe d. Elementarunterrichtes. Mit mehr als 400 Abbildgn. auf 36 Farbendr.-Taf. 13., gänzlich neu gezeichnete Aufl. qu. gr. 4. (8 S.) Eßlingen 892. J. F. Schreiber. Kart. n. 4. 50

Bohny's, Nik., neues Bilderbuch. Anleitg. z. Anschauen, Denken, Rechnen u. Sprechen f. Kinder v. $2\frac{1}{2}$—7 Jahren. Z. Gebr. in Familien, Kleinkinderschulen, Taubstummenanst. u. auf d. ersten Stufe d. Elementarunterr. M. mehr als 400 Abb. a. 36 Farbendr.-Taf. 14. Aufl. qu. gr. 4. (6 S. Text.) Eßlingen 897. J. F. Schreiber. Geb. n. 4. 50

Bohny's, Nik., neues Bilderbuch. Anleitung zum Anschauen, Denken, Rechnen u. Sprechen f. Kinder von $2\frac{1}{2}$—7 Jahren. Zum Gebrauche in Familien, Kleinkinderschulen, Taubstummenanstalten u. auf der ersten Stufe des Elementarunterrichts. Mit mehr als 400 Abbildgn. auf 36 Farbendr.-Taf. 15 (m. der 14. gleichlaut.) Aufl. qu. gr. 4. (6 S. Text.) Eßlingen (902). J. F. Schreiber. Geb. n. 4. 50

Bohny's, Nik., neues Bilderbuch. Anleitung zum Anschauen, Denken, Rechnen u. Sprechen für Kinder von $2\frac{1}{2}$—7 Jahren. Zum Gebrauche in Familien, Kleinkinderschulen, Taubstummenanstalten u. auf der ersten Stufe des Elementarunterrichts. Mit mehr als 400 Abbildgn. auf 36 Farbendr.-Taf. 16. Aufl. (8 S. Text.) qu. gr. 4. Eßlingen (906). J. F. Schreiber. Geb. n. 4. 50

— Bilder-Lautirbuch. Eine Anleitung kleine Kinder auf eine leichte u. naturgemäße Art lesen u. schreiben zu lehren. Zum Gebr. in Familien u. Kleinkinderschulen u. auf d. ersten Stufe d. Elementarunterrichts. 4. (XII u. 57 S., wovon 30 lith., m. 22 color. Lith.) Ebd. 849. 1 ₰ 6 ngr

Bohny, N., Vorübungen zur Schön- und Schnellschrift, zugleich als Uebungsheft zum Ueberziehen und Nachfahren mit trockner und nasser Feder. Basel 856. (Fischer u. Co.) 4. (24 lith. S.) 5 ngr

Bohny, Paul. Beiträge zur Kenntnis des Digitalisblattes und seiner Verfälschungen, mit Berücksichtigung des Pulvers. Diss. Phil. [II.] Univ. Zürich. [Mit 3 Tafel-Seiten.] VIII + 67 S. 8. Basel, Emil Birkhäuser, 1906.

Bohomolée, J., Der Teufel in seiner wirklichen Gestalt. Warschau. 8°. (Beißende Kritik des Aberglaubens, der Zauberei u. Hexen. Als Folge davon wurde vom König Stanislaus August 1796 die Tortur u. die Todesstrafe in Sachen der Zauberei abgeschafft.) 1772

Bohonowsky, Jos., von d. Rechte d. Regenten, Gesetze üb. bürgerl. Rechtsverhältnisse abzuändern etc. Mit e. Vorr. (v. N. T. Gönner). gr. 8. Landsh. 803. Krüll. 6 ₰

Bohr, v., u. Aloys Reitze, Oesterreich's Ehrenspiegel etc., s. 9. Bd. Höfel, Blas.

Bohr C.: Ueber den Einfluss d. tetanisirenden Irritamente auf Form u. Grösse d. Tetanuscurve. (Leipz. 1882). (52) S. 2 Tvl. (Særtr.). P.

— u. Henriques V.: Ueber den respiratorischen Stoffwechsel. (Wien) 1892. 3 S. (Særtr.). P.

Bohr C.: Experimentelle Untersuchungen üb. die Sauerstoffaufnahme d. Blutfarbstoffes. Kopenh. 1885. 46 S. 2 Tvl. P.

Bohr C.: [Særtryk]. P.
(Ueber die Verbindung d. Hämoglobins m. Kohlensäure. (Leipz. 1886). (9) S. Fig. — Ueber die Gasspannungen im lebenden arteriellen Blute. (Wien) 1887. 6 S. — Ueber die Respiration nach Injection v. Pepton u. Blutegelinfus u. üb. die Bedeutung einzelner Organe f. die Gerinnbarkeit d. Blutes. (Wien) 1888. 3 S.).

Bohr, H., u. N. Mayntz, die praktische Korbbienenzucht, s. Mayntz, N.

Bohr, H. G., Lehrbuch der Weltgeschichte. Auf Veranstaltung des Königl. Ministeriums für das Herzogth. Schleswig nach der 3. Ausg. ins Deutsche übers. von Edm. Lobedanz. 3 Thle. Kopenhagen 853, 54. Gyldendal. 8. n. 1 ₰ $12\frac{1}{2}$ ngr.
1. Thl.: Lehrbuch der alten Geschichte. (208 S.) n. 16 ngr.
2. Thl.: Lehrbuch d. Geschichte d. Mittelalters. (211 S.) n. 16 ngr.
3. Thl.: Lehrbuch d. neuern Geschichte. (332 S.) n. 24 ngr.

Bohr, Harald, über die Summabilitätsgrenzgerade der Dirichlet'schen Reihen. (7 S.) gr. 8. Wien 910. A. Hölder. — 80
Sonderabdruck aus „Sitzungsber. d. k. Akad. d. Wiss."

Bohr, St. v., wer ist der Dieb? od. Gottes Wege sind wunderbar, s.: Sonnenstrahlen u. Regentropfen f. d. Jugend. 7. Bd.

Boehr, üb. Schiffsluft, ihre Verunreinigung u. die Mittel, sie zu verbessern. Mit Holzschn. im Text. [Aus: „39. Beiheft zum Marineverordnungsblatt."] gr. 8. (41 S.) Berlin 882. Mittler & Sohn. n. — 80

— dasselbe, s. a. Beihefte zum Marineverordnungsblatt.

Boehr, Car Eduard. (geb. Berlin 12. 4. 1793): Veram vomitus theoriam contra sententiam a clarissimo viro Magendie nuper propositam defendet. Berolini (1816). (40 S.) 8°
Berlin, Med. Diss. v. 13. Juli 1816

Boehr, Carl Julius (Berlin), De methodo antiphlogistica. Diss. med. Bln. (A. Petsch) 25. IX. 1826. 30 S., mit Biogr. (4.50) 3311
Oppon.: G. R. Sick, J. Metzig, E. H. Hartung. — Gew.: Christoph Knape.

Boehr, Ernst

Beobachtungen über den Einfluß Kreuznacher Bäder bei Herzkranken. Weitere Folge. Von Dr. E[rnst] **Boehr**, Oberstabsarzt z. D., Bad Kreuznach. *Kreuznach: K. Scheffel 1904.* (32 S.) 8° [F.]
1 nicht selbständig erschienen. [04. 1666

Boehr, E., Beobachtungen üb. den Einfluss Kreuznacher Bäder bei Herzkranken. Weitere Folge. (32 S. m. Kurven.) gr. 8. Kreuznach 904. R. Schmithals. n. 1. —

Böhr, Ernst, Geschichte d. evang. Volksschulwesens d. Stadt Osnabrück. 1. Thl. [Aus: „Mitteilgn. d. histor. Vereins z. Osnabrück".] 8. (57 S.) Osnabrück 895. (Rackhorst.) n. — 60

Boehr, Ernst. (geb. Berlin 4. 11. 1844): Ueber Hydrocephalus congenitus in geburtshilflicher Beziehung. Berlin (1868). (36 S.) 8°
Berlin, Med. Diss. v. 4. Juli 1868

Böhr, Friedr., der Geburtstags-Gratulant. Sammlung von Glückwünschen in Versen und Prosa für alle Stände und jedes Alter. 2. (Titel-)Aufl. gr. 8. (168 S.) Bunzlau 883, Kreuschmer. *

Böhr, Friedr., Gesangbuch für christliche Volksschulen. 1. Aufl. (IV und 196 S.) 1853. und 2., verm. Ausg. 8. (IV und 230 S.) Berlin 856, J. A. Wohlgemuth. *

Böhr, Friedr., Gesangbuch für christliche Volksschulen. 853. (2 Bl., 196 S.) — 2., verm. Ausg. Berlin 857. Wohlgemuth. 8. (2 Bl., 196, 34 S.) n. 6 ngr

— der vollständigste Neujahrs-Gratulant, 604 metrische Neujahrswünsche u. 98 Neujahrsbriefe, nebst e. Anh. v. 118 Weihnachtsgedichten. Zusammengestellt nach den verschiedenen Altersstufen der Kinder. 2. Ausg. gr. 8. (III, 156 S.) Ebend. 883. n. 1. —

—— Schulandachten. Gesänge und Gebete für christl. Volksschulen. 4. (VIII und 224 S.) Berlin 853, J. A. Wohlgemuth. *

— Schulfeier des Geburtstages Sr. Maj. des Königs. Enthaltend: Geistliche Lieder, Gebete, Ansprachen und Reden 2c. Glogau 854. Flemming. 8. (VIII, 168 S.) 9 ngr

— der Vaterlandssänger, enthaltend eine Auswahl ein- und mehrstimmiger Volkslieder älterer und neuerer Zeit. Für Jung und Alt, zunächst zum Gebrauche in christlichen Volksschulen, sowie im häuslichen Kreise. 2 Hefte. Erfurt 856. Körner's Verlag. gr. 16. (79 S.) Jedes Heft nn. 1 1/2 ngr

Boehr, G. H., De hydrophobia et rabie canina. Fref. ad V. 8°.
1784

Boehr, Hans: Das Finanzwesen der Stadt Cöthen. Halle a. S. 1908: Kaemmerer. 109 S. 8°
Halle, Phil. Diss. v. 21. Aug. 1908, Ref. Conrad
[Geb. 20. Jan. 80 Erfurt; Wohnort: Kassel; Staatsangeh.: Preußen; Vorbildung: Gymn. Erfurt Reife O. 00; Studium: Jura u. Nationalökon. Freiburg i. B. 1, München 2, Phil. Halle 11 S.; Rig. 19. Okt. 07.] [U 09. 1635

Böhr, Hub., kleine Geschichtsauszüge aus der vaterländischen Geschichte. Rückschreitend aus der Gegenwart zu früheren Zeiten. Bearb. für die Mittelstufe der Volksschule. 2. verm. und 3. verb. Aufl. 8. (32 S.) Köln 887,88, A. Ahn. **

Böhr, Hub., kleine Geschichtszüge a. d. vaterländ. Geschichte. Rückschreitend a. d. Gegenwart zu früh. Zeiten. F. d. Mittelstufe der Volksschule bearb. 4. verb. Aufl. gr. 8. (32 S.) Köln 891. A. Ahn. n.n. — 25

Boehr, Julius Adolf. (geb. Zehdenick 7. 8. 1839): De injectionibus hypodermaticis. Berolini (1865). (32 S.) 8°
Berlin, Med. Diss. v. 14. März 1865

Boehr, Max, Beobachtungsjournale f. fieberhafte Krankheiten. qu. gr. 4. (50 Taf. m. 2 S. Text.) Berlin 874. Hirschwald. In Mappe. n. 3. —

Boehr, Max: Instruction für die westafricanische Expedition des Herrn Dr. phil. Güssfeldt zur Diagnose und Behandlung von Krankheiten, besonders der Wechselfieber in den Tropenzonen. Berlin 1873. 55 S. 8°.

Böhr, Max, Instruction für wissenschaftliche Reisende zur Diagnose und Behandlung der häufigsten Krankheiten, besonders der endem. Malaria-Processe und Infectionen, sowie über die allgemeinen Grundsätze der Wundbehandlung. 1. und 2. Aufl. Im Auftrage des Vorstandes der deutschen afrikan. Gesellschaft hrsg. 8. (164 S.) Berlin 875, Hirschwald. * ℳ 3.; geb. *

Boehr, Maximil. Lud(ov.) Aug(ustus) (geb. Berlin 1. 7. 1830): De liquoris ferri sesquichlorati usu in aneurysmatibus sanandis. Berolini (1855). (32 S.) 8°
Berlin, Med. Diss. v. 15. März 1855

Bohrdt, Hans

Bohrdt, H: Deut. Flottenbilder. Mit e. histor. Ueberblick. Fol. (20 m. Abb. u. 12 Lichtdr.) Berl. 98, W Dünnhaupt. Geb. in L. 12.50

Bohrdt, Hans, Deutsche Flottenbilder. 12 Taf. in Lichtdr. n. Originalen v. B. M. e. histor. Ueberblick v. Künstler. qu. Fol. (20 S. m. Abb.) Berlin 898. W. Pauli's Nachf. Geb. in Leinw. 12. 50

Bohrdt, Hans, Marinemalerei. Eine Plauderei. (S. 93—112 m. Abbildgn. u. 6 Taf.) 36×27 cm. München (900). F. Hanfstaengl. 4. —
Sonderabdruck aus „Die Kunst unserer Zeit".

Bohrdt, Hans, Deutsche Schiffahrt in Wort u. Bild. Fol. (38 S. m. farb. Abbildgn.) Hannover (902). A. Molling & Co. Geb. n. 4. 50

Bohren, Arnold. Über die Fresnelschen Integrale. Diss. Phil. Bern. [Mit Figuren und 2 Tafeln.] 48 S. 8. Bern, K. J. Wyss, 1901.

Bohren, Franciscvs Aemilivs (geb. am 14 Jan. 1843 in Montjoie): De septem sapientibvs ... Bonnae, form. C. Georgi (1867). 1 Bl., 70 S., 1 Bl. 8. ¶ Erschien zugleich selbständig bei Weber in Bonn.
Bonn, Phil. Fak., Diss. v. 30 Apr. 1867

Bohren, Franc. Aemil., de septem sapientibus. gr. 8. (79 S.) Bonn 867, Weber. *

Bohren, R A . Die Letzten von Unspunnen. Bernisch-historisches Schauspiel in 5 Aufzügen. Zeit der Handlung: Ende des XII. und Anfang des XIII. Jahrhunderts. (*Umschlag:* 2. verbesserte Aufl.) 106 S. 8. Aarau, H. R. Sauerländer & Co., 1901. (fr. 1.—)
(Bibliothek vaterländischer Schauspiele. 72.)

Böhrend, gen. Hylarius, Hnr., Launen froher Stunden, poet. Versuche d. Gewissenhaftigkeit. 16. Gera 836. Fr. Schumann in Greiz. 1/4 ℛ Schreibp. 7 ngr

Bohrer, s. Sedan-Festreden, sechs.

Bohrer, Al., vom Kölner Dom u. seiner Umgebung. Neue Vorschläge. (31 S. m. 2 Plänen.) gr. 8. Köln 904. J. P. Bachem. n. — 80
Sonderabdruck aus: „Der Städtebau".

Bohrer, Al.: 71 ausgeführte Normalgrundrisse f. Mietshäuser. Ergebnis e. Rundfrage d. Stadt Aachen. Beitrag z. Baurordngs- u. Wohngsfrage. (11 m. 3 Taf.) 33,5×27,5 cm. Berl., E Wasmuth '12. 1.20

Bohrer, Albin. Meiselding. Landschaftliche Skizze. Klgft., v. Kleinmayr, (1894). 9 S.

Bohrer, Crescentia, Freiburger Kochbuch. Enthält 1075 Vorschriften zur schmackhaften Bereitung aller sowohl in einer herrschaftl. als bürgerl. Küche vorkomm. Speisen jeder erdenkl. Art. Sämmtl. durch vieljähr. Erfahrung erprobt u. niedergeschrieben. 8. Freiburg 836. Fr. Wagner. 5/6 ℛ geb. 1 ℛ

Bohrer, Crescentia, freiburger Kochbuch. Enthält 1427 Vorschriften zur schmackhaftesten Bereitung aller sowohl in einer herrschaftl. als bürgerlichen Küche vorkomm. Speisen jeder erdenklichen Art. Sämmtl. durch vieljähr. Erfahrung erprobt u. niedergeschrieben. 2., mit 352 Vorschriften verm. Aufl. gr. 12. (21 B.) Freiburg im Breisgau 843, Wagner'sche Buchh.

Bohrer's, Crescentia, Freiburger Kochbuch oder vollständ., durch vieljähr. Erfahrung erprobte Anweisung zur schmackhaften und billigen Zubereitung aller sowohl in der herrschaftl. als bürgerl. Küche vorkommenden Speisen. 3., mit 117 Recepten verm. Aufl. Durchgesehen und neu hrsg. von Frz. Horber. 8. (526 S.) Freiburg im Br. 865, Wagner'sche Buchh. cart.

Bohrer's, Crescentia, Freiburger Kochbuch oder vollständige, durch vieljährige Erfahrung erprobte Anleitung zur schmackhaften u. billigen Zubereitung aller sowohl in der herrschaftlichen als bürgerlichen Küche vorkommenden Speisen. 3. Aufl. 865. — 4. verm. Aufl. Neu hersg. von Frz. Horber. Freiburg im Br. 870. Wagner. 8. (534 S.) 1 ℳ

Bohrer's, Crescentia, Freiburger Kochbuch oder vollständ., durch vieljähr. Erfahrung erprobte Anleitung zur schmackhaften und billigen Zubereitung aller sowohl in der herrschaftl. als bürgerl. Küche vorkommenden Speisen. 4. Aufl. (534 S.) 1870. ℳ 3., und 5. verm. Aufl. Neu hrsg. von Frz. Horber. 8. (546 S.) Freiburg i. Br. 874, Wagner'sche Buchh. cart. *

Bohrer's, Crescent., Freiburger Kochbuch od. vollständ., durch vieljährg. Erfahrg. erprobte Anleitg. zur schmackhaften u. bill. Zubereitg. aller sowohl in der herrschaftl. als bürgerl. Küche vorkomm. Speisen. 5. verb. Aufl. Neu hrsg. v. Frz. Horber. 8. (546 S.) Freiburg i/Br. 874. Wagner. n. 3. 50

Bohrer's, Crescentia, Freiburger Kochbuch oder vollständige, durch vieljährige Erfahrung erprobte Anleitung zur schmackhaften u. billigen Zubereitung aller sowohl in der herrschaftlichen als bürgerlichen Küche vorkommenden Speisen. 6. verb. Aufl. Neu hrsg. von Frz. Horber. 8. (548 S.) Freiburg i/Br. 878. Wagner. cart. n. 3. 50; geb. n. 4. 20

Bohrer's, Crescentia, Freiburger Kochbuch od. vollständ., durch vieljähr. Erfahrg. erprobte Anleitg. zur schmackhaften u. bill. Zubereitg. aller sowohl in der herrschaftl. als bürgerl. Küche vorkomm. Speisen. 8., verb. Aufl. 8. (IV, 548 S.) Freiburg i/B. 892. F. Wagner. Kart. n. 3.50; geb. in Leinw. n. 4. —

Franciscus Bohrer. Theses metaphysicae et ethicae. Quas defendet ornatus atque eruditus Matthaeus Henricus Roth, Neostadianus ad Hardam, physices et ethices auditor. Impugnabunt Franciscus Bohrer, Magister, et ornati atque eruditi Joannes Singer, Joehlingensis, Bernardus Arzer, Sintzheimensis, physices et ethices auditores.
Badenae in aula principalis Athenaei die 29. Januarii, anno MDCCLXII. horis ante et post meridiem consuetis.
Rastadii typ. C. A. Schell, typogr. aul. 4°. 4 S.

Progr. Rastatt 1762.

Bohrer, Georg

Bohrer, Geo., s.: Gaben, mancherlei, f. Geist u. Herz.

Bohrer, Gg., Tobias Kießling. Vortrag. gr. 8. (15 S.) Nürnberg 886. (Löhe.) n. — 20

Bohrer, Geo., Predigt über Jes. 30, 15; gehalten bei der aus Anlaß des Hinscheidens Sr. Majestät des Kaisers Friedrich III. in der Kirche zu St. Sebald in Nürnberg stattgehabten Trauerfeier. 8. (11 S.) Nürnberg 888, Löhe. *

— die große Vergangenheit e. Mahnung f. unsere Gegenwart. Festrede, geh. bei der Nationalfeier am 2. Septbr. 1883 im großen Rathhaussaale zu Nürnberg. gr. 8. (11 S.) Nürnberg 883. Raw. n. — 20

Bohrer, R. A., die Letzten v. Unspunnen, s.: Bibliothek vaterländ. Schauspiele. 72.

Böhrer, Ferdinand, Oberösterreichs Chronik. Kurzgefaßte Geschichte des Landes ob der Enns von der ältesten Zeit bis in die neueste Zeit. I Allgemeine Chronik von den Urzeiten bis in die Gegenwart. 8. (224 S.) Geb. * 1.20
Linz: Zöhrer 1893.

Böhrer, M., s. Jh. P. *Frank*, Traité.

Bohres, H. (Hrsg.), s. Hermann.

Internationale Bohrgesellschaft A.-G., Erkelenz <Rheinland>. Größtes u. bedeutendstes Bohrunternehmen Europas. — (Berlin 1905: Elsner.) 82 S. quer-8° [deutsch u. franz.]

Böhrig, Ed., das Recht auf Arbeit in Verbindung m. e. allgemeinen Krankenkasse, Alters- u. Invaliditäts-Versicherung. Sozialpolitische Gedanken in philanthrop. u. prakt. Beleuchtg. gr. 8. (34 S.) Berlin 892. (Hamburg, Herold's Verl.) n. — 30

Böhrig, Recht auf Arbeit in Verbindung m. e. allgemeinen Krankenkasse, Alters- u. Invaliditäts-Versicherung. Hamburg 893.

Böhrig, Karl, aus Lobsens: Die Probleme der Hebbelschen Tragödien. *Rathenow 1899: M. Babenzien.* (76 S.) 8° [F.]
Leipzig, Phil. Diss. v. [23. Juni] 1899

Böhrigen (Schlagwort)

Böhrigen, s.: Geologische Karten. Spezialkarte (Sachs.).

Böhringen (Schlagwort)

Böhringen, Württemberg. Höhenkurvenkarte.

Böhringer, Ehren-Gedächtniß des Hrn. Past. em. Eduard Kellner zu Schwirtz, gestorben am 26. März 1878, geh. bei seiner Beerdigung, am 29. März 1878 in der Kirche zu Schwirtz. gr. 8. (18 S.) Breslau 878. (Dülfer.) n. — 30

Böhringer. Erinnerungsblätter an das Lager bei Halle in den Septembertagen 1844. 8. Dessau 1844.

Böhringer, Gebr.: Kataloge und Prospekte über Drehbänke, Hobelmaschinen usw. 1910 ff. Göppingen

Böhringer, A., zur Feier d. Einweihung von Klopstocks Denkmal im Brühle bei Quedlinburg, am 7. Juli 1831. 8. Quedlinb. 831. Basse. 2 gr. vergl. Klopstock.

— Stegreifdichtungen Eine Samml von Gedichten mehrfachen Inhalts. 8. Berl. 825.

Böhringer, Ad.: Über die Wolken des Aristophanes. 25 S. Progr. Karlsruhe 1863.

Böhringer, Adolf, aus Stuttgart: Beiträge zur Kenntniss einer neuen Reihe sauerstofffreier Basen. Bonn C. Georgi Dr. 1875. 34 S. 8°. Ueber die Einwirkung von Cyankalium auf Crotonchloralhydrat. Stuttg. Gebr. Mäntler Dr. 1875. 22 S., 1 Bl. 8°.
Zürich, Phil. Diss. [v. 31. Juli 1875].

Böhringer, A., Beiträge zur Kenntniss einer neuen Reihe sauerstofffreier Basen. Jnaugural-Dissertation 34 Stn. 8. Bonn, Druck von Georgi. 1875?

Böhringer, [Adolf]: Die Bürgerkunde im württembergischen Gymnasium. Reutlingen 1910: Hutzler. 25 S. 4°
Reutlingen, k. G P 1910 (817) [S 10. 38

Böhringer, A. Über die Einwirkung von Cyankalium auf Crotonchloralhydrat. Stuttgart 1875.

Böhringer, Adolph: Der platonische Gorgias. 34 S. Progr. Karlsruhe 1870.

Böhringer, Adolf Kants erkenntnistheoretischer Idealismus. 4 (86 S.). Progr. G. *Freiburg i. B.* 1888

Böhringer, Adf., Kant's Erkenntnis-theoretischer Idealismus. 4. (86 S.) Leipzig 890. Fock. n. 1. 50

Kants erkenntnistheoretischer Monismus. Eine Einl. in d. Studium d. 'Kritik d. reinen Vernunft'. Von Dr. Adolf **Böhringer**. München: M. Rieger 1907. (VI, 125 S.) 8° [07. 17060]

Böhringer, Adolph: Über den philosophischen Standpunkt des Socrates. Ein Bruchstück aus der Geschichte der griechischen Philosophie. 42 S.
Progr. Karlsruhe 1860.

Böhringer, Aug.

Böhringer, A., Blüthenkränze in Poesie u. Prosa, s. a. Blüthenkränze.

Blüthenkränze in Poesie und Prosa aus dem Leben des deutschen Improvisators, A[ug.] Böhringer. Magdeburg: Selbstverl. 1829. X, 220 S. 8°
Enth. auch einige mrische Gedichte.

Böhringer [Aug.], Ehren-Gedächtniß des Hrn. Past. em. Eduard Kellner zu Schwirtz, gestorben am 26. März 1878, gehalten bei seiner Beerdigung am 29. März 1878 in der Kirche zu Schwirtz. gr. 8. (18 S.) Breslau 878, (Dülfer's Verlag.) *

Lauten-Klänge. Eine Sammlung poetischer und prosaischer Aufsätze, mehrentheils aus dem Stegreif niedergeschrieben und allen Verehrern und Freunden der Poesie dargebracht von Aug. Böhringer. (Mit dem Portr. des Verf.) Magdeburg 1832: Baensch jun. XIV, 174 S. 8°
Enth. auch einige mrische Gedichte.

Stegereif-Dichtungen. Eine Sammlung von Gedichten mehrfachen Inhaltes. Von Aug. Böhringer. Berlin 1825: Lasch. XIV, 176 S. 8°
Enth. auch einige frmrische Gedichte.

BÖHRINGER, C.: Über die Zuckererzeugung aus dem Safte des Ahornbaumes in den k. k. österreichischen Staaten. - Wien 1810

C. F. Boehringer & Söhne, Mannheim-Waldhof. (1859—1909.) — (Freiburg 1909: Wagner.) 4 Bl. 8° 38 A.

Böhringer, F, Athanasius u. Arius, od. d. 1. gr. Kampf d. Orthodoxie u. Heterodoxie. 1. Das Christenth. u. d. Kaiser Diokletian u. Konstantin. 2. Antonius, d. Patriarch d. Mönchthums. 8. (628) Stuttg. 74, Meyer u. Z. n. 14. —

Böhringer, F. u. P. Die alte Kirche. 8. Thl.: Das 4. Jahrhundert. 2. Aufl. 2. Ausgabe. 8. Stuttgart, Meyer & Zeller. 1876? 7. 50

Böhringer, F. und P., die alte Kirche. 11. Thl. 1. Hälfte. Das 5. und 6. Jahrhd. 2. Aufl. 2. Ausg. gr. 8. Stuttgart, Meyer & Zeller. 7. 50
1877 ?

[Böhringer, Friedrich.] Betrachtungen über die Revolution im K. Zürich, in Briefen eines Zürchers an einen Basler. 8. Basel 1839.

Böhringer, Friedr., Fahret hinaus auf die Höhe. Synodal-Predigt gehalten den 11. Jan. 1848 zu Zürich. gr. 8. (15 S.) Zürich 848, Meyer und Zeller. *

Böhringer, Friedr., d. Kirche Christi u. ihre Zeugen, od. die Kirchengeschichte in Biographien. I. Bd. 1—4. Abth. Lex.-8. Zürich, Meyer u. Zeller.

Abthl. 1. Biographien von Ignatius, Polykarpus, Perpetua, Justinus, Clemens von Alexandrien, Origenes, Irenaeus, Tertullian, Cyprian, (29 B.) 842. 1 Thlr. 15 Ngr.
- 2. Biographien von Athanasius, Antonius, Basilius, Gregor von Nyssa, Gregor von Nazianz. (28 B.) 842. 1 Thlr. 15 Ngr.
- 3. Biographien von Ambrosius u. Augustinus. (49½ B.) 845. 2 Thlr. 20 Ngr.
- 4. Biographien von Chrysostomus, Olympias, Leo, Gregor der Grosse. (27¼ B.) 846. 2 Thlr. 6 Ngr.

—— die Kirche Christi und ihre Zeugen oder die Kirchengeschichte in Biographieen. II. Bd. 1. Abthl. Mittelalter. 1. Abthl. (enth. die Biographien von Kolumban und St. Gall, Bonifazius, Ansgar, Anselm v. Canterbury, Bernhard v. Clairvaux, Arnold v. Brescia.) gr. 8. (XII und 708 S.) Zürich 849, Meyer und Zeller. *
I. Bd. (4 Abthlgn.) Ebendas. 1842—46. 7 Thlr. 26 Ngr.

Böhringer, Friedr., die Kirche Christi und ihre Zeugen oder die Kirchengeschichte in Biographieen. II. Bd.: Mittelalter. 2. Abthl. (enthaltend die Biographie von Peter Abälard, Heloïse, Innozenz III., Franziscus v. Assisi, Elisabeth v. Thüringen.) gr. 8. (XII und 663 S.) Zürich 854, [Meyer und Zeller's Verlag.] *

Böhringer, Friedr., die Kirche Christi und ihre Zeugen oder die Kirchengeschichte in Biographieen. II. Bd.: Mittelalter. 3. Abthl. A. u. d. T.: Die deutschen Mystiker des 14. und 15. Jahrh. Johannes Tauler, Heinrich Suso, Johannes Rusbroek, Gerhard Groot, Florentius Radevynzoon, Thomas v. Kempen. gr. 8. (XVI und 841 S.) Zürich 855, [Meyer und Zeller's Verlag.] Thlr. *

—— dass. — II. Bd.: Mittelalter. 4. Abthl.: 1. Hälfte. A. u. d. T.: Die Vorreformatoren des 14. und 15. Jahrhunderts. 1. Hälfte: Johannes v. Wykliffe. gr. 8. (XII und 613 S.) Ebds. 856. *
I. Bd. und 2. Bd. 1. Abthl. Ebendas. 1842—49. 10 Thlr. 29 Ngr.

Böhringer, Friedr., die Kirche Christi und ihre Zeugen oder die Kirchengeschichte in Biographieen. II. Bd.: Mittelalter. 4. Abthl.: 2. Hälfte. A. u. d. T.: Die Vorreformatoren des 14. und 15. Jahrhunderts. 2. Hälfte: Konrad Waldhauser, Milic v. Kremsier, Matthias v. Janow, Johann Hus, Hieronymus von Prag (das Konzil von Konstanz; Gerson; der Hussitismus), Hieronymus Savonarola. gr. 8. (XVI und 1062 S.) Zürich 858, Meyer und Zeller's Verlag. *
1. Bd. und 2. Bd. 1—4. Abthl. 1. Hälfte. Ebendas. 1842—56. * 19 Thlr. 19 Ngr.

Böhringer, Friedr., die Kirche Christi und ihre Zeugen etc. 1. Bd. 1. Abthl.: Die Kirchengeschichte der drei ersten Jahrhunderte in Biographien. 2., völlig umgearb. Aufl. 8 Lfgn. Lex.-8. (III und 616 S.) Zürich 861, Meyer und Zeller's Verlag. à Lfg. * 24 Ngr. Thlr. *

Böhringer, Friedr., die Kirche Christi und ihre Zeugen oder die Kirchengeschichte in Biographieen. 1. Bd. 1. Abthl.: Die Kirchengeschichte der drei ersten Jahrhunderte in Biographieen. 2., völlig umgearb. Aufl. 2. Hälfte. Lex.-8. (XI und 1040 S.) Zürich 864, Meyer und Zeller's Verlag. *
1. Bd. 1. Abthl. (1. Hälfte.) Ebendas. 1861. * 2 Thlr. 12 Ngr.

Böhringer, Friedr., die Kirche Christi und ihre Zeugen oder die Kirchengeschichte in Biographien. 1. Bd.: Die alte Kirche. 2. Abthl. 1. und 2. Hälfte. 2. völlig umgearb. Aufl. gr. 8. Zürich [Stuttgart], Meyer und Zeller's Verlag. *

Inhalt:

Bd. 1. Abthl. 2. 1. Hälfte. A. u. d. T.: Die griechischen Väter des dritten und vierten Jahrh. 1. Hälfte: Klemens und Origenes. (412 S.) 869. * ℳ 6,40.
» 2. » 2. 2. Hälfte. —— dass. — 2. Hälfte: Athanasius und Arius. (VII, 628 S.) 874. * ℳ 14.

Das früher Erschienene (1845—64) kostet * ℳ 86,10.

—— dass. — 2. völlig umgearb. Aufl. 2. Ausg. 1. Bd.: Die alte Kirche. 1.—6. Thl. gr. 8. Ebendas. *

Inhalt:

Thl. 1. Das erste und zweite Jahrh. Ignatius, Polykarpus, Perpetua, Justinus. (IV, S. 1—270.) 873. * ℳ 3.
» 2. Das zweite Jahrh. Irenäus. (S. 271—612.) * ℳ 4,20. 873.
» 3. Das zweite Jahrh. und der Anfang des dritten. Die latein.-afrikanische Kirche. Septimus Tertullianus. 1. Hälfte. (IV, S. 1—300.) * ℳ 4,80.; 2. Hälfte. (IV, S. 301—812.) 873. * ℳ 7,80.
» 4. Das dritte Jahrh. Cyprianus. (S. 813—1039.) 874. * ℳ 4,20.
» 5. Das dritte und vierte Jahrh. Klemens und Origenes. (412 S.) 874. * ℳ 7,20.
» 6. —— dass. — Athanasius und Arius, oder der erste grosse Kampf der Orthodoxie und Heterodoxie. Nebst zwei ergänzenden Zugaben: 1. Das Christenthum und die Kaiser Diokletian und Konstantin. 2. Antonius, der Patriarch des Mönchthums. (VII, 628 S.) 874. 1. Hälfte * ℳ 7,80.; 2. Hälfte * ℳ 6.

Böhringer, Friedr., die Kirche Christi und ihre Zeugen, oder die Kirchengeschichte in Biographieen. 1. Thl.: Die alte Kirche. 8.—12. Bd. gr. 8. [Stuttgart 876, Meyer und Zeller.] Leipzig, Hinrichs'sche Buchh. *

Inhalt:

Bd. 8. Böhringer, Friedr., und Paul Böhringer, das 4. Jahrhundert. 1. Die drei Kappadozier oder die trinitarischen Epigonen. 2. Gregorius von Nyssa. 3. Gregorius von Nazianz. 2. völlig umgearb. Aufl.: 2. Ausg. (VIII, 280 S.) 876. *M 6.

» 9. —— —— dass. — Johannes Chrysostomus und Olympias. 2. völlig umgearb. Aufl. 2. Ausg. (VIII, 200 S.) 876. *M 4,20.

» 10. —— —— dass. — Ambrosius, Erzbischof von Mailand. 2. völlig umgearb. Aufl. 2. Ausg. (VI, 100 S.) 877. *M 2,40.

» 11. —— —— das 4. und 5. Jahrhundert. Aurelius Augustinus, Bischof von Hippo. 2. völlig umgearb. Aufl. 2. Ausg. 1. Hälfte. (XII, 268 S.) 877. *M 6.; 2. Hälfte. (VII, 428 S.) 878. *M 9.; compl. *M 15.

» 12. —— —— dass. — [Die Väter des Papstthums: Leo I. und Gregor I.] 2. völlig umgearb. Aufl. 2. Ausg. (VIII, 264 S.) 879. *M 6.

1.—7., 13.—24. Bd. Ebendas. *M 98,40. compl. *M 132.

Boehringer, Herm., Sacratis, e. Liebesphantasie an die Kunst in losen Gedichten. 8. (88 S.) Dresden (902). E. Pierson. n. 2.—; geb. n 3.—

Böhringer, J. F., s. Gallerie vaterländischer Original-Romane.

Böhringer, J. F. — Oesterreichs Jubeltage, oder: Wien am 22. bis 30. April 1854. Eine Denkschrift von — —. Herausgegeben von J. Singer. 12. (48 S) Wien. Gedruckt bei Joseph Stöckholzer von Hirschfeld. 1854.

Böhringer, J. F., s. Novellen-Zeitung, Illustrirte.

Böhringer. J F. — Komischer Volks-Kalender mit vielen Holzschnitten, für das Jahr 1854. Von — —. Zweiter Jahrgang. 8. (64 S.) Wien. Gedruckt bei Joseph Stöckholzer v. Hirschfeld. Im Seltstverlage des Herausgebers.

Volksnarr, Der —. Komischer Volkskalender mit vielen Holzschnitten, für das Jahr 1856. Von J. F. Böhringer. IV. Jahrgang. Wien. Gedruckt bei F. Fridrich u. Komp. Im Selbstverlage des Herausgebers. (64 S. 16.)

Böhringer, J. F. Der Volksnarr, komischer Kalender für das Jahr 1858. Von — —. 6. Jahrg. Wien. Getr. bei F. Fridrich. (32 S. gr. 8.)

Böhringer, K., über d. Zuckererzeugung aus d. Safte d. Ahornbaums in d. k. österr. Staaten. 8. Wien 813. Degen.

Böhringer, Ludw., Deutsches Rechtschreib- u. Aufsatzbuch, nebst sprachl. Übgn. in 4 stufenmäßig geordneten Kursen, f. höh. u. nied. Schulen, m. Berücksicht. der amtlich festgestellt. Regeln f. die neue Orthographie, sowie des Normallehrplans f. die württ. Volksschulen methodisch bearb. 3. Kurs. 5. u. 6. Aufl. 8. (IV, 76 S.) Stuttgart (901). J. B. Metzler. n. — 50

Böhringer, P. Die Heilige der Wartburg. E. christl. Frauenbild. In-8⁰, 26 S. Basel. 1885? — 25

Böhringer, P., Käthe, die Frau Luther's, s.a. Für die Feste u. Freunde d. Gustav-Adolf-Vereins.

Böhringer, Past., Käthe, die Frau Luthers. (40 S.) Barmen 1888. Klein.

Böhringer, P. (Pfarrer u. Docent der Theologie zu Basel.) Kirchengeschichte vom Nicänum bis zur Reformation.

*** Separat-Abdruck aus: Pünjer, theologischer Jahresbericht.

1883?

Böhringer, P. Kirchengeschichte vom Nicänum bis zur Reformation. In-8⁰, 39 S. (S.-A.) 1885?

Böhringer, P. Maria u. Martha. Lebensbilder christlicher Frauen. 1. Heft. Monika. Kl.-8⁰, 24 S. Basel, J. Frehner, 1882.

Böhringer, P. Maria u. Martha. Lebensbilder christlicher Frauen. II. Heft: Käthe, die Frau Luthers. In-8⁰, 88 S. Basel, Druck von Frehner. 1883? — 80

— Maria und Martha. Lebensbilder christl. Frauen. 5. Hft. Die Jungfrau v. Orleans. 8. (39 S.) Basel 887. Buchdr. Frehner & Rudin. n. — 50

Böhringer, P. Siehe: *Reform.*

Böhringer, Paul

—— Gregoire, ein religiöser Charakter, s.a. Schriften des Schweizerischen Vereins für freies Christenthum.

Böhringer, P[aul]. (Heinrich) Grégoire, ein religiöser Charakter. Lebensbild aus der französischen Revolution. 8. Zürich 1879. Schriften des Schweiz. Vereins für freies Christenthum. [Heft] 1.

Böhringer, Paul, Gregoire, ein Lebensbild aus der französischen Revolution. 8. (78 S.) Basel 878. Schweighauser. n. 1. 60

Böhringer, R., Choralbuch f. 4 Männerstimmen. Sämtliche Melodien d. sächs. Landeschoralbuchs, im engsten Anschluss an die Harmonien desselben f. vierstimm. Männergesang bearb. u. hrsg. 8. (IV, 187 S.) Leipzig 887. Pöschel & Trepte. cart. n. 2.—; geb. n. 2. 40

Boehringer, Robert, Die Lohnämter in Victoria. 8⁰. Leipzig, Duncker u. Humblot, 1911. (Staats- u. socialwissensch. Forderungen, Heft 154.)

Boehringer, Rudolf. Über Chindolin und seine Derivate. Diss. Phil. Basel. 48 S. 8. Basel, Walz & Miéville, 1907.

Bohrisch, Paul, aus Forst i. L.: Beiträge zur Kenntnis dextrinartiger Bestandteile des Honigs. *Roßwein i. S. 1903: A. Haubold.* (36 S.) 8°
Leipzig, Phil. Diss. v. 1903

Bohrisch, Paul: Ueber Isotetrazolone. *Erlangen 1897: A. Vollrath.* (41 S.) 8°
Erlangen, Phil. Diss. v. 17. Febr. 1897

Bohrloch, Hans, 200 Bilder-Späße. 8. (200 S. mit eingedr. Holzschn.) Wien 875, [Klič und Spitzer.] Spitzer.

Bohrloch, Hans, 200 Bilder-Späße. 8. (200 S. m. eingedr. Holzschn.) Wien 875. Teschen, Feitzinger. 2. —

Bohrmann, Geo., verbesserter Müller-Ehrenkranz 2c. Einbeck. 869. Ehlers. 16. (47 S. u. 1 Holzschn. in 4.) 4 ngr

Bohrmann, H., der letzte Babenberger, s.: Theater, neues Wiener.

Boehringer, H: Sacratis, e. Liebesphantasie an d. Kunst in losen Gedichten. (88) 8° Dresd., E Pierson (02). 2 —; geb. 3 — d

Bohrmann, Heinr, s.: Almanach, Wiener.

Bohrmann, L[udwig]: Das Nitroacetonitril. 1908. 58 S. 8⁰ ¶ Vgl. Berichte d. Deutschen Chem. Gesellschaft. Jg. 41. Karlsruhe, Dr.-Ing.-Diss. v. 1. 12. 1908

Bohrmann, Marianne, die Kolonisten. Roman aus der südruss. Steppe. (298 S.) 8. Stuttgart 906. Strecker & Schröder. n. 3.50; geb. n. 4.50

Bohrmann, Marianne, schwarze Nächte. Aus Trotz verfehlt, s.: Bohl's allgem. Volksbücherei.

— Die Priorin, s.: Bohl's allgem. Volksbücherei.

Bohrmann, M., in der Steppe. Culturbilder aus Rußland. 8. (VII, 188 S.) Dresden 898. E. Pierson. n. 3.—; geb. n. 4.—

(B) — In der Steppe. 898. (KBB 27.) Jetzt: Berlin, Verlag Berlin-Wien.

— Der Untersuchungsrichter. Roman. (288 S.) 8. Berlin (910). Silva-Verlag. 4.—; geb. 5.—

Bohrmann-Riegen, verlorene Ehre, s. Universal-Bibliothek Nr. 857.

Bohrmann-Riegen, Heinrich: Grüne Ostern, s. Kobler, Hugo

— Radetzky, s.a. Theater, neues Wiener. Nr. 164.

(F) **Bohrmann-Riegen,** H., Radetzky. Histor. Schauspiel aus der Zeit des italienischen Feldzuges 1848 und 1849 in vier Aufzügen. [Neues Wr. Theater. Nr. 164.] Gr.-8°. (77 S.) K 2.—

Bohrmann-Riegen, Heinr., dramatische Werke. 1. Bd. Der letzte Babenberger. Historische Tragödie in 4 Aufzügen. Mißtrauen. Lustspiel in 3 Acten. Beethoven. Schauspiel in 4 Aufzügen. (384 S.) 8. Wien 901. Gesellschaft f. graph. Industrie. n. 3.—

Bohrn, Th.: Seelen, d. sich nicht verstehen, s: Roman-Bibliothek „Mein Ideal".

Bohrversuche. Beschreibung des Verfahrens bei den Bohrversuchen nach warmen Quellen in Ehrenbreitstein. Koblenz. 1838. 8.

Bohs, Wilhelm, aus Schwerin i. M.: **Abrils issi' e mays intrava.** Lehrgedicht von Raimon Vidal v. Bezaudun. (Neuausgabe u. Übers.) *Erlangen 1903: Junge & Sohn.* (44 S.) 8° ¶ [Erschien vollst. 1903 in: Romanische Forschungen, Bd 15, H. 1.] Rostock, Phil. Diss. v. [28. Febr.] 1902

Bohs, Wilh., s: **Raimon Vidal v. Bezaudun,** abrils issi' e mays intrava.

Bohse, August (wirkl. Name), s. a. Talander (Pseud.)

Die Durchlauchtigste Argenis in einer von den vortrefflichsten Staats-Romanen dieser und voriger Zeiten von dem berühmten Jo. Barclajo in Lateinischer Sprache beschrieben, und aus solcher in unsre Hochteutsche mit Fleisz übersetzet von Talandern. Leipzig, Verlegts Joh. Ludwig Gleditsch, Anno 17o1.

Die getreue Sclavin Doris in einem annehmlichen Liebes- und Helden-Roman, Der galanten Welt zu vergönneter Gemüths-Ergötzung vorgestellet von Talandern. (Leipzig.) Zu finden bey Johann Ludwig Gleditsch und M.G. Weidmann, Anno 171o.

[—] Talander. Gründliche Einleitung zu Teutschen Briefen, Nach den Haupt-Reguln der teutschen Sprache eröffnet ... Auch ... mit einer Jetzt üblichen Titvlatvr und allerhand Briefmustern erläutert. Jena, E. C. Bailliar, 1783. 8°. 3 Bl. 351 S. 4 Bl.

[—] Das Einmahl Eins, cum Notis Variorum. Dresden & Leipzig, J. C. Mieth, 1703. 361 (falsch gez. 365) S. *Mit 4 gefalteten Tabellen.*

Schertz- und Ernsthaffte Historische Erquickstunden, aus denen besten so wohl alten als neuen Scribenten mit curieusen Begenheiten, denckwürdigen Sprüchen ... angefüllet, und zur Vergnügung der Einsamen ... eröffnet von Talandern. Leipzig, bey Joh. Ludwig Gleditsch Anno 17o2.

Bohse, August, gen. Talander (Halle), De jure posthumorum. Diss. jur. Präs. Christian Wildvogel. Jena (Joh. Ad. Müller) Juni 1700. 56 S. (5.50)

[—] Der Marquisin von Frene seltzame Liebes- und Lebens-Geschichte von ihr selbst beschrieben, und nebst einem andern curiösen Tractätlein, der Adeliche Bauer genannt, aus dem Frantzösischen übersetzt von TALANDERN. Leipzig, J. L. Gleditsch, 1703. Kl. 8°. *Titelkupfer*, 6 Bl. 604 S. 2 Bl. (Verlagsanzeigen). Guter mod. Pbd. m. Rsch. 360.—
H.-G. IV. 185. Fromm V. 436. Sehr selten! Erstausgabe. Ist die Übersetzung der Mémoires de Mme la marquise de Freine von GATIEN SANDRAS DE COURTILZ (cf. Gay III. 135).

[—] Der Liebes Irregarten, in welchem Hoher Personen unterschiedene Liebes-Geschichte samt andern merckwürdigen Begebenheiten auf das anmuthigste vorgetragen werden, geöffnet durch Talandern. Weisenburg, am Nordgau bey Johann Andreas Mayer, 1724. 8°. *Titelkupfer (Gartenlabyrinth)*, 5 Bl. 386 (falsch gez. 388) S. und *4 (statt 6) Kupfer.* Etwas abgenutzter Pbd. von ca. 1800, Rücken etwas fleckig und lädiert.
G. III, 259, 49: 18. H.-G. VII, 521.

[—] Neu-eröffnetes Liebes-Cabinet des galanten Frauenzimmers, Oder Curiose Vorstellung der unterschiedlichen Politic und Affecten, Welcher sich alle galanten Damen im Lieben bedienen, Vorgestellet von Talandern. Leipzig, F. Groschuff, 1695. 12°. *Gestoch. Frontispiz*, Titel (in Rot und Schwarz), 10 Bl. und 624 S. Neuerer Leinenbd.
H.-G. VI, 520. Sehr selten, wie alle Ausgaben der galanten Bücher Bohses; auch die Deutsche Gesellschaft in Leipzig besaß kein Exemplar und H.-G. kann nur eines nachweisen. Nach ihm ist dies die zweite Ausgabe, eingeleitet durch eine Vorrede „An das Tugend-belobte Leipziger Frauen-Zimme

Bohse, August (Hrsg.), s. Monaths-Früchte, Des französischen Helicons.

— De Regeneratione das ist: Von der Neuen Wiedergeburt Wie sich ein Mensch, dem die Seeligkeit Ernst ist, durch Christi Geist aus der verwirrten und zänkischen Babylon müsse herausführen lassen ... Neue Aufl. Berlin, Ringmacher, 1779. *Titelkpf.* u. 48 S.

[—] Des curieuß-beqvehmen Hand-Buchs auserlesener Send-Schreiben und anderer sonderbahren Concepte Zweyter Theil, in welchem Nicht nur allerhand gantz neue Visit- und Empfehlungs-Gratulation- Condolenz-Anwerbungs -und Bitt-Schreiben an hohe Standes-Persohnen, Patrone, wie auch an seines Gleichen und an Frauen-Zimmer anzutreffen: Sondern auch Unterschiedene Briefe grosser Herren unter sich, samt vielen guten Concepten aus Lehns-Cantzeleyen ... an das Liecht gegeben von TALANDERN. Leipzig, J. L. Gleditsch, 1707. Kl. 8°. 4 Bl. 646 S. 9 Bl. Beschäd. Pgt. d. Z. mit (verwischtem) Supralibrosstempel d. Klosters Marienberg, 2 Schließen. 115.—
H.-G. VII. 518 (mit anderen Erscheinungsdaten). Der Titel unserer Ausgabe trägt den Vermerk: „Gedruckt zum andern mahl".

Talander (d. i. *Aug. Bohse*), Der schönen Ariana anmuthige Staats- und Liebes-Geschichte (nach *Desmarets'* Roman). Mit (18) Kpfrn. Franckf. 1708. 8°. (15 Mk., Prachtexpl. in gleichzeit. Ldrbde., Bernh. Liebisch, Lpz., 1907.)
„Auch die 18 Kupfern sind künstlerisch bemerkenswerth." Einer der seltensten Romane Talander's. — Georgi's B.-Lex. hat: „1709" u. „63 Bogen".

Staats-Roman, Welcher Unter der denckwürdigen Lebens-Beschreibung Telemachi Königl. Printzens aus Ithaca, und Sohns des Ulyssis vorstellet, Wie Die ... Printzen ... zur Staats-Kunst und Sitten-Lehre anzuführen, durch Franciscum de Salignac De La Mothe-Fenelon, Ertz-Bischoffen zu Cambray ... ins Deutsche übersetzet Durch Talandern. Anno 17oo. Verlegts Christian Bauch, Buchhändler in Breszlau.

Bohse, August, Die // Lebenden Todten // welche in dem HErrn entschlaffen /// durch unterschiedene // Trauer=Reden // Leich=Abdanckungen // und // Begräbniss=Gedichte // beehret / // und nebst einen Vorrath von allerhand // curieusen // REALIEN // Zu dergleichen Sermonen an das // Licht gestellet // von // Talandern. // Leipzig / im Verlag Joh. Ludwig Gleditsch // Anno 1705. - 8 Blatt (nicht paginiert) Titelkupfer, Titelblatt, Widmung, Vorrede und Ehrengedicht von Salomo Franck. - 738 S. und noch 12 Blatt (nicht paginiert) Register.
B. S. T. 8°.702.

HOBES, Gustav (d. i. *Aug. Bohse*, sonst *Talander* ps.). — Curieuse u. deutliche Vorstellung unterschiedlicher POLITIC u. AFFECTEN, deren sich alles galante Frauenzimmer im Lieben bedienet, da denn unter anmuthigen Liebes-Verwirrungen und eingemischeten Regeln das Naturel honetter Damen Zu vergönnter Gemüths-Ergötzung in zweyen Theilen entdecket wird von GUSTAV HOBES, welcher zuletzt beygefüget Eine merckwürdige Deduction, dass eine kluge u. sinnreiche Frau die Gesetze ihrer Ehe zu bewahren, oder so sie etwan aus Schwachheit gefehlet, ihren Fehler galant u. vernünfftig zu verbergen wisse, hingegen eine Einfältige u. Tumme solches nicht thun könne. Mit 7 Kpfrn. (incl. Titelkpfr.). Liebenthal, zu finden bey Hermann von der Linden (Leipzig, Groschuff), 1708. 8°. (15 Mk. L. Rosenthal, 1906; 15 Mk. Adolf Weigel, 1907; 30 Mk. Oscar Rauthe, Friedenau-Berlin, 1908.)
TKpf., 7 Bll. Vorst. u. 883 SS. Enth. zahllose, z. Theil frivole Liebeshändel. Th. 2 beginnt mit S. 391. Eingeschaltet ist S. 821—833 Joh. v. Besser's berüchtigtes Gedicht „Ruhestatt der Liebe oder die Schooss der Geliebten" (s. Ruhestatt) u. S. 857—883 ein Singspiel „Monsieur le Harlequin (s. dort), Oder des Harlequins Hochzeit". — Sehr selten!

Bohse, Paul: Die Moira bei Homer. Berlin, Druck v. A. W. Hayn's Erben, 1893; 23 S. 4.
Berlin, k. West-G, P 1893 (07)

De rebus capitalibus Atheniensium, quae τῶν φονικῶν nomine comprehenduntur; v. [Eduard] **Bohstedt.** Rendsburg. 1863. 4°. Real-Gymn.-Progr. 21 S.

Ueber das Söldnerwesen bei den Griechen, v. Eduard **Bohstedt.** Rendsburg. 1873. 4°. Gymn.-Progr.

Bohte, J. H., Handbibliothek d. deutschen Literatur, enthalt. eine Samml. vorzügl. Werke deutscher Schriftsteller aus allen Fächern d. Literatur. 1r Thl. Mit e. Vorrede v. A. W. v. Schlegel. gr. 8. London 825. Bohte. 1 ₰ 16 gr

Böhtlingk, Arth., Absage an den Vorstand des nationalliberalen Vereins zu Karlsruhe. gr. 8. (11 S.) Karlsruhe i/B. 902. Chr. Kaaſt. (Nur direkt.) — 20

Böhtlingk, Arth., Abwehr u. Anklage. Ein offenes Schreiben an Se. Exz. Erzbischof Dr. Nörber zu Freiburg im Breisgau. 2., um e. Nachschrift verm. Aufl. (32 S.) gr. 8. Frankfurt a/M. 903. Neuer Frankfurter Verlag. n. — 25

Arthur **Böhtlingk**. Zur Aufhellung der Christusmythologie. Frankfurt a. M.: Neuer Frankf. Verl. 1910. 15 S. 8° [Umschlagt.] 10. 7531

Böhtlingk, Arth., d. Begründung d. Reiches. Akadem. Festrede. Geh. am 24. Jan. 1896 gelegentl d. student. Festkommerses in d. städt. Festhalle z. Karlsruhe. gr. 8. (8 S.) Karlsruhe 896. F. Thiergarten. n. — 20

Bismarck als Nationalökonom, Wirtschafts- und Sozialpolitiker. Von Arthur **Böhtlingk**. Leipzig: F. Eckardt [1908]. (215 S.) 8° [F.] 08. 17461

— Bismarck u. d. päpstl. Rom. Genet. Darstellg an d. Hand d. Quellen. (15, 471) gr8° Berl., Puttk. & M. '11. 10 —; L 12 —

— Bismarck u. Shakespeare. Eine Studie. (VIII, 149 S.) 8. Stuttgart 908. J. G. Cotta Nachf. 3. —; geb. in Leinw. 4. —

— Napoleon Bonaparte u. der Rastatter Gesandtenmord. Ein Wort an meine Herren Kritiker. gr. 8. (91 S.) Leipzig 883. Duncker & Humblot. n. 2. —

Böhtlingk, Arth., Napoleon Bonaparte, seine Jugend und sein Emporkommen bis zum 13. Vendémiaire. gr. 8. (XX, 338 S.) Jena 877, Ed. Frommann. *

Böhtlingk, Arth., Napoleon Bonaparte, seine Jugend und sein Emporkommen bis zum 13. Vendémiaire. gr. 8. Jena 877. Leipzig, Reichardt Verlag. *

—— **Napoleon Bonaparte**, seine Jugend und sein Emporkommen. 2. (Schluss-) Bd.: Vom 13. Vendémiaire bis zum 18. Brumaire [5. Octbr. 1795—9. Novbr. 1799]. gr. 8. (XVII, 483 S.) Ebendas. 880. *
1. Bd. Ebendas. 1877. * ℳ 5.

—— Napoleon Bonaparte, s. Jugend u. s. Emporkommen. 2. Bd. Vom 13. Vendémiaire bis z. 18. Brumaire [5. Octbr. 1795—9. Novbr. 1799]. 8. (483) Lpzg 80, Duncker & H. n. 8. — (cplt.: n. 18. —) ‖ 2. Ausg. 2 Bde. (812) 83. n. 10. —

—— **Napoleon Bonaparte**, seine Jugend und sein Emporkommen [1769—1801]. 2. durch ein Nachwort verm. Ausg. 2 Bde. gr. 8. (XX, 338; XVIII, 483 und Nachwort 91 S.) Leipzig 883, Duncker und Humblot. *

— Off. Brief a. d. Landtags-Abgeordneten Wilckens (insbes. d. Eisenbahnfrage betr.). gr. 8. (63 S.) Achern 897. Eitler & Jundt. — 50

— das „katholische" Eherecht. (12 S.) gr. 8. Ebd. 904. n. — 20
Sonderabdruck aus: „Das freie Wort".

— unsere deutschen Eisenbahnen. Ein Weckruf. gr. 8. (80 S.) Karlsruhe (900). W. Jahraus. n. 1. 20

(B) — Unsere deutschen Eisenbahnen. 900. (KBL 81.) Jetzt: Karlsruhe, F. Gutsch.

— auf der Fahrt nach Canossa. Ein Gespräch in der Eisenbahn. gr. 8. (53 S.) Frankfurt a/M. 902. Neuer Frankfurter Verlag. n. — 60

Böhtlingk, Arth., Festrede, zur Bismarck-Feier am 1. Apr. 1890, geh. in der städt. Festhalle zu Karlsruhe. gr. 8. (31 S.) Karlsruhe 890. (A. Bielefeld's Hofbuchhandlg.) n. — 80

— die römische Gefahr u. die Reichstagswahl. Eine polit. Ansprache. (Lörrach, 26. IV. 1903). (27 S.) gr. 8. Lörrach 903. C. R. Gutsch. n. — 35

Der Rastatter Gesandtenmord vor dem Karlsruher Schöffengericht. Eine aktenmäss. Darstellung von Arthur **Böhtlingk**. *Heidelberg: J. Hörning 1895.* (112 S.) 8° [F.] 99. 7367

Böhtlingk, Arthur: Geschichte u. Literatur. *Karlsruhe 1892.*
in: Festgabe z. Jubiläum d. 40j. Regierung ... d. Grossh. Friedrich v. Baden. 99. 2161

Goethe und das kirchliche Rom, zum 28. August 1902. Historisch-politische Abhandlung von Arthur Böhtlingk. Frankfurt: Neuer Frankf. Verlag 1902. 29 S. 8°.
Geht auch auf G.s Beziehungen zur Frmrei ein.

— Goethe u. das kirchl. Rom. (59, 32, 53, 112, 32, 12, 12 u. 29 S.) gr. 8. Frankfurt a/M., Neuer Frankfurter Verlag. 1904. Geb. in Leinw. 3. —

Goethe und Shakespeare von Arthur **Böhtlingk**. Leipzig: Eckardt 1909. XII, 320 S. 8°
(Böhtlingk: Shakespeare u. unsere Klassiker. Bd 2.) 09. 14084

— die Jesuiten u. das Deutsche Reich. Zeitgemäßes. (82 S.) gr. 8. Frankfurt a/M. 903. Neuer Frankfurter Verlag. n. — 30

Die beiden ersten Deutschen Kaiser. Eine akad. Gedächtnißrede geh. an d. Technischen Hochschule in Karlsruhe am 26. Juni 1888 von Arthur **Böhtlingk**. Karlsruhe: Bielefeld 1888. 23 S. 8° *K*

— der Kapuziner ist da! Zur Klosterfrage in Baden. Erwiderung an Hansjakob. Eine kirchenpolit. Abhandlg. (112 S.) gr. 8. Ebd. 903. n. 1. 50

Böhtlingk, Arth., König Konrad. Ein histor. Trauerspiel. 8. (112 S.) [Jena 881, C. Frommann's Verlag.] Leipzig, Reichardt Verlag. *

— König Konrad. Ein histor. Trauerspiel. (Neue [Titel-] Ausg.) (VI, 112 S.) 8. Ebd. [881] (903). n. 1. —

Lessing und Shakespeare von Artur **Böhtlingk**. Leipzig: Eckardt 1909. XIX, 303 S. 8°
(Böhtlingk: Shakespeare u. unsere Klassiker. Bd 1.) 109. 7151

— Doctor Martin Luther u. Ignaz v. Loyola. E. geschichtl. Parallele. gr. 8. (48 S.) Heidelberg 897. J. Hörning. n. — 80

— **Napoleon.** (Von Elba nach St. Helena.) Ein Drama. (162 S.) 8. Leipzig 909. Xenien-Verlag. 2. —

— Carl Friedrich **Nebenius.** Der deutsche Zollverein, das Karlsruher Polytechnikum u. die erste Staatsbahn in Deutschland. Eine kulturhistor. Studie. Lex.-8. (119 S.) Karlsruhe 899. W. Jahraus. n. 2. —

! — Carl Friedrich Nebenius. Jetzt: Karlsruhe: F. Gutsch.

Böhtlingk, Arth., noch einmal: Römisch od. Deutsch? Vortrag, geh. auf der XVII. Generalversammlung des evangel. Bundes in Dresden am 4. X. 1904. (40 S.) 8. Leipzig 904. (C. Braun.) n. — 50

Böhtlingk, Arth., die holländische Revolution 1787 u. der deutsche Fürstenbund m. besond. Bezug auf Carl August v. Sachsen-Weimar. gr. 8. (64 S.) Bonn 874. Cohen & Sohn. n. 1. 20

— **Römisch oder Deutsch.** Kampfblätter. (Auf der Fahrt nach Canossa. — Abwehr u. Anklage. — Noch e. Wort an Erzbischof Dr. Nörber zu Freiburg i. Br. — Der Kapuziner ist da! — Die Jesuiten u. das Deutsche Reich. — Der Ultramontanismus u. das bad. Schulwesen. — Das „kathol." Eherecht. — Goethe u. das kirchl. Rom.) (59, 32, 53, 112, 32, 12, 12 u. 29 S.) gr. 8. Frankfurt a/M. (904). Neuer Frankfurter Verlag. Geb. in Leinw. n. 3. —

— **Schiller** u. das kirchliche Rom. Eine literar-histor. Studie. (122 S.) gr. 8. Frankfurt a/M. 905. Neuer Frankfurter Verlag. n. 1. 50

Schiller und Shakespeare. Von Arthur **Böhtlingk**. Leipzig: Eckardt 1910. XIX, 457 S. 8°
(Böhtlingk: Shakespeare u. unsere Klassiker. Bd 3.) 10. 9881

— **Shakespeare** u. unsere Klassiker. 1.—3. Bd. 8. Leipzig, F. Eckardt. 10.—; geb. 18. —
1. Lessing u. Shakespeare. (XIX, 303 S.) 909. 3.—; geb. 4. —
2. Goethe u. Shakespeare. (XII, 320 S.) 909. 3.—; geb. 4. —
3. Schiller u. Shakespeare. (XIX, 457 S.) 910. 4.—; geb. 5. —

—— **Franz v. Sickingen.** Ein histor. Trauerspiel. 8. (107 S.) [Jena 881, F. Frommann's Verlag.] Leipzig, Reichardt Verlag. *

— **Franz v. Sickingen.** Ein histor. Trauerspiel. (Neue [Titel-]Ausg.) (107 S.) 8. Ebd. [881] (903). n. 1. —

— der **Ultramontanismus** u. das badische Schulwesen. (12 S.) gr. 8. Ebd. 904. n. — 20
Sonderabdruck aus: „Das freie Wort".

— Das deutsche **Volk** unterm römischen Joche. Ein Kampfruf. (33 S.) gr. 8. Frankfurt a/M. 907. Neuer Frankfurter Verlag. — 80

[J.] Wilhelm der Glorreiche. Rede z. hundertj. Gedächtnisfeier geh. an d. techn. Hochschule zu Karlsruhe am 12. März 1897 v. Dr. Arthur **Böhtlingk**, o. ö. Prof. d. Gesch. . . . *Heidelberg: J. Hörning 1897.* (25 S.)
.1 Bd 8. 99. 1233

— noch ein **Wort** an Erzbischof Dr. Nörber zu Freiburg i. Br. (53 S.) gr. 8. Ebd. 908. n. — 50

—

Böhtlingk, Otto

Böhtlingk, Otto, Beiträge zur Kritik des poetischen Theils im Hitopadeça. [Aus dem Bull. hist.-philol. T. VIII. No. 9, 10.]

Böhtlingk, Otto, Beiträge zur Kritik des poetischen Theils im Pañkatantra.

Boehtlingk, Otto, Bemerkungen z. zweiten Ausgabe v. Franz Bopp's kritischer Grammatik d. Sanskritsprache in kürzerer Fassung. Gelesen d. 3. Oct. 1845. 1. Artikel. gr. 8. ($2^1/_4$ B.) St. Petersburg 845. (Leipzig, Voss.) **
Aus: Bulletin histor.-philologique. Tom. III. besond. abgedruckt.

Böhtlingk, Otto, kritische Bemerkungen zur 2. Ausg. von Kasem-Bek's türkisch-tatar. Grammatik, zum Original und zur deutschen Uebersetzung von J. Th. Zenker. gr. 8. (80 S.) St. Petersburg 848. (Leipzig, Voss.) *
Aus: Bulletin de la classe historique-philol. de l'académ. de St. Pétersbourg Tome V., besonders abgedruckt.

Böhtlingk, Otto, Bericht über eine Büchersendung aus Calcutta. (Lu le 28 juin 1850.) [A. aus dem Bull. hist.-philol. T. VIII No. 7.] [St. Petersburg o. J.]

Boehtlingk. Otto, Kurze Beschreibung einer auf den Besitzungen des Grafen Stroganow ausgegrabenen silbernen Schale mit einer Inschrift in unbekannten Cha[rakteren.] [Mit einer] Nachschrift von Dorn [über 11 silberne Sasanidenmünzen.] [T[illegible] BAP. T. IV, No. 6.]

Böhtlingk, O., s.: Brhadâranjakopanishad.

Böhtlingk, O., Zur Charakteristik Max Müller's. [SA. aus dem Anzeiger zur Jenaer Literaturzeitung, Jahrg. 1876, Nr. 6.] [Jena 1876.]

— s.: Daṇḍin's Poetik.

—— d. **Declination** im Sanskrit. gr. 4. ($12^1/_2$ B.) St. Petersburg 844. (Leipzig, Voss.) **
Aus: Mémoires de l'Acad. imper. des sciences polit. VI. Sér. T. VII. besond. abgedruckt.

—— s. **Festgruss** zum Doktor-Jubiläum.

— s. Hemakandra.

— s. Kâlidâsa's Ring.

— s.: Khândogjopanishad.

—— s. Mṛkkhakaṭika.

Böhtlingk, Otto, F. Max Müller als Mythendichter. Lex.-8. (14 S.) St. Petersburg 891. (Leipzig, Voss' Sort.) n. 1. —

Böhtlingk, Otto, s. Panini, acht Bücher grammat. Regeln.

— s. Pâṇini: Grammatik.

— s. a. Sanskrit-Chrestomathie.

—— **Sanskrit-Chrestomathie.** Zunächst zum Gebr. bei Vorlesungen hrsg. gr. 8. (29 B.) St. Petersburg 845. (Leipzig, (Voss.) **

Böhtlingk, Otto, Sanskrit-Chrestomathie. 2., gänzlich umgearb. Aufl. Lex.-8. (III, 372 S.) St. Petersburg 877. Leipzig, Voss' Sort. n. 4. 80

Böhtlingk, Otto, Sanskrit-Chrestomathie. 2., gänzlich umgearb. Aufl. (Anastat. Neudr.) gr. 8. (III, 372 S.) St. Petersburg 877 (897). Leipzig (Voss' Sort.). n.n. 5.—

Böhtlingk's, Otto, Sanskrit-Chrestomathie. 3. verb. u. verm. Aufl., hrsg. v. Rich. Garbe. (VII, 416 S.) gr. 8. Leipzig 909. H. Haessel Verl. 2. 50

Böhtlingk, Otto, und Rud. Roth, Sanskrit-Wörterbuch. Hrsg. von der kaiserl. Akademie der Wissenschaften. 1. Thl. Imp.-4. (Die Vorrede XV und 1142 S.) St. Petersburg 853—55. (Leipzig, Voss.) **

—— dass. — 2. Thl. 1. und 2. Lfg. Imp.-4. (Sp. 1—320.) Ebds. 855, 56. à Lfg. ** 1 Thlr. **

Böhtlingk, Otto, und Rud. Roth, Sanskrit-Wörterbuch, hrsg. von der kaiserl. Akademie der Wissenschaften. 10—21. Lfg. (oder 2. Thl. 3—7. Lfg. 3. Thl. 7 Lfgn.) Imp.-4. St. Petersburg. Leipzig 857—61, Voss. [2. Thl. (IV S. und Sp. 321—1104.) und 3. Thl. (IV S. und 1016 Sp.) 10—20 Lfg. à ** 1 Thlr., 21. Lfg. 12 Ngr.] **
1—9. Lfg. (1. Thl. und 2. Thl. 1. und 2. Lfg.) Ebendas. 1853—56. * 9 Thlr.

—— und Rud. Roth, Sanskrit-Wörterbuch, hrsg. von der kaiserl. Akademie der Wissenschaften. 22.—38. Lfg. [4. Thl. (Lfg. 22—28.) (III S. und 1214 Sp.), 5. Thl. (Lfg. 29—38.) (II S. und 1678 Sp.)] Imp.-4. St. Petersburg 862—68. (Leipzig, Voss.) [Lfg. 22—27, 29—37 à * 1 Thlr., Lfg. 28 * 1 Thlr. 18 Ngr., Lfg. 38 * 1 Thlr. 15 Ngr.] *
Lfg. 1—21. Ebendas. 1853—61. * 20 Thlr. 12 Ngr.

—— und Rud. Roth, Sanskrit-Wörterbuch, hrsg. von der kaiserl. Akademie der Wissenschaften. 39.—47. Lfg. Imp.-4. (6. Thl. 1510 Sp.) St. Petersburg 868—71. Leipzig, Voss. 39.—46. Lfg. à *M 3.; 47. Lfg. *M 4,20. *

— u. Rud. Roth, Sanskrit-Wörterbuch hrsg. v. der kaiserl. Akademie der Wissenschaften. 44—58. u. letzte Lfg. Imp.-4. (6. Thl. Sp. 801—1510 u. 7. Thl. (III, 1822 S.) Ebend. 871—76. n. 47. — (cplt.: n. 177. 90)

—— dass. — 48.—57. Lfg. Imp.-4. (7. Thl. Sp. 1—1600.) Ebendas. 873—75. à Lfg. *M 3. *
1.—57. Lfg. 1853—75. *M 173,70.

—— und Rud. Roth, Sanskrit-Wörterbuch. Hrsg. von der kaiserl. Akademie der Wissenschaften. 58. und letzte Lfg. Imp.-4. (7. Thl. III und Sp. 1601—1822.) St. Petersburg 875. (Leipzig, Voss' Sortiment.) *
1.—57. Lfg. Ebendas. 1853—75. *M 173,70.

Böhtlingk, Otto, Sanskrit-Wörterbuch in kürzester Fassung. 1. Thl.: Die Vocale. Imp.-4. (VI, 299 S.) St. Petersburg 879. (Leipzig, Voss' Sortiment.) *

Böhtlingk, Otto, Sanskrit-Wörterbuch in kürzerer Fassung. 2. Thl. 2 Lfgn. Imp.-4. St. Petersburg. (Leipzig, Voss' Sortiment.) [1. Lfg. (S. 1—160.) 880. *M 4,20.; 2. Lfg. (IV, S. 161—301.) 881. *M 4.] *
1. Thl. (Ebend.) 1879. *M 11,70.

—— dass. — 3. Thl. 2 Lfgn. gr. 4. (Ebendas.) [1. Lfg. (S. 1—120.) 881. *M 3,80.; 2. Lfg. (IV, S. 121—265.) 882. *M 4.] *

—— dass. — 4. Thl. 2 Lfgn. gr. 4. (Ebendas.) [1. Lfg. (S. 1—160.) 882. *M 4,20.; 2. Lfg. (IV, S. 161—302.) 883. *M 3,80.] *

—— dass. — 5. (Schluss-)Thl. 2 Lfgn. Imp.-4. (Ebendas.) 884. [1. Lfg. (S. 1—160.) *M 4,20.; 2. Lfg. (II, S. 161—264.) *M 3,80.] *

Böhtlingk, Otto, Sanskrit-Wörterbuch in kürzerer Fassung. 6. Thl. 2 Lfgn. Imp.-4. St. Petersburg. (Leipzig, Voss' Sortiment.) [1. Lfg. (S. 1—160.) 885. *M 4.20.; 2. Lfg. (III, S. 161—306.) 886. *M 4.—.] *

Böhtlingk, Otto, Sanskrit-Wörterbuch in kürzerer Fassung. 7. Thl. 1. Lfg. Imp.-4. (S. 1—160.) (Leipzig 887, Voss' Sortiment.) *
1.—5. Thl. (Ebendas.) 1879—84. *M 43.70.

—— Sanskrit-Wörterbuch in kürzerer Fassung. 7. Thl. 2. Lfg. Imp.-4. (II, S. 161—390.) Ebd. 889. * 7 20
1.—7. Thl. 1. Lfg. Ebd. 1879—87. * 55 90.

—— über die Sprache der Jakuten. Grammatik, Text und Wörterbuch. Imp.-4. (LVIII und 581 S.) St. Petersburg 848. (Leipzig, Voss.) **
Besonderer Abdruck des 3. Bandes von A. Th. v. Middendorff's Reise in den äussersten Norden und Osten Sibiriens.

— über die Sprache der Jakuten. Grammatik, Text u. Wörterbuch. [Abdr. d. 3. Bds. v. A. Th. v. Middendorff's Reise in den äussersten Norden u. Osten Sibiriens.] Imp. 4. (LVIII u. 581 S.) Ebd. 851. n. n. 6 ₰

Boehtlingk, Otto, Ueber die Sprache der Zigeuner in Russland. Nach den Grigorjew'schen Aufzeichnungen mitgetheilt. [SA. aus den MA. Tome II.] [St. Petersburg] 1852

Böhtlingk, Otto, s.a. Sprüche, indische.

Böhtlingk, Otto, indische Sprüche. Sanskrit u. Deutsch. 2 Theile. St. Petersburg 863, 64. — Leipzig, Voss. Lex.-8. (X, 334; VI, 371 S.) nn. 3 ₰

Böhtlingk, Otto, indische Sprüche. Sanskrit u. Deutsch. 3. Thl. [1. Nachtrag.] St. Petersburg 865. (Leipzig, Voss.) Lex.-8. (VIII, 410 S.) n. 1 ₰ 23 ngr

Böhtlingk, Otto, indische Sprüche. Sanskrit u. deutsch. 2. verm. u. verb. Aufl. 1—3. Thl. Lex.-8. (XVI, 436. VI, 511 u. VIII, 650 S.) St. Petersburg 870 – 74. Leipzig. Voss. n. 20. 70

—— die Unâdi-Affixe, s. Unâdi-Affixe.

– s. Uṇādisūtrāṇi.

—— ein erster Versuch üb. d. Accent im Sanskrit. gr. 4. (14¼ B.) St. Petersburg 843. (Leipzig, Voss.) **
Aus: Mémoires de l'Acad. impér. des sciences polit. VI. Sér. T. VII. besond. abgedruckt.

Böhtlingk, Otto, Verzeichniss der auf Indien bezüglichen Handschriften und Holzdrucke im Asiatischen Museum der Kaiserlichen Akademie der Wissenschaften. (Aus Dorn's: „Asiatisches Museum der Kaiserl. Akademie der Wissenschaften zu St. Petersburg" abgedruckt.) o. O. u. J.

— Verzeichniss d. Tibetischen Handschriften, s.: Schmidt, J. J.

Bohtz, Untersuchungen üb. das Wesen u. die Bekämpfung der Schweinepest, s.: Uhlenhuth, P.

Bohtz, August Wilhelm

-- Gesch. d. neuern deutschen Poesie. 8. Götting. 832. Kübler. 1 ₰ 12 gr

Bohtz, Aug. Wilh., die Idee des Tragischen. Eine philosophische Abhandlung. 8. Göttingen 836. Kübler. 7/12 ₰

Bohtz, Aug. Wilh., üb. d. Komische u. die Komödie. Ein Beitr. z. Philosophie des Schönen. gr. 8. (17⅛ B.) Göttingen 844, Vandenhoeck u. Ruprecht.

Bohtz, Aug. Wilh., G. E. Lessing's Protestantismus und Nathan der Weise. Erläutert. Göttingen 854. Vandenhoeck u. Ruprecht. gr. 8. (2 Bl., 174 S.) n. 25 ngr

Bohtz, August Wilhelm, De Aristophanis ranis dissertatio. Gotha (Frdr. Perthes). Druck: Erfurt (Hennings) 1828. 32 S. (4.80)

Bohtz, Clara

Katalog der Städtischen Bücherei in Wilhelmstadt-Magdeburg. Bearb. von C[lara] Bohtz, Bibliothekarin. Magdeburg 1908: R. Zacharias. (VIII, 214 S.) 8° [F.] [08. 3822 3]

Bohtz, Clara: 2. Katalog der Städtischen Bücherei in Wilhelmstadt-Magdeburg, s. Neubauer, Ernst.

Bohtz, H. W., s. G. A. Bürger, sämmtl. Werke.

Bohtz, Hans, Assistent am veterinär-pathologischen Institut der Universität Giesen (!): Aus dem veterinär-pathologischen Institut der Universität Gießen ⟨Direktor: Prof. Dr. Olt⟩. Untersuchungen über die Einwirkungen von Metallpulvern auf Bakterien. Homburg a. d. Ohm 1904: Spamer. (43 S.) 8°
Gießen, Verein. Med. Fak., Ref. Olt, Diss. v. 10. Okt. 1904
[Geb. 23. Aug. 78 Lützlow; Wohnort: Gießen; Staatsangeh.: Preußen; Vorbildung: Realgymn. Frankfurt (Oder) Reife O. 99; Studium: Berlin 4, München 1, Berlin 1, Gießen 1 S.; Rig. 27. Nov. 03.]

Bohtz, Hugo (geb. Teplitz in Böhm. 10. 9. 1845): De operatione empyematis. Berolini (1867). (32 S.) 8°
Berlin, Med. Diss. v. 10. Aug. 1867

de Bohusz, ..., histoire de la Tauride. 2 Vols. gr. 8. Braunschw. 800. Vieweg. 2 ₰

Boja, das schöne Räubermädchen, oder der grosse Teufel. Quedlinburg 1825. V: *Müller, Heinrich.* (GGR VI, 402, 65) (Zeitschr. f. Büch. 1923, S. 80.)

Boja, das schöne Räubermädchen, od. der große Teufel. Vom Verf. des Ritter Golo rc. 3 Thle. 8. Quedlinb. 825. Basse. 3 ₰ 4 gr

Bojadschi, Mich. G., kurzgefaßte neugriech. Sprachlehre, nebst e. Samml. d. nothwend. Wörter rc. gr. 8. Wien 821. Ant. Doll. (Auch mit d. Tit. u. Jahrz. 823.) 1 ₰

Βοϊάδσχου, Μ. Γ., Γραμματικὴ Ῥωμανικη ἤτοι Μακεδονοβλαχική. Βιέννη 813. 8.

Bojan, C. Les Bulgares et le Patriarche Œcuménique, ou Comment le P° traite les B°. ([Traduit d'une série d'articles publiés par le] journal de Sofia, Cerkoven Viestnik; [avec] une Introduction historique [et 1 planche].) II + XXXII + 143 p. 8. Paris, Libr. générale de droit et de jurisprudence; Leipzig, Breitkopf & Hærtel; Neuchâtel, Attinger Frères, 1905. [fr. 3. —]
Der Name C. Bojan *ist Pseudonym.*

Bojan, Max v.

Bojan, Ehrengerichte, Disziplinarbestrafg. u. Beschwerden. Beispiele z. Unterricht. 1. u. 2., verb. Aufl. (VI, 40 S.) 8. Berlin 907. 911. E. S. Mittler & Sohn. — 80

Bojani. L. Adversaria, ad Dentitionem Equini generis et Ovis domesticae spectantia. (Aus d. Act. Acad. Nat. cur.) Vilnae. 1824. 4.

Bojanowski, v., üb. die Entwickelung d. deutschen Patentwesens in der Zeit von 1877 bis 1889. gr. 8. (III, 90 S.) Leipzig 890. Felix. n. 2. —

Bojanowski: Unternehmer . . ., s. Bojanowski, Vict.

Bojanowski, A., s.a. Bojanowski, Alb.

Bojanowski, A, u. K Drescher, Friedrich III., deut. Kaiser u. König v. Preussen. Sein Leben u. Wirken. 8. (15 m. Bild.) Strehl. 88. Gemeinhardt. n. — 10 || 2. Afl. (16 m. Bild.) 88. n. — 20

Bojanowski, A., Spruch- u. Liederheft, nebst d. kl. Katechismus Luthers u. kurzen Nachrichten a. d. Leben ein. Liederdichter. N. Maßgabe d. Verfgg. d. kgl. Regierg. zu Breslau v. 15. Septbr. 1893 zusammengest. gr. 8. (48 S.) Strehlen 894. E. Asser. Kart. n.n. — 20

Bojanowski, A., Spruch- u. Liederheft, nebst dem kleinen Katechismus Luthers u. kurzen Nachrichten aus dem Leben einiger Liederdichter. Nach Maßgabe der Verf. der kgl. Regierg. zu Breslau vom 15. IX. 1893 zusammengestellt. 2. Aufl. 8. (59 S.) Strehlen 900. E. Asser. n.n. — 20

— Wilhelm II., deutscher Kaiser, König von Preußen. Dem deutschen Volke in Familie, Schule und Heer gewidmet. 8. (16 S. mit Bild.) Ebendas. 888. *

Bojanowski, Alb., Religionsbuch für evangelische Volksschulen. Ein Handbuch für Schüler der Oberklassen [mit Anwendung der neuen deutschen Rechtschreibung]. 8. (III, 80 S.) Essen 881. Bädeker. n. — 60

— Unterrichtsplan für evangel. Volksschulen. Nach Maßgabe der ministeriellen „Allgemeinen Bestimmungen vom 15. Octbr. 1872" bearb. gr. 8. (34 S.) Ebendas. 880.

Bojanowski, A, Unterrichtsplan f. ev. Volksschulen. 8. (34) Ess. 80, Bädeker. — 50

Bojanowski, A., das Wichtigste aus der Heimatkunde des Kreises Strehlen. Beilage zur Flemmingschen Schulkarte des Kreises Strehlen. (16 S.) 8. Glogau (905). Berlin, C. Flemming. n. — 10

Bojanowski, Eleonore v.

Louise, Grossherzogin von Sachsen-Weimar, und ihre Beziehungen zu den Zeitgenossen. Nach grösstenteils unveröffentl. Briefen u. Niederschriften von Eleonore v. Bojanowski. Mit 1 Portr. *Stuttgart & Berlin: J. G. Cotta Nachf. 1903.* (XII, 429 S.) 8° [F.] [03 4618

Bojanowski, Eleonore v., Louise, Großherzogin von Sachsen-Weimar u. ihre Beziehungen zu den Zeitgenossen. Nach größtenteils unveröffentlichten Briefen u. Niederschriften. 2. Aufl. Mit e. Beigabe: Herders Briefe zur Erziehg. des Erbprinzen Karl Friedrich. (XII, 445 S. m. 1 Bildnis.) gr. 8. Stuttgart 905. J. G. Cotta Nachf. n. 7. 50; geb. in Leinw. n. 9. —
1. Aufl. (XII, 429 S.) Ebd. 903. n. 7. 50; geb. n. 9. —

— Schiller-Gedenkbuch. (IV, 383 S. m. 1 Bildnis.) kl. 8. Weimar (905). H. Böhlau's Nachf. Geb. n. 3. 60

Bojanowski, F: Der Niederlande Freiheitskampf. Gabe z. Gustav Adolph-Feste. (15) 8° Tarnow., (A Kothe) 1900. — 30 d

Bojanowski, Fed., die Geschichte der evangel. Kirchengemeinde Tarnowitz. Ein Beitrag zur Kirchengeschichte Oberschlesiens. Festschrift zur 150jähr. Gedenkfeier der Wiederaufrichtg. der evangel. Kirche zu Tarnowitz. gr. 8. (II, 62 S. m. 1 Taf.) Tarnowitz 892. (A. Kothe.) — 75; erm. Pr. n.n. — 50

[F.] Die Geschichte der evangelischen Kirchengemeinde Tarnowitz. E. Beitr. z. Kirchengesch. Oberschlesiens. Festschrift z. 150jähr. Gedenkfeier d. Wiederaufrichtg d. evang. Kirche zu Tarnowitz v. Fedor Bojanowski, Pastor. *Tarnowitz: Dr. v. Ch. Reimann;* [a. d. Umschl. aufgekl.: *R. Kothe's Nachf.] 1892.* (1 Bl., II, 62 S., 1 Taf.) 1 Bd 8. [99. 4034

— Schiller-Gedenkbuch. (383 m. 1 Bildnis.) 8° Weim., H Böhlau's Nf. (05). Geb. 3.60 d

Bojanowski, Jul., Feldblumen. Gedichte. Mit Widmungsblatt in Farbendr. v. Olga Behm. 16. (VIII, 80 S.) Wolfenbüttel 880. Zwißler. n. 2. —; geb. n. 3. —

Bojanowski, Martin: Literarische Einflüsse bei der Entstehung von Baumgartens Ästhetik. Breslau 1910: Korn. 60 S. 8°
Breslau, Phil. Diss. v. 25. Mai 1910, Ref. Baumgartner
[Geb. 25. Nov. 87 Tarnowitz O.-S.; Wohnort: Breslau; Staatsangeh.: Preußen; Vorbildung: Realgymn. Tarnowitz Reife O. 06; Studium: Halle 2, Berlin 2, Breslau 4 S.; Rig. 2. März 10.] [U 10. 595

Bojanowski, P., s. Bojanowski, Paul

Bojanowski, P. v. (Red.), s. Frauen-Verband, Deutscher.

Bojanowski, Paul von

Bojanowski, P. v., Carl August als Chef des 6. preuß. Kürassier-Regiments 1787—1794. Mit e. Silhouette des Herzogs. gr. 8. (V, 147 S.) Weimar 894. H. Böhlau. n. 3. —

Bojanowski, P. v., s.: Carl August, des Herzogs von Sachsen-Weimar, Niederschriften üb. den Schutz der Demarkationslinie.

Herzog Carl August und der Pariser Buchhändler Pougens. Ein Beitrag z. Gesch. d. internat. Beziehungen Weimars von P[aul] v. Bojanowski. *Weimar: H. Böhlau Nachf. 1903.* (26 S.) 4° [03. 2810

v. Bojanowski, Paul, die Erstürmung der Bastille am 14. Juli 1789. Nach e. handschriftlichen Mittheilung. Weimar 865. Böhlau. 8. (67 S.) 8 ngr.

— s.: Freundesgaben f. Carl August Hugo Burkhardt.

Bojanowski, P. v., Geschehenes u. Geschriebenes. Tagebuchblätter e. Journalisten aus den Kriegsmonaten der Jahre 1870 u. 1871. gr. 8. (VI, 202 S.) Weimar 871. Böhlau. n. 2. —

— u. C. Ruland, 140 Jahre weimar. Geschichte in Medaillen u. Medaillons 1756—1896. M. e. Titelbild u. 7 Taf. [Aus: „Festschrift zum 80. Geburtstag d. Großherzogs Carl Alexander v. Sachsen".] Imp.-4. (45 S.) Weimar 898. H. Böhlau's Nachf. Kart. n.n. 12. —

Katalog der Bibliothek der Deutschen Shakespeare-Gesellschaft (von Paul v. Bojanowski). *Weimar 1900: R. Wagner Sohn.* (56 S.) 8° [00. 3353

Katalog der Bibliothek der Deutschen Shakespeare-Gesellschaft. (Verf.: Paul v. **Bojanowski.**) [2. Aufl.] Weimar 1909: Wagner. vi, 88 S. 8° [09. 4063] 4

Mounier, J. J. — **Bojanowski, P. v.** Ein französischer Parlamentarier in Weimar 1795—1801. (Aus:) „Rundschau, Deutsche." 92. Bd. — Berlin 1897.

Bojanowski, P. v. Niederschriften des Herzogs **Karl August von Sachsen Weimar** über den Schutz der Demarkationslinie, den Rennweg (1796) und die Defension Thüringens (1798). Mit 1 Karte der Südgrenze Thüringens aus dem Jahre 1796 nach **Güssefeld.** gr. 8. Weimar 1902.

Bojanowski, P. v., Sophie, Großherzogin v. Sachsen. [Aus: „Westermanns ill. deutsche Monatshefte".] gr. 8. (38 S. m. Abb. u. Bildn.) Braunschweig 898. G. Westermann. n. — 60

Bojanowski, P v.: Weimar u. d. Kaiserin Augusta. Anh.: Katalog d. Kaiserin Augusta-Ausstellg in d. grossh. Bibliothek '11 v. Ortlepp u. Heuschkel. (66 m. 1 Fksm.) gr8° Weim., H Böhlau's Nf. ('11). 1 — d

Das Weimar Johann Sebastian Bachs. Zur Erinnerung an d. 8. April 1703 von Paul v. **Bojanowski.** Mit 1 Bilde. *Weimar: H. Böhlaus Nachf. 1903.* (50 S.) 8° [F.] [03. 6003]

Bojanowski, Victor

Bojanowski, V. v: Ueber die Entwickelung des deutschen Patentwesens in der Zeit von 1877—1889. Leipzig 1890

Bojanowski, V. v., das englische Fabrik- und Werkstätten-Gesetz von 1878, in Uebersetzung mitgetheilt, s. Jahrbücher für Nationalökonomie und Statistik.

— Das engl. Fabrik- und Werkstätten-gesetz von 1878 in Uebersetzung mitgetheilt. (Jahrb. f. Nat.-Oek. u. Statist., Supplem. VIII.) S.A. gr. 8°. Jena, Fischer, 1881.

Bojanowski, Vict. v., die englischen Fabrik- u. Werkstätten-Gesetze. Auf Veranlassung des königl. preuss. Ministeriums für Handel, Gewerbe u. öffentl. Arbeiten in deutscher Uebersetzung hrsg. Lex.-8. (311 S.) Berlin 876. v. Decker. n. 6. —

— Die engl. Fabrik- u. Werkstättengesetze (bis 1878 in Kraft). 8°. Wien 1876.

v. Bojanowski, engl. Fabrik- u. Werkstättengesetze. Berlin 877.

Boianowski, Victor de: De rescissione locationis conductionis propter laesionem ultra dimidium tam ex iure Romano quam ex iure veterum Borussiae provinciarum. Halis (1858): Hendel. 35 S. 8°
Halle-Wittenberg, Jur. Diss. v. [9. Sept.] 1858
Geb. [Berlin 4. 6. 1831]

— Unternehmer u. Arbeiter nach englischem Recht. gr. 8. (VIII, 128 S.) Stuttgart 877. Cotta. n. 4. —

Bojanowsky, Räuberhauptmann Josef, genannt „der Fuchs" oder die Rache der Brigantenbraut. (In 100 Heften.) 1.—5. Heft. (S. 1—120 m. je 1 Vollbild.) gr. 8. Berlin (906). A. Weichert. à n. — 10

Bojanowsky, Räuberhauptmann Josef, Fortsetzg., s.a. **Falk,** Vikt. v.

Bojanus sen., C., s.: Hausmann's, Frz., kl. Schriften.

Bojanus, Carl, die Epilepsie. Ein Beitrag zur homöopathischen Therapie. [Aus: „Homöopathische Therapeutik".] gr. 8. (103 S.) Stuttgart 880. J. F. Steinkopf. n. 2. 50

— Geschichte der Homöopathie in Russland. Ein Versuch. gr. 8. (151 S.) Ebend. 880. n. 2. 80

Bojanus, Carl, die Leistungen des Apanagen-Hospitals zu Nischny-Nowgorod an der Wolga in den J. 1855, 1856. 1857, 1858 u. 1859. Ein Beitrag zur operativen Chirurgie. Nebst 15 (lith.) Taf. (in Fol.) Dorpat 863. Gläser. gr. 4. (XI. 67 S.) n. 3 ₰

— die homöopathische Therapeutik in ihrer Anwendung auf die operative Chirurgie. gr. 8. (432 S.) Ebend. 880. n. 10. —

— dasselbe. Atlas. 34 patholog. Orig.-Photogr. auf 17 Taf. gr. 4. Ebend. 880. In Carton. n. 15. —

Bojanus, Gg. Ludw. (Elsaß), Theses inaugurales medicae. Präs. Wilh. Gottfr. Ploucquet. Tübing. (Reis & Schmid) 12. IX. 1802. 23 S. (4.50) 3439

Bojanus L.: Ueber die Ausrottung d. Rindviehpest ... Riga 1810. 52 S. P.

— s. **Colemann,** Grundsätze.

Bojanus, Leonh., über d. Zweck u. d. Organisation d. Thierarzneischule. 8. Frankf. a. M. 805. Andreä. 16 gr.

Bojanus, Ludwig Heinrich

Bojanus, L. H., anatome testudinis Europaeae, cum XVII. tab. aen. Fol. maj. Vilnae. (Lipsiae, Fr. Fleischer). 819.

— anatomia testudinis Europaeae. II Fasc. c. XL IX tabb. Fol. maj. Wilna 819—21. (Leipz., Fr. Fleischer). 40 ₰

Bojanus, Ludov. Henr., anatome testudinis europaeae, s.a. Facsimile-Edition. Nr. 2.

L[udovicus] H[enricus] **Bojanus.** Anatome testudinis europaeae. Vilnae 1819—1821. *Berlin: W. Junk 1902.* (VI, 178 S.) 2° [Umschlagt.]
— Facsimile-Edition. No 2. [02. 4030] 1?

Bojanus, L(udwig H.): Anleitung zur Kenntniss und Behandlung der wichtigsten Seuchen unter dem Rindvieh und den Pferden. Riga (1810). 128 S.
– 2. umgearb. u. verm. Aufl. Wilna, Leipzig 1820. 250 S.

Bojanus, Ldw. H., Anleit. zur Kenntniß u. Behandl. d. wichtigsten Seuchen unter d. Rindvieh u. d. Pferden. 8. Riga 811. Deubner. 12 gr. 2e Aufl. unt. d. T.: Anleit. zur Kenntniß u. Behandl. d. wichtigsten Seuchen unter d. Hausthieren. 8. Wilna 820. Moritz. 1 ₰ 10 gr. 3e A. gr. 16. Leipz. 830. Fr. Fleischer. 18 gr.

— Anleit. z. Kenntniß u. Behandl. d. wichtigsten Seuchen unter d. Hausthieren. 2e Aufl. 8. Wilna 821, Moritz. (Leipzig, Fr. Fleischer.

Bojanus, Ldw. H., des principales causes de la dégénération des races de chevaux et des règles à suivre pour les relever. 8. Wilna 815.

— Grundsätze des Hufbeschlages der Pferde. Aus dem Engl. des Edw. Coleman. Giessen '05. Heyer. M. 2.—

— introductio in anatomen comparatam Oratio acad. 8. Wilna 815.

— Parergon ad anatomen testudinis; cranii vertebratorum animalium, scilicet piscium, reptilium, avium, mammalium, comparat. faciens, icone illustr. 4 maj. Wilna 821. Moritz. (Leipz., Fr. Fleischer). 16 gr.

— Parergon ad L. H. Bojanus anat. testud., cranii, vertebratorum animalium, scilicet piscium, reptilium, avium, mammalium comparat. faciens, icone illustr. 4, Vilnae 822, Moritz. (Lips., Fr. Fleischer.)

— Sendschreiben an G. de Cuvier, über d. Athem- u. Kreislaufswerkzeuge d. zweischaal. Muscheln, insbesond. des Anodon cygneum. Mit Abbild. (Aus d. Isis abgedr.) gr. 4. Jena 820. Schmid. 12 gr.

Bojanus, N: Ueb. d. Notwendigk. e. Reform d. gegenwärt. medizin. Universitätsbildg, s: Dükow.

Bojanus, Nicolai, experimentelle Beiträge zur Physiologie u. Pathologie des Blutes der Säugethiere. Inaugural-Dissertation. gr. 8. (107 S. m. 6 lith. Curventaf.) Dorpat 881. (Karow.) n. 2. —

Bojardo, Matteo Maria Conte. Rolands Abentheuer in 100 romantischen Bildern nach dem Ital. hsg. von Fr. W. V. Schmidt. Berlin 1819—21. Ü (Th. 1—2): *Schmidt, Maria Wilhelmina geb. Nauen.* (Th. 3): *Schmidt, Frdr. Wilh. Val.* (GGr) (MGT) (Schl) (Hitzig)

§ * BOJARDO. — Rolands Abentheuer in hundert-romantischen Bildern. Nach dem Italiänischen des Grafen *Bojardo.* Herausg. von Fr. Wilh. Val. Schmidt. 2 Theile. (XII—360 + VI—280 S.) Berlin und Leipzig, G. C. Nauck. 1819. — Th. 3: über die italienischen Helden-Gedichte. Ebd. 1820. 8°. (In Berlin: Xo 5975; auch in Breslau, Kgl. u. Univ.-Bibl.; 1—2 in der Berliner Magistrats-Bibl.)

di Bojardo, Conte Orlando inamorato. s.a. *Biblioteca Italiana.*

Boiardo, Matt. Maria, l'Orlando Inamorato. Ornato col ritratto dell' autore. Lex.-8. (18¾ B.) Lipsia 840, E. Fleischer.

§ * BOJARDO, Matteo Maria, Graf v. Scandiano (1434—94). Verliebter Roland. Zum 1. Male verdeutscht und mit Anmerkungen versehen von J. D. Gries. Th. 1: Stuttgart b. Christian Wilhelm Löflund, 1835. Th. 2—4: Ebd., b. Beck und Fränkel, 1836, 37, 39. 8°. (10 Rthl.) (6 Mk. Scheible; 7 Mk. 50 Pfg. A. Bielefeld, 12 Mk. H. Streisand.)
Schöne Ausgabe mit Antiqua-Schrift. 1: XLVIII—402 S., 1 Stammtaf. 2: Tit. u. 434 S. 3: Tit. u. 417 S. 4: 400 S. (incl. Tit.). — Gesang 12 erschien als Probe bereits im Morgenblatt 1813, Nr. 117—122; Stanze 1—87 in Gries' Gedichten 1829, II, S. 137—167. — Auszug des Bojardo'schen Orlando innamorato erschien als Vorstück zu (V. Lütkemüller's) Uebers. des Arist: Orlando der rasende mit Anmerkgn. .... Zürich, Geßner, 1797—98. (Goedeke VII, 636, 190.)

Matteo Maria Bojardo's .... Verliebter Roland als erster Theil zu Ariosto's Rasendem Roland .... zum erstenmale vollständig verdeutscht, mit Glossar u. Anmerkgn. herausg. von Gottlob Regis. Nebst dem Porträt des Dichters. Berlin, G. Reimer, 1840. 4°. (4 Rthl.) (3 Mk. Ludolf St. Goar, Frankf. a. M., c. 1880.)

Bojardo's verliebter Roland, s.a. Universal-Bibliothek Nr. 2161—2168.

— — Dasselbe. Neu hrsg. von Wilh. Lange. 2 Theile. Leipzig (1886). 16°. (= Reclam's Univ.-Bibl. Nr. 2161—68.)

Bojardo, der verliebte Roland, s.a. Bibliothek, Cotta'sche, d. Weltlitteratur.

— — Dasselbe. Neu hrsg., überarbeitet und eingeleitet von Ludwig Fränkel. 2 Thle. Stuttgart (1895). 8°. (= Cotta'sche Bibl. d. Weltlitt. Bd. 259 u. 261.)
In Berlin (Xo 5884) folgende Ausgabe des zuerst Ende XV. Jh. gedruckten italien. Originals: Orlando innamorato del Signor Matteo Maria Boiardo Conte di Scandiano, insieme co i tre libri de gli Agostini, nuovamente riformato per M. Lodovico Domenichi .... In Vinegia appresso Girol. Scotto 1545. Kl. 4°. — Näheres über eine Mailänder 4°-Ausgabe von 1542 s. in Pächtermünze's, Friedr. (d. i. Ignaz Schmid's) Bibl. d. ältern Litteratur. Stück 1. (einz.) Zürich 1793. 8°. S. 201 bis 209.

Bojarsky, Sarah. Ueber die Beziehungen der Symptome zum Grade der Erkrankung bei Morbus Basedowii. Diss. Med. Bern. 16 S. 8. Bern, H. v. Kamp-Berger, 1909.

Boiatzi, Johannes

Boïatsis, Joa., Grundlinien des Bosporus. Inaugural-Dissertation. gr. 8. (29 S.) Königsberg 887, (Koch.) *

Boïatzis, Joannes [aus Elymnium (vulgo Limni) auf Euboea]: Grundlinien des Bosporus .... Königsberg, Emil Rautenberg's Buchdr., 1887; 29 + 1 S. + 1 Bl. 8°
Königsberg, Phil. Fak., Inaug.-Diss. v. 26. Nov. 1887

Bojatzky's Leben, s. Lebderhose.

Bolchert A. Zur Theorie der mehrwertigen Functionen von n Elementen. 1877. 8.
Math. Diss. Breslau

Boicke, (J. W.) allgem. Wohnungs-Anzeiger f. Berlin auf d. J. 1825, in alphab. Ordn. gr. 8. Berlin, Boicke.

BOJCZICK, Auxentius: Die Provinzial-Synode der Ruthenen in Zamość (1720) und deren Bedeutung für die gr. kath. ruth. Kirche. — (1916) VI, 113 Bl. 4° (Handschr.) Diss. Wien Univ.

Boie, s.: Aus uns. Mäßigkeitsarbeit

Gedichte. Bremen und Leipzig, bey Joh. Heinr. Cramern, 1770. 8°. 38 S. u. 1 Bl. Inhalt.
Als Verfasser galt bisher Boie.

Boie: Krankenkassen ..., s.a. Boie, Karl Ludwig

Boie, Aus unserer Mäßigkeitsarbeit, s. Aus unserer Mäßigkeitsarbeit.

Boje, Ad., Schalttafelbau, s.a. Bibliothek der gesamten Technik.

Schalttafelbau. Von Ad. Boje, Stadt-Ingenieur. Mit 100 Abb. u. 5 Taf. Hannover: M. Jänecke 1907. (188 S.) 8°
= Bibliothek d. gesamten Technik. Bd 10. [illegible]

Boie, C: Abschiedsworte am Sarge Luise Reinicke. (6) 8° Danz., AW Kafemann ('11). — 20 d

Boie, Carl [approb. Arzt aus Kiel]: Ein Beitrag zur Keratitis parenchymatosa aus den Journalen der Universitäts-Augenklinik zu Kiel .... Kiel, Verl. v. Lipsius & Tischer, 1887; 22 S. + 1 Bl. u. 1 Taf. 8°
Kiel, Med. Fak., Inaug.-Diss. v. 14. Dez. 1887

Boie, Carl: Gedenkblatt ..., s. Glaevecke, Ludwig

Boie, Carl Ludwig

[J.] Krankenkassen und Alkoholismus. Vortrag v. Dr. med. [Carl Ludwig] Boie. *Kiel: Ch. Donath 1897.* (19 S.) 1 Bd 8. [illegible]

Boie, Chr. Rud., († d. 16. April 1795.), s. Chr. Hornemann, philos. Schriften.

Boje, Christian, über den altfranzös. Roman v. Beuve de Hamtone, s.a. Zeitschrift f. roman. Philologie. 19. Beiheft.

Über den altfranzösischen Roman von Beuve de Hamtone. Von Dr. Christian Boje, Hamburg. Halle a. S.: Niemeyer 1909. VII, 145 S. 8°
(Zeitschrift f. roman. Philologie. Beih. 19.) [illegible]

Boje, Christian: Die Überlieferung des altfranzösischen Romans von Beuve de Hamtone. Halle a. S. 1908: Karras. 26 S. 8° ¶ (Ersch. vollst. u. d. T.: Über d. altfr. Roman von Beuve de Hamtone, als: Beihefte z. Zeitschr. f. roman. Philol. 19.)
Kiel, Phil. Diss. v. 26. Nov. 1908, Ref. Körting
[Geb. 11. Juli 82 Altona; Wohnort: Altona; Staatsangeh.: Hamburg; Vorbildung: Wilhelm-Gymn. Hamburg Reife O. 01; Studium: Kiel 3, Berlin 1, München 1, Kiel 10 S.; Rig. 3. Aug. 08.] [U 09. 2301

Boie, Conrad

Boie, Conr., de hepatis dislocationibus. Dissert. inaug. medica. Kiliae 854. (Akademische Buchhdlg.) 4. (11 S.) n. 3 ngl

Boie, C., de hepatis dislocatt. 4. (11) Kiel 54, (v. Maack.) n. — 8

Boie, Cph., Des Adelichen Verwalters mithin der Land- und Hausz-Leute im Hollsteinischen, fürnehmlich in Ditmarschen, Eyderstädtschen, Cremper- und Wilster-Marschen fertige Rechnungen so häuszlicher Handtierung nach, in allerhand Fällen, solchen öfters zu stossen, im Einnehmen, Ausgeben, Landkauffen, verkauffen, heuren, verheuren. Item Korn, Käse kauffen, verkauffen und darnach fernere Rechnung machen, sehr bequem und nützlich seyn. 3. Aufl. Glückstadt. 1725.

Boie, Friedrich

Die preussische Besetzung Hannovers 1806 und die Ereignisse in Weimar nach der Schlacht bei Jena. Nach Briefen eines Weimaraner Schülers [d. i.: Friedrich **Boie**]. (Stuttgart. 1906.) 8° Sonderabdruck aus: Deutsche Revue, hrgg. v. R. Fleischer. Nov. 1906.

Betrachtungen, erweckt durch die Schrift des Etatsraths Cramer: „Ein Wort an Freunde und Bekannte, und die es sonst lesen mögen." (Kiel. 1830.) Vom Justiziarius [Friedrich] **Boie.** Kiel. 1830. 8°.

Boie, F., Tagebuch, gehalten auf e. Reise durch Norwegen im J. 1816, herausg. mit Anmerkk. v. H. Boie. Mit 1 Karte. 8. Schlesw. 822. Taubst.-Inst. 1 ₰ 16 ₰

Tagebuch gehalten auf einer Reise durch Norwegen im Jahre 1817 v. Friedrich **Boie.** Hrgg. mit Anmerkungen v. Heinrich Boie. Mit 1 Charte. Schleswig. 1822. 8°

Boie, Heinrich

Gedanken über eine neue politische Eintheilung Holsteins. Mit 1 Karte. Vom Justitiarius [Heinrich] **Boie.** Kiel. 1844. (Karte fehlt!) 8°.

Boie, Heinrich: Über p-Nitro- und p-Amidoverbindungen des Anti-, Thio- und Anilopyrins. Rostock 1910: Winterberg. 85 S. 8°
Rostock, Phil. Diss. v. 8. Aug. 1910, Ref. Michaelis
[Geb. 26. Febr. 82 Kronprinzenkoog; Wohnort: Rostock; Staatsangeh.: Preußen; Vorbildung: Gymn. Meldorf bis O. 01; Studium: Berlin 1, Freiburg i. B. 1, Rostock 8 S.; Rig. 30. Juli 10.] [U 11. 4244

Heinrich Christian **Boie.** Beitrag zur Geschichte der deutschen Litteratur im achtzehnten Jahrhundert v. Karl Weinhold. Halle. 1868. 8°.

Briefe an Heinrich Christian **Boie.** (In 2 H.) Berlin: Litteraturarchiv-Gesellsch. 1904–05. (S. 237–394.) 8°
— **Mitteilungen** aus d. Litteraturarchive in Berlin. [18. 19.] [04. 6066

Boie, Hnr. Chr., s. C h a n d l e r, R.: Reisen.

Boie, Hnr. Chr., s. G e d i c h t e.

Boie, Heinrich Christian (Hrsg.), s. Gedichte der Brüder Christian u. Friedr. Leopold S t o l b e r g.

Boie, H. Ch. (Hrsg.), s. M u s e n a l m a n a c h.

Boie, Hnr. Chr., s. M u s e u m, Deutsches u. neues deutsches.

Boie, Hnr. Chr., s. Stolbergs G e d i c h t e.

Heinrich Christian **Boie.** Zum 100jähr. Todestage des Dichters v. B. [d. i.: Carl Boie]. Leipzig. 1906. Fol.
Mit einem Bildnis des Dichters nach einem Ölgemälde von Matthieux aus dem Jahre 1774.
Ausschnitt aus: Illustrierte Zeitung. Nr. 3270. 1. März 1906.

Ehrengedächtniss Johann Friedrich **Boie** weiland Kirchenprobsten des Amts Flensburg etc. Manuscript für Freunde. o. O. (Flensburg). 1776. 4° k.

Jo. Lud. **Boie** de legibus cibariis et vestiariis Pythagorae earumque causis. Jen. 1711. 4. (Cfr. pag. 156.)

Boie, Karl

Die Familie Boie, Brunsbütteler Linie. Bilder aus d. 700jähr. Geschichte e. Dithmarscher Geschlechtes von Dr. Karl **Boie** in Kiel u. Pastor Reinhold Boie in Wandsbek. Kiel 1909: Vollbehr & Riepen. 132 S. 8°
Aus: Zeitschrift d. Gesellsch. f. Schlesw.-Holst. Gesch. Bd 39. [09. 14017 B

Boie, M., Juist. Mit Buchschmuck v. H. Varges. (112 S. m. 1 Karte.) kl. 8. Emden 906. (W. Haynel.) 1. 50

Boje, Peter

— — De inutilibus pactorum juris Romani divisionibus in foris Germaniae. Dissert. jur. Präs. Enno Rudolph Brenneysen. Halle (Chph. Andr. Zeitler) 25. IV. 1696. 45 S. (5.50) 3441

— — Dasselbe. Halle (J. F. Krottendorff) 1724. 45 S. (5.—) 3442

Boje, Walter, Brand an der Wolga. — Roman. Berlin: Verlag Peter J. Oestergaard

Boje, Walter, Heinrich Lorgast. — Roman von der Wolga. — Helmut Reichel Verlag. Berlin

Boie, Wilhelm [aus Westerbüttel in Schleswig-Holstein]: Endresultate der Claviculariraktüren bei der Behandlung mit dem Sayre'schen Heftpflasterverband .... Würzburg, Becker's Univ.-Buchdr., 1887; 54 S. + 1 Bl. 8°
Würzburg, Med. Fak., Inaug.-Diss. v. 1887

Boie, Wilhelm, Endresultate der Clavicularfrakturen bei der Behandlung mit dem Sayre'schen Heftpflasterverband. Diss. Würzburg 1887, Stahelsche Univ.-Buchh. 8°. 54 S.

Böie, H. Chrn., der Lockvogel, s. Bloch's, Ed., Theater-Gartenlaube.

Böie, H., der Lockvogel, s. Theater, das, des Auslandes.

—— s. Weinhold, Karl.

Boieldieu, François Adrièn

— weiße Dame, — dasselbe. Leipz.-Ausg., s.a **Breitkopf & Härtel's Textbibliothek. 8. 208. 82. 209.**

-- dasselbe, s.a. **Lucas' Operntexte.**

Boildieu, A. F., die weiße Dame, s.a. **Mode's Operntexte.**

Boieldieu, François Adrien. Die weiße Dame, s.a, **Universal-Bibliothek, Nr. 2692.**

[J. u. Ar.:] Die weisse Dame. '(La Dame blanche.)' Kom. Oper in 3 Acten. Text v. Eugen Scribe. '(Dtsch. Uebs. v. Friederike Ellmenreich.)' Musik v. A[drien] Fr[ançois] **Boieldieu.** Clavierausz. m. Text u. vollst. Dialog. Nach d. Part. bericht. u. neu bearb. v. Richard Kleinmichel. *Leipzig: B. Senff [1896].* (263 S.) 1 Bd 8. 96. 14

Die weiße Dame (La Dame blanche). Komische Oper in 3 Akten von Eugen Scribe. Musik von François Adrien **Boieldieu.** Halle a. S.: Hendel [1909]. 63 S. 8°
(Hendels Operntexte. 4.) [10. 8130

Die weiße Frau auf Avenel. (La dame blanche.) Komische Oper in 3 Akten von Eugène Scribe. Musik von F[rançois] A[drien] **Boieldieu.** In freier Übertr. ... d. Originales ... v. Dr. Hans Loewenfeld. [Textbuch.] Stuttgart: Feuchtinger [1907]. 35 S. 8° [09. 3364

Boieldieu, A. F., Johann von Paris, s.a. **Breitkopf und Härtel's Textbibliothek Nr. 8.**

— Johann von Paris, s.a. **Hendel's Operntexte.**

Boildieu, A. F., Johann v. Paris, s.a. **Mode's Opern-Text. Bibliothek.**

Boieldieu, Fr. A., Johann v. Paris, s.a. **Universal-Bibliothek.**

Johann von Paris [Jean de Paris]. Komische Oper in 2 Akten von [Claude Godart-d'Aucour de] Saint-Just. Musik von François Adrien **Boieldieu**. Halle: Hendel [1910]. 38 S. 8°
(Hendels Operntexte. 30.) [11. 7139 8

— Rothkäppchen. Oper in 3 Akten. Text zu den Gesängen. Deutsche Bearbeitg. v. E. Klingenfeld. 12. (32 S.) Berlin 893. Exped. d. „Sporn" (Reinh. Strauß). n. — 40

Boieldieu, François Adrien, Rothkäppchen. (Le petit Chaperon rouge.) Zauberoper i. 3 Akten. N. d. Franz. d. Théaulon. (Für d. k k. Hofoperntheater in Wien einger.) Musik v. B. (Textbuch.) 8. (35 S.) Wien 895. A. W. Künast. — 60

Rotkäppchen. Oper in 3 Akten. Text nach d. Franz. neu bearb. von Emma Klingenfeld. Musik von François Adrien **Boieldieu**. [Textbuch.] Leipzig: Breitkopf & Härtel [1901]. 32 S. 8°
(Breitkopf & Härtels Musikbücher. Abt. 1. Nr 272.) [09. 8605

Bojer, Johan

**Bojer, Joh.: Mutter Lea. Roman. Aus d. Dän. v. W Thal. Hambg, Hassenstein. (?) ca 6 —

Bojer, Johan, die Macht des Glaubens. Roman. Aus dem Norweg. übers. v. Adele Neustädter. 1. u. 2. Aufl. (à 220 S.) 8. Stuttgart 905. Deutsche Verlags-Anstalt. n. 2, 50; geb. n. 3. 50

— eine Pilgerfahrt. Einzig berecht. Übersetzg. aus dem Norweg. v. Adele Neustädter, m. e. Vorwort v. Ellen Key. (206 S.) 8. Berlin 905. Schuster & Loeffler. n. 2. 50; geb. n.n. 3. 50

Bojer, Joh., unser Reich, s.a. Fischers Bibliothek zeitgenössischer Romane. II, 12.

Unser Reich. Roman von Johan **Bojer**. (Übertr. aus d. Norweg. von Cläre Greverus Mjöen). Berlin: S. Fischer [1910]. 205 S. 8°
(Fischers Bibliothek zeitgenössischer Romane. Jg. 2, Bd 12.) [10. 23132

Bojer, Johan: Theodora. [Theodora; 1902.] Schauspiel in 4 Akten. Einzig berecht. Übers. aus d. Norweg. v. Adele Neustädter. 2. Aufl. — Stuttgart u. Leipzig: Deutsche Verl.-Anst. 1903. 112 S. 8°

Bojesen, Ernst Friedrich

Bojesen, E. F., Handbuch d. griechischen Antiquitäten. Zum Gebr. f. Gymnasien u. Schulen, aus d. Dänischen übers. v. J. Hoffa. gr. 8. (10½ B.) Giessen 843, Heyers Verl.

Bojesen, Ernst Friedr., Handbuch d. röm. Antiquitäten, nebst e. kurzen röm. Literaturgeschichte. Zum Gebr. f. Gymnas. u. Schulen a. d. Dän. übers. v. J. Hoffa. gr. 8. (11¾ B.) Giessen 841, [Heyer's Verl.]

Bojesen, E. F., Handbuch der römischen Antiquitäten nebst einer kurzen römischen Literaturgeschichte. Nach dem Dänischen für Gymnasien und Schulen bearb. von J. Hoffa. 2., verb. Ausg. gr. 8. (XVI und 164 S.) Frankfurt a. M. 840. [Leipzig, Fr. Fleischer.]

Bojesen, C. F., Handbuch der römischen Antiquitäten nebst e. kurzen römischen Literaturgeschichte. Nach dem Dän. f. Gymnasien u. Schulen bearb. v. J. Hoffa. 2. verb. Ausg. gr. 8. (XVI u. 164 S.) Frankfurt a. M. 840, Heyer. (Wien, Gerold.) ⅔ ℛ

Bojesen-Hoffa, Handbuch der römischen Antiquitäten, nebst e. kurzen römischen Literaturgeschichte. 3. Aufl. bearb. von Wilh. Rein. Wien 866. Gerold's Sohn. gr. 8. (XII, 160 S.) 24 *ngr.*

Bojesen-Hoffa, kurzgefaßtes Handbuch der griechischen Antiquitäten. 2. Aufl. bearb. v. E. Szanto. gr. 8. (X, 215 S.) Wien 887. Gerold's Sohn. n. 4. —

Bojesen-Hoffa, kurzgefaßtes Handbuch der römischen Antiquitäten u. der römischen Literaturgeschichte. 4. Aufl., bearb. v. Jos. Wilh. Kubitschek. gr. 8. (XII, 256 S.) Wien 886. Gerold's Sohn. n. 4. —

Bojesen, Krn. Fr., de problematis Aristotelis dissertatio. 8maj. Hafniae 836. (libr. Gyldendal.) n. ⅔ ℛ

— s. Sallust Catilina et Jugurtha.

Bojesen, E. F., De tonis s. harmoniis Graecorum. Pr. 1843. 32 S.

Bojesen, Hjalmar Hjorth: Bei d. Alaska-Indianern. Zwischen Meer u. Himmel, s: Konegen's Kinderbb.

BOIGER, WENC(ESLAUS): Die pflichtschuldigste Ehre, welche dem dreyeinigen Gott zu geben in einer Ehrenrede an dem hohen Titularfest des Ordens der Allerheiligsten Dreyfaltigkeit, da eine hochlöbliche englische Erzbruderschaft dieses Ordens, ihre jährliche Würdenswahl bestättiget, in gedachter Klosterkirche zu Pressburg in Ungern abgeleget. Pressburg 1772. Gedr. bey Joh. Mich. Landerer. 14, 2 S. - kl. 4°

Bolje, O. A., Zur Aetiologie u. Natur d. chron. Endometritis. Diss. [Aus: „Mittheilgn. aus d. gynaekolog. Klinik. v. Otto Engström".] gr. 8. (III, 118 S.) Berlin 897. (S. Karger.) n. 4. —

(Boike, J. M.), Adreß-Kalender für Berlin u. Potsdam, s. Adreß-Kalender.

Boike, J. W., allgem. Adreßbuch für Berlin. gr. 8. Berl. 820. Verfass. 1 ℛ 12 gr

— allgem. Wohnungsanzeiger f. Berlin auf d. J. 1825, in alphab. Ordn. gr. 8. Berl., Boike. 2 ℛ

Boike, J. W., allgemeiner Wohnungsanzeiger für Berlin und dessen nächste Umgebungen, mit Einschluß von Charlottenburg, auf das Jahr 1835. 14r Jahrg. — Anhang: Gemeinnützige Nachrichten für die Einwohner Berlins von J. D. Rumpf. 4. Berlin 835. Veit u. Comp. 1⅓ ℛ — 15r u. 16r Jahrg. 1836 u. 1837. gr. 8. Ebd. à 1⅓ ℛ

— dass. auf das Jahr 1838. Redigirt von dem Königl. Polizei-Inspektor Winckler. 17r Jahrg. Lex.-8. Ebd. 838. n. 1⅔ ℛ

Boike's, J. W., allgemeiner Wohnungsanzeiger für Berlin, Charlottenburg u. Umgebungen auf d. J. 1839—1842. Redigirt von dem Königl. Polizei-Rath Winkler. 18.—21. Jahrgang. (Mit Ergänzungen.) Lex.-8. Berlin, Veit u. Comp. 1839—1841 à 1 1/12 ℛ — 1842 à n. 1⅔ ℛ

Boike, J. W., Wohnungsanzeiger f. Berlin, s. Wohnungsanzeiger.

Bojko, J[oseph], und Wendling, E[ugen]. Neues System zum Technischen Kopfrechnen. Systematisch bearbeiteter Lehrgang mit zahlreichen Beispielen und Uebungen. Heft 1: Die Quadratbildung der Zahlen 1 bis 1250. 28 S. 8. Zürich, E. Speidel, 1907. [fr. —.50]

Bojko, Joseph. Neue Tafel der Viertelquadrate aller natürlichen Zahlen (*Ausg. B:* von) 1 bis 20000 zur Bildung aller möglichen Produkte im Bereiche 1 × 1 bis 10000 × 10000. 23 + 21 S. 8. Zürich, E. Speidel, 1909.
Ausg. A: Diss. Phil. [II.] Univ. Zürich von Joseph B'....
Ausg. B: Von Ingenieur J. B'. [fr. 1. 50]

Boileau, D.

– a key to the German language and Conversation; cont. common expressions on a variety of subjects, with an easy introduction to German Grammar; the whole arranged in such a manner, as to enable the Student to acquire a spudy knowledge of the German Language, and particularly adapted to Travellers. IId Edit., revised and enlarged by W. Howe, Ph. D. gr. 12. Frankfort 837. Jügel. n. ⅔ ℛ

Boileau, D., a Key to the german language and Manuel of Conversation; with aneasy Introduction to germ. grammar; 3. Edit. thoroughly revised and enlarged by P. Gands. 8. (13 B.) Frankfurt o. M. 846, Jugel.

Boileau, D., a key to the German Language and Manual of Conversation; containing common expressions on a variety of subjects with an easy introduction to German grammar; enabling the student to acquire a speedy knowledge of the German language; and particulary adapted for travellers. 4. (Titel-) edit. thoroughly revised and enlarged by P. Gands. Frankfurt a. M. 857. Jügel. 16. (1 Bl., 205 S.) 12½ ngr

Boileau, (Mme. M. de) Atlas historique, chronolog. et littéraire. Ir Cah. Histoire de France in fol. Paris 820.

Boileau, P., u. Anderer gesammelte Erfind. z. Verfertigen aller Arten Strohhüte u. Blumen aus Stroh rc. 8. Leipz. (o. J.) Joachim. 3 gl

Boileau, P., die neuesten Verbesserungen in der Construction der Schneidemühlen. Aus dem Französischen übertragen. Nebst einem Anhange über die neuesten in Frankreich, England und Amerika, wie auch in Deutschland ausgeführten Schneidemühlen rc. Bearb. von C. Fromberg. Mit 10 (lith.) Taf. Abbildgn. (in Fol.) Quedlinburg 862. Basse. gr. 8. (VIII, 131 S.) 1 rf 25 ngr

Boileau-Desfontaines [Pseudon.] s. Mon, Mme Denise.

Boileau-Despréaux, s. Draeger, Karl.

Boileau-Despréaux, Nicolas

— l'art poëtique s.a. K. A. v. Ayrenhof, kl. Gedichte.

Boileau, l'art poétique, s.a. Bibliotheca romanica 84.

—— dass., s.a. Schäfer, J.

Boileau, l'art poétique en quatre chants. Trad. de l'original en vers (Russie) par le Comte Chwostoff. gr. 4. St. Petersbourg 826, (Berlin, Nauck.)

— l'art poetique. Avec des eclaircissements litteraires par Fred. Guill. Genthe. 8. Eisleben 839. Reichardt. (jetzt Hermes in Berlin.) ¼ rf

Boileau-Despréaux, l'art poétique avec des notes explicatives, littéraires et philologiques par G. H. F. de Castres. gr. 8. (63 S.) Leipzig 855(56,) Wengler.

Boileau-Despréaux, l'art poét. av. des notes expl., litt. et phil. p. GHF de Castres. 8. (63) Lpzg 56. (Cob., Sendelbach.) — 9

Boileau-Despréaux, Nicolas, l'art poétique, avec des notes explicatives, littéraires et philologiques par G. H. F. de Castres. Nouvelle éd. soigneusement revue et corrigée par A. Klautzsch. gr. 8. (63 S.) Leipzig 874. C. A. Koch. n. 1. —

Boileau-Despréaux, Nicolas, l'art poétique. Für die oberen Klassen höherer Lehranstalten hrsg. von F. Schwalbach. gr. 8. (71 S.) Berlin 877, Weidmann'sche Buchh.

Boileau, l'art poétique. Für den Schulgebrauch erklärt v. E. O. Lubarsch. gr. 8. (VII, 87 S.) Leipzig 885. Teubner. n. 1. —

Boileau-Despréaux, Nic. L'art poétique, e. Lehrgedicht in 4 Gesängen. Zum Schul- u. Privatgebrauche m. Noten versehen v. Wilh. Ulrich. 16. (II, 58 S.) Lpz. 892, Renmann. * — 60

Boileau. L'art poétique. Erklärt v. F. K. Schwalbach. 2. Aufl. gr. 8. (72 S.) Berl. 892, Weidmann. * — 50

Boileau Despreaux, Chefs-d'oeuvre poetiques, s.: Elite des classiques Français. Tome 5.

Boileau-Despréaux, Nicolas. Die Dichtkunst. Aus dem Französischen metr. übers. ... Wien 1803. Ü: *Ayrenhoff, Cornelius Hermann von.* (GGr)

— die Dichtkunst, metrisch übersetzt. 8. Wien 803. Pichler. 5 gl

— Dass. französ. u. deutsch, übers. v. Graf. v. Sickingen. Mit 2 Kpf. gr. 8. Frburg 780. Wagner. 16 gl

Boileau, die Dichtkunst. Getreu übers. v. Pet. Lang. Mit Boileau's Bildniß. 12. (62 S.) Frankfurt a/M. 899. Gebr. Knauer. n. — 80

Boileau's Episteln in freier Nachbild. v. E. Weyhe. 8. (VIII, 63 S.) Leipzig 895. A. Oehmigke. n. 1. —

—— Épitres. Für die oberen Klassen höherer Lehranstalten hrsg. von F. Thümen. gr. 8. (XVI, 64 S.) Ebendas. 877.

— auserlesene Satirische Gedichte, s.a. Abel, Caspar

CASPAR ABELS auserleßne Satirische Gedichte, ... Theils aus ... BOILEAU und HORATIO übersetzet, theils auch nach deren Vorbilde verfertiget. Quedlinburg und Aschersleben, verlegts G. E. Struntze, 1714. 8°.

BOILEAU. — Des berühmten Poeten *Nicolai d'Espereaux* (!) *Boileau*, Satyrische Gedichte, Welche nicht allein voll herrlicher Sitten- und Tugend-Lehren sind, sondern auch die Laster darinnen gar artig und sinnreich durchgehechelt werden, Ihrer ungemeinen Anmuth und Vortrefflichkeit halber, insgesamt, aus dem Frantzösischen in Teutsche Verse übersetzet, und. mit einem Anhange, verschiedener aus dem Horatio, Virgilio, und andern, verteutschten, wie auch noch andern Hoch- und Niedersächsichen Gedichten vermehret, von Caspar Abeln. Goßlar, Verlegts Johann Christoph König. 1729. 8°. 8 Bll. u. 528 S. — Zweyter Theil, Samt allen Eclogen oder Hirten-Gedichten des Virgilii, Und den meisten Oden oder Gesängen, wie auch vielen Satyren und Episteln des Horatii, Welche Ihrer besondern Anmuth und Nutzbarkeit halber, aus dem Frantzösischen und Lateinischen, theils in Hoch- theils aber in Nieder-Sächsische Verse übersetzet worden, Von Caspar Abeln. Ebd., Verlegts Johan' Christoph König, 1732. 8°. 8 Bll. u. 272 S. (In Göttingen: P. 1479.) (4 Mk. 50, Th. 1 apart, Julius Neumann, Magdeb. 1906.) Selten cplt.!

Gottsched, Beytr. 4, 518—560. S. auch Ad. Hofmeister, Caspar Abels niederdeutsche Gedichte. Nd. Jhb. 1882. 9, 1—25. (Goedeke III, 284, 23, 3.)
Eine frühe Ausg. von Boileau, in Wolfenbüttel befindlich, sei hier mitangeführt: Oeuvres diverses Du Sieur D*** [Nicolas Boileau-Despréaux] avec le traité du sublime ou du merveilleux dans le discours. Traduit du Grec de Longin .... Suiv. la Copie Impr. à Paris, O.O. 1675. 12°. M. 1 Titelkpfr u. 1 Kpfr. — Hiervon eine deutsche Uebersetzung: Schrifften (s. d.), Verschiedene satirische deß Hrn. D*** (Despréaux) .... 1694.

— Le lutrin, s. Bibliotheca romanica 101.

—— le lutrin. Poëme héroï-comique. Mit einer Einleitung, metr. Bemerkungen und erklärenden Anmerkungen von Otto Dickmann. gr. 8. (VI, 62 S.) Leipzig 876, C. A. Koch's Verlag. *

—— dass. — Für die oberen Klassen höherer Lehranstalten hrsg. von F. Thümen. gr. 8. (72 S.) Berlin 878, Weidmann'sche Buchh.

— oeuvres, s.a. *Collection* des auteurs classiques.

Boileau, Nic. d'Espreaux, oeuvres. II Vols. 12. Basel 760. Schweighäuser. 16 gl

Boileau-Despréaux, Nicolas. Oeuvres. Dresde 1767. H: *Walther, Conrad Salomon.* (MGT)

— — av. des éclaircissem. ihist. par lui-même. IV Tom. 8. Dresde. Walther. 767.

— — le même livre. 12. Paris. Sommer.

— oeuvres. III Tom. 12. Berl. 788. Maurers B. 1 ℛ 12 ℊℊ

— oeuvres av. des éclaircissem. hist. par lui-même. Nouv. édit. corrigée augmentée de la vie de l'Auteur par Mr. de Maizedux. IV Tom. 8. Dresd. 797. Walther. 5 ℛ 12 ℊℊ

Boileau, Despréaux, Oeuvres de, II Vol. Edition stéréotype. 18. Paris. Jetzt Armbruster in Wien. 799.

— Oeuvres complettes, 2 Vol. in-18. (Leipzig, Barth u. Fr. Fleischer.)
papier ord. brochés,
papier fin,
papier vélin,
format in-12. pap. vél.

Boileau's Satiren in freier Nachbildung v. E. Weyhe. Mit e. Briefe v. Jul. Wolff als Vorwort. gr. 8. (VIII, 92 S.) Leipzig 890. Oehmigke's Verl. n. 1. —

Boileau, satires, s. a. Collection d'auteurs français.

Boileau-Despréaux, Nic., Satires. Herausg. u. mit sacherklär. Anmerkk. versehen von D. L. B. Wolff. 8. Jena 834. Bran. 3/4 ℛ

Boileux, J. M., s. Controversen, die, des franz. Civilrechts.

Boillot, Capitaine. Essais de levée et d'organisation d'une force nationale en Suisse, Novembre 1798 à mars 1800. Ouvrage contenant 12 tableaux explicatifs et résultats de l'étude de plus de 500 manuscrits des archives de Vienne et Paris et de celles du palais fédéral. Couronné par le Jury de la „Société fédérale des officiers". In-8°, 190 p. et XIII tableaux. Berne, imprimerie Jent & Reinert. 1888. 2 50

Boillot. Der Feldzug von 1799 in der Schweiz. Vollständig detaillirte historische Darstellung. In das Deutsche übertragen von *O. Stoll.* Mit 1 Generalkarte des Kriegsschauplatzes, 22 Karten u. Plänen der verschiedenen Schlachten, 15 erklärenden Taf. der Bewegungen, der Dislokationen und der Effectivbestände der beteiligten Armeen, wie den Portr. des General-Adjudanten Weber, der Generale Massena, Souwarow, Korsakow und des Erzherzogs Karl. Liefg. 1. (vollständig in 10 Liefg.). Gr. in-8°. 12 S. Bern, Militär-Buchhandlg., 1890. à — 80

Boillot, Abel

Boillot, l'an 1800 en Suisse au point de vue militaire. Publication faisant suite aux: „Essais de levée d'une force nationale en Suisse en 1799" du même auteur. gr. 8. (181 S.) Davos 899. H. Richter. n. 3. 50

Boin, Justitiar, Betrachtungen, erweckt durch die Schrift des Etatsrath Cramer: Ein Wort an Freunde u. Bekannte ꝛc. (Kiel 1830.) gr. 8. Kiel 830. Universitäts-Buchh. 1/8 ℛ

Böing: Die Impffrage ..., s. B ö i n g, Heinrich

Boeing, Augustus Henr., s. B o e i n g, Heinrich

Boeing, B. De imperatoris Servii Sulpicii Galbae vita et rebus gestis. (47) 8. Münster 1867.

B o e i n g, Bern., de imperatoris Servii Sulpicii Galbae vita et rebus gestis. Dissertatio historica. gr. 8. (III, 47 S.) Münster 868, (Coppenrath'sche Buchh.) *

Böing, Heinrich

B ö i n g, die Impffrage in der Petitions-Kommission. Eine Streitschrift wider die Herren Thilenius, Struck, Köhler und Koch, zugleich ein Mahnwort an den Reichstag. gr. 8. (82 S.) Leipzig 883, Knapp. *

Böing, H, d. Impffrage in d. Petitions-Kommission. Eine Streitschrift wider d. Herren Dr. Thilenius, Geheimräte Dr. Struck, Köhler u. Koch, zugleich e. Mahnwort an d. Reichstag. 8. (32) Lpzg 83, Verl. d. Maschinenbauers. n. 1. —

Boeing, (Augustus) Henr. (geb. Dinslaken 19. 4. 1815): De circulationis mechanismo. Berolini (1839). (32 S.) 8°
Berlin, Med. Diss. v. 29. Mai 1839

Böing, H: Schutzpocken-Impfg u. Impfgesetz. Antwort an Hrn Prof. Dr. Kirchner. (43) 8° Berl., (Deut. Tageszeitg) '11. 1 —

[F. u. Ant.] Die Syphilis u. ihre Heilung durch kleine Gaben Quecksilber's v. Dr. H[einrich] Böing. *Berlin: R. Skrzeczek 1895.* (2 Bl., 37 S.) 1 Bd 8. [96. 4194]

Böing, H., Thatsachen zur Pocken- u. Impffrage. Eine statistisch-ätiologisch-kritische Studie. gr. 8. (VI, 112 S.) Leipzig 882. Breitkopf & Härtel. n. 2. 50

Böing, H, Neue Untersuchgn. z. Pocken- u. Impf-Frage. gr. 8. (III, 188 u. X S.) Berlin 897. S. Karger. n. 5. —

Neue Untersuchungen zur Pocken- u. Impf-Frage v. Dr. med. H[einrich] Böing, Arzt in Berlin. *Berlin: S. Karger 1898.* (2 Bl., 188, X S.) 1 Bd 8. [97. 6813]

Böing, Heinrich: Ueber die Ursachen des ersten Athemzuges des Neugebornen und der Rhythmik der Athembewegungen. Halle (1868): Plötz. 55 S. 8°
Halle-Wittenberg, Med. Diss. v. 2. März 1868
Geb. Dinslaken (Rheinprov.) 6. 7. 1842. V.

Boeing, L. O., s. a. Zwanzig-Millionen-Betrug, e.

Ein Zwanzig-Millionen-Betrug. Betrogene Aktionäre. Eine Schilderung, wie d. Vertrauen z. deutschen Industrie zerstört wird u. wie d. Aktionäre um ihre Anteile an industr. Unternehmungen betrogen werden! (Verf.: L. O. Boeing. 1.) Berlin: Walther 1909. 8° [09. 10473]

Böing, Wilhelm: Thesen, an Stelle der später zu veröffentlichenden Dissertation: De Lipomate. (Nebst Lebenslauf.) Halle (1870): Plötz. 2 Bl. 8°
Halle-Wittenberg, Med. Thesen v. 30. Juli 1870
Geb. Dinslaken (Rheinprov.) 13. 5. 1844. V.
Die Diss. ist nicht ersch.

Böing, Wilhelm, appr. Arzt a. Ürdingen a. Rh.: Subkutane Zerreißung des ligamentum patellae proprium. Leipzig 1907: A. Edelmann. (38 S.) 8°
Leipzig, Med. Fak., Ref. Trendelenburg, Diss. v. 14. Nov. 1907
[Geb. 19. Juli 75 Ürdingen; Wohnort: Berlin; Staatsangeh.: Preußen; Vorbildung: Gymn. Friedeberg Reife M. 98; Studium: Berlin 5, München 1, Berlin 3, Kiel 4, Berlin 6 S.; Coll. 29. Nov. 07; Approb. 25. März 07.]

Bojničić, Ivan, v., der Adel v. Galizien usw., s.: Heyer v. Rosenfeld, Frdr.

Bojničić, Ivan v., der Adel v. Kroatien u. Slavonien, s.: Siebmacher's, J. v., grosses u. allgemeines Wappenbuch. IV. 13.

Bojničić, Ivan v., Denkmäler des Mithras-Cultus in Kroatien. gr. 8. (16 S. mit 2 Fig.) Agram 887, Hartman's Verlag. *

Bojoaria Aetate Romanorum collata cum Hodierna. Fecit et ed: H. B. I. H. Zimmermann sc. München 1775? Ohne Maasstab. 1 Bl.

Bojoaria quoad Noricum dicebatur delineata a V. de P. Aeri incisa a Joh. Bapt. Seitz. 1807. (Vincenz von Palhausen.) Ohne Maasstab. 1 Bl.

Bojoariae Septentrionalis seu Nordgoviae ex Monumentis seculi Undecimi Tabula. del. C. F. de Pfeffel. 1760? 1 : 750,000. 1 Bl.

Bojorar, Joh. (ps.), Alpenrosen u. Gentianen. Eine Episode aus dem Leben König Ludwig II. v. Bayern. 4. Aufl. Stuttgart u. Leipzig, Deutsche Verlags-Anstalt. 1887. 8°. Sehr eleg. blau Orig.-Srsb. m. Gold- u. Schwarzpressung.
4 Bll. u. 78 S. Mit Titel-Medaillon-Portr. einer Dame. Sehr opulent ausgestattetes Werkchen. Jede S. mit blauer Linien-Einf. Starkes Vélinp.

Boirie, le bourgmestre de Saardam, s.: Mélesville.

Bois'du, s. Dubois.

Bois, du, kritische Betrachtungen üb. Poesie u. Mahlerey. 3 Thle. 8. Breslau, Meyer. 768.

Bois, Graf Alb. du, Greisenrache. Spartanisches Sittenbild. Bildschmuck v. F. Schmidt. (Einzig berecht. deutsche Ausg., übers. v. Erwin Rex.) (Bibliothek Mignon.) (131 S.) schmal kl. 8. Berlin-Gross-Lichterfelde-Ost (905). Dr. P. Langenscheidt. n. 1.—; geb. n. 2.—

Bois, Alfred Friedrich

Herzog Magnus. Eine alte Geschichte aus Nieder-Sachsen von Alfred Friedrich Bois. Hannover: A. Sponholtz [1908]. (201 S.) 8° [F.]

Bois, Carla du, Vorlagen f. Porzellanmalerei, nach alten Mustern entworfen. 4. (4 farb. Taf.) Leipzig 894. E. Haberland. n. 2. 50; einzelne Blätter —75

Bois, D. du, Deutschlands Seeinteressen u. Seemacht. gr. 8. (31 S.) Berlin 900. Norddeutsche Buchdruckerei u. Verlagsanstalt. n.n. —10

Bois, Ernst du, über die in den J. 1877—1900 in der Göttinger medizinischen Universitäts-Klinik beobachteten Fälle v. Bauchfellentzündung. Beitrag z. Statistik der Bauchfellentzündung. Diss. gr. 8. (141 S.) Göttingen 901. (Vandenhoeck & Ruprecht). n. 3.20

Bois Du, F. H., neue Umbildungslehre. s. Du Bois.

Bois, H. du, magnetische Kreise, deren Theorie u. Anwendung. gr. 8. (XIV, 382 S. m. 94 Abbildgn.) Berlin 894. J. Springer. — München, R. Oldenbourg. Geb. in Leinw. n. 10.—

Bois, Henri, de priore Pauli ad Corinthios epistola. Adversaria critica. gr. 8. (150 S.) Erlangen 887, Deichert'sche Verlagsh. Nachf. */

Bois, J. Bapt. du, Deus unus et trinus systematice propositus. 4. Bamb. Göbhard. 770.

Bois, L. Ernst du, die vereinigte landschaftliche Brandkasse zu Hannover. Ein Beitrag zur Geschichte der öffentl. Feuerversicherg. in Deutschland. gr. 8. (66 S.) Merseburg 901. (Hannover, C. Meyer). Kart. n. 2.—
Sonderabdruck aus: „Mitth. f. d. öffentl. Feuerversicherungs-Anstalten".

Bois, M., neue Art die Tauben in den Taubenhäusern u. Taubenschlägen in der Stadt u. auf dem Lande zu erziehen u. zu vermehren, vermittelst welcher man sich e. jährl. Einkommen v. 2500 Fr. [1100 Fl.] verschaffen kann. Aus d. Franz. 2. Aufl. übers. 8. (IV u. 39 S.) Mülhausen im Elsaß 852. Frankfurt a. M., Zimmer'sche Sort.-B. (Völcker.) n. 1/3 ℛ

Bois, Pet. Jos. du, eruditionis Gazophylacium. III Part. 8. Augsburg, M. Rieger. 754.

Bois', Philibert du, diplomatische Berichte, s. Beiträge, urkundliche, zur Geschichte und Politik des 17. Jahrhunderts.

Bois, R. J. de, acta publ. constit. unigenitus. 4. Ulm. 726.

Bois de Chesne, Albert. Erste Traversirung des Ruchen <Mürtschenstock>. [SA.] 8. Zürich 1892.

Bois de Montpéreux, Fr. du, Conchiliologie fossile et aperçu géognostique des formations du Plateau Wolhyni-Podolien. Av. 8 Pls. et 1 Carte. gr. in-4. (12 B.) Berlin 831, Schropp et Comp.

Bois-Reymond, A. du, Erfindung u. Erfinder. (VII, 284 S. m. 1 Fig. u. 1 Tab.) gr. 8. Berlin 906. J. Springer. n. 5.—; geb. in Leinw. n. 6.—

Bois-Reymond, Cl. du, klinische Augenheilkunde. E. kurzes Lehrbuch f. Studierende u. Ärzte. 1. Tl.: Erkrankgn. d. Sehorgans u. deren Behandlg. 8. (194 S. m. 14 Abb.) Leipzig 895. J. A. Barth. Geb. in Leinw. n.n. 3.75

Bois-Reymond, E. du: Ueber das Barrenturnen u. über die sogenannte rationelle Gymnastik. Erwiderung auf zwei ärztliche Gutachten. Berlin 1862. 32 S.

Bois-Reymond, Emil, s.a. Bois-Reymond, L.

du Bois-Reymond, E., s.a. DuBois-Reymond.

Bois-Reymond, Emil du, s. Archiv f. Anatomie u. Physiologie.

— üb. d. Grenzen d. Naturerkennens. 7. Afl. — Die 7 Welträthsel. 2 Vorträge. 3. Afl. 8° (120) Lpzg 91, Veit & Co. 2—

— Ub. d. Grenzen d. Naturerkennens. D. sieben Welträthsel. 2 Vorträge. Des 1. Vortrages 8., d. 2 Vorträge 4. Aufl. gr. 8. (120 S.) Leipzig 898. Veit & Co. n. 2.—

Bois-Reymond, Emil du, über die Grenzen des Naturerkennens. — Die sieben Welträthsel. 2 Vorträge. Des 1. Vortrages 9., der 2 Vorträge 5. Aufl. (120 S.) 8. Leipzig 903. Veit & Co. n. 2.—

Bois-Reymond, Emil du, über die Grenzen d. Naturerkennens. — Die sieben Welträtsel. 2 Vorträge. Des 1. Vortrages 10., der 2 Vorträge 6. m. der 8. übereinstimm. Aufl. (120 S.) 8. Leipzig 907. Veit & Co. 2.—

— Hermann v. Helmholtz. Gedächtnisrede. gr. 8. (80 S.) Ebd. 897. n. 2.—

Bois-Reymond, Emil du, (hrsg. v. Erich Metze) s. Humboldt-Bibliothek.

— Ueber die Lebenskraft. Ein Glaubensbekenntnis. Hrsg. v. Erich Metze. (36 S. m. Bildnis.) gr. 8. Brackwede 909. Dr. W. Breitenbach. —75

— Reden. In 2 Bdn. 2. Afl. Mit e. Gedächtnisrede v. Jul. Rosenthal. Hrsg. v. Estelle du Bois-Reymond. (38, 677 u. 6, 698) 8° Lpzg, Veit & Co. '12. 18—; L 20—

Bois-Reymond's, Emil du, Vorlesungen üb. d. Physik des organischen Stoffwechsels. Hrsg. v. R. du Bois-Reymond. gr. 8. (XV, 208 S. m. 26 Fig. u. 1 Fksm.) Berlin 900. A. Hirschwald. n. 6.—

Bois-Reymond, L., s.a. Bois-Reymond, Emil

Bois-Reymond, L du, Land voraus! u. and. Geschichten. 8° (268) Berl. 94, Besser. 4—; geb. 5—

— Maupertuis. Rede. 8° (92 m. Titelbild.) Ebd. 93. 1.50

— Naturwissenschaft u. bild. Kunst. Rede. 8° (64) Ebd. 91. 1.20

Bois-Reymond, Lili du, auf der Fahrt mit Landstreichern, s. Flynt, Josiah.

Bois-Reymond, Lili du, das Haus Gerboth. 8. (215 S.) Berlin 899. [Besser.] J. G. Cotta Nachf. Zweigniederlassung. n. 3.—; geb. n. 4.—

Bois-Reymond, Lili du, die Insel im Sturm. (194 S.) 8. Berlin 910. Meyer & Jessen. 2.50

Bois-Reymond, Lucy du (L. Forster), zwei Novellen. Die Flinte v. San Marco. — Lorbeer. 8. (395 S.) Berlin 901. B. Behr's Verl. n. 4.—; geb. n. 5.—

Bois-Reymond, Lucy du (L. Forster), zwei Novellen. (Die Flinte v. San Marco. Lorbeer.) 2. [Titel-]Aufl. (395 S.) 8. Berlin [905] (908). B. Behr's Verl. 2.—; geb. 3.—

Bois-Reymond, R du: Eislaufkarte d. Havel. Tegel bis Ketzin. 1:50.000. 66×65 cm. Farbdr. Berl., D Reimer '05. —60; auf L. 2—

Bois-Reymond, R du: Körpergrösse u. Muskelkraft, s: Acta, Nova, academiae etc. naturae curiosorum.

Bois-Reymond, René du, Kompendium der Physiologie des Menschen u. der Säugetiere, s.: Schultz, Paul.

Bois-Reymond, René du, Specielle Muskelphysiologie od. Bewegungslehre. (IX, 323 S. m. 52 Abbildgn.) gr. 8. Berlin 903. A. Hirschwald. n. 8.—

— Physiol. d. Menschen u. d. Säugethiere. 1. u. 2. Afl. (12, 696 bezw. 12, 644 m. Fig.) gr8° Berl., A Hirschwald '08.10. 14 —
Bildet Ersatz f. Imman. Munk's Lehrb. d. Physiol.

— 4000 Jahre Pionier-Arbeit in den exakten Wissenschaften, s. Darmstaedter, L.

Bois-Reymond, René du, s.: Zentralblatt f. Physiologie.

Boisacq, Emile, Dictionnaire étymologique de la langue grecque étudiée dans ses rapports avec les autres langues indo-européennes. 1.—5. livr. (S. 1—400.) gr. 8. Heidelberg 907—10. C. Winter, Verl. Subskr.-Pr. à 2.—

Boisacq, Emile: Dictionnaire étymolog. de la langue grecque étudiée dans ses rapports avec les autres langues indo-européennes. 5—8. livr. (321—640) gr8° Heidelbg, Carl Winter '10—12. Subskr. je 2 —

Boisard, Fables. II Vol. av. fig. gr 8. Lpz. Sommer.

de Boisdeffre, Chev., tableau historique de la France révolutionnaire etc. 8. Leipz. 794. (Gebhardt et K. in Frkf.) 12 *K*

Boisdeffre, Tableau hist. de la France révolut. 8. Leipz. (Macklot et Gebhardt et K. Frft.) 794.

Boisduval, J. A., Genera et index method. europaeor. Lepidopterorum. 8maj. (15½ B.) Paris 840. (Lipsiae, Fr. Fleischer.) *

Bojsen. Gesellschaft, s. Fortschritt, soz.

Bojsen, A., das Land der sozialen Reformen (Neu-Seeland), s. a. Fortschritt, sozialer. Nr. 66. 67.

Bojsen, A., Das Land der socialen Reformen: Neuseeland. 8°. Leipzig, F. Dietrich, 1906. (Socialer Fortschritt, Heft 66—67.)

— Verwirklichte Versuche d. Vervollkommng d. Gesellsch., s. a. Fortschritt, soz.

Bojsen A, verwirklichte Versuche der Vervollkommnung der Gesellschaft. (24 S) (Sozialer Fortschritt 75. 76) Leipzig 1906

Boisen, I. N., s. *Carmen,* Maksura.

Boisens, P. O., Betracht. üb. wicht. Gegenst. im häusl. Leben. a. d. Dän. v. Verf. 8. Copenh. Profr. 802.

Boisen, P. O., Betrachtt. über wichtige Gegenstände im häusl. Leben; aus d. Dän. von ihm selbst. 8. Kopenh. 802. Schubothe, (a. Brummer). 1 *ß*

Boisgilbert, Edmund

Boisgilbert, Edm. (Ignatius Donnelly), s. a.: Donnelly, Ignatius.

Boisgilbert, E (I Donnelly), Caesar's Säule. Roman a. d. 20. Jahrh. Deutsch v. B Katscher. 8° (324) Klagenf. 02, F v. Kleinmayr. 2.50

— Weltuntergang. Ein Roman aus dem 20. Jahrh. 8. (376 S.) Stuttgart 893. Deutsche Verlags-Anstalt. n. 3.—; geb. n.n. 4.—

Boisgobey, Fortuné du, im Banne d. Schuld, s.: Collection Hartleben.

Boisgobey, Fortuné du, das Drama zu Montmartre, s. a. Viktoria-Sammlung. Nr. 7.

Das Drama zu Montmartre. Kriminalroman von Fortuné du Boisgobey. Deutsch von Ludwig Wechsler. Bonn: Rhein. Union [1905]. (182 S.) 8° [F.]
= Viktoria-Sammlung spannender u. interess. Erzählungen. No 7. [05. 10038

Boisgobey, F de, d. 5. Gebot. Kriminalroman. Deutsch v. P Heichen. 8° (145) Berl. o. J. Elberf., T Heinrich. — 50

Boisgobey, Fortuné de, das 5. Gebot. Kriminalroman. Deutsch v. Paul Heichen. 8. (145 S.) Berlin 894. Frankfurt a/O., Th. Heinrich. — 50

Boisgobey, F du, d. geopferte Hand. Roman. Deutsch v. G Manfred. 2 Bde. 8. (521) Kaisersl. 82, Rohr. n. 2.—

Boisgobey, Fortuné du, Der Fall Matapan, s. a. Kürschner's Bücherschatz.

[F.] Der Fall Matapan. Roman v. Fortuné de Boisgobey. Autoris. Uebs. M. 25 Ill. v. A. v. Schrötter. *Berlin, Eisenach, Leipzig: H. Hillger [1897].* (124 S.) 1 Bd 8.
— Bücherschatz, Kürschners. No 30. [97. 6199

Boisgoboy, Fortuné de: Das Opfer d. Fähre, s.: Ensslin's interess. Bibliothek.

Boisgobey, Fortuné du, der blaue Schleier, s. a. Bibliothek interessanter Romane. 3. Bd.

Boisgobey, Fortuné du. Der blaue Schleier. Roman. 8. (287 S.) Berl. 891, [Slottko.] Georgi. * 3 —

— d. blaue Schleier. Roman. 5. Aufl. 8. (232 S.) [Berlin 896. C. Georgi.] Erfurt, Fr. Bartholomäus. n. 2.—

— Der blaue Schleier. Kriminal-Roman. (Neue Afl.) (211) 8° Gotha. Verl.-Anst. u. Druckerei (H Bartholomäus) ('05). 1 — d

— d. Stimme d. Blutes, s.: Collection Hartleben.

— Das Verbrechen im Omnibus, s.: Kürschner's, J, Bücherschatz.

Boisleux, Ch.

Von der chronischen und akuten Pelviperitonitis und deren Behandlung. Von Ch. Boisleux, (Paris). *Leipzig: Breitkopf & Härtel 1896.* (16 S.) 8.
— Sammlung Klinischer Vorträge. No 167. [96. 6500

(Boismêlé et de Richebourg.) Histoire générale de la Marine, conten. son origine chez tous les peuples, ses progrès, son état actuel et les expéditions maritimes anciennes et modernes. 3 v. 4. av. 2 planches. Paris 1744—58. — Leipsic 1744.

Boisot, Caroline, recueil de fables et de poésies moral. et religieuses extraites de divers auteurs à l'usage de l'enfance. gr. in-8. (10¾ B.) Paris. Carlsruhe 814, Bielefeld. * -

Boissard, Janus Jacobus. De divinatione et magicis praestigiis. Oppenheimii. Fol.

Boissardi, Jan. Jac., Icones virorum illustrium. C. figg. Francof. 597-99. 4 P. 4.

Boissarie: Die gr. Heilgn v. Lourdes. Deutsch v. JP Baustert. Ausg. A. Für Gebildete. (419 m. Abb.) 8° Luxembg '02. (Ling., R van Acken.) || 2. Ausg. (430 m. Abb.) '02. Je 5.40; geb. je nn 6.40 || Ausg. B. Volksausg. (336 m. Abb.) '02. (4 —) 3 — d

Boissarie, die großen Heilungen v. Lourdes. 2. deutsche autoris. u. verm. Ausg. m. e. kurzen Abriß üb. die Erscheingn. an der Grotte v. J.-P. Baustert. B. Volksausg. (VIII, 336 S. m. Abbildgn.) gr. 8. Kindschleiden 907. (Lingen, R. van Acken.) 3.—; geb. in Halbleinw. n 4.—

Boissarie, Lourdes u. seine Geschichte, vom medizin. Standpunkte aus betrachtet. 1858—1891. [Die Geschichte v. Lourdes aus der Feder v. Ärzten. — 800 ärztl. Zeugnisse üb. die Heilgn. — Wie man e. Wunder constatiert. — Die Klinik v. Lourdes. — Die Nationalwallfahrt m. ihren 1000 Kranken. — Die Hysterie in Lourdes. — Suggestion u. Wunder.] Autoris. Uebersetzung v. Seb. Euringer u. Herm. Euringer. 8. (IX, 374 S.) Augsburg 892. Literar. Institut v. Dr. M. Huttler. n. 2.70

Boisseaux et Scribe, les trois Maupin, s. Scribe.

Boisselot, Paul, s. Offenbach, Jacques: Lieschen und Fritzchen.

Boisserée, Sulpiz. Stuttgart 1862. V: *Boisserée, Mathilde geb. Rapp.* (Kat. d. Bibl. d. dtsch. Reichstages. Berl. 1882.) (Aark)

Boisserée, Sulpiz. 2 Bde. Stuttgart 862. Cotta. gr. 8. (2 Bl., 1479 S.) n. 4 Thlr.

Boisserée, Augustus Bernardus, s. Boisseree, Bernardus

Boisserée, B.: Beleuchtung der in der Schrift des Reg. Raths W. Butte: Über das Kasernement der Königlichen Garnison in Cöln, enth. Ansichten u. Vorschläge. Cöln 1818.

Boisserée, B., der Kölnische Schifffahrt-Vereins-Vertrag u. Beleuchtung dess. Con sordino hrsg. zum Vortheil d. Blinden u. Taubstummen dies. Stadt. gr. 8. (5¼ B.) Köln 834, Renard u. Dübyen.

Boisserée, Augustus Bernardus: De dotis dominio. Halis Saxonum (1836): Grunert. 39 S. 8°
Halle-Wittenberg, Jur. Diss. v. 31. März 1836
Geb. [Köln 7. 5. 1812]

Boisserée, (Franc.) Gust. (geb. Cöln a. Rh. 26. 11. 1810): De febri puerperali. Berolini (1836). (33 S.) 8°
Berlin, Med. Diss. v. 17. Aug. 1836

Boisserée, O., Berlitz módszere, s.: Berlitz, M. D.

Boisserée, Sulpiz (Hrsg.), s. Abeken, Wilhelm: Mittelitalien vor d. Zeiten . . .

— Ansicht u. Beschreibung des Doms zu Aachen — In dessen Denkmale der Baukunst am Niederrhein.

Boisserée, (S.,) Ansichten, Risse u. einzelne Theile des Doms zu Cöln, mit Ergänz. nach d. Entwurfe d. Meisters, nebst Untersuch. üb. d. alte Kirchenbaukunst ꝛc. 1e u. 2e Lief. M. Kupf. gr. Atl. Form. Stuttg. 822 u. 824. Cotta. Auch Barth in Leipz. 71 Rthlr. 12 gr. Velinp. 134 Rthlr. Chines. P. 1

Boisserée, Sulpiz, Ansichten, Risse u. einzelne Theile d. Doms zu Köln, mit Ergänzungen nach d. Entwurfe d. Meisters, nebst Untersuchn. üb. d. alte Kirchenbaukunst u. vergleich. Tafeln ihr. vorzügl. Denkmale. 4 Lfgn. M. 18 Kpfrt. à ca. 2 Ellen hoch u. 1½ Elle breit. Gross-Welt-Format. München 822—31, Literar.-Art. Anstalt.

Boisserée, Sulpiz, Ansichten, Risse u. einzelne Theile des Doms zu Köln, mit Ergänz. nach d. Entwurfe d. Meisters, nebst Untersuch. über d. alte Kirchenbaukunst ꝛc. 4 Liefrgen. Mit 18 Kpft. gr. Atl.-Form. Stuttg. 822—31. v. Cotta. 143 Thlr. Velinp. 286 Thlr. Chines. P. 354 Thlr.

— Ansichten, Risse u. einzelne Theile des Doms von Köln, mit Ergänzungen nach dem Entwurf des Meisters, nebst geschichtl. Untersuchungen u. einer Beschreibung des Gebäudes. 2. veränd. Aufl. 1.—4. Liefg. Mit 4 Kupft. Imp.-Fol. Ebend. 843, 44. à n. 7 Thlr.

Boisserée, Sulpiz, Ansichten, Risse u. einzelne Theile d. Doms von Cöln, mit Ergänzungen nach dem Entwurf des Meisters, nebst geschichtl. Untersuchungen u. ein. Beschreibung des Gebäudes. 2., veränd. Aufl. 4 Lfgn. Imp. Fol. (16 Kpfrt. wovon 2 col. u. 19¼ B. Text Imp.-4.: Geschichte u. Beschreibung d. Doms von Köln." Nebst 2 Kpfrt.) München 841, Literar.-artistische Anstalt. à L. * 7 Thlr. *

Boisserée, Sulpiz (geb. 2. Aug. 1783 zu Cöln a. Rh., 1827—30 Oberbaurath u. General-Conservator zu München, † zu Bonn 2. Mai 1854), über die Beschreibung des Tempels des heil. Grales in dem Heldengedicht: Titurel, Kap. III. Mit 3 Taf. Abbild. (nach *S. Boisserée* lithogr. v. *Aloys Kurz*). (S.-A. aus Bd. 1. d. philos.-philol. Abhdlgn. d. k. b. Akad. d. Wiss. 1834.) München, 1834. Druck von Geo. Jaquet. 4°. Name auf d. Titel. Cart., unbeschn.
88 S. Lat. Lett. — Der Vf. verkaufte bekanntlich mit s. Bruder Melchior B. 1827 s. Sammlung altdeutscher Gemälde an König Ludwig I.

— dass.: Betrachtungen a. alle Tage d. Jahres. 4 Theile. 8. Augsburg 1772, L. Stadel in Würzb. 1 Thlr. — 1 fl. 45 kr.

—— Denkmale d. Baukunst v. 7. bis zum 13. Jahrh. am Nieder-Rhein. 12 Lfgn. — A. u. d. T.: Monumens d'architecture du VII. jusqu'au XIII. Siècle situés sur les Bords du Rhin. Roy.-Fol. (12½ B. deutsch. Text u. à Lfg. 6 lith. Bl. — 9. Lfg. 6. Bl. ist color.) München 830—33, Literarisch-Artist. Anstalt. à 2 Thlr. 12 Gr.
Einzelne Blätter à 15 Gr.

Boisserée, Sulpiz, Denkmale der Baukunst vom 7. bis z. 13. Jahrh. am Niederrhein. 2., mit Zusätzen verseh. Aufl. 12 Lfgn. Roy.-Fol. (72 Bl. u. 8 B. Text.) München 842—44, Literar.-artist. Anstalt. à Lfg. * 1 Thlr. 2½ Ngr. Thlr. *

Boisserée, Sulpiz Geschichte u. Beschreibung des Doms von Köln, nebst Untersuchungen über die alte Kirchenbaukunst, als Text zu den (78) Ansichten, Rissen u. einzelnen Theilen des Doms von Köln. Stuttgart 1823. Text Fol., Tfln. gr. Fol. — 2. Ausg. [des Textes] München 1842. 4. — 2. Aufl. 1842. 4. Tfln. Fol. [2. Textausg. in 2 Ex.]

— Geschichte u. Beschreibung des Doms von Köln. 2e umgearb. Aufl. mit 5 Abbild. gr. 4. Mchn. u. Stuttg. 1842, Art. Anst. cart. 2⅔ Thlr. — 4 fl. 30 kr.

—— Geschichte u. Beschreib. des Doms v. Köln. 2., umgearb. Ausgabe mit 5 Abbild. Imp.-4. (16 B.) München 842, Literarisch-artist. Anstalt.

– Geschichte und Beschreibung des Doms zu Cöln. 2te Ausgabe. 1843.

— üb. den heil. Gral (die Sage v. Kelch Christi). 4. München 1833.

—— Histoire et description de la Cathédrale de Cologne. Nouv. édit. refaite et augm. Accompagné de 5 planches. Imp.-4. (17½ B.) München 843, Literar.-artist. Anstalt.

(——) Mittelitalien, s. Abeken, Wilh.

—Monumens d'architecture du VIIe jusqu'au XIIIe siècle sur les bords du Rhin Livr. 1—X. A. u. d. T.: Denkmale d. Baukunst vom 7ten bis zum 13ten Jahrh. am Nieder-Rhein. 1e—10e Lief. à 6 Kpft. Roy.-Fol. Ebd. 830—32. à 2 Thlr. 12 Gr. 25 Thlr.

Boisseree, Sulpiz, Monumens d'architecture du VIIme jusqu'au XIIIme Siècle situés sur les Bords du Rhin. Livr. XI. et XII. A. u. d. T.: Denkmale d. Baukunst vom 7. bis zum 13. Jahrh. am Nieder-Rhein. 11e u. 12e (letzte) Lfrg. Mit 12 lithogr. Bl. Roy.-Fol. München 833. Literar.-artist.-Anstalt. 5 Thlr. Alle 12 Lfrgg. 30 Thlr.

— s. Samml. Alt-, Nieder- u. Oberdeutscher Gemälde.

Boisserée, Sulpiz und **Melchior,** und **Bertram, Johann.** Die Sammlung Alt- Nieder- und Ober-Deutscher Gemälde der Brüder Boisserée und Bertram, lithographirt von Johann Nepomuk Strixner. Stuttgart 1821—1834. Fol.

Boisserée, Sulpice. Vues, plans, coupes et détails de la Cathédrale de Cologne, avec des restaurations d'après le dessin original, accompagnés de recherches historiques et d'une description de l'édifice. München 1842. Fol.

Boissevain, Charles, der Streit der holländischen Republiken. Ein grosses Verbrechen. 8. (63 S.) Leipzig 901. R. Uhlig. n. — 60

Boissevain, G. M., zur Währungsfrage. Denkschrift. Vom Verf. autor. Uebersetzg. A. d. Holl. gr. 8. (105 S. m. 9 Tab.) Berlin 895. H. Walther. n. 2.—

Boissevain, Maria. Beiträge zur Anatomie und Histologie von Dentalium. Diss. Phil. [II.] Univ. Zürich. Mit 3 Tafeln. [Sep.-Abdr. aus: Jenaische Zeitschrift für Naturwissenschaft. Band 38, Heft 3.] IV + 20 S. 8. Jena, Gustav Fischer, 1903.

Boissevain, Ursulus Philipp, s.: Excerpta historica, iussu imp. Constantini Porphyrogeniti confecta.

Boissi (A. L. de), (i. e. *Elisa Guénard* baronne *de Méré*). — Liebesgeschichten Ludwig des Vierzehnten. Ein Beitrag zu der Sittengeschichte jener Zeit. Aus d. Französ. des Herrn *von Boissi*. 2 Thle. Altona, Verlag von Joh. Fr. Hammerich. 1838. 8°. I: IV—216 S. II: IX—209 S.

Liederliche Hofgeschichten bis ca. 1665; interessant u. nicht häufig.

Orig.: Boissi, A. L. de, Histoire des amours de Louis XIV., roi de France. 5 vols. Avec 5 portraits. Paris 1808. 8°. (12 Mk., n. r., bei expl., Volckmann & Jerosch, Rostock, 1892.)

Boissier, Alfred: Recherches sur quelques contrats babyloniens... Paris, E. Leroux, éditeur, 1890; 3 Bl., 65 S., 1 Bl. 8°

Leipzig, Phil. Fak., Inaug.-Diss. v. [23. Jan.] 1891

Boissier, Edmond

Boissier, E., Aufzählung der auf e. Reise durch Transkaukas. u. Persien gesammelt. Pflanzen, s.a. Buhse, F.

—— Aufzählung der auf einer Reise durch Transkaukasien und Persien gesammellen Pflanzen, in Gemeinschaft mit *E. Boissier* bearbeitet von *F. Buhse*. Moskau. typ. Gautier. 1860. 4. LXVII, 246 p., 10 tab., 4 mappa.
Nouveaux Mémoires des nat. de Moscou. tome XII

Boissier (E.). Centuria Euphorbiarum. Lips. 1860. 8°.

Boissier, Edm., diagnoses plantarum oriental. novarum e familiis Thalamifloris. 8 maj. (4¾ B.) Genevae 842. Lipsiae, Hermann.)

Boissier, Edm., Diagnoses plantarum orientalium novarum. No. 2—12. 8maj. (517 S.) Genevae et Parisiis 843—49. (Lipsiae, Hermann.) à Heft
No. 1. Ibid. 1842. 25 Ngr.

Boissier, Edm., Diagnoses plantarum novarum praesertim orientalium nonnullis europaeis boreali-africanisque additis. Fasc. 12. et 13. et Series II. Fasc. 1. 8maj. (III und 354 S.) Neocomi 853.54. (Lipsiae, Hermann.) à Fasc. 1 Thlr.
Fasc. 1—11. Ibid. 1842—49. 11 Thlr.

—— Diagnoses plantarum orientalium novarum. Series prima. Vol. 1. 2. fasc. 1—13. Series secunda. Vol. 3. fasc. 1—6. Lipsiae, B. Hermann. Parisiis, Baillière. 1842—59. 8.
I: 1. 1842. 76 p.
I: 2. 1843. 115 p.
I: 3. 1843. 60 p.
I: 4. 1844. 86 p.
I: 5. 1844. 91 p.
I: 6. 1855. 136 p.
I: 7. 1846. 130 p. (6⅔ *th.*)
II: 8. (1849.) 128 p.
II: 9. 1849. 131 p.
II: 10. 1849. 122 p.
II: 11. 1849. 136 p.
II: 12. 1853 120 p.
II: 13. 1853. (c. indice) 114 p.
III: 1. 1853. 120 p.
III: 2. 1856. 125 p.
III: 3. 1856. 177 p.
III: 4. 1859. 146 p.
III: 5. 1856 118 p.
III: 6. 1859. 148 p. (cum indice).
(à 3 *fr.* le fascicule; les fascicules 1. 3. 6 et 7 sont épuisés.)

Boissier, Edm., Elenchus plantar. novar. minusque cognitar., quas in itinere Hispanico legit. 8maj. (4⅓ B.) Erfordiae 840. Otto. *

Boissier, Edm., flora orientalis sive enumeratio plantarum in Oriente, a Graecia et Aegypto ad Indiae fines hucusque observatarum. Vol. I. Thalamiflorae. Basel 867. Georg. gr. 8. (XXXIV, 1017 S.) n. 5 ℛ 10 ngr.

Boissier, E., Flora orientalis, sive Enumeratio plantarum in Oriente a Græcia et Aegypto ad Indiæ fines hucusque observatorum. Vol. II. Calyciflorae polypetalæ. 1159 pp. in-8. Genève et Bâle, H. Georg. 1872 25. —
Le tome I: Thalamiflorae. 1017 pp., a paru en 1867. Prix 20 fr. L'ouvrage sera complet en 5 volumes.

Boissier, C., Flora Orientalis sive enumerato plantarum in Oriente a Graecia et Aegyptae ad Indiae fines. Vol. tertium: Calyci florae gamopetalae. 1033 pp. in-8.. Genève et Bâle. H. Georg.
1875

— — vol. Quartum fasc. I. Coralli florarum ordines priores pages 1 à 280 in-8. Genève et Bâle. H. Georg. 1875 6. —

Boissier, Edmond. Flora orientalis sive enumeratio plantarum in Oriente a Græcia et Aegypto ad Indiæ fines hucusque observatarum. Vol. IV, fasc. II. Corolliflorarum ordines posteriores et Monochlamydeæ. Gr. in-8°. Genève et Bâle, H. Georg. 20 —
1879 Vol. I—IV 101 —

Boissier, Edmond. Flora orientalis sive enumeratio plantarum in Oriente a Græcia et Aegypto ad Indiæ fines hucusque observatarum. Vol. V, fasc. 1. Monocotyledonearum, pars prior. In-8°, p. 1 à 428. Genève, Bâle et Lyon, H. Georg. 10 —
1882

Boissier, Edm. Flora orientalis sive enumeratio plantarum in oriente a Græcia et Aegypto ad Indiæ fines. Volumen quintum, fasciculus secundus. Monocotyledonearum pars posterior. In-8°, p. 429—868. Genevæ, Basileæ, Lugduni, H. Georg.
1884 15. —

Boissier, Edmond. Flora orientalis sive enumeratio plantarum in Oriente a Graecia et Aegypto ad Indiae fines hucusque observatarum. Supplementum editore *R. Buser*, Herb. D. C. Custode. Gr. in-8°, 466 p., 1 portr. et 6 planches. Genève, Bâle, Lyon, H. Georg. 1888 14 —
*** Les volumes 1 à 5 coûtent fr. 126.

—— Icones Euphorbiarum ou figures de 122 espèces, du genre Euphorbia. Dessinées et gravées par Heyland. Avec des considérations sur la classification et la distribution géographique des plantes de ce genre. Fol. (24 S. mit 120 Stnt. Basel 866, Georg.

Boissier, Edmond, s. Memoires de l'Herbier.

Boissier, Gaston, César et Cicéron, s.a. Bibliothek gediegener u. interessanter französischer Werke.

Boissier, Gaston, César et Cicéron, hrsg. v. Max Schaunsland, s.a. Bibliothèque française.

Boissier, Gaston. César et Cicéron ... Münster [1894]. H: *Brüll, Johs.* (Berl)

César et Cicéron p. Gaston Boissier. Hrsg. u. m. Anm. f. d. Schulgebr. vers. v. Prof. Dr. Max Schaunsland, Oberl. ... zu Bielefeld. [Nebst] Wörterb. *Berlin: Friedberg & Mode 1897.* 2 Bde 8.
[Text.] (IV, 100 S.) Wörterb. (30 S.)
→ Bibliothèque française à l'usage d. écoles. No 28. [98. 9485

Boissier, G., Cicero u. seine Freunde. Eine Studie über die römische Gesellschaft zu Cäsar's Zeit. Deutsch bearb. von Ed. Doehler. Mit 1 Stahlst. Leipzig 870. Teubner. 8. (V, 422 S.) 1 ℛ 15 ngr; geb. 2 ℛ

Boissier, Gaston, Cicéron et ses amis, hrsg. v. Arnold Krause, s.a. Prosateurs français.

— dass. s.a. Bibliothek gediegener u. interess. französ. Werke.

Boissier, Gaston, Cicéron et ses amis. Étude sur la société romaine du temps de César. Ausgewählte Abschnitte, zum Schulgebrauch hrsg. v. K. Mayer. 8. (VII, 151 S.) Halle a/S. 891. Niemeyer. n. 1. 20; geb. in Leinw. n. 1. 50

— dasselbe. Ausgewählte Abschnitte, nebst e. Kommentar zum Gebrauch höherer Lehranstalten hrsg. v. Gust. Dannehl. 12. (IV, 170 S.) Strassburg i/E. 892. Strassburger Druckerei u. Verlagsanstalt. Kart. n. 1. 50

Boissier, Gaston: Cicéron et ses amis. Étude sur la société romaine du temps de César. Édition abrégée à l'usage des écoles publiée et annotée par Rich. Ackermann. (118 m. Abb. u. 3 Ktn.) 8° Wien, F Tempsky. — Lpzg, G Freytag '12. geb. 1.20

– Ciceron dans ses relations avec Atticus et Caelius, s.a. Bibliothek gediegener u. interessanter französischer Werke.

Boissier, Gaston. Cicéron dans ses relations avec Atticus et Caelius ... Münster [1893[. H: *Brüll, Johs.* (Berl)

– Ciceron dans ses relations avec Brutus et Octave, s.a. Bibliothek gediegener u. interessanter französischer Werke.

[Gaston] **Boissier.** Cicéron dans ses relations avec Brutus et Octave. Éd. adaptée à l'usage d. écoles. (Hrsg.: Johannes Brüll.) [Nebst:] Erläut. Wörterverzeichnis zu Boissier, Cicéron et ses amis, 59.—62. Bdch. dieser Sammlg (v. Dr. Johannes Brüll ...). *Münster: Theissing 1894. 95.* 2 Bde 8.
[Text.] 1894. (VII, 124 S.) Wörterverz. 1895. (30 S.)
= Bibliothek gediegener u. interess. französ. Werke. Bdch. 62. (94. 93)

— Cicéron dans la vie publique et privée, s.a. Bibliothek gediegener u. interessanter französischer Werke.

Boissier, Gaston. Cicéron dans la vie publique et privée ... Münster [1893]. H: *Brüll, Johs.* (Berl)

—– Madame de Sévigné, s.a. Übersetzungen d. Bibliograph. Bureaus in Berlin.

Boissier, G., Madame de Sévigné. Deutsch von C. Seefeld. (183 S. m. Bildn.) Berlin 1892. Bibliogr. Bureau. 1.50

— Madame de Sévigné. Autoris. m. erläut. Anmerkgn. verseh. deutsche Ausg. v. Carl Seefeld. Wohlf. (Titel-) Ausg. 8. (VIII, 183 S. m. Bildnis.) Berlin 893. Bibliograph. Bureau. n. 1. 50

— Madame de Sévigné. Mit erläut. Anmerkgn verseh. deut. Asg. v. C Seefeld. Wohlf. Asg. 8° (183 m. Bildnis.) Berl. 93, E Ebering. 1.50

Boissier de Sauvages de la Croix, François s.: Sauvages de la Croix, François Boissier de

Boissière, La, die Kunst der Essigbrauerei, oder ausführl. Anweisung, nicht nur den Weinessig, sondern auch alle Arten Getraide-, Wurzel-, Beeren- u. Obst-Essige 2c. höchst billig zu bereiten. Aus d. Franz. .. Breslau ... Richtersche Buchh. in Berlin. Versiegelt $^3/_4$ ℳ

Boissieu, Ant., Betrachtungen üb. das heil. Evangelium Jesu Christi auf alle Tage des Kirchenjahres. Aus d. Franz. von Mich. Sintzel. 4 Bde. (à 3 Lfgn.) gr. 8. München, Lentner'sche Buchh. [1. (42 B. u. 1 Stahlst.) 843. 2 Thlr., 2. u. 3. (77 ½ B. u. 2 Stahlst.) 43, 44. 3 Thlr. 7 ½ Ngr., 4. (51 ½ B. u. 1 Stahlst.) 44. 1 Thlr. 15 Ngr.] Zusamm. genomm.

Boissieu, Ant., Betrachtungen über das heilige Evangelium Jesu Christi auf alle Tage des Kirchenjahres. Zugleich eine Anleitung zur christl. Vollkommenheit. A. d. Franz. von Mich. Sintzel. 1.—3. Liefg. (die Monate Decbr., Januar u. Febr.) gr. 8. (Mit 1 Stahlst.) München 843, Lentner. $1^1/_{12}$ ℳ 2. Bd. 1.—3. Liefg. u. 3. Bd. 1.— 3. Liefg. — 4. Bd. 1.—3. Liefg. Mit 3 Kpfrn. gr. 8. (Ebd. 843, 44, (45), 1.—4. Bd. $6^1/_3$ ℳ

Boissieu, Ant., Betrachtungen f. alle Tage d. Kirchenjahres üb. das hl. Evangelium Jesu Christi. Neu hrsg. v. Frz. Zorell. 4 Bde. 8. Regensburg 893. F. Pustet. à n. 2. —; geb. in Halbchagrin à n. 2. 75
1. Vom Beginn d. Advents bis zur Fastenzeit. (VI, 456 S. m. Bildnis.)
2. Vom Beginn der Fastenzeit bis zum Dreifaltigkeits-Sonntag. (508 S.)
3. Vom Dreifaltigkeits-Sonntag bis zum 14. Sonntag nach Pfingsten. (440 S.)
4. Vom 14. Sonntag nach Pfingsten bis zum Schlusse des Kirchenjahres. (480 S.)

Boissieu, Ant., S. J., Betrachtungen f. alle Tage des Kirchenjahres üb. das hl. Evangelium Jesu Christi. Neu hrsg. v. Frz. Zorell, S. J. (2. verb. Aufl.) 4 Bde. (VI, 460; IV, 512; 407 u. 411 S. m. Bildnis.) 8. Regensburg 908. F. Pustet. 8.—; in 5 Leinw.-Bdn. 11. 20

Boissieu, Ant., das heilige Evangelium Jesu Christi erklärt in Betrachtungen auf jeden Tag des Jahres nach dem Kirchenjahre. Nach der letzten französ. Orig.-Ausg. neu übertragen von einem kathol. Priester. 2. Bde. (à 2 Abthlgn.) München 857. Lentner. gr. 8. (VIII, 530; 444 S.) 2 ℳ

Boissieu, Ant., das heilige Evangelium Jesu Christi erklärt in Betrachtungen auf jeden Tag des Jahres nach dem Kirchenjahre. Nach der letzten französ. Orig.-Ausg. neu übertragen von einem kathol. Priester. 8 Bde. gr. 8. München, Lentner'sche Buchh. (à Bd. 1 Thlr.)
Inhalt:
Bd. 1. Von Advent bis Ostern. 2 Abthlgn. (530 S.) 857.
„ 2. Vom Ostersonntage bis zum 10. Sonntage nach Pfingsten. 2 Abthlgn. (444 S.) 858.
„ 3. Vom 10. Sonntage nach Pfingsten bis zum Advente. (428 S.) 859.

Boissieu, Ant., das heilige Evangelium Jesu Christi erklärt in Betrachtungen auf jeden Tag des Jahres nach dem Kirchenjahre. Nach der letzten französ. Orig.-Ausg. neu übertragen von einem kathol. Priester. 3. (letzter) Bd. Von dem 10. Sonntage nach Pfingsten bis zum Advente. München 858. Lentner. gr. 8. (428 S.) 1 ℳ

Boissieu, Ant., das Leben Alphons Roderiquez; aus d. Französ. 8. Augsb. 750. Wolf. 10 ₰

—— Weg der Vollkommenheit f. achttägige geistliche Uebungen nach den Betrachtungen des heil. Ignatius. Aus d. Franz. v. Mich. Sintzel. gr. 8. (21 ¼ B. u. 1 Stahlst.) München 845, Lentner'sche Buchh.

Boissieu, Ant., die Weihe der heil. Fastenzeit. Kurze Betrachtungen u. Gebete f. heilsbegierige Seelen auf alle Tage der Fasten 2c. Mit Morgen-, Abend-, Meßgebeten 2c. Hrsg. von Mart. v. Moos. 8. (216 S. m. 1 Lith.) Luzern 849, Gebr. Räber. n. 7 ngr

Boissl, Frz., S. J., die göttliche Einsetzung des Papsttums, s.: Volksaufklärung. Nr. 57.58.

Boissl, Frz: Unser Kampf um d. Reinh. — Unser Kampf um d. Wahrh., s: Flugschriften d. Jugendbewegg.

Boissier, Recteur, Prof. etc., Discours sur les progrès de l'archéologie et sur la direction principale qu'il convient de donner à cette étude. gr. in-8. Genève 837. (Kessmann.) n. $^1/_3$ ℳ

Boissonade, Franc., s. Longi Pastoralia.

Boissonade, J. F., s. Aeneas Gazaeus

– Nova anecdota, s. Anecdota.

– s. Babrius: Fabulae.

– s. Cloricius Gazaeus: Orationes.

– s. L. Holstenii Epistolae.

– s. Marini vita.

– s. Philostratus: Epistolae.

– s. De Syntypa.

– s. Tiberius Rhetor: De figuris.

Boissonnas, B., une famille pendant la guerre 1870—1871, hrsg. v. H. Scherer, s. Klassiker-Bibliothek, französisch-englische.

— dasselbe. Bearb. v. E. Werner, s. Perthes' Schulausgaben englischer u. französischer Schriftsteller. Nr. 48.

Boissonnas, Mme B., une famille pendant la guerre 1870—1871, hrsg. v. W. Schaefer, s. Prosateurs français.

Boissonnas, Mme. B., Une famille pendant la guerre 1870—1871. hrsg. v. Max Banner, s. Schulbibliothek, französische u. englische. A. 142.

— dasselbe. Hrsg. v. H. Bretschneider, s. Schulbibliothek französischer u. englischer Prosaschriften. 19. Bdchn.

Une famille pendant la guerre 1870–1871. Par Mme B. **Boissonnas.** ⟨33e Éd.⟩ In Ausz. mit Anm. f. d. Schulgebr. hrsg. von Dr. Wilhelm Schaefer, Prof., Hagen i. W. Mit 3 Karten. [Nebst] Anh. [u.] Wörterbuch. Bielefeld & Leipzig: Velhagen & Klasing 1908. 3 Bde 8°
= **Sammlung**, Velhagen & Klasings, franz. u. engl. Schulausgaben. Prosateurs franç. Ausg. B. Lfg 175. 108. 5587

— s.: Guerre de 1870/71.

Boissonnas, Henri, rapport sur le groupe 35 de l'exposition nationale suisse à Zurich 1883: La photographie. gr. 8. (16 S.) Zürich 884. Orell Füssli & Co. Verl. n. — 50

Boissonnas, Léon, médecin diplomé de la confédération suisse: Aus der chirurgischen Universitätsklinik zu Bern. Zur Casuistik der Zungenkrebse. Strassburg i. E. 1905. 84 + 1 S. 8°. [8. II. 05.]
Bern. Med. Diss. 1904/1905.

Boissonnas, Léon. Zur Casuistik der Zungenkrebse. Thèse Méd. Berne. 1905. *Kopftitel:* Aus der chirurgischen Universitätsklinik zu Bern. 85 S. 8. Strassburg i. E., C. & J. Goeller, 1905.

Boissonneau, die künstlichen Augen, s.: Wengler.

Boissy, Théatre de. 2 Vol. in-18. (Leipzig. Barth.)
Stéréot. papier ordinaire brochés,
papier fin,
papier vélin,
format in-12, pap. vél.,

Boissy, Desprez de. Die verwechselten Briefe. Lustspiel aus dem Französischen. Dresden 1779. Ü: *Kurze, Joh. Gtfr.* (Ky)

Boissy, Desprez de. Der Schwätzer; ein Lustspiel, aus dem Französischen. O. O. 1782. Ü: *Geisler, Adam Friedrich.* (Ky)

de **Boissy**, Desprez, über d. Sittlichkeit d. Theaters; aus d. Französ. (v. Chr. H. Schmid), gr. 8. Halle 780. Gebauer. 22 gr

Boissy d'Anglas, Discours préliminaire, ou Projet de Constitut. franç. 8. Lpz. Schmidt. 795.

Boissy d'Anglas, le Comte de, Essai sur la vie, les écrits et les opinions de M. de Malherbes, suivi de notes, de lettres et de pièces inédites. 2 Vol. in-8. Strasburg, Treuttel et Würtz. 819 — 821.

Boissy d'Anglas, Friedrich Wilhelms des II. und Katharinens der II. letzte Heldenthaten. Nach d. Französ. des — wörtlich übersetzt. Nebst dessen Resultate und Meynungen über Preußens, Englands, Rußlands und Oesterreichs Interesse. Paris, gedruckt bey Jaques Poultier, 1798. 8°. 58 S. u. 4 S. Anzeigen. (In Dresden: Hist. Boruss. 639.)
Weller, fing. Dr. — Rar!

— über d. wahre Interesse etc. d. coalisirten Mächte; aus d. Französ. 8. Frankf. a. M. 795. Varrentrapp. 4 gr

— über d. polit. Lage von Europa; aus d. Französ. 8. Straßb. 795. (Guilhaumann in Frankf. a. M.) 6 gr

— mémoire sur les limites futures de la république franç. 8. Basle, Esslinger. (Eichenberg, F.) 795.

— mémoire sur les limites futures de la republique franç. 8. Basel 795. (Schäfer; Eichenberg in Frkf. a. M.) 3 gr

Boiste, Alex., Album d. franz. Literatur, s. Album.

Boiste, Alex., Album der französ. Literatur in Musterstücken der Prosa und Poesie aus 42 französ. Autoren der alten, neuen und neuesten Zeit. 2 Lfgn. gr. 8. Wien 840. Pichler's Ww. ½ Thlr

Boiste, P. C. V., et J. F. Bastien, Dictionnaire de la langue franç. av. la traduction des mots en allem. p. Pierrard. II T. gr. 8. Brschw. Reichard. 802. 3. (1r 1 Thlr. 18 gr.; 2r 2 Thlr. 6 gr.)
Schreibp.

Boiste, P. Cl. Vict. et J. F. Bastien, Dictionnaire de la langue-française, ist Verlag von Fr. Vieweg in Braunschweig, u. d. Pr. 2 Thlr

Boiste, **P. Cl. Vict.**, Dictionnaire universel de la langue française, extrait comparé des Dictionn. anciens et modernes etc. Ouvrage classique etc. gr. 8. Strassb. 801. König. 3 Thlr

Boiste, (C. V., et J. F. Bastien,) Dictionn. universel de la langue française. Enrichi de la prosodie, de la prononciation etc. par l'Abbé Pierrard. Nouv. édit. 2 Voll. gr. 8. Braunschweig 822. Meyer.

Boiste, P. C. V., dictionaire universel de la langue Franç., avec le Latin et l'étymologie, extrait comparatif, concordance, critique et supplément de tous les dictionnaires Franç.; manuel encyclopédique de grammaire, d'orthographie, de vieux langage et de néologie. 12. édit., revue, corrig., considérablement augm., précédée des principes de grammaire d'après l'Acad. Franç. par M. Lorain et comparée avec la 6. édit. du dictionn. de l'Acad. par M. M. Charles Nodier et Louis Barré. Publié en 66 livrs. gr. 4. (XXXII, 944 u. 241 S. m. 1 Tab. in gr. Fol.) Paris 847—49, Didot frères. (La livr. à n. 1/12 Thlr) n. 5½ Thlr

Boit, Ernst, appr. Arzt a. Werneuchen b. Berlin, Unterarzt beim Feld-Artillerie-Reg. General-Feldzeugmeister ⟨2. Brandenburgisches⟩ Nr. 18: Über Anatomie und Ätiologie der Mola hydatidosa und ein Beitrag zur Kenntnis von der partiellen Traubenmole. Berlin (1906): G. Schade. (28 S.) 8°
Berlin, Med. Fak., Ref. Olshausen, Diss. v. 20. März 1906
[Geb. 27. Sept. 78 Werneuchen b. Berlin; Wohnort: Berlin; Staatsangeh.: Preußen; Vorbildung: Gymn. Königsberg N.-M. Reife O. 00; Studium: Berlin 1, Marburg 1, Berlin Kais. Wilh.-Akad. 7 S.; Coll. 19. März 06; Approb. 15. März 06.]

Boit, Hans, Oberarzt beim Füsilier-Reg. von Gersdorff ⟨Kurhessisches⟩ Nr. 80, z. Z. kommandiert zum Senckenbergischen pathologischen Institut zu Frankfurt a. M.: Einfache und sichere Identifizierung des Typhusbacillus. Jena: G. Fischer 1905. (48 S.) 8° ¶ [Erschien im gleichen Verlage im Buchhandel.]
Göttingen, Med. Fak., Ref. v. Esmarch, Diss. v. 15. Sept. 1905
[Geb. 1. Juni 76 Werneuchen; Wohnort: Frankfurt a. M.; Staatsangeh.: Preußen; Vorbildung: Joachimsthalsches Gymn. Berlin Reife O. 96; Studium: Berlin Kaiser Wilh.-Akad. 9 S.; Coll. 21. Juli 05; Approb. 11. Jan. 02.]

Boit, Ulrich, appr. Arzt, Assistenzarzt b. Inf.-Reg. Nr. 54: Moderne Behandlungsmethoden der Hämorrhoiden. Berlin (1908): G. Schade. 32 S. 8°

Berlin, Med. Diss. v. 20. Okt. 1908, Ref. Hildebrand

[Geb. 16. Nov. 81 Rühstädt; Wohnort: Kolberg; Staatsangeh.: Preußen; Vorbildung: Gymn. Neu-Ruppin Reife M. 01; Studium: Berlin K. W. A. 10 S.; Coll. 17. Okt. 08; Approb. 26. Febr. 08.] [U 09. 34

Boit-Havelberg, Wilhelm

[F.] K. H. von Canstein, der Bibelfreund. (Von P. W. Boit-Havelberg.) *Berlin: Buchh. d. Ostdeutschen Jünglingsbundes [1897].* (16 S.) 8.
— **Feste,** Für, u. Freunde d. Inneren Mission. H. 7. [98.

[F.] A. H. Francke. E. Vater d. Waisen. (Von P. [W.] Boit-Havelberg.) *Berlin: Buchh. d. Ostdeutschen Jünglingsbundes [1897].* (16 S.) 8.
— **Feste,** Für, u. Freunde d. Inneren Mission. H. 4. [98.

— **Melanchthon.** Büchlein f. Schule u. Haus. Zur Jubel-Feier des 400jähr. Geburtstages Philipp Melanchthons (16. II. 1897). 47. Taus. gr. 8. (16 S. m. Abbildgn.) Berlin 896. Nehtwisch & Langewort. n. — 10

Boitard, M., Abbildung und Beschreibung der vorzügl. Werkzeuge u. Geräthschaften, welche bei dem Acker- u. Gartenbaue angewendet werden. Ein unentbehrl. Hülfsbuch für Oekonomen, Gärtner, Schmiede, Wagner u. a. Nach d. Franz. Mit 105 lithogr. Tafeln. gr. 8. Weimar 835. Voigt. 2 ℛ︀

Boitard, M., Abbildung u. Beschreib. d. vorzüglichsten Werkzeuge u. Geräthschaften, welche bei dem Acker- u. Gartenbaue angewendet werden. Ein unentbehrl. Hülfsb. f. Oekonomen, Gärtner, u. a. N. d. Franz. 1. Aufl. 835., u. 2. Ausg. M. 105 lith. Taf. gr. 8. (à 16½ B.) Weimar 841, Voigt. à

— die Kunst Thiere auszustopfen u. Pflanzen u. Mineralien aufzubewahren. Ein unentbehrl. Handbuch für Naturforscher ꝛc., sowie zur nutzreichen Unterhaltung für jeden Gebildeten, insbesond. den Dilettanten. Aus d. Franz. übers. von Frz. Bauer. 8. Quedlinb. 835. Basse. ⅔ ℛ︀

Boitard, M., die Kunst, Thiere auszustopfen und Pflanzen und Mineralien aufzubewahren. Ein unentbehrliches Handbuch für Naturforscher, Lehrer der Naturgeschichte und Aufseher von Naturalien-Cabinetten, so wie zur nutzreichen Unterhaltung für jeden Gebildeten, insbesondere den Dilettanten. Aus dem Französ. übers. von **Frz. Bauer.** 2., verb. Aufl. Quedlinburg 854. Basse. 8. (169 S.) 15 ngr

Boiteau, Paul

Leben und Abenteuer des Freiherrn von der Trenck. Nach dem Französischen (des *Paul Boiteau*). Leipzig, Lorck, 1860. Kl. 8°. VIII. 116 S.
„Eisenbahnbücher" No. 36.
Orig.: Aventures du Baron de Trenck, d'après ses Mémoires; par *Paul Boiteau*. Paris, Hachette, 1853. 16°. (Bibliothèque de chemins de fer. 2. Série: Histoire et voyage.)

Boityn, Johann Christoph

— **Delibata ex politicis atque jure.** Hamburg (Christ. Liebezeit) 1706. 36 S. (5.—) 3448
Gew.: Friedr. Grf. v. Ahlefeld (Mörssburg), Chn. Detlev Grf. v. Rantzow (Breitenburg).

Boitzenburg [Schlagwort]

Boitzenburg, s.: Geolog. Karten (Preussen).

Bojunga, Claudius, s. Bojunga, Klaudius

***Bojunga, Hans:** Das Reichsviehseuchengesetz v. 26. 6. '09 nebst Ausführgsvorschriften u. Ausführgsgesetzen. Hann., M u. H Schaper. geb. ca 3 —

Bojunga, J. C. A.

— Anhang zur allgemeinen bürgerlichen Proceßordnung für das Königreich Hannover, die für Ostfriesland, Lingen u. das Eichsfeld noch geltende preußische Gesetzgebung, soweit solche hierher gehört, enthaltend. Ebend. 853. gr. 8. (VII, 236 S.) n. 1 ℛ︀

Bojunga, J. C. A., Anhang zur allgemeinen bürgerlichen Proceßordnung für das Königr. Hannover, die für Ostfriesland, Lingen und das Eichsfeld noch geltende preuß. Gesetzgebung, soweit solche hierher gehört, enthaltend. gr. 8. (VII und 236 S.) Hannover 854, Gebr. Jänecke. •

Bojunga, J. C. A., die Notariatsordnung für das Königreich Hannover. Unter Berücksichtigung der Regierungsmotive und der ständischen Erwiederung zum prakt. Gebrauche mit einem Inhaltsverzeichnisse herausgegeben. Hannover 853. Gebr. Jänecke. gr. 8. (V, 47 S.) n. 10 ngr

—— die Notariatsordnung für das Königr. Hannover. Unter Berücksichtigung der Regierungsmotive und der ständischen Erwiederung zum pract. Gebrauche mit einem Inhaltsverzeichnisse hrsg. gr. 8. (V und 47 S.) Hannover 854, Gebr. Jänecke. •

— **Schifffahrtshandbuch.** Eine Sammlung der Handels- und Schifffahrts-Verträge und der der Schifffahrt halber erlassenen Gesetze, Verordnungen und Bekanntmachungen Hannovers, nebst Angabe der Schiffsunkosten an den Hannoverschen Hafenplätzen und einiger dort getroffenen Einrichtungen u. einem Anhange, enthaltend die Verzeichnisse der Wasserzollbehörden, Navigationsschulen, Consuln ꝛc., Nachrichten über d. Versicherungsgesellschaften u. Schifferwittwenkassen ꝛc. Für Kaufleute, Schiffer, Rheder ꝛc. nach amtl. u. sonstigen Quellen bearb. u. herausg. Aurich 858. (Frerichs.) gr. 8. (XXI, 554 S.) n. 1 ℛ︀ 28 ngr

—— der hannoversche **Staatsbürger.** Ein prakt. Wegweiser durch das gesammte hannoversche Rechtsgebiet, mit besond. Berücksichtigung der in den einzelnen Provinzen geltenden Special-Rechte und Gesetze. 1. Lfg. gr. 8. (VIII und S. 1—192.) Leer 856(57,) Bock. •

— der Hannoversche **Staatsbürger.** Ein praktischer Wegweiser durch das gesammte Hannoversche Rechtsgebiet, mit besonderer Berücksichtigung der in den einzelnen Provinzen geltenden Spezial-Rechte u. Gesetze. (In 3 Liefgn.) 1. Liefg. Leer 857. Bock. gr. 8. (VIII, S. 1—192.) n. 15 ngr

Bojunga, Klaudius

Bojunga, Klaudius, die deutschen Dichter der Neuzeit u. Gegenwart, s.: **Leimbach,** Karl L., ausgewählte deutsche Dichtungen.

Bojunga, K., die Entwicklung d. nhd. Substantivflexion, ihrem inneren Zusammenhange nach in Umrissen dargestellt. Inaug.-Diss. 8. (VI, 183 S.) Leipzig 890. (Griffo.) n. 3. —

Bojunga, Klaudius: Die Entwicklung der nhd. Substantivflexion ihrem inneren Zusammenhange nach in Umrissen dargestellt. . . . Leipzig, Druck v. J. B. Hirschfeld, 1890: VI + 183 + 1 S. 8°
Leipzig, Phil. Fak., Inaug.-Diss. v. 20. Jun. 1890

— Gedichte zum Auswendiglernen, s.: **Leimbach,** Karl.

Bojunga, Klaudius: Grundr. d. deut. Sprachlehre f. d. Unter- u. Mittelst. höh. Mädchensch. (47) 8° Hann., Norddeut. Verl.-Anst. O Goedel '11. — 60 d

— Handbuch f. d. dtschn. Sprachunterr., s.: **Müller-Frauenstein,** Geo.

Bojunga, Klaudius, kurzer Leitfaden der deutschen Sprachlehre f. höh. Mädchenschulen. 8. (80 S.) Hannover 902. Norddeutsche Verlagsanstalt O. Goedel. Geb. in Leinw. n.n. — 90

— Leitfaden der deutschen Sprachlehre f. höhere Mädchenschulen u. weiterführende höh. Lehranstalten für Mädchen. 2., nach Maßgabe der preuß. ministeriellen Ausführungsbestimmgn. vom 12. XII. 1908 verm. u. umgearb. Aufl. (216 S.) 8. Hannover 909. Norddeutsche Verlagsanstalt O. Goedel. Geb. 2. —

— deutsches Lesebuch f. höhere Mädchenschulen, s.: **Blümer.**

— **Schiller als Verkörperung der Hochziele des deutschen Volks.** Ansprache zum Gedächtnis der 100. Wiederkehr v. Schillers Todestag, geh. am 9. V. 1905 auf der Morgenfeier der Stadt Magdeburg. (16 S.) 8. Magdeburg 905. C. E. Klotz. n. — 30

Bojunga, Claudius, die deutsche Wechselordnung, erläutert. 8. (IV, 96 S.) Hannover 886. Helwing's Verl. n. — 75

Bojunga, Claudius, die deutsche Wechselordnung. Erläutert v. C. B. 2. (Titel-)Ausg. 8. (IV, 96 S.) Hannover 893. Helwing's Verl. n. — 75

Bojunga, Klaudius, welche **Anforderungen** sind an e. Leitfaden der deutschen Sprachlehre f. höhere Mädchenschulen zu stellen? (89 S.) 8. Hannover 903. Norddeutsche Verlagsanstalt O. Goedel. n. — 50

Boius, Agricola: Bedenken, s: Flugschriften a. d. ersten Jahren d. Reformation.

Boivie, C. Mt., s. K. J. D. *Hill*, specimen.

Boivin, Jean, bacc. jur. a. Moutier (Schweiz): Ueber den Vorzug der Todeserklärung gegenüber der Verschollenheitserklärung. Leipzig 1907: Bereiter & Meißner. (97 S.) 8°
Leipzig, Jur. Fak., Diss. v. 26. Febr. 1907
[Geb. 6. Okt. 76 Moutier (Kanton Bern); Wohnort: Basel; Staatsangeh.: Schweiz; Vorbildung: Gymn. Porrentruy Reife M. 99; Studium: Freiburg i. B. 2, Bern 1, Basel 5, Leipzig 2, Basel 1, Leipzig 3 S.; Rig. 15. Nov. 06.]

Boivin, (Marie Anne Victoire): Handbuch der Geburtshilfe. (Mémorial de l'art des accouchements. Troisième édition. Dt.) Übers.von Ferdinand Robert. 454 S., gbd., 106 Taf., 6 Tab.

Kassel u.Marburg: Krieger 1829

Boivin, Madame, Handbuch d. Geburtshülfe nach den Grundsätzen d. Entbindungs-Anstalt zu Paris, u. denen d. berühmt. in- u. ausländ. Geburtshelfer. Mit 100 lithogr. Abbildd. u. 6 synopt. Tabell., u. e. Anhange: die Aphorismen von Mauriceau u. Orazio Valota enthaltend. Nach d. 3ten Ausg. d. Originals übers. v. F. Robert. Durchgesehen u. mit e. Vorr. begl. von Dr. W. H. Busch. Mit Bildn. d. Verfasserin. gr. 8. Marb. 829. Krieger. 3 Rthlr 12 gGr

—— neue Nachforschungen üb. d. Entstehung, d. Wesen u. d. Behandl. d. Blasenmola od. Hydatidenschwangerschaft. M. 1 Abbild. gr. 8. (5 B.) Weimar 828, Landes-Ind.-Compt.

Boivin, Madame, über eine sehr gewöhnliche und noch wenig gekannte Ursache des Abortus, nebst e. gekrönten Denkschrift über den Intro-Pelvimeter oder innern Beckenmesser. Uebersetzt u. mit Anmerkk. vers. von Dr. Fr. L. Meißner. Mit 1 Abbild. in Steindr. gr. 8. Leipz. 829. (Melzer.) 3/4 Rthlr

— über eine sehr gewöhnliche u. noch wenig gekannte Ursache des Abortus, nebst e. Denkschrift über den Intro-Pelvimeter oder innern Beckenmesser. Gekrönte Schrift, aus d. Französ. übers., mit Anmerkk. v. Fr. L. Meißner. Mit 1 Steindr. gr. 8. Leipz. 829. Zirges. 18 gGr

Bok, s.a. B o c k

Bok, Entwürfe v. Turnhallen. Handzeichn. (8T) fol In Mappe. Stuttgart 1863

Bok: Turnhallen-Pläne, s. J ä g e r

Bok, Vortrag über Heizungen, insbesondere über Zentralheizungen. Stuttgart

Bok, Vortrag über die Irrenanstalt in Schussenried. Stuttgart 1877

Bok, Johann (Hrsg.), s. S c h u l b l a t t , Hagenauer.

Bok, Johannes (Hrsg.), s. L e h r e r z e i t u n g , Reichsländische.

Bok, Karl [app. Arzt aus Stuttgart]: Über Knochendefekte am Schädel von Neugeborenen compliciert mit Spina bifida. . . . Stuttgart, Hof-Buchdr. v. J. Fink, 1890; 23 + 1 S. u. 2 Taf. 8°
Tübingen, Med. Fak., Inaug.-Diss. v. 1890

Bok, Oskar: Die Breusch. *Gebweiler 1900: J. Dreyfus.* (44 S.) 4°
Strassburg, Phil. Diss. v. 1899

Boek, s.a. B o e c k

Boek, August Friedrich, s.a. B o e c k , August Friedrich

Bök, August Friedrich

Bök, Aug. Fr., († d. 21. Aug. 1815.) Abhandl. über d. Frage: Wie kann d. Seele durch d. Studium d. schönen Wissenschaften u. Künste zum wahren Guten geführt werden? 4. Stuttg. 771.

— Abhandl. von d. Gelehrten Würtembergs, welche sich um d. Mathematik vorzügl. verdient gemacht haben. 4. Tübing. 767.

— Beschreib. d. 3ten Jubelfestes d. herzogl. Würtemberg. Eberhard-Karls-Universität zu Tübingen. 4. Tübing. 778.

— Betrachtt. über d. Art, sich mit d. natürl. Theologie zweckmäßig zu beschäftigen. 4. Tübing. 769.

— Betrachtt. über d. Beweise, daß ein Gott ist. 4. Tübing. 768.

— Betrachtt. über d. Vollkommenheit d. christl. Religion, aus d. Hoffnung e. ewigen Lebens. 8. Tübing. 765. v. Cotta. 3 gGr

Boek, Aug. Fr., s. Ge. Bhrd. B i l f i n g e r : Dilucidationes.

— Diss. de difficultate inveniendi in philosophia speculativa. 4. Tübing. 767.

— Commentatio de dignitate religionis christianae ex conjunctione hominum cum Deo. 4. Tüb. 761. v. Cotta. 4 gGr

— Diss. de eo quod rei novitas in animis hominum efficit. Ptes III. 4. Tübing. 780—83. Ejusd. Diss. de sensu determinismi innoxio. Autor Glob. Chr. Rapp. 4. Tüb. 784. Ejusd. Diss. de nisu mentis humanae, qui omnium sit fundamentum. 4. Sectio prior et posterior. Tübing. 783 et 88. Ejusd. Diss., qua affertur, malum in sua natura nil mutari, quantumvis exinde boni proveniat. Autor Chr. Fr. Hegelmaier. 4. Tübing. 785. Ejusd. Diss. Supplementum Diss. de eo, quod rei novitas in animis hominum efficit. 4. Tübing. 786. Ejusd. Diss. de limite officiorum humanorum seposita animorum immortalitate. 4. Sectio prior et posterior. Tübing. 790 et 92. Ejusd. Quaenam sensus habenda sit ratio in doctrina morum. Sectio I et II. 4. Tübing. 795 et 97. Ejus Diss. de jurium humanorum origine ac fundamento. Autor Nath. Fr. Koestlin. 4. Tübing. 796.

— Diss. (praes. G. Ploucquet) Commentationes philosophiae de evidentia in scientiis theologicis. Autor Jo. Chr. Elben (psnymos). 4. Tübing. 766.

— Geschichte d. herzogl. Würtemberg. Eberhard-Karls-Universität zu Tübingen, 8. Tübing. 774. v. Cotta. 1 Rthlr

— von d. seligen Hoffnung d. Christen; ein Sendschreiben an den Probst Weissensee. 8. Tübing. 766.

Boek, Aug. Fr., s. L e i b n i t i i , G. G.: Theodicaea.

— Diss. de sensuum hominis extern. perfectione. 4. Stuttg. 775.

— Diss. de perpetuitate primorum corporis humani staminum. Aut. Jo. Sigm. Rüdiger. 4. Tübing. 770. 2 gGr

— bescheidene Prüfung einer philosoph. Schrift: Von d. Natur d. Seele u. d. menschl. Herzens. 4. Tübing. 761.

— Diss. de ratione aestimandi felicitatem hominum. Ptes III. 4. Tübing. 777—78.

— Rede von d. Ordnung, als der Seele d. Erziehung. 4. Stuttg. 775.

— Samml. d. Schriften, welche d. logischen Calcul d. Prof. Ploucquet betreffen, mit neuen Zusätzen. 8. Frankf. u. Leipz. 766.

— Sermo de praestantia doctrinae Leibnitianae de corporibus organisatis. 4. Tübing. 767.

— s. Pt. S i g a r g n e , praelect. astronom.

— Diss. de societate et hostilitate hominum, maxime ad questiones hominum. 4. Tübing. 779.

Boek, August Friedrich (Stuttgart), Theoria nexus rerum a fato et casu vindicati. Disp. philos. Präs. Gottfried Ploucquet. Tübingen (Erhard) Septbr. 1758. 24 S. (5.—) 3312

— Thesium inauguralium pars moralis ab a. 1776—92. 4. Tübing.

— Vindiciae creationis adversus Dn. de Premontval. 4. Tübing. 763.

Boek, A. F., vindiciae creationis. 4. Tüb. Cotta. 764.

Boek, J. P.: Die Marmorirkunst 1880.

Boek, Paul (Hrsg.), s. D u b i s l a w, Georg : Chamber's ...

Boek, Paul: Elementarbuch der engl. Sprache, s. D u b i s l a v , Geo.

Boek, Paul: Engl. u. französ. Lehrbb., s.: Dubislav, Geo.

Boek, Paul: Kurzgefaßtes Lehr-u. Übungsbuch der englischen Sprache, s. D u b i s l a v , Geo.

Boek, P., engl. Lehrbücher, s.: Dubislav, G.

Boek, Paul: Methodisch. Lehrgang d. engl. Sprache, s. D u b i s l a v , Geo.

Boek, Paul: Lese-u. Übungsbuch der engl. Sprache, s. D u b i s l a v, Geo.

Boek, Paul: Schulgrammatik der englisch. Sprache, s. D u b i s l a v , Geo.

Boek, Paul: Stoffe zum Übersetzen aus dem Deutschen in das Englische, s. D u b i s l a v , Geo.

Boek, Paul: Übungsbuch z. Übersetzen a. d. Deutschen in das Englische, s. D u b i s l a v , Geo.

Boek, Paul, englische u. französische Unterrichtsbücher, s.: Dubislav, Geo.

Bókai, Arpád, s.: **A r c h i v , ungarisches, f. Medicin.**

Bokai, Arpád, s.: **S t u d i e n , physiologische, aus Instituten der Universität Budapest.**

Bókai, Johann von

Bókav. J v., s: Jahrbuch f. Kinderheilkde.

Die Lehre von der Intubation. Von Prof. Dr. J[ohann] v. **Bókay**. Mit 113 Abb. u. 2 Tab. Leipzig: F. C. W. Vogel 1908. (XII, 250 S.) 4°(8°) [08. 6233

Bókai, Joh., üb. Retropharyngeal-Abscesse bei Kindern, nach 144 eigenen Beobachtgn., u. üb. Lymphadenitis retropharyngealis, nach 48 eigenen Beobachtgn. [Aus: „Jahrb. f. Kinderhlkde."] gr. 8. (58 S.) Leipzig 876. Teubner. n. 1. —

Das mittelenglische Gedicht The **Boke** of C u p i d e '(the C u c k o w and the Nyghtyngale)' (Thomas) C l a n v o w e zugeschrieben. Krit. Ausg. v. Erich V o l l m e r, Dr. phil. *Berlin: E. Ebering 1898.* (118 S., 1 Bl.) 8.
— **Beiträge**, Berliner, z. germanischen u. roman. P h i l o l o g i e. [No] 17. German. Abt. No 8. [98. 9038

Boeke, HE: Die Anwendg d. stereograph. Projektion bei kristallograph. Untersuchgn. (8, 68 m. Abb. u. 1 Taf.) gr8° Berl., Gebr. Borntraeger '11. L 2.60

Boeke, H. E., die künstliche D a r s t e l l u n g des Rinneit auf Grund seines Löslichkeitsdiagramms. (S. 632—638 m. 2 Fig.) Lex. 8. Berlin 909. G. Reimer. — 50
„Sonderabdr. aus „Sitzungsber. d. preuss. Akad. d. Wiss."

Boeke (H. E.). Übersicht der Mineralogie, Petrographie und Geologie der Kalisalz-Lagerstätten. (Berlin 1909.) 50 S.
Aus: Illustr. Jahrb. d. Wirtsch. u. Technik im Deutschen Kalisalz-Bergbau 1910.

— **U b e r s i c h t** der Mineralogie, Petrographie u. Geologie der Kalisalz-Lagerstätten. (50 S. m. Fig.) Lex. 8. Berlin (910). (Montan-Verlag). Geb. in Leinw. 3. 50
Sonderabdruck aus „Illustr. Jahrb. d. Wirtsch. u. Techn. im deut. Kalisalz-Bergbau.

(**Boeke I.**): Niederländisches Herdbuch. (Brem. 1882). (2) S. (Særtr.). P.

Boeke, J. D., Sammlung stöchiometrischer Aufgaben zum Gebrauche beim chemischen Unterrichte, sowie beim Selbststudium. Nach der 3. holländischen Aufl. bearb. gr. 8. (VIII, 72 S.) Berlin 882. Springer. n. 1. 40

Bökel, Jos. v., L e u t n a n t s F l u c h t. Militärisch. Schwank in 1 Akt. 12. (31 S.) Hamm 900. Breer & Thiemann. n. — 50

Der Onkel aus Batavia. Lustspiel in 3 Akten f. Kath. Vereine u. Corporationen von J o s. v. **Bökel**. (2. Aufl.) *Paderborn: B. Kleine [1901].* (46 S.) 8° [F.]
— **Theater**, K l e i n e s. H. 304. [03. 9049

Bokelberg, C., das Längen-Gefälle der Kunststraßen und dessen Einfluß auf die Nutzleistung der Zugthiere. Hannover 855. Rümpler. gr. 8. (63 S.) n. 15 ngr

Bokelberg, Fritz, Marine-Assist.-Arzt aus Hannover: **Aus d. Kgl.** Psychiatr. u. Nervenklinik d. Universität Kiel. **Beitrag** zur Lehre von den hysterischen Lähmungen. *Kiel 1904: Schmidt & Klaunig.* (22 S.) 8°
Kiel, Med. Diss. v. [28. Febr.] 1004

Bokelberg, O., u. P. **Rowald**, die städtische Markthalle zu Hannover. [Aus: „Zeitschr. d. Architekten- u. Ingenieur-Vereins zu Hannover".] gr. 4. (26 Sp. m. Fig. u. 11 Taf.) Hannover 894. Schmorl & v. Seefeld Nachf. Kart. n. 8. —

Bökeler, Anton, Prof.: Mathematische **Aufgaben** aus den Reifeprüfungen der Gymnasialabiturienten ausgewählt u. zsgest. T. 1: Aufgaben aus d. Geometrie, geordnet nach d. Abschnitten d. Lehrbuchs von Spieker. *Ravensburg (1901): Kah.* (61 S.) 8°
Ravensburg, k. G, P 1901 (643)

Bökeler, Anton, Prof.: Mathematische Aufgaben aus den Reifeprüfungen der Gymnasialabiturienten. T. 2. Aufgaben aus der Stereometrie. Ravensburg 1904: Bernh. Kah. (47 S.) 8° ¶[Forts. d. P-Beil. 1901.]
Ravensburg, k. G P 1904 (688)

Bökeler, Ant., stereometrische Aufgaben aus den Reifeprüfungen der Gymnasial-Abiturienten. (III, 88 S.) gr. 8. Ravensburg 904. F. Alber. n. 1. 20; Auflösungen (IV, 80 S.) 906. n. 2. —

Bökeler, Ant.: Stereometr. Aufg. a. d. Reifeprüfgn d. Gymnasial-Abiturienten. Auflösgn. (80) gr8° Ravnsbg, F Alber '06. 2 — (Hauptw. u. Auflösgn: 3.20)

Das Provinzialgut Bokelholm in Schleswig-Holstein, Kreis Rendsburg. Rendsburg. 1904. 8°.

⊙ Silberne Hochzeit [**Bokelmann**]. Kiel, den 29. Juni 1875. Kiel. 1875. 8°, geb. in 4°

Bokelmann, Ernst

Zur Erinnerung an die Zeiten, da wir's ihm selbst noch sagen konnten. [Sonette an d. Fürsten Bismarck. Verf.: Just.R. Ernst **Bokelmann**.] Kiel, d. 1. April 1909. Kiel (1909): Schaidt. 8 Bl. 8° (10. 3076 8

Festrede des Herrn Rechtsanwalts [Ernst] **Bokelmann** auf Se. Durchl. den Fürsten Bismarck bei d. Vorfeier s. Geburtstages, veranst. v. Conservativen Ver. 1892. Kiel: Univ.-Buchh. in Komm. (1892). (15 S.) 8° [F.] (93. 8467 8

Allgemeine Trauerloge sämmtlicher 14 Hamburger Logen zum Gedächtniss des Allerdurchlauchtigsten Protektors Sr. Majestät weiland Kaiser Wilhelm am Freitag, d. 30. März 1888, unter Leitung der Grossen Loge von Hamburg und der Provinzial-Loge von Niedersachsen zu Hamburg im grossen Saale des Conventgartens. [Unterz.:] F. Bokelmann. [Hamburg 1888]: Altschwager. 19 S. 8° [Umschlagtit.]

Bericht. Ansprache von J. A. J. Engel-Reimers; Mitteil. üb. Aufnahme u. Tätigkeit des Kaisers von R. Th. Mühlenbruch; Trauerrede von K. Hirsche.

Die Selbsterniedrigung als der einzige Grund einer wahren Erhöhung in einer Predigt am Michaelisfeste über Matth. 18, V. 1—2 in der Hauptkirche zu Altona vorgetragen . . . v. Georg Wilhelm **Bokelmann**. Altona und Lübeck. 1757. 8°

Bokelmann, H. W., Die bäuerlichen Verhältnisse der Provinz Schleswig-Holstein, mit Ausschluss des Kreises Herzogthum Lauenburg. (Schrift. d. Ver. f. Soz.-Pol., Bd. 23, Leipzig 1883.)

— Der Wucher auf dem Lande in Schleswig-Holstein. (Schrift. d. Ver. f. Soz.-Pol., Bd. 35, Leipzig 1887.)

Bokelmann, Hans [app. Arzt aus Rethwischhöhe]: **Aus d. patholog. Institute zu Kiel. Zwei Fälle von Axendrehung des Dickdarms.** . . . Kiel, Druck v. L. Handorff, 1889; 18 S. + 2 Bl. u. 3 Taf. 8°
Kiel, Med. Fak., Inaug.-Diss. v. 6. Apr. 1889

Bokelmann, Hieronymus Wilhelm, s. Bokelmann, Wilhelm Hieronymus

Bokelmann, Wilhelm

Über die Anwendung äußeren Drucks bei Schädellagen. Von W[ilhelm] **Bokelmann** (Berlin). *Halle a. S.: C. Marhold 1904.* (34 S.) 8°
= **Sammlung** zwangloser Abhandlungen aus d. Geb. d. Frauenheilk. u. Geburtshilfe. Bd 5, H. 7. (04. 6770 8

Zur Frage der künstlichen Unterbrechung der Schwangerschaft bei inneren und Geisteskrankheiten. Von W[ilhelm] **Bokelmann**. Halle: C. Marhold 1907. (27 S.) 8°
= **Sammlung** zwangloser Abhandlungen aus d. Geb. d. Frauenheilkunde u. Geburtshilfe. Bd. 7, H. 6. (07. 15170 8

Bokelmann, W., über die Natur u. Bedeutung der haemophilen Gelenkaffectionen. Inaugural-Dissertation. gr. 8. (89 S.) Göttingen 881. (Vandenhoeck & Ruprecht). n. — 80

Der gegenwärtige Stand der prophylaktischen Antisepsis in der Geburtshilfe u. ihre Durchführbarkt in d. ärztl. Privatpraxis v. Dr. W[ilh.] **Bokelmann** in Berlin. *Halle a. S.: K. Marhold 1896.* (35 S.) 8.
= **Sammlung** zwangl. Abhandlungen a. d. Gebiete d. Frauenheilkunde u. Geburtshilfe. Bd 1. H. 1. (96. 3316

Bokelmann, W., zur Unfruchtbarkeit des Weibes, s.: Klinik, Berliner.

Bokelmann, Wilhelm Hieronymus

Bericht betr. die Anlegung eines Kolonats auf einem Schleswig-Holsteinischen Hochmoor (v. [Wilhelm Hieronymus] **Bokelmann**. Kiel. 1895.) 4°.

Aus dem Landes-Oekonomie-Collegium. Bericht über den Antrag des Präsidenten des landwirthschaftlichen Vereins für Rheinpreussen betreffend den Eisenbahn-Tarif für Torfstreu. Referent: (Wilhelm Hieronymus) **Bokelmann**. Kiel. 1882. 8°.

Volkswirthschaftliche Betrachtungen über Zettelbanken [v. Wilhelm Hieronymus **Bokelmann**]. Extra-Abzug aus dem landw. Wochenblatt für Schleswig-Holstein. Kiel. 1874. 8°.

Entwurf der Statuten des Vereins zur Beseitigung der Bettelei in der Provinz Schleswig-Holstein mit Motiven (v. [Hieronymus Wilhelm] **Bokelmann**). Hektographirt! (1879.) Fol.

Die bäuerlichen Verhältnisse der Provinz Schleswig-Holstein mit Ausschluss des Kreises Herzogthum Lauenburg geschildert v. Wilhelm Hieronymus **Bokelmann**. (Separat-Abdruck aus dem Werke: Bäuerliche Zustände in Deutschland. Berichte veröffentl. vom Verein für Socialpolitik. Leipzig. 1883.) 8°.

Bökelmann, Curt

Bökelmann, C., Das Aufkommen der Grossindustrie im sächsischen Wollgewerbe. Eine volkswirtschaftl. Studie auf Grund amtl. Quellen aus dem königl. sächs. Geheimen Hauptstaats-Archiv zu Dresden. (107 S.) 8. Aachen (Handelskammer), Selbstverlag. 1905. 1. —

Bökelmann, Curt, a. Berlin: Das Aufkommen der Grossindustrie im sächsischen Wollgewerbe. Heidelberg 1905: J. Hörning. (107 S.) 8°
Heidelberg, Phil. Fak., Ref. Gothein, Diss. v. 9. Juni 1906
[Geb. 24. Dez. 68 Leipzig; Wohnort: Berlin-Schöneberg; Staatsangeb.: Sachsen; Vorbildung: Realgymn. Borna Reife O. 90; Studium: Berlin 4. Leipzig 3 S.; Rig. 28. Juli 05.]

Bökelmann, Curt, das Aufkommen der Grossindustrie im sächsischen Wollgewerbe. Eine volkswirtschaftl. Studie auf Grund amtl. Quellen aus dem königl. sächs. Geheimen Hauptstaats-Archiv zu Dresden. (107 S.) 8. Aachen 906. (Handelskammer.) Dr. Curt Bökelmann. n. 1. —

Das Aufkommen der Grossindustrie im sächsischen Wollgewerbe. Eine volkswirtschaftl. Studie auf Grund amtl. Quellen aus d. Kgl. Sächs. Geh. Hauptstaats-Archiv zu Dresden von Dr. phil. Curt **Bökelmann**. Heidelberg 1906: J. Hörning. (107 S.) 8° (06. 11169

Bökelmann, Curt, Leopold I., Fürst v. Anhalt-Dessau. Biograph. Skizzen üb. d. preuß. Feldmarschall, nebst e. Anzahl Briefe. 8. (73 S.) Leipzig 895. C. Jacobsen. Mit Goldschn. n. 1. 50

Bökelmann, J., Epilepsie u. Epilepsiebehandlung, s.: Abhandlungen, Würzburger, aus dem Gesamtgebiet der prakt. Medizin. VII, 12.

Bökemann, Walter, aus Berlin: Französischer Euphemismus. *Berlin: Mayer & Müller 1899.* (X, 60 S.) 8° ¶ (Erscheint vollst. im gleichen Verlage.)
Berlin, Phil. Diss. v. 8. Juli 1899

Bökemann, Walt., französischer Euphemismus. (VIII, 174 S.) gr. 8. Berlin 904. Mayer & Müller. n. 4. —

Bokemeyer, H., Die deutsche Auswanderung und ein neues Kolonisationsprojekt. 8°. Berlin 1889.

Bokemeyer, H., das Auswanderungswesen in der Schweiz, in Belgien, England u. Deutschland nach offiziellem Schriftenmaterial. Im Auftrage der deutschen Kolonialgesellschaft bearb. gr. 8. (75 S.) Berlin 892. C. Heymanns Verl. n. 2. —

Bokemeyer, H.: Die Zähmung des Afrikanischen Elefanten. Ergebnisse der bisherigen Erörterung der Frage. Berlin 1891. Deutsche Kolonialgesellschaft. Gedruckt bei Julius Sittenfeld. 8°

Bokemeyer, Heinrich [aus Verden in Hannover]: Die Molukken. Geschichte und quellenmässige Darstellung der Eroberung und Verwaltung der ostindischen Gewürzinseln durch die Niederländer .... Leipzig, Druck v. F. A. Brockhaus, 1888; XXV + 364 + CXXXIX S. u. 1 Karte 8°
Rostock, Phil. Fak., Inaug.-Diss. v. 5. Apr. 1887

Bokemeyer, Heinr., der Söldling od. Hollands Regiment auf Java. Eine Kolonialgeschichte. 8. (310 S.) Weimar 885. A. Krüger. n. 3. 60

Bokemüller, Chemisch-technische Analyse des Broms. Braunschweig, 1908. 8 S. mit 1 Abb.

Bokemüller, Chemisch-technische Analyse der Kalisalze. Braunschweig, 1908. 16 S.

Bokemüller, Hermann: Zur Lautkritik der Reimpredigt „Grant mal fist Adam". Halle a. S. 1883: (Wedel in Aschersleben). 26 S. 8°
Halle-Wittenberg, Phil. Diss. v. [7. Mai] 1883
Geb. Aschersleben 16. 1. 1859. V.
Verf. erlebte die Diplomerneuerung 1933 in Aschersleben.

Boeken, Hubert J.

Boeken, Hub. J., um u. in Afrika. Reisebilder. Mit vielen Illustr. nach Orig.-Aufnahmen. (243 S. m. 1 eingedr. Karte.) gr. 4. Köln 903. J. P. Bachem. n. 8.—; geb. in Leinw. n. 10.—

Boeken, Hub. J., das älteste christliche Kaiserreich u. sein Herrscher, e. afrikanische Majestät. (26 S. m. Abbildgn.) gr. 8. Berlin 907. W. Süsserott. — 60

Bokenam's, Osbern, Legenden, s. Bibliothek, altengl.

Boekenhoff, Henr. (geb. Borken in Westf. 5. 11. 1824): De neuralgia femorali. Berolini (1851). (34 S.) 8°
Berlin, Med. Diss. v. 20. Sept. 1851

Böker, Joh. Heinr. Ant., Nimm u. lies! Ein Betrachtungsbuch f. kathol. Christen. Nebst einer Charakteristik des Verfassers. gr. 12. (398 S.) Aachen 851, Cremer. 5/6 ℛ

Bocker, P., Gewährleistung beim Viehhandel. Die wichtigsten gesetzl. Bestimmgn. üb. die Gewährleistg. wegen Mängel der Sache, in leichtverständl. Darstellg. f. prakt. Landwirte u. Schüler landw. Schulen. (40 S.) 8. Hohensalza 906. (H. Olawski.) n. — 60

Bokhandels-Katalog, Svensk. IV Afdeln. gr. 8. (I—III.: 454 S. IV.: 48 S.) Stockholm 847. 48. (Leipzig, Brockhaus.) (I—III. à n. 1 ℛ IV. n. 12 ngr) n. 3 ℛ 12 ngr

el-Bokhârî, Abou Abdallah Mohammed ibn Ismaïl, le recueil des traditions mahométanes publié par Ludf. Krehl, continué par Th. W. Juynboll. (In arab. Sprache.) Vol. IV (1. et 2. partie). (XIX, III, 252 S. u. S. 257—505.) Lex. 8. Leiden 907. 08. Buchh. u. Druckerei vorm. E. J. Brill. à nn 15.—
Vol. I (VI, 509 S.) Kbd. 862. 30.—; — II (IV, 448 S.) 864. 19.70; — III (IV, 514 S.) 868. 30.—.

Bockhoff, O., Predigt, geh. am Buß- u. Bettage 1894. gr. 8. (14 S.) Leer 894. (C. Meyer.) n. — 25

Bökle, Chr. Carl. Ueber Entstehung u. Behandlung der seitlichen Rückgrats-Verkrümmung, s. Wolfermann, H.

Böklen: Arbeiter-Wohnungen, s. Böklen, R.

Böklen [Dr.]: Entwicklungs-Geschichte der Real-Anstalt in den letzten 25 Jahren. Reutlingen, Buchdr. v. C. Rupp, 1889; S. 3—5; 4°
Reutlingen, k. RA, P 1889 (565)

Böklen, über die Wellenfläche zweiaxiger Krystalle. Reutlingen 1881

Böklen, A.: Vorlagenwerk, s. Böklen, Otto

Böklen, Emil, aus Waldenburg in Württ.: Ueber Formylbernsteinsäuremethyl- und Aethylester. *Hannover 1903: C. Küster.* (30 S.) 8°
Tübingen, Naturw. Diss. v. 1903

Böklen, Ernst

Adam und Qain im Lichte d. vergleich. Mythenforschung von Ernst Böklen. Leipzig: J. C. Hinrichs 1907. (148 S.) 8°
— Bibliothek, Mythologische. Bd 1, H. 2/3. 107. 1666

Sneewittchenstudien. Von Ernst Böklen. T. 1. Leipzig: Hinrichs 1910. 8°
(Mythologische Bibliothek. Bd 3, H. 2.) 10. 9600

Böklen, Ernst, die Verwandtschaft der jüdisch-christl. m. der parsischen Eschatologie. gr. 8. (IV, 150 S.) Göttingen 902. Vandenhoeck & Ruprecht. n. 4.—

Böklen, H., üb. die Berücksichtigung d. Historischen beim Unterricht in der Geometrie. [Aus: „Korrespondenz-Blatt f. die Gelehrten u. Realschulen Württembergs".] gr. 8. (23 S.) Tübingen 889. Fues. n. — 80

Böklen, H., Brechung der Lichtstrahlen an v. Kugelflächen begrenzten Medien. [Aus: „Mathemat.-naturwissensch. Mitteilgn."] gr. 8. (17 S. m. 1 Taf.) Tübingen 890. Fues. n. — 80

Böklen, Otto, Abhandlung über die Wellenfläche zweiaxiger Cristalle. 4. (50 S. mit 4 Stnt.) Reutlingen 881, (Kocher's Buchh.) *

Böklen, O., Abhandlungen über die Wellenfläche zweiaxiger Cristalle. 4. (50 S. m. 4 Steintaf.) Reutlingen 881. (Kocher.) n. 2. —

Böklen, O., zum Andenken an Nörrenberg. gr. 8. (9 S.) Tübingen 886, Fues. *
Aus: Mathematisch-naturwissenschaftliche Mitteilungen, besonders abgedruckt.

Böklen, *Otto* Entwicklungs-Geschichte der Real-Anstalt in den letzten 25 Jahren. 4 (S. 3—5) Progr. Realanst. *Reutlingen* 1889

Böklen, O, analyt. Geometrie d. Raumes. 8. (216) Stuttg. 61, Bach u. K. 1. —

Böklen, Otto, analytische Geometrie des Raumes, enth. die allgemeine Theorie der krummen Flächen, der gewundenen Kurven und der Linien auf den Flächen; die Eigenschaften der [homofokalen] Flächen zweiten Grades und der Linien auf denselben. Stuttgart 861. Becher. geh. gr. 8. (IV, 216 S. m. Holzschn. im Text.) 1 ℛ

— analytische Geometrie d. Raumes. [I. Thl. Die allgemeine Theorie der Flächen u. Curven; die Eigenschaften der Flächen 2. Grades. II. Thl. Disquisitiones generales circa superficies curvas v. C. F. Gauß, ins Deutsche übertr. m. Anwendgn. u. Zusätzen. Die Fresnel'sche Wellenfläche.] Mit in den Text gedr. Holzschn. u. 4 lith. Taf. 2. Aufl. gr. 8. (VIII, 336 S.) Stuttgart 884. A. Koch. n. 7. —

Böklen, Otto, Lehrbuch der Geometrie mit besonderer Rücksicht auf geometrische Construktionen für Real- u. gewerbliche Fortbildungsschulen. Stuttgart 866. Nitzschke. 8. (IV, 66 S.) n. 8 ngr

Böklen, O., Lehrb. d. Geometrie m. bes. Rücksicht auf geometr. Konstruktionen. 2. Afl. 8. (82 m. Fig.) Stuttg. 84, A Koch. n. 1. —; geb. n. 1. 30

—— Lehrbuch der ebenen Trigonometrie nebst mehreren 100, zu Uebung im Auffinden von Auflösungen und Beweisen systematisch geordneten, Formeln, Aufgaben und Lehrsätzen. Zum Gebrauch beim Unterrichte in Real- und Gymnasialanstalten sowie zum Selbststudium. gr. 8. (IV und 97 S. mit 5 Stnt.) Stuttgart 864, Becher's Verlag. [Kröner.]

— Lehrbuch der ebenen Trigonometrie, nebst mehreren 100, zur Uebg. im Auffinden v. Auflösgn. u. Beweisen systematisch geordneten, Formeln, Aufgaben u. Lehrsätzen. Zum Gebrauch beim Unterrichte in Real- u. Gymnasial-anstalten, sowie zum Selbststudium. 2. Ausg. gr. 8. (VII, 97 S. m. 5 Steintaf.) Ebend. 884. n. 1. 20

Böklen, *Otto* [Rekt. Dr.]: Die Methode des Unterrichts in der projektiven Geometrie an der Oberrealschule. Reutlingen, C. Rupp'sche Buchdr., 1894; 36 S. 8.
Reutlingen, k. RA, P 1894 (598)

Böklen, O. Über die Methode des Zeichenunterrichts. 29 S. *Reutlingen* 1879. Progr.

Böklen, Otto (Hrsg.), s. Mittheilungen, Mathematisch-naturwissenschaftliche.

— über die Rechnung m. Vectoren. [Aus: „Correspondenzbl. f. d. württ. Gelehrten- u. Realschulen".] gr. 8. (31 S.) Tübingen 882. Fues. n. — 80

Böklen, A., Vorlagenwerk für das elementare constructive Zeichnen zum Gebrauch an gewerblichen Fortbildungsschulen, Gewerbe-, Real- und Volksschulen, sowie zum Selbstunterricht. Unter Leitung der kgl. württemberg. Centralbehörden für Gewerbe und Handel und für die gewerbl. Fortbildungsschulen hrsg. 1. und 2. Aufl. gr. Fol. (80 Stnt. mit 2 S. Text.) Stuttgart 876,78, Nitzschke. In Mappe *

—— Vorlagenwerk für konstruktives Zeichnen zum Gebrauch an gewerblichen Fortbildungsschulen, Gewerbe-, Real- und Frauenarbeitsschulen. Im Auftrage der kgl. württemberg. Kommission für die gewerbl. Fortbildungsschulen bearb. 88 Taf. 3. verm. Aufl. Fol. Mit Text. gr. 8. (14 S.) Suttgart 886, Nitzschke. In Mappe *
In 3 Tln. *

Inhalt:
Tl. 1. Geometrisches Zeichnen. (20 Taf.) *ℳ 6.—.
» 2. Projektions-Zeichnen. (40 Taf.) *ℳ 10.—.
» 3. Perspektive und Schattenlehre. (28 Taf.) *ℳ 9.—.

Böklen, R.

Böklen u. Feil, Arbeiter-Wohnungen. Neue Folge. Ausgeführte Gebäude, enth. Wohngn. v. 2 u. 3 Zimmern m. Fassaden in farb. Darstellg., Grundrissen, Schnitten u. Details. (In 12 Lfgn.) 1.—3. Lfg. Fol. (à 5 Taf.) Stuttgart (902). K. Wittwer. à n. 3. —
Verzl.: Lambert, A. u. E. Stahl.

Böklen, R., u. K. Feil, Arbeiter-Wohnungen. Neue Folge. Ausgeführte Gebäude, enth. Wohngn. v. 2 u. 3 Zimmern m. Fassaden in farb. Darstellg., Grundrissen, Schnitten u. Details. 4.—12. (Schluss-)Lfg. (à 5 Taf.) Fol. Stuttgart 903. 904. K. Wittwer.
à Lfg. n. 3. —

Böklen W, Erfahrungen über die Anwendung des Wasserglases. Stuttgart 1857

Böklen, W., gesammelte Erfahrungen über die Anwendung des Wasserglases. Von Consumenten eingeholt durch Johs. Ros-minger und zusammengestellt unter Mitbenützung der neuesten einschlägigen Literatur. Stuttgart 858. Weise in Comm. 8. (64 S.) n. 6 ngr

Boekler, Die Polychromie in der antiken Sculptur. Pr. 1882. 20 S. 4°. 2.—

Böklin, P. J., s. Cicero orationes.

Bökman, E., De particulis copulativis [et, que, atque (ac)] apud C. Sallustium Crispum. Diss. 1887. 29 S. 4°. 1.80

Bökman, Georg: Studien in der Kobaltpentamminreihe. Stockholm 1909: Centraltryck. 84 S. 8°
München, Phil. Diss. v. 4. März 1909, Ref. Hofmann
[Geb. 26. Okt. 78 Stockholm; Wohnort: Stockholm; Staatsangeh.: Schweden; Vorbildung: Probesch. d. Staates Stockholm Reife Dez. 97; Studium: München 9 S.; Rig. 4. März 09.] [U 10. 3627

Boekmann, Adolf (Giessen)
Über die quantitativen Veränderungen der Blutkörpercher im Fieber.
Leipzig: Hirschfeld 1881. 35 S. u. 1 Taf.
Diss. med. Giessen 23.9.1881.

Bökmann, Ant., der Kunstwiesenbau in ein. Reihe prakt. Aufgaben z. leichten u. sichern Berechnung von Ab- u. Auftrag. 8. (5⅜ B. u. 1 Stnt.) Münster 844, Theissingsche Buchh.

—— neues Nivellir-Instrument zunächst für Wiesenbauer; dann auch, unter angegebenen Verbesserungen, f. Geometer, Baukonducteure rc. 8. (2¼ B., 2 Tab. u. 3 Stnt.) Münster 843, Theissingsche Buchh.

Böckmann, Dr. Fr., Die explosiven Stoffe. Ihre Geschichte, Fabrication, Eigenschaften, Prüfung und praktische Anwendung in der Sprengtechnik. Ein Handbuch für Fabrikanten und Verschleißer explosiver Stoffe, Chemiker und Techniker, Berg-, Eisenbahn- und Bau-Ingenieure, Steinbruchs- und Bergwerksbesitzer, Forst- und Landwirthe, sowie für die Ingenieur-Officiere des Landheeres und der Marine und zum Selbststudium. Nach den neuesten Erfahrungen bearbeitet. Zweite, gänzlich umgearbeitete Auflage. Mit 67 Abbildungen. 8. (X, 420 S.) [Chem.-techn. Bibliothek. Band 60. 2. Aufl.] Wien: Hartleben 1895. 2.75

Boekmann, J. L.

—, Ueb. Anwendung der Elektricität bei Kranken, nebst Beschreib. e. neuen Maschine eines elektr. Bettes. Durl. 4°. 1787

—, Arch. f. Magnetismus u. Somnambulismus. 8 St. Straßb. 1787—8. 8°. A. D. B. LXXXIV, 404. LXXXV, 107. 415. LXXXVII, 177. Tüb. Anz. 1787.
1787

Boekmann, W. (Hrsg.), s. Wochenblatt, herausgegeben von Mitgliedern des Architekten-Vereins zu Berlin.

Bokmayer, W., Kegelspiel-Beschreibung d. beliebtesten Arten. Plakat. 63×81,5 cm. Wien (VII, Seidengasse 3, 5 u. 7) 897. J. Eberle & Co. 1. 65

Bokofzer, Selmar [app. Arzt]: Die Verwendung des Cocaïn in der Chirurgie. . . . Jena, Frommannsche Buchdr. (Hermann Pohle), 1888; 2 Bl. + 22 S. 8°
Jena, Med. Fak., Inaug.-Diss. v. [26. Jun.] 1888

Bokor, Frz., kleine, prakt. ungarische Grammatik, Handbuch f. Schüler der deutschen Schulen. 8. (63 S.) Budapest (897). Franklin-Verein. Kart. n. — 48

Bokor, Frz., s. Szauter, Anton, die Realien in der kathol. Volksschule.

Bokor, Gust., Geschichte u. Organisation d. amtl. Statistik in Ungarn. Im Auftr. d. kgl. ungar. statist. Bureau's verf. Hrsg. v. kgl. ungar. statist. Bureau. Amtl. Uebersetzg. a. d. ungar. Originale. gr 8. (VII, 291 S.) Budapest 896. (F. Kilián.) n. 5. —

Geschichte der Organisation der amtlichen Statistik in Ungarn. Im Auftr. d. kgl. ungar. statist. Bureau's vf. v. Gustav Bokor. Hrsg. v. kgl. ungar. statist. Bureau. Amtl. Uebs. a. d. ungar. Orig. (Vorr.: Dr. Josef v. Jekelfalussy.) *Budapest: Pester Buchdr.-Act.-Ges. 1896.* (V S., 1 Bl., 291 S.) 1 Bd 8. [96. 7646]

Bokorny, Th., ist die Annahme e. Lebensprincipes nöthig? Entgegnung auf die Schrift: Der belebte u. der unbelebte Stoff nach den neuesten Forschungsergebnissen v. L. Drossel, S. J. gr. 8. (15 S.) Kaiserslautern 883. Tascher. n. — 60

Bokorny, Th.: Die chemische Kraftquelle im lebenden Protoplasma, s. L o e w , O.

Bokorny, Th., Lehrbuch der Botanik f. Oberrealschulen u. Realschulen, in Hinblick auf den neuer (1907) vom k. b. Ministerium aufgestellten Lehrplan f. diese Schulen bearb. 2 Tle. gr. 8. Leipzig 908 W. Engelmann. Geb. 7. —
1. (VI, 366 S. m. Abbildgn.) Geb. 4. —
2. (III, 233 S. m. Abbildgn.) Geb. 3. —

Bokorny, Th., Lehrbuch d. Botanik f. Realschulen u. Gymnasien, im Hinblick a. minister. Vorschriften bearb. Mit 170 Fig. im Text. gr. 8. (VI, 226 S.) Leipzig 898. W. Engelmann. n. 2 40; geb. n. 3. —

Bokorny, T: Lehrb. d. Botanik f. Realsch. u. Gymnasien. 2. Afl. (232 m. Fig.) 8° Lpzg. W Engelmann'04. Geb. 2.60

Bokorny, Th.: Lehrb. d. Botanik, f. Realsch. u. Gymn. 3. Afl. (6, 272 m. Abb. u. 1 Taf.) gr8° Lpzg. E Wartig's V. '10. L 3 —

BOKORNY, T.
Lehrbuch der Chemie für Militärbildungsanstalten. Leipzig, 1897. 8vo. Ill.

— Lehrbuch der Chemie f. Militärbildungsanstalten. 2. durchgeseh. [Titel-]Aufl. (VI, 258 S. m. 26 Abbildgn. u. 3 Taf.) gr. 8. Leipzig [898] 903. O. Wigand. n. 4. 50

— Lehrbuch der Chemie für Realschulen und Realgymnasien (mit kurzer Charaktistik der wichtigsten Mineralien). Leipzig, 1897. 8vo. Ill.

— dasselbe f. Realschulen u. Realgymnasien. [m. kurzer Charakteristik der wichtigsten Mineralien], im Hinblick auf ministerielle Vorschriften bearb. 2. durchgeseh. [Titel-]Aufl. (VIII, 246 S. m. 26 Abbildgn. u. 2 Taf.) Leipzig [898] 903. O. Wigand. n. 4. 50

— Lehrbuch d. Pflanzenphysiologie m. bes. Rücksichtnahme a. Landwirtschaft u. Gärungsindustrie. Mit 68 Textabb. gr. 8. (VII, 236 S.) Berlin 898. P. Parey. Geb. in Leinw. n. 6. —

Bokorny, Th.: Die chemische Ursache d. Lebens, s. L o e w , O.

Bokorny, Thomas, Studien und Experimente über den chemischen Vorgang der Assimilation. Hab.-Schr. Erlangen 1888, Th. Blaesing. 8°. 36 S.

Bokorny, Thomas [Dr.]: Studien und Experimente über den chemischen Vorgang der Assimilation .... Erlangen, Druck d. Univ.-Buchdr. v. E. Th. Jacob, 1888; 36 S. 8°
Erlangen, Phil. Fak., Hab.-Schr. v. 1888

Bokowa, Marie (aus Petersburg), zur Lehre von der Hypopyon-Keratitis. Inaugural-Dissertation. Zürich, Druck von Zürcher & Furrer. 54 Stn. u. 1 Tafel. gr.-8. **1871**

Bokownew, P: Die Leukipp-Frage. Beitrag z. Forschg nach d. histor. Stelg d. Atomystik. (19) gr8° Dorpat, (F Bergmann) '11. 1 —

Boks, D. B., Beitrag z. Myositis ossificans progressiva. [Erweit. Sonderabdr. aus: „Berlin. klin. Wochenschr."] gr. 8. (26 S. m. 2 Fig.) Berlin 898. A. Hirschwald. n. — 60

§ **BOKSDORF** (sic!), Louise v., geb. v. Blenkenscheit. Gemählde der verfeinerten Kultur (Sittenlosigkeit) und Aufklärung aus der höheren Menschenklasse. 2 Bde. Mit 1 Titelkpfr. London, 1788. Bei William Harris in der großen Russelstraße (Weißenfels, Severin). 8°. (10 Mk. Oskar Richter, Lpz., c. 1885; 10 Mk. Volckmann & Jerosch, Rostock, 1892.)
Hundsgemeine Frivolitäten der damaligen höheren Gesellschaft in Deutschland (Höfe, Adel, Offiziere, Beamtenthum) werden hier in cynischer Weise in 203 Briefen ausgemalt. Die Fortsetzg. (Bd. 3 ff.) wohl von der Censur inhibirt. — 1: TKpf., XIV u. 350 S. Vorr. dat.: London, im Jenner (!) 1788. 2: Tit. u. 376 S. (Brief 124—203).

BOKSPRÜNGE und Narrenstreiche der menschlichen Vernunft. Ein komischer sehr unterhaltender Roman. Vom Verfasser d. Tepichkrämers. Mit Titelkupfer. Prag und Leipzig 1800. 8°. 255 S. Selten! (5 Mk. Julius Neumann, Magdeb., 1906; 5 Mk. Hugo Streisand, Berlin, 1908.)

Boekstegers, Gerhard, appr. Tierarzt: Aus d. Akad. Klinik f. Kinderheilk. zu Düsseldorf (Dir.: Schloßmann). Studien über die Sticksstoffverteiluug im Urin bei Milchernährung. (Düsseldorf) 1910: (Jumpertz). 30 S. 8°
Gießen, Veterinär-Med. Diss. v. 19. Juli 1910, Ref. Garten
[Geb. 6. Dez. 83 Wachtendonk; Wohnort: Kempen a. Rh.; Staatsangeh.: Preußen; Vorbildung: Gymn. Krefeld Reife O. 05; Studium: Hannover Tierärztl. Hochsch. 8 S.; Rig. 7. März 10.] [U 10. 1181

Bokum, Erw. Herm., das Tennessee Handbuch: Eine Beschreibung des Staates Tennessee; dessen Mineralien, Landbau, Wasserkraft rc. Mit besonderer Hinweisung auf das Einwanderungs-Interesse. Philadelphia 868. (Schäfer & Koradi.) 8. (70 S. u. 1 lith. Karte in Fol.) n. 10 ngr.

Bokum, Herm., deutscher u. englischer Uebersetzer, enth. Auszüge aus den besten deutschen Werken m. e. wörtl. u. e. freien Interlinear-Uebersetzg. u. e. Anleitg. zur Aussprache der engl. u. deutschen Sprache zum Gebrauch f. Deutsche u. Amerikaner. 6. Ausg. 8. (IV, 199 S.) Philadelphia 874. Schaefer & Koradi. 1. 50

Bokum, Herm., das Zeugniß eines Flüchtlings von Ost-Tennessee. gr. 8. (28 S.) Philadelphia 863, (Schäfer und Koradi.) *

Bol, Ferd., Jakobs Traum, s.: Blätter, bunte, aus aller Welt.

Bol, Krulle, und waren einst Sonnenkinder —. (105 S.) 8. Leipzig 905. Modernes Verlagsbureau. n. 2. —

Bolam, Herbert William [B. Sc. aus Leith, Schottl.]: Ueber die Verseifung des Dicarboxylglutaconsäureäthylesters ... Leipzig, Druck v. Giesecke & Devrient, 1896; 44 S., 1 Bl. 8.
Leipzig, Phil. Fak., Inaug.-Diss. v. [30. Apr.] 1896

Bolanden, Conrad v.

Bolanden, Conr. v., Altdeutsch. Historischer Roman. 3 Bde. 8. (340, 267 u. 280 S.) Mainz 881. Kirchheim. 7. 50

— Angela, s.a. Unterhaltungsschriften, lehrreiche.

v. Bolanden, Conr., Angela. Regensburg 866. Pustet. 8 (264 S.) 21 ngr.

Bolanden, Conr. v. (Jos. Bischoff), die Arche Noah. Kulturhistor. Roman a. d. IX. Jahrh. 8. (III, 396 S.) Mainz 897. F. Kirchheim. n. 3. 50; geb. n. 4. 60

Bolanden, Conr. v. (Jos. Bischoff), die Arche Noah. Kulturhistorischer Roman aus dem IX. Jahrh. (244 S. kl. 8. München (Theatinerstr. 35) 908. A. & B. Schuler. 1. 60

Bolanden, Conr. v., die Aufgeklärten. Ein Zeitroman. Mainz 864. Kirchheim. 8. (VIII, 607 S.) 1 $\mathscr{M}$ 15 ngr.

— die Aufgeklärten. Ein Zeitroman. 2., umgearb. Aufl. Mainz 869. Kirchheim. 8. (XII, 630 S.) 1 ℛ 15 ngr

Bolanden, Conr. v., Bankrott. Historischer Roman. 3 Bde. 8. (450; 544; 317 S.) Mainz 877—78, Kirchheim.

— Bankrott. Historischer Roman. (840 S.) kl. 8. Ebd 908. Geb. in Leinw. 4. —

— Barbarossa. Historischer Roman aus dem 12. Jahrh. 5 Thle. Regensburg 862. Pustet. 8. (XII, 771 S.) 1 ℛ 15 ngr

— Barbarossa. Historischer Roman aus dem 12. Jahrh. 5 Thle. 2. Aufl. Regensburg 865. Pustet. 8. (783 S.) 1 ℛ 15 ngr

Bolanden, C v., d. Bartholomäusnacht. Histor. Rom. 2 Bde. 8. (854) Mainz 79. Kirchheim. 7. —

Bolanden, Konr. v. (Jos. Bischoff), die Bartholomäusnacht. Historischer Roman. 2. Aufl. (III, 459 S.) 8. Mainz 904. Kirchheim & Co. n. 4. —; geb. in Leinw. n. 5. —

— Beim Versinken gerettet. Volksnovelle. (204 S.) kl. 8. Ebd. 908. 1. 60

Bolanden, Conr. v., Königin Bertha. Histor. Roman aus dem 11. Jahrh. 8. (414 S.) Regensburg 860, Pustet.

—— Königin Bertha. Historischer Roman aus dem XI. Jahrh. 2., verb. Aufl. 8. (VIII und 440 S.) Regensburg 866, Pustet.

Bolanden, Conr. v., eine Brautfahrt. Historischer Roman aus dem 16. Jahrh. 857. (XI, 346 S.) 27 ngr. — 2. Aufl. Regensburg 857. Pustet. 8. (XXXI, 346 S.) 24 ngr

—— eine Brautfahrt. Historischer Roman aus dem 16. Jahrh. 3. Aufl. 8. (XXXI und 346 S.) Regensburg 866, Pustet.

— Canossa. Historischer Roman. 3 Bde. 8. (430, 398 u. 511 S.) Mainz 872. 73. Kirchheim. 9. 60

—— Eberhard der Falkensteiner, s. Erzählungen und Novellen, neue.

— Gesammelte Erzählungen f. das Volk. (844 S.) kl. 8. Ebd. 908. Geb. in Leinw. 3. —

— s.: Erzählungsbuch.

— Fortschrittlich. Culturhistorische Novelle. Mainz 870. Kirchheim. 8. (2 Bll., 356 S.) 25 ngr

—— der alte Gott. Erzählung für das Volk. 1.—12. Aufl. 16. (68 S.) Mainz 871, 72, Kirchheim.

— der alte Gott. Erzählung f. das Volk. 12. Aufl. 16. (63 S.) Ebend. 873. — 30

— der neue Gott. Erzählung f. das Volk. 12. Aufl. 16. (69 S.) Regensburg 871. Pustet. — 30

Bolanden, Conr. v.: Götterfeinde und Volksbedrücker. Eine Erzählung für das Volk. 2. Aufl. 8°. Wien, Verlag von J. Heindl,

— Gustav Adolph. Historischer Roman. 3 Bde. Ebend. 867, 69. 8. (2 Bll., 1628 S.) 3 ℛ 22½ ngr
  Inhalt: 1. 2. Bd.: Die Hochzeit von Magdeburg. 2 Bde. — 3. Bd.: Die Pfaffengasse.

—— Gustav Adolph. Historischer Roman. 1. und 2. Bd. A. u. d. T.: Die Hochzeit von Magdeburg. 2 Bde. 8. (969 S.) Mainz 867, Kirchheim.

— Gustav Adolph. Historischer Roman. 4 Bde. 8. Mainz 871. Kirchheim. 15. 75
  1. 2. Die Hochzeit v. Magdeburg. 2. Aufl. (412 u. 557 S.) 6. 75
  3. Die Pfaffengasse. 2. Aufl. (659 S.) 4. 50
  4. Schwedentrank. (651 S.) 4. 50

—— Gustav-Adolph. Historischer Roman. 4 Bde. 8. Mainz, Kirchheim.
  Inhalt:
  Bd. 1. 2. Die Hochzeit von Magdeburg. 2 Bde. 2. Aufl. (412; 557 S.) 871. ℳ 6,75.
  „ 3. Die Pfaffengasse. 1. Aufl. 1869, und 2. Aufl. (III, 659 S.) 872. ℳ 4,50.
  „ 4. Schwedentrank. (651 S.) 871. ℳ 4,50.

Bolanden's, C v., Gustav Adolph. Histor. Rom. 1. u. 2. Bd. 2. Afl. 8. (969) Mainz 71, Kirchheim. n. 6. 75. || 3. Bd. 2. Afl. (659) 72. 4. 50. || 4. Bd. (651) 72. n. 4. 50

—— Gustav Adolph. Histor. Roman. 4 Bde. Ebendas. 880.
  Inhalt:
  Bd. 1. 2. Die Hochzeit von Magdeburg. 2 Bde. 3. Aufl. (412; 557 S.) ℳ 6,75.
  „ 3. Die Pfaffengasse. 3. Aufl. (658 S.) ℳ 4,50.
  „ 4. Schwedentrank. 2. und 3. Aufl. (612 S.) ℳ 4,50.

— Gymnasiasten u. Hochschüler. Zeitbild. 1.—3., unveränd. Aufl. 8. (à 223 S.) Freiburg i/B. 898. Herder. n. 1. 80

Bolanden, Conr. v., wider Kaiser und Reich. Historischer Roman. 8. (434 S.) Mainz 886, Kirchheim. geb. *

— Karl d. Große. E. Geschichte a. d. Sachsenkriege. 8. (III, 493 S.) Mainz 895. F. Kirchheim. n. 4. —; geb. n. 5. —

Kelle oder Kreuz. Erzählung für das Volk von Conr. v. Bolanden [d. i. Jos. Bischoff]. Mainz: Kirchheim 1871. 71 S. 8°

[Dasselbe.] 8. Aufl. Ebendas. 1871. 71 S. 8°

[Dasselbe.] 12. Aufl. Ebendas. 1872. 71 S. 8°

[Dasselbe.] 13. Aufl. Ebendas. 1872. 71 S. 8°
  cf. Bh. 15 (1872) S. 16.
  Tt. 2641, TB. 366. Erschien rasch hintereinander in 13 unveränd. Aufl.

— Das Kind v. Bethlehem. Ein Gottesgericht. (412 S.) 8. Regensburg 911. F. Pustet. 2.20; geb. in Leinw. 3. —

Bolanden, C v., d. Kreuzfahrer. Histor. Erzählgn. 2. u. 3. (Schl.-) Bd. 8. Mainz, Kirchheim. 7. —; geb. n. 9. 40 (cplt.: 10. —; geb. n. 13. 80)
  2. Die Helden v. Nicäa u. Dorylüum. Die heil. Lanze. (380) 66. 3. 20; geb. n. 4. 40
  3. Am Libanon. Triumph d. Kreuzes. (476) 67. 3. 80; geb. n. 5. —

Bolanden, Conr. v., deutsche Kulturbilder. I. u. II. Bd. 8. Regensburg, F. Pustet. 2. 80
  I. In Nacht u. Todesschatten. König Ratbodo. Ein Kulturbild aus dem 7. Jahrh. [Aus: „Deutscher Hausschatz in Wort u. Bild".] (228 S.) 893. 1. —
  II. Es wird Licht. Deutsches Kulturbild aus dem 8. Jahrh. (307 S.) 894. 1. 80

Bolanden, Konr. v. (Jos. Bischoff), deutsche Kulturbilder. 1.—4. Bd. 12. Regensburg, F. Pustet. n. 7. 10; geb. in Leinw. n. 9. 10
  1. In Nacht u. Todesschatten. — König Ratbodo. Ein Kulturbild aus dem 7. Jahrh. 2., unveränd. Aufl. (226 S.) 900. 1. —; geb. n. 1. 60
  2. Es wird Licht. Deutsches Kulturbild aus dem 8. Jahrh. 2., unveränd. Aufl. 8. (308 S.) 901. 1. 50; geb. n. 2. 30
  3. Kaiser u. Klosterbruder. Kulturbild aus dem 11. Jahrh. — Ein Gottesurteil. Deutsches Kulturbild aus dem 11. Jahrh. (275 S.) 901. 1. 30; geb. n. 1. 80
  4. Megenfried. Deutsches Kulturbild aus dem 11. Jahrh. (500 S.) 902. 3. —; geb. n. 3. 60

— deutsche Kulturbilder. 8. Bd. kl. 8. Regensburg, F. Pustet. n. 1. 80; geb. in Leinw. n. 1. 80
Kaiser u. Klosterbruder. Kulturbild aus dem 11. Jahrh. — Ein Gottesurteil. Deutsches Kulturbild aus dem 11. Jahrh. 2. Aufl. (203 S.) 905.

— Deutsche Kulturbilder. 1. 2. u. 5. Bd. kl. 8. Ebd. 3.80; geb. in Leinw. 5. 60
1. In Nacht u. Todesschatten. König Ratbodo. Ein Kulturbild aus dem 7. Jahrh. 3., unveränd. Aufl. (232 S.) 910. 1.—; geb. 1. 60
2. Es wird Licht. Deutsches Kulturbild aus dem 8. Jahrh. 3., unveränd. Aufl. (312 S.) 910. 1.80; geb. 2. 40
5. Das Kreuz in Gefahr. Deutsches Kulturbild aus dem 8. Jahrh. (244 S.) 910. 1.—; geb. 1. 60

— Deutsche Kulturbilder. 5. u. NAfl 1. u. 2. Bd. kl8° Ebd. (1—5: 3.10; L 10.90) d
1. In Nacht u. Todesschatten. König Ratbodo. Kulturbild aus d. 7. Jahrh. 3. Afl. (232) '10. 1—; L 1.60 ‖ 2. Es wird Licht. Deut. Kulturbild aus d. 8. Jahrh. 3. Afl. (312) '10. 1.80; L 2.40 ‖ 5. Das Kreuz in Gefahr. Deut. Kulturbild aus d. 8. Jahrh. (244) '10. 1—; L 1.60

— die Mageren u. die Fetten. Erzählung aus dem Bauernkriege. Mit 2 Illustr. (in eingedr. Holzschn.) gr. 16. (159 S.) Regensburg 872. Pustet. 1. 20; geb. 1. 80

— Minnetreue. Eine Geschichte aus der Hohenstaufenzeit. 1. u. 2. Aufl. (III, 385 S.) kl. 8. Mainz 904. Kirchheim & Co. n. 2. 50; geb. n. 3. 50

— Neudeutsch. Culturhistorische Erzählg. 8. (III, 368 S.) 8. Ebend. 883. 3. —; geb. n. 4. 20

— historische Novellen über Friedrich II. von Preußen und seine Zeit. 1.—4. Bd. 8. Mainz 865,66, Kirchheim. [1.—3. Bd. à 20 Ngr., 4. Bd. 27 Ngr.]
Inhalt:
Bd. 1. Der Gefangene von Küstrin. Judas Makkabäus. (283 S.)
" 2. Deutschlands Hort. Die mährischen Hühner. (368 S.)
" 3. Deutschlands Dämon. Die böhmische Canaille. (336 S.)
" 4. Die Freidenker. (399 S.)

— Otto d. Grosse. Histor. Erzählg a. d. X. Jahrh. 8° (510) Mainz 98. F Kirchheim. 5 —; geb. in L. 6 —

— Otto der Große. Historische Erzählg. aus dem X. Jahrh. 2. Aufl. (V, 474 S.) kl. 8. Ebd. 905. n. 4. —; geb. n. 5. —

— der Pascha. Erzählung f. das Volk. gr. 16. (56 S.) Mainz 870. Kirchheim. — 30

— Pharisäer u. Sadducäer. Tragikomisches Zeitbild. (Gegen die „Los von Rom-Bewegg.") 3. Aufl. 12. (III, 145 S.) Stuttgart 899. Süddeutsche Verlagsbuchh. n. — 75; geb. in Leinw. n. 1. 25

— Pharisäer u. Sadduzäer. Tragikomisches Zeitbild. 4. Aufl. (88 S.) kl. 8. München (Theatinerstr. 35) 908. A. & B. Schuler. 1. —

Bolanden, Conr. v. [Jos. Bischoff]. Der Preßkaplan. Erzählung f. d. Volk. 1.-5. Aufl. 12. (64 S.) Mainz 890, Kirchheim. — 30

— Raphael. 8. (III, 536 S.) Mainz 870, Kirchheim.

— Raphael. 2. Aufl. (III, 470 S.) kl. 8. Regensburg 905. F. Pustet. n. 3. —; geb. in Leinw. n. 4. —

— die Reichsfeinde. Historischer Roman. 2 Bde. 8. (484; 558 S.) Mainz 874, Kirchheim.

— Russisch. Erzählung für das Volk. 1.—9. Aufl. 16. (55 S.) Mainz 872, Kirchheim.

Satan bei der Arbeit. Zeitspiegel von Conr. v. Bolanden [d. i. Jos. Bischoff]. Heiligenstadt (Eichsfeld): Cordier 1908. 215 S. 8°
cf. FZ. 62 (1908) S. 345–350 (W. Kunis). Gegen den Bund gerichtete Erzählung.

— Satan bei der Arbeit. Zeitspiegel. 2. u. 3. Aufl. (Je 215 S.) 8. Heiligenstadt (908). F. W. Cordier. 1.50; geb. 2. 50

Die Säule der Wahrheit. Hist. Roman aus d. J. 1524 von Conrad v. Bolanden. Paderborn: Bonifacius-Dr. 1907. (346 S.) 8° [F.] [illegible]

— Savonarola. Eine alte Geschichte, neu erzählt. 2 Bde. 8. (260 u. 393 S.) Ebend. 882. 5. 50; geb. n. 6. 50

Bolanden's, Conr. v., gesammelte Schriften. Volksausgabe. 1—3. Serie. à 19 Hfte. 8. Regensburg 871—74. Pustet. à — 40
Luthers Brautfahrt. Volksroman. 2 Thle. 4. überarb. Aufl. (175 u. 187 S. m. eingedr. Holzschn.)
Franz v. Sickingen. Volksroman. 3. überarb. Aufl. (575 S. m. eingedr. Holzschn.)
Barbarossa. Historischer Roman. Mit 4 Illustr. 3., überarb. Aufl. (577 S.)
Angela. Socialer Roman. (256 S. m. eingedr. Holzschn.)
Die Mageren u. die Fetten. (156 S. m. eingedr. Holzschn.)
Königin Bertha. Historischer Roman aus dem 11. Jahrh. 3. Aufl. (470 S. m. 4 eingedr. Holzschn.)
Historische Novellen üb. Friedrich II. v. Preußen u. seine Zeit. 4 Bde. (240, 230, 216 u. 362 S. m. eingedr. Holzschn.)
Die Schwarzen u. die Rothen. (550 S. m. Chromolith.)
Fortschrittlich. Culturhistorische Novelle. (328 S.)
Die Aufgeklärten. Ein Zeitroman. 3. umgearb. Aufl. (625 S.)

Bolanden's, Conr. v., gesammelte Schriften in illustr. Volksausgaben. 1. Serie. 21 Hefte. 8. Regensburg 872, Pustet. à Heft 40 Pf. geb. in 4 Bdn.
Inhalt:
Heft 1—4. Luthers Brautfahrt. Volksroman. 2 Thle. 4. überarb. Aufl. (175; 187 S. mit eingedr. Holzschn.) ℳ 1,60.
" 5—10. Franz v. Sickingen. Volksroman. 3. überarb. Aufl. (575 S. mit 3 eingedr. Holzschn.) ℳ 2,40.
" 11—18. Barbarossa. Historischer Roman. 3. überarb. Aufl. (577 S. mit 4 eingedr. Holzschn.) ℳ 3,20.
" 19—21. Angela. Socialer Roman. (256 S. mit eingedr. Holzschn.) ℳ 1,20.

— dass. — 2. Serie. 19 Hefte. gr. 16. Ebendas. 872. à Heft 40 Pf. geb. in 3 Bdn.
Inhalt:
Heft 1. 2. Die Mageren und die Fetten. (159 S. mit eingedr. Holzschn.) 80 Pf.
" 3—7. Königin Bertha. Historischer Roman aus dem 11. Jahrh. 3. Aufl. (470 S. mit 4 eingedr. Holzschn.) ℳ 2.
" 8—19. Historische Novellen über Friedrich II. von Preußen und seine Zeit. (Der Gefangene von Küstrin, Juddas Makkabäus, Deutschlands Hort, die mährischen Hühner, Deutschlands Dämon, die böhmische Canaille und die Freidenker.) 4 Bde. (260; 239; 216; 362 S., mit 10 eingedr. Holzschn.) ℳ 4,80.

— dass. 2. Serie. 1—19. Hft. 16. Ebd. 72. 73. à — 40
Die Mageren u. die Fetten. (159) — Königin Bertha. Histor. Rom. 3. Afl. (470) — Histor. Novellen üb. Friedrich II. v. Preussen u. s. Zeit. 4 Bde. (1077)

Bolanden's, Conr. v., gesammelte Schriften in illustr. Volksausgaben. 3. Serie. 19 Hefte. gr. 16. Regensburg 873, Pustet. à Heft 40 Pf. geb. in 3 Bdn.
Inhalt:
Heft 1—7. Die Schwarzen und die Rothen. (539 S. mit 1 Chromolithogr.) ℳ 2,80.
" 8—11. Fortschrittlich. Culturhistorische Novelle. (328 S.) ℳ 1,60.
" 12—19. Die Aufgeklärten. Ein Zeitroman. 3. umgearb. Aufl. (625 S.) ℳ 3,20.

— dass. 3. Serie. 1—19. Hft. 16. Ebd. 73. 74. à — 40
1—7. Die Schwarzen u. d. Rothen. (550)
8—11. Fortschrittlich. Culturhistor. Novelle. (328)
12—19. Die Aufgeklärten. Ein Zeitroman. 3. Afl. (625.)

Bolanden's, C v. (J Bischoff), ges. Schriften. Volksausg. 11. Bd. Angela. Soc. Roman. 3. Afl. (256 m. Abb.) 8° Rgnsbg, F Pustet '03. 1.20; L. 1.70 d

Bolanden's, Konr. v. (Jos. Bischoff), ges. Schriften. Volksausg. 13. Bd. kl8° Rgnsbg, F Pustet 06. 2 —; L. 2.60 d
13. Königin Berta. Histor. Roman a. d. XI. Jahrh. 4. Afl. (477 m. Abb.) 06. 2 —; L. 2.60.

— gesammelte Schriften. Volksausg. Barbarossa. Historischer Roman. 4. Aufl. (767 S. m. 8 Abbildgn.) kl. 8. Regensburg 906. F. Pustet. n. 3. 20; geb. in Leinw. n. 3. 70

—— die Schwarzen und die Rothen. 1. Aufl. 1868, und 2. Aufl. 8. (587 S.) Mainz 870, Kirchheim.

—— Franz v. Sickingen. Histor. Roman aus dem XVI. Jahrh. 8. (XX und 576 S.) Regensburg 859, Pustet.

— die Sozialdemokraten u. ihre Väter. Erzählung. 8. (III, 379 S.) Mainz 894. F. Kirchheim. n. 2. 20

— die Sozialdemokraten u. ihre Väter. Erzählung. 2. Aufl. (III, 379 S.) 8. Mainz 904. Kirchheim & Co. n. 2. 20; geb. in Leinw. n. 3. 50

— die Sozialen. Erzählung f. das Volk. 1.—20. Tausend. 8. (72 S.) Trier 891. Paulinus-Druckerei. — 30

—— die Staatsgefährlichen. Erzählung für das Volk. 1.—11. Aufl. gr. 16. (63 S.) Mainz 878, Kirchheim.

— die Sünde wider den heiligen Geist. Zeitbild. 8. (III, 350 S.) Mainz 901. F. Kirchheim. n. 3.—; geb. n. 4.—

— Die Sünde wider den Hl. Geist. Zeitbild. 3. Aufl. (200 S.) kl. 8. München (Theatinerstr. 35) 908. A. & B. Schuler. 1. 60

— der Teufel in der Schule. Volkserzählung. 1. u. 2. unveränd. Aufl. 12. (III, 217 S.) Freiburg i/B. 891. Herder. n. 1.— ; 3., verb. Aufl. (VII, 216 S.) n. 1.—

— d. Teufel in d. Schule Volkserzählg. 4. Aufl. 8. (VII, 216 S. m. Bildnis.) Freiburg i/B. 896. Herder. n. 1.—

Der Teufel in der Schule. Volkserzählung von Conrad von Bolanden [d. i. Jos. Bischoff]. 5. Aufl. München: Schuler 1908. 152 S. 8°.
Antimaurerisch.

Bolanden, Conr. v. [Jos. Bischoff]. Die Ultramontanen. Zeitroman. 2 Bde. 12. Trier, Paulinus-Druckerei. [1. Bd. (275 S.) 890. * 2 —; geb. * 3 —; 2. Bd. (359 S.) 891. * 2 50; geb. * 3 50.] * 4 50; geb. * 6 50

—— die Unfehlbaren. Volksnovelle. 1.—6. Aufl. 8. (V, 326 S.) Mainz 871, Kirchheim.

— Urdeutsch. Historischer Roman. 2 Bde. 8. (VII, 438 u. 408 S.) Ebend. 875. 7. 50

— Urdeutsch. Historischer Roman. (498 S.) kl. 8. Ebd. 908. Geb. in Leinw. 4.—

-- die Volksverderber. Erzählg. f. d. Volk. 1.—4. Aufl. 12. (III, 75 S.) Mainz 896. F. Kirchheim. — 30

—— Wambold. Histor. Roman. 2 Bde. 8. (422; 504 S.) Mainz 889, Kirchheim. 7 50; geb. * 10 —

Bolau, Heinrich

—— 1837—1887. Zur Geschichte des Naturwissenschaftlichen Vereins in Hamburg. gr. 4. (32 S.) Hamburg 887, Friederichsen und Comp. *
Aus: Abhandlungen aus dem Gebiete der Naturwissenschaften, besonders abgedruckt.

Bolau, H., die menschenähnlichen Affen d. Hamburger Museums, s.: Abhandlungen aus dem Gebiete der Naturwissenschaften.

Bolau, H.: s. Anleitung z. wissenschaftlichen Beobachtungen auf Reisen.

Bolau, Heinr.: Wissenschaftl. Beobachtgn an Robben, Sirenen u. Waltieren. Fang leb. Säugetiere, s: Anleitung zu wissenschaftl. Beobachtgn auf Reisen.

— die Biene u. ihr Leben. Begleitsworte zu L. Hestermann's Veranschaulichg. der Biene u. ihrer Industrie. gr. 8. (8 S.) Hamburg 872. Lehrmittel-Anstalt. — 30

Bolau, H., die Biene u. ihr Leben. Begleitworte zu L. Hestermann's Veranschaulichg. der Biene u. ihrer Industrie. gr. 8. (8 S.) Hamburg 1872, Vetter. — 30.

Bolau, Heinr., der Elephant in Krieg und Frieden und seine Verwendung in unsern afrikanischen Kolonien, s. a. Sammlung gemeinverständlicher wissenschaftlicher Vorträge.

Bolau H, d. Elefant in Krieg u Frieden. (Slg wiss. V. N F II, 6) Hamburg 1887

Bolau, Heinrich, Führer durch die Walfisch-Ausstellung in Hamburg. Hamburg 1884.

Bolau, H., ein neuer Hirsch aus dem Amurlande, s. Abhandlungen aus dem Gebiete der Naturwissenschaften.

Bolau, H., die Schmetterlinge u. ihre Verwandlung. gr. 8. (14 S.) Hamburg 874. Vetter. — 50

— die Spatangiden d. Hamburger Museums, s.: Abhandlungen aus dem Gebiete der Naturwissenschaften.

Bolau, H: Die Typen d. Vogelsammlg d. naturhistor. Museums zu Hamburg. 8° (27) Hambg 98, (L Gräfe & S.). 1 —

Bolau, Heinr., d. geograph. Verbreit. d. wichtigsten Wale d. Stillen Ozeans. [Aus: „Abhandlgn. aus dem Gebiete der Naturwiss."] gr 4. (22 S. m. 1 Karte) Hamburg 895. L. Friederichsen & Co. n. 1. 00

—— Walthiere, s. Anleitung zur wissenschaftlichen Beobachtung auf Reisen.

Bolau, Hermann, aus Hamburg: Glandula thyreoidea und Glandula Thymus der Amphibien. Mit 11 Textfig. *Jena: G. Fischer 1899.* (59 S.) 8°
Göttingen, Phil. Diss. v. [10. Juni] 1899

Bolau, Herm., die Typen der Vogelsammlung des naturhistorischen Museums zu Hamburg. Lex.-8. (27 S.) Hamburg 898. (L. Gräfe & Sillem). n. 1.—
Sonderabdruck aus: „Mitth. a. d. naturhist. Museum".

Bolberitz, Osk. v., die praktische Lösung v. Feldbefestigungs-Aufgaben, s.: Gyujtó v. Sepsi-Mártonos, Geo.

Bolchert, Paul

Aristoteles Erdkunde von Asien und Libyen von Paul Bolchert. Berlin: Weidmann 1908. X, 102 S. 8°
(Quellen u. Forschungen z. alten Geschichte u. Geographie. H. 15.) log. 447 2

Bolchert, Paul, a. Munzenheim i. Els.: Aristoteles Erdkunde von Asien und Libyen. Kap. 1. Asien. Wittenberg 1908: Herrosé & Ziemsen. (44 S.) 8° ¶ (Erscheint vollst. als: Quellen u. Forschungen z. alten Gesch. u. Geogr. H. 15.)
Straßburg, Phil. Fak., Ref. Neumann, Diss. v. 14. Dez. 1907
[Geb. 23. Juli 85 Munzenheim (Ob.-Els.); Wohnort: Munzenheim; Staatsangeh.: Elsaß-Lothringen; Vorbildung: Lyzeum Colmar Reife M. 03; Studium: Straßburg 2, Berlin 1, München 1, Straßburg 5 S.]

Bolck, Schmied von Gretna-Green, s.: Breitkopf & Härtel's Textbibliothek. 174.

Bolck, Friedrich Carl Wilhelm Walther, s. Bolck, Walther

Bolck, Osk., der Schmidt von Gretna-Green, s. Breitkopf und Härtel's Text-Bibliothek Nr. 174.

Bolck, Walther

Bolck, *Friedrich Karl Wilhelm* Walther [app. Arzt]: Die Alkoholbehandlung bei Erkrankungen des Ohres ... Königsberg i. Pr., Druck v. M. Liedtke, 1892; 2 Bl., 55 S., 2 Bl. 8. Königsberg, Med. Fak., Inaug.-Diss. v. 6. Juli 1892

Bolck, Walth., die Alkoholbehandlung bei Erkrankungen d. Ohres. Diss. gr. 8. (55 S.) Königsberg i/Pr. 892. (W. Koch.) n. — 80

Boelcke, Friedrich

Boelcke, Frid.: Theses theologicae. Berolini (1869). (2 Bl.) 4°
Berlin, Theol. Thes. v. 8. März 1869

[**Boelcke,** Fridericus Rulemannus Theodorus]: * Angelologia Coranica. P. (1). 2. 13, 15 S. 4° (2°)
Halle-Wittenberg, Phil. Diss. v. 5. Mai 1866
Geb. [Potsdam 31. 5. 1840]
Verf. erlebte die Diplomerneuerung 1916 als Lic. theol., Oberlehrer a. D. auf dem Weissen Hirsch bei Dresden, vgl. Anh. Nr. 664.

Boelcke, M(ax), a. Angermünde: Die Entwicklung der Finanzen im Großherzogtum Sachsen-Weimar von 1851 bis zur Gegenwart. Jena: G. Fischer 1906: (55 S.) 8° ¶ (Erscheint vollst. als: Abhandl. d. staatswiss. Sem. Jena Bd 3, H 1.)
Jena, Phil. Fak., Ref. Pierstorff, Diss. v. 9. Juli 1906
[Geb. 15. Aug. 79 Angermünde; Wohnort: Angermünde; Staatsangeh.: Preußen; Vorbildung: Friedr.-Werdersche Oberrealsch. Berlin Reife O. 00; Studium: Berlin 4, Jena 4 S.; Rig. 25. Nov. 05.]

Boelcke, M., Finanzen, s. Abhandlgn. d. staatsw. Seminars.

Bolczyk, Andreas

Der andächtige Wallfahrer. Gebet- u. Gesangbuch z. Gebr. bei Wallfahrten nach d. St. Annaberge ... Hrsg. von Andreas **Bolczyk.** 2. Aufl. St. Annaberg O.S.: F. Gielnik 1903. (464 S.) 8° [J.] [07. 4034 2

Bold, hundert Blüten. Dichtungen. (180 S.) gr. 8. Leipzig 908. Reform-Verlag. 3.—; geb. 4.—

Bold, A. Wichtige Erörterungen und Rathschläge über Lotterien und Lottos. 2 Hefte. 8°. s. l. 1865.

Bold, Karl, Rechtsanwalt a. Rodalben, Pfalz: Die Anzeigepflicht gemäss § 139 R.-St.-G.-B. Aschaffenburg 1907: G. Werbrun. (39 S.) 8°
Heidelberg, Jur. Fak., Ref. v. Lilienthal, Diss. v. 1907
[Geb. 19. Juni 80 Rodalben; Wohnort: Bamberg; Staatsangeh.: Bayern; Vorbildung: Gymn. Speyer Reife Juli 99; Studium: München 3, Straßburg 1, Würzburg 4 S.; Rig. 30. Juli 07.]

Boldau, Gust., Ueber die Trunksucht und Versuche ihrer Behandlung mit Strychnin. gr. 8°. Jena, Fischer, 1892.

Boldemann, Ernst, a. Gladenbach ⟨Kr. Biedenkopf⟩: Aus d. pathol. Institut d. Univ. Greifswald. Direktor: Geh. Med.-Rat Prof. Dr. Grawitz. Aneurysmen und Varicen als Ursache von Magenblutungen. Greifswald 1908: H. Adler. (50 S.) 8°
Greifswald, Med. Fak., Ref. Grawitz, Diss. v. 26. Juni 1908
[Geb. 14. Febr. 84 Gladenbach; Wohnort: Bromberg; Staatsangeh.: Preußen; Vorbildung: Gymn. Stralsund Reife O. 02; Studium: Marburg 1, Greifswald 6, Berlin 1, Greifswald 2 S.; Coll. 29. Mai 07; Approb. 1. Juni 08.]

Boldemann, F., s. Eisenbahnen u. Dampfwagen, über.

Boldemann, Th., Zur Erklärung der Träume u. d. Nachtwandelns. Eine Vorlesung. gr. 8. (44 S.) Lübeck 848, Boldemann. n. 1/3 ₰

Boldényi, J, d. Magyarenthum. A. d. Frans. 8. (119) Jena 51, Costenoble. n. — 15

Boldényi, J., das Magyarenthum oder der Krieg der Nationalitäten in Ungarn. Aus d. Franz. v. *** 8. (119 S.) Leipzig 851, Costenoble. n. 1/2 ₰

Bolderman, P. M., Studia Lucianea. Diss. 1893. 189 S. 6.—

Bolderwood, Rolf
s. **Boldrewood** [11. 7903

Boldich, C. C., heilige Seelenruhe. 8. 703.

Böldicke, Joach., († d. 15. Mai 1757.) abermal. Versuch e. Theodicee. 1n u. 2n Bds 1s Stck. 8. Berl. 746—51. Haude u. Sp. 1 ₰

BOLDING, s. a. Brick Bolding.

Bolding, Brick, oder Was ist das Leben? Ein englisch-französischer Roman. Mit Titelkupfern von G. Boettger sen. Leipz. 1800. V: *Sewrin, Charles Augustin B.* Ü & B: *Müller, Carl Ludwig Methusalem.* (BGE I³, 454)

Bolding, Brick, od. was ist d. Leben; e. Roman a. d. Franz. von K. L. M. Müller. 2 Thle. 8. Leipz. Sommer. (Linke.) 800.

Boldon, Abby, s. Erinnerungen.

Boldoni u. Mad. de Genlis, neues Handbuch für Reisende, enthalt. Gespräche u. ein Wörterbuch. Englisch, Deutsch, Franz. u. Italien. 16. (23½ B.) Aachen u. Köln 844, Kohnen.

Boldoni, nouveau Manuel du voyageur, or the Traveller's Pocket Companion, cont. copious and familiar Conversations in English, French, Italian and German; together with a completer Vocabulary etc. 12. Aix-la-Chapelle and Cologne 840. Kohnen. 1 ₰

Boldrewood, Rolf

Nevermore. By Rolf Bolderwood [**Boldrewood** d. i. Thomas Alexander Browne]. Copyright ed. In 2 vol. Vol. 1. 2. Leipzig: Tauchnitz 1892. 8°
(Collection of British authors. Tauchnitz Ed. Vol. 2842/3.) [11. 7901

Bolderwood, R., robbery under arms, s.: Collection of British authors.

Boldrewood, Rolf: A Sydney-side Saxon, s: Library, The English.

Boldt: Die agrar. Fragen . . . s, Boldt, Otto

Boldt: Wertzuwachssteuer . . . , s. Boldt, Walter

Boldt, A.: Muster zu den Unter-Rechnungen der Gerichts-und Gefängnißkassen bei den preußischen Justizbehörden über die sächlichen Ausgaben (Kap. 74, Tit. 22 u. 23 des Etats). Mit Bem. nebst e. Anh., enth. Erl. u. Erg. zur Instruktion für die Verwaltung der Etatsfonds. Berlin 1890.

Boldt, A., ut'm Noatangsche. Volksthümliche Erzähign. in plattdeutscher Mundart. 2. Aufl. 12. (31 S.) Königsberg i/Pr. 893. Hartung. n. — 50

Boldt, Adolf

Boldt, Ad., Lehrbuch d. Zeichenunterrichts. Geschichte u. Methodik d. Zeichenunterrichts, Ornamentik, Kunstgeschichtl., Farbenlehre u. Anleitg. z. Verwertung des Zeichnens in verschied. Unterrichtsfächern. Für Präparanden, Seminaristen u. Lehrer bearb. gr. 8. (VII, 384 S.) Wismar 897. Hinstorff's Verl. n. 4.—

Boldt, Ad., Lehrbuch des Zeichenunterrichts. Geschichte u. Methodik des Zeichenunterrichts, Ornamentik, Kunstgeschichtliches, Farbenlehre u. Anleitg. zur Verwertg. des Zeichnens in verschied. Unterrichtsfächern. Für Präparanden, Seminaristen u. Lehrer bearb. 2., verb. Aufl. (X, 460 S. m. Abbildgn.) 8. Wismar 906. Hinstorff's Verl. Geb. in Leinw. n. 6. 60

Boldt, Adf., der Zeichenunterricht in der Volksschule. Belehrung üb. Zweck, Aufgabe, Wert u. method. Behandlg. d. Zeichnens. gr. 8. (24 S.) Ludwigslust 890. (Hinstorff.) n. — 50

Boldt, Alfred, Referendar in Magdeburg: Das Abzahlungsgeschäft und seine besondere privatrechtliche Regelung nach dem Reichsgesetz vom 16. Mai 1894. Halle a. S. 1908: Wischan & Burkhardt. (37 S.) 8° [F.]
Jena, Jur. Fak., Ref. Danz, Diss. v. 23. März 1908
[Geb. 14. Sept. 84 Lubiathfließ (Kr. Friedeberg i. Neum.); Wohnort: Magdeburg; Staatsangeh.: Preußen; Vorbildung: Pädagogium z. Kloster U. L. Fr. Magdeburg Reife O. 03; Studium: Berlin 2, München 1, Leipzig 1, Halle 3 S.; Rig. 4. Febr. 08.]

Boldt, Carl: Physikalisches Praktikum, 2. Tl., s. B e r n d t , Geo. W.

Boldt, Ernst: Sexualprobleme im Lichte d. Natur- u. Geisteswissensch. (7, 148) 8° Lpzg, M Altmann '11. 2 —; geb. 2.80 d

Boldt, F., d. deutsche Orden u. Littauen, 1370–86. (119.) 8. Königsberg 1873.

Boldt, Franz, aus Bredenfelde: Das gesetzliche **Pfandrecht** des **Frachtführers.** *Rostock 1902: C. Boldt.* (IX, 69 S.) 8°
Leipzig, Jur. Diss. v. 1902

Boldt, [Friedrich]: [Antrittsrede.] S. 20—24. 4.
Progr. Städt. Realschule i. E. *Eberswalde* 1908

Boldt, (Friedrich): Die verschiedenen Arten höherer Schulen und die Berechtigungen der lateinlosen höheren Anstalten. Eberswalde 1908: Jancke. S. 6—10. 8°(4°)
Eberswalde, st. R i. E. P 1908 (164)

Boldt, (Friedrich): Die Begründung und erste Entwicklung der Anstalt. Eberswalde 1908: Jancke. S. 3—6. 8°(4°)
Eberswalde, st. R i. E. P 1908 (164)

Boldt, Friedr. Zur ältesten Geschichte des Barnim und der Stadt Eberswalde. 31 S. Progr. *Eberswalde* 1884.

Boldt, Friedrich, Prof. Dr.: **Verzeichnis** der Schülerbibliothek des Wilhelms-Gymnasiums in Eberswalde. *Eberswalde 1899: C. Müller.* (42 S.) 8° [Ant. u. F.]
Eberswalde, Wilhelms-G, P 1899 (71)

Boldt, Friedrich, Prof. Dr.: Das städtische **Wilhelms-Gymnasium** in Eberswalde während der ersten 25 Jahre seines Bestehens. *Eberswalde 1903: C. Müller.* (S. 3—43.) 4°
Eberswalde, Wilhelms-G, OP 1903 (70)

Boldt, Friedrich Wilhelm, s. B o l d t , Wilhelm

Boldt, Gustav: Der Genetivus Singularis der O-Deklination bei Homer. 16 S.
Progr. Tauberbischofsheim 1881.

Boldt, Hans [app. Arzt aus Samow in Meckl.-Schw.]: Glycogenbestimmung im Muskel nach Nervendurchschneidung ... Würzburg, Druck d. Bonitas-Bauer'schen k. b. Hofbuchdr., 1893; 16 S. 8.
Würzburg, Med. Fak., Inaug.-Diss. v. 1893

Boldt, Heinr., de liberiore linguae graecae et latinae collocatione verborum capita selecta. Dissertatio philologica. gr. 8. (195 S.) Göttingen 884. (Deuerlich.) n. 2. 40

Boldt, Heinrich Julius, s. B o l d t , Julius

Boldt, J.: Das Trachom . . . , s. B o l d t , Julius

Boldt, Johann Frid. Wilh., s. B o l d t , Wilhelm

Boldt, Johannes

Boldt, Johs: Grimassen. Schwarzweissgeschichten. (2. Afl.) (180) 8° Berl., Oesterheld & Co. '12. 2 —

Boldt, Johs., Zelle No. 27. Militärgeschichten. (160 S.) 11. 8. Dresden (910). H. Minden. 2.—; geb. n 3. —

Boldt, Julius

Das Trachom als Volks- und Heereskrankheit. Von Dr. J[ulius] Boldt, Oberstabsarzt d. Inf.Reg. No 176. *Berlin: A. Hirschwald 1903.* (240 S.) 8°
— **Coler, Bibliothek v.** Bd 19. [03. 14834

Boldt, (Heinr.) Julius (geb. Grünkrug in Westpr. 11. 9. 1861): Statistische Uebersicht der Erkrankungen des Pankreas nach den Beobachtungen der letzten vierzig Jahre. Berlin (1882). (29 S.) 8°
Berlin, Med. Diss. v. 31. Juli 1882

Boldt, Karl, aus Werder a. Havel: **Beitrag zur Lehre von der Entstehung des Plattenepithelkrebses auf dem Boden des Atheroms.** *Berlin (1899): G. Schade.* (31 S.) 8°
Berlin, Med. Diss. v. 9. Mai 1899

Boldt, Louis *Carl August* [app. Arzt aus Quasslin i. M.]: Ueber Darmeinklemmung durch das Diverticulum Meckelii. . . . Marburg, Univ.-Buchdr. (R. Friedrich), 1891; 68 S., 1 Bl., 1 Tab. 8°
Marburg, Med. Fak., Inaug.-Diss. v. [8. Mai] 1891

Boldt, Ludwig

Das neue Paradys. Eine Kulturforderung. Von Ludwig Sedina [d. i. Ludwig **Boldt** in Stettin]. T. 1: In d. alten Hölle. T. 2: Im neuen Paradyse. Als Ms. gedr. Stettin: Selbstverl. 1904. (46 S.) 8° [05. 13769

Boldt, Magdalene

Karma oder Was wir säen, das ernten wir. Von Magdalene Boldt. *Berlin: P. Raatz [1901].* (16 S.) 8°
— **Strahlen,** Theosophische. No 11. [03. 3333

Boldt, Otto, die agrarischen Fragen der Gegenwart, nebst Vorschlägen f. die preuß. Agrarpolitik. gr. 8. (II, 145 S.) Berlin 883. Walther & Apolant. n. 3. —

Boldt, Otto. Zur Neuregelung d. ländl. Gemeindewesens. gr. 8. (83 S.) Berl. 890, [Walther u. Apolant.] Walther. * 2 —

Boldt, P., Xenophontis vitae specimen. Diss. 1885. 80 S. 1.50

Boldt, Richard, a. Schwerin: Die Abtragung der Epiglottis wegen Tuberkulose. Rostock 1906: Adlers Erben. (41 S.) 8°
Rostock, Med. Fak., Ref. Körner, Diss. v. 20. August 1906
[Geb. 19. Okt. 81 Schwerin; Wohnort: Malchin; Staatsangeh.: Preußen; Vorbildung: Gymn. Fridericianum Schwerin Reife O. 01; Studium: Marburg 3, Würzburg 1, Marburg 1, Kiel 1, Rostock 4 S.; Coll. 12. April 06; Approb. 12. April 06.]

Boldt, Röttger, Hamburgische Schönschreibe-Schule. Methodisch geordn. Vorlegeblätter zur Uebung im Schönschreiben. Wohlf. Ausg. in 4 Hftn. qu. 4. (à 13 lith. Bl.) Hamburg 849, Schuberth & Co. n. ⅔ ₰; einzelne Hefte à n. 6 ngr

Boldt, Röttger, methodisch geordnete Vorlegeblätter zur Uebung im Schönschreiben. 4 Hfte. Mit 50 lithogr. Bl. qu. gr. 4. Hamb. u. Leipz. 840. Schubert u. Comp. (à n. ½ ₰) n. 1½ ₰

Boldt, Walt., s.: Einzelfragen der Finanzpolitik der Gemeinden.

Boldt, Walt.: **Fragen d. Gemeindebesteuerg, s: Schriften d. Ver. f. Sozialpolitik, Verhandlgn.**

Boldt, das Reichszuwachssteuergesetz in der v. der Reichstagskommission beschlossenen Fassung. Mit Erläutergn., Steuerberechngn., Abänderungsvorschlägen u. Darstellg. seiner Wirkg. auf Mieter, seßhafte Hausbesitzer, Landwirte, Bauunternehmer, großstädt. Terraininteressenten u. Gemeinden. (132 S.) gr. 8. Dortmund (910). W. Crüwell. 2. —

— dass. 2. Afl. Mit e. Besprechg d. Protestversammlg d. Haus- u. Grundbesitzervereine im Zirkus Schumann. (146) gr8° Ebd. ('11). 2 — d

— dass., s.a. Taschengesetzsammlung.

— dass. Ausführgsanweisg v. 27.3. '11 nebst d. in Preussen, Bayern, Sachsen, Württemberg, Baden, Hessen u. Elsass-L. erlass. Ausführgsbestimmgn. (115) kl8° Berl., C Heymann '11. — 80 d
Nur f. Bezieher d. 1. Afl. in d. Ausg.: Taschengesetzsammlung.

— s: Schriften d. Vereins f. Sozialpolitik, Gemeindefinanzen.

Die Wertzuwachssteuer. Ihre bisherige Gestaltung in d. Praxis u. ihre Bedeutung f. d. Steuerpolitik d. Gemeinden. Von Dr. jur. [Walter] **Boldt**, Stadtrat. Dortmund: W. Crüwell 1907. (140 S.) 8° [F.] (08. 3390 6

Die Wertzuwachssteuer. Ihre bisherige Gestaltung in d. Praxis u. ihre Bedeutung f. d. Steuerpolitik d. Gemeinden. Von Dr. [Walter] **Boldt**, Stadtr. in Dortmund. 2., unveränd. Aufl. Dortmund: Crüwell 1908. 140 S. 8° (09. 2403

Die Wertzuwachssteuer. Ihre bisherige Gestaltung in d. Praxis als Gemeindesteuer u. ihre Bedeutung als Reichssteuer unter Beteiligung d. Gemeinden. Von Dr. iur. [Walter] **Boldt**, Stadtrat. 3. erw. Aufl. Dortmund: Crüwell 1909. 196 S. 8° (09. 11404 11

Boldt, Wilhelm

Boldt, (Friedericus) Guilelmus *(geb. Hackenow bei Frankfurt a. O. 21. 8. 1837)*: De acidis organico-sulphuricis. Vratislaviae (1859). (47 S.) 8°
Breslau, Phil. Diss. v. 8. [vielmehr 9.] Nov. 1859

Boldt, (Joan. Frid.) Guil. (geb. Strasburg in d. Uckerm. 29. 1. 1839): De transfusione. Berolini (1863). (32 S.) 8°
Berlin, Med. Diss. v. 16. März 1863

Boldt, Willi, (gemeinsame) Philosophie der Religionen. Ihre Meister u. Schüler. (32 S.) 8. Berlin 904. (P. Raatz.) n. — 40

Boldt v. Dommer, Hans, Frauenschönheit. Buch d. Schönheitspflege. gr. 8. (VIII, 91 S. m. Vignetten.) Dresden (896). Rudolph. 1. 50; geb. n. 2. 50

Boldt & Vogel, Maschinen- und Pumpen-Fabrik: Catalog Nr 69. 71. 74. Hamburg 1890

Boldt & Vogel: Specialitäten für Brauereien, Bier-, Wein- und Spirituosen-Handlungen usw. Berlin (1882)

Bolduan, Otto: Zur Theorie der übergeschlossenen Gelenkmechanismen. Mit 36 Fig. Halle a. S. 1908: Teubner, Dresden. 79 S. 8°
Halle, Phil. Diss. v. 22. Okt. 1908, Ref. Gutzmer
[Geb. 13. Febr. 83 Dresden; Wohnort: Halle a. S.; Staatsangeh.: Sachsen; Vorbildung: Annensch. Dresden Reife O. 02; Studium: Dresden Techn. Hochsch. 4, Göttingen 1, Dresden Techn. Hochsch. 5, Halle 1 S.; Rig. 1. Juni 08.] [U 09. 1636

Boldyreff, W. N., die Anpassung der Verdauungsorgane an die Eigenschaften der ihre Tätigkeit anregenden Reize. (Schlussfolgerungen aus den im Laboratorium J. P. Bawlows gefundenen physiolog. Tatsachen. (S. 129—176 m. 11 Abbildgn. u. 1 Taf.) Lex. 8. Stuttgart 907. Franckh. 8. —
Sonderabdr. aus „Ztschr. f. d. Ausbau d. Entwicklgslehre".

***Boldyrew*, A., duae moallakat Antara et Hareth.** 12. Gött. 808. Dieterich. 4 ℛ

Bôle, Charles. Ueber Primäre Uterustuberkulose. Diss. Med. Univ. Zürich. *Kopftitel:* Aus der Universitäts-Frauenklinik Zürich. — [Mit 1 Tafel.] 24 S. 8. Zürich, Aschmann & Scheller, 1902.

Bole, Franz

Bole, Frz., Flavius Josephus üb. Christus u. d. Christen in d. Jüdischen Alterthümern: XVIII. 3. Eine Studie. 8. (VIII, 72 S.) Brixen 896. A. Weger. n. 1. —

Bole, Frz., sieben Meisterwerke der Malerei, m. e. principiellen Erörterg. üb. den Einfluss d. Christenthums auf die Kunst. gr. 4. (VI, 128 S. m. 9 Lichtdr.-Bildern.) Brixen 893. A. Weger. n. 12. —

Bole, Frz., die heilige Messe u. das Breviergebet, zur Förderg. v. Verständnis u. Andacht beim Vollzuge vornehmlich in ihrem Organismus dargestellt. gr. 8. (VIII, 143 S.) Brixen 883. Weger. n. 1. 60

Bole, Frz., die heilige Messe und das Breviergebet, zur Förderung von Verständnis und Andacht beim Vollzuge vornehmlich in ihrem Organismus dargestellt. 2. verm. und verb. Aufl. gr. 8. (VIII, 191 S.) Brixen 888, Weger's Buchh. *

Bole, Franz, Die heilige Messe und das Brevier-Gebet zur Förderung von Verständniß und Andacht beim Vollzuge vornehmlich in ihrem Organismus dargestellt. Dritte vermehrte Auflage. Gr. 8. (VIII, 212 S.) 1.
Brixen: A. Weger's Buchhdlg. 1895.

— d. hl. Messe u. d. Breviergebet, z. Förderg. v. Verständnis u. Andacht b. Vollzuge vornehmlich in ihrem Organismus dargest. 3., verm. u. verb. Aufl. gr. 8. (VIII, 212 S) Ebd. 895. n. 2. —

Bole, Fr. Rafaels Wandgemälde: „die Philosophie" genannt die Schule v. Athen. gr. 8. (III, 44 S. m. 1 Taf. in Lichtdr.) Brixen 891, Weger. * 1 20

Bôle, Fr. Thdr., s. Archiv, neues, f. Preuß. Recht.

Boele, Fr. Thdr., Zur Orientirung in d. deutschen Frage unter Zugrundelegung der betreff. Thatsachen u. Dokumente. Nebst einer Zugabe: über die reichsgrundgesetzl. Gewährleistung der Rechte der kathol. Kirche in Deutschland. gr. 8. (VIII u. 181 S.) Münster 850, Coppenrath. ⅔ ℛ

Boele van Hensbroek, P. A. M., de beoefening der oostersche Talen in Nederland en zijne overzeesche Bezittingen 1800—1874. Bibliographisch overzicht. gr. 4. (IV. 107 S.) Leiden 875. Brill. n.n. 4. 60

Boleg, Fr., Neuergn. u. Verbessergn. in d. Aufarbeitg. v. **Rohterpentin** u. **Harz.** (Erweit. Sep.-Abdr. aus: „Chem. Revue üb. d. Fett- u. Harz-Industrie.") Nebst Beschreibg. u. Grundr. e. zeitgemäss. mustergült. Harzproduktenfabrik-Anlage. gr. 4. (25 S. m. 4 Abb.) Leipzig 897. E. Baldamus. n. 3. —

Bolek, A. J.: Übersetzungen der Balladen Grażyna, Farys und Alpuhara von Adam Mickiewicz. Teschen 1860.

Boleman, Stefan von

Bolemann, Stef. v., Beschreibg. d. Kurorte u. Sommerfrischen am Balatonsee, s.: **Resultate** der wissenschaftlichen Erforschung des Balatonsees. IV.

Bolemann, Stef. v., Ungarns **Curorte** u. Mineralquellen, s.: **Bibliothek,** balneologische.

Die wichtigeren Kurorte und Mineralquellen Ungarns. Im Auftr. d. Kön. Ung. Ministers d. Innern bearb. von Dr. Stefan v. **Boleman,** Badearzt in Vihnye, [u.] Dr. Cornel Chyzer, Ministerialrath. *Budapest: Eggenberger [1900?].* (48 S.) 8°
— Bibliothek, Balneologische. No 136. (01. 3545

Bolemann, Stefan von, s. Resultate der wissenschaftl. Erforschung des Balatonsees.

Bolemann, Stefan v., Bad Vihnye in Ungarn. Mit einem (lith.) Situationsplane. 8. (VI, 52 S.) Wien 879. Braumüller. n. 1. 20

Bolen, *Nikolaus* [app. Arzt aus Daun]: Beiträge zu Verletzungen der Harnröhre ... Breslau, Druck v. Th. Schatzky, 1893; 22 S., 1 Bl. 8.
Erlangen, Med. Fak., Inaug.-Diss. v. 1893

Boeles, P. C. J. A., de Friesche Terpen. (Die Terpen in Friesland.) (1. Tl. in holländ., 2. Tl. in deutscher Sprache.) (59 S. m. Abbildgn. u. 5 Taf.) 8. Leeuwarden 906. Meijer & Schaafsma. n.n. 1. 50
Sonderabdruck aus: „De vrije Fries".

Boleška, J., ein Jahrzehnt des böhmischen Streichquartetts 1892—1902. Einige Bemerkgn. (98 S. m. 2 Taf.) 8. Prag 903. M. Urbánek. n. — 80

Boleslaw, antyteza dziejowa, s. Stanislaw, S.

Boleslawita, B., Moskal. Obrazek współczesny narysowany z natury. Leipzig 865. Wienbrack in Comm. 8. (370 S.) n. 1 ℛ︀ 15 ngr.

Boleslawitę, B., para czerwona. Obrazek współczesny narysowany z natury. 2 tomy. Leipzig 865. Wienbrack in Comm. 8. (511 S.) n. 3 ℛ︀

— der Spion. Ein Bild aus der Gegenwart, nach der Natur gezeichnet. Aus dem Poln. Uebers. von M. G. Autoris. Ausg. Dresden 864. Wolf. 8. (218 S.) n. 1 ℛ︀ 6 ngr.

—— **Szpieg.** Obrazek współczesny narysowany z natury. 8. (324 S.) Poznań 864, Zupański.

Boleslawski, Wlad., die Chiromantie [Wahrsagen aus der Hand] u. ihre Täuschungen. Mit 1 (lith.) Abbildg. 16. (67 S.) Gratz 849. (Leipzig, Schrey.) 1/4 ℛ︀

Boleslawsky, Mikulas (Hrsg.), s. M i t t e i l u n g e n , Bienenwirtschaftliche.

Bolesta-Malewski, St. v., Kritische Betrachtungen des heutigen Schachtfördersystems und Vorschlag zu dessen Umgestaltung. Vortrag. Düsseldorf, 1910. 37 S. mit 72 Abb.

Boleszny, Ant., die Donaukatarakte, veteranische Höhle und Festung Peth zwischen Bazias, Orsova und Turn-Severin. Mit einer genauen (lithogr. und color.) Terrainkarte (in qu. Fol.). gr. 8. (113 S.) Orsova 874. (Budapest, Aigner.) *

Bolewski, Johann, a. Jarotschin: Ueber congenitale Nierenmissbildungen besonders über Cystennieren. Ostrowo 1904: St. Rowiński. (29 S.) 8°
Würzburg, Med. Fak., Ref. v. Rindfleisch, Diss. v. 10. Okt. 1904
[Geb. 13. März 78 Jarotschin; Wohnort: Jarotschin; Staatsangeh.: Preußen; Vorbildung: Gymn. Krotoschin Reife O. 98; Studium: München 2, Greifswald 2, Krakau 3, Leipzig 1, Würzburg 3, München 1 S.; Coll. 29. Juli 04; Approb. 9. Juli 04.]

Bolewski, Mich. (geb. Zirke in Posen 25. 10. 1832): De perforatione et cephalotripsia. Berolini (1857). (35 S.) 8°
Berlin, Med. Diss. v. 11. Aug. 1857

Boley, Moritz [cand. med. aus Cassel]: Der Typhus abdominalis und seine Complicationen. Statist. Zusammenstellg der in d. Jahren 1890 bis 1895 in d. Krankenhause l. d. I. behandelten Fälle v. Typhus abdominalis ... München, Buchdr. B. Heller, 1897; 31 S. 8.
München, Med. Fak., Inaug.-Diss. v. 1897

Boleyn, Anna

Boley, Anna. Trsp. v. Soden. 8. Nürnb. Felsecker. 791.

Boleyn, Anna, Königin von England; ein Trauerspiel. Wien 1794. V: *Korompay, Joseph.* (Ky)

— Anna, Königin v. England. Trsp. v. Korompay. 8. Wien, Aloys Doll. 794.

— Anna,. Histor. Drama, v. Julius v. Soden. 8. Osnabrück, Blothe. 803.

Boleyn, Anna. Historisches Trauerspiel v. Dito u. Idem (Königin Elisabeth v. Rumänien u. Mite Kremnitz). 8. (IV. 111 S.) Bonn 886. Strauß. n. 2. —

[Russ.] **Bolězni** serdca i sosudov. Novye puti dlja ich opoznanija i lečenija. 1. Berlin: Baake 1909. 8°
[Die Herz- u. Blutgefäß-Krankheiten. Neue Wege zu ihrer Erkennung u. Heilung.]

Bolezny, A., d. Donaukatarakte, veteran. Höhle u. Festg Peth zwischen Bazias, Orsova u. Turn-Severin. 8. (113) Orsova 74. (Budap., Aigner.) n. 2. —

Bolgar, Frz. v., die Regeln des Duells. 8. (VIII, 72 S.) Budapest 880. (Leipzig, K. F. Köhler. Wien, F. Beck.) n. 2. —

Bolgár, Franz, Die Regeln des Duells. Budapest, Tettey & Co. 1881 (?), nun Wien, Friedr. Beck. 1 fl. ca. 1883.

Bolgár, Frz. v., die Regeln d. Duells. 2. verm. Aufl. 8. (VII, 77 S.) Wien 884. (Seidel & Sohn.) n. 2. —

Bolgár, F. v., die Regeln des Duells. 3., verm. Aufl. kl. 8. (VIII, 76 S.) Wien 887. Seidel & Sohn. n. 2. —

Bolgár, Frz. v., die Regeln d. Duells. 4., verm. Aufl. 8. (VIII, 81 S.) Wien 891. L. W. Seidel & Sohn. n. 2. —

Bolgár, F v., d. Regeln d. Duells. 5. Afl. 8° (81) Wien 95, LW Seidel & S. 2 —

Bolgár, Frz. v., Die Regeln d. Duells. 6., umgearb. Aufl. 8. (XI, 95 S.) Wien 898. L. W. Seidel & Sohn. n. 2. 40

Bolgár, Frz., die Regeln des Duells. 7. erweit. Aufl. (134 S.) 8. Wien 903. L. W. Seidel & Sohn. Geb. in Leinw. n. 3. 60

Bolgár, Frz. v., die Regeln des Duells. 8. Aufl. (134 S.) 8. Wien 908. L. W. Seidel & Sohn. Geb. in Leinw. 3. 60

Bolgár, Frz v.: Die Regeln d. Duells. 8. Afl. (134) 8° Wien, LW Seidel & S. '08. L. 3.60

Bolgeni, Giovanni Vincenzo

Bolgeni, J. V., Untersuchungen über den Besitz, s.a. Untersuchungen neuerer röm. Theologen.

Bolgeni, Giov. Vincenzo. Untersuchungen über den Besitz als Fundamental-Princip für Entscheidung von Fällen aus dem Gebiete der Moral. Regensburg 1857. Ü: *Montbach, von.* (Jes)

Boelges, B., Ist der Wucher ein Product der Handelsfreiheit, und welche Regeln sind wohl die wirksamsten, um den Fruchtwucher zu lähmen? 8°. Mainz, Hofbuchdr., 1822.

Bolgiani, Valeska

Die Tochter der Alhambra. Historischer Roman. Von Arthur Stahl [d.i. Valeska Bolgiani]. Berlin 1868.

s.a. Roman-Zeitung, Deutsche. Bd 4.

Bolgiano, Gewissensvertretung, s.: Festgabe für J. J. W. v. Planck.

Bolgiano, C.: Zur Lehre von der Gewissensvertretung. München 1887. (in: Festgabe d. Jur.-Fak. zu München für v. Planck.)

Bolgiano, Carl, gesammelte Abhandlungen aus dem Gebiete des gemeinen deutschen Civilprozesses. München 860. Lentner. gr. 8. (VI, 467 S.) 1 *ℳ* 24 *ngr.*

Bolgiano, Carl, gesammelte Abhandlungen aus dem Gebiete des gemeinen deutschen Civilprozesses. gr. 8. (VI, 467 S.) München 869, Stahl. (*ℳ* 5,40.)

Bolgiano, Carl, vergleichende Darstellung des gemeinen deutschen und bayerischen Civilprozesses, nach der Ordnung des gewöhnlichen Prozeßverlaufes bei den Untergerichten, als Leitfaden für Studirende u. angehende Praktiker. Erlangen 854. Palm u. Enke. gr. 8. (1 Bl., 262 S.) n. 1 *ℳ* 18 *ngr.*

Bolgiano, Karl, Handbuch d. Reichs-Civil-Prozeßrechts auf rationellen Grundlagen, mit vergleichender Darstellung des gemeinen deutschen Civilprozesses, für Studierende u. zum Gebrauch in der Praxis. Allgemeiner Thl. gr. 8. (VIII, 534 S.) Stuttgart 879. Enke. n. 9. —

BOLGIANO, Carl (München): Versuch einer Auslegung des C. 13, § 3, Nro 2 des Judicial-Codex, ein Beitrag zur Lehre vom Suppletorium nach bayerischem Recht. Eine civilprocessualische Abhandlung.- München 1843. 56 S.
5.4.1843 - Urk (Titel: Commentatio de cap. 13, § 3, no 2 codicis juris Bavarici judiciarii.); P 49
Diss. Ingolst.-Landsh.-Mchn.

Bolgrad [Schlagwort]

Bolgrad, s.: Europa. Generalkarte.

Bolhagen, Lolly, aus der Sommerfrische. Geträumtes u. Wahres. 8. (III, 124 S.) Dresden 902. E. Pierson. n. 2. —; geb. n. 3. —

Bolhoevener, Karl, s.: Heinsius, Wilh. allgemeines Bücher-Lexikon.

Bolhuis, H.

—— Nathanael. Predigt über Ev. Johannis, 1, 46—51. 8. (15 S.) Barmen 867. (Berlin, Beck.) *

Bolhuis, H., Gottes Rechten mit seinem Volke. Predigt über Micha 6, Vers 1—8, gehalten am 8. Juli 1866. gr. 8. (15 S.) Barmen 867. (Berlin, Beck.) *

Bolhuis, Wilh., Erinnerungen. 3 Vorträge. gr. 8. (68 S.) Emden 847. (Leer, Prätorius & Seyde.) 1/4 *ℳ*

— Zeitpredigten. 1. Das unbewegliche Wort. gr. 8. (16 S.) Leer 848, Prätorius & Seyde. 3 *ngr.*

Boeli, Joannes Fridericus (Resp.), De atrophia infantum, s. Alberti, Michael (Praes.)

Bolia, C. Plan der Stadt **Freiburg** i. Breisgau incl. Herdern und Wiehre. 1:6000. 1 Bl. L. Ff.

Bolia, C. Plan der Stadt **Freiburg**. 1:6000. 1877. 1 Bl. L. Ff.

Bolia, Carl Julius, s. Bolia, Karl Julius

Bolia, Jul., das Laien-Brevier in freier Bearbeitung. Mit Leop. Schefer's Bildniß (in Kpfrst.) 8. (V, 453 S.) Leipzig 872. Veit & Co. geb. m. Goldschn. n. 8. —

Bolia, Karl Jul., der Gedächtnißtag d. Friedens. gr. 8. (11 S.) Mannheim 872. Bensheimer. n. — 25

Bolia, Carol. Jul., de Horatio et Juvenale, satirarum auctoribus. Freiburg im Br. 861. (Wagner.) gr. 8. (2 Bl., 31 S.) n. 7 *ngr.*

—— das Laien-Brevier in freier Bearbeitung. 8. (V, 453 S. mit Leop. Schefer's Bildniß in Kpfrst.) Leipzig 872, Veit und Comp. geb. mit Goldschn. *

Boljahn, O., Helmuth Frisch. Aus e. Kadettenleben. (V, 123 S. m. Abbildgn. u. 1 Bildnis.) gr. 8. Bremen (909). F. Leuwer. Kart. 2.50

Boelicke, Frz. Am Lendemain od. e. kleiner Hitzkopf, s. Liebhaber-Bühne, neue.

Boelicke, H. C. A., die Destillation im Haushalt. Practische, interessante Anleitg. zur Selbstbereitg. aller Sorten Liqueure. (40 S.) 12. Berlin (903). (Leipzig, Fritzsche & Schmidt.) n.n. — 75; erm. Pr. n. — 30

Boelicke, Martin: Die Elihu-Reden nach ihrem Zusammenhange mit dem übrigen Theil des Buches Hiob und nach ihrem sprachlichen Charakter. Halle 1879: Karras. 37 S. 8°
Halle-Wittenberg, Phil. Diss. v. [9. Aug.] 1879
Geb. Bernstein (Mark) 31. 10. 1853. V.
Umgearb. gekrönte Hallische theologische Preisschrift.

Boelicke, Walt., über Freiheit u. Liebe, Freude u. Freundschaft. 2 Essays. (68 S.) 8. Leipzig 906. Modernes Verlagsbureau. n. 1.50

Boelicke, Walter: Kritik der Frauenbewegung.—Berlin: Borussia 1909. 31 S. 8°

Boelicke, Walter, Kritik der Frauenbewegung. 8°. Berlin, Borussia, 1910.

Walter **Boelicke**. Menschwerdung. Wege z. lebendigen Leben. Leipzig: Xenien-Verl. (1910). 155 S. 8° [11. 1910]

Bolik, Hermann, a. Ratibor: Die nachträgliche Änderung des Rangverhältnisses zwischen Hypotheken nach dem Bürgerl. Gesetzbuch. Berlin 1907: R. Trenkel. (91 S.) 8°
Erlangen, Jur. Fak., Ref. Sehling, Diss. v. 12. Sept. 1907
[Geb. 24. Juli 79 Ratibor; Wohnort: Berlin; Staatsangeh.: Preußen; Vorbildung: Gymn. Ratibor Reife O. 98; Studium: Breslau 2, Graz 1, Berlin 1, Königsberg 2 S.; Rig. 8. März 07.]

Bolin, Jh. Frz., (†...) neu aufgeführter Kirchhof, d. i. 130 Leichenreden. 4 Thle. 8. Konstanz 768—78.

Bolin, Ivan: Üb. d. Reindarstellg u. d. chem. Konstitution e. Oxydase, s.: Euler, H.

Bolin, Wilh., Pierre Bayle. Sein Leben u. seine Schriften. (111 S.) gr. 8. Stuttgart 905. F. Frommann. n. 2. —
Sonderausg. der Einleitg. aus: „Feuerbach's, L., Schriften."

— s.: Briefe, ausgewählte, von u. an Ludwig Feuerbach.

Bolin, Wilh., über Ludwig Feuerbach's Briefwechsel und Nachlass. Ursprüngl. für die „Deutsche Rundschau" verf. gr. 8. (47 S.) Helsingfors 877. (Leipzig, Brockhaus' Sortiment und Antiq.) *

Bolin, Wilhelm (Hrsg.): Ludwig Feuerbach, Werke, s.a. Feuerbach, Ludwig

Bolin, Wilh., Ludwig Feuerbach, sein Wirken u. seine Zeitgenossen. Mit Benutzg. ungedr. Materials dargestellt. gr. 8. (X, 353 S.) Stuttgart 891. J. G. Cotta Nachf. n. 6. —

Bolin, Wilh.: Ewiges Leben. Hauptinhalt d. Gedanken üb. Tod u. Unsterblichk. v. Ludwig Feuerbach. In freier Wiedergabe m. Einleitg. (4, 106) 8° Lpzg, W Engelmann '12. 1 —

— Spinoza, s.: Geisteshelden.

Bolinder, Erik Gunnar: Über die Strukturverhältnisse bei einer besonderen Klasse vollkommener Gruppen. Inaugural-Dissertation von Gunnar Bolinder. Uppsala 1909. 8°. 120 S.–
Diss. Uppsala phil.

Bolingbroke, Henry Saint John

— Hnr. St. John Vitzgraf u. Jak. Hervey; übersetzt v. J. G. Hamann. 8. Mietau 773. Hinz. 12 gr.

v. Bolingbroke, Hnr. St. John, Briefe über d. Erlern. u. Gebrauch d. Geschichte; aus d. Engl. (v. Chr. Gli. Bergmann). 2 Thle. 8. Leipz. 758. Eurich. 16 gr.

— Briefe über die Erlernung der Geschichte. Leipzig 764. 2 Theile. 8. 20 gr.

— Dies. von C. F. R. Vetterlin übers. 2 Thle. 8. Leipz. 794. (W. Vogel). 1 Rthlr.

— — dies. in engl. Spr. gr. 8. Basel, Turneysen.

— Briefe von d. Geiste d. Patriotismus etc. Aus d. Engl. v. Jh. Chr. Fischer. 8. Leipz. 764. Fischer. 8 gr.

— philosoph.-histor.-moral. Briefe, d. Staat v. England betreff. Aus d. Engl. 8. Erf. 762. Homeyer. 12 gr.

Bolingbroke's, Henr., Letters on the study and use of history. Basel 788. 8.

— geheime Nachr. von d. Engl. Angelegenheiten, von 1710—16. 8. Erlang. 756. Müller. 5 gr.

— Reise nach den Demerary, nebst e. Beschreib. d. Niederlassung daselbst; aus d. Engl. übersetzt, mit 1 Karte. gr. 8. Leipz. 812. Rein. 1 Rthlr. 8 gr.

— Remarks of the history of England. gr. 8. Basel 794. Tourneysen. 1 Rthlr.

— von d. Verbannung; aus d. Engl. v. Moritz, Prinz v. Isenburg. Mit 1 Titelkpf. 8. Berl. 779. Nicolai. 7 gr.

Bolis, Eug., Die formalen Stufen Zillers in ihrer Anwendg. b. d. Lectüre d. Cornelius Nepos in der 3. Classe d. österr. Gymnasiums. gr. 8. (29 S.) Eger 897. (J. Kobrtsch & Gschihay.) n.n. 1. —

Bolis, Eugen, Die formalen Stufen Zillers in ihrer Anwendung bei der Lecture des Cornelius Nepos in der dritten Classe des österreichischen Gymnasiums. Gr.-8. (29 S.) —.60
Eger: Kobrtsch & Gschihay 1898.

Boelitz, Martin

Boelitz, Mart., allen zur Freude. Deutsche Kinderlieder seit Goethe. Ausgewählt v. B. Mit Bildern v Adf. Jöhnssen, Carl Dotzler u. Carl Schmidt. (78 S.) Lex.-8. Nürnberg (906). E. Nister. Geb. n. 3. 50; 50 Melodien dazu. (16 S. m. Abbildgn.) — 50

Boelitz, Mart., frohe Ernte. Noch einmal Verse. (VII, 109 S.) 8. Minden 905. J. C. C. Bruns. n. 2. 25; geb. n. 2. 75

Boelitz, Mart., ausgewählte Gedichte. Mit 1 Bildnis des Dichters v. Ludw. Kühn. 1.—3. Taus. (136 S.) kl. 8. Leipzig 908. F. Eckardt. Kart. 3.—; geb. in Leinw. 4. —

— schöne alte Kinderlieder. Ein deutsches Hausbuch. Mit Bildern v. Adf. Jöhnssen. (78 S. m. Abbildgn. u. 4 Farbdr.) Lex.-8. Nürnberg (904.) E. Nister. Geb. n. 4. 50

— Schöne alte Kinderlieder. Ein deutsches Hausbuch. Mit Bildern v. Adf. Jöhnssen. (Volksausg.) (78 S. m. 4 Farbdr.) Lex. 8. Nürnberg (909). E. Nister. Geb. 2. 50

Boelitz, Mart., Lieder des Lebens. Neue Verse. 8. (XII, 161 S.) Dresden 900. E. Pierson. n. 2. —; geb. n. 3. —

— u. Hans **Deinhardt**: Lob d. Freude. Deut. Gedichte, ausgew. (314) kl8° Nürnbg, E Nister ('12). Pappbd 2 —; L 3 —; Ldr 5 — d

London. Soziale Gedichte von Martin **Boolitz**. (3. Aufl.) *Berlin-Eberswalde & Leipzig: S. Dyck [1901].* (42 S.) 8° [illegible]

— London. Soz. Gedichte. 1—3. [Umschl.-]Afl. (44) 8° Bersw. (01). Kref., GA Hohns Söhne. (?) (Lpzg, FE Fischer.) nn 1 — d

— London. Soziale Gedichte. 1.—3. (Umschlag-)Aufl. schmal gr. 8. (à 44 S.) Eberswalde (901). Verlag Jung-Deutschland. n. 1. —

— s.: Nister's illustrierte Jugend- u. Volksbücher.

Boelitz, Martin (Hrsg.), s. Stimmen der Gegenwart.

— Meister Lampe's lustige Streiche u. Abenteuer. Für die Jugend bearb. Mit Bildern v. Max Liebenwein. (70 S.) Lex.-8. Ebd. 904. Geb. in Leinw. n. 3. —

Boelitz, Mart., Aus Traum u. Leben. Gedichte. 8. (99 S.) Berlin 896. E. Ebering. n. 2. 50; geb. n. 3. 50

— Aus Traum u. Leben. Gedichte. 2. Afl. (93) 8° Kref., GA Hohns Söhne '02. (?) (Lpzg, FE Fischer.) 2 —; L. 2.50 d

Boelitz, Otto

— Schillers Gedichte, s.: Klassiker, die deutschen, erläutert u. gewürdigt. 31. u. 32. Bd.

Boelitz, Otto, a. Wesel: Kausalität und Notwendigkeit in Émile Boutroux' Lehre von der Kontingenz. Ein Beitrag zur Geschichte der Neuesten Französischen Philosophie. Leipzig 1907: Quelle & Meyer. (32 S.) 8° ¶ (Erschien vollständig in: Abhandlungen z. Philosophie u. ihrer Gesch. H. 3.)
Erlangen, Phil. Fak., Ref. Falckenberg, Diss. v. 15. Juli 1907
[Geb. 18. April 76 Wesel (Rheinprov.); Wohnort: Brüssel; Staatsangeh.: Preußen; Vorbildung: Gymn. Wesel Reife O. 96; Studium: Berlin 3, Halle 2, Bonn 3 S.; Rig. 13. Mai 07.]

Die Lehre vom Zufall bei Emile Boutroux. Ein Beitrag z. Geschichte d. neuesten franz. Philosophie von Dr. Otto **Boelitz**, Oberl. Leipzig: Quelle & Meyer 1907. (120 S.) 8°
— **Abhandlungen** z. Philosophie u. ihrer Geschichte. H. 3. [07. 1/90]

Bolivar, Simon, Denkwürdigkeiten, hrsg. v. sein. General-Adjut. Ducubray-Holstein; die Charakterschilderung u. Thaten d. Süd-Amerikan. Helden, d. geheime Gesch. d. Revolution in Colombia u. e. Sittengemälde d. Colomb. Volkes enthaltend, deutsch bearb. v. C. N. Röding. 2 Bde. gr. 12. Hamburg 830, Hoffmann u. Campe. [1. (14 B.) 1 Thlr. 12 Gr., 2. (8½ B.) 1 Thlr. 4 Gr.]

Bolivar's, ..., Denkwürdigkeiten, herausg. v. seinem General-Adjutanten Ducudray-Holstein. Deutsch bearb. von C. N. Röding. 1r, 2r Bd. gr. 12. Hamb. 830, 31. Hoffmann u. Campe. 2 Rthlr. 16 gr.

Bolivia [Schlagwort]

Bolivia. Idiáquez, Ed., mapa elemental de Bolivia. 1 : 3,400,000. 63 × 57 cm. Farbendr. La Paz 894. (Freiburg i/B., Herder.) n. 7. —

Bolivia. Meza, Luis Garcia, Mapa general de la Republica de Bolivia. (7. ed.) 1 : 2,500,000. 86,5×72 cm. Farbdr. Nebst Text. (16 S.) 8. Winterthur 908. Zürich, Kartograph. Union. Auf Leinw.-Pap. in Karton 12.—; erm. Pr. 8. —

Bolk, Karl: Lebensklänge. Gedichte. (97) 8° Dresd., E Pierson '09. 1.50; geb. n 2.50

Bolk, Louis, s.: Camper, Petrus.

Das Cerebellum der Säugetiere. Eine vergleichend anatom. Untersuchung von Prof. Dr. Louis **Bolk**. Mit 3 Taf. u. 183 Textfig. Haarlem: De erven F. Bohn; Jena: G. Fischer 1906. (337 S.) 4°(8°) [illegible]

Bölk, A., stat. Berechnung der Balkenbrücken e. Oeffnung m. durchbrochenen Wandungen. Mit 20 lith. Taf. u. 83 (eingedr.) Holzschn. gr. 8. (IX, 156 S.) Hannover 877. Rümpler. n. 6. —

Bolkay, Steph.: Die felsnische Puskaporos bei Hámor im Komitat Borsod u. ihre Fauna, s: Mitteilungen a. d. Jahrb. d. kgl. ungar. geolog. Reichsanst., Kadić.

Bolke, Geo., die Complementärflächen d. pseudosphärischen Rotationsflächen u. ihr Zusammenhang m. allgemeiner. pseudosphärisch. Flächen. Diss. gr. 8. (78 S. m. 1 lith. Taf.) Halle 901. (Leipzig, B. G. Teubner.) n. 2. —

Bölke, Anna, geb. Gissot, Beste Spangenberg. Erinnerungsblätter. 12. (IV, 64 S. m. 2 Abbildgn.) Wilmersdorf bei Berlin (Nassauischestr. 87) 900. Selbstverlag. n. — 60

Bölke, Ant., über Platons Beweise für die Unsterblichkeit der Seele. Berlin 868. (Calvary & Co.) gr. 8. (31 S.) n. 8 ngr

Bölke, A.: Ueber Platon's Beweise für die Unsterblichkeit der Seele. 38 S.
Progr. Fulda 1870.

Bölke, Hans: Die staatsrechtlichen Verhältnisse der Mark Brandenburg unter Ludwig dem Römer ‹1351—1365›. Ein Beitr. z. polit. Geschichte der Wittelsbacher in d. Mark Brandenburg. Halle a. S. 1910: (Riefenstahl, Berlin). 98 S. 8°
Halle, Phil. Diss. v. 12. April 1910, Ref. Lindner
[Geb. 5. Juni 84 Berlin; Wohnort: Berlin; Staatsangeh.: Preußen; Vorbildung: Sophien-Gymn. Berlin Reife O. 05; Studium: Berlin 3, München 2, Halle 3 S.; Rig. 9. Dez. 09.] [U 10. 1709

Boelke, K., Beiträge zur Geschichte der St. Katharinenkirche u. -Gemeinde zu Brandenburg a. H., s.: Schultz, S.

Bölke, O., die Dorf-Banditen, s.a. Erzählungen, wohlfeile interessante, 6. Bd.

Bölke, O., die Dorf-Banditen. Eine Criminalgeschichte. 8. (62 S.) Dresden 875. Lohse & Kadler. — 40

Bölke, Otto: Die Gesch. e. Flämingdorfes. Blönsdorf m. Mellnsdorf einst u. jetzt. Nach alten Urkdn u. Chroniken. (200 m. 13 Taf.) gr8° Zahna '12. (Wittenbg, P Wunschmann). 4 — d

Bolkenhain [Schlagwort]

Bolkenhain, Kreis, s.a. Kreiskarten.

Bolkenhain, Kreis. Entfernungskarte, amtliche, d. Kreises Bolkenhain. Auf Grund amtl. Unterlagen angefertigt im Katasteramte zu Bolkenhain, rev. im Katasterbureau d. königl. Regierg. zu Liegnitz. Hrsg. 1903. 1 : 75,000. 36,5×55 cm. Farbdr. Glogau. Berlin, C. Flemming. n. 1. 50

Bolkenius, Werner, aus Aachen: Ueber die Therapie des Empyems der Kieferhöhle. *Marburg 1898: F. Sömmering.* (35 S.) 8°
Erlangen, Med. Diss. v. [7. Juli] 1898

Bolkestein, Henr., De colonatu romano ejusque origine. Diss. (XV, 192 S.) Lex.-8. Amsterdam 906. S. L. van Looy. n. 4. —

Bolkmuth, P.

— Die Hermesische Wissenschaft nach geschichtlicher Ansicht gewürdigt. Erstes Heft. A. u. d. T.: Würdigung des Hermesischen Beweises für das Dasein Gottes. Bonn, Habicht, 1841. gr. 8°, 1 Mk.

Bolko der Löwe. Erzählung a. d. schles. Geschichte d. 13. u. 14. Jahrh. 8. (14 B.) Braunschweig 843, G. C. E. Meyer sen.

Bölkow, D., Bauführer: Der Neubau des Progymnasiums Ahrweiler-Neuenahr. Ahrweiler 1908: (Plachner). S. 3—4, 2 Taf. 4°
Ahrweiler-Neuenahr, PG P 1908 (554) [S. 08. 30

Bolkowska, Guta. Ueber die Erzeugung von spezifischen Stoffen im Blut von Versuchstieren mittelst Verfütterung von Bakterien und deren Extrakten. Diss. Phil. Bern. 50 S. 8. Bern, Ott & Bolliger, 1907.

Boll, d. Bestimmgn. betr. d. Zoll- u. Steuer-Niederlagen, Zoll-Erleichterungen u. Befreiungen im deutschen Zollgebiet. 2. Aufl. Berlin 889.

— und **Zippel**, die Branntweinsteuer-Gesetzgebung im Deutschen Reich. Die Gesetze und Verwaltungsvorschriften über die Besteuerung des Branntweins im Deutschen Reich, unter Beifügung der Formulare, sowie der Tafeln zur Berechnung der Branntweinsteuer, zusammengestellt und hrsg. gr. 8. (10, 293 S.) Berlin 887. (Leipzig, Gust. Weigel.) *
— — dass. — Nachtrag. gr. 8. (31 S.) Ebendas. 888. *

Boll's musikal. Haus- u. Familienkalender 1890—1893. Mit biograph., novellist. u. musikal. Beiträgen v. Alb. Träger, Ludw. Hartmann, Otto Girndt etc. 4. (à Jahrg. ca. 120 S. m. Illustr. u. 1 Kunstbeilage.) Berl., Boll. à Jahrg. * 1 —; geb. * 1 50
Jahrg. 1889 ersch. u. d. T.: Eulenburg's musikal. Haus- u. Familienkalender.

Boll's musikalischer Haus- u. Familienkalender 1891. Hrsg. v. Frz. Huldschinsky. Mit Beiträgen v. Carl Millöcker, Frz. v. Suppé, Carl Reinecke u. v. A. Lex.-8. (136 S. m. Abbildgn.) Berlin 890. Exped. v. Boll's musikal. Haus- u. Familienkalender. n. 1. —

Boll's musikalischer Haus- u. Familienkalender 1895. Mit biograph., novellist. u. musikal. Beiträgen v. Carmen Sylva, P. K. Rosegger, Ernst Pasqué u. A. m. 4. (112 S. m. Illustr.) Berlin, R. Boll. n. 1. —; geb. n. 1.50

Boll's musikal. Haus- u. Familienkalender 1896. Red.: E Boll. 4° (112 m. Abbildgn.) Berl., R Boll 1 —; geb. 1.50

Boll's musikal. Haus- u. Familienkalender 1898. (Jubiläums-Ausg.) M. biograph., novellist. u. musikal. Beiträgen. M. zahlr. Ill. erster Künstler. 10. Jahrg. 4. (104 S.) Berlin, R. Boll. 1. —; geb. 1. 50

Boll's musikalischer Haus- u. Familienkalender 1901. 13. Jahrg. 4. (108 S. m. Abbildgn.) Berlin, Boll & Pickardt. n. 1. —; geb. 1. 50
Erscheint nicht mehr.

Boll. Die Statistik d. Waarenverkehrs d. deutschen Zollgebiets m. dem Auslande. Das Gesetz v. 20. Juli 1879 m. den v. Bundesrath am 6. Dezbr. 1888 dazu erlassenen Ausführungsbestimmgn., dem v. 1. Juli 1888 ab gült. Verzeichniß d. Massengüter u. dem Hamburger Gesetz nebst Bekanntmachg. v. 12. Oktbr. 1888, die Deklarationen f. die Handels- u. Schiffahrtsstatistik d. Freihafengebiets betr., zusammengestellt u. hrsg. gr. 8. (V, 64 S.) Hamb. 889, Marquard u. Schering. * 1 50

Boll, die Statistik d. Waarenverkehrs d. deutschen Zollgebiets m. d. Auslande. Das Gesetz vom 20. Juli 1879 m. den vom Bundesrath am 6. Dezbr. 1888 dazu erlassenen Ausführungsbestimmungen, dem vom 1. Juli 1888 ab gült. Verzeichniß der Massengüter u. dem Hamburger Gesetz nebst Bekanntmachg. vom 12. Oktbr. 1888, die Deklarationen f. die Handels- u. Schiffahrtsstatistik d. Freihafengebiets betr., zusammengestellt u. hrsg. gr. 8. (V, 64 S.) Hamburg 889. Oberstedt & Schering. n. 1. 50

Boll, die Steuerfreiheit des Branntweins zu gewerblichen ꝛc. Zwecken. Das Gesetz nebst Regulativ über die Steuerfreiheit des Branntweins zu gewerbl. ꝛc. Zwecken in der von jetzt, bezw. vom 1. Jan. 1889 ab gült. Fassung mit den seitens der einzelnen deutschen Staaten erlassenen besonderen Bestimmungen unter Beifügung sämmtl. Formulare, zum Handgebrauch zusammengestellt und hrsg. gr. 8. (52 S.) Hamburg 888, Marquard und Schering. *

—— Zoll- u. Steuer-Niederlagen, Zoll-Erleichterungen u. Befreiungen im deutschen Zollgebiet. Die f. das Niederlage- u. Zollbegünstigungswesen in Betracht komm. gesetzl., reglementären u. sonst. Bestimmgn. m. den zugehör. Formularen, unter Beifügg. e. Anh., die Aufstellg. der statist. Nachweise im Niederlage- bezw. Zollbegünstigungsverkehr betr., zusammengestellt u. hrsg. 2. erweit. Aufl. gr. 8. (IV, 233 S.) Berl. 889, Selbstverlag, Steinmetzstr. 55, 1. * 3 —

Boll, **Ant., (†...) institutiones philosophiae universal. Prag 756.**

— institutiones philosophiae accommodatae usibus academicis. III Tom. 8. Prag 756, 57. Ed. alt. et correct. 760.

Boll, Bhrd. H., Erzbischof, Hirtenbrief an d. Gläubigen seines Kirchsprengels, beim Antritt seines apostol. Amts. 4. Frburg 827. Herder. 34 Kr

— Rede beim Antritt seines Pfarramts. 8. Frburg 800. Wagner. 1 Kr

— Trauerrede bei d. Todtenfeier Karl Friedrichs, Großh. v. Baden. 8. Frburg 811. Wagner. 2 Kr

Boll, E.F. (Hrsg.), s. M i s s i o n s - B l a t t des Rheinisch-Westphälischen Vereins für Israeliten.

Boll, Ernst, Abriß der physischen Geographie zunächst für den weiblichen Unterricht. 8. (VI u. 130 S.) Neubrandenburg 850, Brünslow. ½ ℛ

Boll, Ernst, Abriß der physischen Geographie für Schulen und zur Selbstbelehrung. 2. sehr verm. Aufl. Neubrandenburg 859. Brünslow. gr. 8. (X, 180 S.) n. 20 ngr

—— A b r i ß der meklenburgischen Landeskunde (Naturkunde, Geschichte und Topographie). gr. 8. (VIII und 403 S.) Wismar 861(62), Hinstorff'sche Hofbuchh. *

— siehe: **A r c h i v** des Vereins der Freunde der Naturgeschichte.

Boll, E, Beitr. z. Geognosie Meklenb. 1. Abth. 8. (100) Neubrand. 65, Brünslow. *n.* — 24. || 2. Abth. (104 m. 1 L.) 67. *n.* — 12

Boll, E., Beitrag zur Geognosie Meklenburgs, mit Berücksichtigung der Nachbarländer. II. Neubrandenburg *IV u. 104 p. mit 1 Steintafel.*
Schul-/Univ. Schrift 1867.

Boll, Ernst, Beitrag zur Kenntniß der silurischen **C e p h a l o p o d e n** im norddeutschen Diluvium und den anstehenden Lagern Schwedens. Mit 9 (lith.) Taf. Schwerin 857. Stiller in Comm. 8. (40 S.) n. 20 ngr

— Beitrag zur Kenntniss der Trilobiten, siehe: **P a l a e o n t o g r a p h i c a. I. Bd.**

Boll, Ernst, Beiträge zur Geognosie Meklenburgs, mit Berücksichtigung der Nachbarländer. 2 Abthlgn. [Aus dem Archiv des Vereins der Freunde der Naturgeschichte in Meklenburg.] Neubrandenburg 865, 67. Brünslow in Comm. gr. 8. (190 S.; IV, 104 S. u. 1 lith. Taf.) 1.: n. 24 *ngr*;
2.: n. 12 *ngr*

Boll, E. Die Brachiopoden der Kreideformation in Meklenburg. (Aus d. Archiv d. Ver. der Freunde d. Naturgesch. in Meklenburg.) Neubrandenburg. 1856. 8.
Schrauf, Katalog.

—— **F l o r a** von Meklenburg in geographischer, geschichtlicher, systematischer, statistischer ꝛc. Hinsicht geschildert. gr. 8. (IV und 404 S.) Neubrandenburg 860, Brünslow. *

Boll. E., 3. Nachtrag zur Flora von Mecklenburg Neubrandenburg 44 S.
Das Hauptwerk und Nachtrag 1—2. Neubrandenburg 1860/64. Hauptwerk IV u. 404 S. Nachtrag 1. 2. in dem Archiv für Landeskunde von Mecklenburg.
Schul-/Univ.-Schrift 1865.

— dritter Nachtrag zur Flora von Meklenburg. [Abdr. aus dem Archiv des Vereins der Freunde der Naturgeschichte. 18. Jahrg.] Neubrandenburg 865. Brünslow. 8. (44 S.) n. 5 *ngr*

Boll, E., Geognosie d. deutschen Ostseeländer zwischen Eider u. Oder. Unter Mitwirkung v. G. A. Brückner. gr. 8. (18¾ B. u. 2 Stnt.) Neubrandenburg 846, Brünslow. *

Boll, Ernst: Mecklenburg, Geschichte . . . Neu bearb., s. W i t t e, Hans

Boll, Ernst: Geschichte Mecklenburgs mit besonderer Berücksichtigung der Culturgeschichte. 2 Thle. gr8° (1. XII und 440 S. 2.: XIV und 764 S.) – Neubrandenburg 1855, 56. Brünslow. 5 Thle.

— G e s c h i c h t e Meklenburgs mit besonderer Berücksichtigung der Culturgeschichte. 2 Bde. Neubrandenburg 855, 56. (Stettin, Saunier.) gr. 8. (1 Bl., XIII, 440; 1 Bl., XIII, 764 S.) nn. 5 ℛ

— Dr. Friedrich v. Hagenow. Ein Nekrolog. [Abdr. aus d. Archiv d. Vereins d. Freunde d. Naturgeschichte in Meklenburg.] Neubrandenburg 865. (Greifswald, Scharff.) gr. 8. (39 S.) n. 10 *ngr*

—— Meklenburg. Eine naturgeschichtl. und geograph. Schilderung für Schulen und zum Selbstunterricht. gr. 8. (VIII und 128 S.) Neubrandenburg 847, Brünslow.

— die Insel R ü g e n. Reise-Erinnerungen. Schwerin 858. Bärensprung. 8. (IV, 200 S. u. 1 lith. Karte.) n. 22½ *ngr*

—— **d. Insel Rügen. 8. (200) Schwer. 58, (Stiller.)** *n.* — 22½

Boll, F., s.a. B o l l, Franz. Chr.

Boll, F., Beiträge zur Ueberlieferungsgeschichte der griechichen Astrologie und Astronomie. S.-A. 1899. 62 S. u. 1 Taf. 1.2

Boll, F. (II.), die häusliche Erziehung. Ein Wort zur Beherzigung für Eltern und deren Stellvertreter. 8. (91 S.) Bern 869, Dalp'sche Buchh.

Boll, F., Geschichte der christl. Kirche, für die reifere Jugend und zur häusl. Erbauung. Mit 1 chronolog. Zeittaf. gr. 8. Bern 839. Waldhard'sche Buchh. 1 ℛ

Boll, F., Geschichte des Landes Stargard bis zum J. 1471. Mit Urkunden und Regesten. 2 Thle. gr. 8. Neustrelitz, Barnewitz. [1. (XII und 402 S.) 846., 2. (402 S.) 847. à 2 Thlr.]

Boll, F., Handbuch zu der obligatorischen Kinderbibel für die reformirten deutschen Schulen des Kantons Bern. 3. Aufl. Mit Karten von Palästina. 8. Bern, J. Dalp'sche Buchh. (K. Schmid.) 5. —

Boll, F., Handbuch zu Rickli's großer Kinderbibel, zum Gebrauch der Lehrer. Neuer Bund. gr. 8. (VIII u. 269 S.) Bern 847. (Zürich, Schultheß.) 27 ngr

Boll, F. C., s. B o l l, Franz Chr.

Boll, Franz (Hrsg.), s. A n t i o c h u s : Das Kalendarium.

Boll, Franz (geb. Neu-Brandenburg 26. 2. 1849): Beiträge zur mikroskopischen Anatomie der acinösen Drüsen. Berlin (1869). (32 S.) 8°
Berlin, Med. Diss. v. 8. Okt. 1869

Boll, F, Beitr. z. mikroskop. Anat. d. acinösen Drüsen. 8. (31) Berl. 69, Hirschwald. *n.* — 6

— Beiträge zur vergleichenden Histiologie des Molluskentypus, s. Archiv für mikroskop. Anatomie.

Boll, Franc., s.: Catalogus codicum astrologorum graecorum.

Boll, F. (I.), Chronik der Vorderstadt Neubrandenburg. Nebst zwei Anhängen: Ueber die sogenannten Prilwitzer Idole im großherzogl. Alterthums-Cabinet zu Neustrelitz und Geschichte des Prämonstratenser-Klosters zu Broda. Hrsg. von Prof. Dr. Franz Boll. 5 Lfgn. gr. 8. Neubrandenburg 875, Brünslow. [1.—4. Lfg. (S. 1—272.) à Lfg. *M 1.; 5. Lfg. (XXII, S. 273—326.) * 50 Pf.] *

Boll, Franz [prakt. Arzt.]: Ueber den Einfluss der Temperatur auf den Leitungswiderstand und die Polarisation thierischer Theile .... Königsberg in Pr., Druck v. R. Leupold, 1887; 2 Bl. + 32 S. + 2 Bl. u. 1 Taf. 8°.
Königsberg, Med. Fak., Inaug.-Diss. v. 23. März 1887.

Boll, Frz., über den Einfluss der Temperatur auf den Leitungswiderstand und die Polarisation thierischer Theile. Inaugural-Dissertation. gr. 8. (32 S. mit 1 Taf.) Königsberg 887, (Koch.) *

Boll, F, d. häusl. Erziehg. 8. (91) Bern 69, Dalp. — 7½

Boll F. über elektrische Fische. (Sammlg wiss. Vort. 210) Berlin 1874

Boll, Frz., Ueber elektrische Fische. 8°. 39 S. Berlin, Lüderitz. 1875. M. —.75
(Samml. wiss. Vorträge 210.)

— die Histiologie u. Histiogenese der nervösen Centralorgane. Untersuchungen. Mit 2 (lith.) Taf. (in qu. 4.) [Aus „Archiv f. Psychiatrie u. Nervenkrankheiten."] gr. 8. (V, 138 S.) Berlin 873. A. Hirschwald. n. 4. —

Boll, Franz (Hrsg.), s. Griech. Kalender

Boll, Frz.: Griech. Kaldr. 1. Das Kalendarium d. Antiochos. 2. Der Kaldr. d. Quintilier u. d. Überlieferg. d. Geoponica, s. Sitzungsberichte d. Heidelb. Akad. d. Wiss.

Boll, Frz.: Griech. Liebeszauber a. Agypten auf 2 Bleitafeln d. Heidelberger archäolog. Instit., s.a. Sitzungsberichte d. Heidelb. Akad. d. Wiss.

Griechischer Liebeszauber aus Ägypten auf zwei Bleitafeln des Heidelberger Archäologischen Instituts. Von Franz Boll. Mit 2 Taf. Heidelberg: Winter 1910. 11 S. 8°
(Sitzungsberichte d. Heidelberger Akad. d. Wiss. Philos.-hist. Kl. Jg. 1910, Abh. 2.)
[10. 8499

Boll, Frz., das Princip des Wachsthums. Eine anatomische Untersuchung. gr. 8. (84 S. mit 1 Kpfrt. in qu. Fol. und 3 eingedr. Holzschn.) Berlin 876, Hirschwald. *

Boll, Franz *Johannes*: Claudius Ptolemäus als Philosoph ... [Erschien vollst. u. d. T.: Studien über Claud. Ptolem. E. Beitr. z. Gesch. d. griech. Philos. u. Astrol. ... in: Jahrb. f. class. Philol., Suppl.-Bd 21.] Leipzig, Druck v. B. G. Teubner, 1894; 2 Bl., 51—111 S., 1 Bl. 8.
München, Phil. Fak., Inaug.-Diss. v. 1894

— Reflexe astrolog. Keilinschr. bei griech. Schriftstellern, s: Sitzungsberichte d. Heidelberger Akad. d. Wiss., Bezold.

Sphaera. Neue griech. Texte u. Untersuchungen z. Gesch. d. Sternbilder von Franz Boll. Mit e. Beitrag von Karl Dyroff, 6 Taf. u. 19 Abb. *Leipzig: B. G. Teubner 1903.* (XII, 564 S.) 8° [03. 19[illegible]

Boll, Frz., Studien üb. Claudius Ptolemäus. Ein Beitrag zur Geschichte der griech. Philosophie u. Astrologie. [Aus: „Jahrbb. f. class. Philol.", 21. Suppl.-Bd.] gr. 8. (198 S.) Leipzig 894. B. G. Teubner. n. 6. 60

Boll, Franz (Hrsg.), s. Traube, Ludwig: Vorlesungen ...

Boll, Frz., über die Verlegung des Bisthumes von Mekklenburg nach Schwerin, ein Sendschreiben an Herrn Archivrath Masch, Pastor zu Demern. gr. 8. (16 S.) Neubrandenburg 864, Krüger. *

Boll, Franz Chr.

Boll, Frz. Chr., († d. 12. Febr. 1818.) Beherzigungen e. Wahrheiten aus d. Gebiete d. Pädagogik. 8. Neustrel. 860. Albanus. 12 gr

— s. Beurtheilung d. Schrift d. Präp. Schmidt.

— Gedächtnißpredigt auf Se. Königl. Hoh., den am 6. Septbr. 1860 zum bessern Leben vollendeten Großherzog u. Herrn, Hrn. Georg Friedrich Karl Joseph, Großherzog v. Mecklenburg, gehalten zu Neubrandenburg am 16. Septbr. 1860. Neubrandenburg, (Brünslow & Blauert.) gr. 8. (16 S.) nn. 2⅓ ngr.

— letzte Predigt. gr. 8. Rostock 818. Stiller. 4 gr

Boll, Frz. Chr., Predigten über Luthers Leben u. Wirken. gr. 8. Rostock 817, Stiller. 1 rß 12 gr

Boll, F. C., Predigten über Luthers Leben und Wirken. gr. 8. Rostock, Stiller. 818.

— s.: Traube, Ludw., Vorlesungen u. Abhandlungen.

— vom Verfalle der Religiosität. 1r Thl. 8. Ebend. 809.

Boll, F. C., von d. Verfall u. d. Wiederherstellung d. Religiosität mit bes. Hinsicht auf d. protestantische Deutschland. 2r Thl. 8. Neustrelitz, Albanus. 810.

— von d. Verfalle u. d. Wiederherstellung d. Religiosität. 2 Thle. 8. Neustrel. 809, 10. Dümmler in Neubrandenb. 1 rß 16 gr

Boll, Frz. Chrn., über die Verlegung des Bisthumes von Meklenburg nach Schwerin, ein Sendschreiben an Herrn Archivrath Masch, Pastor zu Demern. Neubrandenburg 864. Krüger. gr. 8. (16 S.) n. 2⅓ ngr.

Boll, F[riedrich]. Geschichte der christlichen Kirche für die reifere Jugend und zur häuslichen Erbauung. Mit einer chronologischen Zeittafel. 8. Bern 1839.

Boll, Fried[rich]. Aus dem Leben von Joh[ann] Fried. B', gewes. Pfarrer und Seminardirektor in Hindelbank. Von ihm selbst niedergeschrieben. 8. Bern 1870.

Boll, Hermann Ueber bedenkliche Erscheinungen in der deutschen Sprache der Gegenwart. Erster Teil. 4 (S. 3 –17).
Progr. Prg. *Brühl* 1887

Boll, Herm., über bedenkliche Erscheinungen in der deutschen Sprache der Gegenwart. 1. Tl. gr. 4. (17 S.) Leipzig 888, (Fock.) *

—— Kaiser Wilhelms des Großen Heimgang zu Gott. Hundert Kundgebungen der Trauer aus allen Welttheilen. Gedenkblätter für das deutsche Volk. 8. (72 S.) Berlin 888, H. Spamer. *

Boll, Herm., 430 deutsche Vornamen, als Mahnruf für das deutsche Volk zusammengestellt. Leipzig 1888. 8.

— 430 deutsche Vornamen, als Mahnruf f. das deutsche Volk zusammengestellt. 8. (22 S.) Ebd. 889. n. — 50

Boll, J.: Messopfer ..., s. Boll, Josef Alphons

Boll, J., Verzeichniss der Phanerogamen- u. Kryptogamen-Flora von Bremgarten, dem untern Freiamt, Hallwilersee, Limmatthal u. den angrenzenden Theilen des Kantons Zürich. Aarau 869. Christen. 8. (VIII, 127 S.) n. 14 ngr.

Boll, Joh. Ev., Christus mein Leben. (Phil. 1, 21.) Katholisches Gebetbuch. Mit (1) Stahlst. 855. — 2. verb. Aufl. Mit 1 Stahlst. Regensburg 856. Manz. 32. (XVI, 400 S.) 18 ngr

Boll, Jos. Alphons: Goldmünzen f. e. glückl. Hausstand. (7, 102 u. 8 perforierte Bl. m. Titelbild.) 16° FreiburgB., Caritas-Verl. ('12). — 80 (Pp.) d

— u. C v. Schneider: Kinderbeicht durch Bilder leicht. Hilfsmittel z. Erteilg d. Beichtunterr. 1. u. 2. Afl. (17 m. Abb.) kl8° Ebd. ('08.'09). — 25

— u. C. v. Schneider, Kinderbeicht durch Bilder leicht. Ein Hilfsmittel zur Erteilg. des Beichtunterrichts. Ein Andenken an den Empfang des hl. Bussakraments. 2. Aufl. (I, 17 S.) kl. 8. Ebd. (909). — 25

— u. C v. Schneider: Kinderbeicht durch Bilder leicht. Hilfsmittel z. Erteilg d. Beichtunterr. 3. Afl. (17) kl8° Ebd. ('11). — 25 (Pp.)

Boll, Jos. Alphons: Die hl. kathol. Kirche in Zeit u. in Ewigkeit. (Eine bildl. Darstellg als Anschaugsmittel f. d. Unterr.) (1 farb. Bl. auf Karton m. Text auf d. Rücks.) kl8° Donauesch., O Mory ('09). — 10

— Das katholische Kirchenjahr. (Eine schematisch-symbol. Darstellg. als Anschauungsmittel f. den Unterricht.) 6.—12. Aufl. (2 farb. S. auf Karton.) kl. 8. Ebd. (907—10.) — 10

— Das kathol. Kirchenjahr. (Schemat.-symbol. Darstellg als Anschaugsmittel f. d. Unterr.) 14. Afl. (2 farb. S. auf Karton.) kl8° Donauesch., O Mory ('11). — 10 (Pp.)

Boll, J., das hl. Messopfer. (Eine bildl. Darstellg. als Anschauungsmittel f. den Unterricht.) 1.—3. Aufl. (à 1 Bl.) kl. 8. Donaueschingen (906). O. Mory. n. — 10

— Das hl. Messopfer. Eine bild. Darstellg. als Anschauungsmittel f. den Unterricht.) 4.—14. Aufl. (1 farb. Bl. auf Karton.) kl. 8. Ebd. (907—10.) — 10

— Das hl. Messopfer. (Bildg Darstellg als Anschaugsmittel f. d. Unterr.) 15. Afl. (1 farb. Bl. auf Karton.) kl8° Ebd. ('10). — 10

— Das Vaterunser. (Eine bildl. Darstellg. als Anschauungsmittel f. den Unterricht.) (1 farb. Bl. auf Karton u. Text auf d. Rückseite.) kl. 8. Ebd. (909). — 10

Boll, Léon, Weinbau u. Weinhandel Hand in Hand. E. zeitgemäss. Beitrag z. Förderg. v. allgem. Interessen. gr. 8. (83 S.) Strassburg 898. W. Heinrich. n. 1. 20

Boll, Léon: Weine und Rebgelände im Elsass. Ill. von H. Loux. Strassburg 1900: Elsässische Dr. 35 S.– Bibliotheque de Haguenau.

Boll, Paul: Derivate d. Strychninsulfosäure I u. Oxydation d. Bromstrychnins. (Diss.) (54) gr8° Berl., EEbering '11. nn1.30

Die Sprache der altenglischen Glossen im Ms. Harley 3376 von Dr. Paul Boll. Über Erhaltung des altenglischen kurzen u. langen œ-Lautes im Mittelenglischen mit e. Untersuchung über das aus altengl. eo, ēo entstandene kurze u. lange mittelengl. œ von Karl Daniel Bülbring. *Bonn: P. Hanstein 1904.* (VI, 140 S.) 8°
= Beiträge, Bonner, z. Anglistik. H. 15. [04. 944] 8

Boll, Paul, aus Elberfeld: Die Sprache der altenglischen Glossen im Ms. Harley 3376. T. 1: Die ältesten Lautveränderungen. *Halle a. d. S. 1904: E. Karras.* (30 S.) 8°
Bonn, Phil. Diss. v. 20. Jan. 1904

Böll, ..., weicht d. deutsche Sprache d. französischen im Wohlklange? 8. Jena (u. Leipz.) 787. Voigt. 2 K

Boell, Adolf. Kurze Geschichte des Klosters und der Wallfahrt zu Maria Stein. Bearb... von A' B', Weltpriester. [Mit 3 Tafeln.] 8. Einsiedeln 1871.

Boell, B.: Bauernkrieg . . . , s. Boell, Balthasar

Böll, B. F.: Journal d. Gesetzgebung . . . , s. Böll, Friedrich Philipp Karl

Böll, B. F., Sappho u. Phaon, e. Gemälde aus d. 42sten Olympiade. 8. Frankf. a. M. 785. Eßlinger. (Schäfer). 10 K

Boell, Balthasar, der Bauernkrieg um Weißenburg Anno 1525. Nach e. bei dem Brande der Straßburger Bibliothek im J. 1870 zu Grunde gegangenen Mscr. Hrsg. v. Freunden der einheim. Geschichte im Kreise Weißenburg. gr. 8. (130 S.) Weißenburg 873. Wentzel. n. 1. 40

Böll, C.: Grunds. d. i. Deutschl. . . , s. Böll, Friedrich Philipp Karl

Böll, F. P., Plan zu ein. neuen Art, d. Rechte brauchbar zu lehren. 8. Frankf. Brönner, auch Hermann. 778.

Boell, Friedrich Philipp Carl

Böll, Fr. Ph. Karl, († d. 1. Juli 1787.) Abhandl. von d. jurist. Casuistik. 8. Erlang. 779.

— Bemerkk. über den ersten Theil d. österr. allgem. Gesetzbuches. gr. 8. Wien 787. Trattner. 3 K

— s.a. Grundsätze d. in Deutschl. gelt. Rechts.

Böll, C., Grunds. d. in Deutschl. geltend. Rechte. 8. Erlangen. Palm. 780.

Boell, Friedr. Philipp Karl (Hrsg.), s.a. Journal der Gesetzgebung des 18. Jahrhunderts.

— Journal d. Gesetzgebung d. 18. Jahrh. 1s Stck. 8. Ansb. 786. (Lübeck in Bayr.) 4 K

Boell, Friedrich Philipp Karl (Herausgeber): „Journal der Gesetzgebung des 18. Jahrhunderts", 1. (einziges) Stück, Frankfurt und Leipzig 1786. — Vorh.: Preußische Staatsbibliothek Berlin. — Signatur: Gv. 359.

Böll, B. F., Journal d. Gesetzgeb. des achtzehnt. Jahrh. 8. Bayr. Lübeck. 787.

— Plan zu e. neuen Art, d. Rechte brauchbar zu lehren. 8. Frkf. a. M. 778. Brönner; a. Hermann. 8 K

— s. Praxis d. Rechts.

— Processus Germaniae civilis communis theoria in usum praelectionum. 8. Erlang. 780. Palm. 6 K

Boell, Fr. Ph. C.: Processus Germaniae civilis communis theoria. *Erlang.*, 781. 8.

— die Ritterschule in uniformem Gewande. 8. Leipz. 786. (W. Vogel). 2 K

— Sendschreiben über d. Zustand d. Rechtsgelehrsamkeit in Göttingen, als Zusatz z. Pütters Beschreib. v. Göttingen. gr. 8. Frankf. a. M. 775. Garbe. 4 K

— von d. Staatsbordellen. 1s Stck. 8. Ansb. 786.

— s.a. Universitätswesen.

UNIVERSITATSWESEN, Das, in Briefen (von *Friedr. Philipp Carl Böll*). O. O. (Erlangen) 1782. 8°. 112 S.
Magaz. d. Buch- u. Kunst-Handels. Jahrg. 1782. (Lpz.) S. 840; das Anon.-Lex. IV. p. 255 (nach Kayser u. Meusel) nennt den Druckort.

— Vorlesungen über das Recht d. Natur nach Achenwalls Grundsätzen. 8. 2 Thle. Erlang. 780.

Boell, Joh. Kasp., Erfahrungen u. Ansichten d. Lebens. I. gr. 8. (230 S.) Weißenburg 870. Wentzel. 3. —

Bolla: Gott nach menschlichem Gefühle. 50 S. 8°. (ital.) Progr. Capodistria 1867.

Bolla, Arnaldo, di Castro: Le norme transitorie generali del codice civile svizzero (L'irretroattività e la retroattività della legge nel Codice civile svizzero). Bellinzona 1909. 82 S. 8°.
Bern. Jur. Diss. 1908/09.

Bolla, Johann Baptist

Bolla, Jh. Bapt., griechische Alterthümer. 8. Wien u. Leipz. 773. Jahn. 4 ℛ

Bolla, J. Bapt., griech. Alterthümer. 8. Leipz. Jahn. 1775.

Bolla, J. B., Beschreibung der antiken Statuen zu Rom, in Briefen. Erster Brief. Wien 782. 8. 2 gr. Mehr ist nicht erschienen.

— Beschreib. d. antiqu. Statüen zu Rom. 8. Wien, Camesina. 782.

— Beschreib. d. antiquar. Statüen zu Rom. 8. Wien 782. (Heubner). 2 ℛ

— Geschichte von Griechenland u. d. 283sten bis z. 292sten Olympiade. gr. 8. Basel 783. Schweighäuser. 9 ℛ

— Epicuri Hortus. 8. Wien, Tendler. 798.

— Epicuri hortus. 8. Wien 798. Trattner. 3 ℛ

Lieder von Johann Baptist Bolla. Wien und Leipzig, 1774. 8°.
Fehlt bei G.

— Rede von d. Schönheit d. griech. Literatur. gr. 4. Wien, Camesina. 771.

Bolla, J. B., Rede von der Schönheit der Griechischen Litteratur. Wien 777. 4. 6 gr.

— Rede von d. Schönheit u. d. Nutzen d. griech. Literatur. gr. 4. Wien 771. (Heubner). 6 ℛ

Bolla, J. B., Rede über die Schönheit und den Nutzen der griechischen Sprache. Wien 777. 4.

Bolla, M., primae lineae historiae universalis in usum studiosae juventutis Claudiopolitanae. Ed. IV. continuata usque ad ann. 1830. III Voll. 8maj. Pesth 830. (Wien, Volke). 3 ℛ 8 ℛ

Bolla, Mich., über die einheitliche Pflege der Hydrographie der Verbandsländer, s.: Lauda, Ernst.

Bollacher, Max: Die Mastaba d. Gem-Ni-Kai, s: Bissing, Frdr. Wilh. Frhr v.

Léon Bollack. Kurze Grammatik der Blauen Sprache – Bolak –. Prakt. internat. Sprache. Deutsche Bearbeitung von André Lévy-Picard. *Paris: Verl. d. Blauen Sprache 1900.* (IV, 63 S.) 8° [illegible] 5

Bollack, Lucian, aus Strassburg i. E.: Ueber Wesen und Aetiologie von Akne und Comedo. *Strassburg i. E. 1900: C. & J. Goeller.* (44 S.) 8°
Strassburg, Med. Diss. v. 1900

Bollag, Carl [von Zürich]: Die Grenzen der strafbaren Nötigung. Zürich 1900. X, 194 S. 8°.
Zürich. Jur. Diss. 1899/1900.

Bollag, Markus, Blumen u. Herzen. Alemannische Gedichte. (VIII, 72 S.) 8. Zürich 909. E. Speidel. 2.—

— Der Herzog in der Karlsakademie. Eine Szene aus Schillers Jugendzeit. (47 S.) 8. Zürich 910. Müller & Werder. 1.—

— Benjamin Kahn, die Seele des Geschäfts. Schwank in 1 Akt. (59 S.) 8. Zürich (907). Art. Institut Orell Füßli. 1.—

— D'Wally vom Lindehof. Allemann. Bauernkomödie in 4 Akten. (66 S.) 8. Aarau 909. H. R. Sauerländer & Co. 1.20

Bollag, Markus, 's Wunderrösli. Alemannisch-ländl. Charakterbild m. Gesang in 4 Akten. 8. (77 S.) Aarau 902. H. R. Sauerländer & Co. n. 1.—

Bollag, Max [prakt. Arzt in Liestal]: Über den Einfluss der Witterung auf Morbidität und Mortalität der Diphtherie in Basel 1875—1894. (Sep.-Abdr. aus „Zeitschrift für schweizerische Statistik". 35. Jahrgang 2. Heft.) Bern 1899. 25 S. 12 Tab. 1 Taf. 4°.
Basel. Med. Diss. 1898/99.

Bollag, Max. Zum Kampfe gegen die Lungenschwindsucht! Gemeinverständliche Abhandlung für Gesunde und Kranke. Mit 20 in den Text gedruckten Abbildungen. 48 S. 8. Liestal. Suter & Cie., 1904. [fr. 1.—]

Bollag, Max. Zum Kampfe gegen die Lungenschwindsucht! Gemeinverständliche Abhandlung für Gesunde und Kranke. Mit 18 in den Text gedruckten Abbildungen. 3. u. 5. Aufl. *je* 48 S. 8. Liestal, Suter & Cie., 1905. [*je* fr. 1.—]
3. Aufl. 11.—20. Tausend. (Vorwort: Januar 1905.)
5. Aufl. 31.—40. Tausend. (Vorwort zur 3. bis 5. Aufl.: Januar, Februar und März 1905.)
1. Aufl. (Vorwort: April 1904.) 1904 s. *Bulletin 1904, S. 150:*
— (Vorwort zur 2. Aufl.: September 1904.)

Bollag, Max. Zum Kampfe gegen die Lungenschwindsucht! Gemeinverständliche Abhandlung für Gesunde und Kranke. Mit 17 in den Text gedruckten Abbildungen. 8. Basel, Georg & Cie. [fr. —.80]
6. Aufl. 41.—50. Tausend. 48 S. 1906.
7. [unveränderte] Aufl. 51.—55. Tausend. 48 S. 1906.

Bollag, Max. Zum Kampfe gegen die Lungenschwindsucht! Gemeinverständliche Abhandlung für Gesunde und Kranke. Mit 17 in den Text gedruckten Abbildungen. 8. [unveränderte] Aufl. 56.—60. Tausend. 48 S. 8. Basel, Georg & Cie., 1906. [fr. —.80]

Bollag, Max. Zum Kampfe gegen die Lungenschwindsucht! Gemeinverständliche Abhandlung für Gesunde und Kranke. Mit 17 in den Text gedruckten Abbildungen. 11. Aufl. 71.—75. Tausend. 48 S. 8. Basel, Georg & Cie., 1909. [fr. —.80]

Bollag, Max. Die Verbreitung der Lungentuberkulose im Kanton Basellandschaft. [Mit 1 graphischen Tabelle.] Separatabdruck aus der «Zeitschrift für schweiz. Statistik», Jahrg. [43,] 1907 [Band 1, Liefg. 2]. 34 S. 8. Bern, Stämpfli & Cie., 1907.

Bollag, Samuel, Dr. Ueber Mediastinaltumoren im Kindesalter. Mit 3 photolith. Tafeln. Inaugural-Dissertation zur Erlangung der mediz. Doctorwürde. Gr. in-8°. 54 S. Brugg, Fisch Wild & Co. 1887

Bollag, Sigmund. Beitrag zur Kenntnis der Idiopathischen diffusen Hautatrophie. Diss. Med. Univ. Zürich. *Kopftitel:* Aus der Praxis von Dr. E[rnst] Heuss, Privatdocent in Zürich. 28 S. 8. Aarau. H. R. Sauerländer & Co., 1907.

Bolland, A., mikrochemische Studien. (80 S. m. 1 Taf.) gr. 8. Wien 908. (A. Hölder.) — 95
Sonderabdruck aus „Sitzungsber. d. k. Akad. d. Wiss."

Bolland, Gerhard Johannes Petrus Joseph, s. Georg Wilh. Friedr. Hegel's Encyklopädie

Alte Vernunft und neuer Verstand, oder Der Unterschied im Princip zwischen Hegel u. E. v. Hartmann. Ein Versuch z. Anregung neuer Hegelstudien von G. J. P. J. Bolland, Prof., Leiden. *Leiden: A. H. Adriani 1902.* (84 S.) 8° [illegible]

Bolland, G. J. P. J., alte Vernunft u. neuer Verstand od. der Unterschied im Princip zwischen Hegel u. E. v. Hartmann. Ein Versuch zur Anregg. neuer Hegelstudien. gr. 8. (84 S.) Leiden 902. (Amsterdam, J. Müller.) n. 1.80

Bolland, G. J. P. J., D. althellen. Wortbetonung i. Lichte d. Geschichte. E. Beitrag z. Klarstellg. d. griech. Sprachfrage. 2., verb. Druck. gr. 8. (101 S.) Leiden 897. (Amsterdam, J. Müller.) n. 2. 50

Bolland, Gustav Adolf

Dat Footbad oder: Wat to veel is, is to veel van Gustav Adolf ut Elm, M. d. gr. R. v. W. [d. i. Gustav Adolf **Bolland**]. o. O. [um 1906]. (4 Bl.) 8° [F.] [07. 11330 9

Bolland, Willi, s.: Well Bey Bolland.

Bollati di Saint Pierre, Eugenio: Nauticae res. (Hrsg. v. d. „Rivista nautica", Rom.) Übers. v. E Winkler. (75) gr8° Pola, (Schrinner) '11. 1.80

Bollay, H. E. F.

— Bemerkk. zu d. Pfandgesetze Würtemb., s. Pfandgesetze.

Bollay, (H. E. F.) Entwurf e. Amtsinstruction f. d. Gerichtsnotarien im Königr. Würtemberg. Mit Motiven. gr. 8. Stuttgart 821, Steinkopf.

Bollbrügge, C. F. W., das Landvolk im Großherzogth. Mecklenburg-Schwerin. Eine statist.-cameralist. Abhandl. üb. d. Zustand u. d. Verhältnisse d. ländl. Bevölkerung bäuerl. Standes in Mecklenburg u. üb. d. Mittel, d. Wohlstand ders. zu sichern u. zu erhöhen. gr. 8. (19¾ B.) Güstrow 835, (Opitz u. Comp.) *

Böllcher, K. (Red.), s. Reichslaterne, Deutsche.

Bolle: Anleitung ..., s. Bolle, Meinolph

Bolle: Apuleius ..., s. Bolle, Ludwig

Bolle, Geschichte des preussischen Staats. Ein Leitfaden zur sicheren u. schnellen Erlerng. aller Namen, Zahlen u. Thatsachen der preuss. Geschichte. 14 Lektionen. Orig.-Methode. gr. 8. (53 S.) Berlin (902). Hilfsverein deutscher Lehrer. n. — 50

Bolle, deutsche Uebungsstücke im Anschluss an Wellers Lesebuch aus Herodot. 8. (VI, 92 S.) Hildburghausen 891. Kesselring. n. — 80

Bolle, A.

[F. u. Ant.] So sollt ihr Wunden heilen! Fort mit Carbol, Salicil, Sublimat, Eis, wodurch d. meisten Blutvergiftgn herbeigeführt werden. Der antiseptische Verband mittels reiner Watte, m. Angabe der Mittel u. d. Verbandmaterials nebst dazu gehör. Zeichngn, zuerst erfunden u. in Anwendg gebr. i. J. 1852 v. Dr. med. (A.) **Bolle**, Weil. pr. ... Arzte in Aachen. *Aachen: Cremer 1898.* (XII, 105 S.) 1 Bd 8. [98. 3676

Bolle, Alwin. Über den Lecithingehalt des Knochenmarks von Mensch und Haustieren. Aus der biochemischen Abteilung des Instituts für experimentelle Therapie der Düsseldorfer Akademie für praktische Medizin.... Diss. Vet.-Med. Bern. 26 S. 8. Berlin, Julius Springer, 1910.

Bolle, Ant., meine Pilger-Reise nach dem hl. Lande. gr. 8. (64 S.) Crefeld 893. (Hoffmann & van Acken.) n. — 50

Bolle, Arnold. Das interkantonale Recht. Die völkerrechtlichen Beziehungen der Kantone der Eidgenossenschaft unter sich. Diss. Staatsw. Univ. Zürich. XII + 207 S. 8. La Chaux-de-Fonds, Impr. du National Suisse, 1907.
Ed. A: Umschlag = Titel.
Ed. B: Umschlag ohne Bezeichnung als Diss.

Bolle, A, Das interkantonale Recht. Die völkerrechtlichen Beziehungen der Kantone der Eidgenossenschaft unter sich. Diss. Staatsw. Univ. Zürich. XII + 207 S. 8. La Chaux-de-Fonds '07, Impr. du National Suisse. 1908.

Bolle, B., lasset uns beten! Wechselgebete zum Gebrauche beim gemeinschaftl. Gottesdienste der Kinder u. in Familien. 16. (208 S.) Münster i/W. 890. Alphonsus-Buchhandlg. Kart. n. — 40; geb. n. — 45

Bolle, Bernhard, appr. Arzt: Aus d. Städt. Krankenh. Gitschinerstr. 104/105, Berlin. ⟨Leitender Arzt: Bleichröder.⟩ Beitrag zur Kenntnis der Viskosität des Blutes, des Serums und des Plasmas. Berlin 1909: G. Schade. 29 S. 8°
Berlin, Med. Diss. v. 3. Dez. 1909, Ref. His
[Geb. 22. April 83 Niedermarsberg; Wohnort: Niedermarsberg; Staatsangeh.: Preußen; Vorbildung: Gymn. Brilon Reife O. 04; Studium: Straßburg 2, Berlin 8 S.; Coll. 29. Nov. 09; Approb. 30. Juni 09.] [U 10. 20

Bolle, C., s.a. Seemann, Berth.

Bolle, C. (Hrsg.), s. Garten, Deutscher.

Bolle, C., u. L. Wittmack, deutsche *Gartenkunst.* Wissenschaft u. Praxis. Mit 20 prächt. Farbendrucktaf. u. 75 Hlzschn. Wien 1881. Lex.-8°. Eleg. Hlwdb.
XII—611 S.

Bolle, C.: Die Wirbeltiere ..., s. Friedel, E.

Bolle, Carl: Die **Erfolge** der Radikaloperation der Encephalocele. *Berlin (1898): G. Schade.* (32 S. mit Taf.) 8°
Berlin, Med. Diss. v. 29. Apr. 1898

Bolle, Carl (Hrsg.): Deutsche Kinderreime, s. Drosihn, Friedrich

Bolle, Carl, die Kosmier. Erzählungen aus der kommunist. Weltepoche. I. Jaúsos Gruß. gr. 8. (447 S.) Bern 898. [C. Sturzenegger.] Scheitlin, Spring & Co. n. 4. —

Bolle, C. Die Kosmier. Erzählungen aus der kommunist. Weltepoche. I. Jaúso's Gruss. Gr. 8°. 447 S. Bern, Steiger & Cie. 1899 4 —

Bolle, Car. (geb. Berlin 1821): De vegetatione Alpina in Germania extra Alpes obvia. Berolini (1846). (50 S.) 8°
Berlin, Med. Diss. v. 11. Juli 1846

Bolle, *Karl*, in Berlin. · Berlin 21. Nov. 1821.
—— De vegetatione alpina in Germania extra Alpes obvia. D. Berolini, typ. Schade. 1846. 8. 50 p.
Cat. of sc. Papers I. 466—467.

Bollé, Erwin, aus Magdeburg: *Zur* **Kenntniss** des electrischen Leitvermögens von Glas und Bergkrystall. *Berlin (1900): A. Lüdtke.* (38 S.) 8°
Berlin, Phil. Diss. v. 7. Juli 1000

Bollé, Frz., über d. militär. Strafverfahren nach baierischem Rechte. gr. 8. Würzb. 831. Strecker. 6 K

Bolle G. Unsere Kolonien. Roman in drei Büchern. 8. (355 S.) Berl. 890, Fontane u. Comp. * 3 —

Bolle, G.: Die Kosmier, s. Bolle, Carl

Bolle, G., Lassalline. Schauspiel in 3 Akten. 1. u. 2. Aufl. 8. (83 S.) Berlin 894. F. Fontane & Co. n. — 50

Bolle, G., der Schleier der Maja. Freie Dichtg. gr. 8. (365 S.) Konstantinopel 883. Lorentz & Keil. n. 6. 50; geb. n. 7. 50; m. Goldschn. n. 8. —

Bolle, G.: Sozial. Eine Erzählung aus dem Staate der Socialdemokratie. 8°. – Berlin, Jul. W. Braun. 1891.

Bolle, Gustav

Bolle, Gust., sein Verhältnis. Roman. 8. (141 S.) Berlin 900. (H. Golde.) n. 1. —

Sein Verhältnis. Roman von Gustav **Bolle**. *Berlin; Minden 1900: Leonardy & Co.* (141 S.) 8° [F.] [00. 9335

Bolle, Johann

Bolle, Joh., ausführliche Anleitung zur rationellen Aufzucht der Seidenraupe. Neu bearb. v. F. A. Mewis. gr. 8. (48 S.) Berlin 893. A. Gramsch. n. 1. 50

Bolle, Joh., auf welche Weise kann der Coconshandel in Ländern m. weniger intensiv betriebener Seidenzucht gehoben werden? (Internationaler land- u. forstwirthschaftl. Congress zu Wien 1890, 73. Hft.) gr. 8. (4 S.) Wien 890. (Frick.) n. — 40

Bolle, Johann: Die Mittel zur Bekämpfung der Reblaus (Phylloxera vastatrix). – Triest: Lloyd 1882. 22 S.–

Bolle, J. Der Seidenbau in Japan. Budapest, Wien und Leipzig 1898

Bolle, Joh., Der Seidenbau in Japan. Nebst e. Anh. v. dems. Verf.: Die Gelb- od. Fettsucht d. Seidenraupe, e. parasitäre Krankheit. Veröffentl. i. Auftr. d. kön. ung. Ackerbau-Ministeriums. Lex.-8. (IX, 141 S. m. 47 Ill.) Wien 898. A. Hartleben. n. 3. —

— welche Vorkehrungen wären zu treffen, um die Einschleppung u. Verbreitung der in Oberitalien verheerend aufgetretenen Blattlaus d. Maulbeerbaumes (Diaspis pentagona Targ.) hintanzuhalten? (Internationaler land- u. forstwirthschaftl. Congress zu Wien 1890, 72. Hft.) gr. 8. (5 S.) Wien 890. (Frick.) n. — 90

Bolle, Joh., wie könnte die Cultur d. Maulbeerbaumes in jenen Ländern gehoben werden, in welchen die klimat. Bedingn. f. das Gedeihen der Seidenraupe sich günstig gestalten? (Internationaler land- u. forstwirthschaftl. Congress zu Wien 1890, 48 Hft.) gr. 8. (4 S.) Wien 890. (Frick.) n. — 20

Bolle, Karl, s. Bolle, Carl

Bolle, Ludwig

Bolle, L., Amor u. Psyche. Lateinisches Lesebuch f. Sexta. gr. 8. (VIII, 78 S.) Wismar 885. Hinstorff Verl. n. 1. —

Bolle, Apuleius als lectüre f. d. unterste stufe e. gymnasiums od. e. realschule. 8. (48) Celle 76. (Literar. Anst.) n. — 60

Bolle, Ludw. Apuleius als Lektüre für die unterste Stufe eines Gymnasiums oder einer Realschule. 48 S. **Progr.** G. *Celle* 1877.
Vgl. des Verf. Amor und Psyche. Lateinisches Lesebuch für Sexta. (VIII, 78 SS.) 8. Wismar 1885, Hinstorff. 1 Mk.

Bolle, Apuleius als lectüre für die unterste stufe eines gymnasiums oder einer Realschule. gr. 4. (48 S.) Celle 877. (Schulze'sche Buchhandlung.) n. — 60

Bolle, L., Apulejus als Schullectüre. 1877. s, Apuleius.

Bolle, Ludwig, appr. Arzt a. Wismar: Aus der Kgl. chirurgischen Universitäts-Klinik zu Kiel. Casuistischer Beitrag zur operativen Behandlung der Elephantiasis. Kiel 1905: H. Fiencke. (18 S.) 8°
Kiel, Med. Fak., Ref. Helferich, Diss. v. 17. Juni 1905
[Geb. 22. Jan. 79 Wismar; Wohnort: Wismar; Staatsangeh.: Mecklenburg-Schwerin; Vorbildung: Große Stadtschule Wismar Reife M. 97; Studium: Königsberg 5, Göttingen 1, Kiel 4 S.; Coll. 6. Juni 05; Approb. 24. März 04.]

Bolle, L[udwig], Direktor Dr.: Die Bühne des Aeschylus. Wismar 1906: Eberhardt. (18 S.) 4°
Wismar, Große Stadt-S (G u. R) OP 1906 (820)

Bolle, L[udwig], Dr., Dir.: Die Bühne des Sophokles. *Wismar 1902: Eberhardt.* (23 S.) 4°
Wismar, Große Stadt-S (G u. R), OP 1902 (734)

Bolle, L., De Lygdami carminibus. Pr. 1873. 19 S. 4°. 10.—

Bolle, *Ludwig* [Dr. Dir.]: Geschichte der Groszen Stadtschule zu Wismar. Wismar, Eberhardt'sche Hof- u. Ratsbuchdr., 1892; 3—64 S., 3 Pl., 1 Taf. 4.
Wismar, Grosze Stadt-S(G u. R), OP 1892 (651)

—— das Knöchelspiel der Alten. gr. 8. (42 S. mit 2 lithogr. Taf.) Wismar 886, Hinstorff'sche Hofbuchh. Sortiment. *
Aus: Festschrift zur Feier des 50jährigen Dienstjubiläums des Hrn. Gymn.-Dir. Dr. Nölting, besonders abgedruckt.

Bolle, *Ludwig* [Dr., Dir.]: Das Lateinische am Gymnasium nach den neuen preuszischen Lehrplänen. Wismar, Druck d. Eberhardt'schen Hof- u. Ratsbuchdr., 1895; 32 S. 4.
Wismar, Grosze Stadt-S (G u. R), OP 1895 (680)

Bolle, L., Die Realien in den Oden des Horaz. I. Pr. 1882. 37 S. 4°. 1.50

Bolle, Max: Beiträge zur Siedlungskunde des Havelwinkels. Halle a. S. 1910: Kaemmerer. 145 S. 8° ¶(Aus: Mitteilungen d. Sächs.-Thür. Vereins f. Erdk. zu Halle. Jg. 33. 34. 1910. ⟨Archiv f. Landes- u. Volksk. d. Prov. Sachsen. Jg. 19. 20.⟩ Forts. ersch. im nächsten Jg. ebd.)
Halle, Phil. Diss. v. 26. Febr. 1910, Ref. Philippson
[Geb. 8. Dez. 84 Milow a. H.; Wohnort: Halle a. S.; Staatsangeh.: Preußen; Vorbildung: Realgymn. Brandenburg Reife O. 03; Studium: Göttingen 4, Halle 8 S.; Rig. 24. Juli 09.] [U 10. 1711

Bolle, Meinolph

Bolle, Anleitung zur sichern u. schnellen Heilung der Cholera für verständige Laien u. angehende homöopath. Aerzte. Aachen 866. Hensen in Comm. (Jacobi & Co.) 8. (87 S.) n. 10 ngr.

Bolle, Anleitung zur sicheren u. schnellen Heilung der Cholera unter Angabe der Mittel f. verständige Laien u. angehende homöopathische Ärzte. 2. Aufl. 8. (X, 84 S.) Aachen 892. (A. Jacobi & Co.) n. 1. 20

Bolle, Anleitg. z. sich. u. schnellen Heilg. d. Wunden u. Verletzgn. m. Angabe d. Mittel u. d. Verbandmaterials, nebst dazu gehör. Zeichngn. 12. (XII, 105 S.) Aachen 895. Cremer. n. 1. —

Bolle, populäre Anweisung zur Kenntniß und Beurtheilung der Heilkunde im Allgemeinen und der Homöopathie im Besondern. 1. Thl.: Wie lernen die Allopathen und Homöopathen die Wirkungen der Arzneien kennen? Lex.-8. (IX und 122 S.) Paderborn 858, (Schöningh.) *

Bolle, Pierre. Zur operativen Behandlung der Atresien und Stenosen des Genitalkanals, an Hand von 7 Fällen aus der Klinik des ... Prof. [Otto] von Herff, Basel. Diss. Med. Basel. 36 S. 8. Basel, Kreis & Co., 1909.

Bolle, Walter, Referendar in Dresden: Der Geschäftsanteil in der Gesellschaft mit beschränkter Haftung. Dresden 1908: E. Meyer. (73 S.) 8° [J.]
Leipzig, Jur. Fak., Diss. v. 5. Aug. 1908
[Geb. 28. Jan. 83 Johannisburg (Ostpr.); Wohnort: Dresden; Staatsangeh.: Preußen; Vorbildung: Gymn. Allenstein (Ostpr.) Reife O. 02; Studium: Königsberg 5, Leipzig 3 S.; Rig. 17. Juli 06.]

Bolle, Wilhelm

Die gedruckten englischen Liederbücher bis 1600. Ein Beitrag z. Geschichte d. sangbaren Lyrik in d. Zeit Shakespeares. Mit Abdr. aller Texte aus d. bisher noch nicht neugedruckten Liederbüchern u. d. zeitgenöss. deutschen Übertragungen. Von Wilhelm **Bolle**. *Berlin: Mayer & Müller 1903.* (VII, CXXVI, 283 S.) 8°
— **Palaestra.** 29. [03. 13733 10

Bolle, Wilhelm, aus Berlin: Die gedruckten englischen **Liederbücher** bis 1600. Ein Beitrag zur Geschichte d. sangbaren Lyrik in d. Zeit Shakespeares. Mit **Abdruck aller** Texte aus d. bisher noch nicht neugedruckten **Liederbüchern** u. der zeitgenöss. deutschen **Übertragungen.** (T. 1.) *Weimar 1903: R. Wagner Sohn.* (XXXII S.) 8° (Erscheint vollst. als: Palaestra, Bd 29.)
Berlin, Phil. Diss. v. 15. Juli 1903

Bollée A. das neue Dampffortbewegungssystem. Berlin 1880

Bollenbach, Hermann

Bollenbach, Herm.: Beispiele z. Berechng keram. Massen u. Glasuren. (35) 8° Halle, W Knapp '11. 1 — d

Laboratoriumsbuch für die Tonindustrie. Von Dr. Hermann **Bollenbach.** Mit 27 Abb. Halle a. S.: Knapp 1910. x, 80 S. 8°
(Laboratoriumsbücher f. d. chem. u. verwandte Industrien. Bd 10.) [10. 10698

Neue massanalytische Methoden zur Bestimmung von Eisen und Blei. Von Dr. Hermann **Bollenbach.** Kattowitz: Böhm 1910. 30 S. 8°
Aus: Berg- u. Hüttenmännische Rundschau.
(Sammlung berg- u. hüttenmännischer Abhandlungen. H. 55.) [10. 13203

Bollenbach, Hermann Fr., aus Kreimbach (Rheinpfalz): Ueber die Einwirkung von Hydrazinhydrat auf 2,4 Dinitrobenzoësäure. *Heidelberg 1902: K. Rößler.* (33 S.) 8°
Heidelberg, Naturw.-math. Diss. v. 1902

Bollenbeck, Franz Josef

Zur Theorie und Praxis der Erbverträge zwischen Ehegatten von Justizrat F[ranz] J[os.] **Bollenbeck.** Bonn: Röhrscheid & Ebbecke 1905. (22 S.) 8° [F.] [oz. 1906 8

Bollenberg, Joh. Dav., deutsche Vorschriften f. d. Schul- u. Privat-Gebr. beim ersten Unterr. im Schönschreiben. 1. Hft. 4. (20 Bl. in Kpfrst. u. ½ B. gedr. Text.) Essen 829, (Bädeker.)

—— ders. 2. Hft. kl. Fol. (21 Bl. in Kpfrst. u. 1 gedr. Bl.) Ebda. 829.

Bollenberg, Jh. Dav., Deutsche Vorschriften für den Schul- u. Privat-Gebrauch, als stufenweise Fortbildung im Schönschreiben. 3s Hft. gr. 4. Essen 833. (Bädeker.) 1 1/6 ℛ — 2s Hft. 1e Abthl. gr. 4. Ebd. 838. 2/3 ℛ

— englische Vorschriften für d. Schul- u. Privat-Gebrauch beim Unterr. im Schönschreiben. 1s, 2s Heft. kl. Fol. Essen 830, 31. (Bädeker). (1s H. 1 ℛ 2s 1 ℛ 8 gGr) 2 ℛ 8 gGr

Bollenberg, Jh. Dav., englische Vorschriften. 2s Hft. 1e Abthl. gr. 4. Essen 838. (Bädeker.) 2/3 ℛ

Bollendorf [Schlagwort]

Bollendorf, s.: Geologische Karten (Preussen).

Bollendorf, s.: Preussen. Messtischblätter.

Bollenhagen, H., die Anwendung des Kolpeurynters in der geburtshilflich-gynaekolog. Praxis, s.: Abhandlungen, Würzburger, aus d. Gesamtgebiet der prakt. Medizin. III. 4.

Bollenhagen, *Heino* [Moorsee '(Grossh. Oldenb.)']: Zwei Fälle von Klumpke'scher Lähmung ... Würzburg, Köhl & Hecker'sche Buchdr., 1894; 21 S. 8.
Würzburg, Med. Fak., Inaug.-Diss. v. 1894

Bollenhagen, Heino, die Gonorrhöe u. Unfruchtbarkeit (Sterilität) des Weibes. (Schumanns medizin. Volksbücher.) 8. (101 S.) Leipzig 902. J. F. W. Schumann. Geb. in Leinw. n. 1. 50

*Bollenhagen, Heinr.: D. Gonorrhöe. Jetzt: Ulm, J. Ebner.

— die Lageveränderungen der Gebärmutter u. ihre Folgen. Die Geschwülste der Gebärmutter u. der Eierstöcke, m. besond. Berücksicht. der bösart. (Krebs) gemeinverständlich dargestellt. (Schumanns medizin. Volksbücher.) 8. (95 S.) Ebd. 902. Geb. in Leinw. n. 1. 50

*Bollenhagen, Heinr.: Die Lagenveränderungen. Jetzt: Ulm, J. Ebner.

— die Menstruation u. ihre Störungen. (Schumanns medizin. Volksbücher.) 8. (103 S.) Ebd. 902. Geb. in Leinw. n. 1. 50

*Bollenhagen, Heinr.: Die Menstruation. 902. Jetzt: Ulm, J. Ebner.

— Schwangerschaft u. Tuberkulose, s.: Abhandlungen, Würzburger, aus dem Gesamtgebiet der prakt. Medizin.

Bollenrath, Fritz (geb. am 28 Mai 1844 in Münstereifel): Differenzielle Diagnose der verschiedenen Arten der Lungenphtise [!] ... Bonn, Druck v. F. Krüger 1867. 30 S., 2 Bl. 8.
Bonn, Med. Fak., Diss. v. [12 Aug.] 1867

Boellenruecher, Josef

Gebete und Hymnen an Nergal. Von Josef **Böllenrücher,** Dr. phil. *Leipzig: J. C. Hinrichs 1904.* (52 S.) 8°
= Studien, Leipziger semitistische. 1, 6.

Böllenrücher, Josef, aus Luzern: Gebete und Hymnen an Nergal. *Leipzig 1904: A. Pries.* (42 S.) 8° ¶ (Ersch. vermehrt als: Leipz. semitist. Studien, H. 6.)
Leipzig, Phil. Diss. v. 1904

Bollens, Fr., der deutsche Choralgesang der katholischen Kirche, seine geschichtl. Entwicklung, liturg. Bedeutung u. sein Verhältniß zum protestant. Kirchengesange. Ehrenrettung desselben wider die Behauptung, daß Luther d. Gründer d. deutschen Kirchengesanges sei. gr. 8. (189 S.) Tübingen 851, Laupp. 5/6 ℛ

Bollensdorff, Jul., s.: Verzeichnis der in das Handels-Register des königl. Amtsgerichts I. zu Berlin eingetragenen Einzelfirmen, Gesellschaften u. Prokuren.

Bollensen, Friedr., s. Kalidasa, Malavika und Agnimitra.

Bollensen, Fr. s. Kalidasa, Urwasi, d. Preis der Tapferkeit.

Bollensen, Friedrich (Hrsg.), *s.* Kalidasa: Vikramorvaci . . .

Bollenstern O v, öffentl. Gesundheitspfl. u Medizinalwesen. (256 S) Stuttgart 1906

Boller, Anton

Boller, (Ant.), vergleichende Analyse des magyarischen Verbums. (Aus d. Sitzungsberichten d. k. Akad. d. W.) (Wien 858. Gerold.) gr. 8. (70 S.) n. 15 ngr.

Boller Anton, Dr.: Bericht über A. Auers Werk: „Die Sprachenhalle". (Wien, 1844 bis 1847; in Folio.) vgr.
Separatabdruck

— Über die Bildung abgeleiteter Wurzeln im Sanskrit.
Separatabdruck

—— die Declination in den finnischen Sprachen. Lex.-8. (80 S.) Wien 854, (Gerold's Sohn.) *

—— Denkmäler dreier Königinnen im k. k. ägypt. Cabinette. Lex.-8. (20 S. mit 1 Stnt.) Wien 853, (Gerold's Sohn.) *

—— zur magyarischen Etymologie. Lex.-8. (111 S.) Wien 856, (Gerold's Sohn.) *

— Die Konjugation in den finnischen Sprachen. 1. Teil. S. 13. 404 . . . . vgr.
— — 2. Teil. S. 14. 220 . . . . vgr.
Separatabdruck

—— die Conjugation in den finnischen Sprachen. Lex.-8. (179 S.) Wien 855, (Gerold's Sohn.) *

— Die Konsonantenerweichung. S. 12. 441, 637 . . . . vgr.
— — Schluß. S. 13. 184 . . . . vgr.
Separatabdruck

—— die Consonanten-Erweichung. Lex.-8. (83 S.) Wien 854, (Gerold's Sohn.) *

— Nachweis, daß das Japanische zum ural-altaischen Stamme gehört. S. 23. 393 . . vgr.
Separatabdruck

Boller, Nachweis dass das Japanische zum ural-altaischen Stamme gehört. Lex.-8. (91 S.) Wien 857, (Gerold's Sohn.) **

— Die Objektivkonjugation in den finnischen Sprachen. S. 15. 275 . . . . vgr.
Separatabdruck

Boller, Prof. Dr. Anton. Die Präfixe mit vocalischem und gutturalem Anlaute in den einsilbigen Sprachen. (Sonder-Abdr. a. d. Sitzungsber. d. k. Akad. d. Wiss.) gr. 8. (46 S.) Wien, Gerold in Comm. 35 kr.
1869.

Boller, Ant., die Präfixe mit vocalischem u. gutturalem Anlaute in den einsilbigen Sprachen. [Aus d. Sitzungsberichten d. k. Akad. d. Wiss.] Wien 870. Gerold's Sohn in Comm. gr. 8. (49 S.) n. 7½ ngr.

— Die Pronominalsuffixe des ural-altaischen Verbums. S. 25. 4 . . . . vgr.
Separatabdruck

—— die Pronominalaffixe des ural-altaischen Verbums. Lex.-8. (59 S. mit 1 Tab. in qu. Fol.) Wien 858, (Gerold's Sohn.) *

Boller, Ant., ausführl. Sanskrit-Grammatik für den öffentl. u. Selbstunterricht. gr. 8. (386 S.) Wien 848, Gerold. n. 4 ₰ Velinp. n. 6 ₰

— Die interessantesten Schätze der ägyptischen Sammlung des k. k. Antikenkabinettes nach ihrem inschriftlichen Gehalte (mit 4 Taf.). S. 10. 519 . . . . vgr.
Separatabdruck

—— die interessantesten Schätze der ägyptischen Sammlung des k. k. Antiken-Cabinetes nach ihrem inschriftl. Gehalte. Lex.-8. (40 S. mit 4 Stnt.) Wien 854, (Gerold's Sohn.) *

—— die finnischen Sprachen. Lex.-8. (67 S.) Wien 853, (Gerold's Sohn.) *
Vorstehende Schriften des Verf. wurden aus: Sitzungsberichte der k. Akademie der Wissenschaften, besonders abgedruckt.

— Die Übereinstimmung der Tempus- und Modus-Charaktere in den ural-altaischen Sprachen. S. 22. 23 . . . . vgr.
Separatabdruck

—— die Uebereinstimmung der Tempus- und Moduscharaktere in den ural-altaischen Sprachen. Lex.-8. (48 S.) Wien 857, (Gerold's Sohn.) **

—— die Wurzelsuffixe in den ural-altaischen Sprachen. Lex.-8. (92 S.) Wien 857, (Gerold's Sohn.) **
Vorstehende vier Schriften des Verf. wurden aus: Sitzungsberichte der k. Akad. der Wissenschaften Jahrg. 1856 und 1857, besonders abgedruckt.

Boller, Fr., histor. Notizen über d. ehemal. deutsche Reichsfestung St. Wilibaldsburg bei Eichstädt. Mit 1 lithogr. Ansicht d. St. Wilibaldsburg. 8. Eichst. 826. Beyer. (Barth in Leipz.) 4 gr.

Boller, Hans: Leitf. d. kaufmänn. Rechnens, s: Biedermann, U.

Boller, Max (Red.), s. Protestant, Der.

Boller, Wilhelm [aus Frankfurt a. M.]: Untersuchungen über die Bodentemperaturen an den forstlich-meteorologischen Stationen in Elsass-Lothringen ... (Aus: Geogr. Abh. aus Els.-Lothr., Heft 2.) Stuttgart, *k. Hofbuchdr. Zu Guttenberg '(C. Grüninger)'*, 1894; IV, 185—266 S., 1 Bl., 2 Taf. 8.
Strassburg, Math.-naturw. Fak., Inaug.-Diss. v. 1894

Bollermann, Johann Jacob (Mainz)
Thesen aus der gesammten Heilkunde, welche den 30.12.1824 zur Erlangung der Doctorwürde in der Medicin, Chirurgie und Geburtshülfe öffentlich vertheidigen wird, Johann Jacob Bollermann, aus Mainz.
Giessen: Schröder 1824. 6 S. vorh. 7.
Dr. med. 30.12.1824.

Bollermann, M. Carl: Die Kegelschnitte in ihren Beziehungen zum geraden Kegel. S 3-16 mit 1 Fig. Taf.
Progr. Münnerstadt 1838.

Bollert, A., s. Predigten von Berliner Kanzelrednern.

Bollert, Albert. Aug(ustus) Guil. (geb. Berlin 1. 10. 1829): De leucaemia lienali. Berolini (1853). (38 S.) 8°
Berlin, Med. Diss. v. 25. Nov. 1853

Bollert, Arthur

Was muss Jedermann von dem Fleischbeschaugesetze vom 3. Juni 1900 wissen? Gemeinverständl. Darstellung d. wichtigsten Bestimmungen d. Reichsgesetzes betr. d. Schlachtvieh- u. Fleischbeschau v. 3. Juni 1900 u. d. Preuß. Ausführungsgesetzes v. 28. Juni 1902 sowie d. Ausführungsbestimmungen d. Bundesrates u. d. Preuß. Minister zu d. Reichsgesetze in Fragen u. Antworten. Von A[rthur] **Bollert**, Reg.Ass. 2., verm. u. verb. Aufl. *Königsberg i. Pr.: Ostpr. Dr. & Verlagsanst. 1903.* (73 S.) 8°
[F.] [illegible] 10

Bollert, G., D. v. Cölln, H. Eger, B. Stein, Lieder-Concordanz über die gebräuchlichsten evangelischen Kirchenlieder. Mit einem Vorwort von W. Hoffmann. Berlin 859. Hertz. Lex.-8. (VIII, 256 S.) n. 1 ₰ 6 ngr.

Bollert, Gerhart *Julius* [Kammerger.-Ref.]: Welche Rechte begründet bei bestehender obligatorischer Civilehe für den einen Ehegatten die Weigerung des andern, die kirchlicherseits vorgeschriebene Eheform zu erfüllen? Nach gemeinem, preuss. u. franz. Recht ... Frankfurt a. O., Druck d. Kgl. Hofbuchdr. Trowitzsch & Sohn, 1892; 60 S., 1 Bl. 8.
Berlin, Jur. Fak., Inaug.-Diss. v. 14. Juni 1892

Bollert, Hans, pr. Arzt: Ueber vaginale Ovariotomie. Leipzig 1908: Georgi. 58 S. 8°
Leipzig, Med. Diss. v. 30. Juli 1908, Ref. Trendelenburg
[Geb. 15. Juli 82 Rostock; Wohnort: Berlin; Staatsangeh.: Preußen; Vorbildung: Gymn. Rostock Reife M. 00; Studium: Rostock 2, München 1, Rostock 3, Berlin 4 S.; Coll. 11. Aug. 08; Approb. 16. Aug. 06.] [U 09. 2759

Bollert, Karl, a. Rostock: Über konzentrische Flächen zweiter Ordnung. Berlin (1904): G. Bernstein. (60 S.) 8°
Rostock, Phil. Fak., Ref. Staude, Diss. v. 29. Juli 1904
[Geb. 21. Jan. 81 Rostock; Wohnort: Rostock; Staatsangeh.: Mecklenburg-Schw.; Vorbildung: Realgymn. Rostock Reife O. 00; Studium: Rostock 2, Berlin 1, München 1, Rostock 3 S.; Rig. 21. März 04.]

Bollert, Martin: Beiträge zu einer Lebensgeschichte von Franz Michael Leuchsenring. *Strassburg 1901: J. H. E. Heitz.* (80 S.) 8°
Strassburg, Phil. Diss. v. 1901

Böllert, Mathias, aus Duisburg ⟨Rheinprov.⟩: Ueber Abkömmlinge des as-m-Dichlorjodbenzols mit mehrwertigem Jod. *Freiburg i. B.: Speyer & Kaerner 1902.* (30 S.) 8°
Freiburg i. B., Phil. Diss. v. 1902

Bolles, Franz Christoph (Wetzlar) Sekr. a. R. Kammer-Gericht
Dissertatio inauguralis juridica, sistens succinctam explicationem constitutionis imperii de arrestis, praesertim ad ductum C.O.C. P. II. tit. XXIV.
Giessae Sept. 1738: Eb. Henr. Lammers. 24 S. 4°
pro licentia summos in utroque jure honores et privilegia doctoralia rite ac legitime obtinendi.

Bolles, Johann (Meschede), De judicii petitorii ac possessorii, uti et possessorii ordinarii ac summarii, differentia. Diss. jur. Gießen (Ww. Joh. Reinh. Vulpius) 12. VI. 1714. 28 S. (4.80)
— — Dasselbe. Jena (J. B. Heller) 1735. 31 S. (4.50)

Bolles, Johannes (Meschede) Advokat in Siegen
Dissertatio inauguralis de judicii petitorii ac possessorii, uti et possessorii ordinarii ac summarii, differentia.
Giessae 12. Juni 1714: vidua Joh. Reinh. Vulpii. 28 S. 4°
pro summis in utroque jure honoribus et privilegiis doctoralibus rite ac legitime capessendis.

Bolles, Johannes
Dissertatio juridica de judicii petitorii ac possessorii uti et possessorii ordinarii ac summarii differentia. Editio 3.
Francofurti et Lipsiae 1761. 32 S. 4°

Bolleter, E., Bilder u. Studien v. e. Reise nach den Kanarischen Inseln. (VIII, 179 S. m. Abbildgn.) gr. 8. Leipzig (910). P. Pabst. 3.—; geb. 3.50

Bolleter, Eug., Fegatella conica. (L.) Corda. Eine morphologisch-physiolog. Monographie. Diss. (V, 82 S. m. 16 Abbildgn. u. 2 Taf.) gr. 8. Leipzig 905. (Zürich, E. Speidel.) n. 1.50
Sonderabdruck aus: „Botan. Centralbl., Beihefte".

Bolleter, Eugen. Fegatella conica ⟨L.⟩ Corda. Eine morphologisch-physiologische Monographie. Diss. Phil. [II.] Univ. Zürich. Mit 16 Abbildungen und 2 Tafeln. ([Sep.-Abdr. aus:] Beihefte zum Botanischen Centralblatt Bd. 18 [Abteilung 1, Heft 3].) *Kopftitel:* Arbeiten aus dem Laboratorium für allgemeine Botanik und Pflanzenphysiologie der Universität Zürich. VI + 82 S. 8. Leipzig, Georg Thieme, 1905.

Bolleter, Theodor, von Meilen [Kt. Zürich]: Ueber die Stellung der Therapie in der Medicin. Zür. Orell Füssli Cie Dr. (1858). 31 S. 8°.
Zürich, Med. Diss. v. 4. Dez. 1858.

Bolletino

— bibliografico trentino. [Aus: „Atti dell' r. Accad. di scienze, lettere ed arti degli Agiati in Rovereto".] '11. Punctata I—IV. gr8° Rovereto, Accademia degli Agiati ('12). (Nur dir.) je nu — 80
I. (55) — II. (51) — III e IV. (74)

Bolletino delle leggi dell' Impero per i Regni e Paesi rappresentati nel consiglio dell' Impero. Puntate LVII—LX. Dispensate e spedite lig agosto 1895. 4. (S. 329—457) —.70
Wien: Hof-u. Staatsdruckerei.

Bolletino delle leggi dell' Impero per i regni e paesi rappresentati nel consiglio dell' Impero. Puntata XXIX. No. 78. Puntata XXX. No. 79. Dispensate e spedite li 6 giugno 1896. 4. (S. 261—347) --.50
Wien: Hof-u. Staatsdruckerei.

B o l l e t t i n o delle leggi e degli atti ufficiali per le provincie venete. (Landes = Regierungsblatt für das Kronland Venedig.) Zwei Abtheilungen. Druck von Jos. Antonelli. 4. Zwangloses Erscheinen. (Italienisch u. deutsch.) Venedig: 1855.

Bollettino delle leggi e delle ordinanze per la contea principesca del Tirolo e per il Vorarlberg, s.: Gesetz- u. Verordnuugsblatt f. d. gefürstete Grafsch. Tirol u. d. Land Vorarlberg.

B o l l e t t i n o provinciale degli atti di Governo per la Lombardia. (Landes=Regierungsblatt für die Lombardie.) Zwei Abtheilungen. Dal' I. R. Stamperia 4. Zwangloses Erscheinen. (Italienisch u. deutsch.) Mailand: 1855.

B o l l e t t i n o provinciale della Reggenza per la Contea principesca del Tirolo e Vorarlberg. Parte I. e II. (Landes=Regierungsblatt für die gefürstete Grafschaft Tirol mit Vorarlberg.) 4. Zwangloses Erscheinen. (Italienisch u. deutsch.)
Innsbruck: 1855.

Bolleville, le Prieur de, siehe Simon, Richard.

Bolley: Bericht . . . , s. B o l l e y , Pompejus A.

B o l l e y, über die Finanzverwaltung nach dem K. Würtembergs Verfassungsentwurf. gr. 8. Stuttgart, Metzler in Comm. 817.

Bolley: Handbuch . . . , s. B o l l e y , Pompejus Alexander

Bolley, Chn. Heinr. Jac. (Neuburg/Wttbg.), Experimenta circa vim bilis chylificam. Diss. med. Präs. Wilh. Gottfr. Ploucquet. Tüb. (Schramm) Mai 1792. 56 S. (5.—)

Bolley, Heinrich Ed. Fd.

Bolley, H. E. Fd.: Theoret.-prakt. Anweis. z. Verfahren in Strafsachen; m. e. Anh. üb. d. f. Rechtsgelehrten wicht. Krankhh. der Seele. *Stuttgart*, Löfflund. 809. gr. 8. (2 Thl. 8 Gr.)

v. **Bolley, H. Ed. Fd.:** 33 Aufsätze über Testamente u. and. Theilungen, bes. Theilungs-Berechnungen, Ganten u. verwandte Rechtsgeschäfte f. Rechtsgelehrte u. Schreiber. *Stuttg.*, (Beck u. Fränkel.) 808. 8. (1 Thl. 16 Gr.)

— drei u. dreißig Aufsätze über Testaments=, Erbschafts= u. andere Theilungen rc. gr. 8. Stuttg. 808. Löflund u. S. 1 rß 16 gr

— vermischte jurist. Aufsätze mit Erkenntnissen u. Gemein=Bescheiden des Civil=Senats des königl. Würtemberg. Obertribunals. 1r Bd. gr. 8. Stuttg. 831. Steinkopf. 2 rß

Bolley, (Heinr. Ernst Ferd.): Beitrag zur Lehre von den correspectiven Testamenten der Eheleute. Mit e. Anh. von Berichtigungen u. Zusätzen zu des Verf. „ Entwurf einer Civilprozeßordnung."– Stuttgart 1846.

B o l l e y, (Heinr. Ed. Ferd. v.,) Beitrag z. Lehre von d. correspectiven Testamenten der Eheleute. gr. 8. (3¼ B.) Stuttgart 840, J. F. Steinkopf.

— Bemerkk. zu d. Pfandgesetze Würtemb.; s. Pfandgesetze.

— Betrachtt. über verschied. Rechtsmaterien. 8. Stuttg. 800. Erhardt. 1 rß 18 gr

– s. D a r s t e l l . d. Betragens Würtembergs.

Bolley, Hnr. Ed. Fd., Entwurf e. Amtsinstruktion f. d. Gerichtsnotarien im Königr. Würtemberg. Mit Motiven. gr. 8. Stuttg. 821. Steinkopf. 1 rß 4 gr

—— Entwürfe u. Anträge zu einer umfassenden Civil=Gerichts= u. Prozeßordnung f. das Königr. Württemberg. 2 Bde. gr. 8. (92 B.) Stuttgart 844, J. F. Steinkopf.

Bolley, Hnr. Ed. Fd., Entwürfe v. Gesetzen für d. Königr. Würtemberg, betreffend 1) die Bildung von Extrajudicial=Senaten bei den höhern Gerichten; 2) das Hypothekenwesen der Exemten u. verwandte Gegenstände; 3) einige allgemeine Bestimmungen des Pfandgesetzes und der damit in Verbindung stehenden Gesetze; 4) die Verträge über Erbschaften u. die Ehe=Verträge. Mit Motiven u. e. doppelt. Anhange. gr. 8. Stuttg. 835. Steinkopf. 1 rß

— über d. Finanzverwaltung nach dem königl. Würtemberg. Verfassungsentwurf. gr. 8. Stuttg. 816. (Metzler). 12 gr

– s. G m e l i n , Chr. H.: Rechtsanwendungskunde.

— Hauptsätze d. Würtemberg. Gesetze u. Verordnn. von d. Jahren 1825 bis 28, das Pfandwesen, das Executions=Verfahren, die Ordnung d. Gläubiger im Concurse rc. betreffend. gr. 8. Stuttg. 829. Steinkopf. 8 gr

Bolley, H. E. Fd.: Die Lehre v. öffentl. Unterpfändern nach röm., deutschem u. würtemberg. Rechte. *Tüb.* Cotta. 802. 8. (1 Thl. 8 Gr.)

— die Lehren von den öffentl. Unterpfändern. gr. 8. Tübing. 802. v. Cotta. 1 rß 8 gr

—— üb. Vermögens=Uebergaben u. Guts=Abtretungen. Anträge zu ein. umfassenden Gesetz üb. diesen hochwichtigen Gegenstand, mit deren Begründung. gr. 8. (3 B.) Stuttgart 844, J. F. Steinkopf.

— das Wichtigste von d. Rechten u. Verbindlichkeiten Würtemb. Bürger, in ihren öffentl. u. Privatverhältnissen. 8. Tüb. 801. 2e A. gr. 8. Ebd. 807. 3e A. 810. v. Cotta. 1 rß 12 gr

Bolley, N. A., s. B o l l e y , P. A.

Bolley, Pompejus Alexander

Bolley, PA, Altes u. Neues a. Farbenchemie u. Färberei, s. a. Sammlg wiss. Vortr.

Bolley, P. A: Altes und Neues aus Farbenchemie und Färberei. Neudruck. Berlin 1877

Bolley, P. A., Kritische und experimentelle Beiträge zur Theorie der Färberei. Zürich, Polytechnikum 1859. Progr.-Schr.

Bolley, P., Das Beleuchtungswesen. Nebst einem Anhange über elektrische Beleuchtung von G. Wiedemann. 8°. Mit 2 Kupfertafeln und 136 in den Text gedruckten Holzschnitten. Braunschweig, Vieweg und Sohn. 1862. M. 6.—
(Handbuch der chemischen Technologie von P. Bolley. I. Band. 2. Gruppe. I. u. II. Hälfte.)

Bolley P. Bericht uber die Beteiligung der Schweiz an der internationalen Ausstellung von 1867, samt Katalog. Bern 1868

Bolley, P. A. Bericht über die dritte schweiz. Industrie-Ausstellung in Bern 1857. Bern 1858.

Bolley, P. A. Die Betheiligung der Schweiz an der internat. Ausstellung in Paris 1867. Bern 1868.

– Die künstlich erzeugten organ. Farbstoffe, s. Handbuch der chemischen Technologie.

Bolley, Pompejus Alexander s. Farnbühl. Das Bad F. Luzern 1865 — Farnbühl als Bad- & klimatischer Kurort. Luzern.

— siehe: Gewerbeblatt, Schweizerisches.

Bolley und J. H. Kronauer: Gutachten über den Einfluß des Mangels eines Patentgesetzes auf die schweizerische Industrie. Zürich 1862

Bolley, Pompejus Al., Handbuch der technisch-chemischen Untersuchungen. Eine Anleitung zur Prüfung u. Werthbestimmung der im gesammten Gewerbswesen oder der Hauswirthschaft vorkommenden und zur chemischen Untersuchung geeigneten Natur- und Kunsterzeugnisse. Mit 54 in den Text gedr. Holzschn. Frauenfeld 853. Verlags-Comptoir. (Zürich, Meyer u. Zeller.) br. gr. 8. (XVI, 459 S.) n. 3 ₰ 10 ngr.

Bolley, Pompejus Al., Handbuch der technisch-chemischen Untersuchungen. Eine Anleitung zur Prüfung und Werthbestimmung der im gesammten Gewerbswesen oder der Hauswirthschaft vorkommenden u. zur chem. Untersuchung geeigneten Natur- u. Kunsterzeugnisse. 2. umgearb. Aufl. Mit 71 Holzschn. (im Text.) Leipzig 861. Felix. gr. 8. (XII, 480 S.) n. 3 ₰ 10 ngr.

—— Handbuch der technisch-chemischen Untersuchungen. Eine Anleitung zur Prüfung und Werthbestimmung der im gesammten Gewerbswesen oder der Hauswirthschaft vorkommenden und zur chemischen Untersuchung geeigneten Natur- und Kunsterzeugnisse. 2., umgearb. Aufl. gr. 8. (XII und 480 S. mit 71 eingedr. Holzschn.) Leipzig 861, Förstner'sche Buchh. *

Bolley, Pompejus Al., Handbuch der technisch-chemischen Untersuchungen. Eine Anleitung zur Prüfung u. Werthbestimmung der im gesammten Gewerbswesen oder der Hauswirthschaft vorkommenden u. zur chemischen Untersuchung geeigneten Natur- u. Kunsterzeugnisse. 3., umgearb. Aufl. Mit 80 Holzschn. (im Text). Leipzig 865. Felix. gr. 8. (XII, 544 S.) n. 3 ₰ 10 ngr.

—— Handb. d. techn.-chem. Untersuchgn. 3. Afl. 8. (544 m. H.) Lpzg 66. Felix. n. 3. 10

—— Handbuch d. technisch-chem. Untersuchgn. 4. Afl. v. E Kopp, R Gnehm u. G Wyss. 1. Abth. 8. (400 m. H.) Lpzg 74, Felix. n. 10 —

Bolley's, [P. A.], Handbuch der technisch-chemischen Untersuchungen. Eine Anleitung zur Prüfung und Werthbestimmung der im gesammten Gewerbswesen oder der Hauswirthschaft vorkommenden und zur chem. Untersuchung geeigneten Natur- und Kunsterzeugnisse. 4. Aufl., ergänzt und bearb. von Emil Kopp, unter Mitwirkung von Rob. Gnehm, Joh. Weinmann und Heinr. Schmidt. 2. Abthl. [Schluss.] gr. 8. (VII, S. 401—856 mit 51 eingedr. Holzschn.) Leipzig 876, Felix. *
1. Abthl. Ebendas. 1874. *ℳ 10.

— Handbuch der technisch-chemischen Untersuchungen. Eine Anleitung zur Prüfung u. Werthbestimmung der im gesammten Gewerbswesen oder der Hauswirthschaft vorkommenden u. zur chem. Untersuchung geeigneten Natur- u. Kunsterzeugnisse. 5. Aufl., nach Emil Kopp's Tode ergänzt u. bearb. von Carl Stahlschmidt. Mit 131 (eingedr.) Holzschn. gr. 8. (XII, 972 S.) Leipzig 879. Felix. n. 22. —

Bolley's Handbuch der technisch-chemischen Untersuchungen. Eine Anleitg. zur Prüfg. u. Werthbestimmg der im gesammten Gewerbswesen od. der Hauswirthschaft vorkomm. u. zur chem. Untersuchg. geeigneten Natur- u. Kunsterzeugnisse. 6. Aufl., nach E. Kopp's Tode ergänzt u. bearb. v. C. Stahlschmidt. 2 Abtheilgn. gr. 8. Leipzig, Felix. n. 26. —
1. (544 S. m. 66 Holzschn.) 888. n. 12. —
2. (XII u. S. 545—1116 m. 80 Holzschn.) 889. n. 14. —

Bolley, s.: Handbuch der chemischen Technologie.

— das Kochsalz, s.a. Belehrungen, unterhaltende.

.N. A. Bolley, Das Kochsalz. Leipzig, 1854.

Bolley, Pompejus, Lasformation bei Langenbrücken im Großherzogth. Baden, geognostisch beschrieben, nebst e. chemischen Untersuchung eines der darin vorkomm. Schwefelwasser. Inaug.-Dissertation. gr. 8, Heidelb. 837. (K. Winter.) 1/4 ₰

Bolley, P. A., der Mist, seine chem. Zusammensetzung, seine Wirkung als Düngmittel und seine Zubereitungsweise. Für deutsche Landwirthe bearb. nach dem Plane von J. Girardin's Vorlesungen üb. diesen Gegenstand, gehalt. an d. Landwirthschaftsschule zu Rouen. gr. 12. (6½ B.) Braunschweig 845, Vieweg u. Sohn. *

BOLLEY, POMPEJUS ALEXANDER.
Mist (Der) seine chemische Zusammensetzung, seine Wirkung als Düngemittel und seine Zubereitungsweise. Für deutsche Landwirthe bearbeitet nach dem Plane von J. Girardin's Vorlesungen über diesen Gegenstand gehalten an der Landwirthschaftsschule zu Rouen. Braunschweig, 1846. 8vo.

Bolley, P[ompejus Alexander]. Die Soole von Rheinfelden im Kanton Aargau. Chemisch untersucht und zum Zweck der Errichtung eines Soolbades gewürdigt von Dr. P. B'.... 8. *o. O.* [1844].

Bolley, P[ompejus Alexander]. Die Soole von Rheinfelden im Kanton Aargau. Chemisch untersucht und zum Zweck der Errichtung eines Soolbades gewürdigt von Dr. P. B'.... 3. unveränderte Aufl. 8. *o. O. u. J.* [1855/186].

Bolley P A, d. Spinnfasern u d. im Pflanzen- u Tierkörper vorkomm. Farbstoffe. (Handb. der chem. Technologie von Bolley V, 1. 1a) Braunschweig 1867

— chemische Streiflichter auf einen Toilettentisch. Akademischer Vortrag. (Abdruck aus der N. Zürcher-Zeitg.) Zürich, 859. (Orell, Füßli & Co.) 8. (43 S.) n. 8 ngr.

Bolley P, die chemische Technologie des Wassers. (Handbuch der chemischen Technologie von Bolley I, 1) Braunschweig 1862

Bolley, Kopp, Meyer und Gnehm, die Teerfarbstoffe. 3 Bde (Handbuch der chemischen Technologie von Bolley V, 1. I-III) Braunschweig 1867-97

Bolley. P. A. Vorträge über Färberei (im Winter 1863—64). Collegienheft von Böhme. Mscr. 4.

—— Was ist ein elektrischer Telegraph? In möglichst kurzer und gemeinfaßlicher Darstellung. gr. 8. (28 S. mit 6 Holzschn.) Aarau 852. [Frauenfeld,] Verlags-Comptoir.

Bolley, Pompeius (Hrsg.), s. Zeitschrift, Schweizerische polytechnische.

Bolley, Salesia: Eilt zu Jesus! Kommunionb. f. Kinder. (321 m. Abb. u. farb. Titelbild.) 16° Dülmen, A Laumann ('11). L — 75 d

Bolley-Birnbaum, s. Bolley, Pompejus Alexander

Bollhagen, Laurentius David

Bollhagen, L. D. (praes. J. F. Mayer), de apostolis Ebraeorum. Gryph. 1709. 4.

Bollhagen, Laur. Dav., hl. Lippen- u. Herzens-Opfer gläub. Seelen od. vollständ. Gesang-Buch, enth. alte u. neue Lieder aus Dr. M. Luthers u. and. christl. Gesangbüchern, z. Beförderg. d. Gottseligkeit beim öffentl. u. häusl. Gottesdienst in Pommern u. an and. Orten zuerst einger. Neue auf Anordng. d. k. Consistorii d. Prov. Pommern veranstalt. Ausg. 8. (VIII, 808 S. m. Bildnis.) Nebst: Geistreiches Gebet-Buch, darinnen Morgen- u. Abend-Segen auf alle Tage in der Woche. (84 S.) Stettin 881. (R. Graßmann.) 2. 40

Bollhagen, Laurentius David, heilige Lippen- und Herzens-Opfer gläubiger Seelen oder vollständiges Gesang-Buch, enthaltend alte und neue Lieder aus Dr. Martin Luthers und anderen christl. Gesangbüchern, zur Beförderung der Gottseligkeit beim öffentl. und häusl. Gottesdienst in Pommern und an anderen Orten zuerst eingerichtet. Neue auf Anordnung des K. Consistorii der Prov. Pommern veranstaltete Ausg. 8. (1304 S.) Stettin 887, Hessenland. **
Vgl.: Lieder, die neuen, des verbesserten Bollhagen'schen Gesangbuches.

—— heiliges Lippen- und Herzensopfer einer gläubigen Seele oder vollständiges Gesang-Buch, enthält in sich die neuesten und alten Lieder des sel. Dr. Luther und anderer erleuchteten Lehrer unserer Zeit, zur Beförderung der Gottseligkeit, bei öffentl. Gottesdienst in Pommern und anderen Orten zu gebrauchen eingerichtet, auch mit bekannten Melodien versehen. Nebst einem geistreichen Gebet-Buch. Mit verm. Sonn- und Festtags-Register versehen [sogen. „Alte Ausg."]. 8. (704 S.) Alt-Stettin 886, Hessenland. **
Außer dieser Ausgabe in Petit-Schrift erschien (Ebendas. 1882) eine Ausgabe in Cicero-Schrift (1174 S.). **ℳ 2.60.

Bollhagen, Lorenz David (Stargard), De templo Judaeorum tertio. Diss. theol. Präs. Jo. Fried. Mayer. Greifswald 20. X. 1707 (1717). 28 S. (4.80) 3453
Gewidmet: Carl Friedrich von Schlippenbach (Liuxula . .).

Bollhagen, Paul [app. Arzt aus Hannover]: Ueber Brustcarcinome beim Manne ... Göttingen, Druck d. Dieterich'schen Univ.-Buchdr., 1892; 35 S. 8.
Göttingen, Med. Fak., Inaug.-Diss. v. [30. Juli] 1891

Bollhagen, Paul, üb. Brustcarcinome beim Manne. Diss. gr. 8. (35 S.) Göttingen 892. (Vandenhoeck & Ruprecht.) n. — 80

Bollheim, B. v., siehe: *Familienbibliothek.*

Bolli, H[einrich]. Bericht zum Entwurf einer Strafprozessordnung für den Kanton Schaffhausen. ⟨Januar 1907. [Von] H. B'.⟩ 23 S. 8. Schaffhausen, H. Meier & Cie., 1907.
Ausg. A. — *Ausg. B* s. Strafprozessordnung für den Kanton Schaffhausen. Regierungsrätliche Vorlage ... vom 30. Oktober 1907. ... Beilage 1...: G—N 6157

Bolli, Heinr., die Untersuchung üb. den Mord in Löhningen vom 21./22. Aug. 1892. Nach den Akten u. persönl. Notizen verf. 8. (III, 154 S.) Schaffhausen 894. (C. Schoch.) n. 1. 40

Bolljahn, J., japanisches Schulwesen, s. Entwickelg. u. s. gegenwärt. Stand. gr. 8. (IV, 78 S. m. 3 Abb.) Berlin 896. A. Haack. n. 1. 50

David Bollier, Horgen, Schweiz = Suisse. Fabrikation und Vertrieb Electrotech. Fourn ituren en gros = Manufacture et Vente en gros d'Appareillage électrique. Catalogue.... [Illustriert.] 4. (Horgen und Adlisweil, Schläpfer & Co.)
Catalogue (Ausgabe = Edition) D. (1901.) III + 131 S.
Catalogue (Ausgabe = Edition) E. (1902.) II + 42 S.

Bollig, Johs., brevis chrestomathia arabica. In usum scholarum. gr. 8. (151 S.) Rom 882. Loescher & Co. n. 6. —

—— s. Johannis, Euchaitorum metropolitae, quae in codice Vaticano graeco 676 supersunt.

Bollig, P. J. (Hrsg.), s. Gregorius Nazianzenus

Bollig, Thdr. Hub., die Kirche Christi u. ihre Gegner. Allen Freunden der Wahrheit gewidmet. 8. (182 S.) Paderborn 877. Bonifacius-Druckerei. — 90

Bollig, Theod. Hub., Ein liberaler Professor u. sein Gespenst, fälschlich von demselben Katholicismus genannt. Paderborn, Bonifatius-Druckerei, 1878, 8°, 56 S., 45 Pf.

Bolliger, Adolf

Bolliger, Ad. (Dr., Privatdocent der Philosophie an der Universität zu Basel). Anti-Kant oder Elemente der Logik, der Physik und der Ethik. Erster Band, in-8°, 407 S. Basel, Felix Schneider (Ad. Geering). 1882 10 —

Bolliger, Adf., Beiträge zur Dogmatik u. Ethik. Acht Vorträge. gr. 8. (XII, 187 S.) Aarau 890. H. R. Sauerländer & Co. n. 2. —

Bolliger, Adf., die Botschaft vom Gottesreich. Sechs Predigten. gr. 8. (98 S.) Basel 888. Schwabe. *

Bolliger, Adf: Denket um! 4 Predigten. (40) 8° Zür., A Frick ('11). — 85 d

Bolliger, Adolf. Hephata! Das Wort vom alten Gott für die neue Zeit. Heft 1. II + 48 S. 8. Zürich, Arnold Bopp, 1906. [fr. —.80]

Bolliger, Adf., drei ewige Lichter. Gott, Freiheit, Unsterblichkeit als Gegenstände der Erkenntnis dargestellt. (XI, 189 S.) gr. 8. Berlin 903. G. Reimer. n. 2. —

Bolliger. Adolf [Professor der Theologie]: Markus der Bearbeiter des Matthäus-Evangeliums. Altes und Neues zur synoptischen Frage. Programm zur Rektoratsfeier der Universität Basel. Basel 1902. 100 S. 4°.
Basel. Univ.-Schr. 1902/1903.

Bolliger, Adf., Markus, der Bearbeiter des Matthäus-Evangeliums. Altes u. Neues zur synopt. Frage. Progr. gr. 4. (100 S.) Basel 902. (C. Bock.) n. 2. 50

Bolliger, Adolf. Markus, der Bearbeiter des Matthäus-Evangeliums. Altes und Neues zur synoptischen Frage, dargelegt von Adolf Bolliger.... Programm zur Rektoratsfeier der Universität Basel. 100 S. 4. Basel, Friedrich Reinhardt, 1902.

— Markus, d. Bearbeiter d. Matthäus-Evangeliums. (100) 4° Bas., R Wepf & Co.'02. 2.50

Bolliger, Adf., näher zum wahren Gott. Predigten. (40 S.) 8. Zürich (910). A. Frick. — 80

— das Problem der Causalität. Ein philosoph. Versuch. gr. 8. (VIII, 157 S.) Leipzig 878. Fernau. n. 3. 60

— die rechte Religion. Der Basler Schulsynode vorgetragen am 24. XI. 1903. (47 S.) gr. 8. Basel 904. B. Schwabe. n. — 80

Bolliger, Adf: Ein paar Körner Salz. Reden. (40) 8° Zür., A Frick ('07). — 70 d

Bolliger, A. Das Schriftprincip der protestantischen Kirche einst, heute, in der Zukunft. Der schweizer. Predigerversammlung in Aarau am 26. August 1890 vorgetragen. In-8°. 103 S. Aarau, H. R. Sauerländer, 1890. 2 —

— Sieg u. Freude. 4 Predigten. (44 S.) 8. Ebd. (908). — 80

Bolliger, A. Die theoretischen Voraussetzungen des Gebots und deren Vernünftigkeit. Oeffentliche Antrittsvorlesung geh. in der Aula der Universität Basel am 22. Mai 1891. In-8°. 41 S. Basel, Benno Schwabe. 1891 1 20

— der Weg zu Gott f. unser Geschlecht. Ein Stück Erfahrungstheologie. gr. 8. (VIII, 67 S.) Frauenfeld 899. Huber & Co. n. 1.50

Der Weg zu Gott für unser Geschlecht. Ein Stück Erfahrungstheologie von Dr. Adolf **Bolliger**, Prof., Basel. 2., neu bearb. Aufl. Mit e. Beil.: Der Führer auf d. Weg zu Gott. *Frauenfeld: J. Huber 1900.* (XXIV, 278 S.) 8° [F.] (ca. 1889) 10

Bolliger, Adolf [Professor der Theologie]: Wie besiegen wir die Trägheit? Rede gehalten am Jahresfeste der Universität Basel den 13. November 1903. Basel 1904. 36 S. 8°.
Basel. Univ.-Schr. 1903/1904.
Nicht für den Austausch.

Bolliger, Adolf. Wie besiegen wir die Trägheit? Rede gehalten am Jahresfeste der Universität Basel den 13. November 1903 vom Rektor D. A' Bolliger.... 36 S. 8. Basel, Benno Schwabe, 1904. [fr. 1.—]

— die Willensfreiheit. Eine neue Antwort auf e. alte Frage. (V, 125 S.) gr. 8. Berlin 903. G. Reimer. n. 2.40

Bolling, George Melville, s.: Pariśistas, the, of the Atharvaveda.

Bolling, [Max]: Zur Geschichte der Anstalt. Stargard i. P. 1908: Hendess. S. 3—8. 4°
Stargard i. P., HM P 1908 [239a] [S 08. 36

Bolling, [Max]: Vortrag in der 21. Hauptversammlung des Deutschen Vereins für das höhere Mädchenschulwesen: Der Lehrplan der höheren Mädchenschule nach den Ausführungsbestimmungen vom 12. Dezember 1908. Stargard i. Pom. 1910: Hendess. S. 16—32. 4°
Stargard i. Pom., st. HM u. Kl. 3 d. h. Lehrerinnen-Sm P 1910 [251] [S 10. 40

Boelling, F(erdinand): Die Rechtsfolgen einer falschen Todeserklärung nach heutigem Recht. Heidelberg 1906: K. Rössler. (VIII, 44 S.) 8°
Heidelberg, Jur. Fak., Ref. Bekker, Diss. v. 21. Dez. 1906
[Geb. 17. Juli 80 Koschmin; Wohnort: Berlin; Staatsangeh.: Preußen; Vorbildung: Kaiserin-Augusta-Gymn. Charlottenburg Reife M. 00; Studium: Berlin 1, München 2, Berlin 5 S.; Rig. 2. Nov. 06.]

Bölling, Guisbert, aus Alt-Laube: Beiträge zur Kenntnis einiger alkaloidhaltiger Pflanzen mit Berücksichtigung ihrer Anatomie und des mikrochemischen Nachweises ihrer Alkaloide. *Erlangen 1900: A. Vollrath.* (58 S.) 8°
Erlangen, Phil. Diss. v. 28. Juni 1900

Bollinger. ad. effect. catalyt. rivi galvan. constantis. Bri. Schul-/Univ.-Schrift 1863.

Bollinger (Hrsg.), s. Ärztliches Intelligenz-Blatt

Bollinger: Pilzkrankheiten ..., s. Bollinger, Otto

Bollinger: Revision ..., s. Bollinger, Rudolf

Bollinger, Umschreib. d. Evangel. d. Johannes, s. Aigner, d. christl. lat. Muse. 1r Thl.

Bollinger: Vaccination, s. Bollinger, O.

Bollinger, A[ndreas]. Geographisch-statistisches Handbüchlein der Schweiz für Schule und Haus = Tableau de Géographie et de Statistique de la Suisse. Nach den neuesten Quellen bearb. von A. Bollinger.... Mit einem Vorwort von Dr. K[arl] Henking.... 24 S. 8. Schaffhausen, P. Meili, 1903. [fr. —.65]

Bollinger, August. Franc. (geb. Pfalzdorf bei Cleve 12. 3. 1840): Symbolae ad effectum catalyticum rivi galvanici constantis demonstrandum. Berolini (1863). (32 S.) 8°
Berlin, Med. Diss. v. 20. Aug. 1863

Bollinger, Friedrich

Bollinger, Frdr., Lehrgang f. den Unterricht in der Rundschrift, m. e. Anleitg. u. e. photogr. Wiedergabe e. Schülerheftes. (28 Bl.) 7×23 cm, 1 Bl. Text, 23×29,5 cm u. Beilage 12×61,5 cm. Berlin (903). Wiegandt & Grieben. In Umschlag n. 1.—

Bollinger, Gottfried. Zur Gastropodenfauna von Basel und Umgebung. Diss. Phil. Basel. [Mit Figuren und 2 Tafeln.] 216 S. 8. Basel, Werner-Riehm, 1909.

Bollinger, H. (Hrsg.), s. Festschrift zur Erinnerung

Bollinger, H., Geschichte des kantonalen Offizier-Vereins Schaffhausen, s.: Neujahrsblatt, 15., des historisch-antiquar. Vereins u. des Kunstvereins Schaffhausen.

Bollinger, H., der Instructor. Ein takt. Führer durch die schweizer. Soldaten- u. Compagnieschule. 12. (VII, 104 S.) Zürich 887. Meyer & Zeller. cart. n. 1.40

Bollinger, Heinrich

Bollinger, H., Militär-Geographie der Schweiz. 8. (122 S. m. 1 Tab.) Zürich 881. Orell, Füssli & Co. n. 2.40

Bollinger, H., Militär-Geographie der Schweiz. 2. erweit. u. verb. Aufl. 8. (139 S. m. 1 Tab. u. 1 chromolith. Karte.) Zürich 884. Orell Füssli & Co. Verl. n. 2.50

Bollinger, H[einrich]. Schiessinstruktion für den Armbrustschützen von H. B', [gewes.] Kreisinstruktor der VII. Division. [Mit 2 Tafeln.] II + 15 S. 8. Schaffhausen, H. Meier & Cie., 1906.

Bollinger, Heinr., s: Vergilius Maro, Des Publius, Bucolica.

Bollinger, J. J., Beiträge zur Zahnheilkunde. Freiburg i. Br. 853. (Wagner.) 8. (12 S.) n. 4 ngr.

Bollinger, Jacob

Bollinger, Jac., Liederkranz. Sammlung ausgewählter Gesänge für deutsch-amerikanische Schulen. 1. und 2. Heft. 12. (36 S. und 69 S.) St. Louis, Mo., 859,60. (Philadelphia, Schäfer und Koradi.) [1. Heft * 8 Ngr., 2. * 10 Ngr.] Thlr. *

Bollinger, J, Liederkranz. 1. Hft. 12. (36) St. Louis 59. (Philad., Schäfer u. K.) n. — 8 || 2. Hft. (69) n. — 10

Bollinger, Otto

Bollinger, O. (Hrsg.), s. Abhandlungen, Münchener medicinische. Reihe 1.

BOLLINGER, Otto (Nörsheim): Zur pathologischen Anatomie der acuten Leberatrophie und der Phosphorvergiftung.- Leipzig: Hirschfeld (1867). 23 S.
20.6.1867 - Urk (Titel: De intoxicationis phosphoricae atque hepatis atrophiae flavae acutae anatomia pathologica.); P 71
Diss. Ingolst.-Landsh.-Mchn.

Bollinger, O. v., s.: Arbeiten aus dem pathologischen Institut (der Universität München).

Bollinger, O., Arbeiten a. d. patholog. Institute, s.: Abhandlgn., Münchener medicin.

Bollinger, O., zur Aetiologie der Tuberkulose. Lex.-8. (11 S.) München 883, Rieger'sche Universitäts-Buchh. *
Aus: Festschrift des ärztlichen Vereins München zur Feier seines 50jährigen Jubiläums, besonders abgedruckt.

Atlas und Grundriss der pathologischen Anatomie nach Originalen v. Maler A. Schmitson. Von ... O[tto] **Bollinger.** Bd 1. 2. *München: J. F. Lehmann 1896. 97.* 2 Bde 8.
1. Cirkulations-, Respirations- & Digestionsapparat, sowie Leber, Gallenwege und Pankreas. M. 69 farb. Abb. auf 60 Taf. u. 18 Textill. 1896. (VIII, 160 S., 60 Taf.)
2. Harnapparat, Geschlechtsorgane, Nervensystem, Knochen. M. 63 farb. Abb. auf 52 Taf. u. 17 Textabb. 1897. (VIII, 148 S., 52 Taf.)

= **Handatlanten,** Lehmann's medicin. Bd XI. XII. [96. 6764 Bc

Atlas und Grundriß der pathologischen Anatomie von Prof. Dr. O[tto] **Bollinger.** Mit Taf. u. Textill. 2., stark verm. Aufl. Bd 1. 2. München: J. F. Lehmann 1901. 2 Bde 8°
1. Zirkulations-, Respirations- & Digestionsapparat ...
2. Harnapparat, Geschlechtsorgane, Nervensystem, Knochen, Gelenke.

= **Handatlanten,** Lehmann's Medizinische. Bd 11. 12. [08. 1164 6

Bollinger, Otto, Beiträge zur vergleichenden Pathologie und pathologischen Anatomie der Hausthiere. 1. und 2. Heft. gr. 8. München, Oldenbourg. *

Inhalt:

Heft 1. Die Kolik der Pferde und das Wurmaneurysma der Eingeweidearterien. Eine pathologisch-anatom. und klin. Untersuchung. (VIII, 264 S. mit 19 eingedr. Holzschn.) 870. *M 4.

» 2. Zur Pathologie des Milzbrandes. Eine Gratulationsschrift zum 400jähr. Jubiläum der Universität München. (VIII, 155 S. mit 3 lithogr. Taf.) 872. *M 3.

Bollinger, O., (Prof. in Zürich), Beiträge zur vergleichenden Pathologie u. patholog. Anatomie der Hausthiere. 1. u. 2. Heft. gr. 8. München, Oldenbourg. 1872 8. 75
Inhalt: I. Die Kolik der Pferde. 5 fr. — II. Zur Pathologie des Milzbrandes. fr. 3. 75 cts.

Bollinger: Zur Diagnose d. Rotzes. (1875). 4 S. (Særtr.). P.

Bollinger, O., über Fleischvergiftung, intestinale Sepsis u. Abdominaltyphus, s.: Zur Aetiologie der Infectionskrankheiten.

Bollinger, O.: Über Gallensteinkrankheiten, s. Abhandlungen, Münchener medicinische.

— über eine seltene Haargeschwulst im menschlichen Magen, s.: Abhandlungen, Münchener medicinische.

— Handbuch der chronischen Infectionskrankheiten, s. Handbuch der speciellen Pathologie und Therapie.

Bollinger, O., Handbuch der Syphilis, der Invasionskrankheiten und der Zoonosen, s. Handbuch der speciellen Pathologie und Therapie.

Bollinger, O, Handbuch d. Zoonosen, s.: Handbuch d. spec. Path. u. Ther.

Bollinger, O.: Ueber idiopathische Herzvergrösserung, s. Bauer, Jos.

— — Infektionen durch tierische Gifte. (Zoonosen.) (II.) cf. Ziemssens Handbuch. Band III. (Leipzig. Ebd.)

— s.a. **Jugend, d. studierende, u. d. Alkoholfrage.**

Bollinger, R., Buchner u. Haushofer, M. Die studierende Jugend und die Alkoholfrage. In-8°. 24 S. Oberstrass-Zürich, E. Speidel. — 50
1895

Die studierende Jugend und die Alkoholfrage. Vorträge geh. in d. Aula d. Kgl. Univ. München von Prof. Dr. [Otto] Bollinger, Prof. Dr. [Hans] Buchner, Prof. Dr. M[ax] Haushofer u. d. Vorsitze des Geheimr. Prof. M. v. Pettenkofer. *München: J. F. Lehmann 1895.* (24 S.) 8°
= Verein, Deutscher, gegen Missbrauch geistiger Getränke. Zweigver. München. H. 2. [95 … 11

Bollinger, Otto, die Kolik der Pferde u. das Wurmaneurysma der Eingeweidearterien. Eine pathologisch-anatomische u. klinische Untersuchung. Mit 10 Holzschn. (im Text). München 870. Oldenbourg. gr. 8. (VIII, 264 S.) n. 1 Thlr 10 ngr.

— — Über Menschen- und Tierpocken, über den Ursprung der Kuhpocken und über intrauterine Vaccination. (40 S.) (Volkmannns Sammlung klinischer Vorträge Nr. 116. Leipzig 77.) Breitkopf & Härtel. M. —.75

Bollinger O.: Zur Pathologie d. Milzbrandes. Gratulationsschr. Münch. 1872. 155 S. 3 Tvl.
(=: Beiträge z. vergl. Pathologie u. patholog. Anatomie d. Hausthiere H. 2).

— über Pilzkrankheiten niederer u. höherer Thiere, s.a. Zur Aetiologie der Infectionskrankheiten mit besonderer Berücksichtigung der Pilztheorie.

1881 München **Bollinger,** Über Pilzkrankheiten höherer und niederer Thiere. Zur Ätiologie der Infektionskrankheiten (über Krebspest).

— üb. Schwindsucht-Sterblichkeit i. verschied. Städten Deutschlands, nebst Bemerkgn. üb. Häufigkeit d. Rindertuberculose, s.a. Abhandlungen, Münchener medicin.

— Über Schwindsucht-Sterblichkeit in verschiedenen Städten Deutschlands, nebst Bemerkungen über Häufigkeit der Rindertuberkulose. S. A. München 95. Lehmanns Verlag. M. 1.—

— über animale Vaccination. Bericht über eine im Auftrag d. k. bayer. Staatsministeriums des Innern für Kirchen- u. Schul-Angelegenheiten zum Besuche der animalen Impf-Anstalten in Belgien, Holland u. Hamburg unternommene Reise. Mit 15 (eingedr.) Holzschn. gr. 8. (VI, 169 S.) Leipzig 879. F. C. W. Vogel. n. 4. —

— über Vererbung von Krankheiten. Mit 2 (lith.) Taf. [Aus: „Beiträge z. Biologie, Jubil.-Schrift f. Geh.-R. v. Bischoff".] Lex.-8. (26 S.) Stuttgart 882. Cotta. n. 1.20

Bollinger O.: [Særtryk]. P.
(Ueber das autochtone Vorkommen d. *Bothriocephalus latus* in München nebst Bemerkungen üb. die geographische Verbreitung d. Bandwürmer. [Leipz. 1885?]. (8) S. — Ueber *Taenia cucumerina* beim Menschen. Leipz. 1905. (7) S.).

Bollinger, Otto von, Dr.: Wandlungen der Medizin und des Ärztestandes in den letzten 50 Jahren. **München 1908:** Wolf. 44 S. 4°
München, Rede b. Antritt d. Rektorats am 28. Nov. 1908 [U 09. 3545

— Wandlungen der Medizin u. des Ärztestandes in den letzten 50 Jahren. Rede, geh. beim Antritt des Rektorats der Ludwig-Maximilians-Universität München am 28. XI. 1908. (44 S.) gr. 8. München 909. J. F. Lehmann's Verl. 1.—

— über eine neue Wild- u. Rinderseuche, welche im Sommer 1878 in der Umgebung von München beobachtet wurde. gr. 8. (15 S.) München 878. J. A. Finsterlin. — 45

Bollinger, Otto (Red.), s. Zeitschrift, Deutsche, für Tiermedizin und vergleichende Pathologie.

Bollinger O, über Zwerg- u Riesenwuchs. (Slg wiss. Vortr. 455) Berlin 1885

Bollinger, R.: Die Ausländerfrage. Referat. (15) gr8° Zür., Art. Instit. Orell Füssli ('11). — 40

Bollinger, R.: Die studierende Jugend ..., s. Bollinger, Otto

Bollinger, Rudolf, aus Zürich: Zur Revision der Lehre von der Klagänderung. Zür. Zürcher u. Furrer Dr. [Meyer & Zeller Verl.] 1886. 2 Bl., 80 S., 1 Bl. Thesen. 8°.
Zürich, Jur. Diss. [v. 27. Febr. 1886].

Bollinger, Ulrich

Bollinger, U., Umschreib. d. Evangel. d. Johannes, s.a. Jos. Aigner, d. christl. la ein. Muse.

Bollinger, Ulrich, Poetische Umschreibung des Johanneischen Evangeliums, u. einige Bruchstücke aus den 3 übrigen Evangelien von Martinus Balticus: jene im heroischen, diese im elegischen Versmaße, dem Lateinischen gegenüber die deutsche Übersetzung von Jos. Aigner. Regensburg, Manz, jetzt Verl.-Anst., 1825, gr. 8°, 3 Mk.

Bollinger-Auer, Jacob

Bollinger-Auer, J.: Bewegungsspiele für Mädchen. Zürich 1894. 96 S. m. Abb. (Handbuch f. d. Turnunterricht an Mädchenschulen. 3.)

Bollinger-Auer (J.) Bewegungsspiele für Madchen. 2 Aufl. 1901. Zürich 8°. 111 S. m. Abb. M. 1.50

— Buch der Reigen, s.: Jenny, Wilh.

Bollinger-Auer, J.: Frei- und Stabübungen durchgeturnt am 4. Turnkurs für Mädchenturnlehrer in Luzern. Basel 1894. 58 S.

Bollinger-Auer, J., Frei- u. Stabübungen, durchgeturnt a. 4. Turnkurs f. Mädchenturnlehrer i. Luzern v. 15.—27. Oktbr. 1894. 8. (58 S.) Basel 895. R. Reich. n. — 50

— La gymnastique des jeunes filles. Exercices libres, exercices avec les haltères et exercices de cannes. Traduits librement sur la 2ième éd. par Aug. Jaquet. 8. (157 S. m. 77 Fig.) Zürich 897. Art. Institut Orell Füssli. n. 2. 40

Bollinger-Auer, J.: Handbuch für den Turnunterricht in Mädchenschulen. Zürich 1890. 190 S. m. Abb.
— — 2. Aufl. 1894—97. 3 Bde
— — 3. Aufl. 1907.

Bollinger-Auer, J., Handbuch f. den Turnunterricht in Mädchenschulen. 8. (IX, 190 S. m. 102 Illustr.) Zürich 890. Orell Füssli Verl. n. 2. —

Bollinger-Auer, J., Handbuch f. den Turnunterricht an Mädchenschulen. 2. Aufl. III. Bdchn. Bewegungs-Spiele f. Mädchen. Bearb. im Auftrage des Erziehungsdepartements des Kantons Basel-Stadt. gr. 8. (VI, 96 S. m. 34 Abbildgn.) Zürich 894. Art. Institut Orell Füssli, Verl. n. 1. 50
Das I. u. II. Bdchn. der 2. Aufl. erscheinen später.

Bollinger-Auer, J. Handbuch für den Turnunterricht an Mädchenschulen. 2. verm. u. verbess. Aufl. 1. u. 2. Bändchen. In-8°. Zürich, Art. Inst. Orell Füssli. 1896
*** I. Turnübungen für Mädchen der unteren Klassen. Mit 78 Illustr. XI, 148 S. 2. 10. — II. Turnübungen für Mädchen der oberen Klassen. Mit 100 Illustr. 221 S. 2. 50.

— Hdb. f. d. Turnunterr. an Mädchensch. 1—3. Bdchen. 2. Afl. 8° (Mit Abb.) Ebd. 5.90
1. Die Turnübgn f. Mädchen d. unt. Klassen. (148) 97. 2 —
2. Dass. f. Mädchen d. ob. Klassen. (221) 97. 2.40
3. Beweggs-Spiele f. Mädchen. (111) 01. 1.50

Bollinger-Auer, J. Handbuch für den Turnunterricht in Mädchenschulen. III. Bändchen. Bewegungsspiele. 2. Aufl. 8°. 112 S. mit 41 Illustr. Zürich, Verlag Art. Inst. Orell Füssli. 1900 1 50

Bollinger-Auer, J., Handbuch f. den Turnunterricht an Mädchenschulen. 3. Bdchn.: Bewegungs-Spiele f. Mädchen. Ursprünglich im Auftrage des Erziehungs-Departementes des Kantons Basel-Stadt bearb. 2. verm. u. verb. Aufl. 8. (VII, 111 S. m. 41 Abbildgn.) Zürich 901. Art. Institut Orell Füssli. n. 1. 50

Bollinger-Auer, J., Handbuch für den Turnunterricht an Mädchenschulen. 1. Bdchn. gr. 8. Zürich (903). Art. Institut Orell Füssli. n. 2. —
Die Turnübungen f. Mädchen der untern Klassen. 3., verm. u. verb. Aufl. (XII, 176 S. m. 77 Abbildgn.)

Bollinger-Auer, J., Handbuch für den Turnunterricht in Mädchenschulen, Zürich 1890—1903, 8°. 5 Bde.
1. Bändch.: Die Turnübungen f. Mädchen d. unteren Klassen, 1., 2., 3. Aufl.

Bollinger-Auer, J., Handbuch f. den Turnunterricht an Mädchenschulen. 2. Bdchn. 8. Zürich (908). Art. Institut Orell Füssli. 4. —
Die Turnübungen f. Mädchen der oberen Klassen. 3., verm. u. verb. Aufl. Mit 123 Illustr. (XII, 344 S.)

Bollinger-Auer, J. (Red.), s. Monatsblätter für das Schulturnen.

— **Adolf Spiess, sein Leben u. seine Wirksamkeit. Dargestellt nach Vorträgen, geh. bei Anlass der Spiess-Feier im Basler Turnlehrerverein. (75 S.) gr. 8. Basel 910. Helbing & Lichtenhahn. 1. —**

Bollinger-Auer, J[acob]. Der Basler Turnlehrerverein, 1859—1909. Festschrift zur Feier seines fünfzigjährigen Bestehens. Zugleich eine Geschichte des Basler Schulturnens. Im Auftrage des B' Turnlehrervereins bearb. von J. B'-A'.... [Mit Illustrationen und 3 Tafeln.] VIII + 218 S. 8. Basel, Kreis & Co., 1909. [fr. 1.50]

Bollinger-Auer, J.: Die Turnübungen für Mädchen der unteren Klassen. 2. Aufl. Zürich 1897. 148 S. m. Abb. (Handbuch f. d. Turnunterricht an Mädchenschulen. 1.)
— — 3. Aufl. 1903. 176 S.

Bollinger-Frey, F[riedrich]. Lehrgang für den Unterricht in der Rundschrift, methodisch geordnet und mit einer Anleitung versehen, für den Schulgebrauch und zum Selbstunterricht bearb. und hrg. von F. Bollinger-Frey, Sekundarlehrer in Basel. 2 S. quer-fol. + 28 Bl., in *Couvert* schmal-8. (Basel), Selbstverlag (Buchdr. Basler Anzeiger, 1901). fr. 1. —

Bollioud-Mermet, Louis. Abhandlung von dem Verderben des Geschmacks in der französischen Musik. Aus dem Französischen übersetzt ... Altenburg 1750. Ü: *Freytag, Friedrich Gotthf.* (BrMm)
P.E. Richter.

Boellke, Otto, approb. Arzt: Beiträge zur Kenntnis der Pankreascysten. *Greifswald 1901: J. Abel.* (37 S.) 8°
Greifswald, Med. Diss. v. 21. März 1901

Bollmacher, Frz., Liederbuch f. Volksschulen. Auswahl ein- u. mehrstimm. Volkslieder u. Choräle nebst e. Stufengange f. Gehör- u. Stimmübgn. unter einfachster Verwendg. der Note. Nach den amtl. Bestimmgn. f. die Schulen der Prov. Sachsen zusammengestellt. 4 Hfte. 8. Leipzig, C. Merseburger. n. 1. 12
1. Unterstufe. (40 S.) 901. n. — 16
2. Mittelstufe. 2. Aufl. (60 S.) 902. n. — 24
3. Oberstufe. (78 S.) 901. n. — 36
4. Motetten, Hymnen u. Lieder f. den Gebrauch in Kirche u. Schule. (48 S.) 902. n. — 36

Bollmacher, Frz., Liederbuch f. Volksschulen. Auswahl ein- u. mehrstimm. Volkslieder u. Choräle nebst e. Stufengange f. Gehör- u. Stimmübungen unter einfachster Verwendg. der Note. Nach den amtl. Bestimmungen f. die Schulen der Prov. Sachsen zusammengestellt. 1.—3. Hft. 8. Leipzig, C. Merseburger. n. — 76
1. Unterstufe. 2. Aufl. (40 S.) 903. n. — 16
2. Mittelstufe. 3. Aufl. (60 S.) 905. n. — 24
3. Oberstufe. 2. Aufl. (78 S.) 903. n. — 36

Bollmacher, Frz., Liederbuch f. Volksschulen. Auswahl ein- u. mehrstimm. Volkslieder u. Choräle nebst e. Stufengange f. Gehör- u. Stimmübgn. unter einfachster Verwendg. der Note. Nach den amtl. Bestimmgn. f. die Schulen der Prov. Sachsen zusammengestellt. 3 Hefte. kl. 8. Leipzig, C. Merseburger. — 76
1. Unterstufe. 3. Aufl. (40 S.) 908. — 16
2. Mittelstufe. 4. Aufl. (60 S.) 900. — 24
3. Oberstufe. 3. Aufl. (78 S.) 908. — 36

Bollmacher, Frz: Liederb. f. Volkssch. 3. Heft. Oberst. 4. Afl. (78) kl8° Lpzg. C Merseburger '12. — 36 d

Bollmacher, Frz. Volksgesangvereine u. ihre rechte Pflege. Ein Wort d. Zeit an alle Dirigenten v. Männergesangvereinen in kleineren Städten u. auf d. Lande. 8. (15 S.) Langensalza 889, Beyer u. Söhne. * — 20

Bollmann: Der Hellenen Freiheitskampf..., s. Bollmann, Ludwig

Bollmann: Ueber das Kunstprincip in Lessings Laocoon und dessen Begründung. 29 S.
Progr. Berlin Gr. Kl. 1852.

Bollmann. Reisekarte der Schweiz. 1 : 400 000. München 1830. 1 Bl. K. Ff.

Bollmann, Reise-Karte der Schweiz. Imp. Fol. Kpfrst. u. color. München 849, Literar.-artist. Anstalt. Auf Leinw. in Engl. gr. 8. Carton. n. 2½ Thlr

Bollmann, Obm. Stellungnahme des Deutschen Vereins zu den Bestimmungen des Trunksuchtsgesetz-Entwurfs etc. Guben 1895. 8°. 15 S.

Bollmann: Verteidigung . . ., s. B o l l m a n n , Carl

Bollmann, A. R. K., Versuche und Bemerkungen über die Verhütung der Kartoffelkrankheit. (Aus der St. Petersburger Zeitg.) St. Petersburg 853. (Berlin, Asher u. Co.) gr. 8. (32 S.) n. 15 ngr

Bollmann, Adolph Theod. (Stralsund), De prosopalgia nonnulla. Diss. med. Bln. (Brüschck) 1. V. 1829. 36 S. m. Biogr. (M.: E. Bähr.) (4.50)

Oppon.: G. Holthoff, H. v. Pommeresche, Ernst Fischer. — Gewidmet: C. A. Rudolphi, J. C. Bollmann.

Bollmann, C., J.: Adreß- u. Geschäfts-Handbuch der Stadt Oschersleben.

Bollmann C, die gewerbliche Buchführung. (142 S) (Mehner, die Unterrichtspraxis der Fortbildungsschule 9) Leipzig 1909

Bollmann, C., die Buchführung des Kaufmanns. Für Lehrer an Handelsschulen u. zum Selbstunterricht. (Zugleich e. Anleitg. zur Benutzg. der v. demselben Verf. hrsg. Geschäftsgänge.) 1. Tl. Die einfache Buchführg. (VII, 140 S.) 8. Oldenburg 910. (Bültmann & Gerriets.) 1. 75

Bollmann, Carl, s. A l m a n a c h des Altonaer Stadt-Theaters.

Bollmann, Carl, der Herzog von Coburg und mein Austritt aus seinen Diensten. gr. 16. (54 S.) Hamburg 861, Grefe. *

Erinnerungen. Eine Erzählung aus dem (italien.) Hofleben. Nach dem Italienischen bearb. von *Karl Bollmann* (ehemal. Cabinetssecretär Sr. Hoh. d. regierend. Herzogs von Coburg). Hamburg, J. F. Richter, 1862. 8°. Braun. Harsb.
159 S. (incl. Tit. u. Vorw., dat.: Kopenhagen, d. 8. Juni 1862).

—— die deutsch-dänische Frage. gr. 8. (47 S.) Kopenhagen 868, Prior. *

—— Ideen zu einem Reichsbunde. gr. 8. (48 S.) Hamburg 862, Richter.

Bollmann, C., ausländische Culturpflanzen in bunten Wandtafeln, s.: Zippel, H.

— literärischer Nachlaß. Skandinavische Studien. Kopenhagen 864. — Leipzig, Brauns. gr. 8. (58 S.) 7½ ngr.

—— dem Nationalverein. gr. 8. (20 S.) Kopenhagen 862, Prior.

— Repräsentanten einheimischer Pflanzenfamilien in farbigen Wandtafeln, s.: Zippel, H.

— Skizzen a. Mindens Vergangenheit. Die Zeit d. 30jähr. Krieges. 8° (135 m. 2 Ansichten.) Mind. 97, JCC Bruns. 2 —; geb. 3 —

—— eine Verschwörung. gr. 8. (80 S.) Flensburg 862, Sundby und Jespersen. *

Bollmann, Vertheidigung des Machiavellismus. 1. und 2. Aufl gr. 8. (102 S.) Quedlinburg 858. 59, Huch.

Bollmann, Emil: Bilder a. Alt-Zürich. Geleitwort v. Olga Amberger. (16 Taf. m. 10 S. illustr. Text.) 32,5×25 cm. Zür., Art. Institut Orell Füssli ('12). HL 6.40 d

Bollmann, Fr., praktische Anleitung zur Darstellung photographischer Kohlebilder. Nebst einer ausführlichen Anweisung, dieselben auf lithograph. Stein und Zink für den Druck zu übertragen. Ein Hand- u. Lehrbuch für alle Photographen, Lithographen etc. Gediegene Resultate vieler prakt. Versuche. Berlin 862. Schotte & Co. in Comm. 8. (V, 65 S.) n. 3 Thlr

— vollständiges Handbuch der Photographie. Nebst einer besondern Abhandlung über die Darstellung haltbarer, positiver, photographischer Bilder oder aller derjenigen Verfahren, welche dazu dienen, photographische Bilder schnell, sicher und sauber, sowohl in geringer Anzahl vermittelst des Copirrahmens darzustellen, als auch durch den Druck zu vervielfältigen [Photolithographie]. Ein Lehr- u. Nachschlagebuch für Photographen, Lithographen, Buchdrucker etc. 862. 1 Thlr 15 ngr. — 2. u. 3. unveränd. Abdr. Braunschweig 862, 63. Neuhoff & Co. 8. (XI, 234 S.) 1 Thlr

Bollmann, F, vollst. Handb. d. Photographie. 3. Abdr. 8. (234) Brschw. 63. (Berl., Hentze.) 1. —

— das photographische Kohlebild. Eine einfache u. praktische Anleitung zur billigen Darstellung desselben, nebst einer ausführlichen Anweisung, diese Bilder durch ein einfaches Verfahren auf Stein od. Zink für den Druck zu übertragen. Ein Hand- u. Lehrbuch für alle Photographen, Lithographen, Kupferstecher etc. Gediegene Resultate vieler prakt. Versuche. 2. Abdr. Berlin 863. Schotte & Co. 8. (V, 64.) n. 1 Thlr

Bollmann, Fr., das photographische Kohlebild. Eine einfache u. praktische Anleitung zur billigen Darstellung desselben, nebst e. ausführlichen Anweisung, diese Bilder durch ein einfaches Verfahren auf Stein oder Zink für den Druck zu übertragen. Ein Hand- u. Lehrbuch für alle Photographen, Lithographen, Kupferstecher etc. Gediegene Resultate vieler prakt. Versuche. Neue Ausg. Berlin 865. Schotte & Co. 8. (2 Bll., 64 S.) n. 15 ngr.

—— photographisch-chemikalisches Lexikon. 6 Hefte. Lex.-8. (IV und 299 S. mit zahlreichen Illustr. in eingedr. Holzschn.) Braunschweig 862,63, Neuhoff und Comp. Subscr.-Pr. à Heft * 10 Ngr. *

Bollmann, Fr. (Hrsg.), s. M o n a t s h e f t e , Photographische.

—— die praktische Photographie unserer Zeit. Vollständiges Lehrbuch für Photographen von Fach, Dillettanten und solche, welche diese Kunst ohne Beihülfe erlernen wollen. Nebst einer ausführl. Abhandlung über Stereoscopie, Panotypie, phantasmagorische Glasbilder etc. Auf Grund der Wissenschaft und prakt. Erfahrung. 8. (IV und 55 S.) Berlin (861)62, Schotte und Comp. *

—— die praktische Photographie unserer Zeit. Vollständiges Lehrbuch für Photographen von Fach, Dilettanten und solche, welche diese Kunst ohne Beihülfe erlernen wollen. Nebst einer ausführl. Abhandlung über Stereoscopie, Panotypie, phantasmagor. Glasbilder etc. Auf Grund der Wissenschaft und prakt. Erfahrung. Neue Ausg. 8. (52 S.) Berlin 865, Schotte und Comp. *

— Recept-Taschenbuch für Photographen. Leipzig 863. R. Schäfer in Comm. 16. (100 Sp.) n. 15 ngr.

Bollmann, Fr., Recept-Taschenbuch für Photographen. gr. 16. (100 Sp.) Leipzig 863, [Waldow.]

Bollmann, Friedrich [aus Bremen]: Zur Casuistik der inneren Einklemmung ... Heidelberg, Univ.-Buchdr. v. J. Hörning, 1894; 35 S. 8.
Heidelberg, Med. Fak., Inaug.-Diss. v. [20. Juni] 1894

— **Friedrich Christoph** (Quedlinburg), De aedificio praedii nobilis. Vom Ritter-Sitz/. Präs. Pet. Müller. Jena (Bauhofer) März 1687. 46 S. z. gr. Tl. dtsch. (5.20)

— — Dasselbe. Jena (Ehrich) 1706. 36 Seiten. (5.—)

— — Dasselbe. Von denen Gebäuden derer Ritter- oder Adelichen Sitzen / derselben Freyh- und Gerechtigkeiten / auch denen dazu gehörigen Frohn-Diensten. Jena (J. B. Heller) 1724. 36 S. (5.—)

Bollmann, G. K., s. Bollmann, K. G.

Bollmann, Gerhard, a. Groß-Salze: Beiträge zur Kenntnis der Magnesiumverbindungen. (Berlin 1905: E. Ebering.) (43 S.) 8°
Berlin, Phil. Fak., Ref. Landolt, Gabriel, Diss. v. 21. Jan. 1905
[Geb. 22. Febr. 79 Groß-Salze, Prov. Sachsen; Heimatsort: Charlottenburg; Staatsangeh.: Preußen; Vorbildung: Pädagogium zum Kloster Unser Lieben Frauen Magdeburg Reife O. 99; Studium: Marburg 5, Berlin 7 S.; Rig. 15. Dez. 04.]

Bollmann, Hans, Referendar: Die beschränkten persönlichen Dienstbarkeiten nach römischem und gemeinem Rechte sowie dem Rechte des Bürgerlichen Gesetzbuches für das Deutsche Reich. Greifswald 1906: F. W. Kunike. (45 S.) 8°
Greifswald, Jur. Fak., Ref. Pescatore, Diss. v. 10. Jan. 1907
[Geb. 10. Okt. 82 Stettin; Wohnort: Stettin; Staatsangeh.: Preußen; Vorbildung: Stadtgymn. Stettin Reife O. 01; Studium: Bonn 1, Berlin 1, Freiburg i. B. 2, Marburg 1, Greifswald 2 S.; Rig. 19. Jan. 05.]

Bollmann, J. C. E., de irritabilitate vis nervosae etc. 4. Götting. 791. Brose. 3 gr.

Bollmann

— Johann Friedrich (Halberstadt), De usu practico doctrinae juris Romani de praetore et judice pedaneo. Diss. jur. Präs. C. Gottlieb Knorr. Halle (J. Ch. Hilliger) Okt. 1725. 40 S. (5.—) 3458

Bollmann, Johannes [aus Bremen]: Die Lehre von der Ebenbürtigkeit in deutschen Fürstenhäusern bei Joh. Stephan Pütter und Joh. Jakob Moser und ihre Bedeutung für das heutige Recht. '(Vgl. d. Erkenntniss d. Reichsgerichts v. 5. Dec. 1893. Entscheidgn d. Reichsgerichts in Civilsachen Bd. 32 Nr. 38)' ... Eine v. d. jur. Fac. d. Univ. Göttingen gekr. Preisschrift. Göttingen, Druck d. Dieterich'schen Univ.-Buchdr., 1897; IV, 77 S. 8.
Göttingen, Jur. Fak., Inaug.-Diss. v. 5. Febr.] 1897

Bollmann, Johs., bremisches Staats- u. Verwaltungsrecht. (XI, 250 S.) gr. 8. Bremen 904. G. A. v. Halem.
Geb. in Leinw. n. 6.—

Verfassung und Verwaltung der freien Hansestadt Bremen. Von Dr. Johs. Bollmann, Richter. Hannover: Jänecke 1909. VII, 177 S. 8°
(Bibliothek d. Öffentlichen Rechts. Bd 13.) [09. 8175

— Verfassung u. Verwaltungsorganisationen der Hansestädte, s.: Seelig, Geert.

Bollmann, Justus Erich, s. a. Kapp, F.

Bollmann, Just. Ericus, De irritabilitate vis nervosae tantum modificatione. 32 pp. Gott. 4°. Coll. disp. med. in acad. Gott. 1792, I, 3. 1791

Bollmann, K. G.

Bollmann, K. G., Gedächtnißpredigt auf H. P. C. Henke, gehalt. d. 7ten Mai 1809. gr. 8. Helmst. 809. (Fleckeisen). 3 gr.

— u. H. W. J. Wolf, Heinrich Philipp Conrad Henke; Denkwürdigkeiten aus seinem Leben u. Erinnerungen an seine Verdienste. gr. 8. Helmst. 816. Fleckeisen. 2 Thlr 4 gr.

— Predigt beim Reformationsfeste 1817 gehalten. gr. 8. Helmst. 817. Fleckeisen. 3 gr.

— einige Predigten in besond. Beziehung auf d. jez. Zeiten. 8. Helmst. 813. Fleckeisen. 6 gr.

— Rede, gehalten beim Reformationsfeste. gr. 8. Helmst. 817. Fleckeisen. 3 gr.

Bollmann, Karl, s. Bollmann, Carl

Bollmann, L.: Der Hellenen Freiheitskampf ..., s. Bollmann, Ldw.

v. Bollmann, L. F., die Kometen. Mit besond. Rücksicht auf den berühmten Halley'schen Kometen im Jahre 1835. Eine populäre Darstellung des Wissenswürdigsten dieser außerordentl. Weltkörper, nach den Ansichten der gefeiertsten Astronomen älterer u. neuerer Zeit. gr. 8. Aarau 835. Sauerländer. 1/2 Thlr.

Bollmann, Ludwig von. Der Hellenen Freiheitskampf im Jahre 1822. Aus dem Tagebuche des Herrn A v[on] L , Kampfgenossen des Generals Grafen von Normann; bearb. von L' von B'. 8. Bern 1823.

v. Bollmann, (L.,) der Hellenen Freiheitskampf im J. 1822. Aus d. Tagebuche des Hrn. A. v. L., Kampfgenossen des Generals v. Normann. gr. 8. Bern 824. Jenni. (Leipzig, Hartmann.) Rthlr.

Bollmann, L. de, Guide par la Suisse, cont. les contrées les plus fréquentées de ce pays. 4 Livr. gr. in-8. (11¼ B. u. 73 lith. u. ill. Kart. in qu. Lex.-8.) Berne 830. [Jenni Sohn.] * Thlr.

— Guide par la Suisse, contenant les contrées les plus fréquentées de ce pays. En petites cartes itinéraires accompagnées d'un texte explicatif. En quatre Livr. Mit 73 lithogr. u. ill. Karten. gr. in-8. Berne 836. Wagner. n. 3⅙ Thlr.

Bollmann, L[udwig] v[on]. Die Schweiz. Ein Handbuch zunächst für Reisende. Mit einem Anhang (*Ausg. 2:* Anhange), enthaltend die Beschreibung der interessantesten Punkte der Nachbarlande der Schweiz. Mit 3 Stahlstichen [Tafeln] und 1 Karte.
[Ausg. 1.] Stuttgart, Zürich 1837.
Ausg. 2. Stuttgart 1850.

v. Bollmann, L., die Schweiz. Ein Handbuch zunächst f. Reisende. Mit e. Anhang, enthalt. d. Beschreibung der interessant. Punkte der Nachbarlande der Schweiz. Mit 3 Stahlst. u. 1 Karte. gr. 8. Stuttg. 837. Hoffmann. 2⅓ Thlr — 2e Ausg. gr. 8. Ebd. 840. 2½ Thlr

Bollmann, L[udwig] von. Wegweiser der Schweiz, enthaltend die (*Theil 2:* interessantesten u:) besuchtesten Gegenden des Landes. In (72) Kärtchen <Tagereisen> mit begleitendem Texte <als Supplement> dargestellt. [2 Theile.] Bern 1836.
[Theil 1: Text.] 8. — [Theil 2: Karten.] quer-8.

—— Wegweiser d. Schweiz, enthalt. d. besuchtesten Gegenden d. Landes. In Kärtchen (Tagereisen) mit begleit. Texte (als Supplem.) dargest. gr. 8. (13¼ B. u. 73 lith. u. ill. Karten in qu. Lex.-8. Bern 830, [Jenni Sohn.] *

— Wegweiser d. Schweiz, enthalt. die besucht. Gegenden des Landes. In Kärtchen (Tagereisen) mit beglèit. Texte (als Supplement) dargest. Mit 73 lithogr. u. ill. Karten. gr. 8. Bern 836. Wagner. n. 3⅙ Thlr

Bollmann, R., Anmerkungen zu Lessings hamburgischer Dramaturgie. [Aus: „Festschrift zur 3. Säcularfeier d. Berl. Gymnasiums zum grauen Kloster".] gr. 8. (16 S.) Berlin 874. Weidmann. n. — 40

Bollmann, Rudolphus: *Res Meliorum. Dissertatio ethnographica. VI, 141 S. 8° (4°)
Halle-Wittenberg, Phil. Diss. v. 18. Okt. 1843
Geb. Berlin 31. 8. 1820. V.
Verf. erlebte das goldene Dr.-Jubiläum 1893 als Professor am Gymnasium zum Grauen Kloster in Berlin.

Bollmeyer, Wilhelm [app. Arzt aus Nienburg a. W.]: Ueber Atresia ani congenita ... Göttingen, Druck d. Dieterich'schen Univ.-Buchdr., 1894; 46 S., 1 Bl. 8.
Göttingen, Med. Fak., Inaug.-Diss. v. [1. Aug.] 1894

Bollmeyer, Wilh., üb. Atresia ani congenita. Diss. gr. 8. (47 S.) Göttingen 894. (Vandenhoeck & Ruprecht.) n. 1. 20

Böllnitz, Baron v., s. a.: Pöllnitz.

v. Böllnitz (!), **Das galante Sachsen.** Aus dem Herzensleben August des Starken. Hrsg. von Vassil (ps.). Berlin 1886. 8°. (1 Mk. 50 Pfg. Dittmer, Lübeck, c. 1890.)

Bollfiek, Heinr., Welf u. Waiblingen. Roman. (256 S.) 8. Hannover 908. A. Sponholtz Verl. 8. —

Bolm's Geschichts-Lexikon. I. Bd. Tagebuch der Geschichte und Biographie über alle wichtigen Ereignisse und Persönlichkeiten für alle Tage des Jahres, von den ältesten Zeiten bis zur Gegenwart. Bearbeitet unter Mitwirkung Anderer von Dr. H. **Preiss** und Dr. H. **Tod**, herausgegeben von August Bolm. II. Bd. Handlexikon der Geschichte und Biographie. Historisch-biographische Daten in alphabetischer Ordnung. Bearbeitet von Dr. N. **Beeck**. (2 Bde.) gr. 8. Berlin 1881.

Bolm's Wandkarte d. neuen Maasses u. Gewichts. 2. Aufl. gr. Fol. (1 Bl.) Berlin 872. Bolm. n. — 50

Bolm, A. (Red.), s. Eisenbahn-Presse, Freie.

Bolm, A. (Red.), s. Reichspost, Neue deutsche.

Bolm, August

Bolm's Börsenblatt. Wahlzettel für populäre Artikel und Fachwerke. 7.—9. Jahrg. 1877—1879. à Jahrg. ca. 30 Nrn. (à ½—1 Bog.) Berlin, Bolm. à Jahrg. direct mit Post *
Frühere Jahrgänge vgl.: Börsenblatt für den deutschen Colportage-Buchhandel.

Bolm's, [Aug.], Börsenblatt für den Sortiments-, Colportage- und Eisenbahn-Buchhandel. Anzeiger von Colportage- und Eisenbahn-Literatur, von Kunstsachen, Papier- und Schreibwaaren. 10. Jahrg. 1880. 34 Nrn.; 11. Jahrg. 1881. 24 Nrn.; 12. Jahrg. 1882. 21 Nrn.; 13. Jahrg. 1883. 20 Nrn. (à Nr. 1 Bog.) Berlin, Bolm's Verlag. à Jahrg. *
Fortsetzung u. d. T.: Anzeiger für den Colportage-Buchhandel.

Bolm, August (Hrsg.), s. Buchhändler-Zeitung, Deutsche.

— Instruction u. Engagements-Bedingungen f. Buchhandlungs-Reisende. Zum Gebrauch f. Buchhandlgn. bearb. 2. u. 3. verm. Aufl. 8. (16 S.) Ebend. 883. n.n. — 50

Bolm, Aug., die Lehre von der Einrichtung und dem Betriebe des Buchhandels. 8 Hefte. 8. (144 S. und die Nebenzweige des Buchhandels 16 S.) Berlin, Bolm's Verlag 884. à Heft * 50 Pf. *

— zum Verständniß der Lage u. d. Betriebes d. Buchhandels. [Aus: „Deutsche Buchhändler-Zeitg."] 8. (15 S.) Ebend. 884. n.n. — 50

— was ist Usance im Buchhandel? Ein Beitrag zur Lösg. buchhändler. Rechtsfragen auf Grund d. Handelsgesetzbuches. 2. verm. Aufl. 8. (24 S.) Ebend. 883. n.n. — 75

Bolm, Aug., die Centralisation d. Buchhandels. [Aus: „Deutsche Buchhändler-Zeitg."] 8. (28 S.) Berlin 884. Ahleib. n.n. — 50

Bolm, Friedrich [aus Braunschweig]: Beiträge zur Kenntnis des β-Naphtylsulfonacetons ... Rostock, C. Hinstorffs Buchdr., 1896; 42 S., 1 Bl. 8.
Rostock, Phil. Fak., Inaug.-Diss. v. [16. Dez.] 1896

Bolm, Robert

Bolm, R, lust. Capperjaulen. 12° (305 m. Bildnis.) Berl. 95, W Möller. Geb. in Lnw. 3 —

Lustige Capperjaulen von Robert **Bolm.** Mit d. Bildn. d. Verf. Salzdahlum: Selbstverl. 1895. (VIII, 295 S.) 8° [F.] [o7. 1897 9]

Bolm, Wilhelm, Referendar in Düsseldorf: Die Abgrenzung der beiden Vereinsklassen des Bürgerlichen Gesetzbuchs (§§ 21, 22 B.G.B.). Borna-Leipzig 1908: R. Noske. (VIII, 51 S.) 8°
Leipzig, Jur. Fak., Diss. v. 28. Juli 1908
[Geb. 19. Okt. 82 Düsseldorf; Wohnort: Düsseldorf; Staatsangeh.: Preußen; Vorbildung: Gymn. Bocholt Reife O. 03; Studium: Freiburg i. B. 1, Berlin 2, München 1, Bonn 3 S.; Rig. 1. Aug. 06.]

Bolmann, Theod. (Hojensis), Tumbam servatoris. Präs. Jo. Andr. Schmid (Mariental). Helmstedt (G. W. Hamm) 7. IV. 1703. 48 S. (4.—)
Gew.: Andr. Gottlieb v. Bernstorf, Franz Eichfeldt, Gust. Molan.

— — Dasselbe. Helmst. (Sebast. Bucholtz) 1727. 56 S. o. Widm., m. 1 Tfl. Abb. (J. W. Heckenauer sc.) (5.—)

BOLMARCIĆ, Johannes: Relatio sermonis montani ad Vetus Foedus. — (1862) 49 S. 8° (Handschr.) Diss. Wien Univ.

Bolo, H., die Bekehrten im Evangelium od. die Barmherzigkeit Gottes. Deutsche Ausg. v. J. P. Baustert. gr. 8. (VII, 180 S.) Kempten 901. J. Kösel. 2.10; geb. in Halbleinw. n. 2.70

Bologna, Carolus. Poeta praecipue versibus celebret quae ad religionem pertinent. Oratio. *Vicetiae* 1858. Tip. *Paronianis.* 16 S. 8°.
Eine Festgabe an Ludov. Gallo bei seiner Installirung als Studien-Präfect.

Bolognese, Domenico —. Marco Visconti. Melodramma tragico in tre atti di — — Musica dal Maestro Errico Petrella. Vienna 1855. Impresso nella tipogr. Pichler. (38 S. 8.)

Bolognese, El, o uero Masotto da lampolecchio ortolano. Fksm. e. um 1500 in Florenz hergestellten Druckes im Besitze d. kgl. Universitätsbibl. in Erlangen. (12 m. 1 Abb.) gr8° Erl., M Mencke '11. 1.60

Bolognese, F. M., Sopra il cavallo di bronzo della famosa statua d. Marco Aurelio, posta nella piazza di Campidoglio di Roma. Gel. 1717. 4 S. 4°. —.75

Bologneser, der kleine, s. Albumblätter, humoristische.

BOLOGNESER-Hündgen, Das, oder der getreue Liebhaber. (Aus d. Französ. des Abbé *de Torche*.) O. O. (Erfurt Nonne) 1769. 8°.
Das Original erschien 100 Jahre früher: Le chien de Boulogne ou l'amant fidelle (!). Nouvelle galante. Cologne 1669. 12°. (2 Mk. Oswald Weigel, Lpz., 1904.)
Holländ. Uebers.: Het wonderlyk leven van't boulonnois Hondtge. Amsterdam 1702. 12°. Mit Kpf. (2 Mk. Auction G. Salomon, Dresden, März 1875, no. 475.)

Bolognini, L., et Sandel, Tract. de indulgentiis etc., vide **Pidexit.**

Boloz Antoniewicz, Joh. v., s.: **Katalog** der retrospectiven Ausstellung polnischer Kunst 1764 — 1886.

Bols, R. E., drei Schulgesetzentwürfe, s.: Sammelmappe, pädagogische.

Bölsche, Dienstunterricht f. den Pionier des deutschen Heeres, s.: Dossow, v.

[F.] Skizzen aus Mindens Vergangenheit. D. Zeit d. dreissigjähr. Krieges. Nach hsl. Ueberlieferungn zsgest. v. **Bölsche**, Hauptm. u. Comp.-Chef im ... Pionier-Bat. Nr. 10. M. 2 Merianschen Ansichten. *Minden i. W.: J. C. C. Bruns [1897].* (IV, 133 S., 1 Bl., 1 Taf.) 1 Bd 8. [98. 2044]

Bölsche, Carl: Zwei Republikaner , s. Bölsche, Karl

Bölsche, F. L., s. Tagebuch d. Vorfälle in Hannover.

Bölsche, Franz

Bücher-Katalog der Bibliothek des Konservatoriums der Musik in Cöln am Rhein verf. von Franz Bölsche. (Köln [illegible], Dumont-Schauberg.) [illegible] S. 8° [illegible]

Bölsche, Frz: Übgn u. Aufg. z. Studium d. Harmonielehre. (6, 123) gr8° Lpzg, Breitk. & H. '11. 2.50; Schulbd n 3 —; L 3.50

Boelsche, [Gustav]: Festrede siehe: Zur Geschichte der Schulanstalten (Lippstadt) S. 153.
Progr.

Bölsche, Karl

—— und F. Mann, rheinisches Album, s. Album, rheinisches.

Bölsche, Karl, s. Phil. Chasles, Karl I.

Bölsche, Karl, zwei Republikaner. 8. (136 S.) Frankfurt a.M. 850. Meidinger. 12 ngl.

Bölsche (W.), Ueber Prestwichia rotundata H. Woodw. sp. aus der Steinkohlenformation des Piesberges bei Osnabrück. (Sep.-Abdr. a. d. 6. Jahresber. d. naturwissensch. Vereins zu Osnabrück.) (Ohne Druckjahr.) 8.

Bölsche, Wilhelm

Bölsche, Wilh., die Abstammung des Menschen. Mit zahlreichen Abbildgn. v. Willy Planck. 1.—25. Aufl. (Je 99 S.) 8. Stuttgart (904—906). Franckh. n. 1. —; geb. n. 2. —

Bölsche, Wilh., die Abstammung des Menschen. Mit zahlr. Abbildgn. v. Willy Planck. 26. Aufl. (99 S.) 8. Stuttgart (907). Franckh. 1.—; geb. 2. —

— dasselbe. Jubiläums-Ausg. 50.—65. Taus. Neu durchgeseh. u. stark verm. Ausg. (112 S.) 8. Ebd. 907. 1.—; geb. 2. —

Die Abstammung des Menschen. Von Wilhelm Bölsche. Mit zahlr. Abb. von Willy Planck. 28. Aufl. Stuttgart: Kosmos [1908]. (99 S.) 8° [F.] [08. 17039

Bölsche, Wilh.: Die Abstammg d. Menschen. 76—86. Taus. (112 m. Abb.) 8° Stuttg., Franckh ('11). 1 —; geb. 1.80 d

Bölsche, W: Vom Bazillus z. Affenmenschen. Naturwiss. Plaudereien. 8° (341) Lpzg 1900, E Diederichs. 4 —; geb. 5 —

Bölsche, Wilh., vom Bazillus zum Affenmenschen. Naturwissenschaftliche Plaudereien. 2. Aufl. Mit Buchausstattg. v. J. Vincenz Cissarz. gr. 8. (IV, 343 S.) Leipzig 903. E. Diederichs. n. 4. —; geb. n. 5. —
1. Aufl. (IV, 341 S.) Ebd. 900. n. 4. —; geb. n. 5. —.

— vom Bazillus zum Affenmenschen. Naturwissenschaftliche Plaudereien. 3. Aufl. Mit Buchausstattg. v. J. V. Cissarz. (IV, 321 S.) gr. 8. Jena 904. E. Diederichs. n. 5. —; geb. n. 6. —

Boelsche (W.), Geognostisch-paläontologische Beiträge zur Kenntnis der Juraformation in der Umgebung von Osnabrück. s,a, Geologie, Schriften einz. Gegenden.

Bölsche, Wilhelm Geognostisch-paläontologische Beiträge zur Kenntnis der Juraformation in der Umgebung von Osnabrück. 18 S. **Progr.** *Rg. Osnabrück* 1882.

Bölsche, W., Beiträge zur Paläontologie der Juraformation im nordwestlichen Deutschland. 1. Thl. [Aus: „Jahresb. d. naturwiss. Vereins zu Osnabrück".] gr.8. (27 S.) Osnabrück 879. (Veith.) — 75

Bölsche, Wilhelm (Hrsg.), s. Bühne, Freie, für den Entwicklungskampf der Zeit.

— Unu ĉapitro el la ama vivo en la naturo. Esperantigita laŭ la germana originalo de L. E. Meier. (63 S.) 8. Ebd. (907). 1. —

Bölsche, Wilh., Charles Darwin, s.a. Volksbücher, biographische.

[F.] Charles Darwin. E. Lebensbild. Von Wilhelm Bölsche. M. 1 Bildn. *Leipzig: R. Voigtländer 1898.* (111 S., 1 Portr.) 1 Bd 8.
= Volksbücher, Biographische. No 32—35. [98. 11697

— Charles Darwin. 2., verb. u. verm. Aufl. (146 S.) gr. 8. Leipzig 906. R. Voigtländer. n. 2. —

Bölsche, Wilh., Entwickelungsgeschichte der Natur, s.a. Hausschatz d. Wissens.

Bölsche (Wilh.), Entwickelungsgeschichte der Natur. Berlin. 8. Band 1 (1894). Band 2. Neudamm 1896. 8.

— Die Entwicklgslehre im 19. Jahrh., s.a. Am Anfang d. Jahrh.

— Die Entwicklungslehre im 19. Jahrh., s.a. Singer's volkstümliche Bücherei 8. Bd.

Die Entwicklungslehre im 19. Jahrhundert. Von Wilhelm Bölsche. Mit Abb. *Berlin: Aufklärung 1901.* (67 S.) 8° [F.]
= Anfang, Am, des Jahrhunderts. II. 2. [01. 3716

— die Eroberung des Menschen. gr. 4. (52 S.) Berlin 901. [Akadem. Verlag f. sociale Wissenschaften.] Frz. Wunder. Kart. n. 2. —

Bölsche, Wilhelm. Die Eroberung des Menschen. (*Umschlag:* Eine Sylvesterpredigt zum neuen Jahrhundert.) 57 S. 8. Berlin-Bern, John Edelheim, 1901. [cart. M. 2. —] N 25

— die Eroberung des Menschen. 2. Aufl. (53 S.) gr. 4. Berlin 901. F. Wunder. Kart. n. 2. —

Die Eroberung des Menschen. Von Wilhelm Bölsche. 3. stark verm. Aufl. *Berlin: F. Wunder 1903.* (168 S.) 8° [F.] [04. 3637

Die Eroberung des Menschen. Von Wilhelm Bölsche. 4., neu durchges. Aufl. Mite. Bildn. d. Verf. Berlin: F. Wunder 1904. (173 S.) 8° [F.] [05. 14931

— Die neuen Gebote. Ein Traum. (1 Bl.) Fol. Lpzg (01). Jena, (E Diederichs). — 10 d

— zur Geschichte der volkstümlichen Naturforschung, s.: Büchner, Ludw., Kaleidoskop.

Bölsche, Wilh., Goethe im 20. Jahrh. Ein Vortrag. 2. Aufl. ll. 4. (67 S.) Berlin 901. [Akadem. Verlag f. sociale Wissenschaften.] Frz. Wunder. n. 1. —

Goethe im zwanzigsten Jahrhundert. Ein Vortrag von Wilhelm Bölsche. *Berlin & Bern: J. Edelheim 1901.* (57 S.) 8° [F.] [01. 9668

— Goethe im 20. Jahrh. Vortr. 3. Afl. (57) 4° Berl., F Wunder '01. 1 — ‖ 4. u. 5. Afl. (75 m. Bildnis.) '03. '05. 1.20; L. 2 — d

Bölsche, Wilh., die naturwissenschaftlichen Grundlagen der Poesie. Prolegomena einer realist. Aesthetik. gr. 8. (IV, 93 S.) Leipzig 887, Reissner. *

— Ernst Haeckel, s.a. Männer d. Zeit.

Bölsche, Wilhelm: Ernst Haeckel. Ein Lebensbild. 5. Aufl. Berlin u. Leipzig

Ernst Haeckel. Ein Lebensbild von Wilhelm Bölsche. *Dresden & Leipzig: C. Reissner 1900.* (X, 259 S.) 8° [F.]
= Männer d. Zeit. 8. [00. 9949

— Ernst Haeckel. Ein Lebensbild. 2., neu durchgeseh. Aufl. (3.—4. Taus.) (VII, 218 S. m. 1 Bildnis.) gr. 8. Berlin (905). H. Seemann Nachf. n. 3. —; geb. n. 4. —

Ernst Haeckel. Ein Lebensbild. Von Wilhelm Bölsche. 3. Aufl. Berlin & Leipzig: H. Seemann Nachf. [1905]. (VI, 218 S.) 8° [05. 3587

— Ernst Haeckel. Lebensbild, Volksausg. (1—32. Taus.) (219 m. 1 Bildn.) 8° Berl., G Bondi ('07) '09. 1 —; geb. 2 — d

! — dass. Grosse Ausg. Ebd. Preis o 01/05

Ernst Haeckel. Ein Lebensbild. Von Wilhelm Bölsche. (24. Aufl. d. Volks-Ausg.) Berlin & Leipzig: H. Seemann Nachf. [1907]. (VI, 218 S.) 8° [F.] [08. 14865

Bölsche, Wilhelm (Hrsg.), s. Hausschatz d. Wissens.

— Heinrich Heine. Versuch e. ästhetisch-krit. Analyse seiner Werke u. seiner Weltanschauung. 1., selbständ. Abtlg. gr. 8. (VII, 196 S.) Leipzig 888. [Düren.] Berlin, Trenkel. n. 6. —

— Alexander v. Humboldt. Vortrag, geh. am 22. Febr. 1891 in der freireligiösen Gemeinde zu Berlin. 8. (14 S.) Berlin 891. (W. Rubenow.) — 15

Im Kampf um die Weltanschauung. Kundgebung d. Goethebundes v. 3. Mai 1908. Ansprachen von Wilhelm Bölsche [u. a.]... Berlin: Concordia [1908]. 50 S. 8° [09. 171]

— Komet u. Weltuntergang. 8.—15. Tauf. (80 S.) 8. Jena 910. E. Diederichs. 1.—

Bölsche, Wilh., die Korallen des norddeutschen Jura- u. Kreide-Gebirges. Inaug.-Dissert. Mit 3 (lith.) Taff. Berlin 867. Friedländer & S. gr. 8. (50 S.) n. 20 ngr

— über einige Korallen aus der westphälischen Kreide. [Aus: „Jahresber. d. naturwiss. Vereins zu Osnabrück".] gr. 8. (4 S.) Ebend. 879. — 15

Bölsche, Wilh., die Korallen des unteren Pläners im sächs. Elbthale, s.a. Geinitz, H. B., das Elbthalgebirge in Sachsen.

W(ilhelm) Bölsche. Das Liebesleben in der Natur. Eine Entwickelungsgesch. d. Liebe. (1. bis 5. Taus.) Folge 1–3. *(Florenz & Leipzig: E. Diederichs 1898–1903.)* 3 Bde 8° [F.]
1. 1898. 2. 1900. 3. 1903. [03. 8314

— das Liebesleben in der Natur. Eine Entwicklungsgeschichte der Liebe. Mit Buchschmuck v. Müller-Schönefeld. I.—III. Folge. gr. 8. Leipzig, E. Diederichs. à n. 5.—; geb. à n. 6.—
I. 5.—8. Tauf. (à X, 402 S.) 900. 901.
II. 1.—6. Tauf. (à X, 394 S.) 900. 901.
III. 1.—5. Tauf. (à VIII, 378 S.) 903.

W(ilhelm) Bölsche. Das Liebesleben in der Natur. Eine Entwickelungsgeschichte d. Liebe. Mit Buchschmuck von Müller-Schönfeld. Bd 1–3. Jena: E. Diederichs 1905–06. 3 Bde 8°
1. 22.–23. Taus. 1906. 2. 17.–19. Taus. 1906. 3. 11.–13. Taus. 1905. [06. 8380 7

— Das Liebesleben in d. Natur. Eine Entwicklungsgeschichte d. Liebe. I. u. III. Tl. gr. 8. Ebd. 14.—; geb. 18.—
I. 80.—85. Tauf. Stark verm. u. umgearb. Ausg. (XVI, 561 S.) 909. 8.—; geb. 7.50
III. 2 Hälften 80.—85. Tauf. Stark verm. u. umgearb. Ausg. (Mit Buchausstattg. v. Walt. Tiemann.) (XII, 756 S.) 910. à 4.—; geb. à n 5.25

Wilhelm Bölsche: Das Liebesleben in der Natur. Eine Entwickelungsgeschichte d. Liebe. Stark verm. u. umgearb. Ausg. T. 1. 2, Hälfte 1. 2. Jena: Diederichs 1909–10. 8°
1. 1909. 2, 1. 2. 1910. [11. 9238 10

Bölsche, W., s. Mann u. Weib.

*— Der Mensch d. Pfahlbauzeit. Stuttg., Franckh.

— Der Mensch der Vorzeit. 1. Tl.: Der Mensch in der Tertiärzeit u. im Diluvium. 1.—4. Aufl. (Je 96 S. m. Abb.) 8. Stuttgart (909. 10). Franckh. 1.—; geb. 1.80

— Der Mensch d. Vorzeit. 1. u. 2. Tl. 8° Stuttg., Franckh. je 1 —; geb. je 1.80 d
1. Der Mensch in d. Tertiärzeit u. im Diluvium. 15. Afl. (96 m. Abb.) ('11) ‖ 2. Der Mensch d. Pfahlbauzeit. (96 m. Abb.) ('11)

— Auf dem Menschenstern. Gedanken zu Natur u. Kunst. 1.—5. Tauf. (XVI, 344 S.) gr. 8. Dresden 909. C. Reißner. 5.—; geb. 6.50

— die Mittagsgöttin. Ein Roman aus dem Geisteskampfe der Gegenwart. 3 Bde. 8. (XI, 283; 294 u. 310 S.) Stuttgart 891. Deutsche Verlags-Anstalt. n. 8.—

— Die Mittagsgöttin. Roman a. d. Geisteskampfe d. Gegenwart. 3 Bde in 2 Tln. (Neue wohlf. [Tit.-]Asg.) 8° (283, 294 u. 310) Stuttg. [91] 99. Lpzg, E Diederichs. 2.50; geb. 3 —; erh. Pr. 6 —; geb. 8 —

— Die Mittagsgöttin. Roman a. d. Geisteskampfe d. Gegenwart. 3 Bde in 2 Tln. Neue [Tit.-]Ausg. (283, 294 u. 310) 8° Ebd. [1891] '01. 6 —; geb. 8 — ‖ 2. Afl. 2 Bde. (374 u. 436) '02. 6 —; geb. 8 — ‖ 3. Afl. (374 u. 436) Jena '05. 7 —; geb. 9 — d

— Die Mittagsgöttin. 4. Aufl. 2 Bde. (VIII, 374 u. 486 S.) 8. Jena 910. E. Diederichs. 7.—; geb. 9.—

Bölsche, W: Naturgeheimnis. 1.—5. Tausend. Jena und Leipzig 1905

— Naturgeheimnis. 1.—5. Tauf. Mit Buchornamenten v. Anna Gramatyka. (VIII, 311 S.) gr. 8. Jena 905. E. Diederichs. n. 5.—; geb. n. 6.50

Bölsche, Wilh.: Naturgeheimnis. 6—8. Taus. (312) gr8° Jena, E Diederichs '06. 5 —; geb. n 6.50 d

— freireligiöse Neujahrsgedanken. Festvortrag, geh. am 1. Jan. 1898 in der freireligiösen Gemeinde zu Berlin. 8. (14 S.) Berlin 898. W. Rubenow. — 15

Bölsche, Wilh., Paulus. Roman aus der Zeit d. Kaisers Marcus Aurelius. 2 Bde. 8. (252 u. 250 S.) Leipzig 885. Reißner. n. 7.—; geb. n. 8.—

Das Pferd und seine Geschichte von Wilhelm Bölsche. Berlin: G. Bondi 1909. (XII, 132 S.) 8° [F.]
— Bölsche: Tierbuch. Bd 2. [08. 17460

— aus der Schneegrube. Gedanken zur Naturforschung. 1. u. 2. Aufl. (à VII, 346 S.) gr. 8. Dresden 903. C. Reißner. n. 6.—; geb. n. 7.50

Bölsche, Wilh., aus d. Schneegrube. Gedank. z. Vertiefg. d. Darwinismus. Neue Volksausg. 6.—10. Tauf. (VII, 346 S.) gr. 8. Dresden 909. C. Reißner. 3.—; geb. 4.—

— die Schöpfungstage. Umrisse zu e. Entwickelungsgeschichte der Natur. Mit 10 Bildern nach Orig.-Zeichngn. v. Heinr. Harder. (VIII, 88 S.) gr. 8. Ebd. 906. n. 2.—; geb. n. 3.—;

Boelsche, Wilh., Die Schöpfungstage. Umrisse zu e. Entwickelungsgesch. d. Natur. Dresden 1906. 8°.

— Die Schöpfungstage. Umrisse zu e. Entwicklungsgeschichte d. Natur. Mit 10 Bildern nach Orig.-Zeichngn. v. Heinr. Harder. 11.—15. Tauf. (VIII, 88 S.) gr. 8. Ebd. 909. 2.—; geb. 3.—

— Schule u. Vererbg, s: Schule, Die, d. Zukunft.

— der Sieg des Lebens. 1.—7. Aufl. (à 95 S.) 8. Stuttgart (905. 906). Franckh. n. 1.—; geb. n. 2.—

— Der Sieg des Lebens. 8.—13. Aufl. (95 S.) 8. Stuttgart (907—09). Franckh. 1.—; geb. 2.—

— Der Sieg d. Lebens. 14. Afl. (95) 8° Stuttg., Franckh ('11). 1 —; geb. 2 — d

— von Sonnen u. Sonnenstäubchen. Kosmische Wandergn. Mit 4 farb. u. 4 schwarzen Taf. nach Orig.-Aquarellen v. Ernst Haeckel. 1. u. 2. Tauf. gr. 8. (VIII, 422 S.) Berlin 903. G. Bondi. n. 6.—; geb. n. 7.50

— von Sonnen u. Sonnenstäubchen. Kosmische Wandergn. Mit 4 farb. u. 4 schwarzen Taf. nach Orig.-Aquarellen v. Ernst Haeckel. 2. unveränd. Aufl. (VIII, 422 S.) gr. 8. Berlin 903. G. Bondi. n. 6.—; geb. n. 7.50

— dasselbe. 4.—20. Tauf. Volksausgabe. (VIII, 422 S.) gr. 8. Ebd. 904—906. n. 2.50; geb. n. 3.50

Bölsche, Wilhelm: Von Sonnen und Sonnenstäubchen. Berlin 1906

— Von Sonnen- u. Sonnenstäubchen. Kosmische Wandergn. (Volksausg.) 21.—25. Tauf. (VI, 422 S.) gr. 8. Berlin 910. G. Bondi. 2.50; geb. 3.50

— der Stammbaum der Tiere. Mit zahlreichen Illustr. v. Willy Planck. 1.—6. Aufl. (à 93 S.) 8. Stuttgart (905. 906). Franckh. n. 1.—; geb. n. 2.—

Der Stammbaum der Tiere. Von Wilhelm Bölsche. Mit zahlr. Ill. von Willy Planck. 35.–39. Taus. Stuttgart: Kosmos [1908]. (95 S.) 8° [F.] [08. 17969

— Der Stammbaum d. Tiere. 16. Afl. (98 m. Abb.) 8° Stuttg., Franckh ('09). 1 —; L. 2 — d

— Der Stammbaum der Tiere. Mit zahlr. Illustr. v. Willy Planck. 85.—89. Taus. (95 S.) 8. Stuttgart (910). Franckh. 1.—; geb. in Leinw. 2. —
7.—16. Aufl. (à 93 S.) 907—09. 1.—; geb. 2. —

— Der Stammbaum d. Tiere. 40—43. Taus. (95 m. Abb.) 8° Stuttg., Franckh ('11). 1 —: L 2 — d

— im Steinkohlenwald. Mit zahlreichen Abbildgn. v. Rud. Oeffinger. 1. u. 2. Aufl. (Je 96 S.) 8. Ebd. (906). n. 1. —; geb. n. 2. —

Im Steinkohlenwald. Von Wilhelm **Bölsche**. Mit zahlr. Abb. von Rud. Oeffinger. Stuttgart: Kosmos (1906). (96 S.) 8° [J.] [08. 17041

— Im Steinkohlenwald. 1—8. Afl. (96 bezw. 97 m. Abb.) 8° Ebd. ('06.'08). 1 —; geb. 2 — d

— Im Steinkohlenwald. Mit zahlr. Abb. v. Rud. Oeffinger. 11., neu durchgeseh. Aufl. (108 S.) 8. Ebd. (910). 1.—; geb. n 2. —
3.—8. Aufl. (à 97 S.) 907—09; 9. Aufl. (96 S.)

— Im Steinkohlenwald. 11. Afl. (99 m. Abb.) 8° Ebd. ('10). 1 —; geb. n 2 — ‖ 12. Afl. (103) ('12) 1 —; geb. 1.80 d

*— Sternenfrieden. Roman. Jena, E Diederichs.

— Stunden im All. Naturwissenschaftl. Plaudereien. 1.—6. Aufl. (à 517 S.) 8. Stuttgart 909. 10. Deutsche Verlags-Anstalt. 5.—; geb. 6. —

Stunden im All. Naturwissenschaftl. Plaudereien von Wilhelm **Bölsche**. 2. Aufl. Stuttgart & Leipzig: Deutsche Verl.-Anst. 1910. 517 S. 8° [09. 1131

— Stunden im All. Naturwissenschaftl. Plaudereien. 8. Afl. (517) 8° Stuttg., Deut. Verl.-Anst. '10. 5 —; geb. 6 — d

— Tierbuch. Eine volkstüml. Naturgeschichte. 1. u. 2. Bd. gr. 8. Berlin, G. Bondi. 4.—; geb. 6. —
1. Mit Zierleisten u. 10 Taf. 1. bis 12. Taus. (XII, 312 S.) 908. 2.50; geb. 3. 50
2. Das Pferd u. seine Geschichte. (XII, 182 S. m. 1 Taf.) 909. 1.50; geb. 2. 50

— Tierbuch. Eine volkstüml. Naturgesch. 3. Bd. Der Hirsch u. s. Gesch. (12, 155 m. 1 Taf.) gr8° Berl., G Bondi '11. 1.50; L 2.50 (1—3: 5.50; geb. 8.50) d

Bölsche, Wilhelm (Hrsg.), s. Tiernovellen

— Darwins Vorgänger, s.: Philosophie, moderne. 4. Bd.

— Unser Wald, s.: Grottewitz, Curt.

— was ist die Natur? 1.—10. Taus. (138 S.) 8. Berlin 907. G. Bondi. n. 1. 50; geb. n. 2. 50

— Weltblick. Gedanken zu Natur u. Kunst. 1. u. 2. Aufl. (1.—4. Taus.) (Je VIII, 351 S.) gr. 8. Dresden 904. C. Reißner. n. 6. —; geb. n. 7. 50

— hinter der Weltstadt. Friedrichshagener Gedanken zur ästhet. Kultur. 1.—3. Taus. Mit Buchschmuck v. John Jack Vrieslander. gr. 8. (XII, 348 S.) Leipzig 901. (E. Diederichs.) n. 5. —; geb. n. 6. —

Wilhelm **Bölsche**. Hinter der Weltstadt. Friedrichshagener Gedanken z. ästhet. Kultur. Jena & Leipzig: Diederichs 1904. XII, 347 S. 8° [11. 6988 II

— Hinter d. Weltstadt. Friedrichshagener Gedanken z. ästhet. Kultur. 6. u. 7. Taus. (12, 347) 8° Jena, E Diederichs '12. 5 —; geb. 6 — d

— Werden u. Vergehen, s.: Sterne, Carus.

— der Zauber d. Königs Arpus. Humoristischer Roman aus der röm. Kaiserzeit. 8. (II, 280 S.) Leipzig 887. Reißner. n. 3. 50; geb. n. 4. 50

— der Zauber des Königs Arpus. Eine heitere Geschichte. 2. durchgeseh. Aufl. 8. (IX, 281 S.) Dresden 902. C. Reißner. n. 3. 50; geb. n. 4. 50

— Der Zauber des Königs Arpus. Eine heitere Geschichte. 3. durchgeseh. Aufl. (IX, 297 S.) 8. Dresden 909. C. Reißner. 3.50; geb. 4. 50

v. **Bolschwing**, Dr. Thdr., über Syphilis u. Aussatz. gr. 8. Dorpat 840. (Severin.) n. 1/2 ₰

von Bolschwing, Theodor, Curonus, De usu chinini in febribus intermittentibus externo observationes. Diss. Dorpat. 16°. 30 pp. 1832.

Bolsec, H. H., histoire de la vie, moeurs, actes, doctrine, constance et mort de Jean Calvin, Jadis ministre de Genève. Publiée à Lyon en 1577 et rééditée avec une introduction, des extraits de la vie de Th. de Bèze, par le même, et des notes à l'appui par L. F. Chastel. gr. 8. (XXXI, 328 S.) Lyon 875. Scheuring. n.n. 9. 00

Bolser, Charles Ernest, aus Amesbury (Mass., U. S. A.): Ueber einige Oxyazoverbindungen mit α-β ungesättigten Seitenketten. *Göttingen 1901: Dieterich.* (54 S.) 8°
Göttingen, Phil. Diss. v. [2. Aug.] 1901

Bölsing, Friedrich [aus Adelebsen (Hannover)]: Über eine eigentümliche Bildungsweise secundärer Hydrazide ... Würzburg, Becker's Univ.-Buchdr., 1892; 45 S. 8.
Würzburg, Phil. Fak., Inaug.-Diss. v. 1892

Bolsmann, Heinr. Ant., Die ungläubige Naturforschung gegenüber der hl. Schrift. Natur u. Offenbrg 1858 u. 1859.

Bolster's, J., Fahrordnungen der kgl. bayer. Staats-Eisenbahnen vom 15. Mai 1877 u. der Rundreise-Touren, für welche Billete bei Stationen der königl. bayer. Staats-Eisenbahnen zur Abgabe gelangen, sowie ferner die Postanschlüsse u. die Dampfschifffahrten auf dem Starnberger-See. Autoris. Ausg. 8. (45 S. m. 1 lith. Karte.) München 877. Franz. — 30

Bolster, Jo. H., praes. G. E. **Hamberger**, De hypnoticis et narcoticis. 32 pp. Jen. 4°. 1748

Bölsterli, J.: Die Heimatskunde ..., s. Bölsterli, Jos.

Bölsterli, **Jak.** Die Prozess-Hexenküche in Rümikon-Elsau und deren Gevattersleute, mit kapitelweiser Beschreibung zürcher. Justizzustände. In-8°, 176 S. Zürich, Genossensch.-Druckerei.

Bölsterli, Joseph

Bölsterli, J, d. Einführg d. Christenth. in d. Geb. d. heut. Kant. Luzern. 8. (99) Luz. 61, Prell. n. — 15

Bölsterli, Jos., die Einführung des Christenthums in das Gebiet des heutigen Kantons Lucern. Zugleich ein Beitrag zur Urgeschichte des Kantons Lucern. Lucern 861. Schiffmann. gr. 8. (IV, 99 S.) n. 15 ngr.

Bölsterli, Jos., die Heimathskunde für den Kanton Luzern. 1. Liefg. Sempach. Mit (lith.) topograph. Karte der Gemeinde u. Pfarrei Sempach (in 4.). Luzern 867. Schiffmann. 8. (IV. 167 S.) 14 ngr.

—— Rom, die Hauptstadt der heidnischen und der christlichen Welt. 2 Predigtvorträge, gehalten den 8. und 9. Sonntag nach hl. Pfingsten, oder den 19. und 26. Heumonat 1868. gr. 8. (81 S.) Luzern 868, Gebr. Räber. *

Bölsterli, J[oseph]. Sempach s. Heimatskunde. Heimathskunde für den Kanton Luzern. Lieferung 1. Luzern 1867.

Bölsterli, Jos., Trauerrede, geh. bei der feierl. Beerdigg. d. hochw. Herrn päpstl. Kämmerer, Decan u. Pfarrjubilar Josef Sigrist in der Pfarrkirche zu Ruswil den 18. Hornung 1875. 8. (12 S.) Luzern 875. Räber. n.n. — 25

— im Unentschiedenen Freiheit, im Nothwendigen Einheit, in Allem die Liebe! Predigt, gehalten am eidgenössischen Bettage den 18. Herbstmonat 1864 in Sempach. Luzern 864. Gebr. Räber. gr. 8. (8 S.) 3 ngr.

Bölsterli, Rudolf. Worte der Erinnerung an den selig verstorbenen Heinrich Schellenberg von Brüttisellen, geb. den 6. Januar 1844, gest. den 23. Januar 1898, gesprochen bei der kirchl. Bestattung den 27. Januar 1898. 8. Zürich [1898].

Bolstern, Georg Wilhelm

Bolstern, G. W. v., Capitain der k. preuss. Armee. Der kleine Krieg, oder die Maximen der leichten Infanterie, Cavallerie. Scharfschützen und Jäger, mit 17 Kupfern. 8. Magdeburg 1789.

v. Bolstern, Geo. Wlh., († d. 17. Jan. 1797.) d. kleine Krieg; oder d. Maximen d. leichten Truppen. Mit 17 Kpf. gr. 8. Magdeb. 789. N. unveränd. Aufl. 798. Creutz. 2 ℔

Bolt, d. Wiedererkennen im Himmel. A. d. Franz. 3. Afl. 16. (139) Mainz 69, Kirchheim. — 10

Bolt, Joh.Kaspar: Observationes juridicae. 11 S.– Basel, Jur.Diss.v. 31.Aug.1781.

Bolt, Niklaus: Daisy od. Ein Blümlein, d. nie verwelkt. Erzählg f. d. Jugend u. ihre Freunde. (191 m. Abb. u. 4 farb. Vollbild.) 8° Stuttg., Union ('11). L 4 — d

Bolt, Nik., Hüben u. Drüben. gr. 8. (VII, 92 S. m. Abbildgn.) Basel 901. Helbing & Lichtenhahn. Geb. in Leinw. n. 1. 60

Bolt, Niclaus. Hüben und Drüben. Von Niklaus Bolt. [Illustriert.] VIII + 92 S. 8. Basel, R. Reich, 1901. [geb. fr. 2. —]

Bolt, N[iclaus]. Nachruf an Herrn Albert Dollfus. 9 S. 8. ([Basel, Emil Birkhäuser,] 1909.)

Bolt, Niclaus. Peterli am Lift. Eine Erzählung für die Jugend und ihre Freunde von Niklaus B'. Mit 10 Abbildungen. 100 S. 8. Zürich, Orell Füssli, [1907]. [geb. fr. 2.50]

Bolt, Nikl., Peterli am Lift. Eine Erzählg. f. d. Jugend u. ihre Freunde. 8.—7. Taus. (187 S. m. 6 Abb.) 8. Zürich (910). Art. Institut Orell Füßli. 1.60; geb. in Halbleinw. 2. —

— Streiflichter. Einfache Gedanken üb. prakt. Christentum. Sammlg v. 52 Betrachtgn a. d. Zeitschr. Sunday school times. Übers. v. Adelh. Schloemann. (8, 343) 8° Bas., Kober '11. L 4 — d

— Svizzero! Die Gesch. e. Jugend. (248 m. Abb. u. Taf.) 8° Stuttg., JF Steinkopf '13. 3 —; L 4 —; Liebh.-Ausg. 6.50 d

Bolt Richard & Joh. Markovich, Adressenbuch der Papier-, Halbstoff- und Pappen-Fabriken, der Papier-Niederlagen und der Papier verarbeitenden Industrien und Gewerbe. 8. (288 S.) geb. 3.
Wien: Stechler 1889

Bolt, Willem. Gegenwärtiger ... Zustand von Bengalen; aus dem Engl. Leipzig 1780. Ü: *Schulz, Joachim Christoph Friedrich*. (Ky) (ML)

Bolt, W., gegenw. hist, stat. u. polit. Zustand v. Bengalen. 2 Thle. 8. Leipz. Böhme. 780.

Bolta, Franz von

— *Ders.*: Handb. f. Justizmänner, od. d. im Lande Niederösterreich unt. d. Enns besteh. Justizverfass. 5 Bde., nebst Register. *Wien*, (v. Mösle u. Braumüller.) 812. gr. 8. (4 Thl.)

v. Bolta, Frz.: Versuch üb. die in Niederösterreich unt. d. Enns besteh. Justizverfassung. 15 Thle. *Wien*, (Gastl in *Brünn*.) 800—4. gr. 8. (12 Thl.)

Bolte, A.

Wiedergefunden. Eine Erzählung von A. Bolte. Mit vielen Ill. Neu-Ruppin: G. Kühn [um 1904]. (96 S.) 8° [J.]
(Gustav Kühn's Jugendschriften. 729.) [06. 9470]

Bolte, Alfred, Die Lage des Handwerks in Nakel (Netze) mit besonderer Berücksichtigung des Schmiedehandwerks. Schriften d. Ver. f. Soz.-Pol., Bd. 65. gr. 8⁰. Leipzig 1895.

Bolte, Anna (wirkl. Name), s. Rhenstaedt, Ada (Pseud.)

Bolte, Arth., üb. e. selt. Fall v. Laryngitis chronica m. Entwickelung verschiedenart. Tumoren. Diss. gr. 8. (21 S. m. 2 Fig.) Königsberg 896. (W. Koch.) n. — 80

Bolte, Arthur [pr. Arzt, Rhein]: Aus d. Ambulatorium d. Privatdoc. Hrn Dr. Kafemann zu Königsberg i. Pr. Ueber einen seltenen Fall von Laryngitis chronica mit Entwickelung verschiedenartiger Tumoren m. 2 Abb. im Text ... Königsberg i. Pr., Druck v. M. Liedtke, 1896; 2 Bl., 22 S., 2 Bl. 8.
Königsberg, Med. Fak., Inaug.-Diss. v. 15. Jan. 1896

Albrecht-Wolfgang. Or. Stadthagen. Festgruss des Meisters vom Stuhl [d. i. Aug. Heinr. Bolte?] zum 13. Oct. 1877. [Stadthagen 1877]: Adler. 2 Bl. 4⁰ [Umschlagtit.]
Abgedr. in: Bh. 20 (1877) S. 359.
In Versen: „Ich grüss' euch Brüder all' von fern und nah, . . ."

Bolte, Friedrich

Der Beruf des Schiffsoffiziers in der Handelsmarine. Von Prof. Dr. F[riedrich] Bolte, Hamburg. Berlin: K. W. Mecklenburg 1907. (89 S.) 8° [J.]
— Bibliothek, Nautische. Bd 1. [08. 6071]

Bolte, Friedrich, Stadtbauinspektor: Beschreibung des neuen Schulgebäudes. Cöln-Ehrenfeld 1907: Muench. (4 Bl., 9 Taf., 1 Plan.) 4°
Cöln-Ehrenfeld, Schiller-G OP 1907 (563)

Bolte, Friedrich, Stadtbauinsp.: Beschreibung des neuen Schulgebäudes für das Realgymnasium in Cöln-Nippes. (Berlin: Schulhaus-Verl. 1909.) S. 3—15. 4°
Cöln-Nippes, st. RG i. E. P 1909 (659) [S 09. 35

Bolte, F., neues Handbuch der Schiffahrtskunde. Mit e. Vorrede v. Neumayer. hoch 4. (XX, 274 S. m. 136 Abbildgn.) Hamburg 899. Eckardt & Messtorff. Geb. in Leinw. n. 11. —

Bolte, F., neues Handbuch der Schiffahrtkunde. 2. Aufl. (XV, 240 S. m. Abbildgn.) Lex.-8. Hamburg (905). [Verlagsanstalt u. Druckerei.] Berlin, K. W. Mecklenburg. Geb. in Leinw. n.n. 10. —

Bolte, F., Leitfaden f. d. Unterr. i. d. Arithmetik, z. Gebr. an Navigationsschulen bearb. gr. 8. (64 S.) Hamburg 897. W. Peuser. Kart. n. 1. 60

— Leitfaden f. den Unterricht in der Arithmetik, zum Gebrauche an Navigationsschulen bearb. 3. verm. Aufl. gr. 8. (79 S.) Hamburg 902. W. Peuser. Kart. n. 2. —

— Leitf. f. d. Unterr. in d. Arithmetik, z. Gebr. an Navigationssch. bearb. 5. Afl. (79) gr8° Hambg, W Peuser '08. HL 2 — d

— Leitfaden f. den Unterricht in der Physik. Zum Gebrauch an Navigationsschulen. (XV, 117 S. m. 221 Abbildgn.) gr. 8. Braunschweig 903. F. Vieweg & Sohn. n. 2. 20; geb. n. 2. 40

Leitfaden für den Unterricht in der Physik. Zum Gebr. an Navigationsschulen bearb. von F. **Bolte**. 2. umgearb. u. verm. Aufl. Mit 239 Abb. Braunschweig: Vieweg & Sohn 1907. (XV, 136 S.) 8° [F.] [07. 330] 7

— dass. in d. Physik. Zum Gebr. an Navigationssch. bearb. 3. Afl., verm. durch e. Kapitel üb. drahtlose Telegr. an Bord v. W Oulmann. (13, 2216 m. Abb.) gr8° Braunschw., F Vieweg & S. '12. L 4 — d

— Leitfaden f. d. Unterr. i. d. Planimetrie z. Gebr. an Navigationsschulen. gr. 8. (48 S. m. Fig.) Ebd. 897. Kart. n. 1. 20

— dass. in d. Planimetrie. 2. Afl. 8° (48 m. Fig.) Ebd. 99. Kart. 1.20

— Leitfaden f. den Unterricht in der Planimetrie, m. e. Anh. üb. Körperberechngn., zum Gebrauche an Navigationsschulen bearb. 3. Aufl. gr. 8. (56 S. m. Fig.) Ebd. 902. Kart. n. 1. 50

— dass. in d. Planimetrie, m. e. Anh. üb. Körperberechngn. Zum Gebr. an Navigationssch. 5. Afl. (56 m. [Fig.) gr8° Hambg, W Peuser '08. geb. 1.50 d

— Leitfaden f. den Unterricht in der Stereometrie u. sphärischen Trigonometrie, zum Gebrauche an Navigationsschulen bearb. gr. 8. (37 S. m. Fig.) Ebd. 902. Kart. n. 1. —

Bolte, F: Leitfaden f. d. Unterr. in d. Stereometrie u. sphär. Trigonometrie, z. Gebr. an Navigationssch. 3. Afl. (47 m. Fig.) gr8° Ebd. '11. geb. 1.25 d

— Leitfaden f. den Unterricht in der ebenen Trigonometrie, zum Gebrauche in Navigationsschulen bearb. gr. 8. (IV, 34 S. m. Fig.) Ebd. 902. Kart. n. 1. —

— dass. in d. ebenen Trigonometrie, zum Gebr. an Navigationssch. 3. Afl. (40) 8° Ebd. '11. geb. 1.25 d

Bolte, Fr., die Methoden der Chronometer-Kontrole an Bord zum Zwecke der Längenbestimmung, nebst Tafeln zur Erleichterg. der Reduktion. Im Auftrage der Direktion der Deutschen Seewarte bearb. gr. 4. (95 S. m. Fig. u. 2 Taf.) Hamburg 894. (Friedrichsen & Co.) n.n. 3. —

Die Methoden der Chronometer-Kontrole an Bord zum Zwecke der Längenbestimmung nebst Taf. z. Erleichterung d. Reduktion. Im Auftr. d. Dir. d. Deutschen Seewarte bearb. von Dr. F[riedrich] Bolte, Lehrer an d. Navigationsschule in Hamburg. Mit zahlr. Fig.-Taf. *Hamburg 1894: Hammerich & Lesser in Altona.* (95 S.) 4°
— Archiv, Aus dem, d. Deutschen Seewarte. Jg. 17, No 1.

— die Nautik in elementarer Behandlung. Einführung in die Schiffahrtkunde. Zur Förderg. des Verständnisses der Schiffahrt in weiteren Kreisen, sowie zum Unterricht an Lehranstalten. Mit 90 vollständig gelösten Beispielen, 260 analogen ungelösten Aufgaben m. den Ergebnissen, nebst 88 Fig., sowie Erklärg. der Kunstausdrücke der Seemannssprache. gr. 8. (VIII, 196 S.) Stuttgart 900. [J. Maier.] Bremerhaven, L. v. Vangerow. n. 6. —; geb. n. 6. —

— d. Praxis d. Sumner'schen Standlinien an Bord. Im Auftrage d. Direktion d. deutschen Seewarte bearb. [Aus: „Archiv d. deutschen Seewarte."] gr. 4. (II, 22 S. m. Fig. u. 1 Kartentaf.) Hamburg 894. (L. Friederichsen & Co.) n.n. 2. —

Die Praxis der Sumner'schen Standlinien an Bord. Im Auftr. d. Dir. d. Deutschen Seewarte bearb. von Dr. F[riedrich] Bolte, Lehrer an d. Navigationsschule in Hamburg. Mit Fig. u. 1 Kartentaf. *Hamburg 1894: Hammerich & Lesser in Altona.* (22 S.) 4°
— Archiv, Aus dem, d. Deutschen Seewarte. Jg. 17, No 3.

— Sammlg. v. mathemat., physikal. u. techn. Tafeln f. d Unterr. an Schulen f. Seedampfschiffs-Maschinisten. hoch 4. (III, 47 S. m. 6 Fig.) Hamburg 898. Eckardt & Messtorff. Kart. n. 2. —

Elementare Schiffahrtkunde. Von Prof. Dr. F[riedrich] **Bolte**, Dir. zu Hamburg. Berlin: K. W. Mecklenburg 1907. (122 S.) 8° [F.]
— **Bibliothek**, Nautische. Bd 3. [08. 6048]

— Tafeln zur Reduktion v. Beobachtungen über dem künstlichen Horizont. (IV, 78 S.) Lex.-8. Hamburg (905). [Verlagsanstalt & Druckerei.] Berlin, K. W. Mecklenburg. Geb. n.n. 3. —

— Taf. z. Reduktion u. Beobachtgn üb. d. künstl. Horizont. 2. Afl. (78) Lex8° Berl., KW Mecklenburg '09. L. in 3 —

— nautische Tafelsammlung. Nebst 4 magnet. Karten, entworfen v. Neumayer. hoch 4. (III, 162 S.) Hamburg 899. Eckardt & Messtorff. Geb. in Leinw. n. 7. —

— nautische Tafelsammlung. Nebst 3 magnet., vom Reichsmarineamt hrsg. Karten. 2. Aufl (XV, 212 S.) Lex.-8. Ebd. (905). Geb. in Leinw. n.n. 10. —

— Tavole azimutali per tutti gli astri fino a 60° di declinazione e per latitudine da 60° N. fino a 60° S. Traduzione autorizzata dal tedesco per Art. Vital. Lex.-8. (22 S. m. 1 Fig.) Triest 900. F. H. Schimpff. n. 1. 60

Bolte, Fr(iedrich) ⟨geb. am 2 Apr. 1860 in Elsfleth a. d. Weser Oldenb.⟩: Untersuchungen über die Präcessionsconstante auf Grund der Sterncataloge von Lalande und Schjellerup ... Bonn, Univ.-Buchdr. v. C. Georgi 1883. 32 S., 1 Bl. 8.
Bonn, Phil. Fak., Diss. v. 8 Juni 1883

Bolte, H., einf. Anleitg. z. Ausbildg. d. Auges u. d. Hand z. Zwecke d. Zeichnens u. Malens körperl. Gegenstände, bes. f. Dilettanten. gr. 8. (48 S. m. Fig.) Hamburg 898. (W. Peuser.) n. 1. 20

Bolte, Hermann, appr. Arzt a. Flensburg, Prov. Schleswig-Holstein: Aus d. städt. Krankenanstalt zu Kiel. Über Kochsalzausscheidung bei Nierenerkrankungen. Kiel 1907: H. Fiencke. (23 S.) 8°
Kiel, Med. Fak., Ref. Quincke, Diss. v. 5. Juni 1907
[Geb. 3. Okt. 79 Flensburg; Wohnort: Flensburg; Staatsangeh.: Preußen; Vorbildung: Gymn. Braunschweig Reife M. 99; Studium: Kiel 1, Bonn 1, Kiel 2, Berlin 2, Kiel 3 S.; Coll. 25. Mai 07; Approb. 23. Nov. 05.]

Bolte, Hugo [app. Arzt aus Langendreer]: Aus d. gynäkolog. Klinik zu Kiel. Beitrag zur Aetiologie und operativen Behandlung der Haematocele retrouterina. ... Kiel, Druck v. A. F. Jensen, 1889; 80 S. + 1 Bl. 8°
Kiel, Med. Fak., Inaug.-Diss. v. 28. Nov. 1889

B o l t e, Hugo (I.). Beitrag zur Aetiologie u. operativen Behandlung der Haematocele retrouterina. Diss. gr. 8. (80 S.) Kiel 889, (Lipsius u. Tischer). * 1 —

Bolte, Hugo, italienisch-deutsches u. deutsch-italienisches Militär-Wörterbuch. 12. (68 S.) Hannover 891. Helwing's Verl. n. 1. 50

Bolte, H, italienisch-deut. u. deutsch-italien. Militär-Wörterbuch. 12° (68) Hannov. 91. Lpzg, Zuckschwerdt & Co. 1.50

Bolte, J.: Der Bauer ..., s. B o l t e, Johannes

Bolte, J.: De monumentis ..., s. B o l t e, Johann

Bolte, J., s.: Schauspiele, niederdeutsche, älterer Zeit.

Bolte, J. (Hrsg.), s. W i c k r a m, Georg: Weske

Bolte, Ignaz, Referendar: Gewillkürte Vertretung des Erwerbers bei Fahrnisübereignung. ⟨Nach dem Recht des BGB.⟩ Cöln 1908: Theissing. 58 S. 8°
Heidelberg, Jur. Diss. v. 1908, Ref. Endemann
[Geb. 5. Aug. 84 Cöln-Nippes; Wohnort: Cöln; Staatsangeh.: Preußen; Vorbildung: Gymn. in d. Kreuzgasse Cöln Reife O. 03; Studium: Bonn 1, München 1, Freiburg i. B. 1, Berlin 1, Bonn 2 S.; Rig. 3. Aug. 08.] [U 09. 1752

Bolte, Johann

Bolte, Joh. (Hrsg.), s. A r m e n o: Die Reise der Söhne Giaffers.

Bolte, Joh., de monumentis ad Odysseam pertinentibus capita selecta. gr. 8. (69 S.) Berlin 882. Mayer & Müller. n. 1. 20

Bolte, Johann: Stäblein-Rechnung. Auf eine besondere und bequeme Weise eingerichtet, und zu geschwinder Aufsuchung der Zahlen Indices oder Zeigere erfunden . . . Auf diese Arth noch niemahls in Druck gesehen, u. zum 1. mahl hervor gegeben von . . . Lemgo 1704. 3 Bl.

Bolte, Johann Heinrich

– s.a. Anleitung z. Kenntnis d. öffentl. Geschäftsganges u. ändere d. Pr. d. Anhanges v. 6 gr. in 12 gr. ab.

Bolte, J. H.: „Anleitung zur Kenntniss des öffentlichen Geschäftsganges in den königlich preussischen Staaten", Berlin 1804 (Reimer) (Petersen in Altenburg, auch Dyck in Leipzig). Zusätze und Berichtigungen, Berlin 1805 (Reimer).

Bolte, J. H.. „Anleitung zur Kenntniss des öffentlichen Geschäftsganges in den preussischen Staaten", 3. Auflage, Berlin 1805.

Bolte, J. H., Anleitung zur Kenntniß des öffentlichen Geschäftsganges, ist jetzt Verlag d. Dykschen Buchh. in Leipz.

– s.a. Briefsteller, Berlin., f. Kaufleute u. Briefsteller f. d. gem. Leben.

Bolte J. H. allgem. Briefsteller f. Kaufleute. Berl. Himburg. 806.

— — Anh. z. Briefst. unt. d. Titel: der Rathgeber b. schriftl. Aufs. 8. Ebend. 802.

— Briefsteller fürs gemeine Leben. 8. Ebend. 806.

Bolte, Jh. Hnr., († d. 14. April 1817.) Geist u. Kern d. bibl. Geschichte. 8. Ruppin 803. (Liebeskind in Leipz.) 14 gr.

Bolte, Johann Heinrich (Ruppin/Mark), Super antiquis quibusdam picturarum generibus eorumque cognitionis moderno usu et viro Abraham Jacob Penzel in philos. honores offerentur. Halle (Hundt) 1771. 16 S. (4.80)

Bolte, Joh. Heinr., Leichenrede zum Gedächtnisse des in Gott ruhenden Königes Friedrichs des Grossen. Berlin 1786. 8.

— Predigten über d. Aussichten d. Christen in d. bessere Welt. 8. Ruppin 793. (Leipz., Wienbrack.) 20 gr.

— der Rathgeber bei schriftl. Aufsätzen. Ein Anhang zu seinem Briefsteller f. gem. Leben. 8. Berl. 802. Himburg. 4 gr.

— Sittenbuch f. Knaben u. Mädchen. 8. Berl. 792. Maurers B. 8 gr. Mit 12 Kpf. 16 gr. ill. Kpf. 21 gr.

Bolte, Johs. Der Bauer im deutschen Liede. 32 Lieder d. 15.—19. Jahrh. nebst e. Anh. [Acta Germanica I, 3.] gr. 8. (132, Musikbeilage IV S.) Berl. 890, Mayer u. Müller. * 4 —

BOLTE, J., Der Bauer im deutschen Liede. Berlin 1890. (S.-A.) 8°. 125 S. (4 Kr. 80 H.) (3 Kr. Gilhofer & Ranschburg, Wien, 1909.)

— Hans Clauert u. Johann Schönbrunn. Ein Beitrag zur Geschichte d. Berliner Witzes im 16. u. 17. Jahrh. Mit 2 Illustr. [Aus: „Mittheilgn. d. Vereins f. die Geschichte Berlins".] 8. (47 S.) Berlin 888. Mittler & Sohn. n. — 60

Bolte, Johannes (Hrsg.), s. Jacob Frey

Bolte, Johannes (Hrsg.), s. Andrea Guarnas

Bolte, Johannes (Hrsg.), s. Köhler, Reinhold: Schriften

Acht Lieder aus der Reformationszeit. (Ausgewählt von Johannes Bolte u. Martin Breslauer, erl. von Johannes Bolte. Friedenau-Berlin 1910: Brücker.) 9 gez. Bl. 4°
Festgabe d. Gesellschaft f. Deutsche Literatur für D. Dr. Rochus Frh. v. Liliencron z. 8. Dez. 1910. [11. 1448

Bolte, Johs, s.: Macropodius, Georgius, Rebelles u. Aluta.

Bolte, Iohannes (geb. Berlin 11. 2. 1858): De monumentis ad Odysseam pertinentibus capita selecta. Berolini 1882. (72 S.) 8°
Berlin, Phil. Diss. v. 9. Mai 1882.

Bolte, J, de monumentis ad Odysseam pertinentibus capita sel. 8. (69) Berl. 82, Mayer & M. n. 1. 20

Bolte, Johs., s.: Mucedorus, e. englisches Drama aus Shaksperes Zeit.

Bolte, Johs, s.: Schauspiele. niederdeut., ält. Zeit.

Bolte, Johannes [Dr.]: Martin Friedrich Seidel, e. brandenburg. Geschichtsforscher d. 17. Jhs. Berlin, R. Gaertner, 1896; 32 S. 4.
Berlin, Königstädt. G, OP 1896 (59)

Bolte, Joh. Die Singspiele der englischen Komödianten und ihrer Nachfolger. (Theatergeschichtliche Forschungen, Vol. VII.) Hamburg 1893.

Bolte, Johannes (Hrsg.), s. Bartholomäus Krüger's Spiel

— d. Danziger Theater i. 16. u. 17. Jahrh., s.a. Forschungen, theatergeschichtliche.

— Das Danziger Theater im 16. und 17. Jahrhundert. (Theatergeschichtliche Forschungen, Vol. XII.) Hamburg 1895.

Bolte, Johs., s.: Veterator u. Advocatus.

— Zum deutschen Volksliede. Berlin 1902. (Citirt O. Schell.)

Bolte, Johs, s: Zeitschrift d. Ver. f. Volkskde.

Bolte, Jos.: Der Bauer . . ., s. Bolte, Johannes

Bolte, Richard, approb. Arzt aus Bremen: **Über frühzeitige Ruptur bei Tubargravidität unter Berücksichtigung eines in der Leipziger Frauenklinik beobachteten Falles.** *Leipzig (1898): A. Edelmann.* (38 S.) 8°
Leipzig, Med. Diss. v. 26. Nov. 1898
(Nur in beschränkter Zahl für den Austausch)

Boelte, Amalie Charlotte Elise Marianne
s. Bölte, Amely

Bölte, Amely, Vittorio Alfieri und seine vierte Liebe, od. Turin u. Florenz. Historisches Zeitbild. 2 Bde. Berlin 862. Janke. 8. (XIV, 528 S.) 3 ₰

— f. Cecil oder Abentheuer eines Hasenfußes.

— moderne Charakterköpfe. 3 Bde. Berlin, 863. Gerschel. 8. (690 S.) n. 2 ₰ 20 ngr.

Bölte, Amely, Elisabeth od. e. deutsche Jane Eyre, s.: Lese-Cabinet, neues belletristisches.

— s.: Erzählungen aus d. Mappe eines Deutschen.

Bölte, Amely, das Forsthaus, s. Album. Bibliothek deutscher Originalromane rc.

—— Frauen-Brevier. 1.—3. Aufl. 16. (VII und 132 S.) Wien 862—64, Markgraf und Müller. *

Bölte, Amely, Frauen-Brevier. 4. Aufl. 12. (132 S.) Wien, Sallmayer & Comp. Sep.-Conto. 1864. 1 fl.

Bölte, Amely, Frauen-Brevier. 4. Aufl. Wien 866. Markgraf. 16. (VII, 132 S.) n. 20 ngr.

Bölte, A, Frauen-Brevier. 4. Afl. 16. (132) Wien 66, CA Müller. n. — 20

— neues Frauen-Brevier. 8. (X, 262 S.) Leipzig 876. E. J. Günther. geb. m. Goldschn. n. 4. 50

Bölte, Amely, neues Frauen-Brevier. 2. Aufl. 8. (X, 280 S.) Leipzig 877. Abel. geb. m. Goldschn. n. 4. 50

— die Gefallene. Eine Geschichte. 8. (122 S.) Leipzig 882. Bergmann. n. 1. 25

Bölte, Amely, die Gefallene. Eine merkwürd. Geschichte. 2. Aufl. 8. (122 S.) Leipzig 884. Bergmann. 1. —

— Franziska v. Hohenheim. Eine morganatische Ehe. Zeitbild. 2 Bde. Hannover 863, C. Rümpler. 8. (560 S.) 3 ℛ

— Juliane v. Krüdener u. Kaiser Alexander. Ein Zeitbild. 2 Abthlgn. à 3 Thle. Berlin 861. Janke. 8. Jede Abth. 4 ℛ
1. Abth.: Frau v. Krüdener als Weltdame. 3 Thle. (V, 627 S.)
2. Abth.: Frau v. Krüdener als Heilige. 3 Thle. (573 S.)

—— Liebe und Ehe. Erzählungen. 3 Thle. 8. (1. und 2. Thl. X und 300 S.) Hamburg 856(57,) Verlags-Comptoir.

—— Liebe u. Ehe. 3 Thle. 8. (I. II.: 309) Brschw. 57, Verl.-Compt. 3. —

Bölte, Amalie, Louise od. die Deutsche in England. Erzählung. 8. (7⅓ B.) Bautzen 840, Schlüssel.

— Männer und Frauen. Novellen. 2 Bde. Dessau 854. Gebr. Katz. 8. (4 Bl., 246; 3 Bl., 236 S.) 2 ℛ 15 ngr.

—— Männer u. Frauen. 2 Bde. 8. (482) Dess. 54. (Dresd., L. Wolf.) 2. 15

Boelte, Amely

Die Mantelkinder oder Die Herren auf Rheinfeld. Roman. Von Amely Bölte [d.i. Amalie Charlotte Elise Marianne Bölte]. Th. 1.2.
Wien: Markgraf 1864. 8°

(Album. Bibliothek dt. Originalromane. Jg. 19, Bd 2.3.)

Bölte, Amely, Die Mantelkinder oder die Herren auf Rheinfeld. Roman. 2 Thle. in 1 Bd. 16. (232 u. 264 S.) Wien, Markgraf. 1 fl. 80 kr.
1865

Bölte, A., Maria Antonia od. Dresden v. 100 Jahren. s.a. Album v. Kober.

Boelte, Amely

Maria Antonia, oder Dresden vor hundert Jahren. Zeitbild. Von Amely Bölte [d.i. Amalie Charlotte Elise Marianne Bölte]. Bd 1-3.
Prag: Kober & Markgraf 1860. 8°

(Album. Bibliothek dt. Originalromane. Jg. 15. Bd 9-11.)

Bölte, Amaly, Maria Antonia oder Dresden vor hundert Jahren. Zeitbild. 2., mit einem Vorworte verm. Aufl. 3 Theile in 1 Bande. 16. (195, 198, 218 S.). Wien, Markgraf & Co. 1861 2 fl 40 kr.

— eine deutsche Palette in London. Erzählung. Berlin 853. Duncker u. Humblot. 8. (1 Bl., IV, 241 S.) 1 ℛ 6 ngr.

— Sonnenblume, s. Novellenstrauß.

Boelte, Amely

Sonnenblume. Novellenstrauß 10. Von Amely Bölte [d.i. Amalie Charlotte Elise Marianne Bölte].
Leipzig: Rötschke 1870. 239 S. 8°

Boelte, Amely

Frau von Staël. Biograph. Roman. Von Amely Bölte [d.i. Amalie Charlotte Elise Marianne Bölte]. Bd 1-3.
Prag: Kober & Markgraf 1859. 8°

(Album. Bibliothek dt. Originalromane. Jg. 14, Bd 1-3.)

— Frau von Staël. Biographischer Roman. 2., mit einem Vorworte verm. Aufl. 3 Theile in 1 Bde. 16. (240, 230, 311 S.) Ebds. 1861 2 fl. 40 kr.

— Streben ist Leben. 3 Bde. Jena 868. Hermsdorf. 8. (730 S.) 3 ℛ

— Fanny Tarnow. Ein Lebensbild. Berlin 865. Wegener. 8. (IV, 295 S.) 1 ℛ 7½ ngr.

—— ein Thron und kein Geld. 2 Bde. 8. Leipzig 869, Licht und Meyer.

— ein Thron u. kein Geld. 2 Bde. Leipzig 869. Matthes. 8. (384 S.) 2 ℛ

– die Töchter d. Obersten, s. Lese-Cabinet, neues belletristisches.

—— e. gute Versorgg. 2 Thle. 8. (437) Brschw. 56, Verl.-Compt. 2. —

— eine gute Versorgung. Roman. 2 Thle. Hamburg 856. Verlags-Comptoir. (2 Bl., 216; 2 Bl., 221 S.) 2 ℛ

— die kleine Vicomtesse, s. Wintergrün. 1815.

Boelte, Amely

Visitenbuch eines deutschen Arztes in London. Hrsg. von Amely Bölte [d.i. Amalie Charlotte Elise Marianne Bölte]. Th. 1.2.
Berlin: Duncker & Humblot 1852. 8°

Bölte, Amely, weiter u. weiter. Roman. Jena 867. Hermsdorf. 8. (230 S.) 2 ℛ

—— die Welfenbraut. Roman. 8. (227 S.) Jena 867, Hermsdorf.

—— Prinzessin Wilhelmine von Preußen. Historischer Roman. 16. (238 S.) Jena 867, Hermsdorf.

— Prinzessin Wilhelmine von Preußen. Historischer Roman. Ebend. 868. 16. (238 S.) 1 ℛ

— Harriet Wilson. Orig.-Roman. Berlin 862. Gerschel. 8. (250 S.) 1 ℛ 10 ngr.

—— Winkelmann, oder von Stendal nach Rom. Culturhistor. Roman. 3 Bde. 8. (1. und 2. Bd. XII und 472 S.) Berlin (861)62, Gerschel.

– wohin führt es?, s. Lese-Cabinet, neues belletristisches.

Bölte, F. u. J. Schmedes: Cäsar-Wortkde (Frankfurter Lehrpl.). Wortkde zu Cäsars Commentarii belli gallici I—VII. Im Anschl. an Wulff-Schmedes' latein. Leseb. Ausg. B u. C. (6, 174) 8° Berl., Weidmann '11. L 2.20

Bölte, Fel., das klassische Altertum u. die höhere Schule. Ein Vortrag, geh. in der öffentl. Versammlg. des Gymnasialvereins, Ortsgruppe Frankfurt a. M., am 8. XI. 1899. gr. 8. (16 S.) Heidelberg 900. C. Winter. n. —40

Bölte, Felix: Beiträge zur Rekonstruktion von Plinius libri dubii sermonis. 8 (S. 135—149). Progr.
Festschrift zu der Einweihung des Goethe-G. *Frankfurt a. M.* 1897.
Nicht im Tauschverkehr.

Boelte, Felix [Mecklenburgensis]: De artium scriptoribus latinis quaestiones .... Bonnae, typ. C. Georgi univ. typogr., 1886; 53 S. 8°.
Bonn, Phil. Fak., Inaug.-Diss. v. 23. Jul. 1886.

Boelte, Felix, de artium scriptoribus latinis quaestiones. gr. 8. (53 S.) Bonn 886. (Behrendt.) n. 1. —

Bölte, F., Platons Standpunkt im Philebus. S.-A. s. a. 9 S. .75

Bölte, H.

Die bisherige Entwickelung der Hochwasservorhersage für die Elbe. Von H. Bölte. Mit 4 Abb. u. 8 Beil. Berlin: Mittler 1910. 25 S. 4°
(Jahrbuch f. d. Gewässerkunde Norddeutschlands. Besond. Mitteilungen. Bd 2, H. 2.) [illegible]

Bölte, Karl, Referendar in Calbe a. S.: Das Namensrecht in seiner geschichtlichen Entwicklung bis zum Inkrafttreten des B.G.B., und Schutz des Namens nach B.G.B. unter besonderer Berücksichtigung des § 12. Borna-Leipzig 1906: R. Noske. (IX, 63 S.) 8°
Heidelberg, Jur. Fak., Ref. Bekker, Diss. v. 7. Jan. 1907
[Geb. 30. Sept. 77 Oschersleben; Wohnort: Calbe a. S.; Staatsangeh.: Preußen; Vorbildung: Gymn. Quedlinburg a. H. Reife O. 00; Studium: Heidelberg 1, Berlin 4, Kiel 7 S.; Rig. 28. Nov. 06.]

Boltek, Mathias, Behelf f. d. Compagnie-Ausbildung b. d. Infanterie u. Jägertruppe. gr. 8. (III, 73 S.) Wien 896. L. W. Seidel & Sohn. n. 1.20

— d. Infanterie-Feuer u. d. Feuerleitg. i. Gefechte, s.a. Braumüller's militär. Taschenbücher.

Boltek, Matthias, k. u. k. Hauptmann im Infanterie-Regimente Freih. von Laudon Nr. 29. Das Infanterie-Feuer und die Feuerleitung im Gefechte. In systematischer Form und mit einer Übungs-Eintheilung für den praktischen Schiess- und Feuerunterricht für die Detail-Ausbildung bei den Unterabtheilungen der k. u. k. Infanterie-Truppen. Mit 2 Text-Illustrationen. (Aus: „Braumüller's militärische Taschenbücher", Bd. 7.)
kl. 8. Wien und Leipzig 1898.

Boltek, Das Infanteriefeuer und die Feuerleitung im Gefechte. In systematischer Form und mit einer Uebungs Eintheilung für den praktischen Schiess- und Feuerunterricht für die Detail-Ausbildung bei den Unterabtheilungen der k. u. k. Infanterie-Truppen bearbeitet. Mit 2 Text-Illustrationen. (Braumüller's Militärische Taschenbücher, Band 7.) 12. (VI, 95 S.) In Lnwdbd. —.80
Wien: Braumüller 1898

Boltek, Mathias, Instructions-Befehl im Sicherungs- u. Aufklärungsdienst. Zum Gebrauche bei der Ausbildg. in den Unterofficiers- u. Mannschaftsschulen, m. Beispielen u. Zeichngn. im Texte; dann m. e. „Ausbildungs-Programm". gr. 8. (85 S.) Wien 894. L. W. Seidel & Sohn. n. 1.20

Boltek, M., Instructions-Befehl im Sicherungs- u. Aufklärungsdienst. Instructions-Befehl zu ändern in: Instructions-Behelf.

Bolten, Aloys, Referendar: Das Erfolgsdelikt. Opladen 1909: Opladener Dr. u. Verlagsanst. 68 S. 8°
Heidelberg, Jur. Diss. v. 11. Nov. 1909, Ref. v. Lilienthal
[Geb. 22. Mai 84 Opladen; Wohnort: Cöln; Staatsangeh.: Preußen; Vorbildung: Gymn. Mülheim a. Rh. Reife O. 04; Studium: Bonn Phil. 2, Jura 6 S.; Rig. 20. Juli 09.] [U 10. 1842

Bolten, Carl, die Zähne, ihre Erkrankungen, Behandl. u. Pflege. Volkstümlich beschrieben. (81 S. m. Abb.) gr. 8. Berlin (910). Berlinische Verlagsanstalt. nn —75

Bolten, Erhard

Die verlassene Farm oder Westons Geheimnis. Eine Erzählung aus Wild-West. Von Erhard Bolten. *Berlin: A. Weichert [1901].* (32 S.) 8° [15.]
— Indianer- u. Volksbibliothek. 337. [illegible]

Bolten, Hans, von der Buchhaltung des Kaufmanns, s.: Handelsbücher, Hamburger. 8. Bd.

Bolten, Heinrich, Referendar in Cöln a. Rh.: Über Begriff, Wesen und rechtliche Behandlung der aufschiebenden Bedingung und des Anfangstermines im neuen bürgerlichen Rechte. *Rostock 1902: H. Winterberg.* (106 S.) 8°
Rostock, Jur. Diss. v. [7. März] 1902

Bolten, J., christliches Erbauungsbüchlein in bibl. Sprüchen u. geistl. Liedern. 12. (X u. 74 S.) Altona 852, Schlüter in Comm. n. 1/4 ß

Bolten, Jo., Kurze Einweihungs-Rede um damit die neue Rellinger Kirche einzuweihen. Altona. u. A. [1756]. 4. P.

Bolten, Joachim Friedrich

— De auditu difficili qvi in febrium auctarum decremento sæpius observatur. Altonæ. 1741. 4. P. (Progr.).

Bolten, Joa. Fr., De auditu difficili, qui in febrium acutarum decremento saepius observatur. 8 pp. Hal. 4°. 1741

Bolten, Joach. Fr., Diss. epistolaris de tussis phthisicæ incompescibilis vera caussa. Halæ Magd. 1739. 4. P. (Progr.).

— Ad Carolum a Linné epistola de novo qvodam Zoophytorum genere. Hamb. 1771. 4. P. (Tvl. mglr. i K. B.).

— Diss. inaug. medico-chirurgica de gangliis generatim. Halæ Magd. 1740. 4. P. [Præs. Joan. Juncker].

Bolten, Joach. Fr., († d. 6. Jan. 1796.) Gedanken von psycholog. Kuren. 8. Halle 751. Schwetschke u. S. 2 gl

Bolten, Jochim Friederich: Ausführlich beschriebene Krankengeschichte der Jungfer Marianne Brandon.
Hamburg: Herold 1779. 32 S. 4°

— ausführl. beschriebene Krankengeschichte d. Jungfer Mariane Branden. 4. Hamb. 779. (Stiller in Rostock). 5 gl

— fortgesetzte Nachricht v. d. mit d. künstl. Magnet gemachten Vers. in d. Nervenkrankheit d. Jungfer Branden. gr. 4. Hamb. 775. (Stiller in Rostock). 5 gl

— Nachricht von einer neuen Thierpflanze. Hamb. 1770. 4. P. (M. 1 Tvl.).

— Nachr. von einer neuen Thierpflanze. Mit ill. Kpf. 4. Hamb. 771. (Ernst in Quedlinb.) 1 ß

— Nachricht von einem mit d. künstl. Magnet gemachten Versuch in e. Nervenkrankheit. 4. Hamb. 773. Herold. 8 gl

Bolten, Johann Adrian

— s. Bergpredigt Jesu.

— Der Bericht des Marcus von Jesu d. Messias übers. mit Anmerkungen. Altona 1795. 8.

— d. Bericht d. Matthäus von Jesu d. Messias, übers. u. mit Anmerkk. begl. gr. 8. Altona 792. Hammerich; (auch Köhler; a. Wienbrack in Leipz.) 1 ß 8 gl

— d. Bericht d. Matthäus v. Jesu d. Messias. gr. 8. Altona, Kave (Köhler, Lpz.) 792.

— Berichte d. Markus, Lukas, Johannes, v. Jesu, neu übersetzt m. Anm. gr. 8. Altona, Hammerich. (Gräff, L.) 795–97. (1r 1 Thlr. 2r 1 Thlr. 4 gr. 3r 1 Thlr.)

— — dasselbe, gr. 8. Leipz. Köhler. 795. 96. (à 1 Thlr.)

— Beschr. u. Nachr. v. d. Grafsch. Stapelholm in Schleswig. 8. Hamb, Bohn. 777.

— Beschreib. u. Nachr. v. d. Grafschaft Stapelholm in Schleswig. Mit 1 Karte. 8. Wöhrden 777. (Campe in Hamb.) 20 gl

Bolten J. A.: Beschreibung u. Nachrichten v. der im Herzogthume Schleswig belegenen Landschaft Stapelholm. Wöhrden 1777. (16) 400 S. 1 Kt.

— neutestamentl. Briefe, übers. u. mit Anmerkk. begl. 3 Thle. gr. 8. Altona 800—806. Hammerich. 4 ß 8 gl (3r Thl. A. u. d. T.: d. Offenbar. Johannes. 1 ß 16 gl)

— Geschichte d. Apostel v. Lukas, übers. u. mit Anmerkk. begl. gr. 8. Altona 797. Hammerich. 1 ß 4 gl Köhler in Leipz. 1 ß

— — dasselbe. gr. 8. Leipzig, Köhler. 797.

Bolten, J. Adr., Geschichte d. Apostel v. Lucas. gr. 8. Altona, Hammerich. 799.

Johann Adrian **Bolten.** Ditmarsische Geschichte. 8°.
Th. 1. Mit Kupfern. Flensburg und Leipzig. 1781.
Th. 2. Mit Kupfern. ebd. 1782. Th. 3. Mit 1 Kupfer, ebd. 1784.
Th. 4 und letzter. ebd. 1788.

— Dithmarsische Geschichte. 4 Bde, mit Kpf. gr. 8. Flensb. 781 —88. (Christiani in Schlesw.) 6 ℛ

— histor. Kirchennachricht von d. Stadt Altona u. deren verschied. Religionspartheien. 2 Bde. 8. Altona 790, 91. Hammerich. 2 ℛ 4 gr

— Lucas. Altona 1796. 8.

— Predigtentwürfe über d. epistol. Texte. 1, 2r Jahrg. gr. 8. Altona 786, 87.

Special-Karte über die Landschaft **Stapelholm** im Herzogthum Schleswig im Jahre 1776 verfertigt v. Johann Adrian **Bolten.** Kupferstich. 1 Bl. Fol., 37/45 cm. Aufgez. a. Leinen. Aus: Joh. Adr. Bolten's Beschreibung von Stapelholm. Wöhrden. 1777.

— Neues Testament übers. 8r Bd. d. d. Beschl. d. Br. u. d. Offenb. Joh. enth. gr. 8. Alt. Hammerich. 805.

Bolten, Johann Christian

— Anzeige derjenigen Ordnung, in welcher die Anatomie und einige Theile der Chirurgie, der Kgl. Verordnung gemäsz, künftig sollen vorgetragen werden. Altona. 1756. 4. (Progr.). P.

Bolten, Johann Christian: Gedancken von psychologischen Curen. Halle im Magdeb.: Hemmerde 1751. 96 S. 8°

Bolten, Jo. Chr., Gedanken von psychologischen Curen. Halle. 8°. 1758

Bolten, Jo. Chr. (Resp.): De nexu metaphysices ..., s.a. Unzer, J. A. (Praes.)

BOLTEN, JOAN. CHR. (autor), De nexu metaphysices cum medicina generatim diss. Halæ Magd. 1749. 4. P. [Praes. Joh. Aug. Unzer].

— Diss. de revulsionibus generatim. Halæ Magdeburg. 1750. 4. P.

Bolten, Johann Joachim (Hamburg)
Positiones juris selectae.
Giessae 2. Mai 1775: Joh. Jac. Braun. 8 S. 4°

Bolten, Peter *Jakob Heinrich* [Referendar aus Corschenbroich (Reg.-Bez. Düsseldorf)]: Nach welchem örtlichen Recht ist zu entscheiden, ob ein uneheliches Kind von seinem Vater Alimente zu fordern hat? ... M.Gladbach, Druck v. E. Schellmann, 1894; 3 Bl., 37 S. 8.
Göttingen, Jur. Fak., Inaug.-Diss. v. [28. Apr.] 1894

Bolten, Wilh., s. *Preces* selectae.

Bolten, Willy, s.: Indianer- u. Volksbibliothek.

Bolten-Baeckers, Venus auf Erden, s.: Lincke, Paul.

Boltenhagen im Jahre 1862. 8. (31) Wism. 62, Abilgaard. (?) — $7\frac{1}{2}$

Boltenhagen im Jahre 1862. Wismar 862. Gundlach. 8. (31 S.) $7\frac{1}{2}$ ngr.

Boltenhagen, wie es war im Jahre 1881. Zum Besten des Boltenhager Verschönerungs-Vereins. Wismar 1882. V: *Meyer, J. J. H.* (Russell XI, 629)

Boltenhagen, wie es war im J. 1881. 8. (29 S.) Wismar 882. Hinstorff's Verl. — 75

Geschichte der □ zum treuen Herzen Or. Strassburg (Els.) während der ersten 25 Jahre ihres Bestehens. [Von Rud. Boltenhagen.] Strassburg i. E. 1898: Du Mont-Schauberg. 20 S. 8°
[Umschlagtit.:] Zur Feier des fünfundzwanzigjährigen Bestehens der St. Johannes Loge zum treuen Herzen. Strassburg i. E.
Nebst Liedern zum 25. Stiftungsfest der Loge.

Boltenstern, Ferd. Wilh. Franz Baron Bolstern v., Kriegsberichte Friedrichs des Grossen aus den beiden schlesischen Kriegen. *In* Heft 10. zum Militär-Wochenblatt 1875.

Boltenstern, O. v., s.: Aerzte-Zeitung, deutsche.

Boltenstern, O. v., über die Behandlung innerer Blutungen m. besond. Berücksichtig. der Gelatineanwendung, s.: Abhandlungen, Würzburger, aus dem Gesamtgebiet der prakt. Medizin.

— die interne Behandlung des Darmverschlusses m. besond. Berücksicht. der Atropinbehandlung, s.: Abhandlungen, Würzburger, aus dem Gesamtgebiet der prakt. Medizin.

Boltenstern, O. v., die nicht operative Behandlung der bösartigen Geschwülste, s.: Abhandlungen, Würzburger, a. d. Gesamtgebiet der prakt. Medizin. II. 4.

Boltenstern, O. v., die neuere Geschichte der Medicin, s.: Bibliothek, medicin., f. prakt. Ärzte. Nr. 142/47.

— öffentliche Gesundheitspflege u. Medizinalwesen, s.a. Bibliothek der Rechts- u. Staatskunde.

Boltenstern, O. v., Öffentliche Gesundheitspflege und Medizinalwesen. In gemeinverständlicher Darstellung. Stuttgart, 1906. 254 S.

— Heilkräfte u. Wirkgn d. See, insbes. d. Ostsee, s: Klinik, Berliner.

— Hygiene der Wohnung u. des Schlafgemachs. (Medizinische Frauenbücher.) (68 S.) 8. Berlin (904). [Verlag der Frauen-Rundschau.] K. Singer & Co. n. — 60

— die Influenza. (Schumann's medizin. Volksbücher.) 8. (167 S.) Leipzig 902. J. F. W. Schumann. Geb. in Leinw. n. 1. 50

Ⓓ — d. Influenza. 902. (KBB 81.) Jetzt: Ulm, J. Ebner.

— Über Kohlensäurebäder. (8 S.) 8. Leipzig 908. B. Konegen. 1. —
Sonderabdruck aus „Reichs-Medizinal-Anzeiger".

— die Krankheiten des Bluts mit besond. Berücksicht. der Bleichsucht u. der Blutarmut. (Schumann's medizin. Volksbücher.) (171 S.) kl. 8. Leipzig 903. W. Schumann Nachf. Geb. in Leinw. n. 1. 50

Boltenstern, O. v., die Krankheiten des Bluts. Jetzt: Ulm, J. Ebner.

— s.: Monatsschrift, ärztliche.

— über Morbus Basedowii, s.: Abhandlungen, Würzburger, aus dem Gesamtgebiet der prakt. Medizin.

— die Vergiftungen, s.: Bibliothek, medicinische, f. prakt. Ärzte. Nr. 166—170.

— Die chron. Vergiftgn m. bes. Berücks. d. Arzneimittel (Quecksilber, Morphium, Kokain usw.), Tabak- u. Alkoholvergiftg, s.: Schumann's medizin. Volksbb.

Boltenstern, Otto (Hrsg.), s.a. Lehsten-Dingelstädt

Boltenstern, Otto v., s.a. Am Hofe König Jérômes.

Boltenstern, O. v., Am Hofe König Jérôme's. Erinnerung eines westfälischen Pagen und Offiziers. 1905. 8⁰. (3 Mk. Alfred Lorentz, Lpz., 1909, ohne Ortsangabe.)

von Boltenstern, Otto [pr. Arzt aus Stralsund]: Aus d. K. pharmakolog. Institut d. Univ. Greifswald. Ueber Phosphorwasserstoffgas . . . . Greifswald, Druck v. Julius Abel, 1889; 47 S. 8⁰
Greifswald, Med. Fak., Inaug.-Diss. v. 30. Nov. 1889

Boltenstern, P. v., De rebus scaenicis romanis quaestiones selectae. Diss. 1875. 87 S. 1.50

Boltenstern, (Paul) v., Dir. Prof. Dr.: Antrittsrede. *Treptow a. R. 1903: R. Marg.* (S. 4—8.) 4⁰ [F.]
Treptow a. R., k. Bugenhagen-G, OP 1903 (175)

Boltenstern, Paul v. Bemerkungen über die Wortstellung insbesondere über die Stellung der Präpositionen in Vergils Aeneis. 18 S. Progr. *Dramburg* 1880.

von Boltenstern, Paul [Dr.]: Schillers Vergilstudien I. Cöslin, gedr. bei C. G. Hendess, 1894; 1—23 S. 4.
Cöslin, k. G, OP 1894 (131)

Boltenstern, [Paul] von, Prof. Dr.: Schillers Vergilstudien. T. 2. *Köslin 1900: C. G. Hendess.* (21 S.) 4⁰ ¶ [Forts. d. P-Beil. 1894.]
Köslin, k. G, OP 1900 (147)

Bolter, Joh. Bapt., Ehegesetze für das Bisthum Rottenburg, aus älteren u. neueren Verordnungen, Reskripten, Resolutionen u. Dekreten rc. zusammengetragen. Wiesensteig 853. Schmid. 8. (164 S.) 15 ngr

Bolter, Wilh[elm]. 44 Beobachtungen von Strumitis. Diss. Med. Univ. Zürich. *Kopftitel:* Aus der chirurgischen Klinik der Universität Zürich, Direktor: Herr Prof. Dr. R[udolf] U[lrich] Krönlein. II + 45 S. 8. Zürich-Selnau, Gebrüder Leemann & Co., [1905].

Boltermanns, J., Beytr. z. d. Kunst d. Schlössers, oder über die hieroglyph. Kunstschlösser rc. m. K. gr. 4. Berlin, Pauli. 789.

Boltermann, J., Beitrr. zu d. Kunst d. Schlossers, oder über d. hieroglyph. Kunstschlösser rc. Mit Kpf. gr. 4. Berl. 789. (Reimer). 1 rthl 12 gr

Bolthausen, Jul[ius]. Die Lehrer-Orientfahrten im Jahre 1903 (und das Programm der 4 Orientreisen im Jahre 1904, von) Jul. B', (Lehrer,) Solingen. [Mit illustriertem Umschlag.] II + 98 S. 8. Solingen, Alb. Pfeiffer, (1904). M. 1. —

Nach dem Orient. 1. deutsche Lehrerfahrt. Von Jul. **Bolthausen.** Solingen (1902): Pfeiffer. 184 S. 8⁰ [10. 1174]

Bolthausen, Jul[ius]. Programm der vier Lehrer-Orientfahrten im Jahre 1905. [Mit 7 Tafeln.] II+IV+32 S. 8. Solingen, Alb. Pfeiffer, [1905].

BOLTON, HENRY CARRINGTON. On the Fluorine Compounds of Uranium. (Göttingen) Berlin, 1866. Diss.

Bolton, Jak., Gesch. d. merkwürd. Pilze; aus d. Engl. v. K. L. Willdenow. 3 Thle, mit ill. Kpf. gr. 8. Berl. 795—98. (Reimer). 15 rthl 4r Thl. Aus d. Engl., mit Anmerkk. von C. L. Willdenow. Anh. u. Nachtrr. Mit 44 ill. Kpf. Fortges. u. mit e. Einleit. u. e. erklär. Uebersicht versehen v. C. G. u. Th. Fr. L. Nees v. Esenbeck. gr. 8. Ebd. 820. 7 rthl 12 gr

— Dessen 4r Theil. Aus dem Englischen mit Anmerkungen v. C. L. Willdenow. Anhang und Nachträge. Mit 44. illum. Kupfern. Fortgesetzt und mit einer Einleit. und einer erklärenden Uebersicht versehen von Ch. G. und Th. Fr. L. Nees von Esenbeck. gr. 8. Berlin, Reimer. 820.

Bolton, Robert. Geist- und weltlicher Staat von Grossbritannien und Ireland; aus dem Engl. Leipzig 1758. Ü: *Heinzelmann, Johann Bernhard.* (MGT)

von Bolton, Werner [aus Tiflis]: Die Wertigkeit von Quecksilber und Kupfer in Elektrolyten verschiedener Konzentration . . . Halle a. S., Druck d. Buchdr. d. Waisenhauses, 1895; 1 Bl., 57 S. 8.
Leipzig, Phil. Fak., Inaug.-Diss. v. [14. Juni] 1895

Bolts, W., gegenwärt. histor.-statist. u. polit. Zustand v. Bengalen; aus d. Engl. (v. Fr. Schulz). 2 Thle, mit 1 Karte. 8. Leipz. 780. (Cnobloch). 1 rthl

Boltshauser, C[aspar]. Geschichte von Romanshorn-Salmsach, von den ältesten Zeiten bis auf die Gegenwart. 8. Romanshorn 1873.

Boltshauser, H. Kleiner Atlas der Krankheiten und Feinde des Kernobstbaums und des Weinstocks. 25 Blätter in Farbendruck mit nach den neuesten Forschungen bearbeitetem Text. 1. Lfg. (mit 5 Tafeln). Gr. in-8⁰, IV u. 20 S. Frauenfeld, J. Huber's Verlag. 1889

Boltshauser, H. Kleiner Atlas der Krankheiten und Feinde des Kernobstbaums und des Weinstocks, nach den neuesten Forschungen bearb. Mit 25 Blättern in Farbendruck. 2. u. 3. Liefg. (mit je 5 Taf.). Gr. in-8⁰. 8, bezw. 4 S. Frauenfeld, J. Huber's Verlag. 1889 à 2 40

Boltshauser, H. Kleiner Atlas der Krankheiten und Feinde des Kernobstbaumes und des Weinstocks. 4. Liefg. (5 color. Taf.). In-8⁰. Frauenfeld, J. Huber's Verlag. 1890 2 40

Boltshauser, H. Kleiner Atlas der Krankheiten und Feinde des Kernobstbaumes und des Weinstocks. 5. Liefg. (5 color. Taf.). In-8⁰. (S. 29—40.) Frauenfeld, J. Huber's Verlag. 2 40
1890

Boltshauser, H. Kleiner Atlas der Krankheiten u. Feinde des Kernobstbaums u. des Weinstocks. 25 Blätter in Farbendruck mit nach den neuesten Forschungen bearb. Texte. Lex. in-8⁰. IV, 40 S. Frauenfeld, J. Huber's Verlag, 1891. In Mappe 12 —

Boltshauser, H., Atlas d. Krankheiten u. Beschädign. uns. landwirtschaftl. Kulturpflanzen, s: Kirchner, O.

Boltshauser, H: Atlas bezw. Wandtafeln d. Krankh. u. Beschädiggn uns. landw. Kulturpflanzen, s.: Kirchner, O.

Boltshauser, Heinr., Beispielsammlung der reinen u. angewandten Arithmetik, oder 4000 Uebungsbeispiele aus den verschiedenen Gebieten der reinen u. angewandten Arithmetik zum leichten u. nützl. Gebrauche sowohl in Volksschulen, als auch in höhern Lehranstalten, in denen die Arithmetik gelehrt wird, bearb. u. berechnet. 2. Aufl. in Berücksichtigung des neuen Münzfußes u. des neuen schweizer. Maaß- u. Gewichtssystems gänzlich umgearb. u. bedeutend vermehrt. gr. 8. (XII u. 263 S. m. 4 lith. Taf.) Bern 852, Blom. 1 rthl

Boltshauser, H, Beispielsamml. d. reinen u. angew. Arithmetik. 2. Afl. 8. (263) Bern 52, Fiala. 1. — || Schlüssel. 2. Afl. (103) — 10

Boltshauser, Heinr., Schlüssel zu des Verf. Beispielsammlung rc. der Arithmetik. Enthaltend: die Resultate zu den 4000 Beispielen und Aufgaben dieser Sammlung. (2. Aufl.) gr. 8. (IV und 103 S.) Bern 852, Blom.

Boltshauser, H., die Grundlehren der Algebra theoret. entwickelt u. mit einer großen Anzahl v. Beispielen u. Aufgaben zu prakt. Einübung derselben versehen. Mit besond. Rücksicht auf den Gebr. in Schulen bearb. gr. 8. ($10\frac{1}{2}$ B.) Biel 845. Solothurn. (Jent u. Gaßmann.)

— dass. Resultate d. Beisp. u. Aufgaben. gr. 8. (4 B.) Ebds. -

Boltunow, Alexander: Über den Strukturzusammenhang zwischen dem ästhetischen Wertgefühl und seinen intellektuellen Voraussetzungen. (Berlin 1909: G. Schade.) 31 S. 8°

Berlin, Phil. Diss. v. 27. Febr. 1909, Ref. Riehl

[Geb. 23. Aug. 83 Petrosawodsk; Wohnort: Berlin; Staatsangeh.: Rußland; Vorbildung: 1. Petersburger Gymn. Reife Mai 03; Studium: Petersburg 3, Berlin 7 S.; Rig. 4. Febr. 09.] [U 09. 150

Boltwood B. B. und **Rutherford** E.: [1]) Mitteilungen der Radium-Kommission der Kaiserl. Akademie der Wissenschaften: 8. Die Erzeugung von Helium durch Radium (mit 8 Textfiguren). S. 120. IIa. 313 . . . . —.80

Separatabdruck

Bolts, s.: Guide, nouveau, de conservations mod.

— s.: Sprachenführer, neuer.

Boltz, A. (Red.), s. Friseur-Zeitung, Deutsche allgemeine.

Boltz, August

Boltz, Aug., der Apollomythus, die Engel u. ihre Verehrer. 2 mythologisch-linguist. Studien. gr. 8. (58 S. m. 1 Lichtdr.) Darmstadt 894. L. Brill. n. 1. 20

Boltz, Aug., linguist. Beiträge z. Frage n. d. Urheimat d. Arioeuropäer. Festschrift z. Feier d. 50jähr. Jenenser Doctor-Jubiläums. gr. 8. (32 S.) Darmstadt 895. L. Brill. n. — 80

Boltz, Aug., Beiträge zur Völkerkunde aus Wort u. Lied. Acht Abhandlungen u. erweiterte Vorträge ethnographisch-linguist. Inhalts nebst e. Sammlung von über 100 Dichtungen in 20 Sprachen u. Dialekten, im Urtexte nebst metrischer Uebersetzung in den Orig.-Versmaßen. Oppenheim 868. Kern. gr. 8. (XI, 371 S.) n. 2 ℛ 15 ngr.

Boltz, Aug., a new conversation-grammar of the german language adapted to the use of schools u. private instruction after the practical u. theoretical method of Robertson. 3 parts. gr. 8. Berlin 872. Gaertner. n. 4. 50; geb. n. 5. 25

1. (VI, 182 S.) n. 1. 50. — 2. 3. (326 S.) n. 3. —

Boltz, Aug., a new cours of the english language, after a new practical and theoretical method by T. Robertson. For the use of schools and for private tuition, with numerous analogies of english words, with the corresponding french or german expressions; translated from his 4. german edit., into russian. — Новое руководство англійскаго языка по новому практическому и теоретическому методу Т. Робертсона. — 2 parts. Braunschweig 859, 62. Neuhoff & Co. gr. 8. (VIII, 172; 159 S.) 1 ℛ 10 ngr.

— a new cours of the English language, after a new practical and theoretical method by T. Robertson. For the use of schools and for private tuition etc. translated from his 4. German edit., into Russian. — Новое руководство англійскаго языка. — Part I. 2. edit. Braunschweig 865. Neuhoff & Co. 8. (VIII, 165 S.) 20 ngr.

Boltz, Aug., hellenische Erzählungen, s. Bibliothek der Gesamt-Litteratur des In- und Auslandes.

— ausgewählte Fabeln des Hitopadeśa, s. Hitopadeśa.

— das Fremdwort in seiner kulturhistorischen Entstehung u. Bedeutung. Vortrag zu Wiesbaden am 7. Janr. 1870 gehalten. Berlin 870. Gärtner. 8. (34 S.) n. 6 ngr.

— Gedichte und Uebersetzungen, nebst beigefügten Originaltexten. 16. (XII und 187 S.) Berlin 860, (Plahn'sche Buchh.) * —

— Nouvelle grammaire de la langue allemande adaptée à l'enseignement public et privé, d'après la méthode pratique et théorique de Robertson. 3 tomes. gr. 8. Berlin 872, Gaertner. [Tome 1. (X, 177 S.) * ℳ 1,50.; Tomes 2 et 3. (336 S.) * ℳ 3.] *

geb. *

— et **Bellenger**, guide de conversat. en russe et en français. 12. (236) Berl. 54, Behr geb. — 15

Boltz, Aug., nouveau guide de conversations modernes, s.a. Guide.

— nouveau guide de conversations modernes en Polonais, Russe, Français et Allemand, s.a. Forster.

— et **Bellenger**, nouveau guide de conversations modernes en russe et en français ou dialogues usuels et familiers conten. en outre de nouv. conversations sur les Voyages etc. A l'usage des voyageurs et des personnes qui se livrent à l'étude de ces langues. A. u. d. T.: Новое Руководство для Русскаго и Французскаго Весѣдованія etc. Berlin 854. Behr. 12. (2 Bl., VI, 236 S.) 15 ngr.

— **Fischer, Witcomb** et **Bellenger**, nouveau guide de conversations modernes en russe, allemand, anglais et français. Ou dialogues usuels et familiers cont. en outre de nouvelles conversations sur les Voyages, les Chemins de fer, les Bateaux à vapeur à l'usage des voyageurs et des personnes qui se livrent à l'étude de ces langues. A. u. d. T.: Новое Руководство для Русскаго, Нѣмецкаго, Англійскаго и Французскаго Весѣдованія etc. Ebend. 856. 12. (2 Bl., VI, VI, 236, 236 S.) 25 ngr.

— u. Herm. **Franz**, Handbuch der englischen Literatur. Für Freunde der engl. Sprache u. höhere Unterrichts-Anstalten. 2 Thle. Lex. 8. 1. Thl.: Die Prosaiker. (XVI u. 416 S.) 2. Thl.: Die Dichter. (XII u. 429 S.) Berlin 852, G. Reimer. (à $^{11}/_{12}$ ℛ) $1^{5}/_{6}$ ℛ

— über das altrussische heldenlied im vergleiche mit der Arthursage. Vortrag gehalten im wissenschaftl. vereine am 18. Febr. 1854. 8. (24 S.) Berlin 854, Mai. *

— Hellenisch, die allgemeine Gelehrtensprache, der Zukunft. gr. 8. (X, 325 S.) Leipzig 888, Friedrich. *

Boltz, Aug. Hellenisch, die internationale Gelehrtensprache der Zukunft. 2. verm. Aufl. gr. 8. (VIII, 328 S.) Lpz. 890, W. Friedrich. * 6 —; geb. * 7 —

— s.: Hitopadesa, Fabeln.

— die Kyklopen, e. historisches Volk. Sprachlich nachgewiesen. 8. (VI, 36 S.) Berlin 885. Gaertner. n. 1. —

— English-Russian Languages, s. Robertson, T.

— neuer Lehrgang der deutschen Sprache (f. Russen) nach der praktisch-theoretischen Methode v. Robertson. Zum Schul-, Privat- u. Selbstunterricht, m. Angabe der Wurzelwörter u. Vergleichg. derselben m. den verwandten indogerman. Wörtern nach den neuesten Resultaten der Sprachvergleichg. verf. 3 Thle. br. 8. (VIII, 183 u. 353 S.) Leipzig 871. 72. Berndt. à 2. —

Boltz, Aug., neuer Lehrgang der englischen Sprache, s.a. Robertson, T.

Boltz, Aug., neuer Lehrgang der englischen Sprache nach einer praktischen, analytischen, theoretischen und synthetischen Methode von T. Robertson. Für den Schul-, Privat- und Selbstunterricht, unter Benutzung der neuesten engl. Sprachwerke, und mit beständiger sehr vollständiger Angabe der german. und französ. Analogien, nach der 6. Orig.-Aufl. zum Gebrauch für Deutsche vollständig neu bearb. 3 Tle. 8. Berlin, Gaertner's Verlag. [1. Tl. 7. Aufl. (VI, 172 S.) 882. * ℳ 1,50.; 2. und 3. Tl. 5. Aufl. (II, 336 S.) 869. * ℳ 3.] *

— neuer Lehrgang der englischen Sprache nach e. prakt., analyt., theoret., synthet. Methode v. T. Robertson. Für den Schul-, Privat- u. Selbstunterricht, unter Benutzg. der neuesten engl. Sprachwerke, u. m. beständ. sehr vollständ. Angabe der german. u. französ. Analogien, nach der 6. Orig.-Aufl. zum Gebrauch f. Deutsche vollständig neu bearb. 1. Thl. 6. Aufl. gr. 8. (VI, 172 S.) Berlin 871. Gärtner. n. 1. 50

— neuer Lehrgang der englischen Sprache nach einer praktischen, analytischen, theoretischen u. synthetischen Methode v. T. Robertson. Für den Schul-, Privat- u. Selbstunterricht, unter Benutzung der neuesten engl. Sprachwerke, u. m. beständ. sehr vollständ. Angabe der german. u. französ. Analogien, nach der 6. Orig.-Aufl. zum Gebrauch für Deutsche vollständig neu bearb. 1. Tl. 7. Aufl. 8. (VI, 172 S.) Berlin 882. Gaertner. n. 1. 50

—— neuer Lehrgang der französischen Sprache nach der Robertson'schen Methode. Für den Schul-, Privat- und Selbstunterricht unter Benutzung der neuesten französ. Sprachwerke, zum Gebrauche für Deutsche bearb. 2 Thle. gr. 8. Berlin, Peters. [1. Thl. (VIII und 208 S.) 858. 20 Ngr., 2. (266 S.) 859. 25 Ngr.]

—— neuer Lehrgang der französischen Sprache nach der Robertson'schen Methode. Für den Schul-, Privat- und Selbstunterricht unter Benutzung der neuesten französ. Sprachwerke, zum Gebrauche für Deutsche bearb. 2 Thle. 2. Aufl. gr. 8. Berlin 864,66, Peters. [1. Thl. (VIII und 211 S.) 20 Ngr., 2. Thl. (233 S.) 25 Ngr.]

— neuer Lehrgang der französischen Sprache nach der Robertson'schen Methode. Für den Schul-, Privat- u. Selbstunterricht unter Benutzung der neuesten französischen Sprachwerke, zum Gebrauche für Deutsche bearb. 1. Thl. 3. Aufl. Berlin 868. Peters. 8. (XII, 211 S.) 20 ngr.

Boltz, Aug., neuer Lehrgang der italienischen Sprache nach der Robertson'schen Methode. Für den Schul-, Privat- und Selbstunterricht unter Benutzung der neuesten italien. Sprachwerke, und mit sehr vollständiger Angabe der französ. Analogien, zum Gebrauche für Deutsche vollständig neu bearb. 2. Aufl. gr. 8. (IV und 200 S.) Berlin 855, Nelte. Thlr.

Boltz, Aug., neuer Lehrgang der russischen Sprache. Für den Schul-, Privat- u. Selbstunterricht nach der Robertson'schen Methode verfaßt. 2 Thle. 8. (1: IV u. 144 S. m. 2 Tab. in Fol. u. qu. Fol. 2: 142 S.) Berlin 852, C. Schultzes Buchdr. (à n. 3/4 ℛ) n. 1 1/2 ℛ

Boltz, Aug., neuer Lehrgang der russischen Sprache. Für den Schul-, Privat- u. Selbstunterricht nach der Robertson'schen Methode verfaßt. 2 Thle. 2. verb. Aufl. Berlin 853. C. Schultze's Buchdr. 8. (1 Bl., VIII, 145; 1 Bl., 142 S.) 1 ℛ 15 ngr.

—— neuer Lehrg. d. russ. Sprache. 2 Thle. 3. Afl. 8. (280) Berl. 59, Gaertner. à n. -- 22 1/2

— neuer Lehrgang der russischen Sprache. Für den Schul-, Privat- u. Selbstunterricht nach der Robertson'schen Methode verfaßt. 2 Thle. 3. Aufl. Berlin 859. C. Schultze. 8. (VIII, 286 S. u. 1 Tab. in Fol.) 1 ℛ 15 ngr.

— neuer Lehrgang der spanischen Sprache nach der Robertson'schen Methode. Für den Schul-, Privat- u. Selbstunterricht unter Benutzung d. neuesten spanischen Sprachwerke, u. mit sehr vollständiger Angabe der französischen Analogien, zum Gebrauche für Deutsche bearbeitet. 1. Abth. Berlin 857. Peters. gr. 8. (VII, 152 S.) n. 15 ngr.

—— Lehrg. d. franz. Spr. n. d. Robertson'schen Meth. 1. Thl. 3. Afl. 8. (211) Berl. 68, Peters. — 20 || 2. Thl. 2 Afl. (233) 66. — 25

—— Lehrgang der russischen Sprache für den Schul-, Privat- und Selbstunterricht bearb. Der prakt. Theil nach der Robertson'schen Methode, der wissenschaftl. auf Grund der Ergebnisse der vergleichenden Sprachforschung. 2 Thle. 4., völlig umgearb. Aufl. gr. 8. Berlin 871, Gaertner. [1. Thl. (X, 233 S.) * ℳ 3.; 2. Thl. (IV, 314 S.) * ℳ 4.] *

Boltz, Aug., Lehrgang der russischen Sprache für den Schul-, Privat- u. Selbstunterricht. Der prakt. Theil nach der Robertson'schen Methode, der wissenschaftl. auf Grund der Ergebnisse der vergleich. Sprachforschung. 1. Thl. 5., völlig umgearb. Aufl. gr. 8. (X, 232 S.) Berlin 880. Gaertner. n. 3.

— Lehrgang der russischen Sprache f. den Schul-, Privat- u. Selbstunterricht. Der prakt. Thl. nach der Robertson'schen Methode, der wissenschaftl. auf Grund der Ergebnisse der vergleich. Sprachforschg. 2. Thl. 5., völlig durchgearb. Aufl. gr. 8. (IV, 315 S.) Berlin 884. Gaertner. n. 4. —

— und Fischer, Leitfaden der russischen und deutschen Conversations-Sprache, enthaltend Gespräche über Reisen ꝛc. Zum Gebrauch für Reisende und diejenigen, welche diese Sprache erlernen wollen. A. u. d. T.: Новое Руководство для Русскаго и Нѣмецкаго Весѣдованія etc. Ebend. 854. 12. (2 Bl., V, 236 S.) 15 ngr.

—— und Fischer, Leitfaden der russischen und deutschen Conversations-Sprache. Zum Gebrauch für Reisende und diejenigen, welche diese Sprachen erlernen wollen. 12. (VI und 236 S.) Berlin 854, Behr's Buchh.

—— Lied vom heereszuge Igors gegen die Polowzer, s. Lied.

— über russische Literatur. Ein Vortrag gehalt. am 15. März 1851 im wissenschaftl. Verein. gr. 8. (28 S.) Berlin 851, Mai. n. 1/4 ℛ

—— i K. Forster, nowy przewodnik w rozmowach nowoczesnych w języku polskim i ruskim, s. Forster, K.

— die hellenische oder neugriechische Sprache. Studien zur Kenntniss derselben, nach ihrem Wesen, ihrer Entwickelung u. ihrem jetzigen Bestande, m. vielen Sprachproben aus allen Stylarten u. den wichtigsten Dialecten, nebst eigener deutscher Uebersetzung. gr. 8. (VIII, 176 S.) Darmstadt 881. Brill. n. 4. —

Boltz, A., die Sprache und ihr Leben. Populäre Briefe über Sprachwissenschaft. Offenbach a. M. *IX u. 149 p. mit 1 Taf.*
Schul-/Univ.-Schrift 1867

— die Sprache u. ihr Leben. Populäre Briefe über Sprachwissenschaft. Offenbach a. M. 868. (Leipzig, Haessel.) gr. 8. (IX, 149 S. u. 1 Tab. in Fol.) 24 ngr.

— s.: Sprachenführer, neuer.

— die hellenischen Taufnamen der Gegenwart, soweit dieselben antiken Ursprungs sind, nach Gebrauch u. Bedeutung. gr. 8. (48 S.) Leipzig 883. Friedrich. n. 1. 20

— Vasantasena u. d. Hetären im ind. Drama. Das Vedavolk in s. Gesamtverhältnissen. Zwei Vorträge. 8° (56 m. 2 Kart.) Darmst. 94, L Brill. 1.20

— Vorschule des Sanskrit in lateinischer Umschrift oder Anleitung das Sanskrit mit möglichster Zeitersparniss so zu erlernen, dass man sich selbständig weiter fördern kann etc. Ein Hülfs- u. Uebungsbuch für Jedermann, besonders für Lehrer der modernen Sprachen. Oppenheim 868. (Kern.) gr. 8. (VIII, 227 S. u. 12 Tabb. in 4. u. Fol.) n. 2 ℛ 15 ngr.

Boltz, Carl

Boltz, Carolus [Ueckermuendensis]: Quaestiones de consilio, quo Thucydides historiam suam conscripserit .... Halae Saxonum, typ. Ploetzianis (R. Nietschmann), 1887; 1 Bl. + 38 S. + 1 Bl. 8°.
Halle, Phil. Fak., Inaug.-Diss. v. [13. Aug.] 1887.

Boltz, Carolus, quaestiones de consilio, quo Thucydides historiam suam conscripserit. Diss. Halle 1887, Lippertsche Buchh. 8°. 38 S.

Boltz, Chrph.: Diatribe jur., sistens justitiam pretii manummissionis, et affrancamentorum Borussiacorum, Germ.: Das Recht des Loßkauff-Geldes, und der Preußischen Laß-it. Manns Brieffe. Regiomonti 1808 (richtig: 1708)

Boltz, Chph. (Königsberg), De republica creaturarum. Disp. jur. Präs. Joh. Chph. Boltz. Königsberg (Reusner) 6. VI. 1707. 26 S. (4.80)
Gew.: Chph. Grf. v. Wallenrodt (Pachollen . .), Chph. Alex. v. Rauschken (Eiserwagen), Gg. Friedr. v. Kreytzen (Weslinen . .), Frdr. Wilh. v. Kanitz (Podangen . .).

Boltz, Ernst, d. Maschinenbauer f. Gewerbe u. Landwirtschaft. Z. Gebr. f. Fachschulen u. d. Selbstunterr. 6. Aufl. v. Klausens „Maschinenbauer" in vollst. Neubearbeitg. M. e. Atlas, enth. 28 Foliotaf. gr. 8. (XII, 302 S.) Weimar 898. Leipzig, B. F. Voigt. 12. —

Boltz E.: Der Maschinenbauer f. Gewerbe u. Landwirtschaft ... 8. Aufl. Leipz. 1900. 367 S. 4°.
— Atlas. Sst. o. A. 32 Tvl. 4°.

Boltz, H., Vorschriften. 2 Hefte. Hamburg 861. F. Schuberth. qu. gr. 8. (60 lith. Bl.) Jedes Heft n. 18 *ngr.*

Boltz, H., Vorschriften. 3 Hefte. qu. gr. 8. Hamburg, (Döring.) [1. Heft. 1.—3. Aufl. (23 S.) 862—78. * ℳ 1,60.; 2. Heft. 1.—3. Aufl. (23 S.) 862—79. * ℳ 1,60.; 3. Heft. 1. und 2. Aufl. (14 S.) 865,79. * ℳ 1.] cart. *

—— dass. — Anhang. 2 Hefte. qu. gr. 8. (Ebendas.) [1. Heft. 1. und 2. Aufl. (12 S.) 866,79. * 90 Pf.; 2. Heft. (20 S.) 878. * ℳ 1,50.] *
Dazu 4 Schreibhefte à

Boltz, H., Vorschriften. 2. Aufl. 3. Hft. qu. gr. 8. (14 Steintaf.) Hamburg 879. (Döring.) cart. n. 1. —

Boltz, Hans: Über die Kontaktbeobachtungen der Sonnenfinsternis 1905. August 29—30. (Berlin: Trenkel 1909.) 38 S. 8°
Berlin, Phil. Diss. v. 13. April 1909, Ref. Bauschinger
[Geb. 9. Mai 83 Elbing; Wohnort: Berlin; Staatsangeh.: Preußen; Vorbildung: Oberrealsch. Elbing Reife M. 02; Studium: Königsberg 3, Berlin 8 S.; Rig. 30. Juli 08.] [U 09. 151

Boltz, J.G., s.a. Bolz, Johann Gottfried

Boltz, J. G., d. Amts- u. Gerichts-Actuarius, 6 Thle. 4. Nürnb. Raspe. (Brönner in Frankf.) 781.

Boltz, J. G.: „Einleitung zum Amthierungs- und Rechnungswerk", Frankfurt a. M. 1730.

— Erklär. d. institution. Iustiniani. 6 Thle. 4. Nürnb. Stein. 750—54.

— d. allg. fertige Notarius. 8. Frankf. Brönner. 757.

— d. in Schuldaustheil. u. Concurssachen accur. Beamte. 4. Nürnb. Raspe. 780.

Boltz, Joh. Gfrd, Auserlosene und im Stylo Curiae vorkommende Teutsche Redensarten colligiret und zum Druck befördert. Franckfurt u. Leipzig 1731. 8. . . . [illegible]

Boltz, Nicolaus: Die grossen Verdienste Seiner Erlauchten Excellenz, des Erlauchten . . . Herrn Adam Ludwig von Blumenthal, Seiner Königlichen Majestät in Preussen hochbetrauten würklichen geheimten Staats- und Kriegesministers, ..., wurden bey einer öffentlichen Versammlung der Königlichen deutschen Gesellschaft in einer Abschiedsrede bewundert von . . . Königsberg 1744, den 8. Junius. mit Reussnerischen Schriften. fol.

Boltz, R., Heilung e. Falles v. Rundzellensarcom d. weichen Gaumens unt. Arsenbehandlg., s.: Festschrift z. Feier d. 80jähr. Stiftungsfestes d. ärztl. Vereins z. Hamburg.

Boltz, Reinhold *Otto* [app. Arzt]: Aus d. patholog. Institute zu Kiel. Ein Beitrag zur Statistik und Anatomie der Tuberkulose im Kindesalter. . . . Kiel, *Druck v. Gressner & Schramm in Leipzig,* 1890; 21 S., 6 Bl. 8°
Kiel, Med. Fak., Inaug.-Diss. v. [8. Nov.] 1890

Boltz, Rhold. Ein Beitrag zur Statistik u. Anatomie der Tuberkulose im Kindesalter. Diss. gr. 8. (21 S. m. 5 Tab.) Kiel 890, (Lipsius u. Tischer). * 1 —

— e. Fall v. Akromegalie m. Sektionsbefund. [Aus: „Jahrbb. d. hamburg. Staatskrankenanstalten". 3. Bd.] gr. 8. (10 S. m. 2 Fig.) Hamburg 894. L. Voss. n. — 75

— Theodor u. (Respond.) **Melchior Friedrich Farenheid,** De gratia principis erga delinquentem artificem. Disp. jur. Königsberg (Reusner) Nov. 1732. 30 S. (5.—)

Boltz, Valentin: „Illuminierbuch, Künstlich alle Farben zumachen und zu bereiten. Allen Brieffmalern, sampt anderen solcher Künsten liebhabern, nützlich unnd gut zu wissen. Vorhin im Druck nit aussgangen. Durch Valentinum Boltzen", Frankfurt a. Mayn 1571. — Vorh.: StB Frankfurt a. M. — Flugschriftensammlung Gustav Freytag — IX, 46.

Boltze's Formular-Mappe f. d. Schulen Elsaß-Lothringens. 32×25,5 cm. Gebweiler (910). J. Boltze. — 40

Boltze, Instruction für die Train-Soldaten der Pionniere, der Infanterie, der Jäger und Schützen. Zur Selbstbelehrung und Anleitung bei dem theoretischen Unterricht für Unteroffiziere u. Soldaten. Mit 2 Kupfertaf. (in 4.) Posen 855. Merzbach. 8. (4 Bl., 79 S.) n. 10 *ngr*

Boltze: Über die neuesten Versuche die Newtonsche Tangential-Kraft zu erklären. 16 S.
Progr. Cottbus 1846.

Boltze, Erich, a. Weimar: Der Handelsagent nach dem deutschen Handelsgesetzbuch. Nienburg a. W. 1905: C. J. G. Gleneweinkel. (54 S.) 8° [F.]
Erlangen, Jur. Fak., Ref. Sebling, Diss. v. 7. Nov. 1905
[Geb. 25. Juni 79 Vogelsberg; Wohnort: Weimar; Staatsangeh.: Sachsen-Weimar; Vorbildung: Gymn. Halle a. S. Reife M. 00; Studium: München 2, Berlin 1, Göttingen 3 S.; Rig. 21. Juli 05.]

Boltze, Ernst: Grenzschichten an Rotationskörpern in Flüssigkeiten mit kleiner Reibung. Göttingen 1908: Kaestner. 53 S. 8°
Göttingen, Phil. Diss. v. 26. Febr. 1909. Ref. Prandtl
[Geb. 4. Febr. 86 Harzgerode; Wohnort: Harzgerode; Staatsangeh.: Preußen; Vorbildung: Gymn. Bernburg Reife O. 05; Studium: Göttingen 7 S.; Rig. 4. Nov. 08.] [U 09. 1333

Boltze, Heinrich. Ein Kranz auf das Grab Robert Blums. Liebenwerda o. J. 24 S. 12.

Boltze, Heinrich Ludwig

Boltze, Hnr., Stubbenkammer. Gedicht. 12. Brandenburg 843, Müller. 1/3 ℛ

Boltze, Heinr. Ludw., Lehrbuch d. angewandten Mathematik f. Realgymnasien u. höh. Bürgerschulen. 2. Thl. — A. u. d. T.: Lehrbuch d. Statik u. Mechanik fester Körper. gr. 8. (14 B. u. 4 Steint.) Berlin 841, Duncker u. Humblot.
Der 1. Thl. ist noch nicht erschienen.

Boltze, Heinr. Ludw., Leitfaden z. Unterr. in der Physik, für Gymnasien u. höh. Bürgerschulen. 8. (6 B. u. 4 Figurent.) Brandenburg 842, Müller. *

Boltze, Hugo, approb. Arzt aus Groitzsch: Zwei Fälle von Extrauteringravidität mit lebendem Kind. *Leipzig 1901: B. Georgi.* (68 S.) 8°
Leipzig, Med. Diss. v. (20. März) 1901

Boltze, Otto [aus Halle a. S.]: Ein Beitrag zur operativen Behandlung des Hydrocephalus chronicus ... Halle a. S., Hofbuchdr. v. C. A. Kaemmerer & C., 1893; 21 S., 1 Bl. 8.
Halle, Med. Fak., Inaug.-Diss. v. 19. Juli 1893

Boltzenthal, Rud. De graeci sermonis proprietatibus, quae in Ciceronis epistolis inveniuntur. 11 S. Progr. *Cüstrin* 1884.

Boltzental, R. De re metrica et de genere dicendi Albii Tibulli. Pr. 1874. 17 S. 4°. 4.—

Boltzig (Hrsg.), s. Das Pferd.

Borltzig, W. Frhr. v., Handbuch f. den prakt. Landwirth. gr. 8 (VIII, 184 S.) Dresden 888. Friese & v. Puttkamer. n. 3. —

Boltzius, Friedrich August, od. Krankenheilungen durch das Gebet des Glaubens. (39 S.) kl. 8. Neumünster (904). Vereinsbuchh. G. Ihloff & Co. n. — 15

Boltzmann, Arth., Apparate v. L. Boltzmann zur Demonstration stehender u. interferierender Wellen. (7 S.) gr. 8. Wien 904. (A. Hölder.) n. — 40

Boltzmann, A., Apparate von L. Boltzmann zur Demonstration stehender und interferierender Wellen. [Aus: Sitzungsber. d. k. Akad. d. Wiss., mathem.-naturw. Klasse.] Gr. 8°. (ill. 7 S.) †
Wien: Carl Gerold's Sohn 1905.

— luftelektrische Beobachtungen auf dem Meere. (36 S. m. 2 Taf.) gr. 8. Ebd. 904. n. 1. 10
2 Sonderabdrucke aus: „Sitzungsber. d. k. Akad. d. Wiss."

Boltzmann, A., Luftelektrische Beobachtungen auf dem Meere. [Aus: Sitzungsber. d. k. Akad. d. Wiss., mathem.-naturw. Klasse.] Gr.-8°. (36 S. mit 2 Tafeln.) † K 1.10
Wien: Carl Gerold's Sohn 1905.

Boltzmann, Arth., über d. Luftwiderstand gekrümmter Flächen. (33 S. m. 6 Fig. u. 1 Taf.) gr. 8. Wien 910. A. Hölder. 1.50
Sondorabdruck aus „Sitzungsber. d. k. Akad. d. Wiss."

— Untersuchgn am Silbervoltameter. [Aus: „Sitzgsber. d. k. Akad. d. Wiss."] (24) gr8° Ebd. '12. — 68

Boltzmann, F.: Neuer Beweis ..., s. Boltzmann, Ludwig

Boltzmann, Ludw., wissenschaftliche Abhandlungen. Im Auftrage u. m. Unterstützg. der Akademien der Wissenschaften z. Berlin, Göttingen, Leipzig, München, Wien hrsg. v. Fritz Hasenöhrl. I.—III. Bd. gr. 8. Leipzig 909. J. A. Barth. 56.—; geb. in Leinw. 61.—
I. (1865—1874.) (VIII, 652 S. m. Fig.) 18.40; geb. 20. —
II. (1875—1881.) (VI, 600 S. m. Fig.) 17.—; geb. 18.60
III. (1882—1905.) Mit 1 Bildnis Boltzmanns, radiert v. Aug. Steininger. (VIII, 706 S. m. Fig.) 20.80; geb. 22.40

Boltzmann, L., üb. d. mechan. Analogie d. Wärmegleichgewichtes zweier sich berührender Körper, s.: Bryan, G. H.

Boltzmann, Ludw., über die Anzahl der Atome in den Gasmolecülen u. die innere Arbeit in Gasen. [Aus den Sitzungsber. d. k. Akad. d. Wiss.] Wien 868. (Gerold's Sohn.) gr. 8. (9 S.) n. 2 *ngr.*

— Über das Arbeitsquantum, welches bei chemischen Verbindungen gewonnen werden kann. S. 88. II. 883 . . . . —.60
Separatabdruck

Boltzmann, Ludw., üb. das Arbeitsquantum, welches bei chemischen Verbindungen gewonnen werden kann. Lex.-8. (36 S.) Wien 883. (Gerold's Sohn.) n. — 60

Boltzmann, Ludw., über die Aufstellung u. Integration der Gleichungen, welche die Molecularbewegung in Gasen bestimmen. [Mit 2 (eingedr.) Holzschn.] [Aus: „Sitzungsber. d. k. Akad. d. Wiss."] Lex.-8. (49 S.) Wien 877. (Gerold's Sohn.) n. — 70

— Ueber die mechanische Bedeutung des zweiten Hauptsatzes der Wärmetheorie. (Sonder-Abdr. aus dem LIII. Bde. der Sitzber. der kais. Akad. der Wissensch. Vorgelegt am 8. Febr. 1866.)

— Bemerkungen über einige Probleme der mechanischen Wärmetheorie. [Aus: „Sitzungsber. d. k. Akad. d. Wiss."] Lex.-8. (39 S.) Ebend. 877. n. — 60

— weitere Bemerkungen über einige Probleme der mechanisch. Wärmetheorie. [Mit 2 (eingedr.) Holzschn.] [Aus: „Sitzungsber. d. k. Akad. d. Wiss."] Lex.-8. (40 S.) Ebend. 878. n. — 60

Boltzmann, Ludw., Bemerkungen üb. die Wärmeleitung der Gase. [Aus: „Sitzungsber. d. k. Akad. d. Wiss."] Lex.-8. (12 S.) Wien 875. (Gerold's Sohn.) n.n. — 30

Boltzmann, Ludw., üb. d. Berechng. d. Abweichgn. d. Gase v. Boyle-Charles'schen Gesetz u. d. Dissociation derselben. [Aus: „Sitzungsber. d. k. Akad. d. Wiss."] gr. 8. (12 S.) Wien 896. (C. Gerold's Sohn.) n. — 30

— experimentelle Bestimmung der Dielectricitätsconstante v. Isolatoren. [Mit 1 (lith.) Taf. (in 4.)] [Aus: „Sitzungsber. d. k. Akad. d. Wiss."] Lex.-8. (64 S.) Ebend. 873. n. 1. 50

—— experimentelle Bestimmung der Dielektricitätsconstante von Isolatoren. Lex.-8. (64 S. mit 1 lithogr. Taf. in 4.) Wien 873, (Gerold's Sohn.) *

—— experimentelle Bestimmung der Dielektricitätsconstante einiger Gase. [Ausgeführt im k. k. physikal. Institute zu Wien.] Lex.-8. (19 S.) Wien 874, (Gerold's Sohn.) *

— Über eine neue Bestimmung einer auf die Messung der Moleküle Bezug habenden Größe aus der Theorie der Kapillarität (mit 3 Holzschnitten). S. 75. II. 877 . . ngr.
Separatabdruck

— über eine neue Bestimmung einer auf die Messung der Moleküle Bezug habenden Grösse aus der Theorie der Capillarität. [Mit 3 (eingedr.) Holzschn.] [Aus: „Sitzungsber. d. k. Akad. d. Wiss."] Lex.-8. (13 S.) Ebend. 877. n.n. — 30

Boltzmann, Ludwig, Ueber die Bewegung der Elektricität in krummen Flächen. (Sonder-Abdr. a. d. Sitzungsber. d. k. Akad. d. Wiss.) gr. 8. (8 S.) Wien, Gerold in Comm. *1864* 10 kr.

Boltzmann, Ludw., über die Bewegung der Elektricität in krummen Flächen. Lex.-8. (8 S.) Wien 865, (Gerold's Sohn.) *
Aus: Sitzungsberichte der k. Akademie der Wissenschaften, besonders abgedruckt.

Boltzmann Ludwig, Dr.: Analytischer Beweis des zweiten Hauptsatzes der mechanischen Wärmetheorie aus den Sätzen über das Gleichgewicht der lebendigen Kraft. S. 63. II. 71 . . . . ngr.
Separatabdruck

—— analytischer Beweis des zweiten Hauptsatzes der mechanischen Wärmetheorie aus den Sätzen über das Gleichgewicht der lebendigen Kraft. Lex.-8. (21 S.) Wien 871, (Gerold's Sohn.) *

Boltzmann, Ludw., neuer Beweis zweier Sätze über das Wärmegleichgewicht unter mehratomigen Gasmolekülen. Lex.-8. (12 S.) Wien 887, (Gerold's Sohn.) **

Boltzmann, L., neuer Beweis zweier Sätze üb. das Wärmegleichgewicht unter mehratomigen Gasmolekülen. [Aus: „Sitzungsber. d. k. Akad. d. Wiss."] Lex.-8. (12 S.) Wien 887. (Tempsky.) n.n. — 25

— über die Beziehung der Diffusionsphänomene zum zweiten Hauptsatze der mechanischen Wärmetheorie. [Aus: „Sitzungsber. d. k. Akad. d. Wiss."] Lex.-8. (31 S.) Ebend. n.n. — 50

Boltzmann, L. Ueber die Beziehung der Diffusionsphänomene zum 2. Hauptsatz der mechanischen Wärmetheorie. Wien, 1878.

— über die Beziehung zwischen dem 2. Hauptsatze der mechanischen Wärmetheorie u. der Wahrscheinlichkeitsrechnung, resp. den Sätzen über das Wärmegleichgewicht. [Aus: „Sitzungsber. d. k. Akad. d. Wiss."] Lex.-8. (63 S.) Ebend. 877. n.n. — 90

— Ueber die Druckkräfte, welche auf Ringe wirksam sind, die in bewegte Flüssigkeit tauchen. (Graz, den 5. Nov. 1870.)

— Über die Eigenschaften monocyclischer und anderer damit verwandter Systeme. S. 90. II. 811 . . . . —.30
Separatabdruck

— über die Eigenschaften monocyclischer u. anderer damit verwandter Systeme. Lex.-8. (15 S.) Ebend. 884. n.n. — 30

— Entwicklung einiger zur Bestimmung der Diamagnetisierungszahl nützlichen Formeln (mit 1 Holzschnitt). S. 83. II. 576 . . . . K —.30
Separatabdruck

— Experimentaluntersuchung über die elektrostatische Fernwirkung dielektrischer Körper I (mit 2 Taf.). S. 68. II. 81 . . . . vgr.
Separatabdruck

—— Experimental-Untersuchungen über die elektrostatische Fernwirkung dielektrischer Körper. Lex.-8. (75 S. mit 2 lithogr. Taf. in qu. 4.) Wien 874, (Gerold's Sohn.) *

— Einige Experimente über den Stoß von Zylindern. S. 84. II. 1225 . . . . vgr.
Separatabdruck

— einige Experimente über den Stoss von Cylindern. [Aus: „Sitzungsber. d. k. Akad. d. Wiss."] Lex.-8. (5 S.) Ebend. 881. n. — 20

Boltzmann, Ludw., Einige Experimente über den Stoss von Cylindern. (Sitzb. d. k. Akad. d. Wissensch. 84. Bd. II. Abth. 1881. December.) gr. 8. (5 S.) geb. 10 kr.
Wien: Carl Gerold's Sohn 1882

Boltzmann Ludwig, Dr.: Über einige Fälle, wo die lebendige Kraft nicht integrierender Nenner des Differentials der zugeführten Energie ist. S. 92. II. 853 . . . . K —.44
Separatabdruck

Boltzmann, Ludw., über einige Fälle, wo die lebendige Kraft nicht integrirender Nenner des Differentials der zugeführten Energie ist. Lex.-8. (23 S.) Wien 885, (Gerold's Sohn.) *

— über die Festigkeit zweier mit Druck übereinandergesteckter cylindrischer Röhren. [Aus d. Sitzungsber. d. k. Akad. d. Wiss.] Ebend. 869. gr. 8. 3 ngr.

—— über die Festigkeit zweier mit Druck übereinandergesteckter cylindrischer Röhren. Lex.-8. (10 S.) Wien 869, (Gerold's Sohn.)

Boltzman, Ludwig. Festrede zur Feier des 301 Gründungstages der Karl-Franzens-Universität zu Graz gehalten am 15 November, 1887, von Ludwig Boltzmann. Leipzig, 1888. pp. viii–32, 8vo. Portrait of Kirchhoff.

Festschrift Ludwig Boltzmann gewidmet zum 60. Geburtstage, 20. Febr. 1904. Mit 1 Portr., 101 Abb. u. 2 Taf. (Hrsg.: Dr. Stefan Meyer.) *Leipzig: J. A. Barth 1904.* (XII, 930 S.) 8° [04. 1093]

Boltzmann, Ludw., über die Form der Lagrangeschen Gleichungen f. nichtholonome, generalisierte Coordinaten. (12 S.) gr. 8. Wien 902. (A. Hölder.) n. — 80
Sonderabdruck aus: „Sitzungsber. d. k. Akad. d. Wiss."

Boltzmann, L., Über die Form der Lagrange'schen Gleichungen für nichtholonome, generalisierte Koordinaten. Gr.-8°. (12 S.) † Wien: Gerold's Sohn 1903. K — 80

— üb. d. Frage n. d. objectiven Existenz d. Vorgänge i. d. unbelebten Natur. [Aus: „Sitzungsber. d. k. Akad. d. Wiss."] gr. 8. (27 S.) Ebd. 897. n. — 60

— — Ueber die Frage nach der objectiven Existenz der Vorgänge in der unbelebten Natur. Gr. 8. (27 S.) Wien: Gerold 1897 —.80

—— über einige Fragen der kinetischen Gastheorie. Lex.-8. (28 S. mit 1 Holzschn.) Wien 888, (Tempsky.) *
Vorstehende zwei Schriften sind aus: Sitzungsberichte der k. Akademie der Wissenschaften, besonders abgedruckt.

— Der zweite Hauptsatz der mechanischen Wärmetheorie. 8. 1886 . . . . vgr.
Separatabdruck

—— der 2. Hauptsatz der mechanischen Wärmetheorie. Vortrag, gehalten in der feierl. Sitzung der kaiserl. Akademie der Wissenschaften am 29. Mai 1886. 8. (85 S.) Wien 886, (Gerold's Sohn.) **

Boltzmann, Dr. Ludwig, Ueber die Integrale linearer Differential-Gleichungen mit periodischen Coëfficienten. (Sonder-Abdr. a. d. Sitzungsber. d. k. Akad. d. Wiss.) gr. 8. (6. S.) Wien, Gerold in Comm. 1868 10 kr.

— zur Integration der partiellen Differentialgleichungen 1. Ordnung. [Aus: „Sitzungsber. d. k. Akad. d. Wiss."] Lex.-8. (13 S.) Ebend. 875. n.n. — 30

—— Gustav Robert Kirchhoff. Festrede, zur Feier des 301. Gründungstages der Karl-Franzens-Universität zu Graz gehalten am 15. Novbr. 1887. gr. 8. (VIII, 32 S. mit Stahlst.-Bild.) Leipzig 888, Barth. *

— über einige an meinen Versuchen üb. die elektrostatische Fernwirkung dielektrischer Körper anzubringende Correctionen. [Aus: „Sitzungsber. d. k. Akad. d. Wiss."] Lex.-8. (35 S. m. e. eingedr. Holzschn.) Wien 874. Gerold's Sohn. n. — 60

— über die auf Diamagnete wirksamen Kräfte. [Mit 3 (eingedr.) Holzschn.] [Aus: „Sitzungsber. d. k. Akad. d. Wiss."] Lex.-8. (28 S.) Ebend. 879. n.n. — 45

Boltzmann, Ludw., Ueber die auf Diamagnete wirksamen Kräfte. Mit 3 eingedr. Holzschn. 8°. *28 S.* Wien, Gerold's Sohn. 1879. fl. —.25

Boltzmann, L. (Hrsg.): Über physikal. Kraftlinien, s. Maxwell, J. Clerk

— Lösung eines mechanischen Problems. S. 58. II. 1035 . . . . vgr.
Separatabdruck

— Lösung eines mechanischen Problems. Wien 1868.

—— Lösung eines mechanischen Problems. Lex.-8. (10 S.) Wien 869, (Gerold's Sohn.) *

— Memorirstoff f. den evangelischen Religionsunterricht in den Volksschulen. Für die Hand der Schüler zusammengestellt. 14. Aufl. 8. (32 S.) Berlin 882. Leipzig, Klinkhardt. n. — 15

— Über die Möglichkeit der Begründung einer kinetischen Gastheorie auf anziehende Kräfte allein (mit 3 Holzschnitten). S. 89. II. 714 . . . . vgr.
Separatabdruck

— über die Natur der Gasmolecüle. [Aus: „Sitzungsber. d. k. Akad. d. Wiss."] Lex.-8. (8 S.) Ebend. 876. n. — 20

Über die Prinzipien der Mechanik. Zwei akad. Antrittsreden von Dr. Ludwig Boltzmann, Prof., Wien. *Leipzig: S. Hirzel 1903.* (48 S.) 8° (o. s.)

— Zur Priorität der Auffindung der Beziehung zwischen dem 2. Hauptsatze der mechanischen Wärmetheorie und dem Prinzipe der kleinsten Wirkung. (Aus Poggendorffs Ann., Bd. 143.)

— Über einige Probleme der Theorie der elastischen Nachwirkung und über eine Methode, Schwingungen mittelst Spiegelablesung zu beobachten, ohne den schwingenden Körper mit einem Spiegel von erheblicher Masse zu belasten. S. 76. II. 815 vgr.
Separatabdruck

— über einige **Probleme** der Theorie der elastischen Nachwirkung u. über eine neue Methode, Schwingungen mittels Spiegelablesung zu beobachten, ohne den schwingenden Körper m. einem Spiegel von erheblicher Masse zu belasten. [Aus: „Sitzungsber. d. k. Akad. d. Wiss.“] Lex.-8. (28 S.) Ebend. 878. n. — 40

-- Resultate einer Experimentaluntersuchung über das Verhalten nichtleitender Körper unter dem Einflusse elektrischer Kräfte. (Vorläufige Mitteilung.) S. 66. II. 254 . . . . vgr.
Separatabdruck

—— **Resultate** einer Experimentaluntersuchung über das Verhalten nicht leitender Körper unter dem Einflusse elektrischer Kräfte. Lex.-8. (8 S.) Wien 873, (Gerold's Sohn.)

— üb. e. mechanischen Satz **Poincaré's.** [Aus: „Sitzungsber. d. k. Akad. d Wiss.“] gr. 8. (9 S.) Ebd. 897. n. — 30

Boltzmann, Ludwig, Ueber einen mechanischen Satz Poincaré's. Gr.-8. (9 S.) —.15
Wien: Gerold 1897

— Über einen von Prof. Pebal vermuteten thermochemischen Satz betreffend nicht umkehrbare elektrolytische Prozesse. S. 95. II. 95 . . . . vgr.
Separatabdruck

—— über einen von Prof. **Pebal** vermutheten thermochemischen Satz, betr. nicht umkehrbare elektrolytische Processe. Lex.-8. (7 S.) Wien 887, (Gerold's Sohn.) *

— üb. e. v. Prof. Pebal vermutheten thermochemischen Satz, betr. nicht umkehrbare elektrolytische Processe. [Aus: „Sitzungsber. d. k. Akad. d. Wiss.“] Lex.-8. (7 S.) Wien 887. (Tempsky.) n. — 20

— einige allgemeine Sätze üb. Wärmegleichgewicht. [Mit 1 (eingedr.) Holzschn.] [Aus: „Sitzungsber. d. k. Akad. d. Wiss.“] Lex.-8. (53 S.) Ebend. 871. n. — 60

—— einige allgemeine Sätze über **Wärmegleichgewicht.** Lex.-8. (53 S. mit 1 eingedr. Holzschn.) Wien 871, (Gerold's Sohn.) *

— über einige das **Wärmegleichgewicht** betreffende Sätze. [Aus: „Sitzungsber. d. k. Akad. d. Wiss.“] Lex.-8. (10 S.) Wien 881. (Gerold's Sohn.) n.n. — 25

— populäre **Schriften.** (VII, 440 S.) gr. 8. Leipzig 905. J. A. Barth. n. 8. —; geb in Leinw. n. 9. --

— üb. vermeintl. irreversible **Strahlungsvorgänge.** 3. Mittheilg. [Aus: „Sitzungsber. d. k. preuss. Akad. d. Wiss.“] gr. 8. (6 S.) Berlin 898. (G. Reimer.) n. — 50
D. 1. u. 2. Mittheilg. sind einzeln nicht zu haben.

— Studien über das Gleichgewicht der lebendigen Kraft zwischen bewegten materiellen Punkten (mit 1 Taf.). S. 58. II. 517 . . . . vgr.
Separatabdruck

Boltzmann, Ludwig, Studien über das Gleichgewicht der lebendigen Kraft zwischen bewegten materiellen Punkten. Wien 1868.

—— **Studien** über das Gleichgewicht der lebendigen Kraft zwischen bewegten materiellen Punkten. Lex.-8. (44 S. mit 1 lithogr. Taf. in qu. gr. 4.) Wien 869, (Gerold's Sohn.) *

—— weitere Studien über das **Wärmegleichgewicht** unter Gasmolekülen. Lex.-8. (96 S. mit 4 eingedr. Holzschn.) Wien 872, (Gerold's Sohn.)

— weitere **Studien** üb. das Wärmegleichgewicht unter Gasmolekülen. [Mit 4 (eingedr.) Holzschn.] [Aus: „Sitzungsber. d. k. Akad. der Wiss.“] Lex.-8. (96 S.) Ebend. 873. n. 1. 60 (1. 2.: n. 2. —)

Boltzmann, Ludw., Zur Theorie der sogenannten electrischen Ausdehnung oder Electrostriction. I. (Sitzb. d. k. Akad. d. Wissensch. 82. Bd. II. Abth. 1880. November) gr. 8. (14 S.) geh. In Comm. 18 kr. Wien: Carl Gerold's Sohn 1881.

Boltzmann, Ludw., in Graz, Zur Theorie der sogenannten elektrischen Ausdehnung oder Elektrostriction II. (Sitzb. d. k. Akad. d. Wissensch. 83. Bd. III. Abth. 1881. Jänner.) gr. 8. (12 S.) geh. 12 kr. Wien: Gerold 1881

—— zur **Theorie** der thermoelektrischen Erscheinungen. Lex.-8. (40 S. mit 3 Holzschn.) Wien 888, (Tempsky.) *
Vorstehende drei Schriften sind aus: Sitzungsberichte der k. Akademie der Wissenschaften, besonders abgedruckt.

— Zur Theorie der Gasdiffusion. 1. Teil (mit 7 Holzschnitten). S. 86. II. 63 . . . vgr.
— — 2. Teil. S. 88. II. 835 . . . . vgr.
Separatabdruck

—— zur **Theorie** der Gasdiffusion. 1. und 2. Thl. Lex.-8. (Ebendas.) [1. Thl. (87 S. mit 7 eingedr. Holzschn.) 882. ** 80 Pf.; 2. Thl. (26 S.) 883. ** 50 Pf.] **

Boltzmann, Ludwig, Zur Theorie der Gasdiffusion. (Sitzb. d. k. Akad. d. Wissensch. 86. Bd II. Abth. 1882. Juni.) gr. 8. (87 S. mit 7 Holzschn.) In Comm. geh. 40 kr.
Wien: Carl Gerold's Sohn 1882.

— zur **Theorie** der Gasreibung. [Mit 7 (eingedr.) Holzschn.] [Aus: „Sitzungsber. d. k. Akad. d. Wiss.“] Lex.-8. (42 S.) Ebend. 880. n. — 80

Boltzmann, Ludwig, Zur Theorie der Gasreibung. 2. Theil. (Sitzb. d. k. Akad. d. Wissensch. 84. Bd. II. Abth. 1881. Juni.) gr. 8. (56 S.) In Comm. geh. 80 kr.
Wien: Carl Gerold's Sohn 1881.

Boltzmann, Ludwig, Zur Theorie der Gasreibung. (Sitzb. d. k. Akad. d. Wissensch. 84. Bd. II. Abth. 1881. December.) gr. 8. geh. (34 S.) In Comm. 80 kr. Wien: Carl Gerold's Sohn 1882.

— dasselbe. 3. Thl. [Mit 2 (eingedr.) Holzschn.] Lex.-8. (34 S.) Ebend. 882. n. — 60

Boltzmann, L. Ueber **Maxwells** Theorie der Elektricität und des Lichtes. I. II. Leipzig. 1891—1893.

— zur **Theorie** der elastischen Nachwirkg. [Aus: „Sitzungsber. d. k. Akad. d. Wiss.“] Lex.-8. (32 S.) Ebend. 874. n.n. -- 50

—— zur **Theorie** der elastischen Nachwirkung. Lex.-8. (32 S.) Wien 874, (Gerold's Sohn.) **

— zur **Theorie** d. v. Hall entdeckten elektromagnetischen Phänomens. [Aus: „Sitzungsber. d. k. Akad. d. Wiss.“] Lex.-8. (26 S.) Ebd. 887. n. — 60

— Üb. e. These Schopenhauers, s.: Beilage, wiss., z. 18. Jahresbericht d. philosoph. Gesellsch. an d. Univ. zu Wien.

— üb. d. Unentbehrlichkeit d. **Atomistik** i. d. Naturwissenschaft. [Aus: „Sitzungsber. d. k. Akad d. Wiss.“] gr. 8. (16 S.) Wien 896. (C. Gerold's Sohn.) n. — 40

Boltzmamann, Prof. Ludwig, Ueber die Unentbehrlichkeit der Atomistik in der Naturwissenschaft. Gr.-8. (16 S.) —.20
Wien: Gerold 1897

— Untersuchungen am Silbervoltameter. S. 121. IIa. 1061 . . . . —.80
Separatabdruck

— über die Verschiedenheit der Dielektricitäts-constante d. krystallisirten Schwefels nach verschiedenen Richtungen. [Mit 2 (eingedr.) Holzschn.] [Aus: „Sitzungsber. d. k. Akademie d. Wiss."] Lex.-8. (25 S.) Ebend. 874. n. — 40

—— über die Verschiedenheit der Dielektricitätsconstante des krystallisirten Schwefels nach verschiedenen Richtungen. Lex.-8. (25 S. mit 2 eingedr. Holzschn.) Wien 874, (Gerold's Sohn.) *

Boltzmann, L., über die zum theoretischen Beweise des Avogadro'schen Gesetzes erforderlichen Voraussetzungen. [Mit 3 Holzschn.] [Aus: „Sitzungsber. d. k. Akad. d. Wiss."] Lex.-8. (31 S.) Wien 887. (Tempsky.) n. — 60

Vorlesungen über Gastheorie v. Dr. Ludwig Boltzmann, Prof. ... an d. Univ. Wien. Th. I. II. *Leipzig: J. A. Barth 1895–98.* 2 Bde 8.
I. Theorie d. Gase m. einatomigen Molekülen, deren Dimensionen gegen d. mittlere Weglänge verschwinden. 1895 (96). (VIII, 204 S.)
II. Theorie van der Waals'; Gase m. zsges. Molekülen; Gasdissociation; Schlussbemerkgn. 1898. (X, 265 S.) [98. 1103]

— Vorlesgn. üb. Gastheorie. 1. Thl. Theorie d. Gase m. einatom. Molekülen, der. Dimensionen geg. d. mittl. Weglänge verschwinden. gr. 8. (VIII, 204 S.) Leipzig 896. J. A. Barth. n. 6. —

Boltzmann, Ludw., Vorlesungen üb. Gastheorie. 2. Thl.: Theorie van der Waals'; Gase m. zusammengesetzten Molekülen, Gasdissociation; Schlussbemerkgn. gr. 8. (X, 265 S.) Leipzig 898. J. A. Barth. n. 7. —; geb. n. 8. —
I. Ebd. 896. n. 6. —; geb. n. 7. —.

BOLTZMANN, L.
Vorlesungen über Gastheorie. Theil II. Theorie van der Waals; Gase mit zusammengesetzten Molekülen. Gasdissociation. Schlussbermerkungen. Leipzig, 1899. 8vo.

— Vorlesungen üb. Gastheorie. 1. Tl.: Theorie d. Gase m. einatom. Molekülen, deren Dimensionen gegen die mittlere Weglänge verschwinden. 2., unveränd. Abdr. (VI, 204 S.) gr. 8. Ebd. 910. 6.—; geb. 7.—

Boltzmann, Ludw.: Vorlesgn üb. Gastheorie. 2 Tle. 2. Abdr. gr8° Lpzg, JA Barth.
1. Theorie d. Gase m. einatom. Molekülen, deren Dimensionen gegen d. mittl. Weglänge verschwinden. (6, 204) '10. 6 —; geb. 7 — ‖ 2. Theorie van der Waals'; Gase m. zusammengesetzten Molekülen; Gasdissociation; Schlussbemerkgn. (10, 265) '12. 7 —; geb. 8 —

Boltzmann, Ludw., Vorlesungen üb. das mechan. Potential, Bearbeitg., s.: Buchholz, Hugo.

— Vorlesgn. üb. d. Principe d. Mechanik. (In 3 Thln.) I. Thl., enth. d. Principe, b. denen nicht Ausdrücke n. d. Zeit integrirt werden, welche Variationen d. Coordinaten od. ihrer Ableitgn. nach der Zeit enthalten. gr. 8. (X, 241 S. m. 16 Fig.) Ebd. 897. n. 6. —

Boltzmann, Ludwig: Vorlesungen über die Prinzipe der Mechanik. T. 1—3. (T. 3 hrsg. von Hugo Buchholz.) Leipzig 1897—1920

Vorlesungen ueber die Principe der Mechanik. Von Ludwig Boltzmann, Prof. ... a. d. Univ. Wien. Th. I. *Leipzig: J. A. Barth 1897.* 8. [97. 3797 Bc

— Vorlesungen üb. die Prinzipe der Mechanik. II. Tl., enth.: Die Wirkungsprinzipe, die Lagrangeschen Gleichungen u. deren Anwendgn. (X, 336 S. m. 10 Fig.) gr. 8. Leipzig 904. J. A. Barth. n. 9. —; geb. in Leinw. n. 10. —
Tl. I. Ebd. 897. n. 6. —; geb. n. 7. —.

Boltzmann, Ludw., Vorlesungen üb. Maxwells Theorie der Elektricität u. d. Lichtes. 1. u. 2. Thl. gr. 8. Leipzig, J. A. Barth. à n. 5. —
1. Ableitung der Grundgleichgn. f. ruh., homogene, isotrope Körper. (XII, 139 S. m. Fig. im Text u. auf 2 Taf.) 891.
2. Verhältniss zur Fernwirkungstheorie; specielle Fälle der Elektrostatik, stationären Strömg. u. Induction. (VIII, 166 S. m. Fig. u. 2 Tab.) 893.

— Vorlesungen üb. Maxwells Theorie d. Elektrizität u. des Lichtes. 2 Tle. 2. unveränd. Abdr. (Anast. Neudr.) gr. 8. Ebd. 908. à 5.—; geb. in Leinw. à 6.—
1. Abteilung d. Grundgleichungen f. ruhende, homogene, isotrope Körper. Mit Fig. im Text u. auf 2 Taf. (XII, 139 S.) [891.]
2. Verhältnis zur Fernwirkungstheorie, spezielle Fälle d. Elektrostatik, stationären Strömung u. Induktion. Mit Fig. im Text u. 2 Taf. (VIII, 166 S.) [893.]

Boltzmann, Ludw., über das Wärmegleichgewicht v. Gasen, auf welche äussere Kräfte wirken. [Aus: „Sitzungsber. d. k. Akad. d. Wiss."] Lex.-8. (31 S.) Ebend. 875. n.n. — 50

Boltzmann, Ludwig, Ueber das Wärmegleichgewicht zwischen mehratomigen Gasmolekülen. (Aus dem LXIII. Bde. der Sitzungsber. der kais. Akad. der Wissensch. II. Abth. März-Heft 1871.

—— über das Wärmegleichgewicht zwischen mehratomigen Gasmolekülen. Lex.-8. (22 S.) Wien 871, (Gerold's Sohn.) *

Boltzmann, Ludwig, Dr., Ueber die elektro-dynamische Wechselwirkung der Theile eines elektrischen Stromes von veränderlicher Gestalt. (Aus dem LX. Bde. der Sitzber. der kgl. Akad. der Wissensch. II. Abth., Juni-Heft, Jahrg. 1869.)

—— über die elektrodynamische Wechselwirkung der Theile eines elektrischen Stromes von veränderlicher Gestalt. Lex.-8. (19 S. mit 1 lithogr. Taf.) Wien 869, (Gerold's Sohn.) *

—— über das Wirkungsgesetz der Molecularkräfte. Lex.-8. (7 S.) Wien 872, (Gerold's Sohn.) *

— über das Wirkungsgesetz der Molecularkräfte. [Aus: „Sitzungsber. der k. Akad. der Wiss."] Lex.-8. (7 S.) Ebend. 873. n. — 20

Boluminski, Otto [aus Lessen (Westpr.)]: Aus d. Ambulatorium d. Hrn Dr. Gerber, Privatdoz. f. Laryngologie u. Rhinologie in Königsberg i. Pr. Beiträge zur Tuberkulose der oberen Luftwege ... Berlin, Druck v. Trowitzsch & Sohn, 1895; 39 S., 1 Taf. 8.
Erlangen, Med. Fak., Inaug.-Diss. v. 1895

Bolus, Harry, Grundzüge der Flora von Südafrika. Mit einem Anhang über die wichtigsten Nutzhölzer Südafrikas. Aus dem Engl. übertragen von Otto Kersten. gr. 8. (IV, 43 S. mit 1 lithogr. Uebersichtskarte.) Leipzig 888, Quandt und Händel. *

Bolyai, Johs., s. Bolyai de Bolya, Johannes

Bolyai, Wolfg., Briefwechsel, s.: Gauss, Carl Frdr.

Bolyai de Bolya, Johannes

Bolyai de Bolya, Ioannis, appendix scientiam spatii absolute veram exhibens: A veritate aut falsitate axiomatis XI. Euclidei, a priori haud unquam decidenda, independentem: Adiecta ad casum falsitatis quadratura circuli geometrica. Ed. nova. oblata ab academia scientiarum hungarica ad diem natalem centesimum auctoris concelebrandum. Ediderunt Ios. Kürschák, Maurit. Réthy, Béla Tőtössy de Zepethnek. (VII, 40 S. m. 7 Taf.) gr. 4. Leipzig 903. B. G. Teubner. n. 4. —

Bolyai, Johs., Appendix. Scientiam spatii absolute veram exhibens. A veritate aut falsitate axiomatis XI Euclidei (a priori haud unquam decidenda) independentem; adjecta ad casum falsitatis, quadratura circuli geometrica. (1832.) Facsimile ed. I. (III, 28 S. m. 1 Taf.) gr. 8. Maros-Vásárhelyini 907. (Leipzig, B. G. Teubner.) 3. 20

Bolyai de Bolya, Wolfg., Tentamen iuventutem studiosam in elementa matheseos purae elementaris ac sublimioris methodo intuitiva evidentiaque huic propria introducendi, cum appendice triplici. Ed. II. Tom. I. Conspectus arithmeticae generalis. Mandato academiae scientiarum hungaricae suis adnotationibus adiectis edd. Jul. König et Maur. Réthy. gr. 4. (XII, 679 S. m. Bildn. u. 11 Taf.) Budapestini 897. (Berlin, R. Friedländer & Sohn.)
Geb. in Halbkalbldr. n.n. 40. —

Bolyai de Bolya, Wolfg., tentamen iuventutem studiosam in elementa matheseos purae elementaris ac sublimioris methodo intuitiva evidentiaque huic propria introducendi, cum appendice triplici. Ed. II. Tom. II. Elementa geometriae et appendices. Mandato academiae scientiarum hungaricae suis adnotationibus adiectis ediderunt Jos. Kürschák, Mauritius Réthy, Béla Tötössy de Zepethnek. 2 partes. (LXIII, 439 u. VII S. m. 82 Taf.) Lex.-8. Budapestini 904. (Leipzig, B. G. Teubner.)
Geb. in Halbldr. n.n. 40. —

Bolz, A., Ibykus od. die Macht d. Enzians. Text nach der bekannten Parodie „die Kraniche d. Ibykus", musikalisch bearb. v. Gabr. Sattelmaier. 16. (40 S.) Donauwörth 885. Auer. n. — 25

Bolz, Dr. A., Lehrgang der russischen Sprache. 2 Bände. 4. Auflage. Berlin 1871. 8.

Bolz, (A. M.,) Erfordernisse bei e. häusl. Erziehung u. ihrer vorzügl. Gegenstände. 8. Wien 824. Gründ. (Leipz., Fr. Fleischer.)

Bolz, C. H., die Pyrometer. Eine Kritik der bisher construirten höheren Temperaturmesser in wissenschaftl.-techn. Hinsicht. Mit 81 in den Text gedr. Fig. Gekrönte Preisschrift. gr. 8. (VII, 70 S.) Berlin 888. Springer. n. 3. —

Bolz, G. Die spanischen Vorbilder P. Corneille's. Diss. Rostock 1878. 40 S.

Bolz, Gustav [app. Arzt aus Germersheim]: Ein Beitrag zur Exstirpation von Nierentumoren. . . . München, akad. Buchdr. v. F. Straub, 1889; 22 S. 8°
München, Med. Fak., Inaug.-Diss. v. 1889

Bolz, Hans, Beiträge zur Casuistik der Nephrectomie. Diss. Dorpat. 93 pp.

Bolz, Hans, Beiträge zur Casuistik der Nephrectomie. gr. 8. (93 S.) Dorpat 883. (Schnakenburg.) 1. 20

Bolz, Johann Gottfried, s.a. B o l t z, J.G.

Bolz, Johann Gottfried

— der in allen Handlungen wohlinstruirte u. expedirte Actuarius. 8. Frankf. a. M. 732. N. A. Ebd. 757. Brönner. 16 kr

Bolz, Jh. Gf., († d. 26. Jan. 1759.) wohlinstruirter Amts- u. Gerichts-Actuarius. Aufs Neue durchgesehen u. verm. v. Jh. W. Anthes. 6 Thle. 4. Frankf. 752. 2e A. 767. 3e A. 781. (Brönner). Bauer u. R. in Nürnb. 2 ℛ 8 kr

— Erklär. d. institution. Justiniani. 4 Thle. 4. Nürnb. 750—54. Stein. 2 ℛ 4 kr

Bolz, Jh. Chrd., († ...) accurater Concursbeamter, wie Schuldaustheilungen einzurichten, was dabei zu beobachten etc., f. angehende Beamte, Stadt-, Land- u. Gerichtsschreiber. 4. Frkf. 757. N. A. 4. Nürnb. 780. Bauer u. R. 16 kr

Bolz, Otto: Auf d. Wacht, in d. Schlacht „Anno 70" an d. Saar. (22) 8° Saarbr., Ch. Clauss '11. — 30 d

Bolz- Feigl, Alfons (Red.), s. B ü h n e n v e r e i n, Oesterreichischer.

Bolza, Carl [aus Landau '(Rheinpfalz)']: Beitrag zur Kenntnis der Umlagerung stereo-isomerer Oxime . . . Erlangen, k. b. Hof- u. Univ.-Buchdr. v. F. Junge, 1896; 35 S. 8.
Erlangen, Phil. Fak., Inaug.-Diss. v. 8. Jan. 1896

Bolza, Friedrich

Bolza, Friedr., Geschichte der Fälschung eines Schulzeugnisses an der königl. Studienanstalt Landau i. d. Pfalz. 8. (24 S.) Kaiserslautern 883, A. Gotthold's Verlag. **

Bolza, Friedr., die Gesetzgebung über das Notariat in der bayerischen Pfalz, ein Handbuch für Notäre. 2 Bde. gr. 8. (1. Bd. XII und 568 S.) Neustadt a. d. H. 861, Gottschick's Buchh. *

Bolza, Giovanni Battista

Bolza, G. B., cento apologhi. Wien 863. (Lechner.) gr. 8. (VI, 66 S. m. Holzschn. im Text.) 15 ngr

Bolza, Giovanni Battista (Hrsg.), s. A r i o s t o, Lodovico: Orlando furioso

— Beitrag zum Studium der gallo-italischen Dialekte. S. 59. 1859 . . . . —.20
Separatabdruck

Bolza, J. B., Beitrag zum Studium der gallo-italischen Dialekte. Lex.-8. (10 S.) Wien 869, (Gerold's Sohn.) *
Vorstehende Schrift aus: Sitzungsberichte der k. Akademie der Wissenschaften, besonders abgedruckt.

Bolza, G. B., Canzoni popolari Comasche. Raccolte e publicate colle melodie. Lex.-8. (54 S.) Wien 867, (Gerold's Sohn.) **
Aus: Sitzungsberichte der k. Akademie der Wissenschaften, besonders abgedruckt.

Bolza, G. B., grammatica della lingua italiana ad uso della I. classe ginnasiale. Parte I. che comprende l'ortoepia e l'etimologia. Vienna 858. Gerold. 8. (2 Bl., 144 S.) n. 12 ngr

(——) sul poema drammat. Griselda. Lettera ad un amico. gr. 8. (2 B.) Vienna 830, Volke.
– s.a. S u l poema drammatico Griselda.

Bolza, J. B., Handbuch der italien. Sprache, enthalt. eine nach einer einfachen u. leichten Methode kurzgefaßte Sprachlehre u. prakt. Uebungsstücke, als: Aufgaben zum Uebersetzen aus dem Deutschen ins Italien. — ein kleines Wörterbuch — eine Phraseologie — Gespräche u. e. Samml. ausgewählt. italien. Sprüche, Anekdoten u. Aufsätze, mit Angabe d. deutschen Uebersetz. d. schwier. Wörter u. Redensarten. gr. 8. Wien 835. Volke. 1 1/2 ℛ

– s. C.G. J a g e m a n n, Dizionario italiano-tetesco.

— letture dilettevoli ed istruttive per adolescenti. Triest 865. Coën. 8. (103 S.) n. 6 ngr

Bolza, G. B., Manuale italiano-tedesco ad uso degli impiegati, legali e commercianti della monarchia austriaca. Con particolare riguardo al regno lombardo-veneto. gr. 8. (17 B. u. 6 Taf.) Vienna 845. (Volke's Buchh.) Thlr. **

—— Prontuario di vocaboli e modi errati e delle principali teorie, regole, proprietà e particelle della lingua italiana per parlare e scrivere correttamente. 3. edizione. Considerabilmente accresciuta dall' autore. gr. 16. (IV und 244 S.) Wien 858, Gerold's Sohn.

– s. R i v i s t a Viennese.

Bolza, G. B., Vocabolario genetico-etimologico della lingua italiana. gr. 4. (IV u. 500 S.) Vienna, 851, Tendler & Co. n. 4 ℛ

—— vocabolario genetico-etimol. della lingua ital. 4. (500) Wien 52. (Lpzg, Köhler's Ant.) n. 4. —; Her. Pr. n. 2. —

Bolza, G. B., Vocabulario genetico-etimologico della lingua italiana. gr. 4. (IV und 500 S.) Vienna 852, (Tendler und Comp.) *

Bolza, J. B., s. B o l z a, Giovanni Battista

Bolza, Oskar [aus Bergzabern (Rheinpfalz)]: Über die Reduction hyperelliptischer Integrale erster Ordnung und erster Gattung auf elliptische, insbesondere über die Reduction durch eine Transformation vierten Grades .... Berlin, Buchdr. v. Gustav Schade (Otto Francke) (1886); 39 + 1 S. 4°.
Göttingen, Phil. Fak., Inaug.-Diss. v. 28. Jun. 1886.

Bolza, Osk., üb. die Reduction hyperelliptischer Integrale 1. Ordnung u. 1. Gattung auf elliptische, insbesondere üb. die Reduction durch e. Transformation 4. Grades. Inaug.-Diss. gr. 4. (39 S.) Berlin 887. (Göttingen, Vandenhoeck & Ruprecht's Verl.) n. 1. 80

Vorlesungen über Variationsrechnung. Von Dr. Oskar **Bolza**, Prof. Umgearb. u. stark verm. deutsche Ausg. der 'Lectures on the calculus of variations' desselben Verf. Mit 117 Fig. (In 3 Lfgen.) Leipzig & Berlin: Teubner 1908–09. Getr. Pag. 8° [09. 17130

Bolzani, A. M., s. a. Bolzani , K. A. M.

Bolzani, A. M., Wegweiser zum Seidenbau f. Norddeutschland u. insbesondere für Preußen. Mit 2 Steindr. gr. 8. Berl. 831. Vereinsbuchh. 2 Rthlr

Bolzani, Georg

Die Verantwortlichkeit der preußischen Minister u. ihre prakt. Geltendmachung. Von Dr. Georg **Bolzani**. Berlin: Puttkammer & Mühlbrecht 1909. 90 S. 8°
[Erschien auch als Inaug.-Diss. Heidelberg 1909.] [10. 13434

Bolzani, Georg: Die Verantwortlichkeit der preussischen Minister und ihre praktische Geltendmachung. (Gera-R. [1909]: Fischer.) 90 S. 8°
Heidelberg, Jur. Diss. v. 22. Febr. 1909, Ref. Jellinek
[Geb. 15. Nov. 86 Berlin; Wohnort: Strausberg; Staatsangeh.: Preußen; Vorbildung: Kölln. Gymn. Berlin Reife M. 04; Studium: Berlin 1, Freiburg i. B. 1, München 2, Berlin 2 S.; Rig. 5. Aug. 08.] [U 09. 1753

Bolzani, G., Die Verantwortlichkeit der preussischen Minister u. ihre praktische Geltendmachung. (90 S.) 8. Berlin, Puttkammer & Mühlbrecht. 1910 1. 80.

Bolzani, K.A.M.

Bolzani, A. M., einige unmaßgebliche Ansichten über 1. die Mängel des jetzigen Steuer-Systems, 2. die Nothwendigkeit e. Steuer-Reform, 3. die Erhöhung der aus ein. Steuer-Reform entspringenden Staats- u. Kommunal-Interessen, indem 4. dadurch dem jetzt überhandnehmenden Pauperismus u. d. Demoralisation gesteuert u. beide für die Folge durchschnittlich ganz ausgerottet würden, u. 5. üb. die Entstehung dies. Uebel. gr. 8. (4 B.) Berlin 844. (Hermes.) *

K. A. M. **Bolzani**, Einige unmaßgebliche Ansichten über die Mängel des jetzigen Steuersystems, Nothwendigkeit einer Steuer-Reform u. s. w. Berlin, 1844.

Bolzano, August, approb. Arzt aus Würzburg: **Untersuchung** einer grossen Dermoidcyste ('Rudimentärer Ovarialparasit', 'Embryom', Wilms) des Ovarium. *Würzburg 1901: F. Scheiner.* (30 S.) 8°
Würzburg, Med. Diss. v. 1901

Bolzano, Bernhard. Weimar 1850. V: *Prihonsky, Franz.* (EB)

Bolzano, Dr. (Bern.) und seine Gegner. Ein Beitr. zur neuesten Literaturgesch. gr. 8. (11½ B.) Sulzbach 830, v. Seidel'sche Buchh.

Dr. **Bolzano** und seine Gegner Ein Beitrag zur neuesten Literaturgeschichte. geh. 50 kr.
Wien: Braumüller 1882

Bolzano, Bern., Abhandlungen zur Aesthetik. 1. Lfg. — A. u. d. T.: Ueber d. Begriff des Schönen. Eine philosoph. Abhandl. gr. 4. (11½ B.) Prag 843. (Borrosch u. André.) *
Aus: Abhandlungen der k. böhm. Gesellsch. d. Wissensch. V. Folge. Bd. 3. besond. abgedruckt.

Bolzano, Bernard, († d. 18. Dec. 1848), drei philosophische Abhandlungen, welche auch v. Nichtphilosophen sehr wohl verstanden werden können, u. vier akadem. Reden v. allgemein menschl. Interesse. Aus schriftl. Nachlasse. 8. (VIII u. 132 S.) Leipzig 851, C. H. Reclam sen. n. 12 Ngr

Bh. **Bolzano's** Athanasia od. Gründe f. d. Unsterblichk. d. Seele; e. Buch f. jeden Gebildeten, der hierüb. z. Beruhig. gelangen will. *Sulzb.*, v. Seidel. B. (827.) 2e vb. Ausg. m. e. krit. Anh. vermehrt v. e. Freunde d. Vfrs. 838. gr8° 1 Rthlr 8 gGr

Bolzano, Bernard, Athanasia oder Gründe für die Unsterblichkeit der Seele. Ein Buch für jeden Gebildeten, der hierüber zur Beruhigung gelangen will. Sulzbach, von Seidel, 1838, gr. 8°. XII, 460 S., 2. verbess. Ausgabe, mit einem kritischen Anhange vermehrt von einem Freunde des Verfassers, 4 Mk.
1. Aufl.: 1827, 336 S., 8°. Der Anhang zur 2. Aufl. erschien auch separat (Ebendas. 1838, gr. 8°, 1,20 Mk., 17½ Bogen) u. enthält eine krit. Übersicht der Litteratur über Unsterblichkeit seit 1827.

— Athanasiae, oder Gründe für die Unsterblichkeit der Seele. Ein Buch für jeden Gebildeten, der hierüber zur Beruhigung gelangen will. Zweite verbesserte Ausgabe. 2 fl.
Wien: Braumüller 1882

Bolzano, Bhrd., Beitr. zu e. begründetern Darstell. d. Mathematik. 8. Prag 810. Widtmann. 12 gGr

Bolzano, B., Betrachtungen über ein. Gegenstände der Elementar-Geometrie. 8. Prag. Barth. 804.

Bolzano, Bhrd., Betrachtt. über e. Gegenstände d. Elementar-Geometrie. Mit 1 Kpft. 8. Prag 804. (Lpz., Kummer). 8 gGr

Bolzano, Bernard, rein analyt. Beweis d. Lehrsatzes, daß zw. je zwey Werthen, die e. entgegengesetztes Resultat gewähren, wenigstens e. reelle Wurzel d. Gleichg. liege, s.a. Classiker, wissenschaftliche, in Facsimile-Drucken.

Bolzano, Bernard: Rein analyt. Beweis d. Lehrsatzes, dass zw. je zwey Werthen, die e. entgegengesetztes Resultat gewähren, wenigstens e. reele Wurzel d. Gleichg liege, s.a. Ostwald's, Wilh., Klassiker d. exakten Wiss.

— rein analytischer Beweis d. Lehrsatzes, daß zwischen je zwei Werthen, die ein entgegengesetztes Resultat gewähren, wenigstens eine reelle Wurzel d. Gleichung liege. gr. 8. Prag 817. (Leipz., Kummer). 6 gGr

Rein analytischer Beweis des Lehrsatzes, daß zwischen je zwey Werthen, die ein entgegengesetztes Resultat gewähren, wenigstens eine reelle Wurzel der Gleichung liege. Von Bernard **Bolzano**. Hrsg. von Philip E. B. Jourdain. Leipzig: W. Engelmann 1905. (43 S.) 8°
— **Klassiker**, Ostwald's, d. exakten Wissenschaften. No 153. [1]. [05. 14000

— üb. die Eintheilung der schönen Künste. Eine aesthetische Abhandlung. gr. 4. (46 S.) Prag 849, Calve. n. ⅓ Rthlr

— Erbauungsbüchlein f. die Gebildeten unter den kathol. Christen. 2 Thle. in 1 Bd. 1. Umschreibung des Gebetes des Herrn, Englischen Grußes, Apostolischen Glaubensbekenntnisses u. der drei göttlichen Tugenden. 2. Mein Glaube. gr. 12. (VIII u. 152 S.) Wien 850, Braumüller. n. 12 Ngr

— Erbauungsr. f. Academiker. gr. 8. Prag 813. Widtmann. 1 Rthlr

— Erbauungsreden für Akademiker. (1e Auflage. Prag 1813. 1 fl. 12 kr.) 2e verb. Aufl. 1r Theil. Mit Anm. d. Herausgebers. (24½ Bogen.) gr. 8. Sulzbach 1839, Seidel. 1 Thlr. — 1 fl. 36 kr.
Wie die übrigen Schriften, im Index.

— Erbauungsreden an die Hörer der Philosophie an der Prager Universität, hrsg. von einigen seiner Freunde. 3 u. 4. Bd. gr. 8. (371 u. 340 S.) Prag 851. Wien, Braumüller in Comm. (Leipzig, C. H. Reclam sen.) (à n. 1 Rthlr) n. 2 Rthlr

—— Erbauungsreden an die Hörer der Philosophie an der prager Universität, hrsg. von einigen seiner Freunde. 3. und 4. Bd. gr. 8. Prag. (Wien, Braumüller. Leipzig, C. H. Reclam sen.) [3. (371 S.) 851., 4. (340 S.) 852. à * 1 Thlr.] *

Bolzano's, Bernard, Erbauungsreden an die Hörer der Philosophie an der Prager Universität, hrsg. v. einigen seiner Verehrer. Neue Folge. 1. Bd. gr. 8. (IV, 412 S.) Wien 884. Braumüller. n. 4. —

—— Erbauungsreden an die akadem. Jugend. 2., verb., verm. Ausg. 1. Thl. Mit Vorr. u. Anmerkn. d. Hrsg. gr. 8. (24½ B.) Sulzbach 839, v. Seidel'sche Buchh.

— Erbauungsreden an die akadem. Jugend, hrsg. von einigen seiner Freunde, bevorwortet v. F. Přihonsky. 1 u. 2. Bd. à 3 Lfgn. gr. 8. (1: VIII u. 376 S. 2: 387 S.) Prag 849 50, Heß. (à Lfg. n. 12 ngl) n. 2 ß 12 ngl

Bolzano's, Bernard, Erbauungsreden an die akademische Jugend, hrsg. von einigen seiner Freunde, bevorwortet von F. Přihonsky. Neue Ausg. 4 Bde. 8. (VIII und 1467 S.) Troppau 866, Kolck. *

— Erbauungsreden an die akademische Jugend. Zweite verbesserte, vermehrte Ausgabe. geh. 2 fl.
Wien: Braumüller 1882

—— Krombholz Leben, s. Krombholz, V. J. v.

— Vinc. Jul., Edler von Krombholz, nach seinem Leben und Wirken geschildert. Mit dessen Portrait. gr. 4. Prag 815. (Haase Söhne.) n. ½ ß

—— Leben Franz Joseph Ritters v. Gerstner, Dr. d. Philos., Ritters d. kais. österr. Leopoldordens, k. k. Gubernialraths, emer. k. k. Prof. d. höh. Mathematik, Mechanik u. Hydraulik rc. gr. 8. (3 B.) Prag 837, (Calve'sche Buchh.) *
Abgedruckt aus den Abhandlungen d. k. böhm. Gesellsch. d. Wissensch.

– s. Lebensbeschreibung Bolzano's

– s.a. Lehrbuch d. Religionswissenschaft

(Bh. Bolzano's) Lehrb. d. Religionswissensch.; e. Abdr. d. Vorles.-Hefte e. ehemal. Religionslehrers an e. kath. Univ. v. einigen sr. Schüler gesamm. u. herausg. *Sulzb.*, v. Seidel. B. 834. 3 Thle. in 4 Bdn. gr 8° 4 ß]

— Lehrbuch der Religionswissenschaft. Ein Abdruck der Vorlesungshefte eines ehemaligen Religionslehrers an der kathol. Universität; von einigen seiner Schüler gesammelt und herausgegeben. 3 Thle. in 4 Bdn. geh. 7 fl.
Wien: Wilh. Braumüller 1882.

— der binomische Lehrsatz, u. als Folgerung aus ihm der polynomische, u. die Reihen, die zur Berechnung der Logarithmen u. Exponentialgrößen dienen, genauer als bisher erwiesen. gr. 8. Prag 816. Enders. 20 gr

— Paradoxien des Unendlichen hrsg. aus dem schriftl. Nachlasse des Verf. v. Fr. Přihonsky. gr. 8. (XIV u. 134 S.) Leipzig 851, C. H. Reclam sen. 1 ß

! — Paradoxien d. Unendlichen. Jetzt: Berl., W Junck. Erh. ohne Ladenpreis. 51/55

Bolzano's, Bernard, Paradoxien d. Unendlichen, hrsg. aus dem schriftl. Nachlasse d. Verf. v. Fr. Přihonsky. 2. unveränd. Aufl. gr. 8. (XII, 134 S.) Berl. 889, Mayer u. Müller. * 3 —

(Bolzano, Bernh.) Die Perfectibilität des Katholicismus. Streitschriften zweier kath. Theologen. Zugleich ein Beitrag zur Aufhellung einiger wichtigen Begriffe aus Bolzanos Religionswissenschaft. Leipzig, Voß. 1845, gr. 8°, 6 Mk.

— die drei Probleme der Rektifikation, der Complanation u. der Cubirung, ohne Betrachtung des unendlich Kleinen, ohne die Annahmen des Archimedes, u. ohne irgend eine nicht streng erweisliche Voraussetzung gelöst; zugleich als Probe einer gänzlichen Umgestaltung der Raumwissenschaft, allen Mathematikern z. Prüfung vorgelegt. Mit 1 Kpf. gr. 8. Prag 817. (Leipz., Kummer). 12 gr

Bolzano, Dr. B., Gesammelte Schriften. Neue Ausgabe in 12 Bdn. gr. 8. 1882. geh. 20 fl.
Wien: Braumüller.

Bolzano's, Bern., Selbstbiographie. Mit Einleitg., Anmerkgn. u. einigen kleineren ungedr. Schriften Bolzano's. Neue Ausg. Mit dem Bildnisse d. Verf. (in Stahlst.) 8. (LXIV, 272 S.) Wien 875. Braumüller. n. 3. —

— über die Standeswahl. Ein Vademecum f. austret. Obergymnasiasten. 2. unveränd. Aufl. 16. (64 S.) Prag 874. Rohlicek & Sievers. — 30

— über das Verhältniß der beiden Volksstämme in Böhmen. Drei Vorträge im J. 1816 an der Hochschule zu Prag gehalt. gr. 8. (52 S.) Wien 849, Braumüller. n. 8 ngl

— Versuch einer objectiven Begründung der Lehre von den drei Dimensionen d. Raumes. Aus d. Abhandlungen der k. böhm. Gesellschaft d. W. V. 3. abgedr. gr. 4. Prag 843, Kronberger u. R. n. ⅙ ß

— Versuch einer objectiven Begründung der Lehre von der Zusammensetzung d. Kräfte. (Aus d. Abhandlungen d. k. böhm. Gesellschaft d. W. (V. Folge 2. Bd.) besond. abgedr. gr. 4. Prag 842, Kronberger u. Řziwnatz. n. ⅓ ß

Bolzano, Dr. Bernard —. Versuch einer sehr einfachen Erklärung der Aberration des Lichtes. Aus dem schriftl. Nachlasse des — —. Herausgegeben von Emilian Wewerka. Mit 1 lithogr. Tafel. 8. (24 pag.) Prag. In Kommission bei Wenz. Heß. Druck von Frd. Rohlicek. 1854.

—— Was ist Philosophie? Aus dessen handschriftl. Nachlaß. gr. 8. (30 S.) Wien 849, Braumüller.

—— Wissenschaftslehre. Versuch ein. ausführl. u. größtentheils neuen Darstell. d. Logik, mit steter Rücksicht auf deren bisher. Bearbeiter. Hrsg. von mehr. seiner Freunde. Mit e. Vorr. v. J. Ch. A. Heinroth. 4 Bde. gr. 8. (153½ B.) Sulzbach 837, v. Seidel'sche Buchh.

— Wissenschaftslehre. Versuch einer ausführlichen und größtentheils neuen Darstellung der Logik mit steter Rücksicht auf deren bisherige Bearbeiter. Herausgegeben von mehreren seiner Freunde. Mit einer Vorrede von Dr. J. Ch. A. Heinroth 4. Bd. geh. 8 fl. Wien: Wilh. Braumüller 1882.

Bolzano's Wissenschaftslehre u. Religionswissenschaft in e. beurtheilenden Uebersicht. (Auch diese Schrift erschien Sulzbach 1840, Seidel.) 18 ggr. — 1 fl. 12 kr.

Bolzano's Wissenschaftslehre u. Religionswissenschaft in e. beurtheil. Uebersicht. — Eine Schrift f. Alle, die deß. wichtigste Ansichten kennen zu lernen wünschen. gr. 8. (14½ B.) Sulzbach 841, v. Seidel'sche Buchh.

— Bolzano's Wissenschaftslehre und Religions-Wissenschaft in einer beurtheilenden Uebersicht. Eine Schrift für Alle, die dessen wichtigste Ansichten kennen zu lernen wünschen. geh. 50 kr.
Wien: Wilh. Braumüller 1882.

Bolzano, E., de momentis diagnosticis, quibus phthisis pituitosa ab ulcerosa distingui potest. 8 maj. Prag. (Lpz., Kummer). 8 gr

v. Bolzano. Friedrich [aus Schlan]: Ueber die bei der Oxydation der Chinolin-Additionsprodukte entstehenden substituirten o-Amidobenzoësäuren und ueber das Ortho-Benzbetaïn .... Freiburg i. B., Druck d. Fr. Wagner'schen Buchdr., 1885; 32 S. 8°.
Freiburg i. B. Phil. Fak., Inaug.-Diss. v. 1885.

Bolzau, Hermann, Referendar in Cöln a. Rh.: Streitfragen aus der Gastwirtshaftung. Heiligenstadt 1908: Brunn. (68 S.) 8° [F.]
Rostock, Jur. Fak., Ref. Matthiaß, Diss. v. 31. Juli 1908
[Geb. 12. Juli 83 Heiligenstadt (Prov. Sachsen); Wohnort: Cöln a. Rh.; Staatsangeh.: Preußen; Vorbildung: Gymn. Heiligenstadt Reife O. 03; Studium: Freiburg i. B., Leipzig, Münster; Rig. 14. Mai 08.]

Bolzau, Mor. Hopfen u. Malz. Eine Auswahl heiterer Gedichte u. Lieder. gr. 16. (84 S.) Heiligenstadt 889, Cordier. * — 50

Bolzberger, Ferd., die wahre und falsche Union. Dargestellt in sechs Briefen. 1. und 2. verb. Aufl. gr. 16. (72 S.) Leipzig 871. Hannover, Evangelischer Bücherverein.

Bolze. Ricimers Einfluss und Bedeutung im weströmischen Reiche. 456—472. 4. Berlin 1872.

Bolze: Ueber Einführung der Stenographie auf höheren Schulen. 7 S. und Schriftprobe.
Progr. Cottbus 1851.

Bolze, Albert

Bolze, Alb., der Begriff der juristischen Person. gr. 8. (VI, 197 S.) Stuttgart 879. Enke. n. 5. —

Bolze, Albertus: Quaenam sit conditio iuris, quae exeptioni iuris Romani subest? Lipsiae (1853): Giesecke & Devrient. 32 S. 8°
Halle-Wittenberg, Jur. Diss. v. 8. Nov. 1853
Geb. [Bernburg (Anhalt) 13. 1. 1834]
Verf war von 1817—83 der zweitjüngste Hallische Dr. Er erlebte das goldene Dr.-Jubiläum 1903 als Senatspräsident am Reichsgericht in Leipzig.

Bolze, A: Der Entwurf eines Patentgesetzes. Leipzig 1891

Bolze, A., der Entwurf e. Patentnovelle, besprochen. gr. 8. (173 S.) Leipzig 890. Roßberg. n. 4. —

Bolze, A: Aus dem Patentrecht. (Leipzig 1909)

Bolze, A., die Praxis des Reichsgerichts in Civilsachen. 1.—5. Bd. gr. 8. Leipzig, Brockhaus. [1. Bd. (XIX, 474 S.) 885; 2. Bd. (XVI, 497 S.) 886; 3. Bd. mit 1 Generalreg. für 1.—3. Bd. (XVI, 471 S.) 887; 4. Bd. (XIV, 462 S.) 888; 5. Bd. (XIII, 438 S.) 888.] à Bd. *M 6.—. *
geb. à Bd. *M 7.—. *

— die Praxis d. Reichsgerichts in Civilsachen. 3.—9. Bd. gr. 8. (XVI, 471; XIV, 462; XIII, 438; XIII, 465; XIII, 465; XIII, 459; XIII, 463 S.) Leipzig 887 bis 890. Brockhaus. à n. 6. —; geb. à n. 7. —

Bolze, A., die Praxis d. Reichsgerichts in Civilsachen. 10.—18. Bd. gr. 8. (XV, 429; XIII, 455; XIII, 448; XIII, 469; XII, 460; XII, 455; XII, 461; XII, 464; XIV, 461 S.) Leipzig 891—894. F. A. Brockhaus. à n. 6. —; geb. à n. 7. —

Bolze, A., d. Praxis d. Reichsgerichts in Civilsachen. 19.—23. Bd. gr. 8. (XII, 471; XIV, 462; XII, 460; XIII, 466; XII, 464 S.) Leipzig 895—898. F. A. Brockhaus. à n. 6. —; geb. à n. 7. —

Bolze, A., die Praxis des Reichsgerichts in Civilsachen. 24. u. 25. (Schluß-)Bd. Generalregister. Bearb. v. M. Lilia. gr. 8. (VII, 486 u. 538 S.) Leipzig 901. F. A. Brockhaus. à n. 6. —; geb à n. 7. —

Bolze, A., Rechte der Angestellten u. Arbeiter an den Erfindungen ihres Etablissements. Für Juristen, Gewerbetreibende, Patentanwälte, Techniker u. Ingenieure. (44 S.) gr. 8. Leipzig 907. Akadem. Verlagsgesellschaft. n. 1. 20

Bolze, Elisabeth G.

Bolze, E. G., Melancholien u. Strahlenflammen. Titelzeichnung v. Alex. Jakesch. (VI, 92 S.) 8. Dresden 903. E. Pierson. n. 1. 50; geb. n. 2. 50

Bolze, E[lisabeth] G . Aus meinem Skizzenbuche. VIII + 239 S. 8. Dresden, E. Pierson, [1907]. (M. 2. —)
Schauplatz mehrerer Erzählungen ist die Schweiz. (Bernhard Bouvier, ... [Prof. in] Genf *gewidmet.*)

Bolze, G., die Sachsen vor Karl dem Grossen. Berlin 861. (Th. Enslin.) 4. (35 S.) n. 4 ngr.

Bolze, Gust. (geb. Magdeburg 16. 12. 1822): De rebus Herulorum. Capita duo. Berolini (1855). (59 S.) 8°
Berlin, Phil. Diss. v. 9. Juni 1855

Bolze, H.: Ueber die durch Ausgrabung gewonnenen Altertümer in der Gegend von Cottbus. 10 S. u. Steindr. Taf.
Progr. Cottbus 1869.

Bolze, Heinr., an der Berlin-Görlitzer Bahn. Ein Wegweiser durch den Spreewald, Branitz, Spremberg u. Muskau. Mit 3 (lith.) Karten (in 4.). Cottbus 867. Heine. 16. (80 S.) n. 10 ngr.

—— über die Ergründung der Ursache der Explosionen von Dampfkesseln. gr. 8. (15 S.) Cottbus 867, Heine. *

Bolze, Heinr., im Freien. Drei Gedichte. 16. (216 S.) Jena 875. Mauke. n. 2. 40: geb. m. Goldschn. n. 2. 75

Bolze, Heinr., Galilei. Trauerspiel. Cottbus 861. Heine. 12. (128 S.) 15 ngr.

Bolze, H, Glaube u. Aberglaube in d. neueren Naturwissensch., s.a. Sammlung pädagog. Aufsätze.

Bolze, Heinr., Glaube u. Aberglaube in der neueren Naturwissenschaft. gr. 8. (IV, 43 S.) Danzig 882. Axt. n. — 75

Bolze, Heinrich., Lehrbuch der Physik f. Schule u. Haus. Mit 4 (lith.) Figurentaf. (in qu. Fol.) gr. 8. (VI u. 258 S.) Berlin 850, Gebauer. n. 28 ngr

—— Lehrbuch der Physik für Schule und Haus. 2., verm. und verb. Aufl. gr. 8. (V und 295 S. mit eingedr. Holzschn.) Cottbus 865, Heine.

—— Lehrbuch der Physik für Schule und Haus. 3. verb. Aufl. gr. 8. (V, 295 S. mit 118 in den Text gedr. Abbild.) Berlin 872, Grieben. [Heilbronn, Gebr. Henninger.]

—— Leitfaden zum Unterricht in der Mathematik. 1. und 2. Thl. 2. Aufl. 8. Cottbus 862, Heine.
Inhalt:
Thl. 1. Arithmetik. (56 S. mit 1 Tab. in qu. Fol.) 5 Ngr.
" 2. Ebene Geometrie. (23 S.) 3 Ngr.

Bolze, Heinr. (II.), Leitfaden zum Unterricht in der Mathematik. 1. Thl.: Arithmetik. 3. Aufl. 8. (60 S. mit 1 Tab. in qu. Fol.) Cottbus 869, Heine. *

Bolze, Heinr., Messenhauser. Trauerspiel. 16. (148 S.) Jena 875, Mauke's Verlag. *
geb. mit Goldschn. *

— Uebergangs-Rechenbüchlein f. die neue Maß- u. Gewichtsordnung. 8. (60 S. m. e. Tab. in qu. Fol.) Cottbus 870. Heine. — 40

Bolze, Heinr. Lud.: Ueber Foucault's Experiment zum Beweise der Axendrehung der Erde. 8 S. u. Figt.
Progr. Cottbus 1856.

(Bolze, M. Th.,) Gedanken zu einer allgem. Maaßlehre s. a. Gedanken.

Bolze, M. Th.: „Theoretisch und practisch begründete Gedanken zu einer allgemeinen Maasslehre und über ein neues deutsches Gewichts- und Münzsystem im Besonderen", mit einer Abbildung, Dresden 1845. — Vorh.: Com. Bibl. Hamburg und Ind.- und Handelskammer Leipzig.

Bolze, Wilh.: Aschermittwoch. Drama. (13, 97) 8° Lpzg. Xenien-Verl. '12. Pappbd 3 — d

Bolzenthal, H., s. Daru, Geschichte d. Republik Venedig.

Bolzenthal (H.) Gesch. d. Republik Venedig. 2 Thle. 8. Leipzig 825, Rein.

Bolzenthal, H. Leitfaden für die Sammlung der Münzen des Mittelalters und der neueren Zeit. Berlin 1850. 8°.

Bolzenthal, H., s. A t h i e r r y : Geschichte.

Bolzenthal, Heinrich

Bolzenthal, H. Denkmünzen zur Geschichte Seiner Majestät des Königs von Preussen Friedrich Wilhelm III. In Abbildungen mit Erlaeuterung und Urkunden. Berlin 1834. 4°.

Bolzenthal, Heinr., Denkmünzen zur Gesch. d. Königs Friedrich Wilhelm III in Abbildn. m. Erläuter. 2., vervollständ. Ausg. Imp.-4. (33 Taf. u. 7 B. Text.) Berlin 841, Logier. *

—— Skizzen zur Kunstgesch. d. modernen Medaillen-Arbeit (1420—1840). M. 30 Kpfrtaf. gr. 8. (21¾ B.) Berlin 840, Heymann. *

[Bolzenthal, Rudolphus]: • De Tibulli dicendi genere et arte poëtica. 38 Bl. 4° (2°)
Halle-Wittenberg, Phil. Diss. v. 8. Febr. 1873
Geb. [Zachan (Kr. Saatzig, Pommern) 16. 3. 1846]
Ersch. umgearb. u. d. T.: De re metrica et de genere dicendi Albii Tibulli. Cüstrin 1874: Nigmann. 17 S. 4° Rats- u. Friedrichs-Gymn., Progr.

Bolzmann, Ant., († d. 19. Juni 18..) Katechismus f. Wiegenkinder. 8. Lingen 792. Jülicher. 2 K

Bom, Ant. van der, ein wirkliches Wunder aus neuester Zeit. Frei nach den Ärzten L. van Hoestenberghe, E. Royer u. A. Deschamps. (32 S. m. 1 Bildnis.) 8. Kirchberg am Wagram (905). (Wien, H. Kirsch.) n. — 30

Bom, Ant. van d.: Ein wirkl. Wunder a. neuester Zeit u. dessen Bekämpfg durch Ed. Aigner. (91 m. Bildn.) 8° Linz '11. (Regensbg, A Coppenrath's V.) — 50 d

Boman, L. E., das Bessemern in Schweden in seiner jetzigen Praxis. Mit einem Vorwort von P. Tunner. Nebst 1 lith. Taf. (in Fol.) Leipzig 864. Felix. gr. 8. (VII, 47 S.) n. 20 ngr.

Bomare, Valmont de

— Dictionnaire d'histoir. natur. VI. Vol. gr. 8. Liège, (Walther, Dresd.) 769.

— Dictionnaire d'hist. natur. XII. Vol. 8. Suisse. Typ. 787.

— Dictionnaire raisonné d'histoire natur. etc. IV. Vol. 4. Paris, (Pott et C. Lausanne.) 768.

de Bomare, Valmont, Dictionnaire raisonné universel etc. XII Tom. gr. 8. Münst. 779. Platvoet. 12 ₰ le même. XV Tom. in 8. Paris u. Strassb. 791. König. 15 ₰

— Dictionnaire raisonné universel d'histoire naturelle, XV. Tom. gr. 8. Lyon, (Fr. Korn, Bresl.) 791.

— — le même. VIII. Tom. gr. 4. ibid.

— Mineralogie oder neue Erklär. des gesammt. Mineralreichs. A. d. Französ. v. N. G. Leske. 2 Bde. 8. Dresd. 769. Walther. 2 ₰

Bomasch, Gust., der Holzhandel in Ost- u. Westpreussen. Praktisches Nachschlagewerk f. Holzhändler, Holzindustrielle u. Holzinteressenten. gr. 8. (100 S.) Königsberg 893. Hartung. n. 2. 50

Bomback, Corn. Taciti dialogus de oratoribus. Ins Deutsche übertragen. Pr. 1866. 31 S. 2.—

Bombard, E., der Positivismus, s. a. S t y l e, Sydney.

Bombard, E., der Positivismus (die Religion d. Menschheit) auf 10 Seiten. Nach dem Franz. 8. (11 S.) München 901. Leipzig, R. Uhlig. — 15

Bombardement, das, der Festung. Ein Gesellschaftsspiel. Mit vielen ill. Abbildd. u. Erklär. in deutsch. u. franz. Sprache. qu. 4. (Berlin 839. Recht.) In Etui n. ⅔ ₰

Bombardement, das, von Sebastopol am 5. 6. 7. September. Die Erstürmung des Malakoff und die Besetzung Sebastopols am 8. u. 9. Septbr. 1855 dargestellt nach offiziellen authentischen Berichten. Hoyerswerda (855). Erbe. gr. 8. (3 Bl., 18 S.) n. 5 ngr

Das B o m b a r d e m e n t von Sebastopol 5., 6. u. 7. Sept., die Erstürmung des Malakoff u. die Besetzung Sebastopols 8. und 9. Sept. 1855. (18.) 8. Spremberg 1855. 0.50.

B o m b a r d i r u n g der Festung Pillau in Ostpreussen durch die Russen d. 15. Juli 1757. 8.

Bombe: Die Bombe (BS)
① Humoristisch-satyrisches Journal (?) ⑤ Juni 1859—? ⑧ Basel: Christian Krüsi ⑨ Christian Krüsi ⑫ radikal ⑮ Nach den Annoncen in der «Schweizerischen «Illustrierten Zeitung» Nr. 11, 15. 6. 1859, Nr. 17, 15. 9. 1859.

Bombe, die. Hrsgbr.: Jos. Braun. Redact.: L. Mayer. 1.—4. Jahrg. 1871—1874. à Jahrg. 52 Nrn. (Bog. mit Beilage und eingedr. Holzschn.) Fol. Wien, Administration. à Jahrg. *

Bombe, die. Hrsg. u. Red.: Carl Fischer-Köystrand. 27. u. 28. Jahrg. 1897—1898. à 52 Nrn. (à 8—12 S. m. Abb.) Fol. Wien (Leipzig, Literar. Anstalt, A. Schulze). à Jahrg. n. 16. —
Kann auch vierteljährlich bezogen werden. — Jahrg. 1895 u. 1896 sind vergriffen.

Bombe, die. Enthüllungen üb. den Bau u. die Verwaltg. der serb. Staatsbahnen. Von Mon ami. Aus dem Serb. [Belgr. 1889] übers. v. W. Rudow. Mit e. Vorwort v. Carl Paasch. 1.—3. Aufl. 8. (100 S.) Leipzig 891. [G. Uhl.] H. Beyer. n. 1. 20

Bombe, die. Enthüllgn üb. d. Bau u. d. Verwaltg d. serb. Staatsbahnen. Von Mon ami. Aus d. Serb. [Belgr. 1889] v. W Rudow. 3. Afl. 8° (100) Lpzg 91, H Beyer. 1.20 || Neue Asg. 93. — 50

Die Bombe. Enthüllungen über d. Bau u. d. Verwaltung d. serbischen Staatsbahnen. Aus d. Serb. übers. von W[ilhelm] R u d o w. Mit e. Vorw. von Carl P a a s c h. 2. Aufl. Leipzig: Germanicus-Verl. [1893]. 100 S. 8° (11. 16305

Bombe, Die, Peter's des Grossen in der Stadtbibliothek von Riga, eine Denkschrift ... Mitau 1787. V: *Berens, Johann Christoph.* (ML) (R-N)

Bombe, E., Gesetzeskunde für Fortbildungsschulen. 8. (VI, 141 S.) Berlin 880, [Thun.] Klinkhardt. geb. *

— Handbuch der Gesetzgebung für das Deutsche Reich u. das preußische Staatsgebiet. Praktische Gesetzeskunde, enth. eine kurzgefaßte Zusammenstellung u. Erläuterung der wichtigsten Bestimmungen über Verfassungs- u. Verwaltungswesen, Gewerbe, Handel, Verkehr, Steuer- und Zollwesen, sowie über Rechtspflege. Mit einem Anhang, enth. Tarife und Formulare zu Schriftsätzen. Unter Benutzung d. neuesten Quellen hrsg. 8. (X, 343 S.) Ebend. 880. cart. n. 3. —; geb. n. 3. 50

Bombe, E., Kirchengeschichte f. evangelische Volksschulen Für die Hand der Kinder bearb. gr. 8. (32 S.) Leipzig 883. Klinkhardt. n. — 20

Bombe, E., Kirchengeschichte für evangelische Volksschulen. Für die Hand der Kinder bearb. 2. und 3. Aufl. gr. 8. (32 S.) Leipzig und Berlin 887,89, Klinkhardt. *

Bombe, E., Kirchengeschichte f. evang. Volksschulen. F. d. Hand d. Kinder bearb. 6. Aufl. gr. 8. (88 S.) Leipzig 897. J. Klinkhardt. n. — 20

Bombe, E., Kirchengeschichte f. evangel. Volksschulen. Für die Hand der Kinder bearb. 7. Aufl. gr. 8. (83 S.) Leipzig 900. J. Klinkhardt. n. — 20

— Memorierstoff, s. a. Religions-Büchlein, Berliner.

Bombe, E., Memorirstoff für den evangelischen Religionsunterricht in den Berliner Gemeindeschulen. Für die Hand der Schüler zusammengestellt. 1. und 2. Aufl. gr. 8. (80 S.) Berlin 879, Chun. *

—— Memorirstoff für den evangelischen Religionsunterricht in den Volksschulen. Für die Hand der Schüler zusammengestellt. 8.—10. Aufl. (80 S.) 880,81; 11. und 12. Aufl. 8. (82 S.) Berlin 881, [Chun.] Klinkhardt. *

—— dass. — 13.—17. Aufl. gr. 8. (82 S.) Leipzig 882,83, Klinkhardt. *

—— Memorierstoff für den evangelischen Religionsunterricht in den Volksschulen. 18.—85. Aufl. 8. (82 S.) Berlin 888—89, J. Klinkhardt. *

— methodisch geordneter Uebungsstoff für den Zeichen-Unterricht auf der Unterstufe. 4. (39 Steintaf.) Berlin 879. Chun. n. — 50

— method. geordneter Uebungsstoff f. den Zeichenunterricht auf der Unterstufe. 2., unveränd. Aufl. 4. (39 lithogr. S.) Ebd. 888. n. — 50

— methodisch-geordneter Übungsstoff f. d. Zeichenunterricht auf der Unterstufe. 2., unveränd. Aufl. 4. (42 S. m. Fig.) Berlin (901). M. Rockenstein. n. — 50

Bombe, [Ernst], Prof. Dr.: Bücherverzeichnis der Schüler-Bibliothek des Königl. Gymnasiums zu Köslin. Köslin 1905: C. G. Hendess. (LXIII S.) 8°
Köslin, k. G OP 1906 (175)

Bombe, Paul: Ueber den Gebrauch der Tempora im Hebräischen, besonders in den Büchern Samuelis. *Friedeberg Nm. (1899): R. Sperling.* (10 S.) 4° [J.]
Friedeberg Nm., k. G, P 1899 (77 [vielm. 74])

Bombe, Walter, a. Berlin: Benedetto Buonfigli. Eine kunsthistorische Studie. ⟨Einl., Kap. 1, 2 u. Ergebnisse.⟩ (Berlin 1904: C. Ockler.) (39 S.) 8°
Berlin, Phil. Fak., Ref. Wölfflin, Kekulé v. Stradonitz, Diss. v. 18. Aug. 1904
[Geb. 24. Mai 73 Berlin; Heimatsort: Berlin; Staatsangeh.: Preußen; Vorbildung: Gymn. Friedland Reife O. 00; Studium: Berlin 9 S.; Rig. 25. Juli 04.]

*Bombe, Walt.: Geschichte d. Peruginer Malerei bis zu Perugino u. Pinturicchio. Berl., B Cassirer. ca 16 —

Bombe, Walt., Wanderbuch f. d. Insel Bornholm. M. 3 lith. Karten, 8 Vollbild. u. vielen Text-Ill. 12. (IV, 121 S.) Greifswald 896. J. Abel. Kart. n. 3. —

Bombe, Walt., Wanderbuch f. die Insel Bornholm. Mit deutsch-dän. Sprachführer v. Katarina Bombe-Giese, 1 Karte, 2 Plänen, 11 Vollbildern u. vielen Textillustr. 2. verb. Aufl. (IV, VIII, 168 S.) kl. 8. Greifswald (909). Bruncken & Co. 1.50

Bombe-Giese, Katharina

Deutsch-dänischer Sprachführer von K[atharina] Bombe-Giese. Greifswald: Bruncken [1909]. 32 S. 8° [09. 10556

Bombelles, Markus

Bombelles, Graf M., der Graf v. Cilli. Historisches Drama in 5 Acten. 1452. gr. 16. (186 S.) Wien 879. Lechner's Verl. n. 2. —

Bombelles, Markus Graf, Petronilla. Roman. 8. (268 S.) Wien 891. Kilnast. n. 3. —

Bomben u. Granaten, od. das non plus ultra aller Anekdotenbücher. Eine strenge Auswahl aus 25,000 gesamm. Anekdoten, wovon aber von je 50 vielleicht nur eine hier aufgenomm. ist, u. worunter sich auch viele Berliner- u. Wiener-Witze befinden. Zum Nutzen u. Frommen f. Lachlustige u. Hypochondristen herausg. von A. L. 12. Ulm 836. Rübling. 1/4 Thlr — 3e verm. u. umgearb. Aufl. v. Bern. Inn. Lustig. 16. Ebd. 839. 1/4 Thlr — (1e Dosis.) 2e Aufl. u. 2e Dosis. 12. Ebd. 836. (à 1/4 Thlr) 1/2 Thlr — 3e Dosis. gr. 12. Blaubeuren 839. Mangold. 1/4 Thlr

Bomben und Granaten, od. das non plus ultra aller Anekdotenbücher. 1—3. Dosis. Gesamm. v. A. L., Hrsgeb. d. Lachkrampfes. 1. u. 2. Aufl. 12. (à 4, 4 u. 5 B.) Ulm 830—41, Rübling; Blaubeuren, Mangold'sche Buchh. à 6 Gr.

Bomben u. Granaten. Bilder u. Erzählungen aus d. Kriegen aller Völker v. Adolf Nolte, fortges. v. W. O. John. 3 Bde. 8. Nordhausen, Fürst.
Bd. 1. Der Unverwundbare. — Wie ich Soldat wurde. (12 B.) 840. 1 Thlr.
- 2. Des Schicksals Wege sind oft finster. (12½ B.) 842. 26¼ Ngr.
- 3. Die Todesahnung. (14 B.) 844. 26¼ Ngr.

Bomben u. Granaten, illustrirte, od. das non plus ultra aller Anekdotenbücher. Neue Folge: 1—3. Dosis. 2. Aufl. gr. 16. (IV u. 144 S. m. eingedr. Holzschn.) Stuttgart 849. 50, Lubrecht. (à n. 1/6 Thlr) n. 1/2 Thlr

BOMBEN und Granaten aus gezogenen Kanonen, oder ihr sollt u. müsst lachen. Ein lustiger Gesellschafter für alle Welt. Berlin, o. J. (18**), 8°. (1 Mk. Paul Neubner, 1892.) Vollmer (Gedr. Quedlinburg. b. Basse), o. J. (1811). 8°. Zahm.

Bombensplitter, humoristische, abgefeuert aus einem Hinterlader. Gesammelt aus den verschiedenen Versuchsstationen Deutschlands. Berlin 869. Trothe & Co. 16. (2 Bll., 124 S.) n. 10 Ngr.

Bomberg, F. (Red.), s. Monatshefte, Harzer.

Bomberger, Joh. Peter (Hrsg.), s. Bibliothek, Allgemeine theologische.

Bombig, Enrico: Carta dell' Istria. Città e territorio di Trieste. Città e distretto di Fiume. Friuli, altipiano del Carso litorale della Croazia. 1:200,000. 91×64,5 cm. Farbdr. Triest, M Quidde (06). (3 —) 2 —; auf L. m. St. (6 —) 4 —

Bombonne, d. Panther-Tödter, s.: Biblioth. f. Sport

Bombonnel der Panther-Tödter, s. Bibliothek für Sport u. Jagd.

Bomborn, Bernhard

Bomborn, B: Das Gebrauchsmuster vor dem Patentamt und vor den Gerichten, nebst dem Text des Gebrauchsmustergesetzes vom 1. Juni 1891, sowie dem Patentanwaltsgesetz und der Liste der Patentanwälte. 4 Aufl. Berlin (1906 ?)

Das deutsche Gebrauchsmusterrecht. Von Patentanw. Bernhard **Bomborn.** Mit 4 Fig. Hannover: Jänecke 1909. 152 S. 8°
(Bibliothek d. gesamten Technik. Bd 134.) [09. 9469 7

Bomborn, B: Das Patent, das Gebrauchsmuster, das Warenzeichen vor dem Patentamt und vor den Gerichten. Das Patentanwaltsgesetz. 5. Aufl. (Berlin 1907)

Bomborn, B., Das Patent vor dem Patentamt und vor den Gerichten. [1. Aufl.] Berlin, 1906. 16 S.

Dasselbe. 5. Aufl. Ebd., [1907.] 82 S.

Bombyx, oder d. Seidenwurm, ein Gedicht, a. d. Franz. 8. Augsb. Stage. 769.

Bömches, Friedrich

Bömches, F., die Arbeiter-Häuser auf der Pariser Weltausstellung, s.a. Druckschriften des Central-Vereines für genossenschaftliche Selbsthilfe.

Bömchens, d. Arbeiterhäuser a. d. Pariser Weltausstellung. Wien 867.

Bomches, Friedrich, Die Arbeiter-Häuser auf der Pariser Weltausstellung von 1867. Gewidmet dem österreichischen Arbeiter. (Druckschriften des Central-Vereines für genossenschaftliche Selbsthilfe in Wien. 1. Heft.) Hoch-4. (24 S. u. 13 Tafeln.) Wien, Exped. d. allg. Bauzeitung. geh. 1868 2 fl

Bömches, Friedr., die Ausstellung des französischen Bautenministeriums im J. 1878. Kurzgefasster Bericht über die vorhandenen Objecte und Materien mit besond. Rücksichtnahme auf die Wirksamkeit der techn. Sectionen des Ministeriums. gr. 8. (60 S.) Wien 879, Faesy und Frick. *

— der Bau des neuen Hafens in Triest. Vortrag, gehalten in der Wochen-Versammlung des österr. Ingenieur- und Architekten-Vereins. gr. 8. (25 S. mit 2 lithogr. Zeichnungsblättern.) Wien 879, Lehmann und Wentzel. *
Aus: Zeitschrift des österreich. Ingenieur- und Architekten-Vereins, besonders abgedruckt.

Bömches, Friedr., Bericht über die wichtigsten Hafenplätze der Levante in kommerzieller und maritimer Beziehung. gr. 8. (VII, 71 S. mit 12 chromolithogr. Plänen und Zeichnungen.) Leipzig 882, O. Wigand. *

Bömches, Fr., Bericht über die Weltausstellung zu Wien im Jahre 1873. Herausgeg. durch die küstenländische Ausstellungs-Commission in Triest. Triest 1874. 8°.

— die Erprobung der inländischen hydraulischen Bindemittel bezüglich ihres Verhaltens im Seewasser, s. Vorträge und Abhandlungen, technische.

Bömches, Friedr., der Hafen von Triest in Bezug auf Bau und Betrieb. Beleuchtet vom objectiven Standpunkte. gr. 8. (27 S.) Wien 885, v. Waldheim. *

Boemches, Friedr., der internationale Congress f. die Nutzbarmachung der fliessenden Gewässer [Paris 1889] im Vergleiche zu den Binnenschifffahrts-Congressen von Brüssel, Wien u. Frankfurt a/M., s.a. Vorträge u. Abhandlungen, technische.

Boemches, F: Der Jnternationale Congreß für die Nutzbarmachung der fließenden Gewässer. (Paris 1889) Wien

Friedrich Boemches,
Der Internationale Congress für die Nutzbarmachung der fliessenden Gewässer (Paris 1889) im Vergleiche zu den Binnenschifffahrts-Congressen von Brüssel, Wien und Frankfurt a. M. Studie. 8. (50 S.) —.50
Vorträge, technische, und Abhandlungen.
Wien: Spielhagen & Schürich 1890

Bömches, Friedrich, Der wirthschaftliche Werth der Schiffahrts-Canäle. Vortrag. (Sep.-Abdr.) Wien [o. J.]

Bömcken, M. v., die Stenographie und ihre Verwendung im Militairstande. gr. 8. (48 S.) Berlin [Breslau] 868, Hoffmann. (*M 1.) *
Aus: Der Schriftwart, besonders abgedruckt.

Bömelburg, Theodor

Zentralverband d. Maurer Deutschlands. Statistische Erhebungen über die Lohn- und Arbeitsverhältnisse der Maurer Deutschlands im Jahre 1900 und vergleichbare Zahlen über Lohnhöhe und Arbeitszeit in den Jahren 1885, 1890, 1895. Bearb. von Th[eodor] **Bömelburg** u. Fr[itz] Paeplow. Hamburg: Bömelburg 1902. x, 65 S. 4° [10. 6213

Boemeln, Georg Simon von, De abusu canonis juris Lubecensis Hand muss Hand wahren /. Diss. jur. Präs. Sam. Friedr. Willenberg. Danzig (Joh. Zach. Stoll) 19. V. 1707. 72 S., tlws. deutsch. (5.50)
Gew.: Gabriel v. Boemeln. — Widm. v.: Samuel Schelwig, Gabriel Groddeck, Joh. Sartorius, Gottlieb Schelwig (dtsch.), Ephr. Petroselinus (Corv.), Franz v. Beaulieu.

Bömer, A., Chemie der menschlichen Nahrungs- u. Genussmittel, s.: König, J.

Bömer, A., s.: Gesetze u. Verordnungen sowie Gerichtsentscheidgn betr. Nahrungs- u. Genussmittel u. Gebrauchsgegenstände.

Bömer, A., historisch-geographisches Register, s.: Zeitschrift f. vaterländ. Geschichte u. Altertumskunde (Westfalen).

Bömer, A, s: Zeitschrift f. Untersuchg d. Nahrgs- u. Genussmittel.

Boemer, Aloys

Anstand und Etikette nach den Theorien des Humanismus von Alois **Bömer** in Münster. *Leipzig: B. G. Teubner 1904.* (110 S.) 4° [Umschlagt.]
Aus: Neue Jahrbücher f. d. klass. Altertum, Gesch. u. dtsch. Lit. Jg. 7. [04. 1249 6

Bömer, *Aloys [aus Sölberinghoff in Westf.]*: Beiträge zur Kenntniss des Quarzes. . . . (Aus: N. Jahrb. f. Mineral. etc. Beil. Bd. VII.) Stuttgart, E. Schweizerbart'sche Verlagsh., 1891; S. 515—555, 2 Bl., 1 Taf. 8°
Münster, Phil. Fak., Inaug.-Diss. v. [16. Jul.] 1891

Boemer, Aloysius [Hasso-Nassovus]: De correptione vocabulorum natura iambicorum Terentiana. . . . Monasterii, ex typogr. Theissingiana, 1891; 69 S., 2 Bl. 8°
Münster, Phil. Fak., Inaug.-Diss. v. [2. Mai] 1891

Fridericus Dedekindus Grobianus. Hrsg. von Aloys Bömer. *Berlin: Weidmann 1903.* (LXXXIV, 90 S.) 8°
= Litteraturdenkmäler, Lateinische, d. 15. u. 16. Jahrh. 16. [04. 1057

Katalog der Bibliothek des Vereins für Geschichte u. Altertumskunde (Abteilung Münster) v. A[loys] Bömer. T. 1. *Münster: Regensberg 1898.* 8.
[98. 10000 Mr

Das literarische Leben in Münster bis zur endgültigen Rezeption des Humanismus. Von Dr. A[loys] **Bömer,** Univ.Bibliothekar. Münster ⟨Westf.⟩: Coppenrath 1906. (79 S.) 8°
Aus: Aus d. geistigen Leben u. Schaffen in Westfalen. Festschrift z. Eröffnung d. Neubaus d. Kgl. Univ.Bibl. in Münster. 1906. [08. 3313 6

Die Moore Westfalens. Von Dr. Aloys **Bömer.** [1.] [Reg.Bez. Münster] [1]–10. [2.] Reg.Bez. Minden 1–5. [3.] Reg.Bezirk Arnsberg. Mit Uebersichtskarten. Berlin 1893–98: Die Post. 12 Bde 8° [ꝟ.]
[1.] [Reg.Bez. Münster.] [1]–10. 1893–95. [1.] Der Kreis Ahaus. 1893.
2. ... Borken. 1894. 3. ... Coesfeld. 1894.
4. ... Recklinghausen. 1894. 5. ... Steinfurt. 1895.
6. ... Tecklenburg. 1895. 7. ... Warendorf. 1895.
8–10. ... Lüdinghausen, d. Kr. Münster, d. Kr. Beckum. 1895.
[2.] Reg.Bez. Minden. 1–5. 1896–98.
1. Der Kreis Lübbecke. 1896. 2. ... Minden. 1897.
3–5. ... Wiedenbrück, d. Kreis Büren, d. Kr. Warburg. 1898.
[3.] Die Moore im Reg.Bez. Arnsberg. 1898. [05. 7705 6

— s.: Murmellius, Johs., ausgewählte Werke.

Die lateinischen Schülergespräche der Humanisten. Auszüge m. Einleitgn, Anm. u. Namen- u. Sachreg. Quellen f. d. Schul- u. Universitätsgesch. d. 15. u. 16. Jhs. Von Dr. A[loys] **Bömer,** Hilfsbibliothekar ... in Münster i. W. Tl 1. *Berlin. J. Harrwitz 1897.* 8.
= Texte u. Forschungen z. Geschichte d. Erziehung u. d. Unterr. in d. Ländern deutscher Zunge. [No] 1. [97. 7964

Eine Vagantenliedersammlung des 14. Jahrhunderts in der Schlossbibliothek zu Herdringen ⟨Kr. Arnsberg⟩ von Dr. A[loys] **Bömer,** Univ.-Bibliothekar. Leipzig 1907: J. B. Hirschfeld. (S. 161–238.) 8°
Aus: Zeitschrift f. deutsches Altertum. Bd 49. [08. 1066 6

Bömer, Aloys: Chem. Zusammensetzung . . . , s. König, Josef

Boemer, C. F., de disputatione Pauli cum Epicuraeis et Stoicis. Jen. 1751. 4.

Boemer, Joan. Guil. (geb. Drüggelte 1793): De hypochondria. Berolini (1817). (30 S.) 8°
Berlin, Med. Diss. v. 20. Sept. 1817

Bömer, Max [aus Söbberinghoff, Prov. Sachsen]: Ueber Lössbildungen und deren Bedeutung für die Pflanzencultur. Eine agriculturchemische Studie. . . . München. M. Rieger'sche Univ.-Buchh. (Gustav Himmer), 1889: 35 S. u. 1 Tab. 8°
Erlangen. Phil. Fak.. Inaug.-Diss. v. 1889

Bömer, Paul, s. Vorträge über Gesundheitspflege and Rettungswesen.

Bömers, Carl, Fahrtgeschichten. Ein Itinerarium. 1. und 2. Aufl. 12. (VIII, 159 S.) Stuttgart 883,84, Metzler'sche Buchh.
geb.

Bömers, C., Gepa, s.a. Daheim-Bibliothek.

Bömers, Carl, Gepa. Ein Roman. 2 Tle. 8. (VII, 342; 288 S.) Bielefeld 887, Velhagen und Klasing. geb. *

Bömers, Carl, Haideblume. Ein Sang v. Lenz u. Liebe. 16. (V, 93 S.) Berlin 871. Seehagen. n. 1. 50

Bömers, Carl, Repetitorium der äusseren deutschen Rechtsgeschichte. Ein didact. Gedicht. 2. Aufl. gr. 16. (29 S.) Leipzig 875. Ellisen. n. — 50

Bömers, Repetit. d. äuss. dtschn. Rechtsgesch., did. Ged. 2. Aufl. Leipz. 876.

—— Repetitorium der äusseren römischen Rechtsgeschichte. Ein didact. Gedicht. gr. 16. (31 S.) Göttingen 871, Ellissen. *

—— dass. — In rasselnden Mönchsversen. gr. 16. (29 S.) Ebendas. 872. *

—— dass. — Ein didact. Gedicht. 2. Aufl. 8. (32 S.) Leipzig 874, Ellissen. *

—— Eiserne Zeit. Kulturgeschichtl. Novellen. 8. (IX, 324 S.) Detmold 889, Meyer. 3 —; geb. 3 75

Bömers, F. L., campus idistavisus oder die letzten Freiheitskämpfe der Germanen gegen die Römer. Gütersloh 866. Bertelsmann. 8. (VIII, 67 S.) 9 ngr.

Bömers, F. L., Schwedens Dichterhain oder Gedichte aus dem Schwedischen gesammelt und metrisch übers. nebst einer Geschichte der schwedischen Poesie. Bückeburg 853. Wolper. gr. 8. (XII. 1 Bl.. 297 S.) n. 22½ ngr.

Bömers, F. L., die heiligen Tage. Enth.: I. Die Konfirmanden oder Nachtmahlskinder von Esaias Tegnér. Aus dem Schwed. übersetzt. — II. Geistliche Lieder. 8. (V,49 S.) Witzenhausen 878. (Leipzig, Findel.) n. 1. —

Bömers, K. Das Staatsrecht des Fürstentums Schaumburg-Lippe. (§ 4. Das Finanzwesen.) Marquardsen, Handbuch des öffentl. Rechts, III ?. gr. 8°. Freiburg i. Br., J. C. B. Mohr, 1884.

Bomfleur, Pet., ein Blick in unsere Arbeit. Deklamatorium in 3 Tln. f. 5 Personen. Für Feste u. Familienabende v. Blaukreuz- u. verwandten Vereinen. (16 S.) 8. Hamburg 907. Agentur des Rauhen Hauses. — 25

Bomfleur, Pet., Sonntag u. Gottesdienst. 9 Predigten f. die christl. Gemeinde. (VII, 97 S.) gr. 8. Gütersloh 904. C. Bertelsmann. n. 1. 50; geb. n. 2. —

Bornhak, Conr., Allgemeine Staatslehre. 2. Aufl. Berlin 1909. 8°. *(1. Aufl. 1896.)*

Bomhard, Geo. Chrst. Aug. Ein Lebensbild, s. Sperl, Aug.

Bomhard's u. Stadelmann's Briefwechsel. Amor u. Psyche u. sechs Grimm'sche Märchen, a. H. Stadelmanns Nachlaß a. Wunsch s. Familie hrsg. v. H. Rubner. gr. 8. (IV, 275 S. m. 2 Bildn. auf 1 Lichtdr.-Taf.) Ansbach 895. C. Brügel & Sohn. n. 4. —

Bomhard, v.: Der Dienstunterr. f. d. Kanonier u. Fahrer d. Feldartill., s: Wernigk.

Bomhard: Kl. Leitfaden . . . , s. Bomhard, Ed.

Bomhard; Über die Verbesserung . . ., s. Bomhard, Martin Christian Friedrich

Bomhard, A., die Auferstehung des Leibes, eine Oster-Predigt. 8. Nürnberg 836. Raw. 1 gr.

Bomhard, A., Predigt, zum Gedächtnisse Ihrer Majestät d. in Gott ruhenden Konigin Wittwe Caroline von Bayern, am 28. Nov. 1841 gehalten. Augsburg 842, Matth. Rieger'sche Buchh. 1/12 rℓ

Bomhard, A., worauf sich d. Unbekehrte verläßt, s.a. Schriften, kl., z. Beförderung d. christl. Glaubens ꝛc. No. 9.

Bomhard, A., worauf sich d. Unbekehrte verläßt. Eine Predigt. 8. Nürnb. 829. Raw. 1½ gr.

Bomhard, Christian, s.a. Bomhard, Georg Christian August

Bomhard, Christian, s.a. Bomhard, Martin Christian Friedrich

Bomhard, Christian, Aufgaben zu latein. Stilübungen für die mittleren Gymnasialclassen. gr. 8. (XII und 199 S.) Nürnberg 848, Bauer und Raspe.

Bomhard, Chr., Aufgaben zu lateinischen Stilübungen für die mittleren Gymnasialclassen. 2. Aufl. gr. 8. (XIV und 185 S.) Nürnberg 856, Bauer und Raspe.

Bomhard, C v., Aufg. zu lat. Stilübgn f. d. mittl. Gymnasialcl. 2. Afl. 8. (185) Nürnb. 56, Korn. — 20

Lebensfragen. Aus d. Papieren e. Denkers (Christian v. Bomhard) bearb. u. hrsg. von August Sperl 2 Aufl. München: C. H. Beck 1909. VIII, 223 S. 8° [11. 8321 11

Bomhard, Christn., Materialien zu Stylübungen f. die höheren Classen der Gymnasien. gr. 8. (7½ B.) Ansbach 844, Dollfuß'sche Buchh. *

—— Materialien zu deutschen Stylübungen für die mittleren Gymnasialklassen. 8. (14 B.) Ansbach 840, Dollfuß'sche Buchh. *

— und Aug., Symposion. Von der Würde der weiblichen Natur u. Bestimmung. 3. verb. Aufl. 16. (Mit 1 Lithogr.) München 841, Franz. n. 2/3 rℓ

Bomhard, Chr. v., dreißig Themata zu Aufsätzen für die höheren Unterrichtsanstalten. Nürnberg 861. Bauer & Raspe. 8. (VI, 57 S.) 12 ngr.

—— dass. 8. (57) Nürnb. 61. Korn. — 12

Bomhard, Chrn. v., dreißig Themata zu Aufsätzen für die höheren Unterrichtsanstalten. gr. 8. (III und 64 S.) Nördlingen 862, Beck'sche Buchh. *

—— Valedictiones scholasticae. 8maj. (144 S.) Onoldi 856, Gummi's Buchh. *

— Valedictiones scholasticae. Onoldi 856. (Seybold.) 8. (144 S.) n. 18 ngr.

—— die Vorschule des akadem. Lebens u. Studiums. In Briefen an ein. Gymnasiasten. gr. 8. (14½ B.) Erlangen 845, Heyder.

Bomhard, Chrn. v., Worte des Trostes in tiefer Trauer. Aus Seneka's Schriften. gr. 8. (IV und 86 S.) Ansbach 862, Junge. *

—— u. Aug., von der Würde der weiblichen Natur u. Bestimmung. Symposion. 3., verb. Aufl. 12. (10⅓ B.) München 840, Franz. *

Bomhard, Frau Constanze, s. a. **Hirundo, C.**

[F.] Chiemseelieder v. C. Hirundo [d. i. Fr. v. Bomhard]. *Leipzig: Breitkopf & Härtel 1892.* (3 Bl., 272 S.) 1 Bd 8. [97. 7413

Bomhard, Ed.

— kleiner Leitfaden für die Notare. Amberg 862. Pohl. gr. 8. (139 S.) n. 17½ ngr.

Bomhard, E, d. Civilrechtspflege in d. bayer. Pfalz. 8. (207) Münch. 61. (Stuttg., Cotta.) n. — 28

Bomhard, Ed., die Civilrechtspflege in der bayerischen Pfalz verglichen mit Hrn. v. Zink's Schrift „über die Ermittlung des Sachverhalts" ꝛc. Ein Beitrag zur Reform des deutschen Civilprocesses. gr. 8. (III und 207 S.) München 861, Literarisch-artistische Anstalt. *

Bomhard, Ernst v., u. Wilh. **Koller,** die Strafproceßordnung für das deutsche Reich vom 1. Febr. 1877, nebst dem bayer. Ausführungsgesetze. Mit Auslegungsbehelfen aus den Motiven zu den Gesetzentwürfen, aus d. Protokollen der Justizkommission des deutschen Reichstages und der Gesetzgebungsausschüsse der bayer. Kammern, dann aus den Berichten der Referenten u. aus der bisher erschienenen Literatur. gr. 8. (XII, 608 S.) Nördlingen 879. Beck. n. 9. 20

Bomhard, G.C.A.: Predigten . . ., s. Bomhard, Georg Christian August

Bomhard, (G. L.) A., Beichtreden und einige Casualreden. Augsburg 854. Rieger. gr. 8. (VIII, 223 S.) 24 ngr.

Bomhard, G.L.A.: Gedächtniß-Predigt, s. Bomhard, Georg Christian August

Bomhard, (G. L. A.) Predigt, zum Gedächtnisse Ihrer Maj. der in Gott ruhenden Königin Wittwe Caroline von Bayern, am 23. Nov. 1841 geh. gr. 8. (1 B.) Augsburg 842, Rieger'sche Buchh.

—— Predigten zur Erinnerung für Augsburg an die Monate August und September 1854. gr. 8. (32 S.) Augsburg 854, Jaquet's Vrlgsh.

— Rede zur Einweihung des Denkmals für Frau Anna Barbara v. Stetten, geb. Amman, gehalten am 9. Mai 1853. Augsburg (853). v. Jenisch u. Stage. gr. 8. (5 Bl.) 1½ ngr.

— Wie wir als Christen die Trennungen von den Unserigen durch den Tod ansehen sollen. Predigt am S. Jubilate gehalten. Augsburg 855. (v. Jenisch u. Stage.) 8. (15 S.) nn. 2 ngr.

Bomhard, Georg Christian August

Bomhard, Geo. Chrn. Aug., Aehren vom Felde der Betrachtung. Aus dessen literar. Nachlaß herSg. von H. Stadelmann. Mit dem (lith.) Bildniß des Verfassers. Augsburg 869. v. Jenisch & Stage. 8. (XII, 192 S.) 18 ngr.

Bomhard, Geo. Chrn. Aug., Gedächtniß-Predigt auf weil. Se. Maj. den König Maximilian II. von Bayern am Sonntage Misericordias in der Kirche zu St. Jakob gehalten. gr. 8. (14 S.) Augsburg 864, v. Jenisch und Stage'sche Buchh.

—— Predigt am heiligen Charfreitag. gr. 8. (20 S.) Augsburg 867, v. Jenisch und Stage'sche Buchh.

Bomhard, G. C. A., Predigten zur Feier d. Jubelfestes d. Augsb. Confession gehalten. gr. 8. (5 B.) Augsburg 831, v. Jenisch u. Stage'sche Buchh.

—— Predigten an Sonn-, Fest- u. Feiertagen. (1. Samml.) gr. 8. (11⅝ B.) Augsburg 845. (v. Jenisch u. Stage'sche Bh.) * –

—— dass. 2. Samml. gr. 8. (12 B.) Nürnberg 847. (Raw'sche Buchh.) * –

Die 1. Samml. liefert jetzt ebenfalls die Raw'sche Buchh.

Bomhard, (G. L.) A., Predigten an Sonn-, Fest- und Feiertagen. 3—5. Sammlung. gr. 8. (XVI und S. 367—1038.) Augsburg 848—51, Hartmann'sche Buchdr. [3. und 4. Samml. à 22½ Ngr., 5. 21 Ngr.]

Die ersten zwei Sammlungen à 22½ Ngr. erschienen 1845,47. und gingen in denselben Verlag über.

—— Predigten an Sonn-, Fest- u. Feiert. 5. Samml. 8. (757—1038) Augsb. 51, v. Jenisch u. St. — 21 (cplt.: 3. 15) ‖ (1—5. Samml.) 2. Afl. 1. u. 2. Lfg. (384) Augsb. 65. (Lpzg, Hinrichs' V.) à — 15

—— Predigten an Sonn-, Fest- und Feiertagen. Mit dem Bildnisse des Verf. 2., verb. und mit einem Anhang von Casual-Predigten verm. Aufl. 6 Lfgn. gr. 8. (XII und 1141 S.) Augsburg 865,66, v. Jenisch und Stage'sche Buchh. Subscr.-Pr. à Lfg. 15 Ngr.

Ladenpr.

Bomhard, Geo. Chrn. Aug., Predigten an Sonn-, Fest- u. Feiertagen. Mit dem lith. Bildnisse d. Verf. 2. verb. u. m. e. Anh. v. Casual-Predigten verm. Aufl., neue Ausg. 2 Abthlgn. gr. 8. Leipzig 873. Hinrichs' Verl. 10. 20; geb. n. 12. —

1. Die Festzeit. (XII, u. S. 1—576.)
2. Die festlose Zeit. (S. 577—1141.)

—— zwei Predigten am heil. Charfreitag und am heil. Osterfeste. gr. 8. (32 S.) Augsburg 868, v. Jenisch und Stage'sche Buchh.

—— Rede zur Confirmation. gr. 8. (12 S.) Augsburg 868, v. Jenisch und Stage'sche Buchh.

—— Rede am Sylvester-Abend 1866. gr. 8. (24 S.) Augsburg 867, v. Jenisch und Stage'sche Buchh.

Bomhard, Georg Heinrich (Ansbach), De poenis lucro actoris cedentibus. Diss. jur. Präs. Joh. Gottlieb Gonne. Erlangen (Joh. Friedr. Becker) 18. X. 1747. 46 S. (5.—)

Bomhard, Guido: Ueber eine neue zweckmäßige Verbindung galvanischer Elemente. pg. 3 - 6. 4°. Mit einer Tafel. Stadtamhof, Joseph Mayr.
Progr. Regensburg 1871/72.

Bomhard, Hans v., appr. Arzt a. München: Periarteriitis nodosa als Folge einer Staphylokokkensepsis nach Angina. Berlin 1908: G. Reimer. (20 S., 1 Taf.) 8° ¶ (Aus: Virchows Archiv f. pathol. Anatomie usw. Bd 192.)
München, Med. Fak., Ref. v. Bollinger, Diss. v. 4. Jan. 1908
[Geb. 9. Nov. 82 München; Wohnort: München; Staatsangeh.: Bayern; Vorbildung: Maximilians-Gymn. München Reife Juli 01; Studium: München 5, Freiburg i. B. 1, München 4 S.: Coll. 4. Jan. 08; Approb. 16. Dez. 07.]

Bomhard, Heinrich

Bomhard, Heinr., drei Erzählungen f. Kinder. gr. 8. (11 B. u. 6 Bild.) Stuttgart 845, J. F. Steinkopf. *

Bomhard, Hnr., drei Erzählungen für Kinder. Mit 6 Bild. gr. 8. Stuttgart 840, J. F. Steinkopf. geb. n. ⅔ ₰

Bomhard, Heinr., 100 Fragen zum Confirmanden-Unterricht. 3. Aufl. gr. 16. (16 S.) Fürth 849, Schmid. n. 2 ngr.

— hundert Fragen zum Confirmanden-Unterricht. 4. u. 5. unveränd. Aufl. Fürth 853. Schmid. 8. (16 S.) n. 2 ngr.

Bomhard, Heinr., Confirmanden-Büchlein. 8. (2 B. u. lith. Ttl.) Ansbach 830, Dollfuß.

Bomhard, Heinr., Confirmanden-Büchlein. 4. Aufl. 8. (31 S.) Nürnberg 857(59), Raw'sche Buchh.

Bomhard, H, Confirmanden-Büchlein. 6. Afl. 8. (31) Nürnb. 90, Raw. n. — 30

Bomhard, H, Confirmanden-Büchlein. 7. Afl. 12° (31) Nürnb. 91, JP Raw. — 30

— der Veits: Uller v. Roth, s. a. Volksbibliothek, neueste. Jahrg. 1850. 1. Hft.

Bomhard, Heinr., der Veits-Uller von Roth. Eine alte Geschichte, die doch neu ist. Mit 1 (lith.) Bilde von Ludw. Richter. Bern 869. Mann & Baeschlin. 8. (2 Bll., 111 S.) n. 7 ngr.

Bomhard, Martin Christian Friedrich

— s. Demosthenes, Rede gegen Leptines.

Bomhard, Martin Christian Friedrich: Commentatio de languore scholastico. S. 3-16.
Progr. Ansbach 1846.

Bomhard, Martin Christian Friedrich: Lusus aliquot dialectici. S. 3-10.
Progr. Ansbach 1830.

Bomhard, Martin Christian Friedrich: Oratio ad concelebranda tertia Augustanae Confessionis saecularia habita in Gymnasio Utopiensi ab amico literarum et rationis humanae. [Der Verfasser beabsichtigte diese Rede vor den versammelten Lehrern und Schülern des Ansb. Gym. zu halten, wurde aber durch besondere Umstände daran verhindert. Deßhalb die Bezeichnung: Oratio in Gym. Utopiensi habita.]
Progr. Ansbach 1830.

Bomhard, Martin Christian Friedrich: Oratio funebris in obitum Joannis Christiani Schaeferi, Prof. in Gym. Onoldino. S. 2-16.
Progr. Ansbach 1829.

Bomhard, Mt. Chr. Fr., Oratio, quam in J. A. Schaeferi semisaecularibus muneris scholastici sacris habuit. 4 maj. Ansbach 828. Gassert. 4 gr

Bomhard, Martin Christian Friedrich: Oratio saecularis, etc. S. 15 - 30.
Progr. Ansbach 1837.

Bomhard, Martin Christian Friedrich: Commentationis de Platonis Parmenide particula I. S. 3-18.
Progr. Ansbach 1836.

Bomhard, Martin Christian Friedrich: Commentatio de Platone, reipublicae Atheniensis censore iniquo. S. 3 - 21.
Progr. Ansbach 1841.

Bomhard, M. C. F., De Platone, reipublicae Atheniensis censore iniquo. Pr. 1814. 21 S. 4°. 1.—

Bomhard, Martin Christian Friedrich: Commentatio de disserendi ratione Hegeliana. S. 3-18.
Progr. Ansbach 1827.

Bomhard, Martin Christian Friedrich: Rede, gehalten von dem Kön. Prof. Herrn Martin Christian Friedrich Bomhard, bei Seiner feierlichen Vorstellung als Rektor der Studien-Anstalt zu Ansbach. – Ansbach den 8. Nov. 1824. S. 1-8. (Diese Rede wurde von Freunden des Verf. veröffentlicht.)
Progr. Ansbach 1824.

Bomhard, Martin Christian Friedrich: Commentatio de statu Gymnasii Onoldini sub initio saeculi noni decimi. S. 3 - 18.
Progr. Ansbach1853.

Bomhard, Chr. u. Aug., Rede am Sarge Napoleons. gr. 8. Bamberg ... Dresch.) 5 gr

— u. Aug., Rede am Sarge Napoleons. gr. 8. Bamb., Kunz. 5 gr

— u. Aug., Symposion von der Würde der weibl. Natur u. Bestimmung. 1e Aufl. 8. Bamb. 815. 2e Aufl. 817. Kunz. 20 gr gr. 8. Ebd. Schrbp. 1 rthl 12 gr

— Symposion. Von d. Würde d. weibl. Natur u. Bestimmung. 2e Aufl. 8. Bamberg 817. (Dresch.) Schreibp. 5/12 rthl

Bomhard, Christ. u. Aug., Symposion. Von d. Würde d. weibl. Natur u. Bestimmung. 3., verb. Aufl. 16. (11 B. u. 1 Lithogr.) München 841, Franz. * Thlr.

— über d. Verbesserung d. höhern Gymnasial-Lehrstellen. gr. 8. Ansbach 819. Gassert. 2 gr

Bömig, Karl, a. Kamenz i. S.: William Wordsworth im Urteile seiner Zeit. Borna-Leipzig 1906: R. Noske. (VIII, 88 S.) 8°
Leipzig, Phil. Fak., Ref. Wülker, Birch-Hirschfeld, Diss. v. 21. Juli 1906
[Geb. 8. Febr. 82 Kamenz; Wohnort: Kamenz; Staatsangeh.: Sachsen; Vorbildung: Realgymn. Dresden N. Reife O. 03; Studium: Leipzig 6 S.; Rig. 21. Juni 06.]

Bömig, Martin

Hauptaufgaben und Hauptgrundsätze der Heimatkunde. Ein Beitrag z. Ausgestaltung d. heimatkundl. Unterrichts. Von Martin Bömig, Lehrer in Lastau. *Neuwied, Leipzig: Heuser 1902.* (16 S.) 8° [F.]
— Schule, Für die, aus d. Schule. H. 95. [04. 1903]

Boeminghaus, Georg: Ueber Hundswuth vom sanitätspolizeilichen Standpunkte. Leipzig 1893. 24 S. (Thiermedizinische Vorträge. 3, H.5.)

Bömke, Karl, Referendar am Kgl. Landgericht zu Essen-Ruhr: Die Ehrenannahme. *Essen-Ruhr 1903: W. Girardet.* (67 S.) 8°
Marburg, Jur. Diss. v. [9. Apr.] 1903

Bömke, W.

Die Perle vom Rügenland. Text u. Musik von W. Boemke, Sänger von d. Ostsee. (3. Aufl.) Sassnitz: E. Fack [1907]. (5 S.) 4° [07. 11329 B

Bommel, van. Versuch über die Art eine Truppe zu Pferd abzurichten, nebst einigen Bemerkungen über die Taktik der Kavallerie. Aus d. Französ. T. 1. 2. München 1800.

v. Bommel, ..., Versuch über die Art, eine Truppe zu Pferde abzurichten; nebst Bemerkk. üb. die Taktik der Kavallerie. 2 Thle. 8. Nürnb. 802. Stein. 1 rthl 16 gr Dass. französ. 1 rthl 16 gr

Bommel, C. van, über die Freiheit des öffentl. Unterrichtes. Oder Darlegung der wahren Grundsätze d. öffentl. Unterrichts, in seinem Verhältnisse zur Religion betrachtet. Ins Deutsche übertr. v. J. Wulf. 12. (4⅓ B.) Aachen 845, Hensen u. Comp.

van Bommel, Cornel Rich. Ant., die wahren Grundsätze des öffentl. Elementar- u. Gymnasial-Unterrichtes in seinen Beziehungen zur Religion. Aus dem Franz. übers. nebst erläut. Anmerkgn. u. Zusätzen v. Pet. Jos. Andr. Schmitz. 2 Bde. od. 3 Thle. gr. 8. (VIII u. 654 S.) Regensburg 849, Manz. 3¼ rthl

van Bömmel, Anton [aus Coesfeld]: Über Cuticular-Bildungen bei einigen Nematoden ... M. e. Taf. (Aus: Arb. aus d. zool.-zoot. Inst. Würzburg, Bd. x.) Wiesbaden, C. W. Kreidel, 1894; 3 Bl., 191—212 S. [ohne d. Taf.] 8.
Würzburg, Phil. Fak., Inaug.-Diss. v. 1894

van Bömmel, Clemens [pr. Arzt zu Winterberg (Westfalen)]: Beiträge zur Aetiologie der Cataracta senilis. . . . Würzburg, Druck d. Stahel'schen k. Hof-Buchdr., 1886; 20 S. 8°
Würzburg, Med. Fak., Inaug.-Diss. v. 1886

Bömmel, Clem. van. Beiträge zur Aetiologie der Cataracta senilis. Diss. gr. 8. (20 S.) Würzb. 886. (Wiesb., Bergmann.) * — 50

Bommeli, R., Botanik, s.: Volksbibliothek des gesammten menschlichen Wissens.

Bommeli, R: Die Gesch. d. Erde. 1. Wie Berg u. Tal entstehen, 2. Die Weltalter, s: Bibliothek, Kleine.

Bommeli, R., ill. Geschichte d. Erde. 2., verb. Aufl. gr. 8. (XVI, 644 S. m. Abb. u. 8 Taf.) Stuttgart 897. J. H. W. Dietz Nachf. n. 4. 40; geb. n. 5. 90; auch in 22 Lfgn. à — 20

Bommeli, R., die Pflanzenwelt. Das Wissenswertheste aus dem Gebiete der allgemeinen u. speziellen Botanik. In gemeinverständl. Abhandlgn. u. nach dem neuesten Standpunkte der Naturwissenschaften f. das Volk bearb. 20 Hfte. gr. 8. (XIV, 631 S. m. Abbildgn. u. 6 farb. Taf.) Stuttgart 893. 894. J. H. W. Dietz. à — 20 (Kplt.: n. 4. —; geb. n. 5. 60)

— die Thierwelt. Eine illustr. Naturgeschichte der jetzt leb. Thiere. In gemeinverständl. Abhandlgn. u. nach dem neuesten Standpunkte der Naturwissenschaften f. das Volk bearb. 28 Hfte. gr. 8. (XXII, 888 S. m. Textbildern u. 12 Farbendr.) Ebd. 893. 894. à — 20
(kplt.: n. 5. 60; geb. n. 7. 10)

Bommer, A. D., Hülfeleistung in Krankheits- und Sterbefällen. Referat. 95 Stn. 8. Zürich, J. Herzog. Sep. Abdr. a. d. Zeitschr. f. Gemeinnützigkeit. 1876

Bommer, Heinr. Wilh. (Hrsg.), s. Magazin von und für Baden.

— Predigten. gr. 8. Heidelb. Mohr und Winter. 813

Bommer, H. W., d. Todesstrafen u. Behandl. d. Verbrecher, ein Gedicht. 8. Frkf. (Mohr u. Zimmer in Heidelb.) 805.

— Trauerrede auf d. Herzogin v. Braunschweig. 4. Heidelb. 808. Mohr. 8 gl.

Bommer, J.W.: Predigten, s. Bommer, Heinrich Wilhelm

Bommer, Max, Arzt aus Wilhelmsdorf (Württemb.): Ueber offenen Ductus arteriosus Botalli. *Freiburg i. B. 1900: Ch. Lehmanns Nachf.* (29 S.) 8°
Freiburg i. B., Med. Diss. v. 1900

Bommer, Paul. prakt. Arzt [von Tobel. Kt. Thurgau]: Über das Uterus-Sarkom. Frauenfeld J. Huber Dr. 1890. 2 Bl., 49 S. 8°.
Zürich. Med. Diss. [v. 5. Dec. 1890].

Bommer, Richard, Rechtspraktikant: Die Rechtskraft des Strafbefehls. *Bruchsal 1901: D. Weber.* (52 S.) 8°
Marburg, Jur. Diss. v. [8. März] 1901

Bommers, Wilhelm [app. Arzt aus Osterath]: Zur Kenntnis der tuberkulösen und eitrigen Leptomeningitis. . . . München, Buchdr. v. M. Ernst, 1889; 18 S. 8°
München, Med. Fak., Inaug.-Diss. v. 1889

Bommes, A[lfred], a. Drulingen (Els.-Lothr.): Über Plastik mit gestielten Lappen von entfernten Körperteilen Rhino-, Melo-, Cheiloplastik, Plastik an den Extremitäten und Gelenken, Penis und Scrotalplastik. Emmendingen: Druck- u. Verlags-Ges. vorm. Dölter 1907. (49 S.) 8°
Freiburg i. B., Med. Fak., Ref. Kraske, Diss. v. 1907
[Geb. 17. Mai 81 Drulingen (Kr. Zabern); Wohnort: Zabern (Elsaß); Staatsangeh.: Elsaß-Lothringen; Vorbildung: Lyzeum Metz Reife M. 01; Studium: Straßburg 5, München 1, Straßburg 1, Freiburg i. B. 3 S.; Coll. 7. Dez. 06; Approb. 1906.]

Bomnüter, Wilhelm *Theodor* [aus Sümmern (Westf.)]: Über Thorakoplastik m. bes. Berücks. v. drei neuen Fällen aus hiesiger Klinik ... Greifswald, Druck v. J. Abel, 1897; 24 S. 8.
Greifswald, Med. Fak., Inaug.-Diss. v. 11. Mai 1897

Bompard, Alex., Betrachtungen üb. einige Krankheiten d. Gehirns u. seiner Anhänge, üb. ihre Behandl., u. besond. üb. d. Gefahren d. Anwendung d. Eises. N. d. 2., im Decbr. 1828 in Paris erschien. Ausgabe a. d. Franz. übers. mit Zusätzen v. H. Vezin. gr. 8. (7½ B.) Osnabrück 830, Rackhorst.

v. Bomsdorf, s. Röder v. Bomsdorf.

Bomsdorf, R., und **Baade**, H. Topographische Specialkarte der Grossherzogthümer Mecklenburg-Schwerin und Mecklenburg-Strelitz. 1 : 200 000. Rostock 1894. 4 Bl. c. L. Sch.

Bomsdorff, Oscar

Bomsdorff, O. v., Brocken-Panorama und Brocken-Wegekarte. 2 Bl. Lithogr. Fol. Harzburg 888, Stolle.

Bomsdorff, Osc. v., neueste Eisenbahnkarte von Deutschland und den angrenzenden Ländern. 1871. 75 Pf., und Neue Ausg. Fol. Leipzig 872, Reclam sen.

Bomsdorff, Osc. v., neueste Handkarte des neuen deutschen Reiches. Fol. Leipzig 872, Reclam sen.

Bomsdorff, O. v., Karte des Erz-Gebirges. 1 : 390,000. Lithogr. und color. qu. gr. Fol. Annaberg 878, Graser. *

Bomsdorff, Osc. v., Karte der Kreise Hannover und Wennigsen. 1 : 100,000. Fol. Hannover 870, (Helwing's Verlag.) **

—— neueste Post- und Eisenbahnkarte vom Königr. Sachsen. 1872. 15 Pf.; und Revid. Ausg. Fol. Ebendas. 873.

Bomsdorff, O. v., Schul-Atlas vom Königr. Sachsen. 4 (lith.) Blatt. gr. 4. Leipzig 874. Bauer. n. — 50

-**Bomsdorff**, O. von, Neueste Schulkarte von Deutschland. Entw. u. gez. Leipzig 1872. 2 versch. Ausg. . . . . (Br. Mus.)

—— neueste Schul-Karte vom Königr. Sachsen. 1 : 675,250. Ausg. 1871—1875. qu. gr. 4. Ebendas. **

—— neueste Schul-Karte vom Königr. Sachsen. 1 : 675,250. 16. Ausg. Lithogr. und color. qu. Fol. Leipzig 875, C. H. Reclam sen. *
—— dass. — 17.—21. Ausg. Lithogr. und color. qu. Fol. Leipzig 876—79. Bauer. **

[Umschlagt.:] [J. u. Ant.] O. v. **Bomsdorff's** Spezial-Karte v. Harz. Im Massstab v. 1:100,000. In 4 Sektionen ... *Magdeburg: A. Rathke (1898).* 4 Bde 8.
1. Oberharz. (1 Kartenbl. 2°) 2. Thale. (1 Kartenbl. 2°) 3. Lauterberg. (1 Kartenbl. 2°) 4. Stolberg. (1 Kartenbl. 2°) (98. 5453

O. v. Bomsdorff's neueste Special-Karte vom Harz. 1 : 100 000. Magdeburg (1886) und (1889). Je 1 Bl. c. L. NC. und Sch.

Bomsdorff's, O. v., neueste Special-Karte vom Harz. 1 : 100,000. 4 Bl. Lithogr. qu. gr. Fol. Magdeburg 881, Rathke. à Bl.
Zusammengeklebt
Inhalt:
1. Oberharz. — 2. Thale. — 3. Lauterberg. — 4. Stolberg.

—— neueste Spezial-Karte vom Harz. 1 : 100,000. 4 Bl. 4. Aufl. Chromolithogr. qu. gr. Fol. Magdeburg 885, Rathke. *
Einzeln à Bl.
Inhalt:
1. Oberharz. — 2. Thale. — 3. Lauterberg. — 4. Stolberg.

Bomsdorff's, O. von, neueste Special-Karte vom Harz. 1 : 100,000. 4 Blatt. Ausg. 1891. Farbendr. 84×47,5 cm. Magdeb., A. Rathke. à Blatt * 1 —
Auf 1 Bl. auf Leinw. in Leinw.-Karton * 8 —
1. Oberharz. — 2. Thale. — 3. Lauterberg. — 4. Stolberg.

Bomsdorff's, O v., neueste Special-K. v. Harz. 1:100,000. Neue Asg. 4 Bl. à 84×47 cm. Farbdr. Mgdbg 98, A Rathke.
In L.-Decke 8 —; einz. Bl. 1 —; auf L.-Pap. in Mappe 1.40
1. Oberharz. — 2. Thale. — 3. Lauterberg. — 4. Stolberg.

Bomsdorff, O. v. Spezialkarte des Kreises Sangerhausen u. Umgegend. 1 : 75,000. Farbendr. 55×80,5 cm. Sangerhausen 891, Sittig. * 3 50

Bomsdorff, O. v. Special-Karte d. Vogtlandes, d. Herzogth. Sachsen-Altenburg u. der Fürstenthümer Reuss. Auf Grund neuester Materialien entworfen u. gezeichnet. 1 : 125,000. Farbendr. (63×47,5 cm.) Chemnitz 891, Troitzsch. * 1 20

— Touristen-K. d. Vogtlandes, d. Herzogth. Sachsen-Altenburg u. d. Fürstenth. Reuss. 1:125,000. 2. Afl. 62×48 cm. Farbdr. Chemn. 96, B Troitzsch Nf. 1.20

Touristen-Karte des Vogtlandes, des Herzogthums Sachsen-Altenburg und der Fürstenthümer Reuss. Auf Grund neuester Materialien entw. u. gez. von O. v. **Bomsdorff**. 3. Aufl. berichtigt ... Massst. 1:125,000. *Chemnitz: B. Troitzsch Nachf. [1900].* (1 Kartenbl. 61 × 46 cm.) 8° [Umschlagt.] (00. 1197

Bomsdorff, O v.: Touristen-K. d. Vogtlandes, d. Herzogth. Sachsen-Altenburg u. d. Fürstentümer Reuss. 3. Afl. 1 : 125,000. 63,5×49 cm. Farbdr. Chemn., B Troitzsch Nf. (03). ‖ 4. Afl. v. B Schlegel. (05.) Je 1.20

Bomsdorff, O. v. Touristenkarte v. Wernigerode, Ilsenburg u. Harzburg. 1 : 75,000. Lithogr. u. color. qu. Fol. Magdeb. 890, Rathke. * — 50

Bomsdorff, R v., Karte d. Grossherzogth. Mecklenburg-Strelitz (ohne Ratzeburg). Rev. v. H Baade. 1:200,000. 51×59,5 cm. Farbendr. Neubrandnbg 95, (C Brünslow). 1.75

— topograph. Special-Karte d. Grossherzogthümer Mecklenburg-Schwerin u. Mecklenburg-Strelitz. Rev. v. H Baade. 1:200,000. 4 Bl. à 50,5×59 cm. Farbendr. Rost. 93, Volckmann & J. 10 —; auf Lnw. in Lnw.-Karton 14 —; lackiert u. m. St. 18 —; à Bl. 3 — || 2. Afl. 2 Bl. à 86×59 cm. Farbendr. 95. 7.50; auf Lnw. in Futteral 10 —

— orographisch-topograph. Wanderkarte durch d. nordöstl. Mecklenburg. Rev. v. H Baade. 1:100,000. 61,5×76 cm. Photolith. u. Farbendr. Ebd. 94. 1.25; auf Lnw. 2 —

Bomsdorff, Th. v., Eisenbahnkarte von Europa. 4. Aufl. Neue ergänzte und bericht. Ausg. 1879. Chromolithogr. Imp.-Fol. Teschen 879, Prochaska. cart. *

Bomsdorff, Th. v., Eisenbahn-Karte von Oesterreich-Ungarn. 1:1,900,000. 7.—10. Jahresausg. 1876—1879. Chromolithogr. Imp.-Fol. Mit Beilagen: Plänen der Umgebung von Wien, Budapest, Prag, Triest, Pola und Fiume, Karte der Eisenbahnen des östl. Europa, Verzeichniss der Bahnen und Stationen mit Kilometer-Zeiger und Normalgebühren-Tabelle. Teschen, Prochaska. In Carton *

—— General-Karte von Europa. 1. und 2. Aufl. Chromolithogr. und color. Imp.-Fol. Ebendas. 877. In Carton *

Bomsdorff, Th. v., Höhen-, Post-, Strassen- und Eisenbahn-Karte von Mittel-Europa. Rev. u. bericht. . . . 1856.

Bomsdorff's, T v., Karte d. Kreises Jerichow I. 1:150,000. Neue Asg. 42×50 cm. Farbdr. Mgdbg 96, A Rathke. 1 —

Bomsdorff, Th. v., Karte des Königr. Sachsen. 1:260,000. 4 Bl. 1.—3. verb. Abdr. Chromolithogr. qu. gr. Fol. Leipzig 877—79, Hinrichs'sche Buchh. *
Auf Leinw. in Carton *

Bomsdorff, Th. v., Karte des Königr. Sachsen. 1:260,000. 4 Bl. 4.—7. verb. Aufl. Mit Angabe der Gerichtsgrenzen. Chromolithogr. qu. gr. Fol. Leipzig 880—84, Hinrichs'sche Buchh. *
Auf Leinw. in Leinw.-Carton *

Bomsdorff, Th. v., Karte des Königr. Sachsen. 1:260,000. 4 Bl. 8. und 9. verb. Abdr. Mit Angabe der Gerichtsgrenzen. Chromolithogr. qu. Fol. Leipzig 886,87, Hinrichs'sche Buchh., Verlag. * 4 —
Auf Leinw. in Carton * 6 —

Bomsdorff, Th. v. Karte d. Kgr. Sachsen. 1:260,000. 11. verb. Abdr. Farbendr. 4 Bl. Fol. Lpz. 892, Hinrichs' Verlag. * 4 —

Bomsdorff, T v., Karte d. Kgr. Sachsen. 1:260,000. 12. Abdr. 61×90,5 cm. Farbendr. 4 Bl. Lpzg 93, JC Hinrichs' V. 4 —; auf Lnw. in Lnw.-Decke 6 — || 13. Abdr. Nachgetragen bis März 1895. 95. 2.50; auf Lnw. in Lnw.-Decke 4.50

— Karte d. Kgr. Sachsen. 1:260,000. 14. Abdr: Nachgetr. bis Herbst 1898. 61×91 cm. Farbdr. Lpzg 98, JC Hinrichs' V. 2.50; auf L. 4.50

Bomsdorff's, T v., Karte d. Kgr. Sachsen, 16. Afl. 1:260,000. 61,5×91 cm. Farbdr. Lpzg, JC Hinrichs' V. (05). 2.50; auf L. 4.50

Bomsdorff's, Th. v., Karte d. Kgr. Sachsen. Nachgetr. bis Frühj. 08. 1:260,000. 17. Afl. 61,5×91,5 cm. Farbdr. Lpzg, JC Hinrichs' V. 08. 2.50; auf L. 4.50

— Karte d. Kreises Wanzleben. 1:150,000. Neue Asg. 1896. 29,5×34 cm. Farbdr. Ebd. 96. 1 —

—— neuester Plan von Wien. Pantatypie. Fol. Leipzig 873, Expedition der Illustr. Zeitung.

Bomsdorff, Th. v., neuester Plan von Wien und der Ausstellung nebst Karte für Ausflüge nach Schönbrunn, Hietzing, Hetzendorf, Liesing, Mödling, Baden, Vöslau und einem Plan von Laxenburg. Fol. — Mit einem vollständ. Verzeichniss der Sehenswürdigkeiten, bemerkenswerthen Gebäude, Hotels etc. sowie sämmtl. Strassen, Brücken und Höfe in Wien und dessen Umgebung. 8. (14 S.) Teschen 873, Prochaska. cart. * ℳ 1.; geb. *

v. Bomsdorff, Th., Post-, Eisenbahn-, Telegraphen- u. Dampfschifffahrts-Karte von Oesterreich-Ungarn mit e. alphabetisch geordneten geographischen Verzeichnisse aller Post-, Eisenbahn-, Telegraphen- u. Dampfschiff-Stationen des Kaiserthums. 3. nach amtlichen Quellen revid. u. vervollständ. Aufl. Teschen 860. Prochaska. (1 lith. Bl. in gr. Fol. u. 68 S. Text in 8.) n. 1 ₰ 10 ngr.

Königreich Sachsen. (Entworfen u. gez. von Th. v. Bomsdorff. Nachgetragen bis Jan. 1905. Maßst. 1:260,000.) (Leipzig: J. C. Hinrichs 1905.) (1 Kartenbl. 89×59 cm mit Legende.) 8° [Kopft. lith.] [kol.] [Umschlagt.:] Bomsdorff's Karte d. Kgr. Sachsen. [05. 4604

Bomsdorff, Th. v., Spezial-Karte der Kreise des Reg.-Bez. Magdeburg: Aschersleben, Calbe, Gardelegen, Halberstadt mit Wernigerode, Jerichow I., Jerichow II., Magdeburg und Wolmirstedt, Neuhaldensleben, Oschersleben, Osterburg, Salzwedel, Stendal, Wanzleben. 1:150,000. 11 Bl. Lithogr. und color. Fol. Magdeburg 886, Rathke. à Bl. *

v. Bomsdorff, Th. Specialkarte des Regierungs-Bezirks Magdeburg, des Herzogthums Anhalt, der Hannoverschen und Braunschweigischen Landschaften im Unterharz, nebst den übrigen angrenzenden Landestheilen. 1:200 000. Magdeburg 1880. 2 Bl. c. L. Ff. und 1 Ortschafts-Verzeichniss.

Special-Karte vom Regierungs-Bezirk Magdeburg, d. Herz. Anhalt, d. Hannoverschen u. Braunschweig. Landschaften im Unterharz nebst d. übr. angrenz. Landestheilen. Nach amtl. Materialien entw. u. gez. v. Th. v. Bomsdorff. Unt. Mitw. d. Kreisbehörden neu revid. 10. Aufl. Verh. z. Natur: 1=200,000. [Nebst] Ortschafts-Verzeichnis. *Magdeburg: A. Rathke 1895.* 1 Ktnbl. gr. 2. 1 Bd 8.
Special-Karte. (1 Ktnbl. in 2 Bl. ⅞). Ortschafts-Verz. (64 S.) [98. 2243

Bomsdorff, Th. Special-Karte des Regierungs-Bezirks Magdeburg, der Anhaltischen Herzogthümer und der angrenzenden Landestheile. 1:200 000. Magdeburg 1853. 2 Bl. c. L. Ff.

[Umschlagt.:] [Ant. u. F.] Th. v. Bomsdorffs Spezial-Karte des Kreises Neuhaldensleben. Im Massst. von 1:150,000 ... *Magdeburg: A. Rathke (1898).* (1 Ktnbl.) 1 Bd 8. [98. 2589

[Umschlagt.:] [Ant. u. F.] Th. v. Bomsdorffs Spezial-Karte des Kreises Salzwedel. Im Massst. von 1:150,000 ... *Magdeburg: A. Rathke (1898).* (1 Ktnbl.) 1 Bd 8. [98. 2590

[Umschlagt.:] [Ant. u. F.] Th. v. Bomsdorff's Spezial-Karte des Kreises Wanzleben. Im Massst. v. 1:150,000 ... *Magdeburg: A. Rathke 1896.* (1 Ktnbl.) 1 Bd 8. [96. 9076

Bomsdorff, Th. von, Übersichtskarte von Mittel-Europa und seiner Eisenbahnstrassen. Hamburg, J. F. Richter, 1866. . . . . (Br. Mu.)

v. Bomsen, s. Adolph.

Bomst [Schlagwort]

— s. a.: Forstkarten.

Bomst, Kreis, s.a. Posen, Reg.-Bez.

Bomst, Kreis. Baron, Paul, Spezial-Karte des Kreises Bomst (Wollstein). 1:150,000. 31,5×37,5 cm. Lith. u. Farbdr. Lissa 899. F. Ebbecke. n. — 50

— — Wandkarte des Kreises Bombst, entworfen nach den Messtischblättern der königl. preuss. Landes-Aufnahme. 1:45,000. 6 Blatt à 51,5×39 cm. Farbdr. Ebd. 899. n. 12. —; auf Leinw. m. Stäben n. 15. —

Bomst, Kreis. Spezialkarte des Kreises Bomst. Rev. v. den zuständ. Behörden. 1:100,000. 2. Aufl. 44,5×49,5 cm. Farbdr. Lissa (909). O. Eulitz. — 50; auf Leinw. 1. —

Bomston, Eduard, Begebenheiten; e. Roman von Werthes. 8. Altenb. Richter. (Akad. Buchhdl. in Jena). 782.

Bomstons, Eduard, Begebenheiten in Italien, ein Roman in Briefen. 8. Altenburg, 782. Richter. 25 sgl.

— Eduard, Gesch. seiner Liebe, aus dem Franz. des Herrn v. Rousseau. 8. Leipz. Weidmann. 780.

Bon naturel et varite ou la petite école des femmes. Comédie en 1 Acte et en vers par Damolard, gr. 8. Rudolst. Hofbuchh. 811.

Bon, Aug., mania e buon senno. Commedia. 18. (84 S.) Monaco 847, Franz. 1/8 ℛ

Bon, Ed. (Hrsg.), s. Muster-Zeitung, Allgemeine, u. Farbe-Waaren-Kunde für den Färberstand...

Bon, Fred, die Dogmen der Erkenntnistheorie. gr. 8. (IX, 340 S.) Leipzig 902. W. Engelmann. n. 7. —

Bon, Fred., Grundzüge d. wissenschaftl. u. techn. Ethik. gr. 8. (III, 166 S.) Leipzig 896. W. Engelmann. n. 4. —

Über das Sollen und das Gute. E. begriffsanalyt. Untersuchg v. Fred Bon ... *Leipzig: W. Engelmann 1898.* (1 Bl., IV S., 1 Bl., 188 S.) 1Bd 8. [98. 37]

Bon, Fridthjof, lang, lang ist's her. Novelle. — Mikszath, Koloman, aus meiner Advokatenzeit. (In Scheithauer's Stenographie.) gr. 16. (16 autogr. S.) Berlin (895). Schwerto, P. Liese. n. — 20

Bon, L.

Denkschrift zum 25jährigen Bestehen der Ostpreussischen landschaftlichen Darlehnskasse, den 1. Okt. 1894. (Verf.: [L.] Bon.) *(Königsberg 1894: Hartung.)* (11 S.) 4° [F.] [oo. ... 10

Bon, Siegfried: Grundzüge der wissenschaftlichen und technischen Ethik ... Leipzig, W. Engelmann, 1896; 3 Bl., 168 S. 8. Leipzig, Phil. Fak., Inaug.-Diss. v. [28. Jan.] 1896

Bon, Siegfried (Leipzig), Grundzüge der wissenschaftlichen und technischen Ethik. Diss. philos. Lpz. (W. Engelmann). Druck: Würzburg (H. Stürtz) 1896. 168 S. m. Liter. u. Biogr. (5.—)

Bona: Ascetische Abhandlung, s. Bona, Johannes

Bona, die drei Grundbindungs-Arten in der Weberei etc. Grünberg 1876

Bona, A. F. W., Abschiedspredigt geh. zu Ovelgönne am 14. Mai 1843. gr. 8. (1/2 B.) Oldenburg, Schulzesche Buchh.

Bona, Johannes

Bona, Joa., ascetische Abhandlung über das Meßopfer, s. Bibliothek für innerliche Seelen.

Bona, Joh., Anleitung zum Himmel. Nach d. Latein. 12. (VIII u. 208 S.) Münster 851, Aschendorff. 1/8 ℛ

Bona, Joh. Card., geistregende Bewegungen. 12. Augsb. Wolf. 753.

Bona, I., Epistolae selectae. fol. maj. Augsb. Wolf.

Bona, Johs (Ioa.): Führer z. Himmel. (Manuductio ad coelum.) Anleitg zu e. christl. Tugendleben. Übertr. u. m. e. Gebetsanh. versehen v. Joh. Phil. Dickerscheid. (8, 4, 319) 16° Münch., J Pfeiffer ('12). L 1.20 d

Bona, Giovanni. Geistvolle Gebete, für wahre Anbeter im Geiste ... Augsb. 1803. H: *Menne, Edilbert.* (Schmal)

Bona, Johannes, Grundsätze u. Lehren zu einem christl. Leben. Aus d. Latein. übers. v. e. kathol. Geistlichen. (Aus der kleinen wohlf. kathol. Bibliothek besond. abgedr.) 12. Aachen 840. Cremersche Buchh. 5/12 ℛ

Bona, Joannes, Grundsätze und Regeln des christlichen Lebens. Ein überaus köstliches Büchlein für alle denen es ernst ist, fromm zu leben und selig zu sterben. Aus dem latein. Texte für das deutsche Christenvolk übers. von Sim. Thaddäus Hemmerle. 12. (XII und 288 S.) Augsburg 853. (München, Finsterlin.) Thlr.

Bona, Joa., Grundsätze und Regeln des christlichen Lebens. Aus dem latein. Texte für das deutsche Christenvolk übers. von Sim. Thadd. Hemmerle. 2. Ausg., verm. mit einem Anh. die vorzüglichsten Gebete eines kathol. Christen enth. Augsburg 863. Wolff. 12. (XII, 356 S.) n. 10 ngr.

— Herr! Erhöre mein Gebet! vollständ. kathol. Gebetbuch für Kirche und Haus v. M. A. Nickel. Mit 4 schw. Kupfern in Stahlst. u. 1 Titel in Gold- u. Farbendruck. 8. Frankfurt a/M. 843, Andreä'sche Buchh. 2/3 ℛ
— dass. Mit 3 Kupfern u. 1 Titel in Gold- u. Farbendruck. Ebend. 845. 5/6 ℛ

Bona, Herr! Erhöre mein Gebet! vollständ. kathol. Gebetbuch f. Kirche u. Haus von M. A. Nickel. 8. (30 B. u. 4 Stahlst. nebst verz. Ttl.) Frankfurt a. M. 846, Andreäische Buchh.

—— dasselbe. Mit 3 Kpfrn. u. Ttl. in Gold- und Farbendr. Ebds. 840.

Bona, Giovanni. Leitung zum Himmel ... München 1788. Ü: *Becker, Joh. Leonhard.* (MGT) (ML)

Bona, I., Manuductio ad Coelum. lat. et gall. 8. Ienae. 723. Rthlr.

Bona, Jo., manuductio ad coelum, medulam continens sanctor. patrum et veter. philosophorum. Juxta exemplar Romae excusum. Mit Bona's Bildn. Ed. n. 16. München 830. (Jaquet). 6 Ꝁ

— das Nützlichste aus d. Schriften d. heil. Väter etc. Auch u. d. T.: Leitung zum Himmel etc. Aus d. Latein., mit Anmerkk. v. J. L. Becker. 12. München 788.

— das Nützlichste aus d. Schriften d. heil. Väter u. d. alten Weisen; oder Handleitung zum Himmel. Aus d. Latein. übers. u. herausgeg. v. S. Buchfelner u. e. seiner Freunde. gr. 12. Augsb. 824. Bolling. 12 Ꝁ 2e A. gr. 12. Ebd. 830. (Landsh., Krüll). 10 Ꝁ

— das Nützlichste aus d. Schriften d. heil. Väter u. d. alten Weisen; od. Handleitung zum Himmel. A. d. Latein. übers. u. herausgeg. von S. Buchfelner u. einem seiner Freunde. gr. 12. Augsburg 824. (Leipzig, Herbig.)

— das Nützlichste aus d. Schr. der Väter u. alten Weisen, oder: Handleitung zum Himmel. Aus d. Latein. von S. Buchfelner. 2e Aufl. gr. 12. Augsburg 1830, Bolling. 10 ggr. — 36 kr.

—— das Nützlichste a. d. Schriften d. heil. Väter u. d. alten Weisen; od. Handleitung z. Himmel. A. d. Latein. v. S. Buchfelner u. e. sein. Freunde. 2., mit e. Biographie dess. verm. Ausg. gr. 12. (10 B.) Augsburg 830. (Landshut, Manz.)

Dasselbe unter d. Tit.: Wegweiser z. Himmel etc. Uebers. vom Pfarrer A. Scheuerecker. 8. Ebend. 1844, Schmid'sche B. 9 ggr. — 36 kr.

— Opuscula ascetica selecta, s: Bibliotheca ascetica mystica.

— Paradies der Seele, aus dessen Werken gezogen u. übers. Mit e. kurzen Gebetbuche, worin die nothwendigsten Gebete enthalt. sind, von Jos. Kameseder. Mit Titelb. 8. Landsh. 837. Thomann'sche Buchh. (Attenkofer.) 1/2 ℛ

— Paradies der Seele. Herausg. von J. Kameseder. 8. Landshut 1838, Thomann. 1/2 Thlr. — 48 kr.

— principia et documenta vitae christianae 8. Wien 778. (Gerold). 6 Ꝁ

Bona, Johs., O. Cist., De sacrificio missae, s.a. Bibliotheca ascetica mystica.

— de sacrificio missae tractat. asceticus etc. Editio 7a. 12. Mechliniae 1826, Hanicq. (Kirchheim in M. 24 kr.) — Edit. nova. Ibid. 9 ggr. — 40 kr.

—— de sacrificio Missae tractatus asceticus, cont. praxim attente, devote et reverenter celebrandi. Edit. VII. schm. 12. (6½ B.) Mechliniae 826. (Moguntiae, Kirchheim, Schott et Thielmann.)

— de sacrificio missae tractatus asceticus, cont. praxim attente, devote et reverenter celebrandi. Edit. VII. schmal 12. Mechlin. 826. (Mainz, Müller). 6 gr.

—— de sacrificio Missae tractat. ascetic., contin. praxim attente, devote et reverenter celebrandi. Opus vere aureum. Nova edit. accurata juxta Exemplar Roman. Cum appendice preces ante et post Missam complectenti. (Cur. Mich. Sintzel.) 12. (10¾ B. u. Titkpfr.) Ratisbonae 841, (Manz.)

— de sacrificio missae tractatus asceticus. Accedit diurnus cibus sacerdotum, mensae altaris praevius. Auctore P. Bruyer. Nec non mensis eucharisticus, hoc est praeparationes, aspirationes, et gratiarum actiones pro sumptione sanctae eucharistiae, per singulos mensis dies distributae. Auctore Xav. Lercari. Cum appendice. Editio nova et emendata. Regensburg 863. Manz. 16. (XII, 280 S.) 15 ngr.

Bona, Joa., de sacrificio missae tractatus asceticus, continens praxim attente, devote et reverenter celebrandi. 24. (VIII, 228 S.) Augustae Taurinorum 891. (Donauwörth, L. Auer.) n. — 40

Bona, Joa., O. Cist., de sacrificio missae tractatus asceticus, continens praxim attente, devote et reverenter celebrandi. (XVI, 208 S. m. 1 Stahlst.) kl. 8. Regensburg 909. F. Pustet. — 60; geb. in Leinw. 1. —

Bona, Giovanni. Ascetisches Tagebuch. Übers. . . . Augsb. 1803. Ü: *Menne, Edilbert.* (schmal)

— ascetisches Tagebuch rc. 8. Augsb. 803. Bolling. 8 gr.

Bona, Johs., der Tageslauf gottliebender Seelen. Zum Nutzen Aller, welche ernstlich nach Vollkommenheit streben, in's Deutsche übers. von Fr. X. Himmelstein. 1. und 2. Aufl. 16. (VIII, 230 S.) Würzburg 881. Woerl. *

Bona, Johs., d. Tageslauf gottlieb. Seelen. Z. Nutzen aller, welche ernstl. n. Vollkommenheit streben, in's Deutsche übers. v. Fr. X. Himmelstein. 3. (Titel-)Aufl. 16. (VIII, 230 S.) Würzburg [881] 895. F. X. Bucher's Verl. n. 1. —

— der Tageslauf gottliebender Seelen. Zum Nutzen aller, welche ernstlich nach Vollkommenheit streben, ins Deutsche übers. v. F. X. Himmelstein. 4. Aufl. (VIII, 230 S.) 16. Würzburg (906). F. X. Bucher. Geb. in Leinw. n. 1.20

— Der Tageslauf gottlieb. Seelen. Übers. v. Fr. X Himmelstein. Neu hrsg. v. Salesius Maria Saler. 5. Afl. (8, 230) 16° Würzbg, FX Bucher '13. L 1.20 d

— Tractat von der Unterscheidung der Geister. Aus d. Lat. s. l. 712. 12. Cölln 713. 12.

— stiller traulicher Umgang mit Gott, s.a. Blüthen u. Blumen heil. Andacht. 78 u. 86 Bdchen.

— stiller, traulicher Umgang mit Gott. Uebers. vom Herausgeber d. Lombez (Geistl. Rath Dätzl). gr. 12. Landshut 1836. Manz in R. ⅓ Thlr. — 48 kr.

Bona, Giovanni. Stiller, vertraulicher Umgang mit Gott, der kürzeste Weg zu Gott. Aus dem Lat. übersetzt . . . Regensburg 1836. Ü: *Däzl (Dätzl), Gg Ant.* (Vereinsbuchh. in Innsbruck.) (Russell IX, 414)

Bona, Johs., die Unterscheidung der Geister. Aus d. Latein. übers. von e. Priester der Gesellschaft Jesu. Paderborn 864. Junfermann. 8. (406 S.) 25 ngr.

Bona, Giovanni. Die Unterscheidung der Geister. A. d. Latein. übersetzt . . . Paderborn 1865. Ü: *Drecker, Urban.* (so) (Jes)

— via compendii ad Deum. 18. Augsb. Rieger. 716.

— via compendii ad Deum per motus anagogicos et orationes jaculator. 12 Basel 768. Schweighäuser. 8 gr.

Bona's, J, kürzester Weg zu Gott. Deutsch v. F Ratte. 32. (428) Paderb. 64. Schöningh. — 10

— kürzester Weg zu Gott. Deutsch von Frz. Ratte. Paderborn 860. Schöningh. 32. (XXII, 428 S.) 10 ngr.

Bona, Johs., der Wegweiser zum Himmel, s.a. Bibliothek, ascetische.

—— der Wegweiser zum Himmel, s.a. Wegweiser.

—— der Wegweiser zum Himmel, oder Weisheitslehren, entnommen aus den Werken heil. Kirchenväter und einiger alten Philosophen. Aus dem Latein. ins Deutsche übertr., und mit einem Zusatze von Morgen-, Abend-, Meßgebeten rc. verm. von A. Scheuerecker. 2. Aufl. 12. (322 S. mit 1 Stahlst.) Augsburg 852, Schmid'sche Vrlgsh.

— der Wegweiser zum Himmel. Aus dem Lat. von Wilhelm Schneider. gr. 16. (XIV, 172 S.) Freiburg i/Br. 876. Herder. 1. —

[J. u. Ant.] Wegweiser zum Himmel. Gebet- u. Erbauungsbuch (v. Cardinal [Johannes] Bona). [Übs.] Von J. H[einrich] Laakmann, Dr. theol. 2. verm. Aufl. *Kempen a. Rh.: Klöckner & Mausberg [1895].* (1 Bl., VIII, 56? S., 1 Taf.) 1 Bd 8. [96. 15. 1]

— christl. Weisheitslehre. Aus d. Latein. Mit d. Verf. Bildn. gr. 8. München 824. Lindauer. 20 gr.

Bona, Karl August: De Amputatione femoris ad trochanterem maiorem abeque torculari et de exarticulatione pedis secundum methodum Chopartianam peracta. Ienae (1823:) Schreiber. 30 S. 8°
Jena, Med. Diss. v. 14. Apr. 1823.

Bona, L., Taschenbuch für Baumeister, Geometer und Bau-Unternehmer zur Bestimmung und Absteckung von Curven der Eisenbahn- u. Wege-Linien für alle Fälle. Nach sorgfältiger Berechnung herausg. Mit 15 Fig. (Holzschn. im Text.) u. 8 Tab. Berlin 861. C. Heymann. 16. (VI, 381 S.) n. 1 Thlr. 10 ngr.

Bona, L, Taschenb. z. Bestimmg u. Absteckg v. Curven d. Eisenb.- u. Wege-Linien. 16. (381) Berl. 61, Heymann. n. 1. 10

Bonacina, opera omnia. III. Tom. fol. Leyden.

Bonacina, G. D., blinder Feuerlärm, s.a. Bloch's, E., Dilettanten-Bühne.

Blinder Feuerlärm. Lustspiel in 1 Akt von G. D. Bonacina. 2. Aufl. *Berlin: E. Bloch (1897).* (21 S.) 8° [J.]
— Vereins-Bühne. No 18. [illegible]

Bonacossa: Geisteskranke in Turin. Guislains klin. Vortr. üb. Geisteskrankh. Deutsch von H. Laehr. Berlin. 1854.

Bonadurer, Josias, das Epheu. Schauspiel. 16. (40 S.) Chur 871. (Grell.) n. — 50

Bonafede: Krit. Geschichte . . . , s. Cromaziano

Bonafont, C., s. Bonafont, Carl Philipp

Bonafont, Carl Philipp

Bonafont, K. Ph., Adelheid, oder die unglückl. Liebenden. Eine wahre Geschichte nach dem Französ. 8. Karlsr. 803. (Braun). 12 gr.

Bonafont, Karl Ph., Aphorismen d. Aesthetik. 8. Köln 1814, u. 815 unter d. T.: Fragmente zur Bildung d. Geschmackes in Beurtheil. d. Schönen d. Wahrheit in Kunstsinn rc. 8. Ebd. Spitz. (Leipz., Central Cpt.) 10 gr.

Bonafont, (C.,) des avantages de la langue française et de la nécessité de son étude. 8. (Magdeb. 820, Rubach.)

— des avantages de la langue française et de la necessité de son étude. 8. Magdeb. 821. (Auch mit Janrz. 1828.) (Rubach). 4 gGr

– s. Chiaramonti, Lorenzo

– s. Cromwell et Napoleon.

— bunte Erzählungen für Leser aller Stände. 8. Elberfeld 840. Schmachtenberg. 1½ Thlr

Bonafont, Ph., bunte Erzählungen für Leser aller Stände. 2 Bdchn. 16. Elberfeld, Schmachtenberg. [1. (10½ B.) 842, 2. (11½ B.) 43. à ⅓ Thlr.]

Bonafont, (C. Ch.,) Erzählungen aus dem Gebiete der Wahrheit u. Dichtungen. 8. Brandenb. 823, Wiesike.

Bonafont, Karl Ph., Erzähll. aus d. Gebiete d. Wirklichkeit z. Unterhaltung f. genügsame Leser. gr. 12. Zeitz 833. Webel. 1 Thlr

— Essai Poétiques, s. Poésies de Schiller.

— essais imitatifs de quelque poésie de Schiller. gr. 8. Halle 823. Anton. 8 gGr

– s. Eudora, Ein Tageblatt.

Bonafont, (C. Ph.,) Eugénie od. die falsche Ehe; Schauspiel in 5 Akt. nach Beaumarchais neu bearb. 8. Brandenb. 822, Wiesike.

— nouv. exercices de lecture française. Neue französ. Leseübungen, oder Samml. interess. Erzähll., Anekdoten ꝛc. gr. 8. Coburg 829. Sinner. 1 Thlr 12 gGr

— Flore, ou variétés littéraires pour 1816. gr. 8. Strassb. u. Karlsr. 816. Marx. 12 gGr

— Fragmente zur Bildung des Geschmackes in Beurtheilung des Schönen der Wahrheit im Kunstsinn, nebst andern interessanten Aufsätzen. 8. Cölln, Spitz. 816.

– s. Geschichte d. Engl. Parlaments.

— neue französ.-deutsche Gespräche f. das gesellige Leben; nebst deutschen Sprechübungen zum mündl. Ausdruck im Französ. 8. Halle 827. Fr. Ruff. 18 gGr

— nouvel Grammaire pratique. Neues prakt. Handbuch d. französ. Sprache. gr. 8 Berl. 832. Haude u. Sp. 1 Thlr 6 gGr

— Herbstblumen zur Unterhalt. in Winterabenden. 8. Schneeb. 829. Schumann. 1 Thlr 8 gGr

-s.a. Ignoranz u. Verderben.

IGNORANZ u. Verderben, oder die Folgen der Erziehung. Ein Spiegel f. Viele. (Pikanter Roman von *Joh. Jac. Wagner* oder von *Carl Phil. Bonafont?*). O. O. (Nürnb., Riegel) 1804. 8⁰.
Tit. u. 340 SS. Die Vorrede (S. 3—10) ist in allen Exempl. cassirt. (2 Mk., Leihbiblex., Lehmann u. Lutz; jetzt theurer!)
Anon.-Lex. II. p. 319 hat: „Nürnberg 1804" u. „Wagner" als Vf. (nach dem Neuen Nekrolog n. Goedeke); „Stuttgart 1804" u. „Bonafont" als Vf. (nach Kayser u. Meusel).
Zuerst gedr. tit.: Lorenzo Chiaramonti, oder Schwärmereyen eines Jünglings, Nürnberg 1801. 8⁰. (Goedeke VII, 225, 46, 2.)

– s. Ivan IV.

— der König u. die Henne. Origin.-Lustspiel in 1 Aufz. nach einer wahren Begebenheit. gr. 8. Brandenb. 823, Wiesike.

— Kunstandeutungen aus ästhet. Standpunkte, zunächst f. angeh. Künstler u. Kunstfreunde 8. Berl. 829. Natorff u. C. 12 gGr

— de la langue franç. et de l'utilité de son étude. Traité presenté à la Faculté philosoph. de l'Université Royale à Bonn. gr. in-8. Bonn 839. Habicht. ⅙ Thlr

Bonafont, Charles Ph., de la langue française et de l'utilité de son étude. Diss. Bonn 1839, Emil Strauss. 8⁰.

— lectures nouvelles amusantes et instructives etc. Auch u. d. T.: Neue belehr. Unterhaltungs-Lektüre für Freunde d. französ. Sprache. gr. 8. Lemgo 831. Meyer. 1 Thlr

— Liebe u. Trennung. Ein kleines Herzensgemälde für gefühlvolle Menschen. 8. Stuttg. 804. (Sonnewald). 4 gGr

BONAFONT, Carl, Liebe und Trennung. Ein kleines Herzens-Gemälde für gefühlvolle Menschen. Stuttgart, Im Magazin für Litteratur 1807. 8⁰.
49 S. Dedic.: Geschrieben am Ufer der Pegnitz, 1803. Nicht bei Kayser 1827, ist aber im Roman-Verz. 1836. — Zahm.

— le petit maitre de langue, ou vocabulaire français-allemand, cont. outre les substantifs et verbes les plus en usage etc. gr. 12. Halle 827. Kümmel. 9 gGr

Bonafont, K.Ph.: Le petit maitre de langue, ou vocabulaire noveau francais-allemand. Halle 1828.

— manuel de langue française pour la vie sociale. Handb. d. französ. Sprache f. d. gesellige Leben. 1r Thl. 8. Halle 825. Fr. Ruff. 1 Thlr 6 gGr

– s. le Narrateur.

- s.a. Originalitäten, Samml. kl. Erzähl.

ORIGINALITÄTEN. Sammlung kleiner Erzählungen, Anekdoten und Geschichten, von *C. B.* (d. i. *Carl Philipp Bonafont*). Stuttgart 1803. 8⁰. (1 Rthl.)
Anon.-Lex. III. p. 243 (nach Kayser).

— Originalitäten aus d. Gebiete der Wahrheit u. Dichtung. 2 Thle. 8. Leipz. 820. N. T. 824. (Lehnhold). 1 Thlr 4 gGr

— Patkul, od. der fremde Mann, e. histor. Gemälde d. 17. Jahrhund. 8. Stuttg. 804. (Sonnewald). 9 gGr

— quelques poesies françaises et allemandes. gr. in 8. Dresden 819. Walther. 8 gGr

— poésies legeres et fugitives. 8. Karlsr. 803.

Bonafont, Ph. C., Reminiscenzen aus meinem Leben in Briefen merkwürdiger u. berühmter Zeitgenossen, an den Herausgeber geschrieben. 8. (30 S.) Münster 847, Wundermann in Comm. n. ⅓ Thlr

Bonafont, Ph. C., le Roi et le comédien, s. Roi.

— Samml. d. französ. Redensarten, Gallicismen u. Sprüchwörter, welche von der Acad. française für gut befunden u. aufgenommen worden; mit beigefügtem deutschen Texte, zunächst z. prakt. Unterricht in Schulen ꝛc. herausg. 8. Berl. 831. Haude u. Spener. 18 gGr

— die Schuld des Gefühls. 8. Leipz. 819.

— Thaliens Spenden für Bühnen u. Privattheater. 2 Bde. 1r Bd. enth.: Wiedervergeltung od. d. König v. Ohngefähr. — Der Liebe walten, oder die Kutschparthie. 2r Bd. enth.: List um List. — Heinrich IV. zu Alençon. — Weiberrache. — Die beiden Joseph. 8. Leipz. 816, Kayser.

— der kleine Sprachlehrer, oder neuer französ.-deutsch. Vocabulaire. gr. 12. Halle 828. Kümmel. 9 gGr Weiß Pap. 12 gGr Schrbpap. 16 gGr

—— Tékéli, Héros de Hongrie. Nouvelle historique gr. in-12. (7 B.) Brunsvic 832, [Hornoyer.]

— Tékéli, Héros de Hongrie. Nouvelles historique. gr. 12. Braunschw. 832. Verlags-Compt 16 gGr

– s. Verhandlungen bei d. Schulmeisterwahl.

Der neue Werther oder die Unzertrennlichen. Ein Seitenstück zu Werthers Leiden (von *Carl Philipp Bonafont*). Berlin 1800.
Anon.-Lex. IV. p. 392 (nach Goedeke).

Der neue Werther oder Gefühl und Liebe (von *Carl Philipp Bonafont*). O. O. (Nürnberg) 1804. 8°. 180 S. (Im British Museum.)
Anon.-Lex. IV. p. 392 (nach Goedeke u. dem Cat. genannten Museums).

ZULIMA oder die Verschworung auf Malta (von *Carl Philipp Bonafont*). Stuttgart 1804.
Anon.-Lex. IV. p. 436 (nach Kayser).

Bonafont, Ph.: Erzählungen . . . , s. Bonafont, Carl Philipp

Bonafont, Philipp, Ein Tag aus des grossen Friedrichs Leben. Historisches Schauspiel in einem Aufzug. Wurde am 18. October 1814 zum erstenmal auf dem Köllner-National-Theater aufgeführt. Berlin 1818. in der Maurerschen Buchhandlung.

Bonafous, Matth., über d. Cultur d. Maulbeerbaums. Ein Abhandl., wofür d. Rhone-Departement d. Verf. e. gold. Denkmünze zuerkannt hat. N. d. S., zu Paris u. Lyon 1827 erschien. Ausg., übers. u. mit e. Anmerkn. begl. v. Gr. Laufs gr. 8. (4 B. u. 1 Stnt.) Aachen 829, Mayer.

— Dass. Nach der 3n franzöf. Originalausg., mit Berücksicht. der neuesten Erfahrr. bearb. v. H. Meyer. Mit 1 Abbild. 8. Quedlinb. 832. Basse. 8 gl

Bonagratia, P. F., Fastengedanken in Predigt. 4. Regensburg. Montag u. W. 780.

Bonal, Raym., **idea boni confessarii juxta doctrinam et vivendi ration. S. Franc. Salesii. 18. Augsb. 765. Wolf. 2 gl**

Bonald, Henri de, politische u. religiöse Gedanken. Uebers. v. Franz Geiger. 8. (9 B.) Altdorf 838, S'graggen. (Leipzig, Schmidt.)

Bonald, Vicompte H., von d. Opposition in d. Staatsverfassung u. von d. Freiheit d. Presse. (Aus d. Französ.) 8. Wien 828. Gerold. 8 gl

— von den Strafgerichten Gottes üb. Frankreich. Die Ursachen, welche sie herausfodern u. die Mittel, dieselben abzuwenden. Aus d. Franz. übers. v. B. J. Schär. gr. 8. Luzern 832. (Augsburg, Kollmann.) 2/3 rh

—— von den Strafgerichten Gottes üb. Frankreich. Die Ursachen, welche sie herausfordern, u. die Mittel, dies. abzuwenden. A. d. Franz. übers. v. B. J. Schär. gr. 8. (12 B.) Luzern 835. (Augsburg, Kollmannsche Buchh.)

Bonald, Heinrich de (des Vicomte Sohn), v. den Strafgerichten Gottes über Frankreich. A. d. Frz. v. B. J. Schär. gr. 8. Luzern 1835, Räber. 2/3 Thlr. — 1 fl.

H.. v. **Bonald**: d. Urgesetzgebung; a. d. Franz. (*Mainz*, Müller. 825.) N. wohlf. Ausg. *Coblenz*, Hölscher. 827. gr8° 1 ß

Bonald, Heinr. v., das Verfahren der kathol. Kirche bei der Canonisation ihrer Heiligen. Nach d. Franz. v. Phil. Müller. 8. (5½ B.) Regensburg 842, Manz. Thlr.

— L. Charles Jac. Maurice (Erzbischof-Cardinal von Lyon, geb. 1787), das Verfahren der Kirche bei d. Kanonisation ihrer Heiligen. Nach d. Französ. v. Pfarrer Ph. Müller. 8. Regensburg 1841, Manz. 3/4 Thlr. — 24 kr.

Bonald, Louis Gabriel Ambroise de

— s.a. Briefwechsel zw. Bonald u. Fischer.

Bonald, [Louis-Gabriel-Ambroise] de, und Fischer. [Emanuel Friedrich von]. Briefwechsel zwischen Herrn Vicomte de B'... und Herrn F'.... über die Religionsänderung des Hrn. C[arl L[udwig] v(on) Haller.... 8. Bern 1821.

— Briefwechsel über Hallers Religionsveränderung. 8. Bern 1821, Jenni. 5 Ngr. — 18 kr.

Bonami, Ernestine Freiin v.

Bonami, E Freiin v.: Aus d. Tageb. d. Prinzessin. Psycholog. Studie. (32) 8° Wien, Aktueller Verl. E Gutfreund'03. — 60 d

Bonamici, s. Castruccii.

Bonamici, P., Leben und Geschichte Pabst Innocenz XI. übersezt u. m. Anm. begl. 8. Frankf. Stettin. 791.

Bonamico, Dom.

Die Lehre von der Seemacht. ⟨Il potere marittimo.⟩ Von D[om.] Bonamico, Lehrer an d. Marineakad. zu Livorno. Autor. Übers. von [Johann] Meuss, Kapitän z. D. *Berlin: E. S. Mittler & Sohn 1900.* (54 S.) 8° [F. u. Ant.]
Aus: Marine-Rundschau. [ca. 6034 11

Bonamicus, Ph.: De claris pontificiarum epistolar. scriptoribus liber. *Rom.* (753.) Ed. II. emend. 770. 8.

Bonani, Lackir- Firniß- u. Mahlerkunst. m. K. 8. Bresl. 746.

Bonanni, Philipp

— Verzeichnüß Der geistlichen Ordens-Personen in der Streitenden Kirchen in netten Abbildungen und einer Kurtzen Erzehlung verfasset ... In Lateinisch- und Italiänischer Sprach ... von P. Philipp Bonanni S. J. Nunmehro ... in das Teutsche übersetzet. [Bd. I u. II:] Andere und Verbesserte Auflage. Nürnberg / Zu finden bey Christoph Weigel, Kupferstecher ... Anno [1720—]1724.
3 Teile. 8°
I Von den Ordens-Männern. 1724: Titelkupfer, Tit., 3 Bl., 156 S., 1 Bl. Register; 140 Taf. in Kupferst
II Von den Gott-geheiligten Jungfrauen. 1724: Titelkupfer, Tit., 1 Bl., 113 S.; 109 Taf. in Kupferst.
III Orden, welche in den zween ersten Theilen übergangen worden ... 1720: Tit., 3 Bl., 94 S., 1 Bl.; 75 Taf. in Kupferst
Deutsche Übersetzung des Bonanni. Die Tafeln mit wenigen Ausnahmen Nachstiche von der Gegenseite.
1. Ausg. 1711.

Bonani, P., Verzeichniß d. geistl. Ordens-Personen in d. streit. Kirche. 3 Thle. 4. Nürnb. Schmidt. 724.

— — dasselbe lateinisch.

— Verzeichniß d. geistl. u. weltl. Ritterorden. m. K. 4. Ebend. 700.

— — dasselbe lateinisch.

Bonanni, P. Philipp, Soc. Jes. Verzeichniss der Geist- und Weltlichen Ritter-Orden in netten Abbildungen und einer kurzen Erzählung Ihro Päbstl. Heiligkeit Clementi XI. in Lateinisch- und Italienischer Sprache. Nunmehr nach dem Römischen Exemplar in das Deutsche übersetzet. (Mit 164 Taf. Abbild.) 4. Nürnberg 1720.

Bonaparte, s.a. Bonaparte, Napoléon

Bonaparte, s. auch Buonaparte.

—— s.a. Napoleon.

Bonaparte, die Geschichte einer Liebe Napoleons I., historischer Roman. 1905.
Kürschner's Lit.-Kal. f. 1909.

— Alexander u. Cäsar Octavius Augustus; eine histor. Vergleichung. 8. Erf. (u. Gotha) 800. Hennings. 14 gl

Bonaparte, Alexander und Caesar Octavianus Augustus; historische Vergleichung. 8. Frankfurt u. Gotha 1800.

Bonaparte, als Befreier Aegyptens u. erster Consul. gr. 8. Hamb. 800. (Herold jun.) 6 gl

Bonaparte, als Befreyer Aegyptens u. 1r Consul. gr. 8. Hamb. Verl. Ges. 800.

— u. John Bull. Mit 1 ill. Kpf. Pirna, Friese. 10 gl

Bonaparte und John Bull. 8. Pirna, s. a. (1804.)

— und Cäsar, eine histor. Parallele. 8. Hamb. Campe.

— u. Cromwell. Aus d. Französ. v. C. C. Laukhard. 8. (Leipz. 801. Lauffer). 10 gl

Bonaparte der du bist im Himmel, geheiligt werde dein Name! [Herbst 1805.?] V: *Kotzebue, Aug. Frdr. Ferdinand von.* (Nord. Allg. Ztg.) (Verein f. Gesch. d. Stadt Brandenb. Sitzung vom 12. Mai 1909. Prof. Dr. Tschirch.)

Bonaparte, der du bist im Himmel, geheiligt werde dein Name. 8. Rom 1806.

Bonaparte und seine Familie. Leipz. 1816. V: *Bergk, Joh. Adam.* (KY) (MGT)

Bonaparte und seine Gefährten in Aegypten. Aus authentischen Urkunden . . . Leipzig 1799. V: ***Vulpius, Chn. Aug.*** Vgl. Jb. d. Samml. Kippenberg 6 (1926), S. 105. (DARP)

— u. seine Gefährten in Aegypten. 8. Lpz. Gräff. 799.

— u. seine Gefährten in Aegypten. 8. Leipz. 799. (Wienbrack). 1 Thlr 8 gr

— das Haus, ein genealogischer Versuch, (v. C. F. Cotta v. Cottendorf). 8. Karlsr. 814. 2e Aufl. 815. Braun, 9 gr

Bonaparte, der Familie, Heimkehr nach Corsika, ein Schwank in 2 Akten. 8. London. (Quedlinb. Basse.) 814.

Bonaparte, Hieronymus, weiland König von Westfalen. Vom Verfasser der „Sphinx". Hamburg 1861. 8°. (1 Mk. M. Glogau jr., Hamburg, 1906.)

Bonaparte und Londonderry. Ein Gespräch im Reich der Todten. Münch. 1822. Pest 1823. V: *Sendtner, Jacob.* (GGr)

— u. Londonderry. Ein Gespräch im Reiche d. Todten. 8. München 822. Finsterlin. 8 gr

Bonaparte, Louis Napoleon, die Sphinx auf dem französischen Kaiserthron. Mit einem Nachtrage: Villa franca und Frei Deutschland. Hamburg [1859]. 3. Aufl. 1860. V: ***Grün, Carl Theodor Ferdinand.*** (ADB 49, 586)

Bonaparte, Ludwig Napoleon, Präsident d. franz. Republik. Vollständige Biographie u. Charakteristik nach authent. Quellen. Mit Proclamationen, Briefen, Reden u. s. w. 8. (64 S.) Mannheim 849, Grohe. n. 8 ngr

— als Mensch, Held u. Staatsmann, ein Seitenstück z. dessen Geschichte v. Chas de Nimes. 2 Thle. 8. Lpz. Hinrichs. 806.

— u. Moreau. 3 Hefte. 8. Straub. 804. (Heigl, Schorner). 2 Thlr

— über, u. seinen letzten Schritt. 8. Mainz 815. Kupferberg. 3 gr

Bonaparte, Talleyrand et Stapfer. Zurich 1869 s.a. (Stapfer, Philipp Albert).

Bonaparte, Talleyrand et Stapfer. 1800—1803. Zürich 1869. V: ***Jahn, Alb.*** (Hauptkat. d. Univ.-Bibl. Tübingen. F, Nachtr. 2.)

Bonaparte, Talleyrand et Stapfer 1800—1803. Zürich 869. Orell, Füssli & Co. gr. 8. (XVIII, 263 S.) n. 1 Thlr 20 ngr

— auf d. Wege in Indien, für Zeitungsleser. 8. Berl. 788. Fd. Oehmigke. 8 gr

— a. d. Wege in Indien f. Zeitungsleser. 8. Berl. Fr. Oehmigke. 798.

Bonaparte, Charles Louis Napoléon, s.a. Napoléon III.

Bonaparte, Napoleon Louis C. (Sohn von Louis Bonaparte), politische und militärische Betrachtungen über die Schweiz. gr. 8. Zürich 833. Orell. 1/4 Thlr

Bonaparte, Napoléon-Louis, [Napoleon III.], fragments historiques 1688 et 1830. Écrits dans la citadelle de Ham le 10 mai 1841. Berlin 862. J. Springer. 8. (110 S.) 12 ngr

Bonaparte, Louis Napoleon, polit. Glaubensbekenntniß. Nach dem Franz. bearb. v. Ed. Brinckmeier. 8. (IV u. 211 S.) Quedlinburg 849, Basse. 2/3 Thlr

— Napoleonische Ideen, s.a. Staats-Bibliothek; auch Napoleonische Ideen.

Bonaparte, Louis Napoléon: Napoleonische Ideen. Freiburg i.Br.: Herder 1839.

— die Napoleonischen Ideen. Im Auszuge aus d. Französ. übers. Gießen 865. Roth. 8. (IV, 62 S.) 10 ngr

—— Napoléon-Louis, (Napoléon III.), Napoléonische Ideen. Mit Ermächtigung Sr. Maj. des Kaisers Napoleon III. in's Deutsche übertragen von Arn. Hirsch. gr. 8. (XVI und 138 S.) Wien 865, Czermak. *

Bonaparte, Prinz-Napoléon-Louis, [Napoléon III.], Napoléonische Ideen. Mit Ermächtigung Sr. Maj. d. Kaisers Napoleon III. in's Deutsche übertragen von Arn. Hirsch. Wien 860. Czermak. gr. 8. (XVI, 138 S.) n. 28 ngr

Bonaparte, Prince Napoléon-Louis, des idées Napoléoniennes. gr. 16. (VIII und 155 S.) Berlin 860, Springer's Verlag.

Bonaparte, Napoléon-Louis prince. Manuel d'artillerie à l'usage des officiers d'artillerie de la république helvétique. (Mit 39 Taf.) 8. Zurich, Strasbourg et Paris 1836.

Bonaparte's, Louis Napoleon, geheime Memoiren. Herausg. von L. Schubar [Dr. Lubarsch.] Einzig rechtmäßig deutsche Ausgabe. 1—182. Liefg. Berlin 359—64. Lubarsch's Selbstverlag. gr. 8. (1. Bd.: 507 S.; 2. Bd.: 512 S.; 3. Bd.: 504 S.; 4. Bd.: 504 S.; 5. Bd.: 718 S.; 6. Bd.: 696 S.; 7. Bd.: 799 S.; 8. Bd.: 823 S.; 9. Bd.: 696 S.; 10. Bd.: 1—4. Abth.: 816, 758, 913, 912 S.) Jede Liefg. n. 5 ngr
6—10. Bd. A. u. d. T.: Regierungsgeschichte Napoleons III. Von L. Schubar. 8 Bde.

Bonaparte's, Louis Napoleon, geheime Memoiren. Hrsg. von L. Schubar (Lubarsch). Einzig rechtmäßig deutsche Ausg. 9. Bd. und 10. Bd. 4 Abthlgn. oder Neue Folge. 4.—8. Bd.: Regierungsgeschichte Napoleons III. Von L. Schubar. gr. 8. Berlin 863,64, Lubarsch's Selbstverlag. [Leipzig, Zander.] *

—— 1688 und 1830. Historische Fragmente. Geschrieben in der Festung Ham 1841. Aus dem Französ. 8. (74 S.) Berlin 862, Springer's Verlag. *

Bonaparte, Louis-Napoleon, neues System der Feld-Artillerie u. s. w., s. Favé.

Bonaparte, Napoleon Louis, die Vertilgung d. Pauperismus, s.a. Vertilgung.

— die Vertilgung des Pauperismus. Nach der 3. Aufl. d. franz. Originals übers. v. P. Str. 2. Aufl. 8. (47 S. m. 2 Tab. in 4.) Plauen 849, Schröter. 6 ngr

Bonaparte, Charles Lucien Jules Laurent

Bonaparte, Carlo L(uc.), Catalogo metodico dei pesci Europei. Imp.-4. (98 S. latein. Text.) Napoli 846. (Leyden, Brill.) **

—— Conspectus generum avium. Sect. I. et II. 8maj. (VI und 464 S.) Lugduni Batav., Brill. [Sect. I. 850. ** 4 Thlr. 26 Ngr., II. 851. ** 3 Thlr. 10 Ngr.] **

Bonaparte, Carol. Lucianus, conspectus generum avium. Tom. I. II. Lugd. Batav. 850, 57. Brill. (2 Bl., 543 S.; 1 Bl., S. 1—232.) n. 13 Thlr 22½ ngr
Der 2. (unvollendete) Bd. enthält alles von dem Verf. hinterlassene Manuscript.

Bonaparte, Carlo L(uc.), Conspectus systematum Mastozoologiae. Edit. II reform. Ornithologiae. edit. reform. additis synonymis Grayanis et Selysanis. Herpetologiae et Amphibiologiae edit II. reform. Ichthyologiae edit. reform. Fol.-maj. (4 Bog.) Lugduni Batav. 850, Brill. Thlr. **

—— et H. Schlegel, Monographie des Loxiens. Ouvrage accompagné de 54 planches coloriées, lith. d'après les dessins de M. Bädeker et autres naturalistes. gr. 4. (XXII und 55 S.) Leyde et Düsseldorf 850, Arnz und Comp. *

Bonaparte, Elisabeth

Briefe der Madame (Elisabeth) Jérôme Bonaparte (Elisabeth Patterson). Deutsch von Henry Perl. *Leipzig: H. Schmidt & C. Günther 1900.* (XVI, 124 S.) 8° [F. u. Ant.] [illegible] 4

Bonaparte, Joseph
s.a. Josef König v. Spanien. [illegible]

Bonaparte, Jos., Moïna ou la villageoise du Mont-Cenis. 16. Berl., (Dümmler). 8 gr

Bonaparte, Jos., Moina od. das Mädchen vom Mont-Cenis. Aus d. Franz. übers. v. C. W. Heinrich. 8. (42 S.) Elbing 848, Neumann-Hartmann. n. 2 ngr

Bonaparte, Louis

— s.a. auch Napoleon.

Bonaparte's, Ldw., (ehemal. Königs von Holland) Denkwürdigkeiten, von ihm selbst geschrieben. Aus d. Französ. gr. 8. Dresden 821. 2e Aufl. 822. Hilscher. 1 Thlr 8 gr (Berl., List). Hbg. Pr. 18 gr (s. auch in Romanen).

—— die Geschichte Napoleons v. Sir W. Scott; geprüft. Aus d. Franz. — Nebst J. G. Fichte's Urtheil üb. Napoleon, als Anh. gr. 8. (6 B.) Stuttgart 829, Metzler.

— die Geschichte Napoleons von Sir W. Scott; geprüft. Aus d. Französ. Nebst Fichte's Urtheil über Napoleon, als Anhang. gr. 8. Stuttg. ... 2e Aufl. 829. Metzler. 12 gr

— s. Geschichte d. engl. Parlaments.

Bonaparte, Louis, Histoire du Parlement anglois depuis son origine en l'an 1234, jusqu'en l'an VII. de la republique française, suivie de la grande Carte. Avec des notes autographes de Napoléon. in-8. Paris 820.

— dasselbe deutsch. 8. Sondershausen, Voigt. 821.

Bonaparte, Ludw., s.a. Memoiren des Grafen von St. Leu.

Memoiren des Grafen von St. Leu (Ludwig **Bonaparte**) ehemaligen Königs von Holland. Von ihm selbst geschrieben. Aus dem Französischen. Berlin. 1838. 8°.

Bonaparte, Louis, Réponse à Sir Walter Scott, sur son Histoire de Napoléon. 8. (8¼ B.) Stouttgart 828, [Scheible.

— Réponse à Sir Walther Scott, sur son histoire de Napoléon. 8. Stuttg. 829. Hoffmann. 12 gr

Bonaparte, Louis Napoléon, s. Bonaparte, Charles Louis Napoléon

Bonaparte, Louis-Napoléon [*I*: 1808–1873] s. Napoléon III.

Bonaparte, Louis Napoleon, s. Napoleon Louis Bonaparte.

Bonaparte, Louis-Napoléon *II*. La Société et mon Droit. Traité consacré à la nationalité française par le Prince Royal L.-N. Bonaparte. (Berne. Février 1870.) 8. (Berne [1870].)

Bonaparte, Lucien

Bonaparte, Lucian, Denkwürdigkeiten, s. Denkwürdigkeiten. Vgl. Buonaparte.

— geheime Denkwürdigkeiten. 2 Bde. gr. 8. (Gotha) ... Hennings. 1 Thlr 8 gr

Bonaparte, Lucien Prinz von Canino

Eduard und Stellina. Aus dem Franz. des Herrn Lucian Bonaparte. 2. Ausg, Th. 1.
München, Burghausen: Fleischmann 1812. 120 S. 8°

— s. Maria, ou les peines de l'amour.

Bonaparte, Lucien Prinz von Canino

Der indianische Volksstamm, oder Eduard und Stellina. Aus dem Franz. des Bürgers Lucian Bonaparte. Th. 2.
München, Amberg Seidel 1802. 144 S. 8°

Bonaparte, Lucian, der indian. Volksstamm; aus d. Französ. 2 Thle. 8. Münch. 812. Fleischmann. 1 Thlr

Bonaparte, Napoléon, s.a. Napoléon I.

Bonaparte's Brieftasche, gefunden zu Charleroi am 18. Juni 1815. 3 Hefte. 8. Köln 816. Rommerskirchen. 10 gr

Bonaparte's Brieftasche, gefunden zu Charleroi am 18. Junius 1815. 1s—3s Heft. 8. Cöln, Rommerskirchen. 815. (1s u. 2s Heft. 12 gr. 3s Heft 4 gr.)

— Brieftasche, gefunden zu Charleroi rc. 1s Heft. 8. Leipz. 815. Fr. Fleischer. 6 gr

— correspondance interceptée et de son armée en Egypte avec l'introduction de l'éditeur Anglais. 8. Hamb. 799. Villaume. 16 gr

— Denkschrift, nebst Vorerinnerung d. Uebersetzers. 8. Wiesbaden 815. Schellenberg. 6 gr

Bonaparte, (Napoleon,) Feldzug nach Aegypten, officielle Actenstücke, 1r Abschn. Besitznehmung v. Malta. 8. Straßb., Treuttel u. W. 12 gr

— Feldzug in Egypten u. Syrien. 8. Cöln, Fabricius. 800.

— Feldzug in Aegypten u. Syrien; aus d. französ. Orig. des General Berthier, mit Noten v. Savary, Volney, Niebuhr u. A. erläut. von F. Engelhardt. 8. Köln 800. (Imhof-Schwarz). 10 gr

— zweiter Feldzug in Italien im Frühjahre 1800; nach d. Tageb. e. Officiers zusammengetragen von B. Foudras. gr. 8. Hamb. 800. (A. Campe). 12 gr

— Feldzüge, merkw. Begebenh. 8. Lpz. P. Fr. Vogel.

Bonaparte, (Napoleon), Feldzüge in Italien 1796, 97. 8. Altona 797. (Behrens in Frankf. a. M.) 6 gr

— Feldzüge in Italien; aus d. Französ. v. Jul. Frey. Mit Kpf. u. Kart. gr. 8. (Leipz.) 798. Küchler. (Knobloch). 2 Thlr

— — dass. v. Julius Frey übers. gr. 8. Paris, (Baumgärtner, Lpz.) 798.

Bonaparte (Napoleon), Feldzüge in Italien. Aus d. Franz. v. Jul. Frey. gr. 8. 1798, ist auch bei Baumgärtner in Leipzig zu haben und der Preis nur 1½ rthlr

— dreimonatliche Herrschaft und 4tägiger Krieg im Jahr 1815, m. K. gr. 8. Wien, Hartleben.

— Jugendjahre, bis zum Anfange seines Kommando in Italien. Aus d. Französ. (von P. Engelhard). 8. Leipz. 800. Schladebach. 5 gr

— Kreuzzug nach Aegypten. Eine Darstell. d. Scenen, die sich auf d. Reise dorthin zugetragen. 8. Hamb., (Herold jun.) 4 gr

— Leben u. Thaten, Feldzüge in Italien u. Egypten. gr. 8. Bern, Typogr. Gesellsch.

— zwei merkwürdigste Lebensjahre, seine Ueberfahrt u. Ankunft u. besonders seine Beschäftigung u. Lebensart auf St. Helena. Nebst der Beschreib. seines Verwahrungsortes auf d. Insel. Aus d. Engl. 2e verm. Aufl. Mit 2 Kpf. gr. 8. 816. (Wien, Gerold). 1 rthlr

Bonaparte, Napol., Oeuvres choisies, s. Taillefer.
Vgl. Napoleon.

— großer Plan z. Eroberung v. Großbritannien etc. gr. 8. London 804. (Lüneb., Herold u. W.) 8 gr

Bonapartes Portefeuille, 1s u. 2s Heft. 8. Darmstadt, Heyer u. Leske. 815. (à 9 gr.)
Schreibp. (à 12 gr.)

— Rede am 14. Febr. 1813 vor den d. Deputirten d. gesetzgebenden Corps, übersezt von Neuhof. 8. Berl. 814. (Sander). 6 gr

— Rede am 14. Febr. 1813 vor den Deputirten d. gesetzgebenden Corps, übersetzt von Neuhof. 8. Berlin, Societätsbuchh. 814.

— letzte Regierung 15 Wochen oder etc. 8. Leipz. Gerh. Fleischer. 815.

— Reise von d. Insel Elba durch Frankreich nach d. Insel St. Helena, oder Denkwürdigkeiten zur Geschichte d. J. 1815. Aus d. Französ. (von J. A. Bergk). 8. Leipz. 816. Gr. Fleischer. 16 gr

— Reiseabentheuer von Fontainebleau nach Elba. 8. Leipz. Baumgärtner 815

— eigen. merkwürd. Tagebuch während d. Feldzüge in Aegypten u. Syrien. Aus d. Französ. 8. Hamb. 800. (A. Campe). 12 gr

Bonaparte, Napoléon Louis (Charles), s. Bonaparte, Charles Louis Napoléon

Bonaparte, Napoléon-Louis-Charles s. Napoléon III.

Bonapartiade. Eine biograph. Skizze in Blumauerscher Manier. Berlin, b. Frdr. Braunes. 1813. Kl. 8°. (6 Mk. Oskar Rauthe, Berlin, 1907; 3 Mk. Dieterich, Göttingen, 1907.) Rar!

Bonapartiade. Eine biograph. Skizze in Blumauerscher Manier. 8. Berl. 814. Achenwall. 4 gr

Bonapartiade oder Leben und Thaten des theuern Helden Napoleon Bonaparte aus Corsika gebürtig, in lustigen Reimen in Blumauerischer Manier. St. Helena [Ulm] 1816. V: [der 2. Abtheil.]: *Köhler, Conr. Frdr.* (GGr) (MGT)

— oder Leben u. Thaten des theuern Helden Napoléon Bonaparte. In lustigen Reimen. 8. St. Helena 816. (Ulm, Wohler). 2 gr

Bonapartiade, oder Leben und Thaten des theuern Helden Napoleon Bonaparte. In lustigen Reimen. 8. Ulm, Wohler. 817.

Bonapartiana, s.a. d'Avalon.

– s.a. Bonaparte.

– s.a. Buonaparte

Bonapartiana, oder Samml. von Bonaparte's sinnreichen u. erhabenen Antworten. Aus d. Französ. des Cousin v. Avallon. 8. Leipz. 805. Fr. Fleischer. 18 gr

Bonapartismus, der, sein Wesen und seine Gefahren. (Abdr. aus dem Staats- und Gesellschafts-Lexicon von Herrm. Wagener.) Berlin 860. Heinicke. gr. 8. (45 S.) 6 ngr.

Bonar, Worte an Seelsorger. Aus dem Engl., mit einem Vorwort von A. Tholuck. Halle 861. Fricke. 16. (XV, 63 S.) n. 8 ngr.

Bonar, Andrew, Rev. Robert Murray M'Cheyne's Leben und Nachlaß. Deutsch nach der 116. engl. Aufl. von Hans Tharau. Mit Vorwort von Th. Christlieb. gr. 8. (VIII, 230 S.) [Köln 880, Schergens.] Gernsbach. Buchh. des christl. Colportage-Vereins. *
geb. * M 4,50 und *

Bonar, Horatius, der Abend des Weinens. Worte an die leidende Familie Gottes. Aus d. Engl. übers. nach der 26. Aufl. 32. (192 S.) Stuttgart 851, Missions-Verl. (Scheible.) 4½ ngr.

Bonar, Horatius, Gottes Friedensbotschaft an die Menschen. 24. (48 S.) Halle 875. Fricke's Verl. n. — 20

Bonar, Horatius, Gottes Friedensweg. Ein Wort für geängstete Seelen. Aus dem Engl. Berlin 870. Prochnow. 16. (128 S.) 6 ngr.

Bonar, Horatius, Geschichte der Gnade, s. Schatzgräber, der.

Bonar, Horatius, glaube u. lebe. Aus dem Engl. 16. (44 S.) Hamburg 872. Oncken. n. — 20

— Glaubens- u. Hoffnungslieder. Deutsch mitgetheilt v. einigen Freundinnen. Als Mscr. gedr. 8. (VIII, 120 S.) Basel 872. (Spittler.) n. 1. 80

— die Liebe d. Geistes. 16. (16 S.) Ebend. 875. n. — 20

—— die Liebe des Geistes. 16. (16 S.) Ebendas. 876. *

Bonar, H, Lieder d. Glaubens u. Hoffens. Aus d. Engl. übertr. v. E Erbkam. 8. (99) Lpzg 83, Böhme. n. 1. 60; geb. n.n. 2. 40

—— der Morgen der Freude. Eine Fortsetzung von dem „Abend des Weinens." Aus dem Engl. Nach der 24. Aufl. 32. (198 S.) Stuttgart 851, Missions-Verlag.

—— d. Morgen d. Freude. A. d. Engl. 32. (198) Stuttg. 51, Scheible. — 4½

— Verzage nicht! Ueber den Segen der Trübsal. Aus d. Engl. übers. von Henriette Kaufmann. 2. Aufl. Mit e. Vorwort von Lührs. Braunschweig 868. Bruhn. 16. (62 S.) n. 4 ngr.

—— verzage nicht! Ueber d. Segen d. Trübsal. A. d. Engl. v. H Kauffmann. 3. Afl. 16. (62) Brschw. 72, Zwissler. n. — 40

— verzage nicht! Ueber den Segen der Trübsal. Aus dem Engl. übers. v. Henriette Kauffmann. Mit e. Vorwort v. Lührs. 3. Aufl. 16. (62 S.) Wolfenbüttel 872. Zwißler. n. — 40

— das Wort der Verheißung. Ein Handbuch für die Verheißungen der heil. Schrift. Aus d. Engl. Hamburg 867. J. G. Oncken. 12. (X, 182 S.) 10 ngr.

—— Worte an Seelsorger. A. d. Engl. 16. (63) Halle 61, Fricke. n. — 8

— Worte an Seelsorger. Mit Vorwort v. A. Tholuck. 2. Aufl. 16. (VII, 64 S.) Ebend. 875. n. — 50

Bonar, Horatius, Worte an Seelsorger. Aus dem Engl. Mit Vorwort v. A. Tholuck. Neu bevorwortet v. Wilh. Baur. 3. Aufl. gr. 8. (VI, 60 S.) Halle a/S. 892. J. Fricke's Verl. n. — 90

Bonard, Arnold. Le Cloître de la Cathédrale de Lausanne. [Illustré.] Tirage à part de l'Indicateur d'antiquités Suisses [Neue Folge, Band 7,] ⟨No. 2/3⟩ 1905/1906. 9 p. gr.-8. [Zürich, Gebr. Leemann & Co., 1905.]

Bonart, A.

SEHNEN, Heimliches. Herzensgeheimnisse in Wort u. Bild. 11 pikante, fein in Farben ausgef. Bilder. (Entkleidungs-Scenen.) Mit Text von *A. Bonart.* Leipzig, Cavael (19**). 4°. (Eleg. geb. Kr. 8—.) (4 Kr. Vict. Eytelhuber, Wien, c. 1906.)

Bonasont, C. P. (Hrsg.), s. Narrateur, Le.

Bonath, C. A., die deutsche Geschichte für Schulen und zum Selbstunterrichte. Stendal 864. Franzen u. Große. gr. 8. (VIII, 247 S.) n. 20 ngr.

Bonath, C. A., deutsche Geschichte f. Schulen u. zum Selbstunterrichte. 2. bericht., zum Theil umgearb. u. bis auf die neueste Zeit fortgeführte Ausg. besorgt v. O. Henke. gr. 8. (VIII, 268 S.) Stendal 874. Franzen & Grosse. n. 2. —

Bonath, C. A., das heilige römische Reich deutscher Nation. Osterburg 868. Doeger. gr. 8. (VII, 94 S.) n. 10 ngr.

Bonath, Heinrich Ludwig

Bonath, Hnr. Ldw., Freude d. Oldenburger über d. Rückkehr ihres Fürsten 2c. 8. Oldenb. 807. Schulze. 8 ℊℊ

– s. Gisborne: Sittenspiegel

–s. Kinderschriften, englische.

Bonath, Heinr. Ludwig (Hrsg.), s. Monatsfrüchte des britischen Geistes, aus den besten Britischen Zeitschriften herausgezogen.

BONATH, Hch. Ludewig. Sittenſpiegel für Mädchen und Frauen oder Verſuche über die Pflichten d. weibl. Geſchlechts. Aus dem Engliſchen. Altona 1800. 8°.

Bonati, Ant.: Auszüge in alphab. Ordnung aus den königl.-preussischen Stempel-Gesetzen, nämlich a) dem Stempelgesetze vom 20. Nov. 1810, b) der Deklaration vom 27. Juny 1811 (usw.). Dorsten: 1814.

Bonati, Anton: Über Menthonpinakon und quantitative Bestimmung des Menthons. *Erlangen 1897: A. Vollrath.* (23 S.) 8°
Erlangen, Phil. Diss. v. 28. Juli 1897

Bonati. (Ant. Maria,) vollständ. theoret. prakt. Anleitg. z. Behandlung d. bei dem königl. Preuß. Justiz-Collegium in Civil-, Fiscal-, Criminal- u. Pupillen-Gegenständen vorfallenden Registraturgeschäfte. 8. Hamm 827, Schulz.

Bonati, Ant. Maria, vollständ. theoret.-prakt. Anleitung z. Behandl. d. bei d. Kgl. Preuß. Justiz-Kollegien in Civil-, Fiskal-, Kriminal- u. Pupillen-Gegenständen vorfallenden Registraturgeschäfte. Neue wohlf. Ausg. 8. (27½ B. u. 16 Tab. in gr. 4. u. Fol.) Hamm 831, Schulz.

Bonatz, Carl: Aus d. psychiatr. u. Nervenklinik zu Kiel. Dementia paralytica und Herpes zoster. Kiel 1910: Jensen. 23 S. 8°
Kiel, Med. Diss. v. 9. Juli 1910, Ref. Siemerling
[Geb. 10. Nov. 84 Laake; Wohnort: Laake; Staatsangeh.: Preußen; Vorbildung: Gymn. Lüneburg Reife O. 04; Studium: Göttingen 5, Berlin 3, Kiel 2 S.; Coll. 11. Juni 09; Approb. 15. Juni 10.] [U 10. 2426

Bonatz, Paul, die Bauplatzfrage des Hoftheaters in Stuttgart: Botanischer Garten od. Eberhards-Gruppe? Vortrag im Verein Bauhütte am 29. I. 1908. (36 S. m. 9 Abbildgn.) gr. 8. Stuttgart (908). K. Wittwer. — 80

BONAVENIA, JOSEPH: Erinnerungen aus dem Leben Sr. Eminenz des Cardinals Johann Bapt. Franzelin aus der Gesellschaft Jesu. Aus dem Italienischen übersetzt. Als Manuskript gedruckt. Preßburg 1887: Angermayer. 64 S. - 220 mm

Bonaventura, d. Corsen, mystische Nächte, od. Leben und Meinungen desselben, von J. A. Feßler, m. K. 8. Berl. Maurer. 807. Schreibp. Velinp.

Bonaventura, Sanctus

Bonaventura, hl. O. S. Fr., tägl. Andacht z. d. unbefleckten Jungfrau u. Mutter Gottes Maria, um ihren mütterl. Schutz i. Leben u. bes. i. d. Stunde d. Todes z. erlangen. Psalmen u. Gebete f. jeden Tag i. d. Woche, a. d. Werken d. B. gezogen M. mehr. Ablässen vers. A. d. Ital. übers. v. Mich. Haringer. 2. Aufl. Durchges. v. e. Priester d. Diöcese Regensburg. 12. (64 S.) Regensburg 896. Nationale Verlagsanstalt. — 30

Bonaventura, tägliche Andachten zu der unbefleckten Jungfrau und Mutter Gottes Maria, um ihren mütterl. Schutz im Leben und besonders in der Stunde des Todes zu erlangen. Psalmen und Gebete für jeden Tag in der Woche aus den Werken des Verf. gezogen. Aus dem Ital. übers. von Mich. Haringer. gr. 16. (64 S.) Regensburg 867, Manz.

Bonaventurae

— et nonnullorum ipsius discipulorum de humanae cognitionis ratione anecdota quaedam, edita studio et cura PP. collegii a S. Bonaventura. 8° (883) Ad Claras Aquas (Quaracchi) 83. (Freib. i. B., Herder.) n.n. 4 —

— d. Betrachtungen üb. d. Leben Christi. Ins Deutsche übertr. v. Jos. Jak. Hansen. gr. 8. (XVI, 263 S.) Paderborn 896. Bonifacius-Druckerei. 1. 60

Bonaventura, Breviloquium. Textum recognovit Carol. Jos. Hefele. 8. (8⅛ B.) Tubingae 845, libr. Laupp.

Bonaventurae, S., breviloquium. Textum recogn. Car. Jos. Hefele. Editio II. passim emend. et aucta. 16maj. (XVI und 278 S.) Tubingae 848, libr. Laupp.

Bonaventurae breviloquium, adjectis illustrationibus ex aliis operibus ejusdem s. Doct. depromptis, tabulis ad singula capita et appendicibus opera et studio Antonii Mariae a Vicetia. Ed. II. ab auctore recognita. gr. 4. (XVI, 708 S.) Freiburg i/Br. 881. Herder. n. 12. —

Bonaventurae breviloquium, adjectis illustrationibus ex aliis operibus ejusdem s. Doct. depromptis, tabulis ad singula capita et appendicibus opera et studio AM a Vicetia. Ed. II. 4. (708) Freib. i/Br. 81, Herder. n. 12. —

— sämmtl. Briefe z. Erstenmal vollständ. übers., sammt e. latein. Gedicht v. Dr. Wiß. 8. Fulda 1842, Müller. ⅔ Thlr. — 27 kr.

Bonaventura, Dolor amarissimus B. V. M. Christo compatientis. 8. Augsb. Wolff. 763

— Epistolae ordine chronolog. dispositae, notis et variantibus illustrav. St. A. Würdtwein (Episcop.) Folio. Moguntiae 1789. (vergriffen, antiquar. aber noch häufig. à 4–5 fl.

— d. sechs Flügel d. Seraphs. E. Büchlein f. Vorgesetzte u. Untergeb. i. Ordensstande. A. d. Lat. übers. v. e. Priester dess. Ordens. 12. (XI, 136 S.) Freiburg i/Br. 897. Herder. n. — 90

— kurzer Inbegriff der Theologie. Aus d. L. frei übers. von J. Widmer (Prof.) 8. Sarmenstorf 1838. (Räber in Luz.) 25 Ngr. — 1 fl. 20 kr.

— kurzer Inbegriff der Theologie. Aus d. Latein. frei übers. und mit einer Vorrede ausgeg. vom Domkapit. und Chorherrn Jos. Widmer. 8. Sarmenstorf 839. (Regensburg, Manz.) n. 1 Thlr, bei M. Rieger in Augsburg 7/8 Thlr

—— das Leben Christi, s.a. Leben.

Bonaventura, der heilige, das Leben Christi. Erzählt u. betrachtet. Aus d. Latein. 2 Bde. 8. Wien 836. Mechitarist.-Congregat.-Buchh. 1 1/4 Thlr

„ — das Leben Christi 2c. 2c. 2e wohlf. Ausg. in 1 Bde. 12. Wien 1847, Mechitar. B. 1/2 Thlr. — 54 kr.

Bonaventura, das Leben Christi. Erzählt und betrachtet. Aus dem Latein. 3. wohlf. Ausg. Wien 856. Mechitharisten-Congreg.-Buchhdlg. gr. 12. (XVI, 367 S.) 15 Ngr

Bonaventura, Leben d. heiligen Franziskus v. Assisi. Aus dem Latein. übersetzt v. Chrysostomus. 8. (239 S.) Regensburg 874. Pustet. 1. 20

— d. vollkomm. Leben u. d. Leitg. d. Seele. Autor. Übersetzg. v. e. Priester aus dems. Orden. 16. (115 S.) Bonn 897. P. Henry. — 50

— dasselbe u. Officium v bittern Leiden d. Herrn. Drei Werkchen. Uebers. v. Fr. Ewald, O.S.Fr. 2. u. 3., verm. Aufl. 16. (X, 147 S.) Ebd. 897. n. — 60; geb. in Leinw. n. 1. —

Bonaventura, O. Fr. Min., der Lebensbaum. Aus dem Latein. gr. 8. (VIII, 64 S. mit 1 Taf. in Lichtdr.) Freiburg i. Br. 886, Herder'sche Verlagsh. * M 1.50.; geb. *

Bonaventura, O. Fr. Min., der Lebensbaum. Aus dem Lat. 2., erweit. Aufl. Mit 1 Lichtdr., 3 Fcsm. u. 2 Notenbeilagen. Lex.-8. (XV, 79 S.) Freiburg i/Br. 888. Herder. n. 2. —

— legendae duae de vita S. Francisci seraphici, editae a PP. collegii S. Bonaventurae. 8. (VIII, 270 S.) Ad Claras Aquas (Quaracchi) 898. (Freiburg i/Br., Herder.) n.n. 1. —

Bonaventura, H., Legenden des Neuen Testaments, s.a. Legenden.

— Legenden des Neuen Testamentes. In Bearbeitungen deutscher Dichter herausg. Breslau 857. Kern. 16. (2 Bl., 106 S.) 12 Ngr

— die Lindwurmhöhle am Pilatusberge oder Gottes Weisheit in unserm Schicksal. Eine Erzählung für d. reifere Jugend. 8. Zürich 836, Hanke. 1/8 Thlr

Bonaventura, Nachtigallenlied. In deutscher, dem latein. Orig.-Texte zur Seite gestellter Nachbildung von Lebr. Dreves. Einsiedeln 864. Benziger. 16. (105 S. u. 1 Stahlst.) 18 Ngr

— Opera, emendat. Iussu Sixti V. Tom. XIII. 4. maj. Venet. (Eggenberger, Pest.) 751. 4

Bonaventura, S., Opera omnia. Edita studio et cura PP. collegii a S. Bonaventura ad plurimos codices mrs. emendata, anecdotis aucta, prolegomenis, scholiis notisque illustrata. Tom. I—IX et indices ad I—IV. Fol. Ad Claras Aquas (Quaracchi). (Freiburg i/B., Herder.) n.n. 213. 30

I. Iussu et auctoritate rmi P. Bernardini a Portu Romantino. Commentaria in quatuor libros sententiarum Magistri Petri Lombardi. Tom. I. In primum librum sententiarum. 2 distributiones. (LXXXVIII, 871 S.) 882. 883. n.n. 22. 50
II. Dasselbe. II. In secundum librum sententiarum. (XII, 1026 S.) 885. n.n. 24. 30
III. Dasselbe. III. In tertium librum sententiarum. (X, 905 S.) 887. n.n. 22. 50
IV. Dasselbe. IV. In quartum librum sententiarum. (VIII, 1067 S.) 889. n.n. 25. 20
V. Iussu et auctoritate rmi P. Aloysii a Parma. Opuscula varia theologica. (VI, LXIV, 606 S. m. 2 Taf.) 891. n.n. 18. —
VI. Commentaria in Sacram scripturam. (VIII, XXVII, 640 S. m. 1 Taf.) 893. n.n. 18. —
VII. Commentarius in Evangelium S. Lucae. (XVIII, 857 S. m. Bildnis.) 895. n.n. 22. 50
VIII. Iussu et auctoritate rmi P. Aloysio Lauer. Opuscula varia ad theologiam mysticam et res ordinis fratrum Minorum spectantia. (CXXIV, 757 S.) 898. n.n. 22. 50
IX. Sermones de tempore, de Sanctis, de b. Virgine Maria et de diversis. (XXIV, 752 S.) 901. n.n. 19. 80
Indices in tom. I—IV. Iussu et auctoritate rmi Dav. Fleming. (VIII, 502 S.) 901. n.n. 18. —

Bonaventura, S., Opera omnia. Iussu et auctoritate P. Dav. Fleming totius ordinis fratrum minorum S. P. Francisci vicarii generalis edita studio et cura PP. collegii a S. Bonaventura ad plurimos codices mss. emendata, anecdotis aucta, prolegomenis, scholiis notisque illustrata. Tom. X. Operum omnium complementum. (VIII, 280 S.) gr. 4. Ad Claras Aquas (Quaracchi) 902. (Freiburg i/B., Herder.) n.n. 11. 70
Tom. I—IX. Ebd. 882—901. n. 213. 30.

Bonaventura: Decem opuscula ad theologiam mysticam spectantia, in textu correcta et notis illustrata a PP. Collegii S. Bonaventurae. 8°(514) Ad Claras Aquas (Quaracchi) 96 (Freibg i/B., Herder.) nn 3.50

—— opuscula duo praestantissima: Breviloquium et itinerarium mentis ad deum. Edidit Car. Jos. Hefele. Edit. III. 16. (XII und 356 S.) Tübingen 861, Laupp'sche Buchh.

— opuscula selecta. Brixiae 854. (Lipsiae, Köhler.) 8. (3 Bl., 180 S.) 20 Ngr

Bonaventurae, Sancti, tria opuscula: Breviloquium, itinerarium mentis in deum et de reductione artium ad theologiam, edita studio et cura PP. collegii a S. Bonaventura. 8° (487) Ad Claras Aquas (Quaracchi) 90. (Freib. i. B., Herder.) n.n. 3

— Parabeln, s.a. Unterhaltungsschriften, lehrreiche, von kathol. Verfassern.

Bonaventura, des Vaters (genannt Giraudeau), Parabeln. Uebersetzt. 2e Aufl. 8. Sulzbach 1835. Seidel. 2/3 Thlr. — 1 fl.

Bonaventura, Philomele od. Nachtigallenlied. In deutscher Uebertragung mit dem latein. Orig.-Text zur Seite von S. Priester. 32. (120 S.) Lingen 883. van Acken. n. — 60

Bonaventura, d. hl., Psalmen u. Gebete zu Ehren der allerseligsten Jungfrau Maria. 16. (56 S.) Paderborn 892. Junfermann. n. — 40

— s.: Psalmen, geistvolle, zu Ehren der Gottes-Mutter Maria.

—— Psalmen und Lobgesänge zu Ehren der allerseligsten Jungfrau Maria. 4. Aufl. 32. (84 S.) Regensburg 864, Manz.

Bonaventura, Psalmen und Lobgesänge zu Ehren der allerseligsten Jungfrau Maria. 5. und 6. Aufl. 24. (36 S.) Regensburg 870,78, Manz.

Bonaventura, hl., Psalmen u. Lobgesänge zu Ehren der allerseligsten Jungfrau Maria. 9. u. 10. Aufl. (84 S.) 16. Regensburg 910. Verlagsanstalt vorm. G. J. Manz. — 20

—— Psalter zu Ehren d. allerseligsten Jungfrau Maria. Im lat. Texte u. in deut. Übersetzg. 16. (585) Rgnsbg 85, Manz. 2. 25

— Psalter zu Ehren der allerseligsten Jungfrau Maria. Im latein. Texte u. in deutscher Übersetzg. zum Gebrauche fürs ganze Jahr, namentlich f. den Maimonat. Hrsg. v. e. Priester der Erzdiöcese Köln. 16. (585 S.) Regensburg 886. Verlags-Anstalt. 2. 25

— goldener Psalter. Zu Ehren Unsrer Lieben Frau in allen Nöthen und Anliegen zu beten. Aus d. Latein. übersetzt von J. P. Silbert. 2e Aufl. 12. (Mit 1 Holzschnitt.) Wien 837. Armbruster. 1/4 Thlr

—— goldener Psalter zu Ehren Unsrer Lieben Frau in allen Nöthen u. Anliegen zu bethen. A. d. Latein. übers. v. J. P. Silbert. 2. Aufl. 12. (7½ B. u. Titbild.) Wien (837) 841, Wallishausser.

— marianischer Psalter, s. Tagzeiten, kirchliche.

BONAVENTURA, HEILIGER: Des Seraphischen Kirchen-Lehrers Heiligen Bonaventura verdeutschter Psalter. Zu alltäglicher Belobung der über gebenedeyten unbefleckten Jungfräulichen Mutter Gottes Mariae. Ofen 1764: Leop. Franz Landerer. 256 (1) S. - 160 mm

- Dass. Ebd. 1794: Katharina Landerer. - 170 mm

— s.: Psalterium der allerseligsten Jungfrau Maria.

— Psalterium marianum unacum octo canticis, hymno „Te matrem Dei laudamus", symbolo „Quicunque" atque litaniis B. M. V., juxta editionem vaticanam editum. gr. 16. (106 S.) Graz 883. Styria. n. — 60; geb. n. 1. 20; ermäss. Pr. n. — 30; geb. n. — 60

Bonaventura, S. (= Giovanni Fidanza). Psalterium B. V. Mariae, nunc ad modum Officii Mariani dispositum et auctum. Campidonnae 1747. H: *Luydl, Corbinianus.* (ML)

— ausgewählte kleinere Schriften, aus den Werken übers. v. J. Ecker. 1. u. 2. Bdchn. 16. Münster 881. Theissing. à n. — 80

1. Der Baum des Lebens. 48 kurze Betrachtungen über das Leben, Leiden u. die Verherrlichung Jesu Christi. Aus dem Lat. übers. (117 S.)
2. Ein Büchlein v. der Vollkommenheit des Lebens. (104 S.)

—— geistliche Schriften. A. d. Latein. übers. v. Peter Schegg. 1. Bdchn., enth. 9 klein. Abhandln. gr. 8. (15 B.) Landshut 841, v. Vogel'sche Vrlsbuchh.

Bonaventura, ..., sieben kleine Schriften d. heil. Kirchenlehrer. Aus dess. sämmtl. Werken genommen, übers. u. mit e. Vorrede begl. von N. Casseder. gr. 12. Frankf. 824. Hermann. 18 gr Hbg. Pr. 9 gr

—— sieben kleinere Schriften. Aus dessen sämmtl. Werken genommen, übers. und mit einer Vorrede begleitet von Nik. Casseder. 2. Aufl. 8. (XXIII und 356 S.) Frankfurt a. M. 862, Hermann'sche Verlagsb. —

— sieben kleinere Schriften. Aus dessen sämmtl. Werken genommen. Uebersetzt u. m. e. Vorrede begleitet v. Nikol. Casseder. 2. Aufl. 8. (XXIII, 356 S.) Prag 872. Tempsky. n. 1. —

— Spiegel der allerseligsten Jungfrau Maria, oder Erklärung des englischen Grußes. Aus dem Lat. in's Deutsche übergetr. Mit einem Anh. 8. (XVI, 368 S. m. 1 Stahlst.) Regensburg 880. Pustet. 1. 50

— Sünde u. Tugend. Betrachtungen u. Belehrungen. Mit einer Abhandlung des Heiligen über das Gebet. Frei nach dem Lat. ins Deutsche übers. v. Heskamp. 16. (144 S.) Dülmen 880. Laumann. — 90

— piissima erga ss. dei genitricem sine labe originali conceptam hebdomadalis supplicatio ad impetrandam gratiam pio in Christo vivendi et in osculo domini feliciter moriendi. Psalmi ex Opusc. de Psalterio B. V. Orationes ex Opusc. de Compassione B. M. V. 16. (78 S.) Regensburg 892. (J. Habbel.) n. — 50

— kirchliche Tagzeiten zu Ehren Mariä. Uebersetzt von Silbert. 18. Ebend. 1834. ⅓ Thlr. — 1 fl. 12 kr.

— die kleinen Tagzeiten v. der unbefleckten Empfängnis Mariä. Nach dem latein. Texte übers. v. e. Mitgliede des Benediktiner-Ordens. (64 S.) 32. Dülmen 904. A. Laumann. n. — 20

—— seraphische Theologie, s.a. Theologie, seraphische.

—— seraphische Theologie. Enthaltend: Den Wegweiser der Seele zu Gott; die Abhandlung von der Verachtung der Welt; die goldne Leiter der Tugenden; den geistlichen Blumenstrauß; die Abhandlung von den Tugenden, und das Feuer der Liebe. Zusammengestellt von Cölestin Alix u. Acc. Alix. Nach dem Französ. mit Zugrundelegung des lateinischen Originals. Regensburg 854. Manz. 24. (354 S.) 7½ ngr

— Geistl. Uebgn. — 5 Feste d. Jesuskindleins. Aus d. Lat. v. F Ewald. 12° (207) Mainz 1900, F Kirchheim. 1.50; geb. 2 —

—— vita seraphici P. S. Francisci, fundatoris Ordinis Minorum inclyti. Textum recognov. Henr. Wichart. 12. (XVII und 181 S.) Susati Westphal. 847, libr. Nasse.

Bonaventura, S. Weg des Geistes zu Gott . . . Münster 1836. H: *Lutterbeck, Ant.* (Ky) (Winer) & *Frdr. Grüver & Ch. B. Schlüter.* (Rass)

— Weg des Geistes zu Gott. Uebersetzung a. d. Latein. (Herausg. v. Ant. Lutterbeck.) gr. 12. Münster 836. Aschendorff. ½ ₰

— der Zuchtspiegel u. andere kleine Schriften. Nach dem Latein. bearb. Soest 868. Nasse. 32. (160 S.) n. 7½ ngr

Bonaventura, der Zuchtspiegel u. andere kleine Schriften. Nach dem Latein. bearb. 2. Aufl. 16. (160 S.) Münster 874. Nasse. — 75

— der Zuchtspiegel u. andere kleine Schriften. Nach dem Lat. bearb. 4. Aufl. 16. (160 S.) Paderborn 893. Fr. Schöningh. n. — 60

†Bonaventura, [J. H. v. Schelling], Nachtwachen s.a. Bibliothek deutscher Curiosa.

Bonaventura, Nachtwachen, s.a. Literaturdenkmale, deutsche, des 18. u. 19. Jahrh. Nr. 133.

Bonaventura, Nachtwachen. 8. Penig 805. Dienemann. (Leich in Leipz.) 1 ₰

— dasselbe. (161 S.) gr. 8. Leipzig 909. Insel-Verlag. 4.—; geb. in Halbldr. 6. —

Bonaventura, die Nachtwachen. (XIV, 250 S.) kl. 8. Berlin 910. B. Cassirer. 6.—; geb. in Halbldr. 8. —

Bonaventura, O. P., Sankt Elisabeth, e. Frauenideal der Charitas. Festrede, geh. auf der Festversammlg. des Charitastages zu Hildesheim zur 7. Jahrhundertfeier der Geburt der hl. Elisabeth. (16 S. m. Abbildgn.) Lex. 8. Freiburg i/B. 907. Geschäftsstelle des Caritasverbandes f. das kath. Deutschland. — 50

Bonaventura, was tut die kathol. Kirche f. das Volk? od.: „Kirche u. Charitas!" s.: Volksaufklärung. Nr. 59.

Bonaventura, Isidor, die Mysterien des Schlafes und Magnetismus oder Physik und Physiologie des natürlichen und des magnet. Somnambulismus. Eine auf naturwissenschaftliche Principien gestützte rationelle Erklärung der Phänomene des Schlafs und Traumes, der Ekstase und Sehergabe zc. Nach Debay, Carpenter u. A., so wie nach eigenen Beobachtungen hrsg. br. 12. (X und 338 S.) Weimar 856, Voigt.

Bonaventura, Maria, Diana v. Montesclaros. Geschichte aus d. Zeiten der Befreiung Spaniens. 2 Bde. 8. Braunschw. 824. Meyer. 2 ₰ 8 gr

Bonaventuri, der Geweihte der Nacht, (v. Hnr. Müller VI.) 2 Thle. Mit 1 Kpf. 8. Hamb. 811. (Herold jun.) 20 gr

Bonaventuri, der Geweihte d. Nacht. Vom Verfass. d. Florenzo. 2 Thle. mit 1 K. 8. Hamb. Vollmer. 311.

Bonbardus, Michael: Topographia magni regni Hungariae, sive nobilissimae ejus Ditiones, quam modo Hungariam dicimus, cum annexis Dalmatiae, Croatiae, Valachiae, Moldaviae provinciis. Wien: Voigt 1718.

Bon-Bon, od. d. Censur. Lstsp. in 3 A. 8. Bayreuth, Lübeck. 794.

Bonbon-Album v. Breslau. 12 photogr. Ansichten. 3. Aufl. 32. Breslau 878. Priebatsch. In Carton. n. 2. 25

BONBONNIERE. (Fortſetzung.) Der Hirſchpark. Galante und artige Sammlung erotiſcher Phantaſien in Poeſie und Proſa. Text von Amadee de la Houlette. Originalradierungen von Emil Sartori. 14 Seiten Text u. 6 Radierungen. Einmalige Aufl. 500 Expl. Luxusausgabe 80 Expl. Wien, Verlag C. W. Stern, ca. 1909.

Bonbons, literarische. 1. Bdchn. Denksprüche für's Leben. Berlin 859. Abelsdorff. 128. (63 S.) 7½ ngr.

Bonbons, moralische. Ein Hülfsbuch f. Mütter, die ihren Kleinen etwas erzählen u. vorsagen, (v. M. E. Engel). Mit ill. Kpf. 12. Leipz. 801. Linke; u. mit Jahrg. 805. (W. Nauck). 12 gr.

Bonbons für kleine Näscher u. Näscherinnen. (Kleine Erzähln.) M. 6 ill. Bild. 16. (2 B.) Berlin 831, (N. Tit. 834) Hasselberg.

Bonbons für kleine Näscher und Näscherinnen. Mit 16 ill. Bildern. 16. Berlin 834. Hasselberg. ½ ₰

—— philosoph. 16. (115) Dresd. 52. (Lpzg. Hermann.) n. — 12

Bonbons, philosophische. Erfahrungen aus dem Leben berühmter Männer in lexicograph. Ordnung gesammelt. 16. (XII u. 115 S.) Dresden 852, Schaefer. n. 12 ngr.

Bonchamps, Alphons, Geschichte d. Krieges d. Vendeer u. d. Chouans, 3 Thle. 8. Hamb., Wettach. 807.

Bonchardt, Edw., Erklär. u. Muster d. Abänderung ꝛc. z. Erlern. d. Französ. Sprache. 2 Tabb. Fol. Pesth, Eggenberger. 8 gr.

Böncken, Frz., Beyträge zur „Düna-Zeitg." [1889—1890]. Plaudereien u. Übersetzgn. 8 (61 S.) St. Petersburg 890. (Eggers & Co.) n. 1. 80

Böncken, Frz., Beiträge zur Studenten-, Frauen- u. Judenfrage. Plaudereien. 8. (36 S.) St. Petersburg 884 Ericson & Co. n. 1. —

— s.: Chronik, kurze sibirische.

Böncken, Frz., Plaudereien e. Buchhalters. 8. (82 S.) St. Petersburg 883. (Röttger.) n. 1. —

—— Plaudereien e. Buchhalters. 8. (32) St. Petersb. 83, Schmitzdorff. n. 1 —

Bondompagno, Constructio Calendar. Gregoriani. c. fig. 4. maj. Rom. (Class, II.) 763. Rthlr.

Boncore de Sancta Victoria. Boncore's di Santa Vittoria Novus Liber Hymnorum ac Orationum. Nach e. Hs. des Kapitel-Archivs von St. Peter in Rom hrsg. von Guido Maria Dreves S. J. *Leipzig: O. R. Reisland 1903.* (S. 181–271.) 8°
— Analecta hymnica medii aevi. 41 b. [03. 4580]

Boncour, G. Paul, s. Paul-Boncour

Bond: Der übernatürliche Philosoph . . . , s. Bond, W.

Bond, Alvan, Plinius Fisk, s. Leben evangel. Heidenboten.

— Legenden. 8. Köln 839. Renard. 1 ₰

Bond, Thom., Vertheidig. der Einpfropfung d. Pocken. Aus d. Französ. Mit Ackermann's Vorrede. 8. Nürnb. 787. Monath u. K. 4 gr.

Bond, W. Duncan Campbell, der übernatürliche Philosoph oder die Geheimnisse der Magie nach allen ihren Arten deutlich erklärt. Aus dem Engl. 742. 8.

BOND, W. (of Bury, St. Edmond's Suffolk). Der übernatürliche Philosoph, oder die Geheimnisse der Magie, nach allen ihren Arten deutlich erkläret. Worinnen enthalten 1. Ein Beweis der Wahrnehmung, so die Menschen, vermittelst aller ihrer Sinnen von Daemonibus, Geniis oder Familiar-Geistern gehabt und von den unterschiedenen Gattungen derselben, sowol der guten als bösen. 2. Eine philosophische Untersuchung des andern Gesichts etc. 3. Eine völlige Antwort auf alle Einwürfe, so wider die Existenz der Geister, Hexen etc. gemacht werden können. 4. Von der Wahrsagung durch Träume, Gespenster, Vorbedeutungen, Erscheinungen nach dem Tod, Vorhersagungen etc. 5. Von Bezauberung, Schwarzkunstlerey, Punctir-Kunst, Wahrsagerey, aus dem Wasser, der Luft, dem Feuer, den Händen, dem Flug und Geschrey der Vögel und den Eingeweiden der Thiere. aus den bewährtesten Autoribus zusammengetragen und durch das Exempel und Leben des Herrn Duncan Campbells, des tauben und stummen Edelmanns erörtert. Nebst D. Wallis Methode, taube und stumme lesen, schreiben und jede Sprache verstehen zu lernen. Aus dem Engl. Mit Portrait u. 4 Kupfern. Berlin, 1742. 8°. 432 S. (12 frcs. 50 cts. Georg & Co., Basel, 1908.) Sehr rar!

Bond, übernatürl. Philosoph, oder Geheimnisse d. Magie. 8. Berl. 742.

BONDA, K. Ueber Massenwirkungen aromatischer Basen. Erlangen, 1893. Diss.

Bondam, Pet. (Campensis Transisalanus), Animadversiones criticas ad loca quaedam juris civilis depravata. Spec. jur. Rector Domin. Balck. Franeker (Wilh. Coulon) 7. VII. 1746. 3 Bl., 90 S., 15 Bl. (8.50)
Gew.: Dom. Balck, Chn. Heinr. Trotz, Lud. Casp. Valckenaer, Joh. Schrader. — Widm. v.: Joh. Dan. v. Lennep, E. van Minnen, H. T. Huidekoper, Joh. Pierson, Ernst Will. Higt, H. Oneides, K. D. Tigler, Joh. Cuper, J. Althuysen.

Bondarew, P. G.: Veränderungen der automatischen Nervenganglien des Herzens unter dem Einfluß des Alkohols. D. Dorpat. 1897.

Bondaroy, s. a. Fougeroux.

Bondaroy, Fougeroux de: „Die Kunst, den Schiefer aus den Steinbrüchen zu brechen, ihn zu spalten und zu schneiden", Berlin, Stettin und Leipzig 1763. — Vorh.: Preuß. Oberbergamt Dortmund — E. c. 26.

Bonde, Rezeptschlüssel. Verdeutschg, Inhalt, Wert u. Wirkg. d. gebräuchl. Arzneimittel. 2., verm. u. verb. Aufl. 8. (XVI, 172 S.) Leipzig 896. Th. Grieben. n. 2. —; geb. n. 2. 50

Bonde, C., Feldblumen. Gedanken u. Betrachtungen aus stillen Stunden für stille Stunden. 12. (181 S.) Altenburg 881. Bonde. 1. 50

Bonde, (C.,) Käthchen v. Hubenstein, od. d. Strohut. Eine Familiengesch. 2e Ausg. 8. Leipz. 824, Lauffer.

— die Königsscheibe oder die Ahnungen; eine Familiengeschichte aus den deutschen Befreiungs-Kriege. 2e Ausg. 8. Leipzig 822, Lauffer.

Bonde, C., der Vogelheerd in allen einzel. Theilen. Od. gründl. u. spec. Anleit. zu d. Vergnügen, alle Arten v. Krammetsvögel auf d. Heerde zu fangen, u. üb. d. Verhalten dabei in allen vorkomm. Fällen. Nach theoret. u. pract. Grundsätzen bearb., u. nach vieljähr. Erfahrn. u. geprüft. Maßregeln dargest. 8. (8½ B.) Leipzig 830, Lauffer.

Bonde, Canut Heinrich Freih. von (Schweden), De libero commercio nationum belli haud sociarum. Lpz. (Joh. Sommer) 19. X. 1802. 36 S. (4.60)
Gew.: Carl Georg v. Bonde.

Statera universalis hoc est Diss. academica qua legem Isodynamicam in natura observatam, ad Phaenomena cuncta, etiam optica aeque ac ad Moralia, cumprimis jus naturae, aliaque in universum extendi, breviter ostenditur a *Gustavo Bonde* Comite in Biörnö, libero Barone et Dynasta in Hesleby, Lindholm et Tostaholm etc. actumque dirigente domino *Jo. Conrado Reiling* praeside. Tubingae, litteris Jo. Graezii. 4. 40 S. nebst einer Tafel mit Figuren. 1713.

Bonde, H. P., Bestimmung d. Brenntemperatur v. Portland-Cement. (Deutsch, französisch u. englisch.) (5 S. m. 10 Fig.) 31,5×23,5 cm. Stuttgart 904. (Freiburg i/B., J. Bielefeld.) 1. 20
Sonderabdruck aus: „Baumaterialienkunde".

Bonde, Hugo [approb. Arzt]: Zur Statistik der Carcinome der oberen Gesichtsgegend .... (Aus: v. Langenbeck's Archiv Bd. XXXVI.) Berlin, gedr. bei L. Schumacher, 1887; 2 Bl. + 85 S. u. 1 Taf. 8°
Heidelberg, Med. Fak., Inaug.-Diss. v. [6. März] 1886

Bonde, Hugo, zur Statistik der Carcinome der oberen Gesichtsgegend. Diss. Heidelberg 1887. 8⁰. 85 S. mit einer Taf.
Sonder Abdruck aus: Archiv für klinische Chirurgie, begründet von B. von Langenbeck. 36. Band 1. und 2. Heft. Berlin 1887 August Hirschwald.

Bonde, K. s. Bonde, C.

Bonde, Max, üb. Operation multipler Enchondrome. gr. 8. (24 S. m. 3 Steintaf.) Jena 884. (Neuenhahn.) n. —80

Bonde, Sophus: Im Scheine d. Nordlichts. Geschichte a. Lappland. 1—3. Afl. (388) 8° Stuttg., Deut. Verl.-Anst. '12. 3 —; geb. 4 — d

— Schimannsgarn. Erlebn., Schnurren u. Geschichten a. d. Seemannsleben. (360) 8° Ebd. '12. 3 —; geb. 4 — d

Bondegger, Harry Winfield, 8 Millionen Anhänger zählt die Neu-Gedanken-Bewegung (New Thought Movement) bereits in den Vereinigten Staaten v. Nord-Amerika! — Was ist die Lehre des „Neugedankens"? (16 S.) 8. Berlin (908). C. Georgi. —20

Bondegger, Harry Winfield, Anleitung, Befangenheit, Angst (Lampenfieber), Unruhe u. Nervosität im Entstehen zu unterdrücken, s.: Mertens, Otto, in 5 Minuten Redner.

— s.: Asturol, das Mysterium des Atoms.

Bondegger, Harry Winfield: Der hypnotisierende Blick u. s. Training, s: Georgi's kl. Bibliothek.

— Buschido, s.a. Talisman-Bibliothek.

Bondegger, Harry W., „Buschido", die Geheimwissenschaft Japans. (48 S.) 8. Berlin (905). C. Georgi. n. 1.—

— Die Entfesselung des Riesen, s.: Talisman-Bibliothek.

— Nach der äusseren Erscheinung, nach der Photographie, der Gangart, dem Klange der Stimme den Charakter, die Fähigkeiten u. Anlagen, die Launen u. die Gesinnung jeder beliebigen Person m. Sicherheit zu erkennen, s.: Talisman-Bibliothek.

— s.: Gedächtnis-Kraft ohne Gedächtnis-Kunst.

— Gedächtniskraft ohne Gedächtniskunst, s.: Asturol.

— Gedächtniskraft ohne Gedächtniskunst, s.: Talisman-Bibliothek.

— In 2 Stunden nicht mehr nervös, s.a. Talisman-Biblioth.

— in zwei Stunden nicht mehr nervös! Eine Anleitg. der Relaxationsmethode, in kürzester Zeit Nerven- u. Muskelkraft zu ersetzen u. Müdigkeit, Verstimmg., Zerstreutheit, Gedächtnisschwäche u. Unlust sogleich zu beseitigen, enth. den Weg, den Hunderttausende in Amerika m. Erfolg beschreiten, ohne Anwendg. v. Diät, Apparaten, Atmungstraining u. Medikamenten. 1.—3. u. 4.—10. Taus. (Je 46 S.) 8. Ebd. (905). n. 1. —

In zwei Stunden nicht mehr nervös! Eine Anleitung d. Relaxationsmethode, in kürzester Zeit Nerven- u. Muskelkraft zu ersetzen ... enth. d. Weg, den Hunderttausende in Amerika mit Erfolg beschreiten ... Von Harry **Bondegger.** 4. bis 10. Taus. Berlin: O. Georgi [1905]. (48 S.) 8° [05. 9848

— Die Kunst des persönlichen Magnetismus. Starke Nerven! Starkes Gedächtnis! Persönlicher Einfluß! 1. Folge. 21. Aufl. 61—63. Tauf. (82 S.) 8. Berlin 909. C. Georgi. 1.—

— dasselbe. 2. Folge. 22. Aufl. 64—66. Tauf. (48 S.) 8. Ebd. (910). 1.—

— dasselbe, s.a. Kunst, die, des persönlichen Magnetismus.

Starke Nerven! Starkes Gedächtnis! Persönlicher Einfluß! Ein Unterrichtskursus in d. Kunst d. 'Persönlichen Magnetismus' u. d. 'Neugedanken' von Harry **Bondegger.** T. 1–3. Berlin: O. Georgi [1904]. 3 Bde 8° [J.]
1. 7. Aufl. 2. 3. 6. Aufl. [05. 6…

— dasselbe. Neue Folge. (82 S.) 8. Ebd. (904). n. 1.—

— starke Nerven! Starkes Gedächtnis! Persönlicher Einfluß! Ein Unterrichtskursus in der Kunst des „Persönl. Magnetismus" u. des „Neugedanken". (1. Tl.) 13. Aufl. (82 S.) 8. Berlin (905). C. Georgi. n. 1.—

— dasselbe. (2. Tl.) 37.—39. Tauf. (82 S.) 8. Ebd. (905). n. 1.—

— nach der Photographie od. der äusseren Erscheinung, der Gangart, dem Klange der Stimme den Charakter, die Fähigkeiten u. Anlagen, die Launen u. die Gesinnung jeder beliebigen Person m. Sicherheit zu erkennen. (46 S.) 8. Berlin (904). C. Georgi. n. 1.—

– Die mag. Sieben, s. Talisman-Bibliothek.

– Neuer Unterr.-Kursus in d. Pflege d. persönl. Magnetismus, s. Talisman-Bibliothek.

— Der Weg z. finanziell. Erfolge, s.: Talisman-Bibliothek.

— Wie man das Selbstvertrauen u. Sicherheit entwickelt, s.: Talisman-Bibliothek.

Julie Bondeli und Wieland. Drama in 4 Akten und einem Vorspiel von *M. Bach-Gelpke.* Bern, Commissionsverlag von Nydegger & Baumgart. Gr. in-8⁰, 32 S. 1884

***Bondelmontii*, Chr.,** liber insularum Archipelagi, scriptus a. 1422. Primum edidit Lud. Sinner. Cum III tabb. 8 maj. Berl. 824. Reimer. 1 ℛ 8 gr

Bondeson, August

Bondeson, Aug., schwedische Dorfgeschichten, s.a. Reclam's Novellen-Bibliothek.

Schwedische Dorfgeschichten von August **Bondeson.** Autor. Übers. aus d. Schwed. von Emilie Stein. Leipzig: Reclam [1909]. 114 S. 8°
(Universal-Bibliothek. 5097.) [09. 1186

Bondi: Beleuchtung ..., s. Bondi, Simon

Bondi's Jugend-Kalender für das Schuljahr 1892/93. 16. (136 S. mit Notizblättern.) In Lwd. geb. Wien: Bondi 1892. —.50

Bondi, Cl., elegie due. 8. Wien 806. Degen. 3 Gr. Velinp. 6 Gr.

— poesie. III Tom. gr. 8. Wien 808. (Armbruster). 6 Rthlr. 16 Gr. Velinp. 13 Rthlr. 8 Gr. bei Mörschner u. J. 6 Rthlr. Velinp. 10 Rthlr. 18 Gr.

— Sonetti epitalamici. Fol. Wien 808. Degen. Velinp. 6 Rthlr. 16 Gr.

— s. Virgilii Buccolica.

Bondi, E.

Bondi, E. מכתבי שפת קדש (Michtewe sephat Kedesch.) Hebräische Chrestomathie des theoretisch-praktischen Lehrbuches der hebräischen Sprache. *Prag.* Eigenthum und Verlag v. *Wolf Pascheles* in Prag. 8°. S. 128.

Bondi, E., hebräische Chrestomathie des theoretisch-praktischen Lehrbuches der hebräischen Sprache. 8. (126 S.) Wien 864, Herzfeld und Bauer. *

Bondi, E., theoret.-praktisches Elementarbuch der hebräischen Sprache. Theoret. Theil. Lex.-8. (9⅝ B.) Prag 845. (Kronberger u. Rziwnatz.) *

Bondi, E., Geld u. Gut oder Erziehung u. Bildung. Jüdisches Familien- u. Culturbild aus dem ersten Drittel des vor. Jahrh. gr. 8. (100 S.) Brünn 902. (L. & A. Brecher.) n. 1.—

—— erste hebräische Lautir- und Lese-Methode für die zarte israel. Jugend nebst deutscher Lautirmethode mit entsprechenden Uebungsbeispielen. 10. Aufl. 8. (118 und 108 S.) Wien 864, Herzfeld und Bauer. geb. *

Bondi, E., Allererstes hebräisches Lehr- und Lesebuch für die israel. Jugend. Mit deutscher Lautirmethode und vollständigen Leseübungen. 9. Aufl. 8. (264 S.) Wien 864, Herzfeld und Bauer. geb. *

—— dass. — Nebst einer Anleitung zum französisch Lesen. 9. Aufl. 8. (118 und 108 S.) Ebendas. 864. geb. *

—— dass. — Nebst einer Anleitung zum ungarisch Lesen. 9. Aufl. 8. (118 S.) Ebendas. 864. geb. *

— erstes illustrirtes Lehr- und Lesebuch für die israelitische Jugend beiderlei Geschlechts. (Deutsch u. Hebräisch.) 6. verb. 2c. Aufl. 854. — 7. verb. 2c. Aufl. Prag 855. (Leipzig, C. L. Fritzsche.) 8. (213 S. mit Holzschn. im Text.) n. 12 ngr

Bondi's E. —. Erstes illustrirtes Lehr- und Lesebuch, für die isr. Jugend beiderlei Geschlechts. Hebräischer Theil. Enthält eine leichtfaßliche Methode zum Erlernen des Hebräisch- und Jüdisch-deutsch Lesens, hebräische und deutsche Gebete, eine hebräische Wörtersammlung mit einer deutschen und ungarischen Uebersetzung, grammatikalische Vorübungen, eine Anleitung zum Uebersetzen des 1. und 2. Buches Moses im Auszuge, die Bedeutung der isr. Fest-, Fast- und Feiertage, moralische Sätze und Weisheitsprüche. Achte vermehrte und verbesserte Auflage. Prag. 1855. Druck bei M. I. Landau. Eigenthum und Verlag von Wolf Pascheles. (103 und 104 S. 8.) Deutsch und Hebräisch

—— erstes illustrirtes Lehr- und Lesebuch, für die israelitische Jugend beiderlei Geschlechts. (Deutsch und hebräisch.) 7., verb. und bedeutend verm. Aufl. 8. (213 S. mit eingedr. Holzschn.) Leipzig 855(57), (C. L. Fritzsche.)

Bondi, E. — Theoretisch-praktisches Lehrbuch der hebräischen Sprache für Schul- und Privatunterricht. Von — —. Theoretischer Theil. 3te verbesserte und bedeutend vermehrte Auflage. Prag, 1856. Druck der k. k. Hofbuchdr. von Gottl. Haase Söhne. Eigenthum und Verlag des Wolf Pascheles. (88 S. 8.)

Bondi, E., theoretisch-praktisches Lehr-Buch der hebräischen Sprache für Schul- und Privatunterricht. 2 Thle. 3. verb. 2c. Aufl. Prag 856. (Leipzig, C. L. Fritzsche.) gr. 8. (VIII, 213 S.) n. 24 ngr

Bondi, E. — Theoretisch-praktisches Lehrbuch der hebräischen Sprache für Schul- und Privatunterricht. Von — —. Praktischer Theil. Dritte verbesserte und bedeutend vermehrte Auflage. Prag, 1856. Druck der k. k. Hofbuchdruckerei von Gottl. Haase Söhne. Eigenthum und Verlag des Wolf Pascheles. Lpz., In Kommission bei C. L. Fritsche. Frankfurt a. M. in Kommission bei J. Kaufmann. (132 S. 8.) 1857

Bondi, E., Theoret.-prakt. Lehrbuch der hebräischen Sprache für Schul- und Privatunterricht. Theoret. Theil. 4. verb. und bedeutend verm. Aufl. 8 (108 S.) Prag. Pascheles. 1861 1 fl.

—— theoretisch-praktisches Lehrbuch der hebräischen Sprache für Schul- und Privatunterricht. Theoretischer Theil. 4., verb. und bedeutend verm. Aufl. 8. (183 S.) Wien 864, Herzfeld und Bauer. *

Bondi, E., Leitfaden zum Religions-Unterrichte d. israel. Volks- u. Bürgerschuljugend. 2., verb. Aufl. 8. (132 S) Brünn, Bernhard Epstein. Geb. 60 kr. 1884

Bondi, E., Leitfaden zum Religionsunterrichte der israel. Volks- u. Bürgerschuljugend. 2. verb. Aufl. gr. 8. (132 S.) Brünn 885. Epstein. geb. n. 1. 20

Bondi, E., Leitfaden zum Religionsunterrichte der israelitischen Volks- und Bürgerschuljugend. 3. verb. Aufl. 2 Thle. gr. 8. Brünn 885, Epstein. [1. Thl. (44 S.) * 60 Pf.; 2. Thl. (88 S.) * 80 Pf.] cart. *

Bondi, E., Leitfaden zum Religionsunterrichte der israel. Volks- u. Bürgerschuljugend. 3 Thle. 8. Brünn, B. Epstein & Co. Kart. n. 2. 12
1. 4. verb. Aufl. (46 S.) 887. n. — 60
2. 4. verb. Aufl. (90 S.) 887. n. — 80
3. Für die Oberclassen. (48 S.) 891. n. — 72

— Leitfaden z. Religionsunterrichte d. israelit. Volks- u. Bürgerschuljugend. 1. Thl. 5., unveränd. Aufl. 8. (46 S.) Brünn, B. Epstein & Co. Kart. n. — 60

Bondi, E., Leitfaden z. Religionsunterrichte d. israel. Volks- u. Bürgerschuljugend. 2. Thl. 6., verb. u. verm. Aufl. M. e. geograph. Anh. u. Karte v. Palästina. (99 S.) 8. Brünn 898. B. Epstein & Co. Kart. n. — 96

Bondi, E., Leitfaden zum Religionsunterrichte d. israel. Volks- u. Bürgerschuljugend. 2. Aufl. Inhaltlich unveränd., nach der neuen Rechtschreibg. hergestellter Abdr. der 1. Aufl. 3. Tl., f. die Oberklassen der Volksschulen u. f. Bürgerschulklassen. (48 S.) 8. Brünn 907. B. Epstein & Co. nn — 60; kart. nn — 72

(F) Bondi, E., Leitfaden zum Religionsunterricht der israel. Volks- und Bürgerschuljugend. 9. Aufl. I. Teil. 8°. (46 S.) K —.50, geb. K —.60
Brünn: Epstein & Co. 1909

(F) Bondi, E., Leitfaden zum Religionsunterricht der israel. Volks- und Bürgerschuljugend. 9. Aufl. II. Teil. 8°. (99 S.) geb. K —.96
Brünn: Epstein & Co. 1909

Bondi, E., Limmud Haddath. Leitfaden zum Religionsunterrichte der israelit. Volksschuljugend. gr. 8. (114 S.) Brünn 880. Winiker in Comm. n.n. — 80

Bondi. E., Limmud Haddath. Leitfaden zum Religions-Unterrichte der israelischen Volks- und Bürgerschul-Jugend. Verlag von Bernh. Epstein und Comp. in Brünn. (Min.-Erl. v. 9. October 1892, Z 16262.)
II. Theil. 5. verbesserte Auflage. Broschirt —.32
Gebunden —.40
III. Theil. Broschirt —.30, gebunden —.36
Verordnungsblatt f. Cultus u. Unterricht 1892

Bondi, E., Limmund Haddath, Leitfaden zum Religionsunterrichte der israelitischen Volks- und Bürgerschuljugend Zweiter Theil. 6. verbesserte Auflage mit einem geographischen Anhange und einer Karte von Palästina. Brünn 1897. Verlag von Bernhard Epstein & Comp. (Min.-Erl. v 14. Jannar 1898, 32914 ex 1897.) Brosch .36
Geb. —.48

— Limmud Haddath. Leitfad. z. Religionsunterr. d. israel. Volks- u. Bürgerschuljugend. 9. Aufl. Inhaltl. unveränd. Abdr. der 7. Aufl. 2 Tle. 8. Ebd. 909. Geb. 1. 56
1. (48 S.) —00. — 2. (09 S. m. 1 Karte.) —98.

Bondi, E., der gründl., zugleich leicht faßl. Orthograph. Ein Hilfsbuch zur Erleichterung u. Beförderung des orthographischen Unterrichtes. 8. (106 S.) Prag 847. (Kronberger.) n. 1/1 ℛ

Bondi, E.: Wissenschaftslehre . . . , s. B o n d i , Elias

— Deutsche Wort- u. Satzlehre nach neueren Grundsätzen f. die Mittelklassen der Volksschulen bearb. 8. (IV u. 59 S.) Prag 851, Kronberger. n. 1/6 ℛ

— Wort- und Satzlehre der deutschen Sprache nach neueren Grundsätzen für die Mittel- und Oberklassen der Volksschulen bearb. 2., vielfach verm. und mit mehr als 360 Aufgaben über „Wortlehre, Wortbildung und Satzlehre" vers. Aufl. Brünn 856. (Wien, Gerold.) 8. (3 Bl., 122 S.) n. 9 ngr.

B o n d i , E. — Wort- und Satzlehre der deutschen Sprache nach neueren Grundsätzen für die Mittel- und Oberklassen der Volksschulen bearbeitet von — —. Brünn, 1856. Druck von C. Winiker in Brünn. Selbstverlag des Verfassers. (121 S. 8.)

Bondi, E., Wort- und Satzlehre der deutschen Sprache nach neueren Grundsätzen für die Mittel- und Oberklassen der Volksschulen bearb. 3., vielfach verm. u. mit mehr als 360 Aufgaben über „Wortlehre, Wortbildung u. Satzlehre" versch. Aufl. Brünn 862. Winiker. gr. 8. (2 Bl., 147 S.) n. 12 ngr.

Bondi, Eduard, [aus Wien]: Thomas Hobbes' Rechts- und Staats-Theorie genetisch entwickelt und kritisch beleuchtet. Zür. E. Kiesling Dr. 1850. 62 S., 1 Bl. 8°.
Zürich, Phil. Diss. [v. 19. Juni 1850].

Bondi, Elias, das Frieselpetechialfieber u. das Heilverfahren in dieser Krankheit. Eine Monographie nach eigenen Beobachtt. in epidem. u. sporad. Fällen. gr. 8. Berl. 831. Mittler. 2 ℛ 4 gr

— die Lehre von der Dosis der Arzneien für angehende Kliniker dargestellt. 8. Berl. 819. Krause. (Leipz., Lauffer). 1 ℛ

Bondi, Elias: Empirica et rationalis scabiei contagiosae P a t h o l o g i a et therapia. 54 S. 8°
Heidelbergae: Oswald 1816. Heidelberg. Med. Diss. v. 1816.

— Pathologie d. Weichselzopfs. Ein Versuch nach Erfahrr. gr. 8. Berl. 828. Th. Enslin. 8 gr

— die medizinische Wissenschafts- u. Studienlehre für angehende Mediziner bearbeitet. 8. Berl. 818. Maurers B. 12 gr

Bondi, Felix

[F.] Die Berufspflichten des Bankiers auf Grund der neuesten Gesetzgebung. Von Dr. Felix Bondi, Rechtsanw. in Dresden. *Berlin: C. Heymanns 1897.* (VI, 159 S.) 1 Bd 8. [97. 1743

Bondi, Fel.: Kommentar z. Handelsgesetzb., s: Staub.

Bondi, Georg: Das Verhältnis von Hallers philosophischen Gedichten zur Philosophie seiner Zeit. . . . Leipzig, *Druck v. B. G. Teubner in Dresden,* 1891; 40 S., 1 Bl. 8°
Leipzig, Phil. Fak., Inaug.-Diss. v. [20. Apr.] 1891

Bondi, G, d. Verhältnis v. Hallers philosoph. Gedichten z. Philosophie s. Zeit. 8° (40) Lpzg 91, (G Fock). — 90

Bondi, Gustav

Fünfundzwanzig Jahre Eigenregie. Geschichte d. Brünner Stadttheaters 1882–1907. Zu dessen 25j. Bestandesfeste hrsg. von Gustav Bondi, Theatersekr. Brünn: Selbstverl. 1907. VI, 256 S. 8° A 13, 13116

Bondi, Gust., 25 Jahre Eigenregie. Geschichte d. Brünner Stadttheaters 1882—1907. Zu dessen 25 jähr. Bestandesfeste hrsg. (VII, 256 S. m. 8 Taf. u. 1 Tab.) 8. Brünn 907. (C. Winiker.) 5.—

— Brünner Theater-Humoresken. (48 S.) 8. Brünn 910. F. Irrgang. 1.—

Bondi, Jonas

Bondi, J. H., Aus d. Balladenjahre 1797. Progr. 4. (25 S.) Frankfurt a/M. 898. (A. Blažek jun.) n. 1. 20

Bondi, Jonas: Aus dem Balladenjahre 1797. *Frankfurt a. M. 1898: L. Golde.* (3—25 S.) 4°
Frankfurt a. M., R d. Israel. Religions-Gesellschaft, P 1898 (437)

Bondi, J., Rabbi Joohanan. (86 S.) gr. 8. Frankfurt a/M. 904. J. Kauffmann. n. 1.—
Sonderabdruck aus: „Jahrb. d. jüdisch-literar. Gesellsch.".

Der Siddur des Rabbi Saadia Gaon von Rabbiner Dr. J. Bondi. Frankfurt a. M.: J. Kauffmann 1904. (40 S.) 8°
Beilage z. Rechenschaftsbericht d. Jüd.-Lit. Gesellschaft. [05. 498]

Bondi, J. H.: Dem hebräisch-phönizischen Sprachzweige angehörige Lehnwörter in hieroglyphischen und hieratischen Texten . . . . Leipzig, Druck v. Breitkopf & Härtel, 1886; 4 + 130 S. 8°.
Strassburg, Phil. Fak., Inaug.-Diss. v. 1886.

Bondi, Jonas: Das Spruchbuch nach Saadja. Ein Auszug aus Saadja's כתאב טלב אלחכמה Cap. 1—9. Als Beitrag zur Geschichte der Bibelauslegung . . . . Halle, *Druck v. H. Itzkowski, Berlin,* 1888; 34 S. + 1 Bl. 8°
Halle, Phil. Fak., Inaug.-Diss. v. [31. Mai] 1888

B o n d i , L. — Lehrkurs der Chronologie (mit Anwendung auf Ideenassociation.) 1. Lieferung. a) Die alte Geschichte. b) Die neue Geschichte. — Zweite verbesserte Ausgabe. Gratz, 1855. Aus der C. Tanzer'schen Buchdruckerei. In Kommission bei Karl Mühlfeith. (XII. 32 S. 8.)

Bondi's, L., praktische Lehrcurs der Gedächtnißkunst [Mnemonik] f. höh. Bildungsanstalten u. Gymnasien. 1 u. 2. Cyclus. gr. 8. (1. XVI u. 124 S. 2. VIII u. 71 S.) Gratz 849. 50. (Dirnböck.) (1. 2/3 ℛ 2. 1/2 ℛ) 1 1/6 ℛ

Bondi, Max, Anleitung zur Bestimmung der Refraktions- u. Akkomodations-Anomalien des Auges. Für Rigorosanten u. prakt. Ärzte. (94 S. m. 28 Fig.) 8. Wien 903. J. Šafář. n. 1. 25; geb. in Leinw. n. 1. 80

Bondi Dr. Maximilian: Die Augen der Realschüler. 5. Iglau R. 04. Progr.

Ueber die Beziehungen der Masern zum Auge. Von Dr. Maximilian Bondi, Augenarzt in Iglau. *Berlin & Wien: Urban & Schwarzenberg [1903].* (35 S.) 8°
— Klinik, Wiener. 1903, H. 1. [unclear: Isp. 1506]

Schule und Auge. Vortrag geh. in Breslau von Dr. Maximilian Bondi. Berlin & Wien: Urban & Schwarzenberg 1905. (40 S.) 8°
— Klinik, Wiener. 1905, H. 1. [unclear: Ios. 1559]

Bondi, Mordochai: Beleuchtung, . . . s.a. Bondi, Simon

Bondi, Rudolf (Red.), s. Postmeister-Zeitung, Allgemeine.

Bondi, Simon

Bondi Beleuchtung d. Talmuds, s.a. Beleuchtung.

Bondi, Sim., († d. 19. Dec. 1816.) *Or Esther*, oder Beleuchtung d. im Talmud von Babylon u. Jerusalem, in den Targumim u. Midraschim vorkomm. fremden, besonders latein. Wörter. Mit Vorrede u. Worterklär. von Mordochai Bondi. gr. 8. Dessau 812. ... 1 ℛ

Ruhende Umformer (Transformatoren). Von Victor Bondi. Mit 104 Abb. Hannover: M. Jänecke 1908. (144 S.) 8°
— Bibliothek d. gesamten Technik. Bd 40. [unclear: fol. 11037] 7

Bondick, (Erwin), Geschichte des ostpreußischen Train-Bataillons Nr. 1. 1853—1908. Mit 8 Bildern u. 2 Karten. (IX, 134 S.) gr. 8. Berlin 903. E. S. Mittler & Sohn. n. 4. 50; geb. n. 6. —

Bondo, Ellen, Gruß e. jungen Mädchens an die Jugend, s.: Für dich!

Boudois, M., Médaillons, s.: Sance, Th.

Bondone, Giotto di, s. Giotto

Bondoux, Frdr. Wilh.: Aus Channa's Jugendleben. Dichtgn. (91) 8° Strassbg, J Singer '07. 1.50; L. 2.50 d

Bondoux, Frdr. Wilh., aus Channa's Jugendleben. Dichtungen. (91 S.) 8. Straßburg 909. J. Singer. 1. 50; geb. in Leinw. 2. 50

Bibliothek Bondy. Bd 1. Berlin: Bondy 1910. 8°

Bondy, Adolf (Hrsg.), s. Neue Revue.

Bondy, Camillo

Bondy Kamillo: Über den Auftrieb in Flüssigkeiten, welche spezifisch schwerere oder leichtere Körperchen suspendiert enthalten. S. 51. II. 33! . . . . —.20
Separatabdruck

Bondy, Camillo, über den Auftrieb in Flüssigkeiten, welche specifisch schwerere oder leichtere Körperchen suspendirt enthalten. [Aus d. Sitzungsber. d. kais. Akad. d. Wiss.] Wien 865. (Gerold's Sohn.) gr. 8. (10 S.) n. 2 ngr.

Bondy, Gottlieb

Zur Geschichte der Juden in Böhmen, Mähren und Schlesien von 906 bis 1620. Hrsg. von Gottlieb Bondy. Zur Hrsg. vorbereitet u. erg. von Franz Dworský. Prag: G. Bondy 1906. 2 Bde 4°(8°)
1. 906 bis 1576. 2. 1577—1620. [unclear: fol. 8581]

Bondy, Glieb: Zur Gesch. d. Juden in Böhmen, Mähren u. Schlesien v. 906—1620. Vorbereitet u. ergänzt v. Frz Dworský. 2 Bde. (1151) Lex 8° Prag, (G Neugebauer) '06. 17.50

Bondy, Josef Adolf

Bondy, Jos. Adf., s.: Dichtung, moderne.

Bondy, Josef Adolf: Die Lehre des Aristoteles von der dichterischen Ausdrucksweise.
Phil. Diss. Prag 1899/1900.

Bondy, Jos. Ad., s.: Revue, neue.

Bondy, Karl: Über die Anwendung des Thomsonschen Qaudrantenelektrometers mit Zuhilfenahme von Transformatoren.
Diss. Prag 1908/09.

Bondy, Leopold Bernard, die Lehre der doppelten Buchführung in 6 Briefen. Mit einem Anhange über das Nothwendige aus dem Wechselrechte und dem kaufmännischen Rechnen. Ausschliesslich für den Selbstunterricht bearb. 1 Brief nebst den nothwendigen, bereits vollständig eingerichteten Einschreibbüchern und dem Buchungs-Stoffe. Imp.-4. (8 S.) Prag 866, (Steinhauser.)

Bondy, Leop. B., wie steht es um unsere Versicherungs-Gesellschaften nach dem Krach? Eine dringende Zeitfrage f. Versicherer u. Versicherungslustige. gr. 8. (14 S.) Wien 877. (Stockler.) n. — 40

— die Wirthschafts-Buchführung nach doppeltem Systeme, nach ganz neuer Methode durchgeführt [Quantitäten-Berechnung nach neuem Maasse u. Gewichte]. 2. verm. u. verb. Aufl. gr. 8. (111 S.) Prag 876. Calve. n. 3. —

Bondy, Ottilie

Bondy, O., Bericht über die gymnasiale Mädchenschule. — Der Bildungstrieb in den Vereinigten Staaten. »Jahresber. d. Vereins f. erweiterte Frauenbildung in Wien. Beilagen.« Wien 1893/94. Bermann u. Altm. —.60

Bondy, Ottilie, D. Beschäftigg. d. Kindes. Leitfaden f. junge Mütter z. Umgange m. ihren Kindern. 8. (IV, 111 S. m. Fig.) Wien 897. Gesellschaft f. graph. Industrie. n. 1. 60

— d. Bildungstrieb in d. Vereinigten Staaten, s.: Jahresbericht d. Vereins f. erweit. Frauenbildg. i. Wien.

Bondy, Ottilie, Erziehung auf der Weltausstellung in Chicago, s.: Bericht, officieller, der k. k. österr. Central-Commission f. die Weltausstellung in Chicago 1893.

— die 10 Gebote d. Hauswesens, s.: Haushaltungs- u. Merkbuch Fromme's.

Bondy, Ottilie, Haushaltungs- und Merkbuch, Fromme's. Als Vorwort: Allerlei fürs Haus. 2. Auflage. Gr.-8. (176 S.) In Leinwand mit rothem Schnitt 1.60, in fein. Lederbd. * 2.10
Wien: Fromme 1896

Bondy, Richard, aus Ledetsch (Böhm.): Über Gesetzmäßigkeiten bei der Entstehung und Umwandlung acylierter Amidoderivate und Hydrazone von Phenolen und aromatischen Oxyaldehyden. *Greifswald 1903: H. Adler.* (57 S.) 8°
Greifswald, Phil. Diss. v. 19. Dez. 1903

Bondy, W. W., wie man e. gutes Gedächtnis erlangt. Die einzig richt. Methode f. alle, die üb. Abnahme ihres Gedächtnisses, Zerstreutheit, Vergeßlichkeit, Flüchtigkeit, schweres Merken u. Auswendiglernen klagen, insbesondere auch f. die, welche nach langer Entwöhng. v. der Schule v. Neuem lernen müssen. (87 S.) 8. Dresden (900). J. Casper & Co. n. 2. —

BONDZYNSKI, STANISLAUS. Ueber Sulphydrylzimmtsäure und einige ihrer Derivate. Bern o. J., 1888. Diss. G. S.

[Umschlagt.:] **Bondzyński,** *Stanislaus:* Aus d. pharmakolog. Institut v. Prof. v. Schroeder in Heidelberg. Über das Verhalten einiger Salicylsäureester im Organismus ... (Aus: Arch. f. experiment. Pathol. u. Pharmakol., Bd XXXVIII.) Leipzig, Druck v. J. B. Hirschfeld, 1896; 11 S. 8.
Heidelberg, Med. Fak., Inaug.-Diss. v. [6. Dez.] 1895

Bone: Register . . ., s. Bohne, Karl

Bone, Aug. Hyppol.: Vierfacher Beytrag zur Erläut. u. angenehmern Gebr. des ao. 1727 emanirten Kgl. Preuss. Seerechts, enthaltend u. s. w. Nebst ein. histor. Vorbericht v. allen alten u. d. neuesten K. P. Seerechten. *Ebend.* s. a. 4.

Bone, Aug. Hypol.: Vierfacher Beitrag zur Erläuterung und angenehmern Gebrauch des Ao. 1727 emanirten Königl. Preuß. See-Rechts. Königsberg o.J.

Bone, Carl, s. B o n e , Karl

Geschichte des Vereins für Innere Mission in Breslau. Festschrift z. 50jähr. Jubiläumsfeier d. Vereins 1910 ... verf. von Pastor [Eugen] **Bone.** Breslau: Korn 1910. 191 S. 8° (10. 18;8) 2

Bone, P. Georg von (ed). Gedenk-Buch 1882-1907. Z Silbernen Jubel-Feier des Ev Luth Prediger Seminars in Kropp bei Schleswig, am 20.-21. Juli 1907. Phila, 1907.

— noch ein Wort über die epidem. Cholera; e. Vertheidigungs- u. Widerlegungsschrift. 8. Hamb. 831. (Perthes u. B.) 4 gr

Bone, H.: Rückblicke auf die Geschichte der Anstalt. 4 S. Progr. Recklinghausen 1856.

Bone, Heinrich — Abriß der Literaturgeschichte nach — —, herausgegeben von Joh. Nep. Trautwein. 8. (58 S.) Pesth. Steindr. von G. Händelmayer. 1854. (Lithographie)

Bone, Heinr., Buch der Altväter. Oder Bilder u. Sprüche aus dem Leben der Einsiedler. Paderborn 863. Schöningh. 8. (VIII, 304 S.) 22½ ngr

Bone, Heinr., Cantate! Kathol. Gesangbuch nebst Gebeten u. Andachten für alle Zeiten u. Feste des Kirchenjahres. Nach den alten, sonst allgemein gebräuchl. Gesängen u. Andachten, so wie nach dem latein. Kirchenritus bearb. gr. 12. (XLVIII u. 676 S.) Mainz 847, Kirchheim & Schott. 1 ß

— Cantate! Katholisches Gesangbuch nebst einem vollständ. Gebet- u. Andachtsbuche. 2. sehr verm. Aufl. 8. (XVI u. 528 S.) Paderborn 851, Schöningh. n. 12 ngr; fein Pap. n. ⅔ ß

Bone, Heinr., Cantate! Katholisches Gesangbuch nebst einem vollständigen Gebet- und Andachtsbuche. 3., verm. Aufl. 8. (XVI und 530 S.) Paderborn 854, Schöningh. *

—— dass. — 3., verm. Aufl. Größere Ausg. mit Stahlst. 8. (XVI und 608 S.) Ebds. 854. *

Bone, Heinr., Cantate! Kathol. Gesangbuch nebst einem vollständigen Gebet- und Andachtsbuche. 4. Aufl. gr. 8. (XVI und 500 S.) Paderborn 858, Schöningh.

— — Größere Ausg. mit 1 Stahlst. Ebend. 858. gr. 8. (XVI, 560 S.) n. 20 ngr

Bone, Heinr., Cantate! Katholisches Gesangbuch nebst einem vollständ. Gebet- u. Andachtsbuche. 5. Aufl. Paderborn 866. Schöningh. 12. (XX, 704 S.) n. 12 ngr; feine Ausg. mit Stahlst. n. 20 ngr

Bone, Heinr., Cantate! Katholisches Gesangbuch nebst e. vollständ. Gebet- u. Andachtsbuche. 6. Aufl. gr. 16. (VIII, 712 S.) Paderborn 872. Schöningh. n. 1. 20

—— dass. — Feine und durch die Sonn- und festtägl. Evangelien erweit. Ausg. 6. Aufl. gr. 16. (820 S. mit 1 Stahlst.) Ebendas. 872. *

Bone, Heinr., Cantate! Katholisches Gesangbuch, nebst einem vollständigen Gebet- u. Andachtsbuche. 7. Aufl. 12. (X, 714 S.) Paderborn 879. F. Schöningh. n. 1. 20

Bone, Heinr., Cantate! Katholisches Gesangbuch, nebst e. vollständ. Gebet- u. Andachtsbuche. 8. Aufl. 12. (X, 714 S.) Paderborn 883. F. Schöningh. n. 1. 20

Bone, H., Cantate! Katholisches Gesangbuch, nebst einem vollständ. Gebet- u. Andachtsbuche. 9. Aufl. 12. (X, 714 S.) Paderborn 888. F. Schöningh. n. 1. 35

Bone, Heinr., Cantate! Kathol. Gesangbuch nebst e. vollst. Gebet- u. Andachtsbuche. 10. Aufl. 12. (X, 714 S.) Paderborn 895. F. Schöningh. n. 1. 35

Bone, Heinr., Cantate! Katholisches Gesangbuch nebst e. vollständ. Gebet- u. Andachtsbuche. 11. Aufl. (X, 714 S.) kl. 8. Paderborn (905). F. Schöningh. n. 1. 35

—— kleines Cantate. Kathol. Gesang- und Gebetbuch. Nach dem größeren Werke „Cantate" hrsg. 12. (XIV und 418 S.) Paderborn 859, Schöningh. *

— — Ausgabe für Gymnasien. Ebend. 859. (XIV, 456 S. u. 1 Stahlst.) n. 10 ngr

—— kleines Cantate. Katholisches Gesang- und Gebetbuch. Nach dem größeren Werke „Cantate" hrsg. 2., verm. Aufl. 12. (XVI und 476 S.) Paderborn 863, Schöningh. *

—— dass. — Hundert Melodien dazu. 12. (60 S.) Ebendas. 864. *

—— kleines Cantate. Katholisches Gesang- und Gebetbuch. Nach dem größeren Werke „Cantate" hrsg. 3. verm. Aufl. 16. (XVI, 434 S.) Paderborn 869, Schöningh. *

—— dass. — für Gymnasien, mit einem Anhange latein. Gesänge. 3. Aufl. 16. (470 S. mit 1 Stahlst.) Ebendas. 869. *
100 Melodieen dazu gesammelt von H. Könen. 2. verb. Aufl. (66 S.) 869. *

Bone, Heinr., s.a. Dichter, lateinische.

—— lateinische Dichter. Eine Auswahl für den Schulgebrauch. Mit Anmerkungen. 1.—3. Thl. 8. Köln, Du Mont-Schauberg'sche Buchh. *
Inhalt:
Thl. 1. Phaedrus und Ovid nebst Anhängen. (XVI, 288 S.) 870 *M 1,60.
» 2. Virgil nebst einem Anhang aus dem spätern epischen und den elegischen Dichtern. (XVI, 335 S.) 871. *M 2.
» 3. Horaz nebst einem Anhang aus den ältern und spätern Dichtern. (XVI, 328 S.) 874. *M 2.

—— lateinische Dichter. Eine Auswahl für den Schulgebrauch. Mit Anmerkungen. 1. Thl.: Phädrus und Ovid nebst Anhängen. 2. Aufl. 8. (XVI, 288 S.) Köln 876, DuMont-Schauberg'sche Buchh. *
2. und 3. Theil. Ebendas. 1871,74. *M 4.

— lateinische Dichter. Eine Auswahl f. den Schulgebrauch. Mit Anmerkgn. 1. Thl. Phaedrus u. Ovid, nebst Anhängen. 3. Aufl. 8. (XVI, 288 S.) Köln 885. Du Mont-Schauberg. n. 1. 60

Bone, Heinr., lateinische Dichter. Eine Auswahl f. den Schulgebrauch. Mit Anmerkgn. 1. u. 2. Tl. Neu bearb. v. Karl Bone. 8. Köln 893. M. Du Mont-Schauberg. n. 3. 60
1. Ovid. Eine Auswahl aus seinen Werken: Metamorphosen, Fasten, Tristien u. Episteln. 4. Aufl. (VIII, 198 S.) n. 1. 60
2. Virgil. Eine Auswahl aus seinen Werken: Aeneis, Georgica, Bucolica. 2. Aufl. (VIII, 263 S.) n. 2. —

— Dichterperlen, s.a. Dichterperlen.

—— Dichterperlen. 2 Bde. 8. (926) Bonn 60, Cohen u. S. 2. —; geb. n. 3. —

— Gaudeamus igitur! Auserlesene Volkslieder zunächst für Gymnasien zu Turnfahrten u. geselligen Festen. 2. verm. Aufl. Münster 861. Coppenrath. 32. (96 S.) n. 3 ngr

— Gedenkblätter f. Schule u. Leben. 8. (IV, 165 S.) Freiburg i/Br. 874. Herder. 2. 25

Bone, Hnr., Gedichte. 8. Düsseld. 838. Schreiner. n. 1⅓ ß

—— s. Geiler v. Kaisersberg.

—— grammatische Grundlage für den deutschen Unterricht an höheren Lehranstalten. 1. Aufl. 1862. und 2., verm. Aufl. gr. 12. (VIII und 128 S.) Köln 865, DuMont-Schauberg'sche Buchh. *

—— grammatische Grundlage für den deutschen Unterricht an höheren Lehranstalten. 3. verm. Aufl. gr. 8. (VIII, 186 S.) Köln 868, DuMont-Schauberg'sche Buchh. (* 90 Pf.) *

Bone, Heinr., grammatische Grundlage f. den deutschen Unterricht an höheren Lehranstalten, neu bearb. v. Karl Bone. 5. Aufl. gr. 8. (VIII, 111 S.) Köln 892. M. Du Mont-Schauberg. Kart. n. 1. 20

—— Legenden. 8. (13½ B.) Köln 839, [Welter.]

—— deutsches Lesebuch f. höh. Lehranstalten, zunächst f. d. unt. u. mittl. Klassen d. Gymnasien, mit Rücksicht auf schriftl. Arbeiten d. Schüler. Lex.-8. (20¾ B.) Köln 840, (Ritzefeld.) *

Bone, Heinr., deutsches Leseb. f. höhere Lehranstalten, zunächst f. die unteren u. mittleren Klassen der Gymnasien, mit Rücksicht auf schriftl. Arbeiten der Schüler. 2. u. 3., verm. Aufl. gr. 8. (à 21 B.) Köln 842, 45, Du Mont-Schauberg. à -

—— deutsches Lesebuch für höhere Lehranstalten, zunächst für die unteren und mittl. Klassen der Gymnasien, mit Rücksicht auf schriftl. Arbeiten der Schüler. 6. Aufl. 849. und 7. Aufl. gr. 8. (XXXII und 300 S.) Köln 852, Du Mont-Schauberg'sche Buchh.

— deutsches Lesebuch für höhere Lehranstalten. 1. Thl. Zunächst für die unteren und mittleren Klassen der Gymnasien, mit Rücksicht auf schriftliche Arbeiten der Schüler. 8. Aufl. 853. — 9. u. 10. Aufl. Köln 855. Du Mont-Schauberg. Lex.-8. (XXXII, 360 S.) 22½ ngl.

—— dass. — 2. Thl. Handbuch für den deutschen Unterricht in den oberen Klassen der Gymnasien. Mit Einschluß der Rhetorik, Poetik, Literaturgeschichte und der schriftl. Aufsätze. 1. Aufl. 1853. und 2., verm. Aufl. gr. 8. (XVI und 808 S.) Ebds. 855. *

— deutsches Lesebuch für höhere Lehranstalten. 1. Thl. Zunächst für die unteren u. mittleren Klassen der Gymnasien, mit Rücksicht auf schriftliche Arbeiten der Schüler. 11—22. Aufl. Ebend. 856—64. gr. 8 (XXXII, 360 S.) 22½ ngl.

—— deutsches Lesebuch für höhere Lehranstalten. 1. Thl.: Zunächst für die unteren und mittleren Klassen der Gymnasien, mit Rücksicht auf schriftl. Arbeiten der Schüler. 22.—28. Aufl. gr. 8. (XXXII und 360 S.) Köln 864—67, DuMont-Schauberg'sche Buchh.

—— dass. — 2. Thl. Handbuch für den deutschen Unterricht in den oberen Classen der Gymnasien. Mit Einschluß der Rhetorik, Poetik, Literaturgeschichte und der schriftlichen Aufsätze. 7. Aufl. gr. 8. (816 S.) Ebendas. 867. *

—— deutsches Lesebuch für höhere Lehranstalten. 1. Thl. Zunächst für die unteren und mittleren Klassen der Gymnasien, mit Rücksicht auf schriftl. Arbeiten der Schüler. 32.—45. Aufl. gr. 8. (XXXII, 368 S.) Köln 869, DuMont-Schauberg'sche Buchh. (ℳ 2.25.)

—— dass. — 2. Thl. Handbuch für den deutschen Unterricht in den oberen Classen der Gymnasien. Mit Einschluß der Rhetorik, Poetik, Literaturgeschichte und der schriftlichen Aufsätze. 10. Aufl. gr. 8. (816 S.) Ebendas. 873. (* ℳ 5.) *

—— deutsches Lesebuch für höhere Lehranstalten. 1. Thl.: Zunächst für die unteren und mittleren Klassen der Gymnasien, mit Rücksicht auf schriftl. Arbeiten der Schüler. 46. und 47. Aufl. (XXXII, 368 S.) 1875; 48. und 49. Aufl. (XXIV, 368 S.) 1876; 50. und 51. Aufl. gr. 8. (XXXII, 368 S.) Ebendas. 879. *

— deutsches Lesebuch f. höhere Lehranstalten. 1. Thl. Zunächst f. die unteren u. mittleren Klassen der Gymnasien, m. Rücksicht auf schriftl. Arbeiten der Schüler. 49. Aufl. gr. 8. (XXIV, 368 S.) Köln 876. Du Mont-Schauberg. n. 2. 50

—— dass. — 2. Thl.: Handbuch für den deutschen Unterricht in den oberen Klassen der Gymnasien. Mit Einschluß der Rhetorik, Poetik, Literaturgeschichte und der schriftl. Aufsätze. 11. Aufl. gr. 8. (XVI, 816 S.) Ebendas. 877. *

— deutsches Lesebuch für höhere Lehranstalten. 1. u. 2. Thl. gr. 8. Köln 880. 81. Du Mont-Schauberg. n. 8. —

1. Zunächst f. die unteren u. mittleren Klassen der Gymnasien, m. Rücksicht auf schriftliche Arbeiten der Schüler. 52. Aufl. (XXXII, 368 S.) n. 2. 50
2. Handbuch f. den deutschen Unterricht in den oberen Klassen der Gymnasien. Mit Einschluß der Rhetorik, Poetik, Literaturgeschichte u. der schriftlichen Aufsätze. 11. Aufl. (XVI, 816 S.) n. 5. 50

—— deutsches Lesebuch für höhere Lehranstalten. 1. Thl.: Zunächst für die unteren und mittleren Klassen der Gymnasien, mit Rücksicht auf schriftl. Arbeiten der Schüler. 52. und 53. Aufl. gr. 8. (XXXII, 368 S.) Köln 881,84, Du Mont-Schauberg'sche Buchh. * 2 50

—— dass. — 2. Thl.: Handbuch für den deutschen Unterricht in den oberen Klassen der Gymnasien. Mit Einschluß der Rhetorik, Poetik, Literaturgeschichte und der schriftl. Aufsätze. 12. Aufl. gr. 8. (XVI, 816 S.) Ebendas. 883. * 5 50

—— deutsches Lesebuch für höhere Lehranstalten. 1. Thl. Zunächst für die unteren und mittleren Klassen der Gymnasien, mit Rücksicht auf schriftl. Arbeiten der Schüler. 54.—56. Aufl. gr. 8. (XXXII, 368 S.) Ebendas. 884—87. *

—— dass. — 2. Tl.: Handbuch für den deutschen Unterricht in den oberen Klassen der Gymnasien. Mit Einschluß der Rhetorik, Poetik, Literaturgeschichte und der schriftlichen Aufsätze. 13. Aufl. gr. 8. (XVI, 816 S.) Ebendas. 888. *

— deutsches Lesebuch f. höhere Lehranstalten. 2 Tle. gr. 8. Köln, Du Mont-Schauberg. n. 8. —

1. Zunächst f. die unteren u. mittleren Klassen der Gymnasien, mit Rücksicht auf schriftl. Arbeiten der Schüler. 57. Aufl. (XXXII, 368 S.) 889. n. 2. 50
2. Handbuch f. den deutschen Unterricht in den oberen Klassen d. Gymnasien. Mit Einschluß d. Rhetorik, Poetik, Literaturgeschichte u. der schriftl. Aufsätze. 13. Aufl. (XVI, 816 S.) 889. n. 5. 50

—— Deutsches Lesebuch f. höhere Lehranstalten. 1. Tl.: Zunächst f. die unteren u. mittleren Klassen d. Gymnasien, m. Rücksicht auf schriftl. Arbeiten d. Schüler. 57. u. 58. Aufl. gr. 8. (XXXII, 368 S.) Ebd. 889,91. * 2 50
2. Tl. Ebd. 1888. * 5 50.

— deutsches Lesebuch f. höhere Lehranstalten. 1. u. 2. Tl. gr. 8. Ebd. 894. n.n. 8. —

1. Zunächst f. die unteren u. mittleren Klassen der Gymnasien m. Rücksicht auf schriftliche Arbeiten der Schüler. 60. Aufl. (XXXII, 368 S.) n. 2. 50
2. Handbuch f. den deutschen Unterricht in den oberen Klassen der höheren Lehranstalten m. Einschluß der Rhetorik, Poetik, Litteraturgeschichte u. der schriftl. Aufsätze. Neu bearb. v. Karl Bone. 14. Aufl. (XV, 783 S.) n.n. 5. 50

— Deutsches Lesebuch f. höh. Lehranst. 1. Tl. Zun. f. d. unt. u. mittl. Klassen d. Gymnasien, m. Rücksicht a. schriftl. Arbeiten d. Schüler. 61. Aufl. gr. 8. (XXXII, 368 S.) Köln 897. M. Du Mont-Schauberg. n. 2. 50

Bone, Heinr., Deutsches Lesebuch f. höhere Lehranstalten. 1. Tl. Zunächst f. die unteren u. mittleren Klassen der Gymnasien, m. Rücksicht auf schriftl. Arbeiten der Schüler. 63. Aufl. gr. 8. (XXXII, 368 S.) Köln 901. M. Du Mont-Schauberg. n. 2. 50

— deutsches Lesebuch f. höhere Lehranstalten. 1. u. 2. Tl. gr. 8. Cöln, M. Du Mont-Schauberg. n. 8. —

1. Zunächst f. die unteren u. mittleren Klassen der Gymnasien, m. Rücksicht auf schriftl. Arbeiten der Schüler. 65. Aufl. (XXXII, 368 S.) 900. n. 2. 50
2. Handbuch f. den deutschen Unterricht in den oberen Klassen der höheren Lehranstalten m. Einschluß der Literaturgeschichte, Rhetorik, Poetik u. der schriftl. Aufsätze. Neubearb. v. Karl Bone. 16. Aufl. (XV, 783 S.) 905. n. 5. 50

—— Lesegärtchen oder deutsches Lesebuch für die Mittelklassen höherer Töchterschulen und ähnlicher Anstalten. gr. 12. (XII und 300 S.) Köln 857, Du Mont-Schauberg'sche Buchh. *

— Lesegärtchen, oder deutsches Lesebuch für die Mittelklassen höherer Töchterschulen und ähnlicher Anstalten. 2., verm. Aufl. 12. (XII und 312 S.) Köln 867, DuMont-Schauberg'sche Buchh. *

— Lesegärtchen, oder deutsches Lesebuch für die Mittelclassen höherer Töchterschulen und ähnlicher Anstalten. 3. Aufl. 8. (XII, 312 S.) Köln 872, DuMont-Schauberg'sche Buchh. (*ℳ 1,40.) *

— Lesegärtchen. Deutsches Lesebuch f. die Mittelklassen höherer Töchterschulen u. ähnl. Anstalten. 4. Aufl. 8. (XII. 312 S.) Ebend. 877. n. 1. 60

— Melodieen zu dem katholischen Gesangbuche Cantate. 8. (IV u. 108 S.) Paderborn 852, Schöningh. n. 9 ngr

— Melodieen zu dem katholischen Gesangbuche Cantate. 2., verm. Aufl. 8. (IV und 132 S.) Paderborn 858, Schöningh. *

— Orate! Katholisches Gebet- und Andachtsbuch. Mit Vermehrung besonders abgedruckt aus dem Gesang- und Gebetbuche Cantate. Mit 1 Stahlst. Paderborn 853. Schöningh. 16. (XVI, 592 S.) 22½ ngr

— Orate! Katholisches Gebet- und Andachtsbuch. 2. Aufl. Mit 1 Stahlst. Paderborn 860. Schöningh. 16. (XVI, 504 S.) 22½ ngr

— Orate! Katholisches Gebet- und Andachtsbuch. 3. Aufl. (Ausg. Nr. 2.) 32. (XVI und 680 S. mit 1 Stahlst.) Paderborn 865, Schöningh.

— Orate! Katholisches Gebet- und Andachtsbuch. 4. Aufl. Ausg. Nr. 2. 32. (XVI, 680 S. mit 1 Stahlst.) Paderborn 870, Schöningh. ℳ 1,80.; geb. mit Goldschn.

Bone, Heinr., orate! Katholisches Gebet- u. Andachtsbuch. 5. Aufl. in Neubearbeitg. 16. (912 S. m. 1 Stahlst.) Einsiedeln 901. Verlagsanstalt Benziger & Co.
Geb. in Leinw. n. 2.—; in Ldr. m. Goldschn. n. 3. 40; in unecht Kalbldr. m. Goldschn. n. 4.—

— Rede zur Vorfeier d. päpstlichen Jubiläums. Geh. zu Mainz am Abend d. 15. Juni 1871. 8. (31 S.) Mainz 871. Kirchheim. n. — 20.

— über Roman u. Romanlectüre, s.: Broschüren, Frankfurter zeitgemäße.

— Sonette. 12. (III und 167 S.) Köln 855(56,) Du Mont-Schauberg'sche Buchh. *

— aus der Staats- u. Lebensweisheit des Baco v. Verulam. Aus dessen Schrift „Fideles sermones etc." übers. u. zusammengestellt. 16. (VIII, 158 S.) Freiburg i/Br. 877. Herder. geb. 1. 80

Bone, Heinr., üb. den lyr. Standpunkt bei Auffassg. u. Erklärg. lyrischer Gedichte. [Aus dem Programm der Rhein. Ritter-Academie zu Bedburg v. 1851.] gr. 4. (26 S.) Paderborn 852, Schöningh. ¼ ß

Bone, Heinr.: Über den deutschen und philosophischen Unterricht. 43 S.
Progr. Bedburg 1844.

— das Te Deum, s.: Broschüren, Frankfurter zeitgemäße.

— Veilchen-Samen. Neue Lieder für Kinder. 2. sehr verm. Aufl. 16. (VIII u. 144 S.) Köln u. Neuß 850, Schwann. ¼ ß — 3. Aufl. 18. (VIII u. 118 S.) Köln 851, Du Mont-Schauberg. n. 6 ngr

— Veilchen-Samen. Neue Lieder für Kinder. Mit 6 (lith.) Bildern in Farbendr. Köln (853). Du Mont-Schauberg. Lex.-8. (2 Bl., 99 S.) n. 2 ß

— Veilchen-Samen. Neue Lieder für Kinder. Lex.-8. (III und 99 S. und 6 Stnt. in Farbendr.) Köln 859, Du Mont-Schauberg'sche Buchh. *

— Veilchen-Samen. Neue Lieder für Kinder. 4. Aufl. Köln 867. Du Mont-Schauberg. 16. (VIII, 112 S.) n. 6 ngr

Bone, Karl

Bone, Carl, Anleitung zum Lesen, Ergänzen u. Datiren römischer Inschriften m. besonderer Berücksichtigung der Kaiserzeit u. der Rheinlande. Mit einer lith. Taf. 8. (VI, 94 S.) Trier 881. Lintz. cart. n. 1. 50

— s. Annalen d. histor. Ver. f. d. Niederrhein.

Bone, Karl Bilder vom Rhein aus alter Zeit. [Das römische Kastell in Deutz]. 26 S. u. 1 Taf. Progr. Apost. Cöln 1880.

Bone, Karl. Düsseldorf u. seine Umgebung, s. Städtebilder u. Landschaften aus aller Welt.

— s. Jahrbücher des Vereins von Alterthumsfreunden im Rheinlande.

Bone, Karl, das römische Castell in Deutz oder Deutz zur Zeit der Römer auf Grund der neuesten Entdeckungen u. Funde dargestellt. Mit 1 lith. Taf. gr. 4. (28 S.) Köln 880. Bachem in Comm. n. 1. —

Περατα τεχνης. Über Lesen u. Erklärungen von Dichtwerken von Karl Bone. Leipzig & Berlin: Teubner 1909. VI, 132 S. 8° (09. 17117)

— A painting by Li Lung-Mien 1100—1106 a.D. (Li Kung-lin; jap. Ri-riu-min). (S. 235—267 m. 4 Taf u. 1 Tab.) gr. 8. Leiden 907. Buchh. u. Druckerei vorm. E. J. Brill. 5. —
Sonderabdruck aus: „T'oung pao".

Bone, Carl, das Plateau v. Ferschweiler bei Echternach, seine Befestigg. durch die Wickinger Burg u. die Niederburg u. seine nichtröm. u. röm. Alterthumskunde. Mit 3 (lith.) Taf. Hrsg. v. der Gesellschaft f. nützl. Forschgn. gr. 4. (43 S.) Trier 876. Lintz in Comm. n. 1. 20

Bone, Carl, Register, s.: Annalen d. histor. Vereins f. d. Niederrhein.

— Register, s.: Jahrbücher des Vereins v. Alterthumsfreunden im Rheinlande.

Lateinische Schulgrammatik von Prof. Dr. Karl Bone, Düsseldorf. [Nebst] Erg.H. *Köln: M. DuMont Schauberg 1900–01.* 2 Bde 8° [ß.] (01. 434)

— Wie soll ich übersetzen? Winke u. Ratschläge. Prakt. Hülfsbuch beim Uebersetzen aus dem Latein. u. Griech. ins Deutsche. 8. (III, 38 S.) Düsseld. 890, [Kraus.] Lintz. * — 50

Bone, William Arthur [aus Stockton on Tees (Engl.)]: I. Das Verhalten des Aethylens bei der Explosion mit weniger als dem eigenen Volumen Sauerstoff. II. Zur Kenntniss der Indoxazen-Reaction ... Heidelberg, Buchdr. v. C. Pfeffer, 1893; 32 S., 1 Bl. 8.
Heidelberg, Naturw.-math. Fak., Inaug.-Diss. v. [6. Nov.] 1893

Boneberger, Adf., D. Kneippkur-Charlatanismus. Irrlehren u. Widersprüche d. Kneippsystemes. Arzneimittelaberglaube d. Vergangenheit u. Gegenwart. Die Heilkunde d. Zukunft. 12. (180 S. m. Abb.) Mindelheim 898. A. Boneberger. n. 1. 50

Boneck, A: Kurzes Lehrb. d. Vortragskunst, s: Lehrmeister-Bibliothek.

Boeneck, Georg Sören

Boeneck, G. S., Beobachtt. u. Bemerkk. aus dem Gebiete der Medicin u. Chirurgie. Mit 4 color. Abbildd. gr. 8. Hamb. 829. Perthes u. Besser. 2 ß

BOENECK, G[EORG] S[ÖREN], Noch ein Wort über die epidemische Cholera, eine Vertheidigungs- und Wiederlegungsschrift. Hamburg (Itzehoe). u. A. [1831].

Boenecke, Ed., s.: Hollands Lucretia oder: Ein Opfer der Freiheit.

Bönecke, Ed. (Hrsg.), s. P l a n e t , Unser.

BONEFACIĆ, Quirinus Clemens: De mutui contractu cum speciali respectu ad historico-moralem evolutionem mutui pecuniarii secundum ecclesiae doctrinam. — (1903) 203 S. 4° (Handschr.) Diss.
Diss. Wien Univ.

Bonefonius, Jo., die Nachtwache der Venus. [Pervigilium Veneris.] Eroticum aus dem Lat. 12. (14 S.) Köln 890. Teubner. — 75

Bonefons, ächte Gottseligkeit oder Mittel, zur christlichen Vollkommenheit zu gelangen. Grundsätze des heil. Franz v. Sales, Ermahnungen der heil. Theresia, Rathschläge der gottseligen Maria von der Menschwerdung. Aus dem Französ.
Nebst einem Anh. der gewöhnlichen Gebete. Schaffhausen 855. Hurter. 16. (VIII, 256 S.) n. 12½ ngr

Bonefons, echte Gottseligkeit od. Mittel, zur christl. Vollkommenheit zu gelangen. Grundsätze des heil. Franz v. Sales, Ermahngn. d. heil. Theresia, Ratschläge der gottsel. Maria von der Menschwerdg. Aus dem Franz. Nebst e. Anh. der gewöhnl. Gebete. 2., durchgeseh. Aufl. 12. VIII, 167 S. Regensburg 888. Verlags-Anstalt. — 80

Bonegarde, Johannes Christianus Fridericus (Resp.),
De differentia sanguinis arteriosi et venosi, s. A l b e r t i, Michael (Praes.)

Bonekemper, C., Perpetuum mobile oder des grossen Rades ewige Schwingung. Nachklänge v. 4 Centennial-Besuchen. Für das Weihnachtsfest 1876 bearb. gr. 8. (43 S.) Philadelphia 877. (Schäfer & Koradi.) cart. n. 1. —

Boneke, Friedrich [aus Soest]: Nachweis, Entstehung und Vorkommen des Schwefelwasserstoffs im Harn .... Jena, Frommannsche Buchdr. (Herm. Pohle), 1887: 39 S. 8°.
Jena, Med. Fak., Inaug.-Diss. v. [29. Jul.] 1887.

BONELLI, C.: Von dem kirchl. Rechte, Panisbriefe zu ertheilen. *Wien*. 784. 8.

Bonelli, Gianetta, od. der Sibaritter, (von J. M. Konrad). 2 Bde. 8. Prag 799. Polt. 1 Rthlr 8 gr

Bonelli, Gianetto, ist Verlag von Joachim.

Bonelli, Karl

B o n e l l i, K., Abhandl. v. Panis Brief. 4. Wien, Camesina. 784.

Bonelli, Karl: Abhandlung von dem kaiserlichen Rechte Panisbriefe zu ertheilen. Von - . . . Kurzbeck. Wien 1784. 1 vol. 4 Bl. + 216 S. + 58 S.

v. Bonelli, Karl, Abhandl. von d. kaiserl. Rechte, Panis Briefe zu ertheilen. 4. Wien 784. (Heubner). 1 Rthlr 4 gr

B o n e l l i e, Berichtig. d. v. Hofr. v. Keeß herausg. Abhandl. üb. d. Aufh. d. Wuchergesetze. gr. 8. Ebend. 791.

— zweckmäß. Berichtigungen der v. d. Hofr. v. Keeß herausgegeb. Abhandl. über d. Aufhebung der Wuchergesetze. gr. 8. Wien 791. (Heubner). 5 gr

- Zweckmäßige Berichtigungen der von dem Herrn Hofrathe von Keeß herausgegebenen Abhandlung über die Aufhebung der Wuchergesetze. Von - Kurzbeck. Wien 1791. 1 vol. 215 S.

BONENBART, S c h n a p p s, oder der S i e g f r i e d von L i n d e n b e r g unserer T a g e. Ein komischer Roman. 2 Bde. Lindenberg, o. J. (c. 1795). 8°. (3 Kr. Halm & Goldmann, 1904.)

Bonengel, Ph., Centifolium. Ein Wegweiser mit hundert Armen für wandernde Handwerks-Gesellen. Würzburg 859. Stahel. 16. (77 S. u. 1 Stahlst.) n. 4 ngr

[Bonenkamp, W.-Jessing, J.-Müller, J. B.]: Schematismus der deutschen und der deutsch-sprechenden Priester, sowie der deutschen Katholiken Gemeinden in den Vereinigten Staaten Nord-Amerika's, nebst einer Statistik der deutschen Pfarrschulen, der Wirkungskreise der deutschen Katholiken und genauen Verzeichnissen aller römisch-katholischen Diöcesen, Bischöfe, höheren Unterrichts- und Wohltätigkeits Anstalten in der nordamerikanischen Union. *Begonnen von W. Bonenkamp, fortgesetzt von J. Jessing, vollendet von J. B. Müller. St. Louis, Mo.: B. Herder 1882. XV, 447 S.*

Bonenkamp, Wilhelm, Referendar: Die fiduziarische Sicherungsübereignung beweglicher Sachen. Borna-Leipzig 1910: Noske. VII, 63 S. 8°
Jena, Jur. Diss. v. 2. Aug. 1910, Ref. **Danz**
[Geb. 7. Mai 82 Koesfeld; Wohnort: Hamm i. W.; Staatsangeh.: Preußen; Vorbildung: Gymn. Hamm Reife O. 03; Studium: Tübingen 1, Berlin 2, Münster 4 S.; Rig. 21. Juni 10.] [U 10. 2229

Boner, Edelstein . . . , s. B o n e r , Ulrich

B o n e r, C., vollständ. Unterricht üb. d. Anlage d. Bohr- od. d. artesischen Brunnen u. üb. deren Benutzung zum häusl. Gebr., z. Bewässerung kl. Flüsse, Bäche u. Ländereien, wie auch z. Entwässerung versumpfter Grundstücke u. Keller. Nebst Beschreib. d. dazu nöthigen Maschinen u. Werkzeuge, u. d. Einricht. guter Pumpen. Nebst 3 Stnt. 1. Aufl. (5 B.) 830. 16 Gr., 2., verm. A. nebst Beschr. e. Röhr-Bohrmühle, m. 4 Stnt. (7½ B.) 8. Münster 831, Theissing.

Boner, Charles, Siebenbürgen. Land u. Leute. Deutsche vom Verf. autoris. Ausg. Mit 32 in den Text gedr. Abbildungen, 11 Tondr.-Ansichten (in Holzschn.), 5 (lith. u.) color. Karten (in 4. u. Fol.) u. dem Portr. d. Verf. in Stahlst. Leipzig 868. Weber. gr. 8. (XI, 693 S.) n. 5 Rthlr

Boner, Charles, Thiere des Waldes. Mit 18 Illustr. von Guido Hammer (Holzschn. im Text u. 7 Holzschntaf.) Deutsche autoris. Ausg. Leipzig 862. Weber. 8. (VI, 225 S.) n. 1 Rthlr 20 ngr

Boner, F. E., Die Logarithmen und die Grenzen ihrer Zuverlässigkeit. Münster 1842. 8°.

Boner, Hans. Durchs Prättigau. Illustrierter Reisebegleiter. Mit Karte. IV + 92 S. 8. Schiers, Walt & Fopp, 1906. [fr. 1. 40]

Boner, Heinrich, aus Chur (Kanton Graubünden): Ueber directe Hydroxylirung tertiärer Wasserstoffatome. Chur Casanova Dr. 1881. 60 S. 8°.
Zürich, Phil. Diss. [v. 27. Jan. 1882].

Boner, Hieronymus. Leben, Werke u. Sprache, s. S t u d i e n, alsatische.

Boner, J. E., Berichtigung der Umkehrung v. Bernulli's Satz üb. die Transversalen am gradlinigten ebenen Dreiecke. gr. 8. (8 S. m. 1 lith. Taf.) Münster 851, Regensberg. n. ⅙ Rthlr

Boner, J. E., de Comitiis Romanorum centuriatis, commentatio critica et historica, spectans ad Ciceronis de re publica Libr. II. Cap. XXII. 4. Münster 833. Coppenrath. ¼ Rthlr

B o n e r, J. E., die Logarithmen u. d. Gränzen ihrer Zuverläßlichkeit, die Gaußischen Logarithmen für Summen u. Differenzen u. zur logarithmischen Auflösung d. quadratischen Gleichungen. Für eine auf strenge Theorie gegründete Anwendung. gr. 8. (5¾ B.) Münster 842, Regensberg.

Boner, J.E.: Eine Reihe trigonometrischer Aufgaben über das Dreieck mit äquidifferenten Seiten. 24 S. Figt.
Progr. Münster 1845.

Boner, J. E., Trigonometrie. 1. Cursus. Münster (858). Regensberg. gr. 8. (8 S.) 3¾ ngr

Boner, Johann Baptist

— Beantwortung der Fr.: Ob man bei der in d. J. 1795 u. 1800 im Hochstifte Münster herrsch. Ruhrepidemie ein persönl. Contagium zu fürchten hatte rc. 8. Münster 802. (Theissing). 4 gr

Boner, Jh. Bapt., Rede, gehalten in d. Versamml. d. Münster. Industriegesellschaft. 8. Münster 797. Coppenrath. 2 gr

Boner, K. A., s.a. Bonner, K. A.

Boner, K. A., Weg zur Wissenschaft u. Tugend für Kinder. 2 Hefte. 8. Neuw. Gehre. 794.

Boner, Ulrich, der Edelstein, s. Dichter des deutschen Mittelalters, 1. Bd.

Boner, Ulrich, der Edelstein, s.a. Dichtungen.

Boner, U., der Edelstein, s.a. Sammlung altdeutscher Werke in neuen Bearbeitungen.

Boner, Ulr., d. Edelstein, s.a. Universal-Bibliothek.

Boner, Ulr., der Edelstein, s.a. Veröffentlichung, 1. ausserordentliche, der graphischen Gesellschaft.

Boner, Ulr., Edelstein, in 100 Fabeln, mit Variant. u. Worterklär. herausgeg. von J. J. Eschenburg. gr. 8. Berl. 810. Unger. 1 rß 12 gr

— Edelstein, in hundert Fabeln, v. J. J. Eschenburg. g. 810. 8. Jetzt Sommerbrodt in Berlin.

— Edelstein, aus Handschriften berichtigt u. mit e. Wörterb. versehen, von G. F. Benecke. gr. 8. Berl. 816. Reimer. 2 rß 12 gr Velinp. 4 rß

Boner, Ulrich. Der Edelstein. Lichtdrucknachbildung der undatierten Ausgabe im Besitze der Kgl. Bibliothek zu Berlin. Nebst sechs Tafeln nach der Ausgabe der Herzogl. Bibliothek zu Wolfenbüttel. ([Hrg. von] Paul Kristeller. [Mit 110 Abbildungen.]) IV + 164 S. fol. Berlin, Bruno Cassirer, 1908. [geb. M. 50. —]
Graphische Gesellschaft. 1. ausserordentliche Veröffentlichung.

Boners Edelstein und der arme Heinrich. Taschenausg. Zwickau, Schumann. 820.

— Edelstein u. der arme Heinrich. Mit 1 Kpf. 16. Zwickau ... 2. Aufl. 820. Schumann. 9 gr

— Edelsteine, s. Benecke.

Boner's, Edelsteine, s. Eschenburg.

Boner, Ulrich, s.a. Fabeln aus den Zeiten der Minnesinger.

— Fabeln aus den Zeiten der Minnesinger. 8. Zürich. 738.

Boener, J. A., Nürnbergische Kleider-Trachten der Manns- u. Weibs-Personen, denen beigefüget sind etliche Plätze u. Gebäude in u. an der Stadt, wie auch der Grund-Riss u. doppelter Prospect derselbigen. Nürnberg 1700. Titel, 7 Bll. Vorrede u. 45 Bll. Costume. Qu.-4°. (36 Mk. J. Halle, München, 1897: Theilweise aufgezogen; vielfach fleckig. Der „Prospekt" ist leider nur zur Hälfte vorhanden.)

Bones, Joh. Fried. Wilhelm (Schlesien), De origine et natura jurisdictionis patrimonialis in discessu ab academia. Spec. jur. Halle (Hendel) April 1792. 38 S. (4.50)

Bonet, Honoré. L'arbre des batailles. (Ist eine der ältesten systematischen Schriften über Kriegsrecht. Nach dem Manuscript des David Aubert v. J. 1456 in der kön. Bibliothek zu Brüssel.) Publié par Ernest Nys, juge au tribunal de 1re instance d'Anvers, etc. 4. Bruxelles et Leipzig 1883.

Bonet, Juan Pablo, Vereinfachg. d. Buchstaben u. d. Kunst Stumme sprechen zu lehren. A. d. Span. übers. v. Frdr. Werner. gr. 8. (184 S. m. 1 Taf.) Stade 895. (F. Schaumburg.) 12. —

Bonet-Maury, G., D. franz. reformirte Kirche z. Emmerich, s.: Geschichtsblätter d. deutschen Hugenotten-Vereins.

Bonet-Maury, Gaston: Die Gewissensfreih. in Frankr. v. Edikt v. Nantes bis z. Gegenwart. Deut. Ausg., unter Mitwirkg d. Verf. bearb. v. A Reinecke u. E v. Roeder. (4, 312) 8° Lpzg. JC Hinrichs '12. 5 —: L 6 — d

Bonfanti Nicolo: De Phaedri vita et scriptis dissertatio.
II. 1906 PN 2005 Diss. Wien. Univ.

Bonfils, la morale du citoyen. II Vols. gr. 8. Strassb. 791. König. 1 rß 12 gr

Bonfils, Henry

Lehrbuch des Völkerrechts für Studium und Praxis [Manuel du droit international public]. Von Henry **Bonfils**, Prof., Toulouse. 3. Aufl., durchges. u. erg. von Paul Fauchille. Übers. u. mit Anm. vers. von Dr. jur. August Grah. (Vorr.: Bernhard Hübler.) *Berlin: C. Heymann 1901.* (XVI, 867 S.) 8° [04. 4787] 9

Bonfinus, **Ant., historia pannonica sive hungaricar. rer. decades IV. et dimidia lib. XLV. cura Belii. Fol. Wien 771.** Krauss. 5 rß

Bonfort, H., d. Bibliothekswesen in d. Vereinigten Staaten. gr. 8. (44 S) Hamburg 896. H. Seippel. n. — 75

Bonfort, Helene, Goethe unser Führer. Geleitworte aus seinen Werken in Kalenderform. (120 S. m. 1 Bildnis.) kl. 8. Heidelberg 907. O. Petters. n. 2. 50; geb. in Ldr. n. 3. 50

Richard **Bong** 1872—1897. Dem thatkräftigen Förderer d. Kunst u. Litteratur ... gewidm. v. e. Freunde d. Hauses. *(Berlin: gedr. bei J. Sittenfeld 1897.)* (36 S., 1 Bl., 1 Portr., 14 Taf.) 1 Bd 2. [97. 7975

Bong, Ernst, s.: Coloma, P. Luis, Buch der Kinder.

Bong, Frid. Guil. Ludov. (geb. Berlin 14. 5. 1830): De typho abdominali. Berolini (1855). (35 S.) 8°
Berlin, Med. Diss. v. 17. Juli 1855

Bong, Paul [aus Köln a. Rh.]: Beitrag zur Lehre über das maligne Adenom des Uterus ... Würzburg, P. Scheiner's Buchdr., 1896; 27 S. 8.
Würzburg, Med. Fak., Inaug.-Diss. v. 1896

Bong, R. (Hrsg.), s. Welt, Für alle.

Bong, Richard (Hrsg.), s. Kunst, Moderne.

Bong, Wilh.: Christus u. d. Arbeiterwelt. Meine Erlebn. als Handwerksbursche u. Fabriksarbeiter. 1. u. 2. Taus. (200) gr8° Wien, H Kirsch '11. 2.40

— Papst Pius X. u. d. moderne Jugend. 1. u. 2. Taus. (31) kl8° Ebd. ('11). — 40

Bong-Schmidt, Max: Vom Rudersport. Lübeck 1909: Schmidt. S. 3—19. 4°
Lübeck, Johanneum, RG u. R OP 1909 (968)

Bongard: Abhandlung ... s. Bongard, Heinrich Gustav

Bongard, Ed. Les nihilistes russes ou la conspiration infernale. 8°. Zürich, F. Artuzzi. In ca. 20 Lieferungen. **1878**

Bongard, Éd., les nihilistes russes ou la conspiration infernale. Roman contemporain. 1re partie. 12. (480 S.) Zürich 881, Schmidt. 3 —

Bongard, G. H., s. Bongard, Heinrich Gustav

Bongard, Heinrich Gustav

Bongard physiologisch-mediz. Abhandl. über die Wirkung d. Sauerstoffs u. d. ihm entgesetzten Stoffe auf das Organische. 8. Landshut. Koub. 803.

Bongard, H. Gst., physiologisch-mediz. Abhandl. über die Wirkung d. Sauerstoffs u. d. ihm entgegengesetzten Stoffe auf das Organische. 8. Landsh. 803. (Storno). 6 gr

Bongard, H. G., Descriptiones Plantarum novarum. Ex Academiae Caesareae sc. Commentariorum Ser. VI. T. V. 4 maj. (Mit 22 Steintaf.) Petropoli 839. (Lipsiae, Voss.) n. 1 1/6 ℛ

—— und C. A. Meyer, Verzeichniss der im Jahre 1838 am Saisang-Nor und am Irtysch gesammelten Pflanzen. Ein 2. Suppl. zur Flora Altaica. M. 16 lith. Taf. gr. 4. (11⅓ B.) St. Petersburg 841. (Leipzig, Voss.) **
Aus den: Memoires de l'Acad. de scienc. nat. T. IV., besond. abgedruckt.

— Widerlegung der neuesten von Besnard aufgestellten Theorie u. Heilart der Lustseuche. gr. 8. Wien 812. Wimmer. 20 ℋ

Bongard, M., Naturbeschreibung für die Volksschule. Mit besond. Berücksicht. der im Verlage von W. Crüwell in Dortmund erschienenen Pensenvertheilungen und Lesebücher als Lehrbuch für den Lehrer und Wiederholungsbuch für den Schüler bearb. 3 Tle. 8. Dortmund, W. Crüwell. * 90 Pf.; cart. * 1 15
Inhalt:
Tl. 1. Pflanzenkunde. 2. neu durchgearb. Aufl. (IV, 44 S.) 879. * 30 Pf.; cart. * 40 Pf.
" 2. 3. Tier- und Mineralienkunde, nebst einer Beigabe über den Leib des Menschen. (IV, 112 S.) 880. * 60 Pf.; cart. * 75 Pf.

Bongard, M., Naturbeschreibung für Volksschulen. Mit besond. Berücksicht. der im Verlage von W. Crüwell in Dortmund erschienenen Pensenverteilungen und Lesebücher. 2. und 3. Tl.: Tier- und Mineralienkunde, nebst einer Beigabe über den Leib des Menschen. 2. Aufl. 8. (IV, 112 S.) Dortmund 888, W. Crüwell's Verlag. * 60 Pf.; geb.
1. Tl.: Pflanzenkunde. Ebendas. 1879. * 30 Pf.; cart. * 40 Pf.

Bongard, M., Naturbeschreibg. f. Volks- u. Mittelschulen, sow. f. Präparandenanst. II. u. III. Tl.: Tier- u. Mineralienkunde, n. e. Beigabe üb. d. Leib d. Menschen. 3., verb. Aufl. 8. (IV, 127 S.) Dortmund 896. W. Crüwell. Geb. n. — 80

Bongard, Oskar: Die Arbeiterverhältnisse und Besiedelungsversuche in den portugiesischen Besitzungen Sao Thomé, Angola und Portugiesisch-Ostafrika. Berlin: W. Süsserott 1906. (79 S.) 8° [F.]
Straßburg, Rechts- u. staatsw. Fak., Ref. Knapp, Diss. v. 29. Juni 1905
[Geb. 7. Juli 72 Straßburg i. E.; Wohnort: Straßburg-Neudorf; Staatsangeh.: Elsaß-Lothringen; Vorbildung: Bischöfl. Gymn. Straßburg ohne Reifezeugnis; Studium: Straßburg 6 S.]

Bongard, Osk.: Staatssekretär Dernburg in Britisch- u. Deutsch-Süd-Afrika. (141 m. 12 Taf.) gr8° Berl., W Süsserott ('08). 2.80
|| 3. Taus. (141 m. 12 Taf.) ('09.) 1.50

Bongard, Osk., Staatssekretär Dernburg in Britisch- u. Deutsch-Süd-Afrika. (3. Taus.) (IV, 141 S. m. 12 Taf.) Lex. 8. Berlin (909). W. Süsserott. 1.50
1. Aufl. (IV, 141 S. m. 12 Taf.) 908. 2.80

Bongard, Osc.: Die Reise d. deut. Kronprinzen durch Ceylon u. Indien. (200 m. Abb.) gr 8° Berl., C A Schwetschke & S. ('11). 3 —; L 4.50 d

Die Studienreise des Staatssekretärs Dernburg nach Deutsch-Ost-Afrika. Auszug aus d. Werke von Dr. Oscar **Bongard.** Berlin: Gerdes & Hödel [1908]. 74 S. 8°
(Stenographische Bibliothek d. Unterhaltung u. d. Bildung nach Stolze-Schrey. Bd 1.) [10 13321

— Die Studienreise des Staatssekretärs Dernburg nach Deutsch-Ostafrika. (79 S. m. Abbildgn.) gr. 8. Berlin 908. W. Süsserott. 1. —

Wie wandere ich nach Deutschen Kolonien aus? Ratgeber f. Auswanderungslustige von Dr. Oscar **Bongard.** Berlin: W. Süsserott [1907]. (98 S.) 8°
— **Kolonialbibliothek,** Süsserotts. Bd 14. [07. 13435

— Wie wandere ich n. deut. Kolonien aus? 2. Afl. (71 m. Abb.) 8° Ebd. ('08). — 60
Die 1. Afl. s.: Süsserott's Kolonialbibliothek.

— Wie wandere ich nach deutschen Kolonien aus? Ratgeber f. Auswanderungslustige. 3. Aufl. (17—25. Taus.) (78 S. m. Abbildgn.) 8. Ebd. (910). — 60

Bongardt, Frz. Ant., die Eucharistie, der Mittelpunkt des Glaubens, Gottesdienstes und Lebens der Kirche, in ihrer Herrlichkeit und Segensfülle für tieferes Verständniß erörtert und zur Betrachtung dargestellt. 2. Aufl. 8. (XII, 488 S.) Paderborn 882, F. Schöningh. * 3 —
Die 1. Aufl. erschien 1874 ohne Angabe des Verfassers.

Bongardt, Hans: O du Heimatflur. Roman. (221) 8° Wolfenb., Heckner '12. 3.50; geb. 4.50 d

Bongardt, Hans, Naturkunde f. höhere Mädchenschulen, s.: Kahnmeyer u. Schulze.

— Der Rappenhof. Roman. (241) 8° Wolfenb., Heckner '11. 3 —; geb. 4 — d

— Tierkunde. s.: Franke, M.

Bongardt J., die Naturwissenschaften im Haushalt, s.a. Aus Natur u. Geisteswelt.

Die Naturwissenschaften im Haushalt. Von Dr. J. **Bongardt.** Mit Abb. T. 1. 2. Leipzig: B. G. Teubner 1906. 2 Bde 8° [F.]
1. Wie sorgt die Hausfrau f. d. Gesundheit d. Familie?
2. Wie sorgt die Hausfrau f. gute Nahrung?
— **Natur,** Aus, u. Geisteswelt. Bdch. 125. 126. [07. 5.9

Bongardt J., die Naturwissenschaften im Haushalt. II. Wie sorgt die Hausfrau für gute Nahrung? (137 S) (Aus Natur- und Geisteswelt 126) Leipzig 1907

Bongardt, Johannes: Beiträge zur Kenntnis der Leuchtorgane einheimischer Lampyriden. Mit 3 lithogr. Taf. u. 4 Fig. im Text. *Leipzig: W. Engelmann 1903.* (49 S.) 8°
¶ (Aus: Zeitschrift f. wiss. Zool., Bd 75, H. 1.)
Heidelberg, Naturw.-math. Diss. v. 1903

Bongart, A. R. D. P., erste Gründe christkathol. Glaubenslehre. 8. Münster, Aschendorff. 777.

Bongartz, Christenlehre. 8. Cöln, Fabricius. 777.

Bongartz: Die Lage d. Volksschule im Reichsland Elsass-L., s: Flugschriften d. alldeut. Verbandes.

Bongartz, d. Zerstörung d. preuss. Klöster, od. was kostet d. Kulturkampf. Berlin 880.

Bongartz, Alfons [pr. Arzt aus Calvörde]: Ueber Scorbut. . . . Würzburg, Druck d. Stabel'schen k. b. Hof-Buchdr., 1889; 36 S. 8°
Würzburg, Med. Fak., Inaug.-Diss. v. 1889

Bongartz, Arn., die Klöster in Preußen u. ihre Zerstörung, oder Was kostet der „Kulturkampf" dem preuß. Volke? gr. 8. (VI, 195 S.) Berlin 880. Germania. 3. —

— das katholisch-sociale Vereinswesen in Deutschland. Geschichte, Bedeutung u. Statistik desselben. gr. 16. (XI, 192 S.) Würzburg 879. Woerl. n. 2. —

Bongartz, August, approb. Arzt aus Herzogenrath: Aus d. Kgl. Pathol. Institute in Kiel. Ein Beitrag zur Kasuistik der Hirnhaemorrhagieen bei hereditärer Syfilis der Neugeborenen. *Kiel 1903: Schmidt & Klaunig.* (18 S.) 8°
Kiel, Med. Diss. v. [10. Sept.] 1903

Bongartz, Christian, Tierarzt in Godesberg: Kommen normalerweise im Fleisch unserer Schlachttiere paratyphusähnliche Bakterien vor und bedingt der Nachweis derselben die Einführung der bakteriologischen Fleischbeschau? ⟨Aus dem hygienischen Institut der Universität Bonn.⟩ Bonn 1910. 46 S. 8°. [3. III. 10.]
Bern, Vet.-med. Diss. 1909/10

Bongartz, Emil [pr. Arzt aus M.-Gladbach]: Über die Ausbreitung der tuberkulösen Infektion im Auge auf Grund patholog.-anatom. Untersuchgn . . . Würzburg, kgl. Universitätsdr. v. H. Stürtz, 1891; 19 S., 1 Taf. 8.
Würzburg, Med. Fak., Inaug.-Diss. v. 1891

Bongartz, Emil, üb. die Ausbreitung der tuberkulösen Infektion im Auge auf Grund pathologisch-anatomischer Untersuchungen. Diss. gr. 8. (20 S. m. 1 farb. Taf.) Würzburg 891. (Wiesbaden, J. F. Bergmann.) n.n. 1. —

Bongartz, Heinrich, Referendar, aus Düren: Die Wirkungen der Vormerkung zur Sicherung des Anspruchs auf Eintragung einer Hypothek. *Köln 1904: M. Du Mont Schauberg.* (81 S.) 8°
Rostock, Jur. Diss. v. [24. Mai] 1904

Bongartz, Joseph [aus Herzogenrath (Rheinprovinz)]: Über Verbindungen [de]r Aldehyde, Ketone und Ketonsäuren mit der Thioglycolsäure und der Thiacetsäure, sowie über eine eigenthümliche Condensation der Thiacetsäure .... Aachen, Druck v. F. N. Palm, 1887; 48 S. 8°.
Erlangen, Phil. Fak., Inaug.-Diss. v. 1887.

Bongartz, Joseph, über Verbindungen der Aldehyde, Ketone und Ketonsäuren mit der Thioglycolsäure und der Thiacetsäure, sowie über eine eigenthümliche Condensation der Thiacetsäure. Diss. Erlangen 1887, Th. Blaesing. 8°. 48 S.

Bongartz, Peter [app. Arzt aus Schönthal bei Düren '(Rheinl.)']: Der primäre Leberkrebs ... Würzburg, Druck d. Stahel'schen k. Hofbuchdr., 1892; 35 S. 8.
Freiburg i. B., Med. Fak., Inaug.-Diss. v. 1892

Bongaertz, J., s.a. Bongaertz, Johann

Bongaertz, J., s.a. Bongaertz, Julius

Bongaertz, Johann, s.a. Bongaertz, Julius

Bongaertz, J., zur Feier d. Geburtstages Sr. Majestät Kaiser Wilhelm's II. Ein Lebensbild unseres Kaisers, nebst e. reichhalt. Sammlg. vaterländ. Gedichte. 6., verm. Aufl. gr. 8. (36 S. mit Bild.) Düsseldorf 890. Schwann. n.n. — 40; mit patriot. Liederschatz n.n. — 60

Bongaerts, J, z. Feier d. Geburtstages Sr. Maj. Kaiser Wilhelm's II. Ein Lebensbild uns. Kaisers unter bes. Berücks. s. Thätigkeit als Regent, nebst e. Ausw. pass. Gedichte z. Deklamieren. 6. Afl. 8° (32) Düsseld. 92, L Schwann. n.n. — 30|| 7. Afl. (27) 95. n.n. — 25

Bongaertz, Joh., z. Feier d. Geburtstages Kaiser Wilhelms II. E. Lebensbild uns. Kaisers unt. bes. Berücksicht. s. Thätigkeit als Regent. 7., verm. u. neu bearb. Aufl. 8. (27 S.) Düsseldorf 895. L. Schwann. n.n. — 25

Bongaertz, Joh., zur Feier des Geburtstages Sr. Maj. Kaiser Wilhelms II. Ein Lebensbild unseres Kaisers unter besond. Berücksicht. seiner Tätigkeit als Regent. 9. Aufl. (27 S.) gr. 8. Düsseldorf (909). L. Schwann. nn — 25

Bongaertz, J., Festgabe zur ersten Geburtstags-Feier Sr. Maj. Kaiser Wilhelms II. 8. (20 S.) Düsseldorf 888, Schwann. *

— Festgabe zur ersten Geburtstags-Feier Sr. Maj. Kaiser Wilhelm's II. Ein Erinnerungsblatt f. die deutsche Jugend, enth. e. Ansprache an die Kinder, e. Lebensbild unseres Kaisers u. einige zum Deklamieren geeignete Gedichte. gr. 8. (20 S.) Ebd. 889. n. — 40

— f. Kaiser u. Reich. Ausw. geeigneter Deklamationen z. Feier d. Kaisergeburtstages u. and. patriot. Schulfeste. 8° (36) Düsseld. 94, L Schwann. n.n. — 25

— Für Kaiser u. Reich. Auswahl geeigneter Deklamationen zur Feier d. Kaisergeburtstages u. anderer patriot. Schulfestlichkeiten. 4. Aufl. (55 S.) gr. 8. Ebd. (909). — 40

Das betende Kind in Schule und Familie. Sammlung beliebter Spruchgebete von J[ohann] Bongaertz. *Dülmen: A. Laumann (1893).* (55 S.) 8°(16°) [F.]
[9?. Bong 6

— patriot. Liederschatz f. d. deut. Jugend. 20 ausgew. Vaterlandslieder f. d. Schulfeier d. Kaisergeburtstages u. and. vaterländ. Gedenktage. 8. (22) Ebd. 90. n.n. — 25

Bongaertz, J., patriotischer Liederschatz f. d. deutsche Jugend. 24 ausgew. Vaterlandslieder f. die Schulfeier d. Kaiser-Geburtstages u. and. vaterländ. Gedenktage. Gesammelt u. hrsg. 4. Aufl. 8. (24 S.) Düsseldorf (902). L. Schwann. n.n. — 25

Unterweisung über das katholische Kirchenjahr und dessen Feste und Gebräuche für die Hand des Kindes. Zum Gebrauche für Schule u. Haus von J[ohann] Bongaertz. *Dülmen: A. Laumann (1893).* (53 S.) 8° [F.]
[9?. Bong 6

Bongaertz, Julius, s.a. Bongaertz, Johann

Bongaertz, Jul., zur Feier d. Geburtstages Sr. Maj. Kaiser Wilhelm's II. Ein Lebensbild unseres Kaisers unter besond. Berücksicht. seiner Thätigkeit als Regent, nebst e. Auswahl pass. Gedichte zum Deklamieren. 6., verm. u. neu bearb. Aufl. 8. (32 S.) Düsseldorf 892. L. Schwann. n.n. — 30

— der Geschichts-Unterricht in der Volksschule. Für e. 2jähr. Kursus in je 30 Lektionen bearb. nach den Anforderungen. der Gegenwart, zum Gebrauche an Volks-, Mittel- u. Fortbildungsschulen u. f. Präparanden. gr. 8. (278 S.) Münster 892. Aschendorff. n. 2. 80

— das betende Kind in Schule u. Familie. Sammlung beliebter Spruchgebete. 32. (55 S.) Dülmen 893. A. Laumann. n. — 20

— Unterweisung üb. das katholische Kirchenjahr u. dessen Feste u. Gebräuche f. die Hand d. Kindes. Zum Gebrauche f. Schule u. Haus. 32. (53 S.) Ebd. 893. n. — 20

— Vorschule zur Geometrie, nebst Flächen- u. Körperberechnung f. Präparanden, sowie zum Gebrauch in Volks-, Fortbildungs- u. Mittelschulen. gr. 8. (VIII, 96 S. m. 118 Abbildgn.) Freiburg i/B. 892. Herder. n. 1. 20; geb. n.n. 1. 50

Bonge, Richard [pr. Arzt aus Senftenberg '(Niederlausitz)']: Ein Fall von Aphasie und seine Behandlung ... Berlin, Buchdr. v. G. Schade, *1897*; 30 S., 1 Bl. 8.
Berlin, Med. Fak., Inaug.-Diss. v. 11. Mai 1897

Bongé, Waldemar von, Ehrenbreitstein b. Kobl.: Über die Einwirkung wasserfreier Salpeter- und Schwefel-Säure auf Cellulose, nebst einigen Beobachtungen über das Schweizer'sche Reagens. *Leipzig: Thalacker & Schöffer 1904.* (39 S.) 8°
Leipzig, Phil. Diss. v. 1904

Bongers, Paul [prakt. Arzt]: Ueber Synthesen im Organismus der Vögel .... Königsberg i. Pr., Druck v. M. Liedtke, 1887; 2 Bl. + 23 S. + 2 Bl. 8°
Königsberg, Med. Fak., Inaug.-Diss. v. 23. Dez. 1887

Bongers, Paul, über Synthesen im Organismus der Vögel. Inaugural-Dissertation. 8. (23 S.) Königsberg 887, (Koch's Antiq.) **

Bongert, Heinrich Cornelius: Ein Fall von Endothelkrebs der Pleura. *Greifswald 1897: C. Sell.* (25 S.) 8°
Greifswald, Med. Diss. v. 27. Okt. 1897

Bongert, J., s.: Arbeiten aus dem bakteriologischen Laboratorium des städtischen Schlachthofes in Berlin.

Bongert, J., bakteriologische Diagnostik f. Tierärzte u. Studierende. Mit 7 Abbildgn. im Text u. 20 Lichtdr.-Taf., enth. 102 Photogramme v. Bakterien. (VI, 236 S. m. 20 Bl. Erklärgn.) gr. 8. Wiesbaden 904. Leipzig, O. Nemnich. Geb. in Leinw. n. 8. —

— Bakteriologische Diagnostik m. besond. Berücksicht. d. Immunitätslehre, der Serodiagnostik u. der Schutzimpfungen f. Tierärzte u. Studierende. 2., stark verm. u. verb. Aufl. Mit 16 Abbildgn. u. 1 Farbendr.-Taf. im Text sowie 20 Lichtdr.-Taf., enth. 111 v. Verf. hergestellte Photogramme. (X, 403 S. m. 20 Bl. Erklärgn.) gr. 8. Leipz. 908. O. Nemnich. Geb. i. Lw. 12. —

— Bakteriolog. Diagnostik m. bes. Berücks. d. experimentell-aetiolog. Forschg, Immunitätslehre u. d. Schutzimpfgn f. Tierärzte u. Studierende d. Veterinärmedizin. 3. Afl. (18, 478 m. 20 Bl. Erklärgn, Abb. u. 21 [1 farb.] Taf.) gr 8° Lpzg, O Nemnich '12. L 12 —

Bonghi, Georg s. a. Italiener. Derberedte I'. 16. Aufl. Bern 1904.

Bonghi, G., der beredte Italiener. Kleines Handbuch der italien. Sprache, enth.: Grammatik, Gespräche, Lesestücke u. Wörtersammlg. Eine Anleitg., in sehr kurzer Zeit ohne Hilfe e. Lehrers, leicht u. richtig italienisch lesen, schreiben u. sprechen zu lernen. 15. Aufl. 12. (192 S.) Bern 901. J. Heuberger. n. 1.—

Bonghi, G., der beredte Italiener. Kleines Handbuch der italien. Sprache, enth.: Grammatik, Gespräche, Lesestücke u. Wörtersammlg. Eine Anleitg., in sehr kurzer Zeit, ohne Hilfe e. Lehrers, leicht u. richtig italienisch lesen, schreiben u. sprechen zu lernen. 17. Aufl. (192 S.) kl. 8. Bern 907. F. Semminger. 1.—

Bonghi, G: Der beredte Italiener. Kleines Handb. d. italien. Sprache. 18. Afl. (192) kl8° Bern, F Semminger '09. 1 — d

Bonghi, Ruggero, die römischen Feste. Illustrirt v. G. A. Sartorio u. Ugo Fleres. Deutsch v. Alfr. Ruhemann. (Autoris. Ausg.) gr. 8. (V, 216 S.) Wien 891. A. Hartleben. n. 8.—

Bonhi, Ruggero. Die römischen Feste. Illustr. v. G. A. Sartorio u. Ugo Fleres. Deutsch v. Alfr. Ruhemann. (Autoris. Ausg.) gr. 8. (V, 216 S.) Wien 892, Hartleben. * 8 —

Bonghi, Ruggiero, d. Judenhetze, s.: Ist der Morgen nicht nah?

Bonghi, Ruggero, Pius IX. u. der künftige Papst. Autoris. Uebersetzung. 8. (VIII, 334 S.) Wien 878. Hartleben. n. 5.—

Bongiorni, Emilio, Catecismo de sociologia cristiana, arreglado para los paises de lengua española por Miguel M. de la Mora, s.: Dogma y razón.

Bonhard, Christ.

-- s. Leichenpredigten auf den König Gustav Adolph.

Bonhard, Christ., die Civilehe, od. Beantwortung der Frage: Ist deren Einführung in christl. Staaten nothwendig od. wünschenswerth? gr. 8. (2¼ B.) Gießen 843, Ferber'sche Univerſit.-Buchh.

Bonhard, Geo. Chr., über ein epidem. Fieber, welches im Jahre 1793 in Darmstadt u. d. Umgegend herrschend war. 8. Frankf. 795. W. Fleischer. 4 gr.

Bonhard, Geo. Chr., die Kunst, Schwangere, Wöchnerinnen u. neugeborne Kinder vernünftig zu behandeln u. Gebärenden den nöthigen Beistand zu leisten, für Hebammen u. Mütter. gr. 8. Wiesbaden 812. Schellenberg. 16 gr.

Bonhard, Phpp., was lehren uns die Ergebnisse d. Reichstagswahlen? Wahlstatistische Betrachtgn. gr. 8. (VII, 110 S.) Heidelberg 902. C. Winter. n. 1.20

Boenhart, Christian Adolph (Eisenach), De simul investitis feudum individuum possidentibus morte unius ad renovationem non adstrictis. Disp. jur. Präs. Jo. Andreas Hofmann. Marburg (Müller) 24. III. 1760. 38 S. (5.—)

Bönhart, Chr. Ad., († d. 1. Oct. 1786.) commentatio de transmissione haereditatis etc. 4. Marb. 763. (Hermann in Frankf. a. M.) 4 gr.

— — De transmissione hereditatis ex pacto successorio adquisitivo maxime illustr. Disp. jur. Marburg (Müller) 2. VI. 1763. 88 S. (5.50) 3315

Bonheim, John, Referendar: Inhalt und Bedeutung des § 405 des Bürgerlichen Gesetzbuches. *Schwerin i. M. 1904: Bärensprung.* (60 S.) 8° [F.]
Rostock, Jur. Diss. v. [4. Aug.] 1904

Bonheim, Paul, die Behandlung akuter Entzündungen mit Hyperämie nach Bier, s.: Mitteilungen aus den hamburgischen Staatskrankenanstalten. VII, 12.

Bonheim, Paul, approb. Arzt aus Hamburg: Über **Dextrocardie.** *Kiel 1900: P. Peters.* (26 S.) 8°
Kiel, Med. Diss. v. [20. Aug.] 1900

Bonheur, le, nouv. système de jurisprud. naturelle. 8. Lps. 753.

Bonhoefer, Georg Michael (Schwäb. Hall), Dissert. differ. juris Romani & Germanici in opifice exule in pagis. Von Handwerckern auf den Dörfern. Präs. Joh. Pet. v. Ludewig. Halle (Joh. Grunert) 15. VII. 1724. 84 S. (5.—)
Widm. v.: C. D. v. Nazmer, G. M. Cramer (Isny/Schwab.), W. C. Bellon, J. C. Schade (Pappens./Schwab.).

— — Dasselbe. Halle (J. F. Grunert) 1739. (5.—)

Bonhoefer, I. F., s. a. Bonhöffer, Jh. Fr.

— d. Christ in den vier Jahresz. zur Betrachtung vorgest. 8. Mannh. Löffler. 783.

Bonhoefer, I. F., Comm. juris publ., qua jus detractae superioritatis vindicatus etc. 4. maj. Gött. Dieterich 773. -

— d. für uns denkende Hohepriester Jes. Chr. rc. 8. Nrnb. Riegel. 764.

Bonhoefer, Jo., s. Bonhoeffer, Joh. Carl Peter

Bonhoff, Carl, s. a.: Eggebrecht, Albr.

Bonhoff, Carl, das letzte Anliegen. Abschiedspredigt, geh. in der evang.-reform. Kirche zu Leipzig. (29 S.) kl. 8. Leipzig 908. F. Eckardt. — 80

! **Bonhoff**, Carl: Das letzte Anliegen. — Gestalten u. Legenden. Jetzt: Lpzg, M Heinsius Nf. 06/09

Bonhoff, Carl, Christentum u. sittlich-soziale Lebensfragen. 4 volkstüml. Hochschulvorträge, geh. i. J. 1900. 8. (VI, 94 S.) Leipzig 900. B. G. Teubner. n. 1.60; geb. in Leinw. n. 2.—

Bonhoff, Carl, Die église réformé in Leipzig, s.: Geschichtsblätter d. deutsch. Hugenotten-Vereins.

— Gestalten und Legenden. Religiöse Reden. (303 S.) gr. 8. Ebd. 908. 4.—; geb. in Leinw. 5.—

— D. Hohelied d. Liebe 6 Predigten. gr. 8. (80 S.) Leipzig 897. J. A. Barth. n. 1.—

Jesus und seine Zeitgenossen. Geschichtl. u. Erbauliches von Carl **Bonhoff**. Leipzig: Teubner 1906. VI, 124 S. 8°
(Aus Natur u. Geisteswelt. Bdch. 89.) (11. 18390 11

— Leben, Licht, Liebe, s.: Predigt-Bibliothek, moderne. IV. 1.

Die Pipelhühner von Albrecht Eggebrecht [d. i. Karl **Bonhoff**]. Berlin: Th. G. Fischer & Co. 1905. (418 S.) 8° [F.] 107. 9176 4

— Predigten. 1. Sammlg. gr. 8. (VII, 192 S.) Leipzig 901. O. Wigand. 8.—

— Predigten. 2. Sammlg. (III, 186 S.) gr. 8. Leipzig 904. O. Wigand. n. 2.—
1. Sammlung. Ebd. 904. n. 3.—.

Bonhoff, Carl, Reden u. Ansprachen, geh. am 1. Apr. 1894 bei der Einführung des Pastors Carl Bonhoff in das Pfarramt der ev.-reformierten Kirche in Leipzig. gr. 8. (22 S.) Leipzig 894. Dürr'sche Buchh. n. — 40

— Der Sinn f. d. Göttliche. (Predigt.) (21) 8° Lpzg, O Wigand '06. — 60 d

— am Stromquell der Gottesliebe. Predigt, geh. in der Stadtkirche zu Karlsruhe am Vorabend des XI. ev.-soz. Kongresses, 6. VI. 1900. gr. 8. (12 S.) Karlsruhe 900. G. Braun'sche Hofbuchdr. n. — 40

— Der Teufel u. das Michelein Christi. Lust, Leid u. Sieg e. Kindesseele. (6,250) 8° Lpzg, M Heinsius Nf. '11. 2.80; L 3.60 d

— Der Tod u. d. Tödin. Roman. (183) 8° Lpzg, F Eckardt '09. 3 —; geb. 4 — d

— Der Tod u. die Tödin. Roman. 2. Afl. (183) 8° Ebd. '12. 3 —; geb. 4 — d

— Die Unhaltbarkeit der Forderung des Konfirmationsgelübdes. Ein Vortrag, e. Sammlg. v. 20 Urteilen u. e. Diskussionstafel. (VI, 88 S.) gr. 8. Leipzig (908). O. Wigand. 1.80

— das Wunder der Kraft. Predigt, m. Beziehg. auf Björnsons Drama „Über unsere Kraft“ am Sonntag Sexagesimä 1901 geh. 1. u. 2. Aufl. gr. 8. (à 23 S.) Leipzig 901. O. Wigand. n. — 50

Bonhoff, Friedrich, Medizinalprakt.: Aus d. Tübinger Univ.-Frauenklinik. Über Kohabitationsverletzungen. Tübingen 1908: Schnürlen. 20 S. 8°

Tübingen, Med. Diss. v. 25. Jan. 1909, Ref. Sellheim

[Geb. 9. Aug. 83 Hildesheim; Wohnort: Hamburg; Staatsangeh.: Preußen; Vorbildung: Realgymn. Goslar Reife O. 02; Studium: Lausanne 1, Tübingen 4, München 1, Kiel 1, Würzburg 1, Tübingen 2 S.; Coll. 22. Juli 08; Approb. 15. Jan. 09.] [U 09. 3920

Bonhoff, Hermann Franz, approb. Arzt aus Haltern: **Trauma in Beziehung zur Syringomyelie und chronischen Myelitis.** *Bonn 1901: C. Georgi.* (29 S.) 8°

Bonn, Med. Diss. v. 12. Juli 1901

Bonhoff, Karl, appr. Arzt a. Münster i. Westf.: **Aus d. Universitäts-Augenklinik zu Gießen.** Bericht über die Wirksamkeit der Universitäts-Augenklinik zu Gießen vom 1. April 1903 bis zum 31. März 1904. Gießen 1906: v. Münchow. (36 S.) 8°

Gießen, Med. Fak., Ref. Vossius, Diss. v. 28. Juli 1906

[Geb. 18. März 80 Münster; Wohnort: Münster; Staatsangeh.: Preußen; Vorbildung: Gymn. Warendorf Reife O. 01; Studium: Göttingen 2, Kiel 2, Würzburg 1, Berlin 1, Freiburg i. B. 1, Gießen 3 S.; Coll. 5. März 06; Approb. 10. März 06.]

Bönhoff, Leo

Bönhoff, *Friedrich Andreas Gustav* Leo [cand. theol.]: Aldhelm von Malmesbury. E. Beitr. z. angelsächs. Kirchengesch. ... Dresden, Rammingsche Buchdr., 1894; VII, 126, II S., 1 Bl. 8.

Leipzig. Phil. Fak., Inaug.-Diss. v. [2. Juli] 1894

Bönhoff, Leo (Hrsg.): Engebirgische Kriegschronik, s. L e h m a n n s , Christian

Bonhoeffer, Beitrag . . . , s. B o n h o e f f e r , Karl

Bonhöffer, Adf. Epictet u. die Stoa. Untersuchgn. zur stoischen Philosophie. gr. 8. (VIII, 316 S.) Stuttg. 890, Enke. * 10 —

Bonhöffer, Adf: Epiktet u. d. Neue Test., s: Versuche u. Vorarbeiten, Religionsgeschichtl.

Bonhöffer, Adf., die Ethik des Stoikers Epictet. Anh.: Exkurse üb. einige wicht. Punkte der stoischen Ethik. gr. 8. (VIII, 278 S.) Stuttgart 894. F. Enke. n. 10. —

— Gesch. d. antiken Philos., s: Handbuch d. klass. Altertums-Wissensch., Windelband.

Bonhöffer, Eugen

Bonhöffer, E. Erläuterungen zu den poet. Stücken des Lesebuches. 8. Stuttg. 888, Bonz u. Comp. * 2 —

Bonhöffer, Eug., Erläuterungen zu den poetischen Stücken des Lesebuchs für die evangelischen Volksschulen Württembergs. 8. (VII, 168 S.) Stuttgart 888, Krabbe. *

Bonhöffer, Eug., der Kinderkreuzzug. Kinderschauspiel in 2 Akten. 8. (43 S.) Heilbronn 879. Häring in Comm. n. — 50

Bonhöffer, Eug. Graf Ulrich v. Wirtemberg. Dramat. Gedicht in 5 Aufzügen. 8. (VIII, 128 S.) Stuttg. 889, (Metzler's Sort.). * 1 50; geb. * 3 —

Bonhöffer, Eug., Graf Ulrich v. Wirtemberg. Schauspiel in 6 Aufzügen. 2., für die Bühne bearb. Aufl. 8. (67 S.) Tübingen 891. Fues. n. 1. —

Bonhoeffer, Joh. Carl Peter (Schwäb. Hall), De jure venandi per modum servitutis jur. publ. in territorio alieno eiusque usu et abusu. Altorf (J. G. Meyer) 3. XII. 1748. 28 S., z. Tl. dtsch. (3.—)

Bonhöffer, Jh. Fr., s. a. B o n h o e f e r , I. F.

– s. B r e n t i o , Kirchenordnung.

-- der Christ in den vier Jahreszeiten zur Betracht. vorgestellt. 8. (Manh.) 781. N. Aufl. 783. Löffler. 8 ℊ

Bonhöffer, **Jh. Fr. I., († d. 7. Juli 1783.) commentat. juris publ. german., qua jus detractus superioritati territoriali vindicatur ejusque vera indoles ostenditur. 4 maj. Götting. 773. Dieterich. 6 ℊ**

— d. für uns denkende hohe Priester Jesu Christi rc. 8. Nürnb. 764. (Riegel u. W.) 4 ℊ

– s. L i s s a b o n s Fall.

Bonhöffer, Jh. Fr. II., kurze Uebersicht des dermal. Zustandes der Reichsstadt Hallischen Saline. 8. ... 790.

— **Johann Friedrich** (Schwäbisch-Hall.), De eo quod. justum est circa picturam. Disp. jur. Präs. Joh. Georg Fichtner. Altdorf (J. W. Kohles) Febr. 1716. 40 S. z. Tl. dtsch. (5.—)
Widm. v.: Präs., Joh. Chph. Romig, Jo. Adam Flessa.

Bonhoeffer, Karl, ein Beitrag zur Kenntnis des großstädtischen Bettel- u. Vagabondentums. Eine psychiatr. Untersuchg. gr. 8 (65 S.) Berlin 900. J. Guttentag. n. 1.50
Sonderabdruck aus: „Zeitschr. f. d. gesamte Strafrechtswiss.“

Klinische Beiträge zur Lehre von den Degenerationspsychosen. Von Prof. Dr. K[arl] **Bonhoeffer.** Halle a. S.: C. Marhold 1907. (55 S.) 8°
— Sammlung zwangloser Abhandlungen aus d. Geb. d. Nerven- u. Geisteskrankheiten. Bd 7, H. 6. [07. 9141 3

Bonhoeffer, Karl [app. Arzt aus Stuttgart]: **Über einige physiologische Eigenschaften dünn- und dickfaseriger Muskeln bei Amphibien ... (Aus: Arch. f. d. ges. Physiol. Bd XLVII.)** *Tübingen, 1892;* 1 Bl., 22 S. 8.

Tübingen, Med. Fak., Inaug.-Diss. v. 1892

— **die akuten Geisteskrankheiten der Gewohnheitstrinker. Eine klin. Studie. gr. 8. (VIII, 226 S.) Jena 901. G. Fischer. n. 5. —**

Bonhoeffer, K.: Die akuten Geisteskrankheiten der Gewohnheitstrinker. I. Delirium tremens. Therapie. 112. Jena. 1902.

Bonhoeffer, K[arl]: ‹Aus der psychiatrischen Klinik zu Breslau.› **Der Geisteszustand des Alkoholdeliranten.** *Trebnitz in Schles. (1897): Maretzke & Märtin.* (55 S.) 8°

Breslau, Med. Hab.-Schr. v. 26. Okt. 1897

Der Geisteszustand des Alkoholdeliranten. Klin. Untersuchgn v. Dr. K. **Bonhoeffer,** Privatdoc. ... Breslau. *Breslau: Schletter 1898.* (1 Bl., 55 S.) 1 Bd 8.
— **Abhandlungen, Psychiatrische.** H. 6. [98. 3077 Ir

Bonhoeffer, K: Die Psychosen im Gefolge v. akuten Infektionen, Allgemeinerkrankgn u. inn. Erkrankgn, s: Handbuch d. Psychiatrie.

Die symptomatischen Psychosen im Gefolge von akuten Infektionen und inneren Erkrankungen. Von Dr. K[arl] **Bonhoeffer,** Prof. Leipzig & Wien: Deuticke 1910. 139 S. 8° [10. 7330

'Seitenstrangerscheinungen' bei akuten Psychosen v. Dr K. **Bonhoeffer,** Assistenzarzt ... zu Breslau. *Breslau: Schletter 1896.* (1 Bl., 27 S.) 1 Bd 8.
— **Abhandlungen, Psychiatrische.** H. 2. [97. 363

Bonhoeffer, Otto [aus Stuttgart]: **Zur Kenntniss des Diphenylharnstoffchlorids . . . . Stuttgart, Druck d. J. B. Metzler'schen Buchdr., 1887; 37 S. 8°.**

Tübingen, Naturw. Fak., Inaug.-Diss. v. 1887.

B o n h o e f f e r, Otto, zur Kenntniss des Diphenylharnstoffchlorids. Inaugural-Dissertation. gr. 8. (37 S.) Stuttgart 887. (Tübingen, Fues' Verlag.) *

Bonhomien. Geschrieben bey Eröffnung der Rigischen Stadtbibliothek. Mitau [Riga] 1792. V: *Berens, Johann Christoph.* (BrMm) (Ky) (R-N) (Wr)

Bonhomien, geschrieben bei Eröffnung der neuerb. Rigischen Stadtbibliothek. (Von Jh. Chr. Berens.) 16 Profil. 8. Mitau 792. (Hartknoch in Leipz.) 18 gl.

Bonhomini, Giovanni Francesco. Lettres de Jean-François Bonomio, Nonce apostolique en Suisse, à Pierre Schnewly, prévôt de Saint-Nicolas de Fribourg, aux Magnifiques Seigneurs de Fribourg et à d'autres personnages ⟨1579–1586⟩. [Publiées par] Fr. J[oachim]-J[oseph] Berthier. [Avec 2 portraits, dont 1 planche.] 8. Fribourg 1894.

Bonhomini, Giovanni Francesco, s: Nuntiaturberichte a. d. Schweiz seit d. Concil v. Trient.

Bonhomme, Paul, der Moralfex, s.: Allais, Alphonse.

Villa Tournesol (Les petites Tournesol). Baderoman von Paul **Bonhomme.** Autor. Übers. von Wilhelm Thal [d. i. Lilienthal]. Berlin, Eisenach, Leipzig: H. Hillger [1905]. (128 S.) 8° [F.]
= **Bücherschatz,** Kürschners. No 454. [05. 10759

Bonhommien, s. Bonhomien

Bon-homo, F. Gabriele

* **Trigonometria plana et sphaerica perspicuis demonstrationibus, corollariis ac scholiis illustrata, in qua canon linearis sinuum, tangentium et secantium nec non natura et origo logarithmorum explicatur; sicut et omnia triangula sive plana sive sphaerica adjecto logarithmorum calculo solvuntur. Opus omnibus mathematicis et philosophis naturalibus utilissimum authore *F. Gabriele Bon-homo* ordinis minimor. S. Francisci de Paula Ex-Prov. ac S. Th. Lect. Jub. Aeneae tabulae IV. Panormi typis Angeli Felicella. Super. annuentib. 4. 184 Seiten. 1754**

(Bonhornius, Th) [Übers.]
Treue Liebe unter den Schrecknissen der französischen Revolution. Aus dem Franz.
Meissen: Goedsche 1813. 248 S. 8°

Bonhorst, L.v.: An die deutschen Sozialdemokraten. Zwei Flugblätter. 8°. Braunschweig, W. Bracke jun., s.a.

Boni, E., Ist uns der Umsturz nötig? (83 S.) 8. Leipzig, R. Sattler. —. 60.
1905

— **Ist uns der Umsturz nötig?** (83 S.) 8. Leipzig 906. R. Sattler. n. — 60

Boni, E., wo fehlt's? National-freimüt. Beitrag zur Eisenbahn-Gemeinschaft. (82 S.) 8. Braunschweig 905. Leipzig, R. Sattler. n. — 60

Boni, Mauro. Suffragium pro Joanne de Spira, primo Venetiarum typographo. Viennae 1794. Ü: *Denis, Joh. Nep. Cosmas Michael.* (Jes)

Bönicke, Dr., s. Sachsenzeitung.

Bönicke A. v.: Die Rübenzucker-Industrie Russlands ... Diss. Leipz. U. A. 112 S.

Bönicke, E., u. E. Schulze, Handfibel, s.: Schulze, E.

Bönicke, Chr., († d. 14. Juni 1805.) Grundriß e. Geschichte von d. Universität zu Würzburg. 2 Thle. gr. 4. Würzb. 782—88. (Rienner). 1 Thl. 14 gl.

Bönicke, H., die Behandlung des Gesanges in der Schule. Ein Commentar zu dem 1. Cursus der Chorgesangschule. Leipzig 859. Brandstetter. 8. (18 S.) n. 2 ngr.

— Chorgesangschule. 1. Cursus. 1—4. Aufl. und 2. und 3. Cursus. br. 8. Leipzig 859—62, Brandstetter. *
Inhalt:
Curs. 1. 92 ein- und zweistimmige Uebungen und Gesänge in leitereigenen Tönen für Sopran und Alt. (III und 28 S.) * 3½ Ngr.
" 2. 66 mehrstimmige (meistentheils dreistimmige) Uebungen und Gesänge für Sopran und Alt. (45 S.) * 5 Ngr.
" 3. 89 Uebungen, Lieder und Gesänge für Sopran, Alt, Tenor und Baß zum Gebrauch für Gymnasien, Realschulen und Gesangvereine. Partitur. (IV und 95 S.) Die Stimmenhefte (à 32 S.) * 12 Ngr.; einzeln à * 3½ Ngr.

— — 2. Cursus, enth. 66 mehrstimmige [meistentheils dreistimmige] Uebungen u. Gesänge für Sopran u. Alt. 859. — 2. verb. Aufl. Ebend. 864. 8. (45 S.) n. 5 ngr.

— — 3. Cursus enth. 89 Uebungen, Lieder u. Gesänge für Sopran, Alt, Tenor u. Baß zum Gebrauch für Gymnasien, Realschulen u. Gesangvereine. Partitur. Ebend. 860. 8. (IV, 95 S.) n. 12 ngr.; die Stimmenhefte (à 32 S.) einzeln à n. 3½ ngr.

Bönicke, H., Chorgesangschule. 1. Cursus, enth.: 92 ein- und zweistimm. Uebungen und Gesänge in leitereigenen Tönen für Sopran und Alt. 5.—10. Aufl. br. 8. (IV und 28 S.) Leipzig 862—67, Brandstetter. *

— dass. — 2. Cursus, enth. 66 mehrstimm. (meistentheils dreistimm.) Uebungen und Gesänge für Sopran und Alt. 2., verb. Aufl. br. 8. (45 S.) Ebendas. 864. *

— dass. — 2. Cursus, enth. 66 mehrstimmige (meistentheils dreistimmige) Uebungen und Gesänge für Sopran und Alt. 3. Aufl. br. 8. (45 S.) Ebendas. 870. *
3. Cursus. Ebendas. 1860. * M 1,20.

Bönicke, H., Chorgesangschule. 1. Cursus, enth. 92 ein- u. zweistimm. Uebgn. u. Gesänge in leitereigenen Tönen f. Sopran u. Alt. 17. Aufl. br. 8. (28 S.) Leipzig 872. Brandstetter. n. — 35

Bönicke, H., Chorgesangschule. 1. Cursus, enth. 92 ein- und zweistimmige Uebungen und Gesänge in leitereigenen Tönen für Sopran und Alt. 17. Aufl. 1872. * 35 Pf., und 18. Aufl. br. 8. (28 S.) Leipzig 874, Brandstetter. *

Bönicke, H., Chorgesangschule. 3 Curse. 8. Leipzig, Brandstetter. *
Inhalt:
Cursus 1. 92 ein- und zweistimmige Uebungen und Gesänge in leitereigenen Tönen für Sopran und Alt. 19.—22. Aufl. (28 S.) 876—79. * 40 Pf.
" 2. 66 mehrstimmige (meistentheils dreistimmige) Uebungen und Gesänge für Sopran und Alt. 4. und 5. Aufl. (45 S.) 875,77. * 50 Pf.
" 3. 89 Uebungen, Lieder und Gesänge, für Sopran, Alt, Tenor und Baß. Partitur. 2. Aufl. (II, 95 S.) 876. * M 1,5.

Bönicke, H., Chorgesangschule. 1. und 2. Kursus. 8. Leipzig, Brandstetter. * — 90
Inhalt:
Kursus 1. 92 ein- und zweistimmige Übungen und Gesänge in leitereigenen Tönen für Sopran und Alt. 23. Aufl. (28 S.) 881. * 40 Pf.
" 2. 66 mehrstimmige [meistenteils dreistimmige] Übungen und Gesänge für Sopran und Alt. 6. Aufl. (45 S.) 882. * 50 Pf.
3. Kursus. Ebendas. 1876. * M 1.35.

Bönicke, H., Chorgesangschule. 1. und 2. Kursus. 8. Leipzig, Brandstetter. *
Inhalt:
Kursus 1. 92 ein- und zweistimmige Übungen und Gesänge in leitereigenen Tönen für Sopran und Alt. 24.—26. Aufl. (28 S.) 883—87. * 40 Pf.

Bönicke, H., Chorgesangschule. 1. u. 2. Kursus. 8. Leipzig, Brandstetter. n. —. 90 (1—3.: n. 2. 25)
1. 92 ein- u. zweistimmige Übungen u. Gesänge in leitereigenen Tönen f. Sopran u. Alt. 26. Aufl. (28 S.) 887. n. — 40
2. 66 mehrstimmige [meistenteils dreistimmige] Übungen u. Gesänge f. Sopran u. Alt. 7. Aufl. (45 S.) 887. n. — 50

Bönicke, H., Chorgesangschule. 1. u. 2. Kurs. 8. Leipzig 891. F. Brandstetter. n. — 90
1. 92 ein- u. zweistimm. Übgn. u. Gesänge in leitereigenen Tönen f. Sopran u. Alt. 28. Aufl. (28 S.) n. — 40
2. 66 mehrstimm. (meistenteils 3 stimm.) Übungen u. Gesänge f. Sopran u. Alt. 8. Aufl. (45 S.) n. — 50

Bönicke, H, Chorgesangschule. 1. Kurs. 29. Afl. 8° (28) Lpzg 93, F Brandstetter. — 40 ‖ 2. Kurs. 8. Afl. (45) 91. — 50

Bönicke, H., Chorgesangschule. 2 Kurse. 8. Leipzig, F. Brandstetter. n. — 90
1. Enth. 92 ein- u. zweistimmige Übungen u. Gesänge in leitereigenen Tönen f. Sopran u. Alt. 30. Aufl. (28 S.) 897. n. — 40
2. Enth. 66 mehrstimmige (meistenteils dreistimmige) Übungen u. Gesänge f. Sopran u. Alt. 9. Aufl. (45 S.) 897. n. — 50

Bönicke, H: Chorgesangsch. I. Kurs. 32. Afl. (28) 8° Lpzg, F Brandstetter 08. — 40 d

—— Chorgesangschule für Männerstimmen. br. 8. (IV und 104 S.) Leipzig 861, Brandstetter. *

—— Chorgesangschule für Männerstimmen. Enth.: 66 zwei- und vierstimm. Uebungen und Gesänge zum Gebrauche für Seminarien, Gymnasien, Realschulen, sowie für jeden Männergesangverein. 2. Aufl. 8. (IV, 104 S.) Ebendas. 879. *

—— der Gesangunterricht nach dem Gehöre. Eine Vorbereitung zur Chorgesangschule. Enthaltend in 10 Lectionen 75 einstimmige Uebungen und Gesänge. br. 8. (28 S.) Leipzig 860, Brandstetter. *

—— Handfibel — Schreiblesen (Lesen), Rechnen — für Dorfschulen mit einem Lehrer. 3. Aufl. 8. (16 S.) Leipzig 859, Brandstetter. *

—— die Kunst des freien Orgelspiels. Practische Anleitung zur Erfindung und Fortführung eigner musikal. Ideen. gr. 8. (VIII und 196 S.) Leipzig 861, Brandstetter.

Bönicke, Karl, a. Hechthausen ⟨Hann.⟩: Über den Einfluss absorbierter Gase auf die Oberflächenspannung des Wassers. Münster ⟨Westf.⟩ 1905: Westf. Vereinsdr. (42 S.) 8°
Münster, Phil. Fak., Ref. Heydweiller, Diss. v. 20. Okt. 1906
[Geb. 13. Febr. 83 Hechthausen, Kr. Stade; Wohnort: Münster; Staatsangeh.: Preußen; Vorbildung: Wilh.-Gymn. Hamburg Reife O. 01; Studium: Breslau 3, Berlin 2, Münster 4 S.; Rig. 19. Okt. 05.]

Bonie, Theophil.

Bonie, T. Feldzug 1870—71. Die französische Kavallerie. Ins Deutsche übers. von K. v. S. Berlin 1872.

Bonie, T, d. franz. Kavallerie. Uebers. v. K v. S. 8. (95) Berl. 72, Mittler u. S. 1. 50

Bonie, Theophil, die französische Cavallerie. Ins Deutsche übertragen, mit Anmerkungen und einem Vorwort von F. v. Lindheim. gr. 8. (VII, 119 S.) Königsberg 872, Akademische Buchh. von Schubert und Seidel. *

Bonie, Th. Leistung und Schnelligkeit einer Reitertruppe im Felde. Aus d. Franz. Berlin 1873. 8°. (Orig. 1872.)

—— Leistung und Schnelligkeit einer Reitertruppe im Felde. Einfluß des Gewichtes und der Ernährung auf Leistung und Schnelligkeit. — Soldaten-Reiterei-Training. Vom Verf. autoris. Uebersetzung aus dem Französ. gr. 8. (IX, 101 S.) Berlin 873, Mittler und Sohn. *

Bonjean, L. B., Socialismus u. gesunde Vernunft. Aus d. Franz. in's Deutsche übertr. u. m. erklär. u. krit. Anmerkgn. versehen von H. v. Petit. 8. (VI u. 60 S.) Brieg 850, Schwartz in Comm. n. 1/6 Thlr

Bonjean, (Louis Ferdinand). Sozialismus und gesunde Vernunft. Aus dem Franz. von H. v. Petit. Berlin 1850. 60 S. 8.

Bonifaccio, G., Album poetico illustrato ossia raccolta varia di poesie italiane compilato. Stuttgart 870. Neff. 16. (XIX, 384 S. u. 14 Stahlst.) 2 Thlr

Bonifaccio, G., deutsch-italienischer Briefsteller. Muster zu Briefen jeder Art. Mit der gegenübergedruckten italien. Uebersetzg. Zum Gebrauch f. diejenigen, welche die italien. Sprache studiren, u. sich in dieser u. der deutschen Sprache zu üben wünschen. Mit e. vollständ. Handelscorrespondenz u. Formularen zu Geschäftsaufsätzen, Zeitungsanzeigen ꝛc. 8. (XI, 355 S.) Stuttgart 871. Neff. 2. 25; geb. 3. —

Bonifaccio, G. Deutsch-italien. Briefsteller. Muster zu Briefen jeder Art. Mit der gegenübergedruckten italien. Uebersetzg. 2. Aufl. 12. (XI, 355 S.) Stuttg. 889, Neff. 2 25; geb. 2 75

Bonifaccio, G., deutsch-italienische Briefsteller. Muster zu Briefen jeder Art m. der gegenübergedr. italien. Übersetzg. M. e. vollständ. Handelskorrespondenz u. m. Formularen zu Geschäftsaufsätzen, Zeitungsanzeigen usw. 3. verb. Aufl. (X, 342 S.) kl. 8. Berlin-Schöneberg (909). Langenscheidt's Verl. Geb. in Leinw. 3. —

—— Un episodio dell' Harem. Carme. 8. Heidelberg 867. [Stuttgart, Neff.]

—— Lesebuch zur italienischen Privatgrammatik. — Libro di lettura a corredo degla grammatica italiana pelle lezioni private. 8. (V, 291 S.) Stuttgart 872, Neff.

—— Lesebuch zur italienischen Schulgrammatik. — Libro di lettura a complemento della grammatica italiana. 8. (V, 236 S.) Stuttgart 872, Neff.

—— Privatgrammatik der italienischen Sprache nach neuer theoretisch prakt., rationeller Methode. 8. (VIII, 299 S.) Stuttgart 872, Neff.

—— Schulgrammatik der italienischen Sprache nach neuer theoretisch prakt., rationeller Methode. 8. (XII, 332 S.) Stuttgart 872, Neff.

Boniface, A., Chrestomathie française ou cours de lectures scientifiques, morales et religieuses. A l'usage des classes supérieures et des maisons d'éducation. Avec des notes explicatives pour tout ce qui pourrait arrêter le lecteur. Suivi d'un chapitre spécial sur l'art de lire à haute voix. 12. (14 B.) Stuttgart 845, Neff.

Boniface, Jos. Xavier, genannt Saintine, s. a.: Saintine.

— Picciola, s.a. Klassiker-Bibliothek, französisch-englische (Ludw. Appel). Nr. 50.

Boniface-Saintine, X., Picciola. A. d. Franz. v. Emilie Wille. 8. (18 B.) Berlin 837, [Gsellius'sche Buchh.]

Boniface-Saintine, X., Picciola. Aus d. Franz. von Emilie Wille. 8. Berlin 837. Natorff u. Comp. 1 Thlr

Bonifacius, s. Bonifatius

Bonifatius. –

Bonifaz der deutschen Apostel . . . Erl. u. Leipz. 1796. V: *Geissler, Joh. Friedr.* (winer)

Bonifacius, der fromme Christ. Ein Gebet- u. Erbauungsbuch für Christen. Aus reinem Gemüthe geschöpft von e. Katholiken. (Mit Titelbild.) 16. Wacha 839. Schmitt u. Müller. 1/3 Thlr

Bonifaz, Der h. [Brixen 1823.] V: *Sinnacher, Franz Anton.* (margr)

Bonifazius, der heilige, s. Waitzmann, J. G.

Bonifazius, der heil., oder die Ausbreitung des Christenthums in Deutschland. Für Deutschlands Jugend und Eltern zur Belehrung u. Erbauung nach d. besten Quellen bearb. v. J. Geo. Waitzmann. 2e Ausg. 8. Dillingen 840. Aullinger. 1/3 Thlr

Bonifacius, der Heilige, Apostel v. Deutschland. Für die Jugend bearbeitet. Mit dess. Bildn. gr. 12. Coblenz 832. Hergt. 6 Gr

St. Bonifatius u. Gustav Adolf. Paderborn, Bonif.-Druckerei, 1871. kl. 8°. (Bonif.-Broch. Jahrg. 2 Nr. 6.)

Bonifacius, S. J., ausgew. pädag. Schriften, s.: Perpinä.

Bonifatius von Mainz

Bonifacius v. Mainz, geistl. Einsamkeit od. monatl. Vorbereitg auf d. Tod. In 36 Betrachtgn. 2. Afl 12. (232) Mainz 82, Kirchheim. n. 1. —

Bonifacius v. Mainz, geistliche Einsamkeit od. monatl. Vorbereitung auf den Tod. In 36 Betrachtgn. 3. Aufl. 12. (VIII, 232 S.) Mainz 889. Kirchheim. n. 1. —

— geistliche Einsamkeit od. monatliche Vorbereitung auf den Tod. In 36 Betrachtgn. 4. durchgeseh. Aufl., neu hrsg. v. Petrus. O. Cap. (VIII, 232 S.) 12. Ebd. 904. n. 1. —; geb. in Leinw. n. 1. 40

Bonifazius v. Mainz: Geistl. Einsamkeit od. Monatl. Vorbereitg auf d. Tod. In 36 Betrachtgn. 5. Afl. (8, 232) kl8° Mainz, Kirchheim & Co. '12. 1 —; L 1.40 d

Bonifacius, Philagia oder zehntägige Exerzitien für eine nach Heiligkeit strebende Seele. Nach Paul de Barry neu bearb. gr. 8. (VIII, 392 S.) Mainz 885, Kirchheim. 3 —

— Philagia od. zehntägige Exerzitien f. e. nach Heiligkeit strebende Seele. Nach Paul de Barry S. J. neubearb. 2. Aufl., neu durchges. u. hrsg. v. Petrus, O. Cap. (VIII, 384 S.) gr. 8. Ebd. 904. n. 3. —; geb. in Leinw. n. 4. —

Bonifacius von Mainz, der große Portiunkula-Ablaß. Erklärung und Gebete zur Gewinnung desselben. 9. Tausend. 16. (48 S.) Mainz 887, Frey. — 15

—— d. grosse Portiunkula-Ablass. Erklärg u. Gebete z. Gewinng desselben. 9. Tausend. 16. (48) Mainz 87, F Schöningh. — 15 || 15. Tausend. (48) 90. n. — 20

—— Der große Portiunkula-Ablaß. Erklärung u. Gebete zur Gewinnung. desselben. 13.—17. Tausend. 16. (48 S.) Mainz 890,91, Frey. * — 20

Bonifacius v. Mainz, der große Portiunkula-Ablaß. Erklärung u. Gebete zur Gewinng. desselben. 17.—25. Tausd. 16. (48 S.) Paderborn 891—894. F. Schöningh. n. — 20

Bonifacius v. Mainz: Der gr. Portiunkula-Ablass. (26—30. [Umschl.-]Taus.) 16° (48) Paderb. 98, F Schöningh. — 20; erm. Pr. — 15

Bonifacius v. Mainz, O. Cap., der große Portiunkula-Ablaß. Erklärung u. Gebete zur Gewinng. desselben. Neu hrsg. v. Petrus, O. Cap. (31.—35. [Umschlag-] Taus.) (48 S.) 16. Paderborn (902). F. Schöningh. n. — 15

— Der grosse Portiunkula-Ablass. Neu hrsg. v. Petrus. 41—45. Taus. (48) 16° Paderb., F Schöningh ('10). — 15 d

Bonifacius, St. Antonius-Büchlein. Vollständiges Andachtsbuch zur Verehrung der Anrufung des heil. und wunderthätigen Antonius von Padua, aus dem Orden der Minderen Brüder. Zusammengestellt nach verschiedenen älteren Werken. 1. und 2. Aufl. gr. 16. (VIII, 208 S. mit 1 Stahlst.) Mainz 876,79, Kirchheim. geb.

Bonifacius, St. Antonius-Büchlein. Vollständiges Andachtsbuch zur Verehrg. u. Anrufg. des hl. u. wunderthät. Antonius v. Padua, aus dem Orden der Minderen Brüder. Zusammengestellt nach verschiedenen ält. Werken. 5. Aufl. 12. (VIII, 216 S. m. 1 Stahlst.) Mainz (899). F. Kirchheim. n. — 90; geb. in Halbleinw. n. 1. 20

Bonifazius v. Mainz, O. Cap., St. Antonius-Büchlein. Vollständiges Andachtsbuch zur Verehrg. u. Anrufg. des hl. u. wundertät. Antonius v. Padua aus dem Orden der Minderen Brüder. Zusammengestellt nach verschiedenen älteren Werken. 6. Aufl. (VIII, 216 S.) kl. 8. Mainz 904. Kirchheim & Co. n. — 90; geb. in Halbleinw. n. 1. 20

Bonifatius VIII. Papa

Bonifacius VIII., Bulle Unam sanctam, s.: Aktenstücke, kirchliche.

Bonifatius a Sanctissimo Corde Jesu

Bonifacius a Ss. Corde Jesu, O. Carm., üb. d. Wandel in d. Gegenwart Gottes, s.: Johanna v. Toulouse, d. selige.

Bonifatius a Sancto Wunibaldo

Bonifatius a s. Wunibaldo, Commentatio biblica in sermonem Christi in monte. Matth. cap. V.—VII. Heidelberg, 1791, 8°. 2¾ Bg.

— de donis Spiritus Sancti 8. Heidelb. 795.

Bonifatius a s. Wunibaldo (Schnappinger), Epistola s. Pauli ad Romanos exposita et annotationibus illustrata. Heidelberg, 1782, 8°. 5 Bg.

– Dass., s. a. Paulus: Epistola ad Romanos.

– s. Paulus: Brief an die Epheser.

Bonifatius, Sanctus

Bonifatius, Des hl., Briefe, hrsg. v. Mich. Tangl, s: Geschichtschreiber, Die, d. deut. Vorzeit.

—— sämmtliche Briefe zum ersten Male vollständig übers., mit ein. Uebersicht seines Lebens, den nöthigsten Anmerkgn. u. ein. latein. Gedichte v. Wiß. 8. (6 B.) Fulda 842, Müller'sche Buchh.

Bonifacii epistolae selectae, s.: Patrum, sanctorum, opuscula.

Bonifacii, (Winfr.), opera quae extant omnia nunc primum in Anglia, ope codicum manuscriptorum editionumque optimarum, ed. J. A. Giles. 2 Vol. 8 maj. (38⅝ B.) Oxonii 844. (Leipzig, T. O. Weigel.) *
Vol. I. Epistolae.
II. Opuscula etc.

Bonifacius, des heil., sämmtliche Schriften, s. Sammlung der vorzüglichsten mystischen Schriften ꝛc.

Bonifatius . . .

Bonifacius-Blatt. 11.—16. Jahrg. 1862—67. à Jahrg. 6 Nrn. (Bog.) Lex.-8. Paderborn, (Schöningh.) à Jahrg.

Bonifacius-Blatt. 14—16. Jahrg. 1865—1867. à 6 Nrn. à Jahrg. 6 ngr — 17—19. Jahrg. 1868—1870. à 11 Nrn. (à 1 Bgn.). Paderborn, (Schöningh.) gr. 8. Jeder Jahrg. n. 7½ ngr

Bonifacius-Blatt. 20—24. Jahrg. 1871—76. à 11 Nrn. (B.) Lex.-8. Paderborn, Bonifacius-Druckerei. à Jahrg. n.n. — 75

Bonifacius-Blatt. 25—31. Jahrg. 1877—1882. à 11 Nrn. (B.) gr. 8. Paderborn, Bonifaciusdruckerei. à Jahrg. — 75

Bonifacius-Blatt. 32—35. Jahrg. 1883—1886. à 11 Nrn. (B.) gr. 8. Paderborn, Bonifacius-Druckerei. à Jahrg. — 75

Bonifacius-Blatt. 34.—37. Jahrg. 1887—1890. à 11 Nrn. (B.) gr. 8. Paderborn, Bonifacius-Druckerei. à Jahrg. — 75

Bonifacius-Blatt. 38.—41. Jahrg. 1891—1894. à 11 Nrn. (Bog.) gr. 8. Paderborn, Bonifacius-Druckerei. à Jahrg. n. — 75

Bonifacius-Blatt. Im Auftr. d. Generalvorstandes hrsg v. Kleffner u. Woker. 42.—45. Jahrg. 1895—1898. à 11 Nrn. (Bog.) gr. 8. Paderborn, Bonifacius-Druckerei. à Jahrg. — 75

Bonifacius-Blatt. Im Auftrage des Generalvorstandes hrsg. v. Kleffner u. Woker. 46. Jahrg. 1899. 11 Nrn. gr. 8. (à 16 S.) Paderborn, Bonifacius-Druckerei. — 75

— dasselbe. Neue Folge. 1.—3. Jahrg. 1900—1902. à 11 Nrn. gr. 8. (à 16 S.) Ebd. à Jahrg. — 75

Bonifatius-Blatt. Hrsg. v. Kleffner u. Woker. Neue Folge. 2—6. Jahrg. 1901—5 je 11 Nrn. (Nr. 1. 16) 8° Paderb., Bonifacius-Dr. Je — 75 d

Bonifatius-Blatt. Im Auftrage des General-Vorstandes hrsg. v. Klessner u. Woker. Neue Folge. 4.—7. Jahrg. 1903—1906. à 12 Nrn. (à Jhrg. 208 S.) gr. 8. Ebd. à Jhrg. n. — 75

Bonifatius-Blatt. Im Auftrage des General-Vorstandes hrsg. v. Fritz Hanneken. Neue Folge. 8.—11. Jahrg. 1907—1910. à 12 Nrn. (à Jahrg. 208 S.) gr. 8. Ebd. à Jahrg. — 75

Bonifatiusbote. Kathol. Sonntagsblatt. Hrsg. v. e. Priester der Diözese Fulda. Red.: J. Fleißig. 1.—6. Jahrg. 1884—1889. à 52 Nrn. (B.) gr. 4. Fulda, Fuldaer Aktiendruckerei. à Jahrg. n. 2. —

Bonifatiusbote. Kathol. Sonntagsblatt. Hrsg. v. e. Priester der Diözese Fulda. 6.—9. Jahrg. 1889—1892. à Jahrg. 52 Nrn. (à Nr. 1½ Bog.) gr. 4. Fulda, Fuldaer Aktiendruckerei. à Jahrg. * 2 —

Dem 9. Jahrg. ist der „Rathgeber f. Landwirthschaft, Gartenbau u. Hauswesen" gratis beigegeben.

Bonifatiusbote. Katholisches Sonntagsblatt. Hrsg. v. e. Priester d. Diözese Fulda. Red.: A. Dillmann. 8.—10. Jahrg. 1891—1893. Nebst Gratis-Beilage: Rathgeber f. Landwirthschaft, Gartenbau u. Hauswesen. à 52 Nrn. (1½ Bog.) gr. 4. Fulda, Fuldaer Aktiendruckerei. à Jahrg. n. 2. —

Bonifatiusbote. Kathol. Sonntagsblatt. Hrsg. v. einem Priester d. Diözese Fulda. Red.: A. Dillmann. 12. Jahrg. 1895. 52 Nrn. Nebst Gratis-Beilage: Rathgeber f. Landwirthschaft, Gartenbau u. Hauswesen. 26 Nrn. (à ca. 1 Bog.) gr. 4. Fulda, Fuldaer Aktiendruckerei. n. 2. —

— dasselbe. Red.: Jean Parzeller. 13.—15. Jahrg. 1896—1898. à 52 Nrn. (à ca. 1 Bog.) gr. 4. Ebd. à Jahrg. n. 2. —

Kann auch vierteljährlich bezogen werden.

Bonifatiusbote. Katholisches Sonntagsblatt. Zugleich Organ f. den Verein der hl. Familie. Hrsg. v. e. Priester der Diözese Fulda. Red.: Jean Parzeller. 16. Jahrg. 1899. 52 Nrn. Nebst Gratis-Beilage: Rathgeber f. Landwirthschaft, Gartenbau u. Hauswesen. 9. Jahrg. 26 Nrn. gr. 4. (à ca. 1½ Bog.) Fulda, Fuldaer Actiendruckerei. n.n.n. 2. 40

Nicht durch den Buchhandel zu beziehen.

Bonifacius-Broschüren. Populäre Erörterungen über den Katholicismus und die Einsprüche seiner Gegner. 1. Jahrg. 1870. 8 Hefte. 8. (234 S.) Paderborn, Bonifacius-Druckerei.
—— 2.—5. Jahrg. 1871—1874. à Jahrg. 12 Hefte. 8. (à Heft 24—30 S.) Ebendas. à Jahrg.

— dasselbe. 3—7. Jahrg. 1872—1876. à 12 Hfte. gr. 16. (à Hft. ca. 27 S.) Ebend. à Jahrg. n. 1. 20

Bonifacius-Broschüren. Populäre Erörterungen über den Katholicismus und die Einsprüche seiner Gegner. 11.—15. Jahrg. 1880—1884. à Jahrg. 12 Hefte. (à Heft 2—3 Bog.) 12. Paderborn, Bonifacius-Druckerei. à Jahrg. 1 20

Bonifacius-Broschüren. Populäre Erörtergn. üb. d. Katholicismus u. die Einsprüche seiner Gegner. 14—17. Jahrg. à 12 Hfte. (à 2—3 B.) 12. Paderborn 883—86. Bonifacius-Druckerei. à Jahrg. 1. 20

Bonifacius-Broschüren. Populäre Erörterungen über den Katholizismus u. die Einsprüche seiner Gegner. 18. bis 21. Jahrg. à 12 Hfte. (à 2—3 B.) 12. Paderborn 887—890. Bonifacius-Druckerei. à Jahrg. 1. 20

Bonifacius-Broschüren. Populäre Erörtergn. üb. den Katholizismus u. die Einsprüche seiner Gegner. 22.—25. Jahrg. 1891—1894. à 12 Hfte. (à 2—3 Bog.) 12. Paderborn, Bonifacius-Druckerei à Jahrg. 1. 20

Bonifacius-Broschüren. Populäre Erörtergn. üb d. Katholizismus u. d. Einsprüche s. Gegner. 26.—30. Jahrg. 1895—1899. (Oktbr. 1894—Septbr. 1899.) à 12 Hefte. (à ca. 32 S.) 12. Paderborn, Bonifacius-Druckerei. à Jahrg. 1. 20

Bonifacius-Broschüren. Populäre Erörtergn. üb. d. Katholizismus u. die Einsprüche seiner Gegner. Red.: Bernard Mock. 31.—34. Jahrg. 1900—1903. (Oktbr. 1899 bis Septbr. 1903.) à 12 Hfte. 12. (à ca. 32 S.) Paderborn, Bonifacius-Druckerei. à Jahrg 1. 20

Die Jahrgg. 31 u. 32 sind v. C. Meder redigiert.

Bonifacius-Broschüren. Populäre Erörtergn. üb. d. Katholizismus u. die Einsprüche seiner Gegner. Red.: Bernard Mock. 38.—41. Jahrg. 1907—1910. (Oktbr. 1906 bis Septbr. 1910.) à 12 Hefte. (II, 884; II, 898; II, 884 u. II, 452 S.) kl. 8. Paderborn, Bonifacius-Druckerei.

Erscheinen nicht mehr. à Jahrg. 1.20; geb. 1. 60

Bonifaciusbuch od. St. Bonifacius u. sein Verein. Den Freunden u. Gönnern d. Bonifacius-Vereins gewidmet v. e. Freunde d. Vereins 2. unveränd. Aufl. 8. (VI, 277 S.) Erlangen 874. Palm & Enke. 1. 25

Bonifacius-Denkmal. Eine Sammlung kathol. Volksbücher. Hrsg. von ein. Vereine kathol. Geistlichen in Bayern u. am Rhein. 1—3. Jahrg. 842—44. 16. Köln (Bachem.) [1. J. 6 Bdchn. * 20 Ngr. 2. 12 Bdchn. * 1 Thlr. 10 Ngr. 3. 1—6. Bdchn. * 20 Ngr. (à Bdchn. 4—6 Bog.)] *

—— dass. 3. Jahrg. 1844. 7—12. Bdchn. u. 4. Jahrg. 1845. 12 Bdchn. 16. (Regensburg, Manz.) [3. J. 7—12. Bdchn. (10 B.) * 20 Ngr. 4. J. (72⅝ B.) * 1 Thlr. 15 Ngr.] *

—— dass. 5. Jahrg. 1846. 1—6. Bdchn. 16. (48¼ B.) (Bonn, Wittmann.) à Bdchn. * 5 Ngr. *

Wird auch u. d. T.: Panorama d. Katholicismus, ausgegeben.

Bonifacius-Denkmal. Eine Sammlung katholischer Volksbücher zur Unterhaltung und Glaubens-Vertheidigung. 6. Jahrg. 1847. 8 Bdchn. Mit Gratiszugabe: Züge aus dem Leben des heil. Philippus Nerius und 7. (der Reihenfolge letzter) Jahrg. 8 Bdchn. 16. Bonn 847—48, (Wittmann.) à Jahrg. * 1 Thlr. *

Der 5. Jahrgang ist mit 6 Bändchen geschlossen.

Verlags-Katalog der **Bonifacius-Druckerei** in Paderborn i. W. Juli 1903. *(Paderborn: Bonifacius-Dr. 1903.)* (104 S.) 8° [F.] [04. 19.8]

Verlags-Katalog der **Bonifacius-Druckerei** G. m. b. H. in Paderborn. Juli 1909. (Paderborn: Bonifacius-Dr. 1909.) 121 S. 8° [09. 13338]

St. Bonifacius-Kalender, Berliner, für die Jahre 1863—65. 1—3. Jahrg. Herausg. von E. Müller. Berlin, Jansen in Comm. 8. (15 Bl., 160 S. u. 5 lith. Taf.; 17 Bl., 228 S., 2 lith. Karten u. 1 Holzschntaf.; 22 Bl., 230 S. u. 3 lith. Taf.) Jeder Jahrg. n. 10 *ngr.*; ohne Kalendarium n. 8 *ngr.*

Bonifacius-Kalender, Berliner, für die J. 1875—80, hrsg. von E. Müller. 16. (à 48, 160 S.) Berlin, Germania-Actien-Gesellschaft. à Jahrg.

Bonifatius-Kalender, Fuldaer, für das katholische deutsche Volk. 1.—4. Jahrg. 1886—1889. 4. (à Jahrg. ca. 72 S.) Fulda, Fuldaer Aktiendruckerei. à Jahrg. * — 30

Bonifatius-Kalender, Fuldaer, f. d. J. 1890—1893 f. das kathol. deutsche Volk. 5.—8. Jahrg. gr. 4. (à Jahrg. ca. 80 S. m. Textbildern, 1 Farbendr. u. 1 Wandkaldr.) Fulda, Aktiendruckerei. à Jahrg. * — 35

Bonifatius-Kalender, Fuldaer, f. das katholische deutsche Volk. 1895. 10. Jahrg. 4. (76 u. X S. m. Abbildgn., 1 Farbendr. u. Wandkalender.) Fulda, Fuldaer Actiendruckerei. n. — 35

Bonifatius-Kalender, Fuldaer, f. d. kathol. deut. Volk. 1896. 11. Jahrg. 4° (90 m. Abbildgn u. 1 Farbendr.) Fulda, Fuldaer Actiendr. — 35

Bonifatius-Kalender, Fuldaer, f. d. kathol. deutsche Volk. 1899. 14. Jahrg. 4. (74 u. X S. m. Abb., 1 Farbdr. u. 1 Wandkal.) Fulda, Fuldaer Actiendruckerei. n. — 35

Bonifatius-Kalender, Fuldaer, 1907, f. das katholische deutsche Volk. 22. Jahrg. (70 u. VI S. m. Abbildgn., 1 Farbdr. u. Wandkalender.) Lex.-8. Fulda, Fuldaer Actiendruckerei. n. — 35

Bonifatius-Kalender, Fuldaer, 1910, f. das katholische deutsche Volk. 25. Jahrg. (70 u. X S. m. Abbildgn., 1 Farbdr. u. Wandkalender.) Lex. 8. Fulda, Fuldaer Actiendruckerei. nn — 35

Bonifatius-Kalender, Fuldaer, '13, f. d. kathol. deut. Volk. 28. J. (67 u. 11 m. Abb. u. 1 Farbdr.) Lex8° Fulda, Fuldaer Actiendr. nn — 35 d

New-Yorker Bonifacius Kalender.
Published by Katholisches Volksblatt.
DLC: 1884—85.
NN: 1881. New York, NY.

Bonifatius-Korrespondenz. Apologetische Mitteilungen für den hochw. Klerus und gebildete Laien. Ein Zeitenwächter. Hrsg. vom Aktionskomitee der österr. Bonifatius-Vereine und red. von P. Augustinus Galen. Prag.
cf. Z. 37 (1906—1907) S. 228—229.
Anti-Frmr-Zeitschr.

Bonifatius-Korrespondenz. Apologetische Mitteilgn. f. den hochw. Klerus u. gebildete Laien. Ein Zeitenwächter. Hrsg. vom Aktionskomitee der österreich. Bonifatius-Vereine durch Augustinus Galen, O. S. B. Verantwortlich: W. Stejskal. 1.–4. Jahrg. 1907—1910. à 24 Nrn. (à 16 S.) gr.8. Prag (II, Dreifaltigkeitsgasse 18), Bonifatius-Verein der Erzdiözese Prag. à Jahrg. 3. —

Bonifatius-Korrespondenz. Apologet. Mitteilgn f. d. Klerus u. gebildete Laien. Ein Zeitenwächter. Hrsg. v. Aktionskomitee d. österr. Bonfatius-Vereine durch Augustinus Galen. Verantwortl.: W Stejskal. 4. u. 5. J. '10 u. '11 je 22 Nrn u. 6. J. '12. 24 Nrn. (Je Nr 1: 16) gr8° Prag (II, Dreifaltigkeitsgasse 18), Bonifatius-Verein d. Erzdiöz. Prag. je 3 — d

— akademische. Red.: Johs. Mumbauer. 23. u. 24. Jahrg. à 4 Nrn. (à 176 Sp.) 30,5×23 cm. Paderborn 907. 08. (Bonifacius-Druckerei.) à Jahrg. — 60

— dasselbe. 25. Jahrg. 5 Nrn. (à ca. 64 Sp.) 30,5×23 cm. Ebd. 909. 10. 1. —

— Akademische. Red.: Johs Mumbauer. 26. u. 27. J. je 5 Nrn. (288, 320) Lex8° Paderb., Bonifacius-Dr. '10—12. je 1 — ‖ 28. J. '12/13. (320) 4 — d

Der Bonifatius-Sammelverein. Vortrags-Material, gesammelt u. hrsg von d. Centralstelle d. Bonifatius-Sammelvereins. Paderborn: Centralstelle 1907. (176 S.) 8° [F.] 104. 3319

Bonifatius-Sammelverein, der. Vortrags-Material, ges. u. hrsg. v. d. Centralstelle d. Bonifatius-Sammelvereins. (172 S.) 8. Paderborn 907. (Junfermann.) 1. —

Bonifacius-Verein, der, durch belehrende u. anregende Erzählungen aus der Diaspora allen Katholiken Deutschlands dringend ans Herz gelegt. 8. (182 S.) Paderborn 874. Bonifacius-Druckerei. 1. —

Bonifacius-Vereins-Blatt, schlesisches. Hrsg. von Herm. Welz. 1. Jahrg. 1860. Juli—Dezbr. 5 Nrn. (Bog.) 8. Jauer 861. (Leipzig, Jackowitz.) Thlr. * *

— — 2. Jahrg. 1861. 10 Nrn. (à 1 Bgn.) Ebend. 8. nn. 10 ngr.

Bonifacius-Vereins-Blatt, schlesisches. Hrsg. von Herm. Welz. 3.—8. Jahrg. 1862—67. à Jahrg. 12 Nrn. (Bog.) 8. Jauer, Hiersemenzel. à Jahrg.

Bonifacius-Vereins-Blatt, schlesisches. Hersg. von Herm. Welz. 6—11. Jahrg. 1865—1870. à 12 Nrn. (à 1 Bgn.). Jauer. (Breslau, Aderholz.) 8. Jeder Jahrg. 12 ngr.

Bonifacius-Vereins-Blatt, schlesisches. Hrsg. von Herm. Welz. 9.—15. Jahrg. 1868—1874. à Jahrg. 12 Nrn. (Bog.) 8. Jauer, Hiersemenzel. (Breslau, Aderholz' Buchh.) à Jahrg.

Bonifacius-Vereins-Blatt, schlesisches. Hrsg. v. Herm. Welz. 12—17. Jahrg. 1871—1876. à 12 Nrn. (B.) 8. Jauer. Breslau, Aderholz. à Jahrg. 1. 20

Bonifacius-Vereins-Blatt, schlesisches. Hrsg. v. Herm. Welz. 18—23. Jahrg. 1877—1882. à 12 Nrn. (B.) gr. 8. Breslau, Aderholz. à Jahrg. n. 1. 20

Bonifacius-Vereins-Blatt, schlesisches. Hrsg. v. Herm. Welz u. Buchmann. 24–27. Jahrg. 1883—1886 à 12 Nrn. (à 1–1½ B.) gr. 8. Breslau, Aderholz. à Jahrg. n. 1. 20

Bonifacius-Vereins-Blatt, schlesisches. Red.: Buchmann. 28.–31. Jahrg. 1887—1890. à 12 Nrn. (à 1—1½ B.) gr. 8. Breslau, Aderholz. à Jahrg. n. 1. 20

Bonifacius-Vereins-Blatt, schlesisches. Red.: Buchmann. 32. Jahrg. 1891. 12 Nrn. (à 1—1½ Bog.) gr. 8. Breslau, G. P. Aderholz. n. 1. —

— dasselbe. Red.: A. Meer. 33.—35. Jahrg. 1892—1894. à 12 Nrn. (à 1—1½ Bog.) gr. 8. Ebd. à Jahrg. n. 1. —

Bonifatius-Vereins-Blatt, schlesisches. Red.: Buchmann. 36.—39. Jahrg. 1895—1898. à 12 Nrn. (Bog.) gr. 8. Breslau, G. P. Aderholz. à Jahrg. n. 1. —
Der 36. Jahrg. ist noch von A. Meer redigiert.

Bonifatius-Vereins-Blatt, schlesisches. Red.: Buchmann. 40.—43. Jahrg. 1899—1902. à 12 Nrn. gr. 8. (à 16 S.) Breslau, G. P. Aderholz. à Jahrg. n. 1. —

Bonifatius-Vereins-Blatt, schlesisches. Red.: Buchmann. 44.–47. Jahrg. 1903—1906. à 12 Nrn. (à IV, 196 S.) gr. 8. Breslau, G. P. Aderholz. à Jhrg. n. 1. —

Bonifatius-Vereins-Blatt, schlesisches. Red.: Buchmann. 48—51. Jahrg. 1907—1910. à 12 Nrn. (192, 196, 196 u. 196 S.) gr. 8. Breslau, G. P. Aderholz. à Jahrg. 1. —

Bonifatius-Vereins-Blatt, Schlesisches. Red.: Buchmann. 51—53. J. '10—12 je 12 Nrn. ('12, Nr 1: 16) gr8° Bresl., GP Aderholz. je 1 — d

Bonifaz, s. Bonifatius

Bonifazi, Enrico. Synthese des 2, 2', 4'-Trioxyflavonols. Diss. Phil. Bern. 31 S. 8. Bern, W. Walchli, 1907.

Bonifazius, s. Bonifatius

Bönig, s. a. Bönigk

Bönig, Gfr., digesta juris civil. Rom. 8. Halae, Kümmel. 714.

— — idem liber. 4. ibid. 714.

— institut. juris civ. Rom. Germ. 8. ibid. 718.

— — idem liber. 4. ibid. 718.

— jurisprudentia civilis axiomata casuistica. 4. Lps. Dyk. 722.

— practica practicata. 4. Halae. Kümmel. 747.

Boenig, Gust., d. jungen Sängers erstes Notenbuch. Theoretisch-prakt. Chorgesangschule, verbunden m. e. nach Tonarten geordneten Auswahl der gebräuchlichsten Choral- u. Volksmelodien. Zum Gebrauch in unteren Klassen höherer Lehranstalten hrsg. gr. 8. (80 S.) Stolp 885. Schrader. n. — 80

Boenig, Gust., D. jungen Sängers erstes Notenbuch. Gesanglehre f. Schulen, verb. m. e. n. Tonarten geordn. Ausw. d. gebräuchl. Choräle u. Volkslieder. 2. Aufl. gr. 8. (87 S.) Stolp 897. C. Schrader. n. — 80

Boenig, Hermann: M. Minucius Felix, e. Beitr. z. Geschichte d. alt-christl. Litteratur. Königsberg, Hartungsche Buchdr., 1897; 3—32 S. 4.
Königsberg i. Pr., st. RG, OP 1897 (20)

Neukuhren. Schilderungen aus alter u. neuer Zeit von Hermann **Boenig**. Originalholzstiche von B. Rogalli. Königsberg i. Pr. 1908: Ostpr. Dr. (54 S.) 8° [F.] [**08. 9110 10**

Boenigen s. [Lüthi, Joseph].

Böniger, Hans. Predigt auf die Näfelser Fahrt 1906, gehalten von Pfarrer H' B'.... 16 S. 8. Glarus, D. Hefti, 1906.

Böniger, Melchior, aus Nitfurn (Kanton Glarus): Ueber Tautomerie und Desmotropie bei Derivaten des Succinylobernsteinsäureäthers. Uster-Zür. A. Diggelmann Dr. 1889. 48 S. 8°.
Zürich, Phil. Diss. [v. 17. Juni 1889].

Bönigk, s. a. Bönig

Boenigk, Freih. v.: Alterthumsgesellschaft Prussia.– Über ostpreussische Burgwälle in ihren einzelnen Theilen betrachtet von Freih. v. Boenigk. (Ausführung des Februar-Vortrages.) Königsberg. 1880. Ostpreussische Zeitungs-und Verlags-Druckerei. 8°

— Geschichte des westfälischen Jäger-Bataillons No. 7. 8. Cleve [1865].

V. Boenigk, Grundzüge zur Judenfrage. Soziologisch-ökonom. Studie. Leipzig 894.

(v. Boenigk.) Die 2. Kompagnie der 5. Jäger-Abtheilung bei den kriegerischen Ereignissen im Grossherzogthum Posen im Frühjahr 1848. (14) 8. M. 1 Plan. Berlin 1855

Boenigk, Friedrich: Literarhistorische Untersuchungen zum Protheselaüs. ⟨Dazu Inhaltsanalyse, Textproben u. ausführl. Namenverzeichnis.⟩ Greifswald 1909: Adler. 77 S. 8°
Greifswald, Phil. Diss. v. 28. Juli 1909, Ref. Stengel
[Geb. 5. Apr. 83 Döbeln; Wohnort: Greifswald; Staatsangeh.: Preußen; Vorbildung: Luisenstädt. Oberrealsch. Berlin Reife O. 05. Lat. Ergänzungsprüfung Kgl. Prüfungskomm. Berlin Nov. 06; Studium: Berlin 7 S.; Rig. 2. Febr. 09.] [U 09. 1516

Bönigk, Geo.: Practica practicata h. e. fundamenta processus civilis exposita. P. I—III. ***Hal.*****, 717. 4. — Ed. nova cur. Dan. Nettelbladt.** ***ib.*** **747. 4.**

Boenigk, Gottfried (Leipzig), De discordiis conjugum. Disput. jur. Präs. Heinr. Bodin. Halle (Ww. Salfeld) Juni 1694. 24 S. (3.50)
— — Dasselbe. Halle (Chph. Andr. Zeitler) 1703. (4.—)
— — Dasselbe. 1713. (4.—)

Bönigk, Gfrd.: Instit. jur. civ. Romano-Germanici consonantes. ***Hal.*** **718. 8.**

Bönigk, Gfd.,: Diss. jur. civ. Rom. in ord. natural. reducta, ad usum fori accomm. libb. VI. ***Lips.*** **714. 8.**

Boenigk, Godofr.: Practica practicata hoc est processus civilis per definitiones, divisiones, praesupposita et axiomata succincte exposita. P. 1-3. Halae Magdeb. 1711.

Boenigk, Johannes Eugen Wilhelm Otto, s. Boenigk, Otto

Boenigk, Otto Frhr. v., s.: Arbeiten, staatswissenschaftl.

von Boenigk, *Johannes Eugen Wilhelm Ferdinand* Otto Frh.: Beiträge zum Versicherungswesen vom wirtschaftlichen Standpunkt ... Breslau, F. W. Jungfer's Buchdr., 1893; 55 S. 8.
Heidelberg, Phil. Fak., Inaug.-Diss. v. [2. Dez.] 1892

Boenigk, Otto Frhr. v., Grundzüge zur Judenfrage. Soziologisch-ökonom. Studie. gr. 8. (III, 154 S.) Leipzig 894. W. Friedrich. n. 3. —

Boenigk, Otto Frhr v.: Die Unlauterkeit im Ausstellungswesen. Halberstadt (1899). 8°

Die Unlauterkeit im Ausstellungswesen. Im Auftr. d. Handelskammer zu Halberstadt verf. von ihrem Syndikus Dr. Otto Frh. v. Boenigk. *Halberstadt: Handelskammer [1900].* (76 S.) 8°
— Jahresbericht d. Handels-Kammer zu Halberstadt f. 1899. Beih.
[**00. 8640**

Boenigk, O. v: Die Unlauterkeit im Ausstellungswesen. Halberstadt (1903?)

a **Boenigk,** Rud. (Adalb.) Ferd. (geb. Königsberg i. Pr. 1. 7. 1829):
De febri intermittente. Berolini (1855). (20 S.) 8°
Berlin, Med. Diss. v. 21. Dez. 1855

Bönigke, Georg Gottfried (Halle), Doctrinam de jure ministrorum exigendi a principe dimissionem. Präs. Philipp Adolph v. Münchhausen. Halle (J. Ch. Grunert) 14. X. 1716. 33 Seiten. (4.80)
— — Dasselbe. Halle (Chn. Henckel). (4.80)

Bönike, Jh. Mch., s. Hirtenbrief d. Bischof Joseph.

Böniken, Chr.: Grundriß . . . , s. Bönicke, Chr.

Bonikowsky, Hugo, a. Königsberg i. Pr.: Der Einfluß der industriellen Kartelle auf den Handel in Deutschland. Jena: G. Fischer 1906. (57 S.) 8° ¶(Erscheint vollst. im gleichen Verlage.)
Königsberg, Phil. Fak., Ref. Diehl-Gerlach, Diss. v. 23. Nov. 1906
[Geb. 24. März 72 Königsberg i. Pr.; Wohnort: Königsberg; Staatsangeh.: Preußen; Vorbildung: Löbenichtsche Höh. Bürgersch. Königsberg Reife O. 88; Studium: Königsberg 6 S.; Rig. 20. Nov. 06.]

Bonikowsky, Hugo, der Einfluss der industriellen Kartelle auf den Handel in Deutschland. (XVIII, 318 S.) gr. 8. Jena 907. G. Fischer. n. 6. —

Bonikowsky, Hugo, s. a. **Taschenbuch, volkswirtschaftlich-statistisches.**

Bonikowsky H., volkswirtsch.-statist. Taschenbuch. 1910-12. Kattowitz 1910-12

Bonilla, José A. y, Berichte üb. d. Meteoroitenfall v. Mazapil, s.: Brezina, Aristides, d. Meteoritensammlg. d. k. k. naturhistor. Hofmuseums a. 1. Mai 1895.

Bonin, v., die Drillinge, Lustsp. in 4 Aufz. A. d. Franz. neu bearb. nach d. Darstell. auf d. Kgl. Schaubühne zu Berlin. 8. (8 B.) Berlin 828, Th. Enslin.

Bonin : Geschichte . . . , s. Bonin, R.

Bonin, v.: Geschichte des Ingenieur-Corps . . . , s. Bonin, Udo v.

v. Bonin, ..., Grundzüge für das zerstreuete Gefecht. gr. 8. Berlin, Posen u. Bromberg 839. Mittler. 1/6 ℛ

(Bonin, v.) Das unglückliche Jahr meines Lebens oder Memoiren eines preuß. Offiziers. Berlin 1812. 8°.

Bonin, jus reformandi, s. Abhandl. kirchenr.

Bonin, A., die landwirthschaftliche doppelte Buchführung in kurzer fasslicher Darstellung. gr. 4. (VIII S. u. 42 u. 36 Doppels.) Berlin 890. R. Kühn. Geb. in Leinw. n. 4. 50

Bonin, A. v. Festungen und Taktik des Festungskrieges in der Gegenwart. Militärische Betrachtungen. Beihft. z. „Milit.-Wochenblatt". — Berlin 1878.

Bonin, A. v. Die Lehre vom Festungskriege. Berlin 1881.

Bonin, A., Untersuchungen über das 62. Gedicht von Catull. Pr. 1885. 18 S. 4°. 2.—

Bonin, Anna

Bonin, A v., geb. Zanthier, s.a. Werder, H.

Fee. Novelle von Hans Werder [d. i. Anna v. **Bonin**]. 2. Aufl. Berlin: Janke [1899]. 143 S. 8°
(Collection Otto Janke.) A 12. 7712 11

[F.] Im **Inselmeer**. Prinzessin Halszka. Zwei Erzählgn v. Hans Werder [d. i. **Anna v. Bonin**] ... *Berlin: O. Janke (1898)*. (3 Bl., 274 S., 1 Bl.) 1 Bd 8. [99. 2180

[F.] Junker Jürgen. Roman v. Hans Werder [d. i. **Anna v. Bonin**]. 4. Aufl. Bd 1—3. *Berlin: O. Janke 1897*. 3 Bde 8.
1. (4 Bl., 271 S.) 2. (3 Bl., 220 S.) 3. (2 Bl., 203 S.) [98. 7014 Gr

Bonin, A. v., am Meeresstrande. Haltet Euch herunter zu den Niedrigen. Zwei Erzählungen für Jung und Alt. 12. (45 S.) Basel 883, Spittler. * — 20

Bonin, A. v. Am Meeresstrand. Haltet euch herunter zu den Niedrigen. Zwei Erzählungen für jung und alt. 2. Aufl. 44 S. Basel, Kober C. F. Spittler's Nachf. 1900 — 25

Bonin, A. von. Im Schatten des Doms und eine gesegnete Gabe. 2 Erzählungen für Jung und Alt. In-12°, 44 S. Basel, Spittler. **1883** — 25

[F.] Schwertklingen. Vaterländ. Roman v. Hans Werder [d. i. Anna v. **Bonin**]. Bd 1—3 ... *Berlin: O. Janke 1897*. 3 Bde 8.
1. (2 Bl., 282 S.) 2. (2 Bl., 238 S.) 3. (2 Bl., 272 S.) [97. 1398

Schwertklingen. Vaterländ. Roman von Hans Werder (A[nna] v. **Bonin**). 4. bis 8. Taus. Berlin: Janke [1908]. 134 S. 8° [09. 126

Tiefer als der Tag gedacht. Roman von Hans Werder ⟨A[nna] v. **Bonin**⟩. T. 1. 2 (in 1 Bde). Berlin: O. Janke 1907. (287, 221 S.) 8° [F.] [07. 15747

Bonin, Burkh(ard) v.: Ein Artikelsbrief für das altmärkische Lehnsaufgebot von 1626. Aus den Forsch. z. Brandenb. u. Preußischen Geschichte. XXIII. 2. 219 - 231. (1910).

Bonin, Burkhard von, Kammergerichtsref.: **Die praktische Bedeutung des ius reformandi. Eine rechtsgeschichtl. Studie.** *Stuttgart 1902: Union.* (52 S.) 8° ¶ [Erschien vollst. 1902 als: Kirchenrechtl. Abhandl., H. 1.]
Berlin, Jur. Diss. v. 9. Okt. 1902

Bonin, Burkh. v.: Entwicklg d. deut. Kriegsgerichtswesens, s: Sammlung militärrechtl. Abhandlgn u. Studien.

Bonin, Burkh(ard v.): Vom ersten brandenburgischen Generalauditeur. Aus: Pr. Jahrb. 260 - 274. (1908)

Bonin, Burkh. v., Grundzüge der Rechtsverfassung in den deutschen Heeren zu Beginn der Neuzeit. (XII, 175 S.) gr. 8. Weimar 904. H. Böhlau's Nachf. n. 4.—

— Das Heeresrecht. Ein unerforschtes Gebiet d. deut. Rechtslebens. (36) gr8° Berl., F Vahlen '12. 1 — d

Bonin, Burkhard v.: Der kurbrandenburgische Kriegsrat (1630 - 1641) Aus: Forschungen z. Brandenb. u. Preuß. Geschichte. 25. 1. 51 -89.

Bonin, Burkhard v.: Das Spießrecht in der Theorie des 17. und 18. Jahrhunderts Aus: Zeitschrift der Savigny-Stiftung für Rechtsgeschichte. 1904. S. 52 - 63.

Bonin, Christian Friedrich v.

Bonin, Chr. Fr. v., s. Bekanntschaften, Die gefährl.

KAMMERDIENER, Der weibliche. Lustspiel (von *Christian Friedr. v. Bonin,* 1755—1813). Berlin 1780. 8°. (3 ggr.)
Kayser 1836. p. 49.

Der Patriot. Ein Vorsp. Zur Feyer des allerhöchsten Geburtsfestes Sr. Königl. Majestät von Preußen verfertigt von einem Königl. Preußischen Officier. Berlin, den 24. Januar 1777. 8°.
Verf. Chr. Fr. von Bonin.

Bonin, Christian Friedr. v. (Hrsg.), s. Schaubühne, Über die Berliner.

– s. Sonnenritter, Der.

Bonin, Daniel

Bonin, D., aktenmässige Geschichte der Siedelung Neu-Kelsterbach. s.: Geschichtsblätter des deutschen Hugenotten-Vereins. VIII. 4.

— actenmässige Geschichte der Waldenser Siedelung Mörfelden-Gundhof. s.: Geschichtsblätter d. deutschen Hugenotten-Vereins. VIII. 9.

Bonin, Daniel: Die Waldenser-Gemeinde Pragela auf ihrer Wanderung ins Hessenland. Aktenmässige Untersuchungen. *Worms 1901: A. K. Boeninger.* (63 S.) 8°
Worms, grossh. G u. grossh. R, P 1901 (697)

Bonin, D., die Waldenser-Colonie Rohrbach, Wembach u. Hahn, s.: Geschichtsblätter des deutschen Hugenotten-Vereins.

— s: **Urkundenbuch d. früheren freien Reichsstadt Pfeddersheim.**

Bonin, D[aniel]: Johann Georg Zimmermann u. Johann Gottfried Herder nach bisher ungedruckten Briefen. Worms 1910: Kranzbühler. 32 S. 8° ¶ (Ersch. auch als Buch b. Kräuter, Worms.)
Worms, großh. OR P 1910 (896) [S 10. 41

Bonin, E. v., und M. Hartmann, Handbuch für Rennbesucher. 12. (207 S.) Berlin 886. (Leipzig, Schuberth und Comp.) cart. * 2 —

—— dass. — 2. Ausg. Aug. 1886. 12. (173, 69, 22 S.) Ebendas. 886. cart. in Leinw. * 3 —

Bonin, E. v., das Kirchenjahr. Aufführung f. 54 Kinder. 2 Knaben als Glocken, 52 Mädchen als Sonntage. (12 S.) 8. Hamburg 906. Agentur des Rauhen Hauses. n. — 25

Bonin, Elsa v.: Das Leben d. Renée v. Catte. Roman. (281) 8° Berl., E Fleischel & Co. ('11). 3.50; geb. 5 — d

Bonin, Elsa Jutta v., Gedichte. (VII, 86 S.) 8. Braunschweig (904). Leipzig, R. Sattler. n. 2. —

BONIN, Louis. — Die Neueste Art zur Galanten und Theatralischen Tantz-Kunst: Worinnen Gründliche Nachricht anzutreffen, wie dieses ... EXERCITIUM Sowol vor Alters, als anjetzt, beschaffen; Auch wie man zur richtigen Erlernung desselbigen, und zu manirlichen Aufführungen .... gelangen kan. Deme beygefügt, Was für Requisita zu einen (!) rechtschaffenen Tantz-Meister gehören ... Von LOVIS BONIN ... Samt einer Vorrede von MELETAON (d. i. Joh. Leonh. Rost). Mit Titelkpfr. Franckfurt und Leipzig, zu finden bey Joh. Christoff Lochner, Buchhändler. Anno 1712. 8°. Tit., 24 Bl., 270 S. (Lipperheide's Bibl. no. 3068.)

Bonin, Math., (✝ ....) s. Leben u. Leiden Jesu Christi.

v. Bonin, Rob., Geschichte d. Brandenburg-preuß. Artillerie, s. v. Malinowsky, L.

Bonin, Rudolf: Die Besetzung der deutschen Bistümer in den letzten 30 Jahren Heinrichs IV 1077 bis 1105. ... Jena, Frommannsche Buchdr. (Hermann Pohle), 1889; 2 Bl. + 132 S. + 2 Bl. 8°
Leipzig, Phil. Fak., Inaug.-Diss. v. 15. Mai 1889

Bonin, Rud., Geschichte der Stadt Stolp. 1. Tl. Bis zur Mitte des 16. Jahrh. (XI, 141 S. m. 1 Taf.) gr. 8. Stolp 910. H. Langenhagen. 2. 50

—— Grundzüge f. d. zerstreute Gefecht. gr. 8. (1¼ B.) Berlin, Posen u. Bromberg 839, Mittler.

Bonin, Rud., Luther, Lessing, Bismarck im Werdegang des deutschen Volkes. gr. 8. (91 S.) Leipzig 899. W. Friedrich. n. 1. 50

Bonin, Siegfried von, Kammergerichtsreferendar: Das gesetzliche Pfandrecht des Vermieters und Verpächters nach gemeinem Recht und Bürgerlichem Gesetzbuch. Berlin 1905: E. Streisand. (62 S.) 8° [F.]
Heidelberg, Jur. Fak., Ref. Buhl, Diss. v. 20. Sept. 1905
[Geb. 6. Juli 78 Hannover; Wohnort: Berlin; Staatsangeh.: Preußen; Vorbildung: Gymn. Putbus Reife O. 98; Studium: Heidelberg 3, Berlin 5 S.; Rig. 18. Juli 05.]

Bonin, Theophil, Leistung u. Schnelligkeit e. Reitertruppe im Felde. Einfluß d. Gewichtes u. der Ernährg. auf Leistg. u. Schnelligkeit. — Soldaten-Reiterei-Training. Vom Verf. autoris. Uebersetzg. aus dem Franz. gr. 8. (IX, 101 S.) Berlin 873. Mittler & Sohn. n. 1. 60

Bonin, U. v., Friedrich der Grosse und Fürst Leopold I. von Anhalt-Dessau. (Beiheft 2 zum Militär-Wochenblatt 1878.)

Bonin, Udo v., Festungen u. Taktik des Festungskrieges in der Gegenwart. Militärische Betrachtungen. Mit 1 (lith.) Skizze. [Aus: „Militär-Wochenblatt 1878, 8. u. 9. Beiheft".] gr. 8. (III, 80 S.) Berlin 878. Mittler & Sohn. n. 1. 60

— Geschichte des Ingenieurkorps u. der Pioniere in Preußen. 1. u. 2. Thl. gr. 8. Berlin 877. 78. Mittler & Sohn. à n. 6. 80
1. Bis zum Abschluß der Reorganisation von 1808—1812. Mit einem (lith.) Facsm. Friedrichs des Großen (in qu. gr. 4.). (V, 329 S.)
2. Von 1812 bis zur Mitte des 19. Jahrh. Mit einer (lith.) Stammtaf. des Pionierkorps u. einer fortifikator. (lith.) Skizze. (VI, 335 S.)

Bonin, U. v., die Lehre vom Festungskriege für Offiziere aller Waffen. gr. 8. (VI, 172 S. mit 1 lithogr. Plan-Skizze.) Berlin 881, Mittler und Sohn. * 8 60

Bonin, Ulrich Bogislaw v., s.a. T h e o p h i l u s Pomeranus

[Bonin, Ulrich Bogislav von, Pseud.:] Theophilus Pomeranus. Gottgeheiligter Poesien, auch Freuden- und Trauer-Gedichte. Erster Theil. [= alles Erschienene]. Graitz, Abr. Gottl. Ludewig, 1727. 8. 26 Bl. Seiten 3—341, 5 Bl. Titel in Rot und Schwarz.

v. Bonin, Ulr. Bogusl., († d. 9. Jan. 1752.) erbaul. Schriften, nebst dessen Leben. 16. Leipz. 760. Löwe. 8 gl.

Böning. Observations on the system of upper-school-instruction with regard to the pedagogic virtue of the English language. I. Bromberg, R., 1868. 13 S. 4.
Progr.

Boening, Gustav von (Hrsg.)

[F.] Des jungen Sängers erstes Notenbuch. Gesanglehre f. Schulen verbunden m. e. nach Tonarten geordn. Auswahl d. gebräuchlichsten Choräle u. Volkslieder. Hrsg. v. Gustav **Boening,** Gymn.-Gesanglehrer. 2. Aufl. *Stolp: K. Schrader [1897].* (87 S.) 1 Bd 8. (98. 478

Boening, Julius (geb. Wreschen in Posen 27. 6. 1845): Ein Fall von Tumor cerebri, welcher symptomlos verlief. Berlin (1872). (32 S.) 8°
Berlin, Med. Diss. v. 6. Juli 1872

Böning, K., Bibellesen und Katechismusunterricht. 29 Lektionen, zur Hebung und Belebung der Katechismusstunden prakt. bearb. gr. 8. (VIII, 255 S.) Langensalza 886, Schulbuchh. von Greßler. * 2 30

Böning, K., Südhannoversche Dorfgeschichten aus der Mitte des vorigen Jahrhunderts. (68 S.) 8. Leipzig 908. Sächs. Volksschriften-Verlag. — 50

Böning, K., Stoff für den Geschichtsunterricht in der Volksschule. Für die Hand der Kinder zusammengestellt. 8. (IV, 54 S.) Langensalza 882. Schulbuchhandlung. cart. — 40

Böning, K., Stoff für den Geschichtsunterricht in der Volksschule. Für die Hand der Kinder zusammengestellt. (IV, 54 S.) 882; 2. Aufl. 8. (III, 60 S.) Langensalza 883, Schulbuchh. von Greßler. cart. — 40

Böning, K., Stoff f. den Geschichtsunterricht in der Volksschule. Für die Hand der Kinder zusammengestellt. 3. Aufl. 12. (III, 64 S.) Langensalza 891. Schulbuchhandlg. cart. — 40

Böning, Karl

Böning, Carl, Liederbuch f. höh. Knabenschulen, s.: Kuhne, Rich.

Böning, Carl, aus Petersburg, Untersuchungen des Inversionsproductes der aus Trehalamanna stammenden Trehalose. Mag. Diss. Dorpat. 8°. 59 pp. 1888.

Bönig, L.

— De Shakesperii fabula quae Troilus and Cressida inscribitur. Diss. Rostock 1870. 24 S.

— De Shakesperii fabula, quae Troilus and Cressida inscribitur. Accedunt ea quae de Helena principes antiquitatis poetae, e recentioribus Shaksperius et Goethius cogitaverunt. Crefeld, H. B. u. Pg., 1873. 14 S. 4.
Progr.

Böning, L. On Troilus and Cressida. Bromberg, R., 1861. 4. Progr.

Boening, Richard [aus Ginthieden, Kreis Königsberg, Ostpr.]: Anatomie des Stammes der Berberitze . . . . Königsberg i. Pr., Hartungsche Buchdr. (1885); 4 + 36 S. u. 8 Taf. 8°.
Königsberg, Phil. Fak., Inaug.-Diss. v. 10. Okt. 1885.

Boening, Rich., Anatomie des Stammes der Berberitze. Inaugural-Dissertation. gr. 8. (34 S. mit 8 autogr. Taf.) Königsberg 885, (Gräfe und Unzer.) ** 1 50

Böninger, Alfred: Die Bestrafung des Arbeitsvertragsbruchs der Arbeiter insbesondere der gewerblichen Arbeiter . . . Tübingen, Verl. d. H. Laupp'schen Buchh., 1891; VIII. 136 S. 8°
Tübingen, Staatswiss. Fak., Inaug.-Diss. v. 1891
(Nur in beschränkter Zahl für den Austausch)

Böninger, Alfr., die Bestrafung d. Arbeitsvertragsbruchs der Arbeiter, insbesondere der gewerblichen Arbeiter. gr. 8. (VIII, 136 S.) Tübingen 892. H. Laupp. n. 3. —

Böninger, Arth.: Die Presse u. d. internat. Verständigg. (40) 8° Münch., (R Oldenbourg) '11. — 75

Böninger, Curt, Referendar aus Duisburg: Die Unterschiede zwischen den Lehren von der Gefahrtragung beim Werkvertrag des gemeinen und bürgerlichen Rechts. *Borna-Leipzig 1902: R. Noske.* (XI, 57 S.) 8°
Leipzig, Jur. Diss. v. 1902

Böninger, E, Demokratie u. Zukunft. (300 S.) gr. 8. Berlin, Herm. Walther. 1905 7. 50.

Boeninger, Eug., Demokratie und Zukunft. Berlin 1906. 8°. *[Umschlagtit.]* 2. Aufl. 1909.

Böninger, Eug., Demokratie u. Zukunft. (800 S.) gr. 8. Berlin 906. Herm. Walther. n. 7. 50

Böninger, Eug. (Egon Karden), leitende Gedanken gesunder Volkswirthschaft. gr. 8. (III, 95 S.) Leipzig 809. C. L. Hirschfeld. n. 2. 20

Böninger, Eugen. Von der Heerstrasse. Reiseskizzen aus Baiern und Tirol. 96 S. 8. Düsseldorf, Schmitz & Olbertz, 1908. [M. 2.50]
Auch den Bodensee, *die Bündner Alpen etc. betr.*

Böninger, Eug., e. Reise um die Erde. Beobachtungen u. Erinnergn. 8. (III, 140 S.) Leipzig 898. W. Friedrich. n. 2. —

Böninger, Ferd., Brüder Bordmann. Roman. (271 S.) 8. Dresden (906). E. Pierson. n. 2. 50; geb. n. 3. 50

Böninger, Ferd., der rote Buckel. (Roman.) (254 S.) 8. Dresden 909. E. Pierson. 3. —; geb. n 4. —

Böninger, M. H., Beweis des letzten Fermatschen Satzes. (16 S.) gr. 8. Frankf. a/M. 910. Gebr. Knauer. 2. —

Boeninger, Theodor Konrad: De plantis venenatis et speciatim de plantis venenatis agri Duisburgensis. D. Duisburgi 1790. 133 S. 8°

Boeninghausen, Clemens Maria Friedrich von: Nomenclator botanicus sistens plantas phanerogamas in circulo Coesfeldiae Westphalorum inquilinas . . . Coesfeldiae 1821. 20 S. 8°

– Prodromus Florae Monasteriensis Westphalorum. Phanerogamia. Monasterii: Regensberg 1824. XIV, 332 S. 8°

– Dass., s. a. Boenninghausen, Cl. Mar. Fr.

Böninghausen, E. v., s. Bönningshausen, E. v.

Böningk, **Gttl., practica practicatu, editio nova instr. a Dn. Nettelbladt. 4. Halle 771. Kümmel. 1 ß**

Bonjour, Cas., le protecteur et le mari, s. Théâtre français le plus moderne Série I. Liv. 6.

Bonjour, J[ules], Dr.-Med. de La Chaux-de-Fonds, Médecin-Assistant de la Maison de santé de Préfargier [von Lignières, Kt. Neuenburg]: De la suspension; ses résultats à la clinique de médecine interne de Zurich. Neuchatel Attinger Impr. 1892. 71 S., 1 Bl. 8°.
Zürich, Med. Diss. [v. 4. Juni 1892].

Bonjour, P[aul]-E[mile], et Morf, Léon. Manuel d'arithmétique commerciale à l'usage des apprentis de commerce. Ouvrage contenant 107 exercices résolus et 270 problèmes à résoudre. [Avec 1 tableau.] VIII + 208 p. 8. Zurich, Schulthess & Cie, 1905. [relié fr. 2. 80]

Manuels d'enseignement de la Société suisse des Commerçants.

Bonjour, P.-E., et Léon Morf, Manuel d'arithmétique commerciale à l'usage des apprentis de commerce. 2 éd. revue et augmentée. Contenant 109 exercices résolus et 289 problèmes à résoudre. (Manuels d'enseignement de la société suisse des commerçants.) (VIII, 219 S.) 8. Zürich 907. Schulthess & Co. Geb. 3. —

Bonjour, P[aul]-E[mile], et Morf, Léon. Manuel d'arithmétique commerciale à l'usage des apprentis de commerce. 3e éd. revue et augmentée. Contenant 110 exercices résolus et 289 problèmes à résoudre. [Avec 3 tableaux.] VIII + 224 p. 8. Zurich, Schulthess & Cie, 1910. [relié fr. 3. —]
Manuels d'enseignement de la Société suisse des Commerçants.

Bonjour, P.-E., Manuel de comptabilité à l'usage des apprentis de commerce. (Manuels d'enseignement de la société suisse des commerçants. (VIII, 133 S.) gr. 8. Zürich 903. Schulthess & Co. Geb. in Leinw. n. 2. 40

Bonjour, P[aul]-E[mile]. Manuel de Comptabilité à l'usage des apprentis de commerce. 2e éd. revue et augmentée. [Avec 1 tableau.] VIII + 142 p. 8. Zurich, Schulthess & Cie, 1905. [relié fr. 2. 40]

Manuels d'enseignement de la Société suisse des Commerçants.

Bonjour, P[aul]-E[mile]. Manuel de Comptabilité à l'usage des apprentis de commerce. 3e éd. revue et augmentée. [Avec 1 tableau.] VIII + 150 p. 8. Zurich, Schulthess & Cie, 1909. [relié fr. 2. 90]

Bonisch, F. J., Erbauungsgedanken üb. d. nothw. Glaubenswahrheiten auf die Leidensgeschichte Jesu. 11 Bd. 8. Bresl. W. G. Korn. 798.

Boenisch: Bierbrauen . . ., s. Boenisch, Johann Gottfried

Boenisch, Bruno. Bilder aus d. schlesischen Geschichte. (Miesko, Wlast, Heinrich I., Heinrich II., Karl IV., Friedrich II.) Im Anschluß an d. v. d. kgl. Reg. zu Oppeln hrsg. Lehrplan f. d. vaterl. Geschichts-Unterricht. 8. (82 S.) Oppeln 892, Maske. * — 25
In Ausgaben für protestant., und für kathol. Schulen; letztere durch eine Biographie d. heil. Hedwig vermehrt.

— dasselbe. (Miesko, Wlast, Heinrich I., die hl. Hedwig, Heinrich II., Karl IV., Friedrich II. (Katholische Ausg.) gr. 8. (32 S.) Ebd. 892. n. — 25

Boenisch, Bruno, Cardinal-Fürstbischof Melchior v. Diepenbrock. Ein Lebensbild nach den Aufzeichngn. v. Förster. 12. (44 S. m. 1 Bildnis.) Oppeln (898). (Breslau, Müller & Seiffert.) n. — 25

Boenisch, Curt, d. Einfamilien-Landhaus. Eine Sammlg. v. 24 Entwürfen z. Landhäusern u. kl. Villen in 36 (z. Tl. farb.) Bl. Zeichngn. Geeignet f. Baulustige, Baugewerkschüler, Bautechniker, Bauunternehmer u. Maurermeister, sow. z. Anlage v. Kolonien. hoch 4. Leipzig 896. E. A. Seemann. In Mappe n. 6. —

Boenisch, E., Vegetarismus und Ernährung. 8°. 2. Aufl. (20 S.) Wien: Friedr. Schalk 1903 K —.20

Boenisch, Emil

(F) Magnetische Heilungen. Vierteljahrsschrift. Erscheint in zwangslosen Heften. Von Dr. Emil Boenisch. Wien. 1899. Selbstverlag. [In Comm. Schalk.] 8°. erscheint in 4 Heften. compl. fl. —.40

Boenisch, Geo., Lieder aus dem Osten. (IX, 105 S.) 8. Dresden (906). E. Pierson. n. 1. 50; geb. n. 2. 50

Bönisch, H., Hauswirth u. Landwirth. Ein Beitrag zur Frage über die Abfuhr. gr. 8. (24 S. m. 2 Steintaf.) Leipzig 878. O. Wigand. n. 1. —

Bönisch, JH: Technikers Wanderlust u. Leid. Gedichte. (48) 8° Dresd.. Die Sonne '12. — 80 d

Joh. Gottfr. Bönisch Begründungsgeschichte des Barmherzigkeits-stiftes, Lessings Denkmal und Armen-Kranken-Anstalt zu Camenz. Mit 1 Kupf. Dresden 1827. 8. (Continuavit Car. Gale Röderer.)

Bönisch, Dr. Joh. Gottfr. Begründungsgeschichte des Barmherzigkeit-Stifts: Lessing's Denkmal, einer Armen-Kranken-Anstalt zu Lamenz. Herausgegeben zum Besten der kranken Armen dieses Heil-Instituts. *Dresden, Meinhold und Söhne.* **1827**

Bönisch, Joh. Gtfr., erster fünfjähr. Bericht üb. d. Bestehen u. Würken d. Barmherzigkeits-Stifts, Lessings Denkmal, e. cosmopolit. Armen-Kranken-Anstalt zu Camenz, v. 3. Jan. 1826 b. zum 31. Dez. 1830. 8. (4¼ B.) Camenz 831. (Leipzig, Hinrichs.)

— über d. Bierbrauen d. Engländer, s. Verhandll. der Gesellschaft z. Beförder. d. Naturkunde Schlesiens. 2s Hft.

— Einweihungsrede u. Segnungsworte bei Eröffnung d. Barmherzigkeitsstifts, Lessings Denkmal in Camenz. 8. Dresden u. Camenz 826. Verf.

Bönisch, Joh. Gtfr., die Götter Deutschlands, vorzügl. Sachsens u. d. Lausitz; ein mytholog. archäolog. Versuch. gr. 8. (6½ B.) Camenz 830, Krausche.

Boenisch, Johann Gottfried (Pomsen/Misn.), De metrorrhagia. Dissert. med. Präs. Traugott Carl August Vogt. Wittenberg (Tzschiedrich) 20. IV. 1804. 28 S. (4.80)
Gew.: Carl Theophil Hohlfeld.

— über d. Nothwendigkeit u. den Nutzen d. Kranken-Anstalt. Eine Rede etc. 8. Camenz 824. Verf.

Kamenz: [Rundschreiben. Unterz.:] Joh. Gottfr. **Bönisch.** [Dat.:] Camenz, am St. Johannistage 1824. 2 Bl. 4°
Bitte um Beiträge für ein Lessing-Stift für arme Kranke in Kamenz.

— die Schutzpocken sichern gewiß gegen Blattern-Ansteckung 8. Löbau 804.

— die Schwefelquellen bei Schmeckwitz, s. Ficinus.

— historisch-geograph.-statist. Topographie, oder geschichtl. Beschreib. d. Stadt Camenz u. der benachbarten Ortschaften; zum Besten d. Kranken-Armen d. Barmherzigkeitsstiftes zu Camenz. 3 Hefte, mit 3 Kpf. gr. 8. Camenz 824—25. (Dresden, Arnold). 1 ₰ 8 gr

Bönisch, Josef

[F.] Musikalisches Fremdwörterbuch m. Erklärg der bei Tonstücken vorkomm. Wörter u. Zeichen v. J[osef] Bönisch, Hauptl. *Neisse: [Selbstv.]: Dr. v. P. Negwer 1894.* (61 S.) 1 Bd 8. [96. 6405

Boenisch, Paul: Die geschichtliche Entwickelung der laendlichen Verhaeltnisse in Mittel-Schlesien. M. bes. Beruecks. d. jeweiligen Grundeigenthumsvertheilg; vom Beginn d. Besiedelg m. deutschen Bauern bis z. Gegenwart dargest. am Bezirk d. heutigen Amtsgerichts Canth, Reg.-Bez. Breslau ... Merseburg. Buchdr. v. F. Stollberg, 1894; 3 Bl., 123 S. 8.
Jena, Phil. Fak., Inaug.-Diss. v. 1894

Boenisch, Paul: Reportgeschäft. 1910. Jur. Diss.

Boenisch, (Richard): **Beiträge** zur Geschichte der Vogtei in Schlesien. *Leobschütz 1902: W. Witke.* (S. 63–94.) 8°
Leobschütz, k. kath. G, Festschr. 1902**

Boenisch, (Richard): **Beiträge** zur Heimatskunde am Gymnasium zu Leobschütz. Mit 3 Kartensk. *Leobschütz 1899: W. Witke.* (30 S.) 8°
Leobschütz, k. kath. G, OP 1899 (203)

Boenisch, Victor Arm(in.) Franc. (geb. Pless 25. 5. 1828): De tumorum scroti diagnosi. Berolini (1853). (37 S.) 8°
Berlin, Med. Diss. v. 15. Aug. 1853

Bonitas-Bauer, Nouveaux principes d'écriture anglaise à l'usage des maisons d'éducation. (20 Bl) Wurzbourg

Bonithonis, episcopi Sutrini, liber ad amicum ed. Phil. Jaffé. Editio in scholarum usum repetita ex Bibliotheca rerum germanicarum. Berlin 865. Weidmann. gr. 8. (113 S.) n. 20 ngr

Bonitius, Carl Heinrich (Auerbach/Vogtl.), De genuina unionis prolium indole extra casum legis, et observantiae specialis. Diss. jur. Präs. Ferdin. Aug. Hommel. Lpz. (A. M. Schede) 4. IV. 1726. 24 S. (4.80)
Gewidm.: Gottfr. Reichenbach, Joh. Gg. Lenck, Joh. Schedlich.

— **Johann** (Zwönitz), De legione fulminatrice. Brev. & extemp. dissert. Dresden (Joh. Riedel) o. J. (17. Jhdt.) 16 S. (4.—)

Bönitsch, Karl, appr. Arzt: Beitrag zur Frage über den Wert der Serumtherapie bei Tetanus. München 1905: Wolf. 38 S. 8°
München, Med. Diss. v. 5. Aug. 1909, Ref. v. Angerer
[Geb. 23. April 75 Wirbenz; Wohnort: Mistelgau; Staatsangeh.: Bayern; Vorbildung: Gymn. Bayreuth Reife Juli 94; Studium: München 1, Erlangen 12 S.; Coll. 5. Aug. 09; Approb. 14. Mai 01.] [U 10. 3486

Bonitz. Nekrolog von Dr. J. Grailich, geboren den 16. Febr. 1823, gestorben d. 13. Sept. 1859. (Aus der Zeitschr. für die öst. Gymnasien.) Wien, 1859. 8.

Bonitz, Aristotelische Studien, s. Bonitz, Hermann

Bonitz, C. A., Biographie J. C. Wagners. 8. Zwickau, Schumann. 808.

— **Reformations-Geschichte** 8. Lpz. Voß. 805.

Bonitz, C. H., Geschlechtsregister der gesammten Gemahlinnen der Grafen und Herren von Schönburg. 1753. fol.

— **Carl Heinrich** (Auerbach/V.), De purgatione contumaciae in processu, praecipue elect. Saxon. hodierno. Diss. jur. Präs. Jo. Pet. v. Ludewig. Halle (J. Chn. Hilliger) 18. IV. 1733. 62 S. (5.—)

Bonitz, Chr. A. Fr., Biographie J. C. Wagner's. 8. Zwickau 808. Schumann. 15 gr

Bonitz, H., Ueber den Cupr'schen Antrag auf Revision des dermaligen Unterrichtswesens unserer Mittelschulen. 8. (48 S.) Wien. Gerold. 1861 50 kr.

Bonitz, Herm., Nachruf, s.: Gomperz, Th.

Bonitz, Hermann

Bonitz, H., Arkader als Wohltäter Homers. Gel. 1870. 13 S. 4°. 1.50

Bonitz, Herm., **Beiträge zur Erklärung des Sophokles.** (Aus d. Sitzungsberichten d. k. Akad. d. W.) Wien 856. (Gerold.) gr. 8. (88 S.) n. 15 ngr

— — 2. Heft. (Aus d. Sitzungsberichten d. k. Akad. d. W.) Wien 857. Gerold in Comm. gr. 8. (71 S.) n. 12 ngr

— **Beiträge zur Erklärung des Thukydides.** (Aus den Sitzungsberichten d. k. Akad. d. W.) (Wien 853. Gerold.) gr. 8. (33 S.) n. 5 ngr

— **Beiträge zur Erklärung des Thukydides.** Lex.-8. (33 S.) Wien 854, (Gerold's Sohn.) *

— **Herm.,** Ad actum oratorium 26. VIII. et ad examen. in gymnasio Vitzthumiano ac schola Blochmannia. — Praemissa sunt disputationes Platonicae duae. Dresd. (Ernst Blochmann) 1837. 114 S. m. Schulnachrichten (Namen) (3.50)

Bonitz, Herm., zur **Erinnerung** an Friedrich Adolf Trendelenburg. Vortrag geh. am Leibnitztage 1872 in der königl. Akademie der Wissenschaften. [Aus den Abhandlgn. der königl. Akad. d. Wiss.] gr. 4. (40 S.) Berlin 872. Dümmler's Verl. in Comm. n. 2.20

— zur **Erklärung** d. Platonischen Dialogs Phädrus. [Aus: „Festschrift zur 3. Säcularfeier d. Berl. Gymnasiums zum grauen Kloster".] gr. 8. (20 S.) Berlin 874. Weidmann. n. — 60

— **index Aristotelicus.** [Aus Aristotelis opera. Edidit Acad. Reg. Boruss.] gr. 4. (VIII, 878 S.) Berlin 870. G. Reimer. n. 26. —

— **über die Kategorien des Aristoteles.** (Aus d. Sitzungsberichten d. k. Akad. d. W.) (Wien 853. Gerold.) gr. 8. (57 S.) n. 10 ngr

Bonitz, H., Observationes criticae in Aristotelis libros metaphysicos. Pr. 1842. 24 S. 4°. 2.—

— **observationes criticae in Aristotelis libros methaphysicos.** 8 maj. (0½ B.) Berolini 842, Gust. Bethge.

Bonitz, Herm., observationes criticae in Aristotelis quae feruntur Magna Moralia et Ethica Eudemia. 8. (5 B.) Berolini 844, Gust. Bethge.

Bonitz, Herm.: Observationes criticae in Aristotelis quae feruntur Magna Moralia et Ethica Eudemia. 42 S.
Progr. Stettin 1844.

— Aristotelische Studien. 1. Teil. Zur Physik. Zu der Schrift über Xenophanes, Zenon und Gorgias. Zur Rhetorik und Poetik. S. 39. 183 . . . . vgr.
— — 2. Teil. S. 41. 379 . . . . vgr.
— — 3. Teil. S. 42. 25 . . . . vgr.
— — 4. Teil. Zur Topik. Zur zweiten Analytik. Zur Physik und zu der Schrift über Entstehen und Vergehen. Zu den Problemen. S. 52. 347 . . . . vgr.
— — 5. Teil. Über πάθος und πάθημα im Aristotelischen Sprachgebrauche. S. 55. 13 vgr.

Separatabdruck

Bonitz, H., Aristotelische Studien. I. II. u. III. (Aus den Sitzungsberichten 1862 u. 63. der k. Akad. d. Wiss.) Wien 862, 63. Gerold in Comm. gr. 8. (149 S.) 1 ₰ 8 ngr.
I.: n. 15 ngr.; II. u. III.: n. 23 ngr.

Bonitz, H., Aristotelische Studien. IV. V. [Aus den Sitzungsber. d. kais. Akad. d. Wiss.] Wien 866, 67. Gerold's Sohn in Comm. gr. 8. (77; 43 S.) V.: n. 12 ngr.; VI.: n. 6 ngr.

—— **platonische Studien.** 1. und 2. Heft. Lex.-8. (78 und 89 S.) Wien 858. 60, (Gerold's Sohn.) (1. Heft * * 12 Ngr., 2. * * 14 Ngr.) * *
Vorstehende zwei Schriften des Verf. wurden aus: Sitzungsberichte der k. Akademie der Wissenschaften Jahrg. 1857, 1858 und 1860, besonders abgedruckt.

— **platonische Studien.** 2. Aufl. gr. 8. (291 S.) Berlin 875. Vahlen. n 7 —

Bonitz, H., Platonische Studien. 3. Aufl. gr. 8. (XII, 324 S.) Berlin 886, Vahlen. * 7 50

—— **über den Ursprung der Homerischen Gedichte.** Vortrag gehalten im Ständehause am 8. März 1860. gr. 8. (48 S.) Wien 860, Gerold's Sohn. *
Aus: Zeitschrift für die österreich. Gymnasien Jahrg. 1860, besonders abgedruckt.

—— **über den Ursprung der Homerischen Gedichte.** Vortrag gehalten im Ständehause am 8. März 1860. 2., verm. Aufl. gr. 8. (60 S.) Wien 864, Gerold's Sohn. *

— **über den Ursprung der Homerischen Gedichte.** Vortrag geh. im Ständehause zu Wien am 3. März 1860. 4. Aufl. gr. 8. (81 S.) Wien 875. Gerold's Sohn. n. 2. —

Bonitz, Herm., über den Ursprung der homerischen Gedichte. Vortrag, geh. im Ständehaus zu Wien am 3. März 1860. 5. Aufl., besorgt v. R. Neubauer. gr. 8. (VI, 118 S.) Wien 881. Gerold's Sohn. n. 2. 60

Bonitz, Karl Friedrich

Bonitz, Karl Fr., Geschichte d. Luther. Religions- u. Kirchengeschichte. gr. 8. Leipz. 805. Voß. 1 ₰ 4 ℊ

— plurimorum de loco Pauli ad Gal. III, 20. 8 maj. Lpz. 800. Rabenhorst. 12 ℊ

Bonitz, Carl Friedr. (Zwönitz), Num ratio humana sua vi et indole morali ad deum credendum cogi recte dicatur. Disp. philos. Präs. Joh. Aug. Heinr. Tittmann. Lpz. (Carl Tauchnitz) 30. VIII. 1797. 30 S. (4.80)

— Predigt zur Empfehlung d. neuen Arbeitsanstalt für herumschweif. Bettler. gr. 8. Leipz., Wienbrack. 4 ℊ

— Predigt vor der Wahl der Stadtverordneten in Langensalza; auf Verlangen in Druck gegeben. gr. 8. Langensalza 832. (Sondersh., Eupel). 2 ℊ

— Spicilegium observat. ad loc. Pauli nobiliss. Gal. III, 20. 8 maj. Leipz. 802. Rabenhorst. 9 ℊ

— **Carl Friedrich** (Langensalza), De religionis studio in lyceis haud negligendo. Disp. theol. Lpz. (C. Tauchnitz) 1817. 28 S. (4.80)

— **Richard** (Lengenfeld), De glossomantia. Diss. med. Lpz. (Staritz) 30. VII. 1839. 24 S. (4.50)

Bonk, B. S., Briefe, s. Auch ich bin aus Griechenland vertrieben.

Bonk, Hugo

Bonk, H: Beitr. z. Gesch. Allensteins. (111 m. 1 Abb. u. 1 Taf.) 8° Allenst., (K Danehl)'03. 1 — d

Beiträge zur Geschichte Allensteins. Festschrift z. Feier d. 550 jähr. Stadtjub. am 31. Okt. 1903. Im Auftr. d. Stadt geschrieben von Dr. Hugo **Bonk**. Allenstein: Harich in Komm. 1903. 111 S. 8°
[Umschlagt.:] Allenstein 1353–1903
(Bonk: Geschichte d. Stadt Allenstein. Bd 1.) A 12, 3842

Bonk, Hugo [Heilsbergensis]: De Davide, Israelitarum rege. P. 1.: Quaestiones criticae et historicae in fontes habitae. 1 ... Regimonti, ex offic. Erlatisiana, 1891; 1 Bl., 78 S., 2 Bl., 1 Taf. 8.
Königsberg, Phil. Fak., Inaug.-Diss. v. 24. Okt. 1891

Bonk, Hugo, de Davide, Israelitarum rege. Pars I: Quaestiones criticae et historicae in fontes habitae. I. Diss. gr. 8. (78 S. m. 1 Tab.) Regimonti 891. (Leipzig, G. Fock.) n. 2. —

Bonk, Hugo. De Davide, Israelitarum rege. Pars I.: Quaestiones criticae et historicae in fontes habitae. I. Diss. gr. 8. (78 S. m. 1 Tab.) Königsb. 891, (Koch). * 1 —

Geschichte der Stadt Allenstein. (Im Auftr. d. Stadt geschrieben von Dr. Hugo **Bonk**.) [Bd] 1. (Allenstein: Harich in Komm. 1903.) 8° A 12, 3841

Bonk, Hugo: Gesch. d. Stadt Allenstein. 3. Bd. Urkdnb. z. Gesch. Allensteins. 1. Tl: Allg. Urkdn bis 1815. 5. Heft. (10, 641—852 m. 2 farb. Pl.) gr8° Allenstein, K Danehl' 12. 3 — (3. Bd vollst.: 12 —; 1 u. 3: 13 —) d
Bd 2 ist noch nicht erschienen. Bd 1 bildet Kat. 01/05: Bonk, H: Beiträge z. Gesch. Allensteins.

Geschichte der Stadt Drengfurt. Zur Feier d. 500jähr. Stadt-Jubiläums 1905 im Auftr. d. Stadt geschrieben von Dr. Hugo **Bonk**. Rastenburg: E. Ahl 1905. (100 S.) 8° [J.] 107. 14370

Bonk, Hugo, s.: Geschichtsblätter, oberländische.

Bonk, Hugo, d. Jubelfest d. 350 jähr. Bestehens d. Albertus-Universität a. 26. u. 27. Juli 1894. N. amtl. Mittheilgn. dargest. gr. 8. (134 S.) Königsberg 895. W. Koch. n. 2. —; geb. in Leinw. n. 3. —

Bonk, Hugo: Katalog der Bibliothek des Kaiser Wilhelm-Gymnasiums zu Osterode Ostpr. Osterode Ostpr. 1909: Albrecht. 91 S. 8°
Osterode Ostpr., Kaiser-Wilhelm-G OP 1909 (14) [S 09. 37

Bonk, Hugo: Katalog der Schüler-Bibliothek des Kaiser-Wilhelm-Gymnasiums zu Osterode Ostpr. Osterode Ostpr. 1910: Albrecht. 56 S. 8°
Osterode Ostpr., Kaiser-Wilhelm-G OP 1910 (14) [S 10. 42

— d. **Städte u. Burgen in Altpreussen** (Ordensgründungen) in ihr. Beziehung z. Bodengestaltg. M. 44 altpreuss. Städteplänen a. d. Anfang d. XIX. Jahrh. (auf 11 Taf.). [Aus: „Altpreuss. Monatsschr".] gr. 8. (146 S.) Königsberg 895. F. Beyer. n. 4. —

Bonk, Hugo, aus Allenburgs Vergangenheit. Darstellgn. u. Urkunden zur Feier des 500 jähr. Stadtjubiläums am 15. VII. 1900, im Auftrage der Stadt bearb. gr. 8. (36 S.) Königsberg 900. (Gräfe & Unzer, Buchh.) n. — 50

Aus Allenburgs Vergangenheit. Darstellungen u. Urkunden z. Feier d. 500j. Stadtjub. am 15. Juli 1900 im Auftr. d. Stadt bearb. von Dr. Hugo **Bonk**. *Königsberg i. Pr. 1900: E. Rautenberg.* (36 S.) 8° [J.] 101. 189

Bonk, J. (Hrsg.),s. Auch ich bin aus Griechenland vertrieben. . .

Bonkamp, Bernh., zur Evangelienfrage. Untersuchgn. (V, 82 S.) gr. 8. Münster 909. Aschendorff. 2. 30

Bonken, B. Fr., ein Märtyrer v. der Hallig Langeneß. (16 S.) kl. 8. Breklum 909. Christl. Buchh. — 10

Bonmarmodo, (Dr Christiani), Bilder aus Ottomar's Kuckkasten rc. In 9 Hauptvorstellungen für die Seele. Mit Kpfrn. 8. (Leipzig ... Joachim.) 1 2/3 rf

BONMARMOTA (d. i. *Otto Konrad Christiani*, geb. 23. März 1767 zu Kiel, † 25. Novbr. 1803 zu Weimar), Bilder aus Ottmars Kuckkasten, in neun (zieml. zahmen Hauptvorstellungen für die Optik der Seele, gesammelt u. hrsg. von —. Mit TKpfr. u. TVign. Chambery (Leipzig, Joachim) 1800. 8⁰. (1 2/3 Rthl.) (3 Mk. 50 Pfg. Lehmann & Lutz, c. 1885.)
340 S. Dem Glasermeister Woltereck in Goslar dedicirt. Inh.: 1. Geschichte meines Vetters, ein modernes Feenmährchen. 2. Fragmente aus einem psycholog. Reise-Journal. 3. Die Schröpfgläser, oder die Kur für rothe Backen. 4. Die Verbrechen der Liebe (freie Bearb. einer span. Novelle). 5. Die Erscheinung des Teufels. 6. Hat der Teufel so etwas gesehen? (Schwank.) 7. Karsten und Ursel, od. der buchstäbliche Sinn (eine Posse). 8. Die geheime Züchtigung und die öffentl. Busse, aus dem Archiv der Wahrheit u. der Zeit entlehnt. 9. Die veränderte Adresse, oder der Scherz im Tode, ein lustiger Einfall in 5 Scenen.
Ueber den Verfasser s. Rassmann, S. 27.

Bonmatin, üb. die Fabrizirung d. Runkelrüben-Zuckers, u. den v. ihm selbst angestellten Versuchen, nebst ein. Verzeichniß d. f. Fabriken nöthigen Geräthschaften. 4. Strasb. Levrault, 813.

Bonn [Sachl. OW]

Bonn. Beiträge zu seiner Geschichte und seinen Denkmälern von Fr. Ritter, J. Freudenberg, K. Simrock, W. Harless, E. v. Schaumburg, C. Varrentrapp, E. aus'm Weerth, A. Wuerst. Festschrift, überreicht den Mitgliedern des im September 1868 zu Bonn tagenden internationalen Congresses für Alterthumskunde und Geschichte. Hierzu 7 Tafeln und viele in den Text gedruckte Holzschnitte. Bonn 1868. Druck von Carl Georgi. 4⁰

Bonn und Köln mit ihren Umgebungen, s. Köln.

Neuester Führer! Bonn und seine Umgebung mit Stadtpl. (Bonn): C. Georgi [1905]. (86 S.) quer-8⁰ [illegible]

— u. seine Umgebungen. Malerische Ansichten nach Originalzeichnungen in Stahl gestochen. I—III. Heft. kl. qu. 16. (22 Bl.) Bonn 842, Habicht. à * 10 Ngr. *

Bonn, die Universitätsstadt und ihre Umgebungen. Eine übersichtliche Darstellung und Erklärung der Sehenswürdigkeiten für Fremde und Einheimische. Mit 1 Stahlst. gr. 8. Bonn 846, Habicht. 1/4 rf
— dass. Mit 20 Stahlst. Ebend. geb. n. 1 rf

Bonn, die Universitätsstadt, u. ihre Umgebungen. Eine übersichtliche Darstellung für Fremde u. Einheimische. 2. verb. Aufl. Mit 1 Stahlst. gr. 8. (IV u. 52 S.) Bonn 851, Habicht. 1/4 rf

Bonn als Wohnsitz und Sommer-Aufenthalt. E. Rathgeber f. Touristen u. Zuziehende, hrsg. ... v. Handels- u. Gewerbe-Ver. zu Bonn. 2. verm. u. verb. Aufl. M. 15 Abb. u. 1 Pl. d. Stadt. *Bonn: Hauptmann-sche Buchdr. 1897.* (68 S., 1 Pl.) 1 Bd 8. [illegible]

Bonn als Wohnsitz und Sommeraufenthalt. Ein Rathgeber. Hrsg. v. Handels- u. Gewerbever. zu Bonn. 4. verb. u. verm. Aufl. Mit 32 Abb. u. 1 Pl. *Bonn: Handels- u. Gewerbe-Ver. 1900.* (96 S.) quer-8⁰ [F. u. Ant.] [illegible]

Bonn als Wohnsitz und Sommeraufenthalt. Ein Ratgeber f. Touristen u. Zuziehende. Hrsg. v. Handels- u. Gewerbe-Ver. zu Bonn. 5. verb. u. verm. Aufl. Mit 30 Abb. u. 1 Pl. d. Stadt. Bonn 1905: J. F. Carthaus. (97 S.) 8⁰ [F.] [illegible]

Bonn [Schlagwort]

— s.a. Ahrweiler.

— s. a.: Deutschland. Karte (Abt. Preussen).

— s.a. Radfahrerkarten. Mittelbach.

— s. a.: Radfahrerkarten. Strassenprofilkarte.

— s.a. Weinbaukarten.

Bonn, s.a. Woerl's Reisehandbücher.

Bonn-Frankfurt a. M., s.: Automobilkarten. Automobil-Tourenkarte.

Bonn. Beckmann-Plan. Neuester Plan v. Bonn nach amtl. Material in 5 farb. Ausführg. m. Hausnummern, e. Verzeichnis der Strassen, öffentl. Gebäude etc. (an den Seiten). 1 : 10,000. (Neudr.) 44,5 × 54 cm. Stuttgart (910). W. Seifert. — 50

Bonn. Koll, O., Karte der Umgegend v. Bonn m. dem Siebengebirge. 1 : 50,000. Unter Zugrundelegg. der Messtischblätter der königl. Landesaufnahme u. der neueren Katastervermessgn. Unter Mitwirkg. v. Fachgenossen redigirt. 2., verb. Aufl. Chromolith. gr. Fol. Bonn 889. Strauss. n. 2. —; auf Leinw. n. 3. —

Bonn. Koll, Otto, Karte der Umgegend v. Bonn m. dem Siebengebirge. 1 : 50,000. Unter Zugrundelegg. der Messtischblätter der königl. Landesaufnahme u. der neueren Katastervermessgn. red. 3., verb. Aufl. Farbendr. 43,5 × 43 cm. Bonn 892. E. Strauss Verl. n. 2. —; auf Leinw. in Etui n. 3. —

Bonn. Koll, Otto, Karte der Umgegend v. Bonn m. dem Siebengebirge u. der Ahr. 1 : 50,000. Auf Grund der neuen Messtischblätter der kgl. Landesaufnahme neu bearb. 5. Aufl. 61,5 × 49 cm. Farbdr. Bonn 897. E. Strauss. n. 3. —; auf Leinw. in Futteral n. 4. —

Bonn. Koll, Otto, Karte der Umgegend v. Bonn m. dem Siebengebirge u. der Ahr. Auf Grund der neuen Messtischblätter d. kgl. Landesaufnahme neu bearb. 1 : 50,000. 6. Aufl. 62 × 49 cm. Farbdr. Bonn 902. F. Cohen. Auf Leinw. in Mappe 2. 50

— Pharus-Plan Bonn. Nach amtl. Materialien hergestellt. 1 : 11,000. 38 × 50,5 cm. Farbdr. Mit Text. (9 S.) 8. Berlin (908). (Bonn, O. Paul.) — 75

Bonn. Plan der Stadt Bonn u. Umgebung. 1 : 10,000. 45 × 62 cm. Farbdr. Bonn 899. F. Cohen. n. 1. —

Bonn. Plan der Stadt Bonn u. Umgebung. 1 : 10,000. 45 × 62 cm. Farbdr. Bonn 899. Stuttgart. E. Strauss. n. 1. —

— Plan der Stadt Bonn. 1 : 10,000. 6. Aufl., rev. durch M. W. Hennes. 26 × 43,5 cm. Farbendr. Bonn 893. E Strauss, Verl. n. — 50

— Spezialkarte der Umgegend v. Bonn. 1 : 55,000. 72 × 57,5 cm. Farbdr. Bonn (901). Habicht. 1. —

Bonn, Spaniens Niedergang . . . , s. Bonn, Moritz Julius

Bonn: Die Vorgänge . . . , s. Bonn, Max J.

Bonn, Andreas

— u. A. Marrigues, Abhandl. über d. Natur u. Erzeugung des Callus überhaupt, u. insbesond. von d. Unförmlichkeiten u. Fehlern dess. bei Beinbrüchen. Aus verschied. Sprachen. 8. Leipz. 786. Weygand. 9 gr

— Abhandl. von d. Verrenkung des Oberarms, mit Kpf. 8. Lpz. 783. Weygand. 3 gr

Bonn; anatome castoris etc. 4. Duisb. Rädecker et K. 806.

Bonn, A(ndreas): Anatomische und chirurgische Bemerkungen über die Harnverhaltung und den Blasenstich, insbesondere von dem Blasenstich über der Schaambeinfuge. Aus dem Holländischen. 102 S., gbd.

Leipzig: Fleischer 1794

— Beobacht. e. unterwärtsgehenden Verrenkung d. linken Schenkelbeins, nebst e. neuen, gemächl. Einrichtungsweise, beide durch Erklärr. u. Schlußfolgen erläutert, v. J. G. Grauß, mit 1 Kpf. gr. 8. Amsterd. 800. (Klönne in Wesel). 8 ℊ

— überaus seltene Beschaffenheit der Harnblase bei einem zwölfjähr. Knaben. 8. Straßb. 785. Gerle. 4 ℊ

Bonn, Andreas: Eine seltene und widernatürliche Beschaffenheit der Harnblase und Geburtstheile eines zwölfjährigen Knabens. Aus d. Holl. übers. von Heinrich Joseph Arntz. Strasburg u. Kehl 1782. 47 S. 8°

— s. Briefwechsel zwischen Gruu u. Bon.

— descriptio thesauri ossium morbosorum Hoviani, 8. Amst. Beygang. 784.

— descriptio thesauri ossium morbosorum Hoviani. 8. Amsterd. 784. (Leyd., Luchtmans). 4 ℊ

Bonn, Andr., üb. Harnverhaltung u. Blasenstich. a. d. Holl. 8. Lpz. W. Fleischer. 794. Rthlr.

— comment. de humero luxato, c. tab. aen. f. maj. Leyd, 782. Luchtmans. 1 ℛ 18 ℊ

Bonn, Andr., Tabulae anatomico-chirurg. doctrin. herniar. illustr. editae a G. Sandifort. — Ontleeden heelkundige Platen, ter Opheldering van het Leerstuk der Breuken. (Latein. u. Holländ.) Fol. maj. (11 B. u. 20 Kpfrt.) Lugduni. Batavor. 828, Luchtmans. (Lipsiae, Voss; Weidmann.)

— tabulae ossium morbosor., praecipue thesauri Hoviani. III Tom. 8. Amsterd. 785, 89. Beygang. 9 ℛ

Bonn, C. (wirkl. Name), s. M i r i s v. (Pseud.): Lustige Naturgeschichte . . .

Bonn, D. Bericht über die 1868 in Colbenz abgehaltene Sapeur-Übung. (Wien 1869.) 8°. (Aus: Mitteil. d. k. k. Genie-Comité.)

Bonn, Edm., wie schützen wir unsere Jugend vor sexueller Gefährdung. Beitrag zur Kaiser-Jubiläums-Aktion „Fürs Kind". (31 S.) gr. 8. Prag (908). C. Bellmann. — 60
Sonderabdruck aus „Prager med. Wochenschr."

Bonn, Ferdinand, s. a. B o n n , Franz

Bonn, F, s.a. Miris, v.

Bonn, Ferd., Andalosia. Dramatisches Gedicht in 5 Aufzügen. (147 S.) 8. Charlottenburg (906). Berlin, F. Harnisch & Co. n. 1. 50; geb. n. 2. —

Bonn, Ferd., Anna Helene. Drama in 5 Aufzügen. gr. 8. (112 S.) Leipzig 894. Literar. Anstalt, A. Schulze. n. 2. —

Bonn, Ferd, u. Thilo v. Trotha. edles Blut. Historienbild in 3 Aufzügen. gr. 8. (73 S.) Berlin 901. E. Bloch. n. 2. —

Bonn, Ferd., der falsche Döberlein. Militärhumoreske. Illustriert v. E. Reinicke. (91 S.) 18×10 cm. Einsiedeln 908. Verlagsanstalt Benziger & Co. 1. —; geb. in Leinw. 1. 50

— Familienbande. Lustspiel in 4 Aufzügen. gr. 8. (84 S.) Ebd. 894. n. 1. 60

Bonn, Ferd., Familienbande. Drama in 4 Aufz. 3. Aufl. gr. 8. (84 S.) Leipzig 895. Literar. Anstalt, A. Schulze. n. 1. 60

— Der junge Fritz, s.: Universal-Bibliothek.

Bonn, F, heiratsfähig. Komödie. 8° (82) Lpzg 96, Lit. Anst., A Schulze. 2 —

— heiratsfähig. Komödie in 3 Aufz. 2. [Umschlag-] Aufl. gr. 8. (82 S.) Leipzig (896). Literar. Anst., A. Schulze. n. 2. —

Bonn, F. Der ewige Hochzeiter. Militärhumoreske. M. 12 Illustr. V. O. Gerlach. In-8°. 120 S. Einsiedeln, Benziger & Co. 1 25; geb. 1 85
1897

Der ewige Hochzeiter. Militärhumoreske von Ferdinand Bonn. Mit 12 Ill. von O. Gerlach. *Einsiedeln, Waldshut, Köln: Benziger & Co. 1898.* (121 S.) 8° [F.] [01. 6983 5

Bonn, Ferdinand. Der ewige Hochzeiter. Militärhumoreske. Mit 12 Illustrationen von O[tto] Gerlach. 3. Aufl. 121 S. 8. Einsiedeln etc., Benziger & Co. A. G., [1907]. [fr. 1. 25, geb. 1. 90]

— Sherlock Holmes, s.: Universal-Bibliothek.

— Der Hund v. Baskerville, s.: Universal-Bibliothek.

— 2 Jahre Theater-Direktor in Berlin. Ein Beitrag zur deutschen Kulturgeschichte. Tagebuchblätter. (182 S. m. 2 farb. Postkart.) 8. Berlin (908). F. Harnisch & Co. 2. —

Bonn, F: Aus Händels Jugend, s.a. Theater, kleines.

Bonn, Ferd., aus Händels Jugend, s.a. Theater-Bibliothek für Seminarien und Gesellenvereine.

Aus Händels Jugend. Lustsp. in 1 Akt von Ferdinand Bonn. 3. Aufl. *Paderborn: B. Kleine 1897.* (20 S.) 8° [F.]
= Theater, Kleines. 255. [00. 8527

— Ludwig II. Tragödie in 5 Aufzügen. (170 S.) 8. Berlin (907). F. Harnisch & Co. 1.50; geb. 2. 50

Ludwig der Zweite. Tragödie in 5 Aufz. von Ferdinand Bonn. (2. Aufl.) Berlin: F. Harnisch & Co. [1907]. (170 S.) 8° [F.] [07. 12899

— Militärhumoresken. Illustr. v. Emil Reinicke u. A. 2 Bdchn. Mit e. Vorwort von v. Miris. 12. (127 u. 168 S.) Regensburg 894. F. Pustet. à — 75

Der Pastorssohn. Ein Schauspiel in 4 Aufz. von Ferdinand Bonn. Berlin: F. Harnisch [1908]. (150 S.) 8° [F.] [08. 6255

— lustige Soldatengeschichten f. Jugend u. Volk. Illustriert v. Emil Reinicke. 13.—15. Taus. (à 376 S) 8. Berlin (905). H. Steinitz. n. 2. —

— Lustige Soldatengeschichten f. Jugend u. Volk. Illustriert v. Emil Reinicke. 16. Aufl. (376 S.) 8. Berlin (908). H. Steinitz. 2.—; geb. n 3. —

— Lustige Soldatengeschichten f. Jugend u. Volk. 17. Afl. (376 m. Abb.) 8° Berl., H Steinitz ('11). 2 — d

— d. Tilly kommt, s.a. Theater-Bibliothek f. Seminarien u. Gesellenvereine.

'Der Tilly kommt'. Schwank in 3 Aufz. von Ferdinand Bonn. 3. Aufl. *Paderborn: B. Kleine 1897.* (50 S.) 8° [F.]
= Theater, Kleines. 259. [00. 2331

Bonn, Ferd.: Gesammelte Werke. 4 Bde. (494, 481, 476 u. 448 m. Abb. u. 4 farb. Taf.) 8° Lpzg, Xenien-Verl. ('11). 16 —

Bonn, Franz, s. a. B o n n , Ferdinand

Bonn, Franz

— s. Bilder, lebende.

— s. Bilderbuch, militärisches. — Bilderschatz, neuer.

Bonn, Franz, s. B ü r k n e r , Hugo: Bilder aus dem Familienleben.

Bonn, Frz., die heilige Cäcilia. St. Elisabeth. Zwei Schauspiele f. die Jugend. 16. (56 u. 60 S.) Regensburg 890. Habbel. n. 1. —

Bonn, Frz., die hl. Cäcilia. Oratorium f. Soli u. Chor m. Klavierbegleitg. u. verbind. Text m. u. ohne Bilder. Dichtung von F. B. Musik v. Mich. Haller. Op. 57. gr. 8. (34 S.) Regensburg 894. J. Habbel. n. — 40

Bonn, Frz., die hl. Cäcilia. Schauspiel f. die Jugend. Musik v. Mich. Haller. (62 S.) 8. Regensburg (910). J. Habbel. — 60

Bonn, Franz, Dornröschen, s. Breitkopf und Härtel's Textbibliothek Nr. 61.

— der Drache v. Eßlingen, s.: Universal-Bibliothek f. die Jugend.

—— Durchgebrannt, s. Universal-Bibliothek für die Jugend.

— Die hl. Elisabeth. Schauspiel f. die Jugend. 2. Aufl. (61 S.) 8. Ebd. (910). — 60

– Folgen d. Zwietracht, s. M e g g e n d o r f e r , L.

—— zwölf schöne Geschichten, s. Meggendorfer, Lothar.

– D. Gnomen u. d. Kartenhaus, s. M e g g e n d o r f e r , L.

—— Gundel vom Königssee. Oberbayerisches Volksschauspiel in 4 Aufzügen, nach der gleichnam. epischen Dichtung von Jul. Grosse für die Bühne bearb. 8. (84 S.) München 878, Braun und Schneider.

Bonn, Frz., der arme Heinrich, Umarbeitg., s.: Himmelstein, F. X., der Grafensohn.

— f. Herz u. Haus. Gedichte. 1. u. 2. Aufl. 12. (VI, 318 S. m. Bildnis.) Ebd. 891. 893. n. 3. 60; geb. n. 5. —

Bonn, Frz., für Herz u. Haus. Gedichte. 5. Aufl. 12. (V, 318 S. m. Bildnis.) Regensburg (902). J. Habbel. Geb. in Leinw. m. Goldschn. n. 5. —

— Jacopone. Erzählendes Gedicht in 7 Gesängen. 8. (104 S.) Amberg 884. Habbel. n. 2. —; geb. n. 3. —

– D. Japanese u. s. Kind, s. M e g g e n d o r f e r , L.

— d. Kräutel-Lisl. Oberbayerisches Volksstück m. Gesang in 3 Akt. 8. (72 S.) München 881. (Rubinverl.) n. 1.—

—– die dumme Liesel, s. Universal-Bibliothek für die Jugend.

Bonn, Frz., der Jugend Lust u. Leid. Gesammelte Erzählgn. u. Gedichte f. die Jugend. Mit 4 fein color. Bildern. (Steintaf.) gr. 16. (264 S.) Stuttgart 874. Hofmann & Hoehl. 3. —

Bonn, Frz., der Jugend Lust und Leid. Gesammelte Erzählungen und Gedichte für die Jugend. gr. 16. (264 S. mit 4 fein color. Bildern.) Stuttgart 874, Risch. geb.

— Jugend-Lust u. -Leid. Gesammelte Erzählgn. u. Gedichte f. die Jugend. 1.—4. Bdchn. (138, 125, 96 u. 92 S. m. je 2 Vollbildern.) kl. 8. Regensburg (906). J. Habbel. Geb. à n. 1. 20

—— König Mammon. Roman der Gegenwart. 8. (VIII, 364 S.) Köln 880, Bachem. 3 —

– D. misslungene Mausjagd, s. M e g g e n d o r f e r , L.

— s.: Meggendorfer, Lothar, Folgen der Zwietracht; die Gnomen u. das Kartenhaus; der Japanese u. sein Kind; die mißlungene Mausjagd; der Müllerhans u. sein Hund.

— Mozart, s.: Haller, Mich.

– D. Müllerhans u. s. Hund, s. M e g g e n d o r f e r , L.

Bonn, Frz., Fräulein Nimmermag, s.a. Meggendorfer, Lothar.

— Fräulein Nimmermag. Ein lehrreiches Bilderbuch f. Kinder. Illustr. v. L. Meggendorfer. qu. gr. 8. (20 chromolith. S. mit eingedr. Text.) München 887. Braun & Schneider. cart. n. 1. 80

— der Pelzmärtel od. heitere Geschichtchen in lustigen Bildern. Ein Bilderbuch f. Kinder von 3—6 Jahren. gr. 4. (12 Chromolith. m. eingedr. Text.) Eßlingen 874. Schreiber. 1. 50

Bonn, F., Schott v. Grünstein. 16. (128) Stuttg. 55, Risch. — 15; cart. — 21

Bonn, Frz., Schott von Grünstein. Nach einer Rheinsage erzählt. Stuttgart 855. Gebr. Scheitlin. 16. (128 S.) 15 ngr

– s.a. Theater-Bilderbuch

—— Theater-Bilderbuch. Vier (chromolithogr.) Scenen für das Kinderherz mit ganz neuen Decorationen und Text in Versen. 2. und 3. verb. Aufl. Imp.-4. (4 S.) Eßlingen 882,83, Schreiber. geb. * 5 —

—— Theaterstücke für die Jugend. 12. (V, 266 S. mit 1 Holzschntaf.) München 880, Braun und Schneider. * 2 —

— Theaterstücke f. d. Jugend. 2. Aufl. (V, 168 S. m. Titelbild.) kl. 8. München (907). Braun & Schneider. Kart. 1. 50

— der Tilly kommt, s.: Theater-Bibliothek f. Seminarien u. Gesellenvereine.

—— und Jul. Grosse, Haus Turnhill. Drama in 4 Aufzügen. 8. (87 S.) München 887, Braun und Schneider. * 1 50

— Waul Waul s.: Holm, A.

Bonn, Frz., der Weber-Hannes. s. Universal-Bibliothek für die Jugend.

— der hl. Wolfgang. Oratorium f. Bariton u. Chor m. Klavierbegleitg. u. verbind. Text mit od. ohne leb. Bilder. Dichtung v. B., Musik v. Mich. Haller. (Op. 58.) (Textbuch.) 8. (4 u. 24 S. m. 1 Bildnis.) Regensburg 894. F. Pustet. n. — 30

— Wolfram. Dichtung. Regensburg 854. Pustet. 8. (176 S.) 21 ngr

Bonn, Joseph (August. Judic. Camer. Secretar.)
Dissertatio juridica inauguralis de jure et officio fisci caesarei procuratoris et advocati, von des Kayserl. General Fiscals und Advocati Fisci besonderen Freyheiten und Ampt.
Gissae 2. Aug. 1735: E.H. Lammers. 96 S. 4°
pro licentia summos in utroque jure honores .... consequendi

Bonn, M., s. Schriften d. deutschen Vereins f. Armenpflege.

Bonn, M. J., Grundzüge einer allgemeinen Methode zum Sprechen und Schreiben aller todten und lebenden Sprachen. Aachen 853. Mayer. gr. 8. (30 S.)

Bonn, Max J.

Die Vorgänge am Edelmetallmarkte in den Jahren 1870–1893 von Dr. Max J. Bonn. *Stuttgart: J. G. Cotta 1900.* (128 S.) 8°
— Studien, Münchener Volkswirtschaftliche. Stück 40.

Bonn, Max J.: Die Vorgänge am Edelmetallmarkte in den Jahren 1870—1873. *Stuttgart 1900: Union.* (128 S.) 8°
¶ [— Münchener volkswirtschaftl. Studien, Stück 40.]
München, Staatswirtsch. Diss. v. 1900

Bonn, Moritz Julius

Die Eingeborenenpolitik im britischen Südafrika. Von Dr. Moritz Julius **Bonn**. Berlin: L. Simion Nf. 1908. (57 S.) 8°
— **Zeitfragen**, Volkswirtschaftliche. H. 236/37. 108. 11338 3

Bonn, Mor. Jul., Nationale Kolonialpolitik. Vortr. München 1908. 8°.
(Schriften d. Sozialwissenschaftl. Ver. d. Univ. München. 1909. H. 5.)

Nationale Kolonialpolitik. Vortrag von Dr. Moritz Julius **Bonn**. München: Rieger 1910. 32 S. 8°
(Schriften d. Sozialwiss. Vereins d. Univ. München. 1909. H. 5.) 10. 1916

Bonn, Moritz Julius, Dr.: Die englische Kolonisation in Irland. T. 1. Stuttgart und Berlin: J. G. Cotta Nachf. 1904. (270 S.) 8°
München, Staatswirtsch. Hab.-Schr. v. 1905
(Nicht für den Austausch)

Bonn, M. J., Die englische Kolonisation in Irland. 2 Bde. (IX, 397 u. III, 321 S.) gr. 8. Stuttgart, J. G. Cotta Nachf. 1905 18. —

Bonn, Mor. Jul., die englische Kolonisation in Irland. 2 Bde. (IX, 397 u. III, 321 S.) gr. 8. Stuttgart 905. J. G. Cotta Nachf. n. 18. —

— **Die Neugestaltg uns. kolonialen Aufg.** Festrede. (48) gr8° Tüb., JCB Mohr '11. 1 —

Bonn M J, Spaniens Niedergang während der Preisrevolution des 16. Jahrhunderts. (199 S) (Studien, Münchener volkswirtschaftliche 12) Stuttgart 1896

Bonn, Moritz Julius: Staat und Volkswirtschaft in Spanien zu Beginn der Preisrevolution des 16. Jahrhunderts ... [Erschien vollst. u. d. T.: Spaniens Niedergang während d. Preisrevolution d. 16. Jhs. E. induktiver Versuch z. Gesch. d. Quantitätstheorie, als Stück 12 von: Münch. volkswirtsch. Stud.] Stuttgart, Druck d. Union Deutsche Verlagsges., 1896; 39 S. 8.
München, Staatswirtsch. Fak., Inaug.-Diss. v. 1895

Bonn, O, Plan d. kgl. Kreishaupt- u. Universitätsstadt Würzburg m. d. Stadterweiterungs-Gebiet. Stand nach d. J. 1894. 1:5000. 79,5×121,5 cm. Farbendr. Würzb. 94, Ballhorn & Cr. n.n. 5 —; m. St. n.n. 6 —

Bonn, P.

— R **Jacobs**, G **Mönckmeier**: Buchführgs-Lehrgänge f. kaufmänn. Unterr.-Anst. A. Einführgsheft. Einfache Buchhaltg. (55) 33,5×21 cm. Cöln, P Neubner ('12). HL 1 —

— — — dass. Lehrgang B. Doppelte Buchhaltg. (71) 33,5×21 cm. Ebd. ('12). HL 1.20

— — — dass. Lehrgang D. Amerikan. Buchführg. (67) 24,5×32 cm. Ebd. ('12). HL 1.40

Bonn, P, u. O Cüppers: Die Entwicklg d. Buchführg. Für Lehrer. (21) gr8° Cöln, JP Bachem '11. (— 60) — 40

— Method. Handb. z. Einführg in d. Buchführg. (7, 152) gr8° Ebd. '11. L 3.20

— Tafeln z. Einführg in d. Buchführg. 9 Taf. je ca 67×96,5 cm. Ebd. ('11).
auf Pappe, m. L-Rand, Ösen u. Schnur 30 —; auf L m. St. 40 —; einz. Taf. 4 —; bezw. 5.50

Bonn, Paul Bernhard

Bonn, Paul B., die Fälle der Anrechnung im Dienstvertrag nach BGB. u. Gew.-O., zugleich e. Beitrag zur Lehre vom Begriff der Anrechnung. Diss. (VII, 98 S.) gr. 8. Heidelberg 905. (Frankfurt a/M., Roitz & Koehler.) n. 2. —

Bonn, Paul, B(ernhard), Referendar: Die Fälle der Anrechnung im Dienstvertrag nach BGB. und Gew.-O. Zugleich ein Beitrag zur Lehre vom Begriff der Anrechnung. Heidelberg 1905: K. Rössler. (VI, 98 S.) 8°
Heidelberg, Jur. Fak., Ref. Endemann, Diss. v. 20. Sept. 1905
[Geb. 10. Mai 82 Frankfurt a. M.; Wohnort: Frankfurt; Staatsangeh.: Preußen; Vorbildung: Kaiser Friedr.-Gymn. Frankfurt a. M. Reife O. 02; Studium: Freiburg i. B. 1, Heidelberg 1, Bonn 2, Berlin 1, Marburg 3 S.; Rig. 28. Juli 05.]

Bonn, Pet.: Das Arbeitshaus ohne Zwang, s: Broschüren, Frankfurter zeitgemässe.

— **Aus d. Nachtasyl**, s: Aus Vergangenh. u. Gegenwart.

Bonn, R., der Bernstein, s.: Sammlung naturwissenschaftlicher Vorträge.

— **die Structurformeln.** Geschichte, Wesen u. Beurtheilung des Werthes derselben. gr. 8. (VII, 56 S.) Frankfurt a/O. 887. Trowitzsch & Sohn. n. 1.20

Bonna la bella von C. M. Bonn [1900]. V: *Müllenbach, Carl.* (Berl)

Bonnaire, de, voyez Debonnaire.

Bonnaire, A., Entretiens sur le système métrique, s. Maître Pierre No. 38. — dass., s. Meister Peter.

Bonnaire, A., über d. metrische System, s. Meister.

Bonnaire, Louis de

[Schwabe, Johann Joachim]. Lehren der Weisheit, wegen der Fehler der Menschen. Aus dem Französischen übersetzet von einem Mitgliede der deutschen Gesellschaft in Leipzig. 3 Theile in 1 Bde. Rostock, J. C. Koppe, 1746. 8°. 4 Bl. XXXIV, 394 S.; 6 Bl. 372 S.; 7 Bl. 416 S. Leicht berieb. HLd. d. Z. m. Rsch.
Fromm I. 299. Einzige deutsche Ausgabe der moraltheologischen „Leçons de la sagesse sur les défauts des hommes" des Abbé LOUIS DE BONNAIRE (1680—1752). Übersetzer war der bekannte Leipziger Gottschedschüler Schwabe, der kurz vor Erscheinen dieses Werkes seine beiden zur Verteidigung Gottscheds gegen die Schweizer anonym geschriebenen Satiren herausgegeben hatte.

Bonnaire de Prouville, pouvoir législatif sous Charlemagne. 2 part. gr. 8. Braunschw. 800. (Leibrock.) 1½ ℛ

Bonnaire de Bronville, pouvoir législatif sous Charlemagne. II Vols. 8. Braunschw. u. Petersb. 805. Pluchart. 1 ℛ 12 gl

Bonnal, H. Froeschwiller. (Mit) Kartenbd. Paris 1899. 8° u. 4°.

BONNAND. Abhandlung von den schädlichen Wirkungen der Schnürbrüste so wohl bey Kindern als Erwachsenen und insonderheit beym weiblichen Geschlecht. — (Motto.) — Aus dem Französischen. Leipzig 1773. Kl. 8°.

Bonnand, ..., Abhandl. v. d. schädl. Wirkung der Schnürbrüste. 8. Leipz. 773. (Aue in Altona). 6 gl

Bonnand, Abhandl. v. d. schädl. Wirkung d. Schnürbrüste. 8. Lpz. Jacobäer. 773.

Bonnard, Jean

Grammaire sommaire de l'ancien français. Avec un essai sur la prononciation du IX° aux XIV° siècle. Par J[ean] **Bonnard**, Prof. à Lausanne, [&] Am[édée] **Salmon**, Prof. *Paris, Leipzig: H. Welter 1904.* (70 S.) 4°(8°)

Bonnard, J[ean], [von Nyon, Kt. Waadt]: Le participe passé en vieux français. Lausanne G. Bridel Impr. 1877. 79 S. 8°.
Zürich, Phil. Diss. [v. 28. Juli 1877].

Bonnardot, A., die Kunst, Kupferstiche zu restauriren und Flecken aus Papier zu entfernen. Eine Anweisung, schadhafte u. beschmutzte Kupferstiche, Zeichnungen, Aquarelle etc. von Flecken zu befreien, zu bleichen, zu entfärben, auszubessern etc., sowie Flecken aller Art aus Papier, Pergament, gedruckten Büchern, Papp- u. Papierarbeiten etc. auf das Sauberste u. unfehlbar zu entfernen. Ein Hülfsbuch für Kupferstich-Sammler, Bibliothekare, Zeichner, Maler etc. Nach dem Französ. bearb. Quedlinburg 859. Basse. 8. (IV, 104 S.) 15 ngr

Bonnardot, F., Les voeux de l'épervier, s.: Wolfram, G.

Bonnaud, s. Bounand

Bonnawitz, Johann H. (composer). See Haimbach, Philipp (Ostrolenka).

Bonndorf [Schlagwort]

Bonndorf, s.: Geologische Karten. Spezialkarte. (Baden)-Schwarzwald. Lorenz.

Bonne, Georg

Bonne, Geo., D. Alkoholfrage in ihrer Bedeutg. f. (die) ärztl. Praxis. Nach Vorträgen im ärztl. Verein z. Hamburg u. auf d. 70. Versammlg. deutscher Naturforscher u. Aerzte zu Düsseldorf im J. 1898. gr. 8. (47 S.) Tübingen 899. Osiander. n. 1. —

Bonne, Geo., die Alkoholfrage in ihrer Bedeutung f. die ärztliche Praxis. Nach Vorträgen im ärztl. Verein zu Hamburg u auf der 70. Versammlg. deutscher Naturforscher u. Aerzte zu Düsseldorf im J. 1898. 2. Aufl. (67 S.) gr. 8. Tübingen 904. Osiander. n. 1.—

— die Bedeutung der modernen Alkoholfrage f. den deutschen Kaufmannsstand. (40 S.) 8. Flensburg (904). Deutschlands Großloge II. n.n. — 25; Prachtausg. — 40

Die klinische Bedeutung des Eczema seborrhoicum insbesondere für die Nasen-Rachenvegetationen und der Carcinome v. Georg Bonne. Separatabdruck aus Nr. 12 u. 13 der „klinisch-therapeutischen Wochenschrift". (Wien.) 1902. 8°.

— Über die militärische Bedeutung der Reinhaltung unserer deutschen Gewässer. (21 S.) gr. 8. Leipzig 903. F. Leineweber. n. — 70

Ueber die Bedeutung der Sanirung der Unterelbe für den Fischreichthum dieses Stromgebietes. Vortrag . . . v. Georg Bonne. Rendsburg. 1899. 8°.
Sonderdruck aus der „Fischerei-Zeitung". Jg. 1899. Bd. 2.

Bonne, Geo., e. Beitrag zur Kenntniss der Thrombosen der Vena linealis. gr. 8. (44 S.) Göttingen 884. (Vandenhoeck & Ruprecht.) n. 1. 20

— e. Beitrag z. Lehre v. d function. Bedeutg. d. Blutalkalescenz f. d. Immunität u. d. Blutgerinnung, s.: Festschrift z. Feier d. 80jähr. Stiftungsfestes d. ärztl. Vereins z. Hamburg.

Bonne, Geo., das seborrhoische Ekzem als Constitutionsbasis der sogenannten Skrophulose, des adenoïden Habitus od. der lymphatischen Constitution, sowie in seinem Zusammenhange mit Asthma, Gicht u. Carcinom. Ein Beitrag zur Lehre v. d. Constitutionen, m. besond. Berücksicht. der Therapie. gr. 8. (108 S.) München 900. E. Reinhardt. n. 2. 50

Bonne, Geo., über das Fibrinferment und seine Beziehungen zum Organismus. Ein Beitrag zur Lehre von der Blutgerinnung mit besond. Berücksicht. der Therapie. gr. 8. (VII, 128 S.) Würzburg 888, Hertz. * 3 —

Bonne, Geo., deutsche Flüsse od. deutsche Kloaken? Eine ernste Mahng. in letzter Stunde an unsere Regiergn. u. an unser Volk. (28 S.) gr. 8. Hamburg (907). (Gebr. Lüdeking.) — 60

Der Giftbaum des Deutschen Volkes v. Georg Bonne. Berlin. J. 1 Bl. Fol., geb. in 4°.

(Alkoholgegnerbund. Nr. 39.)

Bonne, Geo.: Im Kampf um d. Ideale. Die Geschichte eines Suchenden. 1.u.2. Afl. (544) 8° Münch., E Reinhardt '10'11. 4 —; L 5 — d

Bonne, Geo. Kampfgesänge u. Friedensklänge. Zeitgemäße Dichtgn. gr. 8. (96 S.) [Würzb. 891,] Dresd. Hertz. * 1 —; geb. in Leinw. * 2 —

— Die Klagen d. deut. Binnenfischer üb. d. zunehm. Verunreinigg uns. Gewässer nebst d. Mitteln u. Wegen z. Abhilfe derselben, s: Verhandlungen d. internat. Vereins z. Reinhaltg d. Flüsse usw.

Bonne, Dr. G. Mässigkeit, Enthaltsamkeit und Christentum. Flensburg 1900. Mk. —.10.

Mäßigkeit, Enthaltsamkeit und Christentum. Vortrag v. Georg Bonne. 3. Aufl. Flensburg. 1902. 8°.

— Mäßigkeit, Enthaltsamkeit u. Christentum. Vortrag, geh. im „Verein christl. Männer" im Gemeindesaal der Jacobi-Kirchengemeinde am 25. IX. 1899. 4. Aufl. (16 S.) 8. Flensburg 904. Deutschlands Großloge II. n.n. — 10

— Mäßigkeit, Enthaltsamkeit u. Christentum. Vortrag, geh. im „Verein christl. Männer im Gemeindesaal der Jakobi-Kirchengemeinde am 25. IX. 1899. 5. Aufl. (16 S.) 8. Hamburg 909. Deutschlands Großloge. II. nn — 15

— Ueber die Notwendigkeit einer internationalen Regelung zum Schutze d. Gewässer gegen Verunreinigung. Referat z. internationalen Fischereikongress in Wien 1905. (Hamb. 1905). 12 S. P.

— die Notwendigkeit der Reinhaltung d. deutschen Gewässer, vom gesundheitlichen, volkswirtschaftlichen u. militärischen Standpunkte aus erläutert durch das Beispiel der Unterelbe bei Hamburg-Altona. Mit e. Karte der Elbemündg. gr. 8. (VIII, 239 S.) Leipzig 901. F. Leineweber. n. 4. —

— die Sanierung der Unterelbe von Hamburg bis Blankenese in ihrer Bedeutung f. die Kultur d. Geest-, Heide-, u. Hoch-Moorländereien in Nordwest-Deutschland. Nach Vorträgen, geh. auf der Generalversammlg. des Vereins zur Förderg. der Moorkultur im deutschen Reiche am 14. II. 1899 zu Berlin im Architektenhause u. am 25. IV. 1899 im Hamburger Bezirksverein deutscher Ingenieure. Mit e. Vorwort v. J. Brix. gr. 8. (VII, 37 S.) Ebd. 899. n. 1. 50
Sonderabdruck aus: „Gesundheit".

— Die Sanierg d. Unterelbe v. Hamburg bis Blankenese in ihrer Bedeutg f. d. Kultur d. Geest-, Heide- u. Hoch-Moorländereien in Nordwest-Deutschl. Nach Vorträgen. 8° (37) Lpzg 99, F Leineweber. 1.50

— Uns. Trinksitten in ihrer Bedeutg f. d. Eisenbahner u. d. reis. Publikum. Vortr. 1. u. 2. Afl. (24) 8° Flensbg, Deutschlds Grossloge II '03. nn — 25 d

Unsere Trinksitten in ihrer Bedeutung für den Eisenbahner und das reisende Publikum. Vortrag, geh. zu Hamburg ⟨März 1902⟩ von Dr. med. Georg Bonne-Klein Flottbek. 3. Aufl. Flensburg: Deutschlands Großloge II des I. O. G. T., P. Jepsen 1906. (34 S.) 8° [J.] 07. 1355 8

Bonne, Geo., unsere Trinksitten in ihrer Bedeutung f. die Unsittlichkeit nebst deren Folgen, s.a. Tages- u. Lebensfragen. Nr. 27.

Bonne, Dr. Geo, Unsere Trinksitten in ihrer Bedeutung für die Unsittlichkeit nebst deren Folgen. Den deutschen Frauen als Hüterinnen deutscher Sitte gewidmeter Vortrag. »Tages- u. Lebensfragen.« (24 S.) Ebd. 1901. Cb. G. Tienken. —.25

(Tages- und Lebensfragen. Nr. 27.)
Unsere Trinksitten in ihrer Bedeutung für die Unsittlichkeit nebst deren Folgen. Ein Vortrag v. Georg Bonne. Leipzig. 1901. 8°.

Ueber den Trinkzwang beim Broterwerb. Vortrag v. Georg Bonne. Flensburg. 1899. 8°.

— dasselbe, s.a. Über den Trinkzwang beim Broterwerb.

— über den Trinkzwang beim Broterwerb. Vortrag für den VII. internationalen Kongreß gegen den Alkoholismus zu Paris im J. 1899. 4. Aufl. (16 S.) 8. Flensburg 905. (Deutschlands Großloge II.) n.n. — 10

— neue Untersuchungen u. Beobachtungen üb. die zunehmende Verunreinigung der Unterelbe, e. Folge der gemissbrauchten Lehre v. der Selbstreinigungskraft der Flüsse. Gutachten zwecks Beschwerde der der Elbe anlieg. Gemeinden bei der königl. preuss. u. der hamburg. Regierg., sowie bei d. Reichsgesundheitsamt. 1. u. 2. unveränd. Aufl. gr. 8. (à VIII, 94 S.) Leipzig 902. F. Leineweber. n. 2. —

— Vorschläge z. Vereinfachg. u. z. Ausbau uns. heutigen Arbeiterversicherungen. gr. 8. (40 S.) Dresden 896. G. Hertz. n. — 80

— Die Wichtigkeit d. Reinhaltg d. Flüsse, erläut. durch d. Beispiel d. Unterelbe bei Hamburg-Altona. 8° (83) Lpzg 1900, F Leineweber. 1 —

— wie ernähre ich mein Kind? 12 goldene Regeln f. junge Mütter. Nach e. im evangel. Vereinshause zu Altona geh. Vortrage. gr. 8. (8 S.) Ebd. 901. n. — 10

— Die Zustände in d. Unterelbe u. ihren Nebenflüssen '11. [Aus: „Verhdlgn d. internat. Ver. z. Reinhaltg d. Flüsse usw.] (111) gr8° Hambg, Gebr. Lüdeking '12. 1.50

Bonne Peter: Nuptiae apud Plautum Terentium Catullum.
II. 1908 PN 2453 Diss. Wien, Univ.

Bonneau u. Lucan, die Grammatik nach der Academie. Ueber die nöthigen Regeln zur gründlichen Erlernung der französischen Sprache nach der Academie bearb., verb. durch M. Michaud. Zur leichteren Erlernung derselben in's Deutsche übersetzt durch Leop. Volmer. Erfurt 854. (Körner'sche Buchhdlg.) gr. 8. (318 S.) n. 10 ngr

Bonneau und Lucan, die Grammatik nach der Academie. Ueber die nöthigen Regeln zur gründlichen Erlernung der französ. Sprache nach der Academie bearb., verb. durch M. Michaud. Zur leichteren Erlernung derselben in's Deutsche übers. durch Leop. Volmer. gr. 8. (318 S.) Erfurt 854, (Weingart.) *

Bonneau, Sebastian Franz (Messin), Quaestiones quasdam de fideicommissis familiae. Präs. Joh. Heinr. Feltz. Straßbg. (Joh. Pastor) Sept. 1714. 8 Bl. (4.50)

Bonnechose, Emil

de Bonnechose, E., Geschichte Frankreichs, s. a. Hausbibliothek, historische. 23. Bd.

Bonnechose, Emil de, Geschichte Frankreichs von den ältesten Zeiten bis zum Ausbruch der Revolution. Nach der 7. Aufl. des französ. Orig. Neue (Titel-)Ausg. gr. 8. (VIII und 451 S. mit dem Portr. Richelieu's nach Phil. Champagne in Stahlst.) Leipzig (852)65, Senf.

— Johann Huß, s. a. Hausbibliothek, historische, 8. Bd.

Bonnechose, Huss u. das Concil zu Constanz. s. a. Huss.

— Johann Huß und das Conzil zu Costnitz. Mit dem Bildniß Huß's. (Auch unter dem Titel: Historische Hausbibliothek 8r Bd.) Leipzig 1848, Lork. 1 Thlr. — 1 fl. 48 kr.

—— Johann Huß und das Concil zu Costnitz. Neue (Titel-)Ausg. gr. 8. (VII und 334 S. mit 1 Stahlst.) Leipzig (848)65, Senf.

Bonnechose, E. de, Johann Huß und das Concil zu Costnitz. 8. (Titel-)Ausg. gr. 8. (VII, 334 S. mit 1 Stahlst.) Leipzig (865)70, Senf.

Boennecken, Heinrich

Über Pulpaamputation. Von Prof. Dr. [Heinrich] Boennecken. Mit 25 Textabb., 4 farb. u. 10 Lichtdr.Taf. Leipzig: Thieme 1910. 57 S. 4°(8°)
(Deutsche Zahnheilkunde in Vorträgen. [N. F.] H. 12.) 10. 4830

Boennecken, Julius, s. Boenneken, Julius

Bonnefons d'Auverge, Jean. Die Nachtwache der Venus. Eroticum aus dem Lateinischen. [Köln 1890.] Ü: *Eichholz, Friedr. Wilhelm.* (BGE I³, 411—412)

Bonnefoy, Marcel

Bonnefoy, M., geschwächte Nerven, ihre Entstehung, ihre Symptome, ihre Formen, ihre Heilung, gemeinverständlich dargestellt. (XVI, 264 S. m. 8 Taf.) 8. Genf (907). (Leipzig, Modern-medizin. Verlag.) 1. 80

Bonnefoy, M[arcel]. Geschwächte Nerven, ihre Entstehung – ihre Symptome – ihre Formen – ihre Heilung, gemeinverständlich dargestellt von Dr. med. M. B', ... Genf ⟨Schweiz⟩. [Mit 5 Tafeln.] XVI + 264 S. 8. (Genf,) Selbstverlag des Verfassers; (Komm. F. W. Gloeckner & Co., Leipzig,) [1907]. (M. 1. 80)

Bonnekamp, Car. (geb. Essen 19. 2. 1842): De morte foetus habituali. Berolini (1863). (32 S.) 8°
Berlin, Med. Diss. v. 13. Aug. 1863

Boenneken, Fr., Diss., sistens Melancholiam, vulgo die Schwermüthigkeit. 24 S. Erf. 4°. 1738

Boenneken, J. W. F., Biga casuum medicorum ἀπὸ τῆς μανίας νοσηματώδεος observatorum. 23 pp. Werthhemiae. 4. Auch in: *Haller,* Disp. ad morb. 4°. Laus. 1757, I, 157—180. (Heilung durch Eselsblut.) 1744

Boenneken, J. W. F., resp. D. Placidus, Diss. med. de melancholia vulgo Schwermüthigkeit. 24 pp. Erf. 4°. 1728

Bönneken, Julius

Bönneken, Jul., Auf nach Frankreich! oder der Krieg der Deutschen gegen die Franzosen im J. 1870. 1. u. 2. Thl. M. Gladbach 870. Hoster. 8. Jeder Thl. 3 ngr
Inhalt: 1. Der beginnende Kampf. (32 S.) — 2. Deutsche Hiebe. (40 S.)

Bönneken, Jul., auf nach Frankreich! oder der Krieg der Deutschen gegen die Franzosen im J. 1870. 4 Hefte. 8. M. Gladbach 871, Hoster. à * 30 Pf. *
Inhalt:
Heft 1. Der beginnende Kampf. (32 S.)
„ 2. Deutsche Hiebe. (40 S.)
„ 3. Entscheidende Schläge. (40 S.)
„ 4. Der Kampf mit der französischen Republik bis zum Ende des Krieges. (40 S.)

— kurze Geschichte des preußischen Feldzuges gegen Oesterreich u. seine Verbündeten. In wahrheitsgetreuen Kriegsbildern dem preußischen Volke erzählt. Düsseldorf 866. (Oberhausen), Spaarmann. 8. (36 S.) 3 ngr

—— der Krieg gegen Frankreich im J. 1870 und 71. 8. (54 S.) Altona 871, Verlags-Bureau. *

—— kleine Kunde aus dem Vaterlande und der weiten Welt für evangel. Elementarschulen. 8. (61 S.) M.-Gladbach 865, Spaarmann's Verlag. *

—— Kunde aus dem Vaterlande und der weiten Welt für Schulen. 2. Aufl. 8. (134 S.) Altona 871, Verlags-Bureau.

Bönneken, Jul., Rechen-Aufgaben aus dem Gebiete der Landwirthschaft, nebst einem Anh., enth.: Grundzüge der Ackerbaulehre. Für Landschulen zusammengestellt u. bearb. Wesel 862. Voß & Fincke. 8. (36 S.) n. 2 ngr

Bonnel, K. E. Zwei Abhandlungen über die Cycloide von Pascal. Mit Vorwort von Runge. Berlin 1853. 4.

Bonnel, Karl Eduard, Friedrichs des Grossen Verhältniss zu Garve und dessen Uebersetzung der Schrift Cicero's von den Pflichten nebst einer Betrachtung. Programm des Friedrich-Werderschen Gymnasiums. Berlin 1855. 4.

Bonnel, W. Heinrich I., der Begründer des deutschen Königtums. (275) 8. Wittenberg 1879. 2,00.

Bonnell: Latein. Übungsstücke, s. Bonnell, E.

Bonnell, C.E.: Ueber Erziehungskunst. (Rede bei seiner Einführung als Director.) 8 S.
Progr. Berlin W. 1838.

Bonnell, Carl Eduard, De arte memoriae commentatio historica. Bln. (Nauck) 1838. 16 S. (4.—)

— Programm zu d. öffentl. Prüfung. d. Friedrichs-Werderschen Gymnasiums. 8. IV. Bln. (Nauck) 1840. 61 S. (4.—)
Schmidt, L. F., C. Lucilii satirarum quae de libro nono supersunt, disposita et illustrata (S. 1—42). — Schulnachrichten.

— Programm z. d. Prüfung d. Friedrich-Werderschen Gymnasiums 13. IV. Bln. (Nauck) 1859. 49 S. (3.50)
Zimmermann, Einl. z. e. Geschichte Italiens v. 1815—1850 (S. 1—36). — Schulnachr.

— Programm d. Friedrich-Werderschen Gymnasiums. Berlin 28. III. 1860. 48 S. (3.50)
Beeskow, D. Insel Cephalonia (S. 1—34). — Schulnachrichten.

Bonnell, E.: De mutata sub primis Caesarib. eloquentiae Rom. condicione, inpr. de Rhetorum scholis. 30 S.
Progr. Berlin G.K. 1836.

Bonnell, E.: Erinnerung an Schleiermacher als Lehrer. Rede, gehalten am 21. Dec. 1836., 8 S.
Progr. Berlin G.K. 1838.

Bonnell, E., die alte Geschichte nach römischen Quellen als lateinisches Lesebuch für die mittleren Classen bearb. 2. Aufl. Berlin 861. G. Reimer. gr. 8. (XVI, 262 S.) 20 ngr.

Bonnell, E., neues lateinisches Lesebuch, die alte Geschichte nach Römischen Quellen nebst einleit. Uebungssätzen und Erzählungen enthaltend. 8. Berlin 835. Reimer. 3/4 ℛ

— s. Quinctilian, de institutione oratoria libri XII.

— s. Fr. Schleiermacher's sämmtliche Werke. 1e Abth. 11r Band.

Bonnell's lateinische Übungsstücke. Neu bearb. durch P. Geyer und W. Mewes. 1. und 2. Thl. gr. 8. Berlin, Enslin. à Thl. * ℳ 1,20. *
Inhalt:
Thl. 1. Für Sexta. (VI, 108 S.) 883.
» 2. Für Quinta. (IV, 111 S.) 884.

Bonnell's lateinische Übungsstücke. Neu bearb. durch P. Geyer u. W. Mewes. 1. u. 2. Tl.: 10. Aufl. gr. 8. Berlin 883. Th. Chr. Fr. Enslin. à n. 1. 20
1. Für Sexta. (VI, 108 S.)
2. Für Quinta. (IV, 111 S.)

— dasselbe. 2 Tle. 11. Aufl. gr. 8. (VIII, 100 u. VI, 102 S.) Ebend. 885. à n. 1. 40

Bonnell's lateinische Übungsstücke. Neu bearb. durch P. Geyer und W. Mewes. 1., 2. und 4. Tl. gr. 8. Berlin, [Th. Chr. Fr. Enslin.] Emil Goldschmidt. geb. ** 5 —
Inhalt:
Tl. 1. Für Sexta. 11. verb. Aufl. (VIII, 100 S.) 885. * ℳ 1.40.
» 2. Für Quinta. 11. verb. Aufl. (VI, 102 S.) 886. * ℳ 1.40.
» 4. Geyer, P., und W. Mewes, poetisches Lesebuch [eine Auswahl aus Phaedrus und Ovid]. (VIII, 163 S.) 887. ** ℳ 2.20.

Bonnell's lateinische Übungsstücke. Neu bearb. durch P. Geyer u. W. Mewes. 1. u. 4. Tl. gr. 8. Berlin, E. Goldschmidt. geb. n. 3. 60
1. Für Sexta. 12., verb. Aufl. (VI, 106 S.) 889. n. 1. 40
4. Poetisches Lesebuch [e. Auswahl aus Phaedrus u. Ovid] v. P. Geyer u. W. Mewes. (VIII, 163 S.) n. 2. 20

Bonnell's lateinische Übungsstücke. Neu bearb. durch P. Geyer u. W. Mewes. 2. Tle. 12. verb. Aufl. gr. 8. Berl., E. Goldschmidt. [1. Tl. Für Sexta. (VI, 106 S.) 889. geb. * 1 40; 2. Tl. Für Quinta. (IV, 129 S.) 891. geb. * 1 60.] * 3 —
Vgl.: Geyer, P. u. W. Mewes. Uebungsbuch zum Uebersetzen aus dem Deutschen in das Lateinische.

Bonnell's lateinische Übungsstücke. Neu bearb. durch P. Geyer u. W. Mewes. I. u. II. Tl. 13., verb. Aufl., besorgt v. W. Mewes. gr. 8. Berlin, E. Goldschmidt. Geb. in Leinw. n.n. 3. —
I. Für Sexta. (VI, 98 S.) 893. n.n. 1. 40
II. Für Quinta. (IV, 40 S.) 894. n.n. 1. 60

Bonell's latein. Übungsstücke. Neu bearb. durch P. Geyer u. W. Mewes. 2 Tle. 14. Aufl., besorgt v. W. Mewes. Unver. Abdr. gr. 8. Hamburg 898. H. Grand. Geb. in Leinw. n.n. 3. —
1. Für Sexta. (VI, 98 S.) n. 1. 40
2. Für Quinta. (IV, 140 S.) n.n. 1. 60

Bonnell, E., Uebungsstücke z. Uebersetzen aus d. Latein. ins Deutsche, z. allmähl. Fortschreiten nach d. latein Conjugationen geordnet, mit Rücksicht auf d. Auszug aus Zumpts latein. Grammatik. 8. Berl. 826. 2e Aufl. 828. Th. Enslin. 8 gr.

— Uebungsstücke zum Uebersetzen aus dem Latein. ins Deutsche für die ersten Anfänger. 3e verm. u. verb. Aufl. 8. Berlin 840. Th. Enslin. 3/8 ℛ

Bonnell, E., Uebungsstücke zum Uebersetzen a. d. Latein. ins Deutsche f. die ersten Anfänger zum allmählichen Fortschreiten nach d. lat. Declinationen u. Conjugationen geordn., mit Rücksicht auf d. Auszug aus Zumpt's lat. Gramm., nebst ein. Anzahl leichter Fabeln, Erzählungen u. Gesprächen. 4., verm. u. verb. Aufl. 8. (13B.) Berlin 845, Th. Enslin. Thlr.

Bonnell, E., Uebungsstücke zum Uebersetzen aus dem Lateinischen ins Deutsche für die ersten Anfänger, zum allmählichen Fortschreiten in der Formenlehre nach den latein. Declinationen und Conjugationen geordnet, mit Rücksicht auf den Auszug aus Zumpt's Latein. Grammatik, nebst einer Anzahl leichter Fabeln, Erzählungen und Gespräche. 5. verm. u. verb. Aufl. Berlin 854. Th. Enslin. 8. (VIII, 187 S.) 12 ngr.

— Übungsstücke zum Übersetzen aus dem Lateinischen ins Deutsche für den ersten Anfänger. 6. Aufl. 860. — 7. Aufl. Berlin 864. Th. Enslin. 8. (IV, 187 S.) 12 ngr.

— Uebungsstücke zum Uebersetzen aus dem Lateinischen ins Deutsche für die ersten Anfänger. 8. Aufl. Berlin 869. Th. Enslin. 8. (IV, 170 S.) 12 ngr.

Bonnell, E., Uebungsstücke zum Uebersetzen aus dem Lateinischen ins Deutsche f. die ersten Anfänger. 9. Aufl. gr. 8. (IV, 170 S.) Berlin 876. Enslin. n. 1. 20

— lateinisches Vocabularium für Anfänger sachlich und etymologisch geordnet. 8. (VIII und 86 S.) Berlin 850, Th. Enslin.

— lateinisches Vocabularium für Anfänger sachlich und etymologisch geordnet. 2—6. Aufl. 8. (VIII und 92 S.) Berlin 857—61, Th. Chr. Fr. Enslin.

Bonnell, E., lateinisches Vocabularium für Anfänger sachlich und etymologisch geordnet. 7.—12. Aufl. 8. (VIII und 92 S.) Berlin 862—68, Th. Enslin. cart.

— lateinisches Vocabularium für Anfänger sachlich u. etymologisch geordnet. 10—13. Aufl. Ebend. 866—69. 8. (VIII, 92 S.) 7½ ngr.

— lateinisches Vocabularium für Anfänger sachlich und etymologisch geordnet. 13.—16. Aufl. 8. (VIII, 92 S.) Berlin 869—74, Th. C. F. Enslin. cart. 13. und 14. Aufl. 15. und 16. Aufl. *

— lateinisches Vocabularium für Anfänger sachlich und etymologisch geordnet. 17. und 18. Aufl. 8. (VIII, 92 S.) Ebendas. 876,79. cart. *

Bonnel, E., lateinisches Vocabularium f. Anfänger, sachlich u. etymologisch geordnet. 18. Aufl. 8. (VIII, 92 S.) Berlin 879. Enslin. cart. n. — 80

— lateinisches Vocabularium. Neu bearb. u. erweitert durch P. Geyer u. W. Mewes. 19. Aufl. gr. 8. (VI, 110 S.) Ebend. 885. geb. n. 1. 40

Bonnell, Ed. (Hrsg.), s. B l ä t t e r , Berliner, für Schule und Erziehung.

Bonnell, Ernst, Beiträge zur Alterthumskunde Russlands. [Von den ältesten Zeiten bis zum J. 400 n. Chr.] Hauptsächlich aus den Berichten der griech. u. latein. Schriftsteller. 1. Bd. Lex.-8. (IV, 503 S.) St. Petersburg 882. (Berlin, Puttkammer & Mühlbrecht.) n. 10.—

Beiträge zur Alterthumskunde Russlands ⟨von d. ältesten Zeiten bis um d. Jahr 400 n. Chr.⟩ Hauptsächl. aus d. Berichten d. griech. u. latein. Schriftsteller zsgest. von **Ernst Bonnell.** Bd 1. 2. *St. Petersburg 1883–97: Kais. Ak. d. Wiss. (2.: Eggers & Co. in Komm.)* 2 Bde 4°(8°) [ot. 779ᵃ

Bonnell, Ernst, russisch-liwländische Chronographie von der Mitte des 9. Jahrh. bis zum J. 1410. Im Auftrage der k. Akademie der Wissenschaften hauptsächlich nach liwländ., russ. und hans. Quellen verfasst. Imp.-4. (XV und 519 S. mit 1 Tab. in Imp.-Fol.) Petersburg 862. (Leipzig, Voss.) *

Bonnell, F.: Friedrichs des Großen Verhältniß zu Garve und dessen Uebersetzung der Schrift Ciceros von den Pflichten, nebst einer Betrachtung über das Verhältniß der Schule gegen die Uebersetzungen der alten Klassiker. 21 S.
Progr. Berlin Fr. Werd. 1855.

Bonnell, Heinrich Eduard

Bonnell, H. E., Anfänge des Karolingischen Hauses, s.a. J a h r b ü c h e r der deutschen Geschichte.

Bonnell, Heinr. Ed., die A n f ä n g e des karolingischen Hauses. Leipzig 866. Duncker & Humblot. gr. 8. (XV, 224 S.) n. 1 ₰ 15 ngr.

— A u s w a h l deutscher Gedichte systematisch geordnet in Anschluß an ein Lehrbuch der Poetik. Berlin 870. Habel. gr. 8. (XVIII, 414 S.) n. 1 ₰ 22½ ngr.

Bonnell, Heinr. Eduard. (geb. Berlin 31. 7. 1829): De dignitate maioris domus regum Francorum a Romano sacri cubiculi praeposito ducenda. Berolini (1858). (50 S.) 8°
Berlin, Phil. Diss. v. 23. Juli 1858
[Verf. wurde laut Diplom und Fakultats-Album am 23. Juni promoviert.]

Bonnell, Heinr. Ed., de dignitate Majoris domus regum Francorum a Romano sacri cubiculi praeposito ducenda. Berolini 858. Th. Enslin. gr. 8. (2 Bl., 50 S.) n. 10 ngr

Bonnell, Heinr. Ed.: Übungsstücke, s. B o n n e l l , E.

Bonnell, K. E., Friedrichs des Grossen Verhältniss zu Garve u. dessen Uebersetzung der Schrift Ciceros von den Pflichten nebst einer Betrachtung üb. d. Verhalten der Schule geg. die Uebersetzungen der alten Classiker. Pr. 1855. 21 S. 4°. 1.20

Bonnell, K.Ed.: Pädagogische Ansichten und Erfahrungen. 28 S.
Progr. Berlin W.G. 1847.

Bonnell, W., Bilder aus drei Jahrhunderten brandenburgisch-preußischer Geschichte. 1. Bd. Das Jahrhundert d. Großen Kurfürsten. gr. 8. (X, 253 S.) Berlin 891. Buchhandlg. der deutschen Lehrer-Zeitg. (Fr. Zillessen). n. 2. 40; geb. in Leinw. n. 3. —

Bonnell, W., Heinrich I., der Begründer deutschen Königtums, u. s. Gemahlin Mathilde, s.: Jugendbibliothek, deutsche. 34. Bd.

Bonnell, W, Heinrich I., d. Begründer deut. Königthums, u. s. Gemahlin Mathilde, s.: Jugendbibliothek, neue.

Bonnell, W., Rede bei der Säkularfeier der Geburt K. F. v. Klödens, s.: **Béringuier, R.**

Bönnemann, Franz. Über Umlagerungsprodukte der Azonaphtaline. Diss. Phil. Basel. 43 S. 8. Basel, Walz & Miéville, 1904.

Bönnemann, Theodor ⟨geb. am 18 Mai 1854 in Bochum⟩: Ueber den Gebrauch des Chrysarobins bei Hautkrankheiten ... Bonn, Hauptmann'sche Buchdr. 1879. 29 S. 8.
Bonn, Med. Fak., Diss. v. 12 Aug. 1879

Bonnenberg, Emil, das Strafverfahren in Zoll- u. Steuersachen. Eine Sammlg. der in Preußen besteh. Vorschriften f. das Verfahren im Verwaltungswege u. vor Gericht. 6 Lfgn. gr. 8. (XVIII, 683 S.) Berlin 893. 894. C. Heymanns Verl. à n. 2. — (kplt. geb.: n. 11. —)

Bonnenberg, Emil, das Strafverfahren in Zoll- u. Steuersachen. Eine Sammlg. der in Preußen besteh. Vorschriften f. das Verfahren im Verwaltungswege u. vor Gericht. 2. umgearb. Aufl. gr. 8. (XII, 576 S.) Berlin 899. C. Heymann's Verl. n. 10. —; geb. n. 11. —

Bonnenberg, Hans, Medizinalprakt.: Aus d. Klinik f. Hautkrankh. d. Akad. f. prakt. Med. in Köln. Dirig. Arzt Zinßer. Zur Therapie des Lupus vulgaris. Bonn 1910: Ludwig. 103 S. 8°
Bonn, Med. Diss. v. 25. Juni 1910, Ref. Doutrelepont
[Geb. 1. Aug. 84 Cöln; Wohnort: Cöln; Staatsangeh.: Preußen; Vorbildung: Kaiser-Wilhelm-Gymn. Cöln Reife O. 04; Studium: Bonn 10 S.; Coll. 26. Febr. 10; Approb. 20. Mai 10.] [U 10. 305

Bonnenberg, Theodor [app. Arzt aus Werden a. d. R.]: Über Fibromyoma uteri ... Würzburg, P. Scheiner's Buchdr., 1891; 26 S. 8.
Würzburg, Med. Fak., Inaug.-Diss. v. 1891

Bonnenberg, Theodorus ⟨geb. am 6 Dez. 1816 in Werden Rgbz. Düsseldorf⟩: De morbis cerebelli ... Bonnae, typ. C. Georgii 1838. 2 Bl., 42 S., 1 Bl. 8.
Bonn, Med. Fak., Diss. v. 30 Aug. 1838

Bonner, K. A., der Weg zur Wissenschaft u. Tugend; ein Wochenbl. f. Kinder. 2 Hfte. Mit Kpf. 8. Neuwied 794. Gehra. 1 ₰

— s.a. **Boner.**

Boenner, Theodor

Vergleichende und kritisierende Darstellung der chinesischen Philosophie ⟨mit Anschluss d. chines. Religionen⟩ im Überblick. Von Dr. Theodor **Bönner.** Warstein 1900: Hennecke. 58 S. 8° [illegible]7

— Alte asiat. Gedankenkreise. Vergleich. u. kritisier. Betrachtg v. sinolog. Standpunkt üb. älteste babylon., indogerman. u. chines. Geistesbestrebgn u. Geistesgebilde. (5, 268) 8° Ebd. '12. 6 —

Bönner, Theodor, a. Warstein ⟨Westfalen⟩: Übersetzung des zweiten Teiles der 24. Biographie Seu-mà Ts'ien's ⟨Kià-i.⟩ Mit Kommentar. ([Berlin] 1908: M. Driesner.) 31 S. 8°
Berlin, Phil. Fak., Ref. Grube, Diss. v. 20. Juni 1908
[Geb. 19. Juni 74 Warstein; Wohnort: Steglitz; Staatsangeh.: Preußen; Vorbildung: Gymn. Siegburg Reife O. 93; Studium: Berlin 6 S.; Rig. 21. Mai 08.]

Bönner, Thdr., Chinas Urkundenbuch u. Odenbuch. (VI, 131 S.) 8. Steglitz-Berlin 910. (Leipzig, E. F. Steinacker.) 8. —

Bonners, J. B., Beantw. der Frage: ob man die 1795 u. 800. im Hochst. Münster herrsch. Ruhrepidemien als ansteck. Krankh. z. fürchten hatte. 8. Münster, Waldeck. 8 gr.

Bonness, F: Celle. Führer. (62 m. 1 Fksm. u. 1 Pl.) 8° Celle, Capaun-Karlowa (1900). — 85 d

— Plan v. Celle. 80×40 cm. Farbdr. Ebd. (1900). — 25

Bonnet, Acta . . . , s. B o n n e t , Max

Bonnet, Amusement phil. sur le langage des bêtes. Par. 1735. 8°.
Uebers. als „Philosophischer Zeitvertreib üb. d. Thiersprache". 1739.
1735

Bonnet: Eine soz. Studie . . . , s. B o n n e t , Amedée

Bonnet, A., neuere Erfahrungen auf dem Gebiete der Gelenkkrankheiten. Deutsch von Gust. Krupp. Mit 89 in den Text eingedr. Abbildgn. in Holzschn. Leipzig 864. Kollmann. gr. 8. (XXIII, 554 S.) n. 3 ₰ 20 ngr.

Bonnet, A., üb. d. Krankheiten d. Gelenke. Deutsch unter Redact. v. G. Krupp. 1. u. 2. Lfg. gr. 8. (à 12 B.) Leipzig 810. Kollmann. à —

Bonnet, A., über die Krankheiten der Gelenke. Deutsch unter Redaction v. G. Krupp. 2—4. Liefrg. gr. 8. (XXXVI S. u. S. 193—847.) Leipzig 847. 48, Kollmann. 2. u. 3. Liefrg. à 3/4 ₰ 4. Liefrg 1 1/4 ₰ (cmplt. 3 1/2 ₰)

Bonnet, A.: Über die Natur . . . , s. Bonnet, Auguste

Bonnet, Alb., Schwertlinien. gr. 8. (35 S.) St. Johann-Saarbrücken 873. Bock & Seip. 1. 50

Bonnet, Amedée, eine sociale Studie über die Unthätigkeit der Jugend in den wohlhabenden Ständen. Nach (dessen) in der öffentl. Sitzung der Academie zu Lyon am 26. Jan. 1858 gelesenen Denkschrift, in freier deutscher Bearbeitung hrsg. von Otto Frhr. v. Hingenau. 8. (62 S.) Leipzig 860, [Henning'sche Buchh.]

(Bonnet.) — Eine sociale Studie über die Unthätigkeit der Jugend in den wohlhabenden Ständen. Nach Amedée Bonnet's in der öffentlichen Sitzung der Academie zu Lyon am 26. Janr. 1858 gelesenen Denkschrift, in freier deutscher Bearbeitung herausg. von Otto v. Hingenau. Leipzig 860. Lehmann. (Wolf.) 8. (62 S.) 7⅓ ngr

Bonnet, Auguste (Bernard): Über die Natur und Heilung der Leberkrankheiten. Gekrönte Preisschrift. (Monographie complète sur les maladies du foie. Dt.) Übers.von Karl (Christoph) Fitzler. 150 S., 18 S.(S.1-16 fehlen!), gbd.

Ilmenau: Voigt 1830

Bonnet, Ch., Von den Ahndungen u. Visionen. Lpz. 8°.
1777

Bonnet, Ch., Essai analytique sur les facultés de l'ame. II t. Copenh. 8°. Deutsch v. Ch. C. *Schütz*. Bremen 1769. 8°.
1759

Bonnet, Chr., Essai de psychologie ou considérations sur les operations de l'ame s. l'habitude et sur l'éducation. 390 pp. Lond. 8°. Deutsch v. Dohm, Lemgo. 1773. 8°.
1755

Bonnet, Charles, s. Bonnet, Karl

Bonnet, F. C., Zuruf d. Pflicht an die Conscribirten von 1809 ꝛc. 8. Cobl. 809. (Pauli u. C.) 3 K

Bonnet, Hans, approb. Arzt aus Karwe (Mark): Aus d. pathol. Institute zu Kiel. Ein Fall von primärem Leberkrebs mit Schleim producirenden Metastasen. *Kiel 1902: H. Fiencke.* (15 S.) 8°
Kiel, Med. Diss. v. [11. März] 1902

Bonnet, J., Adlerhorst. Eine Geschichte aus d. Zeit der ersten französ. Revolution, der Jugend u. dem Volke erzählt. Mit 4 Abbildgn. 12. (116 S.) Altenburg 889. St. Geibel. cart. — 75

— nach Amerika, s.: Volksbibliothek, deutsche.

Bonnet, J., der Amerikaner od. der Segen d. Herrn macht reich ohne Mühe. Eine Erzählg. f. die Jugend u. das Volk. Mit 4 Abbildgn. (in Stahlst.) 12. (130 S.) Wiesbaden 884. Niedner. cart. — 75

— die Ansiedler in den Felsengebirgen. Eine Volks- u. Jugend-Erzählung. gr. 16. (93 S. m. 1 color. Steintaf.) Ebend. 878. cart. — 60

—— a. d. Schiffbruch gerettet. Erzählg f. d. Jugend u. d. Volk. 12. (112 m. 4 St.) Altenb. 88. Geibel — 75

— aus dem Schiffbruch gerettet. Eine Erzählg. für die Jugend u. das Volk. Mit 4 (Stahlst.-)Abbildgn. 12. (112 S.) Wiesbaden 888. Niedner. cart. — 75

Bonnet, J., Bilder aus dem Leben. 8. (VII, 272 S.) Norden 877. Soltau. n. 3. —

— zwei Bräute. s.: Familien-Bibliothek

Bonnet, J., der Brautkuß, s.: Volksbibliothek, deutsche.

—— Signor Carlo, s. Familien-Bibliothek.

—— d. Chinesenflotte. Eine Geschichte v. d. Sulu-Inseln u. d. Insel Celebes, d. Jugend u. d. Volke erzählt. 12. (108 m. 4 St.) Altenb. 87. Geibel. — 75

— die Chinesenflotte. Eine Geschichte von den Sulu-Inseln u. der Insel Celebes, der Jugend u. dem Volke erzählt. Mit 4 (Stahlst.-)Abbildgn. 12. (108 S.) Wiesbaden 887. Niedner. cart. — 75

—— la famille de Curione. Récit du 16. siècle. 8. (81) Bas. 78. Schneider. n. 1. 60

— in Demuth u. Treue auf Gottes Wegen. Eine Volks- u. Jugend-Erzählung. gr. 16. (93 S. m. 1 color. Steintaf.) Mülheim 878. Bagel. cart. — 60

— der Einarm oder der Zeitungsjunge von Hamburg. Eine Geschichte, der Jugend u. dem Volke erzählt. Mit 4 (Stahlst.-)Abbildungen. 12. (151 S.) Wiesbaden 883. Niedner. cart. — 75

Bonnet, J., der Einarm od. der Zeitungsjunge v. Hamburg. Eine Geschichte, der Jugend u. dem Volke erzählt. 3. Aufl. (145 S. m. 4 Abbildgn.) 12. Altenburg 902. St. Geibel 902. Kart. n. — 50; geb. n. — 75

— die Elephantenjäger. Eine Volks- u. Jugend-Erzählung. gr. 16. (92 S. m. 1 Steintaf.) Mülheim 878. Bagel. cart. — 60

Bonnet, J., Erzählungen aus alten deutschen Städten. 1. Bd.: Der Geisterbanner von Rothenburg ob der Tauber. 8. Wiesbaden 881. Stuttgart, Greiner und Pfeiffer. *
geb. *

— Erzählungen aus alten deutschen Städten. 1. Bd. 8. Wiesbaden 883. Niedner. n. 2. —; geb. n. 2. 60
Der Geisterbanner v. Rothenburg ob der Tauber. Eine Erzählung aus den Jahren 1407 u. 1408. (VII, 256 S.)

—— Erzählungen aus alten deutschen Städten. 2. Bd.: Im Banne des Löwen. Braunschweiger Erzählgn. aus dem 12. bis 14. Jahrh. 8. (VI, 342 S.) Stuttg. 890, Greiner u. Pfeiffer. * 2 60; geb. * 3 60
1. Bd. [Wiesb. 1882.] Ebd. [* 2 —.] * 2 60; geb. [* 2 60.] * 3 60.

— am doppelten Faden. Eine Volks- u. Jugend-Erzählung. Mit 4 (Stahlst.-)Abbildungen. 12. (117 S.) Ebend. 882. cart. — 75

Bonnet, J., Faden- und Kettenrechnungen für Tuchmacher, s. Faden- und Kettenrechnungen.

Bonnet, J., auf Adlers Flügeln. Eine Volks- u. Jugend-Erzählung. gr. 16. (92 S. m. 1 color. Steintaf.) Mülheim 877. Bagel. cart. — 60

Bonnet, J., die weiße Gemse, s.: Volksbibliothek, deutsche, für Lesevereine u. das Haus.

— die Geschwister. Eine Geschichte aus den Schrecknissen des 30jähr. Krieges. Der Jugend u. dem Volke erzählt. Mit 4 (Stahlst.-)Abbildungen. 12. (150 S.) Ebend. 883. cart. — 75

— die Geschwister. Eine Geschichte aus den Schrecknissen des 30jähr. Krieges. Der Jugend u. dem Volke erzählt. 3. Aufl. (138 S. m. 4 Abbildgn.) 12. Ebd. 903. Kart. n. — 50; geb. n. — 75

—— d. Geusenpfennig. Eine Antwerpener Geschichte a. d. Zeit d. niederländ. Befreiungskämpfe. Der Jugend u. d. Volk erzählt 12 (112 m 4 St.) Altenb 87 Geibel 75

— der Geusenpfennig. Eine Antwerpener Geschichte aus der Zeit d. niederländ. Befreiungskämpfe. Der Jugend u. dem Volke erzählt. Mit 4 (Stahlst.=)Abbildgn. 12. (112 S.) Wiesbaden 887. Niedner. cart. — 75

— der Goldneffe oder der Weg zum Glück. Eine Jugend=Erzählung. gr. 16. (96 S. m. 1 color. Steintaf.) Mülheim 878. Bagel. — 60

– Die Goldsucher, s.a. Jugend-Bibliothek, Neue.

— die Goldsucher. Eine Volks= u. Jugend=Erzählung aus der kaliforn. Goldregion. gr. 16. (91 S. m. 1 color. Steintaf.) Ebend. 878. cart. — 60

— der Gondolier v. Venedig. Eine Venezianer Geschichte. Mit 4 (Stahlst.=) Abbildgn. 12. (112 S.) Ebend. 886. cart. — 75

Bonnet, J: Das Grafenschloss in d. Sevennen, s.: Jugend- u. Volksbibliothek, deut.

— Petrus Hellball. (178 S.) 8. Kassel (903). E. Röttger. n. 1.50; geb. n. 2.50

— der Fabeldichter Wilhelm Hey, e. Freund unserer Kinder. Ein Lebensbild. 8. (186 S.) Gotha 885. F. A. Perthes. geb. n. 4. —

– Eine Jagd nach dem Glück, s.a. Jugend-Bibliothek,

— eine Jagd nach dem Glück. Eine Volks= u. Jugend=Erzählung. 8. (94 S. m. 1 Chromolith.) Mülheim 879. Bagel. cart. — 60

— Paul Janoſſy, der Slovak, oder An Gottes Segen ist Alles gelegen. Eine Volks= u. Jugend=Erzählung. gr. 16. (93 S. m. 1 color. Steintaf.) Ebend. 877. cart. — 60

—— Feldscherers Kriegsglück. Eine Hohensolmser Geschichte aus der Zeit des 7jähr. Krieges, der Jugend und dem Volke erzählt. 12. (144 S. mit 4 Stahlst.-Abbild.) Wiesbaden 885, Niedner. cart. — 75

Bonnet, J, d. Leben d. Olympia Morata, übertr. v. F Merschmann. 12. (289) Hamb. 60, Agent. d. R. H. n. 1. —; geb. n. 1. 12

—— Lebensbilder a. d. Reformationszeit. Deutsch v. F Merschmann. 8. (276) Berl. 64, G Reimer. 1. —

Bonnet, J., ringende Mächte. Eine Novelle aus dem östl. Judenthum. 8. (IV, 296 S.) Norden 876. Soltau. n. 3.50

—— dass. — Eine Novelle aus dem galiz. Judenthum. 2. überarb. Aufl. 8. (XI, 311 S.) Ebendas. 878. * M 3.; geb. *

—— Märchen. gr. 16. (96 S. mit 1 color. Stnt.) Mülheim 877, Bagel's Verlagsh. cart.

— der Onkel v. Vevey. Eine Erzählg. Mit 4 (Stahlst.=) Abbildgn. 12. (100 S.) Wiesbaden 886. Niedner. cart. — 75

Bonnet, J., an Javas Palmenküste. Eine Volks= u. Jugend=Erzählung. gr. 16. (95 S. mit 1 color. Steintaf.) Mülheim 878. Bagel. cart. — 60

— der Pflanzer von Marmoestraat. Eine Volks= u. Jugend=Erzählung. gr. 16. (95 S. m. e. color. Steintaf.) Ebend. 877. cart. — 60

—— d. Reiskönig. Eine Geschichte v. d. Insel Java. 12. (148 m. 4 St.) Wiesb. 85. Niedner. — 75

— Ring u. Schwert. Roman a. d. Zeit d. Gegenreformation im Ruhrthal. 8. (424 S.) Hamburg 898. Agentur des Rauhen Hauses. n. 4. —; Geb. in Leinw. n. 5. —

® — Ring u. Schwert. 898. (KBV 29) Jetzt: Bethel, Verlagshdlg. d. Anstalt Bethel.

— Ring u. Schwert. Roman a. d. Zeit d. Gegenreformation im Ruhrthal. 8° (424) Hambg 99, Agent. d. Rauhen H. 4 —; geb. in L. 5 —

— der schweizerische Robinson, s.a. Wyß, Joh. Dav.

Bonnet, J., der schweizerische Robinson. Nach J. D. Wyss bearb. 8. Bielefeld, Velhagen & Klasing. 1872

— der entdeckte Schatz, s.: Volksbibliothek, deutsche.

— Seerößlein v. Misdroy. Eine Badegeschichte. 8. (264 S.) Berlin 884. Janke. n. 2. —

— ein armer Slovak oder treu auf Gottes Wegen. Eine Volks= u. Jugend=Erzählung. Mit 4 Abbildungen (in Stahlst.). 12. (104 S.) Wiesbaden 881. Niedner. cart. — 75

— der Sohn d. Millionärs. Eine Londoner Geschichte, der Jugend u. dem Volke erzählt. Mit 4 Abbildgn. 12. (108 S.) Altenburg 889. St. Geibel. cart. — 75

—— der Spielmann und sein Sohn, s.a. Jugend-Bibliothek, neue.

— Der Spielmann u. sein Sohn. Eine Volks= u. Jugend=Erzählung. 8. (96 S. m. 1 Chromolith.) Mülheim 879. Bagel. cart. — 60

—— die Stellung der Judenmission in der Reihe der christlichen Reichsarbeiten. Vortrag. gr. 8. (28 S.) Norden 876, Soltau's Verlag.

—— dass. — 2. verb. Aufl. gr. 8. (29 S.) Ebendas. 877.

— die Stellung der Judenmission in der Reihe der christlichen Reichsarbeiten. Vortrag u. zugleich Appell an alle wohlmein. Gegner der Judenmission. 3. übergearb. Aufl. gr. 8. (29 S.) Ebend. 877. n. — 50

Bonnet, J, d. Feldscherers Wanderschaft. Eine Volks- u. Jugend- Erzählg nach e. Familienchronik a. d. vor. Jahrh. 12. (154 m. 4 St.) Wiesbaden 81, Niedner. — 75

Bonnet, J., Feldscherers Wanderschaft. Eine Volks- u. Jugenderzählg. nach e. Familienchronik aus dem vorvorigen Jahrhundert. Neu durchgeseh., unverkürzte Orig.-Ausg. 1. Aufl. 2. Abdr. (147 S. m. 4 Abbildgn.) kl. 8. Altenburg 907. St. Geibel. Kart. p — 50; geb. in Bibliotheksbd. od. in Leinw. p — 75

— die Wichtigkeit der weiblichen Gemeinde=Diakonie in der Kirche unserer Tage. 8. (29 S.) Stuttgart 890. Greiner & Pfeiffer. n. — 40

—— wie man's treibt, so geht's, oder der Werth der Dankbarkeit. Eine Volks- und Jugend=Erzählung. gr. 16. (91 S. mit 1 color. Stnt.) Mülheim 877, Bagel's Verlagsh. cart.

—— wiedergefunden! Eine Erzählg f. d. Jugend u. d. Volk. 12. (104 m. 4 St.) Altenb. 88, Geibel. — 75

— wiedergefunden! Eine Erzählg. für die Jugend u. das Volk. Mit 4 (Stahlst.=)Abbildgn. 12. (104 S.) Wiesbaden 888. Niedner. cart. — 75

— in der Wildniß. 2 Jugend=Erzählungen. gr. 16. (96 S. m. 1 color. Steintaf.) Ebend. 877 cart. — 60

— der Zigeunerbub od. von Heimat zu Heimat. Eine Erzählg. f. die Jugend u. das Volk. Mit 4 Abbildgn. (in Stahlst). 12. (136 S.) Wiesbaden 884. Niedner. cart. — 75

Bonnet, Jacques: Histoire de la musique depuis son origine, les progres successifs de cet art jusqu'a present, et la Comparaison de la musique italienne et de la musique francaise par Mr. Bourdelot. Tome premier (-quatrieme).- Den Haag und Frankfurt am Main, Compagnie, 1743. 4 vol. in-8.

Bonnet, Jam., Handb. f. Herren- u. Damenschneider, s. M. Fuyer.

Bonnet, Jh. Karl

— s. Antwort e. Landgeistlichen.

Bonnet, Jh. Karl, († ... Febr. 1786.) Erzählungen aus d. Himmel. 8. Frankf. a. M. 778. Andreä. 5 gr

— Gedichte. 8. Frankf. a. M. 782. Brönner. 12 gr

— Lieder, Oden u. Gesänge. 8. Basel 786 Thurneisen. 6 gr

— Lieder, Oden u. Gesänge. gr. 8. Zweybrücken, Hahn. 787.

— Oden, Lieder u. Gesänge. 8. Basel, Turneysen. 786.

— Predigten. 8. Frankf. 782. Brönner. 12 gr

Bonnet, Jos., s: Liebe, Die, d. Magdalena.

Bonnet, Jules, la famille de Curione. Récit du 16. siècle. 8. (818.) Basel 878. Schneider. n. 1. — 60

Bonnet, Jules, das Leben der Olympia Morata. Eine Episode aus der Zeit des Wiederaufblühens klassischer Studien u. der Reformation in Italien. Ins Deutsche übertragen von Frdr. Merschmann. Hamburg 860. Agentur d. Rauhen Hauses. 12. (XXI, 289 S. u. lith. Portr.) n. 1 thlr

— Lebensbilder aus der Reformationszeit. Deutsch bearb. von Frdr. Merschmann. Autoris. Ausg. Berlin 864. G. Reimer. 8. (XVI, 270 S.) 1 thlr

Bonnet, Jul., lettres de Jean Calvin. Siehe Calvin.

— Aonio Paleario. Eine Studie über die Reformation in Italien. In's Deutsche übertragen von Frdr. Merschmann. Autoris. Ausg. Hamburg 863. Agentur d. Rauhen Hauses. 12. (XVI, 285 S.) n. 1 thlr

Bonnet, K., s.a. B o n n e t, Jh. Karl

Bonnet, K., de parabolis evangelicis. Turic. 1776. 4.

Bonnet, Karl, Abhandl. aus d. Insektologie. Aus d. Französ. v. J. A. E. Göze. Mit Kpf. gr. 8. Halle 773. Gebauer. 1 thlr 12 gr

— u. and. Naturforscher, Abhandll. aus d. Insektologie. Aus d. Französ., mit Zusätzen von Göze. Mit Kpf. gr. 8. Halle 774. Gebauer. 2 thlr

— Betracht. üb. d. Gnade oder Untersuchung d. Beweise für d. Christenth. gr. 8. Zürich, Orell. 769.

— Betrachtt. üb. d. organisirten Körper; übers. v. Göze. 2 Thle. gr. 8. Lemgo 775. Meyer. 1 thlr 8 gr

Bonnet, Charles. Betrachtung über die Natur ... aus dem Franz. Leipzig 1766. Ü: *Tietz* (*Titius*). *Joh. Daniel.* (ML)

Bonnet K.: Betrachtung üb. die Natur. M. den Zusätzen d. italien. Uebersetzung d. Herrn Spallanzani u. einigen eigenen Anmerk. herausg. v. J. D. Titius. 2. Aufl. Leipz. 1772. (94) 562 S. 3 Tvl.

Bonnet, Charles: Betrachtung über die Natur mit den Zusätzen der italienischen Übers. des .... (Lazzaro) Spallanzani und einigen eigenen Anm. hrsg. von Johann Daniel Titius (Tietz.) 3. Aufl. Leipzig: Junius 1774. CVI, 568 S. 8°

— Betrachtt. über d. Natur, nach d. neuesten Ausg. herausg. von J. D. Titius. 2 Bde. gr. 8. Leipz. ... 5e Aufl. 803. (Brockhaus). 2 thlr 20 gr

— Betracht. üb. d. Natur, v. J. D. Titius. 2 Bde. gr. 8. Leipz. Gleditsch. 803.

—— Considérations sur les corps organisés. Amsterdam 1762. II voll. 8. — I: XLII, 274 p. — II: XX, 388 p.
Betrachtung über die organisirten Körper, übersetzt von von Goeze. Lemgo 1775. 2 Theile. 8. (1⅓ th.)

—— Contemplation de la nature. Amsterdam 1764. II voll. 8. — I: LXXXIV, 298 p. — II: VI, 260 p. — Hamburg 1782. III voll. 8.
Betrachtung über die Natur, von *J. D. Titius*. Leipzig 1803. 2 Bände. 8. (2⅚ th.)

— — la même. 2 T. gr. 12. Amst. 770.

— entretiens psychologiques par J. H. S. Formey. 8. Berl. 769. (Horvath in Potsd.) 1 thlr

— essai analytique sur les facultés de l'ame. II Vols. ... 769.

— oeuvres complettes. IX Vols. av. fig. gr. 4. Bern 783. Typogr. Soc. 26 thlr 16 gr le même I. XVIII Vols. av. fig. gr. 8. Bern 779—83. Haller. 20 thlr

— oeuvres d'histoire naturelle et de philosophie, VIII Vols. av. fig. gr. 4. Neufchatel. (Rottmann in Berl.) 46 thlr

— la palingénésie philosophique. II Vols. 8. Genf 769. (Münster, Coppenrath). 1 thlr

K. Bonnet's philosoph. Palingenesie, od. Gedanken üb. d. vergang. u. künft. Zustand d. lebend. Wesen, a. d. Fr. v. J. Kp. Lavater. *Zür.*, Orell. 769. 2 Thle. 8° 2 thlr 12 gr

— la Palingénésie philosophique. II Tom. 8. Münster, Coppenrath. 770.

Bonnet, Charles: Recherches sur l'usage des feuilles dans les plantes, et sur quelques autres sujets relatifs a l'histoire de la végétation. Gottingue & Leide: Luzac 1754. VII, 343 S. 4°

— Untersuchung üb. den Nutzen d. Blätter an den Pflanzen u. einige andere zur Gesch. des Wachsthums d. Pflanzen gehörige Gegenstände rc. Aus d. Französ. (von J. Chr. Arnold). Mit 31 Kpf. 4. Nürnb. 762. 3 thlr 8 gr Dass. 2e Aufl., verm. v. Chr. Gr. Boeckh u. herausgeg. v. C. W. J. Gatterer. Mit 31 Kpft. gr. 4. Ulm 803. Stettin. 3 thlr 16 gr

— Unters. üb. d. Nutzen d. Blätter b. d. Pflanzen, m. K. 4. Nürnb. Felsecker. 763.

Bonnet, Karl, philosoph. Untersuchung d. Beweise für d. Christenthum. Aus d. Französ. v. J. K. Lavater. gr. 8. Zürich 769. Orell. 1 thlr

Bonnet, K., Analytischer Versuch üb. d. Seelenkräfte. A. d. Franz. u. mit Zus. vermehrt v. Chr. Gttf. *Schütz.* 2 Bde. 334 u. 322 S. Bremen u. Lpz. 1770. 8°.

— analyt. Versuch über d. Seelenkräfte. Aus d. Französ. mit Zusätzen v. Chr. G. Schütz. 2 Bde. gr. 8. Bremen 770, 71. Cramer. 1 thlr 8 gr

— psycholog. Versuch. Aus d. Französ. übers. u. mit Anmerkk. begl. von Chr. K. W. v. Dohm. 8. Lemgo 773. Meyer. 8 gr

— psycholog. Vers. 8. Lemgo, Meyer. 775.

— Werke d. natürl. Gesch. u. Philosophie. Aus d. Französ von J. Hedwig. 4 Thle. gr. 8. Lpz. 783—85. (Brockhaus). 3 thlr 16 gr

Bonnet, L., Bethanien. Betrachtungen über Krankheit, Tod u. Auferstehung des Lazarus. Aus d. Französ. Dorpat 864. (Gläser.) 8. (2 Bll., 100 S.) n. 16 ngr.

Bonnet, L., une seule chose est necessaire. Sermon sur Luc. X. 42. Prêché dans l'église française de Francfort le 16 mai 1858 à l'occasion de la reception des catéchumènes. gr. 8. (16 S.) Frankfurt a. M. 858, (Brönner.) *

—— une seule chose est necessaire. Sermon. 8. (16) Frankf. 58, (Winter.) n. — 4

Bonnet, L., la famille de Béthanie. Méditations sur la maladie, la mort et la résurrection de Lazare, rapportées au chapitre II. de l'evangile selon Saint-Jean; suivis de notes exégétiques. 3e Edition. gr. in-8. Frankfurt 838. Schmerber. n. 1 1/6 ℔

v. Bonnet, L., La famille de Béthanie. Méditations sur la maladie, la mort et la résurrection de Lazare, rapportées au chap. XI de l'Evangile selon Saint Jean; suivies de notes exégétiques. 5. édit. revue par l'auteur. 12. (264 S.) Lausanne 852. (Leipzig, Twietmeyer.) n. 2/3 ℔

— die Familie zu Bethanien od. Betrachtungen üb. das 11. Kap. des Evangeliums Johannes. 8. (221 S.) Berlin 852, W. Schultze. n. 1/2 ℔

Bonnet, L., die Gemeinschaft mit Jesu. Ein Buch der Vorbereitung zum Mahle des Herrn. Deutsche Ausgabe von befreundeter Hand. Barmen 861. Langewiesche. 16. (2 Bl., 131 S.) 15 ngr.; geb. n. 24 ngr.

Bonnet, L., die Gemeinschaft m. Jesu im heiligen Abendmahl. Nach der 2. Aufl. in's Deutsche übertragen v. J. G. Fels. 8. (172 S.) Chur 873. Gsell. geb. 1. 20; geb. m. Goldschn. n. 1. 80

Bonnet, L., die Gemeinschaft mit Jesu im hl. Abendmahl. Deutsch v. J. G. Fels. Chur, Grubenmann. kart. 1877 1. 60

Bonnet, L. Die Gemeinschaft mit Jesu im heiligen Abendmahl. Nach der 2. Auflage ins Deutsche übertragen von J. G. Fels. In-12°. Chur, Fr. Gsell. 1879 1 80

— l'homme banni d'Eden. Méditations sur le troisième chapitre de la Genèse, suivis de notes exégétiques. gr. in-8. Frankfurt 834. Schmerber. n. 1 1/6 ℔

Bonnet, L., Sendschreiben an einen Gegner, die Angelegenheit des Dr. Rupp u. den Beschluß des Frankfurter Hauptvereins v. 4. Nov. betr. 8. Frankfurt a/M. 846, Brönner. n. 1/12 ℔

— Sendschreiben an einen Gegner, die Angelegenheit des Dr. Rupp u. den Beschluß des Frankfurter Hauptvereins vom 4. Novbr. betreffend. 8. (16 S.) Frankfurt a. M. 847, Brönner. n. 1/12 ℔

— Sermons sur la prière du Seigneur, suivis de quatre discours sur divers sujets réligieux. gr. in-8. Frankfurt 837. Schmerber. n. 1 1/6 ℔

Bonnet, M., ringende Mächte. Eine Novelle aus dem galiz. Judenthum. 2. überarb. Auflage. 8. (XI, 311 S.) Norden 878. Soltau. n. 3. —

Bonnet, Max, s.: Acta apostolorum apocrypha.

Bonnet, Max, Acta Thomae, s. Supplementum codicis apocryphi.

Bonnet, Max (geb. 1841 in Frankfurt a. M.): De Clavdii Galeni Svbfigvratione empirica ... Bonnae, form. C. Georgi (1872). 2 Bl. 8.
¶ Nur Titelbl., Vita u. Thesen.
Bonn, Phil. Fak., Thes. v. 6 Aug. 1872

Bonnet, R. S., der Tuchfabrikant in seines Gewerbes größter Vollkommenheit. Ein prakt. Handbuch f. Tuchmacher ꝛc. Nebst e. Anweisung z. Dekatiren d. Tücher. 8. Ulm 829. Ebner. 22 ½ ngr.

Bonnet, Robert

Bonnet, Rob., kurzgefasste Anleitung zur mikroskopischen Untersuchung thierischer Gewebe f. Anfänger in der histologischen Technik. gr. 8. (61 S. m. eingedr. Holzschn.) München 884. Rieger. n. 1. 60

— u. R. Ebner, Blätter zur plastischen Anatomie des Pferdes, nach natürl. Präparaten zum Gebrauche für Maler u. Bildhauer hrsg. Mit 12 Taf. gr. 4. (20 S. m. 12 Bl. Erklärgn.) München 888. Rieger. n. 4. —

Bonnet, R., üb. Eingeweidemelanose. [Aus: „Verhandlgn. der physikal.-medicin. Gesellsch. in Würzburg."] gr. 8. (18 S. m. 1 lith. Taf.) Würzburg 890. Stahel. n. 2. —

Bonnet, Robert (Hrsg.), Ergebnisse der Anatomie und Entwicklungsgeschichte.

— Grundriss der Entwickelungsgeschichte der Haussäugethiere. gr. 8. (282 S. m. 201 Abbildgn.) Berlin 891. P. Parey. Geb. in Leinw. n. 8. —

Bonnet, Robert (Hrsg.), s. Hefte, Anatomische.

Bonnet, R., die stummelschwänzigen Hunde in Hinblick auf die Vererbung erworbener Eigenschaften, s. Beiträge zur pathologischen Anatomie und zur allgemeinen Pathologie.

— über Hypotrichosis congenita universalis. Aus dem anatom. Institut in Giessen. Festschrift zum 50jähr. medizin. Doktorjubiläum des Hrn. Geh.-R A. v. Kölliker. [Aus: „Anatom. Hefte".] Lex.-8. (86 S. m. 1 Abbildg. u. 1 Doppeltaf.) Wiesbaden 892. J. F. Bergmann. n. 2. 70

— Lehrbuch d. Entwicklungsgeschichte. (XV, 467 S. m. 341 Abbildgn.) Lex. 8. Berlin 907. P. Parey. 13.—; geb. 14. —

— Lehrb. d. Entwickelgsgesch. 2. Afl. (8, 485 m. Abb.) gr8° Berl., P Parey '12. L 15 —

— der Skaphokephalus synostoticus des Stettiner Webers. Eine Studie. Der deutschen anthropolog. Gesellschaft anlässlich ihrer Zusammenkunft in Greifswald zur Begrüssg. im Auftrage des medizin. Vereines in Greifswald überreicht. Mit 1 Tafel in Lichtdr. u. 1 Lith. (52 S. m. 1 Tab. u. 1 Bl. Erklärgn.) Lex.-8. Wiesbaden 904. J. F. Bergmann. n. 2. 80

—— die Uterinmilch und ihre Bedeutung für die Frucht. Lex.-8. (45 S. mit 1 lithogr. Taf.) Stuttgart 882, Cotta'sche Buchh. *
Aus: Beiträge zur Biologie, als Festgabe dem Anatomen und Physiologen Th. L. W. v. Bischoff gewidmet, besonders abgedruckt.

Bonnet, Willy: Die Sichergsübereignung, insbes. v. Warenlagern. (53) gr8° Stuttg., W Kohlhammer '12. 1.20 d

Bonnetain, J., s.: Prosateurs modernes.

Bonnetty, A., s. Lacordaire, H., Kanzelvorträge.

Bonneval, Nachricht, s. Nachricht u. Mémoires.

BONNEVAL, Comte C. A. de (= Achmed-Pascha, geb. 1675, † 1747). — Leben, Merckwürdiges, des Grafen von Bonneval, ehedessen Kaiserlicher General der Infanterie, anitzo aber Commandirender Bassa (=Pascha) über eine Türckische Armee. Aus d. Frantzös. übersetzet. 3 Thle. (in 1 Bde.). Mit 1 Titelkpfr. O. O. 1738. 8°.

I: Titelkpf. (B. als türkischer General im Felde, ein Kanonenrohr mit der Linken umfassend), 116 S. (incl. Tit. in Roth u. Schwarz). II: 142 S. (incl. Tit.), 1 leeres Bl. III: 160 S. (incl. Tit.). Das Buch enth. auch Bonneval's galante Abentheuer, u. a. mit 3 italien. Ehefrauen, wobei ein vom eifersüchtigen Manne applicirtes Keuschheitsschloss (cadenas de sûreté) zu beseitigen war. Interessanter Vorgänger Casanova's.

Zuerst gedr. Hamburg 1737—38. II. 8°. 283 u. 238 S. (9 Mk. Ilfred Lorentz, Lpz., 1905; 8 Mk. B. Seligsberg, Bayreuth, 1908.)

— — Dasselbe. Vielvermehrte, mit einem Bildniß des Autors und vielen andern (26) Kpfrn. (wobei 1 sehr freies) verzierte Ausgabe. Constantinopel 1738. 8°. 456 S.

R. Zinke's in Dresden Novbr.-Auction 1905, no. 1217. Das französ. Orig. erschien zuerst in 2 Theilen: Les mémoires du Comte de Bonneval, ci-devant général d'infanterie au service de Sa Majesté Impériale Catholique. Londres, aux dépens de la Compagnie. 1737. — Fortsetzg.: Nouveaux mémoires du Comte de Bonneval .... contenant ce qui lui est arrivé de plus remarquable durant son séjour en Turquie. Ibid. eod. a. (Beides in Warmbrunn, Reichsgräfl. Schaffgotsch'sche Majorabsbibl.) (Zus. 6 Mk. Isaak St. Goar, Frankf. a. M. 1897.) — Rep. titulo: Les mémoires du Comte de Bonneval dit Pacha de Karamanie avec un avant-propos sous le titre „Le nouvel Encelade foudröié comme pour servir d'explication à l'estampe et d'addition à la présente histoire, ou le caquet rabatu du renégat dans toutes les formes." 3ème édition. 3 pts. Avec frontisp. obscène. Hannovre 1739. 8°. 46, 190, 184, 190 pp. (6 Mk. Friedr. Klüber, München, 1905; 8 Mk. Ferd. Schöningh, Osnabr., 1905.)

Ein viel späteres französ. Werk beschäftigt sich wieder mit B.: Grasset de Saint-Sauveur, Les amours du fameux Comte de Bonneval, pascha à deux queues, connu sous le nom d'Osman, rédigés d'après des mémoires particuliers. Avec 4 jolies gravures à l'aqua-tinte. Paris, chez Deroy, an IV (1796). Pet. in-8°, de 12 + 144 pp. (36 Mk., rel. orig. en maroq. rouge etc., Jacques Rosenthal, München, c. 1903.)

— — Dasselbe. Hamburg 1740—42. 8°. (4 Kronen Halm & Goldmann, 1904.)

Bonneval, Gimat de

SCHUHFLICKER-MAGDGEN, Das galante u. artige, oder Liebes-Streiche u. wunderliche Begebenheiten der Jungfer Fanfische. Von ihr selbst beschrieben, u. aus d. Frantzös. (des *Gimat de Bonneval*) in das Deutsche übersetzt. 2 Thle. Franckfurt u. Leipzig (Delitzsch, Vogelgsang), 1749. 8°.

173 fortl. pag. S. Th. 2 (mit Sondertitel) beginnt S. 89. Orig.: Fanfiche, ou les Mémoires de Mlle de *** (ou Mémoires de Mlle de Fanfiche). A Peine. 1743. 8°; rep. 1748. 2 part. in-12°, u. ö. — Gay III. p. 270: „Roman invraisemblable, sentimental et à dénouement noir."

— — Dasselbe. Neue verbess. Auflage. Delitzsch 1750. 8°. (1 fl. 36 xr. Scheible, vor 1870; jetzt theurer!)

Bonneval, Jacques. Die Geschichte von Jakob B', von ihm selbst erzählt. Nach dem Englischen von C v[on] Feilitzsch. 8. Basel 1898.

Bonnevie, Kristine, physiologische Polyspermie. (15 S. m. 1 Taf.) gr. 8. Kristiania 906. A. Cammermeyer. n. — 90
Sonderabdr. aus: „Arkiv for Mathematik og Naturvidenskab".

Bonneville, v., Einfälle d. Gr. Moritz v. Sachsen, s. Moritz.

Bonneville, de. Esprit des loix de la tactique et de différentes institutions militaires, ou notes de Mr. le Maréchal de Saxe. T. 1. 2. Frankfurt a. M. 1762. 4°.

— s. Moritz, Graf v. Sachsen, Einfälle.

Bonneville, de. Nouvelles rêveries ou notes et commentaires sur les parties sublimes de l'art de la guerre de Maurice comte de Saxe. N. Ausg. T. 1.2. Berlin 1762. 8°. (1. Ausg. 1763.)

Bonneville, Nicolas de. Allgemeine Geschichte der heutigen europäischen Staaten ... aus dem Franz. übersetzt ... Berlin 1791—95. Ü: *Brunn, Wilhelm Ludwig.* V (Bericht, Erweiterung, Forts.): *Brunn, Friedrich Leopold.* (Ky) (MGT) (Hitzig)

v. Bonneville, allgem. Gesch. d. heutig. Europ. Staaten, d. Einfalle d. Nord. Völker bis jetzt. A. d. Französ. (v. W. L. Brunn). Bericht., erweitert u. fortges. (v. Fr. L. Brunn). 3 Bde. gr. 8. Berl. 791—95. Schöne. 3 ꝛß 12 K

(**Bonneville, Nicolas.**) Die Jesuiten vertrieben aus der Freymaurerey und ihr Dolch zerbrochen durch die Frmr. — Besonderer Titel des I. Theils: Die schottische Maurerei verglichen mit den 3 Ordensgelübden und das Geheimniss der Tempelherren aus dem vierzehnten Jahrhundert. Titel des II. Theils: Einerleyheit der vier Gelübde bei der Gesellschaft des heiligen Ignaz und der vier Grade in der Freymaurerey des heiligen Johannes. Aus dem Französischen mit Anmerkungen des Uebersetzers (Bode). Leipzig, Göschen. 1788. 8. Theil 1. XVI. 224 S. Theil 2. 236 S. 1 Kupfer.

Bonney, T. G., lake u. mountain scenery from the Swiss alps, s.: Closs, G.

Bonnfeld, Karl, Zauberhallen. 3 Thle. 8. Görlitz 802. Anton in Halle. 2 ꝛß 12 K

Bonnhöfer, s. a. Bonhöffer.

Bonnhöfer, Johann Friedrich

Bonnhöfer, Joh. Friedr., erbauliche Abhandlung von dem erschrecklichen Zustand der geist- und leiblichen Besitzung des Teuffels, mit G. S. Zeltners Vorrede. Nürnb. 733. 8.

Bonnhöfer, Jo. Fr., Abhandlung v. d. Zustand der geist- u. leibl. Besitzung des Teufels. Nürnb. 8°. 1733

Bemerkungen von [Bonnich Andreas] **Bonnichsen** über die Hagensche Abhandlung von der „Nothlüge", zum Drucke befördert v. [Johann] Hagen. Sonderburg. 1834. 8°

Bonnier's, Alb., 30 Pfennig-Bücherei. 1—19. Bd. kl8° Lpzg. Berl., Heilbrunn & Co. je — 30; Pappbd — 50 d
Anzengruber, Karl: Dolphis Gespielin u. and. Erzählgn. (127) ('12) [7]
Bernhard, Marie: Familiensinn u. and. Erzählgn. (128) ('12) [8]
Ettlinger, Karl: Das Paar u. and. Humoresken. (127) ('12) [18]
Gerhard, Adele: Begegng u. and. Novellen. (127) ('12) [10]
Graeser, Erdmann: Der schwarze Schleier u. and. Erzählgn. (128) ('12) [15]
Grazie, M(arie) E(ug). delle: Gottesgericht u. and. Erzählgn. (160) ('12) [11]
Hirschberg-Jura, Rud.: Die Erstlinge. (152) ('12) [9]
Hyan, Hans: Das Abenteuer d. Staatsanwaltes u. and. Erzählgn. (142) ('12) [3]
Janitschek, Maria: Stille Gäste. Erzählgn. (128) ('12) [1]
Jerome, Jerome K: Henrys Beobachtgn. (Aus d. Engl. v. Maud Taylor u. HR Jockisch.) (128) ('12) [19]
Lagerlöf, Selma: Eine Herrenhofsage. Erzählg. (Aus d. Schwed. v. Emilie Stein.) (152) ('12) [16]
Land, Hans: Liebesopfer. Erzählgn. (128) ('12) [6]
Perfall, Ant. Frhr v.: Die Brücke u. e. and. Erzählg. (126) ('12) [2]
Scapinelli, Carl Conte: Ein bürgerl. Jahr. (134) ('12) [4]
Schüler, Karl: Der Brasilianer. Roman. (160) ('12) [12]
Schüler, Paul: Der Nasenbär. Lustige Erzählgn. (128) ('12) [17]
Stenglin, Fel. v.: Märkisches Rokoko. Erzählg a. Alt-Oranienburg. (127) ('12) [13]
Strindberg, Aug.: Von neuen Menschen. Erzählgn. (Aus d. Schwed. v. Maria Franzos.) (126) ('12) [5]
Twain, Mark.: Der berüchtigte (Umschl.: springende) Frosch d. Grafsch. Calaveras u. and. Erzählgn. (Aus d. Engl. v. Geo. Bieber.) (128) ('12) [14]

Bonnier, Charles, French conversation-grammar, s.: Otto, Emil.

Bonnier. Charles [aus Templeuve (Frankreich)]: **Über die französischen Eigennamen in alter und neuer Zeit .... Halle a. S., Druck v. Ehrhardt Karras, 1888; 33 + 1 S. + 1 Bl. 8°**
Halle, Phil. Fak., Inaug.-Diss. v. [19. Jul.] 1888

Bonnier, Charles, über die französischen Eigennamen in alter und neuer Zeit. Diss. Halle 1888, Lippertsche Buchh. 8°. 33 S.

Bonnier, G.

De Candolle, Alph., par *G. Bonnier*. In-8°. 15 p. Paris, Admin. des 2 revues. (Bâle, Georg & Co.) 1893

Bonnier, G., zwölf goldene Regeln für Cigarren-Raucher. Oldenburg in H. 857. Fränckel. (Leipzig, Brauns in Comm.) 12. (24 S.) n. 2 ngl

Bonnières, R. de, die Familie Monach, s.: Engelhorn's allgemeine Roman-Bibliothek.

Boenniger, Edvardvs (geb. am 6 Aug. 1844 in Breyell Kr. Kempen): De graviditate extrauterina. Historia graviditatis eivsdam abdominalis in nosocomio clinico hvivs loci obstetricio hieme observatae a. 1865–66 ... Bonnae, form. F. Krvegeri (1866). 27 S., 2 Bl. 8.
Bonn, Med. Fak., Diss. v. 8 Juni 1866

Bönniger, Max [aus Kaldenkirchen in d. Rheinprov.]: Ueber Leukoplakia lingualis, buccalis et labialis ... Berlin, C. Vogts Buchdr., *1896*; 29 S., 1 Bl. 8.
Berlin, Med. Fak., Inaug.-Diss. v. 10. Juli 1896

Bönnighaus, Friedrich (geb. am 6 Jan. 1844 in Hemmerde Westf.): Ueber Neubildungen am Oberschenkel ... Bonn, gedr. bei J. F. Carthaus (1868). 26 S., 1 Bl. 8.
Bonn, Med. Fak., Diss. v. 25 Nov. 1868

Boenninghausen (C. M. F.). Prodromus florae monasteriensis Westphalorum. Monast. 1824. 8°.

Bonnin, Robert: Ein Ganglion auf dem Fussrücken. München 1905: Kastner & Callwey. (25 S.) 8°
München, Med. Fak., Ref. v. Angerer, Diss. v. 8. Mai 1905
[Geb. 18. Sept. 81 Wattenscheid, Westfalen; Wohnort: Wattenscheid; Staatsangeh.: Preußen; Vorbildung: Gymn. Bochum Reife O. 00; Studium: Freiburg i. B. 1, München 4, Berlin 2, München 3 S.; Coll. 7. Apr. 05; Approb. 7. Apr. 05.]

Bonning, Karl (Red.), s. Eisenbahnzeitung, Badische.

Bonning, Carl [aus Hofgeismar, Hessen-Nassau]: Ueber die Wundbehandlung mit Naphtalin. Strassburg, Universitäts-Buchdruckerei von Johann Heinrich Eduard Heitz, 1883. 8. 103 S. **Diss. Strassburg**

Bönning, Felix: Aus d. med. Klinik d. Univ. zu Marburg. Beitrag zur Symptomatologie und Therapie der kongenitalen Pylorusstenose beim Säugling. Marburg 1910: Hamel. 38 S. 8°
Marburg, Med. Diss. v. 25. Mai 1910, Ref. Brauer
[Geb. 2. Nov. 83 Kassel; Wohnort: Darmstadt; Staatsangeh.: Hessen; Vorbildung: Ludwig-Georgs-Gymn. Darmstadt Reife M. 01; Studium: Würzburg 6, Erlangen 1, Marburg 8 S.; Coll. 20. Dez. 09; Approb. 15. Mai 10.] [U 10. 3317

Boenning, Wilhelm

Bönning, Leitfaden zur Vorbereitung für die Postgehilfen- und Postassistenten-Prüfung. 4. und 5. Aufl. gr. 8. (IV, 226 S.) Kassel 886,88, Freyschmidt. ** 2 50

Bönning, Wilh. Leitfaden zur Vorbereitung für die Postgehilfen- u. Postassistenten-Prüfung. 6. u. 7. Aufl. gr. 8. (IV, 232 S.) Kassel 890,91, Freyschmidt. * 2 50

Bönning, W., Leitfaden zur Vorbereitung f. die Postgehülfen- u. Postassistenten-Prüfung. 8. Aufl. gr. 8. (IV, 247 S.) Kassel 893. A. Freyschmidt. n. 2. 50; geb. n. 3.—

Bönning, W., Leitfaden z. Vorbereitg. f. d. Postgehilfen-, Post- u. Telegraphen-Anwärter- u. Postassistenten-Prüfung. 9. Aufl. gr. 8. (IV, 252 S.) Kassel 896. A. Freyschmidt. Geb. n. 3.—

— alphabetisches Sachregister, s.: Dienstanweisung, allgemeine, f. Post u. Telegraphie.

— alphabetisches Sachregister zur allgemeinen Dienstanweisung f. Post u. Telegraphie. gr. 8. (108 S.) Ebend. 884. n.n. 1. 50

— alphabetisches Sachregister zur Allgemeinen Dienstanweisung f. Post- u. Telegraphie. gr. 8. (116 S.) Ebd. 889. n.n. 1. 50

Bönninger A, die Bestrafung des Arbeitsvertragsbruchs d. Arbeiter. Tübingen 1891

Boenninghaus, s. Das jetzige Zollsystem.

Boenninghaus, Georg (geb. am 17 Sept. 1860 in Hamm Westf.): Ueber Dorsalluxation des Daumens im Metacarpo-Phalangealgelenke ... Bonn, Univ.-Buchdr. v. C. Georgi 1883. 26 S., 1 Bl. 8.
Bonn, Med. Fak., Diss. v. 28 Juli 1883

Boenninghaus, Geo., die Hundswuth vom sanitätspolizeilichen Standpunkte, s.: Vorträge, thiermedizinische.

Boenninghaus, G., Über Hundswut vom sanitätspolizeilichen Standpunkt. S. A. Mit 2 Fig. (24 S.) Leipzig 93. Felix. M. 1.50

Boenninghaus, Geo., Lehrbuch der Ohrenheilkunde f. Studierende u. Aerzte. Mit 189 Textabb. u. 1 Taf. farb. Trommelfellbilder, (VIII, 876 S.) Lex. 8. Berlin 908. S. Karger. 9.80; geb. 11. 20

Boenninghaus, Geo., D. Meningitis serosa acuta. Eine krit. Studie. gr. 8. (VIII, 99 S.) Wiesbaden 897. J. F. Bergmann. n. 2. 80

Boenninghaus, Geo., das Ohr des Zahnwales, zugleich ein Beitrag zur Theorie der Schalleitg. Eine biolog. Studie. (172 S. m. 28 Abbildgn. u. 2 Taf.) 8. Jena 903. G. Fischer. n. 8.—
Sonderabdruck aus: „Zool. Jahrbb."

Boenninghaus, Georg, Dr. med., Primärarzt der Abteilung für Ohren-, Nasen- u. Halskranke am St. Georgs Krankenhaus zu Breslau: Über einen eigenartigen sensiblen Reizzustand des oberen und des unteren Kehlkopfnerven. Breslau 1906: Bresl. Genoss.-Buchdr. (32 S.) 8° ¶ (Aus: Archiv f. Laryngologie. Bd 18, H. 2.)
Breslau, Med. Fak., Hab.-Schr. v. 6. März 1906
(Nicht für den Austausch)

Boenninghausen, therapeut. Taschenbuch, s. Boenninghausen, Cl. Mar. Fr.

de Boenninghausen, August (geb. Coesfeld 20. 8. 1841): De hepatitide interstitiali. Berolini (1864). (32 S.) 8°
Berlin, Med. Diss. v. 12. Aug. 1864

Boenninghausen, C. v., die Aphorismen des Hippokrates nebst den Glossen eines Homöopathen. gr. 8. (XXIV und 640 S.) Leipzig 863, Purfürst. [Schwabe.] *

Bönninghausen, C. v., die homöopathische Behandlung des Keuchhustens in seinen verschiedenen Formen. gr .8. (XXIV und 180 S.) Münster 860, Coppenrath'sche Buchh. *

de Boenninghausen, Car. (geb. Münster in Westf. 28. 10. 1828): De morbo Brightii. Berolini (1853). (26 S.) 8°
Berlin, Med. Diss. v. 28. Jan. 1853

v. Bönninghausen, Cl. Mar. Fr., kurze u. faßl. Anleitung zur Anlegung von Lohschlägen, mit besond. Berücksichtigung d. Regierungsbezirkes Münster u. e. zweckmäßigen Benutzung getheilter Gemeinheitsgründe. 8. Münster 825. Regensberg, 4 Gl.

Boenninghausen, Cl. Marc. Fr. v., Beitraege z. Kenntniss d. Eigenthümlichkn. aller bisher vollstaend. geprüften homoeopath. Arzneien, in Betreff Erhoehung od. Linderung ihr. Beschwerden nach Tageszeit u. Umstaenden u. d. von ihnen erregt. Gemüthsbeschaffenheiten. 1. Aufl. 831. 10 Gr., Schrbp. 12 Gr.; 2. A. 833. (à 3½ B.) gr. 8. Münster, Regensberg.

Bönninghausen, Cl. Marc. Fr.) v., kurze Belehrung für Nicht-Aerzte über die Verhütung und Behandlung der asiat. Cholera, zufolge Beschlusses der Versammlung homöopath. Aerzte Rheinlands und Westfalens vom 10. August 1840 hrsg. 8. (12 S.) Münster 840, Coppenrathsche Buchh.

— siehe: Denksprüche über die Witterung.

—— die homöopath. Diät u. d. Entwerfung e. vollständ. Krankheitsbildes behufs homöopath. Heilung, f. d. nicht-ärztl. Publikum hrsg. 2., verm. Aufl. 8. (2½ B.) Münster 833, Regensberg.

— Geschichte u. vorläufige Resultate der Untersuchung über d. Erscheinungen an der ehemal. Nonne A. C. Emmerich zu Dülmen. 8. Hamm 819. Schulz. 5 gr. Hbg. Pr. 3 gr. 2e u. 3e Nachschrift. 8. Ebd. 820.

Bönninghausen, Cl. Marc. Fr.) v., der homöopathische Hausarzt in kurzen therapeutischen Diagnosen. Ein Versuch. 1. Heft. gr. 8. (XXXI und 142 S.) Münster 853, Regensberg. *

— die Heilung der asiat. Cholera u. d. sicherste Schutzmittel gegen dieselbe, nach S. Hahnemanns neuestem Schreiben an den Verfasser. gr. 8. Münster 831. Regensberg. 2 gr.

—— die Homöopathie, ein Lesebuch f. d. gebild. nicht-ärztl. Publikum. gr. 8. (18¾ B.) Münster 834, Coppenrath.

—— die Körperseiten und Verwandtschaften. Homöopathische Studien. gr. 8. (22 S.) Münster 853, Regensberg. *

— manuel therapeutique à l'usage des médecins homéopathes, destiné à servir de mémorial pour la clinique et de guide pour l'étude de la matière médicale. gr. 8. Munster 846, Coppenrath. n. 3⅓ ₰

— nomenclator botanicus, sistens plantas phanerogamas, in circulo Coesfeldiae Westphal. inquilinas, secundum normam Linnaei depositus. 8. Coesfeld 821.

a Bönninghausen, (C. M. F.,) Prodromus florae Monasteriensis Westphalorum. Pars. I. 8. Monasterii 824, Regensberg.

– Dass., s. a. Boeninghausen, Clemens Maria Friedrich von

—— systematisch-alphabet. Repertorium d. antipsor. Arzneien, mit Einschluß d. antisyphilit. u. antisykot., nebst e. Vorw. d. Hrn. Hofr. D. S. Hahnemann üb. d. Wiederholung (der Gabe) e. homöopath. (Heilmittels) Arzneimittels. 1. Aufl. (16¼ B.) 832. 1 Thlr. 16 Gr., 2., verm. Aufl. (1. Thl.) — A. u. d. T.: Systemat.-alphab. Repertor. d. homöopath. Arzeneien. 1. Thl., enthalt. d. antipsor., antisyphilit. u. antisykot. Arzneien. gr. 8. (19½ B.) Münster 833, Coppenrath.
Die eingeschl. Worte beziehen sich auf d. Tit. d. 1. Aufl. — Anhang hierzu vgl. dess. Uebersicht ꝛc.

—— dass. 2. Thl. — A. u. d. T.: System.-alphab. Repertor. ꝛc. 2. Thl., enth. d. (sogenannten) nicht antipsorischen Arzen. gr. 8. (24 B.) Ebds. 835.

— über die Trentische Roggenwirthschaft. Mit Betrachtt. von A. Thaer. (Aus d. Annalen d. Landwirthschaft abgedr.) 8. Berl. 820. Rücker. 10 gr.

— Statistik d. westphälischen Landwirthschaft, im J. 1828. Aus Auftrag u. nach den Mittheill. des landwirthschaftl. Vereins zu Münster ꝛc. herausgeg. 8. Münster 829. Regensberg. 16 gr.

Bönninghausen, Cl. (Marc. Fr.) v., therapeut. Taschenbuch f. homöopatische Aerzte, z. Gebr. am Krankenbette, u. beim Studium d. reinen Arzneimittellehre. gr. 8. (33½ B.) Münster 846, Coppenrath'sche Buchh. *

—— dass. franz. u. d. T.: manuel therapeutique à l'usage des médicins homéopathes etc. gr. 8. (33½ B.) Ebds. 846. *

—— dass. engl. u. d. T.: Therapeutic-Pocketbook for the use of homoeopatic physicians etc. gr. 8. (33½ B.) Ebds. 846. *

Bönninghausen's therapeut. Taschenbuch f. homöopath. Aerzte z. Gebrauche am Krankenbette u. beim Studium der reinen Arzneimittellehre. Neu hrsg. v. E. S. Fries. (XXIII, 509 S.) 8. Leipzig 897. Täschner & Co. Geb. in Leinw. 11. —

— Uebersicht der Haupt-Wirkungs-Sphäre der antipsorischen Arzneien, so wie der antisyphilitischen und antisykotischen (welche in der 2. Ausg. des Repertoriums nachgetragen sind), und ihrer charakter. Eigenthümlichkeiten. gr. 8. Münster 833. Coppenrath. ¼ ₰ (Als ein Anhang zu dessen Repertor. ꝛc.)

— Versuch einer homöopath. Therapie der Wechselfieber, zunächst für angehende Homöopathiker herausg. gr. 8. Münster 833. Regensberg. ½ ₰

—— Versuch einer homöopathischen Therapie der Wechsel- und anderer Fieber zunächst für angehende Homöopathiker hrsg. 2., verm. und gänzlich umgearb. Aufl. 1. Thl. Die Pyrexie. gr. 8. (XVI und 227 S.) Leipzig 864, G. J. Purfürst. [Schwabe.]

— Versuch über die Verwandtschaften der homöopathischen Arzneien, nebst einer abgekürzten Uebersicht ihrer Eigenthümlichkeiten u. Hauptwirkungen. gr. 8. Münster 836. Coppenrath. 1¼ ₰

Boenninghausen, Fr. E. v., tractatus juridico-canonicus de irregularitatibus. Fasc. I. et II. Münster 863. Theissing. gr. 8. (VII, 208; 227 S.) Jedes Heft n. 20 ngr.

v. Boenninghausen, Fr. E., tractatus juridico-canonicus de irregularitatibus. Fasc. III. Münster 867. Theissing. gr. 8. (222 S.) n. 20 ngr.

de Boenninghausen, Frid. Paul. Hubert. (geb. Münster in Westf. 14. 4. 1828): De diabete mellito. Berolini (1859). (35 S.) 8°
Berlin, Med. Diss. v. 11. Okt. 1859

von Boenninghausen, Friedrich [aus Bocholt (Westf.)]: Zur Prognose der Geburt bei engem Becken ... Berlin, Buchdr. v. G. Schade, *1895;* 30 S., 1 Bl. 8.
Berlin, Med. Fak., Inaug.-Diss. v. 30. Juli 1895

Boenninghausen, Victor v.

Die Heteroceren-Raupen ⟨und -Puppen⟩ des H. T. Peters'schen Manuskriptwerkes: Biologische Beiträge z. brasilianischen Schmetterlings-Fauna. (Verf.: Victor v. Bönninghausen; Hrsg.: Chr[istoph] Schröder, Itzehoe-Sude.) Mit 10 Taf. *Neudamm: J. Neumann (1898–) 1901.* (12 S.) 4° [illegible] 11

Bönningshausen, E. v. (Red.), s. Blätter, Neue Hamburgische.

Bonniot, Joseph de. Wunder und Scheinwunder. Autorisierte Übersetzung. Mainz 1889. Ü: *Kaufmann, verehel. Löwenstein.* (Jes)

Bonniot, J. von, Wunder u. Scheinwunder. Autorisierte Übersetzung. Mainz, Kirchheim, 1889, 8°, XVIII, 455 S., 4,50 Mk.

Bonnolt, Schuster v. M., s. Schuster v. Bonnolt, M.

Bonnott, Rud., Schuster Edler, s.: Schuster Edler v. Bonnott, R.

Bonnus, Herm., Superintendent von Lübeck. Nach seinem Leben und seinen Schriften, s. Spiegel, Herm.

Roberto **Bonola**. Die nichteuklidische Geometrie [La geometria non-Euclidea]. Hist.-krit. Darstellung ihrer Entwicklung. Autor. deutsche Ausg. besorgt von Prof. Dr. Heinrich Liebmann. Mit 76 Fig. Leipzig & Berlin: B. G. Teubner 1908. (VIII, 244 S.) 8°
— **Wissenschaft** u. Hypothese. 4. [08. 1901]

Bonome, A., über die Aetiologie des Tetanus. [Aus: „Fortschritte der Medicin".] gr. 8. (6 S.) Berlin 888. Fischer's medicin. Buchh. n. — 50

Bonomelli, Jeremias, das neue Jahrhundert. Autoris. deutsche Uebersetzg. v. Valent. Holzer. gr. 8. (86 S.) München 903. G. Schuh & Co. n. — 60

Bonomelli, Jeremias, das neue Jahrhundert. Autoris. deutsche Uebersetzg. v. Valent. Holzer. 2. Aufl. (86 S.) gr. 8. München 903. [G. Schuh & Co.] Freiburg i/B., Herder. n. — 60

— dasselbe. (Neue [Titel-]Ausg.) (86 S.) 8. Freiburg i/B. [903] 905. Herder. n. — 50

— **die Kirche.** Autoris. deutsche Uebersetzg. von Valent. Holzer. (VIII, 482 S. m. Bildnis.) gr. 8. München 903. [G. Schuh & Co.] Freiburg i/B., Herder. n. 5. —; geb. n. 6. 20

— dasselbe. (Neue [Titel-]Ausg.) (VIII, 482 S.) 8. Freiburg i/B. [903] 905. Herder. n. 3. —

Bonomelli, Ger.: Die Moral ohne Relig., s: Volksaufklärung.

— **religiös-soziale Tagesfragen.** 5 Pastoralschreiben, ausgewählt u. übers. v. Valent. Holzer. (XVI, 233 S.) 8. Wien 906. C. Fromme. n. 2. 50

Bononcini, Johannes Maria: Johannis Mariae Bononcini, . . . musicus practicus, welcher in Kürtze weiset die Art, wie man zu vollkommener Erkäntniss aller derjenigen Sachen, welche bey Setzung eines Gesangs unterlauffen und was die Kunst des Contrapuncts erfordert, gelangen kan.– Stuttgart, Paul Treu, 1701. In–8, 101 S.

Bonrand, Menga, Missions-Studien-Kränzchen. (85 S.) 8. Basel 909. Basler Missionsbuchh. — 20

Bonorden, Frid. Herm. (geb. Herford 30. 8. 1801): De phthisi pulmonali (Berolini 1823.) (47 S.) 8°
Berlin, Med. Diss. v. 8. Apr. 1823

Bonorden, Hermann Friedrich

Bonorden, H. F., Abhandlungen aus dem Gebiete der Mykologie. Mit 2 (lith. u. color.) Taf. (Aus den Abhandlungen der naturforsch. Gesellschaft zu Halle abgedr.) Halle 864. Schmidt's Verlag. gr. 4. (VI, 168 S.) n. 4 Thlr

Bonorden, H. F., Abhandlungen aus dem Gebiete der Mykologie. 2. Thl. Halle 870. Schmidt. gr. 4. (2 Bll., 55 S.) n. 1 Thlr

Bonorden, H. F., die Erkenntniß d. Christenthums vom naturwissenschaftlichen Standpunkte, e. Beitrag zur dogmat. Reform der protestant. Kirche. gr. 8. (XII, 139 S.) Herford 876. Leipzig, Siegismund & Volkening in Comm. n. 2.

Bonorden, H. F., Gesundheit u. langes Leben. Ein Büchlein f. Jedermann. 8. (IV, 75 S.) Halle 871. Schmidt. n. — 60

Bonorden, H. F., Handbuch der praktischen Heilkunde f. Aerzte u. Studirende. (In 2 Bdn.) 1. Bd.: Grundzüge der allgemeinen Pathologie u. Therapie nebst einer einleitenden Abhandlung über die Fundamentalprocesse des Lebens u. die Functionen der Hirnorgane. gr. 8. (XII u. 284 S.) Stuttgart 851, Schweizerbart. 1 Thlr 24 ngr

—— Handbuch der allgemeinen Mykologie als Anleitung zum Studium derselben, nebst speciellen Beiträgen zur Vervollkommnung dieses Zweiges der Naturkunde. Mit Abbildungen. Lex.-8. (XII und 336 S. mit 12 theils ill. Stat. in gr. 4.) Stuttgart 851, Schweizerbart'sche Buchh. *

Bonorden, zur Kenntniss einiger der wichtigsten Gattungen der Conyomyceten und Cryptomyceten. gr. 4. (63 S. mit 3 chromolithogr. Taf.) Halle 860, Schmidt's Verlagsh. *
Aus: Abhandlungen der naturforschenden Gesellschaft in Halle, besonders abgedruckt.

Bonorden, H. F., Classification d. gesammten Krankheiten d. Menschen nach ihrem Wesen, nebst Erläutern. gr. 8. (0½ B.) Berlin 838, Th. Enslin.

—— neue u. sichere Methoden, die verschied. Formen d. Nervenfiebers zu heilen. gr. 8. (4 B.) Minden 841, Essmann.

Bonorden, H. F., Mißstände und Mißbräuche in der evangelischen Kirche und deren Abhülfe. Herford 860. Menckhoff. 8. (VIII, 102 S.) n. 10 ngr

Bonorden, H. F., die Syphilis, pathologisch, diagnostisch und therapeutisch dargest. gr. 8. Berlin 834. Th. Enslin. 2¼ Thlr

Bonorden, Max [cand. med. aus Braunschweig]: Beitrag zur Histogenese der Chondrome. M. 2 Abbild. ... München, Buchdr. v. M. Ernst, 1891; 25 S., 1 Taf. 8.
München, Med. Fak., Inaug.-Diss. v. [11. Febr.] 1892

Bonorden, Max, Beitrag zur Histogenese der Chondrome. Diss. gr. 8. (26 S. m. 1 Taf.) München 891. (Leipzig, G. Fock.) n. 1. 20

Phil. Henr. Bonorden lepra squamosa, tentamen antiquario-medicum. Hal. 1795. 8. (Auctore Curt. Sprengel.)

Bonow, A., deutsche Fibel. 2 Abthlgn. 8. Kolberg 878, Post'sche Buchh. * 50 Pf.; geb. in 1 Bd. **

Inhalt:
Abthl. 1. Elementar-Uebungen. (69 S., wovon 16 lithogr.) * 20 Pf.; geb. * 30 Pf.
" 2. Lesestücke. (II, 87 S.) * 30 Pf.; geb. * 40 Pf.

Bonow, August, Mitteilungen und statistische Zusammenstellungen über den Kolberger Turnverein von 1861—1873 und von 1874—1899 auf Grund d. Tagebücher u. Sitzungsber., Kolberg 1899, 29 S., 8°.

Bonpland, Aimé: Ideen zu einer Geographie der Pflanzen, nebst einem Naturgemälde der Tropenländer. Auf Beobachtungen und Messungen gegründet, welche vom 10ten Grade nördlicher bis zum 10ten Grade südlicher Breite, in den Jahren 1799, 1800, 1801, 1802 und 1803 angestellt worden sind. Bearb.und hrsg. von Al(exander) von Humboldt. Tübingen u. Paris: 1807

s.a. Humboldt, Al(exander) von

Bonpland, A(imé): Plantes équinoxiales, recueillies au Mexique, dans l'île de Cuba, dans les provinces de Caracas, de Cumana et de Barcelone; aux Andes de la Nouvelle Grenade, de Quito et du Pérou, et sur les bords du Rio-Negro, de l'Orénoque et de la rivière des Amazones. Tom.1 - 2. Paris et Tubingue: 1808

s.a. Humboldt, Al(exander) von

Bonpland, Aimé: Reise von Al(exander) von Humboldt und A.Bonpland. Abth.1: Allgemeine Physik, und historischer Theil der Reise. Tübingen u.Paris: 1807

s.a. Humboldt, Al(exander) von

Bonpland (A.) und **Humboldt** (A. v.), Reise in die Aequinoctial-Gegenden etc. Abthl. 1: Allgemeine Physik und historischer Theil der Reise. Nebst 1 Kupfertaf. Tübingen 1807. 8.

— — Reise in die Aequinoctial-Gegenden des neuen Continents in den Jahren 1799—1804. Theil 1—6, Abtheil. 1. 2. Stuttgart und Tübingen 1815 bis 1832. 8.

Bonpland, Aimé, Reisen in die Aequinoctial-Gegenden, s. Wimmer, G. A.

Bonpland, A(imé): Voyage de Humboldt et Bonpland. Sixième partie, botanique. Paris et Tubingue: 1808

s.a. Humboldt, Al(exander) von

Bonplandia. Zeitschrift für die gesammte Botanik. Officielles Organ der k. Leopold-Carol. Akademie der Naturforscher. Redakt.: Berth. Seemann. 1—4. Jahrg. 1852—56. à Jahrg. 24 Nrn. (à 1—2 Bog.) gr. 4. Hannover, Rümpler. [Jahrg. 1. und 2. à * 3 Thlr. 10 Ngr., 3. und 4. à * 5 Thlr. 10 Ngr.] *

Bonplandia. Zeitschrift für die gesammte Botanik. Officielles Organ der k. Leopold.-Carol. Akademie der Naturforscher. Redig. von Berth. Seemann u. W. E. G. Seemann. 5—8. Jahrg. 1857—60. 24 Nrn. (à $1\frac{1}{2}$—2 Bog.) gr. 4. Hannover, C. Rümpler. à Jahrg. *

—— dass. — 9. Jahrg. 1861. Redig. von Aug. Garcke und W. E. G. Seemann. 24 Nrn. (à $1\frac{1}{2}$—2 Bog.) gr. 4. Ebendas. *

Bonplandia. Zeitschrift für die gesammte Botanik. Organ für Botaniker, Pharmaceuten, Gärtner, Forst- und Landwirthe. Redig. von Berth. Seemann und W. E. G. Seemann. 10. Jahrg. 1862. 24 Nrn. (à $1\frac{1}{2}$—2 Bog.) gr. 4. Hannover, C. Rümpler. *

Bonplant, A., s. 1) Bibliothek naturhistor. Reisen. 2) v. Humboldt, Alex., Reise. 3) Taschenbuch d. neuesten Entdeckungsreisen.

Bonqueval, M. J. G. de, electro-homöopathische Heil-Methode „neue Wissenschaft". Practischer Leitfaden f. Aerzte u. Laien zur Behandlg. der acuten u. chron., ja selbst der f. unheilbar gehaltenen Krankheiten. In's Deutsche übers. u. m. Vorwort versehen v. de Regni. gr. 8. (XXIII, 416 S.) Genf 886. Burkhardt. n. 5. —

Bonqueval, J. G. de, electro-homoeopathische Heil-Methode „Neue Wissenschaft". Praktischer Leitfaden f. Aerzte u. Laien zur Behandlg. der acuten u. chron., ja selbst der für unheilbar gehaltenen Krankheiten. Ins Deutsche übers. u. mit Vorwort versehen von de Regni. 2. Aufl. Bearb. u. m. Vorwort versehen v. Fewson. gr. 8. (XXVIII, 448 S.) Genf 889. Burkhardt. n. 5. —

Bonqueval, J. G. de, electro-homoeopathische Heil-Methode. „Neue Wissenschaft". Praktischer Leitfaden f. Aerzte u. Laien zur Behandlg. der acuten u. chron., ja selbst der f. unheilbar gehaltenen Krankheiten. In's Deutsche übers. u. m. Vorwort versehen v. de Regni. 2. Aufl. Bearb. u. m. Vorwort versehen v. Fewson. 3. Aufl. Bearb. u. m. Vorwort versehen v. A. Sauter. gr. 8. (XXI, 472 S.) Genf 893. (R. Burkhardt.) n. 5. —

Bonqueval, JG de: Sauter's homöopath. Heil-Methode auch Elektro-Homöopathie genannt. Neue Wissensch. Leitf. f. Aerzte u. Laien z. Behandlg d. akuten u. chron., vielfach f. unheilbar gehaltenen Krankh. Übers. v. de Regni. 2. Afl. v. Fewson. 3. u. 4. Afl. v. A Sauter. 5. Afl. v. Imfeld. (31, 488) gr8° Genf, (R Burkhardt) ('12). 5 —; geb. 7 —

Bons. Die Bons de Jouissance... s. [Brunner, Adolph].

Bons, Ch[arles-] L[ouis] de. Armoiries et sceaux du Canton du Valais. [Avec 2 planches.] (Mittheil. Ant. Ges. Zürich. Band 13, Abth. 1, Heft 3.) 4. Zürich 1859.
(Die Städte- und Landessiegel der Schweiz. [Serie B.] Heft 3.)

***de Bons,* Louis,** sermons sur les matières les plus importantes de la religion etc. III Vols. 8. Lausanne 774—76. Pott u. C. 2 ₰

— sermons nouveaux sur divers textes de l'écriture sainte. 8. Bern. Typograph. Soc. 16 gr

Bonsack, Heinr., Kriegserlebnisse e. Fünfundneunzigers im Feldzug gegen Frankreich 1870—1871. (VII, 262 S.) 8. Gotha 906. (F. A. Perthes.) n. 3. —

Bonsaing, Fr. Xav., kurze merkantil. Erdbeschreibung d. Oesterr. Erbstaaten. Mit d. Merkwürdigsten aus d. Geographie. 8. Wien 808.

— Naturgeschichte, als Leitfaden f. Lehrer u. Schüler dieser Wissenschaft. gr. 8. Pesth 808. Hartleben. 12 gr

Bonschab, Friedrich

Bonschab, Frdr., Gesetz, betr. die gemeinsamen Rechte der Besitzer v. Schuldverschreibungen vom 14. XII. 1899. Handausg. m. Erläutergn. u. ausführl. Sachreg[i]st. 8. (XII, 86 S.) München 900. J. Schweitzer Verl. Geb. n. 1. —

Bonschab, Frdr., s.: Handbuch der süddeutschen Actien-Gesellschaften.

Bonschab, Hypothekenbankgesetz vom 13. VII. 1899. Handausg. m. Erläutergn. München 899.

— das **Reichsgesetz** betr. die Erwerbs- u. Wirtschaftsgenossenschaften vom 1. V. 1889. In der Fassg. des gemäß Art. 13 des Einführungsgesetzes zum Handelsgesetzbuch vom 10. V. 1897 revidierten Textes. Handausg. m. Erläutergn. u. ausführl. Sachregister. 8. (VIII, 134 S.) Ebd. 899. Geb. in Leinw. n. 3. —

Bonschab, Frdr., Reichsgesetz, betr. die Erwerbs- u. Wirtschaftsgenossenschaften vom 1. V. 1889. In der Fassg. d. Bekanntmachg. v. 20. V. 1898. Mit Erläutergn. u. Sachregister hrsg. (Schweitzers Textausg. m. Anmerkgn.) 2. neubearb. Aufl. (XVI, 302 S.) kl. 8. München (909). J. Schweitzer Verl. Geb. in Leinw. 8. —

Bonschab, Friedrich: Reichsgesetz, betreffend die Erwerbs- und Wirtschaftsgenossenschaften vom 1. Mai 1889. 2. Aufl. München u. Berlin: Schweitzer 1910.

BONSCHAB, Ludwig (Ingolstadt): Welche Aufgabe stellt die Hygiene an den Truppenarzt im Felde.- München: Mühlthaler 1871. 20 S.
28.7.1870 - Jrk (Titel: Quod auxilium medicus militaris in bello ferre potest.); F 72; Chr 1870/71,14
Diss. Ingolst.-Landsh.-Mchn.

Bonsdorff, E. J., Kritik der allgemein angenommenen Deutung der Furcula bei den Vögeln. gr. 4. (80 S. mit 4 Stnt.) Helsingfors 869. (Leipzig, Brockhaus' Sortiment und Antiquarium.) **
Aus: Acten der wissenschaftl. Gesellschaft zu Helsingfors, besonders abgedruckt.

Bonsdorff, E. J., Kritik der allgemein angenommenen Deutung der Furcula bei den Vögeln. [Aus d. Acten d. wissenschaftl. Gesellschaft zu Helsingfors.] Helsingfors 869. (Leipzig, A. Dürr.) gr. 4. (30 S. u. 4 lith. Taff.) n. 1 ₰ 3 ngr

Bonsdorff, Ilmari

Beobachtungen am grossen Zenitteleskop vom 19. Sept. 1904 bis zum 1. Jan. 1907. Von Ilmari **Bonsdorff**. St. Pétersbourg 1907: Impr. de l'Acad. Imp. d. sc. (69 S.) 2°(4°)
— **Publications** de l'Observatoire central Nicolas. Sér. 2. Vol. 18, 2. [08.4031

Bonsdorff, W.: Beiträge zur Kenntniss von komplexen Ammoniakhydroxyden des Kupfers, Nickels, Cadmiums, Zinks und Silbers. Helsingfors 1904. VI + 97 pg. 8° – Diss. Hels.

Bonse, Franz, Behandlung verwachsener Unterleibsbrüche. Diss. München 1886, A. Buchholz. 8°. 26 S.

BONSE, Franz: Behandlung verwachsener Unterleibsbrüche.- Recklinghausen: Brocker 1886. 26 S.
23.2.1886 - Chr 1885/86,17; Jv 1885/86,163
Diss. Ingolst.-Landsh.-Mchn.

†**Bonse, Joseph:** Katalog der Lehrer-Bibliothek. 1 Bl., 64 S. 8. Progr. Städt. Gymn. *Bochum* 1906.

Boensel, Georg Otto, s. Boensel, Otto

Boensel, Karl: Die Lidbewegungen des Hundes. *Giessen 1897:* v. *Münchow.* (42 S.) 8°
Giessen, Med. Diss. v. 1897

Boensel, Otto

Boensel, O., English dialogues, s.: Jeaffreson, C. H.

Boensel, *Georg Otto* [Ph. D.]: English idioms. A selected list of words and phrases occurring in every-day life. Hamburg, gedr. bei Lütcke & Wulff, 1894; 1 Bl., 25 S. 4.
Hamburg, R vor d. Lübeckerthore, P 1894 (738)

— English idioms. A selected list of words and phrases occurring in everyday life. 4° (25) Hamb. 94. (Herold's V.). n.n. 2.50

— Lesebuch f. den englischen Unterricht u. Formenlehre. gr. 8. (XII, 278 S.) Leipzig 894. O. R. Reisland. n. 1. 80

— Lesebuch f. d. engl. Unterricht u. Formenlehre. 2., verb. Aufl. gr. 8. (XIV, 278 S.) Leipzig 896. O. R. Reisland. n. 1. 80

Boensel, O., Lesebuch f. den englischen Unterricht u. Formenlehre. 4. Aufl. (XIV, 278 S.) gr. 8. Leipzig 902. O. R. Reisland. Geb. in Leinw. n. 2. 40

Boensel, O., Lesebuch f. d. englischen Unterricht u. Formenlehre. 6. Aufl. (XIV, 278 S.) 8. Leipzig 900. O. R. Reisland. Geb. 2. 40

Sammlung Englischer Gedichte für höhere Schulen. Hrsg. u. m. Wörterverz. vers. v. Dr. O. **Boensel** u. Dr. W. Fick, Oberlehrern in Hamburg. In 2 Bdchn. Bdch. 1. 2. *Berlin: R. Gaertner 1897.* 2 Bde 8.
1. M. e. Melodieen-Anh. (VIII, 70 S.)
2. M. e. Melodieen-Anh. (VI, 120 S., 1 Bl.) [98. 263

Bonsels, Ernst Waldemar, s. Bonsels, Waldemar

Bonsels, R., ein Beitrag zur Analyse des Arsen vorzugsweise in gerichtl. Fällen. gr. 8. Kiel 874. Leipzig, Licht und Meyer.

Bonsels, R., e. Beitrag zur Analyse d. Arsen vorzugsweise in gerichtl. Fällen. gr. 8. (16 S.) Kiel 874. v. Wechmar. n. — 50

Bonsels, Waldemar

— u. Hans Hahn, Aimee. Die Abenteuer e. Tänzerin. Ein phantast. Roman in e. Weltreise. 3. Aufl. (253 S.) 8. München (908). C. F. Strauß. 3.—; geb. n 4. —

Bonsels, Waldemar. Mein Austritt aus der Baseler Missions-Industrie und seine Gründe. Ein offener Brief an die Baseler Missions-Gemeinde in Württemberg und der Schweiz. 24 S. 8. München-Schwabing, E. W. Bonsels, 1904. [M. —. 40]

Bonsels, Wald.: Ave vita, morituri te salutant. 1. u. 2. Afl. (103) gr8° Münch.-Schw., EW Bonsels & Co.'06. || 4. Afl. (128) 8°'07. Je 2.40; L. je 3 —

— Ave vita, morituri te salutant. (Buchschmuck v. Hub. Wilm.) 4. Aufl. (128 S.) 8. München(-Schwabing) 907. E. W. Bonsels & Co. 2.40; geb. 3. —

Bonsels, Waldem.: Ave vita. Jetzt: Münch., HFS Bachmair. 06/09

Bonsels, Waldem., Blut. Roman. (190 S.) 8. Hamburg 909. A. Janssen. Geb. 4. —

— Hans Brandenburg, Bernd Isemann, Will Vesper, die Erde. Neue Dichtgn. (74 S.) 8. Ebd. 905/906. n. 2. —

— Das Feuer. Dichtgn. (74) 8° Münch., OF Strauss '10. 3 —; in Ldr (m. Bildn.) kart. 5 — d

— Frühling. Ein Schauspiel in 4 Aufzügen. (140 S.) 8. Berlin (908). F. Fontane & Co. 2. —

— Kyrie Eleison, m. 6 Radiergn. v. Willi Geiger. (36 S.) Lex. 8. München (-Schwabing) (908). E. W. Bonsels & Co. 20. —
Infolge Rechtsspruchs unbrauchbar gemacht.

— Die Biene Maja u. ihre Abenteuer. Roman f. Kinder. 3. Afl. (178) 8° Berl., Schuster & L. '12. 3.—; geb. n 4 —

— Mare. Die Jugend e. Mädchens. Roman. (Buchschmuck v. Hub. Wilm.) (171 S.) 8. Berlin 907. F. Fontane & Co. 3.—; geb. 4. —

— Mare. Die Jugend e. Mädchens. Roman. 3. Afl. (7, 162) 8° Berl., F Fontane & Co. '11. 3 —; geb. 4 — d

— Märztage. Schausp. (81) 8° Berl., Schuster & L. '12. 2 — d

Rote Nacht Ballade von Waldemar **Bonsels**. Berlin-Wilmersdorf, A R. Meyer 1908. 4 Bl. 8° [10 4.18 11

Madame Potiphar Eine Badereise v Ernst Waldemar **Bonsels**. Illustriert v Felice & Alexander Deselabissac 2 Aufl München 1904 8°

Bonsels, Waldemar (in München, geb. 21. Febr. 1881 zu Ahrensburg i. Holstein), Don Juans Tod. Ein Epos. Mit 5 Radierungen u. vielen farbigen Initialen v. Willi Geiger. München 1909. Fol. (Origldrbd. Mk. 50—.) (30 Mk., Origbd., O. Schönhuth Nachf., München, 1911.)
Luxus-Ausgabe, nur in 50 numer Exemplaren gedruckt u. vom Dichter u. Künstler eigenhändig signiert!

— dasselbe. Hrsg. m. 5 Radierg. u. m. Initialen v. Willi Geiger. (48 S.) 36×28,5 cm. München 909. C. F. Strauß. Geb. 25.—; numerierte Luxusausg. 50. —

— Don Juans Tod. Ein Epos in 4 Gesängen. (Das Titelblatt ist e. Reproduktion nach e. Radierg. v. Willi Geiger.) (49 S.) gr. 8. München(-Schwabing) 910. E. W. Bonsels & Co. 2.—; geb. 3. —

— Die Toten d. ewigen Kriegs. Roman. (351) 8° Ebd. '11. 4 —; geb. n 5 — d

BONSENS, Ernst (d. i. *Friedr. Chp. Brosse*), Antipseudo-Kantiade, oder der Leineweber und sein Sohn, ein satyrisch-kritischer Roman, mit imaginirten Kupfern, ohne Vorrede v. Kant, aber mit einer übeln Nachrede der Pseudo-Kantianer. Mit 1 color. Kpfr. Gnidos, bey Amoroso Severo (Meinhausen in Riga), o. J. (1798). 8°. Selten!
Farce auf die Kant'sche Philosophie, namentlich auf ihre Anhänger, amüsant wegen des grotesk-komischen Stils des Verfassers und seiner ausgelassenen Phantastereien. Zuerst gedr. o. O. u. J. (1797). 8°. (20 Mk. Gustav Fock, Lpz., 1908.)

Bonsens, Fritz, die Götter d. Rgveda. Eine euhemerist. Skizze. gr. 8. (14 S.) Breslau 894. W. Koebner. n. — 60

Bonseri, (Stadt-Justiz-Rth.), vollständ. Tabelle über die gesetzl. Erbfolgerechte (ex titulo universali et singulari) nach römischem, altdeutschem u. preuß. Rechte; nebst Anhängen v. Pflichttheilen u. von der Successionsunfähigkeit rc. für Studirte bestimmt. Roy.-Fol. Berl. 829. Finke. 8 gr.

Bonseri, F W. (Hrsg.), s. Zeitung, Criminalistische.

Bonsmann, Fritz, aus Bathev i. Westf.: Zur **Casuistik** der Beckenverletzungen bei künstlichen Geburten. *Würzburg 1899: Memminger.* (42 S.) 8°
Würzburg, Med. Diss. v. 1899

Bonsmann, Karl: Die Kapitalbeschaffung in der Stahlwaren-Industrie. Ohligs 1909: Müller. 116 S. 8°
Heidelberg, Phil. Diss. v. 4. Sept. 1909, Ref. Gothein
[Geb. 4. Nov 84 Brücke b. Solingen; Wohnort: Ohligs; Staatsangeh.: Preußen; Vorbildung: Landessch. Pforta Reife O. 04; Studium: Freiburg i. B. 2, Heidelberg 4 S.; Rig. 18. Febr. 09.] [U 10. 2114

Bonsmann, Th., Gregor der Große. Ein Lebensbild. gr. 8. (104 S.) Paderborn 890. Junfermann. n. 1. —

Bonsmann, Theodor

Anleitung zum rationellen Gebrauche der Handelsdüngemittel von Theodor **Bonsmann**. 3. Aufl. Mit 14 Abb. *Neudamm: J. Neumann 1900.* (136 S.) 8° [F.] [01. 9670

Anleitung zum zweckmässigen Gebrauche der Handelsdüngemittel von Theodor **Bonsmann**, Gen.Sekr. 4. Aufl. Mit 29 Abb. *Neudamm J. Neumann 1902* (160 S.) 8° [F.] [03 1431

Bonsmann, Thdr: Anleitg z. zweckmäss. Gebr. d. Handelsdüngemittel. 5. Afl. (163 m. Abb.) gr8° Neud., J Neumann '11. HL 3 — d

Bonsmann, Thdr., Kurze Anleitg. z. ration. Gebr. d. Handelsdüngemittel. 11.—12. Tauf. gr. 8. (68 S. m. 12 Abb.) Neudamm 898. J. Neumann. n. — 80

Bonsmann, Thdr., kurze Anleitung zum rationellen Gebrauche der Handelsdüngemittel. 2. Aufl. 18.—22. Tauf. gr. 8. (104 S. m. 14 Abbildgn.) Neudamm 899. J. Neumann. n. 1. 20

Bonstedt, Bürgermeister in Iserlohn. Referat über die Bestrebungen des „Deutschen Vereins", gehalten auf dem 8. Westf. Städtetage. Iserlohn.

Bonstedt, Aline

Konferenz der Direktoren Ost- und Westpreussens zu Elbing Dienstag d. 26. Mai bis Sonnabend d. 30. Mai 1896. (Verf.: Aline **Bonstedt**.) *Danzig: A. W. Kafemann 1901.* (35 S.) 8° [F.] (ca. 0118 10

Bonstedt, E., Quaestiones Aristophaneae. Diss. 1872. 44 S. 1.50

Bonstedt, Ernst [Dir. Dr.]: Die Berechtigungen, welche durch die Schulzeugnisse unserer Anstalt im Zivil- und Militärdienste erworben werden können. Danzig, Druck v. E. Groening, 1893; 30—31 S. 4.
Jenkau b. Danzig, RPG (v. Conradisches Prov.-Schul- u. Erz.-Inst.), OP 1893 (48)

Bonstedt, Ernst Bericht über die Geschichte und gegenwärtige Einrichtung der von Conradischen Stiftung und des von Conradischen Instituts. 38 S. 8. Progr. *Jenkau* 1881.

Bonstedt, E.: Bericht über die Geschichte u. die gegenwärtige Einrichtung der von Conradischen Stiftung u. des von Conradischen Schul- u. Erziehungs-Instituts zu Jenkau b. Danzig. 2. Aufl. Danzig 1887. 40 S. Tb 59

Bonstedt, Ernst, Dir. Dr: [Bericht über den Umzug des Conradinums von Jenkau nach Langfuhr.] *Danzig 1901: A. W. Kafemann.* (S. 25—27.) 4°
Langfuhr b. Danzig, R u. VS (v. Conradisches Schul- u. Erz.-Inst. Conradinum), OP 1901 (48)

Bonstedt, Ernst *Der Brand der Anstalt und die Feier des Einzuges in die neuen Klassenräume.* 4 (S. 15—17 der Schuln.). Progr. Bprg. *Jenkau* 1890

Bonstedt, Ernst [Dir. Dr.]: *Die Familie Conradi und die Stiftung des v. Conradischen Schulinstituts.* Danzig, Druck v. E. Groening, 1893; 20—22 S. 4.
Jenkau b. Danzig, RPG (v. Conradisches Prov.-Schul- u. Erz.-Inst.), OP 1893 (48)

Bonstedt, Ernst [Dir. Dr.]: *Die Einweihung der neuen Klassenräume im Hauptgebäude am 11. Nov. 1889.* Danzig, Druck v. E. Groening, 1890; S. 16–17; 4°
Jenkau bei Danzig, RPG (v. Conradisches Prov.-Schul- u. Erz.-Inst.), OP 1890 (50)

Bonstedt, (Ernst), Dir. Dr.: Die Einweihungsfeier der von Conradischen Realschule zu Langfuhr. *Danzig 1901: A. W. Kafemann.* (S. 3—12.) 4°
Langfuhr b. Danzig, R u. VS (v. Conradisches Schul- u. Erz.-Inst. Conradinum), OP 1901 (48)**

Bonstedt, Ernst *Geh. Justizrat Karl v. Groddeck, geb. zu Danzig 9. Dezember 1792, † ebenda 3. Febr. 1881.* 4 (S. 19). Progr.

Bonstedt, Ernst [Dir. Dr.]: *Karl von Groddeck.* Danzig, Druck v. E. Groening, 1893; S. 19. 4.
Jenkau b. Danzig, RPG (v. Conradisches Prov.-Schul- u. Erz.-Inst.), OP 1893 (48)

Bonstedt, Ernst, Dir. Dr.: Die Jahre 1875—1900. [Kurze Überschau d. 25 Jahre seines Direktorates.] *Danzig 1900: E. Groening.* (S. 28—31.) 4°
Jenkau b. Danzig, RPG (i. Umwandl.) (v. Conradisches Schul- u. Erz.-Inst. Conradinum), OP 1900 (44)

Bonstedt, Ernst, Leitfaden f. den Geschichts-Unterricht in der Volksschule. gr. 8. (48 S.) Danzig 870. Homann. n. 1. —

Bonstedt, (Ernst), Dir. Dr.: Vorläufige Nachricht über das Conradinum zur hundertjährigen Jubelfeier am 28. und 29. September 1901. *(Danzig 1901: A. W. Kafemann.)* (2 Bl.) 4° [Kopft.] [F.]
Langfuhr b. Danzig, v. Conradische R u. VS m. Alumnat, OP 1902 (49)**

Bonstedt, Ernst [Dir. Dr.]: Das von Conradische Schul- und Erziehungs-Institut und seine bisherigen Schulformen. Danzig, Druck v. E. Groening, 1894; 21—26 S. 4.
Jenkau b. Danzig, RPG (v. Conradisches Prov.-Schul- u. Erz.-Inst.), OP 1894 (48)

— **Unterrichtsplan f. einklassige Volksschulen. Zunächst f. die v. Kindern poln. Zunge besuchten Volksschulen d. Kreisschulinspektionsbez. Schneidemühl entworfen. gr. 8. (149 S.) Bromberg 875. Mittler. n. 2. —**

Bonstedt, G. W. von: „Die Verpachtung der Landgüter in ihrem ganzen Umfange, oder der Pachtanschlag, Pachtcontract und die Pachtübergabe mit Hinweisung auf die Grundsätze des gemeinen, auch Preussischen Landrechts", Hannover 1837 (Hahn).

Bonstetten: Briefe . . ., s. Bonstetten, Carl Victor

Bonstetten, Carte archéologique . . ., s. Bonstetten, Gustave

Bonstetten, Albr. v., s.a. **Büchi, A.**

Bonstetten. Albrecht von s.a. Waldheim. Johann von, und Bonstetten. Albrecht von.

Bonstetten, Albr. v., Briefe u. ausgewählte Schriften, s.a. **Quellen zur Schweizer Geschichte.**

Bonstetten. Albrecht von. Briefe und ausgewählte Schriften. Basel 1893

Bonstetten, Albrecht von. Alberti de B' Descriptio Helvetiae (= Schilderung der Eidgenossenschaft von Albert von B'). [Mit Textfiguren.] (Mittheil. Ant. Ges. Zürich. Band 3. Heft 3.) 4. (Zürich.)
Ausg. A. Sep. paginiert. (1846.)
Ausg. B. Durchpaginiert. (1847.)

(Bonstetten, Albrecht von.) Leben des seligen Bruder Klaus von der Flüe. Aus einer Nürnbergerhandschrift vom Jahre 1482 (° *Nachtitel:* Albrechts von B' „Leben des sel. Bruder Klaus von der Flüe vom J. 1482". Aus einer N' hrg. von P. Gall Morel). ⟨SA.⟩ 8. Einsiedeln 1862.

Bonstetten, C. v., üb. Nationalbildung. 2 Thle. 8. Zürich, Orell, Füssli u. C. 802.

Bonstetten, Gustave

Bonstetten (Baron de), A. Quiquerez et Dr. Uhlmann — Carte archéologique du Canton de Berne. — Epoque romaine et anté-romaine. — L'ancien canton par le Baron de Bonstetten; Le Jura bernois par A. Quiquerez; Les Palafittes par le Dr. Uhlmann — XIV. 56 pages de texte in-4. et 1 carte en couleur in folio. H. Georg, Genève et Bâle. 1876 15. —

Bonstetten, (G[ustave]) de. Carte archéologique du Canton de Fribourg. Époque romaine et anté-romaine. [Avec texte explicatif.] 4. Genève-Bâle-Lyon 1878.

Bonstetten, (Baron de). Carte archéolog. du canton de Fribourg. Epoque romaine et anté-romaine. In-4°. 24 p. et 1 carte coloriée gr. in-folio. Genève et Bâle, Georg. 1878 10 —

Bonstetten, Baron de, carte archéologique du canton de Vaud, accomp. d'un texte explicatif. IV et 52 pp. in-4. Berne, Huber & Co. 1874 6. 50

Bonstetten, G. de, notice sur les armes et chariots de guerre découverts à Tiefenau, près de Berne, en 1851. Lausanne 852. (Bern, Huber u. Co.) gr. 4. (7 S. u. 9 lith. Taf. in qu. gr. Fol.) n. 24 ngr

Bonstetten, G., Notice sur les tombelles d'Anet [Canton de Berne] accompagnée de (11) planches (lith. in Fol.) gr. 4. (13 S.) Berne 849. (Dalp.) n. 24 ngr

Bonstetten, Baron G. de, Recueil d'antiquités suisses. gr. Fol. (49 S. mit 28 lithogr. und ill. Plänen.) Bern 855(57), (Dalp'sche Buchh.) * 18 Thlr. 10 Ngr., jetzt *

Bonstetten, G. v., supplément au recueil d'antiquités suisses. Lausanne 860. (Bern, Dalp.) gr. Fol. (28 S. u. 23 lith. u. color. Taf.) n. 9 ß 10 ngr
Recueil d'antiquités suisses. (855.) jetzt nur n. 8 ß 20 ngr

Bonstetten, Karl Victor,

Bonstetten. [Carl Victor von]. Briefe von B' an [Friedrich von] Matthisson. Hrg. von H[ans] H[einrich] Füssli. [Mit Titelvignette.] 8. Zürich 1827.
(*Anhang:* Erinnerungen aus Bonstetten's Jugendleben. Von ihm selbst geschrieben.)

v. Bonstetten, Karl Vikt., Briefe an Friederike Brun. Herausgeg. von Fr. v. Matthisson. Mit 1 Kpf. u. Facsimile. 2 Thle. gr. 8. Frankf. 829. Schäfer. 4 ß 12 gr Velinp. 5 ß 18 gr Fein franz. Emoisin. 7 ß

Bonstetten, Carl Victor, s.a. Briefe über ein Schweizer Hirtenland.

[Bonstetten. Carl Victor von.] Briefe über ein schweizerisches Hirtenland. [Aus dem Französischen des C' V' von B' übersetzt von Johannes von Müller.] 8. Basel 1782.
(*Anhang:* Discours prononcé dans l'assemblée d'un peuple pasteur des Alpes du canton de Berne, par un Membre du Conseil Souverain de cette ville ....)

Bonstetten. Carl [Victor] von. C' von Bonnstetten, Landvogts zu Nyon; Briefe über ein Schweizer Hirtenland. Nebst der Geschichte dieser Hirtenvölker von Johann[es von] Müller.... 8. Bern 1793.
(*Anhang:* Discours prononcé dans l'assemblée d'un peuple pasteur des Alpes du canton de Berne, par un Membre du Conseil Souverain de cette ville ....)

Bonstetten, Briefe üb. ein schweizer. Hirtenland. 8. Bern, Typogr. 793.

— Briefe an Matthisson. Herausgeg. von H. H. Füßli. gr. 12. Zürich 827. Orell. 20 gr gr. Postp. 1 ß 4 gr Velinp. 1 ß 8 gr

v. Bonstetten, K. V., s. Einsiedler, der.

Bonstetten. [Carl Victor von]. Erinnerungen aus Bonstetten's Jugendleben. Von ihm selbst geschrieben. [A.] 8. [Leipzig 1826.]

– s. Erziehung d. patriz. Familien v. Bern.

Bonstetten K. V. v.: [Ueber die Gartenkunst, besonders in Rücksicht auf nördliche Länder. Kopenh. 1800].
(=: Neue Schriften. 2. Th.). 729.

v. Bonstetten, C. V., der Mensch im Süden und im Norden, oder über den Einfluß des Klima's. Deutsch von Frdr. Gleich. 8. Leipzig 825. (Melzer.) 7/8 ß

— der Mensch im Süden u. im Norden, oder üb. d. Einfluß d. Klima's. Deutsch v. Fr. Gleich. gr. 8. Leipz. 825. Zirges. 21 gr

— üb. Nationalbildung. 2 Thle. 8. Zürich 802. Orell. 2 ß 8 gr

v. Bonstetten, Karl Vikt., Pensées sur divers objets du bien public. 8. Genf 815.

Bonstetten, Carl Victor von.
Philosophie der Erfahrung ... [A. d. Franz. übers.] Stuttg. u. Tübingen 1828. Ü: *Gförer, August Friedrich.* (BrMm) (ErGr) (Ky)

— Philosophie der Erfahrung, oder Untersuchung üb. den Menschen u. seine Vermögen, (übers. v. A. Gfrörer). 2 Bde. gr. 8. Stuttg. 828. v. Cotta. 2 ß 16 gr

Bonstetten, K. Vict. v., Reise in d. klass. Gegend. Roms rc. bearb. n. d. Franz. v. K. G. Schelle. 2 Thle. 8. Leipz. Hartknoch. 805.
Holländ. Papier

— Schriften, herausg. v. Matthison. 8. Zürich, Orell. 792.

Bonstetten, Carl Victor von. Schriften von Karl V' von B'. Hrg. von Friedrich von Matthisson. [Mit Titelvignette.] 2., vermehrte Ausg. 8. Zürich 1824. Orell Füssli

— kl. Schriften. Herausgeg. von F. Matthison. 8. Zürich 792. Orell. 20 gr 2e Aufl. Mit 1 Vign. gr. 12. Ebd. 824. 1 ß 8 gr

— kleine Schriften. Herausgeg. von Fr. v. Matthisson, 2e Aufl Mit 1 Vign. gr. 12. Zürich 824. Orell.

— neue Schriften, 4 Thle. Mit Kpf. 8. Kopenh. 799—801. Brummer. 5 ß 8 gr

— — dieselben. 4 Thle. m. K. 8. Copenh. (Levrault, Straßb.) 799—801.

— Skandinavien u. d. Alpen. Aus d. Französ. mit Anhange über Island. gr. 8. Kiel 827. v. Maak.

Scandinavien und die Alpen v. Charles Victor von Bonstetten. A. d. Franz. Naumburg. 1828. 8°.

—— Souvenirs, écrits en 1831. 1. et 2. édit. (à 5⅓ B.) gr. in-12. Zurich 831, 33, Orell, Fussli et Comp.

— voyage sur la scène des dix derniers livres de l'Enéide, suivi de quelques observat. sur le Latium moderne. Mit 1 Karte. 8. Genève 804. 2e Aufl. 813.

— voyage sur la scène des six derniers livres d'Enéide. gr. 8. Paris, (Hinrichs, Leipz.) 805.

Bontcheff, Barny [né à Razgrad, Bulgarie]: Travail fait à l'Institut pathologique de Genève. Contribution à l'étude des causes de l'ulcère rond duodenal. Genève 1904. 70 p. 8°. [23. I. 04.]
Genève. Thèse méd. 1903/1904.

Bonte, Carl Georg

Bonte, Carolus Georgius: De digitali purpurea. Halis Saxonum (1853): Mueller. 17 S. 8° (4°)
Halle-Wittenberg, Med. Diss. v. 12. Apr. 1853
Geb. Hettstedt (Prov. Sachsen) 24. 3. 1828. V.

Bonte, Fred., vom Wahn zur Wirklichkeit od.: Wie ich meinen katholischen Glauben los wurde. Aus dem Engl. übertr. v. Wolfg. Schaumburg. (Einzige v. Verf. autoris. deutsche Ausg.) (72 S.) kl. 8. Leipzig (908). W. Schaumburg. — 50

Bonté, Gust. Ad. Erster Jahresbericht über die Wirksamkeit des Stephanshospitals zu Reichenberg nebst einer medizinisch-topographischen Skizze dieser Stadt. 8. (142 S.) Reichenberg, Phil. Gerzabek 1852.

Bonté, Hugo, Bundes-Märchenbuch. Märchen f. die deutsche Jugend, ausgew. u. bearb. im Auftrage der Ortsgruppe Leitmeritz des Bundes der Deutschen in Böhmen, Bildschmuck v. Fritz Gareis. (IV, 171 S.) Lex. 8. Leitmeritz (906). (Wien, R. Lechner & Sohn.) Kart. 2. 40

Bonte, Hugo (Red.), s. Deutsch-Oesterreich, Das literarische.

— Geschichte des Skalden Egil Skallagrimssohn, s.: Schatzgräber, d.

Bonté, Hugo, deutsche Lyrik. E. Sammelbuch zeitgenöss. Dichtg. 12. (146 u. V S.) Wien 895. F. Schalk. n. 2. 40; geb. n. 3. 20

Bonté, Hugo, Studentengeschichten u. anderes, s.: Hesse's, Max, Volksbücherei.

Bonté, Hugo, Weben u. Streben. Lieder u. Gedichte. 16. (56 S. m. Bildnis.) Leipzig 898. R. Claußner. n. 1.—; geb. n. 1. 75

Bonte, Thdr., die Mischrechnung. Ein Leitfaden zum Selbstunterricht f. angeh. Kaufleute rc., unter Berücksicht. d. neuen Münz-, Maaß- u. Gewichts-Systems. gr. 8. (VIII, 103 S.) Eisleben 872. Kuhnt. n. 2. 25

Bonté Schaefer, H.F. (Red.), s. Acetylen-Kalender.

Bontekoe, Cornelis: Abhandlung von des Menschen Leben, Gesundheit, Kranckheit und Tode, in drey besondern Theilen verfaßt... (Korte Verhandeling van's menschen leven, gesondheid, siekte, en dood. Dt.) Vormahls aus dem Holländischen ins Teutsche versetzt, anitzo aber zum andern mahle mit einer Vorrede und ...Anmerkungen versehen von Johann Daniel Longolius. 700 S., gbd.

Budißin u.Leipzig: Richer 1719

Bontekoe, Cornelis: Grund-Sätze der Medicin und Chirurgie, oder Die Lehre vom Alcali u. Acido durch Würckung der Fermentation u. Effervescenz. Erstlich in holl. Sprache v. Authore selbst geschrieben, nachdem ins Hochteutsche übers. Anjetzo aber bey dieser weitern Aufl. . . . übers. . . . gebessert, geändert, verm. . . . verteutschet durch Johann Caspar Reiß. Augspurg: Mertz 1721. 158 S. 8°

Bontekoe, Isbrand, Begebenheiten seiner Seereisen. Mit Kpf. 8. Altona 810. Bechtold. (Leipz., Centr.-Cpt.) 8 ℊ

Bontemps, Hans, a. Uelzen in Hannover: Beiträge zur Darstellung der Glykocholsäure aus Rindergalle nebst Beobachtungen über die fällende Wirkung der Uransalze auf Gallensäuren. Greifswald 1905: F. W. Kunike. (38 S.) 8°
Greifswald, Med. Fak., Ref. Bleibtreu, Diss. v. 13. Juli 1905
[Geb. 14. Aug. 79 Uelzen i. Hannover; Wohnort: Greifswald; Staatsangeh.: Preußen; Vorbildung: Realgymn. Stralsund Reife O. 00; Studium: Greifswald 9 S.; Coll. 8. Juni 05; Approb. 1. Juli 05.]

Bontems, der Jungfer, und Matlod Gesch. und Begeb. 8. Nürnberg. 711.

Bünten, Heinrich (Krefeld), De vulnerum sutura. Diss. med.-chir. Berlin (Brüschck) 30. III. 1827. 51 S., mit Biogr. (M.: H. Janssen.) (4.20)
Oppon.: Kessler, Brand, Müller. — Gew.: J. Büttner, J. T. Seidler.

Böntgen & Sabin, Stahlwaaren-Fabrik: Katalog über Messer und Scheeren. Solingen (1887?)

Bontoux, Eug., Ungarn und die Ernährung Europa's. Aus dem Französ. übertragen. Mit 1 (lith.) Karte. Wien 861. Braumüller in Comm. gr. 8. (37 S.) n. 10 ngr.

Bontsch-Osmolowskij, Boris [aus Simbirsk '(Russl.)']: Über das Vorkommen von Metastasen bei gutartigen Kröpfen . . . Freiburg i. Br., Buchdr. v. G. Mehlhase, 1893; 30 S. 8.
Freiburg i. B., Med. Fak., Inaug.-Diss. v. 1893

[Umschlagt.:] Bontscheff, Stephan: Das Tertiärbecken von Haskovo '(Bulgarien)' . . . (Aus: Jahrb. d. k. k. geol. Reichsanst., 1896 Bd 46 Heft 2.) Wien, Ges.-Buchdr. Brüder Hollinek, 1897; 309—384 S., 3 Tab. 8.
München, Phil. Fak., Inaug.-Diss. v. 1897

Bontschew. Wassily [aus Kotel (Kasan), Bulgarien]: Die Abhängigkeit der specifischen Wärme des festen Aluminiums von der Temperatur. Zürich 1900. 52 S. 2 Taf. 8°.
Zürich. Phil. Diss. II. S. 1900/1901.

Bontzek, R., die armen Schulschwestern D. N. D. an der Elementarschule zu Beuthen O.-S. Bilder aus dem Leben u. Wirken dieser Ordensfrauen, f. die dankschuld. Schülerinnen nach pfarramtl. Quellen dargestellt. gr. 8. (78 S.) Beuthen 879. (Waeldner.) n. — 50

Bonupf, Karl, u. Haberreiter, Karl: Der richtige Weg zur natürlichen Lösung der socialen Frage. 8°.– Wien, Haberreiter. 1895.

Bonus, Alb., A. M., collatio codicis Lewisiani rescripti evangeliorum sacrorum syriacorum cum codice Curetoniano (Mus. Brit. add. 14, 451), cui adiectae sunt lectiones e Peshitto desumptae. gr. 4. (X, 95 S.) Oxford 896. Clarendon Press. Kart. n.n. 8. 50

Bonus, Arth.: Vom Geistreichsein, s.: Flugschrift d. Dürer-Bundes z. ästhet. Kultur.

Bonus, Arth.: Geschichte d. Skalden Egil Skallagrimssohn, s: Schatzgräber, Der.

Bonus, Arth., deutscher Glaube. Träumereien a. d. Einsamkeit. gr. 8. (VII, 234 S.) Heilbronn 897. E. Salzer. n. 2. 80; geb. n. 3. 60

Bonus, Arth., deutscher Glaube. Träumereien aus der Einsamkeit. 2. Aufl. 8. (VII, 240 S.) Heilbronn 901. E. Salzer. n. 2. 80; geb. n. 3. 60

Der Gottsucher. Hymnen u. Gesichte von Arthur Bonus. Heilbronn: Salzer 1898. 60 S. 8° A 12.590.8

Arthur Bonus. Isländerbuch. Sammlung 1–3. Hrsg. v. Kunstwart. München: G. D. W. Callwey 1907. 3 Bde 8° [F.]
1. 2. (Sammlung altgerman. Bauern- u. Königsgeschichten. T. 1. 2.)
3. (Einführungs- u. Erg.Bd. Bedeutung d. altisländ. Prosaschrifttums.) Mit 1 Beil. von Andreas Heusler. [08. 3391

— dasselbe. Jugendauswahl. Hrsg. v. Kunstwart. (150 S.) 8. Ebd. 908. Kart. 2. 50

— Isländerb. I. Sammlg I. Sammlg altgerman. Bauern- u. Königsgeschichten. 1. Tl. 3. Afl. (18, 296) kl8° Münch., GDW Callwey '12. 4 —; geb. 5 — d

— Kasperl-Bilderbb., s.: Böcklin.

Die Kirche. Von Arthur Bonus. Frankfurt a. M.: Rütten & Loening (1909). 92 S. 8°
(Die Gesellschaft. Bd 26.) [09. 10483

— Zur relig. Krisis. (In 4 Bdn.) 1., 3. u. 4. Bd. 8° Jena, E Diederichs. d
Bd 2 ist noch nicht erschienen.
1. Zur Germanisierg d. Christentums. (207) '11. kart. 3 —; geb. 4 — ‖ 3. Relig. Spanngn. Prolegomena zu e. neuen Mythos. (4, 311) '12. kart. 4.80; geb. 6 — ‖ 4. Vom neuen Mythos. Eine Prognose. (125) '11. kart. 3 —; geb. 4 —

Bonus, Arth., vom Kulturwert der deutschen Schule. (71 S.) 8. Jena 904. E. Diederichs. n. 1. 50

— s.a. Mensch, d. moderne, u. d. Christentum.

[F.] Der moderne Mensch und das Christentum. Skizzen u. Vorarbeiten. [No] 1. Von Arthur Bonus, Adolf Perino u. Martin Schian. *Leipzig: J. C. B. Mohr 1898.* 8.
= Hefte z. Christlichen Welt. No 34/35. [98. 3494

— Rätsel. I. Bd. Die Sammlg. Hrsg. vom Kunstwart. (IX, 155 S.) kl. 8. München 907. G. D. W. Callwey. Kart. n. 1. 50

— Rätsel. II. Bd. Zur Biologie des Rätsels. Hrsg. v. Kunstwart. (IV, 272 S.) kl. 8. München 907. G. D. W. Callwey. 4.—; geb. 5. —
Bd. I. Ebd. 907. 1.50.

— Religion als Schöpfung. Erwägungen üb. die religiöse Krisis. gr. 8. (63 S.) Leipzig 902. E. Diederichs. n. 1. 50

— Religion als Schöpfung. Erwägungen üb. die religiöse Krisis. 3. u. 4. Taus. (63 S.) 8. Jena 909. E. Diederichs. 1. —

— Schwind. Bielef., Velh. & Kl. ca — 60 Erscheint nicht.

— der lange Tag. Meditationen. (145 S.) 8. Heilbronn 905. E. Salzer. n. 2. —; geb. n. 3. —

— s. a. Weihnacht, deutsche.

Deutsche W e i h n a c h t . Spiel und Lied aus alter Zeit. Mit e. Einführung von Arthur Bonus u. 13 Bild. 2. Aufl. München & Leipzig: Piper [1909]. XXVII, 266 S. 8°
(Die Fruchtschale. Bd 18.)

— s: Weltanschauung.

— Wider d. Irrlehre d. Oberkirchenrats. (52) 8° Jena, E Diederichs '11. — 60 d

Bonus, Arth., zwischen den Zeilen. Dies u. Das f. besinnl. Leute. 8. (X, 160 S.) Heilbronn 895. E. Salzer. n. 2. —; geb. 3. —

— zwischen den Zeilen. Dies u. Das f. besinnl. Leute. 2. Aufl. 8. (X, 160 S.) Heilbronn 895. E. Salzer. n. 2. —; geb. 3. —

— dasselbe. 2. Bd. Noch etwas f. besinnl. Leute. 8. (IV, 171 S.) Ebd. 898. n. 2. —; geb. n. 3. —

— zwischen den Zeilen. 1. u. 2. Bd. 8. Heilbronn, E. Salzer. à n. 2. —; geb. à n. 3. —
1. Dies u. Das f. besinnl. Leute. 3. Aufl. (VIII, 159 S.) 899.
2. Noch etwas f. besinnl. Leute. 2. Aufl. (IV, 167 S.) 901.'

— zwischen den Zeilen. 1. Bd. Dies u. das f. besinnl. Leute. 4. Aufl. (VI, 172 S.) 8. Ebd. 902. n. 2. —; geb. n. 3. —

Bonus, Beate: 7 Geschichten v. Sande. (7, 314) 8° Münch., GDW Callwey '12. 4 — d

Bonus, Beate, Malergeschichten. 8. (V, 404 S.) Leipzig 901. F. W. Grunow. Geb. in Leinw. n. 6. —

Bonvesin da Riva, s.a. Seifert, Adolf.

Bonvesin da Riva, Gedichte, Glossar dazu, s.: Seifert, A.

Bonvicini, A.: Sulla educazione dei Greci. Vicenza 1864. 12 S.– Schul-/Univ.-Schrift.

Bonvicini, Giulio, über das Fehlen der Wahrnehmung der eigenen Blindheit bei Hirnkrankheiten, s.: Redlich, Emil.

BONVIN, Karl Isaak (Wallis/Schweiz): De natura febris in genere. (Titel nach der Urkunde) 30.8.1827 – Urk; P 39
Diss. Ingolst.-Landsh.-Mchn.

Bonvivant u. Philosoph, der, kein Roman 2c. 8. Magdeb. 809. (Leipz., Lauffer). 18 K

BONVIVANT, Der, und Philosoph, kein Roman. Eine Lectüre für Mädgen u. Jünglinge, Weiber u. Männer, Matronen u. Greise aus allen Ständen, von *L. Gr. z. L.* Magdeburg (v. Schütz) 1809. 8°.
Enth. 35 (zahme) moral.-satyr. Aufsätze. Tit. gestoch., VIII—156 SS.
Von demselben Vf. ist der Roman: Schäfer-Stunden (s. dort) eines galanten Herrn . . . . 1809.

BONVIVANT, Hilarius (ps.) Erholungen für Kinder der Freude. Amathunt (Berlin, Littfaß) 1808.
Weller, fing. Dr. — Sehr selten!

Für Bonvivants. Neue Sammlung. Pikante u. heitere Erzählungen. Heft 1—5. kl. 8°. Budapest, Grimm. à fl. —.60. 1887

FÜR Bonvivants. Neue Sammlung pikanter u. heiterer Erzählungen. 10 Thle. m. 10 Illustr. Budapest, Gustav Grimm, o. J. (c. 1890?). 8°. (Mk. 12—.) (6 Mk. Wilh. Scholz, Braunschw., 1896.)

Bonvoust, Franc. Tib., Specimen med. inaug. de phrenitide. 71 pp. Traj. ad Rh. 1743. 4°. 1743

Bonwetsch: Über den Einfluß verschiedener Stoffe auf die Umsetzung des Sauerstoffs im Blute. Inaug.-D. Dorpat. 1869.

Bonwetsch, G. Nathanael, s.a. B o n w e t s c h, Nathanael

Bonwetsch, G. Nathanael

Bonwetsch, GN, d. Amt d. Diakonissen in d. alten Kirche, s.: Seesemann. H.

Bonwetsch, G. Nathanael (Hrsg.) s. Die A p o k a l y p s e Abrahams.

Bonwetsch, G. Nathan., D. Apokalypse Abrahams. D. Testament d. 40 Märtyrer, s.: Studien z. Geschichte d. Theologie u. d. Kirche.

Bonwetsch, G. Nathanael, Cyrill u. Methodius, die Lehrer der Slaven. Festvortrag, in der Aula der Universität Dorpat zur Gedächtnisfeier d. 1000jähr. Todestages d. Methodius am 6. [18.] Apr. 1885 geh. gr. 8. (22 S.) Erlangen 885. Deichert. — 50

— Die Entstehung des Neuen Testaments, s.a. Für Gottes Wort u. Luthers Lehr. III, 2.

Die Entstehung des Neuen Testaments. Von Prof. D. [Nathanael] Bonwetsch in Göttingen. Gütersloh: Bertelsmann 1910 38 S. 8°
(Für Gottes Wort u. Luthers Lehr! Reihe 3, H. 2.) 10. 432

Bonwetsch, G. Nathanael, die Geschichte d. Montanismus. gr. 8. (VIII, 210 S.) Erlangen 881. Deichert. n. 4. —

Bonwetsch, G Nathan., s.: Geschichte d. christl. Relig.

Grundriß der Dogmengeschichte von G. Nathanael Bonwetsch. München: C. H. Beck 1909. (VI, 206 S.) 8° 08. 14565

— Das slav. Henochbuch, s.: Abhandlungen d. kgl. Gesellsch. d. Wiss. zu Göttingen.

Bonwetsch, G. Nathanael, s.: Hippolyt's Kommentar zum Hohenlied.

Bonwetsch, G. Nath., s.: Hippolytus, drei georgisch erhaltene Schriften.

Bonwetsch, G. Nathanael (Hrsg,), s. H y p p o l y t u s Werke.

— s: Jakobus, Doctrina nuper baptizati.—

— Jesus Christus im Bewusstsein u. in d. Frömmigk. d. Kirche, s.a. Zeit- u. Streitfragen, bibl.

Jesus Christus im Bewusstsein und in der Frömmigkeit der Kirche. Von D. Nathanael Bonwetsch, Prof. 2. Taus. Gr.Lichterfelde-Berlin: Runge 1903. 30 S. 8°
(Biblische Zeit- u. Streitfragen. Ser. 4. H. 1.) 03. 1723

— Lehrbuch der Kirchengeschichte, s.: Kurtz, Joh. Heinr.

Bonwetsch, N., unser Reformator Martin Luther. Festvortrag, den 30. Octbr. [11. Novbr.] 1883 geh. in der Aula der Universität. gr. 8. (24 S.) Dorpat 883. Karow. n. — 80

Bonwetsch, G. Nathanael, Methodius v. Olympus. I. Schriften. gr. 8. (XLVIII, 408 S.) Leipzig 891. A. Deichert Nachf. n. 18. —

— s.: Religion, die christliche.

— Die unter Hippolyts Namen überlieferte Schrift üb. den Glauben, s.: Texte u. Untersuchungen zur Geschichte der altchristl. Literatur. III. 1, 2.

— Der Schriftbeweis f. d. Kirche a. d. Heiden als d. wahre Israel bis auf Hippolyt, s.: Studien, theolog.

Bonwetsch, G. N., Die Schriften Tertullians nach der Zeit ihrer Abfassung untersuch Hab. 1878. 89 S. 2.-

— die Schriften Tertullians nach der Zeit ihrer Abfassung untersucht. gr. 8. (89 S.) Bonn 878. A. Marcus. n. 2. —

— s.: Studien z. Gesch. d. Theol. u. d. Kirche. — Studien, neue, z. Gesch. d. Theol. u. d. Kirche.

Studien zu den Kommentaren Hippolyts zum Buche Daniel und Hohen Liede v. G. Nathanael Bonwetsch. *Leipzig: J. C. Hinrichs 1897.* (2 Bl., 86 S.) 8.
= Texte u. Untersuchgn z. Geschichte d. altchristl. Literatur. Bd 16. H. 2. (N. F. Bd 1. H. 2.) [97. 11,]

— die Theologie des Methodius von Olympus untersucht, s.a. Abhandlungen der königl. Gesellschaft der Wissenschaften zu Göttingen. Philol.-histor. Klasse. N. F. VII, 1.

Die Theologie des Methodius von Olympus untersucht von Nathanael Bonwetsch. *Berlin: Weidmann 1903.* (IV, 173 S.) 4°
— Abhandlungen d. Königl. Gesellschaft d. Wiss. zu Göttingen. Phil.-hist. Kl. N. F. Bd 7, No 1.

— d. altslavische Uebersetzung d. Schrift Hippolyts „Vom Antichristen". [Aus: „Abhandlgn. d. kgl. Gesellsch. d. Wiss. z. Göttingen".] gr. 4. (48 S.) Göttingen 895. , Dieterich's Verl. n. 4. 80

Bonwetsch, Gerhard, a. Göttingen: Geschichte des Passauischen Vertrages von 1552. Göttingen 1907: Dieterich. (VIII, 216 S.) 8° ¶ (Gekr. Preisschr.)
Göttingen, Phil. Fak., Ref. Brandi, Diss. v. 25. Juli 1907
[Geb. 23. Apr. 85 Dorpat; Wohnort: Göttingen; Staatsangeh.: Preußen; Vorbildung: Gymn. Göttingen Reife O. 04; Studium: Göttingen 1, Berlin 1, Göttingen 4 S.; Rig. 3. Juli 07.]

Bonwetsch, Gerh., Geschichte des Passauischen Vertrages v. 1522. Am 18. VI. 1906 v. der hohen philosoph. Fakultät der Georg-Augusts-Universität zu Göttingen gekrönte Preisschrift. (VIII, 216 S.) gr. 8. Göttingen 907. (Vandenhoeck & Ruprecht.) 5. —

Bonwetsch, Immanuel, Ueber den Einfluss verschiedener Stoffe auf die Umsetzung des Sauerstoffs im Blute. Diss. Dorpat. 36 pp. 1869.

Bonwetsch, Nathanael, s.a. Bonwetsch, G. Nathanael

Bonwetsch, Nathanael, s.: Briefe an Joh. Heinr. Kurtz.

Bonwetsch, Nathanael, Die deutschen Wolgakolonien. Göttingen. 1892

Bonwetsch, Rich., syntaktische Tabelle. 59×43, 5 cm. (2 S.) Reval, 891. F. Wassermann. n. — 50

Bonwitt, Gustav, a. Berlin ⟨Rodenberg⟩: Die Gestaltung der Ozeanwellen in einfachen und zusammengesetzten ⟨parallelen und gekreuzten⟩ Zügen. Rostock 1905: Adlers Erben. (42 S.) 8°
Rostock, Phil. Fak., Ref. Matthiessen, Diss. v. 20. März 1905
[Geb. 14. Apr. 81 Rodenberg, Hessen-Nassau; Wohnort: Rodenberg; Staatsangeh.: Preußen: Vorbildung: Luisenstädt. Realgymn. Berlin Reife f. Prima O. 00; Studium: Charlottenburg T.H. 6. Rostock 4 S.; Rig. 26. Jan. 05.]

Bonwitt, Gust.: Das Celluloid, s: Masselon.

Bonyhad, Biographie des Honvéd Generals Moritz Perczel. Nach dem Ungarischen des L. Vahot und auf Grundlage anderweitiger authentischer Daten erweitert durch Gustav Kuppis. gr. 8. (94 S.) Pest, Wilh. Lauffer's Verl Exped. in Comm. 1868 80 kr.

Verlags-Katalog von Adolf Bonz & Co. in Stuttgart. ⟨Gegründet 15. Mai 1876.⟩ Mai 1901. *Stuttgart (1901): A. Bonz' Erben.* (100 S.) 8° [F.] 10

Bonz, Albert [aus Böblingen]: Ueber die Bildung von Amid aus Ester und Ammoniak und die Umkehrung dieser Reaktion. . . . Tübingen, *Druck v. A. Bonz' Erben in Stuttgart,* 1888; 48 S. 8°
Tübingen. Naturw. Fak., Inaug.-Diss. v. 1888

Bonz, Alb., über die Bildung von Amid aus Ester und Ammoniak und die Umkehrung dieser Reaktion. Inaugural-Dissertation. gr. 8. (48 S.) Tübingen 888, (Fues.) *

— **Johann Theophil** (Ulm), De differentia consensus sponsalitii et matrimonialis. Diss. jur. Präs. Christian Wildvogel. Jena (Müller) März 1720. 28 S. (4.80) 3499

Bonz, H. Zur Kenntniss der Thiophengruppe. Stuttgart 1886.

Bonzel, Jh. Bapt., Diss. inaug. de puerorum educatione physica. 8. Jena 798.

— J. J. Hangarth, Entwurf.

Bonzelius, *Gustav* Adolf [aus Winnenden (Württbg.)]: Ein Fall von Polydaktylie ... Berlin, C. Vogt's Buchdr., *1893;* 28 S., 2 Bl. 8.
Berlin, Med. Fak., Inaug.-Diss. v. 8. Aug. 1893

Bonzelius, J. B., resp. F. Ed. **Bretschneider,** Diss. sistens descriptionem tentorii cerebelli ossei quorundam animantium mammalium. 17 pp. Jen. 4°. 1797

Booby's, a, misfortunes or this is the way of awkward boys. An instructive story with many coloured illustrations. 8. Edition. gr. 4. (28 S. mit eingedr. Holzschn.) Leipzig 859. [Mainz, Janitsch.]

Booch-Arkossy, B.: Polnisch-deutsches Taschenwörterbuch . . ., s. Booch-Arkossy, Friedrich

Booch-Arkossy, Friedrich

Booch-Arkossy, F, prakt. Anl. z. kaufm. Correspondenz in engl. Sprache. 8. (94) Lpzg 55. (Cob., Sendelbach.) n. — 10

Booch-Arkossy, Friedr., praktische Anleitung zur kaufmännischen Correspondenz in englischer Sprache. Auswahl engl. und deutscher Musterbriefe, die sämmtlichen Geschäfte des Kaufmanns behandelnd, mit deutscher und engl. Handels-Phraseologie, nebst den engl. und amerikan. Münzen, Maaßen, Gewichten 2c. Zum Gebrauche für Deutsche und Engländer bearb. 8. (94 S.) Leipzig 855, Wengler. *

— praktische Anleitung zur kaufmännischen Correspondenz in spanischer Sprache. Auswahl spanischer u. deutscher Musterbriefe, die sämmtlichen Geschäfte des Kaufmanns behandelnd, mit deutscher u. spanischer Handels-Phraseologie, nebst den spanischen Münzen, Maaßen, Gewichten 2c. Zum Gebrauche für Deutsche u. Spanier bearb. A. u. d. T.: Arte de la correspondencia comercia para el uso de los Alemanes y Españoles etc. Leipzig 855. Wengler. gr. 16. (96 S.) 10 ngr.

— Arte de la correspondencia commercial para el uso de los Alemanes y Españoles. Con la fraseologia alemana y española, los nombres de mercancias y términos técnicos, las monedas y medidas, pesos etc. — Praktische Anleitung zur kaufmännischen Correspondenz in spanischer Sprache. Auswahl span. und deutscher Musterbriefe, die sämmtlichen Geschäfte des Kaufmanns behandelnd, mit deutscher und span. Handels-Phraseologie 2c. Zum Gebrauch für Deutsche und Spanier bearb. 8. (96 S.) Leipzig 855, Wengler. Thlr. *

Booch-Arkossy, F., spanische Chrestomathie. Hand- und Hülfsbuch der spanischen Sprache und Litteratur im 19. Jahrhundert. Mit wort- u. sachgemässen Erläuterungen, sowie einer krit.-litterar. Einleitung herausg. A. u. d. T.: Manual de la literatura española moderna etc. Leipzig 857. Brockhaus. gr. 8. (LXXXII, 649 S.) n. 3 ß

— Do you speak english?, s.: Jaeger's prakt. Sprachführer.

— d. deutsch-portug. Dolmetscher. 12. (256) Rudolst. 53, Froebel. — 21

— englisch-deutsch-dänischer Dolmetscher für Reisende, Auswanderer u. Geschäftsleute. Ein theoretisch-prakt. Wegweiser zum Selbststudium der englischen, deutschen u. dänischen Umgangssprache. Mit vollständ. Bezeichnung der richtigen Aussprache durch deutsche Buchstaben. Leipzig 870. Matthes. 16. (VIII, 394 S.) 20 ngr.

—— englisch-deutsch-spanischer Dolmetscher für deutsche Reisende, Kaufleute und Auswanderer nach Nord- und Südamerika. Ein theoretisch-prakt. Wegweiser, sich selbstlehrend in kurzer Zeit mit dem Englischen oder Spanischen vertraut zu machen, es zu verstehen und verstanden zu werden. Mit vollständ. Bezeichnung der richt. engl. und span. Aussprache durch deutsche Buchstaben. 4. verb. und verm. Aufl. 16. (VIII, 387 S.) Leipzig 870, Matthes. cart.

— englisch-deutsch-spanischer Dolmetscher f. deutsche Reisende, Kaufleute u. Auswanderer nach Nord- u. Südamerika. Ein theoretisch-prakt. Wegweiser sich selbstlehrend in kurzer Zeit m. dem Englischen u. Spanischen vertraut zu machen, es zu verstehen u. verstanden zu werden. Mit vollständ. Bezeichng. der richt. engl. u. span. Aussprache durch deutsche Buchstaben. 4. verb. u. verm. Aufl. 16. (VIII, 387 S.) Leipzig 872. Matthes. 2. —

— englisch-spanischer Dolmetscher für deutsche Kaufleute u. Auswanderer nach Nord- u. Südamerika. Ein theoretisch-praktischer Wegweiser, sich in kurzer Zeit selbstlehrend mit dem Englischen und Spanischen vertraut zu machen, zu verstehen und verstanden zu werden. Mit vollständiger Bezeichnung der richtigen englischen und spanischen Aussprache durch deutsche Buchstaben. 853. (IX, 398 S.) — 2. durchges. u. verb. Aufl. 854. (IX, 400 S.) — 3. Aufl. Leipzig 855. Matthes. (IX, 400 S.) 20 ngr.

Booch-Arkossy, F., portugiesisch-deutscher Dolmetscher. O interprete portuguez o allemão. Die nothwendigsten prakt. Wörtersammlgn. u. Gespräche f. Reisende, Kaufleute u. Auswanderer nach Brasilien. Mit vollständ. Angabe der richt. Aussprache d. Portugiesischen durch deutsche Buchstaben. 3. vollständig neu bearb. Aufl. gr. 8. (II, 118 S.) Leipzig 884. Glogau & Co. n. 2. 60

— Englisch in vier Monaten. Praktisch-theoretischer Lehrgang der engl. Schrift- u. Umgangssprache nach der Robertson'schen Methode. Zum ersten Male mit durchgängiger Anwendung des phonetischen Systems von Pitman und Ellis zur leichten u. richtigen Aussprache u. Betonung. Zum Gebrauch für höhere Lehranstalten, für den Privat- und Selbstunterricht nach der Originalliteratur u. den besten Quellen bearbeitet. A. u. d. T.: A practical and theoretical complete Course of the English Language etc. Dessau 856. Gebr. Katz. gr. 8. (XVI, 542 S.) 1 ℔

Booch-Arkossy, F., Gramática teórico-práctica de la lengua alemana, s.: **Jiménez, Luis.**

— ¿Habla V. castellano?, s.: Castres, G. H. F. de.

Habla V. Castellano? oder d. nützlichsten u. nothwendigsten Spanisch-Deutschen Gespräche, Redensarten u. Wörtersammlungen ... nebst e. kurzgefassten span. Grammatik ... von Prof. G. H. F. de **Castres**. Mit vollst. Angabe d. richt. Ausspr. ... von F[riedrich] Booch-Árkossy. 6. Aufl. Dresden & Leipzig: C. A. Koch 1897. (VIII, 180 S.) 8° [Ant. u. J.] [illegible]

—— **Handelscorrespondentie hollandsch en hoogduitsch**, s. Cursus, praktischer, des kaufmännischen Briefstyls.

Booch-Arkossy, F., die englische Handelscorrespondenz, s.: Taschenbücher der Handelscorrespondenz.

Booch-Arkossy, F.: Holländ. Handelscorrespondenz,
s. Taschenbücher der Handelscorrespondenz.

Booch-Arkossy, F.: Italienische Handelscorrespondenz,
s. Taschenbücher der Handelscorrespondenz.

Booch-Arkossy, F.: Spanische Handelskorrespondenz,
s. Taschenbücher der Handelscorrespondenz.

— neuestes und vollständigstes Spanisch-Deutsches und Deutsch-Spanisches Handwörterbuch. Mit Benutzung der Wörterbücher von Salvá, Blanc, Rosa, Seckendorff, Dominguez, u. einer großen Anzahl Specialschriften aller Art nach dem jetzigen Stande der Literatur u. mit besonderer Rücksicht auf Wissenschaften, Künste, Industrie u. Handel bearb. A. u. d. T.: Nueva diccionario de las lenguas castellana y alemana el mas completo que se ha publicado hasta el dia. Compuesto etc. 2 Bde. Leipzig 858. Teubner. 8. (XII, 1132; VIII, 704 S.) 4 ℔

Booch-Arkossy, F(riedr.), neuestes und vollständigstes spanisch-deutsches und deutsch-spanisches Handwörterbuch. Mit Benutzung der Wörterbücher von Salvá, Blanc, Rosa, Seckendorff &c. nach dem jetzigen Stande der Litteratur und mit besond. Rücksicht auf Wissenschaften, Künste, Industrie und Handel bearb. A. u. d. T.: Nuevo diccionario de las lenguas castellana y alemana el mas completo que se ha publicado hasta el dia. 2 Bde. 1. Aufl. 1859. und 2. Ster.-Aufl. 8. Leipzig 860, Teubner.

Inhalt:
Bd. 1. Spanisch und deutsch. (XII und 1132 S.) 2 Thlr. 15 Ngr.
2. Deutsch und spanisch. (VIII und 704 S.) 1 Thlr. 15 Ngr.

Booch-Arkossy, F., neuestes und vollständigstes spanisch-deutsches und deutsch-spanisches Handwörterbuch. Mit Benutzung der Wörterbücher von Salvá, Blanc, Rosa, Seckendorff &c. nach dem jetzigen Stande der Litteratur u. mit besonderer Rücksicht auf Wissenschaften, Künste, Industrie u. Handel bearb. — Nuevo diccionario de las lenguas castellana y alemana el mas completo que se ha publicado hasta el dia. — 2 Bde. 2. Stereot.-Aufl. 860. — 3. verb. u. verm. Aufl. Leipzig 862. Teubner. 8. 4 ℔
1. Bd.: Spanisch u. Deutsch. (XII, 1132 S.) 2 ℔ 15 ngr. —
2. Bd.: Deutsch u. Spanisch. (VIII, 704 S.) 1 ℔ 15 ngr.

—— neuestes und vollständigstes spanisch-deutsches und deutsch-spanisches Handwörterbuch. Mit Benutzung der Wörterbücher von Salvá, Blanc, Rosa, Seckendorf, Dominguez und einer großen Anzahl Specialschriften aller Art nach dem jetzigen Stande der Litteratur und mit besond. Rücksicht auf Wissenschaften, Künste, Industrie und Handel bearb. — Nuevo diccionario de las lenguas castellana y alemana el mas complete que se ha publicado hasta el dia. 2 Bde. 4. verb. unt verm. Aufl. 1868, und 5. Aufl. 8. Leipzig 874, Teubner.

Inhalt:
Bd. 1. Spanisch und Deutsch. (XII, 1132 S.) M 7,50.
2. Deutsch und Spanisch. (VIII, 704 S.) M 4,50.

— neuestes u. vollständigstes spanisch-deutsches u. deutsch-spanisches Handwörterbuch. — Nuevo diccionario de las lenguas castellana y alemana el mas completo que se ha publicado hasta el dia. — Mit Benutzg. der Wörterbücher v. Salvá, Blanc, Rosa, Seckendorf, Dominguez, u. e. großen Anzahl Specialschriften aller Art nach dem jetz. Stande der Literatur u. m. besond. Rücksicht auf Wissenschaften, Künste, Industrie u. Handel. 2 Thle. 8. Leipzig 874. Teubner. 12. —
1. Spanisch-deutsch. (XII, 1132 S.) 7. 50
2. Deutsch-spanisch. (VIII, 704 S.) 4. 50

—— neuestes und vollständigstes spanisch-deutsches und deutsch-spanisches Handwörterbuch. Mit Benutzung der Wörterbücher von Salvá, Blanc, Rosa, Seckendorff, Dominguez, und einer großen Anzahl Specialschriften aller Art, nach dem jetzigen Stande der Litteratur und mit besond. Rücksicht auf Wissenschaften, Künste, Industrie und Handel bearb. 2 Bde. 6. Aufl. 8. Leipzig 881, Teubner.

Inhalt:
Bd. 1. Spanisch und deutsch. (XII, 1132 S.) M 7,50.
2. Deutsch und spanisch. (VIII, 704 S.) M 4,50.

— neuestes u. vollständigstes spanisch-deutsches u. deutsch-spanisches Handwörterbuch. 2 Bde. 7. Aufl. 8. Leipzig 887. Teubner. 12. —
1. Spanisch u. Deutsch. (XII, 1132 S.) 7. 50
2. Deutsch u. Spanisch. (VIII, 704 S.) 4. 50

Booch, Fr., und Adam Frey, Handwörterbuch der russischen und deutschen Sprache. Zum Hand- und Schulgebrauch nach den neuesten und besten Quellen bearb. I. Deutsch-russisches Wörterbuch. 2 Lfgn. gr. 8. (IV 716 S.) Leipzig 870,71, Haessel. à Lfg. M 3. geb.

—— und Fr. Messer. — dass. — II. Russisch-deutsches Wörterbuch. 12 Lfgn. gr. 8. (VIII, 1148 S.) Leipzig 871—74, Haessel. à Lfg. M 1. geb.

— Adam Frey u. Fr. Messer, Hand-Wörterbuch der russischen u. deutschen Sprache. Zum Hand- u. Schulgebrauch nach den neuesten u. besten Quellen bearb. br. 8. Leipzig 871. 75. Haessel. 18. —
1. Deutsch-russisches Wörterbuch. (IV, 716 S.) 6. —
11. Russisch-deutsches Wörterbuch. (VIII, 1148 S.) 12. —

—— Adam Frey und Friedr. Messer, Handwörterbuch der russischen und deutschen Sprache. Zum Hand- und Schulgebrauch nach den neuesten und besten Quellen bearb. 2. Bd.: Russisch-deutsches Wörterbuch. 2. verb. Aufl. Lex.-8. (VIII, 1148 S.) Ebendas. 878. *

1. Bd. Ebendas. 1870,71. *ℳ 6.; compl. 2 Bde. geb. *ℳ 19.

Booch-Arkossy, F, A Frey u. F Messer, Hand-Wörterbuch d. russ. u. deut. Sprache. 2. Bd. Russisch-deut. Wörterbuch. 2. Afl. 8. (1148) Lpzg 78, Haessel. n. 9. —

— u. Adam Frey, Handwörterbuch der russischen u. deutschen Sprache. Zum Hand- u. Schulgebrauch nach den neuesten u. besten Quellen bearb. (1. Thl.) Deutsch-russ. Wörterbuch. 2. Aufl. gr. 8. (IV, 716 S.) Leipzig 881. Haessel. n. 6. —

Booch-Arkossy, F., und Adam Frey, Handwörterbuch der russischen und deutschen Sprache. Zum Hand- und Schulgebrauch nach den neuesten und besten Quellen bearb. 2 Thle. gr. 8. Leipzig, Haessel. * 15 —

Inhalt:
Thl. 1. Deutsch-russisches Wörterbuch. 2. und 3. Aufl. (IV, 716 S.) 880,83. *ℳ 6.
» 2. Russisch-deutsches Wörterbuch. 2. Aufl. (IV, 1140 S.) 880. *ℳ 9.

— u. Frdr. Messer, Hand-Wörterbuch der russischen u. deutschen Sprache. Zum Hand- u. Schulgebrauch nach den neuesten u. besten Quellen bearb. 2. Bd. Russisch-deutsches Wörterbuch. 3. verbesserte Aufl. Lex.-8. (VIII, 1148 S.) Ebend. 882. n. 9. —; geb. n. 11. —

—— und Adam Frey, Hand-Wörterbuch der russischen und deutschen Sprache. Zum Hand- und Schulgebrauch nach den neuesten und besten Quellen bearb. 1. Bd.: Deutsch-russisches Wörterbuch. 4. Aufl. gr. 8. (IV, 716 S.) Leipzig 885, Haessel. *ℳ 6.—; geb. *

—— und Friedr. Messer, Handwörterbuch der russischen und deutschen Sprache. Zum Hand- und Schulgebrauch nach den neuesten und besten Quellen bearb. 2. Bd. Russisch-deutsches Wörterbuch 4. Aufl. gr. 8. (VIII, 1148 S.) Ebendas. 886. *ℳ 9.—; geb. *

Booch-Arkossy, F., u. Adam Frey, Hand-Wörterbuch der russischen u. deutschen Sprache. Zum Hand- u. Schulgebrauch nach den neuesten u. besten Quellen bearb. 1. Thl. Deutsch-russ. Wörterbuch. 5. Aufl. gr. 8. (IV, 716 S.) Leipzig 890. Haessel. n. 6. —; geb. n. 8. —

Booch-Árkossy, F., u. Adam Frey, Handwörterbuch d. russ. u. deutschen Sprache. Z. Hand- u. Schulgebr. n. d. neuesten u. besten Quellen bearb. (1. Bd.) Deutsch-russisch. 6. Aufl. gr. 8. (IV, 716 S.) Leipzig 896. H. Haessel. n. 6. —; geb. n. 8. —

Booch, Friedrich, und Frey, Adam. Hand-Wörterbuch der russischen und deutschen Sprache. Zum Hand- und Schulgebrauch nach den neuesten und besten Quellen bearbeitet. Deutsch-russisches Wörterbuch 8. Auflage; Russisch-deutsches Wörterbuch 7. Auflage. (2 Bde.) Lex. 8. Leipzig (1903).

— u. Adam Messer, Hand-Wörterbuch d. russischen u. deutschen Sprache. Zum Hand- u. Schulgebrauch nach den neuesten u. besten Quellen bearb. (II.) Russisch-deutsches Wörterbuch. 7. Aufl. (VIII, 1148 S.) Ebd. (906). 9.—; geb. 11. —

Booch, Frdr., u. Adam Frey, Hand-Wörterbuch der russischen u. deutsch. Sprache. Zum Haus- u. Schulgebrauch nach den neuesten u. besten Quellen bearb. (I.) Deutsch-russ. Wörterbuch. 10. Aufl. (IV, 712 S.) 8. Leipzig (907). H. Haessel Verl. 6.—; geb. 8. —

— u. Adam Messer: Hd-Wrtrb. d. russ. u. deut. Sprache. (II.) Russisch-deut. Wrtrb. 8. Afl. (1148) Ebd. (08). 9 —; geb. 11 —

— o alemão-portuguez interprete. Der deutsch-portugiesische Dolmetscher. Ein unentbehrliches, theoretisch-praktisches Handbuch zum schnellen Erlernen, richtigen Sprechen u. Verstehen der Portugies. Sprache. Zunächst zum Selbstunterricht für Kaufleute, Geschäftsmänner und Auswanderer nach Brasilien. Mit Benutzung der vorzüglichsten Originalquellen und nach der lebendigen Praxis bearbeitet. Rudolstadt 853. Froebel. gr. 12. (2 Bl., IV, 256 S.) 21 ngr

Booch-Arkossy, F., praktisches französisch-deutsches Conversationsbuch,
— praktisches englisch-deutsches Conversationsbuch,
— praktisches italienisch-deutsches Conversationsbuch,
} s. Bibliothek prakt. Conversationsbücher.

— d. Kunst, die portugies. Sprache zu erlernen, s. Kunst, die, d. Polyglottie.

Booch-Arkossy, F., die Kunst, die portugiesische Sprache schnell zu erlernen. s.: Kunst, die, der Polyglottie.
1887

Booch-Arkossy, Dr. F., Die Kunst, die portugiesische Sprache schnell zu erlernen. Kurzgefaßte theoretisch-praktische Anleitung, die portugiesische Sprache in kürzester Zeit durch Selbstunterricht sich anzueignen. Mit zahlreichen praktischen Übungs-Aufgaben, Beispielen unter den Regeln und portugiesischen Lesestücken mit deutschen Erläuterungen. Zweite, verbesserte Auflage. 8. (XII, 178 S.) Geb. [Bibliothek der Sprachenkunde. 10. Theil. 2. Auflage] Wien: Hartleben 1895 1.10

— die Kunst, d. spanische Sprache schnell zu erlernen, s.: Avalos, Don José Miguel.

Booch-Arkossy, F., praktischer Cursus d. kaufmännischen Briefstyls in den wichtigsten neueren Sprachen. 1. Serie. Deutsch, Englisch, Französisch, Italienisch, Spanisch, Portugiesisch u. Holländisch. 1. u. 2. Bdchn. 8. Leipzig 871. E. Fleischer. à n. 1. 50

1. Die deutsche Handelscorrespondenz. Lehrbuch d. modernen deutschen Briefstyls im Handelsverkehr nach allen Richtgn. [188 methodisch geordnete Handelsbriefe u. 107 Dispositionen.] Für Handelsschulen, Comptoirs, zum Privat- u. Selbstunterricht bearb. (VIII, 181 S.)
2. La correspondence commerciale. [173 lettres de commerce méthodiquement arrangées et 93 dispositions.] (VIII, 200 S.)

Booch-Arkossy, F, prakt. Cursus d. kaufmänn. Briefstyls in d. wichtigsten neueren Sprachen. 1. Serie. Deutsch, Engl., Franz., Ital., Span., Portugies. u. Holländ. 1—4. Bdchn. 8. Lpzg 75, E Fleischer. à n. 6. 60

1. Die deut. Handelscorrespondenz. (144) n. 1. 50
2. La correspondance commerciale. (200) n. 1. 50
3. Mercantile correspondence. (196) n. 1. 80
4. La corrispondenza mercantile. (195) n. 1. 80

— dasselbe. 3. u. 4. Bdchn. 8. Leipzig 875. J. W. Krüger. à n. 1. 80

3. Mercantile correspondence. A treatise of the modern epistolary style in commercial business. [159 letters of business methodically adapted a. 89 dispositions. (VIII, 196 S.)
4. La corrispondenza mercantile. [175 lettere mercantili metodicamente classificate, e 70 disposizioni e temi. (VIII, 195 S.)

Booch-Arkossy, Frdr., praktischer Cursus d. kaufmännischen Briefstyls in den wichtigsten neueren Sprachen: I. Serie: Deutsch, Französisch, Englisch, Italienisch, Spanisch, Portugiesisch, Holländisch, Russisch. 3—5. Bdchn. 8. Leipzig 879. Gebr. Senf. cart. à n. 2. —

3. Die engl. Handelscorrespondenz. 2. verbesserte Aufl. (XVI, 192 S.)
4. Die italienische Handelskorrespondenz. 2. verb. Aufl. (VIII, 200 S.)
5. Die spanische Handelskorrespondenz. (XVI, 208 S.)

— ausführliches Lehr- u. Lesebuch der russischen Sprache. Suppl. 2. neubearb. Aufl. gr. 8. (III, 94 S.) Leipzig 886. Breitkopf & Härtel. cart. n. 2. —

— **ausführliches Lehr- u. Lesebuch zum fertigen Sprechen u. Schreiben der englischen Sprache. Für höhere Bürger-, Real- u. Handelsschulen nach den besten Quellen bearb. 1. u. 2. Cursus. 3. umgearb. u. vervollständ. Aufl. Dresden 867, 68. Ehlermann. gr. 8. (IV, 217; VII, 279 S.)** 1.: n. 14 ngr; 2.: n. 20 ngr.

—— ausführl. Lehr- u. Lesebuch z. fert. Sprechen u. Schreiben d. franz. Sprache, s.: Bibliothek ausführl. Lehr- u. Lesebücher d. mod. Sprachen u. Literaturen nach Robertson's Methode.

—— ausführliches Lehr- und Lesebuch zum fertigen Sprechen und Schreiben der französischen, italienischen, polnischen, russischen und spanischen Sprache, s. Bibliothek ausführlicher Lehr- und Lesebücher der modernen Sprachen und Literaturen nach Robertson's Methode.

— **ausführliches Lehr- u. Lesebuch zum fertigen Sprechen u. Schreiben der italienischen Sprache. Nach Robertson's Methode f. höhere Lehranstalten u. zum Selbstunterricht Gebildeter bearb. unter Mitwirkung v. Francesco d' Assisi Caprara und Carl Moritz Rechenberg. 2 Curse u. Suppl. gr. 8. Leipzig 880. Breitkopf & Härtel. cart.** n. 8. —
1. 2. (VIII, 248 u. 280 S.) à n. 3. —. — Suppl. (VI, 144 S.) n. 2. —

– ausführliches Lehr-u. Lesebuch zum fertigen Sprechen u. Schreiben der polnischen Sprache, s. Bibliothek ausführlicher Lehr-u. Lesebücher der modernen Sprachen u. Literaturen nach Robertson's Methode.

– dasselbe der russischen Sprache, s. Bibliothek ausführlicher Lehr-u. Lesebücher der modernen Sprachen u. Literaturen nach Robertson's Methode.

— Lehrbuch der russischen u. deutschen Handels-Correspondenz. Enthaltend in 15 Hauptabschnitten 162 russ. u. deutsche Orig.-Briefe m. deutschen u. russ. Worterklärgn., sowie sämmtl. Contorarbeiten. Nach der Praxis f. den Privat- u. Selbstunterricht bearb. 8. (VIII, 176 S.) Leipzig 886. C. A. Koch. n. 3. —

— **Lehrbuch der portugiesischen Sprache, s. a. Kunst, die, der Polyglottie.**

Booch-Arkossy, F., Lehrbuch der portug[illegible] Sprache.
3. Aufl. (Die Kunst der Polyglottie. 10. Teil.) [illegible] (VIII, [illegible] S.)
Wien: A. Hartleben 1910. geb. K 2.20

Booch-Arkossy, F., praktisch-theoretischer Lehrgang der englischen Schrift- und Umgangssprache nach der Robertson'schen Methode. Zum ersten Male mit durchgängiger Anwendung des phonet. Systems von Ellis zur sichern Erlernung der feinsten engl. Aussprache. Zum Gebrauch für höhere Lehranstalten, für den Privat- u. Selbstunterricht nach der Orig.-Literatur u. den besten Quellen bearb. 2. durchgeseh. u. verb. Aufl. Dresden 864. Ehlermann. gr. 8. (XVI, 542 S.) n. 24 ngr.

— **praktisch-theoretischer Lehrgang der französischen Schrift- und Umgangssprache nach der Robertson'schen Methode. Zum Gebrauch für höhere Lehranstalten, sowie für gebildete Selbststudirende nach der Grammaire nationale, Girault-Duvivier und Andern und der Originallitteratur bearbeitet. Enthltd.: 1. Allgemeine Darstellungen d. französ. Aussprache rc. 2. Vollständige Grammatik rc. 3. Darstellung aller Schreibarten d. Französischen rc. Dessau 854. Gebr. Katz. gr. 8. (XII, 591 S.)** 1 ℛ

— **praktisch-theoretischer Lehrgang der französischen Schrift- und Umgangssprache nach der Robertson'schen Methode. Zum Gebrauch für höhere Lehranstalten, sowie für gebildete Selbststudirende nach Bescherelle's „Grammaire Nationale", Girault-Duvivier, Napoléon Landais rc. u. der Orig.-Literatur bearb. Mit erstmaliger Anwendung des phonet. oder Aussprache-Systems von Adrian Féline zur correcten Aussprache des Französischen nach dem feinsten Pariser Dialekt. 2. umgearb., vielfach ergänzte u. verb. Aufl. Leipzig 860. Violet. gr. 8. (X, 531 S.)** 1 ℛ

— praktisch-theoretischer Lehrgang der russischen Schrift- und Umgangssprache nach der Robertson'schen Methode. Zum Schul- u. Selbstunterricht nach Wostokow, Reiff, Schmidt rc. so wie der Nationallitteratur bearb. u. mit durchgängiger Bezeichnung u. lateinischer Umschreibung der richtigen russischen Aussprache nach dem feinsten Moskauer Dialekt herausg. Gotha 864. Opetz. gr. 8. (XV, 456 S.) 1 ℛ 15 ngr.:
Supplem. u. Schlüssel dazu (120 S.) 12 ngr.

—— prakt.-theor. Lehrg. d. russ. Schrift- u. Umgangssprache. 8. (456) Gotha 64, Windaus. 1. 15 || Suppl. u. Schlüssel. (120) — 12

—— **praktisch-theoretischer Lehrgang der spanischen Schrift- und Umgangssprache nach der Robertson'schen Methode. Für den öffentl. und Selbstunterricht zunächst nach Don V. Salvá's „Gramática castellana" und der Originalliteratur bearb. gr. 8. (XII und 429 S.) Leipzig 853, Arnoldische Buchh.** *

— praktisch-theoretischer Lehrgang der spanischen Schrift- und Umgangssprache nach der Robertson'schen Methode. Für Schulen u. zum Selbstunterricht nach Salvá, Cuendias u. der Originallitteratur bearb. 2. vielfach verb. u. vervollständigte Aufl. Leipzig 861. Arnold. gr. 8. (XVII, 486 S.) n. 1 ℛ 20 ngr.

—— **Manual de la literatura española moderna. Cuadro de la literatura en obras de prosa y poesía de escritores castellanos en el siglo XIX. A. u. d. T.: Spanische Chrestomathie. Hand- und Hülfsbuch der span. Sprache und Litteratur im 19. Jahrh. Mit wort- und sachgemässen Erläuterungen, sowie eine kritisch-litterar. Einleitung. gr. 8. (LXXXII und 649 S.) Leipzig 857, Brockhaus.** *

—— **das Meisterschafts-System unter gleichzeitiger Anwendung der Robertson'schen Methode für den Schul- und Selbstunterricht in der lateinischen und griechischen Sprache. Im Verein mit mehreren Schulmännern hrsg. Griechisch. 30 Lfgn. oder 2 Kurse. gr. 8. (VIII, S. 1—224.) Leipzig 882—84, C. A. Koch's Verlag.** à Lfg. * 50 Pf. *

—— **dass. — Lateinisch. 30 Lfgn. oder 2 Kurse. gr. 8. (VIII, S. 1—208.) Ebendas. 882—84.** à Lfg. * 50 Pf. *

—— **dass. — Schlüssel zum 1. und 2. Kursus. gr. 8. (IV, 40; 76 S.) Ebendas. 884.** à Schlüssel * ℳ 1. *

— dasselbe. Suppl. zum 2. Curs., enth. die Syntax. gr. 8. (IV u. S. 225—320.) Ebend. 884. 1. 50

— dasselbe. Suppl. zum 2. Curs., enth. die Syntax. gr. 8. (IV u. S. 209—336.) Ebend. 884. 1. 50

— Methode-Robertson. **Spanisch complet in vier Monaten! Praktisch-theoretischer Lehrgang der spanischen Schrift- u. Umgangssprache nach der Robertson'schen Methode. Für den öffentlichen und Selbstunterricht zunächst nach Don V. Salvá's „Gramática castellana" und der Originalliteratur bearbeitet. Leipzig 853. Arnold. 8. (XII, 429 S.)** n. 1 ℛ 10 ngr.

—— **Methode Robertson. Englisch in vier Monaten. Praktisch-theoretischer Lehrgang der engl. Schrift- und Umgangssprache nach der Robertson'schen Methode. Zum ersten Male mit durchgängiger Anwendung des phonet. Systems von Pitman und Ellis zur leichten und richtigen Aussprache und Betonung. Zum Gebrauch für höhere Lehranstalten, für den Privat- und Selbstunterricht nach der Originalliteratur und den besten Quellen bearb. gr. 8. (XVI und 542 S.) Dessau 855(56,) Gebr. Katz.**
Vgl.: Arkossy, F. B.

Booch-Arkossy, F., Methode Robertson für das Russische. Praktisch-theoretischer Lehrgang der russischen Schrift- und Umgangssprache nach der Robertson'schen Methode ... Gotha [1863].

— s. Müller's, Aug., allgem. Wörterbuch.

— Parlato italiano?, s.: Ammann, J.

— Parlato italiano?, s: Jaeger's prakt. Sprachführer.

— Parlez-vous français?, s.: Castres, GHF de. — Jaeger's prakt. Sprachführer.

— nowy dokładny słownik polsko-niemiecki i niemiecko-polski. — Neues vollständigstes polnisch-deutsches u. deutsch-poln. Wörterbuch. Mit Rücksicht auf den jetz. Stand der Wissenschaften, Künste, Gewerbe, der Industrie u. d. Handels nach den neuesten u. besten Quellen ausgearb. 2. Aufl. gr. 8. (Polnisch-deutscher Thl. 1001 S. u. Deutsch-poln. Thl. 729 S.) Leipzig 873. Haessel. n. 18. — (1. Thl. Polnisch-deutsch n. 10. —; 2. Thl. Deutsch-polnisch n. 8. —)

Nowy Dokładny Słownik Polsko-Niemiecki i Niemiecko-Polski. Neues vollst. Poln.-Deutsches u. Deutsch-Poln. Wörterbuch ... ausgearb. von F. Booch-Árkossy. Mit Suppl. 10. Aufl. 1. 2. *Leipzig: H. Haessel [1901?].* 2 Bde 8° [F. u. Ant.]
1. Polsko-Niemiecki. Poln. u. Deutsch.
2. Niemiecko-Polski. Deutsch u. Poln.

— sprechen Sie russisch?, s.: Iwanowitsch, Nikolai.

— u. van Oostveen, spreekt gij Hollandsch?, s.a. Koch's Sprachführer.

Booch-Arkossy, F., spreekt Gij Hollandsch? 5. Aufl. v. van Oostveen, s.a. Koch's Sprachführer. 7. Bd.

—— Spreekt Gij Hollandsch? Holländisch-deutsches Gesprächbuch. 1.—3. verb. Aufl. 8. (XI, 176 S.) Lpz. 889, C. A. Koch. 1 50

— spreekt gij de hollandsche taal? Holländisch-deutsches Gesprächbuch. Ein Handbuch der nützlichsten u. nothwendigsten holländisch-deutschen Wörtersammlungen, Gespräche u. Redensarten, wie sie im Umgange, im Geschäftsverkehr u. auf Reisen gebraucht werden. Mit einer kurzgefaßten holländischen Sprachlehre. 8. (XI, 184 S.) Ebend. 880. 1. 50

— spreekt Gij de Hollandsche taal? Holländisch-deutsches Gesprächbuch. Mit e. kurzgefaßten holländ. Sprachlehre u. Uebersetzungsaufgaben. 2. verb. u. verm. Aufl. 8. (XI, 169 S.) Ebend. 883. 1. 50

— Supplement und Schlüssel zu den Aufgaben der Grammatik und der Satzbildung im Lehrgange der französischen Schrift- und Umgangssprache [2. Aufl.] Für Lehrer u. Selbststudirende. Leipzig 860. Violet. gr. 8. (86 S.) n. 10 ngr.

—— neuestes u. vollst. Taschenwörterb. d. span. u. deut. Sprache. 2 Bde. 16. (1222) Lpzg 62, Teubner. 1. 15

— neuestes und vollständigstes Taschenwörterbuch der spanischen und deutschen Sprache. — Nuevo diccionario portátil de las lenguas castellana y alemana. — Nach seinem größern Handbuche bearb. 2 Bde. Leipzig 863. Teubner. 16. (XVI, 1122 S.) 1 ₰ 15 ngr.

Booch-Arkossy, F., neuestes u. vollständigstes Taschenwörterbuch der spanischen u. deutschen Sprache. Nach seinem größeren Handbuche bearb. — Nuevo diccionario portátil de las lenguas castellana y alemana. 2. Aufl. gr. 16. (XVI, 1221 S.) Leipzig 872. Teubner. 4. 50

—— neuestes und vollständigstes Taschenwörterbuch der spanischen und deutschen Sprache. Nach seinem größern Handbuche bearb. 2 Bde. 3. Aufl. gr. 16. (VIII, 696; VIII, 526 S.) Leipzig 877, Teubner.

—— neuestes und vollständigstes Taschenwörterbuch der spanischen und deutschen Sprache. Nach seinem größern Handbuche bearb. 2 Thle. in 1 Bd. 4. und 5. Aufl. 12. (VIII, 696; VIII, 526 S.) Leipzig 881,84, Teubner.

Booch-Arkossy, F., neuestes u. vollständigstes Taschenwörterbuch der spanischen u. deutschen Sprache. Nach seinem größeren Handbuche bearb. 2 Tle. in 1 Bd. 7. Aufl. gr. 16. (VIII, 696 u. VIII, 526 S.) Leipzig 893. B. G. Teubner. 4. 50

— u. Mich. Koczyński, polnisch-deutsches u. deutsch-polnisches Taschenwörterbuch. Zum Gebrauch f. Schulen, Behörden, Verkehr u. Reisen. Nach der 5. Aufl. d. Nowy Dokladny, Słownik Polsko-Niemiecki u. Niemiecko-Polski neu bearb. 2 Thle. 12. Ebd. 891. à n. 5. —; geb. in Halbfrz. à n.n. 6. 25; in 1 Bd. n. 10. —; geb. n.n. 11. 70
I. Polnisch u. deutsch. (VIII, 1086 S.)
II. Deutsch u. polnisch. (IV, 790 S.)

— dasselbe. 2 Bde. 2. Aufl. 8. Ebd. 893. à n. 3. —; geb. in Halbfrz. à n. 4. —
1. Polnisch u. Deutsch. (IV, 1086 S.)
2. Deutsch u. Polnisch. (IV, 790 S.)

Booch-Arkossy, B., u. O. P. Mich. Koczynski, Polnisch-deutsches u. deutsch-polnisches Taschenwörterbuch. Zum Gebrauch f. Schulen, Behörden, Verkehr u. Reisen. 2 Tle. 3. Aufl. 8. (VIII, 1086 u. IV, 790 S.) Leipzig (899.) H. Haessel. à n. 3. —; geb. à n. 4. —

— u. O. P. Mich. Koczynski, polnisch-deutsches u. deutsch-polnisches Taschenwörterbuch. Zum Gebrauch f. Schulen, Behörden, Verkehr u. Reisen. 2 Bde. kl. 8. Ebd. à 3. —; geb. à 4. —
I. Polnisch u. Deutsch. 10. Aufl. (VIII, 1086 S.) (906.)
II. Deutsch u. Polnisch. 9. Aufl. (IV, 790 S.) (906.)

Booch-Arkossy (Fr.), Taschenwörterbuch der spanischen und deutschen Sprache. 2 Bde. 8°. Leipzig 1863 (B).

Arkossy, FB, tud ön magyarul? Verstehen Sie Ungarisch? 16. (160) Lpzg 56. (Cob., Sendelbach.) — 15

Arkossy, F. B., tud ön magyarul? Verstehen Sie Ungarisch. Handbuch der ungarischen u. deutschen Umgangssprache. Enthaltend die Regeln der Grammatik mit vielen Beispielen, Wörtersammlungen, Gespräche und Lesestücke. Leipzig 856. Wengler. 16. (VIII, 160 S.) 15 ngr.

— tud ön magyarul? [Verstehen Sie Ungarisch?] Handbuch der ungar. u. deutschen Umgangssprache, enth. die Regeln der Grammatik mit vielen Beispielen, Wörtersammlgn., Gespräche u. Lesestücke. 2., umgearb. Aufl. 8. (VIII, 127 S.) Leipzig 892. C. A. Koch. 1. 50

Booch-Arkossy, F.B.: Verstehen Sie Ungarisch, s.a. Arkossy, F.B.

— Wie ich schnell Englisch lerne, s.: Georgi's, Carl, Sprachführer. 1. Bd.

— Wie ich schnell italienisch lerne. Aussprache neu bearb. v. Leo Mader, s: Georgi's, Carl, Sprachführer.

— neues vollständigstes polnisch-deutsches und deutsch-polnisches Wörterbuch. — Nowy dokładny słownik polsko-niemiecki i niemiecko-polski. — Mit Rücksicht auf den jetzigen Stand der Wissenschaften, Künste, Gewerbe, der Industrie u. des Handels nach den besten Quellen ausgearb. 1. Liefg. Leipzig 864. Haessel. gr. 8. (S. 1—112 S.) 15 ngr.

Booch-Árkossy, F., Dr. phil. Neues vollständiges polnisch-deutsches und deutsch-polnisches Wörterbuch. Mit Rücksicht auf den jetzigen Stand der Wissenschaften, Künste, Gewerbe, der Industrie und des Handels nach den neuesten und besten Quellen ausgearbeitet. I. Polnisch und deutsch. II. Deutsch und polnisch. 3. verbess. Aufl. (2 Bde.) 8. Leipzig (1879).

— neues vollständiges polnisch-deutsches u. deutsch-polnisches Wörterbuch. Mit Rücksicht auf den jetz. Stand der Wissenschaften, Künste, Gewerbe, der Industrie u. d. Handels nach den neuesten u. besten Quellen ausgearb. 2 Bde. m. Supplementen. 4. Aufl. gr. 8. Leipzig 883. Haessel. n. 20. —; Supplemente ap. n. 5. —
1. Polnisch-deutsch. (VI, 998 u. Suppl. IV, 146 S.) n. 12. —; Suppl. ap. n. 3. —. — 2. Deutsch-polnisch. (IV, 730 u. Suppl. IV, 74 S.) n. 8. —; Suppl. ap. n. 2. —

— neues vollständiges polnisch-deutsches u. deutsch-polnisches Wörterbuch. Mit Rücksicht auf den jetz. Stand der Wissenschaften, Künste, Gewerbe, der Industrie u. des Handels nach den neuesten u. besten Quellen ausgearb. 2 Bde. m. je e. Suppl. 6. Aufl. gr. 8. Leipzig 893. H. Haessel, Verl. n. 20. —; geb. 24. —
1. Polnisch u. Deutsch. (VI, 998 u. 146 S.) n. 12.—; geb. n. 14.—
2. Deutsch u. Polnisch. (IV, 729 u. 74 S.) n. 8.—; geb. n. 10.—

— Neues vollständiges polnisch-deutsches u. deutsch-polnisches Wörterbuch. Mit Rücksicht auf den jetz. Stand der Wissenschaften, Künste, Gewerbe, der Industrie u. des Handels nach den neuesten u. besten Quellen ausgearb. 2 Bde. Mit Suppl. 8. Leipzig, H. Haessel Verl. 20.—; geb. 24. —
I. Polnisch u. Deutsch. 13. Aufl. (VI, 998 u. 146 S.) 12.—; geb. 14. —
II. Deutsch u. Polnisch. 16. Aufl. (IV, 729 u. 74 S.) (907.) 8.—; geb. 10. —

— neues vollständigstes polnisch-deutsches u. deutsch-polnisches Wörterbuch. — Nowy dokładny słownik polsko-niemiecki i niemiecko-polski. — Mit Rücksicht auf den jetzigen Stand der Wissenschaften, Künste, Gewerbe, der Industrie u. des Handels nach den besten Quellen ausgearb. 2 Thle. Leipzig 866, 68. Haessel. gr. 8. 9 ℳ
1. Thl.: Deutsch-Polnisch. (VI, 1001 S.) — 2. Thl.: Polnisch-Deutsch. (729 S.)

— neues vollständigstes polnisch-deutsches u. deutsch-polnisches Wörterbuch. Mit Rücksicht auf den jetzigen Stand der Wissenschaften, Künste, Gewerbe, der Industrie u. d. Handels nach den neuesten u. besten Quellen ausgearb. 3. durchgesch. u. verb. Aufl. 15 Lfgn. oder 2 Bde. gr. 8. (998 u. 730 S.) Leipzig 879. 80. Haessel. à n. 1. —

— Neues vollständigstes polnisch-deutsches u. deutsch-polnisches Wörterbuch. 5. Aufl. 2 Bde. Lex.-8. Lpz. Haessel. [1. Bd. Polnisch u. Deutsch m. Supplement. (V, 998; IV, 146 S.) 889 * 12 —, geb. * 14 —; 2. Bd. Deutsch u. Polnisch mit Supplement. (II, 729; IV, 74 S.) 890 * 8 —, geb. * 10 —.] * 20 —; geb. * 24 —
Auch in 20 Lfgn. à * 1 — u. 1 Gratis-Lfg. zu beziehen.

Booch-Arkossy, Friedr., neuestes vollständigstes polnisch-deutsches und deutsch-polnisches Wörterbuch. Mit Rücksicht auf den jetzigen Stand der Wissenschaften, Künste, Gewerbe, der Industrie und des Handels nach den neuesten und besten Quellen ausgearb. 3. durchgeseh. und verb. Aufl. 15 Lfgn. gr. 8. (1. Bd. V, 998 S.; 2. Bd. IV, 730 S.) Leipzig 879, Haessel. à Lfg. * ℳ 1. * ℳ 15.; geb. *

Boock, Fr. Chr., systemat. Entwickelung d. Lehre von d. Enterbung, od. Erörterung d. Fr.: In wie ferne die Befugniß e. Bürgers, die ꝛc. Erbfolge beliebig abzuändern, eingeschränkt sei? 8. Schlesw. 799. (Kiel), Hesse. 10 gl.

Boock, Friedrich Christian (Hrsg.), s. Geschichte des ... im Jahre 1814 ...

Boock, J. P., zwölf heil. Reden. 8. Altona 782. Hellmann. 14 gl.

Boock, Johannes

Boock, Johs., Anschauungs- u. Gedächtnishilfen zur Kriegsgeschichte. Ausg. A. Für höhere Lehranstalten. 1.—4. Heft. gr. 8. Berlin 907. [F. Stahn.] D. Reimer. à nn — 50
1. Die Einigungskriege. 10 Karten nebst Beilage. (11 S.)
2. Die Befreiungskriege. 10 Karten nebst Beilage. (12 S.)
3. Die Eroberungskriege des 1. Kaiserreichs. 8 Karten nebst Beilage. (9 S.)
4. Die Eroberungskriege der 1. Republik. 8 Karten nebst Beilage. (13 S.)

Deutsche Elementarstilistik. Nach d. Grundsätzen d. Typenbildung f. d. Unter- u. Mittelklassen höh. Schulen bearb. von Dr. Johannes Boock, Oberl. zu Berlin. *Berlin: R. Gaertner 1903.* (VII, 192 S.) 8° [F.]

Boock, Johs., deutsche Elementarstilistik. Nach den Grundsätzen der Typenbildg. f. die Unter- u. Mittelklassen höh. Schulen, f. Präparandenanst., Fortbildungs- u. Fachschulen bearb. gr. 8. (VII, 192 S.) Berlin 903. Weidmann. n. 3. —

— die Erziehung des Deutschen zum Staatsbürger, s.: Laux, Max.

— Hilfsbuch f. d. Unterricht in der deutschen Grammatik. Für höh. Lehranstalten bearb. gr. 8. (VIII, 128 S.) Berlin 901. [R. Gaertner.] Weidmann. Geb. in Leinw. n. 1. 40

Boock, Johs., Hilfsbuch f. den Unterricht in der deutschen Grammatik. Für höhere Lehranstalten nach den Grundsätzen eines Vierstufenunterrichts der Anlehng bearbeitet. 2. Aufl. (XI, 151 S.) 8. Berlin 902. Weidmann. Geb. in Leinw. n. 1. 60

— Hilfsbuch f. den Unterricht in d. deutsch. Grammatik. Für höh. Lehranstalten nach den Grundsätzen e. Vierstufenunterrichts der Anlehnung bearb. 3. Aufl. (XI, 151 S.) 8. Berlin 908. Weidmann. Geb. 1. 60

Lehrproben zur Bürgerkunde. A. Für d. Volksschule entworfen von Johannes Boock, Oberl. zu Berlin. *Berlin: Horn & Raasch 1902.* (31 S.) 8° [F.]
— Laux, Max: Erziehung d. Deutschen z. Staatsbürger. Beil. 1.

— Methodik des deutschen Unterrichts in den unteren u. mittleren Klassen höherer Lehranstalten. gr. 8. (VIII, 206 S.) Berlin 901. [R. Gaertner.] Weidmann. n. 5. —

Sprachästhetik. Grundlegung, Methodik u. Technik f. d. Behandlung d. Formenschönheit im deutschen Unterricht. Von Johannes Boock, Oberl. zu Berlin. *Berlin: R. Gaertner 1902.* (VIII, 228 S.) 8° [F.]

— Zeichenschule f. den Unterricht in der Erdkunde. Ausg. A. Für höhere Lehranstalten. I. Tl. A (Unterstufe). Das Deutsche Reich. 1.—3. Heft. gr. 8. Berlin (907). (D. Reimer.) 1. 30
1. Die deutschen Mittelgebirgslandschaften. 9 Karten, 9 Skizzen. (18 S.) — 45
2. Die deutschen Flachlandschaften. 7 Karten. 7 Skizzen. (14 S.) — 45
3. 7 Karten, 7 Skizzen (davon 1 Doppelbl.) (10 S.) — 40

— dasselbe. I. Tl. B (Oberstufe). Das Deutsche Reich. 1.—3. Heft. gr. 8. Ebd. (907). 1. 30
1. Die deutschen Mittelgebirgslandschaften. 9 Karten. 9 Skizzen. (18 S.) — 45
2. Die deutschen Tieflandschaften. 9 Karten, 9 Skizzen. (18 S.) — 45
3. Wiederholungsskizzen. 7 Karten (1 Doppelbl.), 7 Skizzen. (10 S.) — 40

— dasselbe. Ubungsheft dazu. (12 Bl.) Lex. 8. Ebd. (907). — 20

BOOCKS-Beutel (Der Frau Venus —), oder der Schlendrian verliebter Thorheiten in einem Zwischen-Spiele fürgestellet (mit 3 Personen).
Anhang von: Schriften, Ausgesuchte und anmuthige, für die lange Weile .... Frf. u. Lpz. 1749. 8°. S. 33—56.

Boode, Eduard, feuchte Musikanten. (IV, 169 S. m. 1 farb. Taf.) 8. Godesberg 910. Naturwissenschaftl. Verlag. 1.80; geb. 2.50; f. Mitglieder des Keplerbundes 1.44; geb. 2. —

— Die Natur im Spätherbst u. ihr Eindruck auf den Menschen, s.: Jugend- u. Volksbibliothek, naturwissenschaftliche.

— Die Sängerin der Nacht, s.: Jugend- u. Volksbibliothek, naturwissenschaftliche.

Booden, Art.: Pascherfriedel. Erzählg a. d. Schmugglerzeit d. Oberlausitz. [Aus: „Oberlausitzer Dorfztg".] (177) gr8° Neugersd., Teller & R. '11. 1.50 d

Boodenmuller, Franz Ant., Einsiedeln. Dissertatio inauguralis medico-practica de febribus lacteis puerperarum.
Basel: Med. Diss. 1795.

Boodstein. Ueber das Verhältniss des Vulgärlatein zum Französischen. 1. Abschnitt. Friedberg i. d. N., Pg., 1869. 11 S. 4.

Boodstein, Otto, die Erziehungsarbeit der Schule an Schwachbegabten. Erfahrgn. u. Ratschläge f. Lehrende, Eltern u. Behörden. (XV, 482 S.) gr. 8. Berlin 908 G. Reimer. 8. —

Boodstein, Otto, der Humor in der Schule. Ein Vortrag. gr. 8. (24 S.) Gotha 881. Thienemann. n. — 40

Frühreife Kinder. Psychol. Studie von Dr. Otto **Boodstein**, Schulrat. Langensalza: Beyer 1909. 43 S. 8°
(Beiträge z. Kinderforschung u. Heilerziehung. H. 61.) (11. 3644

Boodstein, O., die Seminar-Vorbildung, s.: Studien, pädagogische.

Boog, Carlo, und Hanns Frhr. Jüptner v. Jonstorff, zur Sicherheit des Lebens in den Theatern mit besond. Berücksicht. der Theaterbrände. gr. 8. (48 S.) Wien 882, [Lehmann und Wentzel.] Spielhagen und Schurich. * — 80

Boog, Carlo, d. Strassengrundbuch. Anleitg. z. Darstellung u. Evidenzhaltg. d. Bestandes v. Landstrassen nebst zugehör. Objecte n. e. graphisch-schemat. System. M. 2 lith. Taf. u. e. Zeichenschlüssel. (qu. 12. 8 S.) 12. (VII, 56 S.) Wien 894. (Spielhagen & Schurich.) n. 4. —

Boogers, Lukas Johann

Boogers, Luk. s. a. Luk. Boer.

— Abhandl. v. d. Gebr. u. Unentbehrlichk. d. Hebels in d. Entbindungskunst. gr. 8. Wien, Tendler. 785.

Boogers, Lukas Joh. (Hrsg.), s. Antikritikus, der dramatische, von Wien.

Booger, Luc., Bemerk. üb. Gurards Entbindungsart an e. Gebähr. 8. Wien, Gräffer. 780.

Book, the, of Arda-Viraf. The Pahlavi text prepared by Destur Hoshangji Jamaspji Asa, revised u. collated with further mss., with an english translation u. introduction, u. an appendix containing the texts u. translations of the Gosht-i fryano, a. Hadokht-nask by Mart. Haug assisted by E. W. West. gr. 8. (LXXXVII, 316 S.) Bamberg 872. München, Th. Ackermann in Comm. n. 25. 75

—— dass. — Glossary and Index of the Pahlavi Text of the Book of Arda Viraf, the tale of Gosht-i Fryano, the Hadokht Nask, and to some extracts from the Din-Kard and Nirangistan; prepared from Destur Hoshangji Jamaspji Asa's Glossary to the Arda Viraf Namak, and from the original texts, with notes on Pahlavi grammar by E. W. West. Revised by Mart. Haug. gr. 8. (VIII, 350 S.) Bombay 874 (München, Th. Ackermann.) **

Book, a, of golden deeds, s.: Series f. the young.

Book, The, of the prophet Ezekiel
s. Ezechiel.

Book, first, of reading in the romanised colloquial of the Hakka-Chinese in the province of Canton. 2. revised ed. gr. 8. (205 S.) Basel 892. Missionsbuchh. Geb. n. 2. —

Book, the, of Gems, or the modern Poets and Artists of Great Britain; Consisting of Selections from the most eminent living and lately deceased Poets: accompanied by original Biographical Notices. Embellished with upwards of Fifty exquisitely beautiful line Engravings, after Turner, Bonington, Landseer, M. Clise, Roberts, Mulready, Parris, etc. etc. Also numerous engraved Autographs. One splendid volume, 8vo. London. (Leipzig, T. O. Weigel.) $5^{1}/_{3}$ ℳ — Elegantly bound in white enamelled boards, or richly coloured cloth, full gilt, or in morocco extra. $7^{1}/_{3}$ ℳ

Book, a, of gems being a second selection in verse and prose from the most celebrated English authors by Elizabeth Richardson. 2. edit. Brunswic 853. Leibrock. 16. (XIV, 160 S.) 18 ngr

—— the, of Jonah in four oriental versions, namely Chaldee, Syriac, Aethiopic and Arabic, with glossaries edited by W. Wright. gr. 8. (VIII und 148 S.) London 856(57.) (Leipzig, Brockhaus' Sortiment und Antiquarium.) *

Book, The, of the prophet Isaiah
s. Isaias.

Book, the, of Mainyô-i-khard, also an old fragment of the Bundehesh, both in the original Pahlavi, being a facsimile of a manuscript brought from Persia by the late Prof. Westergaard and now preserved in the university-library of Copenhagen, ed. by Fred. Charles Andreas. gr. 4. (VIII, 79 S.) Kiel 882. Lipsius & Tischer. n. 20. —

The **Book of** Sir Thomas Moore (Harleian mss. 7368, c. 1590—96). o. O. 1910. VI S., 21 Bl. 2°
(Tudor Facsimile Texts. [Continuation Issues 2.]) (10. 1034 7

—— the, of psalms hebrew and english. 12. (200) Lpzg 52, Bredt. — 15

Book, the, of psalms Hebrew and English. Stereotype edition. gr. 12. (200 S.) Leipzig 852, K. Tauchnitz. $^{1}/_{2}$ ℳ

Book, Dat sülwern. Plattdütsche Schrivden ... Hamburg 1846. V: *Bärmann, Georg Nikolaus.* (GGR IX, 407) (Zeitschr. f. Büch. 1923, S. 80)

Book, Gilbert: Ueber die Reaktion von Aceton gegen Nitroopiansäure und einige neue Chinaldinderivate. 1903. 45 S. 8°
¶ Vgl. Berichte d. Deutschen Chem. Gesellschaft. Jg. 35. 1902.
Berlin, Dr.-Ing.-Diss. v. 17. 7. 1903

Book, J., s. Laux, Erziehg. d. Deutschen z. Staatsbürger.

Book catalogue, general english, for the retail trade, comprising a selection of works in the various departments of literature. 8. (XII, 107 S.) Berlin 880. Kühl. n.n. 1. —

Booke, Jo. Franc. (Resp.): De motuum convulsivorum ... sede ..., s. Hoffmann, Fr. (Praes.)

Booke, Wilhelm (Hildesheim) [Auctor]
Dissertatio inauguralis medica de angina gangraenosa ex febre putrida.
Giessae 26. Okt. 1780: Braun. 16 S. 4°
pro doctoris gradu ... in scientia salutari rite ... obtin.

Bookesbeutel, Der. Ein Lustspiel von 3 Aufzügen. Frankf. u. Leipz. 1742. ... V: *Borkenstein, Hinrich.* (Schr) (MN) (Heitmüller, DLD Nr. 56. 57, S. XIX.)

Bookesbeutel, Der, ein Lustspiel in drey Aufzügen. Hamburg 1746. V: *Borkenkenstein, Hinrich.* (BGE III³, 25—26) Vgl. I, 7328.

BÖOKING [EDUARD]. Ueber Aethyl-Methyl-Oxyessigsäure und Aethyl-Methyl-Essigsäure. Würzburg, 1879. Diss. G. S.

Bookman, Samuel [aus New-York]: Ueber β- und γ-Aethoxybutylamin ... Berlin, A. W. Schade's Buchdr., 1895; 37 S., 1 Bl. 8.
Berlin, Phil. Fak., Inaug.-Diss. v. 30. Jan. 1895

Bookmeyer, Jürgen

Bookmeyer, J., Predigten. Zum Besten der Kinder des Verstorbenen herausg. v. einigen seiner Freunde. Mit einem Vorworte v. Dr Harms. gr. 8. Altona 839. (Hammerich.) n. 2 ℳ

Worte an Jemandes Grabe gesprochen, auf hieselbst bekannte Veranlassungen aus dem Gedächtnisse nach bestem Wissen und Gewissen niedergeschrieben und dem Druck übergeben v. Jürgen **Bookmeyer.** Kiel. 1829. 8°.

[Ant. u. J.] The books of The Chronicles [Paralipomena]. Crit. ed. of the Hebrew text print. in colors exhib. the composite structure of the book w. notes by R[udolf] Kittel, ... Prof. in the Univ. of Breslau. English translation of the Notes by B. W. Bacon, ... Oswego, N. Y. *Leipzig: J. C. Hinrichs 1895.* (2 Bl., 81 S.) 1 Bd 4.(8.)
— Books, The sacred, of the Old Testament. P. 20.

Books, the sacred, of the Old Testament. A critical edition of the Hebrew text, printed in colours, with notes prepared by eminent biblical scholars of Europe and America, under the editorial direction of Paul Haupt. Part 3, 8 and 17. Lex.-8. Leipzig, J. C. Hinrichs' Verl. n. 12. 50
3. The book of Leviticus by D. S. R. Driver, assisted by H. A. White. (32 S.) 894. n. 2. 50
8. The books of Samuel by D. K. Budde. English translation of the notes by B. W. Bacon. (IV, 98 S.) 894. n. 6. 50
17. The book of Job. Critical edition of the Hebrew text with notes by C. Siegfried. English translation of the notes by R. E. Brünnow. (50 S.) 893. n. 3. 50

Book's, the sacred, of the Old Testament. A critical edition of the Hebrew text, printed in colors, with notes, prepared by eminent biblical scholars of Europe and America, under the editorial direction of Paul Haupt. Parts 1, 6, 11, 14, 18 and 20. Lex.-8. Leipzig, J. C. Hinrichs' Verl. 30. 50
(1, 3, 6, 8, 11, 14, 17, 18 u. 20: n. 48. —)
1. The book of Genesis. Critical edition of the Hebrew Text printed in colors, exhibiting the composite structure of the book. With notes by C. J. Ball. (120 S.) 896. n. 7. 50
6. The book of Joshua, exhibiting in colors the composite structure of the book, with notes by W. H. Bennett. (32 S.) 895. n. 3. —
11. The book of the prophet Jeremiah, arranged in chronological order, with notes by C. H. Cornill. English translation of the notes by C. Johnston. (80 S.) 895. n. 5. —
14. The book of Psalms. Critical edition of the Hebrew text, printed in colors, with notes by J. Wellhausen. English translation of the notes by J. D. Prince. (96 S.) 895. n. 6. —
18. The book of Daniel. Critical edition of the Hebrew and Aramaic text printed in colors, exhibiting the bilingual character of the book, with notes by A. Kamphausen. English translation of the notes by B. W. Bacon and B. Macdonald. (43 S.) 896. n. 3. —
20. The books of the Chronicles. Exhibiting the composite structure of the book, with notes by R. Kittel. English translation of the notes by B. W. Bacon. (82 S.) 895. n. 6. —

Books, the sacred of the Old Testament. A critical edition of the Hebrew text printed in colors, with notes prepared by eminent biblical scholars of Europe and America under the editorial direction of Paul Haupt. Part 4. 7. 10. 12. 15 and 19. Lex.-8. Leipzig, J. C. Hinrichs' Verl. n. 43. —; geb. n. 52. —
4. The book of Numbers. Critical edition of the Hebrew text printed in colors, exhibiting the composite structure of the book. With notes. By J. A. Paterson. (67 S.) 900. n. 5. 50; geb. n. 7. —
7. The book of Judges. Critical edition of the Hebrew text printed in colors, exhibiting the composite structure of the book. With notes. By G. F. Moore. (72 S.) 900. n. 6. —; geb. n. 7. 50
10. The book of the Prophet Isaiah. Critical edition of the Hebrew text, arranged in chronological order and printed in colors, exhibiting the composite structure of the book with notes. By T. K. Cheyne. (206 S.) 899. n. 12. 50; geb. n. 14. —
12. The book of the Prophet Ezekiel. Critical edition of the Hebrew text with notes. By C. H. Foy. (116 S.) 899. n. 7. 50; geb. n. 9. —
15. The book of Proverbs. Critical edition of the Hebrew text, with notes. By Aug. Müller and Emil Kautzsch. English translation of the notes by Duncan B. Macdonald, B. D. (86 S.) 901. n. 5. 50; geb. n. 7. —
19. The books of Ezra and Nehemiah. Critical edition of the Hebrew text printed in colors, exhibiting the composite structure of the books. With notes. By Herm. Guthe. English translation of the notes by B. W. Bacon, and D. B. Macdonald. With additions by L. W. Batten. (70 S.) 901. n. 6. —; geb. n. 7. 50
Part 1. 3. 6. 8. 11. 14. 17. 18. 20 Ebd. 893—896. n. 43. —.

Books, the sacred, of the Old Testament. A critical edition of the Hebrew text, printed in colors, with notes prepared by eminent biblical scholars of Europe and America under the editorial direction of Paul Haupt. Part 9. Lex.-8. Leipzig 904. J. C. Hinrichs' Verl. n. 18. —; geb. n. 19. 50; Prachtausg. n n. 60. —
The Books of Kings. Critical edition of the Hebrew text, printed in colors, exhibiting the composite structure of the books, with notes. By Bernh. Stade. Assisted by Frdr. Schwally. English translation of the notes by R. E. Brünnow and Paul Haupt. (309 S.)

— the sacred, of the Old and New Testaments. A new English translation with explanatory notes and pictorial illustr., prepared by eminent biblical scholars of Europe and of America, and ed. with the assistance of Horace Howard Furness by Paul Haupt. (Einbd.: Holy bible, polychrome ed.) Part 3, 6, 7, 10, 12 and 14. Lex.-8. Ebd. Geb. in Leinw. n. 48. —
3. The book of Leviticus. A new English translation, printed in colors, exhibiting the composite structure of the book. With explanatory notes and pictorial illustr. By S. R. Driver. Assisted by H. A. White, M. A. 5. thous. (VIII, 107 S.) 904. n. 6. —
6. The book of Joshua. A new English translation, printed in colors, exhibiting the composite structure of the book. With explanatory notes and pictorial illustr. By W. H. Bennett, M. A. 5. thous. (VIII, 94 S.) 904. n. 6. —
7. The book of Judges. A new English translation, printed in colors, exhibiting the composite structure of the book. With explanatory notes and pictorial illustr. By G. F. Moore. 5. thous. (XII, 99 S.) 904. n. 6. —
10. The book of the prophet Isaiah. A new English translation, printed in colors, exhibiting the composite structure of the book. With explanatory notes and pictorial illustr. By T. K. Cheyne, M. A. 5 thous. (XII, 216 S.) 904. n. 10. —
12. The book of the prophet Ezekiel. A new English translation. With explanatory notes and pictorial illustr. By C. H. Toy. 5. thous. (VIII, 208 S.) 904. n. 10. —
36*
14. The book of Psalms. A new translation. With explanatory notes and an appendix on the music of the ancient Hebrews. By J. Wellhausen. English translation of the Psalms by Horace Howard Furness. English translation of the notes by John Taylor. English translation of the appendix by J. A. Paterson. 5. thous. (XII, 237 S.) 904. n. 10 —

Books for the yonng. Nr. 1. 8. Hamburg 906. O Meissner's Verl. — 80
Tales, four, for the Young. Jack and the bean-stalk, a fairy tale. — Hawthorne, N.: Pegasus, the winged horse, a wonder tale. — Hawthorne, N.: Midas, the king with the golden touch, a wonder tale. — Whitehead, W.: The skater and the wolves. Arranged for the use in schools and furnished with notes G. Höft. With 3 illustr. by Fr. Friedrichs. (45 S.)

Boole, Geo., die Grundlehren der endlichen Differenzen- u. Summenrechnung. Deutsch bearb. von C. H. Schnuse. Braunschweig 867. Leibrock. (Berlin, Ebeling & Plahn.) gr. 8. (VII, 269 S.) 1 ℳ 22½ ngr.

Boole, G, d. Grundlehren d. endl. Differerzen- u. Summenrechng. Deutsch v. CH Schnuse. 8. (269) Braunschw. 67. (Lpzg, Simmel & Co.) 1. 22½

Boolsen, L. (Hrsg.), s. Centralblatt ...

Boon, Adrian. Jerem., Dissertatio mathemat. de insigniori-bus quibusdam methodis determinandi orbitas cometarum e tribus observationib. 4maj. Lugduni Batav. 837. Luchtmans. (Lipsiae, Weidmann.) n. 1 7/12 ℳ

Boon, Alb. Goswin., Dissertatio historico-critica de dogmaticos christianae fontibus eorumque usu. gr. 8. (148 S.) Groningen 860, (van Boekeren.) *

Boon, AG, de dogmatices christ. fontibus eorumque usu. 8. (143) Groning. 60, (Noordhoff.) n. — 20

Boon, Corn., Specimen historico-theologicum, quo continetur historia conditionis Judaeorum religiosae et moralis inde ab exsilio Babylonico usque ad tempora J. C. immutatae. 8maj. Groningen 834. (Bremen, Kaiser.) 1 ℳ

Boon, Corn., Specimen histor.-theolog., quo cont. historia conditionis Judaeorum religiosae et moralis inde ab exsilio babylonico usque ad tempora J. C. immutatae. 8maj. (10½ B.) Groningae 834, Smit. *

Boon Mesch, A. H. van der, s. a. Boon Mesch, Heinrich Carl van der

Boon Mesch, A. H. van der, De censu et censura Romanorum. Acced. fasti censoril. Gekr. Pr. 1828. 131 S. 4°. 2.50

Boon Mesch, A. H. van der: Disp. geologica de granite. Leyden 1820. 8°

van der Boon Mesch, A. H., Disput geologica de incendiis montium igni ardentium insulae Javae, eorundemque lapidibus. 8 maj. Leyd. 826. (Lpz., Hartmann). 2 ℛ 18 𝒢

Boon Mesch, Adrian Leonhard van der

van der Boon Mesch, Adr. Leon., Commentatio de hymno Zachariae Evang. Lucae I. 67 — 79, praemio ornata. 4 maj. Leyd. (Leipz., Weigel). 16 𝒢

Boon Mesch, Adrian Leonhard van der (Delft), **Commentatio in quaestionem ab ordine theologico de hymno Zachariae. Leyden 1816 (8. II. 1817). 43 S. (4.80)**

— Specimen hermeneutic. in locum ad Hebraeos IX, 14. 8 mai. Leyd. (Ibid.) 819. 20 𝒢

Boon Mesch, Heinrich Carl van der, s. a. Boon Mesch, A.H. van der

— Disputatio geologica de granite. 8. Leyd. 820. Luchtmans. 1 ℛ 9 𝒢

— **Heinr. Carl van der** (Delft), **Commentatio chemica de ratione qua servat natura proportionem inter principia proxima atmosphaerae. Leyden (S. u. J. Luchtmans) 8. II. 1817 (1818). 73 S. (5.—)**

van der Boon Mesch, Hnr. Karl, Commentatio chemica de ratione qua servat natura proportionem inter principia proxima atmosphaerae, praemio ornata. 4 maj Leyd. 818. (Leipz., Weigel). 20 𝒢

— Responsio ad quaest. botan. de ratione, quae est inter structuram et formam externam plantarum, praemio ornata. 4 maj. Leyd. 819. (Leipz., Weidmann). 20 𝒢

— Commentatio de vi lucis ad creanda principia vegetabilium proxima, praemio ornata. 4 maj. Leyd. 819. (Lpz., Weidmann). 20 𝒢

Boone, J. C.: Die Pflichten . . . , s. Boone, Jean-Baptiste

Boone, Jean - Baptiste

Boone, Joh. Bapt., Anhänglichkeit an die kath. Kirche. Überj. von Lohmann. Limnich, Quot, 1854.

Boone, J. C., Anleitung zur wahren Frömmigkeit u. Vollkommenheit. Aus dem Franz. nach der 4. Aufl. übers. v. Dominikus Faustmann. 16. (26 S.) Würzburg 886. Bucher. — 15

Boone, J. B., kurzer Bericht über die Beicht, s. Unterricht, kurzer.

— über den öftern Empfang der heiligen Communion. Nach dem Französ. Regensburg 860. Pustet. 16. (56 S.) 3 ngr.

— apologetisches Handbuch, oder: Inbegriff der Beweise für die natürliche und die geoffenbarte Religion. Nebst einem Anh. über die vorzüglichsten Lehren und Gebräuche der katholischen Kirche. Aus dem Französ. Mainz 858. Kirchheim. 8. (XX, 539 S.) 1 ℛ 5 ngr.

—— den Kindern Mariens. A. d. Franz. 32. (47) Münst. 54, Aschendorff. — 1 ‖ 16. (64) Wien 64, Kirsch. — 5

Boone, J. B., den Kindern Mariens. Aus dem Französ. Wien 864. Mechitharisten-Congr.-Buchhdlg. 16. (64 S. u. 1 Kpfrst.) 5 ngr.

Boone, J. C., die Pflichten des christlichen Weibes. Conferenzvorträge. Mit einem Vorwort von J. B. Heinrich. gr. 16. (XI und 142 S.) Mainz 857, Kirchheim. *

— — 2., wohlf. Aufl. Ebend. 857. 16. (VII, 96 S.) 5 ngr.

— die Pflichten d. christlichen Weibes. Mit e. Vorwort v. J. B. Heinrich. 3. Aufl. 16. (VII, 128 S.) Mainz 884. Kirchheim. cart. n. 1. —

—— Spiegel einer wahren Klosterfrau nebst einem Brief über die Leiden. Aus dem Französ. übers. von M. S. 12. (228 S.) Köln und Neuß 861, Schwann'sche Verlagsh.

[F. u. Ant.] Spiegel einer wahren Klosterfrau nebst e. Brief üb. die Leiden v. P. [Jean Bapt.] Boone, S. J. A. d. Französ. übs. v. M. S. 2. Aufl. *Düsseldorf: L. Schwann [1896].* (224 S.) 1 Bd 8. [96. 7456

Boone, J. B., s. a. Unterricht, kurzer, über die Beichte.

—— kurzer Unterricht über die Beicht, die nur aus Andacht verrichtet wird. Aus dem Französ. 32. (63 S.) Wien 858, Mayer und Comp.

Boone, J. B., kurzer Unterricht üb. die Beicht, die nur aus Andacht verrichtet wird. 2. Aufl. Aus dem Franz. 16. (62 S.) Wien 871. Mayer & Co. — 45

Boone, J. B., kurzer Unterricht üb. die Beicht, die nur aus Andacht verrichtet wird. 4. Aufl. Aus dem Franz. 16. (66 S.) Wien 892. Mayer & Co. n. — 80

Vademecum einer vollkommenen Ordensfrau. Von P. [Jean-Baptiste] Boone, aus d. G. J. Deutsch bearb. von Joseph Leunartz, Priester. 2. Ausg. *Aachen: J. Schweitzer 1901.* (43 S.) 8° [F.] [01. 9894 8

Boone, (John): Von der Witterung und den Krankheiten am Flusse und auf der Insel Senegal in Afrika, in einem Briefe...an Herrn D. Brocklesby. (A curious Account of the climate and diseases in Africa upon the great river Senegal, and farther up than the island of Senegal... Dt.) (Übers. von Christian Gottlieb Selle.) 10 S. (S. 213 - 222), gbd.

Berlin: Himburg 1772
in: **Brocklesby, Richard: Ökonomische und medicinische Beobachtungen, zur Verbesserung der Kriegslazarethe... (Oeconomical and medical observations...tending to the improvement of military hospitals... Dt.)** Übers. von Ch. G. Selle. 1772

Boone, P.: Spiegel . . . , s. Boone, Jean Baptiste

Boone, S. J.: Vademecum . . . , s. Boone, Jean Baptiste

Der Boone Herold: 1882?—1888?
Democratic weekly. Circulation: 885, 800. Edited & published by George P. Roth, 1882—86; by H. Kaul, 1887—88.
Boone, IA

Boor, Albert de [aus Hamburg]: Beiträge zur Geschichte des Speirer Reichstages vom Jahre 1544. Strassburg, Buchdruckerei von J. Schneider, 1878. 8. VIII, 127 S.
Diss. Strassburg

Boor, C. de, Bericht üb. e. Studienreise n. Italien, Spanien u. England zum Zwecke handschriftlicher Studien üb. byzantinische Chronisten. gr. 8. (13 S.) Berlin 899. (G. Reimer.) n. — 50
Sonderabdruck aus: „Sitzungsber. d. preuss. Akad. d. Wiss."

Boor, C de: 2. Bericht üb. e. Studienreise n. Italien z. Zwecke handschriftl. Studien üb. byzantin. Chronisten. [S.-A.] (19) 8° Berl., (G Reimer) '02. 1 — (1 u. 2.: 1.50)

—— neue Fragmente des Papias, Hegesippus und Pierius in bisher unbekannten Excerpten aus der Kirchengeschichte des Philippus Sidetes, s. Texte und Untersuchungen zur Geschichte der altchristlichen Literatur.

Boor, C de, üb. d. hamburg. Hypothekenwesen. 8. (40) Hamb. 60. (Lpzg, Mauke.) n. — 6

Boor, C. de, vita Euthymii. Ein Anecdoton zur Geschichte Leo's d. Weisen a. 886—912. Hrsg. v. C. de B. (VIII, 232 S.) Berlin 888. G. Reimer. n. 5. —

Boor, Carl

Boor, Carol. de, s.: Excerpta historica iussu imp. Constantini Porphyrogeniti confecta.

de Boor, Car. (Gotthard.) (geb. Hamburg 24. 3. 1848): Fasti Censorii. Berolini (1873). (102 S.) 8°
Berlin, Phil. Diss. v. 15. Jan. 1873

Boor, Carol. de, Fasti censorii. gr. 8. (100 S.) Berlin 873. Weidmann. n. 3. —

de Boor, Carl, über das Attische Intestat-Erbrecht und einige andere Gegenstände des Attischen Rechtes und Prozesses, zunächst als Prolegomena zu der Rede des Demosthenes gegen Makartatos. gr. 8. (Mit 1 lithogr. Stammtaf.) Hamburg 838. Perthes, Besser u. Mauke. n. 2/3 ℔

Boor, Carl, de (Hrsg.), s. Verzeichnis . . .

Boor, Cl. de, über das hamburgische Hypothekenwesen. Hamburg 860. Perthes-Besser & Mauke. gr. 8. (40 S.) n. 6 ngr.

Boor, Friedrich

Dialektgediegde. Allerhand Geschiegde, Hunsrücker Humor von Friedrich Boor. St. Johann a. d. Saar: Bock & Seip 1905. (198 S.) 8° [F.]
— Boor: Gedichte in Hunsrücker Mundart. Bd 2.

Boor, Frdr., humoristische Gedichte in Hunsrücker Mundart. 16. (VIII, 80 S.) St. Johann-Saarbrücken 877. Bock & Seip. — 75

Boor, Fr., Gedichte in Hunsrücker Mundart. 8. (192 S.) Kreuznach 887. Reinhard. geb. n. 2. 50

Boor, Fr., Gedichte in Hunsrücker Mundart. 12. (199 S. m. Bildnis.) Fischbach a. d. N. 894. (Trier, F. Lintz.) n. 1. —

Boor, Frdr., Hunsrücker Humor. Dialektgediegde, allerhand Geschiegde. (200 S. m. Bildnis.) kl. 8. St. Johann-Saarbrücken 905. Bock & Seip. n. 1. 50

([Boo]r, [Fritz de].) Kraftgasmotoren-Anlage von 350 P. S. der Tonwarenfabrik Embrach ausgeführt von der Schweizerischen Lokomotiv- und Maschinenfabrik in Winterthur. (Mit [Illustrationen und] einer Tafel.) Sonder-Abdruck aus der «Schweizerischen Bauzeitung» Band 41 Nr. 9 und 10. II + 7 S. 4. Zürich, Ed. Raschers Erben, 1903. [fr. —.50]

de Boor, Hans Adolf, Referendar: Die Rechtsfolgen einer materiell nichtigen Ehe nach dem Bürgerlichen Gesetzbuch. Borna-Leipzig 1905: R. Noske. (VIII, 68 S.) 8° [F.]
Rostock, Jur. Fak., Ref. Bernhöft, Diss. v. 20. Juli 1905
[Geb. 15. Mai 82 Münster i. W.; Wohnort: Wilster; Staatsangeh.: Preußen; Vorbildung: Gymn. Schleswig Reife O. 00; Studium: Lausanne, Leipzig, Berlin, Kiel; Rig. 21. Sept. 03.]

Boorsma, W. G., pharmakologische Mitteilgn. I—IV Lex. 8. Buitenzorg. (Haag, M. Nijhoff.) nn 4. 85
I. (39 S.) 902. nn 1.35. — II. (30 S.) 904. nn 1.25.
III. (43 S.) 907. nn 1.50. — IV. (22 S.) 908. nn — 75.
Sonderabdrucke aus „Bulletin du département d'agriculture aux Indes néerlandaises".

Boos, Alexander: Die Kirchenleben der Staufischen Kaiser . . . München. Akad. Buchdr. v. F. Straub, 1886: 55 S. 8°.
München. Phil. Fak., Inaug.-Diss. v. 1886.

Boos, Alexander, die Kirchenleben der Staufischen Kaiser. Diss. München 1886, A. Buchholz. 8°. 55 S.

Boos, Ed., über die Einführung neuer und die Verbesserung bestehender Industrien in der Schweiz. Gekrönte Preisschrift, hrsg. auf Veranlassung des Centralcomités der schweizer. Landesausstellung in Zürich 1883. gr. 8. (IV, 144 S.) Frauenfeld 884, Huber. 1 60

Boos, E. Ueber d. Einführung neuer u. d. Verbesserung bestehender Industrien i. d. Schweiz. Gr. in-8°. Frauenfeld, Huber. 1885 2 —

—— das gewerbliche Lehrlingswesen, s. Hug, Glieb.

Boos, Ed. Die Thätigkeit der Frau in Amerika. Bern 1894.

Boos, Ed. Amerikanische Volksschulen mit spec. Berücksichtigung des Zeichen- u. Handfertigkeits-Unterrichtes. Bern 1894.

Boos, Eduard: Berechnung räumlicher Fachwerke mittelst des Projektions-Verfahrens. [1905.] 28 S., 1 Taf. 8°
Darmstadt, Dr.-Ing.-Diss. v. 25. 5. 1905

Boos, F: Karte üb. d. Hopfen-Anbau im Kgr. Bayern im J. 1896. 1:800,000. 47×50 cm. Farbdr. Nebst Beil.: Eisenbahnk. 23,5×21 cm. Lith. Münch. 98, Piloty & L. 1 —

Boos, Franz Xaver

Boos, Fr. Xav., Eufalia. Beiträge zur Gesch. d. Länder zwischen dem Rhein u. der Maas. 16—98 Hft. 8. Aachen 827—30. (Pappers in Köln). à Heft. 8 gGr.

—— dass. (od. Denkwürdigkeiten d. Landes zwischen d. Rhein u. d. Maas.) 8—9. Hft. 8. (28 B.) Trier 829, 30. (Cöln, Pappers?)

—— dass. 2. Thl. Von Ostern bis z. Advent. gr. 8. (41½ B.) Ebds. 830.

Boos, Franz Xav., Die Götterlehre der alten Teutschen zur Erklärung teutscher Nationaldichtungen. Cöln 1804. 8. . . . . (D.)

— die Götterlehre d. alten Deutschen, z. Erklär. u. Verständigung deutscher Nationaldichter. 8. Köln 805. Rommerskirchen. 6 gGr. (Andrä in Leipz.) 4 gGr.

— die Rindviehzucht, auf einfache Grundsätze zurückgeführt. 8. Köln 804. Rommerskirchen. 6 gGr. (Andrä in Leipz.) 4 gGr.

— d. Rindviehzucht, a. eigener Erfahrung rc. 8. Ebend. 805.

— die Schaafzucht. 8. Köln 802. Rommerskirchen. 4 gGr.

— der Weingärtner. 8. Köln 802. Rommerskirchen. 4 gGr.

Boos, H.: Zur Geschichte des Archivs der weiland Freien Stadt und Freien Reichsstadt Worms. Bericht über die Neuordnung des Archivs, abgestattet an den Herrn Bürgermeister. (Als Manuscript gedruckt.) Worms 1882. Druck von Eugen Kranzbühler. 8°

Boos, Heinrich

Neue Beiträge zur Bibliographie der Freimaurerei. Von H[einrich] Boos. Basel: Verlag d. Loge [Z. Freundsch. u. Beständigkeit] 1892. XV, 108 S. 8°
[Nebentit.:] Katalog d. Bibliothek d. Loge z. Freundschaft u. Beständigkeit in Basel.
Recens: Al. 18 (1892) S. 47—48 (H. Hagen); Bh. 35 (1892) S. 64 (R. Taute).
Mit Regesten.

Boos, H, kurze Beschreibg d. Münsters zu Basel. 8. (11) Bas. 75, Bahnmaier. n. — 80

Boos, Heinrich. Karl Brunner. Archivar in Aarau. [Necrolog. SA.] 8. Basel 1881.

Festschrift zur Feier der Einweihung des neuen Hauses, gen. Zum Neuen Venedig. Geschichte der Freimaurerei in Basel 1744—1891 von H[einr.] Boos. Basel: Selbstverl. d. Loge 1892. 165 S. 8⁰
Recens: Bh. 35 (1892) S. 428 (F. Rohrer).
cf. L. 16 (1893) S. 11—12.
Nebst statistischen Nachrichten, Jahresbericht f. 1891/92 u. Festbeschreibung.
3; unvollst. in 23.

Festschrift zum hundertjährigen Jubiläum der Loge zur Freundschaft und Beständigkeit in Basel. Von Heinr. Boos. Basel: Selbstverl. d. Loge 1908. 97 S. 12 Bilder. 8⁰
S. 1—23, Gesch. d. Frmrei in Basel bis Gründung der Loge z. Freundschaft, abgedr. in: Al. 34 (1908) S. 75—76, 85—87, 95—96, 105—106.
cf. °Basler National-Ztg vom 14. Febr. 1908, abgedr. in: L. 31 (1908) S. 114—118; L. 31 (1908) S. 127—128 (P. Fischer).
Neubearb. u. Fortführung von Nr 6675: Gesch. der Frmrei in Basel 1744—1891. Nebst Verzeichn. der Stuhlmstr. der Basler Logen u. statistischem Verzeichn. der Mitgl. der Loge z. Freundschaft u. Beständigkeit.

Boos, Heinr. Geschichte der Stadt Basel v. d. Gründung bis zur Neuzeit. I. Bd. Mittelalter. (XVIII. 423) 8. Basel 1874. 8,00.

Boos, Heinr., Geschichte der Stadt Basel von der Gründung bis zur Neuzeit. 1. Bd. Mittelalter. gr. 8. (XVIII, 423 S.) Basel 877. Bahnmaier. n. 8. —

Geschichte der Freimaurerei. Ein Beitrag zur Kulturgeschichte von Heinr. Boos. Aarau: Sauerlaender & Co. 1894. VIII, 308 S. 8⁰
Recens: ML. 22 (1893—1894) S. 216—218 (W. Begemann); Bh. 37 (1894) S. 290 (G. Kullmann); BstF. 3 (1894) S. 179—182; Bbl. 8 (1894) S. 468—474 (A. W. Sellin); Z. 24 (1894) S. 96; FZ. 49 (1895) S. 52—54 (F. Kiessling).

Geschichte der Freimaurerei. Ein Beitrag zur Kultur- und Literatur-Geschichte des 18. Jahrhunderts von Heinr. Boos. 2. vollst. umgearb. Aufl. Aarau: Sauerländer & Co. 1906. V, 429 S. 8⁰
Recens: Al. 32 (1906) S. 36; Bh. 49 (1906) S. 232; FZ. 60 (1906) S. 107; L. 29 (1906) S. 287 (P. Fischer); V. 1 (1906—1907) S. 58 bis 63 (Zegers de Beyl); Archiv f. Kulturgesch. 1907 S. 490 (W. Bruchmüller); Brh. 4 (1907) S. 99 (W. Kunis); Deutsche Literatur-Ztg. 1907 S. 1483—1487 (W. Begemann).
cf. Z. 36 (1905—1906) S. 488 (H. Glücksmann); 37 (1906—1907) S. 266—257 (K. Thiering); Ethische Kultur. 14 (1906) S. 53 (R.B.); BstF. 16 (1907) S. 78—80, 93 bis 95 (O. Neumann); H. 18 (1907) No 13, 15 (E. Friedrichs); ML. 36 (1907—1908) S. 85—94 (F. Sonnenkalb); Acacia. (Paris) [13] (1900) S. 173—178 (O. Wirth).

Boos, Heinrich. Geschichte der rheinischen Städtekultur von den Anfaengen (*Teiltitel: ihren Anfängen) bis zur Gegenwart mit besonderer Berücksichtigung von (Teiltitel: der Stadt) Worms. Hrg. im Auftrag von Cornelius W[ilhelm] Freiherrn Heyl zu Herrnsheim durch Heinrich Boos. Mit Zeichnungen von Joseph Sattler. *4 Teile.* 4. Berlin, J. A. Stargardt. [*zus.* br. M. 24. —, geb. M. 36. —]
(Teil) 1: 2. durchgesehene Aufl. XXIV + 556 + *Anmerkungen* 44 S. 1897.
(Teil) 2: 2. Ausg. XII + 574 S. 1897.
(Teil) 3: 2. Ausg. X + 484 S. 1899.
(Teil) 4: [Mit 1 Plan.] 2. Ausg. VIII + 742 S. 1901. [br. M. 6. —, geb. M. 9. —]

Boos, Heinr., Geschichte der rheinischen Städtekultur von ihren Anfängen bis zur Gegenwart m. besond. Berücksicht. der Stadt Worms. Hrsg. im Auftrag v. Cornelius W. Frhrn. Heyl v. Herrnsheim. Mit Zeichngn. v. Jos. Sattler. 3. u. 4. (Schluß-)Bd. 4. Berlin, J. A. Stargardt. à n. 6. —; geb. in Leinw. à n. 9. —; Ausg. auf Büttenpap., geb. à n. 10. —
3. 1. u. 2. Ausg. (IX, 483 S.) 899. — 4. 2. Ausg. (VIII, 741 S.) Erschien auch in Lfgn. à n. 1. —.

Handbuch der Freimaurerei. Im Auftr. der Schweizerischen Grossloge Alpina verf. von Heinr. Boos. Aarau: Sauerländer & Co. 1894. XVI, 584 S. 8⁰
cf. Al. 14 (1888) S. 162—163; 20 (1894) S. 84 bis 87 (F. Rohrer).

[Franz. Übers. u. d. Tit.:]
°Manuel de la franc-maçonnerie, composé sur l'ordre de la Grande Loge Alpina par Henri Boos, trad. de l'allemand par A[lex.] Gavard. Berne 1894. 660 S. 8⁰
Recens: AQC. 7 (1894) S. 172—175 (G. W. Speth).
cf. Al. 20 (1894) S. 82—83 (F. Rohrer).

[Verkürzte Ausg. u. d. Tit.:]

Boos, H[einrich]. Die politische Lage der Stadt Worms am Ende des 15. Jahrhunderts. (SA.) 8. (Trier [1884].)

— die Liten u. Aldionen nach den Volksrechten. gr. 8. (70 S.) Göttingen 874. Peppmüller. n. 1. 60

Boos, Heinrich s. a. Platter, Thomas I. und Platter, Felix.

— Thomas u. Felix Platter. Zur Sittengeschichte des XVI. Jahrh. gr. 8. (XVI, 372 S. u. eine Platter'sche Geschlechtstaf.) Leipzig 878. Hirzel. n. 7. —

— s.: Quellen zur Geschichte der Stadt Worms.

— s. a. Urkundenbuch der Stadt Aarau.

Boos, H. Urkundenbuch der Stadt Aarau. Mit einer historischen Einleitung. Register und Glossar, sowie einer historischen Karte. In-8°, LXX u. 894 S. Aarau, Sauerländer. 10 —
*** „Separatausgabe“ von „Argovia“ XI. Band.

— s.: Urkundenbuch der Landschaft Basel.

Verzeichnis der Inkunabeln und Handschriften der Schaffhauser Stadtbibliothek (von H[einrich] Boos). Nebst e. Verzeichnis d. hs. Nachlasses von Johannes v. Müller (von Karl Henking). *Schaffhausen 1903: J. Buchmann.* (157 S.) 8° [illegible] 7

—— die Wehrpflicht im fränkischen Reiche. Ein Vortrag. gr. 8. (23 S.) Basel 875, Bahnmaier's Verlag. *

Boos, H., die Wehrpflicht im Fränkischen Reiche. Ein Vortrag. 23 Stn. gr. 8. Basel, C. Detloff. 1876 1. —

Boos, Heinrich. Wie Basel die Landschaft erwarb. [Mit 1 Tafel.] Njbl. Basel 1883. 4. Basel 1884.

Boos J. die Erziehungskunst in der Familie. Wien 1882

Boos, Josef

Boos, Flora von Schönbrunn, in einer systematischen Beschreibung der Pflanzen des Gartens von Schönbrunn. 12. Wien, Geistinger. (Leipz., F. C. W. Vogel in C.) 817.

Boos J.: Schönbrunns Flora, od. systematisch geordnetes Verzeichniss d. im kais. königl. holländ. botan. Hofgarten zu Schönbrunn cultivirten Gewächse. Wien u. Triest 1816. 103 S.

***Boos*, Jos.**, Schönbrunns Flora, oder systemat. geordnetes Verzeichniss der im k. k. Hofgarten kultiv. Gewächse. 12. Wien 816. Geistinger. 1 ℛ 16 gr (Gerold). 820. Hbg. Pr. 20 gr Schrbp. 1 ℛ Velinp. 1 ℛ 4 gr

Boos, M.

[Umschlagt.:] Königr. Bayern. Karte über den Hopfen-Anbau im Jahre 1896. (Nach einer im k. Statist. Bureau hergest. grösseren Kt.) M. amtl. Genehm. ausgef. v. M. Boos (auf d. Karte: F. Boos). Massst. 1:800 000. *München: Piloty & Loehle 1898.* (2 Kt., 11 S.) 1 Bd 8. [illegible]

Boos, Martin: Biographisches. Leipzig: 1837.

Boos, Martin, das Ende d. Gesetzes. — Christus für uns u. in uns unsere Gerechtigkeit u. Heiligung. Hrsg. v. Johs. Goßner. 10. Aufl. 8. (6¼ B.) Hamburg 846, Buchh. d. niedersächs. Tractat-Gesellschaft. *

Boos, Martin, das Ende des Gesetzes. Christus für uns u. in uns unsere Gerechtigkeit u. Heiligung. Hrsg. v. Joh. Goßner. 10. Aufl. 12. (150 S.) Hamburg 847. (Gusdorff.) n. 4 ngr

— der lebendige Glaube an Jesus Christus, in Beispielen u. zwei Fastenpredigten. 8. Basel 820. Spittler. 4 gr

Boos, Martin, s. a. Lebensgeschichte desselben.

Boos, Martin. Lebensgeschichte von M' B', Prediger der Gerechtigkeit, die vor Gott gilt. Auszug aus seiner Selbstbiographie. Hrg. von dem St. Gallischen Verein zur Verbreitung christlicher Erbauungsschriften. [Mit Porträt-Tafel.] 8. St. Gallen 1836.

Boos, Martin, Lebensgeschichte. Mit Boos' Bildnis. 4. Aufl. 8. (IV, 296 S.) Stuttgart 888. Buchhandlg. der Evang. Gesellschaft. n. 1. —; geb. n. 1. 60

Boos, Mart., der Prediger d. Gerechtigkeit, die vor Gott gilt. Seine Selbstbiographie. Herausgeg. v. J. Goßner. Mit Boos Bildn. gr. 8. Leipz. 826. Tauchnitz. 2 ℛ 12 gr

Boos, Martin, der Prediger der Gerechtigkeit, die vor Gott gilt. Sein Selbstbiograph. Hersg. von Johs. Goßner. Stereot.-Ausg. Neue Ausg. Berlin 807. Buchh. d. Missions-Vereins. gr. 8. (XII, 789 S. u. Portr. in Holzschn.) 22½ ngr.

Boos Martin, der Prediger der Gerechtigkeit, die vor Gott gilt, inmitten der römisch-kathol. Kirche. 8. (72 S. m. 1 Photogr.) Basel 872. (Bahnmaier.) n. — 50

Boos. Martin B', der Prediger der Gerechtigkeit, die vor Gott gilt, inmitten der römisch-katholischen Kirche. [Mit Porträt-Tafel.] 8. Basel.
[1. Aufl.] Verlag christlicher Schriften. 1872.
(2. Aufl.) [Hrg. vom] Verein zur Verbreitung christlicher Schriften Basel. (Nr. 647.) 1898.

Boos, Martin, der Prediger der Gerechtigkeit, die vor Gott gilt, inmitten der römisch-kathol. Kirche. 12. (68 S. m. Bildnis.) Basel 898. (Missionsbuchh.) n. — 40
Allg. Bücher-Lexikon. XXXI. Band. (XIII. Supplement-Band

— Predigten rc. Herausg. von *Joh. Goßner (Pfr. der böhmisch-mährischen Brüderkirche in Berlin). 2 Theile. gr. 8. Berlin 1829—31, Reimer. 2 Thlr. 22 Ngr. — 4 fl. 57 kr.

— Predigten auf alle Sonn- u. Festtage im Jahre. Herausg. von J. Goßner. 2 Thle. gr. 8. Berl. 830, 31. Reimer. 2 ℛ 18 gr

— s. a. Sprüche d. Väter.

— Sprüche der Väter und Weisen. Herausg. v. * J. Goßner. 16. Leipz. 1828, C. Tauchnitz. 4 Ngr. — 15 kr.

Boos, William Frederick [aus Boston (U. S. v. N. A.)]: Über das Phenolphtalein der Tetrachlorphtalsäure und seine Derivate .... Heidelberg, Buchdr. v. A. Emmerling & Sohn, 1896; 29 S., 1 Bl. 8.
Heidelberg, Naturw.-math. Fak., Inaug.-Diss. v. [2. Juni] 1896

Boos-Jegher, Jubiläumsschrift der Allg. Töchterbildungsanstalt Boos-Jegher. Zürich 1880-1905.

Boos-Jegher, Frau. Die Regelung des Plazierungswesens von jungen Töchtern im In- und Ausland. Ref. an der Sommerversammlung der Kant.Gemeinnützigen Gesellschaft Zürich 1897.

Boos-Jegher, Eduard

Boos-Jegher, Ed. Auf welche Weise kann am besten den Bedürftigen des Frauengeschlechtes Verdienst und damit Brot verschafft werden. Zürich, 1886 ?

Boos-Jegher, Ed[uard]. Genossenschaftliche Bestrebungen. Referat an der Delegiertenversammlung des Schweiz. Gewerbevereins in Aarau, vom 24. Juni 1906, gehalten. ⟨Separatabdruck aus der «Schweiz. Gewerbe-Zeitung» [Jahrg. 23, 1906, Nr. 39–44].⟩ 30 S. 8. (Bern, Haller.)

Boos-Jegher, Ed. Frauen-Arbeitsschulen und deren Bedeutung für die Schweiz, Zürich 1886.

Gewerbe und Industrie. Zsgest. von Ed[uard] **Boos-Jegher.** H. 1. Bern: K. J. Wyß 1904. 8°
= Bibliographie d. Schweizer. Landeskunde. Fasc. V 9f. [illegible]

Boos-Jegher, Ed[uard]. Gewerbe und Industrie. Zusammengestellt von Ed. B'-J'.... ⟨Abgeschlossen auf Januar 1900.⟩ Heft 2: Volkswirtschaft, Sozialismus, Geschichte, Berichte, Verzeichnisse, Gewerbe- und Industrieförderung, Ausstellungswesen, Spezielle Arbeiterfragen, Hausindustrie, Frauenerwerb, Zünfte, Vereine. Mit einem Nachtrag. VI + 328 S. 8. Bern, K. J. Wyss, 1907. [fr. 4. —]

Ausg. A mit deutschen Titeln. — Bibliographie der Schweizerischen Landeskunde.... Fascikel V 9 f.
Ausg. B mit französ. Titeln: Industrie et métiers. Elaboré par Ed. B'-J'.... ⟨Arrêté au mois de janvier 1900.⟩ 2e Cahier: Economie sociale, socialisme, histoire, rapports, catalogues, développement des arts et métiers et de l'industrie, expositions, questions ouvrières spéciales, industrie à domicile, industrie féminine, abbayes, sociétés. Avec un supplément. Berne ... 1907. — Bibliographie nationale suisse.... Fascicule V 9 f.

Boos-Jegher, Ed[uard]. Gewerbe und Industrie. Zusammengestellt von Ed. B'-J'.... ⟨Abgeschlossen auf 31. Dezember 1900.⟩ Heft 3: Gewerblich-industrielle Berufsbildung, Fachblätter und Kataloge. VI + 164 S. 8. Bern, K. J. Wyss, 1908. [fr. 2. —]
Ausg. A mit deutschen Titeln. — Bibliographie der Schweizerischen Landeskunde.... Fascikel V 9 f.
Ausg. B mit französ. Titeln: Métiers et industrie. Elaboré par Ed. B'-J'.... ⟨Arrêté au mois de Décembre 1900.⟩ 3e Cahier: Education professionnelle, Feuilles spéciales et catalogues. Berne, K.-J. Wyss, 1908. — Bibliographie nationale suisse.... Fascicule V 9 f.

⟨**Boos-Jegher, Ed[uard].**⟩ Ein schweizerisches Gewerbegesetz und die Revision der Bundesverfassung. ⟨Nach einem Vortrage von Ed. B'-J'....⟩ [Ergänzter Sep.-Abdr. aus der Neuen Zürcher Zeitung, Jahrg. 1907. Hrg. vom Schweizer. Gewerbeverein.] 24 S. 8. [Zürich, Dr. der N' Z' Z', 1907.]

Die Lage der schweizerischen Baugewerbe und die Notwendigkeit eines gesetzlichen Schutzes ihrer Forderungen von Ed[uard] Boos-Jegher, Sekr. Das gesetzliche Pfandrecht für die Forderungen der Bauhandwerker und Unternehmer im Vorentwurf d. Schweiz. Civilgesetzbuches von Th. Hellmüller, Oberrichter in Bern. 2 Vorträge, geh. an d. Jahresversammlung d. Schweiz. Gewerbever. 1901 in Basel. *Bern: Schweiz. Gewerbever. 1902.* (74 S.) 8°
= Zeitfragen, Gewerbliche. II. 19.

Boos-Jegher, Ed., Die Landesausstellungen i. d. Schweiz m. bes. Berücksicht. jener i. Genf 1896 u. e. später in Bern abzuhalt. (Vortrag, geh. in Bern, 1. XII. 1896.) gr. 8. (16 S.) Bern 897. Steiger & Co. n. — 50

Boos-Jegher, E: Die Landesausstellgn in d. Schweiz m. bes. Berücks. jener in Genf 1896 u. e. später in Bern abzuhalt. (Vortr.) 8° (16) Bern 97. C Sturzenegger. — 50

Boos-Jegher, E. Monogrammes pour broderie à l'usage des écoles, dessinateurs, brodeuses etc. 1er et 2me cahier à 24 pl., avec 2 p. de texte. In-4° obl. Zürich, Orell Füssli & Co. à 2 — 1890

Boos-Jegher, Ed. Monogrammes pour Broderie à l'usage des Ecoles, Dessinateurs, Brodeuses etc. composés et dessinés. Série de 6 cahiers. Zürich, Art. Inst. Orell Füssli. 1898 1 —

Boos-Jegher, Ed[uard]. Unsere Stellung zu der Streikbewegung. Referat von Ed. B'-J', Sekretär des Schweizer. Gewerbevereins an der Jahresversammlung des Vereins in Freiburg 4./5. Juni 1905. 16 S. 8. [Bern, Büchler & Co., 1905.]

Boos-Jegher, Ed., Stickerei-Buchstaben f. Schulen, Dessinateurs, Stickerinnen etc. 2 Hfte in 1 Bd. qu. gr. 8. (24 Taf. m. 2 Bl. Text.) Zürich 889. Orell Füssli & Co. Verl. n. 3. —

— Stickerei-Monogramm für Schulen, Dessinateurs, Stickerinnen etc. Heft 1. 24 Taf. und 3 S. Text. Quer in-4°. Zürich, Orell Füssli & Co. 1889 2 50

Boos-Jegher, E. Stickerei-Monogramm für Schulen, Dessinateurs, Stickerinnen, etc. Heft 2. 24 Taf. u. 2 S. Text. Quer in-4°. Zürich, Orell Füssli & Co. 1889 2 50

Boos-Jegher, E. Stickerei-Monogramm für Schulen, Dessinateurs, Stickerinnen, etc. Heft 3. 24 Taf. u. 2 S. Text. Quer in-4°. Zürich, Orell Füssli & Co. 1890 2 50

Boos-Jegher, Ed., Stickerei-Monogramm f. Schulen, Dessinateurs, Stickereien etc. 4.—6. Hft. qu. 8. (2 S. m. 40 lith. Taf.) Zürich 890. Art. Inst. Orell Füssli, Verl. à n. 2. 50

— 300 Stickerei-Monogramme, 6 Hefte in einem Band, entworfen und gezeichnet in drei verschiedenen Grössen für Schulen, Dessinateurs, Stickerinnen etc. Quer gr. in-8°. 136 Taf. u. 2 S. Text. Zürich, Artist. Institut Orell Füssli Verlag. 1890 Cart. 10 —

Boos-Jegher, Ed. — Weltausstellung in Chicago, 1893. Berichte d. schweiz. Delegierten. — Die Thätigkeit d. Frau in Amerika. — Bern 1894: Michel & Büchler 1894. 68 S. 8°

Boos-Jegher, Ed. Wesen und Werth der Gewerbehallen und Verkaufsstellen für das Handwerk. Referat beim kantonalen Gewerbeverein Zürich. — Vereintes Wirken von Gewerbemuseum, Gewerbehalle und kanton. Gewerbeverein zur Förderung von Handwerk und Kleinindustrie. Bericht des Gewerbevereins Zürich. Separatabdr. aus dem „Gewerbe". In-8°, 42 S. Bern, W. Krebs. 1885 — 25

Boos v. Waldek, Vict. Graf, zur Compromißfrage. gr. 8. (10 S.) Prag 882. Tempsky. n. — 80

Boosbom-Toussaint, Erzählungen, s.: Unterhaltungsbibliothek.

Boose, Carl [pr. Arzt aus Siegen]: Beiträge zur Diagnostik der Gehirntumoren. . . . Bonn. Druck v. J. F. Carthaus, 1888; 1 Bl. + 40 S. + 1 Bl. 8°
Bonn, Med. Fak., Inaug.-Diss. v. [24.] Nov. 1888

Boose, Carl, Beiträge zur Diagnostik der Gehirntumoren. Inaugural-Dissertation. gr. 8. (40 S.) Bonn 888, (Hanstein.) *

Boosey, William H: Der Verkäufer, wie er sein soll, deut. Bearbeitg, s.: Reutter. Henry A.

Booss, A., Entwicklung u. Ziele d. ländlichen Fortbildungsschule in Preussen nebst e. Lehrplan f. gemischte ländl. Fortbildungsschulen. Bearb. u. hrsg. 1. Tl. (86 S.) gr. 8. Goslar 909. J. Brumby Verl. 1. 60

— s.: Notizbuch f. Lehrer u. Leiter an Fortbildungsschulen.

Über die Notwendigkeit und die Einrichtung der ländlichen Fortbildungsschule. Von A. Booss, Schulinsp. Langensalza: F. G. L. Gressler 1906 (110 S.) 8° [07. 3701 3

Booss, A., über die Notwendigkeit u. die Einrichtung der ländlichen Fortbildungsschule. (110 S.) 8. Langensalza 906. Schulbuchh. Geb. in Leinw. n. 2. —

Über die Notwendigkeit und die Einrichtung der ländlichen Fortbildungsschule. Von A. Booss, Schulinspektor. 2. Aufl. Langensalza: Greßler 1909. 155 S. 8°

— s.: Taschenbuch, dienstliches, f. Leiter v. Fortbildungsschulen.

Booß, A., wer soll noch Lehrer werden? E. Wort üb. d. Arbeit u. d. Besoldg. d. preuß. Volksschullehrer. 8. (75 S.) Osterwieck 896. A. W. Zickfeldt. n. — 50

Wer soll noch Lehrer werden? Ein Wort über d. Arbeit u. d. Besoldung d. preuss. Volksschullehrer ... von A. Booss, Schulinsp. Neue umgearb. u. verm. Ausg. Langensalza: F. G. L. Greßler 1908. (120 S.) 8°

— Wer soll noch Lehrer werden? Ein Wort üb. die Arbeit u. die Besoldg. der preuss. Volksschullehrer sowie üb. den Lehrermangel u. seine Beseitigg. Neu umgearb. u. verm. Ausg. (IV, 120 S.) 8. Langensalza 908. Schulbuchh. 2. —

Booß, Alfred: Stromversetzungen im südlichen Indischen Ozean auf Grund der Schiffsjournale der Deutschen Seewarte vom Oktober 1901 bis März 1904. (Berlin 1908: G. Schade.) 28 S. 8°
Berlin, Phil. Diss. v. 14. März 1908, Ref. Penck
[Geb. 26. Mai 81 Berlin; Wohnort: Berlin; Staatsangeh.: Preußen; Vorbildung: Sophien-Realgymn. Berlin Reife O. 02; Studium: Berlin 9 S.; Rig. 25. Juli 07.] [U 09. 152

Booß, Konr., der Tag meiner hl. Firmung. Belehrungen u. Gebete f. Firmlinge u. Gefirmte. 12. (VII, 174 S.) Mainz 901. F. Kirchheim. Geb. in Leinw. n. 1. 50

Booß, A., Sammlung moral. Erzählungen 3. Bd., s. Sammlung.

Boost, A., Sammlung moral. Erzählungen für Deutschlands Söhne u. Töchter. (Mit 1 Stahlstich.) 8. Augsburg 841, Matth. Rieger'sche Buchh. (Himmer.) 1/4 Thlr. — 2. u. 3. Br. Mit 1 Stahlst. 8. Ebend. 843—46. à 1/3 Thlr.

Boost, C., einige Worte üb. d. Heilverfahr. d. Brownschen Affen. 8. Marb. Krieger. 809.

Boost, C. R., Konkursordnung, s.: Justiz-Gesetze f. das Deutsche Reich.

Boost, Carolus Josephus (geb. am 15 Febr. 1802 in Kochem): De hydrope cum urina serosa . . . Coloniae Agripp., typ. J. P. Bachemii (1823). 2 Bl., 95 S., 1 Bl. 8.
Bonn, Med. Fak., Diss. v. 5 Dez. 1823

Boost, H., s: Festschrift Heinrich-Müller-Breslau.

Boost, Johann Adam

Boost, J.A. (Hrsg.), s. Abendunterhaltungen, Christliche, f. Jugend-u. Familienkreise.

Boost, Joh. Ad., Die Erklärung der Offenbarung Johannis im Geiste der Geschichte und der Religion. Darmstadt, Jonghaus, 1835, 8°, 1 Mk.

—) die Gegner der Kirche, od. Morgenbetrachtungen über * Helferich's Buch. gr. 8. Augsburg 1838, Kollmann. 18 ggr. — 1 fl. 12 kr.

Boost, Jh. Adm., die neueste Geschichte der Menschheit. (Vom Anfang der franz. Revolution bis zu unsern Tagen.) 1r Thl. A. u. d. T.: Die neueste Geschichte von Frankreich und Oesterreich (vom Jahre 1789 — 1834. 1r Thl.). gr. 8. Regensburg 834. Pustet. 1/3 Thlr.

— die neueste Geschichte der Menschheit. 1r Thl.: Die neueste Geschichte von Frankreich (vom Jahre 1789 — 1835. 1r Thl.). 4 Hfte. gr. 8. Ebd. 835, 36. (à 1/3 Thlr.) 1 1/3 Thlr. — 2e verm. Aufl. gr. 8. Augsburg 841. Kollmann. 1 1/3 Thlr.

— dass. 2r Thl. A. u. d. T.: Die neueste Geschichte von Oesterreich unter den Regenten aus d. Habsb.-Lothringer Stamme. (Vom J. 1789 — 1839.) Mit einem Rückblick auf die Großthaten des ganzen Habsburger Stammes. Mit 1 Stahlstich. gr. 8. Augsburg 839. Kollmann'sche Buchh. 1 2/3 Thlr.

Boost, Joh. Adam, Geschichte der römischen Päpste, s. Artaud v. Montor.

— — die Geschichte u. die Propheten die wahren Schlüssel zu d. Pforten d. Zukunft. Als Schluß uns. Reformations- u. Revolutionsgeschichten von Frankreich, England u. Deutschland. gr. 8. (10 B.) Augsburg 816, Rieger'sche Buchh.

— die Geschichte und die Propheten die wahren Schlüssel zu den Pforten d. Zukunft. Als Schluß zu s. Reformat.- u. Revolut.-Geschichten. gr. 8. Augsburg 1840. 2e unveränderte Aufl. 1847. Rieger. 25 Ngr. — 1 fl. 21 kr.

Boost, Joh. Adam, die Geschichte und die Propheten, die wahren Schlüssel zu den Pforten der Zukunft. 3., den jetzigen Zeitwirren gemäß veränd. und verm. Aufl. A. u. d. T.: Die Weissagungen des Mönchs Hermann zu Lehnin über Preußen und jene des Benedictiners David Speer zu Benedictbeuern über Bayern. gr. 8. (VIII und 400 S.) Augsburg 848, Rieger'sche Buchh.

Boost, Joh. Ad., Geschichte der Reformation u. Revolution von Frankreich, England u. Deutschland (von 1517—1843). 3 Bde. gr. 8. Augsburg, Rieger'sche Buchh.
A. u. d. Ttln.:
Bd. 1. Geschichte der Reformation u. Revolution von Frankreich v. 1517—1843. (31 B.) 843. 1 Thlr. 25 Ngr.
» 2. Geschichte d. Reformation u. Revolution in England. 843. (41 B.) 2 Thlr. 5 Ngr.
» 3. Geschichte der Reformation u. Revolution von Deutschland (von 1517—1844). 2 Abthln. (1. A. von 1517—1648 u. 2. A. v. 1648—1844.) [1. A. (31 B.) 844., 2. (34 B.)] 845. à 1 Thlr. 25 Ngr.

—— Geschichte der Reformation und Revolution von Deutschland, Frankreich und England (von 1517 — 1844.) 1. Bd. 2 Thle. 2. (Titel-)Ausg. A. u. d. T.: Geschichte der Reformation und Revolution von Deutschland. 1. Bd. 2. (Titel-) Ausg. gr. 8. (1. Bd. 1. Thl. 528 S. und 2. Thl. 511 S.) Augsburg 818, Rieger'sche Buchh.

(——) das Jahr 1840, s. Jahr.

— s. Maasregeln, über die.

Morgenbetrachtungen über die religiösen Abendunterhaltungen des Franz Jos. Helferich, ehedem kathol., nun protest. Pfarrers. Verfaßt von einem kath. Laien (Joh. Adam Boost). Auch u. d. T.: Die Gegner der Kirche, widerlegt durch die Geschichte u. die Ansichten der geistreichsten Protestanten. Augsburg, Kollmann (jetzt Regensburg, Verlagsanst.), 1838, gr. 8°, 2,25 Mk.

—s. Über die Rheinlande.

—— Sammlung moral. Erzähln. f. Deutschlands Söhne u. Töchter. 8. (9 B. u. 1 Stahlst.) Augsburg 841, Rieger'sche Buchh.

—— Sammlung moral. Erzählungen f. Deutschlands Söhne u. Töchter. 2. Bd. 8. (10 B. u. 1 Stahlst.) Augsburg 843, Rieger'sche Buchh.
1. Bd. Ebendas. 1841. 7 1/2 Ngr.

Boost, Jh. Adm., was waren die Rheinländer als Menschen u. Bürger, u. was ist aus ihnen geworden? Histor.-praktisch dargestellt. gr. 8. Mainz 819. Kupferberg. 20 gr.

Boost, Karl, Samml. v. Bemerkk. üb. d. Brown'sche Irrlehre ꝛc. (Auch u. d. T.: Einige Worte über die zu Trier u. umlieg. Gegend herrsch. Krankheiten u. über das Heilverfahren d. Brownschen Affen.) 8. Marb. 807. 2e Aufl. 810. Krieger. 4 gr.

Boost, P. F.: Über eine Anklage. . ., s. Boost, Peter Franz

Boost, Peter Franz

Boost, Pet. Frz., († d. 18. Aug. 1819.) üb. eine Anklage d. Horatius Flaccus; e. philolog.-moral. Untersuchung. 8. Frkf. a. M. 806. Andreä. 10 gr.

Boost, P. F., Über eine Anklage des Horatius. Frkf. 807. 8. 8gr.

— <u>Ausstell.</u> einig. histor. Stücke des Cornel. Tacitus n. lat. Text. 8. Frankf. Eichenberg. (Feind, Leipz.) 804.

— s. 1) Cicero, academ. Untersuch.

— Lubios, oder über d. höchste Gut. Ein Nachtrag zu d. academ. Untersuchungen Cicero's. 8. Heidelb. 818. Oßwald. 18 gr.

— Lukullus, oder Abhandll. Cicero's über d. menschl. Erkenntnißvermögen; nebst e. Fragmente. 8. Frankf. a. M. 799.

— über die Nationalehre d. Deutschen. 8. Wiesb. 812. Schellenberg. 1 Thlr.

— s.a. Triebfeder, Über die moralische,

— üb. d. moral. Triebfeder im kant. System. 8. Frankf. Eßlinger, (Eichenberg.) 796.

— Untersuchung d. Resultate d. dogmat. u. skeptischen Kritik, über d. Dasein d. Dinge. 8. Frankf. a. M. 797. Eichenberg. 10 gr.

— Camoenae Vestales, sive poëseos lat. sanctior castiorque Spiritus; in juventutis usum adornavit. 8. (Frkf. a. M.) 801. Eichenberg. 16 gr. Schrbp. 18 gr.

— Camoenae Vestales, sive poëseos lat. etc. 8. Frankf. Eichenberg, (Feind, Leipz.) 808.
Schreibp.

Boost, Richard (Hrsg.), s. Bruderhilfe.

Boot, das, und die Karavane, eine Familien-Reise durch Aegypten, Palästina und Syrien. Nach der 5. Aufl. zur Belehrung u. Unterhaltung, aus dem Engl. übers. u. mit Anmerkungen versehen von C. A. W. Himly. Mit 5 Abbildungen (Holzschntaf.) Leipzig 860. Schlicke. gr. 8. (XIX, 419 S.) n. 2 Thlr.

Boot, das vermißte, nebst einigen anderen Erzählungen. Bremen 860. Verlag d. Tractathauses. 16. (2 Bll., 96 S. u. 3 Holzschn.) n. 5 ngr.

Boot, das vermißte. Aus dem Engl. 16. (96 S.) Cleveland 871. (Philadelphia, Schäfer & Koradi.) geb. n. — 80

Boot, das vermißte. Eine Erzählg. f. d. Jugend. gr. 16. (64 S. m. 1 Bild.) Hamburg 893. J. G. Oncken Nachf. Geb. n. — 85

Boot, J. C. C., de historia gymnasii Leovardiensis ab origine ad haec tempora. Leovardiae 855. (Amsterdam, Seijffardt.) gr. 8. (4 Bl., 114 S.) nn. 25 ngr

— oratio prima in L. Catilinam. Recens. et a M. Tullio Cicerone male abjudicari demonstravit. Amstelodami 857. Seijffardt. 8. (XXV, 78 S.) n. 16 ngr

Boot, J. C. G., notice sur les manuscrits trouvés à Herculanum. gr. in-8. (4½ B.) Amsterdam 841, Müller. •

Boot, J. C. G., Commentatio de Sulpiciae quae fertur satira. Ak. 1868. II. 22 S. 4°. 1.20

Boote, Wandsbecker, s. B o t e , Wandsbecker

Booth, Emilie, e. Muster ehelicher Liebe, von Hch. Fielding dem Verfasser des Tom. Jones, neu übersetzt. 4. Thle. 8. Leipz. Schwickert. 797–98. (I. II. 1 Rthlr. III. IV. 1 Rthlr. 8 gr.)

Booth, James, und Söhne in Erwiederung auf Prof. Lehmanns öffentl. Erklärung vom 2. u. 3. Dec. 1833. Altona 1833. V: *Booth, John Ch.* (NN 25, 612f)

Booth, James, und Söhne in Erwiederung auf die Schrift betitelt: »Ueber die Schrift der Herren Booth u. Söhne gegen den Hrn Prof. Lehmann«. Altona 1833. V: *Booth, John Ch.* (NN 25, 613)

Booth, James, und Söhne gegen Professor Lehmann, als Direktor des hamburger botanischen Gartens in betreff der Prachtrose »Königin von Dänemark« (zum Besten der Armen). Altona 1833. V: *Booth, John Ch* (NN 25, 612)

Booth, Frau, agressives Christenthum. (16 S.) kl. 8. Basel (905). (Berlin, Heilsarmee-Grundstücksgesellschaft.) n. — 20

Booth: Persönliche Erinnerungen . . . , s. B o o t h , John

— ein reines Evangelium. (20 S.) kl. 8. Ebd. (905). n. — 15

Booth, Frage u. Antwort üb. die Heilsarmee. Mit e. Vorwort v. W. Elwin Oliphant. (VI, 103 S. m. Bildnis.) kl. 8. Berlin 905. Heilsarmee-Grundstücksgesellschaft. n. — 25

— die Frucht der Vereinigung m. Christus. (18 S.) kl. 8. Zürich (905). (Berlin, Heilsarmee-Grundstücksgesellsch.) n.n. — 10

— Gewißheit des Heils. (16 S.) kl. 8. Ebd. (905). n.n. — 10

— „Heiligung". (20 S.) kl. 8. Bern (905). Berlin, Heilsarmee-Grundstücksgesellsch.) n. — 20

— Die Lehren d. Heils-Armee. (104) 8° Ebd. (o. J.). — 40; kart. — 50 d

— Regeln u. Verordngn f. d. Soldaten d. Heils-Armee. (109) 8° Ebd. (01). — 25 d

Booth, George

Sieg der Rose „Königin von Dänemark" durch Enthüllung der Anschläge des Professors Johann Georg Christian **Lehmann** v. George Booth. Paris. 1834. 8°. Nebst:

Gewichtiges Nachwort v. James Booth & Söhne. o. O. u. J. 8°.

Booth, J.: Die Douglas-Fichte . . . , s. B o o t h , John

(Booth, James), Gewichtiges Nachwort von James Booth und Söhne. u. St. o. A. P.

Booth, John, James Booth u. Söhne gegen Prof. Lehmann, als Director des Hamburger botanischen Gartens, in Betreff der Pracht-Rose „Königin v. Dänemark." gr. 8. Altona 833. Hammerich. 1/6 ₰

Booth, John, die Douglas-Fichte u. einige andere Nadelhölzer namentlich aus dem nordwestlichen Amerika in Bezug auf ihren forstlichen Anbau in Deutschland. Mit 8 Photograph. u. einer (lith.) Karte vom nordwestl. Amerika (in qu. gr. Fol.). gr. 8. (VII, 92 S.) Berlin 877. Springer. geb. n. 8. —

Booth, John, die Einführung ausländischer Holzarten in die preußischen Staatsforsten unter Bismarck u. Anderes. gr. 8. (III, 111 S. m. 24 Abbildgn.) Berlin 903. J. Springer. Geb. in Leinw. n. 5. —

— persönliche Erinnerungen an den Fürsten Bismarck. Hrsg. v. Heinr. v. Poschinger. gr. 8. (VIII, 81 S.) Hamburg 899. Verlagsanstalt u. Druckerei. n. 1. 50

Booth, John, Feststellung der Anbauwürdigkeit ausländischer Waldbäume. Referat, auf Veranlassung der königl. preuß. Hauptstation für forstl. Versuchswesen bearb. für die Versammlung des Vereins deutscher forstl. Versuchsanstalten zu Baden-Baden vom 6. bis 12. Sept. 1880. gr. 8. (32 S.) Berlin 880. Springer. n. 1. —

— Die nordamerikan. Holzarten u. ihre Gegner. 8° (87 m. 2 Lichtdr.) Berl. 96. J Springer. 2 —

Booth, J., die Naturalisation ausländischer Waldbäume in Deutschland. Mit e. (lith.) Karte v. Nord-Amerika u. Japan. gr. 8. (XII, 168 S.) Berlin 1882, Springer. geb. n. 4 —

Booth, John [Godfrey], Des Herrn Doctor Siemer's Vermittelung. Documentirt dargestellt. U. St. [Altona]. 1834. P. (u. Titelblad).

BOOTH, John: Verzeichniss der Kiefern- und Tannen-Arten, ausgestellt am 1. Sept. 1841 für die Versammlung Deutscher Land- und Forstwirthe zu Doberan. - Hamburg 1841. 19 S.

Booth, John, Die Waldfrage in Nordamerika, ihre zukünftige Gestaltung und ihre muthmaassliche Wirkung auf Deutschland zu Ende dieses Jahrhunderts. Berlin 1880,

Booth, Mary H. C., wayside blossoms among flowers from german gardens. Heidelberg 864. Bangel & Schmitt. 16. (VII, 190 S.) 1 ₰

Booth, Meyrick: Charles Dickens und seine Werke in pädagogischer Beleuchtung. Zürich (1909): Schulthess. VIII, 143 S. 8° Jena, Phil. Diss. v. 6. April 1910, Ref. Rein
[Geb. 27. April 83 Bradford; Wohnort: Bridport; Staatsangeh.: Großbritannien; Vorbildung: Univ. Leeds B. S. Juli 05; Studium: Leeds 6, Jena 6 S.; Rig. 31. Juli 09.] [U 10. 2326

Booth, William

Sociales Elend und Abhülfe. Vortrag geh. in d. Schweiz von General [William] Booth, Gründer d. Heilsarmee. Stenogr. Aufnahme. *Bern 1896: K. J. Wyß; [Berlin: Heilsarmee in Komm.].* (23 S.) 8° [F.] [02. 8700

Frage und Antwort über die Heilsarmee. Vom Gen. (William) Booth. Mit e. Vorw. von Kommandeur W. Elwin Oliphant. Berlin: Heilsarmee-Grundstücksgesellsch. 1905. 103 S. 8° A 12. 6005

[F.] Die Heils-Armee. — Deutsche Lieder. General William Booth. — G. S. Railton, Kommissär f. d. Deutsche Reich. *Berlin: J. Junker (1891).* (140 S., 2 Bl.) 1 Bd 8. [99. 3665 4

Booth, [William]. Heilung durch den Glauben. Darlegung der Lehre der Heilsarmee über diese Frage von General Booth. II + 64 S. 8. Bern, Nationales Hauptquartier [Dr. von C. Sturzenegger, 1902]. [fr. —. 30]

— die Lehren der Heils-Armee. (III, 104 S.) kl. 8. Ebd. (905). n. — 40; in Leinw. kart. n. — 50

Die Lehren der Heilsarmee. Vom Gen. ([William] Booth). Berlin: Heilsarmeegrundstücksgesellschaft (1910). 104 S. 8° A 11. 12332 B

[F.] Regeln und Verordnungen für die Soldaten der Heils-Armee vom General [William Booth]. Commissär f. d. Deutsche Reich: G. S. Railton. *Berlin: J. Junker [o. J.]* (2 Bl., 100 S., 1 Portr.) 1 Bd 8. [illegible]

Regeln und Verordnungen für die Soldaten der Heils-Armee [Orders and regulations] v. General (William Booth). Commissär f. d. Deutsche Reich: G. S. Railton. Hrsg. von J. Junker. Berlin: Hauptquartier f. d. Deutsche Reich [um 1892]. (100 S.) 8° [F.] [illegible]

Regeln und Verordnungen für die Soldaten der Heils-Armee vom General William Booth. *Berlin: Heilsarmee (1901).* (109 S.) 8° [F.] [illegible]

Die Heilsarmee. Wegweiser No 2. Vom General (William Booth). *London & Berlin: [Heilsarmee 1900].* 8° [F.] [illegible]

Booth-Clibborn, Arth S., Sieger! N. d. 3. franz. Aufl. übers. v. A. S.) 8. (287 S.) Berlin 895. Nation. Hauptquartier d. Heilsarmee. Geb. n.n. 3. 25

Booth-Clibborn, Catherine

10 Jahre Krieg in Frankreich und der Schweiz unter der Fahne der Heilsarmee. Vom Kommissär (Catherine) Booth-Clibborn, mit e. Vorw. f. Deutschland v. Kommissär G. S. Railton. *Berlin: Heilsarmee [um 1893].* (X, 148 S.) 8° [F.] [illegible]

Booth-Hellberg, [E D]. Der soziale Zweig der ersten christlichen Kirche. Von Kommissär B'-H'. [Herausgeber:] Die Heilsarmee. II + 24 S. 8. Bern, Hauptquartier ... (Buchdr. Lierow & Cie.), [1905]. fr. —. 20

(Booth-Tucker, [Frederick St. George de Lautour].) Kommissär B' T'. Kommissär der Heilsarmee. Lebensskizze voll merkwürdiger Ereignisse. Seine Lösung des Problems der Armut durch Ansiedlung der Armen aus den Städten in unkultivierten Ländern. [Von ihm selbst geschildert.] ⟨Auszug aus dem «Chicago-Record-Herald».⟩ [8 S.] 8. ([Bern,] L[ierow] & Cie, II. [19]06.)

Boothby, Guy, in the far east, s.: Kipling, R.

Boothby, Guy, der König der Hochstapler, s.: Kriminal-Romane aller Nationen.

— Auf dem Meeresgrunde, s.: Kriminal-Romane aller Nationen.

— Pharos, s.: Romansammlung „Deva". 14. 15.

— Das chines. Zauberstäbchen, s: Geschichten, Seltsame.

Boeotia [Schlagwort]

Boeotia, s.: Geschichtskarten. Kiepert.

Böotier. Ein dramat. Spektakel in e. Vorspiel u. in dreien Akten. Verf. v. Kallistophanes v. Theben (Altgriechenland). Verdeutscht vom Übersetzer. (40 S.) 8. Leipzig (906). K. Scheithauer. n. 1. —

Boots, Zur Preuß. Advokatenfrage. 8. (30 S.) Berlin 849, C. Heymann. n. 1/6 ℛ

Bootsvorschriften für die Ruderabteilung des Turnvereins „Eintracht" in Triest, 1868, 4 S., 8°.

Bootz. Albert [prakt. Arzt aus Meyerich in Westfalen]: Ueber die Basedow'sche Krankheit .... Würzburg, Druck v. A. Memminger's Buchdr., 1887; 62 S. 8°.
Würzburg, Med. Fak., Inaug.-Diss. v. 1887.

Bootz, Albert, über die Basedowsche Krankheit. Diss. Würzburg 1887, Stahelsche Univ.-Buchh. 8°. 62 S.

Bootz, J., Elemente der allgemeinen Arithmetik. 1. Cursus. Lex.-8. (XII und 200 S.) Erlangen 856(57,) Enke's Vrlgsh. *

—— dass. — 2. Cursus. Lex.-8. (X und 332 S.) Ebds. 856(57.) *

—— Lehrbuch der Mathematik. Für Schulen bearb. A. u. d. T.: Lehrbuch der ebenen Geometrie. gr. 8. (V und 95 S. mit 2 Kpfrt.) Erlangen 856, Enke's Vrlgsh. *

Bootz, Johannes, approb. Arzt aus Stettin: Aus d. pharmakol. Institute d. Universität Greifswald. Über die Wirkung der Kieselsäure auf den gesunden menschlichen Organismus. *Greifswald 1903: H. Adler.* (88 S.) 8°
Greifswald, Med. Diss. v. 19. Mai 1903

Bootz, Otto, Vorbeugemittel in der homöopathischen Medizin u. Antidote (Gegenmittel) gegen allopathische Medikamente. Hrsg. vom homöopath. Verein zu Stettin. 12. (24 S.) Stettin 898. (F. Wittenhagen.) n. — 80

Bootz, Otto, Vorbeugemittel in der homöopathischen Medizin u. Gegenmittel gegen allopathische Arzneien. 2., verb. Aufl. 12. (29 S.) Stettin 899. A. Schuster. — 80

Vorbeugemittel in der homöopathischen Medizin und Gegenmittel gegen allopathische Arzneien von Otto Bootz. 3., verm. Aufl. *Stettin: A. Schuster 1902.* (32 S.) 8° [F. u. Ant.] [illegible]

Booysen, Jens

Beschreibung der Insel Silt in geographischer statistischer und historischer Rücksicht v. Jens Booysen. Schleswig. 1828. 8°.

Booz, Adamsh (Pseud.), s. Birkholz, Adam Michael

Booz, Adm.

— s. 1) Chemie.

Booz, Adm., die sieben heil. Grundsäulen d. Ewigkeit u. Zeit. 8. Leipz. 783. (Kummer). 20 ℊ

— splendor lucis. vid. Splendor.

Booz, O.

—— Orthographie und Grammatik. Methodische Anleitung zum vereinigten Unterricht in der Rechtschreibung und Sprachlehre auf der oberen Grundstufe und der Mittelstufe. [Begleitwort zum „Orthographie- und Sprachbuch".] gr. 8. (IV, 88 S.)
Berlin: Th. Hofmann 1880 * 1 —

Booz, O., Orthographie- und Sprachbuch für Volksschulen. Als Grundlage für den vereinigten Unterricht in der Rechtschreibung und Sprachlehre. 2 Hefte. 2. Aufl. 8. Berlin 880, Th. Hofmann. cart. à Heft * 30 Pf. * — 60
Inhalt:
Heft 1. Für die obere Grundstufe und die untere Mittelstufe. (48 S.)
" 2. Für die obere Mittelstufe. (56 S.)

Booz, O., Orthographie- und Sprachbuch für Volksschulen. Als Grundlage für den vereinigten Unterricht in der Rechtschreibung und Sprachlehre. 1. Heft. Für die obere Grundstufe und die untere Mittelstufe. 4. Aufl. gr. 8. (48 S.) Gera 888, Th. Hofmann. cart. *
2. Heft. Ebendas. 1880. * 30 Pf.

Gollnow: Ansprache als deputirter Meister am Johannistage 1874 in der Loge Barnim zur goldenen Aue von [Otto] Booz. [Gollnow 1874: Hellberg.] 4 Bl. 8° [Umschlagtit.]
Auszug in: Bh. 18 (1875) S. 193—194.
Tt. 1968. In Versen: „Ein einfach Zeichen hat des Meisters Hand ..."

Bopfingen [Sachl. OW]

v. Bopfingen, Jochen, oder Leben eines armen Teufels. 8. Leipz. 786. Göschen. 18 ℊ

Bopfingen [Schlagwort]

Bopfingen, s.: Geognostische Karten (Württemberg).

Bopp [Sachl. OW]

Bopp, Franz. Sein Leben u. seine Wissenschaft, s. Lefmann, S.

Bopp [Schlagwort]

Bopp s.: Kursbuch, schweizer.

Bopp [Verfasser]

Bopp: Beiträge zur Beurkundung ..., s. Bopp, P.

Bopp, der Lehrer der Kleinen, s.: Scherer, H.

Bopp: Große Wandtafel ..., s. Bopp, C.

Bopp, *Alexander* [Dr., Grossh. Gerichtsass. in Mainz]: Die Adminicula der Jura in re aliena nach römischem Recht ... Mainz, J. Wirth'sche Hofbuchdr., 1896; 35 S. 8.
Giessen. Jur. Fak., Inaug.-Diss. v. 1896

Bopp, Alexander Andreas Stephan

Bopp, Alexand. Andr. Stephanus, De acido quercitannico. Berolini 1854.

Bopp, Alexand. Andr. Stephanus (geb. Berlin 29. 4. 1829): De acido quercitannico. Berolini (1855). (35 S.) 8°
Berlin, Med. Diss. v. 9. Jan. 1855

Bopp, Carl

Bopp, C., Anschauungs-Wandtafeln zur Naturlehre in Farben ausgeführt samt Text. Veranschaulichung physikal. und chem. Vorgänge sowie prakt. Verwendungen aus allen Zweigen der Naturlehre für Schul- und Selbstunterricht. Serie I—VII. gr. Fol. (Blattgrösse 75 × 58 cm.) Mit je 1 Textheft. gr. 8. Stuttgart 886, Prof. C. Bopp's Selbstverlag. *

Inhalt:

Serie 1. Acht Wandtafeln. Erste Folge, für Physik: Entstehung des Blitzes. Hauptwirkung des Blitzableiters. Telephon, Phonograph, Mikrophon. Taucherglocke, Taucheranzug. Artesische Brunnen. Saugfeuerspritze. Windrose mit Kreisteilung. Luftballon. Text. (8 S.) *ℳ 8.—.

» 2. Fünf Wandtafeln. Zweite Folge, für Physik (Wärme): Thermometer. Dampfkessel. Dampfmaschine (Doppelblatt). Lokomobile. Dampfhammer. Illustr. Text. (52 S.) *ℳ 7.—.

» 3. Sechs Wandtafeln. Dritte Folge, für Physik (Mechanik I.): Brückenwage. Seilkran und Rollenzüge. Wagenwinde und Aufzugwinde. Schraubenpresse. Sekunden-Pendel (Doppelblatt). Gewichtsuhr (Doppelblatt). Illustr. Text. (50 S.) *ℳ 9.—.

» 4. Neun Wandtafeln. Vierte Folge, für Physik (Mechanik II): Räderwerke und Pumpen, landwirtschaftl. Maschinen. Putzmühle. Mahlmühle. Pferdegöpel. Putz- und Dreschmaschine. Säemaschine. Mähmaschine I. und II. Wasser- und Jauchepumpen. Haus-, Garten-, Kellerpumpen. Text. (76 S.) *ℳ 10.—.

» 5 Fünf Wandtafeln. Fünfte Folge, für Physik: Die Lokomotive mit Hervorhebung der Steuerung (Doppelblatt). Der Plafondläufer, Gang an der Zimmerdecke (Doppelblatt). Die Wasserleitung, Druckrohr, Sammelbehälter, Filter, Rohrleitung, Laufbrunnen, Hydrant, Springbrunnen, Hausleitung. Der Elektromagnetismus und seine Verwendung. Entstehung des Blitzes gegen die Erdoberfläche. Text. (87 S.) *ℳ 8.—.

» 6. Sechs Wandtafeln für Elektricität: Entstehung des Blitzes. Einwirkung des Grundwassers. Hauptwirkung des Blitzableiters. Der Elektromagnetismus und seine Verwendung. Telephon, Phonograph, Mikrophon. Flachmodell des Schreibtelegraphen mit mechan. Bewegung von Taster und Schreibhebel. Text. (24 S.) *ℳ 10.—.

» 7. Acht Wandtafeln für Chemie: Atomgewichte. Destillation. Schwefelgewinnung. Eisengewinnung. Kochsalzgewinnung. Schwefelsäurefabrikation. Text. (8 S.) *ℳ 8.—.

Daraus einzeln:

— gemeinnützige Anwendungen aus der Mechanik für Schul- u. Selbstbelehrung; zugleich Text zu den 6 Wandtaf. für Mechanik. gr. 8. (50 S.) Ebd. 886. n. 1.—

Bopp, Carl, die gemeinnützigsten Anwendungen von Naturkräften für Schul- u. Selbstbelehrung, zugleich Text zu der 2. Aufl. der acht Wandtafeln für Physik. Ravensburg 868. Ulmer. 8. (60 S.) n. 10 ngr

Bopp, Carl, die gemeinnützigsten Anwendungen von Naturkräften für Schul- und Selbstbelehrung, zugleich Text zu der 2. Aufl. der 8 Wandtaf. für Physik. 3. Aufl. mit 8 color. Stnt. 8. (60 S.) Ravensburg [Stuttgart] 868, Ulmer. *

Bopp, Carl, die gemeinnützigsten Anwendungen von Naturkräften für Schul- und Selbstbelehrung zugleich Text zu den 8 Wandtafeln für Physik. 4. und 5. Aufl. gr. 8. (X, 63 S. mit 15 Abbild. in eingedr. Holzschn.) Ravensburg [Stuttgart] 872,73, Ulmer. *

Bopp, Carl, die gemeinnützigsten Anwendungen von Naturkräften für Schul- u. Selbstbelehrung, zugleich Text zu den acht Wandtafeln f. Physik. 7. Aufl. Mit 15 (eingedr. Holzschn.-)Abbildungen. gr. 8. (X, 68 S.) Stuttgart 881. Ulmer. n. — 80

Bopp, C., Anwendungen aus der Lehre von der Wärme für Schul- und Selbstbelehrung; zugleich Text zu den 5 Wandtaf. für Wärme. gr. 8. (52 S.) Stuttgart 886. Prof. C. Bopp's Selbstverlag. n. — 80

— Anwendungen aus der landwirthschaftl. Mechanik für Schul- u. Selbstbelehrung. Text zu den 9 Wandtaf. für landwirthschaftl. Mechanik. gr. 8. (XII, 76 S.) Ebd. 886. n. 1. —

— Beitrag zum ersten Unterr. in d. Physik. Wandtaf. f. Physik: Text. Ravensburg 1866

Bopp, C., Chart of the metric system. 72×103 cm. Farbdr. Mit Text. 8. (15 S.) Stuttgart 898. F. Doerr. In Mappe n. 3. —

— die Entstehung des Blitzes u. die Blitzableitung. 3 color. Taf. (74 × 58 cm.) Mit Text. gr. 8. (8 S.) Ebd. 887. n. 3. 60
Die Wandtafeln u. Texte auch in französ., italien. u. span. Sprache erschienen.

Bopp, C., Die internationale Maass-, Gewichts- u. Münzeinigung durch das metrische System. Stuttgart 1869. 8°.

— das metrische Münz-, Maß- u. Gewichts-System, s. Bibliothek der gesammten Handelswissenschaften.

— Organisation des naturkundlichen Unterrichts in den württembergischen Volksschulen. Unter Benützung amtl. Quellen bearb. gr. 8. (VIII, 58 S.) Ravensburg [Stuttgart] 870, Ulmer.

Bopp C, d. metrische Syst. als Anschauungsmittel bearb. 1 T in Umschl. grfol Stuttgart

— anschaulicher Unterricht im metrischen System. Anleitung zum Gebrauch des für Schulzwecke zusammengestellten metr. Lehrapparats nebst 1 Taf. (in 4 Bl. in gr. Fol.): das Meter-Quadrat oder Zentiar in Form einer Multiplikations-Taf. gr. 8. (IV, 46 S.) Ravensburg [Stuttgart] 872, Ulmer. *

Bopp, Carl, erster Unterricht in der Physik. Anleitung zum Gebrauch der für die württemberg. Volksschulen zusammengestellten physikal. Apparate. Mit Genehmigung der königl. Commission für die gewerbl. Fortbildungsschulen bearb. gr. 8. (44 S.) Ravensburg 865, Dorn'sche Buchh. *

— erster Unterricht in der Physik zugleich Anleitung zur Verwendung des für Volks-Schulen zusammengestellten physikal. Schulapparats. 3. verb. und verm. Aufl. gr. 8. (VIII, 122 S.) Ravensburg [Stuttgart] 873, Ulmer. *

— über das kürzeste Verbindungssystem zwischen vier Punkten. Inaugural-Dissertation. gr. 8. (59 S. m. 2 autogr. Taf.) Göttingen 879. (Vandenhoeck & Ruprecht.) n. 1. 60

— anschauliche Vergleichung der gebräuchlichsten Fussmasse mit metrischem Mass für gewerbl. und Unterrichtszwecke bearb. In deutscher, engl. und französ. Sprache. Chromolithogr. Imp.-Fol. (1 Bl.) Stuttgart 872, Maier. In Umschlag *

Bopp, Carl [aus Münsingen]: Der Vokalismus des Schwäbischen in der Mundart von Münsingen. . . . Strassburg, Verl. v. Karl J. Trübner, 1890: 3 Bl. + 81 S. 8°
Strassburg, Phil. Fak., Inaug.-Diss. v. 1890

—— grosse Wandtafel des metrischen Systems als Anschauungsmittel. 1.—6. Aufl. Chromolithogr. Imp.-Fol. Nebst Text: Die Grundlagen des metr. Systems als Anschauungsmittel. Mit einem Anh., die Maß- und Gewichtsordnung für das deutsche Reich und für Oesterreich-Ungarn enth. gr. 8. (16 S.) Stuttgart 870—73, Maier. *

Bopp, C., große Wandtafel d. metrischen Systems. Die Grundlagen d. metr. Systems, als Anschauungs-Mittel bearb. 1 color. Steintaf. in Imp.-Fol. Nebst Text, m. e. Anh., die Maß- u. Gewichtsordng. f. das Deutsche Reich u. f. Oesterreich-Ungarn enth. gr. 8. (16 S.) Stuttgart 886. Maier. In Mappe. n. 3. —

Bopp, C. Grosse Wandtafel des metrischen Systems. Die Grundlagen des metr. Systems als Anschauungs-Mittel bearb. Farbendr. 71 × 103,5 cm. Nebst 1 Bog. Text. Mit einem Anh., die Mass- u. Gewichtsordnung für das Deutsche Reich u. f. Oesterreich-Ungarn enth. Ausg. 1892. gr. 8. (16 S.) Stuttg. 892, Maier, Sep.-Cto. * 3 —; aufgezogen auf Leinw. zum Zusammenlegen ** 5 — Auf Leinw. m. Stäben u. lackiert ** 7 —
Auch in engl., portugies., norweg. u. russ. Sprache.

— grosse Wandtafel des metrischen Systems. Als Anschauungsmittel bearb. Ausg. 1894. 72×103 cm. Farbendr. Stuttgart. Esslingen, M. Harburger. In Mappe. n.n. 3. —; auf Leinw. n.n. 5. —; m. Stäben n.n. 5. 50; engl. Ausg., in Mappe, n. 3. —

— grosse Wandtafel d. metrischen Systems, als Anschauungsmittel bearb. Ausgabe 1895. 71,5×103 cm. Farbendruck. Esslingen. M. Harburger. n. 3. —; auf Leinw. n.n. 5. —; m. Stäben u. lackiert n.n. 5.50

— dasselbe. D. Grundlagen d. metr. Systems als Anschauungs-Mittel bearb. Ausg. 1897. 72×103 cm. Lith. u. kolor. Nebst Text. M. e. Anh., d. Mass- u. Gewichtsordng. f. d. Deutsche Reich u. f. Oesterreich-Ungarn enth. gr. 8. (16 S.) Ebd. In Mappe n. 3. —; auf Leinw. n.n. 5. —; m. Stäben u. lackiert n.n. 5.50

— Grosse Wandtaf. d. metr. Systems. Die Grundl. d. metr. Systems als Anschaugs-Mittel bearb. (Asg. 1900.) 72×103 cm. Lith. u. kol. Nebst Text. Mit e. Anh., d. Mass- u. Gewichtsordng f. d. Deut. Reich u. f. Oesterr.-Ungarn enth. 8° (16) Essl. Stuttg., F Doerr. In Mappe 3 —; auf L. nn 5 – ; m. St. u. lackiert nn 6 —

— Wandtafel f. Naturlehre. Nr. 1—8. Chromolith. qu. Fol. Mit Text. gr. 8. Stuttgart 883. Bopp's Selbstverl. (Neff's Sort.) n. 43. 60

1. Wärme. 5 Wandtafeln. 6 Blatt. [Thermometer, Dampfkessel, Dampfmaschine 2 Bl., Locomobile, Dampfhammer.] (52 S. m. eingedr. Fig.) n. 7. —
2. Landwirthschaftliche Mechanik. 9 Wandtafeln. [Putzmühle, Mahlmühle, Pferdegöppel, Dreschmaschine, Säemaschine, Mähmaschine 2 Bl., Wasser- u. Jauchepumpen, Haus-, Garten- u. Kellerpumpen.] (XII, 75 S.) n. 10. —
3. Physikalischer Unterricht. 1. Folge. 8 Wandtafeln. [Entstehung d. Blitzes, Hauptwirkung d. Blitzableiters, Telephon, Phonograph, Mikrophon, Taucherglocke u. Taucheranzug, Artes. Brunnen, Saugfeuerspritze, Windrose m. Kreisstellg., Luftballon.] (8 S.) n. 8. —
4. Chemischer Unterricht. 8 Wandtafeln. [Atomgewichte 2 Bl., Destillation, Schwefelgewinng., Eisengewinng., Kochsalzgewinnung, Schwefelsäurefabrikation 2 Bl.] (8 S.) n. 8. —
5. Mechanisches Flachmodell d. Schreib-Telegraphen. (4 S.) n. 4. 50
6. Grosse Wandtafel der Locomotive m. der Steuerung. An Stäben. (11 S.) n. 2. 80
7. Telephon, Phonograph, Mikrophon. (11 S.) n. 1. 60
8. Der Elektromagnetismus u. seine Verwendung zu Signal-Glocke u. Schreibtelegraph. (8 S.) n. 1. 60

— Neue Wandtaf. d. metr. Maass- u. Gewicht-Systems (auf dunklem Grunde). 78×104 cm. Lith. Stuttg. 98, Prof. C Bopp. 2.70

Bopp, C., neue Wandtafel d. metrischen Mass- u. Gewichts-Systems (auf dunklem Grunde). 78×104 cm. Lith. Stuttgart 898. F. Doerr. 3. —

— Wandtafel, Telephon, Phonograph, Mikrophon in Farben ausgeführt und erklärt. Fol. m. Text 11 S. Stuttgart 1883. Selbstverlag. M. 1.60

—— acht Wandtafeln für Physik für den physikalischen Anschauungs-Unterricht bearb. 2.—4., nach dem neuesten Standpunkt der Wissenschaft und Technik umgearb. Aufl. Chromolithogr. Imp.-Fol. (8 Bl.) Ravensburg [Stuttgart] 868,72,73, Ulmer. Auf Leinwd. *

—— acht Wandtafeln für Physik. Für den physikalischen Anschauungs-Unterricht. 5. Aufl. Lithogr. und color. Imp.-Fol. Mit Text: Die gemeinnützigsten Anwendungen von Naturkräften für Schul- und Selbstbelehrung. 6. Aufl. gr. 8. (X, 71 S. mit 15 eingedr. Holzschn.-Abbild.) Ebendas. 877. * Text allein *

—— acht Wandtafeln für Physik, für den physikal. Anschauungs-Unterricht bearb. 6. Aufl. Chromolithogr. Imp.-Fol. Mit Text. 7. Aufl. (X, 68 S. mit 15 eingedr. Holzschn.) Stuttgart 881, Ulmer. In Mappe * 8 —
Wandtafeln allein * 7 20
Text allein * — 80

Bopp C, Wandtafeln für Physik. 6. Auflage. (8 T) fol auf Leinwand in Mappe mit Textheft. Stuttgart

— Wandtafeln für Physik. Ergänzung zu den mit Genehmigung der königl. Commission für die gewerbl. Fortbildungsschulen Württembergs für die Volksschulen zusammengestellten u. erläuterten physikal. Apparaten. Ravensburg 866. Dorn. (Ulmer.) gr. Fol. (10 lith. Bll.) n. 2 ₰
Textheft (VII, 43 S.) 6 ngr

Bopp, Carl (II.), sechs Wandtafeln für Mechanik [Anwendung der Naturgesetze aus dem mechan. Theile der Naturlehre]. Imp.-Fol. (4 einfache und 2 Doppelblätter in color. Steindr.) Mit Text. gr. 8. (VI, 50 S. mit 9 eingedr. Holzschn.) Stuttgart 875, Ulmer. In Mappe *

— das Wichtigste über die atmosphärische Luft u. ihre Bestandtheile. Abgeleitet aus einfachen Schulversuchen. gr. 8. (24 S.) Stuttgart 885. Prof. C. Bopp's Selbstverlag. n. — 25

— das Wichtigste aus der Naturlehre für den grundlegenden Unterricht. Auf Grund der veröffentl. Programme u. allgemeinen Bestimmungen bearb. 10. Aufl. gr. 8. (VII, 56 S.) Ebd. 887. — 40

— das Wichtigste über das Wasser u. seine Bestandtheile. Abgeleitet aus einfachen Schulversuchen. gr. 8. (32 S.) Ebd. 885. n. — 30

—— Zusammenfassung des Wichtigsten aus der Natur-Lehre nach dem Normal-Lehrplan für die deutschen Elementarschulen in Elsaß-Lothringen. Im Anschluß an den physikal. Normal-Apparat. 8. (X, 47 S.) Straßburg 876, Schultz und Comp. **

Bopp, Edu. Franz, s. Bopp, Franz

Bopp, F. Fallende Blätter. Gedichte. In-8°. VII, 95 S. Zürich, Verlagsmagazin (J. Schabelitz), 1891. 1890? 1 25

Bopp, F., fallende Blätter. Gedichte. 8. (VII, 95 S.) Zürich 891. Verlags-Magazin. n. 1. —

Bopp, F. Dämmerlicht. Neue Lieder. In-8°. 128 u. VIII S. Zürich, Verlags-Magazin (J. Schabelitz). 1892 1 50

Bopp, Fr.: Neue Gedichte, s. Bopp, Fritz

Bopp, Fr. Wolken und Sterne. Neue Gedichte. Kl. in-8°. VII, 210 S. Frauenfeld, J. Hubers Verlag. 1896 Brosch. 2 40; gebd. 3 —

Bopp, Fr., Wolken u. Sterne. Neue Gedichte. 2., durchgeseh. u. verm. Aufl. 12. (VI, 274 S.) Frauenfeld 897. J. Huber. Geb. in Leinw. m. Goldschn. n. 3. —

Bopp, Franz

Bopp, (Ed.) Frz., vergleichendes Accentuationssystem nebst einer gedrängten Darstellung der grammat. Uebereinstimmungen des Sanskrit und Griechischen. gr. 8. (VII und 301 S.) Berlin 854, Dümmler's Verlag. *

—— über das Albanesische in seinen verwandtschaftlichen Beziehungen. Gelesen in der königl. Akademie der Wissenschaften am 18. Mai 1854. gr. 4. (92 S.) Berlin 855, Stargardt. * *]

— über einige Demonstrativstämme u. ihren Zusammenhang mit verschied. Präpositionen u. Conjunctionen im Sanskrit, u. mit den ihm verwandten Sprachen. Gelesen in der königl. Acad. d. Wissensch., d. 7. Jan. 1830. gr. 4. Berl. 830. (Dümmler). 8 ℊ

—— Diluvium cum tribus aliis Mahá-Bhárati praestantiss. episodiis, primus edid. Fasc. I., quo cont. textus sanscritus. 4. (16½ B.) Berolini 829, Dümmler.

— über d. Einfluß d. Pronomina auf d. Wortbildung im Sanskrit u. d. mit ihm verwandten Sprachen. gr. 4. Berl. 832. Dümmler. 8 ℊ

— Die kaukasischen Glieder des indoeuropäischen Sprachstamms. [SA. aus den Abhandlungen der Preussischen Akademie der Wissenschaften.] Berlin 1847. 4°.

Bopp, (Ed.) Franz, die kaukasischen Glieder des indoeuropäischen Sprachstamms. Gelesen in der k. Akad. der Wiss. am 11. Dec. 1846. gr. 4. (83 S.) Berlin 847, Dümmler's Vrlgsh. Thlr. *

Bopp, Frz., Glossarium comparativum linguae Sanscritae in quo omnes Sanscritae radices et vocabula usitatissima explicantur et cum vocabulis graecis, latinis, germanicis etc. comparantur. Editio III., in qua vocabula Sanscrita accentu notata sunt latinisque litteris transcripta. Adjecti sunt indices. 2 partes. Berlin 860, 67. Dümmler's Verlhdlg. gr. 4. (VIII, 492 S.) n. 6 ℛ 20 ℊ

—— Glossarium sanscritum. Fasc. I et II., quo cont. vocales et quatuor priorum ord. consonantes litterae. 4. Berolini, (Dümmler.) [I. (12½ B.) 828. 1 Thlr. 12 Gr., II. (16 B.) 830. 2 Thlr. 4 Gr.]

Bopp, (Edu.) Franc., Glossarium sanscritum in quo omnes radices et vocabula usitatissima explicantur et cum vocabulis graecis, latinis germanicis, lithuanicis, slavicis, celticis comparantur. Fasc. I. et II. 4 maj. (36 B.) Berolini 840, 44, F. Dümmler. à *

—— Glossarium Sanscritum, in quo omnes radices et vocabula usitatissima explicantur et cum vocabulis Graecis, Latinis, Germanicis, Lithuanicis, Slavicis, Celticis comparantur. Fasc. III. (ultim.) 4maj. (VIII und S. 280—412.) Berlin 847, Dümmler's Vrlgsh. *
Fasc. I. et II. Ibid. 1840,44. * 4 Thlr. 20 Ngr.

—— Grammatica critica linguae Sanscritae. Fasc. I et II., quo cont. euphoniae leges una cum declinationis et conjugationis doctrina. 4. Berolini, (Dümmler.) [I. (26½ B. u. 7 Tab. in Fol.) 829. 3 Thlr. 8 Gr., II. (18 B.) 832. 2 Thlr. 6 Gr.]

— kritische Grammatik der Sanskritasprache, in kürzerer Fassung. gr. 8. Berlin 834. Nicolai. 2½ ℛ

—— kritische Grammatik der Sanskrita-Sprache in kürzerer Fassung. 2. Ausg. gr. 8. (25 B.) Berlin 845, Nicolai'sche Buchh. *

Bopp, Frz., kritische Grammatik der Sanskrita-Sprache in kürzerer Fassung. 3., umgearb. u. verm. Ausg. 1. u. 2. Hälfte. Berlin 861—63. Nicolai'sche Verlhdlg. gr. 8. (384 S.) n. 3 ℛ

—— kritische Grammatik der Sanskrita-Sprache in kürzerer Fassung. 4. durchgeseh. Aufl. gr. 8. (XVI, 479 S.) Berlin 868, Nicolai's Verlag. *

— vergleich. Grammatik des Sanskrit, Zend, Griechischen, Lateinischen, Litthauischen, Gothischen und Deutschen. (1e Abthlg., enthalt. die Lautlehre, Wurzel-Vergleichung und Casus-Bildung.) 4. Berlin 833. Dümmler. n. 3⅔ ℛ — 2e Abthlg. 4. Ebd. 835. n. 2⅔ ℛ — 3e Abthlg. 4. Ebd. 837. n. 3 ℛ

—— vergleichende Grammatik d. Sanskrit, Zend, Griech., Latein., Litthau., Altslawischen, Gothischen u. Deutschen. 2—4. Abthl. 4. Berlin, Dümmler. [2. (25 B.) 835. * 2⅔ Thlr., 3. (31 B.) 837. * 3 Thlr., 4. (33 B.) 842. * 3 Thlr.] *
1. Abthl. Ebendas. 1633. * 3 Thlr. 16 Gr.

Bopp, Eduard Frz., vergleichende Grammatik des Sanskrit, Zend, Griechischen, Lateinischen, Litthauischen, Altslawischen, Gothischen u. Deutschen. 5. u. 6. Abthlg. 4. (VIII S. u. S. 981—1511.) Berlin 849. 52, Dümmler. 5.: n. 2½ ℛ 6.: n. 4½ ℛ (cmplt. n. 19⅓ ℛ)

— vergleichende Grammatik des Sanskrit, Zend, Griechischen, Lateinischen, Litauischen, Altslavischen, Gothischen u. Deutschen. 2. gänzlich umgearb. Aufl. (In 3 Bdn.) 1. Bd. 1. u. 2. Hälfte. — 2. Bd. 1. Hälfte. Berlin 856—58. Dümmler's Verlhdlg. gr. 8. (1. Bd.: XXIV, 551 S.; 2. Bd.: 1 Bl., S. 1—208.) n. 6 ℛ

Bopp, Frz., vergleichende Grammatik des Sanskrit, Send, Armenischen, Griechischen, Lateinischen, Litauischen, Altslavischen, Gothischen und Deutschen. 2., gänzlich umgearb. Aufl. 1. Bd. 2. Hälfte, 2. und 3. Bd. à 2 Hälften. gr. 8. Berlin, Dümmler's Verlagsh. [1. Bd. 2. Hälfte. (XXIV und S. 305—551.) 857, 2. Bd. (563 S.) 858. 59., 3. Bd. (534 S.) 860,61. à Hälfte * 2 Thlr.] *
1. Bd. 1. Hälfte. Ebendas. 1856. * 2 Thlr.

— vergleichende Grammatik des Sanskrit, Send, Armenischen, Griechischen, Lateinischen, Litauischen, Altslavischen, Gothischen u. Deutschen. 3. Ausg. 2 Bde. Berlin 868, 70. Dümmler's Verlhdlg. gr. 8. (XXV, 558 S.: 570 S.) n. 8 ℛ

Bopp, Frz., vergleichende Grammatik d. Sanskrit, Send, Armenischen, Griechischen, Lateinischen, Litauischen, Altslavischen, Gothischen u. Deutschen. 3. Ausg. 3. Bd. gr. 8. (III, 523 S.) Berlin 871. Dümmler's Verl. Subscr.-Pr. n. 12. — (1—3.: n. 36. —)

—— vergleichende Grammatik des Sanskrit, Send etc. Sach- und Wortregister, s. Arendt, C.

— s. Indralōkāgamanam.

Bopp, F., Über das Conjugationssystem der Sanskritsprache, in Vergleichung mit jenem der griechischen, lateinischen, persischen und germanischen Sprache. Nebst Episoden des Ramajan u. s. w. Herausg. von K. J. Windischmann. Frankf. 816. 8. 1 rthlr. 12 gr.

Bopp, F., üb. d. Conjugationssystem d. Sanskritsprache in Vergleichung mit jenen d. griech. lat. persischen und germanischen Sprache rc. Herausgegeben von K. J. Windischmann. 8. Frankfurt a. M., Andreäische Buchhandl. 816.

Bopp, Frz., über d. Conjugationssystem d. Sanskritsprache in Vergleichung mit jenen d. griech., latein., persischen u. german. Sprache rc. Herausg. von Karl Jos. Windischmann. 8. Frkf. a. M. 817. Andreä. 1 ℛ 12 ℊ

— ausführl. Lehrgebäude d. Sanskrita-Sprache. 1s—3s Heft. gr. 4. Berl. 824—27. Dümmler. 8 ℛ 8 ℊ

—— Nalas und Damajanti, s. Nalas.

— s. Nalus: Carmen

— Nalus Maha-Bharati episodium, s. Nalus.

—— Nalus Mahá-Bhárati episodium. Secundae emend. edit. Fasc. I., quo cont. textus sanscritus et versio latina tredecim prior. libror. 4. (13½ B.) Berolini 830, Nicolai.

—— id. Altera emend. edit. Fasc. II. Text. Sanscritus cum interpretat. Latina et annotat. criticis. 4. (19 B.) Ibid. 831.

Bopp, Frz., Ardschuna's Reise zu Indra's Himmel, s. Maha-Bharata.

—— über die Sprache der alten Preussen in ihren verwandtschaftlichen Beziehungen. Gelesen in der Akademie der Wissenschaften am 24. Mai 1849, am 25. Juli 1850 und am 24. Febr. 1853. gr. 4. (35 S.) Berlin 853, Dümmler's Verlag. *

—die Celtischen Sprachen in ihrem Verhältnisse z. Sanskrit, Zend, Griechischen, Lateinischen, Germanischen, Litthauischen und Slavischen. Gelesen in der Akademie der Wissenschaften am 13. Dec. 1838. gr. 4. Berlin 838. Dümmler. n. 1½ ₰

—— die celtischen Sprachen in ihr. Verhältnisse z. Sanskrit, Zend, Griech., Latein., German., Litthauischen u. Slawischen. Gelesen in d. Akad. d. Wissensch. am 13. Dec. 1838. gr. 4. (11 B.) Berlin 839, Dümmler. *

– s.a. Sündfluth, Die.

—— die Sündfluth, nebst drei anderen d. wicht. Episoden d. Mahâ-Bhârata. A. d. Ursprache übers. 8. (12 B.) Berlin 829, Dümmler.

—— über d. Verwandtschaft d. malayisch-polynes. Sprachen mit d. indisch-europäischen. Gelesen in d. Akad. d. Wissensch. am 10. Aug. u. 10. Dec. 1840. gr. 4. (21 B.) Berlin 841, Dümmler. *

—Vocalismus, oder sprachvergleichende Kritiken über J. Grimm's deutsche Grammatik und Gräff's althochdeutschen Sprachschatz, mit Begründung einer neuen Theorie des Ablauts. gr. 8. Berlin 836. Nicolaische Buchh. 1⅓ ₰

Bopp, Friedrich: Vergleichende Grammatik…, s. Bopp, Franz

Bopp, Fr[itz]. Neue Gedichte. VIII + 120 S. 8. Frauenfeld, Huber & Co., 1904. [geb. fr. 3. —]

Bopp, Heinrich [approb. Arzt]: Ueber Dorsalluxation des Daumens.... Würzburg, Köhl & Hecker's Buchdr., 1887; 33 S. 8°.
Würzburg, Med. Fak., Inaug.-Diss. v. 1887.

Bopp, Heinrich Chr. Er.

Bopp, Hnr. Chr. Er., († d. 10. Nov. 1791.) synchronist. Regententafeln. Fol. Frankf. a. d. O. 754. 12 gr.

Bopp, Hermann [aus Reichelsheim i. d. Wetterau]: Zur Kenntniss der Sulfonsäuren des m-Chlor-Anilins: ein Beitrag zu den Gesetzen der Substitutionsfolge.... Freiburg i. B., Univ.-Buchdr. v. Chr. Lehmann, 1888; 44 S. 8°
Freiburg i. B., Phil. Fak., Inaug.-Diss. v. 1888

Bopp K. Ueber das kurzeste Verbindungssystem zwischen 4 Punkten. 1879 8.
Math. Diss. Göttingen

Bopp, K, üb. d. kürzeste Verbindungssystem zwischen 4 Punkten. 8. (50 m. 2 Taf.) Gött. 79, (Vandenhoeck u. R.). n. 1. 60

Bopp, Karl, aus Rastatt: Antoine Arnauld, der grosse Arnauld, als Mathematiker. *Leipzig 1902: B. G. Teubner.* (49 S.) 8° ¶(Aus: Abhandl. zur Gesch. d. math. Wiss., H. 14. — Forts. erscheint ebda.)
Heidelberg, Naturw.-math. Diss. v. 1902

Bopp, Karl: Zwei elementare Berechnungen der gewöhnlichen Logarithmen. 8 (S. 127—134). Progr.
Festschrift zur Einweihung des Goethe-G. *Frankfurt a. M.* 1897.
Nicht im Tauschverkehr.

Bopp, Karl: Die Kegelschnitte des Gregorius a St. Vincentio in vergleichender Bearbeitung. Leipzig 1906: B. G. Teubner. (42 S.) 8° ¶(Erscheint vollst. in: Abhandlungen zur Geschichte der mathematischen Wissenschaften H. 20, 2.)
Mit: Einladung zur .. Probe-Vorlesung .. d. 21. Juli 1906 .. Thema: Leonhard Eulers Jugendarbeiten. Heidelberg: J. Hörning. (1 Bl.) 8°
Heidelberg, Naturw.-math. Fak., Hab.-Schrift v. 1906

Die Kegelschnitte des Gregorius a St. Vincentio in vergleichender Bearbeitung von Karl Bopp. Mit 329 Textfig. Leipzig: B. G. Teubner 1907. (S. 89–314.) 8°
= Abhandlungen z. Geschichte d. math. Wissensch. H. 20, Stück 2. [07.5291]

BOPP, Ludwig (München): Quaedam de haematemesi generalis.- Monachii: Hübschmann 1833. 24 S.
29.8.1831 - Urk (Titel: De haematemesi.); P 60
Diss. Ingolst.-Landsh.-Mchn.

Bopp, Peter [app. Arzt aus Bensheim]: Ein Fall von retrogradem Catheterismus.... Strassburg i. E., Buchdr. C. Goeller, 1891; 34 S. 8°
Strassburg, Med. Fak., Inaug.-Diss. v. 1891

Bopp, Phil.

— s. Anwalts-Zeitung.

Bopp, (P.), Beiträge zur Beurkundung der oberstrichterlichen Rechtsübung im Kreise des Civil-Rechts und Prozesses mit besond. Rücksicht auf das gemeine Recht. 1. Heft. gr. 8. (III und 76 S.) Stuttgart 861, [Kröner.] *

Bopp, (P.), Beiträge zur Beurkundung der oberstrichterlichen Rechtsübung im Kreise des Civil-Rechts und Prozesses mit besond. Rücksicht auf das gemeine Recht. 2. und 3. Heft. gr. 8. (XII und S. 77—190.) Stuttgart 862, Kröner. [2. Heft * 14 Ngr., 3. Heft * 8 Ngr.] *
1. Heft. Ebendas. 1861. * 14 Ngr.

—— Beiträge zur Beurkundung der deutschen Strafrechtspflege in den 3 letzten Jahrhunderten. 1. Heft gr. 8. (IV und 108 S.) Stuttgart 861, [Kröner.] *

Bopp (Phil.), hessische Beiträge für Rechtskunde, s. Beiträge.

Bopp, Phil.: Criminalistische Beiträge, s. Beiträge

Bopp, Phil., Beiträge zum öffentl. Recht d. Großhrzgth. Hessen. 1. Thl. — A. u. d. T.: Geschichte d. ständ. Wesens im Großherzogth. Hessen v. d. Mitte d. 13. Jahrh. bis z. Verfassungswerke am Schlusse d. J. 1820. (Beilageheft z. Zeitschr. f. Gesetzgebung u. Rechtspflege etc.) gr. 8. (11¼ B.) Darmstadt 833, Leske.

Bopp, (Phil.), Beiträge zum Verständnisse der vier mittelrheinischen Landrechte, des solmsischen, pfälzischen, mainzischen Landrechts und des Landrechts der Obergrafschaft Katzenelnbogen. 1. Thl. A. u. d. T.: Geschichte, Literatur und Praxis der vier mittelrhein. Landrechte, mit Rücksicht auf die sich auf diese Statutarrechte beziehenden Partikular-Gesetze. gr. 8. (VII und 216 S.) Darmstadt 854, Leske. *
Vgl.: Repertorium über die fünf ersten Jahrgänge der Zeitschrift: Gerichtssaal.

— — 2. Thl. Ebend. 857. gr. 8. (3 Bl., 183 S.) n. 24 ngr

—— Beitr. z. Verständn. d. vier mittelrhein. Landrechte, d. Solms., Pfälz., Mainz. Landrechts u. d. Landrechts v. Katzenelnbogen. 1. u. 2. Thl. 8. (399) Darmst. 54. 57, Zernin. à n. — 24

— s. Bibliothek auserwählter Strafrechtsfälle.

Bopp, Ph., Geschichte d. ständischen Wesens im Großherzogthum Hessen, von d. Mitte d. 13n Jahrh. bis zum Verfassungswerk am Schlusse d. J. 1820. Auch u. d. T.: Beitr. zum öffentl. Recht d. Großherzogth. Hessen. 1r Thl. gr. 8. Darmst. 833, (832). Leske. 12 gr.

—— die Gesetzgebung u. Rechtspflege in Hessen, s. Mittheilungen.

Bopp, P(hil.), Handbuch der Criminalgesetzgebung für das Großherzogth. Hessen. Ein prakt. Commentar. (2 Lfgn.) gr. 8. Darmstadt 851 Leske. *

Bopp, [Phil.]: Handbuch der Criminalgesetzgebung für das Großherzogthum Hessen. E. prakt. Commentar. 2. Ausg. Gießen 1854.

Bopp, Phil., Materialien d. hessischen bürgerl. u. peinl. Prozeß-Rechtes. 1. u. 2. Hft. gr. 8. (10 u. 9⅓ B.) Darmstadt 840, Jonghaus. à

Bopp, Ph. (Hrsg.), s.a. Mittheilungen aus den Materialien der Gesetzgebung und Rechtspflege des Großherzogthums Hessen...

—— Nachträge z. hess.-darmstädt. Civil-Prozeß-Ordnung, s. Civil-Prozeß-Ordnung.

—— der hessische Rechtsfreund etc., s.a. Rechtsfreund.

(Bopp, Phil.): Der Hessische Rechtsfreund. Handbuch zur Gesetzeskunde für Nichtjuristen. H. 1[–5]. Darmstadt 1835[—37].

—— Repert. üb. d. Zeitschr.: Gerichtssaal, s.: Gerichtssaal.

—— gewählte Strafrechtsfälle, s. Bibliothek gewählt. Strafrechtsfälle.

– s. Zeitschrift für Gesetzgebung

— s. Civilproceßordnung, Hessen-Darmstädtische.

Bopp, Wilh., die Bühnenfestspiele in Bayreuth im J. 1892. Die Aufführgn. v. Parsifal, Tristan, Tannhäuser u. Meistersinger am 21., 22., 24. u. 25. Juli, besprochen. 8. (56 S.) Mannheim 892. J. Bensheimer's Verl. n. 1.—

Bopp & Reuther, Armaturen-, Pumpen- u. Wassermesser-Fabrik: Preislisten usw. 1908 ff. Mannheim-Waldhof

Bopp & Reuther: Jllustrierter Katalog. Ausg. 1896. Mannheim

Bopp & Reuther: Jll. Katalog. Abth. 2. Armaturen und Apparate für Gaswerke. Mannheim 1897

Maschinen-, Armaturen- und Wassermesser-Fabrik Bopp & Reuther, Mannheim-Waldhof, 1872–1907. o. O. (1907). (58 S.) 4° [illegible] 7

Boppard [Schlagwort]

Boppard, s.a. Deutschland. Karte (Abt. Preussen).

Boppard, s.a. Deutschland. Kürschner-Peip. — Preussen. Messtischblätter.

Boppard, s.a. Rheinthal.

Boppard am Rhein, s.a. Woerl's Reisehandbücher.

Boppard. Lehnen, Louis, Stadtplan v. Boppard. Orig.-Aufnahme v. L. 1 : 11,750. 14,5×20 cm. Farbendr. Boppard 894. Selbstverlag. n. — 15

Boppart, Hans Pet.: Abgründe. — Genoveva, d. unglückl. Pfalzgräfin am Rhein. — Landwehrmanns Christfest od. d. Wiedersehen unterm Weihnachtsbaum, s: Radermacher's, J, Vereinsbühne.

— Die Probe z. Gallavorstellg d. Varietes „Vom Tollen d. Tollste", Direktor Tobias Pumpernickel, s: Allotria-Bühne.

— Die Räuberherberge, s: Theaterbibliothek (Heidelm.).

— Die fidele Schöppenratsitzg od. Unser vaterstädt. Fest, d. Karneval, soll u. muss hochgehalten werden. — Die Studententochter od. d. humorist. Dämmerschoppen. — Zirkus Schmierinsky od. d. sprechenden Löwen, s: Allotria-Bühne.

Boppe, C. Hermann: Die demokratische Republik im Gegensatz zu Communismus und Anarchismus. 8°. Milwaukee, Wis., Freidenker Publishing Co., s. a.

Boppe, C. Hermann: Der Staat und seine Widersacher. 8°. Milwaukee, Wis., Freidenker Publishing Co., s. a.

Boppert, Conr., Glaubensschild zum täglichen Gebrauche für Priester. Uebers. von einem Priester des Bisthums Rottenburg. 1. u. 2. Thl. Regensburg 855, 56. Manz. 8. (371; 352 S.) Jeder Thl. 19½ ngr

— Scutum fidei ad usus quotidianos sacerdotum. XII partes. Edit. altera. Friburgi Br. 853—55. Herder. 12. (352; 343; 334; 342; 331; 333; 342; 322; 328; 338; 345; 241 S.) Jeder Bd. n. 11 ngr

—— Scutum fidei ad usus quotidianos sacerdotum. (In XII partibus.) Pars I.: A dominica I. adventus usque ad d. I. Januarii. Editio altera. 12. (352 S.) Friburgi Brisg. 853, Libr. Herder. *

—— id. — Pars II. et III.: A die I. Jan. usque ad Dom. I. Quadrag. Editio altera. 12. (677 S.) Ibid. 853,54. *

—— id. — Pars IV. et V. Editio altera et Pars VI. et VII.: A Dom. I. Quadrages. usque ad Dom. IX. post Pent. 12. (1346 S.) Ibid. 854. *

—— id. — Pars VIII—X. A Dom. IX. p. Pent. usque ad Dom. XXIV. p. Pent. 12. (988 S.) Ibid. 854. *

—— id. — Pars XI. et XII.: A Dom. XXIV. post. Pent. usque ad Dom. I. Advent. — Proprium sanctorum. Indices IV. 12. (580 S.) Ibid. 855. *

Boepple, Paul, die Elemente der Musikalität. Präparationen f. den Gesangunterricht in der Volksschule. Nach den Grundsätzen der Methode Jacques-Dalcroze entworfen. (VII, 65 S.) gr. 8. Lausanne (910). Neuchâtel, Jobin & Co. 2.—

Boepple, Paul

Die Elemente der Musikalität. Präparationen f. d. Gesangunterricht in d. Volksschule. Nach d. Grundsätzen d. Methode Jaques-Dalcroze entworfen von Paul Boepple. Paris: Jobin; Leipzig: Breitkopf & Härtel (1910). VII, 65 S. 8° [illegible]

Böppler, W., Predigt, am Sonntage nach Kaiser Wilhelm's Tod in der Friedenskirche zu Crefeld geh. 8. (12 S.) Crefeld 888. (Greven.) n. — 30

Böppli, G., Betrachtungen über den Entwurf zu einem Gesetze betr. das Zürcherische Notariatswesen. 8. Zürich, Schiller & Co. —. 50

1872?

Bopp-Stiftung, Statut der. [Berlin 1866.]

— Verzeichniss der Beiträge [zur Gründung der Bopp-Stiftung].

Bopst, Emil, moderne Beleuchtungskörper. Sammlung v. Kronen, Ampeln, Leuchtern, Wandarmen u. a. f. elektr. Licht. Entw. u. gezeichn. v. B. M. e. Vorwort v. Geo. Buss. gr. Fol. (15 Lichtdr.-Taf. m. 3 S. Text.) Berlin 895. E. Wasmuth. In Mappe n. 15. —

Bør Slesvig deles? Et Livsspørgsmaal for Slesvig og for Danmark, besvaret af en Nordslesviger. Hamburg 867. Falcke. 8. (48 S.) 3 ngr

Bor, A. H., Diss. de indole singulis hominibus optanda. 8 maj. St. Emmerich 828. (Essen, Bädeker). 1 ℔

Bor, A. H., Dissert. de indole singulis hominibus optanda. 8 maj. (13¾ B.) Embricae 828. (Wesel, Bagel.)

Bor, Alois, Doktor Paprika. Jeho příhody a nehody. (Dr. Paprika. Seine Schicksale.) 8. (171 S.) In Comm. Solc: Telč 1897 —.70

Boer: Beantwortung..., s. Boer, Jan

Boer, Conrad de, appr. Arzt a. Reepsholt in Ostfriesland: Zur Behandlung der habituellen Schulterluxation. Göttingen 1907: Hubert & Co. (31 S.) 8°

Göttingen, Med. Fak., Ref. Braun, Diss. v. 26. Juni 1907

[Geb. 26. Juni 77 Reepsholt in Ostfriesl.; Wohnort: Reepsholt; Staatsangeh.: Preußen; Vorbildung: Gymn. Aurich Reife O. 99; Studium: Erlangen 5, Göttingen 5 S.; Coll. 29. Apr. 07; Approb. 1. Jan. 06.]

Boer, D. L. J., s. a. Boer, L. J.

Boer, D. L. J., Abhandl. u. Vers. geburtshülfl. Inhalts. 1r Bd. 1s—3s u. 2n Bds. 1s—4s Heft. gr. 8. Wien, Wappler. 791—810. (I. 1 Rthlr. 12 gr., II. 1s 16 gr., 2s—4s à 1 Rthlr.)

— üb. d. Säugung neugeb. Kinder u. d. Behandl. d. Brüste d. Kindbetter. gr. 8. Wien, Beck. 808.

Boer, Friedrich, Referendar: Leistungsunmöglichkeit und Annahmeverzug. ⟨Zur Frage des Zusammentreffens beider.⟩ Bonn 1909: Foppen. 56 S. 8°
Bonn, Jur. Diss. v. 3. März 1909, Ref. Crome
[Geb. 12. März 85 Berlin: Wohnort: Berlin; Staatsangeh.: Preußen; Vorbildung: Prinz-Heinrich-Gymn. Berlin Reife O. 03; Studium: Freiburg i. B. 1, Berlin 6 S.: Rig. 20. Febr. 09.] [U 09. 317

Boer, Gust. (geb. Sondershausen 1808): De variis pneumoiae [!] speciebus. Berolini (1831). (43 S.) 8°
Berlin, Med. Diss. v. 29. Aug. 1831

Boer, H. N., Versuch einer Darstellung d. kindlichen Organismus. gr. 8. Wien, Camesina. 813.

Boer, H. F., Versuch einer Darstell. des kindlichen Organismus. gr. 8. Wien, Heubner 818.

Boer, Heinr.: Ueber den lyrischen Standpunkt bei Auffassung und Erklärung lyrischer Gedichte, mit besonderer Rücksicht auf Horaz I. 20 S.
Progr. Bedburg 1851.

Boer, Henriette de

Pilgerbrot. Schlichte Gedichte von Henriette de **Boer.** Emden: Selbstverl.; Haynel in Komm. (1907). 60 S. 8° [07. 11 7

Boer, Hugo, Modell- u. Musterbuch für Juweliere. Goldarbeiter u. Bijouteriefabriken, enth. Muster etc. nach dem modernsten Geschmack. 1—8. Hft. qu. 8. (à 8 lith. Taf. m. 2—4 S. Text.) Nordhausen 847—51, Büchting. (à 1/4 ß) 2 ß

Boer, Hugo, Modell- und Musterbuch für Juweliere, Goldarbeiter und Bijouteriefabriken, enthaltend Muster von Bracelets, Broches, Diademen, Nadeln, Ringen etc. nach dem modernsten Geschmack. Gezeichnet und mit erläut. Texte hrsg. Neue Ausg. 1. Heft. qu. 8. (4 S. mit 8 Stnt.) Nordhausen 850(57,) Büchting.

Boer, Hugo, Modell- und Musterbuch für Juweliere, Goldarbeiter und Bijouteriefabriken, enthaltend Muster von Bracelets, Broches, Diademen, Nadeln, Ringen etc. nach dem modernsten Geschmack. Gezeichnet und mit erläut. Texte hrsg. Neue (Titel-)Ausg. 2—8. (Schluss-)Heft. qu. 8. (à Heft 2 S. mit 8 Stnt.) Nordhausen (851)57,58. [Leipzig, Wilfferodt.] à Heft 7 1/3 Ngr.
1. Heft. Ebendas. 1856. 7 1/2 Ngr.

Boer, Hugo, Modell- und Musterbuch für Juweliere, Goldarbeiter und Bijouteriefabriken, enthltd. Muster von Bracelets, Broches, Diademen, Nadeln, Ringen u. s. w. nach dem modernsten Geschmack. Gez. u. mit erläut. Texte herausg. Neue Ausg. (In 8 Heften.) Nordhausen 857. Büchting. qu. 8. Jedes Heft (à 1—2 Bl. Text u. 8 lith. Taf.) 7 1/2 ngl

Boer, H, Modell- u. Musterb. f. Juweliere, Goldarb. etc. N. Asg. 8 Hfte. qu. 8. (à 8 L. u. 2 S.) Nordh. 57. (Lpzg, Wilfferodt.) à — 7 1/2

Boer, Hugo, vollständiger Unterricht f. Gold- u. Silberarbeiter. 8. (15 1/3 B. u. 1 Stnt.) Stuttgart 846, Sonnewald'sche Buchh.

Boer, H, vollst. Unterr. f. Gold- u. Silberarbeiter. N. Asg. 8. (240) Quedl. 66, Ernst. — 20

Boer, Jan de

—— und H. Wiskemann, Beantwortung der Preisfrage: „Enthalten die Prinzipien der Demokratie Irrthum oder Wahrheit, und liegt darum in ihrer Durchführung das Heil oder das Unglück der Zukunft? — Wenn in derselben Irrthum und Unheil liegen sollten, wie könnte diesem vorgebeugt werden; oder, wenn sie Wahrheit und Wohlfahrt enthalten, wie kann ihnen der dann zu wünschende weiteste und allgemeine Eingang und Erfolg verschafft werden?" Zwei Preisschriften. Lex.-8. (61 S.) Leipzig 850, Hartknoch.

Boer, Jan van, Kreuz und Halbmond. Geschichte der russisch-türk. Kämpfe vom Beginn bis zur Jetztzeit. Zum Verständniß der oriental. Frage populär dargestellt. (1—21. Heft.) 8. (1. Bd. 464 S., 2. Bd. S. 1—544 mit 21 Holzschn. und 2 lithogr. und ill. Karten.) Berlin 854—55, Möhring. à Heft 3 Ngr.

van Boer, Jan., (pseud.), die Mißhandlung d. polit. Verbrecher unserer Zeit. Mit besond. Rücksicht auf das Zellengefängniß zu Bruchsal in Baden. Mit 1 lith. Zeichnung (in 4.) 8. (52 S.) Leipzig 850, Hartknoch. 1/4 ß

—— der Pforten-Souverainetäts-Kampf vom Ursprung bis zum Bruch der wiener Conferenz. Vom histor. Standpunkte aus dargestellt. 8. (95 S.) Berlin 855, Möhring.

Boer, L. J., s. a. Boer, D. L. J.

Boer, L. J., Abhandlungen u. Vers. z. Begründung einer neuen u. naturgemäßen Geburtshülfe in 7 Büchern. 3 Bde. 2te Aufl. Wien, v. Mösle. (Leipzig, Kummer.) 811.
(NB. Ist die 2te Auflage v. Boer, L. J., Abhandlung u. Versuche geburtshülfl. Inhalts. Wien, Wappler. 791—810.)

Boer, L. J., natürliche Geburtshülfe und Behandlung der Schwangern, Wöchnerinnen und neugebornen Kinder 3 Th. 3te verm. Aufl. gr. 8. Wien, von Mosle. 817.

— naturalis medicinae obstetriciae libri VII. 8maj. ibidem. 812.

Boer, L. M. de, deutsches Lesebuch, s.: Wesing, C.

Boer, L. K. de,
Sprachschule f. den deutschen Unterricht, s. Wesing, C.

Boer, Lukas Johann [Pseud.], s. Boogers, Lukas Joh.

Boer, Michael Georg de: Die Friedensunterhandlungen zwischen Spanien und den Niederlanden in den Jahren 1632 und 1633. *Groningen: P. Noordhoff 1898.* (XV, 142 S.) 8°
Heidelberg, Phil. Diss. v. [2. Aug.] 1897

Boer, Osc. (geb. Berlin 15. 2. 1847): Ueber Ichthyosis. Berlin (1873). (32 S.) 8°
Berlin, Med. Diss. v. 23. Juli 1873

Boer, RC: Methodolog. Bemerkgn üb. d. Untersuchg d. Heldensage. Auseinandersetzg m. Andreas Heusler. (28) gr8° Amsterd., J Müller '11. 1 —

— Die altengl. Heldendichtg. 1. Bd. Béowulf. — Die Sagen v. Ermanarich u. Dietrich v. Bern, s: Handbibliothek, Germanistische.

Boer, Richard, pr. Arzt: Ueber die Gefahren der grossen Kehlkopfoperationen. Leipzig 1909: Georgi. 24 S. 8°
Leipzig, Med. Diss. v. 13. Jan. 1909, Ref. Trendelenburg
[Geb. 6. Okt. 77 Berlin: Wohnort: Charlottenburg; Staatsangeh.: Preußen; Vorbildung: Gymn. Höxter Reife M. 99; Studium: Halle 1, Würzburg 4, Kiel 1, Berlin 5 S.; Coll. 18. Jan. 09; Approb. 3. Dez. 07.] [U 09. 2756

Boer, Richard Constant

Boer, R. C., Bjarnar Saga Hitdoelakappa. Hrsg. v. R. C. B. gr. 8. (XLIV, 112 S.) Halle 893. M. Niemeyer. n. 4. —

Boer, R. C., s.: Grettis saga Asmundarsonar.

Boer, R. C., s.: Ovar-odds saga.

— Orvar-Odds Saga, s.: Saga-Bibliothek, altnordische.

Die Sagen von Ermanarich und Dietrich von Bern von R[ichard] C[onstant] **Boer.** Halle a. S.: Waisenhaus 1910. VIII, 333 S. 8°
(Germanistische Handbibliothek. Bd 10.) [10. 9331 2

Untersuchungen über den Ursprung und die Entwicklung der Nibelungensage von R[ichard] C[onstant] **Boer.** Bd 1. 2. Halle a. S.: Waisenhaus 1906–07. 2 Bde 8°
Aus: Zeitschrift f. deutsche Philologie. Bd 37. 38. [07. 14567 10

— Untersuchungen üb. den Ursprung u. die Entwicklung der Nibelungensage. 3. Bd. (V, 191 S.) gr. 8. Halle 909. Buchh. des Waisenhauses. 8. —

de Boer, Tjitze: Die Ewigkeit der Welt bei Algazzâli und Ibn Rošd. '(Erstes Kap. aus: „Die Widersprüche d. Philosophie nach Al-Gazzâli u. ihr Ausgleich durch Ibn Rošd.)' . . . [Erschien vollst. 1894 im gl. Verl.] Strassburg, K. J. Trübner, 1894; 2 Bl., 44 S., 1 Bl. 8.
Strassburg, Phil. Fak., Inaug.-Diss. v. 1894

Boer, Tjitze de, die Widersprüche der Philosophie nach Al-Gazzālī u. ihr Ausgleich durch Ibn Rošd. gr. 8. (III, 122 S.) Strassburg 894. K. J. Trübner Verl. n. 3.50

Boer, Tjitze J. de

Boer, T. J. de, Geschichte der Philosophie im Islam. gr. 8. (191 S.) Stuttgart 901. F. Frommann. n. 4. —; geb. n.n. 5. —

Boer, Willy: Pneumonienephritis und Nephritiden nach andern Infektionskrankheiten. Bonn: Georgi 1908. 43 S. 8°
Bonn, Med. Diss. v. 4. Nov. 1908, Ref. Schultze
[Geb. 28. Dez. 81 Sondershausen; Wohnort: Cöln-Deutz; Staatsangeh.: Schwarzburg-Sondershausen: Vorbildung: Gymn. Sondershausen Reife O. 01; Studium: Leipzig 4, Freiburg i. B. 1, München 2, Berlin 5 S.: Coll. 30. Juni 08; Approb. 1. Okt. 08.] [U 09. 327

Bora, Katharina von. 8. (68) Berl. 53, (Wohlgemuth.) n. — 4

Bora, Katharina von, Dr. Martin Luthers Ehegemahl. Berlin 853. (Wohlgemuth.) 8. (68 S.) n. 4 ngr.

BORA. — Sendschreiben der Catharina von Bore an die aufgehobenen Nonnen aus dem Reiche der Todten. Köln, (Wien, Hörling) 1783. 8°.

Borach, Schimschon. Die Bücher der Chronica v. d. Kindern der Russen u. d. Kindern der Türken. Zur Geschichte des itzigen Krieges, i. Jahre der Welt 5720. (342.) 8. 1770.

Borain, Joan [Pseudon.] s. Pidoux, Louis-Samuel.

Borain, Jules, Freihandel u. Schutzzoll. Uebersetzt v. Nik. Reiser. 2. Ausg. von „Die Ungeheuerlichkeiten des engl. Freihandels". 8. (II, 182 S.) Leipzig 881. Baldamus. n. 1 —

Borain, Jules, die Ungeheuerlichkeiten des englischen Freihandels. Uebersetzt aus dem Französ. von dem Haupt- und Fachlehrer der Webschule Lambrecht. 8. (II, 182 S.) Kaiserslautern 878. (Leipzig, Baldamus.) *

Boranetzki, J., u. A. Famintzin, zur Entwickelungsgeschichte der Gonidien, s. Famintzin, A.

Borax u. Borsäure als Arznei- u. Konservierungsmittel. Hrsg. vom Bunde deutscher Nahrungsmittel-Fabrikanten u. -Händler. (118 S.) Lex.-8. Heidelberg (905). C. Winter, Verl. n. 3. —

Borbás, Vincentius de, die ungarischen Inula-Arten, besonders aus der Gruppe der Enula. gr. 8. (23 S.) Budapest 887, (Kilián.) *

Borbás de Deétér, Vincent., revisio Knautiarum. (94 S.) gr. 8. Kolozsvár (Klausenburg) 904. (J. Stein.) n.n. 2. —
Sonderabdruck aus: „Acta scient. instituti botanices systematicae r. univ. Kolosváriensis"

Die pflanzengeographischen Verhältnisse der Balatonseegegend von Vinzenz **Borbás** von Dejtér. Deutsche Bearb. von J. Bernátsky. Mit 23 Textfig. u. 3 Taf. (Wien: E. Hölzel in Comm. 1907.) (154 S.) 4°(8°) = **Resultate** d. wissenschaftl. Erforschung d. Balatonsees. Bd 2, T. 2, Sectio 2. [07. 3104

Borbein, Hans, die mögliche Arbeitsleistung der Neuphilologen. Vortrag, geh. auf dem XII. Neuphilologentag in Köln am 25. V. 1904. (19 S.) gr. 8. Marburg 904 N. G. Elwert's Verl. n. — 40
Sonderabdruck aus: „Die neueren Sprachen".

Borbein, Joannes [Vlothoviensis]: Über den Wert des monotheistischen und pantheistischen Gottesbegriffes für das sittlich-religiöse Bewusstsein. . . . Halis Saxonum, *Druck v. C. L. Schrader, Hannover,* 1889; 1 Bl. + 35 + 1 S. + 1 Bl. 8°
Halle, Phil. Fak., Inaug.-Diss. v. [16. Mai] 1889

Borberg, August: Ueber Wölbungsanomalien des Trommelfells. Halle (1869): Plötz. 34 S. 8°
Halle-Wittenberg, Med. Diss. v. 12. Juni 1869
Geb. Hamm (Westf.) 21. 7. 1846. V.

Borberg, Carl (Nidda)
De fati, quam sibi Homerus cogitatione finxerit, imagine. MS. 88 S. 8°
Diss. phil. Giessen 2.11.1826.

Borberg (Henr. Ferd.) Armin. (geb. Hamm 4. 4. 1831): De stomatitidis variis generibus. Berolini (1854). (32 S.) 8°
Berlin, Med. Diss. v. 7. Okt. 1854

Borberg, K. F., N. T. Apocryphen in's Deutsche übersetzt. Stuttg. 1841. 8.

Borberg, Karl Fr., s. Bibliothek der Neutestamentlichen Apokryphen.

Borberg, C. Fr., die Dichter des hellen. Alterthums, s. Dichter.

Borberg, K. F., Geschichte der alten Literatur, s. a.: Volks- u. Jugendbibliothek. 9. Section. 1. Thl.

Borberg, K. Fr., Geschichte der alten Literatur. Für Leser aller Stände. 2. (Titel-) Ausg. Stuttgart (849) 856. Hallberger'sche Verlhdlg. 8. (344 S.) 21 ngr.

Borberg, Karl Friedr., Hellas u. Rom rc., s. Hellas.

Borbis, Johs., die evangelisch-lutherische Kirche Ungarns in ihrer geschichtlichen Entwicklung nebst einem Anhang über die Geschichte der protestantischen Kirchen in den deutsch-slavischen Ländern u. in Siebenbürgen. Mit einer Vorrede von Chr. Ernst Luthardt. Nördlingen 861. Beck. gr. 8. (XXXIV, 522 S.) n. 2 $\mathcal{R}$ 10 ngr.

— die Märtyrerkirche der evangelisch-lutherischen Slovaken, im Jahre des 1000jährigen Jubiläums ihrer Gründung historisch geschildert. Erlangen 863. Deichert. 8. (IV, 160 S. u. 2 S. Musikbeil. in 4.) n. 12 ngr.

Borbis, P. J. R.

Borbiz, I., der Religionsunterricht an dem evangel. Gymnasium zu Teschen. Teschen. 4. *21 p.*
Schul-/Univ.-Schrift 1867

Borbis, P. J. R., über den Religionsunterricht auf dem k. k. evangelischen Gymnasium zu Teschen. Teschen 867. (Leipzig, H. Fritzsche.) 4. (21 S.) n. 4 ngr.

Borbiz, I.: Der Religionsunterricht, s. Borbis, P. J. R.

Borbón s.: Paz de Borbón.

Borbón, Paz de, Poesias. (XVII, 67 S.) 12. Freiburg i/B. 904. Herder. n. 1. 20; geb. in Leinw. m. Goldschn. n. 1. 80

Borbstaedt, A., Preußens Feldzüge gegen Oesterreich u. dessen Verbündete im J. 1866 mit Berücksichtigung des Krieges in Italien. Nach dem inneren Zusammenhange dargestellt. Mit vollständiger Ordre de bataille der preuß., österreich., sächs. rc. Armee. 1—4. Aufl. 866. (VI, 191 S.) — 5. umgearb. u. in den militärischen Details erweiterte Aufl. Berlin 867. Mittler & S. gr. 8. (VI, 226 S.) 15 ngr.

Borbstädt, A. Der deutsch-franz. Krieg 1870 bis zur Katastrophe von Sedan und der Kapitulation von Strassburg. (V. 574) 8. Mit 13 Skizzen, 4 Karten, 6 Plänen. Berlin 1870—1872. 6.75.

Borbstaedt, A., der deutsch-französische Krieg 1870 nach dem inneren Zusammenhange dargestellt. Mit vollständ. Ordre de bataille der deutschen und französ. Armeen, Karten und Schlachtplänen. 1. und 2. Lfg. Mit der ersten Ordre de bataille der französ. und deutschen Armeen (in 8 Tab. in qu. Fol.). gr. 8. (S. 1—222.) Berlin 871, Mittler und Sohn.

—— dass. — 3. Lfg. Mit 1 (chromolithogr.) Operations-Karte (in gr. Fol.) der deutschen Armeen vom 7. bis 18. August 1870, 1 (chromolithogr.) Specialkarte von Metz und Umgebung (in qu. Fol.), einer Beilage Nr. 4, die Ordre de bataille der königl. bayer. Armee enth. und mehreren Skizzen im Text (in Holzschn.). gr. 8. (S. 223—376.) Ebendas. 871.

—— dass. — bis zu der Katastrophe von Sedan und der Kapitulation von Straßburg nach dem inneren Zusammenhange dargestellt. 4. [Schluß-]Lfg. Mit 5 Beilagen Ordres de bataille und Zusätzen, 13 in den Text eingedr. Skizzen, 4 (lithogr.) Operationskarten (in qu. 4., Fol. und gr. Fol.), 5 Gefechts- und Schlachtplänen und einem Belagerungsplan (in eingedr. Holzschn.). gr. 8. (V, S. 377—574.) Ebendas. 872. compl.

Borbstaedt, A., der deutsch-französische Krieg 1870 nach dem inneren Zusammenhange dargestellt. Mit vollständ. Ordre de bataille der deutschen u. franz. Armeen, Karten u. Schlachtplänen. gr. 8. (V, 574 S.) Berlin 872. Mittler & Sohn. 6. 75

(Borbstädt, A.) Der nordamerikanische Krieg. 2 Thle. 8. Berlin 1867.

Borbstädt, A., die Land- und Seemacht Frankreichs im Frühjahr 1867. (Beiheft zum Mil. Wochenblatt 1867. Nr. 2). Berlin 1867. 8.

—, die Land- und Seemacht Großbritaniens. (Beiheft zum Mil.

Borbstaedt, A., allgemeine geograph. u. statistische Verhältnisse in graphischer Darstellung, zusammengetr. nach v. Roon: Grundzüge d. Erd-, Völker- u. Staatenkunde, Bergbaus: Länder- u. Völkerkunde etc. M. einem Vorw. von Carl Ritter. qu. ½-Fol. (2 B. Text u. 38 Taf.) Berlin 816, G. Reimer. *

Borch, Graf v. Reisen durch Sicilien und Malta, und von den Revolutionen, so dieses Land erlitten hat. Herausgegeben von Prof. Werthes. Mit 24 Kupferstichen und 3 Karten. 8. Bern 1796.

Borch G.: Mitteilungen üb. das »Kopenhagener Milchgeschäft« (Firma: »Københavns Mælkeforsyning«). Kopenh. 1888. 10 S. P.

Borch, Herbert von, Dragomanats-Aspirant bei d. Kais. deutschen Gesandtschaft in Peking: Das Recht der stillen Gesellschaft des Handelsgesetzbuchs in seinem Verhältnis zum Gesellschaftsrecht des Bürgerlichen Gesetzbuches. *Rostock 1901: C. Hinstorff.* (73 S.) 8° [F.]
Rostock, Jur. Diss. v. [5. Mai] 1901

Borch, Leopold von

Beiträge zur Rechtsgeschichte des Mittelalters mit besonderer Rücksicht auf die Ritter und Dienstmannen fürstlicher und gräflicher Herkunft. Nebst einer lithogr. Tafel: Wandelungen des Querfurter Helmschutzes v. Freiherr Leopold von **Borch**. Innsbruck. 1881. Mit: Nachtrag. Erklärungen und Berichtigungen. 4°.

Borch, Frhr. Loopold v., Beiträge zur Rechts-Geschichte dos Mittolalters mit besond. Rücksicht auf dio Rittor u. Dionstmannen fürstlicher u. gräflicher Horkunft. Nobst einor lith. Taf.: Wandelungen des Querfurter Holmschutzes. gr. 4. (84 S.) Innsbruck 881. F. Rauch. n. 4. —

— dio gesetzlichen Eigensohafton d. deutsch-römischen Königs u. soinor Wähler bis zur goldonon Bullo. gr. 8. (42 S.) Ebond. 884. n. 1. —

Borch, Freiherr L. von, Einfluß des römischen Strafrechts auf Gefolgschaft und Majestätsverletzung in Deutschland. Mit vielem ungedruckten Materiale. 8. (VI, 52 S.) —.60
Wien: Manz 1889

Borch, L. Frh. v. d., Die letzten Erben des Wappens der regierenden Grafen von Querfurth. Mit Tfl. 1878. 4.

— **Geschichte des kaiserl. Kanzler Konrad, Legat in Italien u. Sicilien, Bischof v. Hildesheim u. v. Wirzburg, u. dessen Vertheidigung gegen die Anklage des Verrathes. 2. neu bearb. u. verm. Aufl. gr. 8. (IV, 119 S. m. 1 genalog. Tab.) Ebend. 882. n. 2. —**

Borch, Frhr. L. v., Heinricus [II.], Romanorum invictissimus Rex. Eine Untersuchung über diesen Titel. gr. 8. (21 S.) Innsbruck 885, (F. Rauch.) *
Vergriffen.

— **Kaiserverwandtschaften des Hauses Querfurt. Genealogische Tabelle in qu. gr. Fol. mit eingedr. Siegel-Abbildungen. Innsbruck 879. (Berlin, Mitscher & Röstell.) — 30**

Borch, Frhr. L. v.: Militär-Strafrecht und -Gerichtsbarkeit und die Rechtsgleichheit. Ansb. 1890.

— Rechtsgesch. d. Mittelalters m. besond. Berücksichtigung d. Ritter u. fürstl. Dienstmannen. Innsbruck 881.

—— die Rechtsverhältnisse der Besitzer der Grafsch. Haag bis zur Erlangung der Reichsstandschaft seit 1434 nach ungedruckten Kaiserurkunden. gr. 8. (IV, 62 S.) Innsbruck 884, F. Rauch's Buchh. * 1 —

Borch, L. v. (Hrsg.), s. Regesta Prisingensia et exempla familiarum nobili prosapia ortarum, . . .

Borch, L. v., Regesten der Herren von Borch im Erzbisthum Magdeburg. Mit Siegeltfl. Briesenthal 1872. 8. Nicht im Handel.

— Regesten der Herren v. Borch im Erzbisth. Magdeburg. Mit e. Einleitg. versehen u. hrsg. gr. 8. (82 S. m. 1 lith. Siegeltaf.) Lindau 872. (Prenzlau, Biller.) n. 4. —

Borch, L v., Regesten d. Herren v. Borch im Erzbisth. Magdeburg. 8. (82 m. 1 L.) Lind. 72. (Berl., Schleiermacher.)(?)n. 4. —

—— Regesten der Herren v. Borch im Erzbisth. Magdeburg. Mit einer Einleitung vers. und hrsg. gr. 8. (82 S. mit 1 lithogr. Siegeltaf.) Lindau 872, Selbstverlag des Verf. *
Vergriffen.

— **Regesten zur Geschichte des kaiserl. Kanzlers Konrad, Bischof von Hildesheim u. von Würzburg. Mit 1 Stammtaf. u. 1 lith. Abbildung. gr. 4. (84 S.) Dresden 880. v. Grumbkow. n. 1. 50**

—— Reise des kaiserl. Kanzler Konrad, erwählter Bischof von Hildesheim, in Italien im J. 1196, von ihm selbst erzählt. In das Deutsche übers. u. mit geschichtl. Einleitung und Erklärungen begleitet. Nebst 1 lithogr. Stamm-, Siegel- und Münztaf.: Die Kaiserverwandtschaften des Hauses Querfurt. gr. 4. (20 S.) Ebendas. 880. * 1 —

— **Reise des kaiserl. Kanzlers Konrad, erwählter Bischof von Hildesheim, in Italien im J. 1196, von ihm selbst erzählt. In das Deutsche übers. u. mit geschichtl. Einleitung u. Erklärungen begleitet. Nebst 1 lithogr. Stamm-, Siegel- u. Münztaf.: Die Kaiserverwandtschaften des Hauses Querfurt. gr. 4. (20 S.) Ebd. 881. n. 1. —**

Borch, Frh. L. v., Ritter u. Dienstmannen fürstl. u. gräfl. Herkunft. Lindau 1877. 8.

Borch, L. Frh. v., Rechtsgeschichtl. Untersuchungen über die Familien von Brandis, Dohna, Grumbach, Hohenlohe, Makesherve, Surberg. Berlin 1876.

Borch, Freih. L. v., Das höchste Wehrgeld in Frankreich. Ein Beitrag zur Verfassungsgeschichte. 8. (83 S.) Innsbruck, *Fel. Rauch. 70 kr. 1884.

Borch, Frhr. Leop. v., das Literarische Centralblatt f. Deutschland u. Dr. O. Harnack's Kurfürstencollegium. Ein Wahrheitsbericht. gr. 8. (23 S.) Innsbruck 884. F. Rauch. n. — 48

von Borch, Mich. Johann Graf: Briefe über Sicilien und Maltha, von dem Herrn Grafen von Borch an Herrn G. von N. geschrieben im Jahr 1777. Als ein Supplement zu der Reisbeschreibung von Herrn Brydone, mit Charten vom Etna, von dem alten und neuen Sicilien, nebst 24 Kupferstichen. Th. 1, 2. Bern 1783. 1 Bd. 198; 202 S. 8°.

— Graf von, Briefe über Sicilien und Malta. Aus dem Französ. von F. A. C. Werthes. Mit Kupfern. Bern 783. 2 Bde. 8. 1 rthl. 8 gr.

Borch, Gr. v., Briefe üb. Sicilien u. Malthe, m. K. 2 Bde. 8. Bern, Typ. 783.

v. d. Borch, Comte Mch. Jh., (†d. 29. Dec. 1810.) Lettres sur la Sicile et sur l'Ile de Malthe. II Vols. gr. 8. Turin 782. Ins Deutsche übers. von F. A. Cl. Werthes, unter d. T.: Graf v. d. Borchs, Briefe über Sicilien u. Malta, geschrieben im J. 1777. 2 Bde. Mit Kpf. u. Karten. 8. Bern 785. Typogr. Soc. 1 ₰ 8 gl

— la minéralogie sicilienne docimastique et metallurgique. Mit 13 Tabb. u. d. Bildn. d. Verf. gr. 8. Turin 780. Bern, Typogr. Soc. 5 ₰ 8 gl

Borch, Rud.: Einführg in d. Geistesgeschichte. (123) 8° Hambg, A Janssen '12. Pappbd 3 —

— s. Histoire de G. de Browne.

— s. Stanislade.

s. Wieland: Oberon.

BORCH, Wilhelm Friedrich Frhr. v. d.: Johann Adolph Irrwalds Lehrjahre. - Anspach 1828. 144 S.

von der Borch, W. Fr. Frhr., J. Ad. Irrwalds Lehrjahre. 8. Ansbach 828. Brügel, (Nürnb., Stein). 12 gl

Borch, W. F. v. d., s. Taschenbuch z. Belehrung u. Unterhaltung f. Wald- u. Jagdfreunde.

— Taschenbuch f. Wald- u. Jagdfreunde, s. Sylvan.

Borchard, zur Behandlung der subkutanen Verletzungen des Kniestreckapparates (Ruptur des Quadriceps, Fraktur der Patella, Zerreissung des Lig. patellae prop.), s.: Festschrift, dem Ärztevereine der Kreise Birnbaum usw. gewidmet.

Borchard: Heilmittel . . ., s. Borchardt

Borchard, Diss. de ischuria et dysuria. Frcf. 4°. 1750

Borchard: De Aeschyli Choephororum parodo comm. 16 S. Progr. Berlin Fr. W. 1862.

Borchard, August [aus Lemgo (Lippe-Detmold)]: Ueber Carcinome der Highmorshöhle . . . . Jena, Druck v. B. Engau, 1888; 59 S. 8°

Jena, Med. Fak., Inaug.-Diss. v. [31. März] 1888

Borchard, August, über Carcinome der Highmorshöhle. Diss. Jena 1888, G. Neuenhahn. 8°. 59 S.

Borchard, C. W., s. a. Borchardt, C. W.

Borchard, C. W., über eine Interpolationsformel für eine Art symmetrischer Functionen und über deren Anwendung. gr. 4. (20 S.) Berlin 860, (Dümmler's Verlagsh.) Thlr. *
Aus: Abhandlungen der k. Akad. der Wissenschaften zu Berlin Jahrg. 1860, besonders abgedruckt.

Borchard, Ed., Morgen-Andachten eines Laien. Geh. im königl. Friedrich-Wilhelms-Gymnasium zu Berlin. gr. 8. (III, 48 S.) Berlin 882. Wohlgemuth. n. — 75

Borchard, H., s. a. Adressbuch, kirchliches, f. Nord-Amerika.

Borchard, H.: Kirchliches Adressbuch für Nord-Amerika. Im Auftrage des Central-Ausschusses für die Innere Mission der deutschen Evangelischen Kirche, der Evangelischen Gesellschaft für die protestantischen Deutschen in Amerika und der Diaspora-Konferenz herausgegeben. Bielefeld u. Leipzig 1884. 69 S., 1 Krt. 8°.

Borchard, H., die deutsche evangelische Diaspora, s.: Zimmer's Handbibliothek der praktischen Theologie.

Borchard, H., Festrede geh. bei der Jahresfeier der Gustav-Adolf-Stiftung in der St. Petri Kirche am 6. Novbr. 1872. 8. (29 S.) Hamburg 873. Nolte. n. — 30

Borchard, H., Verzeichnis der deutschen evangelischen Diaspora-Gemeinden u. -Geistlichen in Südamerika, Australien, Orient, Rumänien, Serbien, Italien, Schweiz, Frankreich u. England, zusammengestellt im Auftrage der Diaspora-Conferenz. gr. 8. (16 S.) Leipzig 883. Matthies. n.n. — 25

Borchard, H.: Die Ziele . . ., s. Scholkmann, G.

Borchard, Hans-Heinrich (Bearb.), s. Ministerium, 50 Jahre Preuß.

Borchard, Heinrich

Borchard, H.: Das Training des Schwimmers. Im Anh.: Trainingsregeln u. Rettungsschwimmen v. Fr. Droemer. Internat. u. dt. Rekordliste v. H. Meyboom u. Fr. Droemer. Dortmund 1909. 25 S.

Borchard, Heinr., das Training des Schwimmers. Anleitung zur Ausbildg. u. Lebensweise unserer Wettschwimmer. Im Anh: Trainingsregeln u. Rettungsschwimmen v. Fr. Droemer. Deutsche u. internationale Rekordlisten v. Fr. Droemer, H. Meyboom u. H. Borchard. 2. verb. Aufl. (31 S.) kl. 8. Dortmund (Burgwall 35 II) 910. Selbstverlag. p — 30

Borchard, [Karl]: Beschreibung des neuen Schulgebäudes. (Umschlagtitel: . . . des Schulg.) S. 3—5, 1 Taf. 4. Städt. höh. Knabenschule — Realschule i. E. — *Delmenhorst* 1903
Progr.

Borchard, Karl: Textgeschichte von Thomson's Seasons. Halle 1883: Karras. 52 S. 8°
Halle-Wittenberg, Phil. Diss. v. [25. Aug.] 1883
Geb. Malchin (Meckl.) 29. 10. 1861. V.
Aus: Anglia. Zeitschrift f. engl. Philologie.. Bd 6. Halle 1883. S. 375—424.

Borchard, Marcus: Dissertatio . . . sistens casus morborum quosdam memorabiles. Halae [1833]: Baentsch. 20 S. 8°
Halle-Wittenberg, Med. Diss. v. [2. Okt. 1833]
Geb. Schwerin (Mecklenb.) 1808. V.
Verf. wurde ohne Rigorosum in absentia promoviert.

Borchard-Ummendorf, der Jesuiten-Antrag. Vortrag, geh. zu Völpke, den 22. Dezbr. 1890. 1.—3. Aufl. 12. (20 S. m. 1 Abbildg.) Barmen 891. H. Klein. n. — 10

— dasselbe, s. a. Schriften f. das evangelische Deutschland.

— das Sperrgelder-Gesetz u. der Kampf m. Rom. Vortrag, auf der Versammlg. der Synodalen, Ältesten u. Gemeindemitglieder der Ephorie Eisleben geh. zu Eisleben, den 11. März 1891. 12. (24 S.) Barmen 891. H. Klein. n. — 40

Borchardt: Das brasiliansiche Falliments-Dekret . . ., s. Borchardt, Osc.

Borchardt, ein Heilmittel gegen die Gicht. Sondershausen 859. Neuse in Comm. 16. (15 S.) n. 5 ngr

Borchard, e. Heilmittel geg. d. Gicht. 16. (15) Thonb. 59, Neuse. n. — 5

Borchardt: H o l z d i e b s t a h l . . . , s. B o r c h a r d t , N.

Borchardt, A.

Finnländische Agrarwirtschaft. Von d. Landwirtschaftl. Sachverständigen in St.-Petersburg **A. Borchardt**. Mit 6 Textabb. u. 2 Karten. Berlin: Deutsche Landwirtschafts-Gesellsch. 1908. (113 S.) 8° [F.]
— **Berichte** über Land- u. Forstwirtschaft im Ausland. Mitget. v. Ausw. Amt. Buchausg. St. 17. [od. 7131

Aus dem östlichen Hinterlande der Wolga. Von **A. Borchardt**, Landwirtsch. Sachverst. in St. Petersburg. *Berlin: Deutsche Landw.-Ges. 1904.* (89 S.) 8° [F.]
— **Berichte** über Land- u. Forstwirtschaft im Auslande. Mitget. v. Ausw. Amt. Buchausg. St. 7. [illegible]

Borchardt, A., Aus dem Kaukasus. Tl 1. 2. Berlin 1906. 1907. 8°.
1: D. ciskaukas. Landwirtschaft. 1906.
2: (Transkaukasien) 1907.
(Berichte üb. Land- u. Forstwirtschaft im Auslande. Stück 9. 16.)

Aus dem Kaukasus. Von **A. Borchardt**. T. 1. Berlin: Deutsche Landwirtschafts-Ges. 1906. 8° [F.]
— **Berichte** über Land- u. Forstwirtschaft im Auslande. Mitget. v. Ausw. Amt. Buchausg. St. 9. [illegible]

Die ciskaukasische Landwirtschaft. Von **A. Borchardt**. Berlin: Deutsche Landwirtschafts-Ges. 1906. (57 S.) 8° [F.]
— Borchardt: Aus d. Kaukasus. T. 1.
— **Berichte** über Land- u. Forstwirtschaft im Auslande. Mitget. v. Ausw. Amt. Buchausg. St. 9. [illegible]

Borchardt, A., s. a. Litterature française.

⟨Borchardt, A .⟩ Littérature française pendant la guerre de 1870-71. Par un Berlinois. 8. Berlin ..., Bâle et Genève .... 1871.

Die bäuerlichen Verhältnisse im südwestlichen und zentralen Rußland. Bericht d. Landw. Sachverständigen beim Kais. Generalkonsulat in St. Petersburg, Landwirt **A. Borchardt**. Berlin: Deutsche Landw.-Ges. 1902. (62 S.) 8° [F.]
— **Berichte** über Land- u. Forstwirtschaft im Auslande. Mitget. v. Ausw. Amt. Buchausg. 2. [illegible]

Borchardt, A., die bäuerlichen Verhältnisse im südwestl. u. zentral. Rußland. Bericht des landwirtschaftl. Sachverständigen beim kaiserl. Generalkonsulat in St. Petersburg, B. (Berichte üb. Land- u. Forstwirtschaft im Auslande. Mitgeteilt vom auswärt. Amt. 2. Buchausg.) gr. 8. (IV, 62 S.) Berlin 902. (P. Parey.) n. 2. —

Der Weizenbau im südwestlichen u. zentralen Rußland u. seine Rentabilität. Bericht d. Landw. Sachverständigen beim Kais. Generalkonsulat in St. Petersburg **A. Borchardt**. Berlin: Deutsche Landw.-Ges. 1902. (34 S) 8° [F.]
— **Berichte** über Land- u. Forstwirtsch. im Auslande. Mitget. v. Ausw. Amt. Buchausg. 3. [illegible]

Borchardt, Adf., nieder m. d. bildenden Kunst. Zeitgem. Gedanken u. Empfindgn. 8. (50 S.) Dresden 896. E. Pierson. n. 1. —

Borchardt, Adolph, Gerichtsref.: **Die verfassungsrechtlichen Voraussetzungen für die rechtmäßige Ausübung der Amtsgewalt im Sinne des § 113 Str.-G.-B.** *Greifswald 1903: J. Abel.* (66 S.) 8°
Greifswald, Jur. Diss. v. [14. Mai] 1903

Borchardt, Armin. Guil. (geb. Mörs 7. 1. 1816): De coxarthrocace. Berolini (1841). (27 S.) 8°
Berlin, Med. Diss. v. 3. Juli 1841

Borchardt, B., d. Röntgen'sche Entdeckung. Allgem. verständl. dargest. M. 10 Ill. u. e. n. d. Röntgen'schen Verfahren aufgenomm. Photogr. 12. (62 S.) Berlin 896. H. Baake. n. — 80

Borchardt B. Formel für das Hohenmessen mit dem Barometer. 1885. 8.
Math. Diss. Kiel

Borchardt, Bruno. Einführung in die Wahrscheinlichkeitslehre. gr. 8. (VI, 86 S.) Berl. 889, Springer. * 2 40

Die Entstehung und Bildung des Sonnen-Systems. Von Dr. B[runo] **Borchardt**. Mit 6 Abb. *Odenkirchen: W. Breitenbach 1902.* (44 S.) 8° [F.]
— **Vorträge**, Gemeinverständliche darwinistische, u. Abhandl. H. 4. [illegible]

Borchardt, Bruno [aus Bromberg]: Die Entwicklung der Formel für das Höhenmessen mit dem Barometer .... Berlin, Druck v. Carl Fraenkel, 1885: 3 Bl. + 58 S. u. 1 Taf. 8°.
Kiel, Phil. Fak., Inaug.-Diss. v. 12. Dez. 1885.

Borchardt, Bruno, die Entwicklung d. Formel f. das Höhenmessen m. dem Barometer. gr. 8. (58 S.) Berlin 885. (Kiel, Lipsius & Tischer.) n. 1. 20

Borchardt, B., zum 25jährigen Gedenktag der Sauerstoff-Verflüssigung. (31 S.) 8. Weimar 903. C. Steinert. n. — 80
Sonderabdruck aus: „Ztschr. f. kompr. u. flüss. Gase".

Borchardt, Bruno, Grundriss der Physik zum Gebrauche f. Mediziner. gr. 8. (VIII, 151 S. m. 52 Abbildgn.) Stuttgart 892. F. Enke. n. 3. —

— **Grundriss der Physik zum Gebrauche f. Mediziner.** 2. neu bearb. Aufl. gr. 8. (VIII, 184 S. m. 60 Abbildgn.) Stuttgart 900. F. Enke. n. 3. 60; geb. in Leinw. n. 4. 40

Borchardt, Bruno, die Sozialdemokratie u. die Wahlen zum deutschen Reichstage, s.: Hirsch, Paul.

Culturelle Umwälzungen im 19. Jahrhundert. Von Dr. Bruno Borchardt Mit Abb. *Berlin: Aufklärung 1901.* (63 S.) 8° [F.]
= Anfang, Am, des Jahrhunderts. H. 1. [illegible]

Borchardt, C.: Die R e m s c h e i d e r . . . , s. B o r c h a r d t , Carl

Borchardt, C. W., s. a. B o r c h a r d , C. W.

Borchardt, C. W., über die Aufgabe des Maximum, welche der Bestimmung des Tetraeders von grösstem Volumen bei gegebenem Flächeninhalt der Seitenflächen für mehr als drei Dimensionen entspricht. [Aus d. Abhdlgn. der königl. Akad. d. Wiss. zu Berlin.] Berlin 867. Dümmler's Verlhdlg. in Comm. gr. 4. (35 S.) n. 12 ngr

— **Bestimmung des Tetraeders von grösstem Volumen bei gegebenem Inhalt seiner 4 Seitenflächen.** gr. 4. (20 S.) Berlin 866, (Dümmler's Verlag.) *
Vorstehende zwei Schriften des Verf. wurden aus: Abhandlungen der k. Akademie der Wissenschaften zu Berlin, besonders abgedruckt.

— Ueber Deformationen elastischer isotroper Körper durch mechanische an ihrer Oberfläche wirkende Kräfte. (Aus dem Monatsber. der kgl. Akad. der Wissensch. zu Berlin vom Juli 1873.) Berlin 1873.

Borchardt, C. W., über eine Interpolationsformel für eine Art symmetrischer Functionen und über deren Anwendung. (Aus den Abhandlungen der K. Akad. der Wissensch. zu Berlin 1860.) Berlin 860. Dümmler's Verlhdlg. in Comm. gr. 4. (20 S.) n. 8 ngr

Borchardt, C. W. (Hrsg.), s. J o u r n a l für die reine . . .

Borchardt, C. W., zur Theorie der Elimination u. Kettenbruch-Entwickelung. [Aus: „Abhandlgn. d. k. Akad. d. Wiss. zu Berlin".] gr. 4. (17 S.) Berlin 878. Dümmler's Verl. in Comm n. 1. 20

Borchardt, C. W., Theorie des arithmetisch-geometrischen Mittels aus vier Elementen. gr. 4. (62 S.) Berlin 879, (Dümmler's Verlagsh.) *
Aus: Abhandlungen der k. Akademie der Wissenschaften zu Berlin, besonders abgedruckt.

Borchardt, C. W., Untersuchungen uber Elasticitat unter Berucksichtigung der Wärme. Berlin 1873. (Aus dem Monatsber. der kgl. Akad. d. Wissensch. zu Berlin vom Januar 1873.)

Borchardt's, C. W., Werke. Auf Veranlassung der königl. preuss. Akademie der Wissenschaften hrsg. v. G. Hettner. Mit dem Bildnisse Borchardt's (in Photogravure). 4. (IX, 511 S.) Berlin 888. G. Reimer. n. 17. —

Borchardt, Carl, Denkschrift zur Einweihung der Neye-Talsperre bei Wipperfürth-Remscheid, den 8. V. 1909. (Erweiterung der Wasserversorgg. der Stadt Remscheid.) Nebst: Entwickelung des Talsperrenbaues in Deutschland während der letzten 20 Jahre seit der Erbaug. der ersten Talsperre f. Wasserversorgg. in Remscheid. 1889—1909. Bearb. im Anftrage des Oberbürgermeisters. (240 S. m. 56 Lichtdr.-Bildern u. 2 Karten.) 8. Remscheid (909.) (H. Krumm.) Geb. 8. —

Erweiterung d. Wasserversorgung d. Stadt Remscheid. Denkschrift zur Einweihung der Neye-Talsperre bei Wipperfürth. Remscheid 1909. Bearb. ... von Carl **Borchardt**. Remscheid 1909: Krumm. 240 S. 8° [09. 7855

Borchardt, Carl, Gerichts-Ref. in Berlin: **Die Haftung des Frachtführers unter besonderer Berücksichtigung der durch das neue Handels-Gesetz-Buch getroffenen Änderungen.** *Berlin 1901: A. Wolff.* (48 S.) 8°
Freiburg i. B., Rechts- u. staatswiss. Diss. v. 1901

Die Remscheider Stauweiheranlage sowie Beschreibung von 450 Stauweiheranlagen. Von Carl **Borchardt,** Dir. ... in Remscheid. M. 19 Taf., 8 Fig. u. 107 Skizzen. *München & Leipzig: R. Oldenbourg 1897.* (VI, 238 S., 5 Taf., 10 Tab.) 1 Bd 8. [97. 7709

Borchardt, Dagobert, prakt. Arzt aus Dresden: **Die therapeutische Wirksamkeit des Unguentum Credé.** *Leipzig 1903: B. Georgi.* (40 S.) 8°
Leipzig, Med. Diss. v. (30. Mai) 1903

Borchardt, Elsb., s.a. Borchart, Elsb.

Zur Höhe. Roman von Elsbeth **Borchardt**. Berlin: Taendler 1909. 244 S. 8° [10. ...

Borchardt, Felix, a. Königsberg i. Pr.: Entwickelungsgeschichte der Meistbegünstigung im Handelsvertragssystem. Königsberg i. Pr. 1906: Hartung. (83 S.) 8° [ℑ.]
Heidelberg, Phil. Fak., Ref. Rathgen, Diss. v. 31. Jan. 1906
[Geb. 23. Sept. 73 Memel; Wohnort: Königsberg i. Pr.; Staatsangeh.: Preußen; Vorbildung: Gymn. Memel Reife O. 91; Studium: Freiburg i. B. 1, Berlin 1, Königsberg 4. Berlin 3. Heidelberg 2 S.; Rig. 2. Febr. 05.]

Borchardt, Felix: **Das Gast- und Schankgewerbe in Vergangenheit und Gegenwart.** *Greifswald 1901: J. Abel.* (63 S.) 8° ¶ (Erscheint vollst. u. d. T.: Die wirtschaftl. Lage d. Arbeiter im Gast- u. Schankgewerbe u. d. Problem ihrer Reform.)
Greifswald, Phil. Diss. v. 4. Juli 1901

Borchardt, Felix, Lavaströme. Aus d. neapolitan. High-Life. gr. 8. (X, 322 S.) Berlin 896. C. Duncker. n. 3. 50

Borchardt, Fel., Lavaströme. Sittenroman aus dem neapolitan. High-Life. 2. [Titel-]Aufl. 8. (322 S.) Berlin (896.) 899. C. Duncker. n. 3. —

Borchardt, Franz *Karl* [aus Lenzen a. d. Elbe]: **Über die Behandlung der Pneumonie mit Tartarus stibiatus ... Greifswald,** Druck v. J. Abel, 1893; 24 S. 8.
Greifswald, Med. Fak., Inaug.-Diss. v. 1. Aug. 1893

Borchardt, *Friedrich* [Dr.]: Katalog der griechischen und römischen Münzen der Sammlung des Städtischen Gymnasiums zu Danzig. Danzig, Druck v. E. Groening, 1893; 5 Bl., 170 S. 8.
Danzig, st. G, OP 1893 (29)

Borchardt, Fr., Katalog der griechischen u. römischen Münzen der Sammlung des städtischen Gymnasiums zu Danzig. Progr. gr. 8. (X, 170 S. m. 1 Fig.) Danzig 893. (L. Saunier.) n. 2. —

Borchardt, F, Katalog d. griech. u. röm. Münzen d. Sammlg d. städt. Gymnasiums zu Danzig. 8° (170 m. 1 Fig.) Danz. 93, (A Scheinert). 2 —

Borchardt, F[riedrich], Prof. Dr.: **Französische Lektüre und Grammatik in den drei untersten Klassen der Reformschule im Anschluß an Kühns Lesebücher.** *Danzig 1902: A. Schroth.* (V, 57 S.) 8°
Danzig, st. G, OP 1902 (28)

Borchardt, F[riedrich], Prof. Dr.: Münzstempel der Stadt Danzig. Danzig 1905: A. Schroth. (20 S.) 8°
Danzig, st. G OP 1905 (29)

Borchardt, Geo. H, s: Hermann, Geo.

Borchardt, Georg

Fünfundzwanzig Jahre Berufs-Organisation. Festschrift z. 25jähr. Bestehen d. Vereins d. Deutschen Kaufleute ... 6. Okt. 1884–6. Okt. 1909. Zsgest. von Georg **Borchardt**. Berlin: Verein 1909. 76 S. 8° [10. 2349

Borchardt, Georg [aus Berlin]: **Der Mechanismus der Harnentleerung in physiologischer und pathologischer Beziehung ... Berlin, C. Vogts Buchdr.,** *1896;* 38 S., 1 Bl. 8.
Berlin, Med. Fak., Inaug.-Diss. v. 17. Apr. 1896

Borchardt. Georg [aus Rügenwalde (Pommern)]: **Nervöse Nachkrankheiten der Influenza. . . . Berlin, Buchdr. v. Gustav Schade (Otto Francke) (1890); 30 S. + 1 Bl. 8°**
Berlin, Med. Fak., Inaug.-Diss. v. 25. Jul. 1890

Borchardt, Georg H s.a. Hermann, Georg [Autorname].

Borchardt, Hermann: Beiträge zur Kenntnis der stationären elektrischen Flächenströmung und ihres magnetischen Feldes. ⟨Nebst einer Anwendung auf die Variation der erdmagnetischen Vertikalintensität.⟩ Kiel 1909: Schmidt & Klaunig. 48 S. 8°
Kiel, Phil. Diss. v. 21. Juni 1909, Ref. Weber
[Geb. 12. Dez. 80 Teschen-Bodenbach; Wohnort: Magdeburg; Staatsangeh.: Hamburg; Vorbildung: Dom-Gymn. Magdeburg Reife O. 01; Studium: Freiburg i. B. 1, Leipzig 3, Berlin 4, Kiel 4 S.; Rig. 31. Okt. 08.] [U 09. 2302

Borchardt, Hugo [pr. Arzt, aus Stargard in Pomm.]: Zur Aetiologie und Casuistik der Lungengangrän ... Berlin, Druck v. E. Ebering, *1897;* 27 S., 2 Bl. 8.
Berlin, Med. Fak., Inaug.-Diss. v. 6. Aug. 1897

Borchardt, Hugo, der Schreibkrampf u. die ihm verwandten Bewegungsstörungen, ihre Entstehg., Bedeutg. u. zweckmäss. Behandlg. (87 S. m. Abbildgn.) gr. 8. Berlin (904). H. Steinitz. n. 2. —

Borchardt, J., Die Grundbegriffe der Wirtschaftslehre. Eine populäre Einführg. (64 S.) 8. Leipzig, Leipziger Buchdruckerei. *1908.* **—. 40.**

Borchardt, J.: Der Kampf ums tägliche Brot. 8°.
Königsberg, Linde u. Co., 1901.

Borchardt, J. S., Anweis. zur Abwehrung u. Behandlung der pandemisch-contagiösen Cholera, worin d. Ursprung d. Namens „Cholera" die Gelegenheits-Ursache, der Sitz etc., nachgewiesen wird. 8. Berl. 831. (Hirschwald). 16 gr

— Auslegung oder apodikt. Wahrheit e. kabbalist. Amulets, als Inbegriff der theoret. u. prakt. Kabbalah; nebst Ansicht philosophisch-medicin. dargestellt. 8. Berl. 831. (Krafft u. Klage). 12 gr

Borchardt, J. S., kurze Darstellung der Cholera, u. unfehlbare Heilmethode derselben. Nach den Grundsätzen des Talmud bearbeitet. gr. 8. Berl. 831. (Hirschwald). 8 gr

Borchardt, Jac. (geb. Jastrow 1808): Nonnulla de ligamentorum columnae spinalis comparatione inter aves et mammalia. Berolini (1833). (32 S.) 8°
Berlin, Med. Diss. v. 12. Sept. 1833

Borchardt, Joseph [aus Leipzig]: **Zur Lähmung des Nervus thoracicus longus ... Berlin, C. Vogts Buchdr.,** *1896;* 30 S., 1 Bl. 8.
Berlin, Med. Fak., Inaug.-Diss. v. 8. Mai 1896

Borchardt, Isaak (sic) Salom. (emer. Ober-Kreis-Rabbiner), das *Studium der Freimaurerei* u. die ursprüngl. Geschichte derselben, von vor der Schöpfung an bis an das 1000jähr. Reich, enth.: Veranlassung, Ursprung, Stifter, Wesen, Zweck, Tendenz, Ritual, Ceremoniel, Gebräuche, Zeichen, Wort, Griff, Meisterwörter u. Bedeutungen über Alles. Auch Ursprung u. Bedeutung der „schwarzen Brüder", die schon im Salomonischen Tempel existirt haben. (Als Mspt. gedr.) 8 Bde. (nur dieser 1 Bd. erschienen). Berlin 1869. (5869.) Selbstverl. d. Verf. 8°. Saub. Hsrsb.
4 Bll., 235 S., 1 Bl. Inh. — König Wilhelm I. v. Preussen (als Protektor d. Freimaurer-Logen) gewidm. Taute no. 1474.

Borchardt, Isaak Salom., das Studium der Freimaurerei u. die ursprüngliche Geschichte derselben, von vor der Schöpfung an bis an das tausendjährige Reich, enthltd.: Voranlassung, Ursprung, Stifter, Wesen etc. Auch Ursprung u. Bedeutung der „schwarzen Brüder", die schon im Salomonischen Tempel existirt haben. 1. Bd. Berlin 809. Wruck in Comm. gr. 8. (VIII, 236 S.) n. 3 ℳ

Der Weg zum Studium der Freimaurerei und die Grundlage zur Vereinigung aller Logensysteme des Freimaurer-Ordens. Von Isaak Salomon Borchardt. (Als gedr. Ms.) Berlin: Nauck & Co. in Comm. 1850. 156 S. 8°

Recens: A. 17 (1853—1854) S. 327—330 (L. Bechstein).
cf. FZ. 4 (1850) S. 213—224, 230—232, 235—238 (R. Frei); 23 (1869) S. 382.
Verf. versucht d. Frmrei zu judaisieren; er leitet sie von Abraham ab.

Borchardt, Isidor, die schwarze Chaje. Ein Kulturbild. Preisgekrönt v. der Großloge f. Deutschland VIII U. O. B. B. (IV, 182 S.) 8. Frankfurt a/M. 910. J. Kauffmann. 2.—; geb. 2. 80

Borchardt, Julian, Einführung in die National-Oekonomie. Leitsätze zum Kursus. (8 S.) 8. Leipzig (907.) (Leipziger Buchdruckerei.) — 10

— Die Grundbegriffe der Wirtschaftslehre. Eine populäre Einführg. (64 S.) 8. Ebd. 908. — 40

Borchardt, Julian, wie sollen wir unsere Kinder ohne Prügel erziehen? (46 S.) 8. Berlin 905. Buchh. Vorwärts. n. — 30

Borchardt, K[arl] H[ans]: Die Jahrhundertfeier der Stadttöchterschule I. Hannover 1905: Wilh. Riemschneider. (S. 34—50.) 8° [F.]
Hannover, Stadttöchter S I OP 1905

Borchardt, L: Die Bedeutg d. Hormone f. d. inn. Medizin, s: Klinik, Medizinische.

Borchardt, Leo, Arzt: ⟨Aus d. chemischen Laboratorium d. physiol. Instituts zu Breslau.⟩ Ueber das zuckerbildende Ferment der Leber. *Bonn: E. Strauß 1903.* (39 S.) 8°
Breslau, Med. Diss. v. [16. Nov.] 1903

Borchardt, Ludwig

Borchardt, Ludw., üb. d. Alter d. Sphinx b. Giseh. [Aus: „Sitzungsber. d. k. preuss. Akad. d. Wiss."] gr. 8. (9 S. m. 5 Fig.) Berlin 897. (G. Reimer.) n. — 50

Zur Baugeschichte des Amonstempels von Karnak von Ludwig **Borchardt.** Mit 21 Abb., 1 farb. Blatte u. e. Anh. hieroglyph. Texte. Leipzig: J. C. Hinrichs 1905. (47 S.) 4°
= Untersuchungen z. Gesch. u. Altertumskunde Aegyptens. 5, 1.

— Bericht üb. d. Corrosion d. Sandsteinmaterials d. Tempelbauten auf Philae. [Aus: „Sitzungsber. d. k. preuss. Akad. d. Wiss."] gr. 8. (13 S. m. 12 Abb.) Ebd. 898. n. — 50

Borchardt, Ludw., Bericht üb. e. Einsturz im Amonstempel v. Karnak am 3. X. 1899. gr. 8. (14 S. m. Abbildgn.) Berlin (900). (G. Reimer.) n. — 50
Sonderabdruck aus: „Sitzungsber. d. preuss. Akad. d. Wiss."

Borchardt, L., Bericht üb. den baulichen Zustand der Tempelbauten auf Philae. Akad. 1896. 17 S. m. Abbild. 1.—

— ein Bruchstück altägyptisch. Annalen, s.: Schäfer, Heinr.

— Denkmäler aus Aegypten u. Aethiopien, s.: Lepsius, C. Rich.

Borchardt, Ludw.: Das Grabdenkmal d. Königs Chephren, s: Veröffentlichungen d. Ernst v. Sieglin-Exped. in Ägypten, Hölscher.

Borchardt, Ludw., das Grabdenkmal des Königs Nefer-ir-ke3-re', s.: Veröffentlichung, 11., wissenschaftliche, der deutschen Orient-Gesellschaft.

Das Grabdenkmal des Königs Nefer-ir-ke'-re'. Von Ludwig **Borchardt.** Mit 96 Abb., 7 einfarb. u. 3 mehrfarb. Bl. Leipzig: Hinrichs 1909. 91 S. 2°
(Ausgrabungen d. Deutschen Orient-Gesellschaft in Abusir 1902–1908. 5.)
(Wissenschaftl. Veröffentlichungen d. Deutschen Orient-Gesellschaft. 11.)

Das Grabdenkmal des Königs Ne-User-Re' von Ludwig **Borchardt.** Mit 143 Abb., 24 schwarzen u. 4 farb. Bl. Leipzig: J. C. Hinrichs 1907. (184 S.) 2°(4°)
= Ausgrabungen d. Deutschen Orientgesellschaft in Abusir, 1902–1904. 1.
= Veröffentlichungen, Wissenschaftl., d. Deutschen Orient-Gesellschaft. 7.

— Das Grabdenkmal des Königs S'a3hu-re', s.: Ausgrabungen der deutschen Orient-Gesellschaft in Abusir 1902—1908.

— Das Grabdenkmal d. Königs S'a3hure', s: Veröffentlichung, 14. wissenschaftl., d. deut. Orient-Gesellsch.

— e. neuer Königsname d ersten Dynastie. [Aus: „Sitzungsber. d. k. preuss. Akad. d. Wiss."] gr. 8. (5 S.) Ebd. 897. n. — 50

— Kunstwerke aus dem ägyptischen Museum zu Cairo. Mit Erläutergn. (50 Taf. mit 20 S. Text.) 42×31,5 cm. Dresden, Kunstanstalt Stengel & Co. (908). — Cairo, F. Diemer Nachf. In Leinw.-Mappe 40 —

— s.: Lepsius, C. Rich., Denkmäler a. Aegypten u. Aethiopien.

Borchardt, Ludov. (geb. Landsberg a. W. 1816): De nova fracturas ossium fasciis immobilibus sanandi methodo. Berolini (1838). (26 S.) 8°
Berlin, Med. Diss. v. 22. Dez. 1838

— Nilmesser u. Nilstandsmarken. (55 S. m. Abbildgn. u. 5 Taf.) Lex.-8. Berlin 906. (G. Reimer.) Kart. n. 4. 50
Sonderabdruck aus: „Abhandlgn. d. preuss. Akad. d. Wiss."

— d. ägyptische Pflanzensäule. E. Kapitel z. Geschichte d. Pflanzenornaments. hoch 4. (VII, 58 S. m. 88 Abb.) Berlin 897. E. Wasmuth. n. 5. —

— Der Porträtkopf d. Königin Teje im Besitz v. James Simon in Berlin, s: Veröffentlichung, 18. wissenschaftl., d. deut. Orient-Gesellsch.

— Die Pyramiden. Ihre Entstehg u. Entwicklg. Als Erläuterg z. Modell d. Grabdenkmals d. Königs Sahu-re bei Abusir dargestellt. (20 m. Abb.) gr8° Berl., K Curtius '11. — 80

— Statuen u. Statuetten v. Königen u. Privatleuten im Museum zu Kairo, s: Catalogue général des antiquités égypt. du musée du Caire.

Borchardt, Ludwig, approb. Arzt aus Berlin: Die Tuberkulose der Parotis. *Freiburg i. B.: Speyer & Kaerner 1903.* (28 S.) 8°
Freiburg i. B., Med. Diss. v. 1903

Borchardt, Max, prakt. Arzt in Hannover: Ein Beitrag zur Casuistik der Coecum-Exstirpation. *Königsberg i. Pr. 1902: H. Jaeger.* (28 S.) 8°
Leipzig, Med. Diss. v. (17. Nov.) 1902

— s.: Chirurgie der Extremitäten.

— A Hoffer, D Nasse, P Reichel: Chirurgie d. unt. Extremitäten, s.: Handbuch d. prakt. Chirurgie.

Über Herzwunden und ihre Behandlung. Pfählungsverletzungen von Herz u. Lunge. Von M[oritz] **Borchardt,** Berlin. Mit 2 Taf. Leipzig: Breitkopf & Härtel 1906. (54 S.) 8°
= Sammlung klinischer Vorträge. N. F. No 411/412.

Borchardt, Moriz [pr. Arzt aus Exin in Posen]: Über acute traumatische Psychose ... Berlin, Buchdr. v. G. Schade, *1893;* 28 S., 2 Bl. 8.
Berlin, Med. Fak., Inaug.-Diss. v. 31. Okt. 1893

Borchardt, N.

BORCHARDT: Der Holzdiebstahl in seinen Ursachen, Folgen und Umfange nebst Mitteln zur Abhülfe, aus rein praktischer Erfahrung dargestellt. - Berlin, Posen, Bromberg 1842. 131 S.

Borchardt, der Holzdiebstahl in seinen Ursachen, Folgen u. Umfang, nebst Mitteln zur Abhülfe, aus rein praktischer Erfahrung dargestellt. gr. 8. (8½ B.) Berlin 842, Mittler, Verl.

— die landwirthschaftl. Holzzucht, od. Aufmunterung u. Anleitung f. Gemeinden, Landwirthe 2c., zum Anbau u. zur Benutzung ihrer, zwar nicht zum Forst gehörigen, aber doch zum Holzgewinn geeigneten Flächen u. Grundstücke. gr. 8. (24¾ B., 3 Tab. u. 3 Taf.) Berlin 843, Mittler, Verl. Thlr. *

Borchardt, Osc., d brasilian. Falliments-Dekret v. 24. Oktbr. 1890. In d. Deutsche übertr., sow. m. Einleitg. u. Anmerkgn. versehen. gr 8. (XVIII, 80 S.) Berlin 895. R. v. Decker. n. 3.—

Borchardt, Osk, s.a. Handelsgesetze, die, des Erdballs.

Borchardt, Osk.: Die Handelsgesetze des Erdballs, umfassend das Handels-, Wechsel-, Konkurs- und Seerecht aller Kulturvölker mit Erg. u. Erl. aus dem Zivilrecht, Prozeßrecht und der Gerichtsverfassung u. einer Zusammenstellung der handelsrechtlichen Nebengesetze in der Landessprache mit gegenüberstehender deutscher Übers. bearb. von zahlreichen Autoren aller Kulturländer. 3., . . . mit Verwertung amtl. Materials neu bearb. Aufl. hrsg. von Jos. Kohler, Fel. Meyer [u. a.]. Berlin. 15 Bde

Bd 1. Nord-Amerika.
Die Vereinigten Staaten von Amerika hrsg. u. bearb. von Will. Lawr. Clark. [1910.]
Mexiko bearb. von Carl. Aquirre. [1908.]

„ 2. Mittel-Amerika.
Guatemala bearb. u. erl. von Jos. Azpuru u. Alb. Menсos. [1908.]
Honduras bearb. u. erl. von Pedro J. Bustillo. [1908.]
San Salvador bearb. u. erl. von Reyes Arrieta Rossi. [1908.]
Nicaragua bearb. u. erl. von Ramón Zelaya. [um 1909.]
Costa Rica bearb. u. erl. von Ramón Zelaya. [1909.]
Panama bearb. von Heinr. Huss. [1909.]
Haiti bearb. von Alex. Poujob. [1909.]
Dominikanische Republik bearb. u. übers. von Rob. Kuck. [1909.]
Cuba mitgeteilt von Del Cueto. [1909.]

„ 3. Süd-Amerika I.
Columbia bearb. u. erl. von Ant. José Uribe. [1908.]
Venezuela bearb. u. erl. von Angel. Ces. Rivas. [1907.]
Ecuador bearb. u. erl. von Franc. José Urrutia. 1907.

„ 4. Süd-Amerika II.
Argentinien dargest. u. erl. von Ern. Quesada. [1907.]
Uruguay bearb. von Dan. Garcia Acevedo u. Ad. Berro Gaecia. [1908.]
Paraguay bearb. von A. Schuler. 1907.
Chile bearb. u. erl. von Art. Fern. Pradel. 1907.

Bd 5. Süd-Amerika III. Fb 1720

Brasilien bearb. von Rodr. Oct. de Langgaard Menezes. 1906.
Peru bearb. u. erl. von Mig. Ant. de la Lama. 1907.
Bolivien bearb. u. erl. von Art. Fern. Pradel u. Benig. Lara. [1908.]

„ 6. Afrika und Asien.
Ägypten bearb. u. übers. von Friedr. Dumreicher. 1906.
Marokko. Rechtssätze gesammelt von Karl Steinführer. [1908.]
Liberia gesammelt u. hrsg. von T. Mc. Cants Stewart. [1909.]
Persien bearb. von James Greenfield [1908.]
Siam. Abriss des Handelsrechts von Charles l'Evesque. übers. von Felix Wieland u. Schweichler. [1909.]
China dargest. von Chung Hui Wang u. A. Forke. [1908.]
Japan bearb. u. übers. von Ludw. Herm. Lönholm. [1908.]

„ 7. Süd-Europa I.
Spanien bearb. u. erl. von Lor. Benito. [1908.]
Portugal bearb. von Ed. Dally Alves de Sá. [1908.]
Jtalien mit Einl. u. Anm. von Ang. Straffa. 1906.
San Marino mit Einl. u. Anm. von Torqu. Carlo Giannini. [1908.]
Rumänien bearb. von Vasile Dimitriu. [1908.]

„ 8. Süd-Europa II.
Bulgarien bearb. und ins Deutsche übertragen von Milan St. Schischmanow unt. Mitw. von Peter A. Subow. 1906.
Griechenland bearb. u. übers. von Ge. v. Streit u. Ge. Diobonniotis. 1906.
Montenegro. Rechtssätze gesammelt von Mitar Djurowitsch. [1909.]
Serbien bearb. u. ins Deutsche übertragen von Andr. Georgewitsch u. Stanoje Michajlowitsch. [1907.]
Türkei bearb. u. ins Deutsche übertragen von Wilh. Padel. 1906.

„ 9. Ost-Europa.
Russland nebst e. Einl. von Alex. Wladimirowitsch Zavadskij u. e. Umriss d. Zivilrechts von Jos. Jakowlewitsch Pergament. 1906.
Polen von H. Klibanski. (1906.)
Finnland von H. O. Klibanski. 1906.

„ 10. Nord- u. Nordwest-Europa I.
Skandinavien bearb. u. übertragen von Erland Tybjerg u. Edw. Hambro. 1906.
Schweden bearb. von Åström. 1906.
Norwegen bearb. u. übertragen von Edw. Hambro. 1906.
Dänemark bearb. von Erland Tybjerg. 1906.

Bd 11. Nord- u. Nord-West-Europa II.
Abt. 1. Grossbritannien u. Jrland bearb. von Siegfr. Goldschmidt, Thom. Baty u. N. W. Sibley.

„ 12. Mittel-Europa I.
Abt. 1. Belgien u. Kongostaat bearb. u. übers. von Léon Hennebicq, Wilh. Coermann u. Fel. Wieland. [um 1909.]
Frankreich bearb. von G. Horn, übers. von Wilh. Coermann u. Fel. Wieland. [nach 1907.]
Monaco mit Einl. von Baron Hector de Rolland übers. u. mit Anm. versehen von Osk. Vormbaum 1908.
„ 2. Niederlande bearb. u. ins Deutsche übertragen von Mart. van Regteren Altena. 1906.
Niederländisch Indien bearb. u. u. ins Deutsche übertragen von Franc. Corn. Hekmeyer. 1906.
Schweiz bearb. von Ludw. Rud. v. Salis unt. Mitw. von Arth. Mumelok. 1908.
Luxemburg bearb. u. übers. von Emil Reuter. 1906.

„ 13. Mittel-Europa II.
Abt. 1. Oesterreich u. Bosnien-Herzegowina bearb. u. erl. von Adalb. Gertscher. 1906.
Ungarn bearb. u. übers. von Béla Levy. 1906.
Kroatien u. Slavonien bearb. von Franz Urbanić und Karl Cupović. 1906.
„ 2. Deutsches Reich bearb. u. erl. von Karl Lehmann, Ernst Jaeger [u. a.]. [1910.]

Nachtrag: 1. Das Portugiesische Handelsgesetzbuch vom 28. Juni 1888. 1893.
„ 2. Das Argentinische Handelsgesetzbuch vom 5. Oktober 1889. 1895.
„ 3. Das Japanische Handelsgesetzbuch. 1896.
1. Wechselgesetz. 2. Fallimentsgesetz. 3. Gesetz betr. die Handelsgesellschaften.
„ 4. Das brasilianische Falliments-Dekret vom 24. Okt. 1890. 1890.

— d. Handelsgesetze d. Erdballs. Nachtrag II, III u. IV. gr. 8. Ebd. n. 20. 10
II. D. argentin. Handelsgesetzbuch v. 5. Oktbr. 1889. In d. Deutsche übertr. u. m. Anmerkgn. vers. v. B. (XII, 381 S.)
III. D. japan. Handelsgesetzbuch. 1. Wechselgesetz. In d. Deutsche übertr. u. m. Anmerkgn. vers. (IV, 53 S.) 896. n. 1. 60. — 2. Dasselbe. 2. Fallimentsgesetz. In d. Deutsche übertr. u. m. Anmerkgn. versehen. (VII, 47 S.) 896. n. 2.—. — 3. Ges. betr. d. Handelsgesellschaften. In d. Deutsche übertr. u. m. Anmerkgn. vers. (VI, 67 S.) 896. n. 2. 50
IV. D. brasilian. Falliments-Dekret v. 24. X. 1890. In d. Deutsche übertr. u. m. Anmerkgn. versehen. (XVIII, 80 S.) 897. n. 3.—

Borchardt, Osc., die Handelsgesetze d. Erdballs. I. Nachtrag: Das portugies. Handelsgesetzbuch vom 28. Juni 1888. In das Deutsche übertr., sowie m. Einleitg. u. Anmerkgn. versehen. gr. 8. (XXXIII, 222 S.) Berlin 893. R. v. Decker. n.n. 5. 25; (kplt. m. 1. Nachtrag: n.n. 113. 30)

Borchardt, d. Handelsgesetze des Erdballs. Nachtrag I—IV. Berlin 893—97.
I. Portugies. Handelsgesetzbuch v. 1888. 893.
II. Argentin. „ v. 1889. 895.
III. Japanisches „ 897.
IV. Brasilianisches Fallissementsdecret v. 1890. 897.
(Hauptwerk 5 Bde. u. Nachtr. 1—4. 884—97. 133.40.)

Borchardt O, die geltenden Handelsgesetze des Erdballs. 5 Bde in 6 Tln und Nachtrag 1-4. Berlin 1883-96
I. Die Handelsgesetzbücher von Ägypten, Argentinien, Belgien, Bolivia, Brasilien und Chile. 1883. — II. Columbien, Costa-Rica, dem Deutschen Reich, San Domingo Ecuador, Frankreich, Griechenland, Guatemala und Haiti. 1884. — III. Honduras, Italien, Liechtenstein, Mexico, Monaco, Nicaragua, den Niederlanden mit den Kolonien Curaçao, Indien und Surinam, Österreich-Ungarn mit Bosnien und der Hercegovina, und Paraguay, sowie Anhang betr. Japan. 1885. — IV. Peru, Portugal, Rumänien, Salvador, der Schweiz und Serbien. 1886. — V. 1. Spanien und der Türkei. 1886. — V. 2. Uruguay und Venezuela nebst Generalregister. 1887. — Nachtrag 1. Das Portugiesische Handelsgesetzbuch v. 28.6.88. 1893. — Nachtrag 2. Das Argentinische Handelsgesetzbuch v. 5.10.89. 1895. — Nachtrag 3. Das Japanische Handelsgesetzbuch. 3 Tle in 1 Bd 1896. — Nachtrag 4. Das Brasilianische Falliments-Dekret v. 24.10.90. 1896.

Borchardt, Osc., die geltenden **Handelsgesetze** d. Erdballs, gesammelt u. in das Deutsche übertr., sowie m. Einleitg., Anmerkgn., Schlusswort u. Generalregistern versehen. 1. Abth.: Die kodificirten Handelsgesetze. 1—4. Bd. u. 5. Bd. 1. Abthlg. gr. 8. Berlin, v. Decker. n. 88. 5
1. Die Handelsgesetzbücher v. Aegypten, Argentinien, Belgien, Bolivia, Brasilien u. Chile. 2., bis auf die neueste Zeit fortgeführte u. bearb. Aufl. (XXV, 907 S.) 884. n. 20. —
2. Die Handelsgesetzbücher v. Columbien, Costa-Rica, dem deutschen Reich, San Domingo, Ecuador, Frankreich, Griechenland, Guatemala u. Haiti. (IX, 814 S.) 881. n. 18. 25

Borchardt, Osc., die geltenden Handelsgesetze des Erdballs, gesammelt und in das Deutsche übertr. sowie mit Einleitung, Anmerkungen und Generalregister versehen. 3.—5. Bd. 1. und 2. Abthl. Lex.-8. Berlin, v. Decker's Verlag. *

Inhalt:
Bd. 3. Die Handelsgesetzbücher von Honduras, Italien, Liechtenstein, Mexiko, Monaco, Nicaragua, den Niederlanden mit den Kolonien Curaçao, Indien und Surinam, Oesterreich-Ungarn mit Bosnien und der Hercegovina, und Paraguay, sowie Anhang, betr. Japan. (IX, 1134 S.) 885. *ℳ 25.—
» 4. Die Handelsgesetzbücher von Peru, Portugal, Rumänien, Salvador, der Schweiz und Serbien. (IX, 787 S.) 886. *ℳ 18.—.
» 5. 1. Abthl.: Die Handelsgesetzbücher von Spanien und der Türkei. (IX, 281 S.) 886. *ℳ 6.80.
» 5. 2. Abthl.: Die Handelsgesetzbücher von Uruguay und Venezuela nebst Generalregister. (IX, 649 S.) 887. *ℳ 20.—

Borchardt, Osc., Sammlung der seit dem J. 1871 in Aegypten, Belgien, Dänemark, Grossbritannien u. Irland, Guatemala, Honduras, Italien, Schweden-Norwegen, der Schweiz u. Ungarn publicirten Wechsel-Gesetze m. Uebersetzung u. Anmerkgn. sowie Anh., betr. die Wechselverhältnisse Chinas. gr. 8. (IX, 373 S.) Berlin 883. v. Decker. n. 8.

Borchardt, Paul: Der **Haushalt** der Stadt Essen am Ende des XVI. und Anfang des XVII. Jahrhunderts. *Essen 1903: C. W. Haarfeld.* (124 S.) 8°
Essen, RG m. R-Klassen u. VS in Umwandlung zum Reform-G Frankfurter Systems, P 1903 (554)

Der Haushalt der Stadt Essen am Ende des 16. und Anfang des 17. Jahrhunderts. Von Paul **Borchardt**, Oberl. *Essen 1903: C. W. Haarfeld.* (124 S.) 8°
— Beiträge z. Geschichte von Stadt u. Stift Essen. H. 24.

Borchardt, Paul: Ein Kommentar zu (Umschl.: d. Werke) Die entschleierte Isis v. H P Blavatsky. (56) gr8° Lpzg, Theosoph. Verlagshs ('11). 1 —

Borchardt, Paul: Angewandtes Rechnen in der Sexta. *Essen 1901: G. D. Baedeker.* (32 S.) 8°
Essen, k. G, P 1901 (478)

Borchardt, Rud., das Gespräch üb. Formen, u. Platons Lysis deutsch. (79 S.) 8. Leipzig 905. J. Zeitler. n. 2. 50

Borchardt, Rud., s.: Hesperus.

— Das Buch Joram. (51 S.) 8. Leipzig 907. Insel-Verlag. 1.—; geb. in Halbperg. 2. —

— Rede üb. Hofmannsthal. Öffentlich geh. am 8. IX. 1902 zu Göttingen. (V, 65 S.) gr. 8. Leipzig 905. J. Zeitler. Geb. od. kart. 2. 50

Villa. Von Rudolf **Borchardt.** (Leipzig 1908: Haberland.) 43 S. 8°(4°)

Borchardt, Siegfried

Borchardt, S., und H. Stolp, das brasilianische Handelsrecht, s. a. Handelsrecht, das brasilianische.

Borchardt, S. u. Stolp. Herm.: Das Brasilianische Handelsrecht. Nach dem Codigo Commercial do Imperio do Brasil übers. u. mit Bem. begleitet. Berlin 1856.

Borchardt, Siegfr.: Das Institut der Vormerkung im Geltungsbereiche der Preußischen Grundbuchgesetze vom 5. Mai 1872. Berlin und Leipzig 1887.

Borchardt, S., das Institut der Vormerkung im Geltungsbereiche der preußischen Grundbuchgesetze vom 5. Mai 1872. gr. 8. (VII, 144 S.) Berlin 887. Guttentag. n. 2. 50

Borchardt, S., vollständige Sammlung der geltenden Wechsel u. Handels-Gesetze aller Länder. 1. Abth. Die Wechselgesetze. 2 Bde. Lex.-8. Berlin 871. v. Decker. n. 21. —
I. Vollständige Sammlung der deutschen Wechselgesetze u. der ausländ. Wechselgesetze in deutscher Uebersetzg. (XIX, 608 S.)
II. Vollständige Sammlg. der ausländ. Wechselgesetze im Originaltext. (XII, 620 S.)

Borchardt, Siegfried [aus Bromberg]: Die Vormerkung im heutigen gemeinen preußischen Immobiliarrecht .... Berlin (Druck v. Leonhard Simion) 1887; 1 Bl. + VII + 144 S. + 1 Bl. 8°.
Berlin, Jur. Fak., Inaug.-Diss. v. 23. Mai 1887.

Borchardt, S., die Wechsel-Duplicate u. Copien prakt. dargestellt, nebst Bemerkungen über den Entwurf einer Wechsel-Ordnung für die Preuß. Staaten v. J. 1847. gr. 8. (68 S.) Berlin 847, Duncker & Humblot. n. 12 ngr

— Wechselordng. Text m Anmerk. (Angeb. an Litthauer, Handelsgesetzb.) 16° Berlin 1871

— s. a. **Wechselordnung, allgem. Deutsche.**

Borchardt, S. Allgemeine deutsche Wechselordnung, s. a. Guttentag's Sammlung deutscher Reichsgesetze. Nr. 5.

—— dass. — s. a. Litthauer, F., allgemeines deutsches Handelsgesetzbuch.

Borchardt, S., u. E. Ball, allgemeine deutsche Wechselordng., Neubearbeitg., s. a. Stranz, J., u. M. Stranz.

—— allgemeine deutsche Wechselordnung. Text-Ausg. mit Anmerkungen. 2. verm. Aufl. 16. (IX, 94 S.) — Wechselstempelsteuergesetz vom 10. Juni 1869 hrsg. von Hoyer. 16. (VII, 187 S. und 1 Tab.) Berlin 873, Guttentag. cart. *

Borchardt, S., allgemeine deutsche Wechselordnung. Text-Ausg. mit Anmerkungen. 3. verm. Aufl. 16. (XVI, 160 S.) — Das deutsche Wechselstempelsteuergesetz vom 10. Juni 1869, hrsg. von Hoyer. (VIII, 80 S. mit 1 Tab. in qu. Fol.) Berlin 876, Guttentag. cart. *

Borchardt, S., allgemeine deutsche Wechselordnung. Text-Ausg. mit Anmerkungen. 4. verm. Aufl. — Das deutsche Reichsgesetz über die Wechselstempelsteuer, hrsg. von Hoyer. 3. verm. und veränd. Aufl., bearb. von Gaupp. 16. (XXII, 231; VIII, 90 S. mit 1 Tab.) Berlin 880, Guttentag. cart. in 1 Bd. *

Borchardt, S., allgemeine deutsche Wechselordnung. Text-Ausg. m. Anmerkgn. 6. verm. Aufl. Bearb. v. F. Litthauer. Das deutsche Reichsgesetz üb. die Wechselstempelsteuer vom 10. Juni 1869, nebst den dasselbe abänd. Gesetz vom 4. Juni 1879, den Bundes- resp. Reichs- u. preuß. Landesbestimmgn., den Entscheidgn. der höchsten Gerichte u. dem Wechselstempel-Tarif bearb. v. B. Gaupp. 4. Aufl. 16. (XXIII, 243 u. XI, 155 S. m. 1 Tab.) Berlin 886. Guttentag. cart. n. 1. 80

Borchardt, S.: 7. Aufl. (u. d. Tit.) Allgemeine Deutsche Wechselordnung. Text-Ausg. Auf d. Grundlage der von S. Borchardt verf. Ausg. bearb. von Ernst Ball. Berlin 1897.

Borchardt, Siegfried: „Die Allgemeine Deutsche Wechselordnung, durch die Einführungsordnung vom 6. Januar 1849 publicirt, nebst Bemerkungen über Vergleichungen mit den fremden Gesetzgebungen", Berlin 1849. — Vorh.: Bibl. des Reichsbankdirektoriums Berlin. — 2. verm. Auflage u. d. T.: „Die Allgemeine Deutsche Wechselordnung mit den Einführungsordnungen zu derselben und den Abweichungen der Oesterreichischen Wechsel-Ordnung, nebst Bemerkungen und Vergleichungen mit den fremden Gesetzgebungen", Berlin 1851, vorh.: Büch. der Industrie- und Handelskammer Leipzig.

—— die allgemeine deutsche Wechsel-Ordnung mit den Einführungs-Ordnungen zu derselben und den Abweichungen der östreich. Wechsel-Ordnung nebst Anmerkungen und Vergleichungen mit den fremden Gesetzgebungen. 1. Aufl. (IV und 87 S.) gr. 8. 849. * 12 Ngr. und 2., verm. Aufl. 8. (VIII und 197 S.) Berlin 851, Duncker und Humblot. *–
1. Aufl. vergl.: Wechselordnung.

Borchardt, S., die allgemeine Deutsche Wechselordnung mit den von den inländ. u. ausländ. Deutschen Gerichtshöfen ausgesprochenen Grundsätzen des Wechselrechts nebst Bemerkungen. Berlin 854. Decker. gr. 8. (VII, 119 S.) 22½ ngr

—— erste Fortsetzung zur allgemeinen deutschen Wechselordnung mit den von den inländ. und ausländ. deutschen Gerichtshöfen ausgesprochenen Grundsätzen des Wechselrechts nebst Bemerkungen. Nachträge und Entscheidungen bis Ende Dezbr. 1855. gr. 8. (IV und S. 115—183.) Berlin 856, Deckersche geheime Ober-Hofbuchdr. Thlr.

— zweite Fortsetzung zur allgemeinen Deutschen Wechselordnung mit den von inländischen u. ausländischen Deutschen Gerichtshöfen ausgesprochenen Grundsätzen des Wechselrechts nebst Bemerkungen. Nachträge u. Entscheidungen bis Ende Dezbr. 1857. Berlin 858. Decker. gr. 8. (IV, S. 183—303.) 10 ngr

Borchardt, S., die allgemeine deutsche Wechselordnung und die die Ergänzung und Erläuterung derselben betreffende Novelle mit den von den deutschen Gerichtshöfen ausgesprochenen Grundsätzen des Wechselrechts nebst Bemerkungen. 2. verb. Aufl. 860. (VIII, 336 S.) 1 a𝔣 7½ ngr. — 3., verb. u. bis auf die neueste Zeit fortgeführte Aufl. Berlin 861. v. Decker. gr. 8. (VIII, 468 S.) 1 a𝔣 15 ngr

Borchardt, S., die allgemeine deutsche Wechselordnung mit den von den deutschen Gerichtshöfen ausgesprochenen Grundsätzen des Wechselrechts nebst Bemerkungen. 4. Aufl. 865. (VIII, 547 S.) — 5. verb. u. bis auf die neueste Zeit fortgeführte Aufl. Berlin 869. v. Decker. gr. 8. (VIII, 748 S.) 1 a𝔣 15 ngr

— die allgemeine deutsche Wechselordnung mit der v. den deutschen u. österreich. Gerichtshöfen ausgesprochenen Grundsätzen d. Wechselrechts nebst Bemerkgn. 6., verb. u. bis auf die neueste Zeit fortgeführte Aufl. gr. 8. (VIII, 584 S.) Ebend. 874. 9. —

Borchardt, S., die allgemeine deutsche Wechselordnung m. den v. den deutschen u. österreichischen Gerichtshöfen ausgesprochenen Grundsätzen des Wechselrechts, nebst Bemerkungen. 7., verb. u. bis auf die neueste Zeit fortgeführte Aufl. gr. 8. (VI, 653 S.) Berlin 879. v. Decker. n. 10. —

—— die allgemeine deutsche Wechselordnung mit Kommentar, unter besond. Berücksicht. der Entscheidungen der deutschen und österreich. Gerichtshöfe. 8. Aufl. Umgearb., bis auf die neueste Zeit fortgeführt und mit der geltenden ausländischen Gesetzgebung summarisch verglichen von Osc. Borchardt. gr. 8. (VIII, 628 S.) Berlin 882, von Decker's Verlag. *

—— das preußische Wechselrecht in seinen Grundsätzen und mit Berücksichtigung der fremden Gesetzgebungen prakt. dargestellt. Nebst einem Anhange: Von den Maklern und den kaufm. Commissionairen. gr. 8. (144 S.) Berlin 847, Duncker und Humblot. *

Borchardt, Wilhelm

Borchardt, W., die sprichwörtlichen Redensarten im deutschen Volksmund nach Sinn u. Ursprung erklärt. Ein Beitrag zur Kenntnis deutscher Sprache u. Sitte. gr. 8. (XVI, 478 S.) Leipzig 888. Brockhaus. n. 5. —; geb. n. 6. —

Borchardt, Wilh., die sprichwörtlichen Redensarten im deutschen Volksmunde, nach Sinn u. Ursprung erläutert. In gänzl. Neubearbeitg. hrsg. v. Gust. Wustmann. 2.—5. Aufl. gr. 8. (X, 584 S.) Leipzig 894. 895. F. A. Brockhaus. n. 6. —; geb. in Leinw. n. 7. —

Borchart s.: Eisenbahn-Technik, die, der Gegenwart.

Borchart, Elsbeth, s. a. Borchardt, Elsbeth

Borchart, Elsb.: 2 Frauen. Roman. (322) 8° Charlottenbg, E Boyer ('11). 3.50; L 4.50 d

Borchart, Elsb., der Liebe Gebot, s.: Bobach's illustr. Roman-Bibliothek. II, 7. 8.

— Zur Höhe. Roman. (244) 8° Berl., R Taendler '09. 3 —; geb. 4 — d
Der Verf.-Name auf d. Titelbl. fälschl. Borchardt.

— Ilse Römer, s.: Bobach's illustr. Roman-Bibliothek. III, 3. 4.

Der verlorene Sohn. Roman von Elsbeth **Borchart**. Berlin Taendler [1909]. 223 S. 8° [op. 3318

— Senta Wolfsburg, s: Kürschner's Bücherschatz 854.55.

Festschrift zur Jubelfeier des 25jähr. Bestehens der Andreas-Loge „Crescens" in Nordhausen am 30. Nov. 1895. Verf. [Franz Friedr. Aug.] Borchart. [Nordhausen 1895: Eberhardt.] 31 S. 8°
Gesch. der Loge nebst Verzeichn. der Beamten, zsgest. von G. K. L. Jugler.

Borchart, Johs., Anleitung u. Grundriß zur rationellen Kaninchenzucht, s.: Havemann, F.

Borchart, Johs., Gut Deutsch. Eine prakt. u. leichtverständl. Anweisg. f. jedermann, durch Selbst-Unterricht gut u. richtig Deutsch sprechen u. schreiben zu lernen, sowie e. Ratgeber in Fällen schwank. Ausdrucksweise. (VI, 156 S.) 8. Leipzig (909.) Ernst. 1. 25

Borchart, Johs., das Ganze der Angelfischerei, s.: Ehrenkreutz, Baron v.

— die rationelle Geflügelzucht. Ihr Nutzen u. ihre Vorteile. Eine Beschreibg. u. Belehrg. üb. die Aufzucht, Wartg. u. Pflege des landwirtschaftl. Nutz- u. Ziergeflügels, sowie üb. die Rassen u. Krankheiten desselben. Ein prakt. Ratgeber f. Geflügelzüchter, auf Grund eigener Erfahrgn. u. zuverläss. Quellen bearb. (III, 197 u. VI S.) 8. Leipzig 906 Ernst. 1. 80

Borchart, Johs: Die rationelle Geflügelzucht. Ihr Nutzen u. ihre Vorteile. 2. Afl. (9, 197) 8° Lpzg. Ernst ('12). 1.80 d

Borchart, Johs., s.: Havemann, Ferd., Anleitung zu R. Séguin's französischer Kaninchenzucht.

[F.] Der Kanarienvogel. E. prakt. Handb. üb. Naturgeschichte Pflege u. Zucht d. Kanarienvogels v. Johs. **Borchart**. 17. vollst. umgearb. Aufl. *Halberstadt & Leipzig: Ernst [1896].* (2 Bl., 124 S.) 1 Bd 8. [94. 4316

Borchart, Johs., d. Kanarienvogel. E. prakt. Handbuch üb. Naturgeschichte, Pflege u. Zucht d. Kanarienvogels. 2., vollst. umgearb. Aufl. 8. (III, 124 S.) Leipzig 898. Ernst. n. 1. —

— der Kanarienvogel. Ein prakt. Handbuch üb. Naturgeschichte, Pflege u. Zucht des Kanarienvogels. 19. vollst. umgearb. Aufl. 8. (III, 124 S.) Leipzig (901). Ernst. 1.—

Borchart, Johs., der Kanarienvogel. Ein prakt. Handbuch üb. Naturgeschichte, Pflege u. Zucht des Kanarienvogels. 20. vollst. umgearb. Aufl. (III, 124 S.) 8. Leipzig (907). Ernst. 1. —

— Der Kanarienvogel. 21. Afl. (124) 8° Ebd. ('12). 1 — d

— Die Pariser Kaninchenküche, s.: Havemann, F, Anl. zu R Séguin's französ. Kaninchenzucht.

— Lehrbuch der gesamten Handelskorrespondenz, s.: Trempenau, Wilh.

— Mir od. Mich? Der richt. Gebrauch des 3. u. 4. Falles. Ein unentbehrl. Ratgeber f. den Selbst-Unterricht in Fällen schwank. Ausdrucksweise, insbesondere beim richt. Gebrauch der Wörter: „mir, mich, Ihnen, Sie, ihm, ihn, dem, den usw.", nebst e. alphabet. Verzeichnis der bekanntesten u. gebräuchlichsten regier. Wörter m. genauer Berücksicht. des 3. u. 4. Falles. Nach den f. Deutschland, Österreich u. die Schweiz gült. Regeln der Rechtschreibg. allgem. verständl. bearb. (VI, 119 S.) 8. Ebd. (909.) 1. —

— der Papagei. Eine übersichtl. u. leicht verständl. Anleitg. zur naturgemäßen Pflege, Zucht u. Unterrichtg. der als Zimmervögel empfehlenswerten Papageienarten im gesunden u. kranken Zustande. 8. (VIII, 116 S.) Ebd. 899. 1. —

— Der Papagei. E. übersichtl. u. leicht verständl. Anleitg. zur naturgemäßen Pflege, Zucht u. Unterrichtg. der als Zimmervögel empfehlenswerten Papageienarten im gesunden u. kranken Zustande. 2. Aufl. (VIII, 116 S.) 8. Ebd. (908.) 1. —

Borchart, W. (Hrsg.), s. Zeitschrift für Elektrochemie.

Borcher, A. Chr. (Hrsg.), s. Archiv für die Geschichte, Erdbeschreibung . . .

Borcher, Aug., s. a. Borchers, H. C.

—— neuer kleiner zuverlässiger Schnellrechner. Ein Handbuch für Geschäftsmänner jeglichen Standes. Nach dem neuen Münzfuße, den Thaler zu 30 Groschen. 8. (248 S.) Celle 858, Schulze'sche Buchh. *

Borcher's, Aug., neuer zuverlässiger Schnellrechner. Ein Handbuch für Geschäftsmänner jeglichen Standes. 4. Aufl. Nach dem neuen Münzfuße, den Thaler zu 30 Groschen. Celle 858. Schulze. 8. (XL, 368 S.) 20 1/4 ngr

Borcher, G. A., einige Züge aus d. Leben Ballhorn's. gr. 8. Götting. 786. (Helwing in Hannov.) 4 gr

Borcher, G. C., Beiträge z. Beförderung d. prakt. Bibellesens. 8. Hannov. Helwing. 812.

Borcher, G. C., Beitrr. zur Beförderung d. prakt. Bibellesens. 8. Hannov. 812. (Celle, Schulze). 8 gr

Borcherding, Friedrich

Achatinellen-Fauna der Sandwich-Insel Molokai nebst e. Verzeichnis d. übrigen daselbst vorkommenden Land- u. Süßwassermollusken von Fr[iedrich] Borcherding. (In 2 Hälften.) Mit 10 Taf. u. 1 Karte. Stuttgart: E. Schweizerbart 1906. (VII, 195 S.) 4°
— Zoologica. H. 48. [od. 9173]

Borcherding, Fr.: Stephan Clessin. Nekrolog. [Aus: „Nachrichtsbl. d. deut. malakazool. Gesellsch."] (15 m. 1 Bildn.) 8° Frankf. M., (M Diesterweg) ('12). — 60

Borcherding, Frdr., fauna saxonica, s.: Schulze, Erwin.

Borcherding, Fr., zweiter Nachtrag zur Molluskenfauna der nordwestdeutschen Tiefebene, s. Abhandlungen, hrsg. vom naturwissenschaftl. Verein zu Bremen.

Borcherding, Gust., der Heidedichter August Freudenthal. Eine litterar. Charakterskizze. gr. 8. (16 S. m. 1 Bildnis.) Bremen 899. Rühle & Schlenker. n. n. — 50

Borcherdt: Erbrecht . . ., s. Borcherdt, H.

Borcherdt, Leibarzt f. fröhliche Zecher. Scherz u. Ernst. Illustriert v. E. Klein. Nebst e. Ausstellg. hervorrag. Getränke. 8. (118 S.) Stuttgart 887. Lutz. n. 2. —

Borcherdt, Alb., Hamburger Abende d. Senioren-Konvents. gr. 8. (III, 138 S. m. 6 Taf.) Hamburg 898. F. Dörling. Kart. n. 3. —

[F.] Dr. Albert Borcherdt. Hamburger Abende des Senioren-Konvents. 2. Aufl. *Hamburg: F. Dörling 1899.* (2 Bl., 138 S., 6 Taf.) 1 Bd 8. [illegible]

Borcherdt, Alb., Bewerbungskämpfe. Erzählg. 8. (108 S.) Berlin 886. Janke. n. 1. —

Borcherdt, Alb., das lustige alte Hamburg. Scherze, Sitten u. Gebräuche unserer Väter. 1.—3. Aufl. 8. (III, 309 S.) Hamburg 889. 890. Dörling. geb. n. 4. —

Borcherdt, Alb. Das lustige alte Hamburg. Scherze, Sitten u. Gebräuche unserer Väter. 2 Hälften. 4. Aufl. gr. 8. (VII, 292; VII, 308 S.) Hamb. 891, Dörling. geb. à Hälfte * 4 —; * 8 —
Illustrationen dazu, s. Hamburg, das lustige alte, in Bildern.

Das lustige alte Hamburg. Scherze, Sitten u. Gebräuche unserer Väter. Gesammelt von Dr. Albert Borcherdt. Ill. Ausg. [1.] 2. Hamburg: Dörling 1910–11. 8°
[1.] 5. Aufl. 1. ill. Ausg. 1910. 2. 2. ill. Ausg. 1911. [11. 6749]

Borcherdt, Hans

Borcherdt, H., das Erbrecht u. die Nachlaßbehandlung nach den vom 1. I. 1900 an geltenden Reichs- u. Landesgesetzen m. besond. Berücksicht. des Geltungsgebiets des allgemeinen Landrechts. 3 Bde. gr. 8. Breslau, J. U. Kern's Verl. n. 16. —
1. Allgemeiner Theil. (XIV, 288 S.) 900. n. 6. —
2. Die gesetzl. Erbfolge. Das Testament. Der Erbvertrag u. die Schenkg. v. Todeswegen. (VII u. S. 289—529.) 900. n. 5. —
3. Das Pflichttheilsrecht. Die Auseinandersetzg. der Miterben u. das Anerbenrecht. Die Fürsorge f. den Erben. Die Nachlaßverwaltg. Die Ertheilg. des Erbscheins. Die Wirkgn. der allgemeinen Gütergemeinschaft. Anhang. Nachträge. (XX u. S. 531—777.) 901. n. 5. —

Borcherdt, H: Das Erbrecht u. d. Nachlassbehandlg n. d. v. 1.I.1900 an gelt. Reichs- u. Landesges., m. bes. Berücks. d. Geltgsgebiets d. allg. Landrechts. 3. Bd. Das Pflichttheilsrecht. Die Auseinandersetzg d. Miterben u. d. Anerbenrecht. Die Fürsorge f. d. Erben. Die Nachlassverwaltg. Die Ertheilg d. Erbscheins. Die Wirkgn d. allg. Gütergemeinschaft. Anh. Nachtr. (531—777) 8° Bresl., JU Kern '01. 5 — (Vollst.: 16 —) d

Borcherdt, H., das Erbrecht u. die Nachlaßbehandlung nach den vom 1. I. 1900 an geltenden Reichs- u. Landesgesetzen m. besond. Berücksicht. des Geltungsgebiets des Allgem. Landrechts. 2., umgearb. u. verm. Aufl. 1. Bd. (VIII, 374 S.) gr. 8. Breslau 907. J. U. Kern. 8. —

Borcherdt, H., das eheliche Güterrecht u. Gütererbrecht der übergeleiteten Ehen in der preußischen Monarchie. (VIII, 191 S.) gr. 8. Breslau 903. J. U. Kern. n 4. —

Borcherdt, H: Handb. d. deut. Mietsrechts, unter bes. Berücks. d. bisher. Geltgsgebietes d. preuss. A. L. R. 2. Afl. (7, 274) 8° Bresl., JU Kern '12. L 6 — d

Borcherdt, H., das Miethsrecht nach dem bürgerlichen Gesetzbuche m. besond. Berücksicht. des allgemeinen Landrechts. gr. 8. (VIII, 143 S.) Breslau 899. M. & H. Marcus. n. 2. —

Borcherdt, Hans Heinr., s: Hauptmann, Carl.

Borcherdt, H. H. (Hrsg.), s. Keller, Paul

— Paul Keller, s: Beiträge z. schles. Kultur.

— Andreas Tscherning. Beitr. z. Lit.- u. Kult.-Gesch. d. 17. Jahrh. (10, 375) gr8° Münch., Hans Sachs-Verl. '12. 10 —

Alter schützt vor Torheit nicht. Plattdeutsche Posse mit Gesang in 1 Akt v. Jürgen Borcherdt. 2. Aufl. Uetersen. o. J. 8°

Dat geiht to wiet. Plattdeutsches Lustspiel in 1 Akt v. Jürgen Borcherdt. 2. Aufl. Uetersen. o. J. 8°

1751. 1901. Zum 150jährigen Jubiläum der Lübeckischen Anzeigen u. der 75jähr. Gründung d. lithogr. Anst. u. Steindr. 1826. 30. Mai 1901. Gebr. Borchors, Lübeck. *(Lübeck: Gebr. Borchers 1901.)* (VII, 64 S.) 2° [ca. 30?]

Borchers, d. Staats-Lotterien d. Deut. Reiches in ihren neuesten Einrichtungen m. Berechnungs-Tabellen. Osterwieck 895.

Borchers, A. B., Memorierstoff für den Religions-Unterricht. Mit Benutzung von Erck's Spruchbuch auf die unteren u. mittleren Gymnasial- u. Real-Classen vertheilt. Hannover 869. Meyer. 8. (40 S.) n. 3 ngr.

Borchers, Adolf, Referendar: Die Besitzverhältnisse bei dem Stahlkammerfachvertrage. Leipzig 1909: Hoffmann. 63 S. 8°
Rostock, Jur. Diss. v. 15. März 1909, Ref. Matthiaß
[Geb. 13. Jan. 84 Hannover; Wohnort: Dortmund: Staatsangeh.: Preußen; Vorbildung: Gymn. Dortmund Reife M. 03; Studium: München 3, Göttingen 3 S.: Rig. 21. Dez. 08.] [U 09. 3647

Borchers, Anna, Feststunden m. unseren Kleinen, s.: Beiträge zur Kleinkinderpflege 4. Hft.

Borchers, Anna: Wegweiser f. d. prakt. Arbeit in Kindergarten u. Kleinkindersch., s: Beiträge z. Kleinkinderpflege.

Borchers, August Die englische Lektüre am Realgymnasium. 4 (S. 3—16). Progr. Andreas-Rg. *Hildesheim* 1888

Borchers, Aug.: Neuer zuverlässiger Schnellrechner, s. Borcher, Aug.

Borchers, E., Anwendung e. kräftigen Magnets z. Ermittelung d. Durchschlagsrichtung zweier Gegenörter. Eine Aufgabe z. Markscheidekunst. Mit 1 Figurentaf. (in qu. ½ Fol.) Clausthal 840, Schweiger'sche Buchh.

Borchers, E., General-Gang-Charte des nordwestlichen Harzgebirges. Im Auftrage des königl. Berg- und Forstamtes in den J. 1856—1865 entworfen. 1:16000. Fol. Clausthal 868, Grosse'sche Buchh. *

Borchers, E., die praktische Markscheidekunst unter Anwendung des Luftblasen-Niveaus u. der Theodolithen in Verbindung mit geeigneten Hülfsapparaten. Nebst e. Anh. über die Anwendung e. Magnets zur Zusammenführung zweier Gegenörter. Mit 127 in den Text gedr. Holzschn. u. 11 lith. Taff. (in 4. u. Fol.). Hannover 870. Rümpler. Lex.-8. (XVI, 308 S.) n. 5 ℳ 10 ngr.

Borchers, E., Reallienbuch, s.: Kahnmeyer, L.

BORCHERS, Eduard (Vegesack): Tumoren des Plexus chorioideus des Gehirns mit Anführung eines eigenen Falles. Mit 2 Abb.- Leipzig: Hoffmann 1909. 30 S., 2 Taf. Diss. Ingolst.-Landsh.-Mchn. 8.10.1910 - Chr 1910/11,23; U 11.3600

Borchers, Egon, Referendar aus Stettin: Die völkerrechtliche Ordnung der wechselseitigen Unterstützung Hülfsbedürftiger nach dem deutsch-schweizerischen Niederlassungsvertrage vom 31. Mai 1890. *Greifswald 1900: J. Abel.* (43 S.) 8°
Greifswald, Jur. Diss. v. [22. Dez.] 1900

Borchers, Erich, a. Goslar: Über verschiedenfarbige Salze aus Dinitrokörpern und Nitrophenolen. Weida i. Th. 1907: Thomas & Hubert. (58 S.) 8°
Leipzig, Phil. Fak., Ref. Hantzsch-Beckmann, Diss. v. 16. Jan. 1908
[Geb. 14. Sept. 82 Goslar; Wohnort: Goslar; Staatsangeh.: Preußen; Vorbildung: Gewerbe-Akad. Chemnitz bis M. 04; Studium: Leipzig 6 S.]

Borchers, F. A., Der Bergbau und Hüttenbetrieb des Siegerlandes. Siegen, 1893. 28 S.

Borchers jr., Fr., neue Zuschneidekunst f. Damenbekleidung. Zum Selbstunterricht, sowie als Handbuch u. Leitfaden f. Lehr-Institute m. gleich großem Erfolgen zu benutzen. Mit 12 fein ausgef. lith. Taf. (in Mappe). 1. zeitgemäße Ausg. gr. 8. (IV, 66 S. m. 28 Taf. im Text.) Hannover 889. (H. Lindemann.) n. 10. —; geb. n. 12. —

Borchers, Fr. R., Halleluja! Geistliche Lieder. 12. (VIII, 68 S.) Stuttgart 885, Vereinsbuchhandlung. *
geb. mit Goldschn. *

Borchers, Franz, aus Wolfenbüttel (Braunschw.): Zur Kenntnis der Derivate des p-Jod-o-Nitrotoluols mit mehrwertigem Jod. *Freiburg i. B.: Speyer & Kaerner 1900.* (36 S.) 8°
Freiburg i. B., Phil. Diss. v. 1900

Borchers, Friedrich, a. Goslar: Beitrag zur elektrolytischen Reduktion aromatischer Nitrokörper. Freiburg i. Br.: Speyer & Kaerner 1905. (48 S.) 8°
Freiburg i. B., Phil. Fak., Ref. Gattermann, Diss. v. 8. Jan. 1906
[Geb. 2. April 80 Goslar a. H.; Wohnort: Freiburg i. B.; Staatsangeh.: Preußen: Vorbildung: Gymn. Goslar bis Unterprima M. 98; Studium: Hannover T.H. 3. Fresenius Wiesbaden 2. Freiburg i. B. 6 S.; Rig. 30. März 04.]

Borchers, Friedrich [app. Arzt aus Blender]: Ueber das Carcinom, welches sich in alten Fistelgängen der Haut entwickelt ... Göttingen, Druck d. Dieterich'schen Univ.-Buchdr., 1891; 38 S. 8.
Göttingen, Med. Fak., Inaug.-Diss. v. [24. Juli] 1891

Borchers, Friedr. Ueber das Carcinom, welches sich in alten Fistelgängen der Haut entwickelt. Diss. gr. 8. (38 S.) Gött. 891, (Vandenhoeck u. Ruprecht). * — 80

Borchers, Friedr. Ad., der Mensch in seinem Verhältnisse zu Gott, diesseits u. jenseits d. Grabes, im Lichte d. Evangelii; od.: Die ewige Gerechtigkeit ist ewig die Liebe. Zur Verständigung u. Erbauung. gr. 8. (17½ B.) Hamburg 839, Nestler u. Melle.

Borchers, Geo., Kleisters Brautschau. Ein trag. Narrenspiel in 5 Aufzügen. (IX, 220 S.) 8. Dresden 905. E. Pierson. n. 2. 50

— Rosen u. Dornen. Hohelieder u. Klagelieder des Herzens. (VII, 228 S.) 8. Ebd. 904. n. 3. —; geb. n. 4. —

Borchers, Gerh., experimentelle Untersuchungen über Wirkung u. Vorkommen d. Taxin. Inaugural-Dissertation. gr. 8. (51 S.) Göttingen 876. (Vandenhoeck & Ruprecht.) n. 1. —

Borchers, Gustav

Borchers, Gust., Carl Eitz. Ein Bild seines Lebens u. Schaffens. (7 S.) gr. 8. Leipzig 908. Breitkopf & Härtel. Sonderabdruck aus „Die Stimme". — 40

Hammer und Kelle. Gedicht von Jos. Meyr-Günther. Comp. von Gust. **Borchers.** o. O. u. J. 1 Bl. 8° [Kopftit.]
Mit Noten: „Fülle deinen Geist mit Wissen ..."

[Lied zum] 121. Stiftungsfest der Loge Balduin zur Linde [1897]. [Ged. v. Hermann Prager; comp. v. Gustav **Borchers.**] 1 Bl. 4°. [Kopftit.]
Ohne Noten: „Noch in todesstarren Banden ..."

Am Sarkophage der Geschiedenen. [Dichtung von Osw. Marbach.) Trauerkantate für Tenor- und Basssolo, Männerchor und Orchester (oder Orgel, oder Harmonium und Pianoforte) von Gust. **Borchers.** Leipzig u. Baden-Baden: Wild 1893.
Recens: Bh. 36 (1893) S. 384 (C. Gotthold), abgedr. in: Al. 20 (1894) S. 15; Bbl. 8 (1894) S. 506—507 (F. Kumm).

Borchers, Gust., Singe vom Blatt! Übungsstoffe f. den Schul- u. Kunstgesangunterricht nach der Tonwortmethode v. Carl Eitz. 2. u. 3. Taus. (12 u. 96 S.) 8. Leipzig 904. Breitkopf & Härtel. Kart. n. 1. 50

Borchers, Gust.: Singe v. Blatt! Übgsst. f. d. Schul- u. Kunstgesangunterr., n. d. Tonwortmethode v. Carl Eitz bearb. 4. Afl. (28 u. 52) 8° Lpzg. Breitk. & H. '11. geb. 1.60 d

„Streut Rosen". Gedicht von [Osw.] Marbach, für eine hohe Stimme komp. von G[ust.] **Borchers.** Leipzig: Fischer 1895. 8°
Recens: FZ. 49 (1895) S. 72; Führer. 23 (1895 bis 1896) No 7.

Vaterunser. Nach einem Gedicht von O[sw.] Marbach für eine mittlere Stimme komp. von G[ust.] **Borchers.** Leipzig: Fischer 1895.
Recens: FZ. 40 (1895) S. 72; Führer. 23 (1895 bis 1896) No 7.

Borchers, H., u. A. Gieseler, theoretische u. praktische Anleitung f. den gesamten Deutschunterricht im 2. Schulj. Im Anschluß an das Lesebuch f. Westfalen. 1. Tl.: Unterstufe. (X, 163 S.) 8. Bielefeld 909. Velhagen & Klasing. 2.—

Borchers, H., d. Staats-Lotterien d. Deutschen Reiches i. ihren neuesten Einrichtgn. m. Berechnungs-Tabellen. N. amtl. Quellen bearb. u. hrsg. gr. 16. (IV, 64 S.) Braunschweig 895. (Osterwieck, A. W. Zickfeldt.) n. — 75

Borchers, H. C., s. a. Borcher, Aug.

Borchers, H. C., kleiner zuverlässiger Schnellrechner. Ein Handbuch für Geschäftsmänner jeglichen Standes. Enthaltend: Tabellen zur Berechnung (nach Gutengroschen) von 1/4 bis 1000 Stück zu 1/4 Pfg. bis 5 Thlr., Reduction der Sgr. zu Sgr., sowie der Sgr. zu Ggr. 8. (182 S.) Celle 857, Schulze'sche Buchh. *

—— neuer zuverläss. Schnellrechner. 4. Afl. 8. (408) Ebd. 58. — 26 1/4

Borchers, H. C., der zuverläss. Schnellrechner. Ein unentbehrl. Handb. f. Geschäftsmänner jegl. Standes. Enth.: Tabellen zur Berechn. v. 1/4 bis 1000 Stck. zu 1/4 Pf. bis 10 Thlr. rc. gr. 8. (20 1/4 B.) Celle 837, Schulze'sche Buchh.

Borchers, H. C., der zuverlässige Schnellrechner. Ein Handbuch für Geschäftsmänner jegl. Standes. 2. Aufl. gr. 8. (X und 316 S.) Celle 847, Schulze'sche Buchh.

Borchers, H. C., zuverlässiger Schnellrechner. Ein unentbehrliches Handbuch für Geschäftsmänner jeglichen Standes. 3., verm. Aufl. gr. 8. (XII und 324 S.) Celle 852, Schulze'sche Buchh.

Borchers, H. C., zuverlässiger Schnellrechner. Ein unentbehrl. Handbuch für Geschäftsmänner jegl. Standes. 5. Aufl. Nach den neuen Münz-, Maß- und Gewichtsverhältnissen des deutschen Kaiserreichs bearb. von G. L. Armbrust. 9 Lfgn. gr. 8. (XII, 420 S.) Celle 874,75, Literarische Anstalt. à Lfg. 60 Pf. geb.

Borchers, H. C., der zuverlässigste Schnellrechner. Ein Handbuch für Geschäftsmänner jegl. Standes. 2. Aufl. gr. 8. (X u. 316 S.) Celle 847. Schulze. — 3. verm. Aufl. gr. 8. (XII u. 324 S.) Ebd. 852. 1/3 ℛ

Borchers, Hans, Referendar: Die surrogative Anfechtung wegen Irrtums bei Verträgen. Neudamm [1908]: Neumann. 55 S. 8°
Heidelberg, Jur. Diss. v. 1908, Ref. Heinsheimer
[Geb. 8. Febr. 87 Berlin; Wohnort: Neudamm; Staatsangeh.: Preußen; Vorbildung: Joachimsth. Gymn. Berlin Reife O. 05; Studium: Heidelberg 3, Berlin 3 S.; Rig. 21. Juli 08.] [U 09. 1754

Borchers, Heinrich: Ein Beitrag zur Lehre vom induzierten Irresein. Kiel 1910: Schmidt & Klaunig. 25 S. 8°
Kiel, Med. Diss. v. 4. April 1910, Ref. Siemerling
[Geb. 27. Okt. 83 Neustadt-Gödens; Wohnort: Jever; Staatsangeh.: Oldenburg; Vorbildung: Gymn. Jever Reife M. 03; Studium: Freiburg i. B. 3, München 1, Freiburg i. B. 2, Berlin 3, Kiel 3 S.; Coll. 5. Febr. 09; Approb. 22. Febr. 10.] [U 10. 2427

Borchers, Hugo, aus Hildesheim (Preussen): Die subcutanen Osteotomieen des Kinderspitales Zürich (Eleonorenstift) während der Jahre 1876—1881. Zür. Zürcher u. Furrer Dr. 1882. 56 S. 8°.
Zürich, Med. Diss. [v. 9. März 1882].

Borchers, J.

—— Beiträge zum Verständnisse der vier mittelrheinischen Landrechte, des solmsischen, pfälzischen, mainzischen Landrechts und des Landrechts der Obergrafschaft Katzenelnbogen. 2. Thl. gr. 8. (VI und 183 S.) Darmstadt 857, [Jernin.] *
1. Thl. Ebendas. 1854. * 24 Ngr.

Borchers, J., und T. F. Daevel, Uebungsbuch für den Unterricht in der deutschen Sprache und im schriftlichen Gedankenausdruck. 1. Heft. Für die Hand der Schüler in Elementarclassen. Kiel 856. Schröder u. Co. 12. (69 S.) n. 5 ngr

Borchers, J., und T. F. Daevel, Uebungsbuch für den Unterricht in der deutschen Sprache und im schriftlichen Gedankenausdruck. 2. Heft. Für die Hand der Schüler in Mittelklassen. 8. (112 S.) Kiel 857, Schröder und Comp. **
1. Heft. Ebendas. 1856. * 5 Ngr.

Borchers, J, u. TF Daevel, Uebungsb. f. d. Unterr. in d. deut. Sprache. 2 Hfte. 12. (181) Kiel 56. 58, Schröder u. Co. n. — 11 1/4

Borchers, Karl

Borchers, Carl, Anleitung zur Vervollkommnung des Obstbaues im nördlichen und mittleren Deutschland, oder Einrichtung und Unterhaltung von Obstgärten, Pflanzung, Pflege, Schnitt u. Behandlung der verschiedensten, jungen u. älteren Obstbäume rc. mit näherer Bezeichnung u. Beschreibung von Obstsorten, welche in der Königl. Obstbaum-Plantage zu Herrenhausen als besonders werthvoll erprobt u. deshalb zu weiterer Verbreitung zu empfehlen sind. Mit 49 Holzschn. (im Text.) Hannover 863. Hahn. gr. 8. (XXIX, 416 S.) n. 2 ℛ

Borchers, Karl, Beschreibung neuer empfehlenswerther Getreidearten, so wie der mehrjähr. Anbau-Versuche, welche mit denselben auf Veranlassung des Gewerb-Vereins für d. Königreich Hannover stattgefunden haben. 8. Weißensee 839. Großmann. 1/2 ℛ

Borchers, Carl, approb. Arzt: **Aus d. patholog. Institute zu Kiel. Über Complication von Amyloid-Entartung mit Endokarditis.** *Kiel 1899: H. Fiencke.* (22 S.) 8°
Kiel, Med. Diss. v. [21. Apr.] 1899

Borchers, Karl, s. Landwirth, der, eine Zeitschrift.

— die Mistbeet-Treiberei in ihrem ganzen Umfange, oder Anlage und Behandlung der Mist- u. Treibbeete, zur Erzielung frühzeitiger u. wohlschmeckender Gemüse u. Früchte. Mit 1 Steintaf. 8. Leipzig 840. Fr. Fleischer. 1/2 ℛ

Borchers, K., die Mistbeet-Treiberei in ihrem ganzen Umfange. 2. Aufl. 8. (IV, 144 S. m. 1 Steintaf.) Leipzig 68. F. Fleischer. n. [illegible]

Borchers, Karl, die Mistbeet-Treiberei in ihrem ganzen Umfange, oder Anlage u. Behandlung der Mist- u. Treibbeete, zur Erzielung frühzeitiger u. wohlschmeckender Gemüse u. Früchte. 2. neu bearb. u. verm. Aufl. Leipzig 869. F. Fleischer. gr. 8. (IV, 144 S. u. 1 lith. Taf. in Fol.) n. 20 ngr

Borchers, Karl, analytische Studien über Quecksilber u. Wismuth. Inaugural-Dissertation. gr. 8. (34 S.) Hannover 876. (Göttingen, Vandenhoeck & Ruprecht.) n. — 60

Borchers, Caspar Max [aus Darfeld, Westf.]: Aus d. chirurg. Univ.-Klinik in Greifswald. Ueber Jejunostomie ... Greifswald, Druck v. J. Abel, 1896; 28 S. 8.
Greifswald, Med. Fak., Inaug.-Diss. v. 11. Aug. 1896

Borchers, Otto, unter welfischem Scepter. Erinnerungen eines Hannoveraners. 1—4. Aufl. 8. (III, 110 S.) Hof 882. Grau & Co. n. 1. 20

Borchers, Otto, unter welfischem Scepter. Erinnerungen e. Hannoveraners. 4. Aufl. gr. 8. (VI, 111 S.) Hof 882 Lion. n. 1. 20

Borchers, Paul, a. Hoyerhagen, Kr. Hoya (Hann.): Vergleichende Untersuchung über das Gewerbeinspektorat in Deutschland und im Auslande, insbesondere in Großbritannien, Frankreich, der Schweiz und Österreich. Halle a. S. 1904: C. A. Kaemmerer & Co. (XI, 186 S.) 8° ¶[Enthält nur einen Teil der Arbeit.]
Halle, Phil. Fak., Ref. Conrad, Diss. v. 28. Dez. 1904
[Geb. 30. Mai 77 Hoyerhagen, Kr. Hoya; Wohnort: Berlin; Staatsangeh.: Preußen; Vorbildung: Gymn. Hameln Reife O. 99; Studium: Göttingen 4, Berlin 2, Halle 5 S.; Rig. 26. Juli 04.]

Borchers, Th., Maassbuch f. Schuhmacher. 9. Aufl. 12. (188 S.) Hannover 886. (Leipzig, Stauffer.) geb. n. 1. —

Borchers, Wilhelm

Borchers, W., Bergbau u. Hüttenwesen, s.: Treptow, E.

Borchers, Wilh., die **Beziehungen zwischen Äquivalentvolumen u. Atomgewicht.** Ein Beitrag zur Fortigg. u. Vervollständigg. des period. Systems der Elemente. (17 S. m. Fig.) gr. 8. Halle 904. W. Knapp. n. — 80

Borchers, W., anorganische Chemie. Einführung in die Grundlehren der Chemie, nebst kurzem Leitfaden zur anorganisch-chem. Technologie, unter besond. Berücksicht. der Metallurgie. Ein Repetitorium zum Gebrauche an techn. Fachschulen u. Realschulen, sowie f. studir. Techniker d. Berg-, Hütten- u. Maschinenwesens. gr. 8. (VII, 201 S. m. 27 Abbildgn. in Holzschn.) Braunschweig 893. H. Bruhn. n. 2. 80; geb. n.n. 3. 80

— Eisen- u. Metallhüttenkunde, s.: Wüst, F.

Die Elektrochemie und ihre weitere Interessensphäre auf der Weltausstellung in Paris 1900 von Dr. W[ilhelm] **Borchers**, Prof., Aachen. Mit vielen Textfig. u. Taf. Verm. u. verb. Ausg. des in d. 'Zeitschr. f. Elektrochemie' erschien. Berichtes. (In 4 Lfgen). *Halle a. S.: W. Knapp 1900.* (107 S.) 4° [00. 7793

Die Elektrochemie und ihre weitere Interessensphäre auf der Weltausstellung in Paris 1900 von W[ilhelm] **Borchers**. Mit 45 Textfig. u. 1 Taf. Verm. u. verb. Ausg. des in d. 'Zeitschr. f. Elektrochemie' erschien. Berichtes. *Halle a. S.: W. Knapp 1901.* (107 S.) 4° [01. 6931 3

Borchers, W. Elektro-Metallurgie. Die Gewinnung der Metalle unter Vermittlung des elektr. Stromes. gr. 8. (VII, 167 S. mit 90 Abbildgn.) Braunschw. 891, Bruhn. * 6 50; geb. * 7 50

Borchers, W., Elektro-Metallurgie. D. Gewinng. d. Metalle unt. Vermittlg. d. elektr. Stromes. 2., verm. u. völlig umgearb. Aufl. M. 188 Text-Abb. gr. 8. (VIII, 393 S.) Braunschweig 895/96. H. Bruhn. n. 14.—; geb. in Halbfrz. n. 16.—

— **Elektro-Metallurgie.** Die Gewinng. der Metalle unter Vermittlg. des elektr. Stromes. 3. verm. u. völlig umgearb. Aufl. 1 Abth. gr. 8. (IV, 288 S. m. 169 Abbildgn.) Leipzig 902. S. Hirzel. n. 9 —

— **Elektro-Metallurgie.** Die Gewinng. der Metalle unter Vermittlg. des elektr. Stromes. 3. verm. u. völlig umgearb. Aufl. 2. Abth. (VIII u. S. 289—578 m. 86 Abbildgn.) gr. 8. Leipzig 903. S. Hirzel. n. 11. — (Kplt. n. 20. —; geb. n.n. 22. —)

Elektro-Metallurgie des Nickels von Dr. W[ilhelm] **Borchers**, Prof. zu Aachen. Mit 4 Abb. *Halle a. S.: W. Knapp 1903.* (35 S.) 8°
— **Monographien** über angewandte **Elektrochemie.** Bd 6. [03. 6959 3

Entwicklung, Bau und Betrieb der Elektrischen Öfen zur Gewinnung von Metallen, Carbiden ... Von Dr. W[ilh.] **Borchers**, Lehrer ... in Duisburg. *Halle a. S.: W. Knapp 1897.* (64 S., 1 Bl.) 1 Bd 8.
— **Encyklopädie** d. **Elektrochemie.** Bd 9. [97. 7109

Festrede zur Vorfeier des Geburtstages Sr. Maj. des deutschen Kaisers und Königs von Preussen Wilhelm II., geh. in d. Aula d. techn. Hochschule zu Aachen 1902 von Dr. W[ilhelm] **Borchers**. *Aachen (1902): La Ruelle.* (19 S.) 8° [02. 6036 3

Borchers, W., die elektrische Gewinnung v. Metallen u. Metallverbindungen, s.: Hoppe, Osk., praktischer Leitfaden der Elektrotechnik.

Borchers, W: Der Girod-Ofen und die elektrischen Schmelzwerke System Paul Girod. Frankfurt a. M. 1909

Borchers, Wilhelm (Bearb.), s. H a n d b u c h der Elektrochemie.

Hüttenwesen. Kurze Übersicht über d. heutigen Verfahren z. Gewinnung d. wichtigeren Metalle von Dr. W[ilhelm] **Borchers**, Prof., Aachen. Mit 213 Abb. Halle a. S.: W. Knapp 1908. (VI, 192 S.) 4°(8°) [08. 13013 3

Borchers, W. (Hrsg.), s. J a h r b u c h der Elektrochemie.

Otto Intze † 28. Dezember 1904. Gedächtnisrede geh. am 11. Jan. 1905 in der Aula der Kgl. Technischen Hochschule zu Aachen von W[ilhelm] **Borchers.** 8 S. 4°

— die **Leistungen metallurgischer Öfen.** (S. 393—428 m. Abbildgn.) Lex.-8. Ebd. 905. n. 2. —
Sonderabdruck aus: „Metallurgie".

Das neue Institut für Metallhüttenwesen und Elektrometallurgie an der Königlichen Technischen Hochschule zu Aachen. Dr. **Wilhelm Borchers**, Prof. f. Metallhüttenkunde u. Elektrometallurgie. Abschnitt: Elektrische Messinstrumente, bearb. von Dr. H[einrich] Danneel, Privatdoz. f. physikal. Chemie. Halle: Knapp 1903. 61 S., 1 Taf. 4°

— s.: **Metallurgie.**

Die elektrischen Öfen, Erzeugung von Wärme aus elektr. Energie u. Bau elektr. Öfen. Von Wilhelm **Borchers**, Prof. 2. Aufl. Halle a. S.: W. Knapp 1907. (168 S.) 8°
— **Handbuch** d. Elektrochemie. [3.] [06. 15060 3

Borchers, W[ilhelm]: (Versuche zu den höchsten Wärmegraden auch ohne Zuhilfenahme von Elektricität zu gelangen.) [1902.] 19 S. 8° Aachen

— s.: **Zeitschrift d. Elektrochemie.**

Borchert: Die landwirtschaftl. Betriebsverhältn. im Kreise Steinfurt, s: Arbeiten d. deut. Landwirtsch.-Gesellsch.

Borchert: C o d e x ..., s. B o r c h e r t, Th.

Borchert: S c h w e r g y m n a s t i k ..., s. B o r c h e r t, H.F.

Borchert, Alb., deutsche Elementar-Grammatik und Orthographie für Vorschulen höherer Lehranstalten. Eine Sammlung methodisch geordneter Übungen und Aufgaben in 2 Stufen. 1. Stufe: Für Octava. gr. 8. (VII, 52 S.) Rastenburg 884, Kowalski. *

Borchert, Alb., deutsche Elementar-Grammatik und Orthographie für Vorschulen höherer Lehranstalten. Eine Sammlung method. geordneter Übungen und Aufgaben in 2 Stufen. 2. Stufe. [Für Septima.] gr. 8. (V, 85 S.) Rastenburg 886, Kowalski. *ℳ 1.—.; cart. *
1. Stufe: Für Octava. Ebendas. 1884. * 80 Pf.

Borchert, Alb., deutsche Elementargrammatik und Orthographie f. Vorschulen höherer Lehranst. 1. u. 2. Stufe. 2., neu bearb. Aufl. gr. 8. Königsberg 889. Hartung. geb. n. 1. 75
1. Für Octava. (VII, 60 S.) n. — 75
2. Für Septima. (III, 87 S.) n. 1. —

Borchert, Alb., Heimatkunde v. Berlin u. der Mark Brandenburg f. Vorschulen. gr. 8. (55 S.) Berlin 900. L. Oehmigke's Verl. n. — 50

Borchert, Alb., Heimatkunde v. Berlin u. der Mark Brandenburg. Für den Schulgebrauch bearb. 2., verm. u. verb. Aufl. (52 S. m. 1 Plan.) 8. Berlin 909. L. Oehmigke's Verlag. nn — 50; kart. — 65

Borchert, Aloys

Der Animismus oder Ursprung und Entwicklung der Religion aus dem Seelen-, Ahnen- u. Geisterkult. Ein krit. Beitrag z. vergl. Religionswiss. Von Dr. Aloys Borchert, Priester. *Freiburg i. Br.: Charitasverband f. d. kath. Deutschl. in Komm. 1900.* (XVI, 239 S.) 8° [F.]
— Studien aus d. Collegium Sapientiae zu Freiburg i. Br. Bd 5. [00. 5765

Borchert, Aloys, Dr. theol., aus Süssenthal, Ostpr.: Die Molluskenfauna und das Alter der Paraná-Stufe. Mit 5 Taf. *Stuttgart: E. Schweizerbart 1901.* (78 S.) 8° ¶ (Aus: Beiträge zur Geol. u. Palaeont. von Südamerika, 9.)
Freiburg i. B., Phil. Diss. v. 1901

Die Gesellschaft des göttlichen Heilandes ⟨Societas Divini Salvatoris⟩. Ein beschaulich-thätiger Orden, gegründet am 8. Dez. 1881. Von e. Mitgl. d. ersten Ordens. [Verf.: Barnabas Borchert.] 7. Aufl. Rom: Gesellsch. d. göttl. Heilandes 1895. 55 S. 8° [09. 17775

Borchert, Eberhard (geb. Lorenzhof in Pomm. 13. 2. 1853): Ueber Oesophagotomie. Berlin (1877). (47 S.) 8°
Berlin, Med. Diss. v. 16. März 1877

Borchert, Ernst Johannes Eine Aufgabe aus der analytischen Mechanik. 4 (12 S.). Progr. G. *Hohenstein* 1887

Borchert, Friedrich, approb. Arzt: Beiträge zur Lungen-Chirurgie. *Berlin 1901: L. Schumacher.* (64 S.) 8°
Berlin, Med. Diss. v. 19. Apr. 1901

Borchert, Frdr., die Dynastien aller Länder der Erde. 12. (V, 286 S.) Güstrow 900. H. Kitzing. n. 1. 20; geb. n. 1. 80

Borchert, Friedrich: Die Jagd in der altfranzösischen Literatur ⟨mit Ausschluss der Artus- und Abenteuer-Romane⟩. Göttingen 1909: Dieterich. XVI, 119 S. 8°
Göttingen, Phil. Diss. v. 0. Okt. 1909, Ref. Stimming
[Geb. 4. Mai 84 Güstrow; Wohnort: Güstrow; Staatsangeh.: Mecklenburg-Schwerin: Vorbildung: Realgymn. Güstrow Reife M. 03; Studium: München 2, Berlin 2, Göttingen 5 S.: Rig. 13. Jan. 09.] [U 10. 1400

Borchert, H. F., Kugelwurfgymnastik, Das Training des Leichtathleten und Boxers, m. Abb., 6. Aufl., Stuttgart, 1 Taf., Kl.-8°.

Borchert, H. F., Das Reck, Deutsches Turnen, m. Abb., 5. Aufl., Stuttgart, 1 Taf., Kl.-8°.

Borchert, Schwergymnastik mit Eltehplatten, m. Abb., 9. Aufl., Stuttgart, 8 S., 1 Taf., Kl.-8°.

Borchert, Heinrich Gottfried

— Die Gegend um Itzehoe, metrisch beschrieben in Novbr. 1795. Glückstadt. u. A. 4. P.

Borchert, H[einr.] G[ottfried], In wie fern die Jugend überhaupt zu den schönen Wissenschaften anzuführen sey? Glückstadt. (1784). 4. P. (Skoleprogr.).

Borchert, Herrm., d. rationell-prakt. Brandweinbrennerei-Betrieb. Nach den Verhältnissen d. russischen Ostseeprovinzen bearb. 8. (3¾ B.) Riga 845, Götschel.

Einiges über Volksschulen und Fortbildungsschulen von Reg.R. [Hermann] Borchert. Stettin 1908: Pommersche Reichspost. 10 S. 4°
(Arbeiten d. Landwirtschaftskammer f. d. Prov. Pommern. H. 3.) [09. 18178 9

Borchert, Herm., innere Kolonisation in Pommern. (82 S.) 8. Anklam 907. R. Poettcke Nachf. nn — 50

Borchert, Karl

Illustriertes Lehrbuch für das Schreiben mit der Schreibmaschine nach der konzentrischen Zehnfingermethode, für alle Systeme passend von Karl Borchert, Lehrer. 4. Aufl. T. 1. Berlin-Boxhagen: Selbstverl. [1907]. 8° [07. 13387

Borchert, Karl: Illustr. Lehrb. f. d. Schreiben m. d. Schreibmaschine n. d. konzentr. Zehnfingermethode f. alle Systeme passend. 5. Afl. I. Tl: Metholik. (79 m. Abb.) gr8° Berl.-Boxhagen. K Borchert (09). 1 —

Borchert, Karl, illustriertes Lehrbuch f. das Schreiben m. der Schreibmaschine nach der konzentrischen Zehnfingermethode, f. alle Systeme passend. 6. Aufl. I. Tl.: Methodik. (80 u. 16 S. m. Abbildgn.) gr. 8. Berlin-Boxhagen (910.) K. Borchert. 1. 25

Borchert, Karl, Lehrbuch für das Schreiben m. der Schreibmaschine. Für den Klassenunterricht in Handelsschulen sowie zur Selbstbelehrung bearb. gr. 8. (47 S. m. Abbildgn.) Berlin 899. [L. Oehmigke's Verl.] Frz. Schulze. n. 1. —

— Original-Methode Borchert. Methodisch geordneter Übungsstoff zum Schreiben auf der Schreibmaschine nach der konzentr. Zehnfinger-Methode (Borchertsche Blindschreibmethode). 2. Tl. 21. (der Separat-Ausg. 7.) Aufl. (32 S.) 8. (908.) — 30

— dasselbe zum Schreiben nach der konzentr. Zehnfinger-Methode auf der Kanzler-Schreibmaschine. 37. Aufl. 1. u. 2. Tl. (32 S.) 8. Ebd. 908. — 30

— dasselbe zum Schreiben nach der konzentr. Zehnfinger-Methode auf der Stoewer-Schreibmaschine. 36. Aufl. 1. u. 2. Tl. (32 S.) Ebd. 908. — 30

Das Schreiben mit der Schreibmaschine. III. Lehr- u. Übungsbuch f. d. Klassenunterricht in Handelsschulen ... Bearb. v. Karl Borchert, städt. Lehrer zu Berlin. Ausg. B. *Berlin: L. Oehmigke 1899.* (70 S.) 8° [99. 8483

— dasselbe. Ausg. C. gr. 8. (70 S.) Ebd. 899. n. 1. —

— Moderne Schreibmaschinen u. modernes Maschinenschreiben. Orientiergsb. f. Handelssch. u. Kontore. (117 u. 1 m. Abb.) Lex8° Ebd. ('12). HL 3 —

— methodisch geordneter Übungsstoff zum Schreiben auf der Schreibmaschine nach der Zehnfinger-Methode. Im Anschlusse an das „Lehr- u. Übungsbuch f. das Schreiben mit der Schreibmaschine" bearb. 1. Tl. Hammond-Ausg. 5. Aufl. gr. 8. (16 S.) Ebd. 901. n. — 30

— dasselbe. 2. Tl. 3. Aufl. gr. 8. (26 S.) Ebd. 900. n. — 30

— dass. Im Anschl. an d. Ausg. A, B u. C d. Lehr- u. Übgsb. f. d. Schreiben m. d. Schreibmaschine bearb. 4. Afl. (32 m. 2 Abb.) 8° Ebd. 1900. — 60

— dasselbe. Für d. Remington-Schreibmaschine. 6. Aufl. gr. 8. (24 S. m. 2 Abbildgn.) Ebd. 901. n. — 30

— dasselbe. Für die New Century Caligraph-Schreibmaschine. 7. Aufl. gr. 8. (24 S. m. 2 Abbildgn.) Ebd. 901. n. — 30

Borchert, Karl, method. geordneter Übungsstoff z. Schreiben a. d. Schreibmaschine n. d. Zehnfinger-Meth. Im Anschlusse an d. „Lehr- u. Übungsb. f. d. Schreiben m. d. Schreibmaschine" bearb. 1. Tl. 8. Aufl. (24 S. m. Abb.) 8. Berlin-Boxhagen 901. K. Borchert. — 80

— dasselbe. Für die Pittsbury-Visible-Schreibmasch. 9. Aufl. gr. 8. (23 S.) Ebd. 901. n. — 80

— dasselbe. Für die Remington-Sholes. 10. Aufl. gr. 8. (23 S.) Ebd. 901. n. — 80

— dass. n. d. Zehnfinger-Methode. 1. Tl. Hammond-Ausg. 5. Afl. (16) 8° Ebd. '01. — 80

Borchert, K: Methodisch geordneter Übgsstoff z. Schreiben auf d. Schreibmaschine n. d. konzentr. Zehnfinger-Methode (Borchert'sche Blindschreibmethode), f. alle Maschinen bearb. 1. Tl. 11. Afl. (25) 8° Berl., (Frz Schulze)'02. — 80

— dasselbe f. Pittsbury-Visible-Schreibmaschine bearb. 1. Tl. 14. Aufl. (20 S. m. 1 Abb.) 8. Ebd. 902. — 80

— dasselbe f. Naumann's Ideal-Schreibmaschine bearb. 16. Aufl. (32 S. m. Abbildgn.) 8. Ebd. 903. — 60

— dasselbe f. die Stolzenberger Oliver-Schreibmaschine bearb. 21. Aufl. (32 S. m. 1 Abb.) gr. 8. Ebd. 903. — 60

— dasselbe nach der konzentrischen Zehnfinger-Methode (Borchert'sche Blindschreibmethode), (Orig.-Methode Borchert) auf der „Continental" der Wanderer-Fahrradwerke A.-G., Schönau b. Chemnitz. 30. Aufl. 1. u. 2. Tl. (32 S. m. Abbildgn.) 8. Ebd. 906. — 60

— dasselbe f. die Smith Premier-Schreibmaschine bearb. 35. Aufl. (31 S. m. 1 Abb.) 8. Ebd. 907. — 60

— dasselbe zum Schreiben f. die Adler-Schreibmaschine bearb. 34. Aufl. (32 S. m. Abbildgn.) 8. Ebd. (908). — 60

— dass. auf d. Stoewer-Schreibmaschine. 36. Afl. 1. u. 2. Tl. (32) 8° Ebd. '08. — 60

— dass. auf d. Kanzler-Schreibmaschine. 37. Afl. 1. u. 2. Tl. (32) 8° Ebd. '08. — 30

— dasselbe f. die Unterwood-Schreibmaschine. (Orig.-Methode Borchert.) 40. Aufl. 1. u. 2. Tl. (48 S. m. Abb.) gr. 8. Ebd. (909.) — 75

— dasselbe f. alle Schreibmaschinen passend. 8. Ebd. — 80
I. 41. Aufl. (32 S.) m. Abbildgn.) (909.)
II. 15. (der Sep.-Ausg. 5.) Aufl. (28 S.) (907.)

— Methodisch geordneter Übungstoff zum Schreiben auf der Schreibmaschine nach der konzentrischen Zehnfinger-Methode (Borchert'sche Blindschreibmethode.) (Orig.-Methode Borchert.) 2. Tl. 27. Aufl. u. 3. Tl. (in 1 Bde.) (32 u. 20 S.) gr. 8. Ebd. (910). — 60

— Methodisch geordneter Übgsstoff z. Schreiben auf d. Schreibmaschine n. d. konzentr. Zehnfinger-Methode f. alle Schreibmaschinen passend. 1—3. Tl. gr8° Ebd.
1. 50. Afl. (40) ('11) — 50 ‖ 2. 27. Afl. u. 3. Tl (in 1 Bde). (32 u. 20) ('10) — 60

— dass. f. d. Ideal-Schreibmaschine. 51. Afl. (64 m. Fig.) gr8° Ebd. ('11). 1 —

— dass. f. d. Adler-Schreibmaschine. 52. Afl. (72 m. Fig.) gr8° Ebd. ('11). 1 —

— Übungsstoff zum Schreiben auf d. Schreibmaschine. Im Anschluss an die Ausg. A, B u. C des Lehr- u. Übungsbuchs f. das Schreiben m. der Schreibmasch. bearb. gr. 8. (24 S.) Ebd. 899. n. n. — 25

— dasselbe. I. Tl. 3. Aufl. gr. 8. (26 S.) Ebd. 900. n. — 30

— dasselbe. 4. Aufl. gr. 8. (32 S. m. 2 Abbildgn.) Ebd. 900. n. — 60

Borchert, Ludov. (geb. Breslau 20. 5. 1846): Num Antistius Labeo, auctor scholae Proculianorum, stoicae philosophiae fuerit addictus? Vratislaviae (1869). (57 S.) 8°
Berlin, Jur. Diss. v. 12. Febr. 1869

Festschrift zur 150jährigen Jubelfeier der evangelischen Kirche in Lähn d. 30. Nov. 1902 s. Gemeinde gewidmet von Ludolf **Borchert**, Pastor. Neurode (1902); W. W. ⟨E.⟩ Klambt. (55 S.) 8° (08, 0783 2

Borchert, Max, philosophische Essays. (VII, 72 S.) 8. Brackwede 907. Dr. W. Breitenbach. 1. —

Zur Kenntnis des Zentralnervensystems von Torpedo. Von Max **Borchert**. Mitteilung 1. *(Jena: G. Fischer 1903.)* 2°(4°)
— Arbeiten, Neurobiologische. Ser. 2. Bd 1, Lfg 1.
— **Denkschriften** der med.-naturw. Gesellschaft zu Jena. Bd 10.
(03. 5090

Borchert, Max: Experimentelle **Untersuchungen** an den Hintersträngen des Rückenmarks. *Leipzig: Veit & Co. 1902.* (40 S.) 8° ¶ (Aus: Archiv f. Anat. u. Phys., 1902, Phys. Abth. — Ein Nachtrag erscheint ebenda.)
Berlin, Med. Diss. v. 14. März 1902

Borchert, Otto

Borchert: Die Arbeit d. Kirche an d. Schule.
s: Kirchlich-positiv.

Borchert, Otto, der Goldgrund des Lebensbildes Jesu. Eine apologet. Studie. 8. (XI, 142 S.) Braunschweig 900. H. Wollermann. n. 2.—; geb. in Leinw. m. Goldschn. n. 2.50

– das Recht d. Kirche an d. Schule, s. a. Kirchlich-positiv.

Das Recht der Kirche an der Schule. Von Pfarrer u. Kreisschulinsp. [Otto] **Borchert**. (Berlin: Positive Union 1910.) 11 S. 8° [Kopft.]
(Kirchlich-Positiv. H. 17.) (11. 8)

Borchert, Otto, warum das Lebensbild Jesu in den Evangelien nicht erfunden sein kann! Eine Studie zur modernen Evangelienkritik. 2. unveränd. Aufl. (v.: „Der Goldgrund des Lebensbildes Jesu"). (XII, 142 S.) 8. Braunschweig 906. H. Wollermann. n. 1. 25

Borchert, Paul, wie ich die Idee der Selbstbetätigung in 1½ jähr. Schularbeit durchzuführen suchte, s.: Wotekamp, W., Selbstbetätigung u. Schaffensfreude in Erziehung u. Unterricht.

Borchert, Th.

— die Geschäftsanweisung f. die Amtsanwälte vom 28. Aug. 1879, nebst e. Anh., enth. die Allgem. Verfügg. d. Justizministers vom 25. Aug. 1879, betr. die v. den Beamten der Staatsanwaltschaft an andere Behörden zu mach. Mittheilgn. Ausführlich erläutert. 8. (313 S.) Magdeburg 884. E. Baensch jun. geb. n. 4. —

Borchert, Th., die Geschäftsanweisung f. die Amtsanwälte vom 28. VIII. 1879 nebst e. Anh., enth. die allgem. Verfügg. des Justizministers vom 25. VIII. 1879, betr. die v. den Beamten der Staatsanwaltschaft an andere Behörden zu mach. Mitteilgn. Ausführlich erläutert. 2., bis zur Jetztzeit fortgeführte Aufl. Erläutert u. hrsg. v. Gust. Liedtke. (340 S.) 8. Magdeburg 903. E. Baensch jun. Geb. in Leinw. n. 5. —

Borchert, Th., Codex d. deutsch-preußischen Strafrechts u. Strafprocesses, enth. sämmtl. Gesetze u. Verordnungen des deutschen Reichs u. Preußens, welche zur Zeit auf dem Gebiete des Strafrechts u. Strafverfahrens in Geltung sind, soweit dieselben für die ordentl. Gerichte u. deren Staatsanwaltschaften Bedeutung haben. Zusammengestellt u. m. Anmerkungen versehen. 1. Lfg. gr. 8. (IV, 208 S.) Berlin 882. R. Kühn. n. 3. —

Borchert, Th., Codex d. deutsch-preußischen Strafrechts u. Strafprozesses, enth. sämmtl. Gesetze u. Verordngn. d. Deutschen Reichs u. Preußens, welche zur Zeit auf dem Gebiete d. Strafrechts u. Strafverfahrens in Geltung sind, soweit dieselben f. die ordentl. Gerichte u. deren Staatsanwaltschaften Bedeutg. haben. Zusammengestellt u. m. Anmerkgn. versehen. 2—4. Lfg. gr. 8. (VII u. S. 209—1736.) Berlin 883. R. Kühn. n. 22. — (cplt.: n. 25. —)

Borchert, Th., Codex des deutsch-preußischen Strafrechts und Strafprozesses, enthaltend sämmtl. Gesetze und Verordnungen des Deutschen Reichs und Preußens, welche zur Zeit auf dem Gebiete des Strafrechts und Strafverfahrens in Geltung sind, soweit dieselben für die ordentl. Gerichte und deren Staatsanwaltschaften Bedeutung haben. Zusammengestellt und mit Anmerkungen versehen. 1. Nachtrag. gr. 8. (V, 431 S.) Berlin 887, R. Kühn. *ℳ 3.—.; geb. *
Hauptwerk. 4 Lfgn. Ebendas. 1883. Mit 1. Nachtrag zusammen *ℳ 25.—.

Borchert, Th., Codex d. deutsch-preußischen Strafrechts u. Strafprocesses, enth. sämmtl. Gesetze u. Verordngn. d. Deutschen Reichs u. Preußens, welche zur Zeit auf dem Gebiete d. Strafrechts u. Strafverfahrens in Geltg. sind, soweit dieselben f. die ordentl. Gerichte u. deren Staatsanwaltschaften Bedeutg. haben. Zusammengestellt u. m. Anmerkgn. versehen. 2. Nachtrag. gr. 8. (V, 611 S.) Berlin 893. R. Kühn. n. 5. — (Hauptwerk m. 1. u. 2. Nachtrag: ermäß. Preis n. 20. —)

Borchert, Th., die strafrechtliche Verantwortlichkeit f. Handlungen Dritter, insbesondere die Theilnahme am Verbrechen u. die mittelbare Thäterschaft, nach deutsch-preuß. Recht. gr. 8. (VIII, 135 S.) Berlin 888. H. W. Müller. n. 3. —

Borchert, Valent. Gabriel (Mecklenbg.), De computanda legitima matris in concursu cum Germanis praeteritis. Diss. jur. Präs. Math. Benoni Hering. Rostock (Jo. Jac. Adler) 4. X. 1746. 32 S. m. Widm. v. Präs. (4.50)

Borchert, Vict., Beitrag zur Kenntnis der Wasserausscheidung der Leguminosen. (86 S.) gr. 8. Berlin 910. E. Ebering. 2. —

Borches, H.

SO muss man die Männer fangen! Ein Lustspiel in fünf Aufzügen . . . . (von *H. Borches*). Prag u. Leipzig 1789. (Im British Museum.)
Anon.-Lex. IV. 92 (nach Cat. d. Museums).

Borchgrave, J., s.: Beiträge, rechtswissenschaftliche.

Das Festland am Südpol. Die Expedition z. Südpolarland in d. J. 1898–1900, von Carsten **Borchgrevink**. Nach Skizzen u. Zeichn. d. Verf. ill. von Otto Sinding u. E. Ditlevsen ... (In 22 H.) *Breslau: Schles. Verl. Anst. 19(04–)05.* (609 S.) 4° [F.] [illegible]

Borchgrevink, Carsten, das Festland am Südpol. Die Expedition zum Südpolarland in den J. 1898—1900. Nach Skizzen u. Zeichngn. des Verf. illustr. v. Otto Sinding u. E. Ditlevsen u. m. Reproduktionen photograph. Orig.-Aufnahmen. (VII, 609 S. m. 321 Abbildgn., 5 farb. Taf. u. 6 Karten.) Lex.-8. Breslau 905. Berlin, S. Schottlaender's schles. Verlags-Anstalt. n. 13. 50; geb. n. 15. —; auch in 22 Hftn. à n. — 60

Borchgrevink, Carsten: Festes Land am Südpol, s: Schaffstein's grüne Bändchen.

Borchgrevink, Otto

Klinische und Experimentelle Beiträge zur Lehre von der Bauchfelltuberkulose. Von O[tto] **Borchgrevink**. Mit 1 Tafel. *Stuttgart: E. Nägele 1901.* (233 S.) 4°
— Bibliotheca medica. Abt. E, H. 4. [illegible]

Ambulatorische Extensionsbehandlung der oberen Extremität. Von Dr. O[tto] **Borchgrevink**, Christiania. Mit 93 Abb. Jena: G. Fischer 1908. (VI, 160 S.) 4°(8°) [08. 15708

Borchgrevink, O: Die Hernien u. ihre Behandlg. (7, 312 m. Fig.) 8° Jena, G Fischer '11. 5 —; geb. 6 —

Borchling, Conrad (Hrsg.), s. Correspondenzblatt des Vereins für niederdeutsche Sprachforschung.

Poesie und Humor im friesischen Recht. Von Prof. Dr. Conrad **Borchling**. Aurich: Friemann 1908. 59 S. 8°
(Abhandlungen u. Vorträge z. Geschichte Ostfrieslands. H. 10.) [09. 187

Borchling, C., Die älteren Rechtsquellen Ostfrieslands. (35 S.) gr. 8. Aurich, D. Friemann. 1905 —. 60.
Abhandlgn. u. Vorträge z. Geschichte Ostfrieslands. Heft 5.

Die älteren Rechtsquellen Ostfrieslands. Von Dr. C[onrad] **Borchling**. Aurich: D. Friemann 1906. (35 S.) 8° [F.]
= **Abhandlungen** u. Vorträge z. Geschichte Ostfrieslands. H. 5. [06. 9690

Die niederdeutschen **Rechtsquellen** Ostfrieslands. Hrsg. von Dr. C(onrad) Borchling, Prof., Posen. Bd 1. Aurich: A. H. F. Dunkmann 1908. 8°
= **Quellen** z. Geschichte Ostfrieslands. Bd 1. [08. 15540

Borchling, Conr., der jüngere Titurel u. sein Verhältnis zu Wolfram v. Eschenbach. Diss. Von der philosoph. Fakultät der Universität Göttingen gekrönte Preisschrift. gr. 8. (IV, 188 S.) Göttingen 897. (Vandenhoeck & Ruprecht.) n. 4. 80

— Wörterbuch z. Hartmanns Iwein, s.: Benecke, G. F.

Borchmann, numophilacium Molano Boehmerian. 8. Cellis.

Borchmann, Bernh. (geb. Betzin bei Fehrbellin 5. 10. 1858): Zur Aspirationstherapie der incomplicirten Pleuritis sero-fibrinosa. Berlin (1882). (33 S.) 8°
Berlin, Med. Diss. v. 29 Apr. 1882

Borchmann, F., Alleculidae, s.: Fauna, die, Südwest-Australiens.

— dasselbe. — Nilionidae, Othniidae, Aegialitidae, Petriidae, Lagriidae, s.: Coleopterorum catalogus.

Borchmann, F., holsteinische Flora. Ein Taschenbuch zum Bestimmen der einheimischen Phanerogamen. gr. 12. (277 S.) Kiel 850, Schröder und Comp.

Borchmann, F: Lagriiden, Alleculiden u. Meloiden (Cantharidem), s: Ergebnisse, Wissenschaftl., d. deut. Zentral-Afrika-Exped. '07—8.

Borchmann, Johann Friedrich

Borchmann, Jh. Fr., s.a. Briefe z. Erinnerung rc.

[BORCHMANN, Johann Friedrich]
Briefe, zur Erinnerung an merkwürdige Zeiten, und rühmliche Personen, aus dem wichtigen Zeitlaufe, von 1740, bis 1778.
[Erster - Dritter Theil.]
Berlin: Spener. 1778 [- 1788]. 8°.
Universitäts- und Stadtbibliothek Köln
Tle. 2 u. 3 mit verändertem Titel u. bei anderen Verlagen: Tl. 2: Fortsezzung der Briefe über verschiedene Merkwürdigkeiten aus dem wichtigen Zeitlauf seit 1740.
Zweiter Theil ...
Berlin: Birnstiel. 1780.
Tl. 3: Briefe über Merkwürdigkeiten von Staats- und Kriegsgeschichte hauptsächlich aus dem wichtigen Zeitlauf Friedrich des Großen in einer Abhandlung von Preußen und Rußland. Dritter Theil. Berlin: Hartmann. 1788.
Kayser, I, 348: mit Verfasser;

Borchmann, K.: Vergleichende Untersuchungen über die praktische Verwertbarkeit . . . , s. Weidanz, O.

Borchmann, Karl: Denkschritt, betreffend die amtliche Kontrolle des Markt-Verkehrs mit Eiern. Betrachtungen über die Missstände im Berliner Eier-Grosshandel nebst Vorschlägen zu seiner Reformierung vom Standpunkt der praktischen Nahrungsmittelhygiene unter Berücksichtigung der Handelspraxis. Berlin 1906. 33 S.

Borchmeyer. Max [Dr. med. pr. Arzt aus Burlo (Westfalen)]: Ueber Sarcoma mammae. . . . Würzburg, Druck d. Bonitas-Bauer'schen Buchdr., 1889; 21 S. 8°
Würzburg, Med. Fak., Inaug.-Diss. v. 1889

Borchmeyer, Wlh. Ant., Deutschlands Baumzucht, oder kurze Beschreibung aller in Deutschland einheim. u. im Freien ausdauernden fremden Holzarten. gr. 8. Münster 823. Coppenrath. 2 Thlr 12 Gr

Borcholt, W. M., Lehre d. Christenthums od. compend. theologiae. 8. Hamb. 720.

Borcholt,

— **Werner Michael** (Hamburg) u. (Resp.) **Jacob Metzner** (Zielenzig/Mark), Super quaestione: an et in quantum in moralibus ex signis liceat argumentari? Disp. philos. Lpz. (Brandenburger) 3. II. 1708. 32 S. (4.80)

Borchwardt, Johann (Wismar), De delictis monetariis. Diss. jur. Präs. Jo. Rudolph Engau. Jena (Schill) 15. IV. 1750. 29 S. (4.50)

Borchwedell, Gustav (Dargun), De fundamentis genuinis juris parochialis. Disp. jur. eccles. Präs. Just. Henning Böhmer. Halle 25. VIII. 1701 (J. Grunert) 1729. 64 S. (4.80)

Borcia, Jon, aus Hermannstadt i. Siebenb.: Deutsche Sprachelemente im Rumänischen. *Leipzig: J. A. Barth 1903.* (IV, 110 S.) 8°
Leipzig. Phil. Diss. v. [10. Juni] 1903

Borck, s.a. Bork

Borck, C. F. W., s. Bork, Karl Fr. Wlh.

Borck, Casper Wilhelm von (Hrsg.), s.a. Lucanus, Marcus Annaeus: Vom Bürgerlichen oder Pharsalischen Kriege.

Borck, C. W. v., Vers. e. Uebers. d. M. Ann. Lucanus, v. bürgerl. od. pharsal. Kriege. gr. 8. Halle, (Hahn in Hannov.) 749.

Borck, Christoph Friedrich von (Pommern), De probatione illationis dotis. Diss. jur. Präs. Jac. Friedr. Ludwig. Halle (St. Orban) Okt. 1711. 44 S. tlws. dtsch. (5.—)
Gew.: Ernst Bogisl. v. Kameke.

— — Dasselbe. Halle (Chph. Andr. Zeitler). 40 S. (5.—)

— **Ernst Heinrich von** (Pommern), De legato rei inaestimabilis. Diss. jur. Präs. Joh. v. Schultz Szulecki. Frankfurt/O. (Chph. Zeitler) 8. XI. 1701. 20 S. (4.80)

Borck, F. W., (kais. russischer Hofschauspieler), Peter Pawlowitsch Semennow's merkwürdige Begebenheiten während der Regierung Katharina der Zweiten und der Revolutionszeit in Paris. 2 Bde. Berlin 1834. 8°. Selten! (4 Mk. 50 Pfg. Scheible, c. 1905.)

— **Friedr. Wilh. von**, Nobil. ac doctiss. juveni D. G. Riechio. Wangerin/Pom. 1745. 16 S. (4.—)

Borck, H. [app. Arzt Assistenzarzt d. chir. Klinik zu Rostock]: Ueber die Heilbarkeit maligner Neubildungen des Oberschenkelknochens durch die Exarticulation der unteren Extremität im Hüftgelenke. . . . (Aus: v. Langenbeck's Arch. Bd. XL. H. 4.) Kröpelin, Buchdr. v. H. Horn, 1890; 1 Bl., 19 S., 1 Taf. 8°
Rostock, Med. Fak., Inaug.-Diss. v. [11. Jun.] 1890

Borck, Hermann: Über Verbindungen, welche Eisensuperoxyd FeO_2 enthalten. Giessen 1908: Heppeler & Meyer. 36 S. 8°
Gießen, Phil. Diss. v. 22. Dez. 1908, Ref. Naumann
[Geb. 20. Dez. 85 Hamburg; Wohnort: Gießen; Staatsangeh.: Hamburg; Vorbildung: Oberrealsch. vor d. Holstentore Hamburg Reife M. 05; Studium: München 2, Gießen 4 S.: Rig. 17. Nov. 08.] [U 09. 1195

Borck, J. C., praes. Ivo Stahl, De cardialgia. 24 pp. Erf. 4°.
1731

Borck, J. C. F., Handbuch über die Kirchl. u. Schulgesetzgebung, für den ganzen Umfang der amtl. Stellung des Geistlichen im Preuß. Staate, mit besond. Berücksichtigung von Ostpreußen u. Litthauen. gr. 8. Königsb. 831. Bornträger. 2 Thlr 8 Gr

Borck, J. C. F., Handbuch über d. Kirchen- u. Schulgesetzgebung im preuß. Staate, mit besond. Berücksichtig. der Prov. Preußen: Ost-, Westpreußen u. Litthauen, gänzlich umgearb., fortges. u. erweitert v. J. C. G. Lorkowski, u. hrsg. v. J. A. Ed. Oesterreich. 2 Bde. gr. 8. (91½ B.) Königsberg 814, Gebr. Bornträger.

— Uebersicht der Gesetze u. Verordnungen, die der Geistliche in Preußen bei d. Meldung zum Aufgebot u. zur Trauung zu beobachten hat. gr. Fol. Königsb. 831. Bornträger. 4 Gr

Borckii, J. J. L., Dissertatio de veterum Romanorum in educandis liberis solentia. Giess. 784. 4. (14 S)

Borck, J. J. L., de utilitate studii historici. Progr. Giss. 782. 4. (12 Seiten).

Borck, Jo. Chr. (Resp.): Diss. de usu et effectibus potus Caffée, s. Stahl, Ivo (Praes.)

Borck, M., de hora condemnationis Christi. Fest. ad V. 1741. 4.

— **Martin** (Pommern), Prolus. I. de Francorum domo. Frankenhausen (Jo. Chr. Keil) 1739. 6 Bl. (3.—)
Fr. Chr. Schreiber (Frankenh.), J. J. Kirchheim, J. J. Haacke, J. Chr. Mockewiz (Heldr.).

— — Non nulla latinae linguae thesauro addenda. Naumburg (J. G. Laitenberger/Bossoegel) 3. XI. 1744. 4. Bl. (3.—)
A. G. Boyer (Schkölen), Ch. Leb. Krebel, J. Gg. Leb. Fabricius (Laucha), Gottl. Heinr. Hahn (Freiburg).

Borck, Max, Referendar: Die Haftung der Gastwirte für eingebrachte Sachen. Nach gemeinem Rechte u. d. Rechte d. Bürgerl. Gesetzbuchs f. d. Deutsche Reich. *Greifswald 1902: J. Abel.* (52 S.) 8°
Greifswald, Jur. Diss. v. [5. Juni] 1902

Borck, Richard Bewegung eines materiellen Punktes auf einem um seinen vertikalen Durchmesser rotierenden Kreise. 4 (22 S., 1 Taf.). Progr. Höh. Bürgersch. (Wilhelmssch.) *Liegnitz* 1887

Borck, Richard, Dr.: Interferenzkurven eines Wellensystems, welches mit einer Phasenverzögerung an einer festen Wand reflektiert wird. *Liegnitz 1901: C. Seyffarth.* (22 S.) 8°
Liegnitz, st. Wilhelms-R. P 1901 (245)

Borcke, v., Feld-Korporalschaftsbuch. 12. (64 u. 81 S.) Insterburg 900. J. Krauß Nachf. In Wachstuch n. — 90

Borcke, v., Personal-Bestand der Familie von Borcke, incl. derer dieses Namens, welche der Familie nicht verwandt sind. Königsberg 1874.

Borcke, Ernst von

v. Borcke, Er., Anweisung zur Zahlen- u. Buchstabenrechnung, so wie zur Algebra (in engerem Sinne). In 3 Theilen. Dem Selbstunterrichte gewidmet und mit besond. Berücksichtigung dieses Zweckes f. Jedermann bearb. 1r Thl. gr. 8. Stettin 835. (Morin.) ¾ Thlr — 2r Thl. gr. 8. Ebd. 836. (Saunier.) 1 Thlr

— dass. N. Ausg. 1r Thl. gr. 8. Leipzig 837. Cnobloch. ½ Thlr — 2r Thl. 837. 1 Thlr — 3r Thl. 837. 1 Thlr (1. – 3. 2⅙ Thlr)

— dass. 3 Thle. gr. 8. Stettin ... Morin. 2¾ Thlr

Borcke, H. v.: Zwei Jahre im Sattel und am Feinde. von Kaehler. Berlin 1877.

Borcke H. A. v.: Beschreibung d. Stargordtischen Wirthschaft in Hinterpommern, nebst G. M. L. v. Wedells Vorlesung ... üb. diesen Gegenstand ... u. v. Eickstädts Beschreibung d. Hohenholzischen Wirthschaft in Vorpommern. 2. u. verb. Aufl. Berl. 1783. 230 S. 3 Tvl.

Borcke, Heinr. Graf v., die brandenburgisch-preußische Marine und die Africanische Compagnie. Nach einem vom Jahre 1755 datirten, in französ. Sprache geschriebenen Manuscript. Köln 864. Du Mont-Schauberg. gr. 8. (86 S.) n. 12 ngr.

Borcke, Heros v., m. Prinz Friedrich Karl. Kriegs- u. Jagdfahrten u. am häusl. Herd. 1. u. 2. Aufl. gr. 8. (VII, 319 S. m. 2 Karten.) Berlin 893. P. Kittel. n. 6. —; geb. n. 7. 50

Borcke, Heros v., zwei Jahre im Sattel u. am Feinde. Erinnerungen aus dem Unabhängigkeitskriege der Konföderirten. Aus dem Engl. übers. v. Kaehler. Deutsche Orig.-Ausg. 2 Bde. Mit einem (phototyp.) Bildniß des Generals Stuart u. einer (lith.) Karte des Kriegsschauplatzes (in gr. Fol.). gr. 8. (X, 256 u. V, 244 S.) Berlin 877. Mittler & Sohn. n. 9. —

Borcke, Heros v., zwei Jahre im Sattel und am Feinde. Erinnerungen aus dem Unabhängigkeitskriege der Konföderirten. Aus dem Engl. übers. von Kaehler. Deutsche Orig.-Ausg. 2. mit einem Nachtrage „Zwanzig Jahre später" verm. Aufl. gr. 8. (V, 281; V, 304 S. mit 2 Lichtdr.-Portr. und 1 Karte.) Berlin 886, Mittler und Sohn. *
geb. in 1 Bd. **

[F.] Zwei Jahre im Sattel und am Feinde. Erinnergn aus d. Unabhängigkeitskriege d. Konföderirten v. Heros v. **Borcke**, ehem. Stabs-Chef d. Gen. J. E. B. Stuart. A. d. Engl. übs. v. Kaehler, weil. Oberstlt. ... d. Hus.-Reg. Nr. 6. Deutsche Orig.-Ausg. 3. Aufl., m. e. Nachtr. 'Zwanzig Jahre später'. Bd 1. 2. *Berlin: E. S. Mittler & Sohn 1898.* 2 Bde 8.
1. M. 1 Portr. u. 1 Kt. (VII, 281 S., 1 Portr., 1 Kt.)
2. M. 1 Portr. d. Gen. J. E. B. Stuart. (V, 304 S., 1 Portr.) [97. 7977

[F.] Auf dem Kriegspfade. Von Heros v. **Borcke.** Hrsg. v. Hermann Müller-Bohn. M. mehreren Original-Ill. *Berlin: P. Kittel 1895.* (VIII, 365 S.) 1 Bd 8.
— **Borcke,** Heros v.: Ein Reis v. altem Stamm. Abt. 2. [96. 8337

[F.] An des Grabes Rande. Von Heros v. **Borcke.** Hrsg. v. Hermann Müller-Bohn. M. mehr. Orig.-Ill. *Berlin: P. Kittel 1896.* (2 Bl., 297 S.) 1 Bd 8.
— **Borcke,** H. v.: Ein Reis v. altem Stamm. Abth. 3. [96. 3331

— e. Reis v. altem Stamm. Roman a. d. Leben. Hrsg. v. Herm. Müller-Bohn. 1.—3. Abthlg. gr. 8. Berlin, P. Kittel. à n. 5. —; geb. in Leinw. à n. 6. —
1. Junges Blut. (VIII, 307 S.) 895.
2. A. d. Kriegspfade. (VIII, 365 S. m. Abb.) 895.
3. An d. Grabes Rande. (296 S. m. Ill.) 896.

— u. Just. **Scheibert,** die grosse Reiterschlacht bei Brandy Station 9. Juni 1868. Mit 6 Porträts, 5 Karten u. 7 Vollbildern, nach e. Kriegsskizzenbuch gezeichnet v. C. Sellmer. gr. 8. (179 S.) Ebd. 893. n. 7. 50; geb. in Leinw. n. 9. —

Borcke, J. v., Kriegerleben. 1806—1815. Nach dessen Aufzeichng. bearb. von v. Leszczynski. gr. 8. (IX, 398 S.) Berlin 888. Mittler & Sohn. n. 6. —; geb. n. 7. 50

Borcke, Rudolf Erich von, Leutnant im Kürassier-Reg. „Königin": Die Rückübernahme früherer Staatsangehöriger im System der völkerrechtlichen Verträge des deutschen Reiches. Greifswald 1904: J. Abel. (37 S.) 8°
Greifswald, Jur. Fak., Ref. Stoerk, Diss. v. 27. Juli 1905
[Geb. 12. Jan. 79 Neuendorf A., Kr. Anklam; Wohnort: Pasewalk; Staatsangeh.: Preußen; Vorbildung: Gymn. Putbus Reife O. 98; Studium: Lausanne 1, Bonn 4, Greifswald 2 S.; Rig. 20. Dez. 01.]

Börckel, Alfr., historisches Festspiel in 4 Bildern zur 100jährigen Stiftungsfeier d. 4. großherzogl. hessischen Infanterie-Regiments [Prinz Carl] Nr. 118. 2. Aufl. gr. 8. (43 S. m. 4 Illustr.) Mainz 891. V. v. Zabern. 1. 25

— Auf Schillers Flucht, s.: Lustspiele. Nr. 3.

Boerckel, Alfr., Frauenlob. Sein Leben und Dichten. Mit 1 (phototyp.) Titelbild nach der Statuette Frauenlobs von Heinr. Barth. 8. (XI, 107 S.) Mainz 880, v. Zabern.
geb. *

Boerckel, Alfr., Frauenlob. Sein Leben u. Dichten. 2., m. e. Anh.: Die erste Meistersingerschule verm., Aufl. Mit e. Titelbild nach der Statuette Frauenlob's v. Heinr. Barth (in Lichtdr.). 8. (XIII, 123 S.) Mainz 881. v. Zabern. 2. 25

Der Mainzer **Friedhof.** (1803—1903.) Seine Geschichte u. s. Denkmäler. Zur Erinnerung an s. 100jähr. Bestehen im Auftr. d. Stadt Mainz dargest. von Hofrat Alfred **Boerckel**, Städt. Bibliothekar. (Vorr.: Oberbürgerm. Dr. [Heinrich] Gaßner.) Mit 46 Abb. u. 1 Kartenpl. *Mainz: Stadt Mainz 1903.* (101 S.) 8° [03. 1831

Boerckel, Alfr., der Mainzer Friedhof, seine Geschichte u. seine Denkmäler. Zur Erinnerg. an sein 100jähr. Bestehen im Auftrag der Stadt Mainz dargestellt. Mit 46 Abbildgn. u. 1 Kartenplan. (VI, 101 S.) gr. 8. Mainz 903. (V. v. Zabern.) n.n. 1. 25

— Hessens Fürstenfrauen v. d. hl. Elisabeth b. z. Gegenwart, i. ihrem Leben u. Wirken dargest. M. 16 Porträts. gr. 8. (XI, 151 S. m. Zierstücken.) Gießen 895. E. Roth. n. 3. —; geb. n. 4. —; Fürstenausg. in Fol., a. Kunstdruckpap. in 3farb. Druck m. 16 Photogr., in Ldr.-Prachtbd. m. Goldschn. n. 20. —

Börckel, Alfr., Hessens Fürstenfrauen von der hl. Elisabeth bis zur Gegenwart, in ihrem Leben u. Wirken dargestellt. 2. bis 1908 ergänzte Aufl. (VII, 154 S. m. 16 Bildnissen.) gr. 8. Gießen (908). E. Roth. 3. —; geb. 4. —

Aus der Geschichte eines Altmainzer Kaufmannshauses 1787—1907. Zur Erinnerung an d. 120jähr. Bestehen der Firma G. L. Kayser. (Verf.: A[lfred] Börckel.) — (Mainz 1907: Falk.) 29 S. 8° 1.

Börckel, A., Mainzer Geschichtsbilder. Skizzen denkwürd. Personen und Ereignisse von 1816 bis zur Gegenwart. gr. 8. (XVI, 263 S. m. 87 Textabbildgn. u. 28 Vollbildern.) Mainz 889. Ph. v. Zabern. n. 6. —; geb. n. 7. 50

— Goethe u. Schiller in ihren Beziehungen zu Mainz. (48 S.) gr. 8. Ebd. 904. n.n. 1. —

Boerckel, Alfr., Gutenberg. Historisches Drama in 3 Akten. gr. 8. (81 S.) Mainz 883. v. Zabern. n. 1. —

Börckel, Alfr., Gutenberg. S. Leben, s. Werk, s. Ruhm. Z. Erinnerg. a. d. 500jähr. Geburt d. Erfinders d. Buchdruckerkunst f. weit. Kreise dargest. hoch 4. (IX, 122 S. m. 34 Abb.) Giessen 897. E. Roth. n. 3. —; geb. in Leinw. n. 4. 50

Gutenberg und seine Berühmtesten Nachfolger im ersten Jahrhundert der Typographie, nach ihrem Leben u. Wirken dargest. von Alfred **Börckel.** Mit 51 Abb. *Frankfurt a. M.: Klimsch & Co. 1900.* (XII, 211 S.) 8° [F.]
— **Bibliothek,** Klimsch's Graphische. Bd 5. [03. 6691

Hessisches Heldenbuch. Hessische Fürstensöhne als Helden u. Heerführer in ihrem Leben u. Wirken dargest. von Hofr. Alfred **Börckel**, Bibliothekar. Mit 20 Abb. Gießen: Roth (1909). XVI, 223 S. 8° [10. 15

Hessen im Munde der Dichter. Vaterländ. Dichtungen alter u. neuer Zeit f. Schule, Haus u. Heer im Großherz. Hessen gesammelt u. hrsg. von Alfred **Börckel** u. Philipp See. Mit Buchschmuck von Prof. Peter Halm. Mainz: Ph. v. Zabern 1907. (251 S.) 8° [F.] [07. 1710

— Inko, der Huronenhäuptling. Dramatisches Gedicht in 5 Akten. 8. (66 S.) Mainz 880. Diemer. n. 1. 20

—— Adam Lux, ein Opfer der Schreckenszeit. Nach seinen Schriften u. den Berichten seiner Zeitgenossen. gr. 8. (IV, 86 S. m. 1 Silhouette.) Mainz 892, V. v. Zabern. * 1 20

— Mainz als Festg u. Garnison v. d. Römerzeit bis z. Gegenwart. (15, 330 m. Abb.) gr8° Mainz, J Diemer '13. 5.50; geb. 6.50; Prachtbd 8 — d

— die fürstlichen Minnesinger der Manesse'schen Liederhandschrift. Ihr Leben u. ihre Werke in leichtverständl. Darstellung. Mit 8 Abbildungen. gr. 8. (VIII, 116 S.) Mainz 882. v. Zabern. n. 3. 50

BOERCKEL, A., Die fürstlichen Minnesinger der Manessischen Liederhandschrift. Ihr Leben und ihre Werke. Mit 8 Abbildgn. Mainz 1884. 8°. (Mk. 3,50.) (2 Mk. List & Francke, Lpz., 1907.)

Börckel, Alfr., der Philosoph von Sanssouci. Schauspiel in 5 Akten. gr. 8. (IV, 64 S.) Mainz 885, v. Zabern. *
—— dass. — 2. Aufl. gr. 8. (65 S. und Musikbeilage 8 S.) Ebendas. 886. *

— vom Rhein! Gedichte. 8. (XI, 186 S.) Mainz 878. Diemer. n. 2. —

— Strandlieder. 8. (VIII, 63 S.) Ebend. 885. n. 1. —; geb. m. Goldschn. n. 1. 70

—— Strandlieder. 8. (VIII, 63 S.) Ebendas. 886. *
geb. mit Goldschn. *

Aus der Mainzer Vergangenheit. Histor. Schilderungen von Alfred Börckel, Bibliothekar. Mit 48 Abb. Mainz: Ph. v. Zabern 1906. (208 S.) 8° [F.]

— Arnold Walpod. Historische Dichtg. Mit 1 Titelbild (in Lichtdr.). gr. 8. (XVIII, 84 S.) Ebd. 887. n. 1. 50

Boerckel, Frz: Das Delikt d. Erpressg m. Rücks. auf d. Reform d. Reichsstrafgesetzb. (7, 92) gr8° Bonn, C Georgi '11. 1.50

Borckenhagen, Ludwig

Salamis. Eine seekriegsgeschichtl. Studie von Admiral z. D. [Ludw.] Borckenhagen. Mit 4 Skizzen auf 1 Taf. Berlin: Mittler 1910. 55 S. 8°
(Marine-Rundschau. Dezember-H. 1910. Beil.)

Borckenhagen, Osk., Skizzen. (108 S.) 8. Strassburg 908. J. Singer. 1. 50

Borckert, Hans [aus Posen]: Aus d. zoolog. Institut d. Univ. Kiel. Anatomisch-physiologische Untersuchung der Haftscheibe von Cyclopterus lumpus L. . . . Kiel, Druck v. A. F. Jensen, 1889; 31 S. + 1 Bl. u. 2 Taf. 8°
Kiel, Phil. Fak., Inaug.-Diss. v. 21. Jul. 1889

Borckert, Hans. Anatomisch-physiologische Untersuchung der Haftscheibe von Cyclopterus lumpus L. Diss. Mit 2 Taf. gr. 8. (36 S.) Kiel 889, (Lipsius u. Tischer). * 1 20

Borckert, Paul [aus Posen]: Beiträge zur Kenntnis der diluvialen Sedimentär-Geschiebe in der Gegend von Halle a. S. . . . (Aus: Zeitschr. f. Naturwissenschaften. Bd. 60.) Halle a/S., Gebauer-Schwetschke'sche Buchdr., 1887; 2 Bl. + 46 S. + 1 Bl. u. 1 Taf. 8°
Halle, Phil. Fak., Inaug.-Diss. v. [22. Dez.] 1887

Borckert, Paul, D. Diluvium d. Prov. Sachsen in Bezug a. Bodenbau, Pflanzen-, Thierverbreitung u. Bodenbenutzg. [Aus: „Ztschr. f. Naturwiss."] gr. 8. (40 S.) Leipzig 898. C. E. M. Pfeffer. n. — 75

Borckhausen s. Borkhausen.

Borckhausen, M. F. L., s. a. Borckhausen, Mor. Balth.

Borckhausen, M. F. L., deutsche Fauna od. Naturgesch. d. Thiere Deutschl. 1r Thl. gr. 8. Frankf. Varrentrapp u. W. 797.

— Rhein. Magazin z. Erweit. d. Naturkunde. 1r Bd. 8. Gießen, Heyer. 794.

— Naturgesch. d. Europ. Schmetterlinge. 5 Thle. gr. 8. Frankf. Varrentrapp u. W. 788—92. (1r u. 2r à 1 Rthlr. 4 gr., 3r 1 Rthlr. 8 gr., 4r 2 Rthlr. 12 gr., 5r 1 Rthlr. 16 gr.)

— Lichthammer u. Becker, deutsche Ornithologie. 18 Hefte, m. ausgem. K. Fol. Gießen, Heyer. 780. (à 3 Hefte 6 Rthlr.) Velinpap.

Borckhausen, Teutsche Ornithologie in naturgetreuen Abbildungen und Beschreibungen. Darmstadt 1810. Fol.

— — Ringen, s. J. Chr. Röhling.

— Vers. e. Erklär. d. zoolog. Terminologie. gr. 8. Frankf. Varrentrapp u. W. 790.

Borckhausen, Mor. Balth., s. a. Borckhausen, M. F. L.

Borckhausen, Mor. Balth., Deutsche Fauna, oder kurzgefasste Naturgeschichte der Thiere Deutschlands. Th. 1. Säugethiere u. Vögel. Frankfurt a. M. 1797. 8.

— Handbuch d. Forstbotanik u. Technologie. 2 Bde. gr. 8. Gießen, Heyer. 800—803. (1r 2 Rthlr. 16 gr., 2r 3 Rthlr. 8 gr.)

— Vers. e. Forstbotan. Beschr. d. Holzart. gr. 8. Frankf. Varrentrapp u. W. 791.

Borckhausen, Mor. Balth., Versuch einer Erklärung der zoologischen Terminologie. Frankfurt 1790. gr. 8.

Borckhausen, Mor. Balth., Botanisches Wörterbuch oder Versuch einer Erklärung der vornehmsten Begriffe und Kunstwörter in der Botanik. Th. 1. 2. Giessen 1797. 8.
— , —— Mit Zusätzen von F. G. Dietrich. Th. 1. 2. Ebda 1816. gr. 8.

— botanisch. Wörterbuch. 2 Bde. gr. 8. Gießen, Heyer. 797.

— tentam. disposition. plantarum germaniae seminiferarum etc. 8. Darmst. Leske. 809.

Borckmann, de intercessione Christi. 4. Halae.

Borcsányi, Johann

v. Borcsányi, Jh., Abhandl., wie man d. Anbau d. Kürbisse vermehren u. aus d. Saamenkörnern ein sehr gutes Oel erzeugen kann. Mit 1 Kpfst. 8. Wien 804. (Armbruster). 3 K

Borcsányi, Joh. v., Abhandl. wie m. d. Anbau d. Kürbisse vermehren u. a. d. Saamenkörnern e. sehr gut. Oel erzeugen kann. 8. Wien, Degen. 804.

Borda, Syro, primae lineae topographiae medicae agri Ticinensis. Accedunt P. Configliachi Observationes meteorologicae per annos bis quaternos institutae. 4. Paviae, 816. (Viennae, Volke).

Borda u. Cassini: Versuche üb. d. Länge d. Sekundenpendels in Paris, s: Ostwald's, Wilh., Klassiker d. exakten Wissenschaften.

Bordan, Gottfried (Danzig), *ΜΕΤΕΝΣΩΜΑΤΩΣΙΣ* veterum gentilium aeque ac hodiernorum quorundam philosophorum confutata ad doctrinam de resurrectione carnis. Präs. Heinrich Klausing. Lpz. (A. M. Schede) 18. II. 1724. 40 S. m. Widm. v. Präs. (5.—)

Bordbuch f. Automobilisten. Prakt. Fahrten- u. Betriebskostenb. (313) 8° Berl., RC Schmidt & Co. ('11). L 3 —

de la Borde, s. *Laborde*.

Borde, la, umständl. Nachr. v. d. Aufstande etc. der Neger auf Domingo. 8. Leipz. Reinicke. 792.

Borde, de la, Principia de essentia ac distinctione duarum potest. spiritual. ac temporalis. 4. Breslau, W. G. Korn. 753.

Borde, de la, et de Zurlauben, Voyage pittoresque de la Suisse. V Tom. orné d'estamp. coloriées etc. Fol. Basel, Tourneysen. 780—86.

— le même livre, XII Tom. av. très-belles estampes non illumin. 4. Par. (Tourneysen. Basel.) 784—88

Borde, Alex. la, Reise in Spanien. 5 Thle. m. K. 8. Leipz. G. Fleischer. 809—10.

Borde, Jean

BORDE, J., Die Liebe, eine Ueberwinderin des Hasses: wie solche als eine Spanische Geschichte von Mons. *J. Borde* in Frantz. Sprache aufgeführet und Sr. (!) Königl. Hoheit der verw. Hertzogin v. Orleans 1712. dediciret, auch mit Kgl. Privilegio versehen, jetzo aber wegen der artigen Erfindungen u. zuläß. Schreib-Art ins Teutsche übersetzet worden. 1720.

Ohne Orts- u. Formatsangabe im Frf. u. Lpz. O. M. V. 1720. F 3a.

— — Dasselbe. Hamburg, b. Sam. Heyl 1735. 8°. 14 Bog.
Cat. Meissner II; Rüdiger's cat. univ. Contin. I.; O. M. 1735. War auch in einem guten handschriftl. Cataloge.

Borde, Jean. Die Liebe. Eine Ueberwinderin des Hasses, Wie solche als Spanische Geschichte von Mons. J. Borde in Frantzösischer Sprache aufgeführet ... Jetzo aber, wegen der artigen Erfindungen und zuläßigen Schreib-Arth ins Deutsche übersetzet worden. Hamburg, Sam. Heyl, 1735. 8. 6 Bl., 210 S. kart. (Inkunabelpapier). 225.—

H.-G. IV, 169: „Rar". Nicht bei Fromm. Gay I. 123 zitiert ‚L'Amour vainqueur de la haine, Paris, Mouchet, 1711, 1712' ohne einen Verfassernamen zu nennen. Der Übersetzer ist unbekannt.

v. Borde, Theophr., von d. schleimigen Gewebe einiger Brustkrankheiten. Aus d. Französ. 8. Wien 772. (Gräffer). 6 gr

Bordeaux u. die Weine der Gironde. Aus d. Franz. Hrsg. v. C. G. Allhusen. 8. (24 S.) Leipzig 851, Matthes. n. 1/6 Thlr

Bordeaux, Henry, Furcht vor dem Leben. Von der französ. Akademie preisgekrönter Roman. Genehmigte Uebertragung v. Johs. Berg. (330 S.) Köln (904). J. P. Bachem. n. 8. —; geb. n. 4. 50

Bordeaux, Henry: Furcht vor d. Leben. Roman. Uebertr. v. Johs Berg. 5. u. 6. Taus. (277) 8° Köln, JP Bachem ('12). 3 —; geb. n 4.50 d

— Die Gesch. e. Ehe (Wenn d. Augen sich auftun), s: Bibliothek d. Gesamtlit.

— Die kleine Mamsell. „Roman a. d. Provinzleben". Uebers. v. Gräfin Bossi-Fedrigotti. Mit e. lit.-biograph. Skizze. (8, 255 m. Bildn.) 8° Eins., Verl.-Anst. Benziger & Co. '11. 3.20; L 4 — d

Bordehl, Carl Friedrich (Lübeck), Dissertatio inaug. ex jure Germanico: de concursu personaliter privilegiatorum inter se speciatim mutui gratuiti secundum praxin, inprimis Lubecensem; sive spicilegium practicum ad art. XII. tit. I liber III juris Lubecensis & quidem ad verba und sonsten Geld, welches keine Renten giebt. Präs. Johann Dietrich Mellmann. Kiel (Bartsch) 29. III. 1786. 48 S. m. Widm. v. Präs. (4.80)

Bordel, s. a. B o r d e l l

§ **BORDEL** (!), Das entdeckte, oder die lose Frau von London. Warnungsstadt (Nordhausen, Gross) 1762. 8°. (4 Rthl. Scheible, Cat. 21, hat: „enthüllte" [?])
(In Stuttgart.) 3½ Bog. Aeusserst selten, wie das folgende.

BORDEL, Das enthüllte, oder die lose Frau von London. Warnungsstadt (Nordhausen, Groß) 1762. 8°. 3½ Bogen. (4 Rthl. Scheible, v o r 1875; jetzt noch theurer!)
Cat. Meissner II hat: Das „entdeckte" Bordel .... — Aeusserst selten!

v. Bordelius, Jh. Dn., s. Claudians Raub.

Bordelius, Ludwig Hubert (geb. am 18 Mai 1842 in Rosellen Kr. Neuss): Erworbene Klappenfehler des Herzens und ihre Bedeutung für den Organismus ... Bonn, Druck v. F. Krüger 1868. 23 S., 2 Bl. 8.
Bonn, Med. Fak., Diss. v. 29 Jan. 1868

Bordell, s. a. B o r d e l

§ **BORDELL**, Das entdeckte, oder die arglistigen Kupler. Mit Titelkpf. Schaafhausen. O. J. (c. 1760). 8°. (12 Mk. G. Priewe, 1895.)

Bordell, das, als Staatsanstalt. Von der Zweckmäßigkeit der Bordelle in großen Städten u. wie sie im Interesse der öffentl. Moral u. des allgem. Gesundheitswohles am besten einzurichten sind. 8. (78 S.) Leipzig 851, Herbig. (Wien, Venedikt.) ½ Thlr

Bordellé, Georg [Dr., Oberl.]: Aufgaben zum Übersetzen ins Griechische im Anschluß an Lysias. Leipzig, G. Fock (1890); 26 S. 8°
Groß-Glogau, k. ev. G, OP 1890 (178)

Bordellé, Georg [Dr.]: Aufgaben zum Übersetzen ins Lateinische im Anschluss an Cicero. (Th. 1.) Glogau, Druck d. Glog. Druckerei-Ver., *1895*; 26 S. 8.
Gross-Glogau. k. Ev. G, P 1895 (187)

Bordellé, Georg [Prof. Dr.]: Aufgaben zum Übersetzen ins Lateinische im Anschluss an Livius. (Forts. d. P-Beil. 1895.) Glogau, Druck d. Glog. Druckerei-Ver., *1896*; 34 S. 8.
Gross-Glogau, k. Ev. G. P 1896 (188)

— De linguae Latinae nominibus men et mento suffixorum ope formatis. Pr. 17 S. 4°. 1879. —.90

Bordellé, Georgius (*geb. Rudzinitz in Oberschles. 24. 3. 1850*): De linguae Latinae adjectivis suffixo to a nominibus derivatis. Duesseldorfiae (1873). (57 S.) 8°
Breslau, Phil. Diss. v. 19. Nov. 1873

Bordellé, Max, s. B o r d e l l é , Georg

BORDELLPASSIONEN. (6 Mk. eine böhm. Firma, 1901.)

Bordellwesen und der Bordell-Unfug in Hamburg. (Abdruck aus „Die Hamburger Prostitution" ꝛc.) Altona 859. Heilbutt. 8. (X, 138 S.) n. 20 ngr

Bordellwesen und Bordell-Unfug in Hamburg. (138 S.) Altona 1850. Verlags-Büreau. 2.—

§ * **EULENSPIEGEL**, Der Frantzösische, mit Kupffern (nämlich 1 Titelkpf., 1 Titelvign. u. 12 drastischen Kpfrn., U h l i c h sc.) und kurtzen Anmerckungen versehen von A. B. C. (Aus d. Französ. des Abbé *Bordelon.*) 2 Thle. Leipzig und Görlitz, in der Marcheschen Buchhandlung, 1739. 8°. (In Berlin: Xy 590; in München: P. o. germ. 333.)

1: 8 Bll. Vorst. (incl. Tit. in Roth- u. Schwarzdruck), 344 S. (incl. 3 Bll. Vorst.). Mit 7 Kpfrn. 2: 344 S. (incl. 3 Bll. Vorst.). Mit 6 Kpfrn. — So cplt. rar! (10 Mk., wasserfl. Expl., L. Rosenthal, 1906.)

Der Titel von Th. 2 lautet: Der Frantzösische Eulenspiegel, Oder: Allerhand lustige Räncke und Schwäncke, Des Zu seiner Zeit in Franckreich so beruffen gewesenen Meisters Gonin. Aus dem Frantzösischen ins Teutsche übersetzt, und Der neu-begierigen Welt zu Gefallen ans Licht gegeben. Mit Kupffern und unterschiedenen darzu dienlichen Anmerckungen. Zweyter Theil.

Französ. Original: Les tours de Maître Gonin. 2 tom. Paris et Anvers, 1713—14. pet. in-8°. Jolies planches. (2½ Rthl. Asher, Berlin, Cat. 105.) — Amsterd. 1713. pet. in-8°. (Kannte Büsching.) — Anvers 1714. 8°. Enrichis de figures en taille-douce. (1 Rthl Scheible, Cat. 34; jetzt theurer!)

Bordelon, d. schöne Kinderzucht, a. d. Franz. 8. 758.

— philos. Schauplatz. 8. Leipz. Hilscher. 758.

Bordelon, Laurent

HISTORIE, oder wunderliche Erzehlung der seltsamen Einbildungen, welche Monsieur Oufle auss Lesung solcher Bücher bekommen, die von der Zauberey, Beschwoerungen, Besessenen, Zauberern, Wöhr-Wölffen, Incubis, Succubis, Sabath der Hexen, Polter Geistern, Gespenstern, lapide philosophorum und andern abergläubischen Dingen handeln. Durchgehends mit vielen curieusen Noten versehen. Aus dem Französischen (des Abbé *Laurent Bordelon*, 1653—1730). Mit Titelkpfr. Dantzig 1712. 8°. 564 S. (10 Mk. S. Calvary & Co., Berlin, 1900; 8 Mk. Heinr. Hugendubel, München, 1905; 9 Mk. Emil Hirsch, München, 1907.)

Französ. Orig. (in Wolfenbüttel): L'histoire des imaginations extravagantes de monsieur Oufle causées par la lecture des livres de la Magie, du Grimoire, des Démoniaques, Sorciers, ... Le tout enrichi de [10] fig., & accomp. d'un très grand nombre de Nottes (sic!) ... 2 tomes. Amsterdam, Est. Roger, P. Humbert, P. de Coup, & les Frères Chatelain, 1710. 12°.

Bordemann, Edu. (Hrsg.), s. K a t h a r i n a II: Briefwechsel.

Border and Bastille. s. Collection of British Authors.

Bordes, Tableau synoptique de l'histoire de France et de principaux événemens arrivés en Europe depuis la naissance de Louis XIV. jusqu'à l'époque de la Restauration de la monarchie française. 2 Vol. in 8. Paris 820.

Bordes, Charles

Répertoire des chanteurs de Saint-Gervais. Anthologie des maîtres religieux primitifs des XVe, XVIe et XVIIe siècles ... Édition populaire à l'usage des maîtrises et des amateurs en notation moderne avec clefs usuelles, nuances et indications d'exécution et réduction des voix au clavier. Par Charles Bordes. Livre des messes. Livre des motets. Année 1. 2. (In 15 Fasc.) *Paris: Associat. des Chanteurs d. S.-Gervais; Leipzig: Breitkopf & Härtel 1893[-1901].* 4 Bde 4° [ee. 1193]

Bordes, L. Freifrau v. des, geb. Brentano-La Roche, Gebet-Büchlein f. Kinder. Mit e. Vorwort v. F. Hettinger. 16. (X, 201 S. m. 1 Stahlst.) Würzburg 887. Bucher. n. — 40

Bordes, Otto, a. Berlin: Ueber Fichtes und Herbarts Lehre vom Ich und ihr Verhältnis zu einander. (Kyritz) 1906: O. Günther. (72 S.) 8°

Rostock, Phil. Fak., Ref. Erhardt, Diss. v. 31. Mai 1906

[Geb. 19. Sept. 72 Berlin; Wohnort: Berlin; Staatsangeh.: Preußen; Vorbildung: Andreas-Realgymn. Berlin bis M. 92; Studium: Berlin 6 S.; Rig. 28. Mai 06.]

Bordesholm in Holstein. Almanach nebst Fremdenführer. (Bordesholm.) o. J. 8°

Bordesholm in Holstein. Luftkurort und Sommerfrische. (Bordesholm. [1908.]) 8°

Bordewish, H., Animam creatis rebus aliis falso et vero adscriptam homini eminenter competere. Vitemb. 4°. 1719

Bordier, F., Pestalozzi. 8. (82 S.) Neuchatel 873. Sandoz. n.n. — 65

Bordier. H(enri). Le Grütli et Guillaume Tell, ou Défense de la tradition vulgaire sur les origines de la Confédération suisse, par H.-L(éonar]d) B*. 8. Genève et Bâle 1869.

Bordier. Henri. La querelle sur les traditions concernant l'origine de la Confédération suisse. ([Suivi de:] Bibliographie de la question.) 8. Genève et Bâle 1869.

Bordier, Henry, la Saint-Barthélemy et la critique moderne. 4. (116 S. m. Chromolith., Lith. u. Holzschn.) Genève 879. Basel, Georg. n.n. 8. —

Bordihn, Georg Kant als Aesthetiker. 16 8. *Deutsch-Crone* 1882. Progr.

Börding, Bernhard [app. Arzt aus Telgte]: Aus d. chirurg. Klinik zu Kiel. Das Meckel'sche Divertikel als Ursache innerer Darmeinklemmung ... Kiel, Druck v. L. Handorff, 1891; 19 S. 8.
Kiel, Med. Fak., Inaug.-Diss. v. [17. Dez.] 1891

Bordogni, Marco, 36 Sing-Uebungen (Trente six Vocalises) für den Sopran oder Tenor, in neuestem Geschmack componirt. 3 Hfte. Fol. Berlin 834—36. Schlesinger. (à 2 ℛ) 6 ℛ

Bordollo, Otto: Der Begriff 'Produktiv' bei Adam Smith und bei Friedrich List. Borna-Leipzig 1909: Noske. VIII, 104 S. 8°

Erlangen, Phil. Diss. v. 20. Dez. 1909, Ref. v. Eheberg

[Geb. 22. Okt. 80 Grünstadt; Wohnort: Frankenthal; Staatsangeh.: Bayern; Vorbildung: Gymn. Landau Reife 99; Studium: Würzburg 4, Erlangen 3, Berlin 2, München 2, Heidelberg 1, Straßburg 1 S.; Rig. 9. Febr. 09.]
[U 10. 840

Bordoni, Josef Anton

Bordoni, Jos. Ant., Predigten. 4 Thle. 8. Augsb. 777. Wolff. 7 ℛ 2 gr (4r Thl. A. u. d. T.: rednerische Eingänge dazu von Maur. Lindemayr. 8. Augsb. 777.)

Bordoni's, Jos. Ant., Predigten. Aus dem Italien. übers. und neu bearb. von Nikol. Sorg. 1. und 2. (Jahrg.) Bd.: Sonntagspredigten. 1. und 2. Thl. gr. 8. Regensburg, Manz. [1. (XII und 392 S.), 2. (VIII und 366 S.) 853. à Bd. 1 Thlr. 3¾ Ngr.]

Bordoni's, Jos. Ant., Predigten. Aus dem Ital. übers. und neu bearb. von Nicol. Sorg. 1—3. Bd. Regensburg 853, 54. Manz. 8. (XII, 392; VIII, 366; VI, 378 S.) Jeder Bd. 1 ℛ 3¾ ngr

—— dass. — 3. Bd. (1. Jahrg. Festtagspredigten. 1. Thl.) gr. 8. (VI und 378 S.) Ebds. 854.

—— dass. — 4. und 5. Bd. (1. Jahrg. Festtagspredigten. 2. Thl. und 2. Jahrg. Sonntagspredigten. 1. Thl.) gr. 8. (VI und 713 S.) Ebds. 854—55. à Bd. 1 Thlr. 3¾ Ngr.

—— dass. — 6. Bd. (2. Jahrg.: Sonntagspredigten. 2. Thl.) gr. 8. (384 S.) Ebds. 855.

—— dass. — 7. Bd. (Vermischte Predigten. 1. Thl.) gr. 8. (384 S.) Ebds. 856.

Bordoni's, Jos. Ant., Predigten. Aus dem Italien. übers. und neu bearbeitet von einem kathol. Geistlichen. 8. und 9. Bd. gr. 8. Regensburg, Manz.. 1

Inhalt:

Bd. 8. Vermischte Predigten. 2. Thl. (332 S.) 856. 1 Thlr. 3¾ Ngr.
„ 9. Vollständiges Register in alphabetischer Ordnung. (288 S.) 859. 25½ Ngr.
1—7. Bd. Ebendas. 1853—56. 7 Thlr. 26¼ Ngr.

Bordonio, Giuseppe Antonio. Predigten über Sonn- und Festtägliche Evangelien; aus dem Wälschen übers. ... Augsburg 1772—80. Ü: *Winterl, Jos.* (ML)

Bordoni, J. A., Predigten auf Sonn- u. Fest. des Jahres. 14 Thle. 8. Augsb. Wolf. 772—80.

Bords, les, du Rhin et la Hollande. Guide illustré du voyageur. Rédigé sur les lieux et d'après les documents les plus authentiques par Théob. Grieben. (Grieben, Bibliothèque du voyageur. Nr. 34.) Ouvrage illustré de vignettes et accompagné de cartes (lithogr.) des routes et chemins de fer de l'Europe Centrale et des bords du Rhin (in qu. 4. und Imp.-Fol.) et de 7 plans (in 8. und 4.) 7. Édit. revue et corrigée. gr. 16. (IV und 148 S.) Berlin 858, Th. Grieben. * 15 Ngr.; geb. *
Vgl.: Grieben, Bibliothèque du voyageur.

Bordt, Friedrich [aus Marienwerder, Westpreussen]: Ueber das Picen und über Hydroderivate des α-Naphtylamins und α-Naphtols.... München, Buchdr. v. M. Ernst, 1888; 32 S. 8°
München, Phil. Fak., Inaug.-Diss. v. 1888

Bordt, Ludwig

Cantionale. Sammlung liturg. Gesänge, Recitationen, Responsorien u. Invokationen für Altar-, Chor- u. Gemeinde-Gesang. Mit Benutzung altüberlieferter Melodien in d. Kirchentonarten komp. von Ludwig **Bordt.** Berlin-Gr. Lichterfelde: Ch. F. Vieweg 1904. (VII, 100 S.) 4° [ed. 3487

Communio. Auswahl von geistl. Liedern f. d. a capella-Chor ⟨Gemischten-, Männer- u. Frauenchor⟩ bearb. von Ludwig **Bordt.** Berlin-Gr. Lichterfelde: Ch. F. Vieweg 1904. (48 S.) 8° [ed. 6143

Bordt, L.: Die alten Psalmtöne (sog. gregorian.), nebst Falsibordoni. A. Mit d. Cantus firmus im Sopran. B. Mit d. Cantus firmus im Tenor. Vierstimmig im strengen Kirchenstil bearb. 8° (14) Berl. 93, R Sulzer Nf., Sort. — 50
2. Afl. u. d. T.:

Bordt, Ludw., d. Psalmtöne, nebst Falsibordoni. A. Mit dem Cantus firmus im Sopran. B. Mit dem Cantus firmus im Tenor. Für den kirchl. Chor- u. Volksgesang 4stimmig bearb. u. hrsg. 2. Aufl. Ausg. für Sänger. 8. (16 S.) Berlin 899. R. Sulzer Nachf. Sort. n. — 50; Ausg. f. den Dirigenten (VIII, 16 S.) n. — 80
1. Aufl. (VI, 14 S.) Ebd. 893. n. — 50.

Die Psalmtöne nebst Falsibordoni, a. mit d. Cantus firmus im Sopran, b. mit d. Cantus firmus im Tenor. Für d. kirchl. Chor- u. Volksgesang vierstimmig bearb. u. hrsg. von Ludwig **Bordt.** 3. Aufl. Berlin-Gr. Lichterfelde: Ch. F. Vieweg 1904. (VIII, 16 S.) 8° [ed. 6144

Bordt, Paul, Pastor em.: Grundlage und Entwickelung der landwirtschaftl. Betriebsverhältnisse der Kölmischen Güter im Süden von Natangen. Königsberg i. Pr. 1907: O. Kümmel. (139 S.) 8°

Königsberg, Phil. Fak., Ref. Albert-Mitscherlich, Diss. v. 2. Aug. 1907

[Geb. 22. Okt. 48 Culm i. W.; Wohnort: Marienwerder; Staatsangeh.: Preußen; Vorbildung: Gymn. Warendorf Westf. Reife M. 70; Studium: Halle 4, Marburg 1, Königsberg 7 S.; Rig. 22. Juli 07.]

Bordukow, Michael. Diplomatischer Verkehr zwischen den grossen Mächten aus Anlass der chinesischen Wirren in den Jahren 1900–1901, auf Grund der diplomatischen Akten dargestellt. Diss. Phil. Bern. VIII + 96 S. 8. Bern, Unionsdr., 1907.

Boré, Fritz

— junge Seele. Gedichte. (1899—1900.) 8. (VIII, 167 S.) Berlin 901. Gose & Tetzlaff. n. 2. 50; geb. n. 3. —

Boré, Fritz, aus Magdeburg, z. Z. Referendar am kgl. Amtsgericht zu Gommern: Die Voraussetzungen der condictio causa data causa non secuta des Gemeinen Rechts und diejenigen der ihr entsprechenden Klage des Bürgerlichen Rechts: Die Bereicherungsklage wegen Nicht-Eintritts des Erfolges. *Berlin 1904: W. Pilz.* (IV, 68 S.) 8°
Erlangen, Jur. Diss. v. 22. Juli 1903

Boré, Fritz, wie mich die Heimat grüßte. Ein Idyll in schlichten Versen. 8. (65 S.) Magdeburg 900. J. Neumann. Geb. in Leinw. n. 1. 50

Boré, Léon, notice biographique sur Félix Papencordt. gr. 8. (44 S.) Paris 847. Bonn, Marcus. n. 6 ngr

Boreades, A. D., Διορθωτικὰ εἰς τὰ παλαιὰ εἰς τὸν Θουκυδίδην σχόλια. Diss. 1888. 40 S.

Boreas, Theophilos, aus Athen: Das weltbildende Prinzip in der Platonischen Philosophie. *Leipzig 1899: Bär & Hermann.* (71 S.) 8°
Leipzig, Phil. Diss. v. [3. Mai] 1899

Borecky, Karel: Shakespeares Einfluss auf Goethe. Phil. Diss. Prag 1898/99.

Borée, Albert. Lustige Hausordnung, hrg. und allen Leidtragenden gewidmet von Albert Borée. Juni 1903. 23 S. 8. Zürich, Jacques Bollmann.

Borée, Alb., Die Kunst des Schminkens. Prakt. Anleitg. z. Herstellg. der Bühnen-Maske f. angeh. Schauspieler u. Dilettanten. 8. (27 S. m. Abb.) Berlin 898. E. Bloch. n. 1. —

— Die Majorswache, s.: Zentraltheater. Nr. 6

Borée, Alb., Physiognomische Studien. 119 Autotyp. nach Naturaufnahmen, nebst e. kurzen erläut. Text. gr. 4. (30 Taf. m. 32 S. Text.) Stuttgart 899. J. Hoffmann. Geb. od. in Leinw.-Mappe n. 12. —
Erschien auch in 6 Lfgn. à n. 1. 50.

— Thalia a. d. Landstraße. Heit. u. Ernstes a. d. Bühnenleben. M. [Umschlag-]Titelbild, gezeichn. v. Verf. 2. Aufl. 8. (176 S. m. Bildn.) Straßburg 898. Schlesier & Schweikhardt. n. 2. 40; geb. n. 3. —

'...... weil noch das Lämpchen glüht'. Ernstes u. Heiteres aus d. Bühnenleben von Albert Borée. Im Auftr. d. Genossensch. Deutscher Bühnenangehöriger hrsg. von Artur Dinter. Berlin: Borngräber [1910]. 267 S. 8°

Borée, Alb., „...... weil noch das Lämpchen glüht". Ernstes u. Heiteres aus dem Bühnenleben. Im Auftrage der Genossenschaft deutscher Bühnenangehöriger hrsg. v. Art. Dinter. (269 S.) 8. Berlin (910). Verlag Neues Leben. 2.50; geb. 3. 50

Borée, Wilh., s. l'Houet, A.

Borée, Wilh.: Zur Psychol. d. Bauerntums, s.: l'Houet, A (Pseudonym) (im Kat. 01/05).

Borée, Willy, Heinrich VIII. von England und die Curie in den J. 1528—1529. gr. 8. (56 S.) Göttingen 885, Akadem. Buchhandlung. *

Borel, Arnold: Le conflit entre les Neuchâtelois et Frédéric-le-Grand sur la question de la ferme des impôts du pays de Neuchâtel (1766—68). Neuchâtel 1898. 157 S. 8°.
Bern. Phil. Diss. 1898/99.

Borel, E. Das Bundesgesetz über Schuldbetreibung und Konkurs. In-8°. 66 S. Neuchâtel, Attinger frères 1889? — 60

Borel, E.: Choix..., s. Borel, Eugène

Borel, Emile, die Elemente der Mathematik. Vom Verf. genehmigte deutsche Ausg., besorgt v. Paul Stäckel. 1. u. 2. Bd. gr. 8. Leipzig, B. G. Teubner. Geb. in Leinw. 15. —
1. Arithmetik u. Algebra. (XIV, 431 S. m. 57 Fig. u. 8 Taf.) 908. Geb. 8. 60
2. Geometrie. (XII, 324 S. m. 403 Fig.) 909. Geb. 6. 40

Borel, Emile: Theorie u. Praxis d. Flugtechnik, s: Painlevé, Paul.

Borel, Eug., Album lyrique de la France moderne, s. Album.

Borel, Eug., Album lyrique de la France moderne. 2. édit. Stuttgart 857. E. Hallberger. 16. (XIX, 556 S.) n. 2 ngr

Borel, Eug. Album lyrique de la France moderne. 3. édit. Stuttgart 859. E. Hallberger. 16. (XIX, 556 S.) 2 ngr

Borel, Eug., Album lyrique de la France moderne. 4. édit. Stuttgart 860. E. Hallberger. 16. (XX, 436 S.) 2 ngr

Borel, Eug., album lyrique de la France moderne. 5. Ed., revue et augmentée par A. Peschier. Avec 12 vignettes sur bois. 8. (XXIV, 417 S.) Stuttgart 875. Hallberger. geb. m. Goldschn. 7. —

Borel, Eugène, album lyrique de la France moderne. 6. édit. Revue et augmentée par C. Villatte. Avec 12 gravures sur bois. 12. (XXIV, 438 S.) Stuttgart 885, Deutsche Verlags-Anstalt. geb. mit Goldschn.

Borel, Eug., Album lyrique de la France moderne. (Chrestomathie du XIXième siècle.) 9. éd., avec 31 portraits, revue et remaniée par Marc-A. Jeanjaquet. (XVI, 426 S.) 8. Stuttgart 904. Deutsche Verlags-Anstalt. Geb. in Leinw. n. 7. —

— choix de lectures françaises à l'usage des écoles publiques et de l'instruction privée. 3 Parties. Stuttgart 859. Neff. 8. (XXIV, 528 S.) Jede Abth. 9 ngr

Borel, Eug., Choix de lectures françaises à l'usage des écoles publiques et de l'instruction privée. 3 Parties. 2. Édit. 8. (XVI und 522 S.) Stuttgart 863—67, Neff. à Part. 9 Ngr.

— choix de lectures françaises à l'usage des écoles publiques et de l'instruction privée. 1—3. partie. 2. édit. Stuttgart 865—70. Neff. 8. (VIII, 160 S.; VIII, 176 S.; VIII, 196 S.) Jede Abth. 9 ngr

— choix de lectures françaises à l'usage des écoles publiques et de l'instruction privée. 1. Partie. 4. Ed. 8. (VIII, 160 S.) Stuttgart 872. Neff. — 90

—— Choix de lectures françaises à l'usage des écoles publiques et de l'instruction privée. 1re partie. 3e édit. 1870, et 4e édit. 1872, et 2e partie. 3e édit. 1874. 8. (VIII, 160; VIII, 176 S.) Stuttgart, Neff. à Partie 90 Pf.

Borel, Eug., Choix de lectures françaises à l'usage des écoles publiques et de l'instruction privée. 3e partie: Éléments de littérature. 8e édit. 8. (VIII, 196 S.) Stuttgart 878, Neff.
1re et 2e partie 1872,74. à 90 Pf.

Borel, Eugène, Choix de lectures françaises à l'usage des écoles publiques et de l'instruction privée. 1re et 2e partie. 8. Stuttgart 881, Neff. à partie 90 Pf.
Inhalt:
Partie 1. 5e édit. revue avec soin et corrigée d'après le Dictionnaire de l'Académie de 1878. (VIII, 160 S.)
» 2. 4e édit. revue avec soin et corrigée d'après le Dictionnaire de l'Académie de 1878. (VIII, 176 S.)
3e partie. Ebendas. 1877. 90 Pf.

Borel, E., choix de lectures françaises à l'usage des écoles publiques et de l'instruction privée. 1. et 3. partie. 8. Stuttgart, Neff. à — 90; geb. n. 1. 10
1. 4. éd. (VIII, 160 S.) 890.
3. Éléments de littérature. 4. éd. (VIII, 196 S.) 887.

— Choix de lectures françaises à l'usage des écoles publiques et de l'instruction privée. 2. partie. 5. éd. Revue avec soin et corrigée d'après le dictionnaire de l'académie de 1878. (VIII. 176 S.) 8. Stuttgart 905. A. Bonz & Co. n. — 90; geb. n. 1. 20

— s. Echos lyriques.

Borel, E. L'école poétique moderne de la France. Stuttgart, G., 1845.

Borel.
— E., Étude sur la souveraineté et l'état fédératif. Diss. Bern 1886.

Borel, Eugène. Etude sur la souveraineté et l'état fédératif. In-8°. Berne, imprimerie Stämpfli. 1886

Borel, Eug., Grammaire française à l'usage des Allemands, ouvrage dont les principes s'appuient sur le diction. de l'académie et sur les meilleurs traités de grammaire publiés jusqu'à ce jours. 1—3. édit. 8. Stuttgart, Neff. [1. (21 ½ B.) 842. 1 Thlr., 2. (21 ½ B.) 44. * ⅚ Thlr., 3. (33 B.) 846.)

Borel, Eug., Grammaire française à l'usage des Allemands, ouvrage dont les principes s'appuient sur le dictionnaire de l'académie et sur les meilleurs traités de grammaire publiés jusqu'à ce jour. 4. édition. 8. (XXVIII u. 500 S.) Stouttgart 847, Neff. — 5. édition. 8. (XX u. 500 S.) Ebd. 849. — 6. édition. (XX u. 500 S.) Ebd. 851. ⅚ ℳ

— grammaire française à l'usage des Allemands, ouvrage dont les principes s'appuient sur le Dictionnaire de l'Académie et sur les meilleurs traités de grammaire publiés jusqu'à ce jour. 8. édit. 855. — 9. édit. Stuttgart 857. Neff. 8. (XIX, 500 S.) 25 ngr

—— Grammaire française à l'usage des Allemands, ouvrage dont les principes s'appuient sur le dictionnaire de l'académie et sur les meilleurs traités de grammaire publiés jusqu'à ce jour. 9—11. Édit. 8. (XIX und 500 S.) Stuttgart 857—61, Neff.

—— grammaire française à l'usage des Allemands, ouvrage dont les principes s'appuient sur le dictionnaire de l'académie et sur les meilleurs traités de grammaire publiés jusqu'à ce jour. 12. Édit. 1864. und 13. Édit. 8. (XIX und 500 S.) Stuttgart 868, Neff.

— grammaire française, à l'usage des Allemands, ouvrage dont les principes s'appuient sur le dictionnaire de l'académie et sur les meilleurs traités de grammaire publiés jusqu'a ce jour. 4. Ed. 8. (XIV, 500 S.) Ebend. 871. 2. 50

Borel, Eug., Grammaire française, à l'usage des Allemands, ouvrage dont les principes s'appuient sur le Dictionnaire de l'académie et sur les meilleurs traités de grammaire publiés jusqu'à ce jour. 14e édit. 1871. et 15e édit. 8. (XIX, 500 S.) Stuttgart 874, Neff. (ℳ 2,50.)

—— Grammaire française à l'usage des Allemands. Ouvrage dont les principes s'appuient sur le Dictionnaire de l'académie et sur les meilleurs traités de grammaire publiés jusqu'à ce jour. 16e édit. 8. (XIX, 500 S.) Ebendas. 878. geb. *

— grammaire française à l'usage des Allemands. Ouvrage, dont les principes s'appuient sur le dictionnaire de l'académie et sur les meilleurs traités de grammaire publiés jusqu' à ce jour. 17. éd. revue et corrigée d'après le dictionnaire de l'académie. 8. (XX. 500 S.) Ebend. 882. 2. 70; geb. n. 3. 10

—— grammaire française à l'usage des Allemands. Ouvrage dont les principes s'appuient sur le dictionaire de l'Académie et sur les meilleurs traités de grammaire publiés jusqu'à ce jour. 18e édit., revue et augmentée par Otto Schanzenbach. 8. (XVI, 574 S.) Ebendas. 888. geb. *

Borel, Eugène, grammaire française à l'usage des Allemands. Ouvrage dont les principes s'appuient sur le dictionnaire de l'académie et sur les meilleurs traités de grammaire publiés jusqu' à ce jour. 19. éd. revue et augmentée par Otto Schanzenbach. 8. (XVI, 574 S.) Stuttgart 894. P. Neff. 2. 70; geb. in Leinw. n. 3. 10

Borel, Eugène, grammaire française à l'usage des Allemands. Ouvrage dont les principes s'appuient sur le dictionnaire de l'Académie et sur les meilleurs traités de grammaire publiés jusqu'à ce jour. Revue et augmentée par Otto Schanzenbach. 20. éd. stér. 8. (XVI, 574 S.) Stuttgart 896. P. Neff Verl. 2. 70; Einb. in Leinw. n.n.n. — 40

Borel, Eug.: Grammaire franç. à l'usage des Allemands. 21. éd. par O Schanzenbach et P Banderet. (24, 578) 8° Stuttg., A Bonz & Co. '07. 2.70; geb. 3.10

— dasselbe. Schlüssel, s.: Löffler, J.

—— Grammaire, traduction des thèmes, s. Löffler, J.

— dasselbe. Corrigé des thèmes allemands. Rédigé sur les textes de la 20. éd. et publié à l'usage exclusif des professeurs et des institutrices par Otto Schanzenbach. 8. (V, 140 S.) Ebd. 898. n. 2. 50

— dasselbe. Corrigé des thèmes allemands. Rédigé sur les textes de la 21. édition et publié à l'usage exclusif des professeurs et des institutrices par Otto Schanzenbach. 2. éd. (130 S.) 8. Stuttgart 907. A. Bonz & Co. n. 2. 50; geb. n. 3. —

—— Grammaire française à l'usage des Anglais. Arrangée d'après la 12. édit. de la Grammaire française à l'usage des Allemands. 8. (XIX und 447 S.) Stuttgart 867, Neff.

—— Grammaire française à l'usage des Anglais. Arrangée d'après la 12me édit. de la grammaire française à l'usage des Allemands. Ouvrage dont les principes s'appuient sur le Dictionnaire de l'académie et sur les meilleurs traités de grammaire publiés jusqu'à ce jour. Nouvelle édit. 8. (XIX, 445 S.) Stuttgart 874, Neff.

—— Poésies. 8. (VII und 148 S.) Stuttgart 867, Neff. * geb. mit Goldschn. *

—— Poésies. Nouvelle édit. gr. 16. (VII, 148 S.) Stuttgart 870,74, Neff. cart. geb. mit Goldschn.

Borel, Eug., et Berthoud, Fr., Rapport présenté au grand conseil de Neuchâtel sur le projet de révision de la constitution fédérale. 47 pp. in-8. Chaux-de-Fonds. 1872

— des réformes littéraires opérées par Malherbe. (Schulprogramm.) Stuttgart 857. (Tübingen, Fues' Sorthdlg.) gr. 4. (1 Bl., 20 S.) n. 8 ngr.

—— des réformes littéraires operées par Malherbe. 4. (20 S.) Stuttgart 858. (Tübingen, Fues'sche Sortimentsbuchh.) *

Borel, Eugène, Supplément à la Grammaire de Noel et Chapsal et à la Grammaire selon l'Académie de Bonneau et Lucan, à l'usage des Allemands qui étudient la langue française. 12. Stuttgart 839. Neff. ⅜ ℳ

— thèmes de la grammaire. Traduits par J. Löffler. 4. éd., soigneusement revue et corrigée d'après la 5. éd. de la grammaire. 8. (95 S.) Stuttgart 877. Bruchmann. n. 1. 50

Borel, Eugène. Les Tribunaux pour Enfants et Adolescents (Children's Courts) aux Etats-Unis d'Amérique, et leur introduction en principe dans notre pays. Rapport présenté à l'assemblée bisannuelle de la société suisse pour la réforme pénitentiaire et le patronage. ([Extrait des] Actes de la Société suisse pour la Réforme pénitentiaire ... [2e Cahier].) p. 55—66. 8. [Aarau, H. R. Sauerländer & Co., 1907.]

Borel, F.

— formulaire des consuls. gr. 8. St. Petersb. 808. Pluchart. 1 rß

Borel, F., de l'origine, et des fonctions des consuls. gr. 8. Braunschw. u. Petersb. 807. Pluchart. 1 rß N. Ausg. gr. in 8. Leipz. 831. Voss. 1 rß 16 gℊ

B o r e l , F., de l'origine, et des fonctions des c o n s u l s. gr. 8. Braunschw. et Petersb. Pluchart, 808. Velinp.

— tableaux de rapport et de comparaison des poids de commerce, mésures etc. Fol. Braunschw. u. St. Petersburg 808. Pluchart. 3 rß

Borel, Henri.

Junge Liebe. Von H e n r i Borel. Autor. Übers. aus d. Holländ. nebst e. Vorw. von Ernst K e l l e r - Soden. Mit e. Bilde d. Verf. *Halle a. d. S.: O. Hendel (1900).* (133 S.) 8° [F.]
= Bibliothek d. Gesamtlitteratur d. In- u. Auslandes. No 1347. 48.
(oo. 3043

Borel, Henri, Liliane. Aus dem holländ. Mskr. übertr. v. Else Otten. (200 S.) 8. München 908. [Dr. J. Marchlewski & Co.] Etzold & Co. n. 1. 50

Borel, Henri. Ueber Ringschlüsse bei Derivaten des Diphenyls, Diphenylmethans u. Diphenyläthans. Diss. Phil. [II.] Univ. Zürich. 51 S. 8. Zürich-Selnau, Gebr. Leemann & Co., 1907.

Ein Traum [Een droom]. Roman von Henri **Borel**. Einzig autor. Übers. aus d. Holländ. von Else O t t e n. Berlin & Leipzig: H. Seemann Nachf. [1905]. (189 S.) 8°
— **Unterhaltungs-Bibliothek**, Seemanns kleine. No 26/27. (05. 19463

[F.] H e n r i Borel, Weisheit und Schönheit aus China. Autoris. Übs. aus d. Holländ. v. Ernst K e l l e r - Soden. *Halle a. S.: O. Hendel (1898).* (XII, 184 S.) 1 Bd 8.
= Bibliothek d. Gesamtlitteratur d. In- u. Auslandes. No 1200—1203.
(99. 2726

Borel, J. Contribution à l'étude des courants de polarisation. In 8°. 41 p. Berne. Thèse. *1897*

Borel, J.: Die F r a g e . . . , s. B o r e l , Jules

Legolibreto. Tradukis J(ean) **Borel**. Berlin: Möller & Borel [1909]. 43 S. 8°
(Esperanta Biblioteko Internacia. Nr 1.) (09. 18418

Praktika Frazaro. Dialogoj de la ĉiutaga vivo laŭ A. Matthias. Kunmetis J[ean] **Borel**. Berlin: Möller & Borel [1910]. 45 S. 8°
(Esperanta Biblioteko Internacia. Nr 9.) (10. 13793

Borel, Jules

Borel, J., s.: E s p e r a n t a biblioteko internacia.

— **Esperanta-Germana Frazlibro de la ĉiutaga vivo, s.: A n t o n, R.**

— **Die E s p e r a n t o - S p r a c h e auf 1 Blatte. Wörterbuch, Grammatik, Aussprache u. Wortbildg. (2 S.) 85×25 cm. Berlin, Esperanto-Verlag Möller & Borel. 20 Stück p — 50**

Die **Frage** einer internationalen Hilfssprache und das Esperanto. Von J[ules] **Borel**. 2. verm. Aufl. *Berlin: Esperantisten-Gruppe; (Möller & Borel [in Komm. 1904]).* (48 S.) 8° (04. 19719

Die Frage einer internationalen Hilfssprache und das Esperanto. Von J[ules] **Borel**. 7. (auf d. Umschlag: 8.) Aufl. Berlin: Esperantisten-Gruppe [nach 1905]. (46 S.) 8° (07. 10177 9

Borel, J., die F r a g e e. internationalen Hilfssprache u. das Esperanto. 7. Aufl. (43 S.) kl. 8. Berlin (906). Esperanto-Verlag Möller & Borel. n. — 10
1. u. 2. Aufl. (32 u. 48 S.) Ebd. 904. n. — 15.

B o r e l J, die Frage einer internationalen Hilfssprache und das Esperanto. 8. Auflage. (46 S) 16° Berlin (1907)

Die Frage einer internationalen Hilfssprache und das Esperanto. Von J[ules] **Borel**. 15. Aufl. Berlin: Möller & Borel (1908). 41 S. 8°
(09. 17064 11

— Die Frage e. internat. Hilfssprache u. d. Esperanto. 17. (Umschl.: 18.) Afl. (44) 16° Ebd. ('09). — 10

— Die F r a g e e. internationalen Hilfssprache u. das Esperanto. 19. Aufl. (44 S.) 16. Ebd. (910.) p — 10

— Die Frage e. internat. Hilfssprache u. d. Esperanto. 20. Afl. (49) 16° Berl. ('10). Dresd., Ader & B. — 10 (Pp.)

— Komercakorespondo, s: Esperanta biblioteko internacia.

Vollständiges Lehrbuch der Esperanto-Sprache mit Uebungen, Syntax und Proben aus Poesie und Prosa. Nach Prof. Cart, Paris: 'L'Esperanto en 10 leçons' bearb. u. erw. von J[ules] **Borel**. *Berlin: Möller & Borel [1904].* (127 S.) 8°
(Kolekto Esperanta.) (04. 7309

Vollständiges Lehrbuch der Esperanto-Sprache mit Uebungen, Syntax und Proben aus Poesie und Prosa. Nach Prof. Cart, Paris: 'L'Esperanto en 10 leçons' bearb. u. erw. von J[ules] Borel. [Nebst] Schlüssel. Berlin: Möller & Borel [1904—05]. 2 Bde 8°
(Kolekto Esperanta.) (05. 8374

Vollständiges Lehrbuch der Esperanto-Sprache mit Uebungen, Syntax u. Proben aus Poesie u. Prosa. Nach Prof. Cart, Paris, 'L'esperanto en 10 leçons'. bearb. u. erw. von J[ules] **Borel**. 2., verb. Aufl. [1.] Berlin: Möller & Borel 1905. 8°
(Kolekto Esperanta.) (05. 10935

— vollständiges L e h r b u c h der Esperanto-Sprache m. Uebungen, Syntax u. Proben aus Poesie u. Prosa. Nach Cart: „L'Esperanto en dix leçons" bearb. u. erweitert. 3. verbess., 4. unveränd. Aufl. u. 5. Aufl. 16. Taus. (Je IV, 146 S.) kl. 8. Ebd. 906. n. 1. 20; Schlüssel (61 S.) 905. n.n. — 50
1. Aufl. (IV, 127 S.) 904. — 2. Aufl. (IV, 145 S.) 905.

Vollständiges Lehrbuch der Esperanto-Sprache mit Uebungen, Syntax u. Proben aus Poesie u. Prosa von J[ules] **Borel**. 6. Aufl. Berlin: Möller & Borel 1906. (146 S.) 8°
(Kolekto Esperanta approbita de D° Zamenhof.) (07. 10473 2

Vollständiges Lehrbuch der Esperanto-Sprache mit Uebungen, Syntax u. Proben aus Poesie u. Prosa von J[ules] **Borel**. 7. verb. Aufl. Berlin: Möller & Borel 1907. 146 S. 8°
(Kolekto Esperanta.) (00. 13192 11

— Vollständiges L e h r b u c h der Esperanto-Sprache m. Uebungen, Syntax u. Proben aus Poesie u. Prosa. 10. unveränd. Aufl. 45. Taus. (IV, 146 S.) kl. 8. Berlin 908. Esperanto Verlag Möller & Borel. 1.20; geb. 1. 50 Schlüssel. 20. Taus. (61 S.) 909. nn — 50

— Vollständ. Lehrb. d. Esperanto-Sprache m. Uebgn, Syntax u. Proben a. Poesie u. Prosa. 11. Afl. (146) kl8° Berl., Esperanto '08. 1.20; geb. 1.50; Schlüssel. 20. Taus. (61) '09. nn — 50

— Vollst. Lehrb. d. Esperanto-Sprache m. Uebgn, Syntax u. Proben a. Poesie u. Prosa. 12. Afl. (4, 146) kl8° Berl. '10. Dresd., Ader & B. 1.20; geb. 1.50; Schlüssel. 22. Taus. (61) '10. nn — 50

Borel, Maurice: Politisch-wirtschaftl. Atlas d. Schweiz nach Kantonen. Mit Text v. HA Jaccard. Deut. Ausg. v. Heinr. Brunner. (In 10 Lfgn.) 1—3. Lfg. (24 farb. Ktn m. 24 S. Text m. z. Tl farb. Ktnskizzen.) 31×22 cm. Neuenbg, Gebr. Attinger '12. je 1.20

Borel, Maurice, s.: L e x i k o n , geographisches, d. Schweiz.

B o r e l , Maurice. Panorama des Alpes par Maurice Borel. Vue prise du Crêt du Plan à Neuchâtel. Publié par la Section Neuchâteloise du Club Alpin Suisse. Janvier 1901. [En couleurs.] 1 feuille fol.-obl., *en couverture* [4 p.] 8. (Neuchâtel, P. Attinger.) [fr. 1. 50]
Titre sur la feuille: Panorama des Alpes, vue — — Plan (598 m) à Neuchâtel. Panorama publié — — Suisse (Janvier 1901.) Dessiné et gravé par Mce Borel et W Brendel à Neuchâtel. Imprimé chez Muller & Trub à Lausanne et Aarau.

Borelius, J. J., Blicke auf den gegenwärtigen Standpunkt der Philosophie in Deutschland u. Frankreich. Deutsch v. E. J o n a s. Autoris., vom Verf. durchgesch. Ausg. gr. 8. (VI, 95 S.) Berlin 887. Fischer's medicin. Buchh. n. 2. 50

B o r e l i u s , J. J., über den Satz des Widerspruchs und die Bedeutung der Negation. gr. 8. (45 S.) Heidelberg 881, Weiss' Verlag. *

Borelius, J J: Satz d. Widerspruchs. Jetzt: Lpzg, F Meiner.

Borelius, J. J., Skandinavien u. Deutschland. gr. 8. (VIII, 104 S.) Berlin 876. Hempel. n. 2. —

Borelius, Johan [Edvard Ludwig]: Zur Theorie der Filarevoluten und Parallelkurven ebener und sphärischer Kurven. 8:o. 63 S. Phil. Diss. Lund 1906.

Boroll, Joan, De singultu. Marb. 4°. 1707

Borell, P. J. (Resp.): De catarrho suffocativo..., s. D u i s i n g , J. G. (Praes.)

Borelli, De motu animalium. Nebst Atlas. Hagae 743.

Borellus, Jo., resp. Adam **Abt**, Diss de apoplexia. 10 pp. Marb. 4°. 1730

Borelly, .., considérations sur le Dictionnaire de la langue allem., conçu p. Leibnitz et exécuté etc. sous les ausp. d. C. de Herzberg. gr. 8. Berl. 792. Franke. 14 gℓ

— élémens de l'art de penser. gr 8. Berl. 778. Rottmann. 18 gℓ

Boremski, Arthur *(geb. Lissa in Pos. 26. 8. 1843)*: De cutis in graviditate commutationibus earumque ad diagnosin aestimatione. Vratislaviae (1867). (20 S.) 8°
Breslau, Med. Diss. v. 30. Apr. 1867

Boeren, s. a.: Buren.

Boerenkrieg, der, 1899—1902. Eingeleitet m. e. Überblick üb. die Geschichte der Boeren-Freistaaten u. ihre Handelsverhältnisse. Von ***. 2 Tle. Mit zahlr. Abbildgn., Gefechtsskizzen u. e. Karte v. Südafrika. gr. 8. Braunschweig, G. Westermann. n. 9. —
1. (VII, 180 S.) 901. n. 5. —. — 2. (VII, 145 S.) 902. n. 4. —.

Börensen, H., Pellworm, wie es ist u. war. Seinen lieben Landsleuten u. sonst. Freunden der Insel dargeboten. (45 S. m. Abbildgn.) 8. Pellworm 905. (Husum, C. F. Delff.) n.n. — 40

Pellworm, wie es ist und war. Seinen lieben Landsleuten und sonstigen Freunden der Insel dargeboten v. H. **Börensen**. Pellworm. Selbstverlag 1905. 8°.

Börensen, H., Pellworm, wie es ist u. war. Seinen lieben Landsleuten u. sonst. Freunden der Insel dargeboten. 2., verm. Aufl. (50 S. m. Abbild.) 8. Husum 908. C. F. Delff. nn — 50

Boreoeceus, Andreas Ericandus, siehe Andreas Ericandus Boreoeceus.

Boreos, Mart, s.: Martin, Ant.

Boresch, Karl: Über Gummifluss bei Bromeliacen nebst Beiträgen zu ihrer Anatomie.
Diss. Prag 1908/09.

Boresch, Karl, über Gummifluss bei Bromeliaceen nebst Beiträgen zu ihrer Anatomie. (48 S. m. 3 Taf.) gr. 8. Wien 908. A. Hölder. 2. 20
Sonderabdruck aus „Sitzungsber. d. k. Akad. d. Wiss."

Alfred Boretius. Ein Lebensbild in Briefen 1849–1874 ⟨Lehr- u. Wanderjahre⟩. Hrsg. von Agathe Boretius geb. Toberentz. *Berlin: F. Schneider & Co. 1900.* (VIII, 340 S.) 8° [F.] [os. 78]

Boretius

Anleitung zur Herrichtung, Ausstattung und Verwendung eines Schiffssanitätszuges der freiwilligen Krankenpflege auf der Weichsel ... bearb. ... von Dr. **Boretius**. Berlin 1890: Norddeutsche Buchdr. 48 S. 8° [os. 89] 6

Boretius, Alfr., Beiträge zur Capitularienkritik. gr. 8. (X, 169 S.) Leipzig 874. Duncker & Humblot. n. 3. 60

Boretius, Alfred, s. C a p i t u l a r i a regum Francorum.

Boretius, Alfr., capitularia rerum Francorum, s.: Monumenta Germaniae historica.

Boretius, Alfr., die Capitularien im Langobardenreich. Eine rechtsgeschichtliche Abhandlung. Halle 864. Buchhdlg. d. Waisenhauses. gr. 8. (XIV, 196 S.) 25 *ngr.*

Boretius, Alfred. Friedrich der Grosse in seinen Schriften. Vortrag, gehalten im Rathaussaale zu Zürich am 13. Januar 1870. 8. Berlin 1870 (* *Umschlag*: 1871).
(Sammlung gemeinverständlicher wissenschaftlicher Vorträge, hrg. von Rud. Virchow und Franz von Holtzendorff. Serie 5 ... Heft 114.)

Boretius, A., Friedrich der Grosse in seinen Schriften. Berlin 1871. 8.

Boretius, **Alfredus** Edwinus: De jure bellorum privatorum ex legibus imperii Romano-Germanici. Halae 1858: Heynemann. 45 S. 8°
Halle-Wittenberg, Jur. Diss. v. 31. Mai 1858
Geb. [Meseritz (Posen) 27. 2. 1836]
Gekürzte u. umgearb. 1. Hälfte seiner Hall. gekr. jur. Preisschrift v. 1857. Nach seiner hs. Vita war B. geb. a. d. III. Kal. Mart. 1836, das wäre, da dies Jahr ein Schaltjahr war, also am 28. Februar. Nach der Literatur (Meyers Konv.-Lex. 5. & 7. Aufl.; M. Hoffmann: Pförtner Stammbuch; Biogr. Jahrbuch. Hrsg. v. A. Bettelheim. Bd 5. 1903. S. 171, und seiner eigenen Angabe in Alfred Boretius, Lebensbild in Briefen. Hrsg. v. Agathe Boretius. 1900. S. III) ist er am 27. Febr. geboren. Es ist das ein Beispiel für viele, welche Fehler sich in die eigenen lateinischen Curricula vitae der Drd. eingeschlichen haben.

Boretius, Anton *Herrmann Georg* [aus Danzig]: Die Haematomyelie m. Berücks. zweier Krankheits-Fälle ... Berlin, C. Vogts Buchdr., *1896*; 29 S., 1 Bl. 8.
Berlin, Med. Fak., Inaug.-Diss. v. 17. März 1896

Boretius, Matthias Ernst

—— De anatome plantarum et animalium analoga. D. Regiomonti 1727. 4. 16 p.

Boretius, Matth. Ernst., resp. God. **Arnold**, De epilepsia ex depresso cranio. 24 pp. Regiom. 4°. Auch: *Haller*, Disp. ad. morb. I. *Crell*, Ausg. I p. 78—87. (p. 7 Epil. a plica nimis ligatae mitrae cranium premente in infante decem hebdomadum. p. 19 Epil. a depressione cranii ab ictu praeceptoris incauto.) 1724

Boretius, Matth. Ern. (Resp.): De temperamentis, s. F i n c k e n a u , Jac. (Praes.)

Boretius, O., s.: Unter dem roten Kreuz.

Boretius, Osc., De epilepsia ex depresso cranio. 24 pp. Kgsb. 4°. 1727

Boretius, Osc. (Eduard. Armin. Bogislav) (geb. Rauschnick in Ostpr. 26. 1. 1830): De indole chemica salivae eiusque usu physiologico. Berolini (1852). (26 S.) 8°
Berlin, Med. Diss. v. 6. Aug. 1852

Boreux

— Hieroglyphen od. angenehme Devisen der Freundschaft u. Liebe zum Sticken, Stricken, Weben u. Malen ꝛc. deutsch u. franz. 3 Hefte, mit K. 4. Leipz. Indust. Comt. 815. (5 1/3 Rthlr.)

Boreux, J., Teutschland, die Niederlande und die Schweiz, nach der neuesten Begrenzung, mit den Poststrassen und den Schnellpostrouten. Bericht. v. F. W. Streit. Leipzig, Hinrichs, 1829. gr. Fol. Kpfrst. (1/4 Rt.)

Boreux, J. G.

— s. a. B e r r i n , Emilie.

Boreux, J. G., s. a. S m y l , J.

— Abbild. u. Beschr. neu. erfundn. rauchverzehr. Oefen ꝛc. m. K. gr. 4. Leipz. Hinrichs. 805.

— Abbild. u. Beschreibung e. rauchverzehr. Ofens mit sichtbarer Flamme, erfunden v. Thilorier. Herausg. v. C. G. Eschenbach. gr. 8. Leipz. 806. Hinrichs. 8 gℓ

Boreux, J. G., († ...) Abbild. u. Beschreibung d. v. Thilorier erfund. rauchverzehr. Oefen, die sich durch neue geschmackvolle Formen ꝛc. empfehlen. Mit Kpf. gr. 4. Lpz. 803. Hinrichs. 8 gℓ

— Abbild. u. Beschreib. der v. Thilorier neu erfund. rauchverzehr. Oefen ꝛc., Phloskopen genannt. Herausg. von Chr. G. Eschenbach. Mit Kpf. gr. 4. Leipz. 806. Hinrichs. 12 gr.

— Anweis. z. Construktion e. holzspar. Verkohlungsofens, welcher mehrere Zimmer Tag u. Nacht heizt ꝛc. Herausg. v. Chr. G. Eschenbach. Mit 3 Kpft. gr. 4. Lpz. 804. Hinrichs. 1 Rthlr. 8 gr.

— Anweis. zur Construktion e. zweiten Verkohlungsofens ꝛc. Mit 1 Kpf. gr. 4. Leipz. 805. Hinrichs. 8 gr.

— Anweis., vermittelst e. neuen Verfahrens Chocolade u. Kaffee zu bereiten ꝛc. Mit Kpf. gr. 4. Leipz. 805. Hinrichs. 12 gr.

— durch welche Mittel kann die Wirkung des Feuergewehrs vermehrt werden, daß nur wenig Truppen denjen. zu widerstehen vermögen ꝛc. Mit 1 Kpf. gr. 8. Dresden 799. Walther. 3 gr. Dass. französ. Ebd. 3 gr.

— die Kriegskunst f. d. Jugend od. leichte Methoden, sich in d. Kriegskunst wesentliche Kenntnisse zu erwerben. m. K. gr. 8. Ebend. 815.

— d. Kriegskunst, für d. Jugend, oder leichte Methoden, sich in der Kriegskunst wesentl. Kenntnisse in kurzer Zeit u. ohne Lehrer zu erwerben. Mit vielen Figuren u. 12 Kpf. 4. Leipz. 816. Mag. f. Ind. 20 gr. Hbg. Pr. 12 gr.

— Mittel, d. übeln Geruch aus d. Häusern zu entfernen, welcher durch d. Abtritte entstehet. Mit 1 Kpf. 4. Leipz. 802. Baumgärtner. 6 gr.

— neues Mittel, dem Rauchen d. Schornsteine u. Stubenöfen abzuhelfen. Mit 2 Kpf. gr. 4. Leipz. 801. Baumgärtner. 12 gr.

— Moyens d'augmenter considérablement l'effet des Armes à feu etc. av. fig. 8. Dresd. Walther. 799.

— nouv. moyen simple. 8. Lpz. 802. Baumgärtner. 8 gr.

— Schilderung d. Hauptbegebenheiten d. jetzigen Kriegs ꝛc. Mit 5 ill. Karten. gr. 8. Leipz. 799. Hinrichs. 12 gr. Dass. französ. 8. Ebd. 799. 12 gr.

Boroux, Architekt, Ingenieur und Geograph. Schilderungen der Hauptbegebenheiten des jezzigen Krieges, und der Veränderungen in der geographischen und politischen Abtheilung von Europa, in fünf farbigen Blättern (1740—1799).
8. Leipzig 1799.

Boreux. Leicht fassliche Uebersicht der Lage, des Umfanges und der Gestalt aller Staaten auf unserer Erde, ihrer gegenseitigen Entfernungen, ihrer Volksmenge u. s. w. Mit einer illuminirten Karte.
8. Leipzig 1818.

— schnelle Uebersicht d. Lage, des Umfanges u. der Gestalt aller Staaten auf unserer Erde. Nebst 1 ill. Karte. 8. Leipz. 818. Leo. 6 gr.

Borg s: Kerckerinck zur Borg.

Borg, Aaron Gustav, Theocriti idyllia Suethice reddita. Präs. Axel Gabriel Sjöström. Part. III. Helsingfors (Frenckell) 16. X. 1830. 9 Bl. (3.—)

v. d. Borg, G., s. Refraktor, der

Borg, Carl Fr.: Poetische Erzeugnisse ..., s. Borg, Karl Fr.

— **Eric Gustav** (Westmann), Actiones humanas, in foro divino, non esse meritorias. Diss. grad. Präs. Lorenz Dahlman. Upsala Juni 1764. Stockholm (Pet. Hesselberg). 16 S. (4.—)

Borg, Gabriel, and Alcenius, Josephus Joachimus, De termino atmosphaerae terrestris nivali. (Dissertationes). Aboae 1823.

Borg, Hjalmar

Blattodeen aus Kamerun von Hjalmar Borg. Mit 2 Taf. *Stockholm 1902: P. A. Norstedt & söner.* (38 S.) 8°
= Beiträge z. Kenntnis d. Insektenfauna von Kamerun. No 10.
= Handlingar, K. Svenska Vetenskaps-Akademiens. Bihang. Bd 28, Afd. 4. No 10.

Borg, Hjalmar, Forficuliden aus Kamerun. (S. 563—580 m. 1 Taf.) gr. 8. Stockholm 904. (Berlin, R. Friedländer & Sohn) n.n. 1.—
Sonderabdruck aus: „Arkiv f. zoologi".

Borg, Jakob, approb. Arzt aus Großblittersdorf (Lothr.): Ueber die Hutchinsonsche Sommereruption. *Straßburg i. E. 1902: C. & J. Goeller.* (44 S.) 8°
Straßburg, Med. Diss. v. 1902

v. d. Borg, Karl Fr., s.a. Erzeugnisse, poet., d. Russen.

v. d. Borg, Carl (Fr.,) poetische Erzeugnisse d. Russen. 2 Thle. 8. Riga 821, Hartmann.
(NB. Der 1e Thl. wird nicht einzeln ausgegeben; der 2e Thl. apart kostet 1 Rthlr. 8 gr.)

Borg, Karl Fr. von der, Poetische Erzeugnisse der Russen. Ein Versuch. 1r Bd. 8. Riga, Meinshausen 821.

Borg, Karl Fr., s. a. Hyazinth's Denkwürdigkeiten

Borg, Carl Gust., Matthias Alexander Castrén. Uppläst vid Österbottniska Afdelningens årsfest, d. 9. Nov. 1852. Helsingfors 853. (Öhman.) (Leipzig, Brockhaus.) gr. 8. (63 S.) n. 9 ngr.

Borg, Väinö

Beiträge zur Kenntniss der Flora und Vegetation der finnischen Fjelde (alpinen u. subalpinen Gebirge). Von Väinö Borg. 1. Helsingfors 1904: (K. Malmström, Kuopio). 8°
= Acta Societatis pro fauna et flora Fennica. 25, No 7.

Borgs, Gymnasii historia, författad af Magnus Jacob Alopäus. 8. Abo, Moyer in Comm.

Borgard, Joseph, approb. Arzt aus Schmallenberg i. Westf.: **Beitrag zur Messung der Arterienweite und des Blutdrucks am lebenden Menschen.** Mit 1 Abb. *Gießen 1903: v. Münchow.* (16 S.) 8°
Gießen, Med. Diss. v. 1903

Borgas, B: Studien u. Lesefrüchte a. d. Buche d. Natur, s.: Bach, M.

Borgass, Ludw., Darstellgn. a. d. Natur, s.: Berthold, K.

— Studien u. Lesefrüchte aus d. Buche d. Natur, s.: Bach, M.

Borge, O., Algen aus Argentina u. Bolivia. (13 S. m. 5 Fig.) 8. Uppsala & Stockholm 906. (Berlin, R. Friedländer & Sohn.) n.n. — 80

— **Beiträge zur Algenflora v. Schweden.** (88 S. m. 3 Taf.) 8. Ebd. 906. n.n. 3. 40
2 Sonderabdrucke aus: „Arkiv f. botanik".

— Desmidiaceen, s.: Algen, die, d. ersten Regnellschen Expedition. II.

Borge, O.: Über die Rhizoidenbildung bei einigen fadenförmigen Chlorophyceen. Ups. 1894. 8:o.

Borge, O., nordamerikanische Süsswasseralgen. (29 S. m. 1 Taf.) 8. Uppsala 909. Berlin, R. Friedländer & Sohn. nn 1. 40
Sonderabdruck aus „Arkiv f. botanik".

Süsswasseralgen aus Süd-Patagonien von O. Borge. Mit 2 Taf. *Stockholm 1901: P. A. Norstedt & Söner.* (40 S.) 8°
= Handlingar, Svenska Vetenskaps-Akademiens. Bihang. Bd 27, Afd. 3, No 10.

Ueber tropische und subtropische Süsswasser-Chlorophyceen von O. Borge. Mit 2 Taf. *Stockholm 1899: P. A. Norstedt & söner.* (33 S.) 8°
(Meddelanden från Stockholms Högskola. No 188.)
= Handlingar, K. Svenska Vetenskaps-Akademiens. Bihang. Bd 24, Afd. 3, No 12.

— Zygnemaceen u. Mesocarpaceen, s.: Algen, die, der ersten Regnellschen Expedition. III.

Borgeaud, Charles, J.-J. Rousseau's Religionsphilosophie. Unter Benutzg. bisher nicht veröffentlichter Quellen. gr. 8. (168 S.) Leipzig 883. Fock. n. 3. —

Borgeaud, Ch. (Dr. phil.) J. J. Rousseau's Religionsphilosophie. Unter Benützung bisher nicht veröffentlichter Quellen. In-8⁰, 168 S. Genf und Basel. H. Georg. 1883 3 50

Borgeaud, C. J. J. Rousseau's Religionsphilosophie unter Benutzung bisher nicht veröffentlichter Quellen. Diss. Jena 1883. 168 S.

Das Borgen, ein soziales Übel. *Paderborn: F. Schöningh 1900.* (S. 189—204.) 8° [J.]
— Broschüren-Cyklus f. d. kathol. Deutschland. Jg 35, H. 12.

Börgen, C., die harmonische Analyse der Gezeitenbeobachtungen. Lex.-8. (71 S.) Berlin 885, Mittler und Sohn. *
Aus: Annalen der Hydrographie, besonders abgedruckt.

Börgen, C.: s. Anleitung z. wissenschaftlichen Beobachtungen auf Reisen.

—— Anstellung von Beobachtungen über Ebbe und Fluth, s.a. Anleitung zu wissenschaftlichen Beobachtungen auf Reisen.

Börgen, C.: Anstellung von Beobachtungen über Ebbe und Fluth. 34 S. in: Anleitung zu wissenschaftlichen Beobachtungen auf Reisen, herausg. v. G. Neumayer. Aufl. 2. Bd. 1. S. 435—468. Berlin 1888. 8⁰.

Börgen C. Beitrag zur Kenntnis der Polhöhe von Göttingen. 1869. 8.
Math. Diss. Göttingen

Börgen, C., s.: Beobachtungen aus dem magnetischen Observatorium der kaiserl. Marine in Wilhelmshaven.

— s: Beobachtungen d. meteorolog. Station d. Observatoriums d. kaiserl. Marine i. Wilhelmshaven.

Börgen, C., über Ebbe und Fluth, s.: Anleitung zu wissenschaftl. Beobachtungen auf Reisen.

Boergen, C.: Mittlere Örter ..., s. Copeland, R.

Börgen, C., mittlere Oerter der in den Zonen —0⁰ u. —1⁰ der Bonner Durchmusterung enthaltenen Sterne, s. Mittheilungen, astronomische.

Börgen, C.: s. Polarforschung, internationale

Börgen, C[arl], Prof., Dr.: Über die Anordnung der Nadeln einer Kompaßrose zur Vermeidung der sextantalen u. oktantalen Deviation. 4°
Aus: Annalen d. Hydrographie u. marit. Meteorol. Jan. 1904.

Ueber die Anordnung der Nadeln einer Kompassrose zur Vermeidung der sextantalen u. oktantalen Deviation. (Ergänzung zu d. Abh.: 'Zur Lehre von d. Deviation d. Kompasses', Aus d. Archiv d. D. Seewarte, 1897, No 1.) Von Prof. Dr. C[arl] Börgen, Wilhelmshaven. Mit 5 Fig. *Hamburg 1902: Hammerich & Lesser in Altona.* (25 S.) 4°
— Archiv, Aus dem, d. Deutschen Seewarte. Jg. 25, No 1.

Börgen, C., Ueb. d. Auflösung naut.-astronom. Aufgaben m. Hülfe d. Tabelle d. Meridionaltheile (d. „Mercator'schen Funktion"). [Aus: „Aus d. Archiv der deutschen Seewarte".] gr. 4. (51 S. m. 3 Tab.) Hamburg 898. (L. Friederichsen & Co.) n.n. 5. —

Ueber die Auflösung nautisch-astronomischer Aufgaben mit Hülfe der Tabelle der Meridionaltheile (der 'Mercator'schen Funktion'). Von Prof. Dr. C[arl] Börgen, Vorst. d. Kais. Marine-Observ. zu Wilhelmshaven. *Hamburg 1898: Hammerich & Lesser in Altona.* (51 S.) 4°
— Archiv, Aus dem, d. Deutschen Seewarte. Jg 21, No 1.

Ueber die Berechnung eines einzelnen Hoch- oder Niedrigwassers nach Zeit und Höhe. Von Prof. Dr. C[arl] Börgen. Berlin: E. S. Mittler & Sohn 1892. (47 S.) 4° [Umschlagt.]
— Annalen d. Hydrographie u. Marit. Meteorologie. Jg 20, Beiheft.

Ueber die Berechnung von Mond-Distanzen mit Hülfe der Mercator'schen Funktionen. (Erg. zu d. Aufsatze in 'Aus d. Archiv d. Deutschen Seewarte', 1898, No 1.) Von Prof. Dr. C[arl] Börgen zu Wilhelmshaven. Mit 1 Fig. *Hamburg 1903: Hammerich & Lesser in Altona.* (12 S.) 4°
Archiv, Aus dem, d. Deutschen Seewarte. Jg. 26, No 1.

Ueber den Einfluss der körperlichen Dimensionen eines Magnets auf die durch denselben aus beliebiger Lage hervorgebrachte Ablenkung einer Nadel. Von Prof. Dr. C[arl] Börgen, Vorst. d. Kais. Marine-Observat. zu Wilhelmshaven. (Ergänzung zu d. Abhandlung No 2 d. Jg. 1891.) *Hamburg 1895: Hammerich & Lesser in Altona.* (12 S.) 4°
— Archiv, Aus dem, d. Deutschen Seewarte. Jg. 18, No 5.

Zur Lehre von der Deviation des Kompasses. Ableitg d. Ausdrucks f. d. Schwinggsdauer einer unter d. Einflusse e. beliebig gelegenen Magnets stehenden Nadel. Von Dr. C[arl] Börgen, Vorst. d. Kaiserl. Marine-Observatoriums zu Wilhelmshaven. *Hamburg: Gedr. bei Hammerich & Lesser in Altona 1897.* (2 Bl., 21 S.) 4.
— Archiv, Aus dem, d. Deutschen Seewarte. Jg. 20. No 1.

Logarithmisch-trigonometrische Tafel auf 11 (bzw. 10) Stellen von Dr. C[arl] Börgen. Leipzig: W. Engelmann in Komm. 1908. (VI, 55 S.) 4°
— Publikation d. astronomischen Gesellschaft. 22.

Borgenheimer, Joseph August (Bensheim)
Emphysema traumaticum.
Giessen 1864. 65 S. (in Δ mit „Thesen")
Diss. med. 29. August 1864. vorh. 26.7.Δ.

Borgeri, Interpret. epist. Pauli ad Galater. Lugduni. (Duisburg, Bädecker et K.) 807.

Borger, C. A.: Über den Mysticismus, s.a. Borger, E. A. u. Borger, F. A.

C. A Borger: Über den Mysticismus. Aus dem Latein. von Ernst Stange. Mit Vorr. des Herrn Dr. und Prof. Gurlitt. Altona: Hammerich 1826. 26, XVIII, 291 S. 8⁰
Kl. 3928.

Borger, E. A.

— Disputatio de historia pragmatica. Ed. 2da. Accedit Oratio de histor. doctore, providentiae divinae administro. 8 maj. Hagae Com. 819. (Lpz., Weigel). 1 ₰ 14 gl

***Borger*, E. A., de constanti et aequabili Jesu Christi indole, doctr. ac docendi ratione s. Commentationes de Evang. Joannis cum Matthaei, Marci et Lucae evangeliis comparate. Pars Ia. 8 maj. Hagae Com. 816. (Leipz., Weigel.) 1 ₰ 12 gl**

— de Mysticismo. 8 maj. Hagae Com. 820. (Lpz., Weigel). 3 ₰ 12 gl

Borger, E. A.: Über den Mysticismus, s.a. Borger, C. A. u. Borger, F. A.

— über d. Mysticismus. Aus d. Latein. v. E. Stange. Mit Vorrede v. Dr. Gurlitt. gr. 8. Altona 826. Hammerich. 1 ₰ 8 gl

— de fictis in historia orationibus. 8 maj. Harlem 820.

Borger, F. A.: Über den Mysticismus, s.a. Borger, C. A. u. Borger, E. A.

F. A. Borger üb. d. Mysticism.; a. d. Lat. v. E. Stange; m. Vorr. v. Gurlitt. *Alt.*, Hammerich. 826. gr 8⁰ 1 ₰ 8 gl

Borger, Gottfried Conrad (Dresden), De nomine Henrici regibus Galliae infausto. Präs. Christian Daniel Stender. Lpz. (Schede) 22. XII. 1717. 24 S. (4.20)

Borger, Gust., üb. das Auswandern v. Ascaris lumbricoides aus dem Darme unter Zugrundelegung e. Falles v. Leberabscessen infolge v. Ascariden bei e. Kinde, s.a. Abhandlungen, Münchener medicinische.

Borger, Gustav [app. Arzt aus Naila]: Aus d. k. Univ.-Kinderklinik d. Herrn Prof. Dr. H. Ranke. Ueber das Auswandern von Ascaris lumbricoides aus dem Darme unter Zugrundelegung eines Falles von Leberabscessen infolge von Ascariden bei einem Kinde. ... München, Druck d. Akad. Buchdr. v. F. Straub, 1891; 19 S. 8⁰
München, Med. Fak., Inaug.-Diss. v. 1891

Borger, H. J., s. *Cicero*, Paradoxa.

Borger, Jos., s: Cartell-Rundschau.

Borger, Otto, Referendar in Chemnitz: Der **Inhalt** der **Vollmacht** des Prokuristen. *Borna-Leipzig 1903: R. Noske.* (VIII, 63 S.) 8°
Leipzig, Jur. Diss. v. 1903

Borger, Petrus Abr., Dissertatio theologica exegetico-moralis de parte epistol. Pauli ad Romanos paraenetica. 8maj. Lugduni-Batav. 840. Haak et soc. (Lipsiae, T. O. Weigel.) n. $1^5/_6$ ℛ (bei Weidmann in Leipzig n. $3^1/_3$ ℛ)

Börger [Schlagwort]

Börger, s.: Preussen. Messtischblätter.

Boerger [Verfasser]

Boerger, Albin, appr. Arzt a. Küllstedt i. Th.: Über Radiusfrakturen und deren Behandlung. Halle a. S. 1908: Hohmann. (35 S.) 8°
Halle, Med. Fak., Ref. v. Bramann, Diss. v. 29. Juli 1908
[Geb. 22. Sept. 79 Küllstedt, Kr. Mühlhausen; Wohnort: Küllstedt; Staatsangeh.: Preußen; Vorbildung: Gymn. Heiligenstadt Reife O. 01; Studium: Kiel 3, Würzburg 1, Leipzig 1, Berlin 2, Halle 2 S.; Coll. 22. Juli 08; Approb. 1. Okt. 07.]

Börger, Alfried, Referendar: Ist ein nachträglich vereinbarter Eigentumsvorbehalt Dritten gegenüber **wirksam**? Borna-Leipzig 1909: Noske. IX, 39 S. 8°
Leipzig, Jur. Diss. v. 23. April 1909
[Geb. 2. Okt. 82 Dohren, Kr. Geestemünde; Wohnort: Hildesheim; Staatsangeh.: Preußen; Vorbildung: Gymn. Bremerhaven Reife O. 03; Studium: Jena 3, Berlin 1, Göttingen 2 S.; Rig. 18. Juli 06.] [U 09. 2456

Boerger, Carl Wilhelm Heinrich, s. Boerger, Heinrich

Börger, Hans, a. Hannover: **Grabdenkmäler im Maingebiet vom Anfang des 14. Jahrhunderts bis zum Eintritt der Renaissance.** Halle a. S. 1907: E. Herrmann sen. in Leipzig. (78 S.) 8°
Halle, Phil. Fak., Ref. Goldschmidt, Diss. v. 24. Jan. 1907
[Geb. 29. Mai 80 Hannover; Wohnort: Halle a. S.; Staatsangeh.: Preußen; Vorbildung: Lyzeum 1 Hannover Reife O. 01; Studium: München 4, Berlin 4, Halle 4 S.; Rig. 2. Aug. 06.]

Grabdenkmäler im Maingebiet vom Anfang des XIV. Jahrhunderts bis zum Eintritt der Renaissance von Hans **Börger**. Mit 28 Taf. Leipzig: K. W. Hiersemann 1907. (78 S.) 4°(8°)
— **Monographien**, Kunstgeschichtliche. 5. 07. 4496

Börger, Heinrich

Börger, *Carl Wilhelm* Heinrich [aus Warschau. Assistenzarzt d. med. Klinik zu Greifswald]: Zur Aetiologie der Tabes dorsualis ... Greifswald, Druck v. J. Abel, 1894; 28 S. 8.
Greifswald, Med. Fak., Inaug.-Diss. v. 4. Juli 1894

Börger, Heinrich, appr. Arzt a. Emsdetten i. W.: ⟨Aus dem Pathol. Inst. zu Erlangen⟩. Ueber einen Fall von geheiltem Aneurysma dissecans des Aortenbogens. Berlin 1906: L. Schumacher. (18 S.) 8°
Erlangen, Med. Fak., Ref. Hauser, Diss. v. 1. Febr. 1906
[Geb. 31. Dez. 80 Emsdetten; Wohnort: Großenbrunn; Staatsangeh.: Preußen; Vorbildung: Gymn. Münster i. W. Reife 00; Studium; Freiburg i. B. 1, Berlin 2, Erlangen 6 S.; Coll. 28. Jan. 05; Approb. 20. Jan. 05.]

Börger, Jh. Edw., (†p....) Versuch über die Alterthümer Liefl lands u. seiner Völker, besonders d. Letten. Mit Kpf. u. 1 Karte. 8. Riga 779. Hartknoch. 8 gr

Börger, Osk.: Das Konkurrenzprojekt. Drama. (140) 8° Lpzg, W Opetz (08). 2 — d

Börger, Osk., das Konkurrenzprojekt. Drama in 4 Akten. (140 S.) 8. Leipzig (908). P. Stiehl. 2. —

Börger, P., s.: Kahnmeyer, L., u. H. Schulze, Übungsstoffe f. den deutschen Sprachunterricht.

Börger, P: Ubgsstoffe f. d. deut. Sprachunterr., s: Kahnmeyer, L.

Boerger, Robert: **Belehnungen** der deutschen geistlichen Fürsten nach dem Wormser **Concordat**. *Leipzig 1901: B. G. Teubner.* (48 S.) 8° ¶ (Erscheint vollst. als: Leipziger Studien aus d. Gebiet d. Geschichte, Bd 8, H. 1.)
Leipzig, Phil. Diss. v. [14. Juni] 1901

Börgerende [Schlagwort]

Börgerende, s.: Ostseebäder.

Borgers, Th. Atlas mit geographischen Merksätzen. Für Volksschulen der Rheinprovinz hrsg. qu. gr. 4. (10 s. Tl. farb. Karten m. eingedr. u. 6 S. Text.) Ebd. 892. * — 30
Mit Karten der Provinz u. von Preussen * — 45
Diese Karten allein je * — 12

Borgers, T, Atlas m. geograph. Merksätzen. Für Volksschulen d. Rheinprovinz hrsg. 4° (10 z. Tl farb. Taf. m. 7 S. Text.) Ravnsbg 93, O Maier. — 30; m. (farb.) Karte d. Rheinprovinz (4 S. Text auf d. Rückseite) — 36; Karte allein — 12; m. 2 Kart. (Rheinprovinz u. d. Kgr. Preussen m. 8 S. Text) — 45

Borgert, Adolf

Borgert, A., Cannosphaeridae. s.: **Ergebnisse** der usw. **Plankton-Expedition der Humboldt-Stiftung.**

Borgert, A.: Challengeridae, s. Ergebnisse d. Plankton-Exped. d. Humboldt-Stiftg.

– Circoporidae, s. Ergebnisse der usw. Plankton-Expedition der Humboldt-Stiftung

Borgert, Adolf *Hermann Constant* [stud. rer. nat. aus Hamburg]: Aus d. zool. Institut d. Univ. Kiel. Über die Dictyochiden insbesondere über Distephanus speculum sowie Studien an Phaeodarien.... (Aus: Zeitschr. f. wiss. Zool. Bd. LI.) Leipzig, W. Engelmann, 1891: 52 S., 1 Bl., 1 Taf. 8°
Kiel. Phil. Fak., Inaug.-Diss. v. 28. Febr. 1891

Borgert, Adolf

— **Medusettidae, s.: Ergebnisse der usw. Plankton-Expedition der Humboldt-Stiftung.**

– Phaeodinidae, Caementellidae u. Cannorrhapidae, s. Ergebnisse der usw. Plankton-Expedition der Humboldt-Stiftung

Borgert, A.: Porospathidae u. Cadiidae, s. Ergebnisse d. Plankton-Exped. d. Humboldt-Stiftg.

Borgert, A., die Thaliacea der Plankton-Expedition. Vertheilg. d. Doliolen, s.: Ergebnisse d. Plankton-Expedition d. Humboldt-Stiftg.

(Die Tripyleen Radiolarien der Plankton-Expedition von Prof. Dr. A[dolf] **Borgert** unter Mitw. von Dr. Ferdinand Immermann u. Dr. Wilhelm J. Schmidt, Bonn. 1.) Kiel & Leipzig: Lipsius & Tischer 1904. 4°
(Ergebnisse der ... Plankton-Expedition d. Humboldt-Stiftung. Bd 3. L. h. 1.) 10. 13

Borgert, A., die Tripyleen-Radiolarien der Plankton-Expedition. Atlanticellidae, s.: Ergebnisse der Plankton-Expedition der Humboldt-Stiftung. III.

Die Tripyleen Radiolarien der Plankton-Expedition. Atlanticellidae von Dr. A[dolf] **Borgert**, Privatd. Mit 1 Taf. Kiel & Leipzig: Lipsius & Tischer 1905. (S. 118–128.) 4°
— **Ergebnisse** der ... 1889 ausgef. Plankton-Expedition d. Humboldt-Stiftung. Bd 3. L. h. 3. 06. 3174

Die Tripyleen Radiolarien der Plankton-Expedition. Tuscaroridae von Dr. A[dolf] **Borgert**, Privatd., Bonn. Mit 1 Taf. u. 2 Fig. Kiel & Leipzig: Lipsius & Tischer 1905. (S. 95–112.) 4°
— **Ergebnisse** d. Plankton-Expedition d. Humboldt-Stiftung. Bd 3. L. h. 2. 07. 54

— **Tuscaroridae. (Die Tripyleen Radiolarien), s.: Ergebnisse der usw. Plankton-Expedition der Humboldt-Stiftung. III.**

Borgert, Adolf Hermann Constant, s. Borgert, Adolf

Borgert, *Carl* Henry *Ernst* [aus Hamburg]: Die Hautdrüsen der Tracheaten ... Jena, Frommannsche Buchdr., 1891; 1 Bl., 81 S., 1 Bl., 1 Taf. 8.
Jena. Phil. Fak., Inaug.-Diss. v. 1891

Borges: Über Schiller's Einfluß..., s. Borges, Rich.

Borges, Christian Andreas (Wiesenthal), Spec. contin. caput juris controversum de provocatione rei ad libellum scriptum. Präs. Christian Heinr. Breuning. Lpz. (Langenheim) 4. I. 1769. 8. S. (3.20)
Gew.: Joh. Wilhelm Richter (Barneck).

Borges, Hans [aus Frankfurt a. d. Oder]: Ueber die Durchlässigkeit der Typhusniere für den Bacillus typhi abdominalis ... Würzburg, Becker's Univ.-Buchdr., 1894; 32 S., 2 Bl. 8.
Würzburg, Med. Fak., Inaug.-Diss. v. 1894

Borges, Hugo, die Cholera in Hamburg im J. 1892. An der Hand eigener Beobachtgn. in Tagebuchform als Erinnerungsgabe f. Jedermann hrsg. gr. 8. (126 S.) Hamburg 892. (Leipzig, B. Hermann.) 1. 20

Borges, Otto, der Ursprung des Hohenzollerngeschlechts. Ein Beitrag zur Einführg. in die Streitfrage: Hohenzollern od. Abenberger f. Seminaristen u. Lehrer. (43 S. m. 2 Stammtaf.) 8. Leipzig 911. Dürr'sche Buchh. — 80

Borges, Otto: Der Ursprg d. Hohenzollerngeschlechts. Beitr. z. Einführg in d. Streitfrage: Hohenzollern od. Abenberger. (43 m. 2 Stammtaf.) 8° Lpzg '11. Berl., Union, Zweigniederlassg. — 80 d

Borges, Rich. [aus Oberwiesenthal]: Ueber Schillers Einfluß auf Goethes Dichtung .... Reudnitz-Leipzig, Druck v. A. Hoffmann, 1886; 1 + 24 + 1 S. 4°.
Leipzig, Phil. Fak., Inaug.-Diss. v. 7. Jul. 1886.

Borges, üb. Schiller's Einfluß auf Goethe's Dichtung. 4. (24 S.) Leipzig 888. Fock. n. — 75

Borges, Wlh. H. Ldw., s. a. **Crauw, Ab., Versuche.**

Borges, Wlh. H. Ldw., s. Gonzales: Über das gelbe Fieber.

Borges, Wilhelm Heinrich Ludwig (Übers. u. Comm.):

s.: Sabatier, (Raphaël Bienvenu): Lehrbuch für praktische Wundärzte... (De la Médecine opératoire... Dt.) Th. 1 - 3. Berlin: 1797 - 1799

JB 3.323

Borges, Wilhelm Heinrich Ludwig (Übers. u. Comm.):

s.: Sabatier, (Raphaël Bienvenu): Lehrbuch für praktische Wundärzte... (De la Médecine opératoire... Dt.) Th. 1 - 3. Wien: 1803

JB 3.324

Borges, Wlh. Hnr. Ldw., über Schädelrisse an einem neugebornen Mädchen und deren Entstehung. Ein von dem Königl. Medicinal-Colleg. der Provinz Westphalen erstatt. gerichtsärztl. Gutachten 2c. gr. 8. Münster 833. Regensberg. 1/4 ℳ

Borges, Guil. Henr. Ludov. (geb. Höxter 17. 11. 1840): De nephritidis parenchymatosae chronicae symptomatibus. Berolini (1864). (32 S.) 8°
Berlin, Med. Diss. v. 11. Aug. 1864

Borges de Medeiros, Antonio A, s: Mappa do Estado do Rio Grando do Sul.

Börgesen, F., Algenvegetationsbilder v. den Küsten der Färöer, s.: Vegetationsbilder.

Borgesius, T., Urbarmachung u. Landbau in den Moorcolonien der Prov. Groningen. Aus dem Holl. ins Deutsche übertr. v. W. Peters. Hrsg. vom Verein gegen das Moorbrennen zu Bremen. gr. 8. (IV, 30 S.) Osnabrück 875. Rackhorst. n. — 80

Borget, Sketches of China and the Chinese. With 32 lithographed plates in Royal fol. and letter-press descriptive. Elegantly bound in morocco. (Leipzig, T. O. Weigel.) 20 ℳ

Borgfeldt, Geo., Genies der Bühne, s.: Universal-Bibliothek.

— eine Opernpremière. Das verkannte Genie. In ärztlicher Behandlung, s.: Reclam's Unterhaltungs-Biblioth.

Borgfeldt, Geo., E. Opernpremière. D. verkannte Genie. In ärztl. Behandlg., s.: Universal-Bibliothek.

Borggold's Gesundheits-Bibliothek. Von F. W. J. Müller. Nr. 1—7. gr. 8. Leipzig, O. Borggold. 8. 60
1. Lungenkrankheiten. Akuter u. chron. Luftröhrenkatarrh, Luftröhrenerweiterg., kruppöse Entzündg. d. Luftröhren, Luftleere der Lunge, Bronchial-Asthma, Lungenwassersucht, Lungenentzündg., Brustfellentzündg., Lungenschwindsucht, Keuchhusten. Ursachen, Erscheingn., Untersuchungsmethode u. naturgemässe Behandlg. (40 S.) (909.) 1. —
2. Geschlechts-Krankheiten. Ursachen, Erscheingn. u. naturgemässe Behandlg. Syphilis, Schanker, d. Tripper des Mannes, der Tripper des Weibes, Pollutionen, Impotenz. (50 S.) (909.) 1. 20
3. Magenkrankheiten. Akut. Magenkatarrh, chron. Magenkatarrh, nachakute Schleimhautentzündg. des Magens, Magenerschlaffg., Magenerweiterg., nervöse Magenerkrankg., Magenkrampf, Magengeschwür, Magenkrebs. Ursachen, Erscheingn., Untersuchungsmethode u. naturgemässe Behandlg. (38 S.) (909.) 1. —
4. Herz- u. Herzbeutel-Krankheiten. Herzinnenhautentzündg., Herzmuskelentzündg., Herzmuskelerkrankgn., Herzklappenfehler, Fettherz, Herzmuskelschwäche, Herznervenschwäche, Herzbeutelentzündg. Ursachen, Erscheingn., Untersuchungsmethode u. naturgemässe Behandlg. (49 S.) (909.) 1. 20
5. Nieren- u. Blasenkrankheiten. Nierenentzündung, Schrumpfniere, Speckniere, Schwangerschaftsniere, Wanderniere, Nierensteine, Blasenkatarrh, Blasensteine, Tuberkulose des Harnapparates, Bettnässen usw., Urin-Untersuchg. Ursachen, Erscheingn., Untersuchungsmethode u. naturgemässe Behandlg. (50 S.) (909.) 1. 20

Borggold's Gesundh.-Bibliothek. Von FWJ Müller. Nr 6—8. gr8° Lpzg, O Borggold. (1—8: 9.60)
6. Die Heilfaktoren d. naturgemäss. Heilweise, ihre Wirkg u. Anwendg. (128) ('10) 2 — ‖ 7. Zuckerkrankh., Zuckerharnruhr, einfache Harnruhr, Harn-Untersuchg. (82) ('10) 1 — ‖ 8. Rheumatismus, Gicht, Ischias. Akuter Gelenkrheumatismus, chron. Gelenkrheumatismus, akuter Muskelrheumatismus, chron. Muskelrheumatismus, Hexenschuss, Gicht, Neuralgien, Ischias, Urin-Untersuchg. (82) ('11) 1 —

Borggreve, B., ein Apatura-Bastard-Zwitter. (S. 154 u. 155.) gr. 8. Wiesbaden (908). J. F. Bergmann. — 20
Sonderabdruck aus „Jahrbb. d. nass. Ver. f. Naturkunde".

Borggreve, B., D. Wirbelthiere d. Reg.-Bez. Wiesbaden. [Aus: „Jahrbb. d. nass. Vereins f. Naturkunde".] gr. 8. (34 S.) Wiesbaden 897. J. F. Bergmann. n. — 80

Borggreve, Bernard, die Forstabschätzung. Ein Grundriß der Forstertragsregelung und Waldwertrechnung. gr. 8. (XIX, 432 S. mit 16 lithogr. Taf.) Berlin 887, Parey. *

BORGGREVE, Bernard: Die Forstabschätzung. Ein Grundriß der Forstertragsregelung und Waldwertrechnung. - Berlin 1888. XIX, 432 S., 16 Taf.

BORGGREVE, Bernard: Die Forstreinertragslehre, insbesondere die sogenannte forstliche Statik Gustav Heyer's nach ihrer wissenschaftlichen Nichtigkeit und wirthschaftlichen Gefährlichkeit. Studien über die Grundbedingungen und Endziele der Forstwirthschaft. - Bonn 1878. XV, 229 S. - (=H. 1 Forstwiss. Tagesfragen hrsg. v. B. Borggreve)

Borggreve, Bernard, Haide u. Wald. Specielle Studien u. generelle Folgergn. üb. Bildg. u. Erhaltg. der sogenannten natürl. Vegetationsformen od. Pflanzengemeinden. Für Botaniker, Geographen, Staats-, Land- u. Forstwirthe. 8. (77 S.) Berlin 875. Cronbach. n. 1. 25

Borggreve, B., s.: Hartig, G. L., Lehrbuch f. Förster.

— **u. A. König**, die allgemeinen Holzbestandsvorraths-Tabellen. [Aus: „Forstl. Blätter".] 12. (7 S.) München 892. E. Pohl's Verl. n. — 50

Borggreve, Bernard, die Holzzucht. Ein Grundriß f. Unterricht u. Wirthschaft. Mit Textabbildgn. u. 6 lith. Taf. gr. 8. (XII, 195 S.) Berlin 885. Parey. n. 6. —

Borggreve, Bern., die Holzzucht. Ein Grundriß f. Unterricht u. Wirtschaft. 2., verm. Aufl. gr. 8. (XXIV, 363 S. m. Textabbildgn. u. 15 Taf.) Berlin 891. P. Parey. n. 12. —

BORGGREVE, Bernard: Georg Ludwig Hartig's Lehrbuch für Förster nach der 3. Aufl. (1811) für den ersten Unterricht im Forstwesen zeitgemäß bearbeitet. - Berlin 1871. 396 S. - 2. Aufl. 1875. XXIII, 404 S.

— die gesetzliche Regelung der Feld- u. Forst-Polizei. Ein Wort zur Aufklärung u. Verständigung über diese Tagesfrage. gr. 8. (XII, 92 S.) Leipzig 880. H. Voigt. n. 1. 50

— s. Tagesfragen, forstwirthschaftliche.

Borggreve B.: Die Verbreitung u. wirtschaftliche Bedeutung v. wichtigeren Waldbaumarten innerhalb Deutschlands. Stuttg. 1888. 31 S. P. (Forschungen z. deutschen Landes- u. Volkskunde . . . herausg. v. A. Kirchhoff. 3. Bd. 1. H.).

Borggreve, Bernard, Die Verbreitung u. wirthschaftliche Bedeutung d. wichtigeren Waldbaumarten innerhalb Deutschlands. Sttgt, J. Engelhorn, 1888. 8.
Ist: Forsch. z. d. L.- u. V.-K. Bd. 3. H. 1. . . . . (D.; HC.)

BORGGREVE, Bernard: Die europäischen Vogelarten aus dem Gesichtspunkt ihrer Verbreitung über das nördliche Deutschland betrachtet. - Kiel 1869. 27 S. - Phil. Diss.

Borggreve, Bern., die Vogelfauna von Norddeutschland. Eine kritische Musterung der europäischen Vogelarten nach dem Gesichtspunkte ihrer Verbreitung über das nördliche Deutschland. Unter Benutzung der einschlägigen Literatur nach eigenen Beobachtungen bearb. Berlin 869. J. Springer. gr. 8. (XVI, 157 S.) n. 25 ngr.

BORGGREVE, Bernard: Die Vogelschutzfrage nach ihrer bisherigen Entwickelung und wahren Bedeutung mit besonderer Rücksicht auf die Versuche zu ihrer Lösung durch Reichsgesetzgebung und internationale Vereinbarungen. - Berlin, Leipzig 1878. 142 S. - 2. verm. u. verb. Aufl. Leipzig 1888. 173 S.

— die Vogelschutzfrage, nach ihrer bisher. Entwickelung und wahren Bedeutung, mit besond. Rücksicht auf die Versuche zu ihrer Lösung durch Reichsgesetzgebung und internationale Vereinbarungen, dargestellt und gewürdigt. 8. (142 S.) Leipzig 878, H. Voigt. *

— die Vogelschutzfrage, nach ihrer bisherigen Entwickelung und wahren Bedeutung, mit besond. Rücksicht auf die Versuche zu ihrer Lösung durch Reichsgesetzgebung und internationale Vereinbarungen. 2. verm. und verb. Ausg. 12. (173 S.) Leipzig 888, H. Voigt. *

— die wichtigeren Waldbaumarten innerhalb Deutschlands, s.: Forschungen zur deutschen Landes- u. Volkskunde.

— Waldschäden i. oberschles. Industriebezirk nach ihrer Entstehg. d. Hüttenrauch, Insektenfraß etc. E. Rechtfertigg. der Industrie gegen folgenschwere falsche Anschuldiggn. M. 25 Licht- u. Farbendr.-Taf. n. d. Natur u. 1 Karte. gr. 4. (XIV, 189; 13, 6, 4 u. 2 S. m. 1 Tab.) Frankfurt a/M. 895. (J. D. Sauerländer.) n. 16. —

Borggreve, Emma, Bienalsck. Koned fa Thdr. Storm [Th. Storm's „Immensee", nach der 32. Aufl.] pelovepolöl in volapük. 12. (V, 45 S.) Berlin 891. Ferd. Simon. n. 1. —

Borggreve, Friedrich Maria (Münster/W.), De oesophagostenosi. Diss. med. Bln. (Brandes & Klewert) 8. VIII. 1829. 24 S. m. Biogr. (M.: G. Cruse.) (3.50)
Oppon.: E. Speith, G. v. Guerard, A. Thier. — Gew.: Friedrich Borggreve (Vater).

v. d. **Borgh**, Frhr., d. Uebungen der besond. gottesdienstl. Zusammenkünfte. gr. 8. Bremen 775. Cramer. 8 gGr.

Borghardt, Ludw., und **Karl Pischon**, Confirmandenbuch nach Luthers Katechismus zur Vorbereitung und Wiederholung. 853. (108 S.). — 2. Aufl. Stendal 854. Franzen u. Große. gr. 8. (108, 8 S.) n. 5 ngr.

Borghardt, Ludw., und **Karl Pischon**, Confirmandenbuch nach Luthers Katechismus zur Vorbereitung und Wiederholung. 3. Aufl. 862. — 4. verm. Aufl. Stendal 864. Franzen & Große. gr. 8. (120 S.) n. 5 ngr.

Borghardt, Ludw., u. **K. Pischon**, Confirmandenbuch nach Luthers Katechismus zur Vorbereitung u. Wiederholung. 5. Aufl. Stendal 869. Franzen & Grosse. 8. (112 S.) n. 5 ngr.

Borghardt, Ludw., u. Karl **Pischon**, Confirmandenbuch nach Luthers Katechismus zur Vorbereitung u. Wiederholung. Auf's Neue durchgesehen u. hrsg. v. Alb. Kirchner. 6. Aufl. 8. (127 S.) Stendal 876. Franzen & Grosse. n. — 60; geb. n. — 80

Borghardt, Ludw., u. Karl **Pischon**, Konfirmandenbuch nach Luthers Katechismus zur Vorbereitung u. Wiederholung, aufs neue durchgesehen u. hrsg. v. Alb. Kirchner. 7 Aufl. 8. (131 S.) Stendal 883. Franzen & Grosse. geb. n. — 80

Borgherini, Alessandro, üb. d. Aetiologie u. Pathogenese d. Tabes dorsalis, s.: Zeit- u. Streitfragen, klinische.

Borgherini, Alessandro, Beiträge zur Kenntniss der Leitungsbahnen im Rückenmarke. Nebst e. Vorworte v. Stricker. [Mittheilungen aus dem Institute f. allgemeine u. experimentelle Pathologie der Wiener Universität. I.] gr. 8. (29 S. m. 9 eingedr. Fig.) Wien 886. Hölder. n. 1. —

— Bad Roncegno. Ärztl. Saisonbericht 1887. 8. (80 S.) Wien 888, Braumüller. *

Borghese's, Franchezzo, Wandergn. Aus Nacht z. Licht. Roman a. 2 Welten. Deutsch v. FE Baumann. (388) 8° Schmiedebg, FE Baumann ('11). 3.50 d

Borghese, Fürst Sc. — Fürst Borghese über seine Automobil-Wettfahrt von Peking nach Paris in 60 Tagen. Leipzig & Berlin 1908. 100 S. m. Abb. (Miniaturbibl. f. Sport u. Spiel. 8—9.)

Borghese, Fürst Scipione, Peking—Paris im Automobil, s.: Barzini, Luigi.

Borghetti, Luigi, italienische Gespräche für Reisende nach Italien. 12. (VIII, 96 S.) Leipzig 882. Haessel. n. 1. —; cart. n. 1. 20

Borghetti, Luigi, italienische Grammatik f. den Schul- u. Privatunterricht. 12. (XII, 349 S.) Leipzig 883. Haessel. geb. n. 3. 60

Borghoff, Hermann Friedrich

Bemerkungen über das Baden, mit besonderer Beziehung auf die Eckernförder Seebade-Anstalt bei Borbye. Hrgg. v. **Hermann Friedrich Borghoff.** Schleswig. 1833. 8°.

— Bemerkungen über das Baden, mit besond. Beziehung auf d. Eckernförder Seebade-Anstalt bei Borbye. gr. 8. Kiel 834. (Universitäts-Buchh.) n. $^{5}/_{12}$ Thlr.

Borghoff, H. F., das Wilhelminen-Seebad auf d. Insel Föhr in d. Nordsee, in sein. gegenwärt. Zustande. 8. (5 B.) Altona 837. [Dessau, Aue.]

Borghorst, Bernard, approb. Arzt aus Velen i. Westf.: **Aus d. psychiatr. u. Nervenklinik zu Kiel. Casuistischer Beitrag** zur Lehre von der motorischen Aphasie und ihre Lokalisation. *Kiel 1903: K. Jansen.* (19 S.) 8°
Kiel, Med. Diss. v. [4. Juni] 1903

Borghorst, Gerhardus, Hannoveranus: De Anatolii fontibus. (Berlin: Mayer & Müller 1904.) (67 S.) 8°
Berlin, Phil. Fak., Ref. Diels, Vahlen, Diss. v. 21. Jan. 1905
[Geb. 14. Apr. 78 Haren a. d. Ems; Heimatsort: Berlin; Staatsangeh.: Preußen; Vorbildung: Gymn. Meppen Reife O. 98; Studium: Münster 4, Bonn 1, Berlin 6 S.; Rig. 21. Juli 04.]

Borghorst, Jul.: Aus d. gynäkol. Klinik d. Univ. Gießen. Ueber die Behandlung der puerperalen Mastitis mit Bier'scher Stauung. Greifswald 1907: Adler. 35 S. 8°
Gießen, Med. Diss. v. 14. Sept. 1908. Ref. Pfannenstiel
[Geb. 9. Apr. 81 Velen; Wohnort: Gießen; Staatsangeh.: Preußen; Vorbildung: Gymn. Coesfeld Reife O. 02; Studium: Freiburg i. B. 1. München 2. Marburg 2. Berlin 3. Gießen 2 S.; Coll. 15. Mai 07; Approb. 1. Juli 08.]
[U 09. 1100

Borght, A. v. der, s.: **Mitteilungen d. Haftpflicht-Schutzverbandes deutscher Industrieller.**

Borght, R. van der, Beiträge z. Geschichte d. deutschen Reisstärke-Industrie. gr. 8. (100 S.) Berlin 899. F. Siemenroth. n. 2. 50

Borght, R. van der, Beruf, gesellschaftliche Gliederung u. Betrieb im Deutschen Reiche, s. a. Vorträge der Gehe-Stiftung zu Dresden.

Van der Borght, R., Beruf, gesellschaftliche Gliederung und Betrieb im Deutschen Reiche Vortrag. Leipzig, 1910. 137 S.

Borght, R. van der, der Einfluß d. Zwischenhandels auf die Preise auf Grund der Preisentwicklung im aachener Kleinhandel, s.a. Schriften d. Vereins f. Socialpolitik.

van der Borght, R. Der Einfluss des Zwischenhandels auf die Preise auf Grund der Preisentwicklung im aachener Kleinhandel. Leipzig 1888.

— u. **Krafft, Entwurf e. Privat-Versicherungsgesetzes,** s.: **Mitteilungen des deutschen Haftpflicht-Schutzverbandes. Nr. 9.**

—— **Gutachten über die Grundzüge zur Alters- und Invaliden-Versicherung der Arbeiter. Im Auftrage des „Vereins für die berg- und hüttenmänn. Interessen im Aachener Bezirk" auf Grund der Berathungen und Beschlüsse desselben in der Vorstandssitzung vom 15. Febr. 1888 erstattet.** gr. 8. (26 S.) Aachen 888, Barth. *

Borght, R. van der, das deutsche Markenschutzgesetz vor dem Tribunal d. Reichs-Ober-Handels- u. d. Reichs-Gerichts. Im Auftrage d. „Vereins deutscher Nadelfabrikanten" zu Aachen vorwiegend f. den Fabrik u. Handelsstand hrsg. 8. (III, 61 S.) Aachen 884. Mayer. cart. n. 1. —

van der **Borght,** R. (Red.), s. Mitteilungen des Haftpflicht-Schutzverbandes deutscher Industrieller.

Borght, R. van der: Das Reichsgesetz betr. die Invaliditäts- und Altersversicherung vom 22. Juni 1889. Das Gesetz selbst. Jena 1889.
(in: Jahrbücher f. Nationalök. u. Stat. Suppl. H. 16.)

— über die Simulation bei den Krankenkassen. Referat, erstattet in der Sitzg. d. „Vereins f. die berg- u. hüttenmänn. Interessen im Aachener Bezirk" vom 14. April 1806. 2. Aufl. gr. 8. (25 S.) Aachen 886. Barth. n. — 60

Borght, Sozialpolitik, s. Hand- u. Lehrb. d. Staatswiss.

— statistische Studien üb. die Bewährung der Actiengesellschaften, s.a. Sammlung nationalökonomischer u. statistischer Abhandlungen d. staatswissenschaftlichen Seminars zu Halle a. d. S.

Borght Rv, statist. Studien üb. d. Bewährung der Aktiengesellschaften. Jena 1883

— s.: **Teubner's, B. G., Handbücher f. Handel u. Gewerbe.**

Borght Rvd, Untersuchungen über den Einfluss der distributiven Gewerbe auf die Preise. Heft 1 und 2. (Schriften d. Vereins f. Sozialpolitik 36-37) Leipzig 1888

— Englische Verfassungszustände. Mit Vorwort von F v Holtzendorff. Berlin 1868

Borght Rvd, das Verkehrswesen. (Hand- und Lehrbuch der Staatswissenschaften herausgegeben von Frankenstein I, 7) Leipzig 1894

van der Borght, Vertheilung d. Risiko's in der Unfall- u. Alters-Versicherung. Aachen 888.

— s. Vorträge der Gehe-Stiftung

— **die Weltwirtschaft u. der internationale Güteraustausch, s.: Großkaufmann, der deutsche.**

Borght, Richard van der

Borght, R. van der, D. soz. Bedeutg. der deutschen Arbeiterversicherung. [Aus: „Festschr. z. Feier d. 25jähr. Besteh. d. staatswissenschaftl. Seminars zu Halle a/S." gr. 8. (III, 84 S.) Jena 898. G. Fischer. n. 2. —

Borght, R. van der, die wirtschaftliche Bedeutung der Rhein-Seeschiffahrt. Hrsg. u. m. e. Vorwort versehen v. der Handelskammer zu Köln a/Rh. Lex.-8. (VIII, 210 S.) Köln 892. (P. Neubner.) n. 3. 60

Borght, Richard van der: Die Bewährung der Actiengesellschaften in Deutschland auf den verschiedenen Gebieten ihrer Thätigkeit. Volkwirtschaftlich-statistische Studie. Halle a. S. 1883: (Frommann in Jena). 55 S. 8°
Halle-Wittenberg, Phil. Diss. v. 28. Febr. 1883
Geb. Potsdam 18. 1. 1861. V.
Ersch. vollst. im Buchhandel u. d. T.: Statistische Studien über die Bewährung der Actiengesellschaften. Jena: Fischer 1883. X, 328 S. (Sammlung nationalökonomischer und statistischer Abhandlungen. Bd 3, H. 1.)

Die Entwicklung der Reichsfinanzen. Von R[ichard] van der **Borght.** Leipzig: G. J. Göschen 1908. (170 S.) 8° [F.]
(Sammlung Göschen. 427.) [08. 16676

Van der Borght, R. Finanzwissenschaft. 12°. Leipzig, Göschen, 1902. (Sammlung Göschen, 148. Bdchen.)

Borght Rvd, Finanzwissenschaft. 2. Auflage. (172 S) (Sammlung Göschen 148) 16° Leipzig 1905

Finanzwissenschaft. Von Dr. R[ichard] van der **Borght.** 3. erg. u. erw. Aufl. 1. 2. Leipzig: Göschen 1908. 8°
1. Allg. Teil. 2. Besond. Teil. (Steuerlehre.)
(Sammlung Göschen. 148. 391.) A 12. 1130 II

— **die Grundlehren der Volkswirtschaft, s.: Großkaufmann, der deutsche.**

van der Borght, Grundzüge der Alters- u. Invaliden-Versicherung der Arbeiter. Aachen 888.

Grundzüge der Sozialpolitik von Dr. R[ichard] van der **Borght.** *Leipzig: C. L. Hirschfeld 1904.* (XII, 566 S.) 8°
— **Hand- u. Lehrbuch** d. Staatswissenschaften. Abt. 1, Bd 15. [04 13103

Die Haftpflicht der gewerblichen Unternehmer in Deutschland. Von Prof. Dr. R[ichard] van der **Borght**-Aachen. *Berlin: Siemenroth & Troschel 1897.* (50 S., 1 Bl.) 1 Bd 8.
— **Mittheilungen** d. deutschen Haftpflicht-Schutzverbandes. H. 6. [97. 6893

Handel und Handelspolitik von Dr. R[ichard] van der **Borght,** Prof. zu Aachen. *Leipzig: C. L. Hirschfeld 1900.* (XI, 570 S.) 8°
— **Hand- u. Lehrbuch** d. Staatswissenschaften. Abt. 1, Bd 16. [00. 3847

Handel und Handelspolitik von Dr. R[ichard] van der **Borght.** 2. Aufl. Leipzig: C. L. Hirschfeld 1907. (XI, 548 S.) 8°
— **Hand- u. Lehrbuch** d. Staatswissenschaften. Abt. 1, Bd 16. [07. 12602 9

Krieg und Volkswirtschaft. Festrede z. Vorfeier d. Geburtst. Sr. Maj. d. Kaisers ... Wilhelm II. Geh. am 26. Jan. 1895 in d. Aula d. Kgl. Techn. Hochsch. zu Aachen v. Prof. Dr. R[ichard] van der **Borght.** *Aachen: Dr. v. J. La Ruelle [1895].* (23 S.) 1 Bd 8. [99. 1864 2

Van der Borght, R., Das Recht der Handlungsgehilfen. 8°. Berlin, Puttkammer u. Mühlbrecht, 1909. (Das Recht, 5. 6)

[F.] Rede bei der akad. Feier z. Andenken an ... Bismarck geh. am 12. Jan. 1899 in d. Aula d. Kgl. Techn. Hochschule zu Aachen v. Hn. Prof. Dr [Richard] van der **Borght.** *Aachen: M. Schlesinger (1899).* (12 S.) 1 Bd 8. [99. 3080 8

— **Umlage- od. Kapitaldeckungs-(Prämien-)Verfahren b. obligator. Unfallversicherg.** (Referat zum IV. internat. Kongress für Arbeiterunfälle u. soz. Versichergn. in Brüssel, 26.—31. VII. 1897.) gr. 8. (33 S.) Berlin 897. Siemenroth & Troschel. n. — 80

Borght, R. van der, Volkswirtschaftspolitik. (142 S.) 12. Leipzig, G. J. Göschen. 1903. Geb. in Leinw. —. 80.
(Sammlg. Göschen Bd. 177.)

Volkswirtschaftspolitik. Von Dr. R[ichard] van der **Borght**. 2. Aufl. Leipzig: Göschen 1910 166 S. 8°
(Sammlung Göschen. 177.) A 12. 1137 11

— die Weiterbildung des **Koalitionsrechtes** der gewerblichen Arbeiter in Deutschland. Vorschläge zum Gesetzentwurf betr. den Schutz des gewerbl. Arbeitsverhältnisses. gr. 8. (66 S.) Berlin 899. J. Guttentag. n. 1. —

Borght, Robert van der

Sociale Friedenspolitik der letzten 10 Jahre in Deutschland. Festrede z. Vorfeier d. Geburtst. S. Maj. d. Kaisers ... Wilhelm II. geh. am 26. Jan. 1898 in d. Aula d. Kgl. Techn. Hochsch. zu Aachen v. Dr. R[obert] van der **Borght**, Prof. ... zu Aachen ... *Aachen: (O. Müller 1898).* (27 S.) 1 Bd 8. [98. 7696

Borgia, Caesar. Vom Verfasser der Whitefriars. Aus dem Englischen von Dr. F. *Zoller*. Stuttgart 1847. V: *Robinson, Emma.* (EB)

—— dass., s. a. **Ausland**, das belletristische.

Borgia, Cäsar. Histor. Roman vom Verf. v. Whitefriars rc. Deutsch v. M. B. **Lindau**. 3 Bde. gr. 8. Berlin 847, F. Bethge. 3 ℳ

Borgia, Cäsar. Historischer Roman vom Verf. von Whitefriars rc. Deutsch von M. B. Lindau. 3 Bde. gr. 8. (1087 S.) Berlin 847, [Danz.]

Borgia, Lucretia, die fürstliche Giftmischerin, oder: Die Geheimnisse von Rom. Historischer Roman aus der Zeit Papst Alexander's VI. Nach dem Engl. von Herm. J. Köppen. 3 Bde. in 22 Heften. 8. (307; 341; 399 S.) Berlin 868,69, Köppen. à Heft 30 Pf.

Borgia, Lucrezia, d. fürstl. Giftmischerin. 2. Afl. 3 Bde. 8. (1055) Berl. 69, Köppen. 2. 6

Borgia, Francisco de

Borgias, (Herzogs v. Gandia,) des h. Franz, kurze Anweis. zum evangel. Predigt-Amte, nebst e. Predigt dieses Heiligen. Aus d. Latein. verdeutscht herausg. vom Kaplan Bernh. Urb. v. Wieck, mit e. Vorrede von J. H. Brockmann. gr. 12. Münster 832. Coppenrath. 8 gGr.

— Vaticana confessio beati Petri principis Apost. illustrata. 4. Rom 1776, Weigel in L. 3 Thlr. — 5 fl. 24 kr.

— de cruce Vaticana ex dono Justini Augusti etc. commentarius. 4. Ibid. 1779. 2–3 fl.

Borgia, Sanctus Franciscus, quartus Gandiae dux et Societatis Jesu praepositus generalis tertius, s.: **Monumenta historica societatis Iesu.**

Borgia, Franciscus de. Spiegel der christlichen Werke. Prag 1717. Ü: *Fett, Andreas.* (Jes)

Borgias Schmid, Frz. v., s.: **Schmid**, Frz. v. Borgias.

Borgien, der Torf als Desinfectionsmittel, Träger der werthvollsten landwirthschaftlichen Dungstoffe, zur Kultivirung d. Sandes und Festlagerung der Dünen. gr. 8. (8 S.) Braunsberg 887. (Huye.) n. — 35

Borgien, G. Das Versicherungswesen im Dienste der Gesundheitspflege. 1882.

Borgien sen., Gust., wie man gesunde Kinder gesund erzieht! Nach dem Engl. v. Richardson's: How to rear healthy children. 12. (16 S.) Königsberg 881. Strübig. n. — 20

Borgis, Otto

Die Entwickelung des religiösen Lebens im Kinde u. die daraus zu ziehenden Folgerungen f. Erziehung u. Unterricht. Von O[tto] **Borgis**, Lehrer. Bielefeld: A. Helmich [1906]. (15 S.) 8° [Umschlagt. F.]
— **Abhandlungen**, Pädagogische. N. F. Bd 11, H. 10. [07. 360

Wie ist unsere männliche Jugend von der Entlassung aus der Volksschule bis zum Eintritt in den Heeresdienst am zweckmäßigsten für die bürgerliche Gesellschaft zu erziehen? Von Otto **Borgis**. Bielefeld A. Helmich [1902]. (14 S.) 8° [F.]
— **Abhandlungen**, Pädagogische. N. F, Bd 8, H. 9. [03. 1336

Borgius: Deutschland ..., s. Borgius, Walther

Borgius: Ewigkeitsbrot, s. Borgius, Eugen

Borgius, Eugen

Constanz Berneker. 3 Gedächtnisreden bei s. Beerdigung 1906, geh. von Konsist.R. Dr. [Eugen] **Borgius**, Prof. Dr. Konrad Burdach, Dompred. Hermann Herford. Königsberg i. Pr.: B. Meyer & Co. 1906. (16 S.) 8° [F.] [06. 10671

Borgius, Eug., Brosamen vom Tische d. Herrn. 12 Predigten. Eine Abschiedsgabe an seine bisher. Gemeinde beim Wechsel d. Amts. 8. (VI, 173 S.) Berlin 883. Wiegandt & Grieben. n. 2. —

— **Christus** unsere Heiligung. Vortrag; auf der 1. ostpreuß. Konferenz f. kirchl. Evangelisation u. Gemeinschaftspflege zu Königsberg i. Pr. am 21. II. 1906 geh. (16 S.) gr. 8. Ebd. 906. n. — 20

Borgius, Eug., die **Einführung** eines allgemeinen deutschen Bußtages u. Verlegung der bisherigen Bußtage auf denselben. Ein Beitrag zur Verhandlung über die dieserhalb gestellten Anträge. Geschrieben im Herbst 1876. gr. 8. (15 S.) Berlin 877. W. Schultze. n. — 30

Borgius, Eug., **erzählet** unter allen Völkern die Wunder d. Herrn. Ps. 96. Eine Gedächtnißtafel der großen Ereignisse d. vaterländ. Krieges i. d. J. 1870 u. 1871 in Predigten. gr. 8. (IV, 52 S.) Berlin 871. Beck. n. — 60

Ewigkeitsbrot. Predigten von Konsist.R. D. Dr. [Eugen] **Borgius**. Aus d. Nachlaß hrsg. von P. Karl Kunert. (In 8 H.) Königsberg i. Pr.: Evang. Buchh. 19(08–)09. 383 S. 8° [09. 1104] 10

Borgius, *Eugen* [Konsistorialr. D. in Posen]: *Festpredigt zur Comenius-Feier am 28. März 1892.* Lissa, Druck v. A. Schmädicke, 1893; 21—26 S. 4.
Lissa i. P., k. G. OP 1893 (150)

— **Gedächtnißpredigt** für den verewigten Consistorialrath u. ersten Pfarrer an der reformirten Kirche Carl Reichhelm, geb. 20. Jan. 1817, gest. 6. Dezbr. 1879, geh. am Sonntag den 25. Jan. 1880. 8. (15 S.) Frankfurt a/O. 880. Harnecker & Co. — 30

Die Gefahr des religiösen Bankerotts in unserer Zeit. Apologet. Vortrag geh. ... von Dr. E[ugen] **Borgius**, Konsist.R. Königsberg i. Pr.: Ostpreuss. Provinzialver. f. inn. Miss. 1906. (24 S.) 8° [F.] [06. 4938 10

Das Geheimnis des häuslichen Glücks. 3 Predigten von Konsist.-R. Dr. [Eugen] **Borgius**, Dompfarrer. Königsberg i. Pr.: Gräfe & Unzer 1906. (33 S.) 8° [F.] [06. 7316 10

Der christliche Glaube nach den drei Artikeln des Apostolischen Glaubensbekenntnisses in einem Jahrgang von Predigten zum 300jähr. Jubelgedächtnis seines größten Amtsvorgängers des Seniors d. Unität Amos Comenius von Dr. Eug. **Borgius**. Stuttgart: Greiner & Pfeiffer 1892. [Titelaufl.] (Königsberg i. Pr.: Ev. Buchh. d. ostpr. Provinzialver. f. inn. Mission 1906.) (XV, 405 S.) 8° [F.] [06. 12084 10

—— **Herr!** wohin sollen wir gehen? Eine Reformationsfestpredigt, geh. am 1. Novbr. 1874. gr. 8. (15 S.) Frankfurt a. O. 874, Harnecker und Comp.

— **Herr!** wohin sollen wir gehen? Eine Reformationsfestpredigt, geh. am 1. Novbr. 1874. gr. 8. (15 S.) Frankfurt a O. 875. Harnecker & Co. — 30

Ist Christus wirklich auferstanden von den Toten? Ein geschichtl.-apologet. Vortrag von Konsist.R. Dr. E[ugen] **Borgius**. Königsberg i. Pr.: Ostpr. Provinzialver. f. innere Miss. 1906. (28 S.) 8° [F.] [06. 7300 10

— die innere Mission im Lichte d. Weltgerichts. Predigt bei der Wanderversammlg. d. Provinzial-Vereins f. die innere Mission in der Mark Brandenburg, geh. in der St. Nikolaikirche zu Frankfurt a/O. am 13. Mai 1884 üb. Matth. 25, V. 31—45. 8. (16 S.) Frankfurt a/O. 884. Harnecker & Co. — 30

Monismus und Christentum. Letzte Gabe von D. Dr. Eugen **Borgius**, weil. Dompfarrer in Königsberg. (Hrsg.: [Joachim] Dietrich, Pastor.) Berlin: Landeskirchl. Vereinigung d. Freunde d. Posit. Union; [Königsberg i. Pr.: Ev. Buchh.] 1908. (23 S.) 8° [F.] (08. 1970 10

— Lessing's Nathan u. der Mönch vom Libanon. Zum 100jähr. Gedächtniß beider Dichtungen: „Beiträge zum Verständniß Nathan's u. zur Erkenntniß der Wahrheit". Vortrag, nachträglich erweitert durch mehrere Fragmente. 8. (76 S.) Barmen 881. Klein. n. 1. 20

Predigt zur Eröffnung der neunten ostpreussischen Provinzial-Synode am 31. Okt. 1899, in d. Schlosskirche zu Königsberg, geh. von Konsistorialrat Dr. [Eugen] **Borgius**. *Königsberg: Gruefe & Unzer 1899.* (12 S.) 8° [F.] (00. 2010

Predigt zum Totenfeste (über Hebr. 13, 14), 20. Nov. 1905. (Verf.: Konsist.R. Dr. [Eugen] **Borgius**. Hrsg. v. Königsberger Stadtver. f. inn. Mission. Königsberg i. Pr. 1905: E. Rautenberg.) (8 S.) 8° [Kopft. F.] (05. 15315 10

Predigt (über Joh. 11, 25. 26) zum Totenfeste, d. 25. November 1906. (Verf.: Kons.R. Dr. [Eugen] **Borgius**. Hrsg. v. Königsberger Stadtver. f. inn. Mission. Königsberg i. Pr. 1906: E. Rautenberg.) (8 S.) 8° [Kopft. F.] (07. 55 10

Predigt (über Hebr. 9, 27) zum Totenfeste ⟨24. Nov. 1907⟩. (Verf.: Konsist.R. D. Dr. [Eugen] **Borgius**. Hrsg. v. Königsb. Stadtver. f. inn. Miss. Königsberg i. Pr. 1907: E. Rautenberg.) (8 S.) 8° [Kopft. F.] (07. 17064 10

Borgius, Eug., Aus Posens u. Polens kirchl. Vergangenheit. Z. 350jähr. Jubiläum d. sog. poln. Unität u. d. 8 ält. evang. Gemeinden d. Prov. Posen: Der Unitätsgemeinden z. Posen (St. Petri), z. Lissa (St. Joh.) u. z. Laßwitz. gr. 8. (IV, 130 S.) Berlin 898. Wiegandt & Grieben. n. 2. —

Borgius, Franciscus: De temporibus, quibus Vergili Georgica scripta et perfecta sint. Halis Saxonum (1875): Ploetz. 45 S. 8°
Halle-Wittenberg, Phil. Diss. v. 4. Dez. 1875
Geb. Danzig 19. 8. 1852. V.

Borgius, Walther

Deutschland und die Vereinigten Staaten. Ein handelspolit. Rückblick bei Eröffnung d. Internat. Handelskongr. zu Philadelphia. Von Dr. Walther **Borgius**. *Berlin: J. Guttentag 1899.* (124 S.) 8°
— Schriften d. Centralstelle f. Vorbereitung v. Handelsverträgen. H. 8. (00. 6783

Borgius, Walth., s.: Entwurf des neuen norweg. Zolltarifs.

Borgius, Walther: Die Fruchtmarktgesetzgebung in Kurpfalz im 18. Jahrhundert. *Tübingen 1898: H. Laupp jr.* (64 S.) 8°
¶ (Enthält nur einen Theil der eingereichten Arbeit.)
Heidelberg, Phil. Diss. v. [22. Juni] 1898

Handelspolitik und Handelsverträge. Von Dr. [Walter] **Borgius**. Leipzig: Dietrich 1905. 31 S. 8°
(Sozialer Fortschritt. Nr 31/32.) (15. 015 7

Borgius, Walth., der Handelsvertragsverein. Ein Rückblick auf die ersten drei Jahre seiner Tätigkeit. Im Auftrage des Vorsitzenden hrsg. (130 S.) gr. 8. Berlin 903. F. Siemenroth. n. 2. —

— s.: Jahrbuch des Handelsvertragsvereins.

— die Ideenwelt des Anarchismus. (68 S.) 8. Leipzig 904. F. Dietrich. n. 1. —

— s.: Imperialismus.

Borgius, Walther, Die Lohgerberei in Breslau. (Schrift. d. Ver. f. Soz.-Pol., Bd. 65.) gr. 8°. Leipzig 1895.

Mannheim und die Entwicklung des südwestlichen Getreidehandels v. Dr. Walter **Borgius**, Sekret. d. Deutschen Centralst. f. Vorbereitg v. Handelsvertr. [H.] 1. u. *Freiburg i. B., Leipzig & Tübingen: J. C. B. Mohr 1899.* 2 Bde 8.
I. Gesch. d. Mannh. Getreideh. (XI, 236 S.)
II. Gegenwärt. Zustand d. Mannh. Getreideh. (IV, 122 S.)
— Abhandlungen, Volkswirtschaftl., d. Badischen Hochschulen. Bd 2. H. 1. 2. (99. 535

Borgius, W[alter]: Mutterschutz und neue Ethik. — (Berlin) [um 1909]. 2 Bl. 8° (Flugblätter des Deutschen Bundes f. Mutterschutz. No 3.)

1903. Ein handelspolitisches Vademecum. Von Dr. Walther **Borgius**, Dezernent in d. Centralstelle f. Vorbereitung von Handelsverträgen. *Berlin: C. Heymann 1900.* (IV, 61 S.) 8° [F.]
— Bücherei, Burschenschaftliche. Bd 1, H. 4. (0). 4968

Borgius, Walther: Nach der Niederlage. Ein handelspolitischer Rück- u. Ausblick. Vortrag, gehalten im kaufmännischen Verein zu Königsberg i. Pr. am 18. April 1905. Berlin 1905. Druck und Verlag von Liebheit & Thiesen. 8°

Rechtsverfolgung im Auslande. Materialien u. Anträge d. Handelsvertragsvereins. Von Dr. W[alter] **Borgius**. Berlin: Liebheit & Thiesen 1908. 68 S. 8°
(Handelspolit. Flugschriften. H. 4.) (11. 506 2

— s.: Reforma, la, demande.

— Der Vogesen-Durchstich. (16 m. 1 Ktnskizze.) gr8° Berl., Liebheit & Th. '11. — 50

Borgius, Walth., warum ich Esperanto verliess. Eine Studie üb. die gegenwärt. Krisis u. die Zukunft der Weltsprachen-Bewegg. (95 S.) gr. 8. Berlin 908. Liebheit & Thiesen. 1. 50

Borgius, W., Weltsprache, s. Kultur u. Fortschritt.

— Die Weltsprachen-Bewegg vor d. Forum sachverständ. Kritik. (28) 8° Berl. '07. Lpzg, Deut. Esperanto-Bh. — 80

— Die Weltsprachen-Bewegung vor dem Forum sachverständiger Kritik. (28 S.) 8. Berlin 907. H. Th. Hoffmann. nn — 80

Borgius W, das Weltsprache-Problem. (18 S) (Kult. u Fortschr. 102) Leipzig 1907

— s.: Wirtschaftspolitik, deutsche.

Borgman, Hugo, Anleitung zum Schmetterlingsfang und zur Schmetterlingszucht nebst einem Verzeichniß der Makrolepidopteren der Umgegend Cassels, sowie einen Anhang, einige Mikrolepidopteren dieser Fauna enth., unter Angabe der Fundorte, Lebensweise rc. 8. (VII, 207 S. mit 4 lithogr. Taf. Abbild.) Kassel 878, Hühn. *

Borgman, Joseph, s. a. Borgmann, J.

Borgmann, Jos., die Chromgerbung. Ihre gesamte Herstellungsweise f. Narben- u. Wichsleder von der Rohware bis zum fert. Produkt. Praktisches Handbuch f. die gesamte Lederindustrie, insbesondere f. Gerber, Lederfärber u. Lederzurichter. Nach langjähr. prakt. Erfahrgn. bearb. gr. 8. (VII, 313 S. m. Abbildgn.) Berlin 902. M. Krayn. n. 12.—; geb. n. 13.50

— Die Feinlederfabrikation in ihrer ganzen Herstellungsweise inclusive der Combinationsgerbung. Berlin, 1900. Roy. 8vo. Ill.

— die Feinlederfabrikation in ihrer ganzen Herstellungsweise inkl. der Kombinationsgerbung, v. der Rohware bis zum fertigen Produkt. Praktisch. Handbuch f. die gesamte Leder-Industrie, besonders zum Gebrauch f. Gerber, Lederfärber u. Lederzurichter. Nach langjähr. prakt. Erfahrgn. bearb. Lex.-8. (XV, 656 S. m. 34 Fig.) Ebd. 901. n. 20.—; geb. n. 22.—

Die Feinlederfabrikation in ihrer ganzen Herstellungsweise inkl. d. Kombinations-Gerbung, von d. Rohware bis z. fertigen Produkt. Prakt. Handbuch. Nach langjähr. prakt. Erfahrungen bearb. von Joseph **Borgman**, Fabrikdir. *Berlin: M. Krayn 1901.* (XV, 656 S.) 8°

Die Oberlederfabrikation. Prakt. Handbuch f. d. Herstellung sämtl. Oberledersorten von Joseph **Borgman**, weil. Fabrikdir. zu Freiberg i. S., u. Oskar Krahner, Red. Berlin: M. Krayn 1905. (VIII, 194 S.) 4°(8°)
— **Borgman**: Die Rotlederfabrikation. T. 2.

Borgman, Jos., die Rotlederfabrikation. Praktisches Handbuch f. die gesamte Lederindustrie. Auf Grund langjähr. prakt. Erfahrg. bearb. v. B., hrsg. v. Osk Krahner. I. u. II. Tl. Lex.-8. Berlin, M. Krayn. n. 20 —; geb. n.n. 23. —
I. Die Unterlederfabrikation. Praktisches Handbuch f. die Herstellg. sämtl. Unterledersorten. Mit 43 Abbildgn. (VIII, 338 S.) 904. n. 12. —; geb. n. 13. 50
II. Die Oberlederfabrikation. Praktisches Handbuch f. die Herstellg. sämtl. Oberledersorten, v. Jos. Borgmann u. Osk. Krahner. (VIII, 194 S.) 905. n. 8. —; geb. n. 9. 50

Die Unterlederfabrikation. Prakt. Handbuch f. d. Herstellung sämtl. Unterledersorten von Joseph **Borgman**, weil. Fabrikdir. zu Freiberg i. S. u. Oskar Krahner, Red. Mit 43 Abb. *Berlin: M. Krayn 1904.* (VIII, 338 S.) 4°(8°)
— **Borgman**: Die Rotlederfabrikation. T. 1.

Borgman, W. H., Eifelführer durch das Gesammt-Gebiet der Eifel, mit Karte versehen. Unter Mitwirkung einiger Freunde zusammengestellt und hrsg. 12. (XVI, 136 S.) Aachen 889, Schweitzer. *

Unfallverhütung in kleineren gewerblichen Anlagen und landwirtschaftlichen Nebenbetrieben mit besond. Berücks. d. Betriebe d. Molkerei-, Brennerei- u. Stärke-Industrie, sowie von Lagerhäusern u. Kellereien. Verf. von Reg.- u. Gewerberat Dr. **Borgmann**, Schleswig. Darmstadt: Reichsverband d. deutschen landw. Genossenschaften 1909. IV, 52 S. 8°
(Deutsche landwirtschaftliche Genossenschaftsbibliothek. Bd 14.)

Borgmann, Eug., Anleitung zur chemischen Analyse d. Weines. Mit Vorwort v. C. Remigius Fresenius. Mit 2 Taf. in Farbendr. u. 23 Holzschn. im Text. 8. (VIII, 168 S.) Wiesbaden 884. Kreidel. n. 3. —

Borgmann, Eug., Anleitg. z. chem. Analyse d. Weines. 2., unt. Aufn. d. v. Bundesrath erlass. Anweisg. zur chem. Untersuchg. d. Weines gänzl. neu bearb. Aufl. v. Th. Wilh. Fresenius. gr. 8. (XV, 226 S. m. 24 Holzschn. u. 2 Steintaf.) Wiesbaden 898. C. W. Kreidel. n. 4. 60; geb. n. 6. —

BORGMANN, EUGEN. Ueber Toluchinone. Leipzig, 1868. G. S., S. I. Diss.

Borgmann, Ferdinand: Über den Anfangsunterricht im Englischen in der Sexta. Geestemünde, Druck v. Schaefer & Co., 1889; 33 S. 8°
Geestemünde, PG u. HB, OP 1889 (321)

Borgmann, Ferd., Leitfaden f. d. englischen Anfangs-Unterr. gr. 8. (III, 163 S.) Bremerhaven 896. L. v. Vangerow. Geb. in Leinw. n. 2. 25

Borgmann, Ferd., Leitfaden f. den englischen Anfangs-Unterricht. 1. u. 2. Tl. gr. 8. Bremerhaven, L. v. Vangerow. n. 2. 70; geb. n.n. 3. 80
1. 2. umgearb. u. verb. Aufl. (IV, 100 S.) 903. n. 1. 20 geb. n.n. 1. 50
2. Erweiterung der Formenlehre u. Syntax. 3. Schulj. (VIII, 167 S.) 906. n.n. 1. 50; geb. n.n. 1. 80

Borgmann, Ferd., u. Herm. Seiz, Leitfaden f. den englischen Anfangs-Unterricht. Grammatik u. engl. Lesestoff. 3. umgearb. u. verb. Aufl. (IV, 212 S.) 8. Bremerhaven 909. L. v. Vangerow. Geb. nn 1. 50

— Übungsstoff zum Übersetzen ins Englische im Anschluß an den Leitfaden f. den englischen Anfangs-Unterricht. (III, 46 S.) 8. Ebd. 909. — 60

Borgmann, Ferdinand: Übungsstoff für den englischen Unterricht in Sexta. Geestemünde, Druck v. Schaefer & Co., 1890; 2 Bl., 67 S. 8°
Geestemünde, HB, PG u. VS, OP 1890 (328)

Borgmann, Fritz [Referendar]: Die Identität der That. Beitrag zur Lehre von der Rechtskraft des Strafurtheils. . . . Göttingen, Druck d. Dieterich schen Univ.-Buchdr., 1891: 2 Bl., 65 S. 8°
Göttingen, Jur. Fak., Inaug.-Diss. v. 25. März 1891

Borgmann, Fritz, die Identität der That. Beitrag zur Lehre v. der Rechtskraft d. Strafurtheils. Diss. gr. 8. (65 S.) Göttingen 891. (Vandenhoeck & Ruprecht.) n. 1. 50

Borgmann, H.

Führer durch das Gebiet des Knüllklubs nebst e. Orientierungskt. Hrsg. v. Knüllklub. 3. vollst. umgearb. Aufl. [von H. **Borgmann**, Routenzeiger f. d. Gebiet d. Knüllklubs]. Ziegenhain: Korell 1909. VIII, 180 S. 8°

Borgmann, H., Routenzeiger f. das Gebiet d. Knüllclub. 2., neu bearb. Aufl. 8. (IX, 79 S. m. 1 Karte.) Cassel 889. (Hühn.) n. 1. —

Borgmann, H.: Routenzeiger f. d. Gebiet d. Knüllklubs. 3. Aufl. 1909 s. **Borgmann**: Führer durch d. Geb. d. Knüllklubs.

Borgmann, Heinrich: Über den Wert der hochdeutschen Remke-Übersetzung vom Jahre 1544 und ihr Verhältnis zu der niederdeutschen Vorlage einerseits und zu der späteren lateinischen Bearbeitung von Hartmann Schopper andrerseits. Lingen (Ems) 1908: van Acken. 07 S. 8°
Straßburg, Phil. Diss. v. 29. Febr. 1908, Ref. Martin
[Geb. 26. Dez. 80 Glogau; Wohnort: Düsseldorf; Staatsangeh.: Preußen; Vorbildung: Gymn. Patschkau Reife O. 02; Studium: Göttingen, Breslau, Berlin, Straßburg; Rig. 29. Febr. 08.]

Borgmann, Herm. (geb. Diez an d. Lahn 22. 12. 1846): Ueber die Verwendung decentrirter Brillen bei Myopie. Berlin (1873). (30 S.) 8°
Berlin, Med. Diss. v. 25. Aug. 1873

Borgmann, Hugo, die Fischerei im Walde. Ein Lehrbuch der Binnenfischerei f. Unterricht u. Praxis. Mit zahlreichen in den Text gedr. Abbildgn. gr. 8. (XI, 283 S.) Berlin 892. J. Springer. n. 7. —; geb. in Leinw. n. 8. —

Borgmann, J., s. a. Borgman, Joseph

Borgmann, J: Die Feinlederfabrikation in ihrer ganzen Herstellgsweise inkl. d. Kombinationsgerbg, v. d. Rohware bis z. fert. Produkt. 8° (650 m. Fig.) Berl. 01, M Krayn. 20 —; geb. 22 —

Borgmann, J. De Pinciani castigationibus quae pertinent ad Senecae philosophi dialogorum libros. Diss. 1929. 81 S.

Borgmann, (August) Otto (geb. Witten in Westf. 7. 2. 1859): Ueber einige neue Benzylverbindungen. Berlin 1884. (30 S.) 8°
Berlin, Phil. Diss. v. 15. Dez. 1884

Borgmann, Paul [aus Minden]: Ueber die klinischen Symptome der nucleären Ophthalmoplegie ... Berlin, Buchdr. v. G. Schade, *1892:* 31 S. 8.
Berlin, Med. Fak., Inaug.-Diss. v. 19. März 1892

Borgmann, Rich., lichtscheues Gesindel, f.: Jugend- u. Volksbibliothek, naturwissenschaftliche. 21. Bdchn.

Borgmann, Wilhelm

Borgmann, W., die Entwickelung des Forsteinrichtungswesens in den Lehroberförstereien Eberswalde u. Biesenthal der königl. Forstakademie Eberswalde seit d. J. 1755 bis zur Gegenwart. (58 S. m. 1 Tab.) gr. 8. Neudamm 904. J. Neumann. n. 1. 50

Borgmann, Wilhelm, Festbericht üb. d. Feier d. 50jähr. Besteh. d. Großherzogl. W. u. L. Zimmermanns Realschule m. Realgymnasialabteilung u. d. 50jähr. Wirksamkeit d. Herren Dir. Hofrat Prof. Dr. G. Compter u. Realschullehrer H. Crain zu Apolda am 30. 4., 1. u. 2. 5. 1909, m. Abb., Apolda 1909, 46 S., 8°.

Borgmann, W, s. Försterlehrbuch, Neudammer.

— die Gewinnung des Kiefernsamens, s.: Pentz, v.

— Grundzüge der Geschichte u. Wirtschaft der königl. Oberförsterei Eberswalde. Anläßlich der Feier des 75jähr. Bestehens der Forstakademie Eberswalde bearb. (88 S. m. 1 Karte.) 8. Berlin 905. J. Springer. n. 1. 20

Borgmann, Wilhelm: Kronenfreihieb und Lichtwuchsbetrieb der Fichte vom Standpunkt der Bodenreinertragslehre. *Frankfurt a. M.: J. D. Sauerländer 1897.* (28 S.) 4° [F.]
München, Staatswirtsch. Diss. v. 1897

Borgmeyer, Joseph, Dr.: Discussion einer cyklischen Fläche dritter Ordnung. *Duderstadt 1901: F. Haensch.* (29 S.) 8°
Duderstadt, k. PG, OP 1901 (327)

Borgmeyer, Joseph [aus Hildesheim]: Geometrische Untersuchung über den Ort der Fusspunkte der Lote, welche von einem Punkte auf die Strahlen einer linearen Congruenz gefällt werden ... Hildesheim, F. Borgmeyer, 1893; 51 S., 2 Bl. 8.
Münster, Phil. Fak., Inaug.-Diss. v. [11. Febr.] 1893

Borgmeyer, Joseph, Dr.: Methodische Zusammenstellung des planimetrischen Lernstoffs für die mittleren Klassen. Meppen 1904: Heinr. Wegener. (52 S.) 8°
Meppen, k. G OP 1904 (366)

Borgue, Einfälle v. Menschenerziehung. 3 Bde. 8. Wien, Camesina. 781.

Borgues, (Frhr. Tauber v. Taubenfurt,) Einfälle v. Menschenerziehung. 3 Bde. 8. Wien 781. (Heubner). 1 Thlr 16 gr

Borgnet, Ad., Histoire des Belges à la fin du dix-huitième siècle, avec une introduct. conten. la partie diplomatique de cette histoire, pendant les règnes de Charles VI. et de Marie-Thérèse. Tome I. Lex.-8. (20⅛ B.) Bruxelles 844. (Bonn, Marcus.)

Borgnino, G. Camillo, Abänderg. zu den metallenen Kupplungsmuffen i. den Schläuchen der Vacuum-Bremse (System Hardy). Denkschrift. (Mit 5 Autotyp. u. 8 lith. Taf.) gr. 8. (28 S.) Bologna 897. (Leipzig, G. Schlomminger.) n. 3. —

Borgnis, A. [aus Waldmannshausen (Hess.-Nass.)]: Ueber die synthetische Darstellung der o-p-Di-brom-chinolin-ana-sulfonsaeure. ... Freiburg i. B., Buchdr. v. Chr. Ströcker, 1891; 42 S., 1 Bl. 8°.
Freiburg i. B., Phil. Fak., Inaug.-Diss. v. 1891

Borgnis, I. A. Des Machines qui servent à confectionner les étoffes. avec beaucoup de planches in 4. Paris. 820.

— — — — imitatives et des machines théatrales. avec beaucoup des planches in 4. Paris. 820.

— — Traité complet de mécanique appliquée aux arts, contenant l'exposition méthodique des théories et des expériences les plus utiles pour diriger le choix, l'invention, la construction et l'emploi de toutes les espèces de Machines. VI. Vol. 4. Paris 819. (vol. 1. des Machines employées dans les constructions diverses. Rthl. 8. — Vol. II. des Machines employées dans diverses fabrications. Rthl. 9 12 gr. — Vol. III. Compositions des Machines. Rthl. 11. — Vol. IV. Des Machines d'Agriculture. Rthl. 9 12 gr. Vol. V. des Machines hydrauliques. Rthlr. 9. — Vol. VI. Mouvemens de fardeaux. Rthlr. 7.)

Borgnis, Max [aus Freiburg i. B.]: Ueber Uterus-Rupturen ... Heidelberg, Univ.-Buchdr. v. J. Hörning, 1896; 39 S., 2 Taf. 8.
Heidelberg, Med. Fak., Inaug.-Diss. v. [24. Juli] 1896

Borgo, P. Karl (Jesuit), die berühmte Andacht zum allerh. Herzen Jesu. Aus d. Ital. N. Aufl. 12. Augsburg 1843, Kollmann. 5 Ngr. — 15 kr.

Borgo, Carlo. Neuntägige Andacht zu Ehren des heiligen Herzens Jesu. A. d. Ital. ... Paderborn 1872. Ü: *Lohmann, Joh. Bapt.* (SO) (JES)

Borgo, Karl, neuntägige Andacht zu Ehren d. heiligsten Herzens Jesu. Aus dem Ital. v. e. Priester. 16. (128 S.) Paderborn 872. Junfermann. n. — 50

Borgo, Carl, neuntägige Andacht zum heiligsten Herzen Jesu Christi. Mit den, durch diese Andacht zu gewinnenden heil. Ablässen Sr. Heiligkeit Papst Pius VII. Aus dem Italien. übers. 12. (76 S.) Wien 859, Mayer und Comp.

Borgo, Carl, neuntägige Andacht zu dem allerheiligsten Herzen Jesu, von der Kirche mit reichlichen Ablässen begnadigt; in italienischer Sprache verfaßt. Ein Gebet- u. Betrachtungsbuch für die Frohnleichnamsoctav, die Vorbereitung auf das Herz-Jesu-Fest u. dessen würdige Feier rc. übers. von M. A. Nickel. Mit 1 Stahlst. Mainz 861. Kupferberg. 16. (XII, 176 S.) 9 ngr

— neuntägige Andacht als Vorbereitung auf das Fest des heiligen Herzens Jesu zum Gebrauch für Welt- u. Klosterleute. Neu aus dem Italien. übers. von C. B. Reiching. Regensburg 859. Manz. 24. (118 S.) 4 ngr

Borgo, S. J., Betrachtgn. üb. d. heiligste Herz Jesu, s.: Gautrelet.

Borgo, Karl, das größte Geheimniß der göttlichen Liebe. Die berühmte neuntägige Andacht zu dem allerheiligsten Herzen Jesu. Aus d. Italien. übersetzt. (Mit Titelkpfr.) 12. Augsburg 840. Kollmann'sche Buchh. 5 gr — 2e Aufl. 840. 18. 5 gr

تعليم المتعلّم طريق التعلّم للشّيخ الامام الاجلّ برهان الدّين الزّرنوجى **Borhân-ed-dini es-Sernudji Enchiridion studiosi.** Ad fidem edit. Relandianae nec non trium codd. Lipss. et duorum Berolinn. denuo arabice edidit, latine vertit, praecipuas lectt. varr. et scholia Ibn-Ismaëlis selecta ex cod. Lips. et Berolin. adjecit, textum et scholia vocalibus instruxit et lexico explanavit Car. Caspari Dessaviensis. Praefatus est Prof. Henr. Orthobius Fleischer. 4 maj. Lipsiae 838. Baumgaertner. 2 Thlr

Borgo, Carlo. Das grösste Geheimniss der göttlichen Liebe. ... Aus dem Italienischen übersetzt. 2. Aufl. Augsb. 1840. Ü: *Stöger, Joh. Nepomuk.* (SO)

Borgo, Karl, das größte Geheimniß der göttlichen Liebe. Die berühmte neuntägige Andacht zu dem allerheil. Herzen Jesu. Aus d. Ital. 3. Aufl. Stereot.-Ausg. 12. (6⅛ B. u. 1 Kpfr.) Augsburg 843, Kollmann'sche Buchh.

Borgo, Karl, das größte Geheimniß der göttl. Liebe. Eine berühmte 9täg. Andacht zu dem allerheil. Herzen Jesu. Aus dem Italien. übersetzt. (Neue) Stereotypaufl. 12. (VIII u. 156 S.) Augsburg 847, Kollmann. ⅙ Thlr

Borgo, Karl, das größte Geheimniß der göttlichen Liebe. Die berühmte neuntägige Andacht zum allerheiligsten Herzen Jesu. Aus dem Italienischen übersetzt. Neueste Stereot.-Aufl. Augsburg 854. Kollmann. 12. (156 S. u. 1. Stahlst.) 5 ngr

Borgo, Carl, das größte Geheimniß der göttlichen Liebe. Neuntägige Andacht in Betrachtungen zum allerheil. Herzen Jesu. Aus dem Italien. Nebst Litanei, Meß- u. Communion Gebeten in Vereinigung mit dem heil. Herzen Jesu. Saarlouis 865. Stein. 32. (144 S.) 3 ngr

Borgo, Carlo. Das größte Geheimniß der göttlichen Liebe. Neuntägige Andacht zu dem allerheiligsten Herzen Jesu. Aus dem Italien. übers. Neue Aufl. 1875. Ü: *Stöger, Joh. Nepomuk.* (RUSSELL IX, 416)

— das größte Geheimniß der göttlichen Liebe. Neuntägige Andacht zu dem allerheiligsten Herzen Jesu. Aus dem Ital. übers. Neue Aufl. gr. 16. (166 S.) Regensburg 875. Manz. — 60

Borgo, Karl, das größte Geheimniß der göttlichen Liebe. Neuntägige Andacht in Betrachtgn. zum allerheiligsten Herzen Jesu. Bearb. nach den Betrachtgn. d. gottsel. K. B. Aus dem Ital. 8. Aufl. Nebst Litanei, Meß- u. Communion-Gebeten in Vereinigg. m. dem hl. Herzen Jesu. 24. (145 S.) Saarlouis 890. F. Stein Nachf. — 80

— dasselbe. Neuntägige Andacht zu dem allerheiligsten Herzen Jesu. Aus dem Ital. übers Neueste Aufl. 12. (166 S.) Regensburg 894. Nationale Verlagsanstalt. — 60

Borgo, Karl, das größte Geheimnis d. göttl. Liebe. Neuntägige Andacht in Betrachtgn. zum allerheil. Herzen Jesu. Nach den Betrachtgn. des gottsel. B. 4. Aufl. Nebst Litanei, Meß- u. Communion-Gebeten in Vereinigung m. d. hl. Herzen Jesu. 16. (144 S. m. 1 Farbdr.) Saarlouis 890. F. Stein Nachf. — 80; geb. in Leinw. n. — 40

Borgo, Karl, S. J., das größte Geheimnis der göttlichen Liebe. Neuntägige Andacht zum heiligsten Herzen Jesu. Aus dem Ital. übers. 5. Aufl. Durchgesehen u. bearb. v. Jos. Mathis, S. J. (VII, 109 S.) 8. Regensburg 908. Verlagsanstalt vorm. G. J. Manz. — 90

—— Herz-Jesu-Büchlein, s. Gautrelet, Frz. Xav.

— Herz-Jesu-Büchlein, s.: Mohr, Jos.

Borgo, Novene zu Ehren d. heiligsten Herzens Jesu. Aus dem Ital. 12. (86 S.) Paderborn 883. Bonifacius-Druckerei. n. — 50

— Novene zu Ehren d. heiligsten Herzens Jesu. Aus dem Ital. 16. (207 S. m. 1 Stahlst.) Paderborn 891. Bonifacius-Druckerei. — 50

[J.] Novene zu Ehren des heiligsten Herzens Jesu nach P. (Carlo) Borgo, S. J. Aus d. Ital. 3. Aufl. ... *Paderborn: Verl. d. Bonifacius-Dr. [1896].* (192 S., 1 Taf.) 1 Bd 8. [96. 6337

Borgolte, Robert [aus Westfalen]: Beweis für die Weiterfunktionirung des transfundirten Blutes derselben Species durch die Bestimmung der gesamten Blutmenge ... Greifswald, Buchdr. C. Sell, 1897; 27 S., 1 Bl. 8.
Greifswald, Med. Fak., Inaug.-Diss. v. 6. März 1897

Borgschaft, die. Parodie auf Schillers „Bürgschaft" von H. L. W. 8. (8 S.) Cammin 847, Behrendt und Comp.

Borgschulze, H., Wesen und Ursachen der Sprachgebrechen [Stottern, Stammeln, Lispeln, Schnarren, Näseln und Poltern] und deren Heilung durch Schule und Familie. 8. (34 S.) Bochum 886, Brüll. *

Borgsdorf, Ernst Friedrich Baron von, der Röm. Kayserl. Majestät würcklich bestelter Ober-Ingenieur. Neu-triumphirende Fortification, auf allerlei Situationen, defensive und offensive zu gebrauchen. I. Opus, handelt wie man die Royal-Vestungen und Cittadelle Auxilar-Werke und Contra-Approchen, Retrenchementer und Feld-Schantzen auff alten und neuen Plätzen regular und irregular, in Eyl und mit Weile mit kleinen als auch ansehnlichen Unkosten aus 7 wichtigen approbirten Militarischen Haubt-Maximen dergestalten disponiren erbauen und vertheidigen möge, dass ein dafür attaquirender Feind ehender ermüden müsse weder obsigen könne. Dem Publico und einem jeden curiosen Gemüthe zum besten, auss grundrichtiger und theils selbst eigener Kriegs-Erfahrung verfasset und mit vielen schönen Figuren erklaret. II. Haubt-Theil. Von regulirten Citadellen und denen ihn beiligenden Royal-Vestungen. III. Haubt-Theil. Von regulirten Auxilar-Werken. IV. Haubt-Theil. Von regulirten Contra-Approschen. V. Haubt-Theil. Von Retrenschementer oder Abschnitten. VI. Haubt-Theil. Von regulirten Feld-Schantzen. Von der Defensiv-Irregular-Fortification. (Mit 117 Taf.) 4. Wien 1703.

Borgstaette (Otto). Die Kieseloolithschotter- und Diluvialterrassen des unteren Moseltales. 1910. s.a. Geologie, Schriften einz. Format

Borgstätte, Otto: Die Kieseloolithschotter- und Diluvialterrassen des unteren Moseltales. Mit 1 Taf. Bonn 1910: Carthaus. 55 S. 8°
Gießen, Phil. Diss. v. 28. Juli 1910, Ref. Kaiser
[Geb. 2. März 70 Engter; Wohnort: Dessau; Staatsangeh.: Anhalt; Vorbildung: Oberrealsch. Hannover Reife O. 06; Studium: Bonn-Poppelsdorf Landw. Akad. 5, Gießen 2 S.; Rig. 12. Febr. 10.] [U 10. 1274

Borgstede, A. v., die soziale Frage, beleuchtet durch die 10 Gebote. gr. 8. (64 S.) Berlin 891. Bibliograph. Bureau. n. 1. —

Borgstede, A v., d. soz. Frage, beleuchtet durch d. 10 Gebote. 8° (64) Berl. 91, E Ebering. 1 —

Borgstede, August Heinrich, s. a. Borgstede, H. L. v.

Borgstede, Aug. Hnr., s.a. Beschreib. der Kurmark Brandenburg.

Borgstede, Aug. Heinr.: Statistisch-topographische Beschreibung der Kurmark Brandenburg. Th. 1. (einz.) Berlin 1788.

Borgstede, A. H., topogr. Beschr. d. Churmark Brandenb. 1r Thl. 1r Bd. gr. 4. Berl. Unger. 788.

Borgstede, August Heinrich, s. a. Grundsätze d. Generalverpacht.

Grundsätze (Jurist.-ökonom.) von Generalverpachtung der Domainen in den Preuss. Staaten (von A. H. Borgstede). 8°. Berlin, Unger, 1785.

Borgstede, E.: Johannes Demut, s. Borgstede, Emmy

Borgstede, Else v.: Der Festkuchen, s. Bloch's, Ludw., Sammlg v. Zwie- u. Dreigesprächen.

Borgstede, Else v.: Gegengift, s. Bloch's, Ludw., Sammlg v. Zwie- u. Dreigesprächen.

Um ein Kochrezept, Kaffeeklatsch-Scene von Else v. **Borgstede**. *Berlin: E. Bloch [1903].* (8 S.) [J.]
— Sammlung, Ludwig Blochs, von Zwie- u. Dreigesprächen. H. 27. [03. 2960

Knecht Ruprechts Macht. Weihnachts-Märchenspiel in 3 Aufz. von Else v. **Borgstede**. *Berlin: E. Bloch [1904].* (26 S.) 8° [J.]
— Weihnachts- u. Neujahrs-Aufführungen. No 13. [04. 15381

— Moorbach. Siehe, das sind deine Götter, s.: Enßlin's Roman- u. Novellenschatz.

— die Rose v. Lemberg, s.: Enßlin's Roman- u. Novellenschatz.

Johannes Demut. Novelle von E[mmy] v. **Borgstede**. *Berlin: A. Weichert [1900].* (48 S.) 8° [J.]
— Welt, Alle. Bd 2 [00. 1165

Borgstede, [Frl.] E[mmy] von s. Familienbibliothek, Schweizer. Nr. 61.

Borgstede, Emmy v., Schicksale. Novellen. (112 S.) schmal gr. 8. Zürich 908. C. Schmidt. n. 1. 50

— der Schmied von Ellerborn. In stürmischer Zeit, s.: Enßlin's Roman- u. Novellenschatz.

Die Schwäne von Weidlingen. Roman von E[mmy] v. **Borgstede**. Dartmoor. Roman von H. Maurice Hervey. Autor. Bearb. von Berta Katscher. Berlin: Schrey 1903. 399 S. 8°
(Stenographische Roman-Bibliothek. Jg. 1.) [11. 14426

Borgstede, H. L. v., s. a. Borgstede, August Heinrich

* **Borgstede**, H. L. v., topogr. Beschreibung d. Churmark Brandenburg. 1r Thl. ist jetzt Verlag d. Realschulbuchh. in Berl.

Borgstede, Karl, approb. Arzt aus Elsfleth i. Oldenb.: Ueber einen Fall von Leistenhoden. *Freiburg i. B.: Speyer & Kaerner 1899.* (26 S.) 8°
Freiburg i. B., Med. Diss. v. 1899

Borgstedt, A. v. (Red.), s. W e g w e i s e r , Genossenschaftlicher.

Borgstedt, Frid. Guil. Rud. (geb. Minden a. W. 18. 9. 1839): De herpete circinato. Berolini (1862). (32 S.) 8°
Berlin, Med. Diss. v. 12. März 1862

Borgstedt, W. Ferd., die Quintessenz der italienischen doppelten Buchführung m. Journal, Monats-Bilanzen, General-Bilanz u. Jahresabschluss in klarer, leichtverständl. Anleitung nach prakt. u. schnell fasslicher Methode. Treuester Ratgeber f. alle Geschäftsinhaber u. solche, die es werden wollen, in allen schwierig. Fällen, sowie z. Selbstunterricht f. junge Kaufleute, die sich ohne Lehrer z. tücht. Buchhalter ausbilden wollen. (Dr. Ludw. Huberti's moderne kaufmännische Bibliothek.) gr. 8. (VIII, 79 S.) Leipzig (901), Dr. L. Huberti. Geb. in Leinw. n. 2. 75

Borgstedt, WF: Die Quintessenz d. italien. dopp. Buchführg m. Journal, Monats-Bilanzen, General-Bilanz u. Jahresabschluss in klarer, leichtverständl. Anl. n. prakt. u. schnell fassl. Methode. (79) 8° Lpzg, Verl. d. mod. kaufm. Bibliothek (01). L. 2.75

Borgstette, Otto

Borgstette, O., die Apotheken-Gesetze in Preussen. Zusammengestellt zum Gebrauche f. Apotheker, Revisoren, Kreisärzte u. Studierende der Pharmazie. Neubearb. u. hrsg. 4. verm. Aufl. (VIII, 370 S.) 8. Münster 906. Universitäts-Buchh. F. Copponrath. Geb. in Leinw. n. 5. –

Borgstette, O., die Apothekergesetze in Preussen, s.: F e l d h a u s, S.

Borgström, E.: Über Echinorhynchus turbinella, brevicollis und porrigens. 8:o.
Sthm. 1895.

Granitporphyr von Östersundom. Von L(eon) H. **Borgström.** Mit 3 Fig. u. 1 Taf. Helsingfors 1907: (Simelii). 20 S. 8°
(Bulletin de la Commission géologique de Finlande. No 22.) A 14. 6046

Borgström, L. H., der Meteorit v. Bjurböle, s.: R a m s a y, Wilh.

Borgwardt, Friedrich

Siegende Jugend. Gedichte von **Friedrich Borgwardt.** *Berlin & Leipzig: J. Cotta in Komm. 1900.* (152 S.) 8° [F.]

Borgwardt, Frdr., siegende J u g e n d. Gedichte. 8. (152 S.) Berlin 900. H. Wothe. n. 2. –; geb. n. 2. 50; erm. Pr. n. 1. 50; geb. n. 2. –

— Regenwetter. Plauderstube bei e. Poeten. schmal gr. 8. (98 S.) Berlin 901. F. Sensenhauser. n. 1. –

Borgwardt, Hermann Über die relative Bewegung eines materiellen Punktes auf einer Kugeloberfläche. 17 S. Progr. *Neustettin* 1883

Borgwardt, Paul: The Royal Convert von Nicholas Rowe 1707. Rostock 1909: Winterberg. 91 S. 8°
Rostock, Phil. Diss. v. 12. Juli 1909, Ref. Lindner
[Geb. 22. Aug. 80 Schwerin i. M.; Wohnort: Rostock; Staatsangeb.: Mecklenburg-Schwerin; Vorbildung: Realgymn. Schwerin Reife O. 06; Studium: München 2, Berlin 2, Rostock 2 S.; Rig. 8. Juli 09.] [U 10. 3940

Borgzinner, Paul [aus Paderborn]: Aus d. Ambulatorium f. Nasen-, Rachen- u. Kehlkopfkranke v. Privatdoc. Dr. O. Seifert in Würzburg. Über Leukoplakia oris ... Paderborn, Druck v. R. Heydeck, 1891; 40 S. 8.
Würzburg, Med. Fak., Inaug.-Diss. v. 1891

Boerhaave, Abr. Kaau

Böhrhave, Abr. C., historia anatomica infantis. II Tmi. 4. Petersb. (Hartknoch, Leipz.) 745

***Boerhaave,* Abr. Kaau, sermo de iis, quae virum medicum perficiunt. 4. Petersb 750. Acad. B. 12 K**

Boerhaave, Hermann

—Abhandl. v. Augenkrankheiten u. ders. Kur, m. Kpf. 8. Nürnb. ... 4e Aufl. 771. Stein. 12 K

— Abhandl. v. Krebs u. Krankheiten d. Knochen. 8. Frankf. a. M. 765. Brönner; a. Gebhardt u. K. 8 K

Boerhave H.: Kurze doch gründliche Abhandlung v. Augenkrankheiten u. deroselben Cur ... übers. v. G. F. C l a u d e r. 2. u. viel verm. Aufl. Nürnb. 1759. (12) 310 S. 1 Tvl.

Boerhaave, Hermann: Wichtige A b h a n d l u n g von Krebs und Kranckheiten der Knochen aufs neue übers. u. mit vielen Anm. versehen. Franckfurt a. M:: Garbe 1765. 269 S. 8°

Boerhaave, Herm., Anfangsgründe d. Chemie, m. Kpf. 8. Hannov. 755. Helwing. 12 K

— — dasselbe. 9 Thle. 8. Halberst. 734.

Boerhaave, Hermann: A n f a n g s - G r ü n d e der Chimie nach Maßgebung des engl. Ausz. aus der lat. Urkunde treulich verkürzt von einem Doctor. Hannover: Richter 1755. 588 S. 8°

BOERHAAVE, HERMAN.
Anfangsgründe der Chymie, oder gründliche Anweisung auf was Art die natürlichen Cörper können chymisch aufgeschlossen und daraus heilsame Artzeneyen bereitet werden. Aus dem lateinischen . . . übersetzt. Nebst einem . . . Anhange von chymischen Geräthschaften, von Anwendung sowohl der florentischen als Fahrenheitischen Thermometers . . . Berlin, 1762. 8vo. 3 parts.
Zweite Auflage. Berlin, 1791.

— Anfangsgründe d. Chemie; prakt. Theil. Aus d. Latein. übers. v. J. C. Wiegleb. Mit Kpf. gr. 8. Berl. ... 2e Aufl. 782. Nicolai. 1 ℛ 8 K

— Dass. übers. (v. J. C. Wiegleb). 8. Danzig 791. (Leipz., Kummer). 1 ℛ 8 K

— — dass. v. Wiegleb. 8. Danz. Troschel. 791.

Boerhaave, Hermann: Aphorismi de cognoscendis et curandis morbis.

s.: Marherr, Philipp Ambros: Praelectiones in Hermanni Boerhaave institutiones medicas. Editio secunda aucta (als Leitsprüche jeweils den einzelnen Kapiteln vorgesetzt). Tom.1 - 3. Viennae et Lipsiae: 1785

JB 6.560

Boerhaave, Hermann: Aphorismi de cognoscendis et curandis morbis in usum doctrinae domesticae digesti. 160 S.(unvollständig), gbd.

Lipsiae et Halae: Krug 1739

JB 1.997

Boerhaave, Hermann: Aphorismi de cognoscendis et curandis morbis in usum doctrinae domesticae digesti. 370 S., gbd.

Norimbergae: Felsecker 1747
an: Boerhaave, H.: Libellus de materia medica et remediorum formulis... 1747

JB 1.339

—aphorismi de cognoscendis et curandis morbis et lib. de Mat. med. 8. Leyden 758 et Jena 758. Fischer. 8 K

Boerhaave, Hermann: De cognoscendis et curandis morbis aphorismi unacum eiusdem de materia medica et remediorum formulis libello ad singulos aphorismos digesto et...multo emendatiores et auctiores prodeunt (a) Karl Friedrich Kaltschmied. 604 S., gbd.

Lipsiae et Francofurti: Fischer 1758

JB 6.555

— de cognoscendis et curandis morbis Aphorismi una cum ejusd. de Materia medica et remedior. formulis libello ad singulos Aphorismos digesto et scriptorum Boerhaavianorum indice. 8 maj. Wien 775. Trattner. 20 ℛ

Boerhaave, Hermann (Praef.):

s.: Bellini, Lorenzo: Opuscula practica de urinis, pulsibus, sanguinis missione et febribus nec non de capitis pectorisque morbis. Editio quarta. Lipsiae: 1734

JB 6.549

Boerhaave, Herm., Beschreib. d. Arzneimittel u. Rezepte, die sich auf van Swieten beziehen. 8. Wien 775. Krauß. 16 ℛ.

— Briefe an J. B. Bassand; a. d. Latein. m. Anmerkk. v. J. Rusche. 8. Nürnb. 781. (Schmidmer). 20 ℛ

— üb. d. Character des groß. Arztes. 8. Krevb. 748.

Boerhaave, Herman. Consultationes Medicae ... Editio altera aucta et emendata. Gottingae 1752. H: *Haller, Albrecht von.* (BrMm)

Boerhaave, Herm., Consultationes medicae: sive Sylloge epistolarum cum responsis, in Britannia primum editae nunc aliquot exemplis auctiores, adcesserunt ejusdem introductio ad praxin clinicam et praelectiones de calculo. Editio Gottingensis altera aucta et emendata. Vol. I, 234 pp. Vol. II. Corollaria adjecta. Gott. 1752. 12°.

Boerhaave, Hermann: (Teils.) Consultationes medicae: sive Sylloge epistolarum cum responsis Hermanni Boerhaave. In Brittania primum ed. nunc aliquot exemplis auctiores, adc. eiusdem Introductio ad praxim clinicam & Praelectiones de calculo. Ed., ... altera aucta & em. (Vortr.: Alberti v. Haller (Albrecht von Haller, 1708 – 1777.) Vol. (1.) 2. Gottingen: Vandenhoeck 1772. 1 Bd. 8°

— elementa chemiae, od. Anfangsgründe d. Chemie. 8. Leipz.

— — id. II T. 4. Bas. Imhof. 732.

— — id. II T. 8. Leips. Fritsch. 732.

— Elementa Chemiae. II Tai. 4. Lond. 732.

Boerhaave, Hermann: E l e m e n t a chemiae (deutsch:) Oder Anfangs-Gründe der Chymie, worinnen die chymische Praxis und die in derselben vorkommende Processe enthalten, welche ... aus d. Lat. ins Teutsche übers. F. H. G. St. 1 – 9. Halberstadt: Schopp 1733 – 34. 1044 S. 1 Bd 8°
St. 1 – 5: 1733.
St. 6 – 9: 1734.

Boerhaave, Hermann: Elementa chemiae, quae anniversario labore docuit, in publicis privatisque scholis. Tom.2, 538 S., gbd., Abb.

Basileae: Im-Hoff 1745

JB 297

Boerhaave, Hermann: Elementa chemiae oder Anfangs-Gründe der Chymie. 1084 S., gbd., Abb.

Leipzig: Blochberger 1753

JB 272

Boerhaave H.:
Epistolae ad J. B. Bassand, medicum caesareum. Vindob. 1778. (10) 276 S.

— epistolae ad Bassand. 8. Wien 778. Krauss. 12 ℛ

Boerhaave, Herm., die Grundsätze der Diagnostik u. Therapie. Aus dem Lat. übers. v. L. Levy. (V, 218 S.) kl. 8. München (904). Seitz & Schauer. n 3. —; geb. n. 4. —

Ⓑ **Boerhaave,** Herm., Grundsätze d. Diagnostik. 904. (KBl. 83.) Jetzt: München, Verlag d. ärztl. Rundschau.

— rarior. morbor. historiae c. E. G. Baldinger. 8. Frankf. et Leipz. 771. Hartung. 5 ℛ

Boerhaave, Herm., Institutiones medicae cum praefatione *Cranzii.* Praelectiones Ph. Ambr. *Marherr.* III Tom., 548, 686, 730 pp. Vienn. et Lps. 1772. 8°. (II, 286 Cortex cerebri. p. 370 Medulla cerebri. p. 377 Spiritus cerebri. p. 387 Nervi. p. 389 Fluidum nervorum. p. 396 Humor venosus encephali. p. 409 Nervorum propago. p. 414 Dura mater. p. 530 Musculorum actio. III p. 50 De tactu. p. 69 De gustu. p. 88 De olfactu. p. 126 De visu. p. 262 De auditu. p. 324 De sensibus internis. p. 358 De somno. p. 419 De risu.)

— institution. medicae. 8 maj. Nürnb. 756. Felssecker. 16 ℛ id. lib. 8 maj. Wien 775. Trattner. 16 ℛ

— Lehrsätze v. Erkenntniß in Heilung d. chirurg. Krankheiten, m. van Swietens Comment. 4 Thle. 8. Danz. (Böhme in Leipz.) 749—55.

— Lehrsätze v. Erkenntniß in Heilung d. chirurg. Krankheiten, mit van Swietens Commentar. Aus d. Latein. übers. 4 Thle. 8. Danzig 749—53. (Gnobloch in Leipz.) 2 ₰ 16 ℛ (Dass. vergl. Handbibliothek, medicinische.)

— kurze Lehrsätze v. Erkenn. u. Heilung d. Krankheiten. 8. Berl. 762. Haude u. Sp. 16 ℛ

Boerhaave, Hermann: Kurze Lehrsätze über Erkennung und Heilung der Krankheiten. (Aphorismi de cognoscendis et curandis morbis. Dt.) Th.1 - 4, gbd.

Gotha: Hennings 1828 - 1829

JB 1.998

Boerhaave, H., kurze Lehr-Sätze üb. Erkennung u. Heilung d. Krankheiten. A. d. Latein. übers., u. mit Verbesser. neuer Erfahrn. bereich. 4 Bde. Neue Ausg. 8. (25 B.) Gotha 830, Hennings.
Vgl. Handbibliothek, med., 1. Bd.

Boerhaave, Hermann: Kurzgefaßte Lehrsätze von Erkenntniß und Heilung der so genannten chirurgischen Krankheiten. (De cognoscendis et curandis morbis aphorismi... Auszüge. Dt.) Mit dem Commentario Herrn Gerard van Swieten den Wundarzney Beflissenen zum Besten aus dem Lateinischen übersetzt. Bd 1 - 4, gbd.

Danzig: Schreiber 1753 - 1755
angeb.an Bd 4: Grashuis, Jan: Abhandlung von der Bereitung des Eiters. (Dissertatio de generatione puris. Dt.) 1755

JB 3.021

Boerhaave, Herman. Kurzgefasste Lehrsätze von Erkenntniss und Heilung der sogenannten chirurgischen Krankheiten ... aus dem Lateinischen. Danzig 1749—53. Ü: *Sendel, Chn.* (ML)

— Lehrsätze d. theoret. Medicin, mit Commentarien oder Auszügen rc. u. Zusätzen herausg. v. Müneber u. W. F. Cappel. 3 Thle. gr. 8. Helmst. 783 — 94. (Fleckeisen). 4 ₰ 12 ℛ

Boerhaave, Hermann: Libellus de materia medica et remediorum formulis, quae serviunt aphorismis de cognoscendis et curandis morbis. 279 S., gbd.

Norimbergae: Felsecker 1747
angeb.: Boerhaave, H.: Aphorismi de cognoscendis et curandis morbis in usum doctrinae domesticae digesti. 1747

JB 1.339

— libellus de Materia medica et remediorum formulis etc. 8. Nürnb. 755. Felssecker. 16 gr

Boerhave, H. De mercurio experimenta. Francofurti 1736. 4.

— methodus discendi artem medicam. 12. Lond.

— methodus studii medici emend. et locuplet. Alb. Haller. II Tom. 4. Amsterd. 751. Wetzstein. 9 rthl

— methodus studii medici emend. et locupl. Alb. Haller. 4. Frankf. 751.

Boerhaave, Hermann: Phisiologie. (φυσιολογικη seu oeconomia animalis... Dt.) Übers. und mit Zusätzen verm. von Johann Peter Eberhard. Bd 1 - 2, gbd.

Halle: Renger 1754

JB 962

— Physiologie, übers., m. Anmerkk. u. Zusätzen verm. v. Jh. Pt. Eberhard. 8. Erf. u. Leipz. 754. 2e A. gr. 8. Halle 780. Renger. 1 rthl 8 gr

Boerhaave, Hermann: Praelectiones academicae in proprias institutiones rei medicae ed. et notas add. Albertus Haller (Albrecht von Haller, 1708 – 1777. Vol. (5 – 6 T.) 1 – 6. Gottingae: Vandenhoeck 1739 – 44. 7 Bde 8°
Vol. 1: Chylificatio. 1739.
Vol. 2: Arteria, cor, pulmo, sanguis, glandula, cerebrum. 1740.
Vol. 3: Lien, hepar, renes, musculi, cutis, nutritio. 1741.
Vol. 4: Sensus externi, interni, somnus. 1743.
Tom. 5, P. 1. 2.: 1744.
P. 1: Respiratio, loquela, semen masculinum
P. 2: Menstrua, conceptus.
Tom. 6: Pathologia, semeiotice, hygiene, therapeutice. Acc. ind. totius operis. 1744.

Boerhaave, Hermann: Praelectiones academicae in proprias institutiones rei medicae. Edidit et notas addidit Albrecht von Haller. Tom. 1 - 6, gbd.

Gottingae: Vandenhoeck 1740 - 1744

JB 2.002

Boerhaave, Hermann: Praelectiones academicae in proprias institutiones rei medicae. Edidit, et notas addidit Albrecht von Haller. Vol. 1 - 5, gbd.

Taurini: Typographia regia 1742 - 1745

JB 1.826

— Praelection. acad. in propr. institut. rei medicae. ed. et not. add. Alb. Haller. V. Vol. gr. 4. Taurini, (Stage, A.) 745.

Boerhaave, Hermann: Praelectiones academicae in proprias institutiones rei medicae ed. Albertus Haller. Vol. 2. 4 – 6. Gottingae 1745 – 49.
Vol. 2. 1745. Vol. 4. 1748. Vol. 5, P. 1. 2. 1849. Vol. 6. 1749.

— praelectiones academ. de morbis nervorum, ed. J. v. Ems. II Voll. 8. Leyden 761.

— de morbis nervorum praelect. academ. II Voll. 8. Bern 762. Typogr. Soc. 1 rthl 12 gr

Boerhaave, Hermann: Praelectiones academicae de morbis nervorum, quas ex auditorum manuscriptis collectas edi curavit Jacob van Eems. Tom. 1 - 2, 739 S., gbd.

Francofurti et Lipsiae: Societas 1762

JB 4.463

— praelectiones de lue venerea. 8. Frankf. 751. 8 gr

Boerhaave, Herman. Praelectiones publicae de morbis oculorum ex codice Mspto editae. Gottingae 1746. V: *Haller, Albrecht von.* (BrMm) (ML)

Boerhaave, Hermann: Praelectiones publicae de morbis oculorum.... Gottingae: Vandenhoeck 1746. 200 S. 8°

— de morbis oculorum praelect. publicae. 8. Götting. 750. Vandenhöck et R. 8 gr

Boerhave, Herm., Praxis medica s. comm. in aphorismos. Pat. 8°. (P. IV p. 70 Flagellatio contra maniam.) 1728

Boerhaave, Hermann. (Bibl., p. 180.)
* Versuch über den Character des grossen Arztes, oder kritische Lebensbeschreibung, nebst einem Verzeichnisse der Boerhaavischen Schriften. Aus dem französischen übersetzt. Leipzig, 1748. pp. [xxxii]–160, 12mo.

— de viribus medicamentorum. 8. Jena 752. Schulze. 6 gr

— academ. Vorlesungen, od. medicin.-praktische Abhandl. v. der Venusseuche. Aus d. Latein. v. G. H. Burghart. 8. Bresl. 753. Seidel. 18 gr

Borhân-ed-dîni es-Sernudji Enchiridion studiosi. Ad fidem edit. Relandianae nec non trium codd. Lips. et duor. Berolinn. denuo arab. ed., lat. vertit, praecipuas lectt. varr. et scholia Ibn-Ismaëlis selecta ex cod. Lips. et Berolin. adjecit, text. et scholia vocalibus instr. et lexico explanavit Car. Caspari. Praefat. est Henri Orthob. Fleischer. 4maj. (18 B.) Lipsiae 838, libr. Baumgaertner.

Börhave, Abr. C., s. Boerhaave, Abr. Kaau

Boerhave, Hermann, s. Boerhaave, Hermann

Borheck, A. C., Predigten in der evangel. kathol. Kirche zu Mühlheim, Cöln, Fabricius. 801.

Borheck, August Christian

— u. Konr. Borheck, Addreß-Compt. f. Schul- u. Erziehungswesen. Nr. 1—8. gr. 8. Fankf. u. Leipz. (Lingen) 780. Jülicher. 1 rthl 6 gr

Borheck, Aug. Chr., († 1816.) grammat. Anweis. z. Engl. Sprache; nebst e. systemat. Verzeichnisse d. vornehmsten engl. Schriftsteller. gr. 8. Köln 803. Rommerskirchen. (Leipz., Andrä). 20 gr Das Verzeichn. apart. gr. 8. Ebd. 805. (Ebd.) 6 gr

— Apparatus ad Herodotum intellig. etc. V. Vol. 8. maj. Lemgo, Meyer. 795—98. (I. 1 Rthlr. 8 gr. II. 1 Rthlr. 16 gr. III. 1 Rthlr. 8 gr. IV. 1 Rthlr. 16 gr. V. 1 Rthlr.)

Borheck, A. Chr., Archiv f. d. Gesch. Erdbeschr. rc. d. deutsch. Niederlande. 2 Thle. gr. 8. Elberfeld, Büschler. 800, 801.

— Archiv f. die Geschichte, Erdbeschreib. rc. der deutschen Niederlande. 2 Thle. gr. 8. Elberf. 800, 801. (Schönian). 1 rthl 8 gr

— s. Aristophanes: Friede u. Lysistrata.

— s. Fl. Arriani opera.

— Batrachomiomachie, s. Batrachom.

— Batrachomiomachie, s. Homer.

— Beytr. z. Erd- u. Gesch.-Kunde d. deutsch. Niederrheinlande. 8. Cöln, Fabricius. 803.

— Bibliothek f. d. Geschichte rc. des niederrheinl. Deutschlands. gr. 8. Cöln, Fabricius. 801.

— u. derselben Briefwechsel üb. Schul- u. Erziehungswesen 4 Stcke. gr. 8. Halle, Gebauer. 783—85. (à 8 gr.)

– s. Camus Reise.

– s. Cicero: Epistolae ad diversos.

— Elementarbuch f. d. Unterr. d. Jugend. 2 Thle. 8. Münst. 787 u. 88. Coppenrath; (auch W. Nauck in Leipz.) 17 ℊ

— Elementarbuch f. d. Unterricht der Jugend. 2. Thle. 8. Münster, Coppenrath, (Sommer in Leipzig.) 787. 88. (1r 8 gr., 2r 9 gr.)

— Erdbeschr. v. Asien, n. Blankes u. a. großen engl. Werk. u. s. w. 5 Thle. gr. 8. Düsseldorf, Dänzer. 792—94. (1r. 2 Rthlr. 12 gr., 2r u. 5r à 2 Rthlr. 20 gr.)

— neue Erdbeschreib. von Afrika. 1r Bd. u. 2n Bds. 1e Abtheil. gr. 8. Frankf. 789—91. Varrentrapp. 2 ₰ 22 ℊ

— griechische Erzählungen aus Herodot, mit Anmerkk. u. e. erklär. Wortregister. 8. Köln 803. (Fabricius). 12 ℊ

Borheck, August Christian (Lehrer am Pädagog zu Klosterbergen), Ueber ein aufgefundenes Fragment von einer Handschrift vom Terenz aus zweien Pergamentblättern bestehend Magdeburg u. Köthen (Zapf). Druck: Halle (J. Chr. Hendel) 1777. 22 S. (4.—)
Gew.: Abt Resewitz (Kloster Bergen).

— über e. aufgefund. Fragment e. Handschr. von Terenz. 8. Magdeb. 777. Creutz. 3 ℊ

— von d. Freuden d. Vertrauens auf Gott. Eine Predigt. 8. Essen 796. Bädecker. 2 ℊ

— Geschichte d. Länder Cleve, Mark, Jülich, Berg u. Ravensberg. 8. Duisb. 800. Bädecker. 2 ₰ 12 ℊ

– s. Herodoti: Opera.

– s. Horatii: Opera.

— ist die Beschneid. ursprüngl. hebräisch, u. w. veranl. Abraham selbige einzuführen? Eine histor. exeget. Untersf. 8. Duisb. Bädecker u. K. 793.

– s. Laertius Diogen.

Borheck, Aug. Chr. (Hrsg.), Magazin für die Erklärung der Griechen und Römer, zum Gebrauch der Schullehrer.

Borheck, August Christian, u. Konr. Borheck

— Dies., Magazin f. d. Erklärung d. Griechen u. Römer. 1r Bd. 1s, 2s Stck. gr. 8. Nürnb. 784, 85. (Eichhorn; a. Lauffer in Leipz.) 1 ₰

— Magazin f. d. Erklär. der Griechen u. Römer. 2 Thle. gr. 8. Nürnberg, Grattenauer. 784. 85.

— de magnitudine et novitate belli franco-gallici. 4. Duisb. (Grieshammer, Lips.) 795.

— pädagogisches Museum. 5 Stck. 8. Leipzig, Schneider. 778—80.

— Joseph Philipps u. seine Familie. Sieg d. Unschuld u. d. Rechts, über höllische Bosheit u. Kabale, nach gerichtl. Acten. 8. Köln 810. Rommerskirchen. 10 ℊ

– s. Plauti Captivi u. Lustspiele.

— einige Predigten. 8. Duisb. 787. Bädecker. 4 ℊ Hannov. Hellwing. 6 ℊ

— einige Predigten. 8. Hannover, Helwing. 789.

Borheck, Aug. Chr., einige Predigten zu Mühlheim an d. Ruhr gehalten. 8. Köln 801. (Fabricius). 21 ℊ

Borheck, A. C., Prolus. qua ad Tacit. Germ. 9 de Mercurio, Hercule, Marte et Iside Germanorum quaedam disputantur. Duisb. 790. 8.

– s. Samml. v. Uebersetz. d. Griechen II. VII.

– s. Samml. v. Uebersetz. d. Römer IV.

— Sieg, d. Unschuld u. des Rechts, üb. höllische Bosheit u. Cabale. 8. Cöln, Rommerskirchen. 810.

– s. Sophocles: Ajar.

— engl. Sprachlehre. 8. Göttingen, Vandenhök. 776.

— engl. Sprachlehre; nebst e. Verzeichniß d. class. alten Schriftsteller. 8. Köln 803. Rommerskirchen. 16 ℊ

— englische Sprachlehre f. Deutsche. 8. Magdeb. 776. Vandenhöck u. R. in Gött. 5 ℊ 2e A. 8. Lemgo 782. Meyer. 4 ℊ

— unser Gott ist ein Vergelter. Eine Predigt. 8. Essen 796. Bädecker. 2 ℊ

— v. Unterricht in d. Erdbeschreib. 8. Magdeburg, Creutz. 777.

Borheck, Aug. Chr. (Hrsg.), Versuch eines Briefwechsels über das öffentliche Schul- und Erziehungswesen.

Borheck, August Christian, u. Konr. Borheck

— Dies., Vers. e. Briefwechsels üb. d. öffentl. Schul- u. Erziehungswesen. 4 Stcke. gr. 8. Halle 783—85. Gebauer. (à 9 ℊ) 1 ₰ 12 ℊ

Borheck, Aug. Chrn., Versuch e. Geschichte der Stadt Duisburg am Rhein. Duisburg 1800. Neudr. gr. 8. (64 S.) Duisburg 893. Untermauerstr. 76/78, K. Schmitz. n. —60

BORHECK, August Christian 1751 - 1816
Versuch eines tabellarischen Grundrisses der Weltgeschichte.
Zum Leitfaden seines Unterrichts entworfen von August Christian Borheck ...
Erste [- Zweite] Hälfte.
Halle: Gebauer. 1783 [- 1784]. 8°.
Fürstlich Fürstenbergische Hofbibliothek Donaueschingen

— systemat. Verzeichn. d. klass. Schriftsteller d. Engländer, (a. vorsteh. besond. abgedr.) gr. 8. Ebend. (Bauer in Leipz.) 805

Borheck, Aug. Chrn, Programma quo asseritur veteres Germanos quorum mores Tacitus enarrat, unius tantum dei cultores fuisse. Gottingae 1774. 4.

— Klosterbergische Vorlesungen üb. anakreont. Lieder. 9 Stcke. 8. Magdeb. 778—82. Creutz. 18 ℊ

— — Wörterbuch über den Horaz rc. s. Holzapfel.

– s. Xenophons sämmtl. kl. Schriften.

Borheck, Conrad, s. Borheck, Konrad

Borheck, Georg Heinrich

— Anweis. üb. zweckmäß. Anlegung d. Landkirchen. M. 13 Kpf. gr. 8. Götting. 808. Dieterich. 1 ₰ 12 ℊ

— gründl. Anweis. z. richtigen Anlage d. Beutelmaschinen in d. deutsch. Oelmühlen, f. Müller u. Mühlenärzte. M. 3 Kpft. gr. 8. Götting. 826. Deuerlich. 1 ₰

Borheck, Geo. Hnr., Entwurf e. Anweis. z. Landbaukunst, nach ökonom. Grundsätzen. 2 Thle. M. Kpf. gr. 8. Götting. (1r Bd. 779. 2e A. 792.) 792. Vandenhöck u. R. 2 ₰ 16 ℊ

— Lehrbuch d. Landbaukunst, f. Baumeister u. Landwirthe. 2 Thle. Mit 24 Kpf. gr. 8. Götting. 822. Vandenhöck u. R. 3 ⅓ ß

Borheck, Konrad (Hrsg.), s. Addresscomptoir....

Borheck, Konr., († d. 12. Mai 1787.) Aufsätze. 8. Leipz. 780. Weygand. 9 gl

Borheck, Conr., Auff. 8. Leipzig, Weygand. 781 Rthlr.

— s. Aug. Chr. Borheck, Magazin.

Borheck, Konr. (Hrsg.), s. Magazin für die Erklärung der Griechen und Römer, zum Gebrauch der Schullehrer.

Borheck, Konrad (Hrsg.), s. Versuch eines Briefwechsels über das öffentliche Schul- und Erziehungswesen.

– s. Xenophon's Werke.

Borheck, Max [Dr.]: Die Bedeutung von Römer V, 1—11 in sich und im Zusammenhange des Briefes. Waldenburg i. Schl., P. Schmidt's Druckerei, 1894; 13 S. 4.
Waldenburg i. Schl., st. Ev. G, OP 1894 (210)

Borheck, Max [aus Stralsund]: Über Strophen- und Vers-Enjambement im Mittelhochdeutschen .... Greifswald, Druck v. Julius Abel, 1888; 2 Bl. + 167 S. 8°
Greifswald, Phil. Fak., Inaug.-Diss. v. 3. Aug. 1886

Borheck, **Max**, über Strophen- und Vers-Enjambement im Mittelhochdeutschen. Diss. Greifswald 1888, Jul. Bindewald. 8°. 167 S.

Borhoeck, A. C., s. Borheck, Aug. Chr.

Bori, s. Bory.

Bori de Saint-Vincent, Gemälde d. Iberischen Halbinsel, od. Abriß d. alten u. neuen physischen, histor. u. politischen Geographie von Spanien u. Portugal. Aus d. Französ. von F. J. Mone. gr. 8. Heidelberg, Engelmann.

v. Borja, F., Syllabaire méthodique, od. neues methodisches Buchstabir-Buch der französ. Sprache, zur schnellen Erlernung einer richtigen Aussprache u. Wortbildung f. Kinder. 8. Karlsr. 830. Groos. 5 gl

Böricke, A., s.: Corpus iuris civilis.

Boericke, Alexis, Glauchaviensis: Quaestiones Cleomedeae. Pegaviae 1905: H. Guenther. (83 S.) 8°
Leipzig, Phil. Fak., Ref. Wachsmuth, Lipsius, Diss. v. 30. Nov. 1905
[Geb. 31. Dez. 79 Glauchau; Wohnort: Chemnitz; Staatsangeh.: Sachsen; Vorbildung: Gymn. Grimma Reife O. 99; Studium: Leipzig 11 S.; Rig. 11. Nov. 04.]

Boericke, Felix: Ueber das elektromotorische Verhalten des Broms und das Anodenpotential bei der Elektrolyse neutraler Bromkaliumlösungen. 1904. 38 S. 4°
¶ Auch in: Zeitschrift f. Elektrochemie. Jg. 11. 1905.
Dresden, Dr.-Ing.-Diss. v. 29. 7. 1904

Böricke, Jul., meine Selbstvertheidigung. Im Gefängnisse geschrieben u. zunächst allen mir wahrhaft befreundeten Mitbürgern gewidmet. gr. 8. (52 S.) Glauchau 850, Cramer. n. 4 ngr

Bořicky Emanuel: Dufrenit, Beraunit und Kakoxen von der Grube Hrbek bei St. Benigna in Böhmen. Ein Beitrag zur Entwicklungsgeschichte der Eisenphosphate. S. 56. l. 6 . . . . vgr.
Separatabdruck

Bořický, E., Elemente einer neuen chemisch-mikroskopischen Mineral- u. Gesteinsanalyse, s.: Archiv der naturwissenschaftlichen Landesdurchforschung von Böhmen

Bořický, Em., zur Entwicklungsgeschichte der in dem Schichtoncomplex der silurischen Eisensteinlager Böhmens vorkommenden Minerale. [Aus d. Sitzungsber. d. kais. Akad. d. Wiss.] Wien 869. (Gerold's Sohn.) gr. 8. (32 S.) n. 5 ngr

Bořicky, E. Petrographische Studien an den Basaltgesteinen Böhmens. Prag, 1874.

– petrographische Studien an den Phonolithgesteinen Böhmens, s. Archiv der naturwissenschaftlichen Landesdurchforschung v. Böhmen.

Bořický, Eman., petrologische Studien an den Porphyrgesteinen Böhmens, s. Archiv der naturwissenschaftlichen Landesdurchforschung von Böhmen.

—— über die Verbreitung des Kali und der Phosphorsäure in den Gesteinen Böhmens, s. Archiv für die naturwissenschaftl. Landesdurchforschung von Böhmen.

Borie, Leben, s. Leben.

(v. Borie, Aeg. Val. Fel.): Wörtl. Ausdruck d. in d. J. 1773. 74. 75. u. 77. obgewes. Reichstagshandl. in d. K. G. Sache, d. Eintheil. d. daselbstigen Senate betr. (*Regensb.*) 788. fol.

Frhr. v. Borie, Aeg. Val. Fel.: Beytr. z. Beförd. d. ord. Visit. bey d. K. u. R. K. H. (*Regensb.*) 791—92. in mehr. einz. Stücken. 4.

Borie, Aegidius Valentin Felix Frh. v. (Hrsg.), s.aBeyträge zum kammergerichtlichen Justizwesen.

(v. Borie, Aeg. Val. Fel.): Beyträge z. kammergerichtl. Justizwesen. *Eb.* 787. 8.

PRIVATGEDANKEN (von *Egid. Val. Felix* Frhrn. *v. Borie*). O. O. 1778.

– s. Revisionsgericht

– s. Ungrund des Revisionsgerichts.

(v. Borie, Aeg. Val. Fel.): Verzeichn. d. seit d. J. 1663. bis d. 25. Apr. 1788. gegen d. Erkennt. d. Kais. u. R. K. G. b. d. Reichsversamml. mittelst d. öffentl. Reichs-Dictatur angebrachten Recursen. *Regensburg*, Montag. 788. 4. (3 Gr.)

–s. Vorschläge zur Visitation

Borié, Franc. Edm. Chr. de: Jus ac modus procedendi in causa litigiosae possessionis ad partem 2. tit. 21. ord. cameral. Wetzlariae 1783.

Borié, Franc. Edm. Chr. de: De processu camerali in casu denegatae vel protractae iustitiae, nec non de promotorialibus earumque usu et effectu. Ad partem 2. tit. 26. ord. cameral. Wetzlariae 1783.

Börje, L., die Zusammenlegung der Grundstücke, sowie Gemeinheitstheilung u. Abstellung von Weidegerechtigkeiten in der Provinz Hannover, s.: Waldhecker, P.

Bories, Landrath v., Die Invaliditäts- und Altersversicherung. 1. u. 2. Aufl. gr. 8°. Hannover, Meyer, 1891.

Börjesson, Erich der Vierzehnte. Tragödie in 5 Akten nach dem Schwedischen bearb. von A. v. Winterfeld. (Den Bühnen gegenüber als Mscrpt. gedr.) Berlin 855. Behr. 8. (IX, 126 S.) n. 20 ngr

Börjesson, Joh., König Erich, s.: Bibliothek der Gesamtlitteratur d. In- u. Auslandes.

Bórik v. Dosá, Franziska, — verehlichte Weißl v. Ehrentreu An mein Vaterland! Ofen, 1856. Gedr. mit M. Bagó'schen Schriften. (16 S. 8.)

Borlmann, Karl, Erlogenes u. Erlebtes. Realistische Skizzen. 8. (III, 115 S.) Dresden 900. E. Pierson. n. 1. —; geb. n. 2. —

Boeringer, Alfr., table générale des matières, s.: Bulletin de la société industrielle de Mulhouse.

Boeringer, Friedrich

Frage und Antwort. Eine psycholog. Betrachtung von Friedr. Böringer in Elberfeld. *Langensalza: H. Beyer & Söhne 1901.* (37 S.) 8°
— Magazin, Pädagogisches. H. 158. [03. 11331

Borinski, Karl, Geschichte der deutschen Litteratur seit dem Ausgang d. Mittelalters, s.: National-Litteratur, deutsche.

— Baltasar Gracian u. die Hoflitteratur in Deutschland. gr. 8. (VIII, 147 S.) Halle 894. M. Niemeyer. n. 3. 60

! — Grundz. d. Systems d. artikul. Phonetik. Berl.-Zehlendf, B Behr's V. Erh. wieder 1.50

— Grundzüge d. Systems d. artikulierten Phonetik z. Revision d. Prinzipien d. Sprachwiss. 8°(77) Stuttg. 91. Lpzg, GJ Göschen. 1.50

Borinski, Karl [Dr.]: Die Hofdichtung des 17. Jahrhunderts ... München, *Druck v. A. Haack, Berlin,* 1894; 36 S. 8.
München, Phil. Fak., Hab.-Schr. v. 1894
(Nicht für den Austausch)

Lessing. Von Karl Borinski. Mit 2 Bildn. Bd 1. 2. *Berlin: E. Hofmann & Co. 1900.* 2 Bde 8° [F.]
— Geisteshelden. Bd 34. 35. (Samml. 6. Bd 4. 5.) [00. 3464

Deutsche Poetik von Dr. Karl **Borinski**. 3., verb. Aufl. Leipzig Göschen 1906. 104 S. 8°
(Sammlung Göschen. 40.) A12.11811

Borinski, Karl, die Poetik der Renaissance u. die Anfänge der litterarischen Kritik in Deutschland. gr. 8. (XV, 396 S.) Berlin 886. Weidmann n. 7. —

— Die Rätsel Michelangelos. Michelangelo u. Dante. Mit 44 Illustr. auf 29 Taf. (XXII, 348 S.) 8. München 908. G. Müller. 8.—; geb. 10. —

Borinski K, das Theater. Sein Wesen, seine Geschichte, seine Meister. (139 S) (Aus Natur und Geisteswelt 11) Leipzig 1899

— Der Ursprung d. Sprache. (42) gr8° Halle, M Niemeyer '11. 1.20 d

— Üb. poetische Vision u. Imagination. Ein histor.-psycholog. Versuch anlässl. Dantes. gr. 8. (XII, 128 S.) Halle 897. M. Niemeyer. n. 3. 60

Borinski, Paul: Ueber die Einwirkung von Schwefeltrioxyd und dessen Chlorsubstitutionsprodukten auf Schwefel, Selen und Tellur. München 1909: Ernst. 51 S. 8°
München, Phil. Diss. v. 9. Juni 1909, Ref. Th. Paul
[Geb. 18. April 81 Königshütte; Wohnort: Königshütte; Staatsangeh.: Preußen; Vorbildung: Gymn. Königshütte bis 98; Studium: München 10 S.; Rig. 9. Juni 09.] [U 09. 3446

Borinski, Simon *(geb. Sohrau in Oberschles. 15. 3. 1848)*: Zur Lehre von der Wendung auf die Füsse bei engem Becken. Breslau 1872. (54 S.) 8°
Breslau, Med. Diss. v. 27. Apr. 1872

Die Trennung der Siamesischen Zwillinge. Eine Puppen-Komödie. Von Bimbam Borio. *Erfurt: F. Bartholomäus [1894].* (S. 147–156.) 8° [F.]
— Thespiskarren. Wallner's. Lfg 24. [00. 13.60

Boris od. Arsen? E. Beitrag z. Lösg. d. bulgar. Frage. gr. 8. (60 S.) Leipzig 895. W. Friedrich. n. — 80

Borisov, A. A., meine Erlebnisse auf Nowaja Semlja. Polarreiseskizzen. (12 farb. Taf. u. 9 S. Text m. 1 eingedr. Bildnis.) 4. Prag 906. F. Topič. In Leinw.-Mappe n. 22. —

Borissjak, Notice sur quelques ossemens fossiles du gouvernement d'Orel, siehe: Bulletin de la société impér. des naturalistes de Moscou. Tome XXI. partie 2.

Borissjak, A., die Pelecypoden der Jura-Ablagerungen im europäischen Russland. I. Nuculidae. (Deutsch u. russisch.) Mémoires du comité géologique. (V, 49 S. m. Abbildgn, 3 Taf. u. 3 Bl. Erklärgn.) 4. St. Petersburg 904. (Leipzig, M. Weg.) n.n. 2. 58

Borissjak, A., die Pelecypoden der Jura-Ablagerungen im europäischen Russland. II.—IV. (Russisch u. Deutsch.) 34×25,5 cm. St. Pétersbourg. (Leipzig, M. Weg.) nn 6. 91
II. Arcidae. (IV, 63 S. m. 4 Taf. u. 4 Bl. Erklärgn.) 905. nn 3. 02
III. Mytilidae. (III, 35 S. m. 2 Taf. u. 2 Bl. Erklärgn.) 908. nn 2. 16
IV. Aviculidae. (Russisch u. Deutsch.) (III, 26 S. m. 2 Taf. u. 2 Bl. Erklärgn.) 909. nn 1. 73
Sonderabdrucke aus „Mémoires du comité géol."

Borissowa, Anna. Beiträge zur Kenntnis der Bantischen Krankheit und Splenomegalie. Diss. Med. Bern. ([Mit 2 Tafeln. — Sep.-Abdr. aus:] Virchow's Archiv [für patholog. Anatomie u. Physiologie...]. Bd. 172.) 52 S. 8. Berlin, Georg Reimer, 1903.

Boritz, C., die Höllenbrüder im Wienerwalde, oder der mitternächtliche Zweikampf in der Ahnengruft. Eine Rittergeschichte rc. Mit 1 Kupf. gr. 12. Wien 815, Stöckholzer v. Hirschfeld. 3/4 ꝛf

Bork, s. a. Borck

Bork, Eisenbahnhygiene, s.: Brähmer, Otto.

Bork's evangelischer Kalender für die Provinz Posen auf die J. 1863—68. Hrsg. von K. Schneider. 3.—8. Jahrg. 8. (à Jahrg. 176 S. mit eingedr. Holzschn.) Posen, Heine. à Jahrg. *

Bork's evangelischer Kalender für die Provinz Posen. 6—9. Jahrg. 1866—69. Hersg. von K. Schneider. — 10. Jahrg. 1870. Hersg. von B. Schöllner. Posen, Heine. 8. (à ca. 10 Bgn.) 6—9.: à n. 8 ngr; 10.: n. 7½ ngr

Bork's evangelischer Kalender für die Provinz Posen auf die J. 1870—1873. Hrsg. von B. Schöllner. 10.—13. Jahrg. 8. (à ca. 100—160 S.) Posen, Heine. 10.—12. Jahrg. à * 13. Jahrg. *

Bork, die elektrische Zugförderung auf der Wannseebahn, s.: Organ f. die Fortschritte des Eisenbahnwesens. 55. Jahrg. Erg.-Hft.

Bork, C. F. W., s. Bork, Karl Fr. Wilh.

Bork, C. H. W., Biedersinn d. Franken, od. d. Einzug Kais. Karls IV. zu Nürnberg. 8. Nürnb. Campe.

— lyrische Gedichte. 12. Ebend.

Bork, Christ., Erzählungen. gr. 12. (9 B.) Mannheim 834, Hoff.
Vgl. Borck.

Bork, (Christian,) Kraft u. That freier Hellenen. 8. Dessau 823, Ackermann.

Bork, E., die neuen deutschen Reichsmünzen u. ihre Falsificate. Ein Wegweiser für Jedermann zum Schutz gegen Verluste. gr. 8. (37 S. m. 1 Tab.) Frankfurt a/M. 879. Boselli. n. 1. —

Bork, Ed., Streifzüge durch den Kreis Biedenkopf u. seine Nachbarschaft. 8. (IV, 85 S.) Marburg 884. Elwert's Verl. n. 1. —

Bork, F. W., die Kraftmaschine für das Kleingewerbe u. ihre Prüfung auf Leistungsfähigkeit u. Betriebskosten auf der Fachausstellung von Kraft u. Arbeitsmaschinen zu Erfurt. Mit 11 Taf. in Autogr. u. mehreren in den Text gedr. Holzschn. gr. 8. (IV, 110 S.) Berlin 880. Polytechn. Buchh. n. 4. —

Bork, Ferdinand: Beiträge zur Kaukasischen Sprachwissenschaft. T. 1. Kaukasische Miscellen. Königsberg Pr. 1907: R. Leupold. (29 S.) 8°
Königsberg Pr., st. Steindammer R P 1907 (22)

Bork, Ferdinand: Beiträge zur Kaukasischen Sprachwissenschaft. Teil I: Kaukasische Miscellen. 29 S., 2 S. ung. 8. Beiträge zur Sprachwissenschaft. Teil II. Vorarbeiten zu einem Brahui-Wörterbuche. 32 S. 8. Teil III. Miscellen. 15 S. 4.
Städt. Steindammer Realschule *Königsberg i. Pr.* 1907 (22). 1908 (22). 1909
Progr.
I. 1. Zur Iteration im Kaukasischen. 2. Himmel. 3. Das kaukasische Wort für Eisen. 4. Zwei kaukasische Zahlwörter. 5. Ein südkaukasischer Lautwandel. — III. 1. Zur Lautlehre des Abchasischen. 2. Zum abchasischen Verbum. 3. Das abchasische und das mitannische Verbum.

Bork, Ferdinand: Beiträge zur Sprachwissenschaft. T. 3. Miscellen. Königsberg i. P. 1909: Leupold. 15 S. 4° ¶ [Forts. d. P.-Beil. 1907. 08.]
Königsberg i. P., st. Steindammer R P 1909 (22) [S 09. 38

Die Mitannisprache. Von Ferdinand **Bork**. Berlin: Peiser (1909). 126 S. 8°
(Mitteilungen d. Vorderasiat. Gesellschaft. 1909, 1/2.) [09. 3933

Bork, Gustav *Albert Wilhelm* [app. Arzt aus Rehnitz, Prov. Brandenb.]: Aus d. patholog. Institute zu Kiel. Über die Missbildungen bei Taenien. . . . Kiel, Druck v. L. Handorff, 1891; 16 S., 2 Bl., 1 Taf. 8°
Kiel, Med. Fak., Inaug.-Diss. v. [11. Apr.] 1891

Bork, Heinrich

Bork, H.
Die Chemie. Leitfaden für den chemischen Kursus in der Secunda des Gymnasiums. Methodisch bearbeitet. Paderborn, 1886. 8vo.

Bork, Heinrich: Periodische Dezimalbrüche. Berlin, Druck v. A. W. Hayn's Erben, 1895; 41 S. 4.
Berlin, k. Prinz Heinrichs-G, P 1895 (67)

Bork, Heinr., die Elemente der Chemie. Leitfaden f. den chem. Kursus in der Sekunda d. Gymnasiums. Methodisch bearb. Mit 23 Holzschn. im Text. gr. 8. (VI, 68 S.) Paderborn 886. F. Schöningh. cart. n. 1. 20

— die Elemente der Chemie. Leitfaden für den chem. Kursus in der Sekunda des Gymnasiums. Methodisch bearb. 2. Aufl. gr. 8. (VIII, 70 S.) Paderborn 889. F. Schöningh. cart. n. 1. 20

Bork, Heinr., die Elemente der Chemie u. Mineralogie. Leitfaden f. den chemisch-mineralog. Kursus des Gymnasiums. Methodisch bearb. 3. Aufl. gr. 8. (VIII, 111 S. m. 72 Holzschn.) Paderborn 894. F. Schöningh. Kart. n. 1. 20

Bork, Heinr., die Elemente der Chemie u. Mineralogie. Leitfaden f. den chemisch-mineralog. Kursus des Gymnasiums, der Realschule, des Seminars u. der höheren Töchterschule. Methodisch bearb. 4., verb. u. verm. Aufl., hrsg. v. Gust. Klepsch. (X, 114 S. m. 72 Holzschn.) 8. Paderborn 905. F. Schöningh. Kart. n. 1. 20

Bork, Heinr., zwei Festspiele aus dem Kriegsjahre 1870/71. gr. 8. (IV, 63 S.) Berlin 891. E. S. Mittler & Sohn. n. 1. 20

Bork, Heinr., deutsches Flottenlesebuch, s.: Koch, Paul.

— u. Fr. Poske, Hauptsätze der Arithmetik, f. die Unter- u. Mittelklassen d. Gymnasiums zusammengestellt. gr. 8. (24 S.) Berlin 884. G. Reimer. cart. n. — 40

—— und Poske, Hauptsätze der Arithmetik, für die Unter- und Mittelklassen des Gymnasiums zusammengestellt. 2. Aufl. gr. 8. (32 S.) Berlin 886, G. Reimer. cart. *

— u. F. Poske. Hauptsätze der Arithmetik, f. die Unter- u. Mittelklassen höherer Lehranstalten zusammengestellt. 3. Aufl. gr. 8. (38 S.) Berl. 892. G. Reimer. cart. * — 60

— u. F. Poske, Hauptsätze der Arithmetik f. die Unter- u. Mittelklassen höh. Lehranstalten. Hrsg. v. F. Poske. 4. Aufl. 8. (40 S.) Berlin (902). M. Rockenstein. Geb. n. — 80

— mathematische Hauptsätze f. Gymnasien. Methodisch zusammengestellt. Pensum des Untergymnasiums (bis zur Abschlußprüfg.). gr. 8. (167 S. m. 177 Fig.) Leipzig 895. Dürr'sche Buchh. Geb. in Leinw. n.n. 1. 90

Bork, Heinr., mathemat. Hauptsätze f. Gymnasien. Method. zusammengest. 2 Tle. 2., verb. Aufl. gr. 8. Leipzig 890. Dürr'sche Buchh. Geb. in Leinw. n.n. 4. 50
1. Pensum d. Untergymnasiums (b. z. Abschlußprüfg.). (167 S.) n.n. 1. 90
2. Pensum d. Obergymnasiums (b. z. Reifeprüfung). (235 S. m. 141 Fig.) n.n. 2. 60

— dass. Anh. Bearb. v. M Nath. (32 m. Fig.) 8° Ebd. '08. — 40 d

— dasselbe. Ausg. f. Realgymnasien u. Oberrealschulen. Nach dem Tode des Verf. hrsg. v. Max Nath. 1. Tl. Pensum der Unterstufe (bis zur Untersekunde einschl.). Nach der 3., vom Verf. besorgten Aufl., durchgeseh. u. den preuß. Lehrplänen v. 1901 angepaßte Ausg. gr. 8. (242 S. m. Fig.) Ebd. 903. Geb. in Leinw. n. 2. 50

Bork, Heinr., mathematische Hauptsätze. Ausg. f. Gymnasien. Nach dem Tode des Verf. hrsg. v. Max Nath. II. Tl. Pensum der Oberstufe (bis zur Reifeprüfg.). 3. durchgeseh., teilweise umgearb. u. den preuß. Lehrplänen v. 1901 angepaßte Aufl. (XII, 388 S. m. Fig.) gr. 8. Leipzig 903. Dürr'sche Buchh. Geb. n. 3. 60

— mathematische Hauptsätze. Ausg. f. Realgymnasien u. Oberrealschulen. Nach dem Tode des Verf. hrsg. v. Max Nath. I. Tl. u. II. Tl. 1. u. 2. Abtlg. gr. 8. Leipzig, Dürr'sche Buchh. Geb. in Leinw. n. 8. 10
I. Pensum der Unterstufe (bis zur Untersekunda einschl.). 5. durchgeseh. u. den preuß. Lehrplänen v. 1901 angepaßte Aufl. (252 S. m. Fig.) 907. n. 2. 50
II, 1. Planimetrie, Arithmetik, Trigonometrie, Stereometrie, Kegelschnitte. Nach der 2., vom Verf. besorgten Aufl. durchgeseh., teilweise umgearb. u. den preuß. Lehrplänen v. 1901 angepaßte Ausg. (XII, 376 S.) 904. n. 3. 60
II, 2. Grundzüge der darstellenden Geometrie. Für die oberen Klassen höherer Lehranstalten bearb. v. Wilh. Gercken. (X, 121 S. m. Fig.) 903. n. 2. —

Bork's, Heinr., mathematische Hauptsätze. Ausg. f. Gymnasien. Nach dem Tode des Verf. hrsg. v. Max Nath. 1. Tl. Pensum der Unterstufe (bis zur Untersekunda einschl.) 6., durchgeseh. u. verb. Aufl. (200 S. m. Fig.) 8. Leipzig 909. [Dürr'sche Buchh.] O. R. Reisland. Geb. 2. 10
Auch dess. Verf. „Mathemat. Leitfaden" (v. P. Crantz-Haentzschel) ging in obigen Verlag über.

Bork, H., Deutschlands große Jahre 1870/71, geschildert in Liedern von H. B., m. Bildern von Chrn. Speyer. gr. 8. (VIII, 197 S.) München 890. Beck. n. 3. 50; geb. n. 4. 80

— P. Crantz, E. Haentzschel, Mathematischer Leitfaden f. Realschulen. 1. Tl.: Planimetrie u. Arithmetik. gr. 8. (184 S. m. Fig.) Ebd. 897. n. 1. 80; geb. in Leinw. 2. —

— dasselbe. 2. Tl.: Trigonometrie u. Stereometrie. gr. 8. (128 S. m. 2 Fig.) Ebd. 898. n. 1. 40; geb. in Leinw. n. 1. 60

— P. Crantz u. E. Haentzschel, mathematischer Leitfaden f. Realschulen. 1. u. 2. Tl. 8. Ebd. Geb. n. 3. 60
1. Planimetrie u. Arithmetik. 5., verb. Aufl. (202 S. m. Fig.) 906. n. 2. —
2. Trigonometrie u. Stereometrie. 3. verb. Aufl. (128 S. m. 117 Fig.) 904. n. 1. 60

— P Crantz u. E Haentzschel: Mathemat. Leitf. f. Realsch. 1. Tl: Planimetrie u. Arithmetik. 6. Afl. (202 m. Fig.) 8° Ebd. '09. Geb. 2 — d

Bork, Heinr. Untersuchungen über das Verhalten zweier Primzahlen in Bezug auf ihren quadratischen Restcharakter. 21 S. u. Taf.
Progr. Ask. G. *Berlin* 1885.

—— Untersuchungen über das Verhalten zweier Primzahlen in Bezug auf ihren quadratischen Restcharakter. 4. (21 S. mit 1 lithogr. Taf.) Berlin 885, Gaertner. *

Bork, Heinrich [aus Posen]: Untersuchungen über das Verhalten zweier Primzahlen in Bezug auf ihren quadratischen Restcharakter. . . . Halle, *Druck v. W. Pormetter in Berlin.* 1889; 21 S. 1 Bl. u. 1 Taf. 4°
Halle, Phil. Fak., Inaug.-Diss. v. [10. Jul.] 1889

Bork, J., Heilungen, durch animal. Magnetismus bewirkt. Eine Sammlung von Krankengeschichten mit Zeugnissen der Geheilten. gr. 8. Würzburg 837. (Stahelsche Buchh.) 1/3 ß

Bork, Karl, der Handwerkerfreund. 8. (VIII, 159 S.) Berlin 903. C. Heymann. Geb. in Leinw. n. 1. —

— der Streikführer. Volksstück in 4 Akten. 2. (Umschlag-)Aufl. Bearb. v. J. F. A. Volkmann. gr. 8. (40 S.) Berlin (900). A. Hoffmann. — 60

Bork, Karl Fr. Wilh.

Bork, K. F. W., Aphanasia, od. der Kampf der Liebe im Norden u. Süden. Nach wahren Ereignissen aus d. J. 1812 u. 1813. gr. 12. Berl. 824. Herbig. 1 ß 12 gr

—— Peter Pawlowitsch Semennow's merkwürd. Begebenheiten währ. d. Regier. Katharina d. Zweiten, u. d. Revolutionszeit in Paris. Histor. Erzähl. 2 Thle. 8. (29½ B.) Berlin 834, Schroeder.

— Cathinka, oder das Duell zum Glück. Wahre, merkwürd., tragi-kom. Begebenheit aus St. Petersburg u. Moskau. 8. Leipz. 825. Lauffer. 1 ß 12 gr

Bork (oder Borck), Karl Fr. Wilh., Dornenkranz der Religionsverfolgung. Histor. Erzählung aus neuerer Zeit. 8. Berlin 833. Lüderitz'sche Buchh. 1 ß

Borck, C. F. W., Dornen-Kranz d. Religionsverfolgung. Histor. Erzähl. a. neuerer Zeit. 8. (15 B.) Berlin 833, [Schroeder.]

— Elsabee von Breitenstein, Retterin des deutschen Ritterordens rc. 2 Bde. 8. Leipzig 826. (Berlin, Bade.) 2 ß

— Elsabee v. Breitenstein; Retterin des deutschen Ritterordens im Schloß Wenden. Histor. Erzählung aus dem 14n Jahrh. 2 Bde. Mit 1 Kpf. 8. Leipz. 826. Glück. 2 ß

— das seltene Ereigniß. Ein Familiengemälde in 4 Aufzüg. 8. Braunschweig 814. (Leibrock.) 1/3 ß

— lyrische Gedichte. 16. Nürnb. 809. Campe. 12 gr

— Gefahren und Abentheuer, oder die Schreckenstage des Herrn von Davidow während der Occupation von Moskau im Jahre 1812 rc. 8. Leipzig 825. (Berlin, Bade.) 1 ß

— die Gefahren u. Abentheuer, od. die Schreckenstage des Hrn. v. Davidow, während der französ. Occupation von Moskau 1812 rc. 8. Leipz. 825. Glück. 1 ß

—— die zwölfjähr. Heldin; Fürstin Nadeshda Pugatowsky. Ein histor. Roman d. 17. Jahrh., nach verschied. Klosterlegenden frei erzählt. 2 Thle. 8. (27½ B.) Leipzig 831, Enobloch.

— der Hochverräther. Histor. Erzählung neuerer Zeit. 2 Thle. gr. 12. Leipzig 835. Weber. 1½ ß

— Marbolds Klippenwege. 8. Manh. 826. Schwan u. G. 1 ß 4 gr

— s. a. Schreckensnächte e. Reisenden.

— Schreckensnächte eines Reisenden aus d. Vorgebirge d. guten Hoffnung. Eine wahre Geschichte neuerer Zeit, aus dessen Tagebuch. 8. Leipz. 825, Lauffer.

— Theater-Almanach f. d. Jahr 1811. Mit Kpf. 8. St. Petersb. (Braunschw., Pluchart). 1 ß 8 gr

Bork, Leo, Arzt: Beitrag zur Kenntniss der Nierenkapsel-Geschwülste. *Berlin 1901: L. Schumacher.* (25 S.) 8°
Breslau, Med. Diss. v. [22. Juni] 1901

Bork, W., der Locomotivbau, s. Handbuch für specielle Eisenbahn-Technik.

Borke

Was ist für und gegen die General-Tabaksadministration zu sagen? (Vom Geh. Finanz-Rath Borke.) 8°. s. l. 1786.

v. Borke, Graf Adr. Hnr., († d. 17. April 1788.) Beschreib. der Stargardtschen Wirthschaft in Hinterpommern. 8. Berl. 783. 2e A. 788. 3e verb. Aufl. u. d. T.: Beschreib. d. Stargardtschen Wirthschaft in Hinterpommern; nebst Leop. v. Wedels Vorles. darüb. u. v. Eichstädts Beschreib. d. Hohenholz. Wirthschaft in Vorpommern; nebst beigef. Plänen. 8. Berl. 793. (Sander). 1 ß

Borke, H. Adr. Gr. v., Beschr. d. Stargard. Wirthschaft. 8. Breslau, Löwe, (Lange, Berlin.) 778

— — dass. m. K. gr. 8. Berlin, Oehmigke. 792.

Borke, J., heilige Reden über d. Leiden rc. Jes. Chr. rc. 4. Hamburg, Brandt. 743.

Borke, Otto Bhrd., († im Jan. 1785.) Materie u. Geist, oder Betrachtungen üb. d. Beweise von d. Unsterblichkeit d. menschl. Seele. 8. Dresd. 785. Gerlach. 8 gr

Borkel, Curt: Beiträge zur Kenntnis der peptischen und tryptischen Verdauung des Eiweißes. *Leipzig 1903: Metzger & Wittig.* (42 S.) 8°
Leipzig, Phil. Diss. v. [24. März] 1903

Borken [Schlagwort]

Borken, s.: Münster, Reg.-Bez.

Borken, Kreis [Schlagwort]

Borken, Kreis, s.: Münster.

Borken, Kreis, s.: Westfalen, Wegekarte.

Borkendorf, Wilh. v.: „Friede auf Erden!" Bauern-Komödie a. Schlesiens Bergen. (82) 8° Neisse, J Graveur's V. ('11). 1 — d

Borkenhagen, C. W., s. Borkenhagen, K. W.

Borkenhagen, Hermann

Christus und die Sozialdemokratie von H(ermann) Borkenhagen. *Leipzig: W. Friedrich (1897).* (51 S.) 8° [Th.] [04. 1364]

BORKENHAGEN, Hermann. Die öffentliche Frau oder Ein Opfer der Verführung. Sittengeschichte aus dem Leben. Hamburg, Digel, (um 1890). 8°. 36 S.
Verb. d. Ldg. I Berlin 38 J. 1060/11.

Borkenhagen, Herm.: Das Milchtier d. kl. Leute. Anleitg z. Ziegenzucht u. Ziegenhaltg. (48 m. Abb.) gr8° Lpzg, A. Michaelis '11. — 75 d

Borkenhagen, Herm., das Oderbruch in Vergangenheit u. Gegenwart. (48 S.) 8. Neu-Barnim 905. Selbstverlag. n. — 50

Borkenhagen, Herm., das Oderbruch. 905. (KVL. 34.) Jetzt: Frankfurt a. O., G. Harnecker & Co.

Borkenhagen, K. W., kaufmännische Notizen u. Waaren-Berechnungen, zum Gebrauch für junge angehende Kaufleute. 4. Berl. 820. (Leipz., Brockhaus). 20 gr (Heymann in Glog.) 1 ß

Borkenhagen, K. W., Kaufmännische Notizen und Waaren-Berechnungen zum Gebrauch für junge angehende Kaufleute. 4. Berlin. (Leipz., Gleditsch). 820.

Borkenhagen, Louis Der religiöse Determinismus in seinen Haupterscheinungsformen. 16 S. Progr. OR. *Kiel* 1876.

Borkenhagen, Ludw., Geographie und Statistik von Deutschland und vom Preuß. Staat mit historischen Bemerkungen. Für Schule, Haus und das bürgerliche Leben bearb. Separat-Abdruck der 2. Aufl. der gleichnamigen Tabellen. Revid., verb. u. verm. nach Mittheilungen, den Tabellen u. amtlichen Nachrichten des Kgl. Preuß. Statist. Büreau's, der Kaiserl. Oesterreich. Direktion der administrat. Statistik und andern amtlichen Quellen. Berlin 854. Mittler u. Sohn in Comm. gr. 8. (179 S.) n. 10 ngr

—— Geographie und Statistik des preußischen Staates, mit histor. Bemerkungen. Für Schule, Haus und das bürgerl. Leben bearb. Abdr. der 2. Aufl. gleichnamiger Tabelle. Nach Mittheilungen ɪc. des königl. preuß. statistischen Büreau's und anderen amtl. Quellen revid., verb., verm. und mit einem Anhange ɪc. versehen. gr. 8. (119 S.) Berlin 854, (Mittler und Sohn.) *

Borkenhagen, Ludw., Dr. Martin Luthers kleiner Katechismus mit kurzen Einleitungen, übersichtlichen Entwürfen, biblischen Beweisstellen und Liederversen, so wie dem Inhalt der biblischen Bücher, Zeittafeln zur alttestamentl. und christl. Religionsgeschichte, Schulgebeten und einem Melodien-Register zur prakt. Behandlung der einzelnen, in den 5 Hauptstücken enthaltenen christl. Lehren. Ein Leitfaden für Lehrer und Schüler. 2., verb. und verm. Aufl. 8. (51 S.) Berlin 857, (Mittler und Sohn.) *

—— Lese-Wandtafeln u. Wegweiser zu meinem ersten Uebungsbuche im deutschen Lesen, nach den Grundsätzen einer möglichst gleichzeitigen Berücksichtig. des Lesens u. Schreibens, sowie d. Vocal- u. Nominalmethode. Zum Gebr. f. Lehrer. gr. 8. (1 B. u. 19 Taf. Alph. in Fol.) Berlin 840. (Mittler, Berl.)

— Lese-Wandtafeln u. Wegweiser zu meinem ersten Uebungsbuche im deutschen Lesen. Zum Gebr. für Lehrer. gr. 8. u. 19 Taf. Ebend. 840. 3/4 rf

Borkenhagen, Ludw., Lese-Wandtafeln und Wegweiser zu meinem ersten Uebungsbuche im deutschen Lesen, nach den Grundsätzen einer möglichst gleichzeit. Berücksicht. des Lesens und Schreibens so wie der Vocal- und Nominalmethode. Zum Gebrauch für Lehrer. 1. Aufl. 847. und 2., verb. Aufl. (19 Bog. in gr. Fol. und 16 S. in gr. 8.) Berlin 851, (Mittler und Sohn.)

Borkenhagen, Ludw., Lese-Wandtafeln und Wegweiser zu meinem ersten Uebungsbuche im Deutschen Lesen, nach den Grundsätzen einer möglichst gleichzeitigen Berücksichtigung des Lesens und Schreibens so wie der Vocal- u. Nominalmethode. Zum Gebrauch für Lehrer. 3. Aufl. Berlin 862. Mittler & Sohn in Comm. gr. Fol. (19 Taf. u. 16 S. Text in 8.) 22½ ngr

— s. Luther, Mart., kleiner Katechismus.

Borkenhagen, Ludw., Prospect über den Einrichtungs- und Lehrplan der vormals Prof. Hartungschen jetzt unter der Direction des Verf. stehenden höheren Töchterschule in der St. Petri-Parochie, Brüderstraße Nr. 4. und der damit verbundenen Pensions-Anstalt für Töchter. 4. (16 S.) Berlin 854, (Mittler und Sohn.) Thlr. *

—— Uebersicht der Provinzen und Regierungsbezirke der preußischen Monarchie nach ihrer Größe, Bevölkerung, Volksdichtigkeit ɪc. und alphabet. Verzeichnisse der 988 Städte des preuß. Staates mit Angabe der Einwohnerzahl ɪc. gr. 8. (23 S.) Berlin 854, (Mittler und Sohn.) *

Borkenhagen, Ludw., tabellar. Uebersicht der Geographie u. Statistik v. Deutschland. Nach den neuesten u. besten Hülfsmitteln f. Schule u. Haus bearb. 1 Bl. in gr. Fol. Berlin 847, Mittler & Sohn. n. 2 ngr Auf 2 Bl. gedruckt n. 3 ngr

—— tabellarische Uebersicht der Geographie und Statistik von Deutschland, mit kurzen histor., ethnograph. und cameralist. Bemerkungen. Für Schule, Haus und das bürgerl. Leben nach den neuesten Hülfsmitteln bearb. 2. Aufl., revid., verb. und verm. nach den Mittheilungen ɪc. des königl. preuß. statist. Büreau's, der kaiserl. österreich. Direktion der administrativen Statistik und andern amtl. Quellen. (1 Bog. in gr. Fol.) Berlin 854, (Mittler und Sohn.) *
in 2 Bl. *

—— erstes lateinisches Uebungsbuch, nach pract. Erfahrungen bearb. und hrsg. 8. (104 S.) Berlin 850, (Mittler und Sohn.) *

—— erstes Uebungsbuch im deutschen Lesen, nach den Grundsätzen einer möglichst gleichzeit. Berücksichtig. des Lesens u. Schreibens sowie der Vocal- u. Nominalmethode geordnet. 1—4., verb. u. verm. Aufl. 8. Berlin. (Mittler, Berl.) [1. (4⅛ B.) 841., 2. (6 B.) 45., 3. u. 4. (à 5⅛ B.) 46.] n

—— erstes Uebungsbuch im deutschen Lesen, nach den Grundsätzen einer möglichst gleichzeit. Berücksicht. des Lesens und Schreibens so wie der Vocal- und Nominalmethode geordnet und, auf Grund fortgesetzter Beobachtungen und Versuche, mit vereinter Hilfe prakt. Schulmänner und nach den besten Hilfsmitteln bearb. und hrsg. 5. Aufl. 847. und 7., unveränd. Aufl. 8. (82 S.) Berlin 850, (Mittler und Sohn.) **

— erstes Uebungsbuch im deutschen Lesen, nach den Grundsätzen einer möglichst gleichzeitigen Berücksichtigung des Lesens und Schreibens so wie der Vocal- und Nominalmethode geordnet und, auf Grund fortgesetzter Beobachtungen und Versuche, mit vereinter Hilfe prakt. Schulmänner bearbeitet. 8—16. unveränd. Aufl. Ebend. 852—58. 8. (82 S.) nn. 3¾ ngr

—— erstes Uebungsbuch im deutschen Lesen, nach den Grundsätzen einer möglichst gleichzeitigen Berücksichtigung des Lesens und Schreibens, so wie der Vocal- und Nominalmethode geordnet und auf Grund fortgesetzter Beobachtungen und Versuche, mit vereinter Hilfe prakt. Schulmänner bearb. 11—14. Aufl. 1853—55 und 15. Aufl. 8. (84 S., wovon 2 lithogr.) Berlin 856, (Mittler und Sohn.) **

—— erstes Uebungsbuch im deutschen Lesen, nach den Grundsätzen einer möglichst gleichzeitigen Berücksichtigung des Lesens und Schreibens so wie der Vocal- und Nominalmethode geordnet ɪc. 16—24., unveränd. Aufl. 8. (82 S.) Berlin 860, (Mittler und Sohn.) **

—— dass. — Ausg. für kathol. Schulen. 22., unveränd. Aufl. 8. (82 S.) (Ebendas.) 860. **

— erstes Uebungsbuch im deutschen Lesen, nach den Grundsätzen einer möglichst gleichzeitigen Berücksichtigung des Lesens und Schreibens so wie der Vocal- und Nominalmethode geordnet und, auf Grund fortgesetzter Beobachtung u. Versuche, mit vereinter Hilfe praktischer Schulmänner bearb. 17—30. unveränd. Aufl. Ebend. 859—63. 8. (82 S.) nn. 3¾ ngr

Ausgabe f. kathol. Schulen zu gleichem Preise.

—— erstes Uebungsbuch im deutschen Lesen, nach den Grundsätzen einer möglichst gleichzeit. Berücksichtigung des Lesens und Schreibens so wie der Vocal- und Nominalmethode geordnet ɪc. 25.—33., unveränd. Aufl. 8. (82 S.) Berlin 861—64, (Mittler und Sohn.) **

Borkenhagen, Ludw., erstes Uebungsbuch im deutschen Lesen, nach den Grundsätzen einer möglichst gleichzeit. Berücksicht. des Lesens und Schreibens so wie der Vocal- und Nominalmethode geordnet und auf Grund fortgesetzter Beobachtungen und Versuche, mit vereinter Hilfe prakt. Schulmänner und nach den besten Hilfsmitteln bearb. und hrsg. 34.—59. unveränd. Aufl. gr. 8. (82 S.) Berlin 865—78, (Mittler und Sohn.) **

Borkenhagen, Ludw. Erstes Übungsbuch im deutschen Lesen nach den Grundsätzen einer möglichst gleichzeit. Berücksicht. d. Lesens u. Schreibens ɪc. 78. nach den Grundsätzen der neuen Orthographie veränd. Aufl. 8. (82 S.) Berl. 891, Gerstmann. — 50
In Ausgaben für protestant. und für kathol. Schulen.

Borkenhagen, Ludw., erstes Übungsbuch im deutschen Lesen, nach den Grundsätzen e. möglichst gleichzeit. Berücksicht. des Lesens u. Schreibens, sowie der Vokal- u. Nominalmethode geordnet u., auf Grund fortgesetzter Beobachtgn. u. Versuche, m. vereinter Hilfe prakt. Schulmänner u. nach den besten Hilfsmitteln bearb. u. hrsg. 79. nach den Grundsätzen der neuen Orthographie veränd. Aufl. 8. (82 S.) Berlin 893. C. R. Dreyer. n. — 40

— dasselbe. Ausg. f. kathol. Schulen. 79. nach den Grundsätzen der neuen Orthographie veränd. Aufl. 8. (82 S.) Ebd. 893. n. — 40

Borkenhagen, L., 1. Übungsbuch im deut. Lesen nach d. Grundsätzen e. möglichst gleichzeit. Berücks. d. Lesens u. Schreibens, sowie d. Vokal- u. Nominalmethode. Asg. A, f. ev. Schulen. 80. Afl. 8° (74) Berl. 95, CR Dreher. — 40 || Asg. B, f. kathol. Schulen. 75. Afl. (82) 93. — 40

Borkenhagen, Ludw., erstes Übungsbuch f. deutschen Lesen, n. d. Grundsätzen e. mögl. gleichz. Berücksicht. d. Lesens u. Schreibens, sow. d. Vokal- u. Nominalmethode geord. u., a. Grund fortges. Beobachtgn. u. Versuche, m. vereinter Hilfe prakt. Schulmänner u. u. d. besten Hilfsmitteln bearb. u. herausg. 81., n. d. neuen Orthographie ve-änd. Aufl. 8. (82 S.) Berlin 897. C. R. Dreher. n —40

Borkenhagen, Ludw., was ist des Christen würdig u. was ziert ihn vor Allem in Zeiten gemeinsamer Noth. Predigt. 8. (1 ½ B.) Schwetz 844. (Leipzig, C. H. Reclam sen.)

Borkenhagen, Osk., gefährliche Gläubiger, s.: Zentraltheater.

Borkenkäfer, der, oder auch Holzwurm genannt; der Mordskerl in der Insektenwelt. National-ökonom., naturwissenschaftl. Vortrag des außerordentl. Naturgeschichts-Professors Grünwald v. Tannenreis an der türk. Forst-Hochschule zu Zirbelnuß. [Von Alois Weiß.] gr. 8. (22 S. m. eingedr. Fig.) München 882. Vollner. n. 1. —

Borken-Käfer, Etwas über den, oder die Baumtrockniſs fichtener Waldungen. Leipzig 1786. 8.

Borkenkäfer, d., od. auch Holzwurm genannt; d. Mordskerl in d. Insektenwelt. National-ökonom., naturwissenschaftl. Vortrag d. ausserordentl. Naturgeschichts-Prof. Dr. Grünwald v. Tannenreis an d. türk. Forst-Hochschule zu Zirbelnuss. [Von A. Weiss.] 8. (22 m. Fig.) Münch. 82, Viereck. n. 1. —

Borkenstein, (C. F.) Versuch zu einem Lehrgebäude d. theoretisch-praktischen Artilleriewissenschaft. 2 Thle. Mit 35 Tab. u. 18 Kupfertaf. gr. 4. Berlin 822 u. 823. Reimer.

Borkenstein, Hinr., d. Bookesbeutel, hrsg. v. Frz. Ferd. Heitmüller, s. a. Litteraturdenkmale, deutsche, d. 18. u. 19. Jahrh.

BOOKESBEUTEL, Der. Ein Lustspiel von Drey Aufzügen (Maltzahn, S. 533, hat „Abhandlungen"). (Vf. Buchhalter *Hinrich Borkenstein.*) Frankfurt u. Leipzig, 1742. 8°. 4 Bll. u. 104 S. Erster Druck, sehr selten!

„Rohe Copie roher hamburgischer Sitten. Dieser erste Versuch eines Hamburger lokalen Charakterstücks wurde am 16. Aug. 1741 zuerst in Hamburg auf der Schönmannschen Bühne aufgeführt und 16 Mal bei immer vollen Häusern wiederholt. Auch Koch, Schuch u. Ackermann brachten, bei ihrer Anwesenheit in Hamburg, das Lustspiel mit Erfolg zur Aufführung, so dass es in verschiedenen Jahren 88 Vorstellungen erlebte." Vgl. Schmid, Chronolog. d. deutschen Theaters, S. 107. — Anon.-Lex. I. p. 254 (nach Schröder und W. v. Maltzahn). S. auch Heitmüller, DLD. Nr. 56, 57, S. XIX.

• — — Dasselbe, tit.: Der Bookesbeutel, ein Lustspiel in drey Aufzügen. Hamburg, bey Joh. Adolph Martini 1746. Kl. 8°. (In Berlin: Yr 831.)

Tit., 3 Bll. Vorbericht u. Pers.-Verz., 104 SS. Im Vorbericht heisst es: „Gegenwärtiges Stück ist schon vor Jahr u. Tag von d. geschickten Schönemannischen Gesellschaft auf d. Hamburgischen Schaubühne zum öftern aufgeführet worden". (2½ Mk. Kühl, Berlin, c. 1883; jetzt theurer!)

Der Bookesbeutel. Lustsp. v. Hinrich **Borkenstein** '(1742)'. (Hrsg.: Franz Ferdinand Heitmüller.) *Leipzig: G. J. Göschen 1896.* (XXX, 73 S., : Tab.) 1 Bd 8.
=Litteraturdenkmale, Deutsche, d. 18. u. 19. Jahrhunderts. [No] 56. 57.
(56. ...)

Borkenstein, K. F., Versuch zu einem Lehrgebäude d. theoret.-praktischen Artilleriewissenschaft. 2 Thle. Mit 35 Tabb. u. 18 Kpft. gr. 4. Berl. 822 u. 23. Reimer. 7 ℳ 16 ₰

Börker, Wilhelm

Bender, O.: **Abschiedslied dem gel. Br. O. Bender bei seinem Scheiden von Braunschweig gesungen von den Dankwardbrüdern. [Unterz.:] W. Börker. [Braunschweig] o. J. 1 Bl. 8⁰ [Kopftit.]**
Ohne Noten: „So schalle denn der letzte Sang, . . ."

Dittrich, Franz: Abschiedslied dem Br. Franz Dittrich bei seinem Scheiden von Braunschweig am 11. Dezember 1916 gesungen von den Dankwardbrüdern. [Unterz.:] W[ilh.] **Börker**. 1 Bl. 8⁰. [Kopftit.]
„So schalle denn der letzte Sang" . . .

Aufnahme. [Unterz.:] W. Börker. [Braunschweig] o. J. 1 Bl. 8⁰ [Kopftit.]
Gedicht: „Als ich zum ersten Mal des Tempels Hallen, . . ."

Börker, Wilh.: Aufsätse, s: Gedanke, Der freimaurer., Clausen.

— Flotte u. Kolonie im Spiegel deut. Dichtg. (8, 76) 8° Wolfenb., Heckner '11. 1.50 d

[Gedicht]. Zum Schwesternfest [der Loge Dankward z. r. Stein in Braunschweig]. Weisheit, Stärke, Schönheit! [Unterz.:] W[ilh.] **Börker**. [Braunschweig.] o. J. 1 Bl. 8⁰. [Kopftit.]
„Nun steige, holde Feierstunde . . ."

Im Glück und Not Deutsch bis zum Tod. Festspiel in 1 Akt von Wilhelm **Börker**. Braunschweig: Appelhans & Pfenningstorff 1894. (34 S.) 8°
[J.]
(...)

[Lied.] Zum Johannisfeste [der Loge Dankward zum rauhen Stein in Braunschweig. Unterz.:] W[ilh.] **Börker**. [Braunschweig.] o. J. 1 Bl. 8⁰. [Kopftit.]
„Sei gegrüsst Johannistag . . ."

Börker, Wilh., im Osterlicht. Osterspiel in 2 Szenen. (81 S.) 8. Braunschweig 909. E. Appelhans & Co. —50

Börker, Wilh., in Wotans Schutz, s. a. Theater-Bibliothek f. Vereine. 45. Hft.

Börker, Wilhelm, In Wotans Schutz, Phantastisches Turnerfestsp. in 2 Vorgängen, Braunschweig, 19 S., 8°.

Tafel-Lied zum Schwesternfest der Johannisloge Dankward zum rauhen Stein in Braunschweig am 6. Febr. 1909. Den liebenswürdigen Schwestern gewidmet von W[ilh.] **Börker**. [Braunschweig 1909.] 2 Bl. 8⁰. [Umschlagtit.]
„Es funkeln die Becher, es perlt der Wein . . .

Börker, Wilhelm, Von dtsch. Volkskraft, Festdichtung z. 50. Stiftungsf. d. Braunschweiger M. T. V., Braunschweig 1910, 20 S., 8°.

Im Wandel der Zeiten. Festspiel z. Einweihung d. neuen Seminargebäudes (in Braunschweig). Von Wilhelm **Börker**. Braunschweig 1894: Zickfeldt & Andres. (33 S.) 8° [J.]
(...)

Börker, Wilh., e. Weihnachtsmärchen. Weihnachtsspiel. 8. (16 S.) Braunschweig 890. (Appelhans & Pfenningstorff.) n. —25

Borkert, Wilhelm

Borkert, Guilelmus *(geb. Neustadt in Oberschles. 24. 2. 1818)*: De radicis Ipecacuanhae effectu. Vratislaviae (1841). (30 S.) 8°
Breslau, Med. Diss. v. 3. Dez. 1841

Borkhard, angewandte darstellende Geometrie. I. Perspektive und Schattenlehre. (50 S 6 T) 4° Stuttgart (1905)

Borkhausen, s.a. Borckhausen.

Borkhausen, s. Günderode, Friedr. Just.v.

Borkhausen, M. F. L., Lichthammer u. Becker, deutsche Ornithologie, s. Ornithologie.

— botan. Wörterbuch, s. Dieterich.

Borkhausen, Moritz Balthasar

Borkhausen, Mor. Balth., († d. 30. Nov. 1806.) deutsche Fauna, od. Naturgesch. d. Thiere Deutschlands. 1r Thl. Die Säugthiere u. Vögel. gr. 8. Frkf. a. M. 797. Varrentrapp. 2 ₰ 4 gr

—— Flora der obern Grafschaft Catzenelnbogen und der benachbarten Gegend, nach den Systemen vom Stande, der Verbindung und dem Verhältnisse der Staubfäden. (Der Botaniker. Heft 13—18. Eisenach.) Halle 1795—96. 8. 278, 148 p.

Borkhausen, Mor. Balth., Handbuch der Forstbotanik und Technologie. Bd. 1. 2. Giessen 1800—3. 8.

—— Theoretisches praktisches Handbuch der Forstbotanik und Forsttechnologie. Giessen und Darmstadt, Heyer. 1800—3. 2 Theile. 8. xviii, 2070 p., ind. (6 th. — jetzt 1⅓ th.)
Cat. of sc. Papers I. 487.

— Rhein. Magazin z. Erweiter. d. Naturkunde. 1r Bd. 8. Giessen 794. Heyer. 2 ₰

— s. Jh. Seb. Müller, illustratio.

— Naturgesch. d. Europ. Schmetterlinge. 5 Thle. (A. u. d. T.: Systemat. Beschreib. d. Schmetterlinge etc.) gr. 8. Frankf. a. M. 788—94. Varrentrapp. 7 ₰ 20 gr

Borkhausen, Moritz Balthasar: Naturgeschichte der europäischen Schmetterlinge nach systematischer Ordnung. 2. Frankfurt: Varrentrapp & Wenner 1789. 8°. Th. 2: Sphinxe, Schwärmer. 1789.

– s. a. Ornithologie, deutsche

BORKHAUSEN, Moritz Balthasar u. a.: Teutsche Ornithologie oder Naturgeschichte aller Vögel Deutschlands in naturgetreuen Abbildungen und Beschreibungen. - Darmstadt 1800-1817. 22 H.

– s. die Pflaumen

Borkhausen, Mor. Balth., Tentamen dispositionis plantarum Germaniae seminiferarum secundum novam methodum a staminum situ et proportione, cum characteribus generum essentialibus. Opus posthumum. Darmstadt 1792. 8.
——, —— Ebda 1809. 8.
——, —— Ebda 1815. 8.

Borkhausen, M. B., Tentamen dispositionis plantarum Germaniae seminiferarum secundum novam methodum a staminum situ et proportione etc. 8. Darmst. Heyer et Leske. 815.

Borkhausen, *Moritz Balthasar* (Borkhausia Koch.), * Giessen . . . 1760, † Darmstadt 30. Nov. 1806.
Hoeckling, Borkhausens Ringen nach dem schönsten Ziele des Mannes. Frankfurt a. M., Wilmans. 1808. 8. xiv, 102 p., 1 tab. col. (¾ th.)
—— Versuch einer forstbotanischen Beschreibung der in den Hessen-Darmstadtschen Landen, besonders in der Obergrafschaft Catzenellenbogen im Freien wachsenden Holzarten. Frankfurt a/M. 1790. 8. xl, 397 p. (1⅙ th.)

— Vers. e. forstbotan. Beschreib. d. in Hessen-Darmst. im Freien wachsenden Holzarten. gr. 8. Frankf. a. M. 791. Varrentrapp. 1 ₰ 4 gr

— Versuch e. Erklär. zoolog. Terminologie. gr. 8. Frankf. a. M. 790. Varrentrapp. 1 ₰

Borkhausen, (Mor. Balth.) botan. Wörterbuch, od. Versuch e. Erklär. d. vornehmsten Begriffe u. Kunstwörter in d. Botanik. Mit Zusätzen von Friedr. Gottl. Dietrich. 2 Bde. gr. 8. Gießen 816, Heyer.

BORKHAUSEN, Moritz Balthasar: Nachtrag zum botanischen Wörterbuche oder Versuch einer Erklärung der vornehmsten Begriffe und Kunstwörter in der Botanik. - Gießen 1816. VI, 118 S. bearb. v. F. G. Dietrich

Borkhauser, Albr. Balthasar (Hrsg.), s. Magazin, Rheinisches, zur Erweiterung der Naturkunde.

Borkheim, Sigismund, s. Bibliothek, Socialdemokratische, 24.

Borkheim, Sigism., z. Erinnerung a. d. deutschen Mordspatrioten. 1806—1807. Mit e. Einleitg. v. Frdr. Engels. gr. 8. (68 S.) Hottingen-Zürich 888. Berlin, Buchh. Vorwärts. n. — 25

— Parteien und Politik des modernen Russlands. 8°. Zürich 1872.

Borkholz, Karl

In der Gewalt der Joways. Eine Erzählung f. d. Jugend von Karl Borkholz. *Berlin: A. Weichert [1902].* (32 S.) 8° [F.]
— Indianer- u. Volksbibliothek. 365. [03. 8655]

Borkman, Gerh., verspielt. Novellen. (187 S.) 8. Dresden 903. E. Pierson. n. 2. —; geb. n. 3. —

Borkmann (Red.), s. Ibis.

Borkow, Karl. Kinderaugen. Erzählung. 8. (328 S.) Berl. 892, Janke. 6 —

Borkowski, Arthurus: De veterum Germanorum jure consuetudinario paroemiarum habita ratione. Halis (1852): Gebauer. 73 S. 8°
Halle-Wittenberg, Jur. Diss. v. 12. März 1852
Geb. [Thorn 1827]

Borkowski, H., s.: Dohna, Frédéric de, mémoires.

Borkowski, Heinr., D. Glaube a. d. Unsterblichkeit d. Seele i. Schillers Leben, Philosophie u. Dichtg. gr. 8. (IV, 138 S.) Königsberg 898. B. Teichert. n. 2. —

Gerhart Hauptmanns Märchendrama 'Die versunkene Glocke'. Von H[einrich] B[orkowski]. *Königsberg: B. Teichert [1897].* (16 S.) 8° [F.] [04. 6409]

Borkowski, Jerzy hr. Dunin-
s. Dunin-Borkowski.

Borkowski, K., pamiętnik historyczny o wyprawie partyzanckiej do Polski, s. Biblioteka pisarzy polskich.

Borkowsky, Anna, von der Kurwürde zum Kaiserthrone, 1701—1901, z. 200jähr. Jubelfeier des Königr. Preußen. gr. 8. (16 S.) Königsberg (900). Gräfe & Unzer. n. 1. —

Von der Kurwürde zum Kaiserthrone 1701–1901 z. 200 jähr. Jubelfeier d. Königr. Preussen von Anna Borkowsky. *Königsberg i. Pr.: Gräfe & Unzer [1901].* (10 S.) 8° [F.] [01. 780 10]

[Umschlagt.:] [F.] Weihnachtsklänge. E. Sammlg neuer Weihnachts-Gedichte f. jede Altersstufe v. Anna Borkowsky ... *Königsberg i. Pr.: Dr. v. M. Liedtke [1897].* (4 Bl.) 1 Bd 8. [98. 11736]

Borkowsky, Anna, Weihnachtsklänge. Eine Sammlg. neuer Weihnachts-Gedichte f. jede Altersstufe. 2. Aufl. (12 S.) kl. 8. Königsberg 906. (Gräfe & Unzer, Buchh.) n. — 80

Borkowsky, Anna. Kaiser Wilhelm d. Große in Wort u. Lied. Z. 22. III. 1797—1897. Dichtg. i. 2 Tln. gr. 8. (11 S.) Königsberg 897. Gräfe & Unzer's Sort. n. — 65

Borkowsky, Ernst, die englische Friedensvermittlung im J. 1745. Ein Beitrag zur Geschichte der geheimen Diplomatie König Georgs II. Mit Actenstücken aus dem königl. Staatsarchiv zu Hannover. gr. 8. (VII, 127 S.) Berlin 884. Borggold. n. 3. —

Borkowsky, Ernst: Deut. Frühling 1813. Die Wiedergeburt d. deut. Volkes vor 100 Jahren. (7, 336) 8° Berl., G Grote '12. 3 —; geb. 4 — d

[F.] Die Geschichte der Stadt Naumburg an der Saale. Von Dr. Ernst Borkowsky. M. 14 Abb. hervorragender Kunst- u. Baudenkmäler, 3 Stadtansichten u. 1 Siegeltaf. *Stuttgart: Hobbing & Büchle 1897.* (IX, 188 S., 5 Taf.) 1 Bd 8.
= Land, Deutsches, u. Leben in Einzelschilderungen. [Abt.] II. [No 1.] [99 1079]

Borkowsky, Ernst, Geschichte d. Stadt Naumburg a. S. 897. (KVL 20.) Jetzt: Naumburg, E. Schöler.

— Das alte Jena u. seine Universität. Eine Jubiläumsgabe zur Universitätsfeier. 1.—3. Taus. (287 S. m. 107 Abb.) 8. Jena 908. E. Diederichs. 4.—; geb. 5.—; erh. Preis 5.—; geb. 6.—; Liebhaberausg. 15. —

— Die gelbe Kutsche u. andere Märchen. (Buchausstattung v. Hugo Steiner.) (175 S.) kl. 8. Berlin 910. G. Grote. In Pappbd. 3. —

— s.: Lesebuch, deutsches, f. höhere Mädchenschulen.

— Dtsch. Leseb. f. höh. Mädchensch., s.: Muff, Chr. u. A. Dammann.

Turgenjew. Von Ernst Borkowsky. Mit Bildn. *Berlin: E. Hofmann & Co. 1903 (1902).* (217 S.) 8° [J.]
= Geistesheiden. Bd 43. [illegible]

[J.] **Borkowsky,** Ernst [Dr.]: Aus der Vergangenheit der Stadt Naumburg. (Soll fortges. werden.) Naumburg a/S., Druck v. A. Rietz & Sohn, *1893;* 2 Bl., 60 S., 1 Bl. 8.
Naumburg a/S., st. R, RPG u. VS, OP 1893 (270)

[J.] **Borkowsky,** Ernst [Dr.]: Aus der Vergangenheit der Stadt Naumburg. '(Forts. [d. P-Beil. 1893.])'. Die Stadt Naumburg im sechzehnten Jh. Naumburg a/S., Druck v. A. Rietz & Sohn, *1894;* 2 Bl., 39 S. 8.
Naumburg a/S., st. R, RPG u. VS, OP 1894 (268)

[J.] **Borkowsky,** Ernst [Dr.]: Aus der Vergangenheit der Stadt Naumburg '(Schluss [d. P-Beil. 1893. 94.])'. '(Vom Augsburger Religionsfrieden bis z. Uebergang an Preussen.)' Naumburg a/S., Druck v. A. Rietz & Sohn, *1895;* 2 Bl., 76 S. 8.
Naumburg a/S., st. R, RPG u. VS, OP 1895 (270)

— s.: Wanderungen durch Thüringen.

Borkowsky E, Antoine Watteau. (46 S 3T) (Führ. z. Kunst 13) Esslingen 1908

Borkowsky, Ernst. Aus der Zeit des Humanismus. [Elf Essays:] Albr(echt) Dürer, ... Willib(ald) Pirckheimer, ... (Hans) Holbein d. ä. und d. j., [Desiderius] Erasmus (von Rotterdam), ... (Ulrich von) Hutten, ... Nürnberg (und) Augsburg. ([Mit 11 Porträt-Tafeln und] Buchschmuck [von] F[ritz] H[ellmut] Ehmcke in Düsseldorf.) XII + 242 S. 8. Jena, Eugen Diederichs, 1905. [M. 5. –]
Gestalten aus der deutschen Vergangenheit. Reihe 1. Mit elf Porträts.

Borkowsky, Theodor [aus Gramenz i. Pomm.]: Quellen zu Swift's Gulliver ... Halle a. S., Druck v. E. Karras, 1893; 2 Bl., 45 S. 8.
Rostock Phil. Fak., Inaug.-Diss. v. [11. März] 1893

Borkum (Sachliches OW)

Borkum, Die ostfriesische Insel. Hannover 1860. V: *Merkel, Garlieb Helwig.* (JStBbH) (Ky) (CBH) (BrMm)

Borkum, Nordseebad. Taschenbuch für Badegäste mit mancherlei Ratschlägen, nebst Taxen, Fahrplänen, Flut-Tabelle, Verhaltungsmassregeln, Ausflügen etc. und 1 (lithogr.) Plane des Bades. 1. Jahrg. 1883. 32. (VI, 98 S.) Emden, Haynel. *

— dass. — Kleines Taschenbuch für Badegäste mit mancherlei Ratschlägen, nebst Taxen, Fahrplänen, Flut-Tabelle, Verhaltungsmassregeln, Ausflügen etc. und 1 (lithogr.) Plane von Westland-Borkum, 1 Ortsplan, sowie 1 Verzeichnis der Eingesessenen der Borkumer Gemeinde. 2. Jahrg. 1884. 32. (VI, 98 S.) Ebendas. *

Borkum, Nordseebad. Kleines Taschenbuch für Badegäste mit mancherlei Ratschlägen nebst Taxen, Fahrplänen, Flut-Tabelle, Verhaltungsmassregeln, Ausflügen etc., einem Orts-Plan, einem Strassen-Verzeichnis, sowie einem alphabetisch geordneten Verzeichnis der Eingesessenen der Gemeinde. 3.—6. Jahrg. 1885—1888. 32. (à Jahrg. 140—150 S.) Emden, Haynel. à Jahrg. *

Borkum, Nordseebad. Kleines Taschenbuch f. Badegäste mit mancherlei Ratschlägen nebst Taxen, Fahrplänen, Flut-Tabelle, Verhaltungsmassregeln, Ausflügen etc., e. Ortsplan, e. Küstenkarte, e. Strassen-Verzeichnis, e. alphabetisch geordneten Verzeichnis der Eingesessenen, sowie 1 Plane der ganzen Insel. 8. Jahrgang 1890. 32. (VI, 108 u. 32 S.) Emden 890. Haynel. n. — 60

Borkum, Nordseebad. Kleines Taschenbuch für Badegäste etc. 10. Jahrg. 1892. 32. (VIII, 100, 30 S. m. 2 Plänen u. 1 Karte.) Emden, Haynel. * — 50

Borkum, Nordseebad. Kleines Taschenbuch f. Badegäste m. mancherlei Ratschlägen nebst Taxen, Fahrplänen, Verhaltungsmassregeln, Ausflügen etc., e. Orts-Plan, e. Küstenkarte, e. Strassen-Verzeichnis, e. alphabetisch geordneten Verzeichnis der Eingesessenen, sowie e. Plane der ganzen Insel. 12. Jahrg. 1894. 32. (VIII, 106 u. 31 S.) Emden, W. Haynel. n. — 60

Borkum, Nordseebad. Kleines Taschenbuch f. Badegäste m. mancherlei Ratschlägen. 13. Jahrg. 1895. 32° (142 m. Kart. u. Pl.) Emd.. W Haynel. — 60

Borkum, Nordseebad. Kl. Taschenbuch f. Badegäste m. mancherlei Ratschlägen nebst Taxen, Fahrplänen, Badezeiten, Hochwasserzeiten, Verhaltungsmassregeln, Ausflügen etc., e. Orts-Plan, e. Küstenkarte, e. Strassen-Verzeichnis, e. alphabet. geordn. Verzeichnis d. Eingesessenen, sowie 1 Plane d. ganzen Insel. 16. Jahrg. 1898. 32. (VIII, 108 u. 32 S.) Emden, W. Haynel. n. — 60

Borkum, Nordseebad. Kleines Taschenb. f. Badegäste. 18. Jahrg. 1900. 32° (121 m. 2 Pl. u. 1 Karte.) Emd., W Haynel. — 60

Nordseebad Borkum. Saison 1901. (Prospekt hrsg. von d. Borkumer Bade-Commiss. *Emden: W. Schwalbe 1901.)* (88 S.) 8° [Umschlagt.] [illegible]

Borkum, Nordseebad. Kleines Taschenbuch f. Badegäste m. mancherlei Ratschlägen nebst Taxen, Fahrplänen, Badezeiten, Hochwasserzeiten, Verhaltungsmassregeln, Ausflügen etc., Strassen- u. Einwohnerverzeichnis, e. Ortsplan, e. Küstenkarte, sowie e. Plan der ganzen Insel. 20. Jahrg. 1902. 32. (VIII, 119 u. 44 S.) Emden, W. Haynel. n. — 60

Borkum, Nordseebad. Kl. Taschenb. f. Badegäste. 23. Jahrg. 1905. (112 u. 44 m. 2 Pl. u. 1 Karte.) 16° Emd., W Haynel. — 60

Borkum, Nordseebad. Kleines Taschenbuch f. Badegäste m. mancherlei Ratschlägen nebst Taxen, Fahrplänen, Badezeiten, Hochwasserzeiten, Verhaltungsmassregeln, Ausflügen rc. rc., Strassen- u. Einwohnerverzeichnis, e. Ortsplan, e. Küstenkarte, sowie e. Plane der ganzen Insel. 24. Jahrg. 1906. (VIII, 111 u. 44 S.) 16. Emden, W. Haynel. n. — 60

Borkum, Nordseebad. Kl. Taschenb. f. Badegäste. 27. J. '09. (110 m. 2 Pl. u. 1 Karte.) 11,8×7,7 cm. Emd., W Haynel. — 60

Borkum, Nordseebad. Kleines Taschenbuch f. Badegäste m. mancherlei Ratschlägen nebst Taxen, Fahrplänen, Badezeiten, Hochwasserzeiten, Verhaltungsmassregeln, Ausflügen etc. etc., e. Ortsplan, e. Küstenkarte, sowie e. Plane der ganzen Insel. 28. Jahrg. 1910. (VIII, 113 S.) 11,2×7,7 cm. Emden, W. Haynel. — 60

Borkum, Nordseebad. Taschenb. f. Badegäste. 29. J. '11. (8, 115 m. 1 Kte u. 2 Pl.) 11,2×7,7 cm. Emd., W Haynel. — 60 δF

Borkum, die Nordsee-Insel. Nebst ärztl. Rathschlägen und Winken betr. die Seereise, den Aufenthalt auf der Insel und den Gebrauch des Seebades. 6. gänzlich umgearb. und sehr verm. Aufl. Mit 1 (lithogr.) Plane von Borkum (in qu. Fol.). 8. (95 S.) Emden 878, Haynel. *
1.—5. Aufl. vgl.: Berenberg, C.

— – die Nordsee-Insel. Nebst ärztl. Ratschlägen und Winken, betr. die Seereise, den Aufenthalt auf der Insel und den Gebrauch des Seebades. 7. verb. Aufl. Mit 36 in den Text gedr. Illustr., 1 Plane der Nordsee-Insel Borkum, 1 Situationskarte von Westland-Borkum und 1 Karte des nördl. Theiles Ostfrieslands nebst Angabe des Reiseweges nach Borkum (1 color. Stnt. in qu. gr. Fol.) 8. (IV, 122 S.) Ebendas. 881. * 2 50
Plan allein * 1 —

Borkum, Die Nordsee-Insel. Nebst ärztlichen Rathschlägen und Winken, betreffend die Seereise, den Aufenthalt auf der Insel und den Gebrauch des Seebades. 8. Aufl. Emden und Borkum 1883. 10. Aufl. Emden 1894. V: *Scherz, C. F.* (CBH) (Ky)

—— Die Nordsee-Insel. Nebst ärztl. Ratschlägen u. Winken, betr. die Seereise, den Aufenthalt auf der Insel und den Gebrauch des Seebades. 9. Aufl. Mit 140 in den Text gedr. Illustr., 1 Plan u. 2 Karten. 8. (VII, 274 S.) Ebd. 892. * 3 —; geb. * 4 —

— die Nordsee-Insel. Nebst ärztl. Ratschlägen u. Winken, betr. die Seereise, den Aufenthalt auf der Insel u. den Gebrauch des Seebades. 10., verm. u. verb. Aufl. (Von C. F. Scherz.) 8. (VIII, 286 S. m. 140 Abbildgn. u. 1 farb. Plan.) Ebd. 894. n. 3. —; geb. n. 4. —
Allg. Bücher-Lexikon. XXVII. Band. (XI. Supplement-Band 1.

Die Nordsee-Insel **Borkum**. Nebst ärztl. Ratschlägen u. Winken, betr. d. Seereise, d. Aufenthalt auf d. Insel u. d. Gebrauch d. Seebades. Mit 119 Abb. u. 1 Pl. im Massst. 1 : 15,000. 11. verm. u. verb. Aufl. *Emden & Borkum: W. Haynel [1901].* (VIII, 312 S.) 8° [os. 9161 7

Borkum [Schlagwort]

Borkum, sa. Deutschland. Karte. (Abt. Preussen.)

Borkum, sa. Deutschland. Kürschner-Peip.

Borkum. Plan, neuer, d. Nordsee-Insel Borkum. 1) Plan d. Nordsee-Insel Borkum. 2) Situationskarte v. Westland-Borkum. 3) Karte d. nördl. Theiles Ostfrieslands. nebst Angabe d. Reiseweges nach Borkum. 2. Aufl. Lith. u. col. Fol. Emd. 81, Haynel. n. 1. –

Borkum. Plan, neuester, v. Borkum. 1 : 15,000. 60,5 × 75 cm. Farbendr. Emden 893. W. Haynel. n. 1.25

Boerl, Walter: Das Problem der Willensfreiheit in der Philosophie Lotzes. Halle a. S. 1010: John. 50 S. 8°
Halle, Phil. Diss. v. 1. Juni 1910, Ref. Menzer
[Geb. 5. Okt. 83 Halle a. S.; Wohnort: Halle; Staatsangeh.: Preußen; Vorbildung: Gymn. Mühlhausen Reife O. 04; Studium: Theol. u. Phil. Halle 1, Rostock 1, Leipzig 3, Halle 6 S.; Rig. 4. März 10.] [U 10. 1710

Borlach, Tabelle zum Markscheiden, in welche sich von 15 zu 15 Minuten Soole und Saigertaufe berechnet findet. 1736. 4.

Boerlage, Jacob Gijsbert

Catalogus plantarum phanerogamarum quae in Horto Botanico Bogoriensi coluntur herbaceis exceptis. Auctore J[acob] G[ijsbert] **Boerlage**. Fasc. 1. *Bataviae 1899: Offic. publ.* 4° [os. 1053

Borle, Henri: Les transformations industrielles dans l'horlogerie suisse, s: Mitteilungen a. d. handelswissenschaftl. Seminar d. Univ. Zürich.

Börlin, Gerhard [aus Zürich]: Die Transportverbände und das Transportrecht der Schweiz im Mittelalter ... Zürich, Druckerei d. Neuen Zürcher-Zeitg, 1896; 92 S., 1 Bl. 8.
München, Jur. Fak., Inaug.-Diss. v. 1896

Börlin, Gerh., d. Transportverbände u. d. Transportrecht d. Schweiz i. Mittelalter. gr. 8. (94 S.) Zürich 896. A. Müller's Verl. n. 2. —

Börlin, J., Ueber den Unterricht in der Schweizergeschichte. Aarau, städt. Schulen 1872.
Progr.-Schr.

Borm, Emil: Der Kinematograph als Volks- u. Jugendbildgsmittel, s: Samuleit, Paul.

Börm, Heinrich Nikolaus

Abriss der Deichkunde, als Grundlage eines künftig zu vollendenden vollständigen Lehrbuchs dieser Wissenschaft, systematisch dargestellt v. Heinrich Nikolaus **Börm**. Altona. 1812. 8°.

Börm, Hnr. Nik., († d. 16. Oct. 1831.) Abriß d. Deichkunde, als Grundlage eines Lehrbuchs d. Wissenschaft. 8. Altona 813. (Hammerich). 16 gr.

— s. J. A. Spetzler.

Boerm, Martin (Red.), s. Anzeiger, Allgemeiner, für künstliche Pflanzen . . .

Bormann. Zur Geschichte des letzten Latiner-Krieges 338—336. (22) 4. Prenzlau 1855.

Bormann: Handbuch . . ., s. Bormann, K. Th. F.

Bormann: Ungedruckte lat. Inschriften, s. Bormann, E.

Bormann: Quibus potissimum rebus factum sit, ut, Pericle mortuo, Athenis omnia nutu et arbitrio demagogorum gubernarentur. 16 S. Progr. Halberstadt 1841.

Bormann, das Shrapnel-Geschoss in England und Belgien, nebst Betrachtungen über dessen Gebrauch im letzten Krimm-Kriege. Eine historisch-technische Skizze. 2. bericht. u. verm. Aufl. Ins Deutsche übertragen u. mit Anmerkungen versehen von A. du Vignau. Berlin 863. Mittler & Sohn. gr. 8. (XV, 128 S.) 22½ ngr.

— das preußische System der gezogenen Feldgeschütze in Belgien und der Zeitzünder der Armstrong'schen Granatkartätsche. Mit 1 (lith.) Abbildg. in Farbendr. (in 4.) [Abdr. aus der „Allgem. Militär-Zeitung."] Darmstadt 861. Zernin. gr. 8. (40 S.) 12 ngr.

Bormann, A., Adventsverkündigung und Adventsforderung. Zwei Predigten. gr. 8. Berlin 834. (Schröder.) 1/6 rß

Bormann, Adolf, s. Bormann, Friedrich Adolf

Bormann, Albert

Bormann, Albertus: Antiquitatum Aricinarum particula. Halis (1843): Hendel. 39 S. 8°
Halle-Wittenberg, Phil. Diss. v. 6. Apr. 1843
Geb. [Osterwieck 9. 12. 1819]

Bormann, Alb.: Antiquitatum Lanuvianarum. Part. I. 30 S. Progr. Roßleben 1845.

Bormann, A., Ligustica. 3 Tle. Pr. 1864, 1865, 1868. 18, 26, 21 S. 4°. à 1.20

Bormann: Ligustica I-III. 65 S. Progr. Anclam 1864/65.

Bormann, Alb., M. P. Catonis origines, s. Cato.

Bormann: M. Porcii Catonis Originum reliquiae. 48 S. Progr. Brandenb. R.A. 1858.

Bormann, Albert, altlatinische Chorographie und Städtegeschichte. gr. 8. (XII und 236 S. mit 1 lithogr. Charte in Fol. und 3 lithogr. Plänen.) Halle 852, Pfeffer. *

Bormann, Alb., Geschichte des Klosters U. L. Frauen zu Magdeburg fortgesetzt von Gust. Hertel. gr. 8. (VII, 383 S.) Magdeburg 885, Rathke. *

Bormann: Kritik der Sage vom Könige Euandros. 28 S. Progr. Roßleben 1853.

Bormann, Alfred: **Beitrag zur Behandlung der Endometritis fungosa.** Aus der Königlichen Universitäts-Frauenklinik zu Berlin (Geheimrath Olshausen). *Berlin (1898): G. Schade.* (37 S.) 8°
Berlin, Med. Diss. v. 6. Aug. 1898

Bormann, Carl, s. Bormann, Karl

Bormann, Carl Josef Anton, s. B o r m a n n , Karl Josef Anton

Bormann, E.: Abhandlungen ..., s. B o r m a n n , Eugen

Bormann, E., Bemerkungen z. schriftl. Nachlasse des Kaisers Augustus. Pr. 1884. 40 S. 4°. 1.20

— Etrurisches aus römischer Zeit. S.-A. 1887. 55 S. 1.20

Bormann, E., Die älteste Gliederung Roms. S-A. 1893. 14 S. —.90

Bormann, E., Die Grabschrift des Dichters Pacuvius und des L. Maecius Philotimus. S-A. O. J. 18 S. 1.—

Bormann, E.: Die Jagd ..., s. B o r m a n n , Ernst

— Inschriften aus Umbrien. 1. Teil. S.-A. 1892. 15 S. —.80

— — II. Teil. S-A 1896. 14 S. —.90

Bormann, E., ungedruckte lateinische Inschriften. 4. (21 S.) Berlin 871. (Calvary & Co.) n. 1. 30
inscriptiones antiquae Sassinates. [Aus: „Festschrift zur 3. Säcularfeier d. Berl. Gymnasiums zum grauen Kloster".] gr. 8. (24 S.) Berlin 874. Weidmann. n. — 60

Bormann, E., Inscriptiones antiquae Sassinates. gr. 8. (24 S.) Berlin 874, Weidmann'sche Buchh. *
Aus: Festschrift zur dritten Säcularfeier des Berliner Gymnasiums zum grauen Kloster, besonders abgedruckt.

Bormann, E. (Hrsg.), s. J ü t h n e r , Julius: Über antike Turngeräte

Bormann, E.: Die metaphys. Lehre ..., s. B o r m a n n , Karl Josef Anton

Tauromenium. — Bormann, E., De mensuris Tauromenitanis. S-A s. a. 5 S. —.75

Bormann, E., I. Das dritte Mithraeum. II. Die älteste Gräberstrasse von Carnuntum. Gel. 1895. I. 33 S. II. 17 S. 2.—

— s.: Mitteilungen, archäolog.-epigraph., a. Oesterreich-Ungarn.

Bormann, E., Variae observationes de antiquitate Romana. Pr. 1888. 14 S. 4°. —.90

Bormann: Probe einer Ausgabe von Ovid's Metamorphosen. 24 S. Progr. Halberstadt 1858.

Bormann, E., Viktoria! Deutschlands Helden-Kampf u. der Sieg über Frankreich. Politisch-militärisch beleuchtet. 1. 2. Liefg. Berlin 870. Koeppen. gr. 8. (S. 1—96.) Jede Liefg. 3 ngr.

Bormann, E., Viktoria. Deutschlands Helden-Kampf u. der Sieg üb. Frankreich. Politisch-militärisch beleuchtet 3—8. Lfg. gr. 8. (S. 97—384.) Berlin 870. 71. Koeppen. à — 30

Bormann, Edwin, Leibz'ger Allerlei. Fimf Biecher Boësiegedichder ännes alden Leibz'gersch. Ze Babier gebracht von E. B. 8. (123 S.) München 883, Braun und Schneider. geb. * 3 —

Bormann, Edwin, Leibz'ger Allerlei. Fimf Biecher Boösiegedichder ännes alden Leibz'gersch. Ze Babier gebracht von E. B. 4. Aufl. 8. (VI, 121 S.) Leipzig 884. Bormann's Selbstverlag. geb. n. 3. —

Bormann, Edwin, Leibz'ger Allerlei. Fimf Biecher Boesiegedichter ännes alden Leibz'gersch. 2. Aufl. 8. (123 S.) München 884. Braun & Schneider. n. 2. 60; geb. n. 3

Bormann, Edwin, Leibz'ger Allerlei. Fimf Biecher Boësiegedichder ännes alden Leibz'gersch. 2. Aufl. 8. München 884. Leipzig, Selbstverlag. *ℳ 2.50.; geb. *

Bormann, Edwin. Leibz'ger Allerlei. Fimf Biecher Boësiegedichder ännes alden Leibz'gersch. Ze Babier gebracht v. E. B. 4. Aufl. 8. (VI, 121 S.) Lpz. 888, Bormann. geb. * 3 —

Bormann, Edwin, d. Anekdotenschatz Bacon-Shakespeare's. Heiter-ernsthafte Selbstbekenntnisse d. Dichter-Gelehrten. gr. 8. (VIII, 122 S. m. Abb. u. 3 Taf.) Leipzig 895. E. Borrmann's Selbstverl. Kart. n. 10. —; geb. in Halbfrz. n. 12. —

Bormann, Edwin, der Autor Sir John Falstaff's. Literarische Enthüllgn. durch e. Briefwechsel des 17. Jahrh. (46 S.) 8. Leipzig 903. E. Bormann. n. 1. —

Bormann, Edwin, Ball-Freuden. Heitere Dichtgn. Bilder v. M. Zocher. 16. (15 S.) Leipzig 891. E. Bormann's Selbstverl n. 1. —

Der historische Beweis der Bacon-Shakespeare-Theorie. Erbracht durch d. Zeugniss von siebenundzwanzig Zeitgenossen des Dichter-Gelehrten. Von Edwin Bormann. *Leipzig: Selbstv.; (Dr. v. Fischer & Wittig) 1897.* (48 S.) 1 Bd 8. [97. 5299

— Biff! Baff! Buff! Feichtfrehliche Schitzengrieße ennes alten Leibz'gersch. Mit scheenen Bildern v. Ed. Ille, Fed. Flinzer u. A. Lüben. gr. 16. (58 S.) Leipzig 884. Liebeskind. n. — 60

Bormann, Edwin · Pannemanns Brautfahrt. Leipzig 1905 in Bormann Pension Tibbs. A 18. 13475

— das Buch der Bücherwelt. Dichtungen. Singweisen v. C. Binder, Doche, Graben-Hoffmann u. A. Bilderschmuck v. Fed. Flinzer, Carl Gehrts u. A. [Liederhort. VI. Abth.] gr. 4. (S. 157—182.) Ebd. 888. cart. n. 2. 75; geb. m. Goldschn. n. 3. 50

— das Buch vom Durste. Dichtungen. Singweisen von Herm. Gilbert, Alb. Methfessel, Joh. Peters u. A. Bilderschmuck v. Fed. Flinzer, Carl Gehrts u. Carl Röhling. [Liederhort. III. Abth.] gr. 4. (S. 69—90.) Ebd. 888. cart. n. 2. 75; geb. m. Goldschn. n. 3. 50

— das Buch d. Ewig-Weiblichen. Dichtungen. Singweisen v. Frz. Abt, R. Bial, G. F. Hanitsch u. A. Bilderschmuck v. L. Fehrenbach, Fed. Flinzer, Ed. Ille u. A. [Liederhort. IV. Abth.] gr. 4. (S. 91—120). Ebd. 888. cart. n. 2. 75; geb. m. Goldschn. n. 3. 50

Bormann, Edwin. Das Buch des Herzens. Neue Dichtgn. 12. (108 S.) Lpz. 891, Bormann. geb. in Leinw. m. Goldschn. * 2 50

— 's Buch v. Klapperstorche. Ze Babiere gebracht v. seinen Landsmanne E. B. Mit Bildern geschmickt v. Geo. Schöbel. 1.—5. Taus. 8. (76 S.) Leipzig 892. 893. A. Fischer. Geb. in Leinw. n. 3. 50

— 's Buch v. Klabberstorche. Un zwar is dieser Storch aus Sachsen un red't hibsch wie'n d. Schnawel gewachsen. Ze Babiere gebracht v. seinen Landsmanne B. M. Bild. geschmickt v. Geo. Schöbel. 3. Aufl. (6.—8. Taus.) 8. (76 S.) Leipzig 896. E. Avenarius. Geb. in Leinw. n. 3. 50

— 's Buch v. Klabberstorche. Mit Bildern geschmickt v. G. Schöbel. 3. Aufl. 8. (76 S.) Leipzig 896. Chemnitz, W. Troitzsch Nachf. Geb. n. 3. 50

Bormann, Edwin, 's Buch v. Klabberstorche. Zu Babiere gebracht v. seinem Landsmanne. Mit Bildern geschmickt v. Geo. Schöbel. 4. Aufl. (9.—11. Taus.) (76 S.) 8. Chemnitz 907. W. Gronau. Geb. in Leinw. 3. 50

— das Buch d. Kulturfortschritts. Dichtgn. Singweisen v. Rud. Dellinger, Doche, Herm. Drechsel u. A. Bilderschmuck v. Fed. Flinzer, Ed. Ille, R. A. Jaumann u. A. [Liederhort. V. Abth.] gr. 4. (S. 121—156.) Ebd. 888. cart. n. 3. 75; geb. m. Goldschn. n. 4. 50

Bormann, Edwin, das lustige Buch. 2. Aufl. 8. (160 S.) Leipzig 900. E. Bormann. 3. —; geb. in Seiden-Moiré n. 5. —

— das Buch von der Mutter Natur. Dichtungen. Singweisen v. Frz. Abt, Doche, C. Millöcker u. A. Bilderschmuck v. Fed. Flinzer, Ed. Ille u. Jul. Kleinmichel. [Liederhort. I. Abth.] gr. 4. (S. 1—48.) Ebd. 888. cart. n. 3. 75; geb. m. Goldschn. n. 4. 50

— das Buch der Weltgeschichte. Dichtungen. Singweisen v. B. E. Becker, Fel. Jäger, Fr. Kücken u. A. Bilderschmuck v. Fed. Flinzer, Carl Gehrts u. Ed. Ille. [Liederhort. II. Abth.] gr. 4. (S. 49—68.) Ebd. 888. cart. n. 2. 75; geb. m. Goldschn. n. 3. 50

Bormann, Edwin, das Büchlein Komm mit mir! Ein Schreib- und Taschen-Kalender für fröhl. Menschenkinder. 1887. schmal 8. (110 S.) Leipzig 886, [Mylius.] Bormann's Selbstverlag. geb. *

—— Das Büchlein komm mit mir. Ein Jahresspiegel in lustigen Reimglossen. 6.—8. Aufl. Miniatur. (56 S.) Lpz. 890, Bormann. cart. in Metallkapsel * — 50

— das Büchlein v. der schwarzen Kunst. Skizzenblätter aus der Welt der Tinte u. der Druckerschwärze. 8. (67 S.) Stuttgart 886. Bonz & Co. n. 2. —; geb. n. 3. —

— Shakespeare's Debut 1598. gr. 8. (32 S.) Leipzig 898. E. Bormann. — 60

—— Herr Engemann. Nach authendischen Quellen. Erschdes Dausend. 8. (V, 133 S. mit eingedr. Holzschn.) [Leipzig 883, Liebeskind.] München, Braun und Schneider. cart. * 2 —

— Herr Engemann oder Stiefelhelzer u. Weltgeschichde. A Leibz'ger Gharakder-Gopp. Nach audhendischen Quellen. 3. Dausend. 8. (V, 133 S. m. Illustr.) Ebd. 888. geb. n. 2. 50

—— humoristische Erzählungen, s. Hausschatz, humoristischer, für's deutsche Volk.

Es lebe der Humor! Neue Dichtungen in Hochdeutsch u. Sächsisch. Von Edwin Bormann. *Leipzig: Selbstverl. 1902.* (242 S.) 8° [F.] (09. 13600

Bormann, Edwin: Ein Experiment. Leipzig 1905 in: Bormann: Der Probekuß. A 12.13479

— Fawconbridge and J. W. Geethe. Ein literar. Essay üb. anonyme Titelblätter. (11 S. m. 2 Fksm.-Taf.) gr. 8. Leipzig 910. E. Bormann. 1. —

Der Fischer. Auch ein Beitrag z. Bacon-Shakespeare-Frage. (Unterzeichnet: Edwin Bormann.) (Leipzig 1895.) (2 Bl.) 8° [Kopft.] (07. 13363

— von Gamerun bis zun Schwanbeiche. 8. Bd. der Boësieen ännes alden Leibz'gersch. Ze Babier gebracht v. E. B. 8. (VII, 119 S.) Stuttgart 887. Bonz & Co. n. 2. —; geb. n. 3. —

— 300 Geistesblitze u. Anderes von u. über Bacon-Shakespeare-Marlowe. Mit 1 Lichtdr.-Taf. u. 1 literarhistorisch-geograph. Karte. gr. 8. (VII, 464 S.) Leipzig 902. E. Bormann's Selbstverlag. Geb. in Leinw. n. 20. —

1409—1909. Zur Geschichte der Apotheke zum Goldenen Löwen in Leipzig. Jubiläums-Festschrift, 2. Dez. 1909. Von Edwin Bormann. — (Leipzig 1909: Hesse & Becker.) 21 S. 8° 38 A.

Vater Gottlieb und andere Humoresken. Von Edwin Bormann. Leipzig: Selbstverl. 1906. 226 S. 8° A 12.13357

— Vetter Gottlieb u. andere Humoresken. (V, 226 S.) 8. Ebd. 906. Geb. in Leinw. n. 3. —

— humorist. Hausschatz. M. 400—500 Bild. u. Vignetten v. Ludw. Burger, F. Doyauer, L. Fehrenbach u. a. 8. (448 S) Leipzig 896. E. Bormann. Geb. in Skytogen n. 2. 50; in Leinw. n. 5. —; in Kalbldr. n. 10. —

— illustrirte Humor-Bibliothek. 1.—5. Bd. 8. Ebd. à n. 1. —

1. Vivat laetitia! 20 neue hochdeutsche Kommerslieder nach bekannten Melodien. In helle Reime gebracht v. B. u. in Künstler. Dunkel gehüllt v. Meist. Arth. Lewin. (48 S.) 903.
2. O alte Burschenherrlichkeit! Moderne Burschenlieder nach liebl., wenn auch altmod. Singweisen. Mit kohlpechrabenschwarzer Farbe, aber in rosenrother Laune gedichtet v. B., gepinselt v. Arth. Lewin. (48 S.) 903.
3. In vino veritas! Ein Liederbüchlein f. lach- u. weinlust. Gemüther. Bilderschmuck v. Arth. Lewin. (48 S.) 903.
4. In dulci jubilo! Ein heiterer Liederstrauß. Mit Bildern gezlert v. Arth. Lewin. (47 S.) 903.
5. Der Höteldieb u. andere Humoresken. Mit Bilderschmuck v. Arth. Lewin. (48 S.) 904.

— dasselbe. 1. Buch. 8. Ebd. 903. Geb. in Leinw. n. 4. 50

1. Gaudeamus igitur! Ein Buch heiterer Lieder u. Balladen. Bilderschmuck v. Arth. Lewin. (VIII, 48, 48, 48 u. 47 S.)

Humoresken. Von Edwin Bormann. Leipzig: Selbstverl. 1904. 221 S. 8° A 12.13359

—— I nu heern Se mal! Allerlechand nachdenkliche Stammdisch-Geschichden aus Kleen-Paris. 8. (78 S. mit Illustr. von M. Adamo und A. Oberländer.) [München 885, Braun und Schneider.] Leipzig, Bormann's Selbstverlag. geb.

— I nu heern Se mal! Allerhand nachdenkl. Stammdisch-Geschichden aus Kleen-Paris. Ze Babier gebracht v. E. B. Mit Bilderschmuck v. M. Adamo u. A. Oberländer. 2. Aufl. 8. (90 S.) Ebd. 890. Geb. n. 2. 50

—— und A. Oberländer, ein jedes Thierchen hat sein Plästrchen. Zoolog. Lieder-Garten. gr. 8. (51 S. mit eingedr. Illustr.) [München 887, Braun und Schneider.] Leipzig, Bormann's Selbstverlag. cart. *

Bormann, Edwin: In vino veritas: Ein Liederbüchlein für lach- und weinlustige Gemüther. Leipzig: Selbstverl. 1903. 48 S. (Edwin Bormann's illustrirte Humor-Bibliothek. Bd. 3)

Josephine un andere Sensationsgeschichden des Herrn Engemann. Ze Babier gebracht dorch Edwin Bormann. Leipzig: Selbstverl. 1906. 114 S. 8° A 12.13360

Der Kampf um Shakespeare. Humorist. Märchendrama in 1 Akte von Edwin Bormann. Leipzig: Selbstverl. 1897. (47 S.) 8° [F.] (07. 0781

Bormann, Edwin, Klinginsland. Minnelieder u. Spielmannsweisen. Alten Meistern nachgesungen. gr. 8. (79 S.) Leipzig 891. Bormann's Selbstverlag. geb. m. Goldschn. n. 4. 50

Die Komödie der Wahrheit. Lustspiel in 3 Akten. Von Edwin Bormann. *Leipzig: Selbstverl. 1897.* (126 S.) 8° [F.] (03. 3946

— Die Komödie d. Wahrheit. Lustspiel. 8° (126) Ebd. 97. 2 — *Neue Ausg. s.: B., Manfred Roemer.*

Die Kunst des Pseudonyms. 12 literarhist.-bibliogr. Essays von Edwin Bormann. Mit 83 Ill. *Leipzig: Selbstverl. 1901.* (X, 135 S.) 8°

— das Buch Kunterbunt. Dichtungen. Singweisen v. Jos. Haydn, Ludw. Liebe, Heinr. Marschner u. A. Bilderschmuck v. Fed. Flinzer, Carl Gehrts, Ed. Ille u. A. [Liederhort. VII. Abth.] gr. 4. (S. 183—224.) Ebd. 888. cart. n. 3. 75; geb. m. Goldschn. n. 4. 50

Lebens-Komödien. Neue humorist. Gedichte von Edwin Bormann. Leipzig: Selbstverl. 1901. 124 S. 8°

— s: Leckerbissen, Literarische.

Leibz'ger Lerchen. Neie Boësieen von ännen alden Leibz'ger. Ze Babier gebracht von Edwin Bormann. Leipzig: Selbstverl. 1903. 160 S. 8°

— allerlei Liebenswürdigkeiten. E. humorist. Quodlibet in Wort u. Bild, in Vers u. Reim, in Ton u. Farbe. Allen schreib-, trink-, sing-, ess-, tanz-, lebens-, reise- u. leselust. Tintenvertilgern, Schmausgemüthern, Ballschwärmern, Menschenkindern, Weltbürgern, Buch- u. Papier-Fexen gewidmet. gr. 8. (124 S.) Ebd. 895. Kart. n. 3. —

Allerlei Liebenswürdigkeiten. Ein humor. Quodlibet in Wort u. Bild, in Vers u. Reim, in Ton u. Farbe ... v. Edwin Bormann. *Leipzig: Selbstv.; (Dr. v. Trommer & Grundmann) 1895.* (128 S.) 1 Bd 8.

—— Liederhort in Sang und Klang, in Bild und Wort. Ein Hausschatz und Festfreund für fröhl. Menschenherzen. Dichtungen von E. B. Bilderschmuck von Fed. Flinzer, Carl Gehrts, Ed. Ille ɔc. Singweisen von alten und neuen Meistern. gr. 4. (227 S.) Leipzig 888, Bormann's Selbstverlag. geb. mit Goldschn. *

—— dass. — Textausg. 8. (251 S. mit 7 Bildern von Fed. Flinzer.) Ebendas. 888. *M 2.; geb. *

Der Lucretia-Beweis. Ein neuer Beitrag z. Bacon-Shakespeare-Theorie. Von Edwin **Bormann**. Mit 8 Facs.Taf. Leipzig: Selbstverl. 1900. 15 S. 8° A 12. 133'3

— mei Frankfort low' ich mir! Dichdungk v. E. B., Musick v. Paul Apfelstedt. 8. (8 S.) Leipzig 891. E. Bormann's Selbstverl. Mit Goldschn. n. 1. —

Bormann, Edwin, mei Leibzig low' ich mir! Boëdische Dagebuchbladder ennes alden Leibzigers. 1. u. 2. Ufl. 8. (56 S. m. Holzschn.-Titel.) Leipzig 881. Liebeskind. n. 1. —

— mei' Leibzig low' ich mir! Nagelneie Boösieen. Mit Gupfern in feinen Holsschnidde v. den agademischen Brofessor der Mahlergunst E. Ille. 8. (68 S.) Leipzig 882. Liebeskind. n. 1. 50

— mei Leibzig low' ich mir! Boësieen ännes alden Leibz'gersch Mit Gupfern in feinen Holsschnidde v. den agademischen Brofesser der Malergunst E. Ille. Dridde Uflage. [Erschde Gesammtausgawe.] 8. (VIII, 125 S.) Leipzig 883. Liebeskind. cart. n. 2. —

—— dass. — Boësieen ännes alden Leibz'gersch. Mit Gupfern in feinen Holsschnidde von den agademischen Brofesser der Mahlergunst E. Ille. Dribde Uflage. [Erschde Gesammtausgawe.] 8. (VIII, 125 S.) [Ebendas. 883.] München, Braun und Schneider. cart. * 2 —

—— Mei Leibzig low' ich mir! Boësieen ännes alden Leibz'gersch. Ze Babier gebracht v. E. B. Mit Gupfern in feinen Holsschnidde v. E. Ille. 4.—6. Aufl. 8. (118 S.) Ebd. 885—92. geb. in Leinw. m. Goldschn. * 3 —

[F.] Mei Leibzig low' ich mir! Boësieen ännes alden Leibz'gersch. Ze Babier gebracht v. Edwin Bormann. Volksausg. *Leipzig: Selbstv.; (Dr. v. Hesse & Becker)* 1898. (78 S.) 1 Bd 8. 99. 23

Der Preußenfresser und andere Kriegshumoresken. Von Edwin **Bormann**. Leipzig: Selbstverl. 1910. 172 S. 8° 11. 18349

Der Probekuß und andere Lustspiele. Von Edwin **Bormann**. Leipzig: Selbstverl. 10(05–)06. Getr. Pag. 8°
[Sondert. 2:] Bormann: Das Tagebuch. 1905.
[3:] Bormann: Ein Experiment. 1905.
[4:] Bormann: Die Stütze d. Hausfrau. 1905. A 12. 13470

Prosit! 120 heitere Tischkartenverse u. 8 frohe Tafellieder von Edwin **Bormann**. Leipzig: Selbstverl. 1890. 64 S. quer-8° A 12. 1334

Bormann, Edwin, Ratsgeller-Fandasien. Neie Boösien v. ännen alden Leibz'ger. Ze Babier gebracht. (64 S.) 8. Leipzig 905. E. Bormann. n. 1. —

Francis Bacons Reim-Geheimschrift und ihre Enthüllungen. Von Edwin **Bormann**. Leipzig: Selbstverl. 1906. (185 S.) 8° 06. 8139

— Reineke Fuchs, s.: Lohmeyer, J.

— Manfred Roemer od.: Der Weg der Wahrheit. Schauspiel in 3 Akten. (Neue Ausg. v.: Die Komödie der Wahrheit.) 8. (124 S.) Ebd. 898. n. 2. —

—— Schelmenlieder. 12. (V, 167 S.) [Leipzig 883, Liebeskind.] München, Braun und Schneider. * 3 —

— Schelmenlieder. 2. Aufl. 16. (78 S.) Ebd 891. geb. m. Goldschn. n. 3. —

— de Säck'sche Schweiz. Vaterländ'sche Reim- un Farwen-Boësien v. E. B. un den Malern E. Schulz u. M. Zecher. 1. Thl. 2. Aufl. 8. (32 S. m. 24 Abbildgn.) Leipzig 891. [Jacobsen.] A. Fischer. Geb. n. 3. —

— die Säck'sche Schweiz un das geliebte Drüsen. Vaterländ'sche Reim- un Farwen-Boësien v. E. B. un den Malern E. Schulz, M. Zecher un M. Hempel. 4. Aufl. (6. u. 7. Taus.) 8. (48 S.) Leipzig 893. A. Fischer. Geb. n. 3. —

— de Säck'sche Schweiz un das geliebte Drüsen. Vaterländ. Reim- un Farwen-Boesien v. E. B. un den Malern E. Schulz, M. Zecher un M. Hempel. 5. Aufl. (8. u. 9. Taus.) 8. (46 S.) Leipzig (o. J.) Chemnitz, B. Troitzsch Nachf. Geb. n. 3. —

Bormann, E., seid umschlungen, Millionen! Humorist. Liederbuch. 8. (113) Lpzg 79, Eckstein. n. 1. 50

— der Shakespeare-Dichter. Wer war's u. wie sah er aus? Eine Überschau alles Wesentlichen der Bacon-Shakespeare-Forschg., ihrer Freunde u. ihrer Gegnerschaft. Mit 40 Portr.-Taf. u. 4 Text-Bildern. gr. 8. (VIII, 185 S.) Leipzig 902. E. Bormann's Selbstverlag. Geb. in Leinw. n. 5. —

Bormann, Edw., neue Shakespeare-Enthüllungen. 1. u. 2. Hft. 12. (71 u. 106 S.) Leipzig 895. E. Bormann. Kart. à n. 1. —

— das Shakespeare-Geheimniss. gr. 8. (XII, 344 S. m. 68 S. Abbildgn., Fksms. u. 2 Taf.) Leipzig 894. E. Bormann's Selbstverl. Kart. n. 20. —; geb. in Halbfrz. n. 22. 50

— the Shakespeare-secret. Translated from the German by Harry Brett. gr. 8. (XVI, 278 S. m. 68 S. Abb., Fksms. u. 2 Taf.) Ebd. 895. Kart n. 20. —; geb. in Hlbfrz. n. 22. 50

Vom Stamme der Könige. Hist. Roman von Edwin **Bormann**. Leipzig: Selbstverl. 1906. VIII, 107 S. 8° A 12. 1365

Bormann, Edwin: Die Stütze der Hausfrau. Leipzig 1905
in: **Bormann**: Der Probekuß. A 12. 13473

Bormann, Edwin: Das Tagebuch. Leipzig 1905
in: **Bormann**: Der Probekuß. A 12. 13471

Bormann, Edwin: Die Tante kommt! Leipzig 1905
in: **Bormann**: Pension Tibbs. A 12. 13476

Pension Tibbs und andere Schwänke. Von Edwin **Bormann**. Leipzig: Selbstverl. 10(05–)06. 58, 47, 27 S. 8°
[Sondert. 2:] Bormann: Pannemanns Brautfahrt. 1905.
[3:] Bormann: Die Tante kommt! 1905. A 12. 13474

— Urväterhort, s.: Leipzig, das literarische.

Ut de Franzosentid. Lustspiel in 5 Akten. Nach Fritz Reuter's gleichnam. Erzählung. Von Edwin **Bormann**. Leipzig: Selbstverl. 1905. (112 S.) 8° [F.] 07. 2780

— Vivat Postkarte! 800 poetisch-humorist. Postkartengrüsse. 16° (48) Ebd. 98. — 60

Vivat Postkarte! 300 poetisch-humorist. Postkartengrüße von Edwin **Bormann**. 3. Aufl. Leipzig: Selbstverl. 1900. 48 S. quer-8° A 12. 1370

[Kopft.:] [F.] Was ist Wahrheit? und Wer da? E. Flugblatt v. Edwin Bormann. *(Leipzig: [Dr. v.] F. G. Mylius [1897].)* 2 Bl. quer-8. 97. 1003

Bormann, Edwin, s.a. Wenn Geedhe un Schiller gemiethlich sin.

Wenn Geedhe un Schiller gemiethlich sin. Ä klass. Lorbeerkranz dargebr. von ännen alden Leibz'ger [d. i. Edwin Bormann]. *Leipzig: Selbstverl. 1899 (Dr. v. Fischer & Wittig).* (55 S.) quer-8° [Ant. u. F.]

Bormann, Erhard [aus Langenöls]: Beiträge zur Pharmacognosie der Cerbera Ovata . . . München, kgl. Hof- u. Univ.-Buchdr. Dr. C. Wolf & Sohn, 1895; 30 S., 4 Taf. 8.
Erlangen, Phil. Fak., Inaug.-Diss. v. 10. Juli 1895

Bormann, Ernst [aus Wolfshagen, Herzt. Braunschweig]: Die Jagd in den altfranzösischen Artus- und Abenteuer-Romanen . . . . Marburg, Druck v. Joh. Hamel, 1887; 2 Bl. + 60 S. 8°.
Marburg, Phil. Fak., Inaug.-Diss. v. [31. Mai] 1887.

Bormann, Ernst. Die Jagd in den altfranzösischen Artus- und Abenteuer-Romanen. Marburg, N. G. Elwert'sche Verlagsbuchdlg. 1887.
118 S. 8°.
(Ausgaben und Abhandlungen aus dem Gebiete der Romanischen Philologie 68.)

Bormann, Ernst, Schelmenlieder. 12. (V, 167 S.) Leipzig 883. Liebeskind. n. 3. —

Bormann, Eugen

Bormann, Eug., s.: Abhandlungen des archäologisch-epigraphischen Seminars der Universität Wien.

Bormann, Eugen: Cn. Domitius Calvinus. *Wien 1898.*
in: Festschrift f. Otto Benndorf zu seinem 60. Geburtstage. 1898-1903

Bormann, Eugen, s.: Corpus inscriptionum latinarum.

— s.: Inscriptiones urbis Romae latinae.

—— Inscriptiones urbis Romae latinae, s. Corpus inscriptionum latinarum.

Bormann, Eug., de Syriae provinciae romanae partibus capita nonnulla. Dissert. inaug. antiquaria. Berlin 865. (Calvary & Co.) gr. 8. (32 S.) n. 10 ngr.

Bormann Eugen, Dr. und Kalluka Ernst, Dr. Über eine archaeologisch-epigraphische Orientierungsreise nach Bulgarien. Siehe I. Abt. Vorläufige Berichte der Balkankommission. II.
Separatabdruck

Bormann, Eug., fastorum civitatis Tauromenitanae reliquiae descriptae et editae. gr. 4. (32 S.) Marburg 881. Elwert's Verl. n. 1. 20

Bormann, F. A., die Ursachen d. Verfalls d. Leinen- u. Baumwollen-Industrie in den deutschen Zollvereins-Staaten, u. Vorschläge zu ihrer Hebung. Dem deutschen Zollvereins-Congresse u. Allen, welche sich für die Hebung der vaterländ. Industrie interessiren, zur Berücksichtigung vorgelegt. gr. 8. (32 S.) Berlin 852, Th. Grieben. n. 1/6 Thlr.

—— dass. — 2. Thl. A. u. d. T.: Unterrichtskunde für evangel. Volksschullehrer. gr. 8. (VIII und 240 S.) Ebds. 856. *

—— die Tage des Herrn. 8. (128 S.) Berlin 852, Hertz.

Bormann, Frid., de furto temporis dissertatio juridica criminalis ad legem ferendam. gr. 4. (1 B.) Mitaviae 844, Reyher's Verl.-Conto.

Bormann, Friedrich Adolf

Bormann, Adolf, Besprechung der Dr. Schreberschen Schrift „Ein ärztl. Blick in das Schulwesen", mit besonderer Berücksichtigung des Turnens in der Volksschule, Vortr., Döbeln 1859, 12 S., Gr.-8°.

Bormann, Frdr. Adph., Besprechung der Dr. Schreber'schen Schrift: „ein ärztlicher Blick in das Schulwesen" mit besonderer Berücksichtigung des Turnens in der Volksschule. Vortrag, gehalten in der am 13. Juli 1859 stattgefundenen Lehrerconferenz der Ephorie Waldheim. Döbeln 860. (Schmidt.) 4. (III, 12 S.) 3 ngr.

Bormann, Adph., Liederbuch für Turner. Im Auftrage des Turnvereins zu Döbeln herausg. Döbeln 858. Schmidt. 32. (X, 138 S.) n. 4 ngr.

—— Liederbuch für Turner. Im Auftrage des Turnvereins zu Döbeln hrsg. 2. Aufl. 32. (X und 167 S.) Döbeln 861, (Schmidt.) *

Bormann, Friedr. Adph., der erste Unterricht im Zeichnen für Mädchen. Sowohl zur Massen- als zur Einzelbeschäftigung in Stadt- und Landschulen entworfen. 1. Heft. qu. 8. (2 lithogr. S. und 12 Stnt.) Döbeln 861, (Schmidt.) Thlr.

Bormann, Friedrich August (Elstera-Vitebergicus), De typho phlegmonode. Diss. med. Wittbg. (Chn. Heinr. Graeßler) 16. VI. 1813. 32 S. (4.20)

Bormann, Georg

Bormann, Geo., Bande des Bluts. 8. (381 S.) Berlin 895. Gebr. Paetel. n. 5. —; geb. in Leinw. n. 6. 50

Bormann, Geo., die Erbgräfin. Roman. (224 S.) 8. Berlin 904. Concordia. n. 3. —; geb. n. 4. —

Bormann, Geo., am Hofe zu Mailand. Eine Geschichte aus der Renaissance-Zeit. 8. (218 S.) Berlin 893. Gebr. Paetel. n. 4. —; geb. in Leinw. n. 5. 50

Bormann, Geo., deutsches Lesebuch der Unterstufe. Mit Rücksicht auf die allgemeinen Bestimmgn. vom 15. Octob. 1872 zusammengestellt. Mit e. Vorwort v. Karl Bormann. 8. (VIII, 312 S.) Berlin 873. Nicolai's Verl. n. 1. —

Bormann, Geo., deutsches Lesebuch für die Unter- und Mittelstufe der Volksschule. gr. 8. (VIII, 312 S.) Berlin 875, Nicolai'sche Buchh. *

Bormann, Geo., der Markhof. Eine Erzählg. f. die weibl. Jugend. Mit 24 Textbildern v. Fritz Bergen. (VI, 194 S.) kl. 8. Stuttgart (908). Loewe. Geb. in Leinw. 3.—; Volksausg. 1.80

— Meer u. Heide. E. Erzählg. v. d. nordfries. Inseln. 8. (139 S.) Berlin 895. Gebr. Paetel. n. 2. —; geb. in Leinw. n. 3. —

Bormann, Geo., Menschenherz, s.: Eckstein's Miniaturbibliothek.

Bormann, Georg [Dr.]: Kronprinz Friedrich von Preussen 1730—1740. Berlin, R. Gaertner, 1897; 37 S. 4.
Berlin, Charlotten-S, OP 1897 **

Bormann, G.: Das Schlittschuhlaufen. Leipzig 1910. 72 S. m. Abb. (Deutsche Volks-Turnbücher. N. F. 5.)

— das Haus Steinert. Eine Erzählg. 8. (III, 252 S.) Berlin 892. Bibliograph. Bureau. n. 4. —

— d. Haus Steinert. Erzählg. 8° (252) Berl. 92, A Deubner. 4 — || 2. Afl. 95. 3 —

— das Haus Steinert. Erzählg. 8. [Titel-]Aufl. 8. (III, 252 S.) Berlin (895) 896. A. Deubner. 1. —

— die Stunde kommt! Eine Erzählg. 8. (184 S.) Berlin 892. Gebr. Paetel. n. 4. —; geb. in Leinw. n.n. 5. 50

Das Tröstliche. Erzählung von Georg Bormann. Berlin: Concordia 1902. (170 S.) 8° [F.] 1903-1907

—— Hans Volkmar. Die Geschichte e. Künstlers. 8. (VII, 366 S.) Berl. 890, Brachvogel u. Ranft. 4 —; geb. 4 80

— Hans Volkmar. Die Geschichte e. Künstlers. (Neue [Titel-]Ausg.) 8. (VII, 366 S.) Berlin 893. Bibliograph. Bureau. n. 4. —; geb. n. 5. —

— Hans Volkmar. Die Geschichte e. Künstlers. (Neue Asg.) 8° (366) Berl. 93, E Ebering. 4 —; geb. 5 —

Bormann, H. Frische Blumen u. Nüsse in neuen Gedichten u. Rätseln zur Anregung u. Bildung v. Geist u. Herz der lieben Schuljugend. Mit 7 Text-Abbildgn. u. 4 Farbendr. gr. 8. (VI, 103 S.) Lpz. 891, Spamer. 1 50; cart. 2 —

Bormann, H., Blumen u. Nüsse in neuen Gedichten u. Rätseln zur Anregung u. Bildung v. Geist u. Herz der lieben Schuljugend. 2. (Titel-)Aufl. gr. 8. (VI, 103 S. m. 7 Abbildgn. u. 4 Farbendr.) Leipzig 894. O. Spamer. n. 1. 50; kart. n. 2. —

Bormann, H., Blumen u. Nüsse in neuen Gedichten u. Rätseln zur Anregung u. Bildung v. Geist u. Herz der lieben Schuljugend. 2. Aufl. Wohlf. [Titel-]Ausg. Mit 7 Text-Abbildgn. u. 4 Farbendr.-Bildern. gr. 8. (VI, 103 S.) Leipzig [891.] (899). O. Spamer. n. 1. —; geb. n. 1. 50

Bormann, Herbert: D. römische Novation. 1910. Jur. Diss.

Bormann, Hermann, Referendar aus Hannover: **Beiträge zur Erklärung der 'Geschäftsbesorgung' in § 675 des B.G.B.** *Witten (Ruhr) (1901): A. Pott.* (46 S.) 8°
Göttingen, Jur. Diss. v. [7. Dez.] 1901

Bormann, Herm., Beiträge zur Erklärung der „Geschäftsbesorgung" in § 675 des B.G.B. Diss. gr. 8. (46 S.) Witten 901. (Göttingen Vandenhoeck & Ruprecht.) n. 1. 20

Bormann, Hermann, a. Magdeburg: Der Jurist im Drama der Elisabethanischen Zeit. Halle a. S. 1906: H. John. (41 S.) 8°
Halle, Phil. Fak., Ref. Wagner, Diss. v. 23. Jan. 1906
[Geb. 12. Dez. 83 Magdeburg-Buckau; Wohnort: Halle a. S.; Staatsangeh.: Preußen; Vorbildung: Oberrealsch. u. Realgymn. Magdeburg Reife O. 02; Studium: Halle 8 S.; Rig. 16. Dez. 05.]

— **Johann August Eduard** (Dresden). Observationes quaedam de nosocomio militari methenensi ac praecipuis, qui in ipso obvii fuerunt, morbis. Lpz. (B. G. Teubner) 3. X. 1828. 22 S. (4.—)

— **Johann Christian** (Belgern), Hyperbolas de multitudine in mundo malorum ineptas. Präs. Johann Friedrich Hiller. Wittbg. (Gerdes) 11. X. 1767. 15 S. (4.—)

Bormann, Johanna, geb. v. Hagemeister, Gedichte. gr. 8. (11 B.) Stralsund 843, Löffler'sche Buchh. *

Bormann, K. u. Thoda Tappen: Katalog d. Marktkirchen-Bibliothek zu Goslar. (15, 196) 8° Hann., E Geibel '11. L 2.50

Bormann, K. Th. F., u. A. v. Daniels, Handbuch d. f. d. kgl. pr. Rheinprovinzen verkünd. Gesetze rc. 3. Bd., s. a. Handbuch rc.

Bormann, K. Th. F., u. (Bd 3 ff. nur:) Daniels, A. v.: Handbuch der für die Königl. Preuß. Rheinprovinzen verkündigten Gesetze, Verordnungen und Regierungsbeschlüsse aus der Zeit der Fremdherrschaft. Bd 1 – 8 mit Alph. Sachreg. Köln a. Rh. 1833 – 45.

Bormann, K. Th. F., und A. von Daniels, Handbuch der für die Königl. Preuß. Rheinprovinzen verkündigten Gesetze, Verordnungen und Regierungsbeschlüsse aus der Zeit der Fremdherrschaft. 1r u. 2r Bd. gr. 8. Köln 834. Bachem. (à $2^2/_3$ ℛ) $5^1/_3$ ℛ — 3r — 5r Bd., von Daniels allein. gr. 8. Ebd. 835 — 37. (3r Bd. $3^1/_2$ ℛ, 4r Bd. $2^5/_6$ ℛ, 5r Bd. $3^5/_6$ ℛ) $15^1/_2$ ℛ

Bormann, K. W., s. J. May, Betrachtt.

Bormann, Karl

— methodische Anweisung zum Unterricht in d. deutschen Stylübungen, mit besond. Rücksicht auf die Fertigkeit im mündlichen Vortrage entworfen und mit vielen stufenmäßig geordn. Uebungsaufgaben ausgestattet. Ein Handbuch für Lehrer in Element.- u. Bürgerschulen. gr. 8. Berl. 836. Plahn. $^7/_{12}$ ℛ

Bormann, Karl, method. Anweisung zum Unterr. in d. deutschen Stilübungen, mit besond. Rücksicht auf d. Fertigkeit im mündl. Vortrage entworfen u. mit vielen stufenmäßig geordn. Uebungsaufgaben ausgestattet. Ein Handb. f. Lehrer in Elementar- u. Bürgerschulen. 1., 2. u. 3., verb. u. verm. Aufl. gr. 8. ($12^1/_4$, $14^3/_4$ u. $14^1/_2$ B.) Berlin 836, 38, 42, Schulze. à

Bormann, Karl, methodische Anweisung z. Unterr. in den deutschen Stylübungen. Ein Handb. f. Lehrer in Elementar- u. Bürgerschulen. 4., verb. u. verm. Aufl. gr. 8. ($14^1/_2$ B.) Berlin 846, Herm. Schulze.

Bormann, Karl, methodische Anweisung zum Unterricht in den deutschen Stilübungen, mit besonderer Rücksicht auf die Fertigkeit im mündlichen Vortrage entworfen, und mit vielen stufenmäßig geordneten Uebungsaufgaben ausgestattet. Ein Handbuch für Lehrer in Elementar- u. Bürgerschulen. 5. verb. u. verm. Aufl. Leipzig 853. H. Schultze. gr. 8. (VIII, 231 S.) 18 ngr.

Bormann, Karl, methodische Anweisung zum Unterricht in den deutschen Stilübungen, mit besonderer Rücksicht auf die Fertigkeit im mündlichen Vortrage entworfen und mit vielen stufenmäßig geordneten Uebungsaufgaben ausgestattet. Ein Handbuch für Lehrer in Elementar- und Bürgerschulen. 6. verb. u. verm. Aufl. Leipzig 862. H. Schultze. gr. 8. (VIII, 231 S.) n. 18 ngr.

Bormann, Karl (Jos. Ant.), über die feinen weibl. Arbeiten und über den Unterricht in denselben in unsern Töchterschulen. Ein freundliches Wort an alle Mütter, Lehrerinnen und Jeden, dem die Bildung der weibl. Jugend am Herzen liegt. gr. 8. Berlin 834. Plahn (Schultze). $^1/_{12}$ ℛ

— 200 Aufgaben zu deutschen Aufsätzen für reifere Schüler in höheren Bürgerschulen, Gymnasien, Seminarien rc. 8. Berlin 839. Schultze. $^1/_6$ ℛ

Bormann, Karl, Bildertafeln zum Gebrauch beim Unterricht in der bibl. Geschichte u. Alterthumskunde. gr. Fol. (3 Steintaf. u. erläut. Text auf d. Umschlag.) Berlin 843, Bormann. (Leipzig, Michelsen.) n. 12 ngr.
— dass. für kathol. Schulen. 4. Aufl. 8. Ebend. 844. $^1/_8$ ℛ

Bormann, Karl, Bilder-Tafeln zum Gebrauch beim Unterricht in der biblischen Geschichte u. Alterthumskunde. qu. gr. Fol. (3 Steintaf. m. 2 S. Text.) Berlin 875. (Leipzig, H. Schultze's Sort.) n. 1. 50

— die französischen Bonnen; od.: Was ist von dem Verfahren zu halten, Kinder von früher Jugend an zwei Sprachen sprechen zu lassen? Deutschen Eltern höherer Stände zu sorgfältiger Erwäg. empfohlen. gr. 8. (1 B.) Berlin 844, Herm. Schultze.
Aus: Schulblatt f. d. Provinz Brandenburg besond. abgedruckt.

— Erklärung der biblischen Geschichten. Ein Handbuch für Lehrer. 2. Aufl. Berlin 858. Oehmigke's Verlag. gr. 8. (XII, 256 S.) n. 1 ℛ 6 ngr.

Bormann, K., Erklärung der biblischen Geschichten. Ein Handbuch für Lehrer. 3. Aufl. Berlin 867. Oehmigke's Verlag. gr. 8. (XII, 254 S.) n. 1 ℛ 6 ngr.

Bormann, Karl, über Erziehung u. Unterricht. Vorträge. gr. 8. (X u. 274 S.) Berlin 847, Herm. Schultze. 1 ℛ

— über Erziehung und Unterricht. Vorträge. 2., verb. Aufl. gr. 8. (VIII und 277 S.) Leipzig 859, H. Schultze.

Bormann, K., über Erziehung und Unterricht. Vorträge. 3. verb. Aufl. gr. 8. (VIII, 278 S.) Leipzig 871, Schultze. *

— Gebetbüchlein für Mutter und Kind. Berlin 860. Plahn. 16. (40 S.) n. 10 ngr.

— biblische Geschichten in poetischer Bearbeitung. Mit 1 Kpfr. gr. 12. Leipzig 837. Fr. Fleischer. $^3/_4$ ℛ

— Grundzüge der Erdbeschreibung, mit besonderer Rücksicht auf Natur- und Völkerleben; ein Leitfaden für den geograph. Unterricht in den mittlern Klassen der Bürgerschulen. 8. Berlin 833. Plahn (Schultze). $^1/_3$ ℛ

— Grundzüge d. Erdbeschreibung, mit besond. Rücks. auf Natur- u. Völkerleben; ein Leitfaden f. den geograph. Unterr. in den mittleren Klassen der Bürgerschulen. 2., verb. u. verm. Aufl. 8. ($10^1/_4$ B.) Berlin 843, Herm. Schultze.

— Grundzüge der Erdbeschreibung, m. besond. Rücksicht auf Natur- u. Völkerleben, ein Leitfaden f. d. geograph. Unterricht in den mittlern Klassen der Bürgerschulen. 3. verb. u. verm. Aufl. 8. (VIII u. 164 S.) Berlin 847, Herm. Schultze. $^1/_3$ ℛ — 4. verb. u. verm. Aufl. 8. (VIII u. 164 S.) Leipzig 852, Herm. Schultze. n. $^1/_3$ ℛ

— Grundzüge der Erdbeschreibung mit besonderer Rücksicht auf Natur- und Völkerleben; ein Leitfaden für den geographischen Unterricht in den mittleren Klassen der Bürgerschulen. 5. verb. rc. Aufl. Leipzig 855. H. Schultze. 8. (VIII, 167 S.) n. 10 ngr.

— Grundzüge der Erdbeschreibung mit besonderer Rücksicht auf Natur- und Völkerleben; ein Leitfaden für den geograph. Unterricht in den mittleren Klassen städtischer Schulen entworfen. 6. verm. u. verb. Aufl. Leipzig 859. H. Schultze. 8. (VIII, 167 S.) n. 10 ngr.

— Grundzüge der Erdbeschreibung mit besond. Rücksicht auf Natur- u. Völkerleben; e. Leitfaden für den geograph. Unterricht in den mittleren Klassen städtischer Schulen entworfen. 7. verm. u. verb. Aufl. Leipzig 866. H. Schultze. 8. (VIII, 166 S.) n. 10 ngr.

—— Grundzüge der Erdbeschreibung mit besond. Rücksicht auf Natur- und Völkerleben; ein Leitfaden für den geograph. Unterricht in den mittleren Klassen städt. Schulen entworfen. 8. verm. und verb. Aufl. 8. (VIII, 160 S.) Leipzig 871, Schultze. *

—— Grundz. d. Erdbeschreibg. 8. Afl. 8. (160) Ebd 73. n. 1. —

Bormann, K., üb. d. fein. weibl. (Hand-) Arbeiten u. üb. d. Unterr. in dens. in uns. Töchterschulen. Ein freundl. Wort an alle Mütter, Lehrerinnen u. Jeden, dem d. Bildung d. weibl. Jugend am Herzen liegt. gr. 8. (1 B.) Berlin 854, Plahn.

Bormann, Karl, Handbuch zur Erklär. u. unterrichtlich. Behandl. d. wichtigst. bibl. Erzählungen; zunächst mit Bezieh. auf Otto Schulz bibl. Lesebuch bearb. 8. (29¼ B.) Berlin 841, L. Oehmigke. Thlr.

—— s. Hand-Fibel.

Bormann, Karl, Hand-Fibel, s.: Schulz, Otto.

—— Hülfsbuch f. deutsche Stilübungen, insonderheit f. Uebungen im mündl. Vortrage. Eine Samml. v. vierhundert stufenmäßig geordn. Aufgaben zur Nachbildung, u. freien Darstell. gr. 8. (18½ B.) Berlin 839, Schultze.

—— Hülfsbuch für deutsche Stilübungen, insonderheit für Uebungen im mündl. Vortrage. Eine Sammlung von 400 stufenmäßig geordneten Aufgaben zur Nachbildung und freien Darstellung. 2., verm. und verb. Aufl. gr. 8. (IV und 288 S.) Berlin 840, Herm. Schultze.

—— Hülfsbuch für deutsche Stilübungen, insonderheit für Uebungen im mündlichen Vortrage. Eine Sammlung von 400 stufenmäßig geordneten Aufgaben zur Nachbildung und freien Darstellung. 3., verb. Aufl. gr. 8. (IV und 288 S.) Leipzig 862, H. Schultze. *

Bormann, K., Konfirmationspredigt, geh. i. d. Marktkirche z. Goslar a. 21. Apr. 1895. Stenograph. aufgen. u. m. Genehmigg. d. Verf. hrsg. v. K. Bentenschneider u. H. Bürckholtz. 12. (14 S.) Goslar 895. L. Koch. n. — 25

Bormann, Karl, die Hohenzollernschen Landesherrn und die Bibel. Eine Jubelschrift zur Feier des 50jährigen Bestehens der preuß. Haupt-Bibel-Gesellschaft. Berlin 864. Wiegandt & Grieben in Comm. gr. 8. (121 S.) n. 15 ngr.

Bormann, Karl, das Leben in Stadt u. Land, in Feld u. Wald. Ein Lese- u. Hülfsb. zu den 16 Bildertaf. für den Anschauungsunterr. von C. Wilke. gr. 8. (6 B.) Berlin 843, Herm. Schultze. Thlr.

—— das Leben in Stadt und Land, in Feld und Wald. Ein Lese- und Hülfsbuch zu den 16 Bildertafeln für den Anschauungsunterricht von C. Wilke. 2., verb. Aufl. gr. 8. (IV und 92 S.) Berlin 849, Herm. Schultze.

—— das Leben in Stadt und Land, in Feld und Wald. Ein Lese- und Hülfsbuch, zu den 16 Bildertaf. für den Anschauungsunterricht von C. Wilke. 3., verb. Aufl. gr. 8. (IV und 92 S.) Leipzig 854, H. Schultze.

—— das Leben in Stadt und Land, in Feld und Wald. Ein Lese- und Hülfsbuch zu den 16 Bildertaf. für den Anschauungsunterricht von C. Wilke. 5. Aufl. (IV, 92 S.) 1869. * 75 Pf., und 6. verb. Aufl. 8. (IV, 108 S.) Leipzig 878, Schultze. *

—— das Leben in Stadt und Land, in Feld und Wald. Ein Lese- und Hülfsbuch zu der neuen Ausg. der 16 Bildertafeln für den Anschauungsunterricht von C. Wilke. 7. ganz umgearb. Aufl. 8. (VIII, 102 S.) Leipzig 875, H. Schultze's Verlag. *

— die christl. Lehre von der Vorsehung, im Lichte des Geistes der Wahrheit erkannt u. philosoph. betrachtet. gr. 8. Berl. 820. (Herbig). 12 gr.

Bormann, C., die christl. Lehre von der Vorsehung, im Lichte des Geistes der Wahrheit erkannt u. philosoph. betrachtet. 8. Berlin, Schade. 820.

— die christliche Lehre d. Wiedergeburt, im Lichte des Geistes der Wahrheit erkannt u. philosoph. betrachtet. gr. 8. Berl. 820. (Herbig). 12 gr.

— die metaphysische Lehre von d. Ursprunge d. Vernunft, oder die Pneumatologie. Im Lichte d. Geistes d. Wahrheit erkannt u. vom theosoph. Standpunkte aus betrachtet. gr. 8. Mit 1 lithograph. Tab. in Fol. Berlin 826. (Herbig.)

Bormann, K. Jos. Ant., die metaphysische Lehre von den Verhältnissen des All, oder die Pantheologie. gr. 8. Berl. 828. (Logier). 14 gr.

K. (Jos. Ant.) Bormann: d. metaphys. Lehre v. d. Zusammenhange d. Universums, od. d. Uranologie. *Berl.*, (Herbig in C.) 825. gr 8° 16 gr.

— d. Lehre v. d. Zwecken od. d. Teleologie, im Lichte d. Geistes d. Wahrheit erkannt u. theosoph. betrachtet. *Berl.*, (Logier in C.) 826. gr 8° 2 ß

— d. Lehre von d. Zwecken, od. d. Teleologie. gr. 8. Berl. 827. Logier. 2 ß

Bormann, Karl, das Mädchen aus der Fremde. Auch e. Enthüllg. e. Schillerdenkmals. 16. (44 S.) Berlin 871. Wiegandt & Grieben. n. 1. —

—— Pädagogik für Volksschullehrer, auf Grund der allgemeinen Bestimmungen vom 15. Octbr. 1872, betr. das Volksschul-, Präparanden- und Seminarwesen. 1. Aufl. (VI, 299 S.) 1873, und 2. verm. und verb. Aufl. 8. (VI, 308 S.) Berlin 875, Wiegandt und Grieben. *

Bormann, K., Pädagogik für Volksschullehrer, auf Grund der allgemeinen Bestimmungen vom 15. Octbr. 1872, betr. das Volksschul-, Präparanden- u. Seminarwesen, bearb. 3. verm. u. verb. Aufl. gr. 8. (VI, 308 S.) Berlin 879. Wiegandt & Grieben. n. 4. —

— s.: Protokolle der zur Berathg. über Lehrerbildung versammelten Conferenz.

—— die Prüfung der Lehrerinnen in Preußen nach ihrer Vorbereitung, Vollziehung und Wirkung. 8. (V und 258 S.) Berlin 867, Oehmigke's Verlag. *

—— d. Berliner Realschule u. d. kath. Schulen Schlesiens u. Oestr. 8. (23) Berl. 54, (Wiegandt u. G.) n. — 5

— die Berliner Realschule und die katholischen Schulen Schlesiens und Oestreichs. (Abdr. aus dem Schulblatte für die Provinz Brandenburg.) Berlin 859. (Wiegandt & Grieben.) gr. 8. (23 S.) n. 5 ngr.

— Schulkunde für evangelische Volksschullehrer auf Grund der Preuß. Regulative vom 1. 2. u. 3. Octbr. 1854 über Einrichtung des evangel. Seminar-, Präparanden- u. Elementar-Unterrichts bearbeitet. 1—3. unveränd. Aufl. Berlin 855. Wiegandt u. Grieben. gr. 8. (VIII, 213 S.) n. 24 ngr.

— — 2. Thl. A. u. d. T.: Unterrichtskunde für evangelische Volksschullehrer rc. 1—4. Aufl. Ebend. 856—58. gr. 8. (VIII, 240 S.) n. 25 ngr.

—— dass. — 3. Thl. A. u. d. T.: Vierzig pädagogische Sendschreiben. gr. 8. (VIII und 183 S.) Ebendas. 859. *

— Schulkunde für evangelische Volksschullehrer auf Grund der preußischen Regulative vom 1., 2. u. 3. Oktober 1854 über Einrichtung des evangel. Seminar-, Präparanden- und Elementarschul-Unterrichts bearb. 3 Thle. Berlin, Wiegandt & Grieben. gr. 8. n. 2 Thlr 11½ ngr
1. Thl. 4—11. verb. Aufl. 858—64. (VIII, 218 S.) n. 24 ngr
2. Thl.: Unterrichtskunde für evangelische Volksschullehrer. 5. Aufl. 860. — 6. verb. Aufl. 862. (VIII, 244 S.) n. 25 ngr
3. Thl.: Vierzig pädagogische Sendschreiben. 859. — 2. Aufl. 862. (VIII, 183 S.) n. 22½ ngr

— Schulkunde für evangelische Volksschullehrer auf Grund der preuß. Regulative vom 1., 2. u. 3. Oktbr. 1854 über Einrichtung d. evangel. Seminar-, Präparanden- u. Elementarschul-Unterrichts bearb. 12—16. verb. Aufl. Berlin 865—70. Wiegandt & Grieben. gr. 8. (VIII, 218 S.) n. 24 ngr

— — 2. Thl. A. u. d. T.: Unterrichtskunde für evangelische Volksschullehrer. 7—9. verb. Aufl. Ebend. 865—69. gr. 8. (VIII, 247 S.) n. 25 ngr

— — 3. Thl.: A. u. d. T.: Vierzig pädagogische Sendschreiben. 3. Aufl. Ebend. 867. gr. 8. (VIII, 183 S.) n. 22½ ngr

— — 4. Thl. A. u. d. T.: Aus der Schule. 40 pädagogische Sendschreiben. Ebend. 866. gr. 8. (VIII, 175 S.) n. 22½ ngr

—— Schulkunde für evangelische Volksschullehrer auf Grund der preuß. Regulative vom 1., 2. und 3. Oktbr. 1854 über Einrichtung des evangel. Seminar-, Präparanden- und Elementarschul-Unterrichts bearb. (1. Thl.) 16.—17. verb. Aufl. gr. 8. (VIII, 218 S.) Berlin 869,70,72, Wiegandt und Grieben. *

—— dass. — 2. Thl.: Unterrichtskunde für evangelische Volksschullehrer. 9. und 10. verb. Aufl. gr. 8. (VIII, 248 S.) Ebendas. 869,72. *

—— dass. — 4. Thl.: Aus der Schule. Vierzig pädagog. Sendschreiben. 2. Aufl. gr. 8. (VIII, 175 S.) Ebendas. 873. *
3. Thl. 3. Aufl. Ebendas. 1867. *M 2,25. — Vgl.: Jütting, W. u.

—— Spiele u. nützl. Beschäftigungen f. d. Jugend, s. a. Vogel, K., der deutsche Kinderfreund,

— Spiele und nützliche Beschäftigungen für die Jugend. Mit 8 lithogr. Taf. gr. 12. Leipzig 836. Fr. Fleischer. ¾ Thlr

— die Tage des Herrn. 8. (128 S.) Berlin 852, Hertz. ½ Thlr

—— der orthograph. Unterricht in seiner einfachsten Gestalt. Kritik d. gewöhnl. Methoden, u. Nachweis. d. allein naturgemäß. Weges beim Unterr. in d. Rechtschreib. gr. 8. (2 B.) Berlin 840, Duncker u. Humblot. *

— der orthograph. Unterricht in seiner einfachsten Gestalt. Kritik d. gewöhnl. Methoden, u. Nachweisung des allein naturgemäßen Weges beim Unterr. in d. Rechtschreibung. 2., verb. u. verm. Aufl. gr. 8. (2 B.) Berlin 846, A. Duncker. *

—— Verklärung d. Lehre v. Gott u. sein. dreieinigen Wesen. Im Lichte d. Geistes d. Wahrheit erkannt, u. allen nach Wahrheit u. Gerechtigkeit hungernden u. durstenden Seelen gewidmet. gr. 8. (4½ B.) Berlin 831, Logier.

— Verklärung der Lehre von Gott u. seinem dreieinigen Wesen &c. gr. 8. Berl. 832. Logier. 8 gr

—— Wand-Fibel für den Schreib-Lese-Unterricht. gr. Fol. (10 Stnt.) Berlin 867, Oehmigke's Verlag. *

Bormann, Carl, was muß man vom Handelsrecht wissen? Gemeinverständliche Darstellg. der gesetzl. Bestimmgn. betr. Rechtsstellg. des Kaufmanns, Firma, Handelsregister, Handelsbücher, Rechtsverhältnisse zwischen Prinzipal u. kaufmänn. Personal, Handlungsreisende, Handelsagenten, Handelsmäkler, Konkurrenzklausel, Handelsgeschäfte u. s. w., m. Ausschluß des Gesellschaftsrechtes u. des Seerechtes, auf Grund des Handelsgesetzbuchs u. anderer Reichsgesetze bearb. u. m. Formularen versehen. (71 S.) 8. Berlin (904). H. Steinitz. n. 1. —

—— der Weg des Heils, s. a. Weg, der, des Heils.

— der Weg des Heils. Betrachtungen von Thomas v. Kempis, Joh. Arnd, Joh. Gerhard &c. 859. — 2. Aufl. Berlin 861. Plahn. 8. (XII, 196 S.) geb. n. 1 Thlr 10 ngr

—— der Weg des Heils. Betrachtungen von Thomas a Kempis, Joh. Arnd, Joh. Gerhard &c. 3. Aufl. gr. 8. (XII und 206 S.) Berlin 866, Plahn'sche Buchh. geb. mit Goldschn. *

—— der Weg des Heils. Betrachtungen von Thomas a Kempis, Joh. Arnd, Joh. Gerhard &c. 4. Aufl. gr. 8. (XII, 206 S.) Berlin 869, Plahn'sche Buchh. geb. mit Goldschn. * und *

— das Wesen, d. Grund u. Zweck der Gnadenmittel d. allgem. Kirche. gr. 8. Berl. 827. Logier. 18 gr

Bormann, Karl Josef Anton, s. Bormann, Karl

Bormann, Karl Glo., Hand- u. Methodenbuch f. Schullehrer. 8. Leipz. 803. Magazin f. Industr. 18 gr Hbg. Pr. 12 gr

Bormann, Kurt: Die Zigarettenfabrikation. Techn.-wirtschaftl. Studie. (4, 108 m. Abb. u. 15 Tab.) gr8° Lpzg, BF Voigt '12. 4.50; geb. 5.50

Bormann, Kurt: Die deutsche Zigarettenindustrie. Leipzig 1910: Hirschfeld. IV, 121 S. 8° ¶ (Ersch. auch als: Zeitschrift f. d. ges. Staatswiss. Erg.H. 33.)
Leipzig, Phil. Diss. v. 1. Febr. 1910, Ref. Bücher, Schmid
[Geb. 30. Juli 85 Leipzig; Wohnort: Leipzig; Staatsangeh.: Sachsen; Vorbildung: Nicolaisch. Leipzig Reife O. 06; Studium: Leipzig 7 S.; Rig. 13. Juli 09.] [U 10. 3104

Die deutsche Zigarettenindustrie. Von Dr. Kurt **Bormann**. Tübingen: Laupp 1910. VI, 121 S. 8°
(Zeitschrift f. d. gesamte Staatswissenschaft. Erg. H. 33.) 10. 3122

Bormann, M., Beitrag zur Geschichte der Ardennen. 2 Thle. Mit Abbild. u. Karten. gr. 8. Trier 841, 42, Lintz. (1. Thl. n. 1⅓ Thlr. — 2. Thl. n. 1 Thlr) n. 2⅓ Thlr

Bormann, Max, Postinsp.: Die aus der Personenbeförderung durch die Posten zwischen dem Reisenden und der Postverwaltung sich ergebenden Rechtsverhältnisse. Leipzig: Wigand 1909. 69 S. 8°
Leipzig. Jur. Diss. v. 11. Juni 1909
[Geb. 2. Okt. 70 Grimma; Wohnort: Leipzig; Staatsangeh.: Sachsen; Vorbildung: Drei-Königsch. Dresden Reife M. 90; Studium: Leipzig 6 S.; Rig. 11. Juni 09.] [U 09. 2458

Bormann, Max [aus Sagan in Schlesien]: Ueber das Verhalten des Peritoneum gegenüber dem Inhalte intraabdominaler Tumoren .... Berlin. Buchdr. v. Gustav Schade (Otto Francke) 1887. 30 S. + 1 Bl. 8°
Berlin, Med. Fak., Inaug.-Diss. v. 17. Aug. 1887

Bormann, Otto: Über den Einfluss, den der Fettgehalt des Rahmes auf den Butterungsvorgang ausübt. *Leipzig 1897: B. Georgi.* (62 S.) 8°
Leipzig. Phil. Diss. v. [18. Dez.] 1897

Bormann, Otto (geb. Liebenwerda 10. 1. 1835): De morbo Brightii. Berolini (1861). (32 S.) 8°
Berlin, Med. Diss. v. 26. Juli 1861

Bormann, Paul [app. Arzt aus Pausitz]: Ueber die Verwertung der Pulsuntersuchung zur Diagnose m. bes. Berücks. d. kindl. Alters ... München, Buchdr. Kastner & Lossen, 1896; 39 S. 8.
München, Med. Fak., Inaug.-Diss. v. 1896

Bormann, Richard: Über Tetramethyldiamidobenzophenon und Diphenyldiamidodiphenylmethan. Strassburg i. E. 1910: Müh. 48 S. 8°

Straßburg, Math.-naturwiss. Diss. v. 26. Febr. 1910, Ref. Thiele

[Geb. 15. Sept. 84 M.-Gladbach; Wohnort: M.-Gladbach; Staatsangeh.: Preußen; Vorbildung: Gymn. M.-Gladbach Reife O. 03; Studium: Göttingen 5, Straßburg 7 S.] [U 10. 4106

Bormann, Rud., die Bevölkerung des Preussischen Staates nach Provinzen, Regierungs- bzw. Landdrostei-bezirken, Kreisen, Städten u. Landgemeinden v. 2000 u. mehr Einwohnern. Mit Angabe der Confessionen-verhältnisse, des Flächenumfangs der Verwaltungs-gebiete, alphabet. Orts- u. Kreis-Registern u. e. Anh., die gleichen Angaben für die übrigen Staaten des Deutschen Reiches enth. Definitives Resultat der Volkszählung vom 1. Decbr. 1880. Nach amtlichen Materialien zusammengestellt. gr. 8. (VI, 105 S.) Berlin 882. Allgemeine Verlags-Agentur. n. 2. —

Bormann, T., Ueber das Leben des latein. Dichters Venantius Honorius Clementianus Fortunatus. Pr. 1848. 25 S. 4°. 8.—

Bormann, W., Quaestionum Aeschylearum specimen. Diss. 1869. 39 S. 1.20

Bormann, Walter: Kantsche Ethik u. Okkultismus. *Jena 1899.* in: Beiträge z. Grenzwissenschaft. [99. 6058

Bormann, Walt., der Schotte Home, e. physiopsychischer Zeuge des Transcendenten im 19. Jahrh. gr. 8. (V, 92 S. m. 1 Bildnis.) Leipzig 899. O. Mutze. n. 2. — ; geb. n. 3. —

Bormann, Walt., der Schotte Home e. Zeuge f. die Wissenschaft des Übersinnlichen im 19. Jahrh. 2. verm. Aufl. Mit e. Anh.: „Der Prozess Lyon-Home" u. m. e. Bildnis D. D. Homes nach e. Zeichng. seines Sohnes Gregor Home. (IV, 112 S.) gr. 8. Leipzig 909. M. Altmann. 2.—; geb. 2. 80

Bormann, Walt., Kunst u. Nachahmung, s.: Gegen den Materialismus.

— Die Nornen. Forschungen üb. Fernsehen in Raum u. Zeit. (XVI, 271 S.) gr. 8. Ebd. 909. 4.—; geb. 5. —

Bormanns, C. G., Hand- u. Methodenbuch f. Schullehr. 8. Leipz. Ind. C. 803.

Forficulidae und Hemimeridae bearb. von A. de **Bormans** in Turin u. H[ermann] Krauss in Tübingen. Mit 47 Abb. *Berlin: R. Friedländer & Sohn 1900.* (XV, 142 S.) 4°(8°)
= Tierreich, Das. Lfg 11. [01. 1907

Bormans, J. H., Notae in Reinardum Vulpem ex editione F. J. Mone. Fasc. I. — III. Cont. Animadversiones ad lib. I., Fab. I. — III. 8maj. Gandavi 836, 37. (Lipsiae, Brockhaus et Avenarius.) n. 1½ ℳ

— Prodromus animadversionum ad Sex. Aurelii Propertii elegiarum libros IV., et novae simul editionis specimen. Lex.-8. Lovanii 836. (Lips., Brockh. et Avenar.) n. ⅔ ℳ

BORMASTINO, Ant., Historische Beschreibung von der kais. Haupt- und Residenzstadt Wien und ihren Vorstädten. — Alles Gespräch-weis in Teutsch und französisch. Wien 1719. 8°. Rar! (In Wien, Stadtbibl.)

Börmel, J. G., s. a. Jeremias Klaggesänge.

Börmel, J. G., Jeremias Klaggesänge. 8. Weimar, Hoffmann. 781.

Bormester, H. Chr., Diss. inaug. jur. de monopoliis. 4. Götting. 803. Dieterich. 3 ɣ

Bormio (Schlagwort)

Bormio — Strassenzug von — über das Stilfser Joch ins Etschthal nebst einem BlattProfil mit dem Titel: Corografia e Profilo Generale alla grande strada Militare dai Piani di Bormio ai Piani di Prada ne Tirolo pel Giogo di Stelvi. 1: 40,000. Das Profil 1:4,000. 2 Bl. Handzeichnung. Copie.

Boerms, H., Abriß der Deichkunde, als Grundlage einer künftigen vollst. Lehrbuchs dieser Wissenschaft; systemat. dargestellt. 8. Altona, Hammerich. 813.

Bormuth, Ludwig (Gadernheim)
Ueber Spina bifida.
Giessen: W. Keller 1866. 31 S.
Diss. med. 1.8.1866.

Born, Adolph; e. bürgerl. Roman, (v. Konr. Pol). 1r Thl. 8. Altenb. 803. Lit.-Compt. 1 ℳ Mit der Jahrz. 1816. Leipz., Brockhaus. 1 ℳ

Am **Born** der Gemeinnützigkeit. Festgabe zum 80. Geburtstage des Herrn Geh. Reg.-Rat Prof. Dr. jur. Victor Böhmert. Unter Mitw. von ... hrsg. von Peter Schmidt, Bibliothekar. Dresden: Böhmert 1909. XIII, 400 S. 8° [10. 3743

Born, d. Heilige, im J. 1823. Vom Verfass. d. Wanderjahre. (Fr. Pustkuchen.) gr. 8. Pyrmont 823. Uslar. 2 ɣ

Born: Abschaffung ..., s. Born, W.

Born: Catalogue ..., s. Born, Ignaz

Kleiner Gefechts-Katechismus f. den Infanteristen u. Jäger. Von B(orn). 2. Aufl. Darmstadt 1890. 28 S.

Born: Geheimnisse ..., s. Born, George F.

Born: Zur makedon. Geschichte ..., s. Born, E.

Born: Gesetzbücher ..., s. Born, J. H.

Born: Monachologie ..., s. Born, Ignaz

Born, preuss. Verordnung üb. Missbrauch des Versammlungs- u. Vereinigungsrechts vom 11. März 1850, m. Commentar. Frankfurt a. M. 896.

Born: De diverbii apud Terentium versibus. 22 S. Progr. Magdeburg D. 1868.

Der Werth allgemeiner Waisenanstalten (v. **Born** und **Schwabe**). Leipzig. 1887. Siehe in: Schriften des deutschen Vereins für Armenpflege etc. Heft 4. 8°.

Born, Adph. v., die Einquartierungs-Leistungen in Friedenszeiten. Zum Handgebrauche für Behörden, den Bürger und Landmann, sowie für den Militair nach officiellen Quellen zusammengestellt. gr. 16. (88 S. mit 1 Tab. in qu. Fol.) Leipzig 869, Serbe'sche Verlagsh.

Born, Adf., Hans Stark, der Elephantenjäger. Abenteuer im Lande der Zulu-Kaffern. Der Jugend erzählt. 8. (VI, 282 S. mit 5 Farbendr.-Bildern.) Leipzig 879, C. Zieger. cart.

Born, Adf., Hans Stark, der Elephantenjäger. Abenteuer im Lande der Zulu-Kaffern. Der Jugend erzählt. Mit 5 Farbendr.-Bildern. 2. Aufl. 8. (VI, 282 S.) Leipzig 881. C. Zieger. cart. 3. —

Born, Adf. Hans Stark, der Elefantenjäger. Abenteuer im Lande der Zulu-Kaffern. Aus dem Engl. d. A. W. Drayson. Der Jugend erzählt. Mit 5 Farbendr.-Bildern. 3. Aufl. gr. 8. (V, 200 S.) Berl. 891, Meidinger. geb. in Leinw. * 3 —

Born, Adf., Hans Stark, der Elefantenjäger. Abenteuer im Lande der Zulu-Kaffern. Aus dem Engl. f. die Jugend bearb. Mit 5 Farbendr.-Bildern v. W. Hoffmann. 4. Aufl. gr. 8. (V, 217 S.) Berlin (899). H. J. Meidinger. Geb. in Leinw. n. 3. —

— die schöne Venetianerin oder Abschied u. Wiedersehen. Romantische Erzählung. 75 Hfte. gr. 8. (1440 S.) Ebend. 882. à — 10

Born, Amandus [aus Berlin]: Vergleichend systematische Anatomie des Stengels der Labiaten und Scrophulariaceen mit vergleichenden Ausblicken auf die nächst verwandten Familien .... Berlin, Buchdr. v. Gustav Schade (Otto Francke) (1886): 51 + 2 S. 8°.
Berlin, Phil. Fak., Inaug.-Diss. v. 21. Jul. 1886.

Born, Amandus, Dr.: Einiges aus der neueren Entwicklung des natürlichen Systems der Blütenpflanzen. Berlin 1906: Weidmann. (36 S.) 4°
Berlin, Luisenst. OR OP 1906 (135)

Born, Arth.

Born, A., das preußische Baupolizeirecht, nebst den einschlägig. Bestimmungen des Ansiedelungs-, Feld- u. Forstpolizei-, Waldschutz- u. Deichgesetzes, sowie dem Fluchtlinien-, Rayongesetz u. dem Gesetz üb. die Zulässigkeit des Rechtsweges gegen polizeil. Verfüggn. Kommentar, unter eingeh. Berücksicht. der Entscheidgn. des Reichsgerichts, Oberverwaltungs- u. Kammergerichts hrsg. gr. 8. (VII, 491 S.) Berlin 902. J. Guttentag. n. 10.—; geb. in Leinw. n. 11.—

Born, A., Frankfurter Miethrecht. Gedrängte Zusammenstellg. der in Frankfurt a. M. gelt. Bestimmgn. unter Berücksicht. der einschläg. neueren Gesetze zur prakt. Handhabg. f. Miether u. Vermiether. 8. (27 S.) Frankfurt a/M. 895. A. Blažek jun. n. — 60

Born, A.: Reichspreßgesetz vom 7. Mai 1874 nebst den einschlägigen Bestimmungen des Reichsstrafgesetzbuchs, der Gewerbeordnung usw. Mit Kommentar. Berlin 1900. (Guttentag'sche Sammlung Dt. Reichsgesetze. Nr 53.)

Das preussische Vereinsgesetz vom 11. März 1850. Mit Komm. vers. unter eingehender Berücks. d. Reichs-, Kammer- u. Oberverwaltungsgerichts-Entscheidungen von A[rth.] Born, Kgl. Polizei-Ass. *Bln.-Gr.-Lichterfelde: Schulze & Co. 1901.* (128 S.) 8° [J.]
— Gesetzsammlung, Brandis. No 24. [01. 3830

Born, A., preuß. Verordnung üb. d. Verhütg. e. d. gesetzl. Freiheit u. Ordng. gefährd. Mißbrauchs d. Versammlungs- u. Vereinigungsrechts v. 11. März 1850, m. Commentar versehen, unt. Berücksicht. d. neueren u. neuesten Entscheidgn. d. Reichs-, Kammer- u. Oberverwaltungsgerichts. Mit Anh.: Bestimmgn. a. d. bürgerl. Gesetzbuche, welche d. Vereinswesen berühren. 12. (IV, 104 S.) Frankfurt a/M. 897. A. Blažek jun. n. 1.20

Born, A: Preuss. Verordng usw. Jetzt: Frankf. a/M., Blažek & Bergmann. 96/00

Born, A., das Wasserpolizeirecht. Die der Wasserpolizei angehör. Gesetze u. Anweisgn. Kommentar unter eingeh. Berücksicht. der Entscheidgn. des Oberverwaltungs- u. Reichsgerichts u. unter besond. Hervorhebg. der in die Ortspolizeiverwaltg. einschläg. Bestimmgn. (VII, 248 S.) gr. 8. Berlin 905. F. Vahlen. n. 5.—; geb. n. 6.—

Born, B. Einfluss der Mahl- und Schlachtsteuer auf die gewerblichen Verhältnisse Berlins. gr. 8°. Aachen 1850.

Born, B. (Hrsg.), s. Schatzkammer, Neu eröffenete ...

Born, B., de Antigonae stasimo secundo. Jenae. *21 v.* Schul-/Univ.-Schrift 1867

Born, Bend., Schatzkammer all. theol. Wissensch. a. d. unschuldig. Nachr. ausgefertigt. 4 Thle. 8. Leipzig, Hilscher. 746—47.

Born, *Benno:* Bemerkungen zu einigen Oden des Horaz mit besonderer Berücksichtigung der Wortstellung. Magdeburg, k. Hofbuchdr. v. C. Friese, 1891; 1 Bl., 40 S. 4°
Magdeburg, k. Dom-G, OP 1891 (232)

Born, Bertran v., s.: Bibliothek, romanische.

Bertran de Born, s. Steinmüller, Georg.

Born, C. F. (Pseud.), s. Füllborn, George

Born, Carl, Direktor: Aufgaben und Ziele der Realschule in Calbe a. S. Calbe a. S. 1906: A. Goppelt. (36 S.) 4°
Calbe a. S., st. R i. E. OP 1906 (321)

Born, Carl, nach der Hochzeit oder: Der Sommerlieutenant. Lustspiel (m. Gesang ad lib.) in 1 Act. (19 S.) 8. Bremen 891. Leipzig, O. Dietrich. 2.—

— Der Kaiser kommt!! Schwank m. Gesang in 1 Act. (19 S.) 8. Ebd. (907.) 2.—

-- u. Paul R. Lehnhard, Kaisergeburtstags-Freude, s.: Uhse's patriotische Festspiele Nr. 1.

— O Santa Lucia od.: Unter dem Pantoffel. Schwank m. Gesang in 1 Act. (19 S.) 8. Ebd. 891. 2.—

— Post u. Telegraph od.: Die goldene Schlange. Posse m. Gesang in 1 Akt. (19 S.) 8. Ebd. (907.) 2.—

Born, Carl, u. George Bohlen: Post-Amt I od. Ein vergnügter Tag, s: Thalia.

Born, Carl, neuestes Radfahrer-Marsch-Lied. (Text.) gr. 8. (4 S.) Bremen 896. C. Klebahn. —10; m. Klavierbegleitg. 1.—

— Rheingeister, s.: Bohlen, George.

— Im bunten Rock od. Priemel's Hochzeitsreise. Schwank m. Gesang in 1 Act. (16 S.) 8. Bremen (906.) Leipzig, O. Dietrich. 2.—

Born, Carl: Sammlung französischer und englischer Gedichte. Geeigneter Memorierstoff f. Realsch. u. d. Mittelstufe d. realen Vollanstalten. Kalbe a. S. 1908: Goppelt. VI, 58 S. 8°
Kalbe, st. R OP 1908 (340) [S 08. 38

Born, Carl, Sammlung französischer u. englischer Gedichte. Memorierstoff f. Realschulen u. die Mittelstufe der realen Vollanstalten. (VI, 58 S.) 8. Leipzig 908. Quelle & Meyer. —80

— Der Vogelhansel od. Wenn die Schwalben wiederkommen. Schwank m. Gesang in 1 Akt. (21 S.) 8. Ebd. 892. 2.—

Born, Car. Albert. (geb. Neustettin 30. 1. 1819): De morborum erysipelaceorum pathologia. Berolini (1841). (32 S.) 8°
Berlin, Med. Diss. v. 27. Febr. 1841

Born, Car. Henr. Rud. (geb. Obermöllern in d. Prov. Sachs. 19. 11. 1828): De cannabi Indica observationes quaedam. Berolini (1853). (31 S.) 8°
Berlin, Med. Diss. v. 19. Aug. 1853

Born, Carl L[udwig]. Zu Ferdinand Hodlers Bildern. Nacht und Tag — Enttäuschte Seelen und Eurythmie. Von Karl L. Born. 27 S. 8. Bern, Buchdr. «Berner Tagblatt», 1902.

Born, D., der deutsche Krieg von 1870. Mit einem photogr. Tableau [Portraits von 27 Feldherren in Form des eisernen Kreuzes]. 1. und 2. Aufl. gr. 8. (III, 848 S.) Berlin 871, Gerschel's Verlag. *
Mit 1 chromolithogr. Karte des Kriegsschauplatzes von Kiepert mit den neuen deutschen Reichsgrenzen in qu. Fol. *

Born, D., Deutschlands Vertheidigungskampf gegen Frankreich im J. 1870. Mit 1 (lith. u. color.) Karte d. Kriegsschauplatzes (in Fol.). 1—4. Liefg. Berlin 870. Gerschel. 8. (S. 1—256.) Jede Liefg. n. 5 ngr.

—— Deutschlands Vertheidigungskampf gegen Frankreich im J. 1870. 5 Lfgn. 8. (320 S. mit 1 Photogr.) Berlin 871, Gerschel's Verlag. à Lfg. 50 Pf.

Born, Dav., die bürgerl. Existenz ist gesichert! Das Gewerbe-Beschränkungs-Gesetz vom 7. Febr. 1849. gr. 8. (15 S.) Berlin 849. (Springer.) n. 2 ngr

Born, D(avid). Ueber die Freiheit des Gewerbes und die Wirksamkeit des Kapitals auf die arbeitenden Klassen. (Vortrag.) Berlin 1851. 23 S. 8.

— die modernen Gewerbeordner. Ein Beitrag zur Kenntniß der gewerblichen Zustände deutscher Staaten. Mit Benutzung des Berichts des volkswirthschaftl. Ausschusses. 8. (19 S.) Berlin 849, Springer. n. 1/6 ℛ

—— Schutzzoll oder Freihandel? Zunft oder Gewerbefreiheit? gr. 8. (14 S.) Berlin 849, (Springer.) *

Born, Dietrich

Die Notlage in der Landespferdezucht. Ein Beitrag z. Lösung dieser Frage von Dietrich **Born**-Dommelkeim, Rittergutsbesitzer. Königsberg i. Pr.: Ostpr. Dr. & Verlagsanst. 1907. (32 S.) 8° [07. 6918 10

Das rheinisch-belgische Pferd in seiner heutigen Entwicklung von Dietrich **Born**-Dommelkeim. (Königsberg i Pr. 1910: Ostpr. Dr.) 23 S. 8° [10. 16960 10

Remontezucht u. Kaltblutzucht in Ostpreußen. Vortrag geh. (1907) zu Düsseldorf von Rittergutsbes. Dietrich **Born**-Dommelkeim. Königsberg i. Pr.: Ostpr. Dr. u. Verlagsanst. 1907. (17 S.) 8° [08. 1098 10

Born, E.

Born: Zur macedonischen Geschichte. 35 S. Progr. Berlin Friedr. G. 1858.

Born, E., zur makedonischen Geschichte. Berlin 858. Gaertner. gr. 4. (35 S.) n. 10

Born, E. Die finanzielle Heranziehung der Zentralnotenbanken durch den Staat in Europa. Leipzig 1907.

Born, E., Conjugations-Tabellen der griechischen unregelmässigen Verba, aufgestellt und erläut. gr. 8. (56 S.) Berlin 866, Haude und Spener'sche Buchh. *

Born, E., Conjugations-Tabellen der griechischen unregelmässigen Verba, aufgestellt und erläutert. 2. verm. und verb. Aufl. 1870. * 60 Pf., und 3. Aufl. gr. 8. (56 S.) Berlin 874, Haude und Spener'sche Buchh.

Born, E., methodisches Lehrbuch der lateinischen Sprache zunächst für die unteren Klassen der Gymnasien und Realschulen. 1. Ausg. 1854. und 2., verb. Ausg. 8. (VIII und 316 S.) Berlin 855, Gaertner. *

Born, E., Im Walddorf, s. a. Machts, Ludw.

[F.] Im Walddorf. Weihnachtsidyll v. E. **Born**. Mus. v. Ludwig Machts. Op. 7. *Quedlinburg: Ch. F. Vieweg [1898].* (27 S.) 1 Bd 8. [98. 8723

Born, E., Zentralnotenbanken, s. Wirtschafts- u. Verwaltungsstudien.

Born, Erhard: Die Grundzüge des französischen Konsularrechts unter Berücksichtigung des deutschen Rechts ... Freiburg i. B., Buchdr. v. Chr. Ströcker, 1888; 4 Bl. + 61 + VII S. 8°
Freiburg i. B., Jur. Fak., Inaug.-Diss. v. 1888

Born, Erich, a. Berlin: Die finanzielle Heranziehung der Zentralnotenbanken durch den Staat in Europa. Leipzig: A. Deichert 1907. (62 S.) 8° [F.]
Würzburg, Jur. Fak., Ref. Schanz, Diss. v. 25. April 1907
[Geb. 27. Juni 78 Berlin; Wohnort: Berlin; Staatsangeh.: Preußen; Vorbildung: Friedrichs-Gymn. Berlin Reife M. 98; Studium: Berlin 5, Würzburg 2 S.; Rig. 29. Jan. 07.]

Die finanzielle Heranziehung der Zentralnotenbanken durch den Staat in Europa. Von Dr. Erich **Born**. Leipzig: A. Deichert 1907. (X, 114 S.) 8° [F.]
— **Wirtschafts**-u. Verwaltungs**studien** mit bes. Berücks. Bayerns. 28. [07. 9704

Born, E[rnestus]: * De collegiis opificum apud Romanos. 98 S. 4° (2°)
Halle-Wittenberg, Phil. Diss. v. 11. Dez. 1847
Geb. [Landsberg a. d. Warthe 25. 2. 1822]

Born, Ernst, Referendar: Ehrverletzung und Schadensersatz nach dem Bürgerlichen Recht mit Rücksicht auf die geschichtliche Entwicklung. Greifswald 1910: Abel. 64 S. 8°
Breslau, Jur. Diss. v. 20. April 1910, Ref. Leonhard, Schott
[Geb. 14. Juli 82 Oppeln; Wohnort: Oppeln; Staatsangeh.: Preußen; Vorbildung: Gymn. Oppeln Reife O. 03; Studium: Breslau 7 S.; Rig. 21. Jan. 10.] [U 10. 471

Born, F. Geo., s. B o r n , George F.

Born, F. Herm., seraphischer Sternenhimmel, d. i.: kurze Lebensgeschichten der Heiligen, Seligen und anderer Glieder des dritten Ordens des heil. Franz v. Assisi, welche im Rufe der Heiligkeit verschieden. Mit entsprechenden Betrachtungen auf alle Tage des Jahres. Neu bearb. u. vermehrt von Clem. Jäger. 2 Bde. Regensburg 860. Manz. gr. 8. (IV, 1116 S.) 2 ₰ 6 ngr.

*Born, FW: Kein Glaubenskampf, sondern Zerstörg d. Allmacht d. Schwarzen in d. Finanzgrundlagen. Charlttnbg, Arbeitsstelle d. techn. Stände ATS. (?)

Born, Fr. Ph., der Religionsunterricht in der Volksschule. Vortrag, geh. beim XXI. deutschen Protestantentage am 5. IX. in Kaiserslautern. (Flugschrift des deutschen Protestantenvereins.) 8. (38 S.) Heidelberg 901. (Ev. Verlag.) n. — 20

Born, Franz

Born, Frz., Aus alten Tagen. Bild aus Georg Frundsbergs Zeit u. Leben. 8. (VI, 126 S.) Mindelheim 897. A. Hundegger. Geb. in Leinw. n. 1. 80

Born, Friedrich: Heurik und Johann Beldensnyder. Ein Beitrag zur Kenntnis der westfälischen Steinplastik im 16. Jahrhundert. Münster (Westf.) 1905: Coppenrath. (44 S.) 4° (8°) ¶ (Ersch. vollst. in: Beiträge zur westfälischen Kunstgeschichte.)
Münster, Phil. Fak., Ref. Ehrenberg, Diss. v. 12. Juli 1905
[Geb. 22. Juli 80 Düsseldorf; Wohnort: Münster; Staatsangeh.: Preußen; Vorbildung: Gymn. Coesfeld Reife O. 02; Studium: Kiel 1, München 1, Berlin 1, Münster 3 S.; Rig. 19. Mai 05.]

Born, Friedrich Gottlob

Born, F. Glo. (Mitarb.), s. A b i c h t , Johann Heinrich: Neues philosophisches Magazin z. Erläuterung d. Kant. Systems.

Born, Fr. Gottl., s. A n a c r e o n et Sappho, Carm.

Born, Fr. Gottl., s. J. B r u c k e r , institut.

Born, Fr. Gottl., s. C i c e r o de officiis

— — De ingenio lepido et faceto. Viro.. Rud. Hommel.. gratul. Lpz. (Saalbach) 22. IX. 1791. 26 S. m Verz. d. Gratulanten (4.—)

Born, Fr. Gottl., s. J. K a n t , Opera

Born, Fr. Gottl., s. A. F. K i r s c h , cornu-copiae

***Born*, Fr. Glo, († d. 8. Dec. 1807.) Lexicon manuale ling. graec. II Tom. 8. Leipz. 798—802. Schwickert. 4 ₰ 12 gr Mit n. Titelbl. 817. 5 ₰**

Born, Fr. Gottlob (Hrsg.), s. a. M a g a z i n , Neues philosophisches.

— u. Jh. H. Abicht, neues philosoph. Magazin z. Erläuter. des Kantischen Systems. 2 Bde. à 4 Stcke. 8. Leipz. 789—91. Barth. 2 ₰ 12 gr

— Friedrich Gottlob (Leipzig) u. Carl Theophil Horstig (Reinswaldau/Laus.), De natura fortuiti cum necessario comparata dissertatio philos. prior. Lpz. (Klaubarth) 15. XI. 1783. 22 S. (4.50)
Gew.: Friedr. Ludw. Wurm (Grossen-Furra).

— — De notione exsistentiae disserit. Lpz. (Klaubarth) 21. IX. 1785. 20 S. (4.20)

Born, Fr. Gottl., s. K. L. R e i n h o l d , periculum

Born, Fr. Gottl., s. A. M. R i c c i u s , Dissert.

Born, Fr. Gottl., s. J. G. S a m m e t , Hermeneutik u. dess. Vorlesungen

Born, Fr. Gottl., s. S c h r ö c k h , J. M., compend. histor.

— De scientia et conjectura specimen metaphysicum ad diluenda Pezoldi dubia adversus Kantium nuper proposita. Lpz. (J. G. I. Breitkopf) 1787. 94 S. (5.50)

— de scientia et conjectura. 8. maj. Dresden, Breitkopf. 788.

— de scientia et conjectura. 8 maj. Dresd. 788. Breitkopf. 6 gr Ed. n. 8 maj. Leipz. 805. Hinrichs. 8 gr

F. Glo. **Born's** Versuch üb. d. ersten Gründe d. Sinnenlehre z. Prüf. verschied., vornehml. d. Weishaupt. Zweifel u. s. w. *Lpz.*, Klaubarth. 788. 8° 8*gl*

— Vers. üb. d. ersten Gründe d. Sinnenlehre z. Prüf. d. Weishaupt. Zweifel geg. Kant. 8. Leipz. 789. (Meyer in Braunschw.) 8 *gl*

— Versuch üb. die ursprüngl. Grundlagen des menschl. Denkens, zur Aufklär. u. Vertheidigung d. Kantischen Behauptungen. 8. Leipz. 791. Barth. 1 *ß* 21 *gl*

Born, G.: Bibliotheca Medica, s. Born, Gustav

Born, G.: Über die Einwirkung ..., s. Born, Georg

Born, G., erstes Sprach- u. Lesebuch für den Schul- u. Haus-Gebrauch. gr. 8. Aachen 821. Rossel. 9 *gl*

Born, G., erstes Sprach- und Lesebuch für den Schul- und Haus-Gebrauch. 8. Frankfurt a. M., Boselli, 821.

Born, G., Taschenbuch der mikroskop. Technik, s.: Böhm, Alex.

Born, G. H., nervöse u. schwachbeanlagte Kinder. Praktische Ratschläge u. neue Mittel zur Beseitigg. geist. u. körperl. Fehler der Kinder. (223 S.) gr. 8. Leipzig (905). Modern-medizin. Verlag. n. 4. —

BORN, Dr. G. H. Die geheimnisvollen Mächte in der Liebe. Sympathie, Faszinieren, Bezaubern usw. Von Dr. G. H. Born. 2. verbesserte Auflage. Verlagsfignet: Erdkugel mit Monogramm M. W. Auf der Kugel Merkur nebst der Inschrift: Mein Feld ist die Welt. Leipzig 38, Max Wendels Verlag (um 1900!). 8°. 72 S. 8 S. Inser.-Anhang und u. a. auf der letzten Reklameseite Anpreisung von Odeur de femme für Damen und Liebeserreger für Herren pro Flacon 2 und 4 M.

— die geheimnisvollen Mächte in der Liebe. (Sympatie, Fascinieren, Bezaubern 2c. u. wie man sie anwendet.) (62 S.) kl. 8. Dresden 905. M. Wendel. n. 1. 50

Born, G. H., die geheimnisvollen Mächte in der Liebe. Sympathie, Fascinieren, Bezaubern 2c. 2., verb. Aufl. (72 S.) 8. Leipzig (910). M. Wendel. 1. 50

Born, Georg. aus Zeitz '(Preussen)': Über die Einwirkung von Stickstofftetroxyd auf Ketoxime. Zür. J. Schabelitz Dr. 1885. 54 S., 1 Bl. 8°.
Zürich, Phil. Diss. [v. 12. Juli 1895].

Born, George F. (Pseud.), s. a. Füllborn, George

Born, George F., Adrienne, die Braut des Sträflings, oder die Geheimnisse der Bastille. Historischer Roman. 1.—12. Heft. gr. 8. (S. 1—220 mit je 1 Holzschntaf.) Prag 879, Bensinger. à Heft 40 Pf.

Born, George F., Adrienne, die Braut des Sträflings, oder die Geheimnisse der Bastille. Historischer Roman. 13.—32. (Schluß-)Heft. gr. 8. Prag 880,81, Bensinger. [2. Bd. (S. 221—344.); 3. Bd. (376 S.); 4. Bd. (451 S. mit je 1 Holzschntaf.)] à Heft 40 Pf. 8 —
1.—12. Heft. Ebendas. 1879. à 40 Pf.

Born, George F., Don Carlos. Historisch-romantische Erzählung aus Spaniens Jetztzeit. 30 Lfgn. gr. 8. (1200 S. mit 30 Chromolithogr.) Berlin 874, Große. à Lfg. 30 Pf.

—— Don Carlos. Histor.-rom. Erzählg aus Spaniens Jetztzeit. 8. (1200 m. 20 Chromol.) Ebd. 75. 9. —

Born, George F., Caterina Cornaro, Cyperns schönste Königin, das unglückliche Opferlamm venetian. Inquisition. Historisch romant. Erzählg. 30 Lfg. gr. 8. (1440 S.) Berlin 871. Grosse. à — 30

—— Gabriele, das Kind der Bettlerin, oder das Verbrechen von Grenelle. Kriminal-Roman. 1.—14. Lfg. gr. 8. (1. Bd. 406 S.; 2. Bd. S. 1—42 mit Holzschn.) Dresden 879, Lohse. à Lfg. 25 Pf.

—— Gabriele, das Kind der Bettlerin, oder das Verbrechen von Grenelle. Kriminal-Roman. 15.—40. (Schluß-)Heft. gr. 8. Dresden 880, Lohse. [2. Bd. (S. 43—406.); 3. Bd. (460 S. mit je 1 Holzschntaf.)] à Heft 25 Pf. 6 50
1.—14. Heft. Ebendas. 1879. à 25 Pf.

—— die Geheimnisse einer Weltstadt oder Sünderin und Büßerin. Roman. 30 Lfgn. gr. 8. (1439 S.) Berlin 869—71, Große. à Lfg. 30 Pf.

—— die bleiche Gräfin oder der Kampf um die Million. Criminal-Roman. 30 Hefte. gr. 8. (1199 S. mit Holzschn.) Ebendas. 878. à Heft 40 Pf.

— die bleiche Gräfin oder der Kampf um die Million. Criminal-Roman. gr. 8. (1199 S. m. Holzschntafeln.) Ebend. 879. 12 —

Born, GF, d. Jungfrau v. Helgoland od. Claus v. Winsfeld genannt: Störtenbeker u. s. Abenteuer als kühnster Seeräuber d. Nord- u. Ostsee, sowie als Wilddieb. Histor. Volksroman. 112 Hfte. 8° (1598 m. Illustr.) Neu-Weissensee b/Berl. 91—93, E Bartels. à — 10

—— la muette de Portici ou le soulèvement de Naples. 3 parties en 2 vols. gr. 8. (968 S.) Zürich 877, Dancker. *

—— Pius IX. und die heutige Zeit oder Rom und die Jesuiten. Historisch-romantische Geschichte. 3 Bde. in 21 Lfgn. gr. 8. (1007 S.) Berlin 871, Große.

Born, George F., die Rose von Böhmen oder der Geigenfrieder und die Harfen-Pepi. Romantische Erzählung. 30 Lfgn. gr. 8. (1439 S.) Berlin 876, Grosse. à Lfg. 30 Pf.

—— Johann Sobieski, der große Polenkönig und Befreier Wiens, oder das blinde Sklavenmädchen von Schiras. Historischer Volksroman. 32 Hefte oder 3 Bde. gr. 8. (1535 S. mit 32 Holzschntaf.) Prag 881,82, Bensinger. à Heft 40 Pf. 12 80

— der Seeräuber, Admiral u. König des Meeres Claus Störtenbeker u. seine Abenteuer als kühnster Seeräuber der Nord- u. Ostsee oder die Tochter des Senators. Historischer Volksroman. gr. 8. (1600 S. m. color. Holzschntafeln.) Dresden 878. 79. C. G. Lohse. 12. 50

—— die Stumme von Portici oder das Blutbad von Neapel. Romantische Erzählung. 30 Lfgn. gr. 8. (1439 S.) Berlin 875,76, Grosse. à Lfg. 30 Pf.

—— der Türkenkaiser und seine Feinde oder die Geheimnisse des Hofes von Konstantinopel. Roman aus der Jetztzeit. 30 Lfgn. gr. 8. (1440 S.) Ebendas. 876,77. à Lfg. 30 Pf.

—— Barbara Ubryk, die unglückliche Nonne von Krakau. Historisch-romantische Erzählung. 26 Lfgn. gr. 8. (1248 S.) Berlin 870,71, Große. à Lfg. 30 Pf.

—— die schöne Venetianerin oder Abschied und Wiedersehen. Romantische Erzählung. 75 Hefte. gr. 8. (1440 S.) Berlin 882, W. Grosse. à Heft 10 Pf. 7 50

— der Weg zum Abgrund. Eine Erzählg. nach der Wirklichkeit. 8. (199 S.) Berlin 872. Seehagen. 2. —

—— d. Weg z. Abgrund. Eine Erzählg. 8. (199) Berl. 74, Seehagen. 2 —

Born, Gustav

Born, Gust. (geb. Kempen in Posen 22. 4. 1851): Beiträge zur Entwicklungsgeschichte der quergestreiften willkürlichen Muskeln der Säugethiere. Berlin (1873). (66 S.) 8°
Berlin, Med. Diss. v. 16. Aug. 1873

Born, Gust., s.: Bibliotheca medica.

Born, (Gustav), Prof.: Persönliche Erinnerungen an Ostendorf und sein Werk. *Lippstadt 1901: (Bär & Hermann in Leipzig).* (S. 5—40.) 8°
Lippstadt, RG u. R, Festschr. 1901 **

Born, Gustav: Ueber die Nasenhöhlen und den Thränennasengang der Amphibien. Leipzig: W. Engelmann 1877. (70 S., 3 Taf.) 8° *(Aus: Morphol. Jahrbuch. Bd 2. [1877.])*
Breslau, Med. Fak., Hab.-Schr. v. 23. Dez. 1876

Born, Gust. Quel mérite faut-il attacher au Cid de Corneille et à quel point le poète s'est-il affranchi de la tyrannie imposée par l'esprit de son temps? 43 S. *Lippstadt* 1877. Progr.

Born, Gustav Rede zur Nachfeier des Sedantages. 8 S. *Lippstadt* 1880. Progr.

— Ub. Verwachsungsversuche m. Amphibienlarven. A. d. entwickelungsgeschichtl. Abtheilg. d. kgl. anat. Institutes z. Breslau. [Aus: „Archiv f. Entwickelungsmechanik".] gr. 8. (224 S. m. 11 Taf.) Leipzig 897. W. Engelmann. n. 12. —

Born, H., die Geheimnisse berühmter Don Juans in der Kunst jede Frau zu erobern. (80 S.) Dresden (907). F. Casper & Co. 8.—; geb. 5. —

Born, H., zur Leuchtgas-Fabrikation. Leistungen eines Gasofens von neuerfundener Construction mit Chamotte Retorten und Vergleichung der Betriebs-Resultate an Gas, Coake, Theer rc. aus mehreren verschiedenen Steinkohlensorten. Chemnitz 859. Focke. gr. 8. (16 S.) n. 7½ ngr.

Born, Hans [aus Thun]: Ein Fall von Atresia ani congenita mit zahlreichen Entwickelungsanomalien des Urogenitalsystems. Zürich 1898. 28 S. 1 Bl. 1 Taf. 8°.
Zürich. Med. Diss. 1898/99.

Born, Heinrich

Die Stadt Elberfeld. Festschrift zur Dreijahrhundert-Feier 1910. Hrsg. mit Unterstütz. d. städt. Behörde unter Mitarb. von 24 Mitbürgern von Heinrich Born. Elberfeld: Born 1910. VIII, 620 S. 4° [11. 4708

— Heinrich (Leipzig), Exercitatio acad. de jure illius cujus pecunia creditor alterius fuit dimissus. Straßburg (Joh. Pastor) 1. X. 1668. 19 S. (5.—)
Widm. v.: Gottfried Stösser, Joh. Rebhan, Ger. v. Stöcken, Joh. Ulrich Wild (Strassburg).

— — Dasselbe. Lpz. (A. M. Schede) 1717. 24 S. o. Widm. (4.20)

Born, Hermann [pract. Arzt]: Ein seltener Fall von angeborener Atresie und Durchtrennung des Darmrohres mit entwickelungsgeschichtlich interessanten Verhältnissen am Peritoneum. (Aus d. anatom. Institut zu Breslau. ... Breslau, F. W. Jungfer's Buchdr., 1887; 2 Bl. + 35 + 1 S. 8°.
Breslau, Med. Fak., Inaug.-Diss. v. 21. Jun. 1887.

Born, Herm., ein seltener Fall von angeborener Atresie und Durchtrennung des Darmrohres mit entwickelungsgeschichtlich interessanten Verhältnissen am Peritoneum. Inaugural-Dissertation. gr. 8. (35 S.) Breslau 887, (Köhler.) *

Katalog der Bibliothek des Märkischen Museums zu Witten a. d. Ruhr. (Verf.: [Hermann] Born, [Hauptl.].) T. 1. *[Witten a. d. R. 1903.]* 8° [F.] = [Jahrbuch d. Vereins f. Orts- u. Heimatskunde in d. Grafschaft Mark. Jg. 16.] [04. 3993

Born, Herm., seraphischer Sternhimmel. 3 Thle. 8. Augsb. 755, Matth. Rieger. 2 ℳ 8 ℛ

Born, Herm., seraphischer Sternenhimmel. Od.: Leben u. Tugenden der Heiligen aus dem dritten Orden des heil. Vaters Franziskus v. Assisi auf alle Tage des Jahres. Neu bearb. v. Mich. Sintzel. 2 Bde. Mit d. Bildnisse d. heil. Vaters Franziskus (in Stahlst.) gr. 8. (LXXX u. 1759 S.) München 845. 46. (Palm.) 3 ℳ

Born, Herm., O. S. Fr., seraph. Sternenhimmel. E. Legende f. alle in Kloster u. Welt, bes. f. d. Mitglieder d. 3. Ordens u. d. es werden wollen. Dazu d. hl. Regel d. III. Ordens u. d. Statuten u. Gebete d. Vereins d. christl. Familie. D. allbeliebte u. kernige, alte, christl. Volksbuch v. B. neubearb. v. Engelbert Hofele. Erstmals ill. Lex.-8. (1176 S. m. Abb. u. 8 Farbendr.) Regensburg 896. Nationale Verlagsanstalt.
Geb. in Leinw. n. 11. —
Erschien auch in 20 Hftn. à n. — 40.

Born, H: Seraph. Sternenhimmel. Leben u. Tugenden d. Heiligen, Seligen u. and. im Rufe d. Heiligkeit steh. Mitglieder u. d. 3. Orden d. hl. Vaters Franziskus v. Assisi. Neubearb. v. E Hofele. 20 Hfte. 8° (1176 m. Abb. u. 12 Farbdr.) Rgnsbg 96, Verl.-Anst. vorm. GJ Manz. à — 40 (Kplt geb. in L.: 11 —)

v. Born, J. Abhandlungen zur Aufnahme der Mathematik. Prag, 1775.

Born's, J. H. [I.] Adreßbuch f. Elberfeld 1890/91, nebst Stadtplan. Redact.: Wilh. Emmert. gr. 8. (XLVII, 531 S.) Elberf. 891, Born. geb. * 5 —; Nachtrag, Mai 891. (88 S.) * 1 —

Born's, JH, Adressbuch f. Elberfeld 1896/97. 8° (709 m. Pl. u. Karte.) Elberf., JH Born. Geb. nn 6 —
Spätere Ausg. s. u. d. T.: Adressbuch.

Born's, J. H., Adreß-Buch f. Elberfeld 1896/97, nebst neuestem (farb.) Stadtplan v. Elberfeld u. e. (farb.) Uebersichtsplan d. Stadtkreises, d. ganze Gemeindegebiet umfassend. gr. 8. (LIX, 650 S.) Elberfeld, J. H. Born.
Geb. in Leinw. n.n. 6. —

Born, J.H. (Hrsg.), s. Elberfeld ...

Born's, J. H. [I.] Gesetzbücher. Preußische u. Reichsgesetze, in sokrat. Methode bearb., m. Text d. Gesetzes u. Inhaltsverzeichniß. I. u. II. 16. Elberf. 891, Born. à * — 20
I. Das neue Gewerbesteuer-Gesetz bearb. v. Heinz Krieger, 1. u. 2. genau rev. Aufl. (40 S.)
II. Das neue Einkommensteuer-Gesetz bearb. v. Heinz Krieger. 1. u. 2. Aufl. (40 S.) 3., unter eingeh. Berücksicht. der wicht. Bestimmgn. der Ausführungsanweisung vom 5. Aug. 891 stark verm., nach dem amtlichen Texte genau rev. Aufl. (59 S.)

Born, J.H. (Hrsg.), s. Jahrbuch des Vereins für Orts- und Heimatkunde in der Grafschaft Mark.

Born, J. H., 30 Lieder e. alten Musketiers. Erinnergn. aus dem grossen Kriege 1870—71. 16. (30 S.) Witten 890. Konetzky. n.n. — 30

Born, Jacob

Jacobi Born domini hered. client. Wildenborn et Suxdorf procancellarii regii civit. Lipsiens. consulis prim. a. d. 6. XII. 1758 placida morte extincti elogium. Lpz. (Breitkopf) 6. XII. 1759. 58 S. (5.50)

— — De jure in re actiones reales producente. Lpz. (Ww. Henning Coler) 3. VII. 1662. 28 S. (5.—)
Gew.: Johann Christoph Marcus, Gotthelff Friedrich v. Schönberg (Bieberstein ...), Isaac Leikher.

— — Dasselbe. Lpz. (Brandenburger) 1704. 24 S. o. Widm. (4.40)

— — (Leipzig), De jurisdictione per investituram feudalem concessa. Diss. jur. Präs. Gabriel Schweder. Tübing. (Joh. Graez) 24. IV. 1706. 46 S. (5.—)
Gew.: Jacob Born.

Born, Jacob Heinrich

— — De antestatione in jus vocantium apud Romanos dissertatio. Praem. est epistola ad duumviros (Quir. Gottfr. Schacher, Gottfr. Leonh. Baudis) summis utr. jur. honor. Lpz. (Breitkopf) 7. V. 1737. 20 S. (3.50)

— — De communione peregrina veteri clericorum censura commentatio. Lpz. (Langenheim) 1742. 66 S. (5.—)

— — De curiis imperatorum et regum Germanicorum sollemnibus spec. de earum a comitiis imperii differentia agens. Diss. posterior. Präs. Chn. Gottfr. Hermann. Lpz. (Breitkopf) 27. X. 1768. 48 S. (4.80)

— — De jure stapulae nundinarum civitatis Lipsiae. Präs. Jo. Jacob Mascov. Lpz. (Langenheim) 22. IV. 1738. 40 S. (4.80)

— — Dasselbe. Dissertationes binae. Ed. II. Lpz. (Jo. Chn. Langenheim) 1739. 72 S. z. Tl. dtsch. M. 1 Kupfer (J. A. Richter del. C. F. Boetius sc.) (5.50)

— — Dasselbe. Dissertatio posterior. Lpz. (Langenheim) 13. VIII. 1739. 78 S. tlws. dtsch. m. d. Kupfer (5.—)

Ordinarius senior facult. jur. Lipsiensis summos in jure honores candidatis **Jacob Heinrich Born** (M.: J. Ch. Schacher) et **Christoph Friedrich Wolle** (M.: F. E. Boerner) (Leipzig). — Thema de juribus uxoris nobilis in concursu mariti, Lpz. (Breitkopf) 8. V. 1773. 24 S. m. Biographien (3.80)

— — u. (Resp.) **Johann Gottlieb Friderici,** De poenis libertorum ingratorum apud Romanos. Lpz. (Langenheim) 11. VI. 1738. 31 S. (5.—)

— — Spicilegium observationum de potestate juris dicundi cum archimareschallatu Saxonico copulata. Lpz. (Breitkopf) 22. IV. 1773. 47 S. (5.—)

Born, Jacob Heinrich (Leipzig), Templum fortunae primigeniae sacrum viro Jacob Born, reip. Lips. consuli, parenti omni pietatis.. gratulaturus. Lpz. (Breitkopf) 1729. 6 Bl. m. Wappen (Rosbach sc.) u. Textabb. (4.50)

— — De Delphinio Atheniensium tribunali, dissertatio epistolica ad virum Christian Gottlob Haltaus summos in philos. honores. Lpz. (Breitkopf) 17. II. 1735 23 S. (4.80)

Born, Ida, Clara oder die Führung zum Licht. Berlin 863. Beck. 8. (266 S.) 22½ ngr.

Born, Ignaz Edler von (Wirkl. Name), s. a. Physiophilus, Joannes

Born, Ign. v., s.a. Abhandlungen e. Privatgesellschaft.

BORN Ignaz. Abhandlungen einer Privatgesellschaft in Bohmen zur Aufnahme der Mathematik, der vaterländ. Geschichte und der Naturgeschichte ... von –. Gerlische Buchhandl. Prag 1775–1784. 6 Bde. in 6 vol.

— J. Ch. de, Sur l'amalgamation des métaux nouvellement établie en Allemagne. Reponse à des lettres de Mr. Rubin de Celis. [Vienne] 1789.

v. Born, Ign., († d. 24. Juli 1791.) üb. das Anquiken d. Gold- u. Silberhältigen Erze, Rothsteine, Schwarzkupfer u. Hüttenspeise. Mit viel. Kpf. gr. 4. Wien 786. (Beck). 2 rß 12 gr

BORN Ignaz Edler von. Über das Anquicken der gold- und silberhaltigen Erze, Rohsteine, Schwarzkupfer und Hüttenspeise. Von –. . . . Wappler, Wien 1786. 1 vol. 7 Bl. + 227 S. + 21 Tafeln.

— phÿsical. Arbeiten. s. Arbeit.

Born, Ignaz Edler v., k. k. wirklicher Hofrath etc. Physikalische Arbeiten der einträchtigen Freunde in Wien. I. Jahrg. 1., 2., 3. Quartal; II. Jahrg. 1. Quartal. (Mit 7 Taf.) (4 Th. in 3 Bdn.) 4. Wien 1783–1786.

- Physikalische Arbeiten der einträchtigen Freunde in Wien. Wien 1783–88.

– s. a. Bergbaukunde

Born, J. von und Trebra, F. W. H. von: „Bergbaukunde", 2 Bde., Leipzig 1789/1790. — Vorh.: Verein zur Wahrung der bergbaul. Inter., Essen-Ruhr — Fa. 66 — Preuß. Oberbergamt Dortmund — E. h. 71.

— freymüth. Briefe üb. den Holzmangel in Oesterreich. 8. Wien, Wappler. 791.

— Briefe üb. mineralog. Gegenst. a. s. Reise d. Temeswar rc. Siebenbürgen u. Ungarn. M. Kpf. gr. 8. Frankf. u. Leipz. 774. (Dresd.) Walther. 20 gr

(Born, Ignaz von): Catalogue méthodique et raisonné de la collection des fossiles de Mlle. Eléonore de Raab. Tom. 1/1-2, gbd.

Vienne: Alberti 1790

JB 6.352

— Catalogue de la Collection de fossiles de Mad. de Raab. II. Tom. av. Vign. gr. 8. Wien, Degen, Typogr. Soc. Born. 790.

grand. p. a

Born, Ignaz von (Hrsg.):

s.: Ferber, Johann Jakob: Briefe aus Wälschland über natürliche Merkwürdigkeiten dieses Landes... Prag: 1773

— Index fossilium II Tmi. c. figur. 8. maj. Prag, Gerle. 772—75.

v. Born, Ign., Index rerum naturalium Musei Vindobonensis. P. I. Fol. maj. Wien 778. Kraus. 3 rß N. A. u. d. T.: Testac. Musei Caes. Vindobonensis, c. 18 fig. col. Fol. maj. Ebd. 780. Mayer. 18 rß

– s. Kern, J. G. von: Schreckensteine

KLOSTERGEIST, Der, geschildert in der Untersuchung der Hindernisse einer vollkommenen und standhaften Verbesserung des Kirchenwesens überhaupt, insbesondere der Ordensstände. Von *S.* (d. i. *Ignaz v. Born*). Wien (Frankfurt a. M., Esslinger) 1781. 8°. (In München 3 Expll.: H. mon. 288; J. Can. P. 160, 1; auch 477, 5; ferner in Aarau, Cantonsbibl.) Anon.-Lex. II. p. 365 (nach Baader).

— Lithophylacium Bornianum s. index fossilium. II Tom. c. fig. 8 maj. Prag 772—75. Gerle. 1 rß 8 gr

— Métallurgie, ou l'algamation des minéraux méthode d'extraire p. le mercure. 4. Born, Typograph. Soc. 787.

— méthode d'extraire les métaux parfaits des minérais et autres substances métalliques par le mercure. gr. 4. Wien 788. (Nauck in Leipz.) 2 rß 16 gr av. estamp. 4 rß

— méthode d'extraire les métaux parfaits des minérais et autres substances métalliques par le Mercure. gr. 4. Wien, (Sommer, Lpz.) 788.

av. Estampes.

– s. a. Monachologie

Born, v.: Monachologie n. Linnéscher Methode. 8. Straub; v. Schmid. 802.

§ NATURGESCHICHTE, Neueste, des Mönchthums, beschrieben im Geiste der Linnäischen Sammlungen und mit 3 Kpftaf. erkläret von P. *Ignaz Lojola Kuttenpeitscher* (d. i. *Ignaz* Edler *v. Born*), aus der ehemal Gesellschaft Jesu. Nebst einigen erbaulichen Sätzen auss der Theologie und dem Rechte der Natur der verschollenen Zeloten Oberteutschlands, Fast, Pochlin, Jost, Kreutner, Gruber, Weissenbach, Sambuga und Konsorten. (Satyr. Vign.: Wolf im Schafspelz mit einer Heerde Schafe.) In Österreich auf Kosten der Exmönche, im Jahre des Lichts 1783. (München, Lindauer.) 8⁰. (13 Mk. 50 Pfg., Emil Hirsch, München, 1907; 15 Mk., Ldrbd. m. Pressg., Frdr. Klüber's Nachf., München, 1908; 6 Mk. 50 Pfg. Oskar Rauthe, 1910.) (In München 2 verschiedene Drucke: H. mon. 62*, 62 y.)

8 Bll. Vorst., 48 S. Text, 3 Kpftaf. in kl. qu.-Fol. (Mönchskutten, Hosen, Pantoffeln.). „Allen Feinden des Mönchthums u. aufrichtigen Freunden der Menschheit" gewidmet.

Geistreiches Pamphlet, worin die Mönchsorden nach Linné classifizirt u. die Kennzeichen in allerhand Bekleidungsgegenständen auf 3 größeren Tafeln abgebildet werden.

Vf.: *Ignaz* Edler *v. Born*, k. k. wirkl. Hofrath bei d. Hofkammer im Münz- u. Bergwesen, Mitgl. d. meisten gelehrten Gesellsch. in Europa, Gründer der „Loge zur wahren Eintracht in Wien", geb. 26. Dezbr. 1742 zu Karlsburg in Siebenbürgen, † 28. Aug. 1791 zu Wien.

– s. R. Poda, Beschreibung . . . ,

Born, Ignaz von: Schreiben des Herrn Ignatz von Born ... an Herrn Franz Grafen von Kinsky ... ueber einen ausgebrannten Vulkan bey der Stadt Eger in Böhmen. Prag: Gerle 1773. 16 S. 8⁰

Physiophilus, Joannes [d. i. Ignaz von Born]. Joannis Physiophili specimen monachologiæ methodo Linnæana tabulis tribus æneis illustratum, cum adnexis thesibus e pansophia P. P. P. Fast . . . quas præside A. R. P. Capistrano a Mulo Antonii . . . XXVI. May hora IV. . . . defendent P. Tiburtius a Vulnere Theresiæ et P. Theodatus a Stigmatibus Francisci fratres conventualium minorum. Augustæ Vindelicorum, sumtibus P. Aloysii Merz . . . 1783
Tit., 23 Bl.; 3 Taf. in Kupferst., gest. v. J. Schaff. 4°.
Scharfe Satire gegen die Mönche.
Graesse V, 278.

v. Born, Ign., specimen monachologiae methodo Linnaeana tabulis III aeneis illustr., cum thesibus e pansophia. 4. Wien u. Augsb. 783. Merz.

v. Born, Ign., s. a. Staatsperücke, die.

STAATSPERRÜCKE, Die. Eine Erzehlung (von *Ignatz* Edlem *v. Born*). Mit hübscher Titelvignette von Mansfeld. Wien 1773. In der von Ghelenschen Buchhandlung. 8⁰. 14 Bll.

Max Perl's Berliner Febr.-Auct. 1908, no. 86. — Das Anon.-Lex. IV. p. 114 hat (nach Kayser u. Meusel) die Jahrzahl „1772". (?) — Selten!

Born, Ignaz von: Testacea musei caesariensis Vindobonensis. 459 S., gbd., 18 Taf.

Vindobonae: Kraus 1780

JB 6.341

— Jo. Franz (Leipzig), De bannis nuptialibus. Von Abkündigung oder Auffgeboth der Ehelich-Verlobten. Exercit. jur. canon. Lpz. (Joh. Georg) 9. III. 1693. 12 Bl. (4.80)

— — Dasselbe. Lpz. (A. M. Schede) 1716. (4.50)

— — Dasselbe. Lpz. 1735. 24 S. (4.50)

— — Dasselbe. Halle (Hendel) 1749. (4.50)

v. Born, Frhr. Jos., freimüth. Briefe über den Holzmangel in d. Oesterr. Staaten, u. die Mittel, ihm abzuhelfen. 8. Wien 791. (Beck). 3 K

Born, Isaak, s: Liederperlen.

Born, Julius (geb. Jastrow 18. 10. 1835): De renis inflammatione febri scarlatinosa excitata. Berolini (1860). (36 S.) 8°
Berlin, Med. Diss. v. 4. Aug. 1860

Born, Louis

Born, Louis: Über die Entwicklung des Eierstockes des Pferdes. Mit 3 Taf. Berlin (1874). 36 S.
Aus: Archiv für Anatomie u. Physiologie. 1874. H. 1 – 2.

Born, L., und H. Möller, Handbuch der Pferdekunde. Für Offiziere und Landwirthe. gr. 8. (VIII, 360 S. mit 193 in den Text gedr. Holzschn.) Berlin 879, Wiegandt, Hempel und Parey. *

Born, L., und H. Möller, Handbuch der Pferdekunde. Für Offiziere und Landwirthe bearb. 2. verm. Aufl. gr. 8. (VI, 418 S. mit 206 in den Text gedr. Holzschn.) Berlin 884, Parey. *

Born, L., u. H. Möller, Handbuch der Pferdekunde. Für Offiziere u. Landwirte. 3., umgearb. Aufl. gr. 8. (VII, 432 S. mit 219 Holzschn.) Berlin 890. Parey. geb. n. 9. —

Born, L., u. H. Möller, Handbuch d. Pferdekunde. F. Offiziere u. Landwirte bearb. 4., umgearb. Aufl. gr. 8. (VII, 436 S. m. 217 Holzschn.) Berlin 895. P. Parey. Geb. in Leinw. n. 9. —

Handbuch der Pferdekunde. Für Offiziere u. Landwirte bearb. von Dr. L[ouis] Born, Prof. in Berlin, u. Dr. H[einrich] Möller, Prof. in Berlin. 5., umgearb. Aufl. Mit 211 Textabb. *Berlin: P. Parey 1902.* (VII, 458 S.) 8° [F.] (o3. 009

Handbuch der Pferdekunde. Für Offiziere u. Landwirte. Von Dr. L[ouis] Born, weil. Prof., u. Dr. H[einrich] Möller, Prof. 6. Aufl. neubearb. von H. Möller. Mit 250 Textabb. u. 1 Taf. Berlin: Parey 1910. VII, 532 S. 8° (10. 6264

Born L.: Der Mais als Futtermittel. Jena 1880. 31 S. (Vorträge f. Thierärzte. Ser. 3 H. 6). 327.

— Der Mais als Futtermittel. 8. (31 S.) Lpzg. 80. Dürsel., Wiesb. M. —.50

Born, M., Natur- u. Lebensbilder. Gedichte. 8. (VIII, 215 S.) Braunschweig (902). R. Sattler. n. 2. 40

Born, Marcus (geb. Lissa in Posen 10. 5. 1819): De febrium intermittentium indole et natura. Berolini (1843). (30 S.) 8°
Berlin, Med. Diss. v. 22. Apr. 1843

Born, Maria v., s.: Calvin-Briefe.

Born, Max [aus Tilsit]: Beiträge zur Bestimmung der Lichtbrechungsverhältnisse doppeltbrechender Krystalle durch Prismenbeobachtungen . . . . (Abdr. a. d. „N. Jahrbuch f. Mineralogie etc. Beilagebd. V.") Stuttgart, E. Schweizerbart'sche Verlagsh. (E. Koch), 1886; 2 Bl. + 51 S. + 1 Bl. 8°.
Königsberg, Phil. Fak., Inaug.-Diss. v. 11. Nov. 1886.

Born, Max: Nachträge zu A. H. Murray: A new English dictionary on historical principles. T. 1. Schöneberg 1909: Sommer. 48 S. 8°
Schöneberg, Chamisso-S, st. HM m. RG-Abt. f. Mädchen OP 1909**

George Sand's Sprache in dem Romane Les maîtres sonneurs. Von Max Born. *Berlin: E. Ebering 1901.* (98 S.) 8°
— Beiträge, Berliner, z. german. u. roman. Philologie. 21. (01. 78) 3

Born, Max, a. Breslau: Untersuchungen über die Stabilität der elastischen Linie in Ebene und Raum, unter verschiedenen Grenzbedingungen. Göttingen 1906: Dieterich. (101 S., 14 Taf.) ¶ (Gekr. Preisschr.)
Göttingen, Phil. Fak., Ref. Runge, Diss. v. 14. Jan. 1907
[Geb. 11. Dez. 82 Breslau; Wohnort: Breslau; Staatsangeh.: Preußen; Vorbildung: König-Wilhelms-Gymn. Breslau Reife O. 01; Studium: Breslau 2, Heidelberg 1, Breslau 1, Zürich 1, Breslau 1, Göttingen 5 S.; Rig. 11. Juli 06.]

Born, Max, Untersuchungen üb. die Stabilität der elastischen Linie in Ebene u. Raum, unter verschied. Grenzbedingungen. Am 13. VI. 1906 v. der hohen philosoph. Fakultät der Georg-August-Universität gekr. Preisschrift. Diss. (103 S. m. 14 Taf.) gr. 8. Göttingen 906. (Vandenhoeck & Ruprecht.) 4. 80

Born, P: Die Arbeiterversicherg n. d. RVO, s: Düttmann, A.

Born, P., u. H. Kranz, Fibel. Auf phonet. Grundlage bearb. Mit reichem Bilderschmuck v. G. Kilb. Ausg. A. Für Mittelschulen u. höhere Schulen. (Schreibschrift nach dem preuß. Normal-Alphabet.) (VI, 98 S.) gr. 8. Frankfurt a/M. 904. Kesselring. Geb. n.n. — 60

— — dasselbe. Ausgabe B. Für Mittelschulen u. höhere Schulen. (Schreibschrift nach dem hannoverschen Normal-Duktus.) (VI, 98 S.) gr. 8. Ebd. 904. Geb. n.n. — 70

— — dasselbe. Ausg. C. Für Volksschulen. (Schreibschrift nach dem preuß. Normal-Alphabet.) (VI, 82 S.) gr. 8. Ebd. 904. Geb. n.n. — 60

— — dasselbe. Ausg. D. Für Volksschulen. (Schreibschrift nach dem hannoverschen Normal-Duktus) (VI, 82 S.) gr. 8. Ebd. 904. Geb. n.n. — 70

Born, P., Merkblatt f. die Arbeiterversicherung. Für den Schulgebrauch zusammengestellt. (8 S.) 8. Wittenberg (909). R. Herrosé. — 10

Born, Paul. Weiterer Beitrag zur Kenntniss der Carabenfauna des Monte Generoso. Estratto dal Bollettino della Società Ticinese di Scienze Naturali. Anno 5. Fascicolo Unico. 1909. II + 3 p. 8. (Bellinzona, Eredi di Carlo Salvioni, Ottobre 1909.)

Born, Paul. Die Caraben der Käferfauna der Balkanhalbinsel von Victor Apfelbeck 1904. Besprochen von P' B'.... Sonder-Abdruck aus dem 21. Jahrg. ⟨1904⟩ der «Insekten-Börse». 9 S. 8. ⟨Leipzig, Frankenstein & Wagner.⟩

Born, Paul. Über einige nordafrikanische Caraben. Sonder-Abdruck aus dem 20. Jahrg. ⟨1903⟩ der «Insekten-Börse». 4 S. 8. ⟨Leipzig, Frankenstein & Wagner.⟩

Born, Paul. Über einige Caraben-Arten der Balkanhalbinsel. Sonder-Abdruck aus dem 23. Jahrg. ⟨1906⟩ der «Insekten-Börse». 3 S. 8. ⟨Leipzig, Frankenstein & Wagner.⟩

Born, Paul. Die Carabenfauna der Bukowina. Sonder-Abdruck aus dem 24. Jahrg. ⟨1907⟩ des «Entomologischen Wochenblattes» ⟨Insekten-Börse⟩. II + 28 S. 8. Leipzig, Frankenstein & Wagner.

Born, Paul. Die Carabenfauna des Monte-Generoso. Estratto dal Bollettino della Società ticinese di Scienze Naturali, Anno 2. N. 6. Locarno, Febbraio 1906. II + 11 p. 8. (Bellinzona, Stab. Tip.-Litogr. Eredi C. Salvioni.)

Born, Paul. Eine hybride Carabenform. Separatabdruck aus den Mitteilungen der schweiz. entom[ologischen] Gesellschaft. Bd. 11, Heft 3. 6 S. 8. [Schaffhausen, Bolli & Böcherer, 1905.]

Born, Paul. Carabologisches aus Oesterreich und Deutschland. Sonderabdruck aus den Entomologischen Blättern .... Jahrg. 7. 1911. II S. + S. 133—140. 8. (Berlin, Fritz Pfenningstorff, 1910.)

Born, Paul. Carabologisches aus der Schweiz. ⟨Coleopt.⟩ Separatabdruck aus den Mitteilungen der Schweiz. entom. Gesellschaft. Bd. 11, Heft 7. S. 275—279. 8. [Schaffhausen, Bolli & Böcherer, 1908.]

Born, Paul. Über Carabus auronitens cluniensis nov. subspec. und andere Caraben, insbesondere monilis Scheidleri Panz. Sonder-Abdruck aus dem 20. Jahrg. ⟨1903⟩ der «Insekten-Börse». 4 S. 8. ⟨Leipzig, Frankenstein & Wagner.⟩

Born, Paul. Carabus auronitens Fabr. und punctatoauratus Germ. Sonder-Abdruck aus dem 21. Jahrg. ⟨1904⟩ der «Insekten-Börse». 2 S. 8. ⟨Leipzig, Frankenstein & Wagner.⟩

Born, Paul. Carabus cancellatus Koeae nova subspec. Sonderabdruck aus: Deutsche Entomologische National-Bibliothek [Jahrg.] 1. 1910. No. 5 u. 6. II + 6 S. 8. [Berlin, Verlag: Deutsches Entomologisches National-Museum; Druck: Max Müller, Meissen.]

Born, Paul. Carabus Kollari moldaviensis nov. sub spec. [Sep.-Abdr. aus:] Bulletin de la Société des Sciences de Bucarest - Roumanie.... An. 12, No. 3 et 4. II p. + p. 295—296. 4. Bucarest, Impr. de l'État, 1903.

Born, Paul. Carabus monilis Fabr. und seine Formen. Sonder-Abdruck aus dem 21. Jahrg. ⟨1904⟩ der «Insekten-Börse». 16 S. 8. ⟨Leipzig, Frankenstein & Wagner.⟩

Born, Paul. Noch einmal Carabus monilis Fabr. und seine Formen. Sonder-Abdruck aus dem 22. Jahrg. ⟨1905⟩ der «Insekten-Börse». 10 S. 8. ⟨Leipzig, Frankenstein & Wagner.⟩

Born, Paul. Vortrag ... an der Jahresversammlung der Schweiz. entom(ologischen) Gesellschaft in Bern 18. August 1904 über: Carabus morbillosus Fabr. und seine Formen. ([Mit] Nachtrag.) Separatabdruck aus den Mitteilungen der schweiz. entom. Ges'. Bd. 11, Heft 2. S. 75—81. 8. [Schaffhausen, Bolli & Böcherer, 1905.]

Born, Paul. Carabus monilis Jasilkowskii nov. subspec. Sonder-Abdruck aus dem 22. Jahrg. ⟨1905⟩ der «Insekten-Börse». 2 S. 8. ⟨Leipzig, Frankenstein & Wagner.⟩

Born, Paul. Carabus splendens Fabr. und seine Formen. Sonder-Abdruck aus dem 23. Jahrg. ⟨1906⟩ der «Insekten-Börse». 4 S. 8. ⟨Leipzig, Frankenstein & Wagner.⟩

Born, Paul. Carabus Ullrichi Germ. Sonder-Abdruck aus der «Entomologischen Rundschau», Jahrg. 26 ⟨1909⟩ Nr. 8. II + 4 S. 8. Stuttgart, Fritz Lehmann.

Born, Paul. Carabus Ullrichi Germ. und italicus Dej. Sonder-Abdruck aus dem 21. Jahrg. ⟨1904⟩ der «Insekten-Börse». 3 S. 8. ⟨Leipzig, Frankenstein & Wagner.⟩

Born, Paul. Carabus violaceus Herrmanni nov. subspec. Sonder-Abdruck aus dem Jahrg. 19 ⟨1902⟩ der «Insekten-Börse». 4 S. 8. ⟨Leipzig, Frankenstein & Wagner.⟩

Born, Paul. Carabus violaceus Muellerianus nov. subspec. Von Paul Born in Herzogenbuchsee. ⟨Eingelaufen am 10. December 1901.⟩ (Separat-Abdruck aus den «Verhandlungen» der k. k. zoologisch-botanischen Gesellschaft in Wien Jahrg. 1902.) 1 S. 8. [Wien, A. Hölder.]

Born, Paul. Carabus violaceus provincialis nov. subspec. Sonder-Abdruck aus dem 20. Jahrg. ⟨1903⟩ der «Insekten-Börse». 2 S. 8. ⟨Leipzig, Frankenstein & Wagner.⟩

Born, Paul. Carabus violaceus nov. var. florii. Sonder-Abdruck aus dem 18. Jahrg. ⟨1901⟩ der «Insekten-Börse». 3 S. 8. ⟨Leipzig, Frankenstein & Wagner.⟩

Born, Paul. Über einige Carabus-Formen aus Calabrien. Sonder-Abdruck aus dem 23. Jahrg. ⟨1906⟩ der «Insekten-Börse». 6 S. 8. ⟨Leipzig, Frankenstein & Wagner.⟩

Born, Paul. Neue Carabus-Formen aus Italien. Von Paul Born, Herzogenbuchsee. Sonder-Abdruck aus dem 19. Jahrg. ⟨1902⟩ der «Insekten-Börse». 4 S. 8. ⟨Leipzig, Frankenstein & Wagner.⟩

Born, Paul. Vier neue Carabus-Formen aus Frankreich. Sonder-Abdruck aus dem 24. Jahrg. ⟨1907⟩ des «Entomologischen Wochenblattes» ⟨Insekten-Börse⟩. 7 S. 8. Leipzig, Frankenstein & Wagner.

Born, Paul. Ueber einige Coptolabrus. 57.62 Copt' ⟨51⟩. Sonder-Abdruck aus dem Jahrg. 25 der «Societas entomologica» 1910.... 6 S. 8. [Stuttgart, Fritz Lehmann.]

Born, Paul. Coptolabrus Jankowskii Fusanus nov. subspec. Sonder-Abdruck aus dem 24. Jahrg. ⟨1907⟩ des «Entomologischen Wochenblattes» ⟨Insekten-Börse⟩. 2 S. 8. Leipzig, Frankenstein & Wagner.

Born, Paul. Coptolabrus pustulifer Guerryi nov. subspec. Sonder-Abdruck aus dem 20. Jahrg. ⟨1903⟩ der «Insekten-Börse». 1 S. 8. ⟨Leipzig, Frankenstein & Wagner.⟩

Born, Paul. Noch Einiges über Carabus irregularis F. Sonderabdruck aus den Entomologischen Blättern, Internationale Monatsschrift für die Biologie der Käfer Europas.... Jahrg. 7. 1911.... II + 4 S. 8. (Berlin, Fritz Pfenningstorff, 1910.)

Born, Paul. Weitere Erörterungen über Carabus monilis und seine Formen. Sonder-Abdruck aus dem 23. Jahrg. ⟨1906⟩ der «Insekten-Börse». 7 S. 8. ⟨Leipzig, Frankenstein & Wagner.⟩

Born, Paul, Berlins dunkle Existenzen. Ernstes u. Heiteres aus dem Leben u. Treiben der Hauptstadt. 8. (III, 147 S.) Berlin 893. H. Steinitz' Verl. n. 1.60

BORN, P., Berlins dunkle Existenzen. Ernstes und Heiteres aus dem Leben und Treiben der Hauptstadt. Berlin, o. J. (c. 1900?). (Mk. 1,50.) 8°. (1 Mk., Max Jaeckel, 1904.)

Born, Paul. Eine neue Form von Carabus Adonis Hampe. Sonder-Abdruck aus dem 20. Jahrg. ⟨1903⟩ der «Insekten-Börse». 1 S. 8. ⟨Leipzig, Frankenstein & Wagner.⟩

Born, Paul. Über die Formen von Carabus auronitens Fabr. der Normandie und Bretagne. Sonder-Abdruck aus dem 20. Jahrg. ⟨1903⟩ der «Insekten-Börse». 4 S. 8. ⟨Leipzig, Frankenstein & Wagner.⟩

Born, Paul. Über einige Formen des Carabus violaceus L. Sonder-Abdruck aus dem 22. Jahrg. ⟨1905⟩ der «Insekten-Börse». 4 S. 8. ⟨Leipzig, Frankenstein & Wagner.⟩

Born, Paul. Das wissenschaftliche Hauptresultat meiner Excursion von 1900. SA. 8. (Leipzig) 1900.

Born, Paul, Compendium der Anatomie. Ein Repetitorium der Anatomie, Histologie u. Entwicklungsgeschichte. gr. 8. (VII, 364 S.) Freiburg i/B. 903. Speyer & Kaerner. n. 5. —; geb. in Leinw. n. 6. —

Born, Paul, Compendium der Anatomie. Ein Repetitorium der Anatomie, Histologie u. Entwicklungsgeschichte. 2., verm. u. verb. Aufl. (VII, 382 S.) 8. Freiburg i/B. 906. Speyer & Kaerner. n. 5. —; geb. in Leinw. n. 6. —

Born, Paul. Einige Mitteilungen über rumänische Caraben von Paul Born, Herzogenbuchsee ⟨Schweiz⟩. [Ausschnitt aus:] Bulletin de la Société des sciences de Bucarest — Roumanie.... An. 11, No. 1 și 2. II p. + p. 145—159. 4. Bucarest, Impr. de l'État, 1902.

Born, Paul. Weitere Mittheilungen über rumänische Caraben. [Sep.-Abdr. aus:] Bulletin de la Société des sciences de Bucarest — Roumanie.... An. 11, No. 5 et 6. II p. + p. 608—612. 4. Bucarest, Impr. de l'État, 1903.

Born, Paul. Weitere Mittheilungen über rumänische Caraben. [Extrait du] Bulletin de la Société des sciences de Bucarest-Roumanie.... An. 12, No. 5 et 6. II p. + p. 347—355. 4. Bucarest, Impr. de l'État, 1903.

Born, Paul. Einmal etwas Nicht-Carabologisches. Sonder-Abdruck aus dem 20. Jahrg. ⟨1903⟩ der «Insekten-Börse». 10 S. 8. ⟨Leipzig, Frankenstein & Wagner.⟩

Born, Paul. Orinocarabus concolor nov. subspec. Sonder-Abdruck aus dem Jahrg. 19 ⟨1902⟩ der «Insekten-Börse». 4 S. 8. ⟨Leipzig, Frankenstein & Wagner.⟩

Born, Paul. Orinocarabus Fairmairei Thoms. nov. var. omensis. Von Paul Born in Herzogenbuchsee. ⟨Eingelaufen am 12. August 1901.⟩ (Separat-Abdruck aus den «Verhandlungen» der k. k. zoologisch-botanischen Gesellschaft in Wien. Jahrg. 1901.) 4 S. 8. [Wien, A. Hölder.]

Born, Paul. Zoogeographisch-carabologische Studien. Sonder-Abdruck aus dem 25. Jahrg. ⟨1908⟩ des «Entomologischen Wochenblattes» ⟨Insekten-Börse⟩. II + 68 S. 8. Leipzig, Frankenstein & Wagner.

Born, Paul. Ueber die Ursachen der Varietäten- und Rassenbildung bei den Caraben. Sonder-Abdruck aus dem Jahrg. 19 ⟨1902⟩ der «Insekten-Börse». 10 S. 8. ⟨Leipzig, Frankenstein & Wagner.⟩

Born, Phil.

Born, Ph.: Der Konditor d. Neuzeit, s: Werkstatt, Die.

Born, Ph., Schweizerzuckerbäcker, s.: Perini, Giacomo.

Born, Ph., neue Vorlagen üb. figurierte Torten, Tortengarnituren, Tortenaufsätze, nach photograph. Orig.-Aufnahmen f. die Conditorei bearb. (25 Taf. m. Text auf der Rückseite u. V S. Text.) qu. 8. Strassburg (905). Strassburger Druckerei u. Verlagsanstalt. Kart. n. 5. —

Born, Ph., neue Vorlagen zu Torten-Verzierungen und Randgarnituren. qu. Fol. (25 Taf. mit 2 S. Text.) Weimar 888, B. Fr. Voigt.

Born, Phil., neue Vorlagen zu Torten-Verzierungen u. Rund-Garnituren. Eine im modernsten Stile gehaltene Sammlg. in natürl. Grösse. Zum Gebrauch f. Konditoren, deren Gehilfen u. Lehrlinge. 35 Planotaf. in Farbendruck. qu. Fol. (2 S. Text.) Weimar 889. B. F. Voigt. In qu. 4 gefalzt. 6. —

— praktische Vorlagen. Eine nach erprobten u. bewährten Grundsätzen geordnete Sammlg. v. Tafel-Aufsätzen m. Orig.-Ansichten u. allen einzelnen Theilen in natürl. Grösse f. die Conditorei. 10 Hfte. Fol. 10 Taf. m. 10 Detailbog. u. 14 S. Text.) München 886. H. Killinger. à — 75

Born, R., Frauenwitz, s. Bloch's, E., Theater-Gartenlaube.

Born. Robert [aus Zeitz]: Albuminurie im Greisenalter ... Würzburg, Becker's Univ.-Buchdr., 1891: 24 S., 1 Bl. 8°
Würzburg, Med. Fak., Inaug.-Diss. v. 1891

Born, Rudolf: Ueber Appendicitis tuberculosa. *Berlin (1897): E. Ebering.* (30 S.) 8°
Berlin, Med. Diss. v. 16. Nov. 1897

— **Salomon Gothard** (Elsterberg/Vogtl.), Diss. de actore invito ad agendum provocato. Präs. Georg Adolph Schuberth. Lpz. (A. M. Schede) 19. VIII. 1723. 38 S. (5.—)
Gew.: Carl Gottfried Grf. v. Bose (Gamig, Netzschkau..)

Born, Stephan (Dr., Prof. an der Universität Basel). Beaumarchais. Vortrag gehalten im Bernoullianum in Basel. In-8°, 40 S. Basel, Schweighauser's Verlag. 1 20
*** Oeffentliche Vorträge, VI. Band, 5. Heft.

1881

Born, S., Lord Byron, s. a. Vorträge, geh. in der Schweiz.

Born, S. Lord Byron. In-8°, Basel, Schwabe. 1 —

1883

Born, Stephan. André Chénier. Ein Dichterleben aus der Zeit der französischen Revolution. Vortrag, gehalten ... zu Basel am 11. März 1877. 8. Basel 1878.
Oeffentliche Vorträge gehalten in der Schweiz Band 5. Heft 1.

Born, St. André Chénier, ein Dichterleben aus der französ. Revolution. 8°. Basel, Schweighauser's Verlag. 1 20
*** Vorträge gehalten in der Schweiz. V. 1.

1878

Born, Steph., Erinnerungen e. Achtundvierzigers. M. d. Bildn. d. Verf. 1.—3. Aufl. 8. (à VIII, 295 S.) Leipzig 898. G. H. Meyer. n. 3. —; geb. n. 4. —

(B) **Born,** Steph., Erinnerungen e. Achtundvierzigers. 898. (KBL 29. Jetzt: Berlin, Hellbrunn & Co.

Born, Stephan. Heinrich Heine. Vortrag, gehalten ... zu Basel am 10. Januar 1875. 8. Basel 1875. L.
(Oeffentliche Vorträge gehalten in der Schweiz. Band 3. Heft 1.)

Born, St., Heinrich Heine. Vortrag. 8. Basel, Schweighauser'sche Verlagshandlung. 1. 25
1875

Born, Stephan. Nicolaus Lenau. Vortrag, gehalten ... zu Basel am 12. März 1876. 8. Basel 1877.
(Oeffentliche Vorträge gehalten in der Schweiz. Band 4. Heft 4.)

Born, Stephan (Professor in Neuchâtel). Nicolaus Lenau. 8°. Basel, Schweighauser. 1 —
Oeffentliche Vorträge, Bd. IV, Heft 4.
1878

Born, Steph., Marcel. Trauerspiel in fünf Akten. 12. (IV und 150 S.) Basel 851(52,) Schabelitz'sche Sortimentsh. *

—— die romantische Schule in Deutschland und in Frankreich, s. Sammlung von Vorträgen.

Born, Stephan. Heinrich Zschokke. Vortrag. 8. Basel 1885. L
(Oeffentliche Vorträge gehalten in der Schweiz. Band 8. Heft 12.)

Born, St. Heinrich Zschokke. Vortrag. In-8°. Basel, Schwabe. **1885** 1 —

Born, Th., über die Negation u. e. notwendige Einschränkung d. Satzes vom Widerspruche. Ein Beitrag z. Kritik des menschl. Erkenntnisvermögens. gr. 8. (III, 91 S.) Leipzig 889. Friedrich. n. 2. --

Born, Theodorus: Quaestiones ex Hegelii philosophia oriundae. Halis Saxonum 1852: Ploetz. 33 S. 8°
Halle-Wittenberg, Phil. Diss. v. 1. Mai 1852
Geb. [Kleinvargula (Kr. Langensalza) 25. 1. 1822]
Im Buchhandel Halae: Lippert 1852. Den Akten liegt bei von B.: Die Geschichte meines Lebens, 22 Bl. 8° (4°)

Born, Udo, deutsche Stenographie. Zum Gebrauch jedes Gebildeten [Schüler, Studenten, Gelehrten, Kaufmann und Beamten]. 8. (IV, 12 S., wovon 4 S. lithogr.) Halle 884, Koestler. *

Born, W., s. a. Born, Wilh.

Born, W., öffentliche Anfrage an die Behörden des Deutschen Reiches: Ist das Impfzwangs-Gesetz ein Mord-Gesetz oder ein Wohlfahrts-Gesetz. gr. 8. (19 S.) Magdeburg 878. (Berlin, Grieben.) *

Born, W., öffentliche Anfrage an die Behörden des Deutschen Reiches: Ist das Impfzwangs-Gesetz ein Mord-Gesetz oder ein Wohlfahrts-Gesetz. gr. 8. (19 S.) Magdeburg 878. Leipzig, Grieben in Comm. n. — 60

Born W. die Brennmaterialienverwertung in Dampfkesselanlagen. Magdeburg

Born, W., 100 Millionen Ersparniss. Abschaffung der bestoh. Ausführungsmassregeln in Krankenkassen, Unfallversicherg., Invalidität, Altersversorgg. Nachweis der Ausbeutg. der Arbeiter durch die socialdemokrat. Führer. Gegenorganisation durch den volkswirtschaftl. Verband. gr. 8. (32 S.) Magdeburg 893. W. Born. n. 1. —

Born, W., das Erwerbsleben. Versuch zur Sammlung von Vorschlägen. Nr. 1—4. 8. Magdeburg. (Leipzig, Belke.) *
Inhalt:
Nr. 1. Bestellungs-Grundsätze für Dampfkessel-Anlagen. (S. 1—8.) 882. * 36 Pf.
» 2. Der deutsche Ingenieur als Regierungsrath. (S. 9—16.) 882. * 36 Pf.
» 3. Die Abschaffung von 30 Millionen Mark indirecter Steuern. Ein Denkmal deutscher Rechtsprechung: Beansprucht das Deutsche Reich das Recht auf den Kindermord durch Impfung? (S. 17—24.) 882. * 36 Pf.
» 4. Die Reform der Praxis der Aerzte, zugleich Kritik nicht ausgestellter Leistungen auf der Hygiene-Ausstellung in Berlin. (16 S.) 883. * 75 Pf.

Born, W., unsere armen Kinder! Durchdringgs.-Strahlen durch d. Impffrage. Lex.-8. (16 S. m. 3 Abb.) Charlottenburg 896. (Berlin, M. Breitkreuz.) n. — 20

— Die Normal-Dampfkesselanlagen mit vollkommener Ausnutzung des Heizwertes der Brennstoffe. 4° Magdeburg 1871

Born, W., königliches Regiment oder Volksregiment. Nach d. Engl. von Henry Drummond herzg. Berlin 866. Schweigger. gr. 8. (IV, 104 S.) n. 20 ngr

Born, W., die Selbstverwaltung der Patentrechte u. Dampfkesselrevisionen durch die Industriellen. Mit Rücksicht auf die Verhandlungen d. Vereins deutscher Ingenieure. Berlin 865. Gaertner. gr. 8. (568.) n. 10 ngr

— Die Unfähigkeit des Magdeburg. Vereins für Dampfkesselbetrieb. Magdeburg 1877

—— die Verwerthung der flüssigen Leuchtmaterialien in Gasform als Konkurrenz der Privaten gegen Ausbeutung durch die Steinkohlengas-Monopole. gr. 8. (23 S.) Berlin 867, Gaertner.

—— Vorschlag zu drei neuen Reichs-Zwanggesetzen gegen Cholera, Fieber, Syphilis. Aufforderung zur Antragstellung an die Reichstags-Impffanatiker DD. Löwe, Thilenius, Zinn. gr. 8. (31 S.) Berlin 878, (Grieben.) *

Born, Walter [aus Jena]: Beitrag zur Lehre von den Psychosen des Kindesalters ... Jena, Frommannsche Hof-Buchdr., 1892; 50 S. 8.
Jena, Med. Fak., Inaug.-Diss. v. [4. Aug.] 1892

Born, Walt., Beitrag zur Lehre v. den Psychosen d. Kindesalters. Diss. gr. 8. (50 S.) Jena 892. (H. Pohle.) n. 1. —

Born, Walter, prakt. Arzt: 331 einfache Staaroperationen aus der Königl. Universitäts-Augenklinik zu Königsberg i. Pr. *Königsberg i. Pr. 1899: H. Jaeger.* (34 S.) 8°
Königsberg, Med. Diss. v. 28. Okt. 1899

Born, Wilhelm

Born sen., W., Abschaffung d. 20000 Krankenkassen. Praktische Reform der Kranken-Kassen m. 40 Millionen Mark Ersparnis, zugleich Aufruf an die deutschen Arbeiter, ihre unfäh. Führer zu beseitigen. 8. (24 S.) Berlin (899). H. Zitelmann. n. — 30

Born, Wilh. v., Bonifatius. 12. (III, 289 S.) Paderborn 883, Bonifacius-Druckerei. *

Born, Wilh. v. (Frhr. v. Gruben), Bonifatius. 2. Aufl. 12. (III, 290 S.) Paderborn 892. Bonifacius-Druckerei. 2. 40

— — Johannes d. Täufer. 12. (V, 164 S.) Ebend. 883. 1. 80

Born, Wilhelm: ⟨Aus d. Augenklinik zu Jena.⟩ Zur Kenntnis der pathologischen Anatomie des Nachstars. ⟨Ein Fall von fraglichem Augenunfall mit Aufklärung durch die pathologisch-anatomische Untersuchung.⟩ Liegnitz 1909: Seyffarth. 20 S. 8°
Jena, Med. Diss. v. 29. Juli 1909, Ref. Wagenmann
[Geb. 21. Juni 83 Bautzen; Wohnort: Liegnitz; Staatsangeh.: Sachsen; Vorbildung: Städt. Gymn. Liegnitz Reife O. 01; Studium: Leipzig 8, Jena 2 S.; Coll. 19. Dez. 08; Approb. 17. Okt. 08.] [U 09. 2131

Moses kein Jude. Alphab. Uebersicht d. Leistungen d. egypt. Staatsmannes Moses. Entdeckung d. 2. Gebotes: Uebe Barmherzigkeit! Aufforderung an d. techn. Stände z. Beteiligung an d. öff. Angelegenh. Von W[ilh.] **Born**, Ing. *Berlin: H. Zitelmann [1899].* (72 S.) 8°

Politisches Programm d. Techn. Stände im Geiste Friedrichs d. Großen. Sieg Deutschlands als Monarchie über Polen, Rote und Schwarze. 1. Religion ohne Wunder. 2 Masregeln z. Siege. (Verf.: W[ilhelm] B[orn] sen.) Hrsg. von d. Arbeitsstelle d. Techn. Stände. A.T.S. Charlottenburg. Stettin (1908): R. Graßmann. (50 S.) 8° [Umschlagt.]

Born, Wilhelm Ferdinand

Born, W. F., Anleitung von Norden kommend bei dickem, unsichtigem Wetter die Hoofden und von Westen kommend, den englischen Kanal zu suchen. Mit 1 (lith.) Charte der Hoofden (in Fol.) Nach den neuesten Quellen und Karten neu bearb. von Swen W. Schultheß. Hamburg 864. Salomon & Co. 8. (36 S.) n. 18 ngr

Born, W. F., s. L. J. Rhode, vollständiges Signal -System

Born, W. F., Warnung und Wegweiser, um: die Hoofden, vom Norden kommend, u. den Engl. Kanal, vom Westen kommend, zu suchen; und wie in diesen Fahrwassern Gefahren bestens zu vermeiden; nebst Bemerkungen bei dem Aus- u. Einsegeln im Skageracke, so wie auch Betrachtungen darüber, ob man, wenn man von einem nordischen Fahrwasser auf einer langen Reise um den Süd oder West bestimmt ist, Nord oder Süd um Britannien oder Irland gehen soll. 8. Copenhagen ... — 2e Aufl mit 1 Karte. 8. Ebd. 835. (Hamb., Perthes u. Besser.) 7/12 ℛ︀

Born-Ommer, Alphons (Christ. Ommerborn), interessante Fälle. Moderne Affären aus den Tiefen der Menschheit. 1—7. Bd. kl. 8. Leipzig, (M. Prager.) à — 20
1. Der Irrenarzt. Ein Kriminalroman. (112 S.) (908.)
2. Teuflische Liebe. Ein Kriminalroman. (80 S.) (908.)
3. Der hypnotische Verbrecherklub. Ein Kriminalroman. (110 S.) (908.)
4. Die Rache des Geißlers. Eine Geschichte aus dem Zeitalter der Hypnose. (79 S.) (908.)
5. Das Sonnenauge. Ein Kriminalroman. (80 S.) (909.)
6. Jim Vox. Ein Kriminalroman. (78 S.) (909.)
7. Die Liebe des Priesters. Ein Kriminalroman. (80 S.) (909.)

— Der Irrenarzt, s.a. Kriminal- u. Detektiv-Romane, moderne

Born-Ommer, Alphons, moderne Kriminal- u. Detektiv-Romane. 1.—6. Bd. 8. Leipzig (905). Aktueller Verlag A. Rade. à Bd. n. 1. —
1. Der hypnotische Verbrecherklub. Kriminalroman. (110 S.)
2. Satanella od. Die Rache des Geißlers. Eine Geschichte aus dem Zeitalter des Hypnotismus. (77 S.)
3. Jim Vox. Kriminalnovelle. Nach den Aufzeichngn. des engl. Detektivs George International. (74 S.)
4. Ein Werwolf. Kriminalnovelle. (80 S.)
5. Blut. Eine einfache Geschichte. (71 S.)
6. Robespierre. Rante Rotkopf der Umstürzler od. Der Bazillus gegen die Sozialdemokratie. Eine humorvolle Geschichte. (72 S.)

— Teuflische Liebe, s.a. Kriminal- u. Detektiv-Romane, mod.

— Der hypnot. Verbrecherklub. Kriminal-Roman. (110) 8°. Dresd., Welt-Reform-Verl. (09). 1 — d

Born & Schütze: Preis-Verzeichniß über Badeeinrichtungen. Mocker-Thorn (1887?)

Born & Schütze: Preis-Verzeichniß über Spritzen und Feuerlöschgeräthe. Mocker-Thorn (1897)?

Born & Schütze: Wasserleitungs- und Closet-Artikel. Mocker-Thorn 1893

Borna [Schlagwort]

Borna, s.a. Deutschland. Grundkarte. Karte. (Abt. Sachsen.)

Borna, s.a. Deutschland. Kürschner-Peip.

— s.a. Geologische Karten. Spezialkarte. (Sachsen.)

Borna, s.a. Leipzig, Umgegend.

— s.a. Sachsen. Karte. Messtischblätter.

Borna-Karlsbad. s.: Radfahrerkarten.

Borna. Kuhnert, M.

— — u. H. Uhlmann, Handkarte des Bez. Borna. 1 : 125,000. 24,5×41 cm. Farbdr. Ebd. (903). n.n. — 20; auf Pappe n.n. — 30

Borna. Kuhnert, M., Schul-Wandkarte vom Bez. Borna. 1 : 25,000. 204×122 cm. Farbdr. Dresden (903). A. Müller-Fröbelhaus. Auf Leinw. m. Stäben n.n. 30. —

— Plan von Borna nebst Altstadt-Borna u. Gnandorf. 1 : 8000. 40,5×38 cm. Farbdr. Mit e. Anh.: Aus Borna's Vergangenheit v. Wenck. (8 S.) gr. 8. Borna (904). R. Noske. n. — 50

⊙ Kritik der preussischen Politik und Rechtfertigung Oestreichs in Behandlung der Fragen, welche Dänemark, Deutschland und die Herzogthümer betreffen, dargelegt v. D. A. Borna. Frankfurt a. M. 1866. 8°

Bornag, P., confessio martyrum de mysterio S. S. Trinitatis. Berol. 1739. 4.

Bornag, P., Jesus, der Schönste unter d. Menschenkindern. Bresl. 1716. 8.

Bornagius, Aug., über die rechtliche Natur der Concordate, nebst Prüfung der in dieser Beziehung aufgestellten Theorieen. Gekrönte Preisschrift. Leipzig 870. Breitkopf & Härtel. gr. 8. (XII, 128 S.) 22½ ngr

Bornagius, Paul., Concordia discordantium canon. c. canonib. decreti Gratiani. 4. Berlin, 735.

BORNAU, Emilie v., s.a. *Reisen* .... Fräuleins Emilie v. Bornau.

Bornau, Fräul. Emilie v., verehl. v. Schmerbauch, wunderbare Reisen und Abenteuer zu Wasser und zu Lande, als Anhang zu Münchhausens Reisen ic. m. K. 8. Frankfurt. (Franzen u. Gr. in Stendal). 801.

Bornau, Maria, Schein u. Sein. Erzählung. Mit 8 ganzseit. Tonbildern u. 10 Textillustr. v. W. Schäfer. (Bibliothek f. junge Mädchen [im Alter von 12—16 Jahren]. (V, 119 S.) kl. 8. Würzburg (904). F. X. Bucher. Geb. in Leinw. n. 1. 20

Bornbach, S. Kriegstagebuch. Zur Geschichte des Danziger Krieges 1577. Hrsg. v. W. Behring. T. 1. 2. Elbing 1904. 1905.

Borndruck, A. (Hrsg.), s. Pantheon.

Borndrück, A. (Hrsg.), s. Der Wanderer.

Borndrück, Adolf, ein Fall Oesophaguscarcinom mit Durchbruch in den linken Vorhof. Diss. Giessen 1886, J. Rickersche Buchh. 8°. 28 S.

Borndrück, J. C., Tabelle zur Berechnung des Getreides nach den Preisen v. 2½ Sgr. bis 100 Thlr. pro Wispel f. Oekonomen, Brauer ic. (Neue Titel-Ausg.) gr. 8. (25 S.) Langensalza (839) 848, Körner (jetzt: Borndrück.) n. ⅙ ℛ︀ -

Borne, die Familie v. dem, mit den namensverwandten Geschlechtern, s. Schmidt, Geo.

Borne (von dem), Ueber die Anwendbarkeit eines mit constanter Geschwindigkeit aufsteigenden Wasserstromes bei der Erzaufbereitung. (Preussische Zeitschr., Bd. 4.) Berlin 1856. 4.

Borne (von dem), Zur Geognosie der Provinz Pommern. (Zeitschrift der Deutschen Geol. Gesellschaft.) Berlin 1857. 8.

Borne, v. d. ein Jahr als Feldjäger beim Armee-Oberkommando in Ostasien. Nach Tagebuchnotizen v. Pogge, Wallmann u. Graf Wintzingerode, sowie nach eigenen Aufzeichngn. zusammengestellt u. bearb. gr. 8. (61 S.) Neudamm 902. J. Neumann. n. 1. 80

Borne, v. dem: Der italienisch-türk. Krieg. Ereignisse '11. (48 u. 3 S. Ktnskizzen.) gr8° Oldenbg, G Stalling's V. ('12). 1.25 d

Borne, C. H. v., Beschr. e. n. Erfind., d. Getraide m. ger. Kosten z. pflügen ic. m. beigef. Maschine. Berlin, Haude. 743.

— — ebendasselbe. 4. Breslau, W. G. Korn. 752.

Borne, Georg

von dem Borne, *Hans* Georg *Gustav Kreuzwendedich* [aus Berneuchen]: Der Jura am Ostufer des Urmisees. . . . Halle a. S., Druck v. J. Neumann, Neudamm, 1891; 3 Bl., 28 S., 1 Bl., 1 Tab., 5 Taf. 4° Halle, Phil. Fak., Inaug.-Diss. v. [11. Aug.] 1891

Borne, Georg von dem, Dr.: Untersuchungen über die Abhängigkeit der Radioactivität der Bodenluft von geologischen Faktoren. Breslau 1905: H. Fleischmann. (37 S.) 8°
Breslau, Phil. Fak., Hab.-Schr. v. 4. Nov. 1905
(Nicht für den Austausch)

Borne, Gustav

Denkschrift betr. die Waldverhältnisse der Provinzen Ost- und Westpreußen, der [!] Rückgang d. Waldes in diesen Landesteilen u. die v. Staate angewendeten sowie weiter anzuwendenden Mittel, um d. Uebelstand d. vorschreitenden Entwaldung abzustellen. Von Landforstmeister [Gustav] v. dem **Borne.** Berlin: J. Springer 1900. (28 S.) 8° [F.]
Aus: Zeitschrift f. Forst- u. Jagdwesen. Jg. 32. (07. 1797) 2

Borne, Hans Georg Gustav Kreuzwendedich, s. Borne, Georg

Borne, Hermann Gotthelf Kreuzwendedich von dem

[F.] Geschichte des Infanterie-Regiments Prinz Louis Ferdinand v. Preussen '(2. Magdeburg.)' Nr. 27 1815—1895 u. seiner Stammtruppentheile. Unter Zugrundelegg d. Darstellgn der damal. Prem.-Lts. Frh. v. Blomberg, Helmuth u. v. Lessel neu bearb. v. [Hermann Gotthelf] Kreuzwendedich v. dem **Borne,** Major ... im Regim. M. vielen Abb. u. Kartensk. sowie 2 Faks. *Berlin: R. Eisenschmidt 1896.* (VIII. 837 S., 5 Portr. bezw. Portr.-Taf., 6 Taf., 2 Facs., 13 Kt.) 1 Bd 8. (96. 3576

Borne, Kreuzwendedich v. dem, Polen als Schauplatz vergangener u. zukünftiger Kriege. Lex.-8. (IV, 71 S. m. 1 Uebersichtskarte.) Berlin 890. Wilhelmi. n. 2. —

Borne, v. dem, Polen als Schauplatz vergangener u. zukünftiger Kriege. 2. unveränd. [Titel-]Aufl. Mit e. Uebersichtskarte. gr. 8. (IV, 72 S.) Leipzig [890], (897). A. Strauch. n. 2. —

Borne, Max von dem

Borne-Berneuchen, Max v. dem, kurze Anleitung zur Fischzucht in Teichen. gr. 8. (88 S.) Neudamm 891. J. Neumann. Kart. n. 1. —

[F.] Kurze Anleitung zur Fischzucht in Teichen v. Max v. dem **Borne-Berneuchen.** 3. verm. u. verb., reich ill. Aufl. M. e. genauen Übersicht d. Berneuchener Teichanlagen. Nach d. Tode d. Vfs hrsg. v. Hans v. Debschitz. *Neudamm: J. Neumann 1897.* (62 S., 1 Bl., 1 Taf.) 1 Bd 8. (98. 368

Kurze Anleitung zur Fischzucht in Teichen von Max v. dem **Borne-Berneuchen.** 4. verm. u. verb. Aufl. mit 53 Abb. u. e. genauen Übersicht d. Berneuchener Teichanlagen. Nach d. Tode d. Verf. hrsg. von Hans v. Debschitz. Neudamm: J. Neumann 1904. (103 S.) 8° [F.]
(J. Neumanns Fischereiwirtschaftl. Büchersammlung.) (05. 7100

—— Der amerikanische Calico-Barsch [Silber-Barsch] in Europa. gr. 8. (8 S.) Ebd. 890. * — 30

Der amerikanische Calico-Barsch ⟨Silber-Barsch⟩ in Europa. Von Max v. dem **Borne-Berneuchen.** 2. Aufl. hrsg. von Hans v. Debschitz, Fischereidir. in Berneuchen. *Neudamm: J. Neumann 1901.* (16 S.) 8° [F.]
(J. Neumanns Fischereiwirtschaftliche Büchersammlung.) (02. 6725

Borne, Max von dem, Fischerei und Fischzucht im Harz mit besond. Berücksicht. der Forellen und der Centralfischzuchtanstalt zu Michaelstein in Braunschweig. gr. 8. (72 S. mit 9 in den Text gedr. Holzschn.) Berlin 883, Parey. *

BORNE, Max v. d.: Die Fischereiverhältnisse des Deutschen Reiches, Österreich-Ungarns, der Schweiz und Luxemburgs. - Berlin 1875. 306 u. 252 S.

—— **die Fischerei-Verhältnisse des Deutschen Reiches, Oesterreich-Ungarns, der Schweiz und Luxemburgs, bearb. im Auftrage des deutschen Fischerei-Vereins. 5 Lfgn. gr. 4. (306 S.) Berlin 881,82, Stuhr'sche Buchh. à Lfg. *M 1. ***

— **H. Haack, K. Michaelis, Fischzucht,** s.a. **Berichte,** amtliche, über die internationale Fischerei-Ausstellung zu Berlin 1880.

Borne, Max v. dem, die Fischzucht, s.a. Thaer-Bibliothek.

BORNE, Max v. d.: Die Fischzucht. - Berlin 1874-1876. II, 124 S., 22 Holzschn. - 4. neubearb. Aufl. u. d. T.: Künstliche Fischzucht. ebd. 1895. XVI, 202 S., 88 Abb., 1 Bildnis. - 5. neubearb. Aufl. ebd. 1905. VIII, 212 S., 95 Abb. hrsg. v. Hans v. Debschitz. - 6. um 2 neue Abschn. üb. d. Salmonidenaufzucht in Teichen u. Bächen verm. Aufl. ebd. 1922. VIII, 240 S., 73 Abb. bearb. v. Emil Walter. - (Thaer-Bibl. Bd. 11)

— **die Fischzucht. 2., neu bearb. Aufl. Mit 64 in den Text gedr. Holzschn. 8. (VI, 174 S.) Berlin 881. Parey. geb. n. 2. 50**

Borne-Berneuchen, Max v. dem, die Fischzucht. 3., neu bearb. Aufl. Mit 111 in den Text gedr. Holzschn. 8. (IV, 207 S.) Berlin 885. Parey. geb. n. 2. 50

Borne, M. v. d., Die künstliche Fischzucht. (IV.) Mit Abbildungen. Berlin 94. Parey. Geb. M. 2.50)

— **künstliche Fischzucht. 4., neubearb. Aufl. 8. (XVI, 202 S. m. 88 Abb. u. 1 Bildnis.) Berlin 895. P. Parey. Geb. in Leinw. n. 2. 50**

Künstliche Fischzucht. Von Max v. dem **Borne.** 5., neubearb. Aufl. hrsg. von Hans v. Debschitz. Mit 95 Textabb. Berlin: P. Parey 1905. (VIII, 212 S.) 8° [F.]
— **Thaer-Bibliothek.** 11. (06. 3418

—— **Handbuch der Fischzucht und Fischerei. Unter Mitwirkung von B. Benecke und E. Dallmer hrsg. gr. 8. (XIII, 701 S. mit 581 in den Text gedr. Abbild.) Berlin 886, Parey. ***

— illustrirtes Handbuch der Angelfischerei. Auf Grund der neuesten Erfahrgn. in Deutschland, England u. Amerika. Mit 195 in den Text gedr. Abbildgn. (in Holzschn.) v. Fischen, Geräthen, Ködern, Fliegen 2c. gr. 8. (VIII, 380 S.) Berlin 875. Wiegandt, Hempel & Parey. n. 8. —

Borne-Berneuchen, M. v. d., d. amerikan. Hundsfisch (Dogfish) in Deutschland. 8° (7 m. 1 Abbildg.) Neud. 92, J Neumann. — 80

—— Ist der in den letzten Jahren stattgefundene Import v. Fischen aus Amerika geeignet, Vortheile f. das Fischereiwesen Europas m. sich zu bringen, u. worin bestehen diese Vortheile? (Deutsch u. französisch.) gr. 8. (4 S.) Wien 890, (Frick). * — 40
Aus: Mittheilgn. d. österr. Fischereivereines, besonders abgedruckt.

Borne, Max von dem, Ichthyologische Karte des Deutschen Reiches und der Nachbarländer, auf Grundlage der Stieler'schen Karte von Deutschland bearb. M. 1 : 740000. Berlin, S. Schropp, 1880. 25 Bll. lith. u. kol. (45 M.)

—— Ichthyologische Karte vom preussischen Staate und der angrenzenden Länder Norddeutschlands. M. 1:1000000. Berlin, S. Schropp, 1884. 4 Bll. 105×146 cm. Kupferst. (M. 15.)

—— Sechs amerikanische Salmoniden in Europa, f. den internationalen land- u. forstwirtschaftlichen Kongreß zu Wien im J. 1890 bearb. gr. 8. (38 S. m. 2 Holzschn.) Neudamm 890, Neumann. * — 75

Borne, M. v. dem, d. Schwarzbarsch u. d. Forellenbarsch, s.a. Bibliothek f. Naturfreunde.

Borne-Berneuchen, M v. d., d. Schwarzbarsch u. d. Forellenbarsch [Black Bass], ihr wirthschaftl. Werth u. ihre Züchtg. 8. (8) Berl. 86, Parey. n. — 20

—— Der Schwarzbarsch u. der Forellenbarsch [Black Bass], zwei amerikanische Fische in Deutschland. 1. u. 2. Aufl. gr. 8. (35 S. m. 2 Holzschn.) Ebd. 888,92. * 1 —

— die amerikanischen Sonnenfische (Sunfish) (Calicobarsch, Steinbarsch, Sonnenfisch, Mondfisch) in Deutschland. gr. 8. (16 S. m. 4 Abbildgn.) Ebd. 892. n. — 40

—— Der amerikanische Steinbarsch [Rock Bass] in Deutschland. gr. 8. (5 S.) Ebd. 890. * — 30

— Süßwasserfischerei. Anleitung für prakt. Fischer. [Aus: „B., Handbuch d. Fischzucht".] 8. (VIII, 157 S. m. 204 Abbildgn.) Berlin 894. P. Parey. Geb. in Leinw. n. 2. 50

—— Aus meinem Tagebuche, s. Bibliothek der Gesamt-Litteratur d. In- u. Auslandes Nr. 465.

—— **Taschenbuch der Angelfischerei. 2. umgearb. Aufl. 12. (VIII, 221 S. mit 291 eingedr. Holzschn.) Berlin 882, Parey. geb. ***

—— Taschenbuch der Angelfischerei. 3., umgearb. Aufl. 12. (VIII, 296 S. m. 388 Holzschn.) Berl. 892, Parey. geb. in Leinw. * 4 —

Borne-Berneuchen, Max v. dem, Taschenbuch d. Angelfischerei. 4. Aufl., neu bearb. u. ergänzt v. Horst Brehm. (XIV, 377 S. m. 418 Abbildgn. u. 1 farb. Taf.) 12. Berlin 904. P. Parey. Geb. in Leinw. n. 4. 50

— Teichwirtschaft, s.a. Thaer-Bibliothek. 89. Bd.

— Teichwirtschaft. 4., neubearb. Aufl. 8. (VIII, 190 S. m. 63 Abb. u. 1 Karte). Ebd. 894. Geb. in Leinw. n. 2. 50

— Teichwirtschaft. [Thaer-Bibl.] Berlin 95. Parey. Geb. M. 2.50

Teichwirtschaft. Von Max v. dem **Borne**, Berneuchen. 5., neubearb. Aufl. bearb. von Hans v. Debschitz, Katzdangen. Mit 61 Textabb. Berlin: P. Parey 1906. (VII, 188 S.) 8°
— Thaer-Bibliotkek. Bd 89. [illegible]

Borne, Max von dem: T o d den Fischfeinden.
4. Aufl. Berlin. Dt. Fischerei - Verein.

—— Das Wasser f. Fischerei u. Fischzucht. 8. (II, 70 S. m. 4 Holzschn.) Neudamm 887, Neumann. * 1 —

—— Wegweiser für Angler durch Deutschland. Oesterreich und die Schweiz. gr. 16. (XII, 202, XVI S.) Berlin 877; Wiegandt, Hempel und Parey. geb. *

— Der amerikanische Zwergwels [small cat-fish] u. der Fleckenwels [spotted cat-fish] in Deutschland. 2., verm. Aufl. gr. 8. (12 S. m. 1 Abbild.) Ebd. 891. * — 30

Borne, Thaddäus v.: Regreßrecht eines offenen Handelsgesellschafters, der eine Gesellschaftsschuld bezahlt hat, den anderen Gesellschaftern gegenüber. Posen 1904: St. Adalbert Druckerei. (73 S.) 8°
Würzburg, Jur. Fak., Ref. Mayer, Diss. v. 20. Dez. 1904
[Geb. 8. Sept. 77 Neu-Jasieniec. Kreis Schwetz; Wohnort: Wengiercie, Posen; Staatsangeh.: Preußen; Vorbildung: Gymn. Kulm Reife O. 96; Studium: Berlin 2, Göttingen 2, Leipzig 2, Würzburg 2 S.; Rig. 27. Juli 04.]

Börne, L., das Ganze d. Käse-Fabrikation. 12. (5½ B.) Nordhausen 841, Fürst.

Börne, Ludwig.-

—— eine biographisch-literarische Studie, s. Alberti, C.

—— s. Karpeles, Gust.

—— Rede auf ihn, s. Valentin, V. — Klaar, A.

Börne's, Ludw., Leben u. Wirken, s.: Holzmann, M.

Börne, Ludwig, üb. den Antisemitismus. Ein Mahnruf aus vergangenen Tagen. gr. 8. (67 S.) Wien 885. (O. Frank.) n. 1. —

Börne, Ludw., vermischte Aufsätze, s.: Meyer's Volksbücher.

Börne's, Ludw., Berliner Briefe 1828. Nach den Originalen m. Einleitg. u. Anmerkgn. hrsg. v. Ludw. Geiger. (XLV, 141 S.) 8. Berlin 905. F. Fontane & Co. n. 2. —; geb. in Leinw. n. 3. —; in Halbfrz. n. 3. 50

(—) Briefe des jungen Börne an Henriette Herz. Leipzig 861. Brockhaus. gr. 8. (VII, 188 S.) n. 1 ℛ 15 ngr.

Briefe aus Paris 1830—1831 von Ludwig Börne. Hamburg. 1832. 8°. 1. u. 2. Theil. M. Doppeltitel. 2 Bde.
Erste sehr seltene Ausgabe.

Börne, Ludwig. Briefe aus Paris, 1830–1834. (*Theil 1–4:* Neue, wohlfeile Ausg.) 6 Theile. 8.
Theil 1—4. Herisau 1835. — Theil 5—6. Paris 1834.

— Briefe aus Paris. 2 Tle. in 1 Bde. 12. (328 u. 328 S.) Leipzig (902). M. Hesse. Geb. in Leinw. 1. 50

— s.a. Briefwechsel des jungen Börne u. der Henriette Herz.

Briefwechsel des jungen [Ludwig] **Börne** und der Henriette Herz. Hrsg. von Ludwig Geiger. Oldenburg & Leipzig: Schulze (1905). (201 S.) 8° [F.] [illegible]

— Denkrede auf Jean Paul Fr. Richter. Eine Neujahrsgabe f. d. Freunde u. Verehrer d. unsterbl. Jean Pauls. 8. Erlang. 826. (Heyder). 3 ℊ Dass. 8. Hamb. 826. Hoffmann u. Campe. 2 ℊ

— Erzählungen u. vermischte Aufsätze. 12. (400 S.) Ebd. (902). Geb. in Leinw. 1. —

—— humoristische Erzählungen, s. Hausschatz, humoristischer, für's deutsche Volk.

Börne, Ludwig, s. Klassiker, moderne.

— die Mauthpredigt. gr. 16. (16 S.) Leipzig 848, Wienbrack. n. 2 ngr

Börne, Ludwig. Menzel der Franzosenfresser. 2. Ausg. Paris 1841. 138 S. 8.

Börne, Ludwig, Menzel der Franzosenfresser. Supplementband zu beiden Ausgaben von Börne's Werken. 8. (10⅓ B.) Bern 844, Jenni, Sohn.

— Menzel der Franzosenfresser. 3. rechtmäßige (Titel-)Ausg. 8. (138 S.) Frankfurt a. M. 848, Literar. Anstalt. ½ ℛ

—— französische Schriften. Hrsg. von Cormenin und übers. von E. Weller. 8. (208 S.) Bern 847, Jenni, Sohn.

Börne, Ldw., (L. Baruch,) gesammelte Schriften. 1r — 12r Thl. 8. Hamb. 829—31. Hoffmann u. Campe. 11 ℛ 8 ℊ (9r — 12r Thl. A. u. d. T.: Briefe aus Paris 1830, 31, 4 Thle. Ebd. 831, 32. 1r, 2r Thl. 3 ℛ 8 ℊ 3r, 4r Thl. 8. Paris 833. (832). Brunot. 3 ℛ 18 ℊ)

Börne, Ludwig, gesammelte Schriften. 1—10. Thl. — 9. u. 10. Thl. a. u. d. T.: Briefe aus Paris 1830—31. 1. u. 2. Thl. 8. (166¼ B.) Hamburg 829—32, Hoffmann u. Campe.

—— ders. 11. u. 12. Thl. — A. u. d. T.: Briefe aus Paris 1831—32. 3. u. 4. Thl. 8. (44¾ B.) Paris 833, Brünet.

Börne, Ldw. (L. Baruch), gesammelte Schriften. 13r u. 14r Thl. A. u. d. T.: Briefe aus Paris 1832—33. 5r u. 6r Thl. 8. Paris 834. Brunet. 3⅓ ℛ (Alle 14 Bde. 14⅔ ℛ)

—— dass. 15. Thl. — A. u. d. T.: Menzel d. Franzosenfresser. 1. u. 2. Aufl. 12. (9$\frac{1}{12}$ B.) Paris 838, Barrois fils. *

Börne, Ludw., gesammelte Schriften. 15. Thl.: Menzel der Franzosenfresser. 2. Aufl. 12. (158 S.) Paris 838. (Leipzig, Michelsen.) n. ⅔ ℛ (1—15.: n. 15 ½ ℛ)

—— gesammelte Schriften. 15. Thl.: Menzel der Franzosenfresser. 2. Aufl. 12. (158 S.) Paris 840. (Leipzig, Michelsen.) *

—— ders. 16. Thl. (Vermischte Aufsätze. Dramaturg. Blätter. Aphorismen. Briefe aus Frankfurt. Kritiken. Supplementbd. zu d. bei Hoffmann u. Campe erschien. Ausg.) 16. (28 B. u. 1 Stnt.) Stuttgart 840, [Scheible, Rieger u. Sattler.] *
9. u. 10. Thl. Hamb. 832, Hoffmann u. Campe. * 3 Thlr. 8 Gr., 11—14. Thl. Paris 833, 34, Brünet. * 7 Thlr. 2 Gr.

—— (gesammelte Schriften. 17. Thl. A. u. d. T.:) Französische Schriften und Nachtrag. Mit einer Biographie des Verf. 1. Aufl. (400 S.) 847. 1 Thlr. 15 Ngr. und 2. (Titel-) Aufl. 8. (VIII und 391 S.) Leipzig 849, Weller.

— gesammelte Schriften. 8 Thle. 2e (unveränd.) Aufl.) 8. Hamb. 835. Hoffmann u. Campe. 8 ℛ — Wohlf. Ausg. 8 Thle. kl. 8. Ebd. 840. n. 2 ℛ — Supplem.-Bd. A u. d. T.: Börne's Leben. (Von K. Gutzkow.) Mit Bildniß. 8. Ebd. 840. 1½ ℛ

Börne, Ludw., gesammelte Schriften. 8 Thle. 2., wohl. Original-Ausg. 8. (120 B.) Hamburg 840, Hoffmann u. Campe. *
Thl. 1., 2. Dramaturg. Blätter. 2 Abthln.
" 3., 4. Vermischte Aufsätze. — Erzählungen. — Reisen. 2 Abthln.
" 5. Schilderungen aus Paris.
" 6. Fragmente u. Aphorismen.
" 7. Kritiken.
" 8. Aus meinem Tagebuche.

— gesammelte Schriften in 5 Bden. 3. verm. Ausg. 12. Stuttgart 840, Becher's Verlag. 3 3/4 ℛ

— dass. 3e verm. u. rechtmäß. Ausg. (In 5 Thln. Mit Ausnahme der Briefe aus Paris u. des Franzosenfressers.) 1r Thl.: Dramaturgische Blätter, nebst Bildniß. 16. Stuttgart 840. Brodhag'sche Buchh. n. 3/4 ℛ — 2r — 5r Thl.: Vermischte Aufsätze, Erzählungen, Reisen, dramaturg. Blätter, Aphorismen, Briefe aus Frankfurt, Kritiken, Fragmente, Schilderungen aus Paris 1822 u. 23. Aus meinem Tagebuche. 16. (Mit 2 lithogr. Bl.) Ebd. 840. (à n. 3/4 ℛ) 3 ℛ

— gesammelte Schriften. 3., verm. u. rechtmäß. Ausg. 5 Thle. 16. (125 B., B's. Portr. u. 2 Stnt.) Stuttgart 840, [Scheible, Rieger u. Sattler.] *
Inh.: Vermischte Aufsätze. Erzählungen. Reisen. Dramaturg. Blätter. Aphorismen. Briefe aus Frankfurt. Kritiken. Fragmente. Schilderungen aus Paris 1822 u. 23. Aus meinem Tagebuche.

Börne, Ludw., gesammelte Schriften. Neue vollständige Ausg. (In 12 Bdn.) 1—6. Bd. 8. (XXXIX und 2441 S.) Hamburg und Frankfurt a. M. (861)62, Verlag der Börne'schen Schriften. à Bd. 25 Ngr.

Börne, Ludw., gesammelte Schriften. Neue vollständ. Ausg. 7.—12. (Schluß-)Bd. 8. (XXXV und 1981 S. mit Portr. in Stahlst.) Hamburg und Frankfurt a. M. 862, Verlag der Börne'schen Schriften. à Bd. 25 Ngr.
1.—6. Bd. Ebendas. (1861)62. 5 Thlr. — Der Preis dieser Ausgabe ist auf * 5 Thlr. ermäßigt.

Börne, L, gesamm. Schriften. N. vollst. Asg. 12 Bde. 8. (4506) Hamb. u. Frankf. 62. 63. (Hamb., Hoffmann u. C.) 10. —

Börne, Ludw., gesammelte Schriften. Vollständige Ausg. 12 Bde. (à ca. 15 Bgn.). Wien 868. Tendler & Co. (Hamburg, Hoffmann & Campe.) n. 1 ℛ 20 ngr

Börne's, Ludw., gesammelte Schriften. Vollständige Ausg. in 3 Bdn. 8. (666; 653; 626 S.) Leipzig 877, Ph. Reclam jun. *
geb. *

— dasselbe. Vollständigste Ausgabe. 12 Bde. od. 40 Lfgn. 12. (251; IV, 268; III, 266; IV, 210; IV, 242; III, 294; III, 270; IV, 267; 306, 174, 133, 144 S.) Nürnberg 879—81. Berlin, Neufeld. à Lfg. — 25

Börne, Ludw., gesammelte Schriften. Vollständigste Ausg. 24.—42. (Schluß-)Lfg. 12. [Nürnberg 880, Wörlein und Comp.] Berlin, Neufeld. [7. Bd. (III, 270 S.); 8. Bd. (IV, 267 S.); 9. Bd. (306 S.); 10. Bd. (174 S.); 11. Bd. (123 S.); 12. Bd. (... S.)] à Lfg. 25 Pf.; compl. 12 Bde. geb.
Vergriffen.
1.—23. Lfg. Ebendas. 1879,80. à 25 Pf.

Börne's, Ludw., gesammelte Schriften. Vollständige Ausg. in 6 Bdn., nebst Anh.: Nachgelassen Schriften in 2 Bdn. Mit Börne's Portr., e. Briefe in Fksm. u. e. biographisch-krit. Einleitg. v. Alfr. Klaar. 12. (IV, XCV, 400, 442, 251, 331, 328, 328, 160 u. 222 S.) Hamburg (899). Hoffmann & Campe, Verl. In 8 Leinw.-Bdn. 6.—

Ludwig Börnes gesammelte Schriften. Vollst. Ausg. in 6 Bden nebst Anh.: Nachgelass. Schriften in 2 Bden. Mit Börnes Bildnis, e. Briefe in Faks. u. e. biogr.-krit. Einl. von Alfred Klaar. Bd 1–8. Leipzig: Hesse [1899]. 8° [illegible]

— dasselbe. Neue vollständ. Ausg. in 12 Bdn. 8. (III, 160; III, 188; III, 184; III, 152; III, 170; III, 202; III, 167; III, 127; III, 115; III, 136; III, 119 u. III, 89 S.) Berlin (901). A. Weichert. In 8 Leinw.-Bdn. 6.—

Börne, Ludw. Humoristische Schriften, s. Klassiker deutschen Humors.

— nachgelassene Schriften. Hrsg. von d. Erben des literar. Nachlasses. 2 Bde. 8. (43 B. u. B's Portr.) Mannheim 844, Bassermann.

— nachgelassene Schriften. Hrsg. von den Erben des literar. Nachlasses. 3—6. Bd. 8. (XIV und 1510 S.) Mannheim, 847—50, Bassermann. *
Der 5. und 6. Bd. auch unter dem Titel:
Anhang zu den Briefen aus Paris. Briefe aus der Schweiz. 1830. 1831. 1832. 1833. 2 Bde. * 1 Thlr. 18 Ngr.
1. und 2. Bd. Ebendas. 1844. * 2 Thlr. 15 Ngr.

— nachgelassene Schriften. Hrsg. von den Erben des literar. Nachlasses. 3—6. Bd. 8. (3 u. 4: 728 S. 5 u. 6. Bd. A. u. d. T.: Anhang zu den Briefen aus Paris. Briefe aus der Schweiz. 1830. 1831. 1832. 1833. 2 Bde. 8. XIV u. 782 S.) Mannheim 849. 50, Bassermann. 3 u. 4. Bd. n. 2 1/3 ℛ 5 u. 6. Bd. n. 1 ℛ 18 ngr (1—6.: n. 6 ℛ 18 ngr)

— Nachgelass. Schriften. 2 Tle in 1 Bde. (160 u. 222) 12° Lpzg, M Hesse (02). L 1.50 d

Börne u. Treitschke. Offenes Sendschreiben über die Juden von Löb Baruch [Ludw. Börne] an den deutschen Reichstagsabgeordneten u. Heidelberger Professor Dr. Heinr. Ghard. v. Treitschke. gr. 8. (20 S.) Berlin 880. Stein's literar. Bureau. — 50

— ausgewählte Skizzen u. Erzählungen, s. Universal-Bibliothek.

— aus meinem Tagebuche, s.: Bibliothek der Gesamt-Litteratur des In- u. Auslandes.

— aus meinem Tagebuche, s. Meyer's Volksbücher.

Börne, L., aus meinem Tagebuch, s.: Universal-Bibliothek.

— Urtheil über H. Heine. Ungedruckte Stellen aus den Pariser Briefen. Als Anh.: Stimm. über H. Heine's letztes Buch, aus Zeitblättern. gr. 12. Frankf. 840. Sauerländer. n. 1/3 ℛ

Börne, L., die Wage, eine Zeitschrift, s. Wage.

Börne's Werke. Histor.-krit. Ausg. in 12 Bdn. Hrsg. v. Ludw. Geiger. 1—3. Bd. 8° Berl., Deut. Verlagshs Bong & Co. je 2 —; L 3 —; Liebh.-HF 4.50 d
1. Jugendschriften. Hrsg. v. Ludw. Geiger u. Leon Zeitlin. Dramaturg. Blätter I. Hrsg. v. Erwin Kalischer. Mit e. Einleitg v. Alfr. Klaar. (19, 440) ('12) ‖ 2. Dramaturg. Blätter II. Hrsg. v. Erwin Kalischer. Vermischte Aufsätze, Erzählgn, Reisen I. Hrsg. v. Rud. Fürst. (378) ('12) ‖ 3. Vermischte Aufsätze, Erzählgn, Reisen II. Hrsg. v. Rud. Fürst. (347) ('12)

— gesammelte Werke. Neueste Volks- und Familien-Ausg. (In ca. 35 Lfgn.) 1.—23. Lfg. oder 1.—6. Bd. gr. 16. (251; 268; 266; 210; 242; 298 S.) Nürnberg 879,80, Wörlein und Comp. à Lfg. * 25 Pf. *

Börne's, Ludw., sämmtliche Werke. 5 Bde. 8. (XXXVI, 368; 365, 387, 414 u. 328 S.) Philadelphia 868. Schäfer & Koradi. geb. 15. —

— einige Worte üb. d. angekündigten Jahrbücher d. wissenschaftl. Kritik ꝛc. gr. 8. Heidelb. 827. Winter. 6 K

Börne, Ludw. (Hrsg.), s. Zeitschwingen oder Weimarisches Unterhaltungsblatt.

Borneck, Adolar, der Bienenjäger. Eine Erzählung aus dem Westen Nord-Amerika's. Nach J. F. Cooper für die reifere Jugend bearb. Mit 8 (lith.) Bildern in Farbendr. Stuttgart 866. Schmidt & Spring. 8. (211 S.) 1 ℛ 10 ngr.

Borneck, Adolar, der Bienenjäger. Eine Erzählg. aus dem Westen Nord-Amerika's. Nach J. F. Cooper f. die reifere Jugend bearb. Mit 8 Bildern in Farbendr. 2. Aufl. gr. 8. (207 S.) Stuttgart 876. Schmidt & Spring. 4. 50

Borneck, Adolar, der Fährtensucher. Frei nach Aimard für die Jugend bearb. 2 Bde. Mit 16 (lith. u.) color. Bildern. Stuttgart 863. Schmidt & Spring. 8. (1046 S.) 3 ℛ

Borneck, Adolar, der Fährtensucher. Frei nach Aimard für die Jugend bearb. 2. Aufl. gr. 8. (686 S. mit 12 Bildern in Farbendr.) Stuttgart 872, Schmidt und Spring. geb.

— der Fährtensucher. Frei nach Aimard f. die Jugend bearb. 3. Aufl. Mit 12 Bildern in Farbendr. gr. 8. (620 S.) Ebend. 876. geb. 9. —

Borneck, Adolar, Treuherz und Fröhlich. Eine Erzählung aus dem amerikan. Wald- und Indianer-Leben. In freier Bearbeitung für die Jugend. gr. 8. (188 S. mit 8 lithogr. und ill. Bildern nach Orig.-Zeichnungen von Bernh. Schmelzer.) Dresden 861, Meinhold und Söhne.

— Treuherz und Fröhlich. Eine Erzählung aus dem amerikanischen Wald- und Indianer-Leben. In freier Bearbeitung für die Jugend. Mit 8 (lith. u. color.) Bildern nach Origin.-Zeichngn. von Bernh. Schmelzer. 861. — 2. Aufl. Dresden 862. Meinhold & Söhne. 8. (188 S.) 24 ngr

Bornecque, Henri

Commentaire littéraire du recueil de morceaux choisis d'auteurs français. Livre de lecture consacré plus spécialement au XIXme siècle, et destiné à l'enseignement inductif de la Littérature franç. moderne et contemporaine par M. M. Henri **Bornecque** Prof., Lille, et Benno Röttgers, Prof., Berlin. Berlin: Weidmann 1907. (116 S.) 8° [07. 4036

— et Benno **Röttgers**: Commentaire litt. de recueil de morceaux choisis d'auteurs franç. Livre de lecture consacré plus spécial. au 19. siècle et destiné à l'enseignement inductif de la litt. franç. moderne et contemporaine. 2. éd. (4, 154) 8° Berl., Weidmann '10. L 3.80

— et Josefine **Weissel**, le français parlé. Recueil de morceaux récapitulant, d'une manière systématique, le vocabulaire usuel. (84 S. m. 33 Abbild.) 8. Vienne 911. Wien, F. Tempsky. — Leipzig, G. Freytag. Geb. 1. 20

— et Benno **Röttgers**, la France d'aujourd'hui. (258 S. m. 101 Abbildgn., 2 farb. Karten, 1 Plan u. 1 Münztaf.) 8. Vienne 910. Wien, F. Tempsky. — Leipzig, G. Freytag. Geb. in Leinw. 4. —

Bornecque, Henri: La France littéraire, s: Herrig, Ludw.

Bornecque, H., Grammaire française, s.: Böddeker, K.

Bornecque, Henri, Lehrbuch der französ. Sprache, s.: Mager, Adf.

Les provinces françaises. Mœurs, habitudes, vie. Par Henri **Bornecque**, Prof., Lille, et A[lois] Mühlan, Prof., Glatz. [Nebst] Wörterverzeichnis. Berlin: Weidmann 1906. 2 Bde 8°
— **Schulbibliothek** franz. u. engl. Prosaschriften aus d. neueren Zeit. Abt. 1. Bdch. 56. [06. 1528

Recueil de morceaux choisis d'auteurs français. Livre de lecture consacré plus spécialement au XIXme Siècle et destiné à l'enseignement inductif de la Littérature franç. moderne et contemporaine par M.M. Henri **Bornecque**, Prof., Lille, et Benno Röttgers, Prof., Berlin. Berlin: Weidmann 1907. (XVI, 514 S.) 8° [07. 4037

— Recueil de morceaux choisis d'auteurs français. Livre de lecture consacré plus spécialement au XIXme siècle et destiné à l'enseignement inductif de la littérature française moderne et contemporaine. 2. éd., revue et considérablement augmentée. (XXIV, 616 S.) 8. Berlin 909. Weidmann. Geb. 5.40; commentaire littéraire (IV, 154 S.) 910. Geb. 3. 80

— Recueil de morceaux choisis d'auteurs franç. Livre de lecture consacré plus spécial. au 19me siècle et destiné à l'enseignement inductif de la litt. franç. moderne et contemporaine. 4. éd. (24, 615) 8° Berl., Weidmann '12. L 5.40

— — dass. Ed. en 3 parties. 8° Ebd. '11. geb. je 2 —
1. Les 17me et 18me siècles. (10, 183 u. 47) ‖ 2. Le 19me siècle. I. Le romantisme (1820—50). (12, 185—353 u. 50) ‖ 3. Dass. II. La période du réalisme (1850—80). III. La période contemporaine (1880—1900). (12, 355—499 u. 44)

— Französische Schulgrammatik, s.: Bödbeker, K.

— Übungsbuch für höh. Mädchenschulen, s.: Bödbeker, K.

Bornefeld, H. O., Das Bergrecht in den deutschen Schutzgebieten unter bes. Berücks. der Erlangung des Bergwerkseigentums. Diss. M. Gladbach, 1910. 72 S.

Bornefeld, Reinhart, Referendar in Barmen: Der Scheinkaufmann § 5 H.G.B. Borna-Leipzig 1907: R. Noske. (VIII, 37 S.) 8° [J.]
Leipzig, Jur. Fak., Diss. v. 13. Nov. 1907
[Geb. 16. Sept. 78 Barmen; Wohnort: Barmen; Staatsangeh.: Preußen; Vorbildung: Gymn. Barmen Reife O. 00; Studium: Berlin 3, Bonn 4 S.; Rig. 13. Juli 06.]

Bornefeld, Wilh., tägliches Brod für Geist u. Herz. Poetisches Tagebuch. Barmen 864. Bornefeld. 16. (X, 399 S.) 1 ℛ; geb. 1 ℛ 15 ngr

Borneman, Bernard [Arzt Assist. d. Pathol. a. d. Univ. zu Utrecht]: Ueber das Anti-Streptococcen-Serum '(Marmorek)' ... Utrecht, J. L. Beijers, 1896; 4 Bl., 39 S. 8.
Freiburg i. B., Med. Fak., Inaug.-Diss. v. 1896

Bornemann: Annalen ..., s. Bornemann, J.F.Ch.

Bornemann: Permanente Ausstellung ..., s. Bornemann, E.G.R.

Bornemann: Bedenken ..., s. Bornemann, Friedrich Wilhelm

Bornemann, Diese Blätter gehören der Zukunft. Der christliche Nationalismus. Gotha 860. Opetz. gr. 8. (IV, 66 S.) 7½ ngr

Bornemann, diese Blätter gehören d. Zukunft. 8. (66) Gotha 60, Windaus. — 7½

Bornemann: Einkommensteuer-Frage, s. Bornemann, Friedrich Wilhelm

— Erörterungen im Gebiete d. preuss. Rechts. Berlin 855.

Bornemann: Zwei plattdeutsche Gedichte, s. Bornemann, J. Wlh. Jak.

Bornemann: Das wohlangelegte- u. kurzgefaßte Haushaltungsmagazin. Frankfurt u. Leipzig: Weinmann 1730.

Bornemann: Kowno—Moskau—Kowno 1812, s: Militär-Wochenblatt.

Bornemann, ..., Legende von d. Jungfrau u. dem Hirsch in der Nicolai-Kirche zu Tangermünde, s. Huldreich, C., Jungfer Lorenz.

Bornemann: Die Marktkirche zu Clausthal im Oberharz. (16 m. Abb.) Lex8° Clausth., H Uppenborn '12. — 50 d

Marschtafel der deutschen Heeresteile im Kriege 1870/71 vom 31. Juli 1870 bis zum Waffenstillstand. Mit (Vorw., Erläuterungsbl. u.) Übersichtskarte. Von **Bornemann**, Oberlt. im Inf.-Reg. Nr. 170. Berlin, Oldenburg & Leipzig: G. Stalling 1905. (7 S., 1 Taf., 1 Karte.) 4° [05. 13365

Bornemann, 25 Lateinische Schulvorschriften [in sechzehnzeiligen (lith.) Blättern.] qu. gr. 8. Berlin 851. (Leipzig, Michelsen.) n. ⅓ ℛ

Bornemann, 25 lat. Schulvorschriften. qu. 8. Berl. 51. (Lpzg, Naundorf.) (?) n. — 10

Bornemann, das königl. sächsische Seminargesetz vom 22. August 1876 nebst der dazu erlassenen Ausführungsverordnung. Mit Erläutgn. Leipzig 897.

Bornemann. Ueber Semionotus im oberen Kupfersandstein. (Aus d. Zeitsch. d. deutsch. geol. Gesellsch.) Berlin. 1854. 8.

Bornemann, üb. die Vorbildg. d. Arztes f. seinen Beruf, nebst Entwurf e. Studienordnung f. den prakt. Arzt. gr. 8. (48 S.) Neuwied 889. Heuser's Verlag. n. 1. 20

Bornemann: Votum über den Beschluß ..., s. Bornemann, W.

Bornemann, Wiederbelebung der Handwerker-Innungen. Lüneburg 879.

Bornemann (Hrsg.), s. Zeitung, Berg- u. hüttenmännische

Bornemann: Preußisches Zivilrecht, s. Bornemann, Johann Wilhelm Jakob

Bornemann, A., das Liernursystem. Ein Mittel zur modernen Städteentwässerg., erläutert an d. Hand der Verhältnisse in d. Stadt Eberswalde. 8. (62 S.) Berlin 893. [B. Grundmann.] Neudamm, J. Neumann. n. — 80

Bornemann, Albert, Dr.: Paul **Fleming.** (Veranlassung zu seiner Reise. — Seine Gelegenheits-Dichtung.) *Stettin 1899: Herrcke & Lebeling.* (S. 3–22.) 4°
Stettin, Stadt-G, ehem. Rats-L, OP 1899 (153)

Bornemann, Alex., Kriegs-Tagebuch e. jungen Offiziers i. großh. hess. 2. Jägerbat. a. d. J. 1870/71. 8. (144 S.) Gießen 895. J. Ricker. n. 1. 80

Bornemanni, Aug. Petr., Dissertatio de numis Thasiorum. Cum figg. Halae 737. 4. (36 S.)

Bornemann, August Pet. (Schönebeck/Magdeburg), De tautologia Homeri. Diss. philol. Präs. Johann Heinrich Schulze. Halle (J. Chr. Hilliger) Aug. 1736. 24 S. (5.—)
Gew.: Joh. Gottlieb Heineck.

Bornemann, C.H.E., s. Bornemann, Christian Ernst

Bornemann, C. R., der Ingenieur, s. Ingenieur.

BORNEMANN, Christian Ernst: Versuch einer systematischen Abhandlung vom Kohlen. - Göttingen 1775. 16 S.

Bornemann, Chr. Fr., (✝ d. 24. Juli 1790.) Versuch e. systemat. Abhandl. v. Steinkohlen. M. 1 Kpf. 8. Götting. 776. Dieterich. 4 gr.

Bornemann, E, s.: Beiträge z. alten Gesch.

Bornemann, E: Das kgl. sächs. Seminarges. v. 22.VIII.'76. nebst d. dazu erlass. Ausführgsverordng, d. Seminarordng u. d. Prüfungsordng f. Volkssch.- u. Fach-Lehrer- u. Lehrerinnen, s.: Handbibliothek, Leipz. jurist.

Bornemann, E., d. kgl. sächs. Seminargesetz v. 22. Aug. 1876, nebst d. dazu erlass. Ausführungsverordng., d. Seminarordng. u. d. Prüfungsordng. f. Volksschul- u. Fach-Lehrer- u. Lehrerinnen, s.: Meinhold's jurist. Handbibliothek.

Bornemann, C. G. R., die permanente Ausstellung von Lehrmitteln zu Leipzig, s.a. **Vorträge u. Abhandlungen,** pädagogische.

Bornemann, die permanente Ausstellung von Lehrmitteln zu Leipzig. (Vorträge und Abhandlungen, Pädagogische) Leipzig 1867

— Leipzig u. seine Bildungs-Anstalten. Führer für die Festgenossen der 16. allgemeinen deutschen Lehrerversammlung zu Leipzig am 5–8. Juni 1865. Mit 50 Ansichten, 1 Orientirungs-Plan u. 1 Karte der Umgegend von Leipzig (in Holzschn.). Leipzig 865. Weber. gr. 16. (VIII, 74 S.) n. 6 ngr.

Bornemann, Ernst, u. Paul **Hampel,** die Schrift im Handwerk. Das Schriftschreiben u. seine Anwendg. in Schule u. Werkstatt. Zum Gebrauch an gewerbl. u. kaufmänn. Fach- u. Fortbildungsschulen, sowie zum Selbstunterricht. 1. Heft. Allgemeine Einführg. in das Schriftschreiben. (9 Taf. m. 4 S. Text.) Lex. 8. Frankfurt a/M. (910). F. B. Auffarth. In Mappe 1. 20

Bornemann, Ernst, u. Paul **Hampel:** Die Schrift im Handwerk. Das Schriftschreiben u. s. Anwendg in Schule u. Werkstatt. 1. u. 2. Heft. Allg. Einführg in d. Schriftschreiben. (9 bezw. 10 Taf. m. je 4 S. Text.) Lex8° Frankf.M., M Diesterweg ('10'12). in M je 1.20

Bornemann, J., s.: Betriebsverhältnisse der deutschen Landwirtschaft.

— s.: Jahres-Bericht üb. d. Erfahrungen u. Fortschritte auf dem Gesamtgebiete der Landwirtschaft.

Bornemann, F. G., s.a. Geschichten-Almanach.

Bornemann, F. G., Geschichten-Almanach, ein nützliches Lehr- und Lesebuch zunächst für Bürger und Landschulen. 8. Lpzg. Reclam. 820.

Bornemann, Fel.: Die Arbeit d. Landbau-Motors Patent Köszegi u. ihr Einfluss auf d. physikal. Zustand d. Bodens. [Aus: „Mitteilgn d. deut. Landw.-Gesellsch."] (42) Lex8° Berl., P Parey '12. 1.25 d

Bornemann. Felix [aus Eisenach]: Beiträge zur Kenntniss der Lemaneaceen .... Berlin, A. W. Schade's Buchdr. (L. Schade), 1887; 1 Bl. + 49 S. u. 3 Taf. 8°.
Freiburg i. B., Phil. Fak., Inaug.-Diss. v. 1887.

Bornemann, Felix, Beiträge zur Kenntniss der Lemaneaceen. Inaugural-Dissertation. gr. 8. (49 S. mit 3 Taf.) Berlin 887, (Friedländer und Sohn.) *

Die wichtigsten landwirtschaftlichen Unkräuter, ihre Lebensgeschichte u. Methoden ihrer Bekämpfung. Von Dr. Felix **Bornemann,** Privatd. Mit 35 Textabb. Berlin: Parey 1910. VIII, 134 S. 8°
(Thaer-Bibliothek. 112.) [illegible] 11

Bornemann (Ferd.), Ueber das Osmium. Analytische Bestimmung. Chloride und Oxyde. München 1910. 63 S.
(Im Auszug veröff.: Zeitschr. f. anorgan. Chemie 65. 1910.)
Danzig. Ing.-Diss. v. 1910

Bornemann, Fr. Wilh. B.

Bornemann, F. W. B., In investiganda monachatus origine quibus de causis ratio haben sit Origenes. I. Diss. 1884. 42 S.

Bornemann, Fr. Wilh. B., in investiganda monachatus origine quibus de causis ratio habenda sit Origenis. gr. 8. (30 S.) Göttingen 885, Vandenhoeck und Ruprecht's Verlag. * 2 —

Bornemann, Fr. W. B., Origenes et origo monachatus. Gottingae 1884. 8°

Bornemann, Friedrich August

Bornemann, Friedr. Aug., siehe a. Acta apostolorum ab S. Luca conscripta.

— (Kirchberg), Acta apostolorum ab sancto Luca conscripta ad codicis Cantabrigiensis omnium praestantissimi reliquorumque monumentorum fidem denuo recens. Zwickau (R. Zueckler) 1846. 17 S. (3.50)
Gew.: Carl Ferdinand Braeunig (m. Namen d. Gratulanten).

— auch für die Jugend ist religiöser Sinn unentbehrlich. Zwei Vorbereitungsreden z. Genusse d. heil. Abendmahls. 8. Schneeb. 816.

Bornemann, Fr. Aug., der Epilog d. Cyropädie von Xenophon, durch philosoph., histor. u. philolog. Anmerkk. erläut., aus unbenutzten Handschr. verb. rc. 8. Leipz. 819. Hinrichs. 10 gr.

— **Friedr. August,** *ΛΟΓΟΣ ΤΙΣ ΠΕΡΙ ΤΗΣ ΓΝΩΜΗΣ ἫΝ ΕἾΧΕ ἩΡΟΔΟΤΟΣ ΠΕΡΙ ΤΟΥ ἈΝΘΡΩΠΙΝΟΥ ΒΙΟΥ.* Bautzen-Lpz. 10. IV. 1808. 24 S. griech. (4.—)
Gew.: Carl Gottfr. Siebel, Carl Friedr. Korbinsky.

Bornemann, F. A., De gemina Xenophontis Cyropaediae recensione. I. Pr. 1814 86 S. 1

— De gemina Xenophontis Cyropaediae et maximi Tyrii recensione. Diss. crit. part. III. Schneeberg (Fuld) 14. IV. 1817. (S. 61—98) (3.—)

— Scholia in Lucae evangelium, ad suppl. reliquor. interprett. commentarios. Accesser. curae sec. ad actorum cap. XIX. sqq. et de glossematis novi testamenti caute dijudicandis dissertatio. 8 maj. Leipz. 830. Baumgärtner. 1 ꝑ 8 ℊ

— Uebersicht d. Lehrgegenstände in den 5 Klassen des Lyceums zu Schneeberg. 8. Schneeb. 818.

— s. Xenophontis convivium.

Bornemann, Fr. Aug., s. Xenophon's Opera; — ejusd. de Cyri disciplina.

Bornemann, (Friedr. Wilh.). Bedenken gegen den Entwurf des Gesetzes, die Grundsteuerbefreiungen betreffend. Berlin, Heymann (1848). 27 S. 8.

— die Einkommensteuer-Frage. 8. (IV u. 51 S.) Berlin 850, Morin. n. ⅓ ꝑ

Bornemann, Friedrich Wilhelm Ludwig: Rechtsfälle und Rechtsbestimmungen gesammelt aus den Acten des Königl. Oberappellations- und Höchsten Gerichts zu Greifswald, vormaligen Tribunals zu Wismar. H. 1. (einz.) Lübsches Recht. Berlin 1832.

Bornemann, G.: Der Buntsandstein, s. Bornemann, Johann Georg: Beiträge zur Geologie und Paläontologie.

Bornemann, G., De jure feminae intercedentis. Diss. Berl. 1853.

Bornemann, G., die fetten und die flüchtigen Oele des Pflanzen- und Thierreichs, ihre Gewinnung und Reinigung ꝛc., s. a. Schauplatz, neuer, der Künste und Handwerke.

Bornemann, G., die fetten u. die flüchtigen Oele d. Pflanzen- u. Tierreiches, ihre Gewinnung u. Reinigung, ihre Eigenschaften u. Verwendg. 5. Aufl. v. Fontenelle's Handbuch d. Oelfabrikation in vollständ. Neubearbeitg. [2 Bde.] 1. Bd. gr. 8. Weimar 889. B. F. Voigt. 7. 50
Die fetten Oele d. Pflanzen- u. Tierreiches. Ein Handbuch f. Fabrikanten, Ingenieure u. Chemiker, enth.: Vollständige Beschreibg. d. Oelgewinnung. Durch Pressg. u. Extraktion, sowie d. Reinigg. u. Bleichg. der Oele u. ausführl. Schilderung der wichtigeren fetten Oele in ihren physikal. u. chem. Eigenschaften. Mit e. Atlas von 12 Taf., enth. 202 Abbildgn. (XVI, 318 S.)

— die fetten u. die flüchtigen Oele des Pflanzen- u. Tierreiches, ihre Gewinng. u. Reinigg., ihre Eigenschaften u. Verwendg. 5. Aufl. v. Fontenelle's Handbuch der Oelfabrikation in vollständ. Neubearbeitg. [2 Bde.] 2. Bd. gr. 8. Weimar 891. B. F. Voigt. 12. — (kplt.: 19. 50)
Die flüchtigen Oele des Pflanzenreiches, ihr Vorkommen, ihre Gewinnung u. Eigenschaften, ihre Untersuchung u. Verwendg. Ein Handbuch für Fabrikanten, Apotheker, Chemiker u. Drogisten, enth.: vollständ. Beschreibg. der Gewinng. flücht. Oele durch Destillation, Pressg. u. Extraktion, sowie der Methoden zur Parfümgewinng., u. ausführl. Schilderg. v. 182 flüchtigen Oelen in ihren physikal. u. chem. Eigenschaften. Nebst e. Kapitel: Botanische Betrachtgn. üb. das Vorkommen der flücht. Oele v. K. L. Vetters. Mit e. Atlas v. 8 Folio-Taf., enth. 83 Abbildgn. (XII, 441 S.)

— die Wetterbeständigkeit uns. Bauten. Vortrag. gr. 8. (III, 30 S.) Leipzig 896. Quandt & Händel. n. 1. —

Bornemann, G: Ueber Cellulose und neuere Umwandlungsprodukte derselben. Biberach 1901

Bornemann, Georg

Bornemann, Geo., die Entwickelung der Fettindustrie im 19. Jahrh. 8. (42 S.) Leipzig 900. [E. Baldamus.] G. Schlemminger. n. 1. —
Sonderabdruck aus: „Chem. Revue üb. die Fett- u. Holz-Industrie".

— s.: Jahrbuch der Erfindungen.

Bornemann, Geo., Stöchiometrie. Grundzüge d. Lehre v. den chem. Berechngn. Mit 59 durchgerechneten Beispielen u. 265 Aufgaben. (VIII, 192 S. m. 1 Taf.) 8. Leipzig 909. S. Hirzel. Geb. in Leinw. 4. —

Bornemann, Georg, Prof. Dr.: Analytische Studien. *Chemnitz 1899: J. C. F. Pickenhahn & Sohn.* (S. 3—30.) 4° [F.]
Chemnitz, techn. Staatslehranstalten, OP 1899**

Bornemann, Hnr. Er., († d. 3. März 1820.) Beitr. zur Verbesser. des Appellations-Verfahrens u. zur bessern Einrichtung der Nieder-Gerichte. 8. Rost. 820. Stiller. 12 ℊ

— s. a. Betrachtt. über die Mecklenburg. Ober-Appellations-Gerichtsordnung, u. setze hinzu (v. H. E. Bornemann). Güstrow.

— Betrachtungen über die Mecklenburgische Ober-Appellations-Gerichtsordnung. 8. Ebendaselbst. 820.

— Beweis, daß der Unterschied zwischen heilbaren u. unheilbaren Nullitäten dem Reichsabschiede ganz fremd ist. 8. Hannov. 807. Hahn. 3 ℊ

— über die confessio qualificata im Civilproceß ꝛc. 8. Hannov. 805. Hahn. 4 ℊ

Bornemann, H. E.: Ueb. d. confessio qualificata im Civil-Process, m. e. Anwend. auf exceptio non rite adimpleti contractus. *Hann.*, Hahn. 806. (4 Gr.)

— Unterschied zwischen Nullitäten. 8. Ebend. 807.

Die Argonauten. Eine Erzählung. Nach d. griech. Sage bearb. von Hugo Bornemann. *Berlin: A. Weichert [1901].* (S. 17–32.) 8° [F.]
— Indianer- u. Volksbibliothek. 313. [–]

Die Irrfahrten des Odysseus. Nach Homer bearb. von Hugo Bornemann. *Berlin: A. Weichert [1901].* (16 S.) 8° [F.]
— Indianer- u. Volksbibliothek. 305. [–]

Bornemann, Hugo, der trojanische Krieg, s. a. Jugend- u. Volksbibliothek.

Der trojanische Krieg. Erzählung nach Homer bearb. von Hugo Bornemann. *Berlin: A. Weichert [1901].* (16 S.) 8° [F.]
— Indianer- u. Volksbibliothek. 313. [–]

König Oedipus. Nach d. griech. Sage bearb. von Hugo Bornemann. *(Berlin: A. Weichert [1901.])* (S. 17–32.) 8° [F.]
— Indianer- u. Volksbibliothek. 305. [–]

Bornemann, J: Die Taufe Christi durch Johannes in d. dogmat. Beurteilg d. christl. Theologen d. 4 ersten Jahrh. 8° (88) Lpzg 96, JC Hinrichs' V. 2.40

Bornemann, J. C. F., Beobachtung u. Reflexion im Gebiete d. Heilkunst. 1. Hft. 8. (5⅝ B.) Berlin 843, A. Hirschwald.

Bornemann, J. F. Ch., Annalen des Gesundbrunnens zu Goldberg. 2 Hfte. 8. Hamb. 818, 19. Perthes u. B. (1s H. 8 ℊ 2s H. 9 ℊ) 17 ℊ

— Beitr. zur Beförderung wahrer Lebensansichten. 1e Samml. 8. Rost. 821. Stiller. 9 ℊ

Bornemann, (J. G.,) Betrachtt. üb. auserles. Psalmentexte in Verbind. mit d. gewöhnl. Sonn- u. Festtagsepisteln d. ganzen Jahres. 2 Bde. gr 8. Leipzig 824. Glück.

Bornemann, J. G. Ueber gediegen Eisen aus der Keuperformation bei Mühlhausen in Thüringen. (Aus Poggend. Ann. Vol. 88.) Leipzig. 1853. 8.

Bornemann, J. G., die mikroskopische Fauna des Septarienthones von Hermsdorf bei Berlin. Mit 10 Taf. (in Kpfrst.) (Abdr. aus d. Zeitschrift d. Deutschen geolog. Gesellsch.) Berlin 855. Hertz. gr. 8. (67 S.) n. 2 ꝑ

— Gelehrten-Almanach, od. Verzeichn. der vorzügl. Gelehrten alter u. neuer Zeit. qu. 8. Leipzig. Glück.

—— über die Liasformation in der Umgegend von Göttingen und ihre organischen Einschlüsse. Inaugural-Dissertation. gr. 8. (78 S. mit 1 lithochrom. geognost. Skizze und 3 Stnt.) Berlin 854, (Hertz.) •

— über organische Reste der Lettenkohlengruppe Thüringens. Ein Beitrag zur Fauna und Flora dieser Formation besonders über fossile Cycadeen, nebst vergleichenden Untersuchungen über die Blattstruktur der jetztweltlichen Cycadeengattungen. Mit 12 (lith.) Taf. Leipzig (856.) Engelmann. gr. 4. (IX, 85 S. m. Holzschn. im Text.) n. 4 ℛ

Bornemann, J. W., s. F. Laufs Epochen.

Bornemann, J. W., 3 Predigten. gr. 8. Wesel 839. (Becker'sche Buchh.). 1/4 ℛ

— Johann Christian (Rodenberg/Schaumburg), De fonte omnium praejudiciorum et rivulis qui exinde profluunt. Diss. logica. Präs. Conr. Fried. Ernst Bierling. Rinteln (J. G. Enax) 15. V. 1739. 62 S. (5.—)
Widm. v.: Präs., Justus Friedrich Bierling.

Bornemann, Jb. Chr. Aug., Trostgründe gegen den Tod. 8. Stend. 788. Franzen u. Gr. 8 ℊ

Bornemann, Johann Georg

Bornemann, J. G., Beiträge zur Geologie u. Paläontologie. 1. Hft. 4. Jena 889. Fischer. n. 7. —
Über den Buntsandstein in Deutschland u. seine Bedeutung f. die Trias, nebst Untersuchgn. üb. Sand- u. Sandsteinbildgn. im Allgemeinen. Mit 3 Taf. in Lichtdr. u. 4 Abbildgn. im Text. (62 S.)

—— Die Versteinerung des Cambrischen Schichtensystems, s.a. Acta nova academiae caesareae Leopoldino-Carolinae germanicae naturae curiosorum.

— die Versteinerungen d. Cambrischen Schichtensystems der Insel Sardinien, nebst vergleich. Untersuchgn. üb. analoge Vorkommnisse aus and. Ländern. 1. Abth. Mit 33 Taf. [Aus: „Nova Acta d. ksl. Leop.-Carol. Deutschen Akad. d. Naturforscher".] gr. 4. (148 S.) Halle 886. (Leipzig, Engelmann.) cart. u. 20. —

Bornemann, Joh. Geo., die Versteinerungen d. Cambrischen Schichtensystems d. Insel Sardinien, nebst vergleich. Untersuchgn. über analoge Vorkommnisse aus andern Ländern. 2. Abth. Mit 10 Taf. [Aus: „Nova Acta d. ksl. Leop.-Carol. Deutschen Akad. d. Naturforscher".] gr. 4. (104 S.) Halle 891. (Leipzig, W. Engelmann.) n. 12. — (1. u. 2.: n. 82. —)

Bornemann, Johann Gottfried: Anweisung zum Weinbau. 1.A. Delitzsch: Meyner 1836.

Bornemann, J. G., Anweisung zum Weinbau an Gebäuden, Mauern, Lauben und Bäumen, als einer sehr leichten, angenehmen und nützlichen Beschäftigung für Jedermann, so wie auch für Kinder. 2e verb. und mit neuen Erfahrungen bereich. Ausg. 8. Leipzig 840. C. H. Reclam. 1/6 ℛ

Bornemann, Joh. Gottfr., Anweisung zum Weinbau an Gebäuden, Mauern, Lauben u. Bäumen. Hrsg. zur Ermunterung d. Kinder zu edler Thätigkeit. 2., verb. u. verm. Aufl. 8. (5 B.) Leipzig 841, C. H. Reclam.

Bornemann, Johann Nikolaus Christian: Gangraena critica. Helmstadii 1785: Schnorr. XXXIX S. 8°.
Helmstedt, Med. Diss. v. 1785

Bornemann, Johann Wilhelm Jakob

Bornemann, J. Wlh. Jak., systemat. Darstellung des Preuß. Civilrechts, mit Benutzung der Materialien des allgemeinen Landrechts. 1r Bd., enthalt. die geschichtliche Einleitung, die Fundamentallehren des Preuß. Rechts und die Lehre vom Besitz. gr. 8. Berlin 834. Jonas Verlagsbuchh. 3 1/3 ℛ — 2r Bd., enthalt. die Lehre vom Eigenthum und den allgem. Theil des Obligationenrechts. gr. 8. Ebd. 834. 2 5/6 ℛ; 2e Aufl. 838. 3 1/2 ℛ — 3r Bd., enthalt. den speciellen Theil des Obligationenrechts. gr. 8. Ebd. 835. (2e Aufl. 838.) 3 2/3 ℛ — 4r Bd., enthalt. die Lehre vom gemeinschaftl. Eigenthum, nutzbaren Eigenthum u. dingl. Rechten. gr. 8. Ebd. 836. 2 2/3 ℛ; 2e Aufl. 839. 3 1/3 ℛ — 5r Bd., enth. d. Familienrecht. gr. 8. Ebd. 837. 2 2/3 ℛ — 6r u. letzter Bd., enthalt. das Erbrecht und die Lehre von Familien-Stiftungen und Fideicommissen. gr. 8. Ebd. 838, 39. 3 3/8 ℛ

— dass. Sachregister. Register über die erläut. Gesetzesstellen u. einzelnen Verordnungen. gr. 8. Ebd. … n. 1/3 ℛ

Bornemann, W., systemat. Darstellung d. preuß. Civilrechts, mit Benutz. d. Materialien d. Allgem. Landrechts. 6 Bde. Nebst Registern. gr. 8. Berlin, Jonas Vrlsbuchh. •
Bd. 1. Die geschichtl. Einleit., die Fundamentallehren d. preuß. Rechts, u. d. Lehre v. Besitz. 2. Aufl. (37 1/2 B.) 837. • 2 Thlr. 16 Gr.
" 2. Die Lehre vom Eigenthum, u. den allgem. Theil d. Obligationsrechts. 2. Aufl. (42 1/2 B.) 837. • 3 Thlr.
" 3. Der specielle Theil des Obligationsrechts. 1. Aufl. 835. • 3 Thlr. 16 Gr., 2. A. (à 41 B.) 838. • 3 Thlr. 4 Gr.
" 4. Die Lehre vom gemeinschaftl. Eigenthum, nutzbaren Eigenthum u. den dinglichen Rechten. 1. Aufl. 836., 2. A. (à 38 1/2 B.) 838. à • 2 Thlr. 16 Gr.

Bornemann, W., systemat. Darstellung d. preuß. Civilrechts, rc.
Bd. 5. Das Familienrecht. (30 B.) 837. • 2 Thlr. 16 Gr.
" 6. Das Erbrecht u. d. Lehre von Familien-Stiftungen u. Fideicommissen. 2 Abthlgn. (37 1/2 B.) 838, 39. • 2 Thlr. 16 Gr.
Sachregister. — Register üb. d. erläuterten Gesetzesstellen u. einzelnen Verordnungen. (4 B.) 840. • 8 Gr.

Bornemann, W., systemat. Darstellung des preußischen Civilrechts mit Benutzung der Materialien des allgem. Landrechts. 2., verm. u. verb. Ausg. 6 Bde. gr. 8. Berlin, Jonas Vrlsbuchh. à • 2 Thlr. •
Inhalt:
Bd. 1. Die geschichtl. Einleitung, die Fundamentallehren des preuß. Rechts u. die Lehre vom Besitz. (19 1/2 B.) 842.
" 2. Die Lehre vom Eigenthum, u. den allgem. Theil des Obligationenrechts. (24 1/2 B.) 843.
" 3. Der specielle Theil des Obligationenrechts. (26 B.) 843.
" 4. Die Lehre vom gemeinschaftl. Eigenthum, vom nutzbaren Eigenth. u. den dinglichen Rechten. (25 3/4 B.) 844.
" 5. Das Familienrecht. (25 B.) 845.
" 6. Das Erbrecht u. d. Lehre v. Familien-Stiftungen u. Fideikommissen. (24 3/4 B.) 844.

—— dass. Sachregister. Register über die erläut. Gesetzesstellen u. einzelnen Verordnungen. 2., verm. u. verb. Ausg. Lex.-8. (3 1/4 B.) Ebds. 845. •

Bornemann, J. Wlh. Jak., Einblicke in England u. London im Jahre 1818. 8. Berl., Mittler. 1 ℛ 8 ℊ

Bornemann's Lehrbuch f. die allgemeine Verbreitung der von F. L. Jahn wieder erweckten Gymnastik rc. m. K. gr. 8. Berl. Dieterici. 814.

— Lehrbuch für die allgem. Verbreitung der von F. L. Jahn wieder erweckten Gymnastik. gr. 8. Berl. 814. (Mittler). 16 ℊ

— Natur- u. Jagdgemälde, mit natur- u. jagdgeschichtl. Bemerkk. gr. 8. Leipz. 827. Cnobloch. 2 ℛ

—— Rechtsfälle rc., 1. Hft., s. Rechtsfälle.

Bornemann, J. Wlh. Jak., von Rechtsgeschäften überhaupt u. v. Verträgen insbesond., nach Preuß. Rechte, für angehende Praktiker. gr. 8. Berl. 825. Niemann. (Jonas). 1 ℛ 20 ℊ

—— von Rechtsgeschäften überh. u. v. Verträgen insbesond., nach preuß. Rechte. Für angeh. Praktiker. 2., verm. u. verb. Ausg. gr. 8. (28 B.) Berlin 833, Jonas Vrlsbuchh.

Bornemann, J. J. W.: Der Turnplatz in der Hasenheide. 1812. 29 S. Bd 58

— üb. die gymnastischen Uebungen in d. Hasenheide. 8. Berl. 811.

Bornemann, Johs., d. Taufe Christi durch Johannes i. d. dogmat. Beurteilg. d. christl. Theologen d. vier ersten Jahrhunderte. gr. 8. (III, 88 S.) Leipzig 896. J. C. Hinrichs' Verl. n. 2.40

Bornemann, K. R., Hydrometrie od. prakt. Anleitung zum Wassermessen nebst einem Anh. über die Vertheilung des Wassers. Mit 74 eingedr. Holzschn. u. 5 lith. Taf. Abbildgn. (in 8. u. qu. 4.) gr. 8. (X u. 278 S.) Freiberg 848, Engelhardt. n. 1 2/3 ℛ

Bornemann (K. R.), Hydrometrie, oder praktische Anleitung zum Wassermessen, nebst einem Anhange über die Vertheilung des Wassers. Mit 74 eingedruckten Holzschnitten und 5 lith. Taf. Freiberg 1849. 8.

Bornemann, Karl, Schillers nationale Bedeutung f. das deutsche Volk. nachgewiesen an e. denkwürd. Aufführg. des „Wilhelm Tell", s: Flugschriften, zeitgemäße, Nr. 5.

Bornemann, Karl, aus Verden: Beiträge zur Kenntnis des Wasserstoffsuperoxyds. *Leipzig 1903: Metzger & Wittig.* (46 S.) 8°
Göttingen, Phil. Diss. v. [15. Febr.] 1903

Bornemann, Karl, Beiträge zur Kenntnis des Wasserstoffsuperoxyds. Diss. (46 S. m. 6 Fig.) gr. 8. Leipzig 903. (Göttingen, Vandenhoeck & Ruprecht.) n. 1. 20

Bornemann, Carl, Borussia. Bilder aus der vaterländ. Geschichte. 8. (89 S.) Berlin 867, Mittler und Sohn.

Bornemann, K, Borussia. Bilder a. d. vaterl. Gesch. in poet. Gewande. 2. Asg. 8. (89) Berl. 69, Logier. *n.* — 15

Bornemann, Karl, Durch 25 Jahre „Vereint zu Schutz und Wehr". Festrede zur Feier des 25 jährigen Bestehens der freiwilligen Feuerwehr in Znaim, am 2. Sept. 1893. 8. (20 S.) —.20
Znaim: Fournier & Haberler 1893?

— durch 25 Jahre „vereint zu Schutz u. Wehr". Fest-Rede zur Feier des 25jähr. Bestehens d. freiwill. Feuerwehr in Znaim am 2. Septbr. 1893. [Aus: „Znaimer Wochenbl."] 8. (20 S.) Ebd. 893. n. — 40

Bornemann, Karl (Hrsg.), s. Familienblätter ...

Bornemann, Karl, Festschrift zur Feier des 25jährigen Bestehens der freiwilligen Feuerwehr Znaim am 2., 3. u. 4. Septbr. 1893. Im Auftrage des Vereins-Ausschusses hrsg. 8. (104 S. m. 1 Taf.) Znaim 893. (Fournier & Haberler.) n. — 60

Bornemann, Karl, Festschrift zum VI. mährisch-schles. Gauturnfeste am 14., 15. und 16. Juli 1888 in Znaim. 8. (73 und 16 S. mit 1 Holzschn.) Znaim 888, Fournier und Haberler. cart. * — 60

(KARL BORNEMANN), Cantate zur Gedächtniss-Feier des Königl. Stadtgerichts-Rathes Carl Twesten für die juristische Gesellschaft zu Berlin am 3. December 1870. s. l. & a. (Druck von E. S. Mittler und Sohn, Berlin.) 4°.

Bornemann, Karl (Hrsg.), s. Litteraturbericht, Pädagogischer, für österreichische Schulen und Lehrer.

Bornemann, Karl (Hrsg.), s. Literaturblatt ...,

Bornemann, K., die binären Metallegierungen. (In 3 Tln.) 1. Tl. (156 S. m. 8 Taf. u. Ableselineal.) Lex. 8. Halle 909. W. Knapp. 7. —

Bornemann, K: Die binären Metallegiergn. 2. Tl. (57—111 u. 6 m. Fig. u. 13 Taf.) Lex8° Halle, W Knapp '12. 9.00 (1 u. 2: 16.60)

Bornemann, Karl (Hrsg.), s. Schülerbibliothek, Die.

Bornemann, Carl (geb. Nöschenrode in d. Prov. Sachs. 30. 5. 1853): Zur Therapie des pes varus congenitus. Berlin (1878). (32 S.) 8°
Berlin, Med. Diss. v. 6. Aug. 1878

Bornemann, Karl, die wichtigsten Verordnungen u. Erlässe österr. Schulbehörden, welche auf Schülerbibliotheken Bezug haben. Nebst e. ausführl. Verzeichniss der v. genannten Behörden zur Aufnahme in die Schulbibliotheken f. ungeeignet befundenen Jugendschriften. 2. Aufl. gr. 8°. (19 S.) Znaim, Fournier & Haberler. fl. —.25.
— — dasselbe. 3.—5. verb. u. ergänzte Aufl. gr. 8°. (54 S.) Ebd. fl. — 25.
— — 6. vermehrte Aufl. gr. 8°. (72 S.) Ebd. fl. —.30. 1886

Bornemann, Karl, die wichtigsten Verordnungen u. Erlässe österreichischer Schulbehörden, welche auf Schülerbibliotheken Bezug haben. Nebst e. ausführl. Verzeichnis der von genannten Behörden zur Aufnahme in die Schulbibliotheken für ungeeignet befundenen Jugendschriften. 6. Aufl. gr. 8. (54 S.) Znaim 886. Fournier & Haberler. n. — 60

Bornemann, Karl Siegm., s. Darstell., geschichtl., von Entstehung zc.

Bornemann, L., anschaul. Betrieb d. Grammatik. (Schriften d. Einheitsschule [Realschule] Hamburg-Hohenfelde, Lübeckerstr. 110, II). gr. 8. (16 S.) Hamburg 895. Herold's Verl. n. — 60

Bornemann, L. (Hrsg.), s. Bürgerschule, Aus einer höheren.

Bornemann, L. De Castoris chronicis Diodori siculi fonte ac norma. 32 S. Progr. G. *Lübeck* 1878.

Bornemann, L., Dörpfeld u. Albert Lange, s.a. Magazin, pädagogisches.

Dörpfeld und Albert Lange. Zur Einführung in ihre Ansichten über soziale Frage, Schule, Staat u. Kirche. Von Dr. L. Bornemann. Schuldir. a. D. *Langensalza: H. Beyer & Söhne 1902.* (37 S.) 8°
— Magazin, Pädagogisches. H. 194. [illegible]

Bornemann, L., Einführung ins Lateinische auf Grund d. französischen Anfangsunterrichts. Ein prakt. Beitrag zur Schulreform. gr. 8. (21 S.) Hamburg 890. Herold's Verl. n. — 50

Bornemann jun., L. G., über die Foraminiferengattung Involutina. gr. 8. (40 S. mit 1 lithogr. und 1 chromolithogr. Taf.) Berlin 874, (Friedländer und Sohn.) *
Aus: Zeitschrift der deutschen geologischen Gesellschaft, besonders abgedruckt.

Bornemann jun., L. G., üb. die Foraminiferengattung Involutina. Mit 2 (lith. u. chromolith.) Taf. [Aus: „Zeitschr. der deutschen geolog. Ges."] gr. 8. (40 S.) (Berlin 875. Friedländer & Sohn.) n. 2. —

Vom Einmaleins. Von Dr. L[udwig] Bornemann, Kreisschulinsp. Langensalza: Beyer 1909. 19 S. 8°
(Pädagogisches Magazin. H. 365.) [illegible]

— Erlebtes u. Gelerntes, s. Schülern gewidmet. (I. Griech. Fahrten. II. Drei Sonntage i. Palästina. III. V. Tode fürs Vaterland.) (Schriften d. Einheitsschule [Realschule] Hamburg-Hohenfelde, III.) gr. 8. (55 S.) Ebd. 896. n. 1. 50

Bornemann, L.: Erlebtes und Erlerntes. Hamburg 1896. 55 S. (Schriften der Einheitsschule. 3.)

— das Familienprincip in der Schulverfassung. Vortrag im Anschluß an Thesen Hozewegs, in der 22. Generalversammlg. des evangel. Lehrerbundes geh. gr. 8. (18 S.) Gütersloh 901. C. Bertelsmann. n. — 80
Sonderabdruck aus: „Ev. Schulblatt".

Bornemann, L., Jahresb. üb. Pindar 1885—1887. S.-A. 1888. 18 S. —.90

— — 1888—1890. S.-A. 1891. 28 S. 1.20

— — 1891. S.-A. 1892. 23 S. 1.—

— Jahresbericht üb. Pindar 1892—1896. [Aus: „Jahresber. üb. d. Fortschr. d. class. Altertumswiss."] gr. 8. (28 S.) Berlin 898. Leipzig, O. R. Reisland. n.n. 1. 80

Bornemann, L., Pindars erste isthmische Ode „An die Vaterstadt" m. e. Vorworte üb. Hellenismus u. Einheitsschule. (Schriften der Einheitsschule [Realschule] in Hamburg-Hohenfelde, I.) gr. 8. (16 S.) Hamburg 898. Herold's Verl. n. — 60

— die Privatschule u. Dr. Jacob Wychgram. gr. 8. (36 S.) Hamburg 899. Schröder & Jeve. n. 1. —

— uns. höh. Schulen. Beherzigenswerte Ausschnitte a. d. „Verhandlgn. üb. Fragen d. höh. Unterrichts v. 1890". Vortrag. (Schriften d. Einheitsschule [Realschule] Hamburg-Hohenfelde V.) gr. 8. (28 S.) Hamburg 896. Herold's Verl. n. — 75

— d. Schulpapst. 1. Serie. gr. 8. (16 S.) Hamburg 897. (C. Kloß.) n. — 40

— der Schulpapst. 2. Hft. gr. 8. (19 S.) Hamburg 898. (C. Kloß.) n. — 40
1. Hft. Ebd. 897. n. — 40.

— sollen wir Steilschrift treiben? Pädagog. Gutachten m. Genehmigg. d. kgl. norweg. Regierg. deutsch bearb. (Schriften d. Einheitsschule [Realschule] Hamburg-Hohenfelde IV.) gr. 8. (36 S.) Hamburg 896. C. Herold's Verl. n. — 75

Bornemann, L., zur Sprachdenklehre. Erörterungen u. Vorschläge. (69 S.) gr. 8. Gütersloh 904. C. Bertelsmann. n. 1. 20

Bornemann, L., Wiederbelebung der deutschen Handwerker-Innungen. gr. 8. (15 S.) Lüneburg 879. Herold & Wahlstab. — 25

Bornemann, M. H., de analogia juris cum speciali ad jus danicum respectu. Dissertatio. 8 maj. Kopenh. 816. (Bohnlen) 10 gr.

Bornemann, Matth. Hastrup:
Ueb. d. gebräuchl. Visitation d. neutralen Schiffe u. üb. d. Convoy; nebst e. Mittel, beide durch e. allgem. garantirtes Seevölkerrecht zu heben; aus d. Dän. v. K. F. Primon. *Kopenh.*, Schubothe. 801. 8. (21 Gr.)

Bornemann, Rob., Lebens-Ströme aus dem Volke. Gedichte. (IV, 172 S.) 12. Lorch 903. K. Rohm. n.n. 1. 50; geb. n. 2. —

Bornemann, Rob., der Morgenstern. Eine Weltanschauung. 2. erweit. Aufl. 8. (56 S. m. Titelbild.) Freiburg i/B. (899). (Bitterfeld, F. E. Baumann.) n. — 50

Bornemann, Rudolph, aus Gütersloh: Aus d. chirurg. Klinik zu Bonn. Der Kropf und seine Operationen. *Bonn: J. Trapp 1899.* (45 S.) 8°
Bonn, Med. Diss. v. [27.] Juli 1898

Bornemann, W.

Bornemann, W., der zweite Artikel im Lutherschen kleinen Katechismus, s.: Hefte zur „Christlichen Welt".

Bornemann, (W.), Bedenken gegen den Entwurf des Gesetzes, die Grundsteuerbefreiungen betreff. 8. (27 S.) Berlin 848, C. Heymann.

Bornemann, W., bete u. arbeite! s.: Predigt-Bibliothek, moderne. III, 1.

— die Bibel u. die Mission. Vortrag, geh. auf der 17. Generalversammlg. des allgem. evang.-protest. Missionsvereins am 1. XI. 1901 in Straßburg i. E. gr. 8. (16 S.) Heidelberg 901. (Ev. Verlag.) — 80

— die Einkommensteuer-Frage. 8. (IV und 51 S.) Berlin 850, Morin. *

— zu Freiheit u. Frieden. Religiöse Reden. gr. 8. (VIII, 244 S.) Magdeburg 893. Creutz. n. 4. —; geb. n. 4. 60

Bornemann, W: Die Gesch. vom weisen Hasen. Vom Prinzen Kunala. Indischen Geschichten nacherzählt. 1. Heft. (12) 8° Berl.-Schöneberg, Protestant. Schriftenvertrieb '12. — 10 (
2. Heft s. unten: Vessantara.

— Glauben u. Wissen. Vortrag, geh. bei der XIII. Generalversammlg. des Evangel. Bundes zu Halberstadt am 1. X. 1900. gr. 8. (8 S.) Leipzig (901). Buchh. d. ev. Bundes v. C. Braun. n.n. — 10

— protestantische Grundsätze üb. Gottesdienst-Ordnungen. 2 Predigten. Ein Warnungsruf in der Agendensache. gr. 8. (26 S.) Ebd. 894. n. — 50

— Max Hildebrandt, weil. Pastor an St. Jacob. Gedenkblätter. gr. 8. (IV, 67 S. m. Bildn.) Ebd. 894 n. 1. 20

— s: Kirche, Die, im Gerichte ihrer Gegner.

Bornemann, W., Kirchenideale u. Kirchenreformen. Ein Beitrag zur Beurteilg. der Hammerstein'schen Bewegg. [Aus: „Evang.-Luther. Gemeindebl."] gr. 8. (VIII, 84 S.) Leipzig 887. Grunow. 1. 20

Bornemann, W., Lehrpläne für den Unterricht in den Realien nebst method. Winken u. Regeln, für sämmtliche Schulsysteme. gr. 8. (35 S.) Kreuznach 879. Schmithals. n. — 60

Bornemann, W. (II.), Lehrpläne für 1—6-klassige Volksschulen. 8. (100 S.) Kreuznach 885. Leipzig, Voigtländer's Verlag. cart. * 1 20

—— Schulandachten. 8. (IV, 198 S.) Berlin 888, Reuther's Verlag. * 2 —

— Schulandachten. gr. 8. (VI, 198 S.) Berlin 889. Reuther. n. 2. —

Bornemann, W. [I.] Der Streit um das Apostolikum. Vortrag. gr. 8. (60 S.) Magdeb. 892, Creutz. * — 75

— die Thessalonicherbriefe, s.: Meyer, Heinr. Aug. Wilh., kritisch-exegetischer Kommentar üb. das Neue Testament.

— Unterricht im Christentum. gr. 8. (XVI, 301 S.) Göttingen 891. Vandenhoeck & Ruprecht's Verl. n. 4. 40; geb. n.n. 5. —

— Unterricht im Christentum. 2., durchgeseh. Aufl. gr. 8. (XVI, 300 S.) Göttingen 891. Vandenhoeck & Ruprecht. n. 4. —; geb. n. 4. 60

— dasselbe. 3., verm. Aufl. gr. 8. (XVI, 359 S.) Ebd. 893. n. 4. 60; geb. n. 5. 40

—— Votum über den Beschluß d. Haupt-Versamml. d. Gustav-Adolf-Vereins, durch welchen Hr. Dr. Rupp als Abgeordneter des königsberger Hauptvereins nicht zugelassen worden. Abgegeben f. d. am 11. Dez. d. J. anstehende Versamml. des hies. Localvereins. 8. (1 B.) Berlin 840, Heymann. *

— bittere Wahrheiten. Eine unerwartete Beleuchtg. der „Ernsten Gedanken" d. Hrn. Oberstlieut. v. Egidy. 1.—5., unveränd. Aufl. gr. 8. (94 S.) Ebd. 891. n. 1. 20

— s.: Zeitfragen.

— religiöse Zweifel. 2 Predigten. gr. 8. (80 S.) Magdeburg 893. Creutz. n. — 60

Bornemann, Wilhelm

— s. a. Kuhlo, Hermann.

Die Allegorie in Kunst, Wissenschaft und Kirche. Von W[ilhelm] Bornemann, Prof., Basel. Freiburg i. B., Leipzig & Tübingen: Mohr 1899. 55 S. 8° A 11.151 7

Bornemann, Wilhelm [Prof.]: Zur katechetischen Behandlung des ersten Artikels im Lutherischen Katechismus. Magdeburg, Druck v. E. Baensch jun., 1893; 1—57 S. 4.
Magdeburg, Pd z. Kloster Unser Lieben Frauen, OP 1893 (241)

Boileau-Despréaux im Urtheile seines Zeitgenossen Jean Desmarets de Saint-Sorlin. Von Wilhelm Bornemann. Heilbronn: Gebr. Henninger 1883. (148 S.) 8°
= Studien, Französische. Bd 4, H. 3.

Bornemann, Wilhelm. Ueber Chlorjod, Bromjod, Chlorbrom und deren Verhalten gegen Wasser. Tübingen, 1877. Diss.

Bornemann, W., Christentum u. ethische Kultur. Vortrag, im Zweigverein d. Evang. Bundes z. Berlin geh. gr. 8. (32 S.) Magdeburg 897. Creutz. n. — 50

— Einführung in die evangel. Missionskunde im Anschluß an die Basler Mission. Mit e. Beilage: 4 Tabellen zur Geschichte der Basler Mission. gr. 8. (VII, 340 u. 16 S.) Tübingen 902. J. C. B. Mohr. n. 6.—; geb. n.n. 7.—

Bornemann, Wilh., Erörterungen im Gebiete des preußischen Rechts. 1. Heft. gr. 8. (IV und 234 S.) Berlin 855, G. Reimer.

Bornemann, Wilh., die Friedensfahrt deutscher Kirchenmänner nach England. Skizzen zum Andenken u. Nachdenken. (128 S.) 8. Gießen 908. A. Töpelmann. 2.—; geb. 2. 50

— Gedichte in plattdeutscher Mundart. gr. 8. Berl. 810, 16. 2e A... 3e A. 821. 4e umgearb. Aufl. Mit des Verfass. Bildniß. gr. 8. Berl. 827. (Enobloch in Leipz.) 1 ℛ 16 𝔤𝔤

Bornemann sen., Wilh., Gedichte in plattdeutscher Mundart. 5. von Neuem gesichtete u. verm. Ausg. letzter Hand, mit humorist. Feder-Zeichn. von T. Hosemann. gr. 8. Berlin 843, Decker. 1¾ ℛ

Bornemann, Wilh., Gedichte in plattdeutscher Mundart. 5., von Neuem gesichtete u. verm. Ausg. letzter Hand, mit humorist. Federzeichn. von Hosemann. gr. 8. (23 B.) Berlin 843. (Gropius'sche Buchh.) *

Bornemann, plattdeutsche Gedichte. s. a. Gedichte.

— plattdeutsche Gedichte. 1s Bdchen. 3e Aufl. Mit 1 Titelkupf. gr. 8. Berlin 821. (Leipzig, Enobloch.) 1r u. 2r Bd.

— plattdeutsche Gedichte. Aus den hinterlassenen Handschriften des verstorbenen Dichters gesammelt u. herausg. von Carl Bornemann. 6. Aufl. Berlin 854. Decker. 16. (XI, 390 S.) 1 ℛ 15 𝔫𝔤

Bornemann's, Wilh., plattdeutsche Gedichte. Aus den hinterlassenen Handschriften des verstorbenen Dichters, unter Wiederaufnahme älterer Dichtungen desselben, gesammelt und hrsg. von Carl Bornemann. 7. Aufl. Mit dem Bildniß des Verf. in Holzschn. 8. (XV, 296 S.) Berlin 869, v. Decker'sche Geh. Ober-Hofbuchdr. * ℳ 2,25.; geb. *

Bornemann's, Wilh. plattdeutsche Gedichte. Aus d. hinterlassenen Handschriften des verstorbenen Dichters, unter Wiederaufnahme älterer Dichtgn. desselben, gesammelt u. hrsg. v. Carl Bornemann. 8. Aufl. Mit dem Bildnisse d. Verf. u. 18 Federzeichngn. v. Thdr. Hosemann. 8 Lfgn. 8. (XXIII, 344 S.) Berlin 891. R. v. Decker. à n. — 50 (kplt. geb.: n.n. 5.25)

— zwei plattdeutsche Gedichte. 1) der 1e Ostertag in Berlin 1814. 2) Erzählungen d. Dorfschulzen zu B... von seiner Weihnachtsfahrt, um die Ausstellung des Turnplatzes zu sehen. 8. Berl., Mittler. 2 𝔤𝔤

Bornemann, W. Dr. theol. Gott mit uns. Predigten. Gr. 8°. IV. 162 S. Basel, Friedr. Reinhardt. 2.50
1900

Bornemann, W[ilhelm]. Gott mit uns! Predigten. IV + 162 S. 8. Basel, Friedrich Reinhardt, 1901. [fr. 2.50]

— s. Hymens Jubelklänge.

Bornemann's, Wilh., Jagdgedichte. Aus den hinterlassenen Handschriften d. verstorbenen Dichters gesammelt u. hersg. von C. Bornemann. Neue Ausg. Mit dem Bildniß d. Verf. in Holzschn. Berlin 869. v. Decker. 8. (XII, 268 S.) 22½ 𝔫𝔤; geb. n. 1 ℛ

— humoristische Jagdgedichte. Aus den hinterlassenen Handschriften des verstorbenen Dichters gesammelt und hrsg. von Carl Bornemann. 16. (XIV und 314 S.) Berlin 855, Deckersche geheime Ober-Hofbuchdr.

Bornemann, Wilhelm (Mitarb.) s. Jesus.

— Jesus als Problem. Vortrag, zugleich e. Kritik der „Christusmythe" des Herrn Professor Dr. Arthur Drews. (34 S.) 8. Frankfurt a/M. 909. M. Diesterweg. — 40

HYMEN'S Jubelklänge. Original-Dichtungen zur Feier silberner und goldener Hochzeitsfeste. Von W. Bornemann .... u. Andern. Erster (einz.) Band. Berlin 1841. 8°.
Goedeke VII, 564, 12.

Bornemann, Guil. (Henr. Paul.) (geb. Greifswald 14. 9. 1831): De jure feminae intercedentis observationes quaedam. Berolini (1853). (46 S.) 8°
Berlin, Jur. Diss. v. 19. Juli 1853

Der Konfirmandenunterricht und der Religionsunterricht in der Schule in ihrem gegenseitigen Verhältnis. Von Prof. D. W[ilhelm] Bornemann. Giessen: A. Töpelmann 1907. (83 S.) 8° [F.]
— Vorträge d. theol. Konferenz zu Giessen. Folge 20. [07. 1948]

— s.: Kundgebung der Protestanten Frankfurts gegen die Borromäus-Enzyklika am 18. VI. 1910.

Bornemann, Wilh., die Zeltersche Liedertafel in Berlin, ihre Entstehung, Stiftung u. Fortgang, nebst einer Auswahl von Liedertafel-Gesängen u. Liedern. 12. (XXXII u. 183 S.) Berlin 851, Decker. ⅔ ℛ

[F.] Melanchthon als Schulmann. Rede ... 1897 in d. Aula d. Pädagogiums z. Kloster U. L. Fr. zu Magdeburg geh. v. Prof. D. W[ilh.] Bornemann ... in Magdeburg. *Magdeburg: Creutz 1897.* (26 S.) 1 Bd 8. [97. 1005]

Bornemann, Wilh., innere Mission. Eine Pfarrerstragödie. gr. 8. (227 S.) Dresden 901. C. Reißner. n. 3.—; geb. n. 4.—

— Die katholischen Missionen u. die Politik. Vortrag. (24 S.) 8. Halle 907. Gr. Salze, E. Strien. — 30

Bornemann, Wilhelm, appr. Arzt a. Eisenach: Über Polyarthritis rheumatica acuta und Polymyositis rheumatica. Berlin 1907: G. Schade. (29 S.) 8°
Greifswald, Med. Fak., Ref. Strübing, Diss. v. 14. Febr. 1907
[Geb. 27. Nov. 80 Eisenach; Wohnort: Eisenach; Staatsangeh.: Sachsen-Weimar; Vorbildung: Karl-Friedrichs-Gymn. Eisenach Reife O. 00; Studium: Freiburg i. B. 3. Jena 3. Berlin K. W. A. 1. Univ. Greifswald 4 S.; Coll. 24. Jan. 06; Approb. 12. Febr. 07.]

— römischer Priester u. evangelischer Pfarrer. Eine Skizze. (25 S.) gr. 8. Köln 904. K. Fulde. n. — 50

— Die Propaganda der Religion, s.: Darf die Religion Privatsache bleiben?

— der Protestantismus u. die Frauen. Ein Vortrag. gr. 8. (37 S.) Magdeburg 900. Creutz. n. — 60

— die Rechtsentwickelung in Deutschland und deren Zukunft mit besond. Hinsicht auf Preußen. gr. 8. (III und 83 S.) Berlin 856, G. Reimer.

— Schiedliches u. Friedliches im Kampfe um die hl. Schrift. (41 S.) 8. Halle (907). Gr. Salze, E. Strien. — 50

Sind die Jesuitengegner 'Lügner' und 'Verleumder'? Frankfurter Beiträge z. Jesuitenfrage im Deutschen Reiche. Hrsg. von Prof. D. W[ilhelm] Bornemann, Pfarrer. Leipzig: Braun 1903. IV, 80 S. 8° [03. 3511 4]

Bornemann, W[ilhelm]. Vier Tabellen zur Geschichte der Basler Mission. Aus: Bornemann, Einführung in die evangel. Missionskunde.... II + 16 S. 8. Basel, Missionsbuchhandlung, 1902. fr. —.35
Basler Missionsstudien. Heft 11.

— histor. u. prakt. Theologie. Oeffentl. Antrittsvorlesg. i. d. Aula d. Universität Basel, am 24. Juni 1898 geh. gr. 8. (31 S.) Basel 898. R. Reich. n. — 80

— Unser Verständnis der Bibel, s.: Ideale, die religiösen, der modernen Theologie.

[F.] Christliche Vollkommenheit nach kathol. u. evangel. Auffassg. Vortr. v. Prof. D. W[ilh.] Bornemann ... in Magdeburg. *Magdeburg: Creutz: 1897.* (31 S.) 1 Bd 8. [97. 2226]

Bornemann, Willy, appr. Arzt u. Sekundärarzt an d. Hautkrankenstation d. städt. Krankenh. zu Frankfurt a. M.: Aus d. Hautkrankenstation d. städt. Krankenh. in Frankfurt a. M. ⟨Oberarzt Dr. K. Herxheimer.⟩ Über Besonderheiten beim Lupus erythematosus. Berlin: S. Karger 1905. (34 S.) 8° ¶(Aus: Dermatolog. Zeitschr., Bd XII.)
Leipzig, Med. Fak., Ref. Hoffmann, Diss. v. 9. Dez. 1904
[Geb. 21. Febr. 77 Kreuznach; Wohnort: Frankfurt a. M.; Staatsangeh.: Preußen; Vorbildung: Gymn. Frankfurt a. M. Reife O. 95; Studium: Heidelberg 4, Berlin 2, Heidelberg 5 S.; Coll. 14. Jan. 05; Approb. 24. März 01.]

Bornemann. Die Dannewerke 1: 8000. 1864.

Borneo-Kautschuk-Compagnie. Berlin 1905. 32 S. 4°(2°) [illegible] 3

Borner, F. S., geheime Verkettung d. Sprachenbildung aus Gothis Weisenstein mit Judenthum u. Römergewalt. Mit d. mag. Wörterquellen. 8. (VIII, 162 S.) Berlin 893. E. Rentzel. n. 2. —

Börner, D. Kasp. Profess. der Theol. zu Leipzig gest. 1547. Ein Beytrag zu den Jubilar-Geschenken im J. 1817. Leipz. 1817. V: *Diemer, Heinrich August Christian Ludwig.* (Ky) (MGT)

Börner, Ksp.; Prof. der Theol. zu Leipzig, gestorben 1547. (Von H. A. C. L. Diemer.) gr. 8. Leipz. 817. Kollmann. 6 gr.

Börner: Sächs. Actiengesellsch. . . ., Börner, Richard

Börner, Bedeutung d. B. G. B. f. die sächsische Gemeindeverwaltung. Vortrag. Leipzig 899.

Boerner — Catalogus bibl. Boernerianae. Lips. 754. 8.

Börner u. Henneberg. Offiz. Führer durch die Allg. deutsche Ausstellung auf dem Gebiete d. Hyg. u. d. Rettungswesens. Berlin 1882/83.

Börner, üb. häusliche Gesundheitspflege. 12. (67 S.) Leer 888. Leenderts. n. — 50

Börner: Method. Leitfaden . . ., s. Börner, Heinrich

Börner: Medicinalwesen . . ., s. Börner, Paul

Börner. Rede, gehalten am Grabe der in den Märztagen Gefallenen bei dem Erinnerungsfest. (Extrablatt zum Demokraten.) Druck von Fähndrich. 2 Bl. 8.
Flugblatt. Berlin, 4. Juni 1848.

Börner, Turnfahrten (Turnspiele) und Schülerreisen am Realgymnasium zu Elberfeld, 2. Aufl., Elberfeld 1885, 31 S., Kl.-8°.

Börner: Tägl. Übgn z. Einprägg d. Fälle u. d. Geschlechts d. Hauptwörter. (Schülerheft.) (8) kl8° Langens., Schulbh. '12. — 10 d

— dass. Lehrerheft. (16) kl8° Ebd. '12. — 20 d

Boerner, Adolfus [Hamburgensis]: De rebus a Graecis inde ab anno 410 usque ad annum 403 a. Chr. n. gestis quaestiones historicae ... Gottingae, Dieterich, 1894; 82 S., 1 Bl. 8.
Göttingen, Phil. Fak., Inaug.-Diss. v. [30. Mai] 1894

Börner, Albert, prakt. Arzt in Krippen a. Elbe b. Schandau: Ein Fall von Actinomycosis cutis geheilt durch Jodipin. Leipzig 1904: B. Georgi. (27 S.) 8°
Leipzig, Med. Fak., Ref. Hoffmann, Diss. v. 22. Dez. 1904
[Geb. 24. Juli 75 Neusitz, Prov. Sachsen; Wohnort: Krippen a. d. Elbe; Staatsangeh.: Preußen; Vorbildung: Gymn. Sangerhausen Reife O. 95; Studium: Leipzig 6, Heidelberg 1, München 1, Leipzig 2 S.; Coll. 24. Dez. 04; Approb. 24. Dez. 00.]

Boerner, Aug.: Kölner Tabakhandel u. Tabakgewerbe 1628—1910, s: Veröffentlichungen d. Archive f. rhein.-westfäl. Wirtschaftsgesch.

Börner, Bernhard [aus Liebenburg]: Ueber die Bestandtheile der Blüten von Arnica montana ... Hildesheim, Druck v. M. v. Witzleben, 1892; 1 Bl., 16 S. 8.
Erlangen, Phil. Fak., Inaug.-Diss. v. 24. Juni 1891

Börner, O: Karte d. Kriegerdenkmäler auf d. Schlachtfeldern um Metz. 1:50,000. 2. Afl. 49×67 cm. Farbdr. Mit Text an d. Seiten. Metz 99, P Müller. 1 —

— Stat. Tab., Belastgsangaben u. Formen z. Aufstellg v. Berechngn f. Baukonstruktionen. Zugl. als e. Ergänzg u. Erweiterg d. im Ingenieur-Taschenb. „Hütte" enth. stat. Tab. (170 m. Fig.) 8° Berl., W Ernst & S. '04. Kart. 3.50

Börner, Carl, aus Bremen: Ein Beitrag zur Kenntnis der Pedipalpen. *Marburg i. H. 1904.* (24 S.) 4° ¶(Erscheint vollst. als: Bibliotheca Zool., H. 42.)
Marburg, Phil. Diss. v. [25. Apr.] 1904

Beiträge zur Morphologie der Arthropoden. Von Carl **Börner** ⟨Berlin⟩. ⟨Aus d. zool. Inst. d. Univ. Marburg.⟩ 1. Stuttgart: E. Nägele. 1904. 4°
— **Zoologica.** Bd 17, Lfg 5. [illegible]

— die Blutlausplage u. ihre Bekämpfung, s.a. Flugblätter des kaiserl. Gesundheitsamtes. Nr. 83.

Die Blutlausplage und ihre Bekämpfung. Von Dr. Carl **Börner.** (Berlin: P. Parey) 1905. (4 S.) 8° [Kopft. F.]
— Kais. Biolog. Anstalt f. Land- u. Forstwirtschaft. **Flugblatt.** No 33. [illegible] 8

— Carpocapsa pomonella L., s.: Flugblätter d. kais. biolog. Anst. f. Land- u. Forstw.

Börner, Carl, Collembolen aus Ostafrika, Madagaskar u. Südamerika, s.: Reise in Ostafrika. II, 2.

Börner, Carl: Eine Flora f. d. deut. Volk. (Einbd: Volksflora.) Mit Unterstützg v. L Lange u. P Dobe bearb. (8, 864 m. Abb. u. 12 [6 farb.] Taf.) 8° Lpzg, R Voigtländer '12. L 6.80 d

Boerner, Carl, appr. Tierarzt: Aus d. vet.-pathol. Inst. zu Giessen. Massstab zur Prüfung der Leistungsfähigkeit von Desinfectionsapparaten. Mit 5 Textfig. Jena: Fischer 1909. 26 S. 8° ¶(Aus: Centralblatt f. Bakteriol., Parasitenkunde u. Infektionskrankh. Abt. 1. Bd 53.)
Gießen, Veterinär-Med. Diss. v. 21. Dez. 1909, Ref. Olt
[Geb. 16. Aug. 83 Greußen; Wohnort: Halle a. S.; Staatsangeh.: Schwarzburg-Sondershausen; Vorbildung: Gymn. Sangerhausen Reife O. 05; Studium: Gießen 7 S.; Rig. 12. Febr. 09.] [U 10. 1182

— Der Obstwickler, s.: Flugblätter der kaiserl. biologischen Anstalt f. Land- u. Forstwirtschaft. Nr. 40.

Eine monographische Studie über die Chermiden. Von Dr. Carl **Börner.** Mit 101 Textabb. u. 3 Doppeltaf. Berlin: P. Parey 1908. (V S., S. 81–320.) 4°(8°)
— **Arbeiten** aus d. Kais. Biolog. Anstalt f. Land- u. Forstwirtschaft. Bd 6, H. 2. [illegible] 3

Börner, Carl, das System der Collembolen, nebst Beschreibg. neuer Collembolen d. Hamburger naturhistor. Museums. (S. 147—188 m. 4 Fig.) Lex. 8. Hamburg 906. (L. Gräfe & Sillem.) 1. —
Sonderabdruck aus „Mittlgn. a. d. naturhist. Museum".

Boerner, Carl Ehregott (Drebach/Misn.), De probatione pro exoneranda conscientia. Diss. jur. Rector Tobias Jac. Reinharth. Erfurt (J. Ch. Hering) 31. X. 1731. 24 S. (4.80)

Boerner, C. F., de sanctis demortuis a Christo resurgente resuscitatis. Matth. 27, 62. Lips. 1721. 4.

Börner, C. F., de hostibus rel. christ. internis atque domesticis. Lips. 1731. 4.

Börner, C. F., de Joanne πρωτομάρτυρι. Lips. 1729. 4.

Börner, C. F., de paschatis christ. originibus et ecclesiarum, quoad diem paschalem, ante synodum Nicaenam, dissensu. Lips. 1740. 4.

Börner, C. F., de sacri Christianorum pentecostalis originibus. Lips. 1741. 4.

Börner, C. F., de sacri paschalis praestantia et dignitate. Lips. 1718. 4.

Börner, C. F., de typis et praedictionibus resurrectionis Christi. Lips. 1744. 4.

Boerner, Christian Friedrich: (Christianus Fridericus Boernerus.) De arte gymnastica nova.
Helmstedt, Phil. F., Diss. 1748

Börner, Chr. Fr. II., († d. 7. Febr. 1800.) der in den üblen Folgen der Selbstbefleckung sicher rathende Arzt. 8. 769. Dann u d. T.: Prakt. Werk von d. Onanie. 8. Leipz. .. 2e verb. Aufl. 2 Thle. 8. Ebd. 776. 3e A. 781. 8. Ebd. (Gleditsch). 10 gr

Börner, Chr. Fr. I., († d. 19. Nov. 1753.) auserles. Bedenken d. theol. Fakultät zu Leipzig. 3 Thle. 8. Leipz. 751. Breitkopf u. H. 2 rß

— — De fide Jacobi in utero ex Hoseae cap. XII. comm. IV disseret. Lpz., 19./20. IX. 1708 (1734). 28 S. (4.—)

Boerner, Chr. Frdr. Oratio panegyrica de Friderico Augusto, Poloniae rege. fol. Lipsiae 1733.

— de doctis hominibus graecis, literarum graecarum in Italia instauratoribus. 8 maj. Leipz. 750. 12 gr

— Institutiones theologiae symbolicae. 8. Lips. Fritsch. 751.

— institutiones theologiae symbolicae. 4. Leipz. 751. (Hahn). 22 gr

Boerner, Chr. Frdr. Programma de Joanne Friderico, electore Saxoniae. 4. Lipsiae 1747.

— isagoge brevis ad scripturam sacram. 8. Leipz. 763. 4 gr

— Christian Friedrich, Ad lectiones graecas et latinas elegant. litter. invitat. Lpz. (Chph. Fleischer) 1708. 6 Bl. (2.—)

— — (Leipzig) u. (Resp.) Johann Heinrich Pfutsch (Quedlinburg), De nisu et renisu ut causa vitae sanae, pars prior philos. Lpz. (Langenheim) 6. VII. 1757. 44 S. (5.—)

Boerner, Chr. Fr., Von der Onanie. Zween Theilen. 364 S. Lpz. 8°. 1780

— dissertationes sacrae quibus illustria oracula divina explicantur. 4. Leipz. 751. 14 gr

— — Promotionem doctoralem quinque theologiae licentiatorum. Lpz. (Langenheim) 9. II. 1741. 24 S. (2.—)
Fr. Werner (Flemingen), G. Gaudlitz (Leisnig), Chn. Weise (Lpz.), Rom. Teller (Lpz.), Joh. Chn. Stemler (Neustadt/O.).

— — De Pauli et Barnabae in Lycaonia rebus gestis ex actuum apostol. capite XIV dissertatio. Lpz. (Fleischer jun.) 8. XI. 1708. 28 S. (4.80)

Boerner, C. F., de Pauli ac Barnabae in Lycaonia rebus gestis. Lips. 1708; rec. 1714. 4; rep. in Ikenii thes. diss 2. p. 625 ss.

— — Ad promotionis theologiae licentiati doctoralis solemnia. Lpz. (Langenheim) 14. V. 1752. 16 S. (2.—)
Benj. Gottlieb Clemens (Herzberg).

Börner, Christian Friedrich: Praktisches Werk von der Onanie. 3.durchgehends verbess., mit Zusätzen und neuen Erfahrungen vermehrte Aufl. Th.1 - 2, 366 S., gbd.

Leipzig: Heinsius 1780

Börner, Em. Karl H.

— Anleit. zur Land- u. Stadtwirthschaft n. ihr. Grundsätzen. 8. Halle 769. Renger. 4 gr

— Erörterung der Fr.: Warum ein Land u. ein Jahr bald mehr, bald weniger fruchtbar sei? 8. Bresl. 790.

— über die Kälte. 8. Bresl. 789. W. G. Korn. 3 gr

Börner, Em. Karl H., († d. 13. April 1807.) sämmtl. Kameralwissenschaften nach ihren ersten Grundsätzen. gr. 8. Halle 773. Gebauer. 21 gr

— die Land- u. Stadtwirthschaft nach ihren ersten Grundsätzen. 2 Thle. gr. 8. Halle 772, 73. Gebauer. 1 rß 18 gr

— üb. d. Patriotism. 8. Breslau, W. G. Korn. 786.

— Samml. aus d. Naturgeschichte, Oekonomie, Polizei-, Kameral- u. Finanzwissenschaft. 1r Thl. 8. Dresd. 774. Hilscher. 1 rß 16 gr

— specim. politicum de origine civitatum et de juribus et obligation. 8. Bresl. 786. W. G. Korn. 6 gr

— Spec. pol. de origine civitatum etc. 8. Bresl. W. G. Korn. 787.

— literar. u. polit. Testament. 8. Bresl. 800. (W. G. Korn). 12 gr

Börner, E. K. H. (Gottl.), alphabet. Verzeichniss grösstentheils nordamerikan. u. anderer ausländ. theils einheim. Bäume, Sträucher u. Pflanzen etc. 8. Dresden, 1786. Gerlach. (Craz u. Gerlach in Fr.) — 10

— zweites alphabet. Verzeichniss v. in- u. ausländ. perennirenden Stauden, Zwiebel- u. Knollengewächsen. Ebend. 1787. — 10

Bömer, Emil

— Uber F. Neumann's Anwendung der Potentialtheorie auf die stationäre Wärmeströmung. 7. Mähr. Ostrau R. 04. Progr.

Börner, Emil: Die Erzeugung tiefster Temperaturen. 20. Zwittau R. 03. Progr.

Boerner, Emil [aus Hattersheim bei Frankfurt a. M. Assistenzarzt a. d. med. Klinik zu Marburg]: Anatomische Untersuchung eines Kindes mit Phocomelie. (Aus dem patholog. Institut zu Marburg.) ... Marburg, Univ.-Buchdr. (R. Friedrich), 1887; 2 Bl. + 28 S. u. 2 Taf. 8°.
Marburg, Med. Fak., Inaug.-Diss. v. [9. Jun.] 1887.

Börner, Emil Richard, die Entwickelung des Sächsischen Volksschulwesens im 18. Jahrhundert. Ein Beitrag zur Geschichte des Erziehungs- und Unterrichtswesens. Diss. Leipzig 1888, Gustav Fock. 8°. 46 S.

Börner, Emil Richard [aus Thum]: Die Entwickelung des Sächsischen Volksschulwesens im 18. Jahrhundert. Ein Beitrag zur Geschichte des Erziehungs- und Unterrichtswesens .... Schönefeld, Druck v. Carl Müller (1888); 46 S. + 1 Bl. 8°
Leipzig, Phil. Fak., Inaug.-Diss. v. 15. Mai 1888

Boerner, Erich *Hermann Richard* [aus Berlin]: Das Puerperalfieber in der geburtshülflichen Klinik des Kgl. Charité-Krankenhauses zu Berlin 1885—1894 ... Berlin, Buchdr. v. G. Schade, *1897;* 37 S., 1 Bl. 8.
Berlin, Med. Fak., Inaug.-Diss. v. 11. Mai 1897

Börner, Ernst, zur Ätiologie u. Therapie der Wehenschwäche älterer Primiparen, s.: Sammlg. klinischer Vorträge.

Börner, Ernst, über die orthopädische Behandlung der Flexionen u. Versionen des Uterus. gr. 8. (78 S.) Stuttgart 880. Enke. n. 2. —

Börner, Ernst, über nervöse Hautschwellungen als Begleiterscheinungen der Menstruation und der Klimax, s. Sammlung klinischer Vorträge.

Börner, Ernst, e. gynaecologische Reise durch Deutschland, England u. Frankreich. gr. 8. (IV, 167 S.) Graz 876. Leuschner & Lubensky. n. 4. —

Börner, E., über den puerperalen Uterus. Eine klin. Studie. gr. 8. (63 S. mit 20 lithogr. Curven-Taf.) Graz 875, Leuschner und Lubensky. *

— über das subseröse Uterus-Fibroid, s.: Sammlung klinischer Vorträge.

Börner, Ernst, die Wechseljahre der Frau. gr. 8. (IV, 166 S.) Stuttgart 886. Enke. n. 4. 80

Börner, F.

— Bedenken d. Cur d. Hornviehseuche betr. 8. Leipzig. Jacobäer. 761.

Börner, F., Gutachten, die Abwendung und Kur der in unseren Gegenden abermals grassierenden Hornviehseuche betreffend. 8. Altona 761. Aue. M. —.10

Börner F.: Unvorgreifliches u. in der Medicin gegründetes Gutachten die Abwendung u. Cur d. in unsern Gegenden abermals grassirenden Horn-Vieh-Seuche betreffend ... Leipz. 1761. 46 S. P.

Börner, F.: Praktisches W e r k von der Onanie, s. B ö r n e r , Christian Friedrich

Boerner, F. C., s.a. B o e r n e r , Christian Friedrich.

Boerner, F. C., s.a. B o e r n e r , Friedrich.

Börner, F. C., Academiae Lipsiens pietas in sacro-sanct. Reformat. etc. 8. Lips, Gleditsch. 717.

Boerner, Fr., s.a. B o e r n e r , Friedrich.

Börner, Fr. (Hrsg.), s. E r g ö t z u n g e n bei müssigen Stunden, eine Wochenschrift.

— s.a. Frau, die gebährende ꝛc.

— d. gebährende Frau f. ihr. Leibesfr. in Lebensgröße abgeb. 4. Wolfb. 753.

— relationes de libris physico-medicis rarior. fasc. I. et II. 8. Witb. 756.

Boerner, Franz

Boerner, Frz., s.: Bauingenieur-Zeitung.

Die Mineral-Düngung. Allen Landwirten gewidmet von Franz Börner, Harxheim-Zell. *Berlin: A. Börner Nachf. [1899].* (211 S.) 8° [ℨ.] [ℯ.ₒ. 1979

Boerner, Frz., statische Tabellen, Belastungsangaben u. Formeln zur Aufstellung v. Berechnungen f. Baukonstruktionen. Zugleich als e. Ergänzg. u. Erweiterg. der im Ingenieur-Taschenbuch „Hütte" enth. stat. Tabellen. Gesammelt u. berechnet. (VI, 179 S. m. Fig.) 8. Berlin 904. W. Ernst & Sohn. Kart. n. 3. 50

Statische Tabellen, Belastungsproben und Formeln z. Aufstellung von Berechnungen f. Baukonstruktionen. Gesammelt u. berechnet von Franz **Boerner**, Civil-Ing. 2. neubearb. u. erw. Aufl. Berlin: W. Ernst & Sohn 1907. (196 S.) 8° [08. 11674

Boerner, Frz: Stat. Tabellen, Belastgsangaben u. Formeln z. Aufstellg v. Berechngn f. Baukonstruktionen nebst Anh., enth. Vorschriften u. Formeln z. Berechng v. Massivkonstruktionen. 3. u. 4. Afl. (6, 261 bezw. 8, 259) 8° Berl., W Ernst & S. '10'12. L 4.20

Vorschriften und Formeln für die Berechnung von Massivkonstruktionen (Beton, Eisenbeton- u. Steineisenkonstruktionen). Zsgest. u. berechnet von Franz **Boerner**, Ing. Berlin: Ernst 1910. 30 S. 8° [10. 14719

Boerner, Friedrich: A b h a n d l u n g von dem Sonderbaren der siebenten Zal .... Wolfenbüttel (1784): Bartsch. 36 S. 8°. [Glückwunsch-Schreiben an Johann Christoph Meissner zur Geburt des 7.Sohnes am 1.Dez.1748.]

Frid. B o e r n e r (resp. Paul. Fabri) antiquitates medicinae Aegyptiacae. Cum figg. aeneis. Viteb. 1756. f. min. *Additur epistola B. ad F. data:* de Hungarorum atque Hungaricae gentis ad ornandam Academiam nostram studio.

Frid. B o e r n e r bibliothecae libror. rarior. physico-medicae spec. I. et II. Helmestad. 1731—1752. 4. *Redit in* E j u s d. Noct. guelph. — E j u s d. Relationes de libris physico-medicis, partim antiquis, partim raris. Fasc. I. Viteb. 1756. 8.

— bibliothecae libror. physico-medicorum rariorum specim. I et II. 4. Wolfenb. 731 et 753. 4 gr

Boerner, Friedrich: C o m m e n t a t i o de adoranda Dei maiestate in mirabili narium structura. Collegio medico Brunsvicensi ipso primi solennis consessua die oblata. Brunsvigae 1747: Meyer. 16 S. 4°.

Frid. B ö r n e r de Cosma et Damiano, artis medicae diis olim et adhuc hodie hinc illinc tutelaribus. Cum tabb. Helmst. 1751. 4. — *Redit in* Ejusd. Noctes Guelph. Rostoch. 1755. 8. p. 60. sq. (Cfr. Act. Sanctor. Bolland. Septemb. 27.)

— de Cosma et Damiano, artis medicae diis etc. 4. Helmst. (Wolfenb.) 752. 3 gr

Boerner, Friedrich: I n s t i t u t i o n e s medicinae legalis. Vitembergae 1755: Ahlfeld. 294 S. 8°

— institutiones medicinae legalis. 8. Wittenb. 756. Ahlfeld. 7 gr

* B o e r n e r , Friedrich, De gymnasticae: medicae veteris inventoribus, diss. Leipzig 1748, 24 S., 4°.

Frid. B o e r n e r de Aemilio Macro ejusque rariore hodie opusculo de virtutibus herbarum diatribe. Lips. 1754. 4. — *Redit in* Boern. noct. Guelph. 1755. pag. 110—134. (Multa continet minus vera et accurata; codd. mss. sunt illi, quos Ebert codd. Guelph. sub n. 544, 546, 548 enumerat, cfr. Edit. Macri Lips. 1832. 8. pag. 21 sq.)

Frid. B o e r n e r memoriae professorum medicinae in acad. Wittembergensi inde a primis illius initiis renovatae specimen I. Lips. 1755. 4. specim. II. ib. 1756. 4. (Desunt in B. Noct. guelph.)

Börner, Fr. (Verf.), s.a. N a c h r i c h t e n von jetzt lebenden Aerzten und Naturforschern in und um Teutschland.

Börner, Fr., († d. 30. Juni 1761.) Nachrr. v. jeztlebend. Aerzten u. Naturforschern in u. außer Deutschland; herausg. u. mit d. Lebensbeschr. des sel. Börner versehen v. E. G. Baldinger. 3 Bde. 8. Wolfenb. 749—73. Albrecht. 2 thl 12 gr

Börner, Friedrich: Nachrichten von den vornehmsten Lebensumständen und Schriften jetzt lebender berühmter Aerzte und Naturforscher in und um Deutschland. 1.—5. Zehend. Wolfenbüttel 1748—49. 927 S.

F. B ö r n e r Nachrichten von den vornehmsten Lebensumständen und Schriften jetztlebender berühmter Aerzte und Naturforscher in und um Deutschland. 3 Bde. Wolfenbüttel 1749—64. 8. (Vitae 123 copiose enarratae et adhuc utiles; primo singulis fasciculis prodibat liber et Ern. Godofr. Baldinger ultimum tertii voluminis fasciculum post auctoris mortem edidit.)

Frid. B o e r n e r noctes Guelphicae sive opuscula argumenti medico-literarii antehac separatim edita, nunc collecta, revisa, aucta; accedunt primitiae Wittembergenses. Rostoch. et Wismar. 1755. 8.

— noctes Guelphicae 8 Rost. et Leipz. (Schwerin) 755. Bödner. 6 gr

Börner, Friedrich: O b dem Frauenzimmer erlaubt sey, die Arzneykunst auszuüben? Leipzig (1750:) Breitkopf. 16 S. 8°. [Glückwunschschrift für Urban Friedrich Benedict Brückmann, zur Doktor-Promotion, Helmstedt, 1750.]

Frid. B o e r n e r de vera medicinae origine potioribusque ejus ad Hippocratis usque tempora incrementis diatribe. Viteberg. 1754. 4. — *Redit in* Boern. noct. Guelph. 1755. pag. 244—267. (Cfr. Jo. Palmerius d e G r e n t e s m e n i l *an medicina tempore mythico in usu fuerit* in d'Orville obss. miscell. XIII. 336.)

Frid. B o e r n e r (resp. Sam. A. Wagner) de statu medicinae apud veteres Ebraeos. Viteb. 1755. 4.

Boerner, Friedrich: De T a b e sicca lethali a mirabili duodeni angustia et praeternaturali plane ventriculi situ .... Lipsiae 1752: Langenheim. XXIV S. 8°

— de tabe sicca lethali. 4. Wolfenb. 753. 2 gr

Frid. B o e r n e r de vita et meritis Martini Pollichii Mellerstadii, primi in academia Wittembergensi Rectoris magnifici et Professoris medicinae commentatio. Wolfenbutteli 1751. 4. — *Redit in* Ejusd. noct. Guelph. 1755. pag. 81 — 109. (M. Pollichius mortuus est die 27. Decemb. 1513.)

Boerner, Fritz, approb. Arzt aus Niesky i. d. Oberlausitz: Über Kuhhornverletzungen des Auges. *Halle a. S. 1902: Wischan & Wettengel.* (42 S.) 8°
Halle, Med. Diss. v. 31. Dez. 1902

Börner, G. Plan der Residenz-Stadt **Karlsruhe.** 1817. 1 Bl. Nachbildung in Lichtdruck.

Boerner, G. G., Dissertatio de statuis Achilleis. Lipsiae 759. 4.

Boerner, Ge. Theophil

— — De feudis antiquis jure novorum et novis jure antiquorum. Diss. jur. Lpz. (Breitkopf) 30. V. 1754. 24 S. (4.80)
Gew.: Heinr. Grf. v. Brühl.

— **Ge. Theophil u. Zacharias Richter,** De saturnalibus. Lpz. (Breitkopf) 24. XI. 1751. 30 S., mit 2 Abb. (4.80)
Gew.: Christian Friedrich Boerner (Vater).

Börner, Georg Gottlieb

Börner, Geo. Gli., († d. 5. Mai 1804.) Erläuterung d. röm.-deutsch. Staatsrechts nach Maskov's Grundsätzen. 2 Thle. gr. 8. Regensb. 761 — 64. Montag u. W. 2 ℛß

— — De modis sanciendi foedera pacis imp. R. G. commentatio. Frankfurt 1759. 54 S. (5.—)

— super privilegiis pictorum. 4. Leipz. 751. Hilscher. 4 gl.

BÖRNER, Gottlob
Verzeichnis grösstentheils Nordamerikanischer und anderer ausländischer, theils einheimischer Bäume, Sträucher und Pflanzen, welche sämtlich hier im freyen Lande fortkommen, und zu Plantagen, Alleen, immergrünenden Wintergärten, Lustwäldern, oder sogenannten Englischen Gärten, imgleichen zu Bekleidung der Berceaux, [Bogengänge] Cabinettern, Treillagen, und andern dergleichen Anlagen gebraucht werden, um billige Preise zu haben bey Gottlob Börner ...
Nebst einem deutschen Register.
Dresden. 1786. 6, 74 S. 8°.
Staats- und Universitätsbibliothek Göttingen
Palmer.

Boerner, Gustav, a. Niemegk i. d. Mark: Die Annalen und Akten der Brüder des gemeinsamen Lebens im Lüchtenhofe zu Hildesheim. T. 1: Die Annalen. (Fürstenwalde: J. Seyfarth 1905.) (41 S.) 8° ¶(Erschien vollst. 1905 im gleichen Verlag.)
Berlin, Phil. Fak., Ref. Schäfer, Tangl, Diss. v. 21. Jan. 1905
[Geb. 23. Jan. 60 Niemegk (Prov. Brandenburg); Heimatsort: Fürstenwalde; Staatsangeh.: Preußen; Vorbildung: Gymn. Wittenberg Reife O. 82; Studium: Berlin 2, Halle 4 S.; Rig. 8. Dez. 04.]

Extemporier-Aufsätze ⟨50⟩ in ausführlichen Dispositionen aus rhetor.-hist. Stücken latein. Klassiker ⟨Cicero, Sallust, Livius⟩ f. d. oberen Klassen d. Gymn. u. Realgymn. ... Von Dr. Gustav **Boerner.** Fürstenwalde ⟨Spree⟩: J. Seyfarth 1905. (IV, 84 S.) 8° [J. u. Ant.] (05. 15303)

Börner, H, Führer f. Gast- u. Schankwirthe etc. in d. ihren Gewerbebetrieb angeh. gesetzl. Vorschriften, Verwaltungs- u. gerichtl. Entscheidgn. Für d. Umfang d. Preuss. Monarchie. 12° (45) Lpzg 93, H Paul. — 60

— Führer f. Landwirthe u. Ackerbürger in d. ihren Betrieb angeh. gesetzl. u. Verwaltungs-Vorschriften. Für d. Umfang d. Preuss. Monarchie. 12° (70) Ebd. 93. — 60

Börner, H., Gesetz üb. Familien-Anwartschaften, s.: Handbibliothek. Leipziger juristische.

— Turnstunden für niedere u. höhere Schulen in 4 Cursen zu je 80 Stunden [im engen Anschluß an den „Leitfaden für den Turnunterricht in den preuß. Volksschulen" u. dessen Erweiterung für höhere Schulen durch Wethner in seinem „Turnbuch für Schulen".] 4 Curse. 16. Ruhrort 877. 78. Andreae & Co. cart. 3. 75
1. Sexta. 9. u. 10. Lebensjahr. (79 S.) — 75
2. Quinta, Quarta. 10—12. Lebensjahr. (104 S.) — 90
3. Tertia A u. B; 12—14. Lebensjahr. (108 S.) — 90
4. Secunda, Prima; 14—19. Lebensjahr. (165 u. Anh. 16 S.) 1.20

Börner, Heinrich, Dir. Dr.: [Der Abschied des Oberlehrers Prof. Victor Kiy.] *Elberfeld 1901: J. H. Born.* (S. 33.) 4°
Elberfeld, RG, OP 1901 (521)

Börner, Heinrich Geometrischer Anschauungs- und Zeichen-Unterricht für die Quinta höherer Lehranstalten. 8 (31 S.).
Progr. Rg. ***Elberfeld*** **1887**

Börner, H., geometrischer Anschauungs- u. Zeichen-Unterricht f. die Quinta höherer Lehranstalten. gr. 8. (31 S. m. 14 Fig.) Elberfeld 887. (Hoeckner.) n. — 40

— Die Bedeutung der seitens früherer Schüler und deren Eltern für die Aula gestifteten Bilder. (Aus dem Täglichen Anzeiger vom 3. Nov. 1901.) S. 52—53. 4. **Progr.** Realgymn. *Elberfeld* 1902

Börner, H., d. Bedeutg. d. bürgerlichen Gesetzbuchs f. d. sächs. Gemeindeverwaltg. Vortrag. gr. 8. (40 S.) Leipzig 899. Roßberg. n. — 80

Börner, Heinr., der Bergmann in seinem Berufe. Bilder aus den Freiberger Gruben. Mit Magnesiumblitzlicht aufgenommen. gr. 4. (20 Blatt in Photolith.) Freiberg i/S. 892. Craz & Gerlach. In Umschlag n. 10. —; in Mappe n.n. 12. 50; geb. in Leinw. m. Goldschn. n. 14. —; einzelne Blatt à n. 1. —

Börner, Heinr., der Bergmann in seinem Berufe. Bilder aus den Freiberger Gruben. Mit Magnesiumblitzlicht aufgenommen. 2. Aufl. (20 Lichtdr.-Taf.) gr. 4. Freiberg (903). Craz & Gerlach. In Mappe n. 10. —

Börner, Heinrich, Dir. Dr.: Bericht über die Feier der Enthüllung der von früheren Schülern und Eltern jetziger Schüler für die neue Aula gestifteten Wandgemälde am 2. November 1901.] *Elberfeld 1902: J. H. Born.* (S. 46—53.) 4°
Elberfeld, RG, OP 1902 (536)

Grundriss der Physik für die drei oberen Klassen der Gymnasien v. Dr. H[einr.] **Börner,** Dir. ... in Elberfeld. M. 267 in d. Text gedr. Abb. *Berlin: Weidmann 1896.* (XII, 371 S.) 1 Bd 8.
= **Börner,** H.: Physikal. Unterrichtswerk f. höh. Lehranst. Stufe 2. Abt. III. (96. 7830)

Grundriß der Physik für die oberen Klassen der Gymnasien von Dr. H[einrich] **Boerner,** Dir., Elberfeld. Mit 279 Abb. 2. Aufl. Berlin: Weidmann 1907. (XIII, 389 S.) 8°
— **Boerner:** Physik. Unterrichtswerk f. höh. Lehranst. Stufe 2, Abt. 3. (08. 9113)

Börner, Heinrich: [Professor Friedrich Wilhelm Victor Kiy tritt in den Ruhestand.] S. 33. 4. Realgymn. ***Elberfeld*** **1901**
Progr.

— der Kohlenbergmann in seinem Berufe. 30 (Lichtdr.-)Bilder a. Kohlenbergwerken, m. Magnesiumlicht aufgenommen. Mit erläut. Text v. M. Georgi. gr. 4. (31 Bl. Text.) Ebd. 894. n. 16. —; geb. in Leinw. m. Schwarzdr. n. 18. —; m. Golddr. u. Goldschn. n. 20. —

Börner, H., Der Kohlenbergmann in seinem Berufe. 30 Bilder aus Kohlenbergwerken, mit Magnesiumlicht aufgenommen. Mit erl. Text von M. Georgi. Freiberg, 1901. 30 S. mit 30 Taf.

Börner, H., Lehrbuch zur Einführung in die Geometrie für höhere Schulen. Mit in den Text gedr Holzschn. gr. 8. (XVIII, 93 S.) Leipzig 879. Teubner. n. 1. 60

Lehrbuch der Physik für die drei oberen Klassen der Realgymnasien und Oberrealschulen, sowie z. Einführg in d. Studium d. neueren Physik v. Dr. H[einrich] **Börner,** Dir. ... in Elberfeld. M. 365 in d. Text gedr. Abb. 2. Aufl. *Berlin: Weidmann 1898.* (XIII, 488 S.) 1 Bd 8.
= **Börner,** H.: Physikal. Unterrichtswerk f. höh. Lehranst. Stufe 2. Abt. IV. (97. 7118)

Lehrbuch der Physik für die drei oberen Klassen der Realgymnasien und Oberrealschulen sowie z. Einführung in d. Studium d. neueren Physik von Dr. H[einr.] **Börner,** Dir. in Elberfeld. Mit 375 Abb. 3. Aufl. *Berlin: Weidmann 1901.* (XIV, 508 S.) 8°
— **Börner:** Physikal. Unterrichtswerk f. höh. Lehranst. Stufe 2, 4. (01. 6980)

Lehrbuch der Physik für die drei oberen Klassen der Realgymnasien und Oberrealschulen, sowie z. Einführung in d. Studium d. neueren Physik von Dr. H[einrich] **Boerner,** Dir. in Elberfeld. Mit 379 Abb. 4. Aufl. Berlin: Weidmann 1905. (XV, 510 S.) 8°
= **Boerner:** Physikalisches Unterrichtswerk. Stufe 2, 4. (05. 8:03)

Lehrbuch der Physik für die drei oberen Klassen der Realgymnasien und Oberrealschulen, sowie z. Einführung in d. Studium d. neueren Physik von Dr. H[einrich] **Boerner**, Dir. in Elberfeld. Mit 393 Abb. 5. Aufl. Berlin: Weidmann 1907. (XV, 525 S.) 8°
— **Boerner**: Physik. Unterrichtswerk f. höh. Lehranst. Stufe 2, Abt. 4. [o4. 9110

Börner, H., Lehrbuch der Physik f. höhere Lehranstalten, sowie zur Einführg. in das Studium der neueren Physik. gr. 8. (XII, 584 S.) Berlin 892. Weidmann. n. 6. —

— dass. Neue Asg. 2 Tle. 8° (Mit Abbildgn.) Ebd. 98. Geb. 7 —
1. Für d. Anfangsunterricht an Gymnasien u. Realgymnasien, zugleich Vorschule d. Experimental-Physik f. Progymnasien u. Realprogymnasien. (123) 1.60
2. Für d. drei ob. Klassen neunklass. Lehranstalte (124—584 5.40

Börner, H, Leitf. d. Experimental-Physik f. sechsklass. höh. Lehranstalten. 8° (170 m. Abbildgn.) Berl. 98, Weidmann. Geb. 2.20

Börner, H., Leitfaden d. Experimental-Physik f. Realschulen, zugleich f. Oberrealschulen: 1. Stufe des Lehrbuchs der Physik f. höhere Lehranstalten. 2. Aufl. gr. 8. (X, 170 S. m. 165 Abbildgn.) Berlin 894. Weidmann. Geb. in Leinw. n. 2. 20

Leitfaden der Experimental-Physik f. Realschulen, zugl. f. Oberrealschulen: Erste Stufe des Lehrb. d. Physik f. höh. Lehranst. v. Dr. H[einr.] **Börner**, Dir. ... in Elberfeld. M. 173 in d. Text gedr. Abb. 3. Aufl. *Berlin: Weidmann 1897.* (xII, 181 S.) 1 Bd 8.
— **Börner, H.**: Physikal. Unterrichtswerk f. höh. Lehranst. Stufe I. Abt. II. [98. 1036

Leitfaden der Experimental-Physik für Realschulen, sowie f. d. Anfangsunterr. an Oberrealschulen. Von Dr. H[einr.] **Börner**, Dir. in Elberfeld. Mit 177 Abb. 5. Aufl. *Berlin: Weidmann 1901.* (xII, 185 S.) 8°
— **Börner**: Physik. Unterrichtswerk f. höh. Lehranst. Stufe 1, [Abt.] 2. [o1 ...

Börner [Dir. Dr.]: Methodischer Leitfaden der Experimentalphysik für höhere Schulen (Mechanik, Akustik.) Elberfeld, gedr. bei S. Lucas (1889); 67 S. 8°
Elberfeld, RG, OP 1889 (451)

Boerner, Heinrich: [Professor Gustav Müller † am 7. März 1905.] S. 17—18. 4. Progr. Realgymn. *Elberfeld* 1905

Börner, Heinrich: [Rede bei der Übergabe der seitens früherer Schüler und deren Eltern für die Aula gestifteten Bilder.] S. 48 bis 52. Progr. Realgymn. *Elberfeld* 1902

Börner, Heinrich: Übersicht über die Lehraufgaben [des Realgymnasiums zu Elberfeld]. *Elberfeld 1898: S. Lucas.* (7—26 S.) 4°
Elberfeld, RG, OP 1898 (502)

Börner, H., physikalisches Unterrichtswerk f. höh. Lehranst, sow. z. Einführg. i. d. Studium d. neueren Physik i. 2 Stufen. (IV Abtlgn.) gr. 8. Berlin, Weidmann. Geb. in Lein. n. 14. 80
1\. I. Vorschule d. Experimental-Physik f. d. Anfangsunterr. an Gymnasien u. Realgymnasien, sow. a. d. entsprech. Nichtvollanst. 2. Aufl. (XII, 119 S. m. 111 Abb.) 896. n. 1. 80
II. Leitfaden d. Experimental-Physik f. Realschulen zugl. f. Oberrealschulen: 1. Stufe d. Lehrbuches d. Physik f. höh. Lehranst. 3. Aufl. (XII, 181 S. m. 173 Abb.) 897. Geb. in Leinw. n. 2. 20
2\. III. Grundr. d. Physik f. d. 3 ob. Klassen d. Gymnasien. (XII, 371 S. m. 267 Abb.) 897. n. 4. 80
IV. Lehrbuch d. Physik f. d. 3 ob. Klassen d. Realgymnasien u. Oberrealschulen. 2. Aufl. (XIII, 488 S. m. 365 Abb.) 898. n. 6. —

Börner, H., Physikalisches Unterrichtswerk f. höhere Lehranstalten, sowie zur Einführung in das Studium der neuen Physik in 2 Stufen. (4 Tle.) 1., 2. u. 4. Tl. gr. 8. Berlin, Weidmann. Geb. in Leinw. n. 10. —
I. 1. Vorschule der Experimental-Physik. Für den Anfangsunterricht an Gymnasien u. Realgymnasien, sowie an den entsprech. Nichtvollanstalten. 3. Aufl. (XII, 123 S. m. 118 Abbildgn.) 899. n. 1. 60
I. 2. Leitfaden der Experimental-Physik f. Realschulen, sowie f. den Anfangsunterricht an Oberrealschulen. Mit 177 in den Text gedr. Abbildgn. 5. Aufl. (XII, 188 S.) 901. n. 2. 20
II. 4. Lehrbuch der Physik f. die 3 oberen Klassen der Realgymnasien u. Oberrealschulen, sowie zur Einführung in das Studium der neueren Physik. Mit 375 in den Text gedr. Abbildgn. 3. Aufl. (XIV, 508 S.) 901. n. 6. —

— dasselbe. Vorschule der Chemie u. Mineralogie, zum Gebrauche bei dem Unterrichte in der Chemie u. Mineralogie an Gymnasien u. Progymnasien, sowie bei dem propädeut. Unterrichte in der Chemie u. Mineralogie an Realgymnasien u. Realprogymnasien. 2. Aufl. gr. 8. (X, 80 S. m. 88 Abbildgn.) Ebd. 901. Geb. in Leinw. n. 1. 50

Börner, H., physikalisches Unterrichtswerk f. höhere Lehranstalten sowie zur Einführung in das Studium der neueren Physik in 2 Stufen. 1. Stufe. I. u. II. u. 2. Stufe. IV. gr. 8. Berlin, Weidmann. Geb. in Leinw. n. 10. —
I. 1. Vorschule der Experimental-Physik f. den Anfangsunterricht an Gymnasien u. Realgymnasien, sowie an den entsprechenden Nichtvollanstalten. 4. Aufl. Mit 122 in den Text gedr. Abbildgn. (XII, 125 S.) 903. n. 1. 80
I. 2. Leitfaden d. Experimental-Physik f. Realschulen, sowie f. den Anfangsunterricht an Oberrealschulen. Mit 189 in den Text gedr. Abbildgn. 7. Aufl. (XII, 200 S.) 906. Geb. n. 2. 20
II. 4. Lehrbuch der Physik f. die 3 oberen Klassen der Realgymnasien u. Oberrealschulen, sowie zur Einführung in das Studium der neueren Physik. Mit 379 in den Text gedr. Abbildgn. 4. Aufl. (XV, 516 S.) 905. n. 6. —

— dasselbe. Vorschule der Chemie u. Mineralogie zum Gebrauche bei dem Unterrichte in der Chemie u. Mineralogie an Gymnasien u. Progymnasien, sowie bei dem propädeut. Unterrichte in der Chemie u. Mineralogie an Realgymnasien u. Realprogymnasien. Mit 28 in den Text gedr. Abbildgn. 3. Aufl. (X, 80 S.) gr. 8. Berlin 906. Weidmann. Geb. n. 1. 50

Boerner, H., physikalisches Unterrichtswerk f. höh. Lehranstalten sowie zur Einführung in d. Studium der neueren Physik in 2 Stufen. 1. Stufe I u. II u. 2. Stufe. III u. IV. gr. 8. Berlin, Weidmann. Geb. 15. —
1\. I. Vorschule der Experimental-Physik f. den Anfangsunterricht an Gymnasien u. Realgymnasien, sowie an den entsprechenden Nichtvollanstalten. 5. Aufl. Mit 129 in den Text gedr. Abb. (XIII, 1.0 S.) 908. Geb. 2. —
II. Leitfaden d. Experimental-Physik f. Realschulen, sowie f. den Anfangsunterricht an Oberrealschulen. Mit 189 in den Text gedr. Abb. 8. Aufl. (XII, 200 S.) 908. Geb. 2. 20
2\. III. Grundriss der Physik f. die drei oberen Klassen der Gymnasien. Mit 270 in den Text gedr. Abb. 2. Aufl. (XIII, 389 S.) 907. Geb. 4. 80
IV. Lehrbuch der Physik f. die drei oberen Klassen der Realgymnasien u. Oberrealschulen sowie z. Einführung in das Studium der neueren Physik. Mit 393 in den Text gedr. Abb. 5. Aufl. (XV, 525 S.) 907. Geb. 6. —

— dass. Vorsch. d. Chemie u. Mineral. z. Gebr. bei d. Unterr. in d. Chemie u. Mineral. an Gymn. u. Progymn., sowie bei d. propädeut. Unterr. in d. Chemie u. Mineral. an Realgymn. u. Realprogymn. 4. Afl. (11, 88 m. Abb.) gr8° Ebd. '11. geb. 1.60

Boerner, H: Physikal. Unterr.-Werk f. höh. Lehranst. sowie z. Einführg in d. Studium d. neueren Physik in 2 Stufen. 1. Stufe, 1. u. 2. u. II. Stufe 4. (Schl.-)Bd. gr8° Berl., Weidmann '12.
I, 1. Vorsch. d. Experimental-Physik f. d. Anfangsunterr. an Gymn. u. Realgymn., sowie an d. entsprech. Nichtvollanst. 6. Afl. (13, 149 m. Abb.) '12. L 2.20 ‖ 2. Leitf. d. Experimentalphysik f. Realsch., sowie f. d. Anfangsunterr. an Oberrealsch. 9. Afl. (12, 211 m. Abb.) '11. geb. 2.40 ‖ II, 4. Lehrb. d. Physik f. d. 3 ob. Kl. d. Realgymn. u. Oberrealsch. sowie z. Einführg in d. Studium d. neueren Physik. 6. Afl. (19, 509 m. Abb.) '11. geb. 6 —

Börner, H., Vorschule d. Chemie u. Mineralogie z. Gebrauche b. d. Unterr. i. d. Chemie u. Mineralogie a. Gymnasien u. Progymnasien, sow. b. d. propädeut. Unterrichte i. d. Chemie u. Mineralogie an Realgymnasien u. Realprogymnasien. gr. 8. (VIII, 73 S. m. 88 Abb.) Berlin 895. Weidmann. Geb. in Leinw. n. 1. 50

Vorschule der Chemie und Mineralogie z. Gebr. bei d. Unterr. in d. Chemie u. Mineral. an Gymn. u. Progymn. sowie bei d. propädeut. Unterr. in d. Chemie u. Mineral. an Realgymn. u. Realprogymn. von Dr. H[einr.] **Börner**, Dir. in Elberfeld. Mit 88 Abb. 2. Aufl. *Berlin: Weidmann 1901.* (x, 80 S.) 8°
(Physikal. Unterrichtswerk f. höh. Lehranst. von H. Börner.) [01. 7982

Vorschule der Experimental-Physik für den Anfangsunterricht an Gymnasien u. Realgymn. ... v. Dr. H[einr.] **Börner**, Dir. ... in Elberfeld. M. 114 in d. Text gedr. Abb. 2. Aufl. *Berlin: Weidmann 1896.* (xII, 119 S.) 1 Bd 8.
— **Börner, H.**: Physikal. Unterrichtswerk. Stufe 1, I. [96. 6080

Vorschule der Experimental-Physik für den Anfangsunterricht an Gymnasien und Realgymnasien, sowie an d. entsprechenden Nichtvollanstalten von Dr. H[einr.] Börner. Dir. in Elberfeld. Mit 118 Abb. 3. Aufl. *Berlin: Weidmann 1899.* (XII, 123 S.) 8°
— Börner: Physik. Unterrichtswerk f. höh. Lehranst. Stufe 1, [Abt.] 1.

Börner, *Heinrich Worte aus Anlass des Todes Sr. Majestät des Kaisers Friedrich.* 4 (S. 32 der Schuln.). Rg. *Elberfeld* 1889 **Progr.**

Börner, Heinr. E., der schnelle italiän. Sprachmeister, od.: Anleit. d. italiän. Sprache in d. kürz. Zeit ohne Lehrer zu erlernen. N. d. Result. der neuesten italiän. Sprachlehrer bearb. gr. 8. (4½ B.) Leipzig 834, (Mittler; Triest, Börner.)

Börner, Heinr. Ludwig Geometrische Propädeutik. 21 S. *Ruhrort* 1876. **Progr.**

Börner, Herm., Führer für Gast- u. Schankwirthe ꝛc. in den ihren Gewerbebetrieb angehenden gesetzlichen Vorschriften, Verwaltungs- u. gerichtlichen Entscheidungen. Für den Umfang der Preuß. Monarchie. 12. (46 S.) Leipzig 893. H. Paul. — 60

— Führer für Landwirthe u. Ackerbürger in den ihren Betrieb angehenden gesetzlichen u. Verwaltungs-Vorschriften. Für den Umfang der Preuß. Monarchie. In alphabet. Ordng. d. verschiedenartigsten Fälle leichtfaßlich dargestellt. 12. (70 S.) Ebd. 893. — 60

— der praktische Rathgeber für bürgerliche Kreise. Mit e. Auswahl v. Muster-Formularen zur Abfassg. v. Anträgen, Bittschriften, Vorstellgn. ꝛc. in verschiedenen persönl. Angelegenheiten. 8. (VIII, 95 S.) Breslau 893. Leipzig, H. Paul. Kart. n. 1. —

Börner, J., De Quintiliani institutionis oratoriae dispositione. Diss. 1911. 73 S. 2.—

Börner, J. C. H.: Specimen politicum de origine civitatum et de juribus et obligationibus eorum, qui civitatem constituunt. *Vratisl.* 786. 8.

Börner, J. C. H., literar. u. polit. Testam. 8. Breslau, Barth. 802.

Börner, J. J., die Kuhpocken. M. Kpf. 8. Berl. 810. Haude u. Sp. 12 gr.

Börner, J. K. s. Börner, Immanuel Karl Heinrich

Börner, J. K. G., des Kindes erstes Sprech-, Sprach- und Lese-Uebungsbuch. Leipzig (855). Merseburger. 8. (52 S.) n. 1⅙ Rthlr.

Boerner, Immanuel Karl Heinrich

— **Immanuel Carl Heinrich** (Merseburg), De opificiorum ignobilitate inani et noxia. Diss. histor.-polit. Präs. Christ. Adolph Klotz. Halle (Hundt) Sept. 1771. 26 S. (4.80)
Gew.: Carl Abraham v. Zedlitz (Kappsdorf . .).

Börner, Immanuel Karl Heinrich: „Sämmtliche Kameral-Wissenschaften nach ihren ersten Grundsätzen", Halle 1773. — Vorh.: Preußische Staatsbibliothek Berlin (Signatur Fe 4916).

Börner, Immanuel Karl Heinrich: Sammlungen aus der Naturgeschichte, Oekonomie-Polizey-Kameral- und Finanzwissenschaft. Th. 1. Dresden: Hilscher 1774. Th. 1: 1774. 8°

Börner, Johann Georg

—(Dresden), De nexu jurisjurandi, quo fidelitas et subjectio continentur. Diss. jur. Präs. Jo. Heinr. Berger. Wittenbg. (Chn. Schrödter) 4. XII. 1700. 44 S. (4.80)
Gew.: Jacob Born, Jo. Abraham Birnbaum, Jo. Ägid. Alemann.

— Utrum in alienatione bonorum pupilli vel minoris necessaria sit subhastatio? Disp. jur. Präs. Gottfr. Suevus. Wittbg. (Chn. Schroedter) 4. XII. 1704. 16 Bl. (4.80)

— **Johann Gottfried** (Burkhardsdorf/Misn.), Archimareschallus imperii aeneatorum patronus et judex. Präs. Joh. Theophil Seger. Lpz. (Buschel) 3. VI. 1775. 24 S. (4.80)
Gew.: Adolph Heinr. Grf. v. Schoenberg. Detl. Carl Grf. v. Einsiedel.

Börner, K., zur Damenschneiderei. Anleitung zur Taillen- u. Ärmelzeichng. nach abgekürzter Methode, vom Maße des kleinsten Kindes an, bis zum stärksten Körpermaße Erwachsener. Für den Selbstunterricht in leicht faßl. Weise aufgestellt, nebst wörtl. Erklärg. hrsg. Fol. (4 autogr. S. m. 2 Abbildgn.) Siegen 891. (Kogler.) n. 2. —

Börner, K. G., s. J. K. Garneji Abhandlung.

Börner, Karl Otto, allgemeine Biologie in Versuchen u. Beobachtungen m. e. methodischen Einleitung. Für Volksschulen u. Mittelschulen bearb. 1. Tl.: Botanik. (III, III, 98 S.) gr. 8. Hamburg 909. Schröder & Jeve. Geb. 1. 80

— Leitfaden der praktischen Mikroskopie f. Schulen. Ein Hilfsmittel beim biolog. Unterrichte. (VIII, 147 S. m. Abb.) gr. 8. Ebd. 909. Geb. 3. 50

Börner, Kurt, aus Görlitz: Zur Kenntnis der isomeren Formylphenylessigester. *Würzburg 1899: Becker.* (76 S.) 8°
Würzburg, Phil. Diss. v. 1899

Börner, Ludwig, a. Thurnau, Rechtsprakt. am Kgl. Landgerichte Bayreuth: Die Bundesexekution nach der Reichsverfassung. Rothenburg o. T. 1908: J. P. Peter. (54 S.) 8° [F.]
Erlangen, Jur. Fak., Ref. Rieker, Diss. v. 8. Febr. 1908
[Geb. 31. März 83 Thurnau b. Kulmbach; Wohnort: Bayreuth; Staatsangeh.: Bayern; Vorbildung: Gymn. Bayreuth Reife 02; Studium: Erlangen 7, Freiburg i. B. 1 S.; Rig. 16. Jan. 08.]

Boerner, M. (hrsg.), s. Billard-Zeitung, Internationale.

Boerner, M. (Red.), s. Korbmacher-Zeitung.

Börner, M. J. C. H.: „Sammlung aus der Naturgeschichte, Oeconomie, Cameral-, Policey- und Finanzwissenschaft", erster Theil, Leipzig 1779.

Boerner, Martin (Red.), s. Baumarkt, Der.

Boerner, Martin (Red.), s. Bürstenmacher-Zeitung.

Börner, Martin (Hrsg.), s. Cigaretten-Industrie

Börner, Martin, bacc. jur., Referendar: Die deutschen Konsuln im Auslande, ihre Amtsrechte und Pflichten. Zwickau i. Sa. 1910: Zwickauer Zeitungs-(Amtsblatt-)Dr. XIII, 81 S. 8°
Leipzig, Jur. Diss. v. 14. März 1910
[Geb. 8. Febr. 86 Zwickau i. S.; Wohnort: Leipzig; Staatsangeh.: Sachsen; Vorbildung: Gymn. Zwickau Reife O. 05; Studium: Genf 1, München 3, Leipzig 2 S.; Rig. 24. Juni 09.] [U 10. 2667

Boerner, Martin (Red.), s. Kork-Industrie-Zeitung.

Boerner, Martin [Hrsg.], s. Stadtgärtnerei, Die.

Boerner, Mart., s.: Strassenbau, der.

Börner, Nikolaus

Börner, Nic., Kinderarzt. 8. Leipz. 731.

Börner, Nikolaus: Kinderarzt, d.i.Unterricht von Kinder-Kranckheiten, wie selbige zu verhüten, zu erkennen und zu curiren. In welchem...erinnert wird, was beym Geschäfte des Kinder-Zeugens zu beobachten, und wie eine Schwangere sich zu verhalten habe... Ingleichen wie lange ein Kind im Mutter-Leibe verweilen, und was bey dessen Gebuhrt beobachtet werden müsse... Was von dem Amte und der Pflicht einer Heb-Amme oder Wehe-Mutter zu gedencken nöthig... Nebst vorgesetzten Lebens-Umständen des Verfassers. 751 S., gbd.

Franckfurth u.Leipzig: Blochberger 1752

JB 4.057

— medicus sui ipsius od. sein selbst Arzt. 2 Thle. 8. Ebend. 747.

— Physica od. Abhandl. natürl. Wissensch. 8. Ebend. 743.

Börner, O: Erziehg u. Unterr. d. deut. Kaufmanns. Führer durch d. Zusammenhänge kaufmänn. Bildg. (8, 150) gr8° Dresd.-Blasew., Bleyl & K. '12. 3 —; L n 3.60

Boerner, Omar, Anleitung zur Baumwoll=Garndruckerei. Durch zahlreiche Orig.=Muster erläutert. 8. (87 S.) Leipzig 878. G. Weigel. 5.—

Boerner, Oskar, aus Hannover: Die Sprache Roberd [!] Mannyngs of Brunne und ihr Verhältnis zur neuenglischen Mundart. *Halle a. d. S. 1903: E. Karras.* (34 S.) 8° (¶ Erscheint gleichzeitig vollst. als: Studien zur engl. Philol., Bd 12.) Göttingen, Phil. Diss. v. [4. Juli] 1903

Die Sprache Roberd Mannyngs of Brunne und ihr Verhältnis zur neuenglischen Mundart. Von Oskar Boerner. *Halle a. S.: M. Niemeyer 1904.* (x, 313 S.) 8°
— Studien z. englischen Philologie. H. 12.

Boerner, Otto, Dr.: Bemerkungen zur Methode des neusprachlichen Unterrichts nebst Lehrplänen ⟨Stoffverteilung⟩ für das Französische im Anschluß an Boerners Unterrichtswerk. *Dresden 1903: Lehmann.* (38 S.) 4°
Dresden, G zum heiligen Kreuz, P 1903 (611)

Boerner, Otto, Bemerkungen zur Methode des neusprachlichen Unterrichts nebst Lehrplänen f. das Französische. Begleitschrift zu Boerners neusprachl. Unterrichtswerk. (60 S.) gr. 8. Leipzig 903. B. G. Teubner. n. — 60

—: [Bericht über die Feier der Eröffnung der Anstalt.] S. 13—17. 4.
Progr. Realgymn. (i. E.) *Blasewitz bei Dresden* 1908

—: Beschreibung des Schulhauses. S. 14—20, 2 Taf. 4.
Progr. Realgymn. (i. E.) *Blasewitz bei Dresden* 1909

Boerner, Otto (Hrsg.), s. Boerner-Kukula, Franz. Lehr- und Lesebuch für die österr. Gymnasien.

— u. H Gassner: Elementarb. d. französ. Sprache f. Gymn. (6, 176 m. 5 Vollbild. u. 1 farb. Taf.) 8° Ebd. '12. geb. 1.60 d

Boerner, Otto, la France. Sa description, son histoire et son organisation politique et administrative. Sonderabdr. aus der 2. Doppel-Aufl. der Ausg. A der Oberstufe zum Lehrbuch der französ. Sprache. Mit e. Karte v. Frankreich. gr. 8. (S. 213—289.) Leipzig 901. B. G. Teubner. n. — 80

— u. Frdr. Schmitz, La France. Matières pour conversation et lecture. Sammlung französ. Realien (Reise nach u. in Frankreich, Paris m. Umgebg., Geographie, Geschichte, Verfassg. Frankreichs u. s. w.) Erweit. Sonderabdr. aus der Oberstufe (Ausg. A) des Lehrbuchs der französ. Sprache v. Otto Boerner. Anh. zur Oberstufe, Ausg. D. 2. Aufl. Mit e. Karte v. Frankreich, e. Plane v. Paris u. e. französ. Münztaf. (88 S.) gr. 8. Ebd. 903. Kart. n. 1.20

Boerner, Otto: Zur Geschichte der Anstalt ⟨1903—1908⟩. Dresden 1908: Teubner. S. 3—12. 4°
Blasewitz b. Dresden, RG i. E. P 1908 (721) [S. 08. 31

Boerner, Dr. O. und Stefan Al., Französische Grammatik für Realschulen und verwandte Lehranstalten. Wien 1908. Karl Graeser & Kie. Geh. K 2.90, geb. K 3.50. (Min.-Erl. vom 15. April 1908, Z. 16530.)

— Clem. Pils u. Max Rosenthal: Hauptregeln d. französ. Formenlehre u. Syntax z. Lehrb. d. französ. Sprache f. preuss. Präparandenanst. u. Seminare [n. d. Best. v. 1.7.'01]. (8, 170) 8° Ebd. '13. L 1.80 d

Boerner, Otto. Die Hauptregeln der französischen Grammatik. Im Anschluß an das Lehrbuch der französ. Sprache f. den Schulgebrauch bearb. gr. 8. (VIII, 144 S.) Lpz. 892, Teubner. geb. in Leinw. 1 60

Boerner, Otto, die Hauptregeln d. französischen Grammatik. Im Anschluß an d. Lehrbuch d. französ. Sprache f. d. Schulgebrauch bearb. 2. Aufl. gr. 8. (VIII, 155 S.) Leipzig 893. B. G. Teubner. Geb. in Leinw. n. 1.60

— syntaktischer Anhang zu den Hauptregeln der französischen Grammatik. Wiederholungen u. Ergänzgn. f. den Unterricht in den mittleren u. oberen Klassen höherer Lehranstalten. gr. 8. (VIII, 68 S.) Ebd. 893. n. — 60

— d. Hauptregeln d. französ. Grammatik. 2. Afl. 8° (155) Ebd. 94. Geb. 1.60

— Die Hauptregeln der Französischen Grammatik. Für die österreichischen Gymnasien bearbeitet und herausgegeben von Dr. Otto Boerner und Dr. R. C. Kukula. Wien 1899. Graeser. Gr.-8°. VIII, 196 S. Geb. fl. 1.30

Die Hauptregeln der Französischen Grammatik. Im Anschluß an d. Lehrbuch d. franz. Sprache f. d. Schulgebr. bearb. von Dr. Otto Boerner, Oberl. zu Dresden. Ausg. A. 7. Aufl. *Leipzig & Berlin: B. G. Teubner 1903.* (VIII, 157 S.) 8° [F.]
(Dr. Otto Boerners neusprachliches Unterrichtswerk.)

— u. Al. Stefan, die Hauptregeln der französischen Grammatik. Für Mädchenlyzeen u. verwandte Lehranstalten bearb. u. hrsg. (Otto Boerners neusprachl. Unterrichtswerk.) (VIII, 224 S.) 8. Wien 903. K. Graeser & Co. Geb. in Leinw. 2.60

Die Hauptregeln der französischen Grammatik. Im Anschluß an d. Lehrbuch d. franz. Sprache f. d. Schulgebr. bearb. von Dr. Otto Boerner, Oberl. in Dresden. Ausg. A. 8. Aufl. Leipzig & Berlin: B. G. Teubner 1904. (VIII, 157 S.) 8° [F.]
(Dr. Otto Boerners neusprachliches Unterrichtswerk.)

Syntaktischer Anhang zur Ausgabe A der Hauptregeln der französischen Grammatik. Wiederholungen u. Ergänzungen f. d. Unterr. in d. mittleren u. oberen Klassen höh. Lehranstalten bearb. von Dr. Otto Boerner, Prof., Dresden. 4. Aufl. Leipzig & Berlin: B. G. Teubner 1906. (VIII, 68 S.) 8° [F.]
(Dr. Otto Boerners neusprachliches Unterrichtswerk.)

Die Hauptregeln der französischen Grammatik. Im Anschluß an d. Lehrbuch d. franz. Sprache f. d. Schulgebr. bearb. von Prof. Dr. Otto Boerner. Ausg. A. 9. Aufl. Leipzig & Berlin: B. G. Teubner 1908. (VIII, 157 S.) 8° [F.]
(Prof. Dr. Boerners neusprachliches Unterrichtswerk.)

Die Hauptregeln der Französischen Grammatik nebst syntaktischem Anhang. Unter Berücks. d. Erlasses d. franz. Unterrichtsminist. v. 26. Febr. 1901 im Anschl. an d. Lehrbuch d. franz. Sprache f. d. Schulgebr. bearb. von Dr. Otto Boerner, Oberl. zu Dresden. Ausg. B. 7. ⟨d. Ausg. B. 3.⟩ Aufl. *Leipzig & Berlin: B. G. Teubner 1901.* (X, 157, 58 S.) 8° [F.]
(Dr. Otto Boerners neusprachliches Unterrichtswerk.)

Die Hauptregeln der französischen Grammatik nebst syntakt. Anh. Unter Berücks. d. Erlasses d. franz. Unterrichtsminist. v. 26. Febr. 1901 im Anschluß an d. Lehrbuch d. franz. Sprache f. d. Schulgebr. bearb. von Dr. Otto Boerner, Oberl. zu Dresden. Ausg. B. 8. ⟨d. Ausg. B 4.⟩ Aufl. Leipzig & Berlin: B. G. Teubner 1904. (X, 157, 58 S.) 8° [F.]
(Dr. Otto Boerners neusprachliches Unterrichtswerk.)

Die Hauptregeln der französischen Grammatik nebst syntakt. Anh. Ausg. B. Unter Berücks. d. Erlasses d. franz. Unterrichtsministers v. 26. Febr. 1901 im Anschluß an d. Lehrbuch d. franz. Sprache f. d. Schulgebr. bearb. von Dr. Otto Boerner, Prof. 9. ⟨der Ausg. B 5.⟩ Doppel-Aufl. Leipzig & Berlin: B. G. Teubner 1906. (X, 157, 58 S.) 8° [F.]
(Dr. Boerner's neusprachlichen Unterrichtswerk.)

Boerner, Otto, die Hauptregeln der französ. Gramm. nebst syntaktischem Anh. Ausg. B. Unter Berücksicht. des Erlasses des französ. Unterrichtsministers v. 26. II. 1901 im Anschluß an das Lehrbuch d. französ. Sprache f. den Schulgebrauch bearb. (Boerners neusprachl. Unterrichtswerk nach den neuen Lehrplänen bearb. Französischer Tl.) 10. Doppel-Aufl. (X, 157 u. 58 S.) 8. Leipzig 909. B. G. Teubner. Geb. 2. —

— Die Hauptregeln d. französ. Grammatik nebst syntakt. Anh. Ausg. B. 11. Doppel-Afl. (10, 157 u. 60) 8° Lpzg, BG Teubner '12. L 2 — d

Boerner, Otto: Die Hauptregeln d. engl. Syntax, s: Thiergen, Osk.

Boerner, O., Hilfsbuch für den französischen Unterricht in Schule und Haus. 8. (IV, 155 S.) Dresden 888, Ehlermann. *

— Hilfsbuch f. den französischen Unterricht in Schule u. Haus. gr. 8. (V, 155 S.) Dresd. 889. Ehlermann. 1 60

— Hilfsbuch f. den französischen Unterricht in Schule u. Haus. 2., unveränd. (Titel-)Ausg. gr. 8. (V, 155 S.) Ebd. 894. Geb. in Leinw. n. 1. 80

— Histoire de la littérature française. s.: Cury, Camille.

Boerner Otto (Rosswein), Raoul de Houdenc. Eine stilistische Untersuchg. üb. seine Werke u. seine Identität mit dem Verfasser des „Messire Gauvain". Diss. philos. Lpz. (Pöschel & Trepte) 1884. 128 S. mit Biograph. (M.: B. Gumpert). (1.80)

Boerner, O, Raoul de Houdenc. Eine stilist. Untersuchg üb. s. Werke u. s. Identität m. d. Verfasser d. „Messire Gauvain". 8. (127) Lpzg 85. (Fock). n. 2. 40

Leçons de français. Kurze prakt. Anleitung z. raschen u. sicheren Erlernen d. Franz. Sprache f. d. mündl. u. schriftl. freien Gebr. Von Dr. Otto Boerner. Mit 1 Karte von Frankreich, 1 Pl. von Paris u. 1 franz. Münztaf. *Leipzig & Berlin: B. G. Teubner 1904.* (VIII, 256 S.) 8° [Ant. u. F.]
= Sprachbücher, Teubners kleine. 1.

— u. A. E. Kukula, Französisches Lehr- u. Lesebuch f. die österreichischen Gymnasien. I u. II. gr. 8. Wien 899. C. Graeser & Co. Geb. in Leinw. n. 6. 70
I. Lehr- u. Lesebuch der französischen Sprache f. die österreichischen Gymnasien. Nach Otto Boerner's Methode bearb. u. hrsg. Mit 1 Karte Frankreichs, 8 Ansichten, 1 Plane v. Paris u. 1 Beiheft in Tasche m. drei Wörterverzeichnissen. (VII, 274 u. 135 S.) n. 4. 50
II. Die Hauptregeln der französischen Grammatik. Für die österreich. Gymnasien bearb. u. hrsg. (VIII, 190 S.) n. 2. 20

— u. Kukula, Lehr- u. Lesebuch der französischen Sprache. Unter Mitwirkg. der Hrsg. nach dem Erlasse vom 11. XII. 1900, Z. 34551 f. Mädchenlyzeen u. verwandte Lehranstalten bearb. u. hrsg. v. Al. Stefan. (Otto Boerners neusprachl. Unterrichtswerk.) I.—VI. Tl. 8. Wien, K. Graeser & Co Geb. in Leinw. n. 12. —
I. (IV, 173 S.) 902. n. 2. —
II. (IV, 171 S.) 902. n. 2. —
III. (IV, 236 S.) 903. n. 3. —
IV. (IV, 229 S. m. 1 farb. Karte u. 1 farb. Plan.) 903. n. 3. 20
V. VI. Mit 8 Ansichten v. Paris auf Taf. (VI, 134 S.) 904. n. 1. 80

— Lehr- u. Lesebuch der französischen Sprache. Für österreich. Realschulen u. verwandte Lehranstalten bearb. v. Al. Stefan. I. Tl. (IV, 128 S.) 8. Wien 904. K. Graeser & Co. Geb. in Leinw. n. 1. 80

— Lehr- u. Leseb. d. französ. Sprache. Für Realsch. u. verw. Lehranst. bearb. v. Al. Stefan. 2—5. Tl. 8° Wien, K Graeser & Co. L. 9.30 (Vollst.: 11.10)
2. (195 m. 3 Vollbildern u. 1 Taf.) '05. 2.40 ‖ 3. (191 m. 1 Karte.) '06. 2.40 ‖ 4. (186 m. 1 Karte u. 1 Pl.) '06. 2 — ‖ 5. Für d. V., VI. u. VII. Kl. (188 u. 10 m. Abb., 1 Karte u. 1 Pl.) '08. 2.50.

Boerner, Otto u. Rud. Dinkler, Lehr- u. Lesebuch der französischen Sprache. Mit besond. Berücksicht. der Übgn. im mündl. u. schriftl. freien Gebrauch der Sprache. Ausg. f. preuß. Mittelschulen, unter Mitarbeit v. Herm. Heller neu hrsg. I. u. II. Tl. 1. Aufl. der Neubearbeitg. (Boerner's franz. Unterrichtswerk.) Leipzig, B. G. Teubner. Geb. 3. 50
I. (VI, 142 S. m. 3 Abb. u. 1 Vollbild.) 910. Geb. 1. 50
II. Mit 4 Taf., 1 (farb.) Münztafel u. 9 Bildern im Text. (IV, 200 S.) 910. Geb. 2. —

— — Lehr- u. Leseb. d. französ. Sprache. Mit bes. Berücks. d. Übgn im mündl. u. schriftl. freien Gebr. d. Sprache. Ausg. f. preuss. Mittelsch. I. u. II. Tl u. Oberst. 8° Ebd. d
I. 2. Afl. d. Neubearbeitg. (6, 161 m. Abb., 2 Vollbild. u. 2 Taf.) '12. L 1.50 ‖ II. 2. Afl. d. Neubearbeitg. (4, 202 m. 9 Bild. u. 5 [1 farb.] Taf.) '12. L 2 — ‖ Oberstufe. (5, 247 m. Abb., 1 Vollbild u. 2 Taf.) '11. L 2.60

— — dass. Livre du maître. Oberstufe. Hrsg. v. D. (35) kl8° Ebd. '12. nnn 1.80

Boerner, Dr. Otto und Lovera, Romeo, Lehr- und Lesebuch der italienischen Sprache. Für die österreichischen Mittelschulen bearbeitet von Dr. A. Ive. Mit einer Karte von Italien. Wien 1902. K. Graeser & Kie. Preis, geheftet 3 K 60 h, gebunden 4 K 20 h.
Dieses Buch wird zum Lehrgebrauche an Mittelschulen mit deutscher Unterrichtssprache allgemein zugelassen.
(Min.-Erl. vom 20. Februar 1903, Z. 5209.)

Boerner-Lovera-Ive, Lehr- und Lesebuch der italienischen Sprache. K. Graeser & Kie. Wien 1903. Geb. K 3.80.
(Min.-Erl. vom 31. Mai 1907, Z. 18698.)

Börner, Otto und Romeo Lovera

— — Lehr- u. Leseb. d. italien. Sprache. Für höh. Handelssch. (Handels-Akad.) bearb. v. A Ive. (10, 362 m. 1 Karte.) 8° Wien, K Graeser & Co. '08. L. 3.20 d

— Lehrbuch der englischen Sprache, s.a. Thiergen, Osc.

— dasselbe, s. a.: B., Unterrichtswerk.

— u. Osc. Thiergen, Lehrbuch d. englischen Sprache. M. bes. Berücksicht. d. Übgn. i. mündl. u. schriftl. freien Gebr. d. Sprache. M. 2 Vollbild.: Herbst u. Winter. Hierzu in Tasche: Wörterverzeichnisse. gr. 8. (VIII, 136 u. 92 S.) Ebd. 895. Geb. in Leinw. u. geh. n. 2. 20

Lehrbuch der Englischen Sprache. Mit besond. Berücks. d. Übungen im mündl. u. schriftl. freien Gebr. d. Sprache von Dr. Otto Boerner, Oberl. zu Dresden, u. Dr. Oscar Thiergen, Prof. zu Dresden. Ausg. B, f. höh. Mädchenschulen. T. 1. *Leipzig & Berlin: B. G. Teubner 1901.* 8° [F.]
(Dr. Otto Boerners neusprachliches Unterrichtswerk.)

Lehrbuch der Englischen Sprache. Mit besond. Berücks. d. Übungen im mündl. u. schriftl. freien Gebr. d. Sprache. Von Dr. Otto Boerner, Oberl. zu Dresden, u. Dr. Oscar Thiergen, Prof. in Dresden. Gekürzte Ausg. C. bearb. von Prof. Otto Schoepke, Dir. zu Dresden. [1. 2.] *Leipzig & Berlin: B. G. Teubner 1901–03.* 3 Bde 8° [F.]
[1.] Mit 2 Vollbild. sowie 1 Münztafel. Hierzu: Wörterverzeichnisse. 2. Aufl. 1903.
[2.] Oberstufe ... von O. Thiergen. Mit 11 Bild., 1 Pl. von London u. 1 Karte von Schottland u. d. Insel Wight. 1901.
(Dr. Otto Boerners neusprachliches Unterrichtswerk.)

Lehrbuch der Englischen Sprache. Mit besond. Berücks. d. Übungen im mündl. u. schriftl. freien Gebr. d. Sprache. Von Dr. Otto Boerner, Oberl. zu Dresden, u. Dr. Oscar Thiergen, Prof. zu Dresden. Ausg. B, f. höh. Mädchenschulen (nach d. Bestimmungen v. 31. Mai 1894). 3. Aufl. T. 1. *Leipzig & Berlin: B. G. Teubner 1903.* 8° [F.]
(Dr. Otto Boerners neusprachliches Unterrichtswerk.)

— u. O Thiergen: Lehrb. d. engl. Sprache. Mit bes. Berücks. d. Übgn im mündl. u. schriftl. freien Gebr. d. Sprache. Ausg. B, f. höh. Mädchensch. 1. u. 2. Tl. Mit e. grammat. Anh. 8° Lpzg, BG Teubner. Geb. u. geh. 4.60 d
1. Stoff f. d. 1. Unterr.-Jahr. 3. Afl. (182 u. 47) '08. 2.20 ‖ 2. Stoff f. d. 2. Unterrichtsj. 2. Afl. (206 m. 1 Bild u. 1 Taf.) '08. 2.40.

Lehrbuch der englischen Sprache. Mit besond. Berücks. d. Übungen im mündl. u. schriftl. freien Gebr. d. Sprache, bearb. von Dr. Otto Boerner, Oberl. zu Dresden, u. Dr. Oscar Thiergen, Prof. zu Dresden. Mit 2 Vollbild., sowie 1 Münztaf. Hierzu: Wörterverzeichnisse. Ausg. A. 3. Aufl. Leipzig & Berlin: B. G. Teubner 1904. 2 Bde 8° [F.]
(Dr. Otto Boerners neusprachliches Unterrichtswerk.)

Lehrbuch der Englischen Sprache. Mit besond. Berücks. d. Übungen im mündl. u. schriftl. freien Gebr. d. Sprache. Von Dr. Otto Boerner, Oberl., u. Dr. Oscar Thiergen, Prof. Gekürzte Ausg. C, bearb. von Prof. Dr. O(tto) Schöpke, Dir. Mit 2 Vollbild. sowie 1 Münztaf. Hierzu in Tasche: Wörterverzeichnisse. 3. Aufl. Leipzig & Berlin: B. G. Teubner 1905. 2 Bde 8° [F.]
(Dr. Otto Boerners neusprachliches Unterrichtswerk.)

— u. Osc. Thiergen, Lehrbuch der englichen Sprache. Mit besond. Berücksicht. der Übgn. im mündl. u. schriftl. freien Gebrauch der Sprache. Gekürzte Ausg. C, bearb. v. Otto Schöpke. Mit 2 Vollbildern: Herbst u. Winter, sowie 1 Münztaf. Hierzu in Tasche: Wörterverzeichnisse. (Otto Boerners neusprachl. Unterrichtswerk nach den neuen Lehrplänen bearb. — Englischer Tl.) 4. Aufl. (VII, 101 u. 72 S.) 8. Ebd. 909. Geb. u. geh. 2. —

— Lehrbuch der französischen Sprache. Mit besond. Berücksicht. der Übgn. im mündl. u. schriftl. freien Gebrauch der Sprache. gr. 8. (XVI, 300 S.) Lpz. 892, Teubner. geb. in Leinw. * 2 40

— Lehrbuch der französischen Sprache. Mit besond. Berücksicht. der Übgn. im mündl. u. schriftl. freien Gebrauch der Sprache. 2. Aufl. gr. 8. (XVI, 332 S.) Ebd. 893. Geb. in Leinw. n. 2. 60

— dasselbe. Französ.-deutsches u. deutsch-französ. Wörterbuch dazu. 3. Doppel-Aufl. 9.—14. Taus. gr. 8. (IV, 140 S.) Ebd. 895. Geb. in Leinw. n. 1. 20

Boerner, Otto, Lehrb. d. französ. Sprache. M. besond. Berücksicht. d. Übgn. i. mündl. u. schriftl. freien Gebr. d. Sprache. 4. Doppel-Aufl. 15.—26. Taus. gr. 8. (XVI, 332 S.) Leipzig 895. B. G. Teubner.
Geb. in Leinw. n. 2. 60; 1. Abtlg. allein (XI, 78 S.) geb. in Leinw. n. — 80

— dasselbe. Ausg. B, f. höh. Mädchenschulen (n. d. Bestimmgn. v. 31. Mai 1894.) 1. u. 2. Tl. gr. 8. Ebd. Geb. in Leinw. u. geh. n. 3. —
1. Stoff f. d. 1. Unterrichtsjahr. Hierzu e. grammat. Anh. (VIII, 95 u. 40 S.) 895. n. 1. 20
2. Stoff f. d. 2. Unterrichtsjahr. M. e. Vollbild: D. Frühling. Hierzu e. grammat. Anh. (VI, 133 u. 56 S.) 896. n. 1. 80

— dasselbe, 3. u. 4. Tl., s.: B., Unterrichtswerk.

— dasselbe. Ausg. C. In 2 Abtlgn.: I. Abtlg. gr. 8. (X, 156 S.) Ebd. 896. Geb. n. 1. 40

— dasselbe. Ausg. C. II. Abtlg, s.: B., Unterrichtswerk.

Lehrbuch der Französischen Sprache. Mit besond. Berücks. d. Übungen im mündl. u. schriftl. freien Gebr. d. Sprache von Dr. Otto **Boerner**, Oberl. zu Dresden. Vereinfachte Bearb. d. Ausg. B., f. Mädchenschulen ⟨nach d. Bestimmungen v. 31. Mai 1894⟩. T. 1. *Leipzig & Berlin: B. G. Teubner 1900.* 8° [F.]
(Dr. Otto Boerners neusprachliches Unterrichtswerk.) [04. 1773

Lehrbuch der Französischen Sprache. Mit besond. Berücks. d. Übungen im mündl. u. schriftl. freien Gebr. d. Sprache. Von Dr. Otto **Boerner**, Oberl. zu Dresden. Ausg. A. 6. Doppel-Aufl. *Leipzig & Berlin: B. G. Teubner 1901.* (XVI, 332 S.) 8° [F.]
(Dr. Otto Boerners neusprachliches Unterrichtswerk.) [04. 8111

Lehrbuch der Französischen Sprache. Mit besond. Berücks. d. Übungen im mündl. u. schriftl. freien Gebr. d. Sprache von Dr. Otto **Boerner**. Ausg. C. In 2 Abt. 3. Doppel-Aufl. Mit Vollbild. Abt. 1. 2. Leipzig & Berlin: B. G. Teubner 1901–04. 2 Bde 8° [F.]
1. 1901.
2. Mit 1 Karte von Frankreich, 1 Pl. von Paris u. 1 Münztaf. In Tasche: Franz.-deutsches u. deutsch-franz. Wörterbuch. 1904.
(Dr. Otto Boerners neusprachliches Unterrichtswerk.) [05. 696

Lehrbuch der Französischen Sprache. Mit besond. Berücks. d. Übungen im mündl. u. schriftl. freien Gebr. d. Sprache von Dr. Otto **Boerner**, Oberl. zu Dresden. Ausg. D. f. preuß. Realanst. u. ähnl. Schulgattungen. Mitbearb. von Dr. Friedrich Schmitz, Oberl. in Essen. Abt. 1. *Leipzig & Berlin: B. G. Teubner 1901.* 8° [F.]
(Dr. Otto Boerners neusprachliches Unterrichtswerk.) [04. 1773

Boerner, Otto, u. Rud. Dinkler, Lehrbuch d. französ. Sprache. Mit besond. Berücksicht. der Übgn. im mündl. u. schriftl. freien Gebrauch der Sprache. Ausg. E, f. Fortbildungs- u. Gewerbeschulen bearb. 1. u. 2. Tl. gr. 8. Leipzig, B. G. Teubner. Geb. in Leinw. n. 3. 80
1. Mit 2 Hölzelschen Vollbildern: Der Winter u. der Frühling. (Otto Boerners neusprachl. Unterrichtswerk, nach den neuen Lehrplänen bearb.) (IV, 104 S.) 901. n. 1. 20
2. Mit 4 Ansichten u. 1 Plan v. Paris, e. Hölzelschen Vollbild: „Die Stadt" u. e. Münztafel. (Otto Boerners neusprachl. Unterrichtswerk, nach den neuen Lehrplänen bearb.) (VI, 246 S.) 902. n. 2. 60

Lehrbuch der Französischen Sprache für Präparandenanstalten und Seminare. Nach d. Bestimmungen v. 1. Juli 1901. Von Dr. Otto **Boerner**, Oberl. zu Dresden, u. Clemens Pilz, Oberl. zu Zschopau. Ausg. F. T. 1. *Leipzig & Berlin: B. G. Teubner 1902.* 8° [F.]
(Dr. Otto Boerners neusprachliches Unterrichtswerk.) [04. 1728

— dass. f. Präparandenanst. u. Seminare. Nach d. Bestimmgn v. 1. VII. '01. Ausg. F. 2 Tle. Bearb. m. C Pilz. 8° Ebd. Geb. 6 — d
I. (240 m. 1 Bild, 1 Karte, 1 Pl. u. 1 Taf.) '02; 2. u. 3. Afl. (286) '03/04. Je 2.80 ‖ II. (Oberst.) Hierzu in Tasche: Französ.-deut. u. deutsch-französ. Wrtrb. (168 u. 140 m. Abb., 1 Bild, 1 Pl. u. 1 Karte.) '03. Geb. u. geh. 3.20.

Lehrbuch der Französischen Sprache. Mit besond. Berücks. d. Übungen im mündl. u. schriftl. freien Gebr. d. Sprache von Dr. Otto **Boerner**, Oberl. zu Dresden. Ausg. A. 7. Doppel-Aufl. in d. neuen Rechtschreibung. Abt. 1. 2. Leipzig & Berlin: B. G. Teubner 1903. 2 Bde 8° [F.]
(Dr. Otto Boerners neusprachliches Unterrichtswerk.) [06. 7308 11

Lehrbuch der Französischen Sprache. Mit besond. Berücks. d. Übungen im mündl. u. schriftl. freien Gebr. d. Sprache von Dr. Otto **Boerner**, Oberl. zu Dresden. Vereinfachte Bearb. d. Ausg. B., f. Mädchenschulen ⟨nach d. Bestimmungen v. 31. Mai 1894⟩. 2. Doppel-Aufl. in d. neuen Rechtschreibung. T. 1. *Leipzig & Berlin: B. G. Teubner 1903.* 8° [F.]
(Dr. Otto Boerners neusprachliches Unterrichtswerk.) [04. 8755

Lehrbuch der Französischen Sprache. Mit besond. Berücks. d. Übungen im mündl. u. schriftl. freien Gebr. d. Sprache von Dr. Otto **Boerner**. Vereinf. Bearb. d. Ausg. B., f. Mädchenschulen, ⟨nach d. Bestimmungen v. 31. Mai 1894⟩. 3. Doppel-Aufl. T. 1. Leipzig & Berlin: B. G. Teubner 1903. 8° [F.]
(Dr. Otto Boerners neusprachliches Unterrichtswerk.) [06. 1348

— dasselbe. Vereinfachte Bearbeitg. der Ausg. B f. Mädchenschulen (nach den Bestimmungen vom 31. V. 1894). 1.—4. Tl. (Boerners neusprachl. Unterrichtswerk. Französischer Tl. v. Otto Boerner.) 8. Ebd. Geb. u. geh. n. 7.60
1. Stoff f. das 1. Unterrichtsjahr. 3. Doppel-Aufl. in der neuen Rechtschreibg. (X, 91 u. 40 S.) 903. Geb. in Leinw. u. geh. n. 1. 20
2. Stoff f. das 2. Unterrichtsjahr. Mit e. Vollbild: Der Frühling. Hierzu e. grammat. Anh. 2. Doppelaufl. (VI, 114 u. 56 S.) 904. Geb. in Leinw. u. geh. n. 1. 60
3. Stoff f. das 3. Unterrichtsjahr. Mit e. Vollbilde: Der Herbst. Hierzu e. grammat. Anh. 2. Doppelaufl. (VI, 132 u. 76 S.) 904. Geb. u. geh. n. 2. —
4. Mit zwei Hölzelschen Vollbildern: Der Sommer u. die Familienwohnung, e. Karte v. Frankreich, e. Plane v. Paris u. e. französischen Münztafel. Hierzu in Tasche: Französisch-deutsches u. deutsch-französ. Wörterbuch. 2. Doppel-Aufl. (IV, 200 u. 76 S.) 906. Geb. u. geh. n. 2. 80

— dasselbe. Neubearbeitung. III. Tl. u. IV. Tl. 2 Abtlgn. (Neusprachliches Unterrichtswerk.) 8. Ebd. Geb. u. geh. n. 7. 80
III. Stoff f. das 3. Unterrichtsjahr. Mit e. Vollbild: Der Winter. Hierzu e. grammat. Anh. 2. Doppel-Aufl. in der neuen Rechtschreibg. (VI, 142 u. 76 S.) 903 n. 2. —
IV. 1. (Abschluß der Formenlehre.) Stoff f. das 4. Unterrichtsjahr. Mit e. grammat. Anh., dem Hölzelschen Vollbild: Die Stadt, u. e. französ. Münztaf. Hierzu in Tasche: Französisch-deutsches u. deutsch-französ. Wörterbuch. 3. Doppel-Aufl. (VI, 195 u. 74 S.) 906. Geb. u. geh. n. 2. 60
2. Oberstufe (Syntax). Stoff f. das 5. u. 6. Unterrichtsjahr. Mit e. Hölzelschen Vollbild: Die Familienwohng., 8 Abbildgn. v. Paris, e. (farb.) Plane v. Paris, e. (farb.) Karte v. Frankreich. Hierzu in Tasche: Französisch-deutsches u. deutsch-französ. Wörterbuch. 2. Doppel-Aufl. (IX, 304 u. 186 S.) 906. Geb. u. geh. n. 3. 20

Lehrbuch der Französischen Sprache. Mit besond. Berücks. d. Übungen im mündl. u. schriftl. freien Gebr. d. Sprache. Von Dr. Otto **Boerner**, Oberl. zu Dresden. Ausg. C. In 2 Abt. 4. Doppel-Aufl. Abt. 1. *Leipzig & Berlin: B. G. Teubner 1903.* 8° [F.]
(Dr. Otto Boerners neusprachliches Unterrichtswerk.) [04. 8756

Lehrbuch der Französischen Sprache für Präparandenanstalten und Seminare. Nach d. Bestimmungen v. 1. Juli 1901. Von Dr. Otto **Boerner**, Oberl. zu Dresden, u. Clemens Pilz, Oberl. zu Zschopau. Ausg. F. 2. Aufl. T. 1. *Leipzig & Berlin: B. G. Teubner 1903.* 8° [F.]
(Dr. Otto Boerners neusprachliches Unterrichtswerk.) [04. 8759

Boerner, Otto, u. Clem. Pilz, Lehrbuch der französischen Sprache f. Präparandenanstalten u. Seminare. Nach den Bestimmgn. vom 1. VII. 1901. (Otto Boerner's neusprachliches Unterrichtswerk.) Ausg. F I. u. II. Tl. 8. Leipzig, B. G. Teubner. Geb. n. 6. —
I. Mit den Hölzelschen Bildern der Jahreszeiten, 1 Karte von Frankreich, dem Plane v. Paris u. 1 Taf. der französischen Münzen. 4. Doppel-Aufl. (XII, 286 S.) 906. n. 2. 80
II. (Oberstufe.) Mit dem Hölzelschen Bilde der Großstadt, 1 Karte v. Frankreich, e. Plane u. 8 Ansichten v. Paris. Hierzu in Tasche: Französisch-deutsches u. deutsch-französ. Wörterbuch. (VI, 168 u. 140 S.) 903. Geb. u. geh. n. 3. 20

— u. Geo. Werr, Lehrbuch der französischen Sprache. Mit besond. Berücksicht. der Übgn. im mündl. u. schriftl. freien Gebrauch der Sprache. Insbesondere f. bayr. Realschulen u. Handelsschulen. (Otto Boerners neusprachl. Unterrichtswerk.) I.—III. Abtlg. Leipzig, B. G. Teubner. Geb. u. geh. n. 8. 40

I. Unterstufe (I. Klasse) m. e. Hölzelschen Vollbild: Der Frühling. (IX, 161 S.) 904. Geb. n. 1. 80
II. Mittelstufe. (2. u. 3. Klasse.) Mit 2 Hölzelschen Vollbildern: Der Sommer u. der Herbst. Mit 2 Beibüchern, Hauptregeln u. Wörterbuch in Taschen. (VIII, 178, 90 u. 88 S.) 904. n. 3. 40
III. Oberstufe. (4. u. 5. Klasse.) Mit 1 Hölzelschen Vollbild: „La ville" u. 8 Ansichten v. Paris sowie 2 Beibüchern: Hauptregeln u. Wörterbuch in Taschen. (VIII, 172, 106 u. 84 S.) 905. Geb. u. geh. n. 3. 20

— dasselbe. Ausg. B f. höhere Mädchenschulen (nach den Bestimmgn. vom 31. V. 1894). 4 Tle. (Otto Boerners neusprachl. Unterrichtswerk.) 8. Ebd. Geb. u. geh. n. 8. 80

1. Stoff f. das erste Unterrichtsjahr. Hierzu e. grammat. Anh. 5. Doppel-Aufl. (46.—63. Tausd.) (VIII, 100 u. 36 S.) 905. Geb. u. geh. n. 1. 20
2. Stoff f. das 2. Unterrichtsjahr. Mit 1 Vollbild: Der Frühling. Hierzu e. grammat. Anh. 4. Aufl. (VI, 133 u. 56 S.) 904. n. 1. 80
3. Stoff f. das 3. Unterrichtsjahr. Mit e. grammat. Anh. in Tasche. 4. Doppel-Aufl. (VI, 123 u. 76 S.) 906. Geb. u. geh. n. 2. —
4. Oberstufe. Stoff f. das 4. u. 5. Unterrichtsjahr Mit e. Hölzelschen Vollbild (Die Stadt), e. Karte v. Frankreich, e. Plane v. Paris u. e. Münztaf. Hierzu in Tasche: französisch-deutsches u. deutsch-französ. Wörterbuch. 3. Aufl. (X, 348 u. 98 S.) 904. n. 3. 80

Boerner, Otto, Lehrbuch der französischen Sprache. Mit besond. Berücksichtigung der Uebungen im mündl. u. schriftl. freien Gebrauch der Sprache. (O. Boerner's neusprachl. Unterrichtswerk.) Ausg. C. In 2 Abtlgn. 8. Leipzig, B. G. Teubner. Geb. n. 4. 40

I. Mit e. Hölzelschen Vollbild. (Der Frühling.) 5. Doppel-Aufl. (X, 161 S.) 906. Geb. n. 1. 60
II. Mit 2 Hölzelschen Vollbildern. (Frühling u. Winter), 1 Karte v. Frankreich, 1 Plane v. Paris u. 1 Münztaf. In Tasche: Französ.-deutsches u. deutsch-französ. Wörterbuch. 3. Doppel-Aufl. (X, 268 u. 72 S.) 904. Geb. n. 2. 80

Lehrbuch der Französischen Sprache. Mit besond. Berücks. d. Übungen im mündl. u. schriftl. freien Gebr. d. Sprache von Dr. Otto Boerner, Oberl. zu Dresden. Ausg. D. f. preuß. Realanst., Reformschulen u. ähnl. Schulgattungen. Mitbearb. von Dr. Friedrich Schmitz, Oberl. in Essen. 2. verb. Aufl. Abt. 1. *Leipzig & Berlin: B. G. Teubner 1904.* 8° [F.]
(Dr. Otto Boerners neusprachliches Unterrichtswerk.) [04. 13776

— u. Rud. Dinkler, Lehrbuch der französischen Sprache. Mit besond. Berücksicht. der Uebgn. im mündl. u. schriftl. freien Gebrauch der Sprache. Ausg. E f. Fortbildungs- u. Gewerbeschulen. 1. Tl. Mit 1 Hölzelschen Vollbild: Der Frühling. (Otto Boerners neusprachl. Unterrichtswerk, nach den neuen Lehrplänen bearb.) 2., verm. u. verb. Aufl. (IV, 104 S.) gr. 8. Ebd. 904. Geb. in Leinw. n. 1. 20

Lehrbuch der Französischen Sprache für Präparandenanstalten und Seminare. Nach d. Bestimmungen v. 1. Juli 1901. Von Dr. Otto Boerner, Oberl. zu Dresden, u. Clemens Pilz, Oberl. zu Zschopau. Ausg. F. 3. Aufl. T. 1. *Leipzig & Berlin: B. G. Teubner 1904.* 8° [F.]
(Dr. Otto Boerners neusprachliches Unterrichtswerk.) [04. 13448

— dass. Ausg. H f. Bürger- u. Mittelsch. Bearb. m. R Dinkler unter Mitarbeit v. H Heller. I. u. II. Tl. 8° Ebd. Geb. 3.20 d
I. 1. u. 2. Afl. (120 bezw. 128 m. je 1 Vollbild.) '04/05. 1.40 | II. (172 m. 1 Vollbild.) '04. 1.80.

Lehrbuch der Französischen Sprache. Mit besond. Berücks. d. Übungen im mündl. u. schriftl. freien Gebr. d. Sprache. Ausg. E., f. Fortbildungs- u. Gewerbeschulen bearb. von Dr. Otto Boerner, Oberl., u. Dr. Rudolf Dinkler, Lehrer. 3., verm. u. verb. Aufl. T. 1. Leipzig & Berlin: B. G. Teubner 1905. 8° [F.]
(Dr. Otto Boerners neusprachliches Unterrichtswerk.) [05. 10756

Lehrbuch der Französischen Sprache. Mit besond. Berücks. d. Übungen im mündl. u. schriftl. freien Gebr. d. Sprache von Dr. Otto Boerner. Ausg. B., f. höh. Mädchenschulen ⟨nach d. Bestimmungen v. 31. Mai 1894⟩. 5. Doppel-Aufl. T. 1. Leipzig & Berlin: B. G. Teubner 1906. 8° [F.]
(Dr. Otto Boerners neusprachliches Unterrichtswerk.) [06. 1343

Lehrbuch der französischen Sprache. Mit besond. Berücks. d. Übungen im mündl. u. schriftl. freien Gebrauch d. Sprache. Von Dr. Otto Boerner, Prof. Ausg. C. In 2 Abt. 5. Doppel-Aufl. Abt. 1. Leipzig & Berlin: B. G. Teubner 1906. 8° [F.]
(Prof. Dr. Boerners neusprachliches Unterrichtswerk.) [06. 10304

Lehrbuch der französischen Sprache für preußische Präparandenanstalten und Seminare nach d. Bestimmungen v. 1. Juli 1901 von Dr. Otto Boerner, Prof. zu Dresden, Clemens Pilz, Oberl. zu Zschoppau, u. Max Rosenthal, Oberl. zu Delitzsch. T. 1. Leipzig & Berlin: B. G. Teubner 1906. 8° [F.]
(Dr. Otto Boerners neusprachliches Unterrichtswerk.) [06. 22270

Lehrbuch der französischen Sprache für Präparandenanstalten und Seminare. Nach d. Bestimmungen v. 1. Juli 1901 hrsg. von Dr. Otto Boerner, Prof., Dresden, u. Clemens Pilz, Oberl., Zschopau. Ausg. F. 4. Doppel-Aufl. T. 1. Leipzig & Berlin: B. G. Teubner 1906. 8° [F.]
(Dr. Otto Boerners neusprachliches Unterrichtswerk.) [06. 8030

Börner, Otto und Clemens Pilz

— — u. Max Rosenthal, Lehrbuch der französischen Sprache f. preußische Präparandenanstalten u. Seminare nach den Bestimmungen vom 1. VII. 1901. (Boerners neusprachl. Unterrichtswerk, nach den neuen Lehrplänen bearb. Französ. Tl.) 2 Tle. 8. Ebd. 906. Geb. n. 4. 60

I. 3. Klasse der Präparandenanstalten. (VIII, 102 S.) n. 1.40
II. 2. u. 1. Klasse der Präparandenanstalten. Mit den Hölzelschen Bildern der Jahreszeiten, e. Karte v. Frankreich, dem Plane v. Paris u. e. Tafel der französ. Münzen. (VIII, 290 S.) n. 3. 20

Lehrbuch der französischen Sprache. Ausg. G f. Gymn. u. Realgymn. Unter Mitarb. von Prof. [Johannes] Leitritz, hrsg. von Dr. Otto Boerner, Prof., u. Dr. Ernst Stiehler, Prof. T. 1. Leipzig & Berlin: B. G. Teubner 1906. 8° [F.]
(Dr. Boerner's neusprachliches Unterrichtswerk.) [07. 10173

Lehrbuch der Französischen Sprache. Mit besond. Berücks. d. Übungen im mündl. u. schriftl. freien Gebr. d. Sprache. Unter Mitarbeit von Dr. Hermann Heller hrsg. von Dr. Otto Boerner u. Dr. Rudolf Dinkler. Ausg. H. f. Bürger- u. Mittelschulen. 2., verm. u. verb. Aufl. T. 1. Leipzig & Berlin: B. G. Teubner 1906. 8° [F.]
(Dr. Otto Boerners neusprachliches Unterrichtswerk.) [06. 1344

Lehrbuch der französischen Sprache. Mit besond. Berücks. d. Übungen im mündl. u. schriftl. freien Gebr. d. Sprache. Von Dr. Otto Boerner, Dir. Ausg. A. 8. Doppel-Aufl. Leipzig & Berlin: B. G. Teubner 1907. (XVI, 333 S.) 8° [F.]
(Dr. Boerner's neusprachliches Unterrichtswerk.) [07. 9034

— dasselbe. Ausg. C. (In 2 Abtlgn.) II. Abtlg. Mit 2 Hölzelschen Vollbildern (Herbst u. Winter), 1 Karte v. Frankreich, 1 Plane v. Paris u. 1 Münztafel. In Tasche: Französisch-deutsches u. deutsch-französ. Wörterb. 4. Doppel-Aufl. (X, 268 u. 72 S.) gr. 8. Ebd. 907. Geb. u. geh. 2. 80

— dasselbe. Ausg. D, f. preuß. Realanstalten, Reformschulen u. ähnl. Schulgattgn. Mitbearb. v. Frdr. Schmitz. I. u. II. Abtlg. Ebd. 908. Geb. 4. 60

I. Unterstufe. Mit e. Hölzelschen. Vollbild: Der Winter. 3. Doppel-Aufl (XIV, 100 S.) 908. Geb. 1. 80
II. Mittelstufe. Mit 3 Hölzelschen Vollbildern: Frühling, Sommer u. Herbst, e. Karte v. Frankreich, e. Plane v. Paris u. e. Münztafel. In Tasche: „Französisch-deutsches u. deutsch-franz. Wörterbuch. 2. verb. Aufl. (X, 252 u. 76 S.) 907. Geb. u. geh. 2.80

— u. Rud. Dinkler, Lehrbuch der französischen Sprache. Mit besond. Berücksicht. der Übgn. im mündl. u. schriftl. freien Gebrauch der Sprache. Ausg. E. Für Fortbildungs- u. Gewerbeschulen. (Boerners neusprachl. Unterrichtswerk nach d. neuen Lehrplänen bearb. Franz. Tl. E.) I. u. II. Tl. 8. Ebd. Geb. 3. 80

1. 4. Aufl. (IV, 107 S.) 909. Geb. 1. 20
2. Mit e. Plan v. Paris, e. Hölzelschen Vollbild „Die Stadt" u. e. Münztafel. 2. verb. Aufl. (VI, 202 S. m. 4 Taf.) 907. Geb. 2. 60

u. Max Rosenthal, Lehrbuch der französischen Sprache f. preußische Präparandenanstalten u. Seminare nach d. Bestimmungen vom 1. VII. 1901. (Boerners neusprachl. Unterrichtswerk, nach d. neuen Lehrplänen bearb. Französischer Tl.) I.—III. Tl. Ebd. Geb. 6. 40

I. 3. Klasse der Präparandenanstalten. 3. Aufl. (VIII, 104 S.) 910. Geb. 1. 40
II. 2. u. 1. Klasse der Präparandenanstalten. Mit den Hölzelschen Bildern der Jahreszeiten, 1 (farb.) Karte v. Frankreich, dem (farb.) Plane v. Paris u. 1 (farb.) Taf. der französ. Münzen. 3. Aufl. (X, 300 S.) 910. Geb. 3. 20
III. Übungsbuch f. Seminare. Mit dem Hölzelschen Bilde der Großstadt, e. Karte v. Frankreich, e. Plane u. 8 Ansichten v. Paris. (VIII, 167 S.) 907. Geb. 1. 80

— — — dasselbe. Livre du maître. I.—III. Tl. Hrsg. v. den Verff. des Lehrbuchs. kl. 8. Ebd. nnn 2. 50
I. II. (40 S.) 908. nnn 1.50. — III. (24 S.) 909. nnn 1. –.
Nur an Lehrer.

Lehrbuch der französischen Sprache für preußische Präparandenanstalten und Seminare nach d. Bestimmungen v. 1. Juli 1901 von Prof. Dr. Otto **Boerner**, Dir., Clemens **Pilz**, Oberl., u. Max **Rosenthal**, Oberl. zu Delitzsch. 2. Aufl. T. 1. Leipzig & Berlin: B. G. Teubner 1907. 8° [F.]
(Otto Boerners neusprachliches Unterrichtswerk.) [07. 1666]

Livre du maître zum Lehrbuch der französischen Sprache von O(tto) **Boerner** u. R(udolf) **Dinkler** mitbearb. von H[ermann] **Heller**. Ausg. H, T. 1 u. 2. Hrsg. von den Verf. Leipzig & Berlin: B. G. Teubner 1907. (28 S.) 8° [Ant. u. F.] [07. 1454]

— dasselbe. Ausg. A. Livre du maître. Hrsg. vom Verf. d. Lehrb. 3. Aufl. (89 S.) kl. 8. Ebd. 908. nnn 1.50
Nur direkt an Lehrer.

— dasselbe. Unter Mitarbeit von St. v. Napolski u. M. v. Napolski. Vereinfachte Bearbeitg. der Ausg. B f. Mädchenschulen. 5 Tle. 8. Ebd. Geb. u. geh. 11. —
I. Stoff f. das erste Unterrichtsjahr. Hierzu e. grammat. Anh. 4. Doppel-Aufl. (X, 91 u. 36 S.) 908. Geb. u. geh. 1. 40
II. Stoff f. das 2. Unterrichtsj. Mit 1 Vollbild: Der Frühling. Hierzu e. grammat. Anh. (in Tasche). 4. Doppel-Aufl. (VI, 114 u. 56 S.) 910. Geb. u. geh. 1. 60
III. Stoff f. das 3. Unterrichtsjahr. Mit 1 Vollbilde: Der Herbst. Hierzu e. grammat. Anh. 3. Doppel-Aufl. (VI, 132 u. 72 S.) 908. Geb. u. geh. 2. —
IV. Mit 2 Hölzelschen Vollbildern: Der Sommer- u. die Familienwohnung. 1 (farb.) Karte v. Frankreich, 1 (farb.) Plane v. Paris u. 1 (farb.) französischen Münztafel. Hierzu in Tasche: Französisch-deutsches u. deutsch-französ. Wörterbuch. 3. Doppel-Aufl. (VI, 200 u. 76 S.) 909. Geb. u. geh. 2. 80
V. (Syntax). Mit 1 Hölzelschen Vollbild: „Paris“, 8 Ansichten v. Paris, 1 (farb.) Plane v. Paris, 1 (farb.) Karte v. Frankreich u. 1 französ. Münztafel. Hierzu als Beiheft in Tasche: Abrégé d'histoire de la littérature française., 2., fast unveränd. Doppelaufl. (VIII, 272 u. 42 S.) 910. Geb. in Leinw. u. geh. 3. 20

Livre du maître zum Lehrbuch der französischen Sprache von Prof. Dr. Otto **Boerner**. Ausg. B. f. höh. Mädchenschulen. T. 1–3. Hrsg. v. Verf. d. Lehrbuchs. 3. Aufl. Leipzig & Berlin: B. G. Teubner 1908. (30 S.) 8°
(Prof. Dr. Boerner's Unterrichtswerk.) [08. 8046]

— u. Clem. Pilz, Lehrbuch der französischen Sprache f. Präparantenanstalten u. Seminare. Nach d. Bestimmgn. vom 1. VII. 1901. (Otto Boerner's neusprachl. Unterrichtswerk, nach den neuen Lehrplänen bearb. Französischer Tl.) Ausg. F. II. Tl. (Oberstufe). Mit dem Hölzel'schen Bilde der Großstadt, 1 Karte v. Frankreich, 1 Plane u. 8 Ansichten v. Paris. Hierzu in Tasche: Französisch-deutsches u. deutsch-französ. Wörterbuch. 2. Aufl. (VIII, 167, 8 u. 142 S.) 8. Ebd. 908. Geb. u. geh. 3. 20

Lehrbuch der französischen Sprache. Mit besond. Berücks. d. Übungen im mündl. u. schriftl. freien Gebr. d. Sprache. Ausg. H.: Für höh. Bürger- u. Mittelschulen. Unter Mitarb. von Dr. Hermann **Heller** hrsg. von Prof. Dr. Otto **Boerner**, Dir., u. Dr. Rudolf **Dinkler**. 3. Aufl. T. 1. Leipzig & Berlin: B. G. Teubner 1908. 8° [F.]
(Dr. Boerners neusprachliches Unterrichtswerk.) [08. 33]

— dasselbe. Ausg. B f. höhere Mädchenschulen (nach d. Bestimmgn. vom 31. V. 1894). I.—IV. Tl. 8. Ebd. Geb. u. geh. 8. 80
I. Stoff f. das erste Unterrichtsjahr. Hierzu e. grammat. Anh. 6. Doppel-Aufl. (VIII, 100 u. 30 S.) 909. Geb. u. geh. 1. 40
II. Stoff f. das 2. Unterrichtsjahr. Mit 1 Vollbild: Der Frühling. Hierzu e. gramm. Anh. 6. Doppel-Aufl. (VI, 133 u. 52 S.) 909. Geb. u. geh. 1. 80
III. Stoff f. das 3. Unterrichtsjahr. Mit e. grammat. Anh. in Tasche. 5. Doppel-Aufl. (VI, 123 u. 72 S.) 910. Geb. in Leinw. 2. —
IV. Oberstufe. Stoff f. das 4. u. 5. Unterrichtsj. Mit e. Hölzelschen Vollbild (Die Stadt), 1 (farb.) Karte v. Frankreich, 1 (farb.) Plane von Paris u. 1 (farb.) Münztaf. Hierzu in Tasche: Französisch-deutsches u. deutsch-französ. Wörterbuch. 4. Doppel-Aufl. (X, 318 u. 98 S.) 909. Geb. u. geh. 3. 60

Boerner, Otto, Lehrbuch der französischen Sprache. Ausg. B, Neubearbeitung. IV. Tl. 1. u. 2. Abtlg. 8. Leipzig, B. G. Teubner. Geb. u. geh. 5. 80
IV, 1. (Abschluß der Formenlehre.) Stoff f. das 4. Unterrichtsj. Mit e. grammat. Anh., dem Hölzelschen Vollbild: Die Stadt, u. e. (farb.) französ. Münztaf. Hierzu in Tasche: Französisch-deutsches u. deutsch-französ. Wörterbuch. 4. Doppel-Aufl. (VI, 195 u. 74 S.) 910. Geb. in Leinw. u. geh. 2. 60
2. Oberstufe (Syntax). Stoff f. das 5. u. 6. Unterrichtsjahr. Mit 1 Hölzelschen Vollbild: Die Familienwohng., 8 Abb. v. Paris, 1 (farb.) Plane v. Paris u. 1 (farb.) Karte v. Frankreich. Hierzu in Tasche: Französisch-deutsches u. deutsch-französ. Wörterbuch. 3. Doppel-Aufl. (X, 204 u. 130 S.) 909. Geb. u. geh. 3. 20

— dasselbe. (Einbd.: Lehrbuch der französischen Sprache f. Gymnasien u. Realschulen, hsrg. v. O. Boerner u. E. Stiehler unter Mitarbeit v. Leitritz.) Ausg. G. f. Gymnasien u. Realgymnasien II. Tl. Mit 2 Hölzelschen Vollbildern (Herbst u. Stadt), 1 Karte v. Frankreich, 1 Plane v. Paris u. 1 Münztaf. (X, 247 S.) 8. Ebd. 909. Geb. 2. 80

Börner, Otto und Rud. Dinkler

— — dasselbe. Ausg. H: Für höhere Bürger- u. Mittelschulen. Unter Mitarb. v. Herm. Heller hrsg. (Boerner's neusprachl. Unterrichtswerk, nach den neuen Lehrplänen bearb. Französischer Tl.) I. u. II. Tl. 8. Leipzig, B. G. Teubner. Geb. 3. 20
I. 4. Aufl. (VI, 134 S.) 909. Geb. 1. 40
II. 3. verm. u. verb. Aufl. (IV, 166 S. m. 11 Abb.) 910. Geb. 1. 80

— u. Geo. Werr, Lehrbuch der französischen Sprache. Mit besond. Berücksicht. der Übgn. im mündl. u. schriftl. freien Gebrauch der Sprache. Insbesondere f. bayr. Realschulen u. Handelsschulen. (Boerners französ. Unterrichtswerk.) II. Abtlg. Unterstufe. 1. Klasse. Mit 1 Hölzelschen Vollbild: Der Frühling. 2. Aufl. (Doppelaufl.) (IX, 162 S.) 8. Ebd. 910. Geb. 1. 80

— dasselbe. Ausg. A. (In 2 Abtlgn.) I. Abtlg. 9. Doppel-Aufl. (XI, 78 S.) 8. Ebd. 910. Geb. in Leinw. 1. —

— dass. Ausg. A. 2 Abtlgn. 9. Doppel-Afl. 8° Ebd.
1. (11, 78) '10. L 1 — ‖ 2. (8, 70—332) '11. L 2 —

— dasselbe f. höhere Mädchenschulen. Nach den preuß. Bestimmgn. f. das höhere Mädchenschulwesen vom 18. VIII. 1908 völlig neu bearb. [...] Margar. Mittell. (Boerners neusprachl. Unterrichtswerk, nach den neuen Lehrplänen bearb. Französischer Tl.) I.—III. Tl. 8. Ebd. Geb. 5. 60
I. Klasse VII. 2., fast unveränd. Aufl. (VI, 148 S. m. 8 Abb.) 910. Geb. 1. 40
II. Klasse VI. Mit 3 Anschauungstaf. (V, 165 S.) 910. Geb. 1. 80
III. Klasse V. Mit 5 ein- u. 3 mehrfarb. Taf., 1 Textabb., 3 Plänen u. Karten sowie 1 Münztaf. (V, 220 S.) 910. Geb. in Leinw. 2. 40

Boerner, Otto: Lehrb. der französ. Sprache. Ausg. B, f. höh. Mädchensch. Neubearbeitg. IV. Tl. 1. Abtlg. (Abschl. d. Formenlehre.) Stoff f. d. 4. Unterr. Jahr. Mit e. grammat. Anh. Hierzu in Tasche: Französ.-deut. u. deutsch-französ. Wörterb. 4. Doppel-Afl. (6, 195 u. 74 m. 1 Vollbild u. 1 farb. Taf.) 8° Ebd. '10. L u. geh. 2.60 d

— dass. Ausg. B f. höh. Mädchensch. n. d. Best. v. 31.5.1894 u. v. 18.8.'08. 3. Tl. Stoff f. d. 3. Unterr.-Jahr. Mit grammat. Anh. in Tasche. 5. Doppel-Afl. (6, 123 u. 72) 8° Lpzg, BG Teubner '10. L 2 — d

— dass. Ausg. B. Vereinfachte Bearbeitg. 5 Tle. 8° Ebd. d
1. Stoff f. d. 1. Unterr.-Jahr. Hierzu e. grammat. Anh. 5. Doppel-Afl. (10, 91 u. 36) '12. geb. u. geh. 1.40 ‖ 2. Stoff f. d. 2. Unterr.-Jahr. Hierzu e. grammat. Anh. (in Tasche). 4. Doppel-Afl. (114 u. 56 m. 1 Vollbild.) '10. L u. geh. 1.60 ‖ 3. Stoff f. d. 3. Unterr.-Jahr. Hierzu e. grammat. Anh. 4. Doppel-Afl. (6, 132 u. 72 m. 1 Vollbild.) '11. L u. geh. 2 — ‖ 4. Hierzu in Tasche: Französ.-deut. u. deutsch-französ. Wörterb. 4. Doppel-Afl. (6, 200 u. 76 m. 2 Vollbild., 1 farb. Kte, 1 farb. Pl. u. 1 farb. Taf.) '11. geb. u. geh. 2.80 ‖ 5. Unter Mitarbeit von St. v. Napolski u. M v. Napolski. (Syntax.) Hierzu als Beiheft in Tasche: Abrégé d'hist. de la litt. franç. 2. Doppelafl. (8, 272 u. 42 m. Abb., 1 Vollbild, 1 Pl., 1 Kte u. 1 Taf.) '10. L u. geh. 3.20

— dass. Ausg. C. In 2 Abtlgn: I. Abtlg. 6. Doppelafl. (10, 164 m. 1 Vollbild.) 8° Ebd. '10. geb. 1.60 d

— dass. Oberst. Hierzu in Tasche: Französisch-deut. u. deutsch-französ. Wrtrb. 3. Doppel-Afl. (285 u. 131 m. 1 Vollbild.) 8° Ebd. '06. Geb. 2.80 d

— dass. Für Realsch. u. verw. Lehranst. bearb. v. Al. Stefan. I. u. II. Tl. 8° Wien, K Graeser & Co. d
III. Tl s: Boerner u. Stefan: Lehrb. d. französ. Sprache.
I. 2. Afl. (4, 120 m. Abb.) '10. L 1.50 ‖ II. 2. Afl. (4, 176 m. Abb., 1 farb. Kte u. 1 farb. Pl.) '11. L 2.35

— u. Rud. **Dinkler**: Lehrb. d. französ. Sprache. Mit bes. Berücks. d. Übgn im mündl. u. schriftl. freien Gebr. d. Sprache. Ausg. E. Für Fortbildgs- u. Gewerbesch. bearb. I. u. II. Tl. 8° Lpzg, BG Teubner. d
I. 5. Afl. (4, 107) '11. L 1.20 ‖ II. 3. Afl. (6, 203 m. Abb., 4 Vollbild., 1 farb. Pl. u. 1 Münztaf.) '11. L 2.40

— — dass. Ausg. H: Für höh. Bürger- u. Mittelsch. Unter Mitarbeit v. Herm. Heller hrsg. 2. Tl. 3. Afl. (4, 196 m. Abb.) 8° Ebd. '10. L 1.80 d

— **Kukula u. Stefan**: Lehrb. d. französ. Sprache. Für Mädchenlyceen u. verw. Lehranst., bearb. v. Al. Stefan. I. u. II. Tl. 8° Wien, K Graeser & Co. d
I. 2. Afl. (4, 123 m. Abb.) '10. L 1.70 ‖ II. 2. Afl. (4, 176 m. Abb., 1 farb. Kte u. 1 farb. Pl.) '12. L 2.20

— u. M **Mittell**: Lehrb. d. französ. Sprache f. höh. Mädchensch. 1—4. Tl, Livre du maître. kl8° Lpzg, BG Teubner '12.
Nur direkt an Lehrer.
1. Kl. VII. Hrsg. v. M. (18) nnn — 80 ‖ 2. Kl. VI. Hrsg. v. M. (17) nnn — 80 ‖ 3. Kl. V. Hrsg. v. M. (39) nnn 1.50 ‖ 4. Kl. IV. Hrsg. v. M. (20) nnn 1 —

— Lehrb. d. französ. Sprache f. Lyzeen u. höh. Mädchensch. 1—5. Tl. 8° Lpzg, BG Teubner. d
1. Kl. VII. 3. Afl. (148 m. Abb.) '12. L 1.40 ‖ 2. Kl. VI. 3. Afl. (6, 151 m. Abb. u. 3 farb. Taf.) '12. geb. 1.80 ‖ 3. Kl. V. 1. u. 2. Afl. (220 m. 9 z. Tl farb. Taf., 3 Pl. u. Ktn.) '10'12. L 2.40 ‖ 4. Kl. IV. 1. u. 2. Afl. (6, 234 m. 9 [8 farb.] Taf., 3 Pl. u. Ktn.) '10'12. L 2.40 ‖ 5. Lese- u. Übgsb. f. d. Oberst. (7, 236 m. Abb., 7 farb. Taf., 1 farb. Kte u. 1 farb. Pl.) '12. L 2.60

— u. Alfr. **Roedel**: Lehrb. d. französ. Sprache. Ausg. G f. Gymn. u. Realgymn. I. Tl. 2. Afl. (12, 234 m. 1 Abb. u. 1 farb. Kte.) 8° Ebd. '12. L 2.60 d

— u. **Stefan**: Lehrb. d. französ. Sprache. Für Realsch. u. verw. Lehranst. bearb. v. Al. Stefan. III. Tl. 8° Wien, K Graeser & Co.
Tl I u. II s: Boerner, Otto: Lehrb. d. französ. Sprache. Für Realsch. u. verw. Lehranst. bearb. v. Al. Stefan.
III. 2. Afl. (4, 204 m. Abb., 3 Taf., 1 farb. Kte u. 1 farb. Pl.) '12. L 2.50

— u. Geo. **Werr**: Lehrb. d. französ. Sprache. Mit bes. Berücks. im mündl. u. schriftl. freien Gebr. d. Sprache. Insbes. f. bayer. Realanst. u. Handelssch. I. u. II. Abtlg. 8° Lpzg, BG Teubner. d
I. Unterst. 1. Kl. 2. Afl. (9, 162 m. 1 Vollbild.) '10. L 1.80 ‖ II. Mittelst. 2. u. 3. Jahrg. 2. Afl. (8, 184 u. 88 m. 2 Vollbild., 1 farb. Kte, 1 farb. Pl. u. 1 Taf.) '11. L 2.40

— — dass. Livre du maître. I. Abtlg. (2. Afl.) (30) kl8° Ebd. '12. nnn 1.50
Nur direkt an Lehrer.

— — dass. Hauptregeln d. Laut-, Schrift- u. Formenlehre. II. Abtlg. Mittelst. 2. Afl. (91) 8° Ebd. '11. — 60 d

Börner, Otto, Clemens Pilz und Max Rosental

— — — Lehrb. d. französ. Sprache f. preuss. Präparandenanst. u. Seminare n. d. Best. v. 1. 7. '01. II. u. III. Tl. 8° Ebd. d
II. 2. u. 1. Kl. d. Präparandenanst. 5. Afl. (8, 250 m. Abb., 4 [1 farb.] Taf., 1 farb. Kte u. 1 Pl.) '12. L 2.80 ‖ III. Übgsb. f. Seminare. 2. Afl. (12, 181 m. Abb., 11 Taf., 1 Ktnskizze, 1 farb. Pl. u. 1 farb. Kte.) '12. L 2.10

— — — dass. Livre du maître. II. Tl. (28) kl8° Ebd. '12. nnn 1.50 d
Nur direkt an Lehrer.

– Lehrbuch der französischen Sprache für Präparandenanstalten und Seminare, s. Börner: Lehrbuch der französischen Sprache.

— u. Romeo **Lovera**, Lehrbuch der italienischen Sprache, Oberstufe, s. a. Lovera, Romeo.

Lehrbuch der Italienischen Sprache. Mit besond. Berücks. d. Übungen im mündl. u. schriftl. freien Gebr. d. Sprache von Dr. Otto **Boerner**, Oberl. zu Dresden, u. Prof. Romeo **Lovera**, Doz. in Venedig. Mit 1 Karte. 2. Aufl. *Leipzig & Berlin: B. G. Teubner 1902.* (XII, 257 S.) 8° [F.]
(Dr. Otto Boerners neusprachliches Unterrichtswerk.) [04. 8760

Lehrbuch der italienischen Sprache. Mit besond. Berücks. d. Übungen im mündl. u. schriftl. freien Gebr. d. Sprache. Von Prof. Dr. Otto **Boerner**, Dir., u. Prof. Romeo **Lovera**, Palermo. 3. Aufl. Mit 1 Karte von Italien u. 2 Musikstücken. Leipzig & Berlin: B. G. Teubner 1907. (XII, 270 S.) 8° [F.]
(Prof. Dr. Boerner's neusprachliches Unterrichtswerk. Italien. Teil.) [07. 14568

Boerner, Otto, die Lehre vom Bewußtsein in ihren pädagogischen u. didactischen Anwendungen (gekrönte Preisschrift) nebst einigen vorausgeschickten philosoph. Aufsätzen. Freiberg 853. Wolf. gr. 8. (108 S.) 15 ngr

— u. C **Pilz**: Französ. Leseb., insbes. f. Seminare. 2. Tl. 8° Lpzg, BG Teubner. Geb. 3 — (Vollst.: 5.60) d
2. Für d. Oberkl. höh. Schulen u. z. Vorbereitg auf Fach- u. Rektoratsprüfgn. (314) '08. 3 —

Französisches Lesebuch, insbes. für Seminare bearb. von Prof. Dr. Otto **Boerner**, Dir., u. Clemens **Pilz**, Sem.Oberl. 2. Aufl. T. 1. Leipzig & Berlin: B. G. Teubner 1907. 8° [F.]
(Dr. Boerners neusprachliches Unterrichtswerk.) [07. 9679

Libro del maestro. Schlüssel z. Oberstufe d. Lehrbuchs d. ital. Sprache. Von O[tto] **Boerner** u. R[omeo] **Lovera**. Leipzig & Berlin: B. G. Teubner 1908. (53 S.) 8° [Ant. u. F.]
(Prof. Dr. Otto Boerners neusprachliches Unterrichtswerk.) [08. 3768

Livre de lecture pour les écoles moyennes. Avec un précis de grammaire (cours supérieur) et des exercices de grammaire et de style. Par Otto **Boerner**, Prof., et Rudolf **Dinkler**. Avec 1 carte géogr. de France. Leipzig & Berlin: B. G. Teubner 1906. (VI, 213 S.) 8° [06. 8486

Börner, Otto, einziges u. untrügliches Mittel, die Pfeiffer aus dem Rübsaamen zu vertreiben. Ein versieg. Couvert. Leipzig 835. Schreck. 1/8 ℛ

— Oberstufe zum Lehrbuch der französischen Sprache. Mit besond. Berücksicht. der Übgn. im mündl. u. schriftl. freien Gebrauch der Sprache. gr. 8. (X, 304 S.) Ebd. 894. Geb. in Leinw. n. 2. 40

— dasselbe. Ausg. D. Für preuß. Realanstalten, Reformschulen u. ähnl. Schulgattgn. Mitbearb. v. Frdr. Schmitz. (Otto Boerner's neusprachl. Unterrichtswerk, nach den neuesten Lehrplänen bearb.) Mit 2 Hölzel'schen Vollbildern: „Wohnung" u. „Stadt" u. 8 Abbildgn. v. Paris. Hierzu in Tasche: Französisch-deutsches u. deutsch-französ. Wörterbuch. (X, 242 u. 155 S.) gr. 8. Ebd. 903. Geb. in Leinw. u. geh. n. 3. 60

Oberstufe zum Lehrbuch der französischen Sprache. Mit besond. Berücks. d. Übungen im mündl. u. schriftl. freien Gebr. d. Sprache bearb. von Dr. Otto **Boerner**, Oberl. zu Dresden. Ausg. A. 3. Doppel-Aufl. Mit 1 Karte u. 1 Pl. Leipzig & Berlin: B. G. Teubner 1904. (XII, 354 S.) 8° [F.]
(Dr. Otto Boerners neusprachliches Unterrichtswerk.) [05. 8104

— Oberstufe zum Lehrbuch der französischen Sprache. Mit besond. Berücksicht. der Uebgn. im mündl. u. schriftl. freien Gebrauch der Sprache. (Boerners neusprachl. Unterrichtswerk. Französischer Tl. v. Otto Boerner.) Ausg. C. Mit e. Hölzelschen Vollbild: „Die Stadt" u. 8 Abbildgn. v. Paris. Hierzu in Tasche: Französisch-deutsches u. deutsch-französ. Wörterbuch. 3. Doppel-Aufl. (VIII, 235 u. 131 S.) 8. Leipzig 906. B. G. Teubner. Geb. n. 2. 80

Précis de grammaire française [Hauptregeln d. franz. Grammatik] à l'usage des classes 1e. français de l'enseignement secondaire en Allemagne. Par Otto **Boerner**, Prof. Trad. de l'allemand par Joseph **Delâge**, Prof. Leipzig & Berlin: B. G. Teubner 1906. (X, 199 S.) 8° [06. 8030

Boerner, Otto, franz. u. engl. Unterrichtswerk, n. d. neuen Lehrplänen bearb. Französischer Tl. Lehrbuch. Ausg. C. (In 2 Abtlgn.) II. Abtlg. M. 2 Hölzelschen Vollbild. (Frühling u. Winter), 1 Karte v. Frankreich, 1 Plane v. Paris, 1 Münztaf. u. in Tasche: Französ.-deutsches u. deutsch-französ. Wörterbuch. gr. 8. (X, 261 u. 72 S.) Leipzig 896. B. G. Teubner. Geb. in Leinw. n. 2. 80 (kplt: n. 4. 20)

— dasselbe. Französischer Tl. v. Otto Boerner. Hauptregeln d. franz. Grammatik nebst syntakt. Anh. I. Anschl. a. d. Lehrbuch d. franz. Sprache, f. d. Schulgebrauch bearb. v. B. Ausg. B gr. 8. (X, 155 u. 48 S.) Ebd. 897. Geb. in Leinw. n. 2. —

— dasselbe. Französischer Tl. Lehrbuch d. französ. Sprache. M. bes. Berücksicht. d. Übgn. im mündl. u. schriftl. freien Gebr. d. Sprache. Ausg. B, f. höh. Mädchenschulen (n. d. Bestimmgn. v. 31. Mai 1894). III. u. IV. Tl. gr. 8. Ebd. Geb. in Leinw. n. 5.40; (kplt.: n. 8.40)
III. Stoff f. d. 3. Unterrichtsjahr. M. e. Vollbild: D. Winter. Hierzu e. grammat. Anh. (VI, 122 u. 76 S.) 896. n. 1.80
IV. Oberstufe. Stoff f. d. 4. u. 5. Unterrichtsjahr. M. e. Hölzelschen Vollbild: D. Stadt, e. Karte v. Frankreich, e. Plane v. Paris u. e. Münztaf. Hierzu in Tasche: Französ.-deutsches u. deutsch-französ. Wörterbuch. (X, 348 u. 98 S.) 897. n. 3.60

— dass. Asg. B, f. höh. Mädchensch. (nach d. Bestimmgn v. 31.V.'94). III. u. IV. Tl. 8° Ebd. Geb. 5.40 (Kplt: 8.40)
III. Stoff f. d. 3. Unterr.-J. (122 u. grammat. Anh. 76 m. 1 Bild.) 96. 1.80
IV. Oberst. Stoff f. d. 4. u. 5. Unterr.-J. Hierzu in Tasche: Französisch-deut. u. deutsch-französ. Wörterb. 2. Afl. (348 u. 98 m. 1 Bild, 1 Karte, 1 Pl. u. 1 Taf.) 99. 3.60

— franz. u. engl. Unterrichtswerk, n. d. neuen Lehrplänen bearb. Englischer Tl. v. Otto Boerner u. Osc. Thiergen. Grammatik d. engl. Sprache. I. Anschl. an d. Lehrbuch d. engl. Sprache f. d. Schulgebrauch bearb. v. Osc. Thiergen. 2. Aufl. gr. 8. (XII, 201 S.) Ebd. 897. Geb. in Leinw. n. 2.—

— dasselbe. Englischer Tl. Oberstufe z. Lehrbuch d. engl. Sprache. M. 12 Bild. u. 1 Plane v. London, 1 Karte v. Schottland u. d. Insel Wight, sow. 35 geometr. Textfig. gr. 8. (X, 326 S.) Ebd. 897. Geb. in Leinw. n. 3.—

— dass. Lehrb. d. engl. Sprache. Hierzu in Tasche: Wörterverzeichnisse. 2. Afl. 8° (148 u. 93 m. 2 Bildern.) Ebd. 97. Geb. 2.20

— dass. Lehrb. d. engl. Sprache. Asg. B f. höh. Mädchensch. 1—4. Tl. 8° Ebd. 98. Geb. u. geh. 9.20
1. Stoff f. d. 1. Unterr.-J. (161 u. grammat. Anh. 46) 2.20 ‖ 2. Stoff f. d. 2. Unterr.-J. (205 u. grammat. Anh. 38 m. 2 Taf.) 2.40 ‖ 3. Von Thiergen. (211 m. 9 Ansichten, 1 Pl. u. 2 Kart.) 99. 2.40 ‖ 4. Von Thiergen u. T Brucauff. (157 u. Wörterb. 38) 1900. 2.20.

— dasselbe. Englischer Tl. Lehrbuch. Ausg. B f. höh. Mädchenschulen. N. d Bestimmgn. v. 31. Mai 1894. 1. Tl.: Stoff f. d. 1. Unterrichtsj. Hierzu e. grammat. Anh. gr. 8. (VIII, 161 u. 46 S.) Ebd. 898. Geb. in Leinw. u. geh. n. 2.20

— dasselbe. Englischer Tl. Lehrbuch. Ausg. B. II. Tl.: Stoff f. d. 2. Unterrichtsj. M. 1 Vollbild (D. Winter) u. 1 Münztaf. Hierzu e. grammat. Anh. gr. 8. (VI, 205 u. 38 S.) Ebd. 898. Geb. in Leinw. u. geh. n. 2.40 (I. u. II.: n. 4.60)

— dasselbe. Englischer Tl. Lehrbuch der englischen Sprache. M. bes. Berücksicht. d. Übgn. im mündl. u. schriftl. freien Gebr. d. Sprache. M. 2 Vollbild.: Herbst u. Winter, sow. e. Münztaf. Hierzu in Tasche: Wörterverzeichn. 2. Aufl. gr. 8. (X, 148 u. 93 S.) Ebd. 898. Geb. in Leinw. n. 2.20

— dasselbe. Französischer Tl. Oberstufe z. Lehrbuch. Ausg. C. M. e. Hölzelschen Vollbild: „Die Stadt" u. 8 Abb. v. Paris. Hierzu in Tasche: Französ.-deutsches u. deutsch-französ. Wörterbuch. gr. 8. (VIII, 232 u. 125 S.) Ebd. 898. Geb. in Leinw. u. geh. n. 2.60

— dass. Die Hauptregeln d. engl. Syntax. Für d. Oberst. d. Lehrb. d. engl. Sprache, Asg. B f. höh. Mädchensch., nach d. Bestimmgn v. 31.V.'94 bearb. v. O Thiergen. 8° (130) Ebd. 99. Geb. 1.20

— dass. Lehrb. d. französ. Sprache. Asg. A. 1. u. 2. Abtlg. 6. Doppel-Afl. 8° Ebd. 1900. Geb. 2.80
1. (76 u. 2) — 80 ‖ 2. (77—332) 2 —

— dass. Französ. Tl v. O Boerner. Die Hauptregeln d. französ. Grammatik. Asg. A. 6. Afl. 8° (155) Ebd. 1900. Geb. 1.60 ‖ Asg. B. 6. (d. Asg. B 2.) Afl. (155 u. 48) 99. Geb. 2 —

— dass. IV. Tl, 1. Abtlg. Neubearbeitg. (Abschl. d. Formenlehre.) Stoff f. d. 4. Unterr.-J. Hierzu in Tasche: Französisch-deut. u. deutsch-französ. Wörterb. 8° (160 u. 74 m. 1 Bild u. 1 Taf.) Ebd. 1900. Geb. u. geh. 2 —

— dass. Gekürzte Asg. C, bearb. v. O Schoepke. 8° (108 u. Wörterverzeichnisse 60 m. 2 Bildern u. 1 Taf.) Ebd. 1900. Geb. u. geh. 2 —

— dass. Vereinf. Bearbeitg d. Asg. B, f. Mädchensch. 1. Tl. Stoff f. d. 1. Unterr.-J. 8° (91 u. 40) Ebd. 1900. Geb. u. geh. 1.20

— neusprachliches Unterrichtswerk, nach den neuen Lehrplänen bearb. Englischer Tl. v. Otto Boerner u. Osc. Thiergen. Lehrbuch der engl. Sprache. Auf Grundlage v. Otto Boerners neusprachl. Unterrichtswerk m. besond. Berücksicht. der Übgn. im mündl. u. schriftl. freien Gebrauch der Sprache. Ausg. B f. höhere Mädchenschulen. Nach den Bestimmgn. vom 31. V. 1894. In 4 Tln. gr. 8. Ebd. Geb. in Leinw. n. 9.20
I. Stoff f. das 1. Unterrichtsjahr. Hierzu e. grammat. Anh. 2. Aufl. (Neusprachliches Unterrichtswerk.) gr. 8. (X, 182 u. 47 S.) 901. Geb. in Leinw. u. geh. n. 2.20
II. Stoff f. das zweite Unterrichtsjahr. Mit e. Vollbild (der Winter) u. e. Münztaf. Hierzu e. grammat. Anh. 2. Aufl. (VI, 208 S.) 903. Geb. in Leinw. n. 2.40
III. v. Osc. Thiergen. Mit 9 Ansichten u. e. Plane v. London, sowie e. Karte v. Schottland u. der Insel Wight. (IX, 211 S.) 899. Geb. in Leinw. n. 2.40.
IV. v. Osc. Thiergen u. T. Brucauff. (VI, 157 u. Wörterbuch 38 S.) 900. Geb. in Leinw. n. 2.20

— dasselbe. Lehrbuch d. englischen Sprache. Gekürzte Ausg. C, bearb. v. Otto Schoepke. Mit 2 Vollbildern: Herbst u. Winter, sowie 1 Münztaf. Hierzu in Tasche: Wörterverzeichnisse. 2. Aufl. gr. 8. (VII, 101 u. 65 S.) Ebd. 903. Geb. in Leinw. u. geh. n. 2.—

— dasselbe. Grammatik der engl. Sprache. Im Anschluß an das Lehrbuch der engl. Sprache f. den Schulgebrauch bearb. v. Osc. Thiergen. Gekürzte Ausg. C, bearb. v. Otto Schoepke. gr. 8. (VIII, 172 S.) Ebd. 900. Geb. in Leinw. n. 1.80

— dasselbe. Die Hauptregeln der engl. Syntax. Für die Oberstufe des Lehrbuchs der engl. Sprache, Ausg. B f. höhere Mädchenschulen, nach den Bestimmgn. vom 31. V. 1894 bearb. v. Osc. Thiergen. gr. 8. (V, 130 S.) Ebd. 899. Geb. in Leinw. n. 1.20

— dasselbe. Französischer Tl. v. Otto Boerner. Lehrbuch der französ. Sprache. Mit besond. Berücksicht. der Übgn. im mündl. u. schriftl. freien Gebrauch der Sprache. Ausg. A. 1. u. 2. Abtlg. 6. Doppel-Aufl. gr. 8. Ebd. 900. Geb. in Leinw. n. 2.80
1. (XI, 76 u. 2 S.) n. —80. — 2. (VIII u. S. 77—332.) n. 2.—.

— dasselbe. Lehrbuch d. französ. Sprache. Ausg. B, f. höhere Mädchenschulen (nach den Bestimmgn. vom 31. V. 1894). I., II. u. IV. Tl. gr. 8. Ebd. Geb. in Leinw. n. 6.60
I. Stoff f. das erste Unterrichtsjahr. Hierzu e. grammat. Anh. 4. Doppel-Aufl. (28.—45. Taus.) (VIII, 98 u. 40 S. 902. n. 1.20
II. Stoff f. das 2. Unterrichtsjahr. Mit 1 Vollbild: Der Frühling. Hierzu e. grammat. Anh. 3. Aufl. (VI, 138 u. 58 S.) 901. n. 1.80
IV. Oberstufe. Stoff f. das 4. u. 5. Unterrichtsjahr. Mit e. Hölzelschen Vollbild (Die Stadt) e. Karte v. Frankreich, e. Plane v. Paris u. e. Münztaf. Hierzu in Tasche: Französisch-deutsches u. deutsch-französ. Wörterbuch. 2. Aufl. (X, 348 u. 98 S.) 899. n. 3.60

Boerner, Otto, neusprachliches Unterrichtswerk, nach d. neuen Lehrplänen bearb. Französischer Tl. Lehrbuch d. französ. Sprache. Neubearbeitung IV. Tl. 1. u. 2. Abtlg. gr. 8. Leipzig, B. G. Teubner. Geb. n. 5.20
IV. 1. (Abschluß der Formenlehre.) Stoff f. das 4. Unterrichtsjahr. Mit e. Hölzelschen Vollbild: Die Großstadt, u. e. französ. Münztafel. Hierzu in Tasche: Französisch-deutsches u. deutsch-französ. Wörterbuch. (VI, 160 u. 74 S.) 900. n. 2.—
IV. 2. Oberstufe (Syntax). Stoff f. das 5. u. 6. Unterrichtsjahr. Mit e. Hölzelschen Vollbild: Die Familienwohng., 8 Abbildgn. v. Paris, e. (farb.) Plane v. Paris u. e. (farb.) Karte v. Frankreich. Hierzu in Tasche: Französisch-deutsches und deutsch-französ. Wörterbuch. (IX, 264 u. 136 S.) 902. n. 3.20

— dasselbe. Lehrbuch d. französ. Sprache. Vereinfachte Bearbeitg. der Ausg. B, f. Mädchenschulen (nach den Bestimmgn. v. 31. V. 1894). 1.—3. Tl. gr. 8. Ebd. n. 4.80
I. Stoff f. das 1. Unterrichtsjahr. Hierzu e. grammat. Anh. (X, 91 u. 40 S.) 900. n. 1.20
II. Stoff f. das 2. Unterrichtsjahr. Mit e. Vollbild: Der Frühling. Hierzu e. grammat. Anh. (VI, 114 u. 58 S.) 901. n. 1.60
III. Stoff f. das 3. Unterrichtsjahr. Mit 1 Vollbilde: Der Herbst. Hierzu e. grammat. Anh. (VI, 182 u. 76 S.) 901. n. 2.—

— dasselbe. Lehrbuch d. französ. Sprache. Ausg. C. (In 2 Abtlgn.) gr. 8. Ebd. Geb. in Leinw. n. 4.20
I. Mit e. Hölzelschen Vollbild: Der Frühling. 3. Doppel-Aufl. (Neusprachliches Unterrichtswerk.) (X, 164 S.) 901. n. 1.40
II. Mit 2 Hölzelschen Vollbildern: Frühling u. Winter, 1 Karte v. Frankreich, 1 Plane v. Paris u. 1 Münztaf. In Tasche: Französisch-deutsches u. deutsch-französ. Wörterbuch. 2. Doppel-Aufl. (X, 264 u. 72 S.) 900. n. 2.80

— dasselbe. Lehrbuch d. französ. Sprache. Ausg. D, f. preuß. Realanstalten u. ähnl. Schulgattgn. Mitbearb. v. Frdr. Schmitz. I. u. II. Abtlg. gr. 8. Ebd. Geb. in Leinw. n. 4.60
I. Unterstufe. Mit e. Hölzelschen Vollbild: Der Winter. (XII, 198 S.) 901. n. 1.80
II. Mittelstufe. Mit 3 Hölzelschen Vollbildern: Frühling, Sommer u. Herbst, e. (farb.) Karte v. Frankreich, e. (farb.) Plane v. Paris u. e. (farb.) Münztafel. In Tasche: Französisch-deutsches u. deutsch-französ. Wörterbuch. (X, 259 u. 76 S.) 902. n. 2.80

— dasselbe. Oberstufe zum Lehrbuch der französ. Sprache. Mit besond. Berücksicht. der Übgn. im mündl. u. schriftl. freien Gebrauch der Sprache. Ausg. C. Mit e. Hölzelschen Vollbild: „Die Stadt" u. 8 Abbildgn. v. Paris. Hierzu in Tasche: Französisch-deutsches u. deutsch-französ. Wörterbuch. 2. Doppel-Aufl. gr. 8. (VIII, 235 u. 131 S.) Ebd. 903. Geb. in Leinw. n. 2.80

— dasselbe. Die Hauptregeln der französ. Grammatik. Im Anschluß an das Lehrbuch der französ. Sprache, f. den Schulgebrauch bearb. v. B. Ausg. A. 6. Aufl. gr. 8. (VIII, 155 S.) Ebd. 900. Geb. in Leinw. n. 1.60

— dasselbe, nebst syntaktischem Anh. Unter Berücksicht. des Erlasses des französ. Unterrichtsministers vom 26. II. 1901 im Anschluß an das Lehrbuch der französ. Sprache f. den Schulgebrauch bearb. Ausg. B. 7. (der Ausg. B 3.) Aufl. gr. 8. (X, 157, 57 u. 10 S.) Ebd. 901. Geb. in Leinw. u. geh. n. 2.—

— dasselbe. Französisches Lesebuch insbesondere f. Seminare, bearb. v. Otto Boerner u. Clem. Pilz. I. Tl.: f. die unteren u. mittleren Klassen der Lehrer- u. Lehrerinnenbildungsanstalten, sowie die mittleren Klassen höherer Schulen u. die oberen Klassen (Selekten) der Volksschulen. Mit Wörterverzeichnis, 1 Karte v. Frankreich u. 1 Plane v. Paris. gr. 8. (X, 203 u. 75 S.) Ebd. 900. Geb. in Leinw. u. geh. n. 2.60

— dasselbe. Italienischer Tl. v. Otto Boerner u. Romeo Lovera. Grammatik der italien. Umgangssprache. Im Anschluß an das Lehrbuch der italien. Sprache f. den Schulgebrauch bearb. v. Romeo Lovera. gr. 8. (IX, 177 S.) Ebd. 898. Geb. in Leinw. n. 2.—

— dasselbe. Grammatik der italien. Umgangssprache. Im Anschluß an das Lehr- u. Lesebuch der italien. Sprache f. den Schulgebrauch bearb. v. Romeo Lovera. (Ausg. f. Österreich.) gr. 8. (VII, 177 S.) Wien 899. C. Graeser & Co. Geb. in Leinw. n. 2.—

— dasselbe. Lehrbuch der italienischen Sprache. Mit besond. Berücksicht. der Übgn. im mündl. u. schriftl. freien Gebrauch der Sprache v. Otto Boerner u. Romeo Lovera. Mit e. Karte v. Italien. 2. Aufl. gr. 8. (XII, 257 S.) Leipzig 902. B. G. Teubner. Geb. in Leinw. n. 2.60

— dass. Lehr- u. Leseb. d. italien. Sprache v. O Boerner u. R Lovera. (Asg. f. Österr.) 8° (243 m. 1 Karte.) Wien 99, C Graeser & Co. Geb. 2.50

— dass. Asg. f. Österr. 8° (177) Wien 99, C Graeser & Co. Geb. 2 —

Boerner, Otto: Die Weihe des neuen Heims [nebst] Beschreibung des Schulhauses. Blasewitz 1909: Elbgau-Buchdr. S. 1—20. 4°
Blasewitz, RG i. E. OP 1909 (745) [S 09. 32

—— die Willensfreiheit, Zurechnung und Strafe in ihren Grundlehren (naturwissenschaftlich-psychologisch.) gr. 8. (80 S.) Freiberg 856(57,) (Craz und Gerlach.) *

— französisch-deutsches u. deutsch-französisches Wörterbuch zum Lehrbuch der französischen Sprache. gr. 8. (IV, 131 S.) Ebd. 892. Geb. in Leinw. n. 1.45

— französisch-deutsches u. deutsch-französisches Wörterbuch zum Lehrbuch der französischen Sprache. (Otto Boerner's neusprachl. Unterrichtswerk, nach den neuen Lehrplänen bearb.) 6. Aufl. in der neuen Rechtschreibg. (IV, 140 S.) gr. 8. Ebd. 903. Geb. in Leinw. n. 1.20

Boerner, Otto, Clem. Pilz und Max Rosenthal

— — — französisch-deutsches u. deutsch-französisches Wörterbuch zum III. Tle. des Lehrbuchs der französischen Sprache. (Boerners neusprachl. Unterrichtswerk, nach den neuen Lehrplänen bearb. Französischer Tl.) (138 S.) 8. Ebd. 907. n. 1.—

Französisch-deutsches und deutsch-französisches Wörterbuch zum Lehrbuch der französischen Sprache Ausg. A von Prof. Dr. Otto Boerner. 6. Aufl. Leipzig & Berlin: B. G. Teubner 1907. (140 S.) 8° [F.]
(Prof. Dr. Boerners neusprachliches Unterrichtswerk.) (08. 4897

— — — Französ.-deut. u. deutsch-französ. Wörterb. z. 3. Tl d. Lehrb. d. französ. Sprache. 2. Afl. (52) 8° Ebd. '12. — 60 d

Börner, P.E. (Hrsg.), s.a. Kunstsammlung ...

Börner, P. E., die Kunstsammlungen von Eug. Felix in Leipzig, s.: Eye, A. v.

Boerner, Paul, s.a. Bericht über die allgemeine deutsche Ausstellung auf dem Gebiete der Hygiene u. des Rettungswesens.

Börner P, Bericht über die allgemeine deutsche Ausstellung auf dem Gebiete der Hygiene und des Rettungswesens in Berlin. 1882-83. Bd 1-3. Breslau 1885-86

Boerner, Paul: Die Frage der Curpfuscherei in der Berliner Medicinischen Gesellschaft. Mit e. Einl. u. e. Nachtr. Cassel 1880.
(S.-A. a.: Deutsche Medic. Wochenschrift. Nr 23—29.)

Boerner, Paul, hygienischer Führer durch Berlin. Im Auftrage der städt. Behörden als Festschrift für die Versammlung des Deutschen Vereins für Gesundheitspflege und des Deutschen Vereins für Gesundheitstechnik, Berlin 16. bis 20. Mai 1883, hrsg. Mit 48 Illustr., 2 Situationsplänen und 1 Taf. Abbild. zur Berliner Kanalisation, sowie 1 Plane von Berlin. gr. 8. (XV, 308 S.) Berlin 882, Pasch. ** geb. **

Börner, Paul, die Fürstin d. Umsturzes, s.: Kriminal-Kommissar, der. 2. Bd.

Börner, Paul, s.: Jahrbuch d. pract. Medicin.

—— Medicinal-Kalender für Oesterreich auf die J. 1883—1885. (1.—3. Jahrg.) Hrsg. in Verbindung mit Heinr. Adler in Wien. à Jahrg. 2 Thle. 12. und 8. (à Jahrg. ca. 500 S.) Ebendas. geb. à Jahrg. *
1. Thl. durchsch., beide Thle. geb. à Jahrg. *

— Medicinal-Kalender f. Oesterreich auf d. J. 1884. Hrsg. in Verbindg. m. Heinr. Adler in Wien. 2 Thle. gr. 16. u. 8. (XVI, 212, 191 u. XX, 369, 444, 111 S.) Leipzig 884. G. Thieme. geb. n. 5.—; 1. Thl. durchsch., beide Thle. geb. n. 5.50

Börner, Paul, das deutsche Medicinalwesen. Civil-Medicinalwesen: Medicinalbehörden und ärztl. Sanitätsbeamte. — Das deutsche Aerzterecht. — Die für die öffentl. Medicin wichtigsten Reichsgesetze. Militär-Medicinalwesen: a) Im Frieden. b) Im Kriege. Die medicin. und hygien. Publicistik. Fast durchweg nach amtl. Quellen und Mittheilungen bearb. und hrsg. Suppl.-Bd. zu allen Jahrgn. von Paul Börner's Reichs-Medicinal-Kalender. 8. (XIII, 404 S.) [Berlin 885, Th. Fischer.] Leipzig, Georg Thieme. *
Subscr.-Pr. **

Börner, Paul, das Medicinalwesen Deutschlands im Jahre 1880. [Aus: „Reichs-Medicinal-Kalender für 1881".] 8. (XVIII, 790 S.) Berlin 881. Fischer. geb. n. 4.—

Börner u. Adler, das Medicinalwesen Oesterreichs im J. 1883. Berl. 884.

— u. Heinr. **Adler**, das Medicinalwesen Oesterreichs im J. 1883. [Aus: „Oesterr. Medicinalkalender f. 1884, II. Thl."] 8. (VIII, 199 S.) Ebend. 884. n. 2.—

— — für die ärztliche Praxis! Arzneiverordnungslehre u. Receptur. [Aus: „Oesterr. Medicinalkalender f. 1884, I. Thl."] 8. (II, 191 S.) Ebend. 884. n. 2.—

Börner, Paul, s.a. **Reichs-Medicinal-Kalender.**

Börner's, Paul, Reichs-Medicinal-Kalender für Deutschland auf das J. 1880. 2 Thle. in 3 Abthlgn. gr. 16. (XIII, 335, 184 S. mit 3 Taf. und 1 Eisenbahnkarte von Mittel-Europa; 188, VIII, 740 S.) Kassel 879, Fischer. geb. * geb. und durchschossen *

—— Reichs-Medicinal-Kalender für Deutschland auf das J. 1881. 2 Thle. 8. (XXXVI, 361; XVIII, 790 S., nebst A. Steinbach's Leitfaden für die Geschäfts- und Buchführung des prakt. Arztes, 16 S. in Fol.) Ebendas. geb. in Ldr. und Leinw. * ℳ 4,50.; durchsch. * In Etui mit broch. Abthl. zum Einhängen ** Mit Abthl. für Instrumente **

—— dass. — auf das J. 1882. 2 Thle. 12. und 8. (XI, 388; XX, 830 S.) Ebendas. geb. in Ldr. und Leinw. *

—— dass. — 2 Thle. Ausg. für die Hrn. Studirenden der Medicin. 12. und 8. (388; VIII, 181 S.) Ebendas. geb. und geb. *

— **Reichs-Medicinal-Kalender für Deutschland auf das Jahr 1883.** 2 Thle. gr. 16. u. 12. (X, 404 u. XVIII, 841 S. m. 1 Steintaf.) Ebend. Ausg. A.: Normal-Kalender. geb. n. 5.—; Ausg. B: Durchschossen 5. 50; Ausg. C.: in Etui m. broch. Abtheilungen zum Einhängen n.n. 7.—; Ausg. D: in Etui m. broch. Abtheilgn. zum Einhängen u. m. Instrumententasche n.n. 7. 50; Ausg. E: 1. Thl. in broch. Hftn., 2. Thl. geb. n. 4.—

—— dass. — auf die J. 1884 und 1885. à Jahrg. 2 Thle. 12. und 8. (X, 425 S. mit 1 Stnt., XX, 444; VIII, 398, XVIII, 725, 67 S.) Ebendas.
Ausg. A.: Normal-Kalender geb. à *
Ausg. B.: 1. Thl. durchsch. à *
Ausg. C.: In Etui mit broch. Abthlgn. zum Einhängen à **
Ausg. D.: In Etui mit broch. Abthlgn. zum Einhängen und mit Instrumententasche à **
Ausg. E.: 1. Thl. in broch. Heften, 2. Thl. geb. à *

Börner, Paul, Reichs-Medicinal-Kalender für Deutschland auf das J. 1886. 2 Thle. gr. 16. und 12. (1. Thl. VIII, 388, 73 S.) [Berlin, Th. Fischer.] Leizig, Georg Thieme.
Ausg. A: Normal-Kalender geb. *
Ausg. B: 1. Thl. durchsch. *
Ausg. C: in Etui mit broch. Abthlgn. zum Einhängen **
Ausg. D: in Etui mit broch. Abthlgn. zum Einhängen und mit Instrumententasche **
Ausg. E: 1. Thl. in broch. Heften, 2. Thl. geb. *

—— dass. — auf die J. 1887 und 1888, hrsg. von S. Guttmann. 2 Thle. gr. 16. und 12. (VIII, 395, 97; VIII, 398, 118 S.) Ebendas.
Ausg. A: Normal-Kalender geb. à Jahrg. *
Ausg. B: 1. Thl. durchsch. à Jahrg. *
Ausg. C: in Etui mit broch. Abthlgn. zum Einhängen à Jahrg. **
Ausg. D: in Etui mit broch. Abthlgn. zum Einhängen und mit Instrumententasche à Jahrg. **
Ausg. E: 1. Thl. in broch. Heften, 2. Thl. geb. à Jahrg. *

—— dass. — auf das J. 1889, hrsg. von S. Guttmann. 2 Thle. mit 1 broch. Heft. gr. 16. (VIII, 398, 188, 56 S.) Ebendas.
Ausg. A: Normal-Kalender geb. *
Ausg. B: 1. Thl. durchsch. *
Ausg. C: in Etui mit broch. Abthlgn. zum Einhängen **
Ausg. D: in Etui mit broch. Abthlgn. zum Einhängen und mit Instrumententasche **
Ausg. E: 1. Thl. in broch. Heften, 2. Thl. geb. **
Mit 2. Thl. durchsch. *

Börner's, Paul. Reichs-Medicinal-Kalender f. Deutschland auf d. J. 1890—1893. Hrsg. v. S. Guttmann. 2 Thle., nebst 1 brosch. Heft. 12. (1. Thl.: VIII, 208; 166, 102 S.); 2. Thl.: XVI, 192, 620 S.; 1. Thl.: VIII S., Schreibkal., 172, 99 S.; 2. Thl.: XVI, 117, 640 S.; 1. Thl.: VIII S., Schreibkal., 190, 98 S.; 2. Thl.: XV, 135, 644 S.; 1. Thl.: VIII S., Schreibkal., 201, 150 S.; 2. Thl.: IV, 131, 648 S.) Lpz., G. Thieme. à Jahrg. Ausg. A. Normal-Kalender. Beide Thle. geb. * 5 —; Ausg. B. 1. Thl. durchsch., beide Thle., geb. * 5 50; Ausg. C. 1. Thl. in 5 brosch. Abthlgn. zum Einhängen in Etui, 2. Thl. geb. * 7 —; Ausg. D. 1. Thl. in 5 brosch. Abthlgn. zum Einhängen in Etui m. Instrumententasche, 2. Thl. geb. * 7 50; Ausg. E. 1. Thl. in 5 brosch. Abthlgn., 2. Thl. geb. * 4 —

— **Reichs-Medicinal-Kalender f. Deutschland auf d. J. 1895. Hrsg. v. Eulenburg u. Jul. Schwalbe.** 2 Thle., nebst 1 brosch. Hft. 12. (VIII S., Schreibkalender, 208, 175 u. XVIII, 141, 688 S. m. Abbildgn., 1 Taf. u. 1 Bildnis.) Leipzig, G. Thieme. Ausg. A. Normal-Kalender. Beide Thle. geb. n. 5.—; Ausg. B. 1. Thl. durchsch., beide Thle. geb. n. 5. 50; Ausg. C. 1. Thl. in 5 brosch. Abthlgn. zum Einhängen in Etui. 2. Thl. geb. n. 7.—; Ausg. D. 1. Theil in 5 brosch. Abthlgn. zum Einhängen in Etui m. Instrumententasche, 2. Thl. geb. n. 7. 50; Ausg. E. 1. Thl. in 5 brosch. Abthlgn., 2. Thl. geb. n. 4.—

— Reichs-Medicinal-Kalender f. Deutschland f. 1896. Hrsg. v. Eulenburg u. J Schwalbe. 2 Thle, nebst 1 brosch. Hft. 12° (1188 m. Abbildgn u. 1 Taf.) Lpzg, G Thieme. Asg. A. Normal-Kalender. Beide Thle geb. 5 —; Asg. B. 1. Thl durchsch., beide Thle geb. 5.50; Asg. C. 1. Thl in 5 brosch. Abthlgn z. Einhängen in Etui. 2. Thl geb. 7 —; Asg. D. 1. Thl in 5 brosch. Abthlgn z. Einhängen in Etui m. Instrumententasche, 2. Thl geb. 7.50; Asg. E. 1. Thl in 5 brosch. Abthlgn, 2. Thl geb. 4 —

— Reichs-Medicinal-Kalender f. Deutschl. 1897. Hrsg. v. Eulenburg u. J Schwalbe. 2 Thle, nebst 1 brosch Hft. 12° (240, Schreibkalender, 176, 137 u. 734 m. Abb. u. 1 Taf.) Lpzg, G Thieme. Asg. A. 1. Normal-Kalender. Kalendertafel in 4 brosch. Hftn z. Einhängen, Text d. I. u. II. Thls geb. 5 —; A. 2. Normal-Kalender. Beide Thle geb. 5 —; Asg. B. 1. Thl durchsch., beide Thle geb. 5.50; Asg. C. 1. Thl in 5 brosch. Abthlgn z. Einhängen in Etui, 2. Thl geb. 7 —; Asg. D. 1. Thl in 5 brosch. Abthlgn z. Einhängen in Etui m. Instrumententasche, 2. Thl geb. 7.50; Asg. E. 1. Thl in 5 brosch. Abthlgn, 2. Thl geb. 4 —
Fortsetzg s. u. d. T.: Reichs-Medicinal-Kalender.

Boerner, Paul, e. preussicher Sanitätszug an der Loire nach dem Abzuge der deutschen Truppen. Vortrag im vaterländ. Frauenverein am 21. April 1872 geh. gr. 8. (VI, 36 S.) Berlin 872. Hirschwald. n. 1.—

Börner, Paul (Hrsg.), s. Wochenblatt, Deutsches, für Gesundheitspflege und Rettungswesen.

— s.: **Wochenschrift, deutsche medicinische.**

Börner, Rich., s.a. **Aktien-Gesellschaften, die sächsischen.**

Börner, R. Die sächsischen Actien-Gesellschaften und die an sächsischen Börsen courshabenden auswärtigen Industriewerthe. Dresden 1887. Dazu Nachtrag für 1888. — 2. Auflage (1889/90). — 4. Auflage (1891/92) ff. bis 7. Auflage (1897/98). — Leipzig. 8. Auflage (1898/99).

Börner, R., die sächsischen Actien-Gesellschaften u die an sächsischen Börsen courshabenden auswärtiger Industriewerthe. gr. 8. (X, 332 S.) Dresden 887 Selbstverlag. n. 6. —; geb. n. 6. 75

Börner, Rich. Die sächsischen Actien-Gesellschaften u. die an sächsischen Börsen courshabenden auswärtigen Industriewerthe. Jahrbuch der Dresdner, Leipziger u. Zwickauer Börse. 4. Aufl. gr. 8. (VIII, 311 S.) Dresd. 891, Turgas Nachf. * 6 75; geb. * 7 50

Börner, Rich., die sächsischen Actien-Gesellschaften u. die an sächsischen Börsen courshabenden auswärtigen Industriewerthe. Jahrbuch der Dresdner, Leipziger u. Zwickauer Börse. 5. Aufl. gr. 8. (IX, 337 S.) Dresden 898. Rich. Börner's Selbstverl. n. 6. 75; geb. n. 7. 50

Börner, R, d. sächs. Actien-Gesellschaften u. d. an sächs. Börsen courshab. auswärt. Industriewerthe. Jahrb. d. Dresdner, Leipz. u. Zwickauer Börse. 6. Afl. 8° (366) Dresd. (Schützengasse 52) 95, Selbstverl. Geb. in Lnw. 7.50

Börner, R: Die sächs. Actien-Gesellschaften u. d. an sächs. Börsen courshab. auswärt. Industriewerthe. Jahrb. d. Dresdner, Leipz. u. Zwickauer Börse. 7. Afl. 8° (412) Riesa 97. Lpzg, Verl. f. Börsen- u. Finanzlitt. Geb. in L. 7.50
Fortsetzg s. u. d. T.: Aktien-Gesellschaften, d. sächs.

Börner, Rich., Anschauungsunterricht u. Heimatkunde, s.: Jütting, W.

— s.: Lesebuch, deutsches, f. Realschulen u. verwandte Lehranstalten.

— deutsche Sprache u. Dichtung, s.: Weber, Hugo.

Boerner, Rudolf, prakt. Arzt in Berlin: 85 **Fälle peripherer Facialisparese.** *Leipzig 1904: B. Georgi.* (40 S.) 8°
Leipzig. Med. Diss. v. (15. Juli) 1904

Börner, W., Volkssagen aus dem Orlagau, nebst Belehrungen aus dem Saaenreiche. 8. Altenburg 838. Helbig. n. 1⅓ ₰

Börner, W.Th. (Hrsg.), s. Anzeiger, monatlicher, für Bücherfreunde u. Antiquare.

Börner, Weert, das evang. Gemeindehaus m. Hospiz auf Norderney. (30 S. m. 1 Vollbild.) kl. 8. Norderney (909). H. Hofmann. — 50

Lebensstrahlen. Erinnerungen an unvergessliche Predigten in d. Kirche zu Norderney vom verewigten Pastor Weert **Börner**, zusammengefasst von Helene Gräfin v. Korff. Hannover: Feesche 1909. 48 S. 8°
[… 7

— Predigten, s.: Korff, Helene Gräfin v., Lebensstrahlen.

Börner, Wilhelm

Die Alumnatsfrage, eine freimaurerische wie deutschnationale Frage. Vortrag, gehalten auf der 2. Bezirksversammlung des Vereins deutscher Freimaurer für Württemberg, Baden, Elsass-Lothringen und die Pfalz, zu Karlsruhe am 10. April 1910, von W[ilh.] Boerner. [Bayreuth 1910: Mühl.] 14 S. 8° [Kopftit.]
Aus: BayrBbl. 10 (1909–1910) S. 268—281.

Börner, Wilh.: Die ethische Bewegg, s: Kultur u. Fortschritt.

Aug. Ficke. Ein maurerischer Reformator. Zu seinem 100jährigen Geburtstage 9. Juni 1908. Von Wilh. Boerner. Bayreuth 1908: Mühl. 45 S. 8° [Umschlagtit.]
Recens: FZ. 62 (1908) S. 239 (R. Bachmann). cf. L. 31 (1908) S. 256 (P. Fischer); HL. 42 (1908—1909) S. 25 (K. Wahlstedt); R. 36 (1909) S. 16 (G. Schauerhammer).

Börner, Wilh., Dr. Fr. W. Foerster u. seine ethisch-religiösen Grundanschauungen. Eine Verteidigg. u. Entgegng. (21 S.) 8. Wien (I. Spiegelgasse 19) 909. Österreich. eth. Gesellschaft. — 50
Unwesentlich veränd. Abdr. aus „Mittlgn. d. öst. eth. Gesellsch."

— Freidenkertum u. österr. Justiz. (5, 52) 8° Wien, Brüder Suschitsky '12. — 50

Börner, Wilh., die ethische Gesellschaft in Wien im ersten Dezennium ihres Bestandes. (22 S.) gr. 8. Wien (III/2, Ob. Viaduktgasse 32) 904. Selbstverlag. n. — 30

— Friedrich Jodl. Eine Studie. Mit e. Charakteristik Fr. Jodl's v. Hugo Spitzer. (5, 150) gr8° Stuttg., JG Cotta Nf '11 3 —

— Zeitgemässe Lebensfragen. (24 S.) 8. Frankfurt a/M. 909. Neuer Frankfurter Verlag. — 30

Börner, Wilhelm [aus Leer, Ostfriesland]: Ueber Metastasen nach Mammacarcinom in der Wirbelsäule . . . . Berlin, Buchdr. v. Knoll u. Wölbling (1886); 26 + 8 S. 8°.
Berlin, Med. Fak. Inaug.-Diss. v. 2. März 1886.

Börner, Wilhelm, über Metastasen nach Mammacarcinom in der Wirbelsäule. Diss. Berlin 1886, Mayer & Müller. 8°. 26 S.

Michel, wach' auf! Ein Mahnruf an den deutschen Freimaurermichel. Von Wilh. Boerner. o. O. [1909]. 9 S. 8° [Kopftit.]
Aus: BayrBbl. 9 (1908—1909) S. 488—496.
Abgedr. in: H. 20 (1909) Nr 34.
Betr. die Frage der Alumnatsgründung für Gymnasiasten u. die Schaffung von Heimen für Studenten, die im frmrischen Geiste geleitet werden sollen, durch den Verein deutscher Frmr.

Börner, Wilhelm (Red.), s. Mitteilungen der (österreichischen) ethischen Gesellschaft.

— Der Moralunterricht in Frankreich. Das französ. Moralunterrichtsgesetz in deutscher Übertragg. Mit e. Einltg. versehen. (16 S.) 8. Wien (I, Spiegelgasse 19) 910. Österreich. „Ethische Gesellschaft". — 30

— Ferdinand Raimund, s.: Universal-Bibliothek.

Freimaurerische Schülerheime. Ein Appell an die deutsche Brüderschaft von W[ilh.] Boerner. [Berlin o. J.: Litfass.] 8 S. 8°. [Kopftit.]

— Die Schundliteratur u. ihre Bekämpfg. Referat, erstattet am VII. ordentl. Delegiertentag d. „Zentralverbandes der deutsch-österreich. Volksbildungsvereine" in Wien, am 29. III. 1908. 1. u. 2. Aufl. (16 S.) kl. 8. Wien 908. 10. Zentralverb. d. deutsch-österr. Volksbildungsvereine. — 30

— Weltl. Seelsorge. Grundleg. u. krit. Betrachtgn. (68) gr8° Lpzg, A Kröner '12. 1 —

Die Ultramontanen und — wir anderen. Von Wilhelm Boerner. [Bayreuth 1910: Mühl.] 24 S. 8° [Kopftit.]
aus: BayrBbl. 11 (1910/11) S. 144—167.
cf. Freimaurer vor die Front. Ein Kampfesruf der Freiburger Logenbrüder. in: Freiburger Bote. Nr. 95, I. 25. April 1910.

— Das Verbrechen d. „Gotteslästerg" u. d. Freih. d. relig. Kritik. Materialien z. Prager Freidenkerprozess. (69) gr8° Frankf.M., Neuer Frankf. Verl. '11. — 60 d

— u. Erich Frankl: Die Volksbücherei. Gründg, Einrichtg u. Führg. (7, 54 u. Beil. 7) 8° Wien, H Heller & Co. '11. L 2 —

Börner-Sandrini, Marie, Erinnerungen e. alten Dresdnerin. 8. (244 S.) Dresden 876. Burdach. 3. —; geb. n. 4. —

Börner-Sandrini, Marie, Erinnerungen einer alten Dresdnerin. Neue Folge. 8. (180 S.) Dresden 879. Burdach. n. 2. — (1. u. 2.: n. 5. —)

Bornewasser, Rudolf

Bornewasser, Rud., St. Antonius. E. Gebets- u. Betrachtungsbüchlein z. Verehrg. d. hl. Antonius v. Pad. 16. (140 S. m. 1 Farbdr.) Essen 898. Fredebeul & Koenen. Geb. in Leinw. n. — 50

Gregoriushaus in Aachen. Festschrift zur Feier d. 25jähr. Jubiläums am 6. Juni 1906. Ein Beitrag z. Geschichte d. Kirchenmusik im Erzbist. Cöln. (Verf.: Rudolf **Bornewasser**, Dir.) Aachen (1906): La Ruelle. (97 S.) 8° [07. 403† 5]

Bornewieck, Karl, tau Hus un in del Frömm'. Jena 865. Fr. Frommann. 8. (118 S.) n. 20 ngr

Bornewier, Karl, tau Hus un in del Frömm'. 8. (118 S.) Jena 865, Fr. Frommann.

Borngaesser, Phil. Chrph., s. Hartung, Joh. Godfr.: Cursus juris seu jurisprudentiae universae in artem redactae eiusdemque partis civilis exercitatio III. de statu civitatis speciatimque Romanae.

Borngaesser, Philipp Christoph (Giessensis Ill. Dicast. Hanoviensis Advoc. et Proc. Ordin.)
Dissertatio inauguralis juridica, de praediorum emphyteuticorum jure et immunitate.
Giessae Mai 1736: Eb. Henr. Lammers. 52 S. 4°
pro summis in utroque jure honoribus ac privilegiis doctoralibus rite capessendis.

Börngen, Fedor, pr. Arzt: Ueber postoperative Netzhautablösungen nach Myopieoperation mit einem Beitrag zur Behandlung derselben. Leipzig 1908: Georgi. 39 S. 8°
Leipzig, Med. Diss. v. 14. Nov. 1908, Ref. Sattler
[Geb. 2. Aug. 80 Marklissa; Wohnort: Arolsen; Staatsangeh.: Preußen; Vorbildung: Gymn. Jauer Reife O. 02; Studium: Greifswald 1, Berlin 7, München 2 S.; Coll. 1. Dez. 08; Approb. 14. Juni 08.] [U 09. 2757

Börngen, L., das Statut der Stadt Jena vom 21. VI. 1881, die Einführung des Stadtbauplanes u. s. w. betr. — Die „Entgegnung" des Prof. Dr. Kniep, besprochen v. B. gr. 8. (24 S.) Jena 899. H. Pohle. n. — 80
Sonderabdruck aus: „Blätter f. Rechtspflege in Thüringen".

Börngen, V: Die Ausbildg d. Juristen. — Reformbestrebgn im Rechtsleben u. d. Verein „Recht u. Wirtsch.", s: Schriften d. Ver. Recht u. Wirtsch.

Börngen, B., D. Statut d. Stadt Jena v. 22. VI. 1881, d. Einführg. d. Stadtbauplanes u. s. w. betr., u. d. dagegen erhob. rechtl. Bedenken. [Aus: „Blätter f. Rechtspflege in Thüringen".] gr 8. (52 S.) Jena 898. H. Pohle. n. 1. —

— dass. Die „Entgegng" d. Prof. Dr. Kniep besprochen. 8° (24) Ebd. 99. — 80

Borngesser, T. L'art poétique de Boileau. Bayreuth, G., 1883. 41 S.

(Borngräber, Bertha), Helmina v. Chézy, s. Chézy, Helmina v.

***Borngräber, Otto: Althaea u. ihr Kind. Die Tragödie d. Reinh. Berl., F Lehmann. ca 2 —**

Borngräber, Otto, Giordano Bruno. Das neue Jahrhundert. Eine Tragödie u. Ouverture zur neuen Zeit. Mit Vorwort v. Ernst Haeckel. 2. veränd. Aufl. 8. (181 S.) Leipzig 901. E. Diederichs. n. 2. —; geb. n. 3. —

Borngräber, Otto: Das Erwachen der philosophischen Spekulation der Reformationszeit, in ihrem stufenweisen Fortschreiten beleuchtet an Schwenkfeld, Thamer, Sebastian Franck von Wörd. Schwarzenberg i. Sa. 1908: Gärtner. 03 S. 8°
Erlangen, Phil. Diss. v. 7. April 1909, Ref. Hensel
[Geb. 19. Nov. 74 Stendal; Wohnort: Halle a. S.; Staatsangeh.: Preußen; Vorbildung: Gymn. Stendal Reife O. 96; Studium: Tübingen 1, Halle 3, Marburg 1, Halle 4 S.; Rig. 28. Juli 08.] [U 09. 842

Borngräber, Otto, König Friedwahn. Germanisches Trauerspiel in 5 Aufzügen. Bildschmuck v. Fidus. (VI, 186 S.) gr. 8. Berlin 905. C. A. Schwetschke & Sohn. n. 2. 50; geb. n. 3. 50

— König Friedwahn. Jetzt: Berl., W Borngräber.

Borngräber, Otto: Die hl. 10 Gebote d. Freien. Der hl. Glaube d. Freien. Das hl. Gebet d. Freien. Moses od. d. Geburt Gottes. Tragödie. (15) gr8° Berl., W Borngräber '07. — 50 d

Borngräber, Otto, die hl. zehn Gebote des Freien. Der hl. Glaube des Freien. Das hl. Gebet des Freien. Moses od. die Geburt Gottes. Tragödie. (15 S.) gr. 8. Berlin 907. Verlag Neues Leben. — 50

— das neue Jahrhundert. (Giordano Bruno.) Eine Tragödie. Mit e. Vorwort v. Ernst Haeckel. gr. 8. (XII, 152 S.) Bonn 900. E. Strauß. n. 3. —; geb. n. 4. —

— Die ersten Menschen. Erot. Mysterien. 1—3. Taus. (70 bezw. 68) 8° Berl., Marquardt & Co. ('08.09). 1.50 d

BORNGRÄBER, Otto. Die ersten Menschen. Erotisches Mysterium. Berlin, W. Borngräber. 1909.
Vgl. Geschlecht und Gesellschaft, Bd. 5, Beibl. Nr. 26.

— — Dasselbe. 16.—20. Aufl. O. J. (1919). 8°. 72 S.

— — Dasselbe. Als Oper in 2. Aufl. Mainz, B. Schott's Söhne, o. J. (1920). 8°. 60 S. [Textbuch]. Musik von Rudi Stephan.

— Die ersten Menschen. Erotisches Mysterium. 2. u. 3. Taus. (68 S.) 8. Berlin (909). Marquardt & Co. 1. 50

— Die ersten Menschen. Erot. Mysterium 6. u. 7. Afl. (72) 8° Berl., W Borngräber ('12). 2 — d

— Gottfreies Menschentum. Die Fortsetzg. der alten, d. Vollendg. e. neuen Reformation. Vorbereitender Tl. (63 S.) 8. Berlin 909. Verlag Neues Leben. 1. —

— in Wald u. Welle u. Halde. 12. (VII, 67 S.) Berlin 900. E. Ebeling. n. 1. 50; geb. n. 2. —

— In Wald u. Welle u. Haide. 12° (67) Berl. 1900, E Ebering. 1.50; geb. 2 —

Bornhak: Gartenbuch, s. Bornhak, Karl

Bornhak: Grammatik ..., s. Bornhak, Gustav

Bornhak, mit Christo gekreuzigt, s.: Besitz, der selige, in Christo Jesu.

Bornhak, B: Alphabet. Versverz. zu d. Reichsliedern. (39) kl8° Stuttg., Buchh. d. deut. Philadelphia-Ver. ('11). — 10; m. Umschl. — 15 (Pp.) d

Bornhak, Conrad

Einseitige Abhängigkeitsverhältnisse unter den modernen Staaten. Von Conrad **Bornhak**. *Leipzig: Duncker & Humblot 1896.* (3 Bl., 72 S.) 8.
= Abhandlungen, Staats- u. völkerrechtliche. Bd 1. H. 5. [96. 404

Das deutsche Arbeiterrecht. System. dargest. von **Conrad Bornhak**. *München & Leipzig: G. Hirth 1892.* (190 S.) 8° [F.]
Aus: Annalen d. Deutschen Reichs. 1892. [94. 331 6

— die Ausweisung fremder Staatsangehörigen vom völkerrechtlichen u. staatsrechtlichen Standpunkte, s.a. Festgabe f. Heinrich Dernberg.

Bornhak, d. Ausweisung fremder Staatsangehöriger vom völkerrechtl. u. staatsrechtl. Standpunkte. Berlin 900.

— Geschichte der preussischen Universitätsverwaltung bis 1810. gr. 8. (VIII, 200 S.) Berlin 900. G. Reimer. n. 3. —

Bornhak, Conr., Geschichte des preußischen Verwaltungsrechts. 2. und 3. (Schluß-)Bd. gr. 8. Berlin, Springer. à Bd. *ℳ 8.—. * geb. à Bd. *ℳ 9.20. *
Inhalt:
Bd. 2. Bis zum Frieden von Tilsit. (XVI, 366 S.) 885.
= 3. Bis zur neuesten Verwaltungsreform. (X, 350 S.) 886.
1. Bd. Ebendas. 1884. *ℳ 8.—.; geb. *ℳ 9.20.

— u. W. Goetze, das bürgerliche Gesetzbuch. Mit systemat. Darstellgn. u. e. Formularbuche. Unter Mitwirkung v. Heymann, Magendantz, Meyer, Schwartz u. Breyer bearb. u. hrsg. gr. 8. (IV, 473 u. IV, 119 S.) Leipzig 900. [F. Reinboth] Berlin, Deutsch. Verlagshaus Bong & Co. Geb. in Leinw. n. 5. —
Sonderabdruck aus: „Deutsches Recht".

Bornhak, C., Grundriss des deutschen Staatsrechts. (VI, 260 S.) 8. Leipzig, A. Deichert Nachf. 1905. 5. —; geb. 5. 80.

Bornhak, Conr., Grundriß des deutschen Staatsrechts. (VI, 260 S.) 8. Leipzig 907. A. Deichert Nachf. n. 5 —; geb. n. 5.80

Bornhak, C., Grundriss des deutschen Staatsrechts. 2. durchgeseh. Aufl. (VII, 263 S.) 8. Leipzig, A. Deichert Nachf. 1909. 5. —; geb. 5. 80.

Bornhak, Conr., Grundriß des deutschen Staatsrechts. 2. durchgeseh. Aufl. (VII, 263 S.) 8. Leipzig 910. A. Deichert Nachf. 5.—; geb. 5. 80

Bornhak, Conr.: Grundr. d. deut. Staatsrechts. 3. Afl. (7, 264) gr8° Lpzg, A Deichert Nf. '12. 5 —; geb. 5.80 d

Bornhak, C., Grundriss des Verwaltungsrechts in Preussen u. im deutschen Reiche. (VI, 208 S.) gr. 8. Leipzig, A. Deichert Nachf. 4. —: 1905.

Grundriß des Verwaltungsrechts in Preußen und dem deutschen Reiche. Von Conrad Bornhak. Leipzig: A. Deichert 1906. (VI, 208 S.) 8° [J.] [06. 8040

Grundriß des Verwaltungsrechts in Preußen und dem Deutschen Reiche. Von Conrad Bornhak. 2. durchges. Aufl. Leipzig: Deichert 1909. VI, 208 S. 8° [09. 10934 B

— Grundr. d. Verwaltgsrechts in Preussen u. d. Deut. Reiche. 3. Afl. (6, 208) gr8° Ebd. '11; 4. Afl. (6, 192) '12. 4 —; geb. 4.80 d

— das Kommunalabgaben-Gesetz u. das Gesetz wegen Aufhebung direkter Staatssteuern vom 14. Juli 1893. 12. (III, 139 S.) Berlin 893. F. F. Heine. Kart. n. 2. —

— Die Korporationsverfassung der Universitäten. Festgabe zur 100jähr. Jubelfeier der königl. Friedrich Wilhelm-Universität zu Berlin. (38 S.) gr. 8. Berlin 910. C. Heymann. 2. —
Sonderabdruck aus „Verwaltungsarchiv".

Bornhak, C., die Kreis- u. Provinzial-Ordnungen der Preußischen Staaten [f. die 6 östl. Provinzen, sowie f. Hannover, Hessen-Nassau u. Westfalen], nebst den Dotationsgesetzen. Synoptische Ausg. m. erläut. Anmerkgn. 8. (VI, 280 S.) Berlin 887. J. J. Heine. n. 4. —; geb. 4. 50

Bornhak, K., u. W. Goetze, deutsches Recht, 2. Aufl., s.: Goetze, W.

Bornhak, Conr.: Die Rechtsprechung des Kammergerichts in verwaltungsrechtlichen Streitsachen. Freiburg i B. (1890).

(S.-A. a.: Archiv für öff. Recht. Bd 5.)

Die Rechtsverhältnisse der Hochschullehrer in Preussen. Zum prakt. Gebrauche dargest. von Conrad Bornhak. *Berlin: G. Reimer 1901.* (104 S.) 8° [J.] [01. 4787

— s.: Reichsgesetzbuch, deutsches, f. Industrie, Handel u. Gewerbe.

— Russland u. Finnland. Ein Beitrag zu der Lehre v. den Staatenverbindgn. gr. 8. (57 S.) Leipzig 900. Duncker & Humblot. n. 1. 20

— Russland u. Finnland. Ein Beitrag zu der Lehre v. den Staatsverbindgn. 2. umgearb. Aufl. Anlässlich der 100jähr. Vereinigg. (63 S.) gr. 8. Leipzig 909. Duncker & Humblot. 1. 60

—— Die deutsche Sozialgesetzgebung. Systematisch dargestellt. 1. Aufl. (56 S.) 2. Aufl. gr. 8. (59 S.) Ebd. 890. * 1 —

— die deutsche Sozialgesetzgebung. Systematisch dargestellt. [Aus: „B.'s preuß. Staatsrecht".] gr. 8. (56 S.) Freiburg i/Br. 890. J. C. B. Mohr. n. 1. —

Bornhak C, die deutsche Sozialgesetzgebung. 3. Auflage. Freiburg i. B. 1893

— die deutsche Sozialgesetzgebung. Systematisch dargestellt. 3., neu bearb. Aufl. gr. 8. (IV, 82 S.) Freiburg i/B. 894. J. C. B. Mohr. n. 1. 80; geb. n. 2. 20

— die deutsche Sozialgesetzgebung. Systematisch dargestellt. 4., neu bearb. Aufl. gr. 8. (IV, 85 S.) Tübingen 900. J. C. B. Mohr. n.n. 1. 75

— preußische Staats- u. Rechtsgeschichte. Mit 1 (farb.) Rechtskarte des preußischen Staates. (XXVI, 538 S.) gr. 8. Berlin 903. C. Heymann. n. 12. —

— allgemeine Staatslehre. gr. 8. (VIII, 258 S.) Berlin 896. C. Heymann's Verl. n. 6. —

— Allgemeine Staatslehre. 2. Aufl. (XII, 271 S.) gr. 8. Berlin 909. C. Heymann. 6. —

Bornhak. C., Bad. Staatsrecht, s.a. Bibliothek d. öffentl. Rechts, Bd. 1.

—— preußisches Staatsrecht. 1. Bd. gr. 8. (XII, 551 S.) Freiburg i. Br. 888, Mohr. * 8 — Subscr.-Pr. * 7 —

—— Preußisches Staatsrecht. 2. u. 3. Bd. gr. 8. Freiburg i. B. J. C. B. Mohr. [2. Bd. (VII, 504 S.) 889. * 8 —; geb. ** 10 —; 3. Bd. (VIII, 710 S.) 889,90. * 10 —; geb. ** 12 —.] * 18 —; geb. ** 22 —
1. Bd. Ebd. 1888. * 8 —; geb. ** 10 —.
Daraus folgende 2 Werke einzeln:

— preußisches Staatsrecht. Ergänzungsbd. gr. 8. (X, 70 S.) Ebd. 893. n. 2. —; geb. n.n. 3. — (Hauptwerk, 3 Bde., u. Ergänzungsbd. n. 28. —; geb. n.n. 35. 50)
3. Bd. geb. n.n. 12. 50. Berichtigung der Preisangabe in 1890 (Bd. XXV)

— Preuss. Staatsrecht. 1. Bd (Verfassgsrecht) u. 2. Bd (Verwaltgsrecht, allg. Tl). 2. Afl. (10, 590 u. 9, 548) gr8° Bresl., A Langewort '12. je 10 —; Hf je 12.50 d

Staats- und Verwaltungsrecht des Großherzogtums Baden von Prof. Dr. Conrad Bornhak. Hannover: M. Jänecke 1908. (VI, 174 S.) 8°
— Bibliothek d. Öffentlichen Rechts. Bd 1. [08. 7610

Bornhak, Conr., die Thronfolge im Fürstent. Lippe. Unt. Benutzg. archival. Materialien. 8. (64 S. m. 1 Stammtaf.) Berlin 895. F. Fontane & Co. n. 1. —

Das Verwaltungsrecht in Preussen unter der Herrschaft des Bürgerlichen Gesetzbuchs. Von Conrad Bornhak. *Berlin: C. Heymann 1899.* (94 S.) 8° [J.] [99. 12173

— das Verwaltungsrecht in Preußen unter der Herrschaft des bürgerl. Gesetzbuchs. gr. 8. (IV, 94 S.) Berlin 900. C. Heymann's Verl. Geb. in Leinw. n. 2. —

—— Preußisches Verwaltungsrecht. 2 Bde. gr. 8. Ebd. [1. Bd. (VII, 504 S.) 889. * 8 —; geb. ** 10 —; 2. Bd. (VIII, 710 S.) 889,90. * 10 —; geb. ** 12 —.] * 18 —; geb. ** 22 —

— preußisches Verwaltungsrecht. Ergänzungsbd. gr. 8. (X, 70 S.) Ebd. 893. n. 2. —, geb. n.n. 3. — (Hauptwerk, 2 Bde., u. Ergänzungsbd. n. 20. —; geb. n.n. 25. 50)
2. Bd geb. n.n. 12. 50. Berichtigung der Preisangabe in 1890 (Bd. XXV).

Verwaltungsrechtliches im Städtebau. Von Dr. Conrad **Bornhak**, Prof. Berlin: W. Ernst & Sohn 1908. (17 S.) 4°(8°)
— **Vorträge**, Städtebauliche. Vortragszyklus 1, Bd 1, H. 3. [08. 16601

Bornhak, Friederike

Bornhak, F., aus Alt-Weimar. Die Großherzoginnen Luise u. Maria Paulowna. (112 S. m. 2 Bildnissen.) 8. Breslau 908. A. Langewort. Kart. 3.—; geb. 4. —

Aus Alt-Weimar. Die Großherzoginnen Luise und Maria Paulowna. Von F. **Bornhak** (Hrsg. von Conrad Bornhak.) Breslau & Leipzig: Langewort 1908. 111 S. 8° [08. 859 2

Bornhak, F., Anna Amalia, Herzogin v. Sachsen-Weimar-Eisenach, die Begründerin der klass. Zeit Weimars. Nebst Anh.: Briefwechsel Anna Amalias m. Friedrich dem Großen. 8. (372 S. m. 2 Bildnissen u. 1 Fksm.) Berlin 892. F. Fontane & Co. n. 5. —; geb. n.n. 6. 50

— s. a. Soldaten-Bibliothek, kleine

Bornhak, F., Kaiserin Augusta. Züge aus e. fürstl. Frauenleben. Mit 7 Portraits in Lichtdr. gr. 8. (206 S.) Berlin 886. Voss. n. 4. —

—— dass. — Volks- und Jugendausg. 8. (92 S.) Berlin 888, Heine's Verlag. *

Bornhak, F., Kaiserin Augusta. Volks- u. Jugendausg. 1.—3. Aufl. 8. (92 S. m. Titelbild.) Berlin 889. J. J. Heine. n. — 80; geb. n. 1. —

—— Kaiserin Augusta. Züge aus e. fürstl. Frauenleben. 2. Aufl. gr. 8. (218 S. m. 8 Portr. in Lichtdr.) Berl. 890, Voss. 2 60

— dasselbe. [Aus: „Die Fürstinnen auf d. Throne d. Hohenzollern v. F. B.“] 8. (32 S. m. 2 Bildnissen.) Berlin 890. Schorss. n. — 30

Bornhak, Friederike, Kaiserin Augusta. Züge aus e. fürstl. Frauenleben. 3. Aufl. (IV, 231 S. m. 8 Lichtdr.-Bildnissen.) gr. 8. Berlin 904. Vossische Buchh. n. 2. 50

Bornhak, F., Kaiserin Auguste Victoria, s.a. Marine-Bibliothek, kleine.—

– Kaiserin Auguste Viktoria, s.a. Volksbücher, neue

— Kaiserin Auguste Viktoria. Züge eines fürstlichen Lebensbildes. (100 S. m. 6 Abb.) Ebd. 1894. Verl. d. christl. Zeitschriftenvereins. —.30

— Fürst Otto v. Bismarck, Festschrift z. s. 80. Geburtstage. 5.—10. Taus. 8. (55 S. m. 4 Abb.) Berlin 895. F. Fontane & Co. n.n. — 30; auf Illustr.-Pap. — 50

— Elisabeth v. Ungarn (die Heilige), s.: Volksbücher, neue.

Bornhak, F., die Fürstinnen auf dem Throne der Hohenzollern. Mit 27 Bildnissen. gr. 8. (628 S.) Berlin 889. Schorss. n. 7. 50; geb. n. 9. —; geb. in 2 Bde. n. 10. —

— **Die Fürstinnen** auf dem Throne der Hohenzollern in Brandenburg-Preußen. Mit 25 Bildnissen. 2. Aufl. (XV, 608 S.) gr. 8. Altenburg 907. St. Geibel. 9.—; geb. 10. —

Zwei tausend Jahre **Geschichte** unseres Vaterlandes von den ältesten Zeiten bis zur Gegenwart. Bd 1. 2. Erzählt von F[riederike **Bornhak**. Bd 3 ... von A[nton] Oscar Klaußmann. *Berlin: Bruer & Co. [1902].* 3 Bde 4°(8°) [F.]
1. 2. Mit 6 Bildern in Farbendr., 104 Vollbild. u. 16 Initialen.
3 — Klaußmann, A. O.: Deutschlands Entwickelung in der Neuzeit. [03. 1940

— **Luise**, Großherzogin v. Baden, geb. Prinzessin v. Preußen, s.a. Volksbücher, neue.

— Luise, Grossherzogin von Baden. (109 S. m. 10 Abb.) Ebd. 1894. —.30

Maria Paulowna, Großherzogin zu Sachsen-Weimar-Eisenach. Von F[riederike] **Bornhak**. (Hrsg. von Conrad Bornhak.) Breslau & Leipzig: Langewort 1909. 59 S. 8°
Aus: Bornhak, Friederike: Aus Alt-Weimar [09. 10617 2

—— Generalfeldmarschall Graf Helmuth v. Moltke. Ein Lebensbild zu seinem 90. Geburtstage. 1.—10. Aufl. 8. (36 S. m. Abbildgn.) Ebd. 889,90. S.a. Bornhak, J. — 25

— **The palace of the Emperor William I.** Unter den Linden in Berlin. Notes to the memory of the house. Ed., at the suggestion of Her Royal Highness the Grand Duchess of Baden, née Princess Louise of Prussia. (70 S. m. 15 Abbildgn.) 8. Berlin (903). F. Fontane & Co. n. — 60

— **Le palais de l'empereur Guillaume le Grand,** Sous les Tilleuls, Berlin. Notice historique, publiée sur l'initiative de Son Altesse Royale la princesse Louise de Prusse, grande-duchesse de Bade, et contenant 15 illustr. (65 S.) kl. 8. Eb. (904). n. — 50

Bornhak, F., das Palais Kaiser Wilhelms I. Unter den Linden zu Berlin. Aufzeichnungen zum Gedächtnis des Hauses. Auf Veranlassg. Ihrer königl. Hoh. der Großherzogin v. Baden geb. Prinzessin Luise v. Preußen hrsg. (1.—7. Taus.) 8. (à 67 S. m. 13 Abbildgn.) Berlin 900—902. F. Fontane & Co. n. — 60

— **das Palais Kaiser Wilhelms I.** Unter den Linden zu Berlin. Aufzeichnungen zum Gedächtnis des Hauses. Auf Veranlassg. Ihrer königl. Hoh. der Großherzogin v. Baden geb. Prinzessin Luise v. Preußen hrsg. (13. Aufl.) (67 S. m. 18 Abbildgn.) 8. Ebd. (905) n. — 50

—— Sternbildchen. 12. (128) Berl. 86, Conrad. geb. m. G. 3. —

Bornhak, Friederike, Sternbildchen. 12. (128 S.) Berlin 886. Tonger & Greven. geb. m. Goldschn. 3. —

— **Sternbildchen.** 2. Aufl. 16. (128 S.) Berlin 890. v. Trautwetter. n. 1. 50; geb. n. 2. —

— **Sternbildchen.** (Umschlag: 2. Aufl.) (141 S.) 8. Berlin 904. Vaterländ. Verlags- u. Kunstanstalt. n. 1. 50

— unser Vaterland. Geschichte d. deut. Volkes v. d. ältesten Zeiten bis z. Gegenwart. 8° (762 m. Abbildgn u. 6 Kart.) Berl. 96. Bruer & Co. Geb. in Lnw. 12 —

— **Unser Vaterland.** Geschichte d. deutschen Volkes v. d. ältesten Zeiten b. z. Gegenwart. Mit 94 Vollbild. u. 8 Karten in Farbendr. 5. Aufl. gr. 8. (XIV, 762 S.) Berlin 897. Bruer & Co. Geb. in Leinw. n. 12. —; in Halbfrz. n. 14. —

— **unser Vaterland.** Geschichte des deutschen Volkes von den ältesten Zeiten bis zur Gegenwart. Mit 1 Titelbild u. 8 histor. Karten. 6. Aufl. gr. 8. (II, VII, 762 S.) Berlin 900. Bruer & Co. Geb. in Leinw. n. 6. —

— dasselbe. Mit 102 Vollbildern u. 8 Karten in Farbendr. gr. 8. (XII, 762 S.) Ebd. 900. Geb. in Leinw. n. 12. —; in Halbfrz. m. Goldschn. 14. —

Bornhak, G., Geschichte der französischen Litteratur von den ältesten Zeiten bis zum Ende des zweiten Kaiserreichs. gr. 8. (VIII, 584 S.) Berlin 886, Nicolai's Verlag. * 9 —

Bornhak, G., s.: Gudrunlied, das.

—— Lehrbuch der brandenburgisch-preußischen Geschichte s.a. Wernicke, E., Lehrbuch der Weltgeschichte.

Bornhak, G., Lehrbuch der brandenburgisch-preußischen Geschichte f. höhere Töchterschulen. gr. 8. (100 S.) Berlin 878. Leipzig, Fernau in Comm. n. — 80; cart. n.n. — 90

Bornhak, G., Lehrbuch der brandenburgisch-preußischen Geschichte für höhere Töchterschulen. 2. und 3. durchges. und verb. Aufl. gr. 8. (104 S.) Berlin 879,80, Nauck und Comp. * 90 Pf.; cart. **

Bornhak, G, Lehrb. d. brandenburg.-preuss. Geschichte f. höh. Töchterschulen. 3. Afl. 8. (104) Berl. 80. Lpzg, Fernau. n. — 60; cart. n.n. 1. —

—— Leitf. f. d. ersten Geschichtsunterricht. 8. (210) Berl. 80, Nauck u. Co. n. 2. —

— Leitfaden der deutschen Poetik. Für die oberen Klassen höherer Schulen bearb. gr. 8. (VII, 144 S.) Berlin 878. Weidmann. n. 1. 60

— Lexikon der allgemeinen Litteraturgeschichte. Die Nationallitteratur der außerdeutschen Völker aller Zeiten in geschichtlichen Übersichten u. Biographien, zugleich Lexikon der Poetik. 8. (519 S.) Leipzig 882. Bibliographisches Institut. n. 5. —; geb. n. 5. 50

Bornhak, G., Lexikon der allgemeinen Litteraturgeschichte. Die Nationallitteratur der außerdeutschen Völker aller Zeiten in geschichtl. Uebersichten und Biographien, zugleich „Lexicon der Poetik". 8. Leipzig 882, Fock. geb. *

Bornhak, G., s.: Teubner's Sammlung deutscher Dicht- u. Schriftwerke f. höhere Töchterschulen.

Bornhak, G, Volkslieder d. 14., 15. u. 16. Jahrh. in Ausw., s.: Teubner's Sammlg deut. Dicht- u. Schriftwerke f. höh. Töchterschulen.

—— s. Wernicke, E., Lehrbuch der Weltgeschichte.

Bornhak, Gustav

Bornhak, Gust., Geschichte der Franken unter den Merowingern. 1. Thl.: Von den ältesten Zeiten bis auf Chlothars I. Tod. Greifswald 863. Koch. gr. 8. (VI, 366 S.) n. 1 ₰ 20 ngr.

— Grammatik der hochdeutschen Sprache. Zum Verständnisz des Althochdeutschen, Mittelhochdeutschen und Neuhochdeutschen für die oberen Klassen gelehrter Schulen wie für das Privatstudium bearb. 1. Thl. Die Orthoepie und Etymologie. Nordhausen 862. Förstemann's Verlag. gr. 8. (VIII, 84 S.) n. 10 ngr.

Bornhak, G., Grammatik der hochdeutschen Sprache. Zum Verständnis d. Althochdeutschen, Mittelhochdeutschen u. Neuhochdeutschen für die oberen Klassen gelehrter Schulen wie für das Privatstudium bearb. 2. Thl. Die Wortbildung. Nordhausen 867. Förstemann's Verlag. gr. 8. (VI, 300 S.) n. 1 ₰

Bornhak, Grammatik der lateinischen Sprache. Nach den Ergebnissen der neueren Sprachforschg. f. Schulen bearb. gr. 8. (VII, 276 S.) Bielefeld 871. Velhagen & Klasing. n. 2. 40

Bornhak, G., s.a. Nibelungenlied, das.

Das Nibelungenlied. Übers. u. bearb. von Dr. G[ustav] Bornhak, Prof. zu Berlin. 5. verb. Aufl. Leipzig & Berlin: B. G. Teubner [1908]. (x, 106 S.) 8° [F.]
— Sammlung, Teubners, deutscher Dicht- u. Schriftwerke. Bdch. 1.

Bornhak, Gust., Ursprung und Bedeutung des Namens „Germanen". Nordhausen 1865. 4. (Progr.)

Bornhak, [Gustavus Adolphus Emanuel]: *De graecae linguae heteroclitis et metaplastis vocabulis. 23 Bl. 4° (2°)
Halle-Wittenberg, Phil. Diss. v. 30. Juli 1857
Geb. [Halle a. d. S. 30. 1. 1828]

Bornhak, J., Generalfeldmarschall Graf Helmuth v. Moltke. Ein Lebensbild zu seinem 90. Geburtstage. 1.—9. Aufl. 8. (30 S. m. Abbildgn.) Berlin 890. Schorß. — 25
s.a. Bornhak, Frederike.

Bornhak, K., s.a. Bornhak, Conrad

Bornhak, Karl

Bornhak u. Peters: Gartenbuch, s.a. Universalbibliothek f. Obst- u. Gartenbau.

Bornhak, Karl, Gartenbuch für alle Gartenbesitzer und Blumenliebhaber. Anleitung zur Anlegung freundl. und zierl. Hausgärten, sowie zur geschmackvollen Bepflanzung derselben mit den verschiedensten Blumen, Sträuchern ꝛc. Nebst Gartenkalender für alle Monate des Jahres. 3. Aufl., neu bearb. von Eug. J. Peters. 8. (IV, 145 S.) Leipzig 884, Ruhl. *

Bornhak, K., Gartenbuch f. alle Gartenbesitzer u. Blumenliebhaber. 4. Aufl., bearb. v. E. J. Peters. 8. (IV, 145 S.) Leipzig 888. [M. Ruhl.] Dresden, F. Oehlmann. n. 1. —

Bornhak, Karl, ein Gartenbuch für Millionen von Gartenbesitzern und Blumenliebhabern, oder der prakt. Thüringer Haus- und Blumengärtner. Anleitung zur Anlegung freundl. und zierl. Hausgärten, sowie zur geschmackvollen Bepflanzung derselben mit den verschiedensten Blumen, Sträuchern ꝛc. Nebst Gartenkalender für alle Monate des Jahres. 1. Aufl. (120 S.) 1873, und 2. neu bearb. Aufl. gr. 16. (IV, 144 S.) Naumburg 875, Regel. *

Bornhak, Karl, Leitfaden beim Unterr. in d. Geographie in Bürger- u. gehobenen Volksschulen. 8. (6 B.) Naumburg 844. (Freiburg, H. Franke.) *

Bornhak, Karl, Leitfaden beim Unterricht in der Geographie in Bürger- u. gehobenen Volksschulen. 8. Naumburg 844. (Leipzig, H. Franke.) n. ⅙ ₰

Bornhak, Konr., s.: Bornhak, Conr.

Bornhak, P., was sagt Wichern üb. die Evangelisation? Eine Stoffsammlg. aus den Werken Joh. Hinr. Wicherns als Beitrag zur Evangelisationsfrage. gr. 8. (VIII, 67 S.) Hamburg 900. Agentur des Rauhen Hauses. n. 1. —

Bornhard, A. M., s. Europa, das belletristische, 7. Bd.

Bornhardt: Anweisung ..., s. Bornhardt, Johann Heinrich Carl

Bornhardt, A., die elektrische Minenzündung unter Verwendung der Zündapparate v. A. B. gr. 8. (21 S. m. 9 eingedr. Abbildgn.) Braunschweig 890. (Freiberg, Craz & Gerlach.) n. — 50

Bornhardt, A., Die elektrische Minenzündung unter Verwendung der Bornhardt'schen Zündapparate. Braunschweig, 1898. 21 S. mit 9 Abb.

Bornhardt, A., Notizen über die Patent-Zünd-Elektrisiermaschinen für die Sprengtechnik. Braunschweig, 1879. 25 S. mit 1 Taf.

Bornhardt, H: Preis-Verzeichniß der Zünd-Elektrisirmaschinen und elektrischen Zünder. Braunschweig 1888

Bornhardt, Johann Heinrich Karl

Bornhardt, Anweis. d. Guitarre zu spielen ꝛc. Leipzig, Kühnel.

Bornhardt, Joh. Heinr. Carl, gründliche Anweisung d. Guitarre leicht spielen zu lernen. Nebst e. fassl. Anleit. selbige ganz bequem zu stimmen, u. einigen Uebungen. M. 9 allgem. beliebt., im leicht. Style arrangirt. Opern-Arien u. and. Gesangstücken v. A. L. Weiss. Neueste, verm. u. verb. Aufl. Fol. (4½ B.) Berlin 831, Struve.

Bornhardt, Jh. Hnr. Karl, Anweisung, die Guitarre zu spielen und zu stimmen, nebst ausgewählten Liedern und Uebungsstücken. Neue stark verm. Ausg. Mit 1 Abbild. Fol. Hannover 835. Bachmann u Nagel. 7/12 ℳ Vergl. Anweisung.

Bornhardt, W., über die Ergebnisse meiner Reisen in Deutsch-Ostafrika, s.a. **Verhandlungen** d. deutschen Kolonial-Gesellschaft. 1898/99. Hft. 2.

W. **Bornhardt**, Bergassessor. Ueber die Ergebnisse meiner Reisen in Deutsch-Ostafrika. Vortrag ... *Berlin: D. Reimer 1898.* (49–81 S.) 8.
= **Deutsche Kolonial-Gesellschaft.** Abt.: Berlin-Charlottenburg. **Verhandlungen** 1898/99. H. 2. [illegible]

Bornhardt, W., Geschichte der Siegener Bergschule. Von der Gründung der Schule im Jahre 1818 bis zur Gegenwart. Festschrift, hrsg. aus Anlaß der Fünfzigjahrfeier der Neugründung der Bergschule: 1853–1903. Siegen, 1904. 134 S. mit Abb. u. Taf.

— s.a. **Zur** Oberflächengestaltung u. Geologie Deutsch-Ostafrikas.

Zur Oberflächengestaltung und Geologie Deutsch-Ostafrikas. Ergebnisse der von d. Bergassessor **W. Bornhardt** in d. J. 1895–1897 in Ostafrika unternommenen Reisen. Veröff. im Auftr. d. Kolonial-Abth. d. Auswärt. Amtes. Mit 27 Taf. u. zahlr. Abb., 4 topogr., 4 geol. Specialkarten, 2 Taf. Profile u. 1 Uebersichtskarte. *Berlin: D. Reimer 1900.* (XV, 595 S.) 4°(8°)
= **Deutsch-Ost-Afrika.** Bd 7. [illegible]

Bornhardt, Wilhelm

Über die Gangverhältnisse des Siegerlandes und seiner Umgebung. Von W[ilhelm] **Bornhardt**. T. 1. Berlin: Kgl. Preuß. Geolog. Landesanst. 1910. 8°
(Archiv f. Lagerstätten-Forschung. H. 2.) [illegible]

Bornhart, Otto, prakt.-mercantil. Briefsteller. Nebst mercantil.-technolog. Wörterbuch u. 7 lith. Muster v. Conto-Corr., Facturen ꝛc. gr. 8. (28 B.) Regensburg 829, Reitmayr.

Bornhart's, Otto, prakt.-mercantilischer Briefsteller. 2e verb. Aufl. gr. 8. (Mit 12 lithogr. Mustern.) Regensburg 837. Reitmayr. 1 2/3 ℳ

Bornhaupt, C.: Entwurf einer geographisch-statistisch-historischen Beschreibung Liv-, Ehst- und Kurlands nebst einer Wandkarte. — Riga 1855: Häcker. IV, 84, 30, 42 S.

Bornhaupt, C., Karte von Liv-, Est- und Kurland. Fol. Riga 875, Brutzer und Comp. *

Bornhaupt, C., Leitfaden beim Unterricht in der Geographie von Liv-, Ehst- u. Kurland. Riga 868. Bacmeister. (Bruhder & Co.) gr. 8. (40 S.) n. 5 ngr.

Bornhaupt, C., Leitfaden beim Unterricht in der Geographie v. Liv-, Est- u. Kurland. 2. durchgeseh. Aufl. gr. 8. (40 S.) Riga 875. Bruhder & Co. n. — 60

Bornhaupt, K., Leitfaden beim Unterricht in der Geographie von Liv-, Est- und Kurland. 3. Aufl. (40 S. mit 1 Karte.) *ℳ 1,25.; 4. verb. und völlig umgearb. Aufl., besorgt von Heinr. Treumann. gr. 8. (IV, 34 S.) Riga 884, Kymmel's Verlag. cart. * — 60

Bornhaupt, K., Leitfaden beim Unterricht in der Geographie v. Liv-, Est- u. Kurland. 5., umgearb. u. verm. Aufl., besorgt v. C. Hörschelmann. Mit 1 Karte u. 5 Stadtplänen. (48 S.) gr. 8. Riga 909. N. Kymmel. Kart. 1. 20

Bornhaupt, Christian (Hrsg.), s. Hernmark, G. D.: Erinnerungen ...

Bornhaupt, Chrn. v., die Kongo-Akte u. d. Freihandel, s.a. **Verhandlungen** d. deutsch. Kolonial-Gesellsch. VI. 4.

v. **Bornhaupt**, Chr. Die Kongo-Akte und der Freihandel. Berlin 1902.

Bornhaupt, Christian v.: Kongostaat u. Kongoreform, s: Anton, GK.

Bornhaupt, K., s. Bornhaupt, C.

Bornhaupt, Thdr., Untersuchungen über die Entwickelung des Urogenitalsystems beim Hühnchen. Inaugural-Dissertation. Mit 8 vom Verfassor gezeichneten (lith.) Taf. 4. (48 S.) Riga 867. (Kymmel). n. 1. 50

Bornhaupt, Wilhelm

Bornhaupt, Guil., Additamenta quaedam ad methodum professoris Dzondi novam antisyphiliticam accuratius aestimandam collata. Diss. Dorpat. 16°. 31 pp. 1827

Bornhausen, Karl, a. Frankfurt a/Main: Die Ethik Pascals. Gießen 1906: A. Töpelmannn. (84 S.) 8°
Heidelberg, Theol. Fak., Ref. Tröltsch, Diss. v. 15. Aug. 1906
[Geb. 19. Nov. 82 Frankfurt a. M.; Wohnort: Herborn, Bez. Wiesbaden; Staatsangeh.: Preußen; Vorbildung: Kaiser-Friedrichs-Gymn. Frankfurt a. M. Reife O. 01; Studium: Lausanne 1, Marburg 2, Berlin 1, Heidelberg 1, Marburg 4, Heidelberg 1 S.; Rig. 3. Febr. 06.]

Die Ethik Pascals von Lic. Karl **Bornhausen**. Giessen: A. Töpelmann 1907. (171 S.) 8°
= **Studien** z. Geschichte d. neueren Protestantismus. H. 2. [07. 3648 3

Wilhelm **Herrmann** berufen zum ordentlichen Professor der Theologie in Marburg am 4. August 1879. [Verf.: Karl Bornhausen.] *(Marburg 1904: [F. Bauer.])* (8 S.) 8° [Kopft. F.] [04. 10791 4

Bornhausen, Karl: The relig. of Goethe and Schiller, s: Jaeger, Paul.

— u. **Paul Jaeger**, die Religion Schillers u. Goethes. 2 Vorträge. (30 S.) gr. 8. Berlin-Schöneberg 910. Protestantischer Schriftenvertrieb. — 60

The Religion of Schiller [Die Religion Schillers]. (Verf.: Karl **Bornhausen**.) Weimar, 11. Aug. 1910. (Marburg 1910: Bauer.) 16 S. 8° [Umschlagt.] [11. 3695 4

Der religiöse Wahrheitsbegriff in der Philosophie Rudolf Euckens. Von Lic. Karl **Bornhausen**, Privatd. Göttingen: Vandenhoeck & Ruprecht 1910. 70 S. 8°
Aus: Religion u. Geisteskultur. Jg. 4, H. 4. [11. 2446 4

Bornhauser, Hermann (Red.), s. Werkmeister-Zeitung, Schweizerische.

Bornhauser, Thom., der heilige Gallus. Eine Festgabe. gr. 12. Weinfelden 812. (St. Gallen u. Bern, Huber u. Comp.) n. 1/2 ℳ

Bornhauser, Thomas, Gemma von Art. Ein Trauerspiel. gr. 8. (10 B.) Trogen 829. (Stuttgart, Weise.)

Bornhauser, Thom., Gemma v. Arth., umgearb. v. F. A. Stocker, s.a. **Bibliothek** vaterländischer Schauspiele. 10.

Bornhauser, Thom., Gemma v. Arth. Volksschauspiel in 5 Aufzügen. Für das Liebhabertheater umgearb. v. F. A. Stocker. 2. Aufl. gr. 16. (133 S.) Aarau 870. Sauerländer. n. 1. —

Bornhauser, Thomas. Gemma von Arth. Volksschauspiel in fünf Aufzügen. Für das Liebhabertheater umgearb. von F[ranz] A[ugust] Stocker. 5. Aufl. 131 S. 8. Aarau, H. R. Sauerländer & Co., [1905]. (fr. 1. —)
(Bibliothek vaterländischer Schauspiele. 10.)

Bornhauser, Thomas. Gemma von Arth. Volksschauspiel in fünf Aufzügen im Original-Text. [Neudruck.] 173 S. 8. Reinach, Buchdr. S. Tenger [Verlag der Theatergesellschaft, Beinwil a/See], 1906. [fr. —.80]

—— Herzog Johann, od. Königsmord u. Blutrache. (Novelle.) 2 Thle. 8. (18 B.) St. Gallen 844. (Huber u. Comp.)

—— Lieder. 16. (11 1/4 B.) Trogen 832, Meyer u. Zuberbühler. (Leipzig, Fr. Fleischer.)

Bornhauser, Thomas. Schweizerbart und Treuherz. 8. St. Gallen.
[1. Aufl.] 1834.
2. Aufl. 1834.
3. Aufl. 1835

—— Schweizerbart u. Treuherz. 4. Aufl. 8. St. Gallen, [Scheitlin u. Zollikofer.]

—— Schweizerbart u. Treuherz. ... 4. Aufl. 8. (6 B.) St. Gallen 834, Büreau d. Freimüthigen.

— Schweizerbart und Treuherz. 3e Aufl. 8. St. Gallen 835. (Scheitlin u. Zollikofer.) 1/8 ℔

Bornhauser, Thom., Heinz von Stein, oder die Schlacht an der Schwarzach. (Gedicht.) 16. Zürich 8.16. Siegfried. 1/2 ℔

BORNHAUSER, Thomas (ps.), Ida von Tockenburg oder die schrecklichen Folgen der Eifersucht. Historisch-romantische Erzählung aus der letzten Hälfte des 12. Jahrhunderts. Schwäb. Hall, F. F. Haspel, o. J. (c. 1845). 8°.
Tit. u. 284 S. — Einiges etwas frei.

Bornhauser, Thomas, Ida v. Tockenburg od. die schrecklichen Folgen d. Eifersucht. Histor.-romant. Erzählung aus d. letzten Hälfte d. 12. Jahrh. 8. (18 B.) Schwäb. Hall 846, Haspel'sche Buchh.

—— Verfassungen der Kantone d. Eidgenossenschaft, s. Verfassungen.

Bornhauser, Thom., Rudolf von Werdenberg im Freiheitskampf der Appenzeller. Frauenfeld 853. Verlags-Comptoir. (Zürich, Meyer u. Zeller.) 8. (IV, 426 S.) n. 1 ℔ 24 ℊ

Bornhäuser, Karl

Bornhäuser, d. Aufgabe d. gläubigen Gemeinde in d. gegenwärtigen kirchlichen Krisis, s.: Kirchlich-positiv.

— Der Gott, der Gebete erhört, s.: Gott, der lebendige.

— Natur u. Christentum, s.: Lasson, Geo.

Bornhäuser, Karl, das Recht des Bekenntnisses zur Auferstehung des Fleisches, s.a. Beiträge zur Förderung christlicher Theologie. 1899. Hft. 2.

[F.] Das Recht des Bekenntnisses zur Auferstehung des Fleisches. Von Lic. theol. Karl Bornhäuser, Divisionspfarrer in Rastatt. *(Gütersloh: C. Bertelsmann 1899.)* (43—107 S.) 8.
— Beiträge z. Förderung christl. Theologie. Jg. 3. H. 2. [No 2.] [99 ...]

Die Vergottungslehre des Athanasius und Johannes Damascenus. Ein Beitrag z. Kritik von A. Harnacks 'Wesen d. Christentums'. Von Lic. theol. K[arl] Bornhäuser, Prof., Greifswald. *Gütersloh: C. Bertelsmann 1903.* (94 S.) 8° [F.]
— Beiträge z. Förderung christl. Theologie. Jg. 7, H. 2, [1.] [03 ...]

— die Versuchungen Jesu nach dem Hebräerbriefe, s.: Studien, theologische.

Wie kann das Christentum wieder mehr eine Macht in unserm Volke werden? Vortrag geh. 1910 von Prof. D. (K[arl]) Bornhäuser-Marburg. Barmen: Wuppertaler Traktat-Ges. 1910. 26 S. 8°
(Salz u. Licht. 18.) [11. 5100]

Bornhäuser, Karl, wollte Jesus die Heidenmission? Eine moderne theolog. Frage f. die Missionsgemeinde beantwortet. (80 S.) 8. Gütersloh 903. C. Bertelsmann. n. — 80

Bornhaenser, Ludwig [aus Karlsruhe]: Zur Kenntnis alkyl-aromatischer Ketone. ... Freiburg i. B., Buchdr. v. Chr. Ströcker, 1891: 47 S., 1 Bl. 8°
Freiburg i. B., Phil. Fak., Inaug.-Diss. v. 1891

Bornhäuser, Thomas, s. Bornhauser, Thomas

Bornheim [Schlagwort]

Bornheim, s.: Frankfurt a. M.

Bornheim (Verfasser)

Bornheim, Heinrich, aus Köln: Aus d. chirurg. Klinik zu Bonn. Ueber die Berechtigung der Calot'schen Behandlung des spondylitischen Buckels. *Bonn 1898: J. Trapp.* (29 S.) 8°
Bonn, Med. Diss. v. [30. Juli] 1898

v. Bornheim, die Familie; e. histor. Gemälde aus der großen Welt, (v. H. A. Kerndörfer). 8. Weißenf. 796. (Engelmann in Leipz.) 18 ℊ

Bornheim, d. Familie v., ein histor. Gemälde a. d. großen Welt. 8. Weißenfels. (Mißky u. Comp. in Leipz.) 796.

Bornheim, von, die Familie, ein historisches Gemählde der großen Welt, 8. Frankf. (Weißenfels, Severin) 796. 12 gl.

Bornhofen, J. Plan v. Wiesbaden. 1:10,000. Chromolithogr. Fol. Wiesb. 889, (Limbarth). * — 50

Bornholdt, Heinrich, approb. Arzt aus Blome'sche Wildniss: Aus d. chirurg. Klinik zu Kiel. Beitrag zur Statistik und chirurgischen Behandlung des Kropfes. *Kiel 1899: P. Peters.* (41 S.) 8°
Kiel, Med. Diss. v. [28. Juni] 1899

BORNHOLDT, N[IC.] G[OTTLIEB], Gebete für Kinder. 2. Aufl. Segeberg. u. A. [183*]. P.

Bornholm (Sachliches OW)

(Bornholm.) (Maaßst. 1:160,000.) *Greifswald: J. Abel 1904.* (1 Kartenbl. 17×25 cm.)
Exkursion d. Deutschen Anthropol. Gesellschaft. Kongreß Greifswald. 1904. [04. 10486 B]

Die Insel Bornholm und die Inselgruppe Christiansö. Prakt. Wegweiser v. Franz Tismar. M. 3 Kt. *Berlin: A. Goldschmidt 1899.* (2 Bl., 100 S., 3 Kt.) 1 Bl 8.
— Reisebücher, Griebens. Bd 91. [99. ...]

Die Insel Bornholm und die Inselgruppe Christiansö. Prakt. Wegweiser. 2. verm. u. verb. Aufl., neu bearb. von Franz Tismar. Mit 3 Karten. *Berlin: A. Goldschmidt 1903—04.* (106 S.) 8° [F. u. Ant.]
— Reiseführer, Griebens. Bd 91. [04. 3859]

Die Insel Bornholm und die Inselgruppe Christiansö. Prakt. Wegweiser. 3., verm. u. verb. Aufl., neu bearb. von E. Bohn. Mit 3 Karten. Berlin: A. Goldschmidt 1906—07. (IV, 90 S.) 8°
— Reiseführer, Griebens. Bd 91. [07. 8323]

Die Insel Bornholm und die Inselgruppe Christiansö. Prakt. Reiseführer. 4., neu bearb. Aufl. Mit 3 Kt. Berlin: Goldschmidt 1909—10. IV, 90 S. 8°
(Griebens Reiseführer. Bd 91.) [09. 7812]

Bornholm [Schlagwort]

— s. a.: Europa. Liebenow.

Bornholm. Meyer, Carl Fr., Karte der Insel Bornholm. Spezial-Karte, nach d. neuest. Aufnahmen bearb. 1:100,000. Nebst Nebenkarten d. Waldgebiets v. Almindingen u. der Gegend v. Hammeren. 1:20,000 u. e. Grundriss der Hammerhus-Ruine. (Mit e. Uebersichts-Karte der Ostsee-Küsten, 1:2,200,000 auf der Rückseite.) 3. Aufl. 45,5 × 36,5 cm. Farbdr. Nebst Text auf dem Umschlag. Stettin (897). (Keimling & Grünberg.) n. 1.—

Bornholm. Müller, Gust., neue Reisekarte v. Bornholm m. Inselgruppe Christiansö. Nach den dän. Generalstabskarten u. eigenen Erkundgn. bearb. 1:125,000. (Neue Aufl.) 32×27,5 cm. Photolith. Stettin (907). A. Schuster —40; auf Leinw. n 1.—

— — Neue Spezialkarte v. Bornholm m. Inselgruppe Christiansö. Nach den dän. Generalstabskarten u. eigenen Erkundgn. bearb. 1:75,000. 53×46 cm. Lith. Ebd. (907). 1.—; auf Leinw. n 2.—

Bornholm (Verfasser)

Bornholm; beskreven paa en Reise in Aaret 1815. (Bornholm, beschrieben auf e. Reise im J. 1815.) Mit 1 geognost. Karte u. e. Landschaft. gr. 8. Kopenh. 819. Schubothe. 2 ℔ 12 ℊ

Bornholt, Hnr., († d. 13. Jan. 1798.) d. Banquerottier. 8... 790.

— Charakteristik e. wahren Arztes. 8. Frankf. a. M. 797. Gebhard u. K. 6 ℊ

— etwas über d. Unvernunft d. Religionsspötter. 8. Hamb. 793.

BORNHOLT, HENR., Specimen inaug. med. de febre tam naturali qvam artificiali. Lugd. Bat. 1769. 4. P.

Bornholz, Land-, Stadt- u. Dorfprediger. Fol. München.

Bornholz, Alex. v., die Kultur d. Champignons, Morcheln u. Trüffeln. 8. (2½ B.) Quedlinburg 842, Basse.

v. Bornholz, (Alex.) der Trüffelbau, oder Anweisung, die schwarzen u. weisen Trüffeln durch Kunst zu ziehen u. grose Anlagen dazu zu machen. 8. Quedlinburg 825, Basse.

Bornier, Vicomte Henri de, die Tochter Rolands. Drama in 4 Aufzügen. Nach dem Französ. von Ant. Giers. 8. Bonn 880. Freiburg i. Br., Herder'sche Verlagsh. *

—— dass. — s. a. Universal-Bibliothek Nr. 1282.

Bornier, Vicomte Henri de, die Töchter Rolands. Drama in 4 Aufzügen. Nach dem Französischen von Ant. Giers. gr. 8. (VII, 116 S.) Bonn 880. Straufs. n. 3. —

Bornier, Vicomte Henri de, die Tochter Rolands. Drama in 4 Aufzügen. Nach dem Franz. v. Ant Giers. 8. (VII. 116 S.) Freiburg i/Br. 885. Herder. n. 3. —

Borniger, M., s.: Wald, Jos.

Bornikoel, Bernhard [aus Eilenburg]: Wann und wie operiert man bei eitrigen pleuritischen Exsudaten? . . . Berlin, Buchdr. v. G. Schade, *1890;* 29 S., 1 Bl. 8°
Berlin, Med. Fak., Inaug.-Diss. v. 30. Aug. 1890

Borning, Samuel (Dorpat), Disp. I. qua indifferentismum religionum ab Erico Friedlibio, icto impie defensium. Präs. Gottlieb Wernsdorf. Wittbg. (Chn. Kreusig) 7. I. 1701. 40 S. (4.80)

Bornitz, Georg [app. Arzt]: Über die Arthrektomie des Fussgelenks nach dem König'schen Verfahren und über eine neue Modifikation desselben. . . . (Aus: Beitr. z. klin. Chir. VIII. Bd. I. H.) Tübingen, H. Laupp'sche Buchh., 1891; 1 Bl., 26 S. 8°
Tübingen, Med. Fak., Inaug.-Diss. v. 1891

Bornitz, Leop., Beobachter an der Warthe. (Gedichte.) 8. (64 S.) Landsberg 849, Schäffer & Co. in Comm. n. 6 ngr

Bornitz, Leop., Briefe eines Liebenden. Eingeleitet von Fr. Schleiermacher. 8. Cöln u. Aachen 836. Kohnen. ⅚ ß

—— Europa, (Gedichte.) 8. (IX und 37 S.) Landsberg 849, (Schäffer und Comp.) *

Bornitz, Leop., d. Geist d. Weltgeschichte u. ihre Zukunft. Ein histor. Gemälde. kl. Fol. (2 B.) Landsberg a. d. W. 840. (Schäffer u. Comp.)

Bornitz, (Augustus) Leop. (geb. Wriezen 20. 8. 1806): Notio naturae secundum principia Hegeliana. Berolini (1834). (45 S.) 8°
Berlin, Med. Diss. v. 27. Febr. 1834

Bornitz, Leop., Klänge d. Erinnerung. gr. 16. Bresl. 829. Aderholz. 12 K

— der Prinzipal, der Handlungs-Commis u. der Handlungs-Lehrling aus der alten u. aus der neuen Zeit. Novelletten, Skizzen, Karrikaturen u. Bilder aus dem Kaufmanns-Leben u. dem Kaufmanns-Treiben. 1. Hft. 24. (94 S.) Landsberg 850. Volger & Klein. n. 6 ngr

Bornius, Jac.: Selectae dissertationes, maxime ad forum Saxonicum accommodatae. Denuo rec. Lipsiae 1705.

BORNIUS, Jac.: Syll. diss. maxime ad For. Saxon. accommodat. *L.*, 705. 4.

Bornkamm, Georg

Priester und Pastor. Vortrag, geh. im Zweigver. d. Evang. Bundes in Görlitz von G[eorg] **Bornkamm**, Pastor. Halle: Evang. Bund 1909. 20 S. 8° [Umschlagt.]
(Flugschriften d. Evang. Bundes. 271.) [09. 10407

Bornkeller s.: Blätter f. d. bayer. Finanzwesen.

Bornmann, C., Flemmingus in arena et lauris. 1700. 4.

Bornmann, Christian. Mitau; ein historisches Gedicht aus dem 17. Jahrh. Neue . . . Ausg. Mitau 1802. H: *Recke, Johann Friedrich von.* (MGT) (R-N)

Bornmann, Georg Gottlieb: Die curiose F a m a , welche den Ursprung der Metallen, die Beschaffenheit des Goldes und Silbers ... entdecket. Leipzig 1725: Tietzen. 36 S. 8°

Bornmann, J. Gottfr.

Bornmann, J. Gf., († d. 26. Jan. 1825.) Almanach d. merkwürdigsten Zeitereignisse Schlesiens von d. ältern bis auf d. neuesten Zeiten. 8. Jauer 821. (Glogau, N. Günter'sche B., auch Fr. Korn in Bresl.) 1 ß

— Aufgabenblätter für Elementarschulen zur nützl. Nebenbeschäftigung. Liegnitz 817. Kuhlmey. 12 K Auf Pappe gez. in Futteral. 1 ß

— Betrachtungen über auserlesene Psalmentexte 2c. gr. 8. Leipzig 824. (Berlin, Bade.) 1½ ß

— Betrachtt. über auserlesene Psalmtexte, in Verbindung mit den gewöhnl. Sonn- u. Festtagsepisteln d. ganzen Jahres. 2 Bde. gr. 8. Leipz. 824. Glück. 1 ß 12 K

Bornmann, J. Gf. Chronik von Prausnitz u. Hasel. 8. Liegnitz 1801.

Bornmann, J. Gf., Denksprüche für Confirmanden. Bresl., Graß, B. u. Comp. 6 K

Bornmann, J. Gottfr., Gelehrten-Almanach. qu. 8. Leipzig 825. (Berlin, Bade.) 1½ ß

— Gelehrten-Almanach, oder Verzeichniß d. vorzügl. Gelehrten alter u. neuer Zeit. qu. 8. Leipz. 825. Glück. 1 ß 12 K Schrbp. 2 ß

— Gelehrten- s. Geschichten-Almanach.

— Geschichtenbuch, oder Beispielsammlung zu den vorzügl. Glaubens- und Sittenlehren für Bürger- und Landschulen. 8. Liegnitz 824. Kuhlmey. ⅓ ß

— kurzer Inbegriff d. Geographie, in 3 Tabb. Fol. Liegnitz 824. Kuhlmey. 10 K

Bornmann, (J. G.) kurzer Inbegriff d. Wissenswürdigsten von d. Provinz Schlesien, für Schule u. Haus. 4. Jauer 823. (Breslau, Gosohorsky.) Rthlr.

Bornmann's, J. G., Confirmationsscheine für evangelische Christen. 1. Sammlung, 36 verschiedene Denksprüche (mit Einfassung) enthalt. 2. Aufl. qu. 8. Breslau 842, Graß, Barth u. Comp. ¼ ß

Bornmann, J. G., Confirmations-Scheine f. evangel. Christen. 1. Samml., 36 verschied. Denksprüche enthaltend. 1. u. 2. Aufl. qu. 8. Breslau, 842, 43, Graß, Barth u. Comp., Berl.

— das Herzogthum Schlesien in 130 Karten. Ein geograph. Spiel f. d. Jugend. Hirschb. 832. Resener. 4 K

— Summarien über bibl. Geschichten alten Testaments, in Verbindung mit den gewöhnl. Sonn- u. Festtags-Evangelien, zur Benutzung f. Prediger u. Schullehrer 2c. 1r, 2r Thl. gr. 8. Görl. 818, 19. Anton in Halle. à 1 ℛ 2 ℛ

– s. Taschenbuch u. Anekdoten von Gelehrten

— Textbuch, oder Samml. auserles. Schriftsteller zu d. gewöhnl. Amts- u. Casualreden. 8. Liegn. 818. Kuhlmey. 20 ℊ

— Text-Buch, oder Sammlung auserlesener Schriftstellen zu den gewöhnl. Amts- und Casual-Reden. 2e Ausg., bearb. und verm. von seinem Sohne K. G. Bornmann. 8. Liegnitz 834. Kuhlmey. 1 ℛ

Bornmann, P. K. G., s. J. Gottfr. Bornmann, Text-Buch.

Bornmann, M. Der Wert der Bibel in seinem Verhältnisse zum Fortschritte der Bildung. 28 S. Progr. Striegau 1876.

Bornmüller, Hülfsbuch zur Leitung u. Ertheilung des Schwimm-Unterrichts für den Offizier u. Unteroffizier. gr. 8. (18 S.) Berlin 879. Mittler & Sohn. n. — 50

Bornmüller, F. B. Schriftsteller-Lexikon der Gegenw. Lpz. 1882.

Bornmüller, Frz., biographisches Schriftsteller-Lexikon der Gegenwart. Unter Mitwirkung namhafter Schriftsteller. Die bekanntesten Zeitgenossen auf dem Gebiet der Nationallitteratur aller Völker mit Angabe ihrer Werke. 8. (VI, 800 S.) Leipzig 882. Bibliographisches Institut. n. 7. 50; geb. n. 8. —

Bornmüller, Fr., biographisches Schriftstellerlexikon der Gegenwart. Die bekanntesten Zeitgenossen auf dem Gebiet der Nationallitteratur aller Völker mit Angabe ihrer Werke. 8. Leipzig 882, Fock. geb. [*ℳ 8.—.] *

Lessing's Werke. Neu herausgegeben von Franz Bornmüller. 5 Bde. 8. (I. Bd. XXXVI, 562 S. II. Bd. XXXII, 536 S. III. Bd. XVI, 526 S. IV. Bd. XI, 522 S. V. Bd. XIV, 694 S.) In Lwd. geb. 5.20
Wien: Bibliograph. Inst. Meyer 1891 ?

Bornmüller, Johannes [aus Gotha]: Zur Arthritis deformans des Schulter-Gelenkes ... Jena, Druck v. B. Engau, 1893; 43 S. 8.
Jena, Med. Fak., Inaug.-Diss. v. [28. März] 1893

Bornmüller, J[oseph]. Ueber zwei für die Flora von Makaronesien neue Arten der Gattung Umbilicus. Extrait du Bulletin de l'Herbier Boissier. 2de série [Tome 3] ⟨1903⟩. No 1. p. 47—49 ⟨3 p.⟩. 8. [Genève, Impr. Romet.]

Bornmüller, [Joseph]. Ein Beitrag zur Kenntnis der Orobanchenflora Vorderasiens. Extrait du Bulletin de l'Herbier Boissier, 2me série. Tome 4 ⟨1904⟩. No 7. p. 673—687 ⟨15 p.⟩. 8. [Genève, Impr. Romet.]

Bornmüller, R. (Red.), s. Waffenzeitung, Deutsche.

Bornmüller, Richard (Red.), s. Der Waffenschmied von Suhl.

Bornoug Sohn, N., der Pflanzenbau, in 1 Bde. Enth. in alphabet. Reihenfolge kurze, jedoch ausführl. und verständl. Belehrungen über den Anbau und die Pflege der im Acker-, Garten-, Obstbau 2c. vorkommenden Pflanzen, Bäume und Gesträuche 2c., nebst Belehrungen über das Vertilgen der in denselben vorkommenden schädl. Gewächse und Unkräuter. gr. 8. (93 S.) Luxemburg 859. (Brück.)

Bornowski, Thdr., Legenden. Cöln 860. Schwann. 16. (V, 101 S.) 12½ ngr.

Borns, Heinrich. Ueber Paradibrombenzolsulfosäure und deren Derivate. Greifswald, 1877. Diss.

Bornschein, s. a. Bornschein, Ernst

BORNSCHEIN, Der Findling oder das Kind der Liebe. Eine abentheuerliche Geschichte. 1811. 8°.
Ohne Ortsang. in Schmidt's Dresdener Lhbiblcat. 1819. p. 215. Fehlt bei Goedeke unter Bornschein (Wirklich von letzterem?).

Bornschein. Geschichte der merkwürd. Ereignisse 1806—1810, od. Napoleon an der Weichsel, am Tajo u. Inn. 8. Gera, Eisenberg 1810. 2,25.

BORNSCHEIN, Die Gräfin als Schauspielerin, oder die Uebereilung. Berlin 1813. 8°. (15 Sgr. Schmidt, Halle, vor 1870.) Zahm.

BORNSCHEIN, Das Harfenmädchen. Ein Schauspiel in 5 Aufzügen. Leipzig und Borna 1800. 8°. 284 S. (1 Mk. Rich. Bertling, Dresden, 1888.)
— — Dasselbe. (Nachdruck.) Grätz 1800. 8°. 139 S. (?)
— — Dasselbe. (Nachdruck?) Eisenberg 1804. 8°.

BORNSCHEIN, Fräulein Kunigunde von Felsing, Herrin auf Heftelbach und Gladingen, Stifterinn des Ordens zum Wachtelnest. Ein komischer Roman. Bdchn. 1. (einz.). Camburg, Rößler, 1803. 8°.
Theilweise derb. 232 Seiten. Selten! Goedeke V, 519, 27 hat 2 Thle. (?)

BORNSCHEIN, Junker Oswald der Flachskopf, Herr auf Dachsburg und Schölau, Wendelingen, Sonnenberg, Kirchfeld und Heinsdorf. Keine Rittergeschichte, aber ein Liebesroman in dem neuesten Geschmack, doch in türkischer Manier. Eisenberg, Schöne, 1804. 8°.
Fehlt bei Goedeke.
— — Dasselbe. 2te Aufl. Ebd. 1808. 8°.
— — Dasselbe. Ebd. 1824. 8°.

BORNSCHEIN, Romane und Erzählungen, Gesammelte kleine. 1811. 8°.
Schmidt's in Dresden Leihbibl.-Cat. p. 215, ohne Ortsangabe. — Nicht bei Goedeke.

* **BORNSCHEIN,** Der Cantor Steffen und sein alter Hauskater, eine komische Geschichte. Mit Titelkpf. (Radirung m. Unterschrift, Stechername unleserl.). Gera, in der Hallerschen Verlagsbuchhandlg., o. J. (1802). 8°. (1 Mk. A. Bielefeld, c. 1885; jetzt theurer!)
Gestoch. Tit., XVIII (incl. „Sieben Paragraphen über u. an Friedr. Laun") u. 262 S.

— der Cantor Steffen u. sein alter Haus-Kater; e. kom. Geschichte. 8. Gera 802. (Centr.-Compt. in Leipz.) 1 ℛ

Bornschein, E. (Hrsg.), s. Magazin für Freunde des deutschen Vaterlandes.

Bornschein, Ernst [wirkl. Name], s. a. Möller, Chrn. Friedr. [Pseud.]

Bornschein, Ernst [wirkl. Name], s. a. Schwalbe, Tobias

Bornschein, E., Abendopfer auf Thaliens Altar. e. Beitr. z. deutsch. Schaubühne. 8. Eisenb. Schöne. 804.

Bornschein, Ernst, s. a. Abentheuer u. Reisen des Hrn. v. Lümmel

BORNSCHEIN, Ernst, Abentheuer und merkwürdige Reisen des gestrengen Herrn Lümmel auf Lümmelsdorf. Eine satyrisch-komische Geschichte. 2 Thle. Mit TKpf. Leipzig, Joachin, 1798. 8°.
Ohne des Verfassers Namen. Stellenw. anstössig, wie die folgenden, einst stark gelesenen Romane. — Ebeling, kom. Lit. III. p. 627, hat irrig d. Jahrz. „1779".
Goedeke V, 518—519: Johann Ernst Daniel Bornschein (ps. Chrn. Fr. Möller), geb. am 20. Juli 1774 zu Prettin (Bez. Merseburg), studirte 1793—97 zu Wittenberg, 1799 Buchhändler und Korrektor in Leipzig, 1802 Inhaber einer Kunsthandlung in Gera, † das. am 1. April 1838. Ebeling urtheilt l. c. über B.: „Sein Name würde uns bereits völlig verloren gegangen sein, wenn er nicht durch die Bearbeitung (s. weiter unten) der Bürger'schen Romanze „Des Pfarrers Tochter von Taubenhain", wie durch seinen „Hundsattler" (s. d.) unter den Hausknechten, Droschkenkutschern, Obsthökerinnen und verwandten Leuten eine sicher noch lange stichhaltige Celebrität geworden wäre."

Bornschein, Ernst, s. Abentheurer, der französ.

Bornschein, Ernst, s. Aebtissin, die.

AEBTISSIN, Die, der Jesuiter-Damen zu St. Inigo. Eine abentheuerliche, doch interessante und wahre Geschichte aus der neuesten Geschichte Neapels. Hrsg. vom Verfasser der Seeräuberkönigin Antonia della Roccini (von *Joh. Ernst Dan. Bornschein*). 2 Bde. Braunschweig 1808. Kl. 8°. (Kayser's Roman-Verz.)
— — Dasselbe. Ebd. 1809. Kl. 8°. (⁵/₆ Rthlr. Scheible, Stuttgart, c. 1870.)
Auch ein Druck von 1808 vorhanden?

— Die Äbtissin der Jesuitendamen zu St. Inigo. Eine abentheuerliche, doch interessante und wahre Geschichte aus der neuesten Geschichte Neapels. Herausgegeben vom Verfasser der Seeräuberköniginn Antonia della Roccini. Erster Theil [Zweiter Theil]. 8°. Braunschweig bei Carl August Schröder, 1808 [2. Theil: 1809]. VIII, 176 + 184 S.

Bornschein, Ernst, s. Alchymist, der.

ALCHYMIST, Der, oder Elisa, das Mädchen aus dem Monde. Vom Verfasser des Herrn von Lümmel auf Lümmelsdorf *(Ernst Bornschein)*. Hanau, Scharneck, 1804. 8°. (1 Rthl.)
251 S. (incl. Vorst.). Das Anon.-Lex. I. p. 36 hat „Elise" und „Leipzig" (nach Kayser).

Der Alchymist, oder Elisa, das Mädchen aus dem Monde. [Von Joh. Ernst Dan. Bornschein.] Leipzig: Gräff 1804. 8°
°N. allgem. deutsche Bibliothek 95 S. 341. TB. 180.

Bornschein, Ernst, s. Alkuin, Bruder

ALKUIN, Bruder, der Todtenwirth (von *Ernst Bornschein*). 2 Thle. Erfurt, Müller, 1800. 8°. (2 Rthl.)
Anon.-Lex. I. p. 37 (nach Goedeke u. Kayser).

Bornschein, Ernst, s. Angelo, Marquis

Bornschein, Ernst, s. Antonia della Roccini

BORNSCHEIN, Antonia della Roccini, die Seeräuber-Königin. Eine romantische Geschichte des siebenzehnten Jahrh. vom Verf. der Abentheuer des Hrn. Lümmels. 2 Thle. Mit TKpf. u. TVign. Braunschweig 1801. 8°. (20 Mk. Adolf Weigel, 1907, ohne Theilesangabe.)
— — Dasselbe. 2. verb. Aufl. Leipzig, Kollmann, 1823. 8°. 264 u. 256 SS. Mit TKpf. u. 2 TVign.
— — Dasselbe. 3. Aufl. Ibid. 1838. 8°.
— — Dasselbe. (Nachdruck.) 2 Thle. Mit 1 TKpf. u. 2 TVign. Ofen 1820. 8°. (1 Kr. 50 Hl. Halm & Goldmann, 1907.)

— Antonie della Roccini, die Seeräuberkönigin. Eine romantische Geschichte des siebzehnten Jahrhunderts vom Verfasser der Abentheuer des Herrn v. Lümmel. Erster Theil [zweiter und letzter Theil]. Zweite verbesserte Auflage [je 1 Titelbild, 1 Frontispice]. Leipzig 1823 bei Christian Ernst Collmann. 8°. 264 + 256 S.

BORNSCHEIN, Beicht-Stuhl, Der. Eine wahre schaudervolle Begebenheit des achtzehnten Jahrhunderts. Leipzig 1802. 8°.
— — Dasselbe. Neue Aufl. Pegau u. Leipzig, Günther, o. J. (c. 1805). 8°. (2 Mk. 50 Pfg. W. H. Kühl, Berlin, c. 1883; jetzt theurer!)
TKpf. (gestoch. von Liebe), Tit. u. 306 SS.
— — Dasselbe. Leipzig 1816, 8°.
— — Dasselbe. Ibid. 1829. 8°.
— — Dasselbe. Ibid. 1839. 8°.

Bornschein, (Jh.) Er. (Dn.), der Beichtstuhl. Eine wahre, schaudervolle Begebenheit des 18. Jahrh. Mit 1 Kpf. 12. Leipz. 802. N. A. 829. Centr.-Compt. 1 Thlr. 4 gr.

Bornschein, Ernst, s. Bella u. Clarissa

Bornschein, (Jh.) Er., üb. Bestrafung d. Verbrecher, besond. üb. öffentl. Hinrichtungen. Mit Anmerkk. v. Steinbeck. 8. Eisenb. 804. Schöne. 3 gr.

— Biographien der Hahnreihe oder Ehestands-Chroniken. / Eine Morgenlektüre für geplagte Männer, deren Weiber gern ein X für ein U machen. / Vom Verfasser: Das Abentheuer des Herrn v. Lümmel. Leipzig 1809, bei Ernst Bornschein. 8°. 312S.
Seitenzahlen 309—312 fälschlich: 209—212. 3 sehr freie, aber auch lustige Schwänke: I. Bärbchen. II. Der Wechsel. III. Nachbars Fikchen. Die dritte Geschichte berichtet von einer amüsanten Keuschheitsprobe.

BRAUT und Bräutigam in der Klemme. Eine Posse in 1 Akt. Nach dem Französ. bearb. vom Verf. des Herrn Lümmel von Lümmelsdorf *(Joh. Ernst Dan. Bornschein.)* Coburg 1802. 8°.
Neue Allg. dtsch. Bibl. 77, 326.

Der Bund der Geheimen, eine Geistergeschichte aus dem 18. Jahrhundert. [Von Joh. Ernst Dan. Bornschein.] Bd 1. 2. Meissen 1799. 8°
[Dasselbe.] Meissen: Gödsche 1815. 8°
TB. 212.

ERNST, ein komischer Roman, mit mancherley Nebenrollen weder nach Jünger noch nach Swift, sondern nach meinen eigenen Lebensheften. Von dem Verfasser der Abentheuer des Herrn von Lümmel *(Ernst Bornschein)*. In drey Lebenstafeln. Leipzig und Borna, Bornschein, 1800. 8°.
4 Bll., 246 S. Zahm. — Gmähle's Leihbibl., München, Nr. 4620.

FANTI, Bella und Clarissa, Anführerinnen eines furchtbaren Räuberkorps im Kirchenstaate. Eine Geschichte wunderbar und seltsam. Seitenstück zur Seeräuberin Antonia della Roccini (von *Ernst Bornschein*). 2 Thle. Braunschweig, Schröder, 1805. 8°.

Bornschein, Ernst, s. Freuden meiner Ehe

— Das Geheimnis, glücklich zu werden / oder Geschichte eines Philosophen, der das Glück sucht. Von dem Verfasser des französischen Abentheurers. / Mens sana in corpore sano. Gera 1799 bei Carl Gottlob Haller und Sohn. 8°. [2 Theile, fortaufende Paginierung.] IV, 268 S.

— histor. Gemälde d. Französ. Kaiserthums unter seinem Gründer Napoleon. 1r Thl. gr. 8. Leipz. 807. Dürr. 1 Thlr. 6 gr.

— Gesch. d. Luther. Kirchenreformat. 8. Lobenst. Illgen. 805.

Bornschein, E., Geschichte d. lutherischen Kirchenreformation. gr. 8. Eisenberg, Schöne. 816.

— Geschichte d. luther. Kirchenreformation. gr. 8. Lobenstein 805. N. A. 817. (Eisenb., Schöne). 12 gr.

Bornschein, E. Geschichte d. Kriegs d. 3 Kaiser u. ihrer Verbündeten im J. 1805. 8. Lobenstein 1806.

— kurze u. dennoch vollständ. Geschichte d. christl. Kirche v. ihr. Ursprung an bis auf uns. Zeit. rc. 8. Gera, Verfass. 806.

— Geschichte von Polen, von der ält. bis auf d. neueste Zeit. Mit Karte. gr. 8. Leipz. 808. Dürr. 2 Thlr. 12 gr.

— Gesch. d. Französ. Revolution, von ihrem neuesten Anfang bis zur projekt. Landung d. Franzosen in England. 2 Bde. 8. Gera 804. (Schöne in Eisenb.) 20 gr.

— Geschichte unsers deutschen Vaterlandes. 1r—3r Thl. 8. Gera 803, 4. (Schöne in Eisenb.) 1 Thlr. 18 gr. 4r Thl. (A. u. d. T.: Gesch. d. Kriegs der drei Kaiser.) 8. Gera 806. (Ebd.) 12 gr. (5r Thl. Gesch. d. Ereignisse v. 1806—10.) Ebd. 810. 18 gr.

Bornschein, Ernst, s. Hariaden

HARIADEN, der Renegat, das (!) Schrecken von Afrika .... (von *Joh. Ernst Dan. Bornschein*). Chemnitz 1806. 8°.

Anon.-Lex. II. p. 265 (nach Meusel, Kayser u. Nekrolog). Die folg. Ausgabe fehlt dort.

— — Dasselbe, titulo: Hariaden, der Seeräuberkönig, oder das Schrecken von Afrika. Ein historisch-romantisches Gemälde vom Verfasser der Seeräuber-Königin Antonia della Roccini. 2 Thle. Ebd. 1814. 8°.

Gmähle's in München Leihbibl.-Cat., no. 8578—79.

— — Dasselbe. Ebd. 1819. 8°.

Bornschein, Jh. Ernst, s. Homers Iliade

Bornschein, Ernst, s. Hundssattler, der

— s. Isidore, Gräfin von Nadasdi

KAPELLE, Die heilige, zu Florida. Eine wahre und höchst seltsame Geschichte der neuesten italienischen Zeitperiode. Herausgegeben vom Verfasser der Antonia della Roccini. (Verfaßt von *Ernst Bornschein.*) 2 Thle. Braunschweig, 1806. 8°.

Gmähle's Münchner Leihbibl.-Cat., no. 5046—47.

Bornschein, Jh. Ernst, s. J. F. Kessler, Reisen

Bornschein, Ernst, s. Kind, das verliebte

Bornschein, Ernst, s. Koronata der Schreckliche

KORONATO der Schreckliche, Oberhaupt der Bravo's in Venedig. Eine Räubergeschichte (von *Ernst Bornschein*). Eisenberg, Schöne, 1801. 8°.

Goedeke V, 519, 18.

— — Dasselbe. Ebd. 1804. 8°.

— — Dasselbe. 3. verbess. Auflage. Mit 1 Kpfr. Ebd. 1821. 8°. 272 S.

— — Dasselbe. 5. (Titel-) Auflage. Mit 1 Kpfr. Ebd. 1852. 8°.

Bornschein, Jh. Ernst, s. Krebsbüchlein für Damen

KREBSBÜCHLEIN, Neues, für Damen. Woraus sie lernen können, wie man methodisch den Mann martern, seine Kinder schief erziehen, und sich selbst an den Bettelstab bringen müße. (Vf.: *Ernst Bornschein,* zugleich der Verleger.) Leipzig 1798, bei Bornschein u. Compagnie. (Auch mit dem Titel: Toilettenphilosophie.) 8°.

8 Bll. Vorst., 191 S., 1 S. Druckf. Zuschrift dieses satyr. (stark frivolen) Opus auf Mädchen u. Weiber ist an Chrn. Gotthilf Salzmann gerichtet, -rs- unterz., u. dat.: Prettin, d. 1. Aug. 1797.

— s. Kunigunde, oder lustige Abentheuer etc.

— Fräulein Kunigunde ꝛc., ist Verlag von Joachim.

— s. Kurzbauch's Reise.

Bornschein, Ernst, s. Will Lancelot

LANZELOT, William, Korsar von England. Eine historisch-romantische Skizze vom Verfasser der Abentheuer des Herrn v. Lümmel *(Ernst Bornschein).* 2 Thle. Mit Titelkpfrn. Arnstadt u. Rudolstadt 1801. 8°. Ziemlich zahm.

Anon.-Lex. III. p. 9 (nach dem Neuen Nekrolog u. Kayser).

— Leben d. Madame Bonaparte, Gemahlin d. ersten Consuls. 8. Gera. (Leipz., Centr.-Compt.) 12 gr.

— Leben u. Meinungen Dr. Martin Luthers, s. Luther.

— Leben u. Thaten d. Generals Bonaparte (bis 15. Aug. 1802). 18. Gera. (Leipz., Centr.-Compt.) 10 gr.

— Leben, Thaten u. Charakterzüge österr. Feldherren. 8. Wien, v. Mösle. 1 fl.

LEBEN, Thaten und Meinungen, wie auch seltsamliche Abentheuer Simsons des Starken, weiland Richters in Israel. Ein komischer Roman als wichtiger Beitrag zu den Sünden wider die Kronologie (von *Ernst Bornschein*). Zarea, bei Simson's sel. Erben (Leipzig). 1797. 8°. 250 S. (1 fl. 50 xr. Gilhofer & Ranschburg, Wien, c. 1888.) (Weller, fing. Dr., kennt den wirklichen Ort nicht.)

— — Dasselbe, tit.: Leben, Thaten und Meynungen, wie auch seltsamliche Abentheuer, Simsons des Starken, weiland Richters in Israel. Ein komischer Roman, vom Vf. des Herrn v. Lümmel auf Lümmelsdorf. Neue Ausg. Zarea, bey Simsons sel. Erb. (Leipzig, Sommer) 1807. 8°. (3 Mk., unbeschn., wie neu, Frdr. Klüber, München, c. 1905.)

Tit. u. 258 S. (2 Bücher) incl. 4 Bll. Inh. (S. 251 ff.) der 192 Cap. — Diese Ausgabe auch im Anon.-Lex. III. p. 33 (nach Kayser, Meusel u. dem Neuen Nekrol.).

Bornschein, Ernst, s. Leben u. Thaten des Hrn. v. Schafkopf

Bornschein, Ernst, s. Moritz, Graf v. Portokar

NACHTMAHL, Das, der Verzweiflung. Aus den hinterlassenen Papieren der Äbtissin des Klosters zu Marienzelle. (Etwas freier Roman von *Ernst Bornschein.*) 2 Thle. Erfurt, Müller, 1810. Kl. 8°. (3 Mk. M. Edelmann, Nürnberg, 1907.)

NADASDI, Isidore Gräfin v., Vicekönigin v. Hungarn, zwölffache Mörderin aus Eitelkeit. Eine wahre schaudervolle Begebenheit des 17. Jahrhunderts. (Vf.: *Joh. Ernst Daniel Bornschein.*) Neue gänzlich umgearb. Auflage. Eisenberg, Schöne, 1824. 8°. 283 S. (3 Mk., geles. Expl., Jul. Neumann, Magdeb., 1908.)

Die erste Ausgabe dieses stellenweise freien Romans erschien ebd. ca. 1805; neue Aufl. ebd. 1807 (Schmidt's in Dresd. Lhbiblcat. 1819. p. 295.)

In Behrendt's Berliner Lhbiblcat. (c. 1850) war eine Ausgabe m. d. Jahrz. „1825".

— — Dasselbe. 3. (!) Auflage. Ebd. 1852. 8°. (Cat. Büchting.)

PORTOKÄR, Moritz Graf von, das Leben eines Geistersehers (von *Joh. Ernst Dan. Bornschein*). Meissen, Erbstein, 1799. 8°.

Anon.-Lex. III. p. 314 (nach dem Neuen Nekrolog).

Moritz Graf von Protokar. Zwei Jahre aus dem Leben eines Geistersehers. [Von Joh. Ernst Dan. Bornschein.] Bd 1. 2. Meissen: Goedsche 1800—1801. 8°

[Dasselbe.] 2. Aufl. [u. d. Tit.:] Der Bund der Geheimen, eine Geistergeschichte aus dem 18. Jh. T. 1. 2. Ebendas. 1815. 8°

cf. °Neue allgem. deutsche Bibliothek. 66 S. 355; 73 S. 422.

TB. 141.

Bornschein, Ernst (Hrsg.), s.: Pumperlumpump, Matthias: Pumperlumpump, Kaisemakers Grossvater und Consorten.

Karfunkels, Zebedaeus, Reise auf die Leipziger Messe. Eine komische und höchst interessante Geschichte. Von dem Verfasser der Abentheuer des Herrn von Lümmel *(Ernst Bornschein).* Leipzig, E. Bornschein, 1799. (1 Rthl.)

ROMAN, Der, von zwei Seiten (enth. „Der Todtenwirth", „Die Kinder des Geheimnisses"), aus den Papieren des Mönchs Alcuin u. der Schwester Agathe. Hrsg. v. Verf. der Antonia della Roccini (verfaßt von *Ernst Bornschein*). 2 Thle. Erfurt, b. Joh. Karl Müller. 1806. 8°. (2 Rthl.) Selten!

Anzeige des Verlegers.

RUDIONNA, der Räuberhauptmann. Dramat. Geschichte (von *Ernst Bornschein*). Ofen (Wien, Mayer) 1821. 8°. (1/3 Rthl.) Zahm.

Bornschein, Ernst, s.a. Graf Saint-Walbo

SAINT-WALBO, Graf v. Alikanta oder die Geheimnisse des Klosters zu St.-Sebastian. Eine wunderbare u. höchst interessante Geschichte von dem Verfasser d. Abenteuer d. Herrn v. Lümmel *(Ernst Bornschein)*. Lübben, Gotsch, 1799. 8°. (1 Mk. 50 Pfg. Frz. Teubner, Düsseldorf, c. 1898.)
— — Dasselbe. Ebd. 1807. 8°. (2/3 Rthl.)
Kayser, Roman-Verz. p. 107.

SEERÄUBERKÖNIGIN, Die, ein historisch-romantisches Schauspiel .... (von *Joh. Ernst Daniel Bornschein*). Regensburg 1803.
Anon.-Lex. IV. p. 66 (nach dem Neuen Nekrolog).

Bornschein, Ernst, s. Simson der Starke

Bornschein, Ernst, s.a. Graf Fr. v. Struensee

Struensee, Friedrich Graf von, oder das dänische Blutgerüst dramatisch bearb. von *B*** n.* (d. i. *Joh. Ernst Dan. Bornschein*). 3 Thle. Mit 3 Titelkpfrn. (wobei Portrait der Königin Caroline Mathilde) u. 3 Titelvignetten. Kopenhagen, Flensburg und Altona (Leipzig) 1793. 8°. (Im British Museum.) (9 Mk. unbeschn., wie neu, Conr. Skopnik, Berlin, 1900.)
Anon.-Lex. IV. p. 129 (nach Goedeke, Kayser, Meusel, Weller, dem Neuen Nekrolog u. dem Cat. d. genannten Museums).

—des Pfarrers Tochter v. Taubenhayn. Eine wahre Geschichte nach Bürgers Ballade neu bearb. Mit 2 Kpf. 8. Eisenb. 801. he A. 827. Schöne. 1 ₰ 6 gl Dies Buch ist v. Jb. Jak. Brückner; Bornschein hat nur den Namen hergegeben.

BORNSCHEIN, Des Pfarrers Tochter von Taubenhayn. Eine wahre Geschichte nach Bürgers Ballade neu bearb. (angeregt von Joh. Jac. Brückner), sehr verbess. Aufl. Mit 2 Kpfrn. Eisenberg, Schöne, 1827. 8°. 215 S. (12 Mk. Adolf Weigel, 1907.)
Dass Bornschein wirklicher Verfasser, s. bei Ebeling III. p. 627. — Zuerst gedr. ebd. 1801. 8°. 4. Aufl. Ebd. 1820. 8°. — Erschien auch in Volks- u. Jahrmarkts-Ausgaben.
— — Dasselbe. 6. Aufl. Ebd. 1840. 8°.
— — S. auch Schröter, Wilh., bei Bürger, G. A.

§ **TOILETTENPHILOSOPHIE**, neues Krebsbüchlein für Damen, woraus sie lernen können, wie man methodisch den Mann martern ... müsse [von *Joh. Ernst Dan. Bornschein*.] Leipzig, Müller u. Bornschein, 1798. 8°. XVI, 191 S. (6 Mk. Taussig, Prag 1904.)

—kleine Todtenstafette, od. Gespräche im Reiche d. Todten über d. neuesten Begebenheiten. Leipz. 806, 7.

TODTENWIRTH, Der, eine Räubergeschichte .... (von *Joh. Ernst Dan. Bornschein*). Erfurt 1806.
Anon.-Lex. IV. p. 180 (nach Meusel u. dem Neuen Nekrol.).

BORNSCHEIN, Ernst [Johann Daniel]. Das Nordhäusische Wundermädchen ein weiblicher Rinaldini. Eine romantische Geschichte in 4 Theilen oder acht Büchern von — — Erster Theil (Zweiter Theil, Dritter Theil, Vierter Theil.) Gera und Leipzig 1804. 8°. VIII, 151 + 157 + 160 + 160 S. (Letzte Seite Druckfehler 751 statt 157.)
[B. I, 422.]

—das Nordhäuser Wundermädchen. 4 Thle. 8. Leipz. 804. Joachim. 4 ₰

Bornschein, Ernst, s.a. Zyndy, Albano

ZYNDI, Albano, der Zigeunerfürst, eine höchst seltene und doch ganz natürliche Geschichte vom Verfasser der Antonia della Roccini (*Joh. Ernst Dan. Bornschein*). Braunschweig, Schröder, 1804. 8°. 254 S.
Anon.-Lex. I. p. 35 (nach Meusel, Kayser, Goedeke u. dem Neuen Nekrolog). — Zieml. zahm.
— — Dasselbe. (Nachdruck.) Mit 2 Steinzeichnungen. Ofen 1820. 8°. 199 S. (1 Mk. 50 Pfg. Kühl, Berlin, c. 1885.)

Bornschein, Jh. Ernst, s. Bornschein, Ernst

Bornschein, Joh., s. Bornschein, Ernst

Bornschein, Johann Ernst Daniel, s. Bornschein, Ernst

Bornscheuer, Gust., Deutsch. E. Sammlg. v. falschen Ausdrücken, die in d. deutschen Sprache vorkommen, (nebst d. Berichtigg. u. Erklärg. dieser Fehler). 8. (XV, 194 S.) Bonn 896 P. Hanstein. n. 2.—

Bornscheuer, R., ein Wort der Erinnerung an Eduard Bornscheuer, weiland Pfarrer der evangelischen Gemeinde Langerfeld. (24 S. m. 1 Bildnis.) 8. Emmishofen 906. Evangel. Buchh. n. —60

Bornschlegel, Anton: De Angina membranacea. Auctor Anton Bornschein, Erlangae 1830. 16 S. 4°. Diss. Erlangen, med. 1830

Bornschlegel, Ant., Darstellung eines eigenthümlichen Heilverfahrens z. vollkommen sichern Verhütung des Ausbruches der Wasserscheu bei jedem durch einen wüthenden Hund gebissenen Menschen. 8. Regensburg 812. (München, Franz.) n. 2/3 ₰

Bornschreiber (Hrsg.), s. Curiositätensammlung

Bornsmünde. Fief de la famille Schöpping depuis 1499. Berlin 1882. V: *Schöpping, von.* (BMarsch 578)

Bornsmünde. Fief de la famille Schoepping depuis 1499. gr. 4. (40 S. m. 6 Photolith. u. 6 Steintaf.) Berlin 882. Stoinitz. n. 10.—

Bornstedt, nichtamtlicher Entwurf einer neuen Hypotheken-Ordnung, s. Entwurf.

BORNSTEDT, v.: Mitteilungen aus dem Forstbetrieb im Regierungsbezirk Wiesbaden. - Wiesbaden 1900. 35 S.

Bornstedt, A.v. (Hrsg.), s. Vorwärts!

Bornstedt, A., Worte an meine Zeit u. an mein Vaterland. 2. Aufl. 12. (116 S.) Leipzig 847, O. Wigand. n. 1/3 ₰

Bornstedt, A.v. (Hrsg.), s. Zeitung, Deutsche Brüsseler.

v. Bornstedt, Adelbert, Basreliefs. 2 Thle. kl. 8. Frankf. 837. Sauerländer. 2 1/2 ₰

—Hauts-Reliefs d. Gegenwart. Worte an meine Zeit u. an mein Vaterland. gr. 12. Leipzig 838. Otto Wigand. Verklebt n. 2/3 ₰

—Reise von London über Paris, Lyon, Avignon, Aix, Nizza, Turin, den Simplon u. einen Theil der Schweiz. Tageblätter aus dem Jahre 1834. gr. 12. Berlin 835. Plahn'sche Buchh. (Nitze.) 1 7/18 ₰

—Pariser Silhouetten. Nebst einer aphoristischen Uebersicht der Monumentalgeschichte v. Paris. 2 Lfrgg. 8. Leipzig 836. O. Wigand. 3 1/3 ₰

Bornstedt, Louise v., Gedichte. Berlin 853. A. Duncker. 16. (VIII, 126 S.) n. 20 gr

Bornstedt, L v., Gedichte. 16. (126) Berl. 53, Paetel. n. — 20 geb. n. 1. —

Bornstedt, Louise Freifräulein v. Das Gefecht bei Wawre an der Dyle am 18. und 19. Juni 1815 und sein Einfluss auf die Schlacht von La belle Alliance. Eine Schilderung des 14stündigen Kampfes des Füsilier-Bataill. des 1. kurmärk. Landwehr-Inft.-Reg. unter dem Commando des Majors v. Bornstedt gegen das Corps v. Vandamme. Eine Monographie aus den nachgelassenen Papieren des Majors v. Bornstedt. Herausgegeben von dessen Tochter..... 8. Berlin 1858.

— d. Legende v. d. hl. Jungfr. u. Martyrin St. Katharina. Aus Legendarien d. 15en u. 16en Jahrh. Mit Vorwort v. Görres. 8. Münster 1838. Deiters. 1/4 Thlr. — 1 fl. 12 kr.

— Legende von der heil. Büßerin Maria Magdalena u. ihrer Schwester Martha. Aus den Evangelien, einer Legende v. Matthäus Tymplum, d. G. J. 1628 u. d. Ueberlieser. der Bollandisten u. des Surius zusammengetr. 8. Luzern 845, Gebr. Räber. (Augsburg, Kollmann.) 1/3 ℛ︀

Bornstedt, Louise v., der heil. Ludgerus, erster Bischof von Münster, u. die Bekehrungsgeschichte der Friesen u. Westphalen. gr. 8. (16 B.) Münster 842, Theissingsche Buchh.

— der heilige Ludgerus und die Bekehrungsgeschichte der Friesen und Westphalen. gr. 8. Münster 1844. Theissing. 25 Ngr. — 1 fl. 30 kr.

Bornstein, A., über den Einfluß des Seeklimas u. der Seebäder auf den Menschen, s.: Loewy, A.

Bornstein, A. (Red.), s. Rundschau, Zahnärztliche.

Bornstein, Alfred [app. Arzt aus Glogau in Schlesien]: Ueber das Carcinom des Larynx. . . . Erlangen, Druck d. Univ.-Buchdr. v. Junge & Sohn, 1889; 81 S. 8°
Erlangen, Med. Fak., Inaug.-Diss. v. Jan. 1889

Bornstein, Arthur, prakt. Arzt aus Berlin: Aus d. pathol. Institute zu Kiel. Beitrag zur Lehre vom Aneurysma der Bauchaorta. *Kiel 1903: Schmidt & Klaunig.* (19 S.) 8°
Kiel, Med. Diss. v. [6. Juli] 1903

Bornstein, Arth., vergnügte Geschichten. gr. 8. (V, 120 S.) Berlin 900. Berlin. Verlagsanstalt. n. 2. —

Bornstein, Arth., Klippen. Novellen. gr. 16. (95 S.) Berlin 894. Deutsche Schriftsteller-Genossenschaft. n. 1. —

Bornstein, Arth., der Theaterarzt u. and. Humoresken, s.: Universal-Bibliothek.

Bornstein, Jenny [aus Berlin]: Über einen Fall von interstitieller Myocarditis. Zürich 1898. 24 S. 8°.
Zürich. Med. Diss. 1898/99.

Bornstein, K.: Hygiene! Sozialhygiene! Kulturhygiene! Dresden. 37 S

Bornstein, Karl [aus Gostyn, Prov. Posen]: Aus d. physiolog. Institut. Einiges über die Zusammensetzung des Blutes in verschiedenen Gefässprovinzen . . . . Breslau, Druck v. Th. Schatzky, 1887; 36 S. + 1 Bl. 8°
Breslau, Med. Fak., Inaug.-Diss. v. 1. Sept. 1887

Bornstein, Karl, einiges über die Zusammensetzung des Blutes in verschiedenen Gefässprovinzen. Inaugural-Dissertation. gr. 8. (36 S.) Breslau 888, (Köhler.) *

Fleischkost, fleischlose und vegetarische Lebensweise. Ein Beitrag z. vernunftgemässen Ernährung d. Volkes von Dr. med. Karl Bornstein (Leipzig). Halle: C. Marhold 1907. (58 S.) 8° [F.] [illegible] 3

(B) Bornstein, Karl, Fleischkost. 907. (KVB 83.) Jetzt: Leipzig, R. Mejo.

Bornstein, Karl: Fleischkost, fleischlose u. vegetar. Lebensweise. Beitrag z. vernunftgemässen Ernährg d. Volkes. 2. [Tit.-]Afl. (58) 8° Berl., S Mode ['07] '12. — 75: geb. 1 — d

Diätetische Kuren. Ratschläge f. d. Praxis. Von Dr. med. Karl Bornstein in Leipzig. Berlin: Urban & Schwarzenberg 1907. (S. 239–290.) 8°
— Klinik, Wiener. 1907, H. 9. 10. [illegible]

— Diätetische Kuren. Ratschläge f. d. Praxis. (S. 239—290.) Lex. 8. Wien 908. Urban & Schwarzenberg. 2. —
Sonderabdruck aus „Wiener Klinik".

Bornstein, Paul, s.: Am Ende d. Jahrhunderts.

— s.: Blätter, neue litterarische.

— Aus Dämmerung u. Nacht. Gedichte u. Prosadichtgn. 8. (III, 124 S.) Braunschweig 896. C. A. Schwetschke & Sohn. n. 2. —

Bornstein, Paul, die Dichter des Todes i. d. modernen Literatur. gr. 8. (40 S.) Berlin 899. E. Ebering. n. n. — 75

Bornstein, Paul: Gottfried Ploucquets Erkenntnistheorie und Metaphysik. *Potsdam 1898: A. W. Hayn's Erben.* (78 S.) 8°
Erlangen, Phil. Diss. v. 26. Juli 1894

Bornstein, Paul v. (Hrsg.), s. Hebbel, Friedrich: Sämtliche Werke ...

Hebbels „Herodes und Marianne". Vortrag v. Paul Bornstein. Hamburg und Leipzig. 1904. 8°.

Bornstein, Paul, Hebbels „Herodes u. Marianne". Vortrag. (45 S.) gr. 8. Hamburg 904. L. Voß. n. — 60

Memoiren des Cagliostro. Hrsg. von Paul Bornstein. Berlin u. Leipzig: Fried & Cie [1892]. 160 S. 8°
(Memoiren-Bibliothek. 10.)
TB. 427. Katalog (1910) der vereinigten 5 Hamburger Logen gibt „ca 1900" als Erscheinungsjahr an.

— dasselbe, neue Ausg., s.: Stahl, Herbert, e. Abenteurer des Geistes.

— s.: Monatsschrift f. neue Litteratur u. Kunst.

Bornstein, Paul, s.: Platen, des Grafen Aug. v., Briefwechsel.

Bornstein, P: Der Tod in d. modernen Litt. u. and. Essays. 8° (279) Lpzg 1900, J Cotta Nf. 4 —

— der Tod in der modernen Litteratur u. andere Essays. gr. 8. (279 S.) Leipzig 900. H. Lautenschläger. n. 4. — ; ermäß. Pr. n. 3. —

Börnstein, E. (Hrsg.), s. Farben-Industrie, Die.

Börnstein, Ernst (geb. am 19 Juni 1854 in Königsberg i. Pr.): Beitrag zur Kenntniss der Ditolyle . . . Bonn, Druck v. P. Neusser (1877). 2 Bl., 32 S., 1 Bl. 8.
Bonn, Phil. Fak., Diss. v. 13 Aug. 1877

Börnstein, Felix: Aus d. Univ.-Poliklinik f. Hals- u. Nasenkranke des Prof. Gerber zu Königsberg i. P. Ueber traumatische Arytaenoidknorpelaffektionen. Kurze Mitteilungen über Larynxdurchleuchtung. Berlin 1908: Schumacher. 20 S. 8° ¶ (Aus: Archiv f. Laryngol. Bd 21, H. 1.)
Königsberg, Med. Diss. v. 22. Okt. 1908, Ref. Lexer
[Geb. 26. April 82 Berlin; Wohnort: Königsberg i. P.; Staatsangeh.: Preußen; Vorbildung: Gymn. Wittstock Reife O. 02; Studium: Marburg 4, Berlin 3, Königsberg 3 S.; Coll. 27. Febr. 08; Approb. 1. Aug. 08.] [U 09. 2364

Börnstein, H., mein Mann geht aus, s. Theater, das, des Auslandes.

Börnstein, Heinrich

Börnstein, Heinr., betrogene Betrüger, s. Theater-Repertoir, Wiener.

Börnstein, Heinr., allgemeine Gasthofszeitung, s. Gasthofszeitung.

Börnstein, Heinr., Die (galanten) Geheimniße von St. Louis. 4 Thle. in 2 Bänden. Cassel, H. Hotog (dann Magnus in Hamburg), 1851. 8°. (1 2/3 Rthl.) Ziemlich zahm.
— — Dasselbe. 4 Bde. Altona, o. J. (186*). 8°. (6 Mk. Scheible; 3 Mk. Albert Unflad.)
— — Dasselbe. 4 Bde. Ebd. 1868. 8°. (4 Mk. Erras, Frkft. a. M., c. 1882.)

Börnstein, Heinr., die Geheimnisse von St. Louis. 1—8. Lfg. 8. (1. Bd. 340 S., 2. Bd. S. 1—163.) Cassel 851, Hotop. à Lfg. * 5 Ngr.

Börnstein, Heinr., die Geheimnisse von St. Louis. 9. und 10. (letzte) Lfg. 8. (2. Bd. 4. Abthl. 165 S.) Cassel 851, Hotop.
1. Bd. und 2. Bd. 1–3. Abthl. Ebendas. 1851. * 1 Thlr. 10 Ngr.

Börnstein, Heinr., die Geheimnisse von St. Louis. 4 Bde. 2. Aufl. Altona 868. Verlags-Bureau. 8. (672 S.) 2 ℛ

Börnstein, Heinr., die Geheimnisse von St. Louis. 3. Aufl. 2 Bde. gr. 8. (648 S.) [Altona 881, Verlags-Bureau.] Hamburg, Kramer. 6 —

Börnstein, Heinr., 75 Jahre in der Alten u. Neuen Welt. Memoiren e. Unbedeutenden. 2. wohlf. Ausg. 2 Bde. gr. 8. (VIII, 448 u. 448 S.) Leipzig (1881) 884. O. Wigand. n. 5. —

— Italien in den J. 1868 u. 1869. 2 Bde. Berlin 870. Janke. gr. 8. (XII, 320 S.; XII, 324 S.) n. 2 ℛ 10 ngr

Börnstein, Heinrich. Nekrolog Sr. Excellenz des Herrn Herrn Barons Franz v. ..... der Königreiche Dalmatien, Croatien und Slavonien Banus etc. 8. Agram 1840.

Börnstein, Hnr., s. Sue, E., sämmtl. Werke.

Börnstein, Richard

Börnstein, R., d. Einfluss d. Lichtes auf d. elektr. Leitungswiderstand v. Metallen. 8. (45) Heidelb. 76. C Winter. n. 1. 60

Börnstein, Rich., der Einfluss des Lichtes auf den elektrischen Leitungswiderstand von Metallen. Habilitationsschrift. gr. 8. (45 S.) Heidelberg 877. C. Winter. n. 1. 60

— der Einfluss des Lichtes auf elektrische Spannung in Metallen. [Aus: „Verhandlungen d. naturhist.-med. Vereins zu Heidelberg".] gr. 8. (8 S.) Ebend. 877. — 30

—— der Einfluss des Lichtes auf elektrische Spannung in Metallen. gr. 8. (8 S.) Ebendas. 878.
Aus: Verhandlungen des naturhistorisch-medicinischen Vereins zu Heidelberg, besonders abgedruckt.

Börnstein, Rich.: Einleitg in d. Experimentalphysik, Gleichgewicht u. Bewegg, s: Aus Natur u. Geisteswelt 371.

Börnstein, Rich., s.: Fortschritte, die, der Physik.

Börnstein, R., Der tägliche Gang des Luftdruckes in Berlin. [Aus: Sitzungsber. d. k. Akad. d. Wiss., mathem.-naturw. Klasse.] Gr.-8°. (ill. 18 S.) † K —.50
Wien: Gerold 1904.

Börnstein, Richard, der tägl. Gang des Luftdruckes in Berlin. (18 S. m. 4 Fig.) gr. 8. Wien 904. (A. Hölder.) n. — 50
Sonderabdruck aus: „Sitzungsber. d. k. Akad. d. Wiss."

Börnstein, Richard, Dr., Die Gewitter vom 13. bis 17. Juli 1884 in Deutschland. (Aus dem Archiv der Seewarte 1885, No. 4.) Hamburg 1886.

Die Landwirtschaftliche Hochschule und der akademische Unterricht. Festrede z. Feier d. Geburtstags d. Kaisers geh. zu Berlin 1910 von Prof. Dr. Richard Börnstein. Berlin: Parey 1910. 22 S. 8°

Die Lehre von der Wärme. Gemeinverständl. dargest. von Prof. Dr. R[ichard] Börnstein. Mit 33 Abb. Leipzig: B. G. Teubner 1907. (126 S.) 8° [J.]
— Natur, Aus, u. Geisteswelt. Bdch. 172. [07. 17300

— Leitfaden d. Wetterkunde. Gemeinverständl. bearb. gr. 8. (VIII, 183 S. m. 52 Abbildgn. u. 17 Taf.) Braunschweig 901. F. Vieweg & Sohn. n. 5.—; geb. n. 6.—

— Leitfaden der Wetterkunde. Gemeinverständlich bearb. 2. umgearb. u. verm. Aufl. (XI, 231 S. m. 61 Abbildgn. u. 22 Taf.) gr. 8. Braunschweig 906. F. Vieweg & Sohn. n. 6. —; geb. n. 6. 80
37

— s.: Luftfahrten, wissenschaftliche.

— Physik d. Aethers, s.: Fortschritte, d., d. Physik.

— u. Karl Scheel, Physik der Materie, s.: Fortschritte, die, der Physik. 55. I.

— Regen oder Sonnenschein? Gemeinverständlicher Leitfaden der Wetterkunde, nach dem heutigen Stande der Wissenschaft bearbeitet. Mit 27 in den Text gedr. Abbildungen. gr. 8. (XI, 112 S. m. 1 lith. Wetterkarte.) Berlin 882. Parey. n. 3. —

— Schul-Wetterkarten. 12 Nrn. Farbdr. Berl., D Reimer. Je 8 —; auf L. m. St. je 5 —
1. Witterg d. 8.VII.1900. Kalt u. regnerisch. (Van Bebber, Typus I.) 125×96 cm. (02.)
2. Witterg d. 11.V.1900. Kälterückfall. 125×96 cm. (02.)
3. Witterg d. 22.VIII.1895. Strahlgssommer. (Van Bebber, Typus II.) 120×90 cm. (02.)
4. Witterg d. 24.IV.'01. Kühl u. heiter. (Van Bebber, Typus III.) 120×90 cm. (02.)
5. Witterg d. 24.IX.1900. Warmer Herbsttag. (Van Bebber, Typus IV.) 120×90 cm. (02.)
6. Witterg d. 27.VIII.'01. Windig u. nasskalt. (Van Bebber, Typus V.) 120×90 cm. (02.)
7. Witterg d. 22.VI.1900. Gewittersäcke. 120×90 cm. (02.)
8. Witterg d. 2.I.'01. Heiterer kühler Wintertag. (Teisserenc de Bort, Typus A.) 120×90 cm. (03.)
9. Witterg d. 10.II.1896. Strahlgswinter. (Teisserenc de Bort, Typus B; Van Bebber, Typus II.) 120×90 cm. (03.)
10. Witterg d. 12.X.1896. Regner. kühler Herbsttag. (Teisserenc de Bort, Typus C.) 120×90 cm. (03.)
11. Witterg d. 22.XII.1900. Milder Wintertag. (Teisserenc de Bort, Typus D; Van Bebber, Typus V.) 120×90 cm. (03.)
12. Witterg d. 20.II.1900. Warm u. windig. (Teisserenc de Bort, Typus E.) 120×90 cm. (03.)

Börnstein, Richard, die halbtägigen Schwankungen der Temperatur u. des Luftdruckes. (24 S. m. 1 Fig.) gr. 8. Wien 906. (A. Hölder.) n. — 75
Sonderabdruck aus „Sitzungsber. d. k. Akad. d. Wiss."

Sichtbare und unsichtbare Strahlen gemeinverständlich dargest. von Prof. Dr. R[ichard] Börnstein u. Prof. Dr. W[illy] Marckwald. Mit 82 Abb. Leipzig: B. G. Teubner 1905. (VI, 142 S.) 8° [J.]
— Natur, Aus, u. Geisteswelt. Bdch. 64. [05. 11366

Sichtbare und unsichtbare Strahlen. Gemeinverständl. dargest. von Prof. Dr. R[ichard] Börnstein u. Prof. Dr. W[ilhelm] Marckwald. Mit 85 Abb. 2. neubearb. u. verm. Aufl. Leipzig: Teubner 1910. VI, 146 S. 8°
(Aus Natur u. Geisteswelt. Bdch. 64.) [11. 1950 II

— Physikalisch-chem. Tabellen, s: Landolt.

— Unterhaltungen üb. das Wetter. Fragen u. Antworten. Mit 1 Wetterkarte. (48 S.) 8. Berlin 905. P. Parey. n. — 80

— Wetterkunde u. Landwirtschaft. Festrede zur Feier des 200jähr. Jubiläums des Königr. Preußen u. des Geburtstags Sr. Maj. des Kaisers u. Königs, geh. in der königl. landwirtschaftl. Hochschule zu Berlin am 17. I. 1901. gr. 8. (18 S.) Berlin 901. P. Parey. n. 1.—

—— die lokale Wetterprognose. 1. und 2. Abdr. 8. (48 S.) Berlin 884, Springer. — 60

Borntrager, J. E. Eine Gesch. d. ersten Ansiedlung d Amischen Menn u die Gründung ihrer ersten Gmde in Staat Indiana . . . Elkhart, Ind. 1907.

Bornträger. Boileau Despréaux, considéré comme poëte satirique. Prenzlau, G. u. R., 1873. 16 S. 4.

BORNTRAEGER, ARTHUR. Ueber die Entstehung der Urochloralsäure und die Beschaffenheit der Chloralharne. Marburg, 1879. Diss. S. I.

Bornträger, J. (Mitarb.), s. Beiträge zur Typhusforschung.

Bornträger, J., die Beurteilung d. Zusatzes schwefligsaurer Salze zum Fleische, s.: Sammlung v. Abhandlungen aus dem Gebiete der Nahrungsmittel-Hygiene. Hft. 1.

— Desinfektion od. Verhütg. u. Vertreibg. ansteck. Krankheiten. Für Aerzte, Verwaltungsbeamte u. Gebildete jedes Berufes dargestellt. gr. 8. (IV, 164 S.) Ebd 893. n. 2. 40

! Bornträger, J.: Desinfektion 1893.
Jetzt: Würzburg: C. Kabitzsch.

— Diät-Vorschriften f. Gesunde u. Kranke jeder Art. 16° (821) Ebd. 95. 2.80

Borntraeger, J., Diät-Vorschriften f. Gesunde u. Kranke jeder Art. 2., verb. Aufl. gr. 16. (VI, 325 S.) Leipzig 896. H. Hartung & Sohn. n. 2. —

— Diät-Vorschriften f. Gesunde u. Kranke jeder Art. 3., verb. Aufl. 12. (VI, 339 S.) Ebd. 900. n. 2. —
Die Vorschriften einzeln zu je 6 Stück im Preise von n.n. — 10 bis n. — 60.

— Diät-Vorschriften f. Gesunde u. Kranke jeder Art. 4. verb. u. erw. Aufl (VIII, 309 S.) 12. Leipzig 904. [H. Hartung & Sohn.] Würzburg, A. Stuber's Verl. n. 2. —

— Diät-Vorschriften f. Gesunde u. Kranke jeder Art. 5. verb. u. erweit. Aufl. (194 Bl. u. S.) kl. 8. Würzburg 908. C. Kabitzsch. nn 2.50

Borntraeger, J., die neue preuß Gebührenordnung f. Aerzte u Zahnärzte. Mit eingeh. Erläutergn. u. d. f. d. Erwerbsleben d. Medizinalpersonen gilt. Bestimmgn. 12. (70 S.) Leipzig 896. H. Hartung & Sohn. Kart. n. 1. —

— die neue preußische Gebühren-Ordnung f. Ärzte u. Zahnärzte. Mit eingeh. Erläutergn. u. den f. das Erwerbsleben der Medizinalpersonen gilt. Bestimmgn. 2. wesentlich veränd. u. verb. Aufl. (82 S.) kl. 8. Würzburg 905. A. Stubers Verl. Kart. n. 1. 20

Borntraeger, J: Preuss. Gebühren-Ordng f. Ärzte u. Zahnärzte. Mit Erläutergn. 3. Afl. (6, 89) kl8° Würzbg, C Kabitzsch '13. HL 1.50

— dass. s. a. Bornträger, Jean Bernhard

— Der Geburtenrückgang in Deutschld, s. Bewertg u. Bekämpfg, s: Veröffentlichungen aus usw. Medizinalverwaltg.

— dass. Erweit. Nachdr. a. d. „Veröffentlichgn a. d. Gebiete d. Medizinalverwaltg". (176) Lex8° Würzbg, C Kabitzsch '13. 4 —

— s.: General-Sanitäts- u. Medizinal-Bericht üb. d. Reg.-Bez. Danzig

— die Hand in hygien. Beziehung, s.: Sammlung v. Abhandlgn. a. d. Gebiete d. Nahrungsmittel-Hygiene. 2.

Bornträger, Jean

Das Buch vom Impfen. Für Medizinalbeamte, Impfärzte, Ärzte, Studirende d. Medizin u. Behörden verf. von J[ean] Bornträger. *Leipzig: H. Hartung 1901.* (199 S.) 8°

— Das Buch v. Impfen. (199) 8° Lpzg 01. Würzbg, A Stuber's V. L. 3.80

! Bornträger, J.: Das Buch vom Impfen. 1901.
Jetzt: Würzburg: C. Kabitzsch.

Borntraeger, J., Compendium der gerichtsärztlichen Praxis. 8. (XII, 695 S. m. 14 Abbildgn.) Leipzig 894. H. Hartung & Sohn. n. 10. —; geb. in Leinw. n. 10. 80

(B) — Compendium d. gerichtsärztl. Praxis. 894.
Jetzt: Würzburg, C. Kabitzsch.

Borntraeger, Jean. Ueber die strafrechtliche Verantwortlichkeit d. Arztes bei Anwendung d. Chloroforms u. anderer Inhalations-Anästhetica. Von der „Hufeland'schen Gesellschaft" zu Berlin 1891 m. dem Alvarenga-Preise gekrönte Arbeit. gr. 8. (III, 70 S.) Berl. 892, Hirschwald. * 2 —

Borntraeger, Jean B., über foetale Rhachitis; im Anschluss an einen Fall aus der Königsberger geburtshilfl. Klinik. Inaugural-Dissertation. gr. 8. (39 S.) Königsberg 877. (Hartung.) n. 1. —

Borntraeger, J[ean Bernhard]: Preußische Gebühren-Ordnung für Ärzte und Zahnärzte. Mit eingehend. Erl. u. d. f. d. Erwerbsleben d. Medizinalperson. gilt. Bestimm. 3. Aufl. Würzburg 1913. 8° *[1 Aufl. 1896.]*

— dass. s. a. Bornträger, J.

Bornträger, Jh. Chr. Fr., über d. Dasein Gottes in Bezieh. auf Kant u. Mendelssohn. 8. Hannov. 788. Hahn. 10 gl.

— Lieder zur Feier d. Friedensfestes d. 24. Juli 1814. 8. Hannov. 814. Hahn. 4 gl.

BORNTRÄGER, JOHANN A. BAPTIST: Anrede, welche bey der feyerlichen Installation des Hochwürdigen Herrn Michael Berghofer als Pfarrer der k. Freystadt Oedenburg in der St. Michaels Stadt Pfarrkirche 1804 &c., gehalten wurde. Oedenburg 1804. Gedruckt bey Anton Siess. 12 S. - 4°

Borntreger, Hans E.: Eine Geschichte der ersten Ansiedlung der Amischen Mennoniten und die Gründung ihrer ersten Gemeinde im Staate Indiana, nebst einer kurzen Erklärung über die Spaltung die in dieser Gemeinde geschehen ist. *Elkhart, Ind.: Mennonite Publishing Co. 1907. 24 S.*

Bornwasser, David Christian (Livonus), De usu vomitoriorum in phthisi pulmonali. Diss. med. Jena (Mauk) 6. II. 1795. 24 S. (4.50)

Kolibri 360 GmbH
Ferdinand-Jühlke-Straße 7
99095 Erfurt, Deutschland
produktsicherheit@kolibri360.de